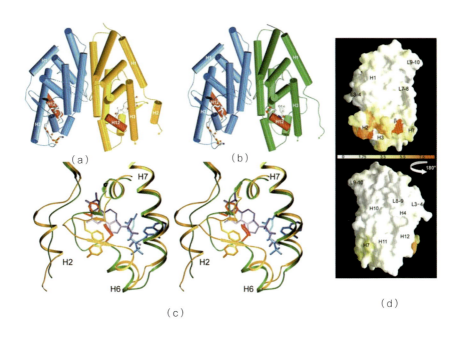

彩图1-1-3　两种EcR-USP中配体结合的区域结构

(a)甾体激素松甾酮A与EcR-USP结合的复合物；(b)BYI06830与EcR-USP结合的复合物，螺旋H12以红色柱状表示。隐在里面的连接H5和 β -折叠的环区用蓝色虚线表示；(c)为松甾酮A（黄）和BYI06830（绿）与EcR-USP结合的带状图。松甾酮A与EcR-USP结合图中残基F397和Y403用黄色表示，而在BYI06830与EcR-USP结合图中则用红色表示；(d)两者的表面表述，范围从0（白色）到0.75nm（红色）

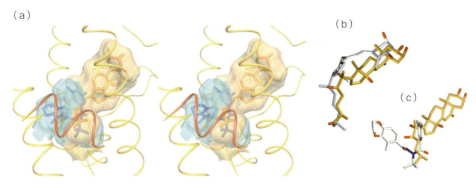

彩图1-1-4　两种底物与EcR-LBD结合的空穴图

(a)与松甾酮A结合的区域用浅橙色表示，与BYI06830结合的区域用蓝色表示；(b)松甾酮A与1α，25-二羟基维生素D₃的同源受体重叠图；(c)上述两者与EcR-LBD结合的重叠图。图中红色是氧，蓝色是氮，松甾酮A中碳用黄色表示，BYI06830和维生素D₃中碳用灰色表示

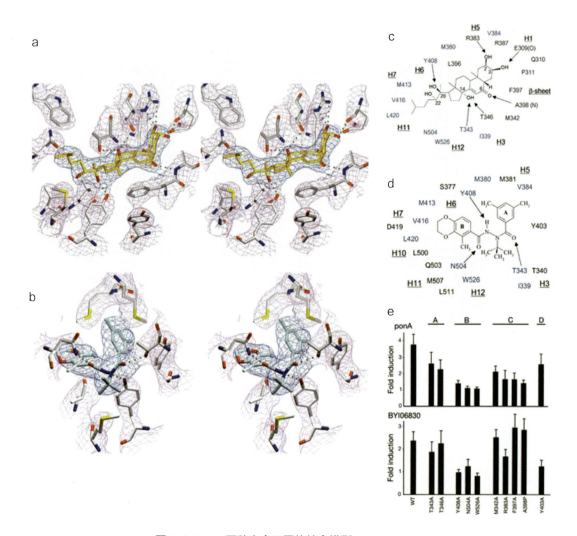

图1-1-5　两种完全不同的结合模型

a：松甾酮A与EcR-LBD的复合物电子云立体图；b：BYI06830与EcR-LBD的复合物电子云立体图。配体的区域以蓝色表示，残基部分用洋红色表示，配体与残基间的氢键以红色点线表示；c和d分别表示松甾酮A和BYI06830与EcR结合的表示图，箭头表示配体与氨基酸残基间的氢键，蓝色表示两复合物中都有的残基；e：与HvEcR结合空穴中突变残基对活性的不同影响，突变T343和T346（A）对两者转录活性有少量降低；两配体中Y408，N504A和W526A（B）是无效突变；M343，R383A，F397A和A398P(C)突变会显著降低蜕皮甾酮转录活性；Y403A（D）突变显著影响由BYI06830诱导的转录活性

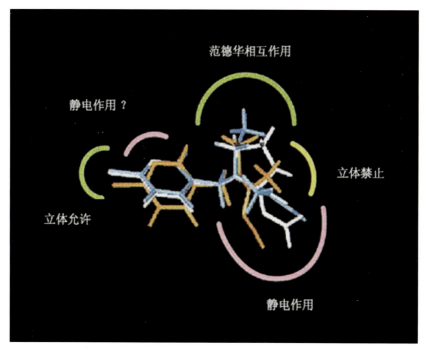

彩图1-6-10　吡虫啉（白色）、烯啶虫胺（深蓝色）和啶虫脒
（橙色）的稳定构像及所预测的结合位点性质

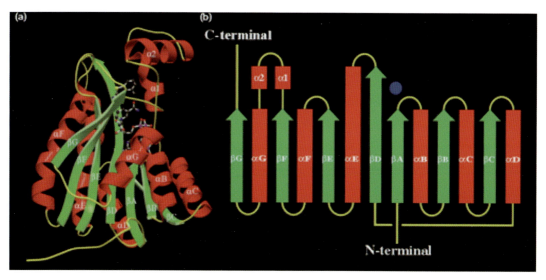

彩图2-9-4　THNR与三环唑及NADPH复合物晶体结构示意图

（a）THNR亚基的飘带图，α-螺旋以红色表示，β-折叠以绿色表示，环区则以黄色表示，所结合的NADPH和抑制剂则是以球棍模型表示；（b）折叠式的图形，各次结构的着色同（a），蓝色圆球表示NADPH的结合位置

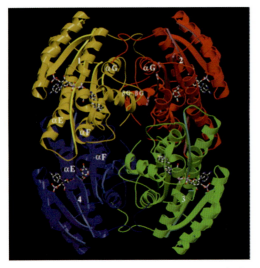

彩图2-9-5　THNR与三环唑及NADPH复合物晶体结构四聚体模型示意图（黄、红、绿、蓝分别表示四个亚基，每个亚基中NADPH和抑制剂用球棍模型表示，各原子均用标准的颜色表示）

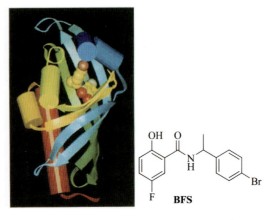

彩图2-9-8　小柱孢酮脱水酶与抑制剂BFS复合物模型图

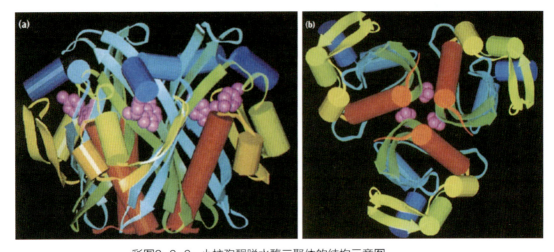

彩图2-9-9　小柱孢酮脱水酶三聚体的结构示意图

（a）从侧面看三聚体的结构示意图；（b）从底部看三聚体的结构示意图；抑制剂为粉红色

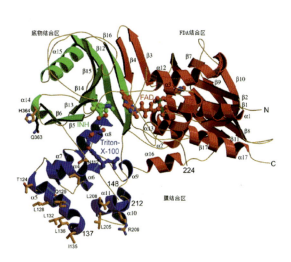

彩图 3-3-2　PPO与抑制剂INH(绿色)、FAD辅酶(红色)和Triton X-100(蓝色)三个域结构

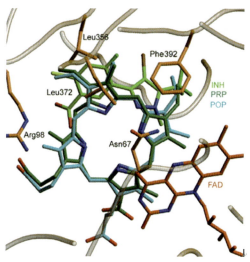

彩图 3-3-3　模拟的PPO2N与INH(浅绿色)、原卟啉原IX(绿色)，原卟啉IX(青色)活性位点结合腔

（a）　　　　　　　　　　　　　（b）

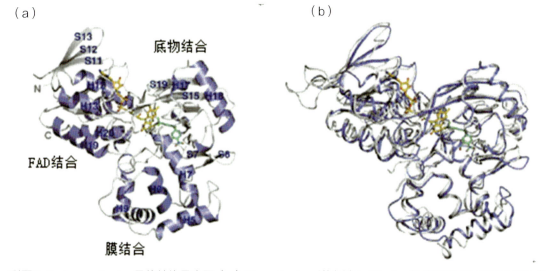

彩图3-3-4　mxProtox晶体结构叠合图（a）及 mxProtox (蓝色)与mtProtox(灰色)的晶体结构叠合图（b）

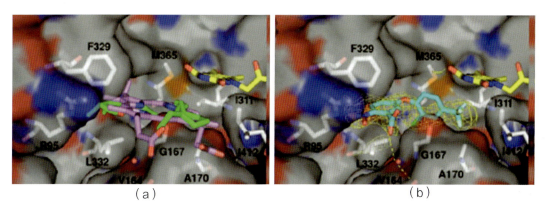

（a）　　　　　　　　　　　　　（b）

彩图 3-3-5　mxPPO活性位点（辅酶FAD为黄色，水分子为红色）

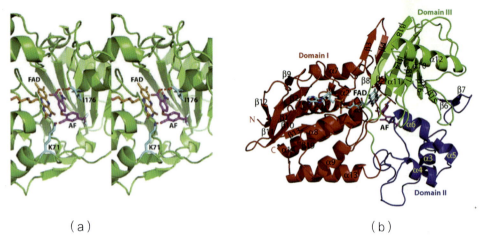

（a）   （b）

彩图3-3-6 （a）芽孢枯草杆菌 *Bacillus subtilis* 原卟啉原氧化酶的晶体结构，蓝色分子为FAD，紫色分子为抑制剂AF；（b） AF在bsPPO晶体结构中的结合位置，I176与K71是与抑制剂发生主要作用的氨基酸残基

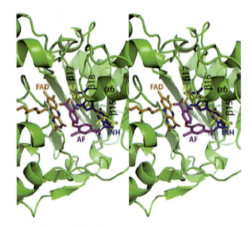

彩图3-3-7 不同抑制剂的结合位置（蓝色的INH结构是抑制剂在mtPPO晶体结构中的位置，黄色的AF结构是抑制剂在mxPPO中的位置，紫色的AF结构是抑制剂在bsPPO中的位置）

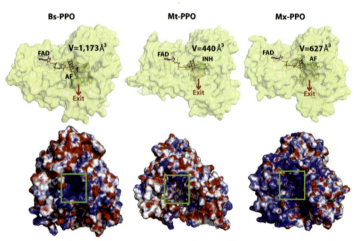

彩图3-3-8 不同种属的PPO酶晶体结构底物结合腔的比较（上：底物结合腔体积大小的比较；下：底物结合腔表面电荷分布的比较，红色表示负电荷分布，蓝色表示正电荷分布，白色表示中性电荷分布）

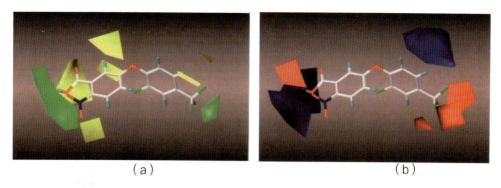

（a） （b）

彩图3-3-10 化合物acifluorfen［（a）中的绿色部分表示增加体积对活性有利，黄色部分表示减小体积对活性有利；（b）中的蓝色部分表示增加电正性对活性有利的区域，红色部分表示增加电负性对活性有利的区域］

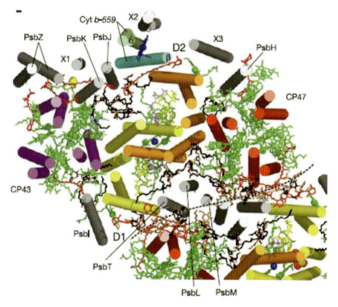

彩图 3-11-7 PSII单体全貌图

跨膜螺旋由圆柱体表示，反应中心亚基D1 (黄色) 和 D2 (橘色)，天线亚基CP43 (洋红色)和CP47 (红色)以及细胞色素b-559 (绿色和青色)。低分子量亚基为灰色，未给定的标注为X1~X3。附和因素为绿色(Chla)、黄色(Pheo)、红色(Car)、蓝色(血红素)、紫罗兰色(醌)、黑色(类脂)、棕色(净化而无归属的烷基链)；非血红素Fe2t(蓝色)和假定的Ca2t (黄色)；原子由球形表示，虚线表示单体分割线

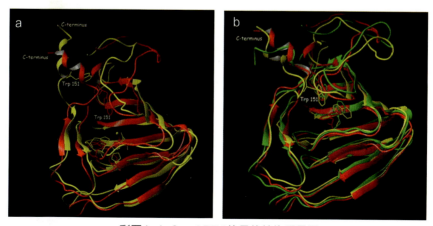

彩图4-1-2 ABP1的晶体结构重叠图

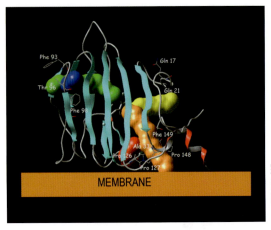

彩图4-1-3　Woo 等提出的生长素可能的进出通道口[最经常是PWA（橙）PWB（绿）和PWC（黄），很少有PWA2（红）及PWB2（蓝）的]

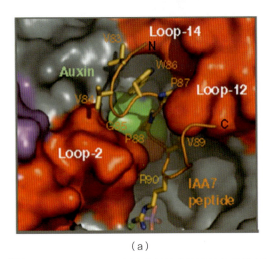

（a）

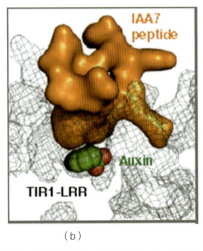

（b）

彩图4-1-6　Aux/IAA蛋白和已与TIR1结合的生长素结合的示意图（a）及TIR1-生长素-IAA7复合物的剖面图（b）

（a）中生长素为绿色，处于口袋的底部，高度卷曲的IAA7蛋白(橙色)在生长素的上部，TIR1的三个长的环区（红色）分别与IAA7以多个氨基酸残基相互作用；（b）可以看出生长素是填充在两个蛋白的空腔之间，TIR1的分子表面是以灰色的网格表示，IAA7及生长素分别以橙色和绿色表示

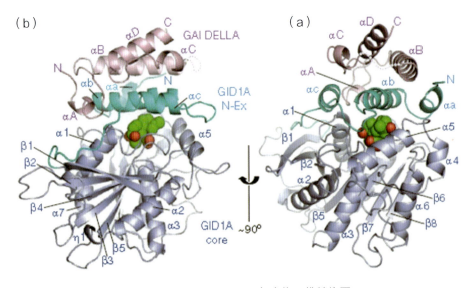

彩图4-2-2　GA₃-GID1A-DELLA复合物三维结构图

国家科学技术学术著作出版基金资助出版

MORDEN PESTICIDE CHEMISTRY

现代农药化学

杨华铮　　邹小毛　　朱有全　　等编著

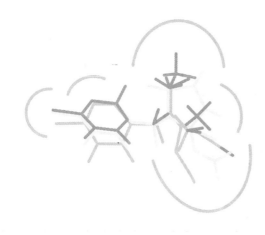

 化学工业出版社

·北京·

本书通过融合农药化学与生物学的知识，将现有农药品种分为杀虫杀螨剂、杀菌剂、除草剂和植物生长调节剂四篇，按其作用机制进行分类，从对其作用机制的理解出发，分别阐述了各类农药的发现、发展、特点、结构与活性的关系、合成方法及应用情况等，并从分子水平上研究、探讨了农药的作用与选择性。本书对新农药分子的合理设计和应用，包括对抗性的延缓甚至抑制提供了重要的参考作用。

　　本书可作为农药学专业的研究生和高年级本科生学习用书，也适合从事农药学研究的相关人员阅读。

图书在版编目（CIP）数据

现代农药化学/杨华铮，邹小毛，朱有全等编著.
—北京：化学工业出版社，2013.3
ISBN 978-7-122-16497-1

Ⅰ.①现…　Ⅱ.①杨…②邹…③朱…　Ⅲ.①农药-
应用化学　Ⅳ.①TQ450.1

中国版本图书馆 CIP 数据核字(2013)第 025745 号

责任编辑：刘　军　　　　　　　　　　　　文字编辑：刘志茹
责任校对：徐贞珍　　　　　　　　　　　　装帧设计：王晓宇

出版发行：化学工业出版社（北京市东城区青年湖南街 13 号　邮政编码 100011）
印　　刷：北京永鑫印刷有限责任公司
装　　订：三河市万龙印装有限公司
787mm×1092mm　1/16　印张 57¾　彩插 4　字数 1716 千字　2013 年 9 月北京第 1 版第 1 次印刷

购书咨询：010-64518888（传真：010-64519686）　售后服务：010-64518899
网　　址：http://www.cip.com.cn
凡购买本书，如有缺损质量问题，本社销售中心负责调换。

定　　价：198.00 元

本书编著人员名单

杨华铮　　邹小毛　　朱有全　　杨光富

胡方中　　任雪玲　　许　寒　　李华斌

序 一

　　杨华铮教授，博士生导师，在我国著名学府南开大学元素有机化学所工作达 50 多年。长期在我国农药学科承担繁重的教学与科研工作，曾以优异成绩创制具有自主知识产权的新农药 H－9201 等，出色地完成和承担了国家自然科学重点基金、国家攻关项目、博士点基金、各部委及天津市基金等数十项鉴定和十余项投产成果。在国内外核心期刊发表论文近 300 篇，悉心培养博士研究生近三十名、硕士研究生四十余名。她曾获得国家自然科学二等奖，教育部科技进步二等奖，天津市自然科学二等奖等多项荣誉。由于她的卓越业绩，曾荣获全国教育系统劳动模范、全国工会先进女职工、国务院特殊津贴获得者和天津市授衔专家等称号。

　　由于工作关系，我曾长期和杨教授共事，获益匪浅。在 1959—1962 年国内高校第一个专职研究所元素有机化学所筹备成立的过程中，在当时一些老教授的组织下，我们年轻教师被组织起来成立了有机二室，在当时比较困难的条件下为该所的成立做了一些基础工作。在 1962 年建所成功后，于 1985 年和 1995 年相继为南开大学申报成立元素有机化学国家实验室、农药国家工程研究中心和后来的农药化学国家重点学科的过程中，杨教授完成了大量书面材料和答辩材料。她认真负责、业务精通、论点清晰、文笔流畅，为当时元素有机所的几个新阶段的成功发展付出了汗马功劳。她负责当时我所的农药学科课程建设，积极编写教学大纲与教材，先后主讲了《高等有机合成》、《农药化学》、《农药分子设计》等课程，取得了很好的教学效果。她培养的很多优秀学子目前在国内外均成为科技骨干，在各自的岗位均作出了很好的成绩。在科研上她勇于开拓，第一个在国内开展了同源模建的计算机辅助设计工作，为我国新农药分子设计注入了新的思路和方法。多年来她在农药理论研究上给予了特别的关注，对提高我国农药科研理论水平也起了很大的推动作用。

　　还记得在 20 世纪 80 年代，她曾以访问学者的身份被教育部派往日本京都大学和国际著名的 T. Fujita 教授合作科研，在构效定量关系的研究方面取得日方师生的好评。我后来作为中国农药学会代表曾访问了该实验室，了解到杨教授在该实验室工作时刻苦研究的情况，获悉她除了要紧张进行合成工作外，还得亲自培养靶标蟑螂做细致的生物试验，深深感到任何科研工作获得点滴进展都要经过艰苦的磨炼。

　　杨教授在农药研究水平日益深入的基础上，在不同时期编写了《除草剂的作用方式》、《新农药的研究与开发》、《化工百科全书——除草剂》、《农药化学》、《有机中间体制备》、《农药化学》（院士科普丛书）、《以 ALS 为作用靶标的超高效除草剂研究》及《农药分子设计》等系列专业著作。最近她在总结近半个世纪农药科研领域积累的知识和心得的基础上，持之以恒，呕心沥血编写了这本《现代农药化学》。该书内容十分丰富新颖，涵盖了杀虫杀螨剂 14 章，杀菌剂 12 章，除草剂 13 章，植物生长调节剂 7 章。全书洋洋上百万字，全面总结了近年来国内外农药创制涉及各个领域的最新成就和进展，同时注重理论基础，对我国农药科技发展无疑是一本十分有价值的专业书籍。我国中长期科技发展纲要规划（2006—2020）中在优先发展领域中已将"新农药创制"作为今后的战略任务。由于新农药创制是一个系统工程，国际科技界公认所涉及的学科跨度大，投资巨，时间长，风险高。其难度可谓与新医药的创制难度相当。目前世界上能持续开展新农药创制工作的仅有 4 个发达国家。根据我国要在 2020 年建立一个创新性国家的远大目标，我们的奋斗目标是为我国建立能"持续创制具有自主知识产权的对环境友好的绿色农药"的创新体系。杨教授的新书出版为我国农药科技界的今后努力方向提供了及时的宝贵信息和帮助。在此特别愿意将此高质量的新书郑重地推荐给我国有关大学、研究单位，企业科技工作人员和研究生们阅读。让我们共同为我国的科技、教育现代化做出更大的贡献。

南开大学教授

中国工程院院士

于南开园 2012 年 12 月

序 二

所有进入农药学领域的人，都会惊叹农药涉及的范围之广，农药学涉及的学科之多、内容之前沿、深奥，超出了许多其他领域学者的想象。事实上，原因很简单，农药学解决的不仅仅是粮食供给和植物保护问题，它涉及的是人与生态的关系，需要回答的是，人与自然是相互支撑和需要，还是相互索取竭泽而渔。

人与生态关系可划分为五个境界：生存、功利、道德、信仰、天地。所谓天地，就是尊重规律和法则。如何在尊重自然的规律和法则，最大程度地满足民以食为天的需求，最大程度地保护自然的和谐平衡可持续发展，是农药学家们孜孜以求的奋斗目标。

在人类生存中，粮食和农业的基础性，决定了农业的成本必须控制在极低的水平，以满足所有人的粮食需要。这样，就带来一个副作用，即人们投入农药研究开发的经费，远远低于投入到医药研究的经费，进而导致人们喜欢在农药中开展短平快的应用性研究，而不愿对原理深究，因为那耗时、耗资、耗脑。

事实上，实用性只能解决一时之需，而原理的清晰和进步，可能带来全局、长远和更大范围的科学技术进步。通常的农药学著作和教材，往往从应用实体——化合物出发，论述其规律。我很欣喜地发现，我国著名的农药化学家杨华铮先生及其团队，从生物作用机理、分子设计原理出发，逻辑性、理性地阐述了各类农药的结构、功能、应用以及优缺点。此切入口，明显不同于以往的以强调操作为主、以化合物合成为核心的其他农药学著作。此一论述体系、编排方法和新颖的内容，对开阔教师、学生和产业领域研究人员的眼界，提高大家理性思考的水平和创新能力，具有重要意义。

杨华铮先生是我国著名的农药科学家，对我国农药的科研、教学和产业进步做出了重要贡献，培养了一大批杰出和优秀的年青农药科学家。她在长期不断为农药研究做奉献的同时，还抽出时间，著书立说，整理、提炼、升华农药学的基础理论和专业学科体系，其精神值得我们学习和敬佩。我和广大读者对杨华铮先生及其团队对农药科学做出的不懈努力和新的贡献，表示敬意和感谢！

新农药的研究已进入了超高活性和环境友好的绿色农药时代，本著作告诉我们，只有通过明晰农药与分子靶标间的相互作用，将生物学和化学有机结合，才能更好地推进新农药创制，才能真正实现"生物合理的"农药分子设计，进而立足于国际研究的前沿、热点和主流，为植物保护业、农药工业的发展做出新的贡献。

钱旭红

中国工程院院士，华东理工大学校长

2012 年 12 月 11 日

前 言 FOREWORD

农业是国民经济的基础，农药在农业现代化进程中具有十分重要的地位。据联合国粮农组织（FAO）统计，当前全球人口已达 70 亿，预计到 2050 年将达 90 亿以上。届时粮食增长的速度是否能满足人口增长的需要是世界性的问题。因此，如何才能生产出足够的粮食，以满足世界人口不断增长的需要，这是全球面临的一个严峻问题。据估计，粮食的生产必须以每年 1.5 % 的速度增长，才能满足人口增长对粮食的需求。同时，由于越来越严重的能源问题，将寄希望于生物燃料，这实际上也增加了粮食的消耗。世界各国以玉米、大豆、木薯等为主要原料制取生物酒精作为燃料。1998 年全球生物酒精的产量为 314.2 亿升，至 2007 年达 625.6 亿升，整整翻了一番；肉食品需求的增加也是粮食消耗的重要因素之一，如美国饲料占用粮总数的 63% 之多。此外，近年来，又有不少新的因素增加了全球粮食供应的紧张，如异常气候的频繁发生，沙漠化不断扩大，禽流感、疯牛病等新的家禽、家畜传染病的流行也导致不少粮食受损。从土地条件及水源考虑，全球耕地面积的极限为 8 亿公顷。由于单位面积产量的不断提高，全球粮食产量也从 1961 年的 8.77 亿吨，增至 2011 年的 23.23 亿吨。

农药是保障农业生产的战略物资，农药在农业现代化进程中所起的作用不可替代。进入 21 世纪后，世界各国倡导的主题是环境保护和持续发展，形势要求农药界一方面必须不断地研发对环境友好的超高效、安全、新颖的绿色农药以迎接挑战；另一方面必须不断地改造现有品种的工艺，创建绿色工艺，使之可持续发展；再者，如何延缓和避免农药品种日益增长的抗性困扰，也是亟待解决的问题。对于我国来说，近年农药产量虽已很高，但亟需具有我国自主知识产权的，对环境友好的高效农药新品种和新工艺。而新农药的创制—开发—产业化—田间应用，这是一项十分复杂的系统工程，各国同行公认其投资大、风险高、周期长，世界上仅有很少数科技先进国家才有此创制能力。因此，对我们来说，无论创制、生产和应用的人员，都必须具有较全面的新颖的知识，才能更好地完成所面临的任务。

农药学是一门十分深奥和奇妙的学科，涉及化学、生物学、农学、环境保护学、医学、化学工程和计算机、剂型和同位素等技术，是一项典型的理论实践紧密结合，各学科交叉渗透的高新技术。新农药创制的目标是寻找具有对环境友好的、最优越生物活性的复杂有机分子。要从人类已合成和将合成的数千万种有机分子的"汪洋大海"中找到初步具有生物活性分子，其概率不到 1%。而最后能开发成功达到商品化的优越生物活性分子的概率恐不会大于 0.01%。由此可见新农药创制工作具有很大的挑战性。传统的以化学合成为主要手段的生物活性随机筛选方法，以其低效率及耗费巨资的弊端而无法适应当前新农药创制的需要。同时，农药中的"绿色性"内涵日益加深，对环境友好包含有维护生态环境，提出农药的高效、高选择性，从而达到对有害生物的调控，对人及有益生物的保护，对地球环境（包括大气、土壤）的无污染性。农药及其生产的"绿色性"要求，已经形成 21 世纪农药研究的时代特征。而随着基础研究水平的不断进步，农药开发水平越来越高，超高效、高附加值和对环境安全的新农药品种正在不断出现。新农药的研究已进入开发超高活性及环境友好产品的时代。通过探讨农药与作用靶标间的相互作用来开展新农药创制的"生物合理的"

农药分子设计策略正成为新的研究热点和主流，同时对已应用的农药品种生物化学基础的认识也在不断提高，这对于农药进入"绿色化"时代具有重要的意义。

通过几代人的努力，在各级领导关怀和支持下，我国农药领域研究队伍不断扩大，研究水平不断提高，目前已形成一定规模的跨学科研究队伍，在国际上逐渐形成一定的影响力。同时有一大批高等院校设有相关的专业和学科，也在积极地开展农药的教学与研究工作。

鉴于农药与化学及生物学基础关系密切，从农药分子的作用机制的理解出发，从分子水平上研究探讨农药的作用及选择性，可能对新农药分子的合理设计和应用，包括对抗性的延缓甚至抑制提供重要的参考作用。本书的目的是希望融合农药化学与生物学的知识，对现有的农药品种按其作用机制来分类，从其共同的作用机制出发，来阐述各类农药的发现、发展、特点、结构与活性的关系、合成方法及应用情况等。希望从另一个角度对学习和研究者提供信息，能借此拓展思路，从而发挥更大的创造力。希望本书将对有关专业的大学生和研究者有一定的参考价值，使我们能在我国新农药的持续性发展中贡献一点微薄之力。

本书分杀虫杀螨剂、杀菌剂、除草剂和植物生长调节剂四篇，它的完成得到了李正名院士、沈寅初院士、钱旭红院士、陈万义教授及张一宾教授的鼓励与支持，在此对他们表示深深的谢意。本书是历届在我研究室攻读博士学位的杨光富教授、邹小毛教授、朱有全副教授、胡方中副教授、任雪玲副教授、许寒博士、李华斌博士及华中师范大学的朱晓磊副教授，戢风琴博士的共同努力下完成的。他们在本书的编写过程中付出了大量辛勤的劳动。另外，书稿整理中，刘慧君在本书农药化合物核对与结构通用名称规范、格式体例编排及化合物编号方面做了大量的工作，在此深表感谢。需要说明的是，文中图片中彩图也按章节顺序做了排序，以彩色插图形式放在正文前。

感谢国家重点基础研究发展计划（973计划）NO 2010 CB126103 的支持。

南开大学元素有机化学研究所是我国最早从事农药化学研究与教学的单位之一，农药学也是元素有机化学国家重点实验室的主要研究方向之一。长期以来，我们在她的领导与关怀下，逐渐成长。现正值元素有机化学研究所成立五十周年之际，谨以此书作为我们的献礼！

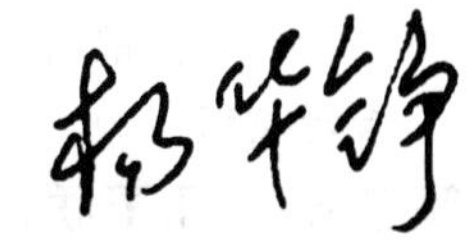

杨华铮

2012 年 11 月

目 录
CONTENTS

第一篇　杀虫剂与杀螨剂　001

第一章　昆虫生长调节剂 / 2
第一节　蜕皮激素类似物 / 2
一、双酰肼类昆虫生长调节剂 / 3
二、双酰肼类昆虫生长调节剂的作用机理及构效关系研究 / 5
三、主要品种 / 8
第二节　保幼激素类 / 11
一、保幼激素类似物 / 11
二、具保幼激素活性的昆虫生长调节剂 / 12
三、植物源保幼激素活性化合物 / 16
四、保幼激素对昆虫的生物活性 / 16
五、保幼激素的作用机制 / 17
第三节　昆虫生长调节剂在农业害虫防治中的重要意义 / 17
第四节　昆虫生长调节剂存在的问题与应用前景 / 18
参考文献 / 18

第二章　几丁质合成抑制剂 / 22
第一节　几丁质合成酶 / 22
第二节　几丁质的生物合成 / 23
第三节　几丁质合成酶抑制剂 / 24
一、苯甲酰脲类 / 24
二、(硫)脲异(硫)脲类似物 / 35
三、噻二嗪类 / 37
四、三嗪(嘧啶)胺类 / 38
参考文献 / 39

第三章　呼吸作用抑制剂 / 42
第一节　昆虫的呼吸链及杀虫剂靶位 / 42
第二节　复合物Ⅰ抑制剂(MET-Ⅰinhibitor)—NADH脱氢酶抑制剂 / 44
一、主要品种 / 44
二、代谢作用 / 51
三、抗性问题 / 52
第三节　复合物Ⅲ抑制剂 / 52

一、主要品种 / 53
二、代谢作用 / 55
第四节　氧化磷酸化抑制剂 / 55
一、ATP合成酶 / 55
二、ATP合成酶抑制剂主要种类 / 56
第五节　解偶联剂——溴虫腈(chlorfenapyr) / 61
参考文献 / 65

第四章　脂类合成抑制剂 / 67
第一节　螺螨酯和螺甲螨酯 / 67
第二节　螺虫乙酯 / 69
第三节　其他季酮酸衍生物 / 72
一、呋喃-2-酮类 / 72
二、吡咯-2-酮类 / 74
三、噻吩-2-酮类 / 75
四、环戊-2-烯酮类 / 76
五、六元环酮-烯醇衍生物 / 76
参考文献 / 77

第五章　乙酰胆碱酯酶抑制剂 / 79
第一节　乙酰胆碱酯酶 / 79
一、乙酰胆碱酯酶的动力学机制 / 79
二、乙酰胆碱酯酶的晶体结构 / 80
三、乙酰胆碱酯酶抑制剂的作用机制 / 81
第二节　有机磷杀虫剂 / 82
一、有机磷杀虫剂的种类 / 83
二、有机磷杀虫剂的化学性质 / 84
三、有机磷杀虫剂的作用机制 / 85
四、有机磷杀虫剂的代谢 / 86
五、有机磷杀虫剂的主要品种 / 93
第三节　氨基甲酸酯类杀虫剂 / 118
一、活性化合物的发现及发展 / 119
二、作用机制 / 122
三、结构类型 / 124
四、结构与活性的关系 / 140

参考文献 / 145

第六章　烟碱乙酰胆碱受体激动剂 / 147
第一节　烟碱乙酰胆碱受体 / 147
第二节　新烟碱类杀虫剂 / 149
　一、作用机制 / 149
　二、活性化合物的发现与发展 / 151
　三、主要品种 / 154
　四、结构与活性的关系 / 160
　五、活性衍生物及其发展趋势 / 161
第三节　多杀菌素类杀虫剂 / 165
　一、多杀菌素的结构与性质 / 165
　二、多杀菌素的作用机制 / 166
　三、结构修饰 / 167
　四、spinetoram（DE-175） / 171
　五、多杀菌素的生物合成 / 171
　六、多杀菌素的发酵生产 / 173
第四节　沙蚕毒素类杀虫剂 / 174
　一、作用机制 / 174
　二、结构特点与合成 / 175
　三、主要品种 / 176
参考文献 / 179

第七章　调节氯离子通道的杀虫剂 / 180
第一节　配体门控氯离子通道 / 180
　一、γ-氨基丁酸配位门氯离子通道 / 181
　二、谷氨酸配体门控氯离子通道 / 182
第二节　历史上以 GABA 受体作为靶标的
　　　　杀虫剂及化合物 / 182
　一、非竞争性拮抗剂标记物 / 182
　二、六六六 / 183
　三、环戊二烯类 / 184
第三节　氟虫腈类杀虫剂 / 186
第四节　阿维菌素 / 191
第五节　依维菌素 / 195
第六节　甲氨基阿维菌素苯甲酸盐 / 195
第七节　弥拜菌素 / 198
参考文献 / 202

第八章　电压门控钠离子通道阻断剂 / 205
第一节　电压门控钠离子通道 / 205
第二节　茚虫威 / 206
　一、发现过程 / 206
　二、结构与活性关系 / 209
　三、前药的设计及其作用机制 / 209
　四、茚虫威的合成方法 / 211
　五、茚虫威的抗药性 / 214

第三节　氰氟虫腙 / 214
　一、发现过程 / 215
　二、作用机制 / 215
第四节　滴滴涕（DDT）类杀虫剂 / 216
　一、DDT / 216
　二、甲氧基滴滴涕 / 217
第五节　拟除虫菊酯杀虫剂 / 218
　一、作用机制 / 219
　二、活性化合物的发现及发展 / 219
　三、拟除虫菊酯的合成 / 225
　四、主要品种 / 240
　五、结构与活性的关系 / 247
参考文献 / 250

第九章　微生物破坏昆虫中肠细胞膜 / 252
第一节　苏云金芽孢杆菌 / 252
　一、杀虫晶体蛋白 / 253
　二、Vips 蛋白 / 255
　三、Zwittermicin A / 256
　四、抗性问题 / 256
第二节　球形芽孢杆菌制剂 / 257
　一、Bin 毒素 / 257
　二、Mtx 毒素 / 258
第三节　日本金龟子芽孢杆菌 / 258
参考文献 / 259

第十章　章鱼胺拮抗剂 / 260
第一节　章鱼胺 / 260
第二节　章鱼胺激活剂的结构与活性的关系 / 262
第三节　主要品种 / 263
参考文献 / 265

第十一章　影响钙平衡的杀虫剂 / 267
第一节　鱼尼丁 / 267
第二节　鱼尼丁受体的结构与功能 / 268
第三节　氟虫酰胺及氯虫酰胺等杀虫剂的
　　　　作用机制 / 269
第四节　氟虫酰胺 / 270
　一、发现历程与构效关系 / 271
　二、合成方法 / 272
　三、生物活性 / 273
第五节　氯虫酰胺 / 275
　一、发现及构效关系 / 275
　二、合成方法 / 278
　三、生物活性 / 278
第六节　氰虫酰胺 / 279
第七节　其他各类正在研究的化合物 / 279

参考文献 / 283

第十二章　取食阻断剂 / 285
第一节　吡蚜酮 / 285
第二节　pyrifluquinazon / 289
第三节　氟啶虫酰胺 (flonicamid) / 290
参考文献 / 293

第十三章　作用机制尚未确定的杀虫剂与杀螨剂 / 294
第一节　啶虫丙醚 / 294
一、发现及优化过程 / 294
二、合成方法及性质 / 296
三、杀虫活性及应用 / 296
四、作用机制 / 297
第二节　联肼威 (bifenazate) / 298
一、发现及其构效关系 / 298

二、合成方法及性质 / 299
三、作用机制 / 299
四、生物活性 / 299
第三节　灭螨猛 / 300
一、合成方法及性质 / 300
二、生物活性 / 300
第四节　其他杀虫、杀螨剂 / 300
一、苯螨特 / 300
二、乙螨唑 / 301
三、噻螨酮 / 302
参考文献 / 303

第十四章　土壤熏蒸剂 / 304
第一节　有机化合物 / 304
第二节　无机化合物类 / 307
参考文献 / 308

第二篇　杀菌剂　309

第一章　核酸合成抑制剂 / 310
第一节　RNA聚合酶Ⅰ抑制剂 / 310
一、RNA聚合酶Ⅰ的生物学功能 / 310
二、苯基酰胺类杀菌剂 / 311
三、作用机理 / 318
四、抗性机制 / 318
五、活性测定方法 / 318
第二节　腺苷脱氨酶抑制剂 / 319
一、腺苷脱氨酶生物作用 / 319
二、腺苷脱氨酶抑制剂 / 320
三、腺苷脱氨酶活性测定方法 / 321
第三节　DNA拓扑异构酶Ⅱ抑制剂 / 322
第四节　核酸合成抑制剂 / 323
参考文献 / 325

第二章　细胞分裂抑制剂 / 327
第一节　微管蛋白 / 327
第二节　苯并咪唑类杀菌剂 / 328
一、作用机制 / 329
二、生物活性 / 329
三、代谢与降解 / 329
四、主要品种 / 330
第三节　乙霉威 / 333
第四节　苯菌酰胺 / 333
一、作用位点 / 334
二、发现及其结构与活性的关系 / 334
三、合成方法 / 335

四、生物活性 / 335
第五节　氰菌胺与噻唑菌胺 / 336
第六节　戊菌隆 / 336
一、发现过程及结构与活性关系 / 337
二、合成方法 / 337
三、作用机制与生物活性 / 337
四、毒性与代谢 / 338
参考文献 / 339

第三章　真菌的呼吸作用抑制剂 / 341
第一节　复合物Ⅲ抑制剂 / 341
一、甲氧基丙烯酸酯类 / 341
二、其他复合物Ⅲ抑制剂 / 358
第二节　复合物Ⅱ抑制剂——琥珀酸脱氢酶抑制剂 / 359
一、琥珀酸脱氢酶的结构与功能 / 360
二、抑制剂的结构与活性 / 360
三、代谢作用 / 360
四、主要品种 / 362
第三节　复合物Ⅰ抑制剂——NADH抑制剂 / 364
一、氨基烷基嘧啶类衍生物 / 364
二、其他先导化合物 / 365
第四节　氧化磷酸化作用的解偶联剂 / 366
参考文献 / 368

第四章　氨基酸和蛋白质合成抑制剂 / 370
第一节　蛋氨酸生物合成抑制剂 / 370

一、蛋氨酸的生物合成途径 / 370
二、苯氨基嘧啶类化合物 / 371
三、抗性问题 / 377
第二节　蛋白质合成抑制剂 / 377
一、蛋白质的生物合成过程及作用靶点 / 377
二、抑制蛋白质合成的抗生素 / 378
三、抗生素代表品种 / 380
四、有关抗生素的抗性问题 / 388
参考文献 / 389

第五章　信号转导抑制剂 / 390
第一节　HOG-MAPK 通路抑制剂 / 390
一、HOG-MAPK 信号通路 / 390
二、HOG-MAPK 抑制剂 / 391
三、作用机制 / 394
第二节　G 蛋白信号通路抑制剂 / 396
一、G 蛋白信号通路及抑制机理 / 396
二、G 蛋白信号通路抑制剂——
苯氧喹啉 / 397
参考文献 / 398

第六章　脂质和膜合成抑制剂 / 400
第一节　磷脂生物合成抑制剂（甲基
转移酶）/ 401
一、磷脂生物合成途径 / 401
二、抑制机理及抗性机制 / 401
三、主要品种 / 403
第二节　脂质过氧化作用抑制剂 / 404
一、脂质过氧化作用 / 404
二、作用机理及抗性机制 / 404
三、二甲酰亚胺类抑制剂分子设计与构效
关系 / 406
四、主要品种 / 408
参考文献 / 413

第七章　麦角甾醇类生物合成抑制剂 / 415
第一节　麦角甾醇 / 415
第二节　C₁₄ 脱甲基化抑制剂 / 417
一、发现过程 / 417
二、作用机制 / 418
三、结构与活性关系 / 419
四、C₁₄ 脱甲基抑制剂的立体化学 / 422
五、C₁₄ 脱甲基抑制剂的副作用 / 423
六、主要品种 / 423
第三节　第二类甾醇生物合成抑制剂——
胺类 / 447
一、胺类抑制剂的生物靶标与分子设计 / 447

二、主要品种 / 449
第四节　第三类固醇生物合成抑制剂 / 453
第五节　第四类甾醇生物合成抑制剂 / 455
参考文献 / 455

第八章　干扰葡聚糖的合成 / 459
第一节　海藻糖酶抑制剂 / 459
一、天然海藻糖酶抑制剂 / 459
二、有效霉素（井冈霉素）/ 461
第二节　几丁质合成酶抑制剂 / 465
一、多氧霉素 / 466
二、尼可霉素 / 468
三、新多氧霉素 / 469
参考文献 / 470

第九章　黑色素生物合成抑制剂 / 471
第一节　真菌细胞壁的黑色素 / 471
第二节　黑色素的生物合成途径 / 472
第三节　黑色素生物合成抑制剂 / 473
第四节　还原酶抑制剂 / 473
一、作用机制 / 473
二、主要品种 / 475
第五节　小柱孢酮脱水酶抑制剂 / 478
一、作用机制 / 478
二、新小柱孢酮脱水酶抑制剂的分子设计 / 479
三、主要品种 / 483
第六节　多聚乙酰合成酶抑制剂 / 487
参考文献 / 488

第十章　植物抗病激活剂 / 490
第一节　植物抗病激活剂的作用机制 / 490
第二节　主要品种 / 491
参考文献 / 499

第十一章　多作用位点杀菌剂——广谱
性叶面保护剂 / 500
第一节　无机杀菌剂 / 500
第二节　有机杀菌剂 / 502
参考文献 / 510

第十二章　未知作用机制的杀菌剂 / 512
第一节　用于白粉病的杀菌剂 / 512
第二节　对卵菌纲有效的新杀菌剂 / 516
一、羧酸酰胺类化合物 / 516
二、氟啶酰菌胺（fluopicolide）/ 529
三、噻唑菌胺（ethaboxam）/ 530
第三节　其他未知作用的杀菌剂 / 531
参考文献 / 535

第一章 生长素类除草剂 / 540

第一节 苯氧羧酸类化合物 / 540

一、苯氧羧酸类化合物的发现 / 540

二、主要品种 / 542

三、结构与活性关系 / 544

四、作用机制 / 545

五、药害症状 / 546

六、降解 / 546

七、安全应用技术 / 549

第二节 苯甲酸及其衍生物 / 549

一、合成方法及其化学性质 / 550

二、作用机制及选择性 / 554

三、降解与代谢 / 555

参考文献 / 557

第二章 乙酰羟酸合成酶抑制剂 / 559

第一节 AHAS 的生物学功能 / 559

第二节 AHAS 的三维结构及其与除草剂的相互作用 / 560

第三节 AHAS 抑制剂的分类 / 563

一、磺酰脲类 / 563

二、咪唑啉酮类 / 579

三、三唑并嘧啶类 / 583

四、嘧啶（氧）硫苯甲酸类 / 586

五、磺酰胺羰基三唑酮类 / 590

第四节 AHAS 抑制剂的结构与活性关系研究 / 591

第五节 杂草对 AHAS 抑制剂的抗性发展 / 593

第六节 新型 AHAS 酶抑制剂的分子设计 / 595

参考文献 / 596

第三章 原卟啉原氧化酶抑制剂 / 598

第一节 原卟啉原氧化酶的结构与功能 / 598

第二节 原卟啉原氧化酶与其抑制剂复合物的晶体结构 / 599

第三节 原卟啉原氧化酶抑制剂的作用机制 / 601

第四节 原卟啉原氧化酶抑制剂 / 602

一、二苯醚类（DPE）/ 602

二、1-杂环基-2，4，5-三取代苯类 / 606

第五节 结构与活性的关系 / 613

一、二苯醚类构效关系研究 / 613

二、1-杂环-2，4，5-三取代苯类的 QSAR 研究 / 615

三、PPO 酶抑制剂的分子相似性研究 / 616

第六节 主要品种 / 619

参考文献 / 626

第四章 八氢番茄红素脱氢酶抑制剂 / 630

第一节 八氢番茄红素脱氢酶的功能及其抑制剂生物活性的测定方法 / 630

第二节 八氢番茄脱氢酶抑制剂的种类与构效关系 / 631

一、取代四氢嘧啶酮（环状脲）类 / 631

二、苯基吡啶酮类衍生物 / 632

三、2，6-二苯基吡啶类 / 633

四、二苯基吡咯烷酮类 / 633

五、3-三氟甲基-1，1′-联苯衍生物 / 635

六、取代嘧啶类 / 637

第三节 主要品种 / 639

参考文献 / 644

第五章 对羟基苯基丙酮酸双氧化酶抑制剂 / 647

第一节 HPPD 酶的结构与生物学功能 / 647

一、HPPD 的分布与蛋白质浓度的测定 / 647

二、HPPD 在动植物体内的作用 / 648

三、HPPD 的晶体结构 / 649

第二节 HPPD 抑制剂的结构类型与品种发展 / 652

一、三酮类 HPPD 抑制剂的发现 / 652

二、三酮类抑制剂的构效关系 / 653

三、HPPD 抑制剂的研究进展 / 661

四、主要品种 / 665

参考文献 / 675

第六章 芳香氨基酸合成抑制剂 / 680

第一节 芳香族氨基酸的生物合成 / 680

第二节 EPSPS 的结构与功能 / 680

第三节 草甘膦的生物活性 / 682

第四节 草甘膦的作用机制 / 683

第五节 草甘膦合成工艺 / 684

一、甘氨酸法（亚磷酸二烷基酯法）/ 684

二、亚氨基二磷酸法 / 685

第六节 以 EPSPS 为靶标的新型抑制剂的研制 / 686

第七节　草甘膦的抗性问题 / 687

参考文献 / 690

第七章　谷氨酰胺合成酶抑制剂 / 694

第一节　植物的氮代谢 / 694

第二节　谷氨酰胺合成酶在植物代谢中的
作用 / 695

第三节　谷氨酰胺合成酶抑制剂 / 696

参考文献 / 699

第八章　影响细胞分裂的除草剂 / 702

第一节　细胞的有丝分裂 / 702

第二节　影响细胞有丝分裂除草剂的作用
机制 / 703

第三节　二硝基苯胺类 / 705

一、二硝基苯胺类除草剂的种类与性能 / 705

二、主要品种 / 708

第四节　硫代磷酰胺酯类 / 713

第五节　氨基甲酸酯类 / 715

第六节　苯甲酸衍生物类 / 716

第七节　吡啶类 / 717

参考文献 / 718

第九章　极长链脂肪酸合成抑制剂 / 720

第一节　氯乙酰胺类除草剂作用机制的
探索 / 720

第二节　极长链脂肪酸抑制剂的作用机制 / 721

第三节　氯代乙酰胺类除草剂 / 723

第四节　芳氧酰胺类除草剂 / 725

第五节　四唑啉酮类除草剂 / 728

第六节　其他类除草剂 / 729

参考文献 / 730

第十章　乙酰辅酶 A 羧化酶抑制剂 / 733

第一节　乙酰辅酶 A 羧化酶（ACCase） / 733

一、乙酰辅酶 A 羧化酶的生物学特征 / 733

二、乙酰辅酶 A 羧化酶在脂肪酸合成中的
作用 / 735

三、乙酰辅酶 A 羧化酶作为除草剂靶标 / 736

四、ACCase 酶的晶体结构 / 736

第二节　芳氧苯氧丙酸酯类（APP）抑
制剂 / 740

一、主要品种 / 740

二、结构与活性关系 / 743

三、合成方法 / 744

第三节　肟醚类环己二酮类（CHD）抑
制剂 / 745

一、主要品种 / 745

二、结构与活性关系 / 747

三、合成方法 / 747

第四节　芳氧苯基环己二酮（APCHD）类
抑制剂 / 748

第五节　环三酮类（CTR）抑制剂 / 749

第六节　2-芳基-1，3-二酮类抑制剂（AD） / 750

第七节　ACCase 抑制剂的抗性与机制 / 752

参考文献 / 755

第十一章　光合系统中电子传递抑制
剂 / 758

第一节　光系统Ⅰ / 759

一、PSⅠ的发现和结构 / 759

二、PSⅠ的除草剂品种 / 760

第二节　光系统Ⅱ / 762

一、PSⅡ电子传递抑制剂的作用机制 / 763

二、PSⅡ电子传递抑制剂受体 D1 蛋白结构 / 764

三、D1 蛋白与 PSⅡ电子传递抑制剂结合位点 / 767

四、光合作用光系统 PSⅡ 电子传递抑制剂的
分类 / 770

五、光合作用系统Ⅱ电子传递抑制型除草剂的
抗性 / 798

参考文献 / 799

第十二章　其他作用机制 / 805

第一节　植物细胞壁纤维素合成抑制剂 / 805

一、纤维素合成酶系 / 805

二、纤维素的生物合成 / 807

三、主要品种 / 808

第二节　二氢叶酸合成抑制剂 / 810

参考文献 / 811

第十三章　除草剂安全剂 / 813

第一节　引言 / 813

第二节　除草剂安全剂类型和应用 / 816

一、除草剂安全剂类型 / 816

二、除草剂安全剂的应用 / 816

第三节　除草剂安全剂的作用机制 / 817

一、安全剂对除草剂吸收和输导的作用 / 817

二、安全剂对除草剂在植物体内代谢降解的
影响 / 818

三、安全剂与除草剂受体和靶标位点之间的
关系 / 820

第四节　主要品种 / 822

第五节　除草剂安全剂的未来 / 827

参考文献 / 828

第一章　生长素 / 832

第一节　生长素的生物功能 / 833

第二节　生长素受体 / 836

一、生长素结合蛋白（ABP1） / 836

二、运输抑制剂响应蛋白（TIR1） / 837

第三节　生长素的结构与活性的关系 / 840

第四节　人工合成的生长素类似物 / 841

一、人工合成生长素在农业生产中的主要功能 / 841

二、主要品种 / 841

参考文献　 / 844

第二章　赤霉素 / 846

第一节　赤霉素的特性 / 846

第二节　赤霉素的生物合成 / 847

第三节　赤霉素受体 / 849

第四节　赤霉素的生理效应 / 850

第五节　邻苯二甲酰亚胺衍生物 / 852

参考文献　 / 853

第三章　细胞分裂素 / 855

第一节　细胞分裂素的分类 / 855

第二节　细胞分裂素的生物合成 / 856

第三节　细胞分裂素的代谢与受体 / 858

第四节　细胞分裂素的生理功能 / 858

第五节　细胞分裂素在农业上的应用 / 859

第六节　腺嘌呤类细胞分裂素 / 860

第七节　脲类细胞分裂素 / 862

参考文献　 / 865

第四章　脱落酸 / 867

第一节　脱落酸的化学结构与性质 / 867

第二节　脱落酸的生理功能 / 868

第三节　脱落酸的生物合成 / 869

第四节　脱落酸的代谢 / 869

第五节　脱落酸的全合成 / 870

参考文献　 / 873

第五章　乙烯 / 875

第一节　乙烯的生物合成 / 875

第二节　人工合成的乙烯释放剂 / 877

第三节　乙烯受体抑制剂 / 878

参考文献　 / 879

第六章　芸苔素甾醇类 / 880

第一节　化学结构与分布 / 880

第二节　生物合成及代谢 / 882

第三节　信号传导作用 / 884

第四节　生理功能 / 885

第五节　在农业上的应用 / 886

第六节　合成方法 / 886

第七节　提取方法 / 887

第八节　生物合成抑制剂及增效剂 / 888

参考文献　 / 888

第七章　植物生长调节剂 / 891

第一节　植物生长抑制剂 / 891

第二节　植物生长延缓剂 / 893

一、植物生长延缓剂的种类 / 893

二、植物生长延缓剂的作用机制 / 895

三、植物生长延缓剂对植物生长发育的影响 / 897

四、植物生长延缓剂在实际中的应用 / 898

五、主要品种 / 898

第三节　植物生长促进剂 / 905

参考文献　 / 906

第一篇

Part 01

杀虫剂与杀螨剂

现代农药化学

XIANDAI NONGYAO HUAXUE

第一章
昆虫生长调节剂

昆虫生长调节剂（insect growth regulators，IGRs）是昆虫脑激素、保幼激素和蜕皮激素的类似物以及几丁质合成抑制剂等对昆虫的生长、变态、滞育等主要生理现象有重要调控作用的各类化合物的通称。昆虫生长调节剂并不是快速杀死昆虫，而是通过干扰昆虫的正常生产发育来减轻害虫对农作物的为害。昆虫激素类似物选择性高，一般不会引起抗性，且对人、畜和天敌安全，能保持正常的自然生态平衡而不会导致环境污染，是生产无公害农产品，尤其是无公害瓜果蔬菜产品应该优先选用的药剂。因此，可以认为昆虫生长调节剂是指以破坏昆虫正常生长发育或生殖作用最终达到抑虫目的的化合物。它的杀虫作用一般都较缓慢，但能较长时期地抑制害虫种群，由此，IGRs 也称为抑虫剂（insectostic chemical）。这类化合物的杀虫机制复杂，无论在害虫综合治理中的应用还是在昆虫毒理学机制的研究中，都引起人们的兴趣。

1967 年，Williams 提出以保幼激素（juvenile hormone，JH）及蜕皮激素（molting hormone，MH）为主的作为 IGRs 第三代杀虫剂。赵善欢认为 IGRs 应包括保幼激素（JH）、蜕皮激素（MH）及其类似物、抗保幼激素（JH）、几丁质合成抑制剂、植物源次生物的拒食剂、昆虫源信息素、引诱剂等干扰害虫行为及抑制生长发育特异性作用的缓效型"软农药"，从而拓宽了 IGRs 的范畴。由于应用此类药剂有利于无公害绿色食品生产，符合人们保护生态要求，曾一度受到人们的关注，并进行开发研究。后因第二代有机合成杀虫剂（有机磷类、氨基甲酸酯类和拟除虫菊酯类杀虫剂）能高效、经济地防治害虫，致使 IGRs 步入低谷。但随着"农药万能论"思潮的蔓延，抗性（resistance）、再度猖獗（resurgence）、残留（residue）等"3R"不断加剧，人们对农药的概念又从"杀生物剂"转向寻找"生物合理农药"（biorational pesticides）或"环保和谐农药"的新型杀虫剂，IGRs 重新得到人们的重视。尤其是 1995 年 Fresco 在第三届国际植保大会（IPPC）上提出"从植物保护到保护农业生产系统"后，IGRs 已成为全球农药研究与开发重点领域之一，研究成功的实用化种类源源而出。

昆虫生长调节剂根据其作用方式以及化学结构的不同主要分为几丁质合成抑制剂、蜕皮激素类似物和保幼激素类似物三大类。昆虫几丁质合成抑制剂在后一章中有详细介绍，这里主要介绍后两类。

第一节　蜕皮激素类似物

拟蜕皮激素是模拟由昆虫前胸腺分泌的、可引起幼虫蜕皮、促进变态的蜕皮激素类似物。至 20 世纪 70 年代末期，人们已从昆虫体中鉴定出 10 多种蜕皮激素（见图 1-1-1），但由于提取困难，价格昂贵，且结构复杂，不易人工合成，所以相对来说，这类昆虫生长调节剂的研究比较缓慢，开发并工业化的品种并不很多。从目前开发的情况来看，属于拟蜕皮激素的昆虫生长调节剂品种均为双酰肼类化合物。由于其独特的作用方式和高度的安全性，这类化合物的开发受到国内外农药研究工作者越来越多的关注。

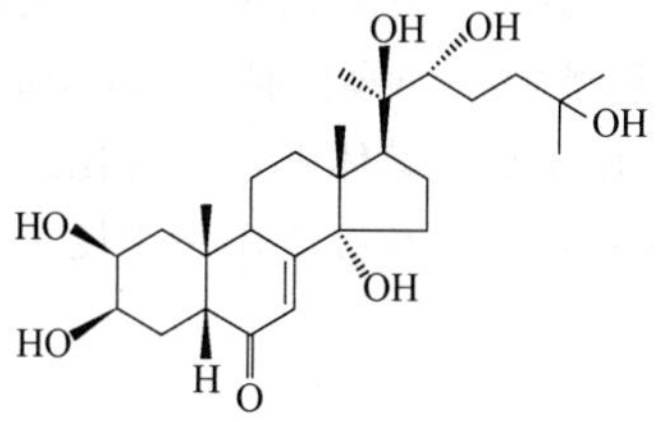

20-羟基蜕皮素(20-hydroxy-ecdysone)

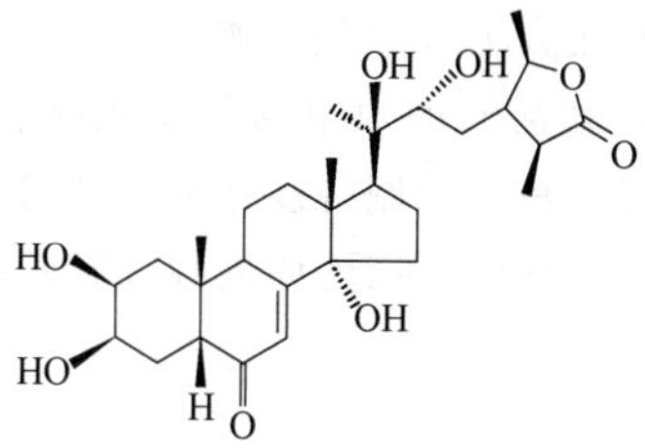

casterone

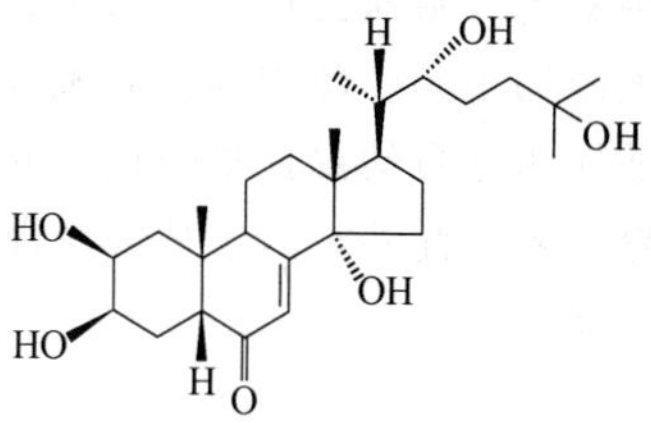

ecdysone

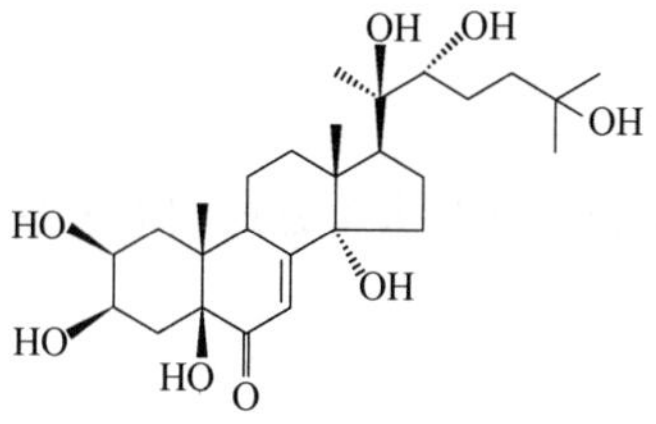

polypodine B

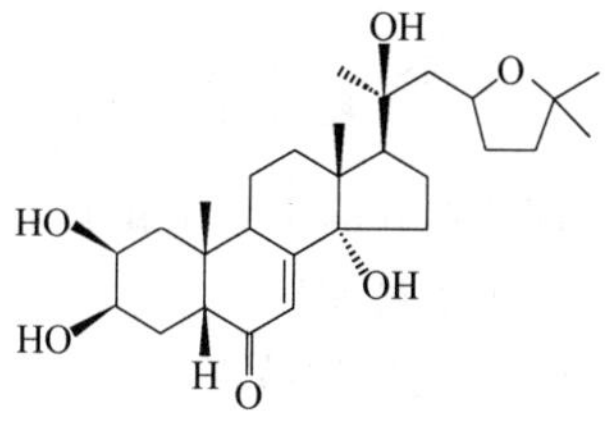

shidasterone

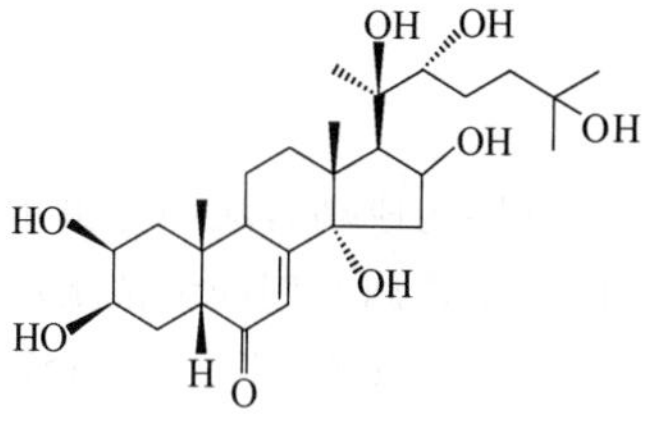

malacosterone

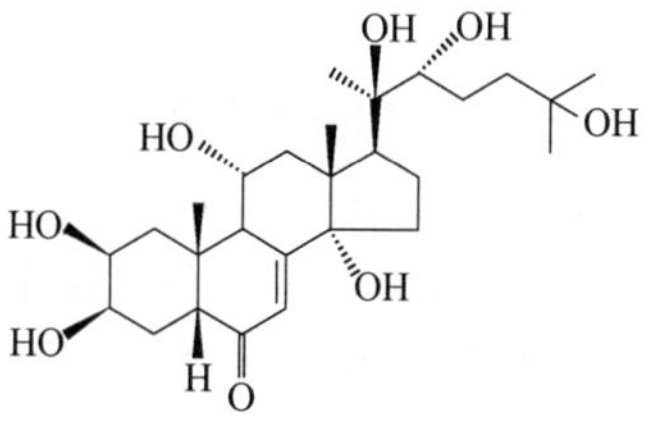

turkesterone

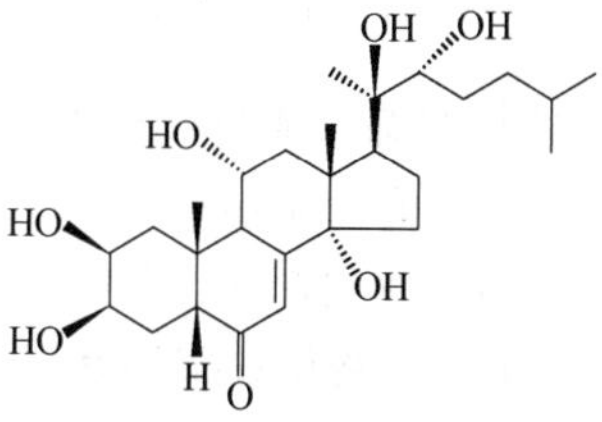

muristerone

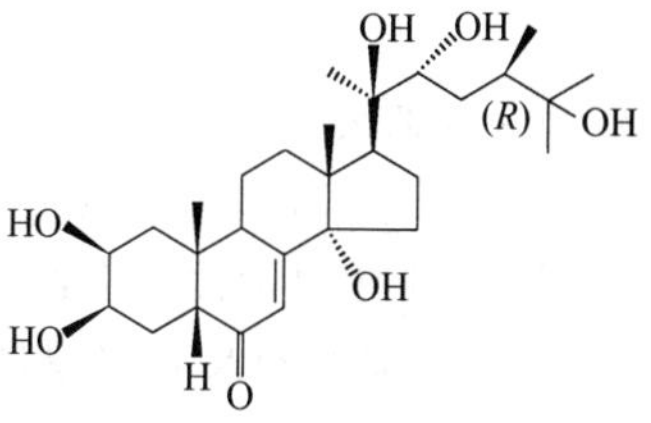

makisterone A

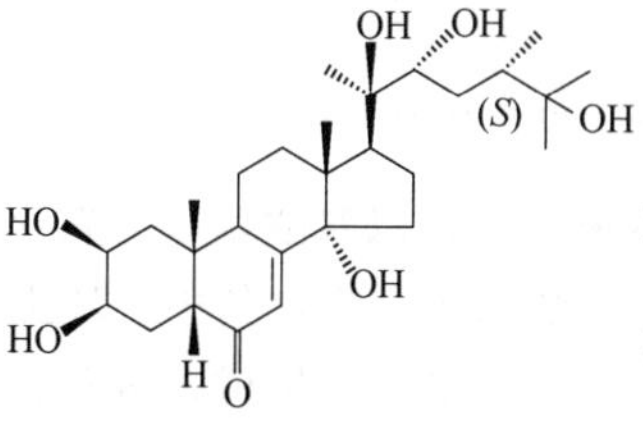

24-epi-makisterone

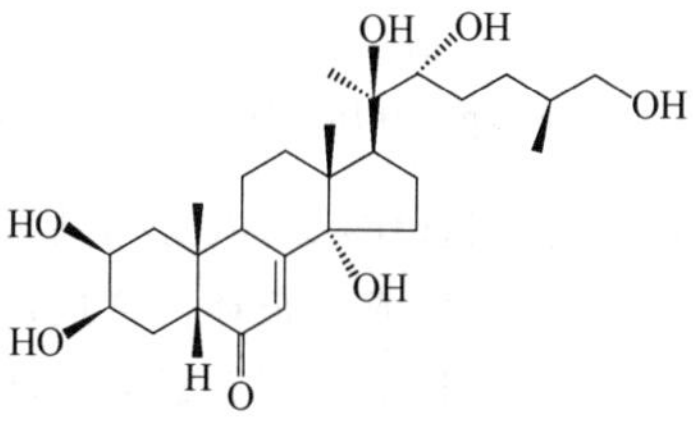

inokosterone

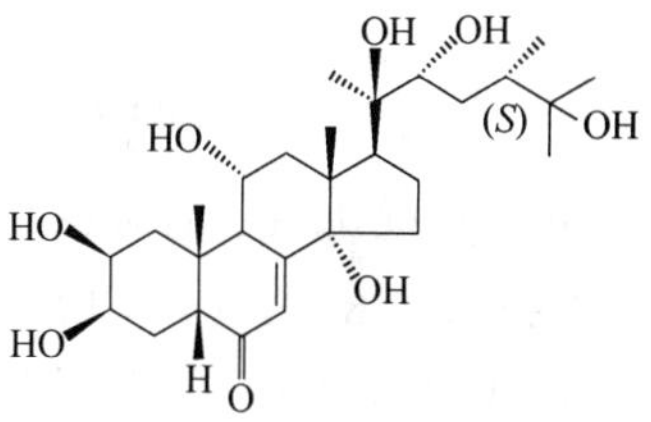

25-OH-atrotosterone A

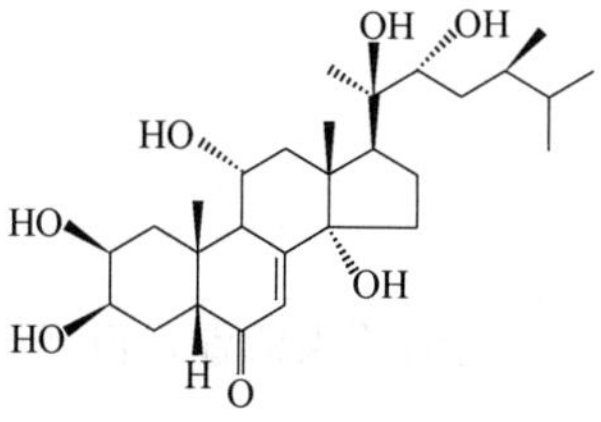

atrotosterone A

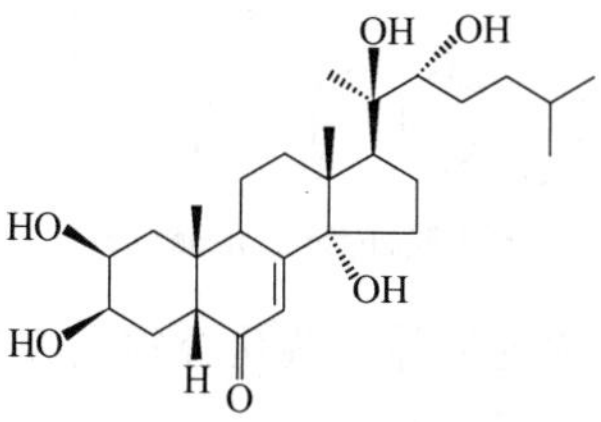

ponasterone A

图 1-1-1　蜕皮激素

一、双酰肼类昆虫生长调节剂

昆虫蜕皮激素最早由 Kurlsmn 等于 1954 年从家蚕蛹中分离得到。1965 年，Huber 等人鉴定其分子结构为 α-蜕皮素，并从蚕蛹及烟草天蛾中分离鉴定出 β-蜕皮素（即 20-羟基蜕皮素）。1988 年，美国罗姆·哈斯公司在对大量天然或人工合成化合物进行筛选的基础上，开发出第一个与天然蜕皮激素结构不同、却同样具有蜕皮激素活性的双酰肼类昆虫生长调节剂——抑食肼（RH-5849）。它可诱使鳞翅目幼虫提早蜕皮，同时又具有抑制蜕皮作用，还可促使昆虫打破休眠，干扰昆虫的正常发育过程。此外，由于分解缓慢，抑食肼能在受体内存在较长时间，故而有可能作用于昆虫的整个生长期。

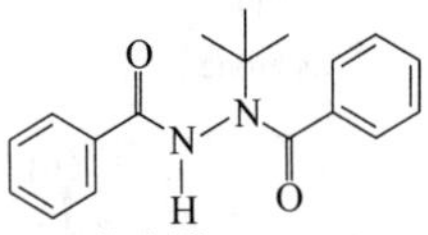

抑食肼(RH-5849)

抑食肼的成功合成为昆虫生长调节剂开辟了一个新的研究方向，而且人工合成相对容易，也为这类昆虫生长调节剂的大范围应用提供了可能性。

N-叔丁基双酰肼具有抑食肼最显著的结构特征：

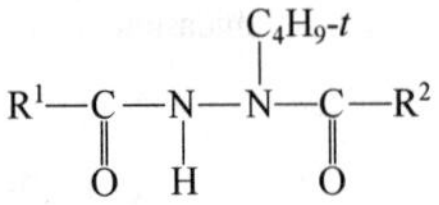

罗姆·哈斯公司在此基础上进行结构修饰，通过改变 R^1、R^2 基团，又先后成功开发了虫酰肼（tebufenozide，RH-5992）、氯虫酰肼（halofenozide，RH-0345）和甲氧虫酰肼（methoxyfenozide，RH-2485）三个生物活性较抑食肼更好的工业化产品。其中，虫酰肼原药及 20％、24％悬浮剂（米满）、甲氧虫酰肼原药及 24％悬浮剂（美满）均已在我国登记，虫酰肼还在我国获得行政保护。

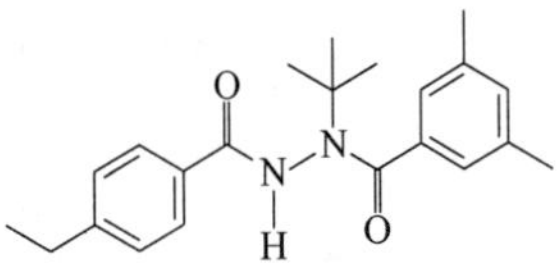

虫酰肼(RH-5992) 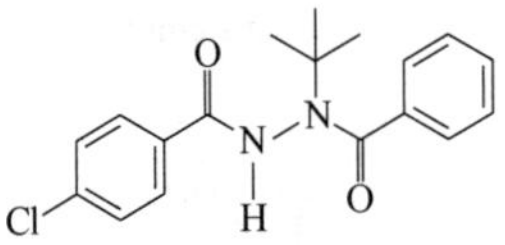　　　　氯虫酰肼(RH-0345) 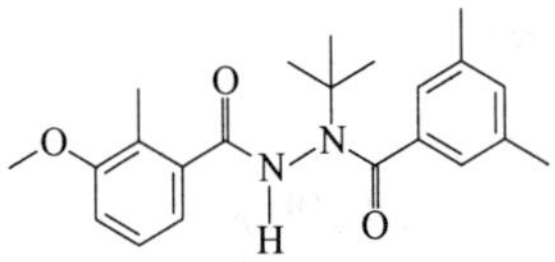　　　　甲氧虫酰肼(RH-2485)

20 世纪 90 年代，日本化药公司和三共公司合作，以 N-叔丁基双酰肼或仅以双酰基肼为先导结构，变换 R^1、R^2 为具有不同取代基的苯环、杂环或稠杂环，合成出一系列化合物，其中，环虫酰肼（chromafenozide，ANS-118）于 1999 年底在日本登记并进入市场，用于水稻、果树、蔬菜、茶叶、棉花及观赏作物，茎叶处理防治鳞翅目幼虫，用量为 5～200g（a.i.）/hm²。

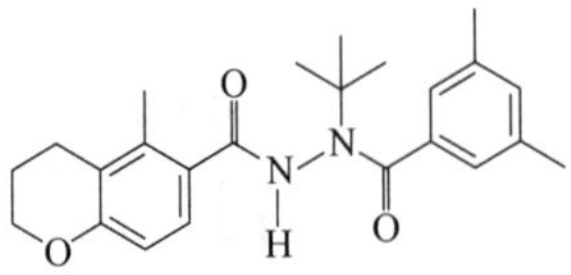

环虫酰肼(chromafenozide)

日本化药公司与三共公司合作研究的另外一些化合物也表现出很高的杀虫活性，但当改变 N-叔丁基基团时，生物活性大大降低（见表 1-1-1）。

表 1-1-1　日本化药公司与三共公司合作研究的双酰肼类化合物

化　合　物	有效浓度/(mg/mL)
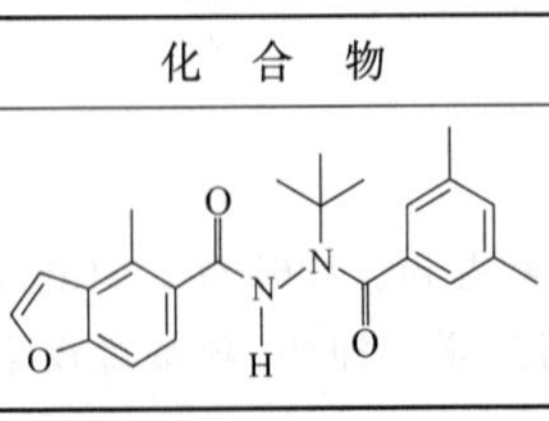	1.5～12.5

续表

化　合　物	有效浓度/(mg/mL)
	1.5～12.5
(R=SNBu₂)	1～12.5
R=CH₂C(CH₃)₂CH₂Cl	400

　　值得注意的是，罗姆·哈斯公司近年来也开始研究用杂环、稠杂环等芳基之外的其他基团来改变 R^1、R^2，以期取得新的突破，如 2000 年报道了稠杂环化合物 **1-1-1** 及其生物活性，有效浓度为 0.15～10mg/mL。

　　在此期间，我国农药科研工作者也对此类化合物进行了研究。如张湘宁等利用分子等排原理和类同合成方法，通过对抑食肼分子结构的修饰，合成了一系列保留 N-叔丁基双酰肼基本构架、具有不同 R^1、R^2 基团的化合物，并进行了大量的生物筛选，从中发现了有希望的新化合物 **1-1-2**。

1-1-1　　　　　　　　　　　　　　　　**1-1-2**

经室内生测研究及田间小区试验表明，**1-1-2** 对鳞翅目害虫具有广谱活性，其中对甜菜夜蛾和小菜蛾防效显著，效果优于对照药剂虫酰肼。另外，室内生物活性研究表明，**1-1-2** 和虫酰肼对茶尺蠖幼虫都有较高的杀虫活性，二者都属于迟效性杀虫剂，但 **1-1-2** 药效发挥较虫酰肼快，毒力也高于虫酰肼。

　　徐基东等发现当化合物分子中 R^1 或 R^2 为芳基或杂环基，X 或 X′ 为 O、S 和 NR^3，R＝烷基、烯基和芳烷基等时，该类化合物可以防治作物、森林里多种昆虫。

二、双酰肼类昆虫生长调节剂的作用机理及构效关系研究

　　在昆虫的生长发育过程中，蜕皮激素的调控作用是非常重要的。蜕皮激素的主要成分是类固醇激素 20-羟基蜕皮素，这是节肢动物体内所特有的一种生长激素。当 20-羟基蜕皮素浓度升高时，幼虫进入蜕皮阶段，此时幼虫停止进食，表皮细胞进行重组，通过与蜕皮激素受体蛋白的紧密结合，激活受体蛋白，含有多种蛋白水解酶的蜕皮液进入蜕皮空间，表皮细胞增加蛋白质合成，生成新的上表皮和角质层。当 20-羟基蜕皮素浓度降低时，昆虫发育进入下一阶段，包括蜕皮液中酶的活化、前表皮的消化和蜕皮液的再吸收。随着其浓度的进一步降低，完成蜕皮过程所需要的其他激素被释

放出来，随之昆虫恢复进食。

比较 20-羟基蜕皮素与双酰肼类昆虫生长调节剂的化学结构，显然可见两者的结构截然不同，何以会具有相似的作用方式呢？研究表明，蜕皮类固醇激素与特定的受体相结合，方能发挥其生理作用，而双酰肼类杀虫剂的结构恰恰也能与蜕皮类固醇受体蛋白质相结合，依赖于 20-羟基蜕皮素的基因表达也出现在双酰肼结构存在的情况下，而同样情况下，不存在 20-羟基蜕皮素时出现的基因表达则受到阻碍。因不同昆虫的受体和分子的配伍亲和力各异，造成杀虫活性的差别。当这类化合物被幼虫取食后，干扰或破坏昆虫体内原有激素平衡，使昆虫正常生长发育阻断或发生异常。此外，双酰肼类化合物的生理作用不仅在于它们模拟 20-羟基蜕皮素，而且由于它们在蜕皮过程中含量不降低，所以具有比较长的持效，当蜕皮过程停止时，昆虫不恢复进食，从而导致死亡。

有研究表明，双酰肼类化合物对不同昆虫的毒力有极大差异，这是由于药剂的毒杀机制是竞争性地结合于蜕皮激素受体，而不同昆虫的受体和分子的配体亲和力各不相同，从而造成杀虫活性的差别。还有研究发现，RH-5992 能阻塞神经和肌肉膜上的钾离子通道，这就有可能导致中毒试虫的取食力和产卵力下降。

关于双酰肼类昆虫生长调节剂的构效关系，研究人员也作过许多探讨。钱旭红等曾利用分子模拟法，采用与三维构型相关的单变量参数原子间距 R，确立了芳环上卤素单取代到多取代的 N-叔丁基双酰基肼昆虫生长调节剂的定量构效关系。

1999 年，中川好秋研究了下列取代双苯基酰肼类化合物抑制马铃薯叶甲（*Leptinotarsa decemlineta*）的定量构效关系，保留 B 环部分，邻位仅为 Cl 原子，研究了 A 环取代基变化对杀虫活性的影响。对 28 个这类化合物进行了结构与杀虫活性的研究，如式（1-1-1）表示。

$$\text{pLD}_{50} = 0.887(\pm 0.363)\lg P + 0.395(\pm 0.240)\Delta B_5{}^{ortho} + 0.435(\pm 0.368)Es^{meta}$$
$$+ 0.650(\pm 0.313)Es^{para} + 1.088(\pm 0.389)\text{HB} + 2.968(\pm 1.053)$$
$$n = 28, \quad s = 0.328, \quad r = 0.842, \quad F_{5,22} = 10.678 \tag{1-1-1}$$

在这个方程中，n 是化合物的数量；s 是标准偏差；r 是相关系数；HB 代表氢键；F 是回归和残留变量的比值。在这个方程中，二苯基酰肼类化合物对马铃薯叶甲的活性主要是由分子的疏水性参数 $\lg P$ 贡献，$\lg P$ 的最佳值在 3.0（邻位）～4.0（对位）之间，比抑制水稻螟虫和甜菜夜蛾等鳞翅目昆虫的 $\lg P$ 值要低。对鳞翅目和鞘翅目昆虫的 QSAR 方程中 $\lg P$ 值差别可能是其虫谱差别的主要原因。在 A 环的对位引入硝基和 SO_2CH_3 基团，可能增加其对马铃薯叶甲的杀虫活性。

后来他们又保留 A 环为苯环，研究了 B 环中取代基变化对马铃薯叶甲活性的影响。引入指示变量，得到了构效关系方程（1-1-2）。

$$\text{pLD}_{50} = 0.160(\pm 0.129)\Sigma\Delta V_w{}^{ortho} + 0.377(\pm 0.306)\Sigma\Delta B_1{}^{ortho} + 1.645(\pm 0.725)\pi^{meta} - 0.946$$
$$(\pm 0.553)(\pi^{meta})^2 - 0.933(\pm 0.161)\Delta B_5{}^{para} - 1.307(\pm 0.234)I_{2,3,5,6} + 5.299(\pm 0.196)$$
$$n = 45, \quad s = 0.272, \quad r = 0.950, \quad F_{6,38} = 58.78 \tag{1-1-2}$$

在方程（1-1-2）中，间位取代的疏水性和邻位及对位取代的立体效应是影响杀虫活性的关键因素；指示变量 $I_{2,3,5,6}$ 的引入说明在 B 环的 2，3，5，6 位引入取代基不利于活性的提高。

方程（1-1-1）和方程（1-1-2）表明，对于 A 环而言，pLD_{50} 值与疏水性参数呈线性关系；对于 B 环而言，pLD_{50} 值与疏水性参数呈抛物线关系。

后来他们研究了这类化合物 B 环中取代基变化对甜菜夜蛾（*Spodoptera exigua*）活性的影响，对 45 个化合物的活性与结构的关系研究得到式 (1-1-3)。

$$pLD_{50} = 0.781(\pm 0.227)lgP + 1.271(\pm 0.494)\Sigma\sigma_1^{ortho} - 0.281(\pm 0.172)\Sigma\Delta V_w^{ortho} -$$
$$0.375(\pm 0.163)\Sigma\Delta V_w^{meta} - 0.897(\pm 0.140)\Delta V_w^{para} - 1.004(\pm 0.202)I_{2,3,5} -$$
$$2.186(\pm 0.522)I_{2,6} + 4.073(\pm 0.650)$$
$$n = 41, \quad s = 0.275, \quad r = 0.959, \quad F_{7,33} = 54.48 \tag{1-1-3}$$

同样地，他们也建立了双酰肼类化合物对二化螟（Walker）的结构与活性关系，见式 (1-1-4)。

$$pLD_{50} = 0.879(\pm 0.236)lgP + 1.504(\pm 0.567)\Sigma\sigma_1^{ortho} - 0.325(\pm 0.186)\Sigma\Delta V_w^{meta} - 0.815$$
$$(\pm 0.250)\Delta V_w^{para} - 0.935(\pm 0.239)I_{2,3,5} - 2.501(\pm 0.626)I_{2,6} + 3.792(\pm 0.221)$$
$$n = 46, \quad s = 0.337, \quad r = 0.904, \quad F_{7,33} = 29.03 \tag{1-1-4}$$

从式 (1-1-3) 和式 (1-1-4) 可以看出，双酰肼类化合物对甜菜夜蛾和二化螟的构效关系基本相同；疏水性参数对活性的增加起着很重要的作用，在 B 环上任何位置引入大基团不利于活性的提高，在邻位引入吸电子基团有利于活性的提高。除了上述影响活性的有利因素和不利因素外，也许还有一些其他未知因素影响结构与活性的关系。

日本三共公司中川好秋和 Wurtz 等人在这方面进行了比较系统的研究。首先，通过将 RH-5992 的结构叠加到类固醇结构上，得到一个简单的二维叠加模型（见图 1-1-2）。

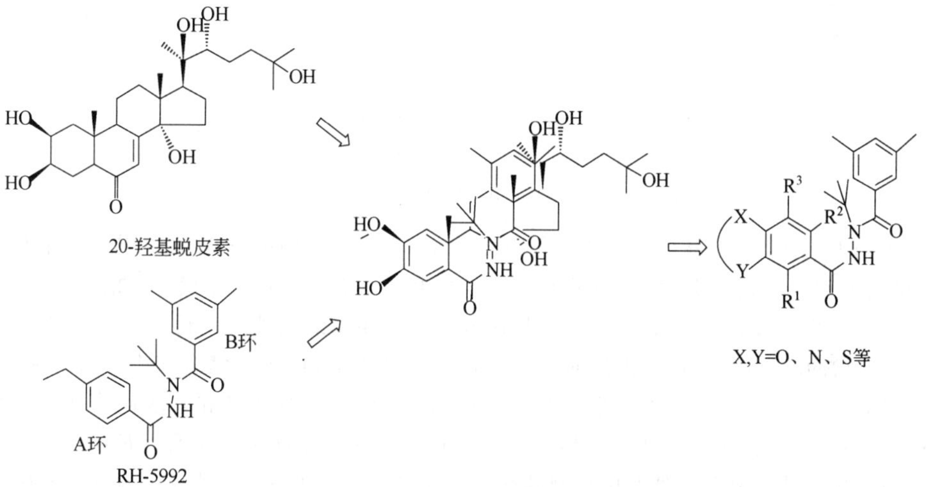

图 1-1-2 双酰肼类化合物简单的二维叠加模型

由此设计了一系列苯甲酰基与杂环相结合的新化合物，再通过在苯并杂环部分的苯环上引入取代基及对叔丁基肼部分进行修饰，合成了一系列衍生物。试验结果表明，在杂环上引入取代基，一般而言会使活性降低；在苯并杂环部分的 R^1 位置引入甲基，可大大增强杀虫活性。相反，在 R^2 和 R^3 位上引入甲基，将使活性下降；大小合适的取代基可以替换叔丁基；肼的氮原子上的氢可以换成 CN、$SCCl_3$ 或 CHO 等空间小的、或不稳定的取代基，它们对活性不会有大的影响，而稳定的、空间较大的取代基则有可能阻碍化合物形成适合与蜕皮激素受体相结合的构型。

众所周知，蜕皮激素作用靶标是由蜕皮激素受体（ecdysteroid receptor，EcR）和超气门蛋白（ultraspiracle protein，USP）组成，蜕皮激素与 EcR/USP 作用启动蜕皮反应过程。无论是与配体结合，还是与 DNA 结合，EcR 都是与 USP 形成一个异源二聚体（heterodimer）。Billas 等得到了烟芽夜蛾（*Heliothis virescens*，Hv）中蜕皮激素受体与松甾酮 A 复合物单晶模型（与蜕皮激素相比，松甾酮 A 有更高的活性）。作为对比，他们还得到了蜕皮激素受体与 BYI06830 的复合物单晶模型。

上述两种 EcR-USP 的结构都是异源二聚体，它们的碟状结构与脊椎动物二聚体复合物相同。连接在一个所谓的拮抗体构象中的类固醇或非类固醇受体的烟芽夜蛾气门蛋白的 H12 螺旋上，含有依赖受体活化功能。与此相反，上述两者的竞争者都采用标准的活性构象。EcR-USP 异源二聚体接口与脊椎动物的异化二聚体的相同，包括 H7、H9、H10 以及 H8 和 H9 组成的环区。从彩图 1-1-3 可以看出，两者与蜕皮激素超气门蛋白（EcR-USP）结合的区域不一样。发生作用的区域包括 H6、H7、β-折叠及 H1 和 H3 形成的环区。Billas 等观察到松甾酮 A 和 BYI06830 与受体的结合不一样，在结合的空穴中仅有少部分相同［见彩图 1-1-3（a）］。在松甾酮 A 与受体的复合物中，有一个长而细的 L 形状的空穴。松甾酮 A 与 1α,25-二羟基维生素 D₃ 结合的同源受体上有重叠，表明它们各自的脂肪链有相同的结合位置［见彩图 1-1-3（b）］。BYI06830 与 EcR 的结合空穴与松甾酮 A 和 EcR 结合空穴不同，它已经完全埋进了受体里面，是一个相当大位阻的 V 形空穴，并在 H7 和 H10 之间有一个裂口。这种裂口延伸到异源二聚体 USP 中的 H8-H9 的环区。甾体与非甾体与蜕皮激素受体结合空穴的部分重叠表明，BYI06830 中 A 环苯甲酰基相连的叔丁基与松甾酮 A 中 17 位 C 上羟基化的支链有重叠［见彩图 1-1-3（c）］。20-羟基蜕皮激素（20E）是大多数昆虫生长发育中的关键激素，但是实验表明蜕皮激素和其他的蜕化类固醇与 20E 是共存的，在昆虫的不同发育阶段有着截然不同的作用。松甾酮 A 与 20E 只在 20 位差一个羟基，离体活性测试表明 20E 的 20-位羟基与氨基酸 Y408 之间有很强的氢键作用。在松甾酮 A 与 Hv-EcR 的复合物图（彩图 1-1-4）中，发现与松甾酮 A 结合的氨基酸残基都在保守区域；松甾酮 A 与蜕皮激素受体结构的稳定直接相关，H2 螺旋构象是通过松甾酮 A 的 C₂ 和 C₃ 两羟基与 H1-H2 环区残基、H5 螺旋和 β-折叠的相互作用而达到稳定的。

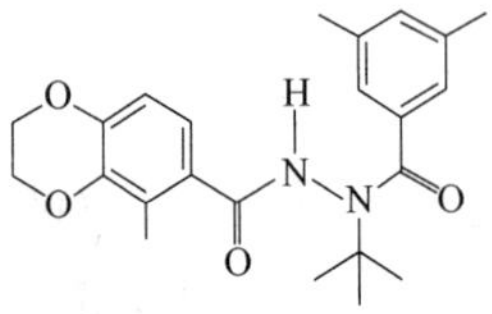

BYI06830

在 EcR 与 BYI06830 的复合物图中（彩图 1-1-5），存在于松甾酮 A 与 EcR 结合图中起稳定作用的螺旋 H2 并不存在，而且 BYI06830 断开了第二和第三 β-折叠之间的连接。在松甾酮 A 与 EcR 结合图中，由 β-折叠引入的结构重组主要由残基 F397 和 Y403 的从外向内运动，这些残基填充了蜕皮激素类化合物的 A、B、C 环所占据的空腔，而在 EcR 与 BYI06830 结合图中，这个区域是空的。三个极性氨基酸残基（T343、N504 和 Y408）都与 BYI06830 中的羰基和未取代的酰胺上氮氢有氢键作用；另一方面，叔丁基位于残基 H3、H11、H6-H7 环区和 H11-H12 环区所组成的疏水性区域里，叔丁基的存在是二苯甲酰肼类化合物具有类似蜕皮激素活性的主要特征。检查空穴中的氨基酸残基，可以解释 BYI06830 对鳞翅目昆虫具有专一性的原因。在鳞翅目昆虫的 H5 残基 V384 被蛋氨酸（methionine）代替后，所有蛋氨酸替代物可能的旋转异构体都在空间中干扰了 BYI06830 的 A 环中甲基与 EcR 的结合。所以，这个空穴提供了一个设计新型合成蜕皮激素受体的模板。同样地，对残基 N504 和 W526 进行突变，发现其与 BYI06830 的结合能力下降。

三、主要品种

1. 抑食肼（RH-5849）

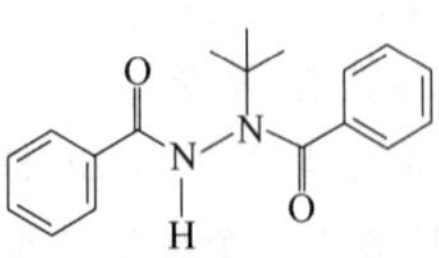

C₁₈H₂₀N₂O₂, 296.36, 112225-87-3

理化性质 纯品为白色或无色晶体，无味，熔点 174～176℃，蒸气压 0.24mPa（25℃）。溶解度：水中约 50mg/L，环己酮中约 50mg/L，异亚丙基丙酮中约 150mg/L。

合成方法 在 NaOH 存在下，由苯甲酰氯与叔丁基肼盐酸盐反应制得。

毒性 抑食肼属中等毒杀虫剂。急性经口 LD_{50}(mg/kg)：大鼠 271，雄小鼠 501，雌小鼠 681mg/kg；大鼠急性经皮 LD_{50}＞5000mg/kg。对家兔眼睛有轻微刺激作用，对皮肤无刺激作用。三致突变试验为阴性。在土壤中的半衰期为 27d。

应用 抑食肼对鳞翅目、鞘翅目、双翅目幼虫具有抑制进食、加速蜕皮和减少产卵的作用。本品对害虫以胃毒作用为主，施药后 2～3d 见效，持效期长，无残留，适用于蔬菜上多种害虫和菜青虫、斜纹夜蛾、小菜蛾等的防治，对水稻稻纵卷叶螟、稻黏虫也有很好效果。

2. 虫酰肼 (tebufenozide)

$C_{22}H_{28}N_2O_2$, 352.47, 112410-23-8

理化性质 纯品为白色固体，熔点 191℃。在 25℃时稳定。在水中溶解度(25℃)＜1mg/L。微溶于有机溶剂。稳定性：94℃时 7d 稳定。在 25℃ pH 值为 7 的水溶液中稳定到轻微稳定。蒸气压为 $3×10^{-8}$mmHg(25℃，1mmHg＝133.322Pa)。$K_{ow}lgP＝4.25$(pH＝7)。

合成方法 对乙基苯甲酰氯与叔丁基肼盐酸盐反应，再与 3,5-二甲基苯甲酰氯反应，得到虫酰肼。

或由乙苯和三氯乙酰氯经过傅-克反应制得 2,2,2-三氯-(4-乙基苯)乙酮，再与叔丁基肼盐酸盐反应，最后与 3,5-二甲基苯甲酰氯缩合，得到虫酰肼。

毒性 急性经口 LD_{50}：大鼠、小鼠＞5000mg/kg；急性皮肤 LD_{50}：大鼠＞5000mg/kg；对眼、皮肤刺激极轻微；对幼蜜蜂生长无影响，在实验室条件下，对食肉瓢虫、食肉螨和一些食肉黄蜂和蜘蛛等进行试验显示阴性。对环境十分安全，是综合防治中理想安全的杀虫剂之一。

应用 虫酰肼杀虫活性高，选择性强，对所有鳞翅目幼虫均有效，对抗性害虫棉铃虫、菜青虫、小菜蛾、甜菜夜蛾等有特效。并有极强的杀卵活性，对非靶标生物更安全。虫酰肼对眼睛和皮肤无刺激性，对高等动物无致畸、致癌、致突变作用，对哺乳动物、鸟类、天敌均十分安全。主要用于防治柑橘、棉花、观赏作物、马铃薯、大豆、烟草、果树和蔬菜上的蚜科、叶蝉科、鳞翅目、斑潜蝇属、叶螨科、缨翅目、根疣线虫属、鳞翅目幼虫，如梨小食心虫、葡萄小卷蛾、甜菜夜蛾等害虫。本品主要用于持效期 2～3 周。对鳞翅目害虫有特效。用于果树、蔬菜、浆果、坚果、水稻、森林防护。

3. 甲氧虫酰肼 （methoxyfenozide）

$C_{22}H_{28}N_2O_3$, 368.47, 161050-58-4

1990 年由美国罗姆·哈斯公司发现，2000 年美国陶氏益农有限公司（DowAgro Sciences）生产，2005 年获得正式登记。

理化性质　纯品为白色粉末，熔点 202～205℃。溶解度（20℃）：水中<1mg/L，二甲基亚砜 11g/L，环己酮 9.9g/L，丙酮 9g/L。在 25℃下贮存稳定，在 25℃、pH＝5、7、9 下水解。

合成方法　由 3-甲氧基-2-甲基苯甲酰氯与叔丁基肼盐酸盐反应，得到的中间体再与 3,5-二甲基苯甲酰氯反应，即得甲氧虫酰肼。

毒性　大鼠急性经口 LD$_{50}$：5000mg/kg；急性经皮 LD$_{50}$＞2000mg/kg。大鼠吸入 LC$_{50}$（4h）：4.3mg/L。100mg（a.i.）/头对蜜蜂安全。对皮肤无刺激，对兔眼睛有轻微刺激，无致畸、致突变、致癌作用。

应用　主要是干扰昆虫的正常生长发育，即使昆虫蜕皮而死，并能抑制摄食。主要用于防治鳞翅目和膜翅目害虫，防治对象选择性强，只对鳞翅目幼虫有效。主要用于蔬菜和农田作物，用于防治蔬菜（甘蓝菜、瓜类、茄果类）、苹果、玉米、棉花、葡萄、猕猴桃、花卉、水稻、高粱、大豆、甜菜、茶叶、核桃等作物上的鳞翅目害虫及其他害虫，如水稻二化螟、苹果食心虫、甜菜夜蛾、斜纹夜蛾等。

4. 环虫酰肼 （chromafenozide）

$C_{24}H_{30}N_2O_3$, 394.51, 143807-66-3

环虫酰肼是日本化药株式会社和三共株式会社（现为三共农用株式会社）共同开发并实用化的新型杀虫剂。

理化性质　纯品为白色晶体，熔点为 186.4℃，蒸气压(25℃)4×10^{-9}Pa。溶解度（20℃）：水中 1.12mg/L。

合成方法　由乙酰乙酸乙酯和甲醛反应生成化合物 4-羰基环己基-1,3-二甲酸乙酯，随后在氯化镁存在下脱水、脱二氧化碳，得 2-甲基-4-羰基环己烯-2-基甲酸乙酯。另外 1-溴-3-氯丙烷在相转移催化下进行烷基化，环化后，再用硫黄氧化得到化合物 5-甲基色满-6-甲酸乙酯。随后水解得到关键中间体 5-甲基色满-6-甲酸，酰氯化，再与叔丁基肼反应，得到 N-叔丁基-5-甲基色满-6-甲酰肼，最后与 3,5-二甲基苯甲酰氯缩合，得到环虫酰肼。

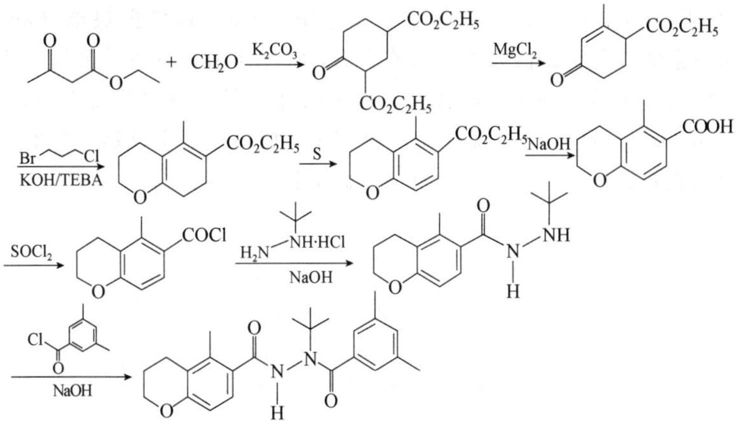

毒性 大鼠经口 $LD_{50}>5000mg/kg$，小鼠 $>5000mg/kg$；小鼠经皮 $LD_{50}>2000mg/kg$，兔 $>2000mg/kg$，小鼠吸入 $LD_{50}>4.68mg/L(4h)$。对兔皮肤无刺激性；对兔眼睛有轻微刺激作用，无致敏性。通过大小鼠试验，无致癌作用，对小鼠繁殖无影响；兔和小鼠致畸试验阴性。

应用 昆虫摄取后几小时内抑制昆虫进食，同时引起提前蜕皮导致死亡。它通过调节幼体荷尔蒙和蜕皮激素活性干扰昆虫的蜕皮过程。可用于蔬菜、大田作物、果树、观赏植物，推荐用量为 $50\sim100mg/hm^2(1hm^2=10^4m^2)$。

第二节 保幼激素类

保幼激素类按其结构和来源，可分为三类：保幼激素类似物、具保幼激素活性的昆虫生长调节剂和植物源昆虫生长调节剂。

一、保幼激素类似物

天然的昆虫保幼激素虽然活性较高，Schmialek 从大黄粉虫（*Tenebrio molitor*）的粪便中分离出天然的昆虫保幼激素法尼醇（farnesol）和法尼醛（farnesal）。Wigglesworth 确证了它们对吸血昆虫长红锥蝽（*Rhodnius prolixus*）有保幼激素活性。虽然它们具有保幼激素活性，但其合成比较复杂，而且因为在阳光照射下，其化学稳定性很差，很易失去活性，因而不能供实际应用。自从昆虫体内分泌出来的 JH 结构被鉴定后，以此作为先导物，许多国家都在积极开展其模拟合成研究，获得了大量具有活性的样品。Bowers 发现作为某些杀虫剂的增效剂（如胡椒基丁醚）具有保幼激素活性，因此他合成了增效剂的类似物，发现芳基类萜醚化合物能够使大黄粉虫和马利筋长蝽（*Oncopeltus fasciatus*）变态。后来，经过取代基的引入和链长的变化，发现了保幼醚（epofenonane），它对防治蚜虫、介壳虫和鳞翅目昆虫都很有效。

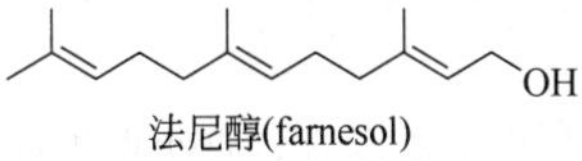

法尼醇(farnesol)

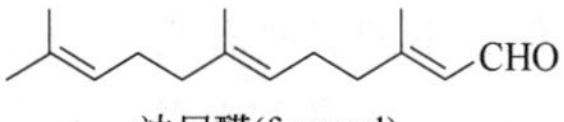

法尼醛(farnesal)

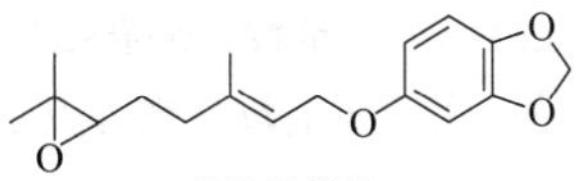

芳基类萜醚

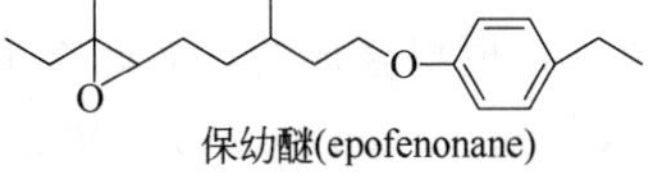

保幼醚(epofenonane)

另一方面，Zoecon 公司发现(2E，4E)-3,7,11-三甲基-2,4-十二碳二烯酸酯具有保幼激素活性，开发成功的有烯虫酯（methoprene）、烯虫乙酯（hydroprene）和烯虫炔酯（kinoprene，ZR-777）等。烯虫酯的保幼激素活性是保幼激素本身的 400 倍，而且在阳光下不易分解，可用来防治泛水伊蚊。烯虫乙酯则主要用于防治蜚蠊和仓储害虫。烯虫炔酯也是一种具有专一性的保幼激素类似物（juvenile hormone analogs，JHAs），主要对蚜虫有作用，使蚜虫停止成熟，产生超龄若虫，抑制胚胎形成，同时还使性成熟的成虫不育，而且对非目标生物无不良影响。

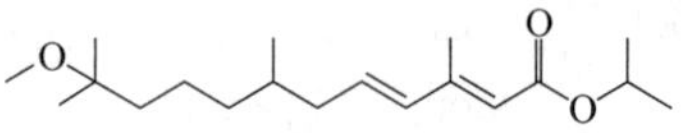

烯虫酯(methoprene)

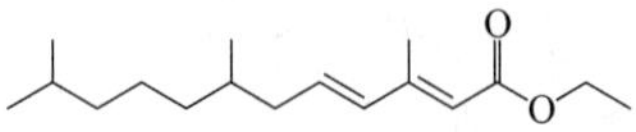

烯虫乙酯(hydroprene)

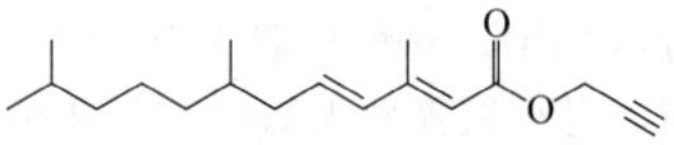

烯虫炔酯(kinoprene, ZR-777)

主要品种如烯虫酯（methoprene），介绍如下。

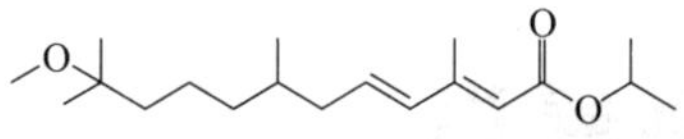

$C_{19}H_{34}O_3$, 310.47, 40596-69-8

理化性质 工业品为琥珀色液体，沸点 100℃/7Pa。水中仅溶 1.4mg/kg。与常用有机溶剂可混溶。小鼠经口 LD_{50}＞34.6mg/kg。

合成方法 以丙酮、香茅醛和溴乙酸异丙酯为原料，经由 Reformatskii 反应和苯硫酚催化的双键顺反异构化等反应，立体选择性地合成了（2E，4E)-异构体为主的烯虫酯。

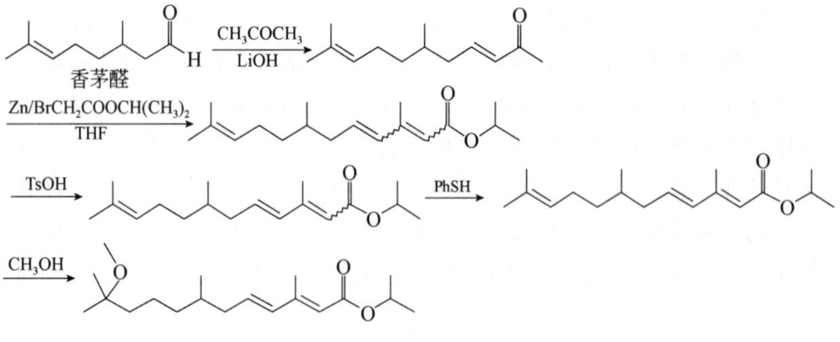

作用 化合物的作用是控制害虫的生长发育，使幼虫不能变蛹或蛹不能变为成虫，产生生理形态上的变化，形成超龄幼虫或中间态，使其不能成熟而死亡，由于其作用机理不同于以往作用于神经系统的传统杀虫剂，具有毒性低、污染少、对天敌和有益生物影响小等优点，且这类化合物与昆虫体内的激素作用相同或结构类似，所以一般难以产生抗性，能杀死对传统杀虫剂具有抗性的害虫。对鳞翅目、双翅目、鞘翅目、同翅目多种昆虫有效，用于防治蚊、蝇等卫生害虫，及烟草螟蛾等贮藏期的害虫。

二、具保幼激素活性的昆虫生长调节剂

保幼激素主要是按照倍半萜骨架进行模拟合成的，而此类 IGRs 则是根据其从 JH 活性来考虑的，且结构上完全不同于 JH。例如双氧威（Fenoxycard），又名苯氧威，属氨基甲酸酯类，由瑞士

一家公司在生产保幼醚的过程中发现，具有很高的JH活性，结构上兼具氨基甲酸酯和类保幼激素的特点，不含萜类部分，因此很容易合成，而且比烯虫炔酯、烯虫酯、烯虫乙酯更持久，对哺乳动物急性毒性很低。双氧威兼有胃毒和触杀作用，但其杀虫作用是非神经性的，对多种昆虫表现出类保幼激素的活性。可导致杀卵和幼虫期蜕皮异常，抑制成虫期变态，从而造成幼虫后期或蛹期死亡，对胚胎发生、繁殖、性外激素的产生以及社会性昆虫等级分化等亦有影响。同时，由于双氧威是一种非萜类和非神经毒性的氨基甲酸酯，它还具有一些JH非特异性影响。如果在双氧威末端环的3-位上引入氯原子或氟原子，得到双氧威的类似物，对蚊子幼虫的防效优于双氧威，且比对硫磷高100倍。

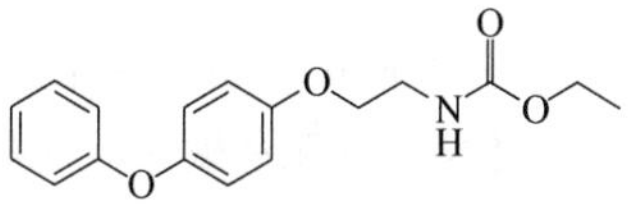

双氧威(fenoxycard) 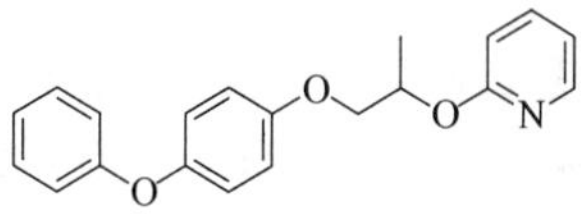　　吡丙醚(pyriproxyfen)

吡丙醚（pyriproxyfen），又名蚊蝇醚，属苯醚类化合物，是一种保幼激素类似物，能抑制幼虫的发育，可用于防止蚊、蝇、蜚蠊等卫生害虫，对蜚蠊有特效。吡丙醚对同翅目、双翅目、鳞翅目害虫均有高效，用量少，持效期长，对作物环境安全。

哒嗪酮类化合物是由日本 Nissan Chemical 公司在研究哒嗪酮衍生物用作除草剂时发现的新一类具保幼激素活性的化合物，它们以飞虱、叶蝉类的水稻重要害虫为防治对象，显示了很高的保幼激素活性，且与现有的保幼激素在特性上有相当不同。在这类具保幼激素活性的新化学结构中，哒幼酮（NC-170）和NC-184最具代表性。该公司研究人员从具保幼激素活性化合物的结构与活性关系出发，分析了相关化合物的电子分布，发现氮原子的位置对活性至关重要。比较NC-170与具代表性保幼激素活性的药剂烯虫酯和双氧威的活性后发现，NC-170对飞虱和叶蝉均有很高的活性，但对其他昆虫却无活性，而烯虫酯则截然相反。经分析两者的主体三元结构，结果令人意外地发现，两者的分子总长和电子分布都有着极为相似之处。根据这一事实，尼桑化学公司继续进行哒嗪酮环上2-位与5-位上结构变化的研究，经过最佳取代基的选择，获得了比NC-170具有更高保幼激素活性和非常广谱的化合物NC-184。后来该公司又发现了具有高活性的哒嗪酮类化合物NC-194和NC-196。可见，昆虫生长调节剂的研究，已不再仅仅局限于由昆虫体内提取物质，再仿其结构进行合成的旧框框。现已扩展到了从结构与活性关系出发并从作用方面去开发的新领域。

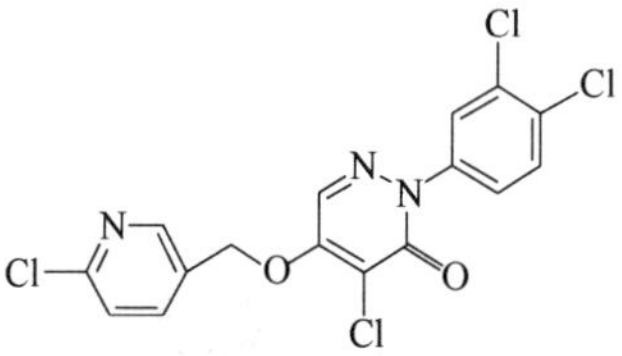

哒幼酮(NC-170) 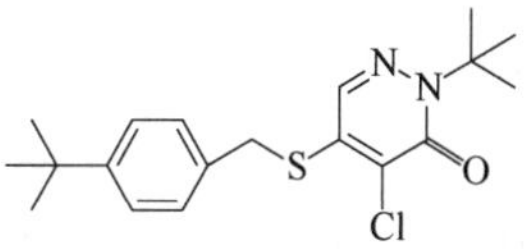　　NC-184

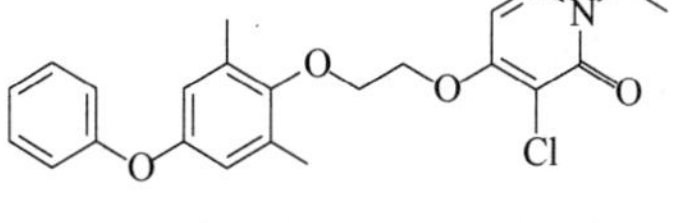

NC-194 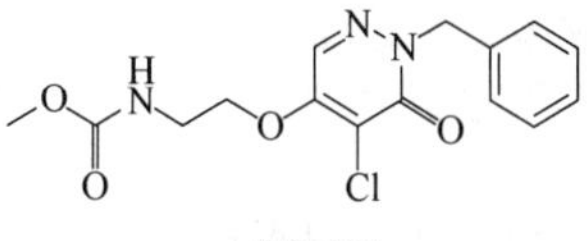　　NC-196

1. 双氧威（fenoxycarb）

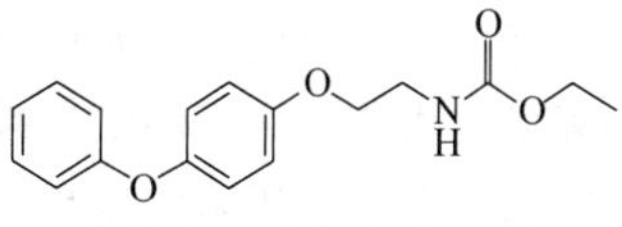

$C_{17}H_{19}NO_4$, 301.34, 72490-01-8

理化性质 纯品为无色结晶体，熔点 53～54℃，闪点 224℃，蒸气压 0.0078MPa(20℃)，溶解性（25℃）：水 5.7mg/kg，丙酮、氯仿、乙醚、乙酸乙酯、甲醇、异丙醇、甲苯等中大于 250g/kg。在室温下、于密闭容器中稳定保存两年以上。在 pH3～9，50℃下水解稳定，对光稳定。

合成方法

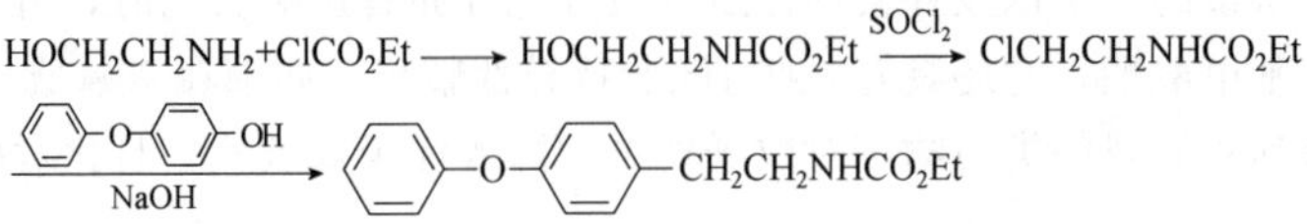

$$HOCH_2CH_2NH_2 + ClCO_2Et \longrightarrow HOCH_2CH_2NHCO_2Et \xrightarrow{SOCl_2} ClCH_2CH_2NHCO_2Et$$

毒性 对人和家畜低毒，对大鼠急性经口 $LD_{50} > 10000mg/kg$。大鼠急性经皮 LD_{50} 大鼠 > 2000mg/kg。大鼠急性吸入 $LC_{50} > 0.48mg/L$（空气）。对豚鼠皮肤无过敏性，对皮肤和眼有轻微的刺激。

应用 双氧威属氨基甲酸酯类杀虫剂，主要用于仓库防治仓库害虫，并且有昆虫生长调节作用，影响昆虫的蜕皮过程。可有效地防治果树、柑橘、橄榄和葡萄上的许多鳞翅目害虫和蚧类，对许多有益的节肢动物安全，也用来防治蜚蠊、蚤和外红火蚁。

2. 吡丙醚 （pyriproxyfen）

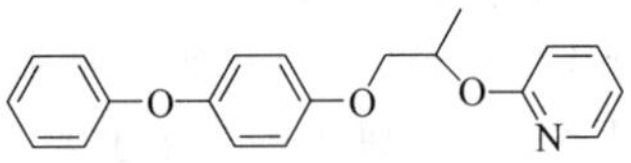

$C_{20}H_{19}NO_3$, 321.37, 95737-68-1

理化性质 纯品为淡黄色晶体，熔点 45～47℃，溶解度：甲醇 200g/L（20℃），水 0.37mg/L（25℃）。

合成方法

（1）以对羟基二苯醚为原料，在碱性条件下与环氧丙烷或 1-氯-2-丙醇反应得到 1-(4-苯氧基苯氧基)-2-丙醇后，再与 2-氯吡啶缩合得到。这也是当前该原药工业生产所普遍采用的工艺。

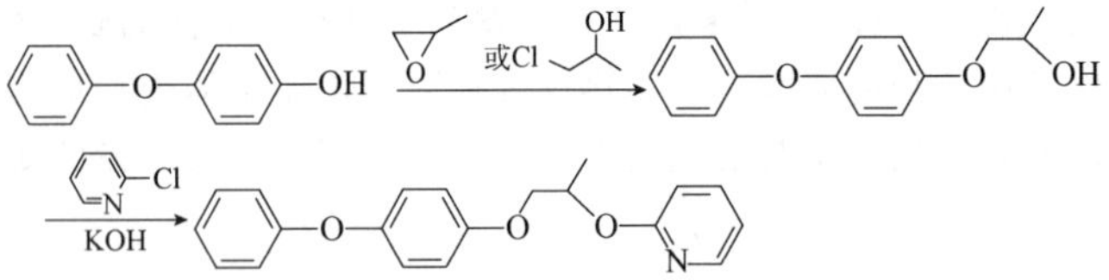

（2）不对称合成制吡丙醚。

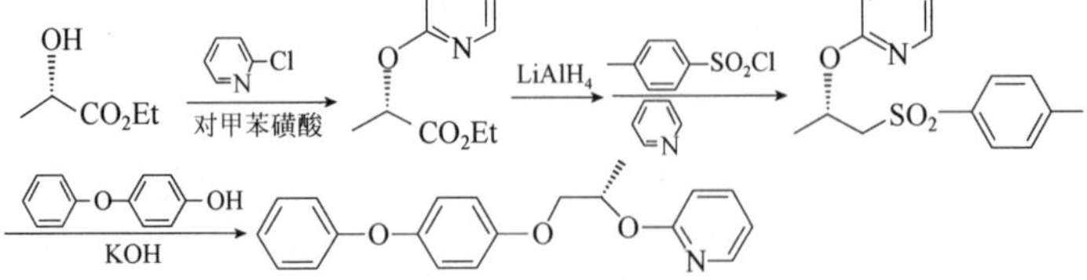

毒性 大鼠急性经口 $LD_{50} > 5000mg/kg$，大鼠急性经皮 $LD_{50} > 2000mg/kg$，大鼠急性吸入 $LC_{50} > 13mg/L(4h)$。对眼有轻微刺激作用，无致敏作用。在试验剂量下未见致突变、致畸反应。动物吸收、分布、排出迅速。

应用 吡丙醚具有内吸转移活性、低毒、持效期长，对作物安全，对鱼类低毒，对生态环境影响小的特点。对烟粉虱、介壳虫、小菜蛾、甜菜夜蛾、斜纹夜蛾、梨黄木虱、蓟马等有良好的防治效果，同时本品对苍蝇、蚊虫等卫生害虫具有很好的防治效果。具有抑制蚊、蝇幼虫化蛹和羽化作用。蚊、蝇幼虫接触该药剂，基本上都在蛹期死亡，不能羽化。该药剂持效期长达 1 个月左右，且使用方便，无异味，是较好的灭蚊、蝇药物。

3. 哒幼酮 (NC-170)

C$_{16}$H$_9$Cl$_4$N$_3$O$_2$, 417.07, 107360-34-9

理化性质　熔点 180～181℃。

合成方法

（1）从 3,4-二氯苯胺出发，经重氮化，再用 SnCl$_2$ 还原，得到 3,4-二氯苯肼。3,4-二氯苯肼与 2,3-二氯丁醛酸关环，得到 4,5-二氯-2-(3,4-二氯苯基)哒嗪-3(2H)-酮，其水解后得到 4-氯-5-羟基-2-(3,4-二氯苯基)哒嗪-3(2H)-酮，最后与 2-氯-5-氯甲基吡啶缩合，得到哒幼酮。

（2）通过 4,5-二氯-2-(3,4-二氯苯基)哒嗪-3(2H)-酮与 6-氯吡啶-3-甲醇在 DMF 中在 NaH 存在下，缩合得到哒幼酮。

毒性　Ames 试验和微核试验均为阴性。大鼠急性经口 LD$_{50}$＞10g/kg，小鼠急性经口 LD$_{50}$＞10g/kg，兔急性经皮 LD$_{50}$＞2g/kg，对兔眼睛和皮肤无刺激作用。鱼毒 LC$_{50}$(48h)：鲤鱼＞40mg/L，虹鳟＞40mg/L。

应用　哒幼酮主要可用来防治水稻的主要害虫，以 50mg(a.i.)/L（水溶液剂量喷雾），抑制黑尾叶蝉和褐飞虱变态的持效期达 40d 以上。类保幼激素活性，选择性抑制叶蝉和飞虱的变态，低于 1mg (a.i.)/L 剂量下抑制昆虫发育，使昆虫不能完成由若虫至成虫的变态和影响中间蜕皮，导致昆虫逐渐死亡。其他生理作用有抑制胚胎发生、促进色素合成、防止和终止若虫滞育、刺激卵巢发育、产生短翅型。2 种叶蝉和 3 种飞虱的 4 龄若虫释放在盆栽水稻植株上，喷雾哒幼酮，10d 后调查，强烈抑制其变态，其 LC$_{50}$［mg(a.i.)/L］值：黑尾叶蝉 0.08、二点黑尾叶蝉 0.03、灰飞 0.25、褐飞虱 0.07、白背飞虱 0.02L。本品对褐飞虱的敏感性随 1～4 龄若虫增加，4～5 龄后迅速降低，临界时间是若虫末龄的 24h。其他 6 种害虫与此相似。

三、植物源保幼激素活性化合物

具保幼激素活性的昆虫生长调节剂还广泛存在于植物之中。迄今为止，从植物中分离出具保幼激素活性的化合物已逾 16 种，其中最著名的例子是捷克科学家 Slama 发现的"纸因子"（paper factor），它是一种由北美枞树制造的手纸中所含有的不饱和甲酯的类倍半萜烯，称之为保幼生物素（juvabione），能使正常生长繁殖的无翅红蝽永远不能变为成虫。最近，Toong 等从马来西亚碎米莎草（*Cyperus iria* L.）中分离出了 JHⅢ 和一种非常相近的化合物（2E，6E）-法尼酸甲酯，后者被认为是甲壳纲动物和一些昆虫的 JHⅢ。他们发现，植物具有 JHⅢ 与以前确定的由昆虫组织分泌的 JHⅢ 有一样的 10R 构型，且取食马来西亚碎米莎草的血黑（*Melanoplus sanguinpes*）若虫与取食小麦苗的对照若虫具有相同的生长速率，但前者蜕皮到成虫时，由于过多的 JH 而显示了明显的形态发生效应。解剖取食碎米莎草的雌性成虫所获得的卵巢与正常雌成虫的相比，明显发育不全，说明植物对昆虫存在一种新颖的防卫机理。

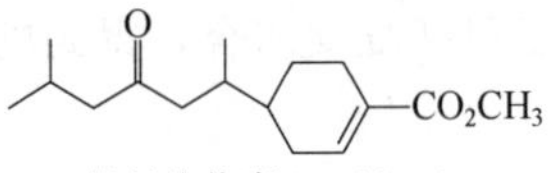

保幼生物素(juvabione) 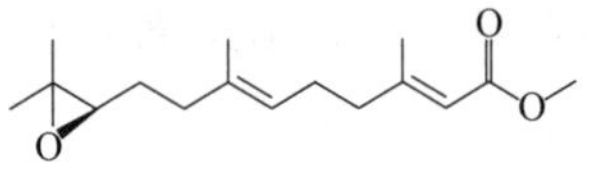　　JHⅢ

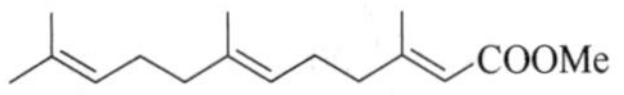

(2E,6E)-法尼酸甲酯

其他的植物源昆虫生长调节剂有印楝素（azadirachtin）和川楝素（toosendanin）。从印楝种子里提取的印楝素对小菜蛾、菜青虫、蝗虫等 10 余目 400 多种农、林、仓储和卫生害虫有杀虫活性。印楝素对害虫的毒力活性和作用机制主要表现为使昆虫拒食、忌避及抑制昆虫的生长发育，干扰害虫的内分泌，使幼虫不能正常蜕皮和化蛹而导致害虫死亡，具有害虫不易产生抗药性、持效时间长、在环境中很容易降解及对高等及温血动物无毒等特点，是当前世界各国研究最多、被世界公认的广谱、高效、低毒、低残留的环境友好新型杀虫剂。对川楝素的杀虫作用，首先在水稻害虫三化螟幼虫的生测中发现，其后又在不同的作物、蔬菜、果树害虫等进行了广泛的生测试验，证明对多种害虫有较好的毒杀效果，如菜青虫、小菜蛾、甘蓝夜蛾、黄守瓜、柑橘螨类、苹果卷叶蛾、樱桃实蜂、樱桃叶蜂、水稻三化螟、稻飞虱、玉米螟、黏虫、稻纵卷叶螟等。

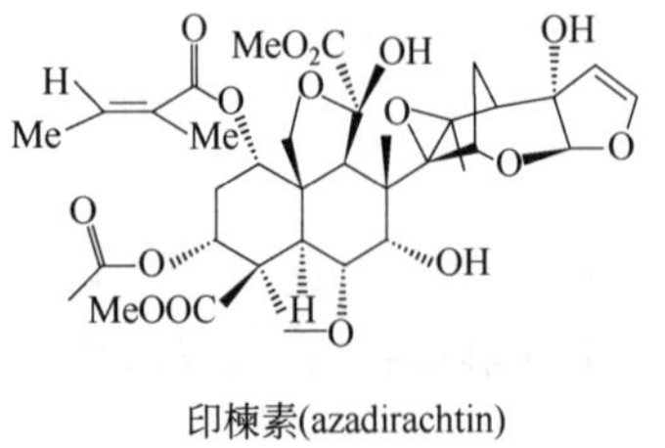

印楝素(azadirachtin) 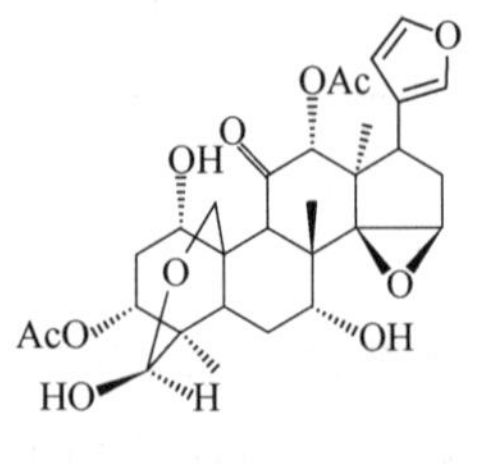　　川楝素(toosendanin)

四、保幼激素对昆虫的生物活性

保幼激素对昆虫的作用有以下几点。

（1）抑制变态　　JH 存在于昆虫幼虫期的血淋巴中，仅在一定阶段消失。此时若使用外来的保幼激素类似物（JHA），才能扰乱昆虫的变态。这个阶段对同翅目昆虫来说是幼虫最后一龄和蛹的开始期；对半翅目昆虫来说是若虫最后一龄的开始期。用 JHA 处理的昆虫，成为过龄幼虫、幼虫-蛹中间物或蛹-成虫的中间物，最后不再发育而死亡。这种变态抑制作用是 JHA 的主要活性。例如家蝇和蚊幼虫对烯虫酯的敏感期和不能发育的成虫。

（2）抑制胚胎发生　保幼激素参与胚的发育。在卵的发育阶段，卵中的 JH 效价会波动，因此，外来的 JHA 能影响胚的发育，这种对孵化的扰乱称为杀卵活性。在卵的早期这种活性最敏感。在 Oecropia 蚕蛾的场合，当卵的末期用 JHA 处理时，大多数卵可发育正常但不能孵化。发育正常的成虫也会缩短生命。这些对胚胎的作用可降低某些害虫的虫口密度。

（3）抑制生殖　JHA 对生殖有两种影响。一是使生殖器官形态不正常，导致交配失败而不育，二是使生殖力下降和抑制孵化。表 1-1-2 表明德国小蠊的繁殖受到吡丙醚的影响，使用 JHA 似乎使成虫羽化前卵巢内卵细胞的分化受到影响，最终导致虫口密度下降。

表 1-1-2　JHA 局部处理（$10\mu g$）德国小蠊四龄若虫对孵化的抑制

处　　理	孵化率/%
吡丙醚	0
烯虫酯	100
对照	100

（4）抑制幼虫发育　在幼虫期使用 JHA，幼虫发育受到抑制而致死。表 1-1-3 的例子表明德国小蠊用吡丙醚处理的结果。二龄若虫被处理后在下一龄即死去，这可能是由于大量外来的 JHA 存在造成激素不平衡所致。

表 1-1-3　吡丙醚局部处理德国小蠊二龄若虫的效果

处　　理	剂量/（μg/只若虫）	死亡率（三龄若虫）/%
吡丙醚	1	95
未处理	—	0

（5）扰乱滞育　多种昆虫有滞育现象，通常是由于缺乏保幼激素之故。因为滞育是为了躲过不利的气候条件，当滞育在成熟前被打破，昆虫就要死亡。1966 年，Bowers 等曾报道苜蓿叶象甲成虫在滞育期其咽侧体的发育被抑制，并且不分泌出保幼激素。这些昆虫使用 JHA 以后，滞育就终止，开始进食和使一些卵成熟。

五、保幼激素的作用机制

保幼激素及其类似物杀虫剂的作用机制并不是十分清楚，目前的研究主要是针对保幼激素。最近发现在许多种昆虫中保幼激素能调控特定基因的复制。推测保幼激素通过调控某些 DNA 结合蛋白来控制依赖保幼激素基因的表达。保幼激素影响较少的基因复制，但它作用时间较长，不仅在幼虫，也在成虫期影响基因复制。也有研究表明保幼激素可能调节目标细胞的细胞膜以及二级信号传导。它不仅作为信号在分子水平，同样在其他水平也存在作用。因此在雄性附属腺和卵母细胞信号传导膜水平显示保幼激素的多功能性。也有学者认为保幼激素的作用与线粒体有一定的关系。

第三节　昆虫生长调节剂在农业害虫防治中的重要意义

昆虫生长调节剂在农业害虫防治中的重要意义有以下几点。

（1）克服害虫抗药性　众所周知，由于长期以来对有机磷、氨基甲酸酯和拟除虫菊酯类农药单一品种和高剂量的使用，像小菜蛾、棉铃虫等重要的农业害虫已成为抗药性极高的种群，必须寻求致死机制不同的新药剂解决当前无药可用的困境，也为将来合理用药，缓解抗性寻找出路，IGRs 药剂开发的成功已被实践所证明。

（2）减少环境污染　IGRs 药剂属昆虫生理抑制剂，具有选择性，对人和高等动物属低毒或微毒类别，对环境污染小，不伤害天敌或有益生物，有利于生态平衡，有助于发展可持续农业，符合人类的根本利益。

（3）促进绿色食品生产　由于 IGRs 药剂的作用机制是针对昆虫的生理发育，对人和高等动物无害，因此已被纳入无公害农业生产措施之中，取代神经毒性的旧杀虫剂，必然促进绿色食品生产，有助于全人类的身体健康。

第四节　昆虫生长调节剂存在的问题与应用前景

由于 IGRs 制剂对抗性害虫具有高效，对环境污染小，对人畜安全，并且 IGRs 主要品种已能在国内生产，价格低廉，因此近十余年来已得到推广应用，但在使用中也发现了一些问题，如抗药性、毒性、残留性长等缺点，最主要的弱点是 IGRs 制剂速效性差，一般要在害虫变态阶段才能使其致死，一般在施药 3d 后才开始出现死亡，5～7d 才出现死亡高峰。

尽管存在上述需要注意的问题，但 IGRs 具有特殊的作用机制，IGRs 制剂适用于可持续农业的发展。随着对昆虫激素生理调控机理的深入了解，如 20E 生理调控机理研究那样，将会进一步促进新的 IGRs 类杀虫剂的发现。DNA 克隆技术的引入，为筛选新药，产生新的昆虫激素受体创造了条件。IGRs 前景广阔，预计在品种开发和推广应用上将会有较快的发展。

参考文献

[1] Williams CM. Third-generation pesticides. Scientific American,1967,217(1):13-17.

[2] 赵善欢. 昆虫毒理学. 北京：中国农业出版社，1999:67-68.

[3] Retnakaran A,Grannet J,Ennis T. Insect growth regulators in Comprehensive Insect Physiology, Biochemistry and Pharmacology,Vol. 12,Kerkut GA,Gilbert LI(Eds). Pergamon Press,Oxford,529-601,1985.

[4] Wing KD. RH 5849,a nonsteroidal ecdysone agonist：effects on a Drosophila cell line. Science,1988,241(4864):467-469.

[5] Wing KD,Slawecki RA,Carlson GR. RH 5849,a Nonsteroidal Ecdysone Agonist：Effects on Larval Lepidoptera. Science,1988,241(4864):470-472.

[6] Hsu,ACT. 1,2-Diacyl-1-alkyl-hydrazines：a novel class of growth regulators in Synthesis and Chemistry of Agrochemicals，II. ACS Symposium Series 443. Baker DR,Fenyes JG,Moberg W K (Eds) American Chemical Society,Washington D. C. ，478-490.

[7] Jean KM(Rohm and Haas Company). Preparation of 1,2-diacyl-2-(t-alkyl)hydrazines. EP0639559A1,1995.

[8] Anthony CJ(Rohm and Haas Company). Process for synthesizing benzoic acids,US6124500A,2000.

[9] Lidert Z,Le DP,Hormann RE,et al(Rohm and Haas Company). Insecticidal N'-substituted-N,N'-diacylhydrazines. US5530028A,1996.

[10] Totani T,Kato Y,Yamamoto Y,et al(Nippon Kayaku K. K. ,Sankyo,Co.). Hydrazine Derivative and Insecticidal Composition Containing the same as Active Ingredient. JP8231529A,1996.

[11] Yanagi M,Sugizaki H,Totani T,et al(Nippon Kayaku K. K. ,Sankyo,Co.). New Hydrazine Derivative and Insecticide Composition Containing the same as Active Ingredient. JP6172342A,1994.

[12] Yanai T,Tsukamoto Y,Sawada Y,et al(Sankyo,Co. ；Nippon Kayaku K. K.). New N,N'-Dibenzoylhydrazine Derivative and Insecticidal Composition. JP6184076A,1994.

[13] Hormann RE. (Rohm and Haas Company). Insecticidal N,N'-disubstituted-N,N'- diacylhydrazines. US 5482962,1996.

[14] Opie TR （Rohm and Haas Company）. Preparation of benzodioxincarboxylic acid hydrazides as insecticides . EP984009,2000.

[15] 张湘宁，李玉峰，倪珏萍等. 创新双酰肼类昆虫生长调节剂 JS118 的合成和生物活性. 农药，2003，42(12):18-20.

[16] Hsu A C T,Aller H E,Le D P. et al. Insecticidal N'-substituted-N,N'-disubstituted Hydrazines. US6013836,2000.

[17] 钱旭红. N-叔丁基二苯甲酰基肼昆虫生长调节剂的定量构效关系. 化学世界，1995，36（增刊）：35-36.

[18] Nakagawa Y, Soya Y, Nakai K et al. Quantitative structure—activity studies of insect growth regulators. XI. Stimulation and inhibition of *N*-acetylglucosamine incorporation in a cultured integument system by substituted *N-tert*-butyl-*N*,*N'*-dibenzoylhydrazines. Pesti. Sci. 1995,43(4):339-345.

[19] Nakagawa Y, Oikawa N, Nishimura K, et al. Quantitative structure-activity relationships and designed synthesis of larvicidal *N*,*N'*-dibenzoyl-*N-tert*-butylhydrazines against *Chilo suppressalis*. Pesti. Sci. 1995,44(1):102-105.

[20] Oikawa N, Nakagawa Y, Nishimura K, et al. Quantitative structure-activity analysis of larvicidal 1-(substituted benzoyl)-2-benzoyl-1-tert-butylhydrazines against *Chilo suppressalis*. Pesti. Sci. 1994,41(2):139-147.

[21] Oikawa N, Nakagawa Y, Nishimura K, et al. Quantitative Structure-Activity Studies of Insect Growth Regulators : X. Substituent Effects on Larvicidal Activity of 1-*tert*-Butyl-1- (2-chlorobenzoyl)-2-(substituted benzoyl)hydrazines against *Chilo suppressalis* and Design Synthesis of Potent Derivatives. Pesti. Biochem. Physiol. 1994,48(2):135-144.

[22] Nakagawa Y, Hattori K, Shimizu B, et al. Quantitative structure-activity studies of insect growth regulators XIV. Three-dimensional quantitative structure-activity relationship of ecdysone agonists including dibenzoylhydrazine analogs. Pesti. Sci. 1998,53(4):267-277.

[23] Nakagawa Y, Smagghe G, Kugimiya S, et al. Quantitative structure-activity studies of insect growth regulators: XVI. Substituent effects of dibenzoylhydrazines on the insecticidal activity to Colorado potato beetle *Leptinotarsa decemlineata*. Pesti. Sci. 1999,55(9):909-918.

[24] Nakagawa Y, Smagghe G, Paemel MV, et al. Quantitative structure-activity studies of insect growth regulators: XVIII. Effects of substituents on the aromatic moiety of dibenzoylhydrazines on larvicidal activity against the Colorado potato beetle *Leptinotarsa decemlineata*. Pest Management Sci. 2001,57(9):858-865.

[25] Nakagawa Y, Smagghe G, Tirry L, Fujita T. Quantitative structure-activity studies of insect growth regulators: XIX. Effects of substituents on the aromatic moiety of dibenzoylhydrazines on larvicidal activity against the beet armyworm *Spodoptera exigua*. Pest Management Sci. 2002,58(2):131-138.

[26] Sawada Y, Yanai T, Nakagawa H, et al. Synthesis and insecticidal activity of benzoheterocyclic analogues of *N'*-benzoyl-*N*-(*tert*-butyl) benzohydrazide: Part 1. Design of benzoheterocyclic analogues. Pest Management Sci. 2003,59(1):25-35.

[27] Nakagawa Y. Structure-activity relationship and mode of action study of insect growth regulators. J. Pestic. Sci. 2007,32:135-136.

[28] Soin T, De Geyter E, Mosallanejad H, et al. Assessment of species specificity of moulting accelerating compounds in Lepidoptera: comparison of activity between *Bombyx mori* and *Spodoptera littoralis* by *in vitro* reporter and *in vivo* toxicity assays. Pest Management Sci. 2010,66(5):526-535.

[29] Wurtz JM, Guillot B, Fagart J, et al. A new model for 20-hydroxy-ecdysone and dibenzolylhydrazine binding: A homology modeling and docking approach. Protein Sci. 2000,9:1073-1084.

[30] Billas IM, Iwema T, Garnier JM, et al. Structural adaptability in the ligand-binding pocket of the ecdysone hormone receptor. Nature,2003,426(6962):91-96.

[31] Staal GB. Insect growth regulators with juvenile hormone activity. Annual Review of Entomology,1975,20,417-60.

[32] Wigglesworth VB. The juvenile hormone effect of farnesol and some related compounds: Quantitative experiments. J. Insect Physiol. 1963,9(1):105-119.

[33] Bowers WS, Fales HM, Thompson MJ, et al. Juvenile Hormone: Identification of an Active Compound from Balsam Fir. Science,1966,154(3752):1020-1021.

[34] Bowers WS. Juvenile Hormone: Activity of Natural and Synthetic Synergists. Science,1968,161(3844):895-897.

[35] Bowers WS. Juvenile Hormone: Activity of Aromatic Terpenoid Ethers. Science,1969,164(3877):323-325.

[36] Pallos FM, Menn JJ, Letchworth PE, et al. Synthetic Mimics of Insect Juvenile Hormone. Nature,1971,232(5311):486-487.

[37] Henrick CA, Staal GB, Siddall JB. Alkyl 3,7,11-trimethyl-2,4-dodecadienoates, a new class of potent insect growth regulators with juvenile hormone activity. J. Agric. Food Chem.,1973,21 (3):354-359.

[38] Chowdhury H, Saxena VS, Walia S. Synthesis and Insect Growth Regulatory Activity of Alkoxy-Substituted Benzaldoxime Ethers. J. Agric. Food Chem.,1998,46 (2):731-736.

[39] Nilles GP, Zabik MJ, Connin RV, et al. Synthesis of bioactive compounds. Substituted biphenyls as juvenile hormone mimics. J. Agric. Food Chem.,1977,25 (1):213-214.

[40] Pallos FM, Letchworth PE, Menn JJ. Novel nonterpenoid insect growth regulators. J. Agric. Food Chem.,1976,24 (2):218-221.

［41］ Hangartner WW,Suchy M,Wipf HK,et al. Synthesis and laboratory and field evaluation of a new,highly active and stable insect growth regulator. J. Agric. Food Chem. ,1976,24 (1):169-175.

［42］ Kisida H,Hatakoshi M,Itaya N,et al. New insect juvenile hormone mimics: thiolcarbamates. Agric. Biol. Chem. 1984,48 (11):2889-2891.

［43］ Peleg BA. Effect of a new phenoxy juvenile hormone analog on California red scale (Homoptera: Diaspididae),Florida wax scale (Homoptera: Coccidae) and the ectoparasite Aphytis holoxanthus DeBache (Hymenoptera: Aphelinidae). J. Econom. Entomol. 1988,81(1):88-92.

［44］ Hatakoshi M, Agui N, Nakayama I. 2-［1-Methyl-2-(4-Phenoxyphenoxy) Ethoxy］ Pyridine as a New Insect Juvenile Hormone Analogue:Induction of Supernumerary Larvae in Spodoptera litura (Lepidoptera:Noctuidae). Appl. Entomol. Zool. ,1986,21(2):351-353.

［45］ Ishaaya I, Horowitz AR. Novel phenoxy juvenile hormone analog (pyriproxyfen) suppresses embryogenesis and adult emergence of sweetpotato whitefly (Homoptera: Aleyrodidae). J. Econ. Entomol. , 1992,85(6):2113-17.

［46］ Bettarini F,Massardo P,Piccardi P,et al. (Montedison S. p. A. ,Italy). Hydroquinone diethers having a juvenile hormonic and acaricide activity. GB2023591,1980.

［47］ Massardo P, Bettarini F, Piccardi P, et al. Synthesis and juvenile hormone activities of some new ether derivatives of hydroquinone. Pesti. Sci. 1983,14(5):461-469.

［48］ Karrer F,Streibert HP(Ciba-Geigy A. -G. ,Switz.). Dioxolane derivative insecticides. DE4328478A1,1994.

［49］ Streibert HP,Frischknecht ML,Karrer F. Diofenolan - a new insect growth regulator for the control of scale insects and important lepidopterous pests in deciduous fruit and citrus. Brighton Crop Protection Conference--Pests and Diseases. 1994,Vol. 1,23-30.

［50］ Kawada H, Dohara K, Shinjo G. Evaluation of larvicidal potency of insect growth regulator, 2-［1-methyl-2-(4-phenoxyphenoxy) ethoxy]pyridine,against the housefly,Musca domestica. Jpn. J. Sanit. Zool. ,1986,38 (4):317-322.

［51］ Umehara T,Kudo M,Miyake T. Acaricides containing pyridazinones for house dust mites. JP03148202,1991.

［52］ Nakajima Y,Hirata K,Kudo M. Preparation of pyridazinones as pesticides. JP01211569,1989.

［53］ Miyake T, Kudo M, Umehara T, et al. NC-170, a new compound inhibiting the development of leafhoppers and planthoppers. Brighton Crop Protection Conference—Pests and Diseases. 1988,(2):535-542.

［54］ Miyake T, Haruyama H, Mitsui T, et al. Effects of a new juvenile hormone mimic, NC-170, on metamorphosis and diapause of the small brown planthopper,Laodelphax striatellus. J. Pesti. Sci. 1992,17(1):75-82.

［55］ Nissan Chemical Industries,Ltd. ,Japan. NC-184 Pyridazinoes as parasiticides and insecticides. JP60054319,1985.

［56］ Leyendecker J,Kuenast C,Hofmeister P(BASF A. -G. ,Germany). 2-Tert-butyl-4-chloro- 5-(4-tert)-butylbenzylthio)-3 (2H)-pyridazinone molluscicide. DE3824211,1990.

［57］ Williams CM,Slama K. The juvenile hormone. VI. effects of the "paper factor" on the growth and metamorphosis of the bug,pyrrhocoris apterus. Biol. Bull. 1966,130:247-253.

［58］ Toong YC,Schooley DA,Baker FC. Isolation of insect juvenile hormone Ⅲ from a plant. Nature,1988,333:170-171.

［59］ Schmutterer H. Annu. Rev. Entomol. Properties and Potential of Natural Pesticides from the Neem Tree, Azadirachta Indica. Annu. Rev. Entomol. 1990,35:271-297.

［60］ Govindachari TR,Narasimhan NS,Suresh G,et al. Structure-related insect antifeedant and growth regulating activities of some limonoids. J. Chem. Ecol. 1995,21:1585-1600.

［61］ Mordue AJ,Blackwell A. Azadirachtin: an update. J. Insect Physiol. 1993,39(11):903-924.

［62］ 张兴. 川楝素引致菜青虫中毒症状研究. 西北农业大学学报, 1993,21(1):27-30.

［63］ 杜正文. 几种植物油对水稻害虫生物活性及利用方式研究. 植物保护学报, 1986,13(2): 131-135.

［64］ Zhou S,Zhang J, Fam MD, et al. Sequences of elongation factors-1α and -1γ and stimulation by juvenile hormone in Locusta migratoria. Insect Biochemistry and Molecular Biology,2002,32(11):1567-1576.

［65］ Jone G,Wozniak M,Chu Y,Dhar S,et al. Juvenile hormone Ⅲ-dependent conformational changes of the nuclear receptor ultraspiracle. Insect Biochemistry and Molecular Biology,2001,32(1):33-49.

［66］ Stay B. A review of the role of neurosecretion in the control of juvenile hormone synthesis: a tribute to Berta Scharrer. Insect Biochemistry and Molecular Biology,2000,30(8-9):653-662.

［67］ Yamamoto K,Chadarevian A,Pellegrini M. Juvenile hormone action mediated in male accessory glands of Drosophila by calcium and kinase C. Science,239(4842):916-919.

［68］ Sevala VL, Davey KG, Prestwich GD. Photoaffinity labeling and characterization of a juvenile hormone binding protein in the membranes of follicle cells of *Locusta migratoria*. Insect Biochemistry and Molecular Biology,1995,25(2):267-273.

[69] Wheeler DE,Nijhout HF. A perspective for understanding the modes of juvenile hormone action as a lipid signaling system. BioEssays,2003,25(10):994-1001.

[70] Wyatt GR,Davey KG. Cellular and Molecular Actions of Juvenile Hormone. Ⅱ. Roles of Juvenile Hormone in Adult Insects. Advances in Insect Physiology,1996,26:1-155.

[71] Hasegawa Yoichi,Nakagawa Mineo,Hara Syuji. Process for preparation of tertiary butyl hydrazine. US 4435600,1984.

[72] Hsu A C,Aller H E,Murphy R A,Le Dat P,et al. Insecticidal N'-substituted-N,N'-disubstituted- hydrazines. US 5117057,1992.

[73] Hsu A C,Aller H E. Insecticidal N'-substituted-N,N'-diacylhydrazines. US4985461. 1991.

[74] Yanagi M,Sugizaki H,Toya T,et al. New hydrazine derivative and pesticidal composition comprising said derivative as an effective ingredient . EP 496342,1992.

[75] Henrick C A,Siddall J B. Alkoxy substituted aliphatic diolefinic halides. US 3970704,1976.

[76] Karrer F. Production of ethyl ((phenoxy)phenoxy)-ethyl carbamate pesticide. DE 19711004,1997.

[77] Nishida S, Matsuo N, Hatakoshi M, et al. Nitrogen-containing heterocyclic compound, its preparation and pesticide containing the same: JP 59199673,1983.

第二章

几丁质合成抑制剂

几丁质（chitin）又称甲壳质或甲壳素，是自然界中含量仅次于纤维素的生物合成物质。它存在于节肢动物的外骨骼、真菌的细胞壁及线虫的卵壳中，是由 N-乙酰-β-D-葡糖胺经多聚化作用而形成的一种多聚物。在昆虫体内，它主要存在于表皮层中的上表皮以及消化道的围食膜基质中。上表皮中的几丁质作为骨骼的支架材料，与硬化蛋白一起形成骨骼，使外骨骼成为一种刚性结构，从而使昆虫能维持特定的形态，并防止外来物的侵染或物理损伤，是内部器官与外界环境之间的保护性屏障。此外，外骨骼及内陷形成的内骨可供肌肉着生，以组成虫体的运动机构。围食膜基质（peritrophic matrix）中的几丁质则在食物颗粒与肠道细胞之间构成一道保护屏障，避免细胞受到较硬的食物颗粒的损伤。

虽然几丁质对昆虫有重要的保护作用，但与此同时，它也给昆虫的生长发育带来不利的影响。昆虫的体壁由于非常坚硬，刚性很强，因而不能随昆虫的生长而生长。当昆虫长到一定大小时，其表皮层就会限制它进一步生长，这就是昆虫蜕皮的原因。只有把旧的表皮脱去，然后再合成一个更大的表皮，昆虫才能继续生长。在蜕变过程中，旧表皮中的几丁质被几丁质酶（chitinase）分解。同时，几丁质合成酶（chitin synthase）合成新的几丁质并分泌到新表皮中。正是由于几丁质在昆虫的生长发育过程中有重要作用，因而可以被用作靶标，来研究开发新型的杀虫剂和杀菌剂。由于几丁质不存在于哺乳动物及高等植物中，因此具有极高的环境安全性；同时还具有使用浓度低、降解速度快等特点，因而该类药剂对人畜较为安全，是环境友好农药。

第一节　几丁质合成酶

几丁质的生物合成主要是由几丁质合成酶（chitin synthase，CS）来催化的，是一个极其复杂的过程。几丁质合成酶（UDP-N-乙酰-D-葡糖胺：几丁质 4-β-N-乙酰葡糖胺转移酶；EC2.4.1.16）存在于所有能合成几丁质的生物体中。由于几丁质合成酶是一种跨膜蛋白，其纯化分离较困难。真菌中的 CS 目前研究得最为清楚，其分离纯化研究较多，并纯化得到了单一酶。近来，真菌的 CS 研究有了大的突破，原先被认为在几丁质合成中起着主要作用的几丁质合成酶（CS1）被发现对几丁质的生物合成不是必需的。几丁质的生物合成牵涉多种 CS 的综合作用，存在精细的时间、空间、质和量的调节。在啤酒酵母中已检出 3 种 CS，其中 CS3 合成细胞中 90％以上的几丁质，是最主要的几丁质合成酶，而 CS1 和 CS2 只合成细胞中 10％的几丁质。CS1 只是作为一种修复酶，在胞质分裂的过程中起补充几丁质的作用。

1. 昆虫几丁质合成酶的结构

昆虫的几丁质合成酶是一些较大的跨膜蛋白，理论分子量为 $160 \sim 180 \mathrm{kDa}$，等电点为 $6.1 \sim 6.7$，其活性需要 2 价阳离子的存在，并且在经过温和的蛋白质水解后，活性可以提高，表明 CS 可能以酶原的形式存在。它含有 3 个结构域：结构域 A、结构域 B 和结构域 C。

结构域 A 在几丁质合成酶的 N 端区，主要由跨膜螺旋组成。不同昆虫的 CS 含有不同数量的跨膜螺旋，表现出最低的序列相似性。这种跨膜螺旋的数目决定了 N 端在膜上的位置，或者是面向细胞质，或者是面向细胞外环境。

结构域 B 在几丁质合成酶的中心区，由大约 400 个氨基酸组成，包含蛋白质的催化中心[15]。B 域高度保守，含有 2 个独一无二的基本序列。其中的一些保守氨基酸是酶的催化机制所必需的，它们可能与底物的质子注入有关，如果被其他氨基酸取代就可能造成酶活力的急剧下降。酵母几丁质合成酶(CS2)441 位的天冬氨酸残基也被认为是存在于所有 CS 中的保守残基，当它被谷氨酸取代后可引起 CS 活性的严重丧失。昆虫 CS 相应位置的天冬氨酸也不能被谷氨酸取代，表明这个位置至少需要一个天冬氨酸。

结构域 C 由 C 端部分组成，包含 2 个可能与酶的催化有关的氨基酸。定向诱导突变表明：酵母 CS2 中的这两个氨基酸被丙氨酸取代后，酶的活性即消失。在昆虫中这两个残基的位置类似于酵母中位置，也是高度保守，并紧接在 C 域的 5 个跨膜螺旋之后。C 域不像催化域那样保守，它以含有 7 个跨膜螺旋作为共同特征。

2. 昆虫几丁质合成酶分类

与真菌几丁质合成酶具有多个结构基因不同的是，昆虫几丁质合成酶只发现有两个结构基因，相应的几丁质合成酶也有两种，分别是 CS1 和 CS2。根据氨基酸序列的相对差异，几丁质合成酶被分为两类：CSA 及 CSB。大多数昆虫都各有一个基因拷贝，这两个基因位于同一条染色体上，可能是由同一祖先进化而来。A 类几丁质合成酶多在表皮细胞及气管细胞中表达，而 B 类几丁质合成酶被限制在中肠的表皮细胞中表达。A 类几丁质合成酶的共同特征是在 C 域的 5 个跨膜螺旋之后有 1 个卷曲螺旋区，它面向细胞外空间，可能与蛋白质之间的相互作用、囊泡的融合作用及几丁质的低聚作用有关。

3. 几丁质合成酶活性测定法

早期几丁质合成酶测活方法为体外组织培养法，利用昆虫器官芽的离体培养来检测新合成的几丁质。在分离提取几丁质合成酶以后（粗提物），可以利用同位素法进行活性测定，这种方法被大量采用，至今仍是主要的活性测定方法。由于同位素试剂较为昂贵，并且对人体不安全，Lucero 等人又提出了一种非放射性测活方法，使得测定结果更为准确灵敏，并可以进行高通量筛选几丁质合成酶的抑制剂。

第二节　几丁质的生物合成

几丁质合成酶催化 UDP-GcNAc 形成几丁质过程如图 1-2-1 所示。几丁质合成酶以 UDP-N-乙酰葡糖胺（UDP-GcNAc）为底物，通过转移作用，脱去腺苷二磷酸（UDP），合成几丁质链。UDP-GcNAc 是几丁质的直接前体，它是由海藻糖和葡萄糖经过一系列的酶促反应过程所合成的，大量存在于细胞质中。CS 主要以簇的形式存在于细胞内的高尔基体膜、囊泡膜及质膜上，它是一类大分子跨膜蛋白，其催化域面向细胞质。

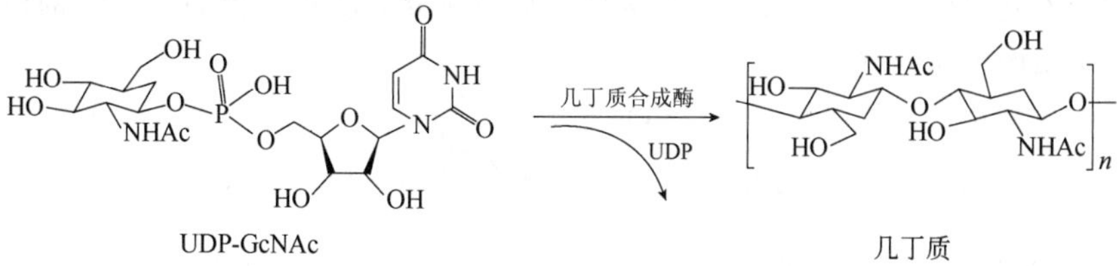

图 1-2-1　几丁质合成酶催化 UDP-GcNAc 形成几丁质过程

几丁质合成的详细机制现在依然不清楚，但有证据表明几丁质的合成是一种不对称机制：从细胞质中的 UDP-GcNAc 池中获得 GcNAc，而把新生的几丁质释放到细胞外环境中。上述分析表明 CS 结合 UDP-GcNAc 的催化位点应当是面向原生质的。

除 CS 外，几丁质的合成还受其他效应物的影响。有报道称，GcNAc 可以刺激真菌及某些昆虫体内的几丁质合成，与此相反，也有报道 1mmol/L 的 GcNAc 几乎可以完全抑制几丁质的合成。在更深的层次上，几丁质的合成受许多激素如蜕皮激素的调控，其机制也不是很清楚。

昆虫几丁质的合成受一系列具有时间限制效应的内分泌调控所支配。一些关键激素，如促前胸腺激素（PTTH）、蜕皮激素 20-羟基蜕皮酮（20E）和保幼激素（JH）在调节过程中起主导作用。当幼虫达到临界体重时，本体感受器向脑神经分泌细胞传递信号，后者分泌 PTTH。PTTH 转而激活前胸腺，向血淋巴中分泌蜕皮酮。蜕皮酮能够降低间期几丁质的合成作用，从而初始化蜕皮过程。

第三节　几丁质合成酶抑制剂

几丁质的代谢在昆虫的生长发育过程中是至关重要的，若不能正常合成几丁质，则使昆虫发育畸形，对外界环境适应力降低，甚至失去行动能力而死亡，因此，几丁质合成酶可以作为害虫控制的靶标。

几丁质合成抑制剂发现之初最引人注目的是其新颖的作用机制，既不是传统的神经毒剂，也不是胆碱酯抑制剂，而主要是抑制昆虫表皮的几丁质合成而导致昆虫不能正常蜕皮。发展至今，虽然出现过一些不同的观点，但因证据不太令人信服，没能得到大多数学者的认可，最愿意接受的还是 Post 等最早提出的"灭幼脲的毒杀作用是由于抑制了几丁质合成酶，从而阻断了几丁质的最后聚合步骤"的理论。

几丁质合成抑制剂是一种高效而又安全的"理想环境化合物"，欧洲及北美洲的许多学者对用 ^{3}H、^{15}N、^{13}C 等同位素标记技术对苯甲酰脲类化合物在光、土壤、水、植物体内及体表、动物体内的降解做过详细研究：发现其降解产物不通过食物链或直接由水中吸收而富集，对寄生性和捕食性天敌均比较安全，对甲壳纲动物则要注意其安全。这种特性符合目前所追求的"生物合理"农药的要求，在田间施用时，除能发挥本身的杀虫作用之外，还可充分利用各种天敌对害虫的长期控制作用，在一定程度上弥补了作用谱较窄的不足。

一、苯甲酰脲类

苯甲酰脲类化合物（benzoylphenylureas，BUPs）是一类主要的能抑制靶标害虫的几丁质合成而导致其死亡或不育的昆虫生长调节剂，被誉为第三代杀虫剂或新型昆虫控制剂。由于其独特的作用机制、较高的环境安全性、广谱高效的杀虫活性等诱人特性，已成为创制新农药的一个活跃领域，并受到人们的广泛关注。

最早的苯甲酰脲类（BPUS）昆虫几丁质合成抑制剂是 20 世纪 70 年代初由荷兰 Philips-Duphar 公司发现的。Duphar 公司在研究除草剂敌草腈（dichlobenil）时，将其与另一除草剂敌草隆（diuron）结合，得到新的苯甲酰脲类化合物（Dul 9111），期望具有良好的除草活性，而生测结果出人意料：化合物 Dul 9111 没有除草活性，却有一定的杀虫活性，且同常规的杀虫剂作用不同，即幼虫在受药后不立即死亡，而是在蜕皮时死亡。后经研究表明化合物 Dul 9111 的作用机制是抑制昆虫表皮几丁质的生物合成。

敌草腈(dichlobenil) 敌草隆(diuron)　　　　　　　　　　　Dul 9111

在近 30 年的研究中，专利报道的苯甲酰脲类化合物有几千个，商品化和在开发的化合物已有 30 多个。该类杀虫剂已在 40 余个国家获准登记使用，目前在农业生产中得到广泛应用，对农林、果树、蔬菜、贮粮、畜牧、卫生等约 8 目 34 科 90 多种害虫的防治，均取得很好的效果，其中以鳞翅目、双翅目、鞘翅目的害虫较多。我国由于高毒农药品种的淘汰促进了其他类杀虫剂的研发与应用，2002 年昆虫生长调节剂用量增加了 25.3%，占所有杀虫剂用量的 9.4%，而其中苯甲酰脲类化合物占了绝大部分。

（一）结构的衍化及类型

1972 年，Welllnga 等在研制除草剂敌草腈（dichlobenil）的过程中，发现化合物（Dul 9111）具有意外的杀幼虫及杀卵效应，由于这类杀虫剂在哺乳动物体内无作用靶标，因此对人畜无害，是一种良好的昆虫生长调节剂。因此苯甲酰脲类化合物以其不同于传统杀虫剂的独特作用机制引起了农药界的广泛关注。从而掀起了系统研究苯甲酰脲类几丁质合成抑制剂的序幕。人们为了寻求更高效的新杀虫剂，以它为先导化合物，受生理活性的启示，运用生物电子等排原理，合成了一系列类似物，其骨架结构如图 1-2-2 所示。

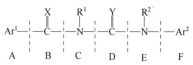

图 1-2-2 苯甲酰脲类几丁质合成抑制剂的结构通式

Ar¹，Ar² 为取代的芳香环，
X，Y 为氧或硫；R¹，R² 为氢、
氯、烷基、烷氧基、硫烷基等

分子中苯甲酰芳环 Ar¹ 部分：经一系列类似化合物的合成与活性测试，一般认为苯甲酰芳环部分 2,6-位有一个或两个卤素是必要的。由于酰胺合成的难度及取代基对活性的影响，一般芳环的取代基为 1～3 个，位置多为 2,4,6-位，全取代的也出现过，包括卤素、$C_1 \sim C_6$ 烷基、硝基、氰基、烷氧基、硫烷基等。苯环上不同取代基的电子效应、空间效应以其生物活性紧密相关，取代基的变化规律为 F > Cl ≫ Br > CH_3 > CH_2CH_3 > OCH_3，OH，H。除电子效应外，苯环与相连的酰胺平面之间的夹角也影响着苯甲酰脲类化合物与受体之间的匹配状况。发展至今，2,6-二氟苯甲酰脲占主导地位。按生物电子等排原理，有人将苯环改造成了含氮的杂环。但迄今为止，还未有这类商品问世。

X 和 Y 基团：一般苯甲酰脲类化合物中的 X、Y 均为氧原子，利用 O 与 S 的生物电子等排性，发展了许多苯甲酰硫脲衍生物，其中一个或两个氧原子被硫原子取代后，活性下降，目前没有该类商品上市。

脲结构中氮原子上的取代基：在芳基甲酰脲类的氮原子上引入易离去的基团，如 $C_1 \sim C_6$ 烷基、羟基、烷氧基、烷硫基、磷酰基等，其杀虫活性与未取代的芳基甲酰脲相近，未有突出表现，尚无商品化品种出现。

芳胺部分 Ar² 的结构修饰：可能由于芳胺的获取比芳酰胺容易，对芳胺环上的合成及杀虫活性影响研究得最多，也最详尽。目前芳胺部分的修饰已成为苯甲酰脲类研究的主导方向。

简单取代的苯基脲类：当苯胺环上取代基为简单的卤素、烃类、多卤代烃时，一般被认为是第一代苯甲酰脲类杀虫剂。此类化合物是荷兰 Duphar 公司最早研究的，它是早期研究的热点，近期较少涉及。第一个化合物为毒虫脲（Dul-9111）。最早商品化的是除虫脲（diflubenuron），现已在 40 多个国家登记，主要用于棉田害虫的防治，以除虫脲为代表奠定了第一代苯甲酰脲类杀虫剂的基础。接着开发了氯幼脲（PH-60-38）。陈克潜等考虑到一氯取代脲类合成路线较简单，只在第 2 位引入一个氯原子，6-位引入氟原子合成了灭幼脲三号，并于 1981 年在吉林省通化市化学工业研究所完成研制，随后由通化农药厂生产。灭幼脲三号是中国在苯甲酰脲类几丁质合成抑制剂领域中唯一属于自己独立开发的产品。将除虫脲苯胺部分的 4-位氯换为强吸电子基团三氟甲基，合成了专门防治蚊、蝇类的杀虫剂氟幼脲（penfluron）。在芳胺苯环上引入多个卤原子亦获得很好的效果：伏虫隆（teflubenzuron）便是很有希望的新型几丁质合成抑制剂，活性可与有机磷和拟除虫菊酯类媲美（见图 1-2-3）。

当简单的含氧基团与苯胺环相连时，习惯上称之为烷（烯）氧基苯基脲。与第一代苯甲酰脲类几丁质合成抑制剂相比，它们具有更高的杀幼虫和接触杀卵活性，又具有更宽的活性谱和更快的杀虫作用，已构成了第二代灭幼脲类杀虫剂，这是近期研究的热点（见图 1-2-4）。

氟酰脲（novaluron）是同时兼有胃毒和触杀作用的化合物，具有广谱的杀虫活性，不仅对鳞翅目害虫有效，而且对飞虱及其他类害虫亦有活性；对海灰夜翅蛾 3 龄幼虫的 LD_{50} 仅为 0.1mg (a.i.)/L，其活性与定虫隆相当，是伏虫隆的 10 倍。虱螨脲（lufenuron）主要用于防治棉花、玉

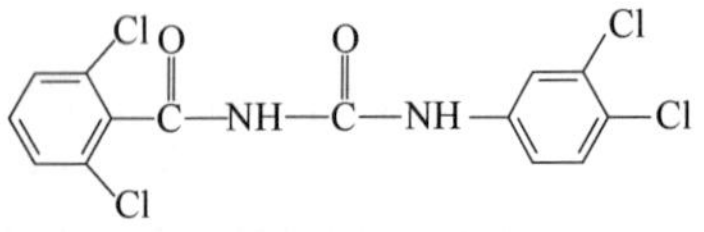

图 1-2-3　商品化的苯甲酰脲类杀虫剂品种

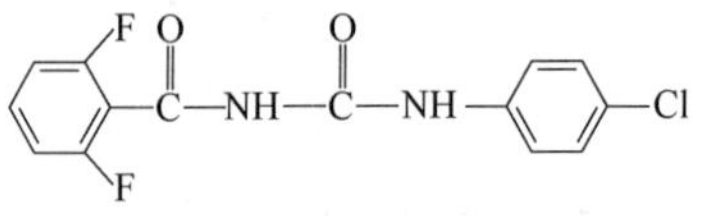

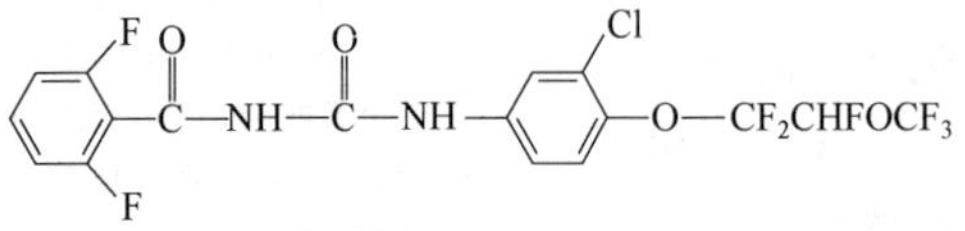

图 1-2-4　第二代灭幼脲类杀虫剂

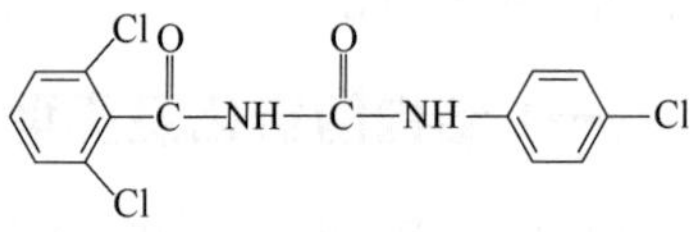

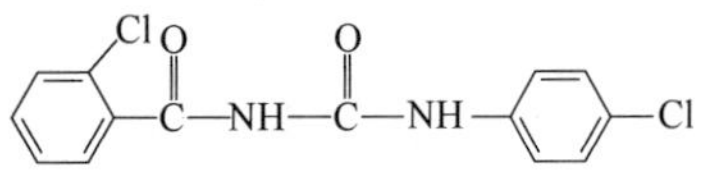

米、蔬菜、果树等鳞翅目幼虫。它不仅具有杀虫活性，还具有杀菌、杀螨活性。氟铃脲（hexaflurmuron）是一种杀虫活性高、杀虫谱广的特异性杀虫剂，可以用于蔬菜、棉花、果树、林木等多种作物防治多种鳞翅目害虫，并对有机磷、氨基甲酸酯类、拟除虫菊酯产生抗性的害虫具有良好效果。杀铃脲（triflumuron）又名杀虫隆，主要用于防治金纹细蛾、菜青虫、小菜蛾、小麦黏虫、松毛虫等鳞翅目和鞘翅目害虫，药效期长。

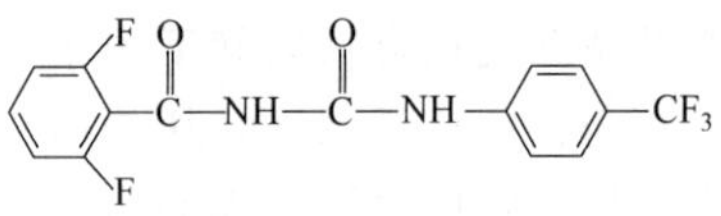

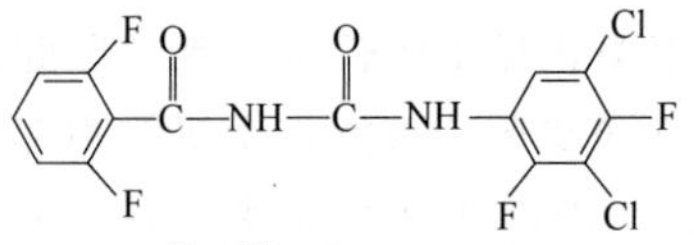

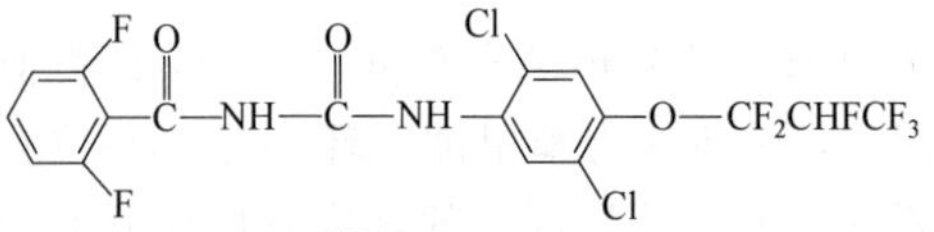

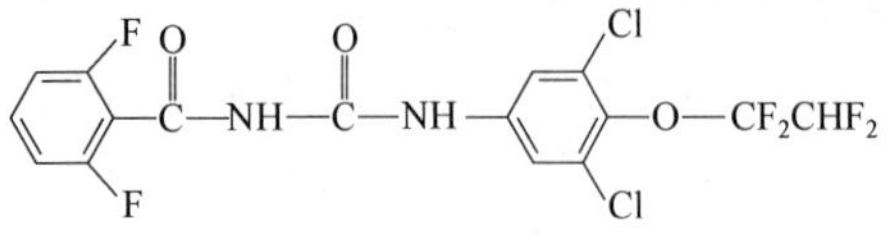

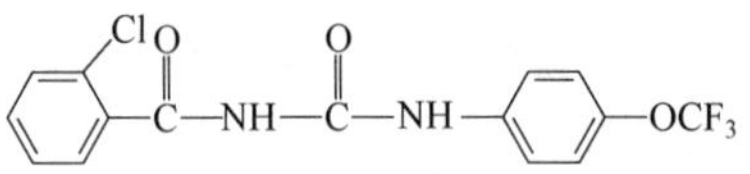

芳基苯基脲类：若取代基是通过一个或多个桥原子与苯胺相连的取代芳环时，活性有着较大的改变，这类结构是近期研究的主要方面，按桥原子的多少与种类，出现了以下三类。

（1）吡啶氧基苯基脲类　该结构为日本石原产业公司、瑞士汽巴·嘉基公司的主要研究对象。最早商品化的是定虫隆（chlorfluazuron），可有效地防治棉花上的夜蛾科幼虫，对害虫药效高，但药效较慢，一般 5～7d 后发生药效。由于定虫隆用药后随时间变化，药效显著改变，因而成为十分引人注目的新品种，近来又有氟啶蜱脲（fluazuron）新品上市，主要用于防治牲畜如牛等的寄生害虫，包括抗性品系，也可以用于防治农作物害虫。

（2）苯氧基苯基脲类　该类化合物主要由日本石原产业公司、西德的 BASF 公司进行研究。氟虫脲（flufenoxuron）别名卡死克。美国氰胺公司产品为 5％可分散液剂（5DC），2000 倍液用于防治我国南方抗药性很强的小菜蛾、斜纹夜蛾、甜菜夜蛾等有较好效果，与同类药相比，具速效性并耐雨淋持效长。它是一类新的干扰几丁质合成的酰基脲类杀螨、杀虫剂，以它为代表开始了第三代苯甲酰类杀虫剂研制的高潮。

（3）多原子桥芳基苯基脲类　芳氨基部分的电子也可通过多原子传递，活性也十分高，氟螨脲（flucycloxuron）即是该类结构。氟螨脲主要用于防治叶螨和瘿螨的若螨，如苹果红蜘蛛、红叶螨、棉红蜘蛛等，对大豆夜蛾和小菜蛾幼虫等亦有效（见图 1-2-5）。

（取代）杂环基脲类：按生物电子等排原理，有许多工作者干脆将氨基部分最初的苯环改造成为杂环基，此类结构是美国礼来公司研究的重点，日本石原产业公司、德国 BASF 公司也相继研究，近年来终于取得了重大突破，嗪虫脲（L-7063）已经上市。

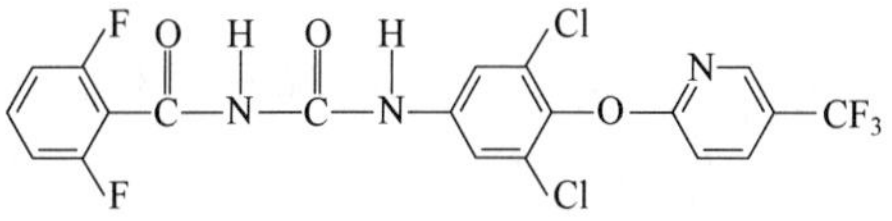

定虫隆 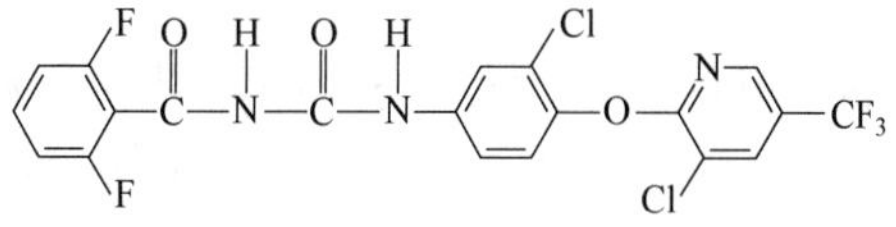　　　　　　　　　氟啶蜱脲

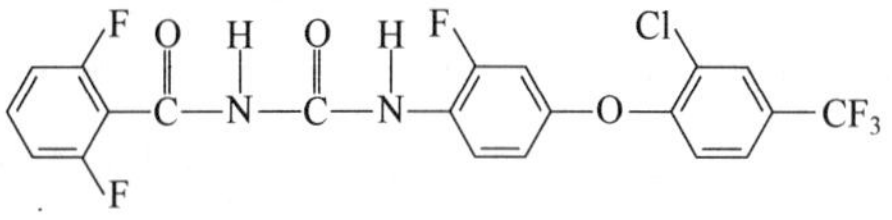

氟虫脲 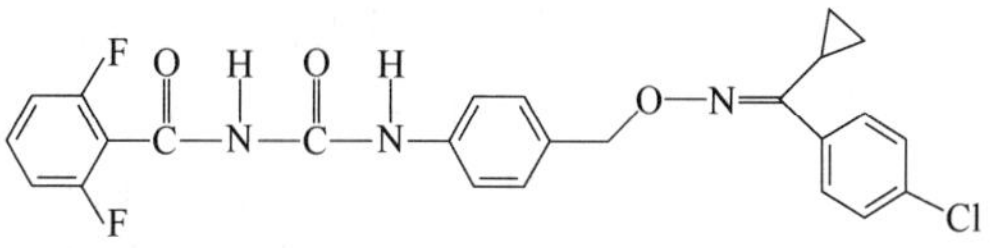　　　　　　　　　氟螨脲

图 1-2-5　芳基苯基脲类杀虫剂

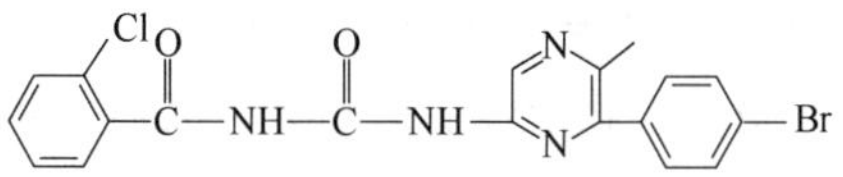

嗪虫脲(L-7063)

（二）结构与活性的定量关系

1. 苯甲酰基苯环（Ar¹）取代基变化对活性的影响

日本的中川好秋等研究了化合物 **1-2-1** 中苯甲酰基中的邻位取代基对活性的影响，得到方程式（1-2-1）。

$$pLD_{50} = 0.59\pi + 0.44\sigma + 0.77 \Sigma Es^{\circ} + 6.67$$
$$n = 20, \quad s = 0.257, \quad r = 0.895 \tag{1-2-1}$$

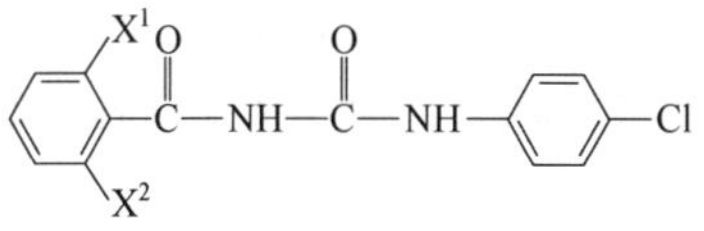

1-2-1 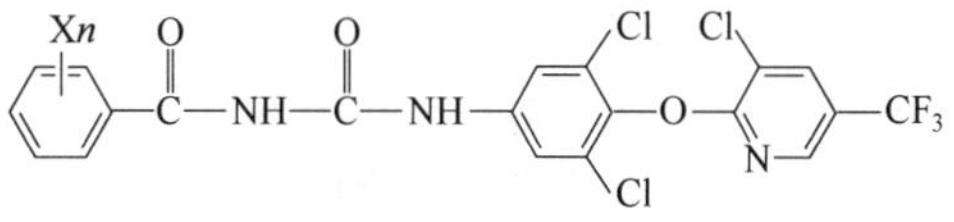　　　　　　　　　　　　**1-2-2**

式中，π 为取代基的疏水性参数；Es° 为取代基的立体参数；Σ 表示对邻位双取代而言，取其立体参数之和。对于邻位单取代而言，σ 为 Hammett 常数 σ_{para}，而对于邻位双取代情况，σ 则取诱导效应指数 σ_I 之和，因为对于邻位双取代的情形下，苯甲酰基苯环与酰氨基平面之间相互扭曲而破坏了两者之间的共轭效应。从方程（1-2-1）可以看出，当取代基的疏水性和吸电子能力提高时，化合物的活性也随之提高。Es° 的系数为正，说明邻位应具有较小的取代基。当邻位取代基为 $2,6\text{-}F_2$ 时，因能同时满足体积要求小、吸电子能力及疏水性高的条件，因而表现出最高的杀虫活性。

为了进一步研究苯甲酰基苯环取代基的变化对活性的影响，文献报道了化合物 **1-2-2** 的苯甲酰基上苯环不同位置取代基的变化与活性的关系，得到下式：

$$pLD_{50} = 0.23 Es^{ortho} + 3.15 Es^{meta} + 2.42 Es^{para} + 0.36I + 0.59$$
$$n = 14, \quad s = 0.597, \quad r = 0.931 \tag{1-2-2}$$

式中，Es 为 Taft 立体效应参数，I 为表示取代基数目的指示变量。该方程所用参数与所解析化合物的数目相比显得过多，但从该方程可以看出，邻位取代基立体体积大对活性不利。此外，Es^{meta} 和 Es^{para} 两项的系数比 Es^{ortho} 的系数要大得多，说明在间位和对位引入取代基对活性的提高是不利的。

2. 苯胺部位苯环（Ar²）上的取代基变化对活性的影响

在苯甲酰胺部位上连有 $2,6\text{-}Cl_2$ 或 $2,6\text{-}F_2$ 取代基固定不变的情况下，在 Ar² 部位对位引入各种取代基，如卤素、烷基、烷氧基、NO_2、CN、CF_3 和（取代）芳氧基，对所得到的化合物在使用和未使用 PB（氧化代谢抑制剂）的情况下测定了生物活性，回归分析后，得到方程（1-2-3）和方程（1-2-4）：

$$\text{pLD}_{50}(Chilo;\ \text{None}) = 2.94\sigma_1 + 2.53\pi - 0.42\pi^2 - 0.30\Delta B_5 - 0.66I + 3.32$$

$$n = 16,\quad s = 0.237,\quad r = 0.943,\quad F_{5,\ 10} = 16.00 \tag{1-2-3}$$

$$\text{pLD}_{50}(Chilo;\ \text{PB}) = 1.06\sigma_1 + 1.57\pi - 0.17\pi^2 - 0.31\Delta B_5 + 4.93$$

$$n = 24,\quad s = 0.290,\quad r = 0.907,\quad F_{4,\ 19} = 27.10 \tag{1-2-4}$$

方程（1-2-3）中 I 为指示变量，当化合物苯甲酰基部位为 2, $6\text{-}F_2$ 取代时，$I = 0$；为 $2,6\text{-}Cl_2$ 取代时，$I = 1$。从方程（1-2-3）可以看出，当苯胺部位取代基相同时，$2,6\text{-}F_2$ 取代的化合物活性比相应 $2,6\text{-}Cl_2$ 取代的化合物活性高 4 倍。此外，由式（1-2-3）及式（1-2-4）两式可以看出，化合物的杀虫活性都随苯环部位上取代基的吸电子诱导效应以及疏水性（$\pi_{\text{opt}} = 2.2 \sim 3.2$）的增加而提高。然而，当基于取代基的结合轴方向的最大幅（B_5）增大时，则对活性不利，因此，吸电子能力强、体积横幅小、具有适当疏水性的苯基、苯丙氯基、苯乙烯基及对位取代苯基（取代基为 H、Cl、Br）的化合物显示出预期的高活性。比较方程（1-2-3）和方程（1-2-4）后发现，σ_1 系数减幅很大，说明 PB 的使用造成吸电子取代基对化合物活性的影响大为减弱，其原因是由于吸电子取代基的引入，使化合物吸电子的氯化代谢受到了限制。

对取代基比较简单（如 H、卤素、$C_1 \sim C_7$ 直链或支链烷基、CN、NO_2）的化合物和取代基比较复杂（如取代苯基、取代芳氧基、取代吡啶氧基）的化合物，测定了它们对斜纹叶蛾（Spodoptera）的杀虫活性，回归分析后，分别得到方程（1-2-5）和方程（1-2-6）：

$$\text{pLD}_{50}(\text{Spodoptera};\ \text{PB}) = 2.51\pi - 0.44\pi^2 - 0.53\Delta B_5 + 5.12$$

$$n = 18,\quad s = 0.308,\quad r = 0.923,\quad F = 26.80 \tag{1-2-5}$$

$$\text{pLD}_{50}(\text{Spodoptera};\ \text{PB}) = 2.59\pi - 0.39\pi^2 - 0.61\Delta B_5 - 1.27I(\text{BO}) - 1.72I(\text{PO}) + 5.04$$

$$n = 39,\quad s = 0.384,\quad r = 0.919,\quad F = 35.60 \tag{1-2-6}$$

从方程（1-2-5）和方程（1-2-6）中可以看出，当取代基最大横幅增大时，活性下降。疏水性参数有最佳值（$\pi_{\text{opt}} = 2.9$），与方程（1-2-3）和方程（1-2-4）是一致的。在方程（1-2-6）中，$I(\text{BO})$ 和 $I(\text{PO})$ 的系数可以发现，苯环 4-位引入取代吡啶氧基可以将化合物的杀虫活性提高 50 倍，而引入取代苯氧基却使化合物的杀虫活性降低 20 倍。

中川好秋等人分别测定了在没有采用 PB 增效剂和采用 PB 增效剂的条件下定虫隆类似物 23 对地老虎（cutworm）的杀虫活性，经回归分析处理，得到方程（1-2-7）：

$$\text{pLD}_{50}(\text{Spodoptera};\ \text{None}) = 0.81\text{pLD}_{50}(\text{Spodoptera};\ \text{PB}) + 8.69\sigma_1 - 4.84$$

$$n = 12,\quad s = 0.353,\quad r = 0.934,\quad F = 30.90 \tag{1-2-7}$$

方程（1-2-7）表明，取代基的吸电子能力（σ_1）较高时，未使用 PB 增效剂所测得杀虫活性与使用 PB 所测得的杀虫活性相比，前者更高。

为了获得有关邻位、间位和对位取代基对化合物杀虫活性的影响，测定了邻、间、对及多取代基共 108 个化合物的杀虫活性，回归分析后，得到方程（1-2-8）：

$$\text{pLD}_{50}(Chilo;\ \text{PB}) = 0.59\Sigma\sigma_1 + 1.01\Sigma\pi - 0.12(\Sigma\pi)^2 - 1.27\pi^{ortho} - 0.68\Delta B_5^{ortho}$$

$$+ 0.27\Delta B_5^{ortho} \cdot \Delta B_5^{meta} - 0.49\Sigma\Delta B_5^{meta} - 0.07\Delta B^{para} + 5.15$$

$$n = 108,\quad s = 0.250,\quad r = 0.890,\quad F_{8,\ 99} = 47.20 \tag{1-2-8}$$

其中，$\Sigma\pi$ 代表苯甲酰基部位及苯胺部位取代基的疏水参数之和。由方程（1-2-8）可以看出，具有高活性的多取代化合物需满足以下的条件：化合物分子的亲脂性应接近最佳值（$\Sigma\pi_{\text{opt}} = 4.3$），应该有较大的电性参数（$\Sigma\sigma_1$），邻位应没有取代基。

（三）合成方法

1. 异氰酸酯与酰胺反应（光气法）

这条路线比较适合工业化，适用于有光气生产的企业，灭幼脲就是用此法生产的。此法原料比较便宜，缺点是反应温度高、光气和异氰酸酯毒性很大。

2. 苯甲酰异氰酸酯与取代胺反应（草酰氯法）

八氟脲的生产就是用该方法。由2,6-二氟苯甲酰胺出发，与草酰氯反应生成2,6-二氟苯甲酰基异氰酸酯，然后在非质子溶剂中与取代苯胺发生亲核加成反应得到产物。该反应条件温和，收率很高，基本上所有的取代苯胺都可以发生反应；缺点是2,6-二氟苯甲酰基异氰酸酯过于活泼，在室温和空气中容易发生聚合，宜现制现用。

3. 取代脲（氰酸盐）法

除虫脲的生产就是用该方法进行的。该路线由胺与氰酸钠反应生成脲，然后与酰氯作用生成目标化合物。具有环境污染小、原料便宜、收率较高等优点，有很好的发展前景。

4. 苯氨基甲酸衍生物和酰胺反应法

该方法通过苯甲酰胺亲核进攻苯氨基甲酸衍生物的羰基，脱去小分子，反应条件苛刻，必须在溶解能力强、沸点高的溶剂中回流，一般需加有机碱作缚酸剂。该路线毒性较低，适于实验室反应。

5. 苯甲酰异腈类似物与胺反应法

该方法一般需用催化剂，反应后有副产物RH生成（R＝H、SCH_3）。

利用生物发酵方法生产邻氯苯甲酰基脲也有报道。

（四）主要品种

1. 除虫脲（灭幼脲 1 号）

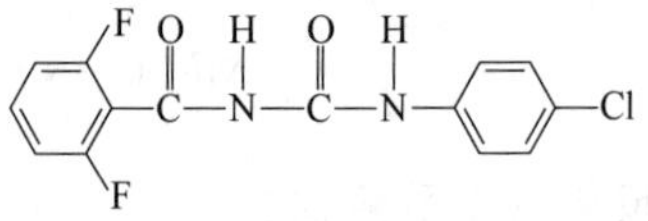

C$_{14}$H$_9$ClF$_2$N$_2$O$_2$, 310.68, 35367-38-5

除虫脲是 20 世纪 70 年代发现的昆虫生长调节剂。

理化性质　纯品为白色结晶或浅黄色针状结晶，原粉为白色至黄色结晶粉末；熔点为 210～230℃。不溶于水，难溶于大多数有机溶剂。对光、热比较稳定，遇碱易分解，在酸性和中性介质中稳定。

合成方法　除虫脲目前的合成方法有四种。

（1）二氟苯甲酰胺与对氯苯基异氰酸酯缩合　2,6-二氟苯甲酰胺和对氯苯基异氰酸酯在二甲苯溶液中进行缩合生成除虫脲。

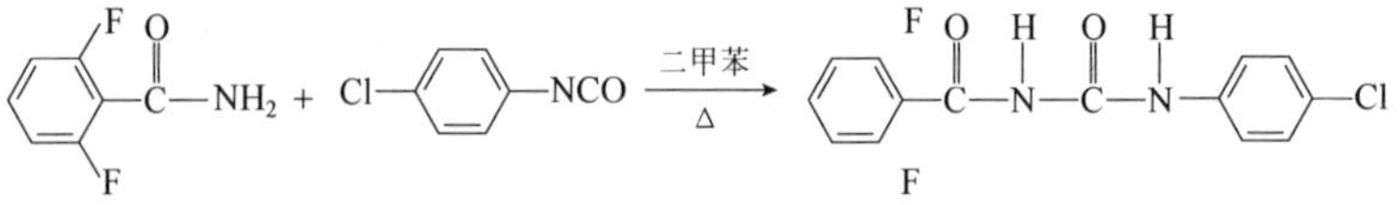

（2）2,6-二氟苯甲酰胺与 CO 及对氯硝基苯缩合　2,6-二氟苯甲酰胺和对氯硝基苯，在通入 CO 及催化剂存在下发生缩合，生成除虫脲。

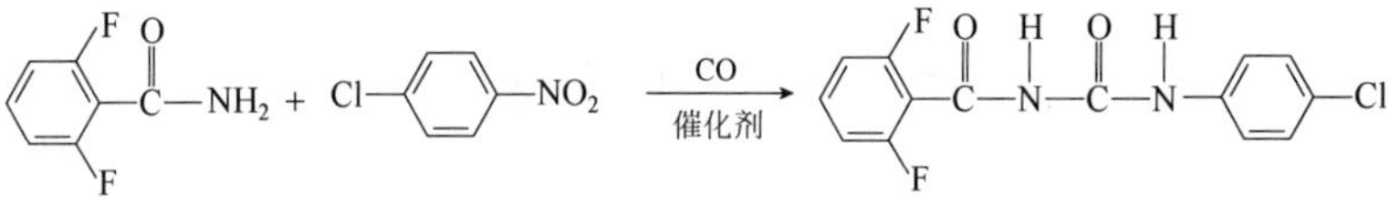

（3）2,6-二氟苯甲酰氯与对氯苯基脲缩合生成除虫脲

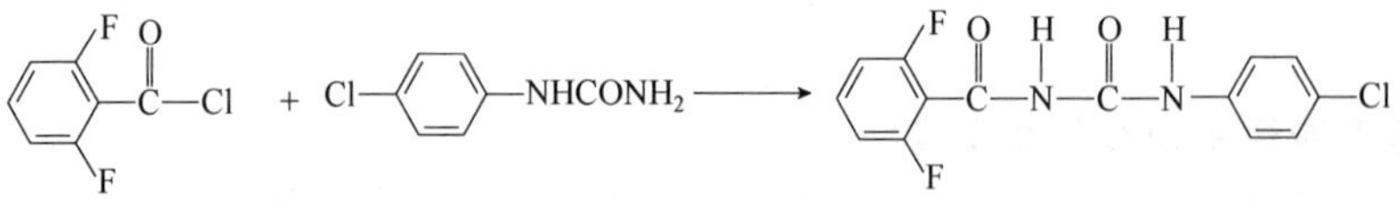

（4）2,6-二氟苯甲酰异氰酸酯与对氯苯胺缩合

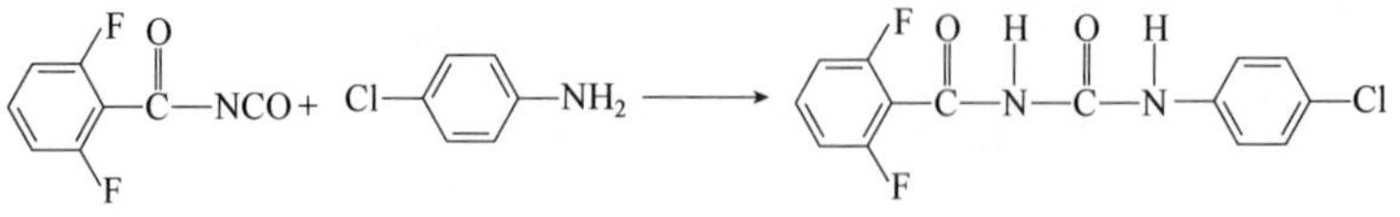

除虫脲的合成中，2,6-二氟苯甲酰胺与对氯苯基异氰酸酯缩合的方法，收率较高，技术成熟，在工业上应用较多。存在的问题是中间体对氯苯基异氰酸酯的合成过程中大量使用光气，安全保护措施要求高，收率可达 90% 以上。

毒性　对甲壳类和家蚕有较大的毒性，对人畜和环境中其他生物安全。

应用　主要作用是抑制昆虫表皮的几丁质合成，同时对脂肪体、咽侧体等内分泌和腺体又有损伤破坏作用，从而妨碍昆虫的顺利蜕皮变态。害虫取食后造成积累性中毒，由于缺乏几丁质，幼虫不能形成新表皮，蜕皮困难，化蛹受阻；成虫难以羽化、卵不能正常发育、孵化的幼虫表皮缺乏硬度而死亡，从而影响害虫整个世代。剂型有 20% 悬浮剂；5%、25% 可湿性粉剂；5% 乳油及 20% 除

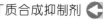

虫脲悬浮剂等，适合于常规喷雾和低容量喷雾，也可采用飞机作业。

2. 氯幼脲 （PH-60-38）

$C_{14}H_9Cl_3N_2O_2$, 343.59, 35409-97-3

理化性质　纯品为白色结晶固体，熔点：236～239℃。水中溶解度小于1mg/L。

合成方法　由2,6-二氯苯甲酰基异氰酸酯与对氯苯胺反应得到：

毒性　小鼠急性经口 LD_{50}＞3160mg/kg，小鼠腹腔注射 LD_{50}＞1000mg/kg。

应用　破坏昆虫表皮的形成，使昆虫死亡。

3. 灭幼脲 （chlorbenzuron）

$C_{14}H_{10}Cl_2N_2O_2$, 309.15, 57160-47-1

理化性质　纯品为白色晶体，熔点199～200℃，不溶于水、乙醇、甲苯及氯苯中，在丙酮中的溶解度1g/100mL（26℃），易溶于二甲基亚砜及 N,N-二甲基甲酰胺和吡啶等有机溶剂。对光和热较稳定，在中性、酸性条件下稳定，遇碱和较强的酸易分解。

合成方法　由邻氯苯甲酰基异氰酸酯和对氯苯基脲在甲苯中反应制得：

毒性　大鼠急性经口 LD_{50}＞20000mg/kg。对鱼类低毒，对水生甲壳类动物有一定的毒性。对昆虫天敌安全，对人畜及鸟类几乎无害，在动物体内无明显蓄积毒性，未见致突变、致畸作用。

应用　该药对鳞翅目幼虫有特效，主要是胃毒作用，进入虫体后抑制昆虫几丁质的合成。具有高效低毒、残效期长、不污染环境的优点，是综合治理有害生物的优良品种。对小麦、谷子、高粱、玉米、大豆上的黏虫、松毛虫、菜青虫、美国白蛾、蚊蝇、稻纵卷叶螟等害虫均有良好的治疗效果。

4. 伏虫隆 （teflubenzuron）

$C_{14}H_6Cl_2F_4N_2O_2$, 381.11, 83121-18-0

理化性质　纯品为白色固体，熔点222℃。溶解度（20～23℃）；水中0.02mg/L。

合成方法　无水氟化钾与2,3,4,5-四氯硝基苯在无水二甲基甲酰胺中于140℃反应制得2,4-二氟-3,5-二氯硝基苯，然后还原得到2,4-二氟-3,5-二氯苯胺。再与2,6-二氟苯甲酰异氰酸酯在室温下反应，即制得产品。

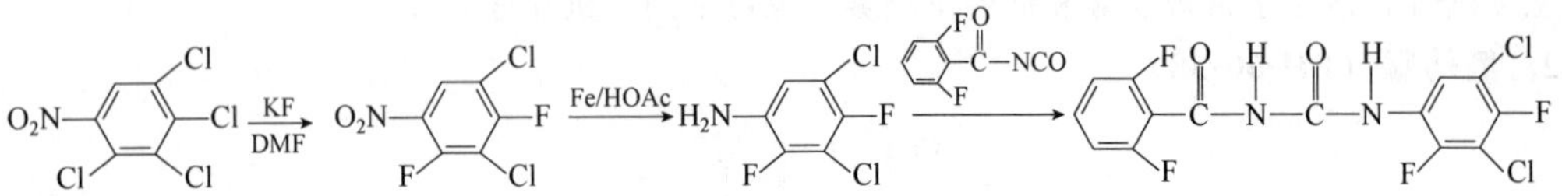

毒性 大鼠急性经口 LD$_{50}$＞5000mg/kg，急性经皮＞2000mg/kg。对兔眼睛无刺激。在哺乳动物细胞中进行的试验表明，无诱变性。对鲤鱼和鳟鱼的 LC$_{50}$＞500mg/kg。

应用 该杀虫剂以 30～150g(a.i.)/hm^2 的用量对粉虱科、双翅目、鞘翅目、膜翅目、鳞翅目和木虱科的幼虫有防效。可用于甘蓝、柑橘、棉花、葡萄、仁果、马铃薯、核果、高粱、大豆、树木、烟草、蔬菜上。对许多寄生性昆虫、捕食性昆虫以及蜘蛛无作用。本品还可用于防治大多数幼龄期的飞蝗。

5. 虱螨脲（lufenuron）

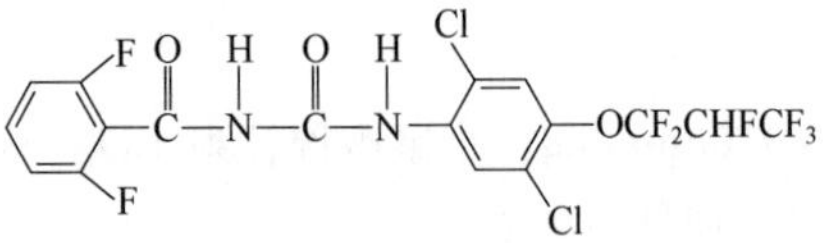

C$_{17}$H$_{10}$Cl$_2$F$_8$N$_2$O$_3$，511.2，103055-07-8

理化性质 纯品为白色结晶体，熔点 165～167℃。溶解度（20℃）：水中＜0.006mg/L；在其他溶剂中的溶解度（20℃，g/L）：甲醇 41、丙酮 460、甲苯 72、正己烷 0.13、正辛醇 8.9。在空气、光照下稳定。

合成方法 以对二氯苯为原料，经羟基化得到 2,5-二氯苯酚后，与全氟丙烯反应得到 2,5-二氯-1-(1,1,2,3,3,3-六氟丙氧基)苯，再经硝化得到 4 硝基-2,5-二氯-1-(1,1,2,3,3,3-六氟丙氧基)苯，还原得 2,5-二氯-4-(1,1,2,3,3,3-六氟丙氧基)苯胺，最后与 2,6-二氟苯甲酰基异氰酸酯反应，得到虱螨脲。

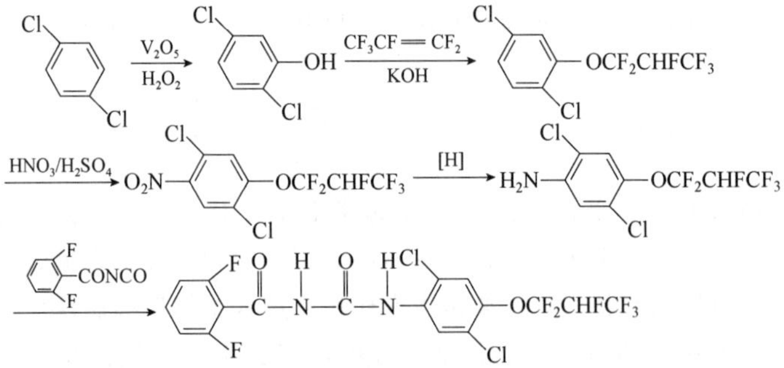

应用 该药剂主要用于防治棉花、玉米、蔬菜、果树等鳞翅目幼虫；也可作为卫生用药；还可用于防治对牲畜的害虫。对果树等食叶毛虫蓟马、锈螨、白粉虱有出色的防效。药剂的持效期长，对作物安全，在玉米、蔬菜、柑橘、棉花、马铃薯、葡萄、大豆等作物中均可使用，适合于综合虫害治理。对益虫的成虫和捕食性蜘蛛作用温和。对蜜蜂和大黄蜂低毒，对鳞翅目害虫有良好的防效。

6. 氟铃脲（hexaflurmuron）

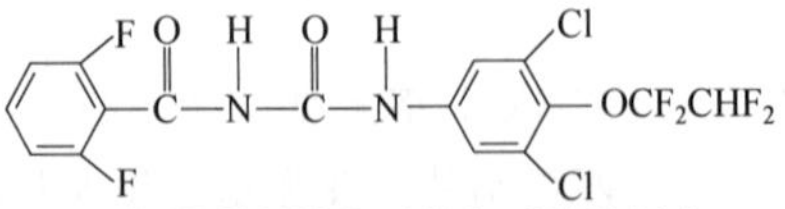

C$_{16}$H$_8$Cl$_2$F$_6$N$_2$O$_3$，461.1，86479-06-3

理化性质 纯品为无色（或白色）固体，熔点 202～205℃。溶解性（20℃）：水中 0.027mg/L

(18℃)，甲醇中 11.9mg/L，二甲苯中 5.2g/L。

合成方法

(1) 由 2,6-二氟苯甲酰基异氰酸酯与 3,5-二氯-4-(2-氯-1,1,2,2-四氟乙氧基)苯胺在甲苯中回流反应制得。

$$\text{2,6-二氟苯甲酰基异氰酸酯} + H_2N\text{—}苯胺\text{—}OCF_2CHF_2 \xrightarrow{\text{甲苯}} \text{产物}$$

(2) 3,5-二氯-4-(1,1,2,2-四氟乙氧基)苯胺与草酰氯反应，得到 3,5-二氯-4-(1,1,2,2-四氟乙氧基)苯基异氰酸酯，再与 2,6-二氟苯酰胺反应。

$$H_2N\text{—}\text{苯}\text{—}OCF_2CHF_2 \xrightarrow{(COCl)_2} OCN\text{—}\text{苯}\text{—}OCF_2CHF_2 \longrightarrow \text{产物}$$

毒性 对大鼠急性经口 $LD_{50} > 5000mg/kg$，大鼠急性经皮 $LD_{50} > 5000mg/kg$；大鼠急性吸入 LC_{50}(4h) $> 2.5mg/L$（达到的最大浓度）。在田间条件下，仅对水虱有明显的危害。

应用 氟铃脲具有很高的杀虫和杀卵活性，而且速效，尤其是对于防治棉铃虫。可用于棉花、马铃薯及果树防治多种鞘翅目、双翅目、同翅目昆虫。

7. 杀铃脲（triflumuron）

$$C_{15}H_{10}ClF_3N_2O_3, \ 358.70, \ 64628\text{-}44\text{-}0$$

理化性质 纯品为白色粉末，熔点 195℃，工业品灰白色。溶解性（20℃）：水中为 0.025 mg/L，二氯甲烷中 2~50 g/L，异丙醇中 1~2 g/L，甲苯中 2~5 g/L。在中性介质和酸中稳定，遇碱水解。

合成方法

(1) 由邻氯苯甲酰胺和草酰氯在二氯甲烷溶液中回流反应，得邻氯苯甲酰异氰酸酯，再与对三氟甲氧基苯胺在甲苯中回流反应，得到杀铃脲。

$$\text{邻氯苯甲酰胺} \xrightarrow{(COCl)_2} \text{邻氯苯甲酰异氰酸酯} \xrightarrow[\text{甲苯}]{H_2N\text{—}OCF_3} \text{杀铃脲}$$

(2) 由对三氟甲氧基苯胺和光气或三光气（固体光气）反应，得到对三氟甲氧基苯基异氰酸酯，再与邻氯苯甲酰胺在甲苯中回流反应制得杀铃脲。

$$H_2N\text{—}OCF_3 \xrightarrow{(COCl)_2} OCN\text{—}OCF_3 \longrightarrow \text{杀铃脲}$$

毒性 属低毒杀虫剂，原药对鼠急性经口 $LD_{50} \geqslant 5000mg/kg$，对兔眼黏膜和皮肤无明显刺激作用。试验结果表明，在动物体内无明显的蓄积毒性，未见致癌、致畸、致突变作用。

应用 杀铃脲主要是胃毒及触杀作用，抑制昆虫几丁质合成，可用于防治玉米、棉花、林木、水果和大豆上的金纹细蛾、菜青虫、小菜蛾、小麦黏虫、松毛虫等鞘翅目、双翅目、鳞翅目害虫，对天敌无害。对鸟类、鱼类、蜜蜂等无毒，不破坏生态平衡，能被微生物所分解。

8. 定虫隆 （chlorfluazuron）

C$_{20}$H$_{10}$Cl$_2$F$_5$N$_3$O$_3$, 506.21, 71422-66-7

理化性质　纯品为黄白色无味结晶粉末。制剂外观为棕色油状液体，在常温下稳定。

合成方法　由 2,6-二氯-4-硝基酚与 2-氯-5-三氟甲基吡啶缩合得到 2-(2,6-二氯-4-硝基苯氧基)-5-三氟甲基吡啶，还原后得到 3,5-二氯-4-(5-三氟甲基吡啶-2-氧基)苯胺，再与 2,6-二氟苯甲酰基异氰酸酯反应，得到定虫隆。

毒性　对人畜低毒，对鱼、蜜蜂无毒。

应用　以胃毒作用为主，兼有触杀作用，无内吸作用。对害虫药效高，但药效较慢，一般 5～7d 后发生药效。对有机磷、拟除虫菊酯类、氨基甲酸酯类等农药产生抗性的害虫有良好的防效。可用于防治菜青虫、小菜蛾、茄二十八星瓢虫、马铃薯瓢虫、斜纹夜蛾、地老虎等，于幼虫初孵期使用；也可防治豆野螟，于菜豆、豇豆开花期或盛卵期使用。

9. 吡虫隆 （fluazuron）

C$_{20}$H$_{10}$Cl$_2$F$_5$N$_3$O$_3$, 506.21, 71453-97-9

理化性质　纯品为白色至粉色、无味结晶体，密度 1.59g/cm^3(20℃)，熔点 217～219℃，水中溶解度(20℃)＜0.02mg/L。

合成方法　2-氯-4-硝基苯酚与 2,3-二氯-5-三氟甲基吡啶进行缩合，得到 2-(2-氯-4-硝基苯氧基)-3-氯-5-三氟甲基吡啶，还原得到 3-氯-4-(3-氯-5-三氟甲基)吡啶-2-氧基苯胺，再与 2,6-二氟苯甲酰异氰酸酯于室温下反应，即制得产品。

毒性　大鼠急性经口 LD$_{50}$＞5000mg/kg，急性经皮＞2000mg/kg(24h)。无致畸、致突变、致癌作用。

应用　本品主要用于防治牲畜如牛等的害虫，包括抗性品系。也可以用于防治农作物害虫。

10. 氟虫脲（flufenoxuron）

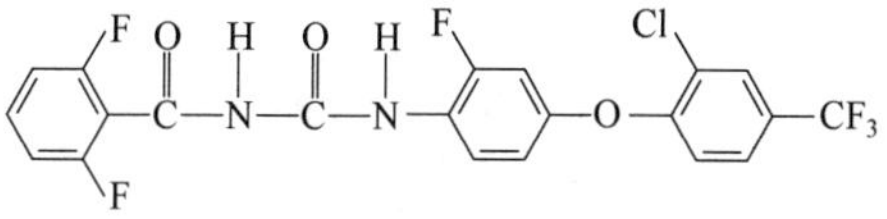

C$_{21}$H$_{11}$ClF$_6$N$_2$O$_3$, 488.77, 101463-69-8

理化性质　纯品为无色晶体。熔点 169～172℃（分解）。不溶于水，可溶于丙酮。

合成方法　由 2-氟-4-羟基苯胺与 3,4-二氯三氟甲苯在氢氧化钾存在下于二甲基亚砜中反应，制得 4-(4-三氟甲基-2-氯苯氧基)-2-氟苯胺，然后与 2,6-二氟苯甲酰基异氰酸酯反应得到。

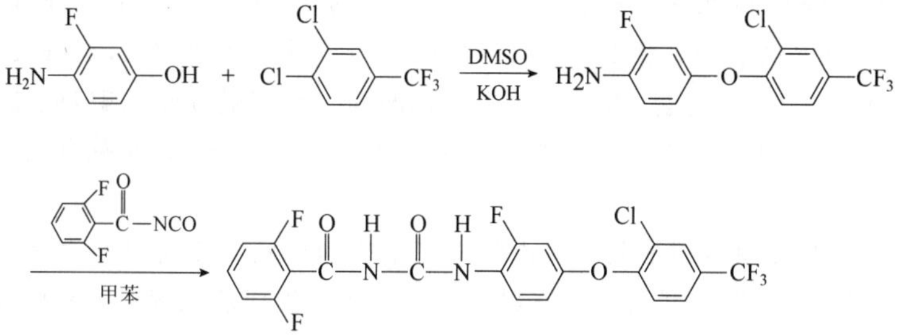

毒性　原药对大鼠急性经口 LD$_{50}$＞3000mg/kg，大鼠和小鼠急性经皮 LD$_{50}$＞2000mg/kg。对兔眼睛和皮肤无刺激作用。对虹鳟 LC$_{50}$（96h）大于 100mg/L。

应用　该药具有很好的叶面滞留性，尤其对未成熟阶段的螨和害虫有高的活性，广泛用于柑橘、棉花、葡萄、大豆、果树、玉米和咖啡上，防治食植性螨类和多种其他害虫，并有很好的持效作用，对捕食性螨和昆虫安全。在田间实际使用时，有好的水解性和光稳定性，对热稳定。

二、（硫）脲异（硫）脲类似物

日本在开发杀菌剂稻瘟灵的过程中，其抑制稻飞虱若虫产卵的特性引起了人们的注意，通过合成一系列化合物，经药效、安全性、合成工艺评价最终开发了用于防治卫生害虫的几噻唑（L-1215），0.5μg/mL 下，7d 内 100%杀死亚热带黏虫的幼虫。灭幼唑（PH-6042）对埃及伊蚊、甘蓝粉蝶、马铃薯甲虫的幼虫有优异的防治效果。乙螨唑（etoxazole）活性比杀蚜、杀卵剂噻螨酮和杀虫/杀蚜剂氯菊酯高出 10 多倍，其对棉叶螨的 LC$_{50}$ 为 0.003μg/mL，对那些对常规杀虫剂已产生抗性的叶螨类害虫具有高效，对蚜虫和蟑螂类害虫也显示高活性。化合物 **1-2-3** 是先正达公司开发的 1,2,4-三嗪的取代物，具有很强的杀虫活性，特别对鳞翅目害虫具有卓效，且对叶螨、粉虱、蓟马类等害虫有效。该类化合物属于苯甲酰脲类几丁质合成抑制剂类似物，不仅是一类很好的杀虫、杀螨剂，而且是优良的杀菌剂，这成为最近几年来该领域的新热点（见图 1-2-6）。

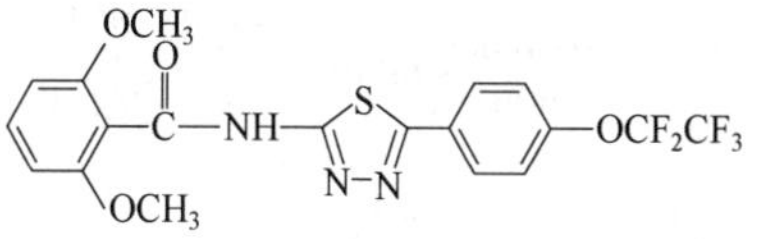

几噻唑(L-1215) 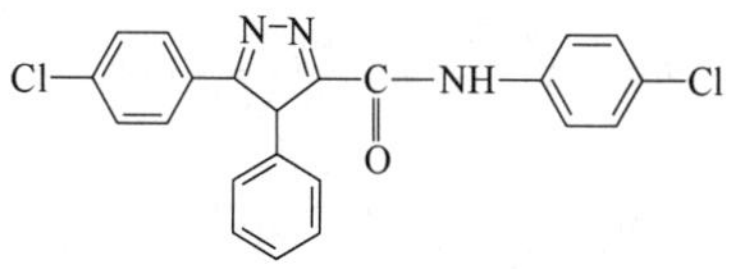　　　　　灭幼唑(PH-6042)

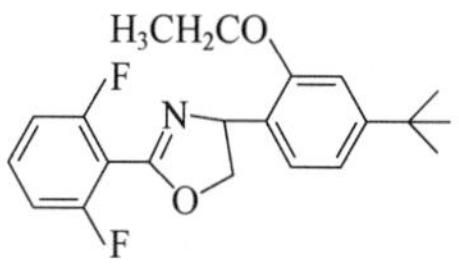

乙螨唑(etoxazole) 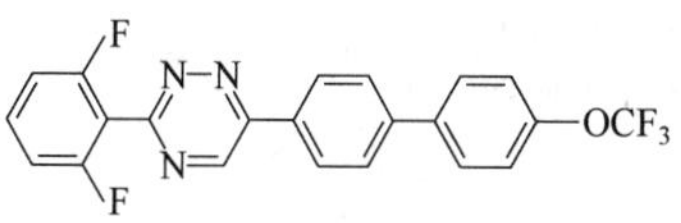　　　　1-2-3

图 1-2-6　（硫）脲异（硫）脲类似物

商品化品种如下：

乙螨唑（etoxazole）

C_{21}H_{23}F_2NO_2, 359.41, 153233-91-1

日本住友化学株式会社研发的一种全新具特殊结构的杀螨剂。

理化性质 纯品为白色粉末。熔点 $101\sim102℃$，蒸气压 2.18×10^{-3} mbar（25℃，1bar＝ 10^5 Pa），$K_{ow}\lg P=5.59$（25℃），相对密度 1.24（20℃）。难溶于水（75.4 μg/L，20℃），可溶于一般有机溶剂（g/L，20℃）：丙酮 300，甲醇 90，乙醇 90，环己烷 500，四氢呋喃 750，乙腈 80，乙酸乙酯 250，二甲苯 250，正己烷 13。乙螨唑在 50℃放置 30d 后不分解，对碱也稳定，对光稍不稳定，对酸不稳定。

合成方法 以 2,6-二氟苯甲酰胺、氯乙醛缩二甲醇为原料，制得酰胺缩醛；间叔丁基苯乙醚和酰胺缩醛反应合成氯代酰胺。氯代酰胺在碱的存在下环合生成乙螨唑。原料间叔丁基苯乙醚由间叔丁基苯酚与硫酸二乙酯在 NaOH 为缩合剂中反应得到。

早期的合成方法如下：从间叔丁基苯基乙基醚出发，经过傅-克酰基化反应，得到 2-(4-叔丁基-2-乙氧基苯基)-2-羰基乙酸乙酯（也可从 1-溴-4-叔丁基苯基乙醚出发，得到格氏试剂，再与草酸二乙酯经格氏反应得到），然后与羟胺反应，得到 2-(4-叔丁基-2-乙氧基苯基)-2-羟基亚氨基乙酸乙酯。经氢化铝锂还原后，得到 2-氨基-2-(4-叔丁基-2-乙氧基苯基)乙醇。得到的醇与 2,6-二氟苯甲酰氯缩合，得到 N-[1-(4-叔丁基-2-乙氧基苯基)-2-羟乙基]-2,6-二氟苯甲酰胺。最后得到的取代苯甲酰胺分子内关环，得到乙螨唑。

应用 乙螨唑对柑橘、棉花、苹果、花卉、蔬菜等作物的叶螨、始叶螨、全爪螨、二斑叶螨、朱砂叶螨等螨类有卓越防效。其作用方式是抑制螨卵的胚胎形成以及从幼螨到成螨的蜕皮过程，对卵及幼螨有效，对成螨无效。因此其最佳的防治时间是害螨危害初期。本药剂耐雨性强，持效期长达 50d。使用剂量低，对有益昆虫及益螨无危害或危害极小。

三、噻二嗪类

噻二嗪类几丁质合成抑制剂开发最为成功的是噻嗪酮（buprofezin），又名灭幼酮，日本农药株式会社产品为优乐得。国内已有众多厂家投产，商品名称扑虱灵、稻虱净。噻嗪酮是防治同翅目害虫如水稻褐飞虱的高效药剂，虽然在结构上它不是酰基脲类的类似物，但它们的作用方式类似。噻嗪酮低毒，对皮肤和眼睛刺激作用极轻。对昆虫触杀作用强，也有胃毒作用。可抑制昆虫几丁质的合成，干扰新陈代谢。施药后 3～7d 见效，残效期 35～40d。推荐量不能杀死成虫，但能减少产卵量，使所产卵不能孵化或孵化后很快死亡。防治半翅目叶蝉、飞虱和粉虱及介壳虫活性高，对害虫天敌及传粉昆虫安全，与其他杀虫剂无交互抗药性问题。噻嗪酮为对鞘翅目、部分同翅目以及蜱螨目具有持效性杀幼虫活性的杀虫剂。可有效防治水稻飞虱、叶蝉类害虫。防治稻飞虱在主要发生世代及其前一代，在卵孵化盛期至低龄若虫盛发期，可以喷雾也可以用展膜剂；可用于果树害虫的防治，防治柑橘矢尖蚧，于若虫盛卵期均匀喷雾。还可用于防治温室白粉虱、烟粉虱，在低龄若虫盛发期防治，并可兼治茶黄螨等。

商品化品种为噻嗪酮。

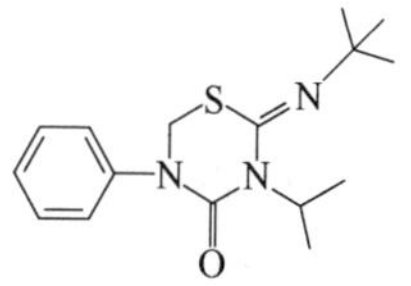

噻嗪酮(buprofezin)
$C_{16}H_{23}N_3OS$, 305.44, 69327-76-0

理化性质　白色晶体（工业品为白色至浅黄色晶状粉末），熔点 104.5～105.5℃，蒸气压 1.25mPa(25℃)，相对密度 1.18(20℃)。水中溶解度为 9mg/L(20℃)，其他溶剂中溶解度（25℃，g/L）：氯仿 520，苯 370，甲苯 320，丙酮 240，乙醇 80，己烷 20。稳定性：对酸和碱稳定，对光和热稳定。

合成方法　从 N,N-二甲基苯胺出发，经 MnO_2 氧化后，再经氯气氯化得到 N-氯甲基-N-苯基氨基甲酰氯，最后与 N-叔丁基-N'-异丙基硫脲关环，得到噻嗪酮。

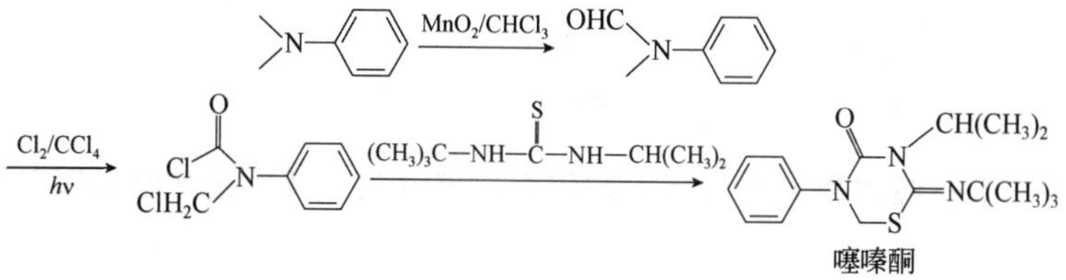

其中中间体 N-叔丁基-N'-异丙基硫脲是通过异硫氰酸叔丁酯与异丙胺反应得到：

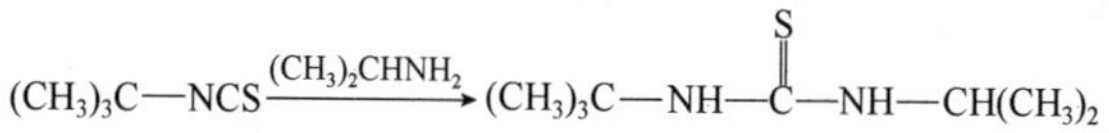

毒性　大鼠（雌）急性经口 LD_{50} 2198mg/kg，大鼠（雌）急性经皮 LD_{50}＞5000mg/kg。对皮肤和眼睛无刺激作用。

应用　一种杂环类昆虫几丁质合成抑制剂，破坏昆虫的新生表皮的形成，干扰昆虫的正常生长发育，引起害虫死亡。具触杀、胃毒作用强，具渗透性。不杀成虫，但可减少产卵并阻碍卵孵化药效慢。药后 3～7d 才能达到药剂高峰。主要对鞘翅目、部分同翅目以及蜱螨目具有持效性杀幼虫活性的杀虫剂。可有效地防治水稻上的大叶蝉科、飞虱科；马铃薯上的大叶蝉科；柑橘、棉花和蔬菜上的粉虱科；柑橘上的蚧科、盾蚧料和粉蚧科。适用作物为水稻、果树、茶树、蔬菜。防治对象：对同翅目的飞虱、叶蝉、粉虱及介壳虫类害虫有特效。

四、三嗪（嘧啶）胺类

三嗪（嘧啶）胺类几丁质合成抑制剂现已商品化生产的有瑞士汽巴-嘉基公司开发的灭蝇胺（cyromazine），它对双翅目幼虫有特殊活性，有内吸传导作用，导致蝇蛆和蛹畸形，成虫不能正常羽化。可用于防治蔬菜、花卉潜叶蝇和为害食用菌的蚊类幼虫，但对成虫效果很差。此外，可用于防治畜牧业蝇蛆。此类制剂开发的还有环虫腈（dicylanil）。环虫腈是由汽巴公司开发的杀虫剂，主要用于动物寄生虫等的防治，使用剂量为 100mg/kg。在 $100\sim400\mu g/mL$ 也可有效防治棉花、水稻、玉米、蔬菜等作物的烟叶夜蛾、棉铃象、稻褐飞虱、黑尾叶蝉等害虫；对家蝇褐埃及伊蚊等亦有优异的防效。

灭蝇胺(cyromazine)　　　环虫腈(dicylanil)

如代表性化合物灭蝇胺（Cyromazine），介绍如下。

$C_6H_{10}N_6$, 166.18, 66215-27-8

理化性质　白色或淡黄色固体，熔点 $219\sim223℃$，蒸气压 $>0.13mPa$（20℃），20℃时密度为 $1.35g/cm^3$。溶解性（20℃）：水 11g/L（pH=7.5），稍溶于甲醇和乙醇。310℃以下稳定，在 pH=5~9 时，水解不明显，70℃以下 28d 内未观察到水解。

合成方法

（1）从 2,4,6-三氯三嗪出发，经过氨水反应，得到 6-氯-4,6-二氨基-1,3,5-三嗪，然后再与环丙胺缩合，得到灭蝇胺。

（2）从 2,4,6-三氯三嗪出发，先与环丙胺缩合，再氨化，最后在高温加压下氨化得到环丙胺缩合。

毒性　大鼠急性经口 $LD_{50}>3387mg/kg$，大鼠急性经皮 $LD_{50}>3100mg/kg$。对兔皮肤中等刺激，无眼刺激，大鼠吸入毒性 LC_{50}（4h）为 2.720mg/kg。

应用　本药剂对双翅目幼虫有特殊活性，可以诱使双翅目幼虫和蛹在形态上发生畸变，成虫羽化不全或受抑制。用于控制动物厩舍内的苍蝇以及防治黄瓜、茄子、四季豆、叶菜类和花卉上的美洲斑潜蝇等农业害虫。

总的看来，几丁质合成抑制剂具有如下优点。

① 选择毒性：由于几丁质是节肢动物和真菌细胞壁的主要成分，所以它对非节肢动物尤其是哺乳动物没有毒性。

② 缓解抗性：与传统的以神经系统为靶标的杀虫剂的机理不同，它可用于防治对神经毒剂有抗性的害虫。

③ 环境安全：由于它的作用效果类似于激素，故活性较高，使用量低。对天敌和有益生物无害。

④ 作用谱广：对鳞翅目、同翅目、鞘翅目害虫效果好，有的品种还有良好的杀螨作用。

⑤ 促进绿色食品生产：由于它是针对昆虫的生理发育，对人和高等动物无害，因此，已被纳入无公害农业生产措施之中，取代旧的神经毒性杀虫剂，可促进绿色食品生产，有助于全人类的身体健康。

几丁质合成抑制剂类杀虫剂的杀虫效果发挥较为迟缓，昆虫中毒后仍能取食为害到下次蜕皮。这致使其防治某些蔬菜和果树上食叶类和蛀果性害虫时不能确保产品质量；几丁质合成抑制剂类杀虫剂对水栖生物有毒：特别是对甲壳类（虾、蟹幼体）有毒害，应注意避免污染养殖水域；几丁质合成抑制剂虽然为低毒农药，但持效期长，应注意避免在作物近成熟期应用，要遵守安全间隔期；害虫易产生抗药性：一般该类药剂在一个地区连续使用2年药效即显著降低，因此打破了最初认为这种生理抑制剂不易产生抗性的想法；不同品种各有一定选择性：在一种作物上多种类害虫同时发生时应考虑到药剂的选择性，还需采取其他应急手段。

为了进一步改进药效，提高使用率，可与其他类型药剂混用：由于几丁质合成抑制剂类杀虫剂的药效发挥较迟缓且不能兼治多种害虫，使其和某些广谱性、速效性常规杀虫剂混合使用，既可弥补其不足，又可以适当减少其用量，降低成本，此外对于延缓害虫抗药性的产生、延长各类农药的使用寿命具有重要意义。另外，加强害虫综合治理的研究：害虫综合治理（IPM）的基本思想是从生态学的观点出发，综合运用各种手段，将害虫种群长期控制在引起作物损失的水平以下。在IPM体系中，化学防治和生物防治之间的关系是整个体系的关键。几丁质合成抑制剂类杀虫剂既能有效地控制害虫的数量，同时对害虫天敌影响又小，无疑是适合于IPM体系的理想药剂类型；抑制几丁质合成类型的杀虫剂更易使害虫对药产生抗性。因此不能用几丁质抑制剂作为取代有机磷、菊酯类的唯一措施。

在大力提倡"绿色化学"、日益强调保护环境和发展持续农业的今天，世界各大农药公司都致力于作用机理独特、活性高、选择性好且与环境相容的新型化学结构的农用化学品的研究与开发。几丁质合成抑制剂通过调节、抑制昆虫的生长发育，变态和繁殖来达到防治的目的，而且具有杀虫活性高，专一性高，对人畜安全等优点，符合目前提出的"生物合理性农药（biorational pesticide）"的要求。随着对几丁质合成抑制剂作用机制和防治途径以及对昆虫生理学、生态学和毒理学研究的进一步深入，该类化合物在未来的媒介昆虫的综合防治中将会发挥越来越重要的作用。

参考文献

[1] Andersen S O. Biochemistry of insect cuticle. Ann. Rev. Entomol. 1979,24:24-61.

[2] Cohen E. Chitin Biochemistry：Synthesis and Inhibition. Ann. Rev. Entomol. 1987,32:71-93.

[3] Ruiz-Herrera J,Bartnicki-Garcia S. Synthesis of Cell Wall Microfibrils *in vitro* by a "Soluble" Chitin Synthetase from Mucor rouxii. Science,1974,186:357-359.

[4] Sloat BF,Pringle JA. A mutant of yeast defective in cellular morphogenesis. Science,1978,200:1171-1173.

[5] Duran A,Cabib E,Bowers B. Chitin synthetase distribution on the yeast plasma membrane. Science,1979,203:363-365.

[6] Leighton T,Marks E,Leighton F. Pesticides：Insecticides and fungicides are chitin synthesis inhibitors. Science,1981,213:905-907.

[7] Keller FA,Cabib E. Chitin and yeast budding：properties of chitin synthetase from *saccharomyces carlsbergensis*. J. Biol. Chem. 1971,246(1):160-166.

[8] Oberlander H,Silhacek DL. New perpectives on the mode of action of benzoylphenylurea insecticides. Berin：Springer,1998.

[9] Kang MS,Elango N,Mattia E,et al. Isolation of chitin synthetase from Saccharomyces cerevisiae. Purification of an enzyme by entrapment in the reaction product. J. Biol. Chem. 1984,259(23):14966-14972.

[10] Machida S,Saito M. Purification and characterization of membrane-bound chitin synthase. J. Biol. Chem. 1992,268(3):

1702-1707.

[11] Tellam RL, Vuocolo T, Johnson SE, et al. Insect chitin synthase: cDNA sequence, gene organization and expression. Eur. J. Biochem. 2000,267(19):6025-6042.

[12] Cabid E, Sburlati A, Bowers B, et al. Chitin Synthase 1, an auxiliary enzyme for chitin synthesis in Saccharomyces cerevisiae. J. Cell Biol. 1989,108(5):1665-1672.

[13] Nagahashi S, Sudoh M, Ono N, et al. Characterization of Chitin Synthase 2 of *Saccharomyces cerevisiae*.: Implication of two highly conserved domains as possible catalytic sites. J. Biol. Chem. 1995,270(23):13961-13967.

[14] Mitsui T. Insect growth regulators based on disruption of insect cuticle formation. J. Pestic. Sci. 2000,25(2):150-164.

[15] Cohen E. Extracellular biopolymers as targets for pest control, in Pesticides and Alternatives, Ed by Casida, J. E., Elsevier Science Publishers Amsterdam,1990:23-32.

[16] Wang S, Allan RD, Skerritt JH, et al. Development of a Class-Specific Competitive ELISA for the Benzoylphenylurea Insecticides. J. Agric. Food Chem. 1998,46:3330-3338.

[17] Grosscurt AC, Tipker J. Ovicidal and larvicidal structure-activity relationships of benzoylureas on the house fly (*Musca domestica*). Pestic. Biochem. Physiol. 1980,13(3):249-254.

[18] a) Wellinga K, Mulder R. Substituted benzoyl ureas. US 3748356, 1973. b) Wellinga K, Mulder R. Substituted benzoyl ureas. US 3933908,1976.

[19] Berhane T, Luis OR, John EC. Radiosynthesis of [benzoyl-3,4,5-3H] diflubenzuron by a route applicable to other high-potency insect growth regulators. J. Agric. Food Chem. 1988,36(1):178-180.

[20] Raymond HR. N-{8(optionally substituted phenylamino)carbonyl{9{0pyridine carboxamides and insecticidal use thereof. US 4148902,1979.

[21] Denarie M, Morita M. N-Pyridylcarbonyl-N'-phenylureas, processes for their preparation and their use as pesticides. FR 2686341,1993.

[22] Kaugars G. Compounds, compositions and methods of combatting pest employing thioureas. US 4160037,1979.

[23] Drabek JD, Boeger M. Benzoylphenylureas, their preparation, intermediates for their preparation, and pesticides containing these compounds. DE 3628864,1987.

[24] Sakamoto N, Mori T. A benzoylurea derivative and its production and use. EP 285428,1988.

[25] a) Sirrenberg W D, Becker B D. Benzoyl(thio)ureas. DE 3640175,1988. b) Sirrenberg W D, Becker B D. Benzoyl(thio)ureas. DE 3640176,1988.

[26] Sbragia RJ, Johnson GW. Benzoylphenylurea insecticides and methods of using certain benzoylphenylureas to control cockroaches, ants, fleas, and termites. US 5886221,1999.

[27] a) Miesel J L. 1-Benzoyl-3-(arylpyridyl) urea compounds. US4508722,1985. b) Miesel J L. Novel 1-(mono-o-substituted benzoyl)-3-(substituted pyrazinyl)ureas and their preparation. SE8303206,1983.

[28] Elings H, Dieperink JG. Practical experience with the experimental insecticide, PH 60-40. Meded Fac Landbouwwet, Rijksuniv Gent 1974,39,833-846.

[29] Wellinga K, Mulder R, Daalen JJ. Synthesis and laboratory evaluation of 1-(2,6-disubstituted benzoyl)-3-phenylureas, a new class of insecticides. I. 1-(2,5-Dichloro- benzoyl)-3-phenylureas. J. Agric. Food Chem. 1973,21(3):348-354.

[30] Nakagawa Y, Akagi T, Iwamura H, et al. Quantitative structure-activity studies of benzoylphenylurea larvicides: VI. Comparison of substituent effects among activities against different insect species. Pestic. Biochem. Physiol. 1989,33(2), 144-157.

[31] Herbert DA, Harper D. J. Field trials and laboratory bioassays of cme 134, a new insect growth regulator., against *heliothis zea* and other lepidopterous pests of soybeans. J. Econ. Encomol. 1985,78(2):333-338.

[32] Massardo P, Piccardi P. Benzoyl-ureas having insecticide activity. US 4980376,1990.

[33] a) Massardo P, Rama F, Piccardi P, et al. N-(2,6-difluorobenzoyl)- N'-3-chloro-4-[1,1,2-trifluoro- 2-(trifluoromethoxy) ethoxy] phenyl urea having insecticidal activity. EP271923,1988. b) Rama F, Meazza G, Bettarini F, et al. Synthesis and bioactivity of some fluorine-containing benzoyl arylureas. Part II: Insecticidal products in which the aryl group bears a polyfluoroalkoxy or (polyfluoroalkoxy)alkoxy side chain. Pesti. Sci. 1992,35(2):145-152.

[34] Su N Y, Scheffrahin R H. Comparative effects of two chitin synthesis inhibitors, hexaflumuron and lufenuron, in a bait matrix against subterranean termites (isoptera: rhinotermitidae). J. Econ. Encomol. 1996,89(5):1156-1160.

[35] Peppuy A, Robert A, Delbecque JP, et al. Efficacy of hexaflumuron against the fungus-growing termite *Pseudacanthotermes spiniger* (Sjöstedt) (isoptera, macrotermitinae). Pestic. Sci. 1998,54(1):22-26.

［36］ Haeusermann W，Maurer M，Friedel T. *N*-3-(5-Trifluoromethyl-pyridyl-2-oxy) phenyl-*N'*- benzoylureas for combating helminths in livestock. EP 230400，1990.

［37］ Clarke B S，Jewess P J. The uptake，excretion and metabolism of the acylurea insecticide，flufenoxuron in *spodoptera littoralis* larvae，by feeding and topical application. Pestic. Sci. 1990，28(4)：357-365.

［38］ Grosscurt A C，Ter Harr M，Jongsma B，et al. PH 70-23：a new acarcide and insecticide interfering with chitin deposition. Pestic. Sci. 1988，22(1)：51-59.

［39］ Miesel J L. Novel 1-(mono-*o*-substituted benzoyl)-3-(substituted pyrazinyl) ureas. US 4293552，1982.

［40］ Hussain M，Perschke H，Kutscher R. The effect of selected uv absorber compounds on the photodegradation of pyrethroid insecticides applied to cotton fabric screens. Pestic. Sci. 1990，28(4)：345-355.

［41］ Suzuki J，Ishida T，Shibuya I，et al. Development of a new acaricide，etoxazole. J. Pestic. Sci. 2001，26(2)：215-223.

［42］ Suzuki J，Ishida T，Kikuchi Y，et al. Synthesis and Activity of novel acaricidal/insecticidal 2,4-diphenyl-1,3-oxazolines. J. Pestic. Sci. 2002，27：1-8.

［43］ IzawaY，Uchida M，Sugimoto T，et al. Inhibition of chitin biosynthesis by buprofezin analogs in relation to their activity controlling *Nilaparvata lugens* Stal. Pestic. Biochem. Physiol. 1985，24(3)：343-347.

［44］ Nakagawa Y. Quantitative structure-activity relationships of molting inhibitors. J. Pesti. Sci. 1996，21(3)：363-377.

［45］ Luteijn JM，Tipker J. A note on the effects of fluorine substituents on the biological activity and environmental chemistry of benzoylphenylureas. Pesti. Sci. 1986，17(4)：456-458.

［46］ Nakagawa Y，Sotomatsu T，Irie K，et al. Quantitative structure-activity studies of benzoylphenylurea larvicides：Ⅲ. Effects of substituents at the benzoyl moiety. Pestic. Biochem. Physiol. 1987，27(2)：143-151.

［47］ Nakagawa Y，Akagi T，Iwamura H，et al. Quantitative structure-activity studies of benzoylphenylurea larvicides：Ⅵ. Comparison of substituent effects among activities against different insect species. Pestic. Biochem. Physiol. 1989，33(2)：144-157.

［48］ Nakagawa Y，Akagi T，Iwamura H，et al. Quantitative structure—Activity studies of benzoylphenylurea larvicides：Ⅴ. Substituted pyridyloxyphenyl and related derivatives. Pestic. Biochem. Physiol. 1988，30(1)：67-78.

［49］ Nakagawa Y，Izumi K，Oikawa N，et al. Quantitative structure-activity relationships of benzoylphenylurea larvicides：Ⅶ. Separation of effects of substituents in the multisubstituted anilide moiety on the larvicidal activity against *Chilo suppressalis*. Pestic. Biochem. Physiol. 1991，40(1)：12-26.

［50］ Nakagawa Y，Matsutani M，Kurihara N，et al. Quantitative structure-activity studies of benzoylphenylurea larvicides：Ⅷ. Inhibition of *N*-acetyl- glucosamine incorporation into the cultured integument of *Chilo suppressalis* Walker. Pestic. Biochem. Physiol. 1992，43(2)：141-151.

［51］ Nakagawa Y，Kitahara K，Nishioka T，et al. Quantitative structure-activity studies of benzoylphenylurea larvicides：Ⅰ. Effect of substituents at aniline moiety against *Chilo suppressalis* walker. Pestic. Biochem. Physiol. 1984，21(3)：309-325.

［52］ Haga T，Toki T，Koyanagi T. Quantitative structure-activity relationships of benzoylpyrindylphenylurea insecticides. J. Pestic. Sci. 1985，10：217-229.

［53］ Fan F，Cheng J G，Li Z，et al. Novel dimer based descriptors with solvational computation for QSAR study of oxadiazoylbenzoyl-ureas as novel insect-growth regulators. J. Comput. Chem. 2010，31：586-591.

［54］ Soltani LC，Besson MT，Delachambre J. Effects of diflubenzuron on the pupal-adult development of *Tenebrio molitor* L. (Coleoptera，Tenebrionidae)：Growth and development，cuticle secretion，epidermal cell density，and DNA synthesis. Pestic. Biochem. Physiol. 1984，21(2)：256-264.

［55］ Mahoussa A，El Saidy M F，Degheele D. Toxicity，retention and distribution of ［14C］hexaflumuron in the last larval instar of *Leptinotarsa decemlineata*，*Spodoptera littoralis* and *Spodoptera exigua*. Pestic. Sci. 1991，32(4)：419-426.

［56］ 陆忠娥，孙大庆，李凯等. 2-氯苯甲酰基苯基脲系列化合物对昆虫几丁质的抑制作用. 应用化学，1992，9(4)：35-40.

［57］ Suzuki J，Kiruchi Y，Toda K，et al. 2-(2,6-difluorophenyl)-4-(2-ethoxy-4-tert-butylphenyl)-2-oxazoling. US5478855，1995.

第三章

呼吸作用抑制剂

1990 年以前，通过破坏昆虫呼吸作用来起作用的杀虫剂只限于二硝基苯酚、有机锡和少量的天然产物如鱼藤酮及粉蝶霉素 A（piericidin A）等。近来，有数种新的杀虫剂和杀螨剂出现，它们是通过破坏线粒体电子传递（MET）及氧化磷酸化来破坏昆虫的呼吸作用的。

第一节　昆虫的呼吸链及杀虫剂靶位

呼吸链即线粒体电子传递链，是由一系列连续的电子载体（金属蛋白）结合在线粒体内膜上组成的。这些载体从 NADH 开始，通过连续的四个金属蛋白复合物（Ⅰ-Ⅳ）移动电子最终到分子氧上，最后在 ATP 合成酶的作用下，使 ADP 氧化磷酸化，完成 ATP 的合成。因此当电子从 NADH 或 FADH2 经过电子传递体系（呼吸链）传递给氧形成水时，同时伴有 ADP 磷酸化为 ATP，这就是所谓的氧化磷酸化过程。氧化磷酸化作用是指有机物包括糖、脂、氨基酸等在分解过程中的氧化步骤所释放的能量，驱动 ATP 合成的过程。在真核细胞中，氧化磷酸化作用在线粒体中发生，参与氧化及磷酸化的体系以复合体的形式分布在线粒体的内膜上，构成呼吸链，也称线粒体电子传递链。其功能是进行电子传递、H^+ 传递及氧的利用，产生 H_2O 和 ATP。

线粒体电子传递链由四种复合物（Ⅰ～Ⅳ）及细胞色素 c 和辅酶 Q 组成。辅酶 Q 和细胞色素 c 是独立存在的，四种复合物又都是由几种不同的蛋白组成的多蛋白复合体，功能是参与氧化还原作用。

复合物Ⅰ又称 NADH 脱氢酶（NADH dehydrogenase）或 NADH-CoQ 还原酶复合物，位于线粒体内膜内侧，以核黄素单核苷酸为辅基，与内膜紧密结合，是线粒体内膜中最大的蛋白复合体，在膜上 NADH 脱氢酶与几个含有 Fe-S 的蛋白质以及一些未知功能的蛋白质一起构成复合物Ⅰ，催化 NADH 氧化，辅酶 Q 还原。它既是电子传递体，又是质子移位体。复合物中的铁硫中心参与电子传递，经历还原与氧化。功能是催化一对电子从动，所以它们没有稳定的结构。NADH 传递给 CoQ，一对电子从复合物Ⅰ传递时伴随着 4 个质子被传递到膜间隙。

复合物Ⅱ又称琥珀酸脱氢酶（succinate dehydrogenase）或琥珀酸-CoQ 酶复合物，它由几个不同的多肽组成，含 FAD 辅基、2 个 Fe-S 中心、一个细胞色素 b。其中琥珀酸脱氢酶由两条多肽链构成，此酶也是三羧酸循环中唯一与膜结合的酶。功能是催化两个低能电子经 FAD、Fe-S 传递给辅酶 Q，不伴随 H^+ 的泵出。

复合物Ⅲ又称 CoQH2-细胞色素 c 还原酶复合物，在构成上含有一个细胞色素 c、一个细胞色素 b、一个 Fe-S 中心。相对分子量为 250kDa，既是电子传递体，又是质子移位体，催化电子从 CoQ 传递至细胞色素 c，同时泵出 4 个 H^+ 进入膜间隙，其中 2 个来自辅酶 Q，2 个来自基质。

复合物Ⅳ又称细胞色素 c 氧化酶（cytochrome c oxidase），是一种大型的复合物，以二聚体的形式存在，含有 1 个细胞色素 a、1 个细胞色素 a3 及 2 个 Cu。相对分子量为 20 万道尔顿，既是电子传递体，又是质子移位体。主要功能是将电子从细胞色素 c 传递给氧分子，每传递一对电子，要从线粒体基质中摄取 4 个质子，其中两个质子用于水的形成，另两个质子被跨膜转运到膜间隙。

ATP 合成酶是由头部-F1、膜部-F0 两个基本部分构成，F1 为可溶性蛋白，由 3α、3β、1γ、1δ 和 1ε 等 9 个亚基构成，有 3 个 β 亚基催化位点，具有催化 ATP 合成或水解的活性，并可通过头部旋转来开放或关闭催化位点。ε 亚基有抑制酶水解 ATP 的作用，同时还有堵塞 H^+ 通道，减少 H^+ 泄漏的功能。F0 是嵌合在内膜上的疏水蛋白复合物，是质子运输通道。ATP 合成酶为可逆性复合酶，既能利用质子电化学梯度储存的能量合成 ATP，又能水解 ATP 将质子从基质泵到膜间隙。

电子对在传递过程中逐步氧化放能，所释放的能量驱动 ADP 和无机磷发生磷酸化反应，在 ATP 合成酶的作用下生成 ATP，完成氧化磷酸化。

图 1-3-1 表示了线粒体氧化磷酸化的全过程。线粒体由外线粒体膜（OMM）、内线粒体膜（IMM）和脊组成。氧化作用的底物由特定的载体蛋白（如 pyruvate transporter，PyrT）运载到线粒体内。乙酰辅酶 A 脱氢酶、丙酮酸脱氢酶和三羧酸循环的还原物通过 NADH、琥珀酸-泛醌氧化还原酶（SQO）、电子转移黄素蛋白（ETF）和电子传递黄素蛋白泛醌氧化还原酶（ETFQO）转移到电子传递链中。NADH 被复合物Ⅰ再氧化，还原后的辅酶 Q（UQ）通过复合物Ⅲ、细胞色素 c 和复合物Ⅳ进行电子转移。这三个复合物所"泵"出的质子氢过膜时产生的电化学梯度通过 ATP 合成酶（ATPase）合成 ATP。磷酸的进入和 ATP/ADP 在细胞溶质中的交换通过相应的磷酸载体（PC）和 ADP/ATP 载体调节。

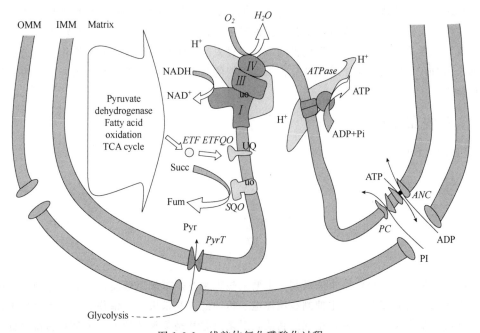

图 1-3-1　线粒体氧化磷酸化过程

在昆虫的呼吸作用中，作为杀虫剂的靶位可分为三类，即线粒体电子传递抑制剂、磷酸化抑制剂和解偶联剂。

线粒体电子传递抑制剂：这类抑制剂抑制呼吸链的电子传递，也就是抑制氧化，氧化是磷酸化的基础，抑制了氧化也就抑制了磷酸化。虽然在整个线粒体传递链中，可能有多个抑制的位点，但至今只有两个靶点（复合物Ⅰ及复合物Ⅲ）已开发出来作为杀虫剂和杀螨剂的靶点。

磷酸化抑制剂：这类抑制剂抑制 ATP 的合成，抑制了磷酸化也一定会抑制氧化。线粒体 ATP 合成酶结构复杂，在亚结构 c 中含有一个重要的羧基位于磷脂双层膜上。二环己基碳二亚胺（DCCD）能与这一羧基作用，成为 ATP 合成酶抑制剂；此外，ATP 合成酶在细胞能量转化中起到重要作用，例如一些特效的有机锡杀螨剂（azocyclotin 三唑锡、cyhexatin 三环锡、fenbutatinoxide 苯丁锡）、杀螨酯（chlorfenson）、三氯杀螨砜（tetradifon）、丙酯杀螨醇（chloropropylate）、溴螨酯（bormopropylate）、flubenzimine、螨离丹（oxythioquinox）和炔螨特（propargite）等。但是这些品种并没有有力的证据证明它们在活体上对 ATP 合成酶有抑制作用。

解偶联剂（uncoupler）：解偶联剂能使氧化和磷酸化脱偶联，即氧化仍可以进行，而磷酸化不能进行。解偶联剂作用的本质是增大线粒体内膜对 H^+ 的通透性，消除 H^+ 的跨膜梯度，因而无 ATP 生成，解偶联剂只影响氧化磷酸化，而不干扰底物水平磷酸化。除过去已知的解偶联剂有 2,4-二硝基酚（dinitrophenol，DNP）、羰基氰对三氟甲氧基苯肼（FCCP）、双香豆素（dicoumarin）等外，现在重要的商品化的品种就是溴虫腈。

第二节 复合物Ⅰ抑制剂（MET-Ⅰ inhibitor）—NADH 脱氢酶抑制剂

在 20 世纪 80 年代中期，美国和日本不同的公司均对此作用机制进行了研究，同时开展了大量细致的化学工作，发现了多种杀螨剂。它们的化学结构各不相同，但都是线粒体电子传递复合物Ⅰ的抑制剂，这些化合物均具有非线型的结构。由于第一批的这类抑制剂的出现，导致具有类似作用的其他新的杀虫剂和杀螨剂的开发。

开始时这一类线粒体电子传递抑制剂对螨类都具有广泛的活性，特别是对叶螨和锈螨，近来开发的许多品种扩大了应用谱，也可用于防治多种害虫。相比较于老的杀螨剂，线粒体电子传递杀螨剂的作用机制与老的杀螨剂品种的作用机制不同，过去的杀螨剂是通过调节生长和抑制脂肪酸的合成来发挥作用的，而新的这类杀螨剂则对各个生长期的螨都有活性，具有快速的击倒作用和优良的残效特点。

一、主要品种

1. 鱼藤酮（rotenone）

$C_{23}H_{22}O_6$, 394.42, 83-79-4

鱼藤酮是一种天然的植物杀虫杀螨剂，主要从热带和亚热带的鱼藤属、尖荚豆属和灰叶属植物中提取，多年来一直是复合物Ⅰ中抑制线粒体电子传递的主要杀虫剂。鱼藤酮广泛地存在于植物的根皮部，在毒理学上是一种专属性很强的物质，对昆虫尤其是菜粉蝶幼虫、小菜蛾和蚜虫具有强烈的触杀和胃毒两种作用。早期的研究表明鱼藤酮的作用机制主要是影响昆虫的呼吸作用，与 NADH 脱氢酶与辅酶 Q 之间的某一成分发生作用。鱼藤酮使害虫细胞的电子传递链受到抑制，从而降低生物体内的 ATP 水平，最终使害虫得不到能量供应，然后行动迟滞、麻痹而缓慢死亡。

理化性质 纯品为无色六角板状晶体，熔点 163℃。tt 旋光率 $[\alpha]_D^{20} = -231°$（苯），遇碱消旋，易氧化，在光、空气、水、碱性条件下氧化加快，并失去杀虫活性，在干燥条件下较稳定。难溶于水，易溶于极性有机溶剂。

毒性 它对高等动物具有中等毒性，对大鼠急性经口 LD_{50} 为 105mg/kg，腹腔注射 LD_{50} 为 2.8mg/kg。对鱼类等水生生物和家蚕高毒，水中只要有五十万分之一浓度时，即可使鱼类因呼吸抑制而死亡。

应用 鱼藤酮具有触杀、胃毒、拒食和熏蒸作用，杀虫谱广，对果树、蔬菜、茶叶、花卉及粮食作物上的数百种害虫有良好的防治效果，对哺乳动物低毒，对害虫天敌和农作物安全，是害虫综合治理上较为理想的杀虫剂，被广泛应用于蔬菜、果树等农作物和园林害虫的防治。

2. 唑螨酯（fenpyroximate）

$C_{24}H_{27}N_3O_4$，421.49，134098-61-6

唑螨酯是由日本农药株式会社开发的吡唑类杀螨剂。它的创制过程开始是认为氯甲酰基吡唑较易合成且可在吡唑环上多个位置进行取代，是一个有多种衍生化可能的结构。研究人员以它为模板合成了 2000 多个同系物，进行了杀螨活性测定，发现吡唑肟醚类化合物的杀螨活性较好。在吡唑环的 1 位和 3 位引入甲基，5 位引入苯氧基能有效地提高活性，随后又在苯环的 4 位引入叔丁氧基羰基，得到活性最好的化合物唑螨酯。

理化性质　该化合物为白色结晶，熔点 101.5～102.4℃，蒸气压 7.5×10^{-3} mPa（25℃），它在水中的溶解性很小，仅为 0.0146mg/L（20℃），但在有机溶剂中的溶解性很好，如甲醇 15g/L，丙酮 150 g/L，二氯甲烷 1307 g/L，氯仿 1197 g/L，四氢呋喃 737 g/L。它对酸、碱稳定。

合成方法　唑螨酯的合成方法是以乙酰乙酸乙酯和甲基肼缩合关环得到苯基吡唑酮，在 DMF 和 $POCl_3$ 作用下发生 Vilsmeier-Haack 氯甲酰化反应得到 5-氯-4-醛基吡唑。5 位上的氯随后被苯酚取代，4 位醛基与盐酸羟胺反应后再与 4-溴甲基苯甲酸叔丁酯反应得到唑螨酯。

毒性　对大鼠急性经口 LD_{50} 为大鼠 480mg/kg（雄）、245mg/kg（雌）；大鼠急性经皮 LD_{50}＞2000mg/kg。

应用 唑螨酯适用于多种植物防治红叶螨和全瓜叶螨，对小菜蛾、斜纹夜蛾、二化螟、稻飞虱、桃蚜等害虫以及稻瘟病、白粉病、霜毒病等害虫亦有良好防治作用。对螨虫的卵、若螨、成螨均有效，对低龄若螨活性最高，广泛适用于柑橘、苹果、桃、梨等果树及各种农作物上防治螨虫，此外唑螨酯还能有效地兼治稻飞虱。

3. 哒螨灵 （pyridaben）

C₁₉H₂₅ClN₂OS, 364.93, 96489-71-3

哒螨灵是 1985 年由日本日产化学公司开发的杀螨剂。它的发现较为特殊，研究人员在筛选哒嗪酮类除草剂的过程中发现一系列的化合物具有杀螨活性，随后经结构与活性关系的研究开发出哒螨灵。

理化性质 无色晶体，熔点 111～112℃，蒸气压 0.25mPa(20℃)，相对密度 1.2(20℃)；水中溶解性差，仅为 0.012mg/L(24℃)，在有机溶剂中溶解性能好，如丙酮 460g/L，苯 110 g/L，环己烷 320 g/L，乙醇 57 g/L，正辛醇 63 g/L，正己烷 10 g/L，二甲苯 390g/L(20℃)。50℃时可稳定 90d，对光不稳定，黑暗中对水稳定 30d(pH5、7、9，25℃)。

毒性 对大鼠急性经口 LD₅₀ 为 1350mg/kg（雄）、820mg/kg（雌）；对兔急性经皮 LD₅₀＞2000mg/kg。

合成方法 将糠氯酸和叔丁基肼在低温下反应得到中间体叔丁基腙，提高反应温度后在乙酸催化下环化得到二氯哒嗪酮。哒嗪酮 5 位上的氯被巯基取代后再与对叔丁基苄氯反应得到最终产品哒螨灵。

应用 哒螨灵是高效、广谱杀螨剂，无内吸性，对叶螨、全爪螨、小爪螨、合瘿螨等食植性害螨均具有明显防治效果，而且对卵、若螨、成螨均有效，对成螨的移动期亦有效。适用于柑橘、苹果、梨、山楂、棉花、烟草、蔬菜（茄子除外）及观赏植物。

4. 喹螨醚 （fenazaquin）

C₂₀H₂₂N₂O, 306.40, 120928-09-8

在 20 世纪 80 年代，美国礼来公司在随机筛选中发现一个喹唑啉类化合物对葡萄霜霉菌有抑制效果，随后合成了一系列的喹唑啉类化合物来测试杀菌效果，普筛后发现部分化合物对鳞翅目的害虫有效。研究化合物结构-活性关系后最终成功开发了喹螨醚。

理化性质 无色结晶，熔点 77.5～80℃，蒸气压 3.4×10⁻³ mPa （25℃），相对密度 1.16。溶

11.8h、185d 和 6d。

合成方法 其合成方法如下：中间体羟基嘧啶可从异丁腈氨化生成的脒再与乙酰乙酸乙酯关环得到，最后用磷酰氯反应得到二嗪磷（二嗪农）：

$$(CH_3)_2CHCN + CH_3OH \xrightarrow{HCl} (CH_3)_2CHC\!\!=\!\!NH \cdot HCl \underset{-CH_3OH}{\xrightarrow{NH_3}} (CH_3)_2CHC\!\!=\!\!NH \cdot HCl$$

毒性及代谢 大鼠急性经口毒性 LD_{50} 1250mg/kg，小鼠急性经口毒性 LD_{50} 80~135mg/kg，大鼠吸入毒性 LC_{50}（4h）>2330mg/m³ 空气。在哺乳动物、植物和土壤中主要的降解途径为嘧啶酯键断裂，主要的代谢产物是二乙基磷酸酯和二乙基硫代磷酸酯。

应用 非内吸性杀虫剂和杀螨剂，具有触杀、胃毒和影响呼吸作用，用于多种作物防治咀嚼和刺吸口器的害虫和螨虫，也可作为兽药防治牲畜体外寄生虫，主要剂型包括颗粒剂、可湿性粉剂、浓乳剂、粉剂、气雾剂和种衣剂。它的残效较长，可用于防治土壤害虫，以及果树、蔬菜和水稻害虫。地亚农在稻田水中使用，可被稻株的叶梢、叶片吸收传导，也用于家庭和家畜害虫的防治。它不能与含铜的化合物共存。

5. 杀螟硫磷

杀螟硫磷（杀螟松）是由捷克斯洛伐克在 1957 年首先合成，后由日本住友公司开发。

理化性质 黄色液体，沸点 95℃/0.01mmHg，蒸气压 15mPa（20℃）。溶解度（20℃）：水中21mg/L，极容易溶于一般的极性有机溶剂中，K_{ow} lg$P$ = 3.5。在通常条件下，杀螟硫磷在水质中相对稳定，在 pH 值分别为 4、7、9 时，半衰期（22℃）分别为 108.8d、84.3 d 和 75d。

毒性及代谢 哺乳动物急性经口毒性 LD_{50} 330mg/kg，大鼠急性经口毒性 LD_{50} 1850mg/kg，豚鼠吸入毒性 LC_{50}（4h）>1.2mg/L 空气。主要的生物转化途径包括氧化脱硫生成相应的磷酸酯，脱芳基生成二甲基磷酸酯、二甲基硫代磷酸酯及 3-甲基硝基苯酚。在动物体内脱甲基部分是依赖于谷胱甘肽-S-烷基转移酶，氧化 3-甲基成为羟甲基，还原硝基成氨基，可发生在厌氧的土壤和反刍动物体内。在干旱和有水的土壤中半衰期分别为 12~28d 及 4~20d。

应用 非内吸性杀虫剂，可用于谷物、果树、甜菜、蔬菜、草皮及森林防治咀嚼、刺吸口器及地下害虫，也可在公共卫生上用于防治家蝇、蚊子和蟑螂。其剂型有颗粒剂、浓乳剂、超低容量液体、油喷雾剂，并可与其他杀虫剂混用。

6. 吡氟硫磷

理化性质 在水中的溶解度为 0.8mg/L，K_{ow} lg$P$ = 5.24，蒸气压 3.7mPa（25℃）。它在水介质中缓慢水解，在 pH 值分别为 4、7 及 9 时，半衰期分别为 266h、180h 及 121h。

毒性及代谢 大鼠急性经口毒性 LD_{50} 372~605mg/kg。其代谢的基本途径为先氧化成磷酸酯同系物，再水解成 1-苯基-3-三氟甲基-5-羟基吡唑及磷酸二乙酯。吡氟硫磷在土壤中降解，半衰期约为 14d。

应用 非内吸性杀虫剂，可用于防治毛虫，特别是小菜蛾的幼虫。

7. 噁唑磷

理化性质 淡黄色的液体，沸点 160℃/0.15mmHg，蒸气压（25℃）<0.133mPa。水中的溶解度是 1.9mg/L（25℃）。可溶于多数有机溶剂中，K_{ow} lg$P$ =3.88。在碱性条件下不稳定。

毒性及代谢 大鼠急性经口毒性 LD_{50} 为 112mg/kg。土壤中半衰期为 9~40d。

它在动物、植物及土壤中的主要代谢途径是氧化脱硫生成相应的磷酸酯，随后 P—O 键断裂生成 3-羟基-5-苯基异噁唑，它可以被大鼠和植物轭合。

应用 对多种昆虫有效，其中包括多种作物、草地及树木的多种害虫，主要剂型有浓乳剂、可湿性粉剂、粉剂及颗粒剂。

8. 对硫磷

最早由 Schrader 于 1944 年合成，1947 年由 Cyanamide 及 Bayer 公司开发。

理化性质　淡黄色液体，沸点 113℃/0.05mmHg，蒸气压 0.89mPa（20℃）。在水中的溶解度为 11mg/L（20℃）。可溶于大多数有机溶剂中，$K_{ow}\ lgP=3.83$。在 pH 值为 7 以下的水介质中水解缓慢，但在高的 pH 值下则水解迅速，在 pH 值分别为 4、7、9 时，半衰期分别为 272d、260d 及 130d，在 130℃以上可产生热异构化反应，生成 O,S-二乙基-O-对硝基苯基硫（醇）代磷酸酯，该异构化产品抗乙酰胆碱酯酶的活性增大，但杀虫活性降低。

毒性及代谢　大鼠急性经口毒性 LD_{50} 2mg/kg，吸入毒性 LC_{50}（4h）0.03mg/L 空气。在动物、植物和土壤中的主要降解途径是脱芳基化和脱烷基化反应，生成 O,O-二乙基磷酸酯，对硝基苯酚和脱乙基的对硫磷，氧化脱硫生成活性的 P＝O 键的 paraoxon，也是代谢中的主要产物，但它很快被水解后脱毒，对硫磷在土壤中的半衰期值为 65d。

应用　非内吸性杀虫剂，对多种作物上防治咀嚼和刺吸口器昆虫及螨虫有效。主要剂型有浓乳剂、可湿性粉剂和颗粒剂。

9. 甲基对硫磷

甲基对硫磷由拜耳公司于 1949 年开发。

理化性质　无色的粉末状晶体，熔点 35～36℃，蒸气压 0.2mPa（20℃）。在水中的溶解度为 55mg/L（20℃）。除石油醚外，它极易溶于大多数有机溶剂中，$K_{ow}\ lgP=3.0$。它在酸和碱性介质中的水解速率大约要比其乙基同系物对硫磷快 5 倍，在 pH 值分别为 5、7、9（25℃）时，半衰期分别为 68d、40d 及 33d，遇热也易发生异构化。

毒性及代谢　大鼠急性经口毒性 LD_{50} 3mg/kg，大鼠吸入毒性 LC_{50}（4h）0.17mg/L 空气。动物服入甲基对硫磷 24h 后几乎完全可从尿中排出，在动物体内的主要降解途径为脱芳基和脱甲基，生成二甲基磷酸酯、对硝基苯酚和脱甲基的甲基对硫磷，代谢中氧化脱硫生成活性的氧化同系物也是会发生的，但它很快就进一步水解脱毒生成二甲基磷酸酯和对硝基苯酚。

应用　非内吸性杀虫、杀螨剂，在多种作物中，对咀嚼和刺吸口器昆虫有效，主要剂型有浓乳剂、可湿性粉剂、粉剂和超低容量液体。

10. 辛硫磷

理化性质　浅黄色液体，熔点 5～6℃，沸点 102℃/0.01mmHg，蒸气压 2.1mPa（20℃）。水中溶解度为 1.5mg/L（20℃）。可溶于大多数有机溶剂中，在脂肪烃中的溶解度较低，$K_{ow}\ lgP=3.38$。在水介质中水解相对缓慢，在 pH 值分别为 4、7、9 时，半衰期（22℃）分别为 26.7d、7.2d 和 3.1d。

毒性及代谢　大鼠急性经口毒性 $LD_{50}>$2000mg/kg，吸入毒性 LC_{50}（4h）$>$4.0mg/L 空气。辛硫磷的高度选择毒性是由于它的氧化同系物对昆虫 AchE 有高度的毒性，但在哺乳动物体内却可以快速降解，辛硫磷被氧化后生成磷酸酯的同系物，这种磷酸酯抑制家蝇 Ach 的活性高于牛的 AchE 的 270 倍，对于哺乳动物，它的磷酸酯同系物可立即水解成二乙基磷酸酯，辛硫磷分子中的肟醚键直接断裂，氰基水解生成羧基，同时分子中的脱乙基化也为它对哺乳动物的低毒作出了贡献。它们在体内的排出也很快，在 24h 内，97％的剂量可从尿和粪便中排出。该药在土壤中的代谢也很迅速，光解产物是硫肟醚的磷酸酯异构物，四乙基磷酸酯及其单硫代类似物在植物叶片中也有少量生成。

应用　非内吸性杀虫剂，具有短的持效活性，可在多种作物仓贮和公共卫生中防治毛虫和土壤害虫，主要剂型是浓乳剂、可湿性粉剂、粉剂和超低容量液体及颗粒剂。

11. 嘧啶磷

理化性质　液体，熔点 15～18℃，蒸馏时分解，蒸气压 0.68mPa（20℃）。水中溶解度为 2.3mg/L（pH7.2），可溶于大多数有机溶剂中，$K_{ow}\ lgP=5.0$。它在酸性或碱性介质中缓慢水解，在 pH5.5～8.5 的范围内，半衰期值（25℃）为 52～120d。

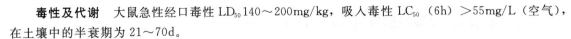

毒性及代谢　大鼠急性经口毒性 LD_{50} $140\sim200mg/kg$，吸入毒性 LC_{50}（6h）$>55mg/L$（空气），在土壤中的半衰期为 $21\sim70d$。

应用　广谱的杀虫剂具有触杀和刺激呼吸作用，可用于土壤和植物叶面防治双翅目和鞘翅目的昆虫，也可作为种子处理剂，主要剂型有浓乳剂、干粉（用于种子处理）和颗粒剂。

12. 甲基嘧啶磷

理化性质　液体，熔点 $15\sim18℃$，蒸馏时分解，蒸气压 $2mPa$（20℃）。水中的溶解度为 $8.6mg/L$（pH 7.3），易溶于大多数有机溶剂中，K_{ow} $lgP=4.2$。在酸性或碱性介质中易水解，在 pH 值为 $5.8\sim8.5$ 范围内，半衰期（25℃）为 $7.5\sim35d$。

毒性及代谢　大鼠急性经口毒性 LD_{50} $2050mg/kg$。吸入毒性 LC_{50}（4 h）$>5mg/L$ 空气。在哺乳动物体内，甲基嘧啶磷被多种方式降解，嘧啶所连的 P—O 键断裂，N-脱烷基化随后嘧啶环被螯合等，在土壤中的半衰期小于 30d。

应用　广谱性杀虫、杀螨剂，具有触杀和刺激呼吸作用。对哺乳动物低毒，通常用于公共卫生、动物的防护。主要剂型有浓乳剂、粉剂、烟雾剂、超低容量液体及气雾剂。

13. 哒嗪硫磷

哒嗪硫磷由日本三菱东亚公司于 1973 年开发。

理化性质　淡黄色固体，熔点 $54.5\sim56℃$，蒸气压 $0.00147mPa$（20℃）。在水中的溶解度为 $100mg/L$（20℃），极易溶于丙酮、甲醇和乙醚中，K_{ow} $lgP=3.2$。

毒性及代谢　大鼠急性经口毒性 LD_{50} $769\sim850mg/kg$，吸入毒性 LC_{50}（4h）$<1.13mg/L$ 空气。大鼠和小鼠服入剂量的 70% 以上可在 24h 内从尿中排出。主要的代谢排泄物是苯基丁烯二酸酰肼及脱乙基哒嗪磷衍生物，在土壤中的半衰期为 $11\sim24d$。

应用　非内吸性杀虫、杀螨剂，具有触杀和胃毒作用，可用于水稻、蔬菜、果树及观赏作物中，防治咀嚼和刺吸口器的昆虫和螨。其剂型有浓乳剂、可湿性粉剂和粉剂。

14. 喹硫磷

理化性质　无色的晶体，熔点 $35\sim36.5℃$，蒸气压 $0.346mPa$（20℃），水中的溶解度为 $17.8mg/L$（22℃）。易溶于大多数有机溶剂中，K_{ow} $lgP=4.44$。该化合物相当不稳定，在酸碱条件下均能水解。

毒性及代谢　大鼠急性经口毒性 LD_{50} 66 mg/kg。在植物和动物体内主要的代谢途径是脱芳基和生成喹唑啉，然后被螯合。氧化脱硫生成磷酸酯类似物是在光化学条件下发生。在土壤中的半衰期约为 3 周。

应用　非内吸性杀虫、杀螨剂，在多种作物中用于防治咀嚼和刺吸口器害虫及螨虫。喹唑磷的主要剂型有浓乳剂和颗粒剂。

15. 丁基嘧啶磷

理化性质　琥珀色的液体，沸点 $152℃$，蒸气压 $5mPa$（20℃）。在水中的溶解度为 $5.5mg/L$（20℃）。可溶于多数有机溶剂中，它在碱性条件下水解。

毒性　大鼠急性经口毒性 LD_{50} $1.3\sim3.6mg/kg$，大鼠吸入毒性 LC_{50}（4h）$36\sim82mg/m^3$ 空气。

应用　非内吸杀虫剂，具有触杀作用，并有好的持效性，作为颗粒剂可用于防治土壤中的昆虫。

16. 三唑磷

理化性质　淡黄色油状液体，熔点 $2\sim5℃$，加热到 $140℃$ 以上分解，蒸气压 $0.39mPa$（30℃）。在水中的溶解度为 $39mg/L$（20℃），易溶于有机溶剂，K_{ow} $lgP=3.34$。它在酸和碱的介质中水解。

毒性及代谢　大鼠急性经口毒性 LD_{50} $57\sim59mg/kg$，吸入毒性 LC_{50}（4h）：$0.531mg/L$（空气），它对血清胆碱酯酶无抑制作用。对于哺乳动物，三唑磷可以很快代谢并主要从尿中排出，对于人类的代谢途径是P—O（三唑基）键断裂或是三唑磷的磷酸同系物水解或氧化断裂，它们在土壤中的半衰期是 $6\sim12d$。

应用　广谱性杀虫、杀螨剂，具有触杀和胃毒作用，可用于多种作物和森林中防治多种昆虫，对于一些非共生的线虫也很有效，其剂型主要是浓乳剂和超低容量液体。

（三）硫（醇）代磷酸酯类（phosphorothiolate）

这类化合物的结构通式为：

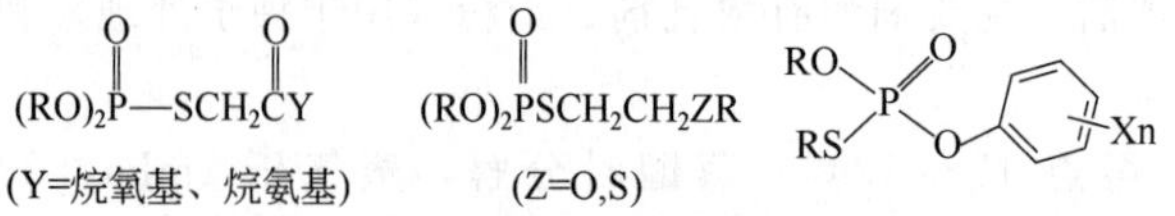

$$(RO)_2P{-}SCH_2CY \qquad (RO)_2PSCH_2CH_2ZR$$

（Y=烷氧基、烷氨基）　　　（Z=O,S）

合成方法：硫酮与硫醇间的重排反应在烷基卤化物与硫代磷酸酯之间是发生得比较普遍的反应（Pistschimuka reaction）。甲胺磷就是由 O,O-二甲基硫代磷酰胺酯与碘甲基用此反应而得的产品，进一步乙酰化后即得乙酰甲胺磷。

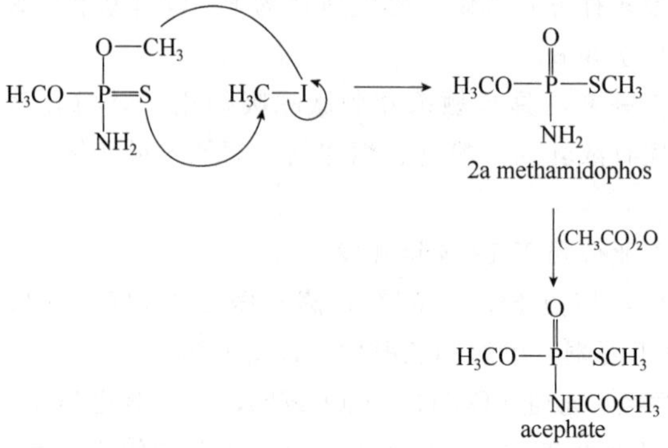

2a methamidophos

$(CH_3CO)_2O$

acephate

当含硫基团是在 β-位（如内吸磷），则异构化更易发生。如内吸磷极易发生异构化，用 2-乙基硫代乙醇和二乙基硫代磷酰氯反应生成两种异构体的混合物，如内吸磷的合成，在生产中比较高活性的异构体 Demeton-S-methyl，是由 O,O-二甲基硫代磷酸钾与 2-氯乙基乙硫醚反应生成。

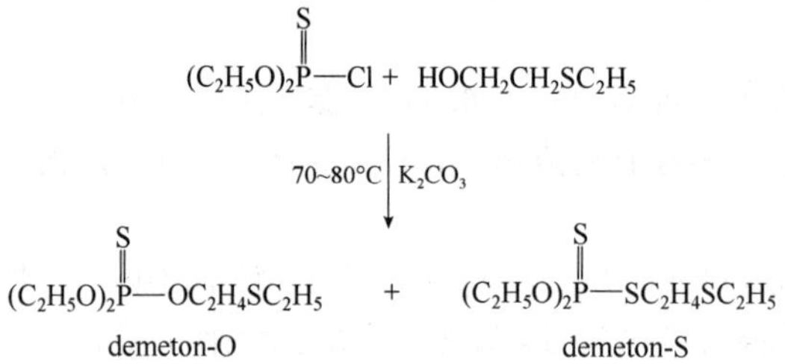

$$(C_2H_5O)_2P{-}Cl + HOCH_2CH_2SC_2H_5$$

70~80℃ $\mid$ K_2CO_3

$$(C_2H_5O)_2P{-}OC_2H_4SC_2H_5 \qquad + \qquad (C_2H_5O)_2P{-}SC_2H_4SC_2H_5$$

demeton-O　　　　　　　　　　　demeton-S

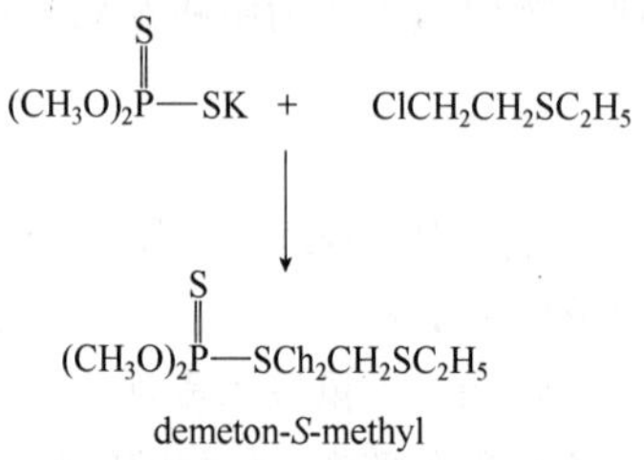

$$(CH_3O)_2P{-}SK + ClCH_2CH_2SC_2H_5$$

$$(CH_3O)_2P{-}SCH_2CH_2SC_2H_5$$

demeton-S-methyl

一个相似硫代磷酸酯的烷基化反应可生成丙溴磷。

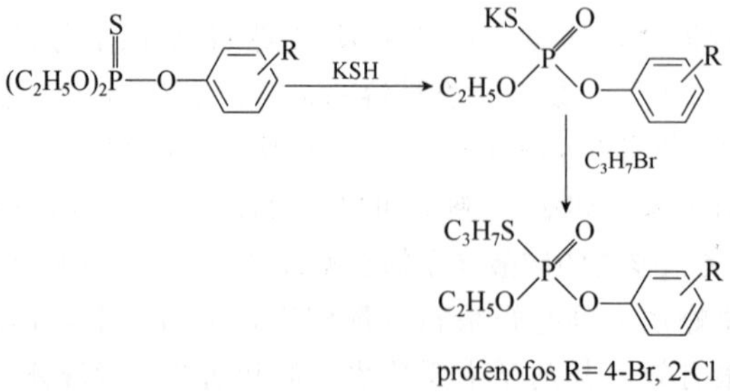

KSH

C_3H_7Br

profenofos R= 4-Br, 2-Cl

由亚磷酸酯与亚硫酰氯经 Michaelis-Arbuzov 反应形成磷硫键，可合成吡唑硫磷。

$$(C_2H_5O)_3P + HO-\text{〔吡唑〕}-N-Ar \longrightarrow (C_2H_5O)_2P-O-\text{〔吡唑〕}-N-Ar$$

$$\downarrow C_3H_7SCl$$

$$C_3H_7S-\overset{O}{\underset{C_2H_5O}{P}}-O-\text{〔吡唑〕}-N-Ar$$

pyraclofos Ar=p-Cl-C$_6$H$_5$

主要品种见表 1-5-5。

表 1-5-5　硫（醇）代磷酸酯类主要品种

序号	通用名	结构式	大鼠 LD$_{50}$/（mg/kg）
1	甲基吡噁磷 azamethiphos 35575-96-3	$(CH_3O)_2\overset{O}{P}-SCH_2-\text{〔噁唑并吡啶-Cl〕}$	1180
2	甲基内吸磷 demeton-S-methyl 919-86-8	$(CH_3O)_2\overset{O}{P}-SCH_2CH_2SC_2H_5$	30
3	氧化乐果 omethoate 1113-02-6	$(CH_3O)_2\overset{O}{P}-SCH_2CONHCH_3$	25
4	亚砜吸磷 oxydemeton-methyl 301-12-2	$(CH_3O)_2\overset{O}{P}-SCH_2CH_2\overset{O}{S}C_2H_5$	50
5	丙溴磷 profenofos 41198-08-7	$\underset{CH_3CH_2CH_2S}{C_2H_5O}\overset{O}{P}-O-\text{〔苯环 Cl, Br〕}$	358
6	吡唑硫磷 pyraclofos 77458-01-6	$\underset{CH_3CH_2CH_2S}{C_2H_5O}\overset{O}{P}-O-\text{〔吡唑-C_6H_4-Cl〕}$	237
7	蚜灭磷 vamidothion 2275-23-2	$(CH_3O)_2\overset{O}{P}-SCH_2CH_2S-\underset{CH_3}{\overset{}{C}H}-\overset{O}{C}-NHCH_3$	64～105

1. 甲基吡噁磷

理化性质　无色结晶，熔点 89℃，蒸气压 0.0049mPa（20℃）。在水中的溶解度很小（1.1 g/L，pH 7），但可溶于大多数有机溶剂中，K_{ow} lg$P$=1.05。该化合物对水不稳定，在 pH 值分别为 5、7、9 时，半衰期（20℃）分别为 800h、260h 和 4.3h，在沙壤土中半衰期约为 6h。

毒性及代谢　大鼠急性经口 LD$_{50}$ 1180mg/kg，大鼠吸入 LC$_{50}$（4h）＞560mg/m³ 空气。甲基吡噁磷的代谢是经硫代磷酸酯分子中 C—S 键的断裂，接着 N-脱甲基及噁唑环开环，所生成的氨基氯代吡啶醇作为葡萄糖苷酸和硫酸酯。

应用　主要用于动物房中防治蚊蝇及其他卫生害虫，主要剂型是可湿性粉剂和气雾剂。

2. 氧化乐果

理化性质　乐果氧化的磷酸同系物，油状液体，蒸气压 3.3mPa（20℃）。易溶于水、醇、二氯甲烷中，但几乎不溶于石油醚，K_{ow} lg$P$＝－0.74（20℃）。氧化乐果在水介质中相对稳定，但在碱性介质中很易水解，在 pH 值分别为 4、7、9 时，半衰期分别为 102d、7d、28h。

毒性及代谢　大鼠急性经口毒性 LD$_{50}$ 25mg/kg，大鼠吸入毒性 LC$_{50}$（4h）0.3mg/L 空气。大鼠摄入后很容易代谢和从尿中排泄，P—S 键的脱甲基和氧化是动物和植物体内的主要降解途径。氧化乐果在土壤中快速降解，半衰期为数天。

应用　内吸性杀虫、杀螨剂，可用于各种作物防治刺吸口器的虫和螨，主要剂型有浓乳剂、超容量液体等。

3. 丙溴磷

理化性质　淡黄色液体，沸点 100℃/1.80 Pa，蒸气压 0.124mPa（25℃）。在水中的溶解度为 28mg/L（25℃），可溶于大多数有机溶剂中，K_{ow} lg$P$＝4.44。在中性和中等酸性介质中稳定，但在碱性介质中易水解，在 pH 值分别为 5、7、9 时，半衰期（20℃）分别为 93d、14.6d 及 5.7h。

合成方法　中间体原料制备

碱解转位

丙溴磷合成

毒性及代谢　大鼠急性经口毒性 LD$_{50}$ 358mg/kg，吸入毒性 LC$_{50}$（4h）3mg/L 空气。大鼠摄入丙溴磷可快速地排泄，主要从尿中排出。其主要降解途径是水解生成 4-溴-2-氯苯酚，随后被钝化，在土壤中的半衰期为一周。

应用　非内吸性杀虫、杀螨剂，对多种作物防治鳞翅目和螨虫有效，也可作为杀卵剂，其（R)-（－）异构体是生物活性较高的异构体，丙溴磷的主要剂型有浓乳剂、超低容量液体及颗粒剂。

4. 吡唑硫磷

理化性质　淡黄色油状液体，沸点 164℃/0.01mmHg，蒸气压 0.0016mPa（20℃）。在水中的溶解度为 33mg/L（20℃），可溶于大多数有机溶剂中，K_{ow} lg$P$＝3.77。在水介质中缓慢水解，在 pH 值为 7 时，半衰期（25℃）为 29d。

毒性　大鼠急性经口毒性 LD$_{50}$ 237mg/kg，吸入毒性 LC$_{50}$ 1.69mg/L 空气。吡唑硫磷在大鼠体内快速降解，98％的剂量在 24h 内可从尿中排出。动物及植物体内其降解路径是 P—S、P—O—烷基及 P—O—芳基键的断裂，吡唑磷代谢成一 AchE 的活化抑制剂，这可能是通过硫（醇）代磷酸酯上硫的氧化而造成的，在土壤中的代谢依赖于土壤的类型，一般为 3～38d。

应用　非内吸性杀虫剂，可破坏呼吸，具有触杀及胃毒作用，可用于蔬菜、果树、观赏作物及森林防治鳞翅目、鞘翅目、叶螨和线虫。它的剂型主要是浓乳剂、可湿性粉剂和颗粒剂。

（四）二硫（酮、醇）代磷酸酯（phosphorothiolothionate）

这类化合物的结构通式为：

$$(RO)_2PSCHR^1COR^2$$

羧酸酯

$$(RO)_2PSCH_2CNR^1R^2$$

酰胺

$$(RO)_2PSCH_2CH_2NHR^1$$

氨基酯

$$(RO)_2PSCH_2\text{-Het}$$

(Het:含杂环)

杂环酯

$$(RO)_2PS(CH_2)_nSR^1$$

(n=1,2)

硫醚

$$(RO)_2PS(CH_2)_nSR^1$$

(n=1,2)

亚砜

这类化合物大都应用 O,O-二烷基二硫代磷酸来合成二硫化磷酸类化合物，如乐果的合成：

$$(CH_3O)_2PSNa \xrightarrow{ClCH_2CO_2C_6H_5} (CH_3O)_2PSCH_2CO_2C_6H_5$$

$$\downarrow CH_3NH_2$$

$$(CH_3O)_2PSCH_2CONHCH_3$$

乐果(dimethoate)

另外，由 O,O-二硫代磷酸与醛反应也可生成含 P—S—C—S 键的化合物，如甲拌磷（phorate）的合成：

$$(C_2H_5O)_2PSH + CH_2O + C_2H_5SH \longrightarrow (C_2H_5O)_2PSCH_2SC_2H_5$$

甲拌磷(phorate)

这类型的反应也用于合成含有 P—S—C—N 型的化合物，如保棉磷（aziphos-methyl）及杀扑磷（methidathion）。

$$(C_2H_5O)_2P\text{—SH} + CH_2O + NHR \longrightarrow (C_2H_5O)_2P\text{—SCH}_2\text{—NR}$$

azinphos-methyl:　NR=

methidathion:　NR=

马拉硫磷（malathion）则是由 O,O-二硫代磷酸与顺丁烯二酸二乙酯的双键加成的产物：

$$(C_2H_5O)_2PSH + \begin{array}{c} CHCO_2C_2H_5 \\ CHCO_2C_2H_5 \end{array} \longrightarrow (C_2H_5O)_2P\text{—S—CHCO}_2C_2H_5$$

$$CH_2CO_2C_2H_5$$

malathion

用硫代磷酸酯的氯代物直接与硫醇进行酯化反应，也可生成二硫代磷酸酯类化合物，如丙硫磷（prothiofos）及硫丙磷（sulprofos）。

$$PSCl_3 \xrightarrow{C_2H_5OH} C_2H_5OPCl_2 \xrightarrow{} C_2H_5O\text{—P—O} \text{(Cl)}$$

$$\xrightarrow{CH_3CH_2CH_2SNa} C_2H_5O\text{—P—O}$$

$$SCH_2CH_2CH_3$$

sulprofos: R=p-SCH$_3$

prothiofos: R=2,4-Cl$_2$

其他的合成路线上的改进，如：

$$PCl_3 \xrightarrow[S]{C_3H_7SH} C_3H_7S-PCl_2 \xrightarrow[\text{碱}]{C_2H_5OH} \underset{C_2H_5O}{\overset{C_3H_7S}{>}}P\overset{S}{\underset{Cl}{<}} \xrightarrow[NaOH]{HO-\langle\rangle-R} \underset{C_2H_5O}{\overset{C_3H_7S}{>}}P\overset{S}{\underset{O-\langle\rangle-R}{<}}$$

主要品种见表 1-5-6。

表 1-5-6　二硫（酮、醇）代磷酸酯主要品种

序号	通用名	结构式	大鼠 LD_{50} /（mg/kg）
1	益棉磷 azinphos-ethyl 2642-71-9		12
2	保棉磷 azinphos-methyl 86-56-0		9
3	氯甲磷 chlormephos 24934-91-6	$(C_2H_5O)_2P\overset{S}{<}-SCH_2Cl$	7
4	乐果 dimethoate 60-51-5	$(CH_3O)_2P\overset{S}{<}-SCH_2CONHCH_3$	387
5	乙拌磷 disulfoton	$(C_2H_5O)_2P\overset{S}{<}-SCH_2CH_2SC_2H_5$	2～12
6	乙硫磷 ethion	$(C_2H_5O)_2P\overset{S}{<}-SCH_2S-P\overset{S}{<}(OC_2H_5)_2$	208
7	安果磷 formothion	$(CH_3O)_2P\overset{S}{<}-SCH_2CONHCH_3$	365～500
8	马拉硫磷 malathion	$(C_2H_5O)_2P\overset{S}{<}-SCHCO_2C_2H_5$ $CH_2CO_2C_2H_5$	1375～3320
9	灭蚜磷 mecarbam	$(C_2H_5O)_2P\overset{S}{<}-SCH_2CON\overset{CH_3}{<}CO_2C_2H_5$	35～53
10	杀扑磷 methidathion		25～54
11	稻丰散 phenthoate		410
12	甲拌磷 phorate	$(C_2H_5O)_2PSCH_2SC_2H_5$	1.6～3.7
13	伏杀磷 phosalone		120

序号	通用名	结构式	大鼠LD$_{50}$/（mg/kg）
14	亚胺硫磷 phosmet	(CH$_3$O)$_2$P—SCH$_2$—N（邻苯二甲酰亚胺）	113～160
15	丙硫磷 prothiofos	C$_2$H$_5$O—P(=S)—O—（2,4-二氯苯基），CH$_3$CH$_2$CH$_2$S	1390～1569
16	硫丙磷 sulprofos	C$_2$H$_5$O—P(=S)—O—（苯基）—SCH$_3$，CH$_3$CH$_2$CH$_2$S	176～304
17	特丁磷 terbufos	(C$_2$H$_5$O)$_2$PSCH$_2$SC(CH$_3$)$_3$	1.6
18	甲基乙拌磷 thiometon	(CH$_3$O)$_2$PSCH$_2$CH$_2$SC$_2$H$_5$	70～120

1. 乐果

理化性质　无色的晶体，熔点 49℃，沸点 117℃/0.1mmHg，蒸气压 0.25mPa（25℃）。在水中的溶解度为 23.8g/L（20℃，pH 7），它极易溶于极性的有机溶剂中，K_{ow} lg$P$＝0.7。在 pH 值为 2～7 的水介质中相对稳定，而在碱性条件下则容易水解。pH 值为 9 时半衰期（20℃）为 12d。

毒性及代谢　大鼠急性经口 LD$_{50}$ 为 387mg/kg，大鼠吸入毒性 LC$_{50}$（4h）＞1.6mg/L。乐果在动物及植物体内可遭氧化脱硫生成氧化乐果，氧化产物是具有活性的 AchE 抑制剂。主要的降解途径是 O-脱甲基和酰胺的水解，水解作用对动物是选择性毒性产生的重要因素。P—S 及 S—C 键的断裂也很重要。在土壤中有氧条件下半衰期是 2～4d，而在无氧条件下则为 22d。

应用　内吸性杀虫剂和杀螨剂，具有触杀和胃毒作用，可用于多种作物中防治害虫和螨虫，它也可用于牲畜棚中防治蝇，剂型有浓乳剂、可湿性粉剂、超低容量液体、颗粒剂及气雾剂等。

2. 乙拌磷

理化性质　无色油状物，沸点 128℃/1mmHg，蒸气压 7.2mPa（20℃）。在水中的溶解度低（25mg/L，20℃），但可溶于普通有机溶剂中，K_{ow} lg$P$＝3.95。在水中相对稳定，在 pH 值分别为 4、7、9 时，半衰期分别为 133d、169d 及 131d（22℃）。

毒性及代谢　大鼠急性经口毒性 LD$_{50}$ 2～12mg/kg，大鼠吸入毒性 LC$_{50}$（4h）0.06～0.015mg/L。在植物、昆虫和哺乳动物体内的代谢基本相同，均包括硫醚的氧化，生成亚砜和砜，氧代脱硫生成相应的氧的同系物及水解生成二硫代磷酸酯。哺乳动物摄入后，可快速代谢并从尿中排出，它在土壤中也可快速降解，半衰期为（20℃）1.3～2d。

应用　内吸性杀虫剂和杀螨剂，可以被植物的根吸收并传输到植株全身，从而能在多种作物中长期防治蚜虫及其他刺吸口器昆虫及螨，主要剂型有颗粒剂、浓乳剂和处理种子的粉剂。

3. 乙硫磷

理化性质　黄色液体，沸点 164～165℃/0.3mmHg。它几乎不溶于水（2mg/L，25℃），但可溶于绝大多数有机溶剂中，K_{ow} lg$P$＝5.07。乙硫磷在酸及碱的水溶液中缓缓水解，在 pH 值为 9 时半衰期为 390d。

合成方法　由两分子的 O,O-二乙基二硫代磷酸酯与一分子氯溴甲烷或二溴甲烷在碱存在下反应生成。

毒性及代谢　大鼠急性经口毒性 LD_{50} 208mg/kg，大鼠吸入毒性 LC_{50}（4h）0.45mg/L。乙硫磷在生物体内主要生物降解途径是 P—S 和 C—S 键的断裂，分别生成 O,O-二乙基二硫代磷酸酯和 O,O-二乙基二硫代磷酸酯。也可发生氧化脱硫生成它们的一氧或二氧同系物。

应用　非内吸性杀虫和杀螨剂，具有触杀作用，可用于多种作物中防治螨虫、蚜虫及其他刺吸口器害虫、鳞翅目幼虫及土壤中的昆虫，主要剂型有颗粒剂、浓乳剂、可湿性粉剂及种子处理剂。

4. 安果磷

理化性质　淡黄色液体或晶体，蒸馏时分解，熔点 25～26℃，蒸气压 0.113mPa（20℃）。在水中溶解性很小（2.6g/L，24℃），但除脂肪烃外，可溶于大多数有机溶剂中，$K_{ow}lgP=1.47$。它在水介质中水解生成活性体乐果，然后再按乐果的方式降解。在 pH 3～9 时（23℃），半衰期小于 1d。

毒性　大鼠急性经口毒性 LD_{50} 365～500mg/kg，大鼠吸入毒性 LC_{50}（4h）3.2mg/L。

应用　内吸性杀虫剂和杀螨剂，具有触杀和胃毒作用。可在多种作物中用于防治刺吸口器和咀嚼口器害虫和螨虫，其剂型有浓乳剂和超低容量液体。

5. 马拉硫磷

理化性质　黄色液体，沸点 120℃/0.2mmHg，蒸气压 5.3mPa（30℃）。在水中的溶解度为 145mg/L（25℃），可溶于除烷烃外的有机溶剂中，$K_{ow}lgP=2.75$。在中性水介质中相对稳定，但在酸或碱的条件下易分解。

毒性及代谢　大鼠急性经口毒性 LD_{50} 1375～3320mg/kg。马拉硫磷的选择性毒性应归因于分子中存有羧酸酯，它可被哺乳动物体内的羧酸酯酶水解。该化合物氧化脱硫的活化在昆虫体内发生得比哺乳动物体内快，脱甲基和 P—S—C 键的断裂也会发生。它在哺乳动物体内，24h 内即可从尿和粪便中排出。它在哺乳动物体内的脱毒机制，归因于羧酸酯酶的活性，它抑制了马拉硫磷的穿透性，一些不纯的马拉硫磷工业品，特别是其中含有 O,S,S'-三甲基二硫代磷酸酯杂质的产物，可增加马拉硫磷对哺乳动物的毒性。

应用　可用于果树、蔬菜中防治刺吸口器及咀嚼口器的昆虫，也可用于防治蚊子和家蝇。主要的剂型有浓乳剂、可湿性粉剂、粉剂及超低容量液体。

6. 杀扑磷

理化性质　无色晶体，熔点 39～40℃，蒸气压 0.25mPa（20℃）。在水中的溶解度为 200mg/L（25℃），可溶于一般有机溶剂，$K_{ow}lgP=2.2$。在中性或微酸性介质中相对稳定，在碱性介质中易水解。在 pH 值为 13 时，半衰期（25℃）为 0.5h。

毒性及代谢　大鼠急性经口毒性 LD_{50} 25～54mg/kg，大鼠吸入毒性 LC_{50}（4h）为 3.6mg/L。扑杀磷在动物体内迅速代谢和排泄，主要的降解途径在植物和动物体内都很相似，首先是 P—S 键氧化生成脱硫的活性产物，随后水解成 O,O-二甲基硫代磷酸酯及 3-硫甲基甲氧基噻二唑衍生物，它再进一步被降解或轭合。扑杀磷在土壤中能很快地降解，半衰期是 3～18d。

应用　具有广谱性的非内吸性杀虫剂和杀螨剂，适用于柑橘、果树及其他作物，防治介壳虫、鳞翅目幼虫、蚜虫及螨有很好的效果。主要剂型有浓乳剂、可湿性粉剂和超低容量液体。

7. 稻丰散

理化性质　无色晶体，熔点 17～18℃，沸点 70～80℃/2×10^{-5}mmHg，蒸气压 5.3mPa（40℃）。在水中的溶解度为 10mg/L（25℃），易溶于有机溶剂，$K_{ow}lgP=3.69$。它在中性和酸性的水介质中相对稳定，但在碱性条件下易分解。

毒性及代谢　大鼠经口急性毒性 LD_{50} 410mg/kg，吸入毒性 LC_{50} 3.17mg/L。稻丰散的降解是从分子中的羧乙氧基部分水解开始的，脱甲基化和 P—S—C 键的断裂也是主要的降解途径。在动物和植物体内，氧化脱硫生成磷酸酯的氧同系物，然后发生水解，主要的代谢物，脱甲基的稻丰散及其磷酸同系物及 O,O-二甲基硫代磷酸酯均可从尿和粪便中排泄。在土壤中降解速率迅速。半衰期小于 1d。

应用　对多种作物为一广谱性非内吸性杀虫剂和杀螨剂，特别是对苹果内蠹蛾和介壳虫有高效，也可用于除蚊。其剂型有浓乳剂或粉剂。

8. 甲拌磷

理化性质 无色的油状液体，沸点 $118\sim120℃/0.8mmHg$，蒸气压 $85mPa$（25℃）。水中的溶解度为 $50mg/L$（25℃），可溶于一般的有机溶剂，$K_{ow}lgP=3.92$。它在水介质中相对是不稳定的，可发生水解，在 pH 值为 7 及 9 时，半衰期分别为 3.2d 及 3.9d。

毒性及代谢 大鼠急性经口毒性 $LD_{50}1.6\sim3.7mg/kg$，大鼠吸入毒性 LC_{50}（1h）为 $0.06\sim0.011mg/L$。甲拌磷在植物、动物和土壤中的代谢途径基本相同，主要是含硫基团的氧化成亚砜及砜，氧化脱硫生成相应的氧的同系物，然后水解生成二乙基二硫代磷酸酯、硫代磷酸酯及磷酸酯。该药具有持效性，这是由于亚砜代谢物在植物体内能保持相当的时间，它在土壤中的半衰期为 $2\sim14d$。

应用 可有效地防治刺吸口器的植物害虫，为内吸性的杀虫剂和杀螨剂，也有很好的触杀和熏蒸作用，一般的剂型是颗粒剂。

9. 伏杀磷

理化性质 无色晶体，熔点 $47\sim48℃$，蒸气压 $<0.06mPa$（25℃）。水中溶解度为 $3.05mg/L$（25℃），易溶于有机溶剂，$lg\ K=4.01$（20℃）。伏杀磷在酸和碱的水介质中水解，在 pH 值为 9 时，半衰期为 9d。

毒性及代谢 大鼠急性经口毒性 $LD_{50}120mg/kg$，吸入毒性 LC_{50}（4h）为 $0.7mg/L$。哺乳动物摄入伏杀磷后能很快地通过氧化和水解生成 O,O-二乙基硫代磷酸酯，二硫代磷酸酯以及 6-氯-2，3-二氢-2-氧苯并异噁唑，它进一步代谢并从尿中排出。该药可被土壤吸收并快速降解，半衰期为 $1\sim4d$。

应用 非内吸性杀虫、杀螨剂，可用于果树和蔬菜防治毛虫、蚜虫和活动期螨虫。它可用于害虫的综合防治中，对害虫具有最优越性的选择性，主要的剂型是浓乳剂和可湿性粉剂。

10. 亚胺硫磷

理化性质 固体，熔点 72℃，蒸气压 $0.065mPa$（25℃）。水中的溶解度为 $25mg/L$，可溶于除脂肪烃外的大多数有机溶剂中，$K_{ow}lgP=2.95$。亚胺硫磷在酸性条件下相对稳定，但在碱性条件下可快速水解，在 pH 值分别为 4.5、7、8.3 时，半衰期（20℃）分别为 13d、<12h 及<4h。

毒性及代谢 大鼠急性经口毒性 $LD_{50}113\sim160mg/kg$，大鼠吸入毒性 LC_{50}（1h）2.76mg/L。哺乳动物摄入后在体内可快速降解成邻苯酰亚胺及邻苯二甲酸衍生物，代谢物可从尿中排出，它的脱硫产物为磷酸酯的同系物，它可优先在昆虫体内水解，在植物和土壤中的降解速率也很快。

应用 非内吸性杀虫、杀螨剂，可在多种作物中防治咀嚼和刺吸口器害虫，也可用于皮蝇幼虫的防治，其主要剂型有浓乳剂、可湿性粉剂和粉剂。

11. 丙硫磷

理化性质 无色的液体，沸点 $125\sim128℃/13\ Pa$，蒸气压 $0.3mPa$（20℃）。几乎不溶于水（1.7mg/L，20℃），但易溶于有机溶剂中，$K_{ow}\ lgP=5.67$。在水介质中相对稳定，在 pH 值分别为 4、7、9 时，半衰期（22℃）分别为 120d、280d 和 12d。

毒性及代谢 非内吸性杀虫剂，具有触杀和胃毒作用，可在多种作物田中，其中包括蔬菜、玉米、甜菜和观赏作物田中用于防治咀嚼口器昆虫，主要剂型有浓乳剂和可湿性粉剂。

应用 大鼠急性经口毒性 $LD_{50}1390\sim1569mg/kg$，大鼠吸入毒性 LC_{50}（4h）$>2.7mg/L$。大鼠摄入丙硫磷后可快速代谢，在 72h 内 98% 的药剂可完全排出体外，在动物和植物体内主要的代谢途径为氧化脱硫活化，再通过脱芳基和 P—S 键的断裂而解毒，丙硫磷可被土壤强烈吸收，在田间的条件下其半衰期为 $1\sim2$ 月。

12. 硫丙磷

理化性质 无色液体，沸点 $125℃/1\ Pa$，蒸气压 $0.084mPa$（20℃）。几乎不溶于水（0.31mg/L，20℃），但可溶于一般有机溶剂中，$K_{ow}\ lgP=5.48$。在水介质中可缓慢水解，在 pH 值分别为 4、7、9 时，半衰期（22℃）分别为 26d、151d 及 26d。

毒性及代谢 大鼠的急性经口毒性 LD_{50} 176～304mg/kg，大鼠吸入 LC_{50}（4h）＞4.1mg/L。硫丙磷大鼠摄入后可很快代谢，在 24h 内，92％剂量可排出体外，主要的代谢途径为硫丙磷被氧化生成亚砜或砜，或脱硫生成磷酸酯的同系物，通过脱芳基生成酚，可以很快地解毒。硫丙磷在土壤中的半衰期可依据土壤的类型，在几天和几周的范围内。

应用 非内吸性杀虫剂，具有触杀和胃毒作用，可用于棉花、大豆、蔬菜、烟草和西红柿田中防治鳞翅目、牧草虫和其他害虫。剂型主要是浓乳剂和超低容量液体。

13. 特丁磷

理化性质 微黄色的液体，沸点 69℃/0.01mmHg，蒸气压 34.6mPa（25℃）。水中溶解度为 4.5mg/L（27℃），易溶于大多数有机溶剂中，K_{ow} lg$P$＝4.5。它在强碱（pH＞9）及强酸（pH＜2）的条件下水解。

毒性及代谢 大鼠急性经口毒性 LD_{50} 1.6mg/kg，大鼠吸入 LC_{50}（4h）1.2～6.1μg/L。特丁磷的代谢途径对于植物、动物和在土壤中来说都是相似的，其中包括含硫基团的氧化成亚砜及砜，氧化脱硫生成相应的氧的同系物，然后水解生成二乙基二硫代磷酸酯、硫代磷酸酯及磷酸酯。在土壤中的半衰期为 9～27d。

应用 可用于防治土壤害虫及线虫，剂型一般为颗粒剂，也可作植物生长期的土壤处理剂。

14. 甲基乙拌磷

理化性质 是内吸磷的含 P＝S 键的类似物，它是无色的油状液体，沸点 104℃/0.3mmHg，蒸气压 39.9mPa（20℃），在水中的溶解度是 200mg/L（27℃），除烷烃外，在所有的有机溶剂中均能很好地溶解，K_{ow} lg$P$＝3.15。在酸及碱性介质中水解，在 pH 值分别为 3、6、9 时，半衰期（25℃）分别为 25d、27d 和 17d。

毒性及代谢 大鼠急性经口毒性 LD_{50} 70～120mg/kg。在植物体内，它可被氧化代谢，形成内吸磷亚砜和砜，这是它们具有活性的原因。

应用 内吸性杀虫、杀螨剂，具有触杀活性，对蚜虫、叶蜂、牧草虫及螨均有效。

（五）二硫（醇）代磷酸酯

二硫（醇）代磷酸酯（phosphorodithioate）主要品种列于表 1-5-7。

表 1-5-7 二硫（醇）代磷酸酯主要品种

序号	通用名	结构式	大鼠 LD_{50}/（mg/kg）
1	硫线磷 cadusafos	$C_2H_5O-P(SCHC_2H_5)_2$，上方为 O、CH₃	37.1
2	丙线磷 ethoprophos	$C_2H_5OP(SCH_2CH_2CH_3)_2$，上方为 O	62

丙线磷（ethoprophos）

理化性质 淡黄色液体，沸点 86～91℃/0.2mmHg，蒸气压 46.5mPa（26℃）。水中的溶解度为 700mg/L（25℃），在一般极性有机溶剂中的溶解度＞300 g/kg（20℃），K_{ow} lg$P$＝3.59。在中性和弱酸性介质中稳定，在弱碱性介质中很快水解。

合成方法 三氯氧磷路线

$$POCl_3 \xrightarrow{C_2H_5OH} C_2H_5OPCl_2 \xrightarrow[\text{碱}]{CH_3CH_2CH_2SH} (CH_3CH_2CH_2S)_2POC_2H_5$$

丙线磷

五硫化二磷路线

$$P_2S_5 \xrightarrow{C_2H_5OH} (C_2H_5O)_2PSH \xrightarrow[\text{碱}]{BrCH_2CH_2CH_3} (C_2H_5O)_2PSCH_2CH_2CH_3$$

$$\xrightarrow{KHS} \underset{KS}{\overset{C_2H_5O}{\underset{}{}}}P\overset{S}{\underset{SC_3H_7}{}} \xrightarrow{BrCH_2CH_2CH_3} (CH_3CH_2CH_2S)_2POC_2H_5 \ (O)$$

毒性及代谢 大鼠急性经口毒性 LD_{50} 62mg/kg，大鼠吸入毒性 LC_{50}（4h）123mg/m³。

应用 主要用于防治植物的寄生线虫及许多作物及观赏作物的土壤害虫。剂型主要是颗粒剂及浓乳剂。丙线磷在植物和动物体内的主要降解途径是 P—S 键的水解断裂，生成 O-乙基-S-丙基硫代磷酸酯及丙硫醇，在 pH 值为 7.2～7.3 的沙壤土中，半衰期为 14～28d。

（六）磷酰胺酯（phosphoramidate）

此类杀虫剂品种主要有克线磷（表 1-5-8）。

表 1-5-8 磷酰胺酯类杀虫剂

序号	通用名	结构式	大鼠 LD_{50}/（mg/kg）
1	克线磷 fenamiphos	C₂H₅O、(H₃C)₂HCNH 结构式	6

克线磷（fenamiphos）

理化性质 无色晶体，熔点 49.2℃，蒸气压 0.12mPa（20℃）。在水中的溶解度为 400mg/L（20℃），它可溶于极性有机溶剂中，K_{ow} lg$P=3.3$（20℃）。在水介质中稳定，在 pH 值分别为 4、7、9 时，半衰期分别为 1 年、8 年和 3 年（22℃）。

合成方法

克线磷

毒性及代谢 大鼠急性经口毒性 LD_{50} 6mg/kg，大鼠吸入毒性 LC_{50}（4h）0.12mg/L。它在植株中所表现出来的传导性和杀线虫活性与分子中硫甲基氧化成亚砜和砜有关，氧化产物对水解较原化合物敏感。在哺乳动物体内，摄入的克线磷可快速地代谢生成亚砜及砜，然后被水解、轭合及从尿中排出。N-脱烷基化反应也会在代谢过程中发生，在土壤中的半衰期约为数周，主要降解产物是亚砜和砜及酚。

应用 内吸性杀线虫剂，具有触杀作用，主要用于多种作物中防治线虫。它对刺吸口器昆虫和螨虫也有活性。它可被植物的根和叶片吸收并传输到整株植物，在长时期内显示出不仅有保护作用，还有治疗的活性，主要剂型是颗粒剂和浓乳剂。

（七）硫代磷酰胺酯

硫代磷酰胺酯（phosphoramidothionate）的主要品种见表 1-5-9。

表 1-5-9 硫代磷酰胺酯类杀虫剂

序号	通用名	结构式	大鼠 LD_{50} / (mg/kg)
1	异柳磷 isofenphos	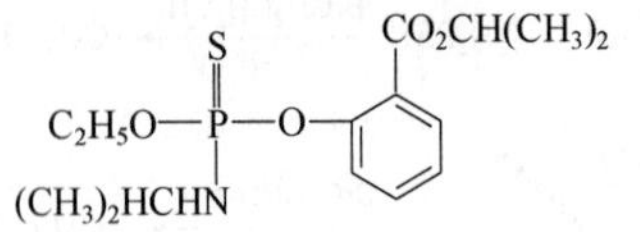	20
2	烯虫磷 propetamphos	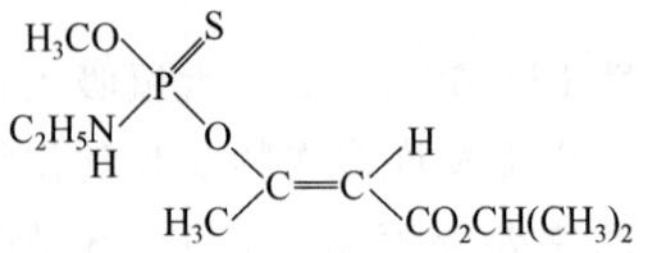	20

1. 异柳磷

理化性质 无色液体，蒸气压 0.22mPa（20℃）。在水中的溶解度为 18mg/L（20℃），易溶于一般的有机溶剂中，$K_{ow}\lg P=4.04$（21℃）。它在水介质中稳定，在 pH 值分别为 4、7 及 9 时，半衰期（22℃）分别为 2.8 年、1 年以上、1 年以上。

合成方法

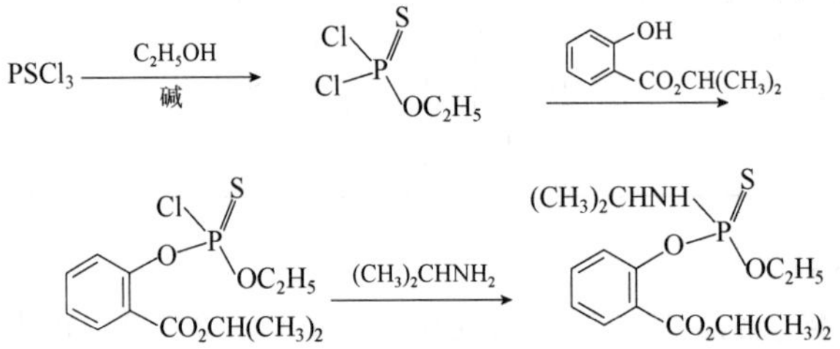

毒性及代谢 大鼠急性经口毒性 LD_{50} 20mg/kg，大鼠吸入毒性为 LC_{50}（4h）0.3~0.5mg/L。在哺乳动物体内能快速代谢和削除，约有 95％在 24h 内可从尿和粪便中排出。主要的降解途径是通过氧化脱硫生成磷酸酯的类似物，随后水解、氧化、脱芳基。在植物体内主要的代谢物是水杨酸和二羟基苯甲酸。

应用 内吸性杀虫剂，具有触杀和胃毒作用，可用于多种作物防治葱蝇、玉米根虫、线虫及其他土壤害虫。主要剂型有浓乳剂、可湿性粉剂和颗粒剂。

2. 烯虫磷

理化性质 淡黄色液体，沸点 87~89℃/0.005mmHg，蒸气压 1.9mPa（20℃）。在水中的溶解度为 110mg/L（24℃），可溶于大多数有机溶剂中，$K_{ow}\lg P=3.82$。在水溶液中相对稳定。在 pH 值分别为 3、6、9 时，半衰期分别为（20℃）11d、1 年、41d。

毒性及代谢 大鼠急性经口毒性 LD_{50} 59.5~119mg/kg，大鼠吸入毒性 LC_{50}（4h）：雌 0.69mg/L。动物摄入烯虫磷后可快速代谢并主要从尿中和呼出空气时排出，在哺乳动物体内主要的脱毒途径是 O-脱甲基化和 P—O—乙烯键的断裂，生成乙酰乙酸异丙酯，它最后代谢成二氧化碳，羧酸酯键的水解也包括其中，通过氧化脱硫的活化作用也是会发生的。

应用 触杀和胃毒杀虫剂，具有较长的持效期，主要用于防治家庭及公共卫生害虫，也可用于防治动物的体外寄生虫，主要剂型是浓乳剂、可湿性粉剂、气雾剂及粉剂。

（八）硫（醇）代磷酰胺酯

硫（醇）代磷酰胺酯（phosphoramidothiolate）主要品种列表 1-5-10。

表 1-5-10　硫（醇）代磷酰胺酯类杀虫剂

序号	通用名	结构式	大鼠 LD_{50}/（mg/kg）
1	乙酰甲胺磷 acephate	$H_3CS-P-NHCOCH_3$ （O 上、OCH_3 下）	945
2	噻唑磷 fosthiazate	C_2H_5CS-P（带 H_3C、O、O、N 噻唑环、OC_2H_5）	57～73
3	甲胺磷 methamidophos	$H_3CO-P-SCH_3$ （O 上、NH_2 下）	20

1. 乙酰甲胺磷

理化性质　无色结晶，熔点 88～90℃，蒸气压 0.226mPa（24℃）。溶解度（20℃）：水中 790g/L，丙酮 151g/L，乙醇 100g/L，乙酸乙酯 35g/L，苯 16g/L，己烷 0.1g/L，$K_{ow}lgP=-0.89$。对水解反应相对稳定，在 pH 值分别为 3 及 9 时，半衰期（40℃）分别为 710h 和 60h，在土壤中半衰期为 7～10d。

合成方法　硫酮与硫醇间的重排反应是合成甲胺磷的一种方法，就是由 O,O-二甲基硫代磷酰胺酯与碘甲基用此反应而得的产品，进一步乙酰化后即得乙酰甲胺磷。

甲胺磷

$$(CH_3CO)_2O$$

乙酰甲胺磷

毒性及代谢　急性经口毒性 LD_{50}：小鼠 361mg/kg，大鼠 945mg/kg，吸入毒性 $LC_{50}>15mg/L$。乙酰甲胺磷与甲胺磷相比，它对乙酰胆碱酯酶的活性极低，它代谢生成甲胺磷，但对哺乳动物来说对乙酰甲胺磷相对较不敏感，主要的代谢途径是 O-脱甲基生成脱 O-甲基的甲胺磷。

应用　乙酰甲胺磷是甲胺磷的 N-乙酰取代产物，是具有触杀和胃毒作用的内吸性杀虫剂，用于防治在多种作物如果树、蔬菜、葡萄、观赏作物中多种咀嚼和刺吸口器的害虫，如蚜虫，牧草虫、鳞翅目幼虫、叶蜂、叶螨、叶蝉及夜盗虫等，主要剂型有颗粒剂、可湿性粉剂和可溶性粉剂等。

2. 噻唑磷

理化性质　淡棕色液体，沸点 198℃/0.5mmHg，蒸气压 0.56mPa（25℃）。在水及正己烷中的溶解度分别是 9.85 g/L 及 15.14 g/L（20℃）。它可在水介质中水解，在 pH 值为 9 时（25℃），半衰期为 3d。

毒性　大鼠急性经口毒性 LD_{50} 57～73mg/kg，大鼠吸入毒性 LC_{50}（4h）0.558～0.832mg/L。

应用　杀线虫剂，也可用于防治蚜虫和牧草虫，其剂型有浓乳剂和颗粒剂。

3. 甲胺磷

理化性质　无色的晶体，熔点 46.1℃，蒸气压 2.3mPa（20℃）。在水、醇和二氯甲烷中的溶解度很大（大于 200g/L，20℃），但不溶于己烷，$K_{ow} lgP=-0.8$（20℃）。在 pH 值为 3.8 的水介质中稳定，在 pH 值为 4、7、9 时，半衰期分别为 1.8 年、120h、70h。

合成方法 其合成方法很多，以下三种方法较为实用。

（1）直接异构化

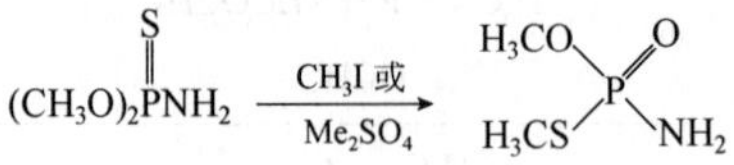

（2）水解异构法

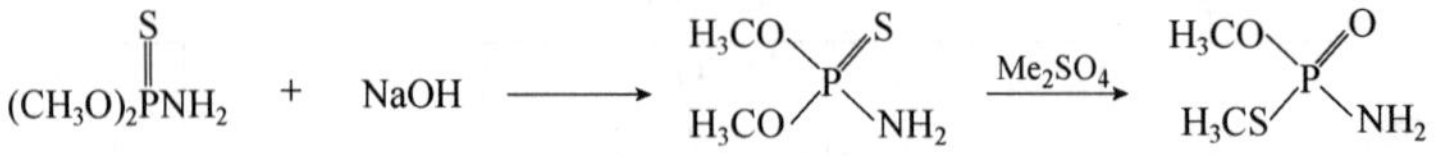

（3）先异构后氨解法

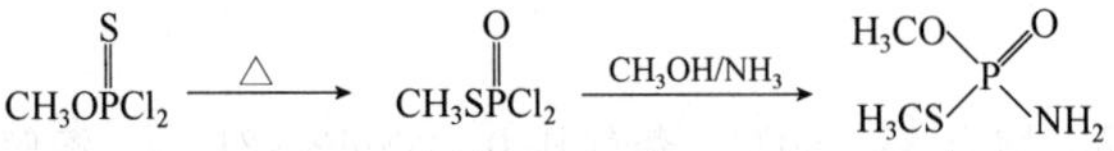

毒性及代谢 大鼠急性经口毒性 LD_{50} 20mg/kg，大鼠吸入毒性 LC_{50}（4h）0.2mg/L。甲胺磷仅有很低的抗 AchE 的活性，有人认为它是氧化后致活的，可引起迟发性神经毒性，动物摄入后，部分可通过尿和呼吸排出。主要的代谢途径是 O-脱甲基、S-脱甲基和脱氨基，在植物体内甲胺磷脱氨是主要的代谢途径，甲胺磷在土壤中能很快降解脱氨和脱甲基，最终形成二氧化碳和磷酸。

应用 通过叶片和根部吸收的内吸杀虫剂和杀螨剂，可在多种作物上用于防治咀嚼和刺吸口器的昆虫和螨，其剂型可以是浓乳剂和液体。

（九）膦酸酯类

膦酸酯类（phosphonate）品种见表 1-5-11。

表 1-5-11 膦酸酯类杀虫剂品种

序号	通用名	结构式	大鼠 LD_{50} / (mg/kg)
1	敌百虫 trichlorfon	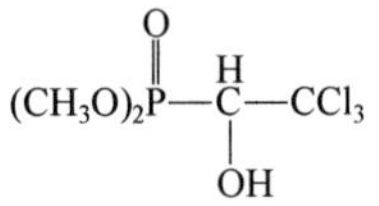 $(CH_3O)_2P\overset{O}{-}\overset{H}{C}-CCl_3$ 、OH	450

敌百虫（trichlorfon）

理化性质 外消旋的产品，为无色的固体，熔点 83～84℃，沸点 100℃/0.1mmHg，蒸气压 0.21mPa（20℃）。在水中的溶解度为 120g/L，溶于多种有机溶剂，K_{ow} $\lg P = 0.43$。敌百虫在碱性条件下，可快速地转变成敌敌畏，然后水解。在 pH 值分别为 4、7、9 时，半衰期（22℃）分别为 510d、46h 及 0.5h 以内。

合成方法

（1）三氯化磷法

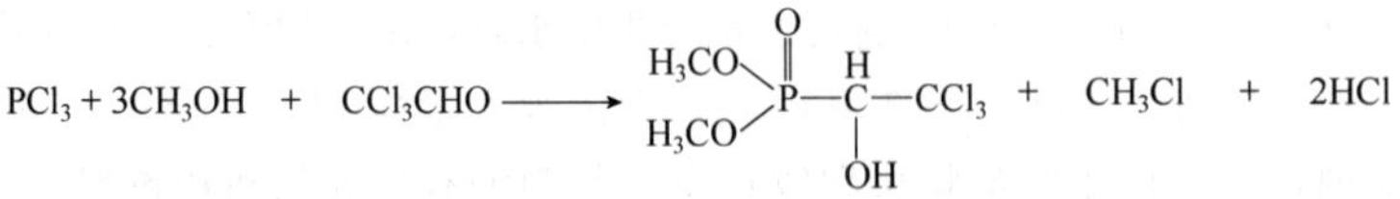

该法生产流程均较长，敌百虫原药的含量只有 90% 左右，其酸度较高，一般在 1.8% 左右，随着存放时间的延长，其酸度会不断升高，另一方面，该工艺设备利用率低，能耗高。废水多，污染较严重。

（2）亚磷酸二乙酯法

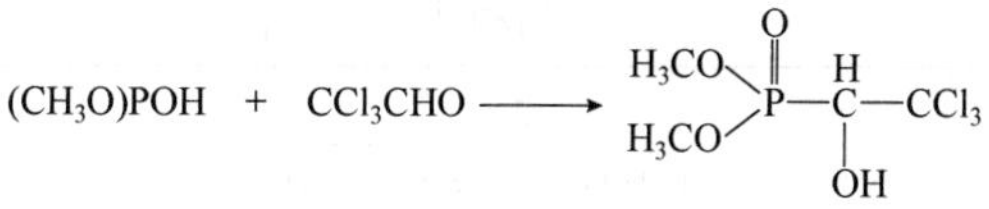

$$(CH_3O)POH \ + \ CCl_3CHO \ \longrightarrow \ \begin{array}{c} H_3CO \\ H_3CO \end{array}\!\!\!P\!\!\!\begin{array}{c} O \\ \end{array}\!\!\!-\!\!\!\begin{array}{c} H \\ C \\ OH \end{array}\!\!\!-CCl_3$$

这是一步法生产过程，该法工艺简单，"三废"少，产品的收率和纯度均很高。

毒性及代谢　大鼠急性经口毒性 LD_{50} 450mg/kg，吸入毒性 LC_{50}（1h）>0.5mg/L。敌百虫在动物摄入后能快速并几乎完全地在 6h 内代谢和排泄出去，主要代谢物是二甲基磷酸酯、甲基磷酸酯及二氯乙酸和三氯乙醇的辄合物，在土壤中敌百虫很快分解。

应用　非内吸杀虫剂，具有触杀和胃毒作用，其活性应归因于它在活体中转变成敌敌畏。敌百虫可用于农业、园艺、森林、食品贮藏、果园、家庭及牲畜棚中防治双翅目、鳞翅目、膜翅目、半翅目和鞘翅目的害虫。主要剂型有可湿性粉剂、可溶粉剂、颗粒剂、超低容量液体、种衣剂等。

（十）硫代膦酸酯

硫代膦酸酯（phosphonothionate）的品种见表 1-5-12。

表 1-5-12　硫代膦酸酯类杀虫剂品种

序号	通用名	结构式	大鼠 LD_{50}/（mg/kg）
1	苯硫磷 EPN	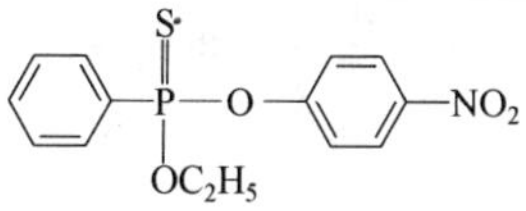	24～36

苯硫磷

理化性质　淡黄色晶体，熔点 34.5℃，蒸气压<0.041mPa。它可溶于大多数有机溶剂中，但不溶于水，K_{ow} lg$P$ 大于 5.02。它在酸性和中性介质中相对稳定，但在碱性介质中则被水解释放出对硝基酚，在 pH 值分别为 4、7 和碱性条件下，它的半衰期分别是 70d、22d 及 3.5d。

合成方法

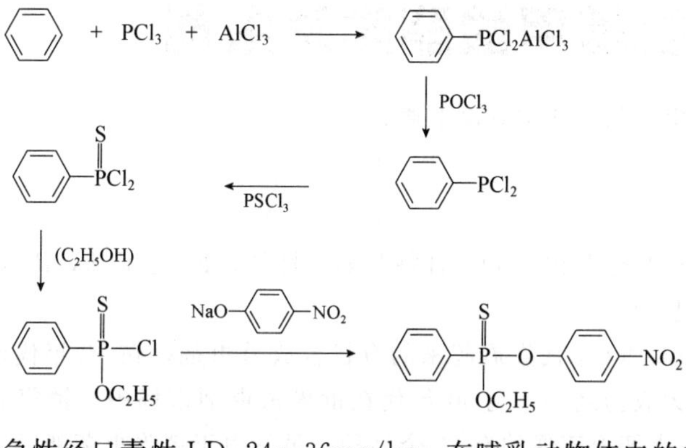

毒性及代谢　大鼠急性经口毒性 LD_{50} 24～36mg/kg。在哺乳动物体内的主要降解途径为氧化脱芳基生成硝基酚，和 O-乙基苯基硫代膦酸酯，氧化的脱硫产物再进一步水解是次要的产物，在土壤、微生物及动物体内，硝基还原成氨基的产物也曾观察到，在植物体内主要的代谢产物是 O-乙基苯基膦酸酯。在水稻田中半衰期少于 15d。

应用　非内吸性杀虫、杀螨剂，可用于多种作物上，能有效地防治鳞翅目幼虫，特别是水稻二化螟、棉铃虫及其他食叶害虫。剂型主要有粉剂、乳粉和颗粒剂。

（十一）二硫代膦酸酯

二硫代膦酸酯（phosphonodithioate）主要品种列于表 1-5-13。

表 1-5-13 二硫代膦酸酯类杀虫剂品种

序号	通用名	结构式	大鼠 LD_{50} / （mg/kg）
1	地虫磷 fonofos	$C_2H_5O-\overset{\displaystyle S}{\underset{\displaystyle CH_2CH_3}{P}}-S-\phenyl$	5.5~11.5

地虫膦（fonofos）

理化性质 无色的液体，沸点 130℃/0.1mmHg，蒸气压 28mPa（25℃）。在水中的溶解度为 13mg/L（22℃），可溶于多种有机溶剂中，$K_{ow}\lg P=4.84$。它在酸性介质中相对稳定，在碱性介质中则易水解，在 pH 值分别为 4、7、10 时，它的半衰期（40℃）分别为 107d、74~127d、及 1.8d。

合成方法

地虫磷(R=C₂H₅)

毒性及代谢 大鼠急性经口毒性 LD_{50} 5.5~11.5mg/kg，大鼠吸入毒性 LC_{50}（4h）17~51μg/L。它主要的生物降解途径为氧化脱硫生成氧的同系物，水解断裂 P—S 键，生成 O-乙基乙基膦酸酯及 O-乙基乙基硫代膦酸酯，释放出的硫酚可被甲基化，氧化成甲苯基亚砜和砜。在土壤中的半衰期为 3~16 周。

应用 主要用作土壤杀虫剂，具有触杀和胃毒作用，可防治多种作物和草地的害虫，其 R-异构体的活性高于 S-体。其剂型有颗粒剂、浓乳剂和种子处理剂。

第三节　氨基甲酸酯类杀虫剂

作为杀虫剂的氨基甲酸酯，通常有以下通式：

$$R^1-O-\overset{\displaystyle }{\underset{\displaystyle O}{C}}-N\overset{\displaystyle R^2}{\underset{\displaystyle R^3}{}}$$

其中，与酯基对应羟基化合物 R^1OH 往往是弱酸性的，R^2 是甲基，R^3 是氢或者是一个易于被化学或生物方法断裂的基团。

氨基甲酸酯是 20 世经 50 年代发展起来的有机合成杀虫剂，在 70 年代末就成为和有机磷、拟除虫菊酯并驾齐驱的三大农药之一，到 90 年代在世界杀虫剂市场中，销售额居第三位，至今共开发了 67 个品种，目前在市场上流通的有 22 个品种。虽然由于拟除虫菊酯类杀虫剂的迅速发展，以及烟碱类杀虫剂的崛起，使此类杀虫剂的市场份额日趋下落，但是它们在防治害虫上仍然起着不可忽视的作用。氨基甲酸酯杀虫剂化学结构类型较多，从防治害虫角度看，大体具有如下特点。

① 对害虫毒理机制为抑制胆碱酯酶活性，阻断正常神经传导，引起整个生理生化过程的失调，使害虫中毒死亡。这与有机磷类杀虫剂相类似。不同之处在于有机磷类是水解后呈磷酰化而抑制胆碱酯酶的，其抑制程度与水解程度成正比。氨基甲酸酯类则是以化合物分子整体与胆碱酯酶结合，水解后抑制作用降低，故毒力一般较有机磷低。在动植物体和土壤中，亦能较快地代谢为无害物质。

② 大多数氨基甲酸酯品种速效性好，击倒快，持效期短，选择性强，且对成虫毒效高于幼虫。

③ 毒性差异大，多数品种如仲丁威毒性低，其分子结构接近天然有机物，在自然界易被分解，

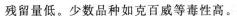

残留量低。少数品种如克百威等毒性高。

④ 增效性能多样，不同结构类型的氨基甲酸酯杀虫剂的品种间混合使用，对抗药性害虫有增效作用。拟除虫菊酯杀虫剂用的增效剂对氨基甲酸酯类杀虫剂亦有增效作用。氨基甲酸酯杀虫剂也可作为某些有机磷杀虫剂的增效剂。

一、活性化合物的发现及发展

早在 1864 年，人们曾发现在西非生长的一种蔓生豆科植物毒扁豆（*Physostigma venenosum*）的咖啡色小豆中，存在一种剧毒物质。后来将此毒物命名为毒扁豆碱（Physostigmine 或 Eserine），直到 1925 年它的结构才得以阐明，1931 年又进行了合成验证。这是首次发现的天然存在的氨基甲酸酯类化合物。

1870 年发现它能引起强烈的神经反应，而阿托品可使其解毒，同时还观察到它可以作为箭毒的解毒剂。后来又发现毒扁豆碱作为药物的用途，如使瞳孔收缩、降低眼压、治疗青光眼，以及用于解除肌肉无力等症状。在生物化学上，毒扁豆碱在弄清哺乳动物神经冲动的传递机制上起过重要作用，从而肯定它是胆碱酯酶的一种强抑制剂。对毒扁豆碱的这些研究，引起后来许多氨基甲酸酯类似物的合成和作为杀虫剂的应用。

氨基甲酸酯类杀虫剂的发展，大致经历了三个阶段：20 世纪 60 年代初期，即 1958 年出现了性能优异的甲萘威后，又开发成功许多新药剂。这是品种涌现最多、发展最快的时期。60 年代末期出现了氨基甲酸杂环酯和氨基甲酸肟酯，如涕灭威、克百威、灭多威等，此是第二阶段。此类药剂杀虫效果好，杀虫谱亦广，但毒性太高，使应用受到了一定限制。如何使这些高效高毒的品种低毒化，且又不降低其杀虫活性，这是美国加州大学 Fukuto 等人为代表的农药工作者所致力研究的工作。通过努力，已取得了相当的成效，出现了硫双灭多威、棉铃威、丙硫克百威和丁硫克百威低毒的代表性品种，被认为这是第三个发展阶段。这类杀虫剂的具体发现及发展过程大致如下。

1931 年，Du Pont 公司首先研究了具有杀虫活性的二硫代氨基甲酸衍生物，发现双（四乙基硫代氨基甲酰）二硫物——福美双有拒食作用，代森钠有杀螨作用。不过这些氨基甲酸衍生物最终未能成为杀虫剂，由于他们具有更卓越的杀菌活性，而作为杀菌剂进入了商品行列。

毒扁豆碱　　　　　福美双　　　　　代森钠

20 世纪 40 年代中后期，第一个真正的氨基甲酸酯杀虫剂地麦威，在 Geigy 公司由 Gysin 合成。本来打算开发为忌避剂，但地麦威的忌避作用不佳，却发现其具有很好的杀蝇和蚜虫的活性。此后，Gysin 把研究目标转向氨基甲酸酯杀虫剂，并且认为最有希望的化合物是杂环烯醇衍生物。其中异索威、敌蝇威和地麦威于 20 世纪 50 年代在欧洲相继进入商品生产。所有这些化合物均为二甲氨基甲酸酯。

地麦威　　　　　异索威　　　　　敌蝇威

1953 年，Union Carbide 公司的 Lambrech 合成了试验性化合物 UC7744。该化合物把烯醇酯换成芳香酯，把二甲氨基换成甲氨基，从而使之具有非常好的杀虫活性。1957 年，第一次正式公布了这个化合物，并且定名为甲萘威（西维因），后来成为世界上产量最大的农药品种之一，1971 年美国的年产量超过 2700t。

1954 年，Metcalf 等合成了一系列脂溶性、不带电荷的毒扁豆碱类似物，成为研究这类化合物结构与活性关系的典范。后来，这些化合物的几个在日本发展成杀虫剂品种，它们是害扑威、异丙威、二甲威和速灭威。更重要的是，这项研究工作牢牢地确定了 N-甲基氨基甲酸芳基酯在杀虫剂中的地位，为后来大量新的氨基甲酸酯杀虫剂的出现奠定了基础。

Union Carbide 公司的化学家们在结构上的又一创新是将肟基引入氨基甲酸酯中，从而导致具有触杀和内吸作用的高效杀虫、杀螨和杀线虫活性的化合物的出现，其中涕灭威就是一例。

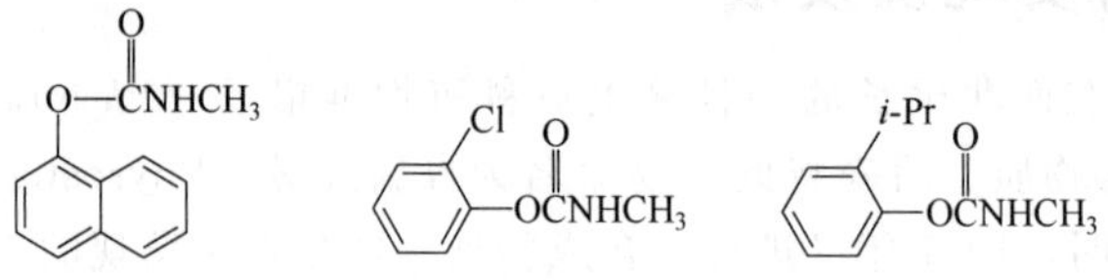

甲萘威　　　　　　害扑威　　　　　　异丙威

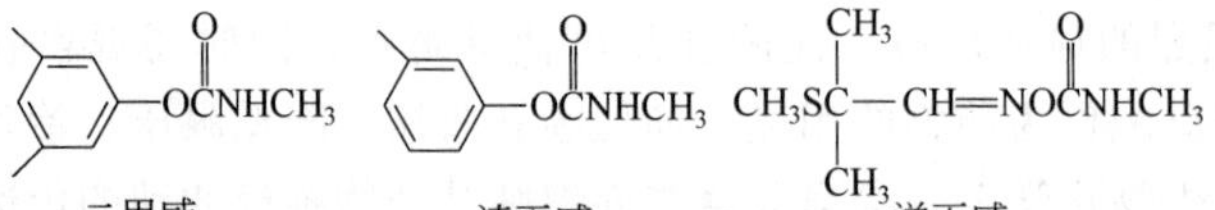

二甲威　　　　　　速灭威　　　　　　涕灭威

此外，在氨基甲酸酯杀虫剂的早期发展过程中，Casida 研究小组在弄清氨基甲酸酯在机体及环境中的归趋的生物机制方面也有许多出色的工作。

由于农药的安全性越来越受到人们的重视，因此对高毒的氨基甲酸酯杀虫剂进行结构改造而使其低毒化的研究受到普遍重视。20 世纪 80 年代以来，对氨基甲酸酯类杀虫剂的研究主要集中在低毒衍生物上，即"前体农药"的开发上。

前体农药（Propesticide）通常是指一些自身化学结构生物活性并不好或根本无生物活性的化合物，但在生物体内可经化学或生物转换而成为有生物活性的有毒物质。以美国加州大学的 Fukuto 等人为代表的农药工作者通过十多年的努力，获得了相当大的成功。其低毒化的思路是考虑到氨基甲酸酯类化合物在高等动物和昆虫体内的代谢途径不同，他们将一些具有中等程度稳定的键引

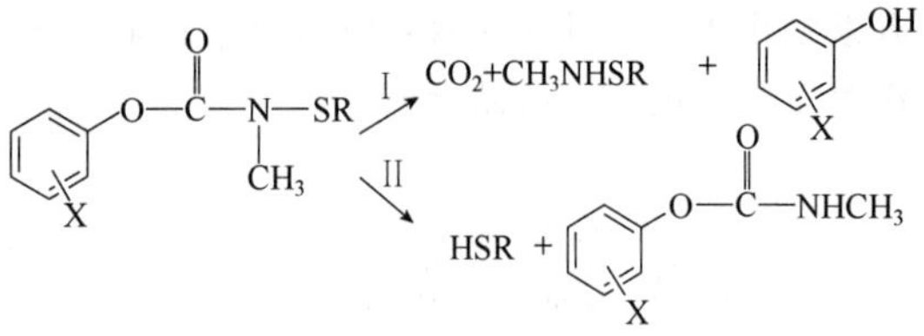

图 1-5-5　选择毒性原理阐述

入化合物的氮原子上，如 N—SR 键，使之毒性降低，但当它们一旦进入昆虫体内后，引入的基团则从氮原子上离去，仍然恢复了原有的毒性（见图 1-5-5 途径 II），而在高等动物体内，氨基甲酸酯却经过酯酶的作用，降解成酚而失去毒性（见图 1-5-5 途径 I）。

对氨基甲酸酯类杀虫剂的低毒衍生物的研究主要如图 1-5-6 所示。这些衍生物根据结构的不同，大致可以分为：芳基和烷基硫基甲氨基甲酸酯、N,N'-硫双氨基甲酸酯、磺酰氨基硫基和磷酰氨基硫基甲氨基甲酸酯、二烷基氨基硫基甲氨基甲酸酯、芳硫基和烷硫基硫代甲氨基甲酸酯及其他类型的甲氨基甲酸酯衍生物。

以上所介绍的甲氨基甲酸酯衍生物，大都是既能保持其杀虫活性，又能使其毒性下降。然而，亦有不少化合物的活性有所降低。经科学家们多次试验后得出的结论是，将前体杀虫剂选择性理论应用于前体氨基甲酸酯杀生剂必须依赖于两个标准：①在氨基甲酸酯分子中引入化学基团后，使其比原来的化合物具有更低的抗胆碱酯酶活性；②引入的基团能在昆虫体内被酶或化学裂解，并具有一定速率地释放出原来的化合物，也就是说插入"迟缓因子"后，使其在哺乳动物体内比在昆虫体内更易发生解毒反应。另外，生成的衍生物易在昆虫体内裂解，否则生成的衍生物在昆虫体内的抗胆碱酯酶活性即杀虫活性会大大降低，例如 N-芳基磺酰基氨基甲酸酯由于其 N—SO$_2$ 难于断开，导致杀虫活性完全丧失。

试验还证实，在各种取代基中以硫取代所获得的化合物最佳，一是因为硫衍生物抗胆碱酯酶的活性低，为保证哺乳动物安全提供了所需要的"迟缓因子"；二是 N—S 键在昆虫体内易于裂开而释放出原来的氨基甲酸酯。

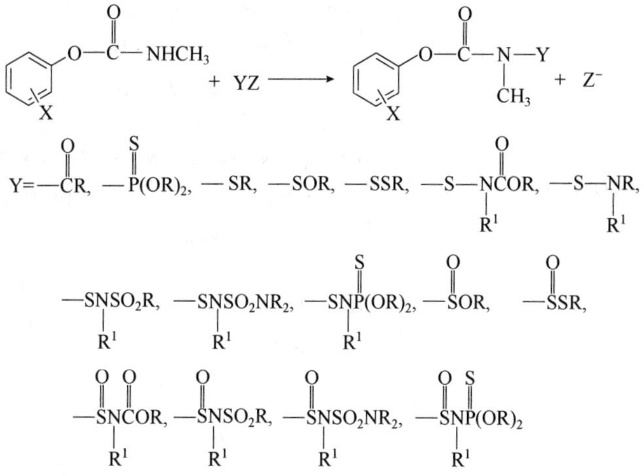

图 1-5-6 氨基甲酸酯低毒衍生物

综上所述，经过几十年的努力，前体氨基甲酸酯农药的研究与开发已进入能有目的的设计和合成一些化合物的阶段，通过：①在氨基甲酸酯氮原子上引入一些迟缓因子；②根据哺乳动物昆虫体内某些酶（如昆虫体内的 mfo，哺乳动物体内的羧酸酯酶）对氨基甲酸酯分子活化及解毒反应的差异；③所生成的氨基甲酸酯衍生物本身所具有的物理性能的不同，使所设计与合成的化合物在生物体内经活化后能达到人们所预期的效果，如维持杀虫活性，降低对哺乳动物的毒性，增加活性与残效，减轻作物药害，通过茎叶吸收下移，增强防治地下害虫的能力等。

经过研究人员的大量实验研究，推出了一系列高效低毒品种。筛选出一批性能卓著的新品种，有的已商品化，如由克百威开发丁硫克百威、丙硫克百威、呋线威；由灭多威开发了硫双灭多威、磷亚威、棉铃威。与母体化合物相比，新的低毒衍生物毒性下降，杀虫活性影响不大，杀虫谱发生变化，选择性提高，药害减轻，持效期延长。

将类保幼激素的结构引入氨基甲酸酯类杀虫剂中是这类杀虫剂的另一大突破，得到的结构兼具氨基甲酸酯和类保幼激素的特点。瑞士一家公司推出的双氧威对多种害虫表现出活性，对蜜蜂和有益生物无害。在双氧威末瑞环的 3-位上引入氯原子或氟原子，对蚊子幼虫防效优于双氧威。此外，在氨基甲酸酯杀虫剂中引入杂环结构或其他结构也是近年来研究开发的热点，如美国罗姆-哈斯公司开发的唑蚜威。

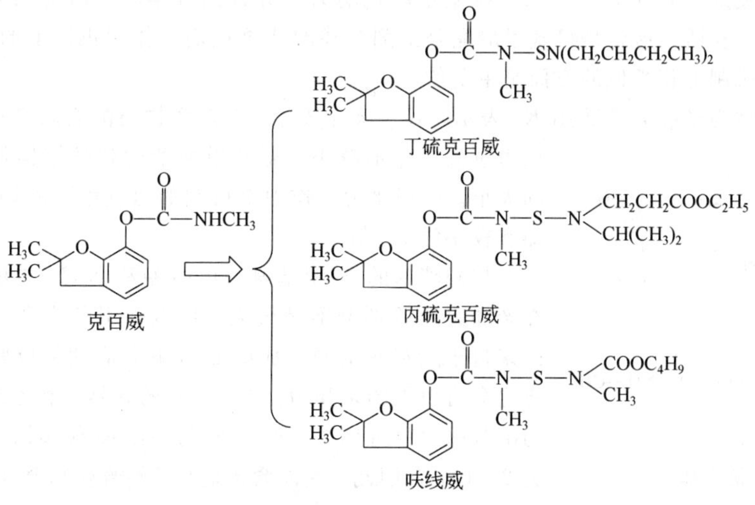

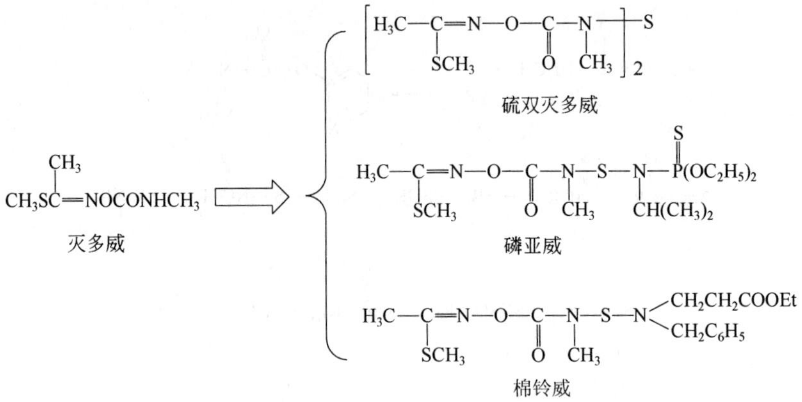

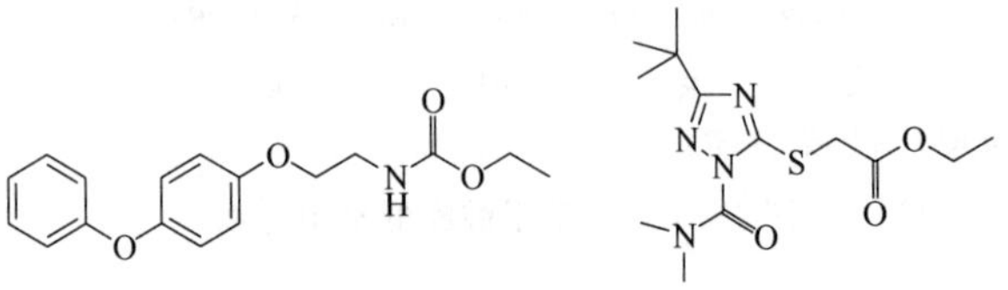

硫双灭多威

灭多威

磷亚威

棉铃威

苯氧威

唑蚜威

二、作用机制

已知氨基甲酸酯类杀虫剂也是乙酰胆碱酯酶抑制剂。对氨基甲酸酯来说，它与 AchE 反应也会生成氨基甲酰化 AchE，总的反应如下：

$$EH + XCR \underset{k_{-1}}{\overset{k_{+1}}{\rightleftharpoons}} EH \cdot XCR \xrightarrow[-HX]{k_2} E \cdot CR \xrightarrow[H_2O]{k_3} EH + HOCR$$

胆碱酯酶 EH 与氨基甲酸酯 XCR 由于亲和力的关系首先结合成酶-抑制剂络合物 EH·XCR（反应速率常数 k_{+1}），此络合物可能再离解成酶 EH 和抑制剂 XCR（反应速率常数 k_{-1}），也可能发生氨基甲酰化作用，形成氨基甲酰化酶 E·CR，酯基 X⁻ 作为离去基团离去（反应速率常数 k_2）。此氨基甲酰化作用，与乙酰化或磷酰化一样，发生在 AchE 活性部位的丝氨酸羟基上，使氨基甲酰基与酶生成共价键，最后氨基甲酰化酶水解，使胆碱酯酶复活，并生成氨基甲酸（反应速率常数 k_3）。

氨基甲酸酯分子进入突触后，它就和乙酰胆碱争夺酶上的活性部位与酶结合，使酶被抑制。由于杀虫剂与酶在上述系列反应中，反应速率常数 k_2，特别是 k_3 比乙酰胆碱与酶的相应反应速率常数低千倍以上，因此，酶被抑制得越多，则可供破坏神经传递介质的酶就越少，中毒就越严重。乙酰化酶的复活半衰期只有 0.1ms 左右，氨基甲酰化酶为几分钟到数小时，而磷酰化酶为几小时到几十天，甚至永不复活。这就是氨基甲酸酯杀虫剂与磷酸酯杀虫剂在作用机制上的重要差别所在。当然它们在作用机制上相类似的方面是主要的。

离解常数或称为亲和力常数用 K_a 表示，$K_a = k_{-1}/k_{+1}$，它是底物与酶之间亲和力的度量，亲和力越大，k_a 值越小。氨基甲酸酯的化学结构强烈影响亲和力的大小。一般来说，作为杀虫剂的氨基甲酸酯均有较大亲和力，即有较小的 K_a 值。

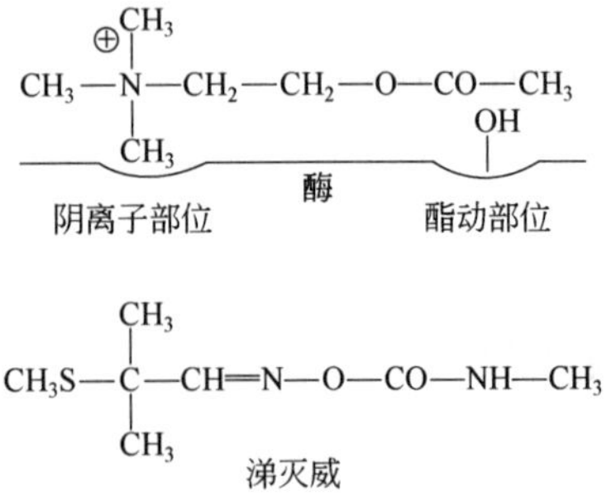

阴离子部位　酶　酯动部位

涕灭威

图 1-5-7　键合部位

相同酯基的 N-甲基氨基甲酸酯和 N,N-二甲基氨基甲酸酯在亲和力的差别上不是很大。因此，引起亲和力差别的主要原因来自于酯基的结构，那些能与酶上活性部位紧密吻合的结构肯定会有较大的亲和力。在 AchE 的天然底物乙酰胆碱中阳离子与酯基间的距离是 0.59nm，它与牛红细胞 AchE 反应的 K_a 值约为 2×10^{-5}。因此，它能紧密地与活性部位吻合（见图 1-5-7）。而一些优良的杀虫剂如涕灭威也完全符合这样一些条件。在杀虫剂分子中，相应于乙酰胆碱三甲基铵离子的缺电子基团，都会有利于使杀虫剂和酶之间的键合加强。

综上所述，氨基甲酸酯与 AchE 的反应也与有机磷杀虫剂一样分为三步，即酶-抑制剂络合物的形成（K_a），酶的氨基甲酰化（k_2）及酶的复活（k_3）作用。这些反应发生在 AchE 的一个独特的活性中心上，此中心由酯动部位及阴离子部位组成，两部分相距约 0.5nm（见图 1-5-8）。

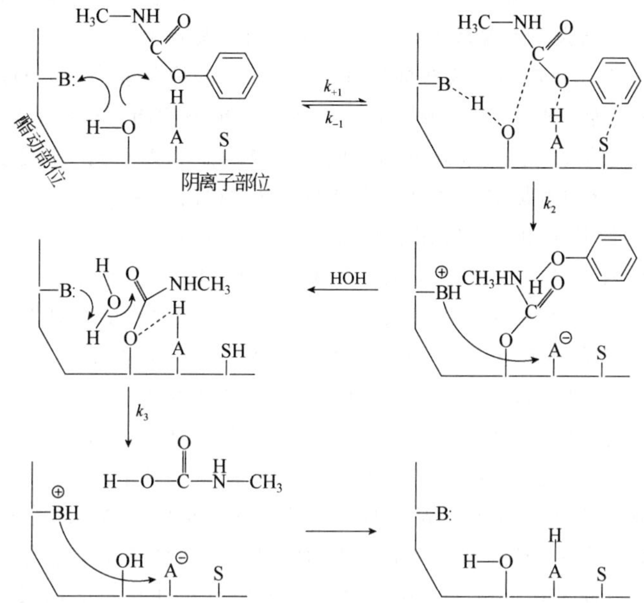

图 1-5-8 苯基 N-甲基氨基甲酸酯与乙酰胆碱酯酶反应的图示

阴离子部位一般设想为一个带负电荷的穴，它以库仑引力吸引乙酰胆碱上带正电荷的三甲铵部分。穴内及周围大部分区域具有疏水性，能与乙酰胆碱的甲基或与氨基甲酸酯中的苯氧部分结合。阴离子部位的这种特性可能是谷氨酸或天冬氨酸中的一个羧基引起。后来的研究表明，这个部位的负电荷非常弱，多半是由于疏水性及范德华力的共同作用结果。

酯动部位较复杂，它是由一个碱基（B）和一个酸基（HA）组成的。碱基可能由组氨酸咪唑上氮原子所提供，酸基则认为是酪氨酸的苯环羟基。在两基之间为酯动部位真正的催化区（OH），可能是肽链甘酰胺-天冬氨酸-丝氨酸-甘氨酸中的丝氨酸羟基。这个脂族的丝氨酸羟基受氨基甲酰化后，酶的酯动部位水解天然底物乙酰胆碱的正常功能受到阻碍。值得注意的是，氨基甲酰化丝氨酸是一种脂肪基氨基甲酸酯，它比芳基氨基甲酸酯更不易水解。

酶附近的底物分子，可能由于相反电荷的吸引力或阴离子部位上的疏水力，使之与 AchE 接近。一旦接触上，酶-抑制剂络合物就会形成，其稳定性取决于酯动部位及阴离子部位与抑制剂的吻合程度，以及伴有的氢键、范德华力、疏水力、电荷转移等的强度。普遍认为，在氨基甲酸酯对胆碱酯酶的抑制中，形成这种络合物是最关键的一步。

AchE 的氨基甲酰化首先是 AchE 中的丝氨酸羟基，在碱基催化下，对底物羰基碳原子发起亲核进攻，结果在氨基甲酰基与酶之间形成共价键，并释放出苯氧基。氨基甲酰化作用之所以能完成，部分地决定于羰基的亲电性，因而氨基甲酸酯的总体结构能影响氨基甲酰化的速率（k_2）。

最后，氨基甲酰化酶在水存在下复活，生成游离的 AchE 和氨基甲酸。这是一种酸碱催化下的水解反应。显然，氨基甲酸酯的苯氧基部分并不影响酶的复活作用，但是氮原子上取代基却是非常重要的。尽管 N-甲基氨基甲酰化酶及 N,N-二甲基氨基甲酰化酶的复活速率（k_3）相差不是很大，但在氮上连接其他基团时，复活速率会有很大的差别。

根据对氨基甲酸酯类杀虫剂作用机制的了解，这类杀虫剂在毒理上的特点如下。

① 氨基甲酸酯类杀虫剂对 AchE 的抑制主要取决于 K_a，而不是取决于 k_2 或 k_3。由于其 K_a 值较小，和酶的亲和力较大，形成的复合物就会相对地稳定一个时期，正是在这一时期内，杀虫剂抑制着酶的活性，于是昆虫中毒。但这步反应是可逆的，而且是竞争性的（和底物乙酰胆碱竞争），因此反应的程度就取决于抑制剂和底物的相对浓度。只有当抑制剂浓度相对高，才能使抑制作用加强。因而氨基甲酸酯类杀虫剂的毒力和有机磷类杀虫剂的毒力相比，一般较小；田间防治害虫时所需剂量往往比有机磷杀虫剂大；剂量较低时，中毒昆虫有恢复现象。

② 氨基甲酸酯类杀虫剂有较高的选择抑制性，对 AchE 的抑制能力强，对脂族酯酶等抑制能力弱或完全不抑制；即使同为 AchE，因来源不同，导致程度也不相同。这些差异可用 K_a 值不同来解释，即这类抑制剂和不同的酶类、或来源不同的同一酶类的亲和力不同。这也是氨基甲酸酯类杀虫剂对人、畜和昆虫之间、昆虫和昆虫之间有很明显的选择毒性的原因之一。

③ 大多数氨基甲酸酯类杀虫剂和常用有机磷杀虫剂混用时一般不表现增效作用，甚至还会降低有机磷的效果。这是因为氨基甲酸酯类杀虫剂和 AchE 的 K_a 值较小，亲和力较大，它抢先和 AchE 形成稳定的复合物，使有机磷杀虫剂失去攻击的靶子，因而不能充分发挥作用。

④ 氨基甲酸酯类杀虫剂苯环上取代基的大小、位置都对化合物的活性有影响，但一般来说，取代基是供电子的，使毒力增强，取代基是吸电子的，使毒力减少。而在有机磷类杀虫剂中，正好相反，取代基是供电子的，使毒力降低，取代基是吸电子的，使毒力增强。这是因为如前所述，氨基甲酸酯类杀虫剂毒力的大小主要取决于 K_a 值大小，取代基是供电子的，使苯环上电子云密度加大，和电荷转移复合体部位结合得更牢固，即 K_a 值更小，因而对 AchE 的抑制加强，毒力增强；反之，则使 K_a 值加大，对 AchE 的抑制减弱，毒力降低。有机磷杀虫剂毒力大小主要取决于 k_2 和 k_3，取代基是供电子的，使苯环上电子云密度加大，削弱 P 的正电性，k_2 变小，毒力降低，反之则使 k_2 加大，毒力增强。

⑤ 氨基甲酸酯类杀虫剂使脊椎动物中毒后不能像有机磷类杀虫剂中毒后可用 2-PAM 等解毒药物解毒。可能是由于氨基甲酸酯使之中毒主要依赖其第一步反应，而常用解毒剂（肟类化合物）是作用于第三步反应的，它对第一步反应无效，因此不能解毒。有机磷类杀虫剂是依赖其形成较稳定的磷酰化酶，因而特效。

三、结构类型

作为杀虫剂的氨基甲酸酯结构上的变化主要在酯基上，一般要求酯基的对应羟基化合物具有弱酸性，如烯醇、酚、羟肟等。结构的另一个可变部分是氮原子上的氢可以被一个甲基取代或被两个甲基取代或被一个甲基和一个酰基取代。根据结构的变化，可以将氨基甲酸酯杀虫剂划分为四种类型。

（一）N-甲氨基甲酸酯（N-甲基氨基甲酸芳酯及 N-甲基氨基甲酸肟酯）

其中，N-甲基氨基甲酸芳酯是商品化品种最多的一类。氮原子上一个氢被甲基取代，芳酯基可以是一、二、三取代的苯基、萘基以及杂环并苯基等，这类品种见表 1-5-14。

表 1-5-14　N-甲氨基甲酸芳基酯杀虫剂

结　构	名　称	开 发 公 司	急性毒性 LD_{50} / （mg/kg）
O∥O—CNHCH₃（萘基结构）	甲萘威 carbaryl	Union Carbide 1956	850

续表

结 构	名 称	开发公司	急性毒性 LD$_{50}$/（mg/kg）
O—CO—NHCH$_3$ H$_3$C CH$_3$ N(CH$_3$)$_2$	兹克威 mexacarbate	Dow 1961	14
O—CO—NHCH$_3$ H$_3$C CH$_3$ SCH$_3$	甲硫威 methiocarb （灭虫威）	Bayer 1962	20
O—CO—NHCH$_3$ i-Bu	仲丁威 fenobucarb	Bayer Sumitomo Kumiai 1962	700
O—CO—NHCH$_3$ CH$_3$ N(CH$_3$)$_2$	灭害威 aminocarb	Bayer 1963	30
O—CO—NHCH$_3$ O—i-Pr	残杀威 propoxur	Bayer 1964	90～128
Cl O—CO—NHCH$_3$ CH$_3$ CH$_3$	氯灭杀威 carbanolate	Upjohn 1965	300
O—CO—NHCH$_3$ H$_3$C i-Pr	猛杀威 promecarb	Schering 1965	35
O—CO—NHCH$_3$ S	噻嗯威 mobam	Mobil 1966	70
O—CO—NHCH$_3$ H$_3$C CH$_3$ N(CH$_2$CH=CH$_2$)$_2$	除害威 allyxycarb	Bayer 1967	89
O—CO—NHCH$_3$ t-Bu t-Bu	畜虫威 butacarb	Boots 1967	1800
O—CO—NHCH$_3$ O	克百威 carbofuran	Bayer FMC 1967	8～14
O—CO—NHCH$_3$ ·HCl N=CHN(CH$_3$)$_2$	伐虫脒 formetanate HCl	Schering 1967	14.8～26.4

续表

结　构	名　称	开发公司	急性毒性 LD_{50}/（mg/kg）
O—CO—NHCH$_3$（苯环，2-CH$_3$，3-CH$_3$）	灭杀威 xylylcarb MPMC	Sumitomo 1967	375
O—CO—NHCH$_3$（苯环，CH$_3$）	速灭威 MTMC	Sumitomo Nihon 1967 Nohayaku	498～580
O—CO—NHCH$_3$（苯环，CH—C$_3$H$_7$，CH$_3$）＋O—CO—NHCH$_3$（苯环，CH—C$_2$H$_5$，C$_2$H$_5$）	合杀威 bufencarb	Chevron 1968	61
O—CO—NHCH$_3$（苯环，邻位二氧戊环取代）	二氧威 dioxacarb	Ciba 1968	25
O—CO—NHCH$_3$（苯环，H$_3$C，CH$_3$）	灭除威 macbal	Hokko 1968	245
O—CO—NHCH$_3$（苯环，H$_3$C，CH$_3$，CH$_3$）	混杀威 landrin	Shell 1969	208
O—CO—NHCH$_3$（苯环，Cl）	害扑威 CPMC	Kuniai Bayer 1970	648
O—CO—NHCH$_3$（苯环，i-Pr）	异丙威 isoprocarb	Bayer 1970	＞500
O—CO—NHCH$_3$（苯环，二甲基二氧戊环取代）	壤虫威 fondaren	Ciba-Geigy 1970	110
O—CO—NHCH$_3$（苯环，t-Bu）	特灭威 terbam	Hokko 1970	2660
O—CO—NHCH$_3$（苯环，二甲基二氧杂环戊烯取代）	噁虫威 bendiocarb	Fisons 1971	40～156
O—CO—NHCH$_3$（苯环，CH$_2$SC$_2$H$_5$）	乙硫苯威 ethiofencarb	Bayer 1975	200

　　N-甲基氨基甲酸肟酯类化合物发展较晚。由于肟酯基的引入而使大多数化合物变得高效高毒。烷硫基是酯基中的重要结构单元，其主要品种见表 1-5-15。

表 1-5-15 N-甲氨基甲酸肟酯杀虫剂

结 构	名 称	开 发 公 司	LD$_{50}$ / (mg/kg)
H$_3$CSC—CH=NO—CO—NHCH$_3$ （CH$_3$ 上下）	涕灭威 aldicarb	Union Carbide 1965	0.93
H$_3$CS﹨C=N—O—CO—NHCH$_3$ H$_3$C⁄	灭多威 methomyl	Du Pont Shell 1966	17~24
NC ... =N—O—CO—NHCH$_3$ Cl	棉果威 tranid	Union Carbide 1966	303
H$_3$CS﹨C=N—O—CO—NHCH$_3$ (H$_3$C)$_2$N⁄ ‖O	杀线威 oxamyl	Du Pont 1969	3.1
NCCH$_2$CH$_2$S﹨C=N—O—CO—NHCH$_3$ H$_3$C⁄	抗虫威 thiocarboxime	Shell 1970	12.6
CH$_3$SO$_2$CHCH$_3$﹨C=N—O—CO—NHCH$_3$ H$_3$C⁄	丁酮砜威 butoxycarboxim	Wacker 1970	458
CH$_3$SCH$_2$﹨C=N—O—CO—NHCH$_3$ (CH$_3$)$_3$C⁄	久效威 thiofanox	Diamond Shamrock 1973	8.5
CH$_3$SO$_2$C—CH=NO—CO—NHCH$_3$ （CH$_3$ 上下）	氧涕灭威 aldoxycarb	Union Carbide 1978	21.4
CH$_3$SCHCCH$_3$(CH$_3$) NOCONHCH$_3$ (E) ／ CH$_3$CCHSCH$_3$(CH$_3$) NOCONHCH$_3$ (Z)	丁酮威 butocarboxim	—	153~215
O—CO—N(CH$_3$)$_2$ H$_3$C...环...=O CH$_3$	地麦威 dimetan	—	150
(CH$_3$)$_2$N—C(O)—O... 嘧啶环 CH$_3$/CH$_3$ N(CH$_3$)$_2$	抗蚜威 pirimicarb	英国卜内门 1965	147

1. 合成方法

（1）氯甲酸酯法

$$X\text{—}\underset{}{\bigcirc}\text{—OM} + COCl_2 \xrightarrow[-10\sim10℃]{溶剂} X\text{—}\underset{}{\bigcirc}\text{—O—}\overset{O}{C}\text{—OCCl} \xrightarrow[15\sim35℃]{CH_3NH_2} X\text{—}\underset{}{\bigcirc}\text{—O—}\overset{O}{C}\text{—NHCH_3}$$

M=Na,K

反应分两步进行。第一步先合成氯甲酸酯，由取代酚盐与稍过量的光气在低温下反应，用水、甲苯、四氯化碳等作溶剂，产率通常为 60%~80%。这一步的主要副产物为碳酸酯，它可以与氨水一起供热回收酚。

$$X\text{—}\underset{}{\bigcirc}\text{—O—}\overset{O}{C}\text{—Cl} + MO\text{—}\underset{}{\bigcirc}\text{—X} \longrightarrow X\text{—}\underset{}{\bigcirc}\text{—O—}\overset{O}{C}\text{—O—}\underset{}{\bigcirc}\text{—X}$$

第二步将氯甲酸酯溶解或悬浮在溶剂（苯、水等）中，加入过量的甲氨水溶液，产率可达95%。也可以加入等摩尔的甲胺和氢氧化钠，后者代替甲胺作为缚酸剂。

除芳酯外，*N*-甲氨基甲酸肟酯也可以用此法制备，但需要特别注意，第二步反应中温度不能超过室温，否则会有相应的副产物腈生成：

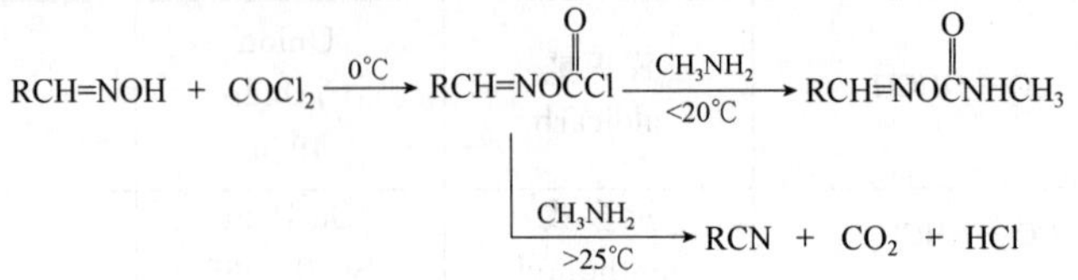

（2）氨基甲酰氯法

氨基甲酰氯可将一定比例的甲胺和光气在高温管道中进行气相反应制得，产率可达 95% 以上，此法有利于工业化连续生产。也可以将甲胺盐酸盐放入惰性溶剂如二苯醚中，于 200℃ 通入光气，但这种所谓液相法产率较低。

第二步酯化反应可以在有机溶剂中缚酸剂（如三乙胺、吡啶等）存在下进行，反应温度可在室温或回流下，产率在 90% 以上。除此之外，也可以用酚钠在水溶液中加入氨基甲酰氯的方法。由于后者在水中易分解，故反应温度应尽可能低一些。

（3）异氰酸酯法

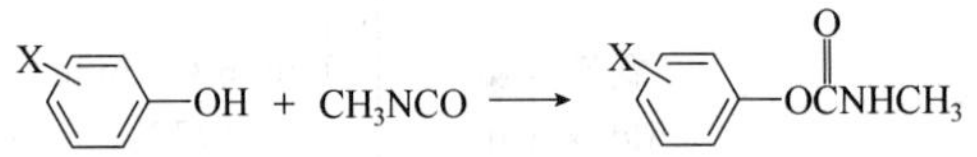

这是制备 *N*-取代氨基甲酸酯的专用方法。将酚溶于惰性溶剂（如苯、甲苯、乙醚等）中，加入三乙胺等叔胺作为催化剂，然后加入稍过量的异氰酸甲酯，反应在室温或回流下进行，产率在 95% 以上。也可以在酚盐水溶液中加入异氰酸甲酯，但温度要低，以免异氰酸酯发生水解。

异氰酸酯也常用于 *N*-甲氨基甲酸肟酯的合成。作为起始原料的肟可以便利地从醛和羟胺制得，也可以用亚硝酰氯对烯的加成得到，有时还需在肟的 α-或 β-位引入烷硫基。下面是合成涕灭威、棉果威及杀线威的反应过程。

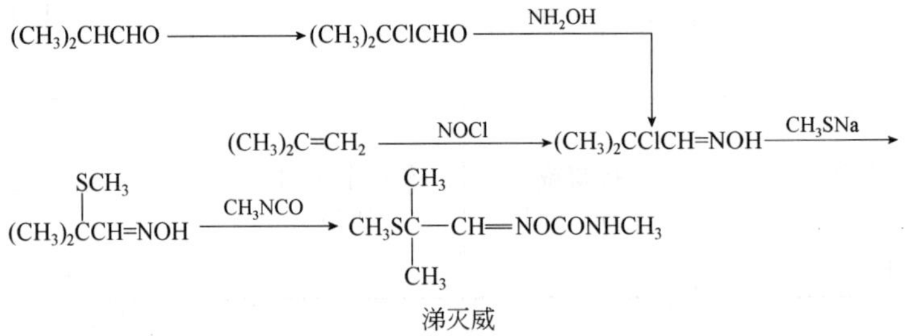

涕灭威

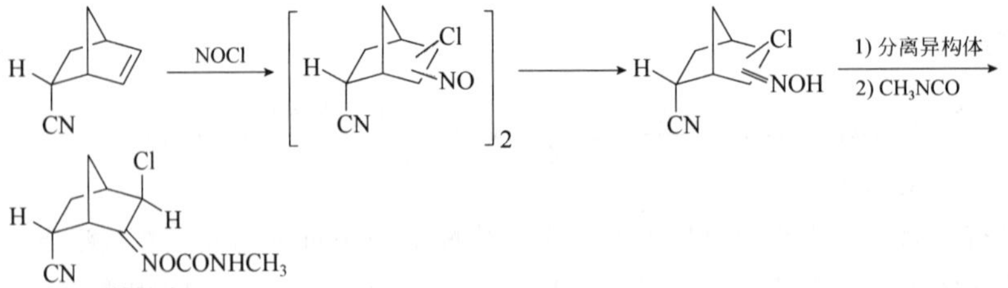

棉果威

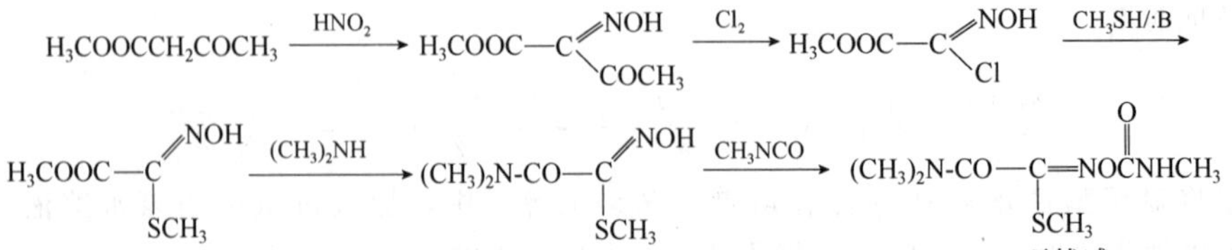

杀线威

异氰酸酯法的关键是异氰酸酯的合成，其合成方法很多，主要有以下几种。

① 以氨基甲酰氯为原料，利用热平衡反应使其脱去氯化氢，转变成异氰酸酯。

$$RNHC\text{—}Cl \xrightarrow[\text{冷却}]{\triangle} RNCO + HCl\uparrow$$

也可以使氨基甲酰氯溶于苯、甲苯或四氯化碳等惰性溶剂中加热回流，使其分解放出 HCl，直至赶尽。还可以加入三乙胺等脱酸剂使氨基甲酰氯转化成异氰酸酯。

② 伯胺与光气以等摩尔进行高温气相反应，控制温度以利于生成异氰酸酯，然后在适当温度时将 HCl 分离除去。或加入缚酸剂苛性钠、三乙胺等除去 HCl。

$$RNH_2 + COCl_2 \xrightarrow[:\text{B}]{\triangle} RNCO + 2HCl\uparrow$$

③ 以尿素为原料，与伯胺及醇反应生成氨基甲酸酯，然后分解得到异氰酸酯：

$$RNH_2 + H_2NCONH_2 + R'OH \xrightarrow[-2NH_3]{} RNHCO_2R' \xrightarrow{\triangle} RNCO + R'OH$$

也可以先让尿素热解成异氰酸酸，然后与伯胺在卤化氢存在下反应得到异氰酸酯：

$$H_2NCONH_2 \xrightarrow[-NH_3]{\triangle} HNCO \xrightarrow{RNH_2/HX} RNCO + NH_4X$$

制备 N-甲基氨基甲酸取代苯基酯时，一般都是按以上 3 种方法，在最后一步才把氨基甲酸酯部分加上去，这主要是因为酯键对水解很敏感。不过也有一些合成方法是先直接上氨基甲酸酯之后再引入苯环取代基的。如氯灭威的合成，苯环上引入氯原子可放在最后一步。又如 N-甲基氨基甲酸苯甲醛缩醇酯的合成，也是把醛和二醇的缩合关环反应放在最后一步。

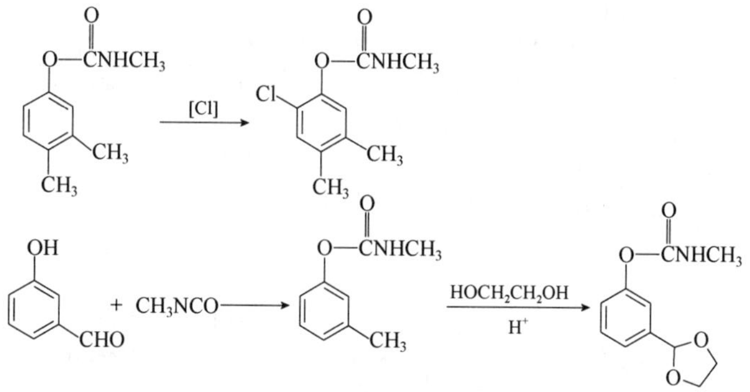

2. 主要品种

（1）甲萘威（carbaryl）

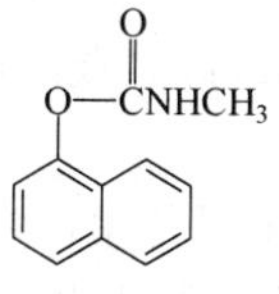

$C_{12}H_{11}NO_2, 201.2, 63-25-2$

1958 年由 Union Carbid 商品化，是氨基甲酸酯类杀虫剂中第一个实用化的品种。

理化性质　纯品为白色结晶，熔点 142℃。30℃时水中的溶解度为 $40\mu g/mL$，易溶于大多数有机溶剂。对光、热稳定，遇碱迅速分解。

合成方法

毒性　大鼠急性经口毒性 LD_{50}：雌 500mg/kg，雄 850mg/kg。用含 $200\mu g/mL$ 西维因的饲料喂

养大鼠 2 年，无有害影响。其最大允许残留量一般为 10mg/L，但花生、大米最大允许残留量为 5mg/L。收获前禁用期一般为 7d。

应用 广谱触杀药剂，有轻微的内吸作用，兼有胃毒作用，残效期较长。它用于防治水果、蔬菜、棉花害虫，也可用于防治水稻飞虱和叶蝉，以及大豆的食心虫，对人畜低毒，无体内积累作用。

（2）克百威（呋喃丹，carbofuran）

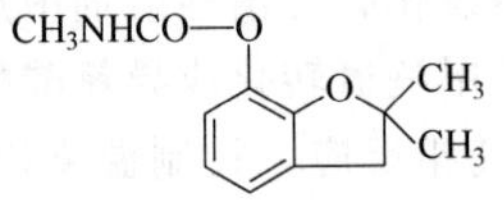

C_{12}H_{15}NO_3, 221.3, 1563-66-2

1967 年 FMC 公司推荐为杀虫剂。

理化性质 纯品为白色结晶，熔点 153～157℃。水中溶解度（25℃）：250～700μg/mL，溶于极性有机溶剂（如 DMSO、DMF、丙酮、乙腈），难溶于非极性溶剂（如石油醚、苯等）。无腐蚀性，不易燃烧，遇碱不稳定。

合成方法

方法一

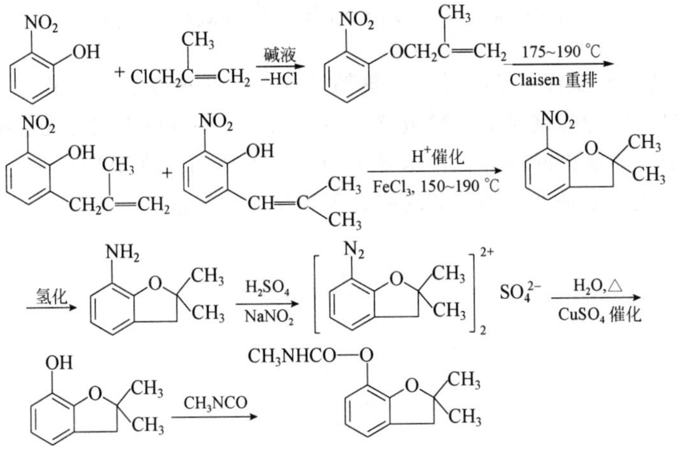

方法二

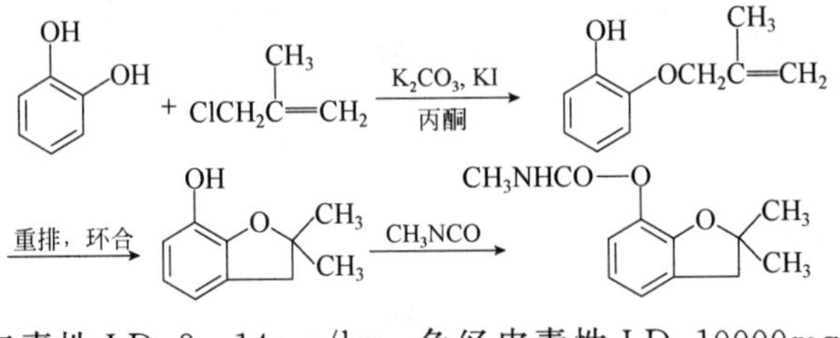

毒性 大鼠急性经口毒性 LD_{50} 8～14mg/kg，兔经皮毒性 LD_{50} 10000mg/kg。以含 25mg/L 此药的饲料喂养大鼠两年，未见不良影响。

应用 高效内吸广谱杀虫剂，具胃毒、触杀作用；对刺吸口器及咀嚼口器害虫有效。其主要用于防治棉花害虫，对水稻、玉米、马铃薯、花生等作物害虫亦很有效。主要施药于土壤中，残效期长。

（3）残杀威（propoxur）

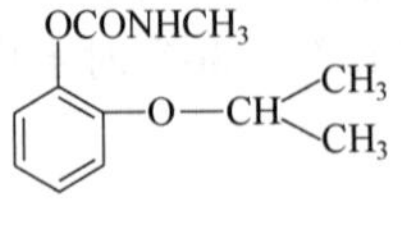

C_{11}H_{15}NO_3, 209.1, 114-26-1

1959 年由 Bayer 开发的品种。

理化性质 白色结晶，熔点为 84～87℃。在水中的溶解度约为 0.2%（20℃），溶于大多数有机溶剂。在强碱性介质中不稳定，20℃ pH＝10 时的半衰期为 40min。

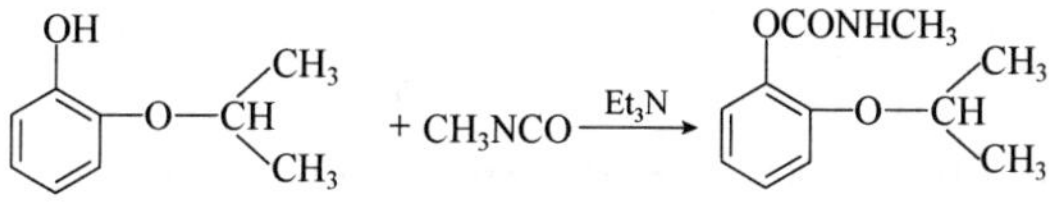

合成方法

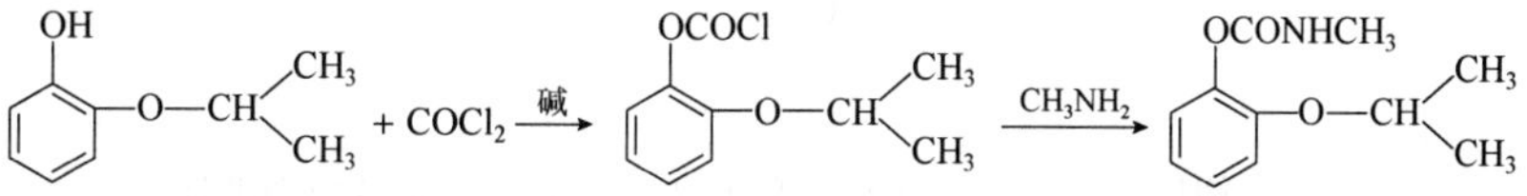

毒性 大鼠急性经口毒性 LD$_{50}$：雄 90～128mg/kg，雌 104mg/kg，用含 250μg/mL 残杀威的饲料喂养大鼠两年，无危害。对蜜蜂毒性高。

应用 具有触杀、胃毒和熏蒸作用的杀虫剂。击倒快，残效长。它用于防治动物体外寄生虫、卫生害虫和仓库害虫；也可用于棉花、果树、蔬菜等作物，无药害。

（4）速灭威（MTMC）

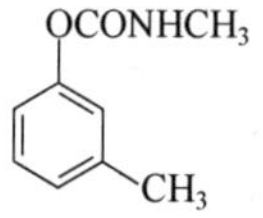

C$_9$H$_{11}$NO$_2$, 165.2, 1129-41-5

这是 1966 年由日本农药公司开发的品种。

理化性质 纯品为白色结晶，熔点 76～77℃；水中溶解度（30℃）：2600μg/mL，能溶于大多数有机溶剂，遇碱分解。

合成方法

方法一

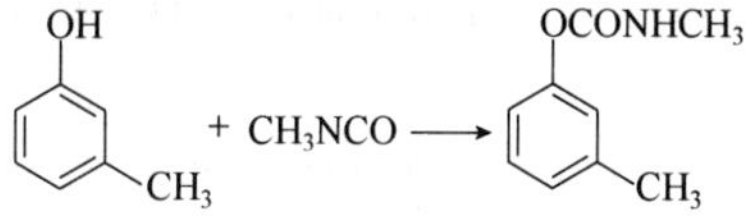

方法二

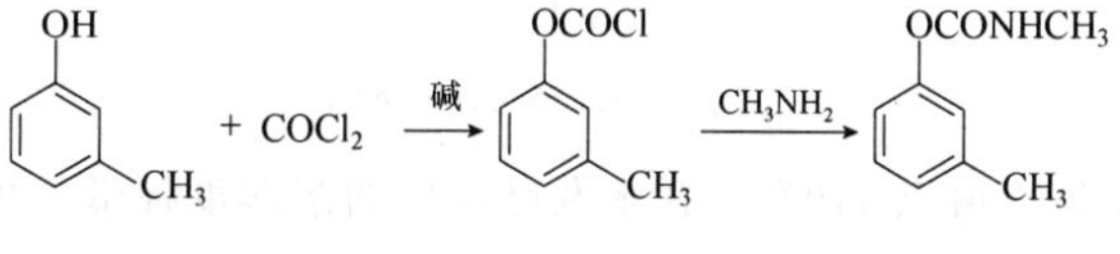

毒性 大鼠急性经口毒性 LD$_{50}$ 498～580mg/kg。最后一次施药应在收获前 14d 进行。

应用 内吸性杀虫剂，具有良好的击倒作用，残效长。主要用于防治稻飞虱、稻叶蝉和椿象。对有机磷及有机氯有抗性的害虫，尤宜用本品防治。

（5）害扑威（CPMC）

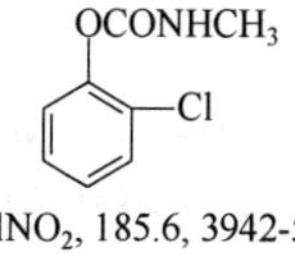

C$_8$H$_8$ClNO$_2$, 185.6, 3942-54-9

它是 1965 年日本东亚农药公司开发的品种。

理化性质 纯品为白色结晶，熔点 90～91℃，具轻微的苯酚味。溶于丙酮、甲醇，水中溶解度为 0.1％。

合成方法

方法一

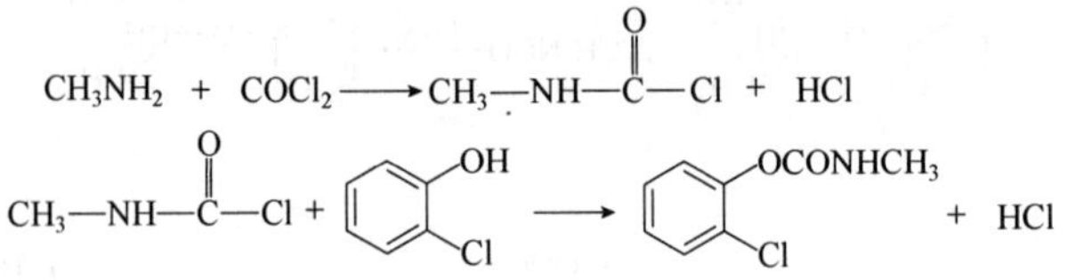

$$CH_3NH_2 + COCl_2 \longrightarrow CH_3-NH-\overset{\overset{\displaystyle O}{\|}}{C}-Cl + HCl$$

$$CH_3-NH-\overset{\overset{\displaystyle O}{\|}}{C}-Cl + \text{（邻氯苯酚）} \longrightarrow \text{（产物）} + HCl$$

方法二

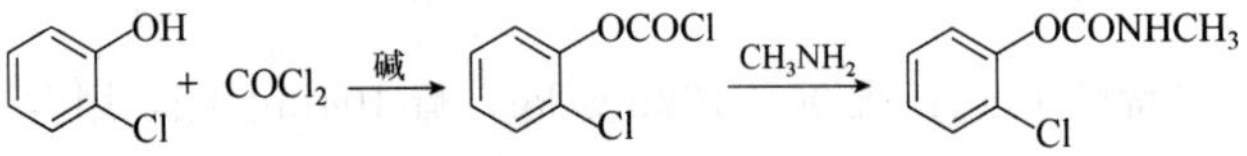

$$\text{（邻氯苯酚）} + COCl_2 \xrightarrow{\text{碱}} \text{（中间体）} \xrightarrow{CH_3NH_2} \text{（产物）}$$

毒性 大鼠急性经口毒性 LD_{50} 为 648mg/kg。

应用 对稻飞虱和稻叶蝉具有速效，但残效短。

（6）仲丁威（丁苯威，fenobucarb）

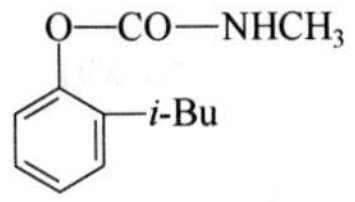

$$C_{12}H_{17}NO_2, 207.3, 3766-81-2$$

1962 年由日本住友化学、组合化学、三菱化学和拜耳公司开发。

理化性质 无色固体，熔点 32℃，沸点 112～113℃，在水中有中等程度的溶解度，易溶于有机溶剂中。

合成方法 由邻仲丁基苯酚与甲基异氰酸酯反应生成。

毒性 大鼠急性经口 LD_{50} 700mg/kg，小鼠急性经口 LD_{50} 为 500mg/kg；大鼠急性经皮 LD_{50} 5000mg/kg。对鲤鱼 LC_{50} （48h）为 12.6mg/L。

应用 可用于防治叶蝉和稻飞虱等，也可用于棉田中的棉铃虫和蚜虫的防治。

（7）甲硫威（methiocarb）

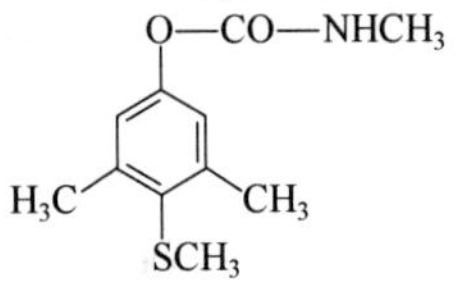

$$C_{11}H_{15}NO_2S, 225.3, 2032-65-7$$

理化性质 无色的晶体，熔点 119℃。在水及己烷中的溶解度极低，可溶于异丙醇、二氯甲烷及甲苯中。

合成方法 由 3，5-二甲基-4-甲硫基苯酚与甲基异硫氰酸酯反应生成产品。

毒性 大鼠急性经口毒性 LD_{50} 为 20mg/kg，狗急性经口毒性 LD_{50} 为 25mg/kg；大鼠急性经皮毒性 LD_{50}＞5000mg/kg。对鲤鱼 LC_{50} （96 h）为 1～10mg/L。

应用 可作杀虫剂，也可用于杀螨和杀软体动物，可作成诱饵，或种子处理剂以防治蜗牛。

（8）乙硫苯威（ethiofencarb）

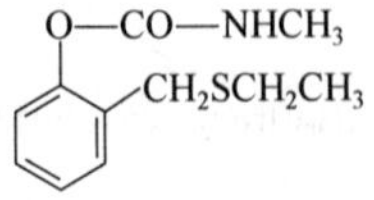

$$C_{11}H_{15}NO_2S, 225.3, 29973-13-5$$

1974 年报道，1975 年由拜耳公司开发。

理化性质　无色晶体，熔点 33.4℃，在水中有中等的溶解度，可溶于己烷、二氯甲烷、异丙醇和甲苯。

合成方法　通过 2-氯甲基苯酚与乙硫醇钠反应生成 2-乙硫甲基苯酚，然后再与甲基异氰酸酯反应而得。

毒性　大鼠急性经口毒性 LD_{50} 200mg/kg，小鼠急性经口毒性 LD_{50} 240mg/kg；大鼠急性经皮毒性 LD_{50}＞1000mg/kg。鲤鱼 LC_{50}（96 h）：10～20mg/L，金鱼：20～40mg/L。

应用　内吸性杀虫剂，对蚜虫有效，可用于果树、蔬菜、观赏植物及甜菜田中。

（9）异丙威（isoprocarb）

$C_{11}H_{15}NO_2$, 193.2, 2631-40-5

1969 年报道，由拜耳和三菱公司开发。

理化性质　无色的晶体，熔点 93～96℃，在水中的溶解度很低，但很容易溶于有机溶剂中。

合成方法　2-异丙基苯酚与甲氨基甲酰氯反应即可得到产品。

毒性　大鼠急性经口毒性 LD_{50} 450mg/kg，小鼠急性经口毒性 LD_{50} 500mg/kg；大鼠急性经皮毒性 LD_{50}＞500mg/kg。对鱼 LC_{50}（48h）4.2mg/L。对蜜蜂有毒。

应用　可用于水稻、可可、甘蔗和蔬菜田中防治害虫。

（10）灭杀威（xylylcarb）

$C_{10}H_{13}NO_2$, 179.2, 2425-10-7

1966 年由日本住友化学公司开发。

理化性质　无色固体，熔点 79～80℃，在水中的溶解度低，可溶于一般有机溶剂中。

合成方法　由 3,4-二甲基苯酚与甲基异氰酸酯反应生成。

毒性　大鼠急性经口毒性 LD_{50}：雄 375mg/kg，雌 325mg/kg，大鼠急性经皮毒性 LD_{50}＞1000mg/kg。对鲤鱼 LC_{50}（48h）10mg/L。

应用　可用来防治叶蝉和稻飞虱，也可防治果树上的多种害虫。

（11）涕灭威（aldicarb）

$$CH_3SC(CH_3)_2-CH=NOCONHCH_3$$

$C_7H_{14}N_2O_2S$, 190.3, 116-06-3

它是 1965 年由 Union Carbide 公司开发的品种。

理化性质　白色无味的结晶，熔点 100℃，蒸气压小于 6.7Pa/20℃。室温下水中溶解度为 6000μg/mL；难溶于非极性溶剂，能溶于大多数有机溶剂。在强碱介质中不稳定，无腐蚀性，不易燃。

合成方法

$$CH_3SNa + Cl-C(CH_3)_2-CH=NOH \longrightarrow H_3CS-C(CH_3)_2-CH=NOH \xrightarrow{CH_3NCO} CH_3SC(CH_3)_2-CH=NOCONHCH_3$$

毒性　大鼠急性经口毒性 LD_{50} 0.93mg/kg，以 0.3mg/（kg·d）的剂量喂大鼠两年无影响。

应用　内吸性杀虫剂，用于防治节足昆虫和土壤线虫。主要防治对象为棉花害虫，如盲蝽、椿象、棉蚜、棉叶蝉、粉虱、棉红蜘蛛、棉铃象虫等。因毒性高，故不宜喷洒，主要以颗粒剂施于土壤中。

（12）灭多威（methomyl）

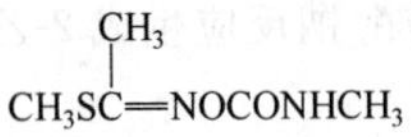

$$CH_3SC=NOCONHCH_3$$

上部 CH_3

$$C_5H_{10}N_2O_2S, 162.2, 16752-77-5$$

1966 年 Du Pont 公司首次推荐作为杀虫剂和杀线虫剂。

理化性质　白色结晶，稍带硫黄臭味，熔点 $78\sim79℃$，蒸气压（$25℃$）$6.7\times10^{-3}Pa$。水中溶解度 $5.8g/100mL$，易溶于丙酮、乙醇、异丙醇、甲醇，其水溶液无腐蚀性。在通常条件下稳定，但在潮湿土壤中易分解。

合成方法

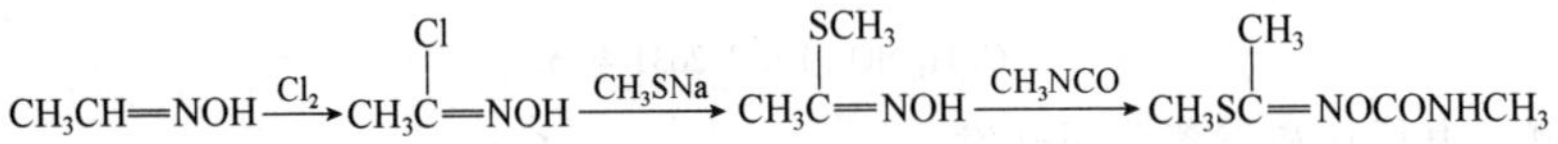

$$CH_3CH=NOH \xrightarrow{Cl_2} CH_3C(Cl)=NOH \xrightarrow{CH_3SNa} CH_3C(SCH_3)=NOH \xrightarrow{CH_3NCO} CH_3SC(CH_3)=NOCONHCH_3$$

毒性　大鼠急性经口毒性 $LD_{50}17\sim24mg/kg$。

应用　内吸广谱杀虫剂，并且具有触杀和胃毒作用。叶面处理可防治多种害虫，对蚜虫、蓟马、黏虫、烟草天蛾、棉铃虫等十分有效。也可防治水稻螟虫、飞虱以及果树害虫等。亦可用于土壤处理，防治叶面害虫及土壤线虫。叶面残效期短，半衰期小于 7d。

（二）N，N-二甲氨基甲酸酯

这类化合物曾经在欧洲用作杀虫剂，它们都是杂环或碳环的二甲氨基甲酸衍生物，在酯基中都含有烯醇结构单元，氮原子上的两个氢均被甲基取代，其商品化的主要品种见表 1-5-16。

表 1-5-16　N，N-二甲氨基甲酸酯杀虫剂

结　　构	名　　称	开 发 公 司	大鼠 LD_{50} / (mg/kg)
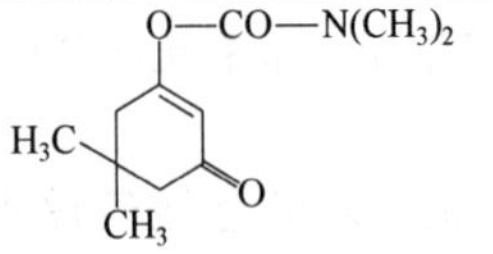	地麦威 dimetan	Geigy 1951	120
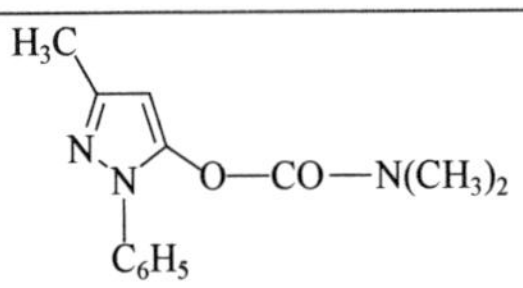	吡唑威 pyrolan	Geigy 1951	90
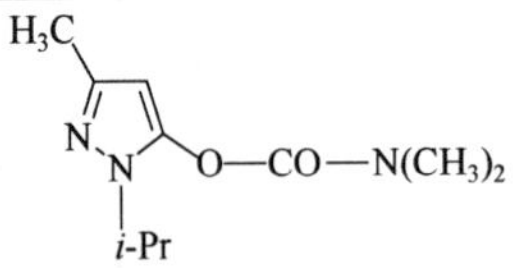	异索威 isolan	Geigy	10.8
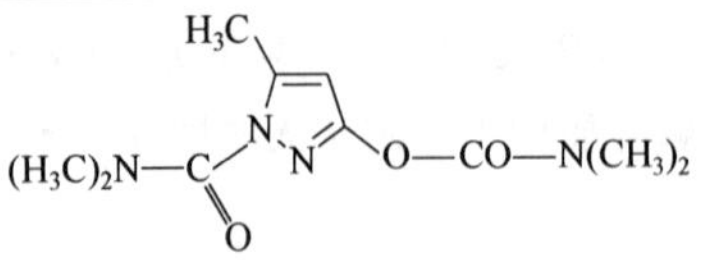	敌蝇威 dimetilan	Geigy 1962	25
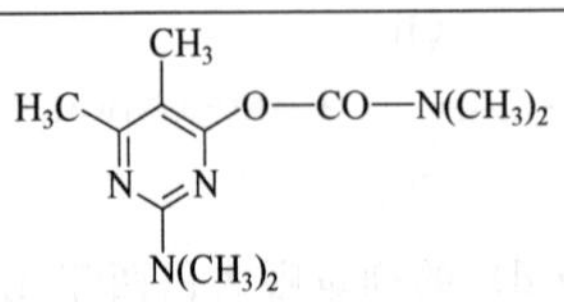	抗蚜威 primicarb	ICI 1969	147

1. 合成方法

用于合成 N-甲氨基甲酸酯的氯甲酸酯法及氨基甲酰氯法均适用于合成 N,N-二甲氨基甲酸酯，只是将甲胺改成二甲胺而已。

N,N-二甲氨基甲酸杂环烯醇酯的合成可按 N-甲氨基甲酸酯的合成方法。如嘧啶威的合成，是用 N,N-二甲氨基甲酰氯与 2-丙基-4-甲基-6-羟基嘧啶钠盐在苯中回流 12h 得到。敌蝇威也可用类似的方法制得。吡唑酮与氨基甲酰氯反应需要有缚酸剂存在，得到 70％敌蝇威和 30％的敌蝇威异构体。后者用光气处理，然后再和二甲胺反应，也可转化为敌蝇威，转化率达 98％。

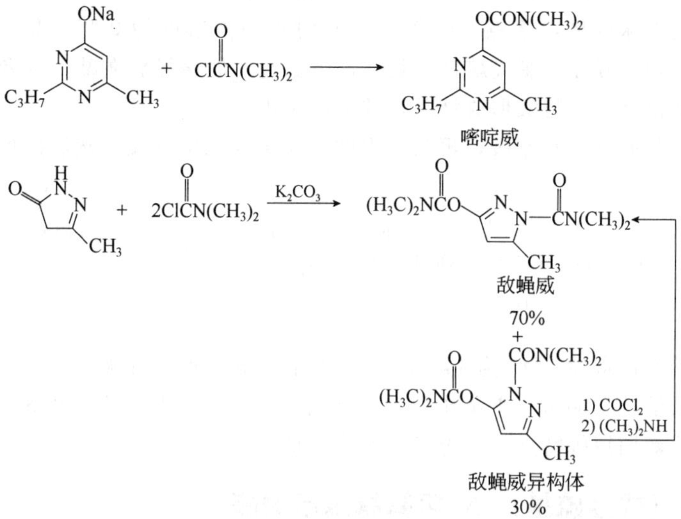

嘧啶威

敌蝇威
70%
+
敌蝇威异构体
30%

1) COCl₂
2) (CH₃)₂NH

大多数 N,N-二甲氨基甲酸酯的合成，依靠先有了适当的杂环烯醇化合物，然后进行氨基甲酰化。不过也可以在最后一步引入杂环上的取代基。例如在 N,N-二甲氨基甲酸吡唑酯的吡唑环上引入硫醚及酯基，前者是通过缩合反应，后者通过丙烯酸酯的 Micheal 加成来实现。

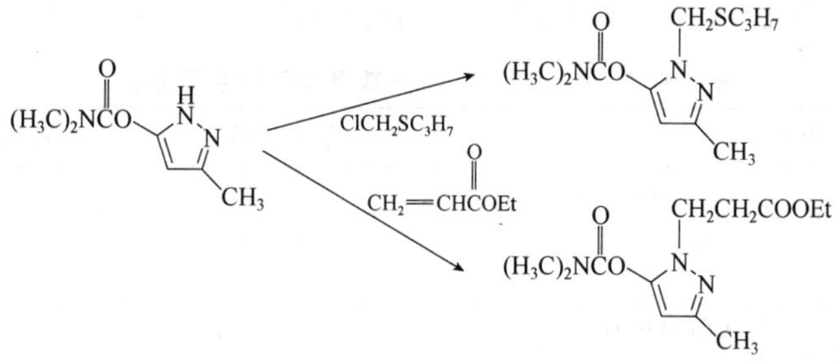

2. 主要品种

（1）地麦威（dimetan）

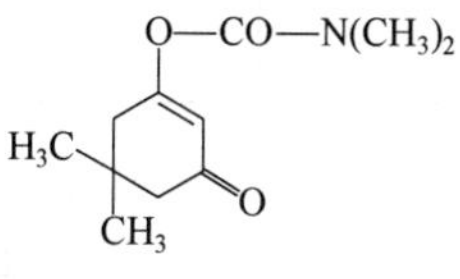

$C_{11}H_{17}NO_3$, 211.1, 122-15-6

理化性质　淡黄色结晶，熔点 43～45℃，经过重结晶熔点 45～46℃；沸点 122～124℃/46.7Pa。在 20℃时水中溶解 3.15％，溶于丙酮、乙醇、二氯乙烷、氯仿。遇酸、碱水解。

毒性　大鼠的急性经口毒性 LD_{50} 150mg/kg，鼹鼠 120mg/kg。

应用　用 0.01％浓度杀蚜和爪螨。

（2）抗蚜威（pirimicarb）

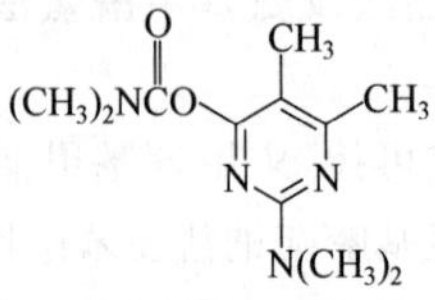

C$_{11}$H$_{18}$N$_4$O$_2$, 238.3, 23103-98-2

这是 1965 年英国卜内门试制的产品，1969 年推荐为杀虫剂。

理化性质　无色无味固体，熔点 90.5℃。25℃时水中溶解度为 0.27g/L，溶于大多数有机溶剂，易溶于醇、酮、酯、芳烃、氯代烷。一般条件下稳定，但遇强酸强碱、或者在酸或碱中煮沸时易分解。对紫外线不稳定。能与酸形成结晶，并易溶于水。

合成方法　由石灰氮制得双氰胺，再与二甲胺反应生成二甲基胍，然后按如下反应进行：

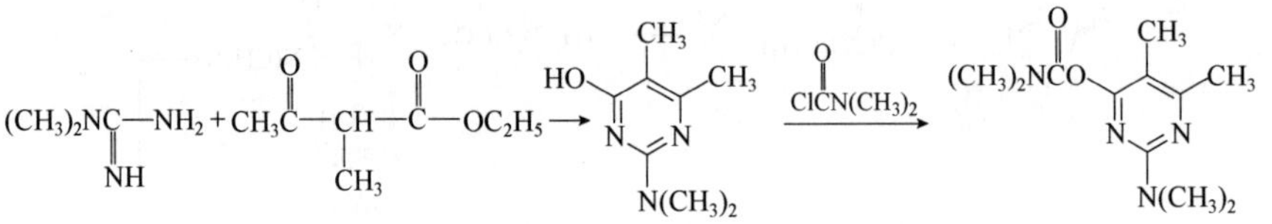

毒性　大鼠急性经口毒性 LD$_{50}$ 为 147mg/kg，具有接触毒性及呼吸毒性。

应用　具有内吸活性和触杀、熏蒸作用的杀蚜剂。对双翅目害虫及抗性蚜虫亦很有效。对作物安全，具有速效、残效期短等特点，可施于叶面或土壤。

（三）N-酰基（或烃硫基）-N-甲基氨基甲酸酯

这是一类更新的化合物。它主要是 20 世纪 70 年代以来围绕第二、三类化合物的改进，使之低毒化的结果。在结构上，氮原子上余下的一个氢原子被酰基、磷酰基、烃硫基、烃亚磺酰基等取代，造成在昆虫及哺乳动物中不同的代谢降解途径，以便提高选择毒性的可能性，达到降低毒性而不减杀虫活性的目的。但是这类化合物合成难度增加，目前进入商品化的尚少。该类主要品种见表 1-5-17。

表 1-5-17　N-酰基-N-甲氨基甲酸酯的主要品种

结构	名称或代号	对大鼠 LD$_{50}$/（mg/kg）
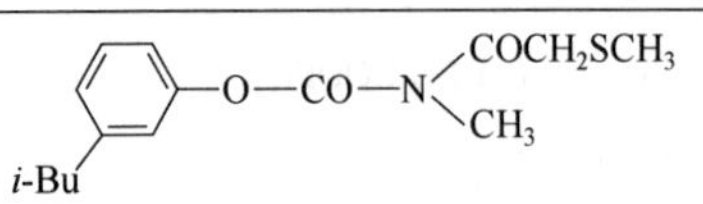	RE17955	低毒
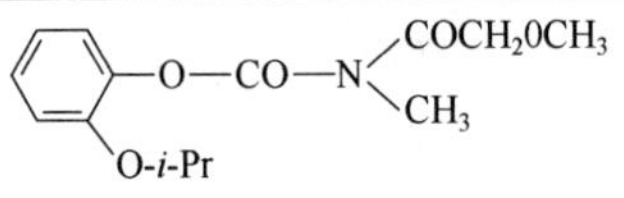	U-18120	200
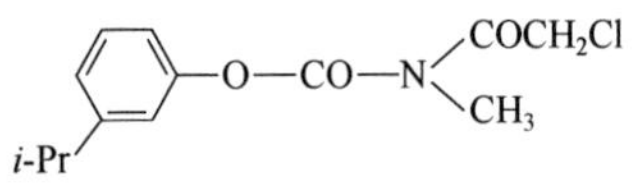	hercules 6007	＞5000
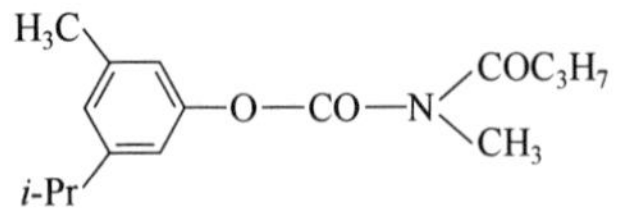	promacyl 蜱虱威	40
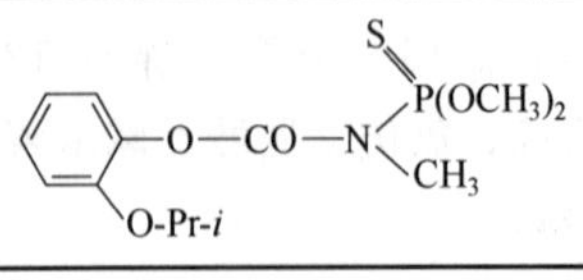	—	—

结构	名称或代号	对大鼠 LD$_{50}$/（mg/kg）
（结构式）C$_2$H$_5$CHCH$_3$ 苯环—O—CO—N(CH$_3$)—S—苯基	RE-11775	275
（结构式）i-Pr 苯环—O—CO—N(CH$_3$)—CH=C(C$_2$H$_5$)$_2$	—	—
（结构式）H$_3$C,H$_3$C 二氢苯并呋喃—O—CO—N(CH$_3$)—S—苯基	SIT 560	—
（结构式）H$_3$C,H$_3$C 二氢苯并呋喃—O—CO—N(CH$_3$)—S—N((CH$_2$)$_3$CH$_3$)$_2$	丁硫克百威 carbosulfan	250
（结构式）[CH$_3$S—C(CH$_3$)$_2$—CH=N—O—C(O)—N(CH$_3$)]$_2$S	硫双威 thiodicarb	66
（结构式）苯环(O-i-Pr)—O—CO—N(CH$_3$)—S—N(CH$_3$)—SO$_2$—苯基	—	—
（结构式）1,4-二噻烷=NO—CO—N(CH$_3$)—SCCl$_3$	—	—
（结构式）H$_3$C,H$_3$C 二氢苯并呋喃—O—C(O)—N(CH$_3$)—S—N(CH$_3$)—COOBu	呋线威 furathiocarb	53
（结构式）H$_3$CSC(CH$_3$)=NOCON(CH$_3$)—SN(CH$_2$-苯基)(C$_2$H$_4$COOEt)	棉铃威 alanycarb	440
（结构式）H$_3$C—C(SCH$_3$)=N—O—C(O)—N(CH$_3$)—S—N(CH(CH$_3$)$_2$)—P(S)(OC$_2$H$_5$)$_2$	磷亚威 U-47319	325

1. 合成方法

N-酰基-N-甲基氨基甲酸酯的合成，通常以酸酐或酰氯为酰化剂，使 N-甲基衍生物发生酰化而制得。

$$\text{ArOCNHCH}_3 \xrightarrow[\text{或 RCCl}]{\text{(RCO)}_2\text{O}} \text{ArOCN(CH}_3\text{)COR}$$

当有些 N-甲氨基甲酸肟酯不能直接进行酰化时，可以用 N-乙酰-N-甲氨基甲酰氯与肟钠盐反应制备：

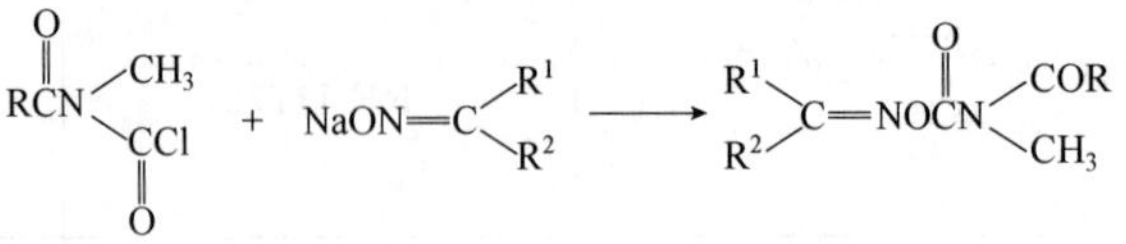

N-烃硫基-N-甲基氨基甲酸酯可以从烃基氯化硫与 N-甲基衍生物发生缩合反应制得。

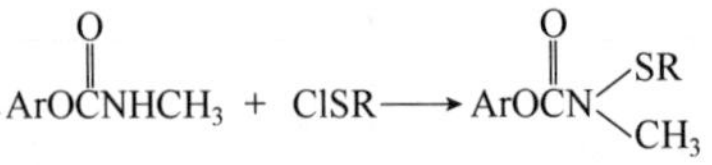

氮原子上其他含硫基团取代的化合物按如下反应分别合成：

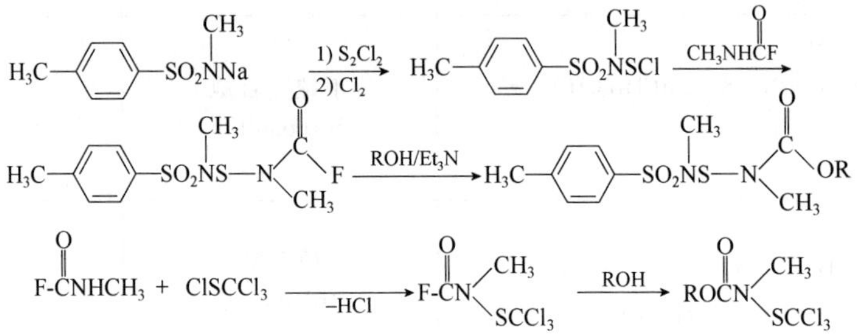

除此之外，N-亚硝基化合物可以直接从相应的 N-甲基氨基甲酸酯与亚硝酸反应得到，N-磷酰化产物及 N-甲酰化产物，可以分别用磷酰氨基锂盐和甲酰氨基钠盐与氯甲酸酯反应制得。

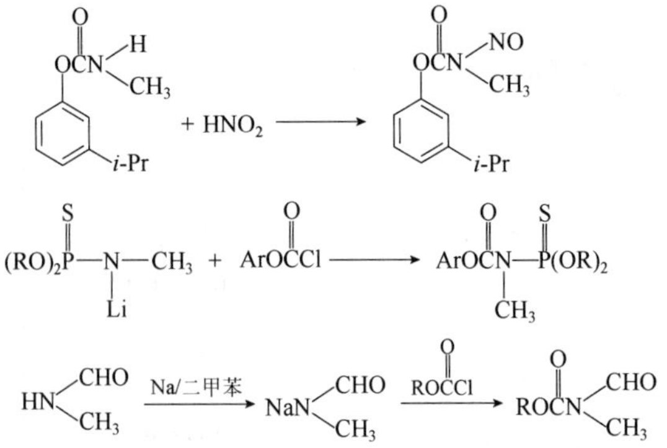

2. 主要品种

（1）丁硫克百威（carbosulfan）

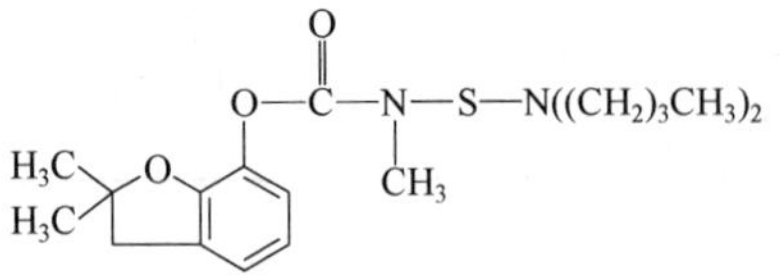

$C_{20}H_{32}N_2O_3S$, 380.5, 55285-14-8

理化性质 橙棕色的黏稠液体，沸点 $124\sim128℃$，可溶于有机溶剂中，在水中的溶解度为 $0.3mg/L$（$25℃$）。其结构与呋喃丹很相似，也是具有内吸性的乙酰胆碱酯酶的抑制剂，可用于防治多种土壤和叶面害虫，分子中的 N—S 键在活体内断裂，生成呋喃丹。

合成方法 由二氯化硫与二丁胺反应，然后与呋喃丹作用即得产品。

毒性及代谢 大鼠急性经口毒性 LD_{50}：雄 $250mg/kg$，雌 $185mg/kg$。兔急性经皮毒性 $LD_{50}>$

2000mg/kg，大鼠急性吸入LC_{50}（1h）：雄1153mg/L，雌0.61mg/L。大小鼠两年饲养无作用剂量为20mg/（kg·d）。无致畸、致突变作用。对人的ADI为0.01mg/kg。野鸭、鹌鹑急性经口毒性LD_{50}分别为81mg/kg和82mg/kg。鱼毒LC_{50}（96h）：蓝鳃0.015mg/L，虹鳟鱼0.042mg/L，鲤鱼（48h）0.56mg/L。其代谢产物与呋喃丹相似，在大鼠体内，丁硫克百威快速水解和氧化，然后被轭合。在土壤中并不具有持效性，DT_{50}值为2～5d，在沙壤土中很快地降解为呋喃丹，代谢途径同呋喃丹。丁硫克百威也可被氧化生成双呋喃丹二硫化物，在土壤中也可能经过非生物降解生成呋喃丹。在植物体内丁硫克百威并不能运转，它的内吸活性是由于代谢后的结果，主要代谢途径是N—S键的断裂形成呋喃丹及氧化与水解，在植物中的代谢物是呋喃丹和3-羟基呋喃丹。

应用　具有较高的内吸性和广谱性的氨基甲酸酯类杀虫、杀螨、杀线虫剂。是克百威低毒化品种，用于防治柑橘、果树、棉花、水稻作物的蚜虫、螨、金针虫、甜菜隐食甲、马铃薯甲虫、茶微叶蝉、梨小食心虫、苹果卷叶蛾等多种害虫。

（2）呋线威（furathiocarb）

$C_{18}H_{26}N_2O_5S$，382.5，65907-30-4

1982年由汽巴-嘉基公司开发。

理化性质　黄色黏稠液体，沸点>250℃，在水中的浓度极小，可溶于大多数有机溶剂中。

合成方法　由正丁基-N-甲基氨基甲酸酯与二氯化硫反应，再与2,3-二氢-2,2-二甲基苯并呋喃-7-基-N-甲基氨基甲酸酯反应制取。

毒性　急性经口毒性LD_{50}（mg/kg）：大鼠53，小鼠327；急性经皮毒性LD_{50}（mg/kg）：大鼠>2000。对虹鳟鱼、鲤鱼、大鳍鳞鳃太阳鱼LC_{50}（96h）：0.03～0.12mg/L。

应用　可用作叶面、土壤和种子处理剂。

（3）棉铃威（alanycarb）

$C_{17}H_{25}N_3O_4S_2$，399.5，83130-01-2

1991年由日本大塚化学公司开发。

理化性质　无色结晶，熔点46.8～47.2℃，在水中溶解度极低，但可溶于有机溶剂中。

合成方法　由N-甲基（氨基甲酰氧基）硫代乙酰亚胺与N-苄基乙氧羰基丙基亚磺酰氯反应生成。

毒性及代谢　急性经口毒性LD_{50}（mg/kg）：雄大鼠440；急性经皮毒性LD_{50}（mg/kg）：雄大鼠>2000。对鲤鱼LC_{50}（48h）：1.0mg/L。代谢的最终产物是乙腈和二氧化碳。在植物体内它迅速地代谢成灭多威。它再进一步经过肟可代谢成乙腈和二氧化碳。在土壤中，灭多威也可被微生物或化学降解。先形成灭多威肟才进一步代谢成二氧化碳。

应用　棉铃威是一广谱性杀虫剂，具有触杀和胃毒作用，可用于果树、柑橘、烟草和蔬菜上作叶面、土壤或种子处理剂。棉铃威的活性可以认为是通过生物转变成灭多威而发挥作用的，灭多威是一乙酰胆碱酯酶抑制剂，它可能是直接或通过灭多威肟而迅速转化成灭多威。

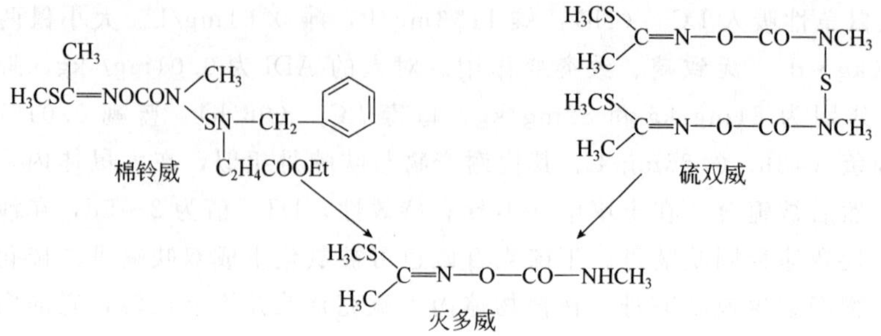

棉铃威　　　　　　　　　　　　硫双威

灭多威

（4）硫双威（thiodicarb）

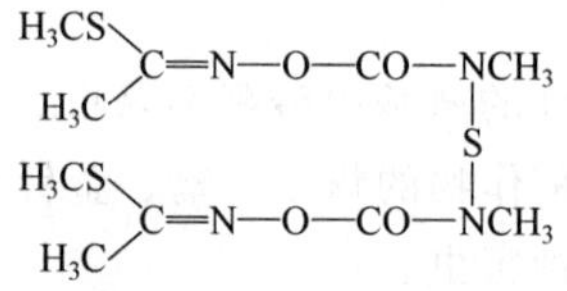

$C_{10}H_{18}N_4O_4S_3$, 354.46, 59669-26-0

1977 年由罗纳-普朗克公司开发。

理化性质　无色结晶，熔点 173～174℃，在水中的溶解度很小，很容易溶解于一般的有机溶剂中。

合成方法　通过灭多威肟与 N-甲基甲酰氯硫醚反应制取，也可由灭多威与二氯化硫反应制取。

毒性　急性经口毒性 LD_{50}（mg/kg）：大鼠 66（水）、120（玉米油），狗＞800，猴＞467；急性经皮毒性 LD_{50}（mg/kg）：兔＞2000。对虹鳟鱼 LC_{50}（96 h）＞3.3mg/L，大鳍鳞鳃太阳鱼 1.4mg/L。

应用　可作软体动物杀灭剂，1988 所在法国曾作成 4％活性成分的饵料，用量为 5kg/hm²。

四、结构与活性的关系

（一）甲氨基甲酸苯酯类

许多研究工作表明，在氨基甲酸芳基酯中，如果将平面构型的苯环换成椅式的环己烷，则由于环芳香性消失，也就丧失了杀虫活性。如下两个化合物在抑制 AchE 及杀虫活性上的明显差别说明了这一点。

	I_{50}（家蝇头 AchE，mol/L）	LD_{50}（家蝇头 μg/g）	LC_{50}（蚊幼虫，μg/mL）
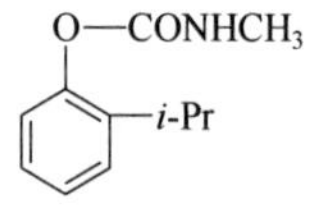	$6×10^{-6}$	24	0.56
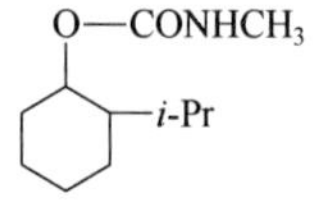	$>10^{-3}$	＞500	＞10

芳香核换成脂环烃基或脂烃基，以及芳核与氨基甲酰基之间被脂烃基隔开时，均会降低酯羰基的亲电性，使氨基甲酸酯与酶的反应活性下降。此外，由于结构的变化，氨基甲酸酯与 AchE 阴离子部位的吻合情况随之改变。在苯环的情况下，它与阴离子部位之间还存在明显的 π-π 疏水吸引力，但是把苯环换成环己基后，这种吸引力就消失了。

当 2-异丙基苯基-N,N-二甲基氨基甲酸酯变成一硫代酮式酯或醇式酯，以及变成二硫代酯时，抗胆碱酯酶活性下降 12～40 倍。这是由于硫羰基 C＝S 比羰基 C＝O 的亲电性差，对酶的亲和力和氨基甲酰化能力都较小，使得它们在体外抑制 AchE 的活性降低。

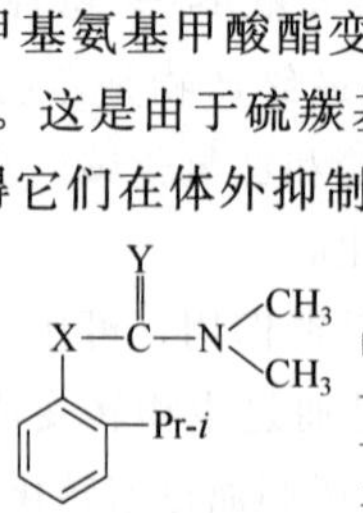

甲酸酯：X,Y=O
一硫代酮式酯：X=O,Y=S
一硫代醇式酯：X=S,Y=O
二硫代酯：X,Y=S

对苯基氨基甲酸酯的结构与活性关系来说，主要考虑的结构因素是氮原子上的取代情况、苯环上的取代情况以及苯环上取代基的电荷效应。

1. 氮原子上的取代效应

苯基 N-甲基氨基甲酸酯中，如果氮上变成两个甲基取代时，大多数情况下对 AchE 的抑制活性要下降 $1/50\sim1/4$ 倍（见表 1-5-18）。但在少数例外的情况下，这种活性变化并不明显。

表 1-5-18　芳基 N-甲基及 N，N-二甲基氨基甲酸酯对家蝇头 AchE 的抑制作用

芳　　基	$I_{50}/$（mol/L）		$NHCH_3/N(CH_3)_2$
	$NHCH_3$	$N(CH_3)_2$	
苯基	2×10^{-4}	8×10^{-4}	4
萘基	9×10^{-7}	9.5×10^{-6}	9
3-异丙基苯基	6.9×10^{-7}	1.3×10^{-5}	19
3-异丁酰氨基苯基	5×10^{-6}	1.5×10^{-4}	30
3-叔丁基苯基	4×10^{-7}	1.8×10^{-5}	45
3-异丙基苯基	3.4×10^{-7}	5×10^{-5}	150

在苯基氨基甲酸酯中，N-烷基取代的活性顺序 $CH_3>C_2H_5>C_6H_5CH_2>C_6H_5$，它们对家蝇头 AchE 的抑制活性见表 1-5-19。这种活性顺序刚好与这些基团的给电子难易顺序一致。

表 1-5-19　苯基 N-取代氨基甲酸酯对家蝇头 AchE 的抑制作用

芳　　基	$I_{50}/$（mol/L）			
	N-Me	N-Et	$N-CH_2Ph$	N-Ph
Ph	2×10^{-4}	7×10^{-2}	8×10^{-3}	$>1\times10^{-3}$
3-MePh	8×10^{-6}	4.6×10^{-4}	$>1\times10^{-3}$	$>1\times10^{-3}$
3-t-BuPh	4×10^{-7}	2×10^{-5}	1×10^{-3}	$>1\times10^{-3}$
2-i-Pr-5-MePh	1.4×10^{-6}	2×10^{-5}	3×10^{-3}	$>1\times10^{-3}$

氮原子上引入酰基，通常可以降低对哺乳动物的毒性，大多数情况下不会引起杀虫活性明显下降。表 1-5-20 列举了残杀威的各种 N-酰基衍生物的杀虫活性，可以说明这一点。

表 1-5-20　残杀威的 N-酰基衍生物的毒性和杀虫活性

A	豌豆蚜 $LC_{50}/$(mg/L)		小鼠经口 $LD_{50}/$(mg/kg)
	触杀	内吸	
H（43）	7	10	100
CH_3CO	13	55	370
C_2H_5CO	150	>1000	350
CH_3OCH_2CO	14	11	$60\sim250$
$ClCH_2CO$	8	11	>1000
Cl_2CHCO	5	12	$250\sim1000$

2. 苯环上的取代效应

苯基 N-甲基氨基甲酸酯中，芳核上取代基的性质、位置及多少均会影响其杀虫活性及对胆碱酯酶的抑制活性。

在取代苯基 N-甲基氨基甲酸酯中，烷基取代对于抗胆碱酯酶活性以及对家蝇、库蚊和盐泽灯蛾的毒性大小一般有下列顺序：s-Bu＞t-Bu＝i-Pr＞Et＞Me

苯环上取代基的位置对活性也很重要。烷基加大时，间位取代最富活性，一般活性的大小顺序是：间位＞邻位＞对位（见表 1-5-21），这一点是可以预料的。因为，从分子模型来看，氨基甲酰基与间位取代基的中心距离约为 0.5nm，这和 AchE 中阴离子部位和酯动部位间的距离近似。因此间位取代物与酶的亲和力加大，有利于氨基甲酰化反应的进行。

表 1-5-21　烷基苯基-N-甲基氨基甲酸酯对家蝇头 AchE 的抑制作用

$$\text{O—CONHCH}_3$$

R	I_{50} /（mol/L）	R	I_{50} /（mol/L）
H	2×10^{-4}	3-i-Pr	3.4×10^{-7}
2-Me	1.4×10^{-4}	3-t-Bu	4×10^{-7}
3-Me	1.4×10^{-4}	3-s-Bu	1.6×10^{-7}
4-Me	1×10^{-4}	2-Cyc-C_5H_9	1.1×10^{-6}
2-Et	1.3×10^{-5}	3-Cyc-C_5H_9	1.5×10^{-6}
3-Et	4.8×10^{-6}	2-Cyc-C_6H_{11}	1.4×10^{-6}
4-Et	3.8×10^{-5}	3-Cyc-C_6H_{11}	2.0×10^{-6}

在烷氧基苯基 N-甲基氨基甲酸酯中，通常是具有支链的烷氧基或环烷氧基比直链烷氧基活性高（见表 1-5-22）。与烷基取代不一样的是，从取代基的位置来看，邻位取代的化合物活性高于其他位取代的化合物。这种差别可能是因为苯环和烷基之间插入了氧原子，使得邻位取代的烷基中心到氨基甲酰基的距离大约为 0.5nm，它刚好与酶的酯动部位与阴离子部位之间的距离近似。

表 1-5-22　烷氧基苯基-N-甲基氨基甲酸酯对家蝇头 AchE 的抑制作用

$$\text{O—CONHCH}_3$$

R	I_{50} /（mol/L）	R	I_{50} /（mol/L）
H	2×10^{-4}	2-i-PrO	6.9×10^{-7}
2-EtO	1.6×10^{-5}	3-t-PrO	9.2×10^{-6}
3-EtO	6×10^{-6}	2-BuO	1.2×10^{-5}
4-EtO	7×10^{-5}	2-t-BuO	3.1×10^{-7}
2-PrO	8.7×10^{-6}	2-Cyc-C_5H_9O	4×10^{-7}
3-PrO	1.6×10^{-5}	3-Cyc-C_5H_9O	8×10^{-6}

正如所料，烷硫基与烷氧基取代对抗 AchE 活性所起的作用是相似的。苯环邻位取代往往具有抗昆虫胆碱酯酶的最高活性，而且也使烷基 α-位有侧链时以及碳链加长时活性增高（见表 1-5-23）。不过取代基大小和位置不同，对活性的影响不如预料的那样明显。这可能由于硫原子范德华半径

（0.185nm）比氧原子（0.14nm）大，因而和阴离子部位的吻合不那么紧密。

表 1-5-23 烷硫基苯基-N-甲基氨基甲酸酯对家蝇头 AchE 的抑制作用

R	I_{50} / (mol/L)	R	I_{50} / (mol/L)
H	2×10^{-4}	2-i-PrS	1.4×10^{-7}
2-CH$_3$S	9×10^{-7}	3-i-PrS	1.8×10^{-6}
3-CH$_3$S	7×10^{-6}	2-i-C$_5$H$_{11}$S	7.4×10^{-7}
4-CH$_3$S	3.4×10^{-5}	2-BuS	1.6×10^{-7}
2-PrS	1.8×10^{-7}	2-C$_6$H$_{13}$S	2×10^{-7}
3-PrS	1.1×10^{-6}	2-C$_9$H$_{19}$S	3.6×10^{-7}

苯环上卤素的取代效应是按如下顺序使抗胆碱酯酶活性增加：F<Cl<Br<I，而且也是间位取代活性最高（见表 1-5-24）。因为这时最接近于酶上两个部位的 0.5nm 距离。具有拉电子能力的卤素的引入可能使氨基甲酸酯的水解活性增加，其抑制 AchE 活性与烷基取代物相比就会降低。在卤素取代物中，活性最高的是邻位碘代物。

表 1-5-24 取代苯基-N-甲基氨基甲酸酯对家蝇头 AchE 的抑制作用（一）

X	I_{50} / (mol/L)	X	I_{50} / (mol/L)
H	2×10^{-4}	2-Br	2.2×10^{-6}
2-F	1.6×10^{-5}	2-I	8×10^{-7}
3-F	8.5×10^{-4}	2-NO$_2$	5.0×10^{-3}
4-F	2.3×10^{-4}	3-NO$_2$	2.0×10^{-3}
2-Cl	5×10^{-6}	4-NO$_2$	3.0×10^{-3}
3-Cl	5×10^{-5}	3-NO$_2$-6-CH$_3$	2.3×10^{-5}
4-Cl	2.4×10^{-4}	4-NO$_2$-3-i-Pr	2.3×10^{-6}

从表中可以看出，硝基苯基-N-甲基氨基甲酸酯的抗 AchE 活性很弱，主要是它们的化学不稳定性所致。这类化合物对碱性水解极为敏感，在它尚未与 AchE 发生抑制作用时，绝大部分都已水解。如果在硝基取代的苯环上适当再引入烷基，则可增加其抗 AchE 活性和杀虫活性（见表 1-5-24）。

在一取代氨基苯基-N-甲基氨基甲酸酯中，环上邻位取代是活性最高的结构。这说明邻位结构最适于与 AchE 阴离子部位契合。

当邻二甲氨基苯基-N-甲基氨基甲酸酯转换成带正电荷的季铵衍生物时，抗 AchE 活性不但未能增加，反而有所降低。而对位和间位的二甲氨基转换成相应的季铵盐时，抗 AchE 活性分别提高 70 倍和 450 倍。3,5-双二甲氨基苯基甲基氨基甲酸酯中引入一个季铵正离子时，其抑制活性增加 70 倍；而引入两个季铵正离子时，抑制活性只增加 20 倍（见表 1-5-25）。这种多电荷结构的活性变化如此意外的小，估计是由于其固有的水解不稳定性造成的。

表 1-5-25 取代苯基-N-甲基氨基甲酸酯对家蝇头 AchE 的抑制作用（二）

X	$I_{50}/$（mol/L）	X	$I_{50}/$（mol/L）
2-NMe$_2$	2.0×10^{-6}	3,5-$(\overset{+}{N}Me_3)_2$	1.2×10^{-7}
2-$\overset{+}{N}Me_3$	1.0×10^{-5}	2-SMe	9.0×10^{-7}
3-NMe$_2$	8.0×10^{-6}	2-$\overset{+}{S}Me_2$	1.5×10^{-5}
3-$\overset{+}{N}Me_3$	1.8×10^{-8}	3-SMe	7.0×10^{-6}
4-NMe$_2$	2.4×10^{-4}	3-$\overset{+}{S}Me_2$	6.5×10^{-7}
4-$\overset{+}{N}Me_3$	3.5×10^{-6}	3-PEt$_2$	7.4×10^{-7}
3,5-$(NMe_2)_2$	2.6×10^{-6}	3-$\overset{+}{P}Et_3$	3.6×10^{-8}
3-NMe$_2$-5-$\overset{+}{N}Me_3$	3.7×10^{-8}		

当苯环上的甲硫基变成带电荷的二甲硫基时，与氮的情况相似，也是邻位硫原子带电荷时活性不增加，但间位和对位硫原子带电荷时，抑制 AchE 的能力比母体增加（见表 1-5-25），只是硫原子的影响不如氮原子那么突出。间位二乙基膦转换成鳞离子时，也会使抑制活性增加。

带电荷化合物比不带电荷的母体化合物表现出极强的抑制 AchE 能力。这可以解释为抑制剂和酶上相反电荷之间发生了库仑引力，这个库仑引力比范德华力和疏水力作用距离长。但另一方面，电荷的存在使疏水力减弱，这也是不容忽视的。点电荷化合物虽然有很强的抗 AchE 能力，但对昆虫几乎是无毒的，这与其水解不稳定性有关。

（二）肟基氨基甲酸酯类

与苯基氨基甲酸酯相类似，肟基氨基甲酸酯中，氮原子上的取代效应，除 N-甲基氨基甲酸酯外，其他 N-烷基、N,N-二烷基以及 N-未取代的化合物的杀虫活性均不突出，甚至有些是无杀虫活性的。

大多数 N-甲基氨基甲酸肟酯均可视为 I 的衍生物。其取代主要发生在 C$_1$ 和 C$_2$ 原子上，它们对家蝇头 AchE 的抑制作用如表 1-5-26 所示。

$$\overset{2}{CH_3}-\overset{1}{CH}=N-O-\overset{O}{\overset{\|}{C}}NHCH_3 \qquad I$$

表 1-5-26 取代乙醛肟基-N-甲基氨基甲酸酯对家蝇头 AchE 的抑制作用

编号	肟基	$I_{50}/$（mol/L）	编号	肟基	$I_{50}/$（mol/L）
I-1	CH$_2$—C=N— CH$_3$ CH$_3$	6×10^{-4}	I-7	CH$_3$ CH$_3$S—C—C=N— CH$_3$ SCH$_3$	2×10^{-6}
I-2	(CH$_3$)$_3$C—CH=N—	1×10^{-5}	I-8	CH$_3$—C=N— SCH$_3$	1×10^{-6}

续表

编号	肟基	$I_{50}/(mol/L)$	编号	肟基	$I_{50}/(mol/L)$
I-3	$(CH_3)_3C-CH_2-CH=N-$	3×10^{-4}	I-9	$CH_3-CH_2-\underset{SCH_3}{C}=N-$	1×10^{-7}
I-4	$CH_2=CH-CH_2-\underset{CH_3}{\overset{CH_3}{C}}-CH=N-$	5×10^{-6}	I-10	$CH_3-C=N-$ $S\text{-}i\text{-}C_3H_7$	5×10^{-7}
I-5	$CH_3S-\underset{CH_3}{\overset{CH_3}{C}}-CH=N-$	5×10^{-5}	I-11	$CH_3-C=N-$ $O\text{-}i\text{-}C_3H_7$	2.5×10^{-6}
I-6	$O_2N-\underset{CH_3}{\overset{CH_3}{C}}-CH=N-$	5×10^{-7}	I-12	$CH_3-C=N-$ OCH_3	3×10^{-5}

化合物 I 不是一个有效的杀虫剂，若在其 C_1 和 C_2 上加上一个甲基，则成为一个具有中等杀虫活性、抗 AchE 活性仍不很高的化合物 I-1（见表 1-5-26）。C_1 不取代，C_2 上的氢全用甲基取代，所得化合物 I-2 的结构与乙酰胆碱十分相似，其抗 AchE 活性也较好。在 C_1 上加上烷基，或将叔碳原子与氨基甲酰基的距离拉长（大于 $0.5nm$），如化合物 I-3，均会使抗 AchE 活性降低。

化合物 I-2 中，C_2 上的一个甲基换成亲电基团，如烯丙基（I-4）、甲硫基（I-5，涕灭威）或硝基（I-6），均能明显提高抗 AchE 活性和杀虫活性。可能是这些电负性取代提高了氨基甲酸酯分子的反应性，从而使 AchE 的氨基甲酰化易于进行。此外，这些电负性基团可能诱导相邻甲基，增加其对阴离子部位的吸引力。

化合物 I 的 C_1 上引入电负性基团也有利于抗 AchE 活性的增加。在涕灭威（I-5）的 C_1 上引入一个甲硫基（I-7），抗 AchE 活性提高 5 倍，而杀虫活性没有降低。C_2 上大的位阻基团也并不是必需的，因为已经证明，灭多虫（I-8）作为抑制剂和杀虫剂比涕灭威（I-5）更为有效。当灭多虫的 C_2 上增加一个甲基时，其抑制活性最高，但对昆虫的毒性却未增加。

如果 C_1 上不用甲硫基而是改用一个更强的吸电子基团（如氰基）时，由于其对水解极不稳定，故活性陡降。若 C_1 上连接异丙硫基（I-10），则由于它能与酶的阴离子部位更好地相互作用，从而增进对酶的抑制作用，但杀虫活性并未明显改变。C_1 上烷硫基变为相应的烷氧基（I-11、I-12）时，抗 AchE 活性降低。

在氨基甲酸肟酯中，存在顺反异构体，不同的立体异构体往往表现出不同的生物活性。根据化学降解法已确定，作为杀虫剂的涕灭威是顺式异构体，但反式异构体的活性怎样尚待确定。灭多虫 I-8 中顺体抗 AchE 活性比反体要高近 100 倍。灭多虫的 1-甲氧基类似物 I-12 也有类似情况。

参考文献

[1] 施明安，袁建忠，唐振华. 乙酰胆碱酯酶的晶体结构及功能位点. 农药学学报，2000,2(3):1-7.

[2] 郭晶，高菊芳，唐振华. 乙酰胆碱酯酶的动力学机制及其应用. 农药. 2007,46(1):18-21.

[3] Sussman J L, Harel M, Frolow F, et al. Atomic structure of acetylcholinesterase from Torpedo californica: a prototypic acetylcholine-binding protein. Science, 1991,253(5022):872-879.

[4] Tripathi, A, Srivastava U C. Acetylcholinesterase: a versatile enzyme of nervous system. Annu. Neurosci. 2008,15(4): 106-111.

[5] Wilson I B, Cabib E. Acetylcholinesterase: enthalpies and entropies of activation. J. Am. Chem. Soc. 1956,78:202-207.

[6] 郭晶，高菊芳，唐振华，等. 乙酰胆碱酯酶的动力学机制及其应用. 农药，2007,46(1):18-21.

[7]   张一宾，孙晶. 国内外有机磷农药的概况及对我国有机磷农药发展的看法. 农药，1999,38(7):1-4.

[8]   贺红武，刘钊杰. 有机磷农药的发展趋势与低毒有机磷杀虫剂的开发和利用（下）. 世界农药，2001,23(4):26-31.

[9]   Chambers J E. Levi P E. Organophosphates Chemistry,Fate,and Effects,Academic Press,San Diego,1992.

[10]   Eto M. Organophosphorus Pesticides:Organic and BiologicalChemistry,CRC Press,Cleveland,1974,387.

[11]   Eto M,Casida J E. Progress and Prospects of Organophosphorus Agrochemicals,Kyushu Univ. Press,Fukuoka,1995.

[12]   Roberts T R,Hutson D H. Metabolic Pathways of Agrochemicals,Part 2:Insecticides and Fungicides,The Royal Society of Chemistry,Cambridge,1999,187-522.

[13]   Tomlin C D S. The Pesticide Manual,11th edn. ,British Crop Protection Council,Farnham,1997.

[14]   WHO. Environmental Health Criteria 63, Organophosphorus Insecticides: A General Introduction, WHO, Geneva, 1986,181.

[15]   WHO. Environmental Health Criteria 132,Trichlorfon,WHO,Geneva,1992,162.

[16]   唐除痴，李煜昶，陈彬，等. 农药化学. 天津：南开大学出版社，1998,46-114.

[17]   江藤守総. 有机磷农药的有机化学与生物化学. 杨石先等译. 北京：化学工业出版社，1981,104-133.

[18]   Fest C,Schmidt K J. The Chemistry of Organophosphorus Pesticides,Springer-Verlag,Berlin,1973,164-187.

[19]   Hassall K A. The Chemistry of Pesticides,The Macmillan Press Ltd. ,London,1982,67-96.

[20]   Buchel K H. Chemistry of Pesticides,John Wiley & Sons,New York,1983,135-151.

[21]   Kuhr R J,Dorough H W. 氨基甲酸酯杀虫剂的化学，生物化学及毒理学. 张立言等译北京：化学工业出版社，1984, 2-4.

[22]   O'Brein R D. The design of organophosphate and carbamate inhibitors of cholinesterase, Drug Design, Vol. 2, E. J. Ariens,Ed. ,Academic Press,New York,1971.

[23]   Kolbezen M J,Metcalf R L,Fukuto T R. Insecticidal activity of carbamate cholinesterase inhibitors. J. Agric. Food Chem. 1954,2:864-870.

[24]   南开大学元素有机化学研究所编译. 国外农药进展（三）. 北京：化学工业出版社，1990,59-72.

[25]   化学工业部农药情报中心站编. 国外农药品种手册（三），1981,373-460.

[26]   唐振华. 昆虫抗药性及其治理. 北京：农业出版社，1993,274-276.

[27]   唐振华，毕强. 杀虫剂作用的分子行为. 上海：远东出版社，2002,305-311.

[28]   Augustinsson K B. Cholinesterogy:a study in comparative enzymology. Acta. Physiol. Scand,1948,52:1-182.

[29]   Marcel V,Palacios L G,Pertuy C,et al Two invertebrate acetylcholinesterases show activation followed by inhibition with substrate concentration. Biochem,J,1998,15(1):329-334.

[30]   Rosenberry T. Acetylcholinesterase. In: Advances in Enzymology, Vol. 43 (A. Meister, Ed.), Interscience, New York, 1975,104-218.

[31]   Fukuto T R. Mechanism of Action of Organophosphorus and Carbamate Insecticides. Environmental Health Perspectives Vol. 87,1990,245-254.

[32]   Fukuto T R. Propesticides. Pesticide Synthesis through Rational Approaches (P. S. Magee, G. K. Kohn, and J. J. Menn. Eds.),ACS Symposium Series 255,American Chemical Society,Washington,DC. 1984,87-101.

[33]   Fukuto T R,Fahmy M A H. in "Sulfur in Pesticide Action and Metabolism"; Rosen J D, Magee P S, Casida J E, Eds. ADVANCES IN CHEMISTRY SERIES No. 158,American Chemical Societ35 Fukuto T R. Proc. Fifth Int. Congr. Pestic. Chem. (IUPAC),Kyoto. J. Miyamoto et al. ,Eds. Pergamon Press,1983,203-12.

[34]   Tabashnik B E. Managing resistance with multiple pesticide tactics:theory, evidence, and recommendations. Journal of Economic Entomology,1989,82:1263-1269.

第六章

烟碱乙酰胆碱受体激动剂

过去的三十多年，新烟碱类杀虫剂的发现可以认为是杀虫剂研究领域中里程碑式的革新。新烟碱类杀虫剂主要作用于烟碱乙酰胆碱受体（nicotinic acetylcholine receptors，nAChRs），是烟碱乙酰胆碱受体的激动剂，可以选择性抑制昆虫神经系统的 nAChR，使乙酰胆碱无法与乙酰胆碱受体相结合，进而阻断昆虫中枢神经系统的正常传导，造成害虫出现麻痹而死亡。由于新烟碱类杀虫剂的作用方式独特、高效低毒，以及其在昆虫和脊椎动物之间具有高选择性，因此它是杀虫剂销售中增长最快的一类药剂。

nAChRs 在昆虫的神经系统中起着重要作用，是新烟碱类（neonicotinoids，NNs）杀虫剂、杀螟丹以及多杀菌素的作用靶标。此外，它还与由 nAChR 突变引起的先天性免疫无力症和夜间前叶癫痫；由神经 nAChR 遗传缺陷而引起的早发痴呆；与神经 nAChR 损害有关的阿尔兹海默病，即老年性痴呆病和帕金森病等疾病有关。因此，对 nAChRs 的分子生物学及其药理学特性的研究一直受到国内外学者的关注。

第一节　烟碱乙酰胆碱受体

目前所使用的大部分杀虫剂都是神经毒剂，通过影响昆虫神经系统突触传导的过程而实现杀虫作用。突触是神经元之间的连接点，神经传导的联络区。突触由突触前神经和突触后神经组成，它们之间的神经膜相应为突触前膜和突触后膜，二者之前存在微小的突触间隙。突触传导的过程是当突触前膜神经元受到刺激发生兴奋，突触小泡释放乙酰胆碱，乙酰胆碱扩散至突触间隙，并作用于突触后膜上的乙酰胆碱受体，使突触后膜对钠离子的渗透性增加，并引起去极化，出现局部电位变化，当发展到临界水平时，便产生动作电位，这样就把神经冲动传导到下一个神经元。乙酰胆碱与受体结合是可逆的，当它激发受体发生变构后，就被释放出来，随即在突触间隙中的乙酰胆碱酯酶的作用下水解为胆碱和乙酸，生成的胆碱和乙酸又可以被突触前膜吸收，重新合成乙酰胆碱。

迄今为止，人们对脊椎动物 nAChR 研究得比较清楚，而对昆虫的 nAChR 则了解不多，在选择机制方面主要使用昆虫亚基和脊椎动物亚基组成的杂合受体来研究。激动剂的分子特点主要集中在新烟碱类和 nAChR 药效基团的静电性方面，而在激动剂同 nAChR 的相互作用研究中主要是受体亚基上氨基酸残基同激动剂的相互作用。

烟碱乙酰胆碱受体属于神经递质门控离子通道。每一个 nAChR 分子含有五个亚基，每个亚基含有 4 个跨膜螺旋（M1～M4），5 个亚基的 M2 绕中心轴围成离子通道，孔径为 0.65nm（见图 1-6-1）。

每个亚基都含有一个双半胱氨酸环（由两个半胱氨酸通过二硫键连接），13 个间插残基，这个环在氮端的胞外部分。乙酰胆碱的结合部位由 A～F 六个环组成，根据 C 环上有无胱氨酸残基亚基被分为 α 型和非 α 型两种类型。两个 α 亚基和三个非 α 亚基组成最常见的受体亚类，这种亚类中配体结合位点在 α 亚基和非 α 亚基的相邻处表面。在 α 亚基和非 α 亚基组成的受体类型中，环 A～C 在 α 亚基上，环 D～F 在非 α 亚基上，而 α 同聚体的受体类型中环 A～F 则全在 α 亚基上（见图 1-6-2）。

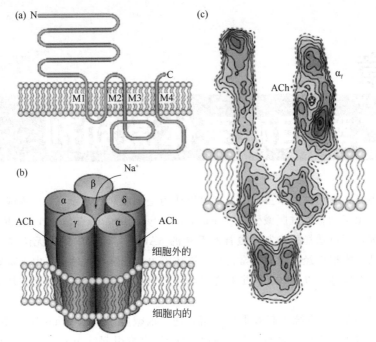

图 1-6-1 烟碱乙酰胆碱受体结构示意图

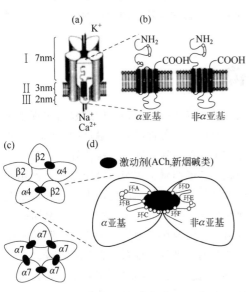

图 1-6-2 烟碱乙酰胆碱受体亚结构
(a) 侧面图 I 胞外结构区域，II 跨膜结构
区域，III 胞质结构区域；(b) α 亚基和非
α 亚基的胞外、跨膜和胞质区域；
(c) 俯视图；(d) 配体结合部位

按照各种化合物对 nAChRs 所有药理学活性，可将作用于 nAChRs 的化合物分成三大类：激动剂、拮抗剂和别构配体（allosteric ligands）——既可激活，又可抑制。这些化合物可通过对其中的一个配体结合部位的作用产生其相对效应。

（1）激动剂 ACh 是 nAChRs 的内源配体，新烟碱类杀虫剂为外源配体，均为 nAChRs 的激动剂，它们的结合部位位于 α 亚基和非 α 亚基的界面。该结合部位像一个口袋，由 α 亚基的 A、B 和 C 环以及非 α 亚基的 D、E 和 F 环组成，其内层为芳族氨基酸残基（酪氨酸和色氨酸）［见图 1-6-2（c）和（d）］。带正电荷的 ACh 分子部分地通过阳离子-π 相互作用与其靶标部位结合。根据 α 亚基和非 α 亚基的界面可知，肌肉 nAChR 的异聚体有两个 ACh 结合部位，神经的 nAChR $\alpha4\beta2$ 和 $\alpha3\beta2\beta4\alpha5$ 异聚体也有两个 ACh 结合部位，而 $\alpha7$、$\alpha8$ 和 $\alpha9$ 的同聚体有 5 个 ACh 结合部位［见图 1-6-2（c）］。

（2）拮抗剂 nAChRs 拮抗剂可竞争性地阻止激动剂的结合，使通道的构象处于关闭状态。右旋筒箭毒碱（d-TC）是一种典型的竞争性拮抗剂，可抑制各种类型的 nAChRs。α 银环蛇毒（α-Bgt）是一种选择性竞争拮抗剂，可抑制肌肉 nAChRs 和 $\alpha7$ 同聚体，以及含有 $\alpha8$ 和 $\alpha9$ 亚基的受体，它与 α/β 异源五聚体不发生作用。

（3）别构配体 根据对人脑 nAChR 的研究，可知神经 nAChR 的功能是由多种化合物调节的，这些化合物包括毒扁豆碱、类固醇、乙醇和 Ca^{2+} 离子通道阻断剂等，它们并不与典型的 ACh 结合部位结合，而是与许多结构不同的对 ACh 不敏感的别构部位结合。这些部位按照活化的情况可分为：非竞争性别构激活部位，又称正别构部位，它位于受体蛋白的 α 亚基上，与这个部位结合的化合物称为通道激活剂，其作用是通过增加通道开放的频率而增加离子传导；非竞争性的负别构部位，该部位与上述的正别构激活部位相反，与该部位结合的配体可抑制通道功能，这些非竞争性阻断剂作用于两个不同部位：一是高亲和性部位，配体以 nmol/L 级结合，位于离子通道内，由每个亚基的 M2 的氨基酸组成；二是低亲和性部位（＞100μmol/L），位于受体蛋白和脂膜间的界面。具有配体结合的每个受体存在多个结合部位（10～20 个），以加速受体离子通道的脱敏作用。沙蚕毒素类的杀螟丹为离子通道阻断剂，即通过阻断 nAChRs 通道直接引发抑制性神经毒性。

　　nAChRs 的孔道位于 ACh 结合部位之下膜内约 5nm 处（见图 1-6-3）。从突触间隙看，孔道是离子通道的一条逐渐收窄的路径。它被 α 螺旋片段的 5 个折叠所围绕。围绕孔道的 5 个亚基分成内、外两层，每个亚基在孔道中像推进的螺旋桨叶片。孔道内层的衬里主要是 M2 螺旋体，其向孔道中心轴倾斜，直至抵达膜的中部。外层的螺旋体（M 1、M 3 和 M 4）都是按切线方向向中心轴倾斜。内外层螺旋体虽然是分开的，但都聚集于膜的中部形成通道门。孔道有两个重要的组成部分：一个是直接与通过中央的离子发生作用的内环；另一个是使该环与环绕的脂相隔离的外壳或支架。这表明在受体被激活时内层部分是可以移动的，而外层部分则无改变。在门控期间，由于 α 螺旋体与外层的蛋白壁是分离的，并通过含有甘氨酸的柔性环与其连接，所以 α 螺旋体可以自由移动。图 1-6-3 中的 S—S 二硫桥在配体结合结构域中绕轴转动，配体结构域锚于孔道的固定外壳。其作用模式

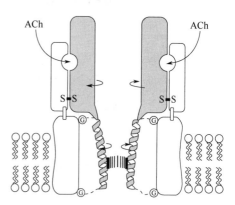

图 1-6-3　门控机理模式图

Ach—乙酰胆碱结合部位；箭头为旋转移动的方向；G—甘氨酸；S—S—二硫桥；阴影部分为相关的移动部分；短直线—在脂双层中间的压缩的疏水带

如图 1-6-3 所示，在 α 亚基中，每当受体结合 ACh（或其他激动剂）分子时，就可引发孔道内壁旋转 15°，并将通道 M 2 的 α 螺旋体传导至门——对离子渗透的一个疏水屏障，即为 V255 和 L251 之间的疏水区。这种旋转移动可使 α 螺旋体的构象发生改变，进而通道开启，使阳离子通过，处于阳离子传导状态，直至 Ach（或其他激动剂）分子从结合部位解离通道才关闭。如果激动剂一直存在，并反复结合，则通道处于脱敏状态。

第二节　新烟碱类杀虫剂

一、作用机制

　　新烟碱类杀虫剂是昆虫 nAChR 激动剂，迄今为止，与乙酰胆碱受体的结合模式假说一共有三种（见图 1-6-4）。

　　作用模式I是由 Yamamoto 等人提出的，认为新烟碱吡啶环上的氮原子能与 nAChR 的氢形成氢键，咪唑啉上的 N1 在昆虫体内离子化，带有部分正电荷，能与 nAChR 的负电荷中心产生静电作用。

　　作用模式Ⅱ中，Kagabu 等人分析了吡虫啉及其类似物的单晶结构后提出，硝基上的氧或氰基上的氮能与 nAChR 的氢形成氢键，咪唑啉环上的氮原子能与 nAChR 的负电荷中心产生静电作用。这就意味着硝基上的氧原子和氰基上的氮原子都可以作为氢键受体同 nAChR 相互作用。同时这个模型也可解释吡啶环替换成噻唑环后药物同样具有很好的活性。说明 $N-NO_2$ 或 N-CN 同 1 位上的氮原子所构成的共轭体系对于新烟碱类杀虫剂同昆虫 nAChR 的键合时是至关重要的。在 1994 年，Glennon 对含吡啶环的烟碱类化合物进行了 CoMFA 研究，结果表明吡啶环上的氮原子与 nAChR 上氢

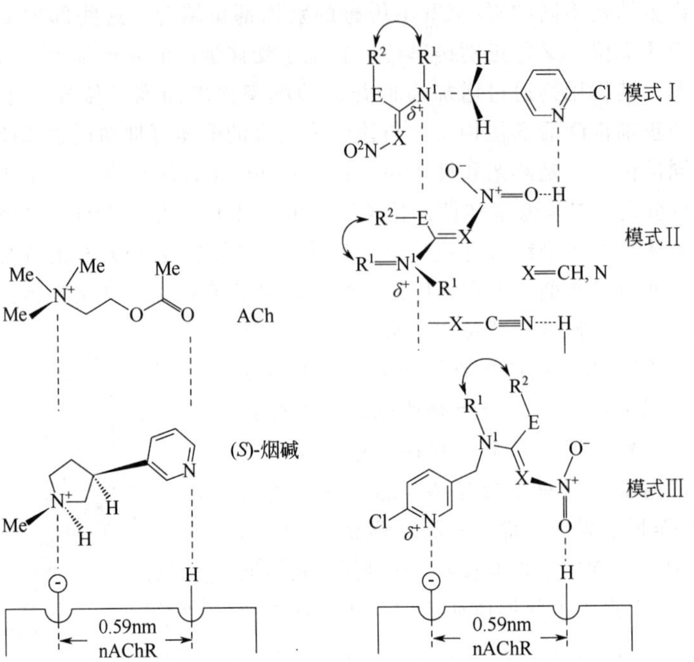

图 1-6-4　新烟碱类杀虫剂与受体结合方式

键给体位点相互作用，而吡虫啉的咪唑烷上 1 位的氮原子同 nAChR 上等负电区域相互作用。前两种模型认为烟碱杀虫剂 1 位上的氮原子是一个基本元素，它的作用等同于烟碱上甲基吡咯上的氮原子。

　　作用模式 Ⅲ 是 Casida 等研究了新烟碱类杀虫剂的单晶结构及其与果蝇 nAChR、哺乳动物的 $\alpha4\beta2$ 亲和性的基础上提出的：新烟碱吡啶环上的氮原子能与 nAChR 的氢形成氢键，结构中具有强极性的硝基是起决定性的药效基团，能与受体的氨基酸残基作用。在 2003 年，Tomizawa 等人在研究过程中引入了硝基烯类化合物，研究结果表明硝基合吡啶上的氮原子在与 nAChR 结合时起着重要作用，而 1 位上的氮原子只是起一个辅助作用。随后 Zhang 等证明了这一结论，他们研究了在 1 位为 CH 的吡虫啉类似物对果蝇 nAChR 的抑制活性。研究结果表明：1 位为 CH 的硝基烯类化合物也具有很好的抑制活性，1 位上的氮原子并不是必不可少的原子，但 1 位上的氮原子对提高活性起着重要的辅助作用。

　　Casida 等人经过进一步研究认为，新烟碱中的—NO₂、—CN 选择性地作用于昆虫的 nAChR 的正电荷残基（Arg/Lys），sp^2 杂化的氮原子会与芳香残基形成 p-π 相互作用，这和 N 质子化烟碱与乙酰胆碱受体的作用是不同的，他们强调新烟碱中的杂环和胍、脒共平面的重要性〔见图 1-6-5 (a)〕。Sattelle 等人则提出另一种模型，认为由于正电荷残基（Arg/Lys）的诱导效应，导致新烟碱中硝基的氮原子与咪唑啉带正电性，因此咪唑啉和芳香残基（Trp）发生了阳离子-π 相互作用〔见图 1-6-5 (b)〕。

　　钱旭红等最近通过计算提出了一种新的作用模式，他们认为在新烟碱类化合物与 nAChRs 结合的过程中，赖氨酸等氨基酸的正电荷侧链与硝基间氢键的形成和色氨酸的芳香残基与新烟碱类化合物中的共轭部分形成的 π-π 堆积都发挥了重要的作用（见图 1-6-6）。从几何构型、电荷转移和能量方面分析，推测得到了一个优化的、包括氢键和新烟碱与 nAChRs 间的 π-π 相互协同作用的模型。其中胍或脒的共轭作用和共平面性对 Arg /Lys 的正电荷边链与新烟碱的硝基基团间氢键的强度影响很大。五元环中的氮原子有助于形成氢键，进而影响 Trp 和新烟碱的相互作用。共轭部分与芳香残基 Trp 通过 π-π 堆积相互作用，当新烟碱与 Arg/Lys 作用时，π-π 堆积相互作用的强度将增强，这对新烟碱和 nAChRs 的作用也是非常重要的。

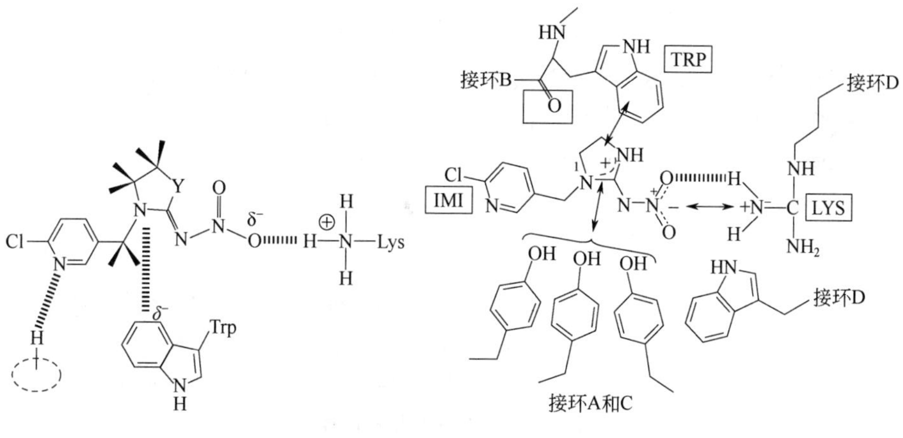

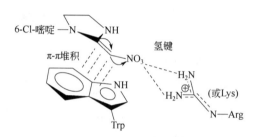

图 1-6-5　吡虫啉与昆虫烟碱乙酰胆碱受体的相互作用

图 1-6-6　新烟碱与烟碱乙酰胆碱受体的新作用模式

二、活性化合物的发现与发展

新烟碱类杀虫剂的开发经历了一个较长的过程。天然烟碱（nicotine）作为一种古老的杀虫剂，于 1828 年由 Posselt 和 Reimann 从烟草中提取出来，1893 年，Pinner 确定了烟碱的结构，它能对昆虫的烟碱乙酰胆碱受体（nAChRs）起激动作用，是第一个作用于 nAChRs 的杀虫剂，但对哺乳动物、鸟类、水生动物的毒性较大。具有杀虫活性的新烟碱类化合物最早由 Shell 发现，其先导化合物是 SD-031588，随后 Soloway 等人对该结构进行了不断优化，得到了具有高杀虫活性的硝基亚甲基杂环化合物（nithiazine）和噻虫醛（WL 108477）。nithiazine 也作用于昆虫的 nAChRs，表现出广谱的杀虫活性，尤其对鳞翅目昆虫玉米螟（*Pyrausta nubilalis*）具有高活性。尽管 Shell 公司没能取得最后的成功，但其对新烟碱类杀虫剂的发展史产生了深刻的影响。20 世纪 80 年代早期，拜耳公司开始以 nithiazine 为先导结构进行优化合成，他们通过引入含氮原子的芳杂环甲基基团，作为 2-硝基亚甲基咪唑烷五元环系统的 N-取代基，从而合成出衍生物 NTN32692，化合物的活性有了明显提高，但因其光稳定性较差（$\lambda_{max} = 323$ nm）而未能商品化。1984 年，日本农药公司和拜耳公司开发出第一个新烟碱类杀虫剂吡虫啉（imidacloprid）（见图 1-6-7）。自吡虫啉上市以来，其销售额逐年上升，成为近 10 年来世界植保界销量最大的杀虫剂品种。

新烟碱类杀虫剂的创制工作进展非常迅速，继吡虫啉之后，短短 20 余年间又涌现出了 6 个商品化的新烟碱类杀虫剂，即 1984 年日本曹达株式会社开发的啶虫脒（acetamiprid）、1989 年日本武田开发的烯啶虫胺（nitenpyram）、拜耳公司 1996 年开发的噻虫胺（clothianidin）和 1997 年开发的噻虫啉（thiacloprid）、瑞士诺华（现先正达）1991 年研究并于 1998 年推出的噻虫嗪（thiamethoxam）、日本三井 1998 年推出呋虫胺（dinotefuran）。新烟碱类杀虫剂的发展过程和品种分别如图 1-6-8 和

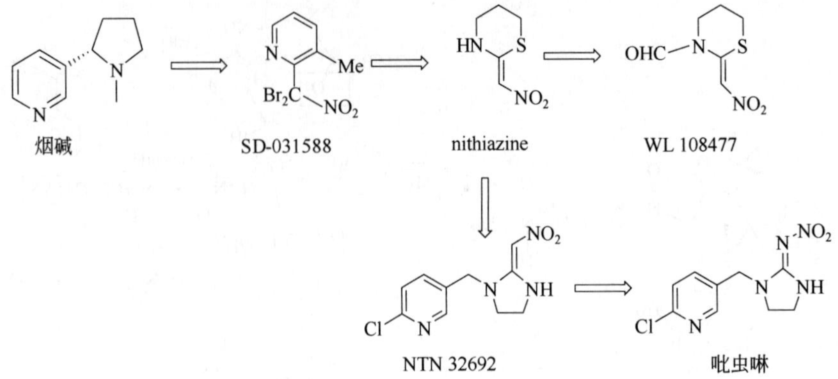

图 1-6-7 吡虫啉开发过程

表 1-6-1 所示。

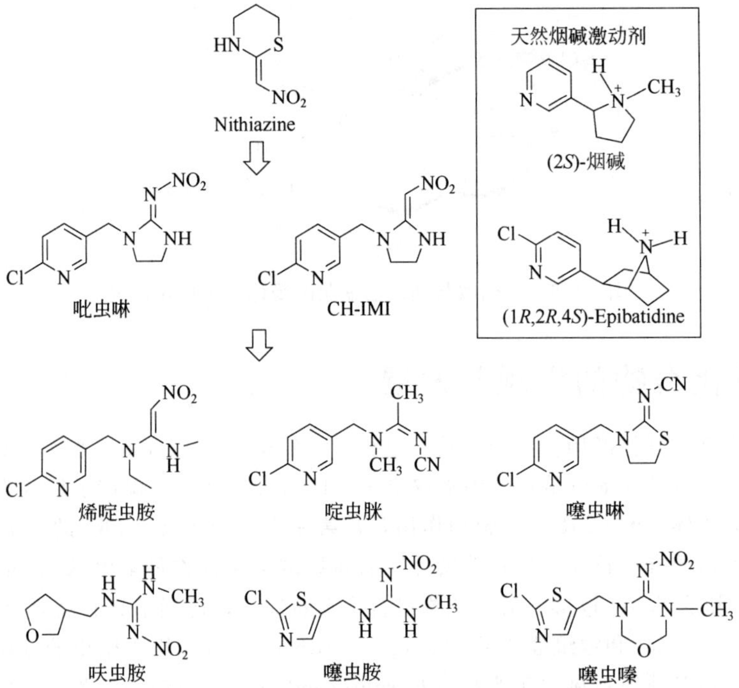

图 1-6-8 新烟碱类杀虫剂的发展过程

表 1-6-1 已商品化的新烟碱类杀虫剂品种

商 品 名	研发年份，单位	结 构
吡虫啉（imidacloprid）	1984 日本农药与拜耳	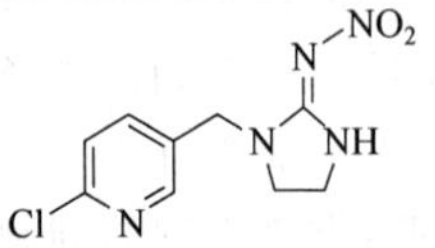
啶虫脒（acetamiprid）	1984 日本曹达	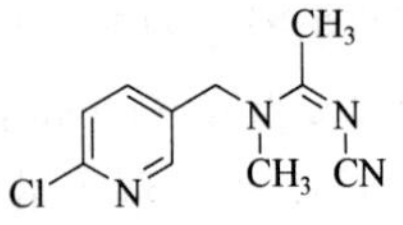

续表

商　品　名	研发年份，单位	结　　构
烯啶虫胺（nitenpyram）	1989 日本武田	
噻虫胺（clothianidin）	1996 拜耳公司	
噻虫啉（thiacloprid）	1997 拜耳公司	
噻虫嗪（thiamethoxam）	1998 瑞士诺华（先正达）	
呋虫胺（dinotefuran）	1998 日本三井	

自从吡虫啉公开后，各大农药公司很快从化合物结构、合成和生物活性等方面对新烟碱类化合物进行了深入的探究。新烟碱类化合物的基本骨架可分为三部分：环或非环部分 A、取代杂环部分 B、药效基团部分 C（见表 1-6-2）。

图 1-6-9 中 A 为桥链部分，可以为环，也可以是非环结构，若为环可以是五元环，也可以是六元环，在 R^1、R^2 之间可以插入一个 O 或 N 或取代的 N。

B 为取代杂环部分，目前主要有三种结构，一是以第一代新烟碱类杀虫剂吡虫啉为代表的氯代吡啶，二是以第二代新烟碱类杀虫剂噻虫嗪为代表的氯代噻唑，三是以呋虫胺为代表的四氢呋喃环。

C 为药效基团部分，主要有硝基烯胺 ［—N—C（或 N）＝CH—NO₂］、硝基胍 ［—N—C（或 N）＝N—NO₂］、氰基脒（—N—CH＝N—CN）三类。

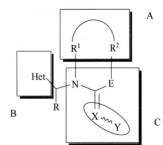

图 1-6-9　新烟碱类杀虫剂结构通式

表 1-6-2　新烟碱类杀虫剂的分类

闭环化合物		开链化合物	
吡虫啉（拜耳）	噻虫啉（拜耳）	烯啶虫胺（武田）	啶虫脒（曹达）
噻虫嗪（诺华）		噻虫胺（拜耳）	

续表

闭环化合物	开链化合物
—	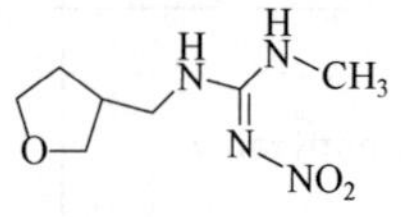 呋虫胺（三井）

另外由日本 Agro Kanesho 公司报道的硫代磷酸酯类的杀线虫剂 imicyafos（AKD-3088）是由不对称有机磷与烟碱类杀虫剂的氰基亚咪唑烷组合而成的。目前正在试验中，主要用于蔬菜害虫的防治。陶氏益农报道的化合物 sulfoxaflor 具有很好的杀虫活性，其研制过程可能是在烟碱的基础上，结合啶虫脒的结构，后经优化得到。其活性优于现有的新烟碱类杀虫剂，且与市场上存在的杀虫剂无交互抗性，潜在市场 20 亿美元。由华东理工大学钱旭红研究组与江苏克胜集团联合研制的国内第一个新型新烟碱类杀虫剂哌虫啶，表现出了优异的活性。其对稻飞虱和菜蚜的活性显著高于吡虫啉，对烟粉虱和桃蚜活性显著高于啶虫脒，并且该类化合物对卫生害虫印鼠客蚤及白蚁具有高活性。更为重要的是由于硝基构型的改变，该类化合物对吡虫啉抗性稻褐飞虱品系具有超高活性，其活性超过吡虫啉，有望在吡虫啉抗性品系的防治中发挥重要作用。

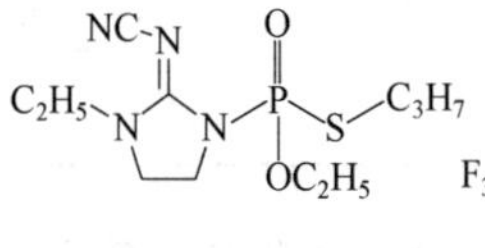

imicyafos 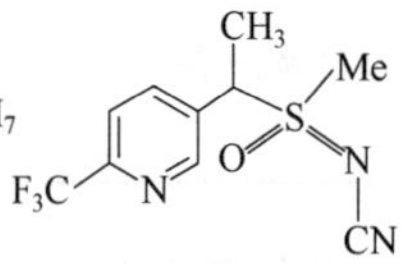   sulfoxaflor 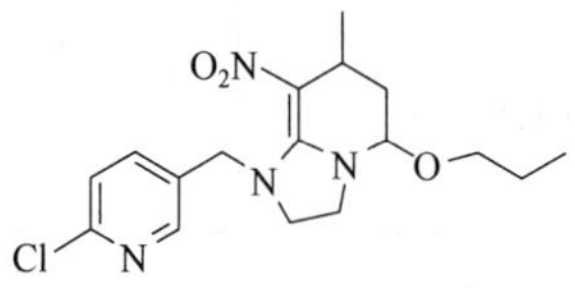   哌虫啶

三、主要品种

1. 吡虫啉（imidacloprid）

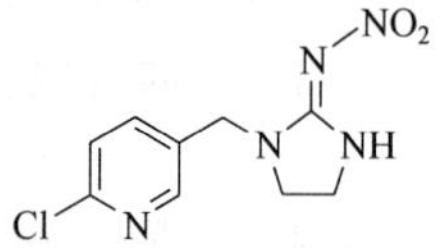

$C_9H_{10}ClN_5O_2$, 255.7, 105827-78-9

由德国拜耳公司和日本特殊农药株式会社于 20 世纪 80 年代中期共同开发的一种新型高效杀虫剂，该药于 1991 年投放市场，其开发过程如图 1-6-7 所示。

理化性质 无色晶体，有微弱气味，熔点 143.8℃（晶体形式 1）、136.4℃（形式 2），蒸气压 0.2μPa（20℃），相对密度 1.543（20℃），K_{ow}lg$P$＝0.57（22℃）。溶解度（20℃）：水中 0.51g/L，二氯甲烷 50～100g/L，异丙醇 1～2g/L，甲苯 0.5～1g/L，正己烷＜0.1g/L。pH15～11 稳定。

合成方法 N-硝基亚咪唑烷-2-基胺与 2-氯-5-氯甲基吡啶在乙腈中直接缩合即得到吡虫啉。

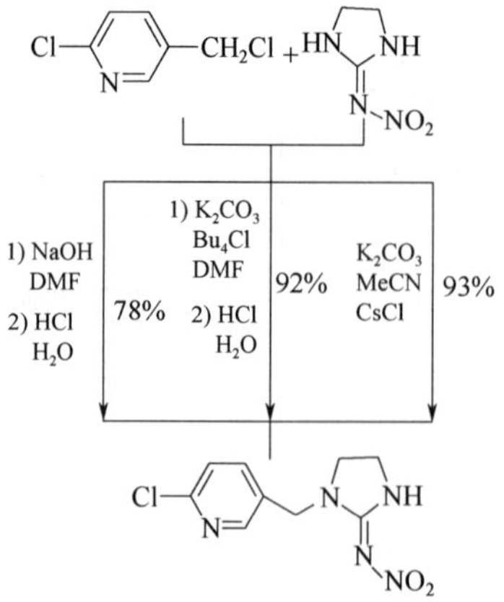

毒性 大鼠急性经口 LD_{50} 1260mg/kg；急性经皮 $LD_{50}>1000$mg/kg。对兔眼睛和皮肤无刺激作用。

应用 主要用于防治刺吸式口器害虫，如蚜虫、飞虱、粉虱、叶蝉、蓟马；对鞘翅目、双翅目和鳞翅目的某些害虫，如稻象甲、稻负泥虫、稻螟虫、潜叶蛾等也有效。但对线虫和红蜘蛛无效。可用于水稻、小麦、玉米、棉花、马铃薯、蔬菜、甜菜、果树等作物。由于它的优良内吸性，特别适于用种子处理和撒颗粒剂方式施药。

2. 啶虫脒（acetamiprid）

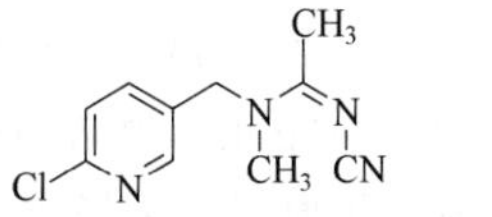

$C_{10}H_{11}ClN_4$, 222.7, 135410-20-7

20 世纪 80 年代末期由日本曹达公司开发。它是继吡虫啉、烯啶虫胺后开发并商品化的第 3 个氯化烟碱类杀虫剂。

理化性质 外观为白色晶体，熔点 $101.0\sim103.3$℃，蒸气压 $>1.33\times10^{-6}$Pa（25℃）。溶解度（25℃）：水中 4.2g/L，可溶于大多数极性有机溶剂。在 pH=7 的水中稳定，pH=9 时，于 45℃逐渐水解，在日光下稳定。

合成方法：

（1）直接缩合法

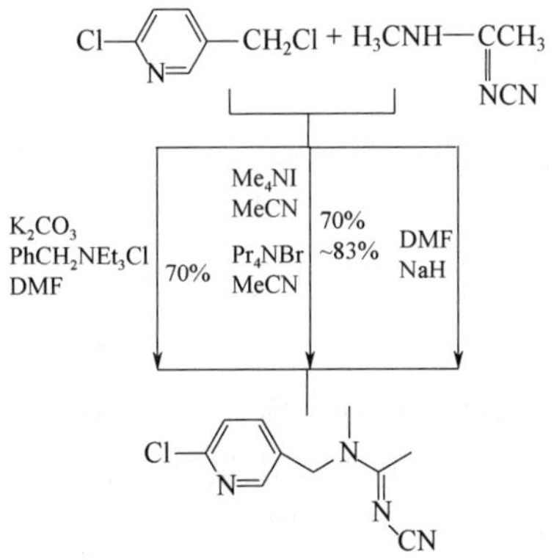

（2）间接缩合法

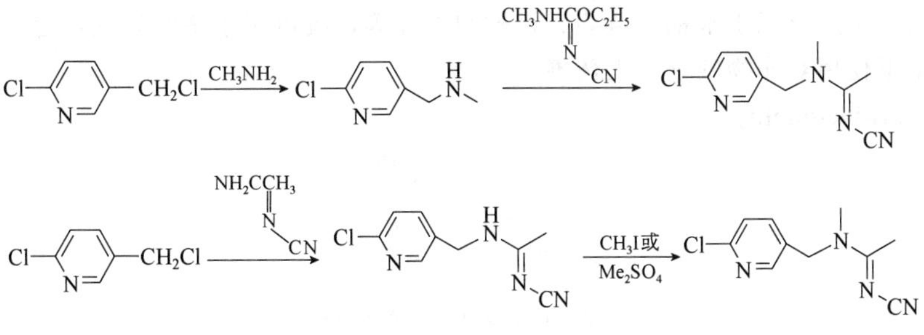

毒性 大鼠急性经口 LD_{50}：雄 217mg/kg，雌 146mg/kg；小鼠：雄 198mg/kg，雌 184mg/kg；大鼠急性经皮 $LD_{50}>2000$mg/kg。

应用 具有高效、广谱性的特性，对蚜虫、叶蝉、粉虱、蚧等同翅目害虫，小菜蛾、潜叶蛾、小食心虫等鳞翅目害虫，天牛等鞘翅目害虫，以及蓟马目害虫均有防治效果，广泛用于果树、茶、蔬菜、棉花、水稻等作物。

3. 烯啶虫胺 (nitenpyram)

C$_{11}$H$_{15}$ClN$_4$O$_2$, 270.7, 150824-47-8

在吡虫啉的基础上经过进一步修饰，由日本武田公司于1989年开发出来，并于1995年在日本获得登记并进入市场。

理化性质 纯品为浅黄色结晶体，熔点83~84℃，相对密度1.40（26℃），蒸气压1.1×10^{-9}Pa（25℃）。溶解度（20℃）：水中（pH=7）840g/L，氯仿700g/L，丙酮290g/L，二甲苯4.5g/L。

合成方法 以2-氯-5-氯甲基吡啶为起始原料，可经过如下三条不同路线制备烯啶虫胺。

毒性 大鼠急性经口LD$_{50}$：雄1680mg/kg，雌1575mg/kg；小鼠急性经口LD$_{50}$：雄867mg/kg，雌1281mg/kg；大鼠急性经皮LD$_{50}$>2000mg/kg；大鼠吸入LC$_{50}$（4h）：5.8g/L；对兔眼睛有轻微刺激，对兔皮肤无刺激。无致畸、致突变、致癌作用。

应用 具有卓越的内吸和渗透作用，低毒、高效、残效期长等特点，对各种蚜虫、粉虱、水稻叶蝉和蓟马有优异防效，对用传统杀虫剂防治产生抗药性的害虫也有良好的活性，可有效防治多种刺吸口器类害虫。可广泛用于水稻、蔬菜、果树和茶叶等，既可用于茎叶处理，也可以进行土壤处理，在推荐剂量下使用对作物安全，无药害。

4. 噻虫啉 (thiacloprid)

C$_{10}$H$_9$ClN$_4$S, 252.7, 111988-49-9

20世纪90年代由德国拜耳农化公司和日本拜耳农化公司合作开发的，对刺吸式和咀嚼式口器害虫有特效的广谱杀虫剂。

理化性质 纯品为淡黄色粉末，熔点128~129℃，蒸气压3×10^{-10}Pa（20℃）。溶解度（20℃）：水中185mg/L。土壤中半衰期为1~3周。

合成方法 可经过如下两条路线制备噻虫啉。

毒性　大鼠急性经口 LD_{50}：雄 836mg/kg，雌 444mg/kg；大鼠急性吸入 LC_{50}：雄 2535mg/m³，雌 1223mg/m³；对兔眼睛和皮肤无刺激作用，对豚鼠皮肤无致敏性。对大鼠试验无致癌作用和致突变作用。鹌鹑急性经口 LD_{50} 为 2716mg/kg。

应用　广谱、内吸性杀虫剂。主要用于水稻、水果、蔬菜、棉花防除大多数害虫。药剂对棉花、蔬菜、马铃薯和梨果类水果上的重要害虫有优异的防效。除了对蚜虫和粉虱有效外，还对各种甲虫（如马铃薯甲虫、苹果象甲、稻象甲）和鳞翅目害虫（如苹果树上潜叶蛾和苹果蠹蛾）也有效，对相应的作物都适用。根据作物、害虫、使用方式的不同，推荐用量为 48～180g(a.i.)/hm²，做叶面喷施，也有推荐 20～60 g(a.i.)/hm²。

5. 噻虫胺（clothianidin）

$C_6H_8ClN_5O_2S$, 249.7, 210880-92-5

日本武田公司继烯啶虫胺（Nitenpyram）之后，发现的又一个新烟碱类杀虫剂，属第二代，与第一代的烯啶虫胺相比，其分子结构的主要差别为：一是用氯代噻唑基团取代了吡啶基团；二是用硝基亚胺取代了硝基亚甲基部分。

理化性质　纯品为白色结晶体，无嗅，熔点 176.8℃，蒸气压 13Pa（25℃）。溶解度（20℃）：水中 0.327g/L（25℃），丙酮 15.2g/L，甲醇 6.26g/L，乙酸乙酯 2.03g/L，二氯甲烷 1.32 g/L，二甲苯 0.0128g/L，正庚烷＜0.00104g/L，正辛醇 0.938g/L。

合成方法　以 2-氯-5-氯甲基噻唑为起始原料，可经过如下三条不同路线制备噻虫胺。

毒性 大鼠急性经口 LD$_{50}$＞5000mg/kg，急性经皮 LD$_{50}$＞2000mg/kg，急性吸入 LC$_{50}$（4h）＞6.14mg/L；对家兔眼睛和皮肤无刺激性；豚鼠皮肤致敏试验结果为无致敏性。

应用 主要用于水稻、蔬菜、果树及其他作物上防治蚜虫、叶蝉、蓟马、飞虱等半翅目、鞘翅目、双翅目和某些鳞翅目类害虫的杀虫剂，具有高效、广谱、用量少、毒性低、药效持效期长、对作物无药害、使用安全、与常规农药无交互抗性等优点，有卓越的内吸和渗透作用，是替代高毒有机磷农药的又一品种。

6. 噻虫嗪（thiamethoxam）

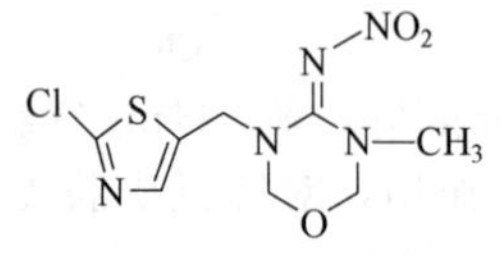

C$_8$H$_{10}$ClN$_5$O$_3$S, 291.7, 153719-23-4

理化性质 纯品为白色结晶粉末，熔点 139.1℃，蒸气压 6.6×10^{-9}Pa（20℃）。溶解度（25℃）：水中 4.1g/L，丙酮 48 g/L、乙酸乙酯 7.0 g/L、甲醇 13 g/L、二氯甲烷 110g/L、己烷＞1mg/L、辛醇 620mg/L、甲苯 680mg/L。

合成方法

（1）直接缩合法

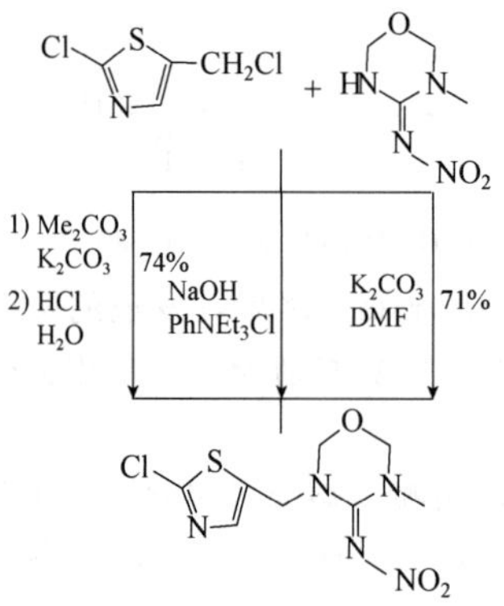

（2）间接缩合法

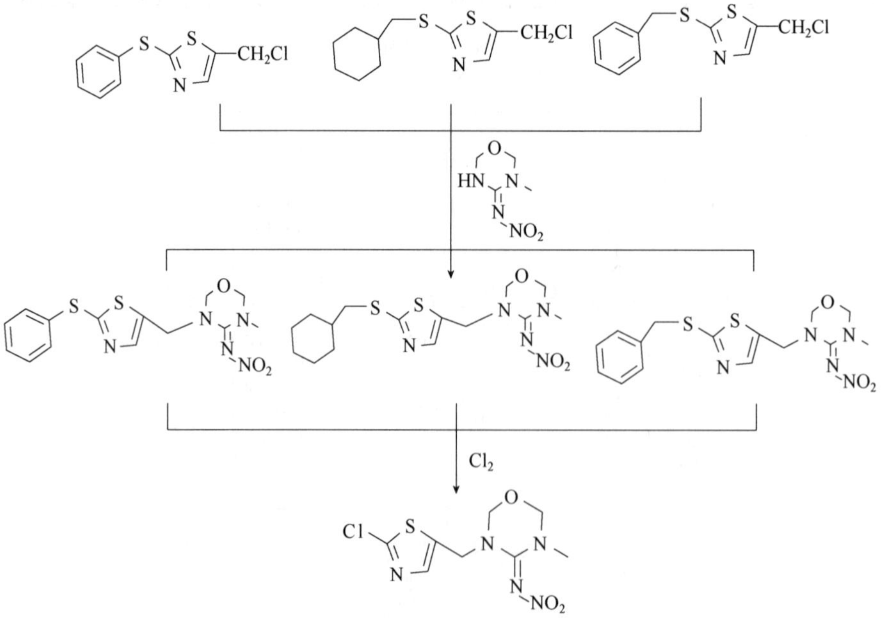

毒性　大鼠急性经口 LD_{50} 1563mg/kg，急性经皮 LD_{50}＞2000mg/kg，对眼睛和皮肤无刺激作用。

应用　能有效防治鳞翅目、鞘翅目、缨翅目等害虫，尤其是对同翅目害虫有很高的活性，可有效防治各种蚜虫、叶蝉、粉虱、金龟子幼虫、马铃薯甲虫、跳甲、线虫、地面甲虫、潜叶蛾等害虫及对多种类型化学农药产生抗性的害虫。与吡虫啉、啶虫脒、烯啶虫胺等无交互抗性。既可用于茎叶处理、种子处理，也可进行土壤处理。适宜作物为稻类作物、甜菜、油菜、马铃薯、棉花、菜豆、果树、花生、向日葵、大豆、烟草和柑橘等。在推荐剂量下，对作物安全，无药害。

7. 呋虫胺（dinotefuran）

$C_7H_{14}N_4O_3$，202.2，165252-70-0

由日本三井化学公司开发，并在 2002 年上市的新烟碱类杀虫剂，它是唯一不含氯原子和芳环的新型烟碱，它的特征取代基是（四氢-3-呋喃）甲基，被称为第三代新烟碱类杀虫剂。

理化性质　纯品为白色结晶，熔点 107.5℃，工业品熔点为 94.5～101.5℃，蒸气压＜ $1.7×10^{-6}$ Pa（30℃）。溶解度（20℃）：水中 40g/L，正己烷 $9.0×10^{-6}$ g/L，二甲苯 $7.3×10^{-3}$ g/L，丙酮 8g/L、乙酸乙酯 7.0g/L、甲醇 57g/L。

合成方法　以（四氢-3-呋喃）甲胺为起始原料，可经过如下四条不同路线制备呋虫胺。

毒性　大鼠急性经口 LD_{50}：雄 2450mg/kg，雌 2275mg/kg；小鼠急性经口 LD_{50}：雄 2840mg/kg，雌 2000mg/kg；大鼠急性经皮 LD_{50}＞2000mg/kg。无致畸、致癌和致突变性。对鲤鱼 TL_m（48h）＞1000mg/L，对水蚤＞1000mg/L。鹌鹑急性经口 LD_{50}＞1000 mg/kg。对蜜蜂安全，并且不影响蜜蜂采蜜。

应用　具有触杀、胃毒和根部内吸性强、速效高、持效期长、杀虫谱广等特点，且对刺吸口器害虫有优异防效，并在很低的剂量下即显示了很高的杀虫活性。主要用于防治小麦、水稻、棉花、蔬菜、果树、烟叶等多种作物上的蚜虫、叶蝉、飞虱、蓟马、粉虱及其抗性品系，同时对鞘翅目、双翅目和鳞翅目、双翅目、甲虫目和总翅目害虫有高效，并对蜚蠊、白蚁、家蝇等卫生害虫有高效。

8. 哌虫啶

$C_{17}H_{23}ClN_4O_3$，366.8，948994-16-9

哌虫啶为上海华东理工大学和江苏克胜集团股份有限公司于 2008 年联合开发的新型高效、低毒、广谱的新烟碱类杀虫剂。

理化性质　纯品为淡黄色粉末，熔点 130.2～131.9℃，蒸气压 200mPa（20℃）。溶解度（20℃）：水中 0.61g/L，乙腈 50g/L，二氯甲烷 55g/L。

合成方法

毒性　大鼠急性经口 LD_{50}＞5000mg/kg，大鼠急性经皮 LD_{50}＞5150mg/kg。

应用　主要用于防治同翅目害虫，对稻飞虱具有良好的防治效果，防效达 90％以上，对蔬菜蚜虫的防效达 94％以上，明显优于已产生抗性的吡虫啉。可广泛用于果树、小麦、大豆、蔬菜、水稻和玉米等多种作物害虫的防治。

四、结构与活性的关系

对新烟碱类杀虫剂定量构效关系的研究，主要使用 3D-QSAR 方法，而其中应用最为广泛的是比较分子力场分析（comparative molecular field analysis，CoMFA）和比较分子相似因子分析（comparative molecular similarity index analysis，CoMSIA）。

例如在新烟碱类杀虫剂方面，刘春萍等人采用 CoMFA，对一系列与 nAChRs 作用的吡啶基醚类配体（包括尼古丁类似物、地棘蛙素类似物和吡啶基醚类化合物）进行构效关系分析，建立了这类化合物的三维构效关系模型。该模型对训练集分子的活性月测结果较好。这表明该力场模型有一定的预测能力，可用于设计新的 nAChRs 激动剂化合物。

Nakayama 等人通过研究吡虫啉、啶虫脒等 18 个新烟碱类化合物对蜜蜂 nAChRs 的结合常数（pK_i）和分子模拟性的关系，建立了此类杀虫剂的活性高低与模拟性的定量关系。求出形状相似性 S 最大重叠时的电子模拟值 R_{AB}，由此了解 R_B 与 pK_i 的相关性。

Sukekawa 等人运用分子模拟法对吡虫啉、啶虫脒等进行 QSAR 分析，以 PLS 分析受体配体活性和分子模拟参数的相关性。试验结果表明，分子的立体和电性相似性对测试化合物的活性有重要意义。

Zhang 等人运用折射拓扑指数表征原子描述符方法对重氮乙烷新烟碱类化合物进行 QSAR 分析，结果在原子及原子碎片水平上总结了与 nAChRs 以氢键及色散力作用的重氮乙烷新烟碱类化合物所必须具有的结构特征，并得到了相关数据，对此方面的研究具有指导意义。

Okazawa 等人对开链化合物和闭环化合物进行了 3D-QSAR 研究，得到了具有一定预测能力的 QSAR 模型。研究表明，与相对应的闭环化合物比较，开链化合物具有更低的亲脂性。根据 CoMFA 结果，吡虫啉、烯啶虫胺和啶虫脒与受体的结合模型如彩图 1-6-10 所示。结合模型表明，吡啶环上的氮原子与 nAChR 的氢键给体相互作用，咪唑烷 1-位上的氮原子与电负性区域相互作用。一方面，开链化合物（如烯啶虫胺和啶虫脒）和闭环化合物吡虫啉一样，与受体电负性的静电势的结合区域都在 N-硝基基团上的氧原子附近。另一方面，在吡虫啉咪唑烷 3-位氮原子上的立体禁止区域对于授受体结合也非常重要。在吡啶环上的 6-氯周围区域是立体允许区域。很明显的，立体相互作用对开链化合物来说显得更加重要。

总体来说，开链化合物和吡虫啉分别与 nAChR 的结合模式相似，并且它们的静电性影响着它们与受体的结合亲和力。

此外，巨修练等人采用比较分子力场分析和比较分子相似性指数分析方法，分别对一系列新烟碱类杀虫剂及相关化合物烟碱乙酰胆碱受体激动剂进行了结构与活性关系的研究，构建了 CoMFA 及 CoMSIA 模型；该模型具有较好的预报能力和拟合能力。通过三维等势图分析得出了对新烟碱类活性影响较大的基团或原子，为新烟碱类化合物的进一步研究提供了依据。

到目前为止，人们通过对烟碱、烟碱类似物及新烟碱类化合物近 30 年的结构与活性的定性、定量构效关系研究，以它们为依据，对该类化合物进行了结构改造，已开发出以吡虫啉为代表的 10 多种新烟碱类杀虫剂。但总体来说数目还是有限的，尚不能满足农业生产的需要，且据国外抗药性监测发现，已商品化的多种新烟碱类杀虫剂目前已产生不同程度的抗性等问题。此外，新烟碱类杀虫剂的作用机理研究仍不十分完善。为了更好地发挥新烟碱类杀虫剂的优点，克服其不足，有必要对它们的定量构效关系进行深入研究，在此基础上从分子水平上进一步阐明其作用机理，进而为解决新烟碱类杀虫剂存在的问题，开发出数量更多、品质更好的新烟碱类杀虫剂提供理论基础。

五、活性衍生物及其发展趋势

目前，普遍认为新烟碱类化合物的分子结构分为 5 个部分（见图 1-6-11）：Ⅰ 为杂环部分（Het），主要以 6-氯-3-吡啶、2-氯-5-噻唑及四氢呋喃环的活性最高；Ⅱ 为桥键部分，当两个杂环之间只有一个亚甲基相连时，化合物活性最高，两个杂环直接相连或由两个亚甲基相连时活性较低；Ⅲ 为吸电子基团（或称功能基团、药效团）部分，主要以硝基亚甲基（C＝C—NO₂）、硝基亚氨基（C＝N—NO₂）和氰基亚氨基（C＝N—CN）为主；Ⅳ 为正电中心部分，一般情况下认为 T 为氮原子、Z 为氮或硫原子时有较好的杀虫活性；Ⅴ 为取代基部分，主要为脂肪链状结构，或与 Ⅳ 部分一起形成含 N 或含 N、S 的杂环结构，环的大小对杀虫剂生物活性影响很大，一般以五元环或六元环的活性较高。

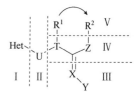

图 1-6-11　新烟碱类杀虫剂的结构特征

目前已经商品化和正在开发的新烟碱类杀虫剂的结构变化趋势表明，Ⅱ、Ⅳ、Ⅴ 部分的结构改造空间有限，基本上是以吡虫啉、噻虫嗪、呋虫胺 3 种代表性的商品化新烟碱类杀虫剂为母体进行细枝末节的调整，而杂环部分（Ⅰ）和功能基团部分（Ⅲ）的结构却在不断丰富。随着对昆虫 nAChRs 结构的深入了解和对新烟碱类分子与靶标之间相互作用机制的不断探索，研究人员陆续开发出了许多结构新颖的新烟碱类化合物。

（一）杂环基团（Het）的修饰

早期研究人员对杂环基团的结构修饰主要集中在 IMI 的吡啶环上，通过在吡啶环 5 位上引入烷基、烷氧基、卤素以及一些吸电子基团，设计合成了一系列衍生物并进行了生物活性测试。

研究结果表明：在吡啶环 5-位引入取代基，在一定程度上会降低 IMI 与昆虫 nAChRs 的亲和力，这主要是由于取代基的空间位阻和电性特征显著影响了两者的结合强度。其中在吡啶环 5-位上引入大体积的取代基或烷氧基时活性降低最为明显，而引入较小的脂溶性基团能够使化合物保持较好的杀虫活性。

最近，Kagabu 等用含氟烃基替代 IMI 的氯吡啶基团，设计合成了一系列含氟链烃基的 2-（N-硝基亚胺）咪唑啉衍生物，并进行了杀虫活性测试。研究结果表明，大多数化合物表现出中等活性，其中含氟丙基、氟丁基的衍生物具有较为显著的杀虫活性。结合取代基团的电子性质和几何特征，研究人员提出这类含氟烃基化合物与昆虫 nAChRs 之间的相互作用机制为：氟丙基和氟丁基中的氟原子能够提供类似于新烟碱类杀虫剂杂环部分的氧（氮）杂原子的氢键受体位点，这是影响化合物杀虫活性的重要因素。但氟原子形成氢键的能力要比氧（氮）杂原子弱，同时，含氟烃基的疏水性质与新烟碱类化合物（芳香）杂环部分的疏水性质也有很大差别，这些因素导致了含氟烃基衍生物的杀虫活性整体上要比已经商品化的新烟碱类化合物低。

Kagabu 等在 2009 年又系统报道了用含炔基、氟（氯）的链烃基、环氧环戊基替代 IMI 的氯吡啶基团，设计并制备了系列衍生物（见图 1-6-12），将这些类似物作为分子探针研究了它们与昆虫 nAChRs 的作用机制。结果表明：含 NCH$_2$CH$_2$CH$_2$F 和 NCH$_2$CH$_2$C（O）CH$_3$ 取代基的烟碱类似物较含其他取代基的化合物对果蝇 nAChRs 具有更高的亲和力。这是因为在适当位置的羰基和氟作为氢键受体较其他基团对氢键的形成起到更为重要的作用。其中含甲基酮的烟碱类似物与受体靶标的亲和性很高，这缘于甲基酮中的羰基氧可作为氢键受体与靶标发生相互作用；而含三氟甲基酮的烟碱类似物的亲和力很低，这是因为三氟甲基的强拉电子性使羰基氧的化学结构很容易转化为烯醇式而变成氢键供体；对于含氯丙基的烟碱类似物，氯原子不能提供氢键位点，而是以范德华力或疏水作用与烟碱受体结合。

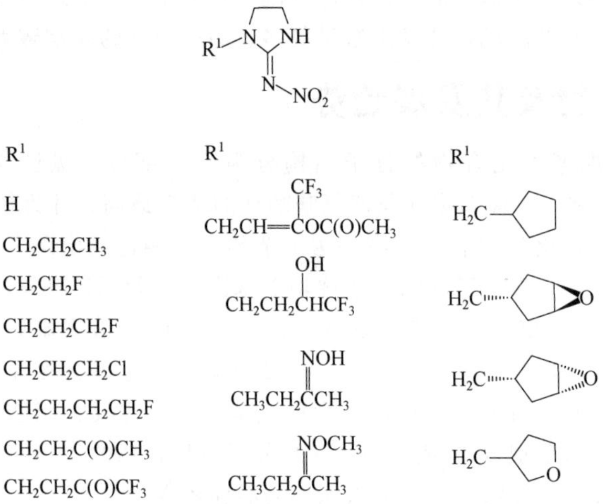

图 1-6-12　Het 改造的系列衍生物

（二）功能基团的修饰

Casida 等在 2002 年针对 IMI 的药效团（即 Ⅲ 部分）进行了结构改造，设计制备了含＝NH、＝NNO$_2$、＝C（H）NO$_2$ 和＝NCN 系列的烟碱类化合物，并测试了它们对果蝇 nAChRs 和哺乳动物烟碱受体 $\alpha 4\beta 2$ 亚基的选择性作用。实验结果表明：未被硝基或氰基取代的＝NH 烟碱化合物对哺乳动物烟碱受体 $\alpha 4\beta 2$ 亚基表现出很高的亲和力，甚至超出天然烟碱与受体的亲和作用；相比之下，功能基团末端被取代后呈电负性的＝NNO$_2$、＝C（H）NO$_2$ 和＝NCN 烟碱探针对果蝇 nAChRs 有很好的结合作用。这一结果证实了 Casida 等在 2000 年提出的假说：不同的烟碱类化合物与哺乳动物烟碱受体 $\alpha 4\beta 2$ 亚基和昆虫 nAChRs 之间的作用模式是不同的。＝NH 烟碱探针在生理条件下很容易被质子化，可与哺乳动物烟碱受体 $\alpha 4\beta 2$ 亚基的阴离子结合位点发生特异性结合；而呈电负性的＝NNO$_2$、＝C（H）NO$_2$ 和＝NCN 烟碱探针能够选择性地识别昆虫 nAChRs 的阳离子结合位点。由此可见，选择性作用于哺乳动物和昆虫 nAChRs 的烟碱化合物具有显著不同的分子特征。随后，同一研究组的 Kanne 等在 2005 年设计并制备了 4 种硝基胍烟碱类杀虫剂，即吡虫啉、噻虫嗪、噻虫胺、呋虫胺的胍衍生物、氨基胍及取代氨基胍衍生物（见图 1-6-13），并测试了它们对果蝇烟碱受体和脊椎动物烟碱受体 $\alpha 4\beta 2$ 亚基的药效作用。结果表明：随着硝基胍转化为胍、氨基胍，烟碱类似物对果蝇 nAChRs

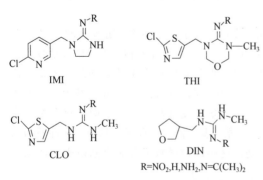

图 1-6-13　四种硝基胍新烟碱杀虫剂的衍生物

的作用效果明显下降；相比之下，随着硝基胍转化为氨基胍，特别是胍衍生物，对于脊椎动物烟碱受体 $\alpha4\beta2$ 亚基的作用效果则有很大的提高。该研究结果也进一步证实了 Casida 等在 2000 年提出的假说。

含有 $=NNO_2$、$=NCN$、$=C(H)NO_2$ 功能基团是新烟碱类杀虫剂的重要分子特征。Celie 等通过模拟 AChBP 细胞外域与配体的结合模型指出，与配体产生结合作用的位点主要集中在昆虫 nAChRs 的 α 亚基和 β 亚基的界面区域。进一步研究发现，在 AChBP-IMI（或 THIA）复合物晶体结构中，有一个超出硝基末端氧（或氰基末端氮）大约 0.6nm 深的独特凹穴。基于烟碱配体应与昆虫 nAChRs 的 β 亚基的 loop D 氨基酸相匹配的思想，Tomizawa 等在 2008 年设计了吡虫啉和噻虫啉的 N-取代亚胺的系列衍生物（见图 1-6-14），即用 $=NC(O)R$（R 为吡嗪、吡啶或氯吡啶、苯基或氯苯基、三氟甲基）替代 $=NNO_2$、$=NCN$，并测试了它们对果蝇 nAChRs 的亲和力。结果表明，吡嗪、三氟甲基和吡啶的衍生物对果蝇 nAChRs 具有较好的亲和性。进一步的构效关系研究表明，氢键受体和范德华相互作用对识别结合区域的氨基酸（即昆虫 nAChRs 的 β 亚基的 loop D 氨基酸）起到关键作用。吡嗪基由于可提供两个氢键受体位点，故而对昆虫 nAChRs 的药效很高；三氟甲基由于同时提供氢键受体和范德华相互作用，因此具有较高的亲和力。Tomizawa 等又以 IMI 和 THIA 为对照，针对药效较好的吡嗪和三氟甲基衍生物做了选择性毒性试验。结果表明，与 IMI 和 THIA 类似，吡嗪和三氟甲基衍生物均有较好的靶标位点选择性。深入的研究表明，昆虫 nAChR 的 α 亚基可以很好地识别含有 $=NNO_2$（或 $=NCN$）的 IMI（或 THIA）化合物；昆虫 nAChRs 的 β 亚基对于识别含有 $=NC(O)R$（R 为吡嗪、吡啶或三氟甲基）的烟碱类似物起到很关键的作用，β 亚基的 loop D 氨基酸形成的 0.6nm 深度独特空腔能够很好地包围 $=NC(O)R$（R 为吡嗪、吡啶或三氟甲基）延伸出的取代基部分。

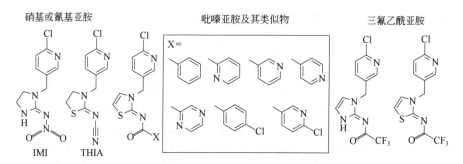

图 1-6-14　吡虫啉和噻虫啉的 N-取代亚胺系列衍生物

Casida 等在 2009 年将烟碱药效基团 $=NNO_2$ 替换成 $=NNO$、$=NC(O)H$、$=NC(O)R$、$=NC(O)OR$ 等电负性基团，合成了系列类似物（见图 1-6-15），并测试了这些烟碱类似物对果蝇 nAChRs 的作用效果。结果表明，$=NNO$ 类似物基本保留了与 $=NNO_2$ 烟碱化合物相当的亲和力，而其电子等排体 $=NC(O)H$ 类似物对果蝇 nAChR 的亲和力有所下降；对于 $=NC(O)R$ 和 $=NC(O)OR$ 类似物，当 R 为甲基、三氟甲基、苯基、3-吡啶时，其对果蝇 nAChRs 的亲和力由中等水平逐步升高；

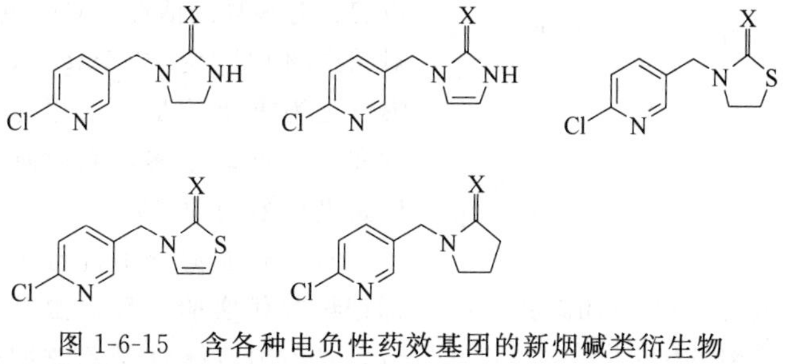

图 1-6-15　含各种电负性药效基团的新烟碱类衍生物

对于含＝NNO、＝NC(O)H电负性基团的类似物，末端氧的空间取向决定了其与靶标结合力的强弱；对于含＝NC(O)R、＝NC(O)OR药效基团的类似物，其延伸出的取代基R能够很好地被靶标独特的凹穴区域识别。

针对近两年在IMI、THIA、DIN药效基团改造和杂环改造方面所取得的研究成果，Casida等选取了部分代表性的新烟碱类化合物，针对昆虫nAChRs结构模型进行了分子对接，预测二者在结合位点的相互作用模型。研究结果表明：①杂环氯吡啶（或氯噻唑）的Cl或四氢呋喃的O可与loop E的N131和L141骨架羰基氧及其附近残基有很好的范德华相互作用；②吡啶（噻唑）的N或四氢呋喃的O可通过水桥与loop E的I143骨架C＝O和loop B的W174骨架NH形成氢键；③电子共轭的胍平面可与loop C的Y224芳香环形成π-π堆积作用，也可与其他的芳香残基（如loop B的W174吲哚部分）形成π-π堆积或疏水相互作用；④含有＝NNO$_2$、＝NCN、＝NNO或＝NC(O)H等药效基团的类似物主要与昆虫nAChRs的α亚基的loop C末端发生相互作用，如＝NNO的末端氧可以和loop C中的C226骨架NH或loop D中的W79侧链NH形成氢键；⑤对于含＝NC(O)R、＝NC(O)OR药效基团的类似物，延伸出的取代基能够被β亚基的loop D氨基酸所形成的0.6nm深度独特凹穴包围，这一位置是之前的＝NNO$_2$、＝NCN、＝NNO或＝NC(O)H等药效基团延伸不到的。如＝NC(O)R（R为吡嗪或吡啶）的吡嗪5位N可与loop D的R81柔性侧链胍基NH$_2$形成氢键，其2位N可与loop D的W79吲哚NH形成氢键，或是＝NC(O)R的氧原子与W79吲哚NH形成氢键，可见整个吡嗪甲酰基都能与loop D的氨基酸相互识别。而当R为苯基时，其作用机制则有所不同。如＝NC(O)OR（R为苯基）中的C＝O氧类似于IMI中NO$_2$氧，可与W79吲哚NH形成氢键；苯氧基的O可与C226骨架NH和W79吲哚NH形成氢键；苯环与W79吲哚形成T型芳香相互作用，它能提供与经典的π-π堆积相似的相互作用，因而相当稳定。

（三）顺反构型的改造及其初步作用机制探索

农药分子的构型通常是影响其活性和作用机制的关键。新烟碱类化合物由于含C＝N或C＝C而具有顺式（Z）和反式（E）两种构型。已有研究表明，吡虫啉无论在气相还是在水相中均以反式构型为主，现有的吡虫啉与昆虫靶标的作用模式也是基于反式结构提出的。硝基是新烟碱类化合物重要的活性基团，其构型的改变可能会引起化合物杀虫活性和作用机制的改变。

Li等于2007年从硝基亚甲基类新烟碱化合物出发，通过引入四氢吡啶环固定顺式构型，并采用环外醚基和烷基取代，适当调节化合物的脂溶性和硝基的构型，合成了顺式硝基亚甲基类系列衍生物（见图1-6-16）。研究结果表明，这些化合物对蚜虫具有较好的杀虫活性。烃基的引入可明显提高化合物对吡虫啉抗性品系的活性。考虑到稠环的引入在一定程度上提高了分子的刚性，有可能影响小分子化合物与昆虫靶标的有效结合，Li等又于2009年引入较大的位阻基团来控制硝基，为顺式构型合成了一系列新烟碱类似物（见图1-6-16），其中位阻基团为五元芳香杂环的新烟碱类似物，对豆蚜和黏虫表现出较高的杀虫活性。

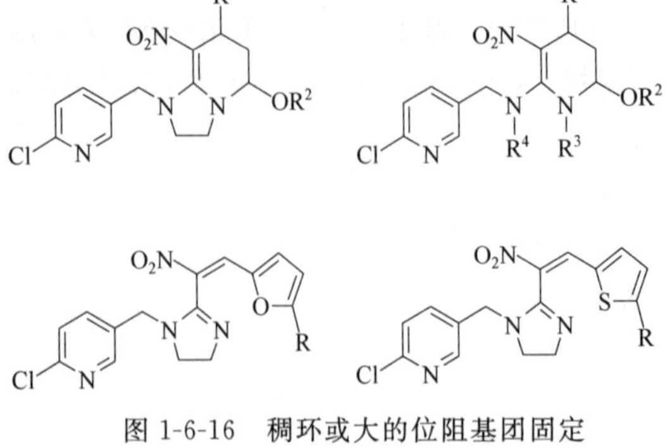

图1-6-16 稠环或大的位阻基团固定顺式构型的新烟碱类衍生物

最近，钱旭红研究组研究出双联和氧桥杂环新烟碱化合物，结构如图1-6-17所示。其中环氧虫啶具有很高的活性，对蚜虫的LC$_{50}$为1.52mg/L，对黏虫的LC$_{50}$为12.5mg/L，其活性显著超过吡虫啉。更为重要的是，该化合物对敏感的褐飞虱活性和吡虫啉差不多，而对吡虫啉抗性褐飞虱的活性是吡虫啉的50倍。

对环氧虫啶分别进行了电生理实验和同位素标记物取代实验，环氧虫啶可以抑制激动剂的反应，对美国蜚蠊烟碱乙酰胆碱受体和卵母细胞表

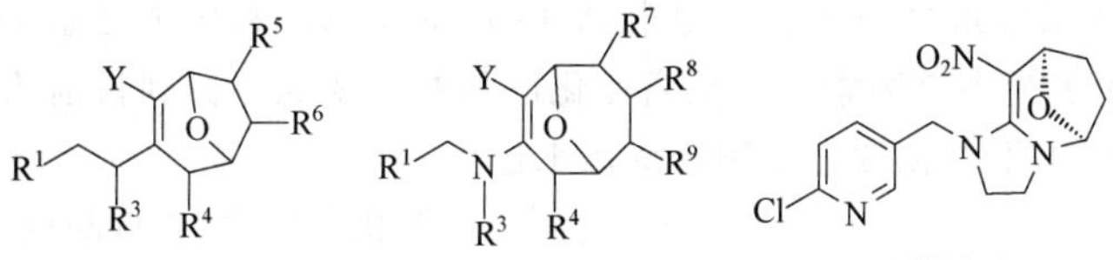

图 1-6-17 双联和氧桥杂环新烟碱化合物

达的 NI α1/β2 受体没有激动作用，并且可以抑制激动剂乙酰胆碱的反应，这些实验表明化合物是烟碱乙酰胆碱受体（nAChRs）的拮抗剂。

一系列的研究结果表明，顺式构型的新烟碱类化合物具有与反式构型相当的杀虫活性。而初步的作用机制研究表明，这些化合物可能与传统反式构型的新烟碱类杀虫剂具有不同的作用位点。这一发现为当今新烟碱类杀虫剂的进一步探索与开发提供了新的研究思路。

通过对顺式构型的新烟碱类化合物进行系统的定量构效关系研究时发现，含硝基的新烟碱类化合物的硝基末端氧在配体与靶标蛋白之间的相互作用中仅提供一个氢键受体位点。结合已经报道的研究成果——含=NNO 的新烟碱类衍生物基本保留了与含=NNO$_2$ 的新烟碱类衍生物相当的生物活性，硝基的可修饰性有望为今后新烟碱类杀虫剂的创制工作提供很大的发展空间，同样能够提供一个氢键受体位点的稳定官能团，如羰基等也许是硝基很好的替代基团。

新烟碱类杀虫剂由于其作用机制独特、高效、低毒、对环境安全，仍然是当今新农药创制的热点领域之一。昆虫 nAChRs 是新烟碱类杀虫剂的独特作用靶标，迄今为止，关于 nAChRs 的最新进展主要来源于脊椎动物受体的研究，还未真正获得昆虫 nAChRs 的晶体结构。最近有研究表明，已经通过结晶得到了乙酰胆碱绑定蛋白（AChBP）的五聚体晶体结构及其重要的复合物结构。作为 nAChRs 的同源蛋白，AChBP 能够为新烟碱类杀虫剂的靶标蛋白提供氨基酸末端与配体结合区域的信息和作用特点，这为进一步探索新烟碱类杀虫剂与昆虫 nAChRs 的作用机制提供了有力的理论帮助，为开发新颖、高效的新型烟碱类化合物开辟了一条崭新的研究途径。

第三节　多杀菌素类杀虫剂

多杀菌素（spinosad）是美国礼来公司对大量的土样进行筛选后于 1985 年发现的，由土壤放线菌刺糖多孢菌（Saccharopolyspors spinosa Mertz & Yao）有氧发酵而得到的次级代谢物，其有效成分是大环多杀菌素 spinosyn A 和 spinosyn D，二者混合的比例约为 85：15，它兼有生物农药的安全性和化学合成农药的速效性，且具有低毒、低残留、对昆虫天敌安全、自然分解快的特点，曾获得美国"总统绿色化学品挑战奖"。多杀菌素在国外已经投入使用，主要由美国陶氏益农公司（Dow Agrosciences Company）生产。在我国登记的多杀菌素主要用于棉花上的"催杀"（多杀菌素 48％悬浮剂）和用于蔬菜上的"菜喜"（多杀菌素 2.5％悬浮剂）。多杀菌素可有效地防治广谱的害虫，不认是胃毒或触杀都显示出极高的活性，它们高效的杀虫活性及独特的作用机制，及对环境友好和低毒的特点，受到农药界的高度重视，目前已有 250 余篇有关它们的化学、生物学及生物化学的研究发表。到 1999 年多杀菌素已经在 24 个国家、100 多种作物上进行了注册登记。

一、多杀菌素的结构与性质

1990 年，Boeck 等首次从刺糖多孢菌 NRRL-18395 的培养液中分离出了多杀菌素组分 A、B、C、D、E、F、H、J 和多杀菌素 A 假糖苷配基，其中多杀菌素 A 组分占 85％～90％，多杀菌素 D 组分占 10％～15％，多杀菌素 B、C、E、F、H、J 组分和多杀菌素 A 假糖苷配基均为次要组分。在 S. Spinosa 野生型菌株产生的多杀菌素混合物中，至少也发现有 10 种组分（多杀菌素 A～J），其中最主要组分和杀虫活性最高的是多杀菌素 A（spinosyn A）和多杀菌素 D（spinosyn D），合称为 spinosad，中文通用名为多杀菌素，它是商业化产品的主要成分。到目前为止，已有多种在糖苷配基和糖上 N、O 和 C 上甲基化的衍生物分离出来过。

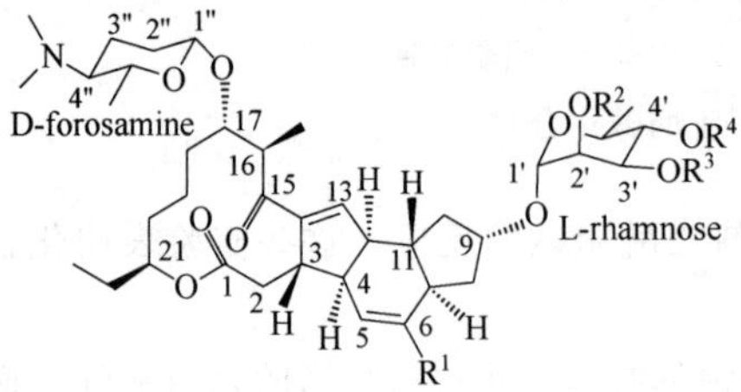

化合物	因子	R^1	R^2	R^3	R^4
1-6-1	A	H	CH_3	CH_3	CH_3
1-6-2	D	CH_3	CH_3	CH_3	CH_3
1-6-3	H	H	H	CH_3	CH_3
1-6-4	Q	CH_3	H	CH_3	CH_3
1-6-5	J	H	CH_3	H	CH_3
1-6-6	L	CH_3	CH_3	H	CH_3
1-6-7	K	H	CH_3	CH_3	H
1-6-8	O	CH_3	CH_3	CH_3	H

图 1-6-18 多杀菌素的结构

该化合物除去两侧的两个糖基外，基本骨架为一 12 元大环内酯与一三环系并联，骨架分子中含有 9 个手性中心，分子中含有一个 α，β 不饱和酮和一个独立的双键，四环系两侧的两个羟基分别与氨基糖和鼠李糖苷相连。由质谱和核磁共振以及单晶 X 射线衍射研究证实了有关多杀菌素的立体化学结构（见图 1-6-18）。

多杀菌素为浅灰白色的固体结晶，带有一种类似于轻微陈腐泥土的气味。在水溶液中 pH 值为 7.74，对金属和金属离子在 28 d 内相对稳定，商业化产品的保质期为 3 年。多杀菌素在空气中不易挥发，蒸气压大约为 1.3×10^{-10} Pa，在环境中通过多种途径组合的方式进行降解，主要为光降解和微生物降解，最终变成碳、氢、氧、氮等自然组分。表 1-6-3 概括了多杀菌素 A 和多杀菌素 D 的一些物理与化学性质。

表 1-6-3 多杀菌素 A 和多杀菌素 D 的物理与化学性质

性 质	多杀菌素 A	多杀菌素 D
相对分子质量	731.98	746.00
分子式	$C_{42}H_{67}NO_{16}$	$C_{41}H_{65}NO_{16}$
熔点	84～99.5℃	161.5～170 ℃
蒸气压	2.4×10^{-10} Pa	1.6×10^{-10} Pa
水中溶解度（pH5.0）	290 $\mu g/mL$	29 $\mu g/mL$
水中溶解度（pH7.0）	235 $\mu g/mL$	0.332 $\mu g/mL$
水中溶解度（pH9.0）	16 $\mu g/mL$	0.053 $\mu g/mL$
正辛醇/水分配系数（pH5.0）	$\lg P = 2.8$	$\lg P = 3.2$
正辛醇/水分配系数（pH7.0）	$\lg P = 4.0$	$\lg P = 4.5$
正辛醇/水分配系数（pH9.0）	$\lg P = 5.2$	$\lg P = 5.2$

多杀菌素在环境中通过多途径进行降解，主要为光降解和微生物降解，最终变成碳、氢、氧、氮等自然成分。在土壤中光降解的半衰期是 9～10d。水中光降解的半衰期不到 1d，而在叶子表面光降解的半衰期为 1.6～16d。无光条件下土壤中有氧分解的半衰期是 9～17d。多杀菌素在 pH5～7 时相对稳定，并且在 pH9 时的半衰期至少有 200d，所以水解作用对它的降解影响不大。多杀菌素在自然或人为光源中迅速分解为非活性物质是其主要的缺点。

二、多杀菌素的作用机制

多杀菌素 A 处理试虫的早期症状是由非功能性肌肉收缩引起的姿态变化，症状之一是由足伸直引起的身体上升。在处理后的第二阶段试虫姿态改变严重而倒下且不能恢复原态。这时出现广泛的震颤，最终震颤停止，试虫瘫痪。昆虫腿部肌肉是由运动神经元控制的，对运动神经元的记录揭示了这种异常行为的原因，多杀菌素 A 诱导大量运动神经元持续活化，而导致身体内大部分肌肉收缩，在腿部，支撑身体重量的肌肉比反方向的肌肉要强有力，所以身体会上升，蜚蠊神经的电生理记录显示经多杀菌素 A 处理后其中央神经系统联结处的活性一直都异常的高，而周围神经系统活性的增加更加剧烈。切断远侧的神经证实蜚蠊腿部增加的神经活性是来自于中央神经系统。对蜚蠊巨大神经轴的微电极研究证实了多杀菌素 A 只影响神经活性而不影响轴的传导。而且，人们发现瘫痪试虫的神经活性维持在高水平，这个事实表明瘫痪要么是由于没有神经肌的传递，要么是由于没有兴奋收缩偶联。所以多杀菌素 A 最初是通过激活中央神经系统的神经细胞而引起非功能性的肌肉收缩和震颤。而且，当以亚微摩尔浓度应用到分离的神经节上时，多杀菌素 A 能直接激活中央神经系统，在多杀菌素 A 诱导的延长的超兴奋之后，昆虫出现瘫痪症状，这显然是神经过度运动后的疲劳，而不是对神经肌系统的直接作用。

多杀菌素的作用机制新颖而独特，它既属于胃毒型杀虫剂，又属于触杀型杀虫剂，作用靶标不是乙酰胆碱酯酶（AchE）和 Na^+ 通道，这不同于传统的有机磷类和拟除虫菊酯类杀虫剂。多杀菌素作用于烟碱型乙酰胆碱受体（nAchR），虽然吡虫啉等烟碱类杀虫剂也作用于 nAchR，但是两者还是有差异的，最新的研究指出多杀菌素不是抑制乙酰胆碱（Ach）的反应，而是极大地延长其作用时间，实验表明它能与 Ach 同时作用，因此，它一定作用于 Ach 独特的位点。即多杀菌素在 nAchE 上的作用位点并不是吡虫啉在 nAchE 的作用位点。另外，也有研究表明多杀菌素作用于 γ-氨基丁酸（GABA）门控氯离子通道，从而引起昆虫的全身麻痹并伴随其体液的流失。但是同样发现多杀菌素的 GABA 相关作用机理与已知的阿维菌素类、氟虫腈类或者环戊二烯类等杀虫剂的作用模式有较大的差异。

人们经常用已知的作用靶标来检验新化合物的作用位点，这种方法并不能确定多杀菌素的作用方式，在对 60 多个药物和毒素靶标位点进行的体外测定试验中，多杀菌素并没有明显的效应，这个结果表明多杀菌素的作用位点是新的。目前为止，尚未发现多杀菌素与其他各类杀虫剂存在交互抗机制，因此它能有效地和各种杀虫剂交替使用。

三、结构修饰

改变分子结构上的取代基，是对天然产物进行改进的一个重要方向，对阿维菌素的成功改造，为多杀菌素的改造提供了一定的参考依据。

多杀菌素最主要的活性是针对鳞翅目昆虫的，同时对有益的昆虫还保持了很高的安全性。尽管对某些害虫也有效，但还没有达到能够运用到田间控制虫害的标准。因此进一步研究的目的就是为了确定这些限制的原因，寻找到控制不同害虫更为有效的化合物。

一种化合物控制特定害虫的能力由它内在活性和害虫暴露在该物质中的程度来决定。多杀菌素是一个相对非极性的分子（$K_{ow}lgP$ 4.0，pH 7），水溶性低（235mg/L，pH 7），这使得多杀菌素在所喷施的作物上不能很好地被吸收和传导。同时杀虫谱还不理想，因此进一步的努力主要集中在提高其内在活性和在作物表面的光稳定性上。在目前的研究中，对多杀菌素的结构改造主要是对两个糖基的修改。

由于对糖基的改造缺乏选择性，类似物的合成只能是同时改造或同时去掉两个糖基。但当微量的多杀菌素 H、J 和 K 被发现和分离以后，一个更为可行的改造多杀菌素的方法出现了，即改造糖基上醚的部分。第一个类似物是多杀菌素 J 的一个衍生物，在鼠李糖基的 $3'$-位由天然的甲基醚转变为乙基醚，仅仅是多加了一个亚甲基，其活性就提高了 10 倍。

（一）母核的修饰

由于绝大多数的天然产物结构复杂，对于它们进行系统的结构与活性关系的研究是不很切实际的，对它们进行结构修饰的可能性仅限于分子中存在的有可能的反应位置。因此，对于多杀菌素的修饰也只能限于利用它们可进行的酸性水解（失去氨基糖）和碱性水解（失去氨基糖和/或在 C_{17} 位脱水），光解，和氧化反应（形成 N-氧化物及/或脱甲基）等有限的手段上。尽管有这些限制，但还是完成了相当量的结构衍生工作。对于很多天然产物来说，结构的修饰往往降低，甚至失去了原来的活性，例如部分/或完全脱去糖单元或者破坏了烯酮结构，所得化合物的生物活性只有原来的 10%。同样由鼠李糖上除去一个或多个甲基也是对活性极为不利的。按照一般的规则，生物活性与分子的疏水性极为相关，增加整个分子疏水性往往可以改进活性，而对于分子极性的修饰则是相反结果，极性大对于活性不利。

有意义的结构改造是在对分子中的孤立双键的衍生，将 spinosyn A 分子中 $C_5 \sim C_6$ 的双键进行亲电进攻，这时会发生高度的非对映选择性，尽管凹形的 β 面对于亲电基团的进攻具有立体阻碍作用，但是环氧化还是有利于 β 面进行环氧化（**1-6-10**），所得产物的比率是 5:1，这是由于分子中扭角的应力所致。同样，用氧化汞/还原反应，则生成 5-α 羟基衍生物（**1-6-11**），选择性大于 30:1。采用均相催化反应（如用 Wilkinson 催化剂）结果是 5,6-位双键被选择性地还原（**1-6-12**）。虽然如用异相催化则得到单一的 5,6-位还原产物，反应必须仔细地计算氢的用量，否则还原过度，可使 $C_{13} \sim C_{14}$ 双键也受到还原。5,6-位双键还原的产物显示对活性和残留活性稍有改进。

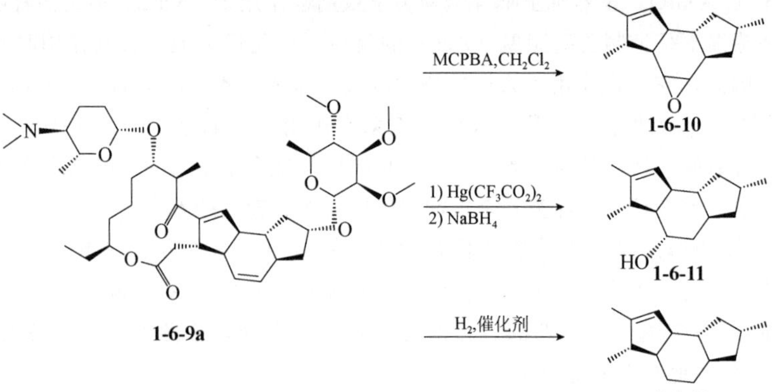

研究者发现，在从分离的 *S. spinosa* 组分中，在 C_{21} 上仅发现有两个不同的取代基，只有 spinosyn E 在 C_{21} 位上是甲基，其余均为乙基，这虽是一次要的结构变化，但对活性有着很大的影响，研究发现甲基衍生物的活性只有相应乙基的 10%，由于合成方法的限制，不能在 C_{21} 位上得到更大的取代烷基的衍生物，然而，近来发现新的糖多孢菌属中，含有多杀菌素的组分更为丰富，这有利于对多杀菌素分子结构与活性关系的研究。在糖多孢菌属中分别分离出化合物 **1-6-9c~1-6-9f**，从基因工程生物合成中得到衍生物 **1-6-9g** 及 **1-6-9h**，经过微生物氧化法得化合物 **1-6-9i**，这一系列化合物正好研究分子中 C_{21} 原子上 R 基团对活性的影响，它们的有关来源及活性见表 1-6-4。

表 1-6-4 C_{21} 结构修饰衍生物

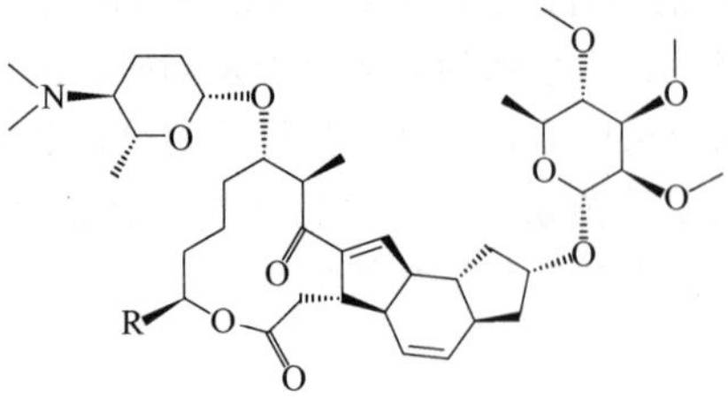

1-6-9

化合物	R	产生菌	H. V. LC$_{50}$[①]
1-6-9a	—C$_2$H$_5$	*S. spinosa*	0.31
1-6-9b	—CH$_3$	*S. spinosa*	4.6

续表

化合物	R	产生菌	H. V. LC$_{50}$[①]
1-6-9c	反式-$C_2H_5CH=CH-$	*S. pogona*	0.29
1-6-9d	反式-$CH_3CH=CH-$	*S. pogona*	—
1-6-9e	反式-$H_2C=CH-CH=CH-$	*S. pogona*	—
1-6-9f	反式-$CH_3CH(OH)CH=CH-$	*S. pogona*	—
1-6-9g	$-n-C_3H_7$	*S. spinosa*[②]	0.16
1-6-9h	$-i-C_3H_7$	*S. spinosa*[②]	—
1-6-9i	$CH_3CH(OH)-$	*Streptomyces*（来源于 spinosyn A）	—

① 对 *Heliothis virescens* 新生幼虫的LC$_{50}$。
② 类似菌是从 *S. spinosa* 的生物工程菌株中产生的。

　　这对于进一步研究多杀菌素结构与活性是很有意义的。

　　还有其他新型的母核修饰的化合物也被分离出来，其中包括扩展为 14 元内酯环（**1-6-13**）和在 C_8 处有一个羟基的类似物（**1-6-14**）。

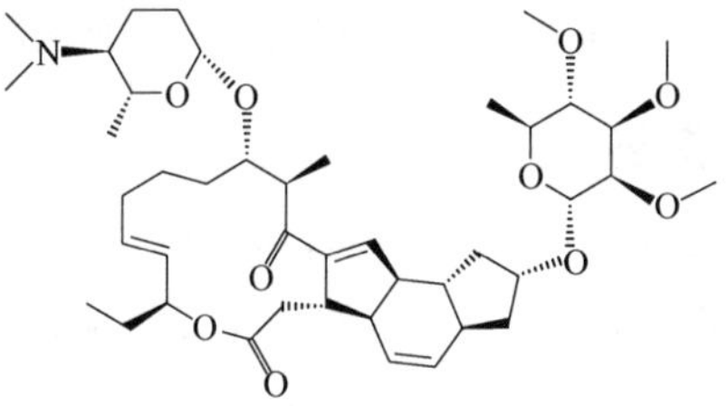

1-6-13 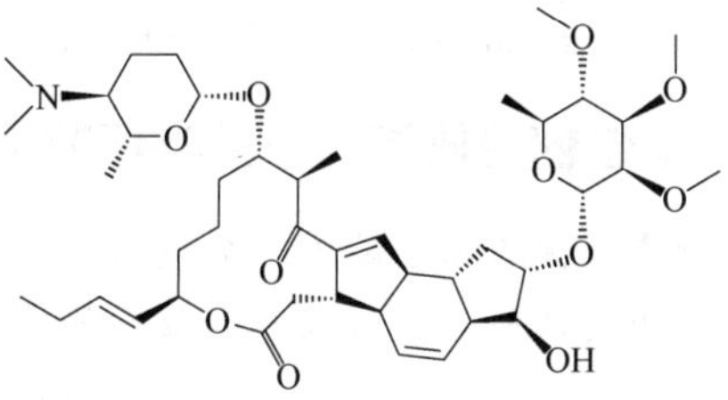　　　　　　　　　　1-6-14

（二）C_{17} 糖的修饰

　　大多数天然的多杀菌素都具有一氨基糖，一般为 β-D-forosamine，连接在 C_{17} 位上，由于这氨基糖是一个 2-脱氧糖，就可能在温和的条件下水解生成化合物 **1-6-15**。

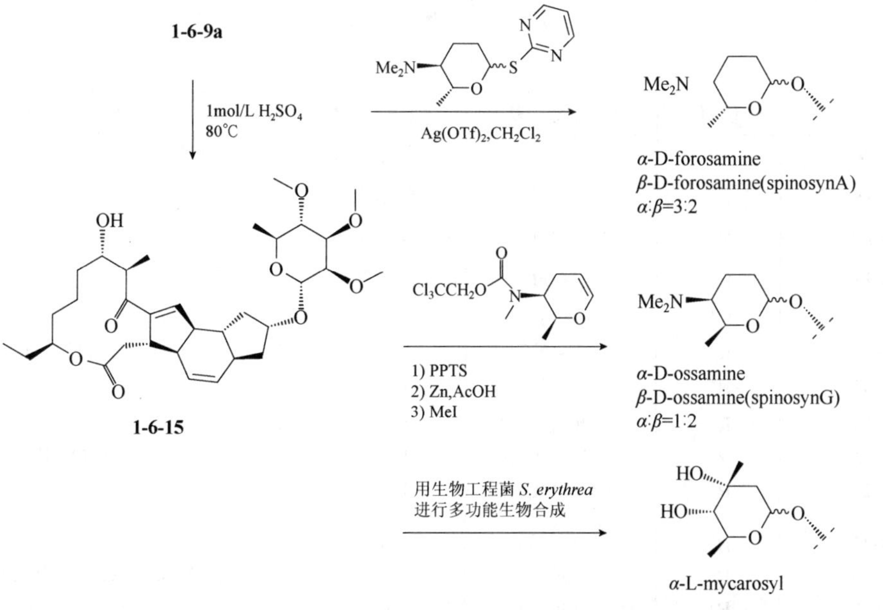

　　而将水解产物再进行 β-糖基化作用是比较困难的，即使是再将氨基糖接上也是如此，采用 2-巯

基嘧啶基作为活化基团，收率也只有 17%，理想的构型比为 3∶2。另一方面在合成 spinosyn G 时用 N-保护的二氢吡喃，收率是 36%，此时理想的 β-体约为 2∶1。用 **1-6-15** 作原料，改变生物合成方法也曾得到过在 C_{17} 位上连接着其他的糖的衍生物。在 C_{17} 位上带有新糖基的衍生物也曾在多杀菌素的组分中分离过。

1-6-16,R=3″-O-甲基-β-D-oleandroside

1-6-17,R=3″-O-甲基-β-D-allopyranoside

1-6-18,R=β-D-amicetoside

除了 D-forosamine 外，其他的在粗提物中所含的中性糖，如 3″-O-甲基-β-D-oleandroside（**1-6-16**）、3″-O-甲基-β-D-allopyranoside（**1-6-17**）和 β-D-amicetoside（**1-6-18**），也具有与氨基糖类似的活性和杀虫谱。

（三）对 C_9 位糖的修饰——鼠李糖的衍生物

利用多杀菌素在鼠李糖上缺失一个或多个 O-甲基的化合物可以合成在这个位置上有较多变化的大环内酯，如可合成醚、乙酸酯、酮及羟基还原为氢的产物，所有的化合物见表 1-6-5。

表 1-6-5　C_9 位糖的修饰所得衍生物的结构和杀虫活性

化合物编号	位置	取 代 基	前 体	反 应 物
1-6-19a	—	—	自然因素	
1-6-19	$R^{2'}$	—OH	自然因素	
1-6-20	$R^{3'}$	—OH	自然因素	
1-6-21	$R^{4'}$	—OH	自然因素	
1-6-22	$R^{2'}$	=O	1-6-19 ⎫	
1-6-23	$R^{3'}$	=O	1-6-20 ⎬	NCS, $(CH_3)_2S$, Py
1-6-24	$R^{4'}$	=O	1-6-21 ⎭	
1-6-25	$R^{2'}$	—OCOCH$_3$	1-6-19 ⎫	
1-6-26	$R^{3'}$	—OCOCH$_3$	1-6-20 ⎬	Ac$_2$O, Py
1-6-27	$R^{4'}$	—OCOCH$_3$	1-6-21 ⎭	
1-6-28	$R^{2'}$	—OC$_2$H$_5$	1-6-19 ⎫	
1-6-29	$R^{3'}$	—OC$_2$H$_5$	1-6-20 ⎬	C$_2$H$_5$Br, KOH（粉末）, Bu$_4$NI
1-6-30	$R^{4'}$	—OC$_2$H$_5$	1-6-21 ⎭	

续表

化合物编号	位置	取 代 基	前 体	反 应 物
1-6-31	$R^{2'}$	H	1-6-19	
1-6-32	$R^{3'}$	H	1-6-20	1，NaH，CS_2，MeI； 2，Bu_4SnH，AIBN
1-6-33	$R^{4'}$	H	1-6-21	

从表中可以看出：相应的乙酸酯或酮类化合物（**1-6-22～1-6-27**）一般显示出的活性不如醚类化合物高，将游离的羟基脱氧也显示出类似的活性，但化合物 **1-6-19** 脱氧的类似物 **1-6-31** 的活性比母体化合物 spinosyn A 高。这些类似物尽管杀虫效率不同，但它们的杀虫谱却很相似。一般鼠李糖类似物的结构与活性关系的规则是：疏水性高的取代基具有较高的活性；对于 $3'$-位的修饰比对 $2'$-位或 $4'$-位的修饰有效。对于 $2'$-位或 $4'$-位来说，最高极性（OH）和最低极性的取代基，活性相差 10～30 倍，而对于 $3'$-位则相差几乎达 2000 倍。

四、spinetoram（DE-175）

spinetoram（DE-175）是 $3'$-ethoxy-5，6-dihydro spinosyn J 和 $3'$-ethoxy spinosyn L 的混合物，是一个正在开发的新的半全成的多杀菌素衍生物。它是研究人员采用人工神经网络（Artificial Neural Networks，ANN）经过推断多杀菌素的定量结构和活性的关系，对更高活性的类似物进行了预测并研制出来的。该化合物是由 spinosyns J 和 spinosyns L 衍生而来，因此也被称为第二代多杀菌素。两者的差别与 spinosyn A 与 spinosyn D 一样在于在 C_6 位上是氢或是甲基。将它们鼠李糖的 $3'$-位进行乙基化。然后将其中主要成分 spinosyn J 进一步还原成5，6-二氢衍生物。这一混合物就是 DE-175。该化合物对抗害虫的活性高于多杀菌素 spinosad，如实验室的数据显示，它对甜菜夜蛾的活性是多杀菌素的 48 倍。

DE-175的结构

对于甜菜夜蛾摄食的活性也较多杀菌素高 58 倍。DE-175 对其他鳞翅目害虫活性也有一定程度的提高。化学修饰也使 DE-175 的残留得到改进，田间试验表明对苹果蠹蛾幼虫的活性和残留都收到了很好的效果。

对非靶标生物的毒性和在环境中的归趋与多杀菌素相同。对益虫则具有较高的安全性。已证明可广泛用于果树、葡萄、蔬菜等，特别是对鳞翅目幼虫（包括甜菜夜蛾、苹果蠹蛾、梨小食心虫、叶卷蛾），双翅目的潜蝇和牧草虫。并在世界范围内进一步进行推广试验。早在 2006 年在美国登记。

Spinetoram 是一种新颖的多杀菌素类第二代杀虫剂，它不仅对多杀菌素所能防治的水果、蔬菜类害虫有很好的效果，而且对多杀菌素不能防治的仁果和坚果等的害虫防治效果也极高。该药剂的杀虫活性较多杀菌素更高，杀虫谱更广；毒性和多杀菌素相似，均属于低毒，而且残留低，对有益害虫安全，因此具有很广的应用前景。

五、多杀菌素的生物合成

（1）聚酮链的生物合成　多杀菌素为大环内酯类抗生素，这类抗生素种类很多，如红霉素（erythromycin）、阿维菌素（avermectin）、梅岭霉素（meilingmycin）、米拜菌素（milbemycin）、纳麻霉素（nemadectin）等，其结构上均属聚酮类物质，这类聚酮结构的生物合成过程也呈现相似的规律。多杀菌素的聚酮是通过在起始单位丙酸上按 A-A-P-A-A-A-A-A-A-A（A 为乙酰，P 为丙酰）

的顺序添加 10 个酰基缩合而成的，这 10 个延伸单位的顺序缩合及其还原修饰过程分别由装配成 10 个模块的一系列酶所催化（见图 1-6-19）。

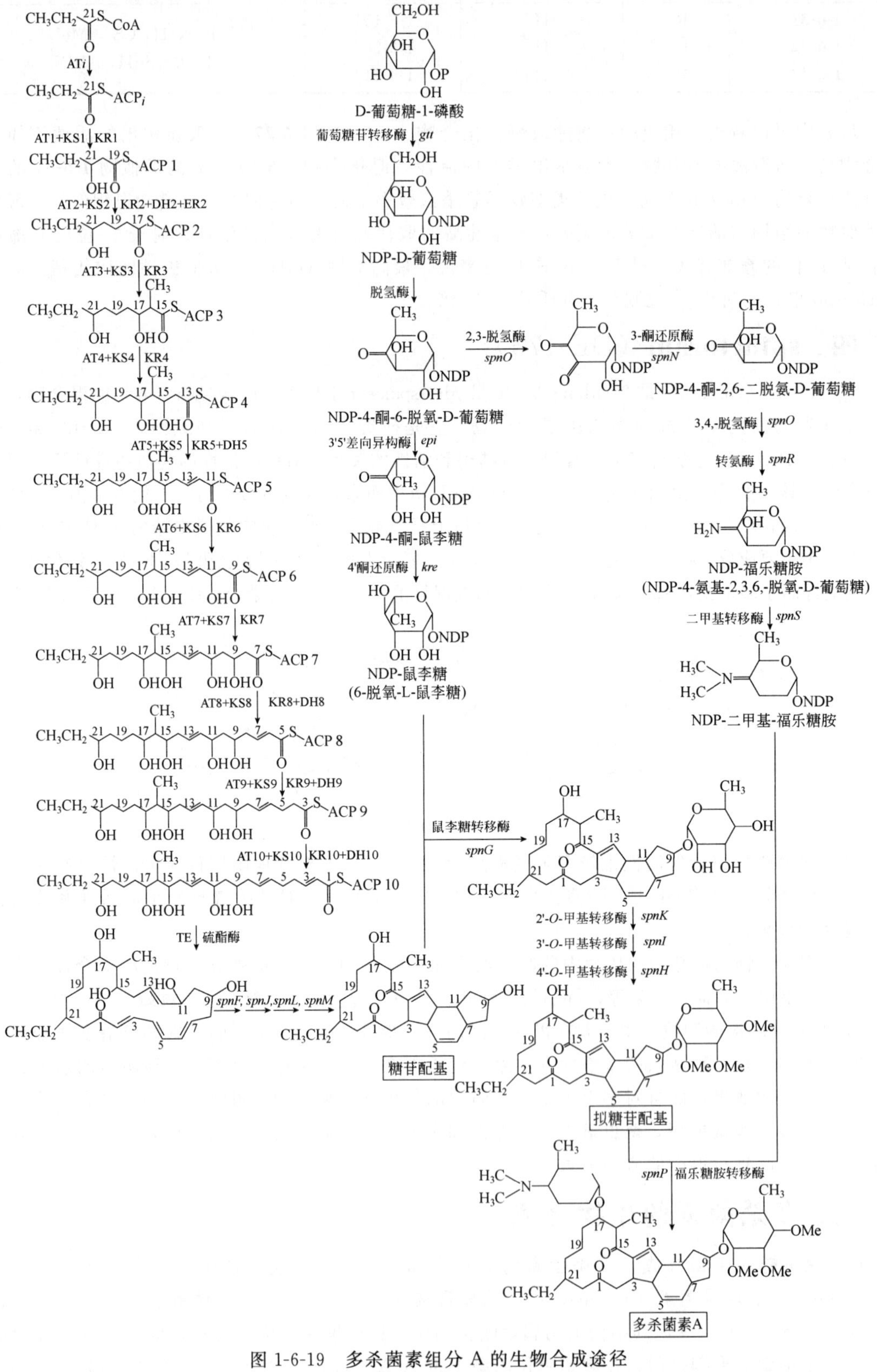

图 1-6-19　多杀菌素组分 A 的生物合成途径

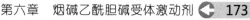

聚酮链延伸完成后，在模件 10 中硫酯酶的催化下环化，接着在 $spnF$、$spnJ$、$spnL$ 和 $spnM$ 基因所编码酶的催化下，在大环内酯核分子内 $C_3 \sim C_{14}$、$C_4 \sim C_{12}$ 及 $C_7 \sim C_{11}$ 之间形成交联桥。

（2）三甲氧基鼠李糖的生物合成与连接　鼠李糖接到糖苷配基上是糖苷配基转换为多杀菌素必需的第一步，3 个甲基是鼠李糖接好后才加上去的，并且连接顺序为 $2'$-，$3'$- 和 $4'$-OH 基。这 3 个甲基来源于 S-腺苷甲硫氨酸，鼠李糖则是由葡萄糖-1-磷酸经 NDP-4-酮-6-脱氧-D-葡萄糖合成。

（3）福乐糖胺的生物合成　福乐糖胺由 NDP-4-酮-6-脱氧-D-葡萄糖（是上述合成三甲氧基鼠李糖的共同中间物）经一系列酶（由 $spnN$、$spnO$、$spnQ$、$spnR$、$spnS$ 基因编码）催化生成 NDP-福乐糖胺，再由福乐糖胺转移酶催化将 NDP-福乐糖胺连接到糖苷配基上合成多杀菌素（见图 1-6-19）。

六、多杀菌素的发酵生产

刺糖多孢菌 $S.\ spinosa$ 属糖多孢菌属，是一种好氧型革兰阳性的非抗酸性放线菌。它在复合培养基和合成培养基上都能生长良好，形成气生菌丝体。气生菌丝分隔成以镰刀状和块状排列的孢子链，孢子链外观为珠状，有孢子壳，表面为针状。气生菌丝为粉黄色，营养菌丝为黄色到黄褐色，产浅粉黄色孢子，在某些培养基上则生成白色孢子。菌体生长温度为 $15 \sim 37℃$，对溶菌酶敏感，在高渗条件下（11% NaCl）可以生长。

与其他抗生素产生菌一样，多杀菌素产生菌的产素水平主要决定于环境条件和自身的遗传因子两个方面。改良发酵条件只能在较低水平上提高目的菌株的产素水平，通过高产菌株育种技术改变菌株的部分遗传信息，能有效地提高目的菌株的产素水平。

传统的随机诱变是获得多杀菌素高产菌株的一种有效方法。吴红宇等采用离子束辐照和亚硝基胍（NTG）诱变相交替的办法，选育得到一突变株，其发酵水平较原始菌株提高了 140%。代鹏等研究发现，采用紫外线、氮离子注入、^{60}Coγ 射线等 3 种物理诱变方式对相应的出发菌株都具有不同程度的诱变效果。其中，氮离子注入表现的正突变株比例最高，且产素水平提高幅度大，最适注入剂量为 $60 \times 10^{13}\ ions/cm^2$。经 UV、$N^+$ 及 γ 射线先后复合处理，使多杀菌株产素水平发生显著性改变，得到突变株发酵效价高达 460 g/mL，比出发菌株高 171%。陈继红等利用太空环境的微重力等诱变条件能使菌株的遗传物质发生改变的原理，通过"实践八号"育种卫星对多杀菌素产生菌株进行航天搭载诱变，经过对诱变后单菌落分离得到的菌株进行大量的筛选，最终得到发酵效价有较大提高的菌株 HY463 和 HY466，产量分别达到 147.51 μg/mL 和 95.33 g/mL，比出发菌株提高了 288% 和 151%。

目前随着对多杀菌素生物合成路径及代谢路径研究的展开，可以通过对生物合成路径中的基因进行基因工程改造，或者对代谢路径中的代谢限制因素进行改变，以获得多杀菌素高产菌株。Baltz 等在美国专利中提到将刺糖多孢菌中编码多杀菌素合成限制步骤的有关基因重组到其基因组中，增加限速步骤基因的拷贝数，有可能增加多杀菌素的产量。Madduri 等的研究证明了这一观点，多杀菌素上的鼠李糖与细胞壁的鼠李糖合用一套基因，而 $S.\ spinosa$ 中每个基因只有一套，增加鼠李糖路径中基因的拷贝数能使更多的糖苷配基转化为拟糖苷配基；同样，NDP-4-酮-6-脱氧-D-葡萄糖是鼠李糖和福乐糖胺共同的中间体，增加福乐糖胺路径中基因的拷贝数，可使 90% 以上的拟糖苷配基转化为多杀菌素 A 和 D，从而提高多杀菌素的产量。Jin 等研究发现多杀菌素这种次级代谢产物如果在发酵过程中大量积累，将产生反馈抑制作用，不仅对菌体生长不利，也会抑制多杀菌素的生物合成；鼠李糖是多杀菌素生物合成中的一个重要前体，在多杀菌素的合成中起着限制性的作用；并且微生物次级代谢产物的合成受到葡萄糖等速效碳源代谢物的抑制作用。因此，合理筛选具有多杀菌素抗性、鼠李糖抗性和 2-脱氧-D-葡萄糖抗性的突变株，能消除多杀菌素自身的反馈抑制，为多杀菌素的生物合成提供更多的鼠李糖及解除由速效碳源代谢物引起的抑制作用，从而提高产量。通过筛选得到突变株的产量达到 268 mg/L，比母本菌株增加了 121%。并且他们通过 4 轮基因重组成功获得一个高产菌株 $S.\ spinosa$ 4-7，其产量达到 547mg/L，比最好的母本菌株和原始菌株分别提高 200.55% 和 436.27%。Liang 等研究发现鼠李糖和丙酸盐是多杀菌素生物合成中的重要前体物质，并在多杀菌素的生物合成中起着关键作用。据此通过紫外线诱变筛选到一个具有鼠李糖和丙酸钠抗性的多杀菌素突变株，其产量达到 125.3 mg/L，比野生菌株提高了 285.5%。Wang 等研究发现，在发酵过程中，S. spinosa 利用的碳源是葡萄糖而不是淀粉，而阿维菌素产生菌阿维链霉菌（S. avermitilis）能利用淀粉这些廉价的物质作为碳源。因此将 S. spinosa 与 S. avermitilis UA-G 在紫外线照射下进行属间的原生质体融合，获得了能利用淀粉作为碳源的高产菌株 F17 和 F70。它们的产量比原始菌株分别提高了 447.22% 和 409.21%。

第四节　沙蚕毒素类杀虫剂

沙蚕毒素类杀虫剂是 20 世纪 60 年代开发兴起的一种新型有机合成的仿生杀虫剂。1934 年 Nitta 发现蚊蝇、蝗、蚂蚁等在沙蚕（即异足索沙蚕，Lumbricomerereis hateropoda）死尸上爬行或取食后会中毒死亡或麻痹瘫痪。1941 年，他首次分离了其中的有效成分，并取名为沙蚕毒素（nereistoxin，简称 NTX）。此后近 20 年，NTX 的作用未受重视。直到 1960 年，Hashimoto 和 Okaichi 重新研究并提出 NTX 的分子式为 $C_5H_{11}NS_2$，不久又确定了结构式为：4-N,N-二甲氨基-1,2-二硫戊环。1962 年，Hagiwara 等首次成功地合成了 NTX 及其衍生物，Okaichi 和 Hashimoto 证实其杀虫活性，Sakai 又作了详细研究。1968 年，Hagiwara 等与 Konishi 研究了多种衍生物的人工合成。经过广泛筛选，开发了一类具有特异杀虫作用的沙蚕毒素类杀虫剂，如日本武田药品工业株式会社成功开发了第一个 NTX 类杀虫剂——杀螟丹（巴丹），这也是人类历史上第一次成功利用动物毒素进行仿生合成的动物源杀虫剂。1974 年，我国贵州省化工研究所首次发现了杀虫双对水稻螟虫的防治效果，并成功将其开发为商品。1975 年，瑞士山德士公司开发出杀虫环。1978 年，Baillie 等根据 NTX 及异硫氰酸酯的结构与活性的关系，合成了一系列与 NTX 作用机制相同的有杀虫活性的化合物。1983 年 Jacobsen 等报道，源于藻类生物的 1,3-二巯基-2-甲硫基丙烷的衍生物二硫戊环和三硫己环的类似物具有与 NTX 相似的杀虫作用。随后，杀虫单、杀虫双、多噻烷、杀虫环及杀虫磺等 NTX 类杀虫剂纷纷出现，这些杀虫剂至今仍在农业害虫的防治上发挥着重要的作用（见图 1-6-20）。

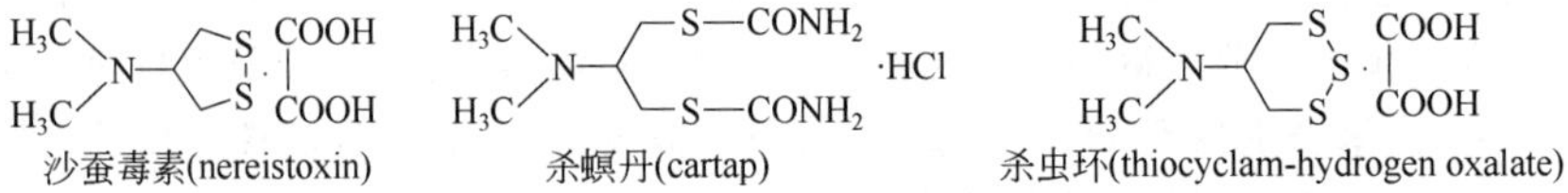

沙蚕毒素(nereistoxin)　　杀螟丹(cartap)　　杀虫环(thiocyclam-hydrogen oxalate)

图 1-6-20　沙蚕毒素及杀螟丹、杀虫环的化学结构

一、作用机制

沙蚕毒素类杀虫剂是在昆虫体内转化为沙蚕毒素后作用于神经系统的突触体。放射自显影研究显示，杀螟丹集中于神经节部位。神经电生理实验表明，沙蚕毒素阻遏蜚蠊第 6 腹节的传递，但即使在高浓度下也不影响大腿神经肌肉接头的传递。这说明沙蚕毒素是作用于神经传导的胆碱能突触部位，使神经冲动受阻于突触部位。

沙蚕毒素类杀虫剂对突触传导的阻断作用是通过与突触后膜乙酰胆碱受体结合实现的。研究显示，NTX 与烟碱型配体竞争 nAchR 上的激动剂位点，通过竞争性地占据 nAchR 上的激动剂位点，从而抑制神经兴奋的传递。不过，NTX 的这种抑制作用是可逆的。

NTX 除了与受体上激动剂位点结合以外，可能还存在其他结合位点。HTX 是 nAchR 特异性阻断剂，结合位点是位于受体通道处的高亲和、非竞争性阻断剂位点，这种结合具有探针性的指示作用。NTX 在这些位点的结合，阻碍了受体通道的离子通透性，从而阻断了正常的神经功能。

NTX 与受体结合后，发生氧化还原反应，受体被还原而导致受体功能受阻。大多数 nAchR 亚型的 α 亚基相邻半胱氨酸残基之间存在二硫键，这个二硫键对维持 nAchR 的空间结构和正常功能很重要。从 NTX 的结构分析，具有氧化还原活性，能够与受体发生氧化还原反应。研究显示，NTX 或其代谢物使 nAchR 被还原，破坏了受体上的二硫键，使受体功能受阻。NTX 对受体的这种还原作用与还原剂二硫苏糖醇（DTT）相似，NTX（$100\mu mol/L$，$2\sim10\ min$）和 DTT（$1mmol/L$，$5min$）都阻断 nAchR 的功能。但是，DTT 的还原作用能被受体的激动剂二甲基苯哌嗪（dimethyphenylpiperazium，DMPP）完全阻止，NTX 的还原作用却只能部分被阻止。这说明 NTX 与 DTT 对 nAchR 的作用机制并不完全相同，这种差异的具体机制还不清楚，可能 NTX 能被组织螯合，缓慢释放，在激动剂的保护作用去除后其代谢物继续还原受体，或者是 NTX 和 DTT 在 nAchR 上存在不同的结合位点。

NTX 是直接对 nAchR 产生还原作用，还是进入细胞内代谢产生二氢沙蚕毒素（DHNTX），然后将 DHNTX 渗出细胞外对受体上激动剂结合部位附近的二硫键发生还原作用？有研究表明，NTX 不能像 DTT 一样直接对受体进行还原，可能是在转变为 DHNTX 后对受体进行还原的。另外，比较 NTX 和 DHNTX 的化学结构，也反映 DHNTX 是比 NTX 强的还原剂。全细胞膜片钳的实验结果显示，DHNTX 抑制由激动剂 DMPP 引起鸡睫状神经节神经元的去极化，这种抑制作用与 DTT 更为相似，比 NTX 持续的时间更长，冲洗不能恢复，必须依赖 DTNB；而 NTX 引起神经功能阻断，经冲洗后能够恢复。

NTX 与 nAchR 结合，影响了受体正常的神经功能，抑制了通道电流的产生，使突触后膜不能去极化，研究表明，杀螟丹是 nAchR 开放通道的阻断剂。另有研究表明，NTX 不仅可能引起竞争性抑制，而且引起 nAchR 脱敏，也有可能是在 nAchR 上存在两个 NTX 结合位点，分别对 NTX 有不同的解离常数。

沙蚕毒素类杀虫剂的主要作用机理是作用于 nAchR，一方面竞争激动剂结合位点，破坏正常神经兴奋的传导；另一方面结合在受体通道上的阻断剂位点，降低受体通道的离子通透性。此外，沙蚕毒素类杀虫剂还可能存在其他的作用机理。有研究显示，NTX 对蛙神经肌肉接点乙酰胆碱（Ach）的释放有抑制作用，并在生理效应都表现为突触传递受阻断。在高浓度下，NTX 能够引起蜚蠊轴突剂量依赖的去极化。但是 NTX 使轴突去极化的剂量比阻断突出传导所需的剂量要高得多，因此可以认为对轴突的去极化作用不是沙蚕毒素类杀虫剂主要的毒杀机制。沙蚕毒素对乙酰胆碱酯酶（AchE）有微弱的抑制作用。离体试验结果，NTX 对 AchE 的抑制中浓度（I_{50}）约为 10^{-3} mol/L，而敌敌畏约为 5×10^{-7} mol/L。不过，NTX 对 AchE 的抑制作用在其杀虫机制中并不重要，因为使受体脱敏，阻断突触传导所需的剂量要低得多。沙蚕毒素类杀虫剂主要是对神经系统发生作用，对非神经组织也能发生作用。研究杀螟丹对蛙表皮上皮细胞活性钠传导的作用结果显示，无论在细胞膜内表面或外表面用药，杀螟丹降低了膜电位和短路（short circuit）电流，说明杀螟丹对膜传导具有抑制作用，这种抑制作用随浓度而变化。因此，在研究杀螟丹等沙蚕毒素类杀虫剂对有机体的毒性效果时，对细胞膜的作用是值得考虑的。

沙蚕毒素类杀虫剂较为明确的杀虫机制可以总结为：作用与神经传导的突触部位，与 nAchR 激动剂/竞争性拮抗剂位点结合，占领了激动剂位点，从而抑制了神经兴奋的传导；与 nAchR 结合后，使受体被还原，受体上相邻半胱氨酸残基之间的二硫键断裂，从而破坏了受体的立体结构，阻断了受体正常的神经功能；与受体通道上非竞争性高亲和力阻断剂位点结合，阻塞受体通道。

还有待进一步研究以确证的机制：抑制突触前膜释放乙酰胆碱的机制，及其在毒理学上的作用；沙蚕毒素在 nAchR 上结合位点的数目，及它们之间的协同作用；沙蚕毒素对其他靶标的作用，及其在毒杀机制中的作用。

二、结构特点与合成

沙蚕毒素类杀虫剂的基本骨架结构如图 1-6-21 示，可看作 2-二甲氨基-1,3-双硫取代丙烷衍生物。

该类化合物的合成一般用 N，N'-二甲基-2,3-二氯丙胺盐酸盐在碱性条件下发生磺化反应制得。例如杀虫单的制备：

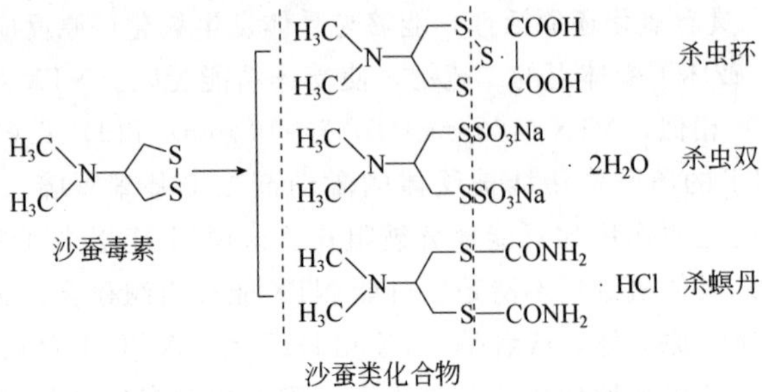

图 1-6-21　沙蚕毒素类杀虫剂的基本骨架

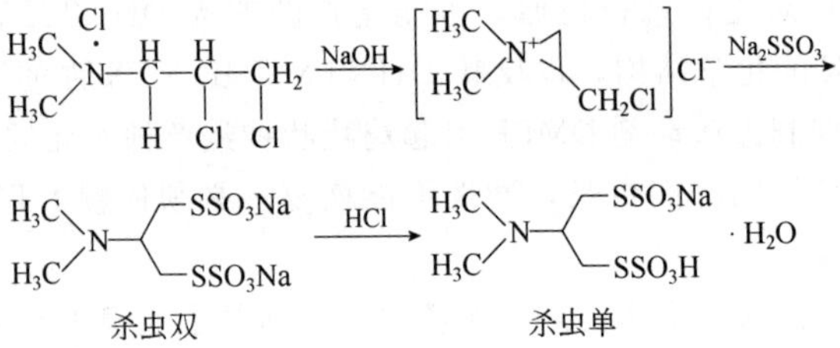

三、主要品种

1. 杀虫双（bisultap）

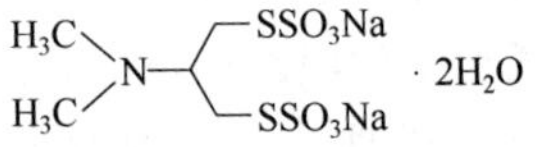

$C_5H_{11}NNa_2O_6S_4$，355.4，52207-48-4

杀虫双是一种高效、广谱、低毒、经济、安全的沙蚕毒素类农药，1975 年由贵州省化工研究所研制开发，目前杀虫单和杀虫双已经成为我国大吨位农药品种之一。

理化性质　纯品为白色结晶（含有两个结晶水），熔点 169～171℃（开始分解）；有很强的吸湿性；溶解性（20℃）：水中 1330g/L，能溶于甲醇、热乙醇，不溶于乙醚、苯、乙酸乙酯；水溶液显较强的碱性；常温下稳定，长时间见光以及遇强碱、强酸分解。

合成方法　通常以氯丙烯和二甲胺为起始原料，在较低温度下二者发生反应生成 N，N'-二甲基烯丙胺，该化合物在 10℃以下与盐酸成盐后于 50～60℃用氯气氯化，制得的 N，N'-二甲基-2，3-二氯丙胺盐酸盐在碱性条件下于 70～80℃发生磺化反应制得杀虫双。

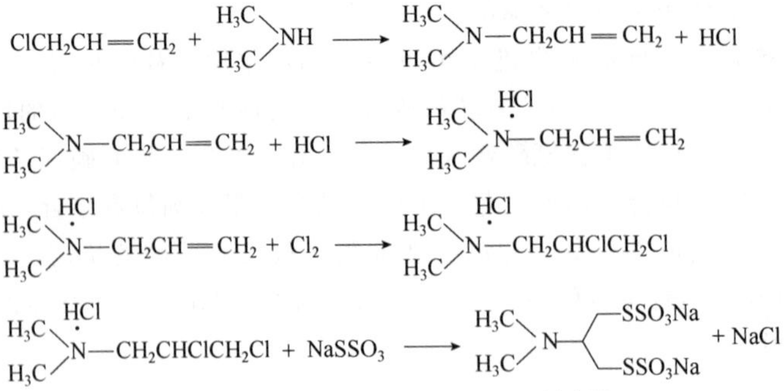

注：将杀虫双用盐酸酸化可得另一种沙蚕毒素类杀虫剂杀虫单。

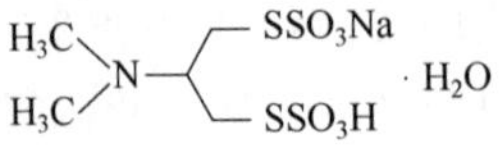

毒性 大鼠急性经口 LD_{50}：雄 451mg/kg、雌 342mg/kg，大鼠经皮＞1000mg/kg；对兔眼睛和皮肤无刺激性；以 250mg/（kg·d）剂量饲喂大鼠90d，未发现异常现象；对动物无致畸、致突变、致癌作用。

应用 对害虫具有胃毒、触杀作用，兼具内吸性能及杀卵作用。用于防治水稻、蔬菜、果树、甘蔗、玉米等作物害虫，如水稻螟虫、菜青虫、小菜蛾、蓟马、玉米螟虫等。杀虫双对棉花有药害，不宜在棉花上使用。

2. 杀虫单（monosultap）

$$\begin{array}{c} H_3C \\ H_3C \end{array} N-CH_2-\begin{array}{c} SSO_3Na \\ | \\ CH-CH_2-SSO_3H \end{array} \cdot H_2O$$

$C_5H_{14}NNaO_7S_4$, 333.4, 29547-00-0

1975 年由贵州省化工研究所研制开发。

理化性质 纯品为白色针状结晶（含有两个结晶水），有吸湿性，熔点 142～143℃；溶解性：易溶于水，易溶于甲醇、乙醇、N，N-二甲基甲酰胺、二甲亚砜，不溶于四氯化碳、苯、乙酸乙酯。在强酸、强碱条件下能水解为沙蚕毒素。

合成方法 将杀虫双用盐酸酸化即可得到杀虫单。

毒性 小鼠急性经口 LD_{50}：雄 83mg/kg，雌 86mg/kg；大鼠急性经口 LD_{50}：雄 142mg/kg，雌 137mg/kg。鱼毒性 LD_{50}（48h）：白鲢鱼 21.4mg/L。

应用 具有较强的触杀、胃毒和内吸传导作用，对鳞翅目害虫的幼虫有较好的防治效果。属仿生型农药，对天敌影响小，无抗性，无残毒，不污染环境，是目前综合治理虫害较理想的药剂。该药剂能有效地防治水稻、蔬菜、小麦、玉米、茶叶、果树等作物上的多种害虫，特别是对稻纵卷叶螟、二化螟、三化螟等有特效。对鱼类低毒，但对蚕的毒性大。在我国登记作物为水稻，用于防治螟虫。

3. 杀螟丹（cartap）

$$\begin{array}{c} H_3C \\ H_3C \end{array} N-CH_2-\begin{array}{c} S-CONH_2 \\ | \\ CH-CH_2-S-CONH_2 \end{array} \cdot HCl$$

$C_7H_{15}N_3O_2S_2$, 273.8, 15263-52-2

杀螟丹商品名巴丹，1964 年由日本武田药品工业株式会社研制开发；杀螟丹通常制成盐酸盐。

理化性质 纯品为白色结晶，有轻微臭味。熔点 183～183.5℃（分解）（原药熔点为 179～181℃）。溶解度（25℃）：水中 200g/L，微溶于甲醇和乙醇，不溶于丙酮、氯仿和苯。在酸性介质中稳定，在中性和碱性介质中水解，稍有吸湿性，对铁等金属有腐蚀性。

合成方法 通常以杀虫双为原料，与氰化钠在 5～10℃反应 1h，生成对应氰化物；该氰化物在甲醇中于 15～20℃水解制得杀螟丹。

$$\begin{array}{c} H_3C \\ H_3C \end{array} N-CH_2-\begin{array}{c} SSO_3Na \\ | \\ CH-CH_2-SSO_3Na \end{array} \xrightarrow{NaCN} \begin{array}{c} H_3C \\ H_3C \end{array} N-CH_2-\begin{array}{c} SCN \\ | \\ CH-CH_2-SCN \end{array} \xrightarrow[HCl]{CH_3OH} \begin{array}{c} H_3C \\ H_3C \end{array} N-CH_2-\begin{array}{c} S-CONH_2 \\ | \\ CH-CH_2-S-CONH_2 \end{array}$$

杀螟丹

毒性 大鼠急性经口 LD_{50}：雄 345mg/kg，雌 325mg/kg；大、小鼠急性经皮 LD_{50}＞1000mg/kg；雄大鼠急性吸入 LC_{50}＞4.5mg/L；对眼睛和皮肤有轻度刺激性；无致癌、致畸、致突变作用。鲤鱼 LC_{50} 为 1.6mg/L（24h），1.0mg/L（48h）。对蜜蜂低毒，对家蚕有毒，对鸟低毒，对蜘蛛等天敌安全。

应用 具有较强的胃毒作用，兼具触杀和一定的拒食、杀卵作用，对害虫击倒快，有较长持效期，杀虫谱广，可用于防治鳞翅目、鞘翅目、半翅目、双翅目等多种害虫和线虫，如螟虫、菜青虫、小菜蛾以及果树害虫等。对蚕毒性大、对鱼有毒；水稻扬花期使用易产生药害；白菜、甘蓝等十字花科蔬菜幼苗对该药敏感。

4. 杀虫磺（bensultap）

$$C_{17}H_{21}NO_4S_4, 431.5, 17606-31-4$$

1970 年由日本武田公司研制开发，1983 年上市。

理化性质 纯品为白色鳞片状晶体，熔点 83～84℃，约在 150℃开始分解；溶解性（25℃）：易溶于氯仿、二氯甲烷、乙醇、丙酮、乙腈等，稍溶于甲苯、苯、乙醚，不溶于水；在酸性介质中稳定，在碱性介质中分解转变成沙蚕毒。

合成方法 通常以苯磺酰氯为原料，在甲苯中与硫化钠反应制得的硫代磺酸钠于无水乙醇中与 N,N-二甲基-1,2-二氯丙胺在 70℃反应 5h 制得杀虫磺。

杀虫磺

毒性 大鼠急性经口 LD_{50}：1105mg/kg（雄），1120mg/kg（雌），对兔经皮 LD_{50}＞2000mg/kg；对兔眼睛和皮肤无刺激性；对动物无致畸、致突变、致癌作用。

应用 具有胃毒和触杀作用，能从植物根部吸收，主要用于防治水稻螟虫、蔬菜小菜蛾等害虫。

5. 杀虫环

$$C_{17}H_{13}NO_4S_3, 271.3, 31895-21-3$$

1970 年由山道士公司研制开发。

理化性质 草酸盐：无色无嗅固体，熔点 125～128℃（分解），蒸气压 0.545mPa（20℃）；溶解度（23℃）：水中 84g/L，丙酮 500mg/L，乙醇 19g/L，甲醇 17g/L；通常储存条件下，稳定 2 年以上（20℃），在阳光下降解，半衰期：2～3d（水表面），水解半衰期（25℃）：0.5d（pH5）、5～7d（pH7～9）。

合成方法 2-二甲氨基-1,3-双硫代磺酸钠基丙烷（杀虫双）在乙醚中与硫化钠反应，生成 N,N-二甲基-1,2,3-三硫杂环己-5-胺，而后与草酸成盐，得杀虫环。或在氮气保护下，杀虫双中间体 N,N-二甲基-2,3-二氯丙胺与硫氢化钠、硫黄于 50～60℃反应制得。

毒性 大鼠急性经口 LD_{50}：雄 399mg/kg，雌 370mg/kg，小鼠急性经口 LD_{50}：雄 273mg/kg，大鼠急性经皮 LD_{50}：雄 1000mg/kg，雌 880mg/kg。

应用 为选择性杀虫剂，具有胃毒、触杀、内吸作用，能向顶传导，防治鳞翅目和鞘翅目害虫的持效期为 7～14d，也可防治寄生线虫，如水稻白尖线虫，对一些作物的锈病和白穗病也有一定防效。能防治三化螟、稻纵卷叶螟、二化螟、水稻蓟马、叶蝉、稻瘿蚊、飞虱、桃蚜、苹果蚜、苹果红蜘蛛、梨星毛虫、柑橘潜叶蛾、蔬菜害虫等。

6. 多噻烷

$$C_5H_{11}NS_5, 245.0, 114067-78-6$$

理化性质 纯品为白色而略带异味的粉状结晶，熔点 136～137℃；溶解度（20℃）：水中 7.3g/L，二甲基甲酰胺 19.5。

合成方法 通常以 N,N-二甲基-2,3-二氯丙胺为原料，在有机溶剂（苯或甲苯）中，与多硫化钠（硫化钠和硫黄）经环化反应，制得多噻烷原药。

毒性　大鼠急性经口 LD_{50}　235～303mg/kg，小鼠急性经口 LD_{50}　150mg/kg，大鼠急性经皮 LD_{50} 1217mg/kg；1％以上浓度对家兔皮肤、眼结膜有一定的刺激作用；鱼毒性 LC_{50}（48h）鲤鱼 1.42mg/L。

应用　具有强烈的胃毒、触杀、内吸传导作用和一定的杀卵、熏蒸效果，是高效、安全的广谱杀虫剂，主要用于水稻、棉花、蔬菜、果树、茶叶、麻类等作物防治多种害虫，其中以防治棉铃虫、棉红蜘蛛、柑橘红蜘蛛、蔬菜螨类效果尤佳。

参考文献

[1]　Wolfgang Krämer，Ulrich Schirmer. Modern Crop Protection Compounds. Weinheim：Wiley-VCH Verlag GmbH & Co. KgaA,2007.

[2]　Tomizawa M，Casisda J E. Selective toxicity of neonicotinoids attribution to specificity of insect and mammalian nicotinic receptors. Ann Rev Entomol,2003,48：339-364.

[3]　Millar N S，Denholm I. Nicotinic acetylcholine receptors：targets for commercially important insecticides. Invert Neurosci,2007,7：53-66.

[4]　Dani J A，Bertrand D. Nicotinic Acetylcholine Receptors and Nicotinic Cholinergic Mechanisms of the Central Nervous System. Annual Review of Pharmacology and Toxicology,2007,47：699-729.

[5]　Karlin A. Emerging structure of the nicotinic acetylcholine receptors. Nat. Rev. Neurosci,2002,3：02-114.

[6]　Kagabu S. Chloronicotinyl insecticides-discovery,application and future perspective. Rev. Toxicol,1997,1：75-129.

[7]　Tomizawa M，Lee D L，Casida J E. Neonicotinoid insecticides：molecular features conferring selectivity for insect versus mammalian nicotinic receptors. J. Agric. Food Chem. ,2000,48：6016-6024.

[8]　Tomizawa M，Zhang N，Durkin K A. The neonicotinoid electronegative pharmacophore plays the crucial role in the high affinity and selectivity for the drosophila nicotinic receptor：an anomaly for the nicotinoid cation-π interaction model. Biochem. ,2003,42：7819-7827.

[9]　Sukekawa M，Nakayama A. Quantitative structure-activity relationships of imidacloprid and its analogs. J. Pestic. Sci,1999,24(1)：38-43.

[10]　Zhang N，Tomizawa M，Casida J E. Quantitative structure-activity relationship study using electrotopological state atom index on some azidopyridinyl neonicotinoid insecticides. J. Med. Chem,2002,45：28-32.

[11]　唐振华. 新烟碱类杀虫剂的结构与活性及其药效基团. 现代农药，2002,1 (1)：1-6.

[12]　Tomizawa M，Lee D L，Casida J E. Neonicotinoid insecticides：Molecular features conferring selectivity for Insect versus mammalian nicotinic receptors. J. Agric. Food Chem. ,2000,48：6016- 6024.

[13]　Celie P H，Van Rossum-Fikkert S E，Van Dijk W J，et al. Nicotine and carbamylcholine binding to nicotinic acetylcholine receptors as studied in AChBP crystal structures. Neuron. ,2004,41：907-914.

[14]　Hansen S B，Sulzenbacher G，Huxford T，et al. Structures of aplysia AChBP complexes with nicotinic a gonists and antagonists reveal distinctive binding interfaces and conformations. EMBO. ,2005,24：3635-3646.

[15]　Shao X S，Li Z，Qian X H.，et al. Design，synthesis，and insecticidal activities of novel analogues of neonicotinoids：replacement of nitromethylene with nitroconjugated system. J. Agric. Food Chem. ,2009,57(3)：951-957.

[16]　钱旭红，李忠，邵旭升等. 双联和氧桥杂环新烟碱化合物及其制备方法. CN 200910258534.3，申请日 2009. 12. 09.

[17]　梁德胜，金淑惠，段红霞. 新烟碱类杀虫剂的结构修饰及相关作用机制研究进展. 农药学学报，2009,11(4)：407-413.

[18]　Kirst H，Michel K. Discovery,isolation and structure elucidation of a family of structurally unique fermentation-derived tetracyclic macrolides. Baker，D. ，Fenyes，J. Synthesis and Chemistry of Agrochemicals Ⅲ，Washington，DC：American Chemical Society,1992. 214-225.

[19]　Salgado V L. Studies on the mode of action of Spinosad：insect symptoms and physiclogical correlates. Pestic. Biochem. And physio,1998,60：91-102.

[20]　Thomas C，Sparks G D，Crouse J E，et al. Neural Network-based QSAR and insecticide Discovery：Spinetoram. J. Comput. Aided Mol. Des,2008,22：393-401.

[21]　杜顺堂，朱明军，梁世中. 生物农药多杀菌素的研究进展. 农药，2005,44(10)：441-444.

[22]　Sattelle D B，Harrow I D，David J A，et al. Nereistoxin：Action on CNS acetylcholine receptor /ion channel in the cockroach periplanet Americana. J Exp. Biol,1985,118：37-52.

[23]　Karlin A. Explorations of the nicotinic acetylcholine receptor. Harvey Lect,1991,55：71-107.

[24]　孙家隆. 农药化学合成基础. 北京：化学工业出版社，2008.

[25]　石德中. 中国农药大辞典. 北京：化学工业出版社，2007.

第七章

调节氯离子通道的杀虫剂

　　离子通道是细胞膜上一个大的跨膜蛋白家族，能接受和传递细胞内外的信号，进而控制细胞的基本生命活动。现在已经确认的离子通道总数有数百种，但在一个特定的细胞上通常只表达数十种。尽管各种不同的离子通道有着不同的氨基酸序列、空间构象、生理功能和药理学性质，但是所有的离子通道都具有三个基本的性质，即通透性、门控性和选择性。通透性是指离子通道的跨膜结构域形成了一个可以让离子通过的水相孔道；门控性是指通过它的一个"闸门"开闭来控制特定离子的跨膜流动；选择性则是指特定的离子通道只能让特定的离子流过它的孔道。根据开放和关闭机制，离子通道分为两大类，一类是因膜电位的变化而开放或关闭的电压门控离子通道，其特点是对膜电位变化很敏感，例如钠离子通道、钾离子通道、钙离子通道和氯离子通道等，另一类是因配体与膜受体结合后而开放的通道，称为配体门控离子通道，例如乙酰胆碱受体（AChR）通道、谷氨酸受体通道和 γ-氨基丁酸受体（GABA）通道等。

第一节　配体门控氯离子通道

　　昆虫的 γ-氨基丁酸（GABA）及谷氨酸（GluCls）配体门控氯离子通道同属于半胱氨酸环受体超家族，这一家族还包括烟碱乙酰胆碱受体、5-HT3（5-羟色胺3）受体、甘氨酸受体及组氨酸门控氯离子通道。图 1-7-1 是它的结构特征示意图。

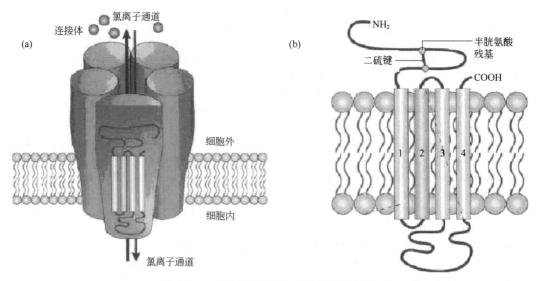

图 1-7-1　半胱氨酸环受体超家族结构特性
（a）谷氨酸门控的氯离子通道（LGICs）示意图；（b）LGIC 单一亚基的示意图

　　半胱氨酸环受体是五聚体跨膜蛋白，由四个不同的但却密切相关的亚基对称地围绕成一完整的离子通道孔。每一个亚基有四个跨膜区域，即 M1～M4，在 M3 及 M4 之间具有一个含有磷酸化位置的大的胞内环区，这是各亚基之间变异最大的区域；在胞外长链的 N 端区，则有配位结合区域，在它的 N 端区域，每一个受体有两个神经递质的结合位点。其中亲水的胞外区具有神经递质和配体的结合位点，还有十分保守的由两对半胱氨酸二硫键形成、其间包含 13 个氨基酸残基的桥环，该桥环对受体组装和门控离子通道起作用。M2 的大多数氨基酸残基参与形成离子孔道，通道的打开至少需要两个配体分子。谷氨酸是该家族中唯一的一种交替门控内源阳离子和阴离子通道的传递物质。由于离子通道和神经受体的复杂性和其在不同生物体内表现的药理性质的差异，为活性高、选择性强的新农药的创制提供了可能。

作用于昆虫的 γ-氨基丁酸（GABA）及谷氨酸（GluCls）配位门氯离子通道，抑制突触的作用是广范围的，它包括对所有行为的调整。当对神经系统的抑制作用达到某一水平时，将会导致过度的激动而死亡。

一、γ-氨基丁酸配位门氯离子通道

在神经递质中除乙酰胆碱之外，最重要的就是 γ-氨基丁酸（GABA），GABA 是一种来源于非蛋白质的重要氨基酸，它的合成受谷氨酸脱羧酶控制，通过与 GABA 受体结合而发挥其生物学功能。

γ-氨基丁酸存在于脊椎动物的中枢神经和昆虫的中枢神经及周缘神经系统，由神经细胞末端突触前膜释放，与突触后部存在的 GABA 受体结合，使位于细胞膜上的氯离子通道开放，氯离子进入细胞内，导致细胞内电位增加而产生超极化，抑制神经兴奋性，调节神经系统的机能。现已初步阐明哺乳动物 GABA 受体按其对药物的敏感性和结构特征可分为两类，一类为离子型（GABA$_A$ 和 GABA$_C$）受体，另一类为代谢型（GABA$_B$）受体。GABA$_A$ 受体同烟碱乙酰胆碱受体、甘氨酸受体、谷氨酸受体一样都属配体门控通道超家族，在结构上有一定的内在联系，同源性较高。如前所述，GABA$_A$ 受体也是由镶嵌在神经细胞膜双脂层中的 5 个亚基组成 5 边形异质多肽寡聚体，每一个亚基在 N 末端（细胞外）构成一个半胱氨酸环和四个跨膜螺旋（M1～M4），M2 跨膜区形成一个直径 0.5nm 的 GABA 门控氯离子通道。与通道上亚基相结合的递质（一般为两个分子）激活氯离子通道使氯离子流入，引起膜电势超极化并诱导膜输入抑制。开放的氯离子通道使氯离子处在平衡电位，具有稳定膜电位的功能。GABA$_B$ 与 G 蛋白相偶联，通过 cAMP 与 K$^+$ 和 Ca^{2+} 通道相连，在 GABA 受体上的分布及机能与 GABA$_A$ 受体不同。GABA$_C$ 受体虽与 Cl$^-$ 通道相偶联，但门控性质与 GABA$_A$ 受体不同。

昆虫 GABA 受体的研究远落后于哺乳动物 GABA$_A$ 受体的研究。昆虫 GABA 受体的研究主要以果蝇为试材，昆虫是否具有同哺乳动物 GABA$_A$ 一样的受体，目前还不清楚，因此对昆虫而言 GABA 受体不能称为 GABA$_A$ 受体。通过 cDNA 克隆得到了果蝇（Drosophila）的抗环戊二烯亚基 Rd1，随后又克隆出果蝇的类似 GABA 和甘氨酸受体 GDR。与哺乳动物相比，Rd1 亚基的 M3～M4 间连接片段较长，氨基酸同源性较低，但同样具有 M1～M4 的跨膜疏水区，其结构与 GABA$_A$ 受体相似，已证明具有 GABA$_A$ 受体的机能。同时研究指出，果蝇 GABA 受体亚基中第 302 位丙氨酸突变为丝氨酸后，将产生对环戊二烯类杀虫剂的抗性。

GABA 激动剂能促进 GABA 诱导的氯离子电流，而 GABA 拮抗剂则抑制 GABA 诱导的氯离子电流。GABA 拮抗剂又可分为竞争性拮抗剂和非竞争性拮抗剂，前者如荷包牡丹碱（bicuculline）可竞争性地抑制氯离子电流，它与 GABA 竞争性地结合在同一位点。后者如木防己苦毒宁（picrotoxinin），通过变构调节，非竞争性地抑制氯离子电流。目前非竞争性拮抗剂是杀虫剂重要靶标之一。过去常用的有机氯杀虫剂，其中包括环戊二烯类，林丹与其异构体以及其他的品种等，后来发现的氟虫腈类杀虫剂，也都是氯离子通道阻断剂，都是非竞争性的氯离子通道拮抗剂。

其实，GABA 受体激动剂与拮抗剂均可作为开发杀虫剂的研究对象，但目前还没有 GABA 受体激动剂作为杀虫剂的报道，但大环内酯化合物阿维菌素对 GABA 受体具有双向调节作用。基于受体激动剂与拮抗剂的分子设计是农药杀虫剂创制的有效途径之一，随着遗传工程及电生理学技术的发展，GABA 受体通道的分子结构与机制的进一步了解，将为新药的设计提供理论基础，将开发出高效、低毒、对环境友好的新药剂，服务于农业生产。

二、谷氨酸配体门控氯离子通道

谷氨酸是脊椎动物和无脊椎动物神经系统内主要的神经传递介质，在脊椎动物体内主要通过门控阳离子通道介导兴奋性的神经传递，而在无脊椎动物体内，谷氨酸既是兴奋性的神经递质，又是抑制性的神经递质。作为抑制性的神经递质，谷氨酸与突触后受体结合后，开启氯离子通道，称为谷氨酸门控的氯离子通道（glutamate-gated chloride channel，IGluCl）或抑制性谷氨酸受体（inhibitory glutamate receptor，IGluR）通道。

IGluRs通道目前仅在无脊椎动物的神经和肌肉细胞中发现，在脊椎动物中尚未发现，因此，IGluRs是研发高选择性杀虫剂的理想靶标。IGluRs所打开的通道主要对氯离子具有通透性，调节神经细胞内快速的突触抑制作用。除肌纤维外，IGluRs也是胸神经节和头部神经的重要组成部分。IGluRs主要分布在无脊椎动物的中枢神经和神经肌肉的连接处，对控制吞咽、运动、感知等可能起着关键作用。目前作用于IGluRs的化合物主要包括阿维菌素、弥拜菌素类和苯基吡唑类杀虫剂氟虫腈等。

第二节　历史上以 GABA 受体作为靶标的杀虫剂及化合物

20 世纪 40 年代中到 70 年代末期，曾广泛使用多氯代烷烃类杀虫剂，如林丹、毒杀芬及狄氏剂等，产生了严重的抗性和对环境的污染，其间的交互抗性也很严重，这表明这些化合物可能是作用于同一靶位，同时也观察到几种对环戊二烯类杀虫剂有抗性的昆虫对植物惊厥剂木防己苦毒宁（picrotoxinin，PTX）也有交互抗性发生，当时已知木防己苦毒宁是 GABA 受体的非竞争性拮抗剂，因而认为多氯代烷烃的作用靶位也应是在 GABA 受体上。这一推论是由于多氯代烷烃能在蟑螂肌肉中抑制 GABA 所诱导的氯电子流并能与非竞争性拮抗剂［3H］二氢苦毒宁结合在大鼠脑突触体 GABA 受体同一位置上而得到证实。用电生理的方法也证实了林丹和环戊二烯类杀虫剂能阻断蟑螂肌肉 GABA 的效应。

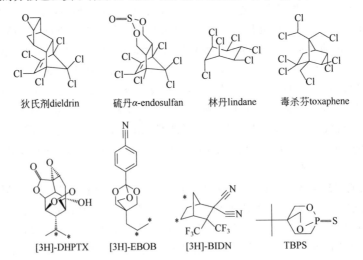

狄氏剂dieldrin　　硫丹α-endosulfan　　林丹lindane　　毒杀芬toxaphene

[3H]-DHPTX　　[3H]-EBOB　　[3H]-BIDN　　TBPS

一、非竞争性拮抗剂标记物

［3H］二氢苦毒宁是第一个成功标记出非竞争性拮抗剂作用位置的标记物，后来一些较新的标记物改进了配位的性能，［35S］-TBPS广泛用作哺乳动物脑中非竞争性拮抗剂作用位置的标记物，但它并不能用来测定对昆虫毒性的位点，因为这类双环磷酸酯类化合物对哺乳动物具有高毒性，但是对于昆虫却是低毒的，而相应的双环原酸酯类化合物却对哺乳动物和昆虫均具有高毒性。从而合

成了 [³H]-EBOB 作为昆虫 GABA 受体的标记配合物，[³H]-BIDN 也曾用作非竞争拮抗剂的配合物。1992 年开发了作用机制也是 GABA 门控氯离子通道非竞争性拮抗剂的氟虫腈后，发现它的作用征状与已知的 GABA 拮抗剂狄氏剂及 EBOB 相同，氟虫腈对狄氏剂具有抗性的家蝇可产生 20 倍的抗性，它还可抑制 [³H]-EBOB 对家蝇头膜 GABA 受体的结合，IC_{50} 为 2.3nmol/L。同时用多种这类苯基吡唑化合物进行测试，结果显示抑制 [³H]-EBOB 的能力与其杀虫活性成正相关。通过放射性配位结合和电生理研究得出的结果，认为放射性配体 [³H] 二氢苦毒宁（picrotoxinin，PTX）、[³⁵S] TBPS、[³H] EBOB 及 [³H] BIDN，对于哺乳动物或昆虫来说，均是作为非竞争性拮抗剂以阻断氯离子流，从而确定了 GABA 受体与非竞争性抑制剂的结合位点。这些化合物虽非农药，但在研究 GABA 受体与非竞争性抑制剂的结合位点上具有重要的作用。

二、六六六

六六六（Hexachlorocyclohexane）是通过在光照下，氯化苯而得到的一种六氯环己烷异构体，苯氯化后的产物具有不同的构象。

从活性上看，γ-体衍生物是其中最有活性的产物，其活性大约是其他异构体的 5000～10000 倍。其通用名为林丹（Lindane），该化合物是经过催化氯化而得。在氯化过程中，所得产物是八个氯化产物的立体异构体的混合物：α-体为 aaeeee（55%～70%），β-体为 eeeee（5%～14%），γ-体为 aaaeee（10%～18%），δ-体为 aeeeee（6%～8%），ε-体为 aeeaee（3%～4%），ζ-体为 aaeaee（微量），η-体 aeaaee（微量），θ-体为 aeaeee（微量），其中 a 为直立键，e 为平伏键。

γ-六六六　　　　β-六六六

所得产物中的有效体是 1，2，3 为 a 键，4，5，6 为 e 键的 γ-异构体即为林丹，占所有氯化产品的 10%～18%。在异构体中，α-体含量最多，占 55%～70%，β-体占 5%～14%，六六六的熔点为 112℃。

根据异构体溶解度的差异，可以纯化产品，如采用甲醇或乙酸处理粗产品，可将 γ-体提高到 30%～40%，然后依次在醇溶液和氯仿溶液中分步重结晶而得到纯品。纯林丹微具芳香味，在水中溶解度是 7.3 mg/L，可溶于芳香有机溶剂中，密度为 1.85 g/cm³，蒸气压为 1.3 mPa（20℃）。它对热、光及氧化作用均很稳定，但在碱性介质中极易分解，形成 1，2，4-三氯苯，同时放出三分子氯化氢。对大鼠急性经口毒性 LD_{50} 为 88mg/kg，经皮为 1000mg/kg。其杀虫作用相似于 DDT，但在水中的溶解度较 DDT 大，可用作种子处理剂，并可用于防治食叶类害虫、地下害虫，卫生害虫和动物寄生虫。过去广泛用于农作物、仓贮和公共卫生。

六氯环己烷立体异构体在环境中的行为各不相同，由于异构体在一定的条件下会发生相互转换，这对于环境中残留数据的分析造成了困难。各个异构体在土壤、水和食品中消失的速率可能极为不同。一些研究者发现，α-异构体和 β-异构体可在土壤、水稻、稻草、乳品及其他日用品中积累，但也有作者认为有四种异构体降解的速率基本上是相同的。γ-六六六在有机溶剂中对日光和 254nm 光照下稳定，在无氧的环境中，γ-六六六及其异构体则快速降解。它们的代谢途径是较复杂的。林丹中已鉴定出 80 余种代谢物，在动物体内它的代谢物一般是失去氯原子，而生成不饱和的代谢物，也可能形成氯代苯酚并作为葡萄糖苷而排泄出体外，在开始阶段，氧化作用和与谷胱甘肽结合也是重要的代谢反应，它们的代谢的关键途径包括，六氯环己烷、五氯环己烷、四氯环己烷等。在植物体内六六六异构体则转变成 β-六六六、α-六六六及六氯苯。林丹在高等植物体和微生物内的代谢则通过先脱氯化氢生成五氯环己烯，再通过氧化反应生成多氯代苯酚。

林丹的毒性可引起老鼠肝脏肿瘤，对于大鼠，肝脏的伤害（肝细胞肥大）是可逆的，当不继续给药后即可恢复。对大鼠的伤害主要是对肾脏的伤害，可在其附近的微管中形成透明的小颗粒体，特别是对雄鼠更为明显，但这与人类无关。一种较好的基因毒性试验得到的是否定的结果。同样，发育和生殖的试验也没有显示任何不利的结果。

三、环戊二烯类

这类杀虫剂都是放射性配体［^{35}S-TBPS］与大鼠脑膜结合时极强的竞争性抑制剂，这些结合抑制剂是具有立体结构特征的，其离体的活性与其对啮齿动物经口或腹内给药的毒性（LD_{90}）密切相关，许多环戊二烯的环氧化物，如七氯和艾氏剂的毒性均大于母体分子。环戊二烯类杀虫剂的制备是利用六氯环戊二烯作为双烯体与适当的亲双烯体，在适当的反应条件下进行 Diels-Alder 反应而生成各种相应的产物，其中包括灭蚁灵 mirex、艾氏剂 aldrin、狄氏剂 dieldrin、氯丹 chlordane、硫丹 endosulfan 及除螨灵 dienochlor、七氯 heptachlor 等，它们均以环戊二烯经多步氯化生成六氯环戊二烯后，再发生不同的反应和生成相应的产品，举例如下：

$$\xrightarrow[\text{H}_2\text{O}]{\text{SO}_3}$$

开蓬(kopone)

$$+ \quad \begin{array}{c}\text{CH}_2\text{OCOOCH}_3\\ \text{CH}_2\text{OCOOCH}_3\end{array} \longrightarrow \quad \begin{array}{c}\text{CH}_2\text{OCOOCH}_3\\ \text{CH}_2\text{OCOOCH}_3\end{array}$$

$$\xrightarrow{\text{H}_2\text{O}} \quad \begin{array}{c}\text{CH}_2\text{OH}\\ \text{CH}_2\text{OH}\end{array} \xrightarrow{\text{SOCl}_2}$$

硫丹(endosulfan)

艾氏剂（Aldrin）和狄氏剂（Dieldrin）是具有相似结构的人工合成有机氯杀虫剂。在环境或者生物体内能够较快地降解为狄氏剂。狄氏剂化学性质很稳定，遇碱、弱酸和光都不分解。异狄氏剂（Endrin）是狄氏剂的异构体，为白色晶体，不溶于水。艾氏剂、狄氏剂与异狄氏剂一起，自20世纪50年代起，就广泛地用作农业用杀虫剂、畜牧用药、杀白蚁剂和病媒控制药剂，它们都是剧毒的。美国环保署（environmental rotection agency，EPA）已将艾氏剂和狄氏剂指明为致癌物质。

灭蚁灵（Mirex），白色无味晶体，不易溶于水，被认为是在土壤、底泥和水中最稳定和持久的农药之一，在土壤中的半衰期超过10年，被用于杀灭侵害房屋建筑、土质堤坝、森林果园的白蚁和在室内传播疾病、危害人类健康的蚂蚁和蟑螂，也被广泛用于塑料、橡胶、油漆、纸和电力设备中用作阻燃剂。

多数有机氯农药属于持久性有机污染物，具有长期残留性、生物蓄积性、半挥发性和高毒性。这主要是由其物理化学性质决定的。有机氯农药具有高度的物理和化学稳定性，其沸点高、蒸气压低，在水中的溶解度低，在环境中残留时间长，短时期内不易分解，在土壤中半衰期为几年甚至二十几年，如六六六为2～4年，艾氏剂为1～2年，狄氏剂为5年，灭蚁灵为10年，六氯苯可达2.7～22.9年。有机氯农药污染物分布面极广，在全球范围的各种环境介质（大气、土壤、江河、海洋、底泥等）以及动植物组织器官和人体中广泛存在，有的通过迁移、转化、富集，浓度水平可能提高数倍甚至数百倍，对环境造成严重的污染，破坏生态平衡，威胁人类健康。有机氯农药性质稳定，难以降解，具有很高的脂溶性，容易在生物体中大量富集，其长期累积可达20～30年之久，并且能够沿食物链的放大作用，使得居于食物链最高层的人类所受到的危害最为严重。有机氯农药对生物体的危害主要有以下几点。

（1）慢性中毒　连续接触、吸入或食用较小量（低于急性中毒剂量）的农药，农药在人体组织内逐步蓄积，将引起慢性中毒。中毒者主要表现为食欲不振、上腹部和肋下疼痛、头晕、头痛、乏力、失眠、噩梦等。

（2）影响酶类活性　许多有机氯农药可以诱导肝细胞微粒体氧化酶类，从而改变体内某些生化过程。此外对其他一些酶类也有一定影响，如对多种三磷酸苷酶（ATP）具有抑制作用。

（3）影响内分泌系统　有机氯农药具有雌性激素的作用，对肾上腺皮质也有抗类固醇效应，可以干扰人体内分泌系统的功能。

（4）影响免疫功能　有机氯农药曾在动物实验中发生免疫生物学反应的损害。

（5）影响生殖机能　有机氯农药对生殖机能造成的影响主要是性周期障碍、胚胎宫内发育障碍和子代死亡或发育不良等情况。能够引起鱼类生殖能力下降；鸟类产蛋数目减少，蛋壳变薄，胚胎不易发育，严重影响鸟类的繁殖。此外，有机氯农药对哺乳动物的生殖能力也有一定影响。

（6）致癌、致畸、致突变作用　动物实验结果表明，有机氯农药具有致癌、致畸、致突变作用和遗传毒性，对生物体具有严重的远期毒性，对人类也造成潜在的威胁。

自 20 世纪 60 年代发现有机氯农药具有污染、高残留和毒性问题后，引起了人们的高度重视。出于对人类健康安全的考虑，保护生态环境，自 20 世纪 70 年代起，许多国家禁止或限制了有机氯农药的使用。1974 年，美国 EPA 正式禁止使用狄氏剂及艾氏剂，接着又禁止使用七氯和氯丹。1977 年 6 月又将有机氯类农药列入筛选出的 129 种水中优先检测及控制的污染物。我国也从 1983 年起全面禁止六六六和滴滴涕等高残留有机氯农药的使用。在 2001 年有 127 个国家签署的《关于持久性有机污染物的斯德哥尔摩公约》中列出的首批受控需要采取全球性行动的 12 种污染物中，有 9 种是有机氯类农药，即艾氏剂（Aldrin）、狄氏剂（Dieldrin）、异狄氏剂（Endrin）、滴滴涕（DDT）、氯丹（Chlordane）、灭蚁灵（Mirex）、毒杀芬（Toxaphene）、七氯（Heptachelor）和六氯苯（Hexachlorbenzene）。六六六虽未列上，但为可疑致癌物，属美国 EPA 确定的 129 种优先控制污染物之一。

目前除林丹和毒杀芬外，20 世纪应用的这类非竞争性的氯离子通道拮抗剂大部分已受到限制或禁用。研究证明，它们的杀虫活性是与它们抑制氯离子流的能力密切相关，在药物与靶位相互作用的研究中，表明这类非竞争性拮抗剂，实际上是填满了氯离子通道，从而阻断了氯离子流的正常进行，这种作用也可能是通过变构化，改变通道的构象来完成的，经计算氯离子通道孔径大约是 0.85nm，它稍稍大于多种类型的非竞争性的氯离子通道拮抗剂（NCAs）的横截距（0.6～0.8nm）。

研究证明：各种不同的非竞争性拮抗剂的结构均适合于同一个 GABA 受体的 β 亚基的位置，这对于杀虫剂间具有交互抗性和昆虫与哺乳动物间的选择性毒性作了很好的解释。目前已知 M2 片断中的 $2'$-位对于所有的 γ-氨基丁酸配位门氯离子通道来说，是非竞争性抑制剂结合位置的关键残基，非竞争性拮抗剂对相同结构的亚基 $2'$-位是丙氨酸时是敏感的，而在此位置若换为其他氨基酸，如丝氨酸、酪氨酸、蛋氨酸、或甘氨酸等，则敏感性降低。

第三节　氟虫腈类杀虫剂

氟虫腈属于苯基吡唑类化合物，是由 Bayer AG 及 Rhône-Poulenc 公司分别独立发现的高效杀虫剂，1996 年起在欧洲上市，目前已在 70 个国家的百余种作物上登记，这类化合物对广泛的害虫有活性，已变成世界上防治作物害虫和非作物害虫的重要品种。在剂型上也是多种多样，可根据作物与昆虫的状况，作为土壤处理剂、种子处理剂、叶面喷雾剂，由于它没有驱避作用，也可作为诱饵使用。在城市内可作为蟑螂和蚂蚁的杀虫剂，用于卫生害虫的防治。该化合物是在研究苯基吡唑类除草剂时，偶尔发现其杀虫活性的。目前这类化合物中已开发为品种的有氟虫腈、乙虫腈，和我国自行研制的丁烯氟虫腈等品种。

氟虫腈熔点 201℃，蒸气压 3.7×10^{-7} Pa，水中溶解度 1.9～2.4 mg/L（0℃），$K_{ow}\lg P$（20℃）4.0，丙酮中溶解度 545.9g/L，土壤中半衰期 1～3 个月，水中半衰期 135d，大鼠急性经口 $LD_{50} >$ 97mg/kg，大鼠急性经皮 $LD_{50} > 2000mg/kg$，大鼠急性吸入 $LC_{50} > 0.682mg/L$。对皮肤和眼睛没有刺激性。无致畸、致癌和引起突变的作用。该药对鱼类高毒，对蜜蜂高毒，对虾、蟹等亦高毒。对家蚕毒性较低，LD_{50} 0.427pg/头。在水中的光解半衰期 8h，在土壤中光解半衰期 34d。

乙虫腈是 2005 年由罗纳普朗克发现、拜耳公司开发的杀虫、杀螨剂，是氟虫腈的乙基亚硫酰基类似物。熔点 160～165℃，蒸气压为 9.1×10^{-8} Pa，$K_{ow}\lg P$（20℃）2.9，在丙酮中的溶解度为 90.7g/L，大鼠急性经口毒性 $LD_{50} > 5000mg/kg$，急性经皮毒性 $LD_{50} > 5000mg/kg$。该化合物虽然尚未见到较系统的应用、开发方面的报道，但已知它改进了氟虫腈在植物中的内吸性，并能防治更广谱的吸食器害虫，不过它对鳞翅目害虫活性却要低很多，可用于种子处理和叶面喷雾，持效期长达 21～28d。主要用于防治蓟马、蚜、象虫、甜菜麦蛾、蚜虫、飞虱和蝗虫等，对某些粉虱也表现出活性（特别是对极难防治的水稻害虫稻绿蝽有很强的活性）。

丁烯氟虫腈为我国大连瑞泽农药股份有限公司自主创制的品种，为白色粉末，熔点为172～174℃，溶解度（25℃，g/L）：水中0.02，乙酸乙酯中260，微溶于石油醚、正己烷，易溶于乙醚、丙酮、三氯甲烷、乙醇、N,N-二甲基甲酰胺；分配系数（lg正辛醇/水）为3.7；该化合物常温下稳定，在水及有机溶剂中稳定，在弱酸、弱碱及中性介质中稳定。丁烯氟虫腈原药对大鼠急性经口 $LD_{50} > 4640mg/kg$，急性经皮 $LD_{50} > 2150$；原药对兔皮肤、眼睛均无刺激性；对豚鼠皮肤变态反应（致敏）试验结果为弱致敏物（致敏率为0）。Ames试验、小鼠骨髓细胞微核试验、小鼠显性致死试验均为阴性，未见致突变作用。该药对鱼、家蚕低毒；对鸟中等毒或低毒（以有效成分的量计算）；对蜜蜂为高毒，高风险性。该药对鳞翅目、蝇类和鞘翅目害虫有较高的杀虫活性。经田间药效试验结果，对稻纵卷叶螟、稻飞虱、二化螟、三化螟、椿象、蓟马都有特别好的防治效果。与其他杀虫剂没有交互抗药性，可以混合使用，在土壤及作物中无残留。

此外，还有四个苯基吡唑类品种，即甲烯氟虫腈（vaniliprole）、乙酰虫腈（acetoprole）、吡嗪氟虫腈（pyrafluprole）及吡啶氟虫腈（pyrafluprole）都是正在开发中的氟虫腈类衍生物，具有广谱杀虫、杀螨活性，可用于棉花、果树及蔬菜等作物的害虫防治。

氟虫腈
(fiprole)

乙虫腈
(ethiprole)

甲烯虫腈
(vaniliprole)

丁烯氟虫腈

乙酰虫腈
(Acetoprole)

吡嗪氟虫腈
(pyrafluprole)

吡啶氟虫腈
(pyriprole)

1. 作用机制

这类杀虫剂可通过抑制神经递质 GABA 阻断门控的氯离子通道来发挥药效，近来显示出氟虫腈的氧化代谢物，砜在昆虫中央神经系统中对于两种类型的谷氨酸门控氯离子通道也都具有很强的阻断作用。氟虫腈类的作用机制如狄氏剂，它们在家蝇和老鼠身上引起的症状相似于狄氏剂和 EBOB。但是，氟虫腈及其砜的代谢物在杀虫剂中是独特的，已知它具有三个高亲和力的靶位：即它可在昆虫神经系统中调节氯离子通道中大多数 GABA 受体和两个 GluCls 亚型抑制剂的传递，这个多重高敏感靶位减少了靶位抗性的产生。此外，氟虫腈及其砜代谢物对昆虫的作用力远大于对哺乳动物 GABA 受体的作用。

2. 合成方法

该类化合物的合成方法以氯虫腈为例，共有三条路线。

第一条路线是苯基吡唑衍生物为起始原料，首先与三氟甲基硫氯反应生成 5-氨基-3-氰基-1-(2,6-二氯-4-三氟甲基苯基)-4-三氟甲硫基吡唑，后者再用双氧水或者间氯过氧苯甲酸等氧化剂氧化得产物。该路线中三氟甲基氯化硫毒性很高，且为气体，因而在工业生产中对操作条件要求较高。

第二条路线是普朗克公司后来报道的一种由毒性小的 CF₃SOCl 或者 CF₃SONR₂ 代替高毒的三氟甲基氯化硫，直接与 5-氨基-3-氰基-1-(2,6-二氯-4-三氟甲基苯基) 吡唑通过一步反应生成氟虫腈的方法。该法不仅大大地减少了对环境的污染，而且免去了随后的氧化步骤。CF₃SOCl 室温下是液体，因而操作比较方便。

第三条路线是普朗克公司为了避免使用高毒的三氟甲基氯化硫，采用 5-氨基-3-氰基-1-(2,6-二氯-4-三氟甲基苯基) 吡唑首先与硫氰化钠进行氧化加成反应，生成 5-氨基-3-氰基-1-(2,6-二氯-4-三氟甲基苯基)-4-异硫氰基吡唑，在碱性条件下该中间产物缩合生成二硫化物，并在磷酸氢二钠存在下，与三氟溴甲烷反应得到 5-氨基-3-氰基-1-(2,6-二氯-4-三氟甲基苯基)-4-三氟甲硫基吡唑，再经过氧化得到氟虫腈。该路线是目前工业上采用的路线。

关键化合物芳基吡唑腈是合成氟虫腈的重要中间体，有关其合成有多种方法，迄今研究得比较深入也比较成熟的合成工艺路线是由 2,6-二氯-4-三氟甲基苯胺出发，先经重氮化，再与 2,3-二氰基丙酸乙酯反应，再在碱性条件下关环制得芳基吡唑腈。

3. 结构与活性的关系

鉴于这类化合物的高活性与特征的作用机制，许多公司和大学的研究组进行了多种衍生物的设计，在所有的合成化合物中，2,6-二氯-4-三氟甲基苯基总是具有最高活性的必需基团。也曾有人合成过 2-吡啶的类似物及 2,6-二氯-五氟硫基苯基、氧氟次甲基、二苯基及其他三氟甲基取代基，以及在吡唑 4-位上的硫原子处于不同的氧化态的衍生物，它们均可显示出活性。

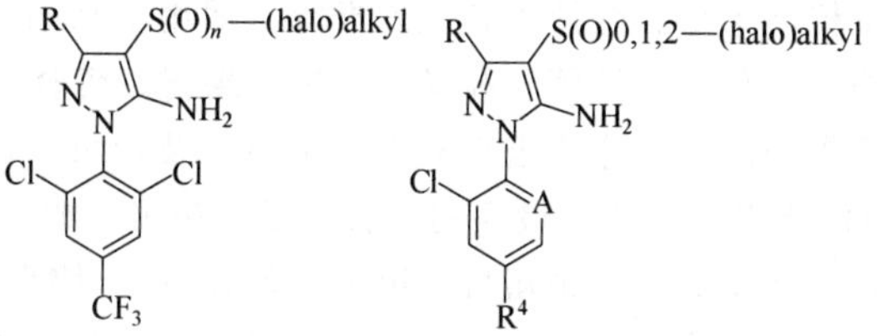

$n=0\sim2$，A=N，$R^4=CF_3$，A=C，$R^4=SF_5$

曾认为 2,6-二氯-4-三氟甲基苯基-杂环-4-（卤代）烷硫基骨架是基本的毒性基团，杂环的种类和杂环 3-,5-位上的取代基是可以改变的，它可能是起着一种前药的作用。研究过的杂环包括吡唑、三唑、并联的吡唑、吡啶酮、嘧啶酮、吡咯等。下式为杂环的变化：

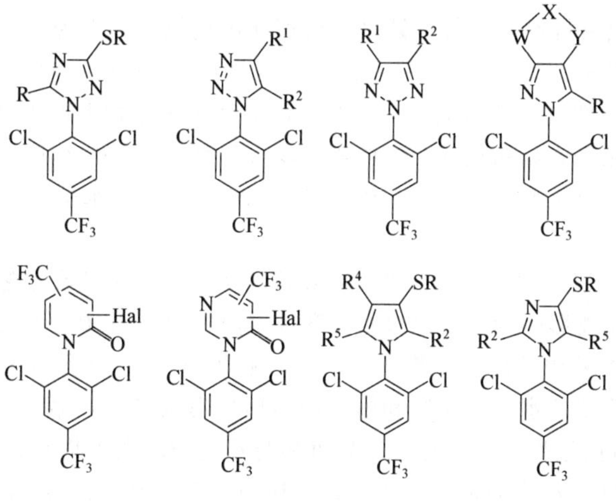

杂环 4-位的变化：

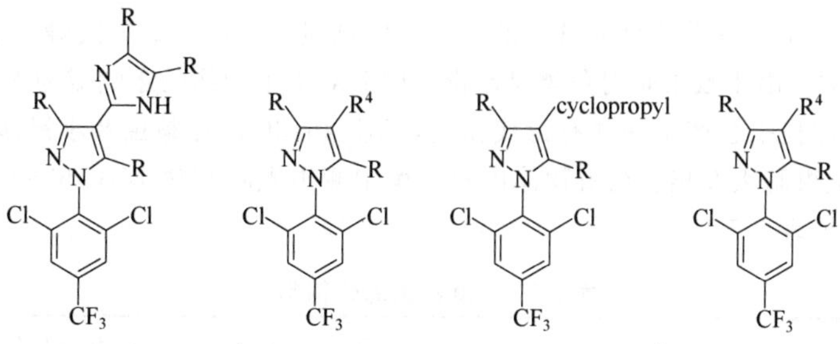

R^4=phenyl heteroaryl

R^4=alkyl alkenyl alkinyl

对于基本药效基团结构的扩展包括用咪唑基及其他的基团取代 4-（卤代）烷硫基五元杂环或苯基、环丙基及其他环烷基、卤代烷、烯基及炔基等，这些结构变化的目的是想进一步改进其杀虫谱，提高对靶位的选择性，对非靶标生物的安全性和对环境的相容性以及降解和光解的稳定性。尽管各公司付出了很大的努力，但结果均不理想。

虽然氟虫腈具有手性（不对称的亚砜基），通过 HPLC 的制备色谱，曾对氟虫腈的两个光学异构体进行过分离，并分别测定了它们对一些害虫如棉椿象、谷类象鼻虫及家蝇的活性，研究证明，光学活性体与外消旋体之间活性没有区别，它们在活性上并没有明显的差异。

4. 生物活性

氟虫腈是一种对许多种类害虫都具有杰出防效的广谱性杀虫剂,它具有接触活性,但主要是通过摄入。因为靶位受体是昆虫的中央神经系统,在药剂处理后即开始停止进食,并出现其他症状,但显示死亡往往是比较缓慢的。它对半翅目、鳞翅目、缨翅目、鞘翅目等害虫以及对环戊二烯类、菊酯类、氨基甲酸酯类杀虫剂已产生抗药性的害虫都具有极高的敏感性。可有效防治马铃薯叶甲、小菜蛾、粉纹菜蛾、墨西哥棉铃象虫、金针虫和地老虎等。适用于水稻、蔬菜、棉花、烟草、马铃薯、甜菜、大豆、油菜、茶叶、苜蓿、甘蔗、高粱、玉米、果树、森林、观赏植物、公共卫生、畜牧业、贮存产品及地面建筑等防除各类作物害虫和卫生害虫以及蝗虫。在全球所登记的防治昆虫达140余种,并可用于100种作物以上。活性最高的是直翅目(蟑螂,蝗虫)、白蚁目(白蚁)及双翅目(苍蝇),在田间用量为 $1 \sim 25 g/hm^2$;鞘翅目(甲虫,象鼻虫)、缨翅目(牧草虫)、半翅目(蝽象)及鳞翅目(菜蛾,螟虫)用量为 $25 \sim 75 g/hm^2$;对于同翅目(蚜虫及粉虱)和鳞翅类,夜蛾科(棉铃虫,黏虫)的活性则稍差,用量需高于 $200 g/hm^2$。作为土壤处理剂,氟虫腈有很好的效果,可在 $50 \sim 200 g/hm^2$ 的范围内防治多种作物中的多种害虫。可作土壤处理、种子处理,防治白蚁及其他在城市生活中常见害虫,也可在草坪及观赏作物及动物饲养中应用。

5. 抗性问题

对于狄氏剂的靶位具有抗性时,对于氟虫腈也可能出现抗性,因为它们是作用于同一靶标,但这种交互抗性并没有在田间出现。然而,在东南亚地区早在1996年,在引入三年后,就有抗性在菱形蛾上发生过,90年代中期也在其他地方,如泰国在十字花科作物上产生过抗性,每年抗性增长约40倍。但是后来由于有新药,如茚虫威、溴虫腈、多杀菌素等不断引入亚洲市场。至1998年氟虫腈对小菜蛾的敏感性,在泰国开始恢复,一些地区 LC_{50} 已恢复到原有水平。

6. 代谢与毒理

在环境中的降解主要以水解、光解以及微生物降解为主。氟虫腈在水溶液降解过程中,水环境的 pH 值是引起降解的主要影响因子,氟虫腈在酸性(pH 5.5)和中性条件下稳定,主要是分子中的氰基水解成酰氨基。溶液中的降解产物 MB 46513 和 RPA 104615 是在光解反应的过程中,脱硫和氧化的结果。但是在简单的水生态系统和模拟的稻田生态系统中,氟虫腈主要形成 MB 46513 和 MB 46136 以及一些微量的极性产物,这一结果可能与环境中的微生物有关。

氟虫腈的对映体对哺乳动物的毒性存在差异。狗经口剂量 10mg/kg,两个对映体都能致 2/3 个体呕吐,但 S 体可 100% 致死,而 R 体仅 33% 致死。亚致死剂量的氟虫腈对蜜蜂的行为有一定的影响,1ng/蜜蜂胸部给药 1h 后显著降低对蔗糖的敏感,低剂量的(0.5ng/只蜜蜂)削弱嗅觉学习,而运动学习能力没有影响。由于氟虫腈对鱼类是高毒,因此对水生动物的影响成为人们研究的重点。

在使用氟虫腈的过程中会产生一些有毒代谢物,MB 46136 是在黏虫及小鼠体内的主要代谢物,MB 46136 的毒性比氟虫腈大 9 倍。在植物体内及土壤中测出光降解物 MB 45950,其毒性与氟虫腈相等或高于氟虫腈(见表 1-7-1)。

表 1-7-1 氟虫腈的代谢物

代谢物	R^3	R^4	氟虫腈与代谢物结构通式
fipronil	CN	$SOCF_3$	
MB 45950	CN	SCF_3	
MB 46136	CN	SO_2CF_3	
RPA 200766	$CONH_2$	$SOCF_3$	
MB 46513	CN	CF_3	
MB200761	COOH	$SOCF_3$	

代谢物	R^3	R^4	氟虫腈与代谢物结构通式
MB 45897	CN	H	
RPA105048	$CONH_2$	CF_3	
RPA 104615	CN	SO_3H	
RPA 105320	$CONH_2$	SO_2CF_3	

第四节　阿维菌素

至今作为氯离子通道激活剂的大环内酯化合物，有阿维菌素（abamectin）、依维菌素（Ivermectin）、甲氨基阿维菌素苯甲酸盐（emamectin benzoate）和弥拜菌素（milbemectin），它们均已商品化。近年来对于它们衍生物的研究和结构的改造一直都在进行着，不断有新的品种研究出来，许多化合物具有很好的杀虫、杀螨及防治动物体内寄生虫的高效性能。

1. 阿维菌素的发现

阿维菌素是 1975 年日本北里研究所从日本静冈县土样中分离得到的一种链霉菌（*Streptomyces avermitilis*），这种菌株的发酵液具有很高的驱肠道寄生虫活性。后来美国默克公司做进一步研究，于 1976 年分离出一组具有驱虫活性的物质，将其命名为 Avermectin。开始，默克公司原始菌株的发酵单位只有 9 mg/L，后经紫外线诱变，从中筛选出一株突变株，发酵单位可达 500 mg/L。他们从发酵液中分离出 8 个不同的结构，组成 4 对同系物，每对的主要成分称为 a-组分，次要成分称为 b-组分，其含量比通常为 80:20 及 90:10，商品阿维菌素，即是阿维菌素 B_{1a}（>80%）和 B_{1b}（<20%）的混合物，又称为 abamectin，该药剂对牲畜体内的寄生线虫、害虫及螨有高效，作为植物保护剂于 1985 年引入市场。其中 B_1 的活性最高，B_2 次之，但 B_2 对哺乳动物最安全。其他异构体杀虫活性较低且毒性较高。自然界存在的阿维菌素的结构如下所示：

	R^1	A–B	R^2
A_{1a}	—OMe	—HC=CH—	*s*-butyl
A_{1b}	—OMe	—HC=CH—	*i*-propyl
A_{2a}	—OMe	—CH₂CHOH	*s*-butyl
A_{2b}	—OMe	—CH₂CHOH	*i*-propyl
B_{1a}	—OMe	—HC=CH—	*s*-butyl
B_{1b}	—OMe	—HC=CH—	*i*-propyl
B_{2a}	—OMe	—CH₂CHOH	*s*-butyl
B_{2b}	—OMe	—CH₂CHOH	*i*-propyl

阿维菌素是十六元大环内酯双糖苷类化合物，为白色或黄色结晶粉（含 B1a≥90%），熔点 161.8～169.4℃，密度 1.16g/cm³，蒸气压<3.7×10⁻³ mPa，常温下不易分解，20℃时，在水中溶解度为 0.007～0.010mg/L、丙酮为 100 g/L、甲苯为 350 g/L、异丙醇中为 70 g/L，氯仿中为 25g/L。分配系数 $K_{ow}lgP$ 4.4±0.3（pH7.2）；在 25℃时，pH5～9 的溶液中无分解现象。

阿维菌素杀虫谱有 80 余种，能有效防治双翅目、同翅目、鞘翅目和鳞翅目害虫及多种害螨等。防治谱十分广泛，具有杀虫、杀螨、杀线虫的作用，常用于农业害虫和牲畜寄生虫的防治。对多种动物胃肠道线虫、动物肺线虫、牛皮蝇蛆、虱、螨以及蜱等也有较好的防治效果。阿维菌素杀虫活性高，比常用农药高 5～50 倍，亩施用量仅 0.1～0.5g 有效成分。在我国第一批高毒农药替代品种中，阿维菌素即被推荐用于防治稻纵卷叶螟、棉红蜘蛛。甲氨基阿维菌素被推荐用于防治棉铃虫和小菜蛾。

近年来，由于阿维菌素有极高的生物活性和广泛的杀虫谱，市场份额发展迅速。产能逐年扩大，生产技术逐年完善，发酵效价由原来的 $1000\mu g/mL$ 达到了 $5000\mu g/mL$，并有望提升到 $8000\mu g/mL$，生产成本逐年降低。

1995 年，首次报道马来西亚田间小菜蛾种群对阿维菌素产生 17～195 倍的高抗性，巴西、阿根廷报道马铃薯块茎蛾对阿维菌素也产生了抗药性。近年国内也有较多关于小菜蛾对阿维菌素产生抗药性的报道。这往往是由于不科学的使用方法，加速了害虫对农药抗性的增加。

2. 阿维菌素的作用机制

Arena 等于 1991 年报道了这类大环内酯化合物的杀虫机制。认为阿维菌素在靶虫细胞上，具有特别高的亲和力与靶位结合，影响了细胞膜对氯离子的通透性，使氯离子汇集，从而导致由 GABA 介导的中枢神经及神经肌肉间传导阻滞，这是一种最初的解释。但后来的研究发现，在较低浓度时（2×10^{-12} mol/L），可以引起与 GABA 系统无关的氯离子通道的开放，越来越多的研究表明，阿维菌素的驱虫活性主要是由于药物导致了由谷氨酸控制的氯离子通道的开放，从而使得膜对氯离子通透性的增加，带负电荷的氯离子引起神经元休止电位的超级化，使正常的电动电位不能释放，神经传导受阻，最终引起虫体麻痹死亡。据报道，阿维菌素对吸虫和绦虫无效，后来的研究表明，这可能是由于它们体内缺少受谷氨酸控制的氯离子通道，致使其无效的原因之一。

阿维菌素的作用方式以胃毒为主，兼有触杀作用，无杀卵活性，但经过阿维菌素处理过的卵，在孵化后不久即会死去，药剂进入害虫体内后，其中毒症状表现为麻痹、拒食和死亡；由于不能引起昆虫迅速脱水，所以致死作用比较缓慢，48～72h 才能达到死亡高峰。因其作用机制独特，所以与常用的药剂无交互抗性。此外，阿维菌素在喷施后能渗入作物叶片组织中，在表皮薄壁组织内形成药囊，长期贮存，所以它有较好的残效期，这也使其对常规药物难以防治的害虫有高效。

3. 阿维菌素的结构与活性的关系

阿维菌素属大环内酯类化合物，结构比较复杂，如在其 B_1 分子中，含有五个碳碳双键、三个羟基、二个糖基和十九个手性碳，为进一步提高活性和稳定性、扩展杀虫谱、降低毒性，弄清结构与活性的关系，化学家们对其结构修饰进行了大量的研究。目前围绕阿维菌素衍生物的研究已取得了很大进展，已合成了上千种阿维菌素衍生物，并筛选出一些具有更高活性的化合物。已商品化的有依维菌素（ivemectin）、甲氨基阿维菌素（emamectin）和用于防治牲畜寄生虫的乙酰氨基阿维菌素（eprinomectin）等。

化合物	简称	R	$C_{22}\sim C_{23}$ 键
阿维菌素 B_1	AVMB1	α-OH	双键
依维菌素	IVM	α-OH	单键
甲氨基阿维菌素	EMA	β-MeNH	双键
乙酰氨基阿维菌素	EPM	β-AcNH	双键

除上述品种外，大量的衍生化研究工作包括对分子中所含的羟基进行烷基化、酰化、磷酰化和氧化等；对在不同位置的双键上加氢或引入其他基团都有人在进行着，但所得产物的活性并不很理想。其中只有氟代的衍生物显示出具有高杀螨活性，如10-氟-10,11-二氢阿维菌素 B_1（R＝F），在叶片上的持效活性明显高于母体阿维菌素 B_1。

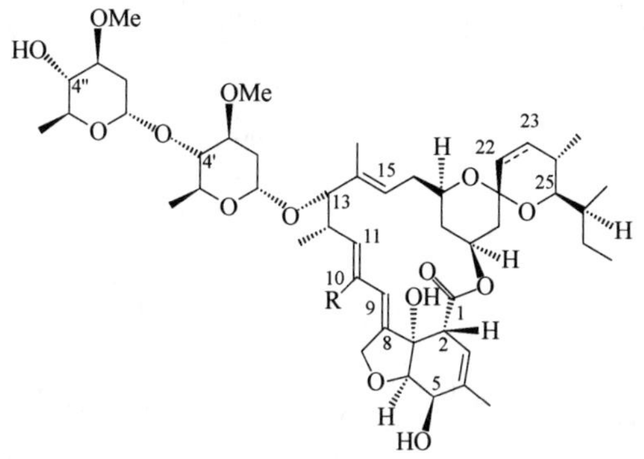

在对侧链的改造中，已知阿维菌素 B_1 分子在多个位置上带有侧链，除 C_{25} 位外，均为甲基，目前对侧链的改造主要在 C_4 和 C_{25} 位上进行，从母体结构中可以看出，C_{25} 位为一饱和链上的异丙基或仲丁基，该基团反应性极差，难于用化学反应进行修饰，改造主要通过发酵条件的改变和半合成的方法来实现，如 Dutton 等利用突变生物合成法（Mutational Biosynthesis）即通过在阿维菌素产生菌的发酵生产工艺中添加某些特定的羧酸或其衍生物，使该位置的碳上被其他基团取代。如在发酵培养液中添加环己烷羧酸钠盐后，即可得到 C_{25} 位上为环己基取代的衍生物（doramectin）。生测结果显示，该药有较广的驱线虫谱，比依维菌素有更佳的药效，商品名为 Dectomax，结构式如下：

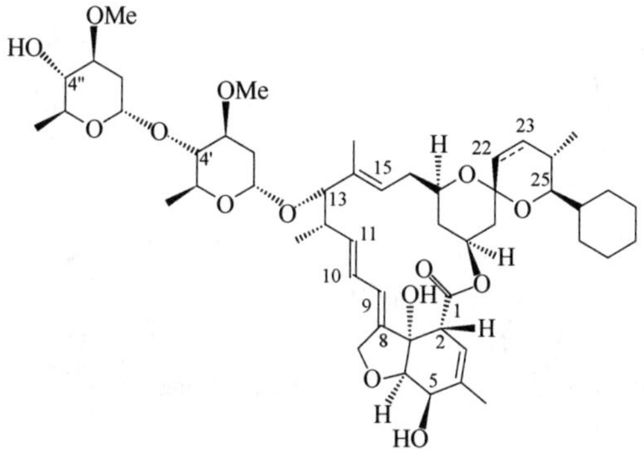

此外，对分子手性碳构型的翻转也进行了研究，阿维菌素分子中在大环内酯部分共有11个手性碳，其中起重要作用的有 C_2、C_7、C_{17} 及 C_{19}，易发生构型转化的是 C_2 和 C_{19}，因此结构改造主要在这两个碳上进行。但所得产物均无活性，说明这两个碳原子原有构型对活性是极为重要的。Hanessian 等仔细研究了阿维菌素 B1 的 NMR 及 X 衍射晶体结构数据，发现内酯环是被紧密包裹起来的，构象几乎没有可变性。内酯环构象的改变将使活性大幅降低。

在对糖基的水解研究中，发现阿维菌素在不同的条件下可发生水解反应，但所用溶剂的不同，可能对水解的程度有相当的影响，酸碱性对水解产物也各不相同。从下面的数据中可看出阿维菌素及依维菌素糖基侧链的改变对二斑叶螨结构与活性的关系：

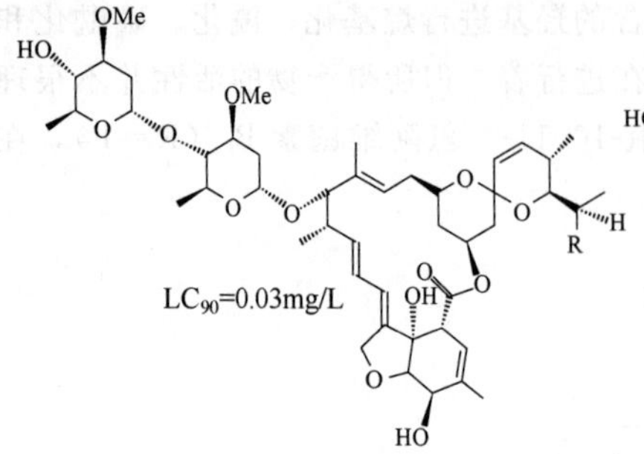

$LC_{90}=0.03mg/L$

1-7-1

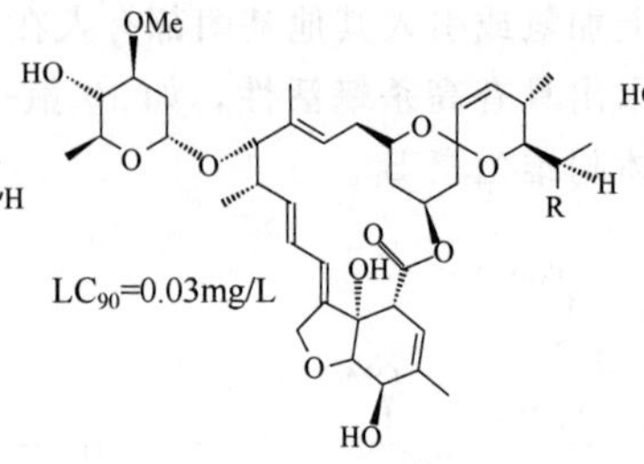

$LC_{90}=0.03mg/L$

1-7-2

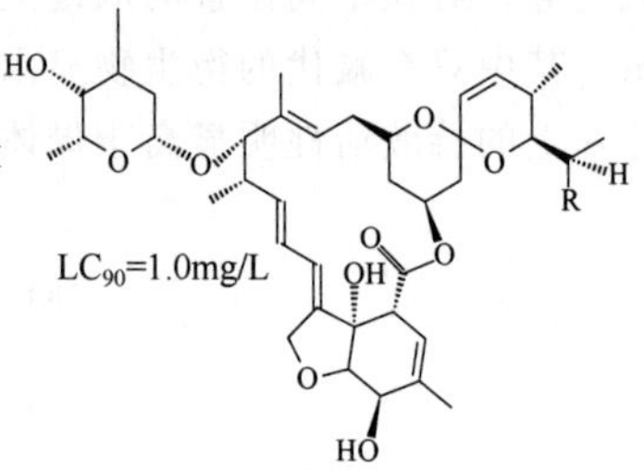

$LC_{90}=1.0mg/L$

1-7-3

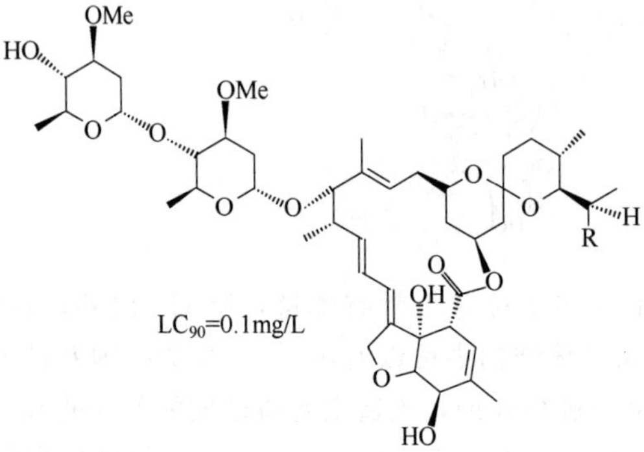

$LC_{90}=0.1mg/L$

1-7-4

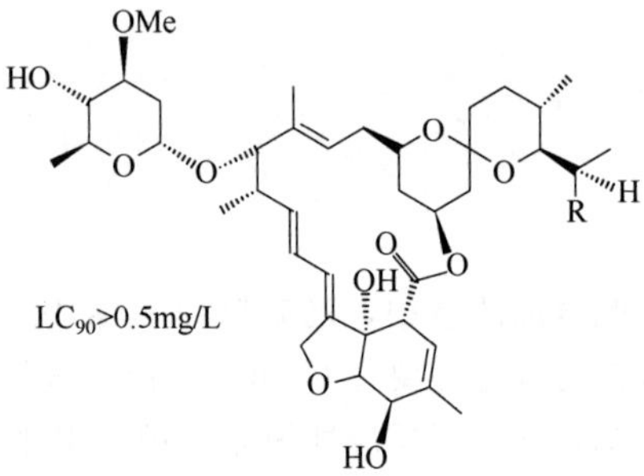

$LC_{90}>0.5mg/L$

1-7-5

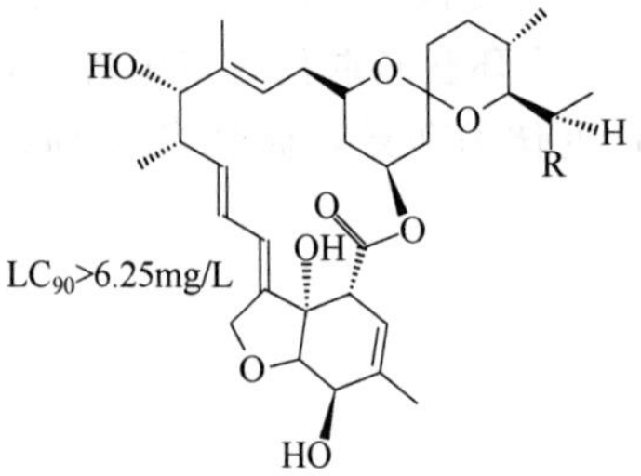

$LC_{90}>6.25mg/L$

1-7-6

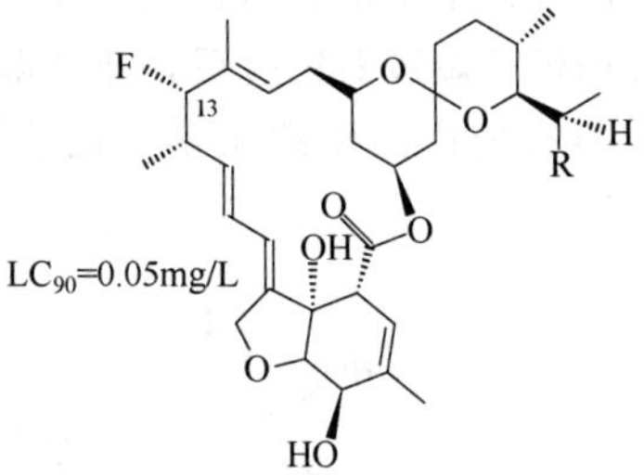

$LC_{90}=0.05mg/L$

1-7-7

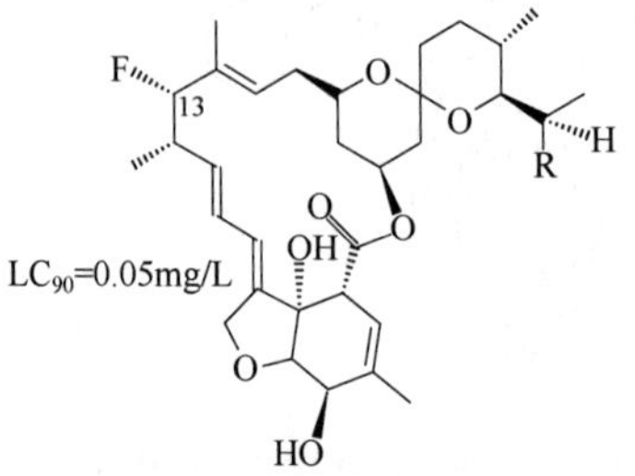

$LC_{90}=0.05mg/L$

1-7-8

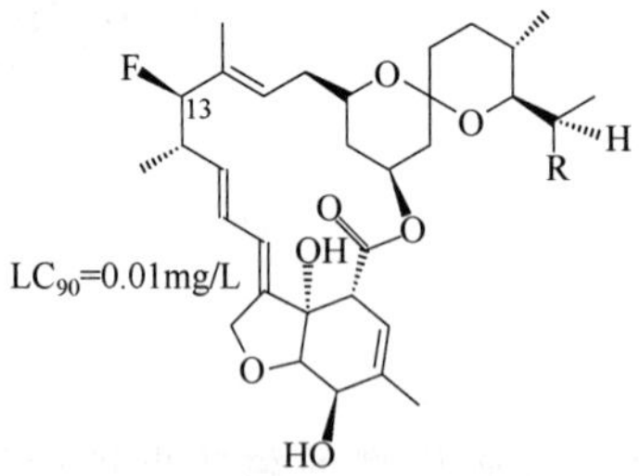

$LC_{90}=0.01mg/L$

1-7-9

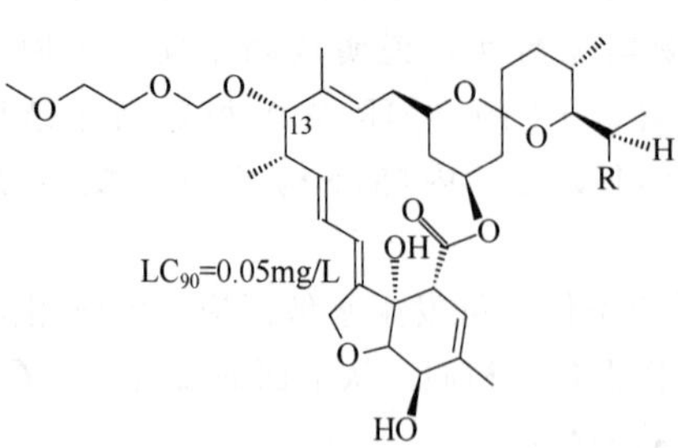

$LC_{90}=0.05mg/L$

1-7-10

$LC_{90}=0.01mg/L$

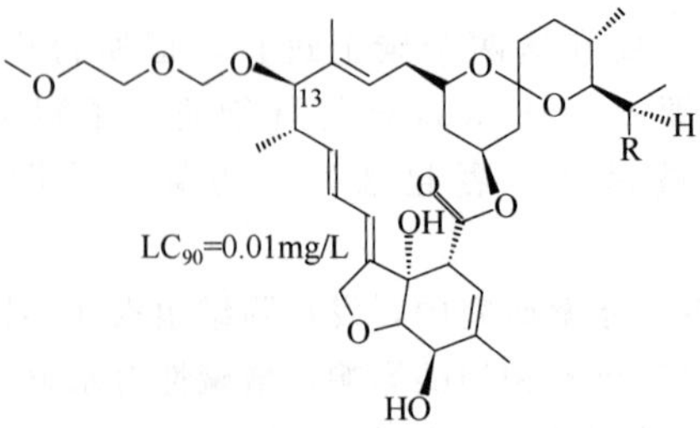

1-7-11

第五节 依维菌素

1. 依维菌素的发现

在对阿维菌素 B_1 和 B_2 进行结构与活性关系研究中发现，分子中 C_{22} 和 C_{23} 位上取代基的不同对活性有重大影响，在 B_1 中 $C_{22} \sim C_{23}$ 间为双键，而在 B_2 中，则为双键的水合物，这一差别导致大环在构象上有很大的差别。研究发现药剂经口进入昆虫体内时，B_1 活性大于 B_2，但不是经口投药时，则相反。这一现象启发研究者设计一种新分子，旨在体现出二者的共同特性，即合成一个具有 B_2 构象但无 C_{23} 位羟基的化合物，这就要求选择性地氢化 B_1 中的 $C_{22} \sim C_{23}$ 间的双键。但是 B_1 分子中同时含有 5 个碳碳双键，要实现这一选择性的氢化必须具有合适的催化剂，考虑到其他 4 个双键都存在着不同程度的空间阻碍，因而均相催化氢化应是最好的选择，采用 Wilkinson 均向催化氢化剂进行催化氢化，即可制得依维菌素，但该法所用催化剂是贵金属 Rh，且催化剂与底物之比高达 1：10，催化剂的循环利用也成问题，使反应成本高昂。后来 Salto 进行改进，用 1,5-环辛二烯氯化铑二聚物和磺化的三苯基膦组成新的催化剂，该催化剂可定量转化 B_1 成依维菌素，反应中 Rh 的用量减少 10 倍，催化剂可循环使用，通过非离子型树脂的吸附和洗脱分离，得到高纯度的产品。目前，有关选用更加高效、廉价的催化剂，一直是研究者关心的课题。该化合物的毒性较阿维菌素 B1 降低了一半，但体外活性、稳定性和生物利用度均有所提高。依维菌素除表现出很高的畜用杀寄生虫的活性外，还在防治人体的盘尾丝虫病上有很好的疗效。

依维菌素熔点为 $141 \sim 146$℃，水中溶解度为 $24mg/L$（25℃，pH7），甲苯中为 $20mg/L$，环己烷中为 $0.23mmg/L$，$K_{ow} \lg P$ 分配系数当 pH 为 5.1，7.0 及 9.0 时，分别为 3.0（pH5.1）、5.0（pH7.0），5.9（pH9.0），蒸气压为 $4 \times 10^{-3} mPa$（21℃），$pK_{a1} = 4.18$，$pK_{a2} = 8.71$。

2. 依维菌素的合成方法

第六节 甲氨基阿维菌素苯甲酸盐

1. 甲氨基阿维菌素苯甲酸盐的创制

甲氨基阿维菌素苯甲酸盐，英文通用名为 emamectin benzoate，亦称埃玛菌素。它是一混合物（其中 B_{1a} 含量为 80%，B_{1b} 含量为 20%，但现在大部分产品 B_{1a} 含量均可达到 90% 以上）；混合物熔点 $133 \sim 136$℃；溶解度（20℃）在水中为 $2.4 \times 10^{-2} g/L$（pH7）和 $0.3g/L$（pH5），它易溶于丙酮、甲醇、乙醇等极性有机溶剂，不溶于己烷。在通常贮存条件下稳定，对热也稳定，但对光和强酸或强碱条件下不稳定。分子结构式如下：

甲氨基阿维菌素苯甲酸盐是阿维菌素结构改造成功的一个范例，在过去的研究中已知阿维菌素 B_1 虽对各类螨虫具有高活性，但对于鳞翅目昆虫，如粉纹夜蛾、烟芽夜蛾（棉铃虫，*Heliothis Zea*）和南方灰翅夜蛾（黏虫，*Spodoptera eridania*）的活性均不理想，为此研究者以南方灰翅夜蛾为靶标害虫进行阿维菌素 B_1 的结构衍生化研究。研究者注意到许多大环内酯化合物中均含有氨基糖，美国 Merck 公司设计合成了一系列含有氨基糖的阿维菌素 B_1 的衍生物，从中筛选出对鳞翅目害虫活性最高的甲氨基阿维菌素 B_1（即 4″-表甲氨基-4″-脱氧阿维菌素 B_1），生测结果表明，它对南方灰翅夜蛾和甜菜夜蛾幼虫的活性分别较阿维菌素 B_1 提高了 1500 倍和 1160 倍，对其他害虫的杀虫活性也很高，同时它对哺乳动物的毒性远低于阿维菌素 B_1，对大鼠的经口毒性降低了 5 倍多，但是触杀速度较慢。该药的缺点是稳定性较差，制成相应的盐有可能提高稳定性，1994 年 Merck 公司对其苯甲酸、马来酸、酒石酸、水杨酸、柠檬酸和盐酸的盐类进行稳定性研究，结果表明，其中苯甲酸盐的稳定性最好。

2. 甲氨基阿维菌素苯甲酸盐的合成

甲氨基阿维菌素的合成方法可由阿维菌素经四步合成，反应也是采用阿维菌素 B_{1a} 及 B_{1b} 的混合物作为原料。仔细分析阿维菌素的分子结构可以看出，在分子内所含的多个羟基中，C_5 位上的烯丙基羟基是分子中最具活性的基团，要想选择性地在 4″-位羟基进行反应前，必须首先对 C_5 位羟基进行保护。研究者先用叔丁基二甲基氯硅烷及咪唑在二甲基甲酰胺溶液中对 B_1 的 C_5 位羟基加以保护，生成 5-O-叔丁基二甲硅醚。当保护完成后，可将 4″-羟基氧化成酮，这步可用二甲基亚砜与二氯磷酸苯酯（或草酰氯）作为氧化剂，在有三乙胺存在下进行。随后酮的还原氨解可用甲胺、乙酸和硼氢化钠在甲醇溶液中进行，另外，酮也可用七甲基二硅氮化物与氯化锌在醋酸异丙酯的溶液中进行反应，用硼氢化钠的乙醇溶液还原中间生成的亚胺来进行。最终产物的构型与阿维菌素相比发生了转变，生成（R）-构型的 4″-脱氧-4″-表甲氨基衍生物，产物中只有少量的 4″-（S）-异构体生成，用甲基磺酸在甲醇中脱保护即生成甲氨基阿维菌素。

C_5 位羟基的保护也可用生成 5-O-烯丙氧基羰基衍生物的方法来进行，如用烯丙基氯甲酸酯与四乙基二胺在叔丁基甲醚中反应。脱保护则可在最后用硼氢化钠在催化量的四（三苯基膦）钯存在下，在乙醇溶液中完成。合成路线如下：

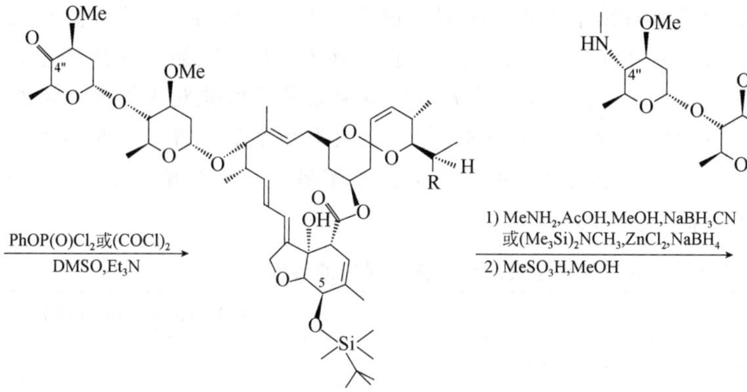

PhOP(O)Cl₂或(COCl)₂
DMSO,Et₃N

1) MeNH₂,AcOH,MeOH,NaBH₃CN
或(Me₃Si)₂NCH₃,ZnCl₂,NaBH₄
2) MeSO₃H,MeOH

emamectin

3. 结构与活性的关系

甲氨基阿维菌素的一些衍生物结构与活性的关系可由下面的一些化合物中看出，其中甲氨基阿维菌素对灰翅夜蛾的活性最高。

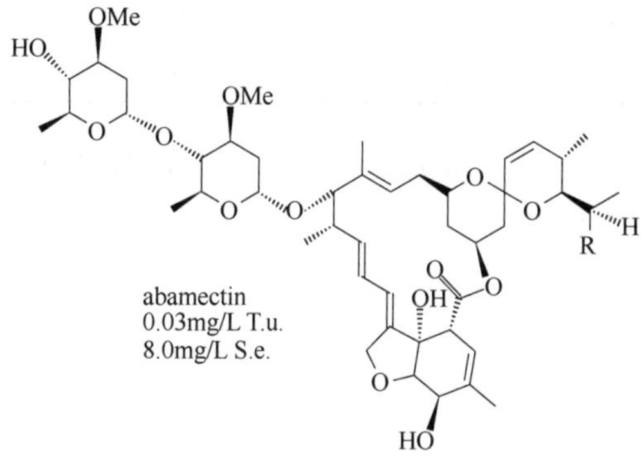

abamectin
0.03mg/L T.u.
8.0mg/L S.e.

1-7-12

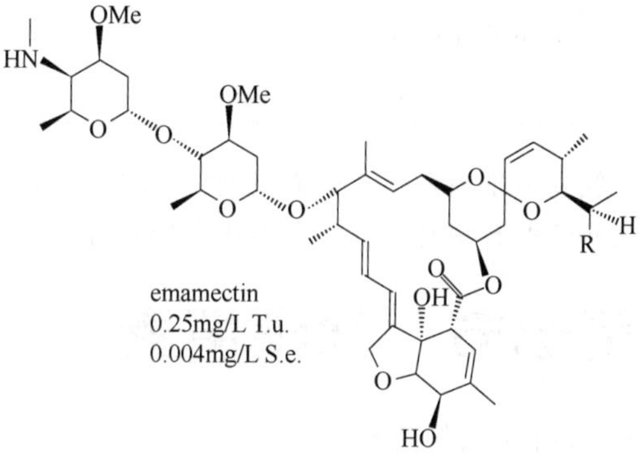

emamectin
0.25mg/L T.u.
0.004mg/L S.e.

1-7-13

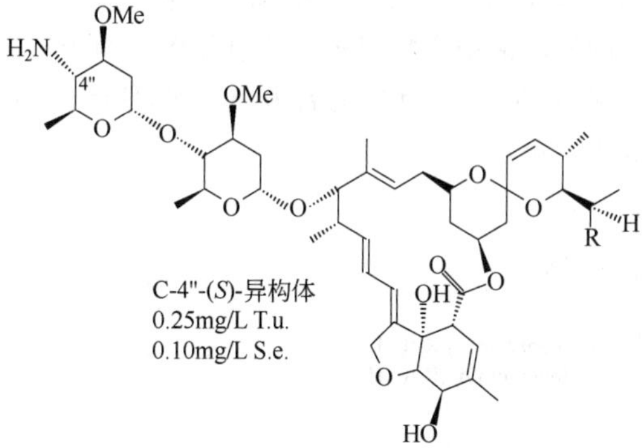

C-4"-(S)-异构体
0.25mg/L T.u.
0.10mg/L S.e.

1-7-14

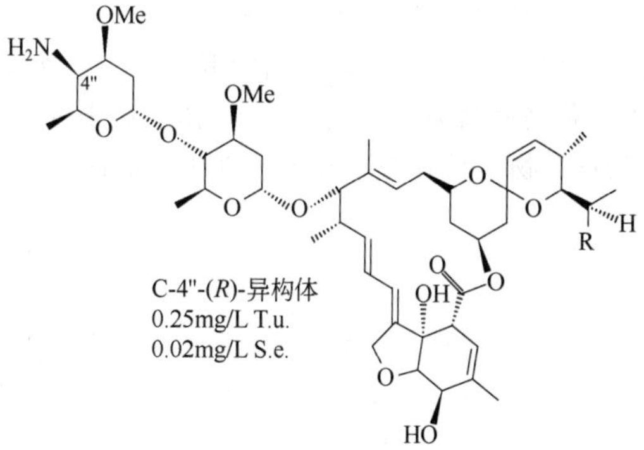

C-4"-(R)-异构体
0.25mg/L T.u.
0.02mg/L S.e.

1-7-15

上列结构式中，列出了甲氨基阿维菌素衍生物对二叶斑螨 *Tetranychus urticae*（T.u.）及灰翅夜蛾 *Spodoptera eridania*（S.e.）的 LC_{90} 值比较

Jansson and Dybas 曾总结了这类化合物的对农业上 28 种重要害虫的毒性，对鳞翅目害虫，甲氨基阿维菌素的活性高于阿维菌素，而对于鞘翅目两者的活性相当，而对于螨虫，双翅目及同翅目则是阿维菌素高于甲氨基阿维菌素。对于几种 4″-氨基阿维菌素的衍生物对四爪螨属和灰翅夜蛾的活性看来，4″-脱氧-4″-氨基阿维菌素（即 $C_4″$-S 体）对灰翅夜蛾的活性较 R 体低 5 倍。而其中甲氨基阿维菌素的活性是最高的。此外，所有 4″-氨基衍生物的活性均低于阿维菌素。

4. 甲氨基阿维菌素对螨及昆虫的活性

甲氨基阿维菌素苯甲酸盐与阿维菌素相比，主要区别是增加了对鳞翅目的杀虫活性，降低了对温血动物的毒性。它是对黏虫活性最高的杀虫剂。甲氨基阿维菌素苯甲酸盐主要用于那些对农药产生抗性的甜菜夜蛾、烟草夜蛾及棉铃虫等难治害虫。一般用量为 $8.4 \sim 16.8g(a.i.)/hm^2$，残效期为 10d 以上。甲氨基阿维菌素苯甲酸盐主要以胃毒作用为主，兼有触杀作用，但触杀作用缓慢，一般在 2d 后才发生中毒现象，4d 后害虫中毒死亡。由于甲氨基阿维菌素苯甲酸盐对大鼠经口毒性比阿维菌素低 5 倍以上，对虹鳟鱼毒性比阿维菌素低 1/208，使其在人类和家畜的寄生虫防治上可发挥更大的作用。值得注意的是，甲氨基阿维菌素苯甲酸盐在防治小菜蛾上比阿维菌素效果并不突出。表 1-7-2 为甲氨基阿维菌素对螨及某些昆虫的活性。

表 1-7-2　甲氨基阿维菌素对螨及某些昆虫的活性

品　　种	活性 $LC_{90}/(\mu g/mL)$
烟草飞蛾 *Manduca sexta*（tobacco hornworm）	0.003
Spodoptera exigua（beet armyworm）	0.005
草地夜蛾 *Spodoptera frugiperda*（fall armyworm）	0.010
马铃薯甲虫 *Leptinotarsa decemlineata*（Colorado potato beetle）	0.032
二斑叶螨 *Tetranychus urticae*（twospotted spider mite）	0.29
豆蚜 *Aphis fabae*（bean aphid）	19.9

甲氨基阿维菌素和其他杀虫剂复配配方已有 20 多种。某些脂肪酸（$C_7 \sim C_{20}$）或它们的盐以及它们之间的混合物对阿维菌素类化合物具有明显的增效作用。

第七节　弥拜菌素

1. 弥拜菌素的特性

弥拜菌素（milbemycins）是由日本 Sankyo 青木（Aoki）等人于 1974 年发现的，于 1990 年推出的产品。他们从土壤放线菌（*Streptomyce shygroscopicussugsp*，aureolacrimosus）的发酵液中分离出的一种具有十六元大环内酯的混合物。这种放线菌的发酵液中产物很多，其中分离出的十三个类似物，曾被命名为 $\alpha_1 \sim \alpha_{10}$ 及 $\beta_1 \sim \beta_3$。后来 α_1 组分定名为 A_3，α_3 组分定名为 A_4。弥拜菌素 A_3 及 A_4 的混合物，具有很好的杀螨活性（见表 1-7-3 和表 1-7-4）。

milbemycin A_3:R=CH$_3$
milbemycin A_4:R=C$_2$H$_5$

milbemectin

弥拜菌素 α 系列　　　　弥拜菌素 β 系列　　　　弥拜菌素 β_3 系列

表 1-7-3 弥拜菌素 α 系列结构

化合物	R^1	R^2	R^3	R^4	R^5	R^6
α_1	H	H	CH_3	CH_3	OH	H
α_2	H	H	CH_3	CH_3	OCH_3	H
α_3	H	H	C_2H_5	CH_3	OH	H
α_4	OH	H	C_2H_5	CH_3	OCH_3	H
α_5	OH	$COCH(CH_3)C_4H_9$	CH_3	CH_3	OH	H
α_6	OH	$COCH(CH_3)C_4H_9$	CH_3	CH_3	OCH_3	H
α_7	OH	$COCH(CH_3)C_4H_9$	C_2H_5	CH_3	OH	H
α_8	H	$OCOCH(CH_3)C_4H_9$	C_2H_5	CH_3	OCH_3	H
α_9	H	H	CH_3	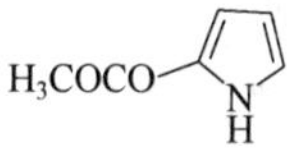 H_3COCO‑pyrrole	OH	H
α_{10}	H	H	C_2H_5	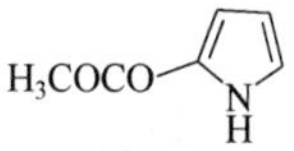 H_3COCO‑pyrrole	OH	H

表 1-7-4 弥拜菌素 β 系列结构

化合物	R^1	R^2	R^3	R^4
β_1	CH_2OH	CH_3	OCH_3	H
β_2	CH_2OH	C_2H_5	OCH_3	H
E	CH_2OH	$CH(CH_3)_2$	OCH_3	H
H	CH_3	$CH(CH_3)_2$		=O

弥拜菌素熔点 212~215℃，水中溶解度为 7.2（A_3，20℃）；0.88（A_4，20℃），苯中为 143.1g/L（20℃），正己烷为 1.4g/L（20℃），分配系数 $K_{ow}lgP$ 为 5.3（A_3）；5.9（A_4），蒸气压 $<1.3\times10^{-5}$（20℃）。

弥拜菌素具有该天然产物的 20 种组分大多数对农业害虫具有广谱防治活性，如蚜、螨、黄褐天幕毛虫、肠道寄生虫以及其他危害作物及家畜的寄生虫。它抗寄生虫的特点是作用强烈，用药量少，并且对人安全、无毒害、不污染环境，只杀害虫，不杀害虫天敌，也不易产生抗性，可以作为防止该类药物产生抗性的复配及轮换用药。是目前最有前途的广谱、高效、新型、抗虫、无交叉抗性的生物杀虫剂。它的作用机制也是氯离子通道激活剂。迄今为止，这类菌素中，只有这一个品种是用于植物保护的药剂。弥拜菌素具有对害虫作用强烈、用药量少、对人畜安全、不污染环境、只杀害虫、不伤害天敌、也不易产生抗性的特点，可作为防止该类药物产生抗性的复配及轮换用药。是目前具有广谱、高效、新型无交叉抗性的生物杀虫剂之一。弥拜菌素与目前最广泛使用的生物农药阿维菌素活性相同，但对大鼠的毒性要低 1/40。因此，2002 年美国 EPA 批准 milbemycin A_3/A_4 在草莓、西瓜、桃、梨、茄子、家庭观赏植物等中使用，是最安全的农药之一。

2. 弥拜菌素的代谢

采用多种标记的弥拜菌素分别对大鼠、植物及土壤中进行对环境安全性的研究，所得其代谢路径如图 1-7-2 所示。用该药处理茶树的叶片，半衰期只有 1d，很快就代谢分解，最后大部分作为挥发物质消失。在处理叶片与未处理叶片间未见有传导现象；经对大鼠灌药，7d 内 90％均从粪便和尿中排出，粪便中排出的多为其代谢物。土壤中的半衰期为 10～15d，洗脱试验发现药物主要留在土壤的表面，代谢后最终以挥发性物质消失。弥拜菌素的代谢途径如图 1-7-2 所示。

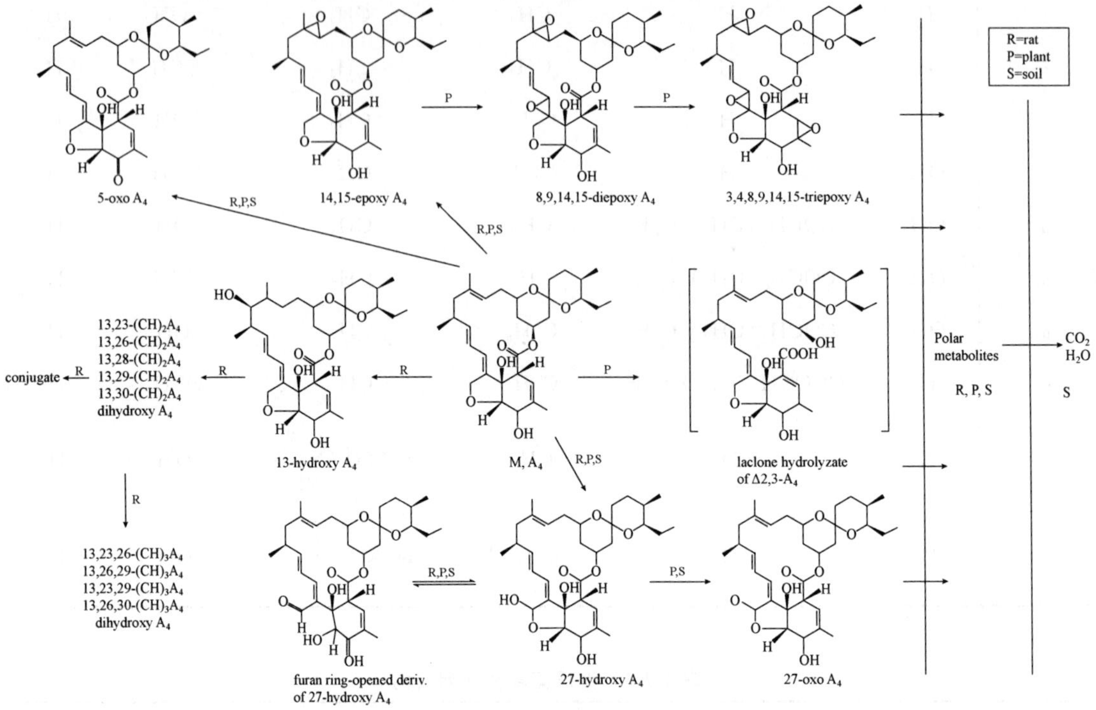

图 1-7-2 弥拜菌素的代谢途径示意图

3. 弥拜菌素的结构改造

已有许多专家和学者对其诸多组分的结构进行生物修饰和化学改造，形成了更多的衍生物，如：

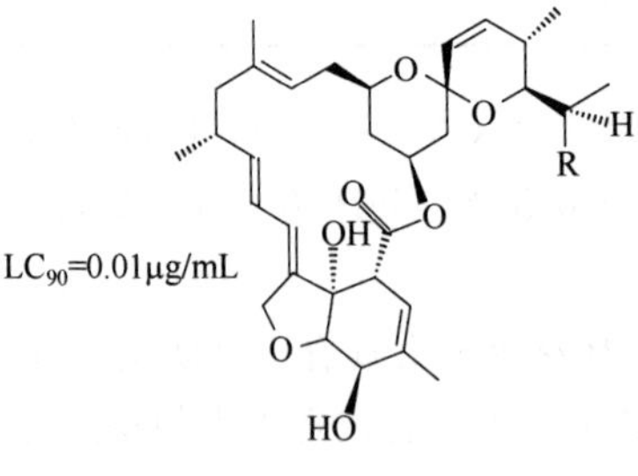

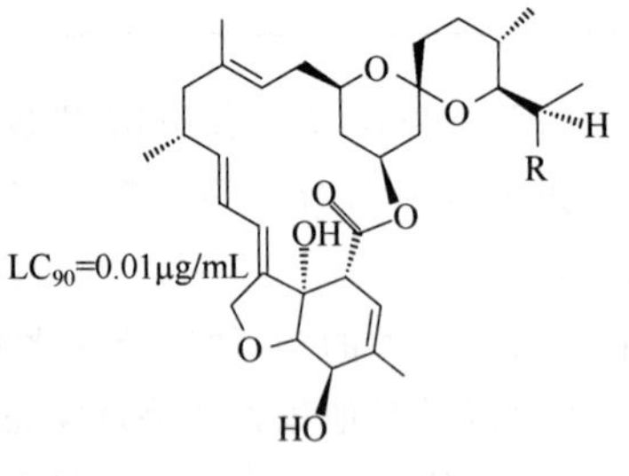

这类化合物主要用于影响动物健康的蠕虫。最早是 Sankyo 于 1986 年开发的 milbemycin D，该药是从突变体中分离出的类似物（结构与弥拜菌素 α 系列结构相同，只是系列中 R^3＝异丙基，R^4＝甲基），后来开发为动物用药。结构如下：

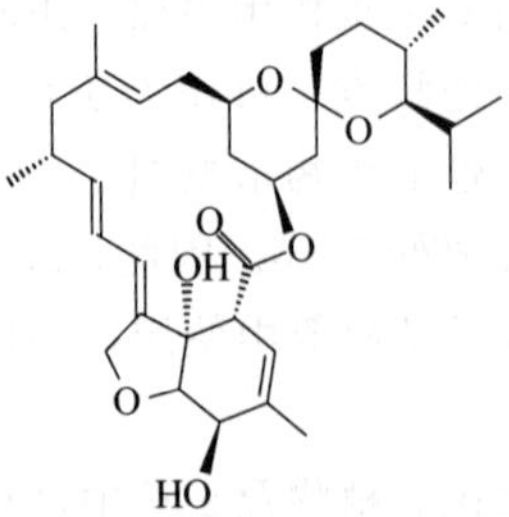

milbemycin D

1990 年后来由 Sankyo 与 Ciba-Geigy 开发出 milbemycin 5-oxime。这是一个由 milbemycin A₃/A₄ 半合成的衍生物。

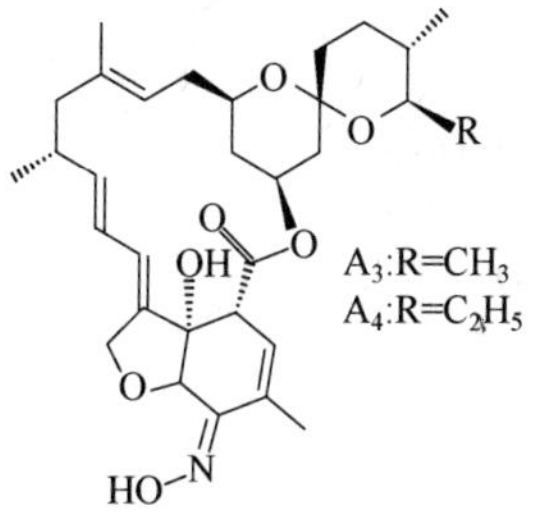

A₃:R=CH₃
A₄:R=C₂H₅

milbemycin5-oxime(Interceptor®,Milbemax®)

后来美国氰胺公司又开发了 moxidectin，这也是一个用于动物的药物。

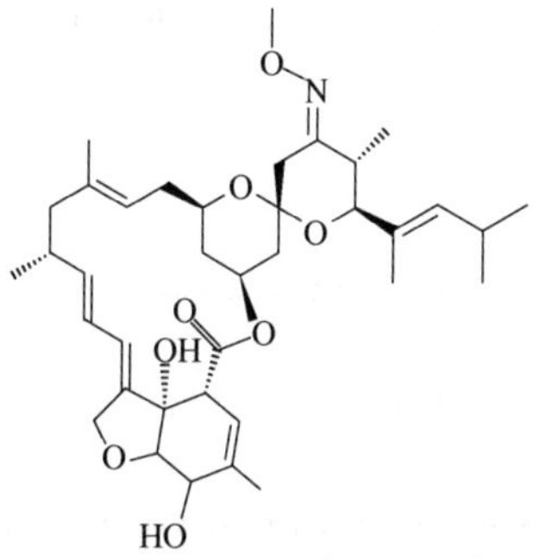

moxydectin(Cydectin®,Moxydec®)

Sankyo 于 2004 年开发的另一个品种是 lepimectin，它是弥拜菌素的半合成衍生物，含有 A₃ 和 A₄ 成分，但其中后者为主要成分，其专利合成方法如下：

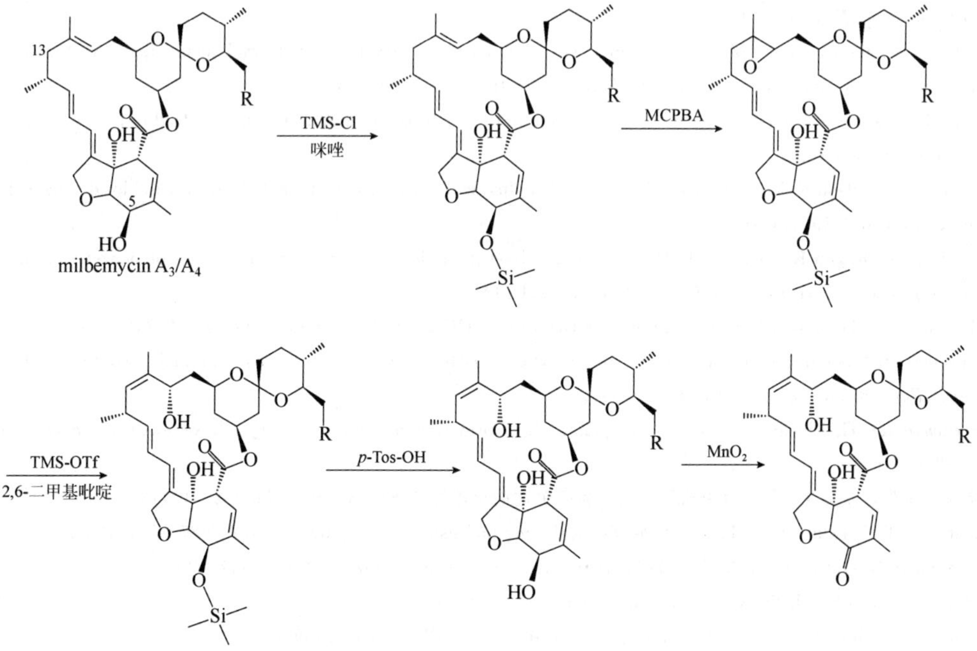

milbemycin A₃/A₄

TMS-Cl
咪唑

MCPBA

TMS-OTf
2,6-二甲基吡啶

p-Tos-OH

MnO₂

lepimectin

　　首先用三甲基硅烷保护 5-位的羟基，再使 $C_{14} \sim C_{15}$ 间的双键用 3-氯过苯甲酸环氧化，环氧化物在中性路易斯酸的作用下重排，产物去保护，在适当的保护烯丙基羟基的情况下，氧化 C_5 位的羟基成酮，再在酸性介质中伴随着烯丙基重排进行 C_{13} 的酯化反应得产物，这里要提到的是分子中 C_{13} 位的立体化学正与阿维菌素相反。最后，再将 5-位的酮用硼氢化钠还原成原来的羟基，其立体结构不变。

参考文献

[1]　Raymond V，Sattelle D B.，Novel animal-health drug targets from ligand-gated chloride channels，*Nat Rev Drug Discov*，2002. 1(6):427-36.

[2]　Satyanarayan V，Nair P M. Enzymolog and possible roles of 4- aminobutyric in high plants phytochemistry. *Phytochemistry*，1990，9 (2)：367-375.

[3]　张友军，张文吉，韩熹莱. 杀虫剂分子靶标：γ- 氨基丁酸 A 型受体（1），昆虫知识，1996,33(4):244-247.

[4]　Matsumura F，Ghiasuddin S M. Evidence for similarities between cyclodiene type insecticides and picrotoxinin in their action mechanisms，*J. Environ. Sci. Health B*，1983,18：1-14.

[5]　Wafford K A，Sattelle D B，Gant D B. Noncompetitive inhibition of GABA receptors in insect and vertebrate CNS by endrin and lindane. *Pestic. Biochem. Physio.*，1989,33:213-219.

[6]　Bloomquist J R. Toxicology，Mode of action and largei site-mediated resistance to insecticides acting on chloride channels，*Comp. Biochem. Physiol.*，1993,106C:301-314

[7]　Rauh J J，Benner E，Schnee M E. Effects of [³H]-BIDN，a novel bicyclic dinitrile radioligand for GABA-gated chloride channels of insects and vertebrates. *Br. J. Pharmacol.*，1997,121:1496-1505.

[8]　Colliot F，Kukoroski K A，W. Hawkins D. A new soil and foliar broad spectrum insecticide，Brighton Crop Protect. Conf. - Pests Dis. 1992,29-34.

[9]　Cole L M，Nicholson R A，Casida J E. Action of phenylpyrazole insecticides at the GABA-gated chloride channel，*Pestic. Biochem. Physiol*，1993,46:47-54.

[10]　MacRae I C，Raghu K，Castro T F. Persistence and biodegradation of four common isomers of benzene hexachloride in submerged soils. *J. Agric. Food Chem.* 1967,15：911-914.

[11]　Benezet H J，Matsumura F. Isomerization of γ-BHC to α-BHC in the Environment，*Nature* 1973,243：480.

[12]　Kurihara N，Nakajima M. Biodegradation of Lindane（γ-BHC）and Its Isomers by Mammals and Insects *Bull. Inst. Chem. Res.*，*Kyoto Univ.* 1980, 58：390-417.

[13]　Steinwandter H. Lindane metabolism in plants. Ⅱ. Formation of a-hexachlorocyclohexane，*Chemosphere* . 1976, 5：221-225.

[14]　余刚，黄俊，张彭义. 持久性有机污染物：备受关注的全球性环境问题. 环境保护，2001,4:31-39.

[15]　Hatton L R，Hawkins D W，Parnell E W. Pesticidal method using n-phenylpyrazoles，WO 8703781. 1985.

[16]　Buntainian G，Hatton L R，Hawkins D W. Derivatives of *N*-phenylpyrazoles. EP 295117. 1987.

[17]　Hatton L R，Parnell E W. *N*-phenylpyrazole derivatives ，WO 8300331. 1982.

[18]　Haas C L ，Pilato M T，Wu T T. 1-Arylpyrazole insecticides ，DE19653417. 1996..

[19]　Cole L M，Nicholson R A，Casida J E. Action of phenylpyrazole insecticides at the GABA-gated chloride channel，*Pestic. Biochem. Physiol.* 1993,46：47-54.

［20］ Gant D B,Chalmers A E,Wolff M A. Bushey,Action at the GABA receptor,*Rev. Toxicol.* ,1998,2：147-156.

［21］ Michel D. Process for the preparation of trifluoromethylanilines. US 4748277. 1988.

［22］ Higson H . Improvements in or relating to the preparation of cyano compounds. GB 862937. 1961.

［23］ 吴放军. 新型吡唑类广谱杀虫剂 fipronil 的合成与应用. 农药译丛，1995,17（1）：18-21.

［24］ Silva D T,Ancel J E. Processes for preparing pesticidal intermediates. WO 9839302. 1998.

［25］ Linda P S. Preparation of *p*-aminobenzotrifluoride,US 4096185. 1978.

［26］ David W H. Processes for preparing pesticidal intermediates. US 6133432,2000.

［27］ Casado M. Process for the sulfinylation of heterocyclic compounds,US 5618945. 1997.

［28］ Ancel. Processes for preparing pesticidal intermediates,US 6410737. 2002.

［29］ Okui S,Kyomura N,Fukuchi T. Pyrazole derivatives. WO 9845274. 1997.

［30］ Manning D T,Pilato M,Wu T T. Pesticidal 1-aryl and pyridylpyrazole derivatives,WO 98 28279. 1996.

［31］ Kando Y,Kiji T. Processes for production of oxadiazoline derivatives. WO0140203. 2000.

［32］ Tomioka H,FurukawaT ,Takada Y. Triazole derivatives and uses thereof. EP 780381. 1996.

［33］ Willis R J,Marlowian D. Triazole pesticides,EP 400842,1989.

［34］ OMahony M J. The synthesis and insecticidal activity of 2-aryl-l,2,3-triazoles. *Pestic. Sci.* ,1996,48；189-196.

［35］ Ozoe Y. . Synthesis and structure-activity relationships of 1-phenyl-1*H*-1,2,3-triazoles as selective insect GABA receptor antagonists *J. Agric. Food Chem.* ,2006,54；1361-1372.

［36］ O′mahony M J,Willis R J. Triazole insecticides. EP 350237. 1988.

［37］ Dhanoa D S,Meegalla S,Soll R M. Fused 1-(2,6-dichloro-4-trifluoromethylphenyl)-pyrazoles,the synthesis thereof and the use thereof as pesticides,WO 0125241. 1999.

［38］ Whittle A J. in Advances in the Chemistry of Insect Control Ⅲ. (Ed. G. G. Briggs) ,1994,156-170 (Royal Society of Chemistry,Cambridge).

［39］ Timmons P. Pyrrole insecticides,EP 372982. 1988.

［40］ Timmons P R. Pesticidal 1-arylpyrroles,EP 460940,1990.

［41］ Powell G S,Sinodis D N,Timmons P R. Pesticidal 1-arylimidazoles,EP 396427. 1989.

［42］ Powell G S,Sinodis D N,Timmons P R. Pesticidal 1-arylimidazoles,EP 484165. 1990.

［43］ Huang J,Huber S K,Smith P H. Process for the preparation of pesticidal 1-(haloaryl)heterocyclic compounds,EP 738713. 1996.

［44］ Willis R J. Azole pesticides,EP 412849,1989.

［45］ Pfizer ltd. Parasiticidal compounds,WO 9707102. 1995.

［46］ Teicher H B. Insecticidal activity of the enantiomers of fipronil,*Pest Manage. Sci.* ,2003,59；1273-1275.

［47］ Bobea M P. Factors Influencing the Adsorption of Fipronil on Soils. ,*J Agric Food Chem* ,1998,46：2834-2839.

［48］ 刘长令，杀虫杀螨剂研究开发的新进展. 农药，2003,42(10):1-4.

［49］ Burg R W,Miller B M. Avermectins,new family of potent anthelmintic agents：producing organism and fermentation. Antimicrob. ,*Agents Chemother.* , 1979,15：361-367.

［50］ Egerton J R. Avermectins,New Family of Potent Anthelmintic Agents：Efficacy of the Bla ComponentAntimicrob. , *Agents Chemother.* ,1979,15：372-378.

［51］ Ostlind D A. Insecticidal activity of the antiparasitic avermectins,*Vet. Rec.* ,1979,105：168.

［52］ James P S. Insecticidal activity of the avermectins. ,*Vet. Rec.* ,1980；106,59.

［53］ Wright J E. Biological Activity of Avermectin B, against the. Boll Weevil (Coleoptera：Curculionidae) ,*J. Econ. Entomol.* ,1984,77：1029-1032.

［54］ Putter I. Avermectins：Novel insecticides,acaricides,and nematicides from a soil microorganism,*Experientia* ,1981,37：963-964.

［55］ Campbell W C. Pesticide Synthesis through Rational Approaches,P. S. Magee,G. K. Kohn,J. J. Menn (Eds.) ,American Chemical Society,Washington DC,1984,5-20.

［56］ Fishe r M H. Structure-Activity Relationships of the Avermectins and Milbemycins,ACS Symposium Series No 658, American Chemical Society,Washington DC,1997,221-238.

［57］ Aoki A. Development of a new acaricide,Milbemectin,J. Pestic. Sci. ,1994,19,S125-S131.

［58］ Greene A M. Use of Ivermectin in Humans,in：Ivermectin and Abamectin,W. C. Campbell (Ed.) ,Springer,New York, Berlin,Heidelberg,1989,311-323.

[59] Campbell W C. Dybas, Pesticide Synthesis through Rational Approaches, P. S. Magee, G. K. Kohn, J. J. Menn (Eds.), American Chemical Society, Washington DC, 1984, 5-20.

[60] Mrozik; Helmut ,4″-Deoxy-4-N-methylamino avermectin Bla/Blb. US 4874749. 1989.

[61] Cvetovich R. Stable salts of 4″-deoxy-4″-epi-methylamino avermectin Bla/Blb US 5288710. 1994.

[62] Cvetovich R. Process for the preparation of 4″-amino avermectin compounds, US 5362863. 1994.

[63] Tobler. 4″-Deoxy-4″-(s)-amino avermectin derivatives. WO 9622300. 1996.

[64] Jansson R K. Avermectins: Biochemical Mode ofAction, Biological Activity and Agricultural Importance, in: Insecticideswith Novel Modes of Action: Mechanisms and Application, I. Ishaaya, D. Degheele (Ed.), Springer, Berlin, 1998, 152-170.

[65] Mishima H. Symposium Paper of the 18th Symposium on the Chemistry of Natural Products, Kyoto, Japan, 1974, 309.

[66] Okazaki T, Ono M, Aoki A. Milbemycins, a new family of macrolide antibiotics: producing organism and its mutants. J. Antibiot, 1983, 36:438-441 J. Antibiot. ,1983, 36, 438-441.

[67] Takigutchi Y, Mishima H, Okuda M, et al. A new family of macrolide antibiotics: Fermentation isolation and physic-chemical properties. J. Antibiot. ,1980, 33, 1120-1127.

[68] Takiguchi Y, Ono M, Muramatsu S, et al. Milbemycins, a new family of macrolide antibiotics: fermentation, isolation, and physico-chemical properties of milbemycins D, E, F, G and H , J Antibiot, 1983, 36:502-508; J. Antibiot. ,1983, 36, 502-508.

[69] Nonaka K, Tsukiyama T, Sato K ,et al. Byconversiom of milbemycin-rekated compounds: isolation and utilization of non-producer, Strain RNBC-5-51. ,The J. of Antibiotics. ,1999 ,52(7) :620-627.

[70] Nonaka K, Kumasaka C, Okamoto Y, et al. Bioconversion of molbemycin-related compounds: biosybthetic pathwayof milbemycins, The Journal of Antibiotics. ,1999 ,52 (2) :109-116.

[71] Baker G H, Blanchflower S E. Further novel milbemycin antibiotics from *Streptomyces sp*. fermentation, isolation and structure elucidation, The Journa of Antibiotics. ,1996 ,49 (3) :272-280.

[72] Nakagawa K, Tsukamoto Y, Sato K, et al. Microbial Conversion of Milbemycins: Oxidation of Milbemycin A$_4$ and Related Compounds at the C-25 Ethy Group by Cirdnella umbellata and Absidia cylindrospora, The Journal of Antibiotics. ,1995 ,48 (8) : 831-837.

[73] Nakagawa K, Sato K, Tsukamoto Y ,et al. Microbial conversion of milbemycins: Microbial conversion of milbemycins A$_4$ and A$_3$ by Streptomyces libani, ,The Journal of Antibiotics. , 1994 ,47 (4) :502-506

第八章

电压门控钠离子通道阻断剂

第一节 电压门控钠离子通道

电压门控钠离子通道（VGSCs）是脊椎动物和非脊椎动物的神经系统在细胞间传递电脉冲的重要通道。与脊椎动物一样，昆虫的 VGSCs 具有三个基本状态：休眠态（关闭），此时通道无传递作用；活化态（开启），通过通道产生一股内部的钠电流，使细胞去极化最终产生一种可能的动作；无激活态（关闭），此时通道处于非传导态，它并不能直接活化回到活化态。要使未活化的通道变回休止态需依赖于电压，这需要细胞膜重新极化后才能实现。在细胞膜去极化过程中，钠离子通道开放，钠离子从细胞外进入细胞内，形成膜去极化。电压门控钠离子通道能引起动作电位的快速上升，它存在于大部分的可兴奋细胞（如神经细胞、肌肉细胞和腺体细胞等）中。多种生物，如螨、蝎子及海洋中食肉的软体动物等，它们都具有发达的高度选择性的毒素，这些毒素可通过对 VGSCs 的作用，使它们的捕食对象处于无力的状况。因此，钠离子通道是许多植物源或动物源神经毒素的作用靶标，如河豚毒素、蝎子毒素和蟾蜍毒素等。这些毒素主要用于自身防御或捕食。后来从除虫菊花萃取物中发现的具有杀虫活性的除虫菊酯，同样作用于钠离子通道，除此之外，DDT及最近用于农业上的茚虫威、氰氟虫腙等也是以钠离子通道作为靶标，目前通过对神经毒素、合成的杀虫剂及局部麻醉剂的研究，已鉴定出有 9 种不同 VGSC 的结合位点如表 1-8-1 所示。

表 1-8-1　钠通道上的神经毒素受体位点及生理功能

结合位点	神经毒素	生理功能
1	河豚毒素（tetrodotoxin）	抑制离子传递
	蛤蚌毒素（saxitoxin）	
	μ-芋螺毒素（μ-conotoxin）	
2	箭毒蛙毒素（batrachatoxin）	具持久活化活性
	藜芦定（veratridine）	
	乌头碱（aconitine）	
	木藜芦毒素（grayanotoxin）	
	N-烷基酰胺类（N-alkylamides）	
3	α-蝎子毒素（α-scorpion toxins）	增强持效活化性
	海葵毒素（sea anemone II toxin）	
4	β-蝎子毒素（β-scorpion toxins）	活性依赖于改变电压
5	双鞭甲藻毒素（brevetoxins）	活性依赖于改变电压
	木藜芦碱（ciguatoxins）	

续表

结 合 位 点	神 经 毒 素	生 理 功 能
6	δ-芋螺毒素（δ-conotoxins，δ-TxVIA）	具抑制活化活性
7	DDT 类及拟除虫菊酯类杀虫剂	具抑制活化活性
8	角孔珊瑚毒素（goniopora coral toxin）	具抑制活化活性
9	细线芋螺毒素（conus striatus toxin）	
	局部麻醉剂，抗惊厥药剂，二氢吡唑类	抑制离子传递

拟除虫菊酯与 DDT 是作用于 7-位的钠离子通道阻断剂，它们通过调控钠通道的门控动力学，使通道长期处于开放的状态，从而引起钠电流的时间延长而导致膜的去极化和反复放电。而二氢吡唑类及茚虫威等则是与 2-位结合。用放射性配体对二氢吡唑类化合物研究的结果证明它与 DDT 和除虫菊酯不同，二氢吡唑通过 2-位的变构相互作用结合在 9-位，箭毒蛙毒素是结合在 2-位的毒素，发现二氢吡唑衍生物 RH-3421 可以非竞争性地抑制 [^{3}H]-箭毒蛙毒素-β（[^{3}H]-BTX-β）对老鼠脑突触的结合，RH-3421 减少了 [^{3}H]-BTX 可结合的位置，但没有影响结合的亲和力，二氢吡唑衍生物对结合在 9-位上的局部麻醉剂也有类似的作用，Payne（1998）研究证明二氢吡唑还可降低狄步卡因作为 [^{3}H]-BTX-β 抑制剂的能力，该药也是结合在 9-位上的。研究证明，DCJW 具有相似的结合位置，而茚虫威与局部麻醉药利多卡因（lidocaine）具有相同的作用位点，它们是与位置 2 结合（内毒素和藜芦定的结合位点），它们是促进已存在通道的活化。茚虫威的活性代谢物 DCJW 结合于相似的局部麻醉剂利卡因结合的位置，近来发现 DCJW 的阻断效率在有茚虫威存在时减弱，而 RH-3421 对电流的抑制却未受影响。这一发现表明茚虫威的结合位置与 DCJW 重叠，但是与 RH-3421 可能有所不同。

第二节　茚虫威

茚虫威（indoxacarb）是一种杀虫谱广，见效快的杀虫剂，主要用于防除几乎所有鳞翅目害虫，如棉铃虫以及各种小菜蛾、甜菜夜蛾、菜青虫等。试验表明茚虫威与其他杀虫剂无交互抗性。该杀虫剂是噁二嗪类杀虫剂的典型，也是第一个商业化的钠通道阻断型杀虫剂。该药已在美国、日本、西欧等二十几个国家注册登记。茚虫威具有结构新、作用机理独特、用量低、环境友好及人畜安全等特点，是目前研究的热点和受到广泛关注的品种之一。

茚虫威的化学名称为：（4a-S）-7-氯-2,5-二氢-2-［［（甲氧羰基）-［4-（三氟甲氧基）苯基］氨基］羰基］茚并 [1,2-e] [1,3,4] 噁二嗪-4a(3H)-羧酸甲酯

茚虫威结构中仅 S 异构体有活性，R-异构体没有活性。S-异构体与 R-异构体的比例为 3∶1。最初该品种上市的是外消旋体，目前是 S-富集体。茚虫威原药为白色固体，熔点 140℃，蒸气压 9.8×10^{-9} Pa（20℃），lg$P$＝4.65，溶解度：水 0.2mg/L，甲醇 3g/L，乙腈 139mL/mL，稳定性水解 DT_{50}＞30d（pH 5），38d（pH 7），38d（pH 9）。茚虫威原药大鼠急性经口毒性 LD_{50} 为 1730mg/kg（雄）；兔急性经皮毒性 LD_{50}＞5000mg/kg，原药对兔子眼睛和皮肤无刺激作用，无致癌、致畸及致突变作用。

一、发现过程

自从 1972 年在研究苯甲酰脲类杀虫剂时，进行衍生化的过程中，发现吡唑啉类化合物可作为

钠离子通道杀虫剂的先导化合物以来，各农药公司已对很多的类似物进行了研究。在众多的研究中，首先发现二氢吡唑啉衍生物 PH60-41 对鳞翅目、鞘翅目和双翅目害虫具有中等活性。对 PH60-41 进行优化后，发现吡唑环 5-位含苯基的化合物对上述三类昆虫均具有较好的杀虫活性，其中 PH 1-9 活性最高。进一步优化，发现 4-芳基衍生物如 PH60-42 对多种害虫具有卓越的活性。它们的活性超过了 5-芳基的化合物。

在对于二氢吡唑啉取代基的优化过程中发现与吡唑啉环相连的 3-芳基、4-芳基和氨基甲酰基芳环上取代基的变化，对这类化合物的结构与活性提供了很多的信息，如由拜耳公司报道的含 4-三氟甲氧基苯胺取代的化合物。虽具有高活性，但并未商品化，原因是它的光稳定性不好，同时在生物体内及在环境中的容易积累。

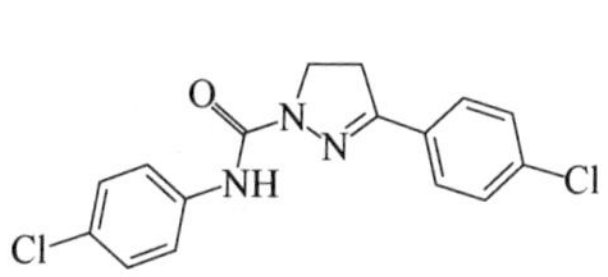

PH 60-41 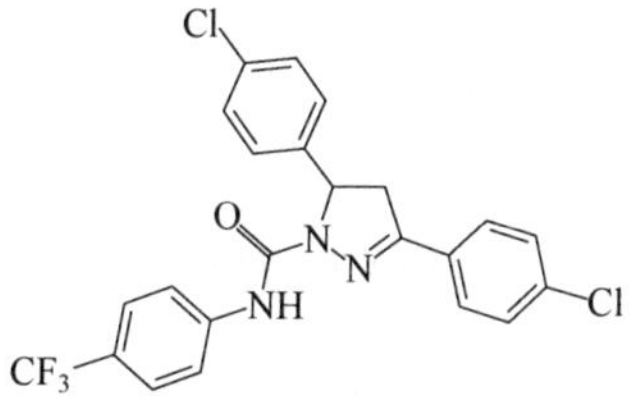　　　PH 1-9

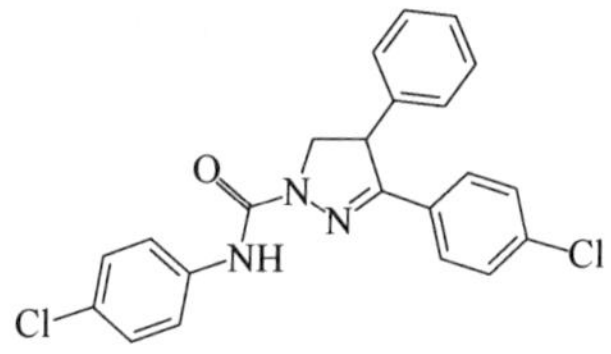

PH 60-42 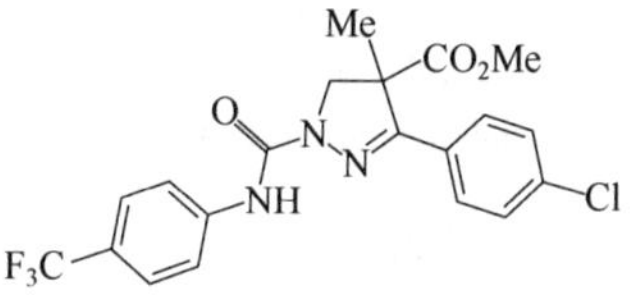　　　RH 3421

后来 Rohm & Haas 公司合成的 4-甲基-4-甲氧基羰基吡唑啉衍生物（RH3421）在性能上又有了大幅度的改进，它阻止了光促芳构化和降低了在土壤中的半衰期。此时，杜邦公司将原来吡唑啉环上的 1-位与 3-位取代基互换位置，使芳氨基羰基基团不直接与吡唑啉环上的氮原子相连，结果所得的新化合物 carboxamides 仍有很好的活性，这说明原先研究的 N-芳氨基羰基-3-芳基吡唑啉不一定是活性所必需的结构。在这一系列的研究中发现并提出了有价值的钠通道阻断剂所要求的空间的定向关系，首先发现吡唑啉环的空间构象可能对活性有重要影响，甚至所设计的化合物 phenyl indazoles 及化合物 carbomethoxy indazoles 这类吲唑类化合物也显示出高活性：

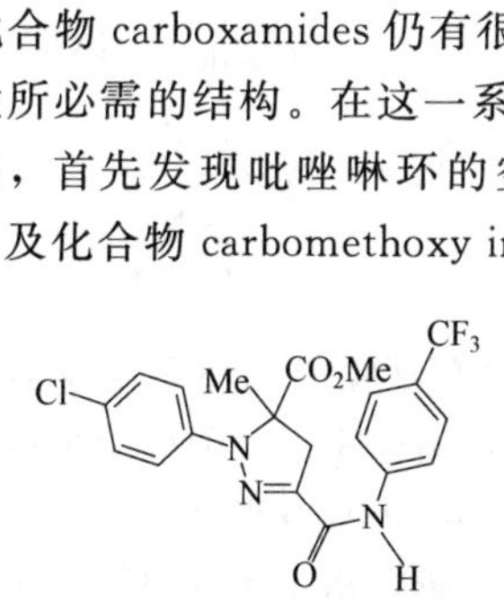

carboxamides 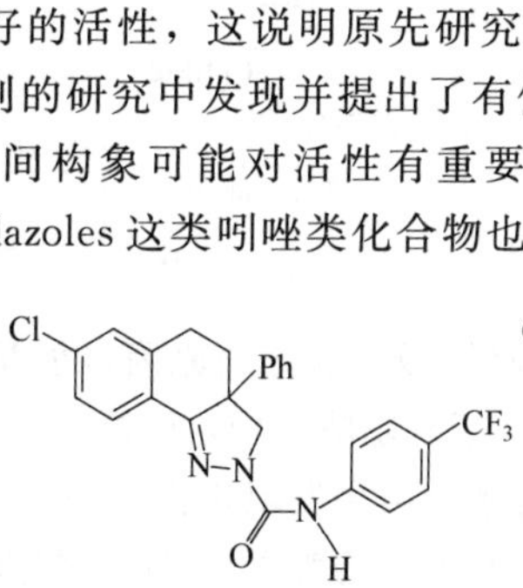　　　phenyl indazoles 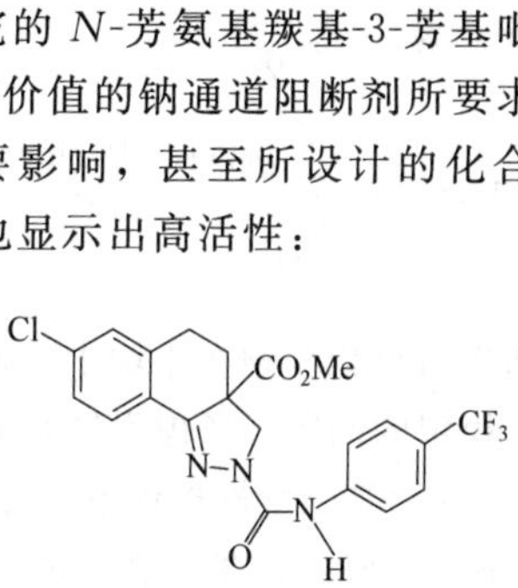　　　carbomethoxy indazoles

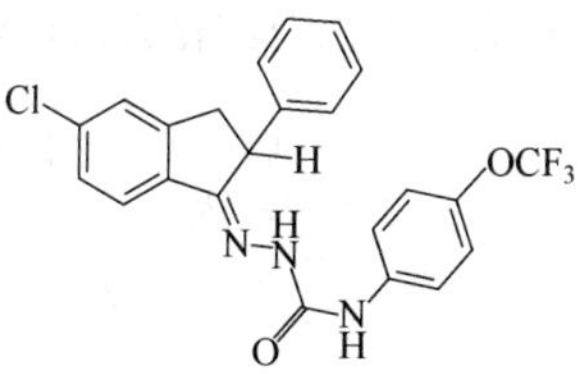

phenyl semicarbazones 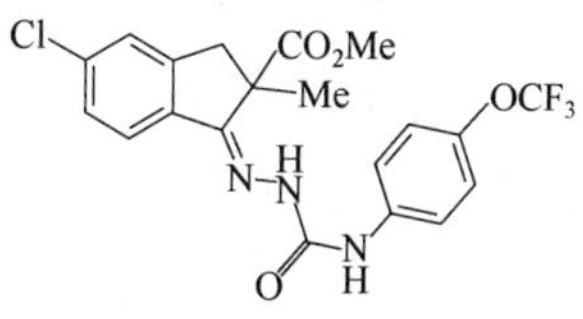　　　carbomethoxy semicarbazones

Lahm 等通过对吡唑啉衍生物的 X 射线晶体结构分析表明，分子中游离的 NH 基和吡唑啉环上 N-2 的氮可以形成分子内氢键，从而形成了一个理想的立体化学取向，完整地保持了分子的平面构型，分子的这种构型被认为是杀虫剂的激活位点之一。如果这种分子内的氢键不存在，杀虫剂的活性将消失。因此，从理论上推断出，若将吡唑啉的 4-位和芳基的 3-位连接起来构成吲唑环，则能有效地锁定平面构型。这说明了分子中的芳环、羰基酰氨基和吡唑啉核间的空间关系，即它们必须都在一个平面上对活性是重要的。甚至打开吡唑啉环合成缩氨基脲类化合物也因为与吲唑环衍生物类似而具有活性。这些实验结果都可用它们的分子具有同样的空间关系来解释。然而，虽然这些化合物显示出高杀虫活性，但是并不比吡唑啉类化合物的性能优越。综合以上的结构与活性关系的分析，杜邦公司合成出高活性的哒嗪类化合物 **1-8-1**，结果发现它对鳞翅类昆虫有异常高的活性，其活性在实验室可达 1μg/mL 以下，在田间对鳞翅目害虫也显示出高活性，但在土壤中的分解速率不理想。

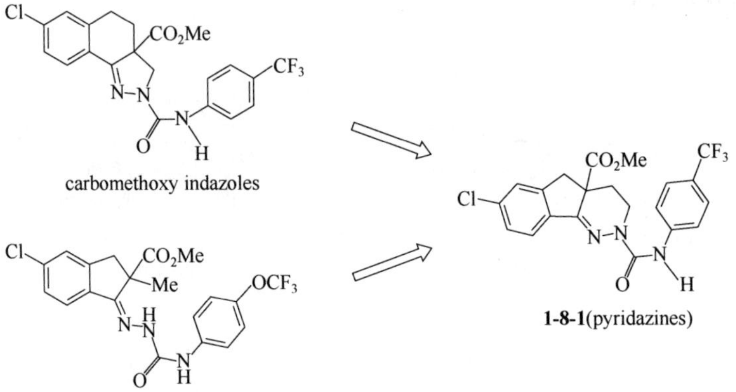

carbomethoxy indazoles

carbomethoxy semicarbazones

1-8-1(pyridazines)

哒嗪环衍生物的合成方法为：

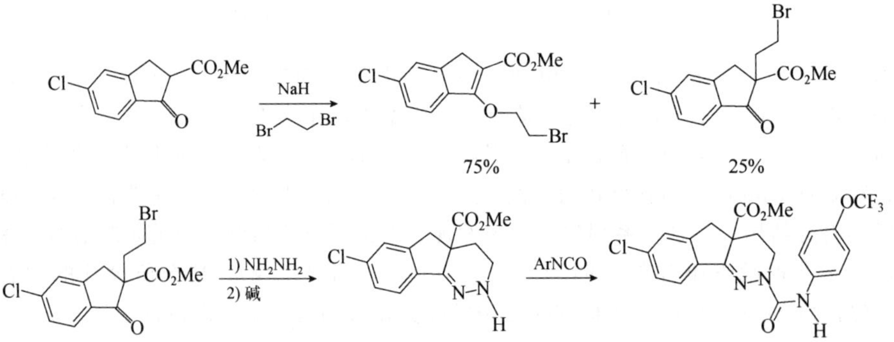

75%   25%

研究指出所得化合物在土壤中分解缓慢，部分的原因可能是含有哒嗪的三环系比较牢固。为了解决它过于稳定的问题，考虑引进杂原子到哒嗪环中，以提高它的代谢速率。一种可能是将分子改造成噁二嗪环，它可能在酸性条件下易分解。结果发现化合物 DPX-JW062 仍具有很高的杀虫活性，并在土壤体系中很容易降解，在土壤中的半衰期大约为 1～4 周，说明噁二嗪环衍生物克服了哒嗪环衍生物在环境中过于稳定的缺点，研究指出，噁二嗪环衍生物在土壤中的半衰期较相应的哒嗪类似物短，前者小于 14d，而后者却大于 100d。另外从合成的角度看，它的合成方法及纯化方法均要比哒嗪类似物容易。

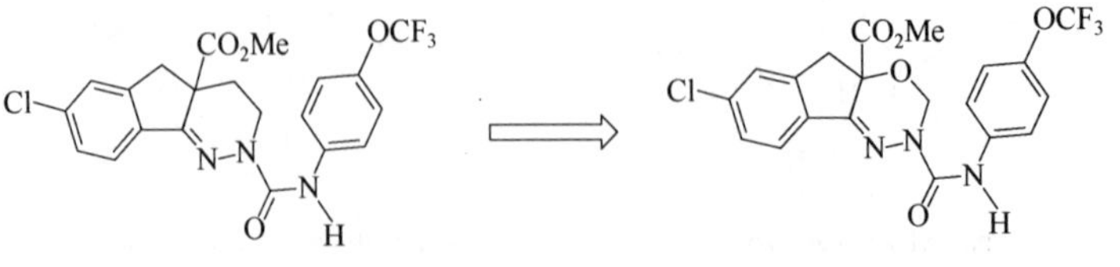

1-8-1(pyridazines)   DPX-JW062(oxadiazines)

噁二嗪衍生物的合成方法为：

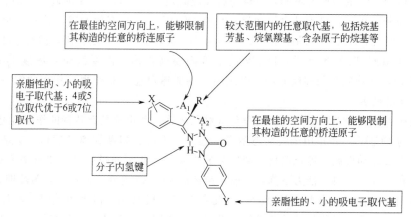

噁二嗪衍生物的结构与活性关系与吲唑、哒嗪衍生物相同，选择 DPX-JW062 是基于它的高活性，对非靶标生物的安全性及能在环境中快速消散的因素。DPX-JW062 是一个手性化合物，用手性 HPLC 分离其光学异构体显示，（＋）-对映体的活性大约是其外消旋体的 2 倍，而（－）-对映体是无活性的。哒嗪类似物的结果也同样。

二、结构与活性关系

总结历来的有关结构与活性关系的研究，其药效团可归纳为：

X 射线晶体结构分析表明，这类钠通道阻断杀虫剂的药效基团如图 1-8-1 所示，分子中吡唑啉环游离的 NH 基团和 N-2 的氮可以形成分子内氢键，由此可设置一个理想的立体化学趋向并完整地保持分子的平面构型。分子的这种构型被认为是杀虫剂的激活位点之一，如果这种分子内的氢键不存在，杀虫剂的活性将消失。桥连基团 A_1 和 A_2 对锁定药效基团在最佳取向起着重要的作用，使其达到一个较优化的构象。桥连基团 A_1 和 A_2 通常为碳或氧原子，以 A_1 和 A_2 原子数之和为 3 最佳，其中 A_1，$A_2＝1$ 或 2。角取代基 R 对分子的活性和选择性起着重要的作用，可以是较大范围内的任意取代基，包括烷基、芳基、烷氧羰基、含杂原子的烷基等，按其活性排列为：R＝4-F-Ph，COOMe > Ph，COOEt，Et > 4-Cl-Ph，Me，i-Pr，COO-i-Pr。芳环上的取代基 X 和 Y 与分子的代谢密切相关，以亲脂性的、小的吸电子对位取代基有利，如 X＝Cl，Br，OCH_2CF_3，$CF_3 > F$，$OCF_3 > H$，alkyl；Y＝$OCF_3 > CF_3 > Br$，$OCHF_2 > Cl > F > OMe$，NO_2，alkyl。

在最佳的空间方向上，能够限制其构造的任意的桥连原子

较大范围内的任意取代基，包括烷基芳基、烷氧羰基、含杂原子的烷基等

亲脂性的、小的吸电子取代基；4或5位取代优于6或7位取代

在最佳的空间方向上，能够限制其构造的任意的桥连原子

分子内氢键

亲脂性的、小的吸电子取代基

图 1-8-1　DPX-JW062 型杀虫剂的药效基团

三、前药的设计及其作用机制

虽然 DPX-JW062 具有很好的杀虫活性、适宜的残留活性和较好的生态性能，但对哺乳动物等仍具有相对高的毒性。经再进一步研究发现了理想的杀虫剂茚虫威，尽管该化合物本身活性较弱，但可被害虫快速代谢为活性很高的 DPX-JW062。这实际上是采用前药的概念。

茚虫威　　代谢脱羧作用　　DCJW

利用高效液相色谱和质谱分析技术对 ^{14}C 标记的茚虫威在鳞翅目昆虫的体内代谢研究发现，茚虫威能够被鳞翅目昆虫迅速地转化为 DCJW，这种转化主要发生在中肠和脂肪体部位，并且能被酯酶抑制剂，如对氧磷和脱叶磷（DEF）所抑制，因此推测相关催化酶可能是一种酯酶。进一步的研究发现，茚虫威的这种代谢转化在不同昆虫之间存在着差异，与非鳞翅目昆虫相比，大部分鳞翅目幼虫在给药后不到 4h，就能够迅速地将 90％的茚虫威转化为 DCJW，并且与茚虫威相比，DCJW 更能有效阻断烟草天蛾幼虫腹部运动神经元的复合动作电位，推测茚虫威在不同昆虫中的活化代谢速率与其杀虫活性和选择性相关。以美洲大蠊背侧不成对中间神经元为材料，利用电压钳技术对 DCJW 的神经毒理学研究发现，DCJW 对钠电流峰值呈浓度依赖性抑制，抑制中浓度为 28 nmol/L，比局部麻醉药利多卡因低 1000 倍，比河豚毒素高 10 倍，但对内向钙电流和外向钾电流无影响，表明 DCJW 对钠离子通道具有阻断作用。茚虫威的杀虫选择性和活性主要受昆虫代谢激活的速率、茚虫威和 DCJW 对失活状态通道的敏感性和亲和性以及已经结合的代谢物的缓慢离解因素等的影响。昆虫由于其种类不同，体内钠通道的结构和对 DCJW 的敏感性、亲和性也不同，进而导致噁二嗪类药物的渗入、药物动力学和生物转化也不尽相同。

另外，茚虫威和 DCJW 对哺乳动物的作用与对昆虫的作用机制不同。以体外培养的胚鼠大脑皮质神经元为材料，Zhao 等利用膜片钳全细胞记录技术研究了茚虫威及其活化代谢物 DCJW 对哺乳动物烟碱型乙酰胆碱受体的作用，结果发现 1 mmol/L 和 10 mmol/L 茚虫威对乙酰胆碱诱导快速衰减电流的峰值抑制率分别达到 46.8% 和 15.7%，DCJW 也具有相似的作用，但强度低于茚虫威，这表明哺乳动物神经元烟碱型乙酰胆碱受体可能是茚虫威的一个作用靶标，而对于昆虫神经元无此作用。这也是目前茚虫威作用于乙酰胆碱受体的唯一报道。同时，研究发现昆虫和哺乳动物体内钠通道对茚虫威和 DCJW 的敏感性不同，对给药后表现的效力也不同。对于哺乳动物钠通道，茚虫威和 DCJW 均有阻断作用，而对于昆虫钠通道，只有 DCJW 才具有有效的阻断作用；根据记录的昆虫神经动作电位发现，DCJW 在纳摩尔浓度（nmol/L）级就能产生阻断作用，但对于哺乳动物（如小鼠）来说，要阻断 TTX 钠通道，DCJW 的浓度则要高得多，需要微摩尔浓度（μmol/L）级；Zhao 等研究发现，在哺乳动物神经元中，电压门控钠通道可能不是茚虫威作用的第一靶点。这方面还需要进一步的研究。

综合有关茚虫威和 DCJW 的神经毒理学研究结果表明，茚虫威具有独特的作用机理，茚虫威在昆虫体内转化为 DCJW，并作用于失活态钠离子通道，不可逆阻断钠离子通道，破坏神经冲动传递，导致靶标害虫运动失调、停止取食、麻痹并最终死亡。药剂通过触杀和摄食进入虫体，0～4h 昆虫即停止取食，因麻痹协调能力下降，一般在给药后 4～48h 内麻痹致死，对各龄期幼虫都有效。害虫从接触到药液或食用含有药液的叶片到其死亡会有一段时间，但害虫此时已经停止对作物取食，即使此时害虫不死，对作物叶片或棉铃也没有损害作用。由于茚虫威具有较好的亲脂性，具有触杀和胃毒作用，虽没有内吸活性，但具有较好的耐雨水冲刷性能。

茚虫威不论对成虫、幼虫、卵等均有效，还可阻止孵化。茚虫威在半致死量下还具有很强的抑制进食作用，当昆虫暴露在茚虫威半致死量下，它进食很少，发育缓慢，成蛹也较对照缓慢。典型的症状是昆虫麻痹，变小，收缩，未发现对环境有不利影响。其他还有降低产卵数，破坏交配，不能蜕皮和蛹难于孵化。它与拟除虫菊酯不同点在于其防效与温度成正相关，从而迅速地可使虫口数下降。茚虫威最佳防治效果是在 5～14d 内，它具有较高的亲脂性，能透过叶片的蜡质角质层，这可降低在环境中残留的机会，同时由于很快地进入叶片，对于防治刺吸口器的害虫也是非常有利的。茚虫威在 pH5～9 的范围内稳定，在 12.5～32℃下喷雾，均对药效不产生影响。

茚虫威具有结构新，作用机理独特，用量低，对几乎所有的鳞翅目害虫，如棉铃虫、菜青虫、烟青虫、小菜蛾、甜菜夜蛾、斜纹夜蛾、甘蓝夜蛾、银纹夜蛾、粉纹夜蛾、卷叶蛾类、苹果蠹蛾、叶蝉、葡萄小食心虫、葡萄长须卷叶蛾、金刚钻、棉大卷叶螟、牧草盲蝽、马铃薯甲虫、油菜银纹夜蛾、棉花金刚钻翠纹、梨小食心虫、棉花棉大卷叶螟、苹果蠹蛾、葡萄卷叶蛾、马铃薯块茎蛾等都有效，而对人类、环境、作物和非靶标生物安全等特点。适用作物有甘蓝、芥蓝、花椰菜、番茄、茄子、辣椒、瓜类（如黄瓜等）、莴苣等，果树如苹果、梨树、桃树、杏树、葡萄等，棉花、甜玉米、马铃薯等。在世界范围内茚虫威推荐使用剂量为 12.5～125g/hm^2，使用方法为茎叶喷雾处理。蔬菜、甜玉米等使用剂量为 28～74g/hm^2，苹果、梨等使用剂量为 28～125g/hm^2

四、茚虫威的合成方法

茚虫威的合成主要是先合成两个重要的中间体：5-氯-2,3-二氢-2-羟基-1-氧-1H-茚-2-羧酸甲酯及 N-氯甲酰基-N-（4-三氟甲氧苯基）氨基甲酸甲酯，再在此基础上合成产品：

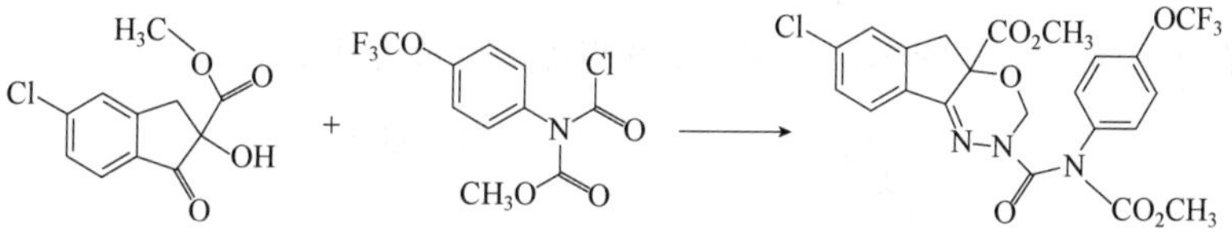

5-氯-2,3-二氢-2-羟基-1-氧-1H-茚-2-羧酸甲酯主要有三条合成路线：

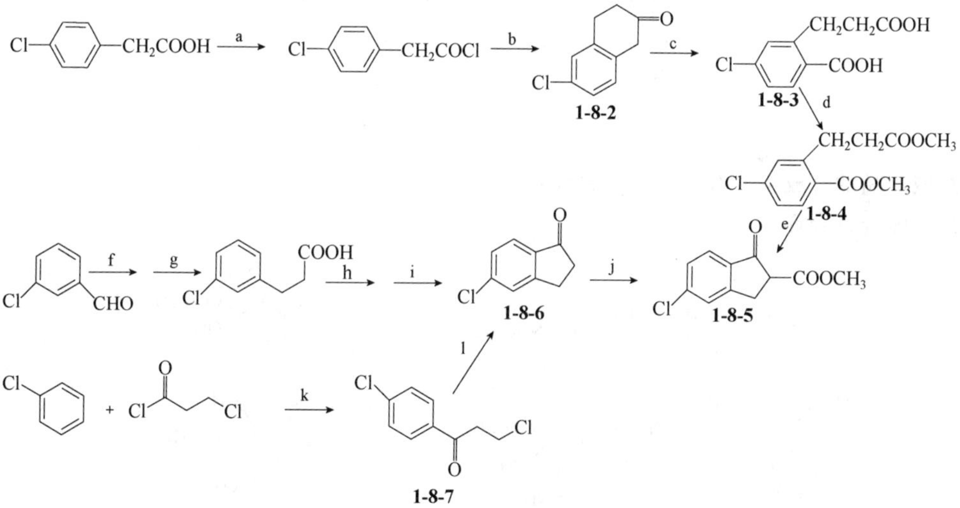

（1）以对氯苯乙酸为原料　经过 a、b、c、d、e 五步反应得到 5-氯-1-氧代-2,3-二氢-茚-2-羧酸甲酯（**1-8-5**）。首先用对氯苯乙酸与氯化亚砜反应，得到对氯苯乙酰氯；然后在氯化铝作催化剂的条件下，对氯苯乙酰氯与乙烯气体发生傅-克反应，环化生成四氢萘酮（化合物 **1-8-2**）；接着用过氧乙酸使化合物 **1-8-2** 开环氧化得到 2-羧基-5-氯苯丙酸（化合物 **1-8-3**）；化合物 **1-8-3** 与碳酸二甲酯发生酯化反应生成化合物 **1-8-4**；最后化合物 **1-8-4** 在甲醇钠的作用下发生 Dieckmann 酯缩合，得到化合物 **1-8-5**。

该条路线反应步骤较多，原料种类繁多，且价格不菲，反应时间比较长，在进行大规模工业生产过程中，存在许多问题需要解决。

（2）以间氯苯甲醛为原料　经过 f、g、h、i、j 五步反应得到 5-氯-1-氧代-2,3-二氢-茚-2-羧酸甲酯（化合物 **1-8-5**）。首先用间氯苯甲醛与丙二酸发生缩合反应，脱掉水和二氧化碳小分子，生成间氯苯基丙烯酸，然后在 Pd-C 作催化剂的条件下，进行加氢脱保护基反应生成间氯苯基丙酸，再与氯化亚砜氯化后，在氯化铝作催化剂的条件下，发生 Friedel-Crafts 环化反应，得到化合物 **1-8-6**；最后在甲醇钠存在的条件下，与碳酸二甲酯反应，以甲氧羰基取代茚酮 α-活泼氢生成中间体化合物 **1-8-5**。

该条反应路线步骤比较少；原料间氯苯甲醛价格比较贵；合成间氯苯基丙酸的 f、g 两步反应虽然收率较高，但是生成的少量脱氯产物难于分离；步骤 j 使用甲醇钠虽比氢化钠安全、廉价，但仍需要耗费大量的溶剂，反应时间长，反应过程不易控制。综合以上因素，该条反应路线成本较高、不经济，反应条件苛刻、难控制。

（3）以氯苯为原料　经过 k、l、j 三步反应得到 5-氯-1-氧代-2,3-二氢-茚-2-羧酸甲酯。首先用氯苯与 3-氯丙酰氯反应，生成化合物 **1-8-7**；然后脱掉氯化氢小分子闭环生成化合物 **1-8-6**；最后在氢化钠存在的条件下，与碳酸二甲酯反应，以甲氧羰基取代茚酮（**1-8-6**）α-活泼氢中间体化合物 **1-8-5**。

该条反应路线虽然步骤较少，反应原料 3-氯丙酰氯价格适中，步骤 k 的定位效应好，但步骤 l 的反应条件比较苛刻；步骤 j 需要耗费大量的溶剂，所需的氢化钠是强碱，对反应设备有一定的腐蚀性，且具有一定的危险性。综合以上因素，该路线成本较高；反应条件苛刻；不适合大规模的工业生产。

N-氯甲酰基-*N*-（4-三氟甲氧苯基）氨基甲酸甲酯的合成方法如下：

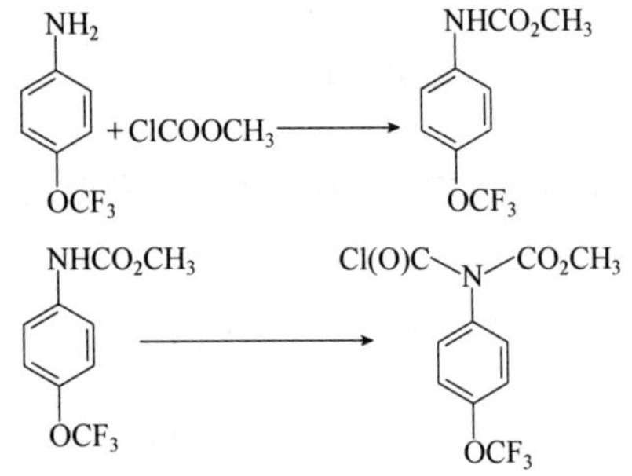

茚虫威产品的合成主要有如下三条路线：

（1）先缩合再合环

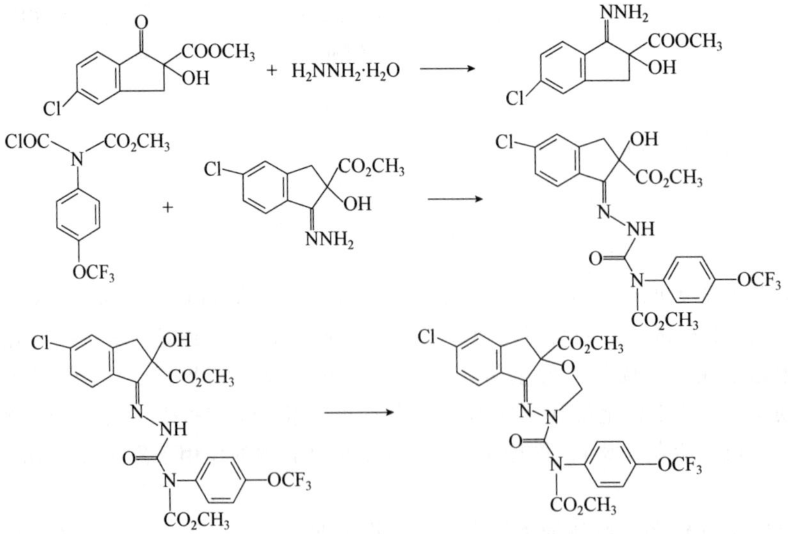

（2）先合环再缩合

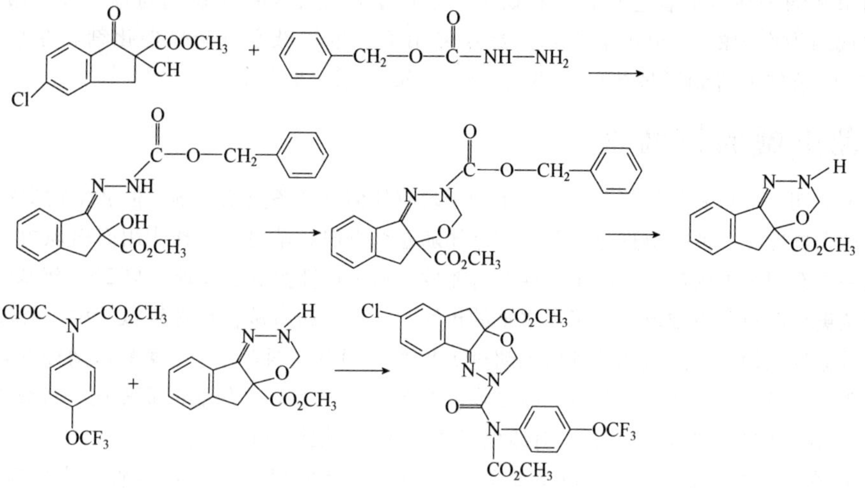

（3）先缩合、合环再取代

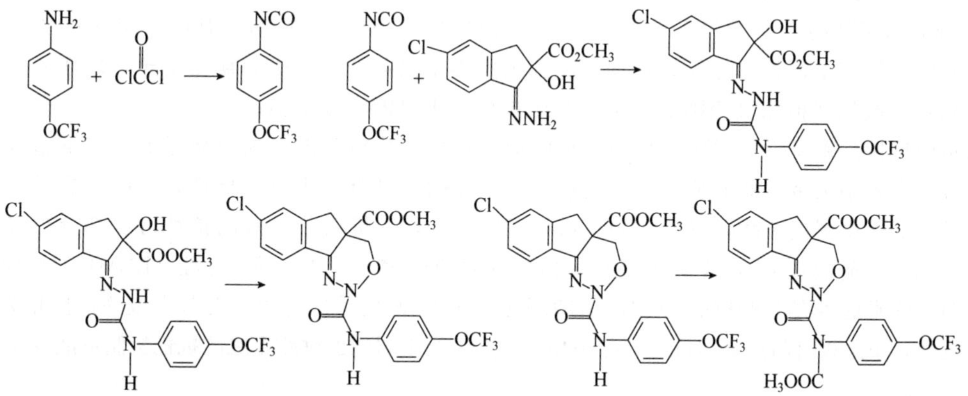

不对称地进行羟基化反应是合成手性茚虫威的关键步骤，最好是用生物碱辛可宁作为手性碱催化剂，用叔丁基过氧化氢进行羟基化反应。S 异构体与 R 异构体的比率为 75：25（50% ee）。

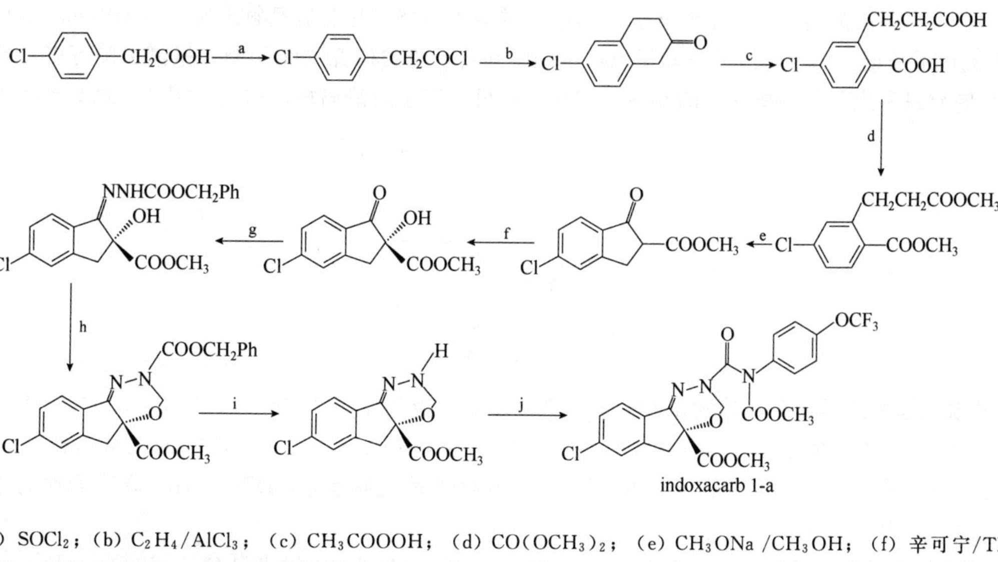

indoxacarb 1-a

（a）SOCl$_2$；（b）C$_2$H$_4$/AlCl$_3$；（c）CH$_3$COOOH；（d）CO(OCH$_3$)$_2$；（e）CH$_3$ONa /CH$_3$OH；（f）辛可宁/TBHP；（g）NH$_2$NHCOOCH$_2$Ph；（h）CH$_2$(OCH$_3$)$_2$；（i）Pd/C /H$_2$；（j）p-CF$_3$OPhN (COCl) COOCH$_3$

对于茚虫威的手性合成曾进行过多种研究，但由于羟基化反应中试剂高毒或过于昂贵不适合于工业生产，或因为产物的 *ee* 值不够理想，最终采用手性生物碱辛可宁作催化剂，在叔丁基过氧化氢（TBHP）的条件下得到了理想的产率（85%）和 *ee* 值（50%）。

五、茚虫威的抗药性

尽管研究表明，茚虫威作用机制独特，不同于现有任何其他各类杀虫剂，但从生物学角度出发，昆虫对杀虫剂产生抗性是一种胁迫进化现象，它是伴随着杀虫剂对昆虫的选择作用而出现的，包括茚虫威在内的任何一种新型杀虫剂都存在产生抗性的可能性。通过抗性监测已发现，与 2001 年基线相比，2003 年小菜蛾夏威夷种群对茚虫威已产生了高水平的抗性。在室内茚虫威抗性选育试验中，仅仅经过 3 代汰选，从野外采集的家蝇对茚虫威的抗性就已超过 118 倍。对马来西亚一个小菜蛾田间种群的茚虫威抗性选育研究发现，经过 6 代筛选，小菜蛾对茚虫威抗性提高了 90 倍，与敏感品系相比，对茚虫威的抗性达到了 2594 倍。这些试验表明，昆虫具有对茚虫威产生高水平抗性的风险。

在茚虫威交互抗性方面，Yu 等对草地贪夜蛾和小菜蛾的研究发现，尽管与实验室敏感品系相比，采自北佛罗里达玉米田的两个草地贪夜蛾田间种群对甲萘威的抗性分别为 626 倍和 1159 倍，对甲基对硫磷的抗性分别为 30 倍和 39 倍，而采自北佛罗里达甘蓝田的小菜蛾田间种群在室内经过 20 代筛选后对氯菊酯产生了 987 倍的抗药性，这两种昆虫对茚虫威都没有产生交互抗性，表明茚虫威与同样以钠离子通道为作用靶标的拟除虫菊酯类杀虫剂的作用机制存在差异，并且可用于对有机磷、氨基甲酸酯和拟除虫菊酯类杀虫剂产生抗性的害虫的有效防治。

茚虫威抗性品系家蝇对拟除虫菊酯、有机磷、氨基甲酸酯等杀虫剂的交互抗性都不超过 10 倍，茚虫威抗性品系小菜蛾对氟虫腈、多杀菌素、溴氰菊酯也没有产生交互抗性，表明茚虫威抗性基因与以前发现的杀虫剂抗性基因有所不同。增效试验表明，家蝇对茚虫威的抗性可以部分被多功能氧化酶抑制剂氧化胡椒基丁醚（PBO）克服，但增效剂 DEF 和顺丁烯二酸二乙酯（DEM）对抗性没有影响，表明有可能是多功能氧化酶，而不是酯酶或谷胱甘肽-*S*-转移酶与家蝇对茚虫威的抗性相关。然而试验却发现，小菜蛾对茚虫威的抗性与酯酶相关，这表明不同昆虫对茚虫威的抗性机制可能存在差异。

第三节 氰氟虫腙

茚虫威是目前商品化的一个钠通道阻断杀虫剂，然而，从其开发的过程中研究的缩氯基脲类化合物也显示出很高的活性，日本农药公司从中通过深入研究，开发出氰氟虫腙（metaflumizone）并由 BASF 完成了登记。用于防治毛虫和甲虫，毒理学和对环境的研究均无问题，氰氟虫腙可以有效地防治各种鳞翅目害虫及某些鞘翅目的幼虫、成虫，还可以用于防治蚂蚁、白蚁、蝇类、蟑螂等害虫。

氰氟虫腙

氰氟虫腙原药呈白色晶体粉末状，熔点为 190℃，蒸气压为 1.33×10^{-9} Pa（25℃），水中溶解度小于 0.5 mg/L，$K_{ow}\lg P = 4.7 \sim 5.4$，水解 DT_{50} 为 10d（pH=7）。在水中的光解迅速，DT_{50} 大约为 2~3d，在土壤中光解 DT_{50} 为 19~21d。在有空气时光解迅速，$DT_{50} < 1d$。在有光照时水中沉淀物的 DT_{50} 为 3~7d。

氰氟虫腙原药大鼠急性经口毒性 $LD_{50} > 5000mg/kg$，急性经皮毒性 $LD_{50} > 5000mg/kg$，急性吸

入毒性 $LC_{50}>5.2$ mg/L，对兔眼睛、皮肤无刺激性，对哺乳动物无神经毒性、Ames 试验呈阴性；鹌鹑经口 $LD_{50}>2000$mg/kg、蜜蜂经口 $LD_{50}>106$ mg/只（48 h），氰氟虫腙对鸟类的急性毒性低，对蜜蜂低危险，由于在水中能迅速地水解和光解，对水生生物无实际危害。

一、发现过程

如前节所述，在 20 世纪 70~80 年代，对于具有杀虫活性的吡唑啉类化合物进行了多方面的研究，对吡唑啉 3,4,5-位取代基的变化进行了很多的工作，其中许多化合物均显示出有很好的杀虫活性，在发现茚虫威的过程中，得知茚虫威类型的开环化合物、缩氨基脲类化合物也具有很好的活性后，自然对吡唑啉类似物的开环产物，相应的生成缩氨基脲类衍生物就有了进一步深入研究的兴趣。其一般通式如：

其中苯环也包括多种五六元杂环和稠杂环，一些化合物在低剂量下对家蝇、蚊子、斜纹夜蛾、小菜蛾、马铃薯甲虫、菜青虫、玉米螟等均有很好的效果。在不断优化的过程中，日本农药公司开发出新的杀虫剂氰氟虫腙。

二、作用机制

氰氟虫腙也是神经元钠离子通道阻断剂。由于其独特的化学结构和新颖的作用方式，均未发现氰氟虫腙与现有的各类杀虫剂，如有机磷类、氨基甲酸酯类、拟除虫菊酯类、烟碱类、阿维菌素以及苯甲酰基脲类存在交互抗性，因此，可以很好地防治对上述药剂产生抗性的害虫。初步的试验表明氰氟虫腙防治对菊酯类产生抗性的害虫种类比茚虫威更有效，这表明尽管两种化合物都是钠离子通道阻断剂，但氰氟虫腙和茚虫威的作用机制可能还是有差别的。

氰氟虫腙能够以中等的速度穿入双子叶植物的角质层和薄片组织，大约有一半滞留在上表皮或表皮的蜡质层（角质）中。试验分析表明氰氟虫腙不会从处理过的叶片传导到植物的其他部分，也没有在叶片的沉降点处表现出明显的向周边辐射扩散运动。因此氰氟虫腙在叶片表面只有中等的渗透活性，在植物的绿色组织及根部无内吸传导性。

该药主要是通过害虫取食进入其体内发生胃毒杀死害虫，触杀作用较小。该药对于各龄期的靶标害虫、幼虫都有较好的防治效果，昆虫取食后该药进入虫体，通过阻断害虫神经元轴突膜上的钠离子通道，使钠离子不能通过轴突膜，进而抑制神经冲动，使虫体过度的放松、麻痹，几个小时后，害虫即停止取食，1~3d 内死亡。

用放射性元素 [14]C 标记氰氟虫腙，研究了它在动物体内的吸收、分布、代谢和分泌状态。毒代动力学试验结果表明，雌鼠或雄鼠经口 [14]C 标记氰氟虫腙后，对其吸收非常缓慢，且大部分通过粪便（90%的剂量）排泄掉，仅有很小一部分通过胆汁和尿液排泄。药理学试验结果表明，经口 [14]C 标记氰氟虫腙 10~48 h 后，血浆内的氰氟虫腙浓度达到最大。吸收的 [14]C 氰氟虫腙通过系统循环被分布到所有器官和组织。老鼠吸收的 [14]C 氰氟虫腙通过水解和羟基化代谢。

氰氟虫腙具有优良的速效性和持续性，表现出更快、更好地保护作物的效果。研究表明，药剂处理几个小时后，害虫即停止取食，1～3d 内死亡。氰氟虫腙还具有良好的耐雨水冲刷性，田间持效期为 7～10d。大量田间试验证实，在害虫的任一生长阶段都表现出很好的杀虫活性。氰氟虫腙特别适用于防治田间世代交替发生的害虫，如小菜蛾、甜菜夜蛾等。氰氟虫腙在 110～196 g（a.i.）/hm² 剂量范围内，对多种天敌非常安全，在推荐剂量 ［240 g（a.i.）/hm²］ 下，对天敌也表现出毒性低、较安全的特点。

氰氟虫腙主要是通过胃毒作用杀死害虫的，因此，对以咀嚼方式为害作物的昆虫种类鳞翅目幼虫以及鞘翅目幼虫和成虫都有明显的防治效果，而与使用剂量多少无明显的关系。如常见的鳞翅目种类有甜菜夜蛾、小菜蛾、棉铃虫、棉红铃虫、稻纵卷叶螟、甘蓝夜蛾、菜粉蝶、菜心野螟、小地老虎和水稻二化螟等，鞘翅目叶甲类（如马铃薯叶甲）和跳甲类（如黄条跳甲）等。该药对卫生害虫跳蚤防治效果显著，同时与杀螨剂混用，能有效地控制蜱类，如血红肩头蜱、变异革蜱、美洲钝眼蜱和肩突硬蜱等。对于半翅目的蝽类，膜翅目的蚂蚁、白蚁和红火蚁，双翅目的家蝇，蜚蠊目的蟑螂，也都具有较好的防治潜力。因此氰氟虫腙可以被灵活地应用于害虫发生的所有时期。但对鳞翅目和鞘翅目的卵及鳞翅目的成虫无效。

氰氟虫腙具有良好的作物安全性。在温室和田间试验中，对作物均安全，如菜心、菜花、花椰菜、白菜、油菜、芥菜、莴苣、茄子、番茄、辣椒、甜辣、马铃薯、韭菜、胡萝卜、草莓、西瓜、豆类、棉花、甜菜、朝鲜蓟、大麦、水稻、苹果、葡萄、橄榄、柑橘等。

2006 年末，氰氟虫腙在哥伦比亚首次登记，以商品名 Verismo SC 销售。随后在希腊、奥地利、德国以及其他欧盟国家获准登记，用于在马铃薯上防治马铃薯甲虫，在温室西红柿上防治棉铃虫和贪夜蛾，在温室胡椒上防治欧洲玉米螟和其他鳞翅目害虫。在美国获准登记用于防治红火蚁。2009年在我国获准登记。

第四节　滴滴涕（DDT）类杀虫剂

一、DDT

DDT 工业品种含有 30%o，p-DDT ［1,1,1-三氯-2-（2-氯苯基）-2-（4-氯苯基）乙烷］，可部分溶于水，蒸气压 0.025 mPa（20℃，p,p'-DDT）。

它的合成方法是用氯苯与三氯乙醛在浓硫酸存在下反应，产物是 p，p'-DDT 与 o，p'-DDT 的混合物，其中还含有少量 o，o'-DDT。

DDT 生产于 20 世纪 40 年代，它们与六六六的应用展开了使用有机农药的新篇章。当时有机氯杀虫剂以及后来的有机磷杀虫剂成为与虫害争夺粮食的重要武器，由于它们与过去使用的药剂相比，具有效果好，用量少，对人畜毒性较低等优点，使最早采用的无机农药以及某些天然产物的粗提物相形见绌而被逐渐淘汰，这类杀虫剂的利用，使第二次世界大战后许多国家的粮食生产率有了较大幅度的增长。在防治昆虫传播人类疾病所使用的药剂中，DDT 也是最重要的化合物。在防制疟疾、斑疹伤寒上起了非常重大的作用。例如在第一次世界大战中，欧洲战场前线斑疹伤寒患者超过 4000 万，死亡人数达 500 万，而使用 DDT 防治虱子，就控制了斑疹伤寒的流行。

DDT 也是影响神经膜钠离子通道的药剂，为非内吸性，具有触杀和胃毒作用。DDT 具有广谱的杀虫活性，开始以为在环境中稳定是其优点，但随后广泛的应用造成了环境中的大量积累，在世界各地的野生动物体内均可发现。

DDT 最重要的反应是脱氯化氢生成物 DDE，及还原脱氯生成 DDD，这些反应发生在非生物、生物体及土壤中，这些产物与 DDT 一样均很难在环境中降解，由于它们均有很高的亲脂性，在生物体内难于降解，导致暴露在含量有极低水平的这类化合物水中的鱼及其他生物在体内富集。尽管 DDT 在哺乳动物体内可经 DDD 而生成 $4,4'$-二氯二苯基乙酸，但也可以形成 DDE 并储存在脂肪中，它也可能缓慢地被氧化，或环羟基化成相应的衍生物，通过鱼类及野生动物体内的残留导入哺乳动物体内。虽然 DDT 对哺乳动物的毒性不高，但鱼毒很高，对鸟的毒性中等，而 DDE 在环境中的残留成为严重的问题，它可使禽类的蛋壳变薄，蛋壳厚度的降低导致鸟蛋很容易破碎，从而降低了它们的生存率。DDE 可使鸭子的蛋壳变薄，这是由于抑制了前列腺素合成酶，导致前列素 E2 水平及蛋壳黏膜对钙吸收的降低。经测定 p,p'-DDE 的类似物如 o,p'-DDE、p,p'-DDT、o,p'-DDT 及 p,p'-DDD 并不能引起蛋壳变薄，也对酶的活性无影响。DDD 很容易在被水淹的土壤中生成，各种微生物均可使 DDT 转变成 DDE 或 DDD，二者与 DDT 一样难于在哺乳动物及环境中降解，DDT、DDD 及 DDE 作为 DDT 的残留物广泛存在于自然界中，它们后来的代谢极为缓慢，在碱性条件下和在熔点温度以上，DDT 可热分解消除氯化氢。

在环境中，DDT 在阳光下分解十分缓慢，在苹果表皮上施用 DDT 三个月后可回收 93%，许多微生物可以降解 DDT，但在土壤中的降解速率极慢，DT_{50} 值高达 3800d，在土壤中的主要代谢物是 DDE 和 DDD。在无氧的条件下的代谢速率慢于有氧的条件。DDT 在土壤中的趋向与水有关，在淹水的条件下土壤中的 DDT 快速转变成 DDD，并没有二氧化碳放出。淹水时减少了 DDE 的形成，这部分是由于形成了一个厌氧的环境，影响了 DDT 经 DDE 的降解途径。

DDE 在日光下分解比 DDT 快，也有报道说 DDT 在田间光解生成 DDE、$4,4'$-二氯苯酮、4-氯苯甲酰氯、4-氯苯甲酸、4-氯苯基-4-氯苯甲酸等。在实验室条件下用短波照射 DDT，可生成多种游离基形成的产物，所生成的产物依赖于溶剂和是否存在氧，在用 DDT 的甲醇溶液在 260nm 光照下，得到复杂的混合物，主要产物是 DDD 及 1,1-双（4-氯苯基）-2-氯乙烯（DDMU）。将含氧的 DDT 甲醇溶液用光照射，用气质联用仪分析，成分达 39 种以上，其中许多是光解后生成的游离基与氧或溶剂反应生成的产物。产物包括 DDD、DDE、$4,4'$-二氯苯酮、4-氯苯基乙酸酯，若在溶剂中通往氢气则可形成还原产物，各种结构的重排也会发生。

DDT 对无脊椎动物的作用机制是干扰神经轴突的离子通道，它通过调制钠通道的门控动力学，使通道长期处于开放的状态，从而引起钠电流的时间延长而导致膜的去极化和反复放电，它使钠离子通道长期开放，并导致钾传导增加。DDT 不能引起神经传导的阻断，而是激发受害昆虫的神经活动。

二、甲氧基滴滴涕

甲氧基滴滴涕（methoxychlor）是 1989 年美国推荐应用的杀虫剂，1972 年美国原药的产量曾达 5000t。化学名称为 2，2-双（对）甲氧基-1,1,1-三氯甲烷，纯品为白色结晶，工业品熔点 70～85℃，其结构特征为 DDT 环上的氯原子被甲氧基所置换，它在水中的溶解度为 0.1mg/L，其合成方法是由三氯乙醛与苯甲醚在有硫酸存在下进行缩合而得：

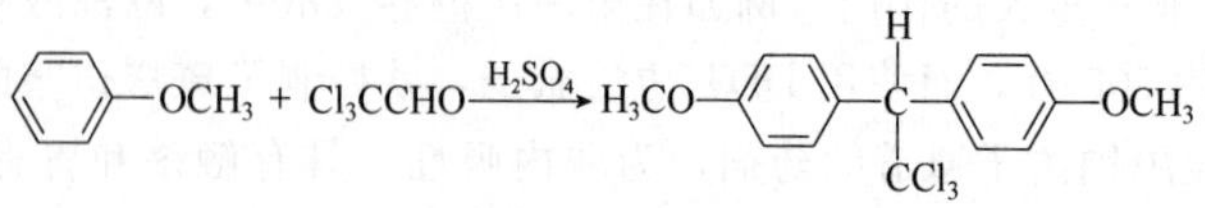

工业品的含量不低于 88% 的对位异构体，并含有少量的 o, p-异构体。甲氧基滴滴涕可用于各种作物、花卉、蔬菜及森林，也可用于防治牲口棚、牛奶场及家庭和工地，它是一个很安全的杀虫剂，对大鼠 LD_{50} 为 5000～7000mg/kg，在高等动物体内不积累，它是接触性杀虫剂，也具有胃毒作用。

它在碱性溶液或生物系统中脱氯化氢速率比 DDT 缓慢，但在高等动物体内，它极易被微生物的氧化酶体系作用形成酚，它在微生物、哺乳动物、蚊子幼虫、藻类、鱼类和蜗牛体内降解途径主要是脱氯和脱烷基，生成相应的酚和双酚，脱氯化氢生成 4,4′-二羟基二苯酮，它在生物体内并不像 DDT 那样会在生物体内积累，比全氯的产品易于在生物体内降解，不会储存在脂肪内，也不会分泌在乳液中，因此对环境是有利的，但它比 DDT 要贵不少，对某些昆虫效果不算好。甲氧 DDT 对氧化剂和紫外线稳定，但在照射下会变成粉红色和棕色，可与碱反应，特别是有催化金属存在时，会脱去氯化氢，它在用空气饱和的水中，用>280nm 波长的光照射光解的主要产物是 1,1-二氯-2,2-双（4-甲氧基苯基）乙烯，而在脱气的乙腈水溶液中也会同时生成 1,1-二氯-2,2-双（4-甲氧基苯基）乙烷，接着乙烯衍生物会光解成苯甲醛，在醇的水溶液中则生成 4,4′-二甲氧基二苯酮、4-甲氧基苯甲酸和 4-甲氧基苯酚等产物。甲氧基 DDT 在水中分解缓慢，在 27℃，pH5～7 的条件下，DT_{50} 为 100d，脱氯和脱氯化氢是主要的化合物。它在潮湿的土壤中在有氧的条件下，很快就降解，对 DDT 有抗性的苍蝇比较有效，这是由于它不易被 DDT 酶脱去氯化氢之故。它在对家蝇的作用上与胡椒基丁醚有高度协同作用，这表明甲氧基 DDT 的脱毒与多功能氧化酶有关，此时它代谢成为 1,1-二氯双（4-羟基苯基）乙烯及轭合衍生物。

甲氧基滴滴涕对于啮齿动物慢性喂食的毒性测试中，NOEL 200μg/mL［10 mg/（kg·d），大鼠］，并没有显示出致癌和神经毒性，仅观察到了体重减轻，对进一步吸收药剂可造成死亡，对于它的内分泌作用曾进行过详细的研究，在用量为 100mg/kg 的剂量下，它显示出雌激素的活性，引起产仔减少，对于它的生殖毒性，研究认为是由于化合物脱甲基之故。

甲氧基滴滴涕主要通过食物链途径进入人体。甲氧基滴滴涕急性中毒可以造成典型的有机氯中毒症状：易激动性，肌肉震颤，继之出现阵发性、强直性抽搐，直至死亡。长期慢性中毒可造成神经行为改变，乳腺癌、肝脏形态功能损害，以及生殖系统毒性。关于甲氧基滴滴涕的生殖毒性研究，主要集中在雄性生精小管、附睾、睾丸、睾丸生精上皮等，但甲氧基滴滴涕亦对雌性生殖系统、受精卵、胚胎均有毒性作用。长期慢性中毒可造成神经行为改变，及生殖系统毒性。属于雌激素类环境内分泌干扰物。

第五节　拟除虫菊酯杀虫剂

拟除虫菊酯是从天然除虫菊素发展而来的一类化学合成农药，是 20 世纪 70 年代人工合成的一类重要的仿生杀虫剂，此类杀虫剂主要以神经钠离子通道为作用靶标，迄今已商品化的有 50 多种，因其具有高效、低毒、广谱、击倒快、残留少等特点，被广泛应用于农业生产和家庭生活中。拟除虫菊酯的一些优良品种大都具有低毒、广谱等特点，特别对防治棉花害虫效果突出，在有机磷、氨基甲酸酯出现抗性的情况下，其优点更为明显。但是，和天然除虫菊素一样，它们的杀螨活性都很低。而且在施药过程中，因螨类天敌被大量消灭，使螨类危害更加严重。近年来已注意开发有良好杀螨活性的药剂，如甲氰菊酯等，另一方面，在菊酯分子中引入氟原子，也能提高杀虫及杀螨活性。拟除虫菊酯的其他缺点是鱼毒高，但目前已有鱼毒较低的新品种出现，可用于防治水稻害虫，如杀螟菊酯。拟除虫菊酯分子大都比较大，亲脂性较强，因而缺乏内吸性。这一缺点可以通过与其他类型内吸剂的混配来适当弥补其内吸性的不足。另一个值得注意的问题是害虫对拟除虫菊酯的抗药性。拟除虫菊酯作为世界上应用仅次于有机磷杀虫剂的一类杀虫剂，抗性问题已日趋严重，有些地区仅仅几年的用药期，抗性发展相当迅速。由于拟除虫菊酯的作用机制与 DDT 相似，已发现对 DDT 有抗性的昆虫，对拟除虫菊酯有交互抗性；另一方面，对拟除虫菊酯的过度使用，会加速昆虫抵抗药剂的选育过程，因此抗性问题已严重威胁拟除虫菊酯的使用寿命，今后必须寻找有效对策。

一、作用机制

早期研究认为，除虫菊酯与 DDT 都是轴突毒剂，而对突触无作用。它们引起的中毒征象十分相似，但击倒作用除虫菊酯更为突出。它们都有负温度系数，在低温时毒性更高。除这些相似之处外，也存在一些差异。除虫菊酯不但对周围神经系统有作用，对中枢神经系统，甚至对感觉器官也有作用，而 DDT 只对周围神经系统有作用。虽然除虫菊酯与 DDT 都作用于轴突，但除虫菊酯的作用主要是在冲动产生区，而且似乎对感觉器官的输入神经的轴突特别有效，而 DDT 没有这样固定，此外，它们在电生理上也有些小的差异。

除虫菊酯引起的中毒征状可分为兴奋期与抑制期（或麻痹期）两个阶段。在兴奋期，昆虫乱爬动；到抑制期，活动逐渐减少，进入麻痹期，最后死亡。在这两个时期中，神经活动各有其特征性变化。受毒化的神经的放电过程中，在电刺激产生单一尖峰以后，紧接一个延续的负后电位，并随后出现一系列的动作电位，即所谓重复后放。重复后放是昆虫的中毒初期，即兴奋期。然后转入不规则的后放，有时产生一连串的动作电位，有时停止。这一阶段内昆虫出现痉挛和麻痹，而当重复后放变弱时即进入完全麻痹。传导的终止即为死亡的来临。在麻痹之后用生理盐水洗去除虫菊酯，不能或极少能使昆虫恢复。这一现象说明除虫菊酯的作用乃是物理作用，因此没有可逆性。这些征象，特别是击倒作用的迅速出现，说明除虫菊酯这一类化合物是神经毒剂，并且是物理性的神经毒剂，所以作用迅速。

近年来的研究表明，拟除虫菊酯对靶标部位的选择性不是绝对的，它同时涉及神经系统的其他部位。拟除虫菊酯作用机理目前存在两种观点：一种认为拟除虫菊酯的毒性是由于直接同神经膜上钠离子通道相互作用的结果；另一种认为存在着其他的靶标或作用点，它们对拟除虫菊酯的毒性效应具有同样的重要性。国内外学者已普遍认同拟除虫菊酯对神经膜上钠离子通道的毒性作用，而对拟除虫菊酯特定的靶标酶尚存争议。

国内外大量研究表明：拟除虫菊酯除了直接作用于神经系统的钠通道以外，还对体内 ATP 酶、乙酰胆碱酯酶（AchE）、抗氧化酶、谷胱甘肽过氧化酶、谷胱甘肽转移酶等一系列重要的酶产生活性抑制作用。并且拟除虫菊酯在不同生物体、不同组织内对酶的抑制作用存在明显差异，同时抑制作用还会受分子结构、温度、浓度等因素的影响，但具体作用机理尚不清楚。因此进一步可以对拟除虫菊酯对酶抑制作用与温度、浓度等因素的相关性进行深入分析，确立相关性系数；并通过专业软件计算拟除虫菊酯分子结构参数，结合统计分析找出影响酶活性抑制的关键因素，进行机理上的剖析，最终确立拟除虫菊酯的生物靶标酶。

二、活性化合物的发现及发展

早在 16 世纪初，已有人发现除虫菊（*Chrysanthemum cinerariaefolium*）的花具有杀虫作用，但是直到 19 世纪中期，这种源于波斯（现伊朗）的植物才在欧洲种植应用。第一次世界大战期间，日本大力提倡栽培除虫菊，曾一度独占该药市场。由于除虫菊适宜于较高海拔地区生长，后来在非洲肯尼亚高原地区发展很快并逐渐取代日本。在 20 世纪 50 年代以后，肯尼亚、坦桑尼亚、卢旺达已成为其主要产地。到 70 年代末，全世界除虫菊干花的总产量仍有 2.5 万吨。

由除虫菊干花提取的除虫菊素是一种击倒快、杀虫力强、广谱、低毒、低残留的杀虫剂。但由于它对日光和空气不稳定，故只能用于家庭卫生害虫，不宜于农业实用。大约到 50 年代，天然除虫菊素的化学成分和化学结构才得以确认。它们是由两种旋光活性的环丙烷羧酸，即（＋）-反式菊酸和（＋）-反式菊二酸与三种旋光活性的环戊烯醇酮，即（＋）-除虫菊醇酮、（＋）-瓜叶醇酮和（＋）-茉莉醇酮所形成的六种酯，即除虫菊素Ⅰ和Ⅱ、瓜叶除虫菊素Ⅰ和Ⅱ与茉酮除虫菊素Ⅰ和Ⅱ（见表1-8-2）。在这六个组分中，环丙烷羧酸的 C_1 和 C_3 以及环戊烯醇酮中的 C_4 均为手性碳原子，它们的绝对构型相同，均为 $1R$、$3R$ 和 $4S$。环戊烯醇酮的侧链烯键均为顺式，而菊二酸的烯键均为反式。六个组分的杀虫活性各不相同，除虫菊素杀虫活性最高，茉酮除虫菊素毒效很低。除虫菊素Ⅰ对蚊、蝇有很高的杀虫活性，而除虫菊素Ⅱ有较快的击倒作用。

反式菊酸 (+)trans-chrysanthemic acid　　反式菊二酸 (+)trans-pyrethoic acid

除虫菊醇酮 (+)-pyrethrolone　　瓜叶醇酮 (+)-cinerolone　　茉莉醇酮 (+)-jasmolone

表 1-8-2　天然除虫菊素的结构

序　号	结　构	名　称	含　量
1		pyrethrin Ⅰ（除虫菊素）	35%
2		pyrethrin Ⅱ（除虫菊素）	32%
3		cinerin Ⅰ（瓜叶除虫菊素）	10%
4		cinerin Ⅱ（瓜叶除虫菊素）	14%
5		jasmolin Ⅰ（茉酮除虫菊素）	5%
6		jasmolin Ⅱ（茉酮除虫菊素）	4%

自此之后，人们致力于人工合成除虫菊酯的研究，目的在于寻找结构简单，既能保留除虫菊素的优点，又能克服不适于农业使用的缺点。这种新型的人工合成除虫菊酯通常称为拟除虫菊酯。

（一）醇组分的改造

作为仿生合成的拟除虫菊酯，最初是以杀虫活性最高的除虫菊素Ⅰ为其模拟对象，寻找结构简单的醇和菊酸合成有杀虫活性的拟除虫菊酯。早在天然除虫菊素的结构尚未完全确定之前，Staudinger 最先开始这方面的研究，合成了具有一定活性的菊酸苄酯。1947 年，La Forge 以烯丙基代替天然菊酯环戊烯醇酮的戊二烯侧链，简化了除虫菊素Ⅰ的结构，合成了烯丙菊酯，即第一个人工合成的拟除虫菊酯杀虫剂。1963 年，Kato 报道酞酰亚胺甲基菊酯类有杀虫活性，并筛选出具有迅速击倒作用的胺菊酯。1965 年，Elliott 对取代呋喃甲基菊酯的结构与活性关系进行研究之后，发现了具有空前强烈杀虫活性的苄呋菊酯。

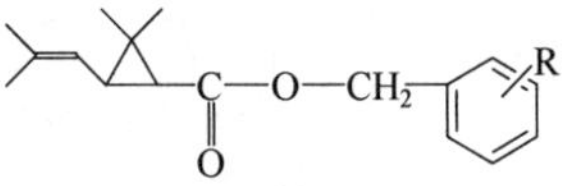

菊酸苄酯 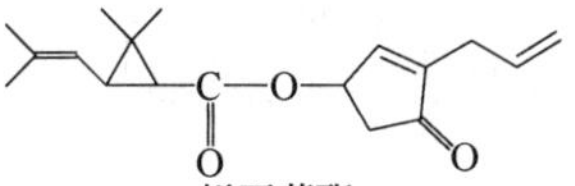 　　　　烯丙菊酯 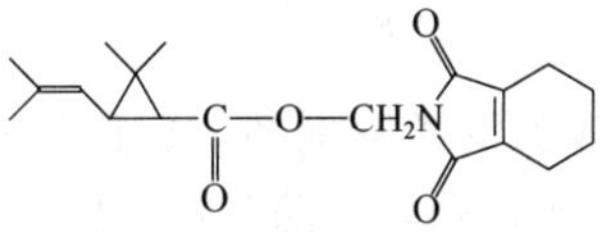 　　　　胺菊酯 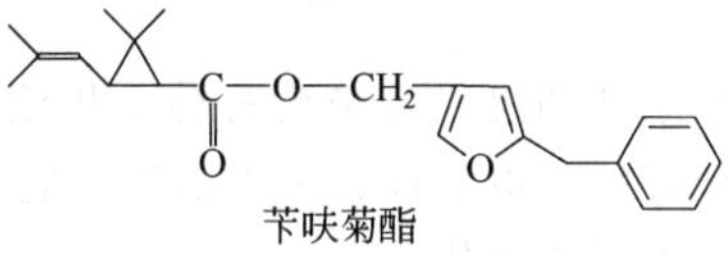 　　　　苄呋菊酯

上述几种改进醇组分的化合物，虽然保持甚至提高了杀虫活性，但它们仍然是一些对日光不稳定的药剂，难以用于田间。在光稳定性方面的决定性突破，是 1968 年 Itaya 等在醇组分中引入间苯氧基苄基，从而合成了高活性光稳定的苯醚菊酯。随后，他们又将氰基连于苄基的 α-碳上，合成了氰基苯醚菊酯。氰基的引入，使杀虫活性大大提高。

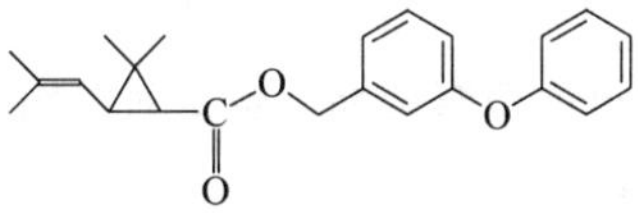

苯醚菊酯 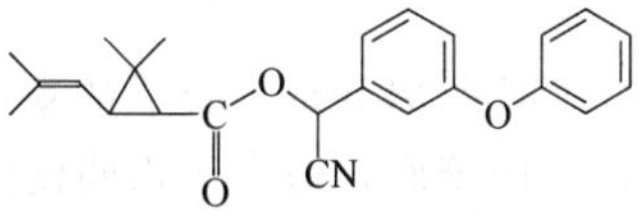 　　　　　　　　　　氰基苯醚菊酯

自此，除虫菊酯类杀虫剂不能用于田间的历史结束了，而且含间苯氧基苄基及 α-氰基间苯氧基苄基这样两个重要基团的高效、耐光拟除虫菊酯杀虫剂相继开发成功。在这方面最重要的品种有：二氯苯醚菊酯、氯氰菊酯、溴氰菊酯、杀灭菊酯等。

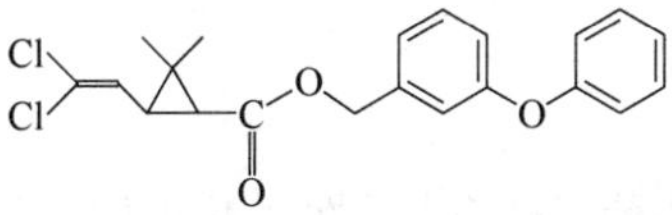

二氯苯醚菊酯 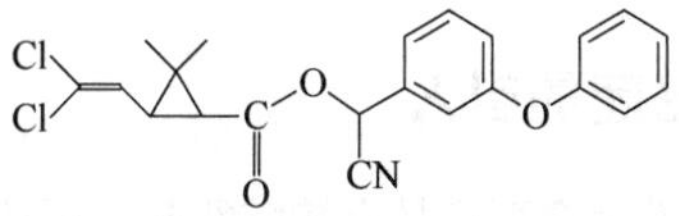 　　　　　　　　氯氰菊酯

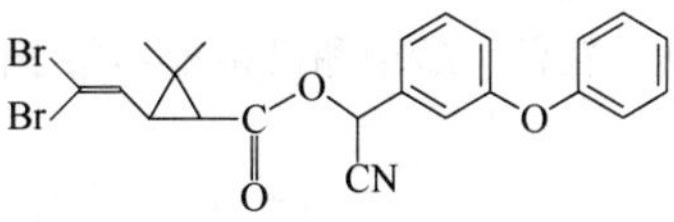

溴氰菊酯 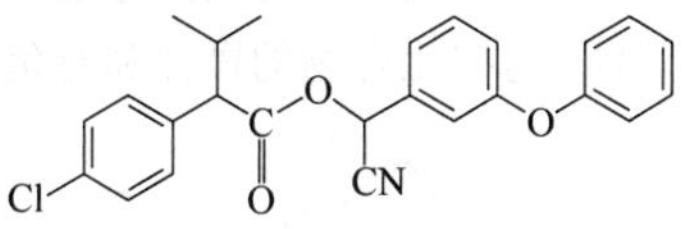 　　　　　　　　　　杀灭菊酯

（二）酸组分的改造

早期对菊酸及其他羧酸环戊烯酮酯的研究认为，环丙烷及环上偕二甲基对杀虫活性起着重要作用。后来以四甲基环丙烷羧酸代替菊酸，得到有杀虫活性的菊酯类化合物。在酸组分改造方面取得更大进展的是卤代菊酸的出现。1957 年，Farkas 首先报道以卤素代替菊酸异丁烯侧链上的甲基，合

成了二卤乙烯基菊酸酯。1973 年，采用二氯菊酸与间苯氧基苄醇合成了光稳定性好、杀虫谱广、残效较长的二氯苯醚菊酯即氯菊酯。随后再用二氯菊酸合成了比氯菊酯活性高 2～4 倍的氯氰菊酯。同年，Elliott 用二溴菊酸合成了旋光活性的溴氰菊酯，它的活性是氯菊酯的 10 倍，是传统杀虫剂的 25～50 倍。溴氰菊酯的开发成功大大促进了拟除虫菊酯的立体化学的发展以及立体异构体与活性关系的研究。

与 Elliott 的发现几乎同时的是 Ohno 发现了可以替代经典三元环式菊酸组分的 2-（4-氯苯基）异戊酸，合成了杀虫活性很高、田间持效性很好的杀灭菊酯。这一工作无疑是拟除虫菊酯组分上最重大的突破。过去认为环丙烷结构是具有杀虫活性不可缺少的因素，杀灭菊酯打破了这个框框，大大开阔了酸组分的研究领域。这种非三元环的酸结构简单，易于合成，便于工业化生产。

当菊酸中异丁烯侧链被芳基、烷氧基、芳氧基或双甲基取代后，可以得到具有杀螨活性的化合物，从而克服了传统除虫菊酯不能杀螨的缺点。这些化合物中两个较优秀的代表是甲氰菊酯和化合物 **1-8-8**。它们都有很好的杀螨活性，后者对家蝇的毒力高于甲氰菊酯和氯氰菊酯。

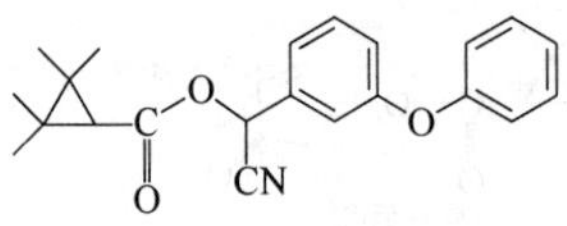

甲氰菊酯 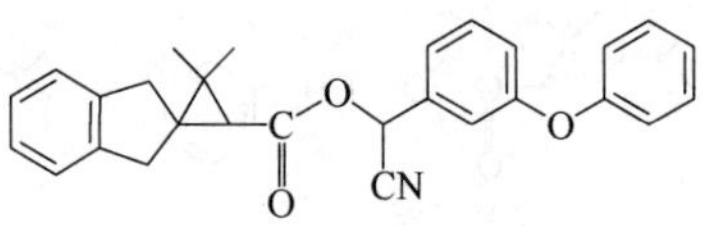　　　　　　　　　　　　**1-8-8**

以旋光活性氯氰菊酯和溴氰菊酯为母体，用溴使酸侧链烯键饱和，这样得到的 tralocythrin 和四溴菊酯，也具有很好的杀虫活性，可以认为它们是一类前药，当药剂进入昆虫体内后，首先脱去溴生成母体化合物，发挥杀虫作用。

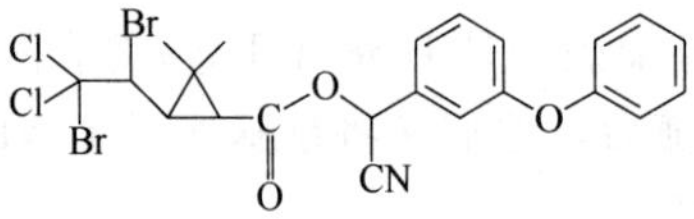

tralocythrin 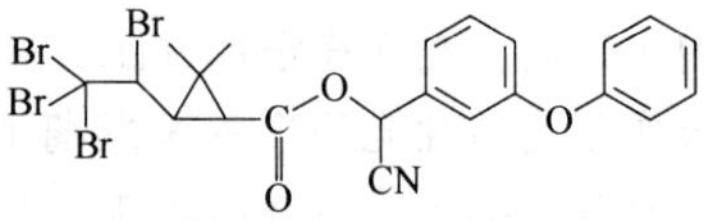　　　　　　　　　　四溴菊酯

模拟 DDT 类似物 DDC 的部分结构合成的新杀虫剂杀螟菊酯，也是对酸组分改造的结果。此药剂杀虫活性很强，对鱼毒性较低，适宜于田间使用。

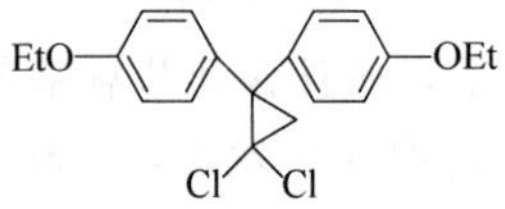

DDC 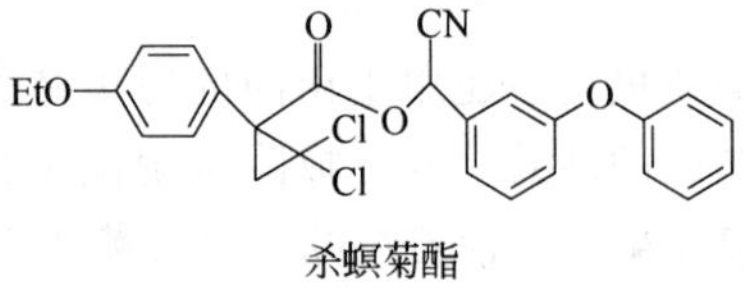　　　　　　　　　　　杀螟菊酯

（三）非酯基团的引入

传统的拟除虫菊酯全部都具有羧酸酯基，而且认为酯基是杀虫活性必不可少的结构因素。后来的研究表明，酯基是可以替代的。以杀灭菊酯为原型，用肟醚代替酯基的肟醚菊酯，以及以醚键代替酯键的醚菊酯就是很好的实例。这些化合物的毒性和对鱼毒性均较低，醚菊酯已被推荐用于防治水稻害虫。

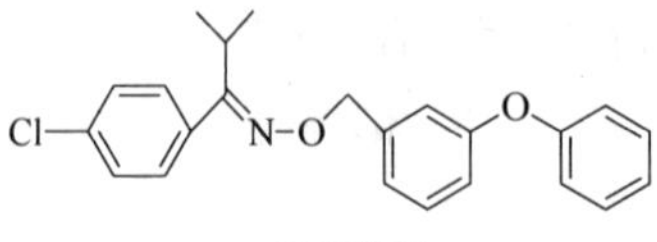

肟醚菊酯 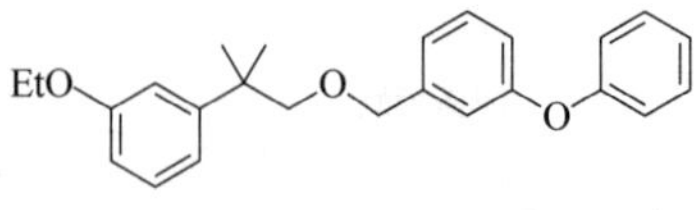　　　　　　　　　　　　醚菊酯

以酮的结构代替酯，也能得到具有杀虫活性的拟除虫菊酯。例如，以甲氰菊酯为原型的化合物 **1-8-9**、以氯氰菊酯为原型的化合物 **1-8-10**、以杀灭菊酯为原型的化合物 **1-8-11**～化合物 **1-8-13** 等。这些化合物对南方黏虫、墨西哥甲虫、象鼻虫等有效。

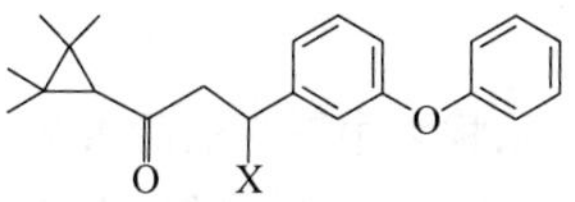

1-8-9 X=H, CN

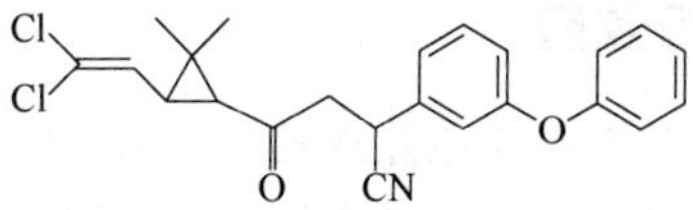

1-8-10

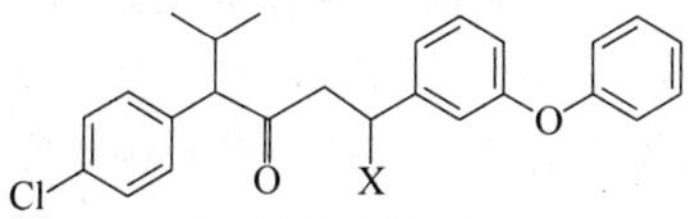

1-8-11 X=H, CN

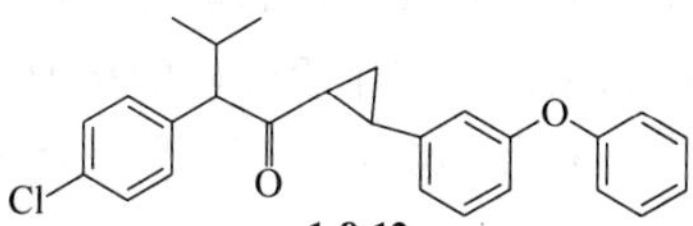

1-8-12

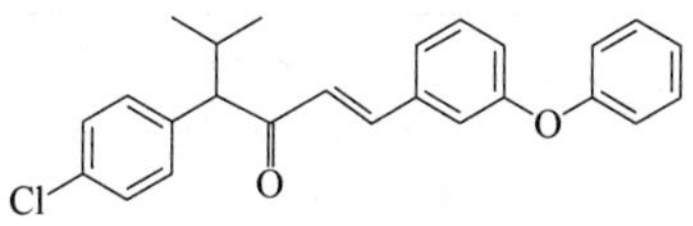

1-8-13

以醚菊酯为原型的化合物 **1-8-14**，不但有杀虫活性，而且有杀螨活性，其效果优于醚菊酯。在其结构中心部位包含烯键的化合物 **1-8-15** 和 **1-8-16**，据称它有高效、低毒、无药害等特点，对蚊、蝇、蜚蠊、叶蝉、烟叶娥、白蚁、木螟等有效。

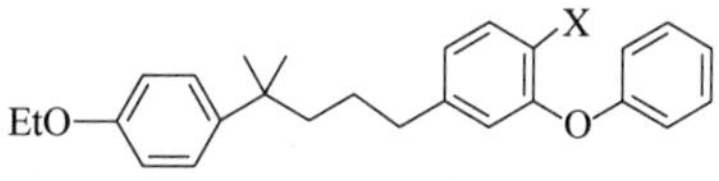

1-8-14 X=H(烃菊酯), F

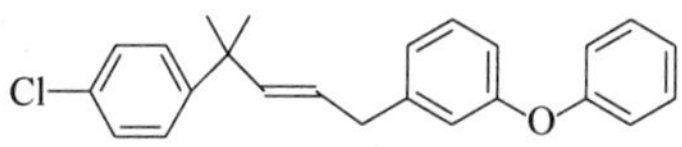

1-8-15

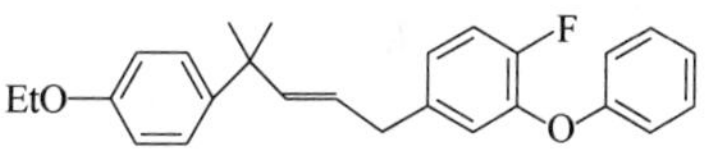

1-8-16

（四）氟原子的引入

鉴于一般拟除虫菊酯的杀螨效果不佳，而在分子中引入氟原子之后，不但能提高杀虫活性，而且可以改善杀螨性能。氟原子可在酸组分中引入，如氟氰菊酯，该药剂的特点是高效、广谱、残效期较长，能兼治蜱螨，用药量低于杀灭菊酯；氟氨氰菊酯，该药杀虫谱广，且有杀螨作用；氯氟氰菊酯，对家蝇的毒力为氯菊酯的 8.5 倍。

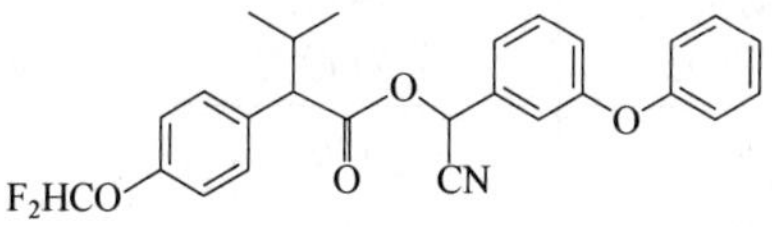

氟氰菊酯

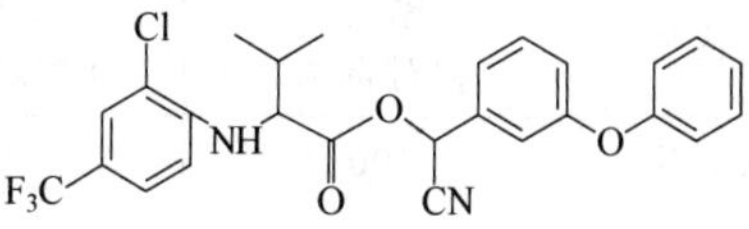

氟氨氰菊酯

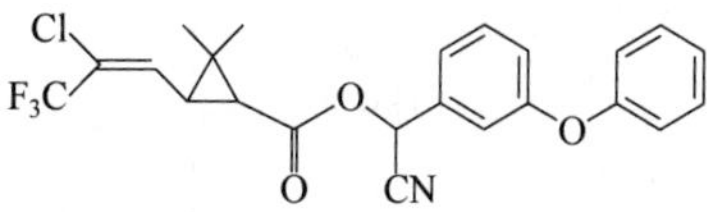

氯氟氰菊酯

醇组分引入氟原子的实例较多，如氟氯氰菊酯（百树菊酯）等，具有良好的杀虫、杀螨活性。

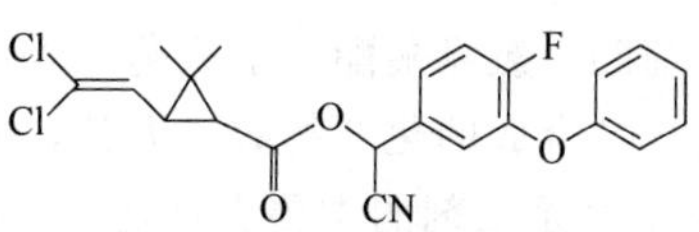

氟氯氰菊酯

（五）立体异构效应

立体异构现象广泛存在于拟除虫菊酯杀虫剂的分子结构之中。天然除虫菊酯是一个单一的立体异构体，三个手性碳和几何异构均有确定的构型，即（1R，3R)-反式酸-(4S)-顺式菊醇酯。

立体异构不管是旋光异构体，还是顺反异构体，均对生物活性有重大影响。就溴氰菊酯来说，它是一种旋光活性的杀虫剂，三个手性碳的构型是 $1R$，$3R$（顺式），αS。从表 1-8-3 可以看出，它的其他 7 个异构体中，只有 $1R$，$3S$（反式），αS 有较小活性，其他 6 个异构体完全无活性。

表 1-8-3 溴氰菊酯与其他七个立体异构体活性比较

C_1 构型	C_3 构型	苄基 α-C 构型	杀虫活性
R	R	R	0（无活性）
R	S	R	0
R	R	S	＋＋＋＋＋（活性最大）
R	S	S	＋＋＋＋
S	R	R	0
S	S	R	0
S	R	S	0
S	S	S	0

氰戊菊酯各异构体的活性比较如表 1-8-4 所示。其中以酸醇均为 S 构型的异构体活性最好，对家蝇的毒力是消旋体的 3.5～4.4 倍。

表 1-8-4 氰戊菊酯异构体毒力比较

酸构型	醇构型	家蝇（相对毒力）	蚊幼虫（相对毒力）	黏虫（相对毒力）	小白鼠 LD_{50}/（mg/kg）
R，S	R，S	100	100	100	245
S	S	350～440	270	430	50
S	R	2～5	29	—	＞600
S	R，S	200	190	—	81
R	R，S	—	—	—	＞5000

20 世纪 60 年代后期，特别是 70 年代，随着有机氯杀虫剂及有机磷杀虫剂的衰退，拟除虫菊酯的开发进入大发展时期。1973 年第一个对日光稳定的拟除虫菊酯苯醚菊酯开发成功，开创了除虫菊酯用于田间的先河。此后，溴氰菊酯、氯氰菊酯、杀灭菊酯等优良品种不断出现，拟除虫菊酯的开发和应用有了迅猛的发展。目前，已合成的化合物数以万计，新品种相继投产，重要的品种已有 20 多个。拟除虫菊酯已成为农用及卫生杀虫剂的主要支柱之一。

绝大多数拟除虫菊酯类杀虫剂均存在着光学异构体，它们的活性相差甚大。人们在继续进行新的拟除虫菊酯类杀虫剂开发的同时，也积极从事光学活性拟除虫菊酯杀虫剂的研究、开发。拟除虫菊酯杀虫剂的研究、开发，不仅有利于环境，而且使产品变得更经济、选择性更强、效果更佳。这是创制新农药的一条捷径。除了光学活性异构体外，含杂环以及含氟的拟除虫菊酯也是人们开发的方向。

三、拟除虫菊酯的合成

拟除虫菊酯的合成比一般杀虫剂要复杂得多，研究它的工业生产路线是这类杀虫剂发展中的一个重要课题，关键是酸组分的合成，特别是菊酸和二卤菊酸的合成。

（一）酸组分的合成

1. 菊酸

可分别通过［2＋1］环加成反应及分子内亲核取代反应得到。

（1）经［2＋1］环加成反应　早在 20 世纪 20 年代已开始菊酸的合成研究。当时用重氮乙酸酯与 2，4-二甲基-2，4-己二烯发生环加成得到菊酸，产率只有 14％。1945 年，Campbell 改进此法，用铜作催化剂，产率提高到 64％，并于 50 年代用于工业生产，目前仍是工业生产菊酸的主要方法之一。采用此法得到的产品顺、反异构体之比约为 4∶6。重氮乙酸酯中的酯基 R 体积越大，反式产物越多；当 R＝t-Bu 时，产物几乎全是反式。

OHC

重氮化合物发生分子内环加成可以合成顺式菊酸。从 α-酮卡宾出发，经分子内环加成、肟化、水解，得到顺式菊酸。

磷、硫叶立德也可作为环加成试剂，例如，异亚丙基磷或硫叶立德与巴豆醛酸酯成环，产率 80％以上，进一步用高氯酸处理得到定量产率的蒈醛酸酯。巴豆醛酸酯与 2mol 磷叶立德反应。可进一步得到反式菊酸酯。

（2）经分子内亲核取代反应　分子内 1，3-亲核取代成环反应是合成菊酸的重要方法之一。γ-取代羧酸酯（**1-8-17**）或化合物 **1-8-18** 与碱作用可得到菊酸酯。

Martel 用苯基亚磺酸异戊烯酯与异戊烯酸酯加成，得到中间产物 **1-8-19**（X＝$PhSO_2$），然后发生分子内亲核取代反应关环，生成反式菊酸。

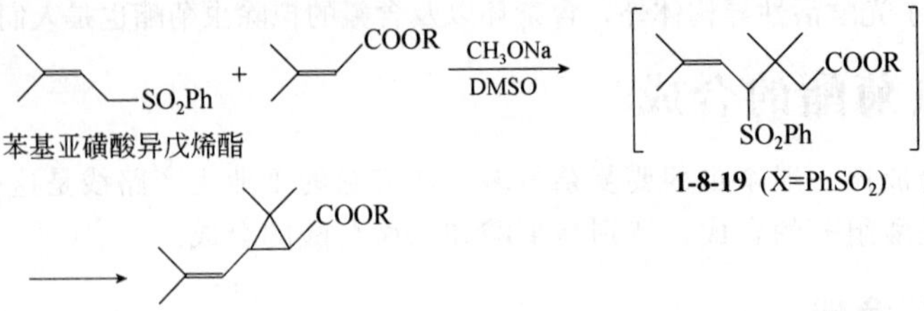

硫或磷叶立德与烯酸酯发生 Micheal 加成，形成内锍盐或内鳞盐 **1-8-20**，进一步关环得到反式菊酸。

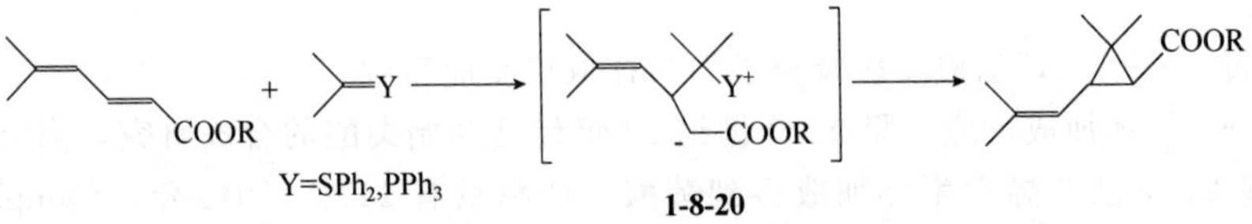

由 γ-内酯开环后再发生分子内 1,3-亲核取代反应，也是合成菊酸的有用方法。

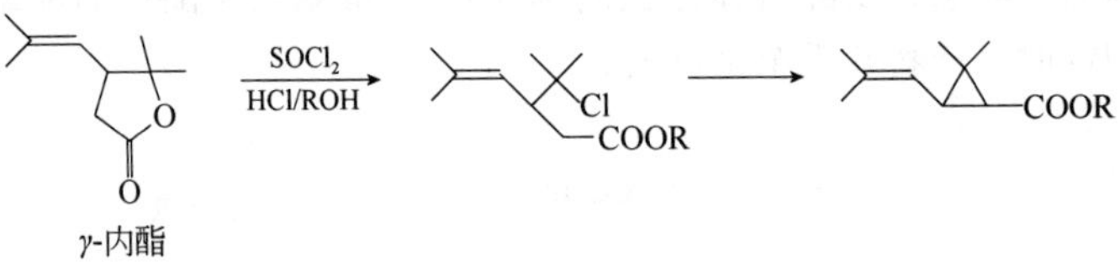

2. 二卤菊酸

可经［2＋1］环加成反应、分子内亲核取代反应、经蒈醛及环丁酮合成。

(1) 经［2＋1］环加成反应　Farkas 首先采用二氯己二烯与重氮乙酸酯的环加成反应合成二氯菊酸酯。此法所得产物顺、反异构体的比例约为 4∶6。

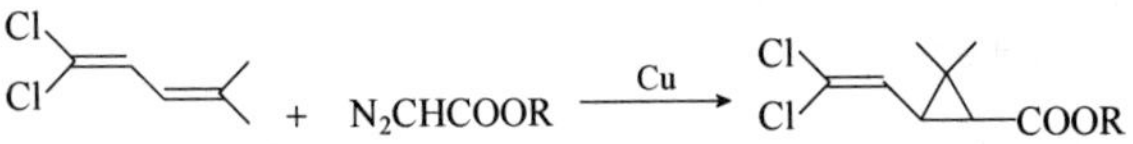

另一种重氮乙酸酯的环加成法是用 5,5,5-三氯-2-甲基-2-戊烯为原料。

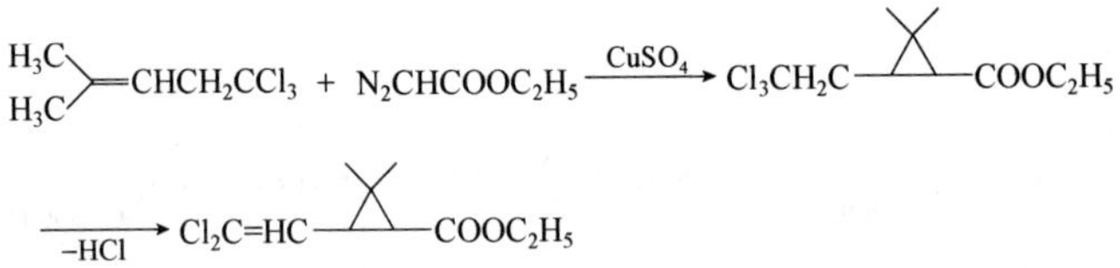

三卤己烯醇的重氮乙酸酯（**1-8-21**）在铜催化剂存在下发生分子内环加成，得到双环内酯，经还原得到几乎定量产率的二氯菊酸。

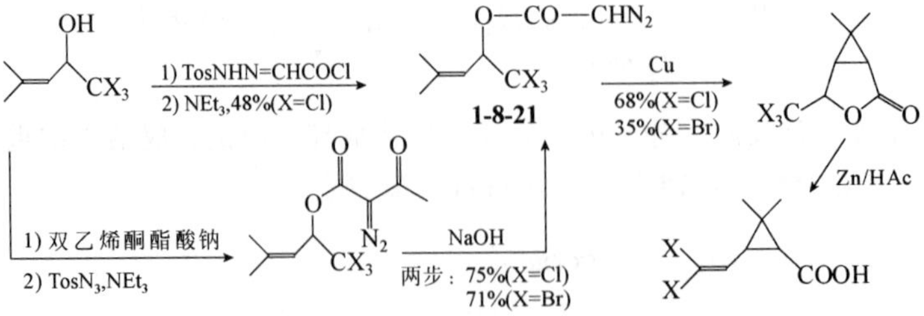

(2) 经分子内亲核取代反应　分子内亲核取代关环反应是合成二卤菊酸的重要方法。具有工业价值的相模法（Kondo）和库拉莱法（Kuraray）均通过 γ-卤代酸酯（**1-8-22**）和化合物 **1-8-23** 的分子内亲核取代成环，最后生成二卤菊酸酯。

相模法：

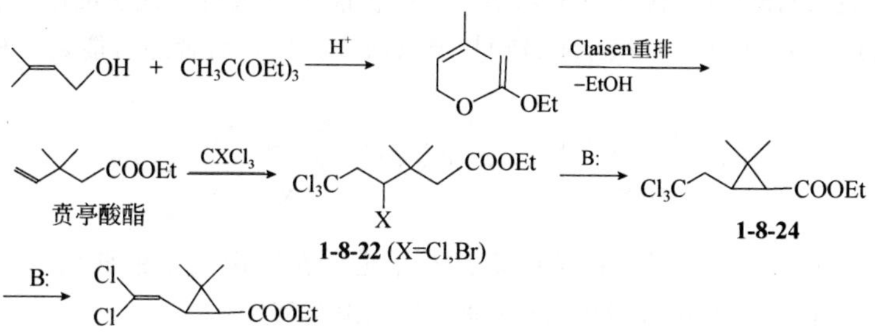

库拉莱法：

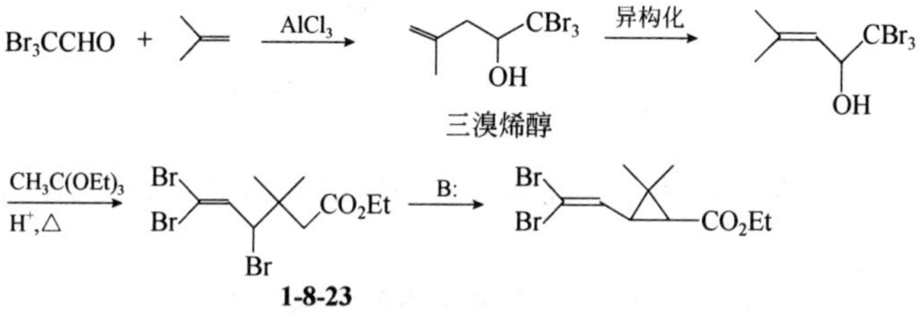

在库拉莱法中，三溴烯醇也可以先与原醋酸酯反应，然后再异构化，同样可以得到 **1-8-23**。

1-8-22 及 **1-8-23** 的分子内关环反应条件（碱、溶剂、温度等）的不同，会影响产物的顺反异构体的比例。例如，在非极性芳烃溶剂中，用叔戊醇钠作缚酸剂得到 80％的反式产物 **1-8-24**；用叔丁醇钠或钾在极性非质子溶剂中，如六甲基磷酰三胺（HMPT）和己烷混合溶剂/叔丁醇钠，产物 **1-8-24** 的顺反比为 88∶12。

将相模法中间体贲亭酸酯中的酯基换成乙酰基后得到 γ-卤代酮，经分子内关环可得到富顺式产物 **1-8-25**，顺反比为 9∶1。进一步发生氧化、消去反应得到富顺式二氯菊酸（顺反比为 9∶1）。若先消去后氧化，将得到富反式二氯菊酸（顺反比为 1∶9）。

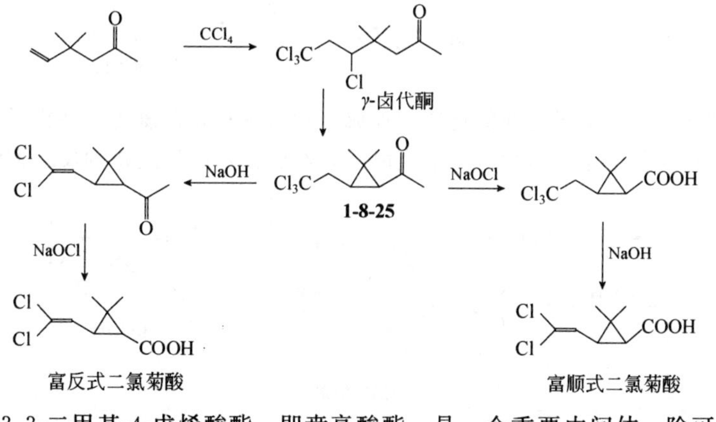

在相模法中，3,3-二甲基-4-戊烯酸酯，即贲亭酸酯，是一个重要中间体，除可与四卤化碳加成、关环合成二卤（氟、氯、溴）菊酸以外，还可以用于别的菊酸的合成。Bayer 公司曾报道用偏二氯乙烯合成贲亭酸酯的方法，此法原料易得，反应步骤少，产率较高，是一种很有实用价值的方法。

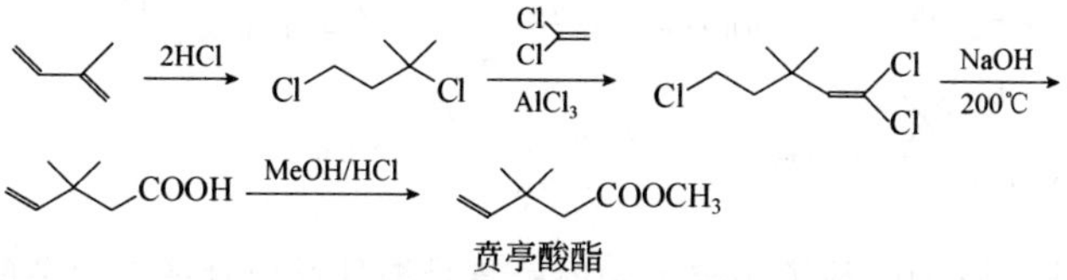

（3）经蓝醛的合成　蓝醛酸酯与三苯基膦-四卤化碳复合试剂反应是制备二卤菊酸的常用方法。

用六甲基亚磷酰三胺（HMPA）代替三苯基膦，反应仍能很好进行。此法的缺点是反应副产物三苯基氧化膦（Ph_3PO）及 HMPT $[(Me_2N)_3PO]$ 难以回收再用，后者还可能是一种致癌物质。

非磷试剂与菖醛酸酯反应合成二卤菊酸也已有报道。在三卤乙酸钠催化下，卤仿与菖醛反应，首先生成加成物 **1-8-26**，然后用 Zn/HOAc 处理得到二卤菊酸。

作为合成二卤菊酸的重要中间体，菖醛酸酯和菖醛酸内酯的合成也引人瞩目。其合成方法很多，主要有以下几种。

菊酸的臭氧化：两步总产率高达 89％，产物立体构型保持不变。

从糠醛氧化得巴豆醛酸半缩醛内酯，经烷基化后，与异丙醇发生游离基加成，进一步转化成烷基磺酸酯，最后在碱和相转移催化剂存在下关环，经酸解得菖醛酸内酯。

从三氯庚酰氯合成：异丁烯与四氯化碳的加成产物与氯乙烯在氯化铝催化下生成四氯庚烯，后者在甲基磺酸介质中与氯发生反应生成三氯庚酰氯，经碱性水解反应得到反式菖醛酸。

从重氮乙酸酯合成：异戊烯醇醋酸酯和重氮乙酸酯发生环加成后，经水解、氧化得顺反比为 1：1 的菖醛酸酯。

（4）经环丁酮的合成　Martin 报道用类 Favorski 重排缩环反应合成二卤菊酸。该法合成步骤较少，产率较高，且可得到富顺式产物，因此引起人们的注意。不同结构的环丁酮，如 **1-8-27～1-8-**

29 等均可用碱处理，发生缩环重排，得到二卤菊酸酯。

环丁酮可由多种方法合成。例如，由 α-氯代酰氯与碱反应生成烯酮，不经分离直接与烯烃进行环加成，生成环丁酮 **1-8-30** 在碱催化下发生 Cine 重排。在此过程中，环上卤素与卤代乙基处于顺式时，**1-8-31** 有较稳定构象，因而顺式产物占 95％。然后在氢氧化钠中进行缩环反应，得到二卤菊酸，若在醇钠中反应，则得到二卤菊酸酯。

[2+2] 环加成是合成环丁酮的关键步骤。若以二氯乙烯基代替 α-卤代酰氯中的三氯乙基，成环反应产率可由 69％提高到 83％。

环丁酮还可以由二卤丁二烯与亚胺盐环化制备。

3. 2-（取代苯基）异戊酸

在这类酸中，最重要的是戊氰菊酯（即杀灭菊酯）和氟氰菊酯的酸组分，即 2-（对氯苯基）异戊酸和 2-（4-二氟甲基苯基）异戊酸。它们的合成方法均以苯乙腈为原料，在 α-位引入异丙基后再水解得到酸。

4. 其他菊酸

菊酸的品种繁多，不能一一列举，但它们大都可以从菖醛、贲亭酸、环丁酮等中间体合成。菖醛酸酯与 Wittig 试剂或 Wittig-Horner 试剂反应，可以得到多种类型的拟除虫菊酯（**1-8-32**）。

功夫菊酯的酸组分三氟甲基氯菊酸是用贲亭酸酯合成的一个很好的实例。

环丁酮的缩环反应可用于制备甲氰菊酯的酸组分四甲基环丙烷羧酸。二氯乙酰氯与锌粉反应生成氯乙烯酮后，再与取代烯烃发生环加成，两步产率可达 90％以上，最后用碱缩环得到产物。

从三氯乙酰氯出发，生成的二氯乙烯酮与烯烃发生环加成反应，然后在叔胺作用下重排、烷氧取代、缩环，最后得到烷氧基或芳氧基环丙烷羧酸 **1-8-33**。

5. 旋光活性的菊酸

环丙烷羧酸环上 C_1 和 C_3 均为手性碳原子，因而存在 4 个对映异构体。通常，C_1 为 R 构型时具有较好的杀虫活性，C_1 为 S 构型时活性很低，甚至没有活性。多种旋光活性拟除虫菊酯杀虫剂的开发成功，极大地促进了拟除虫菊酸立体化学的发展。有关它们的拆分与合成方法很多，可简单归纳如下。

（1）拆分 菊酸或二卤菊酸在拆分前，一般需要将顺反异构体进行分离。分离的方法很多，主要是利用它们在物理化学性质上的差别，如分级结晶、蒸馏、色谱分离等。由于顺反酸的酸性强度的差异，其盐在油水体系中分配系数不同，可采用连续萃取法，或者将其盐的水溶液进行部分酸化的方法进行分离。还可以利用顺反酸酯皂化速率的不同，用部分水解的方法进行分离。

拟除虫菊酯最常见的拆分方法是非对映异构体盐分级结晶法，即用一个旋光活性的胺作为拆分试剂，与被拆分的酸形成非对映异构盐，然后选择适当溶剂进行分级结晶，得到一对非对映异构的盐后，通过酸化生成酸的一对对映体。几种重要的除虫菊酸的拆分如表 1-8-5 所示。

表 1-8-5　除虫菊酯的拆分

除 虫 菊 酸	拆 分 试 剂	溶 剂
	奎宁	EtOH/H_2O
	1-8-34	EtOH/Me_2CO
	1-8-35	i-PrOH
	1-8-36	EtOH/H_2O
	1-8-37	i-Pr_2O/EtOH
	1-8-38	
	1-8-39	i-Pr_2O/MeOH
	1-8-40	EtOH/H_2O
	1-8-41	
	1-8-42	C_6H_{14}
	1-8-43	
	1-8-44	MeOH
	1-8-45	MeOH
顺反混合	1-8-39	i-Pr_2O
	1-8-40	MeOH/H_2O
	奎宁	EtOH/H_2O
	1-8-43	PhMe
	1-8-41	
	1-8-40	Me_2CO
	1-8-45	MeOH
	1-8-37	MeOH
	1-8-39	EtOH/H_2O
	1-8-46	H_2O
	1-8-47	H_2O
	1-8-48	
	1-8-39	AcOEt
	1-8-49	AcOEt
	1-8-48	—
	奎宁	—
	1-8-42	—
	1-8-40	—
	1-8-39	—
	奎宁	—
	1-8-42	—

除虫菊酸	拆分试剂	溶　剂
	1-8-49	—
	1-8-47	H_2O
	1-8-40	—
	1-8-49	—

当用薄荷醇作为拆分试剂时，它可以与二氯菊酸生成非对映异构的酯，经分级结晶分离以后，再水解酯，可以得到旋光活性的二氯菊酸。

播种结晶法是拆分外消旋酸更实用的方法，因为它不用昂贵的拆分试剂。当向一种外消旋体的饱和溶液，放入两个对映体之一的晶种 A 并适当冷却时，对映体 A 自溶液中逐步结晶析出；再将母液重新升温并加入适量外消旋体，然后播种对映体 B 晶种，逐步冷却，对映体 B 也成结晶析出。如此循环反复操作，可达到拆分两个对映体的目的。如戊氰菊酯的对氯苯基异戊酸已用此法得到满意的拆分。

（2）差向异构化　含两个以上手性碳原子的旋光活性化合物，当构型转化作用发生在一个手性碳原子上时，平衡混合物为一非对映体，且数量不等，呈现旋光性，此过程称为差向异构化。旋光活性的菊酸无效体通过差向异构化，可部分或全部转化为有效体（见图 1-8-2）。

C_1 差向异构化可使无效体（—）-顺式（1S，3R）转化为（＋）-反式（1R，3R）有效体。当 X＝烷氧基、Cl、H 时，在加热及碱存在下，均可从顺式酸得到热力学上更稳定的反式产物。若要把反式酸转化为热力学更不稳定的顺式酸，则首先用强碱发生烯醇化，生成含硅基的缩酮 1-8-50，然后水解成顺式 1R 及反式 1S 混合物，进一步进行分离可得到高活性顺式 1R 异构体。

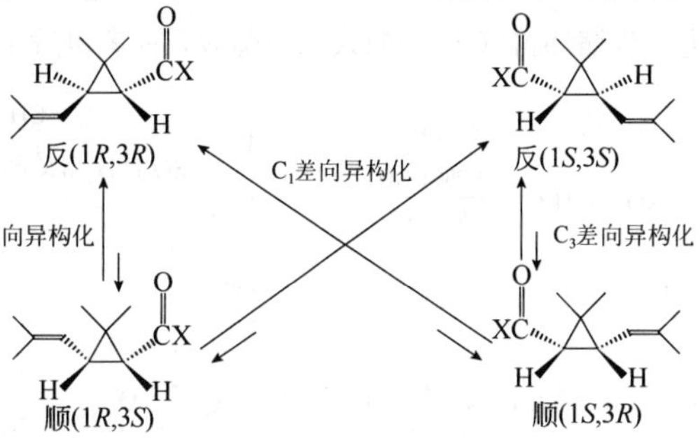

图 1-8-2 菊酸异构体互相转化关系

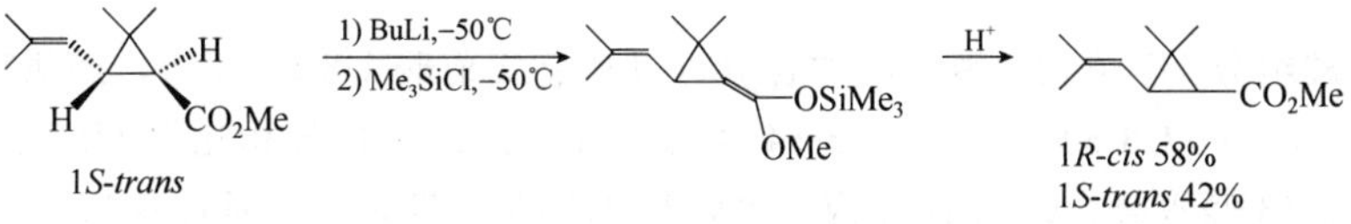

1-8-50

另一个从反式无效体（1S，3S）转化为顺式（1R，3R）有效体的方法是经烯键水合、酯化、内酯化等反应，最后在 Lewis 酸存在下生成顺式酸。

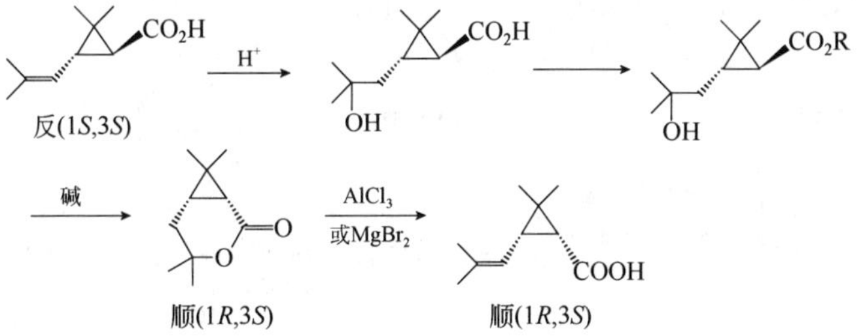

C$_3$ 差向异构化通常在 Lewis 酸存在下进行（X＝烷氧基），可使顺式 1R 转化为反式 1R。另一个方法是将顺式（1R，3S）酸氧化成醇酮，然后在碱存在下转化为反式（1R，3R）酸。

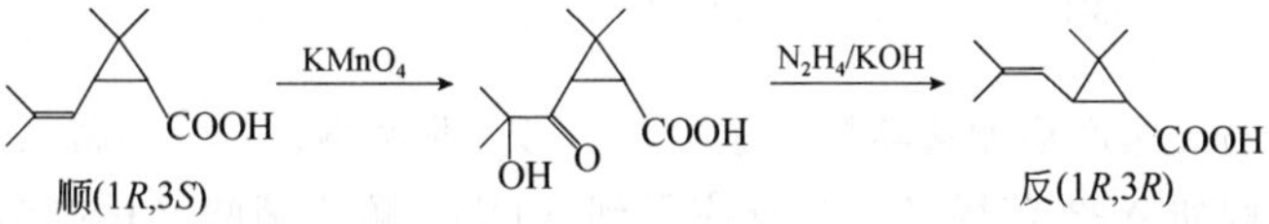

（3）从旋光活性中间体或天然产物合成：由旋光活性的（2R）-三氯己烯醇与重氮乙酸所形成的酯（**1-8-51**）进行分子内环加成时，由于三氯甲基位阻大，从 A 途径生成双环内酯，使三氯甲基与环丙烷处于五元环的两侧，能量上较为有利。若按 B 途径进行，则得到三氯甲基与环丙烷处于同侧的关环产物，能量较高。实验证明，此反应完全按 A 途径进行，（1R，3R）-二氯菊酸是唯一产物，光学纯度高达 98％。

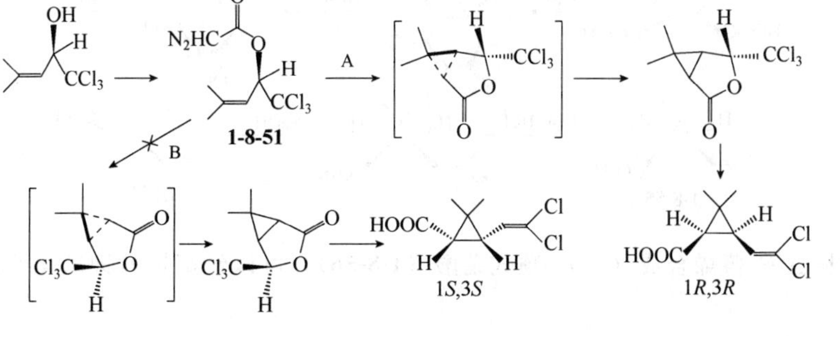

环丁酮与二氧化硫反应得到亚硫酸加成物，与（－）-α-苯乙胺成盐，可拆分成（－）-顺式和（＋）-顺式的 **1-8-52**，后者进一步缩环得（＋）-顺式二卤菊酸，前者可发生消旋化，使无效体得到利用。

溴氰菊酯的酸组分 1R-顺式二溴菊酸的合成可以从反式菊酸 **1-8-53** 开始，经氯酶胺拆分成一对对映体（＋）-及（－）-**1-8-54**。（＋）-**1-8-54** 经臭氧氧化、C₃ 差向异构化得 1R-顺式蒈醛半缩醛内酯，而（－）-**1-8-53** 经水合、C₁ 差向异构、水解得 1R 顺式菊酸后，通过臭氧化仍然可以生成半缩醛内酯 **1-8-54**。这样，反式菊酸的两个旋光异构体均能得到利用。最后，当 **1-8-54** 与 Wittig 试剂反应，得到 1R 顺式二溴菊酸。

从具有旋光活性的天然产物如蒈萜烯、蒎烯、（－）-香芹酮、（＋）-萜二烯等为起始原料，也可以合成活性菊酸。例如 Δ-3-蒈烯经六步反应得到（1S）-顺式菊酸（**1-8-55**），再经 C₁ 差向异构化得到（＋）-1R，3R-反式菊酸。

由同一原料 Δ-3-蒈烯合成（－）-顺式菊酸（**1-8-56**），可以经高锰酸钾氧化开环、格氏反应等步骤实现。

（4）不对称合成　此类合成反应往往需要使用催化剂诱导不对称合成，如含手性配位基的铜络合物 **1-8-57**，在其诱导催化作用下，重氮乙酸酯与二甲基己二烯发生环加成反应，可以得到富反式菊酸（顺反比为 7∶93）。催化剂手性中心的构型与加成产物 C_1 构型紧密相关，从（R）-**1-8-57** 主要生成（1R）-反式菊酸，从（S）-**1-8-57** 得到的产物以（1S）-反式菊酸为主。

$$R^1 = \quad 1\text{-}8\text{-}57 = \quad (R=5\text{-叔丁基-2-辛氧苯基})$$

三氯异己烯与重氮乙酸酯的环加成反应，当用 **1-8-57** 作催化剂时，也会产生不对称诱导，得到顺式异构体占 85%，1R 顺式的 ee 为 80.6% 的产物。二步反应二氯菊酸的产率达 92%。从（S）-**1-8-57** 主要得到 1R 顺式二氯菊酸。

（二）醇组分的合成

1. 间苯氧基苯甲醇及相应的醛衍生物

间苯氧基苯甲醇（**1-8-58**）是苯醚菊酯、氯菊酯（即二氯苯醚菊酯）的醇组分，间苯氧基苯甲醛（**1-8-59**）是合成含氰基拟除虫菊酯的重要中间体。合成着两个醇组分的主要原料是间甲苯基苯醚（**1-8-60**）及间溴苯甲醛。在适当条件下，间苯氧基苯甲醛和醇之间还可以互相转化。

2. α-氰基间苯氧基苯甲醇及其衍生物

氰醇及其溴化物和间甲苯磺酸酯均为重要的醇组分，它们的合成可以间苯氧基苯甲醛或间苯氧基卤化苄为原料，按如下反应得到：

氰醇有一个 α-手性碳原子，只有 S 构型形成的拟除虫菊酯有活性。用（1R）-顺式菊醛酸为拆分剂，与氰醇生成半缩醛内酯（**1-8-61**），四个非对映异构体中，**1-8-61b** 可在异丙醇中结晶析出，**1-8-61a** 在三乙胺存在下发生差向异构化转化为 **1-8-61b**，**1-8-61c** 和 **1-8-61d** 为副产物。最后，**1-8-61b** 经水解得 S 构型的氰醇。

在由苯丙氨酸与组氨酸生成的环二肽作用下，苯醚醛与氢氰酸发生不对称加成，得到 ee 为 70％的（S）-氰醇。

3. 5-苄基-3-呋喃甲醇

5-苄基-3-呋喃甲醇即苄呋醇是苄呋菊酯的醇组分，可按下述路线合成。

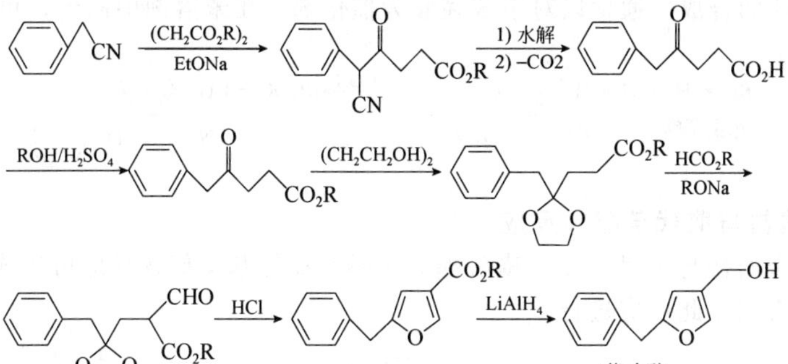

4. 4-氟-3-苯氧基苯甲醇

这种醇组分用于氟氯氰菊酯的合成，氟代苯或氟苯衍生物又是合成氟苯氧基苯甲醛（**1-8-62**）的常用原料。

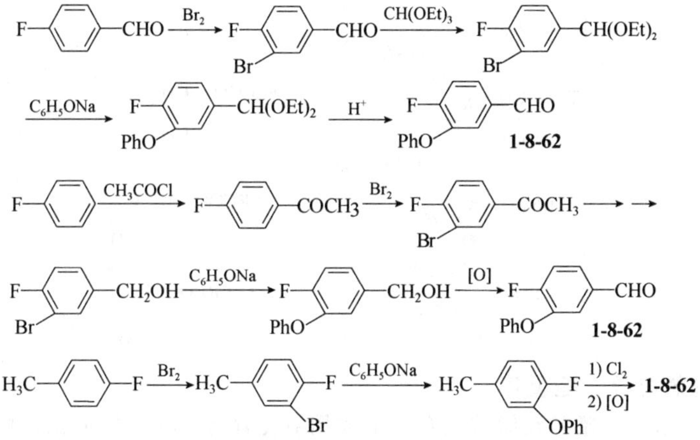

5. 2-烯丙基-4-羟基-3-甲基环戊烯-2-酮

这是第一个人工合成除虫菊酯即烯丙菊酯的醇组分，合成路线如下：

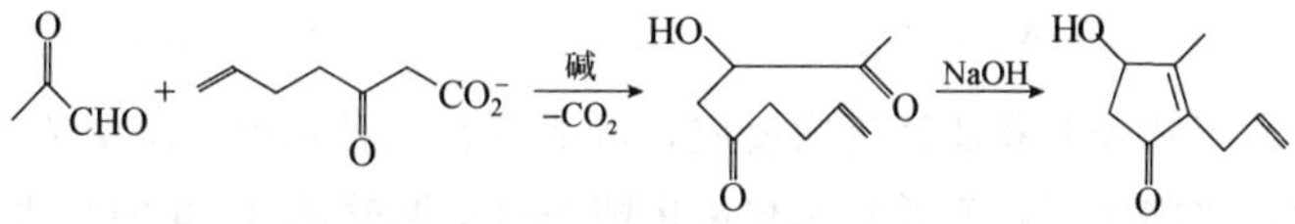

6. *N*-羟基-3，4，5，6-四氢邻苯二甲酰亚胺

这是家用杀虫剂胺菊酯的醇组分，可通过丁二烯与顺丁烯二酸酐发生双烯加成，然后发生异构化、氨化、羟甲基化等反应来制备。

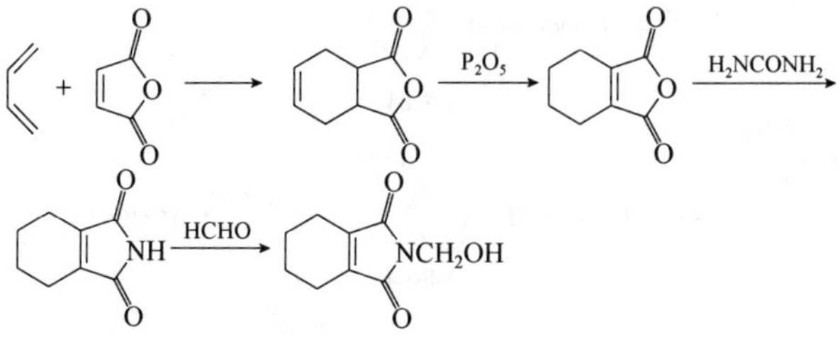

（三）拟除虫菊酯的合成

1. 拟除虫菊酸与醇脱水

作为酯类的拟除虫菊酯，大都可以采用一般的酯化方法合成。其中羧酸与醇脱水酯化的方法，

也可用于拟除虫菊酯的合成。通常以对甲苯磺酸为催化剂，在苯溶剂中回流，可得酯化产物。

2. 拟除虫菊酸盐与取代苄醚等反应

拟除虫菊酸碱金属盐与 α-卤代、α-磺酸酯基苄醚及亚氨基类似物反应可生成拟除虫菊酯，相转移催化剂的存在，有利于此反应进行。

3. 拟除虫菊酰氯与醇、醛反应

拟除虫菊酰氯与苄醇、氰醇在缚酸剂存在下或用氯化锌等 Lewis 酸催化，均可生成酯。

拟除虫菊酰氯与苯氧基苯甲醛及氰化钠反应，可能存在三种情况：酰氯先与醛加成，生成 α-氯代酯（1-8-63），再与氰化钠反应，或者醛先和氰化钠加成得氰醇钠（1-8-64）再与酰氯反应，也可以酰氯先与氰化钠加成，得氰酮（1-8-65）再与醛反应。三种物料交叉进行加成、取代反应，均可得较好产率和纯度高的氰醇酯，此反应最好在相转移催化剂存在下进行。

4. 酯交换反应

拟除虫菊酸烷基酯与醇或醋酸酯在醇钠或原钛酸酯催化下，发生酯交换作用，得到拟除虫菊酯。

5. 旋光活性拟除虫菊酯的合成

（1）经由差向异构化反应 在拟除虫菊酸的氰醇酯中，通常都是醇组分的 α-碳为 S 构型时有效，如溴氰菊酯，旋光活性的氯氰菊酯和旋光活性的杀灭菊酯均是如此。由于合成（S）-氰醇较困难，因此，从消旋的氰醇与旋光活性的拟除虫菊酯化后，通过差向异构化反应，可顺利地将（R）-氰醇酯转化为（S）-酯。以溴氰菊酯为例，1R-顺式二溴菊酰氯与氰醇成酯后，选择适当溶剂，（S）-酯从溶液中析出结晶，母液中富集的（R）-酯由于存在 α-活泼氢原子，在碱作用下 α-碳容易发生消旋化（差向异构化），生成的（S）-酯不断从溶液析出，余下的（R）-酯不断差向异构化，直到（R）-酯几乎全部转化为（S）-酯。

当用 1R-顺式二氯菊酸与氰醇采用上述差向异构化反应时，可得到 1R-顺式 α-（S）-氯氰菊酯。用（S）-对氯苯基异戊酸与氰醇可以得到（S）-α-（S）-杀灭菊酯。

（2）拆分 经苯醚醛与氢氰酸在环二肽存在下的不对称加成得到的（S）-氰醇，与消旋的对氯苯基异戊酰氯生成（RS）-α-（S）-杀灭菊酯杀灭菊酯，用播种结晶方法拆分以后，得到高活性的（S）-α-（S）-杀灭菊酯及低活性的（R）-α-（S）-杀灭菊酯。后者经酸分解的苯醚醛及（R）-对氯苯基异戊酸，苯醚醛可进一步用于不对称加成制备（S）-氰醇，（R）-酸经酰氯化消旋得（RS）-酰氯循环使用。

（3）经不对称诱导合成 对氯苯基异戊烯酮在环二肽不对称诱导催化下，与氰醇发生加成酯化，得到富（S）-α-（S）-杀灭菊酯。

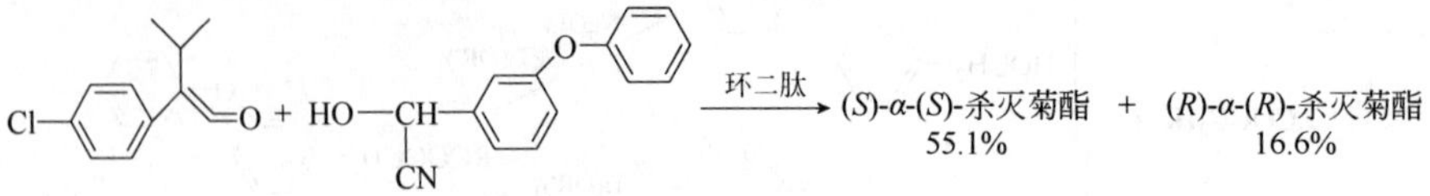

环二肽 (S)-α-(S)-杀灭菊酯 + (R)-α-(R)-杀灭菊酯
55.1% 16.6%

四、主要品种

（一）菊酸酯类

1. 烯丙菊酯（allethrin）

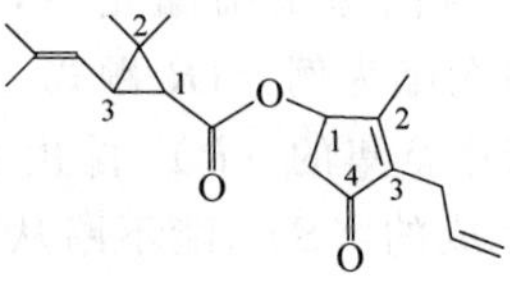

C$_{19}$H$_{26}$O$_3$, 302.4, 584-79-2

日本住友公司开发的品种，通常含有70％的（±）-反式酸酯和30％（±）-顺式酸酯。生物烯丙菊酯（bioallethrin）的酸组分为旋光活性的菊酸，通常含（＋）-（1R，3R）-反式酸酯90％以上。两种产物均微溶于水，易溶于有机溶剂。

理化性质 淡黄色至琥珀色黏稠状透明液体，沸点153℃（0.4mmHg），蒸气压3.3×10^{-4}mmHg（25℃），微溶于水，易溶于有机溶剂，如煤油、二丁酯等。常温下贮存两年无变化，遇碱、紫外线能促进其分解。

合成方法

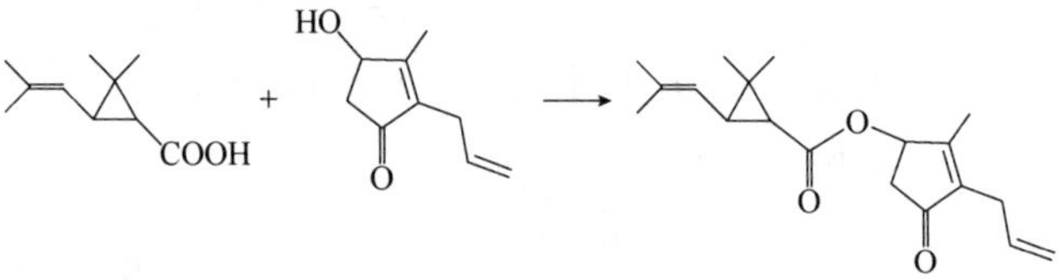

毒性 大鼠急性经口毒性LD$_{50}$为680～1000mg/kg。

应用 触杀性杀虫剂，对家蝇的活性与天然除虫菊素相当，但对其他卫生害虫效果较低，可加入增效剂提高活性。生物烯丙菊酯的杀虫活性比烯丙菊酯高，是广谱杀虫剂。

2. 胺菊酯（tetramethrin）

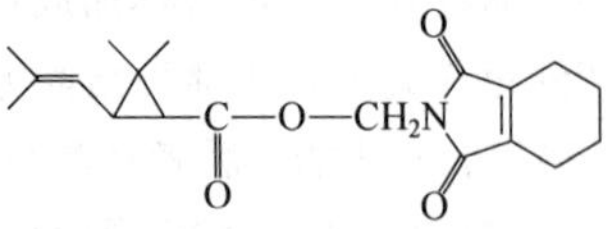

C$_{19}$H$_{25}$NO$_4$, 331.4, 7696-12-0

这是1965年由住友公司和FMC公司开发的品种。

理化性质 纯品为白色结晶，工业品熔点65～80℃，沸点185～190℃/13.3Pa。溶于有机溶剂，具有较好的稳定性。通常是顺、反菊酸酯的混合物。

合成方法

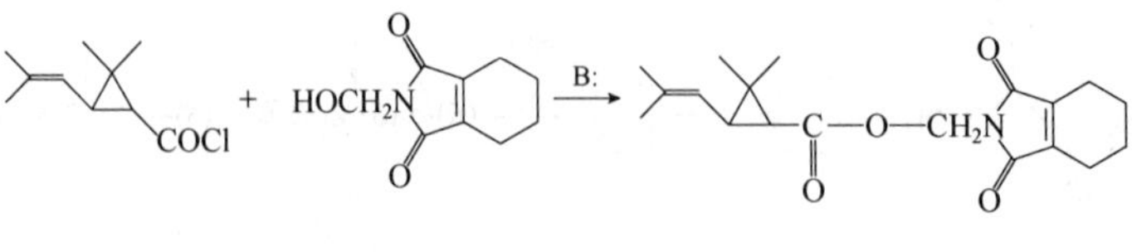

毒性 大鼠急性经口毒性 $LD_{50} > 4640 \mathrm{mg/kg}$。

应用 触杀性杀虫剂，对蚊、蝇和其他卫生害虫有很强的击倒活性。

3. 炔呋菊酯（prothrin）

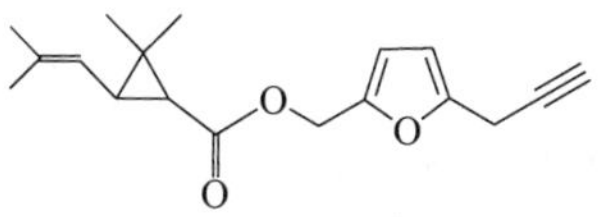

$C_{18}H_{22}O_3$, 286.4, 23031-38-1

它是1969年由大日本除虫菊公司推出的品种，为顺反酸酯的混合物。

理化性质 沸点 $120 \sim 122℃/26.7\mathrm{Pa}$，溶于丙酮等有机溶剂，难溶于水。对光和碱介质不稳定。

合成方法

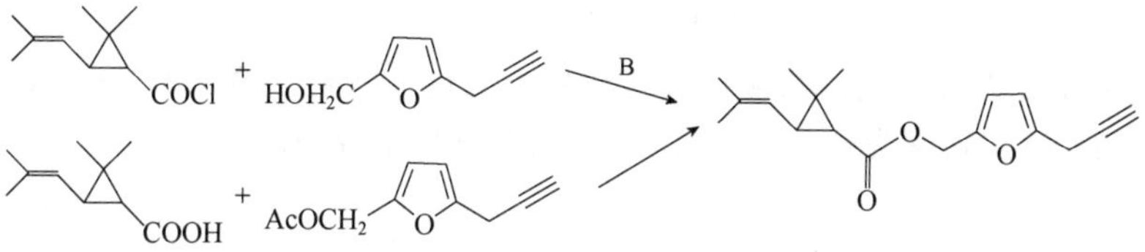

毒性 大鼠急性经口毒性 $LD_{50} > 1000 \mathrm{mg/kg}$。

应用 用于防治室内卫生害虫，对蚊、蝇的毒力分别为烯丙菊酯的3.7和4.6倍，击倒率比烯丙菊酯高2~4倍。

4. 苄呋菊酯（resmethrin）

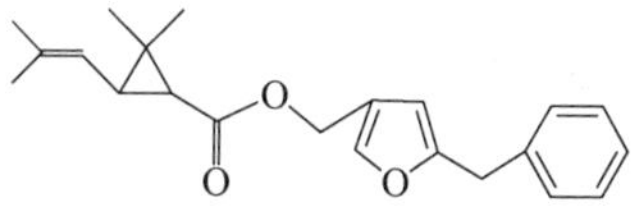

$C_{22}H_{26}O_3$, 338.4, 10453-86-8

理化性质 通常含20%～30%顺式酸酯和80%～70%的反式异构体，为白色蜡状固体，熔点 $43 \sim 48℃$。生物苄呋菊酯（bioresmethrin）为（＋）-(1R,3R)-反式酸酯，熔点 $30 \sim 35℃$，沸点 $180℃/1.3\mathrm{Pa}$。所有异构体均不溶于水，但溶于有机溶剂。在空气和光照下不稳定。

合成方法

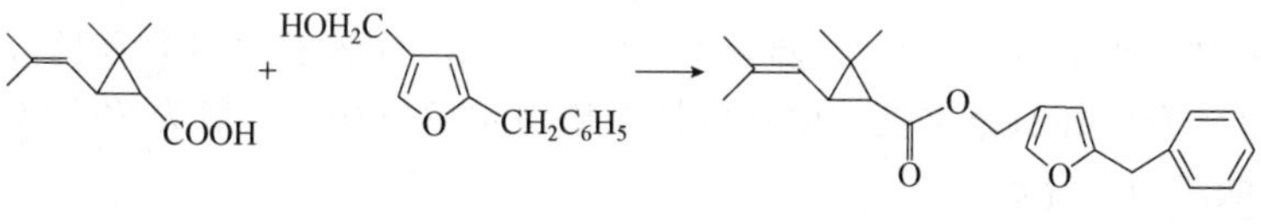

毒性 大鼠急性经口毒性 LD_{50} 为 $2000 \mathrm{mg/kg}$。

应用 强烈触杀剂，杀虫谱广。苄呋菊酯和生物苄呋菊酯对家蝇活性比天然除虫菊素分别高20倍和50倍。

5. 苯醚菊酯（phenothrin）

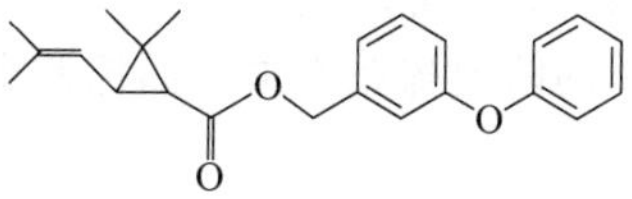

$C_{23}H_{26}O_3$, 350.5, 26002-80-2

它是1973年由住友公司开发的品种。

理化性质 顺反异构体的混合物，无色液体，30℃在水中的溶解度为 $2\mathrm{mg/L}$，可溶于有机溶剂，对光稳定。

合成方法

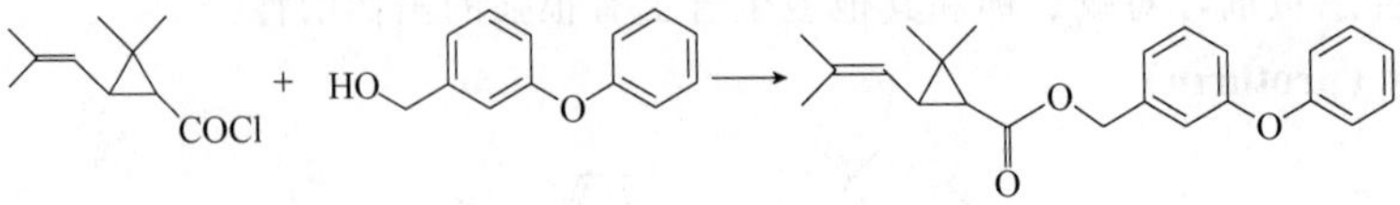

毒性　大鼠急性经口毒性 LD_{50} 为 5000mg/kg。

应用　对重要的卫生害虫的活性比天然除虫菊素高。增效剂可使其增加活性。

6. 甲醚菊酯（methothrin）

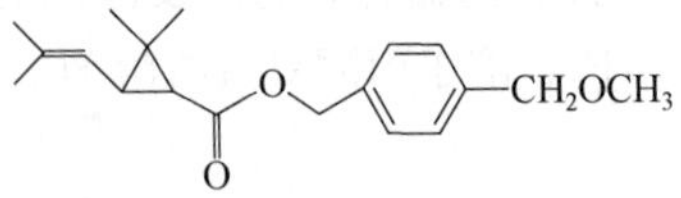

$C_{19}H_{26}O_3$, 302.4, 34388-29-9

理化性质　工业品为淡黄色油状液体，其纯品为无色油状物，沸点 142～144℃/2.7Pa，易溶于有机溶剂，不溶于水。通常为顺、反酸酯的四种异构体的混合物。

合成方法

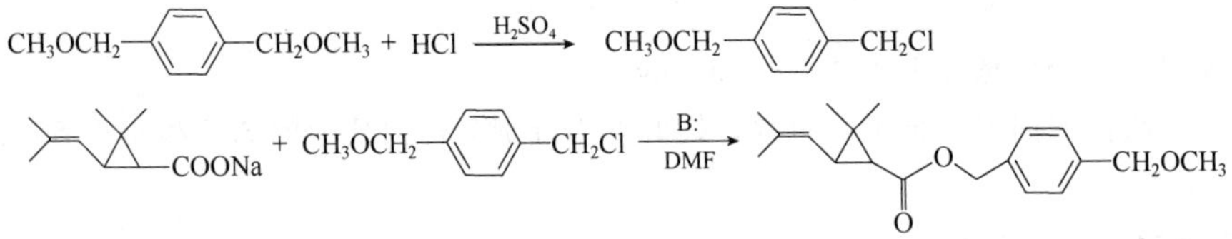

毒性　大鼠急性经口毒性 LD_{50} 为 4040mg/kg。

应用　用于防治蚊、蝇等卫生害虫。

（二）卤代菊酸酯类

1. 二氯苯醚菊酯（permethrin）

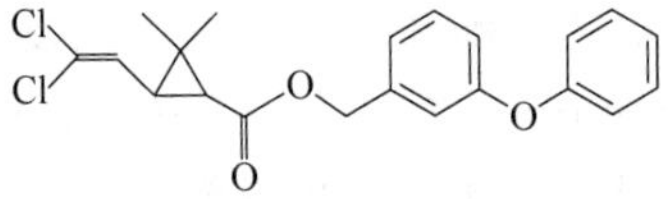

$C_{21}H_{20}Cl_2O_3$, 391.3, 52645-53-1

它是 1973 年在英国创制，1977 年在美国开始生产的。

理化性质　固体。熔点 34～39℃，沸点 200℃/1.3Pa，可溶于大多数有机溶剂，几乎不溶于水。对日光及紫外线有较好的稳定性，但在碱性介质中水解较快。一般为 70%（±）-反式酸酯与30%（±）-顺式酸酯的混合物。

合成方法

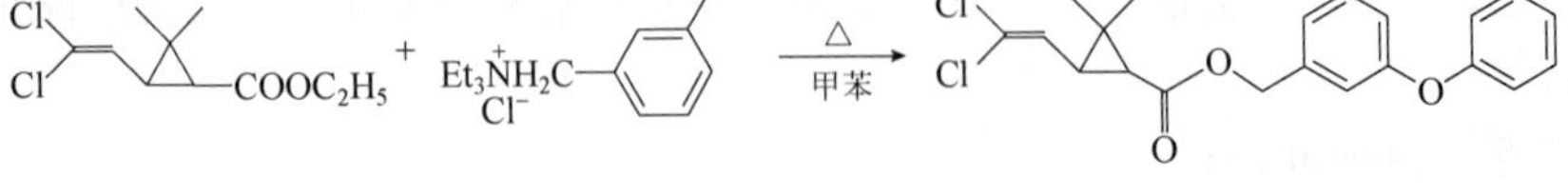

毒性　大鼠经口急性毒性 LD_{50} 为 1300mg/kg。

应用　触杀活性药剂，可用于田间防治棉花害虫（如棉铃虫），也可防治家畜害虫及卫生害虫。

2. 氯氰菊酯（cypermethrin）

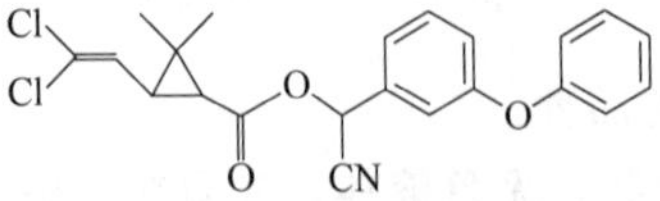

$C_{22}H_{19}Cl_2NO_3$, 416.3, 52315-07-8

1974 年在英国由 Elliott 等人发现。通常是 70％反式与 30％顺式异构体的混合物。

理化性质　工业品为黄色黏稠半固体状物，60℃左右熔化为液体。21℃时水中溶解度为 0.01～0.2mg/L，溶于大多数有机溶剂。有较好的热稳定性，在酸性介质中比碱性介质中稳定，最佳稳定 pH 值为 4。

合成方法

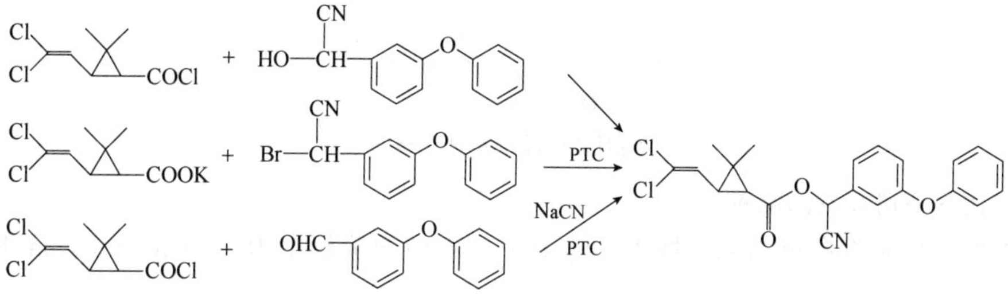

毒性　大鼠急性经口毒性 LD_{50} 为 500mg/kg，对蜂蜜毒性较高、鱼毒较大。

应用　触杀和胃毒剂，杀虫谱广，可防治棉花、果树、蔬菜、烟草、葡萄等作物上的鳞翅目、鞘翅目和双翅目害虫。

3. 溴氰菊酯（deltamethrin）

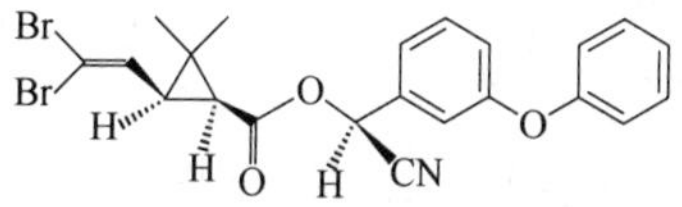

$C_{22}H_{19}Br_2NO_3$, 505.2, 52918-63-5

1974 年为 Elliott 等人所发现，Roussel-Uclaf 公司独家生产，商品名为 Decis。

理化性质　白色结晶，熔点 98～101℃，$[\alpha]_D +61°$（苯），不溶于水，能溶于多种有机溶剂，对光、空气较稳定。

毒性　大鼠急性经口毒性 LD_{50} 为 70～140mg/kg，对鱼和蜂蜜的毒性均较大。

应用　触杀、胃毒剂，其作用迅速，击倒力强。对鳞翅目幼虫特别有效，用于防治棉铃虫、稻叶蝉等多种害虫，药效比二氯苯醚菊酯高 10 倍，属超高效杀虫剂。

4. 氯氟氰菊酯（cyhalothrin）

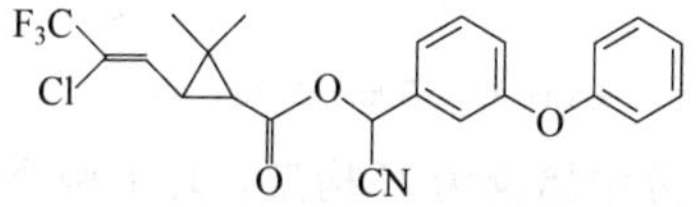

$C_{23}H_{19}ClF_3NO_3$, 449.86, 68085-85-8

理化性质　主要成分为顺式异构体，（±)-顺式体含量应大于 95％。其工业品为黄色油状物，沸点 187～190/2.7Pa。常温下水中溶解度＜1mg/L，易溶于有机溶剂。50℃下 90d 未发生顺-反比例的改变，pH 值大于 9 时水解较快。

合成方法

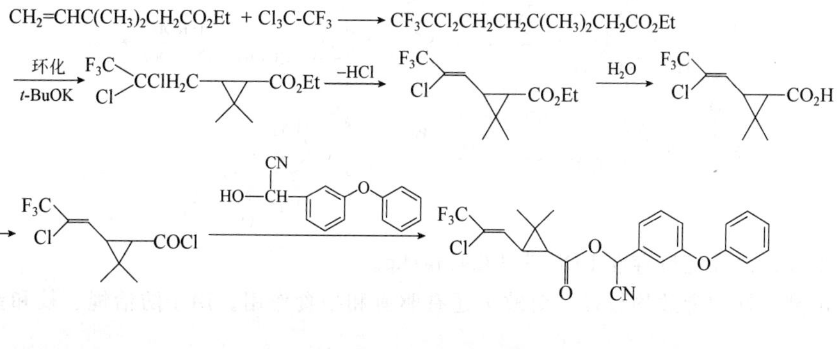

毒性 雄大鼠急性经口毒性 LD_{50} 为 243mg/kg。

应用 主要用于防治动物体寄生虫。

(三)其他环丙烷羧酸酯类

1. 甲氰菊酯（fenpropanate）

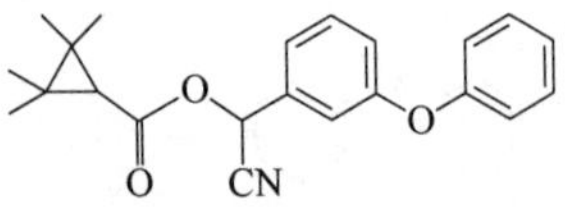

$C_{22}H_{23}NO_3$, 349.4, 64257-84-7

1973 年住友公司开发的品种。

理化性质 纯品为白色结晶，熔点 49~50℃。水中的溶解度为 0.34 μg/mL，溶于一般有机溶剂。

合成方法

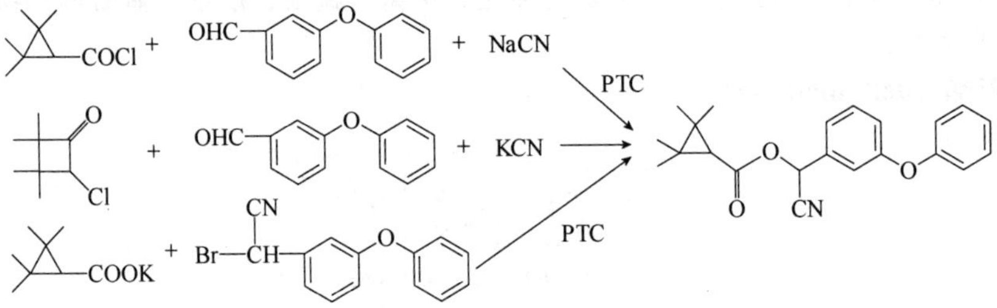

毒性 雄大鼠急性经口毒性 LD_{50} 为 54mg/kg。

应用 高效、广谱杀虫、杀螨剂，有触杀和驱避作用。突出的特点是具有杀螨活性，在其他菊酯中少见。可防治果树、蔬菜、棉花和谷类作物的鳞翅目、半翅目、双翅目及螨类害虫。

2. 噻嗯菊酯（kadethrin）

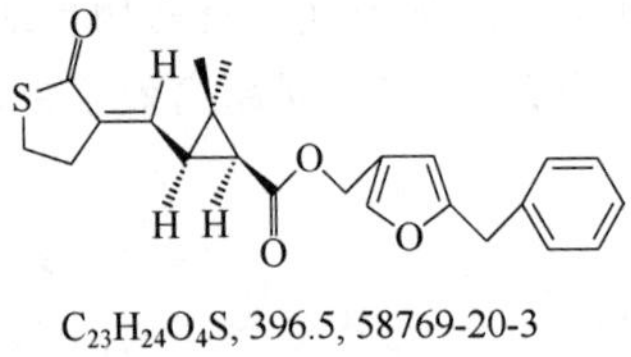

$C_{23}H_{24}O_4S$, 396.5, 58769-20-3

理化性质 旋光异构体，酸组分中烯键为 E 构型，环上两个手性碳分别为 $1R$，$3S$ 构型。外观为黄色黏稠液。对光和热不稳定。

合成方法

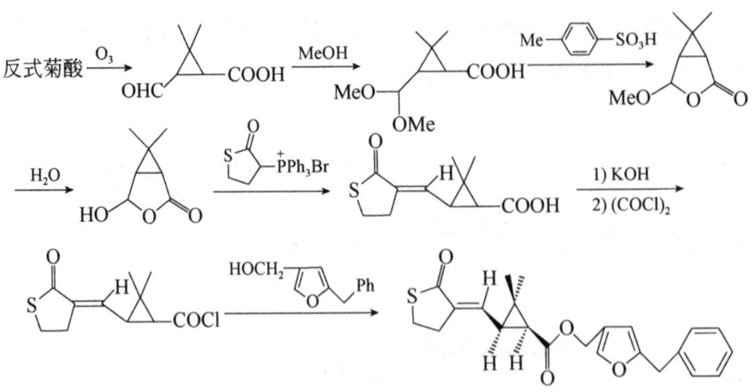

毒性 雄大鼠急性经口毒性 LD_{50} 为 1324mg/kg。

应用 击倒活性和毒效均较好，对蚊子还有驱避和拒食作用。用于防治蝇、蚊和蜚蠊。

3. 杀螟菊酯（phencyclate）

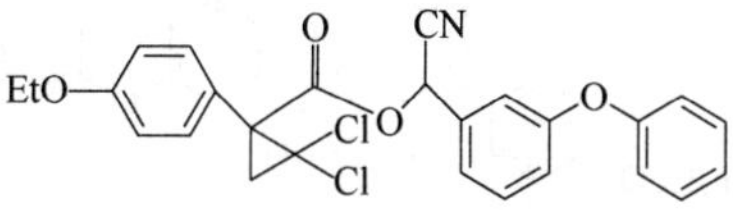

C$_{26}$H$_{21}$Cl$_2$NO$_4$, 482.4, 63935-38-6

1977 年由澳大利亚 Holan 等人所发明。

理化性质　该药为暗黄色油状物，沸点 110～145℃（0.133Pa），180～184℃（1.33Pa）。20℃水中溶解度为 0.091μg/mL，可溶于大多数有机溶剂。对光稳定，在酸性介质中亦稳定，在水和稀碱中慢慢分解，在稻田土壤中半衰期为 4d。

合成方法

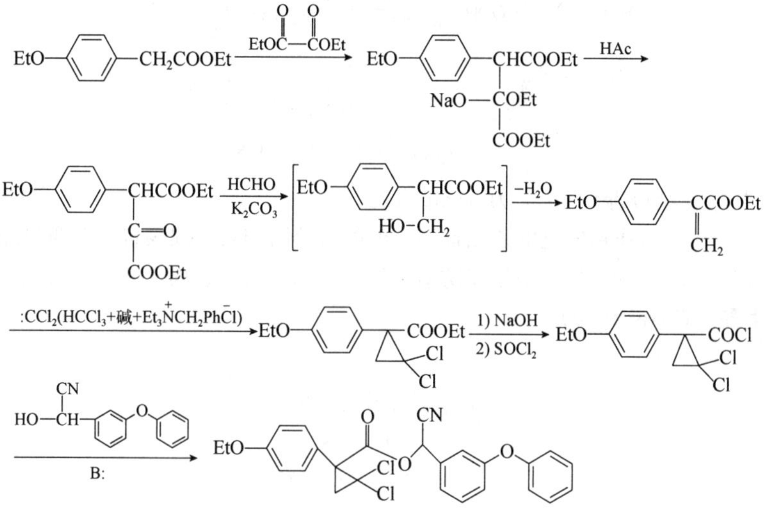

毒性　大鼠急性经口毒性 LD$_{50}$＞5000mg/kg。

应用　可与其他杀螟药剂混合，用于防治水稻螟虫、叶蝉、稻象甲等，也可防治其他作物害虫和卫生害虫。

（四）非环羧酸酯类

1. 氰戊菊酯（fenvalerate）

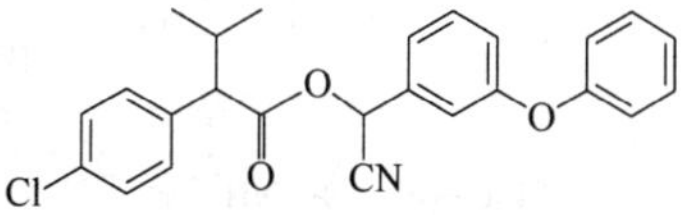

C$_{25}$H$_{22}$ClNO$_3$, 419.9, 51630-58-1

它是 1976 年住友公司开发的品种。

理化性质　黄色液体，几乎不溶于水，溶于多种有机溶剂。对热和光均较稳定，在 pH＝8 以上介质中会发生分解，但在酸性条件下稳定。

合成方法

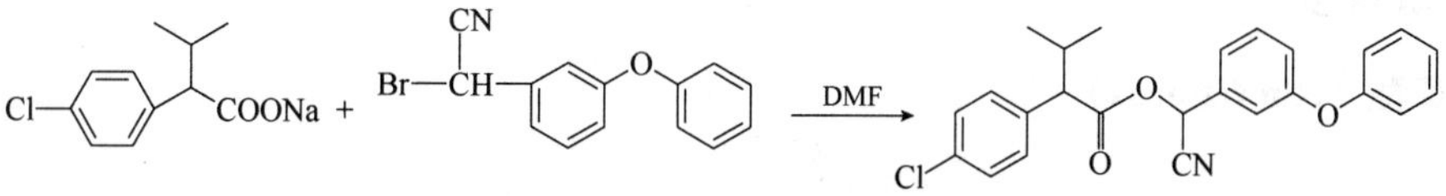

毒性　大鼠急性经口毒性 LD$_{50}$ 为 450mg/kg，对鱼和蜂蜜高毒。

应用　高效、广谱的杀虫剂，以触杀和胃毒为主要作用方式。对鳞翅目、直翅目、半翅目害虫均有效，广泛用于防治棉花、水果和蔬菜害虫。

2. 氟氰菊酯 （flucythrin）

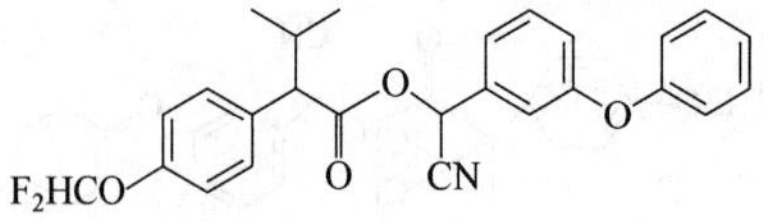

C$_{26}$H$_{23}$F$_2$NO$_4$, 451.5, 70124-77-5

1982 年美国氰胺公司开发的品种。

理化性质 纯品为琥珀色黏稠液，沸点 108℃/46.7Pa。几乎不溶于水，溶于有机溶剂。水解半衰期（27℃），pH 值为 3、6、9 时，分别为 40d、52d 及 6.3d。对日光稳定。

合成方法

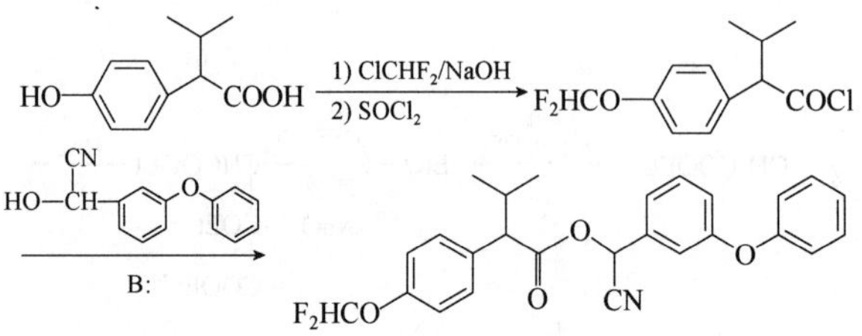

毒性 雄大鼠急性经口毒性 LD$_{50}$ 为 81mg/kg。

应用 高效、广谱、对作物安全的杀虫剂。不但能防治鳞翅目、同翅目、鞘翅目和直翅目的许多害虫，也能防治螨和蜱。25～100g/hm^2 剂量能防治棉铃虫、烟蚜夜蛾、棉红铃虫、蚜虫、粉虱等害虫。

3. 氟胺氰菊酯 （fluvalinate）

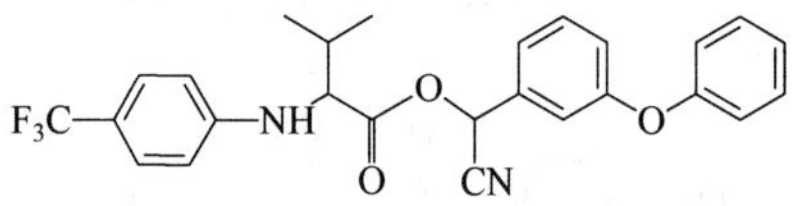

C$_{26}$H$_{22}$ClF$_3$N$_2$O$_3$, 502.9, 102851-06-9

它是 1979 年 Zoecon 公司开发的品种。

理化性质 黄色黏稠液，沸点大于 450℃，易溶于一般有机溶剂，难溶于水。对光、热及在酸性介质中稳定，在碱性介质中易分解。

合成方法

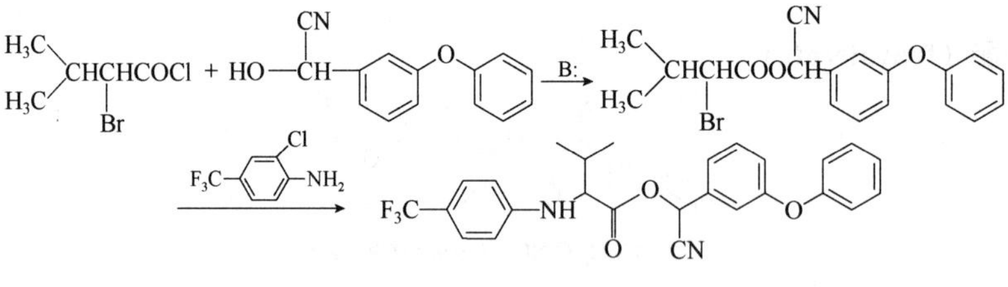

毒性 大鼠急性经口毒性 LD$_{50}$ 为 282mg/kg。

应用 具触杀和胃毒作用的广谱、高效杀虫剂。50～170g/hm^2 剂量能防治棉花、烟草、蔬菜、玉米上的多种害虫，也可用于防治果树害虫和螨。

（五）非酯类

1. 醚菊酯 （ethofenprox）

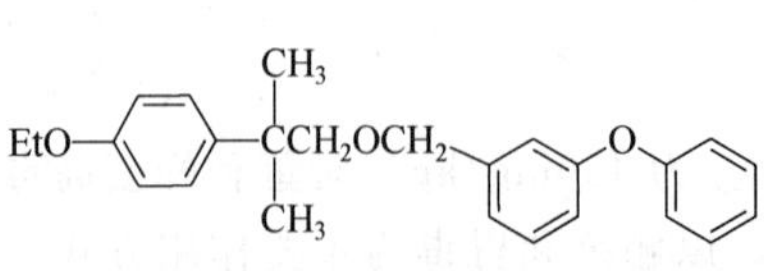

C$_{25}$H$_{28}$O$_3$, 376.5, 80844-07-1

日本三井东亚公司开发的品种。

理化性质　纯品为白色固体，熔点为 34～35℃，沸点为 208℃/719.8Pa。几乎不溶于水，溶于一般有机溶剂。热稳定性较好。

合成方法

毒性　大鼠急性经口毒性 $LD_{50} > 40000mg/kg$。

应用　新型内吸性杀虫剂，并具触杀和胃毒作用。对多种害虫包括鳞翅目、半翅目、鞘翅目、双翅目、直翅目和等翅目等均有高效。防治棉花害虫和蔬菜害虫，也可用于防治水稻害虫。

2. 肟醚菊酯

$C_{23}H_{22}ClNO_2$，379.9，69043-27-2

1980 年，Bull M. J. 等首先报道了肟醚菊酯的合成，1982 年我国南开大学元素有机化学研究所进行了系统的合成研究。

合成方法

应用　低鱼毒杀虫剂和杀螨剂。具有胃毒和触杀作用，据报道对黏虫和玉米螟的杀虫活性接近氰戊菊酯。对黏虫的击倒速度比氰戊菊酯慢，但击倒后的黏虫在 24h 内无一复活，而氰戊菊酯在低剂量时能全部复活。肟醚菊酯对蚊成虫有熏杀作用，但熏杀毒力略差于氰戊菊酯。

五、结构与活性的关系

拟除虫菊酯类农药的生物活性、杀虫能力高低，对生物及人体的毒害程度以及降解、代谢速率快慢，首先取决于它们自身的结构差异。

拟除虫菊酯大都属于手性分子，化学结构复杂，有些拟除虫菊酯具有三碳环结构，因而存在多种光学异构体及顺反式立体异构体。

拟除虫菊酯各异构体的生物活性及降解稳定性方面均存在显著差异。Wang 等在研究联苯菊酯（10µg/L）对日本青鳉鱼（*O. latipes*）的影响时发现，异构体 1*S-cis*-BF 的毒性比 1*R-cis*-BF 高 123 倍；甲氰菊酯有 2 种异构体，其中 *S* 体的杀虫活性是 *R* 体的 50 倍。Nishi 与 Ross 均发现人体肝脏内羧酸酯酶 hCE-1 和 hCE-2 对氯菊酯反式异构体的水解比顺式异构体更快。由于生物体本身就是由具有高度不对称性的生物大分子组成，如蛋白质、核酸和酶等，其不对称性使相应的对映体与之契合，发生相互作用，从而产生生理活性。反之则无效，甚至产生毒副作用。各异构体在环境中的降解半衰期也有差异，如土壤中 *S*-甲氰菊酯的半衰期为 15.3d，*R*-甲氰菊酯的半衰期为 16.2d，二者相差 0.9d。

拟除虫菊酯存在对映体选择性降解现象。Sakata 等对氯氰菊酯、氰戊菊酯、氯菊酯、溴氰菊酯等

4 种菊酯的 24 种立体异构体分别进行了土壤降解试验，结果表明它们具有明显的选择性差异。含有氟氯氰菊酯顺反式异构体的高效氟氯氰菊酯在土壤中的降解试验表明，氟氯氰菊酯反式体的降解速率快于顺式体，进一步的手性测定表明反式体对映体的选择性要高于顺式体。

大量研究表明：通常情况下拟除虫菊酯顺式体较反式体难降解，长期施药条件下可能造成环境中拟除虫菊酯顺式体的积累，从而使农药降解周期延长，加大对环境的污染负荷。因此掌握拟除虫菊酯各异构体的结构差异，找出有效构型，将提高各异构体分离提纯的效果，从而大大提高农药生产效率及其药效，提高经济效益，减轻环境污染压力。

拟除虫菊酯农药分子中取代基的不同，将会对其性质/活性产生巨大影响。拟除虫菊酯分子取代基可包括卤素、氰基、芳香族及脂肪族取代基等。

引入卤原子的拟除虫菊酯毒性更高，且其毒性随卤原子分子量的增加而增加。据有关文献介绍，一般结构上含有溴的菊酯对害虫的击倒速度和杀灭力优于不含溴的。卤素中的氟元素，对农用化学品（除草剂、杀虫剂、杀菌剂、植物生长调节剂）的生物活性影响巨大。化合物结构中引入氟原子将增大化合物的疏水性、质子模拟性、极性、挥发性等特性，提高化合物的生物活性，并且生物体对其较难产生抗性。由此可见，氟原子的特点决定含氟拟除虫菊酯的生物活性比相应的其他菊酯高，且有文献表明含氟的菊酯比相应的含溴、氯等菊酯对螨虫有特效。同时，氟原子的引入位置也会对拟除虫菊酯杀虫活性或毒性产生较大影响。

在结构中引入氰基可大大提高拟除虫菊酯的杀虫活性。早在 1971 年，Matsuo 在苯醚菊酯结构基础上引入氰基，合成了杀虫效能大大优于苯醚菊酯的氰基苯醚菊酯，即苯氰菊酯。Kobayashi 等在研究拟除虫菊酯苯甲醇部分 α-氰基对其杀虫活性与神经生理活性的影响时发现，含 α-氰基的一组化合物对美国蟑螂的杀虫活性较不含氰基的一组强。Nishimura 等的类似实验也得出相同结论，且引入氰基可使拟除虫菊酯对淡水虾蟹的杀虫活性增强 3～18 倍。王朝晖等在拟除虫菊酯对水生生物毒性的比较研究中证实：含 α-氰基的拟除虫菊酯比不含 α-氰基的毒性大。唐促跃等用荧光偏振法研究了拟除虫菊酯对大鼠脑突触体膜作用，发现含氰基的II型拟除虫菊酯可降低膜的流动性及膜表面负电荷的密度，增加脂双层极性头部的活动程度，而不含氰基的I型拟除虫菊酯虽能增加膜的流动性，但对脂双层极性头部的活动无明显影响。除影响农药的杀虫活性之外，氰基的介入同样也会影响拟除虫菊酯在动物体内的代谢。Ghiasuddin 等研究发现：大鼠脑组织中酯酶对含 α-氰基的拟除虫菊酯水解率更高。Devonshire 等也发现：在绿蝇（*Lucilia cuprina*）体内野生羧酸酯酶 E3 对I型（不含 α-氰基）拟除虫菊酯的水解活性较II型（含 α-氰基）高，这进一步说明含 α-氰基的拟除虫菊酯更难降解代谢。

另外，拟除虫菊酯分子中有无三碳环、苯基等结构也会使其性质/活性有明显不同。例如，用相同的 (S)-α-氰醇和 (1R, 顺式)-二溴乙烯基环丙烷羧酸得到的酯（溴氰菊酯）比非环丙烷羧酸的 (S)-型酯（S, S-杀灭菊酯）的活性高 10 余倍。

可见，拟除虫菊酯类农药的分子结构对其理化性质、生物活性等起关键作用，取代基的性质、官能团的引入等将明显改变化合物的性质/活性。如今，农药生产使用量如此巨大、新型化合物不断研发合成，有效选择并合成高效农药或高纯度农药高效体、掌握新农药的环境行为及环境影响，成为广大环境工作者重点研究的对象。作为药物设计辅助工具 QSAR 在结构分析中所起的作用日渐突出，其在新型药物的筛选与开发上更加便捷。

针对拟除虫菊酯类农药及其类似物的定量构效关系研究，已开展大量工作，并在新型药物设计中发挥了重要作用。其中 Plummer 实验室早在 1976 年即开展研发新型拟除虫菊酯的工作，并借助 QSAR 方法优化农药活性；Fujita 研究室也进行了一系列系统的研究工作。研究发现，拟除虫菊酯农药分子的取代基性质会对其杀虫活性产生很大影响。Yang 等研究了间苯氧基苄基-α, α-双基取代醋酸盐杀虫活性的理化取代效应，研究对象是 α 位分别由烷基、烷氧基烃基、烷氧基、苯基、苄基、苯氧基、苯氨基取代的异戊酸和叔丁酸间苯氧基苄酯，它们对美国蟑螂的杀虫活性用酸部位 α-取代基的疏水性参数和取代基长度参数进行了定量分析，结果表明：苯环或苯氧基取代的比脂肪族取代的化合物杀虫活性高约 10 倍，环上有苯胺基取代的高 25 倍；有乙烯基环丙烷结构的比无环丙烷结构的化合物活性高 60 倍。Matsuda 等用芳香族取代基的理化性质与结构参数对噻嗯菊酯取代物的活性进行了定量分析，发现化合物对家蝇的击倒活性及对美国蟑螂的杀虫活性均与取代基的疏水性和立体结构有关。Nishimura 等也曾进行类似实验，研究了间位取代苄基菊酸盐和二溴乙烯基类似物的杀虫活性，并建立了芳香族取代基的理化性质、结构参数与化合物杀虫活性关系的 QSAR 模型，结果表明：疏水性越强，顺反式二溴乙烯基环丙烷羧酸的杀虫活性越高，且取代基越短，化合物的杀虫活性越高；在苄基环上间位有苯基取代时活性提高，这一结论也在该学者其他研究中证实。Kobayashi 等研究了包括苄基菊酸盐和除虫菊素取代物在内的 28 种拟除虫菊酯对小龙虾巨轴突钠尾电流、钠剩余电流的发生速率及其理化性质，结果发现该速率常数与分子疏水性有关。该学者的另一研究也有类似发现，用分子理化参数对家蝇击倒症状的发生速率常数变化进行回归分析时发现，最重要的参数是拟除虫菊酯分子疏水性，且 $\lg P$ 的最优值为 5.5。Matsuda 等曾就拟除虫菊酯对美国蟑螂轴突薄膜的去极化效应进行了研究，采用细胞内记录技术进行活性测定，并将去极化活性与中央神经索的神经阻滞及杀虫活性的关系用最小二乘法分析得出：去极化活性越高，疏水性越强，化合物的神经阻滞活性越高。Nishimura 等曾就间位苯氧基苄基除虫菊素和类似物及其 α-氰基衍生物对家蝇的击倒发生速率及对美国蟑螂的杀虫活性进行了研究。结果发现：疏水性参数 $\lg P$ 越小，击倒症状发生速率越快，去极化效应发生越快；(R, S)-α-氰基的引入可使化合物杀虫活性提高 3~18 倍。Nishimura 等也就胺菊酯及其相关化合物（醇部位有酰亚胺或内酰胺结构）对家蝇击倒活性的理化结构效应进行了研究，并用醇部位的结构参数对化合物活性进行了定量分析，发现起决定作用的是醇部位的疏水性和立体结构，且疏水性越强，化合物活性越高；具有与酰亚胺部位成直角的对称平面的化合物，击倒活性更高。由此也可得出化合物立体结构特征对其活性/性质有影响。Kobayashi 等对间位苯氧基苄基-α，α-双取代醋酸盐杀虫活性的理化取代效应进行了进一步研究，通过多元回归分析得出化合物的杀虫活性与以下参数有关：分子疏水性 $(\lg P)$、α-取代基的长度 (ΔL)、受体结合能 $[\Delta(\Delta E)]$、构象自由度 $(\Delta nDOF)$、酸部位的电离势 (IP)、指示变量 (IO)。且研究发现：$\Delta(\Delta E)$ 越高，$\Delta nDOF$、IP 越低，化合物杀虫活性越高；$\lg P$、ΔL 的活性最优值分别为 7.0、6.9。Winkler 等对 26 种拟除虫菊酯进行了多次回归分析，结果显示拟除虫菊酯的活性与分子摩尔折射率大致呈负相关，并得出结论：要想达到杀虫活性最优，化合物的分子大小及容积、极化率均不宜太大；三碳环上取代基的吸电子及供电子效应、基团大小、亲油性将影响杀虫活性，其中较小、难极化、脂溶性较低或具有正电性取代基常数的取代基对化合物杀虫活性最有效。以上研究表明：决定化合物的活性的影响因素主要集中在取代基参数、疏水性参数及立体结构参数。

其他学者也进行了拟除虫菊酯农药的 QSAR 研究，并同样发现影响其活性的参数多属立体结构及取代基相关参数。Hiroshi 等应用定量分子相似性搜索和 Voronoi 图场分析，对拟除虫菊酯进行三维结构分类，所得结果与传统 QSAR 方法得出结果一致。表明农药分子的三维立体结构是决定其活性和局部取代基效应的重要因素。Ford 等结合使用多元统计技术和分子模型，选用 70 个量子及分子力学描述符，建立了苯氧基（1RS）-反式环丙烷-1-羧酸酯杀虫剂的结构-活性关系模型。结果表明醇部位苯环上碳元素的部分正电荷、酯键的羰基碳原子和氧原子的超离域性、三碳环上乙烯基侧链末端碳原子的对位次氯酸钠取代，它们的存在将大大提高杀虫剂的生物活性。Choi 等进行了 11 种拟除虫菊酯类农药对大鼠 Nav1.8 钠通道行为的结构-活性关系研究，研究中发现这 11 种结构相异的拟除虫菊酯均产生特征钠尾电流，进一步说明了农药分子结构的不同将导致其活性/性质的显著差异。

从拟除虫菊酯类农药的结构效应分析及 QSAR 研究进展可得出：农药的生物活性/性质与分子取代基有很大关系，取代基的理化性质、立体结构及电性都将对拟除虫菊酯类农药的性质/活性产生巨大影响。拟除虫菊酯的分子取代基效应将为研发新型绿色农药提供强有力的理论支撑。

参考文献

[1] Blumenthal K M, Seibert A L. Voltage-gated sodium channel toxins: poisons, probes and future promise. Cell Biochem. Biophys. ,2003,38:215-238.

[2] Anger T, Madge D J, Mulla M, et al. Medicinal Chemistry of Neuronal Voltage-Gated Sodium Channel Blockers. J. Med. Chem. ,2001,44:115-137.

[3] Zlotkin E. The Insect Voltage -gated Sodium Channel as Target of Insecticides. Annu. Rev. Entomol. ,1999,44:429-455.

[4] Bloomquist J R. Neuroreceptor mechanisms in pyrethroïd mode of action and resistance. Rev. Pestic. Toxicol. 1993,2: 185-230.

[5] Catterall W A. Neurotoxins that act on voltage-sensitive sodium channels in excitable membranes. Annu. Rev. Pharmacol. Toxicol. ,1980,20:15-43.

[6] Silver K, Soderlund D M. NeuroToxicology,2005,26:397-406.

[7] Meier G A, Silverman R, Ray P S. et al. Synthesis and Chemistry of Agrochemicals Ⅲ, Baker, D R, Fenyes J G, Steffens J J. American Chemical Society: Washington, DC,1992,313-326.

[8] Fuehr F, Mittelstaedt W, Wieneke J. Chemosphere,1980,9(7-8):469-482.

[9] George P L, Stephen F M, Charles R H, et al. Evolution of the sodium channel blockling insecticides: the discovery of indoxacarb. ACS Symposium Series 774(Agrochemical Discovery), Washington, D C: American Chemical Society Press, 2001,20-34.

[10] Stepen F M, Gary D A, Rafael S, et al. The discovery of indoxacarb: oxadiazine as a new class of pyrazoline-type insecticides. Pest Management Science,2001,57:153-164.

[11] Lahm G P, Harrison C R, Daub J P, et al. Synthesis and biological activity of indazole insecticides. ACS Symposium Series 800 (Synthesis and Chemistry of Agrochemicals VI). Washington, D C: American Chemical Society Press,2002,110-120.

[12] Shapiro R, Annis G D, Blaisdell C T, et al. , Toward the manufacture of indoxacarb, ACS Symposium Series 800(Synthesis and Chemistry of agrochemicals VI). Washington, DC: American Chemical Society Press,2002:178-185.

[13] S tephen F M ,Ga ry D A ,Rafae l S,et al. Synthesis and biologica l ac tivity of oxadiaz ine and triaz ine insec ticides: the discovery of indoxaca rb. ACS Symposium Series 800 (Synthesis and chem istry of agrochem icals Ⅵ). W ashington, DC: American Chemical Society Press ,2002,166-177.

[14] Jacobsen E N, Marko I, Munga ll W S, et al. Asymmetric dihydroxylation via ligand-accelerated catalysis. J Am Chem Soc, 1988,110:1968-1970 .

[15] Salgado V L, Hayashi J H. Methaflumizone is a novel sodium channel blocker insecticide. Veterinary Parasitology,2007, 150:182-189.

[16] Jack R. Plimmer Derek W. Gammon Nancy N. Ragsdale Encyclopedia of Agrochemicals Volumes 1- 3, A John Wiley & Sons, Inc. ,2003,948-959.

[17] 吴家红，赵彤言. 拟除虫菊酯对昆虫钠通道作用的研究进展. 寄生虫与医学昆虫学报. 2004,11(3):188-192.

[18] Jiang Jia-liang. Advances on the Study Molecular Toxicology of Pyrethroid insecticides. *Entomological Knowledge*,1989, 26(1):48-53.

[19] Hodgkin A L, Huxley A F. A quantitative description of membrane current and its application to conduction and excitation in nerve. *J. Physiol.* 1952,117:500-544.

[20] Zlotkin E. The insect voltage-gated sodium channel as target of insecticides. *Annu. Rev. Entomol.* 1999,44:429-455.

[21] Eaholtz G, Scheuer T, Catterall W A. Restoration of inactivation and block of open sodium channels by an inactivation gate peptide. *Neuron.* 1994,12(5):1041-1048.

[22] Williamson M S, Martinez-Torres D, Hick C A, et al. Identification of mutations in the housefly *para* -type sodium channel gene associated with knockdown resistance (kdr) to pyrethroid insecticides. *Mol. Gen. Genet.* 1996,252(1-2):51-60.

[23] Dong K. A single amino acid change in the *para* sodium channel protein is associated with knockdown-resistance (kdr) to pyrethroid insecticides in German cockroach. *Insect Biochem. Mol. Biol.* 1997,27(2):93-100.

[24] Catterall W A. From ionic currents to molecular mechanisms: the structure and function of voltage-gated sodium channels. *Neuron*,2000,26:13-25.

[25] Goldin A L. Resurgence of sodium channel research. *Annu. Rev. Physiol.* 2001,63:871-894.

[26] Loughney K, Kreber R, Ganetzky B. Molecular analysis of the *para* locus, a sodium-channel gene in *Drosophila. Cell*,

1989,58(6):1143-1154.

[27] Lee S H,Soderlund D M. The V410M mutation associated with pyrethroid resistance in *Heliothis virescens* reduces the pyrethroid sensitivity of house fly sodium channels expressed in *Xenopus* oocytes. *Insect Biochem. Mol. Biol.* 2001,31: 19-29.

[28] Martinez-Torres D,Chevillon C,Brun-Barale A, et al. Voltage-dependent Na$^+$ channels in pyrethroid-resistant *Culex pipiens L mosquitoes. Pestic. Sci.* 1999,55:1012-1020.

[29] Tan J G,Liu Z Q,Nomura Y, et al. Alternative splicing of an insect sodium channel gene generates pharmacologically distinct sodium channels. *J. Neurosci.* 2002,22:5300-5309.

[30] Feng G P,Deak P,Chopra M, et al. Cloning and functional analysis of *tipE*,a novel membrane protein that enhances *Drosophila para* sodium channel function. *Cell*,1995,82:1001-1011.

[31] Warmke J W,Reenan R A,Wang P. et al. Functional expression of *Drosophila para* sodium channels:modulation by the membrane protein *tipE* and toxin pharmacology. *J. Gen. Physiol.* 1997,110:119-133.

[32] Lee S H,Smith T J,Ingles P J. et al. Cloning and functional characterization of a putative sodium channel auxiliary subunit gene from the housefly (*Musca domestica*). *Insect Biochem. Mol. Biol.* 2000,30:479-487.

[33] Soderlund D M,Clark J M,Sheets L P. et al. Mechanisms of pyrethroid neurotoxicity:implications for cumulative risk assessment. *Toxicology*,2002,171:3-59.

[34] Smith T J,Ingles P J,Soderlund D M. Actions of the pyrethroid insecticides cismethrin and cypermethrin on housefly *vssc*1 sodium channels expressed in *Xenopus* oocytes. *Arch. Insect. Biochem. Physiol.* 1998,38:126-136.

[35] Narahashi T. Neuronal ion channels as the target sites of insecticides. *Pharmacology & Toxicology* ,1996,78:1-14.

[36] Wang S Y,Braile M,Wang G K. A phenylalanine residue at segment D3-S6 in Nav1. 4 voltage-gated Na$^+$ channels is critical for pyrethroid action. *Mol. Pharmacol.* 2001,60:620-628.

[37] 南开大学元素有机化学研究所编译. 国外农药进展（三）. 北京：化学工业出版社，1990,1-45.

[38] 陈馥衡，周长海. 拟除虫菊酯学术讨论会论文集. 中国化工学会农药学会编，1990,8-18.

[39] 唐除痴，李煜昶，陈彬等 农药化学. 天津：南开大学出版社，1998.

[40] Staudinger H,Ruzicka L. Insektentötende stoffe Ⅲ. Konstitution des pyrethrolons. Helv. Chim. Acta,1924,7(1): 212-235.

[41] Yamamoto R. The insecticidal principle in Chrysanthemum cinerariaefolium. I. J. Tokyo Chem. Soc. 1919,40:126-147; Yamamoto,R. Insecticidal principle in Chrysanthemum cinerariaefolium. Ⅱ and Ⅲ. Constitution of pyrethronic acid. J. Chem. Soc. (Japan) 1923,44:311-330.

[42] Cahn R S,Ingold C,Prelog V. Specification of molecular chirality. Angew. Chem. ,Int. Ed. Engl. 1966,5:385-415.

[43] Holan G,O'Keefe D F,Virgona C,Walser R. Structural and biological link between pyrethroid and DDT in new insecticides. Nature,1978,272:5655.

[44] Arlt D,Jautelat M,Lantzsch R. Syntheses of pyrethroid acids. Angew. Chem. ,Int. Ed. Engl. 1981,20:703-722.

[45] 石得中. 中国农药大辞典. 北京：化学工业出版社，2008.

[46] 李玲玉，颜冬云，王春光，秦文秀. 拟除虫菊酯农药的结构效应分析及 QSAR 研究. 农药，2011,50(2):83-86.

[47] Kobayashi T,Nishimura K,Fujita T. Effects of the α-cyano group in the benzyl alcohol moiety on insecticidal and neurophysiological activities of pyrethroid esters. Pestic. Biochem. Physio. 1989,35(3):231-243.

[48] 王连生，杨翅，张爱茜. 定量结构-活性相关研究进展. 环境科学进展，1994,2(4):15-22.

[49] Yang H Z,Nishimura M,Nishimura K,et al. Quantitative structure-activity studies of pyrethroids:12. Physicochemical substituent effects of meta-phenoxybenzyl α , α -disubstituted acetates on insecticidal activity. Pesticide Biochemistry and Physiology,1987,29(3):217-232.

[50] Winkler D A,Holan G,Johnson W M P,et al. Quantitative structure-activity relationships in insecticidal pyrethroid ethers. Quantitative Structure-activity Relationships,1988,7(2):79-84.

第九章
微生物破坏昆虫中肠细胞膜

具有破坏昆虫中肠细胞膜来达到杀虫目的的杀虫剂主要是属于微生物农药中的细菌杀虫剂,细菌杀虫剂(bacterial insecticide)是由对某些昆虫有致病或致死作用的杀虫细菌所含有的活性成分或菌体本身制成的,用于防治和杀死目标昆虫的生物杀虫制剂。其作用机制是胃毒作用,通过肠细胞吸收,进入体腔和血液,导致全身中毒而死亡。它是应用得最早的微生物农药。目前细菌杀虫剂已发展成为有一定规模的产业。全世界约有 30 多个国家的 100 多家公司生产细菌杀虫剂,品种可达150 多个,并已逐渐应用于蔬菜、林业、园艺、卫生等领域的害虫防治中。已作为商品生产并投入使用的主要是苏云金芽孢杆菌(*Bacillus thuringiensis*)、球形芽孢杆菌(*B. sphaericus*)、日本金龟子芽孢杆菌(*B. popilliae*)和缓病芽孢杆菌(*B. lentimorbus*)。

第一节　苏云金芽孢杆菌

苏云金芽孢杆菌(*Bacillus thuringiensis*,简称 Bt)是一种土壤细菌,革兰阳性芽孢杆菌属的一种。它的发现可以追溯到 20 世纪初,1901 年日本学者 S. Ihsiwata 第一次报道了从患猝倒病死亡的家蚕体内分离到一种杆状细菌,即苏云金芽孢杆菌猝倒亚种,它的发现成为苏云金芽孢杆菌研究的起点。1911 年,Berliner 报道了从德国苏云金省(Thuringen)染病的地中海粉螟中分离出一种杆菌,并定名为苏云金芽孢杆菌,后来该菌不幸失传。1927 年,Mattes 再次从地中海粉螟中分离出类似的杆菌,并沿用了苏云金芽孢杆菌名称。近几十年来,大量苏云金杆菌的菌种从世界各地的土壤、昆虫及其接触物中被分离出来。

苏云金杆菌是微生物杀虫剂中应用最广泛的一类细菌性农药。Bt 制剂是目前生物农药研究领域中实现大规模产业化的一个主导产品。由 Bt 菌发展而成的杀虫剂占微生物杀虫剂的 90%。苏云金杆菌对鳞翅目、双翅目、鞘翅目、膜翅目和螨类等节肢动物,以及动植物寄生线虫、原生动物、扁形动物等有特异性杀虫活性,而对人、畜、哺乳动物和天敌无害。Bt 杀虫剂可用于防治棉花及其他农作物,如蔬菜、果树、烟草、林木和城市园林植物危害严重且难治的害虫的防治(包括鳞翅目的棉铃虫、小菜蛾、甜菜夜蛾、斜纹夜蛾、菜青虫、马尾松毛虫和鞘翅目的马铃薯甲虫、猿叶虫、柳蓝叶甲等),应用范围十分广泛。世界上第一个制剂于 1938 年在法国研究成功,而作为商品、投放市场的制剂是 1957 年由美国太平洋酵母公司首次批量生产的。我国于 1959 年引进 Bt 杀虫剂。经过多年的发展,Bt 杀虫剂已成为我国工业化和生产水平最高的生物农药之一。目前国际上 Bt 杀虫剂已有十几个品种,其商品化生产主要集中在美国、法国、比利时等国家。我国市场需求量也非常大。

目前 Bt 的制剂生产主要采用液体深层发酵。我国主要产品为粉剂和液剂。同时也建立了以目的昆虫为指标的制剂标准。在剂型化的过程中加入适当的助剂(稀释剂、防腐剂、粘着剂、保护剂),可更好地发挥在不同生态环境中的应用效果,以延长持效期。

Bt 的毒素是多种多样的,不同的亚种菌株产生的毒素种类和性质亦不相同,表现出不同的杀虫活性,通常分为 α-外毒素、β-外毒素 γ-外毒素和 δ-内毒素,及近年从该菌的发酵上清液中分离出Vips 和具有协同毒性作用的 Zwittermicin A 等活性成分。其中 δ-内毒素即伴胞晶体是其杀虫活性的主要来源，一般认为它是在细胞生长的稳定期开始合成并逐渐包装形成伴晶胞晶体的，其量可达整个细胞干重的 20%～30%。δ-内毒素根据杀虫范围及基因的同源性将其分为两类，主要的一类为cry，在活体和离体条件下只对鳞翅目、双翅目或鞘翅目幼虫有毒，另一类是 cyt，只对双翅目有毒。β-外毒素又叫热稳定外毒素或苏云金素（thuring iensin），它只是在部分苏云金芽孢杆菌株营养生长阶段产生，是一类核苷类物质，具有热稳定性和广谱杀虫作用，可抑制昆虫体内 RNA 的合成，阻止昆虫细胞生长、繁殖而造成虫体死亡。除此之外，产生的外毒素还有 α-外毒素、γ-外毒素、不稳定外毒素、水溶性外毒素等，α-外毒素即卵磷脂酶 C（phospholipase C），它具有水溶性，热敏感性，对昆虫有毒性，其作用方式是破坏细胞的磷脂膜，引起败血症，γ-外毒素是一种尚不确定的酶类，对虫体的作用尚不清楚。水溶性毒素感染家蚕后引起伴胞晶体毒素和症状，进一步的研究尚未见报道。此外，芽孢在杀虫过程中也起一定的作用。1996 年，发现一种在营养生长期表达的分泌型外毒素 Vips（vegetative insecticidal proteins），它是 Bt 营养生长期分泌的一种很有前景的杀虫蛋白。是一类新发现的杀虫蛋白，它从对数生长中期开始分泌，直到稳定前期达到高峰，它与苏云金素不同，对热不稳定，对谷物的几种主要害虫具有很强的毒杀力。另外，在 1990 年 Handelsman 从苜蓿根际分离到一株对苜蓿猝倒病有很高防效的蜡状芽孢杆菌菌株，从它的培养液中分离纯化出两种抗生素，其中一种为线型氨基多元醇，命名为 Zwittermicin A，它对 Bt 内毒素具有增效能力。可显著提高 Bt 杀虫活性，该物质本身对昆虫的毒力极弱，但可显著提高苏云金芽孢杆菌伴孢晶体蛋白对美国舞毒蛾等多种重要害虫的毒力，增效作用可达到 115～1000 倍。

　　Bt 制剂也存在一些自身缺陷，突出地表现在：专一性强，对高龄害虫和多种害虫复合发生的控制效果较差；持效期短，大面积单一制剂的反复使用导致昆虫抗性的产生等。因此，自 20 世纪 80 年代中后期以来，随着对苏云金芽孢杆菌分子生物学和分子遗传学的深入研究，构建具有综合优良性能的重组菌株和转基因植物成为 Bt 新的发展方向。我国充分利用极其丰富的微生物资源，分离有自主知识产权和重要应用价值的新的抗虫和抗病蛋白基因；通过杀虫蛋白基因组合、分子进化、不同结构域中氨基酸定点诱变、融合、互换等分子设计手段进一步提高杀虫毒力，扩大杀虫谱，这些已成为解决 Bt 现有问题的重要手段。

一、杀虫晶体蛋白

　　δ-内毒素是以蛋白质晶体结构的形式存在于细胞内，是杀虫作用的主要因素。其突出的特征是在芽孢形成过程中，可以在其营养体内合成一种晶体状的蛋白质内含物，这些蛋白质具有特异性的杀虫活性，通常被称为杀虫晶体蛋白（insecticidal crystal protein，ICPs），包括 Cry 蛋白和 Cyt 蛋白两大类。这两类蛋白在氨基酸序列及其基因同源性上相距甚远，但它们均能在靶标害虫中肠内被激活成毒素，并在昆虫中肠细胞膜上形成孔道，进而引起中肠细胞胶样渗透裂解，最终导致靶标害虫的死亡。Cyt 蛋白能增强 Cry 蛋白的杀虫活性，降低害虫对 Cry 蛋白的抗性。

（一）Cry 晶体蛋白

　　完整的 Cry 晶体蛋白对昆虫不具有活性，只有当 Cry 晶体蛋白通过害虫取食进入中肠后，在中肠液碱性条件下（pH>10），二硫键断开，伴孢晶体溶解成原毒素（protoxin），原毒素进一步在中肠胰蛋白酶的作用下，去掉了它的 C 端（约有 500 个氨基酸）并从 N 端降解 28～30 个氨基酸，从而形成一种分子量为 65～75kDa 的稳定毒素核心片断，这是原毒素的激活形式，这与昆虫中肠上皮细胞上的特异受体相结合，并把毒素插入到该细胞膜上，形成离子通道，导致渗透平衡破坏，使肠道内溶物渗入血腔，引起足以致死的败血症，如血液 pH 值升高，血淋巴 pH 值下降、肠道渗透性失调、钾离子控制失灵等，从而造成昆虫全身麻痹而死。高等动物因肠胃分泌液呈酸性，不能活化降解毒素前体大分子而不受毒害。

　　目前已知的 Cry 晶体蛋白约有 300 多种，它们的序列和杀虫谱间的相关性尚未完全阐明。但是也发现存在着一些普遍的规律，例如，Cry1 和 Cry9 蛋白对鳞翅目幼虫具有活性；Cry3、Cry7 及

Cry8 却对鞘翅目幼虫具有活性；而某些 Cry 蛋白可能具有广泛的不同杀虫谱，这种特点至今尚未弄清其原因所在。研究表明，许多 Cry 蛋白，它们降解成具有活性的毒性碎片时，在 N 端氨基酸的变化对活性的干扰很大，而有近一半的原蛋白的 C 端的变化却对活性没有影响，如分子量大约为 70kDa 的 Cry2，其活性对 C 端的是否除去没有什么影响，Cry 氨基酸的序列变化极为分散，但对绝大多数 Cry 蛋白来说，其中 5 个保守区在活性碎片中是可识别到的。

从 6 个已解析的 Cry 活性蛋白（Cry1Aa、Cry1Ac、Cry2Aa、Cry3Aa、Cry3Bb 及 Cry4Ba）的晶体结构来看，尽管它们的同源性很低，但在结构上都具有极为相似的球形结构，球形结构中，包括三个结构区域：第一个区域在 N 端区域（对于 Cry3 来说，是残基 58～290 部分）含有 7 个 α-螺旋结构，其中，中心是一个比较疏水的（$a5$），围绕在外面的是 6 个双亲性的螺旋结构；第二个区域（残基 291～500）是由三个 β-折叠组成，捆绑成一棱柱体；第三个区域则是 C 端区域（残基 501～644），它由 2 个缠绕的反向平行的 β-折叠形成的 β-夹心结构，它的外侧与溶剂面相对，而内侧则与其他两个区域相对。基于这种结构和 Cry 突变体和杂化体的特征，研究者假设了 Cry 蛋白这三个区域的功能：区域I主要参与在昆虫中肠上皮细胞形成孔道。结构域II主要决定毒素的专一性和与受体的特异性结合。结构域III主要功能是调节毒素的活性，在不同的毒素中具有不同的功能。图 1-9-1 为杀虫晶体蛋白 Cry3A 及 Cry1A 活性区三维结构。

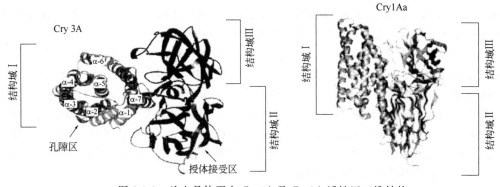

图 1-9-1 杀虫晶体蛋白 Cry3A 及 Cry1A 活性区三维结构

（二）Cyt 晶体蛋白

Cyt 蛋白首先在苏云金芽孢杆菌以色列亚种（*Bacillus thuringiensis* sub sp. *israelensis*，简称 Bti）的伴孢晶体中发现。苏云金芽孢杆菌以色列亚种所产生的伴孢晶体除包括有 4 种 Cry 蛋白（分子量在 72～134 kDa）外，还存在一种蛋白，这种蛋白分子量较小，仅有 27 kDa 左右，并且与 Cry 蛋白同源性很差。尤其不同于 Cry 蛋白的是，这种蛋白具有广泛的溶细胞活性，在体外能够引起无脊椎动物和脊椎动物的细胞发生溶解，甚至能引起高等哺乳动物红细胞的溶解，具有溶血活性。因此，它被称为 Cyt 蛋白或溶细胞素。

迄今为止，仅发现 *cyt* 基因与 *cry*3 或 *cry*4 基因共存，尚未发现同时具有 *cyt* 基因和 *cry*1 基因的菌株，也未发现具有 *cyt* 基因的菌株对鳞翅目害虫有高毒力。

现已发现了 16 种 *cyt* 基因，按已知的 *cyt* 基因产物氨基酸序列的同源性，将它们分成两类，即 *cyt*1 和 *cyt*2。这两类蛋白除了同源性的存在差异外，性质也不尽相同。如 Cyt2Aa 对蛋白酶的耐受性比 Cyt1Aa 强许多。这可能与 Cyt2Aa 的 C 末端比 Cyt1Aa 多一条 15 个氨基酸的"尾"有关，而这 15 个氨基酸可能对于 Cyt2Aa 在无晶体的 Bt 菌株中的高表达和晶体形成也起着重要的作用。另外，Cyt1Aa 和 Cyt2Aa 在溶细胞活性方面也存在差异。Cyt2Aa 是一种原毒素，只有在被昆虫中肠液或蛋白酶 K 水解激活成 23 kDa 的毒素后，才具有溶细胞活性；而 27kDa Cyt1Aa 本身就已具溶细胞活性，不过当它被水解成 25 kDa 的片段时，其溶细胞活性大幅提高。因此，一般认为 Cyt1Aa 也还是一种原毒素。

Cyt 蛋白的结构与 Cry 蛋白明显不同。Cyt2Aa 蛋白与 Cry3A 氨基酸序列的同源性不到 20%，这种差异在蛋白质三维结构上有很好的反映。Cyt2Aa 蛋白只有一个结构域：两个 α2 螺旋位于外层，包裹着一个形成发卡式结构的 β-折叠。这个 β-折叠可以在细胞膜上形成一个跨膜的 β-圆筒结构（见图 1-9-2）。有人通过对 Cyt1Aa 和 Cyt2Aa 序列比较分析，推测这种结构在不同的 Cyt 蛋白中是普遍存在的。

图 1-9-2　Cyt2Aa 结构示意图

　　Cyt 蛋白的作用机理在体内和体外是不同的。Cyt 在体外的溶细胞过程可分为三个步骤。首先，水解激活后的 Cyt 毒素以单体形式不可逆地与昆虫细胞和哺乳动物细胞膜上的不饱和磷脂结合。第二步，与细胞膜结合的毒素分子开始聚集，形成特定大小的低聚体。这一步骤与细胞膜与结合的毒素浓度密切相关。只有当毒素浓度超过一定的阈值后，毒素的低聚体才会形成。毒素聚集是细胞溶解的必需步骤，只要当一定大小的毒素低聚体形成后，细胞才会发生溶解。同时，毒素的聚集也有利于后续毒素的结合，因而也加速了溶细胞的过程。但 Cyt 蛋白是否能在细胞膜上形成"孔"尚存争议。Cyt 蛋白在活体内所产生的毒性并不像在体外那样具有非特异性，它主要对双翅目昆虫有毒杀作用。

　　正是由于 Cyt 蛋白独特的作用机理，以及其可增强 Cry 蛋白毒力，降低或延缓 Cry 蛋白抗性的特性，使得它将在 Cry 蛋白抗性的长期治理中充当重要角色。目前国内外学者正尝试将 Cyt 蛋白与 Cry1 蛋白进行组合，以期解决鳞翅目害虫对 Bt 的抗性问题，但由于 Cyt 蛋白的作用机理至今仍不明确，使得 Cyt 蛋白与 Cry1 蛋白的组合还比较盲目，尚处于摸索阶段。

二、Vips 蛋白

　　Vips 主要分为 Vip1、Vip2 和 Vip3 三种，它们的杀虫活性各不相同，Vip1A 分为 Vip1A（a）和 Vip1A（b）两类，二者的氨基酸同源性为 77%。Vip1A（a）分子量为 100kDa。当它被分泌到胞外时，位于 N 端 1～33 的氨基酸被切除成约为 80kDa 的蛋白质。Vip2A 分为 Vip2A（a）和 Vip2A（b）两类，二者的氨基酸同源性为 91%，都具有辅助蛋白的功能，分别可以与 Vip1A（a）构成二元毒素。*Vip2A* 基因位于 *Vip1A* 基因的上游，大约 12% 的 Bt 菌株具有这两类基因，二者构成的二元毒素，对叶甲科昆虫具有特异性，而 δ-内毒素对以上两种害虫均无效。

　　Vip3 中的分类较多，其中 Vip3A（a）和 Vip3A（b）具有 98% 的氨基酸序列同源性，其他的蛋白与 Vip3A 的同源性也很高，几乎都在 99% 以上，研究表明，15%～23% 的 Bt 菌株都含有 *Vip3A* 基因，Vip3A（a）的分子量为 89kDa，它的 N 端含带正电荷氨基酸及其相连的疏水区，这与其他芽孢杆菌的信号肽序列类似。Vip3A 对鳞翅目夜蛾科害虫具有广谱的杀虫活性，如 Vip3A 对棉铃虫和烟芽夜蛾等高毒，其毒性与 Cry1Ac 相当。一些对 Bt 杀虫晶体蛋白有很强抗性的昆虫对 Vip3A 都较为敏感，如 Vip3A（a）对小地老虎的毒性要比 Cry1A（c）高 256 倍。

　　Vip1 和 Vip2 作用于昆虫的情况尚未进行细胞病理学和免疫化学试验，对于 Vip3 的作用机制研究较为深入，细胞病理学试验表明，敏感昆虫喂食 Vip3A（a）24h 后，中肠上皮柱细胞膨胀成圆形，而杯状细胞的形态稍有变化，48h 后，内腔充满崩溃的细胞碎片，杯状细胞明显受损，72h 后，与基膜完全脱落，昆虫死亡。Vip3A 和 ICPs 的作用机制完全不同，ICPs 的作用机制在前面已述及，它在昆虫碱性中肠中溶解，原毒素经中肠胰蛋白酶作用后，生成毒蛋白，再与中肠上皮细胞刷状缘膜的受体结合，导致昆虫死亡；而 Vip3A 在夜蛾科害虫的中肠可能会以可溶性的形式存在，但在 pH 低于 7.5 时溶解性降低，其 C 端不被切除，它与敏感昆虫上皮细胞结合，诱发昆虫细胞凋亡，细胞核溶解，最终昆虫死亡。Vip3A（a）具有结合敏感昆虫中肠上皮细胞（主要是柱状细胞）的作用，并引起细胞凋亡。因此，Vip3A（a）的杀虫作用谱和它与昆虫中肠上皮细胞结合与否直接相关。在昆虫中肠上皮细胞存在着一个或多个结合并识别 Vip3A（a）的受体，它介导昆虫细胞和 Vip3A（a）的相互作用，此受体现已被分离。它与一类胞外糖蛋白具有同源性，这类蛋白含有类似表皮生长因子的基序或重复序列，与多种配体相互识别，对于细胞黏附和信号传导具有重要作用。这种作用方式进一步证明 Vip3A 是一种是新的杀虫活性物质。

Vip1 和 Vip2 这一对毒素对鞘翅目昆虫特别有效，而 Vip3 蛋白则对鳞翅目有特效。Vips 的研究刚刚起步，国内外有关的报道还比较少。Vips 的发现弥补了 ICPs 的不足，为更加有效地利用 ICPs 提供了可能。目前 Vips 已成功地应用于转基因杀虫植物的构建，得到了高效抗虫多价转基因玉米。

三、Zwittermicin A

Zwittermicin A 是一种线性氨基多元醇化合物，1994 年首次发现。它可提高苏云金杆菌伴孢晶体蛋白对美国舞毒蛾等多种重要害虫的毒力，是一种水溶性物质，微溶于甲醇、吡啶，不溶于丙酮、乙腈、己烷，在 pH 7.0 时呈阳离子状态，它在酸性和中性比较稳定，在碱性条件下易分解。华中农业大学研究了它的杀菌活性，结果表明它对水稻白叶枯病菌有较强的抑制作用，对与杀虫有关的芽孢杆菌的杀虫活性有所提高，同时也可降低害虫对芽孢杆菌的抗体药性。一旦加入 Zwittermicin A，就可降低生物农药的用量，它的增效作用涉及与杀虫有关的芽孢杆菌、化学杀虫剂及病毒杀虫剂的杀虫活性，它能使 Cry1、Cry2、Cry3、Cry4、Cry5、Cry6 类全长或截短了的杀虫晶体蛋白增效 1.5～1000 倍，通常为 100～400 倍，而且还能延缓抗性的产生。此外，它还能抑制疫霉和腐霉的生长。研究表明，Zwittermicin A 与苏云金芽孢杆菌制剂合用对鳞翅目、双翅目、鞘翅目、蜱翅目等中的一些种类具有增效作用，但对于不同的昆虫，其增效作用的效率不同，对鳞翅目的甜菜夜蛾有增效作用明显，但对鞘翅目的柳蓝叶甲增效作用不明显，对双翅目的致库蚊有拮抗作用。

关于 Zwittermicin A 的增效机制有多种假设：有人认为是提高了苏云金杆菌伴孢晶体的毒力，当苏云金杆菌杀虫晶体蛋白破坏昆虫中肠上皮后，Zwittermicin A 直接作用于昆虫细胞，造成伤害；也有人认为是 Zwittermicin A 增强了中肠上皮细胞对苏云金杆菌毒性肽的亲和力，激活那些与毒素激活和溶解有关的蛋白酶，破坏围食膜这道屏障，直接损害中肠上皮的功能；还有认为是依靠它的抑菌活性来改变昆虫中肠的微生物群的组成，进而影响昆虫的生长发育、消化和营养，达到增效的目的，这个推断的根据是：当昆虫进食了含有 Zwittermicin A 的饲料后，某些正常中肠栖息菌的水平已降低到了可检测的极限。

Zwittermicin A的分子结构

四、抗性问题

迄今为止，在田间和实验室研究中已经发现有十多种昆虫对 Bt 杀虫毒蛋白产生了抗性。根据 Bt 毒蛋白的杀虫机理，在长期选择压力下，昆虫纹缘膜细胞上的受体位点会发生改变，使晶体蛋白不能与纹缘膜细胞上的受体位点结合，失去毒杀作用，结果造成昆虫产生抗性。尽管已分离到的 Bt 毒蛋白基因的抗虫谱几乎覆盖了所有鳞翅目、鞘翅目、双翅目等害虫，但每一种 Bt 毒素蛋白基因的抗虫谱却十分有限，某一特定的毒蛋白只对某一种或几种害虫具有毒杀作用，这也是害虫易造成抗性的原因。

有关专家也提出了一些抗性治理的策略：如轮换、更替或混合使用含不同杀虫晶体蛋白成分的 Bt 杀虫剂等。这些策略存在一个潜在的弊端，即过分（几乎全部）依赖于 Cry 蛋白的作用。由于 Cry 蛋白有着相对保守的氨基酸序列和相似的作用机理，因此，出现 Cry 蛋白间的交互抗性也就不足为奇。而由于 Cyt 蛋白作用机理完全不同于 Cry 蛋白，所以它与 Cry3A 蛋白间不会产生交互抗性，很显然，它将在今后 Cry3A 的抗性治理中起到重要作用。

近年来，苏云金芽孢杆菌制剂的弊端突出地表现在：专一性强、杀虫谱窄、防效不够稳定、杀虫速度慢，对高龄害虫和多种害虫复合发生的控制效果较差；持效期短，大面积单一制剂的反复使用导致昆虫抗性的产生等。因此自 20 世纪 80 年代中后期以来，随着对苏云金芽孢杆菌分子生物学和分子遗传学的深入研究，构建具有综合性能优良的重组菌株和转基因植物成为 Bt 新的发展方向。

　　充分利用我国极其丰富的微生物资源，分离具有自主知识产权和重要应用价值的新的抗虫和抗病蛋白基因；通过杀虫蛋白基因组合、分子进化、不同结构域中氨基酸定点诱变、融合、互换等分子设计手段进一步提高杀虫毒力，扩大杀虫谱，这些已成解决 Bt 现有问题的重要手段。如由于 Cyt 蛋白独特的作用机理，以及其增强 Cry 蛋白毒力，降低或延缓 Cry 蛋白抗性的特性，使得它将在 Cry 蛋白抗性的长期治理中充当重要角色。目前国内外学者正尝试将 Cyt 蛋白与 Cry1 蛋白进行组合，以期解决鳞翅目害虫对 Bt 的抗性问题，但由于 Cyt 蛋白的作用机理至今仍不明确，使得 Cyt 蛋白与 Cry1 蛋白的组合还比较盲目，尚处于摸索阶段。相信随着 Cyt 蛋白的作用机理的研究深入，必将能为害虫抗性治理的工作指出一条光明的道路。同时，Vips 的发现弥补了 ICPs 的不足，为更加有效地利用 ICPs 提供了可能。目前 Vips 已成功地应用于转基因杀虫植物的构建，得到了高效抗虫多价转基因玉米。此外，探索 Vips 的杀虫作用机理，进行新杀虫活性物质的筛选，Vips 嵌合蛋白的构建和 Vip 及其融合基因导入其他许多宿主微生物方面的研究都具有诱人的潜在应用前景。

　　另外，早在 20 世纪 70 年代人们就发现几丁质酶与微生物杀虫剂之间的增效作用，几丁质酶作为增效剂在克服生物杀虫剂使用中的一些问题方面显示了应用潜力。

第二节　球形芽孢杆菌制剂

　　球形芽孢杆菌（Bacillus sphaericus）是一种对蚊幼虫有毒杀作用的好气芽孢杆菌，它作为一种安全、高效的生物杀蚊剂在世界各地受到广泛的关注和重视。目前，在中国、印度、法国、德国和巴西等地，已成功地用于野外大面积蚊幼虫孳生地的控制，取得了良好的应用防治效果。

　　自从 1965 年，Kellen 发现球形芽孢杆菌 Kellen 菌株对蚊幼虫有毒杀作用后，各国学者开始对此菌类展开了多项研究，如球形芽孢杆菌的分类鉴定、高毒力菌株的分离、杀蚊毒素的遗传改良、对蚊幼虫的致病机理和后致死的研究、蚊虫对毒素的抗性、生产发酵工艺的改良等。不断深入的研究使得球形芽孢杆菌更加广泛地应用于蚊虫的生物控制。在球形芽孢杆菌的研究中，主要通过定向选育等手段来获得稳定、高效、安全、低成本发酵的球形芽孢杆菌工程菌株，并应用于科研和生产。

　　尽管 Kellen 分离的第一个菌株毒力不高，需要 7d 才能使蚊幼虫致死，但是从那以后，球形芽孢杆菌作为蚊幼虫病原菌开始为人们所了解。在之后的时间里，人们一直持续不断地寻找着高毒力的菌株。1976 年，Singer 等首次分离到一株高毒力菌株，之后便有更多的高毒力的球形芽孢杆菌菌株被分离出来。所有的高毒力球形芽孢杆菌在其芽孢生长期均形成由杀虫毒素蛋白构成的伴孢晶体，对库蚊（Culex）、伊蚊（Aedes）、按蚊（Anopheles）、曼蚊（Mansonia）、鳞蚊（PsoroPhor）等具有不同程度的毒杀作用。球形芽孢杆菌不同于其他微生物，它们对碳源物质的同化能力不同，以及在合成作用中取得能量的方式也不同。对于大多数微生物来讲，糖类，特别是葡萄糖、蔗糖，是最好的碳源，但球形芽孢杆菌却不能利用糖类，只能从蛋白质和其他有机物中获得所需的营养物质。

　　在球形芽孢杆菌有毒菌株中，现已发现两类不同的杀蚊毒素，一类是二元毒素（Binary toxin，简称 Bin 毒素），存在于所有高毒力菌株中，在芽孢形成的过程中合成，并伴随芽孢形成，位于芽孢外膜内的伴孢晶体；另一类杀蚊毒素（Mosquitcide toxin，简称 Mtx）存在于部分高毒力和低毒力菌株中，在细菌的生长发育过程中合成，不能形成晶体，易释放到培养基中，被细菌分泌的蛋白酶降解而失活。该毒素同晶体毒素和其他杀虫毒素无同源性，其杀蚊作用机理不详。

一、Bin 毒素

　　Bin 毒素是由分子量分别为 51.4kDa 和 41.9kDa 的两种蛋白质多肽组成，简称 P51 和 P42，它们合成于细菌芽孢形成期，并通过两蛋白的相互作用和折叠而组装形成伴孢晶体，两者的同时存在是形成伴孢晶体所必需的。室内外的生物测定结果表明，只有两种蛋白同时存在，才具有杀幼虫毒力。经研究得知：P42 及其活化的 39kDa 多肽对离体库蚊培养细胞具有毒性，39kDa 多肽对离体细胞的毒性不因 P51 及其衍生物 43kDa 蛋白的加入而改变。以上结果说明，P51 和 P42 是协同作用的，其中 P42 决定 Bin 毒素的杀蚊特异性和杀蚊活性，而 P51 主要负责与中肠位点的特异性结合。只有两种蛋白组分的协同作用才会表现出毒性，所以说这种晶体毒素是一种二元毒素。至于受体的性质，目前还了解不多。P42 对蚊幼虫和离体蚊虫细胞表现的毒性不同，这可能是由于蚊幼虫细胞系缺乏围食膜屏障，存在低亲和性的结合位点和不同的毒素细胞内摄机理。

对 Bin 毒素的作用方式的研究表明，它对敏感蚊幼虫的作用包括下列各阶段：即芽孢晶体复合物被蚊幼虫取食；伴孢晶体在中肠碱性 pH 值下溶解；P51 和 P42 原毒素蛋白分别被胰蛋白酶和糜蛋白酶降解成 43kDa 和 39kDa 的多肽；毒性多肽与胃盲囊和中肠上皮细胞结合；Bin 毒素进入上皮细胞通过不知道的方式发挥其毒力，导致幼虫死亡。

研究表明，P51 的 N 末端和 C 末端及 P42 的 C 末端氨基酸对二元毒素同中肠的特异性结合起着重要的作用，不同的蚊虫对 Bin 毒素的敏感性不同，与其取食频率，毒素在中肠的溶解、活化等阶段无关，但却与活性多肽能否与中肠上皮细胞结合有关。根据实验结果认为 P51 的 N 末端区域同幼虫中肠上皮细胞特定区域结合，其 C 末端同 P42 的 N 末端区域相互作用，使 P42 也结合到相同的部位而发生毒杀作用。目前还不清楚二元毒素结合到中肠上皮细胞的详细作用机理。

在长期高选择性压力下，蚊幼虫会通过中肠上皮细胞二元毒素特异性结合位点的改变而对球形芽孢杆菌产生不同水平的抗性，其抗性特征是由位于染色体上的单一隐性基因决定的。

二、Mtx 毒素

已报道有三种类型的 Mtx 毒素：Mtx1、Mtx2 和 Mtx3。三种毒素蛋白的基因广泛存在于不同毒力的球形芽孢杆菌株中，Mtx1 毒素是一种 100kDa 的可溶性毒素，由 870 个氨基酸组成，它对幼蚊虫具有较高的毒力，纯化的 Mtx1 毒素同晶体毒素的杀蚊活性相当（LC_{50} 值为 15ng/mL），这种毒素合成于营养体生长阶段，不能形成晶体，易被细菌生长过程中的蛋白酶降解形成无活性的多肽成分。100kDa 的 Mtx1 毒素蛋白在中肠胰蛋白酶的作用下，降解成分子量为 7kDa 和 70kDa 的两个片段，经分析，它们分别来自于 Mtx1 毒素蛋白的 N 末端和 C 末端的两个功能区，一个能使中肠细胞蛋白质 ADP-核糖基化，另一个能引起蚊虫离体培养细胞发生病变。而只有当两个片段同时存在时才对蚊幼虫具有毒力。

球形芽孢杆菌菌株 C3-41 是中国科学院武汉病毒研究所于 1987 年在中国南方自行分离的一株高毒杀蚊菌株。球形芽孢杆菌 C3-41 杀幼蚊制剂产品，作为我国第一个完成登记杀幼蚊制剂，在全国 13 个省（市）进行了大面积的应用。作为一种安全、高效、经济、无污染的生物杀蚊剂，在我国城市蚊虫的控制中发挥了重要的作用。但是由于球形芽孢杆菌不能以糖类物质作为碳源的特殊的代谢方式，使得工厂大规模发酵的成本增高，这就在很大程度上限制了制剂的广泛应用。

第三节 日本金龟子芽孢杆菌

金龟子及其幼虫蛴螬是目前世界上危害最大的害虫种类之一，每年给农作物、树木、花卉、草场等带来很大的破坏作用。日本金龟子芽孢杆菌（*Bacillus popilliae*）是一类对金龟子幼虫专性寄生的细菌，主要对日本豆金龟（*Popillia japonica* Newman）和欧洲金龟子（*Amphimallon majalis* Razoumowsky）有宿主特异性。对其他与之有密切亲缘关系的金龟子也会起到感染作用。

日本金龟子芽孢杆菌主要通过芽孢感染和传播，存在于土壤中的孢子经幼虫的口摄入到虫体内，进入消化管萌发成杆状的营养细胞，营养细胞能够侵染中肠细胞，穿透肠壁进入体腔内，在体液中经由芽孢萌发期、营养繁殖期、芽孢形成期和芽孢成熟期四个时期进行增殖，最终导致幼虫感染上 A 型乳化病（type A milky disease），虫体呈现乳白色而死亡。对于幼虫死亡的原因目前还不是很清楚，一般认为是营养物质消耗殆尽，或存在着稳定毒素，或氧化酶代谢紊乱。

日本金龟子芽孢杆菌的发现略晚于苏云金芽孢杆菌。20 世纪 30 年代，美国的 Dutky 首次从感染了乳状病的日本金龟子幼虫蛴螬体内分离出该菌株，并对其在宿主体内的作用机制进行了描述。1950 年，日本金龟子芽孢杆菌制剂在美国登记。但是由于日本金龟子芽孢杆菌对生长和孢子形成的条件要求比较苛刻，很难在人工合成的培养基上大量产生孢子，最初只能通过将患病的幼虫烘干、磨粉获得，因此严重限制了该种生物杀虫剂的大规模生产。为了克服这一困难，从 20 世纪 60 年代开始，科研工作者们该种菌株的生长条件和营养需求等方面进行了大量研究，取得了重大进展。普遍采用在液态培养基中进行两阶段法发酵培养，孢子的生成率可达到 80％以上。近年来，又从基因方面着手，试图克隆编码杀虫活性蛋白的基因，并将其导入其他受体菌中进行表达，为进一步开发利用此菌提供了新的途径。

目前，美国已经成功开发出日本金龟子芽孢杆菌制剂 Doom，并在美国、加拿大、新西兰等日本金龟子泛滥的国家大面积使用，收到了很好的防治效果。我国在该方面研究起步较晚，有报道称已经在晋、冀、鲁、豫等省陆续分离出一些类似于金龟子芽孢杆菌的乳状菌株，并对其寄主范围、离体培养、菌剂制作等各方面进行了初步研究，然而，这方面的相关报道十分有限。

参考文献

[1] Morse R J,Yamamoto T,Stroud R M. Structure of Cry2Aa Suggests an Unexpected Receptor Binding EpitopeStructure,2001,9:409-417.

[2] Maagd R,Bravo A,Berry C,et al. Structure,diversity,and evolution of protein toxins from spore-formine entomopathogenic bacteria,Annu. Rev. Genet. 2003,37,409-433.

[3] Schnepf E,Crickmore N,Van Rie J,et al. *Bacillus thuringiensis* and its pesticidal crystal proteins,*Microbiol*. Mol. Biol. Rev. 1998,62:775-806.

[4] 任羽，张杰. 苏云金芽孢杆菌杀虫晶体蛋白定点突变与新型生物农药的研发. 中国农业科技导报，2006,8(4):14-18.

[5] Alcantara E P,Alte O,Lee M K,et al. Role of alpha-helix seven of Bacillus thuringieusis CryI Ab delta-endotoxin in membrane insertion,structural stability and ion channel activity. Biochemistry,2001,40(8):2540-2547.

[6] Guerchicoff A,Delécluse A. The Bacillus thuringiensis cyt Genes for Hemolytic Endotoxins Constitute a Gene Family,*App Envir Microbiol*,2001,67:1090-1096.

[7] Schnepf E,Crickmore N,Van Rie J,et al. Bacillus thuringiensis and Its Pesticidal Crystal Proteins,*Microbiol Mol Biol Rev*,1998,62:775-806.

[8] 蔡峻，任改新. 苏云金芽孢杆菌 Cyt 蛋白研究进展. 微生物学报，2002,42(4):514-519.

[9] Chow E,Gill S S. Binding and aggregation of the 25-kilodalton oxin of Bacillus thuringiensis subsp. israelensis to cell membranes and alteration by monoclonal antibodies and amino acid modifiers. Appl. Environ. Microbiol. *App Envir Microbiol*,1989,55:2779-2788.

[10] Aronson A I,Shai Y. Why *Bacillus thuringiensis* insecticidal toxins are so e¡ective:unique features of their mode of action,*FEMS Microbiol Lett*,2001,195:1-8.

[11] WO 5 846 870. 1998.

[12] 吴燕榕. 苏云金芽孢杆菌 *vip*3A 基因及杀虫防病菌的研究. 福建农林大学博士论文，2004.

[13] EstruchJ J,Warren G W,Mullins M A,et al. Vip3A,a novel Bacillus thuringiensis vegetative insecticidal protein with a wide spectrum of activities against lepidopteran insects. Pro. Nat. Acad. Scei. USA,1996,93:5389-5394.

[14] WO 6 107 279. 2000.

[15] 刘中信. Zwittermicin A 的分离纯化及其稳定性的初步研究. 华中农业大学硕士论文，2006.

[16] Broderick N A,Goodman R M,Raffa K F. Synergy between zwittermicin A and Bacillus thuringiensis subsp. kurstaki against gypsy moth (Lepidoptera;Lymantriidae). Environ. Entomol,2000,29:101-107.

[17] 张玲. Bt 杀虫剂研究进展. 中国生物工程杂志，2005,91-94.

[18] 李林，喻子牛. 细菌杀虫剂研究和开发的现状与展望. 微生物学杂志，1998,18(4):33-38.

[19] 潘映红，张杰，黄大. 几种微生物杀虫蛋白基因研究进展. 生物技术通讯，1999,2:1-4.

第十章

章鱼胺拮抗剂

昆虫体内许多的生理过程是由单胺类、章鱼胺、多巴胺及 5-羟色胺等来调节的，在某些情况下，胺的作用是通过胺与特殊的腺苷酸环化酶系统偶合的膜受体的相互作用来表达的，这种受体属于与三磷酸鸟苷结合蛋白（G 蛋白）的跨膜蛋白，受体与各种 G 蛋白的相互作用，可导致不同的第二信使途径的活化。

第一节　章鱼胺

章鱼胺（octipamine，OA），又名真蛸胺或章鱼涎胺，最初由 Brspamert 和 Boretti 于 20 世纪 50 年代从章鱼唾液腺中发现。章鱼胺是一种选择性神经胺，它在昆虫体内起着重要的作用，而几乎不存在于脊椎动物体内，章鱼胺的化学名称为 2-羟基-2-（4-羟苯基）乙胺盐酸盐，分子结构为：

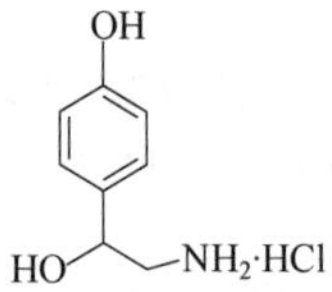

章鱼胺是无脊椎动物体内一种非常重要的神经活性物质，它的存在与含量的变化对昆虫的生长、行为、代谢等具有多种生物效应，是昆虫体内的一种多功能物质，它具有神经递质、神经激素和神经调节作用因子的三重功能。作为神经递质，它是在化学突触神经元之间传递信息的化学物质之一，可控制内分泌和光器官；作为神经激素，它可诱导脂类和碳水化合物的移动；作为神经修饰物质，它可影响运动类型，栖息甚至记忆，还可作为各种肌肉、脂肪体和感觉器官的末梢。这些调节作用是通过影响对章鱼胺敏感的腺苷酸环化酶（ACE）的活性及提高细胞内环化腺苷酸（cAMP）水平来实现的。它调节昆虫的取食、运动和代谢等多种生理活动。在脊椎动物体内，去肾上腺素有着与章鱼胺类似的功能，但二者的药理学特性有所区别。因此，章鱼胺在脊椎动物与昆虫之间的选择性，使得章鱼胺受体是一种很有前途的杀虫、杀螨剂的选择性作用靶标。

章鱼胺是由芳香氨基酸脱羧及 β-羟基化后形成的，储存在小泡内。当电冲动到达时，章鱼胺由小泡中释放出来，进入突触膜上的受体，一部分被前突触膜回收，而主要的部分到达后突触膜上的受体，后突触膜上的受体与腺苷酸环化酶（ACE）相联，章鱼胺与它的结合使 ACE 活化，ACE 的作用是使三磷酸腺苷（ATP）转化为环腺苷酸（cAMP），cAMP 的产生活化了蛋白激酶，而它又使各种蛋白和酶活化，进而产生各种生化反应。这就是章鱼胺的神经递质功能。另有一部分章鱼胺释放后进入血淋巴中，后者将它们带到远处的神经、肌肉及其他器官，作为神经激素和神经调节因子引起一些生理反应。至今已发现了 3 种章鱼胺受体，即 α-型、β-型及 γ-型，其中 β-型又分成 β_1 和 β_2 两种。章鱼胺受体可以和章鱼胺及多种章鱼胺的激活剂和拮抗剂反应，目前发现的激活剂和拮抗剂多是作用于 β-型受体。由于章鱼胺受体是仅存在于无脊椎动物体内的非肽键型的受体。利用这一靶标作为新型、高选择性、安全的杀虫剂的探索引人注目。章鱼胺的生理功能示意图见图 1-10-1。

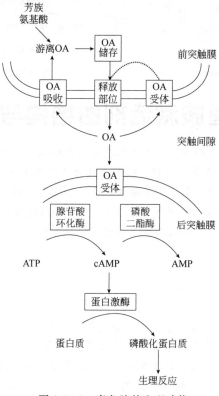

图 1-10-1　章鱼胺的生理功能

目前已发现了几类以章鱼胺系统为靶标的作为受体激活剂的化合物：如甲脒类、咪唑啉类、噁唑啉类、噻唑啉类、二苯甲醇类、苯乙醇类、噁二嗪类及天然存在的可卡因和咖啡因等，它们有的已成为商品化品种，有的还在研究中。

杀虫脒(chlordimeform)　咪唑啉(imidazoline)　噻唑啉

噁唑啉　噁二嗪类

苯乙胺类　二苯甲醇类　咖啡因

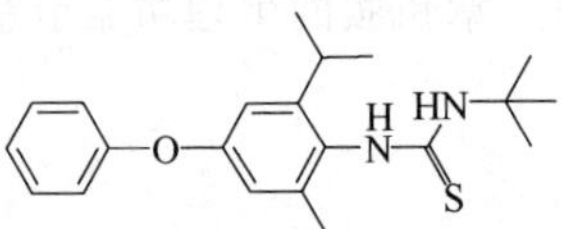

杀螨隆

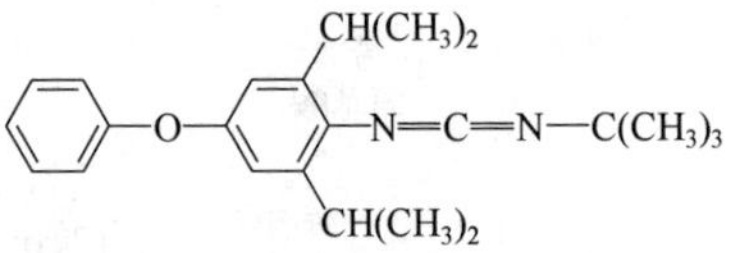

碳二酰亚胺

第二节　章鱼胺激活剂的结构与活性的关系

作用于章鱼胺系统的各类农药在结构上大多与章鱼胺相似，其生物活性主要是模拟章鱼胺的作用，激活 ACE，从而引起昆虫厌食、拒食、痉挛、抽搐等异常反应，以致死亡。章鱼胺类杀虫剂分子中都有共同的结构特征，即含有一个苯基和一碱性基团的侧链，如甲脒类和碳二酰亚胺类杀虫剂分子中具有苯基，并在其侧链上含有两个氮原子；咪唑啉和噁唑啉类杀虫剂也具有苯基，而碱性基团侧链则包含在一个氮杂环中。比较章鱼胺与这些杀虫剂的分子最低能量构象，可以看出分子间具有很好的重叠性：

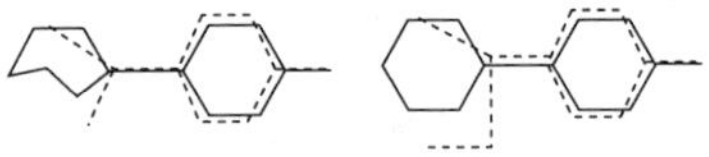

比较章鱼胺与这类化合物苯环与上图为计算机根据（R）-章鱼胺盐酸盐与二氢噁二嗪类似物 X 衍射晶体结构数据，经分子结构能量优化后所得模拟的重叠图，其中虚线为章鱼胺，实线为二氢噁二嗪（分子中氢及氯原子均略去，未标出）。从这些结果可以认为章鱼胺类杀虫剂都在结构上具有相似性，苯基与碱性氮原子间的距离为 0.344～0.377nm，各类品种苯基与氮原子间的距离见表 1-10-1。这些化合物具有相似的杀虫性质，根据这一分子模型，有希望筛选出活性更高、选择性更好的品种。

表 1-10-1　各类活性化合物苯基与氮原子之间的距离

化　合　物	结　构　式	苯环与氮原子间距/nm
章鱼胺	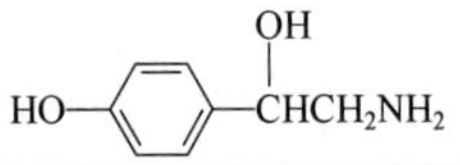	0.377
杀虫脒	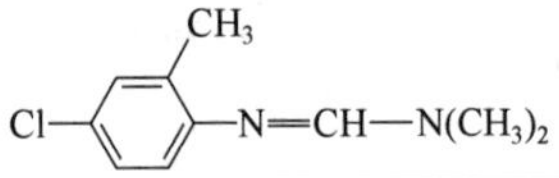	0.354
咪唑啉	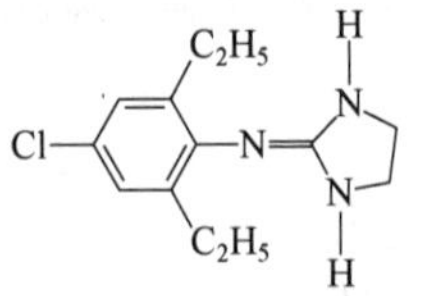	0.354
噁二嗪	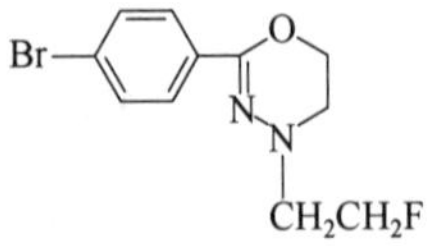	0.368

现已知的章鱼胺受体拮抗剂有米安色林（mianserin，一种抗抑郁药），赛庚定（cyproheptadine，一种抗组织胺药），chlorpromazine（一种镇静药）和 gramine（芦竹碱），但作为农药的商品化品种尚未见报道。作为农药品种的都只是章鱼胺受体激活剂。

章鱼胺盐酸盐的合成路线有多种，如可以苯酚为原料，在无水氯化铝存在下与氨基乙腈盐酸盐进行傅氏酰基化反应，然后水解得羰基化合物，再用 Raney 镍催化加氢制得：

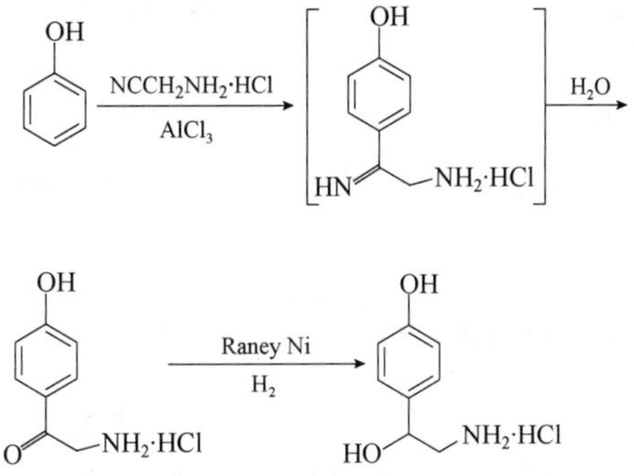

第三节 主要品种

1. 甲脒类

甲脒类杀虫剂是较早出现的一类活性较高的品种，主要品种有杀虫脒、去甲杀虫脒和双甲脒，它们是章鱼胺受体激活剂，可激活章鱼胺受体，引起 cAMP 水平的升高，导致昆虫异常行为。最早开发的甲脒类杀螨剂是杀虫脒，由于其致癌及毒性问题，我国已于 1992 年停止生产和使用。

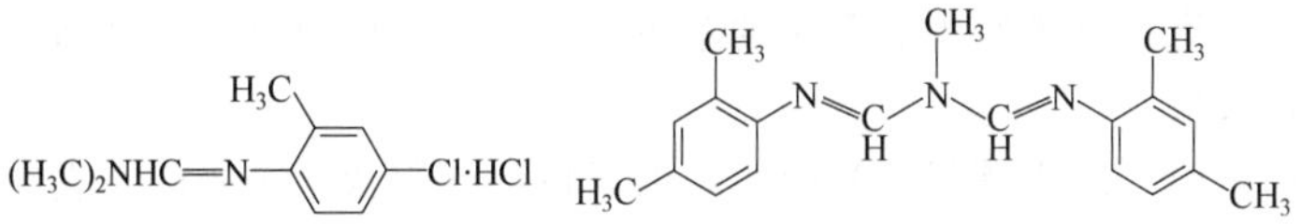

杀虫脒　　　　　　　　　　　　双甲脒(amitraz)

双甲脒纯品为白色固体，熔点 86～87℃，20℃时的蒸气压为 5×10^{-5} Pa。易溶于多种有机溶剂，难溶于水，常温下为 1mL/L，热稳定性较好，潮湿状态下会缓慢分解，主要加工品有 20％和 12.5％的乳油，并能与常用的农药混用。

自 20 世纪 70 年代以来，已对双甲脒的合成方法，进行了不同路线的研究，其中比较适于工业生产的是 N-甲基甲酰胺法和原甲酸三乙酯法。N-甲基甲酰胺法是以 2,4-二甲苯胺盐酸盐和 N-甲基甲酰胺为原料，以对甲苯磺酰氯为缩合剂，在二甲苯中生成 N-2,4-二甲苯基-N'-甲基甲脒（简称单甲脒），再继续在二甲苯中回流 48h，即得双甲脒，反应步骤如下：

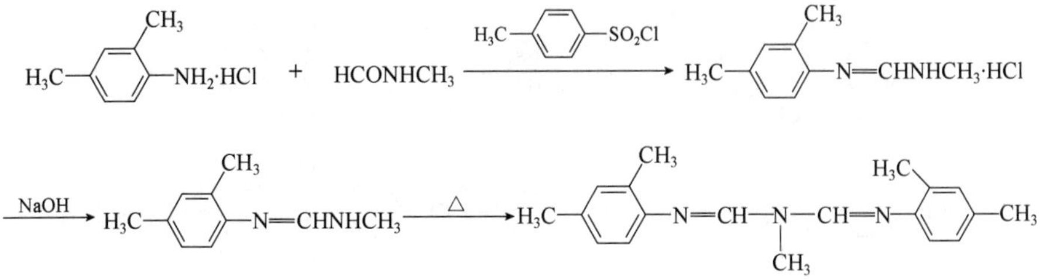

原甲酸三乙酯法是以 2,4-二甲基苯胺盐酸盐、原甲酸三乙酯为原料，在无水 ZnCl₂ 存在下进行升温反应，不断蒸出生成的乙醇，直至无乙醇蒸出为止。冷却，加入少量的 N-甲基甲酰胺，重新缓缓升温，至蒸馏出乙醇和甲酸乙酯后，再冷却并继续加入 N-甲基甲酰胺和原甲酸三乙酯，升温至 180℃，反应完成。

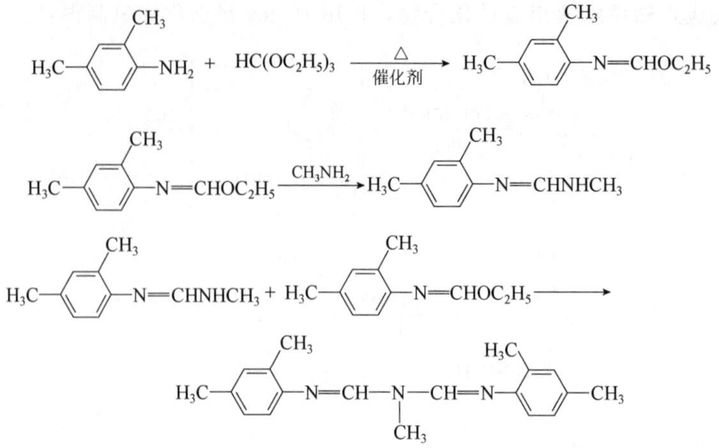

双甲脒是甲脒类农药中的唯一品种，为一种广谱杀螨、杀虫剂，是牲畜体外寄生虫的特效杀虫剂，广泛用于驱杀牛、绵羊、山羊及猪的体外寄生虫，如螨、蜱及羊蜱蝇等，而残留于毛发上的药剂足以杀灭各个发育阶段的寄生虫（包括虫卵），同时在农业与园艺中，可防治梨木虱与落叶果树的螨类及棉花的大部分害虫，如棉铃虫、蚜虫、木虱、粉虱及某些介壳虫等。具有一定的持效性与穿透作用，对有机磷、有机氯及氨基甲酸酯类化合物产生抗药性的体外寄生虫亦具有杀伤效果，对捕食性昆虫及蜜蜂相对安全。

双甲脒在酸性介质中，暴露在日光及高温下极易水解，石灰水可以稳定产物，其作用机制尚不完全清楚，近来认为它可能具有双重的作用机制，一是抑制螨虫和蜱虫体内代谢神经递质的一元胺氧化酶，二是活化外皮寄生物神经中心系统的章鱼胺受体，造成肌肉强直抽搐，其作用是增加神经的活性，出现非正常反应。

当局部应用于动物时，双甲脒很少被吸收，但经口却能很快地被吸收，它在动物体内的代谢和排泄也很迅速，可水解成 N-（2,4-二甲基苯基）-N-甲基甲脒及 2,4-二甲基甲脒，最终转变成 4-氨基-3-甲基苯甲酸，然后从尿中排出，很少存留在胆汁中。

双甲脒在动物体内有阻断 5-羟色胺的活性及激活肾上腺素受体的活性，对于狗的临床症状是极度的兴奋，包括镇静、心搏徐缓、低血压、高血糖、体温降低和瞳孔放大等症状。

2. 三氯杀螨醇

三氯杀螨醇早就广泛用于植食性螨的控制，尽管其结构类似于 DDT，但二者的作用机制不同，Soderlund D M 及 Adams P M 的研究表明，高浓度的三氯杀螨醇（100μmol/L）完全抑制了章鱼胺激活 ACE 的活性，而且与 ACE 激活剂双甲脒可产生交互抗性，这表明章鱼胺受体是此类化合物的主要作用靶标。其合成方法是将 DDT 氯化后水解，即可得产品。

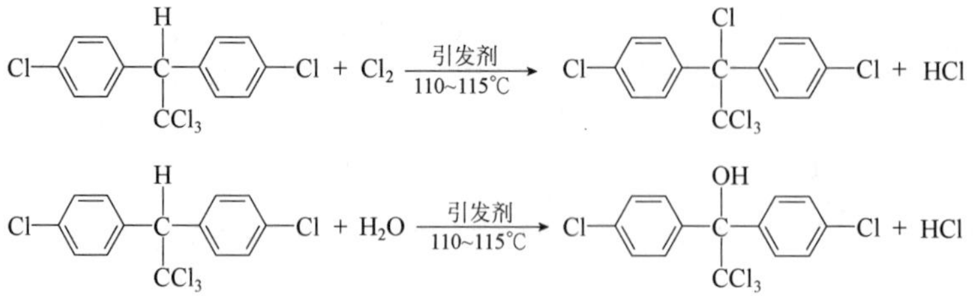

3. 噁二嗪类

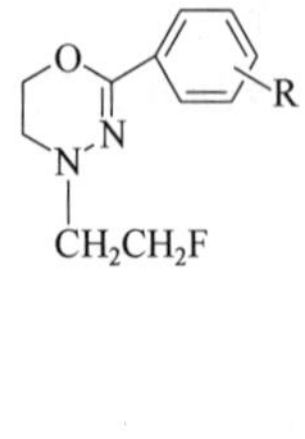

噁二嗪类杀虫、杀螨剂是最近发现的章鱼胺受体激活剂，一些这类化合物对鳞翅目昆虫及螨有较强的杀卵作用。有较好的应用前景。可卡因是一类天然杀虫剂，它的低浓度导致幼虫行为异常，高浓度时使其停止进食，死亡。它的水溶液还具有杀卵的作用，主要毒力来自于增强了章鱼胺的神经传递功能。

　　5,6-二氢-4H-1,3,4-噁二嗪类化合物的结构类似于章鱼胺的杀虫、杀螨剂，这些化合物提高了棉红蜘蛛组织匀浆的环化 AMP 的水平，增加的环化 AMP 的产物可被几种章鱼胺的拮抗剂所抑制，其中包括抗抑郁药米安色林，增肥药赛庚啶，血管扩张药酚妥拉明及芦竹碱，以上研究结果说明二氢噁二嗪类化合物可能是通过扰乱了螨虫的章鱼胺系统而产生杀虫和杀螨活性的，二氢噁二嗪的主要作用位点很可能是章鱼胺敏感的腺苷酸环化酶复合物。

　　所有噁二嗪类衍生物大都是苯基上带有不同取代基的化合物，从结构上看都与章鱼胺有一定的相似之处，噁二嗪类化合物的 X 射线衍射晶体结构说明了这种相似性。分子中苯基和与之相距在 0.344～0.377nm 之间的 N 原子是它们的活性结构，Hirashina 则认为章鱼胺由于在生理 pH 值下完全电离而不能有效地穿透昆虫表皮和神经膜，以致毒力不高，故而如何去对章鱼胺分子中的极性基团进行衍生化是发现新活性化合物的有效途径。

$$R \!-\!\!\langle\text{benzene}\rangle\!\!-\!\!CONHNH_2 \xrightarrow[\text{NaOH}]{\text{BrCH}_2\text{CH}_2\text{F}} \text{oxadiazine}$$

（Ⅰa－Ⅰj）　　　　　　　　　（Ⅱa－Ⅱj）

4. 植物精油

　　植物精油（essential oils）是存在于植物不同组织，如果实、叶片、花和根中的一类重要的次生物质，由分子量较小的简单化合物组成，常温下多为油状液体，易挥发，具有强烈的香味和气味，Enan 使用步行测试法（walk-across assay method）测试了精油组分丁子香酚、α-松油醇、肉桂醇及它们的三元混合物（1∶1∶1）对美洲蜚蠊、德国蜚蠊和蚂蚁的生物活性。结果发现，美洲蜚蠊接触三种药剂后均出现异常兴奋，腿及腹部过度收缩，然后迅速被击倒致不能移动，最终死亡。德国蜚蠊和蚂蚁则迅速被击倒，不能动弹而死。但它们的三元混合物对三种试虫较各单组分表现出更强烈的击倒和致死活性。试验还观察到点滴处理美洲蜚蠊后其心跳频率明显加快。以 1nmol/mL 的丁子香酚、三元混合物或 10nmol/mL 的 α-松油醇处理美洲蜚蠊后，发现其体内的环腺苷酸（cAMP）水平明显提高；但在较高浓度下反而显著下降。三种组分及其混合物在较低浓度下，能降低 3H-章鱼胺与其受体的结合活性，从而阻断章鱼胺与其受体的结合。试验结果证明了三种精油单体和它们的三元混合物皆为作用于神经系统的杀虫剂，而章鱼胺神经系统则是其主要作用靶标，是章鱼胺受体的良好拮抗剂。由于脊椎动物不存在章鱼胺受体，精油类农药对害虫高效，而对哺乳动物具有极好的选择性。由此可见，昆虫的神经系统很有可能是精油类杀虫剂作用的生物合理靶标。

参考文献

[1] Saad M M Ismail, Richard A Baines, Roger G H Downer, et al. Dihydrooxadiazines：Octopaminergic system as a potential site of insecticidal action. *pestic. Sci.*，1996，46：163-170.

[2] 潘灿平，陈馥衡. 章鱼胺的作用机理及其受体的研究进展. 农药学学报，1999，1（3）：1-7.

[3] 杜晓华，司宗兴. 以章鱼胺系统为靶标的选择性杀虫杀螨剂. 农药，1996，35(12)：26-28.

[4] Dekerser M A，Harrison W A，McDonald P T，et al. Design and synthesis of 5,6-dihydro-4H-1,3,4-oxadiazines as potential octopaminergic insecticides *Pestic. Sci.*，1993，38：309-314.

[5] Nathanson J A，et al. *ACS. Symp. Ser.*，1987，356：154-161.

[6] Sally C C. Excitation of proleg motor activity by formamidine pesticides as a possible sublethal mechanism of action in

Antheraea larvae,Pestic. Biochem. Physiol. ,1989,33:88-100.

［7］ Nalilah Orr,Gregory L Orr,Robert M Hollingworth,et al. Characterization of a potent agonist of the insect octopamine-receptor-coupled adenylate cyclase Insect,Biochem. ,1989,21(3):335-340.

［8］ Angela B Lange,Peter K C Tsang. Biochemical and physiological effects of octopamine and selected octopamine agonists on the oviducts of *Locusta migratoria* ,Pestic. Biochem. Physiol. ,1993,39:393-400.

［9］ Hirashima A,Yoshi Y,Eto M. Synthesis and biological activity of 2-aminothiazolines and 2-mercaptothiazoles as octopaminergic agonists,,Agric. Biol. Chem. ,1992,55(10):2537-2545.

［10］ Kardir H A,et al. Comp. Biochem. Physiol. C. ,1992,103c(2):302-307.

［11］ Soderlund D M,et al. Inhibition of octopamine-stimulated adenylate cyclase activity in two-spotted mites by dicofol and related diphenylcarbinol acaricides,*Pestic. Biochem. Physiol.* ,1993,46(3):228-235.

［12］ Hirashima A,et al. The agonist action of substituted phenylethanolamines on octopamine receptors in cockroach ventral nerve cords,Comp. Biochem. Physiol. ,1992,C. 103c(2):321-325.

［13］ Deskevser M A,et al. Synthesis and Miticidal and Insecticidal Activities of 4-(2-Fluoroethyl)-5,6-dihydro-4*H*-1,3,-oxadiazines,*J. Agric. Food Chem.* 1993,41:1329-1331.

［14］ Nathanson J A,et al. Cocaine as a naturally occurring insecticide,Proc. Natl. Acad. Sci. U. S. A. ,1993,90(20):9645-9648.

［15］ Nathanson J A,et al. Caffeine and related methylxanthines:possible naturally occurring pesticides,Science,1984,226(4671):184-187.

［16］ 石鸿昌，陈邦和，陈凤恩. 双甲脒合成的一锅一次投料工艺. 农药，1999,38(2):10-11.

［17］ 刘学文，徐汉虹，鞠荣等. 植物精油在农药领域中的研究进展. 香料香精化妆品，2004:36-39.

［18］ 潘灿平，李维喜，张卢军，等. 昆虫体内章鱼胺的分布、功能及其研究进展. Chinese Bulletin of Entomology,2005,42 (4):363-360.

［19］ 翟启慧. 昆虫分子生物学的一些进展神经递质和离子通道. 昆虫学报，1995,38(3):370-379.

［20］ 何佳，蒋志胜. 利用昆虫学知识开发高选择性杀虫剂. 农药科学与管理，2004,26(7):30-33.

第十一章
影响钙平衡的杀虫剂

　　钙离子是细胞内最重要的第二信使之一，机体的每种活动都与钙离子息息相关。在多种生命过程中，钙的动态平衡起着重要的作用，其中包括，如细胞发布信号，肌肉收缩，神经传递物质的释放及卵子受精等，特别是对肌肉的控制具有关键的重要作用。肌肉收缩可由两种不同的通道所控制，一是电压门控通道，它控制外部的钙进入，而另一个是鱼尼丁受体通道，它是负责内部贮存的钙的释放，鱼尼丁受体通道位于内置网肌肉的网状组织中，此一得名来自于植物的一种次生代谢物鱼尼丁，它是具有杀虫性能的天然化合物，可以使处在开启状态下的钙离子通道关闭而控制钙的释放。近年来，日本农药公司与拜耳公司发现了一类高活性，低剂量，对环境友好，与老杀虫剂如拟除虫菊酯类，有机磷类完全不同的新的作用方式的具有广谱性的新杀虫剂。这类化合物属邻苯二甲酰二胺类，通用名为氟虫酰胺（flubendamide）。不久，杜邦公司发现邻甲酰氨基苯甲酰胺类，通用名为氯虫酰胺（chlorantraniliprole），它也具有同样的性质，均是作用于靶标鱼尼丁受体（ryanodine receptor）的新合成杀虫剂，是继吡虫啉类杀虫剂之后的又一重大发现。这类杀虫剂的症状是昆虫停止进食，昏睡，麻痹而死亡。

氟虫酰胺　　　　　　　　　　　氯虫酰胺

第一节　鱼尼丁

　　鱼尼丁受体的名称来源于 *Ryanio* 属树和灌木树皮中提取的一种天然的具有毒性的生物碱鱼尼丁碱（ryanodine），它存在于南美及加勒比海的一种大风子科的豆科植物内。这是一种广泛生长的低矮树木。在当地，几千年来曾将其提取物涂抹于箭头上，用来捕杀猎物。从20世纪中期起，美国默克公司的科技人员开始关注此类植物。他们从剁碎的此类植物皮中用水提取了鱼尼丁（ryania）。该物质可以干扰肌肉的收缩，鱼尼丁是具有触杀和胃毒作用的选择性杀虫剂，可单独或与罗丹明及除虫菊等混用，鱼尼丁较之烟碱和除虫菊，其光稳定性较好，更有利于作为农业用杀虫剂。害虫中毒后即停止摄食，但死亡缓慢。可用于果树、甘蔗、玉米等作物防治苹果卷叶蛾、甘蔗钻心虫、蓟马、玉米螟等害虫，也可用于家庭防治蜚蠊等。鱼尼丁碱是鱼尼丁中分离出的活性最高的物质之一，它的粗提取物的活性比鱼尼丁高700倍。由于鱼尼丁碱的结构十分复杂，故难以人工合成。另外，发现自然界中亦有很多物质含有鱼尼丁碱，但担心安全等问题，至今尚未很好开发。默克公司曾用鱼尼丁作为农药进行销售。但后来由于成本及对哺乳动物毒性的限制，于1997年，EPA宣布登记失效。在日本农药公司开发出氟虫酰胺前，进一步增强鱼尼丁的杀虫活性的努力都没有取得很大的进展。

研究认为鱼尼丁碱外侧的羟基对活性甚为关键，通过这些基团与受体中疏水性区域结合，从而使鱼尼丁碱中的吡咯甲酸部分发挥毒性作用。

鱼尼丁碱

第二节　鱼尼丁受体的结构与功能

研究发现，当动物肌肉兴奋与收缩时，涉及两个不同的钙离子通道，即电压门通道和鱼尼丁受体通道，前者调节钙离子从细胞外进入细胞内，后者调节钙离子从内质网膜 ER 或肌质网膜 SR 大量释放，通过两者之间的调节，使细胞内的钙离子保持平衡稳定。细胞内钙离子的释放主要由两类通道蛋白所调节，一类是三磷酸肌醇受体（IP3），另一类就是鱼尼丁受体（RyR）。RyR 是一类最主要的钙离子释放通道（CRC）。已用放射性 $[^3H]$ 鱼尼丁碱纯化了多种组织中的鱼尼丁受体。鱼尼丁受体是所有离子通道中最大的通道（2～2.5MDa），通过冷冻电子显微镜技术的研究得知，RyR 属同四聚体结构，它是由 4 个相同的亚基组成的寡聚蛋白，四个 N 端形成一大的四瓣结构，伸展进入细胞质。每个亚基的分子量大约是 450～550kDa。推定鱼尼丁的结合位置是在跨膜通道口上，这将造成对通道的构象极为敏感，它可能会影响 $[^3H]$ 鱼尼丁结合的亲和力。

哺乳动物具有三种鱼尼丁受体，即骨骼肌型（RyR1）、心肌型（RyR2）和脑型（RyR3）。它们的氨基酸序列具有 65% 的同源性。用冷冻电子显微镜与计算机三维重组技术，已先后得到了它们的结构模型，其空间分辨率为 3～4nm，3 种 RyR 的结构有很大相似性。图 1-11-1 为从不同角度看到的 RyR 三维结构的图像。从侧面看，RyR 蛋白的结构类似于蘑菇状，较大的伞部为细胞质中的功能区（cytoplasmic domains），该结构将 RyR 与细胞膜联系起来；较小的柄部为 RyR 的跨膜区（transmembrane domains），位于 C 末端，大约包括 4～12 个跨膜片段，约占整个受体蛋白体积的 1/5，并形成钙离子释放（CRC）的孔道，孔径为 1～2nm，它不仅是释放 Ca^{2+} 的通道，而且能将 RyR 固定于肌质网（sarcoplasmic reticulum，SR）上。从顶部和底部看，细胞质功能区和跨膜区均呈正方形。

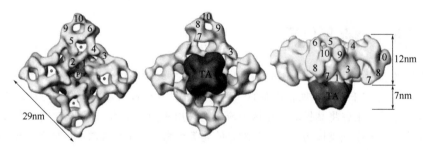

图 1-11-1　鱼尼丁受体三维结构图示意图
细胞质聚集的结构为浅色，跨膜聚集的结构为深色，
1～10 是各区的编号，小圆点表示受体的空穴

图 1-11-2 所示为鱼尼丁受体四个亚基中的两个，每一亚基有四个跨膜区处于内质网膜中（在肌肉细胞中则处于肌质网膜中）靠近 C 端，N 端则具有一个长链伸入细胞质中，图中表示了鱼尼丁受体与重要的蛋白如 CAM（钙调节蛋白），FKBPFK506-结合蛋白，CSQ（集钙蛋白）等结合情况。

RyR 通过把钙离子从肌质网（SR）/内质网（ER）释放到细胞质中，从而将细胞外的刺激传导给细胞内钙信号或者增强和调节细胞内钙离子浓度。这就意味着细胞内钙调节剂的机制理应是杀虫剂的可能的靶标，一些研究已表明了这种可能性。

推测鱼尼丁用它的吡咯基（pyr）与受体结合，固定在钙离子通道的中心腔内靠近选择性过滤器（SF）的一个特殊的位置上，而它的另一端则朝向通道的口端，估计鱼尼丁分子的大小及假设的选择性过滤器的位置如图 1-11-3 所示。

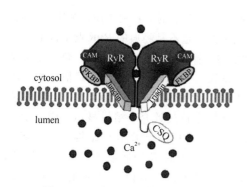

图 1-11-2　鱼尼丁受体与重要的
蛋白结合的模拟图

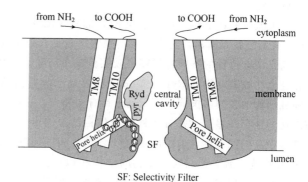

图 1-11-3　鱼尼丁与鱼尼丁受体相互
作用的通道的假设模型

鱼尼丁与 RyR 的结合具有高度敏感性和选择性。在早期观察鱼尼丁对嵌入脂质双分子层的 RyR 作用的研究中，发现鱼尼丁对 RyR 的作用呈剂量依赖关系，即在鱼尼丁低浓度（1nmol～10μmol）下能增加 RyR 的开放概率，而在高浓度（0.3～2 mmol）时，可引起 RyR 长时间的亚传导状态，最终完全阻断 RyR。研究表明，上述复杂的作用机制可能与鱼尼丁的结合位点有关，鱼尼丁的结合位点位于 RyR 的 C 末端区，RyR 通道的孔道内或孔道附近，而鱼尼丁与 RyR 的结合改变了该孔道的有效直径，从而影响受体的功能。另外，实验结果表明，RyR 还存在一个低亲和性的鱼尼丁结合位点，而 RyR 不同单体中鱼尼丁结合位点之间又相互作用，这些都是引起鱼尼丁与 RyR 作用方式复杂的原因。这些不同的鱼尼丁结合部位具有协同作用，于是就产生鱼尼丁作用的复杂性。

第三节　氟虫酰胺及氯虫酰胺等杀虫剂的作用机制

当使用了氟虫酰胺后，药剂首先与鱼尼丁受体结合，致使通道固定为开口状，以使贮于小胞体内的钙离子释出，导致昆虫肌肉组织中钙离子浓度上升。随即钙离子与肌钙蛋白结合，诱发肌动肌与肌球肌之间的收缩反应，使肌肉纤维收缩。另外，通过钙离子的释出，迅速激活了钙离子泵，使小胞体内钙离子向鱼尼丁受体的相反方向吸入。由此可见，从最初发现虫体收缩的症状，以及进而出现的呕吐、脱粪等症状即为氟虫酰胺所呈现的杀虫活性。其作用机制可用图 1-11-4 表示。

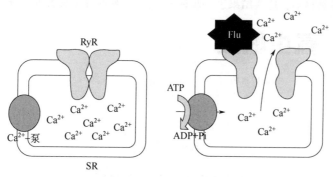

图 1-11-4　氟虫酰胺及氯虫酰胺可能的作用机制的示意图
RyR—对鱼尼丁敏感的钙释放通道；Flu—氟虫酰胺等衍生物

图 1-11-4 说明钙被储存在内质网中，当氟虫酰胺或氯虫酰胺等化合物与鱼尼丁受体结合后，促使原来调控的钙离子通道不能闭合，从而破坏了昆虫体内钙离子的平衡。使用钙成像的技术，从鳞翅目昆虫烟芽夜蛾分离出的神经元中和从鳞翅目昆虫，斜纹夜蛾的肌肉膜中可清楚地显示出氟虫酰胺引起了钙由内部的储存器流出。鱼尼丁碱通过调节通道的功能可以抑制钙的流动，但氟虫酰胺可诱导钙的流出。

氟虫酰胺的特征性质是由于与 RyR 的结合位置与经典的 RyR 调节剂如鱼尼丁碱及咖啡因不同，[³H] 氟虫酰胺对鳞翅目昆虫的肌肉膜的结合具有很高的亲和力，它不是经典的 RyR 调节剂的竞争性药剂。结合位置的不同显然就可观察到昆虫与哺乳动物之间选择性不同，也就是说，鱼尼丁可结合在昆虫与哺乳动物的 RyR 上，故对哺乳动物具有高急性毒性。相反，氟虫酰胺及其衍生物并不与哺乳动物的骨架肌肉同工型 RyR1 具有亲和力，这种主要的 RyR 结构的差异，就可以看出氟虫酰胺潜在的选择性差异。曾对多种动物包括昆虫的 RyR 原初结构进行过评介，结果显示，哺乳动物间具有很高的同源性，但是昆虫与哺乳动物间同源性则很低。鳞翅目昆虫 RyR 的结构特征与果蝇的 RyR 极为一致，但与哺乳动物的结构相似性则相对较低，即使在 RyR 的区域结构大部分保持，氟虫酰胺也可以识别昆虫通道的特征位置。但到目前为止，仅发现该位点位于 RyR 的孔状区域，其具体的作用位置还不明确。在对昆虫 RyR 结构的研究中发现，鳞翅目害虫烟芽夜蛾 RyR 与哺乳动物 RyR 的氨基酸序列仅有 47.9%～50.1% 的同源性。这些结构上的差异和新型 RyR 杀虫剂对昆虫 RyR 作用位点的特异性，使其具有高选择性的作用方式，这是它们对哺乳动物低毒的主要因素。

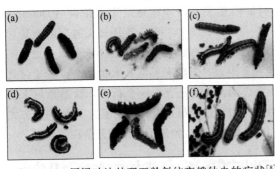

图 1-11-5 用浸叶法处理五龄斜纹夜蛾幼虫的症状[8]
(a) 氟虫酰胺 100mg/L (24h 后)；(b) 三氟氯氰菊酯 25mg/L (24h 后)；(c) 甲维盐 5mg (24h 后)；(d) 多杀菌素 50mg/L (24h 后)；(e) 氟虫脲 25mg/L (72h 后)；(f) 对照

已知鱼尼丁碱可引起昆虫骨架肌的收缩，是由于鱼尼丁碱是与内置网钙释放通道有关。因此，氟虫酰胺引起的昆虫肌肉的收缩可能是像鱼尼丁碱一样，可能是通过钙通道钙释放的控制来起作用的。它引起的症状与鱼尼丁相似，昆虫的身体逐渐收缩，变粗而缩短，但没有抽搐。由于氟虫酰胺所引起的症状不同于过去的杀虫剂，因此，研究者很快就注意到它在作用机制上与已有的杀虫剂的差别，在作用机制的研究中有了进一步的发展。它的中毒症状如图 1-11-5 所示。

Cordova 等 (2006) 认为氯虫酰胺等化合物可刺激细胞质内钙浓度增加，在美洲大蠊神经元中，这种钙增加在一定范围内不但与氯虫酰胺的浓度呈线性关系，而且还与对昆虫所产生毒性呈线性关系，表明钙移动在对昆虫具有毒性上起关键作用。钙移动测定显示：① 这种钙移动与细胞胞外钙无关；② 鱼尼丁可阻断这种钙移动；③ 在非内源表达 RyRs 的细胞中无这种钙移动。这些结果进一步证明 RyR 是氯虫酰胺及氯虫酰胺类的作用靶标。

第四节 氟虫酰胺

$C_{23}H_{22}F_7IN_2O_4S$, 682.39,272451-65-7

理化性质 白色晶状粉末，熔点 217.5～220.7℃，蒸气压 $10^{-4}Pa$ (25℃)，水中溶解度为

29.9mg/L（20℃），可溶于一般有机溶剂中，油水分配系数为 $K_{ow}lgP=4.2$（25℃）。

毒性 大鼠急性经口 $LD_{50}>2000mg/kg$（雌，雄），大鼠急性经皮 $LD_{50}>2000mg/kg$（雌，雄）。对兔眼睛轻微刺激，对兔皮肤没有刺激。Ames 试验呈阴性。在 $100\sim400$ mg（a.i.）/L 的剂量下，氟虫酰胺对节肢动物益虫没有活性，结果表明氟虫酰胺与环境具有很好的相容性。

一、发现历程与构效关系

氟虫酰胺是第一个直接作用于细胞内影响钙平衡的杀虫剂，日本农药公司长期以来，开展邻苯二甲酰胺类化合物的合成与除草活性的研究，积累了丰富的研究经验。研究中发现邻苯二甲酰胺类衍生物具有杀虫活性，虽然它们的活性并不十分满意，但该化合物有两个值得注意的地方，一是从化学结构上看它们是新颖的，二是其杀虫的症状与过去的杀虫剂有所不同。这就引起了研究者的兴趣，他们以此类化合物为先导，从 1993 年开始，约合成了 2000 余个化合物，并考察了所合成化合物的结构与活性关系，从中发现了氟虫酰胺具有很好的杀虫活性。但当时考虑一是这类化合物的结构复杂，与已有的杀虫剂结构没有相似之处；二是化合物的安全性尚无定论；三是作用机制尚未确定，对它们的新作用机制进行研究需要时间。基于以上三点，增加了开发研究的难度，因为这一工作需要多学科的合作才能完成。

开始的先导化合物（**1-11-1**）结构虽然是新的，但杀虫活性并不很高，也不很稳定，为了改进药效，首先考虑这类化合物应具有较高的疏水性才有可能提高杀虫活性，为此合成了一批化合物，即 A 为邻苯二甲酰基，B 为芳酰胺，C 为脂肪酰胺的化合物，进行结构与活性的研究。在进行结构优化的过程中，他们以对斜纹夜蛾及小菜蛾的活性作为活性评价标准。

先导化合物(**1-11-1**)　　氟虫酰胺(flubendiamide)　　总分子式

所合成的主要化合物及结构与活性的关系如表 1-11-1 所示。

表 1-11-1　化合物及结构与活性的关系

序号	X	Y	R^1	R^2	熔点/℃	EC$_{50}$/［mg（a.i.）/L］	
						S. litura	*P. xylostella*
1	3-NO$_2$	4-Cl	H	H	235~237	10~100	10~100
2	H	4-Cl	H	H	176~177	10~100	3~10
3	3-Cl	4-Cl	H	H	213~215	10	1~3
4	4-Cl	4-Cl	H	H	206~208	>500	5
5	5-Cl	4-Cl	H	H	202~204	>500	50
6	6-Cl	4-Cl	H	H	233~235	>500	10

续表

序号	X	Y	R¹	R²	熔点/℃	EC₅₀ / [mg (a. i.) /L]	
						S. litura	P. xylostella
7	3-F	4-Cl	H	H	192~194	>100	1~3
8	3-Br	4-Cl	H	H	176~178	10	1
9	3-I	4-Cl	H	H	215~217	3~10	0.3~1
10	3-I	3-Cl	H	H	222~224	10	3
11	3-I	5-Cl	H	H	210~212	10~100	3~10
12	3-I	4-OCH₃	H	H	204~206	30~100	10~30
13	3-I	4-OCF₃	H	H	219~220	1~3	0.3~1
14	3-I	4-CF (CF₃)₂	H	H	243~245	0.3~1	0.1~0.3
15	3-I	4-CF (CF₃)₂	CH₃	H	238~240	0.3~1	0.3~1
16	3-I	4-CF (CF₃)₂	CH₃	NHCOCH₃	200	0.1	—
17	3-I	4-CF (CF₃)₂	CH₃	SO₂CH₃	218~221	0.03~0.1	0.001~0.003

研究结果显示：在邻苯二甲酰化基部分（A）：将硝基改变成其他基团后，虽然没有取代基的化合物也显示出具有活性，但活性只稍有改进，但氯取代的衍生物却有很高的活性，进一步考察取代基在苯环上的位置，发现 4-位活性最好。同时，也考察了其他 3-位基团对活性的影响，发现 3-位碘取代的活性最好，虽然含碘的化合物迄今商品化的很少，但从疏水性和取代基的大小的研究结果，都显示出这一基团是对活性最为有利的。

芳香胺部分（B）：对苯胺环上进行取代基的研究表明，4-位上取代基对活性有最好的贡献，同时疏水性较好的基团对活性是有利的，值得提出的是含氟烷基具有高活性，研究发现，引入七氟丙基效果很好。

脂肪胺基部分（C）：研究表明，在脂肪胺片断上引入杂原子，特别是硫原子可显著地增加杀虫活性，用带有硫醚键的胺作为脂肪胺，也比较新颖。

从优化的结果看来：邻苯二甲酰胺部分应有一个体积大、疏水性强的取代基才能显示出高活性，尽管过去在农用化学品中很少用到碘，但在这里，3-位上的碘取代物提供了最高活性的化合物，对于芳香酰胺部分，七氟异丙烷是很有用的基团，这也是过去在农药中从未用过的基团，在苯胺的 2-位取代基是可以变化的，甲基可以有很好的活性，而至于脂肪酰胺部分，异丙基是最优的选择，在其中引入杂原子特别是硫可明显地增加活性，磺酰基烷基胺也是农药中未曾使用过的基团。从以上情况看来，氟虫酰胺不仅具有高活性，而且具有全新的化学结构。

氟虫酰胺的结构曾由 NMR 及 X 射线衍射晶体结构分析得到证实，氟虫酰胺在邻苯二甲酰基苯环的 1，2，3-位具有不同的基团，从 X 射线衍射图上可看出取代基间有一种特殊的排列，在苯甲酰胺部分，羰基与苯环是共平面的，从分子力学计算的三维最低能量结构看，两个羰基是在相反的方向上，而实际上从晶体结构看，两个羰基方向却是一致的。

二、合成方法

氟虫酰胺类化合物的合成方法如下：

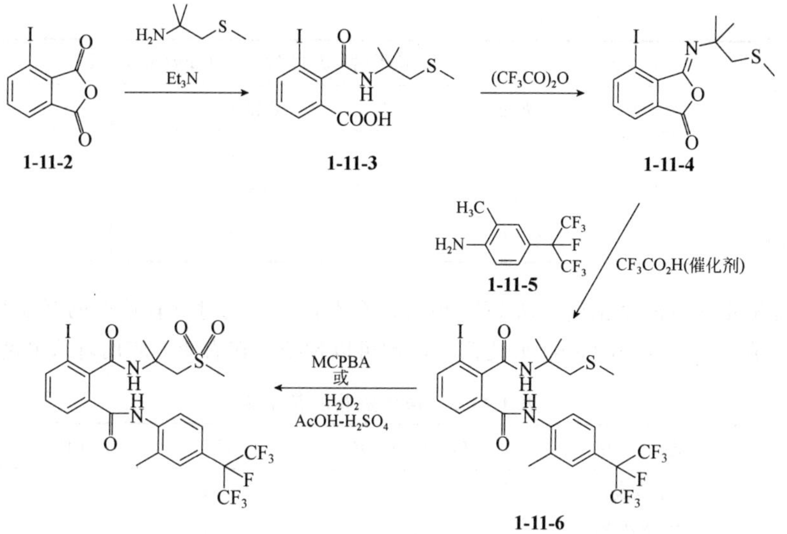

3-碘代邻苯二甲酸酐（**1-11-2**）是由 3-硝基邻苯二甲酸酐合成，3-碘代邻苯二甲酸酐与硫代烷基胺反应，可高区域选择性地得到化合物 **1-11-3**，**1-11-3** 与三氟乙酸酐处理生成酰亚胺化合物 **1-11-4**，**1-11-4** 再与苯胺衍生物 **1-11-5** 反应生成二酰亚胺 **1-11-6**，再用间氯过氧苯甲酸（NCPBA）或过氧化氢氧化 **1-11-6** 即得产品。

中间体七氟异丙基邻甲基苯胺的合成是由邻甲苯胺开始，用自由基反应进行合成，这是一个很实用的反应：

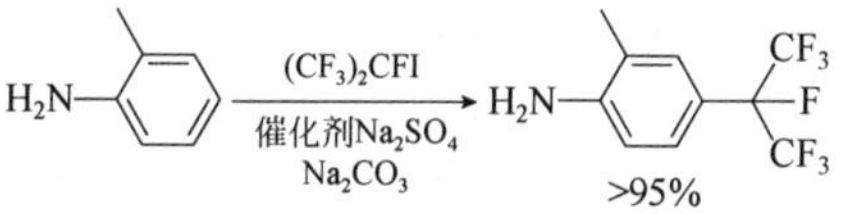

在合成路线的研究中遇到的难题是合成邻苯二甲酰基苯环上 1,2,3-位的区域选择性问题，当苯环 2-位上具有特殊基团时，可通过 Pd 催化在 3-位上引入碘原子，作为方便的合成方法是采用 Sandmeyer 反应，后来日本农药公司发现可用碘直接取代氢，这种取代反应可以大大节约成本，并符合绿色化学的要求，在连接脂肪基磺酰基侧链时，Pd 催化剂的构象在区域性引入碘原子时起着关键的作用，其他的挑战是在芳香酰氨基上引入大取代基，五氟乙基或六氟异丙基这种大取代基的引入到苯胺环 4-位上使活性大大增加。

三、生物活性

氟虫酰胺杀虫活性高，由于是新的作用方式，对于传统的杀虫剂不会产生交互抗性，并具有很好的选择性。它对鳞翅目害虫显示出广谱的活性，但对其他类昆虫如鞘翅目和半翅目以及螨类无效，虽然三氟氯氰菊酯可对不同生长期的鳞翅目昆虫有活性，但氟虫酰胺从幼虫到成虫均显示高活性。它比有机磷和茚虫威也显示出优点，因为这两种杀虫剂对幼虫大小的活性不同，而氟虫酰胺甚至到五龄虫时也显示出高活性，氟虫酰胺的另一个特点是作用快、持效期长。表 1-11-2 显示用浸叶法处理时多种杀虫剂对 3 个龄期斜纹夜蛾的活性比较。对斜纹夜蛾 3 个不同龄期幼虫的活性测试结果表明，氟虫酰胺对 1 龄幼虫最有效，3 龄和 5 龄幼虫次之。氟虫酰胺与氯氟氰菊酯、灭多威、丙溴磷、多杀菌素相比，即使对 5 龄幼虫也显示了很高的活性（见表 1-11-2）。

表 1-11-2　多种农药的活性比较（浸叶法处理斜纹夜蛾）

处理用药	施药后 3d 的 EC_{50} / [mg(a.i.)/L]		
	1 龄虫	3 龄虫	5 龄虫
氟虫酰胺	0.033	0.19	0.51
三氟氯氰菊酯	0.08	0.36	0.72

处理用药	施药后 3d 的 EC$_{50}$ / [mg(a.i.)/L]		
	1 龄虫	3 龄虫	5 龄虫
灭多威	13.8	17.3	15.4
丙溴磷	1.38	17.3	54.8
多杀菌素	0.67	45.5	54.8

表 1-11-3 为氟虫酰胺的杀虫谱，从 EC$_{50}$ 值可以看出，几乎它对所有重要的鳞翅目害虫，均有很高的活性，EC$_{50}$ 值在 0.004～0.58mg/L 之间，因此可以预期其在农业上应用时杀虫谱一定是广谱的。

表 1-11-3　氟虫酰胺的杀虫谱

种 类	害 虫	检 测 阶 段	DAT	EC$_{50}$ / [mg (a.i.) /L]
鳞翅目类	小菜蛾	L3	4	0.004
	斜纹夜蛾	L3	4	0.19
	番茄叶蛾	L3	4	0.24
	黄地老虎	L2-L3	7	0.18
	Autographa nigrisgna	L3	4	0.02
	日本纹夜蛾	L2-L3	4	0.03
	卷心虫	L3	5	0.38
	茶卷叶蛾	L4	5	0.58
	菜螟	L3	5	0.01
	二化螟虫	L3	7	0.01
	瓜绢螟	L3	3	0.02
鞘翅目类	玉米象	A	4	>1000
半翅目类	褐飞虱	L3	4	>1000
	桃蚜	所有阶段	7	>1000
	康氏粉蚧	L1	7	>100
蜱螨目类	二点叶螨	所有阶段	4	>100

注：L2、L3、A 分别表示 2 龄幼虫、3 龄幼虫、成虫；DAT 表示施药后天数。

田间应用显示在多种作物上，其持效性可达 2～3 周，可用于蔬菜、水果和棉花田中的鳞翅目昆虫，其效果相当于或优于常用的杀虫剂。在两倍量的推荐剂量下，它对任何作物均未显示出药害。

氟虫酰胺对多种杀虫剂具有抗性的品系也有很好的活性，表 1-11-4 为氟虫酰胺及其他杀虫剂对小菜蛾的药效比较。

表 1-11-4　氟虫酰胺与其他主要杀虫剂对小菜蛾药效比较

化合物	杀虫剂类型	EC$_{50}$ 值/ [mg (a.i.) /L]	
		抗性株	敏感株
氟虫酰胺		0.002	0.004
氯氟氰菊酯 cygalothrin	拟除虫菊酯	869	0.24
氟虫脲 flufenoxuron	苯甲酰脲类	233	0.05
丙硫磷 prothiofos	有机磷类	24.2	3.7
灭多威 methomyl	氨基甲酸酯类	287	14.5

第五节　氯虫酰胺

$C_{18}H_{14}BrCl_2N_5O_2$，483.15，500008-45-7

一、发现及构效关系

　　美国杜邦公司对日本农药公司于 1999 年 6 月所公开的专利甚感兴趣。该公司曾对于邻氨基苯甲酸类化合物进行过多年研究，发现将邻苯二甲酰胺中的一个甲酰氨键颠倒过来，就是邻甲酰氨基苯甲酰胺，他们以靛红酐为原料，在异丙胺的存在下，合成了邻氨基苯甲酰胺，并在碱性条件下与取代苯甲酰氯反应，即生成一系列的邻甲酰氨基苯甲酰胺衍生物：

$R=3-CH_3,R^1=CH_3$

　　这些化合物显示出杀虫活性，但活性较弱，但当在对三氟甲基苯甲酰胺的苯环上增加一个邻位甲基时，杀虫活性有了明显的提高，这一趋势对所有的邻甲酰氨基苯甲酰胺类衍生物均有相同的效果，即苯甲酰胺上含 R^1 取代基的化合物对昆虫的杀虫活性明显优于未取代的相应的化合物，这与日本研究氟虫酰胺过程中，对邻苯二甲酰胺类化合物苯环上酰氨基邻位须有取代基的结构与活性关系所得的结果一致。另外研究中发现，在邻氨基苯甲酰基部分的苯环上，6-甲基取代的类似物的活性明显优于 3-甲基类似物，这也与氟虫酰胺分子中酰氨基的邻位须有取代基有相似之处，不过是以甲基时活性最高，但是卤素取代的结果也表现出很好的活性。

　　对于苯甲酰基部分，Lahm 扩展研究了含多种杂环取代的甲酰胺类衍生物，结果发现吡唑类衍生物显示出很好的活性趋势，虽然吡唑环上乙基取代衍生物的活性稍有下降，但 1-异丙基吡唑衍生物的活性却很高，说明吡唑环氮上取代基的加大对活性有利。在此基础上，进一步研究了多种吡唑环上的 N-取代衍生物，发现其中 N-邻氯苯基吡唑对三种鳞翅目昆虫的杀虫活性提高了两个数量级，这一发现是邻氨基苯甲酰胺类杀虫剂在关键结构上的重大突破，最终在吡唑-5-甲酰胺衍生物的研究中，发现 3-氯吡啶基是一个理想的活性基团。结合上面研究中已发现的含甲基的邻氨基苯甲酰胺也是一个很好的活性基团的基础上，设计合成了具有激活鱼尼丁受体活性的 1-（3-氯吡啶基）-吡唑-6-甲基邻氨基苯甲酰二胺类化合物，一些关键化合物的结构及活性如表 1-11-5 所示。

表 1-11-5 邻氨基苯甲酰胺类化合物的结构与活性

序号	序列	R^1	R^2	R^3	LC$_{50}$/(μg/mL)		
					Sf[1]	Px[1]	Hv[1]
DP-01	I	H	i-Pr	Me	>500	27.3	>500
DP-02	I	6-CH$_3$	i-Pr	H	68.9	16.9	>500
DP-03	I	6-CH$_3$	Me	Me	154.9	60.1	>500
DP-04	I	6-CH$_3$	Et	Me	210.4	32.8	>500
DP-05	I	6-CH$_3$	i-Pr	Me	20.4	20.7	255.5
DP-06	I	6-CH$_3$	i-Pr	Me	>500	77.0	>500
DP-07	II	6-CH$_3$	i-Pr	Me	45.2	20.7	326.9
DP-08	II	6-CH$_3$	i-Pr	Et	51.3	9.7	77.5
DP-09	II	6-CH$_3$	i-Pr	i-Pr	53.0	9.6	55.5
DP-10	III	6-CH$_3$	i-Pr	Me	70.2	11.6	102.4
DP-11	III	6-CH$_3$	i-Pr	Et	193.8	9.0	41.0
DP-12	III	6-CH$_3$	i-Pr	i-Pr	45.2	9.8	42.3
DP-13	IV	6-CH$_3$	i-Pr	Me	48.8	29.6	130.1
DP-14	IV	6-CH$_3$	i-Pr	Et	88.2	34.8	158.1
DP-15	IV	6-CH$_3$	i-Pr	i-Pr	22.8	11.1	36.4

① 小菜蛾（Px），及斜纹夜蛾（Sf）及烟芽夜蛾（Hv）由多次试验重复并经统计概率分析的结果（下同）。

V

序号	序列	R^1	R^4	R^5	X	LC$_{50}$/（mg/L）		
						Sf[1]	Px[1]	Hv[1]
DP-16	V	Me	H	H	CH	48.3	26.0	353.6
DP-17	V	Me	H	2-Cl	CH	0.2	0.05	3.4
DP-18	V	Cl	H	2-Cl	CH	0.4	0.1	3.0
DP-19	V	Me	H	3-Cl	CH	>500	>500	>500
DP-20	V	Me	H	4-Cl	CH	>500	>500	>500
DP-21	V	Cl	H	2-Cl	N	0.1	0.1	0.4
DP-22	V	Me	H	2-Cl	N	0.1	0.1	0.4
DP-23	V	Me	Cl	2-Cl	N	0.03	0.01	0.02
cypermethrin						5.3	2.1	13.5
indoxacarb						0.3	0.5	1.5

① Px 小菜蛾，Sf 斜纹夜蛾，Hv 烟青虫，cypermethrin 苄氯菊酯，Indoxacarb 茚虫威。

　　从上表可看出，DP-23 具有很好的效果。它的合成方法是由 3-三氟甲基-5-吡唑基甲酸通过三氟甲基吡唑在碳酸钠和二甲基甲酰胺存在下与 2，3-二氯吡啶反应，再与 LDA 及二氧化碳反应生成收率很好的吡唑羧酸衍生物，然后再与邻氨基苯甲酸衍生物经过下面的反应生成所需要的化合物。

进一步研究取代基对活性的影响，所得结果见表 1-11-6。

表 1-11-6　取代基对活性的影响

序号	R^1	R^2	R^3	Sf LC$_{50}$/（mg/L）	Px LC$_{50}$/（mg/L）	Hv LC$_{50}$/（mg/L）	Hv RyR EC$_{50}$/（nmol/L）（SEM）
D1	Cl	Me	CF$_3$	0.02	0.01	0.05	73（4）
D2	Cl	i-Pr	CF$_3$	0.03	0.01	0.02	1834（111）
D3	Cl	Me	Br	0.02	0.02	0.04	52（3）
D4	Cl	i-Pr	Br	0.04	0.04	0.02	458（23）
D5	Cl	Me	Cl	0.03	0.03	0.07	69（3）
D6	Cl	i-Pr	Cl	0.05	0.09	0.05	270（17）
D7	Br	i-Pr	CF$_3$	0.03	0.01	0.03	1574（97）
D8	Br	Me	Br	0.18	0.06	0.11	63（4）
D9	I	Me	CF$_3$	0.26	0.10	0.21	205（10）
D10	I	Me	Br	0.13	0.07	0.16	118（6）
D11	CF$_3$	Me	CF$_3$	0.53	0.09	0.66	NT
D12	CF$_3$	i-Pr	CF$_3$	0.39	0.07	0.11	3704（80）
D13	Cl	Me	OCH$_3$	0.68	0.33	2.43	101（9）
D14	Cl	i-Pr	OCH$_3$	0.30	0.18	1.14	387（9）
D15	Cl	Me	OCF$_2$H	0.21	0.38	1.08	60（3）
D16	Cl	i-Pr	OCF$_2$H	0.14	0.10	0.12	511（34）
D17	Cl	Me	OCH$_2$CF$_3$	0.11	0.04	0.24	240（4）
D18	Cl	i-Pr	OCH$_2$CF$_3$	0.03	0.01	0.09	2734（284）

表 1-11-6 中也报道了 HvRyR 的 EC$_{50}$ 值，该值取于重组的 Spodopteran 细胞株，它可稳定地表达烟芽

夜蛾 RyR，Sf9 细胞缺乏内生的 RyR，然而表达的重组的烟芽夜蛾 RyR 对邻甲氨基苯二甲酰胺类及已知的鱼尼丁受体剂咖啡因等敏感。后与日本北兴化学公司合作开发，其通用名即为 chlorantraniliprole 的氯虫酰胺。总结其创制的过程可归纳如下：

氯虫酰胺(flubendiamide)

二、合成方法

三、生物活性

它对各种鳞翅目昆虫表现出优异的防治效果，使用剂量通常为 $25\sim75g$（a.i.）/hm²，使用剂量因作物、害虫种类和虫害发生密度及环境因子而不同，它的杀虫谱包括鳞翅目、鞘翅目和双翅目的昆虫。氯虫酰胺对害虫的防治具有持效性，持效期可长达 14d 以上。

氯虫酰胺能引起昆虫神经内源钙离子的释放，但对电压门控钙离子通道的活化无作用，此外还发现该类化合物所诱导的昆虫钙离子固定化作用可以用 $1\mu mol/L$ 鱼尼丁处理后得到解除，这与鱼尼丁对受体的作用相一致。进一步说明它的作用机制是激活鱼尼丁受体。氯虫酰胺对大鼠急性经口和经皮毒性 $LD_{50}>5000mg/kg$，在每日剂量高达 $1500mg/kg$ 时，对大鼠 90d 的喂养中未显示毒性。每日剂量 $1000mg/kg$，对大鼠和兔子的发育也未见有任何影响。比较哺乳动物和昆虫细胞株对鱼尼丁受体的活性，也可看出对哺乳动物的活性是很低的。对昆虫细胞株的活性大约是对哺乳动物细胞株的 300 倍，显示出很强的选择性。未见致癌、致畸和致突变作用。对鸟、鱼和有益昆虫低毒。此类邻氨基苯甲双酰胺化合物同样是具有鱼尼丁受体抑制剂作用的化合物。

第六节 氰虫酰胺

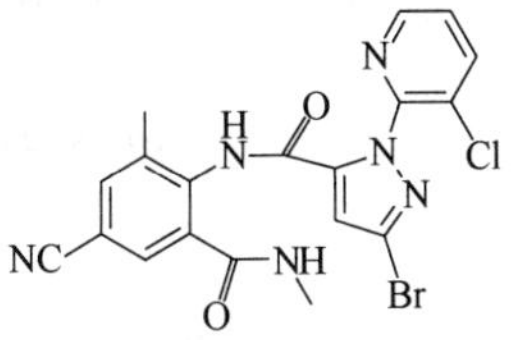

$$C_{19}H_{14}BrClN_6O_2, 473.71, 736994-63-1$$

该化合物是邻氨基甲酰胺类中第二个开发的杀虫剂，为杜邦公司继氯虫酰胺后又开发的一个鱼尼丁受体抑制剂，用于豆类、玉米、谷物、甘蔗、棉花、咖啡、柑橘、番茄、土豆、小麦和水稻等作物，对蚜虫类、鳞翅目等害虫高效，也可防治棉蚜、粉虱、叶蝉、飞虱、菜蛾和草地夜蛾。目前，该品种正处于开发阶段，杀虫谱极广。预计将于 2010～2015 年将引入市场。

第七节 其他各类正在研究的化合物

自从发现氟虫酰胺和氯虫酰胺后，世界各大农药公司都投入相当的力量开展有关的工作，发表了多项专利，足见对这一新作用机制农药的重视。

日本农药公司：

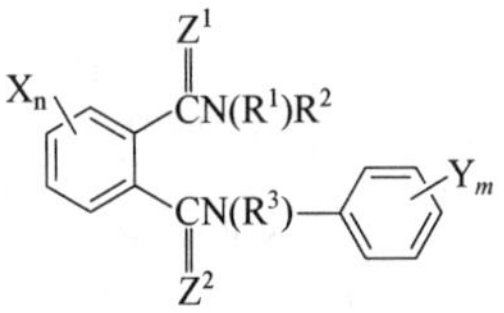

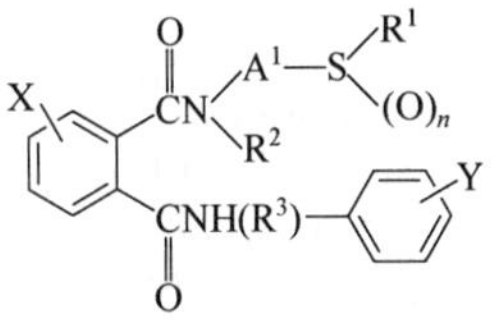

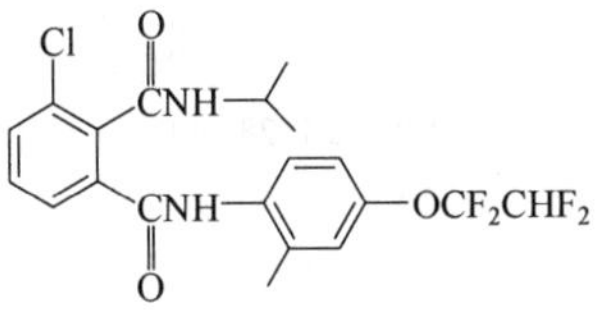

EP 919542 A2 (JP11-240857)

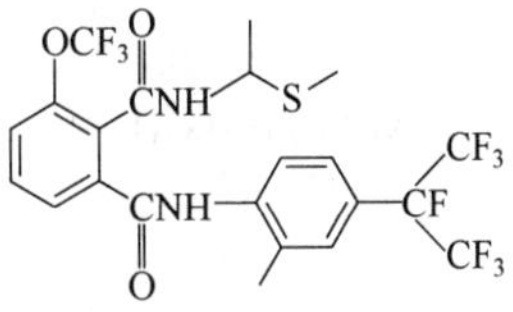

EP 1006107 A2

杜邦公司：

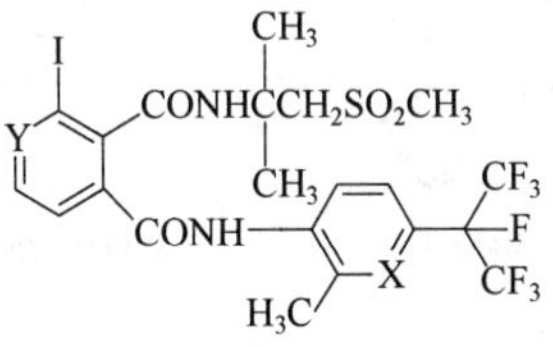

WO 02 094765 A2

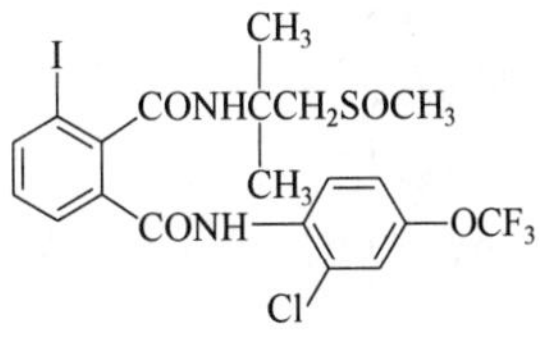

WO 02 088074 A1 (Acaricide);
WO 02 088075

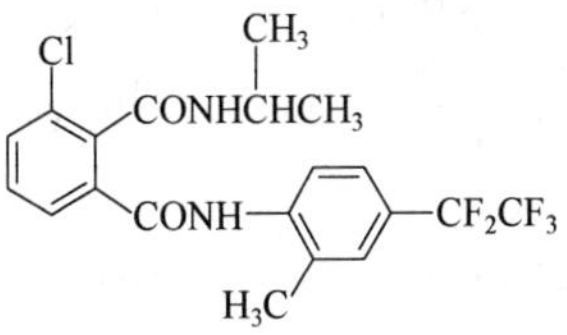

WO 02 087334 A1

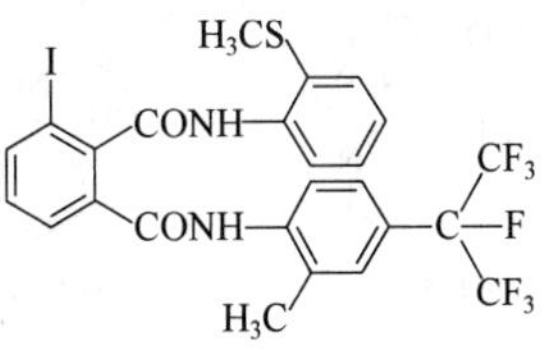

WO 02 094766 A1

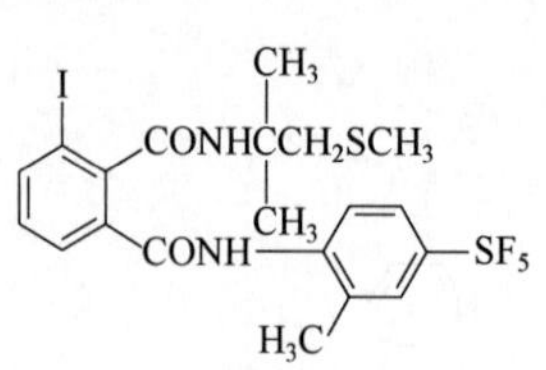

WO 03 093228 A1

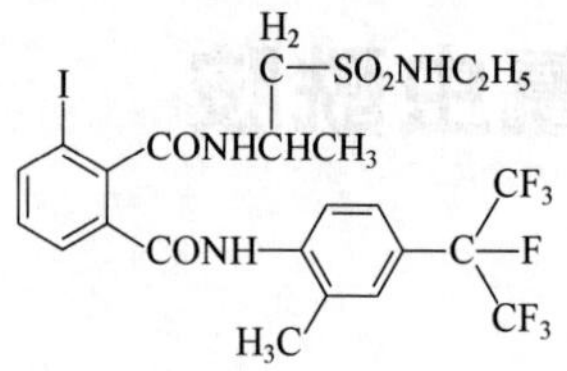

WO 2004 018415 A1

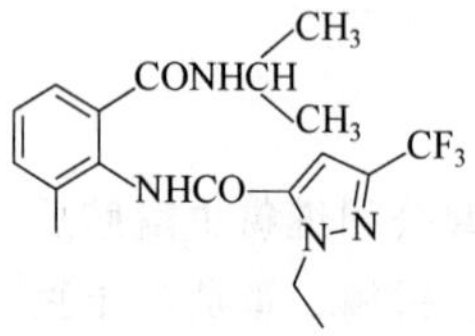

WO 01 70671 A2

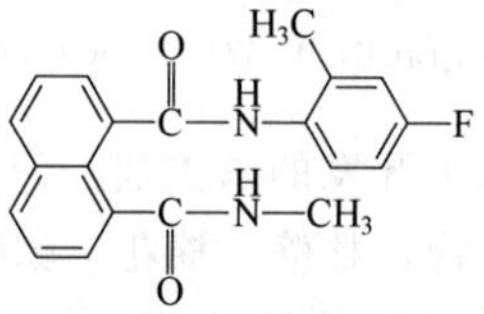

WO 02 32856 A2

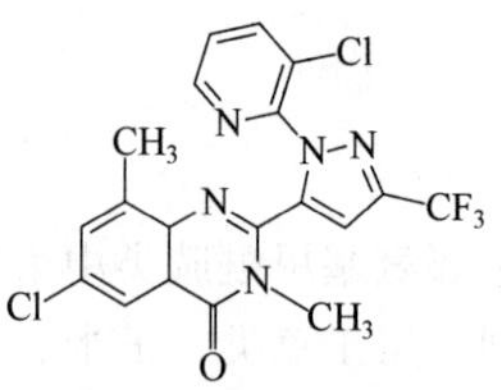

WO 02 48115 A2

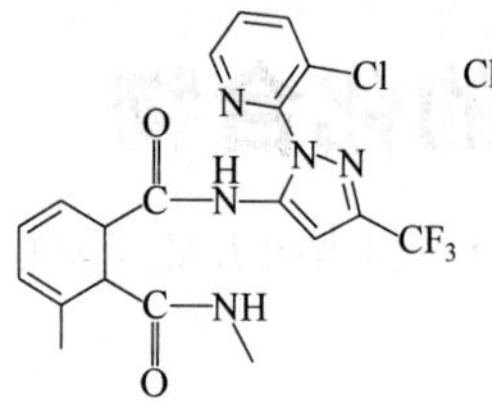

WO 02 48137 A2

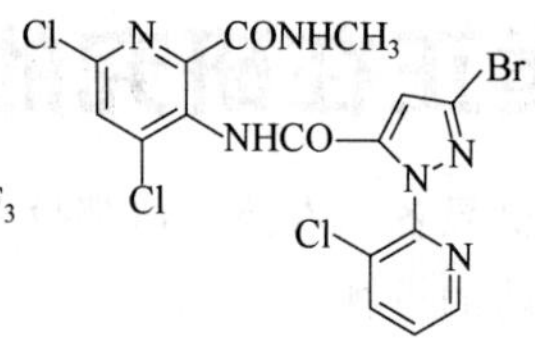

WO 02 70483 A1

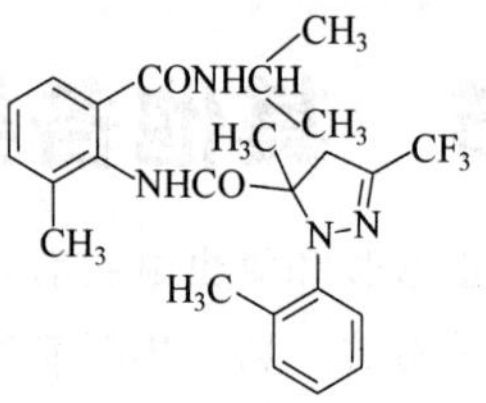

WO 02 94791 A1

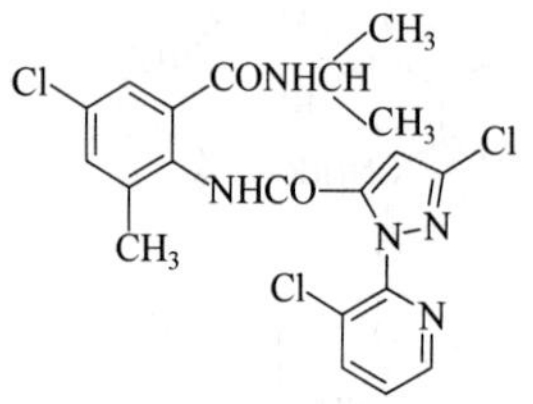

WO 03 15518 A1
15519 A1

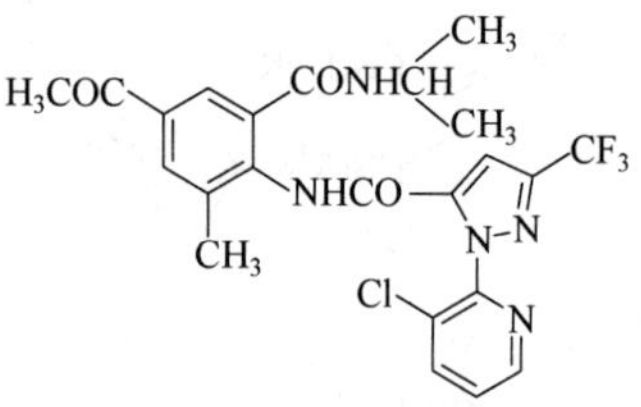

WO 03 16284 A1

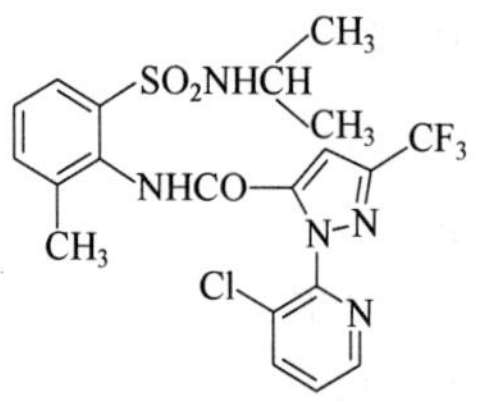

WO 03 16300 A1

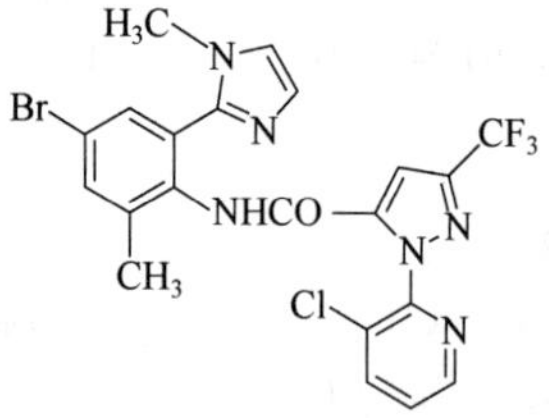

WO 03 16304 A1

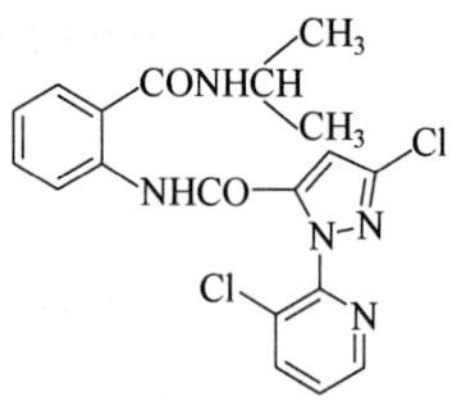

WO 03 25222 A1

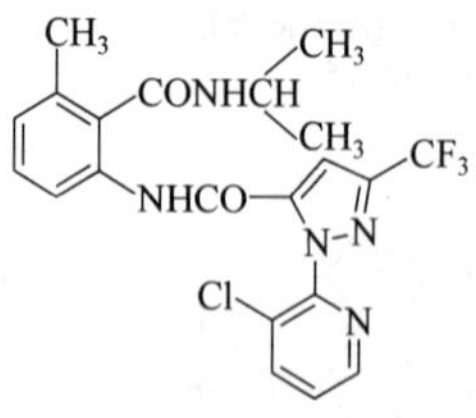

WO 03 26415 A1

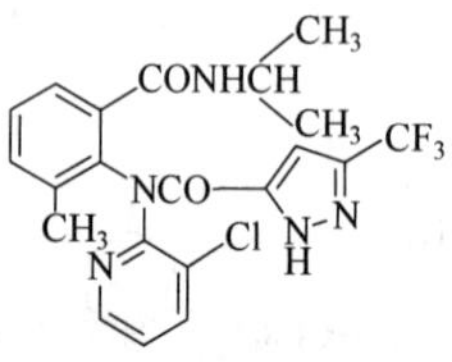

WO 03 27099 A1

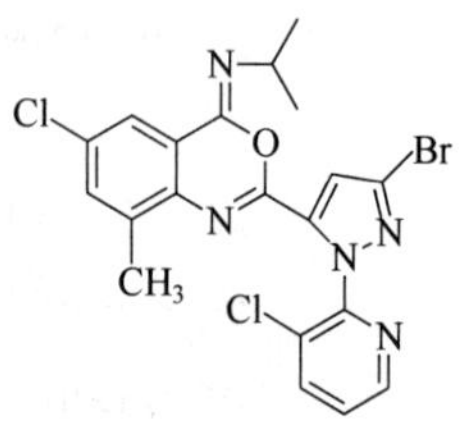

WO 03 32731 A1

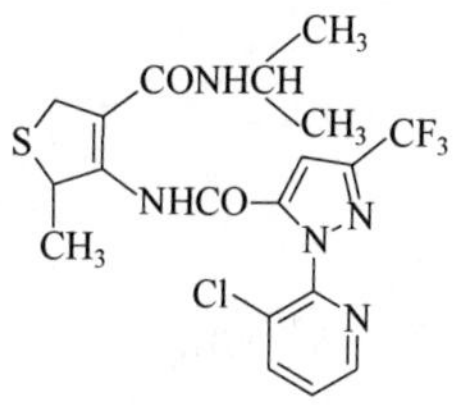

WO 03 62221 A1

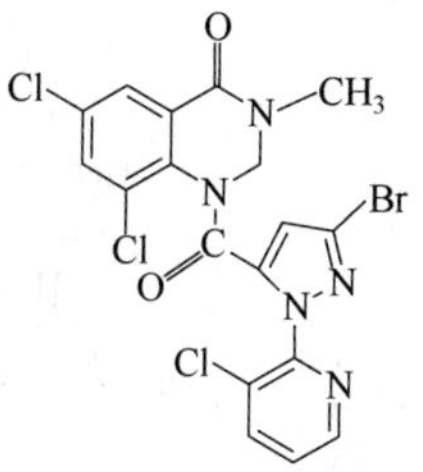

WO 03 62226 A1

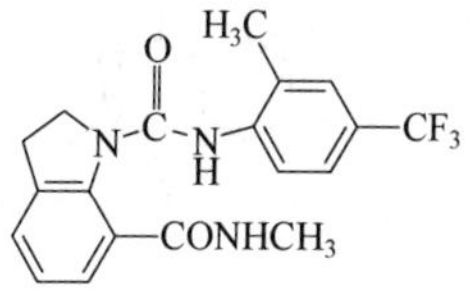

WO 03 103398 A

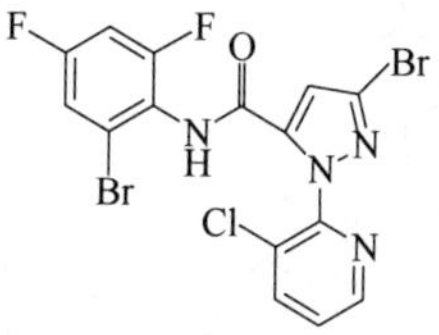

WO 03 106427 A1

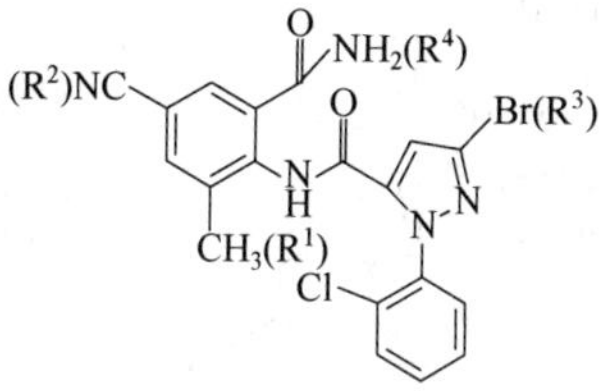

WO 2005 118552 A2

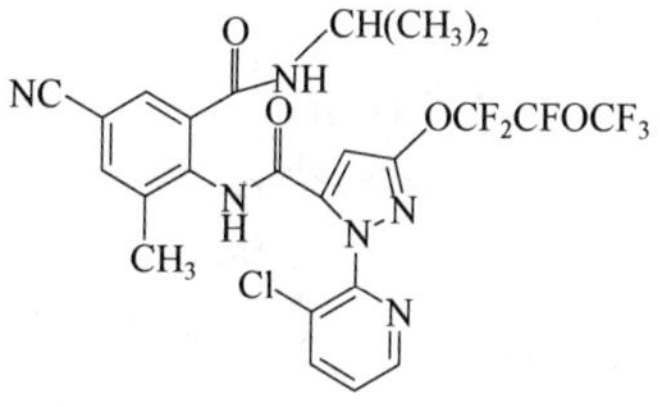

WO 2006 023783 A1

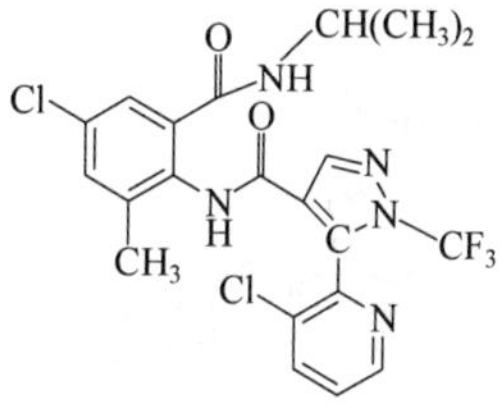

WO 2006 055922 A2

日产公司：

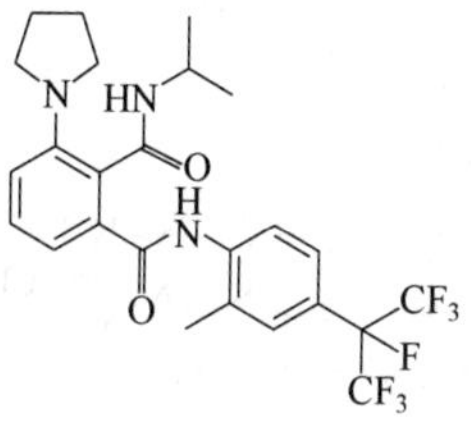

JP 2003 40864

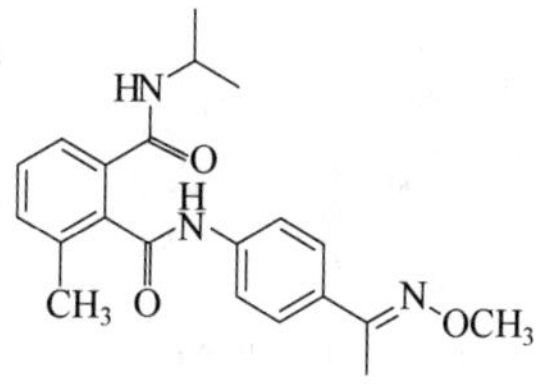

JP 2003 212834

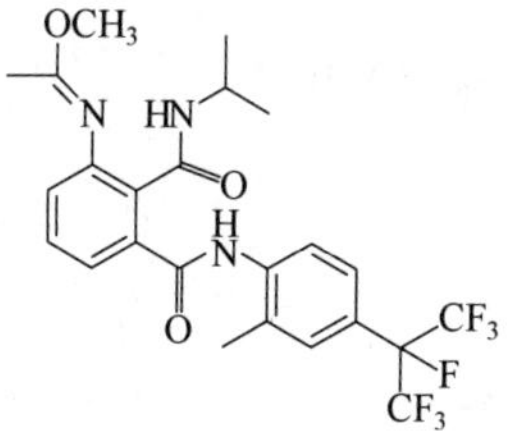

JP 2004 51624
WO 2003 11028 A1

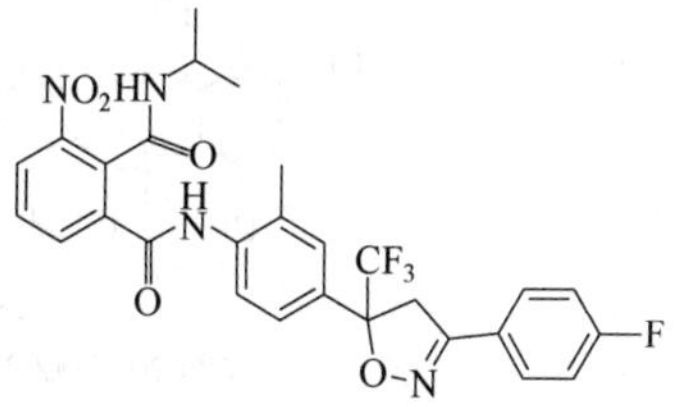

WO 2004 18410 A1

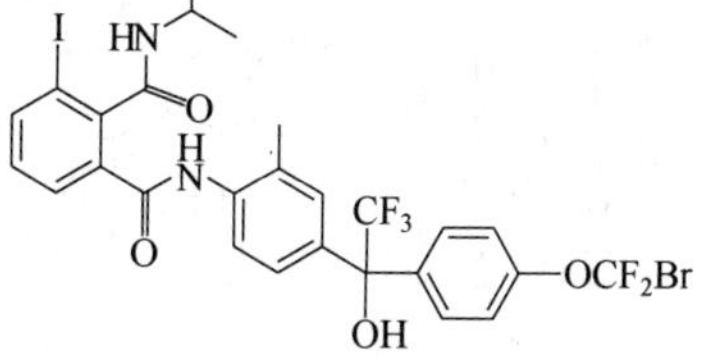

WO 2005 30699 A1

拜耳公司：

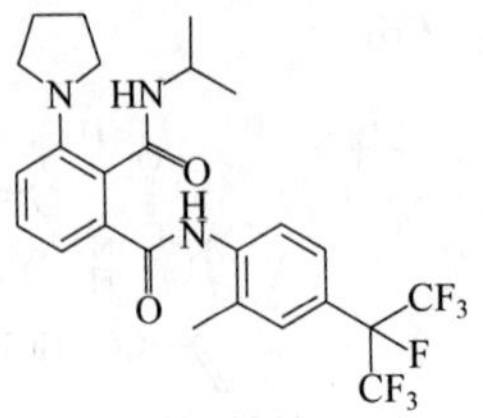

JP 2003 40864

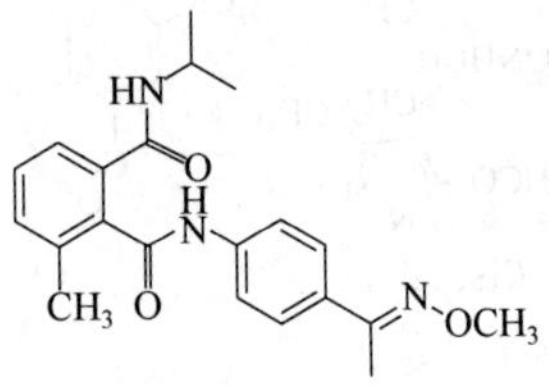

JP 2003 212834

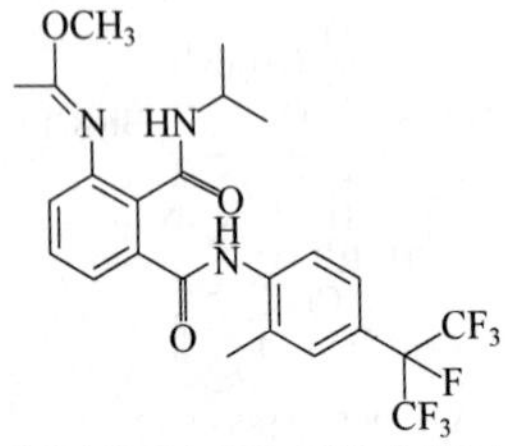

JP 2004 51624; WO 2003 11028 A1

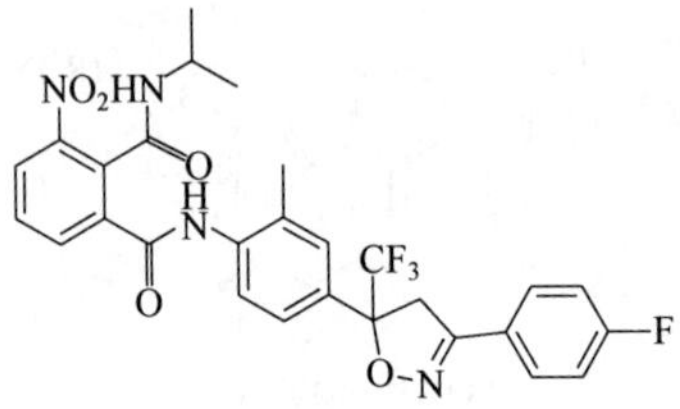

WO 2004 18410 A1

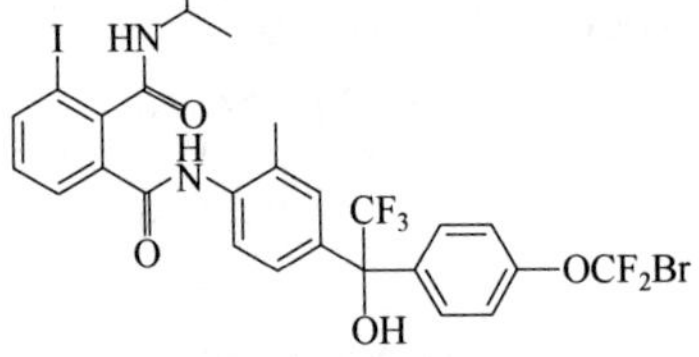

WO 2005 30699 A1

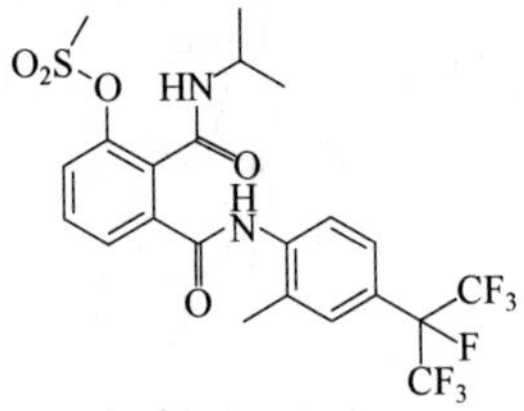

WO 2004 000796

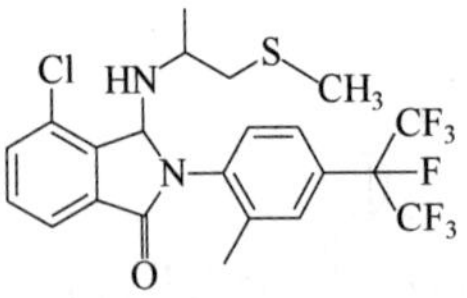

WO 2004 110149 A1

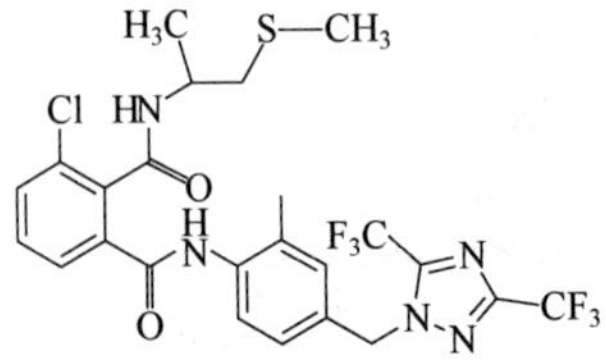

WO 2005 95351 A1

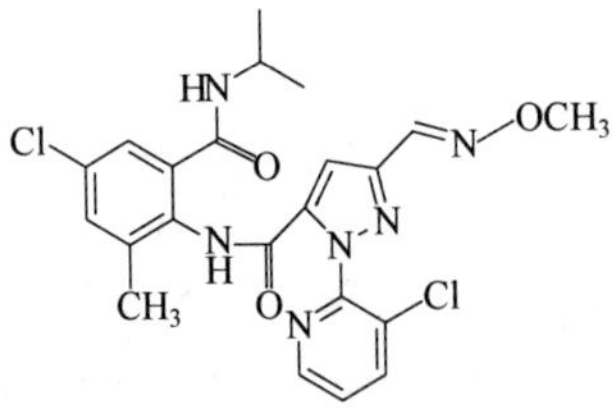

WO 2005 000336 A2

石原公司：

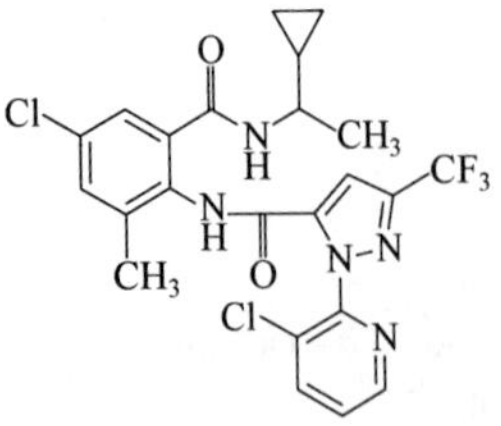

WO 2005 77934 A1

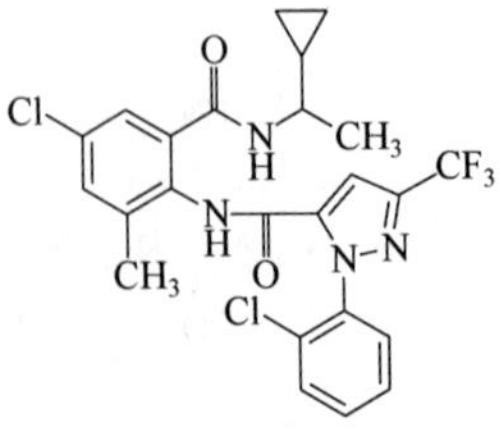

WO 2006 803114 A1

先正达公司：

WO 2006 024523 A1   WO 2006 040113 A2   WO 2006 061200 A1

参考文献

[1] Hiroshi Hamaguchi, Takashi Hirooka. in: Modern Crop Protection Compounds. Edited by Krämer W, Schirmer U. Wiley-VCH Verlag GmbH & Co. 2007, 1121.

[2] Folkers K. Insecitides US 2400295, 1946.

[3] Environmental Protection Agency Reregistration Eligibility Decisions (R. E. D) Fact sheet, EPA-000-F-99-002, 1999.

[4] Ebbinghaus-Kintscher U. , Luemmen P, Lobitz N, et al. Phthalic acid diamides activate ryanodine-sensitive Ca^{2+} release channels in insects, Cell Calcium, 2006, 39: 21-33.

[5] Nishimatsu T, Hirooka T, Kodama H, et al. A. Seo, Proc. BCPC Int. Congr. -Crop Sci. Technol. , 2A-3, 2005; 57-64.

[6] Masaki T, Yasokawa N, Tohnishi M, et al. a Novel Ca^{2+} Channel Modulator, Reveals Evidence for Functional Cooperation between Ca^{2+} Pumps and Ca^{2+} Release Mol. Pharmacol. 2006, 69: 1733-1739.

[7] Imagawa T, Smith J, Coronado R, et al. Purified ryanodine receptor from skeletal muscle sarcoplasmic reticulum is the Ca^{2+}-permeable pore of the calcium release channel. J. Biol. Chem. 1987, 262: 16636-16643.

[8] Ogawa Y, Murayama T, The Structure and Function of Ryanodine Receptors. Ed. Sitsapesan R and Williams AJ, Imperial College Press, London, 1998, 5-22.

[9] Chen S, Li P, Zhao M, et al. Role of the Proposed Pore-Forming Segment of the Ca^{2-} Release Channel (Ryanodine Receptor) in Ryanodine Interaction, Biophys. J. 2002, 82: 2436-2447.

[10] Wang R, Bolstad J, Kong H, et al. The Predicted TM10 Transmembrane Sequence of the Cardiac Ca^{2+} Release Channel (Ryanodine Receptor) Is Crucial for Channel Activation and Gating, J. Biol. Chem. 2004, 279: 3635-3642.

[11] Welch W. , Rheault S. , West D. , et al. A Model of the Putative Pore Region of the Cardiac Ryanodine Receptor Channel, Biophys. J. 2004, 87: 2335-2351.

[12] Takashima H, Nishumura S, Matsumoto T, et al. Primary structure and expression from complementary DNA of skeletal muscle ryanodine receptor, Nature, 1989, 339 (6224): 439-445.

[13] Hakamata Y, Nakai J, Takeshima H, et al. Primary structure and distribution of a novel ryanodine receptor/calcium release channel from rabbit brain, FEBS Lett, 1992, 312 (2-3): 229-235.

[14] Radermacher M, Rao V, Graaaucci R, et al. Cryo-electron microscopy and three-dimensional reconstruction of calcium release channel/ryanodine receptor from skeletal muscle, J Cell Biol, 1994, 127 (2): 411-423.

[15] Sharma M R, Jeyakur L H, Fleiscger S, et al. Three-dimensional Structure of Ryanodine Receptor Isoform Three in Two Conformational States as Visualized by Cryo-electron Microscopy, J Biol Chem, 2000, 275 (13): 9485-9491.

[16] Sattelle D B, Cordova D, Cheek T R. Insect ryanodine receptors: molecular targets for novel pest control chemicals, Invert Neurosci 2008, 8: 107-119.

[17] Xu X, Bhat M, Nishi M, et al Molecular cloning of cDNA encoding a drosophila ryanodine receptor and functional studies of the carboxyl-terminal calcium release channel, Biophys. J. 2000, 78: 1270-1281.

[18] Jenden D. , Fairhurst A. The pharmacology of ryanodine, Pharmacol. Rev. 1969, 21: 1-25.

[19] Zucchi R. , Ronca-Testoni S. , Pharmacol. Rev. 1997, 49: 1-51.

[20] Ebbinghaus-Kintscher U. , Luemmen P. , Lobitz N. , et al, Cell Calcium 2006, (39): 21-33.

[21] Usherwood P. , Vais H. , Towards the development of ryanoid insecticides with low mammalian toxicity, Toxicol. Lett. 1995, (82/83): 247-254.

[22] Puente E. , Suner M. , Evans A. , et al Insect Biochem. Mol. Biol. 2000, 30: 335-347.

[23] Ohkawa H, Miyagawa h, Leep W. Pesticide Chemistry. Weinheim: Wiley-VCH V e rlag GmbH & Co. KGaA, 2007,

121-125.

[24] Masal I T, Yasokawa N, Tohnishi M, et al. Flubendiamide, a Novel Ca^{2+} Channel Modulator Reveals Evidence for Functional Cooperation between Ca Pumps and Ca Release. MolPharmacol,2006,69(5):1733-1739.

[25] Lehmberg E., Casida J. E. Similarity of insect and mammalian ryanodine binding sites,Pestic. Biochem Physiol. 1994,48: 145-152.

[26] Schmitt M.,Turberg A.,Londershausen M.,et al Binding Sites for Ca^{2+}-Channel Effectors and Ryanodine in Periplaneta americana-Possible Targets for New Insecticides,Pest Manag. Sci.,1996,48:375-385.

[27] Pessah I N. Ryanodine receptor acts as a sensor for redox stress,Pest Manag. Sci. 2001,57(10):941-945.

[28] Lahm,George P,Wilmington,DE. Insecticidal anthranilamides,USP 6747047,2004.

[29] Imagawa T,Smith J, Coronado R.,et al,Purified ryanodine receptor from skeletal muscle sarcoplasmic reticulum is the Ca^{2+}-permeable pore of the calcium release channel,J. Biol. Chem. 1987,262:16636-16643.

[30] Ogawa Y., Murayama T., The Structure and Function of Ryanodine Receptors. Ed. Sitsapesan R and Williams AJ, London. Imperial College Press,1998,5-22.

[31] Chen S., Li P., Zhao M.,et al Role of the proposed pore-forming segment of the Ca^{2+} release channel (ryanodine receptor)in ryanodine interaction. Biophys. J. 2002,82:2436-2447.

[32] Wang R.,Bolstad J.,Kong H.,et al,The Predicted TM10 Transmembrane Sequence of the Cardiac Ca^{2+} Release Channel (Ryanodine Receptor)Is Crucial for Channel Activation and Gating,J. Biol. Chem. 2004,279:3635-3642.

[33] EP 1006107. 2000.

[34] EP 919542. 1999.

[35] Tsuda T., Yasui H., Ueda H. Synthesis of Esters and Amides of 2, 3-Dimethyl-5-(substituted phenylaminocarbonyl)-6-Pyrazinecarboxylic Acid and Their Phytotoxicity J. Pestic. Sci.,1989,14:241-243.

[36] Tohnishi M.,Katsuhira K.,Otsuka T.,et al Jpn. Kokai Tokkyo Koho 09-323974,1997.

[37] Tohnishi M.,Nakao H.,Furuya T.,et al,a Novel Insecticide Highly Active against Lepidopterous Insect Pests,J. Pestic. Sci. 2005,30:354-360.

[38] WO 0183421,2001.

[39] Anastas P.,Williamson T. ACS Symp. Ser. 1996,626:1-17.

[40] Tundo P., Anastas P., Black D S, et. al. Synthetic pathways and processes in green chemistry. Introductory overview, Pure Appl. Chem. 2000,72:1207-1228.

[41] Kuroda K.,Ishikawa N. J. Chem. Soc. Jpn.,1972,1876.

[42] Tordeux M.,Langlois B.,Wakselman C.,J. Chem. Soc. Perkin Trans 1,1990,2293.

[43] EP 1006102,2000.

[44] WO03/11028,2003.

[45] Nishimatsu T.,Hirooka T.,Kodama H.,et al. A. Seo,Proc. BCPC Int. Congr. -Crop Sci. Technol.,2A-3,2005,57-64.

[46] Nishimatsu T,Hirooka T. Proceedings of the BCPC International Congress-Crop Science & Technology[C]. Glasgow:Brit Crop Prot Council,2005:57-63.

[47] 李淼,柴宝山,刘长令. 新型杀虫剂氟虫酰胺. 农药,2006,45(10):697-799.

[48] Lahm G P,Selby T P,Freudenberger J H,et al. Insecticidal anthranilic diamides:A new class of potent ryanodine receptor activators,Bioorganic & Medicinal Chemistry Letters,2005,15(22):4898-4906.

[49] Tohnish M,Nakao H,Furuya T,et al. Flubendiamide,a Novel Insecticide Highly Active against Lepidopterous Insect Pests J Pestic. Sci.,2005,30:354-360.

[50] Lahm G P. Cordova D., Barry J D. New and selective ryanodine receptor activators for insect control,Bioorg. Med. Chem. Lett. (2005)15:4898-4906.

[51] Lahm G P, Stevenson T M., Selby T P.,et al. Rynaxypyr™:A new insecticidal anthranilic diamide that acts as a potent and selective ryanodine receptor activator,Bioorg. Med. Chem. Lett,(2007) 17:6274-6279.

[52] Ebbinghaus U.,Lvemmen P.,Lobitz N. et al.,Phthalic acid diamides activate ryanodine-sensitive Ca^{2+} release channels in insects,Cell calcium,2006,39:21-33.

[53] 张一宾. 鱼尼汀受体抑制剂类杀虫剂的研发现况. 世界农药,2008,30(1):1-8.

[54] 柴宝山,林丹,刘远雄,刘长令. 新型邻甲酰氨基苯甲酰胺类杀虫剂的研究进展. 农药,2007,46(3):148-153.

第十二章

取食阻断剂

这是近来发现的一类新型内吸性杀虫剂，对刺吸式口器害虫有特效。可以专一性阻断昆虫取食行为，使受药蚜虫立即停止取食，尽管还能运动，但因产生不可逆转的停食，最后因饥饿而死亡。该药并没有神经毒性，没有驱避作用和拒食作用。昆虫一旦接触到这类药剂后，就会立即停止取食，并且这一过程是不可逆的，但这种停食现象并不是由于拒食作用引起的。这类具有取食阻断作用的品种有吡蚜酮、pyrifluquinazon和氟啶虫酰胺，尽管氟啶虫酰胺的化学结构与烟碱类杀虫剂具有一定的相似性，但它们并不像烟碱及吡虫啉那样与烟碱的乙酰胆碱受体相结合，它们的详细的作用机制尚在研究中。

第一节　吡蚜酮

吡蚜酮（pymetrozine）是瑞士诺华公司于1988年成功开发的新颖吡啶杂环类杀虫剂，具有高效、低毒、高选择性、对环境友好等特点。对水稻、蔬菜、棉花、小麦、果树等作物的蚜虫、飞虱、叶蝉、粉虱和椿象等具有很高的防效。1997年起，该药先后在土耳其、德国、捷克、巴拿马、马来西亚、日本、美国和南欧、我国台湾等国家和地区登记，并陆续上市。在我国也是重点推广的品种。

$C_{10}H_{11}N_5O$，217.23，123312-89-0

1. 发现过程

唑蚜酮（pymetrozine）是一个带有亚氨基甲基吡啶基的三嗪酮类化合物。对这类化合物的研究开始于对其化学问题的兴趣而引起的，在研究1,3,4-噁二唑-5-酮与含有氨基的化合物进行反应时，发现当噁二唑的4-位氮原子上连有亲核性的β-羰基基团时，可分别形成结构完全不同的两类化合物，即N-氨基五元环的咪唑啉酮和六元环的1,3,4-三嗪酮类化合物。根据这一结果，联想到三嗪酮类化合物往往具有很好的农药活性，因此对新得到的这类三嗪酮类化合物进一步作了衍生，并测定所得产物的生物活性。研究发现，当这类化合物进一步与吡啶甲醛反应时，生成的化合物具有很好的杀虫活性，从而引起了深入研究的兴趣。

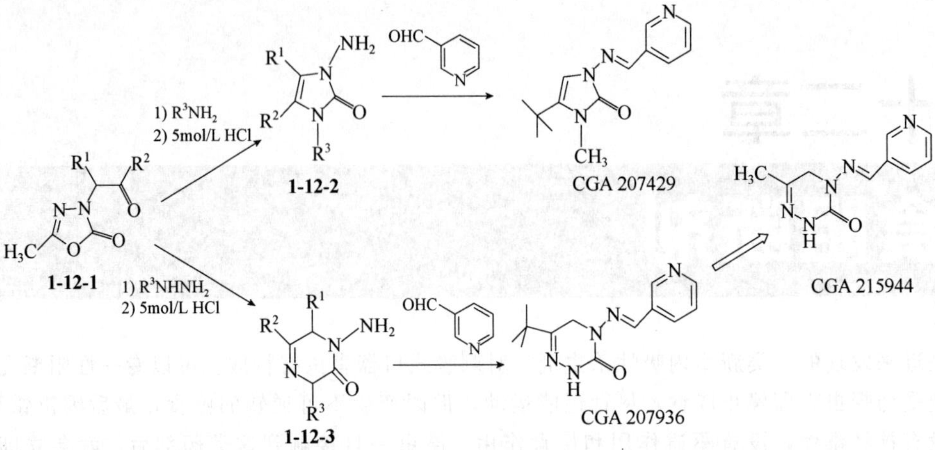

对这类化合物结构优化的结果，最终发现了吡蚜酮。这是一个完全由化学问题入手研究所得到的巨大成果。

开始 Ciba-Geigy 公司申请专利保护的化合物结构如下：

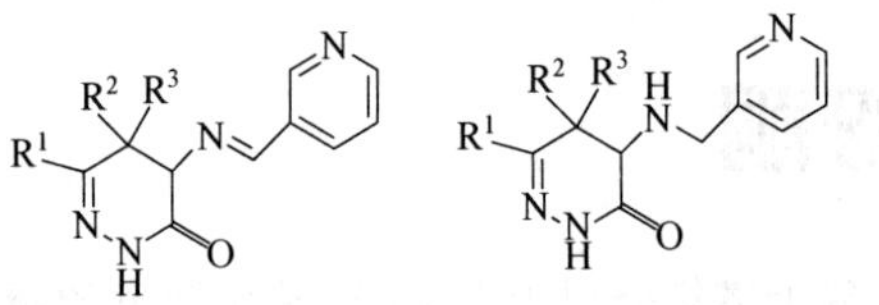

很快 Ciba-Geigy 和日本农药公司先后又发现了一系列新的带有吡啶甲亚氨基的化合物，如：

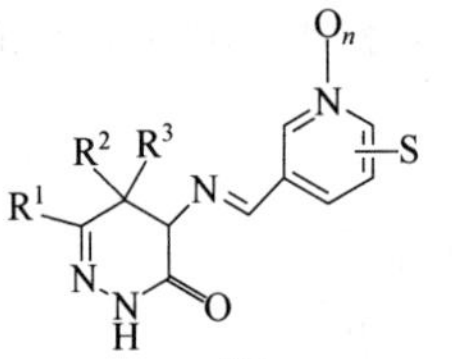

$n=0,1$

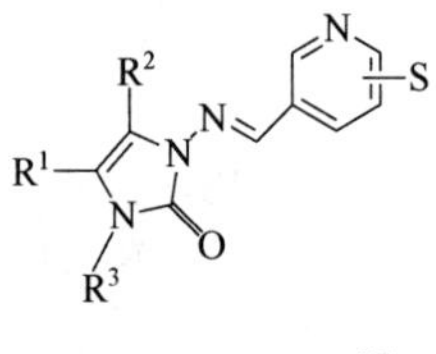

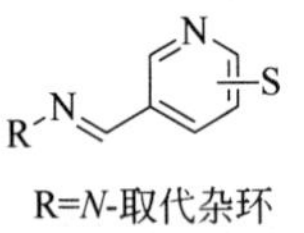

R=N-取代杂环

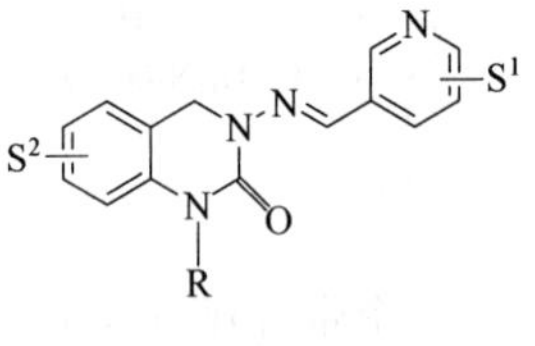

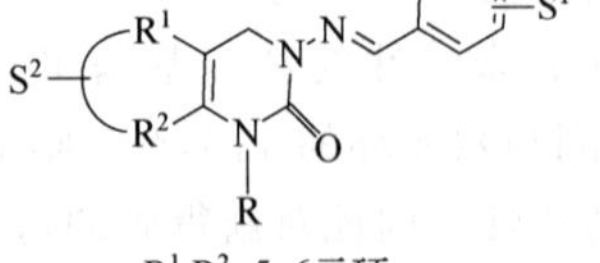

$R^1,R^2=5\sim6$元环

从中筛选出两个化合物（NNI 0101 及 NNI 9768）在田间进行试验。2006 年日本农药公司已将 NNI 0101 进行开发，命名为 pyrifluquinzon，这将在下节中讨论。

2. 结构与活性的关系

在对吡啶甲基亚氨类化合物进行结构与活性关系中，可将分子分为三嗪酮和吡啶基两部分进行系统的优化：

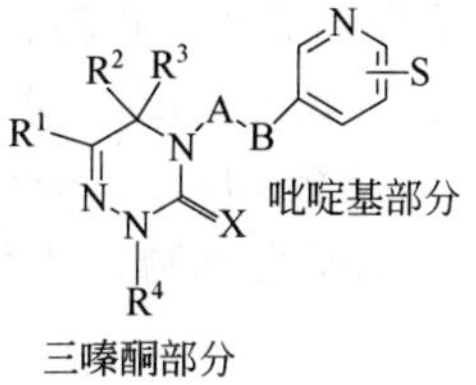

曾用多种杂环及稠杂环代替三嗪酮部分，所得化合物的活性顺序为：

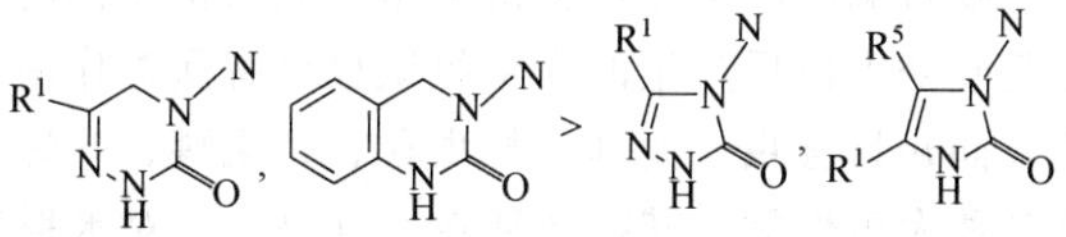

其中三嗪酮及苯并嘧啶酮的活性最高，对于 R^1 取代基而言，甲基、异丙基及叔丁基是对活性有利的基团；若取代基的体积较大，对杀虫活性是不利的；其他位置则是以氢为最好；取代基 R^4 的活性顺序为 $H>CH_3>COR，COOR$；三嗪酮的活性较相应的硫酮优越。

对于三嗪酮与吡啶间的 A—B 连接键也进行了较系统的研究，其间的活性顺序以 N=CH 及 NHCH$_2$ 基最好，当碳上的氢被烷基取代后，活性大大降低，曾报道试用过其他的基团，但活性均不理想。

至于吡啶环部分，研究发现吡啶基、N-氧代吡啶基、N-烷氧羰基吡啶基均有很好的活性，其活性大于相应的吡嗪衍生物，其他的杂环则未显示出理想的活性。

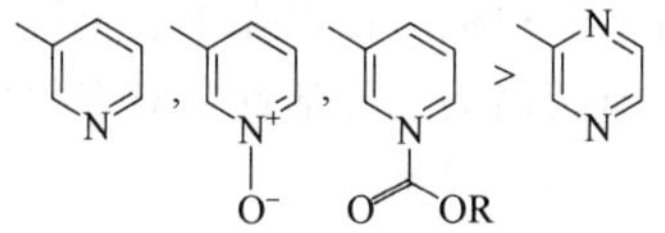

至于吡啶环上的取代基效应，实验显示的是无取代基的较有任何取代基的活性都高。

3. 合成与性质

唑蚜酮的合成步骤如下：

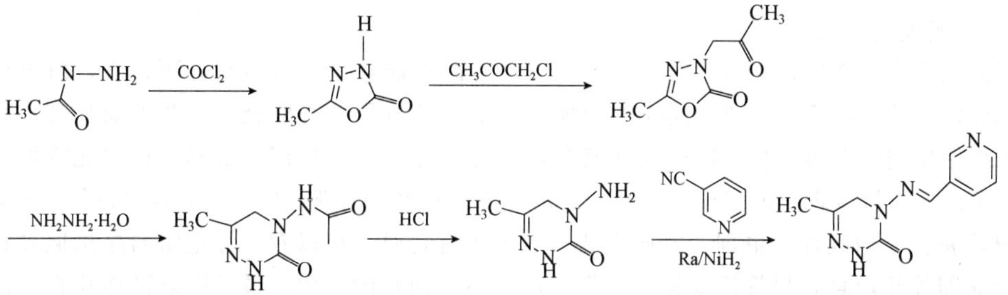

反应以乙酰肼为原料，经与光气作用，关环形成 2-甲基噁二唑酮后，再依次与氯代丙酮、水合肼反应，一步经重排生成三嗪酮的衍生物，再经水解去除乙酰基后，与 3-氰基吡啶在兰尼镍催化氢化的条件下一步合成产物，反应中生成的吡啶甲醛可不经分离直接得到最终产物吡蚜酮。

吡蚜酮纯品为无色结晶体，熔点 217℃，密度 1.36g/cm^3（20℃）。蒸气压<4×10^{-6}Pa（25℃），分配系数（25℃）$K_{ow} \lg P = -0.18$。溶解度（g/L）：水（25℃）0.29、乙醇（20℃）2.25、己烷（20℃）<0.001。在 pH=1 时水解半衰期 DT$_{50}$ 为 2.8h，在 pH=5 时为 5～10d，碱性 pH=9 时稳定。在土壤中的移动性很小。

吡蚜酮具有内吸性，主要在植物体的木质部运转，但也可在韧皮部内移动，在土壤中的半衰期为 2～29d，这表明它在环境中很容易降解。它的淋溶性不大，一般只存在于上层土壤中。对地下水的污染机会很少。

4. 毒性及安全性

大鼠急性经口 LD$_{50}$ 为 5820mg/kg；大鼠急性经皮 LD$_{50}$>2000 mg/kg；大鼠急性吸入 LC$_{50}$（4h）>

1800 mg/L；对兔眼睛和皮肤无刺激，无致突变性。鹌鹑、麻鸭 $LD_{50}>2000$ mg/kg，鹌鹑 $LC_{50}>$ 5200 mg/kg；虹鳟鱼、鲤鱼 LC_{50}（96h）：$>100\mu g/mL$；水蚤 EC_{50}（48h）：$>100\mu g/mL$；蜜蜂经口 LD_{50}（48h）：$>117\mu g$（a.i）/蜂，蜜蜂接触 LD_{50}：（48h）：$>200\mu g$（a.i）/蜂。吡蚜酮具有高度的选择性（只对刺吸性口器昆虫有效），对哺乳动物、鸟类、鱼虾、蜜蜂等都有很好的安全性。

5. 生物活性及其应用

吡蚜酮在植物体内具有内吸输导活性，它能够在韧皮部和木质部内进行向顶和向下的双向输导。土壤处理和茎叶处理表明，吡蚜酮能够穿过植物薄壁组织进入植物体内，并能够产生很好的防效，由于它的这一特性，对在茎叶处理以后产生的新生组织也会有保护作用。

吡蚜酮主要用于防治大部分同翅目害虫，尤其是蚜虫科、粉虱科、叶蝉科及飞虱科害虫，适用于蔬菜、水稻、棉花、果树及多种大田作物，其持效期在 20d 以上，对水稻后期褐飞虱也具有一定控制作用，其持效性表现优于速效性。对稻田灰飞虱防治效果好，且持效期长达 10d 以上。防治灰飞虱的适期应在灰飞虱的 1～2 龄高峰期用药，有利于保证防效。该品种不仅具有良好的药效，且对作物、环境及生态无危害，特别适于抗性治理与综合防治。吡嗪酮对鳞翅目的小菜蛾、棉铃虫、甜菜夜蛾无效，对蚕豆蚜、褐飞虱有效。

吡蚜酮对昆虫的致死作用很慢，并受气候条件的影响，在因停止取食而死亡之前的几天时间内，处理昆虫可能会表现得很正常。试验结果表明，用吡蚜酮处理的蚜虫，3h 取食抑制率可达 90%，48h 死亡率可达 100%。试验表明，它在土壤中的半衰期是 2～29d。

吡蚜酮及其主要代谢产物在土壤中的淋溶性很低，仅存在于表土层，在推荐施用剂量下对地下水的污染可能性很小。吡蚜酮对一些害虫具有很高的选择活性，对有益的节肢动物安全，室内和许多室外试验表明，吡蚜酮对大多数天敌昆虫的影响很小。

吡蚜酮具有非常引人注目的毒理学特性，吡蚜酮是一种专门作用于刺吸式口器害虫的高效新颖杀虫剂，许多刺吸式口器害虫既能够对作物造成直接伤害，又是病毒传播的媒介，这种化合物因其高度的选择性、对哺乳动物的低毒性、对鸟类、鱼类、非靶标节肢动物的安全性，对其他类型的杀虫剂已产生抗性的蚜虫种群，对于吡蚜酮没有表现出交互抗性，这在综合防治中显示出很好的发展前景。

6. 作用机制与抗性

吡蚜酮没有击倒作用，受药后蚜虫仍是活着，有时还能移动，但似乎并不进食，蚜虫摄食事先用唑蚜酮处理过的植物后，也产生同样的现象。这说明吡蚜酮具有内吸性，并可能具有与过去杀虫剂不同的作用机制。吡蚜酮在植物体内既能在木质部输导，也能在韧皮部输导；因此既可用作叶面喷雾，也可用于土壤处理。因其良好的输导特性，在茎叶喷雾后新长出的枝叶也可以得到有效保护。

吡蚜酮属新型内吸性杀虫剂，对刺吸式口器害虫有特效。可以专一性地阻断昆虫取食行为，使受药蚜虫立即停止取食，尽管还能运动，但因产生不可逆转的停食，最后因饥饿而死亡。该药并没有神经毒性，没有驱避作用和拒食作用。昆虫一旦接触到该类药剂后，就会立即停止取食，并且这一过程是不可逆的，这种停食现象并不是由于拒食作用引起的。其作用机制为"口针穿透阻塞"效应（blockage of stylet penetration）。吡蚜酮在纳米浓度下就能使昆虫后胸和食管下的神经节不由自主地有刺波发放。同样地，它在纳米浓度下最大效率地增加离体前肠不由自主地收缩。它的这些作用可被生物胺受体拮抗剂如米寒林（mianserin）、凯坦生（ketanserin）和心得安（propranolol）所抵消，也可被 5-羟色胺（血清素，serotonin）所模拟，但不能被多巴胺（dopamine）和章鱼胺（octopamine）模拟。同时，该化合物和血清素可强烈地彼此强化其作用功能。吡蚜酮对现在分离出来的所有蝗虫神经元细胞的神经递质受体及其他的有神经元的地方均无活性。同样的结果也在桃蚜（Myzus persicae）体内观察到。在试验室内利用电穿透技术（EPC）进行研究的结果表明，用吡蚜酮分别经过点滴、经口及注射三种方式处理蚜虫，都会立即产生"口针穿透阻塞"效应，并最终因饥饿而死亡。对桃蚜和棉蚜进行点滴处理，其取食立即停止。即使昆虫的口针能够刺到植物的韧皮部，也会比正常刺穿所用时间长，并且只保持很短时间的吸取汁液的能力。利用吡蚜酮对桃蚜进行注射处理，结果表明，1.2ng 的药量，桃蚜就可以产生"口针穿透阻塞"效应。取食研究表明，300μg/mL 浓度的吡蚜酮在 5～10min 内就可以使蚜虫停止取食。由这些结果显示，吡蚜酮是经过一种新的作用机制来达到杀虫效果的，可能是与血清素的信号途径有关的新的作用机制。

第二节　pyrifluquinazon

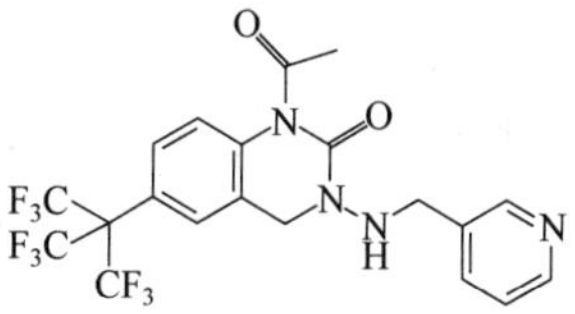

pyrifluquinazon
$C_{19}H_{15}F_7N_4O_2$, 466.35, 337458-27-2

这是日本农药公司继吡蚜酮后开发的又一品种，属苯并嘧啶酮类杀虫剂。对半翅目（如蚜虫）及蓟马科害虫有效，对粉虱和叶蝉也具有很好的活性，使用剂量为 10～300g（a.i.）/hm²。主要用于蔬菜。

1. 发现过程

继 1988 年瑞士诺华公司开发新型杂环类高效选择性杀虫剂吡蚜酮后，90 年代初，日本农药公司以吡蚜酮为先导开始进行研究，将吡蚜酮分子中的三嗪酮替换为喹唑啉类化合物后，发现具有活性，为此开展了系统的结构与活性关系研究，设计合成了如下结构的一系列化合物：

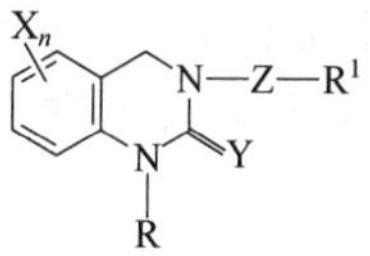

对分子中各部分的基团进行了系统的变化，研究了它们的结构与活性的关系，基团变化的范围有：R^1 可以是具有 1～3 个杂原子的杂环化合物，杂环上还可有不同的取代基，Y 为氧或硫原子。Z 为饱和或不饱和的碳氮键，碳上的氢原子还可被不同的基团，如烷基、甲酰基、羟基等所取代。

为了达到研究结构与活性关系的目的，必须有一个较理想的合成方法。于是从化学合成方法研究入手，首先打算进行如下反应：

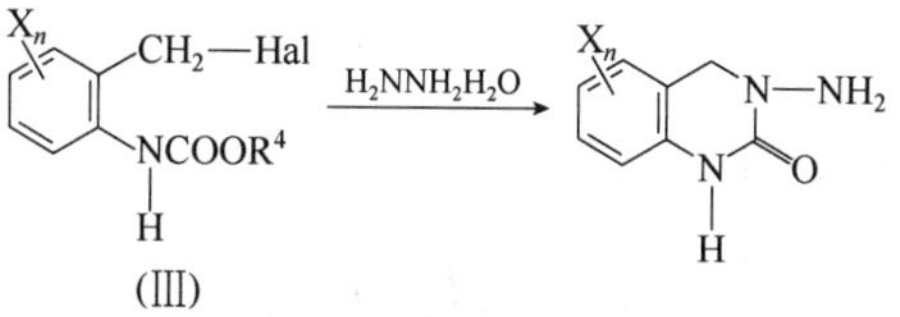

但实验发现在惰性溶液中反应并不发生，只有在醇类溶剂中才能很好地进行反应。另一条路线则是以取代邻硝基苯甲醛为起始原料，先与肼基甲酸酯生成腙，再将硝基还原为氨基，经环化和水解生成 3-氨基苯并嘧啶-2-酮，所得产物进一步与羰基化合物形成腙的衍生物，再还原成胺，最后再用卤化物进行 1-位氮原子的烷基或酰基化反应。

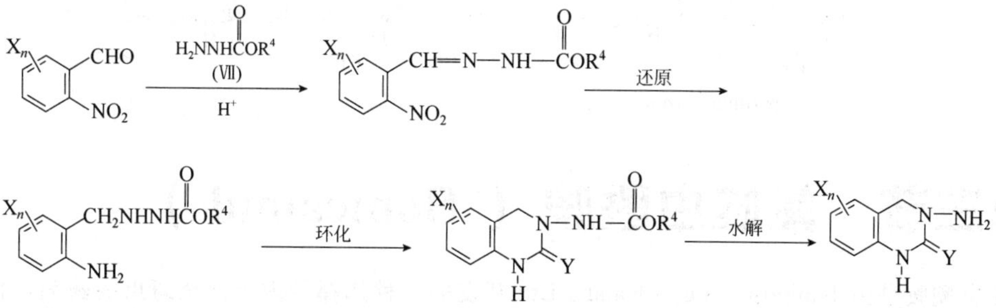

用上述方法合成了一系列的化合物后，经生物活性测定，发现这类化合物在低剂量下具有很高的杀虫活性，如化合物 NNI 9768，研究发现苯环上具有溴、碘、多氟代烷基时，特别是多氟代烷氧基的喹唑啉类化合物活性很高。由此，于 2006 年开发了 pyrifluquinazon。其作用机制与吡蚜酮相同，都对蚜虫、粉虱和叶蝉有特效。

吡呀酮　　　　　　　　　　NNI 9768　　　　　　　pyrifluquinazon

2. 合成方法

pyrifluquinazon 的合成方法如下：

pyrifluquinazon

第三节　氟啶虫酰胺（flonicamid）

氟啶虫酰胺是由 Ishihara Sangyo Kaisha Ltd 开发的一种选择性内吸性杀蚜虫的药剂，化合物属于三氟甲基烟酰胺类化合物，2001 年后期，在北美、拉丁美洲、英国、西班牙和葡萄牙 FMC 得到了唯一的开发权，在其余的欧洲 FMC 则与 ISK 联合开发该品种。

$C_9H_6F_3N_3O$,228.13, 158062-67-0

1. 发现过程

1994 年，Ishihara Sangyo Kaisha 第一个发现这类化合物具有杀蚜活性。当时的专利覆盖了如下通式的化合物：

$n=0,1; X=O,S$

氟啶虫酰胺是其中之一，这类化合物优越的杀蚜虫的活性促进了其他公司，如住友、Hoechst/Aventis（现在的 Bayer）及先正达（Syngenta）开展了三氟甲基烟酰胺类化合物的研究，结果如下：

A=杂环化合物	Ishihhara Sangyo Kaisha	JP 07010841 JP 07025853	1995 1995
	Sumitomo	JP 10195072	1998
A=五元杂环化合物 X=CH, N; $n=0,1$	Hoechst Aventis Aventis	WO 9857969 WO 2000035912 WO 2000035913	1998
	Sumitomo	JP 11180957	1999
$n=0,1$	Syngenta	WO 2001009104	2001
A=六元或七元杂环化合物 X=CH, N; $n=0,1$	Syngenta	WO 2001014373	2001

2. 结构与活性的关系

总结三氟甲基烟酰胺类化合物的结构与活性的关系，可将分子分为三氟甲基吡啶和酰胺两部分：

三氟甲基吡啶可改造为如下结构：

>>其他杂环化合物

其中，R¹ 为三氟甲基时，活性最好。酰胺部分取代基 R² 及 R³ 可以改变的幅度较大，也可以两个都是氢。未显示出取代基的立体及电子效应的作用对活性的影响。酰胺也可以用生物等排体，其他的某些五元或六元杂环代替，如：

X=O,S

3. 合成方法与性质

该化合物第一次合成于 1991 年，开始以 4-（三氟甲基）烟酸为原料，经与氯化亚砜用氨基乙腈作用，仅用两步即可合成，另一路线是从 1,3,5-三氰甲基六氢-1,3,5-三嗪为原料，也可制得产品。

氟虫啶酰胺的熔点 157.5℃，蒸气压（25℃）9.43×10⁴（kPa），在水中的溶解度为 5.2g/L（20℃），油水分配系数 $K_{ow}\lg P$ 为 0.3（25℃）。它对光稳定，土壤中的持效期为 22d。在酸性和中性条件下稳定，pH 值大于 9 时，半衰期为 24d。由此可看出该化合物具有低的 $\lg P$ 和高的水溶性，有利于该化合物的内吸及传导活性的发挥。由于它易于降解，在土壤中的持效期不长。

4. 作用机制

当用氟啶虫酰胺处理蚜虫后，在 30min 内蚜虫完全停止了进食，进而减少了蚜蜜汁的产生和中止了进食时唾液的分泌。随后的中毒症状有对光敏感，无规律的运动，改变了正常的反应，进行无规则的移动和触角皱褶以及不稳定的活动等。这些现象与用烟碱处理蚜虫后的现象是极为不同的。尽管氟啶虫酰胺的化学结构与烟碱类杀虫剂具有一定的相似性，但它并不像烟碱及吡虫啉那样与烟碱的乙酰胆碱受体相结合，它是作用在 A-型钾离子通道上，现在的假设是氟啶虫酰胺阻断了位于突触前端下面的 A-型钾离子通道，造成致命的效应。失去对 A-型钾离子的调节，将导致破坏对神经递质释放的控制。

5. 生物活性与安全性

氟啶虫酰胺对多数农业上重要的蚜虫不论是幼虫或成虫都具有很强的活性，田间用量为 40～60g/hm²，在虫害严重时则可用 60～80g/hm²。对于盲蝽象、粉虱、牧草虫及木虱均有很好的防效。实验室的研究和田间观察，至今未观察到它在桃蚜上对有机磷和氨基甲酸酯类杀虫剂有交互抗性存在。

像吡蚜酮一样，它对环境与生态无害，对有益的昆虫也没有特别的负面影响。对大鼠经口 LD_{50} 为 $884mg/kg$（雄）和 $1769mg/kg$（雌），对兔的眼睛有轻微和皮肤无刺激作用，致突变为阴性。

参考文献

[1] Kristinsson H. Agro-Food-Industry Hi Tech. ,1995,6;21,23-26.

[2] Kristinsson H. Advances in the Chemistry of Insect Control Ⅲ（Special Publication-Royal Society of Chemistry,Cambridge）, 1994,147;85-102.

[3] Flueckiger C R，Kristinsson H. ,Senn R. ,et al. Conf. Pests Dis. ,1992,1,43-50.

[4] Wyss P. ,Bolsinger M. Translocation of Pymetrozine in Plants,Pestic. Sci. ,1997,50,195-202.

[5] Wyss P. ,Bolsinger M. Plant-Mediated Effects on Pymetrozine Efficacy against Aphids,Pestic. Sci. ,1997,50,203-210.

[6] 郎玉成，倪珏萍，刁亚梅. 农药，2007,46,(8);513-516.

[7] Kayser H. ,Kaufmann L. ,Schuermann F. ,et al Brighton Crop Protection Conf. -Pests Dis. ,1994,(2);737-742.

[8] Harrewijn P. ,Kayser H. ,Hartmut Pymetrozine. a Fast-Acting and Selective Inhibitor of Aphid Feeding. In-situ Studies with Electronic Monitoring of Feeding Behaviour,Pestic. Sci. ,1997,49,130-140.

[9] Kaufmann L. ,Popp B. ,Schuermann F. et al Book of Abstracts,. 6th ACS National Meeting,1998,AGRO-029.

[10] Kaufmann L. ,Schuermann F. ,Yiallouros M. ,et al, The serotonergic system is involved in feeding inhibition by pymetrozine. Comparative studies on a locust（Locusta migratoria）and an aphid（Myzus persicae）. Compar. Biochem. Physiol. ,Part C;Toxicol. Pharmacol. ,2004,138C;469-483.

[11] Ausborn J. ,Wolf H. ,Mader W. ,et al, The insecticide pymetrozine selectively affects chordotonal mechanoreceptors,J. Exp. Biol. ,2005,208;4451-4466.

[12] 柴宝山，刘远雄，杨吉春，刘长令. 农药，2007,46(12);800-809.

[13] Morita M. ,Ueda T. ,Yoneda T. ,et al Brighton Crop Protection Conf. Active compound combinations having insecticidal and acaricidal properties-Pests Dis. ,2000,(1);59-65.

[14] Hancock H G,de Lourdes Fustaino F M,Morita M. Proc. -Beltwide Cotton Conf,2003,83-88.

[15] Cottet F. ,Marull M. ,Lefebvre O. ,et al Eur. J. Org. Chem. ,2003;155-156.

[16] Morita M. ,Ueda T. ,Yoneda T. ,et al Brighton Crop Protection Conf. -Pests Dis. ,2000,(1);59-65.

[17] Hancock H G,de LourdesFustaino F M,Morita M. Proc. -BeltwideCotton Conf,2003,83-88.

[18] Hancock HG. ,de Lourdes Fustaino F M,Morita M. Proc. -Beltwide Cotton Conf,2003,83-88.

[19] Hayashi J H. ,Kelly G. ,Kinne L P. Poster presentation at the Beltwide Cotton Conf. ,2006.

第十三章

作用机制尚未确定的杀虫剂与杀螨剂

第一节 啶虫丙醚

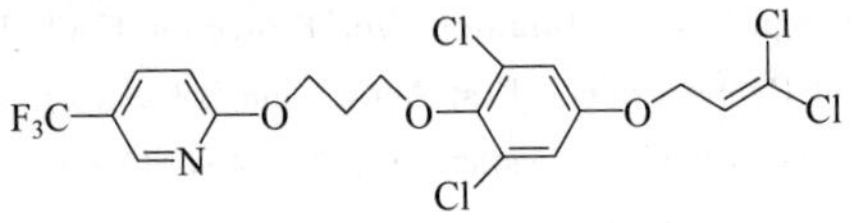

C$_{18}$H$_{14}$Cl$_4$F$_3$NO$_3$, 491.12, 179101-81-6

啶虫丙醚（pyridalyl）是由日本住友化学公司研发。适用于防治鳞翅目和缨尾目害虫，对鳞翅类害虫、哺乳动物和有益节肢动物无毒害；对有机磷、拟除虫菊酯和苯甲酰胺类杀虫剂产生抗性的害虫仍有优异的抑制活性。

一、发现及优化过程

研究者注意到在研究昆虫生长调节剂的过程中，具有杀虫活性的化合物 **1-13-1** 及 **1-13-2** 中，均含有 3,3-二氯烯丙氧基的结构，他们对于这一结构片断产生了兴趣，于是设计合成了一些含有该共同结构的类似物，结果发现化合物 **1-13-3** 对鳞翅目幼虫有一定的杀虫活性，对三龄斜纹夜蛾，每只在 25μg 的剂量下，6d 后致死率可达 90%，显示出微弱的活性。为了期望得到更高活性的化合物，继续进行结构修饰。

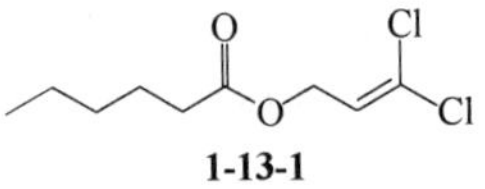

1-13-1

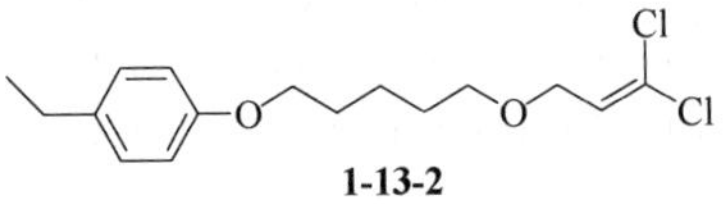

1-13-2

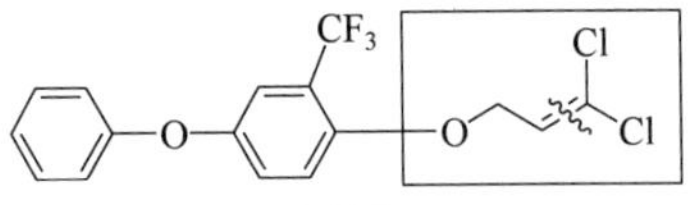

1-13-3

以化合物 **1-13-3** 为先导，首先研究了二氯丙烯基对活性的影响，结果认为烯基末端的两个氯原子对活性有重要影响，当二氯丙烯上两个氯原子若被氟原子或溴原子替换后，活性降低。其活性顺序为：

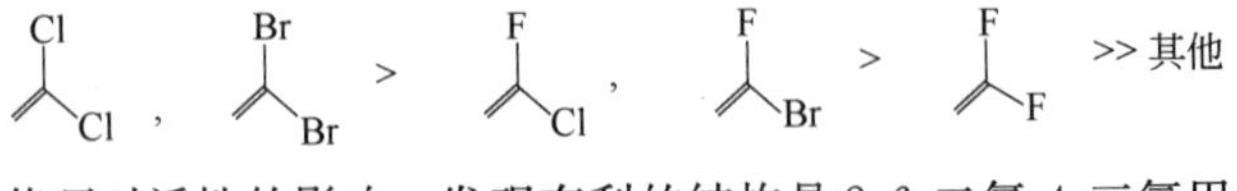

再研究分子另一末端的苯环对活性的影响，发现有利的结构是2,6-二氯-4-三氟甲基苯基或者3-氯-5-三氟甲基吡啶基，而末端吡啶环上的取代基对活性的影响顺序则是 5-CF$_3$，3-Cl-5-CF$_3$，3-Br-5-CF$_3$，3,5-(CF$_3$)$_2$＞＞5-H，5-CN，5-NO$_2$；当吡啶环5-位引入三氟甲基后，再在3-位引入氯、溴或三氟甲基，能保持活性，若在6-位再引入氯，则活性降低。由此以化合物 **1-13-4** 作为二级先导结构，继续优化结构。

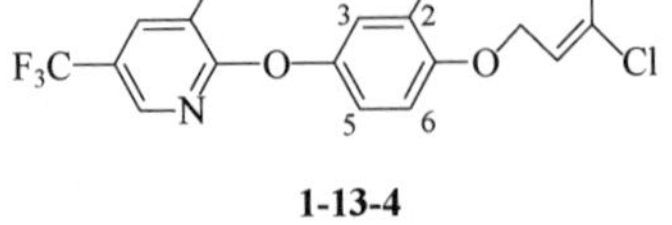

1-13-4

对二级先导化合物 **1-13-4** 结构中的中间苯环上取代基对活性的影响进行了研究，结果显示 3,5-二氯取代物具有最高活性。总结前面的研究可以看出，3,3-二氯烯丙基醚对活性是必要的基团，同时在中间苯环的 3- 及 5- 位上的取代基可显著增加杀虫活性，这说明这些位置对于固定分子的活性构象起着重要作用。最后，研究了两个芳环间的连接基和最佳距离。试验发现，杀虫活性与两个芳环间连接基的长度有关，1,3- 或 1,4-亚烷基二羟基基团可增加活性到最大的程度。从多方面角度考虑，最终成功设计出啶虫丙醚。其创制历程如图 1-13-1 所示。

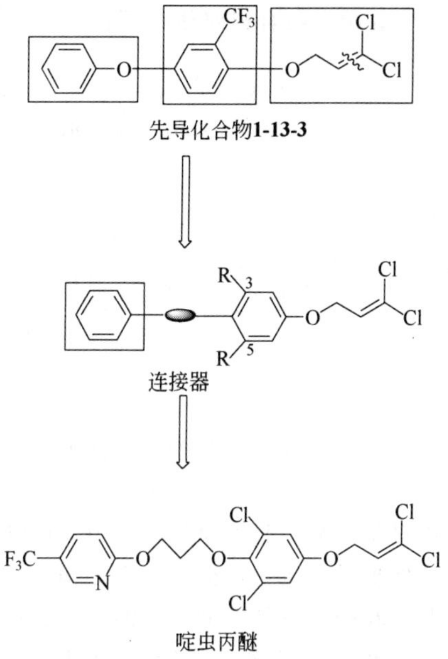

自从日本住友化学公司 1997 年公布啶虫丙醚以来，啶虫丙醚及其他二氯丙烯衍生物卓越的杀虫活性、突出的安全性、选择性和多样的修饰位点，吸引了国内外各大农药公司广泛的研究兴趣。也纷纷以该化合物为先导，投入大量资金开发该类杀虫剂，如改变烯丙基在苯环上的位置，改变两个芳环之间的多种桥链（包括带有杂原子的桥链），引入多种杂环等，希望能得到更高活性的化合物。如 FMC 公司报道的化合物，苯并二茂衍生物（化合物 **1-13-5**）在植物表面浓度为 0.25mmol/L 时可以 100％ 杀死烟蚜夜蛾。

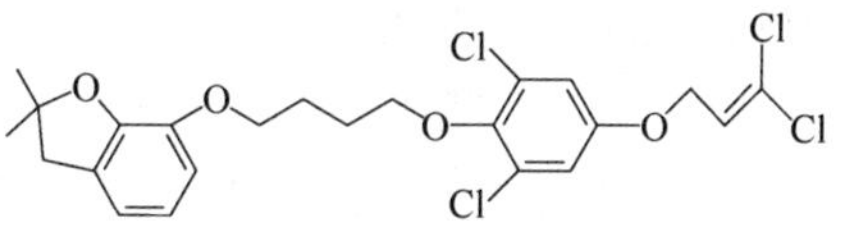

图 1-13-1 啶虫丙醚的创制历程

当化合物 **1-13-6** 在植物表面的浓度到达 0.25 mmol/L 时，可 100％ 杀死烟草蚜虫，在低剂量 30 mg/L 时，对烟草夜蛾幼虫的防治率可达 100％。

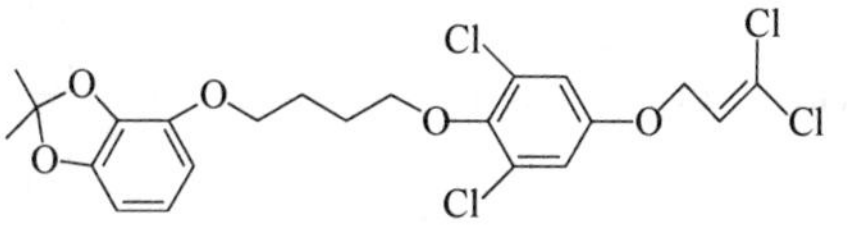

1-13-6

Bayer 公司 2007 年报道的化合物 **1-13-7**，对防止鳞翅目害虫也有很高的活性，当施用于烟草蚜虫，植物表面浓度为 0.25mmol/L 时，表现出 100％杀虫效果；在低剂量 30 mg/L 时对烟草蚜虫的防治仍达 95％以上。化合物 **1-13-8** 对鳞翅目害虫也表现了很好的活性。

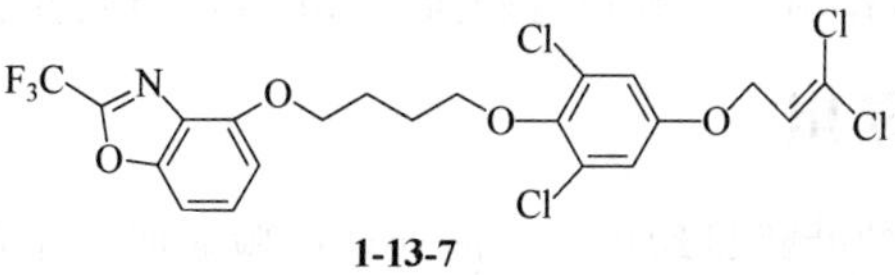

1-13-7

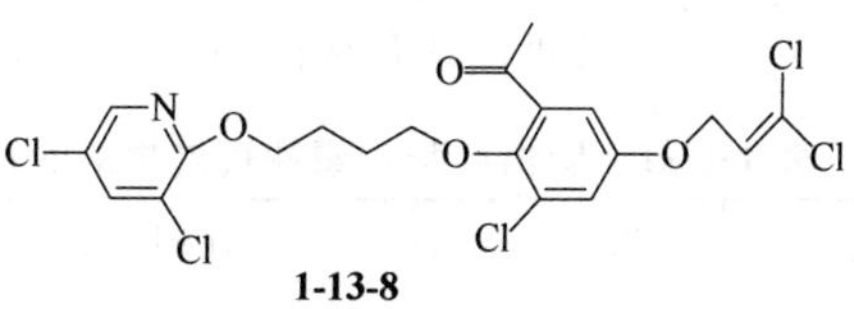

1-13-8

在对啶虫丙醚分子各部分进行单独或组合的优化过程中，各公司都取得了不同程度的成功，其中也有化合物在活性方面超过啶虫丙醚的报道。

二、合成方法及性质

其中一条合成路线如下：

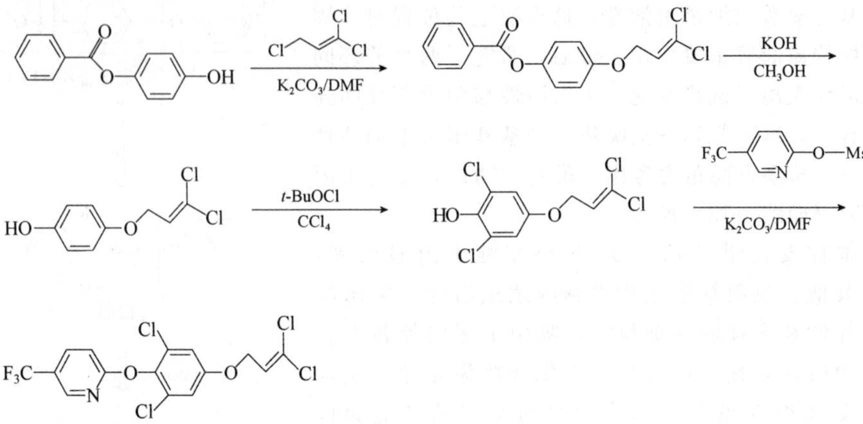

用对苯二酚作起始原料，先用苯甲酰基保护其中的一个羟基后与1,3,3-三氯丙烯作用，所得产物脱去保护后，氯化，得到2,6-二氯-4-(3,3-二氯烯丙氧基)苯酚，再与（3-三氟甲基吡啶-6-氧基）丙基溴在碱性条件下缩合，即得最终产品。

2003年以前，在苯环的氯化过程中，住友化学公司都是采用次氯酸叔丁酯，以四氯化碳作溶剂。后来改用磺酰氯，加入极少量仲胺，以甲苯作溶剂。温度为65~70℃，气相色谱检测产率可达94%~96%。而王正权等人采用二氯亚砜，加入催化量的三乙胺，90℃反应几乎实现定量转化。

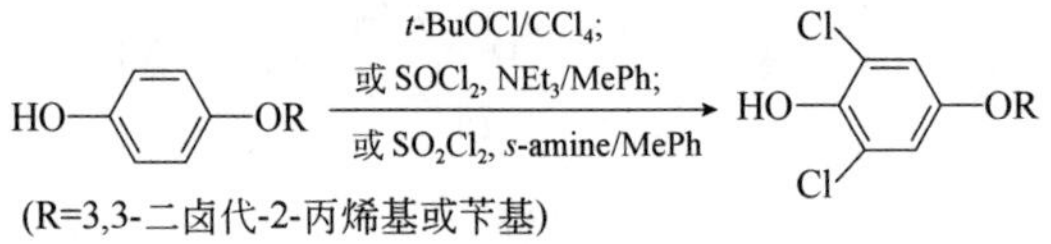

(R=3,3-二卤代-2-丙烯基或苄基)

目标物的合成：住友化学公司采用2-氯吡啶和取代的丙醇反应合成啶虫丙醚，反应中用到的碱包括碱金属或碱土金属的氢氧化物，不断分出水，HPLC监测，反应产率达到90%~95%。

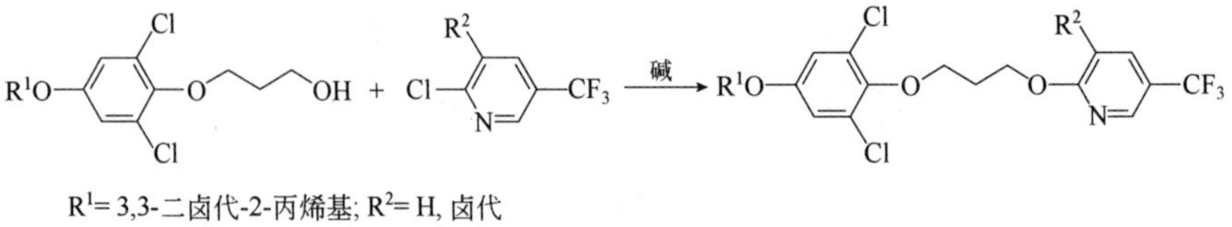

R^1= 3,3-二卤代-2-丙烯基; R^2=H, 卤代

啶虫丙醚是一个无味的液体，熔点<17℃，蒸气压为 6.24×10^{-8} Pa（25℃），可溶于绝大多数有机溶剂，而几乎不溶于水。

对大鼠急性经口毒性 LD_{50}>5000mg/kg，大鼠急性经皮 LD_{50}>5000mg/kg，大鼠急性吸入 LC_{50}>2.01mg/L；对兔的皮肤无刺激作用，对眼稍有刺激，Ames试验阴性。

三、杀虫活性及应用

啶虫丙醚可防治多种主要的鳞翅目幼虫，叶面处理试验表明，用药处理5d后，LC_{50} 在 0.77~4.25mg/L之间，LC_{90} 值在 1.53~13.8 之间，具有很高的活性。表 1-13-1 为对鳞翅目昆虫的活性。

表 1-13-1 啶虫丙醚对鳞翅目昆虫的活性

学　名	虫　龄	测 试 方 法	处理后天数	LC_{50}／［mg（a.i.）/L］
	3	叶面喷雾	5	1.56
棉铃虫	3	浸叶	5	1.36

续表

学　　名	虫　　龄	测 试 方 法	处理后天数	LC$_{50}$/ [mg (a.i.) /L]
	2	浸叶	5	3.23
	2	浸叶	5	4.29
甘蓝菜蛾	3	叶面喷雾	5	1.98
		浸叶	5	0.93
斜纹夜蛾	3	叶面喷雾	5	0.77
小菜粉蝶	2	叶面喷雾	5	3.02
小菜蛾	3	浸叶	3	4.48

它也可用于防治对传统的杀虫剂如拟除虫菊酯、有机磷杀虫剂、或苯甲酰基苯基脲等具有抗性的害虫。哑虫丙醚对双翅目的斑潜蝇和牧草虫也有很好的效果，表 1-13-2 为哑虫丙醚与传统杀虫剂活性的比较。

表 1-13-2 哑虫丙醚与传统杀虫剂活性的比较

杀虫剂名称	LC$_{50}$/ (mg/L)	
	抗 性 株	敏 感 株
哑虫丙醚	2.6	4.5
氟氯氰菊酯	＞500	3.7
pyrimifos methyl	＞450	12.0
chlorfluazuron	＞25	3.4
定虫隆		

哑虫丙醚的杀卵活性仅限于小菜蛾，对鳞翅目昆虫的活性却很强，但对半翅目和鞘翅目和直翅目的活性则较差，因此这种选择性在昆虫综合防治（IPM）的过程中是有意义的，因为一些天敌就属于这类的昆虫。哑虫丙醚对各种有利的节肢动物如寄生的黄蜂、捕食生物的昆虫、小蜘蛛和传粉昆虫者显示出最小的影响。

田间试验的结果显示，哑虫丙醚用量在 $100\sim220$g（a.i.）/hm^2 时，在蔬菜和棉花田中对鳞翅目害虫的防治效果显著，现已用于蔬菜和果园地中防治斑潜蝇和牧草虫。试用以来对作物无害。表 1-13-3 为哑虫丙醚对有益的节肢动物的毒性。

表 1-13-3 哑虫丙醚对有益的节肢动物的毒性

学　　名	种　　类	虫　　龄	测 试 方 法	LC$_{50}$/ [mg (a.i.) /L]
稻螟赤眼蜂	卵寄生蜂	成虫	叶面喷雾法	＞200
普通草蛉	食肉草蛉科	2～3 龄	浸虫法	＞200
异色瓢虫	食肉鞘翅目	2～3 龄	叶面喷雾法	＞500
东亚小花蝽	食肉膜翅目	成虫/若虫	叶面喷雾法	＞200
智利小钝绥螨	食肉螨	成虫	叶面喷雾法	＞200
意大利蜜蜂	授粉昆虫	工蜂	直接喷雾法	＞400
欧洲雄蜂	授粉昆虫	工蜂	直接喷雾法	＞200

四、作用机制

早期的优化研究中发现该化合物有独特的症状，在处理后活下来的幼虫体上，看起来好像有一个疤痕，在处理后的数小时内，在致死剂量以下，昆虫并没有死亡，用啶虫丙醚处理的其他鳞翅目幼虫，也有类似的现象，曾用斜纹夜蛾的幼虫观察过产生的这种疤痕，试验是将化合物局部地用于幼虫的胸背部，用低剂量的啶虫丙醚在处理后一天，没有明显的变化发生，但在处理后的第二天显现出处理处变暗，脱皮后疤痕就显示出来。而在用致死剂量处理后数小时，幼虫死亡，没有任何的症状产生，如震颤、痉挛或呕吐，因而假定由致死剂量和低剂量产生的症状可能与幼虫细胞的衰退有关。这一作用在人工培养的昆虫细胞 Sf9 上进行了研究，认为啶虫丙醚具有抑制细胞的增殖和减少细胞个数的作用。药剂处理过的 Sf9 细胞中出现粒状结构和液泡，表明有严重的细胞毒性，并且细胞毒性与杀虫活性部分相关；不影响线粒体电子传递，也不影响 ATP 生物合成，它不是线粒体呼吸链的解偶联剂，不影响线粒体呼吸作用；不同于 5-氟脲嘧啶和异霉素的细胞毒性，不影响 RNA 的生物合成和蛋白质的生物合成。生测实验亚显微结构显示，作用后的表皮细胞出现水肿恶化，能观察到线粒体变臃肿，内质网扩大加粗，高尔基体变宽，细胞核缩小，以及不明颗粒增多，表明啶虫丙醚不影响如中肠、神经中枢等处的内在细胞和组织，而只引起表皮细胞的水肿，进而产生毒作用。根据目前已有的测试症状和数据，仍无法确定与啶虫丙醚相作用的酶，推测可能是一种全新的作用机制。在杀虫剂分类时，啶虫丙醚没有归为以往任何一类杀虫剂，而成为一类新型杀虫剂。

第二节　联肼威（bifenazate）

$C_{17}H_{20}N_2O_3, 300.36, 149877-41-8$

一、发现及其构效关系

这是在传统的筛选方法中意外发现的具有新的生物化学和生理靶位的杀螨剂。由于在研究一些苯酰肼类化合物杀菌活性时发现一系列新的肼基甲酸酯类化合物具有很好的杀螨活性。Crompton 公司于 1990 年开展了这方面的研究。他们合成了数百个肼基甲酸酯类化合物，并筛选了它们的杀螨活性，发现在这类化合物中，其酯基部分具有直链或侧链 3～4 个碳原子的基团的活性最好，从中开发了联肼威。1999 年在美国首次登记用于观赏作物中，很快在作物，如苹果、梨、桃、杏、葡萄、棉花、草莓等作物中也获得应用。目前在世界范围内发展用于防治叶螨、卵、幼虫、蛹和成螨。在欧洲，联肼威也得到认可。

研究中发现，肼基甲酸酯类化合物一般具有杀螨活性的结构有如下三种类型。

在 A 类化合物中研究了 R^1 为苯基、吡啶基、噻唑基、呋喃基及噻吩基类化合物，R^2 为 $C_1 \sim C_4$ 的烷氧基，R^3 为酯基及磷酸酯基；B 类化合物中，除 R^1 可能是氢外，其余均与 A 类型相同，C 类化合物则将 R^3 改变为芳基。在研究的这些化合物中，以如下结构的化合物活性最理想：

研究了酯基上 R 基团对活性的影响，发现 3～4 个碳链的直链或带支链烷基在这一系列化合物中，显示出最高的活性。

进一步研究间位的取代的肼基甲酸酯，在间位取代基中，分子的邻位可以引入不同的取代基，以加大分子的可变范围，从 4-羟基二苯基出发，开展了新类型的联苯基肼基甲酸酯的合成及其结构与活性的关系研究，所得结果为：

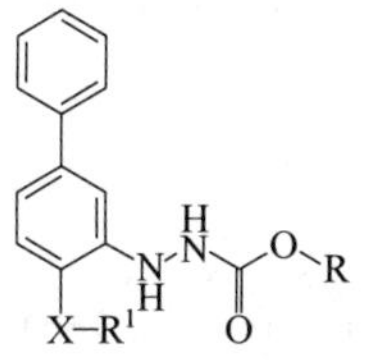

X= O > S > SO_2
R^1 = CH_3 > C_2H_5 > CH_2CH_2F > CH_2C_6H_5 > CH(CH_3)_2
R=CH(CH_3)_2 > CH(CH_3)C_2H_5 > C(CH_3)_3 > CH_3 > CH_2C_6H_5

从中发现间位联苯基肼基甲酸酯中，最具活性的是邻位具有烷氧基的衍生物，从而最终开发出联肼威。该药对二斑叶螨的成虫、蛹、若虫均有很高的活性，但对卵的活性稍差。

二、合成方法及性质

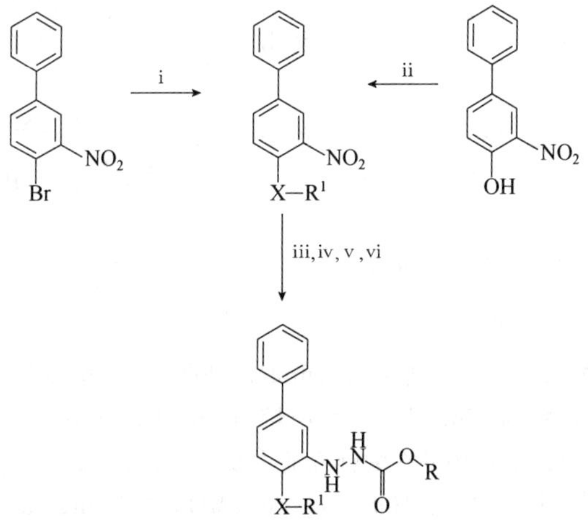

ⅰ —NaXR₁ 甲醇；ⅱ —卤代烷，K_2CO_3；ⅲ —$SnCl_2$，乙酸乙酯；ⅳ —$NaNO_2$，HCl；ⅴ —$SnCl_2$；ⅵ —Cl_2CO_2R，吡啶、乙酸乙酯；R, R^1 = 烷基；$X = O, S, SO_2$

联肼威为白色固体结晶，熔点为 120～124℃，分配系数 $K_{ow}lgP$（pH 7）为 3.4（25℃）蒸气压 $< 1 \times 10^7$ Pa；在水中的溶解度为 3.8mg/L（20℃）。有机溶剂中溶解度（g/L）：甲苯中 24.7g/L；在酸性条件下较稳定 pH 4 时可保持 6.34d，在 pH 9 的条件下只能存在 0.45h。大鼠急性经口 $LD_{50} > 5000$mg/kg，对皮肤和眼睛没有刺激作用，大鼠吸入毒性>4.4mg/L。

三、作用机制

研究表明联肼威是非内吸性杀螨剂，具有显著的触杀活性和持效性。初步的研究结果显示它的作用机制可能是在高浓度下作用于昆虫神经系统突触后的 GABA 受体，目前尚不完全清楚。但可以看出当用联肼威喷雾螨虫，大约 3h 后，它显得极度亢奋，并几乎不进食。在 3～4d 后大量死亡。

四、生物活性

联肼威对螨虫显示出广泛的活性，如四爪螨属、真叶螨、小爪螨及红蜘蛛。其对成螨、蛹及幼虫的活性相当于克螨特的 30～100 倍，它可在比较宽松的条件下使用，在气温（15～35℃）的范围内均可取得很好的效果。剂型有 50％可湿性粉剂，用量 280g（a.i.）/hm²．可在 20～40d 内具有活性。它对有益昆虫无害。

由于它是新的作用机制，因此未见与呼吸系统抑制剂及其他刺激神经系统的杀螨剂产生交互抗性。如对达螨酮、唑螨酯、吡螨胺及阿维菌素、三氯杀螨醇、有机锡、四螨嗪等具有不同抗性时，可应用此药剂，21 世纪以来，已在美国、日本、澳大利亚等国登记使用。

第三节　灭螨猛

C₁₀H₆N₂OS₂, 234.30, 2439-01-2

一、合成方法及性质

灭螨猛（chinomethionat）的合成路线一般以邻硝基对甲基苯胺为原料，经过还原、关环、氯化及巯基化得到中间体，再用光气或固态光气关环得到最终产品。

灭螨猛为黄色晶体。熔点 170℃。蒸气压 0.026mPa（20℃）；溶解度为（20℃）：水 1mg/L，环己酮 18g/L，二甲基甲酰胺 10g/L，甲苯 25mg/L，二氯甲烷 40 mg/L，己烷 1.8 mg/L，异丙醇 0.9mg/L，汽油 4mg/L。分解半衰期 DT₅₀（22℃）10 d 在酸性介质中稳定，但在碱性条件下则很易分解。

它的大鼠急性经口毒性 LD₅₀ 约为：1095 mg/kg（雌），2451mg/kg（雄），大鼠急性经皮 LD₅₀ 约为 5000mg/kg；以 60mg/kg 饲料喂大鼠两年，无致病作用，对蜜蜂无毒。

二、生物活性

灭螨猛为高效、低毒、低残留、高选择性的非内吸性的杀虫、杀螨剂，对成虫、卵、幼虫都有效，也是一个很好的杀菌剂，它对白粉病有特效。剂型有可湿性粉剂、烟雾剂等。在水果、观赏植物和蔬菜上的应用剂量为 7.5～12.5g/hm²。

第四节　其他杀虫、杀螨剂

一、苯螨特

C₁₈H₁₈ClNO₅, 363.79, 29104-30-1

苯螨特（benzoximate）是 20 世纪 70 年代面市的肟醚类杀螨剂，2004 年已被欧盟正式禁用。

理化性质 产物为无色晶体。熔点 73℃ 蒸气压＜1.3310^{-2}Pa。溶于苯、二甲基甲酰胺，水中溶解度为 30mg/L。对酸稳定，在强碱性介质中易分解。

合成方法 以间苯二酚为原料，经多步合成而得：

毒性 急性经口 LD_{50}＞15000mg/kg，大小鼠急性经皮 LD_{50}＞15000mg/kg，对皮肤无刺激作用，无致畸作用。

应用 为非内吸性杀螨剂，对成螨、卵均有效，残效期长，对抗性螨也有优异的防效，可在春、夏、秋的任何时间使用，对天敌和益虫无害，具有触杀和胃毒作用。

二、乙螨唑

$$C_{21}H_{23}F_2NO_2, 359.41, 153233-91-1$$

乙螨唑（etoxazole）为一种杀螨剂，是日本八洲化学公司于 1994 年开发的新的噁唑类杀螨剂。

理化性质 纯品为白色粉末，熔点 101～102℃，蒸气压 2.18×10^{-3}mPa，$K_{ow}\lg P = 5.59$（25℃），难溶于水，水中的溶解度为 75.4μg/L，（20℃），可溶于一般有机溶剂，稳定性较好，在 50℃放置 30d 不分解，对光稍不稳定，对酸也不稳定。

合成方法 乙螨唑合成方法可以是由 4-叔丁基-2-乙氧基苯基氨基乙醇在三乙胺存在下，和 2，6-二氟苯甲酰氯反应，再在氯化亚砜和氢氧化钠甲醇存在下，环化制得乙螨唑：

另一方法是由 2，6-二氟苯甲酰胺和氯乙醛缩二甲醇反应，再和间叔丁基苯乙醚在氯化铝存在下反应，最后在氢氧化钠存在下，环合生成乙螨唑。

毒性　对大鼠急性经口毒性 $LD_{50} > 5000mg/kg$，大鼠急性经皮毒性 $LD_{50} > 2000mg/kg$，对大鼠的吸入毒性 $LC_{50} > 1.09mg/L$，经对兔试验，对其眼睛和皮肤无刺激作用。经 Ames 试验，无致突变性。

应用　乙螨唑对柑橘叶螨、苹果叶螨、梨叶螨等各种叶螨具有很好的杀卵、杀幼虫活性，该药的速效性较差，但却具有长时期的杀卵、杀幼虫的效果。可抑制叶螨繁殖达一个月以上。同时对各种龄期的虫卵均同样有效。

三、噻螨酮

C$_{17}$H$_{21}$ClN$_2$O$_2$S, 352.88, 78587-05-0

噻螨酮（hexythiazox）是由日本曹达公司开发的杀螨剂。为广谱、非内吸性杀螨剂。

理化性质　噻螨酮为无色结晶，熔点 $108 \sim 108.5℃$，蒸气压 $0.0034mPa$（$20℃$），水中溶解度：$0.5mg/L$，可溶于一般有机溶剂中，$300℃$ 以下稳定，在酸、碱性介质中均易水解，$50℃$ 可贮存 3 个月以上。

合成方法　以赤式-1-对氯苯基-2-氨基丙醇为原料，经酯化、二硫化碳环合，双氧水氧化，最后与环己基异氰酸酯反应得到目标产物，4 步反应总收率可达 77.6%。酯化反应中以氯磺酸代替浓硫酸制备赤式-1-对氯苯基-2-氨基-丙基硫酸酯，既提高了产率，简化了操作步骤，也缩短了反应时间，适合于工业化生产。二硫化碳环合反应最佳工艺条件为 n（化合物）∶n（二硫化碳）＝1∶3，反应温度 $55℃$。双氧水氧化反应的最佳工艺条件为 n（化合物）∶n（双氧水）∶n（甲醇钠）＝1∶3.5∶3.5，反应温度 $30℃$。亦可直接用氧硫化碳（COS）代替二硫化碳环合，生成噻唑酮衍生物，再与环己基异氰酸酯作用生成产物。

毒性　大鼠急性经口毒性 $LD_{50} > 5000mg/kg$，大鼠急性吸入 LC_{50}（4h）$> 2mg/L$，对兔皮肤和眼睛无刺激作用，Ames 试验为阴性。

应用　它是可同时杀灭幼虫和虫卵的杀螨剂，具有高效、低毒、环保、对植物表皮穿透性好的特点。主要用于防治果树、棉花、茶树、烟草、西瓜等作物的害螨。

参考文献

[1] Sakamoto N，Saito S，Hirose T，et al. Pests The discovery of pyridalyl：a novel insecticidal agent for controlling lepidopterous pests. Pest Manag. Sci，2004，60(1)：25-34.

[2] Yoshihiro，Toshiaki，et al. Synthesis and insecticidal activity of benzoheterocyclic analogues of *N*′-benzoyl-*N*-(*tert*-butyl) benzohydrazide：Part 1. Design of benzoheterocyclic analogues Pest Manag. Sci，2003，59(1)：25-35.

[3] Shigeru，Noriyasu. Pyridalyl：Discovery, Insecticidal Activity, and Mode of Action in morden Modern Crop Protection Compounds Edited by Wolfgang Krämer andUlrich Schirmer，2007，1111-1114.

[4] Sakamoto N. ，Saito S. ，Hirose T. ，et al. Abstracts of Papers，10th IUPAC International Congress on the Chemistry of Crop Protection，Basel，2002，1：254.

[5] Katrin Cyclic amines. US 20060247238. 2006-11-02.

[6] Theodoridis Pesticidal (dihalopropenyl)phenylalkyl substituted benzoxazole and benzothiazole derivatives. US 7208450B2. 2007-04-24.

[7] 徐子平. 世界农药，2006，28(1)：51-53.

[8] Sakaguchi，H. Production method of an ether compound，US 6590104，2003.

[9] Isayama S. ，Saito S. ，Kuroda K. ，et al Pyridalyl，a novel insecticide：Potency and insecticidal selectivity，Arch. Insect Biochem. Phys，2005，58：226-233.

[10] Tillman P G，Mulroony J E. Effect of selected insecticides on the natural enemies Coleomegilla maculate and Hippodamia convergens (Coleoptera：Coccinellidae)，Geocoris punctipes (Hemiptera：Lygaeidae)，and Bracon mellitor，Cardiochiles nigriceps，and Cotesia marginiventris (Hymenoptera：Braconidae)in cotton，J. Econ. Entomol，2002，93：1638-1643.

[11] Saito S，Sakamoto N. Effects of Pyridalyl，a Novel Insecticidal Agent，on Cultured Sf9 Cells，J. Pestic. Sci. ，2005，30(1)：17-21.

[12] Saito A. Effects of Pyridalyl on ATPConcentrations in Cultured Sf9 CellsJ Pestic. Sci. ，2005，30(4)：403-405.

[13] Saito A，Yoshioka T. Ultrastructural effects of pyridalyl，an insecticidal agent，on epidermal cells of Spodoptera litura larvae and cultured insect cells Sf9，J. Pestic. Sci，2006，31(3)：335-338.

[14] Dekeyser M A. Acaricide mode of action，Pest Manag Sci，2005，61：103-110.

[15] Dekeyser M A，Downer R G H. Biochemical and physiological targets for miticides Pestic. Sci，1994，40：85-101.

[16] Chee，et al. 4-hydroxybiphenyl hydrazide derivativesUS Patent. 6093843.

[17] 冯化成. 新颖杀螨剂---etoxazole. 农药译丛，1999，21(1)：64-65.

[18] Junji S，Tatsuya，I Yasuo K，et. al. Synthesis and Activity of Novel Acaricidal/Insecticidal 2,4-Diphenyl-1,3-oxazolines . Pestic. Sci. ，2002，27(1)：1-8.

[19] 柴宝山，刘远雄，杨吉春，等. 杀虫杀螨剂研究开发的新进展. 农药，2007，46(12)：800-806.

[20] 楼江松，廖道华，吴忠信等. 噻螨酮的合成工艺. 农药，2008，47(5)：328-330.

第十四章
土壤熏蒸剂

土壤熏蒸剂是农作物种植前，通过对土壤熏蒸的方法来防治地下害虫（特别是线虫）、进行土壤消毒或防治杂草的农药。我们将它们归并在杀虫剂一篇中讨论。这类农药使用技术要求高，操作不当造成的风险也大。熏蒸效果通常与温度成正相关，温度越高，效果越好。如果延长熏蒸处理时间，较低的浓度也可能获得较好的防治效果。使用土壤熏蒸剂，容易造成风险，若从施药地点的土壤中扩散到空气中，可能对使用者造成损害，也可能因气体扩散对附近生活和工作的人员造成不良影响。EPA要求土壤熏蒸剂的使用者在施药区周边应建立缓冲区，以降低对非使用者的急性吸入风险。缓冲区的大小主要取决于用药量、使用面积、施药设备和方法、排放控制措施，例如防水布等因素，EPA的再审登记计划将于2013年对土壤熏蒸剂进行重新评估。几十年来，虽然熏蒸剂的研究进展较慢，但是熏蒸剂是一种防治有害生物极为有效的手段，很难用其他方法替代。

土传病害是由于土壤中病原物侵染寄主植物所引起的一类病害。通常作物栽培3～5年后土传真菌和根结线虫危害会越来越重，对作物的产量和品质造成严重的影响。一般可以造成减产20％～40％，严重的可减产60％以上，甚至绝收。随着温室大棚栽培面积的进一步扩大和高附加值作物的连年栽培，土传病害的问题越来越突出。

目前，作为土壤熏蒸剂登记有有机化合物与无机化合物两大类。常用的主要包括氯化苦（chloropicrin）、棉隆（dazomet）、威百亩（metamsodium）、溴甲烷（met hyl bromide）、1,3-二氯丙烯（1,3-dichloropropene）和碘甲烷（iodomethane）和硫酰氟（ProFume），主要登记用于马铃薯、番茄、草莓、胡萝卜、辣椒等多种作物，防治线虫、真菌、细菌、杂草等多种有害生物。目前，我国登记的土壤熏蒸剂有氯化苦、棉隆、威百亩和溴甲烷等。

第一节　有机化合物

1. 溴甲烷

$$Br—CH_3$$

CH_3Br, 94.94, 74-83-9

溴甲烷（methyl bromide）作为一种广谱、高效的土壤熏蒸剂，已被世界农业广泛采用30多年，目前是最有效的消毒土壤的熏蒸剂，可用于杀灭土壤中的真菌、细菌、病毒、线虫、啮齿动物等。处理后溴甲烷从土中逸出，无残留。土壤被处理后，获得净化，种植的农作物产量和品级亦显著提高，从而取得极大的经济效益。美国每年用溴甲烷处理的农作物有20多种，年收益达10亿美元。1994年全世界农用溴甲烷约7.9万吨，其中82％为发达国家用于蔬菜、花卉、烟草、咖啡等高产值农作物种植前的土壤消毒。但是，溴甲烷同时也是一种高毒农药，使用不当会造成人畜伤害和环境污染，而且溴甲烷会对臭氧层产生很大的破坏作用，危害人类健康和地球表面的生态环境。

1992年，内罗毕会议和同年在哥本哈根召开的"关于消耗大气臭氧层物质"蒙特利尔议定书第四次缔约国大会将溴甲烷列入受控物质。1995 年 12 月在维也纳召开的第七次缔约国大会正式作出从 2001～2010 年由逐年削减全球禁产禁用溴甲烷的决定，规定到 2015 年全球禁用溴甲烷。中国政府已于 2003 年 4 月批准《蒙特利尔议定书》的《哥本哈根修正案》。按照该议定书，到 2015 年前除检疫熏蒸外，完全淘汰溴甲烷。

2. 氯化苦

$$CCl_3NO_2, 174.5, 76-06-2$$

氯化苦（chloropicrin）的有效成分为硝基三氯甲烷。

理化性质 纯品为无色油状液体，氯化苦为无色液体，熔点－64℃，沸点 112.4℃，蒸气压 3.2kPa（25℃）。0℃下，在水中的溶解度为 2.79mg/L，可溶于丙酮、苯、四氯化碳、乙醚、甲醇，化学性质稳定。

毒性 氯化苦为中等毒性农药，在空气中主要以蒸气形式存在，易吸附于潮湿物体表面，因此在自然界中扩散迅速。对眼睛和皮肤有很强的刺激性。人体通过呼吸道吸入而引起中毒，其症状表现为咳嗽、胸闷、气急，甚至肺水肿，同时还会对皮肤和眼黏膜产生强烈的刺激作用。猫、豚鼠、兔在 0.5mg/L 浓度空气中暴露 20min 即可致死。

应用 氯化苦是一种土壤熏蒸剂，当它进入生物体组织后，能生成强酸性物质，使细胞肿胀腐烂，还可使细胞脱水，细胞内蛋白质沉淀，使细胞中毒死亡。对真菌、细菌、线虫、鼠类均有良好的杀灭效果。对害虫的成虫、幼虫熏杀力很强，是当前控制作物重茬病的首选药剂。用于土壤消毒时，通常需用消毒器械进行处理。

在空气中氯化苦能挥发成气体，在土壤中无孔不入，扩散深度可达 75～100cm，能较为全面地杀灭土壤中的菌类、线虫等有害生物，氯化苦以防治土传病害效果好，对臭氧层无破坏，在日本、美国、以色列、加拿大、澳大利亚等得到认可，仅日本年用量就 8000t 左右。目前国内土壤消毒技术也开始得到推广，山东、辽宁、河北、河南、山西等省的部分地区使用氯化苦进行土壤熏蒸消毒，效果十分明显。

3. 1,3-二氯丙烯

$$CH_2ClCH{=}CHCl$$

自 1956 年首次发现 1,3-二氯丙烯（1,3-dichloropropene）于播种前熏蒸处理土壤具有杀线虫活性以来，国外学者就其对土壤害虫、植物病原菌和杂草的防治效果进行了大量的研究。由于该药尚未在国内推广使用，相关研究报道较少。1,3-二氯丙烯已成为替代溴甲烷的重要土壤熏蒸杀线虫剂之一，近年来其用量持续增长，仅美国 2000 年的用量就高达 20000 t。但也有人认为，大量持续使用 1,3-二氯丙烯可能会影响土壤营养循环、土壤肥力和农产品品质，造成一系列环境生态问题。

理化性质 无色有刺激性液体，有类似氯仿气味。有顺、反两种异构体。顺式沸点 112℃，密度 1.217g/cm³（20℃）。折射率 1.473。反式沸点 104.3℃，密度 1.224g/cm³（20℃），折射率 1.468，闪点 35℃（开杯）。不溶于水，溶于多数有机溶剂。

合成方法 可由丙烯高温氯化制氯丙烯的副产物中分出。亦可由 1,2,3-三氯丙烷在碱作用下脱氯化氢制得。

毒性 大鼠急性经口 LD_{50} 150mg/kg。

应用 可与二氯丙烷混合作土壤熏蒸剂，亦用作化学试剂。在作物种植前处理土壤，可防治多种作物的根结线虫、短体线虫、胞囊线虫等线虫以及地下害虫、病原菌、杂草，提高作物产量，另一方面也会影响土壤中的生命活动和化学过程。使用时，用机械施入耕耙后的 15～45 cm 土层，1,3-二氯丙烯对土壤中的线虫有很好的防治效果，作用与溴甲烷相近，但它对土壤中病原菌和杂草的防治效果不明显，土中无残留，使用时土温低于 20℃，效果减退。成本比溴甲烷略低，已在番茄、马铃薯、甜菜、烟草、甜瓜等作物的生产中推广应用。

1,3-二氯丙烯和氯化苦的混用技术得到了广泛的研究，这种混剂被认为是溴甲烷土壤消毒最好的替代品，已在澳大利亚、西班牙、美国等国家广泛使用，新的剂型可通过滴灌系统安全使用。

4. 威百亩

C₂H₄NNaS₂, 129.18, 137-42-8

威百亩（metham-sodium）化学名称为甲基二硫代氨基甲酸钠。

理化性质　无色结晶固体。溶解性：水 722g/L（20℃），溶于甲醇，几乎不溶于其他有机溶剂。遇酸和重金属盐分解，在湿土中分解成异氰酸甲酯。

合成方法　用甲胺与二硫化碳在碱性条件下生成：

$$CH_3NH_2 + CS_2 \longrightarrow CH_3NHCSNa$$
$$\underset{S}{|}$$

毒性　其小鼠急性经口 LD_{50} 为 285mg/kg（雌），雄大鼠 LD_{50} 为 820mg/kg。异氰酸甲酯对大鼠急性经口 LD_{50} 为 97mg/kg，兔急性经皮 LD_{50} 为 800mg/kg。对眼及黏膜有刺激性。

应用　在作物种植前施于土壤中，逐渐放出异硫氰酸甲酯，杀灭土壤中的线虫、地下害虫、真菌及杂草种子。药液在湿土壤中即能分解出异氰酸甲酯。这种有毒气体在适当的土壤环境条件下，能够将导致枯萎病、疫病等土传病害的有害病菌彻底杀死，包括细菌、真菌、地下害虫、杂草和线虫。特别适用于大棚西瓜、甜瓜、茄子等蔬菜的土壤消毒使用。这是实际起熏蒸作用的有效成分。

有关其杀菌活性的报道最早发表于 1951 年。到 1955 年，由美国的 Stauffer 化学公司最先推出工业化制品，此后得到推广应用，主要用于防治线虫病、土传病，并兼有除草作用。

5. 碘甲烷

MeI

CH_3I, 141.94, 74-88-4

理化性质　无色液体，有特臭，蒸气压 53.32kPa（25.3℃），熔点-66.4℃，沸点 42.5℃，溶解性：微溶于水，溶于乙醇、乙醚。

合成方法　在甲醇与红磷的混合物中加入碘时，会发生放热反应而生成碘甲烷：

$$5\,CH_3OH + P + 2.5\,I_2 \longrightarrow 5\,CH_3I + H_3PO_4 + H_2O$$

反应中生成了三碘化磷中间体，起到了与甲醇发生碘化反应的作用。此外，碘甲烷也可由硫酸二甲酯与碘化钾在碳酸钙存在下反应制得：

$$(CH_3O)_2SO_2 + KI \longrightarrow K_2SO_4 + 2CH_3I$$

先将反应产物蒸馏，然后用 $Na_2S_2O_3$、水和 Na_2CO_3 溶液洗涤，便可得到纯净的碘甲烷。

应用　碘甲烷经多方面测试被认为是目前已知农用溴甲烷的最佳取代物。因为其具有以下优点：①对臭氧消耗能力（ODP 值）为 0.016，是溴甲烷（0.65）的 1/40。碘甲烷在大气对流层即可被光迅速分解，在大气层中寿命仅 2～8d，而溴甲烷可达同温层，且寿命长达 2 年，故认为它对大气臭氧层是安全的；②对植物的土壤病原菌、线虫、昆虫和杂草种苗的杀灭能力比溴甲烷略强或相近；③对被熏蒸土壤主要性状指标要求与熏蒸效果之间的关系和溴甲烷相似，因此，可基本承袭溴甲烷应用技术。达同样效果或用同摩尔浓度所需熏蒸时间比溴甲烷缩短 $1/3\sim1/2$；④ MeI 常温下为液体（沸点 43℃），而溴甲烷常温下为气体（沸点 4℃），其贮存和操作的安全性比溴甲烷高。然而，因其价格远高于溴甲烷及氯烃、硫化物熏蒸剂，故目前应用推广尚有困难。

6. 棉隆

$C_5H_{10}N_2S_2$, 162.28, 533-74-4

棉隆（dazomet）最早由美国斯坦福化学公司开发。与土壤混合后，可以慢慢气化，产生甲基异硫氰酸酯。

理化性质　棉隆为无色结晶，熔点 104～105℃，蒸气压 0.37mPa（20℃）。溶解性为：水 3mg/kg，丙酮 173g/kg，苯 51g/kg，环己烷 400g/kg，该化合物对温度敏感，在 35℃ 以上和在有水的条件下，水解生成二硫化碳，但在土壤中则分解，最终生成异硫氰酸甲酯。

合成方法　甲胺与二硫化碳和甲醛反应即可。

$$CH_3NH_2 + CS_2 + HCHO \longrightarrow$$

毒性　大鼠急性经口 LD_{50} 为 520mg/kg，对兔的皮肤和眼睛有刺激性。

应用　用作土壤熏蒸剂时可有效地防治线虫、真菌和某些杂草，用量为 400～600kg/hm²，用量相对较大，并对植物有较大的毒性，要求施用深度在 2～22cm 间，温度>7℃。

7. 二甲二硫

$C_2H_6S_2$, 94, 624-92-0

理化性质　二甲二硫（dimethyl disulfide）为淡黄色透明液体，熔点为 84.72℃，沸点为 109.7℃，相对密度 1.0625（20℃），不溶于水，有恶臭。

应用　DMDS 是一种用途广泛的含硫有机化合物，在法国和意大利试验表明：用 600～800 kg/hm²，采用注射或滴灌的方法，防治根结线虫和土壤病原菌的效果与溴甲烷相当。另外，在石油工艺中用作乙烷裂解炉的防腐和防焦剂、汽油加氢催化的硫化剂、苯核脱羟基反应中氢化裂解的抑制剂；在橡胶工业中可用作溶剂、再生剂、软化剂、增塑剂等。

第二节　无机化合物类

硫酰氟

$$SO_2F_2$$

F_2O_2S, 102.06, 2699-79-8

熏蒸剂硫酰氟（sulfury fluoride）正在全球被推广应用，1995 年以来为了寻找溴甲烷替代品，美国陶氏益农公司于 20 世纪研究出将硫酰氟作熏蒸剂用作于收获后农作物、食品及其加工设施、储备等的熏蒸。

理化性质　硫酰氟是一种无色无臭气体，沸点为 −55.4℃，熔点为 −137.7℃，蒸气压为 1.7MPa（25℃），易于扩散和渗透。水中溶解度为 750mg/kg，在干燥时大约 500℃ 下稳定，对光稳定，在碱溶液中易水解，但在水中水解缓慢。其渗透扩散能力是溴甲烷的 5～9 倍。硫酰氟一般熏蒸后散气 8～12h 就难以检测到药剂了。

合成方法

$$Cl_2 + SO_2 + 2HF \xrightarrow{\text{催化剂}} SO_2F_2 + 2HCl$$

毒性　毒性中等，其毒性仅为溴甲烷的 1/3。大鼠急性经口 LD_{50} 为 100mg/kg，大鼠和兔 90d 饲养试验的无作用剂量为 0.12mg/L（每天暴露 6h，每周 5 天）。

应用　2004 年 1 月 26 日，美国环境保护署（EPA）正式批准硫酰氟在干果、树坚果、粮食、食品加工等应用的登记注册，商品名为 ProFume。随后英国、德国、法国、意大利、比利时、加拿大以及澳大利亚等国相继批准了硫酰氟在食品上的商业化应用。中国农业部也于 2006 年 11 月批准了硫酰氟应用于粮食熏蒸的农药登记。它对害虫的所有生命阶段和鼠害都是有效的广谱熏蒸剂。熏蒸时间可长可短，使用方便灵活，沸点低，使用时不需要辅助热源。它是无腐蚀性气体。不燃烧，无臭味，迅速挥发，快速散布，未发现有耐药性的问题。硫酰氟具有杀虫广谱，扩散渗透性强，毒性残留低，使用温度范围广，不燃不爆，无腐蚀等特点；是一种可广泛应用于仓库、货船、车厢、集装箱等货物的杀虫、灭鼠、建筑物、水库堤坝白蚁防治、大棚土壤熏蒸消毒的优良熏蒸剂；它是物流除害，出入境检验检疫以及外贸商业、农业、林业、卫生、水利、建筑、食品加工等相关行业使用的较为理想的熏蒸剂。未发现有耐药性的问题。

参考文献

[1] 农业部农药检定所. 农药管理信息汇编. 北京：中国农业出版社，2008.

[2] Wofsy S C，McElroy M B，Yung Y L. Geophysical Research Letters，1975，2：21-218.

[3] Prather M J，McElroy M B，Wofsy S C. Reductions in ozone at high concentrations of stratospheric halogens，Nature，1984，312：227-231.

[4] 曹坳程. 植物保护，2007，33，(1)：15-20.

[5] 倪长春编译. 日本土壤处理剂的开发现状及普及. 世界农药，2005，27(3)：47-49.

[6] 范昆，王开运，王东等. 1,3-二氯丙烯对土壤脲酶和蔗糖酶活性的影响. 农药学学报，2006，8 (2)：139-142.

[7] Csinos A S，Johnson W C，Johnson A W. C rop P rotec tion，1997，16 (6)：585-594.

[8] Zhang X W，Q ian X L，L iu J W. J Fruit Sci，1989，6 (1)：33-38.

[9] S tirling G R，Vawdrey L L，Shannon E L. Australian Journa l of Expe rimental Agriculture，1989，29 (2)：223-232.

[10] Robe rt S，D ungan A，Ibekwe M，et al. Mic robiology Ecology，2003，43：75-87.

[11] 国外农药品种手册（新版合订本）. 化工部农药信息总站. 1996，453-454.

[12] 刘治波，刘志俊，冯文萍等. Pes ticides，1999，38(1)：38-40.

[13] 农业部农药检定所. 新编农药手册. 北京：农业出版社，1996.421-423.

[14] Tom lin C D S. The Pesticide Manual (Eleventh Edit ion). British Crop Protection Council，1997.

[15] 蔡立强，王幼敏，安邦等. 河北农业大学学报，2001，24(3)：49-53.

[16] 宋俊华译. 农药科学与管理，2005，26(7)：39.

[17] 林长福，杨玉廷. 除草剂混用、混剂及药效评价. 农药，2002，41(3)：5-7.

[18] 吴长兴，孙枫，王强等. 几种除草剂的生物测定及复配效应研究. 浙江农业学报，2000，12(6)：374-377.

[19] 陈年春. 农药生物测定技术. 北京：北京农业大学出版社，1990.238-239.

[20] 慕立义. 植物化学保护研究方法. 北京：中国农业出版社，1997，124-128.

[21] 马承铸. 农用溴甲烷的淘汰和代用品的发展前景. 上海农业学报，1999，15 (3)：62-64.

[22] 宋兆欣，王秋霞，郭美霞等. 二甲基二硫作为土壤熏蒸剂的效果评价. 农药，2008，47(6)：454-457.

第二篇

Part 02

杀菌剂

现代农药化学

XIANDAI NONGYAO HUAXUE

第一章
核酸合成抑制剂

DNA 和 RNA 统称为核酸，是生物体中非常重要的遗传物质。DNA 主要以双链形式存在，通常作为遗传信息的载体。RNA 主要以单链形式存在，主要参与遗传信息的表达。细胞内 DNA 和 RNA 的合成分别称为 DNA 复制和转录，是指在 DNA 或 RNA 聚合酶的催化作用下，链末端核苷酸残基的 3-羟基亲核进攻即将掺入的核苷酸的 α-磷酸基团，形成一个 $5'{\rightarrow}3'$-磷酸二酯键，同时有副产物焦磷酸生成。DNA 及 RNA 合成过程及基本结构示意图见图 2-1-1。当杀菌剂与 DNA 模板结合或与合成过程中的酶发生作用，都将导致核酸生物合成过程受阻，最终引起细胞死亡。根据作用位点的不同，核酸合成抑制剂可以分为酶抑制剂（RNA 聚合酶 Ⅰ 抑制剂、腺苷脱氨酶抑制剂和 DNA 拓扑异构酶 Ⅱ 抑制剂）和 DNA 模板结合抑制剂（DNA/RNA 合成抑制剂）。

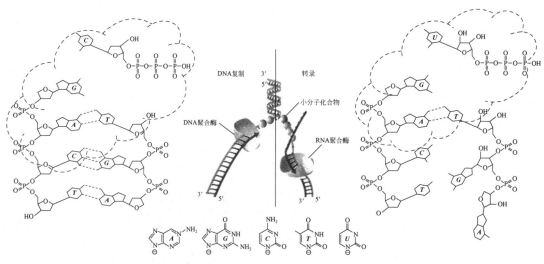

图 2-1-1　核酸结构及合成过程示意图

第一节　RNA 聚合酶 Ⅰ 抑制剂

一、RNA 聚合酶 Ⅰ 的生物学功能

在生物体中，转录（transcription）是基因表达的初始阶段，也是基因调节的重要阶段，是指以 DNA 为模板进行 RNA 的合成过程，催化转录的酶为 RNA 聚合酶（RNA polymerase）。在原核生物中，只有一种 RNA 聚合酶，催化包括 mRNA、rRNA、tRNA 在内的所有 RNA 的合成。以大肠杆菌为例，RNA 聚合酶是一个分子量约为 465kDa 的复合物，通常由 α、α′、β、β′ 和 σ 五个亚基组成。真核生物的 RNA 聚合酶相对比较复杂，根据其转录产物或对 α-鹅膏蕈碱（α-amanitin）敏感性的不同可以分为 Ⅰ、Ⅱ、Ⅲ 型。每种 RNA 聚合酶均包括 2 个大亚基和 12~15 个小亚基，大亚

基与大肠杆菌 β、β' 亚基高度同源，小亚基与 α 亚基同源。

RNA 聚合酶 I（RNA polymerase I，Pol I）在细胞中的功能是转录合成 45 SrRNA 前体，当成熟后会成为 28S、18S 及 5.8S 核糖体 RNA。以酿酒酵母为例，Pol I 由 14 个亚基组成。通过晶体学研究发现，在 RNA 聚合酶 I 中有一个高度保守区域，称为启动环（triggerloop，TL）。尽管其在转录过程中的确切功能还不十分清楚，但研究发现当三磷酸核糖核苷进入 TL 后，TL 发生折叠，使底物进入活性位点，进而催化反应的进行。当加入抑制剂后，TL 不再发生折叠，处于无活性的稳定构型，从而导致转录的终止。因此，以 RNA 聚合酶 I 为作用靶标的杀菌剂属于非竞争性抑制剂。

二、苯基酰胺类杀菌剂

RNA 聚合酶 I 抑制剂主要为苯基酰胺类杀菌剂，广泛用于藻菌纲病害（如霜霉病）的防治，主要包括酰基丙氨酸类、丁内酯类和噁唑烷酮类等三类，其代表化合物有甲霜灵（metalaxyl）、呋霜灵（furalaxyl）、苯霜灵（benalaxyl）等。

1. 甲霜灵与精甲霜灵

甲霜灵是由瑞士先正达（原名为 Ciba-Geigy AG）公司于 1977 年开发上市的第一个苯胺类杀菌剂，对卵菌纲中的霜霉属、疫霉属和腐霉属等病原菌具有很强的杀菌活性，主要用于粮食、棉花、果树等多种作物的病害防治。20 世纪 80 年代中期，甲霜灵在我国投入生产。由于甲霜灵在内吸性、生物活性和特效型等方面均优于同类化合物，因而也是目前使用较为广泛的杀菌剂之一。

甲霜灵分子结构中存在一个手性碳原子，因此甲霜灵是以消旋体的形式存在。拆分得到光学异构体，经体外活性测定表明 R-异构体比 S-异构体活性提高约 100 倍，体内活性提高 2～10 倍。因此，R-异构体相对于其对映体具有更高的生物活性。1996 年，先正达公司将甲霜灵的 R-光学活性对映体作为杀菌剂推向市场，该杀菌剂称为精甲霜灵（metalaxyl-M），也称为高效甲霜灵。精甲霜灵是世界上第一个商品化的具有立体旋光性的杀菌剂，它的出现开创了手性杀菌剂用于作物保护的一个新时代（见表 2-1-1）。甲霜灵对映异构体的结构式如下所示。

$(-)-(R)$-metalaxyl $(+)-(S)$-metalaxyl

表 2-1-1 甲霜灵与精甲霜灵理化性质的比较

项 目	甲 霜 灵	精 甲 霜 灵
英文名称	metalaxyl	metalaxyl-M
结构式		
系统命名	N-（2-甲氧基乙酰基）-N-（2,6-二甲苯基）-DL-丙氨酸甲酯	N-（2-甲氧基乙酰基）-N-（2,6-二甲苯基）-D-丙氨酸甲酯
旋光性		$(-)$ $[\alpha]=-57°$
性状	白色结晶	浅黄色黏稠液体
熔点/℃	63.5～72.3	-38.7
沸点/℃	295.9（101kPa）	270 分解
蒸气压/mPa	0.75（25℃）	3.3（25℃）
溶解度/(g/L)	水 8.4，乙醇 400，丙酮 450，甲苯 340，正己烷 11，正丁醇 68，甲醇 650	水 26，正己烷 59，与乙醇、丙酮、甲醇、乙酸乙酯等互溶

合成方法　甲霜灵的合成路径大致可以分为 5 步：① 首先在浓硫酸的催化作用下，氯代丙酸与甲醇发生酯化反应，生成 α-氯代丙酸甲酯，产率为 91.8%；② 将间二甲苯用混酸（硫酸/硝酸）进行硝化，分离得到 2,6-二甲基硝基苯，用氢气还原得到 2,6-二甲基苯胺；③ 以无水碳酸钠为缚酸剂，少量碘为催化剂，2,6-二甲基苯胺与氯代丙酸在 120～140℃ 条件下回流反应 24h，得到 N-(2′-丙酸甲酯)-2,6-二甲基苯胺；④ 乙二醇单甲醚在矾盐和铜盐的作用下被硝酸氧化，反应逐渐升温至 90～100℃，加入 37% 甲醛，继续反应 1h 后停止反应。减压收集甲氧基乙酸；⑤ 将含有甲氧基乙酸的甲苯溶液加热至 50～70℃，滴加三氯化磷，继续反应 1h 后冷却至室温。分去下层亚磷酸，得到甲氧基乙酰氯。在加热下，滴加 N-(2′-丙酸甲酯)-2,6-二甲基苯胺，继续回流反应 2h。反应毕，回收溶剂后，冷却即得目标产物甲霜灵。

精甲霜灵最初是通过分步结晶的方法得到的，即通过与光学活性的 α-苯乙胺成盐，将消旋体 DL-N-(2,6-二甲苯基)丙氨酸的两个对映异构体拆开，然后进行酯化反应和乙酰化反应获得目的产物。尽管这些反应条件非常温和，但不能满足工业化生产的要求。目前，精甲霜灵的合成途径大致可以分为两类，一类是以 2-取代-L-乳酸甲酯（X=Cl，Br，I，CF₃SO₃⁻ 等）为手性合成原料，与 2,6-二甲基苯胺缩合形成关键中间体 (D)-N-(2,6-二甲苯基)氨基丙酸甲酯，然后通过氨基酯化立体定向合成甲霜灵（路线 A）。第二条路线是利用生物酶的立体选择催化活性（路线 B），即利用从土壤中分离得到的细胞外脂肪酶进行立体选择性降解，得到高光学纯度的中间体 (D)-N-(2,6-二甲苯基)氨基丙酸，经过进一步甲酯化和氨基酯化得到目的产物，光学纯度可以达到 98% 以上。除此以外，也有研究者采用化学立体催化的方法得到光学活性精甲霜灵，如路线 C。研究者从 34 种催化剂中筛选出 [Rh (nbd)₂] BF₄/ (R, R)-Me-duphos，反应条件为 10bar，60℃，底物和催化剂的比例为 5×10⁴。通过该反应可以得到光学纯度达到 95.6% 的最终产物。

代谢途径　甲霜灵具有强内吸性，可以被植物的根、茎、叶等各部分吸收，在植物体内具有向顶性和向基性双向内吸传导作用，能够有效防治蔬菜、果树、经济作物和禾谷类作物中由假霜霉、疫霉、单轴霉、指梗霉、腐霉等病原菌引起的 20 多种病害。与甲霜灵相比，精甲霜灵的药效提高 2～10 倍，在土壤中的降解速率加快。在土壤中，甲霜灵及精甲霜灵的半衰期分别为 25min 和 43 min。这使得精甲霜灵的使用不仅可以降低施药量，增长施药周期，同时减少非活性异构体对环境的污染，提高了安全性和环境相容性。

尽管精甲霜灵与甲霜灵在生物活性上具有显著差异，但两者在毒性上并无显著差别。甲霜灵大鼠急性经口 LD_{50} 633mg/kg，急性经皮 LD_{50} ＞3100mg/kg，对眼睛和皮肤有轻度刺激作用，对鱼类低毒，鳟鱼 TLM 为 100mg/kg（96h）。NEOL（mg/kg）：大鼠 2.5、小鼠 35.7、狗 8.0。精甲霜灵大鼠急性经口 LD_{50} 667mg/kg，急性经皮 LD_{50} ＞2000mg/kg，急性吸入 LC_{50} ＞2290mg/kg。对兔皮肤无刺激性，对兔眼睛有严重伤害的危险。ADI 为 0.25mg/kg，鹌鹑 LD_{50} 981～1419mg/kg。虹鳟鱼（96h）LC_{50} ＞100mg/L，水蚤（48h）LC_{50} ＞100mg/kg。无"三致"作用。

大鼠体内研究表明，光学异构体在心脏、肝脏、肾脏、肌肉中的分布与降解，以及血液动力学、排泄方式与速率上的立体选择性并不明显，无显著差异（见表 2-1-2）。

表 2-1-2 精甲霜灵与甲霜灵在血液动力学、组织分布、排泄方式等方面的比较

项 目		精 甲 霜 灵				甲 霜 灵			
		1mg/kg		100mg/kg		1mg/kg		100mg/kg	
血液动力学[1]	c_{max}[2]	0.07	0.21	26	17	0.08	0.23	18	28
	T_{max}/h	0.5	0.5	0.5	1.0	0.5	1.0	0.5	4.0
	半衰期/h	14	12	11	10	12	9.4	11	8.5
	$AUC_{0\sim48h}$[3]	0.9	1.4	120	130	0.9	1.5	83	270
组织分布[2]	骨	＜LOD	＜LOD	0.020	0.027	＜LOD	＜LOD	0.021	0.037
	脑	＜LOQ	0.001	0.030	0.046	0.001	0.001	0.040	0.069
	脂肪	＜LOQ	＜LOQ	0.032	0.043	0.001	0.002	0.246	0.29
	心脏	0.001	0.001	0.047	0.064	＝LOQ	0.001	0.062	0.090
	肾脏	0.001	0.002	0.100	0.17	0.001	0.002	0.097	0.20
	肝脏	0.005	0.009	0.456	0.56	0.004	0.009	0.307	0.74
	肺	0.001	0.010	0.089	0.15	0.001	0.009	0.082	0.14
	肌肉	＜LOQ	＝LOQ	0.028	0.039	＜LOQ	＝LOQ	0.044	0.047
	卵巢	—	＜LOD	—	0.043	—	＝LOD	—	0.083
	血浆	＜LOQ	＜LOQ	0.009	0.017	＜LOD	＜LOQ	0.008	0.022
	脾脏	0.001	0.003	0.073	0.12	0.001	0.002	0.067	0.13
	睾丸	＝LOD		0.016		＜LOQ		0.016	
	子宫	—	＝LOD	—	0.031	—	＜LOD	—	0.04
	酮体	0.002	0.002	0.132	0.23	0.001	0.006	0.14	0.47
排泄[3]	尿液	50	62	37	46	47	60	49	59
	粪便	48	37	59	50	50	33	52	36

① 大鼠经口精甲霜灵与甲霜灵的血液动力学、组织分布和排泄。
② c_{max}——最大浓度；LOD——检测限；LOQ——定量限。
③ $AUC_{0\sim48h}$——血浆药物浓度-时间曲线下面积。

通过[14]C标记甲霜灵与精甲霜灵在植物（马铃薯、葡萄、莴苣）和动物（母鸡、大鼠、山羊）中的代谢研究发现，代谢途径非常相似，但精甲霜灵的代谢速率明显提高，例如精甲霜灵在哺乳动物体内72h就可排除95%～100%，其中50%在24h内通过尿液排出。甲霜灵与精甲霜灵的代谢方式主要包括：羧酸酯水解为酸、甲醚键断裂成醇、N-去烷基化、氧化芳香族分子、苯环脱羟基作用等，同时所有代谢产物均可与葡萄糖（植物体内）或葡萄糖醛酸（动物体内）发生缀合作用（见图 2-1-2）。

Abass 等人对精甲霜灵在人肝脏提取物中的体外代谢也进行了研究。研究发现，精甲霜灵主要由 P450 酶代谢，其中以 CYP3A4 和 CYP2B6 亚型的作用为主（见表 2-1-3）。精甲霜灵在 CYP3A4 的催化作用下可发生羟基化作用，生成与在大鼠体内相同的代谢产物，在 CYP2B6 的催化作用下则发生脱甲基化作用（见图 2-1-3）。

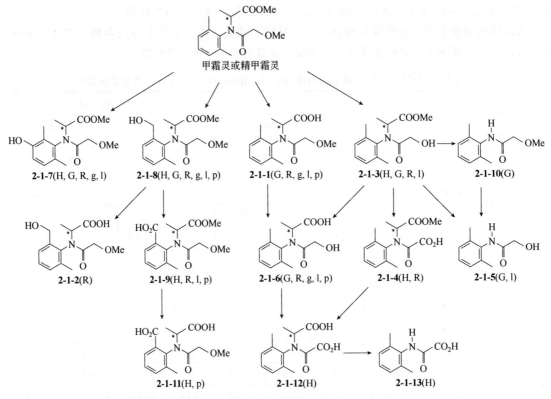

图 2-1-2　甲霜灵与精甲霜灵在植物和动物中的可能代谢途径
H—母鸡；R—大鼠；G—山羊；p—马铃薯；g—葡萄；l—莴苣

表 2-1-3　甲霜灵对人肝粒体中不同 P450 酶的 IC_{50} 值

CYP	底　物	反　应	IC_{50} / (μmol/L)
1A1/2	7-乙氧基试卤灵	O-脱乙基作用	＞100
2A6	7-乙氧基香豆素	O-脱乙基作用	＞100
2A6	香豆素	7-羟基化作用	＞100
2B	五氧试卤灵	O-脱烷基作用	48.9
2B6	安非他酮	羟基化作用	41.7
2C9	甲苯磺丁脲	甲基羟基化作用	＞100
2C19	奥美拉唑	5-羟基化作用	＞100

CYP	底　　物	反　　应	IC_{50} / $(\mu mol/L)$
2D6	右美沙芬	O-脱甲基作用	>100
2E1	氯唑沙宗	6-羟基化作用	>100
3A4	咪达唑仑	1-羟基化作用	>100
3A4	奥美拉唑	磺化氧化作用	>100

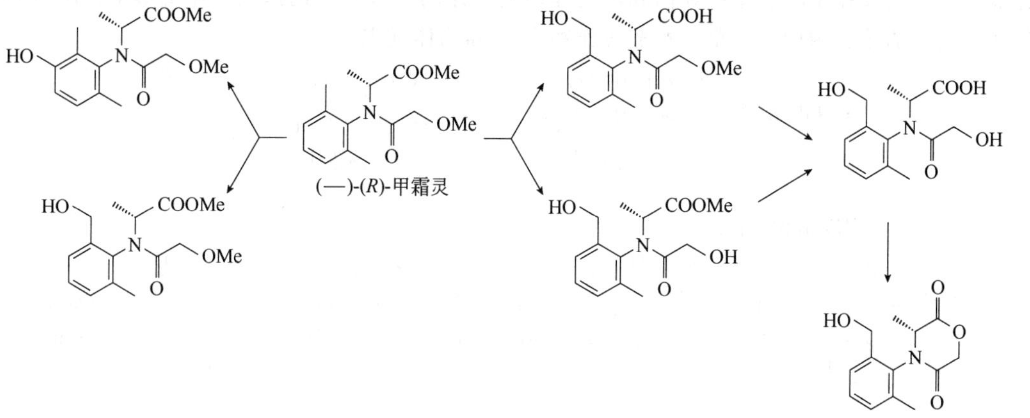

图 2-1-3　精甲霜灵在人肝微粒体中的可能体外代谢途径

2. 苯霜灵 (benalaxyl)

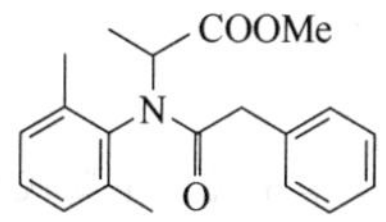

$C_{20}H_{23}NO_3$, 325.4, 71626-11-4

苯霜灵是由意大利 Isagro-Ricerca 公司于 1984 年开发的一种内吸型杀菌剂。苯霜灵在结构上存在一个手性碳原子，通常以消旋体的形式存在。与甲霜灵不同，苯霜灵的两种异构体均具有杀菌活性，但是在抑制菌丝生长方面，R-异构体的活性明显高于 S-异构体，因此在一些欧洲国家已经出现光学纯的高效苯霜灵代替外消旋体的苯霜灵。

理化性质　纯品为无色固体，熔点 78～80℃，溶解度（25℃）：水中 37mg/L，丙酮＞500g/L，氯仿＞500g/L，环己酮＞400g/L，己烷＜50g/L，二甲苯＞300g/L，二甲基酰胺＞500g/L，蒸气压（25℃）0.67mPa，分配系数 2500，相对密度（25℃）1.27，对热、光稳定，在 pH 值为 4～9 的缓冲溶液中稳定，在浓碱介质中易水解。

合成方法　将 2-取代丙酸甲酯与 2,6-二甲苯胺反应生成 N-（2,6-二甲苯基）丙氨酸甲酯，然后与苯乙酰氯反应得到目的产物。高效苯霜灵在合成中采用手性化合物 L-乳酸甲酯或 L-氯丙酸甲酯。

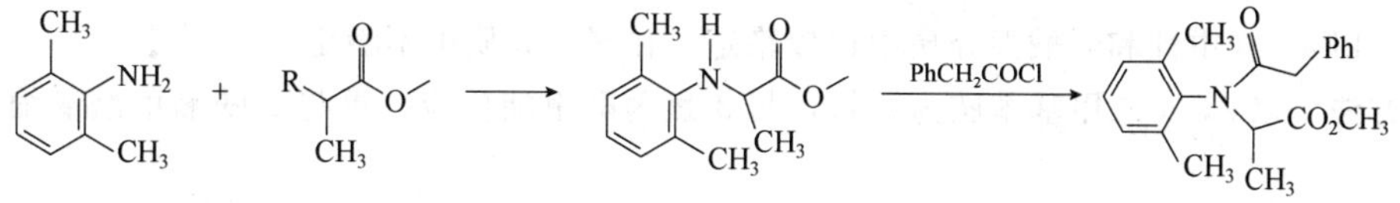

毒性　大鼠急性经口 LD_{50} 4200mg/kg；急性经皮 LD_{50}＞5000mg/kg，急性吸入 LC_{50}＞10mg/L 空气。虹鳟鱼 LC_{50} 3.75mg/L（96h），鹌鹑 LD_{50}＞5000mg/kg。对皮肤无刺激作用，无致敏作用。

作用机制　与大多数苯基酰胺类杀菌剂不同的是，苯霜灵除了可以通过抑制 RNA 合成达到抑制菌丝生长外，同时对病原菌的生育期也具有作用，即它可以有效抑制病原菌游动孢子的萌发，且这种抑制作用与菌株无关，因此可以降低真菌菌株的抗性突变，使得病菌对苯霜灵产生抗药性的可能性较其他苯基酰胺类杀菌剂要低得多。

代谢途径　不同条件下，苯霜灵的代谢产物有很大差别。在土壤中，由于微生物的作用，苯霜灵的降解遵循"慢-快-慢"模式，半衰期为 20～98d，其降解产物主要有两个。在动物体内，苯霜灵主要经胃肠道吸收并迅速经由尿液和粪便途径排出体外。在大鼠实验中，苯霜灵的半衰期为30h，主要代谢产物有 8 个。其代谢物的 90% 经由粪便排出，10% 经由尿道排出（见图 2-1-4）。有研究显示，苯霜灵在土壤、植物体内和动物体内的代谢均具有立体选择性，在土壤中，R-异构体代谢较快，而在甜菜、辣椒、烟草、番茄等作物中 S-异构体优先。

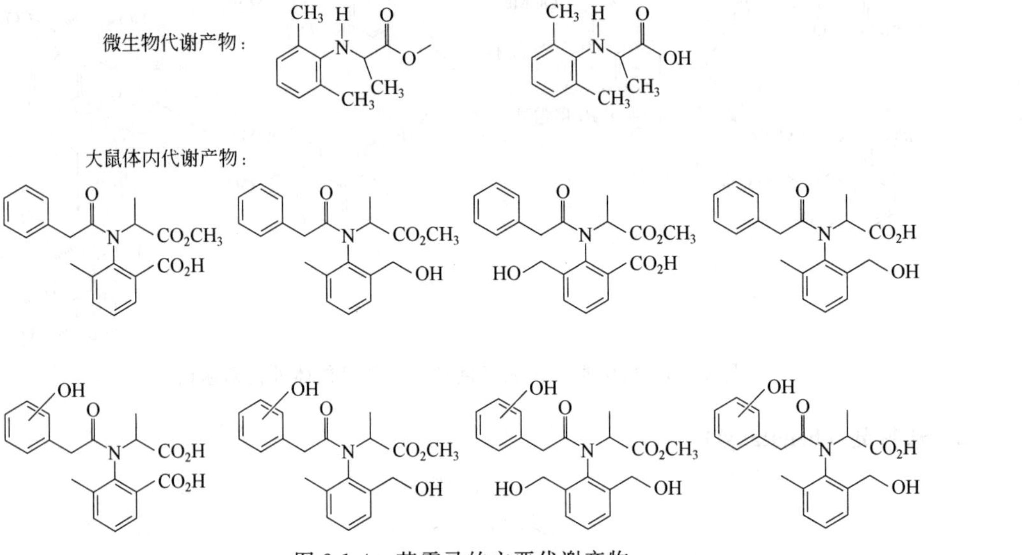

图 2-1-4　苯霜灵的主要代谢产物

应用　主要用于防治各种卵菌病原菌，例如葡萄的单轴霉菌，马铃薯、草莓、番茄的疫霉菌，烟草、洋葱、大豆的霜霉菌，黄瓜的假霜霉菌，莴苣的莴苣盘梗霉菌等。

3. 其他杀菌剂

（1）呋霜灵（furalaxyl）

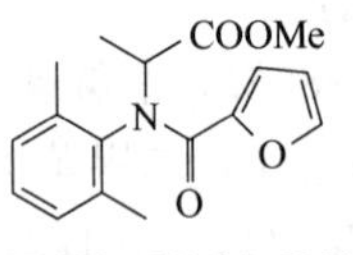

C$_{17}$H$_{19}$NO$_4$, 301.34, 57646-30-7

呋霜灵是由先正达公司于 1977 年开发的一种杀菌剂。

理化性质　双晶形晶体，熔点分别为 70℃ 和 84℃（双晶形），溶解度（20℃）：水中 0.32g/L，丙酮 520g/L，苯 480g/L，二氯甲烷 600g/L，甲醇 500g/L，相对密度（20℃）1.223，蒸气压为 $7.05×10^{-8}$ kPa，在中性和弱酸性介质中比较稳定，在碱性介质中不稳定。

合成方法　以 2，6-二甲基苯胺为原料，与 2-氯丙酸甲酯反应，再与 2-呋喃甲酰氯缩合得到目的产物。

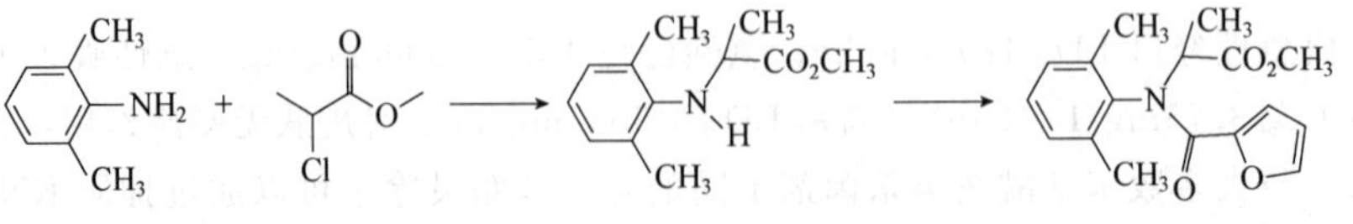

毒性 大鼠急性经口 LD_{50} 940mg/kg。

应用 主要用于防治观赏植物、蔬菜、果树上的腐霉属、疫霉属等卵菌纲病原菌。

（2）呋酰胺（ofurace）

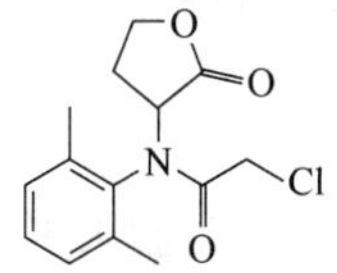

$C_{14}H_{16}ClNO_3$, 281.73, 58810-48-3

1977 年由美国 Chevron 公司开发，于 1992 年转让给 AgrEvo GmbH 公司。

理化性质 无色晶体，熔点 145～146℃，溶解度（21℃）：水中 140mg/L，丙酮 520g/L，环己酮 141g/L，氯仿 255g/L，二甲基甲酰胺 336g/L，乙酸乙酯 44g/L，丙二醇 5.6g/L，蒸气压（20℃）<0.13mPa，碱性条件下水解。

合成方法 首先 γ-丁内酯与溴在三氯化磷催化剂的作用下生成 2，4-二溴丁酸，该化合物在碳酸钠存在，于 50℃ 反应制得 2-溴丁内酯，然后与 2,6-二甲基苯胺在甲苯-水溶液中反应，生成 2，6-二甲基苯氨基丁内酯，最后在溶剂甲苯中，与氯代乙酰氯于 110℃ 反应得到。

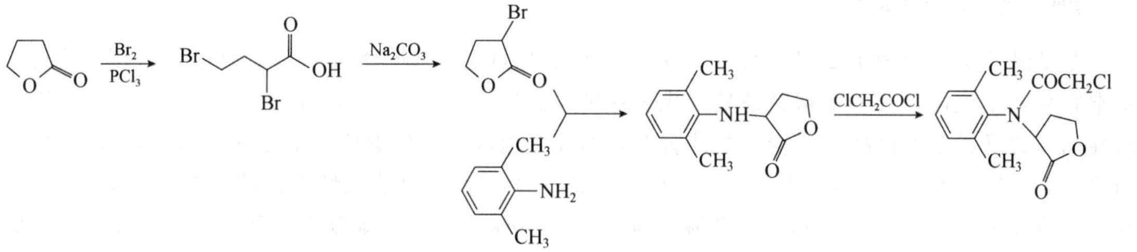

毒性 大鼠急性经口 LD_{50}：3500mg/kg（雄性），2600mg/kg（雌性），大鼠急性吸入 LC_{50} 2060mg/kg，对兔皮肤有轻微刺激，对眼睛有严重刺激，无致癌、致畸、无诱变作用。

应用 主要用于防治藻菌纲类真菌，如马铃薯上的疫霉菌，油菜上的霜霉菌，葡萄上的单轴霉菌及十字花科植物的霜霉病菌。甲呋酰胺也可用于防治对甲霜灵产生抗性的菌株。

（3）噁霜灵（oxadixyl）

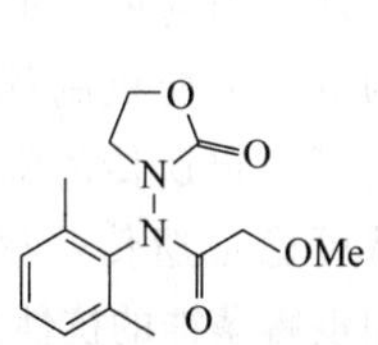

$C_{14}H_{18}N_2O_4$, 278.3, 77732-09-3

理化性质 无色晶体，熔点为 104～105℃，溶解度（25℃）：水中 3.4g/L，丙酮 344g/L，二甲苯 17g/L，乙醚 6g/L，甲醇 112g/L，二甲基亚砜 390g/kg，乙醇 50g/kg，分配系数（22～24℃）4.5～6.3，正常贮存条件下稳定，对水、光、热稳定。

合成方法 由 2，6-二甲基苯肼与氯代甲酸溴丙酯在吡啶-苯溶剂中，经环化缩合反应得到 3-（2，6-二甲基苯氨基）噁唑烷-2-酮，再与 2-甲氧基乙酰氯反应即得产品。

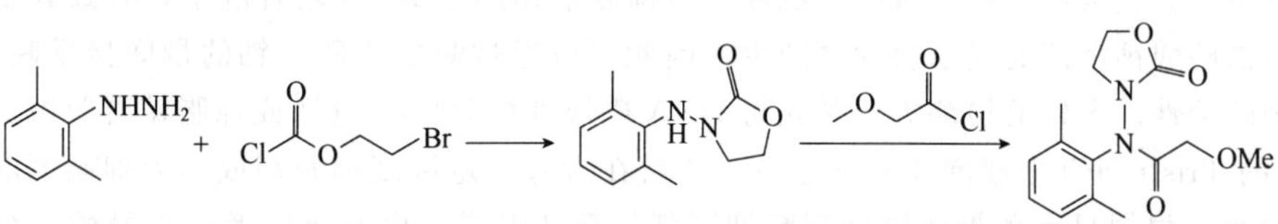

毒性　大鼠急性经口 LD_{50} 为 1860～3480mg/kg，小鼠急性经口 LD_{50} 为 1860～2150mg/kg，大鼠急性经皮 $LD_{50} > 2000$mg/kg，大鼠急性吸入 $LC_{50} > 5.6$mg/L 空气（6h），鱼毒 LC_{50}（96h）：鲤鱼 >300mg/L，虹鳟鱼 >320mg/L，蓝鳃鱼 360mg/L，对兔眼睛和皮肤无刺激性，对豚鼠皮肤无过敏性。

应用　对霜霉目病菌有特效，如葡萄霜眉病菌。

三、作用机理

基于烟草疫霉菌（*Phytophthora nicotianae*）细胞水平研究发现，甲霜灵对以 ^{3}H-胸腺嘧啶、^{14}C-亮氨酸为前体的 DNA 和蛋白质合成并没有抑制作用，但对 ^{3}H-尿嘧啶核苷为前体的 RNA 合成具有显著抑制作用，0.5mg/mL 甲霜灵的抑制率可达 80% 左右。进一步研究发现，苯基酰胺类杀菌剂主要通过与 RNA 聚合酶Ⅰ的 β 亚基发生相互作用，干扰 RNA 的合成，特别是抑制 RNA 合成中尿苷的掺入。因此，该类杀菌剂可以有效抑制菌丝体的生长，以及吸器的形成。但是对菌体的孢子囊以及游动孢子没有活性，这是由于孢子中已经含有了许多早期生长所需的核糖体，只有在孢子萌发后 RNA 聚合酶才会激活，因此孢子萌发期的生长都不会受到明显抑制，但后期进入正常生长阶段就会变得对此类杀菌剂很敏感。同时，由于病原菌体内 RNA 合成受到抑制，造成 RNA 聚合酶前体的堆积，这些前体会激活与细胞壁形成密切相关的 β-1,3-葡萄糖合成酶。因此，经苯基酰胺类杀菌剂作用的病原菌的细胞壁会明显变薄。

四、抗性机制

苯基酰胺类杀菌剂主要用于防治卵菌，其作用靶点是 RNA 聚合酶Ⅰ，但由于作用位点单一，非常容易产生抗性。其中甲霜灵是最具代表性的，1977 年投入市场，1979 年就因为病原菌产生抗药性而导致马铃薯晚疫病大流行。李炜曾对我国部分地区的马铃薯晚疫病菌进行鉴定，发现 87.2% 的菌株表现为中等以上抗性，其中高度抗性菌株高达 33.3%。目前抗性霉菌的种类及数量不断增加，其中包括致病疫霉（*P. infestans*）、苎麻疫霉（*P. boehmeriae*）、大雄疫霉（*P. megasperma*）、辣椒疫霉（*P. capsici*）、烟草疫霉（*P. nicotianae*）、柑橘生疫霉（*P. citricola*）、柑橘褐腐疫霉（*P. citrophthora*）、红腐疫霉（*P. erytheroseptica*）、恶疫霉（*P. cactorum*）、大豆疫霉（*P. soiae*）、莴苣霜霉病菌（*Bremia lactucae*）等。Daggett 等人认为，早在甲霜灵上市之前，自然界中就已存在对甲霜灵具有抗性的菌株。但多数研究者认为，抗性产生的原因主要是病原菌 RNA 聚合酶发生突变，并且这些突变可能导致苯基酰胺类杀菌剂之间产生交互抗性。

尽管苯基酰胺杀菌剂的抗性是由单个基因引起的，但其机制非常复杂，不同疫霉菌或同一种的不同菌株，甚至同一菌株的不同突变株的抗性突变机制都存在较大差异。有研究认为，病菌菌株对甲霜灵等苯基酰胺类杀菌剂产生抗性是由可稳定遗传的细胞核基因或不能稳定遗传的线粒体基因控制。由细胞核基因控制的抗性一经产生就可稳定遗传，尽管其突变大多与 *Mex* 基因有关，但是在不同的抗性菌株中表现也不尽相同，例如疫霉菌株的抗性是由单个不完全显性细胞核基因控制，寄生疫霉的抗性则是由单个完全显性基因控制。Kadish 等人将来自以色列的致病疫霉的敏感菌株与抗性菌株配对发现，其抗性机制可能由一对共显性的等位基因控制。王源超等采用药物诱变得到恶疫霉和大雄疫霉抗性菌株，认为这些抗性突变主要发生在细胞质线粒体的基因上，但其在可稳定遗传性上有所差别。

五、活性测定方法

RNA 聚合酶Ⅰ在催化 RNA 合成的过程中，每增加一个核苷酸，就会生成一分子的焦磷酸，在钙离子存在下，会生成白色的焦磷酸钙沉淀。当抑制剂作用于 RNA 聚合酶Ⅰ，导致其生物催化活性降低，则焦磷酸钙沉淀的量也会随之减少，因此可以通过测定焦磷酸钙的量间接反映酶的活性，以及抑制剂的活性。大致的检测方法是先将 DNA 模板进行 PAGE 电泳或琼脂糖凝胶电泳，将凝胶在 pH 8.0 的 Tris·HCl 中浸泡 30min 左右，然后在含有一定浓度抑制剂或不含抑制剂的活性检测液中进行孵育，根据显示条带的强度判断抑制剂的活性强弱。也有研究者采用醋酸纤维素等不透明凝胶，那么焦磷酸钙沉淀需用茜素红进行复染显色。也有文献报道采用酶偶联测定法，即依次采用焦磷酸-果糖-6-磷酸-1-磷酸转移酶、醛缩酶和甘油-3-磷酸脱氢酶进行 3 级偶联反应，测定焦磷酸的含量（见图 2-1-5）。在本章中对此不再赘述。

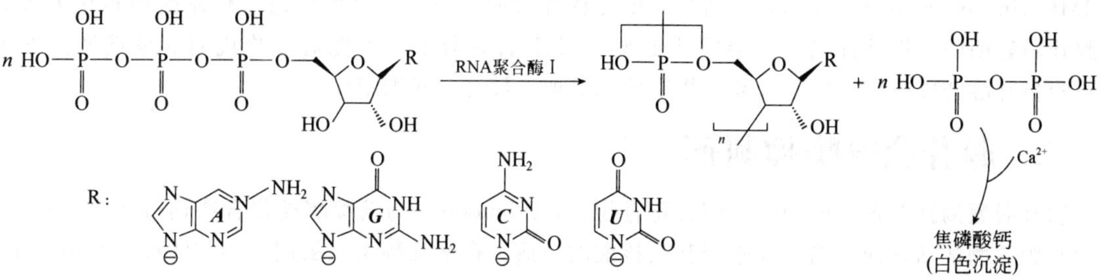

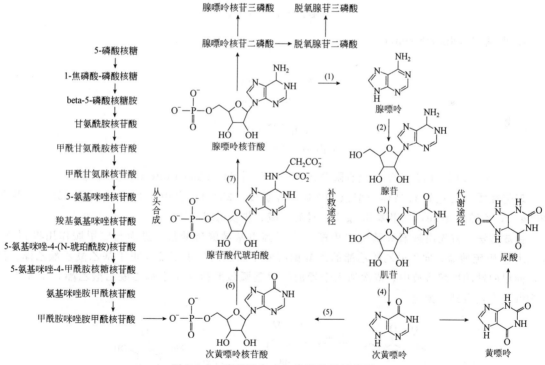

图 2-1-5　RNA 聚合酶 I 催化反应及活性测定反应式

第二节　腺苷脱氨酶抑制剂

一、腺苷脱氨酶生物作用

核酸的基本结构单位是核苷酸，核苷酸的生物合成有两种途径（见图 2-1-6）：一是从头合成（de novo biosynthesis），即由氨基酸、磷酸核糖、CO_2 和 NH_3 等简单化合物经一系列酶促反应合成

图 2-1-6　腺苷酸合成与代谢途径示意图

(1) adenine phosphoribosyltransferase（腺嘌呤磷酸核糖转移酶），EC 2.4.2.7；(2) adenosine phosphorylase（腺苷磷酸化酶），EC 2.4.2.1；(3) adenosine deaminase（腺苷脱氨酶），EC 3.5.4.4；(4) inosine phosphorylase（次黄苷磷酸化酶），EC 2.4.2.1；(5) hypoxanthine phosphoribosyltransferase（次黄嘌呤转磷酸核糖基酶），EC 2.4.2.8；(6) adenylosuccinate synthase（腺苷酸琥珀酸合成酶），EC 6.3.4.4；(7) adenylosuccinate lyase（腺苷酸基琥珀酸裂解酶），EC 4.3.2.2

得到；另外一种是利用核酸分解得到的碱基、核苷等合成，称为补救途径（salvage pathway），后者对于微生物核酸更新具有重要意义。腺苷脱氨酶（adenosine deaminase，ADA，EC 3.5.4.4）是补救途径中的一种关键酶，催化腺苷的氨基水解脱氨生成次黄核苷和氨的反应。次黄核苷可以转化为 IMP（inosine-5′-phosphate），重新进入嘌呤核苷酸的合成中，也可以通过代谢途径转化为尿酸。当腺苷脱氨酶的活性被抑制，直接导致细胞内 IMP 含量降低，不能对嘌呤代谢起反馈调控作用，使嘌呤核苷酸合成速率加快，分解产物尿酸也增加，最终引起细胞死亡。

二、腺苷脱氨酶抑制剂

腺苷脱氨酶抑制剂主要为嘧啶醇类化合物。Hollomoon 认为嘧啶醇类化合物通过非竞争性抑制了腺苷脱氨酶的活性而影响了某些碱基及核酸的合成。在嘧啶醇类杀菌剂结构与活性关系研究中发现：2-位烷氨基对于活性是必需的，当烷氨基被羟基或甲氧基取代，或是烷氨基改为氨基，化合物的杀菌活性显著下降；4-羟基对于杀菌活性是必需的；5-正丁基对于活性是必需的，将正丁基改成乙基或正己基则活性丧失；6-甲基被氢或乙基取代，活性有所下降，但如果被丙基或其他基团取代，则没有活性。由于嘧啶醇类化合物的杀菌活性受到结构的严格限制，因此尽管研究者开发了一系列的衍生物，但目前代表性的品种只有三个：甲菌定、乙菌定和磺菌定。

嘧啶醇类化合物结构通式

1. 甲菌定（dimethirimol）

$C_{11}H_{19}N_3O$，209.29，5221-53-4

1968 年由英国卜内门化学工业有限公司推广，随后又由 Plant Protection Ltd. 推广。

理化性质　无色针状晶体，熔点 102℃，溶解度（25℃）：水中 1.2g/L，丙酮 45g/L，氯仿 1200g/L，乙醇 65g/kg，二甲苯 360g/L，对酸、碱、热较稳定。

合成方法　首先由尿素和硫酸二甲酯反应得到甲基异脲硫酸盐，进而与二甲胺作用得到 N，N-二甲基胍硫酸盐；向乙酰乙酸乙酯的乙醇钠溶液中滴加溴代正丁烷 2-正丁基乙酰乙酸乙酯。然后，向甲醇钠的甲醇溶液中，依次加入干燥的二甲基胍硫酸盐和正丁基乙酰乙酸乙酯，于 66℃ 反应 20h 左右，得到甲菌定。

毒性　大鼠急性经口 LD_{50} 2350～4000mg/kg，小鼠急性经口 LD_{50} 800～1600mg/kg。

降解代谢　甲菌定在植物体内代谢很快，首先失去一个 N-甲基，变成具有极强杀菌作用的 N-

去甲基衍生物，继而再缓慢失去第 2 个 *N*-甲基后成为无杀菌活性的氨基化合物，与配糖体和磷酸盐结合成复杂的水溶性代谢物的混合物。

应用　可防治黄瓜和甜瓜霜霉病，对瓜类、蔬菜、麦类等作物的白粉病有特效。

2. 乙菌定 (ethirimol)

$C_{11}H_{19}N_3O$, 209.29, 23947-60-6

1968 年由英国卜内门化学工业有限公司推广，随后又由 Plant Protection Ltd. 推广。

理化性质　白色晶体，熔点 159~160℃，溶解度（25℃）：水中 253mg/L（pH5.2），150mg/L（pH7.3），153mg/L（pH9.3），几乎不溶于丙酮，微溶于乙醇，易溶于氯仿，对酸、碱、热较稳定。

合成方法　由乙基胍和正丁基乙酰乙酸乙酯在甲醇钠存在下反应得到。

毒性　雌性大鼠急性经口 LD_{50} 6340mg/kg，小鼠急性经口 LD_{50} 4000mg/kg，大鼠急性经皮 $LD_{50} >$ 2000mg/kg，大鼠急性吸入 $LC_{50} >$ 4920mg/kg，对兔眼睛有轻微刺激，对蜜蜂安全。

应用　可有效防治大麦白粉病，对小麦和牧草的白粉病也有一定的防治效果。

3. 磺菌定 (bupirimate)

$C_{13}H_{24}N_4O_3S$, 316.4, 41483-43-6

1975 年由英国卜内门化学工业有限公司推广，随后又由帝国化学工业公司植物保护部（ICI Plant Protection Division）推广。

理化性质　浅棕色蜡状固体，熔点为 50~51℃，溶解度（25℃）：水中 22mg/L，溶于大多数有机溶剂，蒸气压（25℃）0.1mPa，在稀酸中易水解。

合成方法　由乙菌定经氨磺酰化得到。

毒性　雌性大鼠急性经口 LD_{50} 4000mg/kg，小鼠急性经口 LD_{50} 412mg/kg，大鼠急性经皮 LC_{50} 4800mg/kg，对家兔眼睛有轻微刺激。

应用　可用于防治白粉病，尤其苹果和玫瑰白粉病有特效。

三、腺苷脱氨酶活性测定方法

腺苷脱氨酶可以催化腺苷（adenosine）生成肌苷（inosine），在黄嘌呤氧化酶（XOX）和 PMS、四氮唑盐的共同存在条件下，肌苷的次级代谢产物次黄嘌呤生成黄嘌呤，同时四氮唑类化合物会被氧化生成具有颜色的甲臜（formazon），甲臜的含量可用可见分光光度法测定（见图 2-1-7）。目前应用最为广泛的四氮唑盐是 NBT，这主要是因为以 NBT 为底物生成的甲臜具有非扩散性，可以增加检测的灵敏度。由于该法涉及多个酶及底物，因此尽管其灵敏度高，但在使用上受到一定限制。腺苷脱氨酶在催化生成肌苷的同时，也会生成一分子的 NH_3。随着反应的进行，反应体系逐渐由原来的酸性变为弱碱性，可采用 pH 指示剂进行活性测定。例如苯酚紫，该化合物在酸性条件下显示为浅黄色，而在碱性条件下变为深蓝色。为了提高检测的灵敏度，也可以采用凝胶作为反应载体。

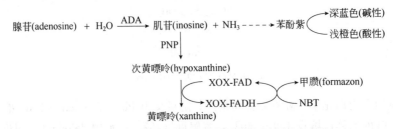

图 2-1-7 腺苷脱氨酶催化反应及活性测定反应方法
ADA—腺苷脱氨酸；XOX—黄嘌呤氧化酶；NBT—硝基氯化四氮唑蓝；FAD—黄素辅酶；PNP—嘌呤核苷酸氧化酶.

第三节 DNA 拓扑异构酶 Ⅱ 抑制剂

DNA 是生物体中重要的遗传物质，DNA 分子中核苷酸的排列顺序构成了 DNA 的一级结构，两条 DNA 单链反向互补形成的双螺旋结构为二级结构，在二级结构的基础上进一步折叠就形成了三级结构，也称为 DNA 的拓扑结构。在不同的环境下，DNA 呈现出不同的拓扑结构，即 DNA 拓扑异构现象。不同的拓扑结构可以在酶的催化作用下发生相互转换，这种酶称为 DNA 拓扑异构酶 (DNA topoisomerase, EC 5.99.1.3, 简称 Topo)。由于自由状态的 DNA 通常是没有生物活性的，不同的拓扑结构及其改变为 DNA 的复制、转录及重组等过程提供了能量。因此，DNA 拓扑异构酶在调节核酸空间结构动态改变和控制核酸生理功能上具有至关重要的作用。

DNA 拓扑异构酶 Ⅱ 也称为旋转酶 (gyrase)，是 DNA 拓扑异构酶的一种，由 α、β 两种亚基构成。α 亚基分子量为 170kDa，具有磷酸二酯酶活性；β 亚基的分子量为 180kDa，具有 DNA 依赖的 ATP 酶活性。TopoⅡ 能够松弛负和正的超螺旋 DNA，对双链 DNA 同时切开，拓扑酶酪氨酸羟基与一个 DNA $5'$-末端磷酸基团之间形成共价 DNA-Topo 酶复合物中间体。中间体形成后，酶允许断开的 DNA 分离，使一段 DNA 通过缺口，然后断端再重新连接，从而改变 DNA 拓扑构象 (见图 2-1-8)。Topo 抑制剂可以通过嵌入的方式插入到断裂的 DNA 链中间，从而形成抑制剂-DNA-Topo 稳定复合物，阻碍断裂 DNA 进行重新连接，阻止 DNA 拓扑结构的改变，中断 DNA 的复制、重组等过程，引起细胞进入程序性死亡，最终导致细胞死亡。

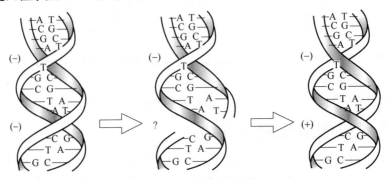

图 2-1-8 DNA 拓扑结构的改变

喹菌酮（oxolinic acid）

喹菌酮是由日本住友化学公司开发的用作种子处理的杀菌剂。喹菌酮的作用靶标是 DNA 拓扑异构酶Ⅱ，其作用机制是通过作用于 DNA 拓扑异构酶Ⅱ的 α 亚基，抑制 DNA 复制，从而阻碍了病菌分裂和增殖，达到抑菌的最终目的。

$C_{13}H_{11}NO_5$, 261.23, 14698-29-4

理化性质 黄色晶体，熔点为 170℃，溶解度（20℃）：水中 1mg/L，环己酮 18g/L，二甲基甲酰胺 10g/L，难溶于氯仿、乙酸乙酯、丙酮等有机溶剂，蒸气压（20℃）0.026mPa，对热和光均稳定。

合成方法 目前喹菌酮的合成路线有多种，但普遍采用的是酯基水解来合成，即以亚甲基二氧基苯经硝化、还原得到亚甲基二氧基苯胺，然后与乙氧基次甲基丙二酸二乙酯在 80～90℃反应 3h，在二甲苯中回流关环，然后在氢氧化钠存在下，以 DMF 为溶剂、碘乙烷为烷化试剂，于 70～75℃进行 N-烷基化反应，产物用水稀释后回流 3～4h 进行水解，水解产物经盐酸酸化后生成目的产物喹菌酮。

毒性 急性经口 LC_{50}：630mg/kg（雄性大鼠），570mg/kg（雌性大鼠），2200mg/kg（雄性小鼠），1450mg/kg（雌性小鼠），大鼠急性经皮 LC_{50}＞2000mg/kg，对家兔皮肤和眼睛无刺激。

应用 主要用于水稻种子处理，对革兰阴性菌具有广泛的杀菌活性，而对革兰阳性菌和真菌没有活性，因此其防治对象主要包括水稻颖枯病菌、内颖褐变病菌、软腐病菌、叶鞘褐条病菌等，也可用于防治果树、园艺作物和蔬菜的白粉病。

第四节 核酸合成抑制剂

DNA/RNA 合成抑制剂主要是杂芳环化合物（heteroaromatics），包括异噁唑类化合物（isoxazoles）和异噻唑酮类化合物（isothiazolones），代表化合物有恶霉灵（hymexazol）和辛噻酮（octhilinone）等。

恶霉灵（hymexazol）

$C_4H_5NO_2$, 99.09, 10004-44-1

1970 年由日本三共公司开发得到。

理化性质 无色针状晶体，熔点为 86～87℃，溶解度（25℃）：水中 8.5g/L，易溶于丙酮、甲醇、乙醇等有机溶剂，蒸气压（25℃）0.133Pa，对酸、碱、光照均稳定。

毒性　急性经口 LC_{50}：3112mg/kg（大鼠），2148mg/kg（小鼠），大鼠急性经皮 LC_{50} ＞2000mg/kg，小鼠急性经皮 LC_{50} ＞1000mg/kg，未见致畸、致癌、致突变作用，对家兔皮肤和眼睛有轻微刺激作用，对鸟、蚕低毒。

合成方法　自从日本三共公司于 1968 年在法国专利中公布恶霉灵的合成方法开始，研究者不断对其进行合成工艺的改进。目前，恶霉灵的合成方法从合成原料上可分为丙炔法、双乙烯酮法和乙酰乙酸乙酯法，根据中间体的不同，乙酰乙酸乙酯法又可分为直接法、氯化法和乙二醇法。

丙炔法最早由 Tomita 于 1970 年开发，然后经 lwai 改进，其合成途径为先由丙炔制得丙炔钠，将二氧化碳通入丙炔钠中制得丁炔酸，然后与乙醇反应合成丁炔酸乙酯，最后在氢氧化钠、0～10℃条件下与盐酸羟胺进行环化反应得到目的产物。该法由于原料丙炔的限制，以及反应产率不高等因素使其在工业上的应用受到限制。

$$CH_3C\!\!\equiv\!\!CH \xrightarrow[\text{2) CO}_2]{\text{1) Na}} CH_3C\!\!\equiv\!\!CCO_2H \xrightarrow{C_2H_5OH} CH_3C\!\!\equiv\!\!CCO_2Et \xrightarrow[\text{NaOH}]{\text{NH}_2OH\cdot HCl}$$

双乙烯酮法是采用 O-苄基羟胺与双乙烯酮加热回流得到苄基乙酰乙酰基肟酸，然后在 Pd-C 存在下，用氢气还原，经盐酸酸化得到目的产物。该法收率较高，反应条件较温和，但双乙烯酮在贮存、使用时要求无水。

$$NH_2OCH_2Ph + \text{（双乙烯酮）} \longrightarrow \text{（β-酮酰胺）} \xrightarrow[\text{2) H}^+]{\text{1) H}_2\text{/Pd-C}}$$

乙酰乙酸乙酯直接法是在强碱性（pH＝10～12）、0～5℃条件下将乙酰乙酸乙酯直接与盐酸羟胺反应生成乙酰乙酸乙酯羟胺，然后以浓盐酸处理，室温下反应 15h 得到目的产物。该方法步骤少，反应周期短，原料易得，但是没有考虑乙酰乙酸乙酯是一个二羰基化合物，因此副产物较多。我国对该反应路径进行了有机溶剂的工艺改进，用于恶霉灵的原粉制备。其反应过程是在 CH_3OH/CH_3ONa 条件下，乙酰乙酸甲酯与盐酸羟胺反应生成乙氧羟肟酸，然后在有机酸中进行关环反应得到目的产物。

$$\text{（乙酰乙酸乙酯）} + NH_2OH\cdot HCl \xrightarrow{\text{碱}} \text{（NHOH 中间体）} \xrightarrow{\text{酸}}$$

乙酰乙酸乙酯乙二醇法是在对甲苯磺酸存在下，先用乙二醇对乙酰乙酸乙酯的 β-酮基进行保护，生成 3-乙缩二醛丁酸乙酯，然后在盐酸羟胺和碳酸钾存在下反应得到 3-乙缩二醛丁酸乙酯羟胺，最后经浓盐酸处理制得目的产物。这种方法避免了 β-酮基对反应的影响，提高了产品的纯度与产率，但保护试剂很难回收。

$$\text{（乙酰乙酸乙酯）} \xrightarrow{\text{乙二醇}} \text{（缩酮-CH}_2CO_2Et\text{）} \xrightarrow[\text{K}_2CO_3]{\text{NH}_2OH\cdot HCl} \text{（缩酮-CH}_2CONHOH\text{）} \xrightarrow{\text{HCl}}$$

乙酰乙酸乙酯氯化法是采用五氯化磷对乙酰乙酸乙酯进行氯化，生成 β,β-二氯代乙酰乙酸乙酯，氯化物可以直接在氢氧化钠和盐酸羟胺的作用下得到最终产物，也可以先失去一分子氯化氢生成 β-氯代巴豆酸乙酯，后者在碱性条件下与盐酸羟胺在 0～5℃反应 1h，升温回流 5h 后得到目的产物。该法是制备恶霉灵最早公布方法，也是日本三共公司工业化生产的方法。但是该法腐蚀性非常强，生产安全性差，并且对环境的污染也比较严重。

代谢 在土壤中可被微生物分解成噁唑酮、乙酰胺等，最终成为二氧化碳和水，因此对环境没有危险。在植物体内，恶霉灵可被代谢生成 O-葡萄糖苷和 N-葡萄糖苷，这两种糖苷也具有和恶霉灵同样的抗菌活性。

应用 对于土壤真菌具有很好的杀菌活性，其中包括镰刀菌、腐霉菌、丝核菌、苗腐菌、雪薇菌等。

参考文献

[1] Kaplan D, O'Donnell M. Twin DNA Pumps of a Hexameric Helicase Provide Power to Simultaneously Melt Two Duplexes. Molecular Cell, 2004, 15：453-465.

[2] Vassylyev D G, Vassylyeva M N, Zhang J, et al. Structural basis for substrate loading in bacterial RNA polymerase. Nature, 2007, 448(7150)：163-168.

[3] Gozzo F, Garlaschelli L, Boschi PM, et al. Recent progress in the field of N-acylalanines as systemic fungicides. Pest Management Science, 1985, 16(3)：277-286.

[4] 司乃国, 刘君丽, 马学明. 卵菌病害的化学防治现状与防治策略. 农药, 2000, 39(2)：7-10.

[5] Vleminckx C. Pesticide residues in food：metalaxyl and metalaxyl-M. The International Programme on chemical Safety (IPCS), 2002.

[6] Marucchini C, Zadra C. Stereoselective degradation of metalaxyl and metalaxyl-M in soil and sunflower plants. Chirality, 2002, 14(1)：32-38.

[7] Zadra C, Marucchini C, Zazzerini A. Behavior of metalxyl and its pure R-enantiomers in sunflower plants (Helianthus annus). J Agric Food Chem. , 2002, 50：5373-5377.

[8] Konig WA, Hardi IH, Gehreke B, et al. Optically-active reference compounds for environmental-analysis obtained by preparative enantioselective gas-chromatography. Angew Chem Int Ed Engl, 1994, 33(20)：2085-2087.

[9] Abass K, Reponen P, Jalonen J, et al. In vitro metabolism and interactions of the fungicide metalaxyl in human liver preparations. Environmental Toxicology and Pharmacology, 2007, 23(1)：39-47.

[10] Gozzo F, Garavaglia G, Zagni A. Structure-activity relationship and mode of action of acylalanines and related structures. Proceedings 1984 British Crop Protection Conference Pest and Diseases, 1984, 3：923-928.

[11] Wang XQ, Jia G, Qiu J, et al. Stereoselective Degradation of fungicide benalaxyl in soils and cucumber plants. Chirality, 2007, 19(4)：300-306.

[12] Gu X, Wang P, Liu DH, et al. Stereoselective degradation of benalaxyl in tomato, tobacco, sugar beet, capsicum, and soil. Chirality, 2008, 20(2)：125-129.

[13] Zhang P, Zhu WT, Dang ZH, et al. Stereoselective metabolism of benalaxyl in liver microsomes from rat and rabbit. Chirality, 2011, 23(2)：93-98.

[14] 李湘生. 新型内吸杀菌剂苯霜灵研究. 湖南化工, 1994, 3：31-35.

[15] 王新全. 六种手性农药对映体的立体选择性环境行为研究. 博士毕业论文, 中国农业大学, 2007.

[16] Vleminckx C, Dellarco V. Benalaxyl. The International Programme on chemical Safety (IPCS), 2005.

[17] 翟春伟, 宋化稳, 谢德明. 甲呋酰胺的合成及其生物活性研究. 山东化工, 2000, 29：3-4.

[18] Wollqiehn R, Bräutiqam E, Schumann B, et al. Effect of metalaxyl on the synthesis of RNA, DNA and protein in Phytophthora nicotianae. Z Allq Mikrobiol. , 1984, 24(4)：269-279.

[19] 林孔勋. 杀菌剂毒理学. 北京：中国农业出版社, 1995, 101-104.

[20] 李宝笃, 沈崇尧. 植物病原真菌对杀菌剂的抗性及对策. 植物病理学报, 1996,24(4):294-296.

[21] 李炜, 张志铭, 李川等. 马铃薯晚疫病菌对瑞毒霉抗性的测定. 河北农业大学学报, 1998,21(2):63-65.

[22] 房艳梅. 大豆疫霉抗甲霜灵特性及其对甲霜灵、F500 和氟吗-锰锌的抗药性研究. 硕士毕业论文, 黑龙江八一农垦大学, 2007.

[23] Daggett S S, Gotz E, Therrien CD. Phenotypic changes in population of phytophthora in festans from eastern Germany. Phytopathology, 1993,83: 319-323.

[24] Stack JP, Millar RL. Isolation and char acterization of a metalaxyl-insensitive of Phytophthora megasperma f. sp. Medicaginis. Phytopathology, 1985,75(12): 1387-1395.

[25] Ersek T, Schoelz J E, English JT. Characterization of selected drug-risistant mutants of Phytophthora capsici, P. parasitica and P. citrophthora. Acta phytopathol Entomol Hun, 1994,29(3-4): 215-229.

[26] 王文桥, 刘国容. 卵菌对内吸杀菌剂的抗药性及对策. 植物病理学报, 1996,26(4):294-296.

[27] 许学明. 烟草黑胫病菌对六种杀菌剂的抗性测定及抗甲霜灵机制的初步研究. 博士毕业论文, 山东农业大学, 2007.

[28] 高智谋, 郑小波, 陆家云. 苎麻疫霉对甲霜灵抗性的遗传研究. 南京农业大学学报, 1997,20(3):54-59.

[29] 王源超, 郑小波, 丁国云等. 疫霉菌对甲霜灵抗药性的遗传多样性. 中国青年农业科学学术年报. 1977,A:240-247.

[30] Shattock R C. Studies on the inheritance of resistance to methalaxyl in Phytophthora infestans. Plant Pathology, 1988,37(1): 4-11.

[31] Chang T T, Ko W H. Resistance to fungicides and antibiotics in Phytophthora parasitica: genetic nature and used in hybrid determination. Phytopathology, 1990,80(12): 1414-1421.

[32] Fabritius A L, Shattock R C, Judelson H S. Genetic Analysis of Metalaxyl Insensitivity Loci in Phytophthora infestans Using Linked DNA Markers. Phytopathology, 1997,87(10): 1034-1040.

[33] Mukalazi J, Adipala E, Sengooba T, et al. Metalaxyl resistance, mating type and pathogenicity of Phytophthora infestans in Uganda. Crop Protection, 2001,20: 379-388.

[34] Kadish D, Cohen Y. Estimation of metalaxyl sensitive and resistant isolates of Phytophthora infestans in the absence of metalaxyl. Plant Pathology, 1988,37(4): 558-564.

[35] Gisi U, Cohen Y. Resistance to phenylamide fungicides: a case study with Phytophthora infestans involving mating type and race structure. Annu. Rev. Phytopathol. 1996,34: 549-572.

[36] Joseph M C, Coffey M D. Development of laboratory resistance to metalaxyl in Phytophthora citricola. Phytopathol, 1984, 74(2):1411-1414.

[37] Serrhihi N, Maraite H, Meyer JA. In vitro selection of Phytophthora citrophthora Strains resistant to metalaxyl. Eppo Bulletin, 1985,15(4): 443-449.

[38] Hollomon D W. Specificity of ethirimol in relation to inhibition of the enzyme adenosine deaminase. British Crop Protection Council: Proceedings of the 1979 British Crop Protection Conference - Pests and Diseases, 1979,251-256.

[39] Hollomon D W, Chamberlain K. Hydroxypyrimidine fungicides inhibit adenosine deaminase in barley powdery mildew. Pesticide Biochemistry and Physiology, 1981,16(2): 158-169.

[40] 唐除痴, 李煜昶, 陈彬, 杨华铮, 金桂玉. 农药化学. 天津: 南开大学出版社, 1998.

[41] Nakanishi T, Sisler HD. Mode of action of hymexazol in Pythium aphanidermatum. J. Pesticide Sci. ,1983,8: 173-181.

第二章

细胞分裂抑制剂

第一节　微管蛋白

微管蛋白是一种具有极性的细胞骨架，由 α、β 两种类型的微管蛋白亚基形成的微管蛋白二聚体，其中还含量有少量的 γ-微管蛋白。以微管蛋白异源二聚体为基本构件，螺旋盘绕形成微管的壁。在每根微管中微管蛋白二聚体头尾相接，形成细长的原纤维（protofilament），13 条这样的原纤维纵向排列构成的中空管状结构，直径 22～25nm。α，β-微管蛋白分子量大约是 55kDa，N 端区有 GTP（三磷酸鸟苷，Guanosine Triphosphate）结合位点。α-微管蛋白结合的 GTP 从不发生水解或交换，是 α-微管蛋白的固有组成部分；而 β-微管蛋白作为 GTP 酶，可水解结合的 GTP。微管具有生长速率较快，解离速率较慢的（＋）端和生长速率较慢解离速率较快的（－）端。

微管的功能一是维持细胞形态，细胞中的微管就像混凝土中的钢筋一样，起着支撑作用，在培养的细胞中，微管呈放射状排列在核外；二是辅助细胞内运输，微管起着细胞内物质运输的路轨作用，破坏微管会抑制细胞内物质的运输。与微管结合而起运输作用的蛋白有两大类：即驱动蛋白（kinesin）和动力蛋白（dynein），两者均需 ATP 提供能量；三是与其他蛋白共同装配成纺锤体、基粒、中心粒、鞭毛、纤毛神经管等结构，纺锤体是一种微管构成的动态结构，其作用是在分裂细胞中牵引染色体达到分裂极，纤毛与鞭毛是相似的两种细胞外长物。

微管结合蛋白（microtubule associated proteins，MAPs）分子至少包含一个结合微管的结构域和一个向外突出的结构域。突出部位伸到微管外，与其他细胞组分（如微管束、中间纤维、质膜）结合。微管结合蛋白的主要功能是促进微管聚集成束、增加微管稳定性或强度及促进微管组装。微管的聚集过程的示意图见图 2-2-1。

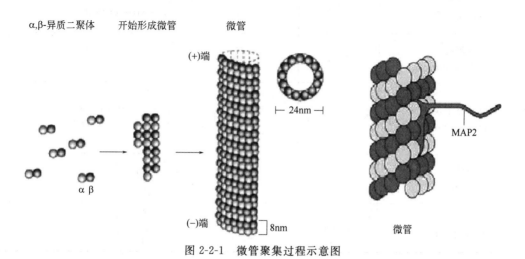

图 2-2-1　微管聚集过程示意图

微管作为有丝分裂纺锤体的组成，当细胞核分裂时微管起着分离子染色体的重要作用，由于这一作用需要微管的聚集和解聚是可逆的。因此，阻断细胞核分裂的微管蛋白抑制剂可分为两种，一种是抑制微管蛋白聚集的微管蛋白解聚剂，另一种则是稳定微管蛋白聚集的微管蛋白聚集剂。前者如秋水仙碱，它抑制微管的聚集，而紫杉醇则可稳定微管束，阻止它的解聚。微管蛋白抑制剂，在药物研究上有很多新的发现，在目前已知的农用杀菌剂中也是一类重要的靶标。

秋水仙碱(colchicine)　　　　紫杉醇(paclitaxel)

20 世纪 60 年代末期，发现的苯并咪唑类杀菌剂就是这类作用机制的商品化杀菌剂，从那时起，这类杀菌剂就广泛地应用于世界各地，在多种作物中防治多种病害，苯并咪唑类杀菌剂作用机制是与微管蛋白的亚基结合，导致干扰了真菌细胞核的分裂，80 年代末，具有类似苯并咪唑的作用机制的化合物如乙霉威问世，它可对抗苯并咪唑类杀菌剂的抗性。后来又开发了新的品种如苯菌酰胺和戊菌隆等。尽管苯并咪唑类杀菌剂对靶标病原菌常会产生抗性，但这种作用于微管的化合物仍在农业上占有重要的位置。

第二节　苯并咪唑类杀菌剂

20 世纪 60 年代末期，内吸性杀菌剂苯并咪唑和由苯并咪唑转换而来的托布津是首先商品化的品种，从那时起，这类杀菌剂就广泛地应用于世界各地，在多种作物中防治多种病害。苯并咪唑类杀菌剂的作用机制是与微管蛋白的亚基结合，导致干扰了真菌细胞核的分裂，随后，有类似苯并咪唑的作用机制的 N-苯基氨基甲酸酯、N-苯基甲酰胺肟醚及其他一些化合物相继合成出来，表 2-2-1 为这类杀菌剂的主要品种。

表 2-2-1　具有抑制微管蛋白活性的苯并咪唑类杀菌剂

通　用　名	研　制　单　位	结　构　式
苯菌灵 benomyl	Du Pont	$CO-NH-C_4H_9$ / $NH-COOCH_3$
多菌灵 carbendaim	BASF	$NH-COOCH_3$
甲基硫菌灵 thiophanate-methyl	Nippon Soda	$NH-\overset{S}{\underset{}{C}}-NH-COOCH_3$ $NH-\overset{}{\underset{S}{C}}-NH-COOCH_3$
噻菌灵 thiabendaole	Merck	
麦穗宁 fuberidazole	Bayer	

苯并咪唑类杀菌剂的防治对象包括子囊菌、某些担子菌和半知菌，但对卵菌纲无效。

一、作用机制

已知苯并咪唑类化合物的作用机制是与真菌微管的 β-亚基结合，干扰后来微管的聚集。这类杀菌剂结构虽然不同，但其活性部分就是苯并咪唑，对苯菌灵有抗性的灰霉病菌株，对噻菌灵和麦穗宁也表现出抗性，就说明了它们是属同一作用机制的杀菌剂。甲基硫菌灵显然也能转换成多菌灵。

该类药剂对真菌孢子萌发没有抑制作用，但对孢子萌发后的芽管发育和菌丝形成有强烈的抑制，表现为芽管肿胀，畸形，菌丝生长受到了抑制。最初对这类杀菌剂的作用机制的研究主要集中在 DNA 和 RNA 的合成上，但后来发现影响 DNA 的合成只是一副效应，它们的作用机制是由细胞核分裂受阻引起的。研究发现真菌细胞分裂减少，菌丝顶端细胞内的微管消失，线粒体紊乱，子细胞在有丝分裂中不能正常分离，细胞的有丝分裂受到损害。这种细胞毒理现象与典型抑制剂秋水仙素的作用极为相似。已知秋水仙的作用是束缚了微管，使纺锤体不能形成有丝分裂。这说明苯并咪唑类杀菌剂的作用机理主要也是影响细胞的有丝分裂过程，从而影响细胞的正常生长。

当发现病菌对苯并咪唑类药剂的抗性与 β-微管蛋白的变化有关后，开始推断药剂亲和性下降可能和 β-微管蛋白上某些特定氨基酸的改变有关。已证明苯菌灵的抗性是由于 β-微管蛋白基因突变。数据表明苯菌灵和相关化合物在 β-微管蛋白上只有唯一的结合位点。突变体等位基因的序列表明，该位点在 β-微管蛋白的第 6、165 和 198 位区域，这些区域对苯菌灵的结合非常重要。研究表明 165 位氨基酸特异性变异也许可以部分解释生物对苯并咪唑类抗微管药剂的不同敏感性。由于苯并咪唑类杀菌剂都作用于病原菌的 β-微管蛋白这同一作用位点，因此病菌一旦对其中某一种药剂产生抗药性后，同时会对其他苯并咪唑药剂产生正交互抗性。

二、生物活性

苯并咪唑类杀菌剂对大多数真菌病害都有很高的活性，特别是由子囊菌和担子菌引起的病害，但它们没有杀细菌的活性，对卵菌类引起的病害，如马铃薯晚疫病和葡萄的白粉病也无效，曾广泛考察了苯菌灵和噻菌灵在离体时对多种真菌的应用范围，它们具有同样的选择模式。甲基硫菌灵的抗菌谱与苯菌灵十分相近。另外，苯菌灵除具有内吸杀菌作用外，它还具有铲除和保护杀菌活性及杀螨虫卵的作用，噻菌灵虽然开始是作为一种驱虫剂使用，但它也对多种真菌病原菌有广谱的内吸杀菌活性。无论是苯菌灵还是甲基硫菌灵，最终发生抑制作用的都是多菌灵，因此，多菌灵、苯菌灵、甲基硫菌灵这三种杀菌剂在抗菌谱上是一致的；相应地这三种杀菌剂都具有交互抗性，因此生产上应避免长期使用这三种杀菌剂。

三、代谢与降解

苯菌灵在水溶液、土壤及动物组织中分解生成多菌灵，甲基硫菌灵也在水、缓冲液及贫瘠的营养介质中分解形成多菌灵。曾用放射标记的甲基硫菌灵观察过它的代谢物，它在苹果和葡萄叶及玻璃皿中的半衰期分别为 15d 和 12d。主要还是母体化合物及主要的降解化合物，而多菌灵与甲基硫菌灵相比，则在处理 14d 后分别在苹果叶中的含量相应为 52.6%、10.1%，葡萄叶中为 49.5%、8.9%，玻璃皿中 5.5%、24.1%。喷洒甲基硫菌灵在棉花叶上，随着阳光照射后，即变成多菌灵。多菌灵施于棉花叶面上，阳光照射 18h 后，提取该植株，未见光解产物产生，这说明多菌灵光稳定性好。苯菌灵施药后，在远离施药位置的地方也可测出多菌灵。在用苯菌灵处理后 4 周的棉花叶片上，提取出的不是苯菌灵而是多菌灵，研究发现，用苯菌灵处理豆类作物的叶片，5d 后完全转变成多菌灵，多菌灵在土壤和植物中可存在相当长的一段时间，没有进一步降解。

用放射性标记方法研究噻菌灵在甜菜叶片中，在日光下和灯光下的降解，发现 78% 的放射活性化合物是原化合物。降解显然是由于光的作用而不是植物诱导的代谢作用，苯并咪唑和苯并咪唑-2-羧酰胺是它光解的产物。

苯菌灵在强酸性条件下稳定，但在有机溶剂和生物体系内（动物、土壤和植物），却快速降解，脱去丁基异氰酸酯部分而形成多菌灵，多菌灵在酸性条件下稳定，但在碱性条件下经酰胺键断裂，分解成2-氨基苯并咪唑。多菌灵在植物和土壤中分解成2-氨基苯并咪唑相对较慢，在土壤中的生物降解也得到证实，它显示多菌灵和1-氨基苯并咪唑在土壤中是不移动的，不会因淋溶从应用的位置移动。苯菌灵在土壤中和植物体内的主要化学降解和代谢途径如图2-2-2所示。

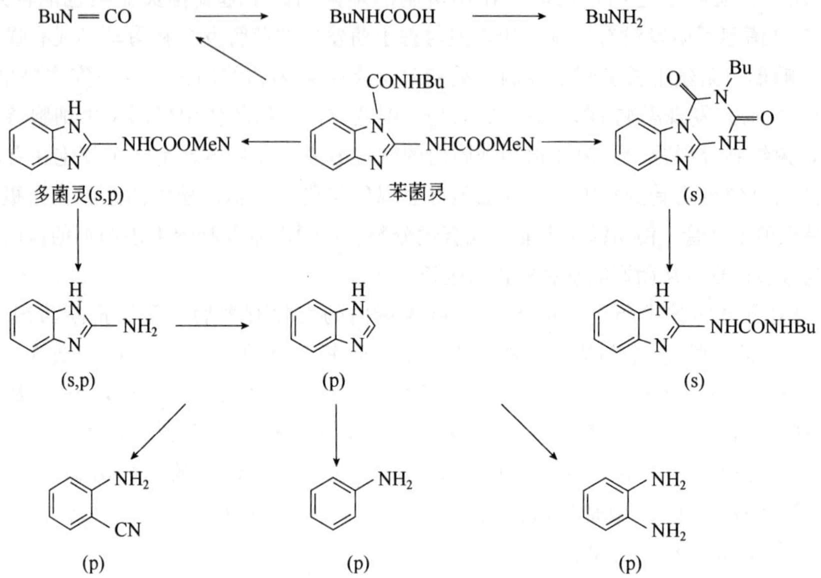

图 2-2-2　苯菌灵在植物（p）和土壤（s）中的降解和代谢途径

甲基硫菌灵进入棉花的茎和叶片的速度较多菌灵快，这表明甲基硫菌灵进入植物组织的内吸性优于多菌灵，甲基硫菌灵从根部处理释放出多菌灵，进入蒸腾流的速度也快于多菌灵，但较苯菌灵慢。在茎部多菌灵可以从破皮的部分侧面进入，防止侧面的溃疡，苯菌灵用于茎的表面，可有效地进入植株，防止蔓枯病溃疡。苯并咪唑通过根部吸收，是一个被动的过程，并与外部的浓度间有线性关系。作为种子处理剂，甲基硫菌灵的吸收较苯菌灵快，可有效地防止大麦的黑穗病和霉病菌。

四、主要品种

1. 苯菌灵（benomyl）

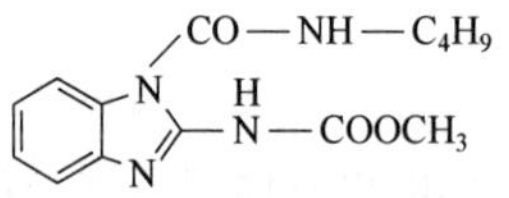

$C_{14}H_{18}N_4O_3$, 290.32, 17804-35-2

理化性质　纯品为白色结晶，稍有苦味，熔点290℃，不溶于水或油类，可溶于氯仿、二氯甲烷、丙酮、二甲基甲酰胺、二甲苯等溶剂，微溶于乙醇，在干燥状态下稳定，室温下不易挥发，对金属不发生腐蚀现象。

合成方法　一般以多菌灵为原料进一步进行氨基甲酰基化反应即可：

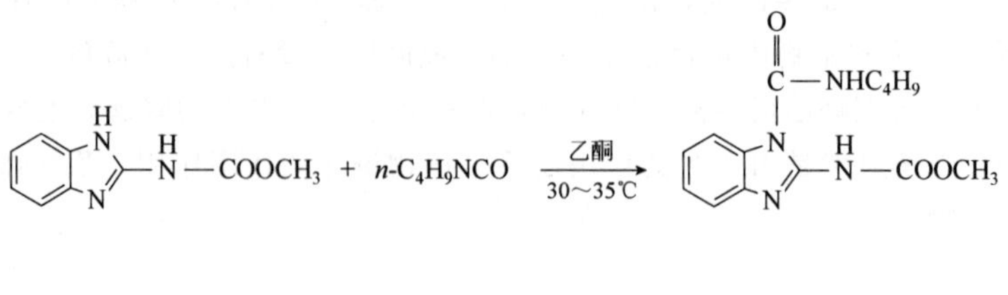

毒性 小鼠急性经口 $LD_{50} > 5000$ mg/kg；大鼠经皮下注射急性毒性 $LD_{50} > 10000$ mg/kg。在哺乳动物中可迅速吸收和排泄，致畸和致突变均为阴性。

应用 为内吸、广谱、制菌力强并具双向传导作用的杀菌剂，能有效地防治多种作物，如水稻、麦类、油菜、玉米、大豆、花生、马铃薯、烟草、棉花、水果、蔬菜中真菌感染蔓延，如防止梨黑星病、白粉病；苹果黑星病、轮纹病、花腐病、叶点病、褐腐病、炭疽病、果实腐烂病以及由于外伤引起的霉烂病；葡萄腐烂病、白粉病、褐斑病、灰星病；西瓜萎蔫病；香蕉黑叶条病、末端腐烂病、柑橘根腐病、黑蒂腐病及青绿毒霉菌等。

2. 多菌灵 （carbendaim）

C$_9$H$_9$N$_3$O$_2$, 191.19, 10605-21-7

理化性质 纯品为白色结晶，熔点 306℃（分解），不溶于水及一般有机溶剂中，能溶于无机酸及醋酸等有机酸中形成相应的盐。多菌灵化学性质稳定。

合成方法

（1）氰胺为原料：

$$H_2N - CN + ClCOOCH_3 \xrightarrow[\text{pH6.8} \sim 7.8]{Et_3N}$$

（2）尿素为原料：

毒性 对温血动物毒性较低，对大鼠急性经口服 $LD_{50} > 5000$ mg/kg。

应用 多菌灵有与苯菌灵同样的杀菌效力和内吸性，多菌灵是一种高效低毒广谱，内吸性杀真菌剂，持效期较长，对许多子囊菌、半知菌及各种担子菌有效，对藻菌类无效。它使用范围广，既可作为工业杀菌剂，如用于造纸、纺织、皮革、橡胶等工业的防霉，也可用于水果保鲜。多菌灵也是广谱内吸性杀菌剂，可防治多种植物病害，其中也包括麦类赤霉病、水稻稻瘟病、纹枯病、油菜菌核病等难治病害。

3. 甲基硫菌灵 （thiophanate-M）

C$_{12}$H$_{14}$N$_4$O$_4$S$_2$, 342.39, 23564-05-8

理化性质 纯品为无色结晶熔点为 177～178℃分解。微溶于水，易溶于二甲基甲酰胺，可溶于二氧六环、氯仿、丙酮、甲醇、乙酸乙酯等有机溶剂，对光照及酸碱介质较稳定。

毒性 小鼠急性经口 LD_{50} 为 3400mg/kg（雌）。

应用 它是一种广谱、内吸性的杀菌剂，兼具保护和治疗作用，持效期长。从甲基硫菌灵的结构上看，它与多菌灵、苯菌灵完全不同，但它的抗菌谱却与多菌灵、苯菌灵相似，这是因为甲基硫菌灵施用后，降解为多菌灵，在高温，高 pH 值情况下降解更快。

4. 乙基硫菌灵

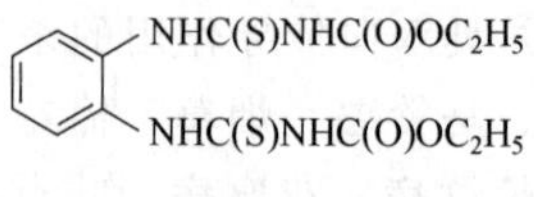

$$\text{NHC(S)NHC(O)OC}_2\text{H}_5$$
$$\text{NHC(S)NHC(O)OC}_2\text{H}_5$$

$C_{14}H_{18}N_4O_4S_2$, 370.45, 23564-06-9

理化性质　纯品为无色结晶熔点为 184℃分解。易溶于二甲基甲酰胺、环己酮，可溶于丙酮、二氧六环、氯仿、甲醇、乙酸乙酯等有机溶剂，但不溶于苯、甲苯、二甲苯、乙醚等非极性溶剂。

合成方法

$$2\text{ClCOOC}_2\text{H}_5 + \text{KSCN} \xrightarrow{\text{丙酮}} \text{SCNCOOC}_2\text{H}_5 + \text{NCSCOOC}_2\text{H}_5 + 2\text{KCl}$$

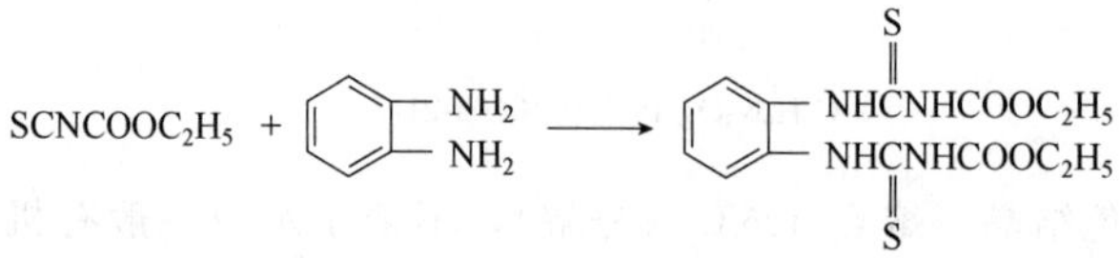

$$\text{SCNCOOC}_2\text{H}_5 + \overset{\text{NH}_2}{\underset{\text{NH}_2}{\bigcirc}} \longrightarrow \overset{\text{NHCNHCOOC}_2\text{H}_5}{\underset{\text{NHCNHCOOC}_2\text{H}_5}{\bigcirc}}$$

毒性　小鼠急性经口 $LD_{50} > 1500\text{mg/kg}$。

5. 噻菌灵 （thiabendazole）

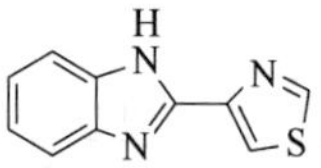

$C_{10}H_7N_3S$, 201.25, 148-79-8

理化性质　纯品为白色针状晶体，熔点 304～305℃，难溶于水，易溶于热的乙醇、乙醚和氯仿中，微溶于丙酮。

合成方法　其合成方法之一为以 4-乙氧基甲酰基噻唑和邻苯二胺为原料，以多聚磷酸为催化剂进行缩合反应制备：

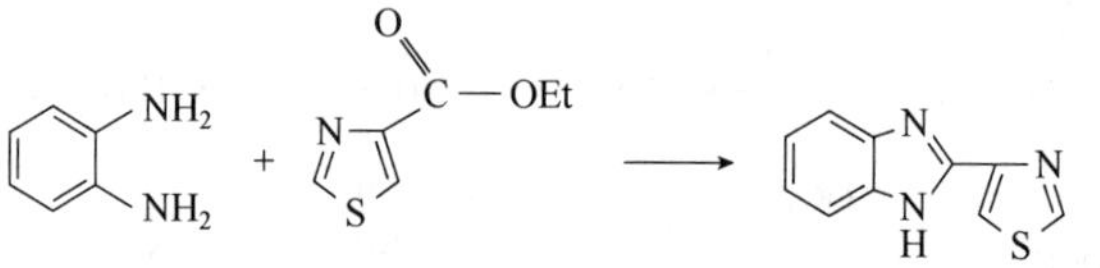

毒性　原药大鼠急性经口 LD_{50} 为 3330 mg/kg，对兔眼睛有轻度刺激作用，对皮肤无刺激作用。在试验剂量下无致癌、致畸、致突变作用，对鱼类有一定毒效，蓝鳃鱼 LC_{50} 为 18.5 mg/L（48h）。

应用　噻菌灵可作杀菌剂，具有长效和内吸作用，可向顶传导，可作叶面喷雾剂，用于防治农作物、经济作物由真菌引起的各种病害，也可作保鲜剂和工业防霉剂，用于饲料防霉，涂料防霉，纺织品、纸张、皮革、电线电缆和日常商业制品的防霉、防腐以及人、畜肠道的驱虫药剂。它兼有保护和治疗作用。

6. 麦穗宁 （fuberidazole）

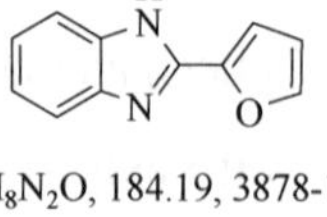

$C_{11}H_8N_2O$, 184.19, 3878-19-1

麦穗宁是德国拜耳公司开发的咪唑类内吸性杀菌剂。

理化性质　原药为结晶粉末，熔点 286℃分解，可溶于甲醇、乙醇、丙酮等有机溶剂，在水中的溶解度为 0.0078%。

合成方法　麦穗宁的合成方法是以邻苯二胺、糠醛为原料，在盐酸、亚硫酸钠和乙醇的作用下生成麦穗宁。采用十六烷基三甲基溴化铵（CTMAB）为相转移催化剂，进行缩合反应，具有合成条件温和，收率高，反应时间短等优点。反应式如下：

毒性　大鼠急性经口 LD_{50} 为 1100 mg/kg，大鼠急性经皮 LD_{50} 为 1000 mg/kg。

应用　该药主要用于防治小麦锈病、赤霉病、白粉病、黑穗病和镰刀菌引起的病害。

第三节　乙霉威

$C_{14}H_{21}NO_4$, 267.32, 87130-20-9

1990 年由日本住友公司开发上市。

理化性质　纯品为白色结晶，熔点 $100\sim101℃$，蒸气压 14.6mPa，溶解度 20℃ 时，水中为 26.6mg/kg，在一般的有机溶剂中有一定的溶解度。

合成方法　乙霉威（diethofencarb）的合成，普遍采用以邻苯二酚为原料，与对甲基苯磺酸酯进行醚化反应，生成邻苯二乙醚，再经混酸硝化后用硫化钠还原，最后以 N,N-二甲基苯胺为缚酸剂，与氯甲酸异丙酯发生缩合反应制得。若可直接用邻苯二乙醚为原料，则将减少反应步骤，缩短生产周期。

毒性　大鼠急性经口 LD_{50} 为 6810 mg/kg，大鼠急性经皮 LD_{50} ＞5000 mg/kg，Ames 法为阴性。

应用　对黑星病、炭疽病、青霉病、灰霉病等多种病害具有良好的防治效果。在防治蔬菜灰霉病上有很好的效果。对苯并咪唑类杀菌剂呈负交互抗性。该杀菌剂能有效地防治对多菌灵产生抗药性的灰葡萄孢病菌引起的葡萄和蔬菜病害，也可防治黄瓜灰霉病、茎腐病、甜菜叶斑病、番茄灰霉病，用于水果保鲜，防治苹果青霉病。

乙霉威与苯并咪唑类杀菌剂有负交互抗性，然而两者混合使用可导致产生对两种化合物均有抗性的菌株，在田间分离多菌灵与乙霉威的抗性菌株发现，它们在 β-微管蛋白的 198 和 200 位上具有同样的突变。

第四节　苯菌酰胺

$C_{14}H_{16}Cl_3NO_2$, 336.64, 156052-68-5

2001 年开发的用于防治卵菌病原体的药剂，是第一个用于防治卵菌类的微管聚集抑制剂。

主要用于防治马铃薯晚疫病和葡萄及蔬菜的白粉病。

一、作用位点

苯菌酰胺（zoxamide）是一类苯甲酰胺类化合物，它的作用机制也是抑制微管的聚集，但与苯并咪唑类化合物不同，苯菌酰胺对卵菌纲有效，苯菌酰胺的活性范围广泛，包括卵菌和非卵菌类真菌、原生动物、植物和哺乳动物的细胞均有作用。但其相对强度却因不同的生物体而不同。

在细胞水平上，苯甲酰胺阻止细胞核的分裂及破坏微管的细胞骨架，微管聚集受到抑制是由于抑制剂与微管 β-亚基上 cys-239 共价结合的结果。

用放射性配位结合的方法研究了苯菌酰胺结合的位置。目前已用苯菌酰胺的氚代 S-光学异构体来研究在卵菌上的结合位置，也曾用氚代类似物 2 及 3（RH-4032 及 RH-5854,）分别在植物和哺乳动物的细胞上进行过研究，研究发现这种结合是属于共价键结合的性质，是在发育的细胞上的一种竞争性结合。

RH-4032 　　　　　 RH-5854 　　　　　 拿草特 　　　　　 氯苯胺灵

在用烟草细胞进行研究时发现，抗有丝分裂除草剂拿草特及氯苯胺灵均可抑 RH-4032 对烟草微管蛋白的结合，这表明它们与苯菌酰胺有关的苯甲酰胺类化合物有着共同的结合位点。苯菌酰胺类似物 RH-5854 在与 cys-239 结合时可受到与秋水仙碱配位位置相同的各种试剂的抑制。并证明与秋水仙碱结合在不同位置上的抗癌药长春碱则能加强与 RH-5854 的结合。以上研究均证明了这些化合物是竞争性的抑制剂，并会产生交互抗性。尽管这些化合物对生物体表现出的相对毒性不同，但可以通过结构上的调整来控制它们的选择性。

二、发现及其结构与活性的关系

对抑制细胞分裂的含有 α-卤代酮的苯甲酰胺类除草剂拿草特类似物的研究，导致苯菌酰胺类杀菌剂的发现。拿草特并不是杀菌剂，但是早先就发现 α-卤代酮类化合物对卵菌纲类和植物具有高活性，虽然这种除草活性与杀菌活性都是出自相同的作用机制，但是通过结构的变化可以调整它们的相对活性。为了获得高杀菌活性和低的植物毒性，合成了 300 余化合物，平行地测定了它们对离体腐霉属真菌的杀菌活性和对烟草根伸长的活性。用 EC_{50} 值来表明其间的选择性，研究发现苯环上适当的取代基对活性是必需的；取代基在 3 及 5 位上活性较未取代的高；而在 2 位上的取代则降低活性，R^1 及 R^2 是甲基和乙基，可得到高的杀菌活性。当 R^1 及 R^2 分别确定为甲基和乙基后，苯环上某些 4-位取代的化合物将减少植物毒性，但其杀菌活性则很少降低或不降低。从而筛选出具有 3，5-二氯 4-甲基苯基及 R^1 及 R^2 分别是甲基和乙基的苯菌酰胺为最理想的化合物，它分别在温室和田间均具有很高的杀菌活性，而植物毒性则很低。苯菌酰胺是一对外消旋的混合物，S-体是其活性体（见表 2-2-2）。但从经济上考虑，商品化品种用的是消旋体。

表 2-2-2　苯菌酰胺结构与活性的关系

编号	取代基						活性强度		
	2	3	4	5	R^1	R^2	腐霉属菌 (P) EC_{50}	烟草（T） EC_{50}	P/T
1	H	Cl	H	Cl	CH_3	CH_3	0.024	0.006	4.0

编号	取代基						活性强度		
	2	3	4	5	R^1	R^2	腐霉属菌 (P) EC_{50}	烟草（T） EC_{50}	P/T
2	H	H	H	H	CH_3	CH_3	12	ND	—
3	Cl	Cl	CH_3	Cl	CH_3	C_2H_5	3.49	0.030	3.0
4	H	Cl	H	Cl	CH_3	C_2H_5	0.007	0.004	1.7
苯菌酰胺	H	Cl	CH_3	Cl	CH_3	C_2H_5	0.006	0.017	0.35

三、合成方法

对于分子中两个关键中间体，3,5-二氯-4-甲基苯甲酰氯及 3-氨基-3-甲基-1-丙炔的合成方法是分别以对甲基苯甲酸甲酯和乙炔醇为起始原料，反应如下：

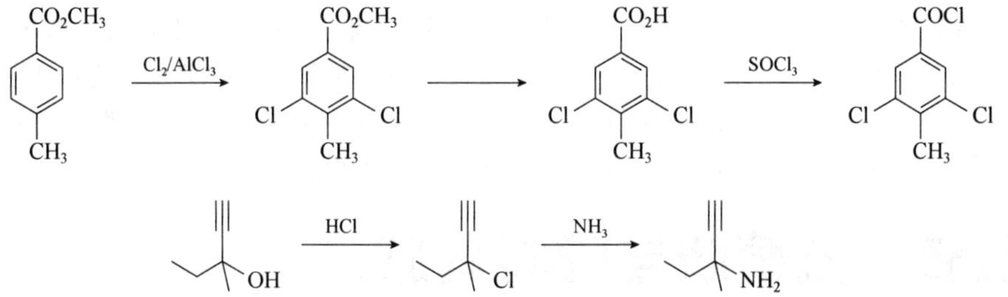

得此二中间体后，进行反应经生成含炔基的酰胺后，转变成 5-次甲基噁唑啉衍生物，再用三氯异氰酸（TCIA）作为氯化剂氯化生成氯化噁唑啉，再酸性水解转化成最终产品苯菌酰胺。

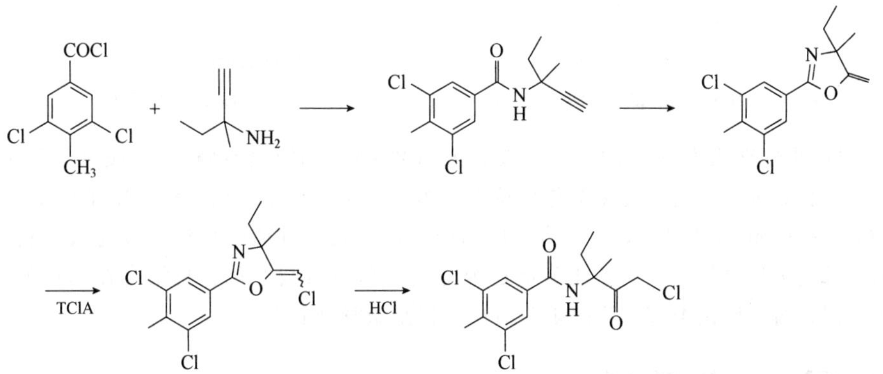

四、生物活性

由于该产品是 2001 年才上市，目前还没有在实际应用中产生抗性的报道。实验室的研究指出，苯菌酰胺与 zarilamide 是结合在 β-微管蛋白的同一作用位点上。研究中企图用化学、紫外线照射等方法形成的卵菌突变体来分离抗体性菌株均未成功，这些研究结果说明，苯菌酰胺抗性的进展相对是比较缓慢的，尽管苯菌酰胺与苯并咪唑类杀菌剂在作用机制上具有相似性，但产生抗性的风险要低得多，两者间的区别在于苯并咪唑是对抗自然的病菌，而苯菌酰胺则是作用于卵菌的双倍染色体（diploid），对苯并咪唑产生抗性的是单倍体（haploid）。对苯菌酰胺不易产生抗性的解释是影响它结合的靶位突变点处于隐性位置，同时双倍体细胞敏感性较低。

苯菌酰胺对哺乳动物低毒，但可引起皮肤过敏，基于实验室的研究说明它对于非靶标生物的风险很低。环境趋向的研究表明，由于水解、光照和微生物的代谢，它可在环境中快速地消失，在土壤中的半衰期为 2~10d。它在水中的溶解和移动性均很低，这导致它具有低的淋溶作用。

苯菌酰胺的用量为 125~150g（a.i）/hm²，喷雾的间隔时期依赖于发病的情况，大约是 7~14d。该药可与代森锌（mancozeb）混用，也可与霜脲氰（mancozeb）形成混剂，苯菌酰胺对卵菌纲真菌具有高活性。可用于马铃薯、葡萄、蔬菜上防治晚疫病和霜霉病（downy mildew）。同时对多种卵菌纲如梨黑星菌（Venturia）菌核病（Sclerotinia），小球壳属菌（Mycosphaerella）灰霉病（Botrytis）及核果褐腐菌（Monilinia）有效。它们能是抑制细胞核的分裂，因而可抑制芽管的伸长和菌丝体的生长，通过干扰细胞核的分裂，可抑制孢子囊中游动孢子的形成。苯菌酰胺并不直接影响游动孢子的游动、胞囊的形成及萌发，但能阻止芽管的伸长。苯菌酰胺能抑制真菌穿透寄主植物，但它不具有内吸作用，却能显示出穿透的活性。这是由于苯菌酰胺具有很好的对植物组织的亲和力，因此具有很好的持效性和耐雨水冲刷的能力，苯菌酰胺对块茎枯萎病的作用机制并不是直接影响游动孢子的游动性，也不是保护作用的结果，很可能是在植物表面由于孢子囊中细胞分裂受到抑制，从而减少了游动孢子的产生。由于苯菌酰胺与其他常用的卵菌纲类抑制剂的作用机制不同，因而与甲霜灵、烯酰吗啉（dimethomorp）、霜脲氰或甲氧基丙烯酸酯类杀菌剂没有交互抗性产生。因此，苯菌酰胺是在卵菌纲杀菌剂中少有的抵御抗性的药剂。虽然苯菌酰胺是唯一用来防治卵菌病原菌的新产品，但它对其他的真菌也有一定的活性，其中包括在田间已对苯并咪唑类化合物产生抗性的菌类，如灰霉病菌（Botrytis cinerea）、苹果黑星病菌（Venturia inaequalis）、致腐真菌（Monilinia fructicola）、香蕉黑条叶斑病菌（Mycosphaerella fijiensis）及尾孢属菌等。

第五节　氰菌胺与噻唑菌胺

氰菌胺zarilamide
C₁₁H₁₁ClN₂O₂, 238.67, 84527-51-5

噻唑菌胺ethaboxam
C₁₄H₁₆N₄OS₂, 320.43, 162650-77-3

由 ICI 于 20 世纪 80 年代发现的苯甲酰胺类杀菌剂中的一种试验品种氰菌胺（zarilamide），它也作用于 β-微管蛋白，显示它对疫霉菌的作用位点与苯菌酰胺的作用位点一样。噻唑菌胺（ethaboxam）是近年由 LG Life Sciences 开发的，它具有抗卵的作用，可破坏番茄晚疫病。研究认为它与氰菌胺相似，作用靶位都是破坏微管，但还不能确定是否与其他苯甲酰胺类化合物结合在同样的位置。它们与苯菌酰胺相似，对于卵菌类有广泛的杀菌活性，也是微管抑制剂。

第六节　戊菌隆

C₁₉H₂₁ClN₂O, 328.84, 66063-05-6

戊菌隆（pencycuron）是由日本 Nitokuno（Japanese subsidiary of Bayer Crop-Science）公司于 1976 年开发的杀菌剂。

理化性质　戊菌隆为无色晶体。熔点 129.5℃。蒸气压＜10⁻⁵ mPa（20℃），2.5 mPa（100℃）。溶解性（20℃）：水 0.3 mg/L，二氯甲烷 200~500 g/L，己烷 0.1~1.0 g/L，异丙醇 2~

5 g/L，甲苯 20~50 g/L。

毒性 大、小鼠急性经口 LD_{50}＞5000 mg/kg。

一、发现过程及结构与活性关系

早在 20 世纪 50 年代，就发现许多脲类化合物具有很好的除草活性，一些化合物曾开发为商品，如敌草隆 DCMU，为了找到更高活性的化合物，试着对分子结构进行修饰，在常规的筛选试验中均未发现具有杀虫和杀菌活性的化合物，当将苄基引入代替苯环时，得到了一类新化合物，它们均未显示出高活性，只有 NTN15192 显示出对纹枯菌有一些活性。但它在琼脂平板试验中，对纹枯菌以外的植物病原真菌并未显示出活性。继续进一步试验，结果并不满意，于是停止了试验。

先导　　　　　　　　NTN15192　　　　　　　　NTN16543

两年后重新进行了 NTN15192 的杀菌活性研究，并对其结构进行了修饰，将原先先导化合物中的 N-烷基部分改变为芳基，结果化合物（NTN 16543）显示出在温室条件下，对水稻纹枯病有高活性，田间试验也看出该化合物对纹枯菌的卓越活性，但其问题是对植物有药害。对 NTN 16543 的土壤代谢物的研究显示，该化合物在土壤中脱去苄基后，具有微弱的除草活性，进一步以 NTN16543 化合物为先导进行优化，通过结构与活性关系的研究，克服了前面化合物的缺点，最终得到 N-环戊基的化合物，命名为戊菌隆（pencycuron），于 1985 年进入日本市场。

研究戊菌隆类化合物结构与活性的关系认为，分子中苄基的苯环对位必须具有吸电子和亲脂性基团，如有 Cl 及 Br 原子在苄基苯环的对位对活性是必需的，但 F 与 I 代则降低活性，而给电子基团，如甲基、乙基则失去活性；在 N 原子上具有侧链的 C_3 及 C_5 烷基对活性是必需的（如异丙基、仲丁基及环戊基）而 N′-位上必须有一个氢未被取代；苯环上的取代基除 m-，p-位为羟基外，其他均失去活性；硫脲衍生物具有相似的结构与活性关系，但总体药效较相应的脲衍生物差。

二、合成方法

以 4-氯苄基氯、环戊基胺及异氰酸苯酯为起始原料，合成分两步进行：

也可由 N-（4-氯苄基）-N-环戊基氨基甲酰氯与苯胺反应，制得产品。

三、作用机制与生物活性

该杀菌剂对丝核菌有特效，这种病菌可引起植物的多种病害，如水稻纹枯病、马铃薯黑痣病、甜菜褐斑病及各种作物秧苗的病害。戊菌隆可引起敏感菌株菌丝体的反常分枝，但是，多菌灵抑制丝核菌有丝分裂是抑制 β-微管蛋白聚集，而戊菌隆并不破坏微管的细胞骨架，因此其明确的作用方式尚不完全清楚。戊菌隆是一个具有相对窄的杀菌谱的药剂，也就是说它有着极好的选择性，另外，它也是很少的具有脲骨架的活性衍生物。尽管这类杀菌剂引入市场的时间是 1985 年，但现在的市场仍很大。

用 ^{14}C-标记的戊菌隆对四株敏感性不同的丝核菌进行研究，由于在介质和菌丝体的试验中标记物对它们都显示出很高的杀菌活性，并没有发现有代谢物存在，这表明戊菌隆本身是杀菌的活性物质。用抗体丝核对几种杀菌剂，如有效霉素、氟酰胺和多氧霉素进行比较试验显示，戊菌隆并不影响海藻糖的生物合成，海藻酶的活性，不影响脂肪酸的生物合成，也不影响类脂、几丁质、蛋白质及 DNA 的合成。因此证明戊菌隆的作用机制不同于现有的其他防治水稻纹枯病的杀菌剂。用对戊菌隆敏感的菌株进行处理时发现，菌株的形态上表现出反常的分枝现象，这种形态上改变的现象在苯并咪唑类杀菌剂如多菌灵中也可观察到，这就意味着戊菌隆可能是具有抗微管的作用。用 β-微管蛋白抗体荧光染色显微镜技术，证明多菌灵是抑制 β-微管蛋白在丝核菌有丝分裂时的聚集，但戊菌隆并没有这样的作用，然而戊菌隆却具有高的疏水性（lg P 为 4.82），它可积累在真菌细胞的类脂双层中，导致膜的流动性的改变。这也就清楚地说明为什么它只对几种有限的菌株上具有活性。其作用机制还不能说得很清楚。

四、毒性与代谢

戊菌隆对哺乳动物的毒性很低，对大鼠、小鼠及狗急性经口 $LD_{50} > 5$ g/kg，经皮，吸入，和皮肤接触及慢性毒性，致畸性均很低，对鱼、藻类、水蚤及鸟类也显示出低毒的作用。

用苯基-U-^{14}C 戊菌隆在水稻中的代谢途径已有研究，当叶面用此化合物处理时，放射性碳逐渐进入叶的组织中，部分显示出向顶的移动，但大多数的放射性物质仍保留在叶的表面。研究证实应用 40d 后，仍有用量的 52％留在叶面上。它代谢的量相对较低，大约只有应用量的 7％。经鉴定，代谢物是 1-环戊基-3-苯基脲、1-（4-氯苄基）-3-苯基脲、1-（4-氯苄基）-1-（cis-3-羟基环戊基）-3-苯基脲及其反式异构体及糖苷轭合物（见图 2-2-3）。

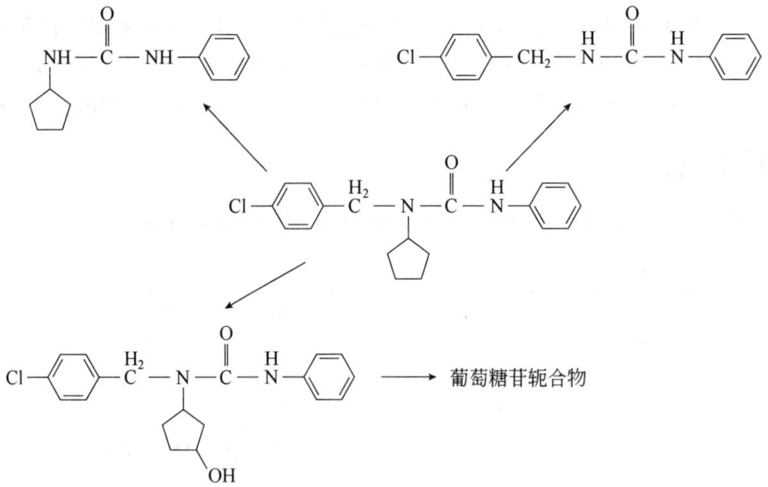

图 2-2-3 戊菌酮在水稻中的降解途径

当在水稻抽穗前及抽穗期时分别喷洒 ^{14}C-戊菌隆，在水稻的谷粒中可发现有 $0.56 \mu g/mL$ 的戊菌隆的等价物，但放射性物质主要是存在于糠中（85％），完整的戊菌隆分子在水稻壳中含量为 $0.018 \mu g/mL$，在米中的含量是 $0.003 \mu g/mL$。在谷物中所含的放射性碳是以一种不能提取的残留物形式存在的。对于哺乳动物的代谢的研究表明，主要的代谢途径是苯基部分对位的羟基化及 β-葡萄糖醛酸的轭合物，进一步的水解也可发生在环戊基的 3-位上。已发现的代谢物大约有 11 种之多，其中包括 5 种 β-葡萄糖醛酸的轭合物。

参考文献

［1］ Jordan M A, Wilson L. Microtubules as a target for anticancer drugs. Nat Rev Cancer, 2004, 4: 253-265.

［2］ Li JN, Jiang JD. Biological characteristics of microtubule and related drug research. Acta Pharm Sin, 2003, 38: 311-315.

［3］ Davidse L C, Ishii H. in ed H Lyr., *Modern Selective Fungicides*, 2nd ed. Gustav Fischer Verlag, Jena, 1995, 305-322.

［4］ Kato T, Suzuki K, Takahashi J, et al. Negatively correlated cross-resistance between benzimidazole fungicides and methyl N-(3, 5-dichlorophenyl) carbamate, *J. Pesticide Sci* 1984, 9: 489-495 (1984).

［5］ Nakata A, Sano S, Hashimoto S, et al. Negatively correlated cross-resistance to N-phenylformamidoxime in benzimidazole-resistant phytopathogenic fungi, *Ann. Phytopath. Soc. Japan*, 1987, 53: 659-662.

［6］ Corbett J R, Wright K, Baillie A C. *The Biochemical Mode of Action of Pesticides*. New York: Academic Press, 1984, 382.

［7］ Davidse L C. Benzimidazole fungicides: Mechanism of action and biological impact, *Ann. Rev. Phytopathol*, 1986, 24: 43-65.

［8］ Robinson H J, Phares H F, Graessle O E. Antimycotic Properties of Thiabendazole. *J Invest Dermatol*, 1964, 42: 479.

［9］ Vonk J W, Kaars S A. Methyl benzimidazol-2-ylcarbamate, the fungitoxic of thiophanate-methyl, *Pestic. Sci.*, 1971, 2: 160-164.

［10］ Soeda Y, Kosaka S, Noguchi T. The Fate of Thiophanate-methyl Fungicide and Its Metabolites on Plant Leaves and Glass Plates. *Agr. Biol. Chem*, 1972, 36: 931-936.

［11］ Rhodes R C, Long J D. Run-off and Mobility Studies on Benomyl in Soils and Turf. *Bull. Environ. Contam. Toxicol*, 1974, 12: 385-393.

［12］ Roberts T R, Hutson D H. *Metabolic Pathways of Agrochemicals, Part 2: Insecticides and Fungicides*, Cambridge: The Royal Society of Chemistry, 1999, 1113-1119.

［13］ Buchenauer H, Edgington L V, Grossmann F., Photochemical transformation of thiophanate -methyl and thiophanate to alkyl benzimidazol-2-yl carbamates, *Pestic. Sci*, 1973, 4: 343-348.

［14］ Fuchs A, Van den Berg G A, Davidse L C. A comparison of benomyl and thiophanates with respect to some chemical and systemic characteristics. *Pestic. Biochem. Physiol*, 1972, 2: 191-205.

［15］ Graham-Bryce A J, Nicholls P H, Williams I H. Performance and uptake of some carbendazim-producing fungicides applied as seed treatments to spring barley, in relation to their physicochemical properties, *Pestic. Sci*, 1980, 11: 1-8.

［16］ 张一宾. 农药—精细化学品系列丛书. 农药. 北京: 中国物资出版社, 1997, 315, 317.

［17］ 沈阳化工研究院. 内吸性杀菌剂多菌灵 (苯并咪唑 44♯) 研究 (第一报). 农药, 1973, (1): 11-25.

［18］ 沈阳化工研究院. 内吸性杀菌剂多菌灵 (苯并咪唑 44♯) 研究 (第二报). 农药, 1973, (2): 35-43.

［19］ Lewie H, et al. Certain benzimidazoles carrying thiazolyl, thiadiazolyl, and isothiazolyl substituents in the 2-position, US 3017415.

［20］ Janos Kollonitsch, Westfield N J. Processes for preparing thiazole carboxylic acids, US 1966, 3274207.

［21］ Frphberger Paull-Ernst, Fungicidal compositions 1970 US 3546813.

［22］ Young D H, Rubio F M., Danis P O., A Radioligand Binding Assay for Antitubulin Activity in Tumor Cells. J. *Biomol. Screen*, 2006, 11: 82-89.

［23］ Young D H, Slawecki R A. *Pestic. Biochem. Physiol*, 2001, 69. 100-111.

［24］ Bai R., Duanmu C., Hamel E., Mechanism of action of the antimitotic drug 2,4-dichlorobenzyl thiocyanate alkylation of sulfhydryl group(s) of β-tubulin. Biochim. Biophys. Acta, 1989, 994: 12-20.

［25］ Shan B, Medina J C, Santha E, et al. Selective, covalent modification of b-tubulin residue Cys-239 by T138067, an antitumor agent with *in vivo* efficacy against multidrug-resistant tumorsProc. Natl. Acad. Sci. U. S. A, 1999, 96, 5686-5691.

［26］ Luduena R F, Roach M C. Tubulin sulfhydryl groups as probes and targets for antimitotic and antimicrotubule agents, *Pharmacol. Ther*, 1991, 49: 133-152.

［27］ Mcnulty Patrick J. N-(1,1,-dialkyl-3-chloroacetonyl) benzamides, US 3,661,991, 1972.

［28］ Michelotti, Enrique L. N-acetonylbenzamides and their use as fungicides, US. 5,304,572, 1994.

［29］ Michelotti, Enrique L, Young David Hamitton, et al. N-acetonylbenzamide and their use as fungicides, US. 6566403. 2003.

［30］ Young D H., Spiewak S L., Slawecki R A., Laboratory studied to assess the risk of development of resistance to zoxamide, *Pest Manag. Sci.* 2001, 57: 1081-1087.

[31] Shaw D S, The cytogenetics andgenetics of Phytophthora, in Phytophthora: Its Biology, Taxonomy, Ecology, and Pathology, D. C. Erwin, S. Bartnicki-Garcia, P. H. Tsao (Eds.), American Phytopathological Society St. Paul, Minnesota, 1983, 81-94.

[32] Cabral F., Barlow S B., Resistance to antimitotic agents as genetic probes of microtubule structure and function *Pharmacol. Ther*, 1991, 52: 159-171.

[33] Egan A., Michelotti E L., Young D H., et al. Brighton Crop Protect. Conf. - Pests Dis. 1998, 335-342.

[34] U. S. Environmental Protection Agency 2001, Internet website:/www. epa. gov/opprd001/factsheets.

[35] Young D H, Vjugina U.. Effects of zoxamide on sporangia and zoospores of Phy- tophthora capsici. *Phytopathology*, 2002, 92: 89.

[36] Maho Uchida, Robert W. Roberson, Sam-Jae Chun et al, *In vivo* effects of the fungicide ethaboxam on microtubule integrity in *phytophthora infestans*. *Pest Manag Sci*, 2005, 61: 787-792.

[37] Kim H T, Yamaguchi I. Effect of pencycuron on fluidity of lipid membrane of *Rhizoctonia solani*. *J. Pesticide Sci.*, 1996, 21: 323-328.

[38] Ueyama I, Araki Y, Kurogochi S, et al. Metabolism of the phenylurea fungicide, Pencycuron, in sensitive and tolerant strains of *Phizoctonia solani*. *J Pestic Sci*, 1993, 18: 109-117.

[39] Ueyama I, Araki Y, Kurogochi S, et al. *Pestic. Sci*, 1990, 30: 363-365.

[40] Kim H T, Kamakura T, Yamaguchi I. Effect of pencycuron on the osmotic stability of protoplast of *Rhizoctonia solani*. *J. Pesticide Sci*, 1996, 21: 159-163.

[41] Carling D E, Kuninaga S, Brainard K A. Hyphal anastomosis reactions, rDNA-internal transcribed spacer sequences, and virulence levels among subsets of *Rhizoctonia solani* anastomosis group-2 (AG-2) and AG-BI, *Phytopathology*, 2002, 92. 43-50.

[42] Kurogochi S, Takase I, Yamaguchi I, et al. Metabolism of a phenylurea fungicide, pencycuron [1-(4-chlorobenzyl)-1-cyclopentyl-3-phenylurea]in rice plants. *J Pestic Sci*, 1987, 12: 435-443.

[43] Ueyama S, Kurogochi, Kobori I, et al. Use of ion cluster analysis in a metabolic study of pencycuron, a phenylurea fungicide, in rabbits. J Agric Food Chem, 1982, 30: 1061-1067.

第三章

真菌的呼吸作用抑制剂

在讨论杀虫剂中的呼吸作用抑制剂时，已对氧化磷酸化作用（oxidative phosphorylation）这一细胞中重要的生化过程进行了讨论，氧化磷酸化可看作电子传递过程中偶联 ADP 磷酸化，生成 ATP 的过程。氧化磷酸化发生在原核生物的细胞膜，或者真核生物的线粒体内膜上。利用这一靶标，从中开发了多种杀虫剂。在杀菌剂中利用真菌的呼吸作用过程，也同样开发出一系列的杀菌剂。现分述如下。

第一节　复合物Ⅲ抑制剂

一、甲氧基丙烯酸酯类

人们在发现 Strobilurin A 及 Oudemansin A 等天然化合物具有杀菌剂活性以来，经过近 20 年的结构优化和生物活性研究，最终开发出了一类结构新颖、广谱、高效的新型农用杀菌剂——β-甲氧基丙烯酸酯类杀菌剂，又称为 Strobilurins 类杀菌剂，创造了杀菌剂历史上新的里程碑。自 1996 年捷利康（先正达）公司的嘧菌酯和巴斯夫公司的醚菌酯在德国登记上市以来，甲氧基丙烯酸酯类杀菌剂以其独特的作用机制、对环境极其友好的结果，几乎覆盖了全球主要杀菌剂市场，成为最具发展潜力和市场活力的农用杀菌剂，吸引了世界各大农药公司和广大农药研究人员的浓厚兴趣，使得该类杀菌剂的研究方兴未艾，成为农药研究领域的热点之一。

（一）先导的发现

甲氧基丙烯酸酯类化合物的先导化合物来自于天然产物。研究是由捷克斯洛伐克的 Musilk 及其合作者于 1969 年开始的，他们从一种木腐担子菌——霉状小奥德蘑（*Oudemansiella mucida*）中分离出的一种具有抗菌活性的天然抗生素，并命名为 mucidin（螺黏液杀菌素），但未鉴定出结构，当时捷克人仅将该物质用作治疗皮肤病的一种药物。德国 Anke 研究小组于 1977 年在附胞球果菌（*Strobilurus tenacellus*）的发酵液中得到 strobilurin A 及 strobilurin B，并报道了它们的化学结构和物性数据。1984 年他们校正了 mucidin 和 strobilurin A 的立体化学结构为（*E*，*Z*，*E*）构型，1986年通过光谱学证明了两者是同一化合物。Strobilurin A 是 Strobilurin 系列天然抗生素中最早被确定的。按其结构特点，Strobilurin 系列可分为以下两大类。

一类是苯基取代三烯类：strobilurin A～C，H，strobilurin F-1，F-2，9-methoxystrobilurin A 及 hydroxystrobilurin A，其结构如下：

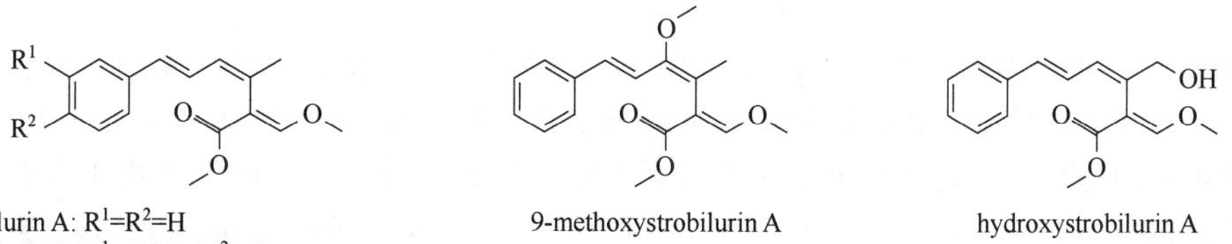

strobilurin A: R^1=R^2=H
strobilurin B: R^1=OCH$_3$, R^2=Cl
strobilurin C: R^1=OCH$_2$-CH=C(CH$_3$)$_2$, R^2=H
strobilurin F-2: R^1=H, R^2=OCH$_2$-CH=C(CH$_3$)$_2$
strobilurin F-1: R^1=OH, R^2=H
strobilurin H: R^1=H, R^2=OCH$_3$

9-methoxystrobilurin A

hydroxystrobilurin A

另一类是苯并二氧杂环取代三烯类：strobilurin E、9-methoxystrobilurin E、strobilurin D（G）、hydroxystrobilurin D（G）、9-methoxystrobilurin L，其结构如下：

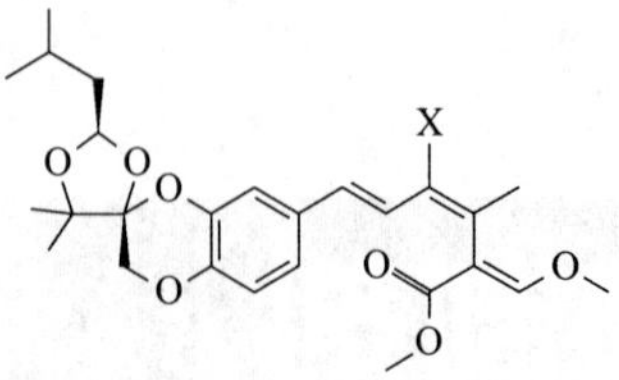

strobilurin E: X=H
9-methoxystrobilurin E: X=OCH₃

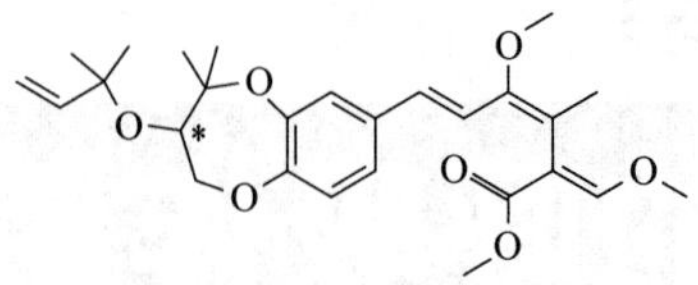

9-methoxystrobilurin K

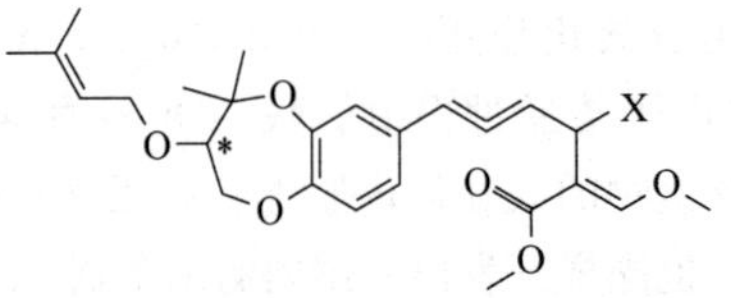

strobilurin D(rev.): X=H
(=strobilurin G)
hydroxystrobilurinD(rev.): X=OH

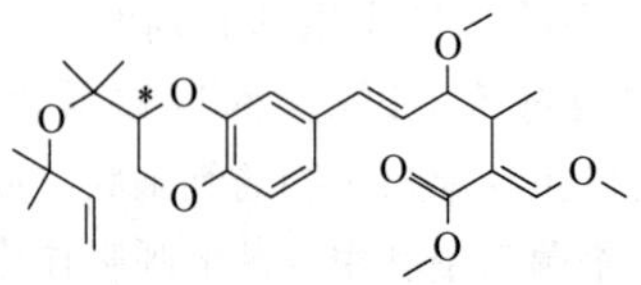

9-methoxystrobilurin L

Oudemansin A 是继 strobilurin A 之后从腐朽的松木长出的蘑菇中分离出来的另一具有抗菌活性的天然抗生素，它与 Strobilurin A 相比，共轭双键中的一个双键变为单键，并且多了一个甲氧基，分子含有两个手性中心（9S，10S），是一具有光学活性的物质。此后人们又陆续分离出了oudemansin B、oudemansin C 和 oudemansin L：

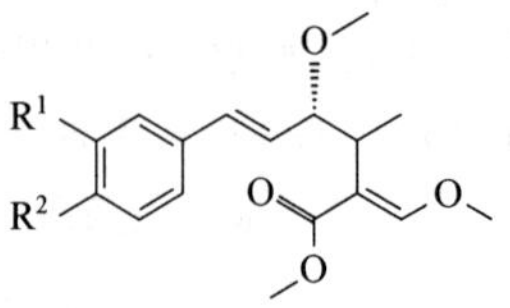

oudemansin A: R¹=R²=H
oudemansin B: R¹=OCH₃, R²=Cl
oudemansin C: R¹=H, R²=OCH₃

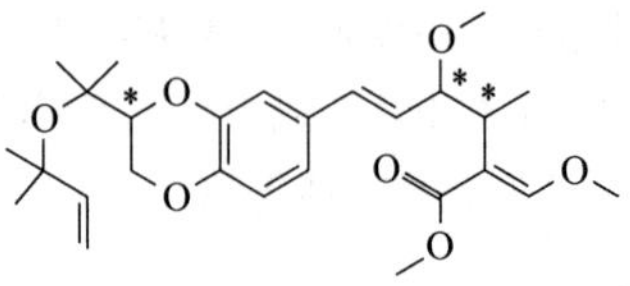

oudemansin L

myxothiazol 系列则是另一类甲氧基丙烯酸结构类似的化合物，其取代基与甲氧基同时位于 β-位，分子结构中含有一个或两个噻唑杂环。根据噻唑杂环结构的差异性，可分为 myxothiazols、cystothiazoles 和 melithiazols 三大类，其中最具代表的是 myxothiazol A。

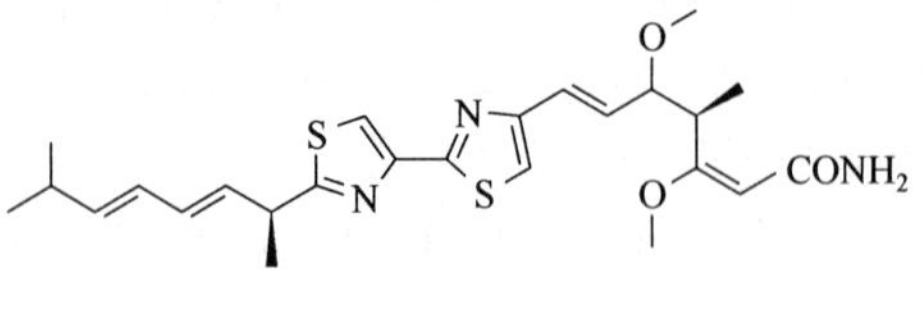

myxothiazol A

从上面这三类天然产物的分子式可以看出，这些结构相对复杂的化合物的活性表现也不尽相同，如 strobilurin E 具有较高的抗菌及抑制细胞生长活性，而 9-methoxystrobilurin K、oudemansin L、strobilurin D 及 hydroxylstrobilurin A 却无活性。尽管还有其他一些天然物质含有甲氧基丙烯酸酯的结构如生物碱 hirutine，但它们与 strobilurins、oudemansins 或 myxothiazol 没有更多的结构相似性，也未曾有它们抑制呼吸作用或杀菌活性的报道。

后经研究得知：strobilurins 及 oudemansins 的作用位点是在复合物Ⅲ位置上，通过与细胞色素 b 的 Q₀ 位的结合（见图 2-3-1），抑制了线粒体的呼吸作用。细胞色素 b 是细胞色素 bc₁ 复合体的一部分，坐落在真菌和真核细胞线粒体的内膜，一旦有抑制剂与之结合，就阻断了细胞色素 b 和细胞色素 c_1 间电子的传递，从而破坏了ATP 的产生及能量的循环。

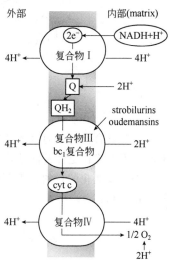

图 2-3-1　strobilurins 及 oudemansins 在线粒体呼吸链中的作用位置

选择 strobilurins、oudemansins 这类天然产物作为先导化合物是由于它们的结构简单，活性高，特别是具有同一的新颖作用位点，同时有活性的化合物不是单一的化合物，而是有着结构相似性的一组化合物，这就可能给今后合成类似物结构变化留有更大的空间。这类化合物特殊的生物活性及与现有杀菌剂不同的作用方式引起了农药工作者的注意，因为这将降低与其他现有杀菌剂产生交互抗性的风险。同时研究中已建立了很好的离体生测方法，为合成与筛选奠定了良好的基础。但研究也存在着风险，因为具有这种作用方式的化合物有可能对温血动物的毒性会高。如 myxothiazol 就是一个高毒的化合物，它对小鼠的 LD_{50} 仅为 2mg/kg，然而 strobilurin A 却为 $50 \sim 825$ mg/kg，oudemansin 腹膜内的 $LD_{50} > 300$ mg/kg。这表明这类化合物的药效与毒性有可能不完全是一致的，有改造得到高效低毒品种的可能性。另外，这类化合物在实验室的活性相对较高，但是对光稳定性却较差，这也是需要进行改造的问题。

（二）先导结构的优化

由于这是一类很有前途的新杀菌剂先导结构，引起了捷利康（先正达）和巴斯夫两家农药公司的竞争性研究，他们各自独立地进行了结构的优化，所得的结果有异曲同工之妙。分析先导化合物的结构可以看出，β-甲氧基丙烯酸酯是化合物的基本结构单元，一般来说，分子中所含的杂原子可能与生物受体间形成氢键和极性的相互作用，因而可以确认为基本的药效团，其他部分则有可能进行较大的变化。

1. 嘧菌酯的研制过程

先正达的研究工作中证明了 oudemansin 是一个稳定的化合物，对八种病原菌均有很好的药效，确定了他们的立体化学结构，同时认识到 strobilurin A 的不稳定性是由于分子中含有三烯结构所致，开始了 strobilurin A 三烯结构的改造，他们用苯取代双键，生成苯二乙烯类化合物，这类化合物的光稳定性有所增强。在此基础上，进一步研究了桥上苯环的不同位置取代对活性的影响，发现邻位取代化合物的活性远高于其他的异构体。它在温室条件下，对多种病害均有很好的防治效果。用苯环替代 strobilurin A 中一个双键，所得化合物的挥发性较低，对光照较稳定，但在田间仍能很快光解，经研究其光解过程如下：

为了进一步改进化合物的光稳定性，他们对各种二苯乙烯类化合物进行了修饰，设计合成了如下化合物，发现苯基萘桥的化合物光解速率缓慢而且具有高活性，但并未商品化。

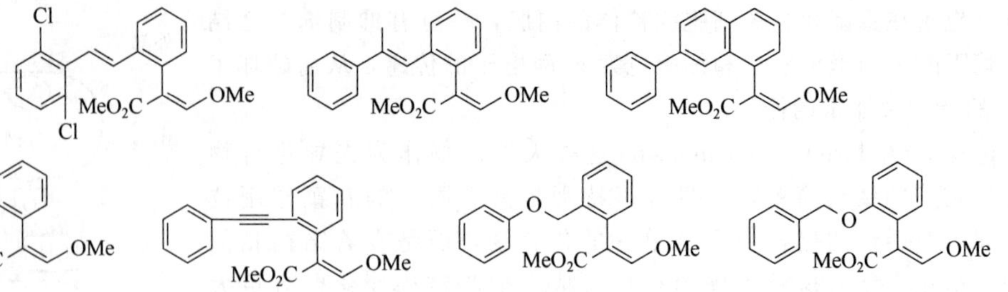

这些化合物可以通过木质部进行传导，也可在韧皮部传导。发现其中二苯醚类衍生物（lg$P$ = 3.25）不但光稳定性及活性均好，同时还具有内吸性。但其致命缺点是容易产生药害。

进一步优化的目的在于调整疏水性，用吡啶代替苯环，提高了化合物的传导性。合成了如下结构的化合物：

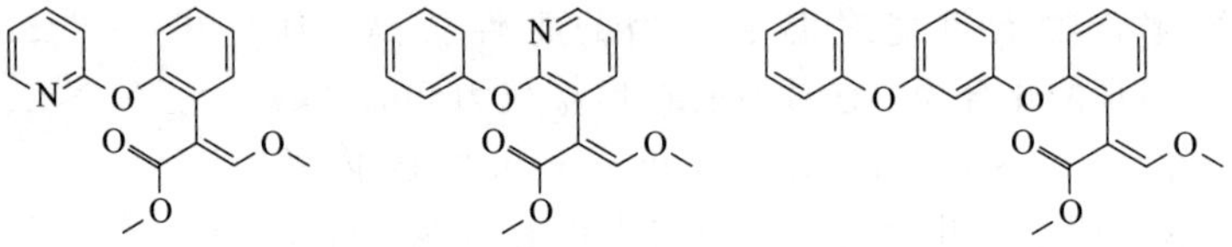

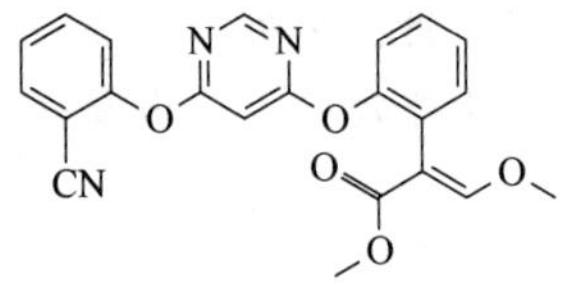

嘧菌酯
(ICI A 5504)

吡啶基取代苯环后活性有所提高，从化合物与生物受体进行计算机模拟对接的结果来看，它对细胞色素 bc_1 复合体的结合更加好。具有三个苯环的醚类化合物（lg$P$ = 5.1）虽然活性有所提高，却由于亲脂性的增加而丧失了对杀菌剂极为重要的内吸性特点。研究发现这类化合物具有内吸活性的最佳 lg$P$ 值应在 2.3～3.5 之间，由此设想通过引入杂原子来达到在保持活性的同时降低疏水性的目的。在这一环节他们合成了大量的化合物，前后共计 1400 个之多，最终于 1992 年成功开发出了嘧菌酯（azoxystrobin，lg$P$ = 2.67），于 1996 年商品化。其开发历程可归纳为：

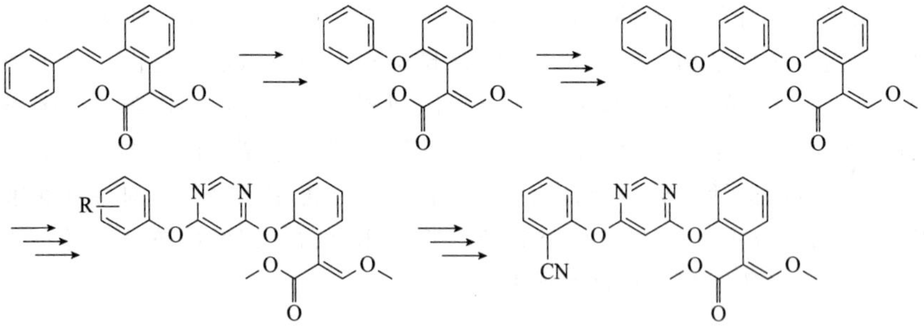

嘧菌酯（azoxystrobin）是世界上第一个商品化的甲氧基丙烯酸酯类杀菌剂。其作用谱广，对几乎所有的真菌纲（子囊菌纲、担子菌纲、卵菌纲和半知菌类）病害，如白粉病、锈病、颖枯病、网斑病、霜霉病、稻瘟病等均有良好的活性，适用于谷物、水稻、葡萄、水果、香蕉、大豆、蔬菜、草坪和观赏植物等。它在对稻瘟病的防治中，既能抑制稻瘟病菌丝的生长，又能抑制孢子萌发，对孢子产生、黑色素合成和孢子致病力等都有显著的影响。这表明嘧菌酯在稻瘟病菌整个生活史中都能起作用，不仅抗真菌侵入、抗真菌扩展，而且能明显地降低再侵染和初侵染的孢子基数并达到防治病害的目的。嘧菌酯是目前世界上销量最大的杀菌剂，已在 72 个国家取得登记，用于防治 84 种不同作物上的 400 多种病害。

2. 醚菌酯的研制过程

与此同时，巴斯夫公司也从 strobilurin A 出发，开展研究工作，为了提高化合物的光稳定性，也首先合成了一些苯的衍生物，从实验室的初步活性看来，活性均较先导差，从这些化合物中首先可以判断出 E-型结构的药效团对活性是必需的；苯环上可以允许有取代基（化合物 **2-3-3**），甚至在烯醇醚基上进行 C/N 交换，形成肟醚也可以保持活性，而化合物 **2-3-5** 及化合物 **2-3-6** 由于缺少 strobilurin A 及 oudemansin A 的结构特点，几乎无活性。化合物 **2-3-2** 无活性，而化合物 **2-3-1**，**2-3-4** 有微弱活性。

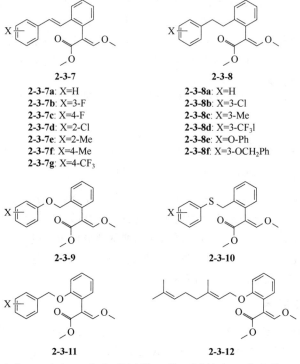

2-3-1a:R=H
2-3-1b:R=CH₃

2-3-2

2-3-3

2-3-4

2-3-5

2-3-6

鉴于 strobilurin A 在平板试验中具有很高的活性，但在温室活体试验时活性则很低，他们也认识到可能是分子中三烯结构不稳定之故，因此产生了用苯环去代替烯键的想法，合成了 **2-3-7a**，它在平板试验与活性试验中的活性均很高，甚至超过 strobilurin A 10 倍，对如小麦白粉病、稻瘟病、小麦锈病等多种病害有效。分析这一结果，是由于苯基的取代减少了对线粒体靶标的还原作用，达到了分子稳定的结果。因而得到了次一级的先导。在此基础上进一步合成了化合物 **2-3-7** 的衍生物及化合物 **2-3-8**～**2-3-12**。

2-3-7

2-3-7a: X=H
2-3-7b: X=3-F
2-3-7c: X=4-F
2-3-7d: X=2-Cl
2-3-7e: X=2-Me
2-3-7f: X=4-Me
2-3-7g: X=4-CF₃

2-3-8

2-3-8a: X=H
2-3-8b: X=3-Cl
2-3-8c: X=3-Me
2-3-8d: X=3-CF₃l
2-3-8e: X=O-Ph
2-3-8f: X=3-OCH₂Ph

2-3-9

2-3-10

2-3-11

2-3-12

这些化合物均显示出与 strobilurin 相似的活性，甚至活性高于化合物 **2-3-7**。在以上工作的基础上，他们分别从侧链（1）、芳香桥（2）及药效团（3）三部分对先导结构进行优化。

为了进一步改进化合物的光稳定性，他们对各种二苯乙烯类化合物进行了修饰，这一时期他们研究的化合物还包括结构 **2-3-13** 和 **2-3-14**。这时，不幸的是捷利康公司公开了一篇专利，其中包括了化合物 **2-3-7** 和 **2-3-13**。只剩下含氮的肟醚化合物 **2-3-14** 成了巴斯夫公司唯一的希望。他们很快在同年的 7 月申请了专利，终于在等待了十八个月后申请成功，尽管捷利康公司也申请了同样的专利，但比巴斯夫公司晚了两天。巴斯夫对化合物 **2-3-14** 进行结构优化筛选，最终开发出了醚菌酯（kresoxin-methyl），试验代号 BAS-490E，它与嘧菌酯在 1996 年同时上市。

醚菌酯是最早上市的甲氧基丙烯酸酯类杀菌剂之一，具有杀菌谱广、持效期长的特点。对半知菌、子囊菌、担子菌、卵菌纲等致病真菌引起的大多数病害具有保护、治疗和铲除活性。对苹果和梨黑星病、白粉病、葡萄霜霉病、白粉病、小麦锈病、颖枯病、网斑病等都有很好的活性；对稻瘟病、甜菜白粉病和叶斑病、马铃薯早疫病和晚疫病、南瓜疫病也有防效。与其他常用三唑类、苯并咪唑类、苯甲酰胺类、二羧酰胺类等杀菌剂无交互抗性，也不易使菌株产生抗性。在发病前或初期进行茎叶喷雾处理，防治草莓白粉病、黄瓜白粉病、甜瓜白粉病，使用剂量为 $100\sim200\mathrm{g/hm^2}$。而且醚菌酯具有高度的选择性，对作物、人畜及有益生物安全，对环境友好。

3. 苯氧菌胺的研制过程

也许是出于偶然发现，日本盐野义公司的化学家开发了苯氧菌胺，试验代号 SSF-126。

与捷利康公司和巴斯夫公司完全不同，他们不是对天然化合物 Strobilurin 的模拟，而是出于对已有的异噁唑衍生物进行结构上的修饰。中间所生成的产物对稻瘟病具有很好的杀菌活性，但与甲氧基丙烯酸酯类杀菌剂相比，它并不具有广谱活性和抑制呼吸作用的机理。进一步修饰成肟醚酰胺的结构后，产生了苯氧菌胺，并于 1998 年将苯氧菌胺首先用于稻瘟病在日本上市。它为甲氧基丙烯酸酯家族增添一个新的药效基团——肟醚酰胺。

(三) 结构与活性关系

比较先导化合物 strobilurin A 及 oudemansin A 的 X 衍射晶体结构图，见图 2-3-2。

从图 2-3-2 中可以看出两者的晶体结构在最低能量状态下，构象极为相似，这从二者重叠图也可以看出来，但是若用 strobilurin A 的 E,E,E-异构体则完全不同，由此证明了它们的活性结构是 E,Z,E。这表明 oudemansin A 与 strobilurin A 在结合位置上也是相同的。

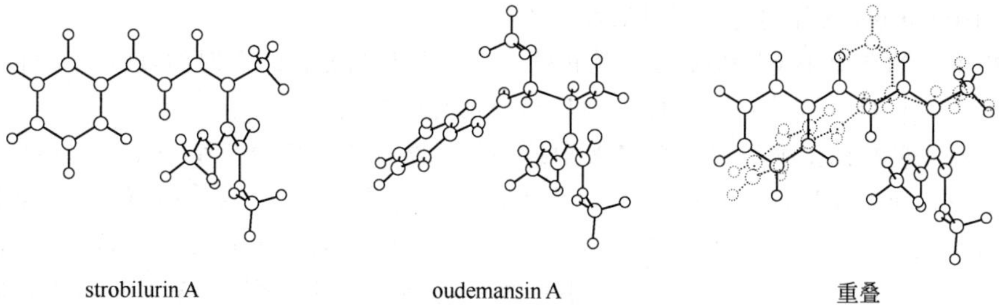

strobilurin A　　　　　　oudemansin A　　　　　　重叠

图 2-3-2　strobilurin A、oudemansin A 晶体结构及重叠图

研究发现，strobilurin 类化合物的药效基团可在一定的范围内进行变化，对于新的药效团的鉴别，采用酵母线粒体试验并用化合物 **2-3-7a** 作为标准，分别测定各化合物的 I_{50} 活性并计算出 F 值：

$$F = I_{50} （供试化合物） / I_{50} （化合物 \textbf{2-3-7a}）$$

F 值愈小，表示该药效团的活性愈高，下面给出了一些药效团的数据，最使人惊讶的是药效团结构的变化并没有引起其对靶位作用基本功能的变化。烯醇醚、肟醚、丁烯酸酯、扁桃酸衍生物均表现出很好的活性，而当药效团的任一外侧的取代基过大时，则会或多或少地使活性受到影响，最合适的大小是尽可能地不要变化太大，同时中心双键的 E-构型是决不能改变的。图 2-3-3 为具有醚

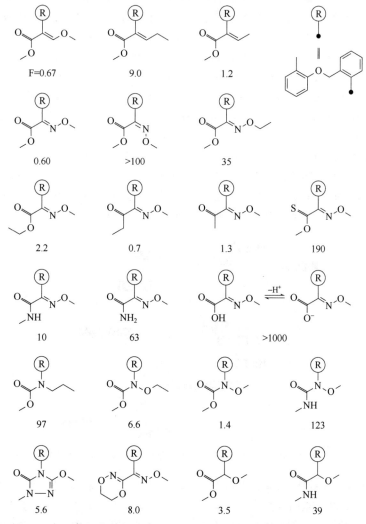

图 2-3-3　具有醚菌酯侧链的 strobilurins 的各类药效团对活性的影响

菌酯侧链的 strobilurins 的各类药效团对活性的影响。

　　药效团中唯一的杂原子是羰基氧或其等价物，它们都是与靶位结合时的氢键的受体，这就特别能说明为什么由 C＝O 变成 C＝S 或 C＝CH₂ 后，活性就会消失。

　　目前还没有在靶标酶上亚分子结合的 X 射线晶体—结构图，按照八个 strobilurin/bc1 复合物共晶的晶体学数据构建的作用模型（见图 2-3-4）可看出，药效团中的 C＝O 键的方向性对活性极为重要，相对于第二个双键它应朝向西北方向（s-trans 构型）。GLu272（酵母酶的序列号）是 strobilurins 羰基的质子的供体，药效团的甲氧基也可以是质子的接受体，从理论上说，甲氧基是 sp³ 的氧；而羰基氧是 sp² 的氧，后者应有较强的接受质子的能力，而两者可互相替换变成一个结合空间。另一个结合点是 Gly143，那里表现出有抗性的甘氨酸突变体与 strobilurin 之间的立体障碍作用。药效团相对于侧链 S 之间的扭角必须与活性的要求相适应，是有方向性要求的。近来报道 DPX-KZ165 两个异构体中，只有一个是活性体，另一个将受到立体的障碍作用而不能与受体结合。

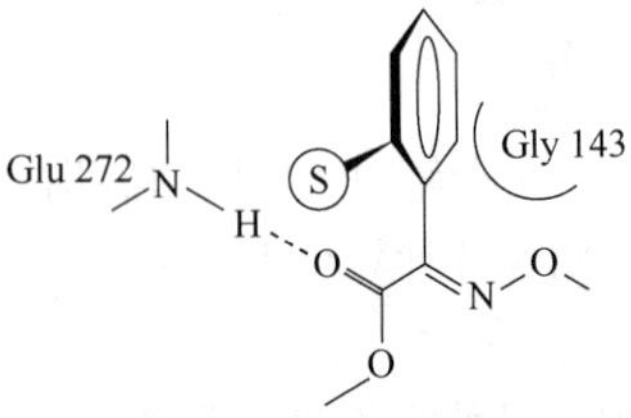

图 2-3-4　细胞色素 bc₁ 与 strobilurin 的作用模型

　　细胞色素 bc₁ 复合物晶体结构推断都是来自动物（如牛、鸡、兔等）或微生物线粒体，人们还始终面临着直接得到真菌的细胞色素 bc₁ 复合物的单晶结构图的挑战。不过，考虑到各物种的细胞色素 bc₁ 复合物的结构高度一致性，上述的各单晶结构已可用于建立甲氧基丙烯酸酯类杀菌剂的作用模型。从晶体结构出发各国科学家们已研究了细胞色素 bc₁ 复合物中电子转移过程及作用机制的精细结构，基于这些研究成果推出各种甲氧基丙烯酸酯类抑制剂与此复合物最有可能的结合方式是完全可行的。2002 年，瑞士 Syngenta 公司的 Gisi 等根据这一方法，借鉴 Zhang 和 Iwata 等小组的工作，以商品化的甲氧基丙烯酸酯类杀菌剂嘧菌酯（azoxystrobin）为代表，建立了最适合于 Q₀ 抑制剂的结合口袋模型（见图 2-3-5）。azoxystrobin 药效团部分的羰基氧与 272-位的谷氨酸或 ef-蛋白螺旋线上 271-位的脯氨酸中氨基上的氢原子形成氢键，而酯基的甲氧基氧与 128-位丙氨酸及 274-位酪氨酸通过一个水分子形成氢键连接，同时药效团部分的另一个甲氧基接近 129-位的苯丙氨酸及 132-位酪氨酸。桥部分的苯环结构或天然产物 strobilurin、oudemansin 及 myxothiazol 类杀菌剂的开链碳链结构明显与 cd-蛋白螺旋线上的 143-位甘氨酸邻近，而杀菌剂的侧链结构包裹在由 147-位异亮氨酸、275-位苯丙氨酸及其他氨基酸构成的一个相对比较大的口袋中。

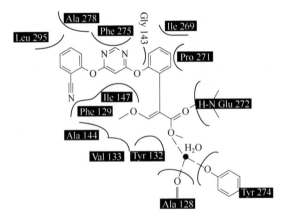

图 2-3-5　cytochrome bc₁ 有关酶与 Q₀ 抑制剂 azoxystrobin 结合示意图

　　1999 年，德国 Bayer 公司的 Ziegler 等推介其产品肟菌酯（trifloxystrobin）时，也认为其作用模型是与上述模式一致的，其示意图见图 2-3-6（注：图 2-3-6 中各残基编号加 1 后与图 2-3-5 相对应）。

　　由于甲氧基丙烯酸酯类杀菌剂中各化合物的化学结构存在着一定的差别，它们在 bc₁ 复合物中的具体结合位点也会有一些差异。如 Fisher N 等人报道了突变体 F129L 对黏噻唑和嘧菌酯产生抗性，却对唑菌胺酯敏感；Tamara H 等认为苯氧菌胺的作用位点为 bc_1 复合物中铁硫蛋白亚基上 161 位的组氨酸（H161）等。而所有这些在作用位点上的细微差异均有待于通过对不同抑制剂与 bc_1 复合物结合后的晶体结构来进一步确定。

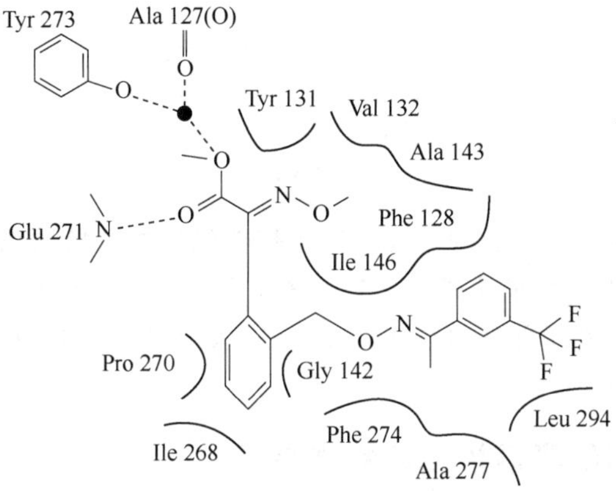

图 2-3-6　cytochrome bc_1 与 trifloxystrobin 的结合示意图

化合物药效的变化严格地受到分子疏水性的影响，迄今最优的是 $K_{ow}lgP > 4$，活性随疏水性的增加而增加，而疏水性的大小取决于引入的侧链。曾对醚菌酯类化合物的多种侧链进行过研究，发现它们的疏水性对酵母线粒体试验的活性有重要的影响，从图 2-3-7 中可看出，有一最适宜的值存在。显然整个分子的疏水性可以通过侧链的修饰来加以调整。

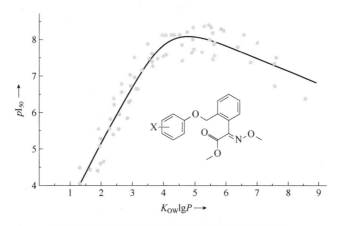

图 2-3-7　醚菌酯类衍生物活性与疏水性的关系

为了提高光稳定性，调节其亲脂性和亲水性，主要是通过修饰桥和侧链部分，尤其是桥部分固定为苯环以后，侧链部分的修饰成为主要的研究方向，因而侧链部分的变化最多也最大。按照侧链的化学结构特点，可分为芳基脂肪烃类、芳基醚类、芳基苄醚类、肟醚类和其他五类。

芳基醚类化合物增加了化合物的活性和稳定性，并具有很好的内吸活性，用苄基苯基醚侧链相继开发出了啶氧菌酯、唑菌胺酯、醚菌胺、苯醚菌酯、丁香菌酯，成为商品化品种中最多的一类。侧链上苯环的修饰主要是苯环上取代基的变化，以引入卤原子、烷基、烷氧基、卤代烷基、卤代烷氧、烯基、取代苯基等简单的基团，然后考察它们的活性。在众多商品化的农药分子结构中，肟醚是一类很重要的活性结构单元，各大公司在研究、设计 srobilurin 类衍生物的时候都尝试将肟醚引入，在进行侧链部分的修饰时也不例外，而且取得了不错的结果，开发出了不少品种，如肟菌酯、肟醚菌胺、烯肟菌酯、烯肟菌胺、DPX-KZ165，侧链都含有肟醚结构，尤其是肟醚菌胺，其侧链含有3个肟醚基，加上药效团上的一个，整个分子结构中含4个肟醚基团，在小分子农药中实属罕见。三菱化学公司的研究人员另辟蹊径，合成了系列异肟醚侧链的化合物，发现了化合物 **2-3-15**，该化合物含有一个手性中心，试验代号（S）-MA20565，是一个具有广谱杀菌活性的商品化候选化合物。

2-3-15

至于桥头的苯环是为了增加化合物的稳定性，打破先导的三烯共轭结构。用苯代替一个双键，光稳定性得到了很好的改进。后来的研究发现，桥头部分为苯环时最好，同时也最简单，容易合成。因此，相对于侧链和药效团部分的修饰，桥头部分要少得多。也有人用其他芳香环、芳香杂环代替苯环，但未获得好的结果。

（四）甲氧基丙烯酸酯类活性化合物类型

嘧菌酯与醚菌酯的发现与上市，极大地刺激了世界各大农药公司和研究人员，纷纷投入大量的人力和物力开展甲氧基丙烯酸酯类杀菌剂的研发工作，也使得甲氧基丙烯酸酯类杀菌剂一跃成为农药研究领域非常火爆的研究开发课题。仅从 1985～1997 年间，关于甲氧基丙烯酸酯类杀菌剂的专利达 500 多篇，超过 3 万个化合物。目前，该领域的研究仍然方兴未艾，涉及甲氧基丙烯酸酯类杀菌剂的专利超过 1000篇，化合物超过 5 万个。表 2-3-1 列出了商品化和正在开发中的甲氧基丙烯酸酯类杀菌剂品种。

表 2-3-1 商品化和正在开发中的甲氧基丙烯酸酯类杀菌剂

通 用 名 称	开发公司	结 构 式	发现时间[①]	特 性
嘧菌酯（azoxystrobin，ICIA5504）	捷利康先正达		1992（1996）	对几乎所有的真菌纲病害有效，具内吸性，25～400g（a.i.）/hm²，适用于谷物、水稻、葡萄、水果、香蕉、大豆、蔬菜、草坪和观赏植物等
醚菌酯（kresoxin-methyl，BAS490F）	巴斯夫		1992（1996）	广谱，具保护和治疗作用，兼渗透和内吸性，50～400g（a.i.）/hm²，适用于水稻、葡萄、果树等
苯氧菌胺（metomino-strobin，SSF126）	日本盐野义		1993（1999）	广谱，主要防治麦类叶面病害，对小麦叶枯病、网斑病和云纹病有更强的治疗效果。150～200g（a.i.）/hm²，适用于水稻
肟菌酯（trifloxystrobin，CGA279202）	先正达拜耳		1998（1999）	主要用于茎叶处理，3～200g（a.i）/hm²，用于果树、草坪、小麦和花生等
啶氧菌酯（picoxystrobin.ZA1963）	捷利康先正达		2000（2002）	广谱，具内吸性，250g(a.i.)/hm²，适用于苹果、小麦和大麦

续表

通用名称	开发公司	结构式	发现时间[①]	特性
唑菌胺酯 （pyraclostrobin， BAS500F）	巴斯夫		1993 （2002）	广谱，高效，$50 \sim 250g$（a.i）/hm^2，适用于谷物、豆科和蔬菜等多种作物
烯肟菌酯 （enestroburin， SYP-Z071）	沈阳化工研究院		1997 （2002）	广谱，高效，$100 \sim 200g$（a.i.）/hm^2，适用于小麦、黄瓜、马铃薯、葡萄和苹果等多种作物
氟嘧菌酯 （fluoxystrobin， HEC5725）	拜耳		1994 （2004）	叶面内吸，广谱，$75 \sim 200g$（a.i.）/hm^2，适用于谷物、蔬菜和咖啡，种子处理
醚菌胺 （dimoxystrobin， BAS505F）	巴斯夫		2004	广谱，内吸，$100 \sim 200g$（a.i.）/hm^2，用于防治白粉病、霜霉病、稻瘟病、纹枯病等
肟醚菌胺 （orysastrobin， BAS520F）	巴斯夫		2006	主要用于防治水稻病害
烯肟菌胺 （SYP-1620）	沈阳化工研究院		2003	杀菌谱广、活性高、具有保护和治疗作用。适用于麦类、瓜类、水稻、蔬菜等，使用剂量为$30 \sim 80g/hm^2$
苯醚菌酯 （ZJ0712）	浙江化工研究院		2004	广谱，具有保护及治疗作用，对作物白粉病、霜霉病、炭疽病均表现出优越的防效
丁香菌酯 （SYP-3375）	沈阳化工研究院		2006	$50 \sim 300g$（a.i.）/hm^2，适用于水稻、瓜果、蔬菜、棉花等作物的多种病害。对苹果腐烂病具有优异的防治效果，防效高于嘧菌酯
苯噻菌酯 （Y5247）	华中师范大学		2004	$50 \sim 200g$（a.i.）/hm^2，适用于蔬菜、瓜果的霜霉病、灰霉病、白粉病等
UBF-307	日本宇部兴产			广谱、高效，具有保护及治疗作用。对作物白粉病、水稻稻瘟病、番茄疫病、霜霉病、炭疽病均表现出优越的防效
DPX-KZ165	杜邦		2003	广谱，适用于小麦白粉病、小麦锈病、水稻稻瘟病、番茄疫病、葡萄霜霉病等

① 括号中数字为上市时间。

由表 2-3-1 可看出，strobins 类的杀菌剂，具有多种药效团，它们的侧链也可有多种的变化。根据药效团的特点，甲氧基丙烯酸酯类杀菌剂可分为七类：①甲氧基丙烯酸酯类；②肟醚乙酸酯类；③肟醚乙酰胺类；④甲氧基氨基甲酸酯类；⑤肟醚二噁嗪类；⑥三唑啉酮类；⑦其他类。

1. 甲氧基丙烯酸酯类

甲氧基丙烯酸酯为天然先导结构的必备基团，因此保留其结构单元而开发出来的品种最多，人们曾将甲氧基替换成乙氧基、乙基、甲硫基、一氟甲氧基等基团，虽然其中一些基团有一定的活性，但与 β-甲氧基丙烯酸甲酯结构相比，活性明显下降。这类化合物包括嘧菌酯、啶氧菌酯、烯肟菌酯、苯醚菌酯、丁香菌酯、苯噻菌酯、UBF-307 等。

这类化合物的合成方法虽有多种，但一般均由邻羟基苯乙酸为起始原料合成 α-（2-羟基苯基）-β-甲氧基丙烯酸甲酯后再与各种含活性离去基团的侧链相接，生成最终产物，如嘧菌酯的合成：

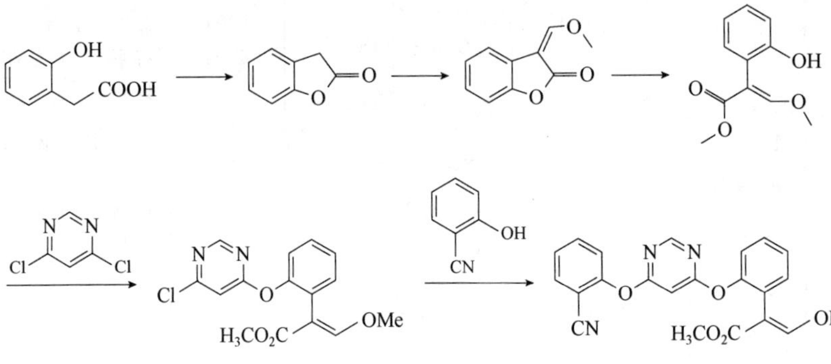

嘧菌酯

或用 α-（2-氯甲基苯基）-β-甲氧基丙烯酸甲酯与侧链的羟基缩合而得，如丁香菌酯（SYP-3375）的合成：

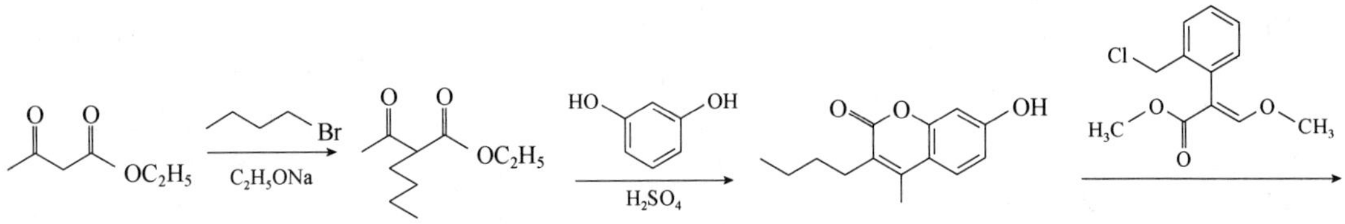

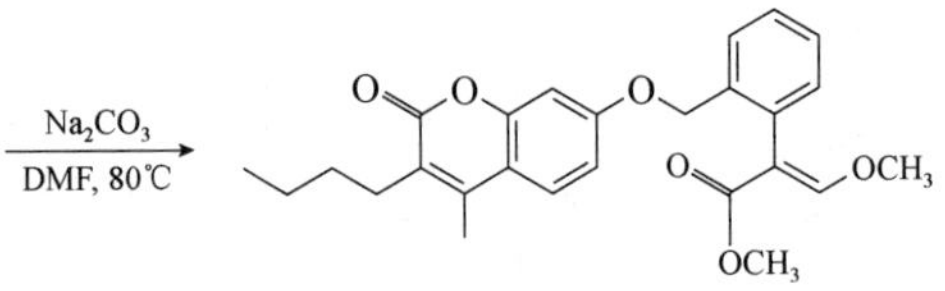

丁香菌酯

2. 肟醚乙酸酯类

醚菌酯是这类杀菌剂中最早上市的品种，另一个含肟醚乙酸酯结构的商品化品种是肟菌酯（trifloxystrobin），于 1999 年在南非和美国上市。肟菌酯为含氟甲氧基丙烯酸酯类杀菌剂，具有高效、广谱、保护、治疗、铲除、渗透、内吸活性、耐雨水冲刷、持效期长等特性。对 14-脱甲基化酶抑制剂、苯甲酰胺类、二羧酰胺类和苯并咪唑类产生抗性的菌株有效，与目前已有杀菌剂无交互抗性。对几乎所有真菌纲病害，如白粉病、锈病、叶枯病、网斑病、霜霉病、稻瘟病等均有良好的活性。除对白粉病、叶斑病有特效外，对锈病、霜霉病、立枯病、苹果黑星病亦有良好的活性。对作物安全，因其在土壤、水中可快速降解，故对环境安全。主要应用作物有香蕉、谷物、柑橘、咖啡、玉米、棉花、蚕豆、葡萄、蛇果、坚果、观赏植物、花生、梨果、马铃薯、水稻、小水果、大豆、仁果、甘蔗、向阳花、茶叶、热带水果、草坪、蔬菜和多种其他作物。

此类化合物的合成，按照原料的不同，可有以下几种方法。

（1）邻甲基苯甲醛法

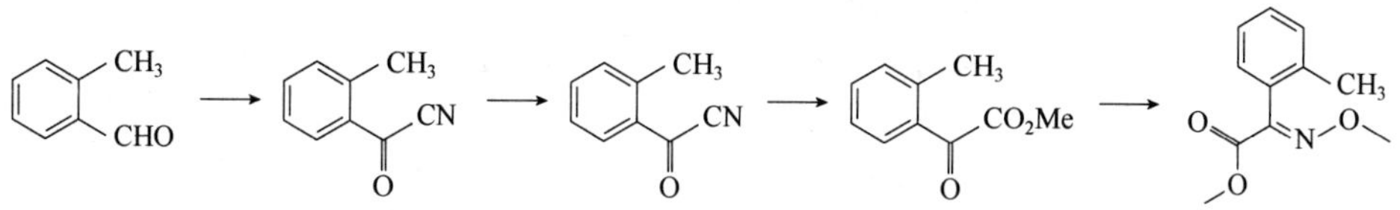

（2）邻甲基苯甲酸法

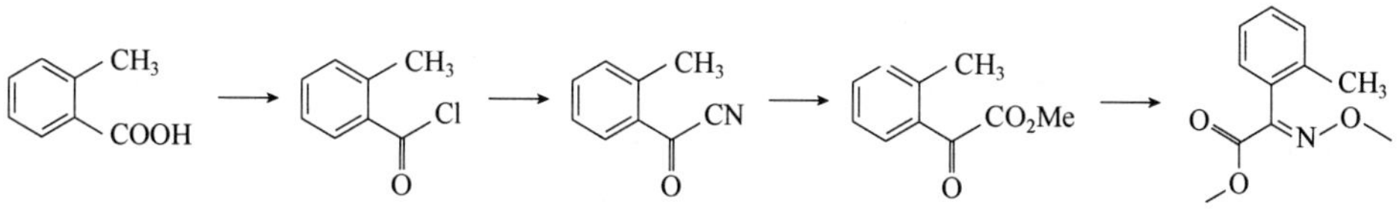

（3）邻苯二甲酸酐法

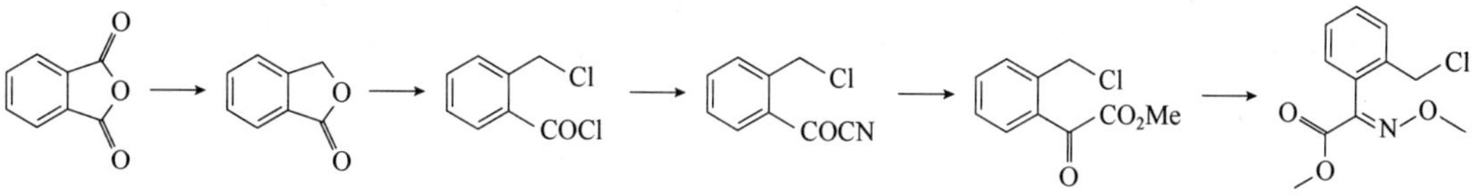

（4）N，N-二甲基苄胺法

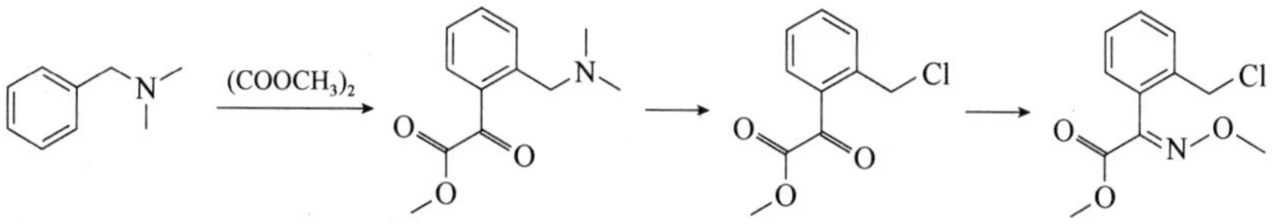

（5）邻甲基苯乙酸法

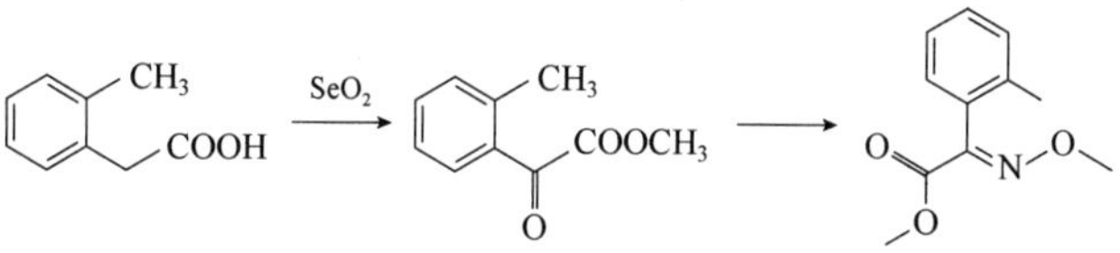

（6）邻溴甲苯法

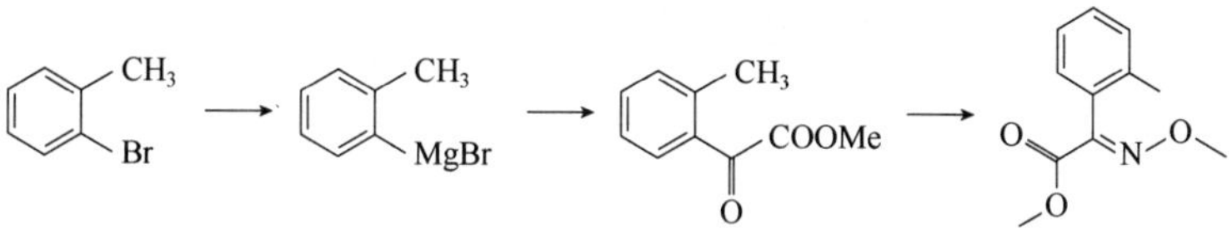

3. 肟醚乙酰胺类

日本盐野义公司开发出了苯氧菌胺，后巴斯夫公司推出了醚菌胺和肟醚菌胺，沈阳化工研究院开发了烯肟菌胺。

这类化合物的合成基本都是在肟醚乙酸酯结构的基础上氨解得到的，下面分别以苯氧菌胺（metominostrobin）和醚菌胺（dimoxystrobin）的合成来介绍肟醚乙酰胺类杀菌剂的合成方法。

（1）苯氧菌胺的合成

①

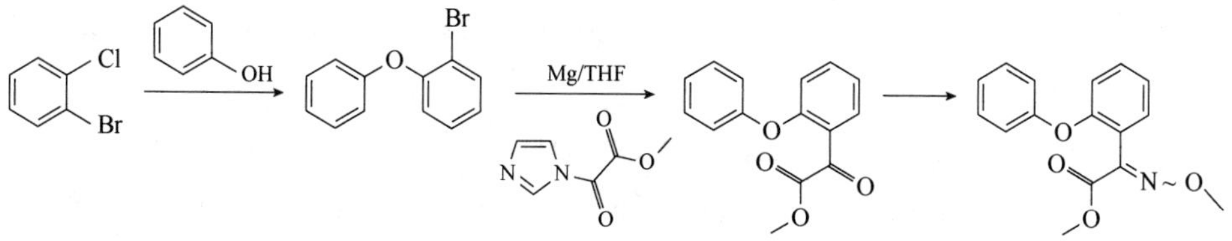

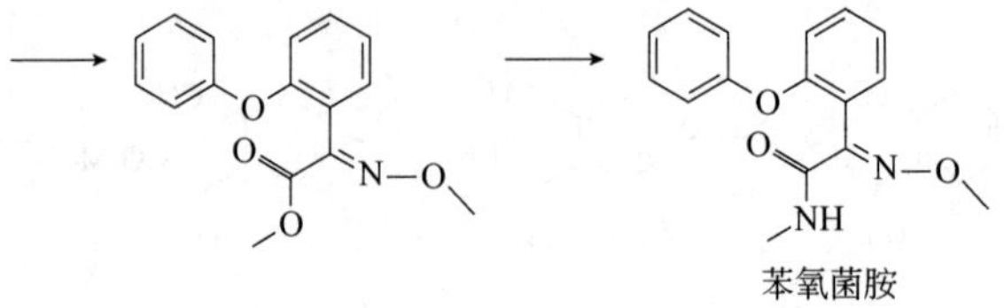

苯氧菌胺

②

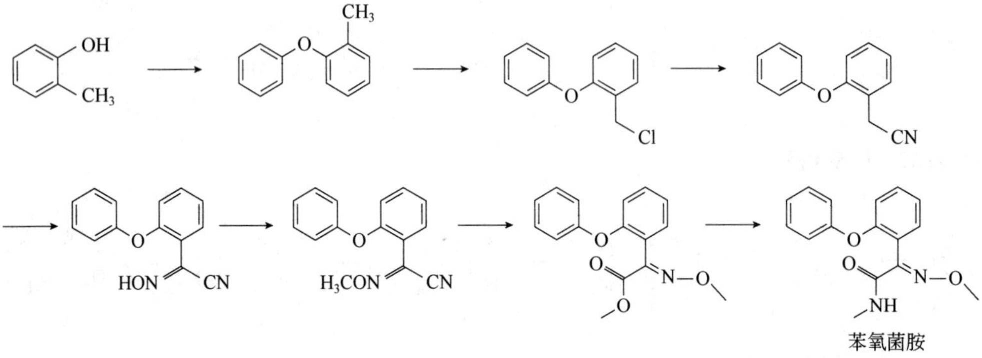

苯氧菌胺

③

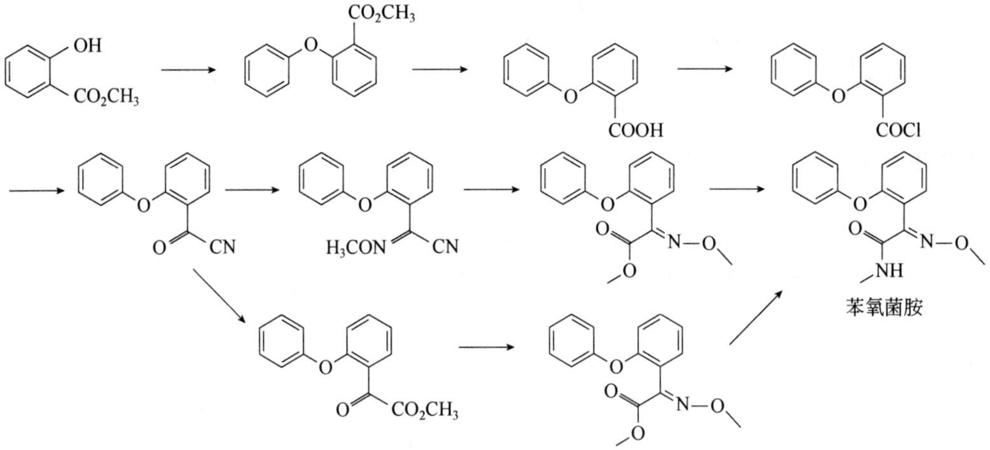

苯氧菌胺

(2) 醚菌胺的合成

①

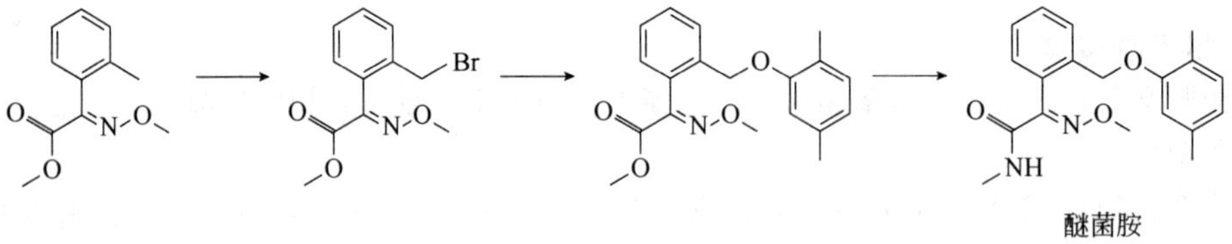

醚菌胺

②

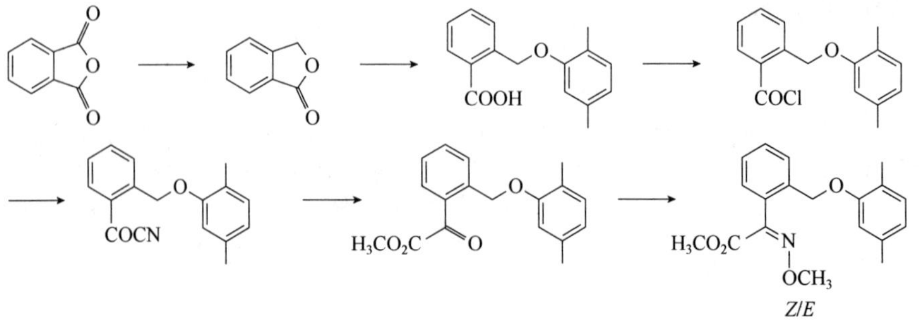

Z/E

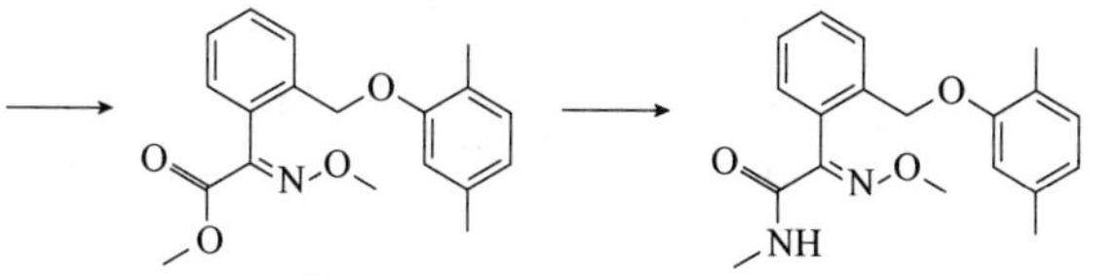

E
醚菌胺

③

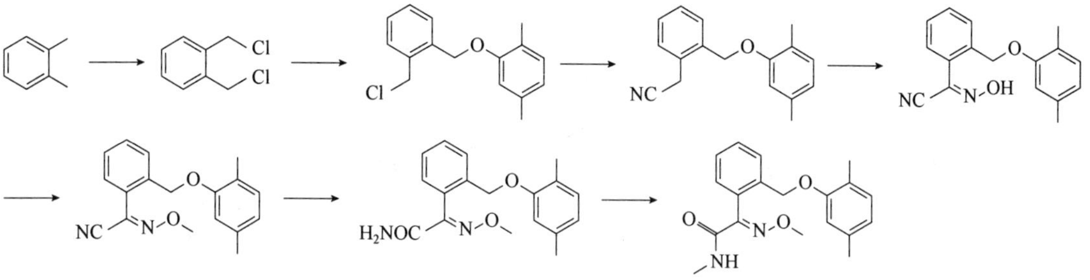

醚菌胺

4. 甲氧基氨基甲酸酯类

唑菌胺酯（pyraclostrobin）是目前唯一商品化的含甲氧基氨基甲酸酯药效团的甲氧基丙烯酸酯类杀菌剂，与最初的 β-甲氧基丙烯酸甲酯结构相比，有了较大的差异。最初，巴斯夫公司的研究人员为了保持其结构与 β-甲氧基丙烯酸甲酯的相似性，采用活性亚结构拼接法，将报道的大量具有活性的侧链引入，合成了大量的 N-取代氨基甲酸酯类化合物，发现含甲氧基氨基甲酸甲酯结构的生物活性最好，最终发现并开发出了唑菌胺酯：

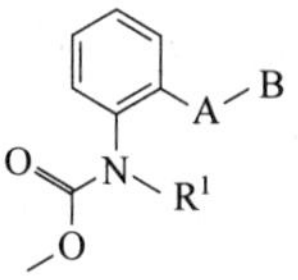

A: $—CH_2O—$, $—CH_2S—$
$—CH_2O—CO—$, $—O—$
$—CH_2O—N=C<$

R^1: CH_3, 烯丙基, 炔丙基, SCH_3, CH_2CH_3, CH_2CN, CH_2OCH_3, $COOCH_3$, OCH_3

B: 取代芳基或取代杂环基

唑菌胺酯是巴斯夫公司于 1993 年发现，2002 年上市的非常广谱的杰出杀菌剂。至 2005 年，唑菌胺酯已在 50 多个国家的 100 多种作物上登记。目前唑菌胺酯的年销售额超过 5 亿美元，仅次于先正达的嘧菌酯。

唑菌胺酯具有较强的抑制病菌孢子萌发能力，对叶片内菌丝生长有很好的抑制作用，其持效期较长，并且具有潜在的治疗活性。其在叶片内向叶尖或叶基传导及熏蒸作用较弱，但在植物体内的传导活性较强。总之，唑菌胺酯具有保护作用、治疗作用、内吸传导性和耐雨水冲刷性能，且应用范围较广。可用于防治谷物上的叶枯病、锈病、条纹病，花生上的褐斑病，大豆上的褐纹病、紫斑病、锈病，葡萄上的霜霉病和白粉病，马铃薯和番茄上的晚疫病和早疫病，香蕉上的黑条叶斑病、柑橘疮痂病和黑斑病以及草坪上的菌核病和猝倒病。

唑菌胺酯的合成按照侧链上的先后，有以下两种方法：

①

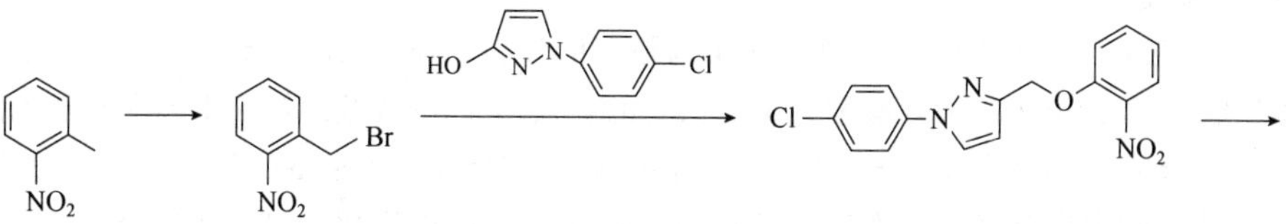

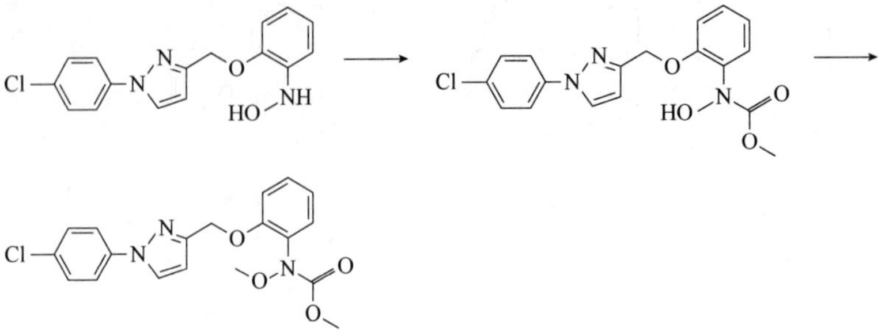

唑菌胺酯

②

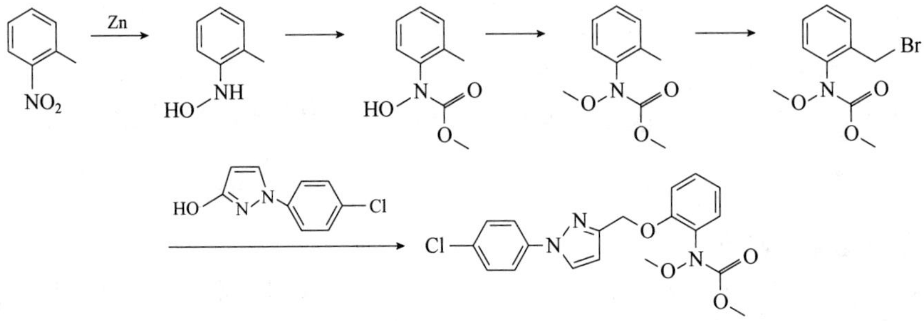

唑菌胺酯

5. 肟醚二噁嗪类

拜耳公司 1994 年发现了氟嘧菌酯（fluoxastrobin），并于 2004 年进入欧洲主要市场。在所有药效团的改造中，氟嘧菌酯是药效团部分形成杂环的成功典范，也是目前商品化的唯一一个药效团部分含杂环的甲氧基丙烯酸酯类杀菌剂，其药效团部分含有一个二氢二噁嗪杂环。至 2005 年，已在德国、爱尔兰、荷兰和英国登记。氟嘧菌酯具有广泛的杀菌谱，对几乎所有真菌纲病害如锈病、颖枯病、网斑病、白粉病、霜霉病等数十种病害均有很好的活性。适用于禾谷类作物、咖啡、柑橘、花生、马铃薯和蔬菜等。氟嘧菌酯也是第一个被用于种子处理的甲氧基丙烯酸酯类杀菌剂。

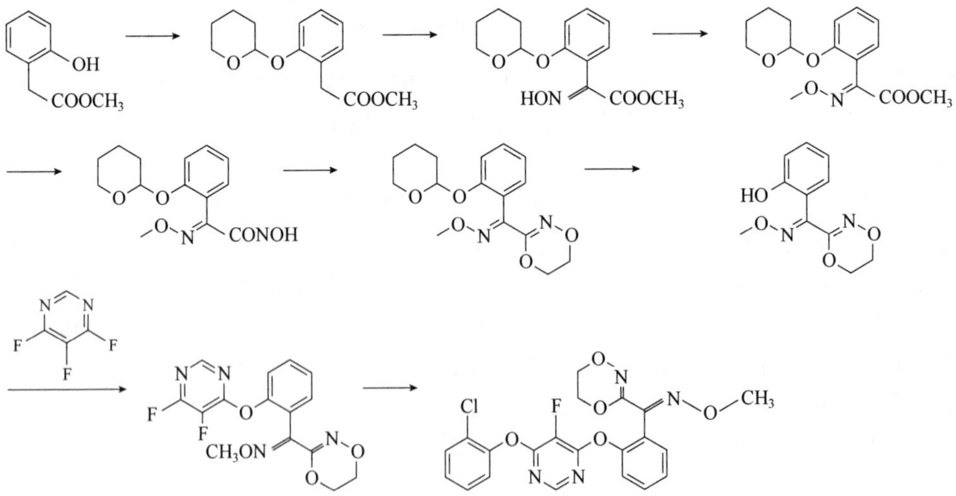

6. 三唑啉酮类

杜邦公司发现的 DPX-KZ165 是三唑啉酮类药效团的代表，与 Strobilurin A 的结构相比，用 1，2，4-三唑啉酮环取代了 β-甲氧基丙烯酸酯。结合已有的药效团 β-甲氧基丙烯酸甲酯和肟醚乙酰胺结构，将直链改成环，合成了异噁唑啉类化合物，生物活性研究结果显示其活性不好，进一步的结构优化得到 1，2，4-三唑啉酮类化合物，发现其有较好的生物活性，最终优化得到了 DPX-KZ165、初步的生测结果表明，DPX-KZ 165（74）非常广谱，在 200mg/L 下，对小麦白粉病、小麦锈病、水稻稻瘟病、番茄疫病、葡萄霜霉病的抑制率均在 100%。

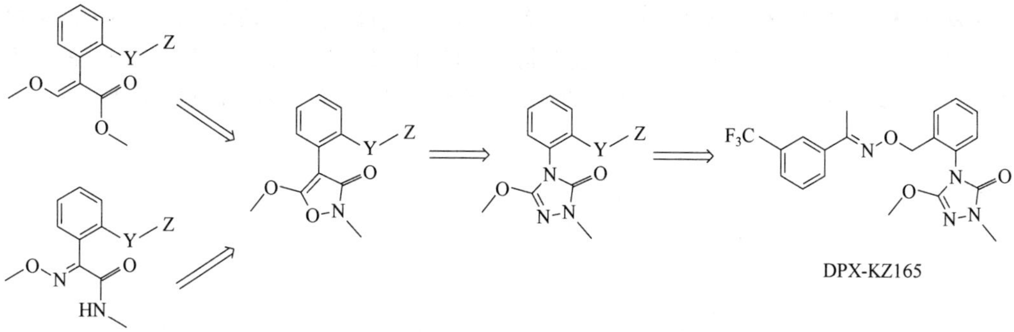

DPX-KZ165 的主要中间体 **2-3-16** 的合成方法：

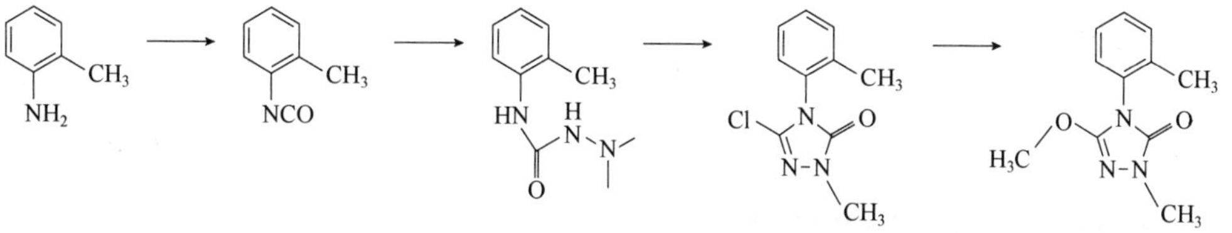

2-3-16

7. 其他类

前面介绍的都是商品化或即将商品化的药效团结构类型，除此之外，人们也进行了大量药效团结构方面的优化工作。巴斯夫公司的 W. Bernd 等人合成了大量取代腙类化合物，在 $50\mu g/mL$ 的浓度下，化合物 **2-3-17** 对葡萄霜霉病菌、水稻稻瘟病菌的抑制率均在 90% 以上，化合物 **2-3-18** 对葡萄霜霉病菌的抑制率在 90% 以上。

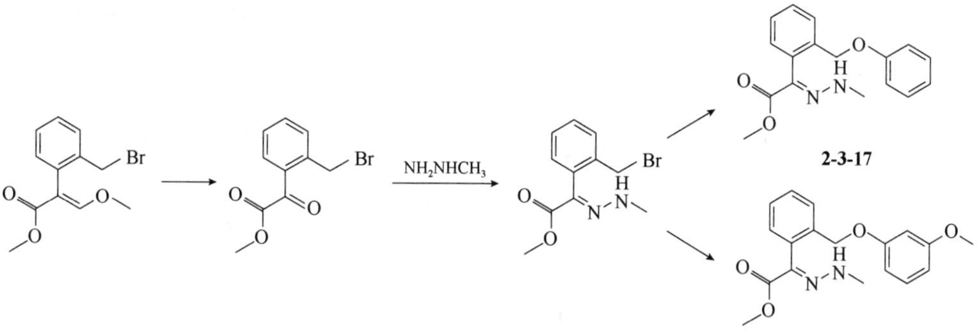

2-3-17

2-3-18

Sauter 等人总结了 Strobilurin 类衍生物的结构和杀菌活性关系，认为药效团的 α- 位最好含有一个三角结构的 sp^2 杂化碳原子或类似于 sp^2 杂化的氮原子。事实上，传统的 Strobilurin 类似物都含有一个碳-碳双键或碳-氮双键，所以双键似乎对活性十分重要。为此，日本石原产业的研究人员合成了大量不含有双键的 α- 甲氧基苯乙酸衍生物 **2-3-19**。初步的结构活性关系表明：当 α- 位以甲氧基取代时，活性最好，随着基团体积的增大，活性逐渐减弱至消失；乙酸酯的活性比乙酰胺的差，尤以甲酰胺的活性最好。化合物 **2-3-20** 对稻瘟病、小麦白粉病、黄瓜白粉病和黄瓜灰霉病的防效与醚菌胺、三唑酮、苯霜灵相当。

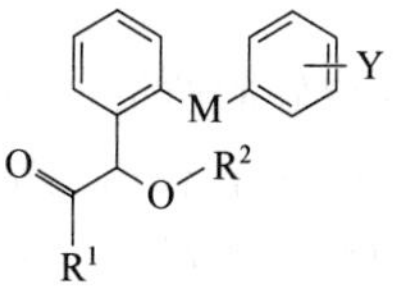

M: O, —CH₂O—
R¹: OH, OCH₃, SCH₃, NHCH₃, NHC₂H₅,
　　NHC₄H₉, NH₂, N(CH₃)₂
R²: CH₃, C₂H₅, C₄H₉, COCH₃, CH₂OCH₃

2-3-19

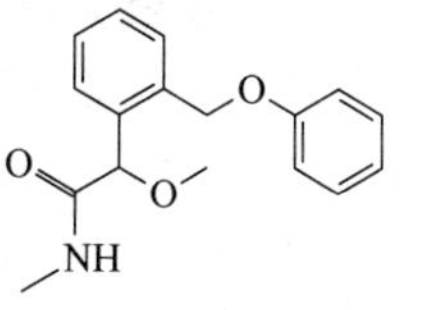

2-3-20

Hiroyuki KAI 等人发现化合物 **2-3-21** 对黄瓜白粉病、小麦白粉病、小麦纹枯病具有较好的抑制活性。为了寻找活性更高的化合物，合成了系列 α-甲氧亚氨基-2-苯氧甲基苄基杂环衍生物 **2-3-22**，发现含 1-甲基咪唑和 1,3,4-噁二唑结构的化合物 **2-3-23**，**2-3-24** 有较好的杀菌活性。进一步的结构优化和活性研究表明，在 7.8μg/mL 的浓度下，化合物 **2-3-25** 对黄瓜白粉病、霜霉病具有很好的预防和治疗作用，化合物 **2-3-26** 对黄瓜白粉病有很好的预防和治疗作用，对黄瓜霜霉病防效则差很多。

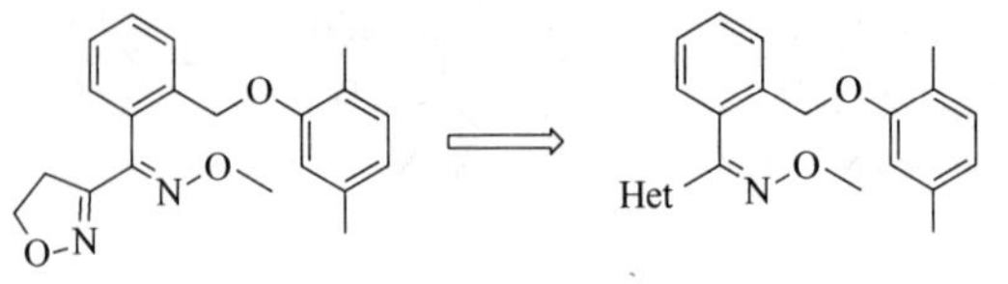

2-3-21		**2-3-22**	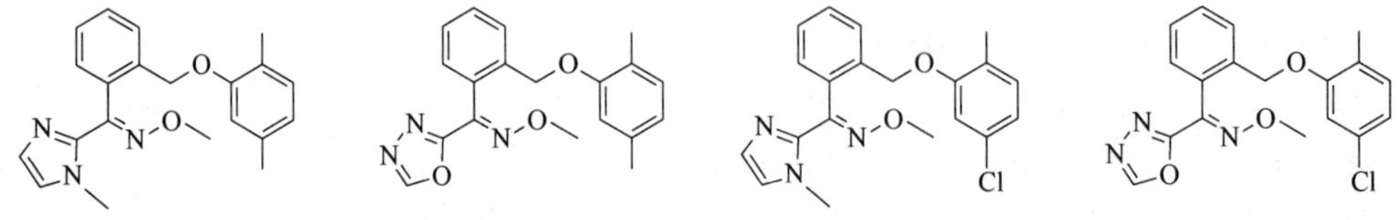
2-3-23	**2-3-24**	**2-3-25**	**2-3-26**

二、其他复合物Ⅲ抑制剂

1. 吡咯酮

杜邦公司在与德国 D. Geffken 研究组合作过程中发现研究组提供的化合物硫代噁唑烷酮（**2-3-27**）具有杀菌活性，在三年的结构优化工作中，一共合成了 700 多个化合物，最终得到杀菌剂——噁唑菌酮。噁唑菌酮于 1996 年上市，作为广谱杀菌剂主要用于防治子囊菌纲、担子菌纲、卵菌纲的主要病害，特别是马铃薯、葡萄、蔬菜中的霜霉病。

1998 年，拜耳公司发现了第二个吡咯酮类型的商品化杀菌剂——咪唑菌酮。咪唑菌酮是手性农药，仅 S-异构体有效，上市的也是有光学活性的 S-体（见图 2-3-8）。

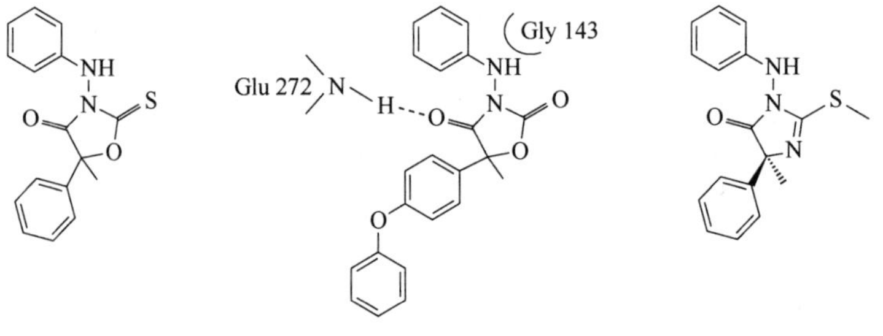

2-3-27	噁唑菌酮	S-咪唑菌酮

图 2-3-8 吡咯酮类型的先导结构和商品化品种

吡咯酮的结合位点是 bc_1 复合物的 Q_o 位置上，与 strobilurins 类化合物一样。它们与氨基酸残基 Glu272 形成氢键，在残基 Gly143 上突变会引起抗性，这也解释了 Strobilurins 类化合物与吡咯酮有交互抗性的原因。动力学研究发现 strobilurins 类化合物与噁唑菌酮在结合方式上存在着差别，噁唑菌酮以非竞争方式结合，strobilurins 类化合物由辅酶调节，以竞争方式或非竞争方式结合（见图 2-3-9）。

2. N-（N′,N′-二甲氨基磺酰基）咪唑

N-（N′,N′-二甲氨基磺酰基）咪唑类杀菌剂对于卵菌纲病害有较好的防治作用。这类杀菌剂有两个特点：在化学结构上，二甲氨基磺酰基连接在缺电子的咪唑环上；在作用机制方面，是复合物Ⅲ抑制剂。氰霜唑（cyazofamid）于 2001 年上市，主要用于防治晚疫病和霜霉病。安美速 2003 年由日本日产化学开发，现已在日本登记。dimefluazole 未商品化，主要用于作用机制方面的研究，研究

发现在生物体内发挥作用时，咪唑基团作为离去基团，磺酰基以共价键的形式与亲和性的 Q_i 中心连接，这一不同的作用位点使其与 Q_o 位点的抑制剂没有交互抗性。氰霜唑的合成路线见图 2-3-10。

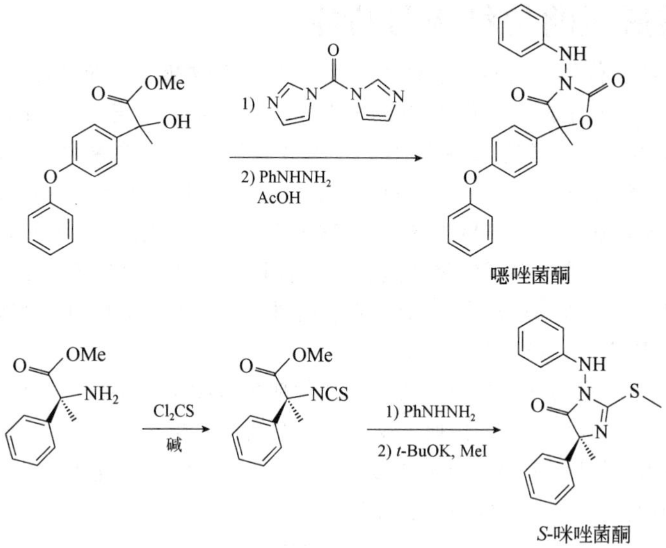

图 2-3-9 吡咯酮类化合物的合成路线

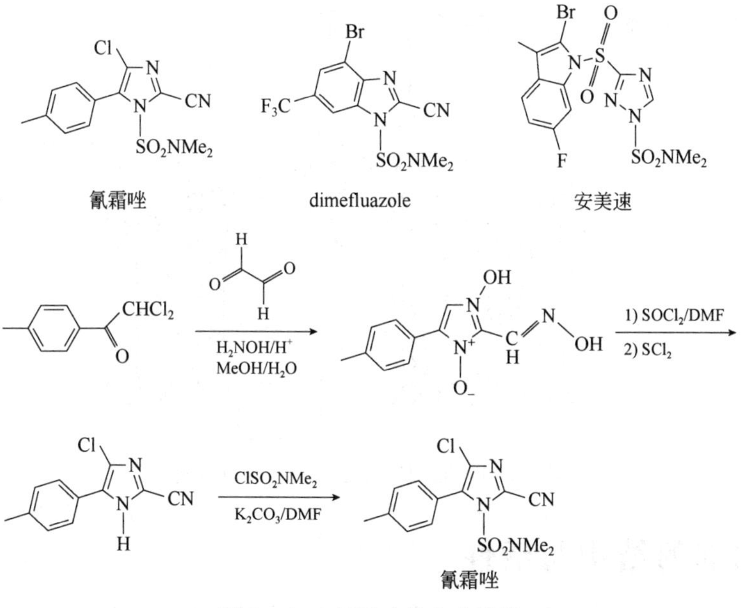

图 2-3-10 氰霜唑的合成路线

第二节 复合物 Ⅱ 抑制剂——琥珀酸脱氢酶抑制剂

琥珀酸脱氢酶抑制剂是一类在农业上非常重要的商品化的杀菌剂。近年来，由于其使用范围的扩大，引起了科学家和各大农药公司的重视。较低的毒性是这类抑制剂的优点之一，对大多数陆生脊椎动物来说，LD_{50} 远远大于 1500mg/kg。此外，这类抑制剂具有结构多变的特点，这使得很多农药公司开发了多种合适取代基修饰的碳环和杂环结构。随着对琥珀酸脱氢酶靶标结构和作用机制的了解，新型结构的琥珀酸脱氢酶抑制剂将会被开发并广泛应用于农业生产中。

一、琥珀酸脱氢酶的结构与功能

琥珀酸脱氢酶是线粒体氧化磷酸化过程中一类重要的生物酶。线粒体由外线粒体膜（OMM）、内线粒体膜（IMM）和脊组成。氧化作用的底物由特定的载体蛋白（如 pyruvate transporter，PyrT）运载到线粒体内。乙酰辅酶 A 脱氢酶、丙酮酸脱氢酶和三羧酸循环的还原物通过 NADH、琥珀酸-泛醌氧化还原酶（SQO）、电子转移黄素蛋白（ETF）和电子传递黄素蛋白泛醌氧化还原酶（ETFQO）转移到电子传递链中。NADH 被复合物Ⅰ再氧化，还原后的辅酶 Q（UQ）通过复合物Ⅲ，细胞色素 c 和复合物Ⅳ进行电子转移。这三个复合物所"泵"出的质子氢过膜时产生的电化学梯度通过 ATP 合成酶（ATPase）合成 ATP。磷酸的进入和 ATP/ADP 在细胞溶质中的交换通过相应的磷酸载体（PC）和 ADP/ATP 载体调节。

复合物Ⅱ是三羧酸循环中的琥珀酸脱氢酶，能催化琥珀酸到延胡索酸的氧化过程。图 2-3-11 显示了四个亚单位 A、B、C、D 在空间上的排列。亚单位 A 与辅助因素黄素腺嘌呤二核苷酸连接。亚单位 B 带有三个铁硫蛋白，能提供到辅酶 Q 的电子转移通道。抑制剂结合位点 Q_p 位于亚单位 B、C、D 的结合点。此外图 2-3-11 中还标出了另一个辅酶 Q 的结合位点 Q_d。

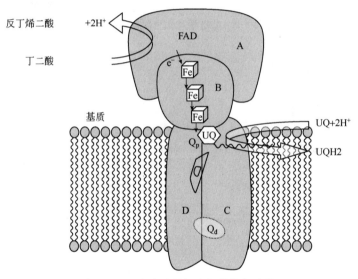

图 2-3-11　琥珀酸脱氢酶的结构与功能

二、抑制剂的结构与活性

萎锈灵（carboxin）和氧化萎锈灵（oxycarboxin）是最早开发为商品化品种的琥珀酸脱氢酶抑制剂，现在依旧在农业中使用。萎锈灵主要用于种子包衣，特别是用于谷子中的丝核菌。氧化萎锈灵对谷子、草坪草和观赏植物中的锈病有效。表 2-3-2 列出了商品化的琥珀酸脱氢酶抑制剂，可以看出，从 20 世纪 60 年代萎锈灵上市后，这类抑制剂的发展从未间断过。2003 年开发上市的啶酰菌胺能控制多种蔬菜和水果中的子囊菌害，扩大了这类抑制剂的使用范围。

研究这类化合物的结构活性关系发现，羧酸部分的吸电子基团和胺部分的亲脂性较重要，此外，酰胺键为顺式构型和邻位取代基的位阻效应对活性影响较大。

三、代谢作用

这类化合物的代谢通常开始于芳香环或烷基、烷氧基的水解，多数化合物在代谢后期会经历酰胺键的水解。如研究呋吡菌胺在动物的代谢中发现 14 个代谢产物，大多数在图 2-3-12 中表示出来，其中比较重要的代谢过程是 N-去甲基化，甲基的氧化和芳香环的水解。

表 2-3-2　商品化的琥珀酸脱氢酶抑制剂[①]

通　用　名	化　学　结　构
萎锈灵 (1968)	
氧化萎锈灵 (1971)	
麦锈灵 (1974)	
呋菌胺 (1974)	
灭锈胺 (1981)	
氟酰胺 (1986)	
呋吡菌胺 (1997)	
噻呋酰胺 (1997)	
啶酰菌胺 (2003)	
吡噻菌胺 (2008)	

① 括号中为上市时间。

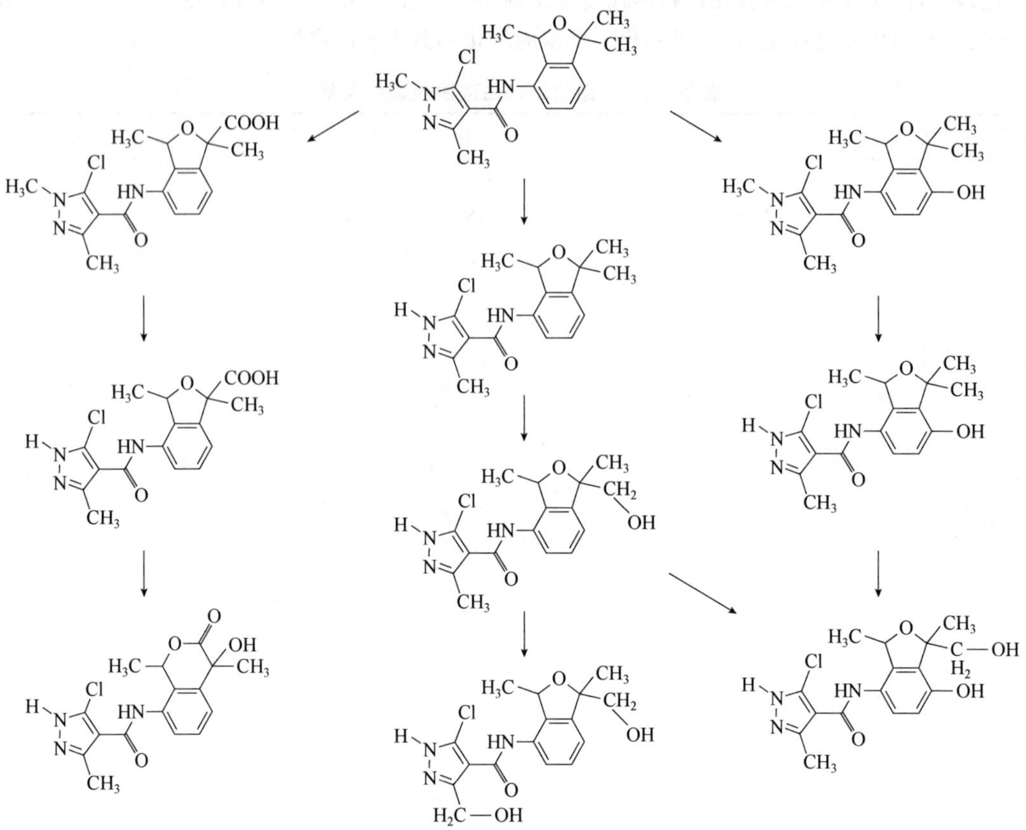

图 2-3-12 呋吡菌胺在动物中的代谢过程

四、主要品种

1. 呋菌胺 (methfuroxam)

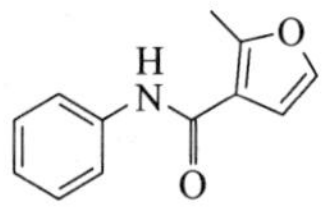

C$_{14}$H$_{15}$NO$_2$, 201.22, 28730-17-8

理化性质 原药为乳白色结晶固体，熔点 109～110℃，70℃蒸气压 0.147Pa，20℃水中溶解度为 0.1g/L，丙酮中 300g/L，环己酮中 540g/L，甲醇中 145g/L。具有高度的热稳定性和光化学稳定性，在中性条件下相当稳定，但在强碱和强酸条件下可水解。

毒性 属低毒杀菌剂，原药大鼠急性经口 LD$_{50}$ 为 12.9g/kg，家猫急性经口 LD$_{50}$ 为 2450mg/kg，家兔急性经皮 LD$_{50}$＞4500mg/kg。对皮肤有轻度刺激作用，对眼睛有严重刺激作用。2 年喂养试验无作用剂量大鼠为 10mg/（kg·d），对鱼类毒性较低，对蜜蜂及鸟类低毒。

应用 具有内吸作用的代替汞制剂的拌种剂，可用于防治种子胚内带菌的麦类散黑穗病，也可用于防治高粱丝黑穗病，但对侵染期较长的玉米丝黑穗病菌的防治效果差。

2. 噻呋酰胺 (trifluzamide)

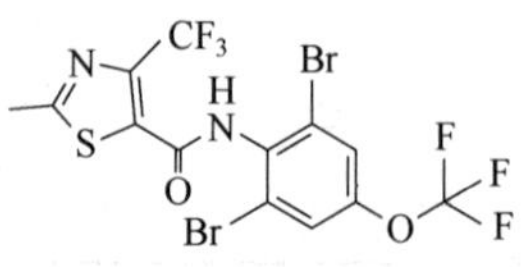

C$_{13}$H$_6$Br$_2$F$_6$N$_2$O$_2$S, 528.06, 130000-40-7

合成方法

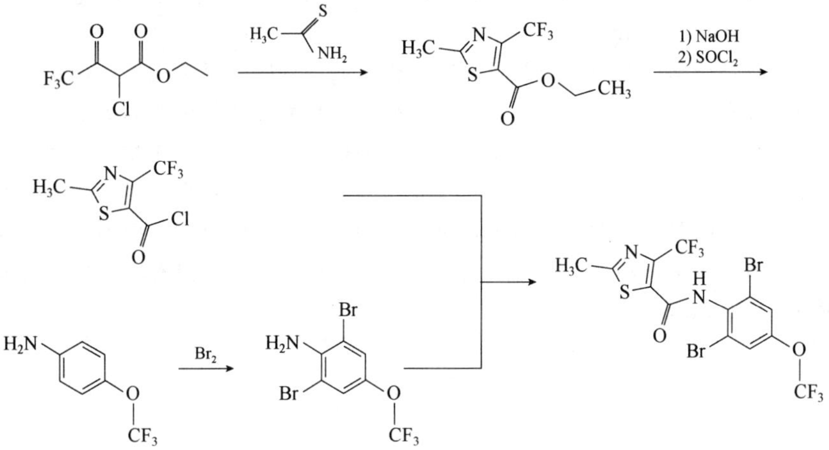

毒性 大鼠急性经口 LD_{50} 大于 5000mg/kg，大鼠急性经皮 LD_{50} 大于 5000mg/kg，大鼠吸入 LD_{50} 大于 1.4mg/L；对兔眼睛中等刺激，对兔皮肤有轻微刺激；Ames 试验呈阴性，小鼠微核试验呈阴性。鹌鹑和野鸭饲喂 LD_{50} （5d）大于 5620mg/L；鱼毒 LC_{50} （96h，mg/L）：蓝腮太阳鱼 1.2，鲤鱼 2.9，虹鳟鱼 1.3；水蚤 LC_{50} （48h）：2.9mg/L。

应用 噻呋酰胺具有强内吸传导性和长持效性，对丝核菌属、柄锈菌属、黑粉菌属、腥黑粉菌属、伏革菌属、核腔菌属等致病真菌均有活性，尤其对担子菌纲真菌引起的病害，如纹枯病、立枯病等有特效。在推荐使用剂量下，对作物安全，无药害。噻呋酰胺克服了当前市场上用于防治黑粉病的许多药剂对作物不安全的缺点，在种子处理防治系统性病害方面将发挥更大的作用。一般叶面处理可有效防治丝核菌、锈菌和白绢病菌引起的病害。噻呋酰胺对藻状菌类没活性，对由叶部病原物引起的病害，如花生褐斑病、黑斑病效果不好。

3. 啶酰菌胺 （boscalid）

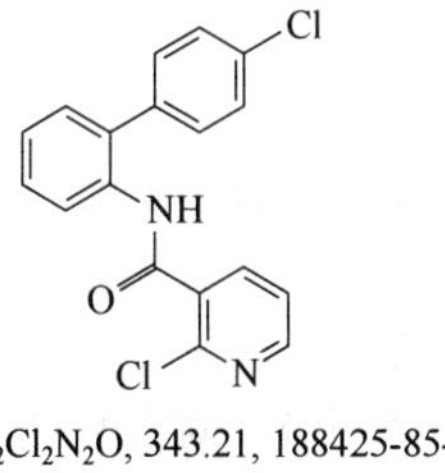

$C_{18}H_{12}Cl_2N_2O$，343.21，188425-85-6

理化性质 纯品白色无味晶体，熔点 142.8～143.8℃。蒸气压＜7.2×10^{-4}mPa（20℃），分配系数为 $K_{ow}lgP=2.96$（pH=7，20℃），水中溶解度：4.6mg/L（20℃），在其他溶剂中的溶解度（20℃，g/L）：正庚烷＜10，甲醇 40～50，丙酮 160～200。啶酰菌胺在室温下空气中稳定，54℃可以放置 14d，在水中不光解。

合成方法 啶酰菌胺可以邻碘苯胺为原料，与 2-氯烟酰氯反应，在与对氯苯硼酸发生 Suzuki 反应得到目的产物。

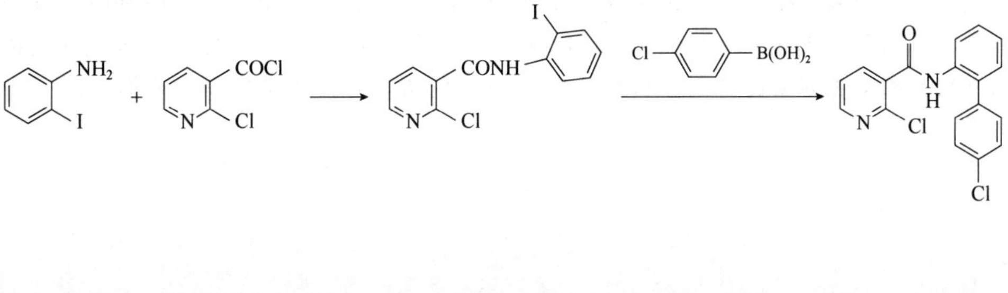

毒性 大鼠（雄/雌）急性经口 LD$_{50}$＞5000mg/kg。大鼠（雄/雌）急性经皮 LD$_{50}$＞2000mg/kg。大鼠（雄/雌）急性吸入 LC$_{50}$（4h）＞6.7mg/L。对兔眼睛无刺激性，对兔皮肤无刺激性，大鼠 NOEL 5mg/kg，ADI 0.04mg/kg。

应用 啶酰菌胺是德国巴斯夫公司开发的新型烟酰胺类内吸性杀菌剂，杀菌谱较广，几乎对所有类型的真菌病害都有活性，对防治白粉病、灰霉病、菌核病和各种腐烂病等非常有效，并且对其他药剂的抗性菌亦有效，主要用于包括油菜、葡萄、果树、蔬菜和大田作物等病害的防治。由于其特有的作用机理不易产生交互抗性，加之对作物安全与有利的毒理数据和生态效果，是值得重视的新型烟酰胺类杀菌剂。啶酰菌胺对主要经济作物的多种灰霉病、菌核病、白粉病、链格孢属、单囊壳病等具有较好的防治效果，药剂在喷施后持效期长，从而使该药剂具有较长的喷施间隔期。

4. 吡噻菌胺（penthiopyrad）

C$_{16}$H$_{20}$F$_3$N$_3$OS, 359.41, 183675-82-3

日本三井化学的研究者们十分关注对灰霉病菌具活性的 BC723。他们将茚满结构变换成单纯的仲丁基，但活性却下降，由此把邻位的烷基进行了变换。接着，又将苯环变为具有专利且具有高活性的硫酚基，由此，发现了1,3-二甲基丁基硫酚的先导结构。随后，对羧酸部分进行了优化，最后选择了吡唑衍生物吡噻菌胺。由图可见，吡噻菌胺硫酚部分的烷基系由 BC723 的茚满饱和碳环断开而成。在吡唑基上含有 CF$_3$ 取代基，这是集众而成的化合物。该化合物对灰霉病、白粉病、霜霉病等广范围病害有很高的活性，并有相当的持效性。该药剂在 2005 年在日本及一些亚洲国家获得登记，被批准用于果树、蔬菜及草坪。

由BC723向吡噻菌胺的演变　　　　　　　　吡噻菌胺

理化性质 纯品熔点为（108±0.2）℃，水中溶解度 7.53mg/L（20℃），K_{ow}lg$P$3.2（24℃）。

毒性 吡噻菌胺对雌、雄大鼠急性经口 LD$_{50}$＞2000mg/kg，急性经皮 LD$_{50}$＞2000mg/kg，急性吸入 LD$_{50}$＞5669mg/kg。对兔眼睛有轻微刺激，对兔皮肤无刺激性和无致敏性。Ames 试验为阴性，无致癌、致突变性。

第三节　复合物Ⅰ抑制剂——NADH 抑制剂

一、氨基烷基嘧啶类衍生物

含有嘧啶环的杀菌剂在农业上的应用已有 30 年的历史，比较突出的是苯胺基嘧啶系列，如嘧菌胺、嘧霉胺、嘧菌环胺等，但上述三种化合物并不是复合物Ⅰ抑制剂，它们是蛋氨酸生物合成抑制剂。氨基烷基嘧啶类的复合物Ⅰ抑制剂最早由 Ube 公司的研究人员发现，他们发现了二氟林具有很好的杀菌作用。

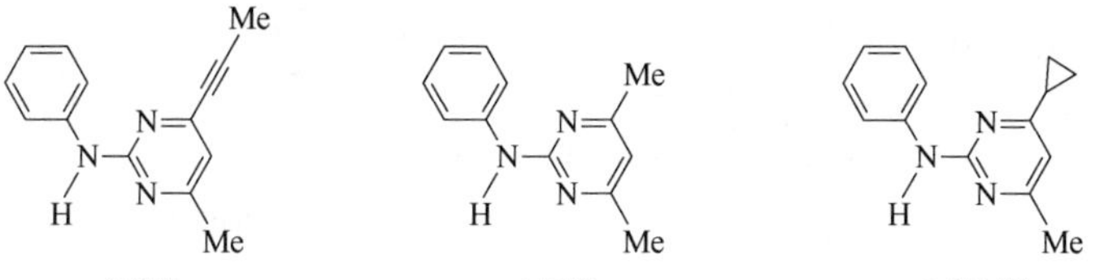

嘧菌胺　　　　　　　　嘧霉胺　　　　　　　　嘧菌环胺

二氟林（diflumetorin）属于氨基烷基嘧啶类化合物，这是一类重要的复合物 I 抑制剂，大多数农药公司都对这一先导结构开展了研究，但仅仅 Ube 公司成功地开发出了商品化的品种，目前复合物 I 抑制剂的不足是杀菌谱较窄，因此开发难度较大。1997 年 4 月在日本注册登记用于观赏植物。销售额并不大。

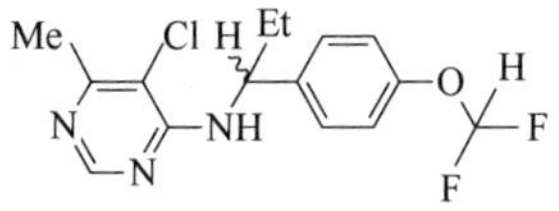

二氟林

其合成方法是由 2-氯-3-丁酮酸甲酯和乙酸甲脒缩合反应得到 5-氯-4-羟基-6-甲基嘧啶，氯化羟基后得到中间体。对羟基苯丙酮与二氟氯甲烷在高压釜中反应得到，氨化得到消旋的中间体，最终产品由两个中间体 DMAP 催化下得到。

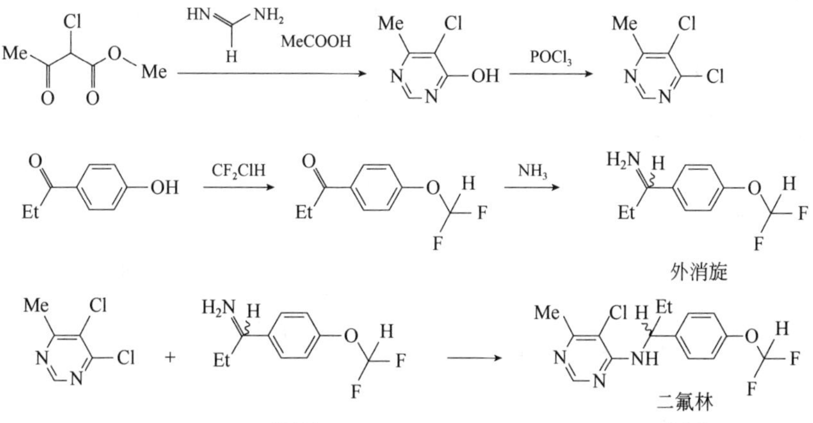

许多农药公司对复合物 I 抑制剂开展了研究工作，例如先正达、拜耳、杜邦等，其研究的结构图如图 2-3-13 所示。

目前活性较好的化合物如下：

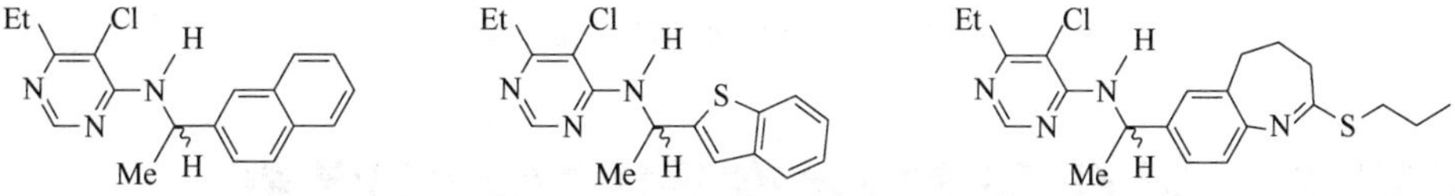

二、其他先导化合物

在复合物 I 抑制剂中，先导化合物并不多，Phenoxan 是从 *Polyganium* sp. strain PI VO19 的次生代谢产物中分离出来的，它具有噁唑-γ-吡喃酮的结构，能抑制农作物中的灰霉菌和玉米黑粉菌。另外从 *Pterula* species 82168（担子菌类）的发酵产物中分离出 pterulone 和 pterulinic acid，在琼脂扩散试验中它们对镰孢菌、麦散黑粉菌、灰霉菌和玉米黑粉菌都有效，但是目前还没有发现这些天然产物的类似物在温室实验中表现出很好的杀菌效果。

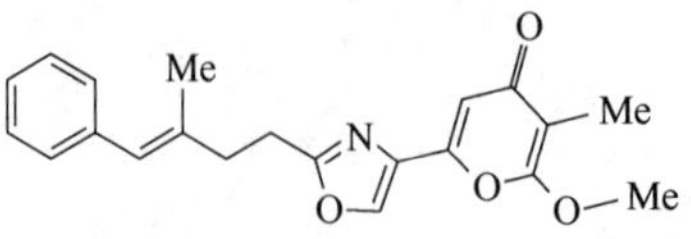

phenoxan

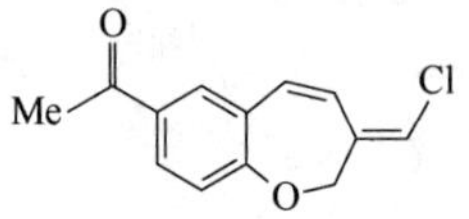

pterulone

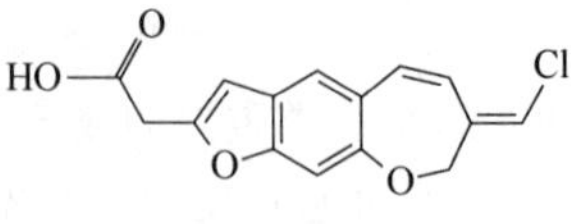

(*E*)-pterulinic acid

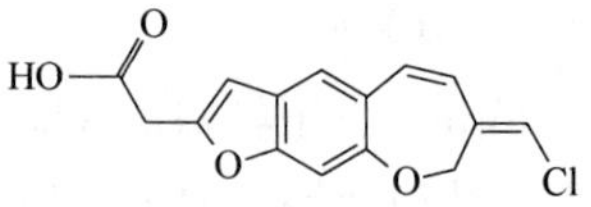

(*Z*)-pterulinic acid

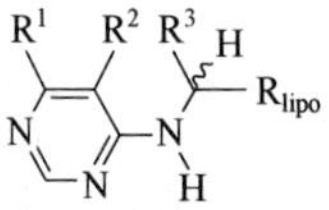

$R^1=C_1{\sim}C_4$烷基
$R^2=$卤素
$R^3=C_1{\sim}C_4$烷基
$R_{lipo}=$2-萘基(EP 470600)：Ⅰa系列

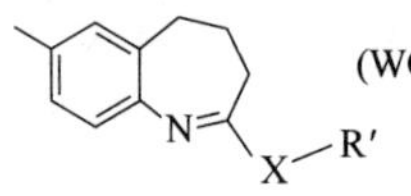

(WO 94/20490)：Ⅰb系列

$R'=C_1{\sim}C_6$烷基, $C_2{\sim}C_6$烯基, $C_3{\sim}C_7$环烷基
X=O, S

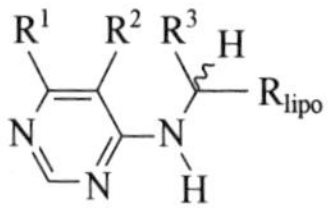

Ⅰ系列
(先正达)

Ⅱ系列
(杜邦, WO 9208704)

$R_{lipo}=$2-萘基(与先正达公司重叠)：Ⅰa系列
2-苯并噻吩：Ⅰc系列

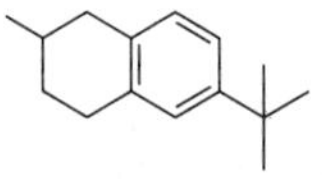

：Ⅰd系列

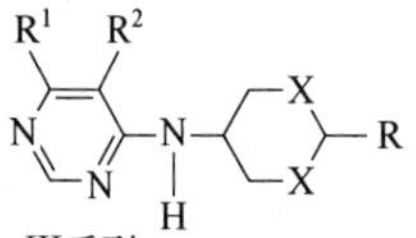

Ⅲ系列
(拜耳, WO 9301950, WO 9531441, WO 9702264)

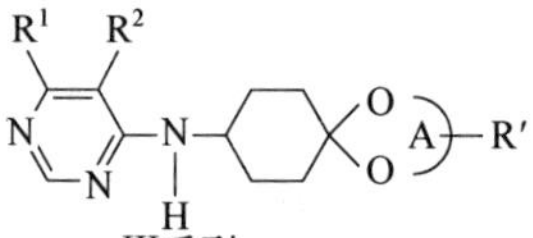

Ⅲ系列
(拜耳,WO 9611924)

$R^1=C_1{\sim}C_4$烷基, CH_2OR^1
$R^2=$卤素, $C_1{\sim}C_4$烷氧基
$R=C_1{\sim}C_8$烷基, 苯基, 取代苯基(Ⅴa系列);
COO-烷基(Ⅴb系列)
$R'=$烷基, 取代烷基
A=五元环或六元环
X=O, CH_2

图 2-3-13　其他公司的研究工作

第四节　氧化磷酸化作用的解偶联剂

氧化磷酸化作用的解偶联剂主要有三种类型：二硝基苯酚类、芳基脲类和二芳基胺类。二硝基苯基团在除草剂、杀虫剂、杀螨剂和杀菌剂中都有代表性的品种出现，但是由于毒性和选择性的原因，慢慢地被其他品种替代。在解偶联剂中二硝基苯类是最早商品化的，目前还在使用的是消螨普（dinocap），由陶氏益农开发，商品名是 Karathane。消螨普的结构如下式，它是由异构体Ⅰ与Ⅱ以 2∶1 比例组成，化合物Ⅰ与化合物Ⅱ苯环侧链上的辛基由三种异构体组成。

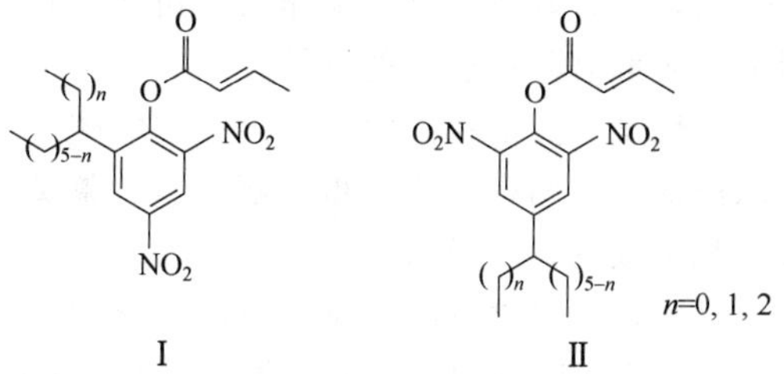

消螨普(dinocap)

消螨普为非内吸性杀螨剂，亦具有一定接触性杀菌作用。消螨普是一种杀螨剂和接触性杀菌剂。用于防治苹果、柑橘、梨、葡萄、黄瓜、甜瓜、西瓜、南瓜、草莓和观赏植物的红蜘蛛和白粉病，对桑树白粉病和茄子红蜘蛛都有良好的防治效果。

1. 芳基腙类——嘧菌腙

嘧菌腙（通常称为苯腙羰基氰化物，CCPs）作为解偶联剂已经有多年的历史，由芳基重氮盐与丙二腈反应得到。CCPs 为疏水性弱酸，这类物质可以轻易地扩散穿过线粒体内膜，因此，它们可以以质子化的形式将膜间隙中的 H^+ 带回线粒体并释放到基质中，从而消除了线粒体内膜两侧的 H^+ 浓度梯度，使 ATP 合成酶丧失被激活的质子驱动力，不能合成 ATP，从而解除了氧化与磷酸化的偶联。

嘧菌腙是通过随机筛选方式发现的一类高活性的杀菌剂，由（E）- 和（Z）- 两个异构体组成：

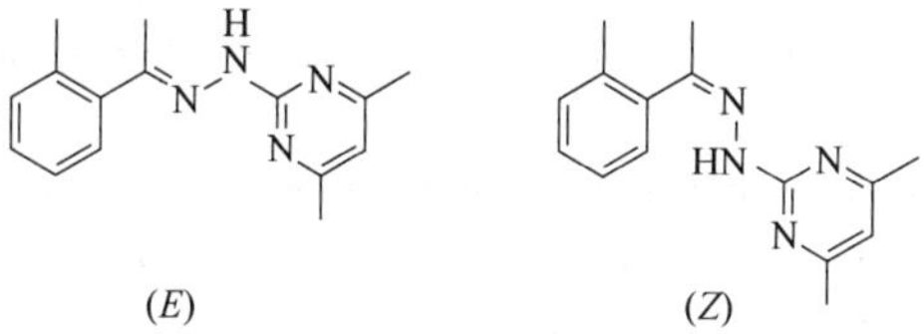

嘧菌腙的(E)-和(Z)-两个异构体

在培养基试验时，（E）- 异构体的活性较好，但是在植株上测定时发现两种异构体的活性差别不大，可能是由于在试验条件下，两种异构体可以互相转化，进一步研究发现，嘧菌腙主要以（Z）- 异构体存在，因为其具有更好的稳定性。

嘧菌腙由日本住友集团在 1991 年商品化，主要用于防治水稻上的多种病害。嘧菌腙与其他解偶联剂相比，急性毒性低。大鼠急性经口 $LD_{50} > 600mg/kg$，对环境友好，对蜂、鸟、鱼毒性低，在土壤中持效期短（DT_{50} 3～14d）。

嘧菌腙的合成路线为：

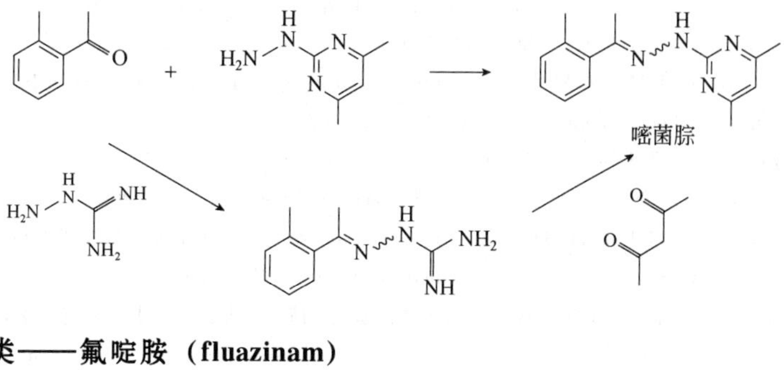

嘧菌腙

2. 二芳基胺类——氟啶胺（fluazinam）

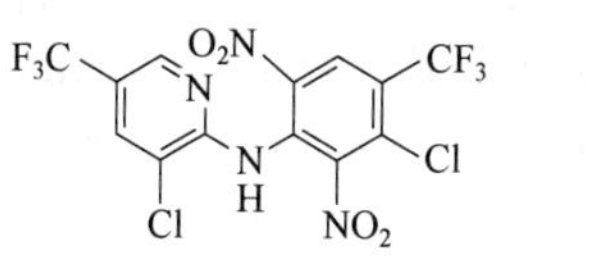

　　氟啶胺属二芳基胺类化合物，二芳基胺类化合物作为非甾体类抗炎药物已经使用很多年，这类药物由于解偶联作用的影响，对肝脏具有较高的毒性。

　　随后研究人员发现芳胺吡啶也是一类潜在的解偶联剂，这类化合物的杀螨活性一般，但是与二芳基胺相比，具有较高的杀菌活性，结构优化后得到氟啶胺。氟啶胺苯环上氯原子与硫醇能迅速反应，从而被降解，因此，氟啶胺的毒性较低。

　　氟啶胺是保护性杀菌剂，可防治由灰葡萄胞引起的病害。对交链孢属、葡萄孢属、疫霉属、单轴霉属和核盘菌属非常有效，对抗苯并咪唑类和二羧酰亚胺类杀菌剂的灰葡萄孢也有良好效果，耐雨水冲刷，持效期长，兼有优良的控制食植性螨类的作用，对十字花科植物根肿病也有卓越的防效，对由根霉菌引起的水稻猝倒病也有很好的防效。氟啶胺的合成路线为：

氟啶胺

参考文献

[1]　Anke T, Oberwinkler F, Steglich W, et al. The strobilurins-new antifungal antibiotics from the basidiomycete strobilurus tenacellus. *J Antibiot*, 1977, 30(10):806-810.

[2]　Anke T, Hecht H J, Schramm G, et al. A ntibiotics from basidiomycetes. IX. Oudemansin, an antifungal antibiotic from Oudemansiella mucida(Schraderex Fr.) Hoehne 1(Agaricales). *J Antibiot*, 1979, 32:1112-1117.

[3]　Sauter H, Steglich W, Anke T. Strobilurins:evolution of a new class of active substances. *Angew. Chem. Int. Ed*. 1999, 111:1416-1438.

[4]　刘长令. 农用杀菌剂研究开发的新进展. 精细与专用化学品, 2000, 8-10.

[5]　张国生. 甲氧基丙烯酸酯类杀菌剂的应用、开发现状及展望. 农药科学与管理, 2003, 24:30-34.

[6]　Clough J M. The strobilurins, oudemansins, and myxothiazols, fungicidal derivatives of β-methoxylic acids. *Nat. Prod. Rep*, 1993, 10:565-574.

[7]　Anke T, Besl H, Mocek U, Steglich W. Antibiotics from basidiomycetes. XVIII. Strobilurin C and oudemansin B, two new antifungal metabolites from Xerula species (agaricales). *J. Antibiot*. 1983, 36:661-666.

[8]　柏亚罗. Strobilurins 类杀菌剂一又一例对天然化合物的成功模拟. 农药, 1999, 38:4-6.

[9]　刘长令. Strobilurins 类杀菌剂的创制经纬. 农药, 2003, 42:43-46.

[10]　关爱莹, 胡耐冬编译, 刘长令校. Strobilurins 类杀菌剂, 世界农药, 2002, 24:16-19.

[11]　刘长令. 世界农药大全（杀菌剂卷）. 北京：化学工业出版社, 2006, 146-147.

[12]　Liu A P, Wang X G, OU X M, Huang M Z, et al. Synthesis and Fungicidal Activities of Novel Bis(trifluoromethyl)phenyl-Based Strobilurins. J. Agric. Food. Chem. 2008, 56(15):6562-6566.

[13]　刘长令. 世界农药大全—杀菌剂卷. 北京：化学工业出版社, 2006:237.

[14]　张一宾. 芳酰胺类杀菌剂的沿变——从萎锈灵、灭锈胺、氟酰胺到吡噻菌胺、啶酰菌胺. 世界农药, 2007, 29(1):1-7.

[15]　Nakajima T, Komyoji T, Akagi T, et al. Synthesis and Chemistry of Agrochemicals IV (ACS Symposium Series 584), eds D. R. Baker, J. G. Fenyes, G. S. Basarab, American Chemical Society (Washington), 1995, 38.

[16]　刘祖明. 新型甲氧基丙烯酸酯类衍生物的合成及杀菌活性研究. 博士毕业论文. 华中师范大学, 2008, 1-63.

[17]　Kuck K H, Gisi U. FRAC Mode of Action Classification and Resistance Risk of Fungicides, in *Modern Crop Protection Compounds*, ed. by KrämerW and Schirmer U. Wiley-VCH, Weinheim, Germany. 2007, 415-432.

[18]　Early F. The Biochemistry of Oxidative Phosphorylation - A Multiplicity of Targets for Crop Protection Chemistry, in *Modern Crop Protection Compounds*, ed. by Krämer W and Schirmer U. Wiley-VCH, Weinheim, Germany, 2007, 433-456.

[19]　Sauter H. Strobilurins and Other Complex III Inhibitors, in *Modern Crop Protection Compounds*, ed. by Krämer W and

Schirmer U. Wiley-VCH,Weinheim,Germany,2007,457-495.

[20] Rheinheimer J. Succinate Dehydrogenase Inhibitors,in *Modern Crop Protection Compounds* ,ed. by Krämer W and Schirmer U. Wiley-VCH,Weinheim,Germany,2007,496-504.

[21] Whittingham W G. Uncouplers of Oxidative Phosphorylation,in *Modern Crop Protection Compounds* ,ed. by Krämer W and Schirmer U. Wiley-VCH,Weinheim,Germany,2007,505-527.

[22] Walter H. NADH-Inhibitors (Complex I),in *Modern Crop Protection Compounds* ,ed. by Krämer W and Schirmer U. Wiley-VCH,Weinheim,Germany,2007,528-538.

第四章

氨基酸和蛋白质合成抑制剂

第一节　蛋氨酸生物合成抑制剂

一、蛋氨酸的生物合成途径

蛋氨酸也称为甲硫丁氨酸，不仅是生物体中蛋白质的基本单元之一，而且是必需氨基酸中唯一的含硫氨基酸，与生物体内各种含硫化合物的代谢密切相关。同时，蛋氨酸是体内活性甲基的主要来源，参与生物体内甲基的转移和磷的代谢以及肾上腺素、胆碱、肌酸等的生物合成。当蛋氨酸的生物合成受到抑制时，会引起食欲减退，最终导致菌体的死亡。蛋氨酸的生物合成途径见图 2-4-1。

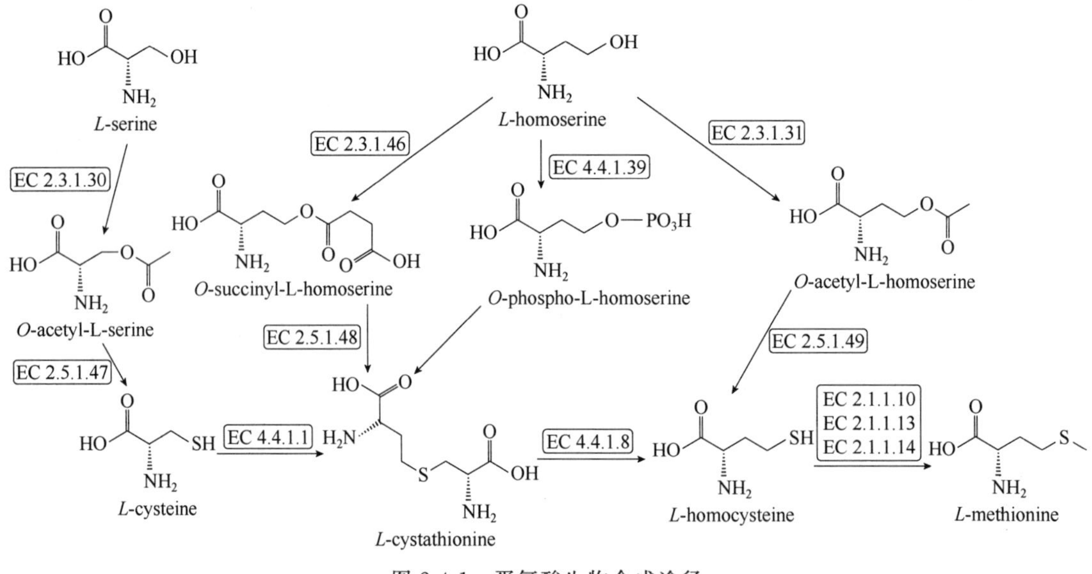

图 2-4-1　蛋氨酸生物合成途径

EC 2.1.1.10：homocysteine-S-methyltransferase，高半胱氨酸-S-甲基转移酶；EC 2.1.1.13：methionine synthase，蛋氨酸合成酶；EC 2.1.1.14：homocysteine transmethylase E，高半胱氨酸甲基转移酶 E；EC 2.3.1.30：serine O-acetyltransferase，丝氨酸酰基转移酶；EC 2.3.1.31：homoserine O-acetyltransferase，高丝氨酸酰基转移酶；EC 2.3.1.46：homoserine O-succinyltransferase，高丝氨酸琥珀酰转移酶；EC 2.5.1.47：cysteine synthase，胱氨酸合成酶；EC 2.5.1.48：cystathionine γ-synthase，γ-胱硫醚合成酶；EC 2.5.1.49：O-acetylhomoserine sulfhydrylase，O-乙酰高丝氨酸硫化氢解酶；EC 4.4.1.1：cystathionine γ-lyase，γ-胱硫醚裂解酶；EC 4.4.1.8：cystathionine β-lyase，β-胱硫醚裂解酶；EC 4.4.1.39：ribulose biophosphate carboxylase，二磷酸核酮糖羧化酶

苯氨基嘧啶类化合物属于蛋氨酸的生物合成抑制剂，在低浓度下可抑制病原菌芽管的延长和菌丝的生长，而蛋氨酸也可以拮抗苯氨基嘧啶的杀菌活性。$Na_2^{35}SO_4$ 放射性实验表明，苯氨基嘧啶

类杀菌剂的作用靶标是甲硫氨酸生物合成途径中的 β-胱硫醚裂解酶。但是，也有研究者倾向于抑制细胞壁降解酶的细胞外分泌。病原菌可以分泌各种细胞壁降解酶（如果胶酶、纤维素酶等），在这些酶的作用下裂解寄主细胞，并获得自身生长所需营养。在蚕豆褐斑病菌的研究中发现，接菌后6～8 h 寄主细胞开始裂解，2～3 d 出现水渍状扩展的病斑。经嘧霉胺处理后发现，化合物对孢子萌发和附着孢子的形成没有影响，对病原菌的早期入侵阶段几乎没有影响，但是可以显著减少接种点周围寄主细胞的裂解死亡。也有研究者认为抑制蛋氨酸生物合成可能与该类化合物抗葡萄孢菌作用机理中的抑制水解酶的分泌有关。苯氨嘧啶类杀菌剂的确切作用机制有待于进一步的深入。

二、苯氨基嘧啶类化合物

（一）发现历程

苯氨基嘧啶类化合物是一类重要的杀菌剂，其发现过程非常具有戏剧性。最初，日本 K-1 化学研究所和组合化学公司在进行 ALS 酶的潜在抑制剂——嘧啶羧酸类化合物的研发过程中（见图 2-4-2），试图以羟苯甲基醛亚胺（**2-4-1**）和磺酰基嘧啶（**2-4-2**）为原料，得到苯基亚氨基化合物（**2-4-3**），但却出人意料地得到苯氨基嘧啶（**2-4-4**），该化合物对灰葡萄孢菌表现出抑制活性。随后，研究组合成了一系列的苯氨基嘧啶类化合物，并从中成功筛选得到嘧菌胺和嘧菌环胺。

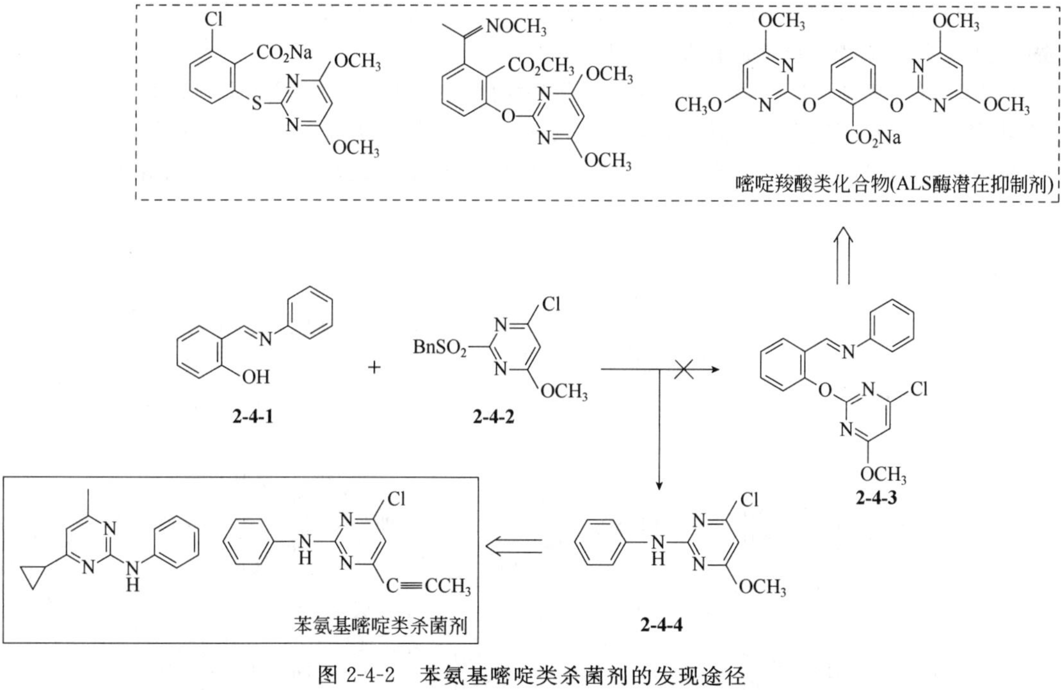

图 2-4-2　苯氨基嘧啶类杀菌剂的发现途径

苯氨基嘧啶类（anilinopyrimidines）化合物是一类具有广谱、高效、低毒、低残留的内吸性杀菌剂，对白粉病、灰霉病、稻瘟病均有较好的防治效果，特别是对由灰葡萄孢引起的灰霉病有特效。苯氨基嘧啶类杀菌剂与现有杀菌剂三唑类、吗啉类、二甲酰亚胺类等无交互抗性，对敏感或抗性病原菌均有优异的活性。其代表杀菌剂有嘧菌环胺（cyprodinil）、嘧菌胺（mepanipyrim）和嘧霉胺（pyrimethanil）等。

（二）合成途径

苯氨基嘧啶类杀菌剂的合成方法很多，大致可以分为两类：一类是以苯胍和 β-双酮为原料缩合得到苯氨基嘧啶（路线 A）；另一类合成途径是以 N-取代苯胺与 2-位含有卤素、硫醚等离去基团的 2，4，6-三取代嘧啶反应得到目的产物（路线 B）：

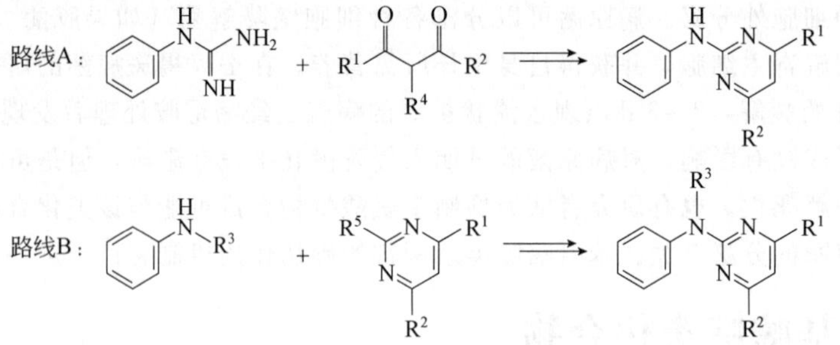

路线A：

路线B：

根据反应起始物的不同，这两类反应也可以细分为不同的方法。以嘧霉胺（pyrimethanil）为例，其合成方法大致可分为四种。

① 首先以脲、乙酰丙酮为起始原料，得到 2-羟基嘧啶，然后经氯化和缩合反应得到目标产物。也有研究者采用硝酸胍与乙酰丙酮为起始原料，关环得到 2-氨基取代嘧啶，然后经重氮化、氯代反应得到 2-氯代嘧啶，最后与苯胺缩合得到最终目的产物。这种路线步骤简单，操作方便，而且原料价廉，收率较高，生产成本低，是一条最宜工业化生产的路线。

② 以硫脲为起始原料，经甲基化、关环得到嘧啶环，然后经氧化、取代、在酸性或碱性条件下水解制得。这条路线步骤较多，操作繁琐，收率较低，不适宜工业化生产。

③ 与路径②类似，首先将硫脲进行甲基化反应，然后经取代和关环反应得到目的产物。该路线成本较高，操作繁琐，也不适宜大规模生产。

④ 以苯胺和氨基腈为起始原料反应得到苯基胍碳酸盐，然后与乙酰丙酮关环得到目的产物。该反应路线虽然步骤较少，但反应过程中对搅拌强度、加料速度、反应温度、反应时间等要求苛刻，操作繁琐，而且原料氨基腈价格昂贵、毒性大，造成反应成本高、环境污染大，因此本路线不利于工业化生产。

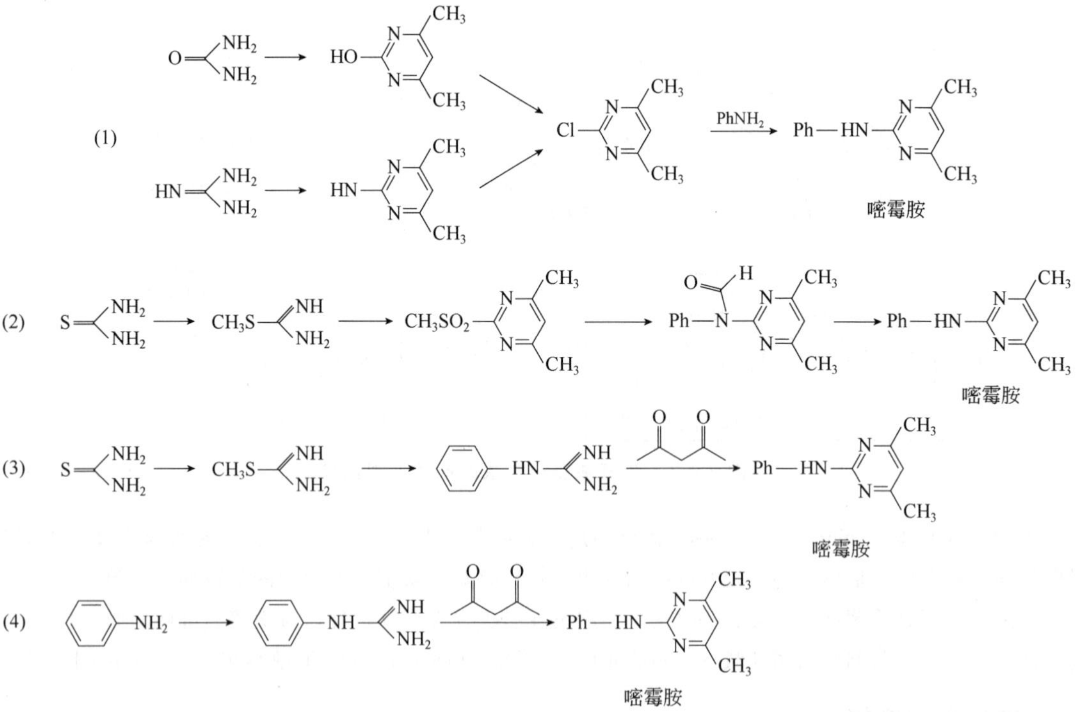

（三）结构与活性关系

苯氨基嘧啶类化合物的构效关系研究发现（见表 2-4-1），2-苯胺嘧啶骨架对于化合物的杀菌活性是必不可少的。当嘧啶环改成 4-嘧啶环或三嗪环时，化合物的活性显著下降。苯基被吡啶基、萘甲基、环己基替换，化合物没有杀菌活性。桥氮原子被氧、硫或取代氮原子取代，化合物没有活性，被甲酰基、甲氧基甲基取代会保持一定的杀菌活性。取代基的构效关系研究中还发现立体效应的影响远大于电子效应。苯环上引入供电子或吸电子基团都会显著降低化合物的活性。嘧啶环的 4- 和 6-位引入中等大小的取代基都会具有一定杀菌活性，例如 Cl、OCH_3、$NHCH_3$、CH_3 和 1-丙炔基等。但是 5-取代基的引入会显著降低生物活性。

表 2-4-1 苯胺嘧啶类化合物构效关系研究

取 代 基						杀菌活性[①][②]	
R^1	R^2	R^3	X	Y	R^4	500	50
Cl	H	OCH_3	H	N	H	V	V
Cl	H	OCH_3	H	O	—[③]	I	—
Cl	H	OCH_3	H	S	—	I	—
Cl	H	OCH_3	H	S	O	I	—
Cl	H	OCH_3	H	S	O_2	IV	—
Cl	H	OCH_3	H	N	CHO	V	IV
Cl	H	OCH_3	H	N	CH_3	I	—
Cl	H	OCH_3	H	N	$COCH_3$	IV	III
Cl	H	OCH_3	H	N	$CON(CH_3)_2$	III	—
Cl	H	OCH_3	H	N	CH_2OCH_3	V	IV
Cl	H	OCH_3	2-Cl	N	H	I	I
Cl	H	OCH_3	3-Cl	N	H	I	I
Cl	H	OCH_3	4-Cl	N	H	I	I
Cl	H	OCH_3	$2-CH_3$	N	H	I	I
Cl	H	OCH_3	$3-CH_3$	N	H	I	I
Cl	H	OCH_3	$4-CH_3$	N	H	I	I
Cl	H	OCH_3	$2-OCH_3$	N	H	I	I
Cl	H	OCH_3	$3-OCH_3$	N	H	I	I
Cl	H	OCH_3	$4-OCH_3$	N	H	I	I
Cl	H	CH_3	H	N	H	V	II
Cl	H	i-Pr	H	N	H	II	—
Cl	H	Cl	H	N	H	V	I
Cl	H	F	H	N	H	I	—
Cl	CH_3	OCH_3	H	N	H	I	—
Cl	F	CH_3	H	N	H	I	—
CH_3	H	H	H	N	H	V	I
CH_3	H	i-Pr	H	N	H	V	V
OCH_3	H	CF_3	H	N	H	I	—

① 以抑制率表示，I = 49%～0%，II = 74%～50%；III = 89%～75%；IV = 99%～90%，V = 100%。

② 单位是 mg/L。

③ 未测定。

（四）主要品种

1. 嘧菌胺（mepanipyrim）

$$C_{14}H_{13}N_3, 223.3, 110235-47-7$$

嘧菌胺由日本组合化学工业公司和庵原化学工业公司共同开发的苯氨基嘧啶类杀菌剂。

理化性质 白色晶体，熔点 132.8℃，相对密度 1.20，蒸气压（20℃）1.33 mPa，溶解度（20℃）：水中 3.1 mg/L，丙酮 139 g/L，甲醇 15.4 g/L，正己烷 2.06 g/L，在水中（pH4～9）稳定，对热稳定。

毒性 大鼠急性经口 $LC_{50} > 5000$ mg/kg；大鼠急性经皮 $LD_{50} > 2000$ mg/kg；对家兔眼睛和皮肤无刺激，无诱变，无致畸作用。

合成方法 嘧菌胺最初的合成路径是采用了路线 B，以 2-甲基磺酰基-4-甲基-6-（1-丙基）嘧啶与甲酰苯胺为原料，在 NaH 强碱条件下合成 N-甲酰基衍生物，然后经水解反应可以生成嘧菌胺。但随后也有报道采用路线 A 的方法进行合成，即以苯胍为原料经缩合反应得到 N-苯基-2-氨基嘧啶，然后再经过氯化、消去反应得到目标产物嘧菌胺。

代谢途径 在番茄等植物体内，主要通过羟基化方式进行代谢，少部分可通过氧化或苯胺键断裂的方式进行代谢。在大鼠体内，90%以上的嘧菌胺在 24h 内即可通过尿液（27%）或粪便（63%）的形式排出体外。嘧菌胺在大鼠体内最主要的代谢产物是通过羟基化作用或氧化作用产生（见图 2-4-3）。

应用 可用于多种作物中黑星病和灰霉病的防治，与三唑类、苯并咪唑类等传统杀菌剂无交互抗性。

2. 嘧菌环胺（cyprodinil）

$$C_{14}H_{15}N_3, 225.3, 121552-61-2$$

嘧菌环胺是由瑞士诺华公司（现先正达公司）开发的苯氨基嘧啶类杀菌剂。

理化性质 粉状固体，熔点 75.9℃，相对密度 1.21，蒸气压（25℃）0.51mPa，溶解度（25℃）：水中 0.015 g/L（pH9），乙醇 160 g/L，丙酮 610 g/L，甲苯 460 g/L，正己烷 30 g/L，正辛醇 160 g/L。

毒性 大鼠急性经口 $LD_{50} > 2000$ mg/kg；大鼠急性经皮 $LD_{50} > 2000$ mg/kg；对家兔眼睛和皮肤无刺激，无"三致"，Ames 阴性。

合成方法 嘧菌环胺的合成工艺简单，通常采用 A 路线，即以环丙酰基丙酮与苯基胍反应得到目标产物。

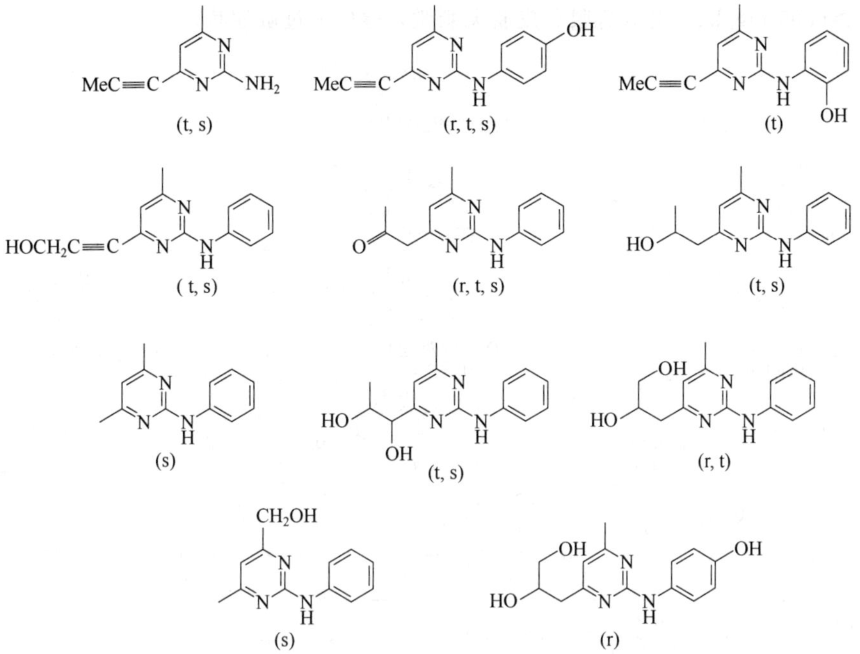

图 2-4-3 嘧菌胺在土壤、植物和动物体内的代谢产物

s—土壤；t—番茄；r—大鼠

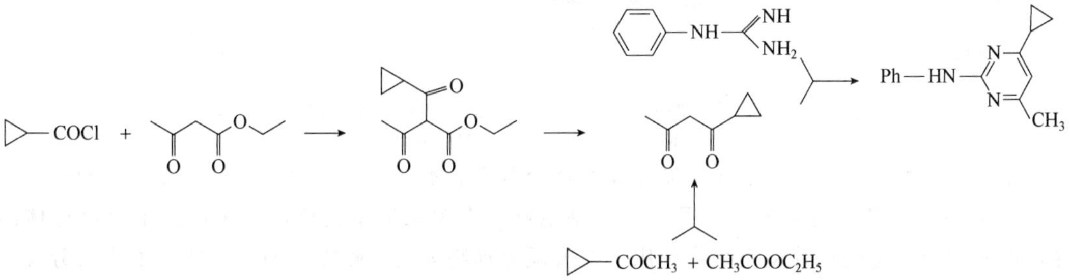

代谢 Thanei 等采用 HPLC 的方法对嘧菌环胺在小鼠、山羊、母鸡中的代谢进行了深入研究。研究发现，嘧菌环胺的代谢方式与生物物种、代谢途径、标记方式，以及计量无定量关系（图 2-4-4）。

应用 主要用于防治小麦、大麦、葡萄、草莓、果树、蔬菜、观赏植物、草坪及园林花卉等作物中灰霉病、白粉病、黑星病、盈枯病以及小麦眼纹病等。嘧菌环胺同三唑类、咪唑类、吗啉类、二羧酰亚胺类、苯基吡咯类等杀菌剂无交互抗性，对敏感或抗性病原菌均有优异的活性。嘧菌环胺也可与丙环唑（propiconazole）、环丙唑醇、咯菌腈等其他杀菌剂配成混剂使用。

3. 嘧霉胺（pyrimethanil）

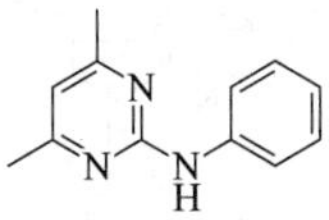

$C_{12}H_{13}N_3$, 199.26, 53112-28-0

嘧霉胺由德国艾格福公司（现拜耳公司）开发的一种广谱、高效、低毒、内吸性杀菌剂，20 世纪 90 年代开始在欧洲广泛使用，法国安万特公司于 1998 年将其推入我国市场。

理化性质 无色结晶，熔点 96.3℃，相对密度 1.15，蒸气压（25℃）2.2 mPa，溶解度（25℃）：水中 0.121 g/L，丙酮 389 g/L，乙酸乙酯 617 g/L，二氯甲烷 1000 g/L，正己烷 23.7 g/L，甲苯 412 g/L。

毒性 大鼠急性经口 LC_{50} 4150～5971 mg/kg，小鼠急性经口 LC_{50} 665～5359 mg/kg，大鼠急

性经皮 $LD_{50}>5000$ mg/kg，对家兔眼和皮肤无刺激，豚鼠无过敏症状。

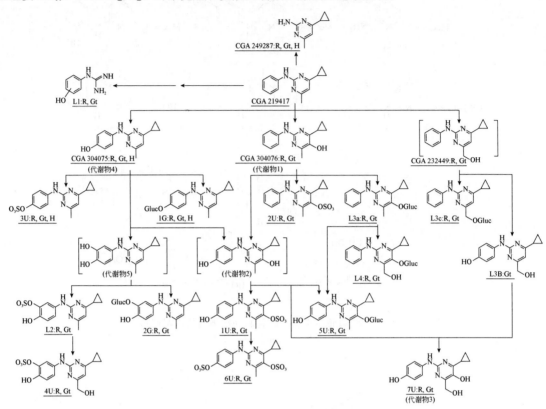

图 2-4-4　嘧菌环胺在山羊、鸡和鼠体内的可能代谢途径及产物

R—小鼠；Gt—山羊；H—母鸡

代谢　嘧霉胺在不同环境下代谢途径及产物会有显著不同。在土壤中，嘧霉胺主要的代谢产物是 2,4-二甲基-6-氨基嘧啶或 2,4-二甲基-6-羟基嘧啶，在苹果等植物体内，嘧霉胺主要以母体结构存在，但通常会与葡萄糖等发生缀合作用。在大鼠等动物体内，嘧霉胺的代谢方式主要为芳香环上的羟基化作用（图 2-4-5）。

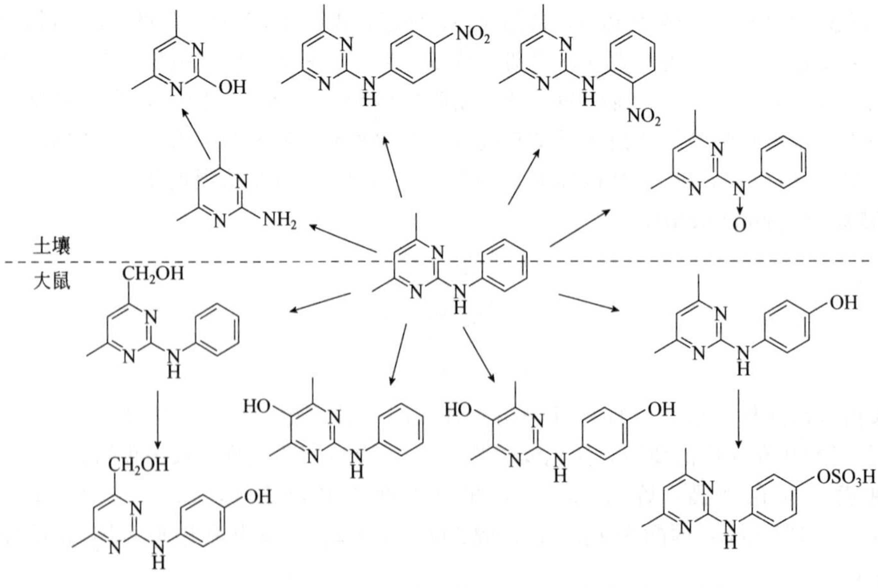

图 2-4-5　嘧霉胺在土壤和大鼠体内的可能代谢途径及产物

应用　对于防治葡萄、草莓、番茄、洋葱、豌豆等作物及观赏植物的灰霉病有特效，还可用于防治梨黑星病、斑点落叶病等。嘧霉胺对敏感或抗性病原菌均有优异的活性，尤其对常用的非苯氨基嘧啶类杀菌剂已产生抗性的灰霉病菌有效。

三、抗性问题

　　苯氨基嘧啶类杀菌剂可广泛用于观赏植物、蔬菜、水果等作物，对灰葡萄孢菌（*Botrytis cinerea*）有特效，也可用于防治壳针孢菌（*Septoria gentianae*）、壳二孢菌（*Ascochyta eriobotryae*）、核盘菌（*Sclerotinia sclerotiorum*）、脐孺孢菌（*Bipolaris oryzae*）等。由于大量、频繁使用同一类杀菌剂非常容易产生抗性，近年来已有多篇关于灰葡萄孢菌对苯氨基嘧啶类杀菌剂产生抗性的报道，并出现了高抗药性的菌株。由于作用机制相同，苯氨基嘧啶类杀菌剂的不同品种之间存在交互抗性，但与作用机制不同的三唑类、二硫代氨基甲酸酯类等无交互抗性。虽然目前抗性机制有待于进一步深入，但研究发现灰葡萄球菌的抗性产生可能是 *AniR* 基因（*AniR1*、*AniR2* 或 *AniR3*）发生抗性突变（S24P、I64V）造成的。同时，这些抗性具有较好的遗传稳定性。

第二节　蛋白质合成抑制剂

一、蛋白质的生物合成过程及作用靶点

　　蛋白质的生物合成过程在生物学上被称作"翻译"（translation），是指信使 RNA（mRNA）分子中的碱基顺序转变为蛋白质中的氨基酸顺序的过程。蛋白质的合成在核糖体（ribosomes）上完成，而核糖体则是由两种大小不同的亚基组成，它们的相对大小通常以沉降系数单位进行表示。在大肠杆菌等原核细胞中，小的 30S 亚基与大的 50S 亚基结合形成 70S 原核核糖体；而在真核细胞中，则是由 40S 小亚基与 60S 大亚基组成 80S 真核核糖体。氨基酸在核糖体上缩合形成多肽是通过循环反应实现的。此循环包括肽链合成的起始、肽链的延伸和肽链的终止三个主要过程。以原核生物为例，在起始阶段，首先是氨基酸与转运 RNA（tRNA）在氨酰 tRNA 合成酶（amino acyl tRNA synthetases）的作用下生成氨酰-tRNA 复合物（aa-tRNA），然后与 mRNA、核糖体 30S 亚基、核糖体 50S 亚基结合形成 70S 起始复合物。在延伸阶段，aa-tRNA 按照 mRNA 上核苷酸"三联密码"顺序依次进入 A 位点（氨基乙酰 tRNA 位点，amino acyl-tRNA site），与 P 位点（肽酰 tRNA 位点，peptidyl-tRNA site）肽链的羧基端发生缩合反应，P 位点 tRNA 进入 E 位点（排出位点，exit site），进而重新释放至胞浆中形成新的 aa-tRNA。详细的过程见图 2-4-6。当 mRNA 序列上的终止密码子（UAG、UAA、UGA）进入 A 位点，翻译终止，蛋白质合成结束，肽链脱落，tRNA、mRNA 分离，核糖体重新解体为 30S 和 50S 亚基，准备进入新的蛋白质的循环合成。真核细胞与原核细胞的蛋白质合成过程非常相似，但存在一些微小的区别，例如核糖体结构的不同，特别是在链的初始阶段和终止阶段中涉及的多种影响因子存在一定差异，这些结构和组成上的不同是造成杀菌剂选择性的主要依据。

　　药物可以作用于蛋白质循环合成过程中的多个位点，达到抑制蛋白合成的最终目的：①抑制核糖体 70S 亚基形成起始复合物的形成；②药物选择性地与核糖体 30S 亚基上的靶位蛋白（P_{10}）结合，使 A 位点扭曲，造成 mRNA 上的"三联密码子"在翻译时出现错误，导致异常或无功能蛋白质的合成；③抑制转肽酶，阻断肽链延长；④抑制转位酶，妨碍 A 位点到 P 位点的转位作用；⑤与 EFG-GTP 结合，抑制肽链延长；⑥阻滞肽链释放因子进入 A 位点，阻滞合成好的肽链从 A 位点释放；⑦抑制核糖体 70S 亚基的解离，使细菌体内核糖体循环利用受到抑制。当菌体细胞内的蛋白质

合成受到阻滞，菌体生长受到明显抑制；菌体内游离氨基酸增多；细胞分裂不正常。与此同时，蛋白质合成抑制剂还可以破坏细菌胞浆膜的完整性，使膜的通透性增加，胞质内大量重要物质外漏（见表 2-4-2）。

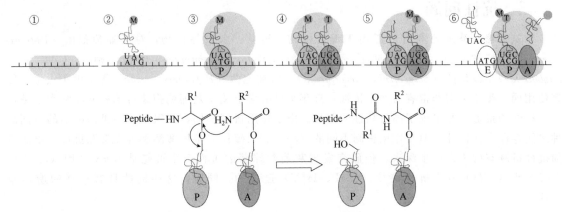

图 2-4-6 蛋白质生物合成中肽链延伸过程示意图

①mRNA 结合到 rRNA 的 30S 小亚基上；②Met-tRNA 与 30S 亚基结合形成 30S 起始复合物；③50S 大亚基与 30S 起始复合物进行装配，形成稳定的 70S 复合体，同时起始 tRNA 被装载到小核糖体亚基的 P 位点；④根据碱基配对原则，适当的氨酰-tRNA 进入核糖体的 A 位点；⑤50S 大亚基具有肽基转移酶结构域，提供肽键形成的催化活性部位，被称为 GTP 酶结构域。在转肽酶的催化作用下，P 位点的氨（肽）酰-tRNA 将氨基酸（或肽）转移给 A 位点的氨酰-tRNA 上，并以肽键相连。⑥空载的 tRNA 从 P 位点进入 E 位点，核糖体向 mRNA 下游移动一个密码子的距离，将 A 位点的 tRNA 移动到 P 位点，下一个氨酰-tRNA 进入 A 位点。下图：P 位点的氨基酸（或肽）的 α-COOH 基团与 A 位点氨基酸的 α-NH$_2$ 缩合形成肽键

表 2-4-2 蛋白质生物合成途径中的作用靶点及作用机制

作 用 位 点	抑 制 剂	作 用 机 理
30S 小亚基	四环素类（金霉素、新霉素、土霉素）	通过阻止氨酰-tRNA 进入小亚基 A 位点抑制肽链的延长
	链霉素、卡那霉素、新霉素	通过与 30S 亚基的结合改变小亚基构象，引起读码错误，抑制翻译
50S 大亚基	放线菌酮、氯霉素、林可霉素	抑制肽酰转肽酶，阻断肽链延长。不同的是氯霉素作用于原核细胞，而放线菌酮对真核细胞有效
	红霉素	抑制转位酶，阻碍新生多肽由 A 位点到 P 位点的转位作用
	梭链孢酸	与 EFG-GTP 结合，阻止完成功能后的 EF-G 从核糖体上释放
其他	嘌呤霉素	嘌呤霉素是氨酰-tRNA 的类似物，可以提前终止肽链翻译
	蓖麻蛋白	使 60S 亚基水解，从而终止肽链延长

二、抑制蛋白质合成的抗生素

非常有趣的是，目前所发现的蛋白质合成抑制剂多为抗生素类杀菌剂。抗生素是指在低微浓度下即可对某些生物的生命活动有特异抑制作用的化学物质的总称。抗生素主要是微生物在其生命活动过程中所产生的次级代谢物，经由微生物发酵、化学纯化、精制和化学修饰等过程制备得到。由于化学农药的环境污染问题，美国、日本等国先后将链霉素、土霉素等医用抗生素用于防治植物病害，并得到了较快的发展。本章列出的是有关抑制蛋白质合成的抗生素，其余不同作用机制的抗生素将在相应的章节中介绍。

农用抗真菌类抗生素是研究最早的农用抗生素，大多数为放线菌的发酵产物。与化学合成杀菌剂相比，农用抗生素尽管品种繁多，用途各异，但也具有一些通性：①化学结构复杂，化学纯度低；②活性高，选择性强，使用剂量低；③环境相容性好；④毒性差别很大；⑤生产流程相似，生产设备通用性高。

　　目前，农用抗生素的生产过程大多采用生物发酵的方法，主要包括发酵与分离纯化两步。尽管抗生素结构各异，其发酵菌株多种多样，但其发酵工艺大体相同，主要包括砂土管菌种的制备、斜面孢子的制备、种瓶培养、繁殖罐、发酵罐等五个步骤。但是，根据抗生素品种的不同，分离和纯化工艺则存在很大差异。通常在分离纯化之前，需将发酵液进行预处理，其目的主要是分离菌体和其他悬浮物，处理方法根据发酵产物形式不同有所差别。对于胞外分泌物，可直接固液分离，使产物转移至液相；对于胞内产物，则需要收集并破碎菌体，然后使产物进入液相进行收集。目前，随着技术的不断进步，分离纯化方法日益更新，主要包括离子交换法、大孔树脂吸附法、毛细管电泳法、双水相萃取法、凝胶色谱法等。

　　抗生素主要通过生物途径合成得到，但究其本质仍然是具有特定结构的化学物质。因此，新的抗生素品种的开发不仅可以直接从天然产物中筛选得到，也可以通过对天然抗生素进行结构修饰得到。最初的一些农用抗生素品种，例如春雷霉素、多氧霉素等都是天然活性物质，是通过第一种途径得到的。这些天然活性物质本身具有高效低毒的特点，因此一经筛选得到就可直接用于防治农田病虫害。但是大部分的天然化合物虽然也具有防治病虫害的生物活性，但由于存在一些诸如不稳定、产量低、对动物毒性大等缺点而被淘汰。随着生物转化技术、化学合成技术的不断进步，特别是基因工程技术的不断引入，这些潜在的抗生素被不断改造。通过对抗生素的结构进行适当修饰，可扩展天然抗生素的杀菌谱、增强杀菌活性、克服耐药性、改善药物动力学性能等。因此，在开发新抗生素困难重重的今天，对获得的天然化合物进行适当的修饰已成为目前抗生素开发的另一主要途径。通过这种途径得到的抗生素也被称为半合成抗生素。从技术方法上讲，第一种途径主要采用微生物筛选方法，而第二种途径可以通过化学半合成和生物学方法实现。

　　微生物筛选方法是传统的抗生素筛选方法，是通过分离和筛选新的微生物发现新的抗生素品种。目前已报道的抗生素中约有2/3是来源于放线菌的次生代谢产物，而其中90％是链霉菌的代谢产物。近几年，尽管从放线菌中发现新的抗生素的总数在上升，但其所占比例在下降，而从藻类、细菌、黏细菌中分离得到的化合物的比重在不断上升。因此，寻找和发现新的微生物类群是产生新的农用抗生素的主要途径，在抗生素研究中越来越受到人们的重视。

　　新的微生物筛选的基本思路是：①采集样品——目前人们的研究重点是发现稀有放线菌和极端环境微生物的发现；②分离微生物——根据不同微生物采取不同的分离方法，初步探索菌株的生长特点及形态特征；③抗生素发酵——确定发酵培养基，优化发酵条件，得到的发酵液可分为全发酵液、上清液、菌丝体浸泡液、或粗提品等；④初筛——建立不同的筛选模型，初步测定样品的生物活性；⑤鉴别——初步确定化合物的各种性质，例如极性、酸碱性等；⑥分离与纯化；⑦结构鉴定。

　　化学半合成法是指以天然的农用抗生素的活性物质为先导化合物，通过化学合成的方法对其结构进行适当修饰，这是探索开发新的抗生素品种的有效途径之一。化学合成法又可以分为全合成法和半合成法两种。全合成法可以较大限度地改变天然抗生素的结构，尤其是组合化学的应用得到了多种结构各异的化合物，但全合成的路线较长。与此相反，尽管半合成在结构改变上有一定局限，但合成简洁易行。目前通过结构修饰已得到很多商品化的生物活性很好的新的抗生素，但在农用抗生素方面成功的例子并不是很多，其中对硝吡咯菌素（pyrrolnitrin）的化学改造是一个非常成功的例子。硝吡咯菌素是一种对灰霉病和稻瘟病有很好防治效果的抗真菌抗生素，但是具有光不稳定性。研究者将结构中的不同位置的 Cl 取代基以 CN 取代，分别得到拌种咯和咯菌腈，两者都被成功开发为杀菌抗生素，其作用靶标是信号通路中的蛋白激酶 PK-Ⅲ。

生物学方法是指采用生物技术对抗生素天然发酵菌株进行改造，根据其研究策略的不同可以分为添加前体的生物合成、生物转化法以及组合生物合成等。目前，随着生物工程，特别是基因工程、遗传工程的快速发展，研究者采用基因重组技术对菌株进行改造，或者培育出新的农用抗生素发酵菌株，为农用抗生素开辟出一条更广阔的道路，其中最具代表性和发展前景的是抗生素的组合生物合成（combinatorial biosyntheis）。

组合生物合成的基本原理是将抗生素生物合成途径中涉及的一些酶的编码基因进行互换，由此产生一些非天然的基因组或杂合基因，从而产生许多新的非天然的化合物。组合生物合成方法在一定程度上克服了传统发酵菌株筛选的盲目性和随机性，打破了物种间的遗传障碍，可以按照人们预定目标进行定向发酵表达，为新的抗生素品种的研发开拓了一个全新的途径。

三、抗生素代表品种

1. 灭瘟素（blasticidin-S）

$C_{17}H_{26}N_8O_5$, 422.44, 2079-00-7

灭瘟素也称稻瘟散、保米霉素，是第一个大规模用于农业杀菌剂的抗生素，是从灰色链霉菌（*Streptomyces griseo* chromogenes）的代谢产物中分离出来的一种胞嘧啶核苷类抗生素，成品主要以苄氨基苯磺酸盐的形式存在。

理化性质 白色针状结晶，熔点 253～255℃，光旋光度＋108.4°，溶解度（25℃）：水中 125 g/L，难溶于丙酮、甲醇、氯仿等大多数有机溶剂，在偏酸性条件下（pH2.0～3.0 或 pH5.0～7.0）稳定，在 pH4.0 和 pH8.0 以上容易分解。

毒性 急性经口 LC_{50}：56.8 mg/kg（雄性大鼠），55.9 mg/kg（雌性大鼠），51.9 mg/kg（雄性小鼠），60.1 mg/kg（雌性小鼠），大鼠急性经皮 LC_{50}＞500 mg/kg，大鼠急性吸入 LC_{50}＜0.0032 mg/L（4h），对人的眼睛和皮肤有刺激性，不慎入眼会引起结膜炎，皮肤会出现疹子，动物试验未见致癌、致畸、致突变作用。

作用机制 灭瘟素的作用靶标是核糖体的 50S 大亚基，影响氨酰-tRNA 进入相应的位点，阻止肽链延长，通过抑制蛋白质的合成达到抑菌的效果。

降解 灭瘟素非常容易降解，附着在植株表面的灭瘟素可被日光分解，而土壤和稻田中的灭瘟素可被何种微生物降解，其降解产物以半胱氨酸为主，因此其环境兼容性非常好。

生物合成路径 研究表明，胞嘧啶、葡萄糖、精氨酸等初级代谢产物是灭瘟素的生物合成前体，但是其确切的生物合成路径还未完全清楚（见图 2-4-7）。

化学合成路径 见图 2-4-8。

工业生产流程

① 菌种发酵。将保存的菌种接种到斜面培养基上，28℃培养 7～10d，0～4℃冷藏，得茄形孢子；28℃培养 7～10d，得一级种子；28℃培养 48h，空气流量 1∶0.3，搅拌罐压 0.5kgf/cm² 得二级种子；接种量 10%，30℃发酵培养 6～7d，空气流量 1∶0.5，搅拌罐压 0.5kgf/cm² 进行发酵培

养。试管斜面和茄子孢子培养基为 0.5％可溶性淀粉，0.025％硫酸镁，0.25％硫酸铵，0.3％蛋白胨和 2.0％琼脂，pH7.52。一级种子培养液为 2.0％葡萄糖，0.5％氯化钠，2.0％蛋白胨和 0.15％豆油，pH7.0。二级种子培养液为 3.0％红糖，1.5％花生饼，0.5％酵母粉，0.05％磷酸氢二钾，0.3％氯化钾和 0.05％硫酸镁，pH7.2。发酵培养液为 2.0％黄豆饼，5.5％红糖，0.6％氯化钠，2.0％花生饼，0.3％豆油，0.5％酵母粉，pH7.2～7.4。

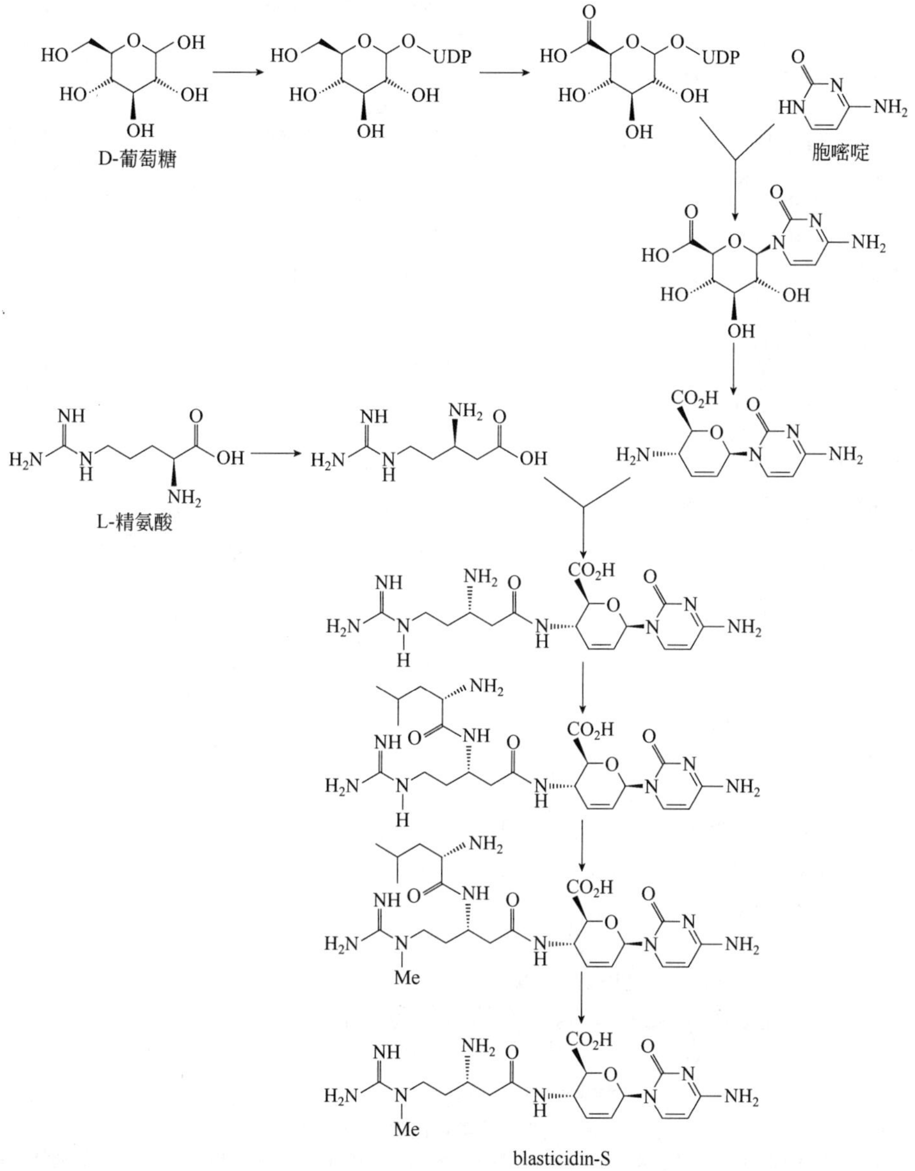

图 2-4-7　灭瘟素可能的生物合成路径

② 提取精制。发酵液加 6mol/L 盐酸或 2％草酸调 pH 值为 2.0，进行板框过滤；滤液以 6mol/L NaOH 调节酸度至 pH3.0，通入离子交换柱，以 0.5mol/L NH₄OH 进行洗脱，洗脱液经减压浓缩至（2～5）万单位/mL，10℃以下进行结晶，最后经过滤、水洗、真空干燥、球磨加以填料制得最终产品。

活性测定　采用微生物杯碟法进行活性测定，指示菌株为环状芽孢杆菌 AS1.173（*Bacillus circuians*）。

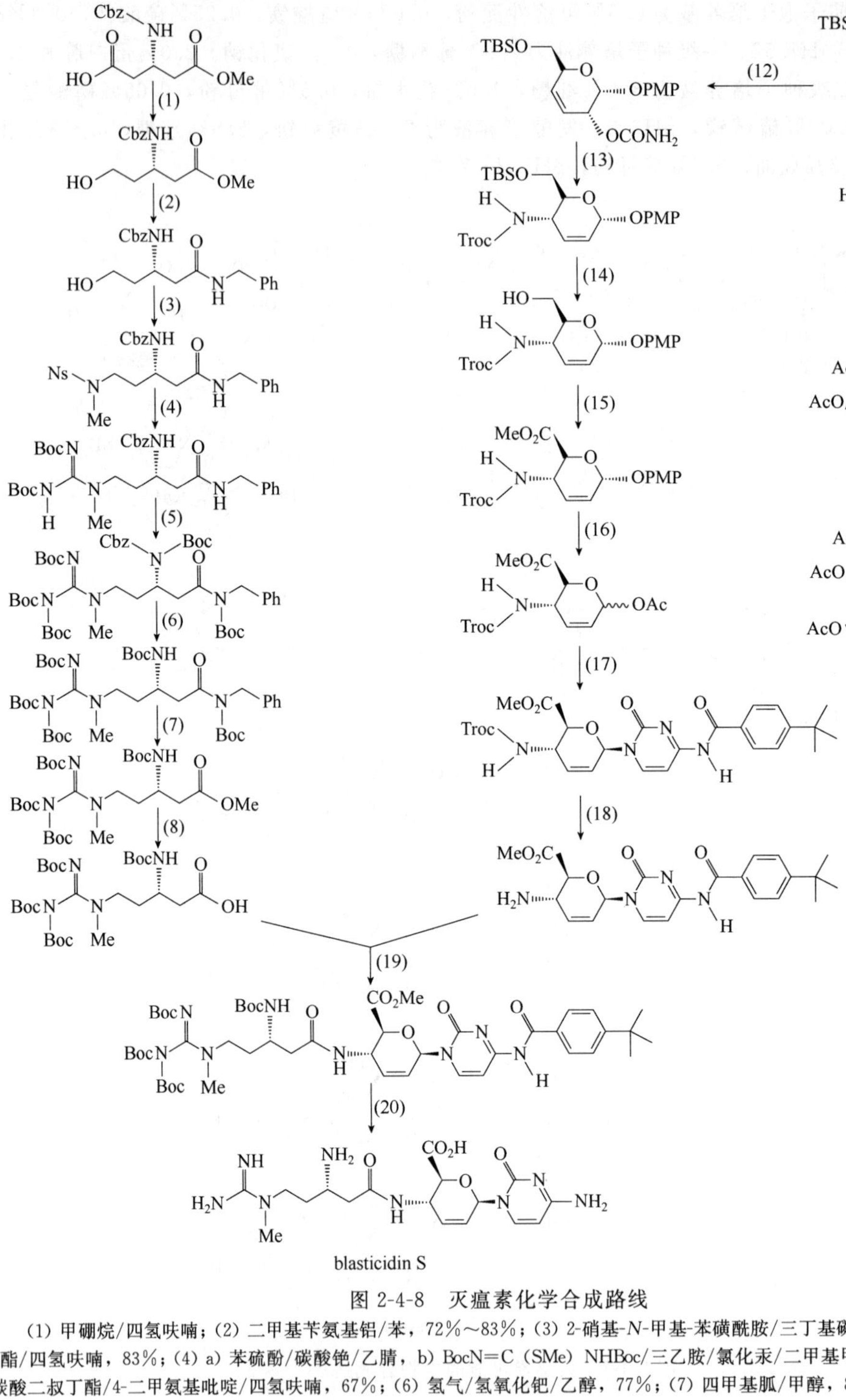

图 2-4-8 灭瘟素化学合成路线

(1) 甲硼烷/四氢呋喃；(2) 二甲基苄氨基铝/苯，72%～83%；(3) 2-硝基-N-甲基-苯磺酰胺/三丁基磷/偶氮二甲酸二乙酯/四氢呋喃，83%；(4) a) 苯硫酚/碳酸铯/乙腈，b) BocN＝C（SMe）NHBoc/三乙胺/氯化汞/二甲基甲酰胺，89%；(5) 二碳酸二叔丁酯/4-二甲氨基吡啶/四氢呋喃，67%；(6) 氢气/氢氧化钯/乙醇，77%；(7) 四甲基胍/甲醇，87%；(8) 氢氧化锂/四氢呋喃/水，97%；(9) 对羟基苯甲醚/三氟化硼-乙醚络合物/苯，49%；(10) 氢化铝锂/四氢呋喃，84%；(11) 叔丁基二甲基氯硅烷/4-二甲氨基吡啶/三乙胺/二氯甲烷，75%；(12) a) 三氯乙酰基异氰酸酯/二氯甲烷，b) 碳酸钾/甲醇/水；(13) a) 三苯基膦/四溴甲烷/三乙胺/二氯甲烷，b) 2,2,2-三氯乙醇；(14) 四正丁基氟化铵/醋酸/四氢呋喃，79%；(15) a) 斯文氧化（Swern oxidation），b) 亚氯酸钠/磷酸二氢钠/叔丁醇/水，c) 重氮甲烷/甲醇，70%；(16) a) 一水合二吡啶胺银络合物/乙腈/水，b) 乙酸酐/吡啶/4-二甲基氨基吡啶；(17) 硅烷化 N_4-4-叔丁基苯甲酰基胞嘧啶/三氟甲基磺酸三甲基硅酯/四氢呋喃，55%～63%；(18) 镉-钯/醋酸铵，93%；(19) 苯并三氮唑-1-基氧基三（二甲基氨基）磷鎓六氟磷酸盐/DIPET/二氯甲烷，68%～83%；(20) a) 三乙胺/甲醇/水，b) 三氟乙酸/二氯甲烷，c) 盐酸，d) IRA 410 离子交换树脂，85%

应用 灭瘟素可经内吸作用传导至植物体内，显著抑制稻瘟病菌的菌丝生长、酿酒酵母的孢子萌发和形成，能降低水稻条纹病毒的感染率，对水稻胡麻叶斑病、小粒菌核病及烟草花叶病有一定的防治效果。但对茄子、三叶草、马铃薯、烟草等作物有一定药害，使其应用范围受到一定影响。灭瘟素可与汞剂农药配合使用，也可与对硫磷、苯硫磷、敌百虫、杀螟硫磷、倍硫磷或几种砷药剂混施，但不宜与波尔多液等强碱性农药混施。

2. 链霉素（streptomycin）

$C_{21}H_{39}N_7O_{12}$, 581.59, 57-92-1

链霉素是 1944 年从灰色链霉菌（*Streptomyces griseus*）培养液中分离出来的一种碱性广谱抗生素，分子由链霉胍、链霉糖和 N-甲基-L-葡萄糖胺组成，其化学名称是 2，4-二胍基-3，5，6-三羟基环己基-5-脱氧-2-O-（2-脱氧-2-甲氨基-α-L-吡喃葡萄糖基）-3-C-甲酰-β-L-来苏戊呋喃糖苷，属于氨基糖苷类抗生素。

理化性质 工业上多为三盐酸盐，白色无定形粉末，易溶于水，不溶于大多数有机溶剂，一般以 pH5.0～7.5 最为稳定，过酸或过碱条件下容易发生水解。

毒性 原料药大鼠急性经口 $LC_{50}>10000$ mg/kg，大鼠急性经皮 $LC_{50}>10000$ mg/kg，可引起皮肤过敏反应，对人、畜低毒。

生物合成途径

链霉素的合成途径见图 2-4-9。

作用机理 链霉素经主动转运通过细胞膜，与细菌核糖体 30S 亚基上的 16SrRNA（化学计量比为 1∶1）相结合，干扰 fMet-tRNA 与 30S rRNA 的结合，从而阻止蛋白质的合成。不仅如此，链霉素与 30S 亚基结合后改变氨酰-tRNA 在 A 位点上与其对应的密码子配对的精确性和效率，使 DNA 发生错读，导致无功能蛋白质的合成，同时使多聚核糖体分裂，失去合成蛋白质的功能，最后导致细胞膜断裂，细胞死亡。由于人类和菌体的核糖体结构不同，从而使链霉素可以选择性地抑制细菌繁殖。

工业生产流程 我国于 1958 年即开始进行链霉素的大量生产，目前已形成了相当大的生产规模和能力。也有研究者通过对链霉素生物合成路径进行干预，通过代谢调控育种得到新的链霉素生产菌，提高目前链霉素生产能力。目前，我国生产上使用的菌种是灰色链霉菌的变种。与其他抗生素类化合物类似，链霉素的发酵工艺流程也大致可分为菌种发酵与提取精制两大步。

① 菌种发酵。将保存的链霉菌孢子接种到斜面培养基上，培养 7d 至斜面长满孢子。将孢子接入摇瓶中，于培养 45～48h 待菌丝生长旺盛后，接于种子罐内，通入无菌空气搅拌，培养 62～63h，然后接入发酵罐内，发酵培养 7～8d。培养全过程均在 27℃的无菌条件下。

② 提取精制。将链霉素发酵液经酸化、过滤除去菌丝及固体物质、中和等步骤后进行提取。链霉素的提取方法包括活性炭吸附法、沉淀法、离子交换法等，目前多采用离子交换法。以弱酸型阳离子交换树脂为例，先进行离子交换，用稀硫酸洗脱，收集高浓度链霉素硫酸盐洗脱液。洗脱液经磺酸型离子交换树脂脱盐，此时溶液呈酸性，用阴离子树脂中和后，再经活性炭脱色得到精制液。精制液经薄膜浓缩成浓缩液，再经喷雾干燥得到无菌粉状产品，或者将浓缩液直接做成水针剂。

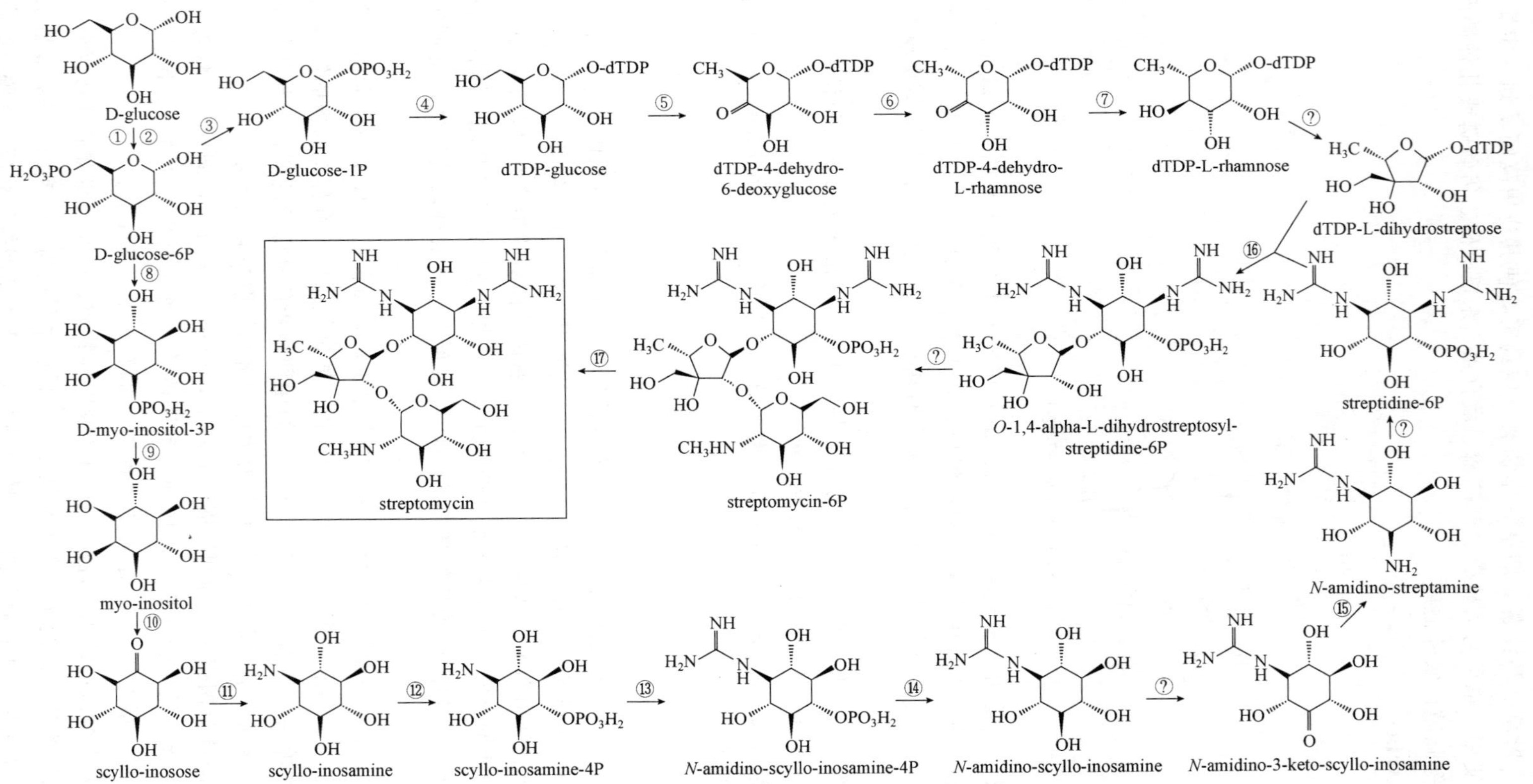

图 2-4-9　链霉素的生物合成途径

注：①EC 2.7.1.1：己糖激酶，hexokinase；②EC 2.7.1.2：葡萄糖激酶，glucokinase；③EC 5.4.2.2：磷酸化葡萄糖易位酶，phosphoglucomutase；④EC 2.7.7.24：D-葡萄糖-1-磷酸胸苷转移酶，glucose-1-phosphate thymidylyltransferase；⑤EC 4.2.1.46：dTDP葡萄糖 4, 6-脱水酶，dTDP-glucose 4, 6-dehydratase；⑥EC 5.1.3.13：dTDP-4-脱氢鼠李糖 3, 5-表异构酶，dTDP-4-dehydrorhamnose 3, 5-epimerase；⑦EC 1.1.1.133：dTDP-4-脱氢鼠李糖还原酶，dTDP-4-dehydrorhamnose reductase；⑧EC 5.5.1.4：肌醇-1-磷酸合成酶，myo-inositol-1-phosphate synthase；⑨EC 3.1.3.25：肌醇-1-单磷酸酶，myo-inositol 1 或 4-单磷酸酶，myo-inositol 2-dehydrogenase；⑩EC 2.6.1.50：合氨酰胺/鲨肌醇氨基转移酶，L-glutamine；scyllo-inosose aminotransferase；⑪EC 2.7.1.65：鲨肌醇激酶，scyllo-inosamine 4-kinase；⑫EC 2.1.4.2：4-磷酸-鲨肌醇胺脒基转移酶，scyllo-inosamine-4-phosphate amidinotransferase；⑬EC 3.1.3. 40：1-胍基鲨肌醇-4-磷酸酶，1-guanidino-scyllo-inositol 4-phosphatase；⑭EC 2.6.1.56：基转移酶，scyllo-inosamine-4-phosphate amidinotransferase；⑭EC 3.1.3. 40：1-胍基鲨肌醇-4-磷酸酶，1-guanidino-scyllo-inositol transaminase；⑯EC 2.4.2.27：dTDP-双氢链霉-链霉胍 D-1-胍基-3-氨基-1, 3-脱氧基鲨肌醇胺酶，1D1-guanidino-3-amino-1, 3-dideoxy-scyllo-inositol transaminase；⑯EC 2.4.2.27：dTDP-双氢链霉糖转移酶，dTDP-dihydrostreptose- streptidine-6-phosphate dihydrostreptosyltransferase；⑰EC 3.1.3.39：链霉素-6-磷酸酶，streptomycin-6-phosphatase

　　应用　可有效地防治植物的细菌病害，例如苹果、梨火疫病、烟草野火病、蓝霉病、白菜软腐病、番茄细菌性斑腐病、晚疫病、马铃薯种薯腐烂病、黑胫病、黄瓜角斑病、霜霉病、菜豆霜霉病、细菌性疫病、芹菜细菌疫病、芝麻细菌性叶斑病等。

3. 春雷霉素 （kasugamycin）

$C_{14}H_{25}N_3O_9HCl$, 433.8, 6968-18-3

　　春雷霉素的化学名称是 5-氨基-2-甲基-6-（2,3,4,5,6-羟基环己基氧代）-四氢吡喃-3-氨基-α-亚氨醋酸，是由日本北兴化学工业株式会社于 1963 年从春日放线菌（*Streptomyces kasugenisis*）中分离得到的一种内吸性杀真菌剂。1965 年，在日本作为汞制剂的替代药剂被广泛用于稻瘟病菌（*Pyricularia oryzae*）的防治。我国也于 1964 年从江西省太和县土壤中分离得到一种产该抗生素的小金色放线菌（*Actinomyces microanueus*）。

　　理化性质　工业上是盐酸盐，白色针状或片状结晶，熔点 226～210℃，分解温度 210℃，比旋光度 +114.0°，易溶于水，不溶于醇类、酯类、三氯甲烷等有机溶剂，在酸性或中性条件下比较稳定，在碱性条件下易分解失效。

　　作用机理　尽管春雷霉素和灭瘟素都是通过抑制病原菌的蛋白质合成防治水稻稻瘟病，但两者在作用机制上有所差别。春雷霉素与大肠杆菌 70S 亚基的蛋白/抑制剂复合物晶体结构显示，春雷霉素主要是与 30S 小亚基结合，其作用位点位于蛋白螺旋 44 的上端，与 G926 和 A794 氨基酸残基相互作用，其所在位置正好是信使 RNA 在 30S 小亚基上的通道，阻碍了信使 RNA 与转运 RNA 的密码子-氨基酸残基的相互作用，阻止 30S 小亚基与 Met-tRNA 以及 mRNA 形成复合物，进而干扰蛋白质合成。

　　毒性　大鼠急性经口 LC_{50} 22000 mg/kg，小鼠急性经口 LC_{50} 21000 mg/kg，大鼠急性经皮 LD_{50}＞4000 mg/kg，小鼠急性经皮 LD_{50}＞10000 mg/kg，大鼠急性吸入 LC_{50}＞2400 mg/kg，小鼠急性吸入 LC_{50}＞8000 mg/kg，对家兔眼睛和皮肤无刺激作用，对人、畜、禽、鱼的急性毒性均低，动物试验未见致畸、致突变、致癌作用。但是，春雷霉素对大豆、茄子、葡萄等作物有一定药害，限制其使用。最近日本通过对春雷霉素产生菌中引起药害的基因片段进行了改造，开发了效果更好但无药害的新菌种，提高了春雷霉素在市场上的竞争力。

　　生物合成路径　与链霉素类似，春雷霉素也属于糖苷取代的氨基环己醇类抗生素，都具有氨基环己醇的六碳环结构，其生物合成过程有很高的相似性，相应酶的编码基因也具有很高的同源性，但目前编码春雷霉素的生物合成基因功能还未被完全证实。在放线菌（*Streptomyces*）的基因组上 22.4 kb 区域内发现了含约 20 个基因的基因簇，这些基因簇与春雷霉素生物合成相关，但其中只有少数几个基因的功能得到了确证，例如 *kasD* 具有脱羟基作用，*kasC* 具有转氨基功能，*kasKLM* 负责将合成得到的春雷霉素转运至细胞外等。根据已知基因功能，Kojima 等人对春雷霉素可能的生物合成路径进行了推测（见图 2-4-10）。

　　发酵生产工艺　春雷霉素的生产通常采用液体深层通气培养的发酵法，其发酵工序流程大致如下。

　　① 砂土管菌种的制备：将孢子生长状态良好的菌种加无菌水制成孢子悬液，滴于经高压灭菌处理的砂土管（砂和土的比例为 3∶2 或 2∶1）中，经干燥并封口，置于 2～5℃ 的水箱内保存。

　　② 斜面孢子的制备：无菌条件下，将砂土孢子接种于试管或茄形瓶中的斜面培养基上，28℃ 恒温培养 8～12d 至表面孢子成熟。斜面孢子培养基成分为 1% 葡萄糖，1% 黄豆粉，0.3% 蛋白胨，0.25% 氯化钠，0.2% 碳酸钙和 2.0%～2.5% 琼脂，pH7.2～7.4。

　　③ 种瓶培养：无菌条件下刮取少许斜面孢子接种于经灭菌而装有液体培养基的种子瓶中，28℃

恒温振荡培养 28~32h，镜检菌丝量多，粗壮旺盛无杂菌，便可移种于种子罐中，保持罐温 28℃ 和一定的通气量，连续搅拌 20~24h，pH 值上升至 6.5。种子瓶培养液成分为 1.5％葡萄糖，1.5％黄豆粉，0.3％氯化钠，0.1％磷酸二氢钾，0.05％硫酸镁，pH6.5~7.0。

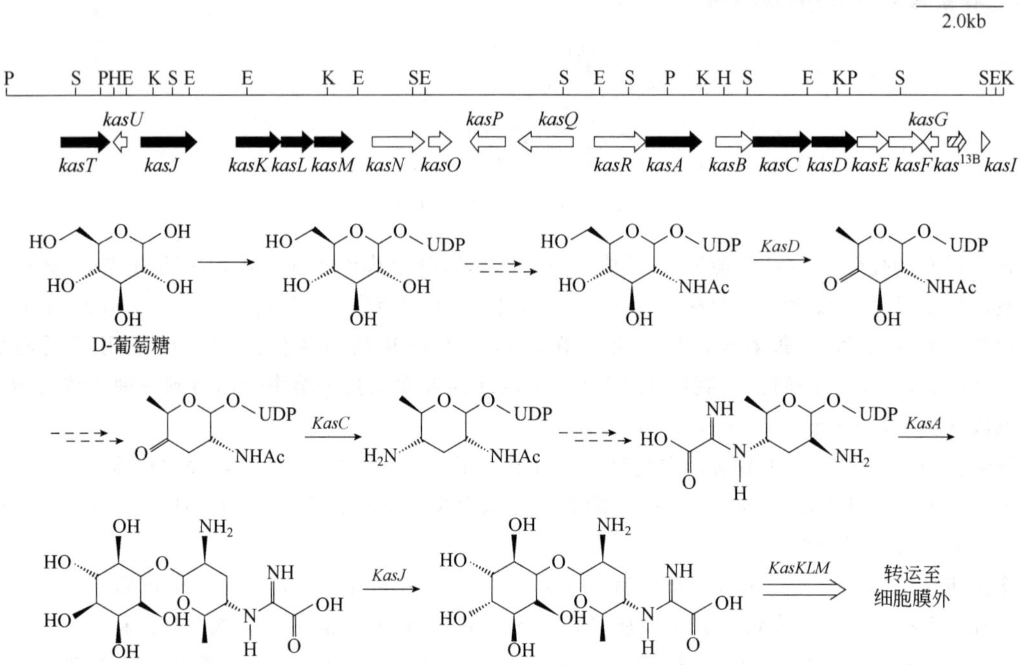

图 2-4-10　春雷霉素的生物合成基因簇及可能的生物合成路径

④ 繁殖罐：以接种量 15％~20％的菌种转移至繁殖罐中，在罐温 28℃ 及一定通气量下连续搅拌 24h，镜检菌线量多，呈网状或短杆状。将种子瓶培养液中的 1.5％葡萄糖改为 1.0％玉米油或豆油就成为种子罐培养液。

⑤ 发酵罐：以接种量 5.0％~10％的菌种转移至发酵罐中，28℃ 恒温，空气搅拌发酵 144~168h，菌丝大量繁殖，效价上升。发酵培养液由 4.0％玉米油、5.0％黄豆粉、0.3％氯化钠组成。

⑥ 提取与纯化：向发酵液中加入草酸调节 pH 3~4，加热至 65~70℃，板框压滤，除去大量不溶性菌丝、碱性蛋白、钙镁离子、培养基残渣等杂质，滤液经 1×3 氢型树脂吸附，以 3％氨水洗脱，加酸脱氨去盐，脱氨液经间苯二胺树脂脱色，脱色后的溶液经真空薄膜浓缩，测定效价至浓度 20000~220000 U/mL 后，加入 0.2％苯甲酸钠作防腐剂，即可包装，也可采用浓缩液经盐酸调节 pH<3 后，加入至 7 倍体积、40~45℃盐酸乙醇溶液中，出现白色絮状结晶，冷却滤出固体，红外干燥，即得春雷霉素盐酸盐。

活性测定　采用微生物杯碟法进行活性测定，指示菌株为环状芽孢杆菌 AS1.173（*Bacillus circuians*）。

应用　春雷霉素作为农用杀菌剂，不仅对水稻上的稻瘟病有优异防效，还可以用于防治黄瓜炭疽病、角斑病、枯萎病，西瓜细菌性角斑病，番茄叶霉病、灰霉病，甘蓝黑腐病，柑橘流胶病等经济作物的真菌病害。

4. 放线菌酮（actidione）

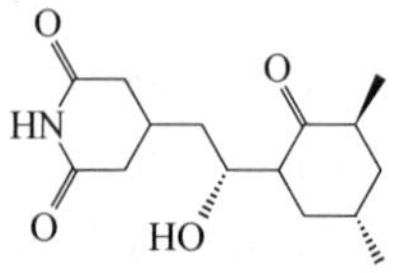

C₁₅H₂₃NO₄，281.36，66-81-9

放线菌酮又称为环己酰亚胺（cycloheximide），化学名称是 3-［2-（3，5-二甲基-2-氧代环己基）-2-羟乙基〕戊二酰亚胺。放线菌酮是灰色链霉菌 （*Streptomyces griseus*） 的代谢产物，是 whiffen 于 1946 年首次发现，1949 年被提纯得到的，并由 Karnfeld 确定化学结构。

理化性质 无色结晶，熔点 115.5～117℃，比旋光度 6.8°，溶解度（20℃）：水中 21g/L，可溶于三氯甲烷、异丙醇等有机溶剂，在中性、酸性介质中稳定，在碱性条件下分解。

毒性 急性经口 LD_{50}：133 mg/kg（小鼠），65 mg/kg（豚鼠），60 mg/kg（猴），由于放线菌酮对人、畜具有一定毒性，对不同植物也会产生不同程度的药害，因此使用受到限制。

作用机制 抑制氨基酸从氨基酰-tRNA 转运到蛋白质，进而抑制蛋白质的合成。

应用 对酵母菌、丝状真菌、霉菌、原虫等病原菌等有抑制作用，但对细菌无显著抑制作用，可用于防治樱桃叶斑病、樱花穿孔病、桃树菌核病、橡树立枯病、薄荷及松树的疱锈病、甘薯黑疤病、菊花黑星病和玫瑰的霉病等。

5. 灭粉霉素 （mildiomycin）

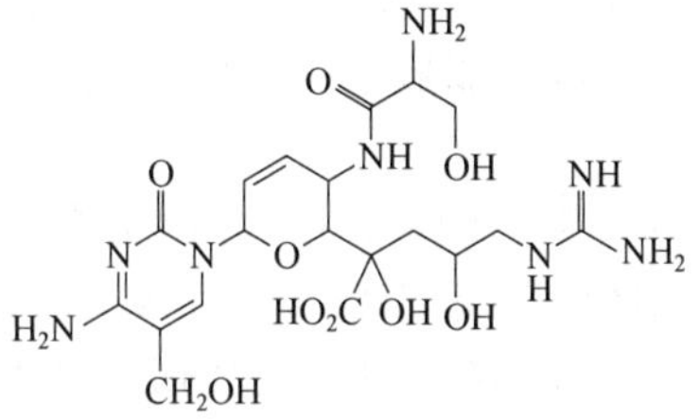

$C_{19}H_{30}N_8O_9$, 484.46

1971 年从巴布亚新几内亚的龟裂链轮丝菌 （*Streptoverticillium rimofaciens* B-98891） 的次级代谢产物中分离出来的一种吸湿性核苷类抗生素，其分子由核苷、丝氨酸残基、精氨酸残基和 5-羟甲基胞嘧啶等四部分组成。

理化性质 白色粉末，熔点＞300℃（分解），比旋光度 100°，中性条件下稳定，酸性 （pH2.0） 或碱性 （pH9.0） 条件下不稳定。

作用机制 抑制蛋白质合成中肽键的转移。

毒性 小鼠急性经口 LC_{50}：4120 mg/kg（雄性），5250 mg/kg（雌性），小鼠急性经皮 LC_{50}：700 mg/kg（雄性），599 mg/kg（雌性），对兔子角膜、皮肤均无刺激 （1000μg/mL），对哺乳动物无毒无害，对鳉鱼无明显毒性 （20μg/mL）。

生物合成路径 尽管目前研究已经发现，精氨酸、丝氨酸和 5-羟甲基胞嘧啶是灭粉霉素的生物合成前体，但其确切的合成路线仍有待于进一步深入（见图 2-4-11）。

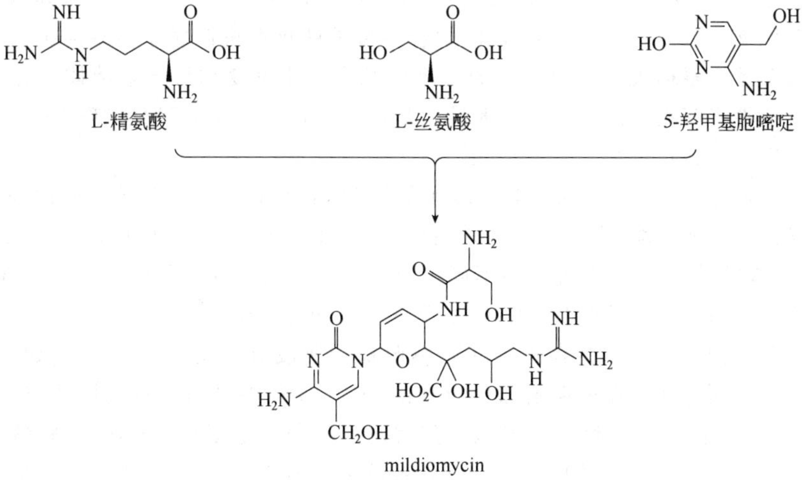

L-精氨酸   L-丝氨酸   5-羟甲基胞嘧啶

mildiomycin

图 2-4-11 灭粉霉素的生物合成前体

发酵生产工艺

① 发酵培养。无菌条件下刮取少许斜面孢子接种于经灭菌而装有液体培养基的种子瓶中，28℃，120r/min，恒温培养48h，得一级种子液；以接种量15%～20%的菌种转移至繁殖罐中，28℃扩大培养48h，得二级种子液；以接种量10%的菌种转移至发酵罐中，28℃，100r/min，恒温振荡发酵114h。种子培养基由3%葡萄糖、2.2%黄豆粉、0.3%蛋白胨和0.4%碳酸钙组成，pH7.0。发酵培养基由5%葡萄糖、3.5%黄豆粉、1%药用培养基、0.5%氯化钠、0.5%碳酸钙和0.05%消沫油组成。

② 提取与纯化。灭粉霉素的分离提取最早是由 Harada 等开发，主要采用 Amberlite IRC-50 离子交换树脂，后经不断改进，目前国内主要采用 HZ011 弱酸性阳离子树脂和 D296 大孔强碱性树脂进行分离纯化，大致流程是：采用草酸调节发酵液至 pH 值至 3，经离心获得上清液，上清液调节 pH 值至 7.0 后上 JK110 树脂，2%氨水洗脱，洗脱液经 D296 树脂脱色，然后将脱色液经浓缩、乙醇沉淀得到灭粉霉素的粗品，纯度约为 80%。将粗品上 HD-2 色潜用树脂，经 0.3mol/L 硼酸锂缓冲液洗脱，然后再经 HZ011 树脂、D296 树脂脱色、001×16 树脂脱盐、乙醇沉淀、冷冻干燥得到含量约 95%的灭粉霉素纯品。

应用 对多数革兰阳性细菌、革兰阴性细菌、植物性真菌等具有不同程度的抑制作用，尤其对白粉病菌具有强烈的抑制活性，例如葡萄钩丝壳菌（*Uncinula* sp.）、叉丝单囊壳菌（*Podosphaera* sp.）和单丝壳菌（*Spaerotheca* sp.）等。在农业上主要用作果树、蔬菜和园艺作物等的白粉病的防治。

四、有关抗生素的抗性问题

包括农用抗真菌抗生素在内的农用抗生素都面临着严重的抗性问题，例如春雷霉素在进入市场短短六年后就出现了抗性问题。随着抗性机制的研究进入分子水平发现，大多数的抗性都是由于细菌内某个或某几个基因发生抗性突变，或者表达失调造成的。从细胞分子水平上讲，抗生素的耐药机制大致可以分为四类：① 细菌产生一种或多种水解酶或钝化酶，对进入细菌体内的抗生素进行水解或修饰，进而使其产生抗性；② 抗生素的作用靶酶本身发生突变或被细菌的某种酶修饰，从而使抗生素与靶酶的亲和力下降，导致失活；③ 细菌细胞膜的通透性或其依赖能量的主动转运机制发生改变，能够将进入细胞内的抗生素再泵出体外；④ 改变 30S 亚基结构，缺乏 P10 蛋白质，使药物不能与靶位结合而产生耐药。

春雷霉素主要用于防治稻瘟病菌（*Pyricularia oryzae*），稻瘟病菌是一类极易发生突变的真菌，具有遗传复杂性和多样性。通过遗传杂交及等位性实验发现，在稻瘟病菌菌体内存在 3 个非连续的抗性突变基因 *kas-1*、*kas-2* 和 *kas-3*，因此春雷霉素的抗性机制属于多基因抗性。尽管这三个基因不存在连锁关系和累加关系，但其中的一个或几个发生突变均可导致菌体对春雷霉素产生抗性，有些基因的抗性突变甚至使菌株间的敏感性差异 100 倍。Taga 等研究发现 *kas-3* 基因突变会使春雷霉素与稻瘟净产生交互抗性。

链霉素是目前研究较为深入的抗生素，具有强大的杀菌活性，对多种革兰阴性杆菌如大肠埃希菌、克雷伯菌属、变形杆菌属等具有很少的杀菌作用，但是早在 1962 年就出现了链霉素的抗性报道。链霉素的抗性机制较为复杂，根据抗性的不同可以分为高抗性菌株（最低抑菌浓度 MIC 大于 2000 μg/mL）和中等抗性菌株（最低抑菌浓度 MIC 是 500～750 μg/mL）。

有研究者发现在抗性菌株中会存在一些敏感菌株中所没有的质粒 DNA，例如质粒 pCPP501、pEa34、pEA 29 等。而这些仅在抗性菌株中出现的 DNA 往往携带与链霉素抗性密切相关的基因。例如 pEA34 质粒上存在 *str*A 和 *str*B 基因，其编码产物分别是氨基糖苷类-3′-磷酸转移酶和氨基糖苷类-6-磷酸转移酶。在这些酶的作用下，可以将链霉素的 3′-或 6-羟基进行磷酸化，从而使链霉素的活性丧失。质粒 pEA 8.7 上载有 *str*A、*str*B、*sul* II 基因，它们的编码使链霉素失去抗菌活性的磷酸转移酶。

菌体中核糖体相关基因发生抗性突变也是产生链霉素抗性的主要机制之一。S12 蛋白是核糖体 30S 亚基的重要组成蛋白，当其编码基因 *rps*L 发生突变，使菌体产生较高水平的链霉素抗性。*rps*L 基因全长 375bp，当其序列中编码赖氨酸（AAA）的密码子突变精氨酸（AGA）、天冬氨酸（AAT、ACC）或者苏氨酸（ACA）时，都可以使菌体产生链霉素抗性。

参考文献

[1] Kanetis L，Förster H，Jones CA，et al. Characterization of genetic and biochemical mechanisms of fludioxonil and pyrimethanil resistance in field isolates of penicillium digitatum. Biochemistry and Cell Biology，2008，98(2)：205-214.

[2] 朱丽华编译. 抗葡萄孢剂嘧菌胺（KIF-3535）的合成和构效关系研究. 世界农药，2004，26(5)：18-24.

[3] Nagata T，Masuda K，Maeno S，Miura I. Synthesis and structure-activity study of fungicidal anilinopyrimidines leading to mepanipyrim (KIF-3535) as an anti-Botrytis agent. Pest Management Science，2003，60：399-407.

[4] Shah PV. Pesticide residues in food：Cyprodinil. The International Programme on chemical Safety (IPCS)，2003.

[5] Latorre BA，Spadaro I，Rioja ME. Occurrence of resistance of Botrytis cinerea to anilinopyrimidine fungicides in table grapes in Chile. Crop Protect，2002，21(12)：957-961.

[6] 王开梅，江爱兵，杨自文等. 农用抗生素的筛选策略. 农药论坛，2005，7-14.

[7] Gould SJ，Guo J，Geitmann A，et al. Nucleoside intermediates in blasticidin S biosynthesis identified by the in vivo use of enzyme inhibitors. Can J Chem. ，1994，72：6-11.

[8] Guo J，Gould SJ. Biosynthesis of blasticidin S cell-free demonstration of n-methylation as the last step. Bioorganic & Medicinal Chemistry Letters，1991，1：497-500.

[9] Schuwirth BS，Day JM，Hau CW，et al. Structural analysis of kasugamycin inhibition of translation. Nat. Struct. Mol. Biol. ，2006，13：879-886.

[10] Kojima I，Kasuga K，Kobayashi M，et al. The biosynthesis of kasugamycin, an antibiotic against rice blast disease, with particular reference to the involvement of rpoZ, a gene encoding RNA polymerase omega subunit. 2006，Int J Soc Mater Eng Resour，2006，14(1,2)：28-32.

[11] Ikeno S，Tsuji T，Higashide K，et al. A 7.6 kb DNA region from Streptomyces kasugaensis M338-M1 includes some genes responsible for kasugamycin biosynthesis. The Journal of Antibiotics，1998，51(3)：341-352.

[12] Springer B，Kindan YG，Prammananan T，et al. Mechanism of streptomycin resistance：selection of mutations in the 16S rRNA gene conferring resistance. Antimicrobial Agents and Chemotherapy，2001，45(10)：2877-2884.

第五章

信号转导抑制剂

  细胞或生物体在生长过程中会受到多种环境的刺激，可以通过信号转导系统（signal transduction system）对外界刺激进行识别并产生应答。信号转导系统由一系列受体、酶、通道和调节蛋白等构成。当外界环境发生变化，刺激因子可与细胞表面或细胞膜中的受体结合，细胞遂接受分子信号，该信号再通过细胞膜经一系列步骤传递给细胞内分子，后者再通过活化转录因子调节细胞内相应基因的表达或沉默，进而改变细胞的生理活动。也就是说，通过信号转导系统，细胞能感受、放大和整合各种外界信号，并对此产生应答。从理论上讲，当信号转导通路中的任一环节受到阻碍，导致通路中断都可能抑制、甚至阻遏细胞对环境刺激产生相应的改变，会对整个细胞或生物体产生一定的影响。当这些影响导致细胞生长产生不可逆转的损伤，就可能导致细胞的死亡。因此，信号转导系统及其关键蛋白成为杀菌剂的重要靶标。

第一节 HOG-MAPK 通路抑制剂

一、HOG-MAPK 信号通路

  在生物体中，很多信号通路都是通过蛋白质的磷酸化或去磷酸化过程实现的，这些途径中非常重要的是促分裂原活化蛋白激酶信号通路（mitogen activated protein kinase，MAPK）。MAPKs信号通路由依次磷酸化的3类丝氨酸/苏氨酸蛋白激酶 MAP3K-MAP2K-MAPK 组成，即 MAP3k（MAPK kinase kinase，MAPKKK）首先被上游感应蛋白磷酸化，继而激活 MAP2K（MAPK kinase，MAPKK），活化的 MAP2K 又使 MAPK 磷酸化，活化的 MAPK 通过磷酸化，作用激活下游的转录因子、细胞骨架相关蛋白等将上游信号传递至下游应答分子。MAPKs信号通路是真核细胞对外界环境刺激做出应答反应的一种保守的信号传导机制，在外界刺激条件下细胞多种生物学反应（如细胞增殖、分化、转化及凋亡等）的调整过程中具有至关重要的作用。酿酒酵母（*Saccharomyces cerevisiae*）是重要的真核模式生物之一，也是目前信号通路研究较为深入的物种之一。在酿酒酵母细胞中已发现五种 MAPK 途径，不同的细胞外刺激可使用不同的 MAPKs信号通路，通过其相互调控而介导不同的细胞生物学反应。

  高渗透压是重要的环境胁迫因子之一，能引起细胞脱水并破坏胞内正常的生理代谢。在酿酒酵母中，高渗透压甘油促分裂原活化蛋白激酶信号转导途径（high osmolarity glycerol mitogen activated protein kinase signaling transduction pathway，HOG-MAPK）是细胞对外界高渗透压胁迫环境应答的主要途径，细胞通过促进胞内甘油积累、阻遏细胞生长及其他生理条件抗衡高渗透胁迫刺激。

  酿酒酵母 HOG-MAPK 信号通路见图 2-5-1，属于三级激酶级联系统：MAP3K（Ssk2p，Ssk22p，Ste11p）→MAP2K（Pbs2p）→MAPK（Hog1p）。HOG-MAPK 通路上游有 2 个相对独立的早期分支感应渗透信号，Sln1p 和 Sho1p。对于同样的高渗胁迫刺激，并行的 Sln1p 和 Sho1p 分支通路并不同时被激活，当其中一条分支通路出现突变，也不影响另一条分支通路的信号传递，这使得细胞可以对更宽范围的渗透压变化产生应答。

Sln1p 分支由 Sln1p、Ypd1p、Ssk1p、Ssk2p/Ssk22p 组成。信号感应蛋白 Sln1p 是酿酒酵母细胞中唯一的组氨酸激酶反应调节蛋白，是 HOG-MAPK 信号转导途径中的负调节传感蛋白。在正常生长状态下，Sln1p 组氨酸（His576）可以自身磷酸化，然后通过与 Ypd1p、Ssk1p 组成一个双组分磷酸转移体系，将磷酸基团转移给 Ssk1p，磷酸化的 Ssk1p 不能与下游 Ssk2p/Ssk22p 相互作用，因而信号传导是中断的。在高渗胁迫环境下，Sln1p 的组氨酸激酶活性被抑制，使得 Ypd1p 和 Ssk1p 去磷酸化，去磷酸化的 Ssk1p 与 Ssk2p/Ssk22p 相结合，导致 Ssk2p 自我磷酸化并激活下游路径。

Sho1p 分支由 Shop、Ste20p、Ste50p、Ste11p 和 GTPase Cdc42p 组成。渗透感应膜蛋白 Sho1p 接受外界刺激因子后，激活另一膜蛋白 GTPase Cdc42p，然后通过 Ste20p、Ste50p、Ste11p 系统将胁迫信号传递至下游途径。

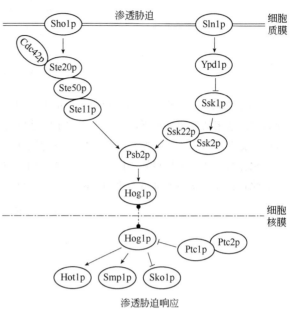

图 2-5-1　酿酒酵母 HOG-MAPK 信号通路

上游 Sln1p 或 Sho1p 分支的信号都会传递给 Pbs2p。在 HOG-MAPK 通路中，激活的 Pbs2p 既是支架蛋白，也是蛋白激酶。作为支架蛋白，对保证信号转导途径的专一性起着重要的作用。作为蛋白激酶，可以将 Hog1p 的 Thr174 和 Tyr176 进行双重磷酸化激活。Hog1p 是 HOG-MAPK 信号通路中的关键性因子。在正常生长条件下，Hog1p 分布在细胞质中，但细胞受到高渗透胁迫刺激后，激活的 Hog1p 迅速进入细胞核。在细胞核内，Hog1p 通过磷酸化作用激活 Sko1p、Smp1p、Hot1p 等转录激活/阻遏辅助因子。这些转录因调控所有高渗应激基因的表达，从而使细胞对高渗胁迫刺激做出应答。当高渗胁迫刺激消失，或者细胞重新适应外界环境时，蛋白磷酸酶 Ptc1p、Ptp2p 等直接与 Hog1p 相互作用，将其进行去磷酸化失活，细胞重新达到一个平衡。

当抑制剂通过抑制蛋白激酶的磷酸化活性，不能正常对底物进行磷酸化作用，就会导致信号传导通路的阻断。目前商品化的杀菌剂拌种咯和咯菌腈就是以 HOG-MAPK 信号通路为靶点表现杀菌活性的。

二、HOG-MAPK 抑制剂

1. 硝吡咯菌素衍生物

1964 年，Arima 首次发现硝吡咯菌素（pyrrolnitrin）具有杀菌活性，并于 1965 年报道了硝吡咯菌素的化学结构。硝吡咯菌素最初是作为一种医药杀菌剂使用，随后发现它也是一种对灰霉病和稻瘟病有很好防治效果的抗真菌抗生素。但是，硝吡咯菌素对光具有不稳定性，光照降解半衰期仅为 27min，这极大地限制了其应用范围，Ciba-geigy 公司对硝吡咯菌素进行结构改造，将吡咯环上 3-位氯原子用氰基取代后，光稳定性明显改善。随后，研究者又对苯环上的取代基进行改造，以提高其生活活性，进而成功开发得到拌种咯和咯菌腈两个高活性的杀菌剂。拌种咯的光照降解半衰期为 48h，在 pH 3～9、100℃时，6h 内稳定，在土壤中的半衰期为 150～250d。咯菌腈的光照半衰期为 24.9h，pH 5～9 条件下不发生水解。

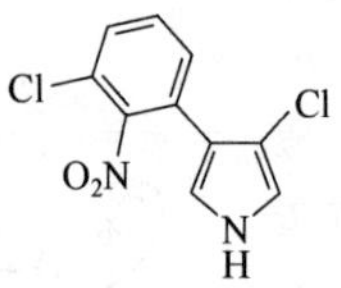

硝吡咯菌素(pyrrolnitrin)

构效关系研究发现，吡咯环氮原子上的取代基与活性密切相关，当取代基可以通过水解变为氢时，化合物的杀菌活性很好，当取代基不能被水解丢掉时，化合物的杀菌活性较弱。因此，研究中通常保留吡咯环氮上的氢原子。吡唑环上 3-位取代基为氰基时，化合物的活性最好；苯环上 2-位或 3-位单独取代时，化合物的活性不是很好，但是 2-位和 3-位同时取代，化合物的活性可以明显提高。以硝吡咯菌素为先导化合物开发新的苯吡咯类杀菌剂的构效关系研究见表 2-5-1。

表 2-5-1　硝吡咯菌素衍生物的构效关系

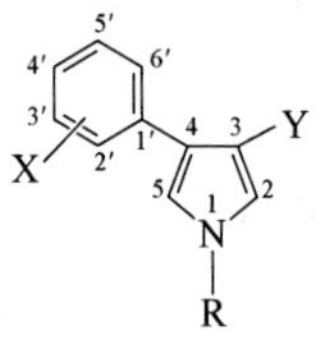

R	X①	Y	EC_{80} / (μg/mL)
H	—Cl	—NO₂，—CO₂CH₃，—COCH₃，—CONH₂，—CONMe₂，—SO₂CH₃，—SO₂NMe₂，—P(O)(OCH₃)₂	＞200
H	—Cl	—CSNH₂	20～200
H	2-Cl	—CN	＜20
H	3-Cl	—CN	10
H	4-Cl	—CN	60
H	—CN，—SO₂CH₃，—NMe₂，—OCH₃，—SiMe₃	—CN	＞200
H	H，—F，—CH₃，—SCH₃，—OCF₃	—CN	20～200
H	—Cl，—Br，—CF₃，—OCF₂O—	—CN	＜20
H	2,3-Cl₂	—CN	6
H	2,4-Cl₂	—CN	＞200
H	2,5-Cl₂	—CN	＞200
H	2,3-(—O—CF₂—O—)	—CN	0.6

① 没有特别指出的话，取代基可以是苯环上 2′-或 3′-取代基位置。

硝吡咯菌素衍生物属于苯基吡咯类化合物，主要通过两条路径得到（见图 2-5-2），甲苯磺酰甲基异腈（TosMIC）途径和 α-氨基酮途径。前者是以对甲苯磺酰甲基异腈（TosMIC）为原料，与取代苯甲醛或苯胺反应得到苯基吡咯类化合物。后者是指在合成过程中会形成一个 α-氨基酮的中间体。目前工业上较多采用 TosMIC 路径。

（1）TosMIC 路线

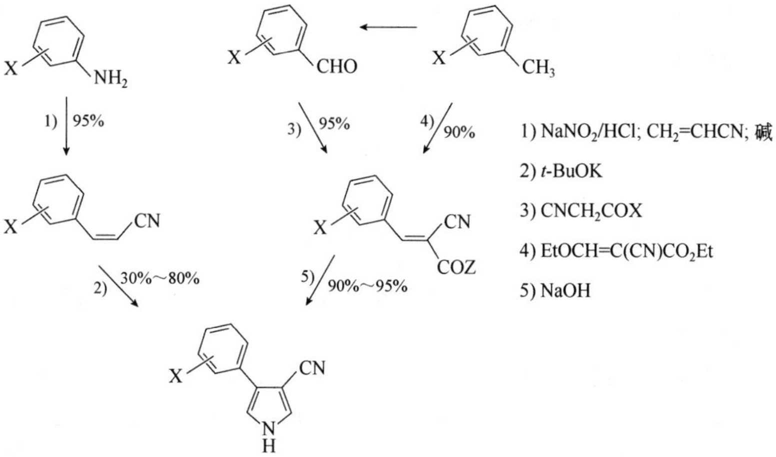
1) $NaNO_2$/HCl; CH_2=CHCN; 碱
2) t-BuOK
3) $CNCH_2COX$
4) EtOCH=C(CN)CO_2Et
5) NaOH
1) 95%
2) 30%~80%
3) 95%
4) 90%
5) 90%~95%

（2）氨基酮路线

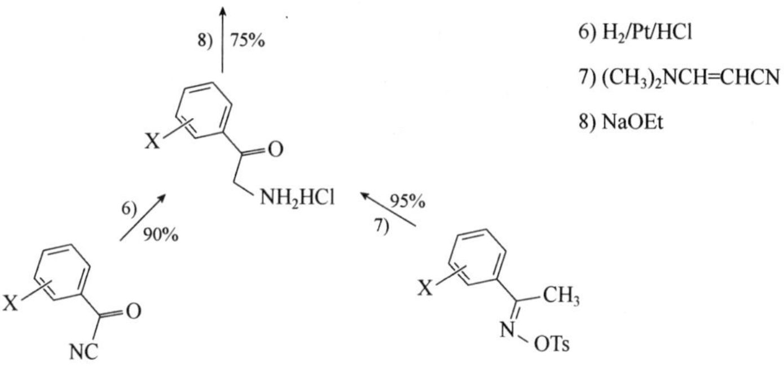
6) H_2/Pt/HCl
7) $(CH_3)_2$NCH=CHCN
8) NaOEt
8) 75%
6) 90%
7) 95%

图 2-5-2　硝吡咯菌素衍生物的合成路径

2. 拌种咯（fenpiclonil）

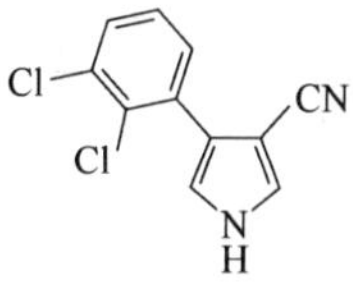

$C_{11}H_6Cl_2N_2$, 237.1, 74738-17-3

拌种咯是瑞士 Ciba-Geigy 公司（现先正达公司）于 1988 年开发得到的，是第一个苯基吡咯类杀菌剂。

理化性质　白色结晶，熔点 152.9℃，蒸气压（20℃）420×10^{-9}Pa，溶解度（25℃）：水中 4.8mg/L，乙醇 73g/L，丙酮 360g/L，甲苯 7.2g/L，正己烷 0.026g/L，正辛烷 41g/L，对热稳定。

毒性　急性经口 LC_{50}＞5000mg/kg（大鼠、小鼠和兔），大鼠急性经皮 LC_{50}＞2000mg/kg，对兔眼睛和皮肤无刺激，无致畸、无诱变、无胚胎毒性。

合成方法　拌种咯的合成采用苯甲醛路径，即以 2，3-二氯苯甲醛与 2-氰基乙酰胺反应。

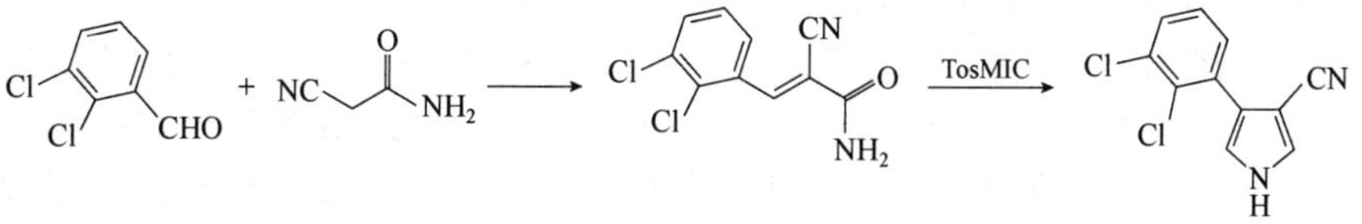
TosMIC

拌种咯

应用　主要用于种子处理，对禾谷类作物中雪腐镰孢菌、小麦网黑粉菌等传病原菌有特效，对非禾谷类作物的种传和土传病菌也有良好的防治效果，例如链格孢属、壳二孢属、曲霉属、镰孢霉属、长蠕孢属、丝核菌属和青霉属菌等。禾谷类作物和豌豆种子处理剂量为 20g（a.i.）/100kg 种子，马铃薯用 10～50g（a.i.）/1000kg。

3. 咯菌腈（fludioxonil）

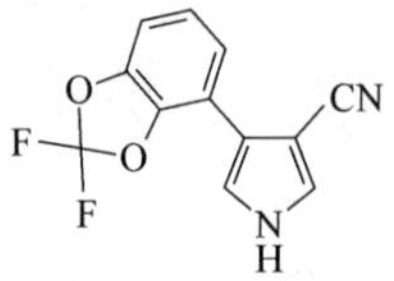

C$_{12}$H$_6$F$_2$N$_2$O$_2$, 248.2, 131341-86-1

1984 年由瑞士 Ciba-Geigy 公司（现先正达公司）开发的第二个苯基吡咯类杀菌剂，1996 年在美国登记注册并允许使用。

理化性质 无色晶体，熔点 199.8，蒸气压（20℃）3.9×10^{-7}Pa，溶解度（20℃）：水中 1.8mg/L，丙酮 190mg/L，甲醇 4.4mg/L，甲苯 2.7mg/L，正辛醇 20mg/L，己烷 0.0078mg/L。

毒性 急性经口 LC$_{50}$>5000mg/kg（大鼠、小鼠），>2000mg/kg（野鸭、鹌鹑），大鼠急性经皮 LD$_{50}$>2000mg/kg，对兔眼睛和皮肤无刺激，无致畸、无诱变、无胚胎毒性。

合成方法 主要有两种：路线 A 是以取代苯甲醛为起始原料，与氰基乙酸乙酯缩合，然后与对甲苯磺酰甲基异腈（TosMIC）经关环反应得到目的产物；路线 B 是以硝基苯酚为起始原料，先经醚化、氟化，然后将硝基还原为氨基，经重氮化反应后再与丙烯腈反应，最后经关环反应得到目的产物。

路线A：

路线B：

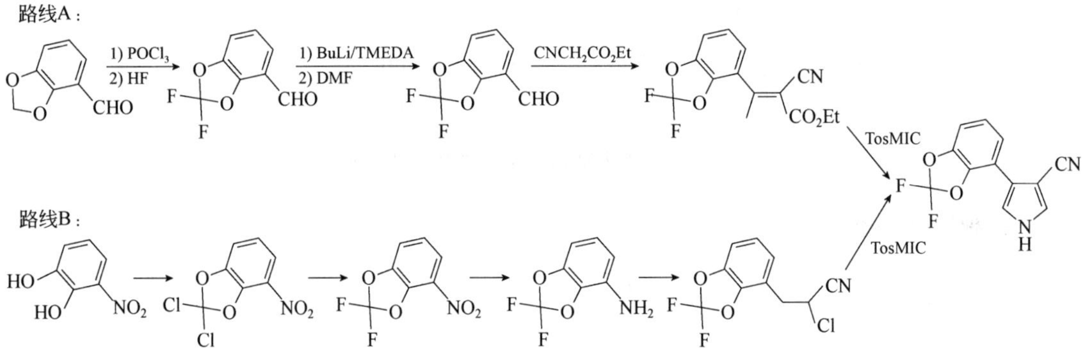

应用 咯菌腈是一种非内吸性、广谱杀菌剂，可有效抑制孢子萌生，细菌芽管伸长、菌丝生长，主要用于小麦、大麦、玉米、豌豆、油菜、水稻、观赏作物、蔬菜、葡萄和草坪等。作为叶面杀菌剂用于防治葡萄、蔬菜等作物中的雪腐镰孢属、丛梗孢属、核盘菌属、丝核菌属等引起的病害有特效；作为种子处理剂，主要用于谷物和非谷物类作物中防治如链格孢属、壳针孢属、曲霉属、镰孢菌属、长蠕孢属、丝核菌属及扩展青霉菌（*Penicillium expansum*）等病菌引起的病害。

三、作用机制

硝吡咯菌素是假单胞菌（*Pseudomonas pyrrocinia*）的次级代谢产物，其生物合成途径见图 2-5-3。由于硝吡咯菌素的作用靶标是呼吸链，因此研究者首先尝试拌种咯和咯菌腈是否也同样为呼吸链抑制剂，但结果是否定的。当使用拌种咯处理梭霉菌（*Fusarium sulfureum*）时，菌丝生长以及菌丝中单糖的运输迅速受到抑制，菌体内中性多元醇，如甘油和甘露醇积累。但是，拌种咯对细胞核分裂、呼吸氧化、几丁质合成、甾醇合成、磷酯、核酸和蛋白合成均无影响。也有研究者认为拌种咯的作用靶标是硝吡咯菌素生物合成中的第四个催化酶（见图 2-5-3），然而并没有找到直接的证据。随着进一步研究发现，拌种咯和咯菌腈的作用靶标是 HOG-MAPK 信号通路。

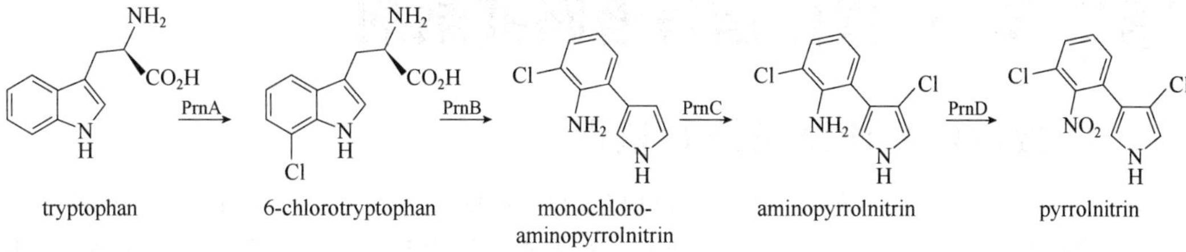

图 2-5-3　硝吡咯菌素的生物合成路径
PrnA—色氨酸氯化酶；PrnB—硝吡咯菌素生物合成酶 PrnB；
PrnC—氯胺硝吡咯菌素氯化酶；PrnD—氨基硝吡咯菌素氧化酶

　　在分子遗传学上，丝状真菌粗糙脉孢菌（*Neurospora crassa*）与酿酒酵母有类似的 HOG-MAPK 信号通路，但也存在一些不同之处。酵母 *Hog1* 在粗糙脉孢菌中的同源基因是 *Os-2*，均在 MAPK 信号通路中具有关键性作用。在酿酒酵母中只有唯一的一个组氨酸激酶 *Sln1p*，而在粗糙脉孢菌中却有 11 个组氨酸激酶，这说明粗糙脉孢菌有着更为复杂的高渗胁迫应答系统。其中 *Os-1p* 的功能与 *Sln1p* 的最为接近。当 *Sln1p* 发生功能性缺失突变时，酿酒酵母会由于甘油合成的失调，导致细胞吸水膨胀，直至最后细胞破裂。但是在粗糙脉孢菌中却不存在类似情况，*Os-1p* 发生功能性缺失突变（Gln308stop）也会导致甘油合成的失调，但细胞在低浓度的高渗胁迫环境下依然可以生存。当使用咯菌腈或拌种咯处理野生型粗糙脉孢菌（*Neurospora crassa*）时，菌体会产生类似于高渗胁迫的应答，同时随着甘油的不断产生，细菌孢子和菌丝的细胞逐渐膨胀并最终爆炸。当菌体中 *Os-2p* 发生缺失突变，导致激酶活性丧失，不能合成足够的甘油以抗衡高渗胁迫的刺激，因此菌体只能在低浓度高渗胁迫环境中生存，而不能存在于高浓度高渗胁迫环境。而且最为重要的是，*Os-2p* 的这种突变会导致对咯菌腈和拌种咯产生高度抗性。

　　这种现象在其他真菌中同样出现。在黄瓜炭疽菌（*Colletotrichum lagenarium*）中，*Hog1* 的同源基因是 *Osc1*。当 *Osc1* 缺失，细胞不能对高渗胁迫做出应激反应，并且这种表型可以被 *Osc1* 的过量表达恢复［见图 2-5-4（a）］。而且在杀菌剂咯菌腈存在下，野生型菌株不能感染植物，但 *osc1* 缺失的菌株却可以［见图 2-5-4（b）］，这表明咯菌腈和拌种咯的初始作用位点是 HOG-MAPK 信号通路中的 MAP3K 激酶。拌种咯和咯菌腈与蛋白激酶 MAP3K 相互作用，抑制了酶的活性，由于下游蛋白的去磷酸化作用激活 HOG-MAPK 信号通路，从而造成甘油合成失控，细胞内渗透压加大，最终导致细胞发生肿胀而死亡。

图 2-5-4　野生型（WT）或 *Osc1* 缺失菌株对高渗胁迫（a）和咯菌腈的刺激应答（b）

第二节 G 蛋白信号通路抑制剂

一、G 蛋白信号通路及抑制机理

G 蛋白（G-protein）也称为 GTP 结合蛋白质（GTP binding protein, guanine nucleotide binding protein, 鸟嘌呤核苷酸结合蛋白质），是一个很大的家族，包括 Rho、Rac、Ras 等小家族，不同的信号可以激活不同的 G 蛋白，进而产生不同的第二信使，参与不同的细胞生命活动，例如细胞通讯、核糖体结合、微管组装、细胞运动等。G 蛋白在细胞信号通路中通过 GDP/GTP 循环起信号转换器或分子开关的作用，其详细机制如图 2-5-5 所示。在通常情况下，G 蛋白与 GDP 结合，呈现非活化状态。当信号分子结合到膜上受体，G 蛋白在 GEF 的协助下脱离 GDP 并与 GTP 结合，进入激活状态。当 G 蛋白被激活后，通过细胞内信使的作用传递信号，激活下游多种分子，使细胞对外界刺激做出相应应答。这些细胞内信使包括 cAMP、cGMP、Ca^{2+}、NO、IP3 和 DAG 等。激活的 G 蛋白会在 GAP 的作用下，使 GTP 水解得到 GDP 和磷酸，同时 G 蛋白回复至非激活状态，信号转导终止，细胞应答终止。G 蛋白信号通路的最大优点是使信号强化。例如当细胞接受肾上腺激素的作用后，G 蛋白与信号通路中的腺苷酸环化酶作用下可产生第二信使 cAMP。在通路中，仅一个肾上腺素分子就可以产生大量的 cAMP，这使得细胞外微弱的信号在胞内可被转换成强信号。大量产生的 cAMP 与蛋白激酶发生作用，导致细胞代谢途径中的多种蛋白通过磷酸化作用而被激活或钝化，从而介导胞外信号，调节细胞反应。

G 蛋白系统是许多信号通路的中心环节，因此也就成为众多药物或毒品的作用靶点，例如 Claritin、可卡因、海洛因等。农用杀菌剂喹氧灵也是通过抑制 G 蛋白系统发挥作用的。研究发现，喹氧灵的作用靶标是 Ras 型鸟苷三磷酸酶激活蛋白（GAP）。当使用喹氧灵处理菌体细胞后，细胞内 GAP 被抑制，使 G 蛋白处于持续活化状态，导致细胞体液平衡的正常调控破坏，细胞因丧失水、钠和氯化物而发生脱水现象，但是其确切的作用机制还有待于进一步的深入。

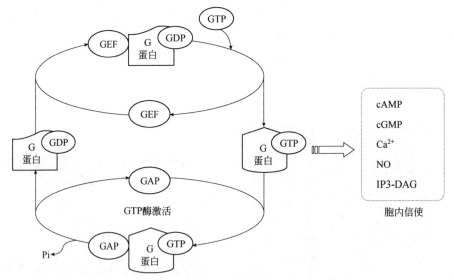

图 2-5-5 G 蛋白信号通路中的 GDP/GTP 循环

GDP—guanosine diphosphate, 鸟苷二磷酸；GTP—guanriphosphat osphate, 三磷酸鸟苷；GEF—Guanine nucleotide-exchange factor, 鸟嘌呤交换因子；GAP—GTPase-activating protein, GTP 酶激活蛋白；cAMP—cyclic adenosine monophosphate, 环单磷酸腺苷；cGMP—cyclic guanosine monophosphate, 环单磷酸鸟苷；IP3—Inositol trisphosphate, 肌醇三磷酸；DAG—diacylglycerol, 二脂酰甘油

二、G 蛋白信号通路抑制剂——苯氧喹啉

$C_{15}H_8Cl_2FNO, 308.13, 124495-18-7$

苯氧喹啉（quinoxyfen）1994 年由美国 Dow AgroSciences 公司推出，1997 年被批准进入市场。

理化性质 无色或淡黄色液体，熔点 106～107.5℃，蒸气压（20℃）1.2×10^{-5} Pa，溶解度（20℃）：水中 0.116mg/L，正己烷 9.64g/L，甲醇 21.5g/L，甲苯 272g/L，二氯甲烷 589g/L，丙酮 116g/L，乙酸乙酯 179g/L。

作用机理 苯氧喹啉可有效地抑制白粉病菌分生孢子中的初生和变异的附着孢子，并能够抑制不同白粉病菌的相互传染过程。但是，当病原菌侵染了寄主后，在叶片表面上病菌的吸器和后面的发育将不受影响。因此，苯氧喹啉被认为是保护性杀菌剂。由于苯基喹啉具有移动性和持效性，可以长期保护未受侵染的组织不受侵染，特别是对谷物的新生叶片。对于其分子作用机制，人们最初认为它是在一种特殊的生物化学过程中发挥作用，其中包括孢子的萌发和附着孢子的形成。然而，Iane Wheeler 研究认为苯基喹啉的作用机制是改变了蛋白激酶 C（*pkc*）、类 *pkc* 及催化蛋白激酶 A（*cpka*）转录体的积累。这个结果表明喹啉类的作用方式明显不同于以往的所有杀菌剂，并且和其他类药剂并无交互抗性。由于此类药剂靶标位点的特性，喹啉类化合物为农药化学的发展开拓了新的天地，为寻找高效低毒的新型农药提供了新的用途。

毒性 大鼠急性经口 $LD_{50}>5000$mg/kg，大鼠急性经皮 $LD_{50}>2000$mg/kg，未发现基因毒性，未见对皮肤有刺激性，但对兔子眼睛有中度的刺激性，几内亚猪若长期暴露在该药剂的氛围中，可引起皮肤过敏，对鸟类、蜜蜂和蚯蚓的毒性均很低。目前，英国、美国、日本等国家已制定了水果等农产品中喹氧灵的最大农药残留限量标准（见表 2-5-2），但我国尚未制定出该农药的相关标准。

表 2-5-2 苯氧喹啉的残留限量规定

食 品	残留限量值/（mg/kg）
奶和乳制品	0.05
肉，脂肪和预备肉	0.2
粮谷	0.02
玉米	0.02
荞麦	0.02
小麦	0.02
稷，粟，黍的子实	0.02
燕麦	0.2
大麦	0.2
裸麦、黑麦	0.02
高粱	0.02
啤酒花、蛇麻草	0.5
茶	0.05
大麻子	0.05
马铃薯	0.02
含油种子	0.05
棉籽	0.05

合成方法

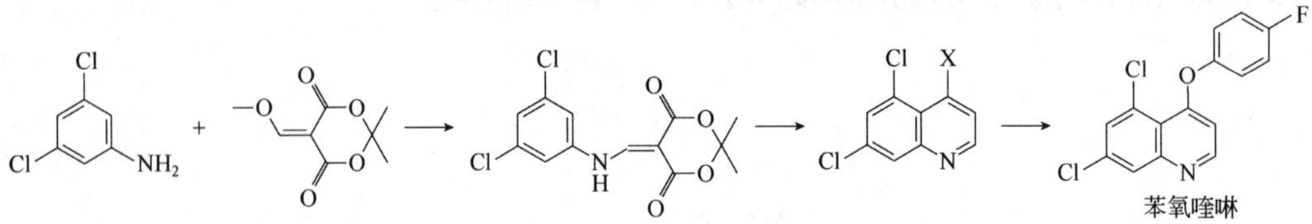

代谢 苯氧喹啉在土壤中的稳定性决定于土壤的类型和来源，在田间 DT_{50} 值为 5～454d。由于土壤具有强烈的吸附性质，减缓了苯氧喹啉在土壤中的消散速度，同时也阻碍其被淋溶进入地下水及河流中。在酸性条件下，苯氧喹啉在土壤中的代谢产物主要是不具有淋溶性质的 5，7-二氯-4-羟基喹啉（DCHQ）。除此以外，从水和带水的沃土中还可代谢成为 6-羟基喹氧灵。苯氧喹啉在水中的水解状况与在土壤中相似，在酸性及没有光照的情况下，主要的代谢产物也是 5，7-二氯-4-羟基喹啉。但在光照条件下，光解依赖于光的强度而显著增加，主要的光解产物是 2-氯-10-氟［*l*］苯并吡咯［2，3，4-*de*］喹啉（CFBPG）（见图 2-5-6）。

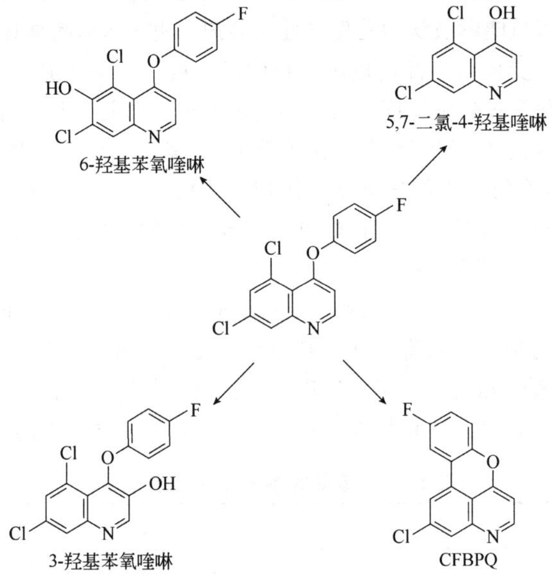

图 2-5-6 苯氧喹啉的代谢途径

应用 对单、双子叶植物的白粉病菌有特殊的活性，主要用于防治禾谷类作物小麦、甜菜、大麦和葡萄的粉末状霉菌病，在谷物中防治白粉病的用量一般为 $150g/hm^2$，在葡萄园为 $50g/hm^2$。叶面施药后可迅速渗透到植株组织中，并可经木质部移动向顶转移，对谷物持效期为 42d，对葡萄为 21d，苯氧喹啉与目前市场上已有的杀菌剂包括三唑类、甲氧基丙烯酸酯类等无交互抗性，对作物安全无药害，对环境亦安全，是一个理想的综合防治的杀菌剂。

参考文献

[1] Xu J R. MAP Kinases in fungal pathogens fungal. Genetics and Biology，2000，31(3)：137-152.

[2] Chenkp W，Snaar JBE. Singal perception and transduction the role of protein kinases. Biochimica et Biophysica Acta，1999，1449(1)：1-24.

[3] 冯飞，纪春艳，杨秀芬，等. 一种来源于链格孢菌的 MAPK 激酶 AtPBS 基因的克隆及功能分析. 中国生物工程杂志，2009，29(6)：52-57.

[4] 元雪昌，胡森杰，钱凯先. 酵母 HOG-MAPK 途径. 细胞生物学杂志，2005，27：247-252.

[5] Brunct A，Pouyssegur J. Identification of MAP kinase domains by redirecting stress signals into growth factor responses. Science，1996，272：1652-1655.

[6] Banuett F. Signalling in the Yeasts：an informational cascade with links to the filamentous Fungi. Microbiology and

Molecular Biology Reviews,1998,62(2):249-274.

[7] Mao K,Wang K,Zhao M,et al. Two MAPK-signaling pathways are required for mitophagy in Saccharomyces cerevisiae. J Cell Biol. ,2011,193(4):755-67.

[8] Posas F,Saito H. Osmotic activation of the HOG MAPK pathway via Ste11p MAPKKK:scaffold role of Pbs2p MAPKK. Science,1997,276(5319):1702-1705.

[9] Rodríguez-Peña JM,García R,Nombela C,et al. The high-osmolarity glycerol (HOG) and cell wall integrity (CWI) signalling pathways interplay:a yeast dialogue between MAPK routes. Yeast,2011,27(8):495-502.

[10] Monge R,Roman E,Nombela C,et al. The MAP Kinase singal transduction network in Candida albicans. Microbiol,2006, 152(4):905-912.

[11] Alepuz P, de Nadal E, Zapater M,et al. Osmostress-induced transcription by Hot1 depends on a Hog1-mediated recruitment of the RNA Pol Ⅱ. J EMBO,2003,22(10):2433-2442.

[12] Arima K,Imanaka H,Kousaka M,et al. Pyrrolnitrin,a new antibiotic substance produced by Pseudomonas. Agr Biol Chem. ,1964,28:575-576.

[13] 徐尚成，蒋木庚. 吡咯类农药活性化合物的研究进展. 农药学学报，2002,4(2):1-13.

[14] Nyfeler R, Ackermann P. Phenylpyrroles, a new class of agricultural fungicides related to the natural antibiotic pyrrolnitrin. ACS Symposium Series: Synthesis and Chemistry of Agrochemicals Ⅲ. American Chemical Society: Washington,DC,1992:395-404.

[15] Chollet J F,Rocher F,Jousse C,et al. Acidic derivatives of the fungicide fenpiclonil:effect of adding a methyl group to the N-substituted chain on systemicity and fungicidal activity. Pest Management Science,2005,61:377-382.

[16] Keum Y S,Zhu Y Z,Kim J H. Structure-inhibitory activity relationships of pyrrolnitrin analogues on its biosynthesis. Applied microbiology and Biotechnology,2011,89(3):781-789.

[17] Zhu X F,Pée K H,Naismith J H. The ternary complex of PrnB (the second enzyme in the pyrrolnitrin biosynthesis pathway),tryptophan,and cyanide yields new mechanistic insights into the indolamine dioxygenase superfamisy. The Journal of Biological Chemistry,2010,285:21126-21133.

[18] Pillonel C,Meyer T. Effect of phenylpyrroles on glycerol accumulation and protein kinase activity of Neurospora crassa. Pesticide Science,1997,49:229-236.

[19] Kim J H,Campbell C,Mahoney N,et al. Targeting antioxidative signal transduction and stress response system:control of pathogenic Aspergillus with phenolics that inhibit mitochondrial function. J Appl Microbiol. ,2006,101(1):181-189.

[20] Kojima K,Takano Y,Yoshimi A,et al. Fungicide activity through activation of a fungal signalling pathway. Molecular Microbiology,2004,53(6):1785-1796.

[21] Lodish H,Berk A,Zipursky S L,et al. Molecular Cell Biology. 4th edition. New York:W. H. Freeman; 2000.

[22] Valerie P,Sah T M,Seasholtz S A,et al. The Role of Rho in G Protein-Coupled Receptor Signal Transduction. Annual Review of Pharmacology and Toxicology,2000,40:459-489.

[23] Sohn H Y,Keller M,Gloe T,et al. The small G-protein Rac mediates depolarization-induced superoxide formation in human endothelial cells. J Biol Chem. ,2000,275:18745-18750.

[24] Oceandy D,Cartwright EJ,Neyses L. Ras-association domain family member 1A (RASSF1A)-where the heart and cancer meet. Trends Cardiovasc Med. ,2009,19:262-267.

[25] Palczewski K. G Protein—Coupled Receptor Rhodopsin. Biochemistry,2006,75:743-767.

[26] Kinane T B,Shang C,Finder J D,et al. cAMP regulates G-protein alpha i-2 subunit gene transcription in polarized LLC-PK1 cells by induction of a CCAAT box nuclear binding factor. J Biol Chem. ,1993,268:24669-24676.

[27] Castiglione F,Succi S. Simulating the G-protein cAMP pathway with a two-compartment reactive lattice gas. Theory in Biosciences. ,2005,123(4):413-429.

[28] Freissmuth M,Boehm S,Beindl W,et al. Suramin analogues as subtype-selective G protein inhibitors. Mol Pharmacol. , 1996,49:602-611.

[29] Eichel-Streiber V C, Boquet P, Sauerborn M, et al. Large clostridial cytotoxins - a family of glycosyltransferases modifying small GTP-binding proteins, Trends Microbiol,1996,4:375-382.

[30] 朱敏，范学良，杨伟林等. 成瘾性药物对大鼠脑内 G 蛋白耦联受体激酶 5 mRNA 和蛋白水平的调控. 生理学报，2004,56:559-565.

[31] Wheeler L E, Hollomon D W, Gustafson G, et al. Quinoxyfen perturbs signal transduction in barley powdery mildew (Blumeria graminis f. sp. hordei). Molecular Plant Pathology,2003,4(3):177-186.

第六章
脂质和膜合成抑制剂

生物膜（bioligical membrane）是划分和分隔细胞、细胞器的所有膜结构的总称，主要包括细胞膜（也称为质膜）和分隔细胞器的内膜系统，例如核膜、线粒体膜、内质网膜等。生物膜的化学组成基本相同，是镶嵌有蛋白质和糖类（统称糖蛋白）的磷脂双分子层，主要包括膜脂、蛋白质、糖类、甾醇和一些无机盐类等。膜脂是生物膜的基本组成成分，约占膜的 50%，主要包括磷脂（phospholipids，PL）、糖脂（sphingolipids）和胆固醇（cholesterol）三种类型，根据其取代基的不同又可分为多种亚类，其代表结构见图 2-6-1。

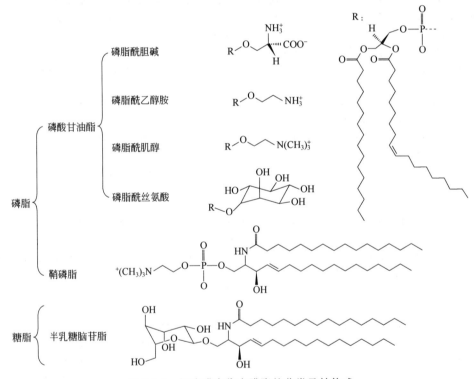

图 2-6-1　细胞膜中代表膜脂的分类及结构式

生物膜具有重要的生理功能，不仅可以为细胞提供一个相对稳定的内环境，同时在细胞与环境之间进行物质运输、能量交换和信息传递的过程中也起着决定性的作用。细胞内膜使各细胞器之间形成相对独立的反应环境，为细胞生命活动高效、有序地进行提供了保障。生物膜的功能主要依赖于其选择性通透性，既能让一些物质进入细胞内，又能保持住细胞内许多物质不外流。因此，当膜成分的生物合成受到阻碍，膜的结构或选择性屏障作用受到损害，就可能造成细胞内物质的泄漏，导致细胞死亡。在本章将着重探讨以膜脂、膜的通透性为作用靶标的杀菌剂。

第一节　磷脂生物合成抑制剂（甲基转移酶）

一、磷脂生物合成途径

磷脂是构成膜脂的基本成分，约占整个膜脂的 50％ 以上。磷脂分子主要由与磷酸相连的取代基团（氨碱或醇类等）构成的亲水端和脂肪酸链构成的疏水端组成。在生物膜中，磷脂的亲水端位于膜表面，疏水端位于膜内侧。根据与磷酸相连基团的不同，磷脂可分为两类。

甘油磷脂（glycerophospholipid）：甘油磷脂是有机体中含量最多的一类磷脂，它除了构成生物膜外，还是胆汁和膜表面活性物质等的成分之一，并参与细胞膜对蛋白质的识别和信号传导。甘油磷脂是以甘油为骨架的磷脂类，在骨架上结合两个脂肪酸链和一个磷酸基团，其主要类型有：磷脂酰胆碱（phosphatidylcholine，PC）、磷脂酰乙醇胺（phosphatidylethanolamine，PE）、磷脂酰丝氨酸（phosphatidylserine 中，PS）、磷脂酰甘油（phosphatidylglycerol，PG）、磷脂酰肌醇（phosphatidylinositol，PI）等。

鞘磷脂（sphingomyelin，SM）：鞘磷脂在脑和神经细胞膜中特别丰富，亦称神经醇磷脂，它是以鞘氨醇为骨架，与一条脂肪酸链组成疏水尾部，亲水头部含胆碱与磷酸结合。原核细胞和植物中没有鞘磷脂。

在生物体内，甘油磷脂合成过程需要三磷酸胞苷（cytidine triphosphate，CTP）的参与，根据CTP 活化中间体的不同，可分为两种不同的生物合成途径。一种途径中被 CTP 活化的是胆碱或乙醇胺因此该途径被称为 CDP 胆碱/乙醇胺途径（CDP-choline/ethanolamine）。当胆碱或乙醇胺进入细胞后，在蛋白激酶的作用下磷酸化，然后在 CTP-胞苷酰转移酶的作用下生成 CDP-衍生物，最后CDP-衍生物与甘油二酯反应生成磷脂酰胆碱、磷脂酰乙醇胺和磷脂酰丝氨酸。另一种途径中被CTP 活化的是甘油二酯，CDP 甘油二酯为重要中间产物，经此途经主要合成磷脂酰肌醇及心磷脂等。由于在该途径中需要在磷脂 N -甲基转移酶的作用下经过三次甲基化才能得到最后的磷脂，因此该途径也被称为甲基化途径在图 2-6-2 中以磷脂酰胆碱为例列出了磷酸卵磷脂的生物合成途径。

二、抑制机理及抗性机制

异稻瘟净、克瘟散、吡菌磷等有机磷杀菌剂对于防治稻瘟病具有很好的效果，能够显著抑制菌丝的生长和孢子的形成。当菌体经杀菌剂作用后，首先观察到非常明显的细胞壁异性，细胞壁内几丁质含量显著降低，因此起初相当长的时间人们都认为该类杀菌剂的作用靶标是几丁质合成酶。但是随着研究的深入发现，该类杀菌剂的作用靶标是在磷脂的生物合成过程，而几丁质生物合成受阻只是杀菌作用的次级效应。由于菌体的磷脂生物合成受阻，使得细胞膜的通透性发生改变，进而导致合成细胞膜的 UP-N-乙酰氨基葡糖不能从膜的内侧运输到膜的外侧，即膜与壁之间，从而减少了几丁质的合成。

异稻瘟净等杀菌剂主要是通过抑制磷脂 N-甲基转移酶的活性阻断菌体磷脂的生物合成。在菌体内，以 S-腺苷甲硫氨酸为甲基供体，磷脂 N-甲基转移酶催化磷脂酰乙醇胺连续三次的甲基转移反应，最终合成得到磷脂酰胆碱。在动物体内三次甲基化反应都是由一个基因的编码产物调控，三次甲基化反应都是由一个基因的编码产物调控，但是在酵母等真菌细胞中，却是由两个基因的编码产物调控。$PEM1/CHO$ 催化第一次甲基化反应，而 $PEM1/OPI3$ 催化第二次和第三次甲基化反应。异稻瘟净等有机磷杀菌剂的分子结构与磷脂酰乙醇胺相似，可以替代 PE 接受 S-腺苷甲硫氨酸提供的甲基，阻止 PE 转化为磷脂酰胆碱，进而破坏菌体生物膜的结构，抑制菌体的生长。

有机磷杀菌剂由于其毒性，使用受到严格限制，但是由于连续使用，同样出现了抗性问题。研究发现，异稻瘟净的抗性主要是由于高选择性压力，因此田间主要产生中等抗性，而高强度抗性只存在于实验室中。目前稻瘟病菌（*Pricularia oryzae*）和黄瓜白粉病菌（*Sphaerotheca fuliginea*）等都出现了吡菌磷抗性菌株。在稻瘟病菌细胞内，吡菌磷可以代谢生成 6-乙氧基羰基-2-羟基-5-甲

基吡唑并 [1, 5-a] 嘧啶 (PP)，这是吡菌磷在体内的杀菌活性成分。但是在抗性菌体内，吡菌磷不能被代谢转化成为 PP，这表明吡菌磷抗性可能不是由于靶标的突变，而是由于不能转换为 PP 造

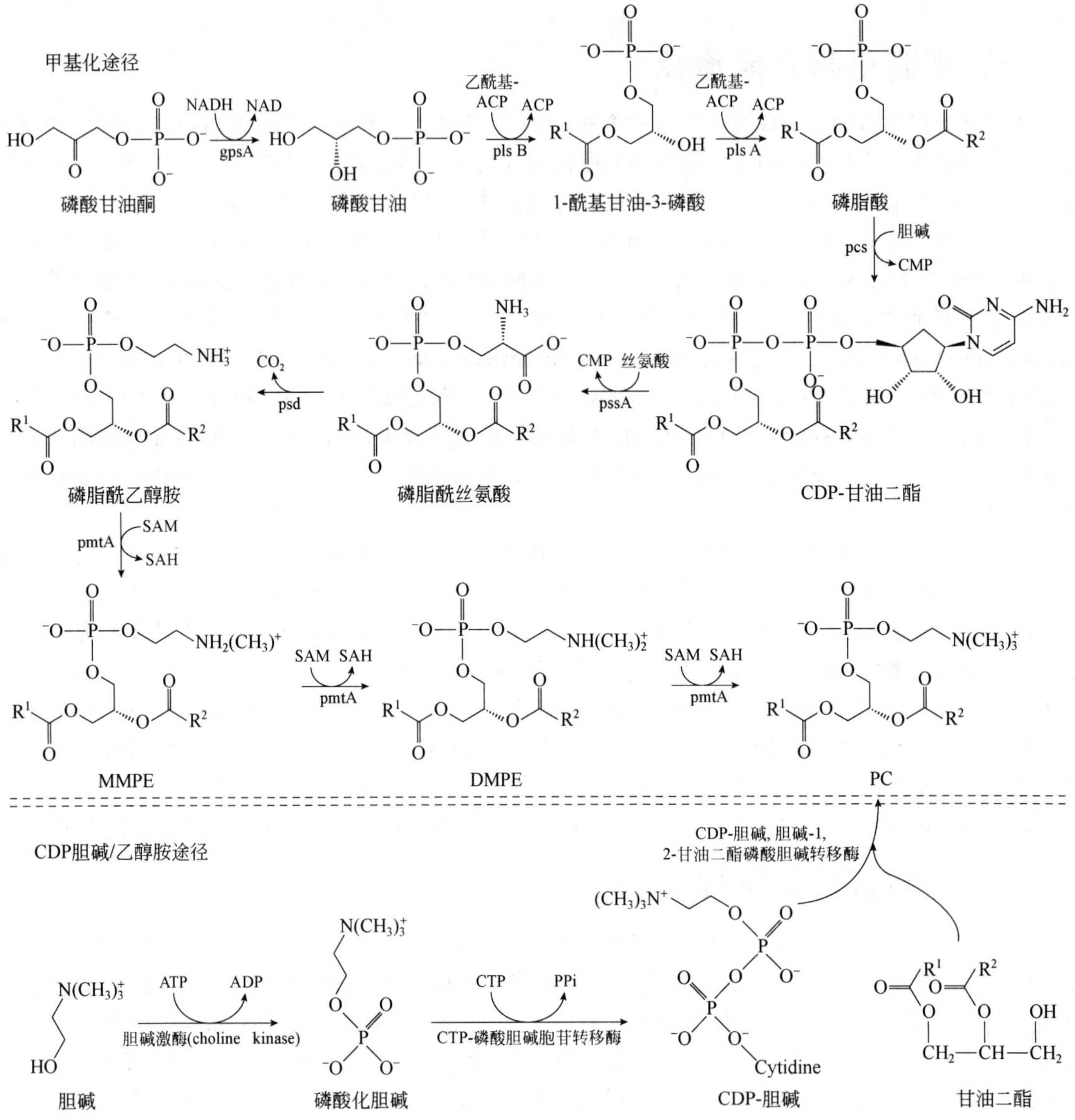

图 2-6-2 磷脂酰胆碱的生物合成途径

gpsA—EC 1.1.1.94，glycerol-3-phosphate dehydrogenase，甘油-3-磷酸脱氢酶；plsB—EC 2.3.1.15，glycerol-3-phosphate acyltransferase，甘油-3-磷酸酰基转移酶；plsA—EC 2.3.1.51，1-acylglycerol-3-phosphate-*O*-acyltransferase，1-酰基甘油-3-磷酸-*O*-酰基转移酶；CDP—diglyceride synthetase（甘油二酯合成酶）；pssA—EC 2.7.8.8，phosphatidylserinesynthease，磷脂酰丝氨酸合成酶；psd—EC 4.1.1.65，phosphatidylserine decarboxylase，磷脂酰丝氨酸脱羧酶；pmtA—EC 2.4.1，phospholipid *N*-methyltransferase，磷脂-*N*-甲基转移酶；choline kinase—EC 2.7.1.32，胆碱激酶；CTP-phosphocholine cytidylyltransferase—EC 2.7.7.15，CTP-磷酸胆碱胞苷转移酶；CDP-choline1,2-diacylglycerol phosphocholine transferase—EC 2.7.8.2，CDP-胆碱-1,2-甘油二酯磷酸胆碱转移酶；ACP—acyl carrier protein，酰基载体蛋白；SAM—*S*-adenosyl-methionine，*S*-腺苷甲硫氨酸；SAH—*S*-adenosylhomocysteine，*S*-腺苷高半胱氨酸；MMPE—monomethylphosphatidylethanolamine，单甲基磷脂酰乙醇胺；DMPE—dimethylphosphatidylethanolamine，二甲基磷脂酰乙醇胺；PC—phosphatidylcholine，磷脂酰胆碱

成的，但是具体的抗性机制还有待于进一步深入。

三、主要品种

有机磷杀菌剂最早出现于 1965 年，其中部分化合物的作用靶标是影响磷脂的生物合成，主要包括克瘟散（edifenphos）、异稻瘟净（iprobenfos）和吡菌磷（pyrazophos）等。

1. 克瘟散（edifenphos）

$$C_2H_5O-P(=O)(-S-Ph)-S-Ph$$

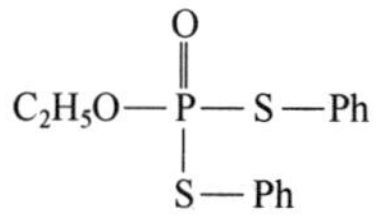

$C_{14}H_{15}O_2PS_2$, 310.4, 17109-49-8

1968 年，由拜耳作物科学（Bayer CropScience）公司开发的一种广谱性有机磷杀菌剂，兼有保护和治疗作用。

2. 异稻瘟净（iprobenfos）

$$Me_2CHO-P(=O)(-OCHMe_2)-S-CH_2Ph$$

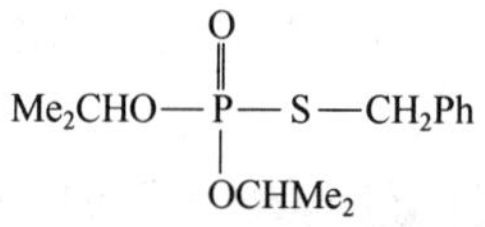

$C_{13}H_{21}O_3PS$, 288.32, 26087-47-8

1968 年由日本组合化学（Kumiai Chemical Industry）公司开发。

理化性质　无色透明液体，沸点 126℃/5.332Pa，熔点 22.5～23.8℃，相对密度 1.107，折射率 1.5106，能溶于甲醇、乙醚、氯仿、丙酮、苯、二甲苯等有机溶剂，不溶于水。

毒性　急性经口 LD_{50}：790 mg/kg（雄性大鼠），680 mg/kg（雌性大鼠），1830mg/kg（雄性小鼠），1760 mg/kg（雌性小鼠）。急性经皮 LD_{50}：4080 mg/kg（大鼠），4000 mg/kg（小鼠）。

合成方法　首先由异丙醇与三氯化磷反应制取中间体异丙基亚磷酸酯，然后在碱性条件下与硫黄反应，最后与氯化苄反应得到目的产物。收率为 86%～88%。

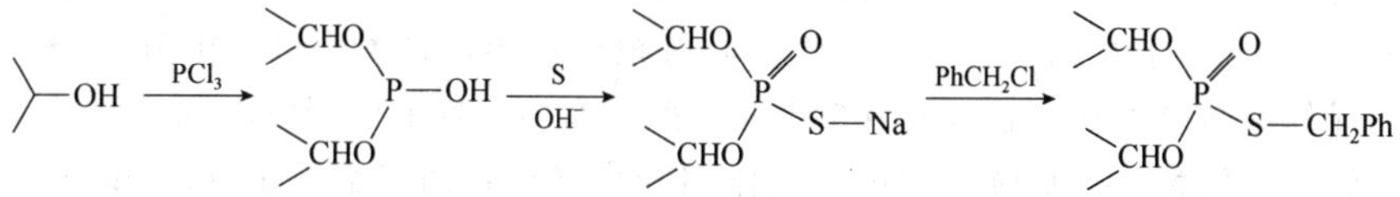

代谢　异稻瘟净属于中等毒性杀菌剂，其药效残留期较长，因此在美国、日本等国家受到严格控制。例如日本规定茶叶中异稻瘟净的最大残留限量采用"一律标准"，即 0.01 mg/kg，要求非常严格。异稻瘟净的代谢途径如图 2-6-3 所示。

应用　主要用于防治稻瘟病。对水稻小粒菌核病、纹枯病和云形病等有一定效果，也可用于防治玉米大小斑病、谷瘟病等。稻瘟净不宜与碱性农药、磷胺、亚胺硫磷、二氯酚钠、敌稗等混用，可与乐果、马拉硫磷等有机磷杀虫剂混用，对防治水稻叶蝉、飞虱有明显的增效作用。

3. 吡菌磷（pyrazophos）

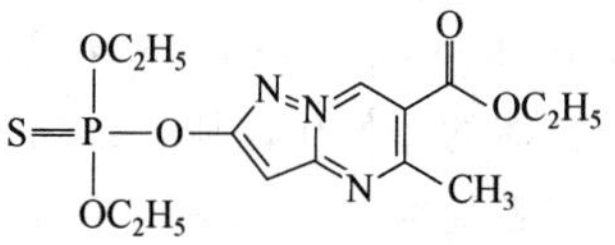

$C_{14}H_{20}N_3O_5PS$，373.36，13457-18-6

1969 年由德国赫司特公司（Hoechst AG）开发的内吸性有机磷杀菌剂。

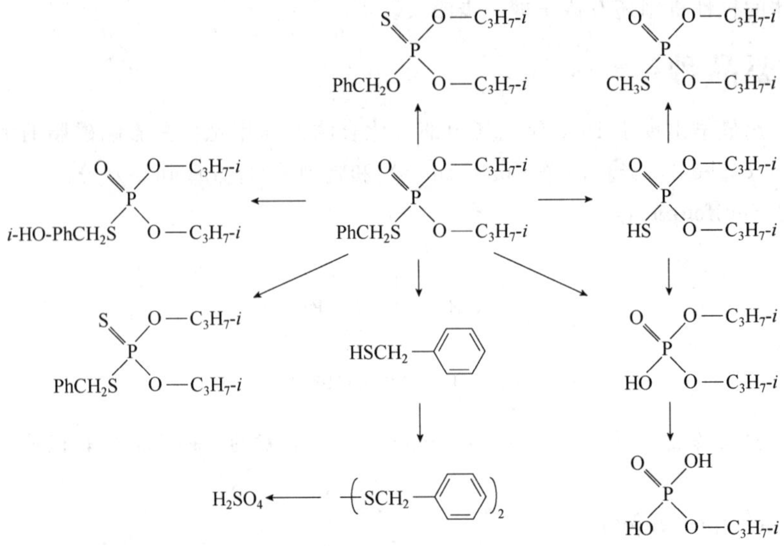

图 2-6-3　异稻瘟净代谢途径

第二节　脂质过氧化作用抑制剂

一、脂质过氧化作用

细胞在正常状态下，自由基处于协调与动态平衡状态，维持细胞内多种生理过程。一旦这种协调与动态过程发生紊乱，形成氧自由基连锁反应，会导致一系列新陈代谢失调、细胞生物膜发生透明性病变，大面积细胞损伤等。

脂肪酸不仅是细胞内一种重要的供能代谢物质，同时也是生物膜脂质的重要组成成分。生物膜脂质中的多不饱和脂肪酸两个双键之间的亚甲基比较活泼，容易在自由基或辐射作用下失去，形成脂质自由基，有氧情况下还可以生成脂质过氧自由基，进而引发链式反应。这种反应称为脂质过氧化（lipid peroxidation）。脂质过氧化作用对机体具有损伤作用，且损伤机理十分复杂，例如脂质过氧化过程中形成的脂质自由基、脂质过氧自由基等能够作为引发剂使蛋白质分子变成自由基，引起链式反应，导致蛋白质聚合；脂质通过过氧化作用的最终产物丙二醛（malondialdechyde，MDA），也可导致蛋白质的多肽链发生链内交联或链间交联等。在图 2-6-4 中以亚麻酸（LNA）为例列出了脂质过氧化过程及其对蛋白质的损伤作用。不仅如此，脂质的过氧化反应会增大并破坏膜的结构，改变膜的流动性和通透性，最终导致细胞结构和功能的改变。线粒体膜、核膜和细胞膜上的脂质或不饱和脂肪酸都会受到一些药物的作用，发生脂质过氧化作用，但是不同膜对脂质过氧化的敏感性却大不相同，其敏感程度次序如下：线粒体内膜＞线粒体外膜＞核膜＞细胞膜。

二、作用机理及抗性机制

通过诱导细胞内脂质过氧化作用而达到抑菌目的的杀菌剂主要包括双酰亚胺类（dicarboximides）和芳香烃类（aromatic hydrocarbons）杀菌剂。当菌体被杀菌剂处理后，病菌细胞内线粒体膜的结构受到破坏，起初线粒体的嵴发生膨胀，继而外膜膨胀，内膜溶化。同时，脂质过氧化反应也会影响核膜的结构，使核周腔加大。因此该类杀菌剂对细胞的遗传稳定性也有非常明显的影响，不仅影响核膜功能和 RNA 的运转，还可导致 DNA 双链出现断裂和染色体发生畸变。例如，经地茂散处理的玉米黑粉病菌（Ustillago maydis）的单孢子中出现的双核细胞是由于细胞壁合成不正常而导致细胞分裂不正常的。

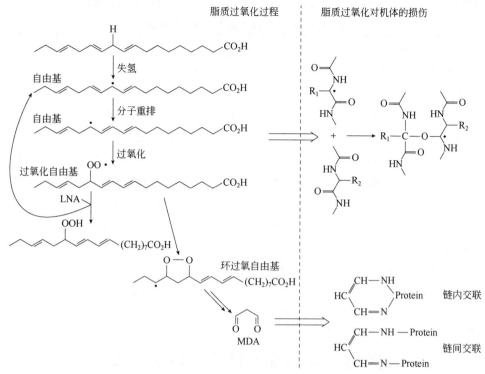

图 2-6-4 脂质过氧化作用

芳香烃类杀菌剂地茂散、五氯硝基苯等可诱导线粒体膜和内质网膜上脂质的过氧化反应，而这种诱导作用可以被醋酸维生素 E 和胡椒基丁醚逆转，同时杀菌剂对病菌生长的抑制作用也被消除。芳香烃类杀菌剂作用菌体后可导致细胞壁加厚，这是由于该类杀菌剂可诱发一系列酶联反应，从而激活几丁质酶所造成的。在正常情况下，在细胞膜上的几丁质合成酶受到抑制蛋白的抑制作用而处于失活状态，当菌体受到杀菌剂处理后，由于脂质的过氧化作用，经过多次抑制与激活酶联反应，使一种蛋白质分解酶被激活，该蛋白可分解抑制几丁质合成酶的抑制蛋白，最终激活几丁质酶。因此，经五氯硝基苯处理后的 *Mucor* sp. 在 2h 后就可以明显观察到细胞壁的加厚。另外，芳香烃类杀菌剂可以抑制细胞色素 C-还原酶反应或者是依赖 NADPH 的一种黄酶反应。

二甲酰亚胺类杀菌剂杀霉利、乙烯菌核利等能够有效地抑制真菌的孢子萌发以及菌丝生长，与苯胺类杀菌剂具有相似的杀菌活性，但是作用靶点则完全不同。Lyr 等认为该类杀菌剂通过诱导菌体产生还原态的氧自由基，攻击脂质上的不饱和脂肪酸，引起线粒体膜和内质网膜上脂质的过氧化反应，最终导致包括改变细胞膜通透性的一系列破坏细胞的连锁反应。与芳香烃类的杀菌活性不同的是，二甲酰亚胺类杀菌剂不会使细胞壁加厚，对不依赖 NADPH 的内源性单加氧酶，如黄嘌呤氧化酶，没有明显的抑制作用。但是，在该类杀菌剂作用下，病原真菌细胞内的甘油、过氧化氢酶和超氧化物歧化酶等内源物的水平会显著提高。

目前已有多种病菌对芳香烃类和二甲酰亚胺类杀菌剂产生抗性，在表 2-6-1 中列出了对二甲酰亚胺类杀菌剂产生抗性的真菌以及首次出现的年份。通过抗药与敏感的 *Mucor* 菌的对照试验发现，芳香烃类杀菌剂地茂散的抗性机制与酪氨酸密切相关。地茂散进入菌体后会与敏感菌的线粒体上的特定蛋白结合，但是在抗药菌中却没有这种结合作用，而这种蛋白除了酪氨酸含量有所差别之外，非常相似。对于二甲酰亚胺杀菌剂的抗性机制，有研究认为，病原真菌细胞内的双组分组氨酸蛋白激酶 N-端的 6 个 90 氨基酸重复区存在着碱基突变或缺失，造成氨基酸或开放阅读框的改变是抗药性产生的原因。也有研究者认为，植物病原真菌对二甲酰亚胺类杀菌剂产生抗药性可能与促分裂原活化蛋白激酶（MAPK）途径和依赖环化腺苷酸（cAMP）的蛋白激酶途径有关。

表 2-6-1　对二甲酰亚胺产生抗性的病菌

病　　菌	年　　份	病　　菌	年　　份
Aspergillus nidulans	1977	*Botrytis cinerea*	1977
Monilinia fructicola	1978	*Penicillium expansum*	1978
Alternaria kikuchiana	1979	*Rhizoctonia solani*	1979
Botrytis tulipae	1979	*Rhizopus nigricans*	1979
Cochliobolus miyabeanus	1979	*Sclerotinia sclerotiorum*	1979
Alternaria alternata	1980	*Botrytis squamosa*	1980
Monilinia laxa	1982	*Sclerotinia minor*	1983
Sclerotium cepivorum	1984	*Neurospora crassa*	1984
Microdochium nivale	1990	*Botrytis elliptica*	1992
Alternaria alternata pv.　citri	1996	*Botryosphaeria dothidea*	2001
Cochliobolus heterostrophus（mutation）	2003	*Sclerotinia homoeocarpa*	2003
Alternaria brassicicola	2005	*Magnaporthe grisea*	-（2005）

三、二甲酰亚胺类抑制剂分子设计与构效关系

20 世纪 50 年代住友计划创制氨基甲酸酯类除草剂时，考虑利用生产丙烯腈的副产物 β-羟基丙腈［CH₃CH（OH）CN］合成了一系列氨基甲酸酯类化合物，结果均无除草活性，却意外发现化合物 **2-6-1** 对云豆菌核病有很好的杀菌活性：

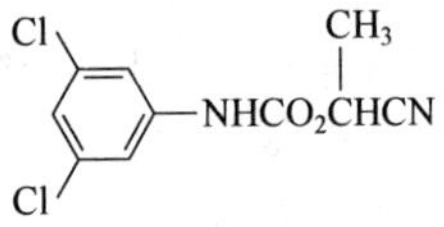

2-6-1

以此为先导，合成了一系列有关化合物。在结构改造的初期，主要合成的是氨基甲酸酯类化合物：

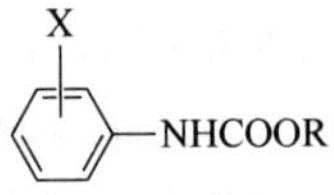

研究其结构与活性关系时发现，苯环上的取代基以 3，5-二取代的化合物活性最好，而对醇部分取代基 R 来说，只有其 α-位有羧基、氰基或烷氧羰基等时才具有高活性。此外，在对化合物进行田间试验时发现，大量的样品储存在容器内时发生了化学变化，生成了环化及其水解产物：

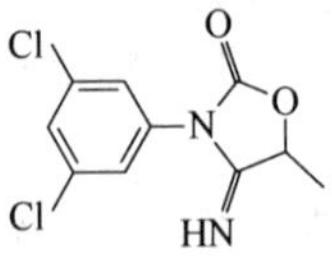

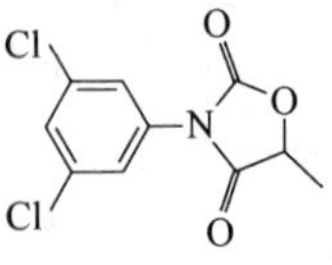

进一步研究表明，这些环状衍生物都具有很高的杀菌活性。因此确定最终具有杀菌活性的物质是环化后的产物。于是设计合成了以下三种结构的化合物，并进行了定性的构效关系研究。

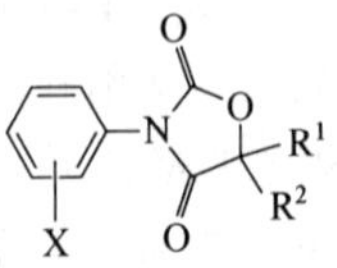

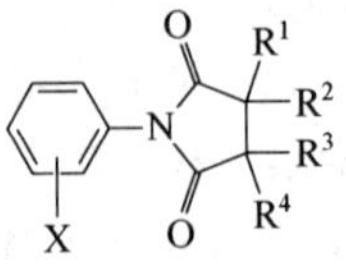

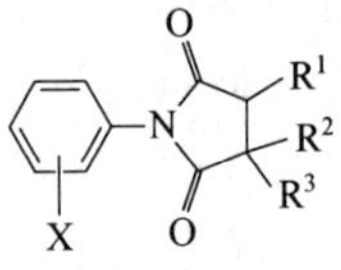

研究结果表明，在苯环的 3,5-位引入 Cl 原子可提高化合物活性，但若将酰亚胺环由五元环变为六元环时，则活性显著下降。在此定性解析的基础上，合成了一系列高活性的化合物，其结果发现了菌核利（dichlosoline）。菌核利对葡萄灰霉病有卓效，于 1970 年开始试生产，后因在作物内的残留问题而于 1972 年停产。

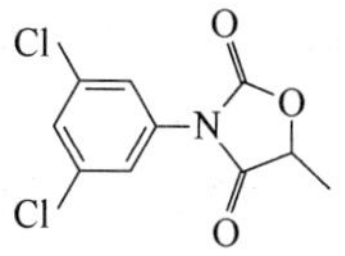

菌核利

为了选择菌核利的代用品，从五元环状 N-苯基酰亚胺类化合物出发，对 N-苯基酰亚胺类化合物苯环取代基进行了修饰，当苯环上 3,5-位上被氯取代时，对多种病害显示出高效。作者想弄清它们的物理化学意义，以便考虑是否可用其他取代基代替，故合成了以下两类化合物，测定其对灰霉病的抗菌活性的 pI_{50} 值，用 Hansch-Fujita 方法进行解析：

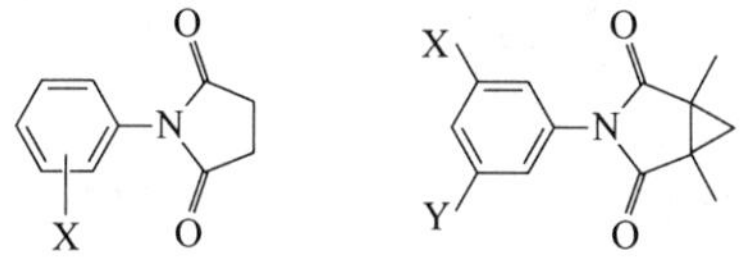

2-6-2　　　　**2-6-3**

对化合物 **2-6-2** 得相关式为：

$$pI_{50} = 0.723 \sum \pi_{3,5}(0.201) + 1.464 \sum \sigma^0 (0.266) + 0.394 \sum Es^{3,5}(0.195)$$
$$+ 0.671 Es^m (0.235) + 0.345 Es^4 (0.207) - 0.543 \sum H\text{-}A (0.183)$$
$$+ 3.690 (0.233) \tag{2-6-1}$$
$$n = 61, \ s = 0.293, \ r = 0.952$$

上式中，σ^0 为不考虑在反应中心有直接共轭效应存在的 Hammett 常数；$H\text{-}A$ 为指示变量，当取代基与受体有氢键结合时为 1，否则为 0；π 为疏水参数；Es 为在两个间位取代基中取其 Es 值高的取代基的数据。由上式可以看出，间位取代基的疏水性与活性有很大的关系，疏水性大，活性大；不考虑取代基的位置，取代基的吸电子性增大，活性变大；虽然位置对活性的贡献不同，但总的来说，取代基的体积愈小，活性愈大，但当间位两个位置均被取代时，取代基愈大，活性愈大；不考虑位置，取代基与受体以氢键结合时，活性愈低。

对化合物 2-6-3 得如下相关式：

$$pI_{50} = 0.609 \sum \pi_{3,5}(0.443) + 1.778 \sum \sigma^0 (0.624) + 0.68 \sum Es^m (0.392)$$
$$- 0.734 \sum H\text{-}A (0.353) + 3.759 (0.388) \tag{2-6-2}$$
$$n = 16, \ s = 0.287, \ r = 0.951$$

该式的各项系数的大小与式（2-6-1）极为相似，这些事实说明，两系列化合物间苯环上取代基的物理化学性质对于活性确实具有相同的效果。

由上面的解析结果得知，3,5-二取代衍生物之所以具有高活性是由于氯原子的疏水性及电子性所决定的，这种关系能适用于各种五元环 N-苯基酰亚胺系列。

将苯环取代基固定为 3,5-二氯后，改变酰亚胺环上的取代基，研究了琥珀酰亚胺及噁唑啉环上取代基结构与活性关系：

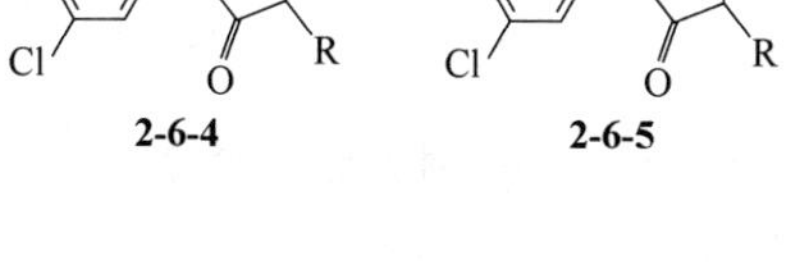

2-6-4　　　　**2-6-5**

对于化合物 **2-6-4** 得如下相关方程：

$$pI_{50} = 0.170 \lg P(0.035) + 5.254(0.081)$$
$$n = 22, \quad s = 0.126, \quad r = 0.915$$

对于化合物 **2-6-5** 得如下相关方程：

$$pI_{50} = 0.158 \lg P(0.030) + 5.258(0.080)$$
$$n = 28, \quad s = 0.128, \quad r = 0.907$$

由此可见，酰亚胺环疏水性增加，活性增大，除此以外没有其他因素。

1974 年，为了创制对梨黑星病、苹果斑点落叶病等病害有效的药剂，对化合物 **2-6-6** 进行结构改造。在合成衍生物的初期，该系列化合物表现出一定的生物活性，其中酰亚胺五元环没有取代基时活性较好。因此，研究者重点合成的一系列五元环上不带取代基的化合物，并发现化合物 **2-6-7** 具有卓越的防治活性。

2-6-6　　　　　**2-6-7**

为得到更高活性的化合物，采用 Hansch-Fujita 方法进行解析，对化合物 **2-6-6** 中 R 基团与梨黑星病抗菌活性进行解析所得结果如下：

$$pI_{50} = -0.218\pi^2(0.084) + 0.862\pi(0.255) - 0.506\sigma^0(0.206) - 0.279Es^2(0.054)$$
$$- 0.530Es(0.054) - 0.657B_1(0.221) + 5.185(0.420) \tag{2-6-3}$$
$$n = 46, \quad s = 0.187, \quad r = 0.931$$

由式（2-6-3）可知：对抗菌活性有最适宜的疏水性存在，其最适宜值为 1.98，该值与 $COCH_2CH(CH_3)_2$ 的 π 值 2.03 极为接近，也就是异丁基的疏水性对活性最适宜；取代基的给电子性增大，活性增大，给电子取代基以烷基最合适；活性与用 Es 表示的 R'基团的立体大小呈抛物线关系，即取代基的 Es 有最适宜值存在，其值为 -3.35，这个值比异丁基的 Es 值 -1.24 小，由 Es 所表示的大小出发，可能有比异丁基取代基活性更好的；取代基键轴垂直方向上分枝增加，则 B_1 加大，从 B_1 项考虑，三级烷基的活性应最低。根据以上结论，R'以异丁基、1-乙基丙基等具有最高的活性，但从田间药效及原料等综合因素考虑，最终以化合物 **2-6-7** 为候选化合物而加以开发。

四、主要品种

二甲酰亚胺类化合物最终开发出三类杀菌剂，即噁唑啉二酮类，例如乙烯菌核利（vinclozolin）、乙菌利（chlozolinate）；朴海英类或咪唑啉二酮类，例如异菌脲（iprodione）以及丁二酰亚胺类，例如腐霉利（procymidone）。芳香烃类杀菌剂主要包括地茂散（chloroneb）、氯硝胺（dicloran）和五氯硝基苯（PCNB）等。除此以外，该类抑制剂还包括噻唑类化合物氯唑灵（etridiazole）与有机磷化合物甲基立枯磷（tolclofos methyl）。

1. 异菌脲（iprodione）

$C_{13}H_{13}Cl_2N_3O_3$, 330.17, 36734-19-7

1976 年由爱尔兰 AgriGuard 公司开发的一种广谱性杀菌剂。

2. 腐霉利（procymidone）

C₁₃H₁₁Cl₂NO₂, 284.1, 32809-16-8

1977 年由日本住友化学公司（Sumitomo Chemical）开发的一种内吸性杀菌剂。

理化性质　纯品为白色结晶，熔点 166～166.5℃，相对密度（25℃）1.42～1.46，蒸气压 1.05×10⁻²Pa（20℃）、17.59×10⁻³ Pa（25℃），溶解度（25℃）：水中 4.5 mg/L，丙酮 180 g/L，氯仿 210 g/L，二甲苯 43 g/L，二甲基甲酰胺 230 g/L，甲醇 16 g/L，酸性条件下稳定，遇碱易分解。

毒性　大鼠急性经口 LC₅₀＞5000 mg/kg，小鼠急性经口 LC₅₀＞5000 mg/kg，大鼠急性经皮 LC₅₀＞2500 mg/kg，对家兔眼睛和皮肤无刺激，动物试验无致畸、致癌、致突变作用，对鸟和蜜蜂安全。

合成方法　腐霉利可以 α-氯代丙酸酯、α-甲基丙烯酸酯和 3,5-二氯苯胺为原料制备得到，但根据其中间产物的不同，可以分为两条路线：一条路线是 α-氯代丙酸甲酯与 α-甲基丙烯酸甲酯作用制备 1,2-二甲基环丙烷-1,2-二甲酸甲酯，水解后得 1,2-二甲基环丙烷-1,2-二甲酸。然后将中间体二甲酸与 3,5-二氯苯胺反应，合成腐霉利。另一条路线也是首先进行丙酸酯缩合的反应，但是该反应在叔丁醇钾、氢氧化钠、乙酸酐的条件下，将 α-甲基丙烯酸乙酯与 α-氯代丙酸乙酯缩合得到 1,2-二甲基环丙烷-1,2-二酸酐，然后与 3,5-二氯苯胺反应得到目的产物。

代谢　腐霉利在动物体内，可以经由粪便和尿液的形式迅速排出体外，在土壤中可以存在 4～12 周（见图 2-6-5）。

应用　对葡萄孢属和核盘菌属真菌有特效，能防治果树、蔬菜作物的灰霉病、菌核病、灰星病、花腐病以及蔓枯病等，对甲基硫菌灵、多菌灵等抗性真菌亦有效。腐霉利喷洒后可以通过作物的叶和根迅速吸收，使用后保护效果好、持效期长，有效阻止病斑发展蔓延。腐霉利不能与强碱性药物如波尔多液混用，也不能与有机磷农药混配。

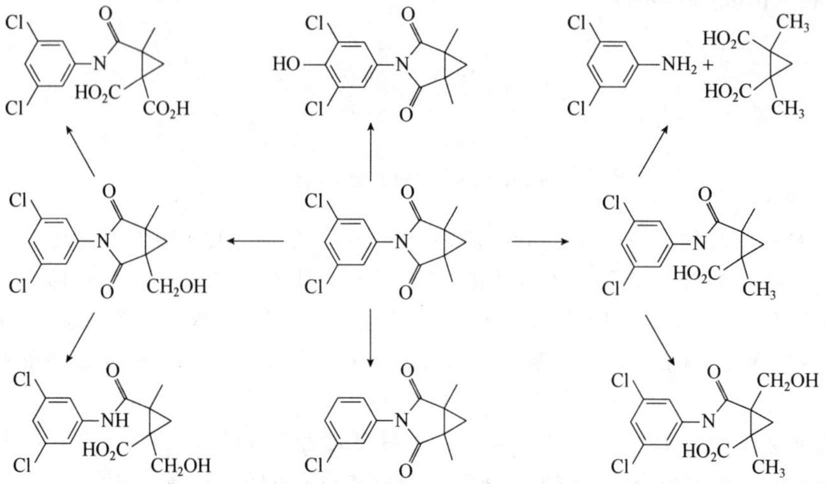

图 2-6-5　腐霉利代谢途径与代谢产物

3. 乙烯菌核利（vinclozolin）

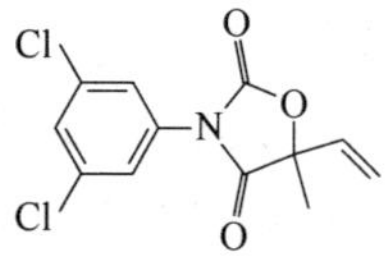

C$_{12}$H$_9$Cl$_2$NO$_3$, 286.1, 50471-44-8

1976 年由巴斯夫（BASF）公司开发的一种保护性杀菌剂。

理化性质　纯品为白色结晶体，熔点 108℃，蒸气压（20℃）13.3×10^{-6}Pa。溶解度（20℃）：水中 2.6 mg/L，丙酮 334 g/L，氯仿 319 g/L，苯 146 g/L，甲苯 109 g/L。在酸性或中性水溶液中稳定，在碱性溶液中能慢慢水解。

毒性　大鼠急性经口 LC$_{50}$＞10000 mg/kg，豚鼠急性经口 LC$_{50}$ 8000 mg/kg，对兔眼睛无刺激作用，对皮肤有中等刺激作用，无致畸、致突变、致癌作用，对蜜蜂、蚯蚓安全无害。

合成方法　首先将 3,5-二氯苯胺与光气反应制成 3,5-二氯苯基异氰酸酯，然后在三乙胺条件下，将 3,5-二氯苯基异氰酸酯与 2-羟基-2-甲基-3-丁烯酸乙酯在苯中回流反应 6h，反应完全后减压蒸馏除去苯和三乙胺，得到乙烯菌核利。

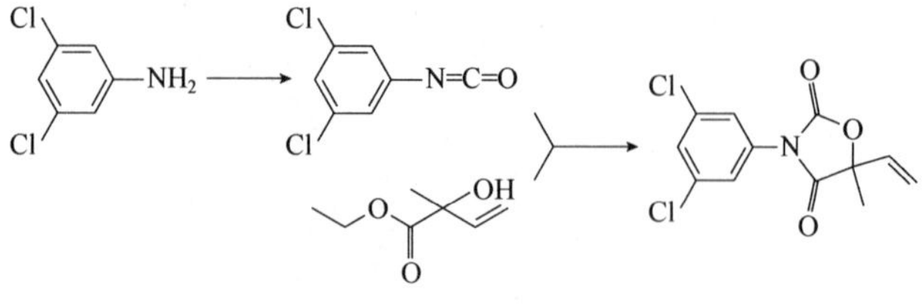

代谢　在家禽体内，乙烯菌核利会通过乙烯基的环氧化作用以及环氧化中间体的水合作用代谢成 **2-6-8** 和 **2-6-9**。在哺乳动物体内，乙烯菌核利最终会代谢为 **2-6-10**，并通过尿液或粪便的形式全部排出体外。在植物或土壤中，乙烯菌核利会被代谢成 **2-6-11～2-6-13** 和 **2-6-14～2-6-15**。由于乙烯菌核利在植物或土壤中可维持几周，具有一定的残留，因此在德国、英国等国家均对其在农产品的残留规定了严格的限量，最高不超过 0.05 mg/kg（见图 2-6-6）。

应用　能有效防治灰霉菌、核盘菌，并对蔬菜立枯菌、白斑病菌、亚隔孢壳菌以及观赏植物上的壳多孢菌和座盘菌也有一定治疗效果。对葡萄、蔬菜还有治螨作用。

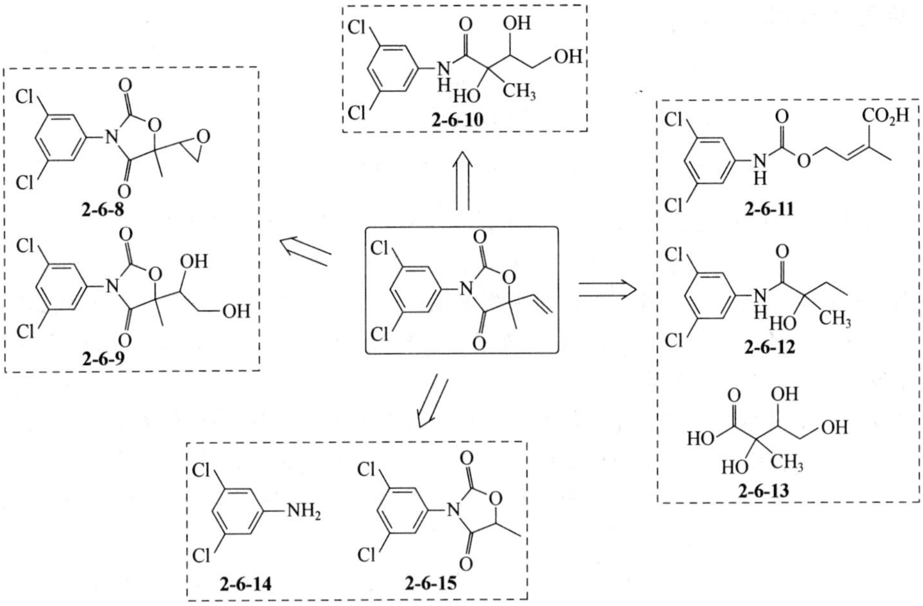

图 2-6-6　乙烯菌核利的代谢产物

4. 氯硝胺（dicloran）

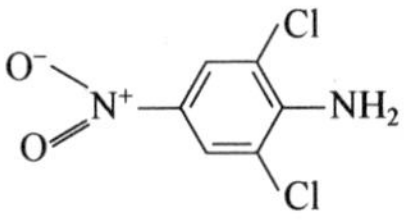

1993 由美国特种农药公司（Gowan Company）开发的一种广谱性杀菌剂。

理化性质　黄色针状晶体。闪点 130℃/2mmHg，蒸气压 0.16 mPa（25℃）。难溶于水，易溶于乙醇。在丙酮、氯仿、乙酸乙酯中的溶解度分别为 3.4%、1.2%、1.9%。

毒性　大鼠急性经口 LC_{50} 2400 mg/kg；小鼠急性经口 LC_{50} 1500 mg/kg。

合成方法　氯硝胺可以直接由对硝基苯胺氯化得到，氯化反应条件可以是盐酸-冰醋酸、稀盐酸-次氯酸钠、盐酸-过氧化氢、浓盐酸-氯酸钠，也可以先在浓硫酸中磺化，然后再氯化。

代谢　在植物体内，氯硝胺的代谢产物主要以 3,5-二氯-4-氨基苯酚、4-氨基-2,6-二氯苯胺和 4-氨基-2,6-二氯苯甲腈的形式存在。在哺乳动物体内则以 3,5-二氯-4-氨基苯酚的形式随尿液排出体外。在土壤中，氯硝胺则主要代谢成为 4-氨基-2,6-二氯苯胺（见图 2-6-7）。

应用　可用于防治甘薯、棉花及桃子的软腐病；马铃薯和番茄的晚疫病；杏、扁桃及苹果的枯萎病；小麦的黑穗病；蚕豆花腐病等。氯硝胺可与大多数杀虫剂、杀菌剂、波尔多合剂及石灰硫黄等混配使用。

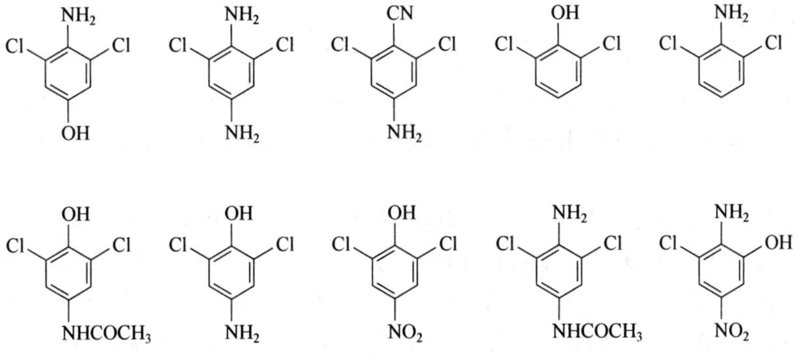

图 2-6-7　氯硝胺的主要代谢产物

5. 土菌灵 （etridiazole）

C5H5Cl3N2OS, 247.53, 2593-15-9

1962 年由美国 Uniroyal 公司开发，是该类杀菌剂中唯一的噻唑类化合物。

理化性质　纯品为淡黄色液体，熔点 22℃，沸点 113℃，蒸气压（20℃）2.34 mPa，可溶于二甲苯、丙酮、乙腈、二氯甲烷、氯仿等，水中溶解度 50 mg/L（25℃）。对酸、紫外线稳定。

毒性　大鼠急性经口 LC_{50} 1080 mg/kg，大鼠急性经皮 $LC_{50} > 2000$ mg/kg，慢性毒性试验表明无致突变和致癌作用，对鱼毒性强。

作用机制　土菌灵结构中的五元环打开后可形成具有杀菌活性的异硫氰酸盐或二硫代氨基甲酸盐，异硫氰酸盐能够使氨基酸、蛋白质、酶上的活性—SH 或—SR 基团失活。尽管土菌灵具有多重作用位点，例如抑制呼吸作用和黑色素生物合成，但它最主要的靶标可能是影响膜脂合成的脂质过氧化反应。

代谢　土菌灵在哺乳动物体内的主要代谢产物是 3-羧基-5-乙氧基-1,2,4-噻二唑，同时也有少量的 L-半胱氨酸缀合物产生。在植物中，土菌灵的三氯甲基被迅速转换为酸或醇，或者乙氧基被羟基化成羟乙基衍生物。

应用　土菌灵可用作土壤杀菌剂和种子处理剂，对黄瓜、西瓜、葱蒜、番茄、辣椒、茄子等蔬菜及棉花、水稻等多种作物的猝倒病、炭疽病、枯萎病、病毒病等有效。

6. 甲基立枯磷 （tolclofos-methyl）

C9H11Cl2O3PS, 301, 57018-04-9

1976 年由日本住友化学工业株式会社下属 Certis 子公司开发，1982 年由英国 FBC 公司推广应用的一种高效、广谱有机磷杀菌剂。

理化性质　纯品为无色晶体，熔点 78～80℃，蒸气压（20℃）57 mPa，溶解度（25℃）：水中 1.10 mg/L，能溶于二甲苯 360 g/L，丙酮 502 g/L，乙二醇 3 g/L，二甲苯 360 g/L，对光、热较稳定，酸或碱性条件下分解。

毒性　大鼠急性经口 $LC_{50} > 5000$ mg/kg，小鼠急性经口 LC_{50} 3500～3600 mg/kg，大鼠急性经皮 $LC_{50} > 5000$ mg/kg，慢性毒性试验表明无致突变和致畸作用，对蜜蜂和鱼安全。

作用机制　甲基立枯磷的作用靶标是脂质过氧化过程，可显著抑制芽孢的生成，破坏肌丝功能。

合成方法　首先以对甲酚为原料，催化氯化制得 2,6-二氯-4-甲基苯酚，然后与 2,6-二氯-4-甲基苯酚缩合得到目的产物。O,O-二甲基硫代磷酰氯与 2,6-二氯-4-甲基苯酚的缩合方法很多，例如以苄基三乙基溴化铵（TEBA）为催化剂，以碳酸钾为缚酸剂，将二氯对甲酚与硫代磷酰氯在 60～70℃条件下反应 2h 可得目的产物，收率 91.5%，含量 92.5%。也可在铜粉存在下，加入 20% 氢氧化钠水溶液，将两个中间体在 50℃缩合反应 30min，保温 2h，制得甲基立枯磷；或者以二甲苯为溶剂，碳酸钾为缚酸剂，经三乙胺或铜粉催化得到甲基立枯磷，收率 90%。

代谢　甲基立枯磷的代谢主要是通过氧化脱硫作用将 P=S 转变为 P=O，以及 4-位甲基的氧化。

应用　对半知菌类、担子菌纲和子囊菌纲等各种病原菌均有很强的杀菌活性。

参考文献

[1]　Martínez-Morales F, Schobert M, López-Lara IM, et al. Pathways for phosphatidylcholine biosynthesis in bacteria. Microbiology, 2003, 149: 3461-3471.

[2]　Binks P R, Robson G D, Goosey M W, et al. Inhibition of phosphatidylcholine and chitin biosynthesis in Pyricularia oryzae, Botrytis fabae and Fusarium graminearum by edifenphos. Journal of General Microbiology, 1993, 139: 1371-1377.

[3]　Sohlenkamp C, de Rudder K E E, Röhrs V, et al. Cloning and characterization of the gene for phosphatidylcholine synthase. J Biol Chem. , 2000, 275: 18919-18925.

[4]　Kim Y S, Kim K D. Evidence of a potential adaptation of Magnaporthe oryzae for increased phosphorothiolate-fungicide resistance on rice. Crop Protection. , 2009, 28: 940-946.

[5]　Dekker J, Gielink A J. Decreased sensitivity to pyrazophos of cucumber and gherkin powdery mildew. Neth. J. Pl. Path. , 1979, 85: 137-142.

[6]　De Waard M A, Van Nistelrooy J G M. Mechanism of resistance to pyrazophos in pyricularia oryzae. Neth J Pl Path, 1980, 86: 251-258.

[7]　Choi G J, Lee H J, Cho K Y. Lipid Peroxidation and Membrane Disruption by Vinclozolin in Dicarboximide-Susceptible and -Resistant Isolates of Botrytis cinerea. Pestic Biochem Physiol. , 1996, 55: 29-39.

[8]　Ohtsuki S, Fujinami A. Rizolex (tolclofos-methyl). Japan pesticide information, 1982, 41: 21-25.

[9]　张骞，周明国，叶钟音. 植物病原真菌对甲基立枯磷的抗药性及风险研究. 农药学学报，2000, 2: 22-28.

[10]　Fungicide Resistance Action Committee, http://www. frac. info/frac/work/work_dica. htm.

[11]　祝明亮，严金平，孙启玲等. 植物病原真菌对二甲酰亚胺类杀菌剂的抗性分子机制. 生物技术，2005. 15: 95-97.

[12]　G. M. Dean Brighton Crop Protection Conference. Proceedings/Brighton Crop Protection Conference, Pests and Diseases. England: Thornton Heath. , 1988, 693-698.

[13]　Groves K, Chough K S. Determination of small quantities of 2, 6-dichloro-4-nitroaniline (dicloran). J. Agr. Food Chem. , 1966, 14: 668-669.

[14]　Groves K, Chough K S. Fate of the fungicide 2, 6-dichloro-4-nitroaniline (DCNA) in plants and soils. J Agr Food Chem. , 1970, 18: 1127-1128.

[15]　Kuchar E J, Geenty F O, Griffith W P, et al. Analytical studies of metabolism of terraclor in beagle dogs, rats and plants. J Agric Food Chem. , 1969, 17, 1237-1240.

[16]　Aschbacher P W, Feil V J. Metabolism of pentachloronitrobenzene by goats and sheep. J Agric Food Chem. , 1983, 31, 1150-1158.

[17]　Torres R M, Grosset C, Alary J. Liquid chromatographic analysis of pentachloronitrobenzene and its metabolites in soils. Chromatographia, 2000, 9: 526-530.

[18]　Ingham E R. Review of the effects of 12 selected biocides on target and non-target soil organisms. Crop Prot. , 1985, 4: 3-32.

[19]　Radzuhn B, Lyr H. On the mode of action of the fungicide etridiazole. Pestic Biochem Physiol. , 1984, 22: 14-23.

[20] Liu C, Qiang Z, Tian F, et al. Photodegradation of etridiazole by UV radiation during drinking water treatment. Chemosphere,2009,76：609-615.

[21] Mitlehner A W,Mertz J L,McManus J R,et al. Etridiazole-efficacy,mode of action and plant metabolism. Beltwide Cotton Coferences,1988：154-155.

[22] 刘庆顺. 甲基立枯磷及其复配制剂防治土传病害应用技术研究. 硕士毕业论文，2004.

[23] 朱书生，卢晓红，陈磊等. 羧酸酰胺类（CAAs）杀菌剂研究进展. 农药学学报，2010,12：1-12.

[24] Gisi U,Waldner M,Kraus N,et al. Inheritance of resistance to carboxylic acid amide（CAA）fungicides in Plasmopara viticola. Plant Pathology,2007,56：199-208.

[25] 刘武成，刘长令. 新型高效杀菌剂氟吗啉. 农药，2002,41：8-11.

[26] Seitz T,Benet-Buchholz J,Etzel W,et al. Chemistry and stereochemistry of iprovalicarb（SZX0722）. Bayer CropScience，1999,52：5-14.

第七章
麦角甾醇类生物合成抑制剂

抑制真菌麦角甾醇生物合成曾经是世界范围内最重要的杀菌剂。这一类杀菌剂的生物化学基础就是来源于真菌的甾醇与植物及动物所具有的甾醇不同。绝大多数真菌细胞膜的共同的主要成分是麦角甾醇（ergosterol），这是真菌体内最具特征的甾醇；而在哺乳动物体内存在的是胆甾醇（cholesterol），植物体内则普遍存在的是谷甾醇（sitosyerol）与豆甾醇（stigmasterol）。它们虽同属甾醇，但结构上仍有所不同，其中 Δ^7-的双键是真菌麦角甾醇的特征结构（见图 2-7-1）。甾醇的主要作用是保持生物膜结构的刚性，这是由与之相结合的酶来调节的。

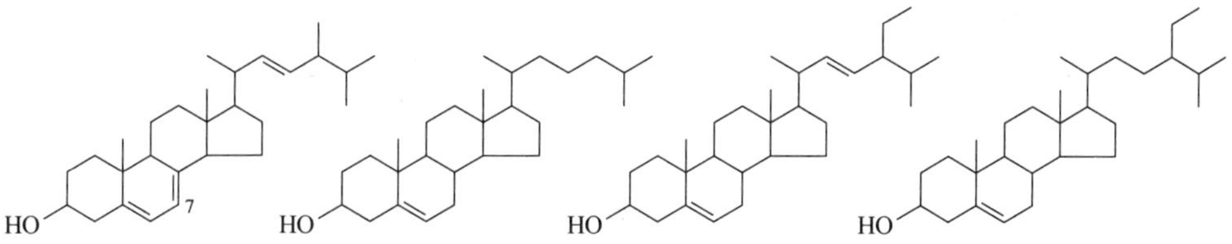

麦角甾醇ergosterol　　胆甾醇cholesterol　　谷甾醇stigmasterol　　豆甾醇sitosterol

图 2-7-1　生物体内存在的几种甾醇化合物

第一节　麦角甾醇

麦角甾醇的生物合成路线见图 2-7-2。

麦角甾醇的生物合成起始于异戊烯，经多步合成角鲨烯，再由角鲨烯转化到麦角甾醇的合成过程中，共包括 7 种酶的作用。有关酶及其催化的反应列于表 2-7-1。

表 2-7-1　麦角甾醇生物合成的关键酶及其所催化的反应

酶	所催化的反应
角鲨烯环氧化酶	角鲨烯→2,3-环氧角鲨烯
2,3-环氧角鲨烯环氧化酶	2,3-环氧角鲨烯→lanosterol
细胞色素 P450-14 位脱甲基化酶	24-亚甲基二氢羊毛甾醇 14 位脱甲基化
$\Delta^8 \rightarrow \Delta^7$ 异构化酶	$\Delta^8 \rightarrow \Delta^7$ 双键异构化反应
Δ^{14} 双键还原酶	Δ^{14} 双键还原反应
$\Delta^{24(28)}$ 双键还原酶	$\Delta^{24(28)}$ 双键还原反应
Δ^{22} 脱氢酶	Δ^{22} 双键的形成

角鲨烯是麦角甾醇生物合成中第一个具有特征性的前体，首先它在环氧化角鲨烯酶的催化下，氧化成 2,3-环氧角鲨烯，对于这一靶位酶的抑制剂，只有医用的烯丙基胺类抗霉菌药物，迄今未见有农用杀菌剂报道。2,3-环氧角鲨烯再经一种特殊的环化酶催化生成在真菌与哺乳动物体内都存在的羊毛甾醇，而在植物体内却是生成环阿屯醇，尽管它们都是环化生成的类固醇化合物，但是此

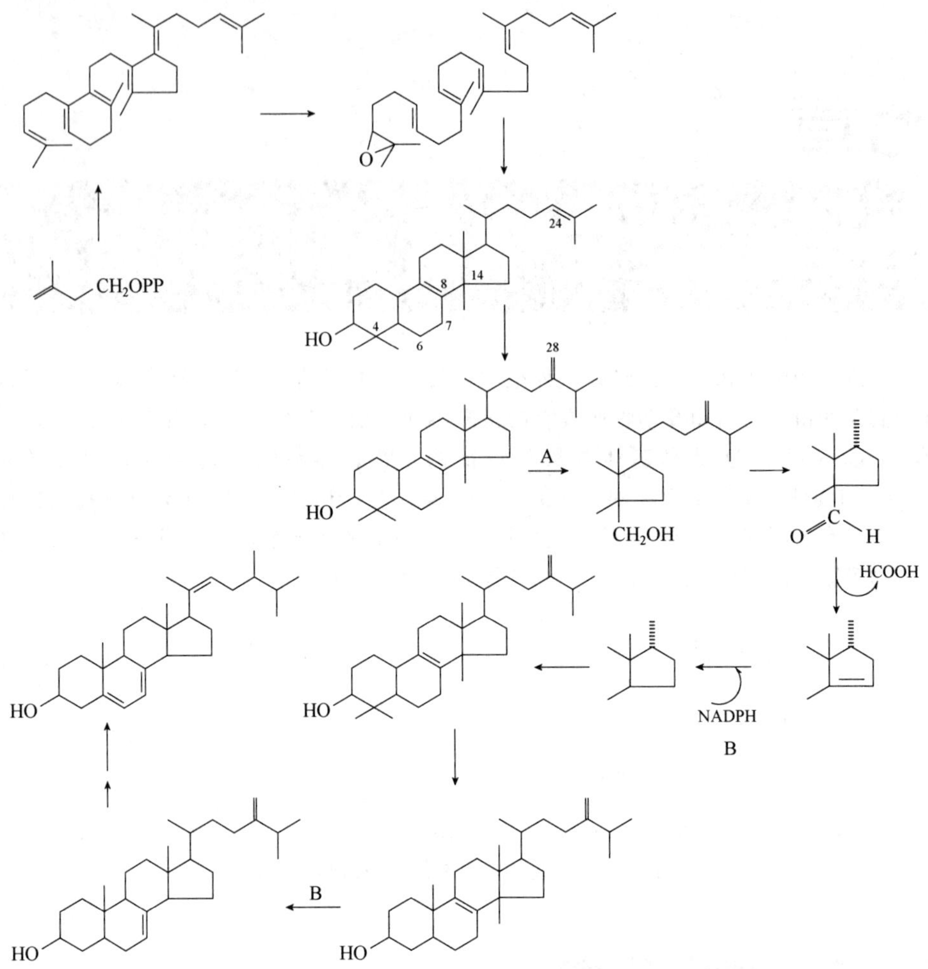

图 2-7-2 麦角甾醇的生物合成途径

图中标明的 A 为脱甲基化抑制剂的作用位点，B 为还原-异构化酶抑制剂的作用位点

时结构上已出现了差别。此后，在大多数真菌中首先是进行 24-位侧链的甲基化，然后除去 14-位甲基，这是有机体合成固醇中相当重要的一步。14-位脱甲基是通过三个连续的羟甲基化反应开始的，随后通过消除甲酸而生成 Δ^{14}-双键。14-位脱甲基化氧化酶是细胞色素 P-450 单氧化酶中的一种，它是一大类固醇脱甲基抑制剂的靶标位置。而脱甲基化反应是通过 Δ^{14}-还原酶催化完成的，它与负责氧化消除甲基的 14-位脱甲基化酶无关。Δ^{14} 的还原受到第二类固醇生物合成抑制剂的抑制，这是另一个作用位点，这类抑制剂在农业上也已有大量应用，即称之为还原-异构化酶抑制剂，这将作另一节讨论。14-位脱甲基后，再在 4-位上脱甲基，这一步脱甲基的生物化学及分子生物至今还不是很清楚。最后麦角甾醇的生物合成是由 $\Delta^{8} \sim \Delta^{7}$ 异构化开始，进行异构化并引入数个双键。这一异构化步骤也同样可被 Δ^{14}-还原酶抑制剂所抑制。后面麦角甾醇的合成是引入 Δ^{5}-双键、Δ^{24}-双键的还原及 Δ^{22}-双键的形成。

研究结果发现，在抑制脱甲基化的作用下，羊毛甾醇脱甲基化的底物在多数真菌中是 24-次甲基二氢羊毛甾醇，相应的甾醇前体在真菌体内高水平地积累，此时病菌虽可形成生物膜，但由于未能满足所需甾醇结构的要求，这些膜将失去原有的功能，真菌的生长也将因此而停止。由于这一过程中消耗了大量的麦角甾醇，也可能使它失去在其他方面的功能，从而增强了药剂的效果。真菌孢子的形成相比于菌丝体的形成来说是较有抗性的，在孢子生长及随后病原体进入寄主植物时，即使当时已有抑制剂沉积在植物表面，它也并没有受到阻止。这类脱甲基化抑制剂是属于亚致死剂量的杀菌剂，而不是毒性抑制剂，因而当药物内吸转移或在植物体内代谢，其浓度降低时，病原体就会恢复并很快地继续发展。总的来说，真菌缺少麦角甾醇将会阻止新膜的形成，导致老膜的退化，而此时脂肪酸的合成仍是以相对高的速度进行着，这样就破坏了脂肪酸合成与利用磷脂间的平衡。这实际上一方面是麦角甾醇的损耗，另一方面则是毒性前体的积累，最终产生药效。

所有的高等真菌虽然都需要甾醇，但某些低等真菌的甾醇却不一定全是由自身生物合成的，例如引起白粉病的卵菌类植物病原体，它们并不能完全合成甾醇，而是在不同的程度上从代谢外源植物所产生的前体衍生物来获得的，如霜霉菌（Peronosporales），它不能从环氧化角鲨烯合成甾醇，但却能代谢环阿屯醇（cycloartenol）成麦角甾醇，或在某些有机体内生成岩藻甾醇（fucosterol）、麦角甾醇和胆固醇。因此，这类抑制甾醇类生物合成的杀菌剂必然对卵菌类无效。

在所有的真菌病害中，如子囊菌、担子菌及半知菌，对甾醇生物合成抑制剂都是高度敏感的，尽管这些最敏感的靶标病原体的甾醇生物合成的靶位相同，但它们对各种化合物的敏感程度不完全一样，因而出现了多种这类的杀菌剂以满足防治不同的如灰霉菌（*Botrytis* spp.）、链格孢菌（*Alternaria* spp.）、丝核菌（*Rhizoctonia* spp.）、核盘菌（*Sclerotinia sclerotiorum*）及稻瘟病菌（*Pyricularia oryzae*）等的需要。

目前，估计约有 40 种以上的抑制甾醇生物合成的杀菌剂投入市场，这证明了这类生物合成抑制剂受到了极大的关注。迄今使用的甾醇类生物合成抑制剂主要可分为四类：第一类是 C_{14} 脱甲基化抑制剂，它占有的市场最大，品种最多。这类化合物在合成上比较方便，结构变化的范围比较大，它们不仅对于子囊菌和担子菌具有广谱的活性，而且绝大多数的甾醇类生物合成抑制剂均具有内吸、治疗和铲除的活性；第二类是胺类衍生物，它们的主要作用位点是还原-异构化酶抑制剂；第三类是抑制 C_3 酮还原酶的羟基酰苯胺类化合物；第四类是角鲨烯环氧化酶抑制剂，其中如硫代氨基甲酸酯和烯丙胺类化合物，但这类的化合物作为农药尚无理想品种。

三唑类化合物是 C_{14} 脱甲基化抑制剂的主要品种，但如众所周知，在三唑类 C_{14} 脱甲基化抑制剂的衍生物中，不少化合物具有植物生长调节活性，它们之间活性的区别已引起研究者的注意，对杀菌剂来说，它们常引起的副作用是短茎、矮化及叶片稍变暗。目前已研究出能耐受脱甲基化抑制剂的植物。它们的植物生长调节活性的生物化学机制，可能是药剂也同时抑制了植物体内的赤霉素的结果。

第二节　C_{14} 脱甲基化抑制剂

一、发现过程

在人们对生物学、分子生物学尚缺乏更多了解之时，往往会从一些假说出发来设计化合物，最典型的例子是三唑类杀菌剂的开发。Büyer 公司很早就注意到䓬镒类化合物、环庚三烯的衍生物以及一些 *N*-三苯甲基胺类化合物等都具有生物活性，其结构如下：

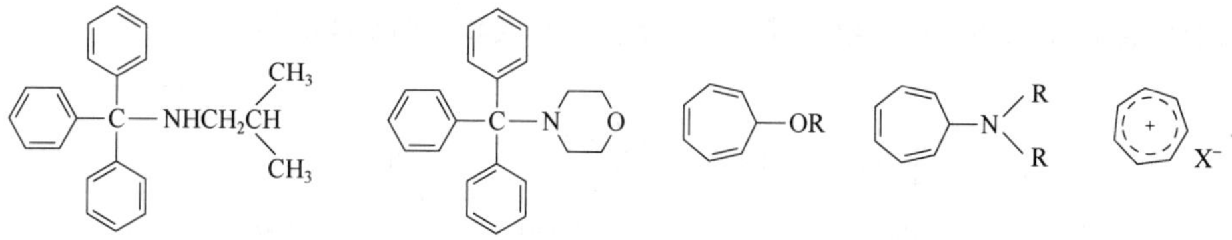

不难看出，这些化合物在结构上都具有一个共同的特征，即都可以形成相对稳定的碳正离子。因此，为了解释上述化合物的生物活性，Büshel 等人推测很可能是这些相应的碳正离子干扰了生物体系的代谢过程，如蛋白质的代谢等。与此同时，他们注意到含有咪唑和三唑的 *N*-三苯甲基衍生物应该容易形成稳定的碳正离子，因为这些含氮的杂环基团都是很好的离去基团。故推测 *N*-三苯甲基咪唑有可能具有生物活性。为此，合成了 *N*-三苯甲基咪唑并对它进行了生物活性测试。很快发现，它们对人体及植物的致病真菌和酵母都具有很好的活性，尤其是抑制粉状霉菌的活性特别引人注目。

随后，Büshel 又进行了一系列 N-三苯甲基含氮杂环的优化工作，结果发现在所研究的含氮杂环组分中，咪唑和 1,2,4-三唑是活性所必需的结构单元，而相应的吡唑、四唑、苯并咪唑的 N-取代衍生物以及咪唑和三唑的 C-取代衍生物的活性非常低或者几乎没有活性；在 1,2,4-三唑中，仅 1-位取代的衍生物才具有好的杀菌活性，而相应的 4-位取代的异构体的活性则低得多。与此相反，分子中的三苯甲基单元却可以广泛地变化而不丧失杀菌活性。经过一系列的研究工作，最终开发出了三唑类杀菌剂。

其实，在后来的结构与活性关系的研究中，发现碳正离子形成的难易与生物活性之间并不存在直接的联系。1973 年 Ragsdale and Sisler 等在研究嘧菌醇（triarimol）的作用方式时，第一次提出该化合物是真菌甾醇生物合成抑制剂，虽然该化合物尚未进入市场。但是已知与其化学结构密切相关的氯苯嘧啶醇（fenarimol）是作用于 C_{14} 脱甲基化酶上的。

至此，人们才弄清这类化合物真正的作用机制与开始的设想全然不同，它们是抑制了麦角甾醇的生物合成。随着对其作用机制的正确理解，研究者设计与合成了一大批这类杀菌剂，在农业上发挥了重要的作用。20 世纪 70 年代以来，唑类化合物的高效杀菌活性引起国际农药界的高度重视，各大公司纷纷推出新化合物，并申请专利。到目前为止，人们已经合成了数以万计的唑类化合物以供筛选，不少化合物都具有良好的杀菌和植物生长调节活性。其中绝大多数为 1,2,4-三唑类化合物，也包括咪唑、嘧啶、哌嗪及吡啶等其他的含氮杂环化合物。

二、作用机制

20 世纪 60 年代后期，咪康唑（miconazole）、克霉唑（三苯甲咪唑，clotrimazol）及嘧菌醇（triarimol）是这类作用机制开发的产品。

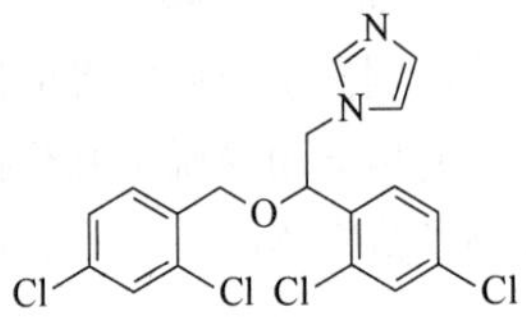

咪康唑 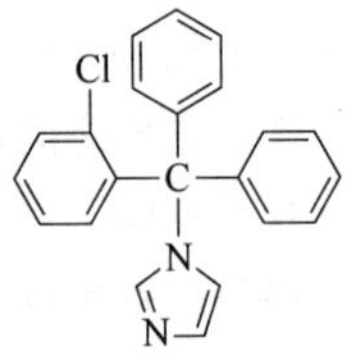　　　　　　　　克霉唑 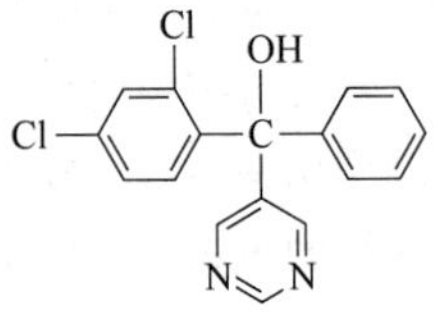　　　　　　　　嘧菌醇

其中咪康唑和克霉唑曾作为抗霉药物用于治疗人类疾病，而嘧菌醇却用于抑制黑穗病。研究发现，这些化合物在麦角甾醇生物合成中，可导致 14-位甲基甾醇的大量积累，这表明这类化合物阻断了 14-位的脱甲基化。在真菌体内羊毛甾醇 14-位的去甲基化过程是麦角甾醇生物合成的关键步骤，需要底物专一的 C-14-α-脱甲基化酶催化氧化。C-14-α-去甲基化酶在真菌微粒体细胞 P450 酶系中活性最高，可催化底物 24（28）-亚甲基-24,25-二氢羊毛甾醇（少数酵母是羊毛甾醇）生成 14-α-去甲基羊毛甾醇。甾醇 14-α-去甲基化反应可分为 4 步进行：①14-α-甲基氧化为 14-α-羟甲基；②14-α-羟甲基氧化为 14-α-甲酰基；③14-α-甲酰基氧化为 14-α-甲酰氧基；④以甲酸形式失去 14-α-甲酰氧基和 15-α-H 产生 Δ^{14} 双键形成 14-α-去甲基的产物，其中前 3 步需要氧气和 NADPH 的参与：

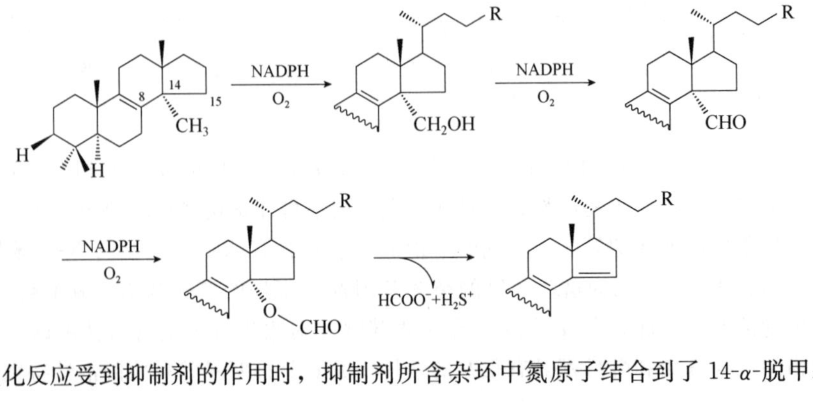

当这一生化反应受到抑制剂的作用时，抑制剂所含杂环中氮原子结合到了 14-α-脱甲基酶的卟啉血

红素铁上，该血红素正常配位的应是氧，形成氧的络合物，用于满足酶催化的脱甲基化的要求。氧化脱甲基化的过程就是卟啉铁氧络合物将活泼的氧转移到底物上的过程。而三唑类杀菌剂中 sp^2 杂化的氮原子具有孤对电子，可以与铁卟啉中心铁原子配位，阻碍铁叶啉氧络合物的形成，从而阻断了脱甲基化的进程。这是迄今为止已被研究清楚的三唑类杀菌剂杀菌作用机制的主要作用位点之一（见图2-7-3）。这一作用机制曾被其他含嘧啶、吡啶或其他唑类的类似物所证实。

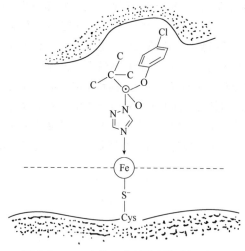

图2-7-3 三唑类杀菌剂作用机制示意图

三、结构与活性关系

人们已从酵母、啤酒酵母、白假丝酵母以及鼠肝中分离出P450-14DM，然而，仅对于从啤酒酵母中分离纯化的P450-14DM进行了深入而系统的研究。由于至今尚未见到P450-14DM晶体结构的报道，因而难以进行基于受体结构的生物合理设计。Marchington等人在考察抑制剂与P450-14DM相互作用的基础上，提出了一个底物与酶相互作用的二维模型〔见图2-7-4（a）〕，根据这一模型，他们认为所设计的这类抑制剂应包含三方面的因素：①用于螯合血红素的辅基；②专一的疏水底物结合部位；③在一个大的疏水性环境中存在着一个亲水性的基团。他们采用计算机图形技术，把具有杀菌活性的（R,R）苄基氯三唑醇与天然底物羊毛甾醇进行分子叠加，得到如图2-7-4（b）所示的推测。

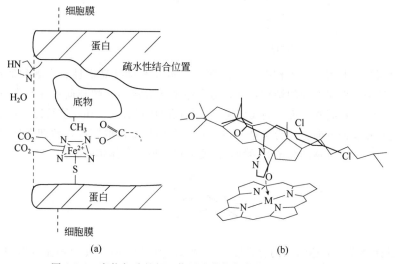

图2-7-4 底物与酶的相互作用及药物与底物分子叠加示意图

从图 2-7-4 中可以看出，底物或药物在酶活性位点中采取近似垂直于卟啉环的空间取向，以 14-位和 15-位靠近铁原子，17-位侧链处于酶活性位点顶端，杀菌剂分子中的叔丁基处于疏水区，苄基所处的空间可以被极大程度地延伸。事实上也证实了当苄基的对位为苯环取代时，仍然表现出很好的杀菌活性。Marchington 等人在考察抑制剂与 P450-14DM 相互作用的基础上提出：唑类麦角甾醇生物合成抑制剂除了具有含孤对电子的氮原子以外，整个分子的构象也必须符合一定的要求才能与高度立体特异性的细胞色素 P450-14DM 多功能氧化酶的活性部位相结合。因此，与三唑环 1-位氮原子相连接的其他基团的空间因素、电子因素及疏水性能等对药效有很大的影响。曾有人研究了分子疏水性的大小对三唑类化合物的生理活性的影响，他们发现，分子亲脂性太大或太小，生理活性均不理想。此外带有芳环的分子中，环上取代基的变化和分子稳定性的变化对三唑类化合物活性也有影响。

基于三唑类化合物的药效与对受体的专一性与空间作用的稳定性有关，因此在构效关系上表现出活性化合物往往具有相似的结构。但具有不同的取代基可导致化合物显示出不同的活性，即使结构相同却具有不同的立体异构体或光学异构体化合物也可在活性上显示出明显的不同。

根据上述分析，有人提出了一个可以符合这一类抑制剂化学结构一般要求的结构模型：

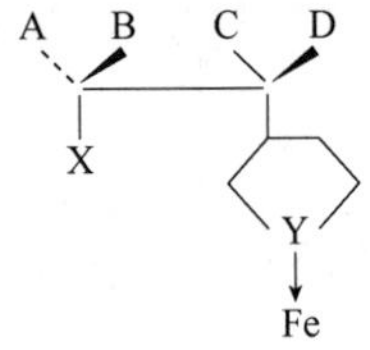

X—极性官能团；Y—O、S、N

其中，A、B、C、D 可以为任何疏水性取代基，但最终 C—C 键的旋转可以使极性官能团与三唑环之间形成一个理想的扭曲构象。根据此模型，一系列的新品种不断被发现出来。例如：假设将 A、B 取代，而 C、D 均为 H 时，那么，就可以产生符合上述要求的叔醇类化合物，为此他们合成了 A 为叔丁基，B 为 4-氯苯基的叔丁醇化合物，结果发现这一化合物具有很好的杀菌活性，进一步优化发现，A、B 均为卤代苯时活性最好，从而开发出杀菌剂粉唑醇（Flutriafen）。利用计算机图形学对此化合物进行考察，发现其分子中的一个芳基可以被其他基团取代并保持很好的杀菌活性，接着又开发出杀菌剂己唑醇（hexaconazole）。

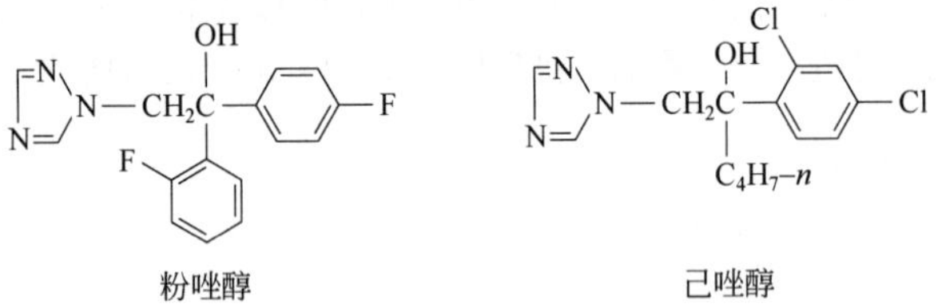

粉唑醇   己唑醇

日本吴羽公司也已开展有关工作多年，计划进一步开发具有高活性、广谱和低抗性的新品种。他们注意到过去这类活性化合物的结构特征是分子中的芳香环与三唑环间往往与带有一羟基的疏水中心相连，并且，该两环间常具反式的几何构象。若在两环间引入一环戊烷结构，两个芳环还是可或多或少地能固定在相反的方向上，为了进一步调整两个环与受体的匹配，预期在环戊烷骨架与两个芳香环间各插入亚甲基，可增加分子的柔性，以便能更好地与受体相匹配：

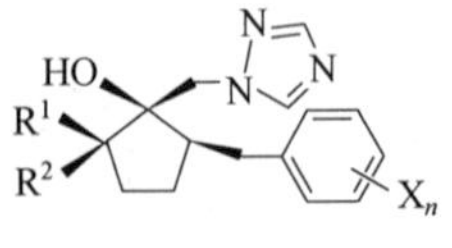

他们首先设计合成了上述结构的化合物（R¹ 及 R² 为 H），这类化合物显示出中等的杀菌活性，经过经典的 QSAR 研究，对合成的 16～18 个化合物建立了结构与活性的相关式，分析了取代基对

活性的影响。

对于灰霉病菌（离体）：

$$pIC_{50} = -1.31(0.73)L_2 - 0.84(0.36)W - 0.72(0.25)D$$
$$+ 4.02(2.11)\lg P$$
$$- 0.54(0.36)(\lg P)^2 + 10.07$$

$$n = 18, \ r = 0.952, \ s = 0.282, \ F = 23.2, \ \lg P_{opt} = 3.71$$

对于赤霉病菌（离体）

$$pIC_{50} = -0.83(0.73)L_2 - 0.71(0.33)W - 0.44(0.30)D$$
$$+ 2.90(2.11)\lg P$$
$$- 0.36(0.38)(\lg P)^2 + 8.74$$

$$n = 16, \ r = 0.938, \ s = 0.238, \ F = 14.7, \ \lg P_{opt} = 4.07$$

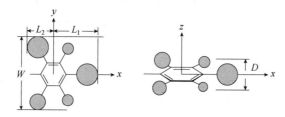

上列各式中，IC_{50} 表示每一个化合物抑制活性 50% 的浓度；P_{opt} 是指在正辛醇/水体系中，分配系数的最优值；L_1、L_2 分别表示苯环对位与邻位取代基的 STERIMOL 取代基的长度参数；而 W 和 D 则表示取代基的宽度和厚度参数。从对灰霉病与赤霉病的结构与活性的关系式中可以看出，其间有着很好的相似性。两式中均未显示出电子效应对活性有任何关系，这表明药物的杀菌活性决定于苯环上取代基疏水性和立体效应的大小。经计算，疏水性的最优值大约为 4；式中 L_2、W 和 D 项的系数是负值，表明苯环任何位置上带有取代基都有可能限制与受体位置的相互作用，对活性都是不利的，式中未见 L_1 项对活性有贡献，这表明它对活性没有影响。分析结果认为，对活性最有利的结构是对位有适当长度取代基，但不能太大和太厚，并发现对位具有单取代基化合物的活性将高于邻、对位都有取代基的化合物。通过上面两式的研究表明 4-氯-苄基环戊醇（$R^1 = R^2 = H$）是最有利的先导结构。但值得注意的是该 4-氯代的衍生物的 $\lg P$ 值低于上述两方程所计算出来的最优值，同时也低于大多数已商品化的三唑类杀菌剂，如戊环唑（3.54）、烯唑醇（4.30）、氟硅唑（3.97）及氟菌唑（4.50）等，因而它并不是最理想的化合物。

为了进一步优化此类化合物的结构，考虑到已发现分子中苯环上有立体效应的限制，显然修饰不能从苯环上着手。作为一种选择，他们试图在环戊烷上，三唑甲基的旁边引入取代基（$Xn = 4-Cl$，R^1 及/或 $R^2 =$ 低烷基），在合成前先进一步考察了这些化合物的三维结构（见图 2-7-5）。

从化合物三维结构图的比较研究结果表明，所设计分子中环戊烷上的两个甲基相应于烯唑醇中叔丁基上的两个甲基位置，并可看出环戊烷环上的两个甲基与这类结构的化合物的疏水"中心"相重叠，这可能说明在三唑甲基附近引入 R^1 及（或）R^2 对活性是有利的；而在环戊烷其他位置引入低级烷基，重叠性并没有显示出有更好的改善。用其他三唑类杀菌剂进行结构重叠研究时，也显示出环戊烷环上的 R^1 及 R^2 基团也能与这类杀菌剂的疏水核心部分重叠。在上面结构研究的基础上，合成出这两个化合物并进行了抗菌活性测定，结果发现活性有了很大的提高。进一步采用 QSAR 方法研究，考察了这类化合物的结构与活性的关系，从研究的 32 个化合物中（包括 $R^1 = R^2 = Me$，$R^1 = Et$，$R^2 = H$）得到的相关式如下。

对离体灰霉菌（离体）：

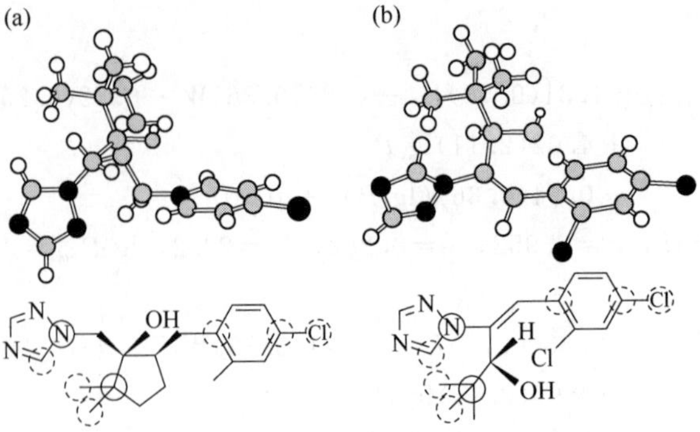

图 2-7-5 4-Cl-苄基二甲基环戊醇（a）与烯唑醇的生物活性构象（b）的三维结构比较图

$$pIC_{50} = -0.83(0.74)L_2 - 0.86(0.39)W - 0.70(0.20)D$$
$$+ 3.33(1.25)\lg P - 0.42(0.18)(\lg P)^2 + 0.40(0.40)I + 9.87$$
$$n = 32, \quad r = 0.941, \quad s = 0.354, \quad F = 32.4, \quad \lg P_{opt} = 3.93$$

对离体赤霉菌（离体）：
$$pIC_{50} = -0.79(0.22)W - 0.27(0.14)D + 3.35(0.74)\lg P$$
$$- 0.47(0.13)(\lg P)^2 + 1.01(0.30)I + 6.15$$
$$n = 30, \quad r = 0.966, \quad s = 0.245, \quad F = 53.4, \quad \lg P_{opt} = 3.56$$

在此二式中，L_2 项从统计学上看已无意义，式中 I 为指示变量，当 R^1 及（或）R^2 为低级烷基时表示为 1，无取代基时为 0，此项系数为正说明此二取代基对活性是有利的。而将此二式与前面 R^1，R^2 为 H 时所建立的两相关式相比，可看出关系式其余各项参数十分相似，这说明环戊烷上的取代基效应与苯环上的取代基效应对活性的贡献是各自独立的，R^1 及 R^2 的作用是调整了整个分子的疏水性值。

在所研究的这一系列化合物中，发现当 R^1 及 R^2 为甲基，苯环 4-位上为氯取代时化合物的活性较过去的品种有了很大的提高，特别是对于小麦锈病、壳针孢属和镰孢菌属的真菌效果尤为明显，用量降低。因此开发了其外消旋化合物称为叶菌唑（metconazole），于 1994 年在法国上市。这一系列的另一个化合物（R^1 或 R^2 为异丙基，X＝4-Cl），对水稻病害有很好的效果，特别对水稻恶苗病有很好的效果，也于 1994 年在日本上市，商品是等量的外消旋的混合物，即 $R^1 = i$-Pr，$R^2 = $ H，和 $R^1 = $ H，$R^2 = i$-Pr，分子中羟基和 4-氯苄基是处于顺式的位置，称为种菌唑（ipconazole）。

另外，脱甲基化抑制剂具有内吸传导作用，通过种子或叶片的表皮吸收后，它们在植物体内可向顶传导。内吸与传导的速度决定于它们的物理化学参数，如水中的溶解度、分配系数等。丙环唑（$\lg P$ 3.7），其传导速度低于三唑醇（$\lg P = 3.1$），而比双苯三唑醇（$\lg P = 4.1$）快。双苯三唑醇可传导入叶片角质层，但它一旦进入后，运转就很缓慢了。这类药剂的内吸性可用它们的 $\lg P$ 表征。快速地传导可以快速地抑制已入侵的病原菌，但也可导致药剂沉积在叶片的边沿，而中间部分含量却下降。相反，缓慢地移动将会阻止喷雾药剂时在叶片中快速地分布。传输速度快慢的优缺点主要决定于要防治的病原菌的特性。

四、C₁₄ 脱甲基抑制剂的立体化学

除有个别的例外，一般脱甲基化抑制剂均含有 1~2 个手性中心，相应地就有 2~4 个异构体，异构体在活性上的差别是由研究三唑酮及三唑醇开始的，三唑酮是一个相对弱的抑制剂，它的羰基被还原后即生成具有生物活性的三唑醇，两个三唑酮的异构体生成了四个三唑醇的异构体，曾对四个纯异构体进行了生物活性的测定，结果发现 $1S$, $2R$-活性最低。

还曾对双苯三唑醇（bitertanol）、环唑醇（cyproconazole）、烯唑醇（diniconazole）、己唑醇

（hexaconazole）、环戊醇唑（ipconazole）、环戊唑菌（metconazole）、丙环唑（propiconazole）、戊唑醇（tebuconazole）及氟醚唑（tetraconazole）等脱甲基化抑制剂的立体异构体与活性关系进行过研究，但由于受到合成方法的限制，立体结构与活性的差别尚未进行过全面的工作。

五、C_{14} 脱甲基抑制剂的副作用

C_{14} 脱甲基抑制剂对哺乳动物及鱼类低毒，它们在环境中的归趋变化很大，例如各种 C_{14} 脱甲基抑制剂在土壤中的半衰期大致在 1 周到长于一年。这类化合物的植物生长调节剂的作用可以说是它们最主要的副作用之一，这种作用引起植物茎和叶生长的延缓，一般来说，对双子叶作物的影响大于禾本科作物。

对这类化合物的生长延缓作用也从研究植物生长调节剂的角度进行了优化，如烯唑醇与烯效唑的化学结构只是在苯环上氯原子多少的差别：

烯唑醇(杀菌剂)　　　　　　　烯效唑(植物生长调节剂)

作为植物生长调节剂的作用是抑制 P450 单氧化酶，其中也包括抑制作为植物生长激素的赤霉素。最具有与赤霉素有关的植物生长调节剂的活性异构体与最具有真菌生长抑制活性的异构体只是结构上的微小差别。通常 C_{14} 脱甲基抑制剂引起的植物生长调节效应并不一定完全是由于抑制赤霉素的生物合成，也可能是抑制了植物体内的环阿屯醇 C_{14} 脱甲基化。植物生长调节的效应与防治病害所需要的用量对不同的作物是不同的，主要的作用决定于防治病害所推荐的剂量。

六、主要品种

麦角甾醇生物合成过程中 C_{14} 脱甲基抑制剂的主要品种见表 2-7-2。

表 2-7-2　麦角甾醇生物合成过程中 C_{14} 脱甲基抑制剂的主要品种

通用名称	上市年代	lg P	水中溶解度/（mg/L）	毒性 ID_{50}/（mg/kg）		应用范围		
				哺乳动物[①]	鱼毒[②]	叶面	种衣	收获后
嗪氨灵（triforine）	1969	2.2	9	＞6000	＞1000	＋		
抑霉唑（imazalil）	1973	3.8	180	290	3	＋	＋	＋
三唑酮（triadimefon）	1973	3.1	64	1000	14	＋		
氯苯嘧啶醇（fenarimol）	1975	3.7	14	3500	3	＋		
咪鲜安（prochloraz）	1977	4.4	34	2000	2	＋	＋	＋
三唑醇（triadimenol）	1977	3.1	62	1000	15	＋		
联苯三唑醇（bitertanol）	1979	4.1	3	＞4000	3	＋	＋	
丙环唑（propiconazole）	1979	3.7	100	1500	6	＋		
氟苯嘧啶醇（nuarimol）	1980	3.2	26	2300	12	＋	＋	
氟菌唑（triflumizole）	1982	1.4	13	700	1	＋	＋	
烯唑醇（diniconazole）	1983	4.3	4	560	3	＋		
粉唑醇（flutriafol）	1983	2.3	130	1200	65	＋	＋	
戊菌唑（penconazole）	1983	3.7	73	2300	3	＋		
氟硅唑（flusilazole）	1984	3.7	50	900	1	＋		

续表

通用名称	上市年代	lg P	水中溶解度/ (mg/L)	毒性 ID_{50}/ (mg/kg)		应用范围		
				哺乳动物[①]	鱼毒[②]	叶面	种衣	收获后
亚胺唑 (imibenconazole)	1984		2	2900	0.9	+		
环丙唑醇 (cyproconazole)	1986	2.9	140	700	19	+		
己唑醇 (hexaconazole)	1986	3.9	17	>2000	5	+		
腈菌唑 (myclobutanil)	1986	2.9	140	2000	3	+	+	+
戊唑醇 (tebuconazole)	1986	3.7	32	3500	7	+	+	
啶斑肟 (pyrifenox)	1986	3.7	150	>2000	9	+		
苯醚甲环唑 (difenoconazole)	1988	4.2	16	>1400	0.8	+	+	
腈苯唑 (fenbuconazole)	1988	3.2	0.2	>2000	0.7	+	+	
氟醚唑 (tetraconazole)	1988	3.5	150	1100	4	+		
糠菌唑 (bromuconazole)	1990	3.2	50	800	2	+		
氟环唑 (epoxiconazole)	1990	3.4	7	>5000	4	+		
氟喹唑 (fluquinconazole)	1992	3.2	1	200	2	+		
叶菌唑 (metconazole)	1992	3.9	15	1500	3	+	+	
灭菌唑 (triticonazole)	1992	3.3	7	>2000			+	
种菌唑 (ipconazole)	1994	4.2	7	1300	3		+	
噁咪唑 (oxpoconazole)	2000							
硅氟唑 (simeconazole)	2004							
丙硫菌唑 (prothioconazole)	2004							

① 大鼠与小鼠毒性的平均值。

② 多种鱼的平均值。

作为 C_{14} 脱甲基化抑制剂第一代的三个品种是三唑酮、三唑醇和联苯三唑醇，它们可以说是植物保护的新的里程碑，第一次发现这类杀菌剂不仅具有保护性质，还有治疗的作用，迄今仍有广泛的用途，从此在世界各地均开展了广泛的研究。一些品种相继出现，一个大的飞跃是 20 世纪 80 年代发现的羟乙基三唑类化合物，如己唑醇（hexaconazole）、戊唑醇（tebuconazole）等，这些都是广谱的叶面喷雾和种子处理剂。戊唑醇可以在 90 种作物上应用，并在 100 个以上的国家登记。后来又有如氟环唑（epoxiconazole）的开发，开发的目的是不断要求进一步优化活性，提高内吸性、广谱性和对生态及环境友好的品种出现。综观过去对结构修饰的研究，一直都集中在 1-取代-1,2,4-三唑衍生物的变化上，但在 3-或 5-位上取代的衍生物却很少见报道。21 世纪以来，Bayer 开始了直接在三唑环上的修饰，合成了许多化合物并进行了活性测定及田间试验等研究，最后发现了一类 2-取代的 $3H$-1,2,4-三唑啉硫酮类杀菌剂丙硫菌唑（prothioconazole），它具有高活性、广谱、快速吸收、长持效的特点。显示出具有 14-位脱甲基杀菌剂的作用机制的特点。

从应用的角度来看，许多这类脱甲基化抑制剂均可作为种衣剂，也可作叶面喷雾。种衣剂在水稻和谷物上的使用受到一定的限制。这类杀菌剂主要用于叶面处理防治谷物的病害。20 世纪 80～90 年代后，随着抗性的产生，人们常以其他白粉病杀菌剂代替或与之混用的方法来解决抗性，也可用第二类固醇生物合成抑制剂，即在还原酶-异构化酶上起作用的药剂以及具有其他作用机制的如甲氧基丙烯酸酯类杀菌剂或喹氧灵等药剂混用。

下面将主要品种按开发年代作一概括性介绍。

（一）20 世纪 80 年代前开发的产品

1. 嗪氨灵 （triforine）

$C_{10}H_{14}Cl_6N_4O_2$, 434.96, 26644-46-2

2. 抑霉唑 （imazalil）

$C_{14}H_{14}Cl_2N_2O$, 297.18, 35554-44-0

这是比利时杨森公司 （Janssen） 开发的品种。

3. 三唑酮 （triadimefon）

$C_{14}H_{16}ClN_3O_2$, 383.75, 43121-43-3

三唑酮是开发进入市场的第一个三唑类杀菌剂，又称粉锈宁。

理化性质 纯品为无色结晶，有特殊气味，熔点 82.3℃，蒸气压小于 0.1 mPa （20℃），20℃时微溶于水，溶解度为 700 mg/L，可溶于甲苯、环己酮等有机溶剂，难溶于石油醚。在酸性和碱性条件下都较稳定。

合成方法 主要的合成方法如下：

毒性 大鼠 LD_{50} 为 568 mg/kg，对鱼类及鸟类较安全，对蜜蜂和天敌无害。

应用 该药具有向基和向顶的传导性，内吸性强，持效期长，具有保护和治疗作用，低残留。

主要用于防治多种作物的白粉病、锈病和黑穗病。

4. 咪鲜胺 （prochloraz）

C₁₅H₁₆Cl₃N₃O₂, 376.67, 67747-09-5

$C_{15}H_{16}Cl_3N_3O_2$, 376.67, 67747-09-5

咪鲜胺是 1977 年由德国艾格福（AgrEvo）公司开发的一种高效、低毒、低残留的广谱性咪唑类杀菌剂。

理化性质 为无色结晶。熔点 38.5～41.0℃。蒸气压 0.07 μPa（20℃）。溶解度：水中 55 mg/L（23℃），能溶于大部分有机溶剂。在水中稳定（20℃，pH 7），对光、浓酸、浓碱不稳定。

合成方法 由 1，2-二卤乙烷与 2，4，6-三氯酚反应，生成物再与正丙胺反应后，与光气、咪唑反应即制得。

毒性 大鼠急性经口 $LD_{50} > 1600$ mg/kg，急性经皮 $LD_{50} > 5000$ mg/kg，急性吸入 LC_{50} 2.4 mg/kg，对眼和皮肤有轻度刺激作用，未发现致癌、致畸及致突变作用。对蜜蜂和鸟类无害，但对水生生物毒性较高。

应用 它对多种作物的子囊菌和半知菌病害具有显著的防效，是一种触杀性杀菌剂，具有一定的内吸作用。20 世纪 90 年代在我国推广使用，目前已经广泛用于水稻、柑橘和芒果等农林产品的生产、贮存和运输等过程中，防效显著，是近年来应用较广泛的杀菌剂。可用于防治谷类、油料作物、多种大田作物、热带和亚热带水果、观赏植物、蔬菜及各种工业用作物的病害，如水稻稻瘟病，以及其他叶斑病和白粉病等。也广泛用于种子、苗木处理及防治收获后水果贮存期的病害。制剂有 25％乳油、25％可湿性粉剂、10％液剂、10％粉剂。咪鲜胺在土壤中很容易降解，亦能很好地吸附在土壤微粒上。该药剂对土壤微生物群落和栖生土壤中的动物的毒性较低，而对某些土壤真菌具有抑制作用。

5. 三唑醇 （triadimenol）

C₁₄H₁₆ClN₃O₂, 295.75, 55219-65-3

$C_{14}H_{16}ClN_3O_2$, 295.75, 55219-65-3

理化性质 纯品为无色结晶，熔点 112℃，蒸气压 1×10^{-3} Pa，在水中的溶解度为 0.12 g/L。在中性和弱酸性介质中稳定，在强酸性介质中煮沸易分解，在一般有机溶剂中具有一定的溶解度。

合成方法　三唑醇是由三唑酮还原得到。由于所用的还原剂不同，所以有多种还原方法，常用的还原剂是硼氢化钾或硼氢化钠。例如：

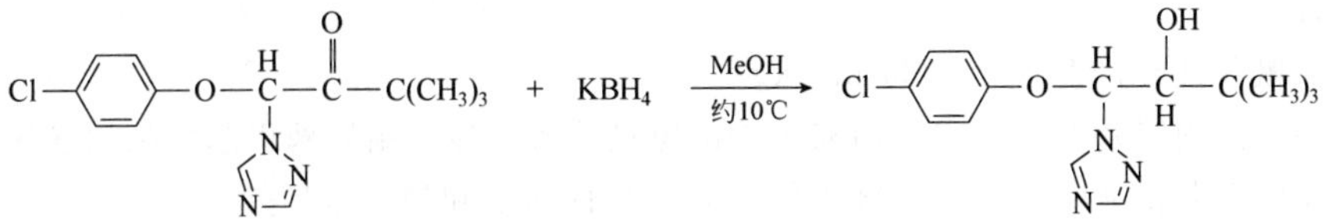

三唑酮一经还原生成三唑醇，就会产生 4 个立体异构体：1S，2R、1S，2S、1R，2S 及 1R，2R 体。

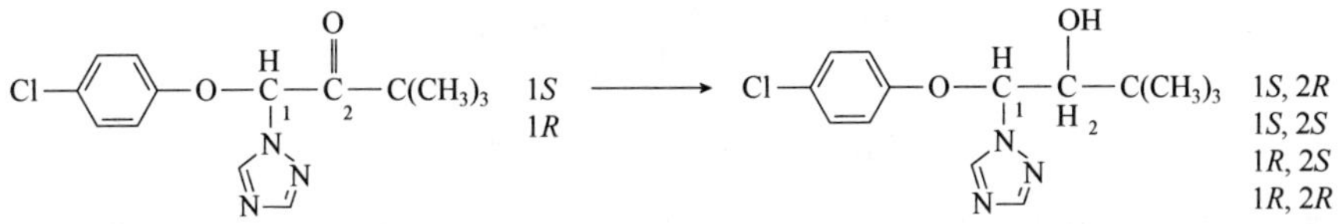

三唑酮　　　　　　　　　　三唑醇

曾对 4 个纯异构体进行了生物活性的测定，结果发现 1S，2R 活性最低。

毒性　大鼠急性经口 LD_{50} 为 1161 mg/kg，大鼠急性经皮 $LD_{50} > 5000$ mg/kg，对蜜蜂无影响。为广谱性杀菌剂。

应用　用于防治谷类作物的白粉病和黑粉病，可作为拌种剂。在低剂量下，对禾谷类作物种子带菌和叶部病原菌都有良好的活性。处理禾谷类作物种子时，对种子上带有的黑粉菌，如小麦腥黑粉菌和大麦黑粉菌的效果良好。

6. 联苯三唑醇 （bitertanol）

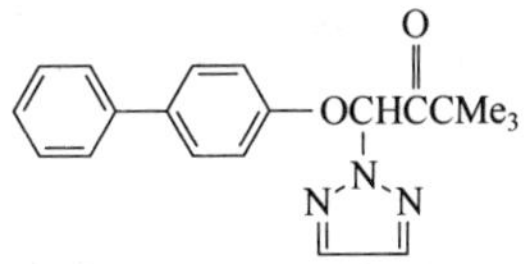

$C_{20}H_{23}N_3O_2$, 335.4, 55179-31-2

为德国拜耳公司开发的品种。

理化性质　为无色晶体，熔点 136.7℃（非对映异构体 A），145.2℃（非对映异构体 B），118℃（A 和 B 的低共熔混合物）。蒸气压 3.8 mPa（A），3.2 mPa（B）(100℃)。溶解性（20℃）：水 2.9 mg（A）/L，1.6 mg（B）/L，5 mg（A+B）/L，易溶于有机溶剂。通常条件下稳定。

合成方法　由 1-联苯氧基-1-1H-1,2,4-三唑-3,3-二甲基丁-2-酮在甲醇中用硼氢化钠在室温下还原，或者用甲酸、三乙胺还原制得。

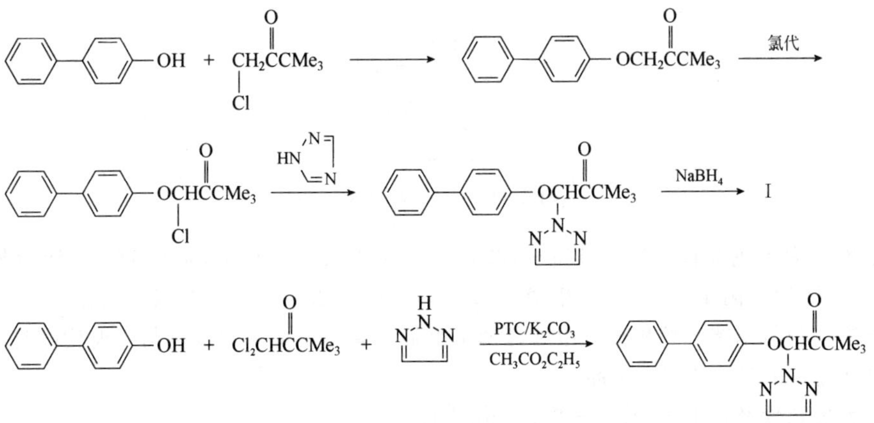

后一方法是改进了酮的合成，采用相转移催化剂用二氯片呐酮代替氯代片呐酮，可以用一锅法合成，采用相转移催化剂为聚乙二醇（PEG），碳酸钾为碱，在乙酸乙酯中回流得产品。最后还原得到最终产品。

毒性 大鼠急性经口 $LD_{50} > 5000$ mg/kg。

应用 为广谱内吸杀菌剂。主要用来防治由黑星菌属和核盘菌属菌引起的果树病害，以及球腔菌属引起的香蕉病害和花生叶斑病。制剂有 25% 可湿性粉剂和种子处理剂。

7. 丙环唑（propiconazole

$C_{15}H_{17}Cl_2N_3O_2$, 342.22, 60207-90-1

理化性质 原药外观为淡黄色黏稠液体，沸点（13.3 Pa）180℃，蒸气压（20℃）0.133 mPa，折射率 1.5468，密度（20℃）1.27 g/cm³。在水中溶解度为 110 mg/L，易溶于有机溶剂。320℃ 以下稳定，对光较稳定，水解不明显。在酸性、碱性介质中较稳定，不腐蚀金属。贮存稳定性 3 年。

合成方法

毒性 原药对大鼠急性经口 LD_{50} 1517 mg/kg，急性经皮 $LD_{50} > 4000$ mg/kg。对家兔眼睛和皮肤有轻度刺激作用。

应用 丙环唑是一种具有保护和治疗作用的内吸性三唑类杀菌剂，可被根、茎、叶部吸收，并能很快地在植物株体内向上传导，防治子囊菌、担子菌和半知菌引起的病害，特别是对小麦全蚀病、白粉病、锈病、根腐病、水稻恶苗病、香蕉叶斑病具有较好的防治效果。

（二）20 世纪 80 年代开发的产品

1. 氟苯嘧啶醇（nuarimol）

$C_{17}H_{12}ClFN_2O$, 314.74, 63284-71-9

理化性质 为无色晶体。熔点 126～127℃。蒸气压 < 0.0027 mPa（25℃）。溶解性（25℃）：水 26 mg/L（pH 7），丙酮 170 g/L，甲醇 55 g/L，二甲苯 20 g/L。52℃ 以下稳定，在日光下分解。

合成方法 与氯苯嘧啶醇相似，由邻氯苯甲酰氯与氟苯反应，生成物与 5-溴代嘧啶、丁基锂在四氢呋喃中反应，水解，即制得本品。

毒性 大鼠急性经口 LD_{50} 1250～2500 mg/kg。

应用　为广谱内吸性杀菌剂，主要用来防治大、小麦白粉病，以及果树上由白粉菌和黑星菌引起的病害。制剂有可湿性粉剂、乳油和悬浮剂，通常与抑霉唑、代森锰锌等制成混剂使用。

2. 氟菌唑 （triflumizole）

$C_{15}H_{15}ClF_3N_3O$, 332.71, 99387-89-0

为日本曹达公司开发的产品，又名特富灵（trifmine）。

理化性质　纯品为无色结晶，熔点 63.5℃，蒸气压 $1.4×10^{-6}$ Pa（25℃）。溶解性（20℃）：水 12.5 g/L，氯仿 2.22 kg/L，己烷 17.6 g/L，二甲苯 639 g/L。呈碱性，pK_a 3.7（25℃）。其水溶液会在日光下降解。

合成方法　采用固态光气进行酰化反应，收率和产品纯度都很理想。

毒性　大鼠急性经口 LD_{50}＞715 mg/kg（雄）、695 mg/kg（雄），大鼠急性经皮 LD_{50}＞5000 mg/kg，大鼠吸入 LC_{50}＞3.2 mg/L，对兔皮肤无刺激作用，对眼睛有轻微刺激性，未见致癌，致畸，致突变作用，对蜜蜂安全。

应用　为广谱性杀菌剂，具有内吸、保护、治疗和铲除作用，主要用于禾谷类、蔬菜、果树等作物防治白粉病、锈病、炭疽病、立枯病等。也可作为麦类种子的拌种剂，用于防治黑穗病、白粉病和条纹病。

3. 烯唑醇 （diniconazole）

$C_{15}H_{17}Cl_2N_3O$, 326.22, 83657-24-3

日本住友公司开发的品种。

理化性质　原药为无色结晶固体，熔点 134～156℃，蒸气压 $4.9×10^{-3}$ Pa（25℃）。溶解性：25℃水中溶解度 4.1 mg/L，易溶于一般有机溶剂中。对热、光和潮湿稳定。

合成方法

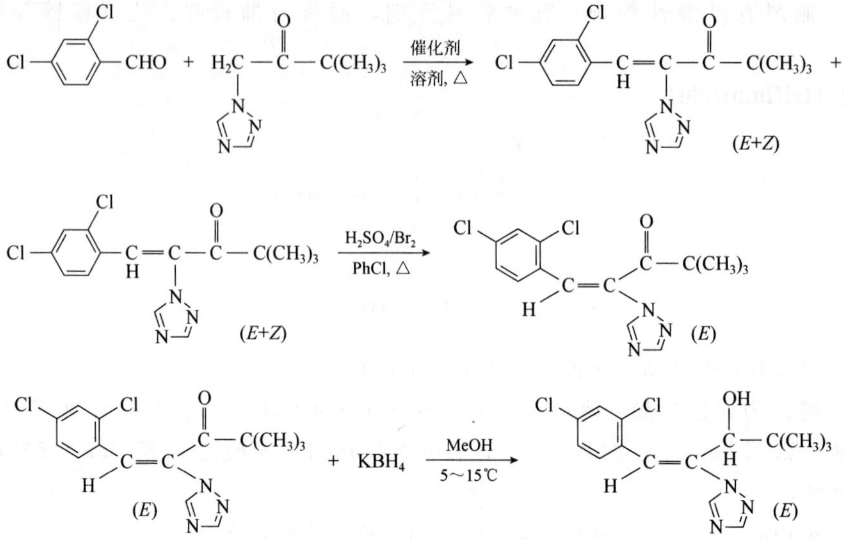

毒性 雄大鼠急性经口 LD$_{50}$ 639 mg/kg（雄），474 mg/kg（雌）。大鼠急性经皮 LD$_{50}$＞5000 mg/kg，对眼有轻度刺激作用。

应用 它在土壤中移动性小，可缓慢降解。具有广谱和内吸杀菌活性，有保护、治疗和铲除作用。具有高效、广谱、低毒、内吸性强的特点，主要用于果树、蔬菜、小麦、马铃薯、豆类、瓜类等作物，有很好的保护及治疗作用，叶面施药可防治葡萄、禾谷类作物和水果上的白粉病和黑星病。也是防治柑橘疮痂病、斑点落叶病等病害的理想药剂。

4. 粉唑醇（flutriafol）

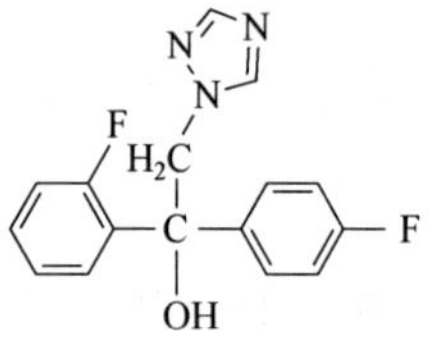

$$C_{16}H_{13}F_2N_3O, 301.29, 76674-21-0$$

由英国 ICI 公司开发的产品。

理化性质 原药无色晶体，熔点130℃。相对密度1.41。蒸气压约400 mPa，溶解性（20℃）：水 130 mg/L（pH 7），在一般的有机溶剂中溶解度好。

合成方法 合成方法之一是用格氏试剂法

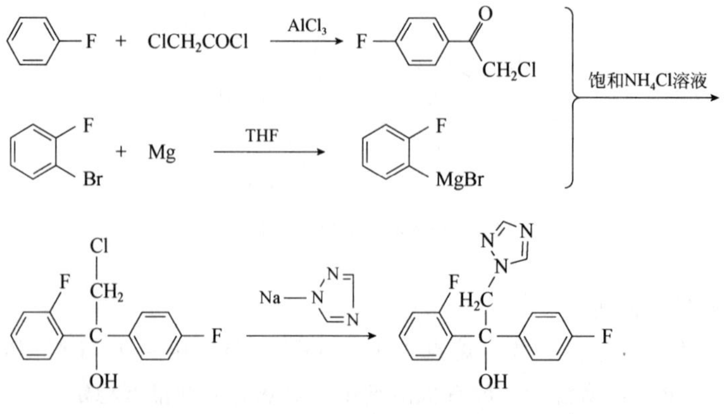

毒性 大鼠急性经口 LD$_{50}$1140~1480 mg/kg，大鼠急性经皮 LD$_{50}$>1000 mg/kg，对兔眼有轻微刺激作用，对皮肤无刺激，未见致癌、致畸及致突变作用。对蜜蜂低毒。

应用 为广谱内吸性杀菌剂，具有向顶性传导作用，对谷物白粉病有特效，可防治白粉菌、黑麦喙孢、长蠕孢属、柄锈菌属及壳针孢属病原菌引起的病害。其中 R-异构体为活性体，S-异构体活性低。商品为外消旋体。大部分配成混剂使用。

5. 戊菌唑（penconazole）

C$_{13}$H$_{15}$Cl$_2$N$_3$，284.18，66246-88-6

戊菌唑是汽巴-嘉基公司研究开发出的高效低毒杀菌剂。

理化性质 它的纯品为无色晶体，熔点 60℃，蒸气压 0.21 mPa（20℃）。溶解性（20℃）：水 70 mg/L，丙酮、环己酮 700 g/kg，二氯甲烷、甲醇 800 g/kg，己烷 17 g/L，异丙醇、二甲苯 500 g/L。对水稳定及在 350℃ 以下稳定。

合成方法

毒性 大鼠急性经口毒性 LD$_{50}$ 2125 mg/kg，急性经皮 LD$_{50}$>3000 mg/kg，对兔眼和皮肤有轻微的刺激作用，对蜜蜂安全。

应用 它是一种具有保护、治疗和铲除作用的内吸性杀菌剂，以 10~50 g（a. i.）/hm^2 剂量，可防治白粉菌、黑星菌和其他致病的子囊菌纲、担子菌纲和半知菌类的致病菌，尤其是对南瓜、葡萄、仁果、观赏植物和蔬菜上的上述病原菌具有很好的防治效果。制剂有 10% 可湿性粉剂、10% 乳油。

6. 氟硅唑（flusilazole）

C$_{16}$H$_{15}$F$_2$N$_3$Si，315.39，85509-19-9

杜邦公司推出的产品，其他名称福星（punch）。

理化性质 纯品为白色结晶，熔点 55℃，蒸气压 0.039mPa（25℃）溶解性：水中溶解度为 900 mg/L（pH 1.1），45 mg/L（pH 7.8）在许多有机溶剂中均有很好的溶解度。产品对日光和热稳定。

合成方法　其合成方法之一为：

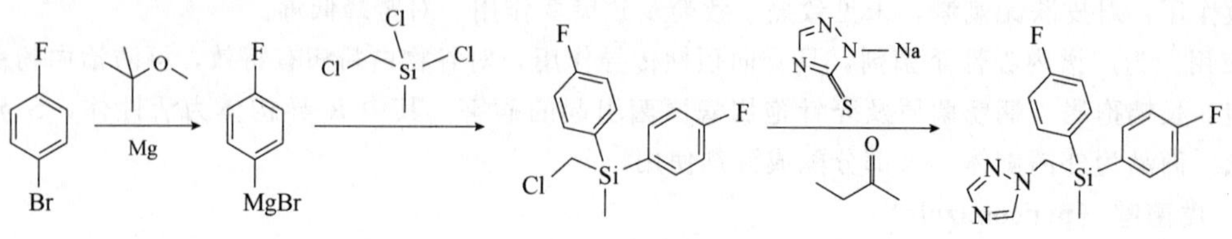

另一方法是用氯代甲基二氯甲硅烷在低温下与氟苯、丁基锂反应，制得双（4-氟苯基）甲基氯代甲基硅烷，再在极性溶剂中与1,2,4-三唑钠盐反应，即制得产品，反应如下：

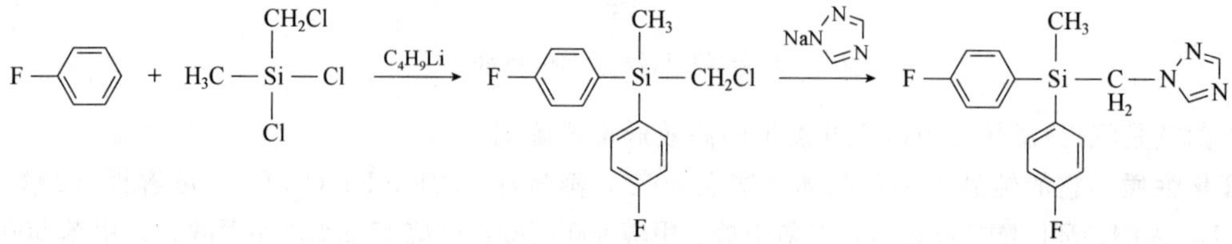

毒性　大鼠急性毒性经口 LD$_{50}$ 1110 mg/kg（雄），674 mg/kg（雌），对家兔急性经皮 LD$_{50}$ > 2000 mg/kg，未见致癌、致畸及致突变作用。

应用　对子囊菌纲、担子菌纲和半知菌类真菌有效，推荐用来防治苹果黑星病、白粉病，谷类眼点病、白粉病，小麦叶锈病、颖枯病、条锈病和大麦叶斑病等。对梨黑腥病有特效，是重要的杀菌剂品种。

7. 亚胺唑（imibenconazole）

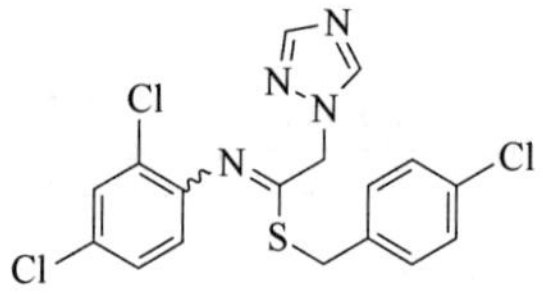

C$_{17}$H$_{13}$Cl$_3$N$_4$S, 411.74, 86598-92-7

日本北兴化学公司开发的品种，又名酰胺唑。

理化性质　原药为浅黄色晶体，熔点 89.5～90℃，蒸气压 8.5×10^{-5}Pa（25℃）。溶解性（25℃）：水 1.7 mg/L（20℃）丙酮 1030 g/L，甲醇 120 g/L，二甲苯 50 g/L。在弱碱性条件下稳定，对光稳定，但在强酸或强碱条件下则不稳定。

合成方法　由 2-氯-N-（2,4-二氯苯基）乙酰胺经三步合成，首先用五氯化磷将酰氨基转化为亚氨酰氯，然后将两个非芳香的氯原子用两个 1,2,4-三唑钾盐取代，通过亚氨基生成的三唑基是一个很好的离去基团。当与强亲核试剂如 4-氯苯基甲硫醇反应时，即可得产物，但双键的立体化学文献中未提及。

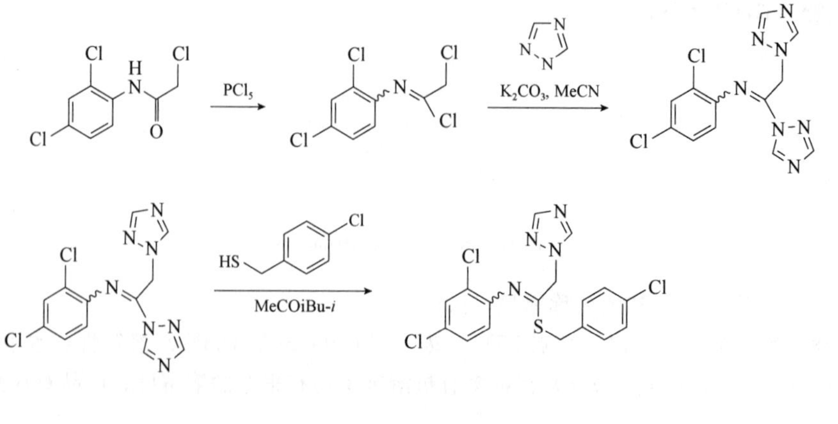

毒性 大鼠急性毒性经口 $LD_{50} > 2800$ mg/kg，急性经皮 $LD_{50} > 2800$ mg/kg，对家兔眼睛有轻微刺激，无致敏作用。

应用 它具有保护和治疗作用，杀菌谱广，可用于防治水果、蔬菜、禾谷类作物和观赏植物的真菌病害，如苹果和梨的病害如结痂病、白粉病和锈病。对葡萄的白粉病和炭疽病也有效。

8. 环丙唑醇（cyproconazole）

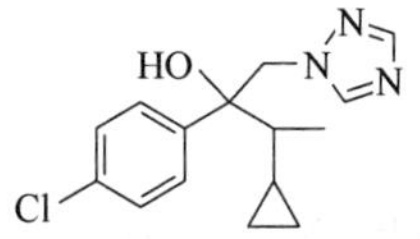

C$_{15}$H$_{18}$ClN$_3$O, 291.78, 94361-06-5

理化性质 原药为无色晶体。熔点 103～105℃。沸点 > 250℃。蒸气压 0.0347 mPa（20℃）。溶解性（25℃）：水 140 mg/kg，丙酮 > 230 g/kg，二甲基亚砜 > 180 g/kg，乙醇 > 230 g/kg，二甲苯 120 g/kg。70℃下稳定 15d，日光下土壤表面 DT$_{50}$ 21d；在 pH 值 3～9、50℃稳定。

合成方法 环丙唑醇的合成主要有两种路线：

(1)

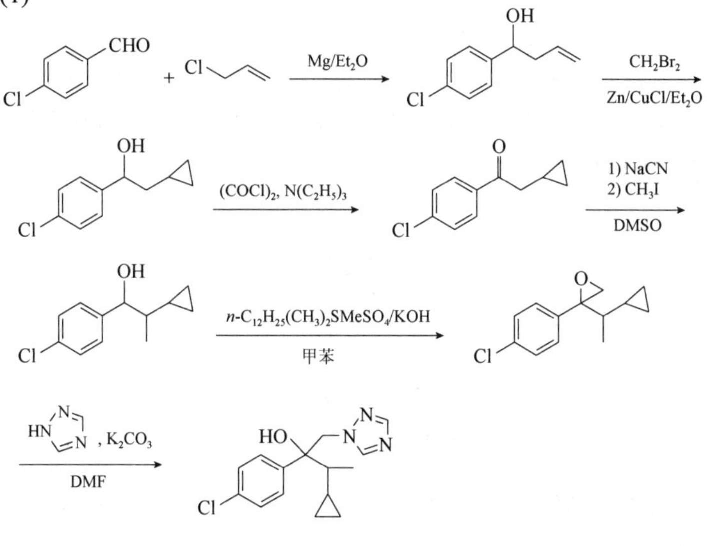

(2)

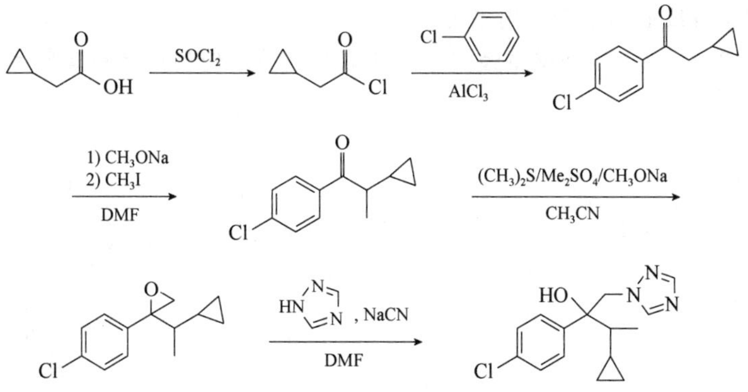

该品由 1-（4-氯苯基）-2-环丙基乙酮与氢化钠、碘甲烷反应，生成 1-（4-氯苯基）-2-环丙基-1-丙酮，再与 $CH_3(CH_2)_{11}S^+(CH_2)_2CH_3SO_3^-$ 反应，生成环氧乙烷衍生物，最后与 1H-1,2,3-三

唑缩合，制得环唑醇：

毒性 大鼠急性经口 LD_{50} 1020～1330 mg/kg。

应用 防治谷类和咖啡锈病，谷类、果树和葡萄白粉病，花生、甜菜叶斑病，苹果黑星病和花生白腐病。制剂有 10%，40% 可湿性粉剂，10% 水溶性液剂和 10% 水分散颗粒剂。

9. 己唑醇 (hexaconazole)

$C_{14}H_{17}Cl_2N_3O$, 257.1, 79983-71-4

理化性质 原药为无色晶体，熔点 111℃，蒸气压 0.01 mPa（20℃），25℃ 密度 1.29 g/cm³。溶解性（20℃）：水 0.018 mg/L，甲醇 246 g/L，丙酮 164 g/L，甲苯 59 g/L，己烷 0.8 g/L。稳定性：室温（40℃ 以下）至少 9 个月内不分解，酸、碱性（pH 值 5.7～9）水溶液中 30d 内稳定，pH 值为 7 的水溶液中紫外线照射下 10d 内稳定。

合成方法 由 2，4-二氯苯基戊酮经与三甲基锍叶立德反应生成环氧化物后，用三唑进行开环反应，即得产品。

毒性 大鼠急性经口 LD_{50} 2189～6071 mg/kg。

应用 用于防治葡萄白粉病和黑腐病，苹果黑星病和白粉病，咖啡锈病。制剂有悬浮剂和

50%水溶性颗粒剂。

10. 腈菌唑 （myclobutanil）

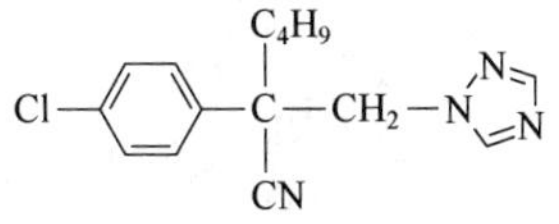

$C_{15}H_{17}ClN_4$, 288.78, 88671-89-0

由 Rohm & Haas 公司开发。

理化性质　原药为淡黄色固体，熔点 68～69℃，纯品为无色针状晶体，熔点 68～69℃，沸点 202～208℃ （133.3Pa），蒸气压 213 mPa （25℃）。溶解性 （25℃）：可溶于醇、芳烃、酯、酮 （50～100 g/L），难溶于水 （142 mg/L），不溶于脂肪烃。稳定性：日光下及水溶液中降解，在 pH5、7、9 条件下于 28℃，28d 内不水解，在土壤中 DT_{50} 为 66d，在厌氧条件下不降解。

合成方法　由 4-氯苯乙腈与 1-氯丁烷反应制得 2-丁基-2-（4-氯苯基）乙腈，然后依次与二氯甲烷、1,2,4-三唑反应，制得本品：

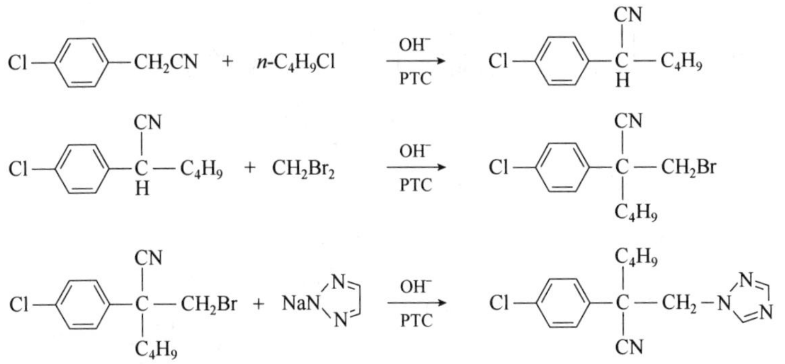

另一条路线是用多聚甲醛法，将三唑与多聚甲醛反应生成 1-羟甲基三唑后，用氯化亚砜氯化并形成稳定的盐酸盐后，再与 2-丁基-2-（4-氯苯基）乙腈反应生成产物。

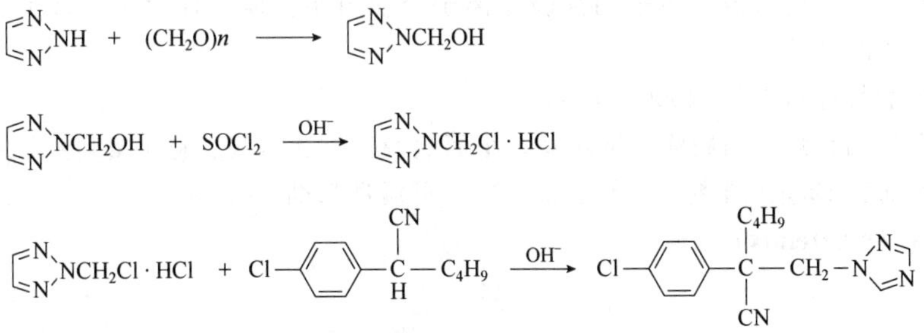

毒性　是一种低毒杀菌剂：雄大鼠急性经口 $LD_{50}>1600$ mg/kg，雌大鼠为 $LD_{50}>2290$ mg/kg，家兔急性经皮 $LD_{50}>5000$ mg/kg。对鼠家兔无皮肤刺激，对眼睛有轻微刺激，对鼠、家兔无致突变作用，Ames 试验为阴性。

应用　腈菌唑广泛用于防治仁果上的真菌：防治核果上的白粉菌属、齿裂菌属、链核盘菌属；防治葡萄上的钩丝壳菌属；防治黄瓜上的白粉菌属、单丝壳菌属；防治苹果白粉病和黑星病等真菌引起的病害，用量为 20～100 g/hm²。还可采用 10～20 mg/100kg 种子的剂量作为种子处理剂来防治小麦真菌病害。制剂有 40%可湿性粉剂，12.5%、25%乳油。

11. 戊唑醇 （tebuconazole）

$C_{16}H_{22}ClN_3O$, 307.82, 107534-96-3

为德国 Bayer 公司开发的品种。

理化性质 原药为无色晶体。熔点 102.4℃。蒸气压 0.013 mPa （20℃）。溶解性（20℃）：水 32 mg/L（pH 7），二氯甲烷＞200 g/L，己烷＜0.1 g/L，甲苯 50～100 g/L。在 pH 4～9，22℃水解 DT_{50}＞1 年。

合成方法 由 4-氯甲基频呐酮与 $(CH_3)_3S^+I^-$ 反应，得环氧乙烷衍生物，再与 1,2,4-三唑反应，即制得本品。

4,4-二甲基-1-（4-氯苯基）-1-戊烯-3-酮的合成中采用强碱性离子交换树脂作碱性催化剂，并采用 N_2 保护，在目标化合物的合成中也采用强碱性离子交换树脂作碱性催化剂，减少了目标化合物中的异构体异戊唑醇的含量。

毒性 大鼠急性经口 LD_{50} 4000 mg/kg。

应用 用于防治锈病、白粉病、网斑病、根腐病及麦类赤霉病、花生褐斑病、茶树茶饼病、麦类黑穗病等。制剂有 12.5％乳剂、25％乳油、25％可湿性粉剂。

12. 啶斑肟 （pyrifenox）

$C_{14}H_{12}Cl_2N_2O$, 295.16, 88283-41-4

为瑞士公司开发。

理化性质 原药为褐色液体。沸点＞150℃（13.3Pa），蒸气压 1.9mPa（25℃）。溶解性（25℃）：水 115 mg/L（pH 7），己烷＜10 g/L，丙酮、乙醚＞200 g/L，乙酸乙酯、氯仿、二甲基甲酰胺、异丙醇、甲苯＞200 g/L。对光稳定，室温下在密闭容器中稳定 3 年以上。

合成方法 由 2,4-二氯苯甲酸乙酯依次与吡啶-3-乙酸乙酯在甲醇钠作用下反应，再与甲氧基胺的盐酸盐反应制得产品。

毒性　大鼠急性经口 LD_{50} 为 2900 mg/kg，急性经皮 $LD_{50} > 5000$ mg/kg，对眼睛有轻微刺激，未见致癌、致畸及致突变作用。

应用　为广谱内吸性杀菌剂，能广泛抑制子囊菌、担子菌和半知菌类的生长，用量为 30～250g/hm²，具有保护、治疗和内吸作用，其残效期比其他保护剂短，叶面施用后，能迅速渗透进入叶内。主要用来防治苹果黑星病和白粉病、花生叶斑病等。制剂有 25％可湿性粉剂、20％乳油。

13. 苯醚甲环唑（difenocanazole）

$C_{19}H_{17}Cl_2N_3O_3$, 406.26, 119446-68-3

又名噁醚唑，该品种是由瑞士 Ciba-Geigy 公司在甲环唑的基础上开发的新型杀菌剂。

理化性质　该品为无色固体。熔点 76℃，难溶于水，易溶于有机溶剂。

合成方法　以间二氯苯为原料，经酰化、醚化、溴化、环化和缩合反应，最终合成苯醚甲环唑。

毒性　大鼠急性经口 LD_{50} 为 1435 mg/kg。

应用　对葡萄、花生、马铃薯、小麦和各种蔬菜上的子囊菌纲、担子菌纲和大多数属的半知菌、白粉菌科、锈菌和某些传病原菌有持久的防治活性。

14. 腈苯唑（fenbuconazole）

$C_{19}H_{17}ClN_4$, 336.82, 114369-43-6

由 Rohm and Haas 开发的产品。

理化性质 纯品为白色晶体，熔点 124～126℃，蒸气压 3.4 mPa（25℃），水中溶解度 3.8mg/L（25℃），溶于醇、芳烃、酯、酮等有机溶剂中，在 300℃下暗处稳定，在 pH5、7、9 的条件下，DT_{50} 值分别为 2210d、3740d 及 1370d。

合成方法

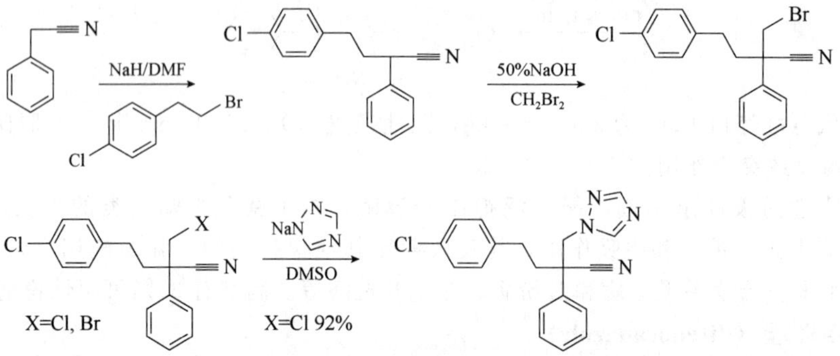

最终产物为一消旋体。分子中的季碳是一手性碳，光学活性体的合成及生物学特性尚未见报道。

毒性 大鼠急性经口毒性 LD_{50}＞2000 mg/kg，大鼠急性经皮 LD_{50}＞5000 mg/kg，大鼠急性吸入 LC_{50}（4h）＞2.1 mg（原药）/L。对鱼高毒，蓝鳃鱼 LC_{50}（5h）0.68 mL/L。原药对兔眼睛和皮肤无刺激作用，制剂（乳油）对兔皮肤和眼睛有严重的刺激作用。

应用 作为叶面喷雾剂用于防治小麦及大麦叶斑病、锈病、白粉病和苹果、梨的结疤病、白粉病等。

15. 四氟醚唑（tetraconazole）

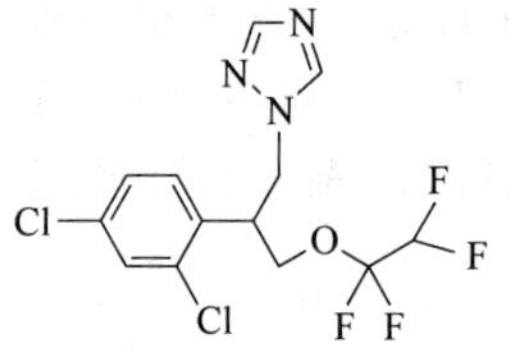

$C_{13}H_{11}Cl_2F_4N_3O$, 372.15, 112281-77-3

由意大利公司 Isagro Ricerca（formerly Montedison）引入市场的品种，又名氟醚唑。

理化性质 原药为黏稠油状物。240℃分解，熔点为 6℃，蒸气压 0.18 mPa（20℃），溶解性：水 150 mg/L（20℃，pH 7），$K_{ow}lgP$ 3.56（20℃）易溶于丙酮、二氯甲烷、甲醇。其水溶液对日光稳定，稀溶液在 pH 值 5～9 条件下稳定，对铜有轻微腐蚀性。该化合物具有一个高氟取代的侧链，三唑基所在的位置也十分独特，不在氧的 β-位而是 γ-位。

合成方法 由 2-（2,4-二氯苯基）-3-（1H-1,2,4-三唑-1-基）丙醇与四氟乙烯反应制得：

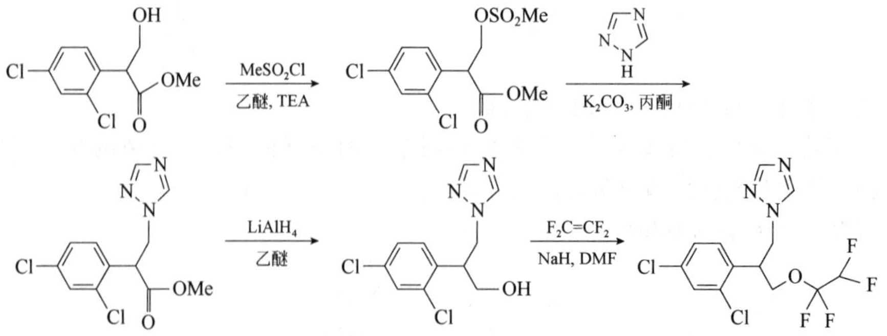

分子中 C_2 是手性的，鉴于其活性体是（R）-（＋）体，关于其不对称合成文献上也有报道：可通过两种方法用酯酶作催化剂，立体选择性地水解外消旋的（R，S）-2-（2,4-二氯苯基）-3-（1H-1,2,4-三唑-1-基）丙基乙酸酯（**2-7-1**），得到光学活性的化合物：

通过酯酶催化立体选择性的水解外消旋的前体再与四氟乙烯反应生成产物，或用酯酶催化水解相应的外消旋酯成中间体二醇，再合成最终产物并确定其绝对构型。

毒性　大鼠急性经口 LD_{50} 1031～1250 mg/kg。

应用　用于禾谷类作物、甜菜、葡萄、观赏植物、仁果、核果、蔬菜上防治白粉菌、柄锈菌、单孢锈菌、黑星菌引起的病害。制剂有 10% 乳油、12.5% 液剂。

Carzaniga 等研究了该化合物与 C_{14} 脱甲基酶的立体相互作用，Gozzo 等认为它的蒸气压相对较高，可能可以在植物中重新分布，具有内吸的效果，但另一方面也容易在高温下因蒸发而损失。在谷物中的用量为 125g(a. i.)/hm² 用来防治白粉病、锈病及小麦叶枯病及甜菜的尾孢菌叶斑病。研究了光学异构体对一系列病原体的杀菌活性，结果表明 (R)-(+) 的活性高于 (S)-(-)。

(三) 20 世纪 90 年代后的产品

1. 稻瘟酯（pefurazoate）

$C_{18}H_{23}N_3O_4$, 345.39, 101903-30-4

1990 年由日本宇部兴产公司生产，北兴化学公司上市，他们在研究了一系列如下结构的化合物时发现了它们具有很好的杀菌活性：

其中 R¹ 为氢或低烷基；R² ＝低烷基；R³ ＝烯基、环烷基、烷氧基或高级烷基；R⁴ ＝低烷基或氢，X＝氧或硫等。结果发现这类化合物具有很好的杀菌活性（包括真菌及细菌）如稻瘟病、水稻纹枯病、黄瓜白粉病、黄瓜灰霉病、大麦白粉病及锈病等均有很好的活性。从中筛选出稻瘟酯作为商品化品种上市。稻瘟酯属于咪唑类 14-位脱甲基化抑制剂。它与大多数 14-位脱甲基化抑制剂不同，它咪唑环的氮原子上连接的是一个羰基，而不是常规的烷基碳，从分子结构上看，N-羰基比咪唑甲基的弹性和碱性都较小。

理化性质 原药于 235℃分解，水中溶解度 443 mg/L（25 ℃），蒸气压 0.65 mPa（23℃），$K_{ow}lgP = 3.0$。

合成方法

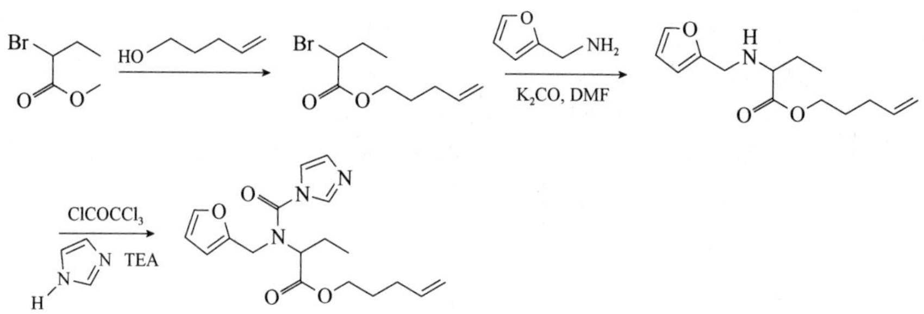

在研究光学异构体时发现 S-体显示出较高的活性。光学异构体的合成方法也曾有报道，它是由手性的氨基丁酸为起始原料进行合成的。

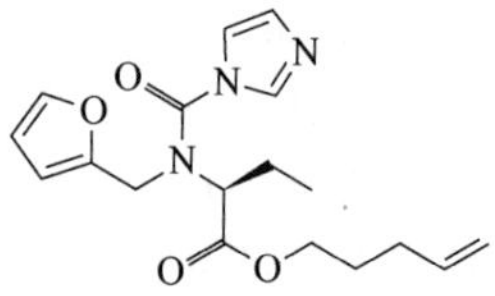

(s)-稻瘟酯光学异构体

应用 它是一种含咪唑基的种子处理剂，可以防治多种水稻种子的病原体，可以防治水稻种子病原菌，包括病害镰孢菌、褐斑病及水稻锈病等，登记的稻瘟酯是一对消旋体。

2. 糠菌唑（bromuconazole）

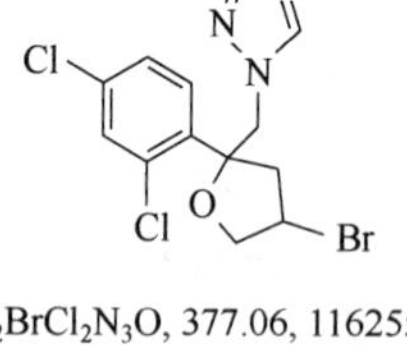

C₁₃H₁₂BrCl₂N₃O, 377.06, 116255-48-2

1990 年由 Rhône-Poulenc 开发的品种。这一化合物的发现是在设计了一系列带有四氢呋喃环的三唑或咪唑类化合物时发现的，研究者分别在苯环、四氢呋喃环以及苯环与支链间插入碳原子，并将溴改变成其他卤原子等多方面进行了衍生物的合成及活性的测定，最终发现了糠菌唑。

理化性质 原药为无色粉末，熔点 84 ℃，溶解性：水 50 mg/L，在有机溶剂中有一定溶解度，蒸气压 $4×10^{-3}$ mPa（25℃），$K_{ow}lgP = 3.24$。

合成方法 首先由烯丙基溴加成到 2-氯-1-（2,4-二氯苯基）乙酮的羰基上，生成相应的醇，然后用三唑的钾盐取代氯，四氢呋喃环是通过溴化双键后进攻羟基而生成产品的。

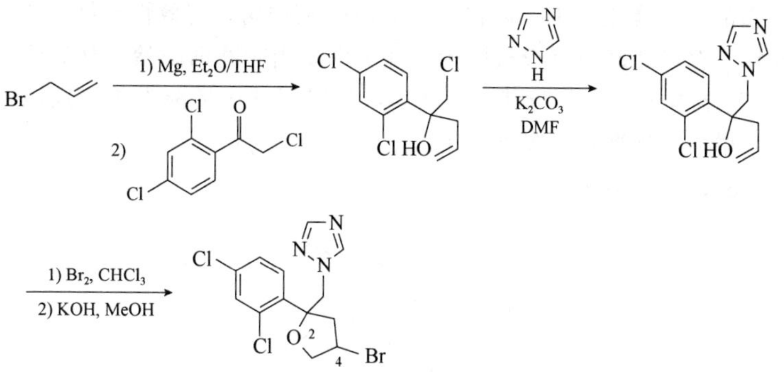

该化合物含有两个手性中心（C_2，C_4），有两对基本等量的非对映异构体（2RS，4RS；2RS，4SR），每对有两个对映异构体。这两组非对映异构体可通过柱色谱法分离。

毒性 大鼠急性经口 LD_{50} 365 mg/kg。

应用 可有效防治禾谷类作物、葡萄、水稻、果树和蔬菜上的子囊菌纲、担子菌纲和半知菌类病原菌引起的病害。制剂有 20% 悬浮剂。用量为 133～200 g(a. i.)/hm²。

3. 氟环唑（epoxiconazole）

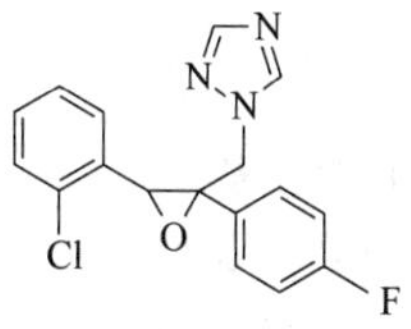

$C_{17}H_{13}ClFN_3O$，329.76，133855-98-8

为 BASF1990 年开发的品种。

理化性质 熔点 136℃，水中溶解性为 6.6 mg/L(20℃)，$K_{ow}lgP = 3.44$，蒸气压 $<10^{-3}$ mPa。

合成方法 采用 3-（2-氯苯基）-2-（4-氟苯基）丙烯醛与过氧化氢在碱性条件下反应，然后将醛基还原成相应的醇，游离的羟基用甲磺酰基试剂甲磺酰化，用对称的 N-氨基三唑进行取代后，然后再用亚硝酸盐在酸性条件下还原生成产物。BASF 的合成方法为：

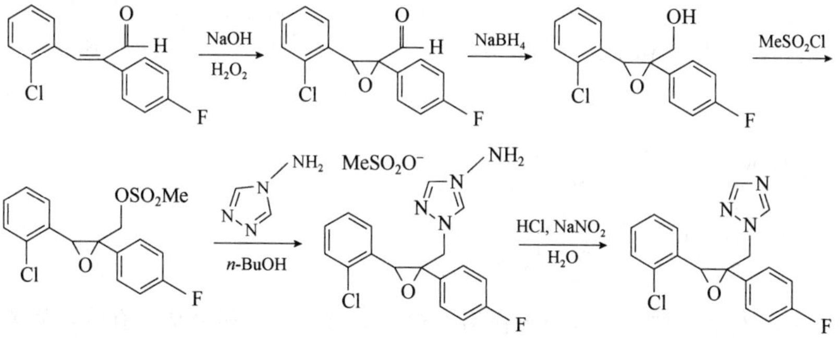

由于分子中含有两个不对称碳，可能会有四个异构体，每一个构型含有两个对映异构体，化合物的活性成分是（2R,3S）-和（2S,3R）-异构体的混合物。它们具有杀菌活性，而反式的化合物合成具有植物生长调节活性。

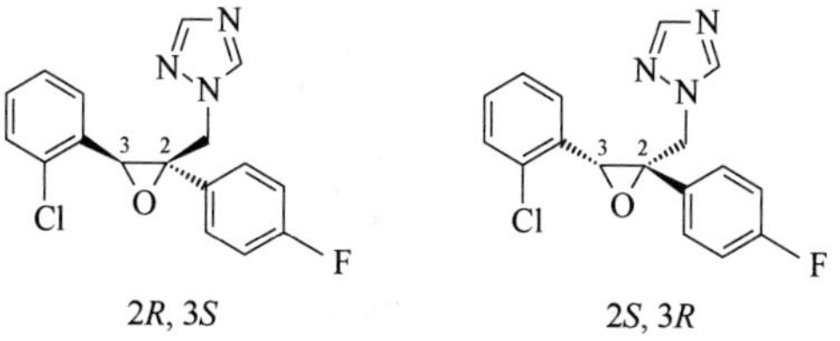

2R, 3S   2S, 3R

应用　为一广谱的三唑类杀菌剂。防治谷物叶斑病及锈病，持效性较好。该药对小麦的叶枯病和锈病有很高的效率，它对叶斑病有很长的持效性，由于当时欧洲防治叶枯病严重，促使了该药的开发，用量为 90～125 g/hm²。也可与其他的药剂，如甲氧基丙烯酯类杀菌剂混用，该药也可用于其他作物，如茶树、甜菜和咖啡对抗多种病害。

4. 氟喹唑（fluquinconazole）

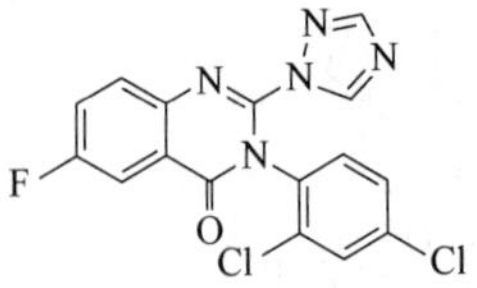

$C_{16}H_8Cl_2FN_5O$, 376.17, 136426-54-5

该化合物有别于其他的三唑类杀菌剂，它是唯一在三唑环邻近具有刚性结构的喹唑啉酮类化合物，致使围绕三唑环的立体障碍通过邻位芳基的存在得到强化。研究者是在研究了一系列下列化合物后发现氟喹唑的：

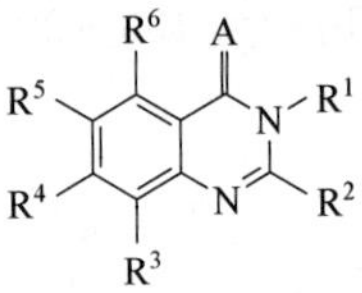

分子中 A＝O 或 S，R^1＝芳基，R^2＝1-咪唑基或 1，2，4-三唑-1-基，R^3～R^6＝氢、卤素、烷基或烷氧基等。这类化合物具有杀菌活性与植物生长调节活性。

理化性质　原药熔点 191.9～193.0℃，水中溶解性 1.1 mg/L（pH 6.6），蒸气压 $6.4×10^{-6}$ mPa，$K_{ow}lgP＝3.24$（20℃）。

合成方法　由 5-氟邻氨基苯甲酰胺作为起始原料，与 2，4-二氯异氰酸苯酯作用，随后用三氯氧磷处理，再与三唑反应生成最终产物。

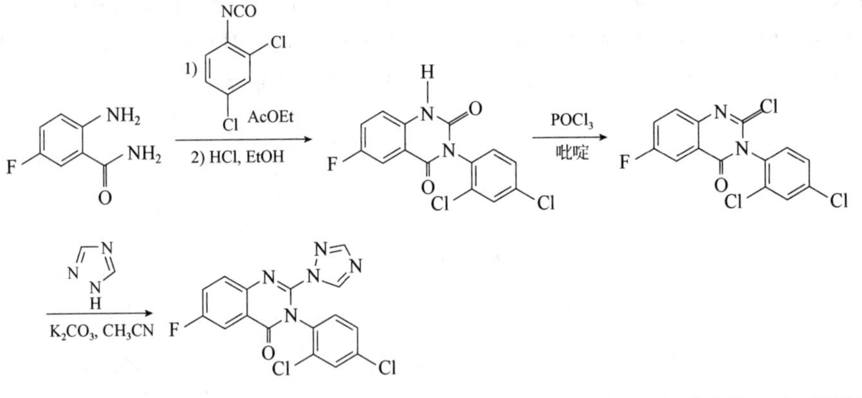

应用　它作为叶面杀菌剂，具有内吸作用。对于梨果类水果病害特别有效，如苹果黑星病及苹果白粉病，也可防治其他作物的白粉病及锈病等，它也可作为种子处理剂保护作物根部，用量为 75 g(a. i.)/100 kg 种子。

5. 叶菌唑（metconazole）

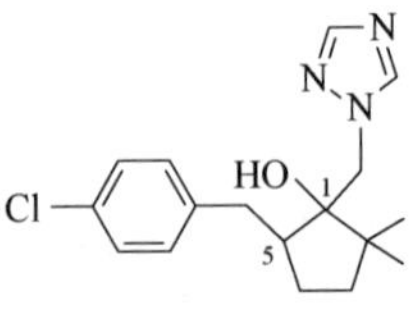

$C_{17}H_{22}ClN_3O$, 319.83, 125116-23-6

理化性质　原药熔点 $110\sim113℃$，水中溶解度为 15 mg/L，$K_{OW}lgP=3.85(20℃)$。

合成方法　用己二酸乙酯进行 Dieckmann 缩合，生成 2-乙氧基羰基环戊酮。首先将该化合物在 2-位上甲基化，随后在碱性介质中重排使甲基转到 5-位，所得的盐直接用对氯氯苄进行苄基化反应，然后在 5-位上直接进行第二个烷基化反应，再脱去羧基生成带有所需的各取代基的羰基环戊酮，最后进行环氧化，不经分离依次直接与三唑盐及三甲基磺酰溴生成最终产物。

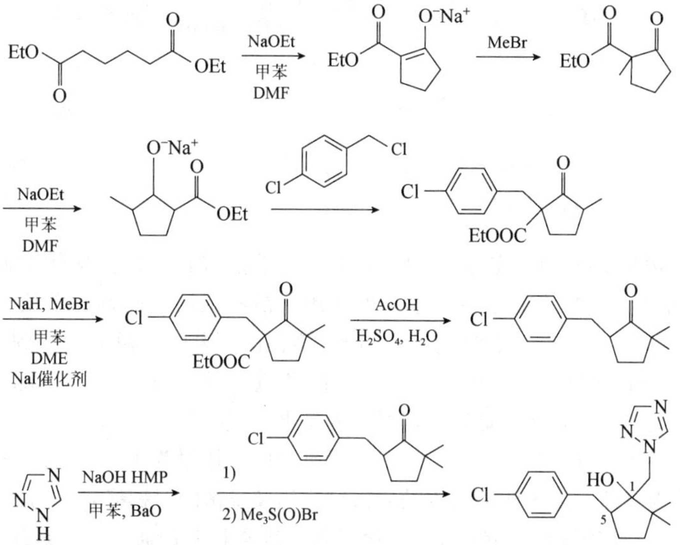

曾有专利对化合物的中间体的合成进行了研究，商品化的叶菌唑是顺式（$1RS,5SR$）和反式（$1RS,5RS$）的混合物，前者为主要产品，这意味着羟基和对氯苄基在环戊烷的同侧。

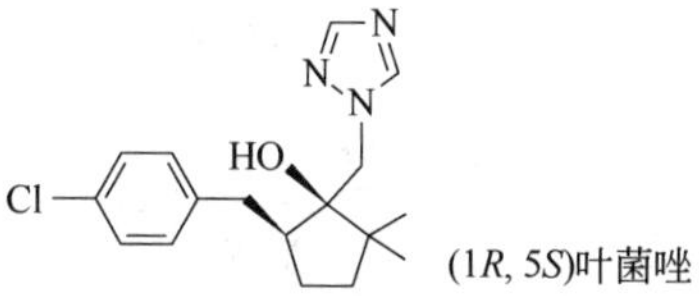

（$1R, 5S$）叶菌唑

应用　主要用于油菜田，在谷物田中它是很少的几个对小麦赤霉病（Fusarium head blight）有效的品种之一，这些病原体可引起复合的病菌，如枯萎病（*Fusarium culmorum*）及禾谷镰孢菌（*F. graminearum*）。该病菌可合成几种霉菌毒素，如 DON（desoxynivalenol），这增加了该药剂的重要性。它可降低谷物中霉菌毒素含量的研究曾被详细报道过。此外，它还可对小麦及大麦的锈病壳针孢属、白粉病、大麦云纹病及德氏菌属在 $60\sim90$ g/hm² 的低剂量时也很有效，对于油菜中防治核盘霉、疱霉属、链格孢属及其他病原菌也很有效。

6. 灭菌唑 （triticonazole）

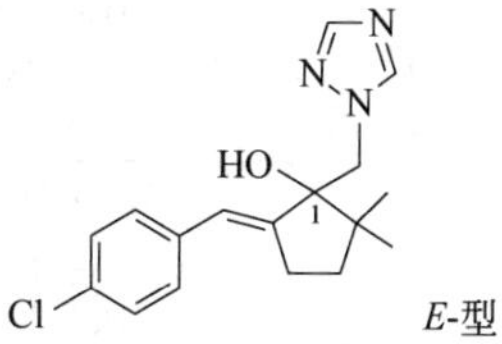

E-型

$C_{17}H_{20}ClN_3O$, 317.81, 131983-72-7

灭菌唑是由拜耳公司研制和开发的三唑类杀菌剂，产物为外消旋混合物。

理化性质　产品为无臭、白色粉状固体，熔点 $139\sim140.5℃$，当温度达到 $180℃$ 开始分解，水中溶解度 7 mg/L（20 ℃）。蒸气压 $<1\times10^{-5}$ mPa（50 ℃）。$K_{OW}lgP=3.29(20℃)$。水中溶解度为

9.3 mg/L(20℃)。

合成方法 可采用 4-氯苯甲醛与 2，2-二甲基环戊酮的 Knoevenagel 缩合生成 α，β-不饱和酮，然后环氧化生成环氧化物，再用 1，2，4-三唑的钾盐开环，一步合成产物。

商品化的该化合物是 E-型外消旋混合物，尚未见文献报道其对映异构体的制备及生物活性。用 C^{14} 标记的灭菌唑来处理小麦果壳时发现，小麦种子用药液浸泡后，药剂随着质子流移动而并不积累在种子的脂质中，药物只存在于种衣和胚芽中，而并不在内胚乳内，没有观察到从种衣到茎的移动。

毒性 大鼠急性经口 $LD_{50} > 2000$ mg/kg，大鼠急性经皮 $LD_{50} > 2000$ mg/kg，大鼠急性吸入 LC_{50}(4h) > 1.4mg/L。对兔眼睛和皮肤无刺激，对蚯蚓无毒。

应用 可用防治种子和叶面病害。作为种子处理剂量时，用量为 150（谷物）～600 g（玉米）/100 kg 种子，具有较好的内吸性，用于防治大麦的麦云纹病菌及玉米的黑穗病，该药适用于禾谷类作物、玉米、豆科作物、果树等，防治镰孢（酶）属、柄锈菌属、麦类核腔菌属、黑粉病属、腥黑粉病属、白粉病属、圆核腔菌、壳针孢属、柱隔孢属等引起的病害，如白粉病、锈病、黑星病、网斑病、灰霉病等。

7. 种菌唑（环戊唑醇，ipconazole）

$C_{18}H_{24}ClN_3O$, 333.86, 125225-28-7

日本吴羽（Kureha）公司开发。

理化性质 为浅黄色晶体，熔点 89.5～90 ℃，蒸气压 8.5×10^{-8} Pa(25℃)。溶解性（25℃）：水 1.7 mg/L(20℃)，丙酮 1030 g/L，甲醇 120 g/L，二甲苯 50 g/L，$K_{ow}\lg P = 4.21$(25℃)。

合成方法 其合成路线相似于叶菌唑，异丙基化很容易发生在 2-甲氧基羰基环戊酮的 2-位。重排生成障碍较小的 5-异丙基异构体，然后进行缩合，脱羧生成关键的环戊唑醇的前体，再如叶菌唑一样进行一锅反应，而得到最后的产物。

商品化的种菌唑也是两个非对映体的混合物（1RS，2SR，5RS）及（1RS，2SR，5SR），这意味着在理论上可能八个对映异构体中仅有四个对映异构体存在。异构体产物可通过手性柱分离，为了说明取代基在环戊烷环的上下位置，仅显示其中的一对对映体如下：

1R, 2S, 5R　　　　　　　　1R, 2S, 5S

毒性　大鼠急性毒性经口 $LD_{50} > 5000$ mg/kg。

应用　具有保护和治疗作用，可用于防治水果、蔬菜、禾谷类作物和观赏植物的真菌病害。适用于防治广泛的水稻用其他作物的种子病害。曾有它的对映异构体结构与其杀菌及植物生长调节活性关系的研究发表。

（四）2000 年后开发的产品

1. 噁咪唑（oxpoconazole）

$C_{19}H_{24}ClN_3O_2$, 361.87, 134074-64-9

噁咪唑是日本宇部兴产化学公司和日本大塚药品工业株式会社联合开发的新型咪唑啉类杀菌剂，分子中由于有非酰基化的氮存在，化合物具有一定的碱性。开发的品种是以富马酸盐的形式存在。

理化性质　噁咪唑的富马酸盐为无色透明结晶体，熔点 123.6～124.5℃，蒸气压 5.42×10^{-6} Pa (25℃)，水中溶解度为 89.5 mg/L(25℃, p H 4)，$K_{ow}\lg P = 3.69$(pH 7.5, 25℃)。

合成方法　由 5-芳基-2-戊酮作为起始原料合成，分子中的羰基与 α,α-二甲基乙醇胺作用，转化成 1，3-噁唑啉，分子中游离的氨基再分别与光气及咪唑反应：

噁唑啉分子中的 C_2 是手性的，光学异构体的性质及合成方法尚未见报道。

应用　对灰葡萄孢属、盘单孢属、黑星菌属、枝孢属、胶锈菌属、交链孢属等病原菌均有极好的抑菌活性。该化合物对灰霉病菌有突出的杀菌活性，对蔬菜和水果上的二羧酰亚胺类和苯并咪唑类杀菌剂抗性株系和敏感株系均有很好的效果，它对现有的杀菌剂不存在交互抗性问题。它除了抑制孢子萌发外，噁咪唑富马酸盐对灰葡萄孢属真菌的各个生长阶段均具有抑制作用，包括芽管伸长和附着器的形成、菌丝的侵入和生长、病害扩展及孢子形成，噁咪唑富马酸盐还具有较好的治疗活性和中等持效性。由于作用机制不同于其他防治灰霉病的杀菌剂，所以还没有观察到噁咪唑富马酸盐与苯并咪唑类、二羧酰亚胺类和 N-苯基氨基甲酸酯类杀菌剂的交互抗性。由于上述特点，加上应用成本低、活性谱广，因此这种新杀菌剂的应用前景将非常广阔。

2. 硅氟唑（simeconazole）

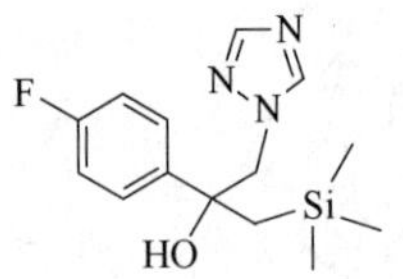

C$_{14}$H$_{20}$FN$_3$OS, 293.41, 149508-90-7

硅氟唑由日本三共公司于 2004 年投入市场，发表于 2000 年。

理化性质 熔点 118.5～120.5℃，水中溶解度为 57.5 mg/L(20℃)，蒸气压 5.4×10^{-2} mPa (25 ℃)，$K_{ow}\lg P = 3.2$。

合成方法 通过两步合成的方法，其中包括 α-氯-4-氟苯乙酮的氯被 1，2，4-三唑钠盐所取代，随后三甲基硅基氯化镁加成到羰基的双键上，生成两个对映异构体的混合物。

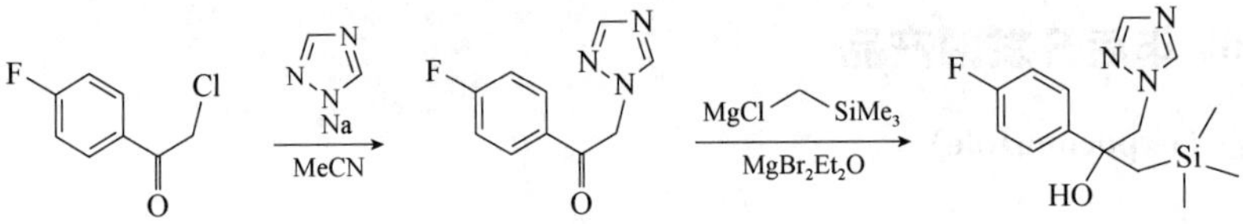

在研究用三甲基硅烷的格氏试剂与 $1H$-1,2,4-三唑苯乙酮发生加成反应时收率很低，不论改变反应温度、用料比均无效果，但相应地当格氏试剂与咪唑化合物反应时收率理想，这可能是由于 $1H$-1，2，4-三唑环上 2-位的氮原子与格氏试剂螯合，从而降低了苯乙酮脱质子形成烯醇化的能力。而在反应中加入了溴化镁的乙醚合物，用镁离子阻止络合物的形成，终于得到了理想的产品。

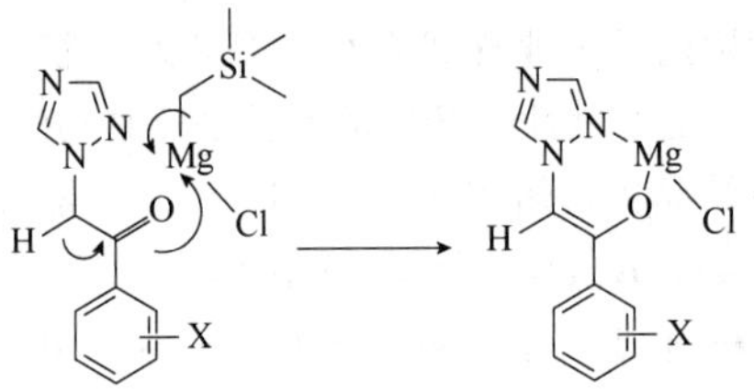

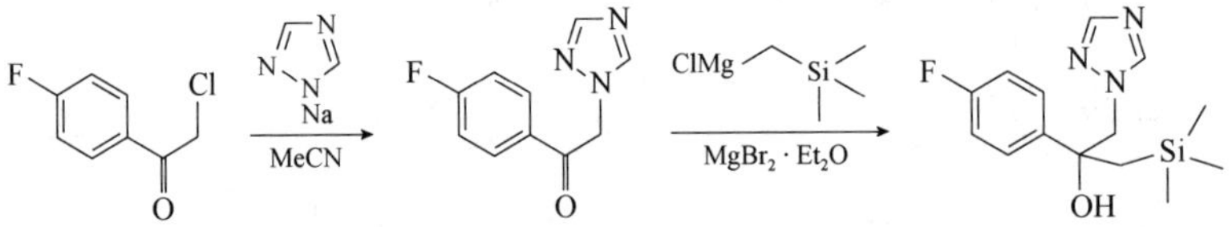

也曾有报道关于其手性化合物的合成研究。

应用 为新的广谱的谷物和水稻种子处理剂。在与其他 DMI 杀菌剂的内吸性进行比较的研究中发现，由于其蒸气压的关系，它在植物中的移动性及内吸性优越，在土壤中应用对大麦白粉病效果显著。用它作种子处理剂对黑穗病菌属用量为 4～10 g（a.i.）/100 kg 种子就有很好的效果，高剂量时 50～100 g（a.i.）/100 kg（种子），对大麦的丝核菌、眼斑病菌及小麦白粉病菌也是有效的，对于水稻，它可以用于水中，由于它可以很好地被植物吸收，因此能很好地通过内吸作用来防治水稻纹枯病。

3. 丙硫菌唑（prothioconazole）

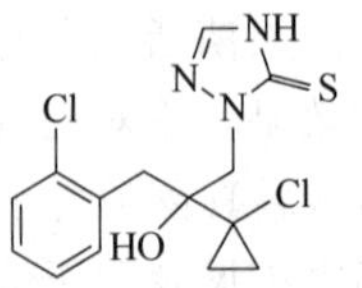

C$_{14}$H$_{15}$Cl$_2$N$_3$OS, 344.26, 178928-70-6

Bayer 公司最新引入市场的 DMI 化合物。

理化性质　熔点 139.1～144.5℃，水中溶解度 5 mg/L（pH4，20 ℃），300 mg/L（20 ℃）。蒸气压＜4×10⁻⁴ mPa（20℃）。

合成方法　将 2-氯苄基氯制成的格氏试剂加成至氯甲基-1-氯环丙基酮的羰基上，再将氯甲基上的氯用 1,2,4-三唑取代，所得中间体一条路线是首先采用锂试剂选择性地取代在 5-位上，再进行亲电取代生成：

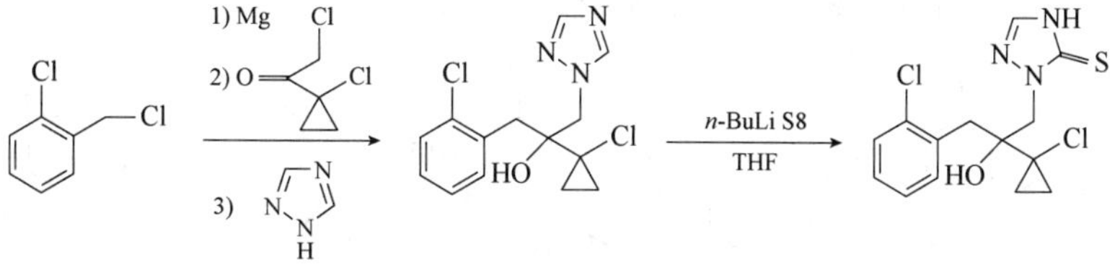

其实后来的研究可直接硫化得到产品不需要用锂试剂：

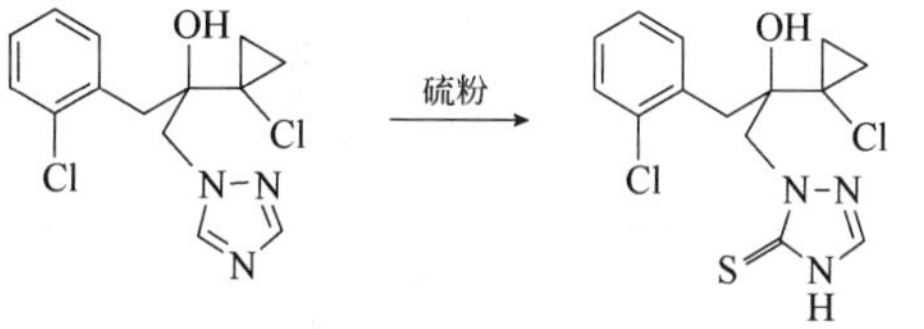

它的毒效基团是 1,2,4-三唑-3-硫酮，该化合物迅速进入市场是由于它广谱的活性，几乎可以覆盖谷物中的所有病害。用量为 125～200 g/hm²。它也是一个少有的对镰刀菌病害有保护作用的杀菌剂。该化合物具有一个手性碳，因此有两个对映异构体，其绝对构型是通过 X 射线衍射所得的晶体结构确定的，外消旋体可经过手性色谱分离。其中（－）-S-对映体的活性高于消旋体。对映异构体曾通过手性助剂，柱色谱分离得到。

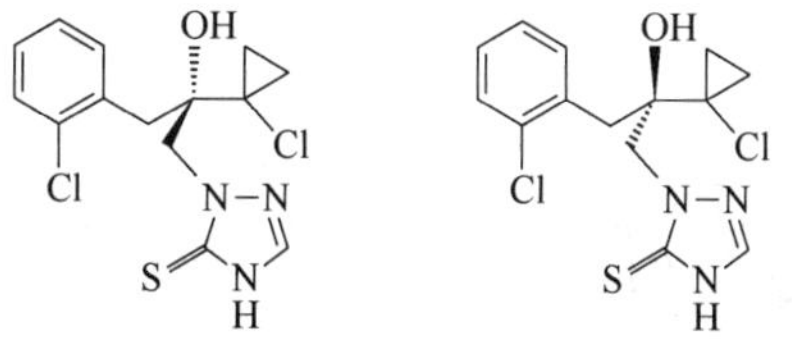

该药是一类新的 DMI 抑制剂，它具有广谱性，对子囊菌、担子菌及半知菌均有很好的效果，可以作为叶面处理剂，也可作为种子处理剂使用，对单双子叶作物均可使用。几乎可以抑制真菌所有生长过程，如附着孢及吸器的形成，抑制菌丝的生长，和孢子的形成，它具有保护与治疗作用，并有很好的持效性。它可以稳定均匀地分布在被处理的叶片中，在 1997～2003 年间进行了一系列的田间试验，均取得了很好的效果，并能与其他选择性杀菌剂混用。

第三节　第二类甾醇生物合成抑制剂——胺类

第一个用作农业杀菌剂的甾醇类生物合成抑制剂是吗啉类化合物，如吗菌灵（dodemorph）和十三吗啉（tridemorph）在 20 世纪 60 年代末已进入市场。吗菌灵主要用于观赏作物，十三吗啉则用于谷类作物和香蕉。在 80 年代中期，由于三唑杀菌剂对白粉病抗性的问题，吗菌灵与丁苯吗啉（fenpropimorph）和哌啶的苯锈啶（fenpropidin）等得到快速的发展。最近还有了 Bayer 的螺环菌胺（spiroxamine），它是在这类胺类杀菌剂中的第一个具有螺环骨架的胺类品种。

一、胺类抑制剂的生物靶标与分子设计

Akhtar 等认为在麦角甾醇的生物合成中，Δ^{14}-双键的还原与 $\Delta^{8} \rightarrow \Delta^{7}$ 的异构化之间存在着共同之

处，即它们都是从双键的质子化形成一个碳正离子过渡态开始的。在还原过程中，过渡态从 NADPH 夺取一个 H 负离子而被还原，而在异构化过程中，碳正离子过渡态则失去一个质子而转化为最终产物。因此，他们认为胺类杀菌剂对这两个过程具有抑制作用是合理的。因为胺类杀菌剂包括吗啉类、哌啶类、环胺，在生理 pH 值下被质子化以后可以模拟其中的碳正离子过渡态，造成不正常的 24-甲基麦角甾二烯醇在膜上异常累积，膜的组成改变，破坏了膜蛋白的环境和功能，引起壳多糖不规则沉积及代谢紊乱，导致真菌生长停止，最终细胞死亡。

甾醇 Δ^{14}-还原和 $\Delta^8 \rightarrow \Delta^7$ 异构化

如下式所示，丁苯吗啉分子中的吗啉环与甾醇 B 环的原子与原子之间的重叠以及叔丁苯基与甾醇侧链的原子与原子之间的重叠，为上述观点提供了一个直观的令人满意的理论基础。

为此，杜邦公司的 Basarab 等人认为，既然丁苯吗啉是通过模拟碳正离子过渡态的形式抑制还原酶或异构化酶活性的，那么若将在构象上不稳定的三碳桥固定在一个五元环上（X，Y＝CH_2CH_2），它应该可以更好地模拟甾醇的 D 环，从而可以更好地模拟碳正离子过渡态。基于这样的考虑，他们合成了以下通式的化合物，结果发现化合物Ⅲ（哌啶环与苯环处于反式）对还原酶表现出很好的抑制活性，$IC_{50(丁苯吗啉)}/IC_{50(Ⅲ)}$ ＝2.5。

Ⅰ，Ⅱ　　　　　　　　　　Ⅲ($R^1=CH_3, R^2=H, X=CH_2$)

Alica 等人认为由于目前还没有 $\Delta^8 \rightarrow \Delta^7$ 异构化酶的晶体结构数据，所以对该酶抑制剂的合理设计还只能是间接的设计，也就是说只能基于酶促转化的机理，和在对天然底物结构知识的基础上进行设计。根据前述的碳正离子过渡态机理，对其中的异构化反应过渡态的结构进行了考察，并提出如下的假设：①用一个带正电荷的氮正离子来模拟碳正离子应该是合理的，因为尽管平面 sp^2 碳正离子的几何构型与四面体氮正离子的几何构型存在着差异，但是由于碳正离子处在环中，因而不可能为完全的平面结构，而可能是处于一种三角锥形的结构中，这样两者之间的差异就很小了，并且这种微小的差异可以被抑制剂分子与酶活性部位极性基团之间的离子相互作用而忽略；②可使用某种叔胺，它的 pK_a 值可以使它作为一个自由碱，一方面有利于穿透生物膜，另一方面在生理 pH 值条件下，它又可以被质子化，以便 N 原子能够产生所期望的正电荷；③模拟甾醇各种要素，如 B、D 环、侧链及其立体化学。根据以上的假设，他们合成了具有如下通式的化合物，结果发现当胺部分为 2，6-顺式二甲基吗啉时，可以得到最好的 IC_{50} 值。当胺部分为其他杂环如哌啶、哌嗪时，尽管活体活性比较差，但它们的离体活性还是相当高的。当环戊烷为 1，3-取代时，它们可以最好地模拟甾醇的 D环。此外，天然底物的侧链可以被一个带亲脂性对位取代的苯环或者是一个脂肪链进行成功地模拟。最后，他们得到一个对 E. graminis 的活体活性比丁苯吗啉高 20 倍的化合物，该化合物的四种异构体的活性依次降低 $(1R,3S) > (1R,3R) > (1S,3S) > (1S,3R)$。这是由于异构体 $(1R,3S)$ 的立体化学与天然底物一致，活性最高，而 $(1S,3R)$ 的立体化学与天然底物完全相反，因此活性最低。

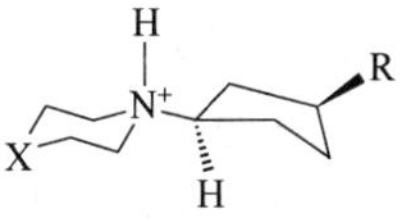

R= 亲水性或疏水性链
X= CH_2, N, O, S

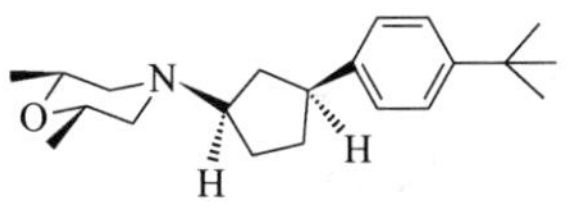

$(1R, 3S)$　　$(1R, 3R)$

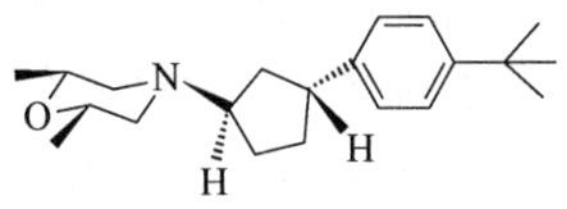

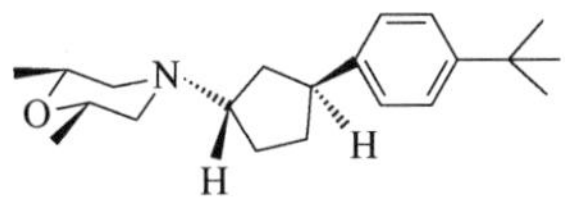

$(1S, 3S)$　　$(1S, 3R)$

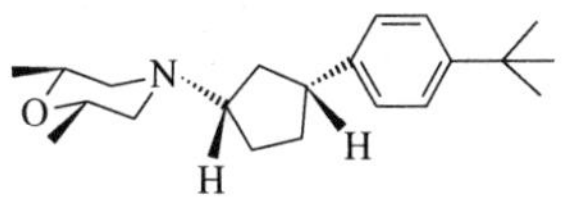

　　Masner 等在考虑到 14-位脱甲基化酶抑制剂的抗性日益严重，而还原酶或异构化酶抑制剂的抗性却并不明显的基础上，设想将脱甲基化酶的抑制剂的活性单元与还原酶或异构化酶抑制剂的活性单元拼接起来，期望得到一种既能抑制脱甲基化反应，又能抑制双键转化反应的新型抑制剂。为此他们将两类化合物的结构进行拼接，结果发现，其中有些化合物对异构化酶和脱甲基化酶均表现出很好的抑制活性，如：

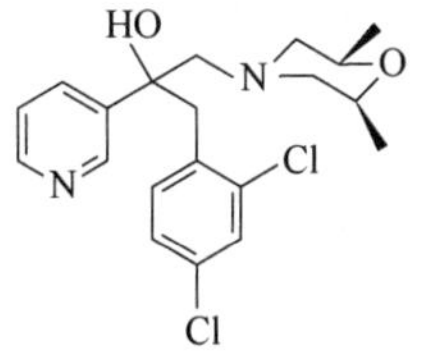

　　Kerkenaar 及 Mercer 的研究证明，胺类化合物不同的分子是抑制在不同的靶位上，显示出各自独特的特点，并使病原体在不同的靶位上受到不同的抑制作用，十三吗啉主要抑制 $\Delta^8 \rightarrow \Delta^7$ 异构化酶；而丁苯吗啉主要靶位是 14-位脱甲基还原酶，仅在高浓度时才能抑制 $\Delta^8 \rightarrow \Delta^7$ 异构化酶；苯锈啶除主要抑制 $\Delta^8 \rightarrow \Delta^7$ 异构化酶外，也抑制 14-位脱甲基还原酶。在高浓度下角鲨烯和 2，3-氧化角鲨烯的积累，表明该化合物还抑制甾醇生物合成的前期的步骤。

二、主要品种

1. 吗菌灵 (dodemorph)

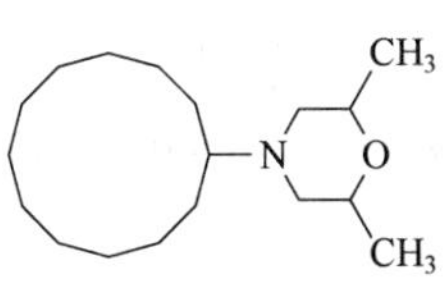

$C_{18}H_{35}NO$, 297.52, 1593-77-7

　　理化性质　无色固体，熔点 $63 \sim 64 ℃$，20℃在水中的溶解度为 1.1 mg/kg，在有机溶剂中有很好的溶解性能。

毒性 大鼠急性经口 LD_{50} 为 2000 mg/kg，急性经皮 $LD_{50} > 4000$ mg/kg，对家兔的皮肤和眼睛有严重的刺激性。

2. 十三吗啉 （tridemorph）

$$C_{12}H_{25}-\overset{H_2}{C}-N\overset{O}{\diagdown}\quad CH_3$$

C₁₉H₃₉NO, 297.52, 81412-43-3

由 BASF 公司于 1969 年开发。

理化性质 纯品为无色油状液体，沸点 134℃（66.65 Pa），蒸气压 1.27×10^{-2} Pa（20℃），能溶于丙酮、氯仿等有机溶剂，常温下在水中的溶解度为 0.01%，在常温下贮存稳定。

合成方法 由 N,N-双（β-羟丙基）十三胺在硫酸存在下，于 160℃ 脱水环合而得：

$$\left[CH_3-\overset{H}{\underset{OH}{C}}-CH_2 \right]_2 N(CH_2)_{12}CH_3 \ + \ H_2SO_4 \ \longrightarrow \ C_{12}H_{25}-\overset{H_2}{C}-N\overset{O}{\diagdown}CH_3$$

毒性 大鼠急性经口毒性 $LD_{50} > 1000$ mg/kg，大鼠急性经皮 $LD_{50} > 4000$ mg/kg，急性吸入 LC_{50} 4.5 mg/L，未见致癌、致突变作用。

应用 该药具有内吸、保护及治疗作用，持效长，对作用无药害，可用于防治谷物的白粉病、锈病等。

3. 丁苯吗啉 （fenpropimorph）

$$(H_3C)_3C-\!\!\!\bigcirc\!\!\!-\overset{H_2}{C}-\overset{CH_3}{\underset{H}{C}}-\overset{H_2}{C}-N\overset{CH_3}{\underset{CH_3}{\diagdown}}$$

C₂₀H₃₃NO, 291.47, 67564-91-4

由 BASF 公司于 1980 年开发。

理化性质 纯品为无色油状液体，沸点 20℃ （6.67 Pa），蒸气压 $2.3 \times$ mPa（20℃），易溶于一般的有机溶剂中，在水中的溶解度为 4.3 mg/L，pK_a 7.02，对光稳定，在 pH3、7、9 的条件下 50℃ 时均不分解。

合成方法

$$(H_3C)_3C-\!\!\!\bigcirc\!\!\!-\overset{O}{\underset{\|}{C}}-CH_2CH_3 \xrightarrow{\text{Vilsmeier 反应}} (H_3C)_3C-\!\!\!\bigcirc\!\!\!-\overset{CH_3}{\underset{Cl}{C}}=\overset{}{C}-CHO$$

$$\xrightarrow{\text{Pd/C, } H_2} (H_3C)_3C-\!\!\!\bigcirc\!\!\!-\overset{H_2}{C}-\overset{CH_3}{\underset{H}{C}}-CHO \xrightarrow{\text{HN}\overset{O}{\diagdown}CH_3} (H_3C)_3C-\!\!\!\bigcirc\!\!\!-\overset{H_2}{C}-\overset{CH_3}{\underset{H}{C}}-\overset{}{C}-N\overset{CH_3}{\underset{CH_3}{\diagdown}}$$

毒性 大鼠急性经口 LD_{50} 为 300 mg/kg，经皮 LD_{50} 为 4200 mg/kg，对眼和皮肤有轻度刺激，未见致癌、致畸与致突变作用。

应用　该药具有内吸、治疗与保护作用，持效长，对作物无药害，可用于防治谷物和豆类的白粉病、黑粉病和锈病，棉花的立枯病等。

4. 苯锈啶（fenpropidin）

$$(H_3C)_3C- \text{苯环} -C-C-C-N \text{(哌啶)} \quad CH_3$$

C$_{19}$H$_{31}$N, 261.45, 67306-00-7

由 Syngenta 公司于 1985 年开发。

理化性质　淡黄色液体，室温下稳定，无气味。沸点 100℃（0.53 Pa）。溶解性（25℃）：水 350 mg/kg(pH 7)，丙酮、氯仿、二噁烷、乙醇、乙酸乙酯、庚烷、二甲苯＞250g/L。在室温下密闭容器中稳定 3 年以上，其水溶液对紫外线稳定。

合成方法　类似于丁苯吗啉，由 4-叔丁基苯基异丁醛与哌啶在甲苯中反应后用甲酸处理制得。

毒性　大鼠急性经口 LD$_{50}$ 1800 mg/kg。

应用　制剂有 75％乳油。为内吸性杀菌剂。对白粉菌特别有效，尤其是禾白粉菌、黑麦孢菌和柄锈菌，禾谷类作物喷施用量 750 g/hm^2。可防治大麦白粉病、锈病，具有治疗作用，持效期约 28d。

5. 螺环菌胺（spiroxamine）

C$_{18}$H$_{35}$NO$_2$, 297.48, 118134-30-8

螺环菌胺发表于 1996 年，其发现过程为：研究者曾发现具有下列结构的化合物具有固醇生物合成抑制剂的活性：

2-7-7　　　　　　2-7-8　　　　　　2-7-9

其中化合物 **2-7-8** 具有几何异构体，其结构曾用 X 射线衍射进行分析，它们对灰霉菌甾醇的生物合成具有不同的活性，这表明在五元环上结合的基团将减少环的构象的自由度，特别是在形成螺环的情况下，将会有一个比较好的构象，有利于与其受体相结合。所设计的螺环胺的结构为 **2-7-9**。结果发现 1-氧-1,4-二氧螺［4.5］癸烷对谷物的白粉病显示出很好的效果，并确定其作用机制如同丁苯吗啉是抑制甾醇生物合成。

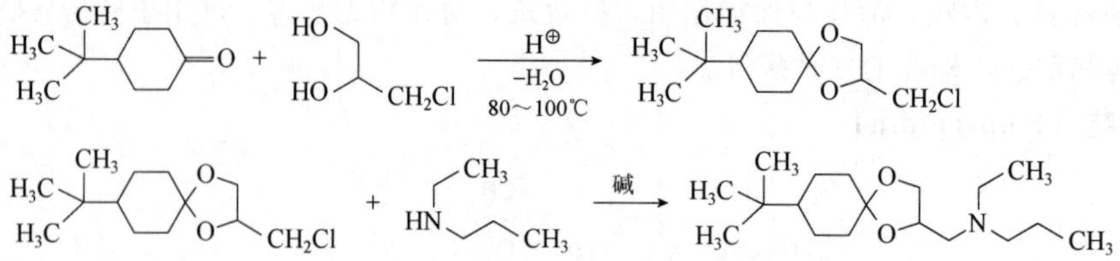

该化合物商品化品种是两组非对映异构体的混合物，下图为 A 与 B 的结构，还包括了所有四个对映异构体的合成及生物活性。其比率为 A 49%～56%/B 51%～44%。

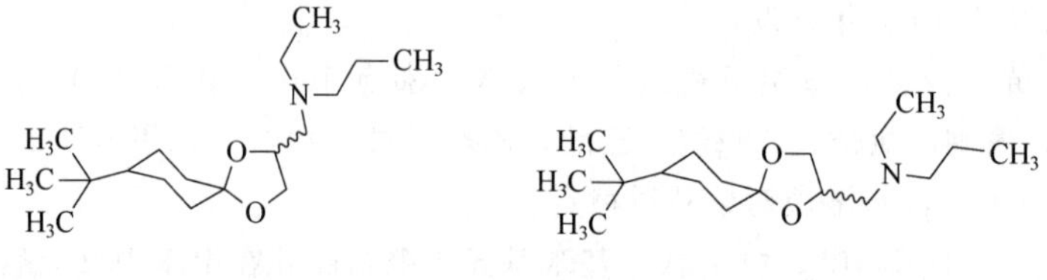

cis=A型　　　　　　　　　　　trans=B型

手性化合物的合成方法有两个：一是 *S*-对映体的合成：

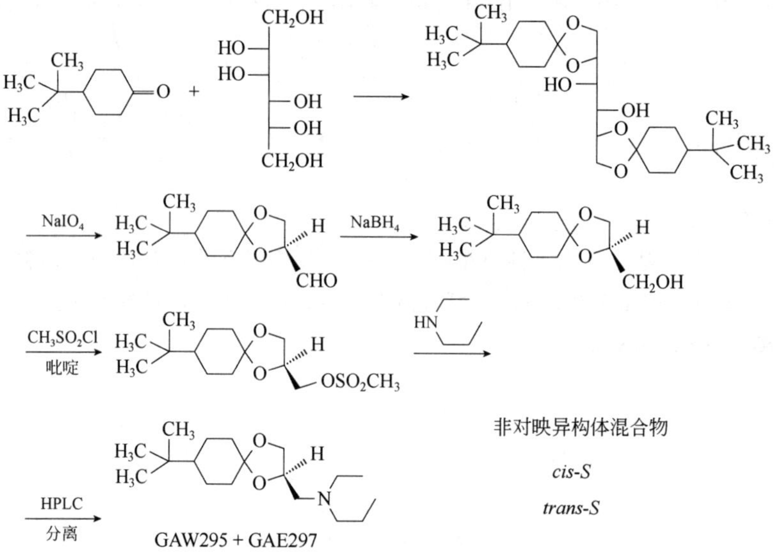

另一方法是：

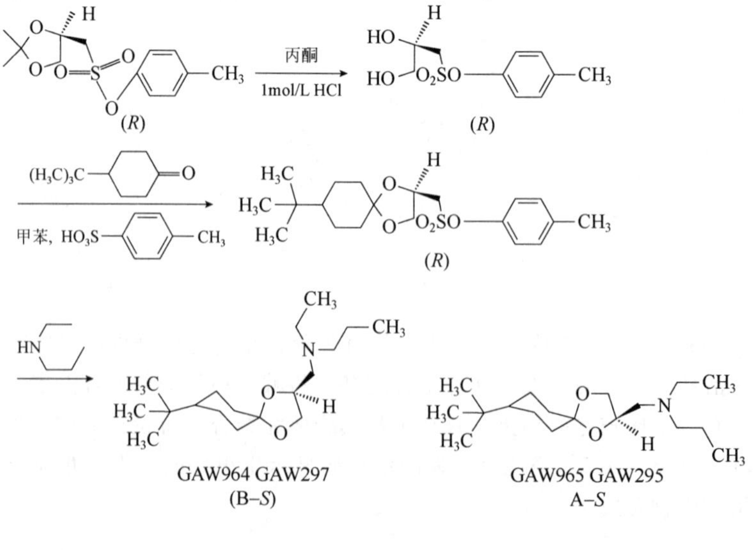

理化性质　为液体，水中溶解度：非对映异构体 A 为 470 mg/L；非对映异构体 B 为 340 mg/L (20℃，pH 7)，$K_{ow}LgP = 2.79$（A）；2.98（B）（20℃），蒸气压 9.7×10^3 Pa（混合物，20℃），商品为 1∶1 的混合物。

合成方法　螺环菌胺商品的合成方法是将 4-叔丁基环己酮先与外消旋的 3-氯-1，2-丙二醇反应，形成 4-叔丁基环己酮的缩酮，再用丙基乙基胺取代氯原子，即得产品：

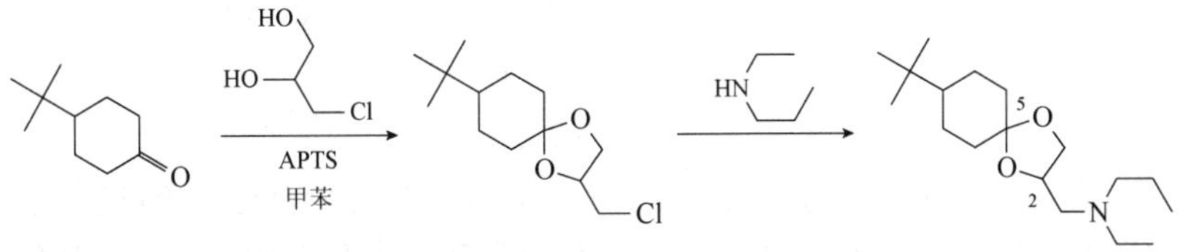

应用　在谷物中防治白粉病的用量是 500～750 g/hm²。它对白粉病作用及锈病等病害有预防治疗和铲除效果，对于葡萄的白粉病用量 300～400 g/hm²，香蕉叶斑病 320 g/hm² 也很有效。

第四节　第三类固醇生物合成抑制剂

主要为羟基酰苯胺类（hydroxyanilides），代表品种如环酰菌胺（fenhexamid）。

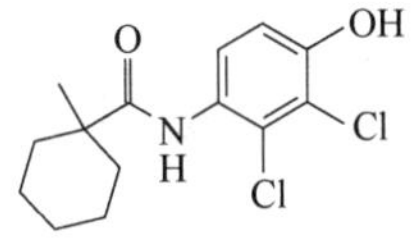

C₁₄H₁₇Cl₂NO₂, 302.2, 126833-17-8

环酰菌胺是这类化合物中的第一个发现的品种，它是 Bayer 公司在合成光合系统 Ⅱ 抑制剂时偶尔发现的。当时将所合成的化合物与中间体同时进行了除草、杀菌与杀虫活性的测定，发现 4-羟基-3，5-二氯酰基苯胺在离体与活体中均显示出对葡萄孢属菌具有弱的但却稳定的活性。从而以 4-羟基苯胺成为先导结构开始了研究。分析该类化合物的结构，可以看出分子的毒性基团，芳香环上的取代基在环境中是很容易降解的。

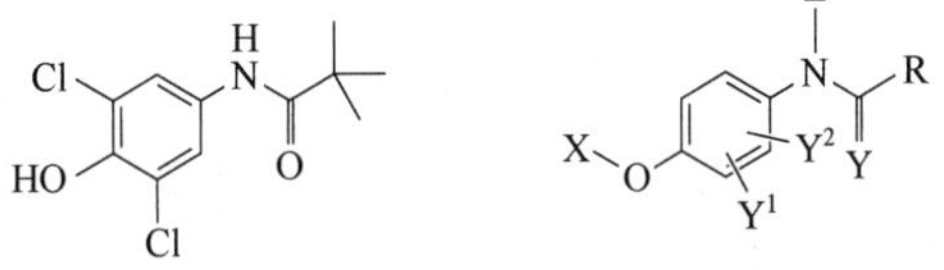

先导结构

高活性结构：
X　=CO-R, H
Y¹, Y²=卤素
Z　=H
Y　=O
R　=环烷烃, 卤代烃

研究中保持芳香的取代基模型，在 2,3-位上引入氯原子，将分子的叔丁基羧酸部分改作相似大小的基团，如 1-烷基环烷酰基、卤代戊酰基等，得到了一系列高活性的、对不同的真菌有效的杀菌剂。优化的结果最终在 1997 年得到了一个新的羟基酰苯胺衍生物：N-（2,3-二氯-4-羟基苯基）-1-甲基环己基羧酸酰胺。

理化性质　该化合物熔点为 153℃，水中溶解度 30 mg/L(pH 5～7，20℃)，蒸气压为 4×10^{-7} Pa，$K_{ow}LgP = 3.51$(20℃，pH 7)。

合成方法　用 2,3-二氯-4-羟基苯胺与 1-甲基环己基羧酸的酰氯反应即得，收率与纯度均很好：

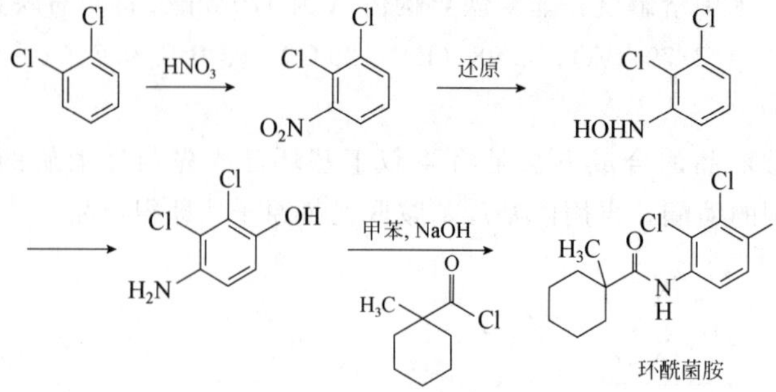

作用机制　尽管在对环酰菌胺的交互抗性研究中，很早就得知它是一类新杀霉菌的药剂，但其准确的作用方式还不很清楚。到 2001 年才确定它是一类新的麦角甾醇生物合成抑制剂。Debieu 等研究发现使用环酰菌胺后，菌类体内有三种酮类化合物积累，即 4-α-甲基粪甾酮、粪甾酮及表甾酮。由此推论这是一类在真菌甾醇生物合成中具有抑制 3-酮还原酶活性的化合物，这个酶包含在 C_4 脱甲基化的过程中，他们的研究给出了详细的抑制剂在固醇生物合成中具体的位置。

Debieu 等认为其作用机制为环酰菌胺干扰了真菌麦角甾醇的生物合成机制，如下的历程表明了生物体内甾酮的积累过程。由 4,4-二甲基粪甾醇到 4-甲基粪甾醇的过程为：

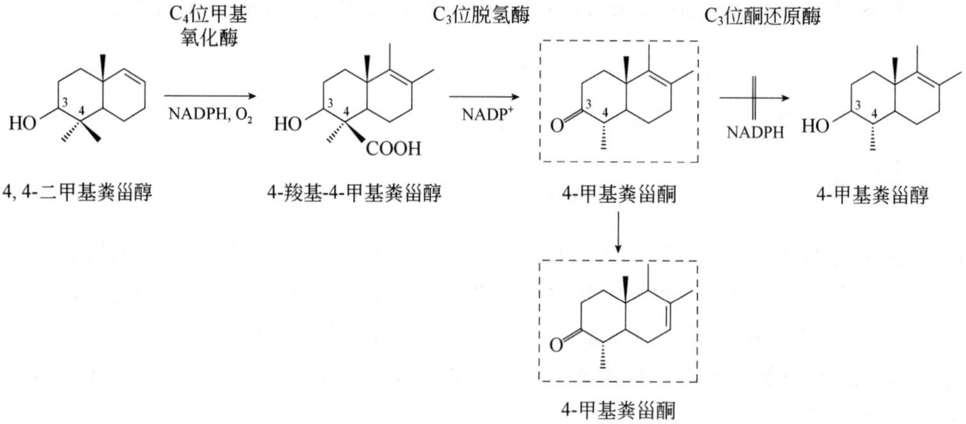

由 4-甲基粪甾醇到粪甾醇的过程为：

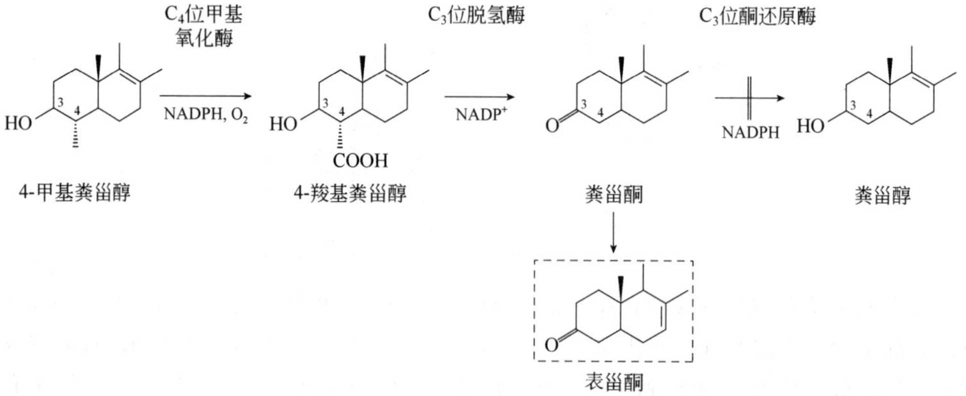

应用　环酰菌胺是一个少有的具有相对窄的杀菌谱的 SBI 杀菌剂，在离体时，在低浓度下，显示出对大多数的葡萄球菌属及有关的核盘菌均有很高的活性。但对子囊菌和担子菌具有广泛但是中等的活性，活性在高浓度和高体的条件下显示，对于卵菌类则无活性。田间用量为 375 ～ 1000g/hm²，可用于葡萄、柑橘、蔬菜、坚果、浆果及观赏作物。用于防治灰霉病、褐腐病及菌核病。它

的主要的靶标菌是高风险、极易产生抗性的灰霉病。

第五节　第四类甾醇生物合成抑制剂

第四类固醇生物合成抑制剂包括角鲨烯环氧化酶抑制剂，角鲨烯环氧化酶是催化角鲨烯终端烯键环氧化反应的酶，这步反应的抑制可以导致真菌细胞膜完全丧失甾醇。因此，环氧化酶被认为是农用杀菌剂的一个很有希望的新靶标，目前具有这类活性的化合物，大约有两类：一是1974年Stutz等人发现的烯丙胺类的衍生物萘替芬（natifine）和特比萘芬（terbinafine），它们对该酶表现出专一性的抑制活性。但实际上在农业上还没有开发出品种，另一类具有此类作用的化合物是一除草剂稗草丹：

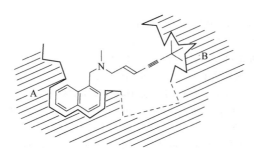

特比萘芬(terbinafine)　　　萘替芬(naftifine)　　　稗草丹(pyributicarb)

上述三个分子中，两个烯丙胺类化合物是作为抗霉剂，防治各种真菌，稗草丹是属于硫代氨基甲酸酯类化合物，是一种内吸性除草剂。

烯丙胺类衍生物对真菌角鲨烯环氧化酶表现出高度的选择性抑制，而对哺乳动物胆固醇的生物合成没有影响。事实上，烯丙胺类的衍生物在化学结构上与角鲨烯无明显相似之处，而且从其高度的选择性来看，也不可能作为底物的类似物对环氧化酶进行竞争性抑制。但人们已经知道，环氧化酶可以和各种脂类物质如磷脂和多不饱和脂肪酸发生相互作用，同时哺乳动物的环氧化酶与脂的相互作用与真菌环氧化酶与脂的相互作用有着明显的差异。因此，人们推测烯丙胺衍生物的作用机制可能是它们与环氧化酶有专一性的结合部位，改变了酶的构象而使之失去活性。为此，Mercer提出了作用模型，根据这一模型，烯丙胺分子中的萘环与酶的底物结合部位相结合，同更有烯丙胺的侧链与亲脂性部位相互作用。根据这一模型，烯丙胺衍生物的侧链实质上充当了一个在两个结合部位之间的刚性桥的作用，两个结合部位相对位置的差异也可以解释真菌和哺乳动物之间的高度选择性。

A—底物结合部位；B—亲脂性结合部位

参考文献

[1] Jack R. Plimmer, Derek W. Gammon, Nancy N. Ragsdate. Encyclopedia of Agrochemicals A John Wiley & Sons, Inc., Publication WOLFRAM ROLLER Cornell University Ithaca, New York 2003 p628.

[2] 杨光富，杨华铮. 麦角甾醇生物合成抑制剂分子设计的研究进展. 世界农药，1996,18(1),:21-38.

[3] H. Vanden Bossche, in H. Lyr, ed. Modern Selective Fungicides , Gustav Fisher Verlag, Jena,1995,:431-484.

[4] P. Benveniste, A. Rahier, in W. Roller, ed. . Target Sites of fungicide Action, CRC Press, Boca Raton, 1992:207-226.

[5] Omura T, Forty years of cytochrome P450, Biochem. Biophys. Res. Commun. 1999, 266：690-698.

[6] D R Nelson, L Koymans, T Kamataki, et al. P450 superfamily：update on new sequences, gene mapping, accession numbers and nomenclature, Pharmacogenetics 1996, 6：1-42.

[7] N. D. Lees, M. Bard, and D. R. Kirsch, Biochemistry and molecular biology of sterol synthesis in Saccharomyces cerevisiae, Crit Rev. Biochem. Molec. Biol 1999, 34：33-47.

[8] D. C. Lamb, D E Kelly, N J Manning, et al. Expession, purification, reconstitution and inhibition of Ustilago Maydis sterol 14α-emethylase (CYP51；P450$_{14DM}$), FEMS Microbiol. Lett. 1998, 169：369-373.

[9] J. G. M. van Nistelrooy et al. . Isolation and molecular characterisation of the gene encoding eburicol 14-alpha-demethylase (CYP51) from Penicillium italicum. Molec. Gen. Genet1996, 250：725-733.

[10] C. Delye, F. Laigret, M. -F. Corio-Costet. Cloning and sequence analysis of the eburicol 14alpha-demethylase gene of the obligate biotrophic grape powdery mildew fungus. Gene, 1997, 195：29-33.

[11] E. I. Mercer. The biosynthesis of ergosterol . Pestic. Sci, 1984, 15：133-155.

[12] R. S. Burden, D. T. Cooke, G. A. Carter, Inhibitors of sterol biosynthesis and growth in plants and fungi. Phytochemistry, 1989, 28：1791-1804.

[13] H. D. Sisler, N. N. Ragsdale, W. F. Waterfield, Biochemical aspects of the fungitoxic and growth regulatory action of fenarimol and other pyrimidin-5-ylmethanols , Pestic. Sci, 1984, 15, 167-76.

[14] H. Büchel, The History of Azole Chemistry, J. Pest. Sci. , special issue, 1997, 576 - 582.

[15] N. N. Ragsdale, H. D. Sisler, Mode of action of triarimol in Ustilago maydis , Pestic. Biochem. Physiol, 1973, 3；20-29.

[16] N. N. Ragsdale, Specific effects of triarimol on sterol biosynthesis in Ustilago maydis, Biochim. Biophy. Acta, 1975, 380：81-96.

[17] Mercer E I. Inhibitors of sterol biosynthesis and their applications. Prog. Lipid Res, 1993, 32(4)；357.

[18] Marchington A. F. Pesticide Synthesis Through Rational Approoches, Americac Chemical Society Washington, D. C. , 1984. 173.

[19] Yoshida Y, et al. Biochem Pharmacol. , 1988, 36(2)；229 .

[20] Chuman, H. , Ito, A, , Saishoji, T. Kumazawa, S. , In Hansch, C. and Fujita, T. (Eds.), "Agrochemistry", ACS Symp. Ser. No. 606, American Chemical Society, Washington, D. C. , 1995；171.

[21] Toshio Fujita , Recent success stories leading to commercializable bioactive compounds with the aid of traditional QSAR procedures, Quant. Struct. -Act. Relat. 1997, 16；107-112.

[22] 沙家骏. 国外新农药品种手册. 北京：北京化学工业出版社，1993.

[23] 张洪奎，廖联安，郭奇珍. 用相转移催化方法合成 Bitertan. 厦门大学学报，1986, 315-321.

[24] V Reet；Gustaaf, H；Jan W et al. Antimicrobial and plant-growth-regulating triazole derivatives, US 4160838, 1979.

[25] Heeres；Jan B；Leo, Hubele ADOLf, et al. Substituted 1-(2-aryl-1, 3-dioxolan- 2-ylmethyl)-1H- 1, 2, 4-triazoles, US 4338327, 1982.

[26] Van Reet；Gustaaf, Triazole derivatives, US 4079062, 1975.

[27] 谭成侠，徐瑶，曾仲武等. 农药，2008, 47(7)；497-499.

[28] 曹伟锋，廖道华，雷子蕙. 精细化工中间体，2006, 36(4)；33-36.

[29] 张增佑，夏泽斌，李树正等. 有机硅材料及应用，1996, (3)；125.

[30] 沙家骏. 国外新农药品种手册. 北京：北京化学工业出版社，1993, 261-263.

[31] Schaub F. alpha. -phenyl- or benzyl-alpha-cyclopropylalkylene-1H- imidazole-and 1, 2, 4-triazole-1-ethanols and use against, fungus, US 4664696. 1987.

[32] Jones R V H, Simpson E S C. Process fo preparing epoxides from carbonyl compounds using sulphonium or sulphoxoniumylides and intermediates useful therein, US 5750740 , 1998.

[33] Forrester J , Jones R. V. H, Preston P. N et al. J . Chem. Soc. 1993 , 1937～1938.

[34] GeorgeA. Miller, MapleGlen, Hak. Foon Chan, Process for the preparation of substituted arylcyanoalkyl and diaryl cyanoalkylimidazoles, US 4225723, 1980.

[35] 朱良天. 精细细化学品大全，农药卷. 浙江：浙江科学技术出版社，2000, 359-360.

[36] Kunz, Walter, MaierLudwig, (Halomethyl)triazole. EP0060222, 1982.

[37] 孙克，吕良忠. 农药. 35(10), 1996.

[38] 谭成侠. 高校化学工程学报 2007, 21(6)；1030-1033.

[39] Carzaniga R, Carelli G A. Comparative antifungal effect and mode of action of tetraconazole Ustilago maydis, Pestic.

Biochem. Physiol. ,1991,40;274-283.

[40]　GozzoF,Carelli R,Carzaniga A,et al. Pestic. Biochem Physiol,1995,53;10-22.

[41]　Bianchi D,Cesti P,Spezia S,et al. Chemoenzymic synthesis and biological activity of both enantiomeric form of tetraconazole,a new antifungal triazole. J. Agric. Food Chem,1991,39;197-201.

[42]　Wu Y S,Lee H K. J Chromatogr. A,2001,912,171-179.

[43]　Takenaka M,Yamane I. Jpn Pestic. Inform. 1990,57; 33-35.

[44]　Wada T,Kuzuma S,Takenaka M,et al. Nippon Shokubutsu Byori Gakkaiho. 1991,57;153-159.

[45]　Takenaka M,Kimura S,Tanaka,K T. Chail synthesis of pefurazoate enantiomers and their antifugal activity to Gibberella fujikuroi. J. Pestic. Sci,1992,17;205-211.

[46]　Takenaka M,Nishimura T. Hayashi,K. Enantioselective antifungal activity of pefurazoate against pathogens of rice seed diseases. J. Pestic. Sci. ,2001,26;347-353.

[47]　Fungicide Chemistry,ACS Symposium Series; ISSN 0097-6156,304.

[48]　Querou R,Euvrard M,Gauvrit C. Uptake of triiconazole,during imbibitions,by wheat caryopses after seed treatment . Pestic. Sci,1997,49; 284-290.

[49]　Querou R,Euvrard M,Gauvrit C. Uptake aand fate of triticonazole applied as seed treatment to spring wheat (triticum aestivum L,). Pestic. Sci. ,1998,53;324-332.

[50]　Pepin R,Greiner A,Zech B. Brighton Crop Protection Conference Pests Dis. 1990,439-446.

[51]　Duroni O,Gauillard J M,et al. Phytoma 1992,440;43-44.

[52]　Ammermann E,Loecher F,Lorenz G,et al. Proc. Brighton Crop Protection Conf. Pests Dis. 1990,407-414.

[53]　Sauer R,Loecher F,Schelberger K. Proc. Brighton Crop Protection Conf. Pests Dis. 1990,831-836.

[54]　Russell PE,Percival A,Coltman PM,et al. Proc. Brighton Crop Protection Conf. -Pests Dis. 1992,411-418.

[55]　Löchel A M,Wenz M,Russell P E,et al. Proc. Brighton Crop Protection Conf. -Pests Dis. 1998,89-96.

[56]　EP 0183458,1984.

[57]　Sampson A J,Cazenave A,Laffranqu J P,et al. . Chida,Proc. BrightonCrop Protection Conf. -Pests Dis. 1992,419-426.

[58]　Ito A,Sudo K,Kumazawa S,et al. Chuman,ACS Symp. Ser. 2005,892; 142-150.

[59]　Chuman H,Ito A,Saishoji T,et al. . Molecular design of a novel fungicide metconazole and three-dimensional quantitative structure-activity relationship,J. Pest. Sci. ,1998,23;330-335.

[60]　Chuman H,Ito A,Saishoji T. ACS Sympos. Ser,1995,60; 171-185.

[61]　Querou R,Euvrard M,Gauvrit C. Uptake of Triticonazole,during Imbibition,by Wheat Caryopses after Seed Treatment, Pestic. Sci. 1997,49;284-290.

[62]　Querou R,Euvrard M,Gauvrit C. Uptake and fate of triticonazole applied as seed treatment to spring wheat (Triticum aestivum L.) Pestic. Sci. ,1998,53; 324-332.

[63]　Saishoji T,Ito A,Kumazawa S,et al. Structure-activity relationship of enantiomers of the azole fungicide ipconazole and its related compounds,J. Pest. Sci,1998,23;129-136.

[64]　Ito A,Saishoji T,Kumazawa S. Synthesis of stereoisomers of ipconazole and their fungicidal and plant growth inhibitory activities ,J. Pestic. Sci. ,1997,22; 119-125.

[65]　Takanobu M,Takashi N. Agrochemical Japan. 2001,79; 10.

[66]　Takanobu M,Takashi N. 新規殺菌剤オキスポコナゾール フマル酸塩の開発と生物活性[in Japanese]植物防疫,2001, 8; 384.

[67]　Tsuda M,Itoh H,Kato S. Evaluation of the systemic activity of simeconazole in comparison with that of other DMI fungicides,Pest Manage. Sci. 2004,60(9);875-880.

[68]　Itoh H,Kajino H,Tsukiyama T,et al. Synthesis of silicon-containing azole derivatives with magnesium bromide diethyl etherate,and an investigation of their fungicidal activities,Bioorg. Med. Chem. 2002,10;4029-4034.

[69]　Itoh H, Yoneda R, Tobitsuka J, et al. , Cheminform abstract : Synthesis and systemic fungicidal activity of silicon-containing azole derivatives,Chem. Pharm. Bull. 2000,48;1148-1153.

[70]　Itoh H,Furukawa Y,Tsuda M,et al. Bioorg. Med. Chem. 2004,12;3561-3567.

[71]　auler-Machnik A,Rosslenbroich H J,Dutzmann S J. Applegate,M. Jautelat,Proc. BCPC Conf. -Pests Dis. 2002,389-394.

[72]　Jautelat M,Elbe H L,Benet-Bucholz J. Pflanz. -Nachrichten Bayer,2004,57;145-162.

[73]　Dutzmann S,Suty-Heinze A. Pflanz. -Nachrichten Bayer ,2004,57;249-264.

[74]　Vanden B H,Marichal P,Gorrens J. Mutation in cytochrome P-450-dependent 14 alpha-demethylase results in decreased

affinity for azole antifungals. Biochem Soc Trans,1990,18（1）：56-59.

[75] Moebius F F,Bemoser K,Reiter R J,et al. Yeast strol C8-C7 isomerase：identification and characterization of a highaffinity binding site for enzyme inhibitors,Biochemistry,1996,35：16871-16878.

[76] Basarab G S. ACS Symp. Ser. ,1992,504(Synth. chem. Agrochem.),414.

[77] Alica H T,Eric F,Michelle B M. 1(R)-(2,6-cis-dimethylmorpholino)- 3(S)-(p-tert-butylphenyl)cyclopentane：A representative of a novel,potent class of bio-rationally designed fungicides ,Pestic. Sci. ,1992,34,65.

[78] Kerkenaa A. In：Modern Selective Fungicides, H. Lyr（Ed. ）,Gustav Fischer Verlag（Jena,Stuttgart,New York）and VCH,1995,185-204.

[79] Mercer E I. In：D. Berg, M. Plempel(Eds.),Sterol Biosynthesis Inhibitors. Pharmaceutical and Agrochemical Aspects, VCH（Cambridge,New York,Basel）and Horwood（Chichester）,1988,120-150.

[80] Schneegurt M A, Henry M. Effects of piperalin and fenpropidin on sterol biosynthesis in Ustilago maydis. Pestic. Biochem. Physiol. 1992,43：45-62.

[81] Tiemann R,Berg D. ibid Pflanz. -Nachrichten Bayer,1997,50：29-48.

[82] Dutzmann S,Berg D,Clausen N E,et al. Proc. Brighton Crop Protection Conf. Pests Dis. 1996,47-52.

[83] Krämer W. Pflanz. -Nachrichten Bayer ,1997,50：5-14.

[84] Krueger B W,Etzel W A. Goehrt,Pflanz. -Nachrichten Bayer,1999,52：123-130.

[85] Kuck K H, Krueger BW, Rosslenbroich H J, et al. Proceedings of ANPP CinquiemeConference International surles Maladies des Plantes,Tours 1997,1055-1062. ANPP,Paris.

[86] Rosslenbroich H J, Brandes W, Krueger B W, et al. A. Suty, Proc. 1998Brighton Conf. 1998, 327-335. British Crop Protection Council,Farnham 149.

[87] Debieu D,Bach J,Hugon M,et al. Leroux,The hydroxyanilide fenhexamid,a new sterol biosynthesis inhibitor fungicide efficient against the plant pathogenic fungus Botrytinnia fuckeliana（Botrytis cinerea）. Pest Manag. Sci. 2001, 57：1060-1067.

[88] Leroux P,Debieu D,Albertini C,et al. Modern Fungicides and Antifungal Compounds Ⅲ , Agroconcept, Bonn, 2002, 29-40.

[89] Rosslenbroich H J. Pflanz. -Nachrichten Bayer 1999,52：131-148.

[90] NEIL S R. Inhibition of squalene epoxidase and sterol side-chain methylation by allylamines. Bichem. Soc. Trans. ,1990, 13(1)：45-47.

第八章

干扰葡聚糖的合成

葡聚糖（glucan）为一种多糖，存在于某些微生物在生长过程分泌的黏液中。葡聚糖具有较高的分子量，随着微生物种类和生长条件的不同，其结构也有差别。在真菌葡聚糖抑制剂中，主要品种有由微生物吸水链霉菌柠檬变种（*Streptomyces hygroscopicus* var. limoneus）产生的有效霉素（即井冈霉素），它是对水稻纹枯病有很好的效果的海藻糖酶抑制剂；而由可可链霉菌阿索变种（*St. cacaoivar.* asoensis）产生的多氧霉素，它抑制的靶位则是几丁质合成酶。

第一节　海藻糖酶抑制剂

海藻糖广泛存在于低等植物、藻类、细菌、真菌、酵母、昆虫及无脊椎动物中。对真菌来说，海藻糖是其主要的储备糖，具有重要的生理作用，与子囊孢子的发芽密切相关；对昆虫来说，海藻糖是其最主要的血糖，用于满足昆虫的各种能需活动。除了作为储备性糖类，海藻糖还具有独特的生物活性，对生物体和生物分子具有独特的非特异性保护作用。

海藻糖酶可以专一地将生物体内的海藻糖水解成为两分子葡萄糖。在昆虫体内，水溶性的海藻糖被海藻糖酶水解成为葡萄糖，进而参与体内的糖酵解途径，为昆虫的各种能需活动提供能量；在细菌和真菌的孢子发芽以及感染过程中，海藻糖酶同样发挥着重要的作用。所以，通过抑制海藻糖酶的活性，阻断有机体内海藻糖的水解，就可能达到杀死害虫和防治病害的目的。更重要的是海藻糖不存在于任何哺乳动物的细胞中，因此用海藻糖相关的酶作为开发农药是很有意义的工作。

一、天然海藻糖酶抑制剂

自 1972 年，M. K. Garrett 等人报道了第一个天然海藻糖酶抑制剂以来，现已从微生物及植物细胞中分离得到了多种海藻糖酶抑制剂，它们均显示出了良好的抑制海藻糖水解的效果。其中具有明显海藻糖酶抑制活性的化合物有有效氧胺（井冈胺，valdioxylmaine A）、海藻唑啉（trehazolin）、salbostatin、MDL25637、打碗花素 B_2（calystegin B_2）、castnaospermine 等，它们的结构如表 2-8-1 所示。

表 2-8-1　天然海藻糖酶抑制剂

名　称	结构（原图 70%）	活性 IC_{50} /（mol/L）
有效氧胺（井冈胺，valdioxylmaine A）	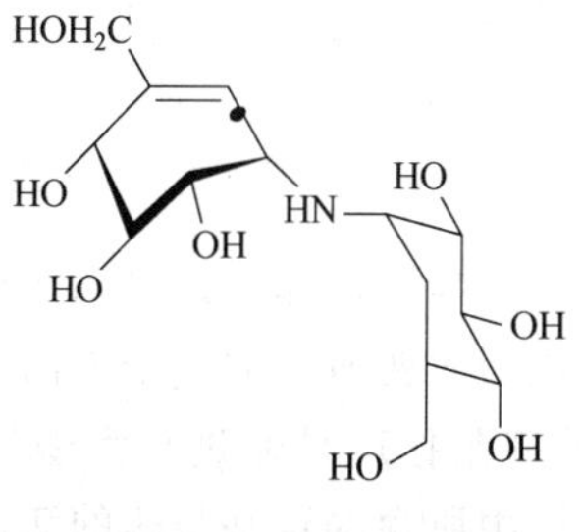	2.4×10^{-9}

名　称	结构（原图 70%）	活性 IC_{50}/（mol/L）
海藻唑啉（trehazolin）	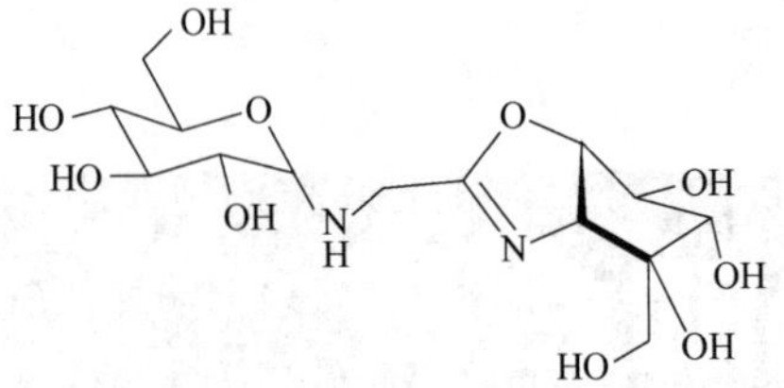	1.9×10^{-8}
salbostatin	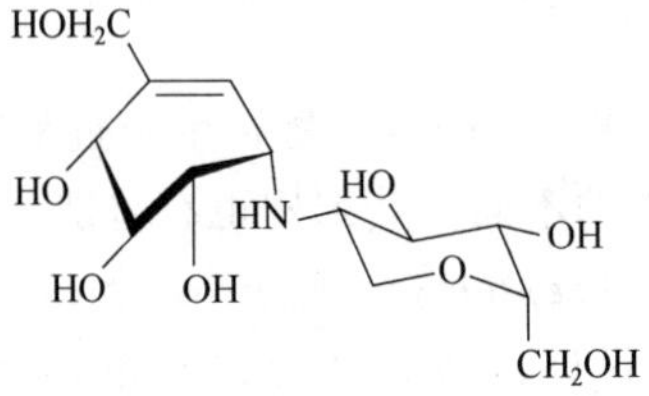	1.8×10^{-8}
MDL25637	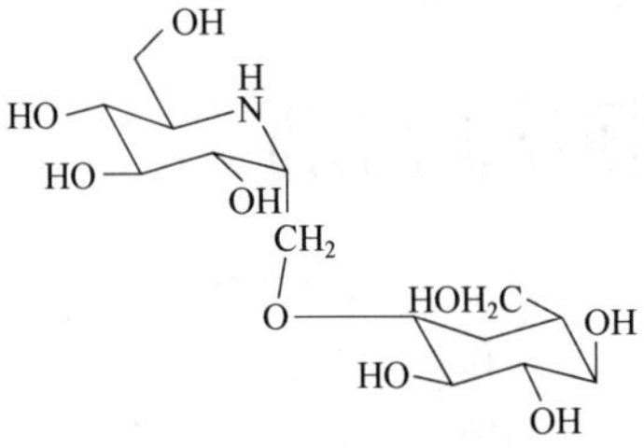	1.4×10^{-7}
打碗花素 B_2（calystegin B_2）	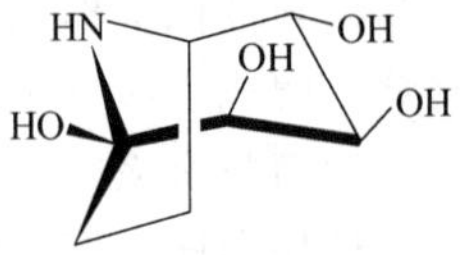	1.0×10^{-5}
castnaospermine	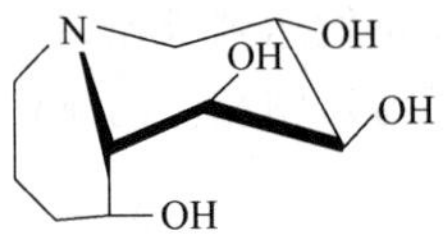	2.5×10^{-6}

　　上述天然海藻糖酶抑制剂均为含氮（假）糖类化合物，与海藻糖具有类似的化学结构，尤其是 validoxylamine A、salbostatin 和 trehazolin 与海藻糖的结构非常相似，如：

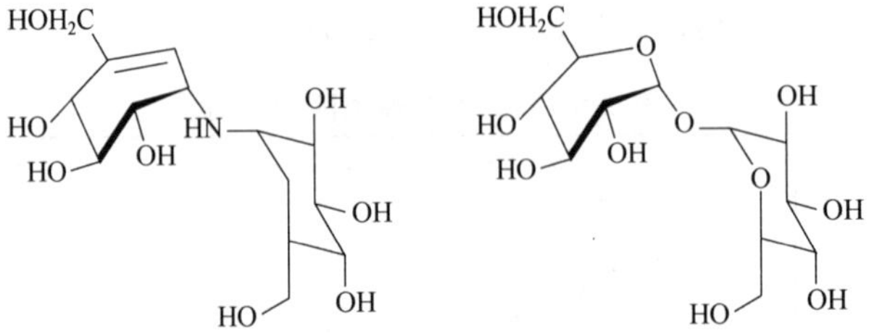

validoxylamine A　　　　　　海藻糖

　　它们都具有极强的海藻糖酶抑制活性和高度选择性。以海藻糖水解酶为靶标，通过抑制海藻糖的水解来达到杀虫和抑菌的目的，已经成为农药研发的一个方向。研究表明，天然海藻糖酶抑制剂比海藻糖酶具有更强的"亲和能力"，其抑制作用是通过与海藻糖"争夺"海藻糖酶来实现的，其作用可能包括：天然海藻糖酶抑制剂结构中所含的羟基与酶的活性点形成氢键；抑制剂所含的质子化氮及酶所含的羧基通过强力的静电相互作用等来发挥作用的。

天然海藻糖酶抑制剂的发现，为合成新型的海藻糖酶抑制剂提供了有效的天然先导模型。虽然上述各类天然化合物都是高效的海藻糖酶抑制剂，但是其中的 salbostatin、MDL25637、calysteginB2、castanospermine、deoxynojirimycin 等并不专一性地抑制海藻糖酶，它们对各种糖苷酶，如异麦芽糖酶、蔗糖酶、葡萄糖淀粉酶、α-淀粉酶和乳糖酶等都有一定的抑制活性。

二、有效霉素（井冈霉素）

（一）有效霉素（井冈霉素）类化合物的结构与活性

有效霉素（validamycin）是由日本武田制药公司找到的一个品种，该药于 1966 年由日本人在兵库县土壤中分离的吸水链霉菌柠檬变种（*Streptomyes hyroscopicus* var. limoneus）中发现。自 1970 年以来，经日本四年的田间试验，证明有效霉素对水稻纹枯病有较好的防治效果，持效期长，对人畜、家禽等安全。

20 世纪 70 年代，我国水稻纹枯病危害十分严重，且没有好的农药用于防治。1973 年，上海农药研究所沈寅初院士等参照日本有效霉素产品，从江西井冈山和杭州植物园土壤中找到了对水稻纹枯病有极好防治作用的抗生素产生菌。经鉴定，井冈霉素产生菌不仅在生理生化特征上和有效霉素产生菌 T-7545 有很多的差别，而且井冈霉素产生菌还产生另一个和 Saramycetin（萨腊菌素）相似的抗真菌抗生素，但日本有效霉素产生菌未见同时产生该抗生素的报道，因此定名为吸水链霉菌井冈变种（*St. hygroscopicus* var jinggangensis Yen）。1974 年进行工业化研究和大田试验，证明井冈霉素对水稻纹枯病有以下特点：药效好，每亩用量 3～5g 即可有效控制水稻纹枯病的发展；耐雨水冲刷；持效性长，一次用药可保持有效期约 20d；无药害，在作物任何生育期均可使用；有治疗作用，在发病时使用效果尤为显著；增产效果明显，大田测产平均增产 13% 左右。井冈霉素于 1975 年正式投产，随后他们继续进行发酵工艺的研究，生产水平逐渐提高，生产成本下降，产量逐年增加，目前已成为农药中的主要品种之一。

井冈霉素系列化合物是由氨基环多醇与 D-型吡喃葡萄糖所形成的糖苷。它们是由 A、B、C、D、E、F 六个组分组成，其化学结构与日本的有效霉素相同。最近，Kameda 等又报道了有效霉素的 G 和 H 两个新组分。在上述各组分中，井冈霉素 A 组分的含量和活性均为最高，C 组分几乎无效，A 和 B 组分同时存在一定的增效作用，一般产品中均以 A 组分的含量来标示产品的规格及产品的质量。其中 validamycin A、C、D、E 和 F 中均含有一个与 validoxylamine A 相同的部分，它们的区别仅仅在于 validoxylamine A 上所附加的糖基数量、部位或者种类不同。validamycin B 和 G 分别包含 vidoxylamine B 或者 G。由于有效霉素 A 组分对水稻纹枯病的防治效果比其他组分显著，故通过化学作用或酶的水解作用使 C 和 E 两组分转化为 A 组分（见表 2-8-2）。

表 2-8-2 井冈霉素系列化合物

化 合 物	R¹	R²	R³	R⁴	R⁵	R⁶
validamycin A	H	H	β-D-Glc	H	H	H
validamycin B	H	H	β-D-Glc	H	OH	H
validamycin C	H	α-D-Glc	β-D-Glc	H	H	H

续表

化 合 物	R^1	R^2	R^3	R^4	R^5	R^6
validamycin D	H	H	H	H	H	α-D-Glc
validamycin E	H	H	α-D-Glc (1-4) - β-D-Glc	H	H	H
validamycin F	A-D-Glc	H	β-D-Glc	H	H	H
validamycin G	H	H	β-D-Glc	OH	H	H
validamycin H	H	H	α-D-Glc (1-4) - β-D-Glc	H	H	H
validoxylamine A	H	H	H	H	H	H
validoxylamine B	H	H	H	H	OH	H
validoxylamine G	H	H	H	OH	H	H

井冈霉素均为无色结晶，各组分都是弱碱性物质，能生成盐酸盐，其游离碱可溶于水、DMF、DMSO，难溶于或不溶于乙醇、丙酮、乙醚、苯、氯仿、乙酸乙酯等有机溶剂。由于井冈霉素 A 是井冈霉素中最主要也是最重要的的结构。井冈霉素 A 酸性水解失去一个 D-型吡喃葡萄糖基后，就可以得到常称为"有效氧胺 A"即"井冈胺 A"的化合物。它是一种弱碱性的糖苷配基，是井冈霉素 A 的主要活性成分。其反应式如下：

井冈霉素A   有效氧胺A(井冈胺A)

井冈霉素是天然的海藻糖酶抑制剂。研究表明，井冈霉素的作用机制是以糖苷配基的有效氧胺 A 对海藻糖酶抑制作用为基础的。有效氧胺 A 的结构与海藻糖非常相似，它具有很强的特异性，是高效的抑制剂，能竞争性地抑制海藻糖酶，具有比海藻糖自身要大得多的酶结合系数。有效氧胺 A 对昆虫、酵母、真菌等海藻糖酶的 IC_{50} 值在 $10^{-8} \sim 10^{-9}$ mol/L 水平上，对其他的糖分解酶，如 a-或 β-葡萄糖苷酶、纤维素酶、果胶酶、几丁质酶、a-淀粉酶等则几乎没有抑制活性。虽然有效氧胺 A 具有很高的离体海藻糖酶抑制活性，但其活体杀菌的效果却很差。因为有效氧胺 A 不易被病菌细胞所吸收，而难以达到作用位点。虽然井冈霉素 A 的离体抑制活性比有效氧胺 A 降低了 20 倍，但其活体杀菌效果却提高了 100 倍，原因在于井冈霉素 A 是在有效氧胺 A 的 4-位上接上一个葡萄糖基，使其更易被菌体细胞吸收而到达作用点（见表 2-8-3）。

表 2-8-3　井冈霉素系列化合物对蚕及水稻纹枯病菌的海藻糖酶抑制效果对比

化 合 物	水稻纹枯病海藻糖酶抑制活性 IC_{50} / (mol/L)	蚕海藻糖酶抑制活性 IC_{50} / (mol/L)
validamycin A	7.2×10^{-5}	3.7×10^{-7}
validamycin B	7.2×10^{-5}	1.8×10^{-6}

续表

化　合　物	水稻纹枯病海藻糖酶抑制活性 $IC_{50}/$（mol/L）	蚕海藻糖酶抑制活性 $IC_{50}/$（mol/L）
validamycin C	—	1.3×10^{-4}
validamycin D	1.5×10^{-5}	2.6×10^{-7}
validamycin E	—	1.2×10^{-6}
validamycin F	—	5.8×10^{-6}
validamycin G	5.2×10^{-6}	7.9×10^{-7}
validoxylamine A	1.4×10^{-7}	4.8×10^{-8}
validoxylamine B	1.6×10^{-5}	6.6×10^{-6}
validoxylamine G	7.4×10^{-6}	5.9×10^{-6}

　　Asano 等用微生物糖普化法和化学半合成法，分别制备了 8 种单 β-D-葡萄糖基有效氧胺 A。

　　研究表明，在有效氧胺 A 的分子结构上连接 D-葡萄糖基都会一定程度地降低海藻糖酶抑制活性。在所有 8 个 β-D-葡萄糖苷化合物中，在 3-、4-和 5′-位引入 D-葡萄糖基未引起较大的海藻糖酶抑制活性降低，对水稻纹枯病菌均显示了较强的抑制活性；当葡萄糖基连接在 2-7-和 7′-位上时，使得海藻糖酶抑制活性有较大的降低；而在有效氧胺 A 的 6′-位上 β-D-葡萄糖基的取代则引起海藻糖酶抑制活性的完全消失。

　　Asano 等还测试了 β-1,3-β-1,4-葡聚糖等几种二聚糖对上述化合物以及井冈羟胺的拮抗作用。有效氧胺 A 对菌丝伸长的抑制作用未被加入的二聚糖拮抗，4-O-取代有效氧胺 A 的作用却受到了拮抗，而在 2,3,7-位上 β-D-葡萄糖基取代的有效氧胺 A 中显示活性最低的 7 位 β-D-葡萄糖基取代的有效氧胺 A 用任意的 β-葡聚糖试验时，也没有发现其被拮抗。

　　当水稻纹枯病菌菌体吸收井冈霉素 A 后，从其孵化的菌丝体中，发现了有效氧胺 A、D-葡萄糖和未分解的井冈霉素 A。实验还发现，井冈霉素 A 比有效氧胺 A 更易被吸收入细胞中。这些现象说明，水稻纹枯病菌菌体中，有一个能吸收运输井冈霉素 A 的系统，井冈霉素 A 通过这个系统进入细胞中，在细胞内经 β-糖化酶的作用转化为有效的海藻糖酶抑制剂——有效氧胺 A。

（二）井冈霉素的生物合成

　　历年来，已有多人开展井冈霉素生物合成的研究，2001 年 Floss 研究组通过同位素标记一系列可能的中间体，进行喂养研究，提出了较详尽的生物合成途径，但由于喂养的同位素化合物未必能被细胞吸收，因此该法也具有一定的局限性。根据井冈霉素合成基因簇的发现，将能更好地更详细地阐明井冈霉素的生物合成途径，目前这方面的工作正在进行中。研究发现一些井冈霉素生物合成的中间过程与同位素喂养法测试的合成路线相吻合，但还有不少问题将进一步明确，现将同位素喂养法提出的合成路线列于下式：

(三) 井冈霉素的生物活性

水稻纹枯病是一种土传病害，具有强腐生性和宽寄主范围的特点。主要发生于叶鞘和叶片上，有时也发生于穗部和茎秆上，其发病症状为：叶鞘最初发生于近水面的叶鞘上，初呈暗绿色，边缘有不清晰的斑点，以后扩大成椭圆形，边缘呈淡褐色，中央灰绿色，外围呈湿润状，湿度低时边缘暗褐色，中央草灰色至灰白色，病斑多时，常多斑融合在一起形成不规则的纹状大斑。叶片病斑与叶鞘上基本相似，茎秆初生灰绿色斑块，后绕茎扩展，可使茎秆的一小段组织呈黄褐色坏死。水稻纹枯病的病原菌为立枯丝核菌（*rhizoctonia solani Ktihn*）的一个融合群（AG-1-ⅠA），丝核菌是土壤习居菌，分布范围广，危害 260 多种植物，主要以菌核在田间或杂草上越冬，越冬菌核是来年初侵染的来源。

井冈霉素是一种内吸作用很强的农用抗生素，主要用于防治水稻（麦类）纹枯病。当水稻纹枯病菌的菌丝接触到井冈霉素后，能很快被菌体细胞吸收并在菌体内传导，干扰和抑制菌体细胞正常生长发育，从而起到防治作用。井冈霉素也可用于防治棉花、蔬菜、柑橘、苗立枯病、玉米的大斑病、稻曲病等。在井冈霉素的 A、B、C、D、E、F 六个组分中，A、B、E、F 四组分为主要组分，它们对水稻纹枯病的最低抑制浓度如表 2-8-4 所示。

表 2-8-4 井冈霉素主要成分对水稻纹枯病菌的抑制活性

组分	最低抑止浓度 / ($\mu g/mL$)	组分/ ($\mu g/mL$)		防治效果 /%	组分/ ($\mu g/mL$)		防治效果 /%
		A	B		A	B	
A	0.01	5		75	8	2	95
B	0.5	10		79	5	5	95
E	0.013		10	24			
F	0.013		20	93			

A 组分在离体培养基上的生物活性是 B 组分的 50 倍，但在盆栽试验中，两者表现出相似的效果，且还显示出一定的增效作用。

井冈霉素对大鼠急性经口 LD_{50}＞20000mg/kg，经皮＞15000mg/kg，对兔眼睛和皮肤无刺激作用。用药后水稻中的残留＜0.007$\mu g/mL$，在土壤中的半衰期为 4h，能被多种微生物分解，在动物的肠道中能被微生物分解为羟胺类物质和葡萄糖，前者不被肠道吸收，而随粪便排出，由静脉和皮下给药后，从肾脏排出体外，对链霉素、卡拉霉素、新霉素、巴龙霉素等碱性水溶性抗生素不产生交互抗性，因此井冈霉素被认为是无公害农药。

井冈霉素 A 在普通体外试验时对多数微生物无抗菌能力，但对水稻纹枯病却能使其菌丝体的顶端产生不规则的分枝，分枝增多。在温室试验时，在 $30\mu g/mL$ 的浓度下即可有很好的防治效果，并对水稻无害。田间应用时其持效时间长，预防及残效性均很高。

（四）有效霉素 A 及其衍生物的作用机制

1970 年以来，日本对有效霉素的作用机理做了许多研究。在生理、生化方面的研究表明，有效霉素 A $100\mu g/mL$ 几乎不能抑制丝核菌的呼吸；在添加有效霉素 A $100\mu g/mL$ 的培养基中培养 2d 的丝核菌菌体内的蛋白质含量、氨基酸含量、RNA 含量、细胞壁的葡萄糖含量及葡糖胺的含量均与未处理的几乎没有差异；用有效霉素 A $100\mu g/mL$ 处理后，在丝核菌的细胞壁再生过程中看不到微细结构的变化；对丝核菌的致病性有关物质，如果胶酶、纤维素酶、毒素等均无任何影响。研究认为，有效霉素引起丝核菌菌体的形态异常是由于该药剂抑制了肌醇的生物合成而对磷脂产生影响。试验证明，有效霉素 A 能显著抑制黄瓜立枯病菌中肌醇的合成，加入肌醇后可使黄瓜立枯病的致病性得到恢复。近年来发现，有效霉素对纹枯病菌的主要储存糖——海藻糖的酶活性有强烈的抑制作用，使有效霉素能有效地阻止纹枯病菌从菌丝基部向顶端输送养分（葡萄糖），从而抑制病菌的生长和发育。20 世纪 90 年代后，发现井冈霉素 A 对大豆、烟草等植物海藻糖酶有强烈的抑制作用。2000 年，张穗在德国研究发现井冈霉素 A 对水稻海藻糖酶有强烈的抑制作用并与抗病性有关。

（五）井冈霉素 A 及其衍生物的抗药性

病菌是否会产生抗药性一直引起人们关注。到目前为止，井冈霉素已使用了数十年，但未出现抗药性问题。无论在室内诱变还是对田间分离菌的检测，均未发现它对水稻纹枯病菌群产生抗药性。究其原因目前认为，从靶标生物的角度看，丝核菌一般不产生孢子，病菌是通过菌丝和菌核完成其生活史，菌丝不易突变产生抗性菌株；就药物而言，井冈霉素的作用机理不是杀死病菌，而是使菌丝产生不正常分枝而难以侵入稻株为害。因此没有淘汰敏感菌株的选择压力，即使有抗性菌株产生，也难以发展成为优势群体。

第二节　几丁质合成酶抑制剂

几丁质（chitin）又称甲壳质、甲壳素，是自然界中一种天然生物多糖，含量仅次于维生素。几丁质是真菌细胞壁和昆虫表皮特有的不可缺少的物质，并具有极其重要的作用，任何能干扰几丁质生物合成或沉积的物质都会对真菌和昆虫造成影响，但它们不存在于哺乳动物及植物中。因此，几丁质是一个安全、高选择性的靶标。几丁质合成酶（chitin synthase，CS）是一种膜结合的糖苷转化酶，在它的作用下，几丁质前体物尿苷二磷酸酯-N-乙酰氨基葡萄糖（UDP-GlcNAc）生成几丁质：

UDP-GlcNAc　　　　　　　　　　几丁质

天然存在的一些几丁质合成酶抑制剂，如多氧霉素、尼可霉素及新多氧霉素等，都属于核苷类抗生素，主要来源于微生物的重要次级代谢产物，对真菌的几丁质合成具有抑制作用，它们与几丁质合成酶的结构有一定的相似性，是一类重要的核苷类抗生素，通过抑制几丁质合成酶来干扰真菌细胞壁的形成。从下面所列的多氧霉素 D、尼克霉素 Z 及 UDP-GlcNAc 的结构比较，就可以理解这些核苷类化合物之所以具有非常高的抗真菌活性，在很大程度上是由于具有同底物类似的结构的原因。

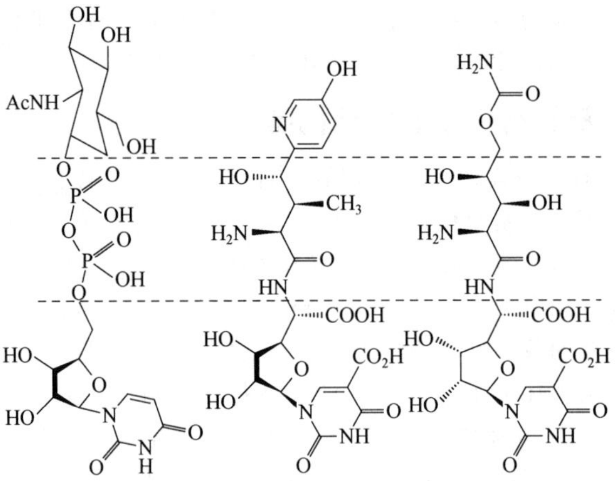

多氧霉素、尼克霉素与UDP-GlcNAc结构比较

一、多氧霉素

（一）多氧霉素的发现与性能

　　1965 年，日本铃木三郎等人在日本熊本县阿苏地区的土样中分离出一种可可链霉菌阿索变种（*St. Cacaoivar asoensis*），它是防治多种真菌病害的多氧霉素产生菌，以后，他们和日本科研化学株式会社及日本农药株式会社联合研究开发了多氧霉素，经大田试验，证明它对果树、蔬菜、烟草、粮食等多种作物的真菌病害有良好的防治效果，主要用于防治水稻纹枯病、梨黑斑病、烟草赤星病和果树蔬菜的白粉病等。我国在 20 世纪 70 年代也分离到一株多氧霉素（称为多抗霉素）产生菌，命名为金色产色链霉菌（*Streptomyces aureochromogenes*），之后也大规模应用于农业生产。在多氧霉素的早期研究中，Isono 等做了卓有成效的系统研究，对所有组分进行了分离鉴定，并对其化学结构进行了阐明。研究表明，多氧霉素由结构相关的 14 个组分（polyoxin A～N）组成，有活性的各组分结构如表 2-8-5 所示。它们的共同特征是由一个核苷类的氨基酸和一个多羟基戊氨酸通过肽键连接构成；它们之间最大的不同就在于核苷部分嘧啶碱基上的取代基不同。

表 2-8-5　多氧霉素的主要组分

结　构　式	多氧霉素	R^1	R^2	R^3
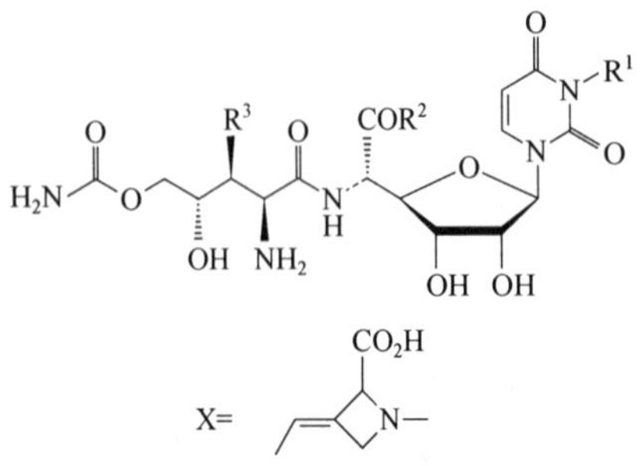	A	CH_2OH	X	OH
	B	CH_2OH	OH	OH
	D	COOH	OH	OH
	E	COOH	OH	H
	F	COOH	X	OH
	G	CH_2OH	OH	H
	H	CH_3	X	OH
	J	CH_3	OH	OH
	K	H	X	OH
	L	H	OH	OH
	M	CH_3	OH	OH
	N	CHO	H	OH

续表

结　构　式	多氧霉素	R¹	R²	R³
	C	OH		
	I	H		

多氧霉素 C 的分子量最小，没有生物活性，但它是阐明所有其他成分化学结构的关键化合物，多氧霉素 I 也没有生物活性，其他各成分都对多种植物病原真菌有抑制作用，但不同的病原菌对各成分的敏感性是不同的，例如多氧霉素 D 对水稻纹枯病最有效，而多氧霉素 B 和 L 则对苹果轮纹病和梨黑斑病最为有效，多氧霉素 G 在体外活性很高，但在体内活性不高。樱井等研究了其化学结构与活性的关系指出：分子中的多羟基戊氨酸链是生物活性所必需的，多氧霉素 C 和 I 没有活性是由于其分子中没有这一基团，多氧霉素 E、G 和 M 则因分子中的多羟基戊氨酸中的 R³ 的羟基脱氧成为氢，所以活性较低，多氧霉素 A、F、H 及 K 中 R² 则为一含四元环的酰亚胺结构，活性也不高。多氧霉素 B 和 D 的差别在于其尿嘧啶环上的 5-位取代基的不同，看来这是决定活性选择性的关键基团。Hori 等研究指出，多氧霉素 A~N 中，除无生物活性的 C 及 I 外，能抑制几丁质合成酶，竞争细胞壁合成底物，UDP-乙酰葡萄糖胺，但多氧霉素 C 及 I 在高浓度时（0.3mmol/L 时），也能抑制几丁质的合成。

多氧霉素 B 的粗提物熔点>160℃（分解），水中溶解度为 1kg/L（20℃），在丙酮、甲醇和一般有机溶剂中溶解度<100mg/L，具有吸湿性，须在干燥的条件下保存，在 pH 1~8 之间稳定。多氧霉素 D 为无色结晶，熔点>190℃（分解），水中溶解度<200mg/L（20℃）（锌盐），在丙酮和甲醇中<200mg/L（锌盐），具有吸湿性，需在干燥的条件下保存，pK_{a_1}（carboxyl）2.6，pK_{a_2}（carboxyl）3.7，pK_{a_3}（amino）7.3，pK_{a_4}（uracil）9.4。

（二）多氧霉素的作用机制与生物活性

多氧霉素是嘧啶核苷类两性水溶液的多组分抗生素，系由许多同系物组成的肽基核苷。与一般核苷抗生素抑制核酸合成或蛋白质合成不同，它是选择性地抑制真菌细胞壁的几丁质合成。Susuki 等研究认为多氧霉素 D 是抑制植物病原菌的氨基葡萄糖结合到细胞壁的几丁质内，Misato 研究多氧霉素对脉孢菌属（*Neurospora Crassa*）的作用也证实多氧霉素是干扰了 N-乙酰氨基葡萄糖通过原生质膜进入几丁质内的聚合作用，在脉孢菌属的无细胞体系中，多氧霉素 D 可抑制 N-乙酰氨基葡萄糖（GlcNAc）参与合成几丁质，研究表明抗生素的嘧啶核苷部分是与蛋白酶结合，而侧链的多羟基戊氨酸部分则起着稳定多氧酶复合物的作用。它对酶的亲和力为底物的近千倍。已证实多氧霉素的作用机制为 UDP-N-乙酰葡萄糖酰胺的竞争性抑制剂。

多氧霉素 D 是一种内吸性杀真菌剂，当施用于水稻的根部后，它能被吸收并向上输送，如果药物施用于叶片后，则可发生渗透作用，但不输送到其他的叶片。在最小抑菌浓度时，多氧霉素 D 及其他组分的多氧霉素能引起真菌菌丝尖端肿大，多氧霉素不抑制孢子发芽，仅在发芽后使芽管尖端变成球形，从而损害真菌的生长，也就抑制了孢子的形成。

多氧霉素体外的抗菌活性：组分中除 C 与 I 外，皆无抗细菌活性，但全都对有抗体真菌具有活性。多氧霉素控制的葡萄、苹果、梨、蔬菜和观赏植物病原真菌范围很广，如对小麦白粉病、烟草赤星病、黄瓜霜霉病、瓜类枯萎病、人参黑斑病、甜菜褐斑病、水稻纹枯病、苹果早期落叶病、林木枯梢病、梨黑斑病等多种真菌性病害具有良好的防治效果，但主要用于防治水稻枯萎病。

日本有些果园多次大量使用多氧霉素后，产生了抗性病。抗性的产生是由于真菌细胞膜对多氧霉素渗入产生了阻力，因此不能发挥作用。该药对藻状菌纲的真菌无效（因为其细胞壁中无几丁质），对细菌和酵母引起的病害也无效。多氧霉素以 WP、EC、水溶性颗粒（SG）和糊剂等剂型出售。

多氧霉素 B 的大鼠急性毒性经口 LD_{50}：21g/kg（雄），21.2g/kg（雌）。急性经皮大鼠 $LD_{50} > 2g/kg$。对兔皮肤无刺激作用，大鼠吸入毒性 LD_{50}（6h）为 10mg/L 空气。鱼毒 LD_{50}（48h）（鲤鱼）$>40mg/L$。在旱地土壤和 25℃，$DT_{50} < 2d$，多氧霉素 D 大鼠急性经口 $LD_{50} > 9.6g/kg$，大鼠急性经皮 $LD_{50} > 750mg/kg$。吸入毒性 LD_{50}（4h）为 2.44mg/L 空气。鱼毒 LD_{50}（48h）（鲤鱼）$>40mg/L$。在旱地土壤和 25℃，$DT_{50} < 10d$。

（三）多氧霉素的生物合成

现已探明多氧霉素的生物合成途径，它侧链的氨基酸是由异亮氨酸和谷氨酸经过高度修饰而成，在构成基本骨架的糖末端具有氨基酸结构的核苷部分的生物合成中，糖部分虽然是六碳糖，但其骨架不是从葡萄糖而来，它是通过尿苷和磷酸烯醇丙酮酸的缩合，一端经过八碳糖核苷而合成。推测其生物合成途径如下：

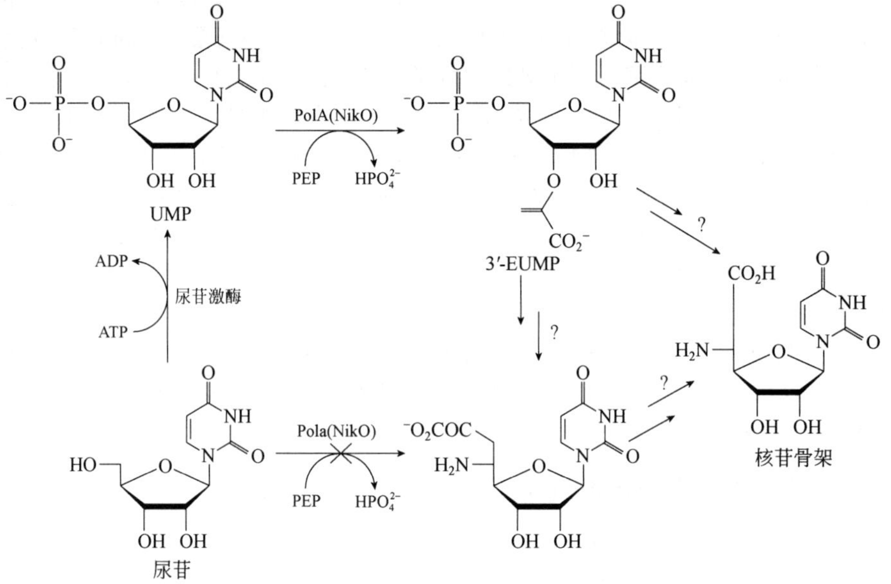

二、尼可霉素

尼可霉素（nikkomycin，日光霉素）是一种化学结构与生物活性与多氧霉素相似的核苷肽类抗生素，它由拜耳公司开发。日光霉素的名字起源于著名的名叫日光的地方，一位德国科学家在访问日光时，顺便采集了土样进行筛选，它是由唐德链霉菌（*Streptomyces tendae*）的培养液中分离的产物，一些类似物也可通过多步合成得到，尼可霉素 Z（即尼可霉素 C）熔点 194～197℃。

尼可霉素	R^1	R^2
X	A	OH
Z	B	OH
I	A	Glu
J	B	Glu

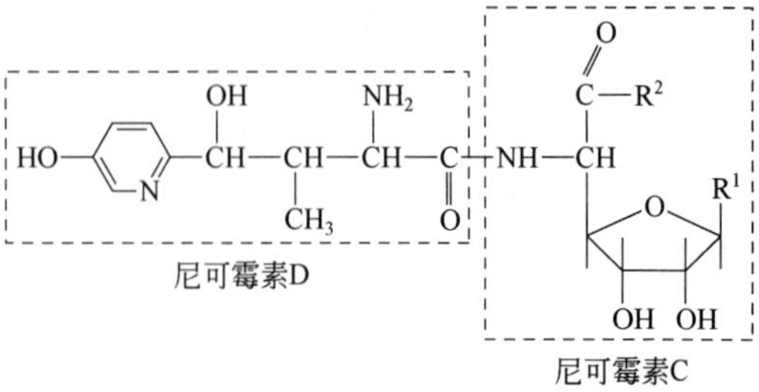

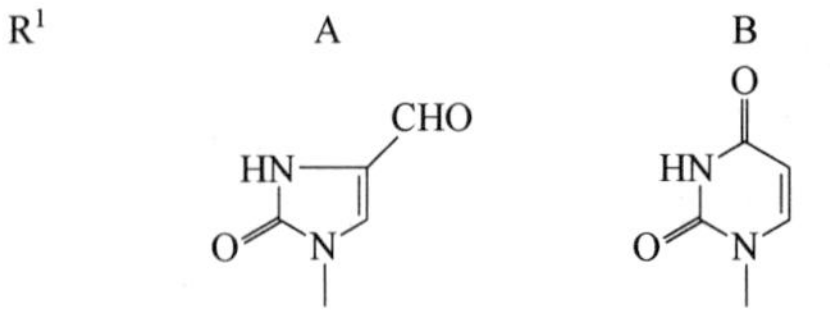

尼可霉素是由肽基和核苷两部分组成。尼可霉素是一类两性水溶性核苷类物质，到目前为止，已从野生株及突变株的发酵液中分离到 20 多种活性单组分，其中尼可霉素 X、Z、I、J 为主要生物活性组分，肽基组分为一种不常见的氨基酸，羟基吡啶同型苏氨酸（hydroxy pyridyl homo threonine，HPHT，又称尼可霉素 D）；核苷组分称为尼可霉素 C，在尼可霉素 X 和 Z 中同 α-氨基己糖醛酸以 N—C 糖苷键相连的碱基分别为 4-甲酰基-4-咪唑-2-酮（FMO）和尿嘧啶，相应称为尼可霉素 Cx、Cz。尼可霉素 C、D 均为 α-氨基酸结构，它们通过肽键相连形成了二肽尼可霉素 X 和 Z。三肽尼可霉素 I、J 分别是由尼可霉素 X 和 Z 中的氨基己糖醛酸的 6′-羧基同谷氨酸形成肽键而成。

尼可霉素抑制各种植物病原真菌的生长，但对细菌和酵母无毒性，该化合物在日光下极易光解，故在农业上未商品化，其中尼可霉素 Z 对真菌病害有治疗作用，也是几丁质合成酶竞争性抑制剂，抑制细胞壁合成酶，引起真菌细胞壁的肿胀和破裂。由于其化学结构的原因，尼克霉素的体外活性难以转化为体内活性，同时抗菌谱较窄。目前尼克霉素在医药上实际应用还处于动物实验阶段，其药理学尚待进一步研究。

日本的 Obi 等以尼克霉素 Z 为先导，在氨基酸链的 β-位引入疏水基团，替代尼克霉素 Z 的 β-CH$_3$ 及 γ-OH 设计了系列化合物。经活性测定表明某些结构具有非常高的活性，其中含菲的化合物 KFC2431 与尼克霉素 Z 活性相当。

尼可霉素 Z IC$_{50}$=0.39μg/mL

KFC-431 IC$_{50}$=0.31μg/mL

三、新多氧霉素

Neopolyoxin 产生菌系是 Zähner 从的菌系日本日光风景区土样所分离出的一种链霉菌株，定名该菌株为 *Streptomyces tendae* TVE 901，中国科学院微生物研究所从东北土壤中分离到的圈卷产色链霉菌 7100 也是新多氧霉素的良好产生菌，新多氧霉素是一类两性水溶性核苷类物质。到目前为止，已从野生株及突变株的发酵液中分离到 26 种活性单组分。所谓新多氧霉素是指该化合物糖的结构上有尿嘧啶或有呋喃嘧啶的组分，其具有活性的结构如下：

新多氧霉素A,B A:R=CHO;B:R=CO$_2$H

新多氧霉素C

日本的 Kobinata 等于 1980 年从可可链霉菌上发现了新多氧霉素 A、B 和 C，但由于其化学性质的不稳定性，也一直未投入应用。新多氧霉素分子结构也与真菌细胞壁上几丁质合成前体 *N*-乙酰葡萄糖胺（UDP-*N*-acetyglucosamine）相类似，起着真菌细胞内几丁质合成酶竞争性抑制作用，从而干扰了细胞壁几丁质的合成过程，最终导致抑制真菌生长的作用。

新多氧霉素为两性化合物，等电点 pH＝6.0，纯品为无色粉末，溶于水及吡啶，不溶于非极性有机溶媒。组分 Z、X 为同分异构体，酸性介质中稳定，其水溶液对紫外线稳定，在碱性介质中迅速水解。新多氧霉素对革兰阳性细菌和阴性细菌缺乏活性，主要对某些酵母菌和一些植物致病真菌呈现较强的抑制活性。此外，对根肿菌纲、接合菌纲、子囊菌纲、壶菌纲、担子菌纲、卵菌纲等植物致病菌所引起的病害，可作为保护剂与治疗剂。对危害豆类植物的单孢锈菌及危害禾谷类植物的双孢锈菌有特别好的作用，对危害葡萄、蔬菜、草莓栽培的灰葡萄孢霉、引起苹果褐腐病的核盘孢霉、引起禾谷植物白粉病的白粉菌、引起麦类黑穗病的球壳霉菌等都有较好的作用。新多氧霉素亦可用于致苹果、梨黑心病的黑心菌、危害十字花科植物的交链孢菌、致水稻纹枯病的佐佐木薄膜霉菌及致香蕉、花生叶斑病的尾孢霉等菌病害的防治。

新多氧霉素对节肢动物螨类也有较好的作用，剂量 $0.75\sim1.5kg/hm^2$，即可控制虫害。对植物真菌病害，不仅可直接在地面上植株施药，而且还可通过土壤、种子处理起到作用。此外，新多氧霉素在较高浓度时，对线虫与昆虫皆有作用，可应用于农业、林业、材料贮藏及卫生事业等虫害防治的需要。但新多氧霉素作为农用抗生素未见上市报道，新多氧霉素内吸性较差，使用浓度为多氧霉素的3倍。

参考文献

[1] 吴庆安. 阿维菌素 B₁ 和井冈霉素衍生物的合成及其生物活性研究. 博士毕业论文，浙江工业大学，2004. 22-29.

[2] 沈寅初. 国内外农用抗生素研究和发展概况. 抗生素，1979，(6) 2：58-61.

[3] Kameda Y, Asano N, Yamaguchi T, et al. New Members of the Validamycins. J. Antibiot. ,1986,40(10):1491.

[4] Asano N, Kameda Y, Matsui K. A New Pseudo-Tetrasaccharide Antibiotic, J. Antibiot. ,1990,43(8):1039.

[5] Horri S, Kameda Y. Structure of the Antibiotic Validoxylamine A, J. Chem. Soc. Comm. ,1972:747.

[6] Asano N, Takeuchi M, Kameda Y. Trehalase Inhibitors, Vaildoxylamine A and Related Compounds as Insecticides, J. Antibiot. ,1990,43(6):722-727.

[7] Kameda Y, Asano N, Yamadaguchi T. Validoxylamides as Trehalasa Inhhibitors, J. Antibio,1987,40(4):563.

[8] 池明姬编译. 海藻糖酶——杀虫剂的作用靶标. 世界农药，2003，25 (5)：34.

[9] 郑鹏. 井冈羟胺 A 的衍生物及其生物活性. 博士毕业论文，浙江工业大学，2006. 6-14.

[10] Dong H, Mahmud T, Tornus I, et al. Biosynthesis of the validamycins: identification of intermediates in the biosynthesis of validamycin A by Streptomyces hygroscopicus var. limoneus J. Amer. Chem. Soc. 2001,123:2733-2742.

[11] 沈寅初. 井冈霉素研究开发 25 年. 植物保护，1996，22 (4)：44.

[12] Yamaguchi Isamu . 微生物来源农药的最新进展. 国外医药（抗生素）分册，1990，11 (2)：137-141.

[13] 沈寅初. 井冈霉素 A 研究开发 25 年. 植物保护，1996，22 (4)：44-45.

[14] 李秀峰，庄佩君，唐振华. 真菌中的几丁质合成酶. 世界农药，2000，22 (5)：32-38.

[15] 李映，崔紫宁，胡君等. 几丁质合成酶抑制剂. 化学进展，2007，19 (4)：535-544.

[16] Hori M . Kakiki Kazuo, Study on the Mode of Polyoxins, J. pest. Sci. ,1997,2:345-355.

[17] Muller H, Furter RZ, Zachner H, et al. Mitabolic Products of Microorganisms. Arch Microbial,1981,130(3):195-197.

[18] Endo A, Misato T. Biochemical and Biophysical Research Communications. 1969,37 (4)：718-722.

[19] Endo A, Kakiki K, Misato T. Mechanism of Action of the Antifugai Agent Polyoxin D, Journal of Bacteriology, 1970, 104 (1)：189-196.

[20] Ohta N, Kakiki K, Misato T. Study on the Mode Action of Polyoxin D, Agricultural and Biological Chemistry,1970,34 (8)：1224-1234.

[21] Hori M, Kakiki K, Misato T. , Antagonistic Effect of Dipeptides on the Uptake of Polyoxin A by Alternaria Kikuchiana, J. Pestic. Sci. ,1977,2：139-149.

[22] Eguchi J, et al. Ann. Phytopathol. Soc. Japan 1968,34：280-288.

[23] 陈文青，邓子新. 核苷类抗生素代谢工程的研究现状及展望. 中国抗生素杂志，2009，34 (3)：129-142.

[24] 陈蔚，谭华荣. 尼可霉素（Nikkomycins）多组分结构及其生物合成相关基因的研究进展. 生物工程学报，2000，16 (5).

[25] Obi K, Uda J, Mat suda A, et al. Novel Kikkomycin Analogues: Inhibitors of the Fungal all wall Biosynthesis Enzyme Chitin Synthase, Bioorganic & Medicinal Chemistry Letters,2000,10(13)：1451-1454.

[26] Kobinata K, Uramoto M, Isono K, et al . Neopolyoxins A, B and C, New Chitin Synthetase Inhibitors, Agricultural and Biological Chemistry,1980,44(7)：1709-1711.

[27] 谭可欣. 新多氧霉素的生产与应用. 硕士毕业论文，华中农业大学，2005，4-10.

第九章
黑色素生物合成抑制剂

　　黑色素与植物感染病害有着密切的关系，许多真菌的细胞壁是黑色素化的。黑色素生物合成抑制剂在防治某些真菌的病害上有很好的效果，特别是对稻瘟病效果突出。稻瘟病是分布最广泛、危害最严重的植物真菌病害之一，这是一种水稻在温度和湿度合适条件下的最严重的病害，几乎所有水稻栽培地区都有该病的发生，病害流行年份一般减产 $10\%\sim20\%$，严重的可达 $40\%\sim50\%$，甚至颗粒无收。通过对真菌黑色素的抑制来达到杀灭稻瘟菌的目的是近来常用的方法。

　　黑色素来源于生物体自身，黑色素主要有多巴胺（DOPA）黑色素和二羟基萘酚（DHN）黑色素两大类，其中动物黑色素多为 DOPA 黑色素，大多数植物感染真菌的黑色素多为 DHN 黑色素，只有少数真菌的黑色素的前体是儿茶酚等其他吲哚或酚类物质。黑色素也可以在黑酵母的细胞壁、真菌的菌丝、附着孢、担孢子、分生孢子和菌核中存在。真菌体内黑色素的功能是缓冲可见光及紫外线对它的伤害及防治其他微生物对其体内酶的伤害。另外，它也是重要的某些病原菌，如稻瘟病及炭疽病的毒素，但是对链孢格菌（*Alternaria alternata*）和叶枯病（*Cochliobolus miyabeanus*）而言，它们在渗透时并不需要黑色素，它们是在附着孢子细胞壁成熟时的很短时间内被黑化。

第一节　真菌细胞壁的黑色素

　　在真菌类侵染植物的过程中，通常需先形成附着孢子和黑色素，使其芽管或菌丝体顶端肿胀，以有利于附着并穿透寄主，附着孢子必须能通过寄主的蜡质表皮和含硅层才能进入植物组织内。

　　图 2-9-1 是真菌对寄主植物的侵害示意图，其过程是通过一个类似"针头"的器官来完成的。这个"针头"长在孢子的基部。稻瘟病菌附着孢子的发育阶段分为开始、成熟和形成侵入针三个阶段：一开始由别处传播来的分生孢子着落并附着在植物的表面，它们在高湿和适当温度的条件下，生成侵害"珠"。一旦它的芽管的顶尖识别了寄主的表面后，就开始肿胀，肿胀的顶尖被一隔膜所

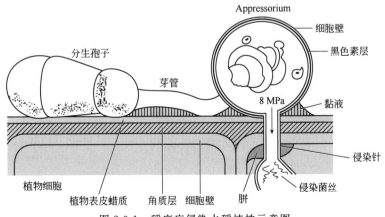

图 2-9-1　稻瘟病侵染水稻植株示意图

隔开，并开始变暗和分泌黏液，将病原体固定在植株上，在成熟变黑的过程中，通常伴随着壁的增厚，穿透的针头（直径约为0.1mm）在附着孢子的底部，那里细胞壁很薄并几乎没有黑色素。侵染针穿透角质层进入水稻植株的表皮大约要48h来完成。针穿透进入细胞内腔，通常对细胞侵害的菌丝体长约2.5mm，最后在植物体内成熟的菌丝体就引起了稻瘟病的发生，并形成无数的分生孢子进入下一轮的侵染。附着孢子侵染"针"成功地穿透寄主是需要机械的穿透力，这就要求附着孢子在表皮上具有垂直压力，以保证侵染针能很容易地带着酶穿透表皮的蜡质层与细胞壁的多聚物层进入植物组织。这种垂直压力是由附着孢子的黑色层在细胞膜与细胞壁之间产生的膨胀力集中朝向寄主植物的表皮面上而产生的，附着孢子的内压估计可达8MPa，它是由孢子内甘油的渗透压来完成的。稻瘟病菌穿透寄主叶片的角质层时，附着胞中黑色素是一种半透膜，它可以透过水，但不能透过甘油，使得其胞内的渗透质甘油的浓度可积累到3.2mol/L。黑色素是所产生这巨大压力的结构支撑。

第二节　黑色素的生物合成途径

　　DHN黑色素的合成是以乙酸为起点，在聚乙酰合成酶的作用下，五个乙酸分子首尾相连，环化形成pentaketide，它经过两次分别由1,3,6,8-四羟基萘还原酶（4HNR）和1,3,8-三羟基萘还原酶（3HNR）催化的还原反应和两次由小柱孢酮脱水酶（scytalone dehydratase，SD）催化的脱水反应，形成1,8-DHN，最后以1,8-DHN为单体，在聚合酶的催化下形成黑色素。黑色素合成途径中，不同关键酶缺失后会形成三种不同颜色的突变体，聚乙酰酶缺失会形成白化体（Alb）小柱孢酮脱水酶缺失会形成玫瑰色突变体（Rsy）；三羟基萘酚还原酶缺失后则会形成淡黄色突变体（Buf）。当这些酶被化合物抑制时也会发生相似的颜色。其生物合成途径如图2-9-2所示。

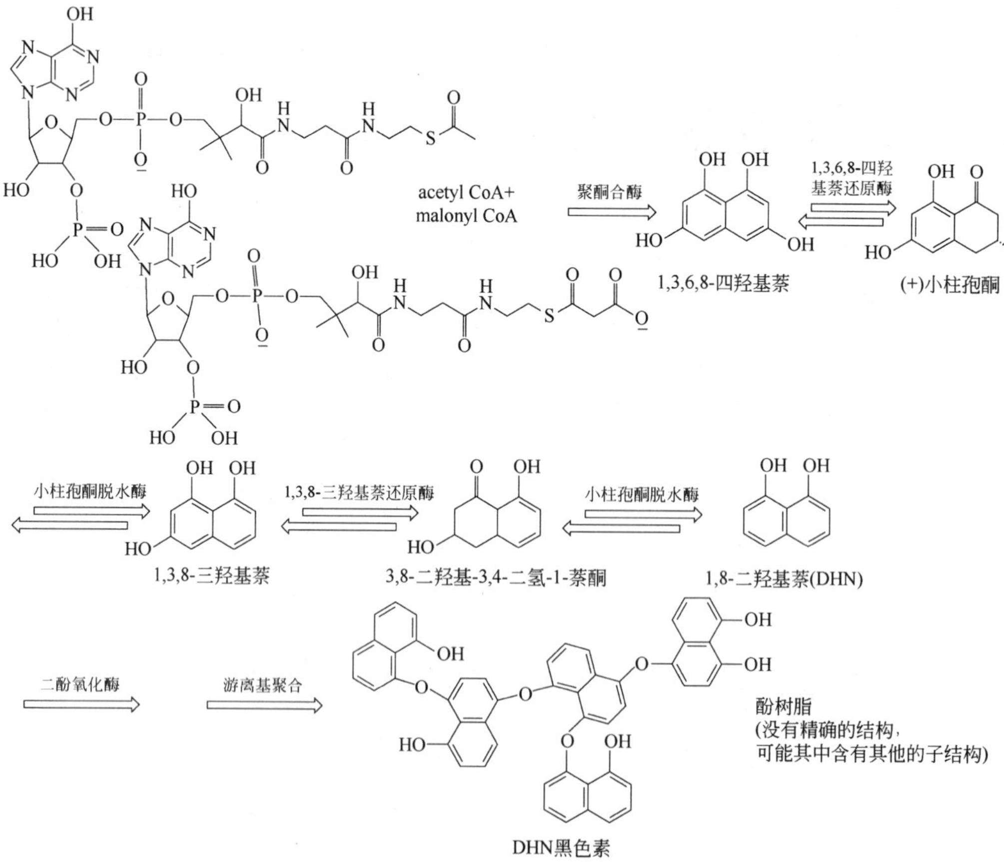

图2-9-2　真菌DHN黑色素生物合成途径

在黑色素的生物合成途径中，还原酶的辅助因子是 NADPH，研究发现稻瘟病的 3HNR 和 4HNR 的氨基酸具有 46% 的同源性，3HNR 是由相同亚基形成的四聚体，其中每个亚基由 282 个氨基酸组成，分子量为 29.9kDa。推测多种 3HNR 间氨基酸序列显示彼此有 80% 的同源性。在与其他的氧化还原酶间也有较大的相似性。4HNR 也是由相同亚基形成的四聚体，每个亚基由 273 个氨基酸组成，分子量为 28.6kDa。虽然两者有很大的相同，但是最大的不同之处在于对底物的亲和力不同。底物竞争试验表明，稻瘟病菌中 4HNR 对四羟基萘酚的亲和力要比对三羟基萘酚的高 310 倍，而 3HNR 对三羟基萘酚的亲和力要比对四羟基萘酚的高 4.2 倍。另外，稻瘟病菌若同时缺失了 3HNR 和 4HNR，就不能产生小柱孢酮，这说明真菌没有其他的合成小柱孢酮的途径。

DHN 黑色素合成的两步脱水反应都是由小柱孢酮脱水酶（SD）催化的，研究者已先后对稻瘟病及炭疽病等的小柱孢酮脱水酶进行了研究，它们间的同源性可达 62%，是相同亚基组成的分子量约为 69kDa 的三聚体，每个亚基的分子量为 23kDa，包括 172 个氨基酸。

第三节　黑色素生物合成抑制剂

黑色素生物合成抑制剂是在病菌侵染的循环中，专门干扰其渗透过程。这些化合物显示出对植物明显的保护效果，但却没有对病害的治疗效果。它们的作用仅仅是抵抗病菌的渗透，这表明如果表皮层损伤或应用药剂的时间过晚，就不会有药效。同时，表明这些药剂的靶标位置是在病原菌的内部而不是在寄主植物上。当将稻瘟病菌培养在琼脂上，其菌丝体逐渐显示出黑色，在液体培养时，菌丝体及培养基在后阶段也明显地黑化。这种黑化作用可被上述的一定浓度的具有活性的化合物所抑制，但是这些化合物却并不抑制稻瘟病病原菌分生细胞和菌丝体的生长。进一步的研究指出，黑色素生物合成抑制剂的抗穿透活性与抑制病原体的黑色素化的作用有关。

黑色素合成抑制剂根据其作用位置和酶的不同，除包括还原酶抑制剂和脱水酶抑制剂两大类外，Pentaketide 合成酶和氧化酶在黑色素生物合成中也可能是潜在的杀菌剂的重要靶位。但目前尚未见商品化的品种出现。而还原酶和脱水酶是黑色素生物合成中当今防治稻瘟病的主要靶标。

第四节　还原酶抑制剂

一、作用机制

还原酶抑制剂敏感的作用步骤是 1,3,6,8-THN（1,3,6,8-四羟基萘）转变成小柱孢酮（scytalone）及 1,3,8-THN（1,3,8-三羟基萘）转变成 vermelone（3,8-二羟基-3,4-2H-萘酮-1），如图 2-9-3 所示。

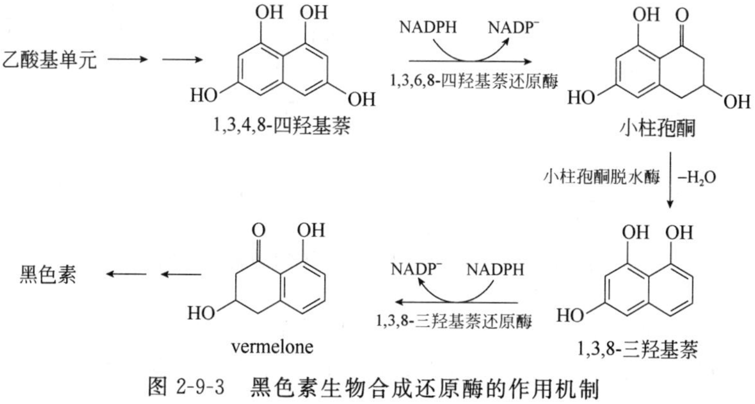

图 2-9-3　黑色素生物合成还原酶的作用机制

图 2-9-3 中所涉及的两个还原反应，它们都需要以 NADPH 作为辅助因子的还原酶的催化。第二个还原反应（由 1,3,8-THN 到 vermelone）比起第一个还原反应来说，它在活体试验中是比较重要的。酶抑制剂与 1,3,8-THN 间具有竞争性的作用。还原酶转变 1,3,8-THN 成 vermelone 是黑色素生物合成抑制剂在活体的主要靶位。

三环唑

三环唑是一个目前防治稻瘟病的主要药剂之一，自 1976 年开发成功以来，应用达数十年之久。低浓度处理时，三环唑对稻瘟病菌的生长和孢子萌发都没有明显的抑制作用，但能强烈地抑制稻瘟病菌的菌丝和附着孢黑色素化，当浓度非常高时（$100\mu g/mL$ 左右），对稻瘟病菌的生长和孢子的萌发均表现出显著的抑制作用。其主要作用位点为 1,3,8-三羟基萘酚还原酶。且当浓度较高时（$1\mu g/mL$ 以上）对 1,3,6,8-四羟基萘酚还原酶也有一定的抑制作用。酶动力学研究表明，三环唑对三羟基萘酚还原酶的亲和力要比对四羟基萘酚还原酶的亲和力高出 200 倍。这说明了两种酶对三环唑的敏感性的差异。

研究者测定了三羟基萘酚（THNR）还原酶与抑制剂三环唑及 NADPH 三元复合物的晶体结构。通过 THNR 与三环唑及 NADPH 复合物的晶体结构模型可以了解酶与抑制剂结合的情况。THNR 是由四个相同的亚基形成的四聚体，THNR 亚基的形状大约是 3nm×5nm×3nm，亚基是由 7 束 β-折叠和 8 个 α-螺旋以及一系列不同长度的环区组成 D、E 及 F 螺旋处于平行的 β-折叠的一个侧面，而另一侧面则是 C、B 及 G。一段短的螺旋（α2）则几乎垂直于 β-折叠的顶端（彩图 2-9-4），这种结构在二核苷结合酶上是常见到的。

当进行催化时，底物与辅酶必须接近催化位置，而催化位置是包埋在 α1-loop-α2 区中，这两个螺旋区是通过螺旋区间的氢键达到稳定的。THNR 的四聚体如彩图 2-9-5 所示。

在 1,3,8-三羟基萘还原酶（THNR）催化黑色素的合成中，它依赖于 NADPH 作为辅助因子去还原生成 vermelone。NADPH 与 THNR 的结合情况如图 2-9-6 所示。

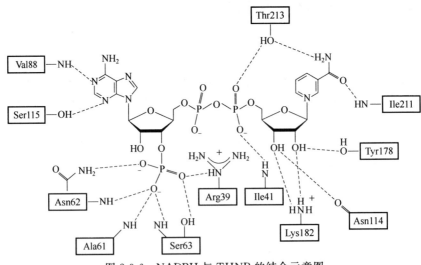

图 2-9-6　NADPH 与 THNR 的结合示意图

从 THNR 与三环唑及 NADPH 复合物的晶体结构模型（彩图 2-9-4）中可看出，抑制剂三环唑是嵌入到 βF-折叠的 C-端、βF-α1-loop 及 α1-螺旋的中间，完全与外部溶液隔开。它是结合在一个相当大的口袋中（其体积大约为 $5.7nm^3$），口袋由残基 Val118、Ser164、Ile165、Tyr178、Gly210、Met215、Val219、Cys220、Tyr223、Trp243 及 Met283 组成。抑制剂的 N_2 及 N_3 原子分别与 Tyr178 苯环上的羟基及 Ser164 的羟基形成氢键，抑制剂一边坐落在 Tyr223 的侧链，而另一边则与 NADPH 的烟碱环有一定程度的靠近，其间距约为 0.35nm。显然三环唑在酶活性位点的结合模式是一种竞争性抑制剂的结合模式。

抑制剂与 NADPH 的一部分是嵌入到蛋白质中，它们的结合或释放可能是由酶的构象的变化来决定的。这些变化可能包括螺旋结构 $\alpha1$，连接到 $\alpha2$ 的环区，及 $\alpha2$ 的变化造成的，通过它们的构象变化可能开启进出活性位点的通道。当与其他相似的酶作比较时可以看出，这一部分的次级结构是最可变动的结构。活性位点由 Ser-Tyr-Lys 三个氨基酸组成，辅酶是通过一碱性的残基 Srg39 与 NADPH 的 $2'$-磷酸基相互作用。

所得的 THNR 的结构模型与相似的酶的结构进行比较，可清楚地表明它是短链脱氢酶家族（SDR）中的一个成员，这一家族是由不同的依赖于 NAD（P）H 的酶所组成，它们在许多的代谢途径中均存在。它们含有共同的折叠方式并含有数个保守的氨基酸指纹序列。尽管它们催化不同的化学反应，但它们的结构上有很多的相似性，此一结构的解析对于设计新的有关的药物提供了新的信息。

图 2-9-7 是三环唑与 NADPH 与黑色素生物合成还原酶结合的三维图，图中（a）显示的是 THNR 的活性位点与抑制剂三环唑及 NADPH 结合的三维图，（b）则是与底物三羟基萘（THN）和 NADPH 结合的对照图，图中虚线表示氢键作用。

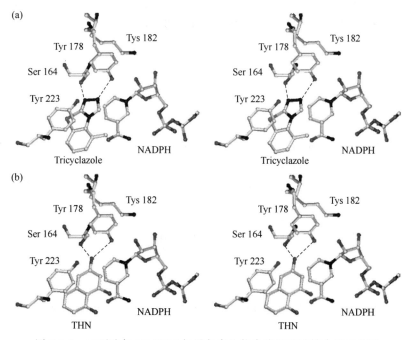

图 2-9-7　三环唑与 NADPH 与黑色素生物合成还原酶结合的三维图

二、主要品种

目前黑色素生物合成还原酶抑制剂常用的商品化品种有：三环唑、咯喹酮、灭瘟唑（chlobenthiazone）、唑瘟酮（pp389）、四氯苯酞和稻瘟醇等。其中稻瘟醇已停止生产，三环唑为我国目前防治稻瘟病的主要药剂。

1. 三环唑 (tricyclazole)

C$_9$H$_7$N$_3$S, 189.24, 41814-78-2

理化性质 三环唑为结晶固体，熔点 187～188℃，蒸气压为 0.027mPa（25℃），K_{ow}lg$P$＝1.4，在水中的溶解度（25℃）为 1.6g/L，易溶于丙酮、甲醇、二甲苯等有机溶剂，在室温及紫外线下稳定。

合成方法 以邻甲基苯胺为起始原料，在溶剂存在下，加入硫酸和硫氰化钠，在一定温度下反应，得到硫脲衍生物，然后通氯，关环生成 2-氨基-4-甲基苯并噻唑，再与肼的盐酸盐作用，使分子中的氨基转化为肼基，最后与过量的甲酸共热，形成三环唑后即得产物，各步收率均很高。

毒性 对大鼠急性经口毒性 LD$_{50}$ 为 358mg/kg，大鼠急性经皮 LD$_{50}$＞5000mg/kg，大鼠吸入 LC$_{50}$＞0.25mg/kg，对眼睛有轻微的刺激作用，对皮肤无刺激，未见致畸、致癌及致突变作用。

应用 可在移栽及直播水稻田中防治稻瘟病，持效期可长达一季度。

2. 咯喹酮 (pyroquilon)

C$_{11}$H$_{11}$NO, 173.21, 57369-32-1

理化性质 白色结晶，熔点 112℃，蒸气压 0.16mPa（20℃），K_{ow}lg$P$ 为 1.57，在水中的溶解度为 4g/L（20℃），易溶于有机溶剂中，对水解稳定。

合成方法 用吲哚与氯代丙酰氯作为起始原料进行反应后，再加热环化生成咯喹酮。

毒性 大鼠急性经口毒性为 321mg/kg，大鼠经皮 LD$_{50}$＞3100mg/kg，对眼睛和皮肤有轻微刺激作用，无致畸、致突变作用。

应用 可有效地预防和防治稻瘟病，可用作叶面喷雾及种子处理剂。

3. 四氯苯酞 (phthalide)

C$_8$H$_2$Cl$_4$O$_2$, 271.91, 27355-22-2

由日本吴羽化学工业公司于 1971 年生产。

理化性质 为白色结晶，熔点 209~210℃，蒸气压 $3×10^{-3}$ mPa（23℃），K_{ow}lg P 为 3.01，水中的溶解度为 2.5mg/L（25℃），易溶于有机溶剂中，对热及光稳定。

合成方法 以邻苯二甲酸酐为起始原料，经氯化再用锌粉在醋酸介质中还原即得产品。

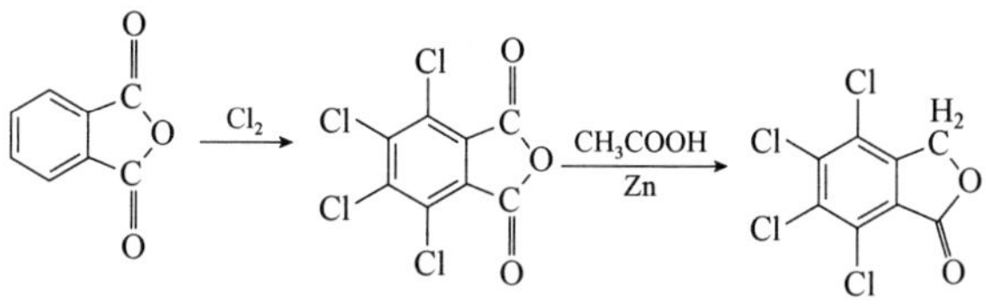

毒性 对大鼠急性毒性 $LD_{50}>10000$mg/kg，急性经皮 $LD_{50}>10000$mg/kg，对皮肤和眼睛无刺激作用，对鸟、蜜蜂等无害，未见致癌、致畸及致突变作用。

应用 能有效地防治稻瘟病，可用作叶面喷雾。

4. 灭瘟唑（chlobenthiazole）

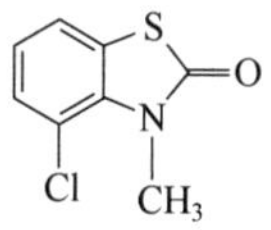

C$_8$H$_6$ClNOS, 199.66, 63755-05-5

理化性质 为无色结晶固体，熔点 131~132℃，不溶于水，溶于有机溶剂。

合成方法 以邻氯苯胺为起始原料，经与硫氰酸盐反应，生成相应的硫脲，用氯化硫酰或溴进行关环，生成氨基噻唑后，用甲基化试剂如硫酸二甲酯或碘甲烷进行甲基化，再水解，即可高收率地得到产品。

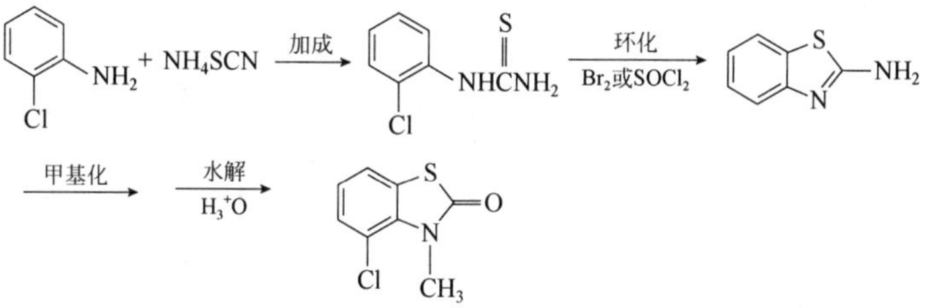

毒性 对雄大鼠 LD_{50} 为 1940mg/kg，对兔皮肤无刺激，对眼略有刺激性。

应用 可作为乳剂、湿性粉剂、粉剂等多种剂型。具有内吸传导和持效性，还具有一定的熏蒸作用，可用于稻瘟病的防治，用量为 2.4~3.2kg/hm^2。

5. 唑瘟酮（PP389）

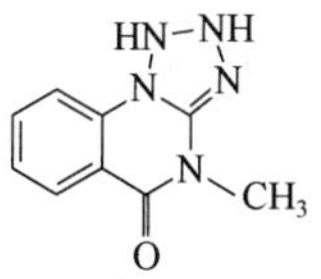

C$_9$H$_7$N$_5$O, 203.2, 59342-33-5

合成方法 在乙醇中将邻氨基苯甲酸与硫氰酸甲酯回流，关环生成 2-巯基-4-喹唑啉酮，再与肼及亚硝酸反应生成唑瘟酮。也可由邻氨基苯甲酸与氰胺反应，生成关环的 2-氨基-4-喹唑啉酮，再与肼反应后进行重氮化，最后甲基化得产物。

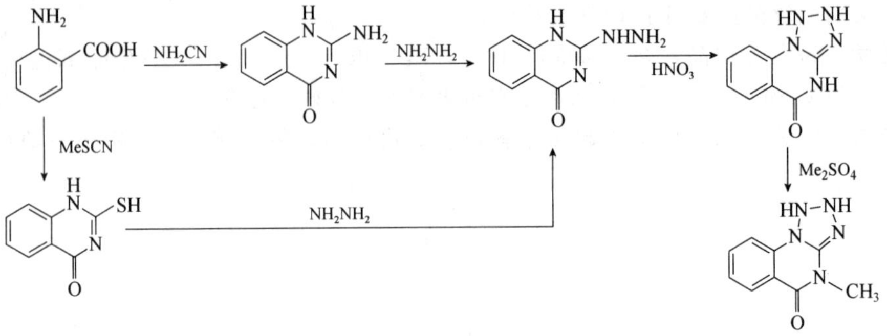

应用 在 0.1～1mmol 的浓度下能抑制菌丝体的黑化作用。

第五节　小柱孢酮脱水酶抑制剂

一、作用机制

小柱孢酮脱水酶 [scytalone dehydratase (MBI-Ds)] 催化黑色素合成中两个重要的中间脱水过程，其间并没有金属或其他的辅助因子参与其中：

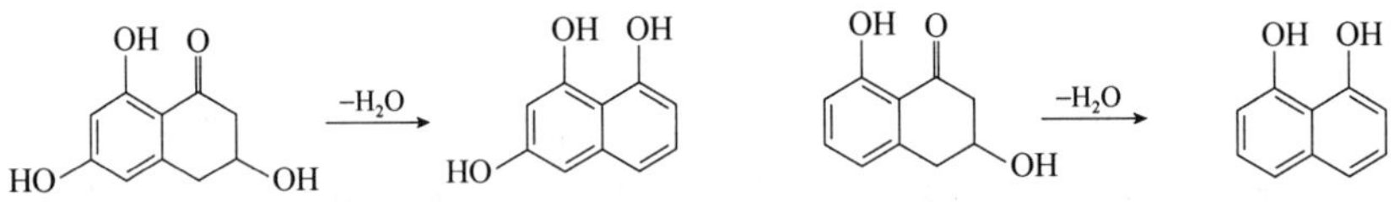

小柱孢酮脱水酶是一个三聚物，由三个同样的亚基所组成，形成对称的三聚体，每个亚基含有129 个氨基酸残基，分子量为 23kDa。属于 $\alpha+\beta$ 类结构，其中心含有六个 β-折叠，其中三个较长的依次成反平行排列（S3、S4 及 S5），在三个较短（S6、S1 及 S2）的 β-折叠中，S1 和 S6 是平行的排列，处于折叠区的一侧。这六个 β-折叠形成一个弯曲的 β-折叠区，与五个 α-螺旋结构共同组成一个"桶"形的结构。在 β-折叠区的一头，有三个反平行的 α-螺旋结构（H1、H2 及 H3）直接与之连接。而在另一头，两个羧基末端的 α-螺旋结构（H4、H5）盖住了 β- 折叠区，此处就是活性位点。这六个 β-折叠和五个 α-螺旋结构成了一个扭曲的 $\alpha+\beta$ 桶状结构，这"桶"形结构由第三个螺旋结构 H3 所稳定。H3 连接着两束折叠结构，起到稳定折叠结构弯曲的作用。

彩图 2-9-8 是小柱孢酮脱水酶亚基与抑制剂复合物的示意图，β-折叠以箭头表示，而 α-螺旋则以圆柱体表示，颜色是按照它们所在的序列中的位置，红色表示在链的氨基端，深蓝色表示在链的羧基端末端。该模型中的抑制剂是 BFS［(R)-(+)-N-［1-（4-溴代苯基）乙基］-5-氟代水杨酰胺］。碳原子为黄色，氧原子为红色，氮原子为深绿色，溴为棕色，氟原子为淡蓝色。酶的活性位点，也就是抑制剂的作用位点是在"桶"中，这空腔的中心是疏水区，非常适合于与疏水的底物相结合。

其三聚体的结构示意图如彩图 2-9-9 所示，每个亚基的表面积大约有 $93.77nm^2$，其中有 20% 的体积是隐藏在三聚体中的，这表明亚基之间存在着多方面的相互作用，三聚体具有一个很窄的基部，其中包括三段长的氨基末端的螺旋结构。

小柱孢酮脱水酶的活性位点的体积大约为 $0.92nm^3$，它完全被溶剂所掩藏，其中可被抑制剂和两个水分子所占据，每个亚基中均有一个活性位点，它们的功能是独立的，一种可能的机制是认为底物进入这个掩藏的活性位点，可能是羧基末端螺旋结构 H4 及 H5（在图中是蓝色的）变动了的结果，这个螺旋结构片断具有极强的两亲性。它们具有大的疏水侧链，指向亚基的内部，又具有大的电荷侧链指向外侧，关键决定于在 H4 前面的 Gly154 的扭曲情况，它将开启"桶"的顶端而暴露出活性位点。当"桶"开启时，亚基结构的完整性是由三聚体之间的相互作用来保证的。所有的次级结构均为活性位点中的底物创造一个疏水的结合口袋。图 2-9-10 为小柱孢酮分别与抑制剂 BFS 及底物结合的示意图。

由图 2-9-10 中可清楚地看出，酶催化脱水中有两个水分子参与，水分子结合在 Y30(Tyr30)和 Y50(Tyr50)之间，可能提供一个质子到底物的羰基上，促进了烯醇化，N131(Asn131)也可能与底物间有氢键作用而促进烯醇化，从而使底物 C_8 的羟基与自己分子中羰基形成分子内的氢键。在抑制剂的模型中酰胺结构与另一个水分子结合在 H85(His85) 和 H110(His110) 之间，这相应于底物中 C_3 离去的 OH 处。

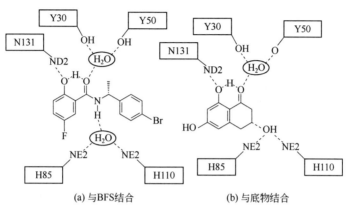

(a) 与BFS结合　　　　　(b) 与底物结合

图 2-9-10　小柱孢酮分别与抑制剂 BFS 及底物结合的示意图

应用分子轨道理论，发现水分子在小柱孢酮脱水酶的作用机制中具有重要的作用，酶与水分子形成的氢键对于稳定酶的过渡态或烯醇化中间态有着重要的作用。这与两个活性位点有关（Tyr50 及 Tyr30）。有水参与时可以稳定过渡态，使其在催化过程中没有发生构象变化，同时水的极性使它起着一般酸的作用。在 X 射线衍射晶体结构的研究中发现，在 0.29nm 分辨率下，其活性位点的两个水分子也能很清楚地看见，其催化机制如下：

按此式，水分子起着一个酸的作用，可活化羰基，使 α-C-H 的酸性充分发挥，而在活性位点被碱性蛋白质如 His85 所吸取，晶体结构图显示，水分子处于两个酪氨酸残基（Tyr50 及 Tyr30）处，这是一个很有意义的酶系。

总的来说，小柱孢酮脱水酶是在黑色素生物合成中的一个重要的脱水酶，特别是在植物和哺乳动物中都不存在这种酶，因而基于这种酶开发的杀菌剂就具有较大的意义。通过酶与抑制剂三维结构的测定发现，尽管抑制剂大于正常的底物，但亚基还是可以通过结构的扭曲导致两个螺旋结构的转动，从而使"桶"的顶端开启，暴露出活性位点，使比底物大得多的抑制剂进入，破坏了活性位点内层的螺旋结构。

二、新小柱孢酮脱水酶抑制剂的分子设计

小柱孢酮脱水酶的活性位置及其 X 射线衍射晶体结构对于合理设计有活性的新化合物来说，了

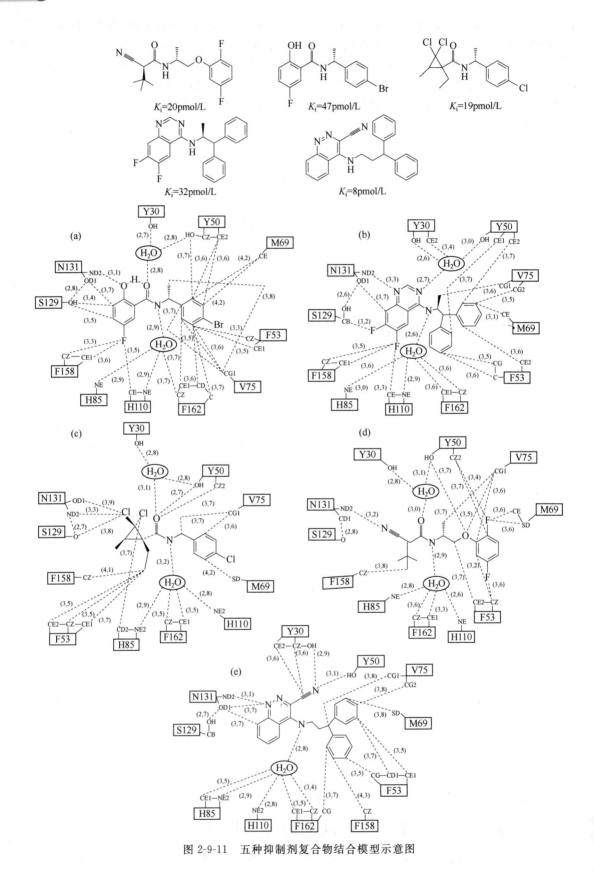

图 2-9-11　五种抑制剂复合物结合模型示意图

解结合靶位对于活性是必需的，但绝不是绝对的，因为药物的吸收、分布、代谢及排泄，即ADME（absorption distribution metabolism excretion）对于药效的发挥也是很重要的因素。蛋白质的结构与天然底物小柱孢酮或 vermelone 的复合物比起抑制剂来说，是相对较小的。有关这类抑制剂的复合物 X 射线衍射晶体结构研究，首先发表的是 BFS 的复合物模型，后来环丙酰菌胺的复合物晶体结构模型证实了前面的 BFS 的复合物模型。近年来陆续有多个这类抑制剂复合物模型的 X 射线衍射晶体结构的报道，并曾研究了不同条件下，对结合模型的影响，这里举出 5 个典型的抑制剂，它们属于文献报道的 8 个不同的抑制剂与脱水酶形成的晶体结构模型，它们都是生长在 pH7.5～8.0 的条件下所得的结晶模型，在该 pH 值条件下，酶的活性高且稳定，同时更可能得到的是它们的生理构象。从这些结合图示中进一步可看出它们的结构与活性的关系。

　　总结以上各种复合物模型图，通过 X 射线衍射晶体结构分析，小柱孢酮脱水酶（SD）结合口袋可分成两部分，即一个含有 SD 催化中心的疏水区，它包括残基的侧链是 N131（Asn131）、S129、H85（His85）、H110（His110）、Y30（Tyr30）、Y50（Tyr50）及两个结晶的水分子，另一个疏水区包括残基 F53（Phe 53）、F158（Phe158）、F162（Phe162）、M69 和 V75（Val75）的侧链，图 2-9-11 说明了五种结构不同的抑制剂分别与 11 个残基相互作用的情况，从这些 X射线衍射晶体结构图中可以看出，水合分子在抑制剂与 SD 受授体结合中，起着极为重要的作用。但是含氰基的化合物 5 的复合物结合图中却少了一个水分子，实际上是该化合物分子中的一个氰基代替了水合的水分子，与两个酪氨酸残基相互作用，据报道该化合物的活性有很大的提高。

（一）喹唑啉和苯并三嗪类杂环化合物的设计

　　根据所得的受授体结合模型，从化合物 **2-9-1** 起始，其设计思路是将水杨酸与喹唑啉看作是生物等排体，用喹唑啉和苯并三嗪环来模拟水杨酰胺部分，两个杂环 2-位上的氮原子可作为氢键的受体，结果所得的化合物与水杨酰胺具有相似的效果，手性 α-甲基溴代苄基侧链可以用 3,3-二苯基丙基代替，活性有所增加，作者认为 3,3-二苯基丙基构象稳定，这将有利于与酶的结合，芳环 2-位取代基的改变证实了这个位置是氢键结合的位置。化合物 **2-9-4** 的活性虽不及 **2-9-3**，但在分子中引入氰基后活性大幅度地提高，相似的情况也在苯并三嗪系列化合物中看出。这实际上是将模型中水分子的功能扩展成抑制剂分子的一部分，基于这个思想，在这些新合成的杂环化合物中引入氰基，得到了很好的效果，但若只是氢，却因为它太小不能置换水分子，从而发现了高活性的含氰基的杂环化合物。

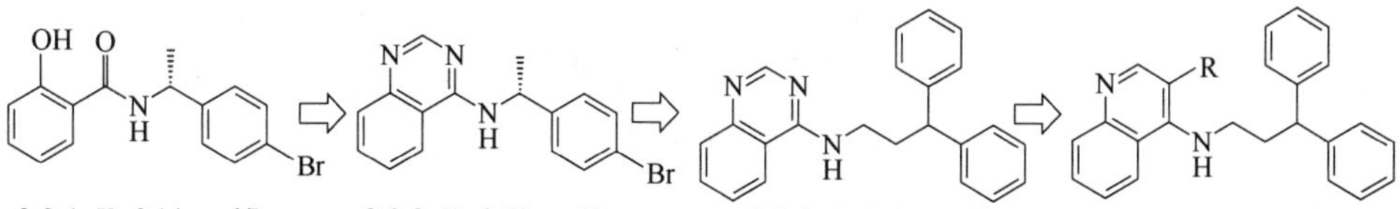

2-9-1 K_i=0.14nmol/L　　**2-9-2** K_i=0.68nmol/L　　**2-9-3** K_i=0.15nmol/L　　**2-9-4** R=H;K_i=200nmol/L
2-9-4 R=CN;K_i=0.0066nmol/L

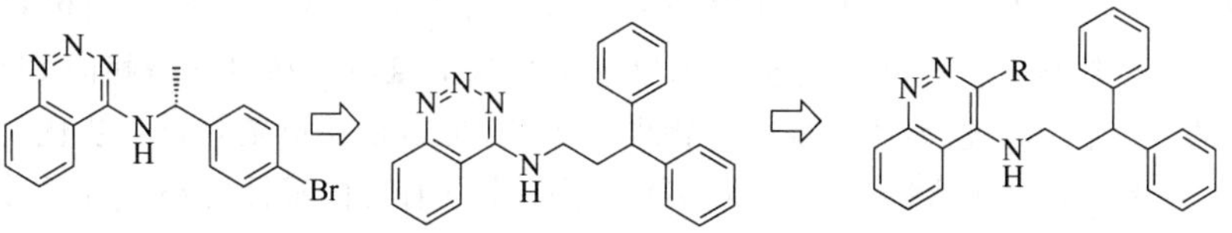

2-9-5 K_i=1.2nmol/L　　**2-9-6** K_i=0.22nmol/L　　**2-9-7** R=H;K_i=140nmol/L
2-9-7 R=CN;K_i=0.0077nmol/L

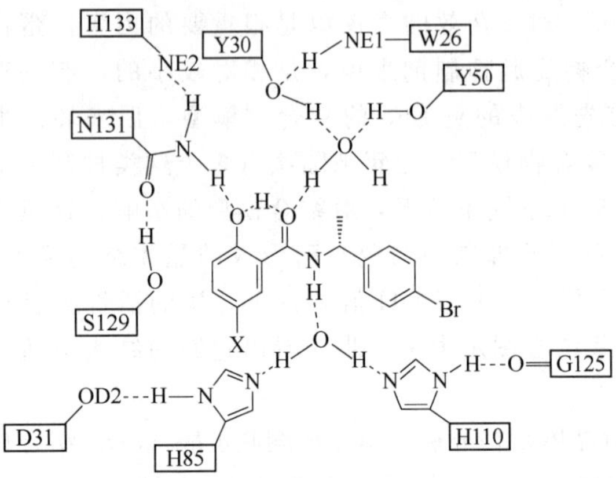

a X=F K_i=0.05nmol/L
b X=H K_i=0.14nmol/L

(a) 水杨酸的结合模型

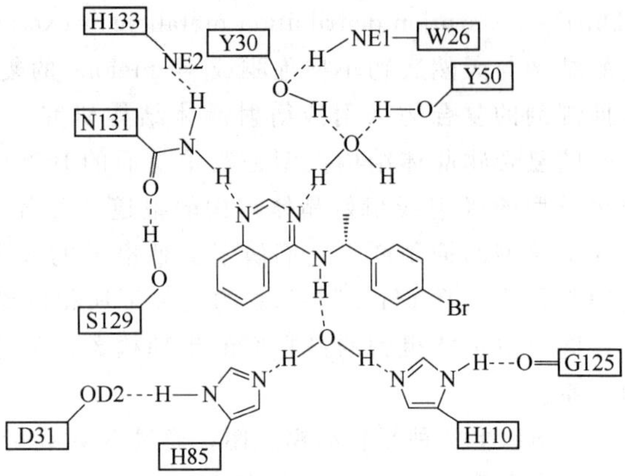

(b) 喹唑啉结合模型

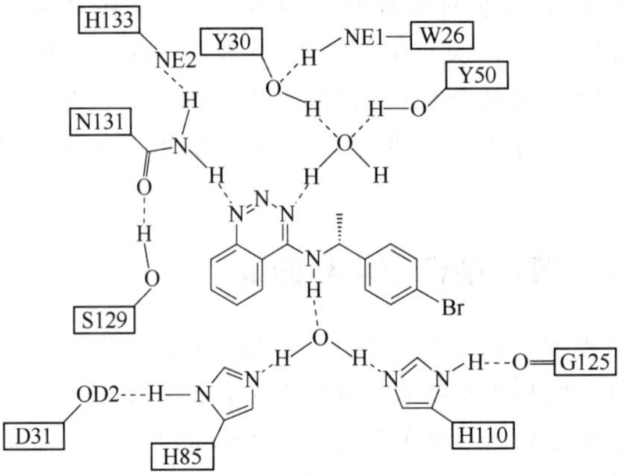

(c) 苯并三嗪结合模型

（二）环丁烷衍生物的设计

通过组合化学的方法筛选出下列先导化合物：

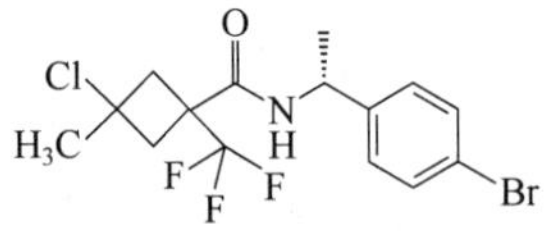

K_i 26pmol/L

该化合物具有活性，但并未显示出内吸活性，对这类化合物的酶复合物 X 射线衍射晶体结构及结构与活性的关系进行研究，从图中可看出抑制剂酰胺上的 N 原子与一水分子结合，而酰氨键上的氧原子是与 Tyr50 侧链的羟基结合。晶体结构也显示出环丁烷基上氯原子和甲基是朝向 SD 酶的 Asn131 一侧，这是静电的相互作用。这类环丁烷衍生物也属于 SD 脱水酶抑制剂，进一步优化后发现三氟甲基改成甲基后，内吸性有了很大的提高，从而得到了一个具有高内吸性的环丁烷酰胺的衍生物。

三、主要品种

目前研究发现的具有较高活性的 SD 脱水酶抑制剂如表 2-9-1 所示。

表 2-9-1　具有 SD 脱水酶抑制活性的一些化合物

名　　称	结　构　式	K_i/（pmol/L）
carpropamid		19
		2300
		2.2
dicycloment		36
fenoxanil		130
		47
		8

续表

名　　称	结　构　式	K_i/（pmol/L）
		32
		26
		100
		12
		13
		18
		36
		15
		46
		11
		25
		20

续表

名　　称	结　构　式	$K_i/$（pmol/L）
	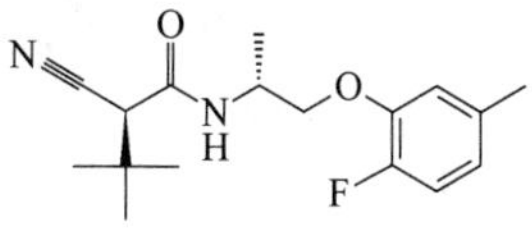	18
	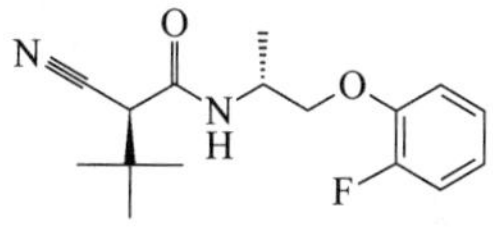	80
	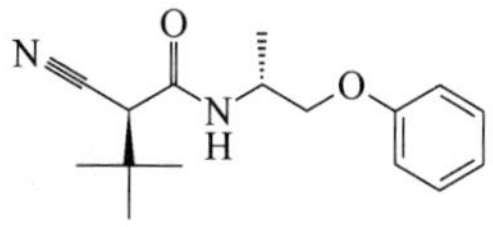	580

抑制小柱孢酮脱水酶（scytalone dehydratase）抑制剂是在 1998 年后才进入市场的。这些杀菌剂主要是在日本用作内吸性杀菌剂用于保护稻秧苗，后来相继开发出比较突出的品种有环丙酰菌胺（Bayer，1998）、双氯氰菌胺（Sumitomo，2000）和氰菌胺（fenoxanil）（American Cyanamide，Nihon Nohyaku，2001）。

1. 环丙酰菌胺（carpropamid）

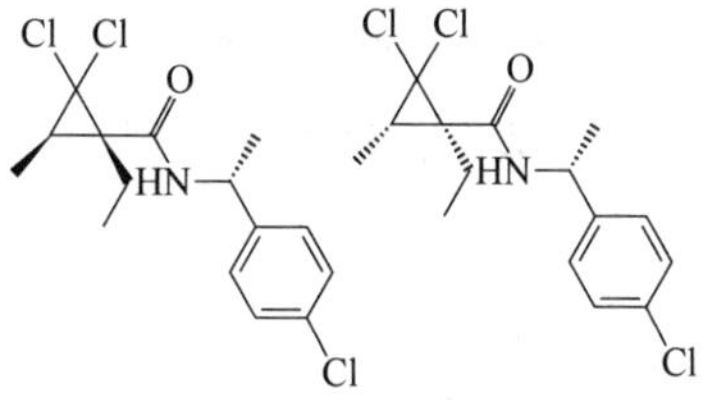

$C_{15}H_{18}Cl_3NO$, 334.67, 104030-54-8

环丙酰菌胺是 Bayer 公司于 1996 年在以抗病诱导化合物 DDCP 为先导化合物进行随机筛选时获得的品种。这些化合物尚未在我国登记。环丙酰菌胺分子中有三个手性原子，应有八个立体异构体，其中活性最高的是(1RS,3SR,1RR)-2,2-二氯-N-［1-（4-氯苯基）乙基］-乙基-1-3-甲基环丙烷甲酰胺。两对在环丙烷环上的对映异构体具有不同的手性的能量差小于 0.2kcal/mol，这在计算的误差之内。

合成方法　由商业上可用的（E）-2-乙基巴豆醛开始，经过氧化成酸及酯化后，通过二氯卡宾立体选择性加成，将酯皂化生成酸，最后用亚硫酰氯处理，合成消旋的反-2,2-二氯-1-乙基-3-甲基环丙烷酸酰氯，其过程如下：

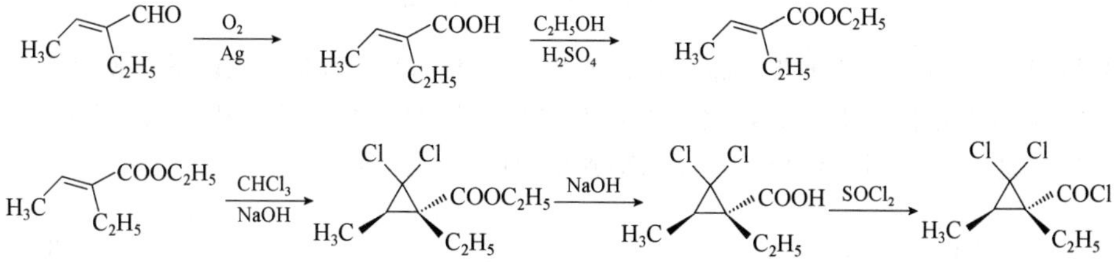

（R）-（＋）-对氯苯基乙胺是由消旋的对氯苯基乙胺用光学活性的（S）-苯基氨基甲酸-乳酸拆分而得，最后消旋的反式的环丙基羧酸酰氯与（R）-（＋）-对氯苯基乙胺在碱存在下生成两个主要产品。最后的手性可用手性柱分离。

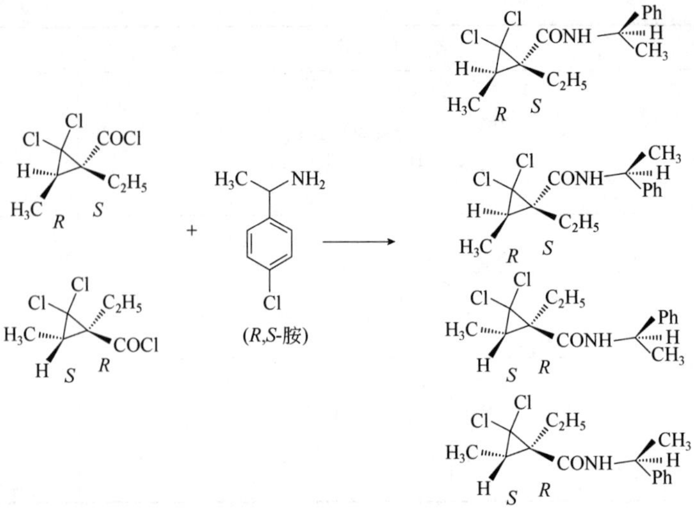

毒性　大鼠急性毒性 LD_{50}＞5000mg/kg，对皮肤和眼无刺激作用。无致畸、致突变及致癌作用。

2. 双氯氰菌胺 （diclocymet）

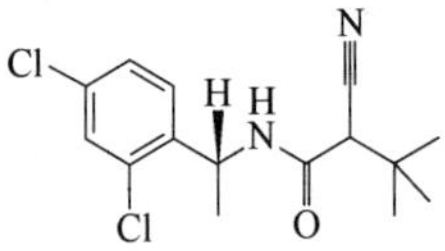

$C_{15}H_{18}Cl_2N_2O$, 313.22, 139920-32-4

双氯氰菌胺是由日本住友化学公司开发的酰胺类杀菌剂。

合成方法：

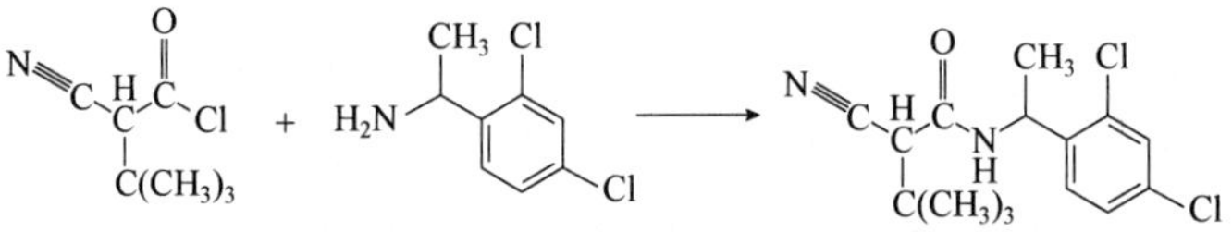

应用　主要用于防治稻瘟病。其预防效果高，内吸渗透性好，作为育苗箱使用的有 3％颗粒剂，此外，还可作为茎叶喷洒剂，它能抑制叶瘟及穗颈瘟的发生，对叶瘟的效果优于现有的育苗箱使用的药剂，对于穗颈瘟在发病不太严重时效果明显，但在发病严重时效果欠佳。

3. 氰菌胺 （稻瘟酰胺，fenoxanil）

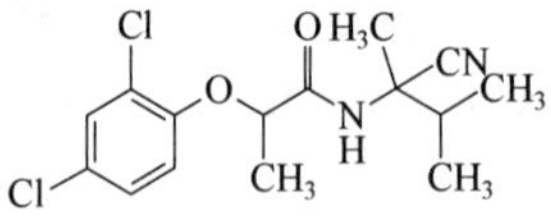

$C_{15}H_{18}Cl_2N_2O_2$, 328.23, 115852-48-7

苯氧羧酸类化合物是一类重要的除草剂，如 2,4-D 和 2,4-二氯苯氧丙酸等，研究者认为这类化合物可以进一步衍生化合成很多的新化合物，期望得到生物活性优异的新产品，Shell 公司在上述工作的基础上，通过一系列设计合成，优化得到氰菌胺这一品种。

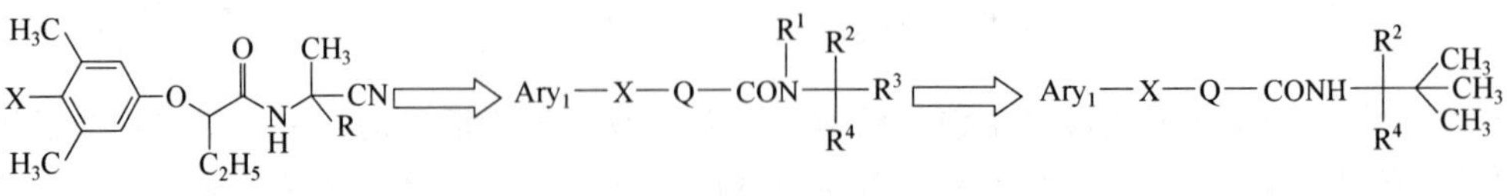

R＝CH_3, C_2H_5, CH_3OCH_2

产品包括（R, S），（R, R），（S, S）和（S, R）四种构型。但主要由 85%（R）-N-［（RS）-1-氰基-1,2-二甲基丙基］-2-（2,4-二氯苯氧基）丙酰胺和 15%（S）-N-［（RS）-1-氰基-1,2-二甲基丙基］-2-（2,4-二氯苯氧基）丙酰胺组成。

理化性质 纯品为白色固体，熔点 69～72℃，蒸气压（25℃）为 2.1×10^{-5} Pa，可溶于多种有机溶剂中，分配系数 K_{ow} lg $P = 3.53$，对酸、碱、热稳定。

合成方法

毒性 对大鼠急性经口毒性 $LD_{50} > 5000$ mg/kg，大鼠急性经皮 $LD_{50} > 200$ mg/kg，对皮肤和眼睛无刺激，致突变试验为阴性，无致畸作用，对鱼类和鸟类低毒，对蜜蜂无毒。

应用 是目前防治稻瘟病最佳药剂之一，在 0.1mg/L 的浓度下抑制率可达 90%。在 10～20mg/L 的浓度下，可抑制病斑上形成的孢子脱落和飞散，避免二次感染。剂型有颗粒剂及粉剂。已在日本上市。在稻瘟病的整个生活周期中，氰菌胺均有活性，尤其可以强烈地抑制稻瘟菌从附着孢向水稻植株的穿透（$EC_{90} = 0.1$mg/kg），也可抑制病害植株上孢子的脱离和飞散（$EC_{90} = 12 \sim 20$mg/L），从而抑制了病菌进一步的侵染。该药的特点是对稻瘟病的防效优异，由于具有内吸性，故茎叶处理时耐雨水冲刷性能佳，用药 14d 后仍可保护新叶免受病害侵染，可抑制继发性感染，在水稻抽穗前 5～30d 施药，施药后氰菌胺的活性可持续 50～60d 或持续到水稻抽穗后 30～40d；它的药效不受环境和土壤的影响。

小柱孢酮脱水酶抑制剂的开发充分体现了多学科研究的成果，其中包括经典的生物学、化学，直到分子生物学、生物化学、蛋白质、X 射线衍射晶体学及计算机化学，基于 X 射线衍射晶体结构与突变研究的结果，各种配位结合位置知识的配合，对化合物抑制活性主要的疏水部位进行了考察，从而得到高活性的新杀菌剂。但是真菌在靶位的突变也很快，为此除要有很好的抗体性管理策略外，还要不断地设计新的化合物和寻找新的作用靶标。

第六节 多聚乙酰合成酶抑制剂

1. aflastatin A（1）

aflastatin A（1）是一个少有用于防治瓜类炭疽病（*colletotrichum lagenarium*）的杀菌剂，它通过抑制黑色素生物合成中多聚乙酰合成酶，来抑制黄瓜炭疽病黑色素的产生。

2. 阿孙病毒素（Abikoviromycin）及其二氢衍生物

它是多聚乙酰酶的抑制剂，但以上三种化合物的病原性试验尚未见报道，KC10017 是韩国开发的杀菌剂，已知的抑制多聚乙酰酶的杀菌剂目前尚在试验中。

KC10017

KC10017 可用于防治稻瘟病，但在 1mg/mL 的剂量下也没有治疗作用，该药对于防治稻瘟病无效，在其浓度高于 1mg/mL 时可阻断稻瘟病菌附着孢的黑色素化及向细胞膜的渗透，但会影响它的生长，孢子的萌发和附着孢的形成。为了评价该药在黑色素合成中的靶位，研究证明它的作用靶位是在抑制黑色素合成中的抑制 pentaketide 的阶段或是 pentaketide 的环化过程中。

3. 浅蓝菌素（cerulenin）

$C_{12}H_{17}NO_3$, 223.27, 17397-89-6

Cerulenin 是一个真菌的代谢物，有抗菌作用，可抑制白色念珠菌（*Candida albicans*）及酵母菌（*Saccharomyces* sp.）（MIC 为 $0.8 \sim 1.5 \mu g/mL$），也可抑制分枝杆菌、链霉菌属等，它可抑制不同类型的脂肪合成酶，通过抑制甾醇和脂肪酸的生物合成来阻止酵母型真菌的生长，是一个脂肪酸合成酶抑制剂，它对黑色素生物合成中的多聚乙酰酶也有抑制作用。

理化性质 该化合物在丙酮中的溶解度为 20mg/mL，也可溶于乙醇、苯、氯仿、乙酸乙酯，但不溶于石油醚。20℃时在空气中稍敏感，但在溶液中，在 100℃（pH 2~7），1h，仍可保持 50% 的活性，而在同样条件下的 pH 值为 9 时，仅 10min 就完全失去活性。当在水溶液中加温到 37℃，30min 仍可有 100% 的活性，但在甲醇中则只有 37% 的活性。

参考文献

[1] Howard R J, Ferrari M A. Role of melanin in appressorium formation. *Exp. Mycol*, 1989, 13: 403-418.

[2] Howard R J, Ferrari M A, Roach D H, et al. Penetration of hard substrates by a fungus employing enormous turgor pressures, Proc. *Natl. Acad. ScL USA*, 1991, 88: 11281-11284.

[3] Money N P, Howard R J. Confirmation of a Link between Fungal Pigmentation, Turgor Pressure, and Pathogenicity Using a New Method of Turgor Measurement. *Fungal Genet. Biol*, 1996, 20: 217-227.

[4] de Jong J C, McCormack B J, . Smirnoff N, et al. Glycerol generates turgor in rice blast. *Nature*, 1997, 389: 244-245.

[5] Wheeler M H, Bell A A. Melanins and their importance in pathogenic fungi. *Curr. Top. Med. Mycol*, 1998, 2: 338-387.

[6] Bell A A, Wheeler M H. Biosynthesis and functions of fungal melanins. Ann. Rev. Phytopathol, 1986, 24: 411-451.

[7] Butler M J, Day A W. Fungal melanins: a review. *Can J Microbiol*, 1998, 44: 1115-1136.

[8] Michael Schindler, Haruko Sawada, Klaus Tietjen . in Modern Crop Protection Compounds (Edited by Wolfgang Kra¨mer and Ulrich Schirmer)WILEY-VCH Verlag GmbH & Co. KGaA, Weinheim 2007, 683.

[9]　Arnold Andersson, Douglas Jordan, Gunter Schneider, et al Crystal structure of the ternary complex of 1, 3, 8-trihydroxynaphthalene reductase from Magnaporthe grisea with NADPH and an active-site inhibitor. *Structure* 1996, 4 (10): 1161-1170.

[10]　DB Jordan, et al. Catalytic mechanism of scytalone dehydratase from Magnaporthe griseal Pestic Sci, 1999, 55: 277-280.

[11]　Lundqvist T, Rice J, Hodge C N, et al. *Structure*, 1994, 2: 937-944.

[12]　Gergory SB, Douglas B Jordan, Troy CGehret, et al, Design of scytalone dehydratase inhibitors as rice blast fungicides: derivatives of norephedrine. *Bioorganic & Medicinal Chemistry Letters*, 1999, 9: 1613-1618.

[13]　Douglas B Jordan, Gregory S Basarab, et al. Tight Binding Inhibitors of Scytalone Dehydratase: Effects of Site-Directed Mutations. *Biochemistry*, 2000, 39: 8593-8602.

[14]　Douglas B Jordan, Ya-Jun Zheng, Bruce A Lockett, et al. Stereochemistry of the Enolization of Scytalone by Scytalone Dehydratase. *Biochemistry*, 2000, 39: 2276-2282.

[15]　Magnus W. Walter Structure-based design of agrochemicals. *Nat. Prod. Rep*, 2002, 19: 278-291.

[16]　James M Chen, Simon L Xu, et al. Structure-Based Design of Potent Inhibitors of Scytalone Dehydratase: Displacement of a Water Molecule from the Active Site. *Biochemistry*, 1998, 37: 17735-17744.

[17]　Kagabu S, Kurahashi Y., Carpropamid, a New Fungicide for Rice Blast Control. *J. Pesticide Sci*. 1998, 23: 145-147.

[18]　Hattori T, Kurahashi K, Kagabu S., et al Brighton Crop Protection Conference-Pests and Diseases, Vol 2, 517-524, British Crop Protection Council, Alton, 1994.

[19]　Kraatz U, Littmann M., Pflanz.-Nachrichten Bayer, 1998, 51: 201-206.

[20]　Buck W, Raddatz E. Eur. Pat. Appl. 1988, EP 262393.

[21]　WO　2009126473.

[22]　Okamoto S, Sakurada M., Kubo Y., et al. Inhibitory effect of aflastatin A on melanin biosynthesis by Colletotrichum lagenarium. *Microbiology*, 2001, 147: 2623-2628.

[23]　Maruyama H, Okamoto S., Kubo Y., et al., Cryogenic X-ray Crystal Structure Analysis for the Complex of Scytalone Dehydratase of a Rice Blast Fungus and Its Tight-Binding Inhibitor, Carpropamid: The Structural Basis of Tight-Binding Inhibition. *Biochemistry*, 1998, 37: 9931-9939.

[24]　Zheng Y J, Thomas C B. Role of a critical water in scytalone dehydratase-catalyzed reaction, Proc. Natl. Acad. Sci. USA, 1998, 95: 4158-4163,

[25]　Douglas B J, Gregory S B, James J S. Catalytic mechanism of scytalone dehydratase from. *Magnaporthe grisea Pestic Sci* 55: 277. 280 (1999).

[26]　Kim J C, Min J Y, Kim HT, et al. Target Site of a New Antifungal Compound KC10017 in the Melanin Biosynthesis ofMagnaporthe grisea, Pestic. Biochem. *Physiol*, 1998, 62, 102-112.

[27]　Zdzislaw W, Tatyana S, James J S, et al. High-Resolution Structures of Scytalone Dehydratase-Inhibitor Complexes Crystallized at Physio-logical pH, Proteins: Structure, Function, and Genetics, 1999, 35: 425-439.

[28]　Lee D J, Dennis R R, Douglas B J, et al. Cyclobutane Carboxamide Inhibitors of Fungal Melanin: Biosynthesis and their Evaluation as Fungicides. *Bioorganic & Medicinal Chemistry*, 2000, 8: 897-907.

第十章
植物抗病激活剂

利用作物自身的防御机制或免疫系统来实现植物的保护功能，是长期梦寐以求、孜孜探索的目标。19世纪末，当人类揭示动物免疫系统后，便自然联想到植物也可能存在类似的机制。20世纪初曾报道，有的植物在被病原体（包括真菌、细菌、病毒及其代谢物）侵染后，似乎具备了抵抗病菌进一步侵染的能力，以后数十年中，又相继发表了若干有关的研究报告，表明植物中确实存在着某种抗病免疫系统。

1993年，植物病理学家 Chestert 对早期的研究工作做了总结，指出当病原物接触寄主作物时，有可能出现两种结果，一是病原体侵染植物细胞，并得到迅速地繁殖和扩散，导致植物发病，称作感性反应；二是病原体的侵染、繁殖和扩散受阻或被抑制，称作抗性反应。而抗性反应又可分为两种情况：其中一种是在病原菌侵染点的周围，迅速产生坏死病斑，以限制病原体的继续扩展，这是防御反应，常称作过敏反应（hypersensitive reaction，HR）；另一种反应称作系统获得抗性（systemic acquired resistance，SAR），即侵染区以外的组织在一定时间内也会对病原体产生抗性，从而可诱导植物全身具有防御性能。

植物抗病激活剂是用化合物来诱导、激活植物天然的防御机制，使其免受外敌的进攻。植物一旦具有诱导抗性机制，就能改变后来病菌感染的挑战，使植物与病菌由正常的相互相容变成不能相容。这就意味着植物与病原菌之间失去了病原菌生长发育所需的环境，使植物与病原体之间不能产生亲和的相互作用。

具有这种特性的化合物在植株上或离体的杀菌活性并不好，若作为杀菌剂似乎是没有价值的。但这类化合物是植物体内对病害产生抗性的激活剂，可产生对植物的保护效果，从而具有很大的价值。诱导植物产生防御机制是使植物系统获得抗病性，其特点是具有广谱性的抗菌活性，也就是说在植物局部感染病原菌（包括病毒、细菌或真菌）后，可诱导植物全身具有防御性能。这种对抗性的活化不论对于原来诱导的病原菌，还是其他病毒、细菌或真菌等都是有效的，具有广谱的特性。例如植物在局部受到烟草花叶病毒或黄瓜炭疽病侵染后，用极低浓度的这类化合物，即可活化植物使之产生在此前并不显示具有的 SAR 效应。应用这种激活 SAR 反应的化学分子来控制病害，应是农业生产系统中病害控制的新思路。近来有关的基础研究已有了相当的积累，称具有这类活性的化合物为植物抗病激活剂。

第一节　植物抗病激活剂的作用机制

仔细分析植物在受到生物的或化学的因素诱导，在诱导点以外的部分获得抗性，这就需要有一种（或多种）物质来传递诱导信息。作为 SAR 的信号分子必须具有如下的特征：可由植物体生物合成，并在受到病原物侵染后含量上升，还可在植物体内移动及诱导 SAR 基因表达，产生有关的蛋白和植物化学物质，从而提高对病菌侵染的抗性。

对于双子叶植物的研究表明，局部侵染病原菌后的 SAR 效应是与植物体内水杨酸（SA）及某些病原菌有关的蛋白质（pathogenesis-related proteins，PR）的积累有关。SA 作为 SAR 信号转导途径的一种内源信号分子，其作用已在烟草、黄瓜和拟南芥等植物中得到证实。在这些植物中，未感染病原物的植株体内 SA 含量很低。感染病原物后，在感染植株的韧皮部 SA 含量急剧增加，所增加的内源 SA 足以诱导 PR 蛋白的表达，并与 SAR 密切相关。利用标记的 SA 对植株体内进行研究表明，感染烟草花叶病毒的烟草叶片中产生的 SA，被转运到了植物全身，在未感染部分也有较多积累。因此推断 SA 可能是从感染部位传导到植物其他部位并激发 SAR 反应的信号。SA 在植物防卫反应中的作用，另有来自植物转 *nahG* 基因的证据：在转基因的烟草及拟南芥植株中，用细菌的水杨酸羟化酶（NahG）去除 SA，就可导致植株对病害比较敏感，不能显示 SAR 效应，对继发的病原菌不能产生抗性也不能积累 PR 蛋白。这似乎毫无怀疑地认为 SA 在病害抗性与 SAR 中起着中心的作用。

已知 SA 在植株中防御与 SAR 的重要作用后，经多年研究后发现这与 PR-基因表达有关。PR 蛋白有多种，如葡聚糖酶（glucanases PR-2）、几丁质酶（chitinases，PR-3）及类奇异果甜蛋白（thaumatin-like protein，PR-5）等；其他的如 PR-I 却没有这样的生物功能。大多数植物被诱导后都能产生具有几丁质酶活性或 β-1,3-葡聚糖酶活性的 PRs，几丁质酶活性或 β-1,3-葡聚糖酶活性增加，这与抗病性增加相吻合。大量的研究表明，植物被 INA、SA、BTH 等诱导后，几丁质酶基因、葡聚糖酶基因可大量表达，同时植株抗性增强。所有研究说明 PRs，特别是几丁质酶和葡聚糖酶，在植物诱导抗病性中扮演着非常重要的角色。此外，还有过氧化物酶与多酚氧化酶活性的加强与细胞壁的加厚，木质化作用，以及诱导过大"乳突"的形成等，都参与诱导抗病的机理。

虽然对于一些 PR 蛋白在抗真菌及抗细菌中具有活性在离体实验中已得到证实，在一些情况下，转基因植物中过度表达 PR 蛋白则显示出对病害具有抗性，但其活性谱却比 SAR 活化的植株要低得多，所以，在植物 SAR 活化的叶片中诱导出广谱的抗性，SA 是必需的，而 PR 蛋白的贡献还不能完全解释清楚。

对于单子叶植物，SAR 诱导病原菌可利用的资料还很少。PR 蛋白及 SA 的规律尚不能确立。因此，推定 SAR 的化学激活剂对单子叶植物的作用还是相当困难的。不过，SA 也可像对双子叶植物一样激活单子叶植物的 SAR，这可能是由于这类化合物存在于靶标位置的关键部分，它们的 SAR 的信号途径可能是相同的。

这里还要指出的是生物诱导系统抗性（induced systemic resistence，ISR）与 SAR 是有区别的。ISR 是由荷兰的 Pieterse 等人在 20 世纪 90 年代中期提出的与 SAR 不同的一类植物系统抗性。它由非病源性的细菌诱导产生，信号传导途径与病原菌诱导的 SAR 有明显不同。人们对 ISR 与 SAR 的异同点进行了大量的研究工作，结果发现，这种根际细菌介导的 ISR 与水杨酸水平无关，但与茉莉酸及乙烯的代谢途径有关，但这些化合物的含量并没有变化。用拟南芥进行的实验证实了这一点。这可能是因为茉莉酸和乙烯可激活一些特殊的防御基因的表达，从而提高植株对致病菌的抗性或者是组织对这些调节物质的敏感性提高的结果。研究表明，依赖于乙烯和茉莉酸的反应可以在这些植物激素水平不明显提高的情况下被引发，同时发现 ISR 与 SAR 有叠加效应。

与传统杀菌剂相比，植物抗病激活剂本身并无离体的杀菌或抑菌作用，或者仅有很低的活性，它们在活体条件下才能诱发植物自身的免疫系统以抵御病害的侵袭，使植株整体协调产生系统的防御功能，并非传统的直接杀菌或抗菌的模式；诱导产生的抗病性一般具有持效和广谱的特性，可有效地防治真菌、细菌、病毒等多种病害；这种诱导产生的抗病效果有一定的滞后性，必须经过一段时间后才能对挑战的病原菌表现出抗性；但它们不易产生抗药性。因此，SAR 是另一类防治病害的新观点，有利于维持生态平衡和环境保护，它们还可与常规杀菌剂联合使用，具有相加或协同作用。

第二节 主要品种

目前具有 SAR 作用的重要化合物已有很多，已报道的植物抗病激活剂如下：

烯丙苯噻唑　　苯并噻唑　　　　　　　有效霉素　　　　　　　井冈胺A　　　　水杨酸

活化酯　　N-氰基甲基-　　二氯异烟酸　　　　　　　　　　　　　　　　　环丙酰菌胺
　　　　　2-氯异烟酸　　　　　　　　噻酰菌胺　　　　异噻菌胺

1. 水杨酸（salicylic acid，SA）

水杨酸即邻羟基苯甲酸，许多研究认为水杨酸在植物体内的生物合成是通过莽草酸途径，由苯丙氨酸合成的。苯丙氨酸解氨酶（PAL）是莽草酸途径中的关键酶，可以将苯丙氨酸转化为反式肉桂酸，反式肉桂酸转化为水杨酸的途径有两种：① 经氧化产生苯甲酸，再经羟化形成水杨酸；② 经邻位羟化形成邻羟苯丙烯酸，再经氧化形成水杨酸。PAL 它与植物抗毒素、木质素和羟苯甲酸等的产生有关。

SA 有两种结合状态：一是 SA 葡糖苷，另一是 SA 甲酯。结合的水杨酸有保持自由 SA 的适当浓度以免达到 SA 毒害浓度的作用。SA 葡糖苷不能在体内移动，SA 甲酯可作为一种传递信号，使自身或邻近植物抗性提高。外源 SA 能诱导植物具有抗病性。用 SA 处理烟草品种可减轻烟草花叶病毒（TMV）引起的症状，并导致 PR 蛋白积累。以后的工作，扩展到真菌和细菌病害中，同样，外源使用 SA 能使许多植物诱导 SAR 基因，使植物的抗性增加。认识到 SA 是一种信号分子还是近些年的事。

2. 活化酯（Acibenzolar，ASM）

$C_8H_6N_2OS_2$，210.28，135158-54-2

这是第一个商品化的植物抗病激活剂。

理化性质　白色粉状固体，熔点 132.9℃，沸点 267℃，蒸气压 4.4×10^{-4} Pa（25℃）；$K_{ow}\lg P = 3.1$（25℃），溶解度（25℃，g/L）：水 7.7，甲醇 4.2，乙酸乙酯 25，正己烷 1.3，甲苯 36，正辛醇 5.4，丙酮 28，水解半衰期（20℃）3.8 年（pH 5），23 周（pH 7），19.4h（pH 9）。

发现过程　汽巴-嘉基公司在 20 世纪 90 年代末，曾致力于除草剂的研究，在合成一系列磺酰脲类化合物时，得到一个与预期不同的化合物，经结构鉴定为苯并［1,2,3］噻二唑-7-羧酸甲酯。这虽是一个已知的化合物，但对此化合物的生物活性未曾有报道，他们在对其进行生物活性筛选时，却意外地发现它可引起植物的 SAR 效应，从而引起了研究者的浓厚兴趣。为了便于进一步研究这类化合物的结构与活性关系，必须获得在基本结构上尽可能有多种变化的化合物。为此，首先开展了这类杂环化合物合成方法的研究。

经研究合成关键母核苯并［1,2,3］噻二唑基本有两个方法：

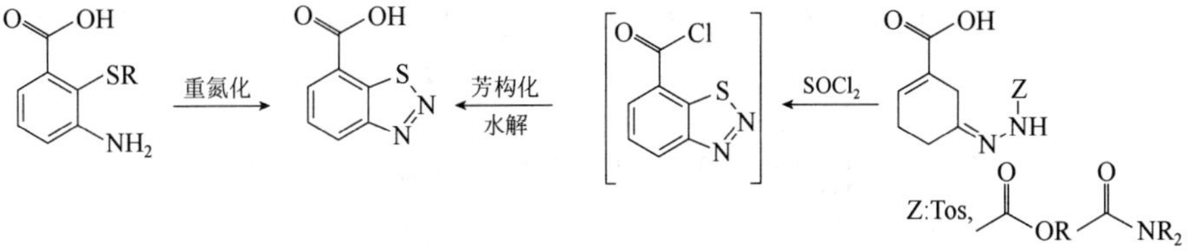

第一种方法是由 2-烷硫基-3-氨基苯甲酸衍生物的重氮盐环化生成，该法各步反应的收率均很高，由间硝基邻氯苯甲酸开始，五步完成反应：

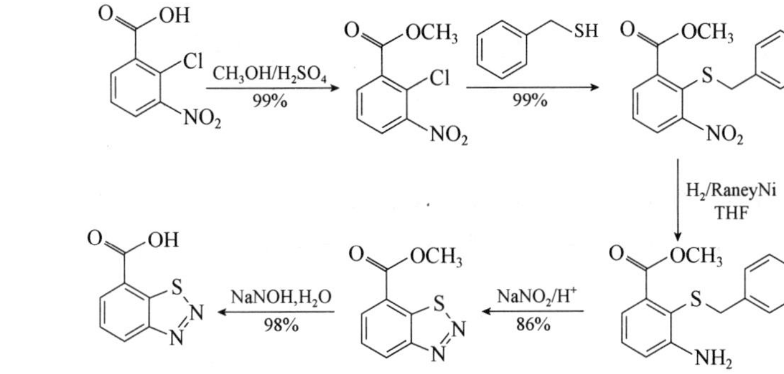

但是在硝化时很难选择性地控制反应只上一个硝基，从而设计由二硝基化合物再进行反应：

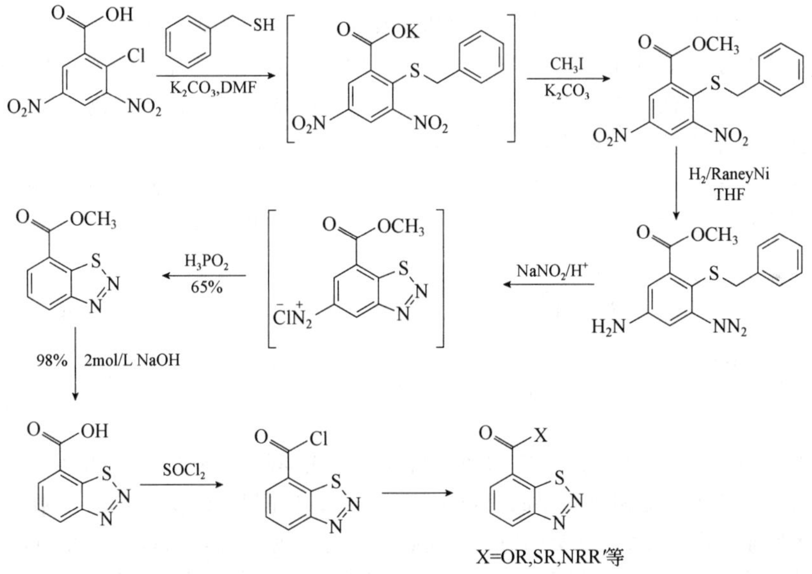

第二种方法是由 1,2-二氯-3-硝基苯为起始原料，2-位的氯用异丙硫醇取代，将硝基还原成胺后，再将第二个氯原子用氰基取代的方法合成：

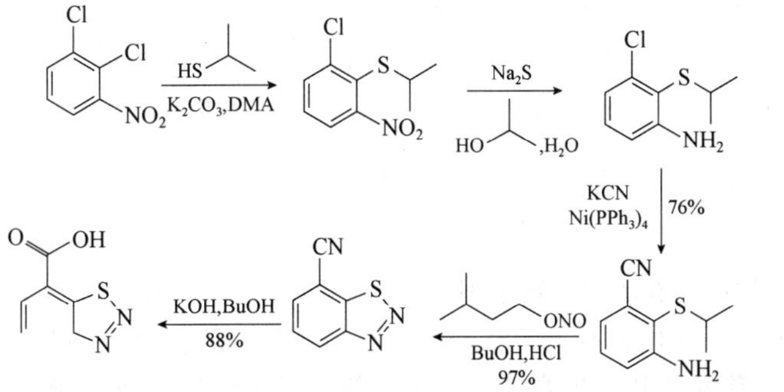

或是用 Hurd-Mori 环化反应来完成，反应需要经过一非芳香化的中间体，用 3-氧代-1-环己烯基-1-羧酸合成：

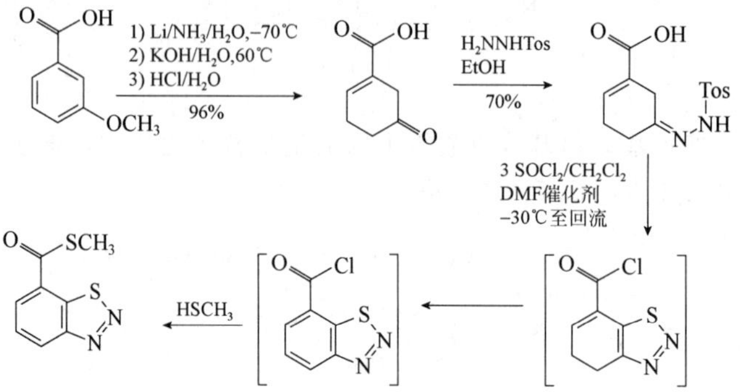

在掌握了这种杂环的基本合成方法后，就有条件对苯并［1,2,3］噻二唑的母体结构进行系统的研究，采用的生物活性测定方法是在黄瓜上测定对黄瓜炭疽病的抗病活性：

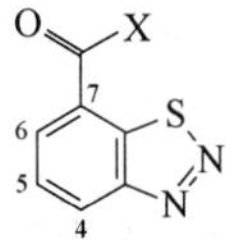

研究者对 7-位取代基，苯并噻二唑环上的苯环及与苯基并联的噻二唑环进行改造，采用其他各种杂环来代替，进行了系统的研究，结果发现 7-位上羧基对活性是必需的，若改变为其他基团或将羧基改在其他位置均无活性。在 7-羧酸的衍生物中，硫代醇酸酯与酰肼活性高于酰胺。酰胺的活性与氨基上取代基的大小有关，一般来说，分子量高的羧酸衍生物的活性低于分子量低的。将 7-位取代基改变成磺酸、磺酰胺、磷酸及硝基的衍生物均无活性，而对于羧酸同系物，乙酸无活性，但丙烯酸衍生物则具有中等活性。下面是合成的 7-位含有不同取代基的苯并［1,2,3］噻二唑衍生物：

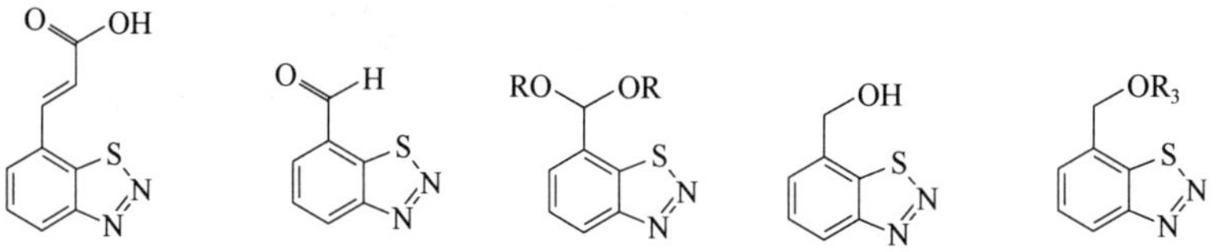

苯并［1,2,3］噻二唑-7-位上用相应的醛、缩醛及醇或醇的 O-酰基或 O-烷基衍生物代替羧酸，它们的活性与羧酸或其甲硫酯相比均较低。若在苯环的 4,5,6-位上引入取代基，一般均降低活性或无活性。4,5,6-位上卤素活性大小为 F＞Cl＞Br，氟取代化合物的活性与未取代的相似，而溴代的化合物则无活性。其他的苯并杂环一般也是无活性的。所研究的各种不同苯并杂环系如下：

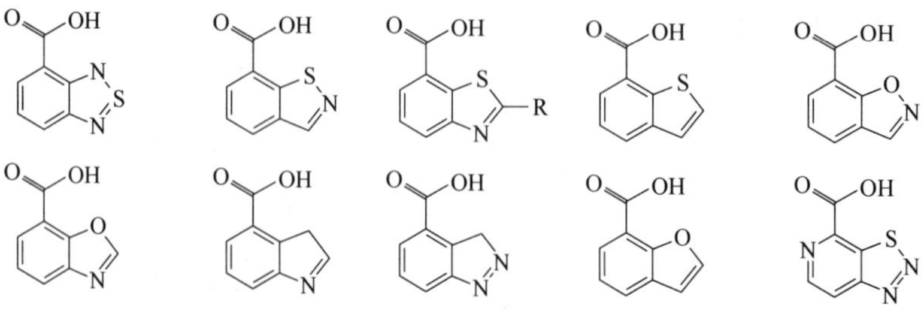

在异噻唑的类似物中，有的化合物呈现中等的活性，而［1,2,3］噻二唑并吡啶-7-羧酸衍生物的活性与吡啶环上氮原子的位置有关，其中［1,2,3］噻二唑［5,4-c］吡啶-7-羧酸及［1,2,3］噻二唑［4,5-b］吡啶-7-羧酸及其衍生物是植物激活剂，而［1,2,3］噻二唑［4,5-c］吡啶-7-羧酸及

其衍生物则无活性。分子中的苯环若用其他的杂环如噻吩置换，则活性降低。

通过系统的结构与活性关系的研究，最终筛选出活化酯。

毒性 大鼠急性经口 $LD_{50} > 2000mg/kg$，经皮 $LD_{50} > 2000mg/kg$，大鼠吸入 LC_{50}（4h）$> 5000mg/L$。对兔眼睛和皮肤无刺激，无致畸、致突变及致癌作用。

应用 活化酯在离体时对真菌和细菌并无活性。但在植物体内却能诱导产生与同样的病原菌用生物诱导的 SAR 作用。活化酯作为第一个对多种作物具有广谱 SAR 活性的商品化品种，它具有很好的植物穿透性和运转性能。活化酯是一种典型的植物抗病诱导剂，在离体条件下，它对病原菌没有杀菌活性，但它能够诱导植物体内的免疫机制，起到抗病、防病的作用。例如，将其施用于小麦，其诱导的抗性可对叶枯菌、叶锈菌和白粉菌有显著的抵抗作用，有效期可长达 70d 之久。在小麦拔节期处理，可有效保护小麦在整个生长季节不受白粉菌的侵害。在采摘后的草莓上使用活化酯，也可以有效抑制灰葡萄孢菌侵染引起的灰霉病。大棚内使用活化酯对甜瓜白粉病和细菌角斑病具有明显的防治效果，甜瓜采后处理可推迟发病。活化酯施药方式主要采用叶面喷施，但也有报道用它做种子处理效果更好。由于活化酯是一种植物抗病诱导剂，因此，只有在病菌侵染之前施用于作物，才能够起到保护作用。

代谢 研究证明，在植物体内，羧酸的硫代酸酯较易断裂成相应的酸，然后部分转化为葡萄糖苷，苯并噻二唑杂环的 7-位上羧酸硫甲酯对活性甚为重要，其他的酰胺或酰肼虽也有一定的活性，但不如硫甲酯好，这可能与其在植物体内的渗透和进一步的转运有关。因为羧酸硫酯在植物体内断裂成游离的酸相对较快，然后在植物体内部分生成糖苷类化合物：

在植物中代谢 —ASM— 断裂 糖苷化 → —O-glucosyl— 进一步代谢 ⇒

3. 噻酰菌胺 (tiadinl)

$C_{11}ClH_{10}N_3OS$, 267.73, 223580-51-6

噻酰菌胺系日本农药公司新开发的抗性诱导型新颖杀菌剂。于 2003 年在日本获得登记，且已上市。同年，在韩国也获得登记，并已销售。

理化性质 原药为淡黄色固体，熔点 112.2℃。水中溶解度 13.2mg/L（20℃）。蒸气压 1.06×10^{-6} Pa（25℃）。辛醇/水分配系数，（$K_{ow} lg P$），3.68（25℃）。

发现过程 日本农药公司自 20 世纪 90 年代后一直从事于具有长效稻瘟病防治药剂的研究与开发。当时，该公司的生物研究部门注重于能诱导作物抗病性且具有不易产生抗性的新作用机制杀菌剂的研究。由此首先探索并建立了能测定抗病诱导作用的新筛选方法，研究人员也以此作为创制新农药的一个方向，并从中间体出发进行新颖结构的活性化合物的合成。他们在研究脲类衍生物的反应中，发现了并不多见的 1,2,3-噻二唑的杂环上可能进行多种基团的变化：

当时汽巴-嘉基公司也已介绍了具抗病激活作用的苯并 1,2,3-异噻唑类衍生物，考虑到该化合物也具有 1,2,3-异噻二唑的特征，由此设想此类化合物也可能具有诱导抗病性的作用。为此，以抗病激活剂为目标，进行了 1,2,3-噻二唑衍生物的探索性研究。

结构与活性关系 研究者合成了有多种取代基的衍生物。结果发现在这些衍生物中，仅有 1,2,3-噻二唑环中 4-位为乙基、5-位为甲氧基羰基的化合物具有较佳的水田应用活性。由此假设，5-羧酸为活性主体。若将 5-位用酯基固定，改变 4-位取代基，结果发现，只有当碳链为 1～3 个碳原子时活性才较高，若为氯甲基、三氟甲基或甲氧基甲基时活性稍差；而若 4-位上无取代基，则活性更低；当以苯基或二甲氨基甲基取代时，则失去活性。由此可见，4-位上取代基的链长是以 1～3 个碳原子为宜，且发现疏水性对活性有影响。最终从活性和原料来源两方面综合考虑，决定 4-位取代基采用甲基。随后进行 1,2,3-噻二唑 5-位上的取代基的研究，研究以羧酸衍生物为中心，进行各种变化，结果发现当为酯类取代基时活性较高，尤以碳原子≤8 的直链脂肪族酯类活性较好，但随着碳原子数不断增加时活性下降。对于酰胺类衍生物的研究发现，无取代物的酰胺类化合物具有较高的活性，而当以脂肪酰胺类基团取代时，则活性普遍下降。其他如用醛取代的衍生物的活性也较高，但肟醚取代时活性极低；同样用羟甲基取代的衍生物活性也较高，但醚类取代时活性明显下降。总结这些化合物的活性变化，证明了当基团经水解、氧化后能生成羧酸的，生物活性都得到增强。研究中还发现不少以酰苯胺取代的化合物均有很高的活性，进一步对这类衍生物进行结构与活性的研究发现，在苯环为单取代的化合物中，以 4-位取代的活性最高，2-位取代的活性下降。酰胺类化合物之所以有活性，很可能也是由于它水解后生成羧酸之故。

最后综合考虑速效性与持续性的均衡、药害、水中溶解度、制剂加工及其稳定性、生产成本及安全等多方面的因素后，选择了噻酰菌胺作为开发品种。

合成方法

毒性 噻酰菌胺原药对大鼠（雄、雌）的急性经口毒性为 $LD_{50} > 6147mg/kg$，急性经皮 $LD_{50} > 2000mg/kg$。其 12% 的颗粒剂对大鼠（雄、雌）的急性经口和经皮 $LD_{50} > 2000mg/kg$。原药和制剂对眼和皮肤均无严重的刺激性和致敏性。并经试验表明，本药剂无致畸、致癌、致突变性及无繁殖毒性。

应用 噻酰菌胺并无直接的杀菌作用。在用 $100\mu g/mL$ 浓度的噻酰菌胺以玻璃纸膜法进行该药剂对水稻稻瘟病菌侵染行为影响测定时，发现其对孢子萌发、芽管伸长、附着器形成及黑色素化几乎都无抑制作用，甚至观察到从附着器长出的菌丝能穿透玻璃纸膜并在膜下生长。另外，在琼脂平板稀释法试验中，噻酰菌胺还不能完全抑制菌丝生长菌落色素的形成。而用噻酰菌胺处理过的水稻组织，在稻叶鞘测定法试验中发现，在稻瘟病菌初期侵染过程中病菌细胞会出现过敏反应，同时使侵入的菌丝闭于细胞内难以释出，因而可强烈抑制侵入菌丝侵染邻近细胞。这种细胞反应与侵袭菌生长抑制现象与某种水稻品种受非亲和性稻瘟病菌株感染时所表现的抗性极相似。另外，经噻酰菌胺处理过的水稻植株发生稻瘟病菌侵染时，在细菌内除能观察到有愈创组织蓄积外，还能检测到与抗性有关的基因 *PB Ⅱ*、*RPR Ⅰ* 和苯丙氨酸角氨酶基因的增加。以上现象表明，噻酰菌胺可诱导水稻本身产生抗病性，从而达到对病害的防效。

噻菌酰胺可作为稻瘟病防治药剂，经田间试验证实，当进行育苗箱处理时，每箱使用 6g 有效成分的颗粒剂，其持效期长，在移栽当天处理，到移栽于大田 80d 后仍对水稻叶瘟病呈现出稳定的防效。另外，在大田水面使用颗粒剂于叶瘟初发 7～20d 前灌水处理时，对叶瘟病同样具有很高的效果。因此，该药剂既可在要求持效期较长的育苗箱中使用，也可在要求具速效性的大田中使用。此药对水稻白叶枯病、细菌性谷枯病等细菌病害均有效。

代谢 用 ^{14}C 标记的噻酰菌胺对大鼠、水稻及土壤进行动态和代谢的研究。结果发现，对大鼠投药后 24h 内，有 88% 以上的药剂从粪便及尿中排出，在脏器或组织中未发现药剂特异性的滞留；在水稻中，^{14}C 标记物向可食部位移动量极低。在动、植物体内，该药剂的代谢途径主要为酰氨键的水解、苯环 4-位上甲基及噻二唑环 4-位上甲基的氧化等。在土壤中，其代谢作用也是由酰胺结合处发生水解开始。该化合物在土壤和动植物体内最终生成二氧化碳。经作物残留试验表明，在糙米中检测不到噻酰菌胺的残留。噻酰菌胺在土壤中的半衰期为 2.4～12.0d。

4. 烯丙异噻唑（probenazole）

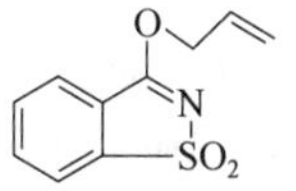

C$_{10}$H$_9$NO$_3$S, 223.25, 27605-76-1

由日本明治制果公司于 1975 年开发上市。

理化性质 为白色晶体，熔点 138℃，水中溶解度为 150mg/L，可溶于丙酮、二甲基甲酰胺、氯仿及甲醇、乙醇等有机溶剂，土壤中 DT$_{50}$＜24h。

合成方法 以糖精为原料，经氯化、缩合而得产品：

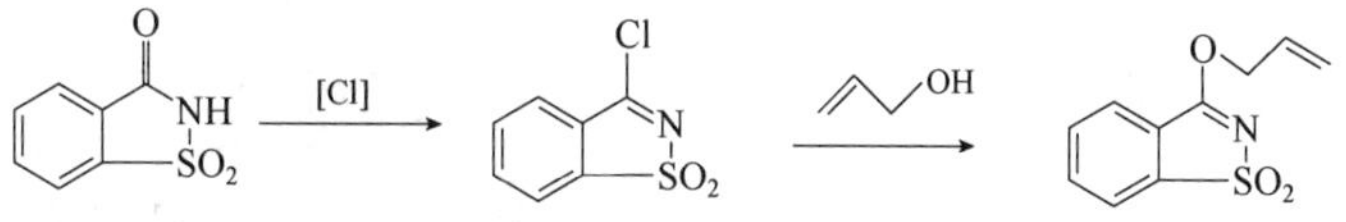

氯化试剂可用双光气、光气、氯化亚硫酰、三氯氧磷等氯化剂，反应中除用磷试剂收率较低外，其余均可获得较为满意的收率。用光气类作氯化剂，一般收率可达 90% 以上，但溶剂的选择很重要；采用氯化亚砜一般可得到较为理想的结果，对环境比较友好，烯丙氧基化时可在一有机溶剂与烯丙醇的混合液中进行，可以得到较理想的结果。

应用 烯丙异噻唑主要用于水稻中防治稻瘟病和水稻白叶枯病，在苗床和水田中使用，也可用于其他作物田中防治细菌病害，水稻吸收药剂后，可以以原药或其代谢物分布在植物的全身。烯丙异噻唑对水稻病原菌的离体活性很低，这表明它的活性主要是来自于寄主防御机制的活化。

代谢 该药在水稻中的主要代谢物是 2-氨磺酰基苯甲酸烯丙基酯、糖精、β-D-吡喃葡萄糖和相应的糖苷衍生物。该药剂能在病菌和寄主信号识别和传递的早期阶段发生作用，从而提高对稻瘟病的抗病性，该药在日本已使用 20 多年，目前还没有出现抗性的报道。

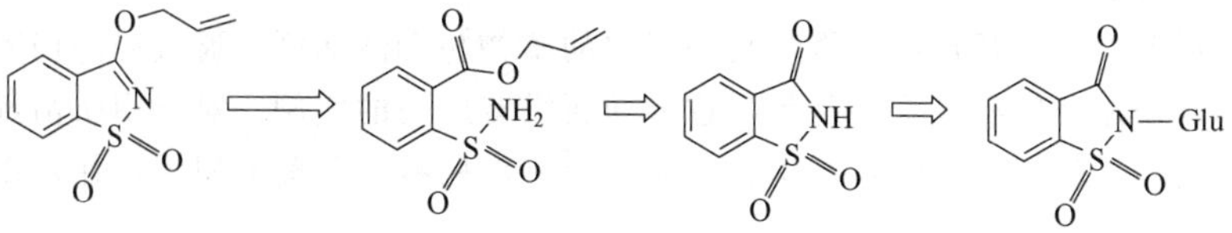

5. 异烟酸（3,5-dichloro-4-picolinic acid）

$C_6H_3Cl_2NO_2$, 192, 5398-44-7

这类化合物是随机筛选出来的，它之所以没有商品化是由于对植物的耐药性不好及已发现了更好的品种。尽管异烟酸类衍生物并没有商品化的品种，但是用它作为一种工具来研究 SAR 的分子基础及化学品的 SAR 作用方式是很有意义的。异烟酸的两种衍生物：N-苯磺酰基-2-氯代异烟酰胺及 N-氰甲基-2-氯代异烟酰胺对稻瘟病具有高水平的诱导抗性作用，但药害较大，应用价值不大。作为 INA 的抗性谱与诱导的生物化学变化与活化酯的活性相当。

6. 氨基丁酸（dl-3-aminobutyric acid）

$C_4H_9NO_2$, 103.12, 2835-82-7

曾报道 D,L-3-氨基丁酸（BABA）在相对高的剂量下，可以活化对病害的抗性，特别是对多种作物的白粉病，对于真菌病原体，3-S 体显示的活性高于其消旋体，而 3-R 体是很少有活性的。3-氨基丁酸的抗性诱导机制尚不是很清楚。3-氨基丁酸是从暴晒的番茄根系中分离得到的一种次生代谢物。近来的研究表明，BABA 能诱导烟草、葡萄、向日葵等植物防御霜霉病，棉花防御黄萎病，番茄防御晚疫病，胡椒防御疫霉病和炭疽病，辣椒对疫病等的系统抗性。它不具离体活性，例如，$1000\mu g/mL$ 高浓度的 BABA 对离体辣椒疫霉病菌无抗菌活性，但喷雾处理辣椒的茎叶，处理后 3d 接种辣椒疫霉病菌，辣椒植株开始表达出较高的诱导抗性，这种抗病作用可持续 20d 以上。BABA 的抗性诱导机理目前尚不是很清楚。

7. 茉莉酸（jasmonic acid）和茉莉酸甲酯（methyl jasmonate）

$C_{12}H_{18}O_3$, 210.27, 77026-92-7　　　　　　$C_{13}H_{20}O_3$, 224.30, 39924-52-2

茉莉酸（JA）和茉莉酸甲酯（MJA）广泛存在于普通植物中，有人报道了茉莉酮酸及其甲酯诱导番茄对晚疫病的系统抗性，有人发现 MJA 处理烟草幼苗，可以提高幼苗抗炭疽病的能力。

8. 环丙烷羧酸衍生物

早在 20 多年前就知道 2,2-二氯-3,3-二甲基环丙烷羧酸对水稻稻瘟病具有内吸活性，对稻瘟病菌有较低的直接杀菌活性，但处理植株时却显示其响应很快，对侵染具有抗性。环丙酰菌胺虽然其主要作用是抑制真菌黑色素的生物合成，但用它处理后的植物具有长效性，这可能就是植物激活剂的作用。已有一些间接证明它具有诱导抗性的报道，当用环丙酰菌胺处理过的植株在将其抑制黑色素合成的作用阻断，黑色素的合成恢复后，它并没有完全失去对稻瘟病的保护作用，作为对照三环唑是另一个干扰黑色素生物合成的抑制剂，它不具有环丙烷的结构，当它抑制的黑色素合成的功能恢复后，即完全失去活性。

不少文献也报道了从天然产物或微生物中提取的植物防御激活剂。通过局部伤害来达到全身诱导激活抗性的化合物还有磷酸及草酸盐等，这方面还没有应用的实例。对于用防治细菌、霜霉病和疫病的药剂甲霜灵和乙膦铝处理时，在植物组织中会有水杨酸和茉莉酸积累，并发现诱导相关的遗传基因。

参考文献

[1] Chester K S. The problem of acquired physiological immunity in plants. Quart Rev Biol 1993,8:129. 154 & 325. 330.

[2] Kessmann H., Staub T, Ligon J, et al. Activation of systemic acquired disease resistance in plants. *Eur. J. Plant Phytology*,1994,100:359-369.

[3] Sticher L,Mauch-Mani B,Metraux J P. Systemic acquired resistance,Annu. Rev. *Phytopathol*. 1997,35: 235-270.

[4] White R F. *Virology*,1979,99: 410-412.

[5] Kastner B,Tenhaken R,Kauss H. Chitinase in cucumber hypocotyls is induced by germinating fungal spores and by fungal elicitor in synergism with inducers of acquired resistance. *The Plant Journal*,1998,13:447-454.

[6] David Seaman. Trends in the formulation of pesticides—an overview . *Pestic. Sci*,1990,29:437-449.

[7] Ryals J A,Urs H N,Willits M G,et al. Systemic acquired resistance. *Plant Cell*,1996,8: 1809-1819.

[8] Knoster M,Pieterse C M J,Bol J F, et al. Systemic resistance in Arabidopsis induced by rhizobacteria requires ethylene-dependent signaling at the site of application. *Molecular Plant-Microbe interactions*,1999,12: 720-727.

[9] Saskia C M, Van W, Luijendijk M, et al, Rhizobacteria-mediated induced systemic resistance (ISR) in Arabidopsis is not associated with a direct effect on expression of known defense-related genes but stimulates the expression of the jasmonate-inducible gene Atvsp upon challenge. *Plant Molecular Biology*,1999,41: 537-549.

[10] Corne M J,Saskia C M,et al. A Novel Signaling Pathway Controlling Induced Systemic Resistance in Arabidopsis,*Plant Cell*,1998,10:1571-1580.

[11] Van Wees S C M,Van Pelt J A,et al . Enhancement of induced disease resistance by simultaneous activation of salicylate- and jasmonate-dependent defense pathways in Arabidopsis thaliana Proceedings of the National Academy of Science, USA,2000,97: 8711-8716.

[12] 张一宾. 植物抗性诱导机理、抗病激活剂及其研究方向. 世界农药, 2008, 30 (5): 1-6.

[13] Yalpani N,Leon J,Lawton M,et al . Pathway of Salicylic Acid Biosynthesis in Healthy and Virus-Inoculated Tobacco. *Plant Physiology*,1993,103: 315-321.

[14] Walter K,Rolf S,Thomas M. The Chemistry of Benzothiadiazole Plant Activators,*Pestic. Sci*.1997,50: 275-282.

[15] 倪长春编译. 抗性 2 诱导型杀菌剂噻酰菌胺 (tiadinil) 的开发沿革. 世界农药, 2007, 29: 18-24.

[16] Yashuaru S., Hideyuki A., Makoto K., et al. GTPase activity in rice plasma membrane preparation enhanced by a priming effector for plant defence reactions. *J Pestic Sci*,20:165-168.

[17] Uchiyama M., Abe H, Sato R,et al. Fate of 3-alkyloxy-1,2-benzisothiazole 1,1-dioxide (oryzemate) in rice plants,, *Agric. Biol. Chem*. 1973,37: 737-745.

[18] 余让才,范燕萍,李明启. 植物系统获得性抗病及其化学诱导. 华南理工大学学报 (自然科学版), 1996, 24: 133-137.

[19] Mauch-Mani B. ,Proc. 14th Int. *Plant Protection Congress,Jerusalem*,1999,131.

[20] Siegrist J. ,Orober M. ,Buchenauer H. ,β-Aminobutyric acid-mediated enhancement of resistance in tobacco to tobacco mosaic virus depends on the accumulation of salicylic acid. *PhysioL MoL Plant Pathol*,2000,56: 95-106.

[21] Thieron M. ,Pontzen R. ,Kuahashi Y. Pflanzenschutz- Nachrichten Bayer,1998,51: 259-280.

第十一章

多作用位点杀菌剂——广谱性叶面保护剂

　　首先用于农业防治植物病害的多作用位点的无机杀菌剂是硫制剂和铜制剂，如元素硫、石硫合剂及波尔多液等。这些无机物是用于农业上的最古老的杀菌剂，它们主要用于植物表面，以保护各种病害的侵染，因此属于广谱性的叶面保护剂，然而由于它们的效率较低，药害较大，同时由于与其他杀菌剂或杀虫剂缺乏兼容性，常在使用上受到了很大的限制。但由于它们的价格便宜，安全，至今在防治植物病害上，仍有一定的重要意义。

　　20世纪30年代以来，有机合成工业有了很大的发展，一些有机化合物作为杀菌剂引入农药市场。60年代以前，它们大都是简单的有机化合物，如二硫代氨基甲酸酯类、醌类、邻苯二甲酰亚胺、氯氰类、磺酰胺类、胍类、三嗪类等，一般较无机化合物的活性高。这是由于有机化合物较易渗透进入真菌细胞的类脂层。这些有机杀菌剂或多或少具有巯基、羟基及氨基等活性基团，它们可在真菌细胞中抑制多种生理过程，因此，称它们为多作用位点杀菌剂，相比于单一作用位点的抑制剂，这类杀菌剂具有广谱的防护性质，一些品种至今仍在广泛应用。

　　单一作用位点的杀菌剂，一般是选择性较好，但它们的杀菌谱也或多或少会受到限制，而多作用位点的杀菌剂由于具有多个作用位点，其杀菌谱一般都较宽，而选择性则较差，作用靶点在靶标和非靶标生物中没有差异或差异较小。多作用位点的杀菌剂所产生的选择性主要是利用病原菌与作物对药剂的忍耐程度的差异来实现的。采用选择适当的使用时期、合理的使用剂量来达到选择性的目的。为了避免风险，开发的多作用位点杀菌剂仅限于在植物的表面使用，以保护病原菌不对植株侵染，不容易渗透进入植物细胞，不致使作物受害；如果进入植株，由于具有多作用位点，它们将会有较高的药害；而绝大多数专一作用位点的杀菌剂，在设计其化学结构时，为了能很好地与真菌靶标的位置相匹配，不使其他生物受害，它们渗透进入植物的细胞组织与侵犯的病原菌作用，典型的性质是内吸和选择性，其优点超过多作用位点的杀菌剂。但是多作用位点的杀菌剂对病菌具有广谱性，在实际应用时，往往还需要这些广谱的多作用位点的杀菌剂。广谱性杀菌剂常可用作土壤及种子中存在病原菌的处理剂，因为多种病原菌常常在那里生存。在单一作用位点杀菌剂产生抗性时，也常用多作用位点的杀菌剂与单一作用位点的杀菌剂混用去延缓抗性。由此看来多作用位点的杀菌剂至今还是不可缺少的品种。

第一节　无机杀菌剂

1. 硫制剂

　　硫是最古老的农药，也是用量最大的农药品种，元素硫是淡黄色的粉末，硫有多种同素异形体，不溶于水，颗粒的大小对活性有重要影响，愈细的颗粒，活性愈好，它可粘附在植物的表面，残留低。从防效上看，它没有抗药性，对人低毒，对环境安全。在土壤中硫可被氧化生成亚硫酸盐及硫酸盐，有时将其加入肥料中以降低土壤的 pH 值，有利于植物的生长。其剂型上有可湿性硫、硫悬浮剂等，用量为 $1.25\sim2.5\text{kg/hm}^2$。主要用于葡萄、番茄、烟草和甜菜及其他多种作物。对硫的杀菌机制曾有较深入的研究，一是氧化理论：认为元素硫被氧化成二氧化硫、三氧化硫及其他产物，它们可以杀死真菌。二是硫化氢理论：认为元素硫被还原成致毒物硫化氢。后人研究认为硫分子本身就是致毒剂，并非氧化而致毒，氧化产物当中和成盐后均是无毒的产物；硫化氢的理论被广泛地接受很多年。McCallan 等用 26 种高等植物及 16 种真菌进行试验，结果表明生物体是能够将硫转化成硫化氢的。Miller 等重新考查了硫化氢理论，证明其毒性不能归因于硫化氢，认为是硫在其被还原的过程中，干扰了生物体的许多代谢过程。硫促进了还原性辅酶 NADH2 的活性，并抑制了细胞色素 c 的还原。Tweedy 等进一步研究指出，硫还原成硫化氢并不能被氰化物所抑制，但可被甲基蓝及作用在底物细胞色素 c 处的电子传递抑制剂所抑制，这说明硫是从电子传递系统（可能是细胞色素 b）接受电子，传递是直接由细胞色素 b 而不是由相关的酶提供电子，致使氧化磷酸化减弱，二磷酸腺苷和无机磷酸开始积累，这些代谢调节物的积累促使内源底物形成更多的三磷酸腺苷（ATP），硫的毒性是由于耗尽了产生底物的能量和代谢所需要的 ATP 而致毒的。

石硫合剂是以多硫化钙为主要成分的无机杀菌剂，它兼有杀螨及杀虫作用。为红褐色液体，具有强烈的臭蛋味，高温和日照下不稳定。对人的皮肤有强烈的腐蚀性，对眼、鼻有刺激作用。有较广的杀菌谱和杀螨、杀介壳虫作用。广泛用于防治作物和果树上的各种白粉病、黑星病，小麦锈病、赤霉病、苹果炭疽病、花腐病，梨黑斑病，葡萄黑豆病、褐斑病，柑橘疮痂病、黑点病、溃疡病，桃叶缩病、胴枯病、栗锈病、芽枯病等病害的防治，以及落叶果树介壳虫、赤螨、橘柑螨、矢尖蚧、梨叶螨、黄粉虫，茶赤螨，桑蚧，蔬菜赤螨和棉花、小麦上的叶螨等。其使用浓度要根据作物种类、防治对象和用药时的气候条件来确定。使用时温度越高，药效越大，但药害亦大。冬季气温低，植物处于休眠期，可铲除越冬病原菌和消灭越冬的介壳虫和虫卵。可在黄瓜、大豆、马铃薯、桃、李、梅、梨、葡萄等作物上使用，由于药剂带有碱性，使用不当易发生药害，组织幼嫩的作物易被烧伤。

2. 铜制剂

很多重金属均显示一定的控制真菌生长的活性，根据 Horsfall 研究，其活性顺序如下：Ag＞Hg＞Cu＞Cd＞Cr＞Ni＞Pb＞Co＞Zn＞Fe＞Ca。他认为这一顺序与金属离子形成螯合物的顺序相似，在这些重金属中仅有铜用来防治植物病害。无机汞曾用于禾谷类种子拌种，但因其具有高残毒已被禁用。最早报道铜可用来防治病害是在 1761 年，当时用它作为种子处理剂来防治小麦腥黑穗病，1839 年，法国用硫酸铜在葡萄园中作木材架子的防腐剂，硫酸铜一直是很重要的木材防腐剂。由于它的植物毒性高，直到 Millardet 报道了波尔多液可防治葡萄白粉病，才开始用于农业，在硫酸铜中加入石灰后，对植物的药害大大降低，而效果不受影响，铜杀菌剂由此很快地得到世界的认可。尽管波尔多液可用于防治很多病害，但往往还是会有药害发生，这导致去开发其他的药害低的铜化合物，其中氢氧化铜就是一种很好的剂型，它在水中的溶解度低，可以使二价铜离子缓慢地释放，使之不致产生药害，其用量至今仍维持相当的规模。

铜的生物活性主要决定于二价铜离子的利用。不同的存在方式会使铜制剂有不同的有效期，就雨水或浇水造成的失效性而言，氧化铜的效果最好。因此，铜作为高等植物杀菌剂的选择性主要决定于使真菌与铜离子的接触多于与寄主植物的接触，其作用机制包括：①阻断生物体内重要分子的功能基团，如酶及必要金属离子的转移体系；②转移或取代生物分子或功能细胞单元的必要的金属离子；③改变酶的构象，从而使其改变原来的性质和失去活性；④破坏细胞或细胞膜的完整。铜离子曾显示可引起细胞代谢缺失，这可能是由于伤害了细胞膜。

铜离子是人体所必需的微量元素，人体具有天然有效的机制来调节体内铜的水平，这一机制通过吸收、保持和排泄来维持机体中铜的含量。成人铜的承载量为 80～150mg。曾对铜的急性毒性、慢性毒性、基因毒性、致突变、致癌及生殖进行研究，其 LD_{50} 为 $1000\sim2000mg/kg$，对皮肤吸收为 $2000\sim5000mg/kg$，一般铜的产品无高毒性，但对眼睛有刺激性。

波尔多液的有效成分的化学组成是 $CuSO_4 \cdot xCu(OH)_2 \cdot yCa(OH)_2 \cdot zH_2O$。1882 年法国人 A. Millardet 于波尔多城发现其杀菌作用，故名波尔多液。它是由硫酸铜、生石灰和一定量的水配制成的天蓝色胶状悬浮液。一般呈碱性，具有良好的黏附性能，但久放物理性状会被破坏，宜现配现用或制成失水波尔多粉，使用时再兑水混合。波尔多液为保护性杀菌剂，通过释放可溶性铜离子而抑制病原菌孢子的萌发或菌丝生长。在酸性条件下，铜离子大量释出时也能凝固病原菌的细胞原生质而起杀菌作用。在相对湿度较高、叶面有露水或水膜的情况下，药效较好，但对耐药性差的植物易产生药害。它的持效期长，杀菌谱比较广，对多种作物的霜霉病、炭疽病，以及水稻稻瘟病、稻胡麻斑病、纹枯病、白叶枯病、马铃薯晚疫病、柑橘和苹果的黑点病、梨黑星病等都有良好的防治效果。广泛用于防治蔬菜、果树、棉、麻等的多种病害，对霜霉病和炭疽病，马铃薯晚疫病等叶部病害效果尤佳。

其他铜制剂还有：碱式硫酸铜、碱式氯化铜、氧氯化铜、氧化亚铜及硫酸铜钙等。

第二节　有机杀菌剂

1. 百菌清 （chlorothalonil）

$C_8Cl_4N_2$, 265.91, 1897-45-6

百菌清是 20 世纪 60 年代引入的产品。

理化性质　为无色的结晶，熔点 $250\sim251℃$，蒸气压 $1.33Pa$，几乎不溶于水，可溶于一般的有机溶剂，常温及一般酸碱及紫外线光照条件下稳定。

合成方法　合成方法有两种：一是由间二苯甲酸为起始原料：

也可用间二甲苯经氨氧化将甲基转变成氰基后，进行氯化而得。

毒性　大鼠急性经口 $LD_{50} > 10000mg/kg$，家兔急性经皮 LD_{50} 为 $1000mg/kg$，大鼠急性吸入 $LC_{50} > 4.7mg/L$，对家兔眼睛有较强的刺激作用，对人眼睛不敏感，未见致畸、致突变和致癌作用。

应用　百菌清可作熏蒸剂使用，用作土壤杀菌剂，防治 丝囊霉属、疫霉属、根肿菌、丝核菌属、根霉，同时它也是叶面保护剂，用于防治链格孢属、葡萄孢属、尾孢属、黑星孢属、分子孢子菌属、炭疽病菌、棒孢霉菌、黑痘病、白粉属、水果褐腐病菌、褐点病菌、霜霉病、疱霉属、假霜霉菌、核盘菌属、白芷斑枯病、白粉病菌、匍柄霉属、黑星菌属等病害。其剂型包括浓悬浮液、可湿性粉剂及颗粒剂等。特别是在蔬菜的温室培养时，也可作烟雾剂使用，适应的作物有谷物、蔬菜、烟草、花生、甜菜、香蕉、豆类、浆果、椰子、咖啡、葫芦、水果等多种植物。可在对其他杀菌剂无效或产生抗性时使用。

作用机制　这类杀菌剂的作用机制可能是通过与真菌细胞的成分结合来抑制它的生理活性，研究发现在一缓冲溶液中用2-甲硫基乙醇取代该杀菌剂苯环上的氯原子，取代优先发生在4-位及6-位上，然后是其他位置。在真菌细胞内也观察到类似的反应，当杀菌剂与谷胱甘肽作用时，可发现细胞组成中有巯基产生，杀菌剂抑制了依赖于巯基来产生活性的酶，如各种醇脱氢酶及苹果酸脱氢酶等。试验开始时先加入谷胱甘肽或二硫苏糖醇可保护巯基酶，但并不能逆转这个酶的活性，不含有巯基的酶，如糜蛋白酶就不能被这类杀菌剂所抑制，杀菌剂与细胞组成中的巯基结合显然是它的主要的作用方式。

代谢　曾研究过百菌清在水、旱田中被细菌降解的途径，大多数开始的产物均是氯被氢、羟基或甲硫基取代的反应，这些反应首先发生在4-位上，随后再在其他的位置上。水田的降解速度高于旱地。在光照下，在有机溶液中，也曾鉴定出该杀菌剂分子苯基上的取代反应：以下为百菌清的代谢途径，其中（a）为与2-甲硫基乙醇在甲醇的缓冲溶液中的反应（pH6.8）；（b）在土壤中的代谢途径；（c）为在苯溶液中在日光下的代谢途径：

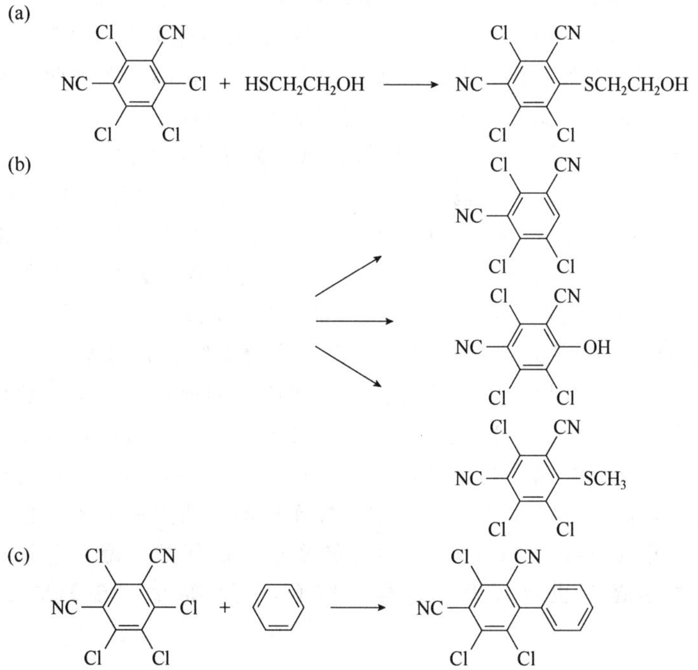

2. 二硫代氨基甲酸酯类（dithiocarbamates）

早在20世纪30年代就有关于二硫代氨基甲酸酯的专利报道，当时对其作为杀菌剂的重要意义尚不清楚，它们是最古老的合成杀菌剂，主要的品种有福美铁（ferbam）、福美锌（ziram）、福美双（thrim）、代森锰（maneb）、代森锌（zineb）、代森锰锌（mancozeb）、甲基代森锌（propineb）等。

二硫代氨基甲酸的钠盐在水中的溶解度很高，但由于药害较大，不适于直接用作叶面保护的杀菌剂，它在叶面的黏着性不强。只有福美钠（metam）可以钠盐的形式用于土壤杀菌和杀线虫，其他的均是转换成溶解度较小的金属盐或二硫化物使用。这类杀菌剂都是固体而且相当稳定，可贮藏于室温，在潮湿的情况下会缓慢分解，在酸性条件下分解释放出二硫化碳和相应的胺，稳定性差，不能分离出游离的酸。二硫代氨基甲酸盐可微溶于水，不溶于有机溶剂，但是福美双是一个例外，它除不溶于乙醇和脂肪烃外，可溶于大多数有机溶剂中，具有较高的蒸气压，这是该化合物用作土壤和种子杀菌剂时所独具的优点。这类化合物的剂型是可湿性粉剂、浓悬浮剂和颗粒剂及粉剂，用于叶面喷雾及种子和土壤处理。

二硫代氨基甲酸酯是非选择性杀菌剂，可有效地施用于多种作物上，防治多种病害。它们虽是老品种，但至今仍在使用。其杀菌谱广，现今的杀菌剂并不能覆盖。它们可与多种现代的内吸杀菌剂混用，特别是种子和土壤的病原菌在苗期对作物的病害。福美双（Thiram）是一个重要的药剂，混用时它可扩大杀菌谱，它与内吸性杀菌剂混用还可延迟抗性的产生，二硫代氨基甲酸酯类在多种作物上可防治多种病害，包括链格孢属、丝囊霉属、灰霉属、尾孢属、白斑病菌、枝孢属、炭疽病菌、镰孢霉菌、桃褐腐菌、叶斑病菌、寄生霜霉、疱霉属、疫霉属、单轴霉属、假霜霉属、柄锈菌属、腐霉属、壳针孢属、葡柄霉属、单孢锈菌属及黑星菌属等。

尽管 N-取代和 N,N-二取代硫代氨基甲酸类产物防治的病害相似，但两者的作用机制似乎还是有所区别的，双取代的杀菌剂包括福美双，在对真菌孢子萌芽的试验中，剂量与效应间常显示出反常的关系，在低浓度时，药效随着剂量的增加而增加，但达到某一浓度时，则降低，但到高浓度时，又会再次增加，这是典型的双峰曲线，这在双取代的福美类杀菌剂中常观察到，但对于单取代的如代森类杀菌剂就没有观察到这样的现象。对福美类杀菌剂的作用机制的研究，特别是有关的重金属或试验介质的研究中认为它们是用螯合作用夺去了真菌细胞必需的重金属如铜，从而抑制了真菌的生长，但是这一说法并没有得到用铜盐或其他非毒性螯合剂如 EDTA 的证实。加入铜非但没有逆转福美类杀菌剂的毒性，反而是增加了毒性；EDTA 则明显地降低了它们的毒性。此后，另一说法是福美类双峰杀菌作用表现与铜的比例有关。当福美类（DDC）与铜的比例是 1：1 时形成了复合物 DDC-Cu⁺，它对真菌细胞是致毒的，当进一步加入 DDC 形成 2：1 的复合物是 DDC-Cu-DDC，它对真菌细胞是无毒的，因为它的溶解度很差，当进一步加入 DDC，由于有过量的 DDC 存在，从而增加了杀菌活性。DDC 的生物化学作用方式很可能是生成与铜在酶或真菌细胞的其他组分上结合成 DDC-Cu⁺ 1：1 的复合物，来抑制真菌的生长。事实上铜离子与二硫代氨基甲酸酯在蛋白上结合是得到过证明的。除这一机制外，其他可能的机制有：①被 DDC 转移过量的重金属进入真菌细胞，导致真菌的细胞生长被金属抑制；②DDC 导致不规则引入的金属催化生成含金属的成分或真菌生长所必需的前体；③与二硫代氨基甲酸结合生成细胞组织的疏基化，最后生成二硫化物；④夺去真菌细胞所必需的重金属。鉴于上述作用机制，可以认为二硫代氨基甲酸酯是分子整体发挥作用，也有不同的意见认为可能是由于底物分子中的氢进攻氮原子，药物分子发生变化后才发挥作用的。典型的例子是作为土壤杀菌剂和杀线虫剂时，甲氨基二硫代甲酸（metam）很容易转变成异硫氰酸甲酯，它具有挥发性，可杀死病原菌。同样代森类杀菌剂也可以发生这样的转变，所生成的异硫氰酸酯与酶结合而发挥药效。

$$CH_3NHC\overset{\overset{\displaystyle S}{\|}}{S}H \longrightarrow CH_3N = C = S + H_2S$$

甲氨基二硫代甲酸的另一种降解途径，是生成氧硫化碳，它也具有杀菌活性。

也有研究认为异氰酸甲酯的杀菌作用不同于甲氨基二硫代甲酸，后者可变更菌丝体的渗透性。代森类的杀菌作用是改变了菌丝体的渗透性，并认为甲氨基二硫代甲酸也是这样，但证据不多。单取代和双取代二硫代氨基甲酸酯杀菌作用的不同可能是基于它们的化学反应性能的区别，但是两者化学性质基本相似，都能与金属螯合形成复合物。福美类杀菌剂在植物与微生物体内的代谢均有过研究，代谢途径如下：

　　N,N-二甲基二硫代氨基甲酸（DDC）盐的代谢转化如上所示，其中 DDC 分子的 [H] 可为钠或其他的金属，[P] 是指在植物体内，[M] 是指在微生物体内，[O] 则是指在其他的条件下，在这三种环境中 DDC 均可转变成福美双。

　　上式为代森类化合物的代谢途径，[H] 可为氢或其他金属离子，代森类化合物可转变成咪唑啉-2-硫酮、氢化咪唑啉、咪唑啉-2-酮、硫化物的聚合物、5,6-二氢-3-咪唑并 [2,1-c] -1,2,4-噻唑-3-酮（DIDT）、亚乙基双异硫氰酸酯、甘氨酸、N-甲酰基二乙胺及 N,N-乙酰基二乙胺等。

　　(1) 福美锌（ziram）

$$[(CH_3)_2NCS]_2Zn$$

C_6H_12N_2S_4Zn, 273.76, 137-30-4

理化性质　白色粉末，熔点 250℃，蒸气压很低，能溶于丙酮、二硫化碳、氨基水和稀碱溶液中，难溶于一般有机溶剂，常温下水中的溶解度为 65mg/L，在空气中易缓慢吸潮分解，高温和酸性条件下迅速分解。

合成方法　由二甲胺与二硫化碳在碱性条件下，反应生成二甲氨基二硫代甲酸钠（或铵）盐后，再与硫酸锌反应生成产物：

$$(CH_3)_2NH + CS_2 \longrightarrow (CH_3)_2N-\overset{\underset{\|}{S}}{C}-SM \quad (M=NH_4, Na)$$

$$\xrightarrow{ZnSO_4} \left[(CH_3)_2N-\overset{\underset{\|}{S}}{C}-S\right]_2 Zn$$

毒性　大鼠急性经口 LD_{50} 为 1400mg/kg，对皮肤有刺激作用。

（2）福美双（thiram）

$$\left[(CH_3)_2N-\overset{\underset{\|}{S}}{C}-S\right]_2$$

$C_6H_{12}N_2S_4$, 240.44, 137-26-8

理化性质　福美双为白色结晶，熔点为 155～156℃，易溶于苯、氯仿、丙酮等有机溶剂，微溶于乙醇和乙醚。水中溶解度为 30mg/kg。

合成方法　由二硫代氨基甲酸盐在硫酸水溶液下或用氯气氧化而得：

$$2(CH_3)_2N-\overset{\underset{\|}{S}}{C}-SM \xrightarrow[H_2SO_4]{H_2O} \left[(CH_3)_2N-\overset{\underset{\|}{S}}{C}-S\right]_2$$

(M=NH_4, Na)

毒性　大鼠急性经口 LD_{50} 为 780～850mg/kg，对人的皮肤和黏膜有刺激作用。

（3）代森锌（zineb）

$$\begin{array}{l} CH_2NH-\overset{\overset{S}{\|}}{CS} \\ | \qquad\qquad\quad\diagdown \\ \qquad\qquad\qquad Zn \\ | \qquad\qquad\quad\diagup \\ CH_2NH-\underset{\underset{S}{\|}}{CS} \end{array}$$

$C_4H_6N_2S_4Zn$, 275.76, 235-180-1

理化性质　白色结晶，蒸气压 $<10^{-7}$ Pa（20℃），能溶于二硫化碳和吡啶，不溶于大多数有机溶剂，水中的溶解度为 10mg/L，对光、热和潮湿不稳定，遇碱性物质或铜也不稳定。

合成方法　它的合成方法是由二乙胺与二硫化碳在碱性条件下反应生成钠盐后再转换成锌盐：

$$\begin{array}{l} CH_2NH_2 \\ | \qquad\qquad + CS_2 + NaOH \longrightarrow \\ CH_2NH_2 \end{array} \begin{array}{l} CH_2NHC\overset{\overset{S}{\|}}{S}Na \\ | \\ CH_2NHC\underset{\underset{S}{\|}}{S}Na \end{array} \xrightarrow{ZnSO_4} \begin{array}{l} CH_2NHC\overset{\overset{S}{\|}}{S} \\ | \qquad\qquad\quad\diagup Zn \\ CH_2NHC\underset{\underset{S}{\|}}{S} \end{array}$$

毒性　大鼠急性经口 $LD_{50} > 5000$mg/kg，大鼠急性经皮 $LD_{50} > 5200$mg/kg，对黏膜有刺激作用。

（4）代森锰锌（manzoceb）

$$\left[\begin{array}{c} CH_2NH-CS \\ \mid \\ CH_2NH-CS \end{array} Mn \right]_x \cdot Zn_y$$

（C$_4$H$_6$N$_2$S$_4$Mn）$_x$ · （Zn）$_y$，332.71，8018-01-7

理化性质　是代森锰和锌的络合物，为灰黄色粉末，熔点 136℃ 前分解，不溶于水和有机溶剂，高温时遇潮湿分解，对酸和碱不稳定。

合成方法　将二乙胺与二硫化碳在氢氧化钠作用下生成代森钠后，与硫酸锰作用生成物代森锰，再与硫酸锌作用生成代森锰锌。

$$\begin{array}{c} CH_2NH_2 \\ \mid \\ CH_2NH_2 \end{array} + CS_2 + NaOH \longrightarrow \begin{array}{c} CH_2NHCSNa \\ \mid \\ CH_2NHCSNa \end{array} \xrightarrow{MnSO_4} \left[\begin{array}{c} CH_2NH-CS \\ \mid \\ CH_2NH-CS \end{array} Mn\right] \xrightarrow{ZnSO_4} \left[\begin{array}{c} CH_2NH-CS \\ \mid \\ CH_2NH-CS \end{array} Mn\right]_x \cdot Zn_y$$

毒性　大鼠急性经口 LD$_{50}$ 为 8000～10000mg/kg，对家兔的皮肤和眼睛有刺激作用。未见致癌、致畸及致突变作用。

应用　代森锰锌为广谱性保护性杀菌剂，对多种果树和蔬菜病害有效。

3. 胍类化合物 （guanidines）

这类化合物有两个商品化品种，即多果定（dodine）及双胍辛胺（minoctadine）。多果定（dodine）这类化合物的杀菌活性是随着 1-烷基胍上烷基碳链的增加而增加，但过长后由于水溶解度过低而失去活性。活性最高的是 13～14 个碳的烷基衍生物，像其他的阳离子表面活性剂一样，通过细胞膜引起细胞组分的缺失，其作用机制可能是结合于细胞膜的阴离子部位，而影响其渗透性，也可能是干扰了某些重要的酶的作用，也有人提出是抑制了真菌的类脂的生物合成。尽管胍类衍生物是多作用位点广谱性杀菌剂，但有时也显示出某些选择活性，在实验室中研究多果定的抗性时，发现在寄生菌中有 4 个基因与抗性有关。田间试验也报道，在连续十年加强使用单一种药剂来对抗苹果黑星病，田间抗性是低的（小于 3 倍），并发现了两个主要的基因与抗性有关，多果定的抗性生物化学机制尚未有人阐述过，但毒性降低是有人提出过的，认为是不同的病原菌的敏感程度不同。

其代谢过程中发现有胍及肌酸生成：

$$\begin{array}{c} NH \\ \parallel \\ H_2N-C-NH_2 \end{array} \qquad \begin{array}{c} NH \\ \parallel \\ H_2N-C-NHCH_2COOH \\ \mid \\ CH_3 \end{array}$$

4. 邻苯二甲酰亚胺类 （phthalimides）

这类杀菌剂中有三种重要的品种，即克菌丹、灭菌丹及敌菌丹。它们都是四氢邻苯二甲酰亚胺或邻苯二甲酰亚胺类衍生物。克菌丹及灭菌丹是 1952 年开发的品种，而敌菌丹则稍晚，它们都是典型的广谱性、多作用位点的叶面保护杀菌剂，也可作为种子和土壤杀菌剂。尽管它们的蒸气压很低，但它们气相的降解产物是有杀菌活性的，因此在用作土壤和种子处理时也会有杀菌活性。它们典型的剂型是可湿性粉剂和可湿性颗粒剂，防治的病原菌有链格孢属、葡萄孢属、尾孢属、枝孢属、炭疽病菌、痂囊腔菌属、球座菌、链核盘菌属、小球壳菌属、疱霉属、疫霉属、单轴霉属、腐霉属、丝核菌、大麦云纹病菌、核盘菌、壳针孢属、单丝壳属、葡柄属、外囊菌属及黑星菌属。可用于多种作物，如谷物、柑橘、果木、咖啡、葫芦、观赏作物、土豆、坚果、蔬菜、葡萄等。

由于这类化合物可与巯基反应，认为它们的作用机制可能也是与细胞组成中的巯基反应的结果。小分子的巯基化合物与它们的反应可见下式。反应中巯基可进一步氧化生成二硫化物。

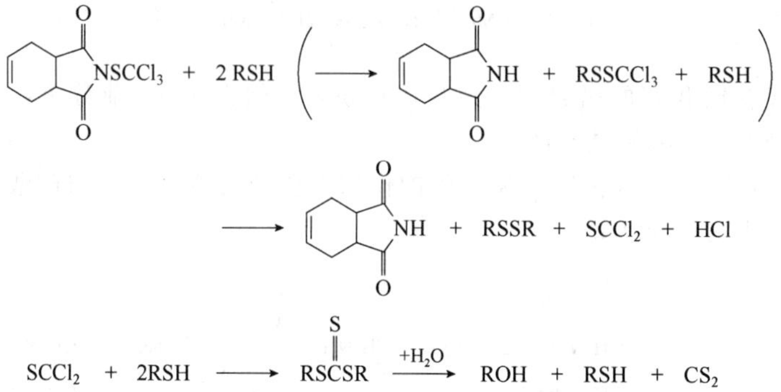

克菌丹与真菌细胞的反应相似于前面所述的离体的结果。即巯基的氧化生成二硫化物，所得产物降解，生成硫代光气，它再与各种细胞组成反应，并从巯基上获得硫原子，这就是该药的作用机制。在某些情况下，当反应不是发生在真菌重要的组分上时，就可能使杀菌剂失去活性，有时也可发生可逆的反应，当巯基的氧化组分被还原成原来的情况时，杀菌剂在低浓度下的杀菌作用就可显示出来，同时，通过加入中等还原剂，如谷胱甘肽，也可恢复它的抑制活性。杀菌剂包括了多种气体生成，硫代光气的各种反应也可能导致杀菌剂的作用，因此其作用方式与作用位置是多重性的。对于巯基酶这类杀菌剂是致命的，因为一系列的反应似乎均开始于酶的巯基与杀菌剂的三氯甲硫基的结合，事实上，克菌丹利用葡萄糖可抑制代谢和呼吸，这是作用于依赖巯基的酶，如甘油醛-3-磷酸脱氢酶、羧化酶及己糖激酶，及以乙酸为介质，通过依赖于巯基的酶，辅酶 A 进行的柠檬酸的生物合成等都能被克菌丹所抑制。灭菌丹的作用机制与克菌丹相似，可与低分子量的含巯基化合物反应，谷胱甘肽的氧化等可将杀菌剂分子中的三氯甲硫基部分转移至真菌的细胞组分中，也可抑制含巯基酶、甘油醛-3-磷酸脱氢酶。这类杀菌剂中的另一个是敌菌丹，它具有四氯乙巯基，这个基团代替了克菌丹中的三氯甲硫基，它也具有相似的活性。关于其作用机制的研究文献报道很少。

（1）克菌丹（captan）

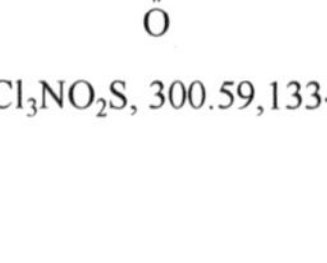

C$_9$H$_8$Cl$_3$NO$_2$S, 300.59, 133-06-2

（2）灭菌丹（folpet）

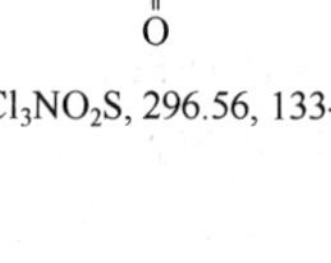

C$_9$H$_4$Cl$_3$NO$_2$S, 296.56, 133-07-3

（3）敌菌丹（captafol）

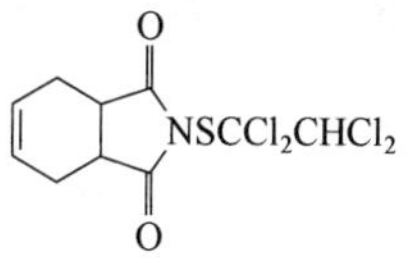

$C_{10}H_9Cl_4NO_2S$, 349.06, 2425-06-1

5. 醌类化合物 （quinones）

醌类化合物是一类有机合成的老杀菌剂，最初的品种是 20 世纪 40 年代所用的氯代苯醌（chloranil），稍后发现的二氯萘醌（dichlone）更为有效，它不仅可用于农业，也可用于纺织品和其他工业产品。

它们均作叶面处理剂或种子处理剂使用。当作为叶面处理剂时往往会有药害发生，然而由于它具有一定的蒸气压，也可作熏蒸剂用于处理种子效果很好，近来开发的内吸性杀菌剂很大程度地减少了这类杀菌剂的用量。这类化合物邻近于羰基的氯原子很容易被具有巯基、氨基、羟基等基团所取代，它们的作用机制可能就是能作用于酶或其他细胞组成的巯基和氨基，随后抑制了磷酸化、脱氢及辅酶 A 的功能，以及发生其他的代谢反应。

（1）氯代苯醌 （chloranil）

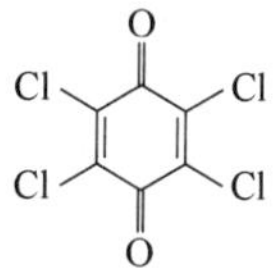

$C_6Cl_4O_2$, 245.88, 118-75-2

（2）二氯萘醌 （dichlone）

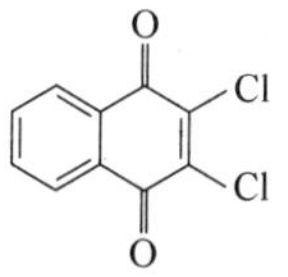

$C_{10}H_4Cl_2O_2$, 227.04, 117-80-6

6. 磺酰胺类 （sulfamides）

这类化合物具有广谱的杀菌活性，苯氟磺胺开发于 1964 年，而甲苯氟磺胺开发于 1967 年。这两个药剂均微溶于水，它们的剂型是可湿性粉剂及其他可在水中分散的剂型。苯氟磺胺可作熏蒸剂使用。

（1）苯氟磺胺 （dichlofluanid）

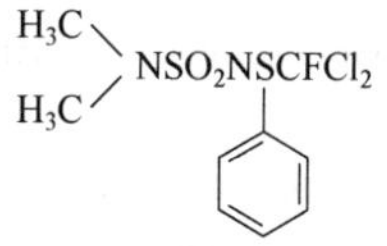

$C_9H_{11}Cl_2FN_2O_2S_2$, 333.23, 1085-98-9

（2）甲苯氟磺胺 （tolylfluanid）

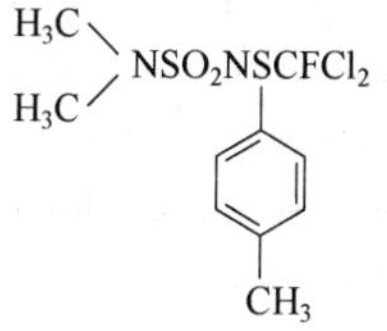

$C_{10}H_{13}Cl_2FN_2O_2S_2$, 347.26, 731-27-1

上述两个化合物降解成主要的中间体是 N，N-二甲基磺胺酰基苯胺类：

$$\text{(CH}_3)_2\text{NSO}_2\text{N} \overset{\text{Cl}_2\text{FC}-\text{S}}{\underset{}{\bigg|}} \text{—} \langle \bigcirc \rangle \longrightarrow \text{(CH}_3)_2\text{NSO}_2\text{NH} \text{—} \langle \bigcirc \rangle$$

$$\text{(CH}_3)_2\text{NSO}_2\text{N} \overset{\text{Cl}_2\text{FC}-\text{S}}{\underset{}{\bigg|}} \text{—} \langle \bigcirc \rangle \text{—CH}_3 \longrightarrow \text{(CH}_3)_2\text{NSO}_2\text{NH} \text{—} \langle \bigcirc \rangle \text{—CH}_3$$

它们在环境中的去向基本上是清楚的，分子中的二氯氟代甲硫基可从分子中离去，余下的是 N，N-二甲氨基磺酰苯胺，进一步通过 N-脱甲基化、羟基化、磺酰氨键水解、甲基氧化等降解反应。

参考文献

[1] Ragsdale N N, Sisler H D, CRC Handbook of Pest Management. CRC Press, Boca Raton, FL, Vol. Ⅱ, 1991, 461-496.

[2] Waldrop W. Status of Aquatic Copper Formulations in the EPA Re-registration Process, Outstanding Data Gaps of Concern, Proceeding of the Bioavailability and Toxicology Copper Workshop, 1992, 5-11.

[3] Guidance of Reregistration of Pesticide Products Containing Group Ⅱ Copper Compounds as the Active Case Number0649, U. S. E. P. A. Office of Pesticide Programs, Washington, DC, 1987.

[4] Wolf C N, Schuldt P H, Baldwin M M, s-Trriazine derivatives—a new class of fungicides. *Science*, 1955, 121: 61-62.

[5] Wolf Calvin N. Fungicidalcomposition and method of using same, US 2720480, 1955.

[6] Turner N J, Limpel N J L E, Batershell R D, et al. A new foliage protectant fungicide, tetrachloroisophthalonitril. Contribs. Boyce Thompson Inst. 1964, 22: 303-310.

[7] Vincent P G, Sisler H D. Antifugal action of 2, 4, 5, 6-tetrachloro iso-phthalonitrile. *Physiologia Plantarum*, 1968, 21: 1249-1264.

[8] Tillman R W, Siegel M R, Long J W. Mechanism of action and fate of the fungicide chlorothalonil (2, 4, 5, 6-tetrachloroisophthalonitrile) in biological systems Pestic. *Biochem Physiol*: 160-167(1973).

[9] Katayama A., Ukai T., Nomura K.. Formation of a methylthiolated metabolite from the fungicide cglorothaalonil by soil bacteria, *Biosci Biotech Biochem*. 1992, 56: 1520-1521.

[10] Kawamura Y. Takeda M, Uchiyama M. Photolysis of chlorothatonil in benzene. J. *Pesticide Scl*, 1978, 3: 397-400.

[11] Goksoyr J. The effect of some dithiocarbamyl compounds on the metabolism of fungi. *Physiologia Plantarum*, 1955, 8: 719-835.

[12] Ragsdale N N, Sisler H D, in D. Pimentel, ed., CRC Handbook of Pest Management in Agriculture, Vol. 2, 2nd ed. CRC Press Inc., Boca Raton, Ann Arbor, Boston, 1991, 464-467.

[13] Thorn G D, Richardson L T. Exudate produced by glomerella cingulata spores in the presence of copper and dithiocarmamate ions. *Can J Botany*, 1962, 40: 25-33.

[14] Woodcock D. in Siegel R. H. D, Sisler. ed., Antifungal Compounds, Vol. 2, Marcel Dekker Inc., New York, 1977, pp. 209-249.

[15] Moje W, Munnecke D E, Richardson L T, Carbonyl sulphide, a volatile fungitoxicant from nabam in soil. *Nature*, 1964, 202: 831-832.

[16] Wedding R T, Kendrick J B, Jr, *Phytopathology*, 1959, 49: 557-561.

[17] Moorehart A L, Crossan D F. The effect of manganese ethylene bisdithiocarbamate(maneb)on some chemical constituent of Colletotrichum capsicci. *Toxicol. Appl. Pharmacol*. 1962, 4: 720-729.

[18] Olin John F, Process for producing metal salts substituted dithiocarbamic acids. US 2492314.

[19] Beauchamp jr Robert O, Manganous dimethyldithiocarbamate stabilized with zinc dimethyldithioccarbamate. US 2861091, 1958.

[20] Aulbaugh Johnnie M, Process for preparing tetramethylthiuram disulfide, US 3147308, 1964.

[21] Dodge Howard, Method of making rubber articulated joints, US 2457647, 1948.

[22] Brucelyon Channing, Complex metal salts manganese ethylene bis dithiocarbamate, US 3379610, 1968.

[23] Brown I F., Sisler H D. Mechanism of fungitoxic action of n-dodecylguanidine acetate. *Phytopathology* 1960, 50: 830-839.

[24] Kappas A, Georgopoulos S G. Radiation-induced resistance to dodine in Hypomyces; Experimentia 24: 181-182 (1968).

［25］ Kappas A,Georgopoulos S G,Genetic analysis of dodinne resistance in Nectria haematococca（syn,hypomyces solani） Genetics 1970,66：617-622.

［26］ Szkolnik M,Gilpatrick J D,Apparent resistance of Venturia inaequalis to dodine in New York apple orchards. Plant Disease Reptr,1969, 53：861-864.

［27］ Gilpatrick J D,Blowers D R,Ascospore tolerance to orchard control of apple scab. Phytopathology,1974,64：649-652.

［28］ Yoder K S,Klos E J. Tolerance to dodine in Venturia inaequalis. Phytopathology,1976 66：918-923.

［29］ Kittleson A R,A new class of organic fungicides. *Science*,1952 115：84-86.

［30］ Kittleson A R,N-trichloromethylthio erivatives,US 2856410,1958.

［31］ Kittleson A R,Parasiticidal compounds containing the NSCCl₃ group,USP 2553770,1951.

［32］ Kittleson A R,Manufacture of N-trichloromethylthioimides,US 2553776,1951.

［33］ Lukens R J,Sisler H D,Chemical reactions involved in the fungitoxicity of captan. Phytopathology,1958,48：235-244.

［34］ Owens R G,Blaak G. . Contribs. Boyce Thompson Inst. 1960,20：475-497.

［35］ Lukens R J,Chemical and Biological Studies on a Reaction Between Captan and the Dialkyldithiocarbamates. Phytopathology 1959,49：339-343.

［36］ Siegel M R. Reactions of the fungicide folpet（N-（trichloromethylthio）phthalimide）with a thiol protein. Pestic. Biochem. Physiol. 1971,1：225-233.

［37］ Ter horst William P. Parasiticidal preparation,US 2349771,1944.

［38］ Dannhauser K . Process for the production of 2,3-dichloronaphthoquinone -（1,4）,USP3484461,1969.

［39］ Buzbee L . Preparation of 2,3-dichloro-1,4-naphthoquinone from naphthalene,US 3433812,1969.

［40］ Owens R G. Studies on the nature of fungicidal action I. Inhibition of sulfhydryl,amino-,iron-,and copper-dependent enzymes in vivo by fungicides and related compounds. Contribs. Boyce Thompson Inst. 1953,17：221-242.

［41］ Owens R G,Novotny H M,Mechanism of action of the fungicide dichlone（2,3-dichloro-1,4-naphthoquinone）. Contribs. Boyce Thompson Inst. 1958,19：463-482.

第十二章
未知作用机制的杀菌剂

在研制各种新杀菌剂的过程中，至今还有不少的产品不清楚它们的作用机制，其中包括作用于白粉病和卵菌类的很多杀菌剂新品种，另外，还有一些常用的老品种至今对它们的作用机制尚无完全定论，现分述如下。

第一节　用于白粉病的杀菌剂

白粉病对农作物的危害严重，虽已有多种杀菌剂如苯并咪唑类、麦角甾醇生物合成脱甲基化抑制剂或甲氧基丙烯酸酯类杀菌剂等可应用，但为了应对抗性风险，还需要更多的新作用机制的高效杀菌剂。新发现的环氟菌胺（cyflufenamid）、苯菌酮（metrafenone）及丙氧喹啉（proquinazid）是近年开发的在谷物及特殊作物中防治白粉病的药剂。可与多种杀菌剂混用，具有一定的广谱性，它们的作用机制还不是很清楚，与目前商品化的杀菌剂未发现具有交互抗性，有希望在谷物和一些特殊的作物中防治白粉病。

1. 环氟菌胺（cyflufenamid）

$C_{20}H_{17}F_5N_2O_2$, 412.35, 180409-60-3

环氟菌胺是一种苯甲酰胺肟醚类杀菌剂，由日本曹达公司引入市场作为果树、蔬菜和谷物白粉病防治剂，自1998年起对环氟菌胺进行了各种安全性试验和生物试验。于2002年12月获得原药登记。2003年11月获其混剂的农药登记。

理化性质　为具有芳香味的白色团体，熔点61.5～62.5℃，蒸气压3.54×10^{-5}Pa（20℃），水中溶解度为0.52mg/L（20℃，pH 6.5），丙酮920g/L，二氯甲烷902g/L，二甲苯658g/L，乙醇500g/L，乙酸乙酯808g/L，正己烷18.6g/L，在pH 5～7的水溶液中稳定，pH 9的水溶液中DT_{50}值为288d，水溶液光解DT_{50}值为594d。

毒性　该药的大鼠急性经口毒性$LD_{50} > 5000$mg/kg，大鼠急性经皮$LD_{50} > 2000$mg/kg。大鼠急性吸入LC_{50}（4h）> 4.76mg/L。对兔皮肤无刺激性，对兔眼睛有轻微刺激性，对豚鼠皮肤无致敏性，鱼毒$LC_{50} > 1.14$mg/L（鲤鱼，96h），藻类$EC_{50} > 0.83$mg/L（72h）。

发现过程　日本曹达公司于1965年就开始了肟醚类衍生物的研究，相继开发了多个具有高活性的农药品种并投入了应用，如杀螨剂苯螨特、除草剂禾草灭及禾稀定等。在一系列肟醚类化合物实现工业化的过程中，为关键中间体，烷氧基胺的制备奠定了很好的基础。进一步以此为原料开展新药的研制是公司的研究策略之一。20世纪80年代，农药研究领域中，人们对于卵菌纲病菌具活性的甲霜灵产生了很大的兴趣。曹达公司也进行了甲霜灵的基本官能团变化，从事开发新杀菌剂的研究，引入了肟醚结构（**2-12-1**），从中发现了具有杀菌活性的新化合物。自新先导结构（**2-12-2**）

发现后，为扩展其生物活性，早期对分子中苯环、肟、酰胺部分进行了系统的探讨，发现所合成的化合物主要对白粉病有效，但杀菌谱较窄。当时最佳结构为化合物（**2-12-3**）和（**2-12-4**），不过其效果低于传统的杀菌剂，并无商品化价值，从而不得不中断研究。

2-12-3　　　　　　　　**2-12-4**　　　　　　　　**2-12-2**

自 20 世纪 90 年代后，传统的白粉病防治药剂由于抗性不断严重，导致药剂的效果日益低下，市场急需新的白粉病防治药剂。1992 年该公司又对苯甲酰胺肟类化合物重新进行了研究。通过重新评价在 20 世纪 80 年代开发的化合物，认为要提高化合物对白粉病的杀菌活性，必须提高它们对大麦叶面的内吸渗透活性，并应具有很好的治疗及持效作用。为此目的，可以考虑的策略之一是提高分子的蒸气压。为了改变分子的蒸气压，在分子中引入多个氟原子，研究证实导入氟原子使化合物的蒸气压得到改善，叶面的含药量得到提高，特别是在苯乙酰基的苯环上有甲氧基的化合物性能较好，但从合成的难易、生产成本、安全性及对环境影响等因素，最终选择苯乙酰基的苯环上无取代基的环氟菌胺作为候选品种开发（见表 2-12-1）。

表 2-12-1　各种芳环取代化合物对白粉病的活性及其特性

X_n	Y_m	黄瓜白粉病		麦类白粉病	
		预防活性 EC$_{75}$/（mg/L）	挥散效果	预防活性 EC$_{75}$/（mg/L）	对新展开叶的效果 EC$_{75}$/（mg/L）
2,6-二氯	H	0.8	×	3.1	>1600
2,3,6-三氯	H	0.2	×	0.8	>1600
2-氟-6-三氟甲基	H	0.8	◎	0.8	>100
2,3-二氯-6-三氟甲基	2-氟-5-甲基	0.2	○	0.2	50
2-氟-3-氯-6-三氟甲基	H	0.2	○	0.8	>100
2-氯-3-氟-6-三氟甲基	H	0.8	○	0.01	25
2-氯-3-氟-6-三氟甲基	3-甲基	0.8	△	0.2	>100
2,3-二氟-6-三氟甲基	H	0.2	◎	0.2	50
2,3-二氟-6-三氟甲基	4-甲氧基	0.2	◎	0.2	25
2,3-二氟-6-三氟甲基	2-氟	0.2	◎	0.2	50
2,3-二氟-6-三氟甲基	2-氟-5-甲基	0.2	◎	0.05	25

注：挥散效果：×无，△低，○中，◎高。

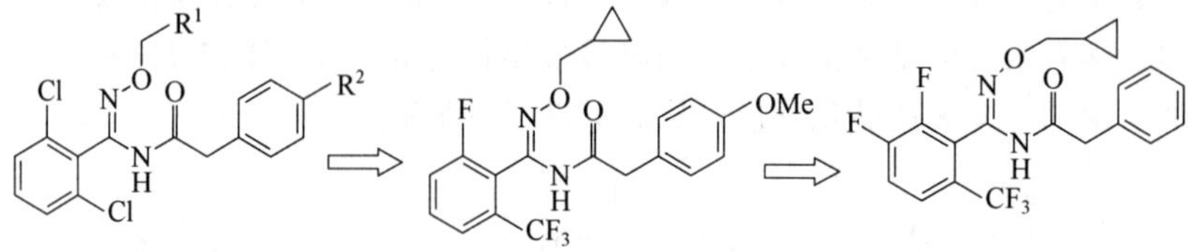

环氟菌胺的结构中具有肟醚的子结构，应具有 E 及 Z 的几何异物体。对该化合物的晶体进行了 X 射线衍射法结构解析后，确认所得化合物只是 Z-体结构。这可能是由于分子中苯环 2,6-位取代基的立体障碍作用之故。

环氟菌胺的合成路线经各种方法比较后，确立的方法是由氨基肟经烷基化、酰化后制得：

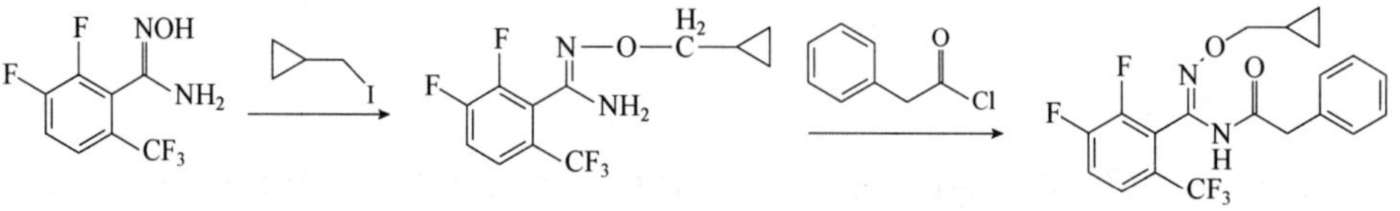

但在环氟菌胺的合成中，关键是必须建造在苯环上含有氨基肟的基团，并有连续相连 4 个取代基的苯中间体制备方法。探讨了各种合成方法后，最终确立的合成工艺如下。

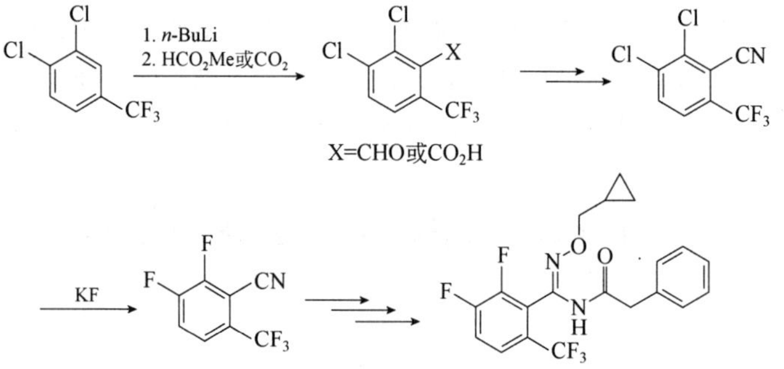

X=CHO或CO₂H

环氟菌胺对甾醇类生物合成抑制剂、吗啉类、甲氧基丙烯酸酯类、苯并咪唑类、嘧菌环胺及喹氧灵均未观察到交互抗性，从形态学上看，环氟菌胺是抑制吸器的形成及发育，抑制次生菌丝的生长和分生孢子的形成，而孢子的发芽、芽管的伸长及附着孢的形成均不受抑制。用桃褐腐病菌进行的一系列试验显示对细胞分裂、甾醇合成、类脂的合成、细胞膜形成或呼吸均未受影响。该药对谷物白粉病有预防与治疗活性，并具有持效性，蒸气压和植株内移动性也很好，但在寄主植物中并未观察到传导性。该药最早在日本是用于果树和蔬菜，2005 年英国用于谷物。经对各种作物的盆栽试验表明，环氟菌胺对麦类、黄瓜、草莓、蔷薇、苹果、葡萄等作物的白粉病在 1mg/L 以下的浓度即呈现卓越的效果。另外，它对苯并咪唑类、三唑类及甲氧基丙烯酸类等具抗性的黄瓜白粉病菌与敏感品系一样，均有很好的效果。由此认为，该药剂与上述其他类型的杀菌剂无交互抗性。环氟菌胺对病原菌的孢子发芽和菌丝伸长的影响也与其他现有药剂的形态不同，认为可能有新的作用机理。再有，经对桃褐腐病菌试验表明，该药剂对病原菌的细胞分裂、甾醇生化合成、脂质生化合成、几丁质生化合成、细胞膜功能、呼吸等并无影响，故而认为其具有其他的作用机制。

2. 苯菌酮 （metrafenone）

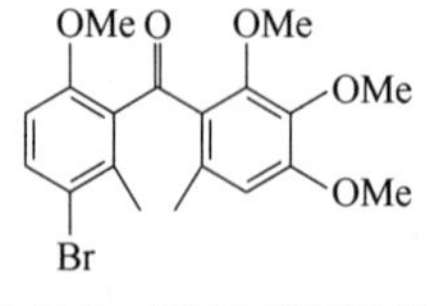

C₁₉H₂₁BrO₅, 409.27, 220899-03-6

苯菌酮是第一个二苯酮类杀菌剂，由美国 Cyanamid 公司发现，2004 年由 BASF 引入欧洲市场，用于防治小麦及大麦的白粉病，2006 及 2007 年相继在德国和美国登记使用，用于谷物及葡萄田中预防及治疗白粉病，对小麦及大麦的眼斑病也有活性。

　　理化性质　苯菌酮熔点 99.2～100.8℃，蒸气压为 $2.5610^{-4}Pa$（25℃），K_{ow} lg$P = 4.3$（pH 4），在水中的溶解度为 0.49mg/L（20℃，pH 7）。

　　合成方法：

　　毒性　大鼠急性毒性 $LD_{50} > 5000$mg/kg，对兔眼睛无刺激，鱼毒 $LC_{50} > 94$mg/L（96h，虹鳟鱼），对藻类 EC_{50} 为 2.9mg/L（72h）。

　　应用　该药对谷物、葡萄及蔬菜的白粉病具有很强的预防和治疗及持效性，对小麦和大麦的眼斑病也很有效。它有很好的传导性，可向顶传导，并通过蒸气压分布至植物全株。

　　目前未发现它与其他杀菌剂有交互抗性存在，其作用机制尚未全部清楚，但不同于其他主要杀菌剂，其化学生物学靶位研究正在进行。用于大麦白粉病的研究表明，它破坏肌动蛋白细胞骨架的组成和极性，形态学研究显示该药在应用早期与小麦白粉病菌相互作用，抑制菌丝体的生长，并阻止菌丝渗透进入叶面，对附着孢子的发育、吸器的形成及孢子减少有效。

3. 丙氧喹啉（proquinazid）

C_{14}H_{17}IN_2O_2, 372.2, 189278-12-4

　　丙氧喹啉是一个属于喹唑啉酮的杀菌剂，由杜邦公司开发，代号为 DPX-KQ926，于近年引入欧洲市场，用于谷物、葡萄园防治白粉病。

　　理化性质　熔点 48～49℃。

　　发现过程　丙氧喹啉的发现是杜邦公司由随机筛选所得的具有杀菌活性的吡啶并嘧啶衍生而来，该化合物在高剂量时对白粉病有效，经优化后改为苯并嘧啶酮为先导化合物：

　　虽然研究中发现许多这类化合物在温室下具有高的活性，但只有喹唑啉衍生物在田间有活性，可用于防治谷物、葡萄及其他作物的白粉病，它的用量低，并具有很好的持效性。

　　合成方法　由间碘代邻氨基苯甲酸作为起始原料，与正丙基异硫氰酸酯或与硫代光气及正丙胺作用，关环生成碘代苯并嘧啶酮硫酮衍生物，再将硫酮基转化为正丙氧基后即得产品。

毒性 对大鼠急性经口 $LD_{50} > 2000mg/kg$，对兔眼睛无刺激作用，鱼毒 LC_{50} 为 2.3mg/L（96h，虹鳟鱼），对藻类毒性 EC_{50} 为 3.3mg/L（72h）。

应用 丙氧喹啉具有新的与过去杀菌剂不同的未知作用机制，未见它与过去的杀菌剂有交互抗性的报道，至今其分子靶位尚不清楚。从形态学上看，它能抑制孢子的发芽和附着孢子的形成。丙氧喹啉对白粉病有预防作用，但是治疗作用不够高，具有局部的内吸作用，但是由于它的蒸气压，可保护未处理的叶片或附近的植株不受病害侵染。2005 年登记，用量有效成分为 $40g/hm^2$，活性可达六周以上，它可与不同作用机制的防治白粉病的药剂混用。

第二节　对卵菌纲有效的新杀菌剂

一、羧酸酰胺类化合物

羧酸酰胺类化合物（Carboxylic acid amides，CAAs）是一类对卵菌病害具有优异防治效果的新型杀菌剂。该类杀菌剂由三类化学结构各不相同的化合物组成，其中包括肉桂酸酰胺、缬氨酰氨基甲酸酯和扁桃酸酰胺类。由于这三类杀菌剂具有相似的杀菌活性，且相互间存在正交互抗药性，国际杀菌剂抗药性行动委员会已于 2005 年底将这三类具有不同化学结构的杀菌剂归为羧酸酰胺类杀菌剂。尽管国际杀菌剂抗药性行动委员会将 CAAs 划分为脂质和膜生物合成抑制剂的范畴，但由于其确切作用靶点目前尚不清楚，因此我们将其放在本章论述。

羧酸酰胺类杀菌剂的主要品种如下。

① 肉桂酸酰胺类

烯酰吗啉(dimethomorph, 1988)　　氟吗啉(flumorph, 2000)

② 缬氨酰氨基甲酸酯类

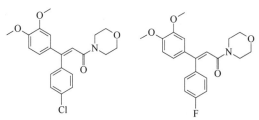

异丙菌胺(iprovalicarb, 1998)　　苯噻菌胺 (benthiavalicarb, 2003)

霜霉灭(valiphenal)

③ 扁桃酸酰胺

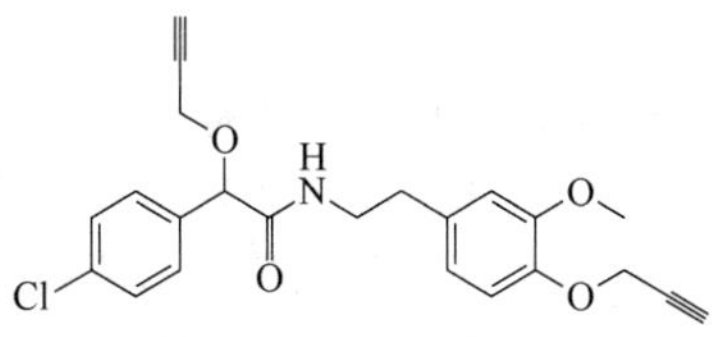

双炔酰菌胺(mandipropamid, 2005)

　　CAAs 杀菌剂的化学结构差异较大，作用机理及作用靶标目前尚未完全明确，但已有研究表明，该类杀菌剂具有相似的作用机理，通过抑制细胞膜磷脂层的合成及细胞壁的形成达到防治病害的目的。

　　（1）均具有酰氨键　尽管 CAAs 杀菌剂的化学结构差异较大，但是都形成了酰氨键，即肉桂酰氨键、缬氨酰氨键和扁桃酰氨键。在代谢过程中，酰氨键的断裂是主要的代谢方式，这说明酰氨键可能是 CAAs 化合物中共有的一个活性中心。

　　（2）相似的杀菌谱　CAAs 杀菌剂具有相似的杀菌谱，对多数卵菌如假霜霉属（*Pseudoperonospora*）（黄瓜霜霉）、霜霉属（*Peronospora*）（十字花科蔬菜霜霉）、单轴霉属（*Plasmopara*）（葡萄霜霉）和疫霉属（*Phytophthora*）（番茄晚疫、辣椒疫霉）等引起的植物病害均具有优异的保护、治疗和铲除作用，但对腐霉和真菌均无明显的抑制效果。

　　（3）相似的生化活性　病菌经烯酰吗啉作用后导致菌丝形态改变，成串珠状畸形膨大，并造成菌体细胞内膜结构的破坏。异丙菌胺处理的马铃薯晚疫病菌也产生相似的畸形变化，即菌丝亚顶端形成串珠状畸形。进一步生化研究发现，烯酰吗啉对病原菌的呼吸作用以及脂质、蛋白质和核酸等的生物合成均无影响。

　　（4）抑制病菌的相同发育阶段　所有 CAA 类杀菌剂均能抑制除游动孢子释放、游动阶段以外的全部发育阶段，包括病原菌孢子囊或休止孢的萌发、菌丝的生长、孢子囊和卵孢子的形成等。病原菌游动孢子的释放和游动是一个需要能量的过程，根据 CAAs 抑制剂对这一阶段没有抑制作用推断，CAA 类杀菌剂可能不影响病原菌的能量形成过程。进一步研究发现，孢子囊形成阶段受 CAAs 的抑制作用最强。孢子囊形成阶段是细胞壁生成的重要阶段，并且除游动孢子的释放和游动阶段外，病菌生长的其他阶段都具备完整的细胞壁。因此 CAAs 杀菌剂可能影响着细胞壁物质的合成或分布。

　　（5）存在交互抗性　CAAs 杀菌剂与甲霜灵等苯酰胺类杀菌剂无交互抗性，但是植物病原菌中不同的疫霉菌、霜霉菌、同一疫霉菌的不同菌株都可能对 CAAs 杀菌剂产生正交互抗性。例如对烯酰吗啉产生抗药性的葡萄霜霉病菌同样对异丙菌胺、双炔酰菌胺等也产生了抗药性；对氟吗啉产生抗性的辣椒疫霉菌对异丙菌胺也具有抗性等。

　　另外，一些研制的品种也有不少在此范围内。如 1995 年研究的扁桃酸衍生物 SX 623509 和 2005 年的氨基砜 XR-539。

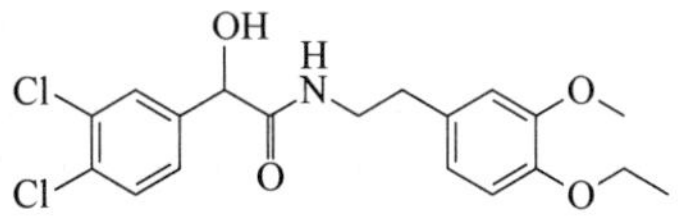

SX623509

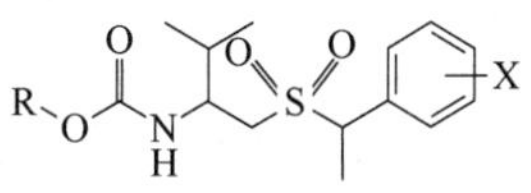

氨基砜XR-539

（一）肉桂酸酰胺类

1. 烯酰吗啉（dimethomorph）

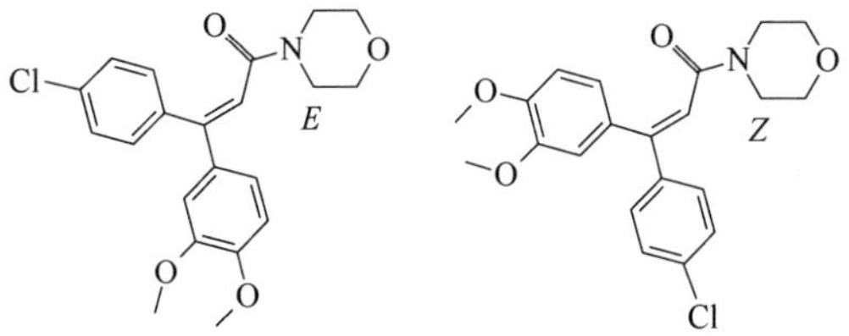

$C_{21}H_{22}ClNO_4$, 387.86, 110488-70-5

烯酰吗啉（dimethomorph）是该类杀菌剂中最早研发成功的品种，20世纪80年代该品种先后由 Shell、American Cyanamid 和 BASF 推向市场，对霜霉病及疫霉病有特效，且与目前市场上广泛使用的其他类型杀菌剂无交互抗药性，在使用过程中表现出较低的抗药性风险。烯酰吗啉的使用在治理马铃薯晚疫病菌、葡萄和瓜类霜霉病菌等对苯酰胺类杀菌剂的抗药性中起到了重要作用。

理化性质 烯酰吗啉是 E-体与 Z-体的混合物，活性体为 Z-体，但在光照下很快可达到平衡，E/Z 体的比例为 20：80。为无色的结晶，熔点为 $127\sim148℃$，其中 E-体为 $135.7\sim137.5℃$，Z-体为 $169.2\sim170.2℃$，25℃时的蒸气压 E-体为 9.7×10^{-4} mPa，Z-体为 1.0×10^{-3} mPa，$K_{ow}lgP$ 分别为 2.63 及 2.73（20℃）。在水中的溶解度少于 50mg/L，在正常条件下对热及水解稳定，在暗处可保持 5 年以上，在日光下两个异构体可互相转换。两者的物化性质比较见表 2-12-2。

表 2-12-2 烯酰吗啉手性异构体物理化学性质比较

性　　质		（Z）-异构体	（E）-异构体
熔点/℃		$169.2\sim170.2$	$135.7\sim137.5$
蒸气压（25℃）/Pa		1.0×10^{-6}	9.7×10^{-7}
$K_{ow}lgP$（20℃）		2.73	2.63
溶解度（20℃）/（mg/L）	丙酮	15	88
	N,N-二甲基甲酰胺	40	272
	正己烷	0.02	0.04

应用 烯酰吗啉对一系列霜霉菌和白锈菌科（霜霉病及白锈病）有效，也对疫霉属有效，但对腐霉属无效，它具有很好的保护、治疗和产孢活性。烯酰吗啉具有内吸的活性，可从叶片或从土壤中施用此药后由根部吸收，此药广泛用于防治葡萄、马铃薯、蔬菜及其他作物的霜霉病和疫霉病，它也可与杀菌剂如二噻农、代森锰锌、铜制剂等混用，可作为浓乳剂或浓分散剂、可湿性粉剂等使用。

烯酰吗啉存在顺反异构体，异构体比例为 4：1（$Z：E$）。烯酰吗啉的两个异构体不仅在物理化学性质上存在差异，而且生物活性也不同。烯酰吗啉的活性成分是（Z）-异构体，但是由于在光照条件下，（Z）-异构体会异构成（E）-异构体，因此烯酰吗啉中含有少量的非活性成分（E）-异构体。目前对此类化合物原初的结合位置尚不清楚。在有此药存在时，从生物化学上可观察到敏感的卵菌正常细胞壁的损失，导致细胞溶裂，菌丝体的生长和孢子囊的发育阶段对此药最为敏感，对苯基酰胺类杀菌剂有抗性的卵菌类对此药不产生交互抗性。

合成方法 由 4-氯-3,4-二甲氧基苯乙酮与 N-乙酰基吗啉在氢氧化钾或叔戊酸钠存在下反应即可：

毒性　烯酰吗啉对大鼠急性经口毒性 LD_{50} 为 4300～3500mg/kg，急性经皮 LD_{50} >5000mg/kg，对兔子的眼和皮肤无刺激作用，对生态环境没有破坏。

代谢　在大鼠体内主要的代谢途径之一是脱甲氧基，或吗啉环上的 CH_2 基团之一被氧化，在植物体内，残留物为没有分解的烯酰吗啉。在动物体内，烯酰吗啉的代谢主要是苯环上两个甲氧基的去甲基化，以及吗啉环上邻位或间位亚甲基的氧化。

2. 氟吗啉 （flumorph）

$C_{21}H_{22}FNO_4$, 371.4, 211867-47-9

氟吗啉为烯酰吗啉的类似物，由我国沈阳化工研究院刘长令研究员研制成功，它也是由 E-及 Z-体所组成，其比例为 45:55，该药改进了抗产孢作用和治疗活性，这是因为氟原子特有的生物性能，使含有氟原子的氟吗啉的防病杀菌效果活性显著高于同类产品。

理化性质　纯品为白色固体，熔点 110～115℃，K_{ow} lg P 2.20，微溶于己烷，易溶于甲醇、甲苯、丙酮、乙酸乙酯、乙腈、二氯甲烷，通常情况下（20～40℃），对光、热、水解稳定。

合成方法　与烯酰吗啉类似：

应用　该药不仅对孢子囊萌发的抑制作用显著，且治疗活性突出。氟吗啉对甲霜灵产生抗性的菌株仍有很好的活性。杀菌剂持效期通常为 7～10d，推荐用药间隔时间为 7d 左右；氟吗啉持效期为 16d，推荐用药间隔时间为 10～13d。由于持效期长，在同样生长季内用药次数减少。氟吗啉主要用于防治卵菌纲病原菌产生的病害，如霜霉病、晚疫病、霜疫病等，具体的如黄瓜霜霉病、葡萄霜霉病、白菜霜霉病、番茄晚疫病、马铃薯晚疫病、辣椒疫病、荔枝霜疫病、大豆疫霉根腐病等。具有很好的保护、治疗、铲除、渗透、内吸活性，治疗活性显著。主要用于茎叶喷雾，通常使用剂量为 50～200g（a.i）/hm²，其中作为保护剂使用时剂量为 50～100g/hm²，作为治疗剂使用时，剂量为 100～200g/hm²。

（二）氨基酸酰胺类

1. 异丙菌胺（iprovalicarb）

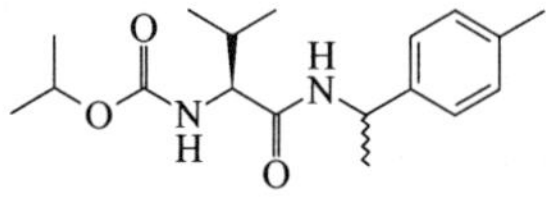

C₁₈H₂₈N₂O₃，319.44，140923-17-7

这是第一个引入市场的氨基酸酰胺类化合物，这类化合物是由 Bayer 公司于 1988 年发现的，1998 年在印度尼西亚登记，2000 年在德国、法国和意大利批准使用。结构变化范围可以很大，对卵菌纲病菌有很好的活性，其基本化学结构式为：

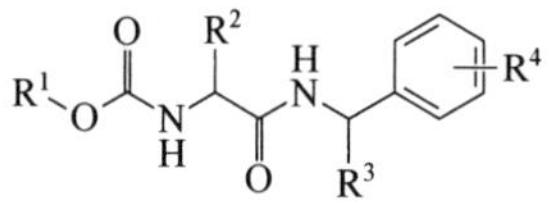

分子中 R¹ 基团以带 α-侧链烷基为好，也可由芳香环直接取代，氨基酸部分用缬氨酸或异亮氨酸可取得好的效果，即 R² 为异丙基或仲丁基时对活性有利。氨基酸酰胺部分的氨基则是采用带有α-侧链的芳基乙基胺，能获得很好的活性。最终筛选出异丙菌胺作为商品化品种。

异丙菌胺分子中含有两个手性中心，在氨基酸部分立体中心的构型是由天然的氨基酸缬氨酸确定的，而分子的另一氨基则是外消旋的。活性物质含有两个非对映异构体（即 S,S-及 S,R-）。即异丙菌胺分子可看成由三部分组成，即异丙氧基羰基、天然的氨基酸及对甲基苯基乙胺。

合成方法　由氯甲酸异丙酯与缬氨酸在氢氧化钠水溶液中反应生成异丙氧基羰基缬氨酸。

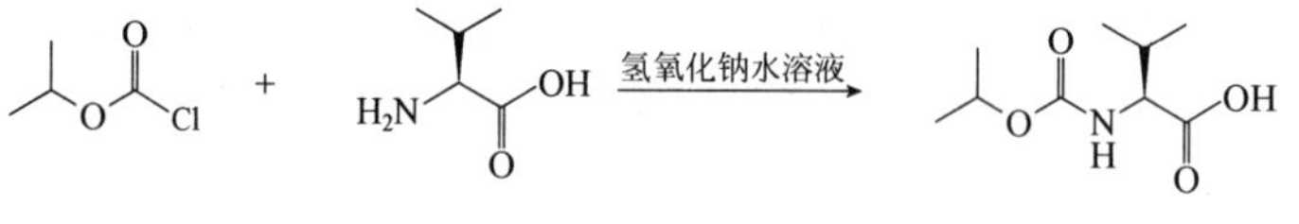

对甲基苯基乙胺则由甲苯作起始原料，经 Friedel-Crafts 酰基化反应，生成对甲基苯乙酮，然后在 RaneyNi 存在下进行氢化氨化还原得到对甲基苯基乙基胺。

再用第二份的氯甲酸异丙酯活化异丙氧基羰基-1-缬氨酸的羧基，在碱性条件下用甲苯作溶剂，得到混合的酸酐，为中间产物：

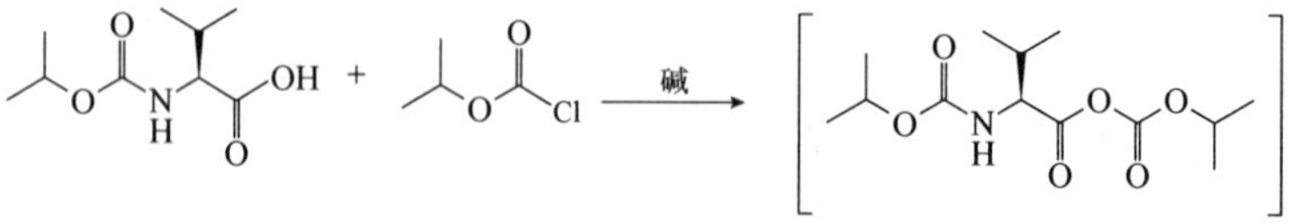

最后混合酸酐不用分离，只需在碱的作用下，将起先合成的对甲基苯乙胺的甲苯溶液加入其中，生成最终的产物并放出二氧化碳和异丙醇。该反应在实验室总收率高于 85％。该法也可用于

工业生产。

应用　异丙菌胺最先于 1998 年在印度尼西亚登记，2000 年在德国、法国和意大利批准使用。后可与代森锰、灭菌丹、铜制剂混用，另外也曾在多个国家登记与甲代森锌联合使用。2002 年也曾有与代森锰、乙膦铝形成三元混合的制剂，它们在各种不同的生产条件下，对多种作物具有很广谱的杀菌效果，并抑制抗性的发展。

代谢　异丙菌胺的代谢途径如下式所示。在哺乳动物体内，异丙菌胺最主要的代谢途径是苯环上甲基的羟基化作用以及将羟基化产物氧化成羧酸。除此以外，还有苯环上的羟基化作用以及酰氨键的断裂。与在哺乳动物中类似，异丙菌胺在植物中的代谢途径主要是苯环上甲基或苯环间位的羟基化作用及羟基化产物与活性物质的缀合作用，以及对甲基苯氨基与缬氨酸酰胺键的断裂。在土壤中，异丙菌胺的主要代谢产物是对甲基苯乙胺与对苯二甲酸，两者最终都被代谢成为二氧化碳。

2. 苯噻菌胺（benthiavalicarb）

$C_{15}H_{18}FN_3O_3S$, 381.46, 413615-35-7

苯噻菌胺是由日本 Kumiai-Ihara 开发用于防治卵菌病害，如葡萄和蔬菜的霜霉病和马铃薯晚疫病的药剂。苯噻菌胺的结构与异丙菌胺相似，2003 年在瑞士和古巴首先登记。2004 年在瑞士将苯噻菌胺与代森锰混用，以防治葡萄霜霉病，2005 年在比利时，2006 年在荷兰和英国和澳大利亚使用。

合成方法 苯噻菌胺与异丙菌胺一样含有两个手性中心，其立体构型中第一个手性来源于缬氨酸这一天然的氨基酸，分子中的第二个氨基酸是非天然氨基酸——（R）-丙氨酸。该化合物的中间体异丙氧基羰基-1-缬氨酸的合成与异丙菌胺相同。而 2-（1-氨基乙基）-6-苯并噻唑则可由 2-氨基-5-氟苯硫酚与（R）-丙氨酸甲酯反应。其他路线是立体选择性还原氨化 2-乙酰基-6-氟苯并噻唑或由 2-氰基-6-氟苯并噻唑与甲基溴化镁或甲基锂反应生成，反应式如下：

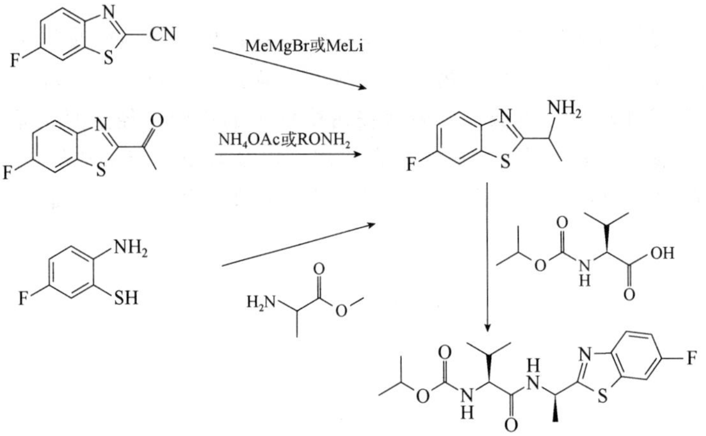

最后再将异氧基羰基缬氨酸的羧酸活化生成酸酐后，在碱性条件下与 2-（1-氨乙基）-6-氟苯并噻唑的甲苯溶液反应，生成苯噻菌胺。

另一条合成路线是由异丙氧基羰基缬氨酸与用 N-羟基丁二酰化亚胺保护的（R）-丙氨酸进行酰胺化反应，所生成的二肽即可通过 2-氨基-5-噻吩的锌盐在二甲基甲酰胺和水的酸性介质中，转变成目标分子苯噻菌胺。

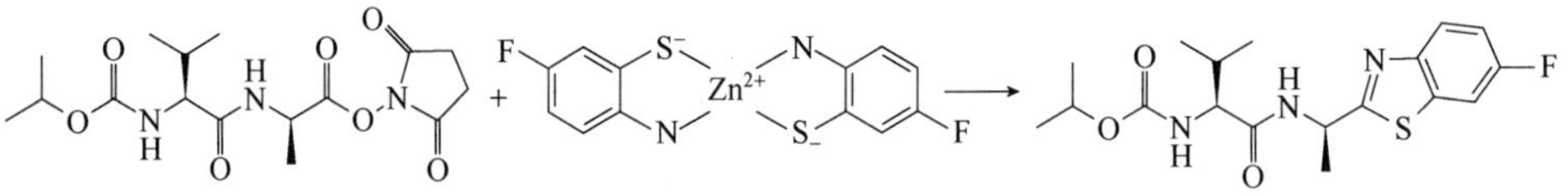

代谢 苯噻菌胺在土壤中的代谢途径如下：

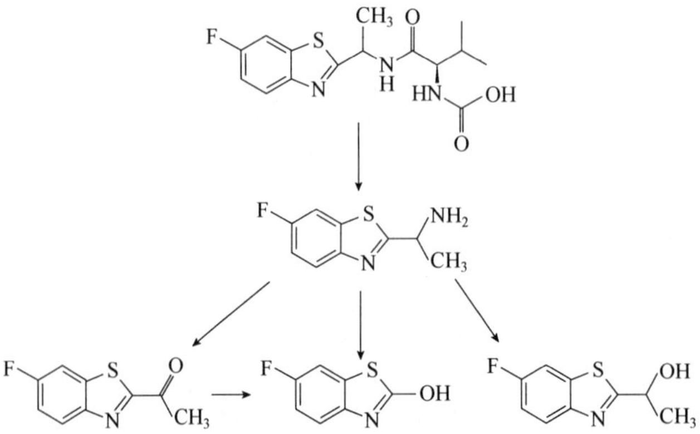

3. 霜霉灭（valiphenal）

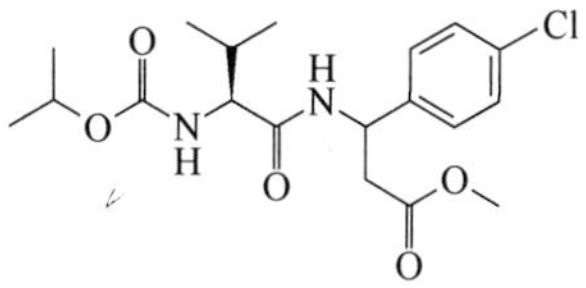

$$C_{19}H_{27}ClN_2O_5,\ 378.46,\ 9513453$$

霜霉灭是一个缬氨酰胺类的二肽类杀菌剂，由 Isagro 开发，现已在意大利登记使用。

合成方法　与异丙菌胺相似。另一方法是将氯甲酸异丙酯与 4-异丙基噁唑啉-2，5-二酮在有 *N*-甲基吗啉存在下在乙酸乙酯溶剂中反应，生成中间体 *N*-烷氧基羰基噁唑啉二酮，然后与相应的 *β*-氨基酸酯反应得到最终产物。

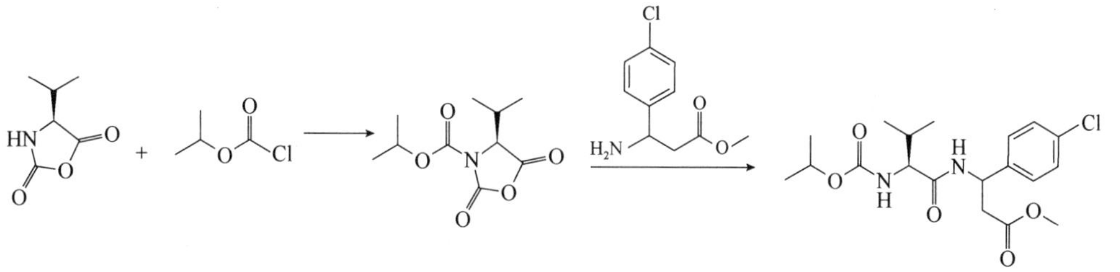

应用　可用于多处卵菌的防治，如致病疫病、霜霉病和单轴霉属病害，适用于作物如葡萄、马铃薯和各种蔬菜，目前详细的生物化学信息尚不很清楚。

4. 氨基砜类（aminosulfones）

这是 Dow 化学公司发现的一类新杀菌剂，目前尚在试验阶段，其中试验品种为 XR-539，该化合物显示对卵菌类如葡萄霜霉病和马铃薯晚疫病有高活性。

合成方法：

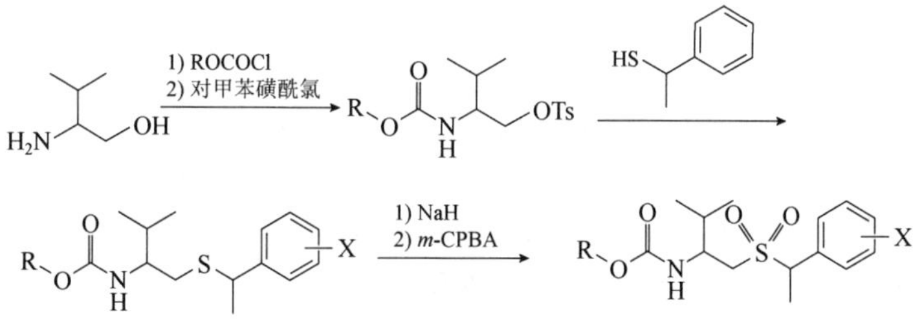

将 *β*-氨基醇与氯甲酸酯反应，生成被氨基醇保护了的相应的氨基甲酸酯，游离的羟基用对甲苯磺酰氯活化，生成亲电子的苯甲酸酯，然后与亲核的苯乙基硫醇偶合，再氧化形成砜。XR-539 结构上相似于氨基酸酰胺类杀菌剂，如异丙菌胺和苯噻菌胺，其活性作用酷似于烯酰吗啉和异丙菌胺，具有相同的治疗效果，但 KR-539 对腐霉属无效。这证明该药与 CAA 类杀菌剂对于葡萄霜霉病具有交互抗性，其作用机制相似于肉桂酸酰胺和缬氨酸酰胺类，其结合位点是否完全与肉桂酰胺类完全相同尚无定论。

5. *N*-磺酰基氨基酸酰胺（试验品种）

N-氨基甲酰基氨基酸酰胺可以被磺酰氨基团置换，并保留有相似的活性，但分子中必须含有二烷基氧基取代物的苯基乙基胺部分，在这类分子中，氨基酸必须具有亲脂骨架，才能具有好的杀菌活性。分子中的 *α*-碳的构型也是很重要的因素，天然氨基酸的 L-型活性比非天然的氨基酸好，下面是两个有活性的这类化合物：

这里分子中的磺酰基不能很大，一般是甲基或乙基磺酰基或二甲氨基磺酰基。它们均有高活性。结构与活性关系的研究表明苯环对位具有对氯苯基丙炔氧基时活性高，它在很低的浓度下（EC$_{80}$ 0.02μg/mL）对番茄疫霉病就有很好的效果。直接只带一个丙炔氧基也能有很好的活性。

（三）扁桃酸酰胺类

最早是 20 世纪 80 年代，首先发现在扁桃酰苯胺类衍生物中，苯基部分具有二烷氧基取代的化合物，对人体有抗真菌活性，90 年代 Bayer 发现如下的化合物对皮肤霉菌和牛皮癣有效。

SX623509

同时化合物 SX623509 对植物病原菌，特别是对卵菌类有效，Novartis 将化合物中的乙氧基改变成炔丙氧基后，发现它具有很好的杀菌活性。该化合物还具有抗细菌和杀利什曼（原）虫的作用。而分子中第二个炔丙基的引入，则进一步增加了杀菌活性，导致最后开发了杀菌剂双炔酰化菌胺。

1. 双炔酰菌胺 （mandipropamid）

C$_{23}$H$_{22}$ClNO$_4$, 411.88, 374726-62-2

双炔酰菌胺是先正达公司开发的新型卵菌纲病害杀菌剂，也是第 1 个商品化的扁桃酸类衍生物。

合成方法　在这类化合物的合成中，重要的是建造扁桃酸酰胺的氨基部分，即 2-（4-羟基-3-甲氧基）苯乙胺的合成，它的合成可有多种方法，其中如其中以由香草醛与硝基甲烷为原料的方法比较方便，所得产物中硝基和烯基的还原可用氢化铝锂一步完成；第二个方法是催化氢化香草醛的氰化物；第三个可能是催化氢化苄基腈，它可直接得到香草醇等。

双炔酰菌胺的合成可通过多种合成方法得到产品。一个重要的方法是用 4-氯代扁桃酸作原料，因为它可由对氯苯甲醛作为起始原料，经合成氰化物，再用氯仿及氢氧化钠生成 4-氯代扁桃酸，也可由 4-氯苯乙酮开始合成，所得的 4-氯代扁桃酸与丙酮在酸性条件下，生成丙酮化合物，再用 2-（4-羟基-3-甲氧基苯乙基）胺开环生成带有两个羟基的相应酰胺衍生物，这两个羟基可以用炔丙基溴化物与氢氧化钠在相转移催化的条件下同时炔丙基化而得到最终产物。

所得的双炔胺菌是一对对映体，也曾研究过通过对映选择性的反应来合成光学活性的产品，但是商品化的品种是外消旋的。

应用　它既可有效地抑制孢子的萌发，又能抑制菌丝体的生长与孢子的形成；不仅活性高，而且具有很好的耐雨水冲刷性能；具有较长的持效期；使用剂量通常为 100～150g（a. i.）/hm² 或 10～15g（a. i.）/100mL，对作物、人、野生动物和环境安全。

结构与活性的关系　自从 2001 年先正达公司报道了双炔酰化菌胺之后，各大农药公司从不同角度对其进行了修饰，不同的结构，活性差别很大，但杀菌谱基本相同，都对葡萄霜霉病、番茄晚疫病和马铃薯晚疫病有一定的防治效果。进一步对双炔酰化菌胺结构中分子各部分进行研究，希望找到更高活性的化合物，并了解结构与活性的关系。

对于分子中的炔丙基醚部分，研究者曾将扁桃酸上的炔丙氧基肟醚基替换为含有各种醚键的亚烷基和烷基，但这些化合物虽然在空间构型上与双炔酰化菌胺相差不大，但对整个化合物的疏水性可能有较大的变化，从而影响了活性。

日本住友公司重点是在对分子中苯乙胺部分中亚乙基链进行改造。他们将乙基链用苯基、杂环或各种联芳基环中的两个碳链替换后，活性显著下降。这可能表明，氨基与苯环间不仅要求有一定的距离，同时它们构象上的可以自由旋转可能也是重要因素。

先正达公司报道用一杂原子置换亚乙基中的一个碳，如用氮、氧等杂原子，它们虽有一定的活性，但并不高。

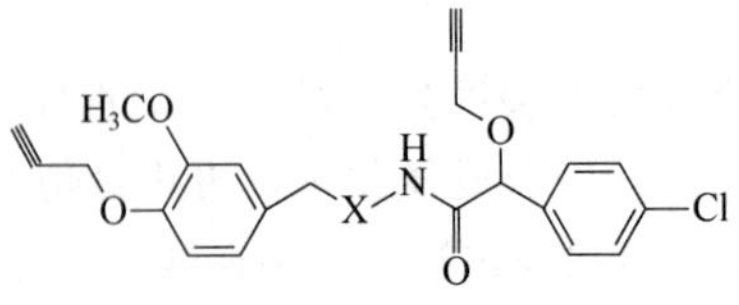

X=N,O

酰胺部分可能是影响活性的关键部分。住友公司在 2004～2006 年对酰胺部分进行了深入的研究，并申请了多项专利。在双炔酰化菌胺的结构上保留分子中两苯环之间碳链长度不变，变换了氨基与羰基的位置，因化合物结构变化比较大，从而导致活性变化也很大。结构如下：

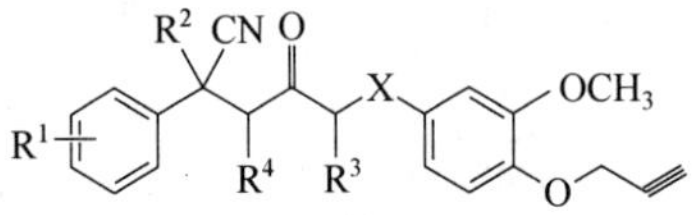

当 R^1＝苯氧基亚氨甲基，R^2，R^3＝H，X＝O，CH_2 时，在 50mg/L 浓度下对马铃薯晚疫病防效大于 76％。总的来说，化合物基团的变化，对活性几乎没有多大的影响。

另外住友公司在上述化合物结构中进行了如下结构的研究，结果表明引入氰基等的改变均会得到理想的结果。

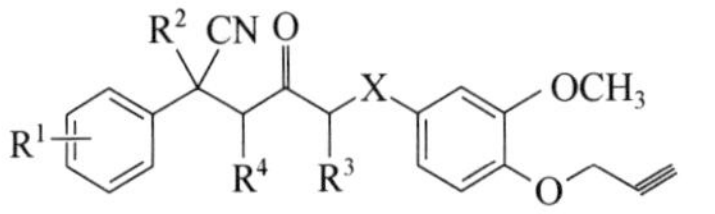

R^1=Cl,R^2～R^4=H,CH_3,X=CH_2,O

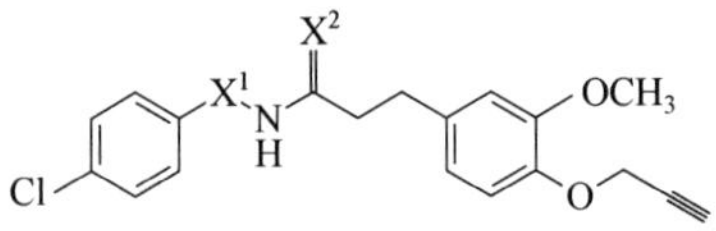

X^1=N,O_3;X^2=O,S

在双炔酰化菌胺结构中，扁桃酸部分苯环的变化对活性影响显著。当 R 用其他不同的脂环或稠芳环、五元杂环等基团替代苯环时，其生物活性差别很大，但活性都不如苯环。而整个改变扁桃酸的结构如变成喹啉酸，在 300mg/L 下对灰霉病有一定的防治效果。

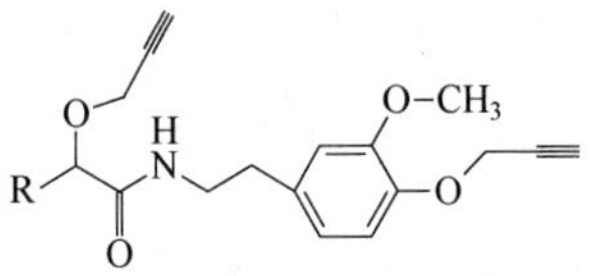

R=各种芳环，脂环或五元环

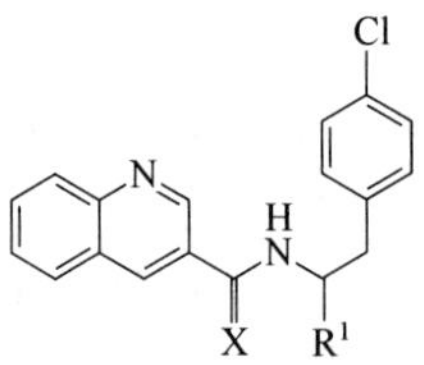

R^1=烷基

在苯环间插入另一个杂环如插入各种五元杂环的羧酸，虽然延长了整个分子的长度，但活性效果比较好。如拜耳公司报道的如下结构的化合物，对番茄晚疫病在 100mg/L 下防效达 94％以上，对葡萄霜霉病在 100mg/L 下防效达 90％以上。

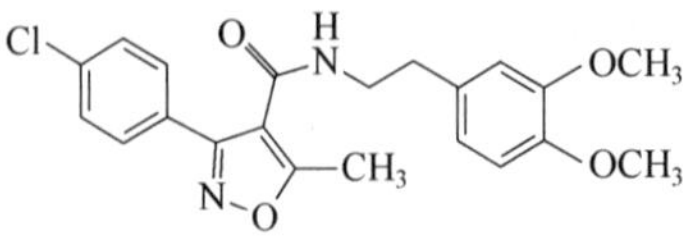

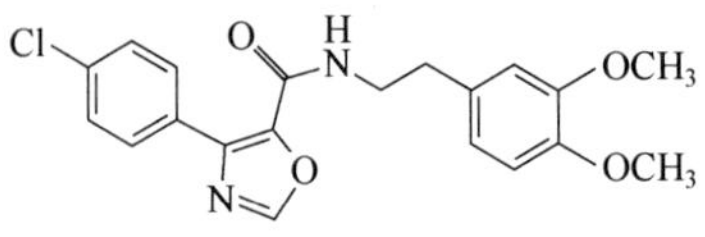

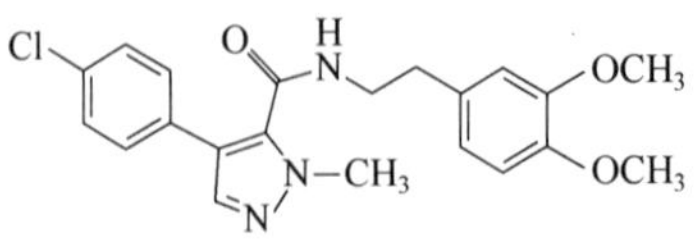

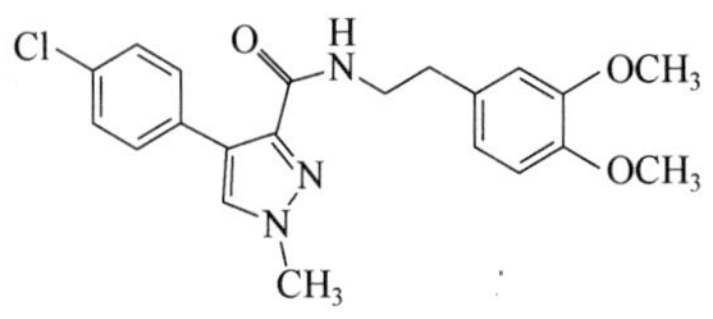

在对双炔酰化菌胺结构改造的过程中，其他由住友公司报道的与扁桃酸酰胺类似化合物也具有高的杀菌活性（EC_{80} 0.02 μg/mL）。如：

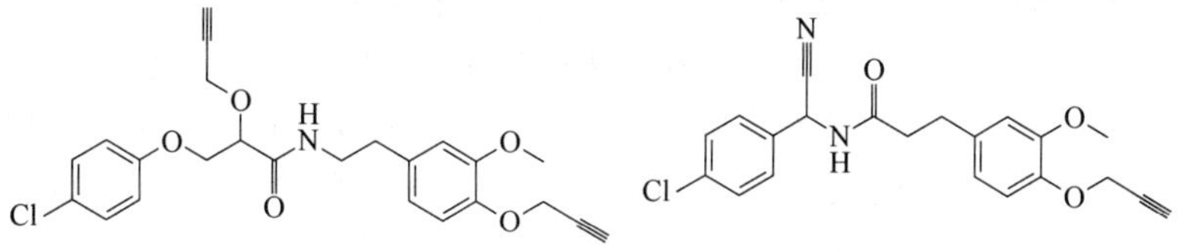

2. 乙醛酸衍生物

乙醛酸衍生物是 1994 年由 Bayer 公司发现的一类新的杀卵菌的杀菌剂，通过衍生的研究，发现这类化合物具有广泛的杀菌活性。

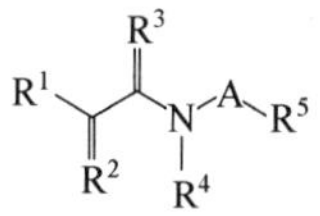

乙醛酸衍生物对卵菌具有特征性的活性，其中包括葡萄的霜霉病和马铃薯和番茄的晚疫病。另外它们对在土壤中的卵菌，如烟草和柑橘的疫霉菌。这些衍生物具有保护、治疗、铲除和抗产孢（antisporulant）的作用。颇多化合物能用简单的合成方法进行合成。

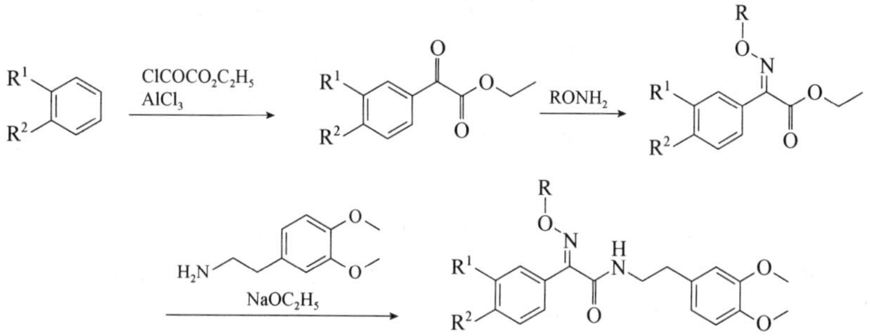

第一步是草酸酯酰氯与取代苯进行傅-克反应，第二步是将乙醛酸酯的羰基转变成肟醚，再进行碱性条件下的酰胺化反应，很方便地转化成最终产品。结构与活性关系研究表明，分子中乙醛酸部分芳环（R^1，R^2）上间位或对位小的取代基，如氯、甲基或乙基等对活性是有利的。R^1，R^2 也可组成一个饱和或芳香的环系，而邻位取代则使分子完全失去活性。在肟醚部分，R 是小烷基对活性有利，如甲基。

过去一段时间，曾有不同的公司对这类化合物进行过结构修饰，所有这类化合物均显示出具有对卵菌的活性。下面是一些典型的例子：

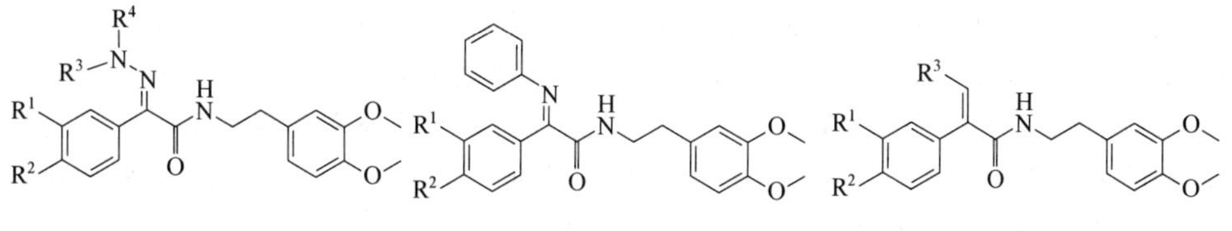

（四）羧酸酰胺的生物活性

所有的 CAA 类杀菌剂对卵菌的叶面病原体均有很好的活性，其中包括腐霉科，如马铃薯和番茄的晚疫病，及霜霉科如葡萄的霜霉病和假霜霉属的如黄瓜的霜霉病还有全部的腐霉属，除了卵菌外，所有的其他病原菌对 CAA 类杀菌剂均无效。

CAA 类杀菌剂抑制休止孢和孢子囊的萌发（但不包括游动孢子的释放和游动），它们影响芽管和菌丝体的生长，从而阻止了对寄主组织的侵染，在叶片应用药剂后，这类杀菌剂除具有预防的作用外，还具有治疗和铲除作用，这决定于杀菌剂在叶片中的含量和传导分布。烯酰吗啉具有很好的预防活性及治疗和抑制休止孢萌发的活性。在土壤中和叶面应用后，异丙菌胺的内吸性要高于烯酰吗啉、双炔酰化菌胺。异丙菌胺是一个内吸性化合物，它可向顶性传导，也可保护未受药的叶片，防止侵染，特别是对葡萄，用自动放射线照相显示，用 ^{14}C 处理的葡萄叶片显示出在组织中高水平的内吸分布，提高温度、湿度和叶片的湿度也能增加异丙菌胺的吸收和治疗活性。

苯噻菌胺在葡萄叶片上具有较长的预防作用和局部的内吸传导作用，进一步的研究指出，应用苯噻菌胺 1~6d 后可保护葡萄叶对抗霜霉病，抑制孢子的形成。双炔酰化菌胺则与叶片快速地结合，牢牢地粘贴在与叶片的蜡质上，可阻止雨水的冲刷和长期阻止病菌的侵染，具有很强的预防作用和传导活性，提供了很好的防治致病疫霉和单轴霉属等严重病害的压力。

（五）作用机制和抗性机制

细胞学的研究指出，烯酰吗啉、异丙菌胺和苯噻菌胺等的抑制过程包括细胞壁的生物合成和聚集。通过观察发现它们影响霜霉菌的原生质的再生，改变了细胞壁荧光物质的染色，并抑制了各种疫霉属及单轴霉素属游动孢子孢囊的形成或引起它们的破裂，但对于游动孢子由孢子囊的流出和游动孢子的活动并不受到抑制。进一步的研究指出，CAA 对于游动孢子转变成休止孢子没有作用，休止孢子需要细胞壁的合成与重排。这些发现表明这个阶段细胞壁的沉积明显是不敏感的，卵菌类最敏感的时期是休止孢子和孢子囊的萌发期。将休止孢子培育在 CAA 类杀菌剂中 1h，随后用水培育 2h，与继续暴露在药剂中没有作用，这表明 CAA 与其靶位的结合并不是在 1h 内就完成，或者是因为 CAA 类杀菌剂尚未到达作用位点或靶位尚未准备好结合，或者是因为这种结合作用很弱。

卵菌细胞壁合成的过程是相当复杂的，目前研究也不深入。CAA 处理后改变了细胞壁的结构可能是细胞骨架或者是膜结合成分的改变的结果（如受体或某种酶），这影响了细胞壁前体的运送，与细胞壁生物合成有关的酶如葡聚糖酶及 β-1,3-葡聚糖合成酶及纤维素均未受到抑制。在研究异丙菌胺对葡聚糖合成酶的直接抑制作用可能是一例外，CAA 类杀菌剂可以抑制葡聚糖合成酶的三维的排列及与复杂的葡聚糖结构的交差连接，而这种连接对于芽管和菌丝体的生长是必需的。

用疫霉菌进行细胞学的研究表明，在用异丙菌胺处理后与用烯酰吗啉处理后显示出微管组织有所不同。

在磷脂生物合成上的改变也有涉及，提出来抑制了磷脂酰胆碱（卵磷脂）的生物合成可能是靶位，由于该研究中使用的杀菌剂的浓度很高，因而看不清楚其作用是一般细胞死亡的反应，还是卵磷脂生物合成受到抑制的作用。总的来说，至今所发表的文献，还不能说明 CAA 类杀菌剂的生物化学作用机制。

CAA 类杀菌剂对疫霉病菌的抗性还没有测出，即使烯酰化菌胺已使用了很多年也没有在田间流行。目前已对烯酰吗啉、氟吗啉，或双炔酰菌胺进行了离体人工的突变抗体的制备，由于缺少实际的抗体和稳定的突变体，CAA 对疫霉菌的抗性风险估计是很低的。1994 年已有报道在法国引入烯酰吗啉后不久，就产生了对葡萄霜霉病的抗性。此后加强了欧洲在葡萄主要产区法国和德国对CAA 类药剂的敏感性的监测，交互抗性在 CAA 类杀菌剂间会有发生，而异丙菌胺的抗性要低于烯酰吗啉。在 CAA 类杀菌剂与其他作用方式的杀菌剂间也没有发生抗性（见表 2-12-3）。

表 2-12-3　CAA 类杀菌剂的毒性数据

化　合　物	烯酰化吗啉	氟吗啉	异丙菌胺	苯噻菌胺	双炔酰化菌胺
大鼠经口 LD_{50} /（mg/kg）	3900	＞2700	＞5000	＞5000	＞5000

化 合 物	烯酰化吗啉	氟吗啉	异丙菌胺	苯噻菌胺	双炔酰化菌胺
大鼠经皮 $LD_{50}/$ (mg/kg)	>5000	>2150	>5000	>2000	>2000
大鼠吸入 $LD_{50}/$ (mg/kg)	>4.2		>4.98	>4.6	>5.0

二、氟啶酰菌胺 (fluopicolide)

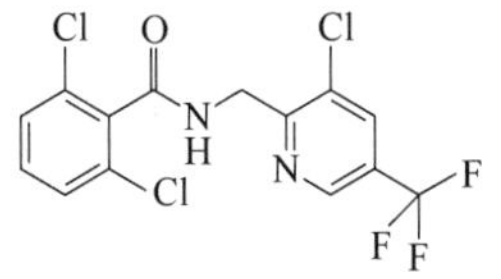

$C_{14}H_8Cl_3F_3N_2O$, 385.58, 239110-15-7

氟啶酰菌胺是拜耳公司开发的一种新型酰胺类内吸性杀菌剂。

理化性质 氟啶酰菌胺的熔点为 151.5℃，蒸气压为 $3.03×10^{-7}$Pa (20℃)，它在水中的溶解度 2.8mg/L (20℃，pH 7)，二甲基亚砜为 183mg/L (20℃)，对光及在 pH4～7 的范围内稳定。

合成方法 以 2,6-二氯苯甲酸和 3,4-二氯苯-5-三氟甲基吡啶为原料，经如下反应可制得氟啶酰菌胺：

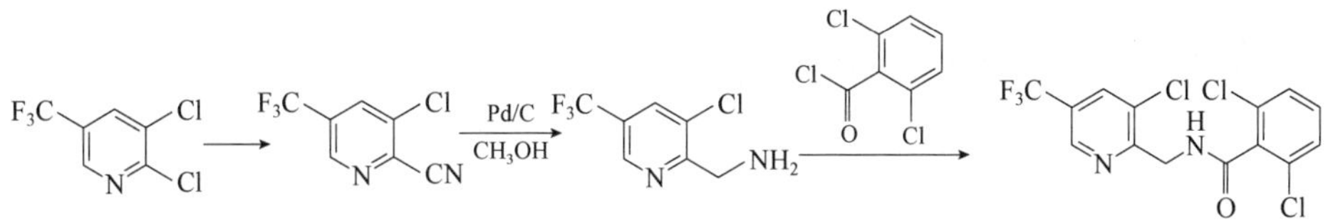

毒性 大鼠（雄/雌）急性经皮 LD_{50}>5000mg/kg，大鼠（雄/雌）急性经皮 LD_{50}>5000mg/kg。大鼠（雄/雌）急性吸入（4h）LC_{50}>5160mg (a.i) /m^3，对兔眼睛及皮肤无刺激性，对豚鼠皮肤无致敏性。无潜在诱变性，对兔、大鼠无潜在致畸性，对大鼠无致癌作用。野生动物毒性：山齿鹑急性经皮 LD_{50}>2250mg/kg，鸭急性经皮 LD_{50}>2250mg/kg。虹鳟鱼 LC_{50}=0.36mg/L (96h)，蓝鳃 LC_{50}=0.75mg/L (96h)。对非靶标生物危害不大。

应用 主要用于防治卵菌纲病原菌引起的病害。卵菌像致病疫菌、腐霉属或单轴霉属可在多种植物如蔬菜、葡萄和马铃薯中引起多种病害，许多杀菌剂并不能有效地防治卵菌病害，氟啶酰菌胺显示出高的活性，对于广谱的卵菌如致病疫霉菌、霜霉病及各种腐霉菌均有效，它对其他的商品化的杀卵菌的药剂也没有显示出交互抗性，它能抑制对苯酰胺类、甲氧基丙烯酸类或烯酰吗啉及丙森锌产生抗性的菌株，这表明氟啶酰菌胺具有一新的作用机制。它可对多种卵菌的各个生长发育阶段产生作用，如游动孢子的释放及游动，孢囊的萌发，菌丝体的生长及孢子的形成等。该化合物具有内吸性，具向顶性，很容易经木质部传导至植物全株的叶片。详细的生物化学研究并没有显示该药剂具有抑制呼吸作用及对膜的组成有直接的影响，它也不改变微管蛋白的聚集或微管的作用以及肌动蛋白在细胞中的含量等。氟啶酰菌胺于 2005 年在英国和中国登记。

氟啶酰菌胺可与多种杀菌剂混用，用于多种作物如与乙膦铝混用于葡萄，与霜霉威混用于马铃薯和蔬菜。在用极低的浓度（1mg/mL）的氟啶酰菌胺处理致病疫菌后，在很短的时间内，游动孢子即停止活动，几分钟后游动孢子肿胀破裂。

在用致病疫菌活体研究时，在浓度为 0.1mg/mL 时，4～7 天后，80% 的致病疫菌的生长受到抑制，在菌丝体上也可观察到了明显的症状。

在受到药物的影响后细胞的内容物流失，这表明氟啶酰菌胺也可使菌丝体分解溶化，而首先观察到的是发生在菌丝的顶端。

作用机制 对马铃薯晚疫病和葡萄霜霉病的研究表明，氟啶酰菌胺在病菌生命周期的许多阶段都起作用，主要影响孢子的释放和芽孢的萌发；即使在非常低的浓度下（$LC_{90}=2.5mg/L$），也能有效地抑制致病疫霉孢子的游动。显微镜观察发现孢子在与氟啶酰菌胺接触不到1min就停止运动，然后膨胀并破裂。室内活性表明氟啶酰菌胺通过抑制孢子的形成和菌丝体的生长，对植物组织具有活性，施药后也可以观察晚疫病菌和腐霉病菌菌丝体的分裂。氟啶酰菌胺对类血影蛋白有影响，特别是在管细胞尖的延伸期间。显微镜观察显示在菌丝和孢子里，氟啶酰菌胺能够诱导这些蛋白从细胞膜到细胞质的快速重新分配。没有一种杀菌剂能够对类血影蛋白有类似的作用。

血影蛋白的发现首先是在动物细胞中，它是红细胞骨架中的主要蛋白质之一。有意思的是类血影蛋白也在植物和真菌体内发现，它们的特点是坐落在靠近质体膜的地方，有关这类蛋白尚没有纯化和鉴定过它们的序列。目前只知道苯啶酰菌胺诱导类血影蛋白离域，显示它可能为一种新的作用机制，它不同于已知其他抗卵菌的杀菌剂，但它对卵菌的发育的作用尚需进一步的研究。

氟啶酰菌胺具有非常好的内吸活性。对不同种类的植物进行的温室试验和放射性同位素示踪研究表明，氟啶酰菌胺在木质部具有很好的移动性。对叶的最上层进行施药，可以保护下一层的叶子，反之亦然。对根部和叶柄进行施药，氟啶酰菌胺能迅速移向叶尖端。对未成熟的芽进行施药，可以保护其生长中的叶子免受感染。

氟啶酰菌胺的作用机理是新颖的，明显不同于氟啶胺、甲霜灵、苯酰菌胺和甲氧基丙烯酸酯类或其他呼吸抑制剂，如咪唑菌酮。虽然氟啶酰菌胺与其他杀菌剂无交互抗性，但是从一开始就要考虑其产生抗性的危险，尽可能与不同种类的杀菌剂混配使用。血影蛋白已知是在膜的稳定性上起着重要的作用。

三、噻唑菌胺 （ethaboxam）

C$_{14}$H$_{16}$N$_4$OS$_2$, 320.4, 162650-77-3

噻唑菌胺是1998年由韩国LG Life Sciences Ltd登记的新杀菌剂，属于一类新型的含氨基噻唑的羧酸酰胺类杀菌剂。

理化性质 噻唑菌胺为粉末状固体，熔点为185℃，水中溶解度为12.4mg/L（25℃），在有机溶剂中的溶解度为（20℃）：己烷0.39mg/L，二甲苯0.14g/L，正辛烷0.37g/L，1,2-二氯乙烷2.9g/L，乙酸乙酯11g/L，甲醇18g/L，丙酮40g/L，蒸气压为$8.1\times10^{-4}Pa$（25℃），$pK_a=3.6$，$K_{ow}\lg P=2.73$（pH 4），2.89（pH 7），2.91（pH 10），在4℃可保持14d，不易氧化或还原。

合成方法 由2-氯-3-氧代戊酸甲酯与1-乙基-2-硫脲反应，后在氢氧化钠水溶液中生成相应的噻唑羧酸，用氯化亚硫酰转化成相应的酰氯，酰氯再与合成的噻吩衍生物在吡啶存在下反应生成产物。

应用　它主要用于防治卵菌纲的病害，如马铃薯晚疫病、葡萄霜霉病、黄瓜霜霉病等。噻唑菌胺可以抑制疫霉菌和某些腐霉菌菌丝体的生长，但对于腐霉枯萎病菌（*paphanidermatum*）相对活性较低，它也显示出对树脂枝孢霉（*Cladosporium resinae*）及橡胶棒孢霉落叶病菌（*Corynespora cassiicola*）有活性，但对其他的真菌和细菌均未显示活性。研究表明噻唑菌胺抑制疫霉菌的最低剂量为 $0.1\sim0.5$mg/L，EC_{50} 约为 0.05mg/L，它们对甲霜灵敏感型和突变型均有很好的抑制活性。噻唑菌胺具有预防作用，当在染病前 24h 用药，具有预防作用，该药也具有一定的治疗作用，但研究表明当受病害感染时间在 $48\sim72$h 后，疗效降低。噻唑菌胺具有一定的持效性，在温室中在 14d 内可显著地抑制病害的发生，噻唑菌胺也具有一定的内吸活性，当在土壤中施药 24h 内，它对番茄晚疫病显示出与甲霜灵相同的内吸活性。

研究表明在用低浓度 0.01μg/mL 的噻唑菌胺处理疫霉菌的菌丝体细胞 30min 后，就可观察到它严重地破坏了菌丝体的微管束，同时发现有 20% 的细胞核分离，认为这可能是直接对微管的破坏，因为微管束在绝大多数真菌细胞核的游动性和位置上起着中心的作用，在植物和藻类细胞中则显示出向顶的生长，这些数据确证噻唑菌胺抑制了疫霉菌细胞核从包囊进入芽管的迁移，因而认为噻唑菌胺的原初作用位置是微管束，但不能证明噻唑菌胺是否是通过破坏未聚集的 α,β-微管二聚体的结合而破坏了微管束的生成。或者是像苯菌灵和长春碱一样，直接使已形成的微管束分裂。这需要进一步用生物化学方法进行研究，目前也没有发现噻唑菌胺对于构巢曲霉或老鼠 17cl1 细胞的影响，总之，噻唑菌胺明显地显示出其作用机制是抑制疫霉菌的微管束，而对 Anidulans 及老鼠细胞来说，噻唑菌胺并没有引起对它们的微管的破坏。

第三节　其他未知作用的杀菌剂

还有许多不同结构的合成杀菌剂，它们是一些更具特性的杀菌剂品种，甚至是只对某一种病害具有活性。尽管在研究中不断想弄清这些杀菌剂的作用机制，但至今一些化合物还是不清楚的。现将主要品种介绍如下。

1. 霜脲氰（cymoxanil）

C$_7$H$_{10}$N$_4$O$_3$, 198.18, 57966-95-7

霜脲氰（cymoxanil）是杜邦公司于 1977 年开发的品种。

理化性质　霜脲氰的熔点为 $159\sim160$℃，蒸气压 0.15mPa（pH 5，20℃），密度 1.32g/cm^3（25℃）。由于该分子具有很高的极性，水溶性很高，其溶解度为：20℃时，水 890mg/L（pH 5.0），780mg/L（pH 7.0），丙酮 62400mg/L，己烷 37mg/L，甲醇 22900mg/L，正己醇 1430mg/L，甲苯 5290mg/L，乙酸乙酯 28000mg/L，乙腈 57000mg/L，二氯甲烷 133000mg/L，K_{ow}lg$P$ 0.59（pH 5），0.67（pH 7），它不易水解，在酸性环境下稳定，在碱性条件下易分解，但在紫外线下不稳定，光照促进分解。

合成方法　以乙基脲为原料，与氰基乙酸在乙酸酐中加热生成 1-（1-氰基乙酰基）-3-乙基脲，该中间体与亚硝酸钠和盐酸在水相中反应生成 2-氰基-N-［（乙基氨基）羰基］-2-（羟基亚氨基）乙酰胺，然后进行甲基化生成最终的产物。甲基化可以用碘甲烷或硫酸二甲酯作甲基化试剂。

毒性　霜脲氰对温血动物的毒性：大鼠经口 LD_{50} 960mg/kg，小鼠经口 LD_{50} 860mg/kg。兔皮肤 LD_{50} ＞2000mg/kg，对眼有中等刺激性，在动物和植物体内代谢的产物都是无毒的化合物，在田间的持留期 DT_{50} 0.9～9d。

应用　它能很好地防治卵菌类病害。很多广谱的防治子囊菌和担子菌的杀菌剂对卵菌类并不有效，而卵菌类对很多作物有着很大的危害，因此能防治卵菌类的杀菌剂在市场中有着重要的意义，但后来并未见这类化合物的新品种出现。

霜脲氰是保护和治疗杀菌剂，用于叶面处理，特别是对玉米霜霉病（*Neronospora* spp.），疫霉菌属（*Phytophthora* spp.）及露菌病菌（*Plasmopara* spp.）有效。尽管该药剂对其他一些病原体，如灰霉菌在实验室研究时也有效，但未实际应用。由于霜脲氰的水溶性较大，在植物体内移动性较强，显示出较好的治疗和局部的内吸作用。但它在植物体内降解很快，导致缺少持效性。因此主要是与其他杀菌剂混，用以改进其残留活性并发挥其治疗作用。尽管该药已引入市场多年，但至今未产生很明显的抗性。

有关其作用方式尚不很清楚。霜脲氰具有预防、治疗、穿透和局部的内吸作用，可抑制核酸的合成、氨基酸的合成等。与其他杀菌剂混用可防治葡萄、向日葵、烟草、甜菜多种作物及蔬菜的霜霉病，也可防治马铃薯和番茄的晚疫病。为了扩大杀菌谱，可与多种杀菌剂混用，如噁唑菌酮、代森类、二噻农、乙膦铝、灭菌丹、铜制剂、百菌清、恶霜灵等，通过协同作用来提高活性和杀菌谱，阻止抗性的产生。

霜脲氰在浓度 100mg/mL 下，对疫霉菌菌丝体的呼吸作用和游走孢子的能动性无影响，因而在生物体内对能量的产生不受影响，当应用浓度高于 100mg/mL 时，它也不抑制放射性标记的 DNA 前体（胸苷 thymidine）、RNA（尿苷 uridine）或蛋白质（苯基丙氨酸 phenylalanine）的吸收。然而在处理的 2h 内，胸苷的吸收虽不受影响，但其编入 DNA 的量却降低了；尿苷的编入只受到轻微的影响，而苯丙氨酸却不受影响。对于其他的包括呼吸和氨基酸的合成等的影响虽均有所提及，但都没有定论。有关其作用方式尚不很清楚。研究表明，DNA、RNA 及蛋白质的合成并不是霜脲氰的原初作用靶位，有人认为它可能是一潜在农药，但其对真菌的有毒代谢物还没有鉴定出来。研究了霜脲氰对番茄和马铃薯在遭到致病疫霉侵染后具有预防和治疗作用，细胞学研究显示，在有病原体存在时，观察到霜脲氰对寄主细胞可产生过敏效应，这种过敏效应包括受侵表皮细胞质粗糙、原形质分离和黄化；细胞壁增厚及侵染部位陷于坏死。目前可利用的数据表明，霜脲氰的作用机制也与许多杀菌剂一样，可能是诱导寄主产生防御效应。

2. 乙膦铝 (fosetyl-aluminium)

$C_6H_{18}AlO_9P_3$, 136.02, 39148-24-8

这也是一个对卵菌类有效的杀菌剂，是 1977 年由 Rhône-Poulenc 公司开发的品种。其相应钠盐也有很高的活性，其他的盐和母体化合物也都对卵菌类有效，但未进入市场。

理化性质　乙膦铝的熔点＞200℃（分解），蒸气压＜0.013mPa（25℃），溶解度：水 120000mg/L，丙酮 13mg/L，甲醇 920mg/L，乙酸乙酯 5mg/L，己烷 5mg/L，$K_{OW}\lg P = 2.7$（pH 4），在正常条件下贮藏稳定，但在 pH 1.2 的条件下，DT_{50} 值为 6h，在 pH 12.8 的条件下，DT_{50} 值为 12h。由于乙膦铝的水溶性很高，在自然条件下对水解稳定，仅在强酸或强碱条件下或暴露在强氧化剂时分解。

合成方法

$$3\ PCl_3+3\ EtOH+Al_0+6\ H_2O \xrightarrow[\substack{2)\ 石油溶剂油\\90\sim130℃\\85\sim93℃}]{1)\ <20℃}} \left[\begin{array}{c} \text{(结构式)} \end{array} \right]_3 Al^{3+}+9\ HCl+1.5H_2$$

应用 乙膦铝是叶面应用的保护和治疗类杀菌剂，可用于防治卵菌纲类疫霉属（*Phytophthora* spp.）、单轴霉属（*Plasmopara* spp.）及盘霜霉属（*Bremia* spp.）等病害。主要用于蔬菜、果园和橡胶等多种作物。它对其他的一些卵菌类（如珍珠粟的霜霉病）和细菌也有广谱的活性，但活性都不高。在喷药后，植物可通过叶片和根部很快吸收，它可以向顶和向基部传导，从而保护整个的植株，包括根和果实的安全。它的作用主要是通过抑制孢子发芽和阻断菌丝体的发育。

毒性 大鼠急性经口 LD_{50} 为 5800mg/kg，它可在动植物和环境中很快降解，并很快地代谢成磷酸盐，对环境友好。该药进入市场已多年，其抗性发展有限。

作用机制研究 在 20 世纪 80 年代，曾有多篇文献介绍了它的作用机制，认为乙膦铝及其在植物体内代谢生成的磷酸具有直接或间接的作用，直接的作用是影响磷酸转移中的多个靶位，发现磷酸可调节真菌中多个靶位，疫霉菌中几种葡萄糖代谢酶及无机焦磷酸可受到抑制。研究测定了该药对棕榈疫霉（*P. palmivora*）及柑橘褐腐疫霉（*P. citrophthora*）的生物化学活性及其生理效应，开始时表现出受处理的棕榈疫霉菌的 NAD 及 ATP 减少；长期暴露其中后，可导致磷的分布及脂质成分的改变。而戊糖磷酸化途径及 β-葡聚糖的生物合成关键酶的活性提高了数倍。前一结果表明它改变了真菌的代谢途径，后一结果说明它直接或间接地控制了蛋白质水平。但上面的结果也并不能说明是磷酸盐具有特征的抗卵菌的作用，因为从其他源（如由酵母和动物）得到的相似的酶也同样受影响。而相反，间接地促使植物具有防御效应的作用机制更比离体试验能说明问题。乙膦铝可促进在植物体内的过敏效应（HR），使寄主植物产生一定的植物抗毒素，例如，番茄被疫霉菌或葡萄被霜霉病侵染后，乙膦铝可诱导两者产生植物抗毒素，并在葡萄体内产生与发病机理有关的蛋白（PR），乙膦铝也可在同时寄生霜霉病的野生型的拟南芥体内诱导 PR1 基因的表达。这可以证明乙膦铝的确具有使植物产生抗病的效应。这是近来的研究成果，它显示乙膦铝在 mRNA 的水平上活化了广谱的抗菌有关的基因，其中包括 PR1、PR2 及其他的使植物产生 SAR 效应的基因。总之，乙膦铝是多种植物防御效应强有力的诱导剂，同时，它在真菌代谢上也能直接发挥一定的作用。

3. 磺菌胺（flusulfamide）

（化学结构式）

$C_{13}H_7Cl_2F_3N_2O_4S$, 415.17, 106917-52-6

磺菌胺是具有很窄的杀菌谱的杀菌剂，这样的品种很少有商品化的品种。它是 1992 年首先在日本登记的。虽然该品种发现于 1972 年，但至今未见类似结构的这类化合物开发出来。

理化性质 该化合物为白色结晶，熔点 $170\sim172.5℃$，在水中和酸性介质中稳定，在碱性介质中有中等程度的稳定性，蒸气压为 358nPa（20℃），$K_{OW}\lg P=2.4$，在水中的溶解度相对较低，为 0.0029g/L（25℃），丙酮 314g/L，乙酸乙酯 125g/L，甲醇 24g/L，而对非极性溶剂则较差，二甲苯 14g/L，己烷 0.05g/L。

合成方法

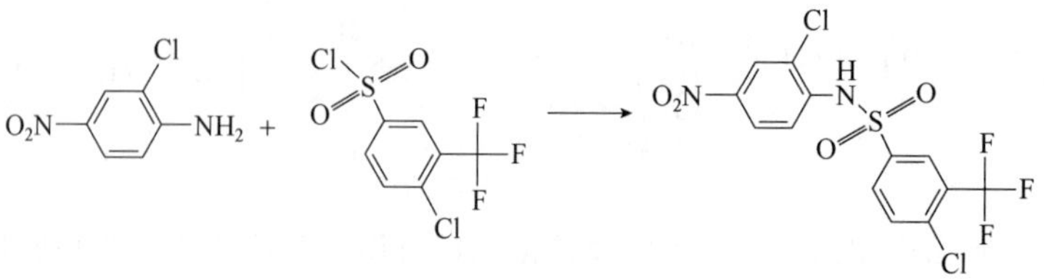

毒性 大鼠急性经口毒性 LD_{50} 180mg/kg（雄），132mg/kg（雌），经皮大鼠 LD_{50} ＞2000mg/kg，大鼠吸入毒性 470mg/m³，对兔子眼睛有轻微刺激。

应用 磺菌胺主要用于防治土壤中引起的病害，如根肿菌纲（Plasmodiophorales），它属于保护性杀菌剂。它对根肿病的生长期有两个作用点，一是病菌休眠孢子至发芽的过程中发挥作用，另一是在土壤根须中的原生质和游动孢子到土壤中次生游动孢子，使作物二次感染时发挥作用。它对其他土传病害的病原菌，如腐霉病菌、螺壳状丝囊霉、疮痂病菌及环腐病菌等也有一定的作用。磺菌胺具有很好的耐药性，可用于多种作物，如多种蔬菜、大麦、小麦、水稻、大豆等。

4. 哒菌酮 （diclomezine）

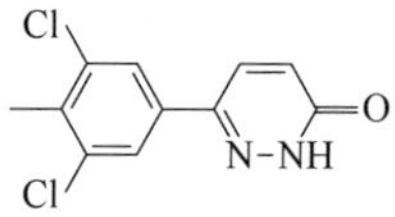

$C_{11}H_8Cl_2N_2O$, 255.1, 62865-36-5

1987 年首先在日本登记使用。

理化性质 熔点 254～258℃，在酸性、碱性介质中均稳定，在紫外线下缓慢分解，蒸气压≤0.0015，在水中的溶解度为 0.74mg/L（25℃），丙酮 3.4g/L（23℃），甲醇 2.0g/L（23℃）。

合成方法

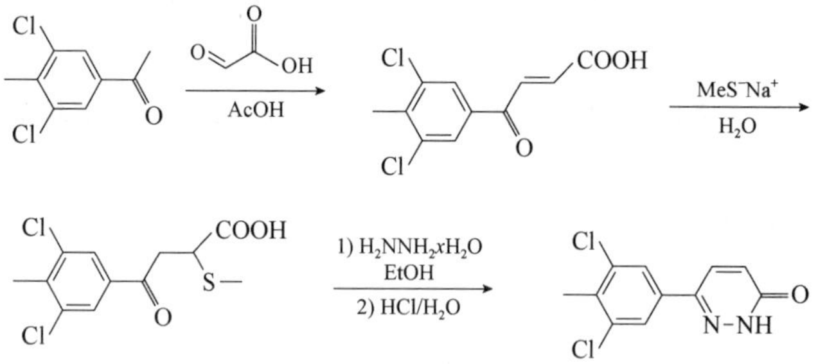

应用 该药对稻瘟病有效，用量 160～480g/hm² 时显示出很高的保护与治疗效果。

5. 咪唑嗪 （triazoxide）

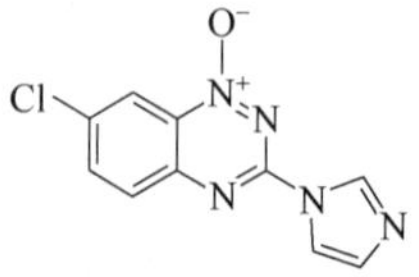

$C_{10}H_6ClN_5O$, 247.64, 72459-58-6

由 Bayer 公司于 1987 年发现，它是这类化合物中唯一商品化的品种。

理化性质 熔点 182℃，它在水中的稳定性依赖于 pH 值，酸性条件下≫1 年（pH 4），中性

3.6 年（pH 7），碱性条件下 22.6d（pH 9），蒸气压 5.2×10^{-12} Pa，$K_{ow} \lg P$ 2.0（23℃），水中溶解度极低，只有 0.03g/L（20℃），二氯甲烷为 50～100g/L，己烷<1g/L，异丙醇 2～5g/L，甲苯 20～50g/L。在紫外线照射下可能分解。

合成方法

应用 咪唑嗪主要用于防治土壤中的病害，它的杀菌作用是对种子传播的小麦不孕病菌有效，最初作种衣剂用于大麦。它的杀菌谱很窄，多在种衣剂中与三唑类杀菌剂混用。它并不会转移至大麦的植株中，因此其杀菌活性有限。推荐用量为 2～4g/100kg 种子。它在土壤中稳定，不易被淋溶，在土壤中几乎不移动。有关其作用方式的文献尚未见报道，也未见抗性数据的报道。

参考文献

[1] Jochen D. in Modern Crop Protection Compounds. Edited by W. Krämer and U. Schirmer，2007，727.

[2] Haramoto M，Hamamura H，Sano S，et al.，Sensitivity monitoring of powdery mildew pathogens to cyflufenamid and the evaluation of resistance risk. J Pest. Sci.，2006，31，397-404.

[3] 张一宾编译. 新杀菌剂 Cyflufenamid 的开发. 世界农药，2006，28（1）4-9.

[4] Hanhart H. top agrar 1/2006，58-61(http://www. topagrar. com).

[5] Kasahara I. Fain Kemikaru (Fine Chemicals)，2005，34：29-37.

[6] Opalski K S，Kogel K H. Metrafenone：studies on the mode of action of a novel cereal powdery mildew fungicide. Pest Management Science，2006，62（5）：393-401 .

[7] Curtze J，Gisenheim D E. 5-bromo-2-methoxy-6-alkyl benzoic acids. US 922905. 1999.

[8] Maywald V，Ludwigshafen D E. Method for the production of benzophenonen. US 2006/ 0009659. 2006.

[9] Schmitt M R，Carzaniga R，Cotter H V T，et al. Microscopy reveals disease control through novel effects on fungal development：a case study with an early-generation benzophenone fungicide. Pest. Manage. Sci. 2006，62：383-392.

[10] Ulrich G，Clemens L，Andreas M. Modern Crop Protection Compounds Edited by Wolfgang Krämer and Ulrich Schirmer，2007，651.

[11] Albert G，Curtze J，Drandarevski C A. Brighton Crop Protection Conf，1988，17-24.

[12] Liu C L，Liu W C，Li Z C. Brighton Crop Protection Conf. 2000，549-556.

[13] Miyake Y，Sakai J，Miura I. Brighton Crop Protection Conf. 2003，（1），105-112.

[14] Huggenberger F，Lamberth C，Iwanzik W. Proc. BCPC Int. Congr. 2005，87-92.

[15] 朱书生，卢晓红，陈磊等. 农药学学报，2010，12（1）：1- 12.

[16] Griffiths R G，Dancer J，O'Neill E. New Phytol，2003，158：345-353.

[17] Young D H，Kemmitt G M，Owen J. in Dehne H W，Gisi U. Modern Fungicides and Antifungal Compounds IV，BCPC，Alton，UK. 2005，145-152.

[18] Tomlin C D S. The Pesticide Manual，12th ed.，British Crop Protection Council，Farnham，Surrey，U. K.，2000，310-311.

[19] Albert G，Curtze J，Drandarevski C HA. British Crop Prot Conf—Pests and Diseases，1988，2-1：17-24.

[20] Schwinn F，Staub T. in H. Lyr，ed.，Modern Selective Fungicides-Properties，Applications，Mechanisms of Action，2nd

ed. ,Gustav Fisher Verlag,New York,1995,323-354.

[21] Griffiths RG,Dancer J,O'Neill E. New Phytol,2003,158:345-353.

[22] Curtze J. WO 94/01424 (Shell). 1994 ; Curtz e J. EP 294907 (Shell). 1989.

[23] Curtze J,Briner P H,Schro¨der L. EP 329256 (Shell),1990; Curtze J,Krummel G. DE 3817711 (Shell). 1990.

[24] 刘武成，刘长令，新型高效杀菌剂氟吗啉. 农药，2002，41（1）：8-12.

[25] Seitz T,Benet-Buchholz J,Etzel W. Pflanz. -Nachrichten Bayer (German Edition),1999,52(1),5-14.

[26] Miyake Y,Sakai J,Miura I. Brighton Crop Protection Conf. 2003,(1):105-112.

[27] Miyake Y,Sakai J,Shibata M. Fungicidial Activity of Benthiavalicarb-isopropyl against Phytophthora infestans and Its Controlling Activity against Late Blight Diseases. J. Pestic. Sci. 2005,30(4):390-396.

[28] Young D H,Kemmitt G M,Owen J. Modern Fungicides and Antifungal Compounds IV, BCPC, Alton, UK, 2005, 145-152.

[29] Cederbaum F. Chimia,2003,57,680-684.

[30] Yu R J,Van Scott E J. Phenyl alpha-acyloxyacetamide derivatives and their therapeutic use. US 4518789. 1986.

[31] Griffiths R G. A mandelamide pesticide alters lipid metabolism in Phytophthora infestans . New Phytol. 2003,158, 345-353.

[32] Ort O. α-Hydroxyarylacetamides:A new class of fungicidally active compounds. Pestic. Sci. 1997,50：331-333.

[33] Lamberth C. Synthesis and fungicidal activity of N-2-(3-methoxy-4-propargyloxy) phenethyl amides, Part II: Anti-oomycetic mandelamides,Pest Manag. Sci. 2006,62:446-451.

[34] Albert G. Dimethomoph(CME 151),a novel curative fungicide. Brighton Crop Protection Conf. 1988,17-24.

[35] Stenzel K. Pontzen R. Witzenberger,Brighton Crop Protection Conf. 1998,5A-7：367-374.

[36] Zeller M. WO 2000/41998 (Novartis). 2000.

[37] Periers A M. Bioorg. Med. Chem. Lett. 2000,10:161-165.

[38] Kohno M. Synthesis of phenethylamines by hydrogenation of beta-nitrostyrenes. Bull. Chem. Soc. Jpn. 1990, 63, 1252-1254.

[39] Colombini,M A. J Med Chem. 1972,15:692-693.

[40] Buck J S. J. Am. Chem. Soc. ,1933,55:3388-3390.

[41] Szantay C. Studies Aimed at the Synthesis of Morphine, IV: A New Approach to N-Norreticuline Derivatives from Homoveratronitrile Arch. Pharm. 1981,314：983-991.

[42] Hallas G,Yoon C. Dyes Pigments,2001,48:107-119.

[43] Corson B B,Dodge R A. Org Synth. 1926,6:58-62 .

[44] Audrieth L F. Org. Synth. 1940,20,62-64 (Org. Synth. Coll. Vol. 3 536-538).

[45] Khalaj E. Nahid,Synthesis,1985,115-1155.

[46] Zeller M,Faber D. WO 2003/042166(Syngenta). 2003.

[47] 张金波，杨吉春，刘若霖，等. 农药，2009，48（2）：82-87.

[48] Cederbaum F. Synthesis and fungicidal activity of N-2-(3-methoxy-4-propargyloxy)phenethyl amides,part 1. N-sulfonyl amino acid amides,a novel class of compounds with fungicidal activity. Chimia,2003,57,680-684.

[49] Lamberth C,Kempf H J,Kriz M. Synthesis and fungicidal activity of N-2-(3-methoxy-4-propargyloxy) phenethyl amides,part 3:stretched and heterocyclic mandelamide oomyceticides. Pest Manag Sci,2007,63：57-62.

[50] Lamberth C,Jeanguenat A,Cedrebaum F, et al. Multicomponent reactions in fungicide research: the discovery of mandipropamid. Bioorganic & Medicinal Chemistry,2008,16：1531-1545.

[51] Gisi U. Spencer-Phillips,U. Gisi,A. Lebeda,eds. ,Advances in Downy Mildew Research,Kluwer Acad. Publ. ,Dordrecht, 2002,119-159.

[52] Cohen Y. Dimethomorph activity against oomycete fungal plant pathogens. Phytopathology,1995,85:1500-1506.

[53] Dutzmann S. Pflanz. -Nachrichten Bayer (German Edition),1999,52 (1):15-32.

[54] Stu¨bler D,Reckmann U,Noga G. Pflanz. -Nachrichten Bayer (German Edition),1999,52(1)：33-48.

[55] Hofman T W. Brighton Crop Protection Conf. 2003,1：413-418.

[56] Reuveni M. Activity of the new fungicide benthiavalicarb against Plasmopara viticola and its efficacy in controlling downy mildewin grapevines,Eur. J. Plant Pathol. 2003,109:243-251.

[57] Albert G. 3rd nternational Conference Plant Diseases,1991,887-894,ANPP,Paris.

[58] Jende G. Pflanz. -Nachrichten Bayer,1999,52:49-60.

[59] Jende G. Modern Fungicides and Antifungal Compounds III,2002,83-90,AgroConcept,Bonn.

[60] Mehl H. Modern Fungicides and Antifungal Compounds III,2002,75-82,Agro Concept,Bonn.

[61] Cohen Y. Gisi U. Different activity of carboxylic acid amides fungicides against various developmentai stages of Phytophthora infestans. Phytopathology 2007,97,,1274-1283.

[62] Thomas G. Med. Fac. Landbouww. Univ. Gent 1992,57(2a),189-197.

[63] Kuhn P J. Effects of dimethomorph on the morphology and ultrastructure of Phytophthora . Mycol. Res. 1991,95(3), 333-340.

[64] Ziogas B N. A high multi-drug resistance to chemically unrelated oomycete fungicides phytophthora infestans,Eur. J. Plant Pathol. 2006,115(3),283-292.

[65] Valerie T,Francois B. Modern Crop Protection Compounds. Edited by W. Kräer and U. Schirmer 2007,676.

[66] Bennett V. Spectrin-based membrane skeleton: a multipotential adaptor between plasma membrane and cytoplasm, Physiol. Rev. 1990,70,1029-1065.

[67] Braun M. Association of spectrin-like proteins with the actin-organized aggregate of endoplasmic reticulum in the spitzenkÖer of gravitropically tip growing plant cells,Plant Physiol. 2001,125,1611-1619.

[68] Kaminskyj S G. Heath,Integrin and spectrin homologues,and cytoplasm-wall adhesion in tip growth,J. Cell Sci. 1995, 108,849-856.

[69] EP 1422221. 2004-05-26.

[70] Riordan,P D,Dunmow,GB,Proces for the preparation of 2-cyanopyridines,US,6699993. 2004-03-02.

[71] Dal-Soo Kim,Sam-Jae Chun,Jae-Jin Jeon,et al. ,Synthesis and fungicidal activity of ethaboxam against oomycetes. Pest Manag Sci 2004,60:1007-1012.

[72] Maho Uchida, Robert W. Roberson, Sam-Jae Chun,et al. ,in vivo effects of the fungicide ethaboxam on microtubule integrity in phytophthora infestans . Pest Manag Sci 2005,61:787-792.

[73] Dal-Soo Kim,Hyun-Cheol Park,Sam-Jae Chun,et. al. ,Field performance of a new fungicide ethaboxam against cucumber downy mildew,potato late blight and pepper phytophthora blight in Korea,Plant Pathol. J. 1999,15(1): 48-52.

[74] Diavidson Sidney Hayes,2-Cyano-2-hydroxyiminoacetamides as plant disease control agents,U. S. 3957847,1976.

[75] Agrow: New Developments in Fungicides,2004 edition,PJB Publication Ltd. ,London,June 2004.

[76] The Biochemical Mode of Action of Pesticides,2nd Edition,J. R. Corbett,K. Wright and A. C. Baillie,AcademicPress,London, 1984, 312-313.

[77] Griffith,J. M. ,Davis,A. J. ,Grant,B. R. ,Target sites of fungicides to control Oomycetes,in Target Sites of Fungicide Action,KÖller W. ed. ,CRC Press,Boca Raton,FL,1992,81.

[78] Schwinn, F. ,Staub, T. ,Oomycetes fungicides,in Modern Selective Fungicides,2nd edn. , H. Lyr ed. ,Gustav Fischer Verlag,1995,326-339.

[79] The Biochemical Mode of Action ofPesticides,2nd Edition,J. R. Corbett,K. Wright and A. C. Baillie,AcademicPress,London, 1984,312-313.

[80] Griffith J M,Davis A J,Grant B R. CRC Press,Boca Raton,FL,1992,81.

[81] Griffith J M,Davis A J,Grant B R. CRC Press Boca Raton,FL,1992,81-84.

[82] Stehmann C,Grant B R. Phosphite,an Analog of Phosphate,Suppresses the Coordinated Expression of Genes under Phosphate Starvation,Pestic. Biochem. Physiol. 2000,67:13-24.

[83] Barchietto T,Saindrenan P,Bompeix,Physiological responses of Phytophthora Citrophthora to a subinhibitory concentration of phosphonate. Pestic. Biochem. Physiol. (1992) 42,151-166.

[84] Molina A,Hunt M D,Ryals J A. Impaired fungicide activity in plants blocked in disease resistance signal transduction. The Plant Cell,1998,10:1903-1914.

［85］　Yoshimoto T,Fujita T. The Japan-Israel Workshop on Novel Approaches for Controlling Insect Pests and Plant Diseases Phytoparasitica,1997,25:360.

［86］　Dixon G R,Craig M A,Burgess P J. MTF 651：i. Brighton Crop Protection Conf. -Pests Dis. 1994,2：541-548.

［87］　Yoshinari M，Kochi S，Kubota Y. Development of a new fungicide，Flusulfamide. J Pestic Sci. 1997，22：176-184.

［88］　Takahi Y. Diclomezine (Monguard). Jpn. Pestic. Information,1988,52:31-35.

第三篇

Part **03**

除草剂

第一章
生长素类除草剂

植物生长调节剂，是化学家在了解了天然植物激素的结构以后，进行人工合成的一些化合物，从这些化合物中发现它们可能与天然激素具有同等效能，甚至更为有效。植物生长调节剂一般具有促进与抑制两种效应，其结果随着用药浓度、剂量、使用时期、植物种类、器官、生育期、生理状态、栽培条件和环境条件的变化而有很大的差异，甚至产生截然相反的结果。生长素是植物激素中最早发现的一类重要激素，许多人工合成的生长素类植物生长调节剂在高剂量时具有很好的除草作用，是一类重要的除草剂。由于这类除草剂价格低廉、除草速度较快、除草谱较宽、无残留等优点，在整个化学除草中占据着重要地位。目前用于除草的生长素类化合物大致分为两类：苯氧羧酸、羧酸及其衍生物。

第一节　苯氧羧酸类化合物

一、苯氧羧酸类化合物的发现

1934 年，Kogl Fritz 等发现苯氧羧酸类化合物与天然生长素吲哚-3-乙酸（IAA）同样具有促进细胞生长的功能，但是它们在植物体内并不像 IAA 那样能快速代谢。后来发现 α-萘乙酸及 β-萘氧乙酸也有同样的作用，从而引起了科研人员对该类化合物的研究兴趣。

1942 年，美国科学家 Zimmeman 和 Hitchcock 指出，某些含氯的苯氧乙酸如 2,4-二氯苯氧乙酸（2,4-D）比天然生长素 IAA 具有更高的活性，却又不像 IAA 那样可在植物体内自身调节、代谢与降解，从而导致植物致命的异常生长，最终导致植物因营养耗尽死亡。这一发现真正开创了有机除草剂工业的新纪元。到第二次世界大战末，2,4-D、2-甲基-4-氯苯氧乙酸（MCPA）及 2,4,5-三氯苯氧乙酸（2,4,5-T）已商品化，我国除草剂工业大发展也是从这类除草剂开始的。2,4-D 发现至今已有半个多世纪，但仍然是一个很重要的除草剂品种。

2-苯氧丙酸类除草剂主要用来防除某些苯氧乙酸不能防除的杂草，4-苯氧丁酸则由于它在植物体内具有 β-氧化作用而具有较好的选择性，对于某些低浓度苯氧乙酸所伤害的作物，则以 4-苯氧丁酸衍生物较为安全，它甚至可用于多种豆科作物田中除草。苯氧乙酸类除草剂在环境中易被降解，使用多年均未发现它对环境及公共卫生有何危害。但在 1969 年发现 2,4,5-涕（2,4,5-T）有致畸作用后，目前该药在某些国家包括我国在内已禁止使用。其致畸物质并不是该化合物本身，而是在制备中间体氯代酚时生成的副产物——氯代二噁英。2,4,5-涕所需中间体 2,4,5-三氯酚是通过四氯苯在激烈条件下水解制得，此时极易形成二噁英及其他不纯物，其中 2,3,7,8-四氯二苯并对二噁英是氯代苯并二噁英中毒性最高的，它对豚鼠及白兔的 LD_{50} 分别为 $6\mu g/kg$ 及 $115\mu g/kg$。

2,3,7,8-四氯二苯并对二噁英

实验证明，2,4,5-涕在正常使用剂量下，其所含的二噁英的浓度不足以对人类和环境造成危害，因此欧洲和东南亚仍在使用。

　　苯氧羧酸类除草剂主要品种见表 3-1-1。

表 3-1-1　苯氧羧酸类除草剂的主要品种

化合物	$LD_{50}/$ （mg/kg）[①]	使用剂量 / （kg/hm²）	结　构　式	应用范围
2,4-D	酸：370 钠盐：666～805	0.3～1.2	Cl—C₆H₃(Cl)—OCH₂CO₂H	小麦，大麦，水稻，玉米，高粱除阔叶草
2,4-DB	1960	0.37～2.25	Cl—C₆H₃(Cl)—O(CH₂)₃CO₂H	苜蓿，大豆，亚麻，豌豆，花生，胡萝卜
2,4,5-涕	300～500	木本植物 100mg/L； 非耕地 4～10	Cl₃C₆H₂—OCH₂CO₂H	木本植物和阔叶作物
2,4-DP	800	0.8～2.5	Cl₂C₆H₃—OCH(CH₃)CO₂H	运动场和草坪及对 2,4-D 有抗性时
MCPA	1160	0.23～1.5	Cl—C₆H₃(CH₃)—OCH₂CO₂H	同 2,4-D
MCPB	680～700	水稻 0.3～0.5 其他 0.56～1.8	Cl—C₆H₃(CH₃)—O(CH₂)₃CO₂H	同 2,4-DB，水稻中较 2,4-D、MCPA 安全
MCPP	930	0.8～2.5	Cl—C₆H₃(CH₃)—OCH(CH₃)CO₂H	同 2,4-D
MCPCA	260	0.5～0.8	Cl—C₆H₃(CH₃)—OCH₂CONH—C₆H₄Cl	稻田，一年生禾本科植物及阔叶草
酚硫杀	811（雄小鼠）		Cl—C₆H₃(CH₃)—O—CH₂C(=O)SCH₃	
灭草胺 (caproanilide)	＞15000	3	萘基—O—CH(CH₃)—CONH—C₆H₅	水田，一年生及多年生阔叶草
草萘胺	＞5000	2～4 土壤处理； 3～6（苗前土表）	萘基—O—CH(CH₃)—CON(C₂H₅)₂	果园，观赏植物除禾本科植物及阔叶草

① 指大鼠经口。

二、主要品种

1. 2,4-滴 (2,4-D)

$C_8H_6Cl_2O_3$, 221.04, 94-75-7

理化性质 纯品为白色结晶，熔点138℃，溶于乙醇、丙酮、乙醚和苯等有机溶剂，不溶于水。

合成方法 以苯酚为原料，先与氯乙酸缩合后经氯化，或先氯化后与氯乙酸缩合均可制得产品。

毒性 大鼠经口 LD_{50} 为 375mg/kg；小鼠经口 LD_{50} 为 347mg/kg。

应用 2,4-滴是世界上最先工业化的选择性高效有机除草剂。使用时，通常为酯或盐，如2,4-滴铵盐、2,4-滴丁氧乙氧酯、2,4-滴-2-丁氧丙氧酯、2,4-滴-3-丁氧丙氧酯、2,4-滴丁酯、2,4-滴二乙胺盐、2,4-滴二乙醇胺盐、2,4-滴二甲胺盐、2,4-滴十二烷胺盐、2,4-滴乙酯、2,4-滴异丁酯、2,4-滴-2-乙基己基酯、2,4-滴庚胺盐、2,4-滴异辛酯、2,4-滴异丙酯、2,4-滴锂盐、2,4-滴异丙基胺盐、2,4-滴异辛酯、2,4-滴甲酯、2,4-滴辛酯、2,4-滴戊酯、2,4-滴丙酯、2,4-滴钠盐、2,4-滴（四氢-2-呋喃基）甲酯、2,4-滴三乙醇胺盐、2,4-滴十四烷基胺盐、2,4-滴-三（2-羟基丙基）胺盐、2,4-滴三乙胺盐。

2. 4-氯苯氧乙酸 (4-CPA)

$C_8H_7ClO_3$, 186.59, 122-88-3

理化性质 由道化学公司开发的产品，纯品为白色结晶，熔点 157～159℃。溶于乙醇、丙酮和苯，微溶于水，有清香味。

合成方法 其生产方法由苯酚与氯乙酸缩合后，经氯化而得。

毒性 大鼠急性经口 LD_{50} 为 850mg/kg。

应用 用于植物生长激素，用作生长调节剂、落果防止剂、除草剂，可用于番茄、蔬菜、桃树等，也用作医药中间体。

3. 2,4-二氯苯氧丁酸 (2,4-DB)

$C_{10}H_{10}Cl_2O_3$, 249.09, 94-82-6

理化性质 纯品为无色油状液体，熔点 169℃/266Pa、146～147℃/133.2Pa（原药），易溶于多种有机溶剂，难溶于水，挥发性强。对酸、热稳定，遇碱分解。工业品呈棕色，有酚臭味。

应用　2,4-DB 为广谱性、激素型除草剂，有良好的展着性和内吸性。主要防除禾本科作物田中的双子叶杂草、异型莎科及某些恶性杂草，如鸭舌草、眼子菜、小三棱草、蓼、看麦娘、豚草、野苋、藜等。使用时，通常为酯或盐，如 2,4-二氯苯氧丁酸丁酯、2,4-二氯苯氧丁酸二甲胺盐、2,4-二氯苯氧丁酸异辛酯、2,4-二氯苯氧丁酸钾盐和 2,4-二氯苯氧丁酸钠盐。

4. 2,4-滴丙酸 (dichlorprop)

$C_9H_8Cl_2O_3$, 235.06, 120-36-5

理化性质　纯品为无色无臭结晶固体，熔点 117.5～118.1℃。在室温下无挥发性。溶解度（20℃）：水中 350mg/L，易溶于大多数有机溶剂。

毒性　大鼠急性经口 LD_{50} 800mg/kg，小鼠急性经皮 LD_{50} 1400mg/kg。

应用　该品有两种光学异构体，其中仅（＋）-型具有生物活性。制剂有钾盐或铵盐的水剂和酯类的浓乳剂。为选择性激素型芽后除草剂，用于防治谷类作物中的蓼属和其他杂草，用量为 2.5kg/hm²。使用时，通常为酯或盐，如二氯丙酸丁氧乙酯以及其 2-乙基己酯、异辛酯、二甲胺盐、乙胺盐、甲酯、钾盐、钠盐。

5. 2,4,5-涕 (2,4,5-T)

$C_8H_5Cl_3O_3$, 255.48, 93-72-1

应用　使用时通常为酯或盐，如 2,4,5-涕-丁氧甲酯、2,4,5-涕-丁氧乙酯、2,4,5-涕-2-丁氧丙酯、2,4,5-涕-3-丁氧丙酯、2,4,5-涕-丁酯、2,4,5-涕-2-乙基己酯、2,4,5-涕-异丁酯、2,4,5-涕-辛酯、2,4,5-涕-异丙酯、2,4,5-涕-甲酯、2,4,5-涕-戊酯、2,4,5-涕-钠盐、2,4,5-涕-三乙胺盐、2,4,5-涕三乙醇胺盐。

6. 2-甲-4-氯 (MCPA)

$C_9H_9ClO_3$, 200.62, 94-74-6

理化性质　纯品为白色结晶，熔点 118～119℃。室温下在水中的溶解度为 825mg/L，碱金属和有机碱的盐易溶于水，但能被硬水沉淀。碱金属盐可腐蚀铝和锌。

合成方法　本品由 2-甲基-4-氯苯酚与 α-氯代乙酸在碱作用下反应而得。

毒性　大鼠经口急性 LD_{50} 为 700mg/kg，浓度为 10mg/L 时，对鱼类安全。

应用　选择性激素型除草剂。制剂包括盐的水剂、可溶性粉剂、酯的乳剂，并可广泛与其他除草剂制成混合制剂。它易被植物的根和叶吸收和传导，可用在小粒谷物、水稻、豌豆、草坪和非耕作区中芽后防除多种一年生及多年生宽叶杂草，用量为 $0.28\sim2.25kg/hm^2$。气相色谱法分析。

7. 除草佳 （MCPCA）

$C_{15}H_{13}Cl_2NO_2$, 310.18, 2453-96-5

理化性质 纯品为白色结晶，熔点 $111\sim113℃$。溶解度 （20℃）：水中 $3mg/L$。

合成方法 本品由 2-甲基-4-氯苯氧乙酸与邻氯苯胺在五氯化磷作用下制得。

毒性 小鼠急性经口 LD_{50} 为 $2590mg/kg$，鲤鱼 TLm （48h） 为 $0.42mg/L$。

应用 选择性激素型除草剂。剂型为颗粒剂。芽前和芽后早期施药，可在稻田中防除一年生阔叶和禾本科杂草，用量为 $0.5\sim0.8kg/hm^2$，对牛毛草防除效果也很好。气相色谱法分析。

三、结构与活性关系

根据现有的知识对这类化合物的结构要求如下。

（1） 需要有一个羧基或很快能转变成羧基的基团 但是含有 —C(O)SH、—SO₃H、—OSO₂OH、—P(O)(OH)₂、—CH=NO—OH 基团时，化合物同样具有活性。

（2） 侧链的长度 英国伦敦大学 Wain 对一系列 ω-苯氧烷基羧酸研究发现，侧链上亚甲基的数目与除草活性密切相关，当侧链具有奇数个亚甲基时是有活性的，而偶数基本无活性。研究表明这是植物体内存在的 β-氧化酶，可使含奇数亚甲基的烷基酸衍生物氧化成具有活性的 2,4-D，这一作用与温血动物中代谢脂肪酸的 β-氧化作用类似。Wain 发现，不同种类植物 β-氧化酶的作用能力有很大差别，这就提供了一个选择性机制。许多豆科植物对苯氧丁酸类除草剂之所以有抗性，主要是它们体内缺少 β-氧化酶，不能使之在体内转变成有活性的苯氧乙酸类化合物。

（3） α-氢的作用 苯氧烷基羧酸侧链上 α-H 对活性有重要影响，若无 α-氢则无活性。当一个烷基引入后，则引入了手性碳，现已知右旋体活性较左旋体的活性高，这表明药物与受体之间一定有一种特殊的结合方式。

（4）环及其取代基　研究表明，与侧链相连的环上至少有一个不饱和键，苯环上在 2，4-位引入取代基可以增加活性，而 2，4，6-三取代物则几乎没有活性，2，6-或 3，5-位具有氯原子的取代衍生物也很少有活性，一般认为邻位必须有一个氢原子存在，但是 2,4-二氯-6-氟代苯氧乙酸却具有相当的活性。后来人们发现，这可能与侧链能否自由旋转有关，2,4,6-三氯苯氧乙酸之所以无活性，是由于苯环上两个邻位氯原子的位阻限制了带有羧基的侧链自由旋转，而 2,4-二氯或 2,4-二氯-6-氟苯氧乙酸则由于氢及氟原子较小，一个氯原子不会影响侧链的旋转，但是，苯环上至少需要保留一个氢原子才能具有活性。2,4-D 与受体的反应可能如下式进行：

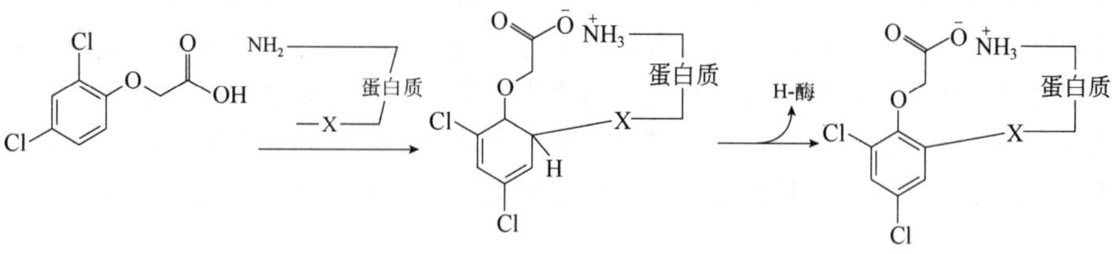

例如，R-（＋）-对羟基苯氧基乳酸甲酯是重要的农药中间体，尤其被广泛用于合成芳氧苯氧乳酸酯类除草剂，当 6-位引入取代基要保证带有羧基侧链的自由旋转，同时苯环上至少需要保留一个氢原子才能具有活性。

（5）平面结构　过去认为生长素类化合物需要至少含有一个不饱和键的环状结构。但是，自从发现二硫代氨基甲酸酯类化合物也具有生长素活性后，修正为分子内需要具有一个平面结构。二硫代氨基甲酸酯经内部电子转移也可具有平面结构：

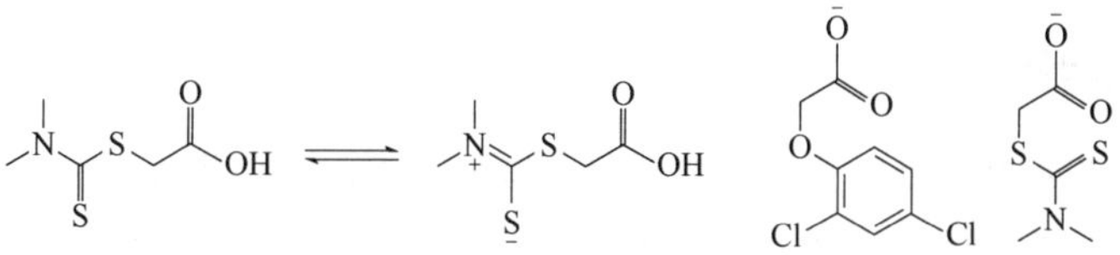

（6）分子内羧基与平面的关系　羧基负离子与分子平面正电荷部分距离需在 0.55nm 左右（Thimann 理论）。

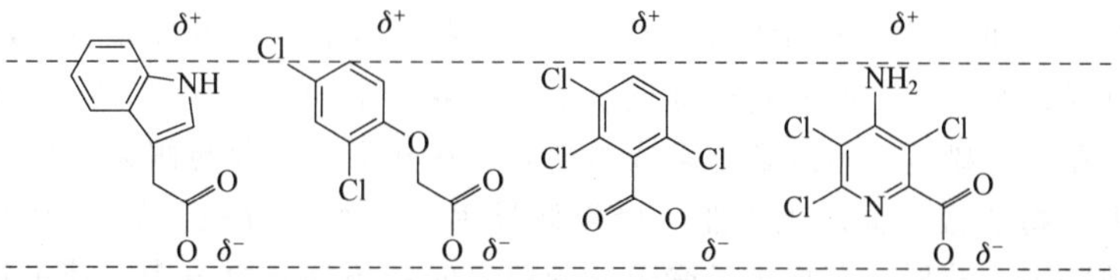

上图解释了各种不同的具有生长素活性物质正、负电荷的情况，这一理论很好地解释了为什么 2-氢吲哚乙酸的活性高于 IAA，这是因为氯原子的引入增加了 IAA 氮原子上的正电荷，在 2,4-D 分子中，2,4-位的两个氯原子增加了结合部分苯环 6-位上的正电荷，若 6-位还有氯原子，则阻断了与受体的结合，因此 2,4,6-三氯苯氧乙酸无活性。

四、作用机制

苯氧羧酸类化合物在植物组织以及分子水平上的作用类似于天然生长素 IAA。然而，控制植物生长的内源生长素与具有除草作用的苯氧烷基羧酸之间有着重要的区别。前者在不同植物组织内的浓度被植物的生物合成及降解反应小心地控制与调节，而后者的浓度却不可被植物调节，导致许多植物组织内的生长素浓度增加，其中包括那些在正常情况下生长素浓度应较低的地方也是如此。另外，它存留在植物组织内的时间也较天然生长素长得多，结果必然是破坏了植物的正常发育。

除草剂可以通过茎叶，也可以通过根系吸收，茎叶吸收的药剂与光合作用产物结合，沿韧皮部筛管在植物体内传导，而根吸收的药剂则随蒸腾流沿木质部导管移动。叶片吸收药剂的速度决定于三方面的因素：叶片结构，特别是蜡质厚度及角质层的特性；除草剂的特性；环境条件、高温、高湿条件下有利于药剂的吸收和传导。苯氧羧酸类除草剂特征效应是使植物的茎-根基轴的快速增长，这种刺激作用导致细胞肿胀、韧皮部分裂而被破坏，过早地开始形成侧根，减少和扰乱了正常根及叶的生成，植物的死亡可能是由于植物的吸收器官功能的衰退，除去直接抑制其发育或使之反常发育外，这些器官还快速地流失不要的物质到茎轴上快速增长的组织中去。

这类除草剂导致植物形态的普遍变化是：叶片向上或向下卷缩，叶柄、茎、叶、花茎扭转与弯曲，茎基部肿胀，生出短而粗的次生根，茎、叶褪色、变黄、干枯，茎基部组织腐烂，最后全株死亡，特别是植物的分生组织，如心叶、嫩茎最易受害。苯氧羧酸类除草剂属于激素类除草剂，几乎影响植物的每一种生理过程与生物活性。其对植物的生理效应与生物化学影响因剂量与植物种类而异，即低浓度促进生长，高浓度抑制生长。苯氧羧酸类除草剂的选择性问题比较复杂，因使用剂量和植物种类不同而有较大差异。

这类除草剂的选择性主要决定于植物构造的不同和除草剂的传导速度的不同，它破坏双子叶植物的韧皮部，导致反常的组织增生。这在单子叶植物中则可避免，因为单子叶植物的韧皮部分散在微管束中，被保护的厚壁组织系统所围绕，同时单子叶植物的微管束中的形成层与中柱鞘对生长素不敏感，也可能是一个重要的抗性因素。从传导情况来看，单子叶植物将叶面施用的除草剂从吸收部位运转开去所受限制比双子叶植物大，单子叶植物的茎和嫩叶之间的居间分生组织是除草剂输送的一个障碍。在一些单子叶植物体内快速地代谢苯氧羧酸类除草剂也是对这些化合物产生抗性的保证。

五、药害症状

苯氧羧酸类除草剂系激素型除草剂，它们诱导作物致畸，不论是根、茎、叶、花及穗均产生明显的畸形现象，并长久不能恢复正常。药害症状持续时间较长，而且生育初期所受的影响，直到作物抽穗后仍能显现出来。

苯氧羧酸类除草剂的具体药害症状表现在：禾本科作物受害表现为幼苗矮化与畸形。禾本科植物形成葱状叶，花序弯曲、难抽出，出现双穗、小穗对生、重生、轮生、花不稔等。茎叶喷洒，特别是炎热天喷洒时，会使叶片变窄而皱缩，心叶呈马鞭状或葱状，茎变扁而脆弱，易于折断，抽穗难，主根短，生育受抑制。双子叶植物叶脉近于平行，复叶中的小叶愈合；叶片沿叶缘愈合成筒状或类杯状，萼片、花瓣、雄蕊、雌蕊数增多或减少，形状异常。顶芽与侧芽生长严重受抑制，叶缘与叶尖坏死。受害植物的根、茎发生肿胀。可以诱导组织内细胞分裂而导致茎部分地方加粗、肿胀，甚至茎部出现胀裂、畸形。花果生长受阻。受药害时花不能正常发育，花推迟、畸形变小；果实畸形、不能正常出穗或发育不完整。植株萎黄。受害植物不能正常生长，敏感组织出现萎黄，生长发育缓慢。

苯氧羧酸类除草剂，是小麦、玉米、水稻田重要除草剂，但用药过早（1～4叶期）、过晚（麦稻拔节后、玉米8叶气生根发生后）、低温（小于10℃）、用药量过大，均易于发生药害，对作物产量造成损失。该类除草剂在稻田药害较为隐蔽，前期基本上没有表现，而影响水稻孕穗、籽粒发育成熟在水稻收获时，稻穗籽少、籽秕，产量低。

苯氧羧酸类除草剂对阔叶类作物易于发生药害，很低剂量的误用或飘移都可能产生较大的药害，产生药害后虽然死亡很慢，但是对农作物的产量损失是惨重的。

六、降解

自20世纪50年代，人们对该类除草剂在植物体中的降解就有了许多了解，如侧链的断裂，降解成相应的酚，2,4-D 可转变为 2,4-二氯苯酚，其侧链的降解有两种不同的机制。某些植物以两个碳原子为单位失去侧链，而另一些则可能经过一假定的中间体而逐步降解。

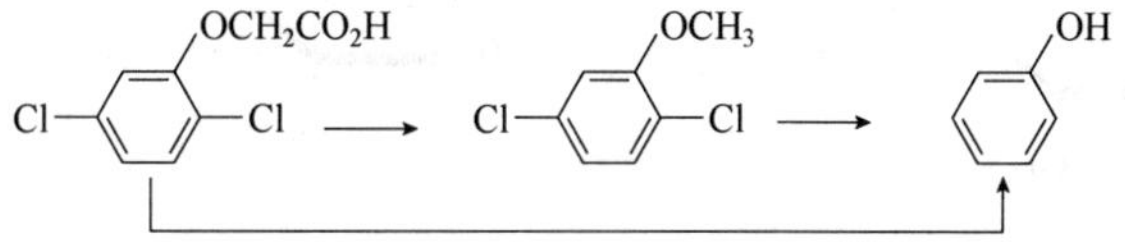

高级脂肪酸衍生物还可以进行侧链的 β-氧化降解，在对 $C_2 \sim C_8$ 的 2,4-二氯苯氧脂肪酸同系物的研究中发现，苯氧乙酸是活性单元，丁酸、己酸及辛酸衍生物具有活性，是由于植物体内的 β-氧化作用，使之降解成相应的一酸衍生物的结果。而丙酸、戊酸、庚酸等衍生物则降解为 2,4-二氯酚的碳酸单酯，最终代谢为没有生物活性的二氧化碳及 2,4-二氯苯酚。

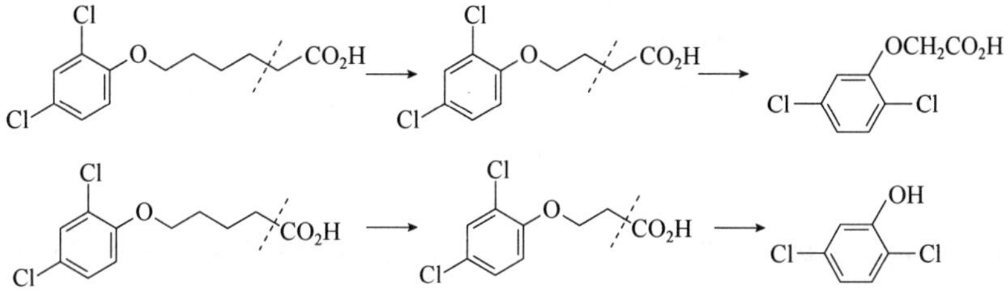

β-氧化作用是在植物体内 HSCoA、ATP、FAD 等作用下进行的：

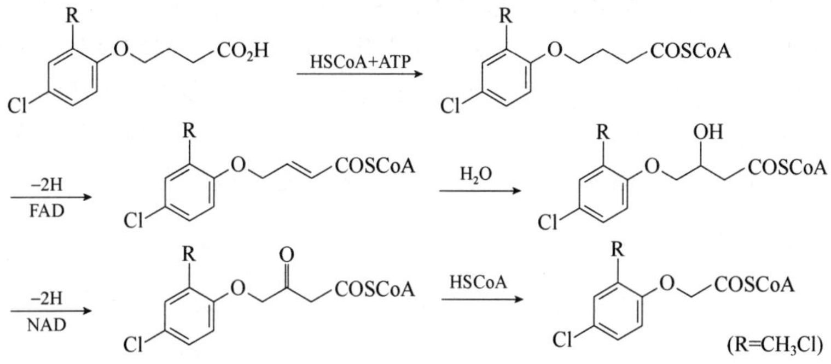

植物体内，苯氧羧酸类化合物的苯环上还可以发生相应的羟基化作用，如：

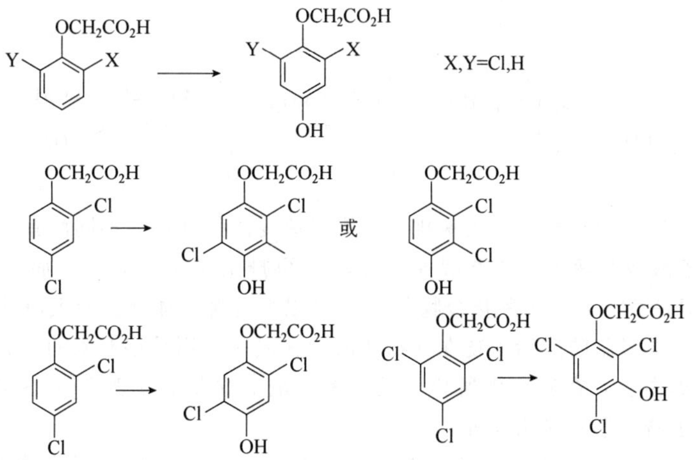

在羟基化过程中，有时还伴随着发生氯原子的移位，苯环上羟基化后，可与葡萄糖轭合，生成相应酚的葡萄糖苷，如：

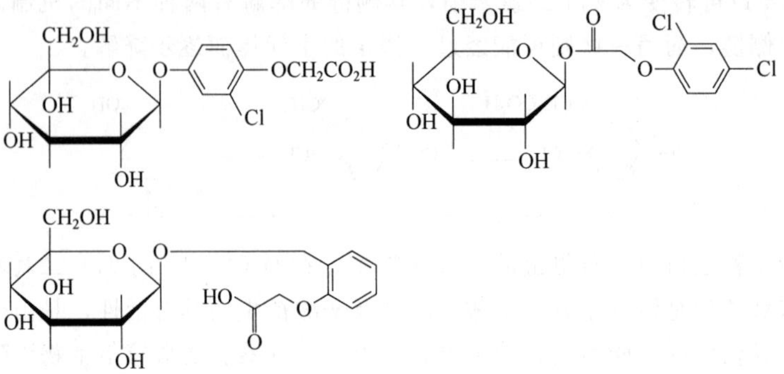

也可与各种氨基酸形成轭合物，已检测出的如：

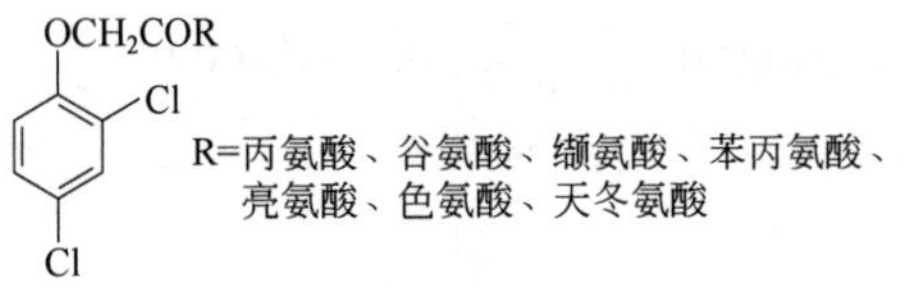

R=丙氨酸、谷氨酸、缬氨酸、苯丙氨酸、
亮氨酸、色氨酸、天冬氨酸

　　苯氧羧酸类化合物在植物体内除发生上述降解外，用同位素标记的方法还发现有开环的化合物及其他一些未鉴定出的化合物存在。

　　通过对 2,4-滴、2-甲-4-氯及 2,4,5-涕在土壤中的降解研究表明，在有利于降解的条件下，2,4-D 在用药后 2～3 周消失，而其他两种除草剂消失的速度较缓慢，2-甲-4-氯大约要 6 周后才能消失。温度、湿度及土壤中所含的其他有机质将有利于这类除草剂的降解。研究表明，这类除草剂是通过土壤中的微生物而降解的，微生物降解这类化合物的途径包括侧链断裂、苯环的羟基化、脱卤以及苯环的裂解。不同种类的微生物可以完成一种或多种反应，同时苯氧羧酸类化合物抗微生物降解的能力也因其化学结构而异：2,4-滴在土壤中被微生物降解的过程可能为：

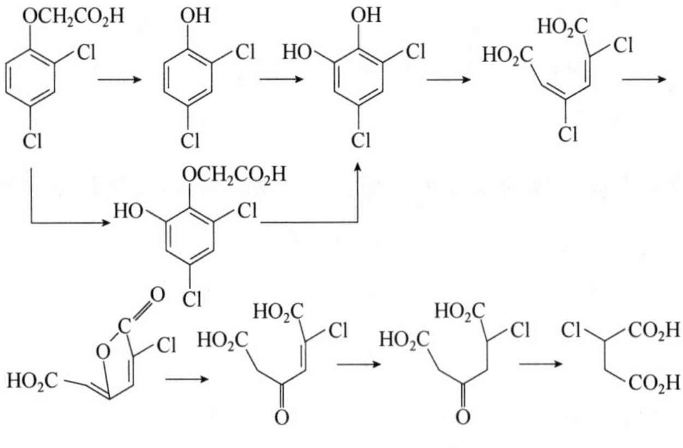

　　苯氧羧酸类化合物可由动物尿中迅速排出，排泄速度依化合物的不同而有一些差异，如用剂量为 125mg/kg 苯氧乙酸或 2-氯苯氧乙酸喂养白兔，6h 可排出 44％～72％，而 4-氯苯氧乙酸则仅能排出 1％～15％，但是 24h 后，三种化合物都有 70％以上可排出体外。苯氧羧酸酯在动物体内首先是迅速水解成酸，其高级脂肪酸衍生物在动物体内的 β-氧化作用是很有限的，例如分别用 4-苯氧丁酸及 6-苯氧己酸喂养白兔，在其尿中所检出的苯氧乙酸的含量分别为 13％～38％及 20％～23％，而更多的是以苯氧丁酸的形式排出体外。

　　成人口服 2,4,5-涕，剂量为 5mg/kg 时，约 6h 后，在血液中检出最高浓度，以后逐渐下降。在 96h 内约 88％药剂可由尿中排出，粪便中约排出原药的 2％。即高剂量时，人体会在冷或热的环境中失去保持体温的能力，这种动态平衡上的原因尚不清楚。

七、安全应用技术

苯氧羧酸类除草剂主要应用于禾本科作物，特别广泛用于麦田、稻田、玉米田除草。高粱、谷子抗性稍差。

禾本科植物幼苗期很敏感，3～4 叶期后抗性逐渐增强，分蘖末期最强，到幼穗分化期敏感性又上升，因此宜在小麦、水稻分蘖末期施药。玉米 1～4 叶期对药剂耐性较差，易于发生药害；玉米气生根发生后用药，气生根易于受害。寒冷地区小麦、水稻对 2,4-滴的抗性较低，特别是在喷药后遇到低温时，而应用 2-甲-4-氯的安全性较高于 2,4-滴丁酯，但也可能会发生药害。

经试验，2,4-滴丁酯防除麦田杂草施用适期为小麦穗分化生长锥伸长期至单棱期和小花分化期至雌雄蕊分化期两个阶段，亩用药量为有效成分 450～900g（1 亩 = 667m²），由于此期气温低，小麦解毒过程缓慢，用药量大易产生药害，故用量以 450g/hm² 为宜，最高不宜超过 900g/hm²。小麦穗分化二棱中、后期施用 2,4-滴丁酯麦田除草对小麦为最不安全阶段。

施用 2,4-滴丁酯麦田除草应避开这一时期。环境条件对药剂的除草效果和安全性影响很大，一般在气温高、光照强、空气和土壤湿度大时不易产生药害，而且能发挥药效，提高除草效果。该药的挥发性强，施药作物田要与敏感的作物如棉花、油菜、瓜类、向日葵等有一定的距离，特别是大面积使用时，应设 50～100m 以上的隔离区，还应在无风或微风的天气喷药。应严格施药期和施药量，以防发生药害。如果在小麦越冬前施药后发生叶子变细等药害症状，可在春季加强水肥管理或喷施激素类农药解除或减轻药害。

第二节　苯甲酸及其衍生物

卤代苯甲酸、苯甲酰胺、苯腈以及对苯二甲酸及其衍生物均具有除草活性，早在 1942 年，Zimmermann 等就指出该类化合物具有植物生长调节活性。在苯甲酸类化合物中，20 世纪 50 年代，2,4,6 三氯苯甲酸（草芽平，TBA）就被推荐作为非选择性除草剂，以防除深根性有害的阔叶植物，其中包括木本、藤木及灌木，后又推荐用于谷物地中防除某些阔叶杂草。1956 年，研究者对一系列硝基取代的苯甲酸进行了除草活性的测定，发现地草平（3-硝基-2,5-二氯苯甲酸）是一种有效的选择性苗前除草剂。可用于大豆田中防除一年生阔叶及禾本科杂草。1958 年发现其还原产物 3-氨基-2,5-二氯苯甲酸（豆科威）则更具选择性，特别是对大豆的耐药性有显著提高。2-甲氧基-3,6-二氯苯甲酸（麦草畏）是 20 世纪 60 年代开发的除草剂，可在苗前或苗后防除一年生阔叶及禾本科杂草，也可用于防除对苯氧羧酸类有抗性的阔叶杂草及灌木。

2,6-二氯苯腈及 2,6-二氯硫代苯甲酰胺对萌发的种子、块茎及幼苗均有效，主要用于选择性地防除一年生及多年生杂草。

敌草索（DCPA，四氯对苯二甲酸二甲酯）及其类似物主要用于草坪、观赏植物及作物田中防除一年生禾本科及某些阔叶杂草。

这类化合物的主要除草剂品种见表 3-1-2。

表 3-1-2　主要除草剂品种

农　药	结　构　式	大鼠经口 LD₅₀/（g/kg）	应 用 范 围	使用剂量 /（kg/hm²）
草芽平		0.75～1	非农耕地防除一年生阔叶及多年生杂草	苗前土壤及苗后茎叶 2～4

续表

农 药	结 构 式	大鼠经口 LD$_{50}$/（g/kg）	应 用 范 围	使用剂量 /（kg/hm²）
豆科威		3.16～3.5	大豆、菜豆、棉花、洋葱、甜菜等防除一年生杂草	苗前土壤 2～4.5
敌草平		3.5	大豆、花生、向日葵、胡萝卜等防除一年生杂草	播后苗前土壤处理
麦草畏		2.9±0.8	麦类、玉米、高粱、非耕地灌木丛防除阔叶、木本灌木	麦类抽穗前、禾本科生育期、茎叶处理 0.5～1.0，土壤 0.5～3.0
杀草畏		0.97	麦类及草坪防除一年生阔叶草，也可防除灌木	苗前或苗后 0.5～3
敌草腈		3.16	稻田、果树防除一年生及多年生杂草	稻田苗后 1，果树及其他作物 2.5～10
草克乐		0.757	果园、观赏植物和非耕地使用	非耕地 17～34，果园 6～12，观赏植物 6
敌草索		3	水稻、花生、棉花、大豆、蔬菜防除一年生杂草	苗前 6～14
敌草死		3.3	水稻、花生、棉花、大豆、蔬菜防除一年生杂草	苗前 2～8

一、合成方法及其化学性质

1. 2,3,6-三氯苯甲酸（TBA）

C$_7$H$_3$Cl$_3$O$_2$, 225.46, 50-43-1

合成方法 可由甲苯为原料氯化制得，反应过程中所用的邻氯甲苯由其对位异构体中分馏得到，进一步氯化可得 60% 所需的 2,3,6-三氯甲苯，然后氧化而得的产物。4-氯苯甲酸、2,6-二氯苯甲酸及 2,3,5,6-四氯苯甲酸均无活性，这些副产物往往在工业上为得到高纯度的理想产物造成困难，用对甲苯磺酰氯直接氯化，可得纯 2,3,6-三氯甲苯。

用 1,2,4-三氯苯在特种催化剂存在下与二氧化碳反应合成最终产品：

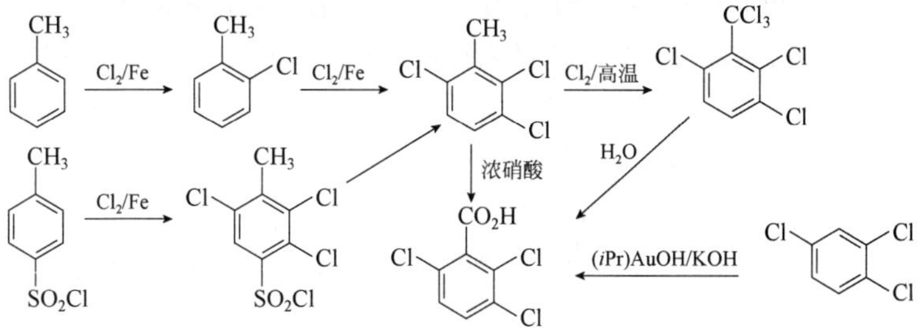

用 1,2,3,4-四氯苯作原料与氯化亚铜于碱催化下，于 180℃反应，可制得 2,3,6-三氯苯腈及 2,3,4-三氯苯腈的混合物，水解后生成相应的酸，采用乙酸丁酯或乙酸戊酯作溶剂，可因 TBA 在溶剂中溶解度较大，而分离出含量高的产品。

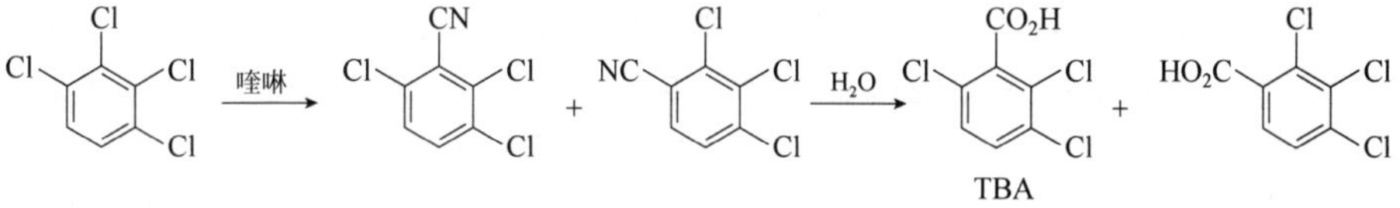

2. 豆科威（chloramben）

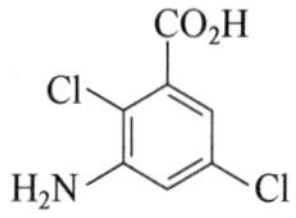

$C_7H_5Cl_2NO_2$, 206.03, 133-90-4

物理性质　纯品为白色结晶固体，熔点 200～202℃，蒸气压 9.5Pa（100℃）。溶解度（20℃）：水中 700mg/L，在乙醇中 17.23g/100g，其碱金属盐可溶于水。

合成方法　由苯甲酸氯化制 2,5-二氯苯甲酸，再经硝化还原制成。

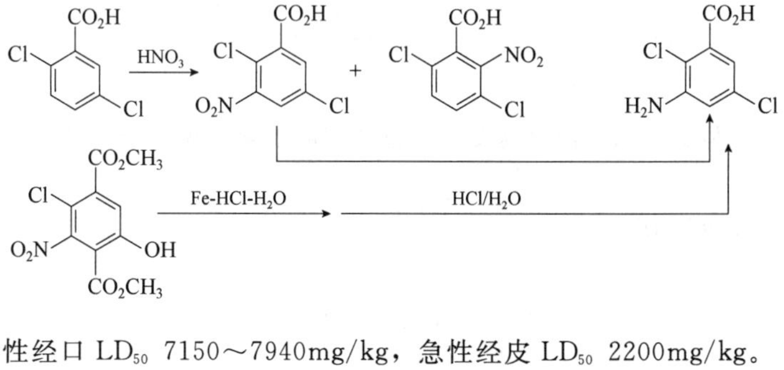

毒性　大鼠急性经口 LD_{50} 7150～7940mg/kg，急性经皮 LD_{50} 2200mg/kg。

应用　制剂有铵盐水剂、铵盐颗粒剂、甲酯的乳油。选择性芽前除草剂。可防除一年生阔叶和禾本科杂草，用量 2～4kg/hm²。

3. 麦草畏（dicamba）

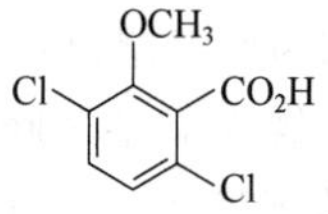

$C_8H_6Cl_2O_3$, 221.04, 1918-00-9

物理性质 又名麦草威、百草敌；3,6-二氯-2-甲氧基苯甲酸。纯品为白色结晶，熔点 114～116℃，闪点为 150℃，200℃时分解。相对密度（25℃）为 1.57，蒸气压（100℃）为 0.5Pa，25℃时溶解度为：乙醇 922g/L，异丙醇 760g/L，丙酮 810g/L，甲苯 130g/L，二氯甲烷 260g/L，二噁烷 1180g/L，水 6.5g/L。相混性良好，储存稳定，具抗氧化和抗水解能力。

合成方法 以 1,2,4-三氯苯、甲醇、二氯化碳和硫酸二甲酯为主要原料而制得。由 1,2,4-三氯苯与 $CH_3OH/NaOH$ 反应制得 2,5-二氯苯酚。然后在一定压力下与 CO_2 反应生成 2-羟基-3,6-二氯苯甲酸，再与甲醇或 $(CH_3)_2SO_4$ 反应合成麦草畏。

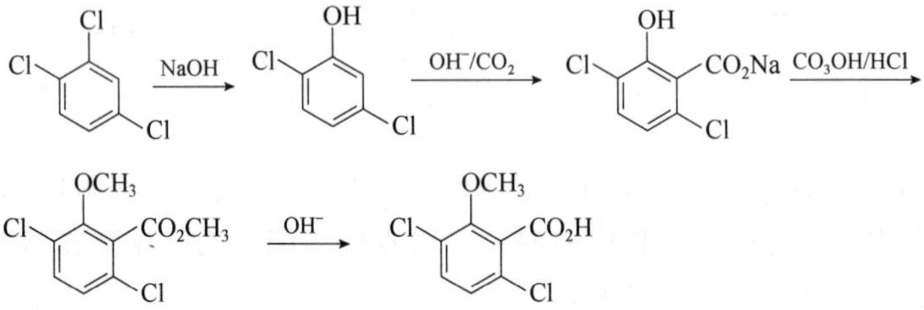

毒性 原药对大鼠急性经口 LD_{50} 为 1879～2740mg/kg，家兔急性经皮 LD_{50}＞2000mg/kg；大鼠急性吸入 LC_{50}＞200mg/kg。对家兔眼睛有刺激和腐蚀作用，对家兔皮肤有中等刺激。家兔亚急性经皮无作用剂量为 500mg/kg，大鼠 2 年饲喂试验无作用剂量为 25mg/（kg·d），狗为 1.25mg/（kg·d）。试验条件下未见致畸、致癌、致突变作用。虹鳟鱼 LC_{50} 为 28mg/L，青鳃翻车鱼为 23mg/L（均 96h）。

应用 制剂：48%麦草畏水剂（麦草畏钠盐）。叶面或土壤除草剂，通过植株叶和根的传导。用于防除芦笋、玉米、高粱、小麦、甘蔗等作物田中一年生和多年生阔叶杂草，也用于防除耕作区的木本灌木丛。通常单用或几个苯氧羧酸类除草剂混用，也可与其他类型的除草剂混用。

TBA 及麦草畏对氧化及水解稳定，在紫外线照射下，TBA 的甲醇溶液中可检测出 2,6-二氯苯甲酸及 3-氯苯甲酸，在环境中 TBA 的水溶液对光解稳定的。豆科威则可被光迅速分解，其主要产物是 2-位脱氯的产物：

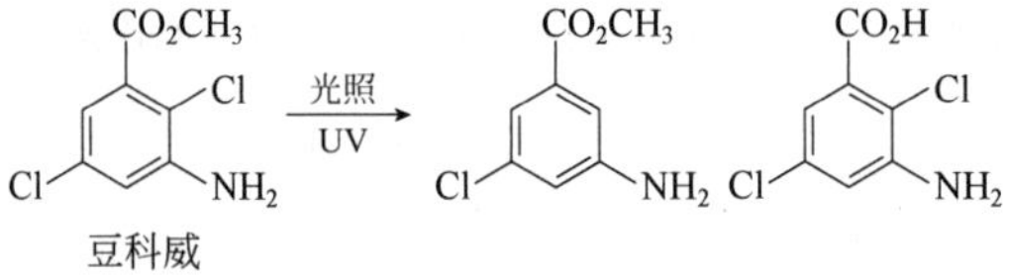

在大气条件下，豆科威的水溶液迅速变为棕色，溶液中含有氯离子及复杂的多聚体与氧化产物的混合物。

4. 敌草腈 (dichlorobenil)

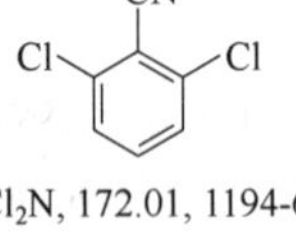

$C_7H_3Cl_2N$, 172.01, 1194-65-6

理化性质 纯品为白色结晶。熔点 145～146℃。蒸气压为 0.67Pa（25℃）。溶解度（20℃）：水中 18mg/L。溶于大多数有机溶剂中，对酸和热稳定。

合成方法 合成方法是以 2,6-二氯甲苯为原料制得；由 2,3-二氯硝基苯与氰化铜反应生成 2-氯-6-硝基苯腈，再经还原、重氮化制成；以 2-氯-6-硝基苯腈为原料，即在反应器中加入 2-氯-6-硝基苯腈，以邻二氯苯为溶剂加热至 160℃，搅拌下通入 90%HCl 及 10%Cl₂（体积分数）的混合气体，冷却后用石油醚处理，即可得产品，收率 80%。

毒性 大鼠急性经口 LD_{50} 3160mg/kg,兔急性经皮 LD_{50} 11350mg/kg,鱼毒:鲤鱼 TLm(48h)为 17mg/L。

应用 制剂有 45%可湿性粉剂和 6.75%颗粒剂,防除一年生及多年生芽期杂草,用量 2.5～10.0kg/hm²。

欧盟委员会考虑到代谢物酰胺的安全性,已经通知 EU 成员国在 2009 年 3 月 18 日撤消除草剂敌草腈的批准。

5. 敌草索(propanil)

$C_{10}H_6Cl_4O_4$, 331.96, 1861-32-1

理化性质 纯品为无色晶体,熔点 154～156 ℃,蒸气压 67Pa(40℃)。溶解度(20℃):水中 0.5mg/L,溶于丙酮、苯、甲苯、二甲苯等有机溶剂。纯品和制剂性质稳定,无腐蚀性。

合成方法 由对苯二甲酸制成酰氯,再氯化得 2,3,5,6-四氯对苯二甲酰氯,最后酯化得产品;也可由对苯二甲酸酯制备或由对二甲苯出发,进行敌草索的合成。

毒性 大鼠急性经口 LD_{50} >3g/kg,家兔急性经皮 LD_{50} >10g/kg。

应用 敌草索是苯甲酸类除草剂,具有内吸传导特性,既能用于芽前处理,也可进行茎叶喷雾。适用于玉米、菜豆、黄瓜、洋葱、辣椒、草莓、莴苣、茄子、芜菁等作物,还适用于草坪和观赏植物。可防除一年生禾本杂草及某些阔叶杂草,如狗尾草、马唐、地锦、马齿苋、繁缕、菟丝子等。制剂有 75%可湿性粉剂、2.5%颗粒剂、5%颗粒剂。用量为 6～4kg/hm²。

6. 草克乐（chlorthiamide）

C$_7$H$_5$Cl$_2$N, S206.1, 1918-13-4

物理性质　纯品为灰白色固体。熔点 151～152℃。蒸气压 1.33μPa（20℃）。溶解度（21℃）：在水中 950mg/L，溶于芳烃、氯代烃，在＜90℃和酸性溶液中稳定。

毒性　大鼠急性经口 LD$_{50}$ 757mg/kg，鱼毒：鲤鱼 TLm（48h）＞40mg/L。

应用　制剂有 50％可湿性粉剂，15％、75％颗粒剂。可作为非耕作区杂草灭生药剂，用量 0.5～1.2kg/hm^2。

合成方法　由 2,6-二氯苯甲腈在有机碱作用下与硫化氢加成而得。见敌草腈合成方法。

草克乐具有较大的水溶性，但其挥发性远低于敌草腈。草克乐在日光、热及酸性条件下极为稳定，但在碱性水溶液中极易转变为敌草腈。敌草腈对热及日光均稳定，并不被酸碱介质所水解。在强酸或强碱溶液中则水解成 2,6-二氯苯甲酰胺。由于邻位氯原子的空间阻碍，导致后者难于进一步水解成 2,6-二氯苯甲酸。敌草腈的甲醇溶液在紫外线照射下，可发生脱氯反应，生成 2-氯苯腈或苯腈。

二、作用机制及选择性

TBA 极易被植物吸收并向上和向下运转，它具有强的形态效应，在植物体内的作用与类生长素化合物相似，它能抑制植物顶端的生长及叶的形成，并显著地引起细胞的伸长。TBA 可以导致植物组织增殖及水果单性结实，减少不定根的形成。同时，TBA 可破坏 IAA 的运转。TBA 还是一个相对的氧化磷酸化及 Hill 反应抑制剂。

尽管一般认为 TBA 为一非选择性除草剂，但不同植物对它仍具有不同的敏感性。这可能是由于根的吸收及叶片的传递能力上有所不同造成的。

豆科威极易被种子、幼苗及植物的根吸收。Rieder 指出，大豆种子对豆科威的吸收是可逆的。同位素研究表明，大豆等抗性植物的根部虽然可吸收大量豆科威，但其传递到茎中却是很少的，这是因为豆科威被大豆吸收后与葡萄糖轭合后被固定。而敏感植物如大麦、黄瓜等则可将其传递到叶片中去，因为其体内的葡萄糖苷含量低。

豆科威及敌草坪是有效的生长调节剂，两者均可抑制许多植物根及茎的伸长和生长，在低浓度（0.01～0.02mg/L）下可像生长素一样促进生长。

麦草畏也极易被植物的根及叶吸收，根部吸收后可传递到其他组织中去。这类化合物也是有效的植物生长调节剂，能改变植物根、茎、叶的发育，引起叶片的畸形、增加分枝，使叶柄和茎部弯曲异常以及异常开花等多种形态效应。

麦草畏的选择性主要来源于植物体内除草剂分布的差异以及吸收、传导和代谢速率的差异。

敌草腈通常被吸收和积累在植物的根部，然后在木质部内随蒸腾流向上传导，在有利的浓度力度下，根吸收的敌草腈可排泄返回到营养液中去，植物的地上部分也可吸收和运转敌草腈。

敌草腈是有效的植物生长抑制剂，对萌发的种子及旺盛分裂的分生组织特别有毒，伤害的症状常常包括组织肿大、生长点白化和死亡及茎部易脆断。敌草腈及草克乐的苯酚代谢物 3-羟基或 4-羟基-2,6-二氯苯腈显示出除草活性，它们是氧化磷酸化的有效抑制剂及解偶联剂。

一般来说，敌草腈及草克乐是仅有少量选择性的苗前除草剂，深播作物对苗前处理的敌草腈有较强的抗性。

已发现 3,5-二卤代-4-羟基苯腈类除草剂对蛋白质合成、电子传递、离体线粒体和离体叶绿体的氧化磷酸化和光合磷酸化、蛋白质水解酶和淀粉水解酶的激素调节、RNA 的生物合成、CO_2 的固定以及类脂的生物合成均有影响，其作用方式是复杂的。碘苯腈类除草剂的选择性应归因于许多不同的因素，其中包括吸收、传导、降解及活性部位的敏感性等，禾本科植物与阔叶杂草两者形态上的差异是主要因素。

植物的幼苗极易吸收敌草索，并主要是向上传导，但较有限，导致药剂在处理点附近局部集中。敌草索严重地抑制出土的幼苗的生长，伤害植物的分生组织，其中包括根尖、茎、居间分生组织及维管束形成层。敌草索的选择性是由于植物的某些特定组织直接接触除草剂后，产生不同的吸收和运转传递而引起的，它在土壤中的位置略明显地影响其选择性。

三、降解与代谢

草芽平（TBA）在植物体内不宜代谢，用 ^3H TBA 处理蚕豆、玉米及大麦，研究发现使用 81h 后，大约 90％ 的 TBA 未发生变化，而与蛋白质形成轭合物的仅占 10％。TBA 在土壤中可能积累，田间研究表明，TBA 用量为 9kg/hm^2 时，持效期至少在 18 个月以上，它还极易被淋溶于土壤深处，若在土表施药，可在土壤 3.3m 深处发现。TBA 也可在土壤中挥发，这在土壤湿度低、温度又高的情况下发生，微生物可以降解 TBA，其降解途径可能为：

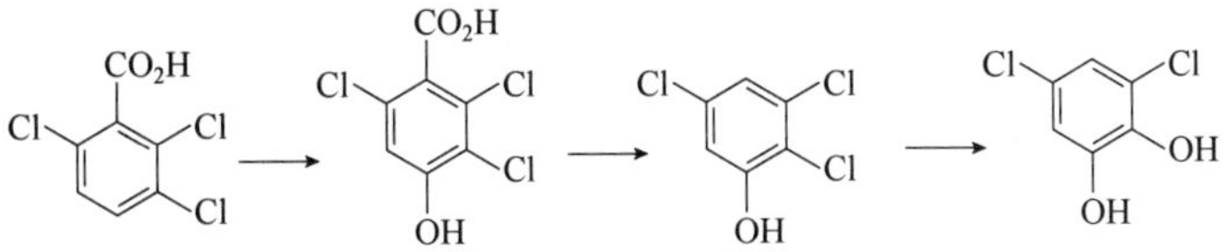

一系列研究表明，动物体内 TBA 极易被代谢和排泄，用同位素技术研究表明，大约 72％～75％由尿排出，24％～28％由粪便排出。

豆科威在植物体内的代谢途径是形成可溶于甲醇的轭合物及不溶的残留物，前者主要是形成糖苷，这是一种酶促溶解的生物合成（UDPG 为尿苷二磷酸葡糖）：

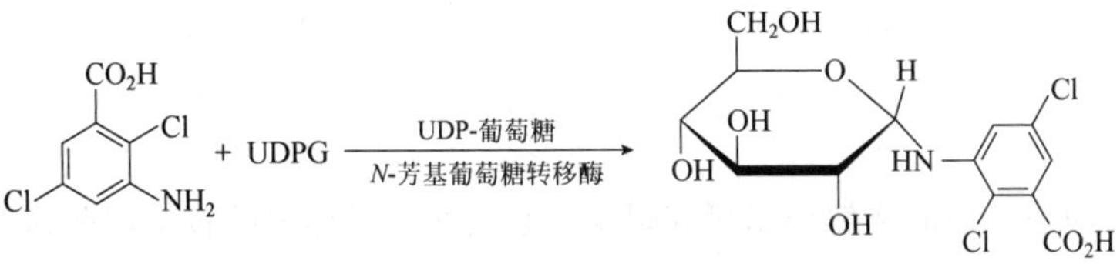

敌草平及豆科威在高等植物中的代谢如下：

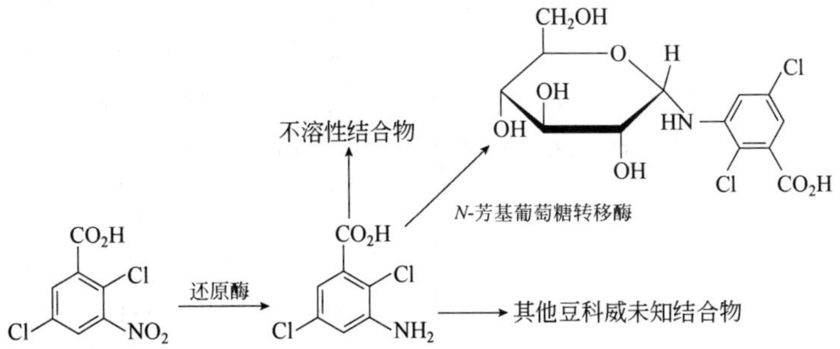

苗前使用于土壤表面的豆科威，光化学降解预期是首要的因素，微生物降解也是豆科威在土壤中失去活性的重要原因。

豆科威可由动物体内快速排泄，其中 88% 从尿液中排出，5% 由粪便中排出，在尿中的豆科威大约有 18% 是以轭合物的形式存在。

麦草威在高等植物中的代谢途径为：

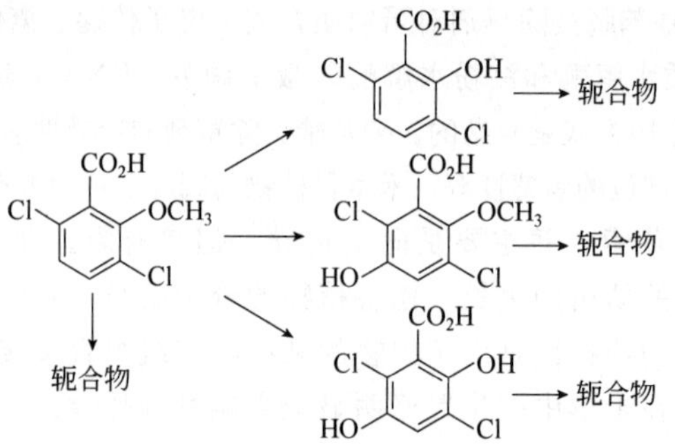

麦草畏在土壤中具有较大的移动性，微生物降解是决定麦草畏在土壤中持效期的主要因素。有关这类除草剂在动物体内的行为研究较少，对 [14]C 标记的麦草畏研究表明，它可很快地从大鼠的尿中排出。

敌草腈与草克乐

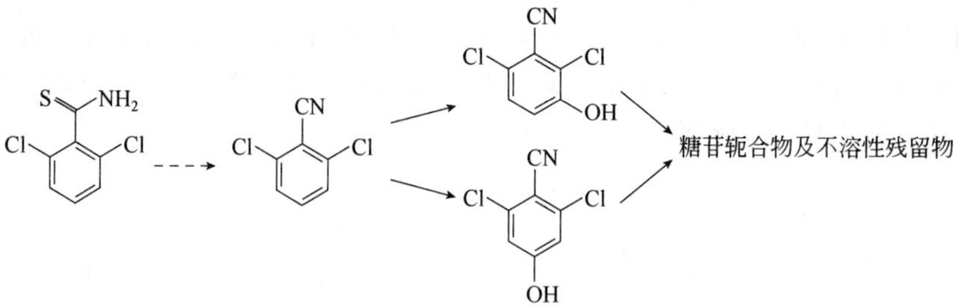

敌草腈在植物体内代谢的基本途径是苯环上的羟基化，形成 3-羟基及 4-羟基-2,6-二氯苯腈，并随之与植物体内的成分形成不溶的轭合物，其主要的途径如上。

敌草腈在土壤中的半衰期可由数周到数月，这一变化主要决定于敌草腈在各种不同性质土壤中的挥发性及其分配系数、剂型、应用剂量及土壤处理方法。土表处理、高温、有风及土壤中有机质低，则半衰期短。2,6-二氯苯甲酰胺是敌草腈在土壤中降解的主要产物：

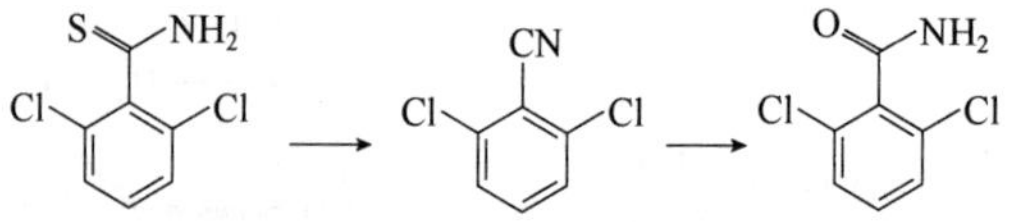

有关化合物在动物体内的降解作用研究很少，它们在大鼠体内的转变情况如下：

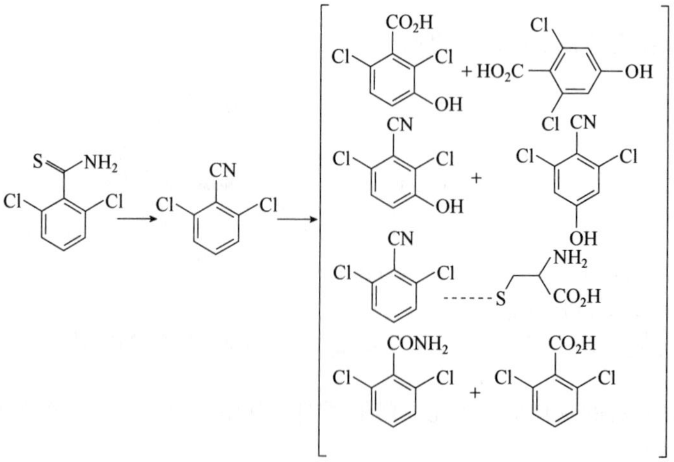

敌草索的单甲酯或游离酸曾从植物叶组织中检出，但未必能证明是植物体内降解的产物，很有可能是在土壤中水解后为植物所吸收的。Asoka 报道敌草索在土壤中缓慢降解，与温度密切相关，25℃半衰期为 16d，与 Walke 及 Choi 报道的一致。而 38℃时半衰期约为 87d，与 Choi 报道的相比，降解速率明显降低。

　　它们在动物体内及土壤中的降解决定于由敌草索的单甲酯转化为游离酸的过程，具体途径可能如下：

参考文献

[1]　唐除痴，李煜，陈彬等. 农药化学，天津：南开大学出版社，1998.

[2]　Kogl F，Haagen-Smit A J，Erxleben H. Plant-growth substances. XI. A new auxin("hetero-auxin")from urine. Z Physiol Chem，1934，228：90-103.

[3]　Zimmerman P W，Hitchcock A E. Substituted phenoxy and benzoic acid growth substances and the relation of structure to physiological activity. Contributions from Boyce Thompson Institute 1942，12：321-43.

[4]　Schwetz B A，Norris J M，Sparschu G L，et al. Toxicology of chlorinated dibenzo-p-dioxins. Advances in Chemistry Series 1973，120：55-69.

[5]　刘蕊，李德红，李玲. 2,4-二氯苯氧乙酸的研究进展. 生命科学研究，2004，8（4suppl）：71-75.

[6]　http://baikebaiducom/view/2710502htm.

[7]　http://wwwchemicalbookcom/ChemicalProductProperty_CN_CB9776377htm.

[8]　http://wwwagropagescom/AgroData/Detail-411htm.

[9]　http://wwwchemyqcom/xz/xz5/44886aosiahtm.

[10]　http://wwwchemyqcom/xz/xz8/72015mqoanhtm.

[11]　Manske R H F. 2,4-Dichlorophenoxyacetic acid. US 2471575(1949). CA 43：41547.

[12]　Skeeters M J. 2-Methyl-4-chlorophenoxyacetic acid. US 2740810(1956). CA 50：50401.

[13]　Steinkoenig Roland P，Entemann Charles E. Halophenoxycarboxylic acids. US 3257453(1966). CA 65：38318.

[14]　Robert Pokorny. New Compounds Some Chlorophenoxyacetic Acids. J Am Chem Soc，1941，63（6）：1768.

[15]　Kearney Phillip C，Kaufman Donald D. Herbicides，Chemistry，Degradation，and Mode of Action，Vol. 2. 2nd Ed. USA. 1976，535 pp. Publisher：(Dekker，New York，N. Y.) Book written in English. CA 85：155058.

[16]　刘长令. 环己烯酮类除草剂的创制经纬. 农药，2002，41（6），46.

[17]　Farrimond J A，Elliott M C，Clack D W. Auxin structure/activity relationships：aryloxyacetic acids. Phytochemistry，1981，20（6）：1185-90.

[18]　张玉聚，张德胜，刘周扬等. 苯氧羧酸类除草剂的药害与安全应用. 农药，2003，42（1）：41-43.

[19]　Kearney P C，Kaufman D D. Editors. Herbicides，Chemistry，Degradation and Mode of Action. Vol 2，2nd edition，1976，535 pp. Publisher：(Dekker，New York，N Y). CA 85：155058.

[20]　Fryer J D，Evans S A. Weed control handbook 5th Edition. Blackwell，Oxford，1968.

[21]　British Crop Protection Council，Pesticide Manual 2nd Edition（Martin H. ed），Worchester，England，1971.

[22]　Velsicol Chemical Crop，General Bulletin No 521-522，March ，1967.

[23]　Koopman H，Paams J. 2,6-Dichlorobenzonitrile：a new herbicide. Nature，1960，186：89-90.

[24]　Wain R L. 3,5-Dihalogeno-4-Hydroxybenzonitriles as Herbicides：3,5-Dihalogeno-4-Hydroxybenzonitriles；New Herbicides with Molluscicidal Activity. Nature，1963，200：28.

[25]　Lisdemann R F(Diamond Alkai Co). Herbicidal compositions containing dimethyl 2,3,5,6-tetrahaloterephthalates. US 2923634，1960，CA 54：88092.

[26]　Brimelow H C，Jones R L，Metcalfe T P. Nuclear chlorination of toluene：2,3,4-and 2,3,6-trichlorotoluene. J Chem Soc，1951：1208-12.

[27]　Girard TA，DiBella E P，Sidi H. Trichlorobenzoic acid isomers as herbicides. US 2848470，1958. CA 52：117746.

[28]　Klein D X，Girard T A. Trichlorobenzoic acids. US 3009942.

[29]　Ine I F,Boogaerts S P N. Carboxylation of C-H Bonds Using N-Heterocyclic Carbene Gold(Ⅰ) Complexes. J Am Chem Soc,2010,132：8858-8859.

[30]　Yazlovitskii A V,Ralchuk I A,Shcherbina F F,et al. Preparation of 2,5-dichloro-3-aminobenzoic acid. Zhurnal Prikladnoi Khimii(Sankt-Peterburg,Russian Federation) 1991,64(10)：2201-2202.

[31]　Ralchuk I A,Yazlovitskii A V,Shcherbina F F,et al. Preparation of 2,5-dichloro-3-aminobenzoic acid. SU 1549947,1990.

[32]　Max T G. 3-Amino-2,5,6-trichlorobenzoic acid. US 3391185. CA 69：96252. 1968.

[33]　Zhang Y,Lu M. Study on the preparation of dicamba. Nongyao,2002,41(7)：15-17.

[34]　Richter S B. 2-Methoxy-3,6-dichlorobenzoic acid as herbicidal composition US 3013054 (1961). CA 56：53209.

[35]　Richter Sidney B. (Velsicol Chemical Corp) Herbicides. FR 1345638(1963). CA 60：90588.

[36]　Koopman H. Herbicides Ⅳ The synthesis of 2,6-dichlorobenzonitrile. Recueil des Travaux Chimiques des Pays-Bas 1961,80：1075-83.

[37]　Hulkenberg A,Troost J J. An efficient one-pot synthesis of nitriles from acid chlorides Tetra Lett,1982,23(14)：1505-8.

[38]　Yoshikawa H. 2,6-Dichlorobenzonitrile. JP 54163547(1979). CA：93；95020.

[39]　Inanici Y,Parlar H. Synthesis of 2,6-substituted thiobenzamides and their reaction with nitrous acid. Chemiker-Zeitung,1980,104(12)：365-7.

[40]　Crane L J,Anastassiadou M,Stigliani J L,et al. Reactions of some ortho and para halogenated aromatic nitriles with ethylenediamine：selective synthesis of imidazolines. Tetrahedron 2004,60(25),5325-5330.

[41]　Torii S,Tanaka H. Dichlorine Monoxide e-EROS Encyclopedia of Reagents for Organic Synthesis. 2001,No pp given. http://www3intersciencewiley com/cgi-bin/mrwhome /104554785/HOME.

[42]　广东肇庆市化工研究所农药组. 除草剂敌草索合成. 农药，1982，(4)：39.

[43]　蔡兆群. 除草剂敌草索合成方法的研究. 农药，1982，(2)：26.

[44]　Sine C. Farm Chemicals Handbook. Meister Publishing Company,Willoughby,1993,C56-C57：190-191.

[45]　农业部农药检定所. 新编农药手册. 北京：农业出版社，1989 581-583.

[46]　Spiridon M G,Stefan D,Codoiu O,et al. 3,5-Dibromo-4-hydroxybenzonitrile. RO 65880(1979). CA 95：61813.

[47]　Carpenter K,Cottrell Helen J,DE Solva W H,et al. Chemicai and biological properties of two new herbicides——Ioxynil and Bromoxynil. Weed Res,1964,4(3)：175-195.

[48]　Martin A,Seeboth H,Wolf H,et al. Preparation of aromatic hydroxy nitriles. DD 232693(1986). CA 105：174816.

[49]　Hendrik B S. p-Hydroxybenzonitrile from p-cresol,ammonia,and oxygen. DE 2037945(1971). CA 74：99673.

[50]　Norton R V. Aromatic nitriles. DE 2421491. 1974.

[51]　Harris H E,Herzog H L. p-Hydroxybenzonitrile. US 3259646(1966). CA 65：73227.

[52]　Scherico Ltd. Process for the preparation of p-hydroxybenzonitrile and the product resulting therefrom. FR 1475349 1967.

[53]　金国新，邱玉珠，张正. 由醛直接合成腈. 南京大学学报（自然科学），1985，21（3）：506-508.

[54]　宋振刚，陶文生，王贤铭等. 对羟基苯甲腈合成的研究. 精细化工，1994，11（2）：25-27.

[55]　黄炜孟，张洪英，刘立群等. 关于由羧酸一步合成腈. 北京工业大学学报，1989，15（1），57-59.

[56]　Cao Y Q,Jin Y Y,Duan C M,et al. One-pot conversions of carboxylic acids into nitriles without solvent under microwave irradiation. Organic Chemistry：An Indian Journal,2009,5(1)：52-54.

[57]　Cao Y Q,Zhang Z,Guo Y X. A new efficient method for one-pot conversions of aryl carboxylic acids into nitriles without solvent. J Chem Technol and Biotechnol,2008,83(10)：1441-1444.

[58]　Jiang F,Wang J. Synthesis of 5-phenyl-1,2,3,4-tetrazole derivatives by microwave-mediated cyclization. Jingxi Huagong Zhongjianti,2006,36(6)：22-25.

[59]　Ugochukwu E N,Wain R L. Studies on plant growth-regulating substances ⅩⅩⅤ：The plant growth-regulating activity of cinnamic acids. The Annals of applied biology,1968,61(1)：121-130.

[60]　Sheets T J. Photochemical alteration and inactivation of amiben. Weeds. Weeds Science,1963,11：186-190.

[61]　Foster Donald J,Reed D E Jr. 2,6-Diethyl homologs of bromobenzene,benzonitrile,benzamide,and benzoic acid. Journal of Organic Chemistry,1961,26：252.

[62]　张亦冰. 阔叶杂草除草剂-辛酰碘苯腈. 世界农药，2004，22（4）：53-54.

[63]　Asoka W,lan J T. Degradation of Dacthal and Its Metabolites in Soil. Bull Environ Contam Toxicol,1993,50：226-231.

[64]　Walker A. Simulation of the persistence of eight soil applied herbicides. Weed Res,1978,18：305-313.

[65]　Choi J S,Fermanian T W,Wehner D J,et al. Effect of temperature and moisture and soil texture on DCPA degradation. Agron J 1988,80：108-113.

第二章

乙酰羟酸合成酶抑制剂

乙酰羟酸合成酶（AHAS，EC 2.2.1.6），亦称乙酰乳酸合成酶（ALS，EC 4.1.3.18），是支链氨基酸（缬氨酸、亮氨酸和异亮氨酸）生物合成途径中的第一个关键酶。由于在合成代谢过程中，该酶催化的反应可以生成乙酰乳酸和乙酰羟基丁酸，而在分解代谢中，该酶催化的反应只生成乙酰乳酸，因而合成代谢中的酶称为 AHAS，分解代谢中的酶则称为 ALS。如果 AHAS 的活性受到抑制，将造成支链氨基酸的合成受阻，进而影响蛋白质的合成，最终导致植物受害死亡。因此，AHAS 是开发除草剂的一个重要靶标。其作用机制如下：

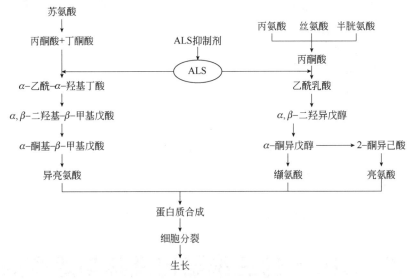

第一节　AHAS 的生物学功能

AHAS 存在于细菌、真菌、藻类和植物中，通常由催化亚基和调节亚基组成。催化亚基本身就具有催化活性，在真核细胞中其分子量通常为 59～66kDa；调节亚基虽没有催化活性，但可以极大地提高催化亚基的活性（从几十倍到几百倍不等）。在细菌中调节亚基的分子量通常只有 10～20kDa，而在酵母中通常为 34kDa，在植物中则大于 50kDa。因此，催化亚基和调节亚基又分别称为大亚基和小亚基。

AHAS 催化亚基包含三个辅因子：硫胺二磷酸（thiamin diphosphate，ThDP）、以前也称为硫胺焦磷酸（thiamin pyrophosphate，TPP）、黄素腺嘌呤二核苷酸（flavin adenine dinucleotide，FAD）以及一个二价金属离子（如 Mg^{2+}），通过与 ThDP 之间形成很强的相互作用来稳定 ThDP 的构象。如图 3-2-1 所示，ThDP 一般位于活性腔的中心，呈 V 构型，在酶催化反应过程中扮演十分重要的角色。

AHAS 主要催化两个平行反应：一个是两分子丙酮酸缩合形成乙酰乳酸，另一个是一分子丙酮酸与另一分子丁酮酸缩合形成 2-乙醛-2-羟基丁酸。如图 3-2-2 所示，AHAS 催化反应大致可以分为五步进行，QM/MM 研究结果表明，其中第二步反应为决速步骤，有四个关键的氨基酸残基参与

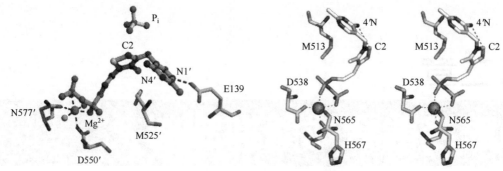

图 3-2-1 ThDP 在酵母 AHAS 自由酶中的构象

了酶催化反应，分别是 Glu144′、Gln207′、Gly121′和 Gly511。这些氨基酸残基通过与反应中心形成氢键相互作用来有效地稳定反应过渡态，从而降低反应的活化能。在反应过程中，Glu144′在反应过程中通过形成氢键相互作用从 ThDP 接受一个质子。

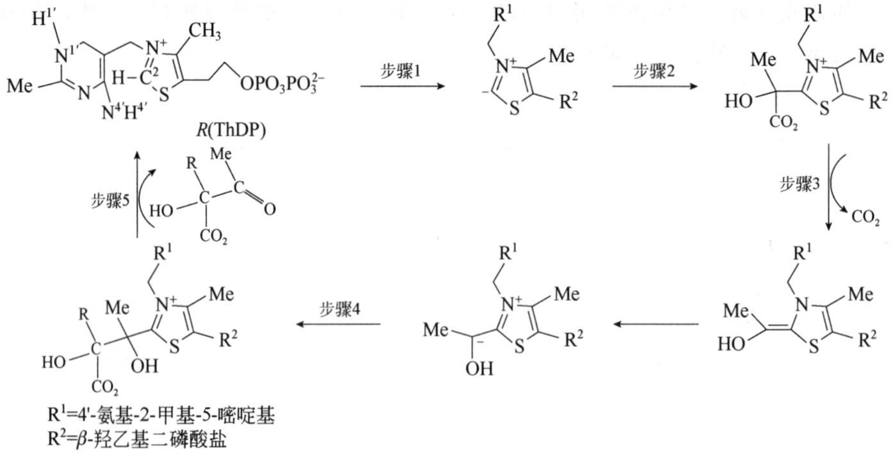

R¹=4′-氨基-2-甲基-5-嘧啶基
R²=β-羟乙基二磷酸盐

图 3-2-2 AHAS 催化的两个平行反应

第二节 AHAS 的三维结构及其与除草剂的相互作用

　　Duggleby 研究组在 2001 年首先报道了含 Mg^{2+}、FAD、ThDP 三种辅因子的 *Sacharomyces cerevisisae* AHAS（*Sc*AHAS）催化亚基的晶体结构（0.27nm）。2002 年，又报道了分辨率为 0.26nm 的 *Sc*AHAS 自由酶催化亚基的晶体结构（见图 3-2-3）。结果表明，*Sc*AHAS 催化亚基是一个二聚体，每个单体由三个区域组成：α（残基 85～269）、β（残基 281～458）、γ（残基 473～643）。两个 α-区域和两个 γ-区域形成中心区域，而 β-区域则位于这个中心区域的两端，其催化活性位点就位于此两个单体的交界面上。一个二聚体中有两个位于相反方向的底物进入通道，且通道周围残基分别来自于两个单体，导向二聚体的两个活性位点。FAD 以拉伸构象位于一个单体的三个区域的裂缝中，最靠近 β-区域，其腺嘌呤环末端暴露于溶剂中，而异咯嗪环呈略微弯曲状，靠近活性位点。FAD 与周围的 Asp426、Asn312、Glu407、Arg376、Thr3345 五个氨基酸残基形成了 7 个氢键，并与周围的其他 16 个氨基酸残基形成范德华相互作用。ThDP 呈 V 字构象位于活性位点，处在底物进入通道的底部，与两个单体均有较强的相互作用。

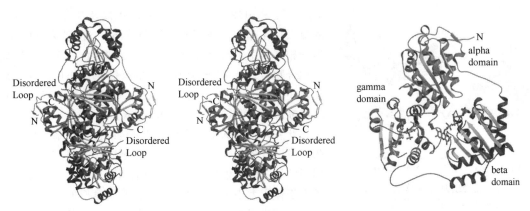

图 3-2-3 *Sc* AHAS 自由酶催化亚基的三维结构

2003 年，该研究组又报道了分辨率为 0.26nm 的 *Sc* AHAS 催化亚基与氯嘧磺隆复合物的晶体结构，随后又解析了四个磺酰脲类除草剂与 ScAHAS 催化亚基复合物的晶体结构。研究结果表明，当除草剂分子进入结合腔以后，C-端 38 个残基（残基 650～687）形成的 "capping region" 以及残基 580～595 组成的 loop 区变得更为有序化，使 ThDP 分子除 C_2 原子外都被掩埋在结合腔内，以至于溶剂分子无法到达，从而避免了溶剂分子干扰催化过程。需要指出的是，"capping region" 在自由酶中是不存在的。

2006 年，拟南芥 AHAS 催化亚基与五个磺酰脲类抑制剂及一个咪唑啉酮类除草剂的复合物晶体结构被解析出来（见图 3-2-4）。拟南芥 AHAS 酶催化亚基的结晶为四聚体，但在溶液中是一个分子量大约为 110kDa 的二聚体。这表明拟南芥 AHAS 催化亚基在高浓度下倾向以四聚体形式存在。与酵母相类似，拟南芥 AHAS 催化亚基的每个单体也是由 α（残基 86～280）、β（残基 281～451）及 γ（残基 463～639）三部分构成。

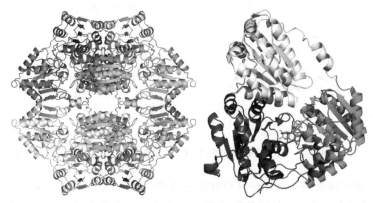

图 3-2-4 拟南芥 AHAS 催化亚基的晶体结构

拟南芥 AHAS 有四个活性腔，活性腔位于每两个单体的表面，因此催化亚基具有催化活性的最小单元为二聚体。至于为什么拟南芥 AHAS 以四聚体存在还不是特别清楚，可能由于四聚体形式能使酶更加稳定或者是能使调节亚基更加有效地与催化亚基相互作用。由于目前所有解析出来的拟南芥 AHAS 晶体，活性腔均完全被掩埋，这使得底物是如何进入活性腔不得而知。到目前为止，植物 AHAS 自由酶以及包含底物、中间体或产物的拟南芥 AHAS 晶体都尚未解析成功。

从文献报道的磺酰脲类除草剂与 AHAS 催化亚基复合物的晶体结构可以看出，磺酰脲类化合物 AHAS 催化亚基结合腔中都呈现出十分相似的构象（见图 3-2-5）：杂环与脲桥几乎共平面，而芳环则与此平面近似垂直，芳环上较大的取代基（如羧酸乙酯基）与嘧啶杂环平行。磺酰基和相邻的芳环位于底物进入通道的入口处，其他部分则伸入通道底部。抑制剂分子与结合腔中的氨基酸残基

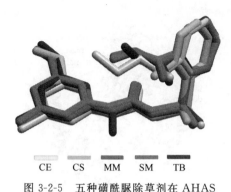

CE　CS　MM　SM　TB

图 3-2-5　五种磺酰脲除草剂在 AHAS
催化亚基结合腔中的构象叠合图

Val191′、Pro192′、Ala195′、Ala200′以及 Trp586 形成较强的疏水相互作用，杂环部分还与 Trp586 的吲哚环形成 π-π 堆积相互作用，两个芳环间的平均距离为 0.35nm。磺酰脲类化合物与 Arg380 至少形成 3 个氢键相互作用，其中氯嘧磺隆还会与 Lys251 形成 2 个氢键，这使得氯嘧磺隆比其他的磺酰脲类抑制剂具有更小的 K_i 值。

此外，磺酰脲类除草剂芳环邻位的乙氧羰基（如氯嘧磺隆）或甲氧羰基（如苄嘧磺隆、甲磺隆、苯磺隆）还可以与周围的氨基酸产生相互作用，而氯磺隆分子苯环邻位的氯原子由体积太小不能与周围氨基酸形成紧密的相互作用。这就使得氯磺隆对 ScAHAS 的 K_i 值（127mol/L）大于氯嘧磺隆（3.25mol/L）和甲磺隆（9.40mol/L）。

2006 年，文献报道了 AtAHAS 催化亚基与咪唑啉酮类除草剂灭草喹复合物的晶体结构（见图 3-2-6）。与磺酰脲类除草剂类似，灭草喹也位于通向活性腔的通道上，二氢咪唑啉酮环指向 ThDP 的 C₂ 原子，而喹啉环则指向蛋白质表面。灭草喹与周围的 18 个氨基酸形成疏水相互作用，其中 R377 与灭草喹的羰基形成氢键相互作用，咪唑啉酮环与 K256 和 W574 形成一定的相互作用。同时，咪唑啉酮环上的异丙基和甲基则通过与 A122、F206、Q207、K256 和 W574 之间形成相互作用，将除草剂锚定在 AHAS 酶中，这也解释了为什么异丙基和甲基对除草活性是必需的。对于 AtAHAS，磺酰脲类除草剂的抑制效果要优于咪唑啉酮类。例如，灭草喹的 K_i 为 3.0μmol/L，而磺酰脲类除草剂的 K_i 则为 10.8mol/L(CE) 至 253mol/L(TB)。产生这种差异的主要原因有两个：一方面，灭草喹与酶仅形成 28 个范德华相互作用和一个氢键相互作用，而磺酰脲类化合物则至少有 50 个范德华作用和 6 个氢键相互作用。另一方面，磺酰脲类除草剂在结合腔内被埋藏得更深，与 ThDP 的 C₂ 的距离比灭草喹近了约 0.2nm。除草剂的结构和取向使得灭草喹比磺酰脲更靠近蛋白质表面约 0.6nm。

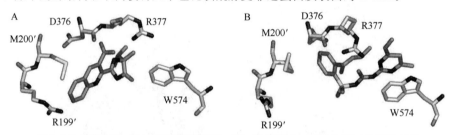

图 3-2-6　磺酰脲（A）及咪唑啉酮类（B）除草剂与 AHAS 相互作用的比较

尽管如此，此两类抑制剂的结合位点仍有部分重叠。12 个与灭草喹形成相互作用的氨基酸残基中，仅有 G654 和 R199 没有参与磺酰脲除草剂的结合。一些关键的氨基酸会改变构象来容纳不同的小分子。例如，R199 位于活性腔的入口处，结合不同的小分子时，它的构象是不同的。M200 与 W574 也会采取不同取向，以便更靠近灭草喹。此外，由于灭草喹的羰基与 D376 的排斥作用，D376 必须强制采用不同构象，以致 R377 的盐桥作用无法形成。为了适应此改变，R377 会发生转动，远离 D376 来与灭草喹形成离子相互作用。

最近，文献采取 DFT-QSAR 方法系统研究了嘧啶（氧）硫苯甲酸类除草剂与 AHAS 的相互作用，结果发现嘧啶（氧）硫苯甲酸类除草剂与磺酰脲类除草剂的结合模式有所类似。同时，还发现嘧啶（氧）硫苯甲酸类除草剂的苯环在结合腔中有两种相反的取向，其中苯环向右的取向是可能的活性构象。以商品化品种 KIH6127 为例，有四个氨基酸残基（Arg380、Trp586、Lys251 和 Gly657）与 KIH6127 形成了很强的相互作用，其中 Arg380 与 KIH6127 形成了 6 个氢键，Lys251 主要表现为疏水相互作用，没有氢键相互作用。

第三节　AHAS 抑制剂的分类

由于具有超高效、低毒、环境友好等特点，AHAS 抑制型除草剂在全世界范围内得到了广泛应用。到目前为止，已经商品化的该类除草剂达到 50 多种，按照化学结构大致可以分为五种类型：磺酰脲（sulfonylurea，SU）、咪唑啉酮（imidazolinone，IM）、三唑并嘧啶（triazolopyrimidine，TP）、嘧啶（氧）硫苯甲酸［pyrimidinyl（oxy）thiobenzoic acid，PTB］和磺酰胺羰基三唑酮（SCT）。其中，磺酰脲类的商品化品种最多，达 30 余种。

一、磺酰脲类

（一）先导的发现与优化

磺酰脲类除草剂在农药发展史上具有重要的里程碑意义，它标志着除草剂进入超高效时代。第一个磺酰脲类除草剂氯磺隆（chlorsulfuron，CS）是在 1982 年由 DoPont 公司开发成功的，它具有超高效的特征（用量低达 $2g/hm^2$），且对动物低毒（对小鼠经口的 LD_{50} 值为 $6g/kg$），在土壤中能通过非酶催化的水解反应和微生物降解。

1966 年，首次报道了 propazine（3-2-1）具有除草活性，20 世纪 70 年代 Levitt 注意到氰基苯胺的磺酰脲衍生物（3-2-2）具有微弱的植物生长调节活性，但在两个苯环上进行修饰的结果，并未能进一步提高植物生长调节活性。1975 年，Levitt 合成了化合物（3-2-3），它以 $2.0kg/hm^2$ 的剂量施用，显示出良好的除草活性。从此开始了这类化合物的深入研究。

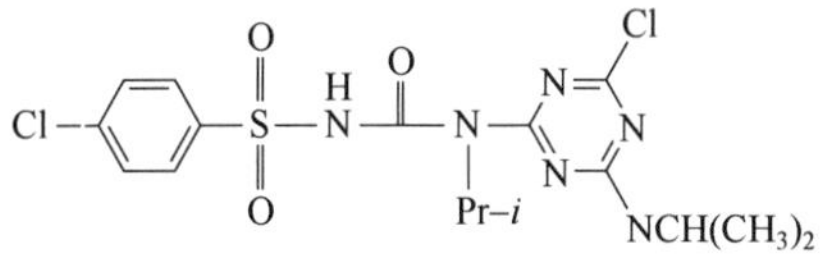

3-2-1 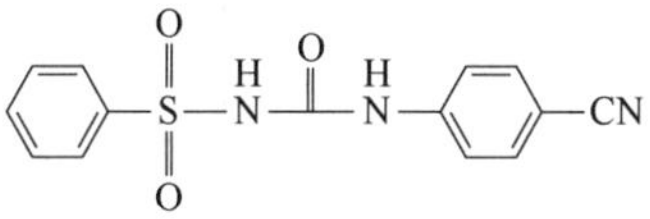　　　　　　　**3-2-2** 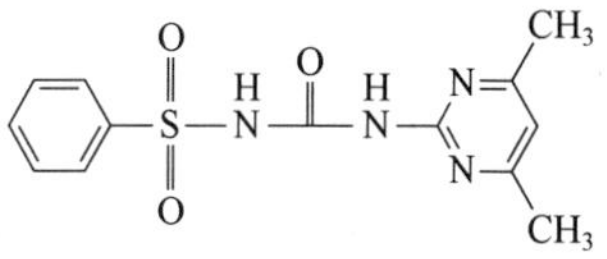　　　　　　　**3-2-3**

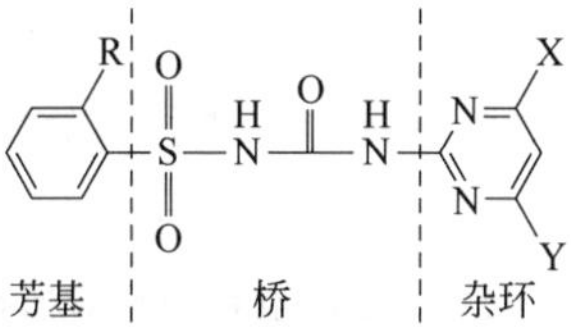

芳基　|　桥　|　杂环

在化合物确定先导结构后将分子分成芳基、桥及杂环三部分进行优化：苯环上的取代基以邻位取代活性最好，其中吸电子取代基具有强活性，如：CO_2CH_3，NO_2，F，Cl，Br，SO_2CH_3，SCH_3，$SO_2N(CH_3)_2$，CF_3，CH_3，CH_2CH_3，OCF_3。但如果取代基上带有酸性质子，则除草活性大大降低，如 COOH 和 OH。表 3-2-1 为邻位苯磺酰脲衍生物在温室苗后对阔叶杂草防效大于 70% 的使用剂量。

表 3-2-1　邻位苯磺酰脲的除草活性

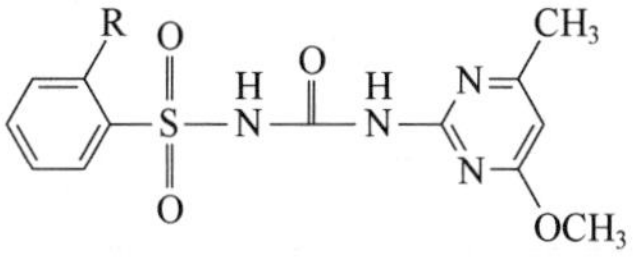

R	活性水平/（g/hm^2）	R	活性水平/（g/hm^2）
CO_2CH_3	$1\sim2$	Cl	$8\sim16$
NO_2	$4\sim8$	COOH	>400
SO_2CH_3	$8\sim16$	OH	>2000

除苯环外，其他芳基磺酰脲也有除草活性，这些芳基包括五元或六元芳杂环及其相应的苯并稠杂环，它们也与苯环系列相似，邻位取代的芳基具有最强的除草活性。

对于杂环部分，如下的杂环曾进行过研究：

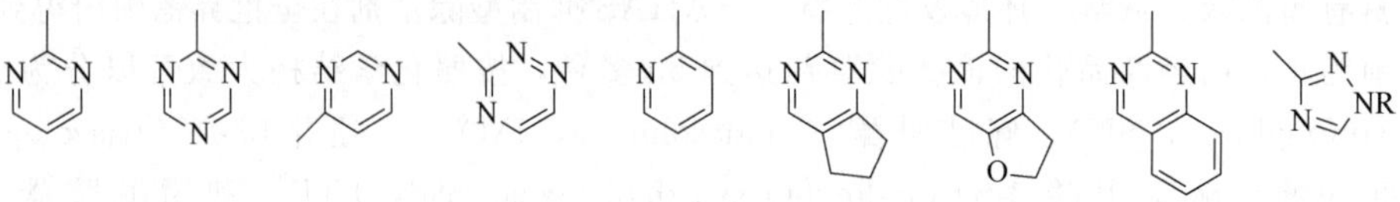

在同样的试验条件下，杂环对活性的影响见表 3-2-2，当磺酰脲中的杂环部分为嘧啶-2-基或1，3，5-三嗪-2-基时，除草活性最高，特别是杂环上带有短链烷基或烷氧基时最好。

表 3-2-2　杂环部分对磺酰脲除草活性的影响

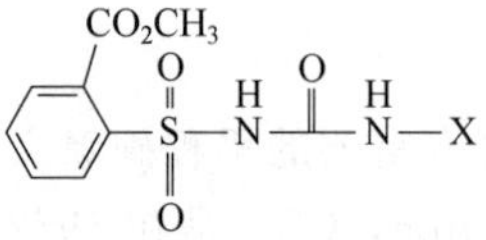

X	活性水平/（g/hm²）	X	活性水平/（g/hm²）
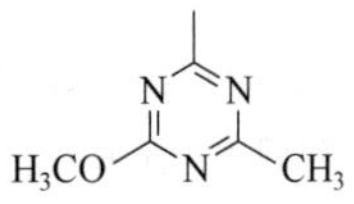	1～2	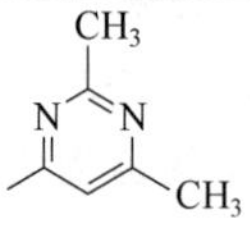	62～125
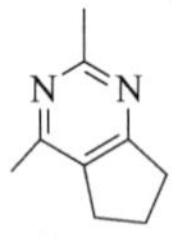	16～31	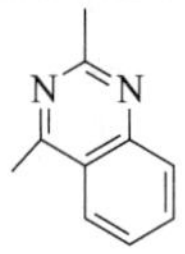	1000
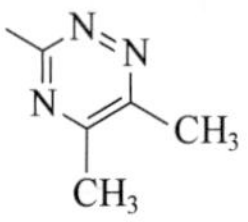	31～62		

带有正常磺酰脲桥的化合物通常活性最好，进行修饰后的脲桥虽也有活性，表 3-2-3 描述了同样试验条件下桥基对活性的影响。

表 3-2-3　磺酰脲桥部分对活性的影响

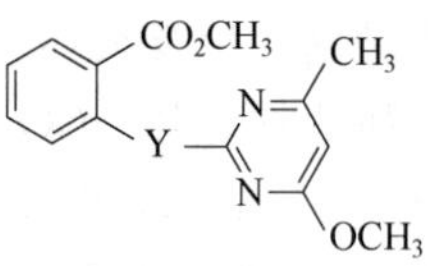

Y	活性水平/（g/hm²）	Y	活性水平/（g/hm²）
—SO₂NHCONH—	1～2		
—CH₂SO₂NHCONH—		$-SO_2N-CNH-$（SCH₃）	16～31
—SO₂NHCON(CH₃)—	8～6		
	16～81	—OSO₂NHCONH—	31～62

杜邦公司在 1978 年研制出第 1 个磺酰脲类除草剂氯磺隆，并于 1982 年商品化。磺酰脲类除草剂在农药发展史上具有重要的里程碑意义，它标志着除草剂进入超高效时代。氯磺隆以极低用量进行芽前土壤处理或苗后茎叶处理，可有效地防治麦类与亚麻田大多数杂草。而且对动物低毒（对小鼠经口的 LD_{50} 值为 6000mg/kg），在土壤中能通过非酶催化的水解反应和微生物降解。氯磺隆问世之

后，除杜邦公司外，瑞士汽巴-嘉基、日本的石原产业、日产化学、武田、德国拜耳、美国氰胺等农药公司和韩国化学研究所、中国南开大学元素有机化学研究所及湖南化工研究院等也进行了该类除草剂的研制和开发。目前，大约已有30余个实现商品化。

（二）生物活性

这类除草剂的特点是超高效，用量以 g/hm^2 计，其生物活性超过传统除草剂 100～1000 倍，使除草剂的发展进入"超高效时代"。此类除草剂另一个优势是广谱、高选择性，对许多一年生或多年生阔叶、禾本科杂草和莎草，尤其是阔叶杂草有特效，已广泛用于水稻、麦类、大豆、玉米、油菜等多种作物、草坪和其他非耕地。此外，它们对哺乳动物和鱼类毒性较低，Ames 试验阴性，不致畸、致癌、致突变，在环境中易分解。所以，它们问世之后发展极快，有些已成为一些作物田的主要除草剂品种。而且，新的品种还在不断地商品化。2007 年全球共有 32 个磺酰脲类除草剂商品，其中销售额上亿美元的有 8 个，销售额在 0.5～1 亿美元的有 7 个，销售额在 0.3～0.5 亿美元以上的有 6 个，0.30 亿美元以下的品种有 11 个。估计在近几年增长率仍将递增。

磺酰脲类除草剂既可用作叶面处理剂，也可用作土壤处理剂，因其蒸气压低，进入大气中的量很少，主要被植物吸收和进入土壤中。耐药植物吸收的磺酰脲类除草剂可很快被代谢降解掉，进入敏感植物体内的磺酰脲类除草剂可随死亡的植物残体与土壤处理药剂一起残留于土壤中；土壤中的磺酰脲类除草剂少量淋溶进入地下水，大部分则因化学水解和微生物分解而降解。土壤吸附磺酰脲类除草剂的能力一般不超过施药量的 14%，残留药害可能与其较高的生物活性及特定条件下结合态残留的释放有关。其吸附性能与温度、土壤类型、土壤质地等关系密切，但吸附量不随时间的延长而增加。大部分磺酰脲类的移动性也较差，有些在降雨条件下容易移动，但其用量低、毒性小，一般不会造成对地下水的污染，其淋溶也受土壤含水量、降雨量、降雨频率、降雨时间、土壤类型和土壤质地等的影响。

化学水解是磺酰脲类除草剂在土壤中降解的主要途径，其水解是亲核取代反应，中性分子较离子形态的化合物更易水解，酸和土壤中的无机组分可作催化剂。因而，磺酰脲类除草剂在酸性条件下降解快，中性和弱碱性条件下降解慢。磺酰脲类除草剂也可被微生物利用，微生物不仅可以直接降解母体化合物，还可以通过分解水解的产物来促进水解反应，许多微生物如浅灰链霉菌、真菌黑曲霉和青霉等都能降解磺酰脲类除草剂除草剂。但磺酰脲类除草剂的光化学降解却较少，光解最多只对存在于土壤表面的少量底物起作用。磺酰脲类除草剂在土壤中的降解受化合物本身的结构、溶液或土壤 pH 值和温度及土壤有机质含量、土壤水分等因素的影响。

磺酰脲类除草剂选择性强，对不同作物的敏感性差异很大，例如，棉花对甲磺隆最敏感，对玉米次之，而水稻和油菜则耐药性较强，因而残留的甲磺隆很易对敏感作物产生药害。磺酰脲类除草剂的残留活性与施药量、土壤 pH 值、有机质含量、温度、土壤湿度等有关。绿磺隆在土壤中的残留期较长，已危及非靶标植物，我国旱作地区后茬为玉米、大豆、棉花和甜菜的麦田已被禁用。迄今为止，已发现磺酰脲类除草剂的残留药害可伤及水稻、大豆、玉米、油菜、棉花、甜菜、亚麻、向日葵和红花等多种作物。一般认为，氯磺隆随水迁移性较强，其残留主要是结合态残留，结合态残留常被认为是农药的一种解毒机理，但近年来的研究发现，氯磺隆在一定条件下可再度以母体化合物或其代谢物的形式释放出来，总之，结合残留物的迁移和淋溶性较弱，而且对后茬作物的生长有抑制作用，达到一定剂量时即可对后茬作物产生药害。

磺酰脲类除草剂的选择性是由不同作物和杂草对该类化合物代谢失活能力的差异造成的，而与吸收和传导量的差异以及 ALS 敏感性的差异无关。氯吡磺隆可被玉米和小麦降解为无除草活性的化合物，而敏感大豆则难以发生该类反应。在玉米中降解的主要途径是嘧啶环的羟基化及羟基化产物的葡萄糖基化反应，在小麦中的主要降解途径是嘧啶环上的氧脱甲基反应。初始代谢物进一步生物氧化导致嘧啶环的裂解，最终形成磺酰胺。不同的杂草和油菜对胺苯磺隆的选择性也与其代谢速率有关，它在油菜体内的半衰期为 115h，而在敏感杂草中为 5～14h，初始代谢物为对 ALS 无抑制作用

的 O-脱乙基产物,温室中苗前和苗后施用,对许多作物和杂草无生物活性;最终产物为 O-脱乙基-N-脱甲基产物,由于6-位存在羟基,也无除草活性。磺酰脲类除草剂在植物体内的代谢途径主要包括羟基化反应和羟基化产物的葡萄糖基化反应及脱酯化、芳香亲核取代、O-脱烷基化、脲桥水解和磺酰氨键的裂解等反应。

水稻田是磺酰脲类除草剂最成功的市场,其主要应用品种有烟嘧磺隆、苄嘧磺隆、吡嘧磺隆、咪唑磺隆、乙氧嘧磺隆、四唑嘧磺隆等。大豆是磺酰脲类除草剂另一个重要市场,主要应用品种有氯嘧磺隆、氯嘧磺隆 + 噻磺隆(thifensulfuron)、环氧嘧磺隆等。转基因大豆对磺酰脲类除草剂的大豆市场有相当的影响。玉米田用的主要磺酰脲类除草剂为氟嘧磺隆、烟嘧磺隆、玉嘧磺隆等。最早用于玉米的氟嘧磺隆逐渐被烟嘧磺隆等所取代。此外还有氯吡磺隆、三氟丙磺隆等。但它们都受到转基因作物的冲击。禾谷类作物(主要为小麦、大麦、小米等)也是磺酰脲类除草剂的重要市场,应用品种有甲基二磺隆(甲基胺磺隆)、甲磺隆、碘甲磺隆(钠)、甲酰胺磺隆等。随着存在环境问题除草剂的淡出市场,磺酰脲类除草剂得到了快速的发展,目前,在世界农药市场中占有举足轻重的重要地位。近年来,我国多种因素促成除草剂市场快速发展,麦类、玉米、甜菜等旱田作物及稻田除草剂使用量大幅上升,市场扩大,给该类除草剂的发展提供了良好的发展机遇。

(三) 合成方法

磺酰脲类化合物的合成方法有如下两种,根据不同的基团和所需的原料可采用不同的方法:其中异氰酸酯法是合成磺酰脲类除草剂最主要的方法。

异氰酸酯法通常可以先合成出芳磺酰基异氰酸酯,然后与杂环胺类化合物进行酰胺化反应合成目标产物。一些重要的磺酰脲类除草剂如甲硫嘧磺隆、苯磺隆、噻磺隆等均采用此路线。有时也可以先合成芳基磺胺,再与杂环取代异氰酸酯进行酰胺化反应,采用这种合成路线的有氟嘧磺隆、烟嘧磺隆等。无论哪条路线,异氰酸酯的合成都是整个合成路线中最重要的一步。

异氰酸酯最主要的合成方法是由芳基磺胺或杂环胺类化合物与光气或其衍生物(双光气和固体光气)反应合成。由于光气是剧毒的气体,液态双光气[氯甲酸三氯甲酯,$(COCl_2)_2$]也是一种窒息性毒剂。光气及双光气的毒性严格限制了其使用范围,而固体光气(双三氯甲基碳酸酯)毒性较小。在异氰酸酯的生产工艺中正逐渐替代光气和双光气。此外,也可采用氰酸钠和芳基磺酰氯合成异氰酸酯的方法。氰酸钠具有来源广泛(尿素与无水碳酸钠或氢氧化钠熔融反应)、毒性较小、成本较低、反应活性较高等优点,所以该方法在成本及环保方面均具有很强的竞争力。

氨基甲酸酯法是磺酰脲类除草剂另一个重要的合成方法。氨基甲酸酯法可以先合成出芳磺酰氨基甲酸酯,然后与杂环胺进行酰胺化反应制备出磺酰脲类除草剂,采用这种合成路线的磺酰脲类除草剂较多,如啶嘧磺隆、噻磺隆、烟嘧磺隆、单嘧磺隆等;也可以先合成杂环酰氨甲酸酯,再与芳基磺胺反应制备出磺酰脲类除草剂,采用这条路线的有玉嘧磺隆、单嘧磺酯、氯酮磺隆等。

$$ArSO_2NCO + Het\text{-}NH_2 \longrightarrow ArSO_2NHCONH\text{—}Het$$
$$HetNCO + ArSO_2NH_2 \longrightarrow ArSO_2NHCONH\text{—}Het$$

氨基甲酸酯合成路线的关键是氯甲酸酯和氨基甲酸酯的合成。其中,氯甲酸酯的最主要合成方法是光气酯化法,即光气与相应的脂肪醇或芳基醇进行酯化反应生成相应的氯甲酸酯。选择固体光气代替光气在温和的反应条件下就可以和苯甲醇反应制备出氯甲酸苄酯。氨基甲酸酯的合成是氯甲酸酯与芳基磺胺或杂环胺类化合物的酰胺化反应。氯甲酸酯的反应活性较高,在缚酸剂的作用下,反应一般在室温条件下就很容易进行。氨基甲酸酯的合成是氯甲酸酯与芳基磺胺或杂环胺的酰胺化反应。由于氯代甲酸甲酯分子中羰基碳原子上仍连有1个吸电子且空间体积很小的氯原子,它仍具有酰氯的化学特性,因此氯甲酸酯的反应活性较高,在缚酸剂的作用下,反应一般在室温条件下就很容易进行。

$$ArSO_2NHCOOR' + Het\text{-}NH_2 \longrightarrow ArSO_2NHCONH\text{-}Het$$
$$ArSO_2NH_2 + Het\text{-}NHCOOR' \longrightarrow ArSO_2NHCONH\text{-}Het$$

(四) 主要品种

1. 甲磺隆 (metsulfuron-methyl)

C$_{14}$H$_{15}$N$_5$O$_6$S, 381.36, 74223-64-6

理化性质 无色晶体（原药灰白色固体，略带酯味）。熔点 158℃，蒸气压 3.3×10^{-10} Pa (25℃)，密度 1.47，K_{ow}lg$P$ 0.018(pH 7)，溶解度（g/L，25℃），在水中 0.55(pH 5)，2.79(pH 7)，213(pH 9)，二甲苯 0.58，己烷 0.79，乙醇 2.3，甲醇 7.3，丙酮 36，二氯甲烷 121(g/L，20℃)，140℃ 以下在空气中稳定，25℃时中性和碱性介质中稳定，pK_a 3.3。

毒性 大鼠急性经口 LD$_{50}$＞5000mg/kg，家兔急性经皮 LD$_{50}$＞2000mg/kg，对豚鼠皮肤稍有刺激，对鱼低毒。制剂有 20％乳油及 5％颗粒剂。

应用 用于禾谷类作物田防除阔叶杂草，用量 4～8g/hm^2。

2. 苄嘧磺隆 (bensulfuron-methyl，农得时)

C$_{16}$H$_{18}$N$_4$O$_7$S, 410.4, 83055-99-6

理化性质 白色略带浅黄色无臭固体。熔点 185～188℃，蒸气压为 1.73×10^{-5} kPa(25℃)。25℃在含有磷酸钠缓冲水溶液中的溶解度随 pH 值变化而有所不同，溶解度为（g/L，25℃）：0.12(pH 7)、1.2 (pH 8)，在微碱性（pH 8）水溶液中特别稳定，在酸性水溶液中缓慢降解，在乙酸乙酯、二氯甲烷和丙酮中稳定，在甲醇中可能分解。一般加工为可湿性粉剂。

毒性 具有内吸传导性，在水中迅速扩散，为杂草根部和叶片吸收，转移到杂草各部，使之坏死。

应用 适用于水稻田除草。可以邻甲氧基羰磺酰异氰酸苄酯为原料制得。

3. 苯磺隆 (tribenuron-methyl)

C$_{15}$H$_{17}$N$_5$O$_6$S, 395.39, 101200-48-0

理化性质 纯品为灰白色固体。熔点 141℃，蒸气压 0.036mPa(25℃)，相对密度 1.5(25℃)。水中的溶解度（mg/L，25℃）为：28(pH 4)，50(pH 8)，280(pH 6)。亚氨基呈酸性，pK_a 5.0。

毒性 雌、雄大鼠急性经口 LD$_{50}$＞5000mg/kg；大鼠急性经皮 LD$_{50}$＞5000mg/kg，兔＞2000mg/kg；大鼠急性吸入 LC$_{50}$＞5mg/L(4h)。对眼睛有轻度刺激性，但 24h 症状消失；对皮肤无刺激反应；对豚鼠皮肤无过敏性。微核试验表明，苯磺隆对体细胞无致突变效应；睾丸染色体畸变试验表明，苯磺隆对生殖细胞无遗传毒效应；未发现大鼠致畸。虹鳟鱼 LC$_{50}$＞1000mg/L(96h)，水蚤 LC$_{50}$＝720mg/L (48h)。鹌鹑急性经口 LD$_{50}$＞2250mg/kg，蜜蜂 LD$_{50}$＞0.1mg/只，蚯蚓 LC$_{50}$＞200mg/kg 土壤。

应用　用于防除牛繁缕、宝盖草、麦家公、大瓜草等禾类作物阔叶杂草。

4. 氯吡嘧磺隆 (halosulfuron-methyl)

$C_{13}H_{15}ClN_6O_7S$, 434.81, 100784-20-1

理化性质　纯品为白色粉末状固体。熔点 175.5～177.2℃。

毒性　大鼠急性经口 LD_{50} 为 8865mg/kg，鹌鹑急性经口 LD_{50} ＞2250mg/kg，兔急性经皮 LD_{50} ＞2000mg/kg。对兔眼睛有轻微刺激，对兔皮肤无刺激作用。无致畸、致癌、致突变作用。鱼毒 LC_{50} (96h，mg/L)：大翻车鱼＞118，虹鳟鱼＞320。

应用　适用于小麦、玉米、水稻、甘蔗、草坪等除草。防除对象：氯吡嘧磺隆主要用于防除阔叶杂草和莎科杂草，如苍耳、曼陀罗、豚草、反枝苋、野西瓜苗、蓼、马齿苋、龙葵、决明、牵牛、香附子等。苗前和苗后均可施用（玉米田须苗前使用），苗前施用剂量为 70～90g(a.i.)/hm²，苗后为 18～35g(a.i.)/hm²。

5. 噻磺隆 (thiameturon-methyl)

$C_{12}H_{13}N_5O_6S_2$, 387.36, 79277-67-1

理化性质　无色结晶。熔点 186℃。水中的溶解度（mg/L，25℃）为：4(pH 4)，260(pH 5)，2400(pH 6)，可溶于有机溶剂中。制剂有 75％干悬剂，75％可湿性粉剂。

毒性　大鼠急性经口毒性 LD_{50} ＞5000mg/kg，家兔急性经皮毒性 LD_{50} ＞2000mg/kg，对兔皮肤无刺激，对眼睛有中等刺激，对鸟及鱼类低毒。

应用　用于禾谷类作物防除 1 年生阔叶杂草。主要通过杂草叶面和根系吸收并传导。一般施药后，敏感杂草立即停止生长，1 周后死亡。一个月后对下茬作物无害，适用于小麦、大麦、燕麦等禾谷类作物，防除反枝苋、马齿苋、臭甘菊、春蓼、藜等一年生阔叶杂草。是一种高效选择性芽后茎叶处理剂，用量 18～25g/hm²。

6. 啶嘧磺隆 (flazasulfuron)

$C_{13}H_{12}F_3N_5O_5S$, 407.3, 104040-78-0

理化性质　纯品为无臭白色结晶粉末。熔点为 166～170℃，蒸气压 4132.9nPa，溶解度（mg/L，25℃）：水 2.1 (pH 7)、甲醇 4.2、乙腈 8.7、丙酮、甲苯 0.56、己烷 0.0005。

毒性　水中 DT_{50} ＝11d，田间土壤的 DT_{50} ＜7d。

应用　它是一种主要用于暖季草坪、柑橘、橄榄、葡萄和甘蔗的选择性除草剂，有时也用于铁路和其他非耕地上。由于它对禾本科杂草、阔叶杂草和莎草在叶面处理和土壤处理方面有很好的效果，并且具有选择性，所以在很多地方都得到了开发。啶嘧磺隆通过叶面吸收并转移到植物各部位，一般情况下，处理后杂草立即停止生长，吸收 4～5d 后新叶褪绿，然后逐渐坏死并蔓延到整个植株，20～30d 杂草彻底枯死。对暖季型草坪安全，如结缕草类和狗牙根草类等，从休眠期到生长期均可使用。但冷季型草坪对啶嘧磺隆敏感，故高羊茅、黑麦划、早熟禾、剪股颖等冷季型草坪不可使用该药剂。啶嘧磺隆不仅能极好地防除草坪中一年生阔叶和禾本科杂草，而且还能防除多年生阔叶杂草和莎草科杂草，如稗草、马唐、牛筋草、早熟禾、看麦娘、狗尾草、香附子、水蜈蚣、莎草、白车轴、空心莲子草、小飞蓬、黄花草、绿苋、荠菜、繁缕等。啶嘧磺隆的醇解反应能获得高产率的磺酰氨基甲酸酯，与吡啶磺酰脲类除草剂烟嘧磺隆一样，前面提及芳基磺酰脲类也发生这种醇解反应，这是所有磺酰脲类除草剂共有的一个特性。

7. 醚苯磺隆 （triasulfuron）

$$C_{14}H_{16}ClN_5O_5S, 401.83, 82097-50-5$$

理化性质 本品为无色晶体，熔点 186℃，蒸气压 $<2 \times 10^{-3}$ mPa（25℃）。溶解度（mg/L，25℃）：水中 32（pH 5）、815（pH 7），丙酮中 14000，二氯甲烷中 36000，乙酸乙酯 4300，乙醇中 420，辛醇中 130，己烷中 0.04，甲苯中 300。$K_{ow}\lg P=0.11$（pH 7）。亚氨基呈酸性，pK_a 为 4.5。稳定性：低于熔点部分分解，在正常贮存条件下至少稳定两年以上。水解 DT_{50} 8.2h（pH 1）、3.1 年（pH 7）、4.7h（pH 10），pK_a 4.64（20℃）。

毒性 大鼠急性经口 $LD_{50}>5000$mg/kg，大鼠急性经皮 $LD_{50}>2000$mg/kg，对兔皮肤稍有刺激作用，但对眼睛无刺激作用。

应用 该药在土壤中的残效期较长，用药 100d 后对下茬敏感作物仍有药害。制剂为 10% 醚苯磺隆可湿性粉剂等。醚苯磺隆用于小麦田防除阔叶杂草如播娘蒿、荠菜、藜、麦瓶草、猪殃殃、三色堇、碎米荠、地肤、蓼、扁蓄、早熟禾等。对大部分禾本科杂草无效。适宜用药时期及用药量：小麦 2 叶至孕穗期均可用药，但由于多熟地区大部分后茬作物对该药敏感，因此该药以小麦冬前分蘖期施用为宜。每亩用 10% 醚苯磺隆可湿性粉剂 0.75～1g，加水 25～30kg 喷雾。在长江以北，后茬是大豆、玉米等敏感作物的小麦田慎用该药。

8. 氟嘧磺隆 （primisulfuron）

$$C_{14}H_{10}F_4N_4O_7S, 468.337, 113036-87-6$$

瑞士汽巴-嘉基（Ciba-Geigy）公司于 20 世纪 80 年代初期开发的玉米田选择性芽后除草剂。于 20 世纪 90 年代初期商品化。

理化性质 纯品为一种无色晶体，熔点 194.8～197.4℃，蒸气压 <1.0nPa（20℃）水中溶解性（mg/L，20℃）：3.3（pH 5）；243（pH 7）；5300（pH 9）。亚氨基呈酸性，pK_a 5.1。

毒性 对人畜低毒，大鼠急性经口 $LD_{50}>5050$mg/kg，急性经皮 $LD_{50}>2010$mg/kg。对兔眼睛及皮肤无刺激作用，对鸟类、鱼类低毒。对蜜蜂无毒。

应用 能有效地防除禾本科杂草和阔叶杂草，剂量 10～20g（a.i.）/hm²（添加非离子表面活性剂），玉米有很好的耐药性。在正常条件下，超过上述剂量，仍有很好的耐药性。

9. 胺苯磺隆 （ethametsulfuron）

C₁₅H₁₈N₆O₆S, 410.4, 111353-84-5

理化性质 白色结晶体。熔点为 194℃，蒸气压 7.7×10⁻¹³Pa(25℃)。丙酮中溶解度为 1.6g/L，水中溶解度 50mg/L，离解常数 4.8，K_{ow} lg$P$ 38.4（pH 5）和 7.8（pH 7）。

毒性 大、小鼠急性经口 LD_{50}＞10000mg/kg，大鼠急性经皮 LD_{50}＞10000mg/kg。对眼睛和皮肤无刺激作用，无致畸、致癌、致突变作用。太阳鱼、虹鳟鱼、蓝腮鱼 LC_{50}（96h）大于 600mg/L。对蜜蜂急性 LD_{50}＞0.012mg/kg。

应用 胺苯磺隆为油菜田用除草剂，主要用来防除猪殃殃、大巢菜、繁缕、碎米荠、雀舌草、母菊、野芝麻、蓼、鼬瓣花、苋、看麦娘、稗草等单、双子叶杂草。它对燕麦、狼巴草、稻茬菜、硬草等防效较差；水稻对本品敏感，后茬为水稻田时只限于壮秧大苗的插秧本田，移栽与施药的间隔期应在 150d 以上，后茬为直播水稻田禁用。

10. 吡嘧磺隆 （pyrazosulfuron-ethyl）

C₁₄H₁₈N₆O₇S, 414.4, 98389-04-9

理化性质 原药外观为灰白色结晶体，相对密度 1.44(20℃)，熔点 181～182℃，20℃时蒸气压 146.7×10⁻⁷Pa，25℃时蒸气压 333.3×10⁻⁷Pa。溶解性（20℃）：在水中 14.5mg/L、正己烷 0.2g/L、氯仿 234.4g/L、苯 15.6g/L、丙酮 31.7g/L。原药有效成分含量不低于 98%，正常条件下贮存稳定。

毒性 原药雌、雄大鼠和小鼠急性经口 LD_{50}＞5000mg/kg，雌、雄大鼠急性经皮 LD_{50}＞2000mg/kg，大鼠急性吸入 LC_{50}＞3.9mg/L。对兔皮肤和眼睛无刺激作用。在试验剂量内，对动物无致畸、致突变、致癌作用。大鼠二代繁殖试验无作用剂量为 1600mg/L。对水蚤 EG_{50}＞700mg/L。对蜜蜂低毒。

应用 吡嘧磺隆主要被植物的根部吸收并在植物体内迅速进行传导。使杂草的芽和根很快停止生长发育，随后整株枯死。有时施药后杂草虽仍呈现绿色，但生长发育已受到抑制，失去与水稻的竞争能力。不同水稻品种对草克星的耐药性有差异，但在正常条件下使用对水稻安全。若稻田漏水、栽植太浅或用药量过高时，水稻生长可能会受到暂时的抑制，但能很快恢复生长，对产量无影响。适用于水稻直播田、移栽田、抛秧田，用于防治稗草、稻李氏禾、牛毛毡、水莎草、异型莎草、鸭舌草、雨久花、窄叶泽泻、泽泻、矮慈姑、野慈姑、眼子菜、萤蔺、紫萍、浮萍、狼把草、浮生水马齿、母草、轮藻、小茨藻、三蕚沟繁缕、虻眼、鳢肠、节节菜、水芹等。在我国北方两次施药对防治扁秆藨草、日本藨草、藨草有较好的药效。

11. 烟嘧磺隆 （nicosulfuron）

C₁₅H₁₈N₆O₆S, 410.4, 11191-09-4

理化性质 纯品为无色晶体，熔点 172～173℃，蒸气压＜8×10⁻⁷mPa。分配系数 K_{ow} lg$P$ ＝

−0.36(pH 5)、−1.8(pH 7)、−2.0(pH 9)。相对密度 0.313(20℃)。溶解度（g/kg，25℃）：水 3.59(pH 5)、12.2(pH 7)、39.2(pH 9)，丙酮18，乙醇4.5，氯仿、二甲基甲酰胺64，乙腈23，二氯甲烷160，己烷<0.02，甲苯0.37。呈酸性，pK_a 4.6(25℃)。稳定性：DT_{50}15d(pH 5)，于pH7、9稳定，闪点>200℃。

毒性　大鼠、小鼠急性经口 LD_{50}>5g/kg，家兔急性经皮 LD_{50}>2g/kg，大鼠急性吸入 LD_{50}>5.47mg/L。对兔眼睛有轻微刺激，对豚鼠皮肤无过敏性。鲤鱼 LC_{50}(96h)>10mg/L，28d饲喂试验，30g/kg饲料对大、小鼠无不利影响。Ames 试验结果表明无诱变性。鹌鹑 LD_{50}>2250mg/kg，野鸭和鹌鹑 LC_{50}>5620mg/kg。蓝鳃鱼和虹鳟鱼 LC_{50}(96h)>1g/L。蜜蜂 LD_{50}(接触)>20μg/只。蚯蚓 LC_{50}(14d)>1g/kg。水蚤 LC_{50}(48h)>1g/L。绿藻 NDEC(96h)为100mg/L。

应用　烟嘧磺隆可被植物的茎叶和根部吸收并迅速传导，通过抑制植物体内乙酸乳酸合成酶的活性，阻止支链氨基酸如缬氨酸、亮氨酸与异亮氨酸合成，进而阻止细胞分裂，使敏感植物停止生长。杂草受害症状为心叶变黄、失绿、白化，然后其他叶由上到下依次变黄。一般在施药后3～4d可以看到杂草受害症状，一年生杂草1～3周死亡，6叶以下多年生阔叶杂草受抑制，停止生长，失去同玉米的竞争能力。高剂量也可使多年生杂草死亡。不同玉米品种对烟嘧磺隆的敏感性有差异，其安全性顺序为马齿型>硬质玉米>爆裂玉米>甜玉米。一般玉米2叶期前及10叶期以后，对该药敏感。甜玉米或爆裂玉米对该剂敏感，勿用。对后茬小麦、大蒜、向日葵、苜蓿、马铃薯、大豆等无残留药害。但对小白菜、甜菜、菠菜等有药害。在粮菜间作或轮作地区，应在做好对后茬蔬菜的药害试验后才可使用。防除对象：稗草、龙葵、香薷、野燕麦、问荆、蒿属、苍耳、苘麻、鸭跖草、狗尾草、金狗尾草、狼把草、马唐、牛筋草、野黍、柳叶刺蓼、酸模叶蓼、卷茎蓼、反枝苋、大蓟、水棘针、荠菜、风花菜、遏蓝菜、刺儿菜、苣荬菜等一年生杂草和多年生阔叶杂草。对藜、小藜、地肤、鼬瓣花、芦苇等亦有较好的药效。

12．玉嘧磺隆（rimsulfuron）

$C_{14}H_{17}N_5O_7S_2$, 431.4441, 122931-48-0

玉嘧磺隆系杜邦公司于20世纪80年代中期发现并开发成功的，1992年在欧洲注册用于玉米，1995年在美国注册用于马铃薯与玉米，1997年在我国注册作为玉米苗后除草剂开始推广使用。它是近年来开发的众多磺酰脲类除草剂新品种中比较突出的品种之一。

理化性质　原药为白色固体，无明显气味，熔点176～178℃；蒸气压 $1.5×10^{-6}$Pa(25℃)，pK_a 4.1，$K_{ow}lgP$ 0.034(25℃，pH 7)，水中的溶解度（mg/L，25℃）：7300(pH 7)。

毒性　大鼠急性经口 LD_{50}>5000mg/kg，兔经皮 LD_{50}>2000mg/kg，对兔眼有轻微刺激作用。Ames 试验阴性，无致畸、致癌及致突变作用。

应用　其主要特点是：生物活性高、杀草谱广，每公顷用量5～20g可有效地防除大多数阔叶与禾本科杂草，可用于玉米、马铃薯与番茄等作物。毒性低，在环境中易消失，在土壤中半衰期短，对轮作中各种后茬作物安全。玉嘧磺隆通过幼芽与叶片被植物吸收，在木质部与韧皮部传导。喷药后迅速抑制生长，最早症状产生于植物分生组织，敏感的禾本科杂草植株矮化，阔叶杂草失绿、组织坏死，最终死亡。药害是缓慢发生的，从杂草出现受害症状至植株死亡需8～12d。在植株内代谢作用速率的差异是玉嘧磺隆的选择性原因，玉米代谢迅速，半衰期<1h，而敏感杂草如假高粱、反枝苋、马唐等代谢作用缓慢，半衰期相应为8～12d。药害与半衰期之间有很好的相关性。玉嘧磺隆在玉米植株内的代谢首先是嘧啶环的羟基化作用，其后与葡萄糖缀合，使化合物的活

性全部丧失。此种代谢作用与植物体内细胞色素 P450 的诱导有关，此外，温度对代谢作用，特别是玉嘧磺隆在玉米根内的代谢影响较大。在幼苗内于 25℃ 与 35℃ 时半衰期近似。10℃ 时半衰期则延长 2 倍；反之，在根内的代谢作用缓慢，35℃ 时代谢作用最迅速，半衰期 8.7h，30℃ 是代谢作用的最适温度。特丁磷与增效醚显著抑制玉嘧磺隆在植物体内的代谢作用。玉嘧磺隆苗后早期使用时，非离子型表面活性剂及植物油在提高其杀草活性中起重要作用，其中以乙氧基脂肪胺的增效作用最好。此外，双功能氧化酶抑制剂胡椒基丁醚（PBO）由于能阻止除草剂在杂草体内的代谢并促进吸收，故可作为玉嘧磺隆的增效剂使用，而尿素与硝酸铵也有增效作用。玉嘧磺隆的可混性很强，用于玉米田可与莠去津、烟嘧磺隆、噻磺隆、嗪草酮、异丙甲草胺等混用。

13. 氟胺磺隆（triflulsulfuron-methyl）

$C_{17}H_{19}F_3N_6O_6S$, 492.4, 126535-15-7

理化性质 1992 年由杜邦公司开发，纯品为白色结晶，熔点为 160～163℃。稳定性：在 25℃ 水中半衰期分别为 3.7d(pH 5)、32d(pH 7)、36d(pH 9)。

毒性 大鼠急性经口 LD_{50}>5000mg/kg；兔经皮 LD_{50}>2000mg/kg。

应用 防除甜菜田许多阔叶杂草和禾本科杂草，是安全性高的芽后除草剂，按 2 倍的推荐用量施用，对甜菜仍极安全，在 1～2 叶以上的甜菜中 DT_{50}<6h。添加非离子表面活性剂或植物油有助于改善其互溶性，并提高活性。推荐用量为 10～25g(a.i.)/hm²。

14. 咪唑磺隆（imazosulfuron）

$C_{14}H_{13}ClN_6O_5S$, 412.8082, 122548-33-8

理化性质 纯品为白色结晶。熔点为 183～184℃（分解），相对密度 1.574(25℃)，蒸气压 $4.52×10^{-2}Pa(25℃)$，离解常数 pK_a 4。溶解度（mg/L，25℃）：在水中 308(pH 7)、67 (pH 6.1)、5(pH 5.1)，二氯甲烷 12800、丙酮 7600、乙腈 2500、乙酸乙酯 2200、二甲苯 400。

毒性 对鱼类和哺乳动物低毒。

应用 咪唑磺隆通过根部吸收，然后输送至整株植物，对支链氨基酸生物合成的关键酶乙酰乳酸合成酶（ALS）具有强烈的抑制作用。抑制杂草尖芽生长，阻止根部或幼苗的生长发育，从而使之渐渐死亡。可在芽前或水稻移植后 10～15d 使用，防除包括稗草在内的大多数一年生杂草和牛毛毡、萤蔺、水莎草、水芹、矮慈姑等多年生杂草。推荐使用量 30g/hm²。与其他除草剂混用可增强对稗草的防效。

15. 氟磺隆（prosulfuron）

$C_{15}H_{16}F_3N_5O_4S$, 419.38, 94125-34-5

理化性质　1996 年由 Novartis Agro S. A.（现在 Syngenta）开发，纯品为无色无味结晶体，熔点 155℃。相对密度 1.5(20℃)。蒸气压<$3.5×10^{-6}$Pa(20℃)，分配系数 K_{ow} lg P（25℃）：1.5(pH 2)、-0.21(pH 6.9)、-0.76(pH 9.0)。溶解度（mg/L，25℃）为：水中 29（pH 4.5）、87（pH 5.0）、4000(pH 6.8)、4300(pH 7.7)，乙醇 8400，丙酮 160000，甲苯 6100，正己烷 6.4，乙酸乙酯 56000，二氯甲烷 180000。在室温下存放 24 个月稳定，在 pH 5 条件下可迅速水解，pK_a 3.76。

毒性　小鼠急性经口 $LD_{50}=1247$mg/kg。兔急性经皮 $LD_{50}>2000$mg/kg。大鼠急性吸入 LC_{50}(4h)>50mg/L。对兔眼睛和皮肤无刺激性。

应用　主要用于防除阔叶杂草，如苘麻属、苋属、藜属、蓼属、繁缕属等杂草。适宜作物有玉米、高粱、禾谷类作物、草坪和牧场。因其在土壤中的半衰期为 8～40d，在玉米植株内的半衰期为 1～2.5h，明显短于其他商品化磺酰脲类除草剂在玉米植株内的代谢时间。对玉米等安全，对后茬作物如大麦、小麦、燕麦、水稻、大豆、马铃薯影响不大，但对甜菜、向日葵有时会产生药害。由于对玉米和高粱具有高度的安全性，主要用于苗后除草。使用剂量为 10～40g(a.i.)/hm²。若与其他除草剂混合应用，还可进一步扩大除草谱。

16. 醚磺隆（cinosulfuron）

C₁₅H₁₉N₅O₇S，413.4，94593-91-6

理化性质　纯品为无色晶状粉末，熔点 144.6℃，蒸气压<0.01mPa(25℃)，相对密度 1.47(20℃)。溶解度（25℃）：在水中 120mg/L(pH 5.0)、4000mg/L(pH 6.7)、1900mg/L(pH 8.1)，丙酮 36000mg/L、乙醇 1900mg/L、甲苯 540mg/L、正辛醇 260mg/L、正己烷<1mg/L(25℃)，pH 3～5 水解明显，pH 7～9 时水解不明显，熔点以上分解。在土壤中半衰期 20d，在稻田水中半衰期 3～7d，试验室稻田水中半衰期 19～48d，光解半衰期 80min。

毒性　原药大鼠急性经口 $LD_{50}>5000$mg/kg，急性经皮 $LD_{50}>5000$mg/kg，急性吸入 $LC_{50}>$5mg/L。对兔皮肤和眼睛无刺激作用，对豚鼠无致敏作用，在试验条件下，无致畸、致癌及致突变作用。对鱼类和水生生物以及蜜蜂低毒。杂草一般 5～10d 开始黄化枯萎，直至死亡。水稻极易将其降解，因而安全。

应用　醚磺隆主要通过植物根系及茎部吸收，传导至叶部，但植物叶面吸收很少。有效成分进入杂草体内后，由输导组织传递至分生组织，阻碍缬氨酸及异亮氨酸的合成，从而抑制细胞分裂及细胞的长大。用药后，中毒的杂草不会立即死亡，但生长停止，5～10d 后植株开始黄化、枯萎，最后死亡。主要用于防治热带的水苋菜、圆齿尖头草、沟酸浆（属）、鸭舌草、慈姑（属）、粗大蕉草、萤蔺、仰卧蕉草、尖瓣花；温带的绯红水苋菜、水生田繁缕、花蔺、异型莎草、鳢肠、三蕊沟繁缕、牛毛毡、水虱草、丁香蓼（属）、鸭舌草、眼子菜、浮叶眼子菜、雨久花、花蔺、异型莎草。对泽泻、矮慈姑、野慈姑、扁秆藨草等有较好的药效。

17. 乙氧嘧磺隆（ethoxysulfuron）

C₁₅H₁₈N₄O₇S，398.39，126801-58-9

理化性质　纯品为白色至粉色粉状固体。熔点 144～147℃。蒸气压：6.6×10⁻⁵Pa(25℃)。分配系数 $K_{ow}\lg P$(20℃) ＝2.89(pH 3)、0.004(pH 7)、－1.2(pH 9)。水中溶解度 （mg/L, 20℃）：26(pH 5)、1353(pH 7)、7628(pH 9)。稳定性 DT_{50}：65d(pH 5)、259d(pH 7)、331d(pH 9)。

毒性　大鼠急性经口 LD_{50}＞3270mg/kg。大鼠急性经皮 LD_{50}＜4000mg/kg。大鼠急性吸入 LC_{50}(4h)＞6.0mg/kg。对兔眼睛和皮肤无刺激性。无致突变性。

应用　乙氧嘧磺隆通过杂草根和叶的吸收，在植株体内传导，杂草即停止生长，而后枯死。主要用于防除阔叶杂草、莎草科杂草及藻类如鸭舌草、青苔、雨久花、水绵、飘拂草、牛毛毡、水莎草、异型莎草、碎米莎草、萤蔺、泽泻、鳢肠、野荸荠、眼子菜、水苋菜、丁香蓼、四叶蘋、狼把草、鬼针草、草龙、节节菜、矮慈姑等。适宜作物有小麦、水稻（插秧稻、抛秧稻、直播稻、秧田）、甘蔗等。对小麦、水稻、甘蔗等安全。且对后茬作物无影响。用量因季节不同而不同，为 10～120g(a.i.)/hm²。在中国水稻田亩用量为 0.45～2.1g(a.i.)/hm²，南方稻田用量低，北方稻田用量高。防除多年生杂草和大龄杂草时应采用推荐上限用药量。碱性田中采用推荐的下限用药量。用于小麦田除草时若与其他除草剂混用，可扩大杀草谱。

18.　环丙嘧磺隆 （cyclosulfamuron）

C₁₇H₁₉N₅O₆S, 421.43, 136849-15-5

理化性质　近白色固体，熔点 170～171℃，酸离解常数 （pK_a） 为 5。水中溶解度 （mg/L, 25℃）：1 (pH 5)、3(pH 6)、6(pH 7)、32(pH 8)，表观辛醇/水分配系数 $K_{ow}\lg P$(25℃)：38(pH 3)、111(pH 5)、49(pH 6)、26(pH 7)、5(pH 8)，在 50mmol/L 磷酸盐缓冲液中稳定性 （DT_{50} d）：在 pH 值为 3、5、6、7、8 时分别为 2.2、2.2、5.1、40、91。

毒性　小鼠急性经口 LD_{50}＞500mg/kg，兔急性经皮毒性 LD_{50}＝4000mg/kg，鱼毒 48h LC_{50}（鲤鱼）＞10mg/L，对兔眼睛轻度刺激 （在 48h 内完全恢复），对兔皮肤无刺激作用，Ames 试验表明无诱变性。纯品为灰色固体。熔点 160.9～162.9℃，蒸气压 2.2×10⁻⁵Pa(20℃)，相对密度 0.64(20℃)。在水中溶解度为 0.17mg/L(pH 5)，6.52mg/L(pH 7)，549mg/L(pH 9)。20℃时分配系数 （正辛醇/水） $K_{ow}\lg P$ 为 3.36(pH 3)，2.045(pH 5)，1.69(pH 6)，1.41(pH 7)，0.7(pH 8)。常温存放 18 个月稳定，36℃存放 12 个月稳定，45℃存放 3 个月稳定。在水中半衰期为：2.2d(pH 5)，5.1d(pH 6)，40d(pH 7)，91d(pH 8)。pK_a＝5.04。

应用　主要用于水稻直播田及本田，还可用于小麦、大麦、草皮中。用于防除阔叶和莎草科杂草，如鸭舌草、雨久花、泽泻、狼把草、母草、瓜皮草、牛毛毡、矮慈姑、异型莎草等。对多年生鹿杆草也有较强的抑制效果。对水稻有增产作用。

19.　氟啶嘧磺隆 （flupysulfuron-methyl）

C₁₅H₁₃F₃N₅NaO₇S, 487.34, 144740-54-5

理化性质 纯品为白色固体，熔点为 165～170℃，相对密度为 1.55，蒸气压为 4×10^{-9} Pa(20℃)，溶解度（g/L，20℃）：3.1（丙酮）、4.3（乙腈）、0.028（苯）、0.60（二氯甲烷）、0.49（乙酸乙酯）、<0.001（正己烷）、5.0（甲醇）、0.19（正辛醇）。水中 72.3(pH 5)、1050(pH 7)、6536(pH 9)，乙腈 13.9，丙酮 26.4，甲醇 2.1，甲苯 1.8，正己烷小于 0.2，乙酸乙酯 13.0，二氯甲烷 65.9。分配系数 $K_{ow} \lg P$(25℃)：9.17(pH 5)、1.16(pH 6)。稳定性 DT_{50} 为 11d(pH 7)、0.42d(pH 9)。$pK_a = 4.94$。

毒性 小鼠急性经口 $LD_{50} > 5000$mg/kg，小鼠急性经皮 $LD_{500} > 2000$mg/kg，大鼠急性吸入 $LC_{50} > 5.8$mg/L，兔眼睛和皮肤无刺激性。

应用 可用于秋、春季播种的谷物，选择性防除鼠尾看麦娘等，芽后用药，具有一定的持效作用。

20. 四唑嘧磺隆（azimsulfuron）

$C_{13}H_{16}N_{10}O_5S$, 424.40, 120162-55-2

理化性质 白色固体，熔点170℃，相对密度 1.41，蒸气压 4×10^{-9}Pa(25℃)。溶解度（mg/L，20℃）：在水中 72.3(pH 5)、1050(pH 7)、6536(pH 9)，乙腈 13.9，丙酮 26.4，甲醇 2.1，甲苯 1.8，正己烷小于 0.2，乙酸乙酯 13.0，二氯甲烷 65.9。

毒性 急性经口 LD_{50}：大鼠>5000mg/kg，野鸭和鹌鹑>2250mg/kg。兔急性经皮 $LD_{50} > 2000$mg/kg。对兔眼睛和皮肤无刺激。无致突变性。鱼毒 LC_{50}(mg/L)：鲤鱼>300，鳟鱼154，大翻车鱼>1000。

应用 主要用于防除稗草、阔叶杂草和莎草科杂草，因其在水稻植株内迅速代谢为无毒物，故对水稻安全。水稻苗后施用，使用剂量为 8～25g(a.i.)/hm²。如果与助剂一起使用用量将更低。20～25g(a.i.)/hm² 施用，可有效地防除稗草、北水毛花、异型莎草、紫水苋菜、眼子菜、花蔺、欧泽泻等。其对稗草和莎草的活性高于苄嘧磺隆，若两者混用，增效明显，混用后，即使在遭大水淋洗、低温情况下，除草效果仍很稳定。

21. 磺酰磺隆（sulfosulfuron）

$C_{16}H_{18}N_6O_7S_2$, 470.47, 141776-32-1

理化性质 纯品为无臭白色固体，熔点 201.1～201.7℃。蒸气压 3.05×10^{-8}Pa(20℃)，水中溶解度（mg/L，20℃）：18(pH 5)、1627(pH 7)、482(pH 9)。

毒性 原药大鼠急性经口、经皮 $LD_{50} > 5000$mg/kg，大鼠急性吸入 LC_{50}(4h)>1.8mg/L，制剂大鼠急性经口 $LD_{50} > 5000$mg/kg，经皮 $LD_{50} > 2000$mg/kg，急性吸入 LC_{50}(4h)>2.46mg/L，对哺乳动物皮肤和眼睛有轻微刺激作用，鸟类、蜜蜂有轻微毒性。

应用 用于防除一年生和多年生禾本科杂草和部分阔叶杂草，如燕麦、早熟禾、蓼、风剪股颖等。对众所周知的难除杂草雀麦有很好的效果，主要用于小麦田苗后除草。

22. 酰嘧磺隆 （amidosulfuron）

$C_9H_{15}N_5O_7S_2$, 369.37, 120923-37-7

理化性质 原药为细粉末，部分结成小团块，熔点 158～163℃，蒸气压 2.2×10^{-5} Pa （20℃），溶解性 （g/L，20℃）：正己烷 0.001，甲苯 0.256，丙酮 8.1，二氯甲烷 6.9，甲醇 0.872，异丙醇 0.099，乙酸乙酯 3.0，水 9mg/L。

毒性 属低毒除草剂。原药大鼠急性经口、经皮 LD_{50} ＞5000mg/kg，大鼠急性吸入 LC_{50}（4h）＞1.8mg/L，制剂大鼠急性经口 LD_{50} ＞5000mg/kg，经皮 LD_{50} ＞2000mg/kg，急性吸入 LC_{50}（4h）＞2.46mg/L，对哺乳动物皮肤和眼睛有轻微刺激作用，鸟类、蜜蜂有轻微毒性。

应用 杂草叶片吸收药剂后即停止生长，叶片褪绿，而后枯死。该药在土壤中的残效期短，一般不影响下茬作物生长。主要用于小麦田防除阔叶杂草，如播娘蒿、荠菜、独行菜、藜、猪殃殃、酸模叶蓼、扁蓄、田旋花、苣荬菜。对禾本科杂草无效。小麦 2 叶至孕穗期均可用药，以小麦冬前至春季分蘖期施用为佳。每亩用 50%水分散粒剂 3～4g，加水 25～30kg 喷雾。该药施用时应尽量早用，杂草叶龄较大或天气干旱又无水浇条件时适当增加用药量，使用剂量为 10～35g(a. i.)/hm²。属磺酰脲类除草剂，杂草通过茎叶吸收抑制细胞有丝分裂，植株停止生长而死亡。在推荐剂量下对当茬麦类和下茬玉米较安全。适用范围为防治小麦、玉米田阔叶杂草。

23. 三氟啶磺隆钠盐 （trifloxysulfuron sodium）

$C_{14}H_{14}F_3N_5NaO_6S$, 459.33, 199119-58-9

理化性质 纯品为白色无味粉末。密度 （20℃，纯品） 1.63g/cm³，熔点 195℃。纯品在熔化后立即开始热分解，蒸气压：（25℃，纯品）＜1.3×10^{-6} Pa，溶解度 （g/L，25℃）：水中 25.7、丙酮 17、甲醇 50、甲苯＞500、正己烷＜1mg/L、辛醇 4.4。

毒性 大鼠急性经口 LD_{50} ＞5000mg/kg，大鼠急性经皮 LD_{50} ＞2000mg/kg；对兔眼睛无刺激性，兔皮肤有轻度刺激性，豚鼠皮肤变态反应（致敏）试验结果为无致敏性。原药大鼠 90d 亚慢性喂养试验的最大无作用剂量：雄性 507mg/(kg・d)，雌性为 549mg/(kg・d)。Ames 试验、小鼠骨髓细胞微核试验等四项致突变试验结果均为阴性，未见致突变作用。该原药对鱼、鸟、蜜蜂和家蚕均属低毒。

应用 适用于棉花、甘蔗作物中防除阔叶杂草和莎草科杂草。对苣荬菜（苦苣菜）、藜（灰菜）、小藜、灰绿藜、马齿苋、反枝苋、凹头苋、绿穗苋、刺儿菜、刺苞果、豚草、鬼针草、大龙爪、水花生、野油菜、田旋花、打碗花、苍耳、醴肠（旱莲草）、田菁、胜红蓟、羽芒菊、臂形草、大戟、醉浆草（酸咪咪）等阔叶杂草具有很好的防除效果；对香附子（三棱草）有特效；对马唐、旱稗、牛筋草、狗尾草、假高粱等禾本科杂草防效较差。

24. 甲酰胺磺隆 （foramsulfuron）

$C_{17}H_{20}N_6O_7S$, 452.44, 173159-57-4

理化性质　安万特公司开发的一种新型磺酰脲类除草剂，原药为淡黄褐色固体，熔点199.5℃，蒸气压 $4.2×10^{-11}$ Pa（20℃）。溶解度（g/L，20℃）为：在水中 0.04（pH 5）、3.3（pH 7）、94.6（pH 8）；分配系数 K_{ow}lg$P$：4.01（pH 5）、0.166（pH 7）、0.0106（pH 8）；非生物降解半衰期（d）为 10（pH 5）、128（pH 7）、130（pH 8）。

毒性　大鼠急性经口 LD_{50}＞5000mg/kg，大鼠急性经皮 LD_{50}＞2000mg/kg。对兔皮肤无刺激，对眼睛中度刺激（1d 后可消退）。对豚鼠皮肤无致敏性。离体或活体试验均无致突变性。甲酰胺磺隆在 LC_{50} 或 EC_{50} 值（＞100mg/L）时对鱼和水生无脊椎动物无毒，对绿藻和高等水生植物很敏感，其 EC_{50} 值分别为 12.5mg/L 和 0.65μg/L。甲酰胺磺隆对鸟类（野鸭、鹌鹑）、蜜蜂或蚯蚓没有发现不良影响。

应用　主要用于玉米田防除禾本科杂草和某些阔叶杂草。在玉米田甲酰胺磺隆经常与碘甲磺隆钠盐混用，以扩大对阔叶杂草的杀草谱，尤其可以增加对苘麻、藜、苍耳、豚草、田蓟、野向日葵等杂草和某些番薯属杂草的防除效果。另外，甲酰胺磺隆在制剂加工过程中常加入安全剂——双苯噁唑酸（isoxadifen-ethyl），以提高对玉米的安全性。甲酰胺磺隆既可制成浓悬浮剂，也可制成水分散性颗粒剂。在自然环境条件下，甲酰胺磺隆及其代谢物即可降解。按照标签推荐剂量使用时不会因淋溶作用污染地下水。甲酰胺磺隆对动物低毒，对环境和其他非靶标生物无明显不良影响。在正常条件下甲酰胺磺隆在大部分耕作土壤中很容易降解，半衰期为 1.5～9.4d，其降解作用主要是通过微生物进行。田间消散作用研究表明，甲酰胺磺隆和其代谢产物在土壤中几乎没有垂直移动。计算机模拟试验和土壤渗透研究，通过两年试验和对后两年正常剂量 1.5 倍量的监测表明，甲酰胺磺隆和其代谢产物不会转移到 1m 或更深的土壤层，其富集浓度也没有超过欧洲对饮用水的限量水平。在田间和温室条件下测定了甲酰胺磺隆（在土壤中药剂的临界浓度）对大多数作物的 ED_{10} 值（抑制作物生长 10% 的有效剂量），以评估药剂对轮作作物的潜在药性。苗后处理，对甲酰胺磺隆和碘甲磺隆敏感的作物有：马铃薯、禾谷类作物、油菜、糖用甜菜、向日葵、大豆、苜蓿、黄瓜和番茄。1995～1998 年间就对甲酰胺磺隆和碘甲磺隆在经济上重要的一些敏感下茬作物做了专门的轮作试验，结果表明在正常的轮作条件下可以正常种植下茬作物。

甲酰胺磺隆是通过叶片的吸收，在植株内传导转移，尤其是输送到分生组织。甲酰胺磺隆的选择性基础是它在玉米植株体内的解毒代谢速率很快（加或者不加碘甲磺隆），而相比在敏感植物体内母体化合物几乎没有降解。在玉米体内有三个主要的代谢途径：磺酰脲桥的水解、氨基去酰基化、二甲氧基嘧啶环的氧化代谢。甲酰胺磺隆单用，对大部分的禾本科杂草和很多阔叶杂草均有很高的防除效果，如果加入 1～2g(a.i.)/hm^2 的碘甲磺隆，能够提高对阔叶杂草和如藜和蓼等阔叶杂草的防效。

25. 氟吡磺隆 （flucetosulfuron）

$C_{18}H_{22}FN_5O_8S$, 487.46, 412928-75-7

理化性质 是由韩国 LG 公司生命科学有限公司和韩国化学技术研究会共同研制出的一种新型磺酰脲类除草剂。原药有效成分含量＞97％，为无臭白色固体粉末（25℃），熔点 178～182℃，水溶性（25℃）114mg/L，蒸气压＜ 1.866×10^{-5} Pa。溶解度（25℃）：在水中 114mg/L、丙酮 22.9g/L、二氯甲烷 113.0g/L、乙醚 1.1g/L、乙酸乙酯 11.7g/L、二甲基甲酰胺 265.0g/L、二甲亚砜 211.7g /L、甲醇 3.8g/L、正己烷 0.006g/L。在中国申请登记的剂型为可湿性粉剂，有效成分含量 10％，白色固体粉末，酸碱度 5.5～6.5，54℃贮存 2 个星期后活性成分稳定，常温 25℃贮存 2 年后活性成分稳定，可与其他水稻田除草剂相混，如吡嘧磺隆、丁草胺等。

毒性 原药大鼠急性经口毒性 LD_{50} ＞ 5000mg/kg（雄、雌），经皮毒性 LD_{50} ＞ 2000mg/kg，急性吸入毒性 LD_{50} ＞5.11mg/kg。鸟和哺乳动物没有急、慢性中毒反应，对皮肤、眼睛无刺激，无敏感反应。制剂大鼠急性经口 LD_{50} ＞1000mg/kg，经皮毒性 LD_{50} ＞ 1000mg/kg。

应用 氟吡磺隆可以通过植物的根、茎和叶吸收，通过叶片的传输速度比草甘膦快。药害症状包括生长停止、失绿、顶端分生组织死亡，植株在 2～3 周后死亡。它除了对稻田的多种阔叶杂草有很好的防效外，对稗草有特效。既可作茎叶处理，也可作土壤处理。

26. 单嘧磺隆

$$C_{15}H_{16}N_4O_5S, 364.4, 74222-97-2$$

理化性质 原药外观为淡黄色或白色粉末，熔点 191.0～191.3℃。不溶于大多数有机溶剂，易溶于 N，N-二甲基甲酰胺，微溶于丙酮，碱性条件下可溶于水。

毒性 大鼠急性经口 LD_{50}：原药 LD_{50} ＞4640mg/kg，制剂 LD_{50} ＞5000mg/kg；大鼠急性经皮 LD_{50} ＞2000mg/kg。

应用 该药是一种新型磺酰脲类除草剂。药剂由植物初生根及幼嫩茎叶吸收，通过抑制乙酰乳酸合成酶来阻止支链氨基酸的合成，从而导致杂草死亡。具有用量低、毒性低等优点。

27. 单嘧磺酯

$$C_{14}H_{14}N_4O_5S, 350.07$$

理化性质 单嘧磺酯是由农药国家工程研究中心（天津）（南开大学）自行研制开发的一种磺酰脲类除草剂。原药（含量≥90％）外观为白色或浅黄色结晶或粉末。纯品熔点 179～180℃；分解温度＞200℃；溶解度（g/L，20℃）：易溶于 N，N-二甲基甲酰胺（24.68），可溶于四氢呋喃（4.83）、丙酮（2.09），微溶于甲醇（0.30），不溶于水（0.06），碱性条件下可溶于水。稳定性：在中性或弱碱性条件下稳定。在强酸或强碱性条件下易发生水解。

同类品种还有氯磺隆（chlorsulfuron，64902-72-3）、甲嘧磺隆（sulfometuron-methyl，74222-97-2）、氯嘧磺隆（chlorimuron-ethyl，90982-32-4）、环氧嘧磺隆（oxasulfuron，144651-06-9）、碘甲磺隆（iodosulfuron-methyl，185119-76-0）、甲磺胺磺隆（mesosulfuron-methyl，208465-21-8）和 TH-547（TH-501，570415-88-2）等。

二、咪唑啉酮类

（一）先导的发现

咪唑啉酮类除草剂是美国氰胺公司在随机筛选的过程中开发成功的。它是继磺酰脲类超高效除草剂之后通过随机筛选开发出的另一类乙酰乳酸合成酶抑制剂。开始，美国氰胺公司在研究抗痉挛药剂时，合成了一系列邻苯二甲酰亚胺类化合物，偶然发现其中化合物 **3-2-4a** 具有一定的除草活性，而化合物 **3-2-4b** 却基本无除草活性，但却具有特殊的植物生长调节活性。这一偶然的发现导致继续合成了一些邻苯二甲酰亚胺类化合物。

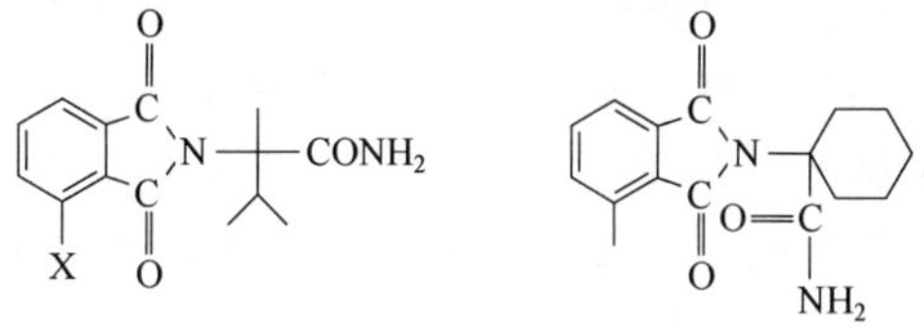

3-2-4a X=H
3-2-4b X=Cl

3-2-5

在所合成的化合物中，发现化合物 **3-2-5** 的植物生长调节活性最好，约为赤霉素 GA$_7$ 的 $1/10$，有希望发展成为一种新的植物生长调节剂。在对其合成路线进行研究的过程中，有一条路线为：

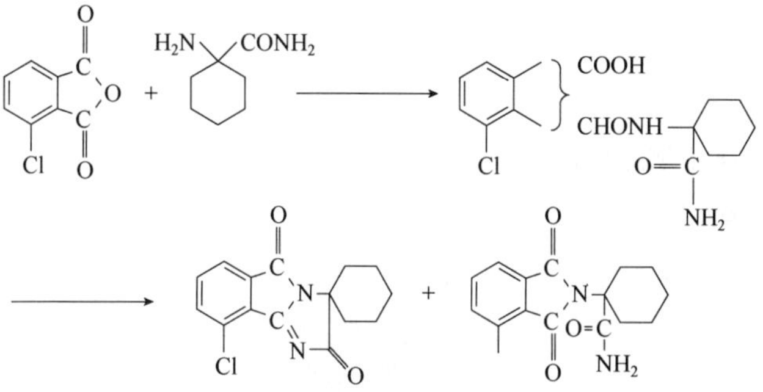

3-2-7　　　　**3-2-6**

当酸酐与相应的胺在脱水剂三氟乙酸酐的作用下，除生成化合物 **3-2-6** 之外，还生成了另一副产物 **3-2-7**，它也具有相似的植物生长调节活性，但作用较为缓慢。这可能是它经水解、碳氮双键断裂后生成 **3-2-6** 才发挥药效的。然而，由于化合物 **3-2-7** 是一类新型的咪唑并异吲哚化合物，其物理性质与酰亚胺类化合物 **3-2-6** 大不相同，因而引起了研究者的兴趣。首先面临的是改进这类化合物的合成方法，发现在碱性条件下，特别是用 NaOH 在苯或二甲苯中加热可使收率提高：

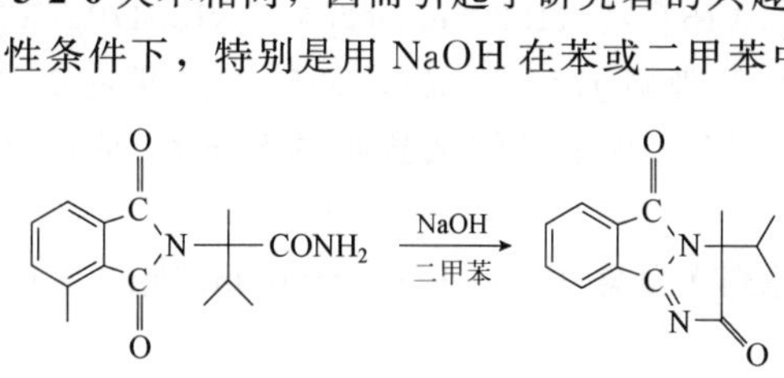

3-2-8

更有趣的是，在合成的一系列化合物中发现化合物 **3-2-8** 具有广谱非选择性的除草活性，特别是对某些多年生杂草。这就进一步提高了研究者对此类新型的咪唑并异吲哚化合物的兴趣。该类化合物中含有比较活泼的碳氮双键，可与氢、醇、胺、硫醇等发生加成反应，所得化合物均显示一定的除草活性。当化合物 **3-2-8** 在甲醇钠-甲醇溶液中反应时，则反应不发生在 C＝N 双键上，而是发生了异吲哚环上的酰氨键断裂，形成了咪唑啉酮类衍生物 **3-2-9**，其分子中的酯基水解后形成相应的酸，再一次显示出较好的除草活性，从而引起了以化合物 **3-2-6** 为先导化合物的研究，最终开发出了新型的咪唑啉酮类超高效 ALS 抑制剂。

3-2-8　　　　　　　　　　　　　　　**3-2-9**

　　第一个商品化咪唑啉酮除草剂灭草喹（imazaquin）是 1986 年上市的，随后，相继又有多个化合物实现商品化。此类除草剂具有杀草谱广、选择性强、活性高等优点。尤其以杀草谱广而著称，它们既能防除一年生禾本科与阔叶杂草，也能防治多年生杂草。

　　咪唑啉酮类除草剂的分子结构通常由三个部分组成：咪唑啉酮环、羧酸和芳环。当改变羧基和咪唑啉酮环时，对化合物的活性影响非常大。当咪唑啉酮环的 5-位上同时含有甲基和异丙基时活性最好。芳环通常为苯环、吡啶环或喹啉环。

（二）主要品种

典型的咪唑啉酮类商品化除草剂如下。

1. 灭草烟 （imazapyr）

$C_{13}H_{15}N_3O_3$, 261.28, 81334-34-1

　　由原美国氰胺公司（现归并为德国 BASF 公司）开发出来的一种具有长残留活性的广谱性苗后除草剂。

　　理化性质　纯品无味或微带酸味的固体，熔点 128～130℃，蒸气压 0.0131mPa，沸点 290℃，溶解度：在蒸馏水中 9.470g/L（15℃）、11.272g/L（25℃）、13.470g/L（35℃）。在其他溶剂中的溶解度为（g/L）：丙酮 33.9，二甲亚砜 471，己烷 0.0095，二氯甲烷 87.2，甲苯 8.8。其有效成分和它的水剂及颗粒剂在 25℃下，12～24 个月的试验期内不分解；在 37℃下，12 个月内不分解；在 45℃下，3 个月内不分解。

　　毒性　属低毒农药，其原药大鼠急性经口 $LD_{50} \geqslant 5000mg/kg$，急性经皮 $LD_{50} \geqslant 2000mg/kg$，对眼睛和皮肤有刺激作用。

　　应用　灭草烟同其他常用灭生性除草剂相比，具有较长的土壤残留活性，苗后使用能在几个月内防除大多数多年生杂草，可控制杂草 5～6 个月，是目前灭生性除草剂中持效期最长的一个品种，一年内两次施药完全可达到全年控制杂草的目的。它杀草谱广，能常年控制一年生和多年生的禾本科、阔叶科、莎草科、木本科植物（灌木和落叶树）、等多种杂草，并能控制芦苇、节节草、白茅等多种恶性杂草；其缺点是速效性较慢，一般在施药后 15～20d 杂草才能干枯死亡，且使用剂量高，推荐使用剂量为 500～2000g(a.i.)/hm² 。对某些杂草如葎草、鸭跖草、节节草等杂草的效果较差，控制时间较短。

自 20 世纪 80 年代商品化以后，该品种已被广泛用于森林、铁路、公路、管道线、露天油库、车站、木柴厂、露天仓库和军事基地等多种类型的非耕地除草；在东南亚国家，主要用在橡胶和棕榈园防除白茅等多种恶性杂草，可在种植前或种植后施用。

灭草烟易被植物根、叶吸收，并迅速在木质部和韧皮部内传导至分生组织内，并在该组织内积累。代谢研究表明，2h 内叶片能吸收叶面施用量的 87%～94%药剂，由于迅速吸收，叶面使用后 2h 内，不下雨不影响灭草烟的除草活性。虽然施药后分生组织很快停止生长，但是植物的整株并不立即死去，死亡速度随着杂草的种类不同而异。草本杂草在施药后 2～4 周开始失绿、组织坏死。灭草烟被喷施到杂草叶面后，很容易被吸附，转移至根部。用灭草烟处理植株后 8d，其吸附率从 62.5%升至 80%，从被处理叶部的转移向根部的积累及嫩芽的集中在处理后 2d 最为明显。8d 时在处理叶部仅有 14%保留，17%被转移至根部。

2. 咪草烟 (imazethapyr)

$C_{15}H_{19}N_3O_3$, 289.33, 81335-77-5

又名咪唑乙烟酸，由美国氰胺公司研制的一种新型高效内吸选择性大豆田中良好除草剂。

理化性质 纯品为无色、无臭结晶体，熔点 172～175℃。15℃时在水中的溶解度为 1.3mg/L。贮存稳定期 2 年以上。

毒性 原药大鼠急性经口 LD_{50}＞5000mg/kg，兔急性经皮注射 LD_{50}＞2000mg/kg。对兔眼睛有一定刺激作用，但 3～7d 内即可消失。对皮肤有轻度刺激作用。在试验条件下，未见有致突变、致畸、致癌作用。对鱼类毒性低，对蜜蜂低毒。

应用 咪草烟是选择性苗前、苗后早期除草剂，通过根、茎、叶吸收，并在木质部和韧皮部传导，积累于植物分生组织内，抑制支链氨基酸的合成，使植物生长受抑制而死亡。豆科植物吸收咪草烟后，在体内很快分解，在大豆体内的半衰期仅 1～6d，故对大豆安全。在低洼地、长期积水、高湿、低温或病虫害等不利于大豆生育的条件下，叶脉及叶柄输导组织变褐色，脆而易折。超低容量喷雾可造成严重药害。施药过晚，大豆生长正常，药害不明显，但结荚少。

咪草烟也是长残留除草剂，通常不易挥发和水解，光解作用轻微，土壤对其吸附性差；影响其在土壤中吸附与移动性的主要因素是有机质含量和 pH 值，而黏粒所起的作用小。土壤有机质含量增多、pH 值下降，吸附作用增强；当 pH≤6.5 时，有机质强烈吸附除草剂，而当 pH 值为 6.5～8.0 时，吸附作用变化较小，除草剂分子带负电荷，从而不能被同样带负电荷的有机质吸附，分子呈游离状态时，易被植物吸收和微生物降解。它在土壤中不易淋溶，大部分药剂（95%）集中于土表 15cm 土层内，不会造成地下水污染。此类除草剂在土壤中主要通过微生物降解而消失。因此，凡是有利于微生物活动的环境条件，如适宜的温度、湿度及通气性，均能促进其降解消失。国外有研究实验证明，它在温暖、湿润的条件下降解迅速，残留量均小于 $5×10^{-3}$ mg/L。

咪草烟在土壤中通过微生物代谢缓慢降解，而且相对是持久性的。美国氰胺公司报道，咪草烟在土壤中的半衰期是 1～7 个月，这取决于土壤类型、温度和湿度。在较低的土壤温度（25～35℃）和砂质土壤中，咪草烟的半衰期较短。据报道咪草烟在低 pH 值，特别是在缓冲溶液中持久性强，在 pH 值为 9 的缓冲溶液中半衰期大约为 325d，水解产物是 2-(1-氨甲酰基-1，2-二甲基丙基氨甲酰基) 烟酸。研究表明田中咪草烟在表层土壤（0～10cm）比更深层次的土壤（20～30cm）中降解得慢，半衰期分别是 50 个月和 8 个月。在美国进行的研究显示苗前或苗后施加的咪唑乙烟酸在粉砂壤土和壤土中具有中度到高度的持久性（半衰期 2～10 月），结果也表明了其在美国土壤中的滞留可能也是很高的。

由于咪草烟在土壤中的半衰期较长，残留量大，对后茬作物存在着较严重的药害问题。据报道：1991 年的研究表明，在使用咪草烟 2 年后种植甜菜，对甜菜产生药害。1992 年在美国中西部使用 210g(a.i.)/hm² 的咪草烟后，一年后对玉米有药害。1993 年使用 70g(a.i.)/hm² 和 140g(a.i.)/hm² 的咪草烟后，一年后对玉米、高粱、水稻和棉花产生药害。1996 年以 70～200g(a.i.)/hm² 的用量使用 1 年后，对甜菜和马铃薯由于咪草烟残留而减产。有实验表明，咪草烟对后茬作物没有明显的影响，如 1992 年以 75g(a.i.)/hm² 使用咪草烟一年后，种植马铃薯、萝卜、燕麦没有减产和药害情况发生。

3. 甲氧咪草烟 （imazamox）

C$_{15}$H$_{19}$N$_3$O$_4$, 305.33, 114311-32-9

美国氰胺公司 20 世纪 90 年代研制开发的咪唑啉酮类大豆田专用除草剂，该化合物在残留问题上有了很大的改进。

理化性质　纯品为无色固体，熔点 166～166.7℃，蒸气压为 1.3×10^{-5} Pa(25℃)，分配系数 $K_{ow} \lg P = 5.36$，溶解度为（g/L，20℃）：甲苯 2.1，乙腈 18.5，甲醇 66.8，丙酮 29.3，乙酸乙酯 10.2，二氯甲烷 14.3；在广范围的 pH 值条件下与水亲和吸附作用小。其对光敏感。在 pH 值为 5～7.9 的缓冲溶液中放置 30d 以上不会发生水解。

毒性　甲氧咪草烟（金豆）对哺乳类动物的毒性极低，原药小鼠与大鼠经口 LD$_{50}$>5000mg/kg，兔经皮 LD$_{50}$>4000mg/kg，大鼠吸入 LC$_{50}$>6.3mg/L。对眼睛与皮肤均无刺激作用，不致畸、致癌与致突变，故在贮存与使用中均十分安全。

应用　甲氧咪草烟主要用于大豆田及花生田苗后除草，有效成分用量为 35～45g/hm²，是特别高效的旱田除草剂。甲氧咪草烟可有效防治大多数一年生禾本科与阔叶杂草，如野燕麦、触瓣花、稗草、狗尾草、金狗尾草、看麦娘、鸭跖草（3 叶期前）、龙葵、简麻、反枝苋、藜、苍耳、水棘针、千金子、马唐、繁缕等，对多年生的刺儿菜等有抑制作用。甲氧咪草烟不仅能被叶片吸收，也能被植物根系吸收，但吸收能力远不如咪唑啉酮类的其他品种。甲氧咪草烟适用于大豆田苗后茎叶处理，一般不在苗前使用。杂草受害症状为禾本科杂草首先生长点及节间分生组织变黄，变褐坏死，心叶先变黄紫色枯死，死亡需要 5～10d；阔叶杂草叶脉先变褐色，叶皱缩，心叶干枯萎，一般 5～10d 死亡。甲氧咪草烟的一个主要特点是残留期短，施药后土壤中的药会分解失效，对绝大多数的后茬作物安全。

4. 咪草酯 （Imazapic）

C$_{14}$H$_{17}$N$_3$O$_3$, 275.3, 104098-48-8

理化性质　为无色结晶。其组成是间位与对位异构体的混合物，具有轻度霉味的固体，熔点 113～153℃，蒸气压 1.5×10^{-3} mPa(25℃)。混合物的溶解度（g/kg，25℃）：丙酮中 230、二甲基亚砜 216、异丙醇 183、甲醇 309、甲苯 45、正己烷 0.4。稳定性：在 25℃可贮藏 24 个月，37℃为 12 月，45℃为 3

个月。在 pH=9 时能快速水解，但在 pH=5 及 pH=7 时则水解缓慢。

毒性　大鼠急性经口 LD_{50}＞5000mg/kg。兔急性经皮 LD_{50}＞2000mg/kg。对皮肤无刺激；对眼睛的刺激可恢复。对大鼠吸入毒性＞5.8mg/L。它可在土壤表面发生水解。在冬麦田防除野燕麦等禾本科杂草及一些阔叶杂草，也可用于蔬菜。用量为 0.5～1.0kg/hm²。

5. 灭草喹（imazaquin）

$C_{17}H_{17}N_3O_3$, 311.34, 81335-37-7

理化性质　为粉色刺激性气味固体，熔点 210～222℃，蒸气压＜0.013mPa，溶解度（25℃）：水 60mg/L，二氯甲烷 14g/L，二甲亚砜 158g/L，甲苯 0.4g/L，分配系数（K_{ow}lgP）2.2(22℃)，pKa 3.8。

毒性　大鼠急性经口 LD_{50}＞5000mg/kg，兔急性经皮 LD_{50}＞2000mg/kg。

应用　可防除大多数一年生和多年生禾本科及阔叶杂草。用量 120～280g/hm²。

三、三唑并嘧啶类

三唑并嘧啶类除草剂是继磺酰脲和咪唑啉酮类抑制剂之后的第三类 AHAS 抑制剂，是陶氏益农公司以磺酰脲类化合物为先导，通过分子重排与结构修饰开发成功的芳基磺酰基三唑并嘧啶胺类化合物。阔草清（flumetsulam）是第一个商品化的三唑并嘧啶除草剂，1994 年开始在英国销售，主要用于大多数阔叶杂草，对禾本科杂草的防除作用较差。该类除草剂的选择性机制是因在植物体内的代谢速率不同而产生的。后来也有结构相反的化合物，即三唑并嘧啶磺酰基苯胺衍生物，如五氟磺胺草胺和啶磺胺草胺。

该类除草剂的结构特征是：通过一个磺酰胺桥将一个二取代或三取代的芳环与另一个芳香稠杂环连接起来，芳环也可以被喹啉环所取代。

主要品种

典型的三唑并嘧啶类商品化除草剂如下。

1. 阔草清（flumctsulam）

$C_{12}H_9F_2N_5O_2S$, 325.29, 98967-40-9

是由美国陶氏益农公司（Dow AgroSciences Company）开发生产的新型磺酰胺类选择性内吸传导型除草剂。

理化性质　熔点 251～253℃，蒸气压（25℃）3.7×10⁻⁷mPa，分配系数（K_{ow}lgP）0.21（22℃），pK_a 4.6(25℃)，在水中的溶解度为 0.049g/L(pH 2.5)、5.65g/L(pH 7.0)。

毒性　雄大鼠急性经口 LD_{50}＞5000mg/kg，兔急性经皮 LD_{50}＞2000mg/kg，对兔眼睛无刺激性，无致突变作用。

应用　适用于小麦及大豆、玉米小麦混作或间作田，具有杀草谱宽、适用作物广泛、用药量低、抗旱、可混性好、对作物与环境安全和除草效果好等优点。阔草清可经由植物根系和茎叶吸收，在体内传导，集聚于生长点，植物对阔草清的敏感性取决于对其吸收、传导以及代谢速率。该除草剂可在杂草出苗前及出苗早期施用，对多种阔叶杂草有较好防除效果。大豆、玉米、小麦和马铃薯对该除草剂有较强耐药性。甜菜、油菜、向日葵、高粱、棉花等对该除草剂比较敏感。

2. 甲氧磺草胺（metosulamo）

C$_{14}$H$_{13}$C$_{12}$N$_5$O$_4$S，418.26，139528-85-1

1985 年由美国 Dow 化学公司所开发，于 1992 年进行大田应用。它是一种新颖高效的三唑并嘧啶磺酰胺类除草剂。

理化性质　显弱酸性，溶解度（g/L，20℃）：在水中 0.7、丙酮 0.99、二氯甲烷 0.42、己烷＜0.03，蒸气压 4×10^{-15} mPa(20℃)。

毒性　大鼠急性经口 LD$_{50}$＞5000mg/kg。

应用　用于防除禾谷田和玉米田水稻中多种阔叶杂草，用量为 15g/hm^2。

3. 双氟磺草胺（florasulam）

C$_{12}$H$_8$F$_3$N$_5$O$_3$S，359.3，145701-23-1

理化性质　纯品的熔点为 193.5～230.5℃，水中溶解度（20℃，pH 7.0）：6.36g/L，土壤中半衰期 DT$_{50}$＜1～4.5d，田间半衰期 DT$_{50}$ 为 2～18d。

应用　主要用于冬小麦田防除阔叶杂草，如猪殃殃、繁缕、蓼属杂草、菊科杂草等。

4. 氯酯磺草胺（cloransulam-methyl）

C$_{15}$H$_{13}$ClFN$_5$O$_5$S，429.81，147150-35-4

理化性质　纯品外观为白色固体。熔点 216～218℃；蒸气压（25℃）4.0×10^{-11}mPa；溶解度（25℃）：在水中 3mg/L(pH 5 缓冲液)，184mg/L(pH 7 缓冲液)、3430mg/L(pH 9 缓冲液)；在有机溶液中：丙酮 4360，乙腈 5500，二氯甲烷中 6980，乙酸乙酯中 980，己烷中＜10，甲醇中 470，辛醇中＜10，甲苯中 14。常温下贮存稳定。氯酯磺草胺蒸气压较低，挥发性弱；土壤中平均半衰期 18d；水中光解快，半衰期＜1h。

毒性　大鼠急性经口 LD$_{50}$＞5000mg/kg，急性经皮 LD$_{50}$＞2000mg/kg，急性吸入 LC$_{50}$＞3.77mg/L；对白兔皮肤和眼睛无刺激性；致突试验：未见致突变性。

应用　该药经杂草叶片、根吸收，累积在生长点。用于大豆田茎叶喷雾，防除阔叶杂草。经室内活性测定和田间药效试验表明，对春大豆田阔叶杂草鸭跖草、红蓼、豚草有较好的防治效果，对苦菜、苣荬菜有较强的抑制作用。使用药量为 25.2～31.5g（a.i.）/hm^2。施药方法为茎叶喷雾。施药后该药的大豆叶片可能出现暂时一定程度的退绿药害症状，后期可恢复正常，不影响产量；该药仅限于一年一茬的春大豆田施用。对后茬作物的安全性试验为在推荐剂量下，施药后间隔 3 个月可安全种植小麦和大麦；间隔 10 个月后，可安全种植玉米、高粱、花生等；间隔 22 个月以上，可安全种植甜菜、向日葵、烟草等。

5. 五氟磺草胺 (penoxsulam)

C$_{16}$H$_{14}$F$_5$N$_5$O$_5$S, 483.7, 219714-96-2

是由美国陶农科公司（Dow AgroSciences）开发的苗后用除草剂，它是三唑并嘧啶磺酰胺除草剂。2004 年 9 月 24 日在美国 EPA 正式注册登记，2005 年在美国南部稻区推广应用，2008 年在中国登记，目前在我国登记的剂型为 2.5% 的油悬浮剂。

理化性质 原药为浅褐色固体，密度 1.61g/mL(20℃)。熔点 212℃，蒸气压 2.49×10^{-14}Pa (20℃)，9.55×10^{-14}Pa(25℃)。溶解度（mg/L，19℃）：水 5.7(pH 5)、410(pH 7)、1460(pH 9)。在 pH 5～9 的水中稳定。

毒性 对大鼠急性经口 LD$_{50}$＞5000mg/kg，对兔急性经皮 LD$_{50}$＞5000mg/kg，对大鼠急性吸入 LC$_{50}$(4h)＞3.5mg/L，对眼睛和皮肤有极轻微刺激性。

合成方法 首先以 2-甲氧基乙酸乙酯为起始原料，与甲酸甲酯、甲醇钠反应，得到 3-羟基-2-甲氧基丙烯酸甲酯的钠盐，再与甲基异硫脲反应得 2,5-二甲氧基-4-羟基嘧啶，接着用三氯氧磷氯化得 4-氯-2,5-二甲氧基嘧啶，随后与水合肼反应得 2,5-二甲氧基-4-肼基嘧啶，用溴化氰环合得到 3-氨基-5,8-二甲氧基 [1,2,4] 三唑并 [4,3-c] 嘧啶，再与甲醇钠反应得到氨基转位的中间体：

最终产品即可用常规的方法合成：

6. 啶磺草胺（pyroxsulam）

$C_{14}H_{13}F_3N_6O_5S$，434.35，422556-08-9

理化性质 外观为棕褐色粉末，熔点 208.3℃，分解温度 213℃；蒸气压（20℃）$<1\times10^{-7}$Pa；溶解度（g/L，20℃）：在纯净水中 0.0626、3.20（pH 7 缓冲液），甲醇 1.01，丙酮 2.79，正辛醇 0.073。常温贮存稳定。啶磺草胺的蒸气压低，挥发性小；土壤中降解，在耗氧条件下，半衰期 DT_{50} 2～10d；不易水解；人工光照，半衰期 $DT_{50}>3.2$d。

毒性 该原药大鼠急性经口、经皮 $LD_{50}>2000$mg/kg；对大白兔眼睛和皮肤无刺激性；对大白兔眼睛有瞬时刺激性，未见致突变性。原药属低毒除草剂。

应用 它是一种芽后除草剂，经由杂草叶片、鞘部、茎部或根部吸收，在生长点累积，可用于防治多种一年生禾本科和阔叶杂草。用量为 0.5L/hm²，它防治的杂草谱很宽，如阔叶杂草有繁缕、猪殃殃、黄鼠狼花、反枝苋等；禾本科杂草有雀麦和野燕麦。对狗尾草和卷茎蓼也有一定的防治效果。能应用于多种春小麦和硬粒小麦中，对下茬作物种植没有限制。另外，还可用于豆科作物中防除对 ACCase 有抗性的野燕麦。

对后茬作物的安全性试验表明：药量 28g(a.i.)/hm² 以下，施药后 3 个月，一般可安全种植小麦、大麦、燕麦、玉米、大豆、水稻、棉花、花生，施药后 12 个月以上，方可种植番茄、小白菜、甜菜、马铃薯、苜蓿、三叶草。

四、嘧啶（氧）硫苯甲酸类

（一）先导的发现与优化

嘧啶（硫）醚类除草剂也称嘧啶苯甲酸类除草剂或嘧啶水杨酸类除草剂，是 20 世纪 80 年代末由日本组合化学公司、庵原化学公司和杜邦公司联合开发的，是继磺酰脲和稠杂磺酰胺类除草剂之后，于 20 世纪 90 年代发展起来的又一类 ALS 抑制剂。与其他几种 ALS 抑制剂相比，其结构变化更为灵活。

其研制的过程是随机筛选和模拟合成的结合。从磺酰脲类化合物结构改造出发，首先在磺酰脲的含氮杂环上引入芳氧、苯氧基结构。在随机合成中发现化合物（3-2-10）并没有什么活性，经过对比、分析研究发现已有除草活性的化合物如 3-2-11～3-2-13 分子结构中均含有羧酸酯基团，故将羧酸酯基团引入化合物Ⅱ结构中，得化合物 3-2-14，生测结果显示该化合物并没有除草活性。此时，将化合物 3-2-14 中嘧啶内氮原子的位置进行了调整，得化合物 3-2-15，生测结果显示该化合物 3-2-15 与化合物 3-2-14 相比，活性虽有明显的提高，但仍很弱。在化合物 3-2-15 的基础上，通过尝试进一步去除分子结构中的三氟甲苯氧基，观察活性的变化，合成了结构简单的化合物 3-2-16，生测结果显示该化合物具有很好的除草活性，这就产生了嘧啶（硫）醚苯甲酸类除草剂的先导化合物。通过优化，产生了该类除草剂中第一个商品化品种嘧草硫醚（pyrithiobac-sodium）。

3-2-11   3-2-12   3-2-13

到目前为止共商品化五个化合物：三个由日本组合（Kumiai）化学株式会社开发，是嘧草硫醚（pyrithiobac-sodium，棉草净）、嘧草醚（pyriminobac-methyl）和双草醚（bispyribac-sodium，农美利），另外两个分别由 LG 和诺华公司报道。LG 化学开发的化合物韩乐天（pyribenzoxim）是由双草醚衍生的。诺华公司报道的环酯草醚（pyriftalid）可以说是由嘧草硫醚和嘧草醚衍生而得的产品。

（二）结构与活性的关系

根据有关文献报道，在 O-嘧啶水杨酸化合物中，除草活性随苯环上取代基的结构和位置的不同而变化。研究表明，单取代苯环取代位置的活性顺序是：6-位＞未取代＞3-位＞5-位＞＞4-位，亦即 6-位取代有助于化合物除草活性的提高。其中，卤、甲基、乙酰基、苯基、三氟甲基及低级烷氧基化合物具有极强的芽前与苗后活性；当取代基为 CO_2CH_3、NO_2、C_2H_5 时比未取代的化合物抑制酶的活性弱。

测定了"桥"Y 部分对除草活性的影响。硫桥衍生物的活性低于氧桥，N-甲酰化合物具有良好的活性，而脱甲酰化合物即 NH 桥衍生物则丧失活性。当 6-位取代基为 Cl 时，硫桥衍生物具有很强的活性，CH_2-桥衍生物的活性中等，S(O)-桥衍生物的活性最差。

对 S-嘧啶水杨酸化合物的 6-位取代基对除草活性的影响也进行了测定，在芽后处理试验中，取代基为卤素与烷硫基时对阔叶杂草具有良好的除草活性，对稗草的除草活性较低，而乙酰衍生物对苘蔴和稗草均具有很高的除草活性；芽前处理试验结果表明，溴、碘和甲氧基取代物的活性均较高，乙氧基取代物仅对稗草具有活性。这说明，疏水取代基如卤素促使化合物具有防治阔叶杂草的活性，而亲水性的烷氧基与乙酰基则导致化合物防治禾本科杂草活性的提高。6-取代嘧啶（硫）水杨酸类具有良好的除草活性，是由于它们在植物体内易于转变为具有良好除草活性作用的活性酸。

从分子整体看，由于该类化合物的分子中存在一个大的负电性区域，主要分布在嘧啶环的周围，与受体 ALS 相互作用时起很强的供电子作用，4, 6-二甲氧基嘧啶环上的碳原子以及侧链的氧原子是其主要的供电子部位。当把嘧啶环上的甲氧基换成甲基后，降低了整个分子的供电子能力，从而使其活性急剧下降，甚至完全丧失。另外，若把嘧啶环换成三嗪环后，分子静电势分布出现较大差异，其负电性区域相对变小而比较分散，也会导致活性急剧下降。

此类除草剂的特点是：①高活性、低用量，可与磺酰脲类除草剂媲美；②杀草谱广，不仅可以防除阔叶杂草，也可以防除禾本科杂草；③在土壤中残留期短，克服了磺酰脲类除草剂容易伤害后茬作物的不足；④低毒，对动物和环境安全，具有良好的环境相容性。主要品种介绍中列出了典型的商品化嘧啶（氧）硫苯甲酸类除草剂品种，其中最具有代表性的是日本住友公司开发的稻田稗草特效除草剂 KIH2023 和 KIH6127。

（三）主要品种

1. 嘧草硫醚（pyrithiobac-sodium）

$C_{13}H_{10}ClN_2NaO_4S$, 348.74, 123343-16-8

是由日本组合化学公司研制的一种棉田除草剂。

理化性质　纯品为白色固体；熔点 233.8～234.2℃（分解）；蒸气压为 4.80×10^{-9} Pa；分配系数 $K_{ow} \lg P(20℃) = 0.6(pH\ 5)$、$-0.84(pH\ 7)$。水中溶解度（20℃，g/L）：264(pH 5)、705(pH 7)、690(pH 9)、728（蒸馏水）；在其他溶剂中溶解度（20℃，mg/L）：丙酮812、甲醇270000、二氯甲烷8.38、正己烷10。在 pH 5～9，27℃水溶剂中 32d 稳定，54℃加热贮存 15d 稳定。

应用　以 $35～60g/hm^2$ 的剂量即可防除棉花田中一年生和多年生禾本科杂草和大多数阔叶杂草，特别对各种牵牛、苍耳等难除杂草有很好的防除效果。又由于它在棉花植株中快速降解，因此对棉花高度安全。

2. 双草醚（bispyribae-sodium）

$C_{19}H_{17}N_4NaO_8$, 452.35, 125401-92-5

是由日本组合化学株式会社于 1988 年开发的，具有超高效、低毒、杀草谱广、选择性高及使用范围广等优点。

理化性质 原药为白色粉末，无味，熔点 223～224℃，蒸气压（25℃）5.04×10^{-9} Pa。25℃水中溶解度 73.3g/L；甲醇中 26.3g/L；丙酮中 0.043g/L；氯甲烷中 0.051g/L；己烷中 0.0036g/L；乙酸乙酯中 0.002g/L。

毒性 对雌雄大鼠急性经口毒性（LD_{50}）均＞5000mg/kg；对雌雄大鼠急性经皮毒性 LD_{50}＞2000mg/kg；经皮吸入毒性 LC_{50}＞3.39mg/L。97％双草醚原药对家兔皮肤和眼睛有轻度刺激性，而10％双草醚原药对家兔皮肤和眼睛则无刺激性。无致突变、致畸性、致癌性作用。

应用 可引起敏感植物生长停止，接着失绿、坏死，最终死亡。对稗草的典型症状是用药后 3～5d 黄化，生长停止，6～12d 顶端组织坏死，14～21d 根、茎、叶完全坏死。适用于秧田、直播田、小苗移栽田、抛秧田使用，对水稻田中的禾本科杂草和阔叶草有卓效，能选择性地防除稗草，且用量极低，应用范围广。

双草醚在水稻植株中吸收和转移的量相当小，多数留在处理部位；但在稗草中从根、茎、叶吸收的双草醚并不积累，而大部分被转移（可以上下转移），分布于整个植株体内。同时，双草醚在水稻中的代谢远远比稗草迅速。因此，双草醚在水稻和稗草之间具有很高的选择性。双草醚在干旱或湿润条件下均可使用，药后长时间灌水，可有效防多种杂草。对作物安全。水稻芽后使用有很好的耐药性，而小麦和大麦则较为敏感，玉米、高粱、大豆、甜菜、棉花、油菜、黄瓜、甘蓝及番茄则很敏感。

常规使用后在稻谷和稻草中的残留均低于检测量（0.002mg/L），土壤中残留研究显示，在冲积层黏土中的田间半衰期为 10～15d（室内为 30～34d），并在 pH 7 和 pH 9 下分解缓慢，而在 pH 4 下分解迅速。如按推荐方法使用，双草醚不会在土壤中长时间滞留，也不会影响河水、地下水或饮用水的质量。

3. 嘧啶肟草醚（pyribenzoxim）

$C_{32}H_{27}N_5O_8$, 609.59, 168088-61-7

是由韩国 LG 化学集团研发的除草剂。

理化性质 纯品为无味，白色固体，熔点 128～130℃，蒸气压＜7.40×10^{-6} Pa，溶解度（20℃，g/L）：水为 3.5×10^{-3}，丙酮 16.3，环己烷 236.7，二氯甲烷 45.2，正己烷 0.4，二甲苯 38.1。

毒性 大鼠急性经口 LD_{50}＞5000mg/kg，急性经皮 LD_{50}＞2000mg/kg。

应用 对稗草、稻李氏禾等有特效，对三棱草、野慈姑、眼子菜、雨久花、鸭舌草等防效良好。药剂进入植物叶片后，被茎叶吸收，在体内运行到生长点，抑制新叶生长。因此处理后 3～5d 不明显，但杂草已停止生长，5～7d 后杂草叶片变黄，10～14d 完全枯死。

防除田间杂草的结果表明，它可有效防除抛栽稻田稗草（夹棵稗），包括阔叶草，对莎草也具有良好的防治效果，一次施药，能控制整季杂草的危害，具有杀草谱广、除草效果好、对水稻安全等特点，是抛栽稻田合适的除草剂。嘧啶肟草醚对冬小麦及其伴生性杂草生物活性进行了研究发现：嘧啶肟草醚对黑麦草（对禾草灵有抗性）和繁缕有较好的防效，是一种很有潜力的麦田除草剂。

采用 ^{14}C 标记法，对嘧啶肟草醚在水淹没条件下的土壤代谢进行了研究，嘧啶肟草醚在无菌土和有菌土中的半衰期分别为 1.3d 和 9.4d。通过微生物、化学降解和水解，其在浅层土和地下水中的积累很有限，因此施用嘧啶肟草醚防治水田杂草对环境的污染不大。

嘧啶（硫）醚类的合成方法 嘧啶（氧）硫苯甲酸类除草剂的杂环部分均为 4,6-二甲氧基嘧啶。因此，2-甲砜基-4,6-二甲氧基嘧啶是合成嘧啶（氧）硫苯甲酸类除草剂的关键中间体，它通常可以采用如下所示的合成路线进行合成：

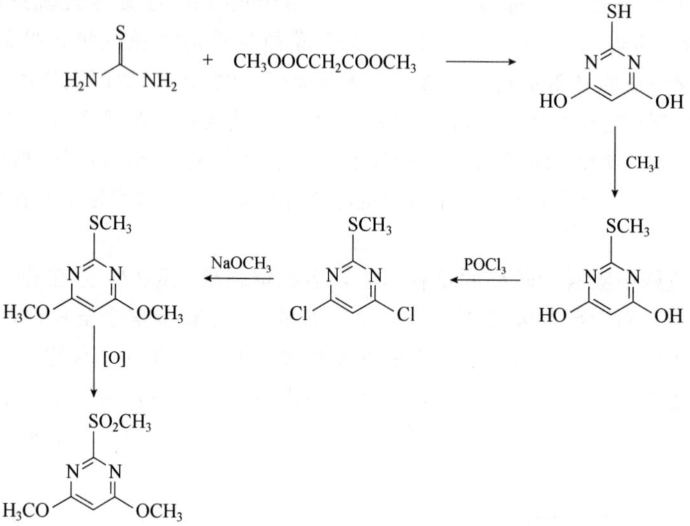

制得嘧啶衍生物后，再与相应的水杨酸衍生物作用即可合成产品：

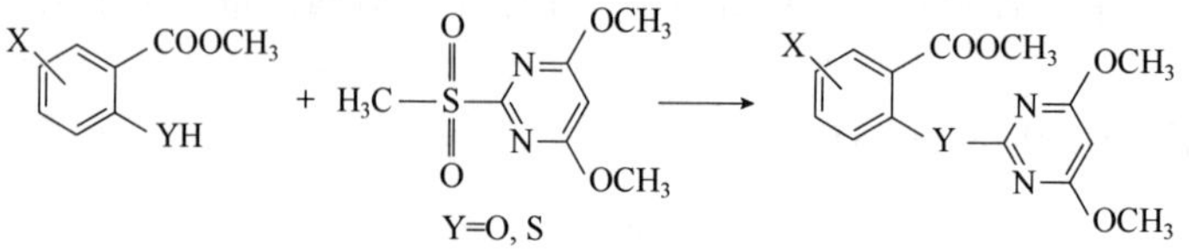

五、磺酰胺羰基三唑酮类

磺酰胺羰基三唑酮类除草剂有 2 个商品化品种：氟酮磺隆（flucarbazone-sodium）和丙苯磺隆（propoxycarbazone-sodium）。

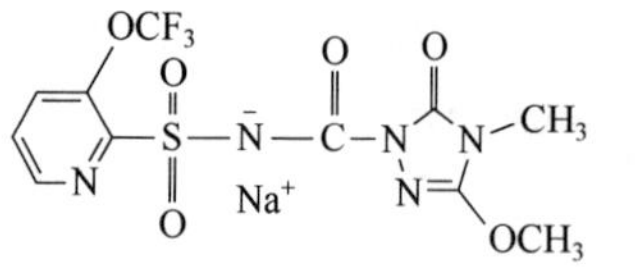

$C_{12}H_{10}F_3N_4NaO_6S$, 419.27, 181274-17-9 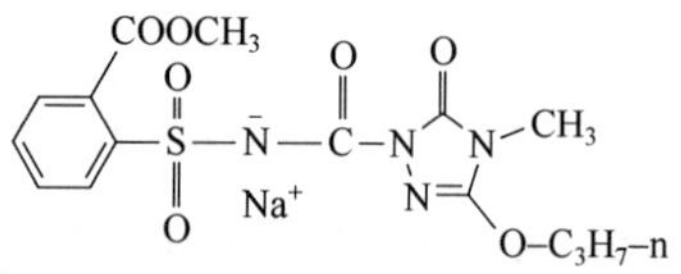 　　 $C_{15}H_{17}N_4NaO_7S$, 381.29, 181274-15-7

最近又开发出 thiencarbazone-methyl，可用于玉米田中，用量为 $15\sim37g/hm^2$。

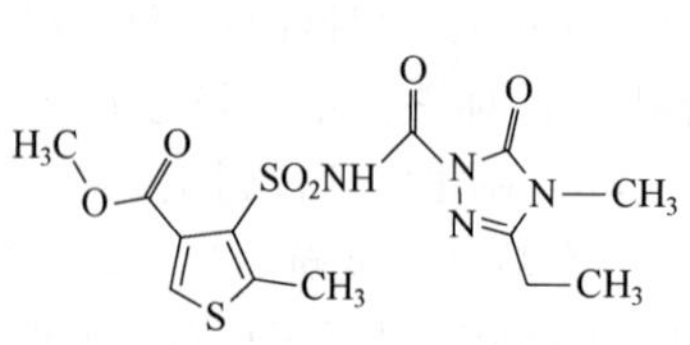

$C_{12}H_{14}N_4O_7S_2$, 388.42, 317815-83-1

1. 氟酮磺隆（flucarbazone-sodium）

氟酮磺隆是一种新型防治小麦田禾本科杂草和一些重要阔叶杂草的超高效选择性除草剂。由拜耳公司发现并开发，于 1998 年开始推广应用，用量 $8\sim10g/hm^2$。其独特的有效成分可被杂草的根及茎叶吸收，是含三唑啉酮基的磺酰脲类似物，是一种新型防治小麦田禾本科杂草和一些重要的阔叶杂草的超高效选择性除草剂。

该化合物的中间体的合成方法有：

$$NaSCN + ClCOCH_3 \longrightarrow O=C<^{NCS}_{OCH_3} \longrightarrow H_3C-O-CO-NH-CO-O-CH_3$$

经Me₂SO₄处理由三唑啉酮结构转化，标记 OCH₃、CH₃等。

或：

$$H_3C-O-CO=NH-OCH_3 + C_2H_5O-CO-NHNH_2 \longrightarrow$$

经 CH₃Br 处理得相应三唑啉酮（标记 OCH₃、CH₃）。

最终产品则用常规的方法，其中之一为用磺酰基异氰酸酯如：

邻-OCF₃苯基-SO₂NCO + 三唑啉酮(N—CH₃, OCH₃) ⟶ 缩合产物，经 NaOH 得钠盐。

2. thiencarbazone-methyl

拜耳公司开发，于 2006 年报道，为广谱除草剂，主要用于玉米，芽前处理 $15\sim37\,\text{g/hm}^2$，芽后 $15\,\text{g/hm}^2$。该化合物由磺酰脲结构与三唑酮结构相结合，系构思新颖的除草剂。

第四节　AHAS 抑制剂的结构与活性关系研究

尽管长期以来人们对 AHAS 抑制剂的结构与活性关系进行了广泛的研究，但文献中关于 AHAS 抑制剂定量构效关系方面的研究报道却并不多见。最早关于苯磺酰脲类除草剂 QSAR 研究是由 Andrea 等人报道的，他们采用 Hansch-Fujita 方法系统研究了苯磺酰脲类化合物 **3-2-17** 苯环上取代基与 AHAS 酶抑制活性之间的定量关系。

3-2-17　　　**3-2-18**　　　**3-2-19**

对于 2-位取代基（X ＝ Y ＝ OCH₃）：

$$pI_{50} = 6.554(\pm 0.451) + 0.358(\pm 0.157)\pi + 0.222(\pm 0.055)MR$$
$$- 0.0079(\pm 0.0016)MR^2 + 0.830(\pm 0.692)F \tag{3-2-1}$$

$$n = 39, s = 0.381, r = 0.898, MR_{opt} = 14.05$$

对于 3-位取代基（X ＝ Y ＝ OCH₃）：

$$pI_{50} = 8.547(\pm 0.880) + 1.576(\pm 1.393)\pi - 0.222(\pm 0.118)MR \tag{3-2-2}$$

$$n = 6, s = 0.365, r = 0.974$$

对于 4-位取代基（X ＝ Y ＝ OCH₃）：

$$pI_{50} = 8.367(\pm 0.861) - 3.621(\pm 2.052)F \tag{3-2-3}$$

$$n = 5, s = 0.315, r = 0.956$$

对于 5-位取代基（X ＝ Y ＝ CH₃）：

$$pI_{50} = 7.750(\pm 0.206) + 0.253(\pm 0.150)\pi - 0.924(\pm 0.359)\sigma_p$$
$$- 0.0336(\pm 0.0164)MR \tag{3-2-4}$$

$$n = 17, s = 0.195, r = 0.945$$

从以上方程可以看出，苯环 2-位取代基对活性的影响主要取决于其立体效应、疏水效应和场效应，其中立体效应的影响最为显著，而且 2-位取代基的立体大小应保持一最佳值（$MR_{opt} = 14.05$）。同 2-位取代基一样，3-位取代基的疏水效应和立体效应对活性的影响最为明显，相反，4-位取代基的疏水效应和立体大小对活性的影响似乎不及电子效应明显，而方程（3-2-4）表明，5-位取代基的电性效应是影响活性的最重要因素，其次才是疏水性和立体大小。比较方程（3-2-2）和方程（3-2-4）可以看出，受体在 5-位取代基的结合部位对疏水性和立体大小的敏感性不及受体在 3-位取代基的结合部位。

杨光富等人还采用 Hansch-Fujita 方法对磺酰脲 **3-2-17** 和三唑并嘧啶磺酰胺类化合物 **3-2-18** 进行过定量构效关系研究，对于 20 种磺酰脲类化合物得到过如下关系式：

$$pI_{50} = 7.6049 + 1.4987\sum\sigma - 1.7562(\sum\sigma)^2 - 0.2504\sum\pi + 1.3336F \tag{3-2-5}$$
$$(0.0778) \quad (0.4134) \quad (0.4379) \quad (0.1448) \quad (0.4254)$$

$$n = 20, r = 0.8987, s = 0.3481, F = 15.74$$

对于 16 种三唑并嘧啶磺酰胺类化合物，所得关系式如下：

$$pI_{50} = 6.2800 + 1.7094\sum\sigma - 1.1844(\sum\sigma)^2 - 1.1101\sum\pi + 3.90836F \tag{3-2-6}$$
$$(0.1627) \quad (1.0874) \quad (1.0715) \quad (0.4438) \quad (0.6697)$$

$$n = 16, r = 0.8956, s = 0.6509, F = 11.15$$

上述方程表明，分子的电性及亲脂性是影响这两类化合物除草活性的重要因素，其中以电子效应为主。对于方程（3-2-5），当 $\sum\sigma = 0.50$ 时，pI_{50} 有极大值。对于方程（3-2-6），当 $\sum\sigma = 0.72$ 时，pI_{50} 有极大值。两者似乎相差较大，但由于我们所考察的三唑并嘧啶磺酰胺分子的 5、7-位均为甲基取代，因此这两个甲基的电子效应并没有包含在方程（3-2-6）里面。若将这两个甲基的电子效应考虑在内，$\sum\sigma$ 值就应该为 0.58，这与磺酰脲类化合物的最佳 $\sum\sigma$ 值就非常一致了，从而也表明这两类除草剂的结构与活性关系是一致的。此外，方程（3-2-5）和方程（3-2-6）中 F 项的系数均为一较大正值，表明了苯环邻位吸电子取代基的存在对活性是极为有利的。若不考虑 F 项，两个方程的相关性均显著下降，表明了邻位取代基可能是一个非常重要的结合位点。这与 Andrea 等人的结论是一致的。所不同的是，在 Andrea 等人的方程中考虑到了取代基的立体效应，而方程（3-2-5）和方程（3-2-6）中没有考虑立体效应。可能是由于 Andrea 等人所考察的仅仅是苯环上的取代基，而方程（3-2-5）和方程（3-2-6）是同时考虑苯环和杂环上的取代基。此外，方程（3-2-5）和方程（3-2-6）所考察的取代基立体效应变化幅度不大，因而该效应未能在方程中得以体现。

在上述分析的基础上，将以上两类除草剂放在一起，采用 $\sum\sigma$、$\sum\pi$ 以及 F 为参数，对 36 种化合物进行回归，得到如下的相关方程：

$$pI_{50} = 6.0102 + 0.8392\sum\sigma - 0.8191(\sum\sigma)^2 + 2.7357F - 0.4579\sum\pi + 1.4179I \quad (3\text{-}2\text{-}7)$$
$$(0.1026)\quad(0.5203)\quad(0.5387)\quad(0.4833)\quad(0.1792)\quad(0.2129)$$
$$n = 36, r = 0.8948, s = 0.6159, F = 24.1066$$

上式中，I 为指示变量，对于磺酰脲类化合物 $I=1$，对于磺酰胺类化合物 $I=0$。从上式可以看出，电子效应对这两类化合物除草活性的影响是最主要的，其最佳 $\Sigma\sigma = 0.51$。这一结果与这两类化合物单独进行研究时的结果是基本一致的。此外，上式中 F 项的系数最大，且为正值，这说明苯环邻位吸电子取代基对活性是至关重要的，这就解释了为什么这两类除草剂的苯环都需要一个邻位吸电子取代基这一经验构效关系。F 项的系数很大，进一步表明苯环邻位吸电子取代基可能是这两类除草剂一个非常重要的共同结合部位。

此外，文献还讨论过用 pK_a 值来表征这两类化合物整体电性以及用 $clgP$ 来表征这两类化合物整体亲脂性的可行性，采用上述两种反映分子整体性质的参数对这两类化合物进行回归分析，得到如下的关系式：

$$pI_{50} = 2.4648 + 1.3219pK_a - 0.0976(pK_a)^2 - 0.3807clgP + 2.4678F + 1.2101I \quad (3\text{-}2\text{-}8)$$
$$(0.1120)\quad(1.2442)\quad(0.0894)\quad(0.2571)\quad(0.5889)\quad(0.2880)$$
$$n = 36, r = 0.8732, s = 0.6723, F = 19.27$$

方程（3-2-8）表明，磺酰脲和三唑并嘧啶磺酰胺类除草剂的最佳 $pK_a = 6.77$，这就解释了这两类除草剂酸性过高或过低都将使活性降低这一事实。

最近，Yukio 等人报道了嘧啶（硫）醚类除草剂 **3-2-19** 的定量构效关系，系统研究了该类除草剂苯环上的取代基效应。

对于硫醚类化合物的 6-位取代基：

$$pI_{50} = 7.066(\pm 0.544) - 0.939(\pm 0.409)(E_s)^2 - 1.981(\pm 1.016)E_s$$
$$- 0.462(\pm 0.170)\Delta L \quad (3\text{-}2\text{-}9)$$
$$n = 15, s = 0.301, r = 0.899, F = 15.4$$

对于氧醚类化合物的 6-位取代基：

$$pI_{50} = 6.649(\pm 0.547) - 0.532(\pm 0.236)(E_s)^2 - 1.262(\pm 0.740)E_s$$
$$- 0.328(\pm 0.120)\Delta B_5 + 1.721(\pm 0.896)F \quad (3\text{-}2\text{-}10)$$
$$n = 24, s = 0.331, r = 0.898, F = 19.8$$

对于氧醚类化合物的 5-位取代基：

$$pI_{50} = 6.284(\pm 0.596) - 1.140(\pm 0.824)\sigma p - 0.519(\pm 0.439)\Delta L$$
$$- 0.354(\pm 0.279)\Delta B_5 \quad (3\text{-}2\text{-}11)$$
$$n = 14, s = 0.426, r = 0.917, F = 17.7$$

从以上结果可以看出，该类化合物的活性与取代基的立体效应及电子效应是密切相关的，而且苯环上取代基的立体大小是十分有限的，在受体结合部位，该类化合物的苯环被定位于一个十分有限的空间里，其中 6-位取代基必须保持一最佳的立体大小，以保证分子的羧基与受体之间发生有效的相互作用。但是，硫醚类化合物与氧醚类化合物的这一最佳值是不一致的，这说明了硫醚类化合物的羧基比氧醚类化合物的羧基更为拥挤。

此外，文献还报道了咪唑啉酮类除草剂以及吡啶磺酰脲类除草剂的 QSAR 研究结果，这些结果与上面构效关系方程基本一致。以上 QSAR 研究对于深入理解该类除草剂的作用机制及指导设计新型除草剂分子无疑具有十分重要的意义。

第五节　杂草对 AHAS 抑制剂的抗性发展

由于全世界范围内大量使用 AHAS 抑制型除草剂，杂草对该类除草剂的抗性发展也十分迅速。最早的抗性报道是在氯磺隆应用后的第 5 年，此后抗性杂草生物型发展迅速，并呈指数性增长，成为抗药性发展最快的一类除草剂。截至 2011 年，已经有 112 种抗性杂草被报道，占全世界抗性杂草总量的 1/3，远远超过其他任何类型的除草剂。杂草涉及禾本科、十字花科、菊科、藜科、苋科、蓼科、莎草科、石竹科、千屈菜科、泽泻科、旋花科、雨久花科等植物科别。

研究结果表明，杂草对 AHAS 抑制型除草剂产生抗性主要是由于杂草体内的 AHAS 氨基酸残基发生突变，导致 AHAS 对除草剂的敏感性降低。当然，有些情况下，杂草体内一些代谢解毒酶含量和活性的提高也可以导致抗性发生，但一般很难形成高强度的抗性。如瑞士黑麦草、鼠尾看麦娘及大豆等是由于杂草解毒代谢功能提高而导致抗性的，而且这些解毒代谢机理与 P450 有关。

目前已知的抗性突变位点有 7 个：Ala122、Pro197、Ala205、Asp376、Trp574、Ser653、Gly654。这些位点都位于 AHAS 催化亚基的 5 个高度保守区域，见表 3-2-4。突变后会直接导致除草剂与酶的结合减弱，进而导致抗性甚至交叉抗性的产生。

表 3-2-4　已经产生杂草抗性生物型的突变位点

突变部位	取代氨基酸	报道数	磺酰脲类	咪唑啉酮类	三唑并嘧啶类	嘧啶（氧）硫苯甲酸类	磺酰胺羰基三唑酮类
Ala122	Thr	5	S	R	S	ND	ND
Pro197	Ala	5	R	S	ND	ND	ND
	Thr	6	R	—	ND	—	ND
	Ser	14	R	ND	ND	ND	ND
	Arg	2	R	S	ND	ND	ND
	Gln	4	R	—	ND	ND	ND
	Leu	6	R	—	—	ND	ND
	His	4	R	S	S	ND	ND
	Ile	1	R	R	ND	R	ND
Ala205	Val	4	r	R	r	r	ND
Asp376	Glu	3	R	R	R	R	R
Trp574	Leu	17	R	R	R	R	R
Ser653	Thr	4	S	R	ND	ND	ND
	Asn	3	S	R	R	ND	ND
	Ile	1	r	R	R	ND	R
Gly654	Asp	1	r	R	s	ND	R

注：S——敏感性；R——强抗性（为敏感性 10 倍以上）；r——弱抗性（为敏感性 10 倍以下）。交互抗性为报道中一部分。ND——未检测。

从表 3-2-4 中可以看出，突变类型最多的 Pro197 的突变，它可以突变为 8 种不同的氨基酸，并且均能引起杂草对磺酰脲类除草剂的抗性。但是，只有当突变为 Leu 时，杂草对咪唑啉酮和嘧啶（氧）硫苯甲酸类除草剂才表现出强的抗药性。此外，Ala205、Asp376 和 Trp574 位点的突变会使杂草产生广谱的抗性。当发生 Trp574Leu 和 Asp376Glu 两种突变后，杂草对几乎所有类型的除草剂均产生抗性。当 Ala205 突变为 Val205，分别会对磺酰脲类、咪唑啉酮类、嘧啶硫代苯甲酸酯类、三唑并嘧啶类除草剂呈现较弱的抗性。Ala122THR 和 Ser653Asn 突变时，都会对 IMI 类除草剂产生很强的抗性，而对 SU 类抑制剂抗性较低。这是由于 Ala122 与二氢咪唑啉酮环的甲基和异丙基间有着重要的疏水作用，如果 Ala 突变为极性较大的氨基酸（如苏氨酸）时，抑制剂将很难接近AHAS 的活性位点。Ala122 仅与氯嘧磺隆（CE）结构中大的乙酯取代基相互作用，与其他的磺酰脲类除草剂没有相互作用。S653 突变为天冬酰胺不会影响 AHAS 酶与磺酰脲的结合，但当 S653 突变为较大的氨基酸时，则会明显干扰咪唑啉酮类抑制剂与 AHAS 的结合。

值得一提的是，苍耳（*Common cocklebur*）和豚草（*Common ragweed*）AHAS 的 653 号氨基酸不是 Ser，而是一个 Ala。2008 年，Sales 等在研究稻田杂草 *Oryzasativa* 对咪唑乙烟酸的抗药性问题时发现两个新的突变位点 Gly654Glu 和 Val669Met，并认为这两个位点的突变是水稻对咪唑乙烟酸产生抗性的主要原因。

第六节　新型 AHAS 酶抑制剂的分子设计

鉴于 AHAS 酶是迄今为止所发现的最理想的除草剂作用靶标之一，针对 AHAS 酶设计合成结构新颖的除草剂分子是近年来除草剂研究领域的一个热点。

日本武田化学公司发现的 2H-1,2,4-噻二唑并［2,3-a］嘧啶类稠杂环化合物具有与磺酰脲类除草剂相当的除草活性，如化合物 **3-2-20**。由于含有较弱的 S—N 键，该类化合物十分有利于植物的吸收和代谢，表现出较好的选择性，对水稻的药害要明显低于相应的磺酰胺类除草剂。该类除草剂成为一类特别引人注目的新型 AHAS 抑制剂。此后很多专利报道了有关 2H-1,2,4-噻二唑并［2,3-a］嘧啶磺酰亚胺衍生物的合成及除草活性。

3-2-20

中国科学院上海有机化学研究所的吕龙研究组设计合成了一系列嘧啶苄胺类衍生物，并从中筛选得到了一批高活性化合物，其中丙酯草醚和异丙酯草醚被开发为油菜田专用除草剂。研究结果表明，丙酯草醚和异丙酯草醚本身并没有除草活性，在植物体内被代谢后转化成嘧啶水杨酸而发挥除草活性。因此，该类化合物实质上是一种前药，它利用不同植物的代谢差异而产生选择性。

丙酯草醚(R=Pr-*n*)
异丙酯草醚(R=Pr-*i*)　　　　　除草活性

最近，杨光富研究组从嘧啶（氧）硫苯甲酸类除草剂出发，通过环化策略对其进行结构修饰，设计合成了一系列 1-（2H）-酞嗪酮衍生物 **3-2-21**，这些化合物对 AHAS 酶显示出较好的抑制活性，其中部分化合物的除草活性与商品化抑制剂 KIH-6127 相当，表明该类结构可以作为 AHAS 酶抑制剂的先导结构进行进一步的研究。此外，他们还针对阔草清残留期较长，容易对后茬作物产生要害的缺点，利用 C—O 键较 C—C 键更容易被代谢的这一特点，将甲氧基来替代阔草清分子中三唑并嘧啶杂环上的甲基，设计合成了具有更短半衰期的新型磺酰胺类化合物 **3-2-22**，该化合物对拟南芥 AHAS 的 K_i 值为 3.31×10^{-6} mol/L，在 $75 \sim 300$ g/hm^2 的剂量下表现出高效除草活性，而土壤中的半衰期却比阔草清降低了约 3.9d。

3-2-21　　　　　　　　　　　**3-2-22**

鉴于杂草对 AHAS 抑制型除草剂的抗性问题日益严重，因此针对突变型 AHAS 酶设计合成新型除草剂具有特别重要的意义。在已知的各种 AHAS 突变体中，其中 W586L 型 AHAS 突变体是迄今为止最严重的抗性突变体，对所有商品化 AHAS 抑制型除草剂至少产生 10 倍以上的抗性。杨光富研究组将分子对接技术、分子动力学模拟技术、MM-PBSA 自由能计算方法有机结合起来，通过对不同结构类型商品化除草剂抗性机制研究，发现突变前后抑制剂在结合腔内的构象柔性度与其反抗性能力表现出关联性，提出了一种基于"构象柔性度分析"的反抗性分子设计策略，成功设计得到了一种对野生型和 W586L 突变型 AHAS 具有同样高水平抑制活性的 2-苯氧基-1,2,4-三唑并 [1,5-c] 嘧啶类反抗性先导化合物 **3-2-23** ～ **3-2-25**。

3-2-23   3-2-24   3-2-25

参考文献

[1] Duggleby R G, Pang S S, Duggleby R G, et al. Acetohydroxyacid synthase. *J. Biochem Mol Biol*, 2000, 33(1): 1-36.

[2] Xiong Y, Liu J J, Yang G F, et al. Computational determination of fundamental pathway and activation barriers for acetohydroxyacid synthase-catalyzed condensation reactions of alpha-keto acids. J. Comput. Chem. 2010, 31(8): 1592-1602.

[3] Pang S S, Guddat L W, Duggleby R G. Acta Crystallogr D Biol. Crystallogr. 2001, 57: 1321-1323.

[4] Pang S S, Duggleby R G, Guddat L W. Crystal structure of yeast acetohydroxyacid synthase: a target for herbicidal inhibitors. J. Mol. Biol. 2002, 317(2): 249-262.

[5] Pang S S, Guddat L W, Duggleby R G. Molecular Basis of Sulfonylurea Herbicide Inhibition of Acetohydroxyacid Synthase. J. Bio. Chem. 2003, 278(9): 7639-7644.

[6] McCourt J A, Pang S S, Guddat L W, et al. Elucidating the specificity of binding of sulfonylurea herbicides to acetohydroxyacid synthase. Biochemistry 2005, 44(7): 2330-2338.

[7] McCourt J A, Pang S S, Scott J K, et al. Herbicide-binding sites revealed in the structure of plant acetohydroxyacid synthase. PNAS, 2006, 103(3): 569-573.

[8] He Y Z, Li Y X, Zhu X L, et al. Rational design based on bioactive conformation analysis of pyrimidinylbenzoates as acetohydroxyacid synthase inhibitors by integrating molecular docking, CoMFA, CoMSIA, and DFT calculations. J. Chem. Inf. Model. 2007, 47(6): 2335-2344.

[9] Gerwick B C, Subermanian M V, Loney-Gallant V I, et al. Mechanism of action of the 1,2,4-triazolo[1,5-a] pyrimidines. Pestic. Sci. 1990, 29(3): 357-364.

[10] 王学东. 除草剂咪唑烟酸在非耕地环境中的降解及代谢研究. 浙江大学博士论文, 2003.

[11] Ko O, Yakihiro H, Isao K. Preparation of diastereomersalts of optically active aealkylamines. JP20034256. 2000-06-05.

[12] Timothy C J, Robert J, Richard D J, et al. N-([1,2,4] Triazoloazinyl) Benzenesulfonamide and Pyridinesulfonamide Compounds and Their Use as Herbicides. US5858924. 1999-1-12.

[13] Michael Allen Gonzalez, Eric Wayne Otterbacher. Process for the Preparation of (1-Alkoxy-6-Trifluoromethyl-N-([1,2,4] Triazolo [1,5-c]) pyrimidin-2-yl) benzenesulfon -amides. US2002/0037811. 2002-3-28.

[14] Edmonds, Mark, Victor, et al. A. Process for the Preparation of 1-Amino-5, 8-dimethoxy [1,2,4] triazolo [1,5-c] pyrimidine. WO0198305. 2001-12-27.

[15] Shimizu T, Nakayama I, Nakao T, et al. Inhibition of plant acetolactate synthase by herbicides pyrimidinyl salicylic acid. J. Pestic. Sci. 1994, 19(1): 59-67.

[16] Jan V, Mark J F, Gunter S, et al. Method for producing substituted phenylsulfonyl urea. US20060004198. 2003-11-06.

[17] Mary A H. Herbicidal pyridine sulfonamides. US4786734. 1988-12-06.

[18] Willy M, Werner F, Werner T. Process for producing sulfonylureas. US4518776. 1985-05-21.

[19] Haukur K, Werner T. Process for producing sulfonylureas having a herbicidal action. US4521597. 1985-06-04.

[20] Fumio K, Takahiro H, Nobuyubi S, et al. N-[(4,6-dimethoxy-pyrimidin-2-yl) a minocarbonyl]-3-trifluoromethyl

pyridine-2-sulfonamide or salts thereof herbicidal composition containing the same. US4744814. 1990-09-26.

[21] Koeppe M K, et al. Basis of selectiveity of the herbicide rimsulfuron in maize, Pestic. Biochem. Physiol, 2000, 66(3): 170-181.

[22] 王险峰等. 磺酰脲类除草剂应用与开发. 农药, 2011, 50(1): 9-15.

[23] 张一宾. 磺酰脲类除草剂的世界市场、品种及中间体. 现代农药, 2010, 9(3): 6-10.

[24] 杨华铮主编. 农药分子设计. 北京: 科学出版社, 2003, 4-6.

[25] 苏少泉. 新的 ALS 抑制剂-嘧啶水杨酸除草剂. 农药译丛, 1997, 19(3): 14-18.

[26] Andrea T A, Artz S P, Ray T B, et al. In Rational Approaches to Structure, Activity, and Ecotoxicology of Agrochemicals. ed. by Draber W, Fujita T. CRC Press, Boca Raton, FL, 1992, 373.

[27] Yang G F, Liu H Y, Yang X F, et al. Design, sunthesis and biological activity of novel herbicides targeted ALS(XII)-Quantitative structure- activity relationships of herbicidal 1,2,4-triazolo[1,5-a]pyrimidine- 2-sulfonanilides. Chinese J. Chem. , 1998, 16(6): 521-527.

[28] Yang G F, Yang H Z. Design, Synthesis and Bioactivity of Novel Herbicides Targeted ALS(VII): Quantitative Structure-Activity Relationships of Herbicidal Sulfonylureas. Chinese J. Chem. , 1999, 17(6): 650-657.

[29] 杨光富, 刘华银, 杨华铮. 采用电位滴定法在 DMSO/H_2O 混合溶剂体系中测定磺酰脲（胺）类除草剂的酸离解常数. 高等学校化学学报, 1999, 20(12): 1883-1887.

[30] Yukio N, Nobuhide W, Fumitaka Y, et al. Dimethoxypyrimidines as novel herbicides. Part 4. Quantitative structure - activity relationships of dimethoxypyrimidinyl(thio) -salicylic acids. *Pestic. Sci.* , 1998, 52(4): 343-353.

[31] Murai S, Nakamura Y, Akagi T, et al. In Synthesis and Chemistry of agrochemicals No. 3 ACS Symposium Series 504. ed. by Baker D R, Fenyes J G, Stefens J. J. Am. Chem. Soc. Washington, 1992, 41.

[32] Little D L, Lader D W, Shaner D L. Modeling root absorption and translocation of 5-substituted analogs of the imidazolinone herbicide, imazapyr. Pestic. Sci. , 1994, 41(3): 171-185.

[33] Cross B, Lader D W. In Rational Approaches to Structure, Activity, and Ecotoxicology of Agrochemicals. ed. by Draber W, Fujita T. CRC Press, Boca Raton, FL, 1992, 331.

[34] http://www. weedscience. org .

[35] Christoffers M J, et al. Target-site resistance to acetolactate synthase inhibitors in wild mustard (Sinapis arvensis). Weed Science, 2006, 54(2): 191-197.

[36] Tranel P J, Wright T R. Resistance of weeds to ALS-inhibiting herbicides: What have we learned?. Weed Sci, 2002, 50 (6): 700-712.

[37] Kada Y, Aoki I, Okajima N. EP: 239064 (CA: 108, P94586).

[38] http://www. alanwood. net/pesticides/pyribambenz-isopropyl. html.

[39] http://www. alanwood. net/pesticides/pyribambenz-propyl. html .

[40] Li Y X, Luo Y P, Xi Z, et al. Design and Syntheses of Novel Phthalazin-1(2H)-one Derivatives as Acetohydroxyacid Synthase Inhibitors. J. Agric. Food Chem. 2006, 54(24): 9135-9139.

[41] Chen C N, Lv L L, Ji F Q, et al. Design and synthesis of N-2,6-difluorophenyl-5- methoxyl-1,2,4-triazolo(1,5-a-pyrimidine-2-sulfonamide as acetohydroxy -acid synthase inhibitor. Bioorg. Med. Chem. 2009, 17(8): 3011-3017.

[42] Ji F Q, Niu C W, Chen C N, et al. Computational Design and Discovery of Conformationally Flexible Inhibitors of Acetohydroxyacid Synthase to Overcome Drug Resistance Associated with the W586L Mutation, Chem Med Chem, 2008, 3(8): 1203-1206.

第三章

原卟啉原氧化酶抑制剂

第一节　原卟啉原氧化酶的结构与功能

原卟啉原氧化酶（protoporphyrinogenoxidase，PPO）在植物、动物、真菌和细菌体内都广泛存在，是血红素和叶绿素生物合成最后一步的共同酶，在它的作用下将原卟啉原Ⅸ（Protoporphyrinogen Ⅸ，Protogen）氧化成原卟啉Ⅸ（protoporphyrin Ⅸ）。当人体内由于突变导致 PPO 活性降低时，人的皮肤对光就会更加敏感。过多的原卟啉Ⅸ，可导致显性遗传性新陈代谢疾病杂斑卟啉症。植物体内 PPO 受到抑制将导致植物在短时间内死亡。

动物和真菌的 PPO 一般位于细胞的线粒体中，而植物体内的 PPO 存在两种同工酶，质体 PPO1 和线粒体 PPO2。一种位于细胞的线粒体内膜的外表面，一种则位于质体中。质体 PPO 倾向位于叶绿体中类囊体膜靠基质的一侧，还有一小部分酶则位于外被的内膜中。在植物体内叶绿素与亚铁原卟啉合成中，卟啉生物合成十分重要，而原卟啉原氧化酶则是催化叶绿素与亚铁原卟啉生物合成最后共同阶段的酶（见图 3-3-1），它催化原卟啉原Ⅸ在亚铁原卟啉与叶绿素生物合成中转变为原卟啉Ⅸ；PPO 固定于叶绿体内，此种酶被抑制，造成对光敏感的原卟啉原Ⅸ迅速积累，从叶绿体渗出于细胞质中；在细胞质中，原卟啉原Ⅸ自动氧化为原卟啉Ⅸ，后者与氧反应，在光存在下形成单态氧，从而引起细胞膜的不饱和脂肪酸过氧化，导致膜渗漏，色素破坏，最终叶片死亡。

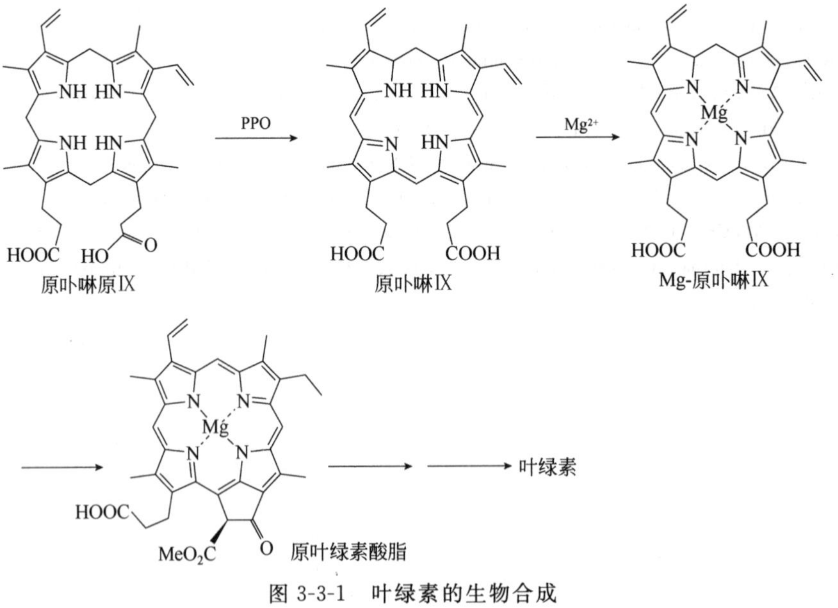

图 3-3-1　叶绿素的生物合成

有关 PPO 酶学基础的最早描述是由 Poulson 和 Polglase 提出的。他们对从酵母线粒体膜片和老鼠肝脏中提取出来的 PPO 进行了部分纯化与表征。在酵母菌、哺乳动物、植物线粒体及叶绿体内均含有 PPO。由于植物体内 PPO 含量低及不稳定，所以提取与定性比较困难，从大麦与葛芭中提取出了此种酶，其分子量分别为 35kDa、55kDa；从大肠杆菌（Escherichia Coli）中鉴定出第一个 PPO 基因 hemG；从拟南芥（Arabidopsis thaliana）中分离出第一个植物原卟啉原氧化酶基因，它是编码为 537 个氨基酸残基的蛋白质；此外，从烟草中分离出两种编码分别为 548 与 505 个氨基酸残基蛋白质的 PPO 基因，而 Adomat 和 Boger 从菊苣（Cichorium foliosum）中提取出质体 PPO，其基因编码为 555 个氨基酸残基的蛋白质，分子量为 60.244kDa。通过 DNA 测序，推测了氨基酸的排列顺序，与对烟草质体 PPO 研究的前期结果相比，同源性较好。在 Escherichia Coli 中进行了克隆和表达，虽然得到的重组 PPO 对几种典型的二苯醚类和环状酰亚胺类 PPO 抑制剂的敏感性，比提取得到的天然 PPO 低 $2\sim10$ 倍，但基本上确定了 PPO 的初级结构。

从大肠杆菌细胞中纯化的原卟啉原IX氧化酶，其次生结构是 $40.0\%\pm1.5\%$ α-螺旋、$23.5\%\pm2.5\%$ β 层、$18.0\%\pm2.0\%$ β 转角及 $18.5\%\pm2.5\%$ 无视线团；纯化的原卟啉原氧化酶是一种 60kDa 多肽的单体蛋白质，相对热不稳定性，重组大肠杆菌原卟啉原氧化酶每个单体含一个黄素，这与人体及黏球菌（Myxococcus xanthus）中发现的酶是二聚体含一个黄素不同。

原卟啉原氧化酶不仅存在于白色体与线粒体中，而且也存在于烟草细胞与可溶性物质中。在 4 种烟草细胞系中，白色体与线粒体中原卟啉原IX氧化酶活性最高，部分纯化的原卟啉原IX氧化酶（膜 PPO）最适 pH 值为 5.5，与可溶性原卟啉原氧化酶（pH=5）近似；膜原卟啉原氧化酶对原卟啉原IX具有高度基质专化性，而可溶性原卟啉原氧化酶基质广泛，膜原卟啉原氧化酶也具有过氧化酶活性。提纯酶的分子量约 48000，它以尿卟啉原I与粪卟啉原I作为基质。因此，在烟草细胞培养中，可溶性原卟啉原氧化酶似乎是一种过氧化物酶，此种酶产生氧化酶反应。

若阻止此种酶，可抑制光诱导的许多蛋白质组成成分和叶绿素、亚铁原卟啉及细胞色素的合成、能量传递、信号传递及解毒作用。

第二节　原卟啉原氧化酶与其抑制剂复合物的晶体结构

到目前为止，共有四个不同来源原卟啉原氧化酶（PPO）的晶体结构被报道，分别是来源于烟草线粒体、黏球菌（Myxococcus xanthus）、芽孢枯草杆菌（Bacillus subtilis）以及人体。虽然来自不同的种属，但晶体结构表明 PPO 的主体结构是非常类似的，都由三个结构域组成。

过氧化物酶诱导的原卟啉原氧化作用的反应机制如下。

原卟啉原IX → 原卟啉原氧化酶（$3O_2$ → $3H_2O_2$）→ 原卟啉IX

Koch 和 Messerschmidt 等人用分辨率 0.29nm 的硒单一不规则衍射方法，成功获得了普通烟草线粒体 PPO2 的晶体结构（$150\mu m\times100\mu m\times100\mu m^3$，空间群 $C222_1$，细胞参数为 $a=1.91$nm，$b=14.73$nm，$c=12.70$nm）。PPO2 为一种黄色二聚体蛋白，单体分子量为 55kDa。此种蛋白是同其抑制剂 1-甲基-3-（2-氟-4-氯-5-羧基苯基）-4-溴-5-三氟甲基吡唑（INH）、表面活性剂（TritonX-100）以及 FAD 辅酶共结晶出来的。PPO2 紧密结合于线粒体内膜上，由 503 个氨基酸组成，折叠形成三个紧凑的结构域，分别是 FAD 结合结构域、底物结合结构域和膜结合结构域。彩

图 3-3-2 表明抑制剂 INH 结合在辅酶 FAD 附近的活性位点上。FAD 下面的底物结合位点是个平坦的洞穴，由大量的芳香族和脂肪族氨基酸以及天冬酰胺 67 和精氨酸 98 形成。在抑制剂下面，有一个 Triton X-100 分子，位于产物运送通道内。使用 Molecular Dimensions 公司的 Insight II 软件的 Discover3 模块进行了分子模拟研究。以复合体晶体结构为参考结构。由于带有疏水底部的狭窄的底物/产物结合口袋只允许底物/产物分子以一种方式插入，因此将原卟啉（原）IX 的 A、B 环上的乙烯基插入口袋的底部，A、D 两环间的亚甲基桥 C_{20} 靠近辅酶 FAD 的 N_5。然后进行能量优化，复合体能量首先减少至 $5.221 \times 10^6 J/mol$，最后优化至 $3.198M J/mol$。能量主要由 PPO2 狭窄的底物/产物结合口袋内相对高的范德华力所引起的。

模拟结果表明见彩图 3-3-3：INH 的吡唑环模拟原卟啉（原）IX 中的 A 环，通过与苯丙氨酸 392 的芳香环相互作用而稳定。INH 的苯环模拟原卟啉（原）IX 中的 B 环，该 INH 苯环被夹在亮氨酸 356 和亮氨酸 372 之间。精氨酸 98 为稳定抑制剂 INH 的羧酸根提供了相反的电荷，也可能为稳定原卟啉（原）IX 中 C 环上的丙酸基提供相反电荷。原卟啉（原）IX 中 A 环和 D 环间的亚甲基桥（C_{20}）指向 FAD 带相反电荷的 N_5。因此酶底物在反应过程中不太可能旋转，位置比较固定。

Koch 和 Messerschmidt 等人认为，PPO 催化氧化原卟啉原 IX 到原卟啉 IX，分三步进行。FAD 因子夺取原卟啉原 IX 中 A 和 D 环间的亚甲基桥 C_{20} 上的氢原子，该氢原子与氧分子结合成过氧化氢。由于 C_{10} 边上的乙烯基的阻碍，B 环和 C 环之间的 C_{10} 不能与 FAD 的 N_5 靠得太近。通过烯胺-亚胺互变，在整个环的体系中发生氢的重排，结果是不断地有氢原子补充到 C_{20} 上，因此所有氧化反应都发生在 C_{20}，FAD 被氧分子重复氧化三次，得到三分子过氧化氢。

众多结构不同的化合物都能有效地抑制 PPO，说明 PPO 结合位点适应性很强。根据彩图 3-3-3 可以看出，在 PPO 结合腔的氨基酸残基中，比较重要的几个残基包括：苯丙氨酸 392、亮氨酸 356、亮氨酸 372、精氨酸 98 和天冬酰胺 67。因而设计新的 PPO 抑制剂结构时，需要考虑所设计化合物与 PPO 空腔的匹配情况以及与这些残基间的相互作用情况，只有充分考虑了这些情况，才有可能设计出高活性的抑制剂。

2006 年，Corradi 和 Acharya 等人用分辨率分别为 0.27nm 和 0.23nm 的悬滴蒸汽方法，从 *Myxococcus xanthus* 中获得了包含辅酶 FAD 的自由酶的晶体结构（空间群 P42$_1$2，细胞参数为 $a = 14.86nm$，$b = 14.86nm$，$c = 13.19nm$）和包含辅酶 FAD、抑制剂 acifluorfen（AF）的复合物的晶体结构（空间群 P42$_1$2，细胞参数为 $a = 14.89nm$，$b = 14.89nm$，$c = 13.27nm$）。mxPPO 由 A、B 两个不对称单元构成，分为三部分：α-螺旋、β-折叠和 α-螺旋与 β-折叠的混合，见彩图 3-3-4(a)，分别对应于 Koch 和 Messerschmidt 等人提出的膜结合区域、底物结合区域和 FAD 结合区域。尽管从烟草中得到的 mtPPO 酶与从黏液球菌（*Myxococcus Xanthus*）中获得的 mxPPO 酶的序列同源性为 27%，所有折叠却是完全保守的，彩图 3-3-4(b) 为两种来源的 PPO 酶的晶体结构叠合图。

mxPPO 活性位点是位于三个区域表面的疏水腔，它的宽度由 Arg95 和 Gly447 限制，模建的底物 [彩图 3-3-5(a)，紫色] 夹在辅酶 FAD 异咯嗪环与活性腔底部中间，Gly167 的羰基氧原子从活性位点底部突出来。尽管 PPO 酶之间有很低的序列同源性，根据模建的底物可以合理区分活性位点的一些保守氨基酸。Arg95 相当于 mtPPO 中的 Arg98，与底物的 C 环有离子化作用。Gly167 也是保守的，它的羰基氧原子从活性腔底部指向活性位点中心，可能与底物四吡咯环的中心作用。Phe329 在许多种类中（比如烟草、人类、老鼠）也是保守氨基酸，它用来限制与辅酶 FAD 相对面的活性腔的高度。在 mtPPO 中的 Phe392 模建了底物的 A 环，但在 mxPPO 中不是保守的。Acifluorfen 是一个双环非共平面分子，模拟了底物四吡咯环的一半。在 mxPPO-AF 复合物的晶体结构中，AF 位于底物结合口袋的深处。它与酶没有明显的氢键作用，通过疏水口袋的形状进行调整，形成了三个重要作用 [彩图 3-3-5(b)]。硝基与活性腔内带正电的 Arg95 有作用（距离 0.34nm），羧酸基团通过一个水分子作为介质与 Val164 的羰基氧原子起作用，Phe329 与 2-硝基苯甲酸也有芳香-芳香作用。

2010 年，文献报道了来源于芽孢枯草杆菌（*B. subtilis*）PPO 与 AF 复合物的晶体结构。该种属在 PPO 酶家族中比较特殊，它为一种可溶性蛋白，具有底物多样性，对抑制剂具有很大的抗性。与前两个晶体结构相似，主体结构同样是由三个类似结构域的部分组成［彩图 3-3-6（a）］。彩图 3-3-6（b）是抑制剂 AF 在 bsPPO 活性腔中的位置，I176 与 K71 是与抑制剂发生主要作用的氨基酸残基；AF 分子位于靠近 FAD 的异咯嗪环，与三个结合域的氨基酸残基都有相互作用。尤其是 AF 的 2-硝基苯甲酸的苯环与 FAD 的异咯嗪环平行，形成强烈的 π-π 相互作用。同时也与 Ile176 的侧链形成疏水相互作用，羰基与 Ile176 主链的氧原子有相互作用。AF 的 2-氯-4-三氟甲基苯氧部分完全暴露于溶剂中。氯原子与 Lys71 的侧链形成一个偶极-电荷相互作用。

文献还比较了抑制剂在不同种属 PPO 中的结合位置（彩图 3-3-7），结果表明抑制剂 INH 在 mtPPO 晶体结构中的位置与 AF 在 mxPPO 中的结合位置是差不多的，而与 bsPPO 中的抑制剂结合位置有些差异。同时，人们还发现不同种属 PPO 的抑制剂结合腔体积具有明显的差异（彩图 3-3-8）。其中，bsPPO 的结合腔体积最大，这表明它能结合体积更大的抑制剂分子，同时，底物和抑制剂分子在 bsPPO 结合腔中具有较大的柔性。而进一步计算表面电势分布发现，bsPPO 的活性空腔也与其他两个不一样，分布的几乎全是正电荷。

第三节　原卟啉原氧化酶抑制剂的作用机制

20 世纪 70 年代，利用植物的黄色变种和白色变种对二苯醚（DPE）类除草剂的作用机制进行研究后发现，DPE 类除草剂对黄色变种敏感，而对白色变种不敏感。黄色变种是由于叶绿素的后期生物合成被阻断而形成的；白色变种则是由叶绿素经卟啉途径的前期生物合成被阻断而形成的。在这种情况下，研究者认为 DPE 类除草剂的作用机制为干扰类胡萝卜素的生物合成。但后来的研究证明这种观点是错误的。

至 20 年代早期，又有人提出了 DPE 类除草剂分子自由基理论。这种观点认为 DPE 类除草剂分子中均含有硝基。硝基可以从植物色素中接收一个电子，形成自由基，从而引起类脂过氧化反应。随着对 DPE 类除草剂的大量深入的开发研究，后来出现了许多不含硝基也同样具有高除草活性的化合物，而且对植物作用后，症状相同。因此，这种观点也是不可靠的。

后来利用已知作用机制的除草剂和植物的突变种对二苯醚类除草剂的作用机制进行研究。研究发现，加入光合作用的抑制剂敌草隆（diuron），或者使用不能进行光合作用的黄色植物突变种，一般不会影响 DPE 类除草剂对植物的损伤。这就说明 DPE 类除草剂的作用机制与植物的光合作用无关。

80 年代后期的研究发现，四吡咯原卟啉原IX 的累积，在 DPE 类除草剂发挥作用时起着关键作用。氧气和光与四吡咯原卟啉原IX 作用，生成单线态氧，从而引起类脂的过氧化，使植物死亡。1989 年，Matringe 等人与 Witkowski 课题组、Halling 课题组都报道了 DPE 类除草剂的作用靶标为 PPO，Jacobs 等人于 1991 年发表的文章证实了这一观点。经过 20 余年的研究，现在已经基本上对 DPE 类除草剂和四取代苯类除草剂的作用机制有了一定的了解。

叶绿体是利用光合作用将光能转变为化学能的主要场所。PPO 是四吡咯生物合成中的最后一个酶。它夺去无色的、对光不敏感的底物原卟啉原IX（protophyrinogen IX）的六个氢原子，将其催化氧化成高度共轭的、红色的、对光敏感的原卟啉IX（protoporphyrin IX）。

在叶绿素的生物合成过程中，叶绿体中的谷氨酸转化为 δ-氨基-γ-酮戊酸，δ-氨基-γ-酮戊酸再转变为原卟啉原IX，并与 PPO 结合。该结合体与氧结合生成原卟啉IX。原卟啉IX 与镁离子络合得到的络合体，可以进一步转化为原叶绿素酸酯，最后生成叶绿素。PPO 抑制剂与原卟啉原IX 竞争性地与 PPO 活性中心结合，因此阻断原卟啉IX 的形成，导致原卟啉原IX 的短暂积累。积累的原卟啉原IX 泄漏到细胞质中，被对除草剂不敏感的原生质膜 PPO 催化转化成原卟啉IX，最终导致原卟啉IX 在原生质中高度积累。结果在细胞膜内或附近，原卟啉IX 的积累浓度高达 20nmol/mg（鲜重）。由于血红素生物合成受阻，血红素含量降低，其反馈调整叶绿素生物合成的作用减小，卟啉进一步过量生成。原卟啉Ⅸ是一种光敏剂，当有氧和光的存在下可产生高活性的单线态氧原子，造成细胞膜的过氧化作用，生成乙烷，从而使膜被破坏和色素被降解，在植物中表现出的具体症状为：除草剂施用几个小时后，叶片卷曲、缩皱、枯黄、坏死，最终导致植物死亡。见图 3-3-9。

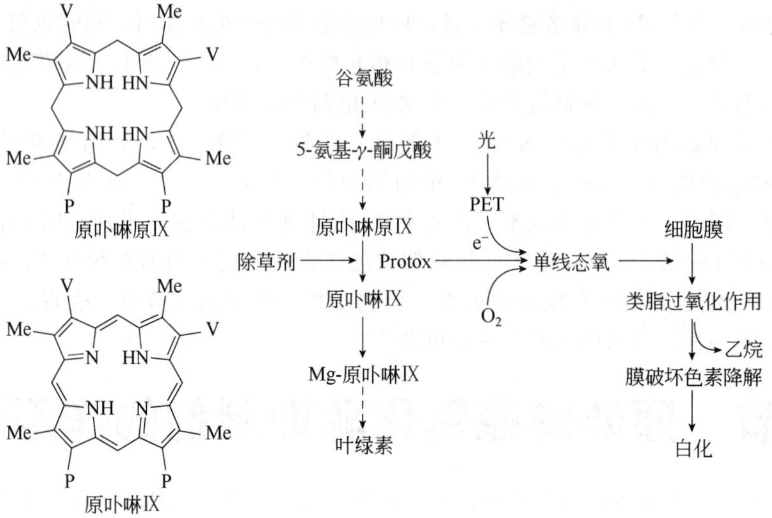

图 3-3-9 PPO 抑制剂（除草剂）的作用机制

为了进一步探讨机制，研究人员使用栅列藻属做实验。给在黑暗处也可以进行生物合成叶绿素的栅列藻属施药后，叶绿素减少，而类胡萝卜素的生成并不受到影响。这说明除草剂是叶绿素生物合成的阻碍剂。而给在光亮处培养的栅列藻属施药后，发现其叶绿素减少量是暗处的 3 倍。对于高等植物，此类除草剂不仅使叶绿素，而且使胡萝卜素的含量大为下降。这种作用可以通过加入 PSII 的电子传递抑制剂，如敌草隆、赛克律等而消除。因此认为通过诱导光亮反应的电子及原卟啉Ⅸ光敏性产生活性氧和氧基，从而使膜被氧化受损并连带类囊体膜中特异存在的硫（脑）甘脂游离，引起分解产生乙烷。至今认为，原卟啉Ⅸ的积累和类囊体膜光氧化受损之间并无必然联系。由于类囊体光氧化膜的破坏，失去膜保护的两种色素——类胡萝卜素和叶绿素因光解而含量降低，产生脱色作用，细胞组织发生脱水干枯，导致细胞死亡。

第四节 原卟啉原氧化酶抑制剂

大约有 4 种结构类型的化合物属原卟啉原氧化酶抑制剂，分别为二苯醚类（DPE）、吡啶酰胺或哌啶酮酰胺类、*N*-2,4,6-取代苯基吡唑类及 1-杂环基-2,4,5-四取代苯类（HTSB）。其中只有二苯醚结构和 1-杂环基-2,4,5-四取代苯结构（HTSB）进入到商业应用阶段。

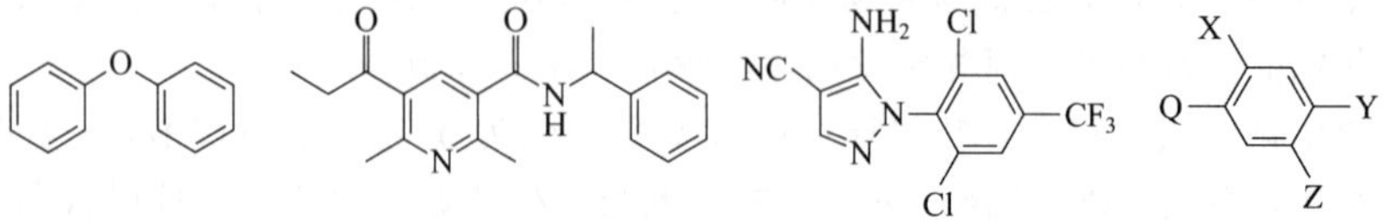

DPE　　LS82-556　　MB-39279　　HTSB

一、二苯醚类（DPE）

二苯醚类除草剂是早期 PPO 除草剂的代表。早在 20 世纪 60 年代，就已经开发出第一种 PPO 抑制剂——除草醚（nitrofen）。20 世纪 40 年代末，常用五氯酚（PCP）在水稻田中防除稗草，该药虽对水稻安全，但于 1962 年后发现对鱼类和贝类带来非常严重的危害。由于 PCP 的作用机制是影响植物的氧化磷酸化（oxidative phosphorylation）。这在杂草和鱼类中非常相似，PCP 的使用因此受到很大的影响，使用量迅速降低。1977 年五氯酚在水产地区被禁止使用。除草醚作为替代品之一，被注册为商品化农药。随后开发了草枯醚（chloronitrofen）。DPE 类除草剂不仅仅是对鱼类低毒的除草剂的开始，而且具有全新的作用机制。

经过对其结构进行大量修饰，使药效得到了一定的提高，并且应用范围也更广泛。除草醚（nitrofen）、草枯醚（chlornitrofen）以及氯硝醚（chlomethoxynil）等二苯醚类除草剂，在日本的稻田里被大量使用。还有如甲羧除草醚（bifenox）、三氟羧草醚（acifluofen）和氟磺胺草醚（fomesafen）等，则主要用在大豆田中，苗后处理防除阔叶杂草。第一代二苯醚类除草剂大多在 20 世纪 80 年代初逐渐退出了市场。但较新的二苯醚类除草剂如甲羧除草醚、三氟羧草醚和氟磺胺草醚等仍在使用且有很好的效果。

商品化的部分典型的二苯醚除草剂如下：

除草醚：X=H,R=H;
草枯醚：X=Cl,R=H;
氯硝醚：X=H,R=OMe;
甲羧除草醚：R=CO_2Me

消草醚：X=NO_2,Y=H;
乙氧氟草醚：X=Cl,Y=OEt

苯草醚

三氟羧草醚：R=Na;
乙羧氟草醚：R=CH_2CO_2Et;
乳氟禾草灵：R=CH(Me)CO_2Et

氟磺胺草醚

几个主要的品种的急性毒性见表 3-3-1。

表 3-3-1 二苯醚类除草剂及其急性经口毒性

除草剂名称	2-	3-	4-	5-	6-	需光性	急性经口毒性 LD_{50}/(mg/kg)[2]
除草醚	Cl	H	Cl	H	H	+	3050 (R)
氯硝醚[1]	Cl	H	Cl	H	H	+	10500 (R)
DNCDE	NO_2	H	Cl	H	H	+	27750 (M)
消草醚	NO_2	H	CF_3	H	H	+	>10000 (R)
NH8902	Cl	H	Br	H	H	+	—
草枯醚	Cl	H	Cl	H	Cl	+	10800 (R)
CENP	Cl	H	Cl	H	F	+	2500 (M)
MO 263	Cl	H	Cl	H	CH_3	+	—
TOPE (HE314)	H	CH_3	H	H	H	—	1700 (M)
DMNP (HW-40187)	H	CH_3	H	CH_3	H	—	3400 (M)
MO600	H	Cl	F	H	H	—	—

① 氯硝醚的 3'-位被甲氧基取代。
② R 指兔；M 指鼠。

　　二苯醚类化合物含有两个苯环 A 和 B，其间有氧原子相连。几乎所有的 DPE 类除草剂 A 环的 2,4-位都是拉电子取代基，如氯和三氟甲基；B 环的 4′-位则为硝基取代。而在 3′-位引入不同的取代基，则对化合物的活性和选择性有较大的影响。通常认为苯环上 2,4-二氯取代，如除草醚属于第一代二苯醚类除草剂。这类化合物一般需要在 10g/亩（1 亩＝666.7m²）的剂量下才能发挥除草活性；而如乙氧氟草醚（oxyfluorfen）这类苯环上 4-位是三氟甲基取代的除草剂，则属于第二代二苯醚类除草剂。它们的活性较第一代二苯醚类除草剂有一定的提高，施药量一般在 5g/acre 左右就有防除效果（1acre＝0.4047/hm²）。而在苯环 3′-位引入羧基，如三氟羧草醚（acifluorfen）、乙羧氟草醚（fluoroglycofen-ethyl）以及氟磺胺草醚等，则活性更高，一般的使用量在 0.5～5g/acre。

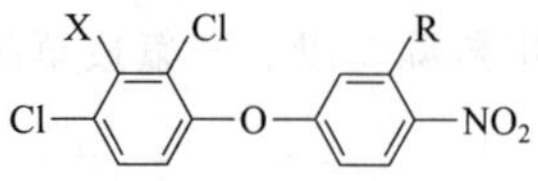

3-3-1a X=H,R=Et(1980);
3-3-1b X=H,R=SO$_2$NH$_2$(1980);
3-3-1c X=H,R=CO$_2$Me(1984);
3-3-1d X=H,R=5-氧代,1,3-dioxolan-2-yl(1992);
3-3-1e X=Me,R=CSOMe(1993)

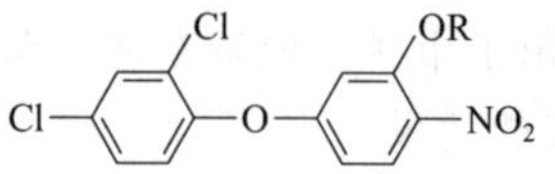

3-3-2a R=1-(1-morpholinocarbonyl)ethyl(1980);
3-3-2b R=furfuryl(1981);
3-3-2c R=furyl(1981)

　　对 4-位取代为三氟甲基的第二代二苯醚类化合物进行了广泛的研究，通过对 3′-位进行各种烷氧基取代，并从中筛选出一些如 **CGA-84446** 和 **MT-124** 等高活性的化合物：

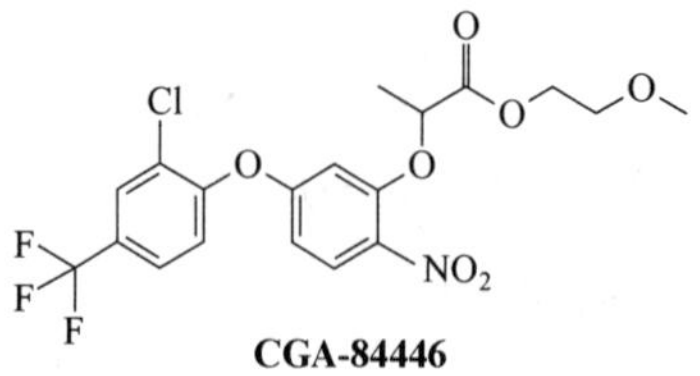

CGA-84446

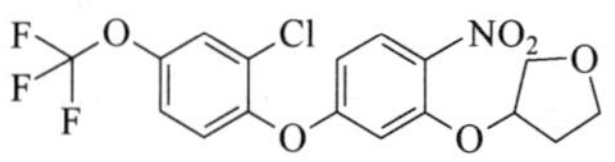

MT-124

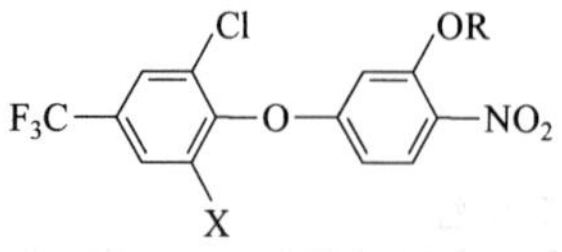

3-3-3a R=(4,4-dimethyloxazol-2-yl)methyl,X=H(1980);
3-3-3b R=(CH$_2$)$_2$OSO$_2$NHMe,X=H(1981);
3-3-3c R=CH(OMe)CO$_2$Me,X=H(1981);
3-3-3d R=SO$_2$Me,X=H(1981);
3-3-3e R=P(O)(OMe)$_2$,X=H(1981);
3-3-3f R=CHF$_2$,X=H(1982);
3-3-3g R=1-(3-methyl-1,2,5-oxadiazol-5-yl)ethyl,X=H(1982);
3-3-3h R=1-pyrazolylmethyl,X=H(1982);
3-3-3i R=(CH$_2$)$_2$P(O)(OEt)$_2$,X=H(1983)(110g/acre);
3-3-3j R={N-(2-dioxanylmethyl)carbamoyl}methyl,X=H(1983);
3-3-3k R=(N-tetrahydrofurfurylcarbamoyl)methyl,X=H(1983);
3-3-3l R=2-(1-methoxy-1-methoxyimino)propyl,X=H(1983);
3-3-3m R=CH$_2$C(OEt)=NCN,X=Cl(1984);
3-3-3n R=(CH$_2$)$_2$NHCO$_2$Me,X=H(1985);
3-3-3o R=CH$_2$CH=CHCO$_2$CH(Me)CH$_2$OH,X=H(1986)

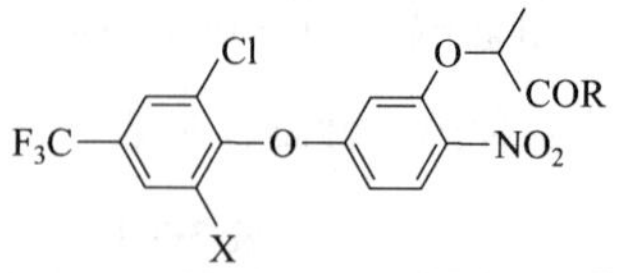

3-3-4a R=pyrazolyl,X=Cl(1980)(2～20g/acre);
3-3-4b R=OH,X=Cl(1980);
3-3-4c R=NHCH$_2$CO$_2$Na,X=Cl(1982);
3-3-4d R=pyrazolylmethyloxy,X=H(1982);
3-3-4e R=OCH$_2$CO$_2$Et,X=Cl(1983);
3-3-4f R=OEt,X=H(1983);
3-3-4g R=N=C(OMe)NH$_2$,X=Cl(1986);
3-3-4h R=OCH$_2$ON=CMe$_2$,X=H(1988)

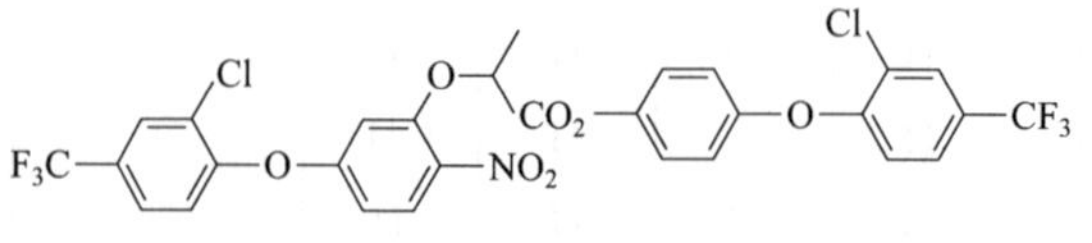

3-3-5 (1990)

　　自从三氟羧草醚（acifluorfen）被研制以来，科研人员对 4-CF$_3$-二苯醚类化合物的 3′-位进行了大量的研究，通过对 3′-位进行的烷氧羰基、氨基甲酰基以及酰基等的取代，以及引入 C—C 键或

N、S、P 等杂原子或杂环，从中找到了许多高活性的化合物：

acifluorfen,3.6～4.8g/acre(1979,BASF)

3-3-6a R=(CH$_2$)$_2$NMe$_2$(1980)(5g/acre);
3-3-6b R=(CH$_2$)$_2$OMe(1980)(22.7g/are);
3-3-6c R=CH(CO$_2$Et)CH$_2$CO$_2$Et(1983)(2.8g/acre);
3-3-6d R=N=CMe$_2$(1984)(2g/acre);
3-3-6e R=CH$_2$P(O)(OEt)$_2$(1985)(5g/acre)

3-3-7a R^1=CO$_2$Me,R^2=H(1981);
3-3-7b R^1=SO$_2$Me,R^2=H(1981)(fomesafen);
3-3-7c R^1=SO$_2$Et,R^2=H,(6-H=$_6$-F)(1981)(halosafen);
3-3-7d R^1=SCO$_2$Me,R^2=SO$_2$Me(1985)(5.7g/acre);
3-3-7e R^1=CH$_2$P(O)(O-iPr)$_2$,R^2=H(1986)

3-3-8a R^1=Me,R^2=OCH$_2$CO$_2$CH$_2$-C$_6$H$_4$-2-Cl,X=H
(1985)(2g/acre);
3-3-8b R^1=CH$_2$OMe,R^2=OCH$_2$CO$_2$Me,X=H(1986)
(0.25g/acre);
3-3-8c R^1=CH$_2$SMe,R^2=OCH$_2$COMe,X=H(1987)
(2.5g/acre);
3-3-8d R^1=H,R^2=OCH$_2$CO$_2$Me,X=F(1987)
3-3-8e R^1=H,R^2=octyl,X=H(1988)(11.4g/acre)

3-3-9a R^1=OMe,R^2=(CH$_2$)$_2$Cl(1985)(20g/acre);
3-3-9b R^1=OMe,R^2=OCH$_2$COSMe(1987)(1.25g/acre);
3-3-9c R^1=OMe,R^2=CH(Me)CO$_2$Me(1988)(1g/are)

3-3-10a R=CH=NOEt(1984);
3-3-10b R=CO$_2$Me(1984);
3-3-10c R=CH(CO$_2$Et)$_2$(1986);
3-3-10d R=CH$_2$SEt(1987)(2.5g/acre);
3-3-10e R=CH$_2$CN(1989)(2g/acre)

3-3-11 (1991)

3-3-12a R=P(O)(OMe)$_2$,X=H(1982)(2～5g/acre);
3-3-12b R=(CH$_2$)$_2$CO$_2$Me,X=Cl(1985)(1.5g/acre)

3-3-13a R=CO$_2$H,X=Cl(1982);
3-3-13b R=P(O)(OMe)$_2$,X=H(1987)(5.7g/acre)

3-3-14a Het=3-methyl-1,2,4-oxadiazol-5-yl,X=H
(1984)(5g/acre);
3-3-14b Het=tetrazol-5-yl,X=H(1985)

3-3-15 (1987)(60g/acre)

3-3-16a R^1=NHBu,R^2=H(1981)(16g/acre);
3-3-16b R^1=COCO$_2$Pr,R^2=H(1982)(2g/acre);
3-3-16c R^1=CH(Me)CO$_2$Et,R^2=Me(1982)(5g/acre);
3-3-16d R^1=SO$_2$NH-i-Pr,R^2=H(1982)(1.25g/acre)

3-3-17a R=P(O)(OEt)$_2$(1980);
3-3-17b R=P(O)Et(OMe)(1982)(40g/acre);
3-3-17c R=S(O)Et(1986)

除了对 3'-位的取代基进行变换之外，在 20 世纪 80 年代末至 90 年代初，大量的具有高活性的含苯并杂环的二苯醚类化合物公开，如：

3-3-18 (1985)　　　　**3-3-19** (1987)　　　　**3-3-20** (1988)

3-3-21 (1983)　　　　**3-3-22** (1992)　　　　**3-3-23** (1993)

对大量这类化合物的研究表明，A 环上的取代基对酶的抑制活性有很大影响，当 A 环上无取代基时，抑制酶的活性很低，当 3-位碳原子上连有一个甲基时，活性提高 3.5 倍；当 2,4-位碳原子上连有吸电子基，如两个氯原子或一个氯原子（2 位），一个 CF_3，则活性提高 12000 倍。若化合物要具有除草活性，则 2-位应连有一个氯原子。另外，当 4 位的 CF_3 被氯原子取代，活性会降低；当 CF_3 由 4-位移到 5-位，则活性降低。桥原子 R^5 的氧原子改为硫原子时，对酶仍显示抑制活性，但硫桥连接的化合物无除草活性。当 R^5 为 SO、SO_2NH 时，对酶的抑制性降低，而除草活性完全消失。B 环中间位碳原子上的取代基对活性有很大影响，当 R＝CO_2CH_3、CH_3、OEt、NHC_2H_5、$CONHCH_3$ 等基团时，活性甚高；若为游离的—CO_2H 基团时，则活性下降；若连接的取代基有手性，则 R-体的活性高于 S-体。若 B 环中对位碳原子上连接的氯原子被硝基取代，对大麦进行实验，发现对酶的抑制性及除草活性皆无变化，但对黄瓜进行实验，发现其除草活性降低了 35 倍。

二、1-杂环基-2，4，5-三取代苯类

1-杂环基-2,4,5-三取代苯类化合物的创制开发，可以追溯到 1969 年罗纳-普朗克公司发现的噁草酮（oxadiazon）和 1973 年三菱化成公司发现的 chlorophthalim。以此两个化合物为先导，先后有十余家公司进行了先导优化工作，公开的专利大约有 1000 件。目前 1-杂环基-2,4,5-三取代苯类主要研究的公司有 BASF、Bayer、Sagami、Sumitomo 等，研究的方向主要在于保持苯环上氟和氯等取代基，而改变与苯环相连的杂环，杂环可分为以杂原子（主要是氮原子）与苯环相连的五元杂环及五元稠杂环、六元杂环及六元稠杂环和以碳原子与苯基相连或以非环基团与苯环相连的各类化合物，也有在杂环确定后，再进一步对苯环上的取代基特别是 5-位进行优化的产物，结构变化极为广泛。按杂原子与苯环相连的方式分述如下。

（一）以杂环的杂原子（主要是氮原子）与苯环相连

研究这类化合物的开始是 Mitsubishi 公司。1973 年他们在对新杀菌剂四氢化邻苯酰亚胺类衍生物的开发过程中，发现 N-(4-氯苯基)-3,4,5,6-四氢化邻苯酰亚胺（chlorophthalim）具有高的除草活性。在此之前几年，3-(2,4-二氯-5-异丙氧苯基)-5-叔丁基-1,3,4-噁唑啉-2-酮（oxadiazon）已被 Rhone-Poulenc 公司开发为除草剂。那时，并不清楚这两个化合物的作用机制是原卟啉原氧化酶抑制剂。但是，由于这两个化合物结构新颖，有多个公司展开了结构优化工作。

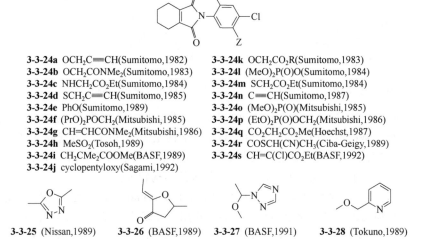

oxadiazon   chlorophthalim

1987～1990 年，最先开始的是对四氢化邻苯酰亚胺类衍生物的研究，多数是修饰苯环上的 X、Y、Z 取代基，尤其是对取代基 Z 的修饰：

3-3-24a OCH$_2$C≡CH(Sumitomo,1982)

3-3-24b OCH$_2$CONMe$_2$(Sumitomo,1983)

3-3-24c NHCH$_2$CO$_2$Et(Sumitomo,1984)

3-3-24d SCH$_2$C≡CH(Sumitomo,1985)

3-3-24e PhO(Sumitomo,1989)

3-3-24f (PrO)$_2$POCH$_2$(Mitsubishi,1985)

3-3-24g CH=CHCONMe$_2$(Mitsubishi,1986)

3-3-24h MeSO$_2$(Tosoh,1989)

3-3-24i CH$_2$CMe$_2$COOMe(BASF,1989)

3-3-24j cyclopentyloxy(Sagami,1992)

3-3-24k OCH$_2$CO$_2$R(Sumitomo,1983)

3-3-24l (MeO)$_2$P(O)O(Sumitomo,1984)

3-3-24m SCH$_2$CO$_2$Et(Sumitomo,1984)

3-3-24n C≡CH(Sumitomo,1987)

3-3-24o (MeO)$_2$P(O)(Mitsubishi,1985)

3-3-24p (EtO)$_2$P(O)OCH$_2$(Mitsubishi,1986)

3-3-24q CO$_2$CH$_2$CO$_2$Me(Hoechst,1987)

3-3-24r COSCH(CN)CH$_3$(Ciba-Geigy,1989)

3-3-24s CH=C(Cl)CO$_2$Et(BASF,1992)

3-3-25 (Nissan,1989)   **3-3-26** (BASF,1989)   **3-3-27** (BASF,1991)   **3-3-28** (Tokuno,1989)

苯环上的 Y、Z 两基团可以合为稠杂环，Y、L、Z 的变化主要有如下几种：

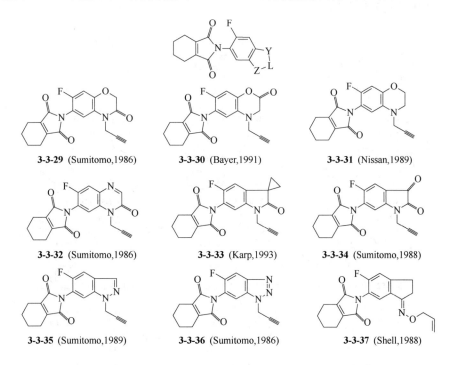

3-3-29 (Sumitomo,1986)   **3-3-30** (Bayer,1991)   **3-3-31** (Nissan,1989)

3-3-32 (Sumitomo,1986)   **3-3-33** (Karp,1993)   **3-3-34** (Sumitomo,1988)

3-3-35 (Sumitomo,1989)   **3-3-36** (Sumitomo,1986)   **3-3-37** (Shell,1988)

3-3-38 (Sumitomo,1988) **3-3-39** (Bayer,1989) **3-3-40** (Tokuno,1990)

3-3-41 (Shell,1988) **3-3-42** (Schering,1992) **3-3-43** (Schering,1991)

3-3-44 (江苏省农药研究所,2000) **3-3-45** (沈阳化工研究院,2002)

在 20 世纪 80 年代初期，Sumitomo 公司的 Nagano 发现四氢化邻苯酰亚胺类衍生物中，苯环 2-位氟原子和 5-位烷氧基的同时引入可显著地提高除草活性至 10 倍以上。在优化苯环上的取代基 X、Y、Z 的同时，许多农药公司的研究重点放在杂环的改造上，相继发明了许多具有高除草活性的新环系。由此确定了苯环上的 1-杂环基-2,4,5-三取代苯的结构特征。

可以认为 oxadiazon 是这类化合物的先导化合物，Sumitomo 公司优化 X、Y、Z 取代基时的研究成果，对这些结构的进一步优化起到很大的促进作用。发现了许多高活性化合物，它们的除草活性比 oxadiazon 高 100 倍以上。下面分别列出了 Q 为多种杂环的典型化合物的结构、除草活性和公开时间，以及某些情况下对 Z 基团的进一步修饰。

1. 五元杂环及五元稠杂环

3-3-46 (1991) **3-3-47** (1991) **3-3-48** (1988)

3-3-49 (1992) **3-3-50** (1987) **3-3-51** (1992)

3-3-52 (1988) **3-3-53** (2000) **3-3-54** (1991)

3-3-55 (1993) **3-3-56** (1997) **3-3-57** (1987)

3-3-58 (1997)　　**3-3-59** (1987)　　**3-3-60** (1989)

3-3-61 (1988)　　**3-3-62** (1990)　　**3-3-63** (1989)

3-3-64 (1983)　　**3-3-65** (1996)　　**3-3-66** (1992)

3-3-67 (1986)　　**3-3-68** (1990)　　**3-3-69** (1985)

3-3-70 (1994)　　**3-3-71** (1984)　　**3-3-72** (1987)

在五元杂环化合物的研制中，1985年，在苯环5-位引入磺酰胺的2,4,5-三取代苯基三唑啉酮是又一个重要的发现。FMC公司在20世纪80年代末所发展的化合物F5231，是第一例低剂量下对阔叶杂草具有优秀苗前除草活性，且对多种作物，如大豆、玉米、小麦、水稻具有良好的选择性的PPO抑制型除草剂。稍后，FMC公司开发了苯基三唑啉酮化合物sulfentrazone，可作为大豆、甘蔗以及其他作物的除草剂。几年以后，FMC公司开发了第二代商品化苯基三唑啉酮化合物carfentrazone-ethy，作为谷物和玉米田苗后除草剂，在低至20～35g(a.i)/hm² 的剂量下，对重要商品谷物中的杂草，如猪殃殃、虎尾草、牵牛花等表现出优秀的防效。

F5231　　　　　　sufentrazone　　　　　carfentrazone-ethyl

Pentoxazone是一种苯基噁唑啉二酮类除草剂，在150～450g/hm² 施药剂量下，对一年生阔叶杂草具有良好的苗前及早期苗后除草活性，且药效快，对稗草残效期可达45d。此外，profluazol是一种结构上有些特殊的环状亚胺类除草剂。一般而言，杂环部分中由sp² 杂化碳原子构成的平面与芳香性特征对除草活性来说是必需的。然而，尽管DuPont公司开发的profluazol分子结构中的双环己内酰脲不具备芳香性的特征，但仍然具有相当好的生物活性。其双环己内酰脲部分有一个氟原子取代，这个氟原子的取代位置对除草活性及作物选择性有重要影响。

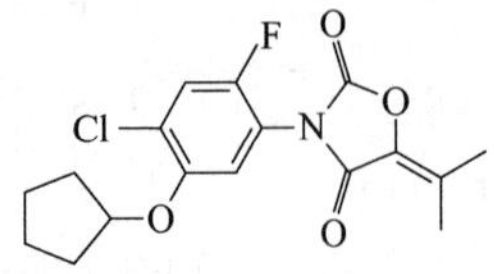

pentoxazone 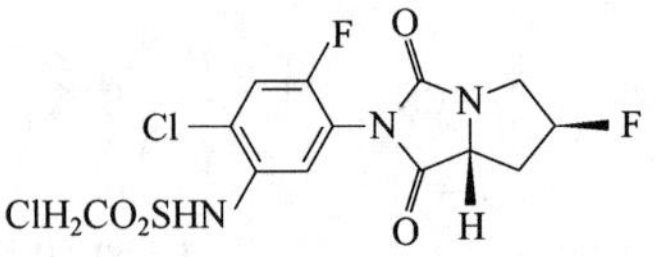   profluazol

以 S-275 为原始骨架，对苯环的 5-位取代基进行修饰，发现了高活性化合物：

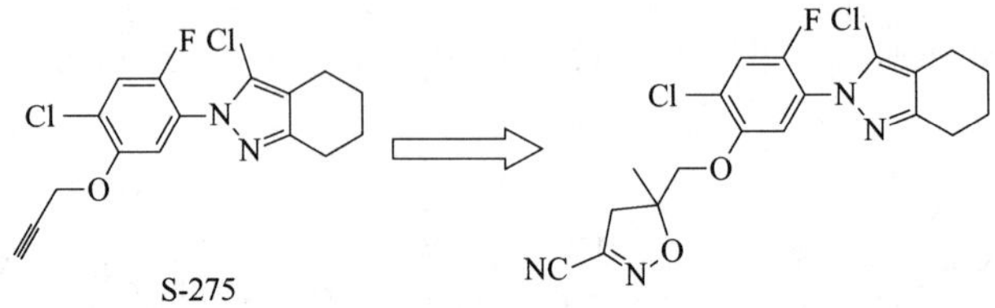

S-275

以 pyraflufen-ethyl 为初始骨架，对苯环的取代模式进行变化，发现了高活性化合物；

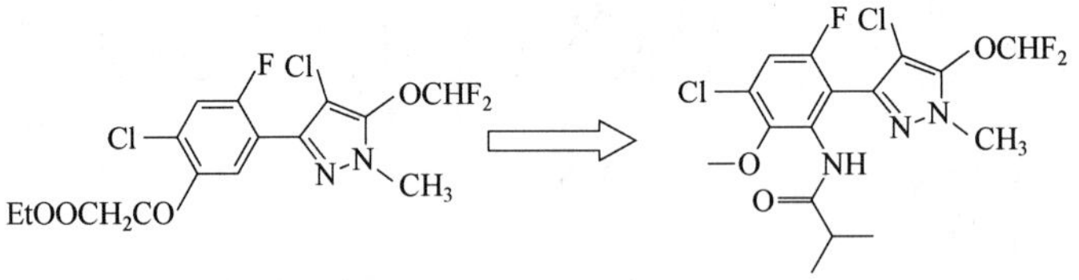

pyraflufen-ethyl

以 flumioxazin 为修饰对象，改造其杂环环状亚胺部分，发现了高活性化合物；

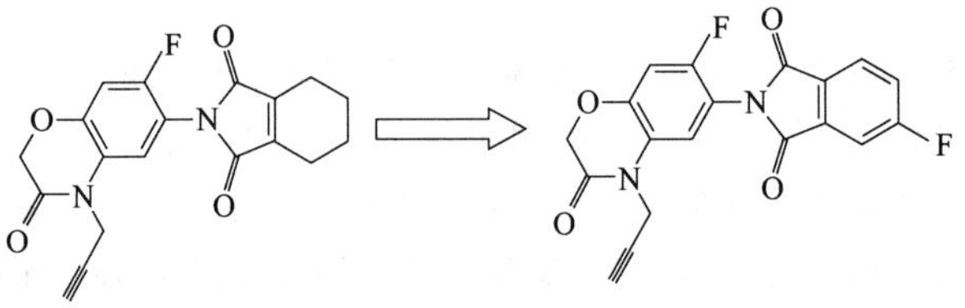

flumioxazin

以 pyraflufen-ethyl 和 fluazolate 为初始骨架，对杂环部分进行生物等排替换，发现了高活性化合物：

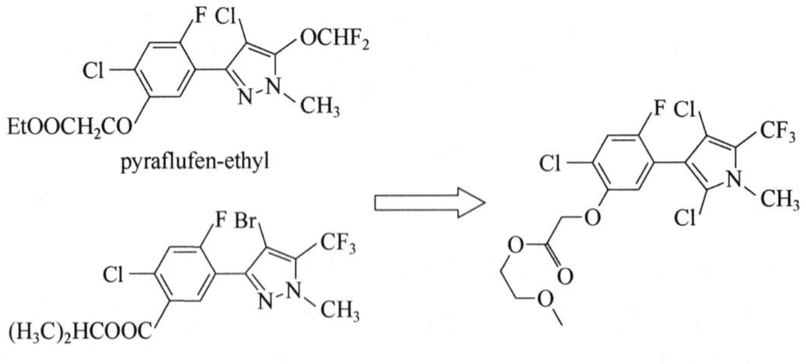

pyraflufen-ethyl

fluazolate

2. 六元杂环及六元稠杂环

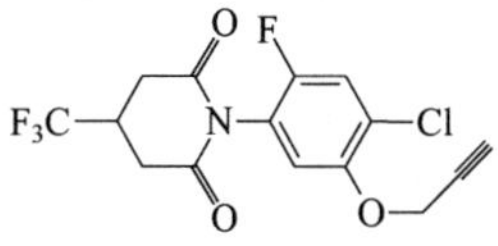

3-3-73 (1991)

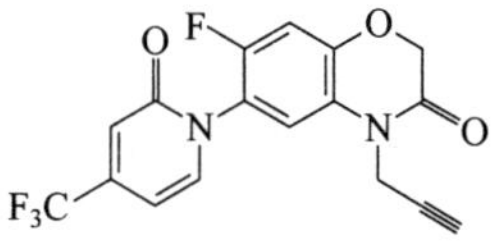

3-3-74 (1992)

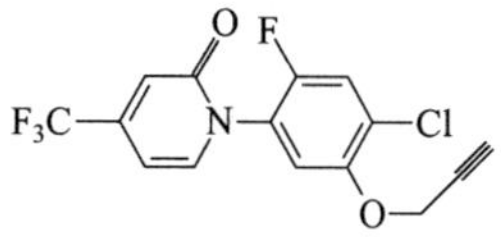

3-3-75 (1997)

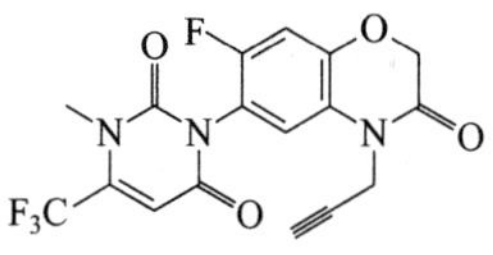

3-3-76 (1991)

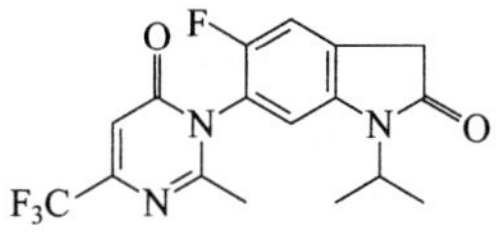

3-3-77 (1993)

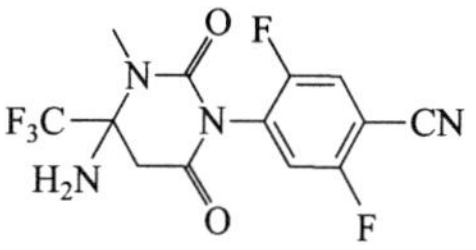

3-3-78 (1995)

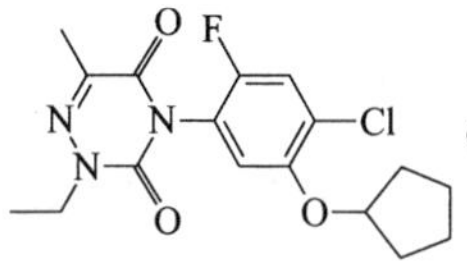

3-3-79 (1996)

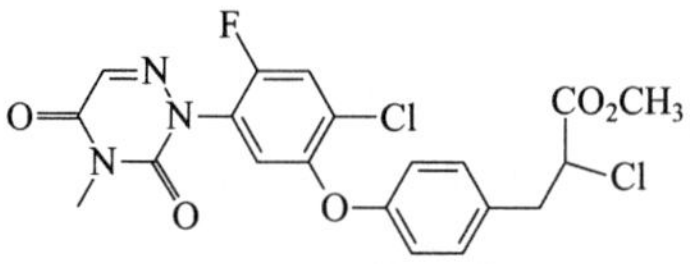

3-3-80 (1990)

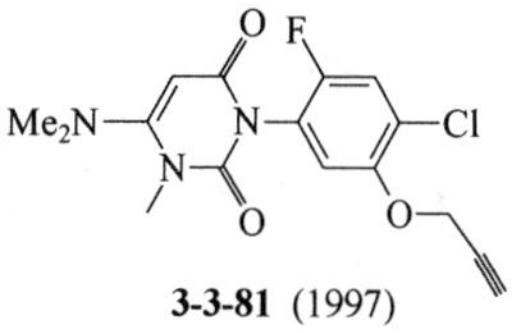

3-3-81 (1997)

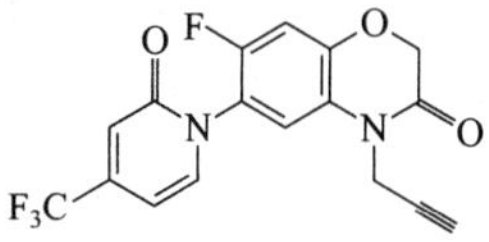

3-3-82 (1988)

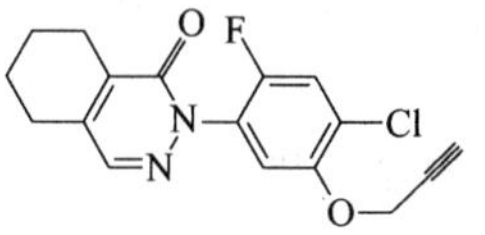

3-3-83 (1988)

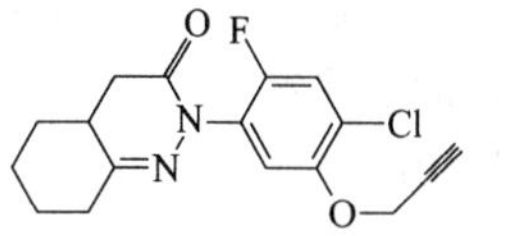

3-3-84 (1990)

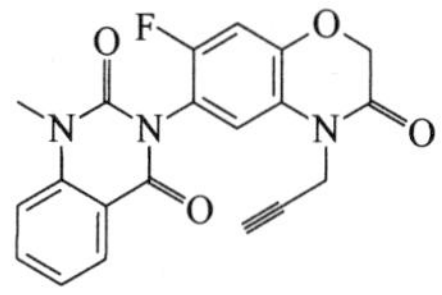

3-3-85 (2000)

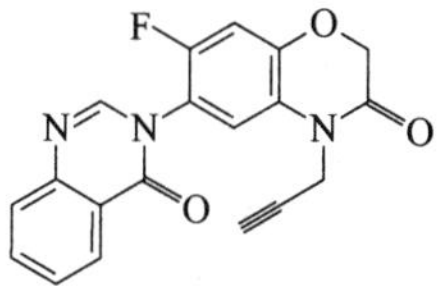

3-3-86 (2000)

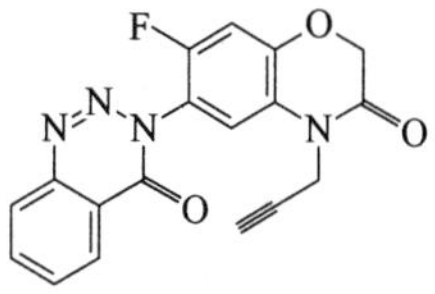

3-3-87 (2000)

以尿嘧啶为原始骨架，对苯环的5-位取代基进行修饰，发现了高活性化合物有：

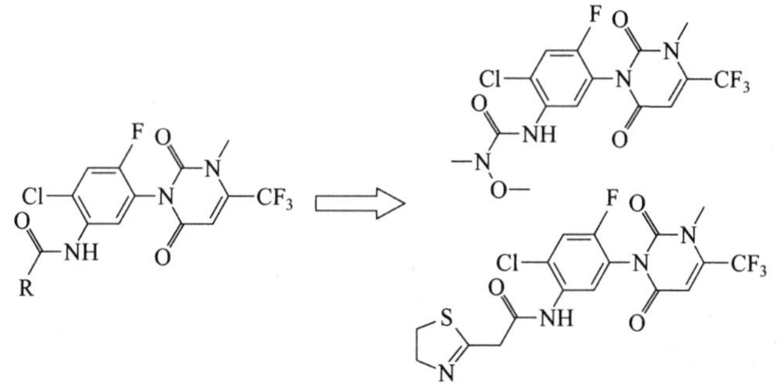

尿嘧啶类化合物尽管活性很高，但是因为对水稻的药害比较严重，近几年只有两种商品化品种：

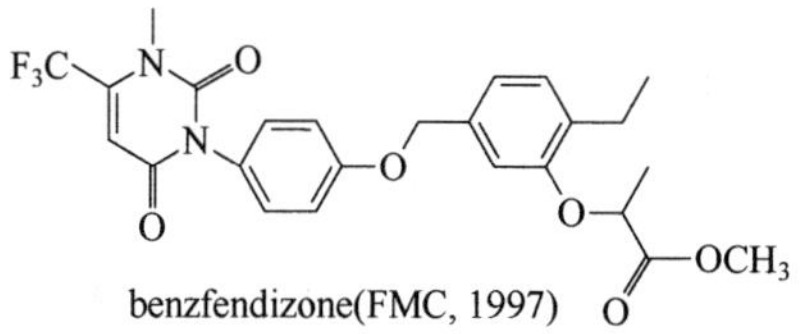

benzfendizone(FMC, 1997)

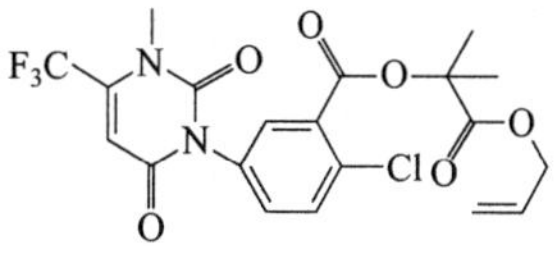

fluobutracil(Novartis, 2000)

Syngenta将氟丙嘧草酯（butafenacil）作为用于防除抗性杂草的除草剂重点推广，它是一种有效的苗前除草剂，对各种阔叶杂草和禾本科杂草具有良好防效，且持效期可达30～60d。benzfendizone是一个苗后除草剂，对果园和葡萄园中的禾本科和阔叶杂草具有良好的防效。

（二）杂环以 C—C 键与苯环相连

3-3-88 (1997) **3-3-89** (1994) **3-3-90** (1994)

3-3-91 (1991) **3-3-92** (1997) **3-3-93** (1997)

在这类化合物中，也有一些优良的品种出现，如吡草醚（pyraflufen-ethyl）用于谷物苗后除草剂，在低至 $6\sim12g/hm^2$ 的剂量下对阔叶杂草，如猪殃殃、宝盖草、繁缕以及野甘菊有防效。异丙吡草酯（fluazolate）对猪殃殃和小麦中的黑草有良好的防效，被作为苗前除草剂推广使用，使用剂量为 $125\sim175g/hm^2$。稠杂的三唑啉酮环如唑啶草酮（azafenidin）由杜邦公司开发成功，在 $100\sim240g/hm^2$ 剂量下具有阔叶除草活性，是一个残留期较长的除草剂。

fluazolate pyraflufen-ethyl azafenidin

（三）非环基团与 2,4,5-三取代苯环相连

3-3-94 (1993) **3-3-95** (1994) **3-3-96** (1990)

3-3-97 (1988) **3-3-98** (1995) **3-3-99** (1992)

3-3-100 (1988) **3-3-101** (1993) **3-3-102** (1993)

在这类化合物中，一些化合物是以前药的形式来发挥药效的，如：

值得一提的是这类化合物中，嗪草酸甲酯（fluthiacet-methyl）是一种用于玉米和大豆田的防除多种阔叶杂草的苗后除草剂，在 4～5g/hm² 的施药剂量下对多种阔叶杂草具有良好防效。事实上，它进入植物体内以后转化为活性组分 2-硫代羰基-1,3,4-三唑啉-5-酮，从而产生生物活性。然而，噻二唑草胺（thidiazimin）虽然是嗪草酸甲酯的类似物，但它并不是前药。

嗪草酸甲酯　　　　　　　　　　　　　　　噻二唑草胺

总的来说，PPO 抑制剂的结构特点已经越来越多样化，由最初的 DPE 类除草剂，发展到四氢邻苯二甲酰亚胺类抑制剂，再到连有多种杂环的取代苯或双杂环类抑制剂，已经很难从结构上找到他们的相似性，这给研究者们提供一个更为广阔的研究范围。由于 PPO 抑制剂对植物无专一性，具有杀草谱广的优点，但选择性则相对较差，使其应用范围受到限制。现在人们研究的重点不只是为了发现活性高的化合物，更加要求找到结构更新颖且选择性强的化合物。因而，对 PPO 抑制剂进行更深入的研究仍然是除草剂研究的重点和热点。

第五节　结构与活性的关系

许多研究小组对某些构效研究结果已经对产品的开发起到了推动性的作用。在 1989 年以前，由于尚未知道这些化合物的作用靶标，主要使用活体数据进行构效关系的研究。探明作用机制后，直接利用酶活性的抑制率来进行构效关系研究的论文开始增多。尤其是在对底物的模拟方面，取得了许多有指导意义的结果。

一、二苯醚类构效关系研究

1989 年，Matringe 等人发表文章，对二苯醚类除草剂的作用机制进行了较为详细的阐述。在此之前，所有关于这类化合物的 QSAR 研究只能是在植株的整体水平上进行，并不能和对原卟啉原氧化酶的抑制作用联系起来。1992 年，Nandihalli 等人首次报道了二苯醚类原卟啉原氧化酶抑制剂和分子参数相关的 QSAR 研究。其后，众多关于 PPO 酶抑制剂的 QSAR 研究随之开展起来。

Nandihalli 等利用了不同结构的 24 个二苯醚类化合物（见表 3-3-2），测定了化合物对原卟啉原氧化酶抑制活性 pI_{50}，并进行 QSAR 研究。从其中 23 个二苯醚类似物，可以得到一个 QSAR 方程：

$$\lg \text{Protox } I_{50} = 11.95 - 2.84(\lg P) - 12.04(C_5 \text{ 的净电荷}) - 1.82(S_{\text{LUMO}}) - 0.61(\mu)$$
$$n = 23, \ F_{(4, 18)} = 28.7, \ s = 0.65, \ r^2 = 0.86,$$

方程中，Protox I_{50} 是化合物对 PPO 酶 50% 抑制的 μmol/L 浓度；$\lg P$ 是亲脂性参数；C_5 表示苯环上和 R^4 取代基相连的 C；S_{LUMO} 是分子最低空轨道的超离域度；μ 是磁偶极矩。从上式算出二苯醚类化合物的 PPO 酶抑制活性与化合物的亲脂性和静电势相关。$\lg P$ 值表示化合物透过生物膜在生物体内移动达到作用位点的能力。活性最高的化合物（$I_{50} < 0.06\mu$mol/L），其 $\lg P$ 值大于 4.26，而 I_{50} 值在 $0.18 \sim 420\mu$mol/L 之间的 10 个化合物的 $\lg P$ 值都小于 4。另外，I_{50} 值和 C_5 的净电荷、S_{LUMO} 和 μ 值也相关。C_5 带负净电荷的活性较低（$I_{50} > 28.0\mu$mol/L），吸电子取代基对活性有利。

表 3-3-2　24 个二苯醚类化合物

化合物	除草剂	R^1	R^2	R^3	R^4	R^5	R^6	R^7	R^8
3-3-103	PPG-1055	Cl	H	CF$_3$	H	O	H	C(CH$_3$)$=$NOCH$_2$CO$_2$H	NO$_2$
3-3-104	PPG-1013	Cl	H	CF$_3$	H	O	H	C(CH$_3$)$=$NOCH$_2$CO$_2$CH$_3$	NO$_2$
3-3-105	MT-124	Cl	H	CF$_3$	H	O	H	呋喃氧基	NO$_2$
3-3-106	oxyfluorfen	Cl	H	CF$_3$	H	O	H	OC$_2$H$_5$	NO$_2$
3-3-107	benzofluorfen	Cl	H	CF$_3$	H	O	H	CO$_2$CH$_2$CO$_2$H	NO$_2$
3-3-108	RH-4638（R）	Cl	H	CF$_3$	H	O	H	OCH(CH$_3$)CO$_2$C$_2$H$_5$	NO$_2$
3-3-109	lactofen	Cl	H	CF$_3$	H	O	H	CO$_2$CH(CH$_3$)CO$_2$C$_2$H$_5$	NO$_2$
3-3-110	acifluorfen-Me	Cl	H	CF$_3$	H	O	H	CO$_2$CH$_3$	NO$_2$
3-3-111	MC-15608	Cl	H	CF$_3$	H	O	H	CO$_2$CH$_3$	Cl
3-3-112	RH-1460	Cl	H	CF$_3$	H	S	H	CO$_2$CH$_3$	NO$_2$
3-3-113	nitrofen	Cl	H	Cl	H	O	H	H	NO$_2$
3-3-114	nitrofluorfen	Cl	H	CF$_3$	H	O	H	H	NO$_2$
3-3-115	bifenox	Cl	H	Cl	H	O	H	CO$_2$CH$_3$	NO$_2$
3-3-116	fluorodifen	NO$_2$	H	CF$_3$	H	O	H	H	NO$_2$
3-3-117	fomesafen	Cl	H	CF$_3$	H	O	H	CONHSO$_2$CH$_3$	NO$_2$
3-3-118	RH-4639(S)	Cl	H	CF$_3$	H	O	H	OCH(CH$_3$)CO$_2$C$_2$H$_5$	NO$_2$
3-3-119	RH-5348	Cl	H	H	CF$_3$	O	H	CO$_2$CH$_3$	NO$_2$
3-3-120	acifluorfen	Cl	H	CF$_3$	H	O	H	CO$_2$H	NO$_2$
3-3-121	RH-8827	Cl	H	CF$_3$	H	SO	H	CO$_2$CH$_3$	NO$_2$
3-3-122	RH-8327	H	CH$_3$	H	H	O	H	H	NO$_2$
3-3-123	aclonifen	H	H	H	H	O	Cl	NH$_2$	NO$_2$
3-3-124	RH-8826	Cl	H	CF$_3$	H	SO$_2$	H	CO$_2$CH$_3$	NO$_2$
3-3-125	RH-0211	H	H	H	H	O	H	H	NO$_2$
3-3-126	RH-5349	Cl	H	H	CF$_3$	O	H	CO$_2$H	NO$_2$

Duke 等人以剑桥结构数据库（Cambridge Structure Database）收集的 acifluorfen 的单晶结构为模

板，对表 3-3-2 中的 24 个化合物进行叠加，通过 CoMFA 方法得到了 3D 等势图（在 Goodford 的 GRID 软件包上运行，以 0.2nm 为步长，sp^3 杂化碳正离子为探针，见彩图 3-3-10）。

从彩图 3-3-10 可以看出，羧酸的周围［(a) 中的绿色部分］增加取代基的体积对化合物的活性有利；增加三氟甲基侧链或者氯取代的位置的电荷密度对活性有利［(b) 中的红色部分)］；而在羧酸所在的周围，增加电正性对活性有利［(b) 图中的蓝色部分］。此外，CoMFA 还对 2D-QSAR 不能很好预测活性的对映异构体（化合物 **3-3-108** 和 **3-3-118**）也有很好的解释。通过 3D-QSAR 技术，可以看到化合物 **3-3-118**（S-体）之所以比化合物 **3-3-108**（R-体）的活性低，是因为 S-体的侧链正好处在黄色区域。

化合物以三氟甲基苯环重叠，所得到的生物活性预测值偏差比以硝基苯环重叠所得到的偏差小。估计三氟甲基苯环和靶标的相互作用可能更为重要一些。还有，因为训练集的化合物中，只有一个化合物不是硝基取代（化合物 **3-3-111**），因此，无法从 CoMFA 中看出硝基对化合物活性的贡献。

二、1-杂环-2,4,5-三取代苯类的 QSAR 研究

20 世纪 70 年代中期，Mitsubishi 公司的 Wakabayashi、Ohta 等人在 1976 年发表了 N-苯基酰亚胺类化合物与除草活性之间的关系。在定性的结构与活性关系研究的基础上，又开展了定量的结构与活性关系的研究，该研究结果对以后的工作具有重要的指导作用。

Ohta、Sato 等对一系列化合物在光照条件下的谷子幼苗根长以及单细胞绿藻的抑制进行了研究，对位取代基对活性的影响较大，而间位取代基对活性的影响较小。化合物对于谷子幼苗的根有抑制，可以得到 QSAR 关系式：

$$pI_{50}(\text{Ech.}) = -0.909(\pm 0.374)\Sigma\sigma^0 + 1.144(\pm 0.769)\Delta L(o) - 0.770(\pm 0.488)[\Delta L(o)]^2 + 2.112$$
$$(\pm 0.327)\Delta L(p) - 0.379(\pm 0.095)[\Delta L(p)]^2 - 1.069(\pm 0.211)\Delta B_5(p) + 4.061(\pm 0.216)$$
$$n = 40, \quad r = 0.928, \quad s = 0.323, \quad F = 34.19$$

化合物对于绿藻的生长抑制，可以得到 QSAR 关系式：

$$pI_{50}(\text{Sce.}) = -1.027(\pm 0.469)\Sigma\sigma^0 + 1.554(\pm 0.964)\Delta L(o) - 1.010(\pm 0.612)[\Delta L(o)]^2 +$$
$$2.683(\pm 0.410)\Delta L(p) - 0.482(\pm 0.119)[\Delta L(p)]^2 - 1.357(\pm 0.264)\Delta B_5(p) + 5.563(\pm 0.271)$$
$$n = 40, \quad r = 0.930, \quad s = 0.404, \quad F = 35.39$$

式中，L 和 B_5 是取代基修正的 STERIMOL 参数。L 表示化合物的长度；B_5 表示垂直于 L 的最大宽度。STERIMOL 参数的参照点是取代基为 H 时的 L 和 B_5 值，因此在符号前加上 Δ 表示差值。σ^0 是一种 Hammett 参数，表示当取代基与支链官能团无直接共轭作用时的取代基电子效应。通过单晶确证，苯环和环二甲酰亚胺并非共平面，而是有一个 $50°\sim 60°$ 的扭角。因此，苯环及其取代基与环酰亚胺的共轭作用是不显著的，利用 σ^0 表征取代基是合适的。

在所得的两个关系式中，$\Sigma\sigma^0$ 为负系数，说明苯环上给电子基对活性有利；邻位和对位取代基的体积对化合物的活性有影响；从两式可看出，对于邻位和对位取代基，其 ΔL 值分别为 0.076nm 和 0.28nm 时较好，说明邻位的空间禁阻性比对位更大；$\Delta B_5(p)$ 的负系数，说明对位取代基的最大宽度要越小越好；两个关系式中都没有体现间位取代基的参数项，说明间位取代基对药效的影响不大。

此外，在对各类杂环基取代苯类化合物的研究中，许多研究者都进行了结构与活性定量关系的研究工作。如对环状酰亚胺类、芳基三唑酮类、芳基四唑酮及芳基噁唑酮等的研究中研究不同的环系对活性的定性及定量的影响，在各自的系列中均得出了结构与活性的关系，所涉及的结构如下：

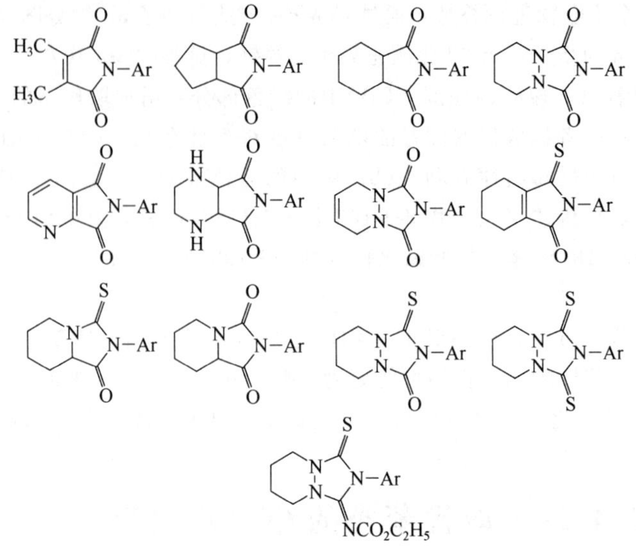

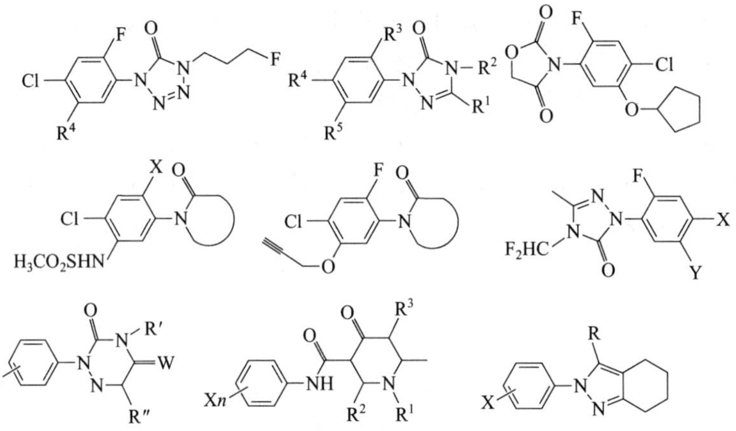

三、PPO 酶抑制剂的分子相似性研究

1992 年，Nandihalli 认为二苯醚类除草剂，模拟原卟啉原 Ⅸ 的 B 环和 C 环。Nanclihalli 等报道了底物 propophyrinogen Ⅸ（protogen）和除草剂三氟羧草醚（AF，acifluorfen）的分子结构之间有相似性。propophyrinogen Ⅸ 及 AF 的晶体结构见图 3-3-11。

由量化计算得到分子、电子参数，经比较发现两者的结构有许多相似之处。

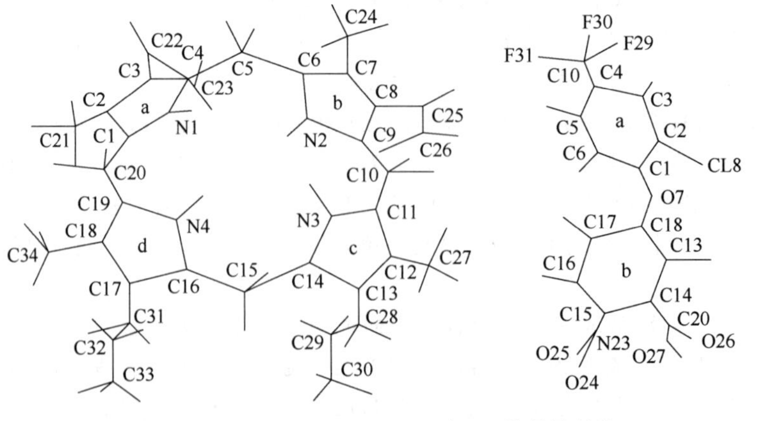

图 3-3-11 propophyrinogen Ⅸ 及 AF 的晶体结构

（1）AF 分子的最大长度（1.229nm）与 Protogen（1.323nm）相等，最大宽度（0.553nm）仅是 Protogen（1.096nm）的一半。

（2）AF 的构象与 Protogen 构象中的 AD 环及 BC 环极为相似。

（3）AF 分子中醚氧桥的键长及扭转角与 Protogen 中亚甲基桥的键长及扭转角极为相似。

（4）AF 分子的范德华体积及表面积均为 Protogen 的一半，见图 3-3-11。

（5）AF 的亲核超离域能也是 Protogen 的一半。

（6）AF 中的一 MEP 与 Protogen 相近，故认为抑制剂与 Protogen 的键合可能是一种亲电过程，即 PPO 与抑制剂的一 MEP 区键合。

因此他们建议，有效的 PPO 抑制剂其分子具有两个不共面的环，且双环结构应与 Protogen Ⅸ 分子的一半相似。

Ryoichi Uraguchi. Yukiharu Sato 等研究了环状亚酰胺类化合物与 Protogen 构象间的关系。对于环状亚酰胺类化合物，其稳定构象中亚酰胺部分与苯环间的扭转角为 240°～270°，因此选择扭转角为 255° 的构象进行研究。通过 Protogen 与环状亚酰胺的构象叠加，高活性的化合物 **3-3-127** 与 Protogen 部分重叠（见图 3-3-12），其中芳环与亚酰胺部分分别与 Protogen 中的 C 环、D 环叠加，C 环中的 2-乙氧羰基与化合物 **3-3-127** 中的 3-丙炔氧基相重叠，而 D 环上相同的取代基却不能同化合物 **3-3-127** 的任何部分重叠。化合物 **3-3-127** 丙炔氧基长度（0.521nm）恰好近似等于（1.085nm）的整个分子长度（1.154nm）及 3-基 2-乙氧羰基长度（0.561nm）。基于上述结果，建立一个仅含 C、D 两环的假想 Protogen 模型，其中各原子的坐标与原来稳定构象中 C、D 环上各原子的坐标相同，与 A、B 两环相连的亚甲基桥用 CH_3 取代。该半个 Protogen 构象与环状亚酰胺类构象的相似性可由方程定量确定：

$$S = C/(T_{\mathrm{I}} T_{\mathrm{II}})^{1/2}$$

式中，T_{I}、T_{II} 分别代表分子 Ⅰ、Ⅱ 的体积；S 为分子相似指数，取值范围为 0～1，当 $S=1$ 时，表明两者极为相似。通过叠加模型的研究，认为环状亚酰胺类结构与 Protogen 中的 C、D 环相似，其 S 值为 0.62～0.82。而二苯醚类则与 B、C 环相似，S 值为 0.80～0.86。PPO 抑制剂的活性与 S 值密切相关，存在如下关系式：

$$pI_{50}(\mathrm{PPO}) = 20.3(\pm 3.31)\ S\ -8.10$$
$$n=26,\ r=0.93,\ S=0.46,\ F_{1,24}=160.5$$

式中，n 为化合物的数量；r 为相关系数；S 为标准偏差；F 为回归变量和残留变量的比率。

综上所述，抑制剂结构与 Protogen 相似，是化合物具有活性的基本要求。

Akagi 和 Sakashita 对 143 个除草剂分子进行了计算，发现 PPO 抑制剂分子的最低空轨道能量

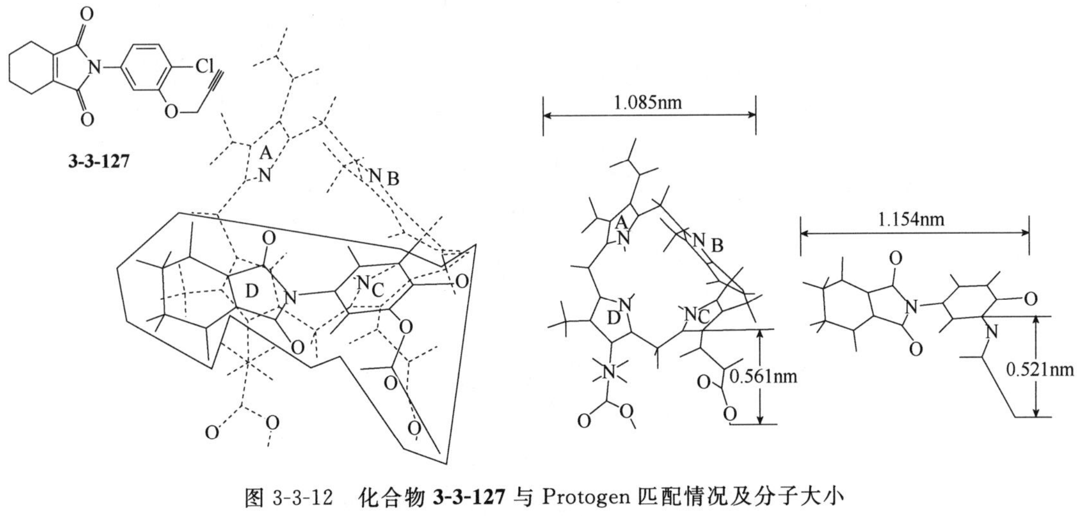

3-3-127

图 3-3-12　化合物 **3-3-127** 与 Protogen 匹配情况及分子大小

非常相似，都非常低。他们对 Oxyflurofen、Chlorophthalim、M&B-39279 和嘧啶二酮化合物四个具有代表性的化合物进行了比较，发现 Oxytluorfen 的 LUMO 轨道在含 CF₃ 基团的苯环上（含有 LUMO 的环称为 L-环），Chlorophthalim 的 LUMO 在环酰亚胺环上，M&B 的 LUMO 在苯环上，嘧啶化合物的 LUMO 在嘧啶环上。L-环的对位往往有非平面的取代基如 CF₃、(CH₂)₄；而带有孤对电子的取代基，如 Cl、C=O，往往出现在 L-环的邻位上；大的取代基不能出现在 L-环的间位上，否则化合物失去活性。另一个环的间位则可以出现大的基团，如一些二苯醚类和环亚胺类除草剂分子相应的位置上就往往带有烷氧基。LUMO 在除草剂分子作用机制中的角色目前尚不清楚，也许它们在药物受体和药物之间的相互作用中担任电荷转移和静电作用的双重角色。很有可能 PPO 在靠近反应中心处有极性基团，这类除草剂分子靠静电引力与酶结合。

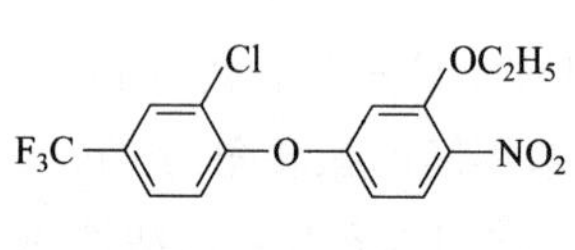

oxyfluorfen 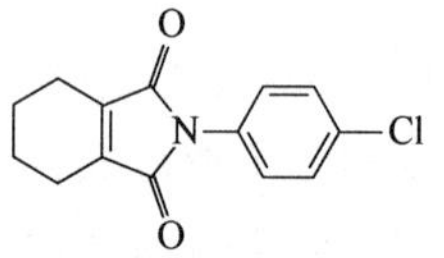 chlorophthalim

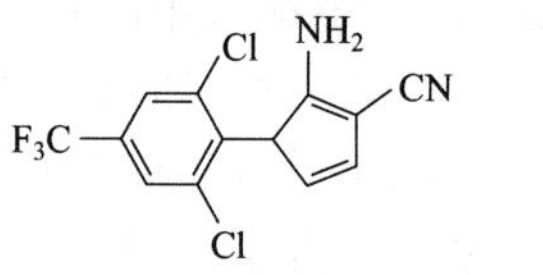

M&B-39279 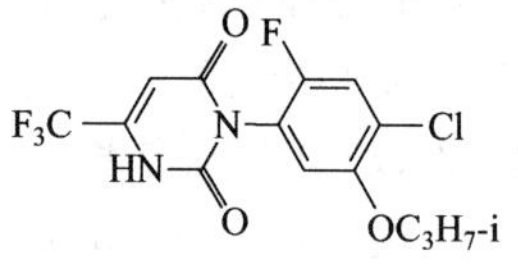 pyridinedione

1995 年，Theodoridis 发现，图 3-3-13 中原卟啉原Ⅸ右边化合物的结构与活性关系与通常的原卟啉原氧化酶抑制剂不同，认为在作用位置或方式上有差异，有可能模拟原卟啉原Ⅸ中的 A、B、C 三个吡咯环。1997 年，Wakabayashi 研究组在 MOPAC 软件上，用 MNDO-PM3 方法，对某些有代表性的酰亚胺、二苯醚类除草剂，以及原卟啉原氧化酶的底物原卟啉原Ⅸ进行了空间相似性的研究比较，求出相应的相似系数。结果表明：二苯醚类除草剂，模拟原卟啉原Ⅸ的 B、C 环；对于酰亚胺类除草剂，其作用位点与二苯醚类除草剂不同，他们模拟原卟啉原Ⅸ的 C 环和 D 环。

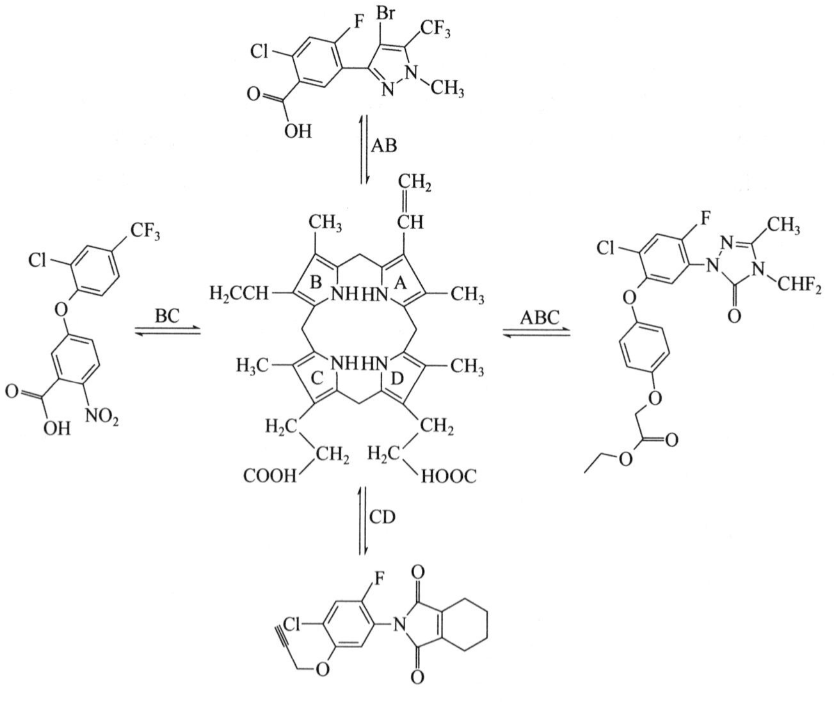

图 3-3-13 Protoporphyrinogen Ⅸ 的模拟策略

2004 年，Koch 等人在探明晶体结构后，也进行了抑制剂同原卟啉原Ⅸ的分子模拟，认为该抑制剂的吡唑环模拟原卟啉原Ⅸ的 A 环，苯环模拟 B 环，羧基模拟 C 环上的丙酸基。这些工作对于设计新型的 PPO 抑制剂可能具有一定的参考价值。

第六节　主要品种

20 世纪 60 年代开发的二苯醚类除草剂开创了 Protox 抑制剂的先河，虽然当时并未阐明其作用靶标；20 世纪 70 年代开始大量研究 Protox 抑制剂并发现两类化合物：对硝基二苯醚与 N-苯基氮杂环；前者由于用量较高，对作物选择性差等原因，从 1992 年起有关研究逐步减少，而 N-苯基氮杂环的研究迅速增加，此类除草剂的开拓化合物是用于稻田的噁草酮与用于草坪的氯肽亚胺；氯肽亚胺苯基取代基的变化导致开发出丙炔氟草胺与氟胺草酯及吲哚酮草酯；噁草灵环状胺结构及氯肽亚胺的亚胺部分结构修饰产生了丙炔噁草酮、唑啶草酮、磺酰唑草酮及唑酮草酯。

从发现对硝基二苯醚除草剂的作用机制至今已 30 多年，在此过程中，靶标 Protox 的除草剂有很大发展，表现在：①品种生物活性不断提高，用量从 kg/hm^2 计发展至以 g/hm^2 计；②化合物结构日趋复杂，新开发的品种基本上都是杂环化合物，特别是含氮杂环化合物；③杀草谱日益扩大，从以防除阔叶杂草发展至兼治禾本科杂草；④对作物的选择性不断提高。

大多数 Protox 抑制剂都是触杀性除草剂，在植物体内传导作用差，防除多年生杂草效果不良，在光下才能发挥活性，因此，选择傍晚，甚至于夜间喷药，使其在植物叶片内充分渗透扩散，次日光照下充分发挥作用，这样可以提高除草效果。其次，由于是触杀性除草剂，所以喷雾时，宜使杂草各部位充分粘着。

二苯醚类除草剂主要通过植物胚芽鞘、中胚轴吸收进入体内。作用靶标是原卟啉原氧化酶，抑制叶绿素的合成，破坏敏感植物的细胞膜。此类除草剂的选择性与吸收传导、代谢速度及在植物体内的轭合程度有关。二苯醚类除草剂除草醚是较早在我国广泛应用的除草剂之一，曾是水稻田主要的除草剂品种。但由于除草醚能引起小鼠的肿瘤，鉴于这种可能对人类健康造成潜在的威胁，包括中国在内许多国家已禁用该药。

此类除草剂属于触杀型除草剂，选择性表现为生理生化选择和位置选择两方面。受害植物产生坏死褐斑，对幼龄分生组织的毒害作用较大。松中昭一研究发现，凡是邻位及对位取代的品种都具有光活化作用，即只有在光下才能产生除草作用，在暗中则无活性；而间位取代的品种不论在光下或暗中，均产生除草活性。目前施用的品种都是邻位及对位取代的，均属光活化的除草剂。目前常见的二苯醚类除草剂品种有乙氧氟草醚（果尔，oxyfluorfen）、三氟羧草醚（杂草焚，氟羧草醚，acifluorfen-sodium）、氟磺胺草醚（虎威，除豆莠，omesafen）及乳氟禾草灵（克阔乐，lactofen）等。

1. 三氟羧草醚（acifluorfen sodium）

$C_{14}H_6ClF_3NNaO_5$, 383.64, 50594-66-6

理化性质　原药有效成分含量为 78%，外观为浅棕色至褐色固体。相对密度 1.546，熔点 142～160℃，分解温度为 235℃。蒸气压为 0.01mPa(20℃)，溶解度（24℃）：在水中为 0.012%。在丙酮中为 50%～60%，乙醇 40%～50%，二甲苯 1%，煤油 1%，50℃贮存两个月稳定不变，pH3～9，40℃条件下不水解，土壤中 $DT_{50}<60d$，无腐蚀性，无沸点。

合成方法　4-三氟甲基邻二氯苯与间羟基苯甲酸在氢氧化钾存在下，在二甲基亚砜中、138～

144℃反应22h，生成3-(2-氯-4-三氟甲基苯氯基）苯甲酸，然后在二氯甲烷中，用硝酸钾-硫酸进行硝化反应，制得本品，用氢氧化钠制成钠盐。

三氟羧草醚

毒性　对人畜低毒，大鼠急性经口 LD_{50} 为 1540mg/kg，家兔急性经皮 $LD_{50}>3680mg/kg$。对眼睛和皮肤有中等刺激作用，对鸟类、鱼类低毒。

应用　三氟羧草醚是一种原卟啉氧化酶抑制剂，触杀型选择性芽后除草剂，可被杂草茎、叶吸收，在土壤中不被根吸收，且易被微生物分解，故不能作土壤处理，对大豆安全。主要防阔叶草。适用范围：大豆田防除铁苋菜、苋、刺苋、豚草、芸苔、灰藜、野西瓜、甜瓜、曼陀罗、裂叶牵牛、施花科、茜草科、春蓼、宾州蓼、猩猩草。对1～3叶期的狗尾草、稷和野高粱也有较好防效，对苣荬菜、刺儿菜有较强的抑制作用。

2. 氟磺胺草醚 （fomesafen）

$C_{15}H_{10}ClF_3N_2O_6S$, 438.76, 72178-02-0

英国帝国化学公司（ICI）研制开发。

理化性质：纯品为白色固体，熔点 220～210℃，密度 1.28g/cm³，蒸气压<0.1mPa(50℃)。溶解性：在水中的溶解度取决于pH值的大小，50mg/L(pH 7)，pH值为1～2则小于1mg/L；丙酮300g/L；二氯甲烷10g/L；二甲苯1.9g/L；甲醇20g/L；酸性pH值约为2.7(20℃)。能生成水溶性盐。

合成方法

毒性　对人畜低毒。大鼠急性经口 LD_{50}：雄性大鼠3160mg/kg，雌性大鼠2870mg/kg；雄性小鼠4300mg/kg，雌性小鼠4220mg/kg。对皮肤和眼睛有轻度刺激作用。对鱼类和水生生物毒性很低，对鸟和蜜蜂亦低毒。

应用　氟磺胺草醚是一种具有高度选择性的大豆苗后除草剂，能有效地防除大豆苗后除草剂，能有效地防除大豆田阔叶杂草，杂草根叶吸收后，使其迅速枯黄死亡，喷药后4～6h遇雨不影响药效，对大豆安全。在每亩68～87mL（有效成分16.5～19g）的用量下，可有效防除大豆田间稗草、野燕麦、铁苋菜、金狗尾草等一年生和多年生阔叶杂草，对大豆安全，对后作小麦、玉米、亚麻、高粱无影响。对人畜低毒，大鼠急性经口 $LD_{50}>1000mg/kg$。对皮肤和眼睛有轻度刺激作用。对鱼类和水生生物毒性很低，对鸟和蜜蜂亦低毒。适用于大豆田防除苘麻、铁苋菜、三叶鬼针草、苋属、豚草属、油菜、荠菜、藜、鸭跖草属、曼陀罗、龙葵、裂叶牵牛、粟米草、宾州蓼、马齿苋、刺黄花稔、野苋、决明、地锦草、猪殃殃、水棘针、酸浆属、田菁、苦苣菜、蒺藜、车轴草、荨麻、宾州苍耳、刺苍耳、苍耳等阔叶杂草。也可用于果园、橡胶种植园防除阔叶杂草。但氟磺胺草醚在土壤中持效期长，如用药量偏高，对第二年种植敏感作物，如白菜、谷子、高粱、甜菜、玉米、小米、亚麻等均有

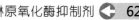

不同程度的药害。在推荐剂量下，不翻耕种玉米、高粱，都有轻度影响。应严格掌握药量，选择安全后茬作物；氟磺胺草醚对大豆安全，但对花生、玉米、高粱、蔬菜等作物敏感。

3. 乳氟禾草灵 （lactofen，cobra）

C$_{19}$H$_{15}$ClF$_3$NO$_7$，461.77，77501-63-4

合成方法 3，4-二氯三氟甲基苯与间羟基苯甲酸反应，得到 3-[2-氯-4-（三氟甲基）苯氧基]苯甲酸，该化合物经硝化得到 5-[2-氯-4-（三氟甲基）苯氧基]-2-硝基苯甲酸，最后与 α-羟基丙酸乙酯反应，即制得目的物。

毒性 大鼠急性经口 LD$_{50}$＞5000mg/kg，大鼠急性经皮 LD$_{50}$ 为 2000mg/kg；对眼睛有刺激作用。

应用 乳氟禾草灵是一种高效的含氟二苯醚类除草剂，用于禾谷类作物，能有效地防除大豆、花生、棉花、水稻、葡萄等多种作物田间的阔叶杂草。

4. 乙氧氟草醚 （oxyfluorfen）

C$_{15}$H$_{11}$ClF$_3$NO$_4$，361.70，42874-03-3

1975 年由美国罗姆门·哈斯公司开发成功。

物化性质 纯品为无色结晶固体，熔点 84～85℃。溶解度：在水中 0.1mg/L，丙酮 725g/L，氯仿 500～550g/L，环己酮 615g/L。

合成方法

毒性 狗和雄大鼠急性经口 LD$_{50}$＞5000mg/kg（原药），兔急性经皮 LD$_{50}$＞10000mg/kg。90d 饲喂试验的无作用剂量为大鼠 1000mg/kg 饲料，狗 40mg/kg 饲料。对水生无脊椎动物、野生动物和鱼高毒。大鼠急性经口 LD$_{50}$ 为 5000mg，无致畸、致癌、致突变作用，对人畜安全。

应用　乙氧氟草醚是含氟苯醚类除草剂，选择性芽前或芽后除草剂。其除草活性比相应的除草醚提高5～10倍，为杀草丹的16.32倍。使用范围广，杀草谱广，持效期长，亩用量少，活性高，可与多种除草剂复配使用，扩大杀草谱，提高药效，使用方便，既可芽前处理，又可芽后处理；用于棉花、圆葱、花生、大豆、甜菜、果树和蔬菜田芽前、芽后施用防除稗草、田菁、旱雀麦、狗尾草、曼陀罗、匍匐冰草、豚草、刺黄花捻、苘麻、田芥菜单子叶和阔叶杂草。其非常抗淋溶，可制成乳油使用。可防除移栽稻、大豆、玉米、棉花、花生、甘蔗、葡萄园、果园、蔬菜田和森林苗圃的单子叶和阔叶杂草。陆稻施药可与丁草胺混用；在大豆、花生、棉花田等施药，可与甲草胺、氟乐灵等混用；在果园等处施药，可与克芜踪、草甘膦混用。它的杀草谱广：属于触杀型芽前除草剂，尤其对目前难以防除的恶性杂草，如马齿苋、牛筋草、藜等有独特的抑制能力；该药持效期长达2个多月，即可以土壤处理控制尚未萌发的杂草，也可以作物苗前茎叶喷雾杀除已出苗的杂草；该药在作物体内不移位、不传导，不会伤害植物组织，作物根部不吸收，不影响作物生长。葱、蒜等许多作物具有耐药性，即使在敏感作物上使用，只要避免药液不直接喷雾到作物叶面上，对作物一般不会产生伤害；该药剂在土壤中的半衰期为30～50d，正常使用条件下，不会对任何后茬作物产生二次药害。

5. 丙炔氟草胺（flumioxazin）

C₁₉H₁₅FN₂O₄, 354.2, 103361-09-7

物化性质　纯品为黄棕色粉状固体，熔点201～204℃。密度1.5136g/cm³（20℃）。溶解度（25℃）：在水中为17.8g/L。

合成方法　以间二氯苯为起始原料，经硝化、氟化、醚化、加氢还原合环，再与氯丙炔反应制得中间体取代苯胺；最后与酸酐反应即得目的物。

毒性　对人畜低毒。大鼠急性经口LD₅₀＞5000mg/kg，急性经皮LD₅₀＞2000mg/kg。对皮肤无刺激作用，对兔眼睛有中等刺激作用。无慢性毒性。

应用　酰亚胺类除草剂。是大豆和花生具有选择性播后苗前、苗后广谱除草剂。对大豆和花生极安全。对后茬作物如小麦、燕麦、大麦、高粱、玉米、向日葵等无不良影响。主要用于防除一年生阔叶杂草和部分禾本科杂草，如鸭跖草、藜类杂草、蓼属杂草、黄花稔、马齿苋、马唐、牛筋草、狗尾草等。丙炔氟草胺对杂草的防效取决于土壤湿度，干旱时严重影响除草效果。若与其他除草剂（碱性除草剂除外）如乙草胺等混用，不仅可扩大杀草谱，还具有显著的增效作用。

6. 氟胺草酯（flumiclorac-pentyl）

C$_{21}$H$_{23}$ClFNO$_5$, 423.86, 87546-18-7

理化性质　纯品为白色粉状固体，熔点 88.9～90.1℃，密度 1.33g/cm³(20℃)。蒸气压 1.0×10⁻⁵Pa(25℃)。分配系数 4.99(20℃)。溶解度（25℃）：甲醇 47.8g/L、正辛醇 16.0g/L、丙酮 590g/L、正己烷 3.28g/L、水 0.189mg/L。

合成方法　以对氟苯酚为原料，首先与氯气发生反应，生成 2-氟-4-氯苯酚，再经过硝化、还原、缩合等几步反应得到。

毒性　原药大鼠急性经口 LD$_{50}$ 为 5000mg/kg，大鼠急性吸入 LD$_{50}$ 大于 5.94mg/kg，亚急性 90d 无作用剂量：大鼠为 1000mg/kg 饲料。对鸟类低毒，鹌鹑 LD$_{50}$ 大于 2500mg/kg。对蜜蜂低毒。

应用　制剂为 10% 乳油，在 −10℃ 条件下可稳定 2 周，60℃ 条件下可稳定 1 个月。除碱性物质外，可与大多数农药混用。氟胺草酯是酰亚胺类选择性苗后触杀型除草剂，具有卓越的速效性，土壤中残留期短，半衰期 4.4d，对后茬作物无影响，喷药一次，推荐剂量倍量下收获大豆无残留。适用于大豆、玉米、小麦等耐药性作物的田间防除阔叶杂草，对禾本科、莎草科杂草无效。而对一般除草剂难防除的旋花、铁苋菜、苘麻、马齿苋等杂草有较好防效。对茄子、甘薯、棉花、甜菜、向日葵、菜豆、小豆、黄瓜、烟草、莴苣、甘蓝、菠菜、花椰菜、番茄、洋葱等敏感。对大豆 1～2 复叶接触药剂少时药害轻。它对幼龄杂草敏感，随叶龄增加耐药性强，药效下降；杂草处于恶劣环境时（干旱、水分过大、极端温度、低温度等）药效下降。

7. 丙炔噁草酮（oxadiargyl）

C$_{15}$H$_{14}$Cl$_2$N$_2$O$_3$, 341.19, 39807-15-3

理化性质 原药为米色无味粉末，熔点130℃。溶解度（g/L）：二氯甲烷500、乙酸乙酯121.6、甲醇14.7、正庚烷0.9、正辛烷3.5、甲苯77.6。

合成方法 以2,4-二氯苯酚为起始原料，经醚化、硝化、还原制得中间体取代的苯胺；再经酰化，最后与光气环合即得。

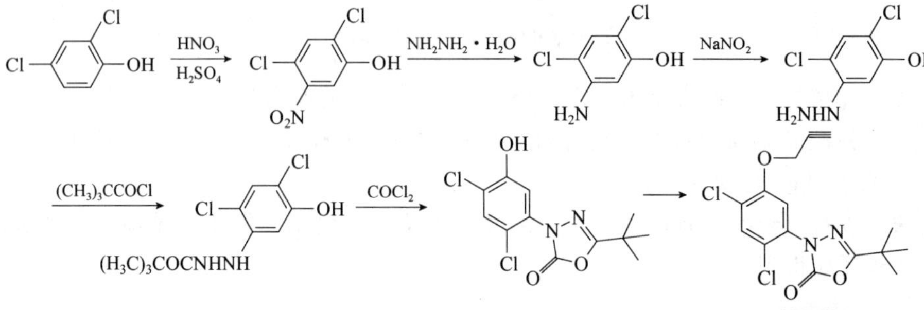

丙炔噁草酮

毒性 大鼠急性经口 $LD_{50}>5000mg/kg$，兔急性经皮为2000mg/kg。对兔皮肤无刺激，对兔眼睛有轻微刺激。对鱼和水蚤无毒。无致突变性、致畸性。

应用 丙炔噁草酮为高效广谱稻田除草剂，对一年生禾本科、莎草科、阔叶杂草和某些多年生杂草效果显著，对恶性杂草四叶萍有良好的防效。主要用于水稻、马铃薯、向日葵、蔬菜、甜菜、果园等作物苗前防除阔叶杂草，如苘麻、鬼针草、藜属杂草、苍耳、圆叶锦葵、鸭舌草、蓼属杂草、梅花藻、龙葵、苦苣菜、节节菜等，禾本科杂草，加稗草、千金子、刺蒺藜草、兰马草、马唐、牛筋草、稷属杂草以及莎草科杂草等。

8. 唑啶草酮 （azafenidin）

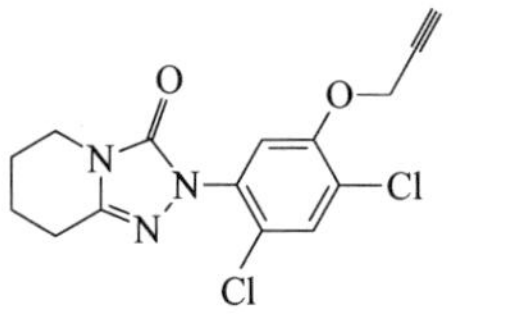

$C_{15}H_{13}Cl_2N_3O_2$, 338.19, 68049-83-2

理化性质 美国杜邦公司开发。纯品为铁锈色，具强烈气味的固体，熔点158～158.5℃，密度1.4g/cm³(20℃)，蒸气压 $1.0×10^{-9}Pa(25℃)$。

合成方法

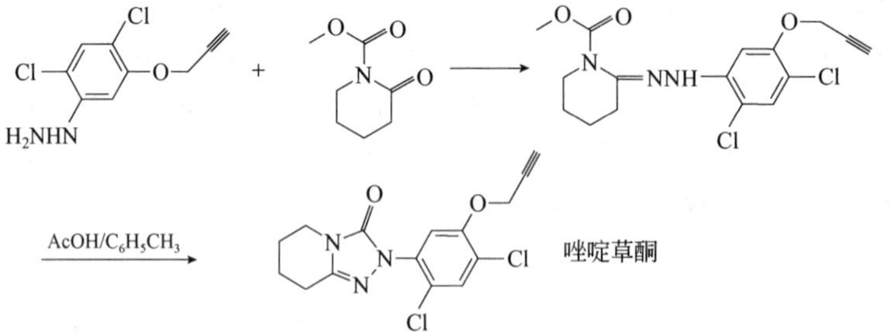

唑啶草酮

毒性 LD_{50}（mg/kg）：大鼠急性经口大于5000，兔急性经皮大于2000。对兔眼睛和皮肤无刺激。Ames等试验呈阴性，无致突变性。鱼毒 LC_{50}（96h，mg/L）：大翻车鱼48，虹鳟鱼33。分配系数 $K_{ow}lgP=2.7$；水中溶解度为12μg/ml(pH 7)。对水解稳定，水中光照半衰期大约为12d。大鼠急性经口 $LD_{50}>5000mg/kg$；兔急性经皮 $LD_{50}>2000mg/kg$；大鼠急性吸入 LC_{50} 513mg/L；本品对兔眼睛和兔皮肤无刺激。鱼毒 LC_{50}（96h，mg/ L）：大翻车鱼48，虹鳟鱼33；水蚤 LC_{50}（48h）：38mg/ L。Ames 等试验呈阴性，无致突变性。

应用 适用的作物有橄榄、柑橘、森林及非耕地等。在土壤中可进行微生物降解和光解作用，无生物积累现象，对环境和作物安全。防除许多阔叶杂草（如苋、马齿苋、藜、芥菜、千里光、龙葵等）及禾本科杂草如狗尾草、马唐、早熟禾、稗草等。对三嗪类、芳氧羧酸类、环己二酮类和 ALS 抑制剂，如磺酰脲类除草剂等产生抗性的杂草有特效。

9. 磺酰唑草酮 （sulfentrazone）

$C_{11}H_{10}Cl_2F_2N_4O_3S$, 387.19, 122836-35-5

商品名称有：Authority（美国）、Boral（巴西）、Capaz（拉丁美洲）、F6285、FMC97285、甲磺草胺。

理化性质 纯品为棕黄色固体，相对密度1.34(20℃)；熔点121～123℃；蒸气压 1.3×10^{-4} Pa(25℃)。水中溶解度（25℃）（mg/L）：0.11(pH 6)、0.78(pH 7)、16(pH 7.5)。可溶于丙酮和大多数极性有机溶剂。

合成方法

毒性 大鼠急性经口 LD_{50} 为2855mg/ kg，兔急性经皮 $LD_{50}>2000$mg/ kg，对兔眼睛无刺激，对兔皮肤有轻微刺激，但无致敏性。大鼠急性吸入 LC_{50} 为4.14mg/ L。鱼毒 LC_{50}（96h）：虹鳟鱼 >130mg/L，对水蚤 LC_{50}（48h）：6014mg/ L。Ames 试验呈阴性。小鼠淋巴瘤和活体小鼠微核试验呈阴性。

应用 适宜于大豆、玉米、高粱、花生、向日葵等作物安全；并对下茬禾谷类作物安全，但对棉花和甜菜有一定的药害，可防除一年生阔叶杂草、禾本科杂草及莎草等。对目前较难防除的牵牛、藜、苍耳、香附子等杂草有卓效。它可苗前土壤处理或苗后使用。在土壤中残效期较长，半衰期为110～280d。使用剂量为350～400g(a.i.)/ hm²。在我国登记用于大豆田防除阔叶杂草及部分禾本科杂草。

10. 唑酮草酯 （carfentrazone-ethyl）

$C_{15}H_{14}Cl_2F_3N_3O_3$, 412.19, 128621-72-7

理化性质 纯品为黏稠黄色液体，相对密度 1.457(20℃)；蒸气压为 1.6×10^{-5} Pa（25 ℃）。分配系数 $K_{ow} \lg P = 3.36$；溶解度（20℃）：在水中 $12\mu g/L$，$22\mu g/L$（5℃）。

合成方法

毒性 大鼠急性经口 LD_{50} 为 5143mg/kg；兔急性经皮 $LD_{50} > 4000mg/kg$；本品对兔眼睛有轻微刺激，对兔皮肤无刺激。大鼠急性吸入 LC_{50}：5mg/L（4h）。鱼毒 LC_{50}：$1.6\sim4.3mg/L(96h)$，对水蚤 LC_{50}：60.4mg/L（48h）。Ames 试验呈阴性。小鼠淋巴瘤和活体小鼠微核试验呈阴性。

应用 该药属卟啉原氧化酶抑制剂，使细胞内容物渗出，细胞死亡。触杀型茎叶处理剂，特别是对磺酰脲类有抗性的杂草有特效，后茬作物安全，杀草谱广，用量少、杀草速度快。在禾谷类作物上使用，用于苗后叶面处理，使敏感阔叶杂草传导受阻而很快干枯死亡，对小麦、玉米等禾谷类作物安全，对在长期使用磺脲类除草剂地区产生抗药性的杂草具有特效，对后茬作物安全。

参考文献

[1] 李斌. 原卟啉原氧化酶抑制剂的研究进展. 南开大学元素有机化学所，2003.

[2] 李斌. 1（杂环基），2，4，5-四取代苯的合成、除草活性及构效关系研究. 南开大学元素有机化学所，2005.

[3] 吴超. 新型吡唑并四嗪酮类及吡唑并嘧啶二酮类化合物的设计、合成及生物活性的研究. 南开大学元素有机化学所，2005.

[4] 李华斌. 新型原卟啉原氧化酶抑制剂的设计、合成与生物活性研究. 南开大学元素有机化学所，2008.

[5] 张莉. 基于结构的新型原卟啉原氧化酶抑制剂的合理设计、合成和除草活性. 华中师范大学，2007.

[6] 苏少泉. 靶标原卟啉原氧化酶除草剂的发展. 农药，2005，44（8）：342-346.

[7] Duke S O，Rebeiz C A. Porphyrin biosynthesis as a tool in pest managenment：An overview. In：Duke S O，Rebeiz C A eds. Porphyric Pesticides：Chemistry，Toxicology and Pharmaceutical Applications. Washington D C：ACS Symp Ser 559，1994. 1-17.

[8] Poulson R，Polglase W J. The enzymic conversion of protoporphyrinogen IX to protoporphyrin IX. Protoporphyrinogen oxidase activity in mitochondrial extracts of Saccharomyces cerevisiae J Biol Chem，1975，250：1269-1274.

[9] Poulson R. The enzymic conversion of protoporphyrinogen IX to protoporphyrin IX in mammalian mitochondria J Biol Chem，1976，251：3730-3733.

[10] Adomat C，Böger P. Cloning，Sequence，Expression，and Characterization of Protoporphyrinogen IX Oxidase from Chicory. Pestic Biochem Physiol，2000，66：49-62.

[11] Arnould S，Takahashi M，Camadro J M. Stability of recombinant yeast protoporphyrinogen oxidase：effects of diphenyl ether-type herbicides and diphenyleneiodonium. Biochemistry，1998，37(37)：12818-12828.

[12] Yamato S，Suzuki Y，Katagiri M. Protoporphyrinogen-oxidizing enzymes of tobacco cells with respect to light-dependent herbicide mode of action. Pestic Sci，1995，43：357-358.

[13] Yamato S，Katagiri M，Ohkawa H. Measurement of protoporphyrinogen oxidase activity. Pestic Biochem Physiol，1994，50：72-82.

[14] Michael Koch，Constanze Breithaupt，Reiner Kiefersauer，et al. Crystal structure of protoporphyrinogen IX oxidase：a key enzyme in haem and chlorophyll biosynthesis. The EMBO Journal，2004，23(8)：1720-1728.

[15] Hazel R Corradi，Anne V Corrigall，Ester Boix，et al. Crystal structure of protoporphyrinogen oxidase from *Myxococcus xanthus* and its complex with the inhibitor acifluorfen. J Biol Chem，2006，281(50)：38625-38633.

[16] Liisa Holm，Chris Sander. Touring protein fold space with Dali/FSSP. Nucl Acids Res，1998，26：316-319.

[17] Scalla R,Matringe M. Inhibitors of protoporphyrinogen oxidase as herbicides: diphenyl ethers and related photobleaching molecules. Rev Weed Sci,1994,6:103 - 132.

[18] Matringe M,Camadro J M,Labbe P,et al. Protoporphyrinogen oxidase as a molecular target for diphenyl ether herbicides. Biochem J,1989,260(1):231-235.

[19] Debra A Witkowski,Blaik P Halling. Inhibition of plant protoporphyrinogen oxidase by the herbicide acifluorfen-methyl. Plant Physiol,1989,90:1239-1242.

[20] Nicolaus B G,Sandmann H,Watanabe K. Z Naturforsch C,1993,48(3-4):326-333.

[21] Larry P Lehnen Jr,Timothy D Sherman,José M Becerril,et al. Tissue and cellular localization of acifluorfen-induced porphyrins in cucumber cotyledons. Pestic Biochem Physiol,1990,37(3):239-248.

[22] Jacobs J M,Jacobs N J,Sherman T D,et al. Effect of diphenyl ether herbicides on oxidation of protoporphyrinogen to protoporphyrin in organellar and plasma membrane enriched fractions of barley. Plant Physiol,1991,97(1):197 - 203.

[23] Jacobs J M,Jacobs N J. Measurement of protoporphyrinogen oxidase activity. Plant Physiol,1993,101(4):1181-1187.

[24] Lee H J,Duke M V,Duke S O. Cellular localization of protoporphyrinogen-oxidizing activities of etiolated barley (Hordeum vulgare L.) leaves (relationship to mechanism of action of protoporphyrinogen oxidase-Inhibiting herbicides). Plant Physiol,1993,102(3):881-889.

[25] Retzlaff Karin,Böger Peter. An endoplasmic reticulum plant enzyme has protoporphyrinogen IX oxidase activity. Pestic Biochem Physiol,1996,54(2):105-114.

[26] Han O,Kim O,Kim C,et al. Bull Krocean Chem Soc. 1995,16(II),1013-1014.

[27] Dayan Franck E,Duke Stephen O. Porphyrin-generating herbicides. Pesticide Outlook,1996,7(5):22-27.

[28] Dayan Franck E,Duke Stephen O,Weete John D,et al. Selectivity and mode of action of carfentrazone-ethyl,a novel phenyl triazolinone herbicide. Pestic Sci,1997,51(1):65-73.

[29] Ronald L Ritter,Harold D Coble. Influence of temperature and relative humidity on the activity of acifluorfen. Weed Sci,1981,29:480-485.

[30] Ronald L Ritter,Harold D Coble. Penetration,translocation,and metabolism of acifluorfen in soybean (Glycine max), common ragweed (Ambrosia artemisiifolia),and common cocklebur (Xanthium pensylvanicum). Weed Sci,1981,29:474-480.

[31] Gene D Wills,Chester G McWhorter. Effect of environment on the translocation and toxicity of acifluorfen to showy crotalaria (Crotalaria spectabilis). Weed Sci,1981,29:397-401.

[32] FrearD S,Swanson H R. Metabolism of substituted diphenylether herbicides in plants. I. Enzymatic cleavage of fluorodifen in peas (Pisum sativum L.). Pestic Biochem Physiol,1973,3(4):473-482.

[33] Frear D S,Swanson H R,Mansager E R. Acifluorfen metabolism in soybean: Diphenylether bond cleavage and the formation of homoglutathione,cysteine,and glucose conjugates. Pestic Biochem Physiol,1983,20(3):299-310.

[34] Franck E Dayan,John D Weete,Stephen O Duke,et al. Soybean (Glycine max) cultivar differences in response to sulfentrazone. Weed Sci,1997,45:634-641.

[35] Dayan Franck E,Armstrong Brian M,Weete John D. Inhibitory activity of sulfentrazone and its metabolic derivatives on soybean (Glycine max) protoporphyrinogen oxidase. J Agric Food Chem,1998,46(5):2024-2029.

[36] Corradi Hazel R,Corrigall Anne V,Boix Ester,et al. Crystal structure of protoporphyrinogen oxidase from Myxococcus xanthus and its complex with the inhibitor acifluorfen. J Biol Chem,2006,281(50):38625-38633.

[37] Holm Liisa,Sander Chris. Touring protein fold space with Dali/FSSP. Nucl Acids Res,1998,26:316-319.

[38] Wakabayashi Ko,Böger Peter. Peroxidizing herbicides (Ⅱ):structure-activity relationship and molecular design. Z Naturforsch,C,1995,50(9,10):591-601.

[39] Wakabayashi K,Boger P. Peroxidizing herbicides:Mechanism of action and molecular design,in Intern. Congress Pesticide Chemistry. 1994,IUPAC:Washington D. C. p. 751.

[40] Böger P,Wakabayashi K. Peroxidizing Herbicides,Springer-Verlag Berlin Heidelberg,1999:1-2.

[41] Matsunaka S. Diphenyl ethers chap 14. In:Kearney P C,Kaufman D D (eds) Herbicides:chemistry,degradation and mode of action,Dekker,New York,1976,709-739.

[42] Nandihalli Ujjana B,Duke Mary V,Duke Stephen O. Quantitative structure-activity relationships of protoporphyrinogen oxidase-inhibiting diphenyl ether herbicides. Pestic Biochem Physiol,1992,43(3):193-211.

[43] Becke A D. Density-functional thermochemistry. Ⅲ. The role of exact exchange. J Chem Phys,1993,98:5648-5652.

[44] Perdew J P,Wang Y. Phys Rev B,1992,45,13244-13249.

[45] Foresman J B, Frisch A. Exploring Chemistry with Electronic Structure Methods, in（Ed.）. 1996, Gaussian Inc.：Pittsburgh, PA.

[46] Frisch M J, Trucks G W, Schlegel H B, et al., Gaussian 03, Revision B. 03, in（Ed.）. 2003：Gaussian, Inc.：Pittsburgh, PA.

[47] Petersson G A, Bennett A, Tensfeldt T G, et al. A complete basis set model chemistry. I. The total energies of closed-shell atoms and hydrides of the first-row elements. J Chem Phys, 1988, 89(4)：2193-2218.

[48] Ishida S, Iida T, Kohno H. Nippon Noyaku Gakkaishi, 1999, 24(1)：28-32.

[49] 柏再苏，王大翔. 新杂环农药的研究发展及合成方法. 北京：化学工业出版社，2004. 360-575.

[50] Tadeo J L, Sanchez-Brunete C, Perez R A. Analysis of herbicide residues in cereals, fruits and vegetables. J Chromatogr A, 2000, 882：175-191.

[51] 张一宾. 过氧化型除草剂的研究开发现状和今后展望. 农药译丛，1997, 19(6)：1-11.

[52] Wakabayashi K J. Pestic Sci, 1988, 13(2)：337-361.

[53] Ishida S, Hirai K, Kohno H. Nippon Noyaku Gakkaishi. 1997, 22：299-302.

[54] Hiroki Ohta, Tetsuo Jikihara, Ko Wakabayashi, et al. Quantitative structure-activity study of herbicidal N-aryl-3, 4, 5, 6-tetrahydrophthalimides and related cyclic imides Pestic Biochem Physiol, 1980, 14(2)：153-160.

[55] Hiroyuki Watanabe, Yuji Ohori, Gerhard Sandmann, et al. Quantitative correlation between short-term accumulation of protoporphyrin IX and peroxidative activity of cyclic imides. Pestic Biochem Physiol, 1992, 42(2)：99-109.

[56] Theodoridis George, Baum Jonathan S, Hotzman Frederick W, et al. Synthesis and herbicidal properties of aryltriazolinones. A new class of pre- and postemergence herbicides. ACS Symposium Series, 1992, 504（Synth. Chem. Agrochem. III）：134-46.

[57] Theodoridis George, Poss Kathleen M, Hotzman Frederick W. Herbicidal 1-（2, 4-dihalo-5- phenoxyphenyl）-4-difluoromethyl-4, 5-dihydro-3-methyl-1, 2, 4-triazolin-5（1H）-one derivatives. Synthesis and structure-activity relationships. ACS Symposium Series, 1995, 584（Synthesis and Chemistry of Agrochemicals IV）：78-89.

[58] Theodoridis George, Bahr James T, Davidson Bruce L, et al. Alkyl 3-[2, 4-disubstituted-4, 5-dihydro-3-methyl-5-oxo-1H-1, 2, 4- triazol-1-yl] phenyl] propenoate derivatives. Synthesis and structure-activity relationships. ACS Symposium Series, 1995, 584（Synthesis and Chemistry of Agrochemicals IV）：90-99.

[59] George Theodoridis, Frederick W. Hotzman, Lynn W. Scherer, et al. Synthesis and structure-activity relationships of 1-aryl-4- substituted-1, 4-dihydro-5H-tetrazol-5-ones, a novel class of pre- and post-emergence herbicides. Pestic Sci. 1990, 30：259-274.

[60] Theodoridis George, Hotzman Frederick W, Scherer Lynn W, et al. Design and synthesis of 1-aryl-4-substituted-1, 4-dihydro-5H-tetrazol-5-ones. A novel pre- and postemergence class of herbicides. ACS Symposium Series, 1992, 504（Synth. Chem. Agrochem. III）：122-33.

[61] 张仲贞. 噁嗪酮（pentoxazone）——一种新颖的稻田除草剂. 世界农药 1999, 21(4)：58-59.

[62] Kenji H, Tomoyuki Y, Tomoko M, et al. Synthesis and Herbicidal activity of new oxazolidinedione derivatives. J Pestic Sci, 1999, 24：156-169.

[63] Theodoridis George. Structure-activity relationships of herbicidal aryl-triazolinones. Pestic Sci, 1997, 50：283-290.

[64] Lyga John W, Chang Jun H, Theodoridis George, et al. Structural replacements for the benzoxazinone protox inhibitors. Pestic Sci, 1999, 55：281-287.

[65] Lyga J W, Halling B P, Witkowski D A. Synthesis, herbicidal activity, and action mechanism of 2-aryl-1, 2, 4-triazine-3, 5-diones, in Synthesis and chemisty of agrochemical II, D. R. Baker, J. G. Fenyes, W. K. Moberg(Ed.) Vol. ACS Symposium Series 443. 1991, Am Chem Soc, Washington, DC. pp. 170-181.

[66] Hirokazu Osabe, Yasuo Morishima, Yukihisa Goto, et al. Quantitative structure—activity relationships of light-dependent herbicidal 4-pyridone-3-carboxanilides I. Effect of benzene ring substituents at the anilide moiety. Pestic Sci, 1992, 34(1)：17-25.

[67] John W Lyga, Russell M Patera, Marjorie J Plummer, et al. Synthesis, mechanism of action, and QSAR of herbicidal 3-substituted-2-aryl-4, 5, 6, 7-tetrahydroindazoles. Pestic Sci, 1994, 42：29-36.

[68] 王瑾玲，李爱秀. 二苯醚类原卟啉原氧化酶抑制剂的构效关系研究. 计算机与应用化学 2000, 17(1)：25-26.

[69] Ryoichi U, Yukiharu S, Akira N, et al. Molecular Shape Similarity of Cyclic Imides and Protonorphyrinogen IX. J Pestic Sci(Japanese). 1997, 22：314-320.

[70] Sato Y, Nnakayama A, Sukekawa M, et al. Molecular shape similarity between cyclic imides and protoporphyrinogen IX.

Pestic Sci,1999,55(3): 345-347.

[71] Zhang L,Hao G-F,Tan Y,et al. Bioactive conformation analysis of cyclic imides as protoporphyrinogen oxidase inhibitor by combining DFT calculations,QSAR and molecular dynamic simulations. Bioorg Med Chem,2009,17: 4935-4942.

[72] Kohno H,Hirai K,Hori M Z. Natruforsch 1993,48c: 334.

[73] Akagi T,Skashita N. A quantum chemical study of light-dependent herbicides. Zeitschrift fuer Naturforschung,C: Journal of Biosciences,1993,48(3-4): 345-9.

[74] Kenji Hagiwara, Akira Nakayama. Molecular Similarity of Peroxidizing Herbicides. J Pestic Sci(Japanese),1994,19: 111-117.

[75] 苏少泉. 靶标原卟啉原氧化酶除草剂的发展. 农药,2005,44(8): 342-346.

[76] Meazza G,Bettarini F,La Porta Piero,et al. Synthesis and herbicidal activity of novel heterocyclic protoporphyrinogen oxidase inhibitors. Pest Manag Sci,2004,60(12): 1178-1188.

[77] 苏少泉. 二苯醚类除草剂的进展（上）. 世界农药,1981,(1):9-14.

[78] 苏少泉. 二苯醚类除草剂的进展（下）. 世界农药,1981,(2):25-30.

[79] http://blog. bandao. cn/archive/28606/blogs-272798. aspx

[80] 刘刚. 三氟羧草醚原药最新登记情况. 农药市场信息,2010,(2): 27.

[81] 江承艳. 高含量氟磺胺草醚原药合成. 农药,2006,45(2): 99-101.

[82] 刘长令. 世界农药大全·除草剂卷. 北京：化学工业出版社,2002 :185 - 200.

[83] 吴志凤. 乙氧氟草醚的应用前景与使用技术. 杂草科学,2004,(4): 12-14.

[84] Xu K,Zhou J,He W,et al. Preparation of herbicide oxyfluorfen. Faming Zhuanli Shenqing Gongkai Shuomingshu. CN 1363548(2002). CA 140:41902.

[85] Yoshimoto T,Igarashi K,Oda K,et al. 2-Chloro-4- trifluoromethylphenyl-3-nitrophenyl ether compounds and their use in the preparation of 2-chloro-4-trifluoromethylphenyl-4-nitrophenyl ether compounds. DE 2926829(1980). CA 93:7835.

[86] Bayer Horst O,Swithenbank Colin,Yih Roy Y. Herbicidal 4-trifluoromethyl-4′-nitrodiphenyl ethers. US 4046798(1977). CA 87:201082.

[87] 赵霄,张一宾. 新颖二苯醚类除草剂 HC-252. 农药市场信息 2001,(2): 16.

[88] 张永斌. 丙炔氟草胺：一个新的旱田除草剂. 世界农药,2003,25 (4): 48-50.

[89] Ganzer Michael,Franke Wilfried,Dorfmeister Gabrielle,Johann Gerhard,Arndt Friedrich,Rees Richard. Preparation of heterocyclyloxobenzazoles and -azines as herbicides. EP 311135. 1989.

[90] Nagano Eiki,Haga Toru,Sato Ryo,et al. Tetrahydrophthalimides. EP 170191. 1986.

[91] 张李勇,王敏. 氟胺草酯的合成. 农药,2007,46(5): 307-309.

[92] 吴浩,谢春艳,李永会. 新型大豆田除草剂氟胺草酯的合成工艺研究. 农药,2000,39(11): 14-15.

[93] 李永忠,徐保明. 丙炔恶草酮的合成研究. 湖北化工 2001,(5),39-40.

[94] 刘长令. 近几年开发的国外农药新品种（1）. 农药,1999,38(3): 39-41.

[95] Shapiro Rafael. Cyclocondensation process to prepare herbicidal bicyclic triazoles. WO 9422828. 1994.

第四章
八氢番茄红素脱氢酶抑制剂

在高等绿色植物中，类胡萝卜素有着重要的作用。它是合成光合细胞器的组成部分，用来组成光合反应中心；在光吸收中，类胡萝卜素作为辅助色素承担了光合系统中电子传递的作用；类胡萝卜素还是光合作用中的保护性物质，它能够保护光合系统，特别是在强光压力下，免于被激发的三线态叶绿素氧化。因此，具有直接或间接抑制类胡萝卜素的合成，使其浓度的降低，导致其不能发挥有效的保护作用，最终在强烈光线的照射下，叶绿素降解，植株表现出典型的白化现象，最终导致植株死亡的除草剂统称为白化除草剂。而本章介绍的八氢番茄红素去饱和酶（phytoene desaturase，PDS）抑制剂属于为上述白化除草剂中的一类，其通过抑制类胡萝卜素的合成，致使植物光合活性的降低，进而表现出白化直至死亡。

第一节　八氢番茄红素脱氢酶的功能及其抑制剂生物活性的测定方法

类胡萝卜素生物合成需要多种酶的参与（见图 3-4-1）。理论上讲，抑制参与催化的任何一种酶都能阻断类胡萝卜素的生成，最终导致植物死亡。目前，研究最为透彻的作用位点是八氢番茄红素去饱和酶（phytoene desaturase，PDS）以及 ξ -胡萝卜素去饱和酶（ξ -carotene desaturase，ZDS），尤其是 PDS。PDS 酶是位于叶绿体类囊体中与膜相连的酶。Al-Babili 采用离体培养法，以黄水仙中分离的有色体为研究材料，结果发现 PDS 酶受到抑制，因此可以判定作用位点就是相应功能的酶。PDS 酶也参与六氢番茄红素去饱和制备 ξ -胡萝卜素的反应，因此，PDS 酶受到抑制，六氢番茄红素的量也会有一定程度的积累，但积累程度不如八氢番茄红素明显。因此，可以把八氢番茄红素的积累作为 PDS 酶抑制剂发挥作用的证据之一。

在蓝藻、藻类和高等植物中，八氢番茄红素和 ξ -胡萝卜素通过在对称的分子中每侧消去氢原子形成两个双键，完成脱氢过程，烟酰胺腺嘌呤二核苷酸（NAD）和烟酰胺腺嘌呤二核苷酸磷酸盐（NADP）是离体反应中氢的受体。2001 年，Breitenbach 等人发现质体醌是八氢番茄红素脱氢酶的重要辅助因子，它的亲和能力比 NADP 强 20 倍，质体醌也参与 ξ -胡萝卜素的脱氢作用，恰好解释了为什么 HPPD 抑制剂的存在和质体替代氧化酶的突变会影响八氢番茄红素脱氢作用，引起八氢番茄红素的累积。八氢番茄红素脱氢酶的体外酶动力学研究发现，不同类型的白化除草剂与底物八氢番茄红素均没有竞争作用，但与辅助因子质体醌和 NADP 有竞争作用。

八氢番茄红素脱氢酶是完整的膜蛋白，很难从植物和微生物中提取出来进行离体测定。1996 年，Sandmann 等人报道了体外实验方法，在大肠杆菌中功能性的表达植物类型的八氢番茄红素脱氢酶，同时在转化体中合成反应的底物——八氢番茄红素。这一方法可用于测定抑制剂离体条件下对八氢番茄红素脱氢酶的抑制活性以及进行抑制剂存在下的酶动力学研究和抑制剂分子的结构与活性研究。

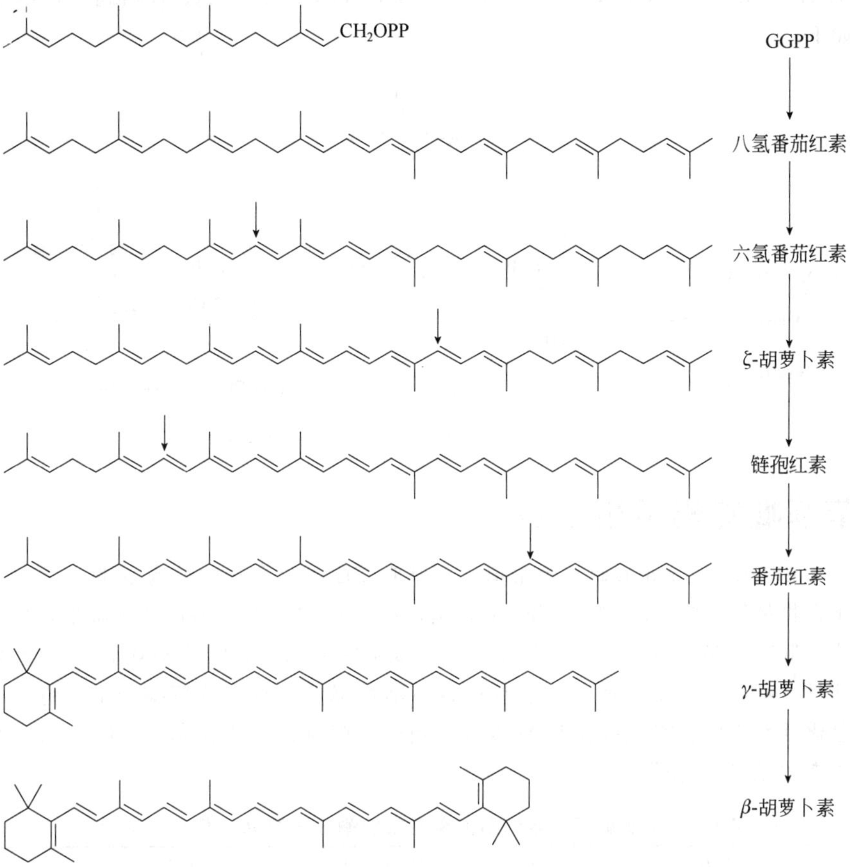

图 3-4-1 β-胡萝卜素的形成过程

第二节 八氢番茄脱氢酶抑制剂的种类与构效关系

多种结构类型的八氢番茄红素脱氢酶抑制剂均能造成植物体内八氢番茄红素的积累。在这些抑制剂中，既包括一些经典的直接作用于八氢番茄红素脱氢酶的除草剂，也包括抑制生物催化合成质体醌的对羟基苯基丙酮酸双氧化酶（HPPD）的苯甲酰环己二酮等的除草剂。目前，PDS 抑制剂通常所指为第一类除草剂。到目前为止，达草灭（norflurazon）、吡氟草胺（diflufenican）、氟啶草酮（fluridone）、氟咯草酮（flurochloridone）和呋草酮（flurtamone）这些 PDS 抑制剂都已成功上市。最近，氟吡草胺（picolinafen）和氟丁酰草胺（beflubutamid）也正在上市过程中。已报道的 PDS 抑制剂大致分为如下五类：四氢嘧啶酮（环状脲）类、苯基吡啶酮类衍生物、2,6-二苯基吡啶类、二苯基吡咯烷酮类及 3-三氟甲基-1,1'-联苯衍生物。它们的结构特点分述如下。

一、取代四氢嘧啶酮（环状脲）类

1990 年，拜耳公司报道了取代四氢嘧啶酮类的 PDS 抑制剂，测定了大约 150 个化合物的对类胡萝卜素的抑制效果，I_{50} 值在 10^{-7} mol/L 量级；在六元环脲体系中，具有良好抑制活性的化合物，取代基 A、B 应为苯基或萘基；苯环间位上至少有一个吸电子高亲脂性基团；一个苯环上有两个取代基时，取代基在 3,5-位上对活性是有利的；每侧苯环上各有一个取代基时，其中一个取代基应该在间位，另一个取代基在邻位或间位。取代基的活性顺序为：$CF_3 >$ Cl, Br, $SCH_3 \geqslant$ F, OCH_3,

OC_3H_7-i，$OC_6H_5 \gg CH_3 \gg COCH_3$，$CO_2C_2H_5$，$NO_2$，$SO_2CH_3$；当 A、B 相同时，中心杂环不同，则构效关系如下。

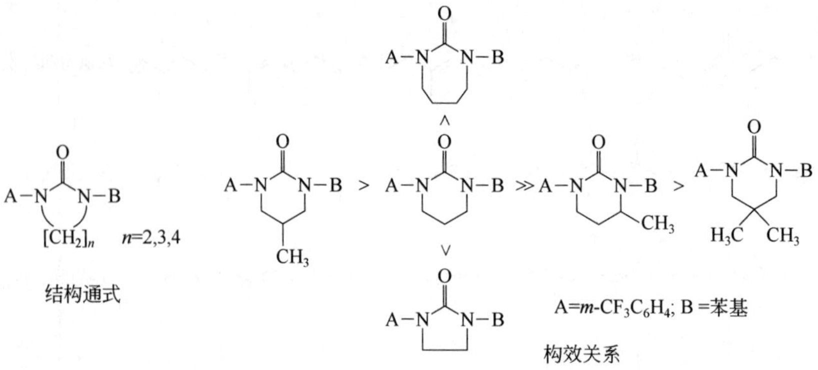

A＝m-$CF_3C_6H_4$；B＝苯基

构效关系

二、苯基吡啶酮类衍生物

1992 年，Gerhard Sandmann 研究组报道了苯基吡啶酮类化合物的结构-活性关系（见表 3-4-1）。活性最好的化合物是氟草酮（**3-4-1**）。CF_3 由亲脂性小的 Cl（**3-4-2**）代替后活性降低，由 COOH（**3-4-8**）代替后活性降低得更多。当去掉一个苯环，同时吡啶酮环的芳香结构破坏后，化合物 **3-4-10**、**3-4-11** 无抑制活性。把其中一个苯环由苯氧基代替后活性降低。修饰氟草酮分子，将 N 上的甲基换作乙基后，白化活性降低。将吡啶酮环饱和后得到的哌啶酮的活性降低。4-位上的酮基用 OCH_3、$N(CH_3)_2$、Cl 替换后活性也降低。

表 3-4-1　在吡啶酮环上修饰后的苯基吡啶酮分子的 IC_{50} 值/（$\mu mol/L$）[①]

编号	结构	IC_{50}	编号	结构	IC_{50}
3-4-1	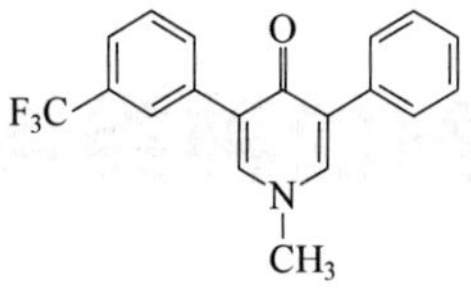	0.27	**3-4-5**	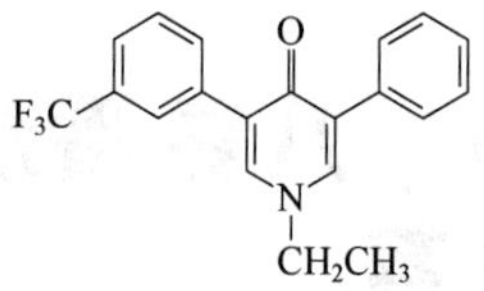	25.00
3-4-2	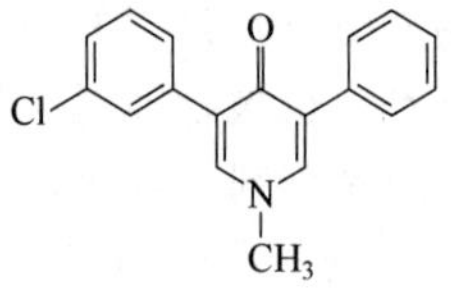	1.80	**3-4-6**	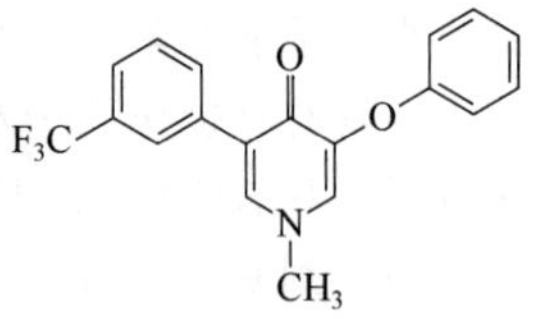	28.50
3-4-3	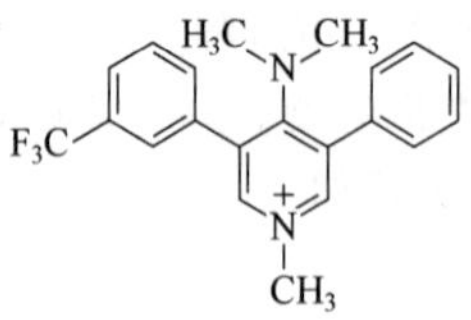	22.75	**3-4-7**	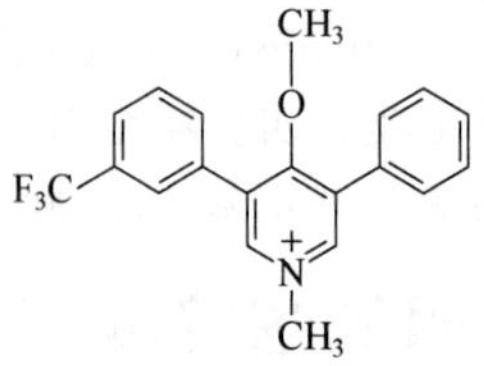	30.00
3-4-4	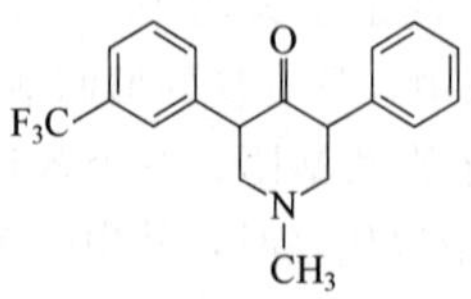	24.50	**3-4-8**	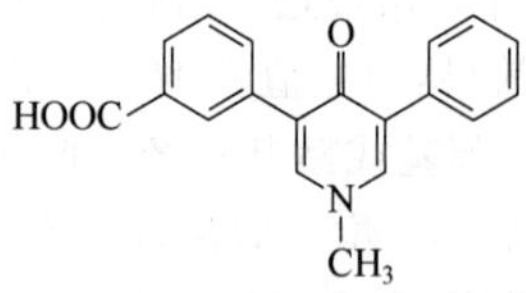	76.70

续表

编号	结构	IC₅₀	编号	结构	IC₅₀
3-4-9		100.00	3-4-11		>100
3-4-10		>100	3-4-12		>100

① 数值由 *Aphanocapsa* cells 中类胡萝卜素的含量计算得到。

从表 3-4-1 中总结出：吡啶酮结构中的芳香性对抑制活性有影响，但不是化合物具有抑制活性的必要条件；苯环在吡啶酮中 3-位和 5-位的取代是有利的，高亲脂性和强吸电子的取代基取代 5-位苯环的间位，更有利于活性的提高；取代吡啶酮 N 上取代基的大小是影响活性的重要因素之一；吡啶酮 4-位上的取代基的电荷密度也会影响活性。当酮基被甲氧基或二甲氨基取代后能保留部分的活性。

三、2，6-二苯基吡啶类

1992 年，Bayer 公司报道了二苯基吡啶类型的化合物能够抑制类胡萝卜素的生物合成。利用 2，6-二苯基吡啶系列中的 5 个化合物研究了 *catharanthus* 细胞和活体 *Anacystis* 中结构与活性的关系。通过对表 3-4-2 中四个参数（450nm 下显色，细胞生长，胡萝卜素和八氢番茄红素的含量）的分析说明：吡啶环上取代基 X 为乙氧基时，3-4-16 比甲硫基衍生物 3-4-15 活性高；两个苯环间位均有取代基的衍生物 3-4-15 时，比只有一个苯环有取代基的衍生物 3-4-13、3-4-14 时活性好，在第二个苯环上间位的取代 3-4-16 比邻位取代 3-4-17 活性好。该结果也适用于活体 *Anacystis* 中。但是在活体 *Anacystis* 中，活性高低顺序有所改变。

表 3-4-2 2，6-二苯基吡啶系列结构与活性的关系

		3-4-13	3-4-14	3-4-15	3-4-16	3-4-17	空白对照
	R¹	3-Cl	3-CF₃	3-CF₃	3-CF₃	3-CF₃	
	R²	H	H	3-Cl	3-Cl	2-Cl	
	X	SCH₃	SCH₃	SCH₃	OC₂H₅	OC₂H₅	
450nm 下显色		0.024	0.102	0.019	0.018	0.030	1.795
细胞生长 mL（细胞压积）		3.0	3.5	2.7	2.5	3.0	4.4
胡萝卜素含量/%		4	17	3	2	4	100
八氢番茄红素含量/%		13715	8209	15755	15849	9724	100
级别		3	5	2	1	4	
Anacystis	I_{50} （μmol/L）	0.088	0.25	0.16	0.019	0.55	
	级别	2	4	3	1	5	

四、二苯基吡咯烷酮类

2001 年，Peter Böger 研究组报道了二苯基吡咯啉酮类的化合物，此类化合物对 PDS 有较好的

抑制效果，研究了1-苯基吡咯烷酮类化合物结构与活性的关系：①以前报道过 N-苯环的 3-位上有亲油性基团，如 CF_3 或 SCF_3 时，有很好的除草活性。比较表 3-4-3 和 3-4-4 中化合物 **3-4-18**，**3-4-23**，**3-4-24**，发现它们在体外抑制 PDS 酶实验中有高的抑制活性。因此，3-位上取代基的影响可以和毒性大小相联系。在吡咯烷酮中 N-苯环上最有前途的取代基是 3-Br、3-OCF_3 和 3-OCH_3（**3-4-25**，**3-4-24**，**3-4-23**），得到的相应的化合物的活性高于3-三氟甲基-1-苯基吡咯烷酮。这个例子说明3-三氟甲基苯基结构在白化除草剂中并不是必需的。②大多数活性白化除草剂的空间上要求在五元杂环远离酮基的一端有小的、未分枝的取代基。例如氟咯草酮中的-CH_2Cl 和呋草酮中的-$NHCH_3$。二苯基吡咯烷酮符合这个要求，-CH_2Br（**3-4-28**）和-CH_2Cl（**3-4-27**）比相应的-$CH_2CH_2CH_3$（**3-4-19**）活性高。③吡咯环上 4-位取代基的反式构型活性高（比较化合物 **3-4-18**，反式和 **3-4-19**，顺式）。④在 3-苯基环上，取代基在 3-位上的取代是最有利的。3-CH_3 和 3-Br（化合物 **3-4-20**，**3-4-21**）抑制活性最好；较大基团，例如 —OC_6H_5（**3-4-22**）也有较好的活性。F 原子在 2-位的取代比 3-位 F 取代活性低。二氟取代化合物（**3-4-31**、**3-4-32**）活性都比化合物 **3-4-18** 低。⑤在二苯基吡咯酮类化合物中活性最好的是 1-(3-溴苯基)-4-乙基-3-(3-氟苯基)-和 1-(3-三氟甲氧基苯基)-4-乙基-3-(3-氟苯基)-吡咯-2-酮（化合物 **3-4-25**、**3-4-24**）。

表 3-4-3　具有除草活性的二苯基吡咯酮类化合物

化合物	X	Y	Z^1	Z^2	化合物	X	Y	Z^1	Z^2
3-4-18	3-CF_3	3-F	C_2H_5	H	**3-4-26**①	3-CF_3	3-F	H	C_2H_5
3-4-19	3-CF_3	3-F	n-C_3H_7	H	**3-4-27**	3-CF_3	3-F	CH_2Cl	H
3-4-20	3-CF_3	3-CH_3	C_2H_5	H	**3-4-28**	3-CF_3	3-F	CH_2Br	H
3-4-21	3-CF_3	3-Br	C_2H_5	H	**3-4-29**②	3-CF_3	3-F	C_2H_5	H
3-4-22	3-CF_3	3-OC_6H_5	C_2H_5	H	**3-4-30**③	3-CF_3	3-F	C_2H_5	H
3-4-23	3-OCH_3	3-F	C_2H_5	H	**3-4-31**	3-CF_3	3，4-diF	C_2H_5	H
3-4-24	3-OCF_3	3-F	C_2H_5	H	**3-4-32**	3-CF_3	3，5-diF	C_2H_5	H
3-4-25	3-Br	3-F	C_2H_5	H					

①　**3-4-26** 是 (3R，4R) 和 (3R，4S) 的混合物。

②　**3-4-29** 有一个 (R)-5-CH_3 基团。

③　**3-4-30** 有一个 (R)-3-CH_3 基团。

表 3-4-4　二苯基吡咯酮类化合物的除草活性

化合物	pMBC	pI_{50} (ChI)	pI_{50} (Caro)	pI_{50} (PDS)	化合物	pMBC	pI_{50} (ChI)	pI_{50} (Caro)	pI_{50} (PDS)
3-4-18	6.70	nt①	7.40	7.30	**3-4-26**	4.43	5.72	5.58	5.70
3-4-19	4.96	nt	6.17	6.30	**3-4-27**	6.09	nt	7.32	7.89
3-4-20	5.94	7.54	7.18	8.04	**3-4-28**	5.86	nt	7.47	8.08
3-4-21	6.14	7.62	7.27	8.38	**3-4-29**	4.09	nt	5.15	<4.7
3-4-22	4.33	5.67	7.15	7.74	**3-4-30**	2.26	nt	4.85	<4.7
3-4-23	6.24	7.20	7.64	8.44	**3-4-31**	6.97	nt	6.34	6.52
3-4-24	7.09	nt	7.12	8.54	**3-4-32**	6.57	nt	5.59	6.38
3-4-25	6.96	nt	8.00	8.80					

①　nt 指未测试。

五、3-三氟甲基-1,1′-联苯衍生物

Bernd Laber 等人开发了一系列 3-三氟甲基-1,1′-联苯衍生物（见图 3-4-2）作为白化除草剂，取代基分别为噻唑、噻二唑和苯并噻唑或取代的 3-三氟甲基-1,1′-苯并噁唑的衍生物。研究组合成了 62 个衍生物，利用同位素标记方法测定了离体条件下抑制八氢番茄红素脱氢酶的 IC_{50} 值。

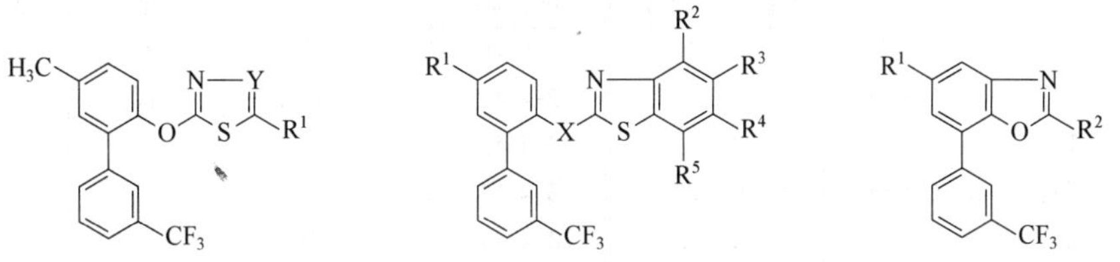

图 3-4-2　3-三氟甲基-1,1′-联苯类衍生物的结构

为了比较这一类新的化合物对八氢番茄红素脱氢酶的抑制活性，表 3-4-5 中列出了 5 种已知八氢番茄红素抑制剂的 IC_{50} 值，从表中可以看出，呋草酮和氟啶草酮是活性较高的抑制剂，比达草灭和吡氟草胺的活性好，而氟咯草酮的活性在这 5 种抑制剂中是最低的，比活性最好的呋草酮低大约30 倍。

表 3-4-5　5 种已知八氢番茄红素脱氢酶抑制剂的 IC_{50} 值

除草剂	吡氟草胺	达草灭	氟咯草酮	呋草酮	氟啶草酮
IC_{50}/（μmol/L）	0.14	0.3	1.5	0.053	0.06

首先合成了噻唑或噻二唑醚类化合物（见表 3-4-6），离体实验发现这类化合物在抑制水仙八氢番茄红素脱氢酶时与达草灭活性相当，相继合成了一系列化合物来研究这类新的八氢番茄红素脱氢酶抑制剂结构与活性的关系。

其中，在噻唑类（Y＝C—R^2）化合物中（见表 3-4-6，3-4-33～3-4-36），当把化合物 3-4-33 中的三氟甲基用甲基（3-4-34）或氢（3-4-35）代替后活性降低；当 R^1、R^2 都为甲基取代时，活性提高 5 倍，得到的化合物与呋草酮活性相当。然后用取代的噻二唑环（Y＝N）代替噻唑环得到化合物 3-4-37～3-4-45。R^1 为甲基或三氟甲基取代的噻二唑醚（3-4-37，3-4-38）的活性分别是相应噻唑类似物（3-4-34，3-4-35）的 16 和 60 倍。R^1 上稍大的取代基（3-4-39～3-4-44）得到的活性也较好。但当为苯基取代时则得到无活性的化合物，这可能是由于立体障碍的缘故。这个系列中，活性最好化合物是 3-4-38，IC_{50} 值比呋草酮低 10 倍。考虑到苯并噻唑的亲油性更强，因此选择合成苯并噻唑类衍生物，得到的类似物 3-4-47 比表 3-4-6（3-4-33～3-4-36）中任何一个噻唑类化合物的活性都高，但比活性最好的噻重氮类抑制剂的活性稍低。在这类化合物中，首先研究 3-三氟甲基-1，1′-联苯部分中 R^1 取代基结构与活性的关系（见表 3-4-7，3-4-46～3-4-57）。化合物 3-4-46(R^1＝H) 和 3-4-54(R^1＝F) 的低活性表明在这个位置上需要一个比 F 大的基团，46～57 中其余化合物的活性都有增加。R^1 电子方面的效应并不重要，吸电子基团（NO_2，3-4-56）和给电子基团（OCH_3，3-4-57）的活性相当。这一系列化合物中活性最高的是 3-4-52，IC_{50} 值比母体化合物 3-4-47 低大约 1/25。然后研究了苯并噻唑部分中 R^4 位上的结构与活性的关系。3-4-58～3-4-64 中表明 H（3-4-47）如被大于 F（3-4-58）的任何基团取代后都会降低活性，较大的基团会降低活性至少 1/20。在这个位置上抑制活性仅和取代基的大小有关，吸电子基团（NO_2，3-4-63）和给电子基团（OCH_3，3-4-62）得到相等的活性。在 R^2、R^3、R^4、R^5 位上，用 Cl 原子研究取代基位置与活性的关系。当 Cl 在 R^3（3-4-66）或 R^4（3-4-59）上时，活性均降低，在 R^2（3-4-65）、R^5（3-4-67）位置时，活性较好，

但都比没有取代基的化合物 **3-4-47** 活性低。最后，研究 3-三氟甲基-1，1'-联苯和苯并噻唑部分环上 X 原子与活性的关系。当 O 原子（**3-4-47**）用 N 原子（**3-4-74**）代替后，活性会有微弱降低。当用酮基（**3-4-73**）取代后，活性降低大约 1/100。当 O 原子用 S 原子（**3-4-68**）、亚砜（**3-4-69**）、砜（**3-4-70**）、亚甲基（**3-4-71**）、羟甲基（**3-4-72**）或三级胺官能团取代时，活性完全消失。

表 3-4-6 噻唑类衍生物抑制八氢番茄红素脱氢酶的 IC_{50} 值

化合物	R^1	Y	$IC_{50}/(\mu mol/L)$	化合物	R^1	Y	$IC_{50}/(\mu mol/L)$
3-4-33	H	C-CF_3	0.34	**3-4-40**	C_2H_5	N	0.088
3-4-34	H	C-CH_3	0.49	**3-4-41**	CF_2SCH_3	N	0.029
3-4-35	H	C-H	3.7	**3-4-42**	OCH_3	N	0.15
3-4-36	CH_3	C-CH_3	0.065	**3-4-43**	SCH_3	N	0.029
3-4-37	CH_3	N	0.031	**3-4-44**	SO_2CH_3	N	0.16
3-4-38	CF_3	N	0.0057	**3-4-45**	苯基	N	>10
3-4-39	$CH(CH_3)_2$	N	0.13				

表 3-4-7 苯并噻唑类衍生物抑制八氢番茄红素脱氢酶的 IC_{50} 值

化合物	R^1	X	R^2	R^3	R^4	R^5	$IC_{50}/(\mu mol/L)$
3-4-46	H	O	H	H	H	H	0.93
3-4-47	CH_3	O	H	H	H	H	0.019
3-4-48	CHF_2	O	H	H	H	H	0.0064
3-4-49	$CHCH_2$	O	H	H	H	H	0.0073
3-4-50	CH_2OH	O	H	H	H	H	0.031
3-4-51	$COCH_3$	O	H	H	H	H	0.012
3-4-52	CHO	O	H	H	H	H	0.00075
3-4-53	CN	O	H	H	H	H	0.0054
3-4-54	F	O	H	H	H	H	0.17
3-4-55	Cl	O	H	H	H	H	0.019
3-4-56	NO_2	O	H	H	H	H	0.012
3-4-57	OCH_3	O	H	H	H	H	0.029
3-4-58	CH_3	O	H	H	F	H	0.064
3-4-59	CH_3	O	H	H	Cl	H	1.8
3-4-60	CH_3	O	H	H	CH_3	H	1.3
3-4-61	CH_3	O	H	H	CN	H	3.2
3-4-62	CH_3	O	H	H	OCH_3	H	4.7
3-4-63	CH_3	O	H	H	NO_2	H	2.9
3-4-64	CH_3	O	H	H	NH_2	H	6.8
3-4-65	CH_3	O	Cl	H	H	H	0.055
3-4-66	CH_3	O	H	Cl	H	H	0.45
3-4-67	CH_3	O	H	H	H	Cl	0.099
3-4-68	CH_3	S	H	H	H	H	>10
3-4-69	CH_3	SO	H	H	H	H	>10
3-4-70	CH_3	SO_2	H	H	H	H	>10
3-4-71	CH_3	CH_2	H	H	H	H	>10
3-4-72	CH_3	CHOH	H	H	H	H	>10
3-4-73	CH_3	CO	H	H	H	H	1.6
3-4-74	CH_3	NH	H	H	H	H	0.030
3-4-75	CH_3	NCH_3	H	H	H	H	>10
3-4-76	CH_3	$NCOCH_3$	H	H	H	H	>10

总的来说，在这个系列的化合物中，抑制水仙八氢番茄红素脱氢酶活性最好的是在3-三氟甲基-1,1'-联苯部分的 R^1 位上有一个小的取代基，通过 O 或 N 原子与没有官能团的苯并噻唑环连接得到的化合物 **3-4-52**，IC_{50} 值为 **3-4-47** 的 1/25，达草灭的 1/400。

　　基于3-三氟甲基-1,1'-联苯衍生物的抑制活性，Bernd Laber 等改变结构继续开发了取代的3-三氟甲基-1,1'-苯并噁唑化合物作为八氢番茄红素脱氢酶抑制剂。这个系列中最先合成出的化合物是 **3-4-80**，离体实验测定它具有八氢番茄红素抑制活性，活性是 **3-4-47** 的 5 倍。从 **3-4-80** 开始，首先研究改变 R^1 对抑制活性的影响（见表 3-4-8，**3-4-77**～**3-4-80**），发现与苯并噻唑系列中结构与活性的关系相似（见表 3-4-8，与 **3-4-46**～**3-4-57** 比较）。

表 3-4-8　苯并噁唑类衍生物抑制八氢番茄红素脱氢酶的 IC_{50} 值/(μmol/L)

化合物	R^1	R^2	IC_{50}	化合物	R^1	R^2	IC_{50}
3-4-77	Cl	C_6H_5	0.0013	**3-4-86**	CH_3	$2,4-F_2C_6H_3$	0.0098
3-4-78	CN	C_6H_5	0.0015	**3-4-87**	CH_3	$2-CH_3C_6H_4$	0.0062
3-4-79	NO_2	C_6H_5	0.0040	**3-4-88**	CH_3	$3-CH_3C_6H_4$	0.011
3-4-80	CH_3	C_6H_5	0.0035	**3-4-89**	CH_3	$3-CF_3C_6H_4$	0.034
3-4-81	CH_3	$4-FC_6H_4$	0.0037	**3-4-90**	CH_3	CF_3	0.33
3-4-82	CH_3	$4-ClC_6H_4$	0.010	**3-4-91**	CH_3	i-Bu	0.38
3-4-83	CH_3	$4-CH_3C_6H_4$	0.0092	**3-4-92**	CH_3	环丙基	0.39
3-4-84	CH_3	$4-CF_3C_6H_4$	0.029	**3-4-93**	CH_3	CH_3	1.4
3-4-85	CH_3	$4-OCH_3C_6H_4$	0.15	**3-4-94**	CH_3	CH_2CH_3	1.4

　　由于抑制活性与联苯结构中取代基的性质有关，改变不同的 R^2 基团研究结构与活性的关系。得到最好抑制活性的化合物是苯环上没有官能团的原始化合物 **3-4-80**。当苯环上用小的亲脂性基团取代后，活性有微弱降低。因此结构与活性的关系与苯并噻唑系列的不同。例如化合物 **3-4-81**～**3-4-84** 在苯环对位用 F、Cl、CH_3、OCH_3 取代后，抑制活性比未取代的 **3-4-80** 相应降低 1.1、2.9、2.6 和 43 倍，然而在苯并噻唑系列化合物 **3-4-58**～**3-4-60**、**3-4-62** 中，活性相应降低 3.4、68、95 和 247 倍。此外，为了研究苯环上取代基位置对活性的影响，在苯环的邻位、间位和对位引入甲基，相应化合物 **3-4-83**、**3-4-87**、**3-4-88** 的抑制活性变化的系数小于 2，也与苯并噻唑系列不同。当用小的烷基取代（化合物 **3-4-90**～**3-4-94**）代替 **3-4-80** 中的苯环时，活性降低较多。取代的3-三氟甲基-1,1'-苯并噁唑化合物是一系列高活性的八氢番茄红素脱氢酶抑制剂，至少比哒草醚活性高 230 倍，在这个系列中，活性最好的化合物是 **3-4-80**。3-三氟甲基-1,1'-联苯类型的 PDS 抑制剂是迄今为止报道的离体活性最好的 PDS 抑制剂，但自此以后没有相关化学公司对其研究进行过后续报道，文献中也没有此类化合物的具体的活体活性数据。

六、取代嘧啶类

　　2001 年，Gerhard Sandmann 对几类杂环类型的 PDS 抑制剂进行了结构-活性关系的总结。研究中涉及的 PDS 抑制剂列于图 3-4-3 中，比较嘧啶类 **3-4-100**、吡啶类 **3-4-101** 和嘧啶酮类 **3-4-102**，发现嘧啶和嘧啶酮衍生物的活性很高，比吡啶类 **3-4-101** 的活性高大约 2 倍。三嗪类化合物的活性 **3-4-97** 比带有相同取代基的嘧啶类化合物 **3-4-96** 的活性低大约 50%（见表 3-4-9）。取代二苯基吡啶酮类化合物氟啶草酮抑制八氢番茄红素脱氢酶的 I_{50} 值为 0.024 μmol/L，活性与高活性嘧啶类化合物 **3-4-95**、**3-4-96**、**3-4-98** 和 **3-4-99** 相当。

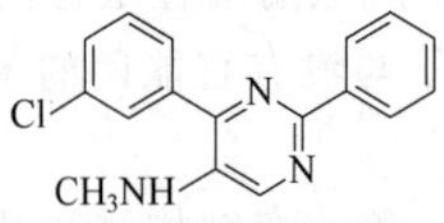
3-4-95

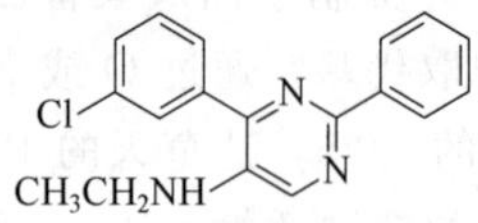
3-4-96

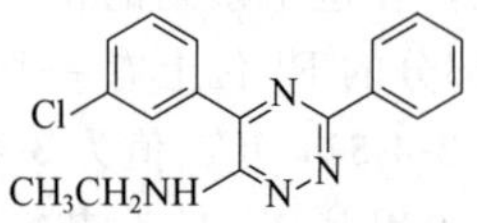
3-4-97

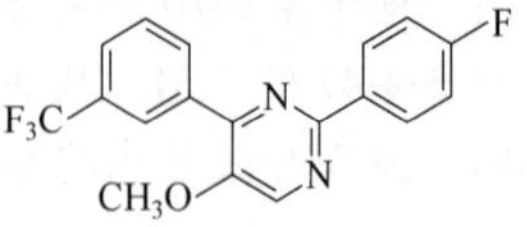
3-4-98

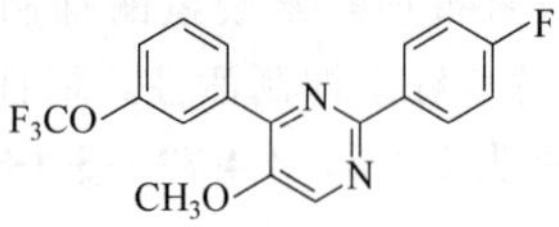
3-4-99

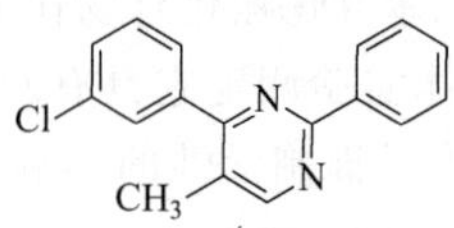
3-4-100

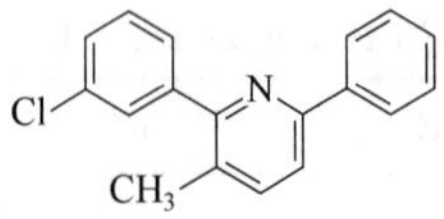
3-4-101

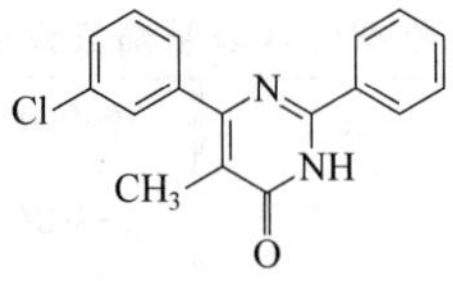
3-4-102

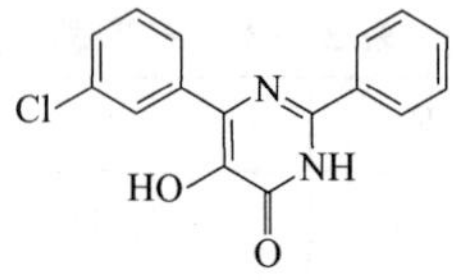
3-4-103

图 3-4-3 研究中涉及的不同杂环结构的八氢番茄红素脱氢酶抑制剂

表 3-4-9 离体实验中化合物与八氢番茄红素脱氢酶直接作用的 I_{50} 值（μmol/L）

化合物	I_{50}	化合物	I_{50}	化合物	I_{50}
3-4-95	0.028	**3-4-98**	0.017	**3-4-101**	18
3-4-96	0.013	**3-4-99**	0.011	**3-4-102**	9.7
3-4-97	0.025	**3-4-100**	7.8	**3-4-103**	1.4

在嘧啶系列中研究了取代基对八氢番茄红素脱氢酶的抑制作用的影响。在化合物 **3-4-98** 中，将 3-三氟甲基苯基用 3-三氟甲氧基苯基代替后得到化合物 **3-4-99**，**3-4-99** 的 I_{50} 值比 **3-4-98** 低，增加了对八氢番茄红素的抑制作用。通过与氟啶草酮衍生物比较，总结出 4-位上取代基的电子密度决定抑制活性。重叠结构表明氟啶草酮中的酮基能够被吡啶衍生物中的亚胺取代，例如化合物 **3-4-101** 和相应的嘧啶和三嗪中的 N 原子。因此，具有相同取代基的不同杂环化合物特定氮原子上的电负性分别为：嘧啶 **3-4-96**，−0.169；三嗪 **3-4-97**，−0.126。另外一些具有相同取代基的杂环化合物的电负性为：嘧啶酮 **3-4-102**，−0.196；嘧啶 **3-4-100**，−0.166；吡啶 **3-4-101**，−0.136。在每一组中，具有最高电负性的化合物是活性最好的化合物。杂环共轭体系中的其他影响很小，因为非芳香性的四氢吡啶酮和酮基吗啉也是很好的八氢番茄红素脱氢酶抑制剂。

抑制剂分子的带电区域在与八氢番茄红素脱氢酶作用时是很重要的，除此之外，中心杂环分子的全部长度也在抑制剂与假设的活性位点的对接中起决定因素。在氟啶草酮中，1-位上的取代基（远离酮基，在空间上与吡啶衍生物的 4-位相似）为甲基时比乙基的活性高。对于没有酮基的嘧啶衍生物来说，在 4-位上具有较大取代基 OC_2H_5 的化合物的抑制活性比取代基为 SCH_3 的活性高。图 3-4-3 中的嘧啶化合物，5-位上最好的取代基是 NHC_2H_5。总的来说，在具有中心杂环的二苯类八氢番茄红素抑制剂中可以发现，与靶标酶相互作用的结构上的因素。研究发现，与两个苯环相连原子的电负性影响抑制活性。换句话说，也就是如果有酮羰基存在，与酮羰基相连的原子的电负性影响抑制活性。此外，在杂环上远离电负性原子的部位需要有合适的取代基才能对八氢番茄红素脱氢酶产生最好的抑制活性。

图 3-4-4 总结了活性较好的 PDS 抑制剂的一般结构因素。大多数已知的白化除草剂符合这一模型，例如氟啶草酮、氟咯草酮（flurochloridone）、PCE 和 TMCP。其他化合物如吡氟草胺就较难放入这一模型中，但是，如果将酰胺基团看作中心杂环上的羰基，3-三氟甲基苯氧基代表 A 环，2,4-二氟苯基代表 C 环，吡氟草胺分子也与模型匹配得较好。

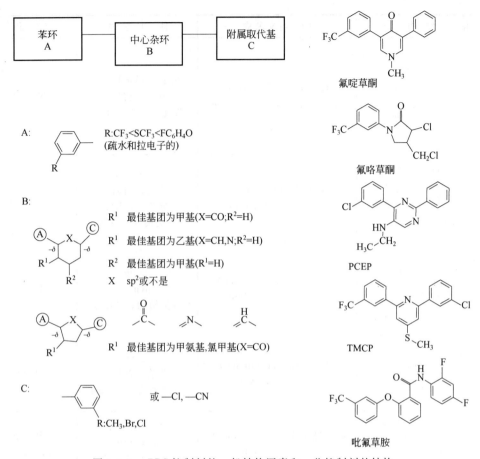

图 3-4-4　PDS 抑制剂的一般结构因素和一些抑制剂的结构

第三节　主要品种

八氢番茄红素脱氢酶是类胡萝卜素生物合成中的重要靶标酶，到目前为止，达草灭（norflurazon）、吡氟草胺（diflufenican）、氟啶草酮（fluridone）、氟咯草酮（flurochloridone）和呋草酮（flurtamone）这些 PDS 抑制剂都已成功上市。最近，氟吡草胺（picolinafen）和氟丁酰草胺（beflubutamid）也正在上市过程中。表 3-4-10 所示，这些 PDS 抑制剂的结构多样，但所有化合物中都有 3-三氟甲基苯基基团。

表 3-4-10　带有 3-三氟甲基苯基的商品化的 PDS 抑制剂

化 学 结 构	中、英文名称	使 用 方 法	专 利 号
达草灭（norflurazon）SAN-978938，Sandoz	达草灭（norflurazon）SAN-978938，Sandoz	$1\sim8kg/hm^2$，苗前，棉花、大豆、果园	CH 482684 US 3644355 US 3834889
氟咯草酮（flurochloridone）YH-44、R-40244，Stauffer Chemical	氟咯草酮（flurochloridone）YH-44、R-40244，Stauffer Chemical	$2.5\sim2kg/hm^2$ 苗前，棉花、土豆、谷物	DE 2612731

续表

化 学 结 构	中、英文名称	使 用 方 法	专　利　号
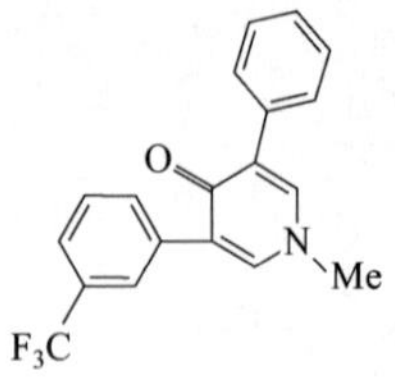	氟啶草酮 （fluridone） HOK-854、EL-171，Elanco	$2.25\sim4kg/hm^2$， 苗前、苗后， 棉花、谷物、水稻	DE 2537753
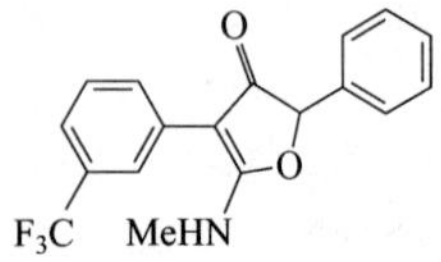	呋草酮 （flurtamone） RE-40885，Chevron	$250\sim500g/hm^2$ 苗前、苗后， 棉花、高粱、 谷类植物、花生	DE 3422346
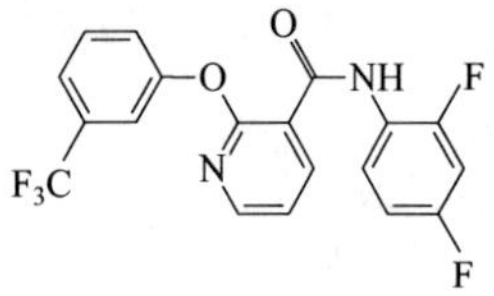	吡氟草胺 （diflufenican） MB-38544，Rhône Poulenc	$125\sim250g/hm^2$ 苗前， 谷类植物、向日葵	EP 53011
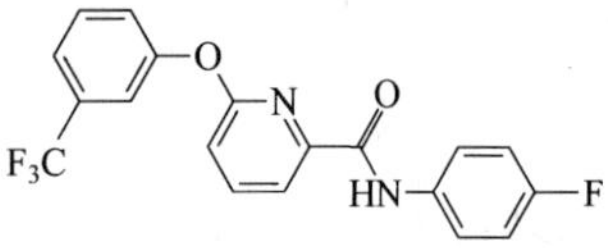	氟吡草胺 （picolinafen） AC 90001，ACC	$50g/hm^2$ 苗前、苗后， 谷类植物、lupines	EP 447004
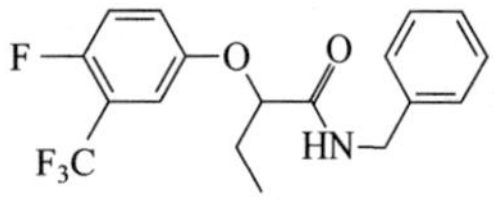	氟丁酰草胺 （beflubutamid） UBH-820，Ube	$170\sim255g/hm^2$ 苗后早期， 小麦、大麦、黑麦	JP 6310749 JP 01268658

1. 达草灭 （norflurazon）

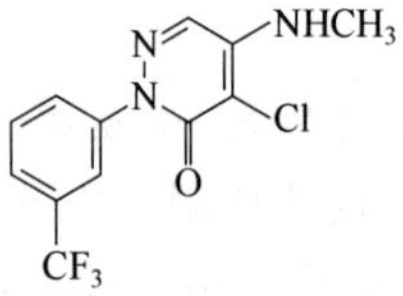

$C_{12}H_9ClF_3N_3O$, 303.67, 27314-13-2

达草灭又名达草伏、氟草敏，属哒嗪酮类 PDS 抑制剂，是由 Sandoz 公司开发的苗前除草剂。

合成方法　达草灭的制备主要通过如下路线：

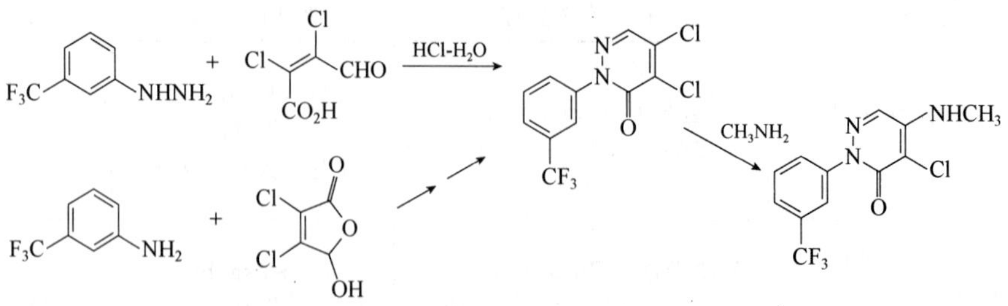

应用　它用于控制棉花、大豆、花生、柑橘、葡萄等作物中的一年生或多年生阔叶杂草，使用剂量为 $1\sim8kg/hm^2$。

2. 吡氟草胺 (diflufenican)

C₁₉H₁₁F₅N₂O₂, 368.26, 83164-33-4

吡氟草胺为吡啶甲酰胺类的除草剂，由罗纳普朗克 (Rhone-Poulenc) 公司开发。

理化性质 纯品为无色晶体，熔点 161～162℃。溶解度 (20℃)：水中 0.05mg/L，二甲基甲酰胺 100g/kg，苯乙酮、环己酮 50g/kg，环己烷、2-乙氧基乙醇、煤油＜10g/kg，二甲苯 20g/kg。

合成方法

毒性 LD₅₀ (mg/kg)：大鼠急性经口大于 2000，小鼠大于 1000，大鼠急性经皮大于 2000。在 14d 的亚急性试验中，在 1600mg/kg 饲料的高剂量下，对大鼠无不良影响，试验表明无诱变性。对兔皮肤和眼睛无刺激作用。大鼠 2 周饲喂试验无作用剂量为 1600mg/kg。动物试验未见致畸、致突变作用。

应用 属于类胡萝卜素生物合成抑制剂，是广谱的选择性麦田除草剂，导致叶绿素破坏及细胞破裂，植物死亡。以 125～250g/hm² 芽前或芽后施于秋播小麦和大麦田，防除禾本科和阔叶杂草，尤其是猪殃殃、婆婆纳和堇菜杂草。本药剂具有以下特点：杀草谱广；可防除恶性杂草；土壤中药效期长；药效稳定；可与其他除草剂混配。药剂施用后，在土表形成一层抗淋溶的药土层，并在作物整个生长期保持活性，当杂草萌发通过这一药土层时，接触并吸收药剂，杂草根系若接触到药土层，也可吸收。药剂作用能否发挥取决于药剂能否均匀地覆盖地表。在土表或离土表很近的杂草种子发芽后，通过幼芽和根系两个途径吸收药剂。当药剂向上传递时，使幼芽脱色或白化，最后整个植株萎蔫死亡。药剂严重抑制类胡萝卜素的生物合成而使植物产生脱色现象，并间接地破坏光合作用。使用速度与光的强度直接有关。老的植物组织会因新叶的光合作用受抑制而最终受影响死亡。可在杂草芽前或芽后使用。相反，对伞形科 (胡萝卜) 和菊科的一些属，几乎无效。总之，能防除绝大部分一年生阔叶杂草，对禾本科莎草也有效。如与其他适用禾本科除草剂混用，可扩大杀草谱。

3. 氟吡草胺 (picolinafen)

C₁₉H₁₂F₄N₂O₂, 376.3, 137641-05-5

氟吡草胺是由 ACC 公司在 1999 年报道的早期苗后除草剂。

合成方法 为由 2-氯-3-吡啶羧酸与 3-三氟甲基苯酚缩合，得到 2-(3-三氟甲基苯氧基)-3-吡啶羧酸，然后与 2,4-二氯苯胺和氯化亚砜反应即得。

应用　选择性地防除冬小麦、大麦、硬粒小麦田中的一年生阔叶杂草。它是吡氟草胺的异构体（regioisomer），酰胺的位置与吡氟草胺有区别。

4. 氟丁酰草胺（beflubutamid）

$$C_{18}H_{17}F_4NO_2,\ 355.33,\ 113614-08-7$$

氟丁酰草胺是新型的 PDS 抑制剂，由日本 Ube 公司开发，而后被德国农药生产商 Stäler 公司收购，该次收购涉及氟丁酰草胺的全球开发和销售权。Stäler 公司享有氟丁酰草胺在欧洲数年的开发权。

物化性质　工业品纯度 97% 以上，绒毛状白色粉末。熔点 75℃。溶解度（20℃）：在水中 3.29mg/L，丙酮＞600mg/L，甲醇＞473mg/L，正庚烷 2.18mg/L，二甲苯 106mg/L。

合成方法

应用　氟丁酰草胺用于谷类作物中防治阔叶杂草和常见禾本科杂草，它能够防除小麦、大麦、黑麦田中多种阔叶杂草，使用剂量为 $170\sim255g/hm^2$，特别在早期苗前除草特别有效。

5. 氟咯草酮（fluorochloridone）

$$C_{12}H_{10}Cl_2F_3NO,\ 312.12,\ 61213-25-0$$

氟咯草酮是原美国 Stauffer Chemical 公司于 20 世纪 70 年代末开发、80 年代中期投产的旱田除草剂。

理化性质　熔点 42～73℃，蒸气压 800Pa(25℃)；原药为棕色固体，有两种异构体，其比例为 3：1，活性无明显差异，但熔点不同。混合体熔程为 40～73℃。溶解度：在水中 28mg/L。易溶于丙酮、氯苯、二氯甲烷、二甲苯等有机溶剂。

合成方法　本品制备采用间三氟甲基苯胺用二氯代乙酰氯酰化，然后与 3-溴代丙烯反应，反应产物在氯化丁基三苯基膦的存在下，在 125℃下加热反应 17h，即制得氟咯草酮。

由于该合成方法采用先酰化，再接烯丙基，降低了氮原子上氢的活性，因此在接烯丙基时为了提高收率，不得不使用价格较贵但反应活性高的 3-溴丙烯。此外，在原药合成转位过程中使用了制备困难、价格昂贵的氯化三苯基膦，增大了生产成本。采用先用价格低廉的 3-氯丙烯接烯丙基，再进行酰化反应，转位采用常规的铜盐，从而提高了收率，降低了成本。

以 N-烯丙基间三氟甲基二氯乙酰苯胺为原料，在催化剂作用下重排制得氟咯草酮，对反应条件进行了研究，得出了合成氟咯草酮及相关中间体的优惠条件为：铜催化剂用量的 7.5g/mol，反应温度 110℃，反应时间 3h。中间体 N-烯丙基间三氟甲基苯胺的反应收率超过 90％，N-烯丙基间三氟甲基二氯乙酰基苯胺的收率超过 95％，氟咯草酮的收率超过 85％，产品纯度＞90％。

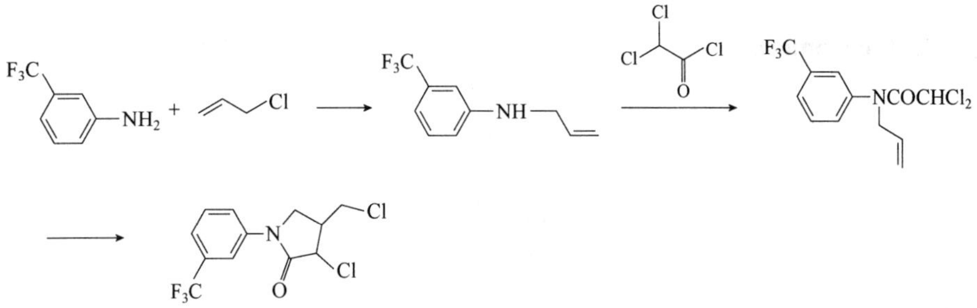

毒性　急性经口 LD$_{50}$：雄大鼠 4000mg/kg，鹌鹑大于 2150mg/kg。兔急性经皮 LD$_{50}$ 大于 5000mg/kg。对兔皮肤和眼镜有轻微刺激性。ames 试验和小鼠淋巴组织结果表明，本品无致突变性。鱼毒 LD$_{50}$（96h，mg/L）：蓝鳃 5，虹鳟 4。蜜蜂 LD$_{50}$ 小于 0.1mg/蜜蜂（接触或经口）。

应用　制剂有 25％乳油和 25％干悬剂。主要用于冬小麦、棉花、向日葵、胡萝卜田防除繁缕、田菫菜、常春藤、婆婆纳、马齿苋、猪秧秧及大多数阔叶杂草，用药量为 500～750g/hm²，对作物安全。本品以 500～750g(a.i.)/hm² 芽前施用，可有效防除冬小麦和冬黑麦田繁缕、常春藤叶婆婆纳和田菫菜，棉花田反枝苋、马齿苋和龙葵，马铃薯田的猪狭狭、龙葵和波斯水苦菜，以及向日葵田中的许多杂草。如以 750g(a.i.)/hm² 施于马铃薯和胡萝卜田，可防除包括难防除杂草在内的各种阔叶杂草（黄本樨草和蓝蓟），对作物安全。在轻质土中生长的胡萝卜，以 500g(a.i.)/hm² 施用可获得相同的防效，并增加产量。

6. 氟啶草酮（fluridone）

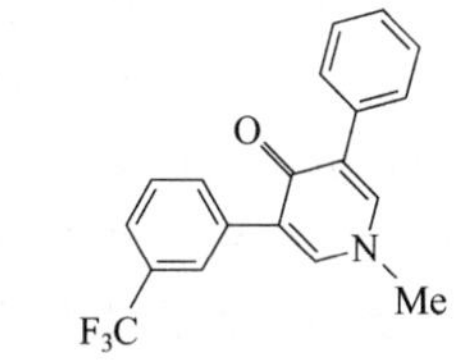

C$_{19}$H$_{14}$F$_3$NO, 329.32, 59756-60-4

1976 年报道义利莱莉公司开发。

理化性质　纯品为白色结晶固体，熔点 154～155℃，蒸气压 0.013mPa(25℃)。溶解度：在水中 12mg/L（pH 7，25℃），甲醇、氯仿、乙醚＞10、乙酸乙酯＞5、己烷＜0.5(mg/L)。

合成方法：

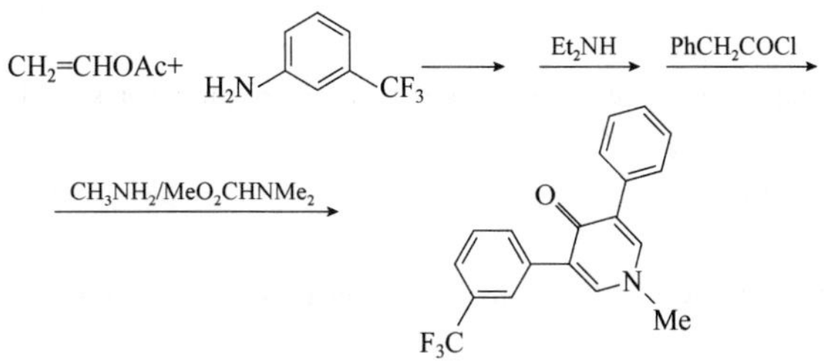

毒性　急性经口致死中量：大、小鼠＞10000mg/kg；急性经皮致死中量：兔＞5000mg/kg。鱼毒性：致死中浓度（mg/L，96h）：虹鳟鱼 11.7，大鳍鳞太阳鱼 13.3。

应用：以 $500\sim750g(a.i.)/hm^2$ 芽前施用，可有效防除冬小麦和冬黑麦田繁缕、常春藤叶婆婆纳和田堇菜，棉花田反枝苋、马齿苋和龙葵，马铃薯田的猪殃殃、龙葵和波斯水苦荬，以及向日葵田的许多杂草。如以 $750g(a.i.)/hm^2$ 施于马铃薯和胡萝卜田，可防除各种阔叶杂草（黄本樨草和蓝蓟），对作物安全。在轻质土中生长的胡萝卜，以 $500g(a.i.)/hm^2$ 施用可获得相同的防效，并增加产量。

7. 呋草酮（flurtamone）

$C_{18}H_{14}F_3NO_2$，333.3，96525-23-4

理化性质　纯品为白色固体，熔点 $152\sim155℃$，挥发性低。溶解度（$20℃$）：在水中 $35mg/L$，溶于丙酮、甲醇、二氯甲烷等有机溶剂，较稳定。

毒性：大鼠急性经口 $LD_{50}500mg/kg$；家兔急性经皮 $LD_{50}500mg/kg$。

合成方法：由 3-（三氟甲基）苯乙腈与苯乙酸乙酯和乙醇钠反应，产物与溴反应得到的环合产物与硫酸二甲酯反应制得。

应用：适用于花生、棉花、高粱、向日葵等，对苘麻、苋属、豚草等有效，为扩大杀草谱，最好与防除禾本科杂草的除草剂混合使用。用量 $0.56\sim0.84kg/hm^2$。

近些年，在类胡萝卜素生物合成过程中，分子遗传学的发展对深入理解白化除草剂的作用方式提供了帮助。利用基因工程培育的抗性植株对八氢番茄红素脱氢酶和 ζ-胡萝卜素脱氢酶抑制剂有较好的抗性。八氢番茄红素脱氢酶和 ζ-胡萝卜素脱氢酶由于是膜蛋白，很难从植物组织中分离出来，现在可以通过异源表达得到，用来测试化合物抑制活性的高低，以研究抑制剂分子结构与活性的关系。此外，对竞争性辅助因子质体醌的认识为合理设计新型白化除草剂指引了方向。

PDS 在异源宿主中的表达以及对重组蛋白的纯化为培养酶与除草剂分子的结合单晶提供了足够的酶原料，相信在不久的将来，这一单晶的出现将提供确切的除草剂分子结合区域的三维模型，为合理设计新型白化除草剂提供有利依据。

参考文献

[1] Siefermann-Harms D. The light-harvesting and protective functions of carotenoids in photosynthetic membranes. Physiol Plant，1987，69：561-568.

[2] Cara A Tracewell，John S Vrettos，James A Bautista，et al. Carotenoid photooxidation in photosystem Ⅱ. Arch Biochem Biophys，2001，385：61-69.

[3] Demmig-Adams B，Gilmore A M，Adams W W. In vivo function of carotenoids in higher plants. FASEB J，1996，10：403-412.

[4] Boger P. Mode of act ion of herbicides affecting carotenogenesis. J Pestic Sci，1996，21：4732478.

[5] 彭浩，贺红武. 类胡萝卜素生物合成抑制剂研究进展. 农药学学报，2003，5：1-8.

[6] Sandmann G，Schmidt A，Linden H. Phytoene desaturase，the essential target for bleaching herbicides. Weed Sci，1991，39

(3)：4742479.

[7]　Al-Babili S,Hartung W,Kleinig H,et al. CPTA modulates levels of carotenogenic proteins and their mRNAs and affects carotenoid and ABA content as well as chromoplast structure in narcissus pseudonarcissus flowers. Plant Biol,1999,1：607-612.

[8]　Sandmann G. Carotenoid Biosynthesis in micro-organisms and plants. Eur J Biochem,1994,223(1)：7-24.

[9]　Schneider C,Böger P,Sandmann G. Phytoene desaturase：heterologous expression in an active state, purification, and biochemical properties. Prot Exp Purif,1997,10：175-179.

[10]　Breitenbach J,Zhu C,Sandmann G. The bleaching herbicide norflurazon inhibits phytoene desaturase by competition with the cofactors. J Agric Food Chem,2001,49：5270-5272.

[11]　Breitenbach J,Kuntz M,Takaichi S,et al. Catalytic properties of an expressed and purified higher plant type ζ-carotene desaturase from *Capsicum annuum*. Eur J Biochem,1999,265：376-383.

[12]　Kowalczyk-Schröder S,Sandmann G. Interference of fluridone with the desaturation of phytoene in membranes of the cyanobacterium *Aphanocapsa*. Pestic Biochem Physiol,1992,42：7-12.

[13]　Ogwa H,Yamada I,Arai K,et al. Mode of bleaching phototoxicity of herbicidal diphenylpyrrolidinones. Pestic Manage Sci,2001,57：33-40.

[14]　Sandmann G,Schneider C,Böger P. A new nonradioactive assay of phytoene desaturase to evaluate bleaching herbicides. Z Naturforsch,1996,51c：534-538.

[15]　Babczinski P,Blunk M,Sandmann G,et al. Substituted tetrahydropyrimidinones：a new class of compounds inducing chlorosis by inhibition of phytoene desaturase. 2. Structure-activity relationships. Pestic Biochem Physiol,1995,52：45-59.

[16]　Sandmann G,Kowalczyk S S,Taylor H M. Quantitative structure-activity relationship of fluridone derivatives with phytoene desaturase. Pestic Biochem Physiol,1992,42：1-6.

[17]　Babczinski P,Heinemann U,Sandmann G,et al. Inhibition on carotenoid biosynthesis by interaction of 2,6-diphenyl-pyridine derivatives with phytoene desaturase. J Agric Food Chem,1992,40：2497-2499.

[18]　Laber B,Usunow G,Wiecko E,et al. Inhibition of *Narcissus pseudonarcissus* phytoene desaturase by herbicidal 3-trifluoromethyl-1,1'-biphenyl derivatives. Pestic Biochem Physiol,1999,63：173-184.

[19]　Sandmann G. Bleaching activities of substituted pyrimidines and structure-activity comparison to related heterocyclic derivatives. Pestic Biochem Physiol,2001,70：86-91.

[20]　Sandmann G. Bleaching herbicides：action mechanism in carotenoid biosynthesis structural requirement and engineering of resistance. In Böger P,Wakabayashi K,Hirai K (eds) Herbicidal classes in development：mode of action,targets,genetic engineering,chemistry. Springer,2002,43-55.

[21]　Ebner Cuno, Schuler Max. (Sandoz Ltd.). Herbicidal 5-alkylamino-4-halo-2-(3-trifluoro methylphenyl)-3(2H)-pyridazinones. CH 482684. 1969. CA 72：121567.

[22]　Konecny Vaclav, Kovac Stefan, Varkonda Stefan. Synthesis, spectral properties, and pesticidal activity of 4-amino(alkylamino, dialkylamino)-5-chloro-2-substituted-3-oxo-2H- pyridazines and 5-amino (alkylamino, dialkylamino)-4-chloro-2-substituted-3-oxo-2H -pyridazines. Collection of Czechoslovak Chemical Communications,1985,50(2)：492-502.

[23]　Djaballah Hakim, Varmus Harold E, Shum David, et al. Pyridazinones and furan-containing compounds useful in the treatment of proliferative diseases and their preparation. WO 2008080056. CA 149：104735.

[24]　Zhang,J,Morton Howard E,Ji J. Confirmation and prevention of halogen exchange：practical and highly efficient one-pot synthesis of dibromo- and dichloropyridazinones. Tetrahedron Letters,2006,47(49)：8733-8735.

[25]　Konecny V,Kovac S,Varkonda S. Synthesis,spectral properties,and pesticidal activity of 4,5-dichloro-2-R-3-oxo-2H-pyridazines. Chemicke Zvesti,1984,38(2)：239-46.

[26]　麦薛光摘译. 田新除草剂--- diflufenican　May &Baker 公司. 农药译丛, 1992,14：57-59.

[27]　Cramp M C,Gilmour J,Parnell E W. Herbicidal nicotinamide derivatives. EP 53011(1982). CA 97：144785.

[28]　Roduit J-P,Kalbermatten G(Lonza A.-G., Switz.). Process of preparation of arylamides of heteroaromatic carboxylic acids. EP 802189. 1997. CA 127：346306.

[29]　Foster C J, Gilkerson T, Stocker R. Preparation of herbicidal 2-(substituted phenoxy)-6-pyridinecarboxamides. EP 447004. 1991. CA 116：128668.

[30]　Takematsu T, Takeuchi Y, Takenaka M, et al. (Ube Industries, Ltd., Japan). Preparation of N-benzyl-2-(4-fluoro-3-trifluoro methylphenoxy) butanamide, and it herbicidal activity, formulations, and synergistic compositions. EP 239414

(1987). *CA* 108:150065.

[31] Ataka K, Yoshii K. Preparation of optically active substituted phenoxyalkenoic acid amides as herbicides. JP 04202168 (1992). *CA* 117:233620.

[32] Takematsu T, Takeuchi Y, Takenaka M, et al. Preparation of N-benzyl-2-(4-fluoro-3-trifluoromethylphenoxy) butanamide, and it herbicidal activity, formulations, and synergistic compositions. EP 239414. 1987. CA 108:150065.

[33] Teach E G. Herbicidal N-substituted halopyrrolidinones. DE 2612731(1976). CA 86:5308.

[34] 赵莹，郭世豪，杨春明. 2-甲氧基-5-乙酰氨基-N，N-二乙基苯胺的合成新工艺. 精细化工中间体，2001,31(2)：16-17.

[35] 陈华，沈菊李，项菊萍等. Synthesis of 2-chloropropionanilide. 精细化工中间体，2003,33(3)：21-22.

[36] Broadhurst M D, Gless R D Jr. N-Arylhalopyrrolidones. EP 129296(1984). CA 102:184971.

[37] Beziat Y, Cristau H J, Desmurs J R, Ratton S. Process for the preparation of N-allyl-m-trifluoromethylaniline using nickel (II) catalysts. EP 385835. 1990. CA 114:163702.

[38] Tseng C K, Teach E G, Simons R W. Synthesis of 2-pyrrolidinones by the cyclization of N-allylhaloacetamides. Synthetic Communications, 1984, 14(11)：1027-1031.

[39] Desmurs J, Lecouve J P. Preparation of N-monoalkyl- and N-monoallylanilines as herbicide intermediates. EP 353131. 1990. CA 113:77895.

[40] Desmurs J R, Lecouve J P. Process for the N-allylation of perhaloalkyl-, perhaloalkoxy-, and perhaloalkylthioanilines in the presence of metals. EP 322290. 1989.

[41] 杨剑波，庞怀林，黄超群. 氟咯草酮的合成研究. 精细化工中间体，2005,35(4)：24-27.

[42] Taylor Harold Mellon (Eli Lilly and Co., USA). 3-Phenyl-5-substituted-4(1H)-pyridinones(thiones). DE 2537753. 1976. CA 85:46406.

[43] White W A (Eli Lilly and Co., USA). 3-Phenyl-5-substituted-4(1H)-pyridinones (thiones). DE 2747366(1978). CA 89:42753.

[44] Ward C E. Herbicidal 5-amino-3-oxo-4-(substituted phenyl)-2,3-dihydrofurans, their derivatives, and herbicidal agents containing them. DE 3422346. 1984. CA 103:53947.

[45] Ward, C E. (Chevron Research Co., USA). Synthesis: Herbicidal 5-amino-3-oxo-4-(substituted phenyl)-2,3-dihydrofurans, their derivatives, and herbicidal agents containing them. DE 3422346. 1984. CA 103:53947.

第五章

对羟基苯基丙酮酸双氧化酶抑制剂

对羟基苯基丙酮酸双氧化酶（4-hydroxyphenylpyruvate dioxygenase，HPPD）存在于各种生物体中，是一种依赖 Fe(Ⅱ) 的非血红素氧化酶，在一个单一催化循环中将对羟基丙酮酸（4-hydroxyphenylpyruvate，HPP）经脱羧、取代基迁移和芳香环的氧化催化转化为尿黑酸（2,5-dihydroxyphenylacetate，HGA）。HPPD 是 α-酮酸氧化酶的一种（α-酮酸氧化酶依赖 α-酮酸基本上均是 α-酮戊二酸和分子氧氧化第三个分子），但是该酶仅仅有两种反应底物，并不需要 α-酮戊二酸参与反应，且两个氧原子全部与芳环结合，生成尿黑酸，该反应为需氧生物体内酪氨酸代谢的第二阶段的反应，同时具有农业和临床意义。在植物体中，该过程的产物尿黑酸是植物体合成光合作用中电子传递所需要的重要物质质体醌和生育酚的起始原料，其中质体醌还是影响八氢番茄红素去饱和酶催化的关键辅助因素，通过抑制 HPPD，使植物体失去了赖以生存的基础，这已成为目前商品化的高效除草剂的发展基础。在人体中，酪氨酸代谢过程中特定酶的缺失可导致一系列严重代谢疾病，而 HPPD 抑制剂/除草剂分子可通过酪氨酸有毒代谢物的积累，达到治疗酪氨酸代谢过程中的一系列缺陷。鉴于其上述重要作用和特点，使之成为继 ALS、ACC 以及 PPO 之后又一新的除草剂靶标酶和临床上治疗酪氨酸病靶标酶。由于该酶抑制剂用于除草方面具有广谱、高效、残留低、环境相容性好、使用安全的特点，且尚未发现有关其抗性的报道，这更加引起人们对其抑制剂及其构效关系研究的重视，并进行了广泛的研究。

第一节　HPPD 酶的结构与生物学功能

一、HPPD 的分布与蛋白质浓度的测定

自从 HPPD 酶在 20 世纪 30 年代被发现以来，已不断从鼠、鸡、猪、狗及人类的肝脏中以及假单细胞菌、玉米、胡萝卜、小麦等体内提取出来。纯 HPPD 一般都经过原料的粉碎、活性成分的粗提、多余蛋白质的沉淀滤除和酶柱色谱纯化等步骤获得。

HPPD 蛋白质浓度测定主要有如下两种方法：①以 γ-球蛋白为标准，采用 Bio-Rad 蛋白分析方法，测定总蛋白量。通过测定在 205nm 和 280nm 处的吸光度（$\varepsilon_{280} = 69019 L \cdot mol^{-1} cm^{-1}$）来计算 HPPD 的浓度。②采用 BCA 方法测定蛋白浓度。传统的酶分析方法是 Lindstredt 和 Rundgren 的烯醇-硼酸盐分光光度法。

HPPD 活性测定方法，通常采用测定反应物的消耗或产物的生成量的方法进行分析，已有的方法有：①测定 HPP 转化为 HGA 所消耗的氧气量；②测定释放的 $^{14}CO_2$ 的量；③用高效液相法测定生成的 HGA 的量。

二、HPPD 在动植物体内的作用

HPPD 是大多数有机体中酪氨酸和苯丙氨酸代谢的一个关键酶，它催化对羟基苯基丙酮酸和分子氧转化为尿黑酸和二氧化碳。早期研究表明分子氧的两个氧原子分别分布在生成的尿黑酸和二氧化碳分子上。尽管酶的动力学研究表明酶与底物和分子氧的结合是 1∶1，但是未能说明酶与底物对羟基苯基丙酮酸如何结合，又如何催化脱羧、羟基化和重排等问题。Witkop 和 Groves 分别在 1975 和 1976 年提出了相关的反应机理，认为金属离子和氧的复合物，氧化 HPP 的芳香环，形成过氧化中间体阴离子，该步为关键步骤，然后其亲核进攻羰基碳形成环状的过氧化合物，继而脱羧、支链的邻位迁移，形成尿黑酸。类似于 NIH 迁移机理。该机理对于酚类底物较容易反应，但对于缺电子的苯环来说，难度较大。

Hamilton 在 1971 年提出了另一催化机制，后经 Jefford 和 Cadby 修改补充后形成如下机制：认为金属离子和氧的复合物亲核进攻 HPP 中 α-羰基生成环状的过氧化物，然后脱羧生成四价铁氧离子。该高配位的铁氧离子进攻环形成类似芳香烯氧化合物，然后在酶的催化下，羧甲基迁移及最终芳香体系和尿黑酸的形成。

Robert 等人利用电子等排体法，用 $p\text{-}HOC_6H_4NHCOCO_2H$ 代替 HPP，氮原子引入后，使苯环电子密度增强，羰基反应活性降低，更有利于按 Witkop 和 Groves 提出的反应机制进行，但实际结果显示该化合物为很好的抑制剂，它们又用 $p\text{-}HOC_6H_4SCH_2COCO_2H$ 代替 HPP，结果形成 $p\text{-}HOC_6H_4SOCH_2CO_2H$。从此有限的证据推测 HPPD 酶与 HPP 反应可能按 Hamilton 提出的反应机理进行。

1997 年，Crouch 等人在前人工作的基础上，通过大量事实提出较完善的反应过程机制：包括酮酸侧链的氧化脱羧，苯环的羟基化以及羧甲基的 1,2-迁移。反应过程中酶活性中心二价铁离子被氧化形成六配位的四价铁，引发一系列反应形成尿黑酸。该反应六配位过渡态假设结构也获得 Laurence Serre 等报道的 HPPD 酶活性中心配位结构的佐证。

双齿螯合　　　　亲核进攻　　　　脱羧和杂环开环

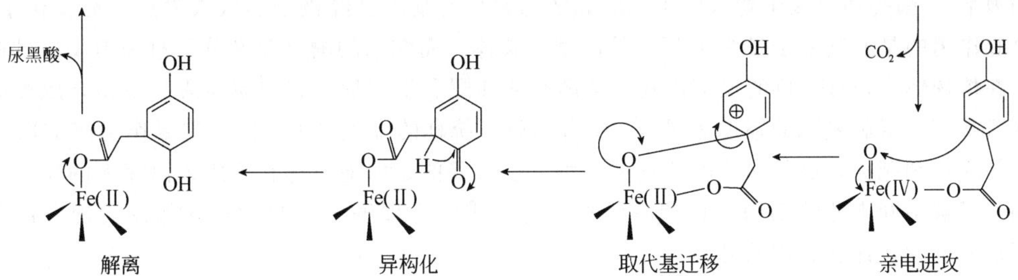

HPPD 催化反应在植物体中的作用：在植物体中，HPPD 将对羟基苯基丙酮酸催化转化为尿黑酸这一过程时酪氨酸在植物体中代谢过程的一部分，催化的产物尿黑酸是指物体赖以生存的关键物质体醌与生育酚生物合成的起始原料；此外，HPPD 在酪氨酸降解中也起作用，由于它具有异戊烯苯醌的芳基前体，亦即作为保护光合细胞的重要载体的质体醌与生育酚，因而具有重要的组成代谢作用。除草剂抑制 HPPD，导致阻碍 4-羟苯基丙酮酸向尿黑酸的转变并间接抑制类胡萝卜素的生物合成，结果促使植物分生组织产生白化症状，最终死亡。具体过程如下：

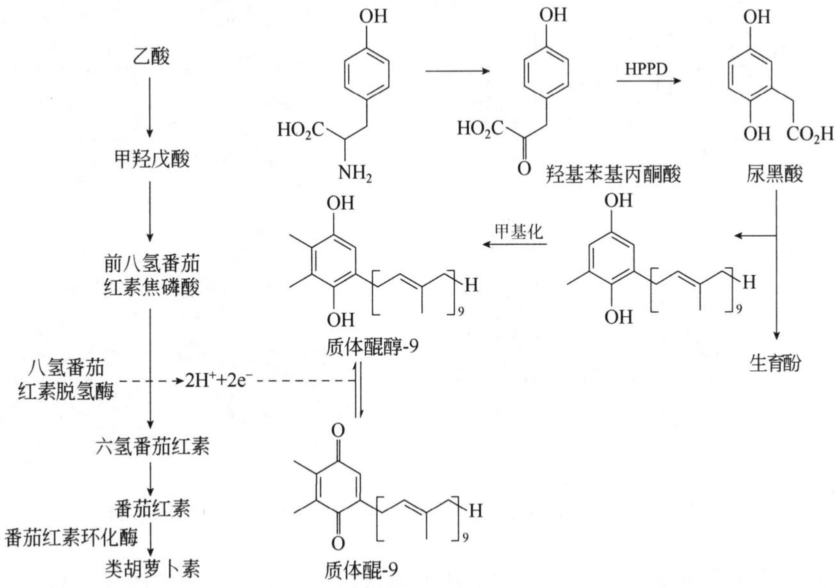

哺乳动物体中酪氨酸代谢的先天缺陷导致不同程度的疾病。第一个酪氨酸代谢酶酪氨酸转氨酶的缺失，导致酪氨酸Ⅱ型病，表现为血中酪氨酸浓度的提高，进一步表现为出生时智力发育迟钝和后来生活中发展为角膜混浊。酪氨酸Ⅲ型病起因于活性差的 HPPD，而且由于酪氨酸氨基转化酶催化反应的可逆性导致酪氨酸Ⅱ和Ⅲ型病在症状上无法进行区别。由于 HPPD N-端区域基因的变异导致不匹配的循环，表现为 Hawkinsinuria 疾病。该变异的酶释放出一个目前还未确证的物质，而且这一产物易于和含硫化合物如巯基丙酸和谷胱甘肽共价结合并在尿中大量排泄，主要症状为酸中毒。由于在第四个酪氨酸代谢酶马来酰乙酰乙酸异构化酶缺失的情况下，马来酰乙酰乙酸倾向于生成琥珀酰乙酰乙酸和富马酰乙酰乙酸（二者均是富马酰乙酰乙酸酯酶的反应底物），因此它的缺失并不构成致命伤害。然而当缺少富马酰乙酰乙酸酯酶时将引起严重的酪氨酸代谢疾病，酪氨酸Ⅰ型病。患者表现为死亡率很高的肝肾功能损坏（主要是肝癌）。专门抑制 HPPD，将有助于减轻 hawkinsinuria、alkaptonuria 和酪氨酸Ⅰ型病，但同时会具有中等程度酪氨酸Ⅱ和Ⅲ型病副作用的产生。

三、HPPD 的晶体结构

众所周知，HPPD 存在于所有有机体中，部分哺乳动物（人、家鼠、老鼠和猪）和植物（拟南芥和胡萝卜），菌类和原核生物（假单细胞和链霉素）的基因已经被证实或被表达。在真核生物种，HPPD 起作用的是亚基分子量为 45kDa 的同型二聚体，而细菌的酶是亚基分子量为 40kDa 的同型四聚体。在植物体中，HPPD 的反应产物尿黑酸是质体醌和生育酚，其中质体醌是生物合成类胡萝卜素的八氢番茄红素脱氢酶的辅助因子，α-生育酚就是统称的维生素 E。这一重要作用使 HPPD 成为一重要的除草剂靶标，也是白化除草剂的一种，更重要的是如前所述它可用来治疗人的先天酪氨酸 I 型病。了解不同来源的 HPPD 的蛋白结构，有助于深入理解 HPPD 的催化作用机理和促进相应的抑制剂分子的设计和药物的开发。

1999 年，Laurence 等人首先报道了 0.24nm 分辨率的荧光假单胞菌中 HPPD 的晶体结构（见图 3-5-1）。荧光假单胞菌中的 HPPD 为四聚体（每个单体表面积为 26nm^2），属非晶体 222。每个单体的 N-端和其他两个亚结构的 N-端相接，C-端区仅与相邻的 C-端区发生作用。亚结构 A 和 B（或亚结构 C 和 D）的接触面仅仅涉及 N-端区界面间的接触。

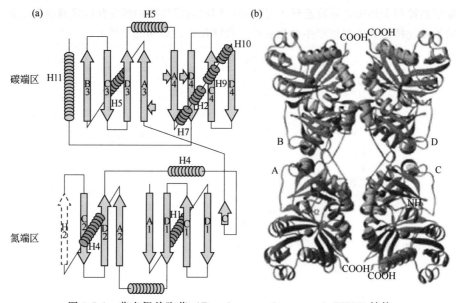

图 3-5-1 荧光假单胞菌（*Pseudomonas fluorescens*）HPPD 结构

图 3-5-1 显示荧光假单胞菌 HPPD 结构由两个桶状结构区组成。N-端区（残基 4～155）包含有与残基 Cys78 共价结合的乙基汞分子，是不具有任何催化功能区中相对比较小的。HPPD 具有催化特性的铁原子位于 C-端区（残基 156～355），且每个区的布局是由两个 $\beta\alpha\beta\beta\beta\alpha$ 模块构成。催化中心铁原子分别与位于 A3、A4 和 D4 的 β 带的 His161（Nϵ2 原子）、His240（Nϵ2 原子）和 Glu322（Oϵ1 原子）氨基酸的侧链配位（参与配位的原子和铁原子间的距离为 0.2～0.22nm），位于距离铁原子 0.24nm 一个水分子和重结晶过程提供的一个醋酸分子。

Laurence 等人利用 DHBD 与底物 DHB 结合的结构构建了 HPP 与 HPPD 活性中心结合模型：HPP 的羰基和羧基中的羟基两个氧原子与活性中心配位，替代了单一酶中醋酸分子占据了活性中心第 4 和 5 结合位点。第 6 结合位点将由一个氧分子占据（见图 3-5-2）。HPP 与 Phe337、Leu340 和 Ile344 相互作用代替三个酶中的水分子（wat5、wat25 和 wat88）。在这个口袋底端，HPP 的酚羟基 Gln225 和/或 Gln239 形成两个氢键（图 3-5-2）。在此分布中，HPP 的丙酮酸部分距离铁原子 0.21nm，并与 Gln309 以及酶中溶剂分子 wat32 形成两个氢键。在 HPPD 中，催化中心口袋相对离蛋白质表面较近，底物的 4-羟基苯基结构单元与蛋白结合情况对底物与酶的结合影响很大。

Laurence 等人的工作为深入理解和解释 HPPD 的作用和今后其抑制剂分子的设计奠定了坚实的基础，从直观上认识到 HPPD 活性中心的结合模式。

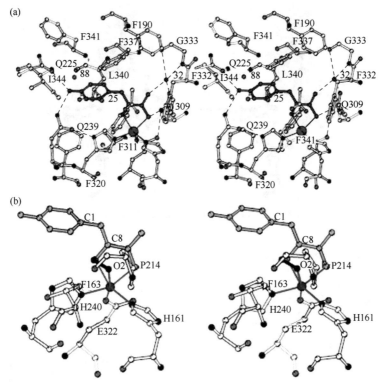

图 3-5-2　荧光假单胞菌 HPPD 与底物的推测结合模式

Iris 等人于 2004 年报道了玉米中 HPPD 的晶体结构，发现玉米中 HPPD 以双二聚体形式存在；植物体内的 HPPD 与细菌内的 HPPD 在 N-端有明显的区别。植物体内的 HPPD 的 N-端有至少 30 个氨基酸。这些残基可作为目标引导信号的亚细胞。玉米中 HPPD 二聚体通过 N-端的相互作用形成，C-端对二聚体的形成没有贡献。和细菌中的 HPPD 情况类似，活性中心 Fe^{2+} 被包含在 C-端中心，与 His-219、His-301 和 Glu-387 三个氨基酸残基结合，配位为八面体结构。

荧光假单胞菌和玉米中的 HPPD 晶体结构的确定，使人们对酶的结构有了比较充分的认识，促使人们加速对抑制剂与酶结合的复合物模型研究，进一步了解它们之间真实结合形式。2004 年，Brownlee 等人利用具有很好除草和临床医疗效果的 NTBC 和阿维链菌素中的 HPPD 制成复合物，并测定了该复合物的晶体结构并进行分析对比。

图 3-5-3 所示为 NTBC 与 HPPD 活性中心的复合物。抑制剂通过 5′-和 7′-氧原子的两齿配位与活性中心主要形成五配位的、扭曲的正方金字塔形配合物，极少数在结合一水分子形成六配位络合物。NTBC 分子中两个苯环的扭角约 80°和活性中心结合的 5′-和 7′-氧原子偏离出该平面约 14°是最符合电子云密度图的，这就说明环外烯醇并不是 NTBC 与酶结合时的主要存在形式。1′-氧原子和活性中心周围的氨基酸无任何作用；NTBC 的芳香环位与苯丙氨酸 336 和 364 之间 π 堆积作用（见图 3-5-4）。三氟甲基仅和周围的氨基酸有接触式作用，相距最近的是具有侧链的 Asn363 和 Leu367。His270 是与活性中心配位的关键三个氨基酸之一，硝基的一个氧原子与其山字形碳原子相距约 0.28nm，硝基相对于 His270 的取向和近距离暗示咪唑环的旋转将允许一直接氢键的形成；此外，His270 也是和金属配位相距最远的，与金属原子相距 0.26nm。

从以上分析可以说明，双齿配位和芳香环的 π 堆积暗示底物或过渡态与酶结合的模式，也是对 HPPD 产生强烈抑制作用的起因。

Yang 等人近期将 DAS869（见图 3-5-5）与拟南芥（*Arabidopsis thaliana*）中的 HPPD 制成复合物，对其结构进行了解析。

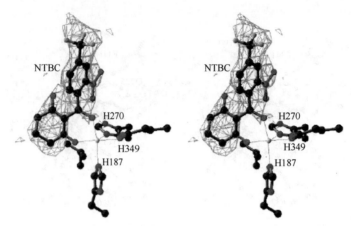

图 3-5-3 NTBC 与 HPPD 活性中心的复合物

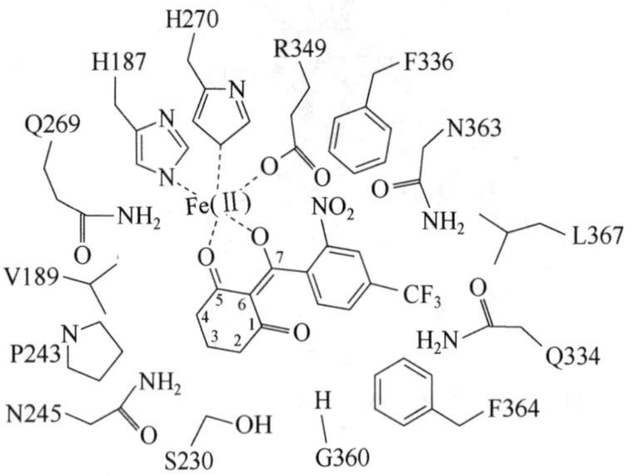

图 3-5-4 活性中心氨基酸残基（＜0.4nm）
与 NTBC 的范德华作用情况

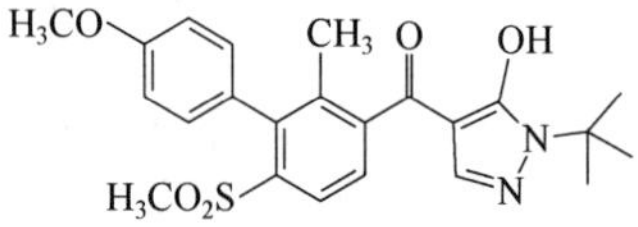

图 3-5-5 DAS869 结构图

AtHPPD 中的金属离子分别与 His205（Nε2 原子），His287（Nε2 原子）、Glu373（Oε1 原子）和 3 个水分子配位形成一八面体的复合物。当与 DAS869 反应形成复合物后，活性中心金属离子仍然和 His205（Nε2 原子）、His287（Nε2 原子）、Glu373（Oε1 原子）配位，但原来配位的两个水分子被 DAS869 的 1,3-二酮结构所取代。除金属离子的配位以外，还涉及与几个氨基酸侧链的作用，最显著的是 Phe360 和 Phe403 的苯基，它们与 DAS869 的苯甲酰基发生 π 堆积作用。

通过以上复合物模型的分析可以看出，化合物的 1,3-二酮结构与酶活性中心的结合能力决定了化合物对酶的抑制能力。芳环的存在也对化合物的活性产生极其重要的影响。

第二节 HPPD 抑制剂的结构类型与品种发展

一、三酮类 HPPD 抑制剂的发现

三酮类除草剂的发现始于美国加利福尼亚西部研究中心。1977 年，当时研究人员注意到生长在红千层（*Callistemon citrinus*）下面的杂草的数量比在周围的少，为了研究这一现象，他们利用薄层制备色谱从该植物中分离化合物，并将禾本科草的种子种植在该薄层制备色谱板上，结果发现在薄板的某一区域，草的生长被抑制，且有白化现象。进而根据具有除草活性组分的位置，鉴定结构，确定抑制剂为天然产物烷酰基 syncarpic 酸（纤精酮，leptospermone），但该化合物曾被报道不具有除草活性。进一步温室实验表明，该化合物 **3-5-1** 在 1000g/hm² 左右的用量下具有活性，只是除草谱较窄，主要为禾本科杂草，除草活性为中等。Reed Gray 进一步制备了该酸的少量烷酰基衍

生物，生测结果显示它们也具有类似的除草活性。这一偶然发现在三酮类除草剂的发现中起了非常大的作用。1982年，为了寻找新型ACC酶抑制剂稀禾定药效团模型，用双甲酮与氰基甲酸乙酯缩合合成的化合物 **3-5-2a** 显示出一定的除草活性，进而设计了化合物 **3-5-2b**。但相似的反应却得到了不同类型产物 **3-5-3a**。温室生测结果显示，该化合物尽管具有缓解因硫代甲酸酯除草剂对大豆的损害，但不具有任何除草活性。该研究转向研究优化解毒效应化合物，合成了一系列苯环取代的化合物 **3-5-3a** 的类似物，其中2-氯取代的化合物具有较弱的除草活性。进一步研究发现二甲酮并非最佳二酮。例如2-氯苯甲酰基-1,3-环己二酮 **3-5-3c** 在 $2000g/nm^2$ 时对一些阔叶杂草具有中等程度以上的除草活性。严格地讲，该化合物和稀禾定具有同样的白化活性。稀禾定的syncarpic酸结构与化合物 **3-5-3c** 的苯甲酰基结构的结合使除草谱和除草效果得到极大的提高。化合物 **3-5-4** 在 $500g/hm^2$ 时对许多阔叶杂草和禾本科杂草显示出除草活性，同时显示出与稀禾定和化合物 **3-5-3c** 相同的白化症状。初步的优化模式确定为：① 2-取代基对除草活性至关重要；② 2,4-双取代为最优模式，且以吸电子基为优先。例如，2-硝基-4-三氟甲基苯甲酰基 syncarpic 酸 **3-5-5** 在温室 $62.5g/hm^2$ 时显示出很好的除草活性。该化合物苗前除草活性见表 3-5-1。

表 3-5-1　化合物 3-5-5 的温室苗前除草活性

用量/ (g/hm^2)	阔叶杂草			禾本科杂草		
	Chenopodium album	*Amaranthus retroflexus*	*Abutilon theophrasti*	*Sorghum halepense*	*Setaria faberi*	*Echinochloa crus-galli*
250	97	100	100	97	100	100
62.5	100	97	100	100	100	100
32	100	75	100	85	97	97
16	100	75	100	75	70	90

二、三酮类抑制剂的构效关系

（一）合成的三酮类抑制剂的构效关系

Lee等人为了进一步确定具有商业应用价值的HPPD酶抑制剂所必需的结构和具有的物理化学性质，他们通过在温室和对兔的HPPD酶抑制两方面进行了广泛的筛选，结果发现，除吡咯类、双氰酮类、三酮类外，还发现了苯甲酰间苯二酚类也具有抑制HPPD酶和产生白化症状的作用。前四种化合物在水中的烯醇存在形式在结构上和间苯二酚类具有极其相似的特点，这就意味着用于抑制植物和哺乳动物中的HPPD酶的化合物必须具有苯甲酰基乙烯醇结构，由此合成了下列化合物 **3-5-6**。

结果显示，化合物 **3-5-6** 不具有生物活性，但在体外，浓度为 20nmol/L 时，可抑制兔肝中的 HPPD 活性至 34%，这可能是由于其酸性不足所致（$pK_a = 6.2$，前四种的 pK_a 均小于 6）。在保留基本结构的情况下，改进合成了化合物 **3-5-7**，体外活性基本与 **3-5-6** 持平，为 38%，但却显示了极好的除草活性，在用量为 63g/hm² 时，质体醌全部枯竭，酪氨酸浓度升高 600%，证明了苯甲酰乙烯醇结构是 HPPD 酶抑制剂的基本结构，且需具有足够的酸性，$pK_a < 6$。

由于 HPPD 抑制剂起源于三酮类化合物，致使在 HPPD 抑制剂研究方面，三酮类抑制剂较多、发展较快，因此，对 HPPD 抑制剂的构效关系的研究也主要集中于三酮类，从而加速了 HPPD 抑制剂的发展。

三酮类化合物结构对除草活性的影响，可分为苯环部分、环己二酮部分及三酮系统。具体见下面示意图。

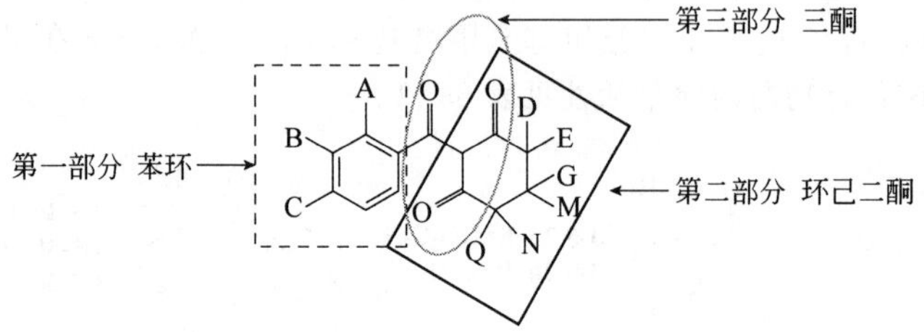

化合物中苯环取代基对活性影响的顺序如下（活性依次降低）：

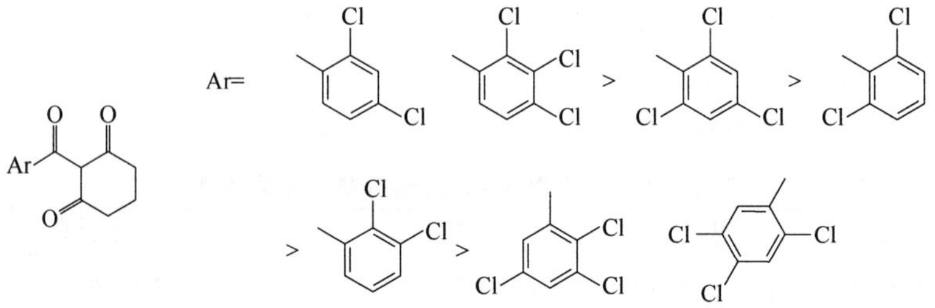

Lee 等人合成了一系列 2-氯-4 取代类似物（取代基包括供、吸电子取代基），并对其生物活性进行了检测，结果显示（见表 3-5-2），除硝基取代物外（硝基在苗前期植物体内及土壤中容易发生还原反应），其他取代基的 σ_p 和活性数据 $lgLD_{50}$ 呈线性关系（系列 1）；当 NO_2 被 SO_2Me 替代后，σ_p 与 $lgLD_{50}$ 呈极好的线性关系（系列 2）。这说明取代基吸电子性越强，相应的化合物的抑制能力越强。引入更强的吸电子取代基可以获得更加活泼的化合物（图 3-5-6）。

表 3-5-2　2-(2-氯-4-取代苯甲酰基)-1,3-环己二酮对位取代基的物理化学常数和相应化合物的生物活性

	X	σ_p	π		LD_{50}[①]（g/hm²）	$lgLD_{50}$
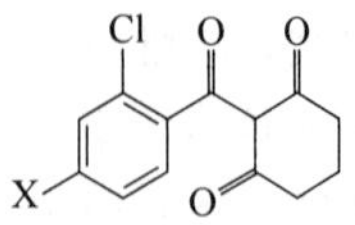	OCH₃	−0.27	−0.02	7.87	5100	3.71
	CH₃	−0.17	0.56	5.65	2800	3.45
	H	0	0	1.03	830	2.92
	F	0.06	0.14	0.92	1600	3.2
	Cl	0.23	0.71	6.03	180	2.26
	NO₂	0.78	−0.28	7.36	550	2.74
	SO₂CH₃	0.72	−1.63	13.49	72	1.86

① 对 7 种阔叶杂草平均控制率为 50% 时的剂量。

Yang 等人对苯环上邻位单取代基对抑制剂的抑制能力进行了初步研究，结果显示像 Cl、CF₃、

NO₂ 这样的强吸电子基团，具有明显增强活性的作用，这可能是由于邻位取代基的相对带负电性的原子可能与酶活性部位附近的残基之间的静电作用，导致苯环构象平面的扭转，而采取与底物类似的构型与酶紧密结合。相反，苯环氢被 OMe、CH₃ 取代后在活性方面没有明显的变化。但也可能是因为强拉电子基导致苯环的强缺电子和分子酸性的增强，导致抑制能力的增强。具体数据见表 3-5-3。

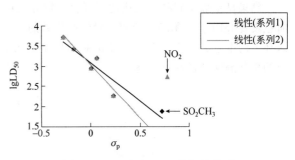

图 3-5-6 σ_p 与 lgLD₅₀ 的极性关系

由于邻位硝基化合物除草活性极好，因此 Lee 等人研究了邻位硝基-4-取代的化合物。具体数据见表 3-5-4 和表 3-5-5。

表 3-5-3　2-(2-取代苯甲酰基)-1,3-环己二酮对猪肝中的 HPPD 酶的抑制常数

	X	IC_{50} / (μmol/L)[①]	X	IC_{50} / (μmol/L)[①]
	化合物 NTBC	0.04	NO₂	0.16
	H	11.2	CH₃	3.75
	Cl	0.50	CF₃	0.25
	Br	0.56	OMe	11.70
	I	0.76		

① 两次测量值的平均值。

表 3-5-4　2-(2-硝基-4-取代苯甲酰基)-1,3-环己二酮对位取代基的物理化学常数和相应化合物生物活性

Y	σ_p	π		LD_{50}[①] （g/hm²）	lgLD₅₀
H	0	0	1.03	810	2.91
Cl	0.23	0.71	6.03	42	1.62
CF₃	0.54	0.88	5.02	14	1.16
SO₂CH₃	0.72	−1.63	13.49	13	1.12

① 对 7 种阔叶杂草平均控制率为 50% 时的计量。

表 3-5-5　2-(2,4-二取代苯甲酰基)-1,3-环己二酮的生物活性和邻对位取代基 σ_p

X	Y	X-σ_p	Y-σ_p	$\Sigma\sigma_p$		lgLD₅₀	pK_a
Cl	OCH₃	0.23	−0.27	−0.04	5100	3.71	4.09
Cl	CH₃	0.23	−0.17	0.06	2800	3.45	3.83
Cl	H	0.23	0	0.23	830	2.92	3.81
Cl	F	0.23	0.06	0.29	1600	3.2	3.77
Cl	Cl	0.23	0.23	0.46	180	2.26	3.5
Cl	SO₂CH₃	0.23	0.72	0.95	72	1.86	3.2
NO₂	H	0.78	0	0.78	810	2.91	3.6
NO₂		0.78	0.23	1.01	42	1.62	3.44
NO₂	CF₃	0.78	0.54	1.32	14	1.16	3.1
NO₂	SO₂CH₃	0.78	0.72	1.5	13	1.12	3.04

结果显示邻位硝基 4-取代的系列化合物 lgLD$_{50}$ 和 σ_p 也具有很好的线性关系（见图 3-5-7），同时也发现 lgLD$_{50}$ 与苯环上的邻、对位取代基的 σ_p 之和也呈很好的线性关系（见图 3-5-8）。这表明苯环上的电子云密度和 HPPD 酶抑制剂抑制能力有着密切的关系。苯环上的电子云密度越低，相应的抑制剂除草活性就越高。

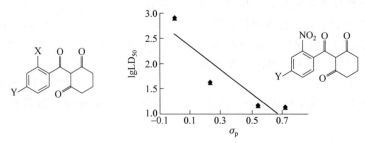

图 3-5-7　邻硝基-4-取代的系列化合物 lgLD$_{50}$ 和 σ_p 的关系图

由于苯环和三酮系统共轭，三酮类的异构体可以看作是一种烯醇酸，苯环的缺电子性增强，导致分子酸性影响的增强，有利于其在植物体内传导和被植物细胞吸收，使除草活性增加（见图 3-5-9）。

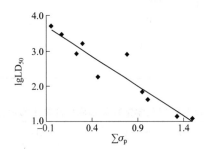
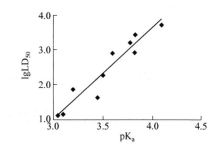

图 3-5-8　2-（2，4-二取代苯甲酰基）-1，3-环己二酮的 lgLD$_{50}$ 和 $\sum\sigma_p$ 关系图

图 3-5-9　2-（2，4-二取代苯甲酰基）-1，3-环己二酮的 lgLD$_{50}$ 和 pK_a 关系图

当间位为拉电子基时，烯醇羟基很容易亲核取代邻位易离去的取代基（如氯、硝基、烷基磺酰基），而发生分子内环化反应，间位取代基对抑制剂能力的影响比较复杂。其活性与 σ_p 不存在线性关系，但当间位为烷氧基时，它相对于邻位取代基来说为供电子基，将阻碍关环反应的进行。从诱导效应来看，它减少了羰基系统的电子云密度，增加了该系统的酸性。因此，无论从哪一方面讲均有利于活性的增加。对于间位化合物，随着碳链长度的增加，对杂草的抑制活性有明显的增强，但同时改变了除草谱。

从以上分析可得出结论，在三酮系统呈烯醇形式存在的情况下，邻位取代基为氯或硝基时，4-位的取代基吸电子性越强，除草活性就越高；2、4-位取代基的 σ_p 之和越大，导致分子酸性的增高，相应的除草活性也越好。邻位强吸电子基的存在和 2-苯甲酰基 1,3-环己二酮的苯环部分的构象均对 HPPD 酶抑制剂的效能起着至关重要的作用。

当苯环被部分脂肪基取代后尤其是被环丙基取代后，表现出极好的抑制活性，可能与环丙基的

特殊性质有关（见表 3-5-6）

表 3-5-6　2-烷酰基-1,3-环己二酮对 HPPD 酶的抑制活性

R	IC_{50}[①] / $(\mu mol/L)$	R	IC_{50}[①] / (μmol)	
CH_3	11.2	$CH(CH_2)_2$	6.0	
CH_3CH_2	17.8	$CH(CH_2)_5$	364.5	
$CH(CH_3)_2$	93.3			

① 两次测量值的平均值。

当环己酮 4、6-位引入取代基时，可延缓在 4、6-位的羟基化和苯甲酰基水解的代谢反应，使植物进行脱毒反应更加困难，相应的除草活性得到提高，这种影响对禾本科杂草比对阔叶杂草更加明显，结果见表 3-5-7。通过比较表 3-5-8 中的两个化合物，我们可以发现，两者具有相似的结合力，但除杂草的活性后者远远高于前者，这一现象并非抑制剂与 HPPD 酶结合力（IC_{50}）的增强，而是其本身所具有的除草能力所致。结果见表 3-5-8。

表 3-5-7　二酮取代基对除草活性的影响

R^1	R^2	R^3	R^4	R^5	R^6	ED_{50}[①] / (g/hm^2)
H	H	H	H	H	H	150
CH_3	CH_3	H	H	H	H	75
CH_3	CH_3	H	H	H	CH_3	60
CH_3	CH_3	H	H	CH_3	CH_3	20
CH_3	CH_3	CO	CH_3	CH_3	20	20

① 该值为控制 *D. sanguinalis*、*E. crus-galli*、*S. fabri*、*S. viridis* 和 *Sorghum halepens* 50% 时的剂量。

表 3-5-8　二酮取代基对 Zea mays 中的 HPPD 酶亲和能力的影响

R^1	R^2	HPPD IC_{50} / $(nmol/L)$	ED_{50}[①] / (g/hm^2)
H	H	27	90
CH_3	CH_3	28	15

① 该值为控制 *D. sanguinalis*、*E. crus-galli*、*S. fabri*、*S. viridis* 和 *Sorghum halepens* 50% 时的剂量。

通过在环己酮环上引入取代基，虽然提高了除草活性，但对玉米的选择性降低，土壤存留期延长。因此，取代环己二酮类应为抑制剂首选分子结构单元。

在其他部分结构一致的情况下，分别由环己二酮和环戊二酮合成的三酮 HPPD 酶抑制剂除草活性相似或相同。

环己二酮由单环变为多环体系和引入杂原子对活性也有影响，如哌啶三酮类 HPPD 抑制剂由于引入氮原子而降低了分子的酸性，相对活性较低；双环 [4.1.0] 三酮类 HPPD 抑制剂分子中引入三元环后由于三元环碳原子介于 sp^3 和 sp^2 之间，供电子能力趋于减弱，相对来说分子酸性较强，活性增高；双环 [3.2.1] 三酮类由于双环结构影响了烯醇结构的形成，导致活性可能略低。当苯环上取代基一致时，四种三酮类 HPPD 抑制剂活性由强到弱的顺序为双环 [4.1.0] 三酮类、普通三酮类、双环 [3.2.1] 三酮类、哌啶三酮类。

双环[4.1.0]三酮类　　　普通三酮类　　　双环[3.2.1]三酮类　　　哌啶三酮类

环己二酮结构单元的变化对活性的影响为：当环己二酮取代基被吡唑环代替后，通过对大量吡唑类

HPPD 抑制剂和其除草活性的观察，可发现通式中相应的 R^5 为甲基、乙基或异丙基（尤其为乙基时表现的除草活性更高一些），和 Q 为氢或易离去基团（如磺酰类基团）时活性较高；而当为氢或丙基等基团时，其活性往往很低。而当环己二酮取代基被异噁唑类环代替后，异噁唑类抑制剂是通过其相应的活性代谢产物二酮腈而起除草作用的。异噁唑类抑制剂和二酮腈类抑制剂通式中 R^5 的不同取代基对其除草活性的影响非常大，当为三氟甲基等电子效应参数较大、长度为 1～2 个碳原子或丙基等基团时，它们的除草活性往往较高。二苯酮类抑制剂在通式中 Q 为氢原子或易离去的基团时，易形成活性中间体，相应的除草活性较高。当通式中为氟原子或其他易代谢为羟基的基团时，其除草活性较高。

三酮类　　　　　吡唑类　　　　　异噁唑类

二酮腈类　　　　　二苯酮类

Wu 等人根据前人所做有关的 SAR 研究工作经验及了解分子中苯环结构和硝基取代基对 NTBC 分子抑制 HPPD 酶的能力的重要贡献，针对性地合成化合物 **3-5-8**～**3-5-16** 共 9 个化合物，侧重研究了三酮结构的变化对分子抑制酶作用的影响，进而了解 HPPD 酶抑制剂所需的基本结构单元。利用从猪肝中提取的 HPPD 酶，采用分光光度法-烯醇硼酸法对上述化合物的抑制活性进行了测试（NTBC 做对照，结果见表 3-5-9）。

3-5-8　　**3-5-9**　　**3-5-10**　　**3-5-11**　　**3-5-12**

3-5-13　　**3-5-14**　　**3-5-15**　　**3-5-16**

表 3-5-9　化合物 11～19 对 HPPD 酶抑制常数和与 $FeCl_3$ 反应结果及扭角大小

化合物	IC_{50}[①] / $(\mu mol/L)$	$FeCl_3$ 试验[②]	扭角/ $(°)$[③]
NTBC	0.04±0.01	＋	0.3
3-5-8	0.16±0.06	＋	1.4 (1.6)
3-5-9	0.70±0.15	＋＋	0.5
3-5-10	0.53±0.10	＋	0.5
3-5-11	52±2	－	59.8 (58.2)
3-5-12	64±9	－	61.2
3-5-13	50±4	－	11.1
3-5-14	60±7	－	29.2
3-5-15	126±12	－	－
3-5-16	250±28	－	－

① 所有数据均是至少两次独立试验结果的平均值。
② 比色变化的程度（＋＋ 高；＋ 中；－－ 无变化）。
③ O (8) -C(7)-C(2)-C(3)的扭角。

结果显示，只有对照物 NTBC 和化合物 **3-5-8~3-5-10** 对三氯化铁试验呈阳性反应，呈粉红色，且 IC_{50} 值均小于 $1\mu mol/L$，说明它们均通过三酮的烯醇异构体与酶结合的亚铁离子紧密结合；其他化合物均呈阴性反应，呈现的活性很差。由此可以看出三酮 C_3 上的烯醇氢质子的离去有可能影响分子的三维空间结构，并直接影响分子与靶酶结合点的结合，从而影响对靶酶的抑制。从晶体结构分析可以看出，化合物 **3-5-8** 分子中存在着顺式烯醇结构及分子内氢键，3 个羰基处于共平面，C-3 烯醇氢与 C-7 羰基氧呈氢键结合，二者扭角仅为 1.6°。当烯醇氢被甲基取代或氯化为化合物 **3-5-12** 时，IC_{50} 值增加至 $52mol/L$ 或 $64\mu mol/L$，此时化合物 **3-5-11** 的构象显示，由于 7-位羰基与 C-1 羰基及 C-3 上的氧原子的双极排斥而被挤出了 1,3-二酮系统平面，且扭角为 58.2°。此外，在化合物 **3-5-8** 中，$C_7 \sim C_2$ 的键长为 $0.1445nm$，显示该三酮系统的广泛共轭；但在化合物 **3-5-11** 中，键长为 $0.1487nm$，为单键特征。从此也可以说明，C-3 的烯醇氢存在与否可决定三酮的构象。

表 3-5-9 中数据同时显示，当三酮的 3-羟基被取代或修饰后，化合物 **3-5-10~3-5-14** 的 O(8)-C(7)-C(2)-C(3) 均具有较高的扭角（29°~61°）。这些结果与假设的 7-位羰基与环上的另外两个氧原子之间的两极排斥导致三酮平面性的扭曲和与 HPPD 酶的结合力的下降相符。尽管化合物 **3-5-13** 的扭角为 11.1°，构象接近所研究的分子模型平面性，但由于肟基的存在阻止了与酶活性靶位中铁离子的螯合，进而显示出与酶的低亲和性（IC_{50} 为 $50\mu mol/L$，$FeCl_3$ 试验呈现阴性反应）；1,3-二酮的 3-位烯醇氧的失去导致分子内两极的排斥，通过降低三酮系统的共平面性和骨架变形而得到缓解，这可能是化合物 **3-5-11** 和 **3-5-12** 缺乏对 HPPD 酶抑制作用的原因。化合物 **3-5-10** 和 **3-5-12** 的 ^1HNMR 相比，分子中有一典型的烯醇氢信号出现在 16.43，同时 $FeCl_3$ 反应呈阳性反应，抑制作用增加了 120 倍；化合物 **3-5-8** 与 **3-5-9** 相比，活性仅增加 4 倍，这说明三酮中 3-位羰基在对 HPPD 抑制中的作用不太明显；但是当 7-位羰基被除去形成 **3-5-15** 和 **3-5-16** 或被修饰为 **3-5-13** 时，这些化合物均不具有抑制活性。原因就是它们没有配体与酶活性靶位结合的 Fe^{2+}，从而导致低的亲和性和活性。尽管 **3-5-14** 具有与 NTBC 相同的三酮功能结构，但由于分子未能构成共平面和形成烯醇而未能具有活性。因此，从 Wu 等人的研究可得出如下结论：7-位羰基对潜在的 HPPD 抑制剂的效能具有决定性的作用；当分子具有形成烯醇（也即存在共平面结构）和与酶活性中心铁离子螯合的能力时，化合物方能具有抑制活性；抑制剂中 7-羰基的存在是一个基本特征，如将 3-位羰基修饰成其他基团，将减少分子的整体平面性和酮-烯醇异构体的形成，最终导致抑制作用的降低，甚至完全丧失。

Yang 等人基于 ACCase 抑制剂 Sethoxydim 具有中等程度的抑制 HPPD 酶的作用，说明用于抑制 HPPD 酶和 ACCase 的物质与二者结合的靶位有一定的相同之处，且许多烯丙基肟烯醇醚比环己二酮类的除草活性还高，于是合成了一系列烯酮醇酯化合物，对猪肝 HPPD 酶的抑制结果见表 3-5-10。

Sethoxydim

表 3-5-10　环己二酮烯醇烷酰基酯对 HPPD 酶的抑制活性

R	IC_{50}[①]/($\mu mol/L$)	R	IC_{50}[①]/($\mu mol/L$)
CH_3	3.62	$C(CH_3)_3$	79.6
C_2H_5	0.11	$CH(CH_2)_5$	3.70
$CH(CH_3)_2$	4.16	C_6H_5	1.58
$CH(CH_2)_2$	0.03		

① 两次测量值的平均值。

3-5-17   **3-5-18**   **3-5-19**

    从表中结果可以看出，绝大部分化合物的除草活性都比较高，尤其当 R 为环丙烷基时，IC_{50} 为 30nmol/L，相对于现已应用于临床的 NTBC 的 IC_{50} 为 40nmol/L 来说，其将来的应用前景将是非常光明的。这可能也说明抑制剂异构体与 HPPD 作用时有其相同或相似的地方，该类化合物也值得进一步研究。为了进一步研究影响化合物 **3-5-18** 活性的基本结构单元，合成了下列化合物 **3-5-17** 和 **3-5-19**。结果表明，化合物 **3-5-17** 在浓度高达 0.2mmol/L 时，未显示任何 HPPD 抑制活性，这说明化合物 **3-5-18** 中 1-羰基氧原子决定了化合物的抑制活性，因为它是通过与在酶活性位置的铁离子螯合而起作用的。当化合物 **3-5-18** 中环己烯酮的羰基被替代为饱和碳后，活性和 **3-5-18** 相比下降了 23 倍，这也说明羰基-2 对于化合物与酶结合也是必需的。这在文献中也得到了验证。对于该类化合物的结构与生物活性特点，可归纳为：①烯醇酯在生物体中可能异构化为三酮类异构体；②该类化合物与酶可能还有其他有效的结合部位。

    Ding-yah Yang 等人发现，Witkop 和 Hamilton 提出的两种 HPPD 酶与 HPP 反应的可能机理具有一共同的特点就是活泼氧对 HPP 中 α-羰基进行亲核进攻，生成具有四面体结构的酶-底物中间体。他们认为在羰基的 α-碳上引入强吸电子的氟，通过诱导效应，使 α-羰基电子云密度进一步降低，在水溶液中羰基很容易水化成双羟基，供电子增强而优先与酶反应中心螯合，从而抑制了 HPP 与酶的作用，同时使活泼氧失去了有效的亲核进攻的点，从而达到抑制的效果。因此，他们合成了一些化合物，结果见表 3-5-11。

表 3-5-11 氟代水合 HPP 酸对 HPPD 酶动力学常数

R^1	R^2	类型[①]	K_i/（μmol/L）	R^1	R^2	类型[①]	K_i/（μmol/L）
H	H	C	10 ± 2	Cl	H	NC	250 ± 20
H	NO_2	C	22 ± 2	Cl	Cl	NC	380 ± 25

① C——竞争性抑制剂，NC——非竞争性抑制剂。

    生物活性测试表明，部分化合物为 HPPD 酶的竞争性抑制剂，同时苯环上吸电子取代基的引入对抑制效果没有正影响，说明此类抑制剂中的对位硝基取代基和分子与酶结合不是必需的。这也说明苯环上取代基位阻引起构型的变化而降低了活性。

（二）抑制 HPPD 的天然产物的构效关系研究

    具有抑制 HPPD 活性的天然产物有苯醌类、萘醌类、蒽醌类、三酮类和其他类似结构（见表 3-5-12）。化合物 **3-5-20**～**3-5-27** 为天然植物所含苯醌类化合物，它们对 HPPD 的 IC_{50} 值处于 0.3～20mmol/L 之间；化合物 **3-5-28**～**3-5-36** 为天然萘醌类化合物，与苯醌类化合物相比，它们的 IC_{50} 处于 1.2～>100μmol/L 范围内；化合物 **3-5-38**～**3-5-51** 为天然蒽醌类化合物，尽管在结构上满足了要求，但活性均很低，这也说明仅仅具有醌结构是远远不够的；天然三酮类化合物活性变化较大，它们的 IC_{50} 范围为 0.08～>100μmol/L。化合物 **3-5-42** 活性最好，IC_{50} 为 0.08μmol/L，但它的对映体 **3-5-43** 活性却很差。具有长的脂溶性烷基链化合物 **3-5-44** 和化合物 **3-5-46** 活性较差。具有强极性羧基的化合物 **3-5-45** 完全失活。其他类型的天然产物的活性很低或基本没有活性。化合物 **3-5-52** 有一定的 HPPD 抑制活性，β-三酮类化合物 **3-5-53** 可能由于空间位阻导致失活。

表 3-5-12　苯醌类化合物对 HPPD 的抑制活性

化合物	名称	类别	IC_{50} / (μmol/L)
3-5-20	sorgoleone	苯醌	0.4
3-5-21	ethoxysorgoleone	苯醌	3
3-5-22	dimethoxysorgoleone	苯醌	9
3-5-23	dihydromaesanin	苯醌	2
3-5-24	maesanin	苯醌	0.3
3-5-25	dimethoxymaesanin	苯醌	20
3-5-26	maesanol	苯醌	1.5
3-5-27	MSNM-4	苯醌	2
3-5-28	拉帕醇	萘醌	>100
3-5-29	5-羟基-1,4-萘醌	萘醌	1.3
3-5-30	plumbagine	萘醌	2
3-5-31	5,8-二羟基对萘醌	萘醌	1.3
3-5-32	2-羟基对萘醌	萘醌	>100
3-5-33	对萘醌	萘醌	4
3-5-34	2,5-二羟基对萘醌	萘醌	>100
3-5-35	甲萘醌	萘醌	15
3-5-36	紫草醌	萘醌	1.2
3-5-37	1,2-萘醌	萘醌	10
3-5-38	1,8-二羟基萘醌	蒽醌	>100
3-5-39	大黄素	蒽醌	>100
3-5-40	1,4-二羟基萘醌	蒽醌	>100
3-5-41	茜素	蒽醌	>100
3-5-42	（—）-地衣酸	β-三酮	0.08
3-5-43	（＋）-地衣酸	β-三酮	0.3
3-5-44	2-十六酰基-1,3-环己二酮	β-三酮	8
3-5-45	3-乙酰基-3,4-二氢-2,4-二氧杂-2H-吡喃-5-羧酸	β-三酮	>100
3-5-46	细交链孢菌酮酸	β-三酮	18
3-5-47	leucoquinizarin	α,β-不饱和-β-羟基酮	>100
3-5-48	荔枝素	β,β-二羟基醛	60
3-5-49	桑橙素	β,β-二羟基二苯甲酮	>100
3-5-50	β-alectoronic acid	二苯醚	80
3-5-51	圣草酚	黄烷酮	>100
3-5-52	羟苯基三羟苯基丙烯酮	查耳酮	30
3-5-53	蛇麻酮	β-三酮	>100

三、HPPD 抑制剂的研究进展

从专利报道中可以看出，从事此类除草剂研究的公司有：日本的出光兴产公司、日本的 SDS

生物技术公司、三共化学公司、石原产业公司、日本曹达公司、捷利康公司、罗纳普朗克公司、巴斯夫公司、杜邦公司和诺华公司等。报道的 HPPD 抑制剂的化学结构主要有三酮类、异噁唑类、吡唑类、二酮腈类和二苯酮类等。

1. 单环三酮类化合物

单环三酮类化合物结构通式（**3-5-54**）如下：其中 $R^1 \sim R^4$ 为多种取代基，R^1 多为 H、卤素、Me、SO_2Me 或 NO_2 等，R^2 多为 H、Me 或取代的杂环等，R^3 多为 H、卤素、SO_2Me、NO_2 或 CF_3 等，R^4 多为 H、Me 等，R^3 和 R^4 还可组成环。

化合物 **3-5-55** ~ **3-5-58** 分别由杜邦公司、巴斯夫公司、捷利康公司和日本三共公司报道，均具有很好的除草活性如化合物 **3-5-58** 在 $65g/hm^2$ 剂量下即对稗草在内的六种杂草具有 100％ 的防效。

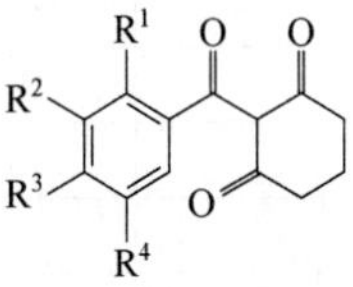

3-5-54 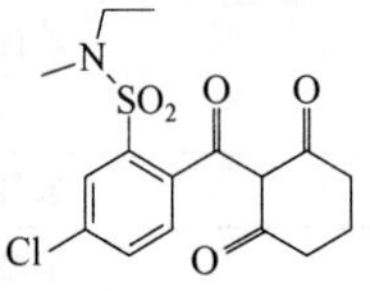　　　　　3-5-55 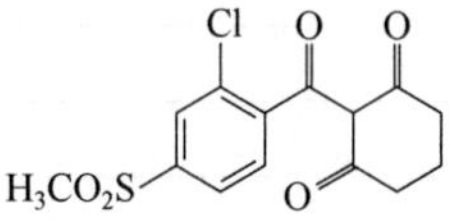　　　　　3-5-56 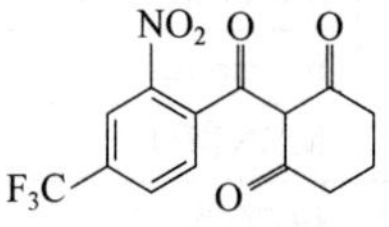　　　　　3-5-57

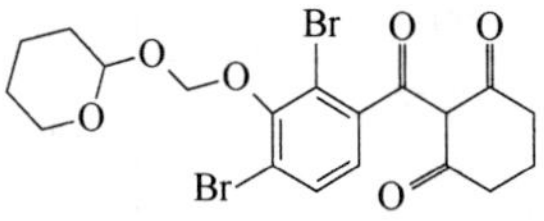

3-5-58 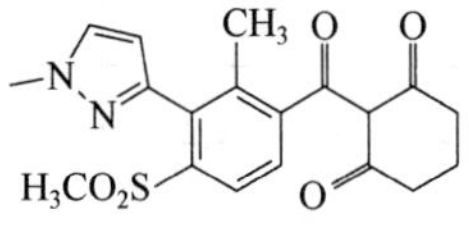　　　　　3-5-59 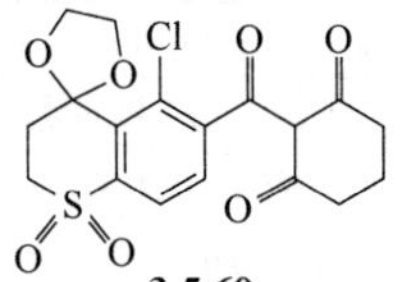　　　　　3-5-60

化合物 **3-5-59**、**3-5-60**、**3-5-64** 和 **3-5-65** 由杜邦公司报道，化合物 **3-5-61** 由日本的出光兴产公司报道，主要用于防除玉米田杂草，使用剂量为 $300g/hm^2$。化合物 **3-5-64** 和 **3-5-65** 由巴斯夫公司报道，分别在 $25g/hm^2$ 和 $32g/hm^2$ 剂量下具有很好的活性，化合物 **3-5-66** 和 **3-5-67** 分别由巴斯夫公司和 Idemitsu 报道，分别在 $250g/hm^2$ 和 $100g/hm^2$ 剂量下具有很好的活性。

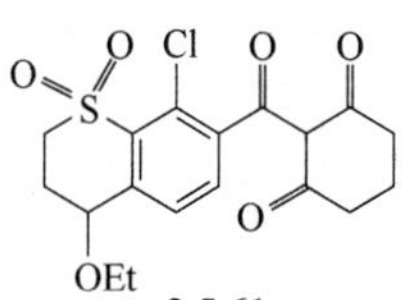

3-5-61 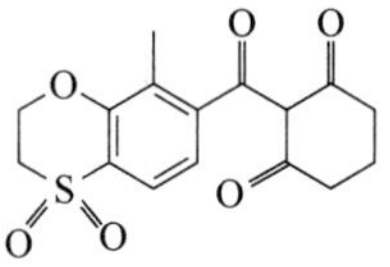　　　　　3-5-63 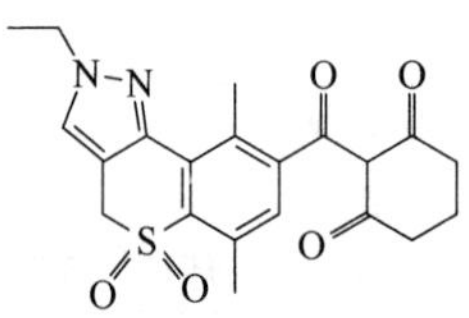　　　　　3-5-64

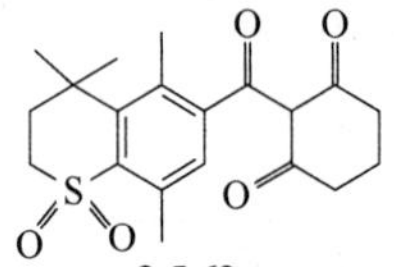

3-5-62 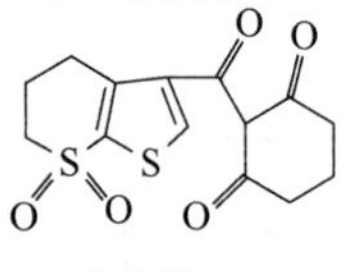　　　　　3-5-65

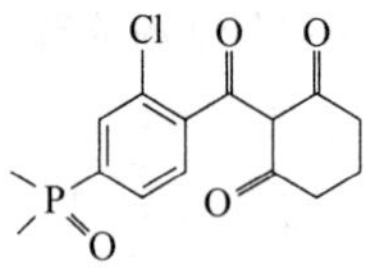

3-5-66 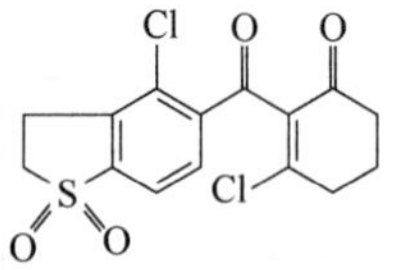　　　　　3-5-67

2. 双环三酮类化合物

双环三酮类的通式如 **3-5-68** 和 **3-5-69** 所示，取代基与通式 **3-5-54** 中取代基相似。化合物 **3-5-63** ~ **3-5-65** 由日本曹达公司研制，主要用于防除玉米田杂草，使用量为 $25g/hm^2$。化合物 **3-5-73**、**3-5-74** 由日本的 SDS 生物技术公司和石原产业公司报道，化合物 **3-5-73** 主要用于防除稻田稗草、莎草等杂草，使用量为 $500g/hm^2$。

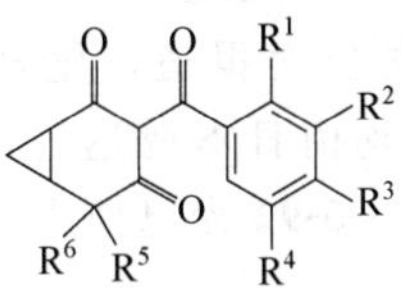

3-5-68 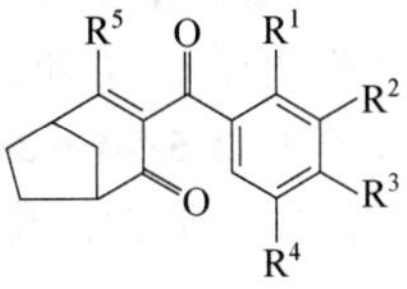　　3-5-69 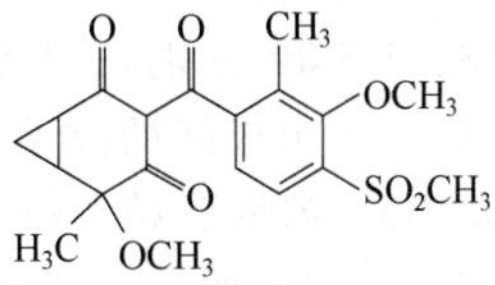　　3-5-70

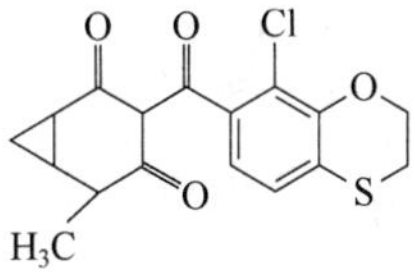

3-5-71 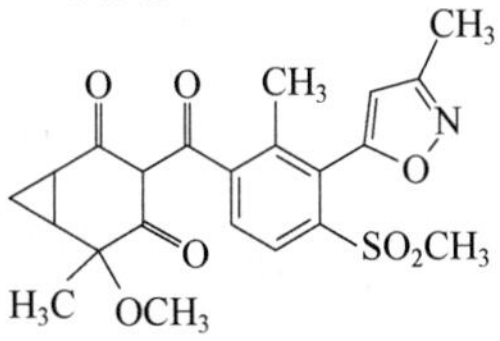　　3-5-72 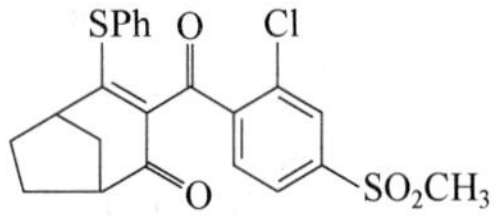　　3-5-73

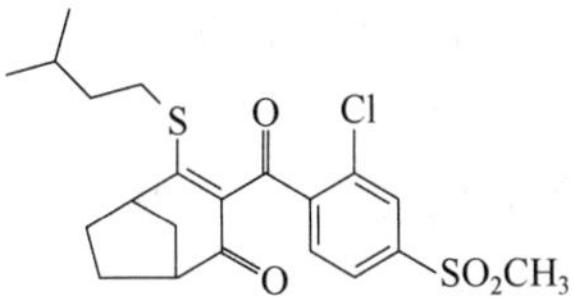

3-5-74 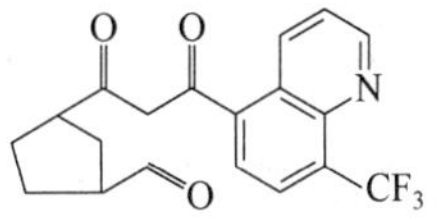　　3-5-75

取代苯甲酰基哌啶三酮类是日本曹达公司报道的，化合物 **3-5-76** 在 1000g/hm² 剂量下具有很好的除草活性。

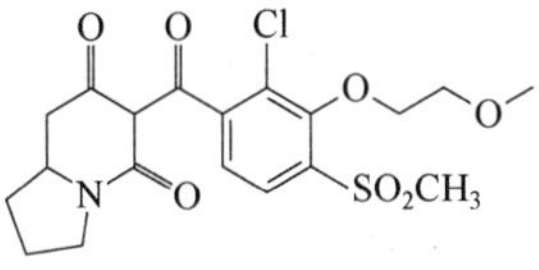

3-5-76 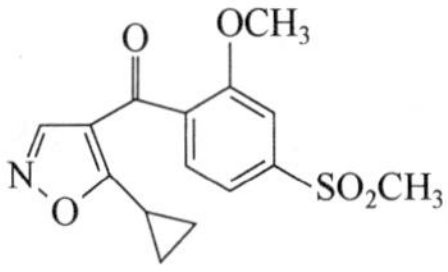　　3-5-77 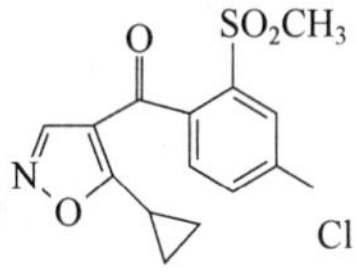　　3-5-78

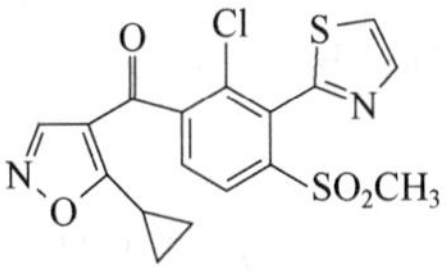

3-5-79 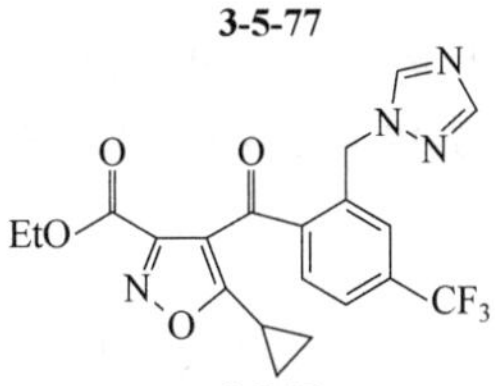　　3-5-80 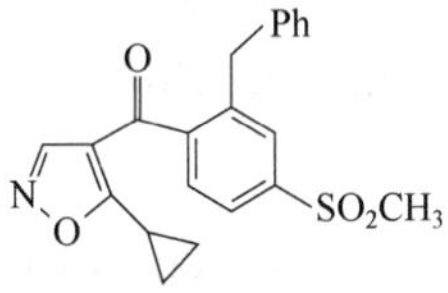　　3-5-81

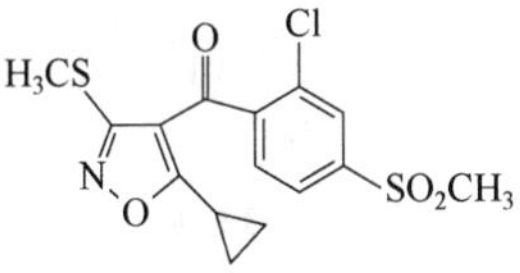

3-5-82 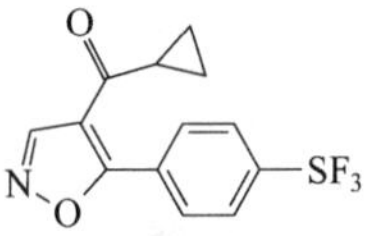　　3-5-83 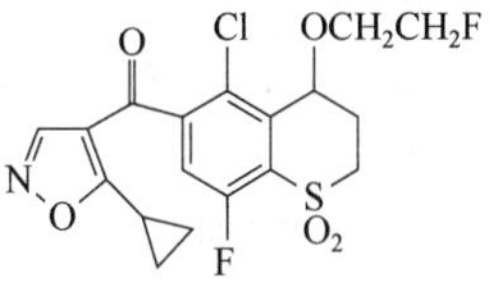　　3-5-84

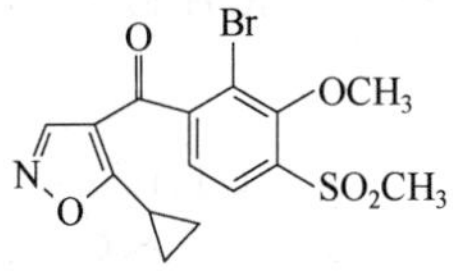

3-5-85 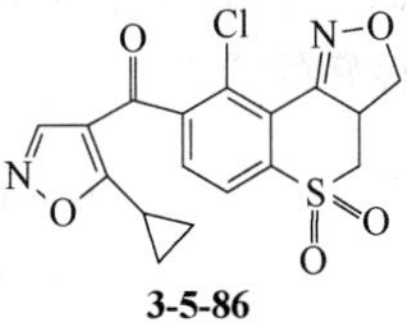　　3-5-86

3. 异噁唑类化合物

异噁唑类化合物已商品化的品种为 Isoxaflutole（罗纳-普朗克公司研制）。近期报道的化合物如 **3-5-77**～**3-5-82** 均由罗纳-普朗克公司研制，化合物 **3-5-79**、**3-5-82**、**3-5-84** 和 **3-5-86** 则分别由巴斯夫公司、诺华公司和日本的出光兴产公司报道，它们均具有很好的除草活性。如化合物 **3-5-84** 在 300g/hm² 剂量下即具有良好的除草活性。化合物 **3-5-85** 由罗纳-普朗克公司报道，具有很好的杀螨活性。

4. 吡唑类化合物

吡唑类化合物的结构通式见化合物 **3-5-87**，其中取代基 R¹～R⁴ 与通式 **3-5-54** 中的取代基相似。

R^5 多为烷基，尤以乙基为多；R^6 多为 H 或其他基团；Q 多为 H 或其他离去基团。

化合物 **3-5-88**、**3-5-89** 分别由日本石原产业化学公司和巴斯夫公司报道，化合物 **3-5-88** 在 125g/hm² 剂量下即显示出很好的除草活性。化合物 **3-5-90**～**3-5-92** 均由日本曹达公司报道，如化合物 **3-5-86** 在 63g/hm² 剂量下对多种杂草具有很好的活性。化合物 **3-5-92** 为巴斯夫公司报道，在 63g/hm² 剂量下即显示很好的除草活性。

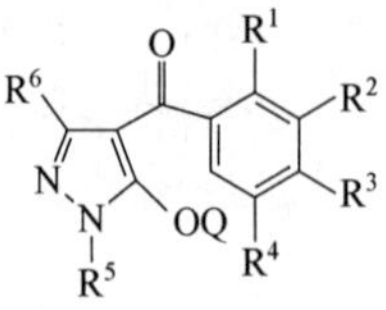

3-5-87 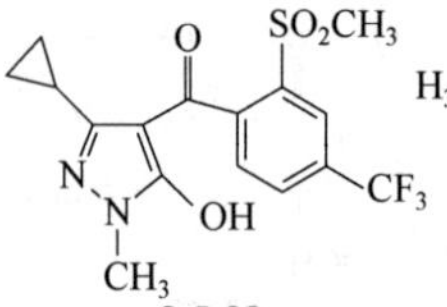　　　　3-5-88 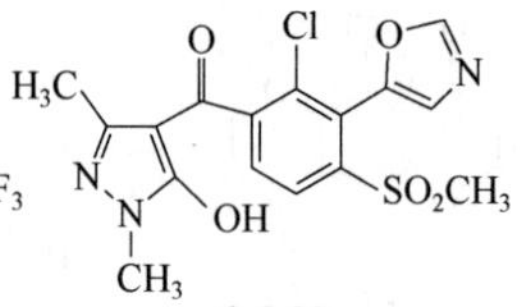　　　　3-5-89

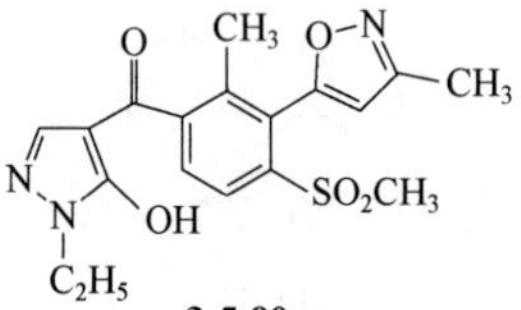

3-5-90 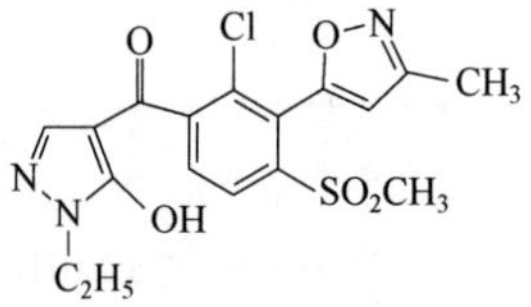　　　　3-5-91

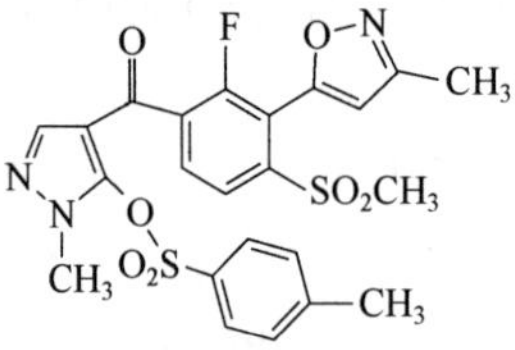

3-5-92 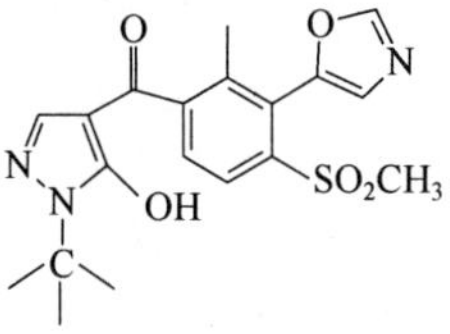　　　　3-5-93

化合物 **3-5-94**～**3-5-96** 分别由日本出光兴产公司、杜邦公司和巴斯夫公司报道，化合物 **3-5-94** 在 300g/hm² 剂量下用于玉米田除草，**3-5-95** 和 **3-5-96** 分别在 16g/hm² 和 25g/hm² 剂量下即可防除多种杂草。

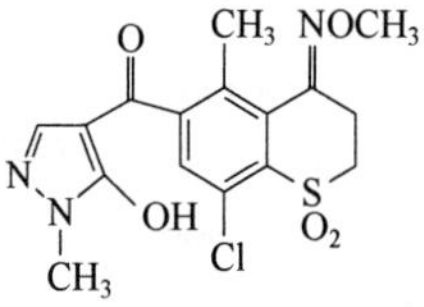

3-5-94 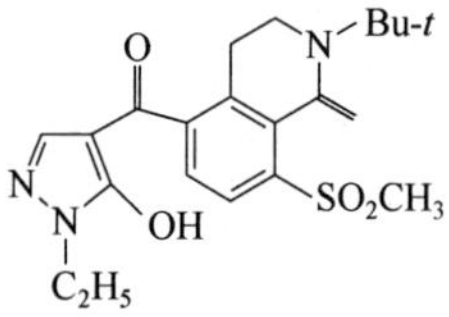　　　　3-5-95 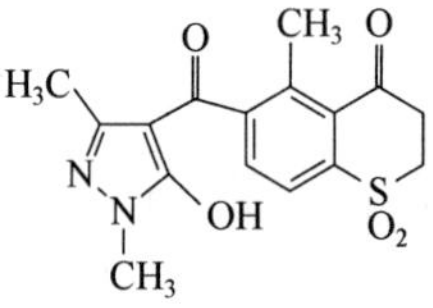　　　　3-5-96

化合物 **3-5-97**～**3-5-99** 和 **3-5-101** 均由日本出光兴产公司报道，化合物 **3-5-100** 和 **3-5-102** 是由巴斯夫公司报道，对多种杂草具有很好的活性。

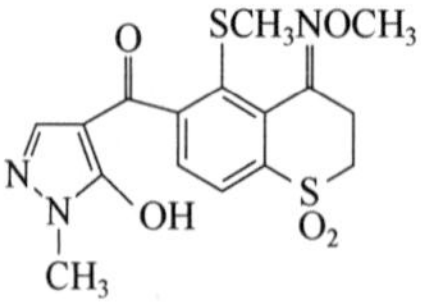

3-5-97 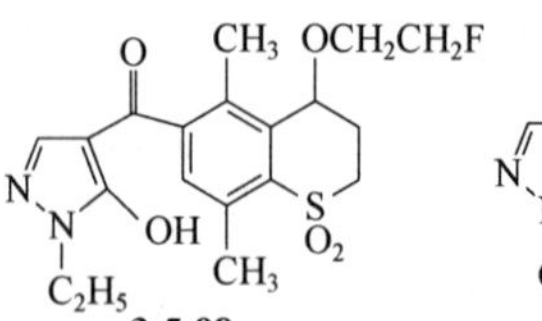　　　　3-5-98 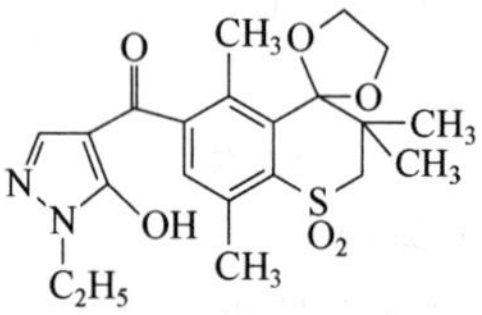　　　　3-5-99

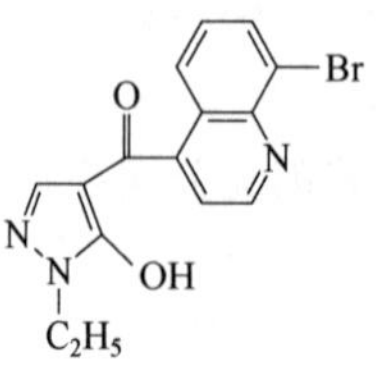

3-5-100 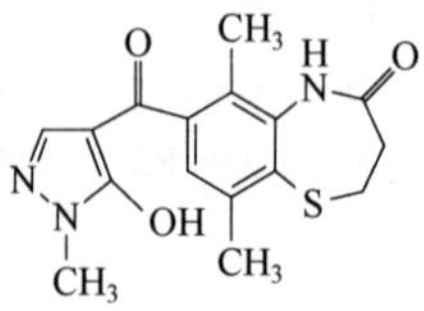　　　　3-5-101 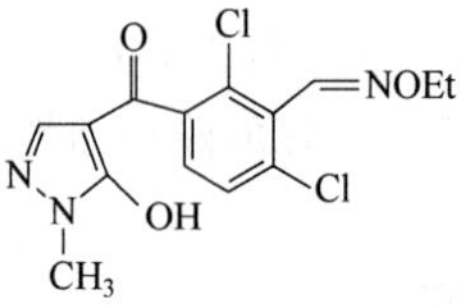　　　　3-5-102

5. 二酮腈类化合物

二酮腈类化合物如 **3-5-103**（原罗纳-普朗克公司）、**3-5-104**、**3-5-105**（巴斯夫公司）和 **3-5-106**（日本出光兴产公司）均具有很好的除草活性。

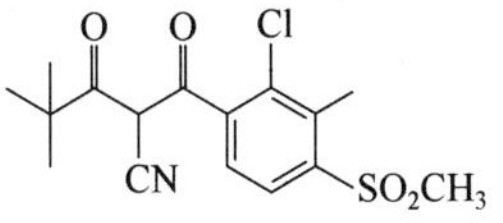

3-5-103 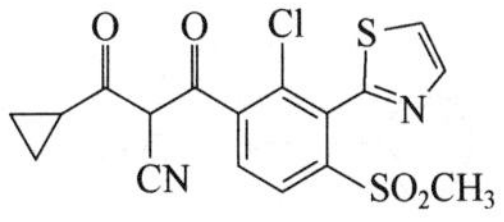　　　　　　**3-5-104**

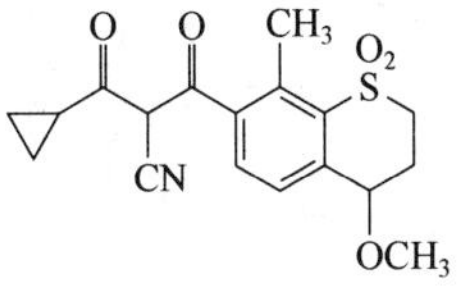

3-5-105 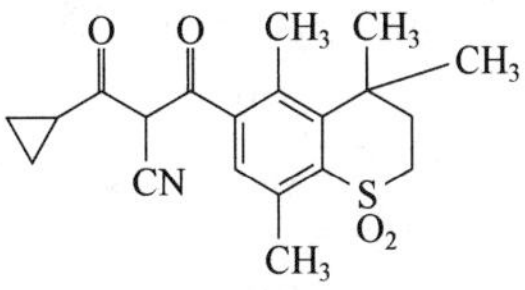　　　　　　**3-5-106**

6. 二苯酮类化合物

二苯酮类化合物报道较少，如化合物 **3-5-107**（捷利康公司）和 **3-5-108**（原罗纳-普朗克公司），化合物 **3-5-107** 的有效成分可能是代谢物 **3-5-108**，化合物 **3-5-109** 在 $250g/hm^2$ 剂量下可防除多种杂草。

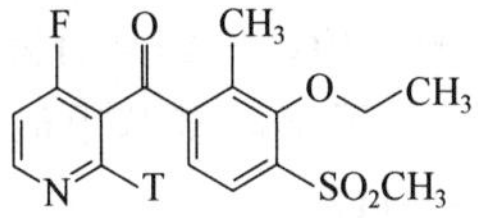

3-5-107 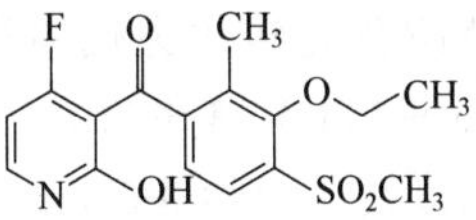　　　　　　**3-5-108** 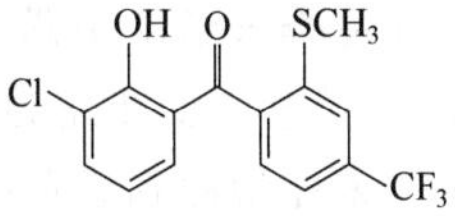　　　　　　**3-5-109**

从以上所示的化学结构中可以看出：取代的苯甲酰基中的取代基虽变化较多，但通常为吸电子基团，尤以 Cl、CF_3 和 SO_2CH_3 为多，或由磺酰基部分与邻位组成杂环；烯醇部分相应变化较少，而取代的苯基甲酰基中的苯基变化则更少，目前统计的专利中仅有三例，如化合物 **3-5-60** 是用取代的噻酚基团替换了通常的苯环。尽管如此，鉴于 HPPD 是一优良的除草剂靶标，今后可能会有更多的公司参与 HPPD 抑制剂的研究，亦会有活性更优异的新品种出现。

四、主要品种

所有 HPPD 抑制剂均是螯合剂，它们在离体和活体情况下均表现出良好的活性，并能满足在杂草体内吸收、传导和代谢稳定的要求（图 3-5-10）。

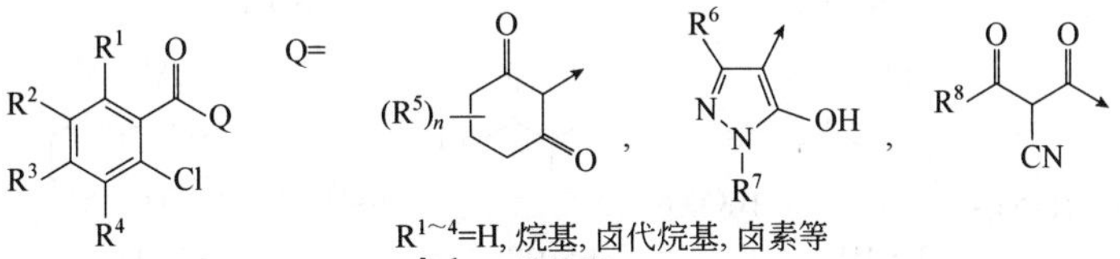

$R^{1\sim4}$=H, 烷基, 卤代烷基, 卤素等
$R^{5\sim6}$=H, 烷基等
R^7=烷基
R^8=烷基环烷基

图 3-5-10　HPPD 抑制剂的结构通式

1. 磺草酮（sulcotrione）

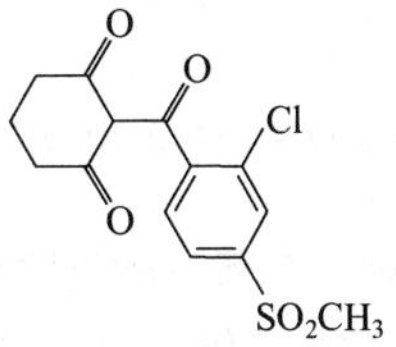

$C_{14}H_{13}ClO_5S$, 328.77, 99105-77-8

该品种为第一个商品化的三酮类除草剂品种，由 Stauffer 公司发现并在 1993 年注册推广使用，在欧洲商品名为 MIKADO（在美国没有注册），2004 年的销售额达到 6000 万美元。

合成方法　磺草酮以间苯二酚和对甲苯磺酰氯为起始原料合成，总收率约 59%。

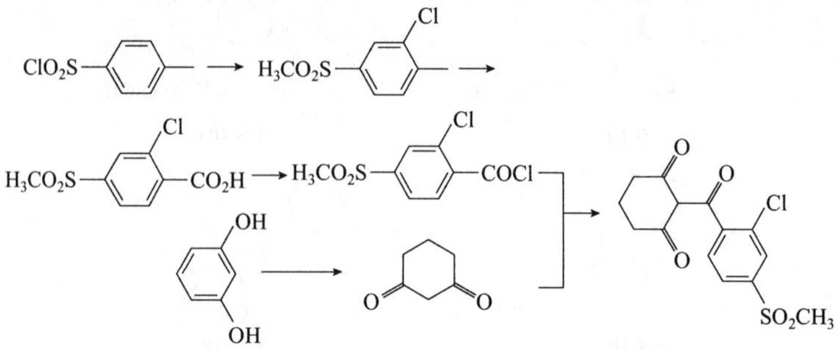

应用　磺草酮很容易通过叶和根部吸收。对谷类植物的生长没有影响。1998 年，Rouchaud 等人对磺草酮在土壤中的代谢情况进行了研究。结果显示，磺草酮在夏季玉米田中施药 3 个月期间，在沙壤土中的半衰期是 43～62d。

代谢与降解　在夏季玉米田中磺草酮首先转化为代谢物 **3-5-110**，它仍具有除草活性，药效约为磺草酮的 75%，并可进一步转化为 **3-5-111** 和 **3-5-112**（2-氯-4-甲磺酰基苯甲酸，CMBA）。在玉米收获时，在土壤中未能检测到磺草酮以及代谢物 **3-5-110**～**3-5-112**。

2004 年，Cherrier 等人对磺草酮在土壤中的降解进行了研究，确认了磺草酮的主要代谢产物为 2-氯-4-甲磺酰基苯甲酸。根据磺草酮的评估报告，磺草酮在植物和哺乳动物体内主要代谢物也为毒性很低的 2-氯-4-甲磺酰基苯甲酸。在中欧气候条件下，随着季节性光照、雨量和水的 pH 值的不同，磺草酮的半衰期为 2～340d。其主要代谢产物有 2-氯-4-甲磺酰基苯甲酸和分子内亲核取代关环产物 **3-5-113**，在水环境中还可产生 **3-5-110**，同时研究发现，产物光解时所用的光波长不同，有可能不能检出代谢物，如 **3-5-113** 在紫外线下极易分解，导致不能检出。

磺草酮

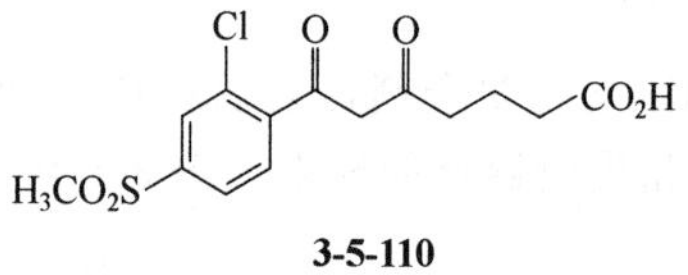

3-5-110

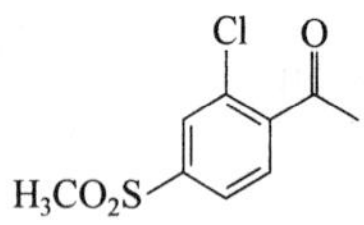

3-5-111 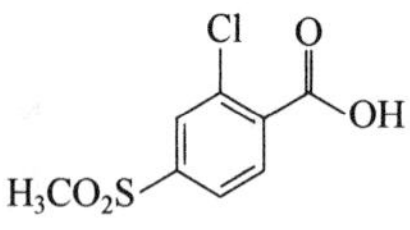　　**3-5-112** 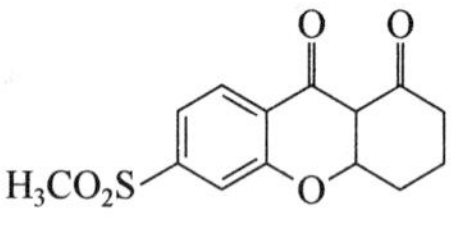　　**3-5-113**

2. 甲基磺草酮（mesotrione）

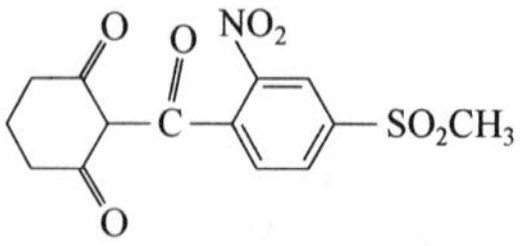

$C_{14}H_{13}NO_7S$, 339.32, 104206-82-8

甲基磺草酮是 Zeneca 农化公司开发的第二个新三酮类除草剂，是通过磺草酮结构修饰而开发的另一个三酮类除草剂品种，其生物活性超过磺草酮 10 倍以上，更具有开发潜力与竞争性。2000 年在欧洲登记。它以商品名 Callisto 于 2001 年开始在德国与奥地利销售，由于其对环境友好，2001 年通过美国环境保护署的批准，其单剂及混合制剂于 2002 年在欧盟各国与美国销售。

理化性质 甲基磺草酮原药为浅黄色晶状粉末，物理化学参数、毒理学以及环境特点列于表 3-5-13 中。

合成方法 甲基磺草酮可能的技术合成路线为：

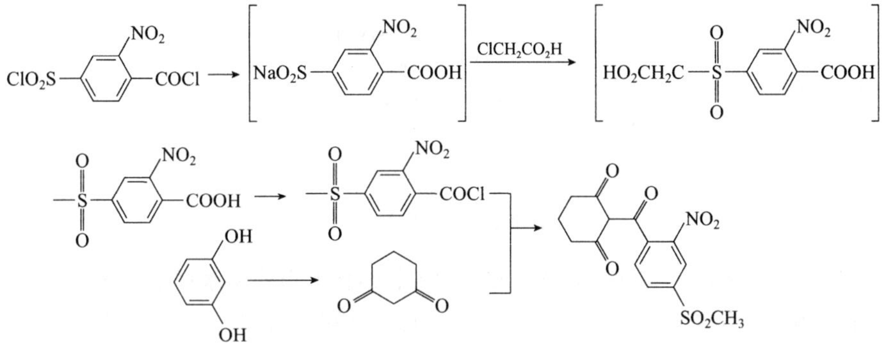

应用 甲基磺草酮对玉米田杂草具有很高的除草活性，能有效防除鸭跖草、苘麻、蓼、铁苋菜、藜、反枝苋等双子叶杂草，对马唐、稗草、狗尾草等单子叶杂草也有一定的防治作用，对多年生苍耳及对磺酰脲类除草剂产生抗性的杂草也有效。一般苗前用量为 $100\sim225g/hm^2$，苗后为 $70\sim150g/hm^2$。玉米对甲基磺草酮具有抗性的原因在于玉米叶片吸收比杂草缓慢，吸收及传导剂量低，藜在喷药后吸收量的 48% 从处理叶片传导至其他部位，而玉米向其他部位传导仅 14%；同时两者对 HPPD 酶敏感性差异很大，单子叶植物，如小麦的 HPPD 对甲基磺草酮的敏感性比阔叶杂草低数百倍；再者玉米能迅速将甲基磺草酮代谢为无活性化合物，特别是通过细胞色素 P450 催化的 4-羟基化作用。

在美国和欧洲的大量田间试验表明，苗前使用时未发生对玉米的药害，苗后使用时药害大约为 3%。考虑到我国北方春玉米地区"十年九春旱"的气候特点，甲基磺草酮最好进行茎叶喷雾。甲基磺草酮 $70\sim80g/hm^2+1\%$甲酯化植物油即可取得满意的除草效果。而华北及华中的夏玉米则既可进行土壤处理，也可茎叶喷雾。甲基磺草酮防除抗三氮苯与 ALS 杂草特别有效，杂草在它与这些类型除草剂之间不存在交互抗性，这就给轮作中除草剂品种选择提供了便利。

代谢与降解

甲基磺草酮水溶液光解半衰期为 84d，土壤半衰期 $5\sim15d$，平均 9d。在土壤中迅速被土壤微生物降解，释放出二氧化碳，不污染地下水，对后茬作物高度安全。甲基磺草酮在芽前处理时可与莠去津、乙草胺、异丙草胺、异丙甲草胺等混用。苗后茎叶喷雾可与烟嘧磺隆（玉农乐）、砜嘧磺隆、莠去津、溴苯腈等混用。

Glynn 等人对甲基磺草酮在植物体中的吸收和代谢进行了研究。用甲基磺草酮茎叶处理玉米（maize，ZEAMX）、狗尾草（*Setaria viridis*，SETVI）、藜（*Chenopodium album*，CHEAL）、牵牛草（*Ipomoea hederacea*，IPOHE）等后，药物的吸收差别很大。除玉米外，施药 24h 后药物吸收率为 55%～90%，而玉米的药物吸收率较低，从一侧面部分说明玉米对甲基磺草酮的吸收慢可能是其对玉米产生选择性的原因。同时，藜和玉米的叶片被甲基磺草酮处理 7d 后，藜中 48% 吸收的药物传输到其他部位，且除被处理叶片外，植物其他全部组织中的放射性物质 42% 为母体化合物甲基磺草酮。相比较而言，玉米中仅仅 12% 吸收的药物传输到其他部位，且除被处理叶片外，植物其他全部组织中的放射性物质中没有母体化合物甲基磺草酮。这些数据说明，甲基磺草酮在玉米中的吸收分布受限于它的快速代谢，同时也揭示了其产生选择性的根本原因。

2001 年，Gledhill 等人对甲基磺草酮在鼠体内的代谢情况进行了研究，通过测定 ^{14}C 标记的甲基磺草酮在鼠的排泄物中的代谢产物，认为甲基磺草酮首先代谢为 4/5-羟基甲基磺草酮、4-甲磺酰基-2-硝基苯甲酸以及甲基磺草酮分子中硝基还原为氨基的中间体，后两者并进一步分解为 4-甲磺酰基-2-氨基苯甲酸。

Philip Alferness 等人采用液相色谱法分析了甲基磺草酮在甘蔗中的代谢情况，证明甲基磺草酮首先代谢为 4-甲磺酰基-2-硝基苯甲酸，该代谢产物进一步被还原为 4-甲磺酰基-2-氨基苯甲酸。

3. 双环磺草酮 （benzobicyclon）

C$_{22}$H$_{19}$ClO$_4$S$_2$, 446.97, 156963-66-5

双环磺草酮为双环辛烷类具有双环及苯硫醚的独特结构的白化型水稻田用芽后除草剂，其代号为 SB-500，是日本生物公司 SDS 于 1992 年开始研究、开发合成的，1994 年进行田间试验，2001 获得登记，并开发了多种混剂。双环磺草酮实际为一前农药，经过水解后而发挥药效。双环磺草酮具有化学缓释性，可适度控制水解为除草剂。因其对靶标酶能逐步释出的化学特性，相比于作为旱田用除草剂进行开发的苯甲酰环己二酮类化合物，其在水稻与杂草间的选择性显著提高，水溶性大幅下降，并由于它具有强的土壤吸附性增强了向下移行，从而有望防止药剂向水田外流失。

合成方法 双环磺草酮可能的技术合成路线为：

benzobicyclon

应用 双环磺草酮的杀草谱广，具有处理时期宽和持效性长的特点。该药剂单剂标准剂量为 300g(a.i.)/hm^2，混剂标准剂量为 200g(a.i.)/hm^2，其在水稻与杂草间的选择性极高，对水田杂草、鸭舌草、陌上菜类等一年生阔叶杂草；萤蔺、水莎草、牛毛毡花等具芒碎米莎草科杂草；水竹草、稻状稗壳草、假稻、匍茎剪股颖、眼子草等难除杂草等均有效。

4. 环磺酮 （tembotrione）

C$_{17}$H$_{16}$ClF$_3$O$_6$S, 440.82, 335104-84-2

环磺酮是由拜耳公司于 2007 年研制的三酮类玉米除草剂，其活性高于甲基磺草酮，对作物安全。商品名称为 Laudis。

合成方法

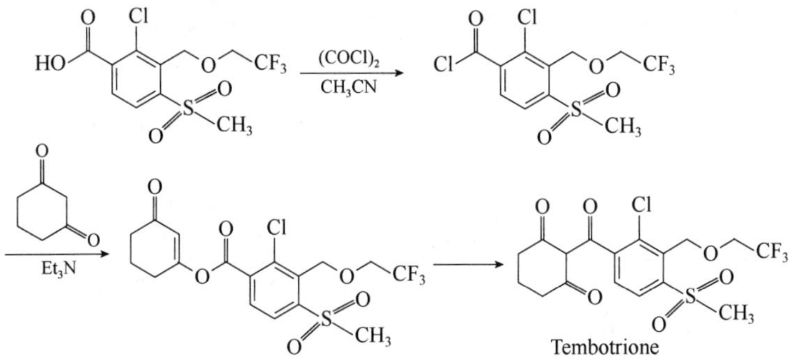

Tembotrione

毒性　环磺酮的急性毒性较低，大鼠急性经口 $LD_{50} > 2000mg/kg$、大鼠急性经皮 $LD_{50} > 2000mg/kg$；大鼠急性吸入 $LC_{50} > 5.03mg/L$；对家兔眼睛有轻度刺激作用，对家兔皮肤无刺激；豚鼠皮肤有轻微过敏现象。经口、经皮和接触性吸入（毒性三级或四级）均对人体造成伤害，对皮肤敏感，对眼睛或皮肤刺激性较强。

应用：tembotrione 主要用于防除玉米田和稻谷田中的多种禾本科杂草和阔叶杂草，它的单位用量为 $2.25L/hm^2$。它可以对交叉谱杂草进行防除，主要是一年属狗尾草属和野藜属杂草；也可以有效地防除顽固的阔叶杂草，如耐草甘膦类、耐乙酰乳酸合成酶抑制剂类、耐麦草畏类杂草。而由环磺酮（tembotrione）和特丁津复配的制剂（Laudis $1.7L/hm^2$ 和特丁津 $0.8L/hm^2$）产品，具有很好的除草活性。此复配制剂能有效防除奥地利玉米田中已知的所有杂草。

环磺酮的除草活性不仅表现在有机分子体内部，而且还表现在其他外部性质上，环磺酮在植物体中也具有良好的吸收、运输和代谢稳定性（特别是杂草）。较其他品种的优点是：对多种杂草有很强的杀灭作用，无残留活性，有较强的抗雨水冲刷能力，且除草谱广，能有效防除蓟属、荨麻属、春黄菊和猪殃殃等杂草。据统计，它对 18 种杂草有 100%、41 种有 95%、56 种有 90%、92 种有 75% 的防除效果。环磺酮可以在作物整个的生长期保持良好的除草活性，对阔叶杂草进行较好的防控，且不会对大豆等下一茬作物造成危害。

5. 吡唑特 （pyrazolynate）

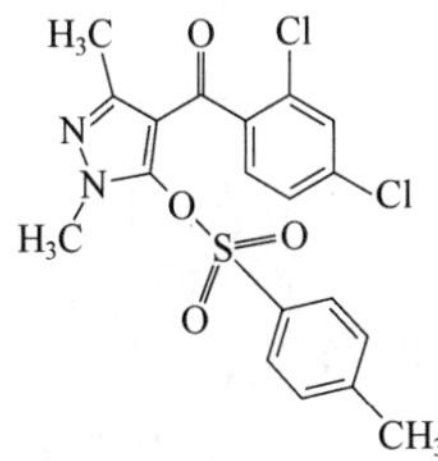

$C_{19}H_{16}Cl_2N_2O_4S$, 439.31, 58011-68-0

吡唑特是日本 Sankyo 公司于 1980 年推出的世界除草剂市场上第一个 HPPD 抑制剂（当时该靶标尚未发现）。Sankyo 公司于 1974 年申请了主要化合物的专利，并在 1978 年瑞士苏黎世召开的第 4 届国际农药会上公布了活性数据，但当时并不清楚其作用方式。人们将吡唑特和两个类似物错误地归为 PPO 抑制剂。吡唑特本身是一个前药，并不具有除草活性。

理化性质　在水中溶解度很低（$0.056mg/L$，25℃），并水解为对甲苯磺酸和具有除草活性的 4-(2,4-二氯苯甲酰基)-1,3-二甲基-5-羟基吡唑。吡唑特在水中 25℃ 时，pH=3 时半衰期是 52.7h；pH=1 时半衰期是 17.5h；pH=7 时半衰期是 25h；pH=9 时半衰期是 4.3h。

合成方法

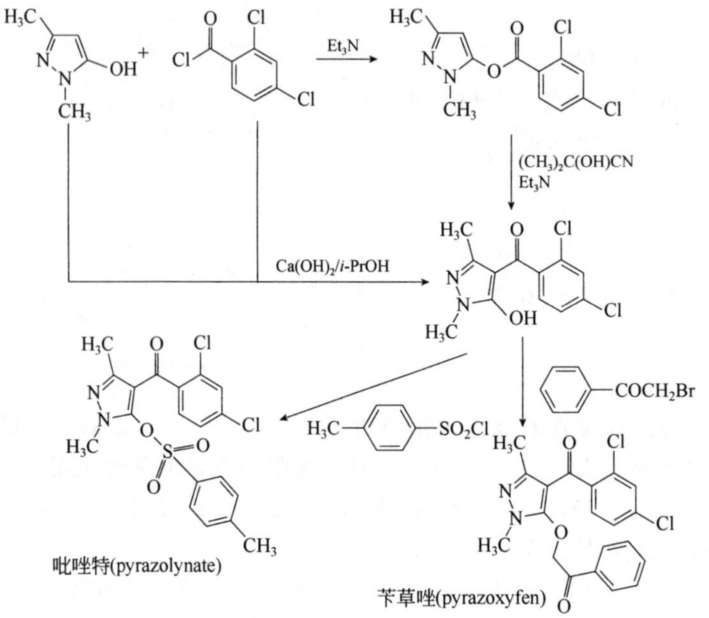

代谢与降解　吡唑特是吡唑类 HPPD 酶抑制剂的代表，也是该类化合物代谢研究的模型。Mitsuru Ando 等人对吡唑特在鼠体（见图 3-5-11）和水稻（见图 3-5-12）内的代谢进行了研究。结果表明，吡唑特在水稻和鼠体内的代谢途径和代谢的主要产物相同。所不同的是，吡唑特用在稻田的时候，吡唑特溶于水后很快水解生成对甲苯磺酸（**PTSA**）和 1，3-二甲基-3-(2,4-二氯苯甲酰基)吡唑酮（**DTP**）。在水稻体内的代谢实际上是后者的代谢过程。后者进一步代谢如脱甲基（1-H-**DTP**）、甲基的氧化（3-CH$_2$OH-**DTP**、3-CO$_2$H-**DTP**）以及代谢产物的进一步分解或偶联。而在鼠体内的代谢为吡唑特的代谢全过程。

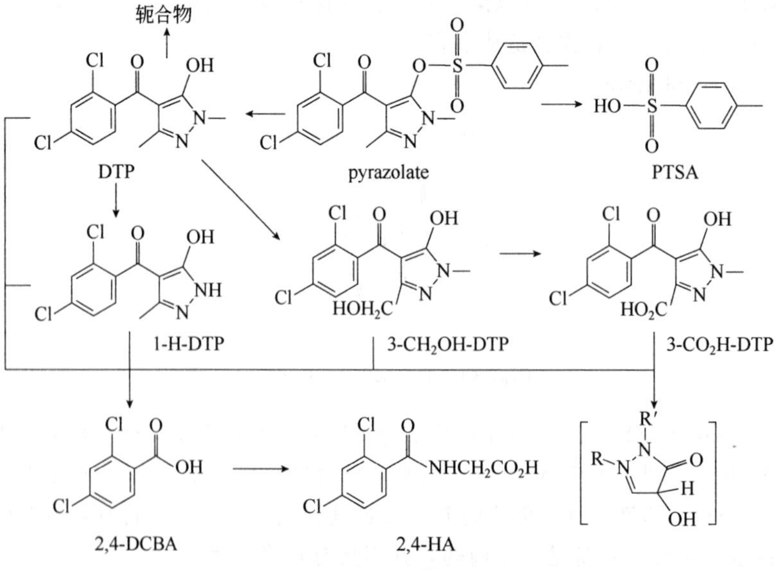

图 3-5-11　吡唑特在鼠体内的代谢过程

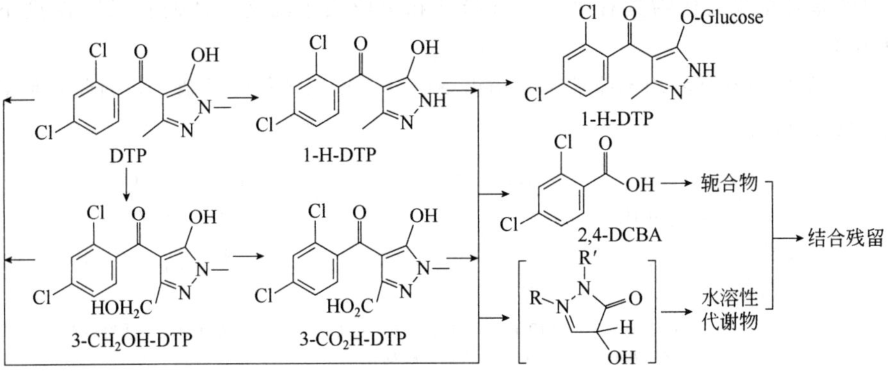

图 3-5-12 吡唑特在水稻体内的代谢过程

6. 苄草唑（pyrazoxyfen）

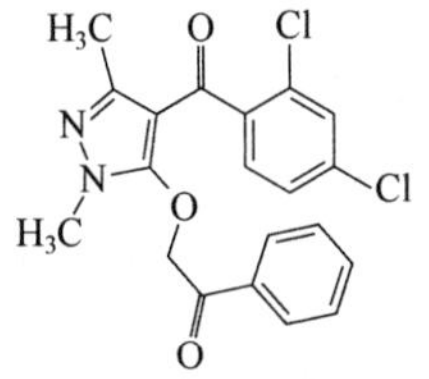

C$_{20}$H$_{16}$Cl$_2$N$_2$O$_3$, 403.26, 71561-11-0

苄草唑与吡唑特非常类似，是在 1977 申请专利，Kimura 在 1984 年报道并在 1985 年由 Ishihara Sangyo Kaisha 公司推向日本市场，商品名是 Paicer。苄草唑在受淹情况下具有广谱除草效果，包括一年或多年生的杂草（用量 3kg/hm²）。选择性地适用于气温低于 35℃ 情况下的移植和直接种植水稻。在较高温度下，即呈现出药害。苄草唑在 1988 年在日本达到销售高峰，使用面积 45000hm²（占 2.2% 市场份额）。在 2005 年，市场极度萎缩，使用面积仅 6911hm²（占 0.4% 市场份额）。作用方式和吡唑特相同。

苄草唑与吡唑特的区别仅在于前药系统的选择。在植物中，两个除草剂均代谢为 4-(2,4-二氯苯甲酰基)-1,3-二甲基-5-羟基吡唑。吡唑特在水中仅微溶，但是一旦溶解，即快速水解为具有除草活性的 4-(2,4-二氯苯甲酰基)-1,3-二甲基-5-羟基吡唑。相反，苄草唑在水相中极其稳定。

7. 吡草酮（benzofenap）

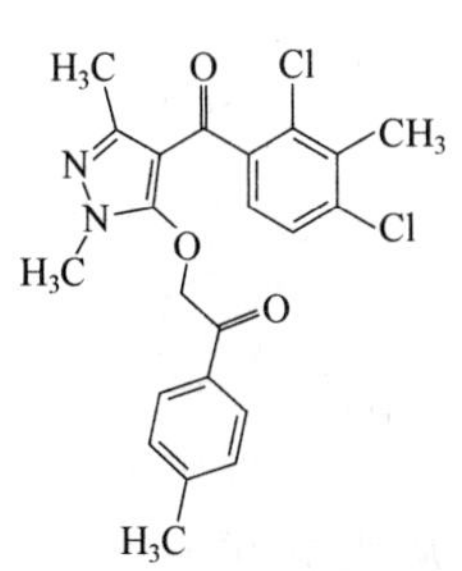

C$_{22}$H$_{20}$Cl$_2$N$_2$O$_3$, 431.31, 82692-44-2

吡草酮是该系列的第三个化合物，由 Mitsubishi Petrochemical 公司（现在称作 Mitsubishi Chemical Corp.）推出，主要应用于日本（商品名是 Yakawide）和澳大利亚（商品名是 Taipan）。在 1982 年申请专利，于 1991 年公开报道。1998 年日本的销售达到顶峰，使用面积达到 180 000hm²（占 10% 市场份额）。但 2005 年仅为 62 000hm²（占 3.6% 市场份额）。苄草唑与吡草酮的区别在于活性代谢物 4-(2,4-二氯-3-甲基苯甲酰基)-1,3-二甲基-5-羟基吡唑和在前药结构 4′-甲基苯乙酮多一个甲基。这些变化导致它们具有不同的环境行为和除草活性。在稻田土壤中半衰期由苄草唑的 4~15d 升至吡草酮的 4~38d，二者的剂量均很高，达 3kg/hm²，但是吡草酮有效期为 50d，而苄草唑为 21~

35d。更重要的是吡草酮对作物具有更多的选择性和不依赖于温度（即使在较高温度下，也未发现药害的发生）。

吡唑特、苄草唑与吡草酮均不能控制水稻田中所有一年和多年生长杂草，因此它们需要与其他药剂混配才能达到目的。

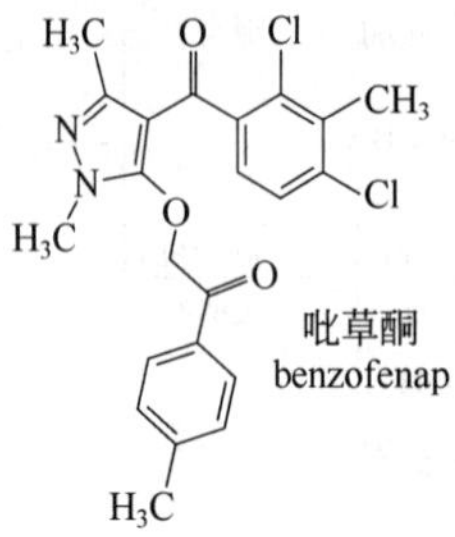

吡草酮
benzofenap

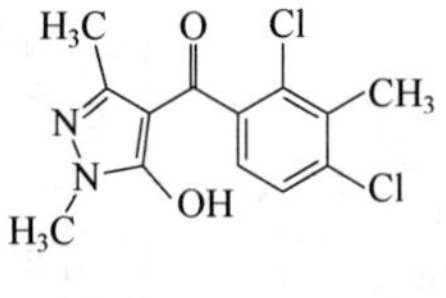

4-(2,4-二氯-3-甲基苯甲酰基)-
1,3-二甲基-5-羟基吡唑

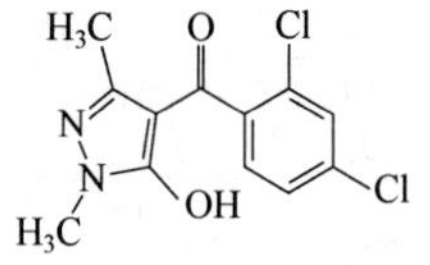

吡唑特的代谢活性成分

8. 苯唑草酮（topramezone）

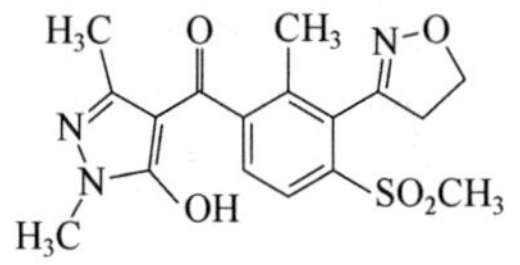

$C_{16}H_{17}N_3O_5S$, 377.41, 210631-68-8

苯唑草酮是 2006 年发布的玉米田中苗后除草剂，2005 年 BASF 授权 Amvac Chemical 公司在北美洲和授权 Nippon Soda 公司在日本研发、注册和商业化，BASF 仅在欧洲和拉丁美洲进行销售。苯唑草酮主要用于苗后控制玉米田主要的杂草和阔叶杂草。这就意味着这个新的玉米田除草剂区别于磺草酮和甲基磺草酮，显示了真正意义上的交叉除草谱，没有局限于阔叶杂草的防除。

合成方法

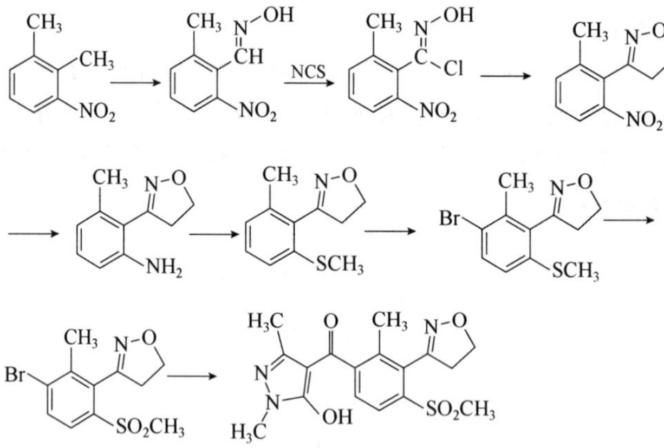

topramezone

应用 topramezone 可高效抑制从大狗尾草（*S. faberi*）和重组的拟南介（*Arabidopsis thaliana* L.）中提取的 HPPD 酶（I_{50} 分别为 15nmol/L 和 23nmol/L），是一高效选择防控玉米田中单、双子叶杂草的吡唑类苗后 HPPD 抑制剂，对玉米和杂草间的选择性可达 1000 倍。施药 2~5d，topramezone 导致杂草严重白化并进一步死亡。

Klaus Grossmann 的研究结果表明，使用[14]C 标记的 topramezone 对 *Zea mays*、*Setaria faberi*、*Sorghum bicolor* 及 *Solanum nigrum* 茎叶处理后，24h 左右的药物吸收量处于 69%~91%，但是在药物处理 48h 后，测试植物体内的药物量变化明显。*Setaria faberi*、*Sorghum bicolor* 及 *Solanum nigrum* 中药物含量降低 9%~16%，topramezone 代谢为去甲基-topramezone 和其他代谢物，而在玉米中，药物含量由 69% 骤降至 31%，代谢为去甲基-topramezone 和其他代谢物，这明显区别于

在上述三种杂草中的代谢速度，从这一方面也说明该药对玉米具有很好选择性的原因。

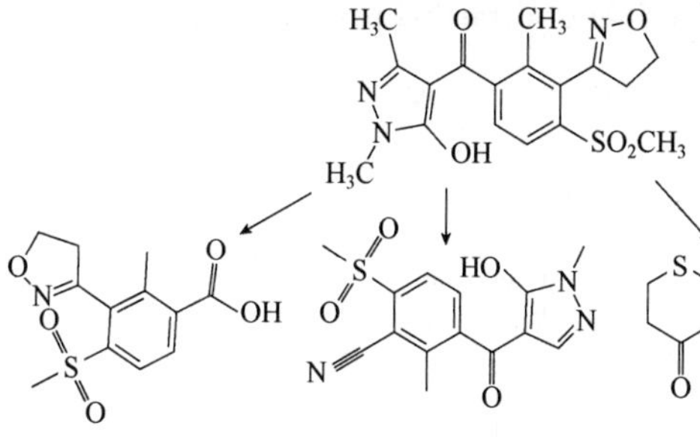

topramezone

topramezone的代谢产物

9. pyrasulfotole

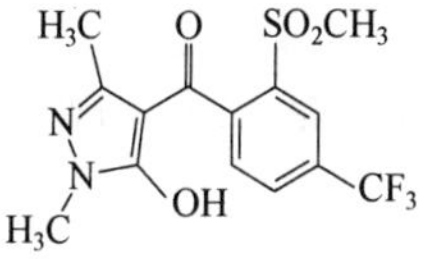

$C_{14}H_{13}F_3N_2O_4S$, 362.32, 365400-11-9

pyrasulfotole 是拜耳公司于 1999 年发现的又一个 HPPD 抑制剂。

合成方法

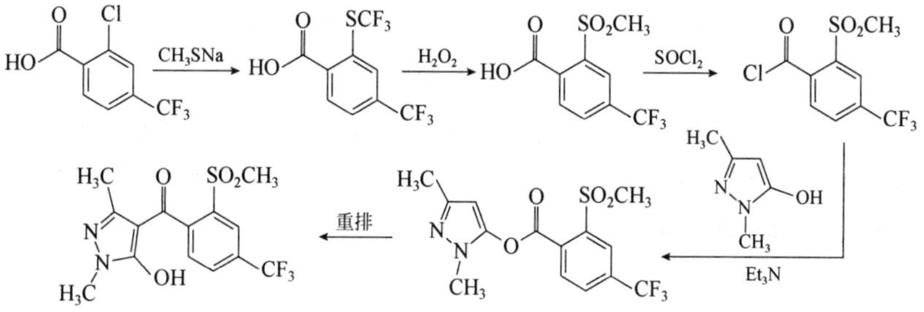

pyrasulfotole

应用　于苗后防除许多重要的谷物作物田的阔叶杂草，包括繁缕、藜、苋及荷蓂。为了改善作物的耐受性，所有制剂中均含有安全剂 mefenpyr-diethyl。HPPD 抑制剂已经广泛应用于水稻、玉米和甘蔗田中。pyrasulfotole 的出现改变了 HPPD 抑制剂在谷物作物田中的现状。

对卷茎蓼叶面喷洒 pyrasulfotole 2d 后的第一片真叶的叶绿素荧光性的测定显示光合作用的收率明显下降，先于可观测到的外表除草剂症状的出现。对地肤（Kochia scoparia）叶面喷洒除草剂后，仅在叶面喷洒 2d 后，可观测到的外表除草剂症状尚未出现时，叶片组织中的生育酚已下降至46 ％的控制水平；4d 后，下降至 22％。它的快速下降与 pyrasulfotole 抑制 HPPD 有关，它阻止了异戊烯苯醌的生物合成。对地肤叶片天然色素的影响相对较慢，叶绿素 a＋b 和类胡萝卜素在施药7d 后才开始下降。

代谢与降解　用 [14]C 标记的 pyrasulfotole 在小麦、地肤（Kochia scoparia）和卷茎蓼（Polygonum convolvulus）叶面喷洒 1d 和 2d 后，对其代谢情况进行了研究。结果发现，该除草剂在小麦中的代谢速度比测试的草快。对除草剂处理过 48h 后的小麦叶片的萃取液经放射性 HPLC 分析，结果显示41％的除草剂仍为母体化合物，剩余的为代谢产物。通过植物本身的传导，未处理的嫩芽也可检测到部分除草剂，其萃取液经与 pyrasulfotole 的混合色谱分析法分析，发现母体化合物为 40 ％。相反，用除草剂处理地肤（Kochia scoparia）48h 后，在相应部分均未检测出代谢物。所以在这一类植物中，可检测到的放射性残余物全部是母核化合物 pyrasulfotole。对于处理地肤同样时间后，处理叶片的提取液中 71 ％和未处理的嫩芽提取液中 92 ％可检测的放射性残余物仍为母体化合物。该分析数据表明，由于小麦对 pyrasulfotole 的快速代谢而对其产生耐受性。正常使用情况下，无风险。对皮肤没有刺激，对眼为中度、对皮肤不敏感，不具有遗传毒性、致癌物（质）、毒害神经。其在小麦和大型动物体内的人们关心的代谢结果为母核化合物和 demethyl-pyrasulfotole。

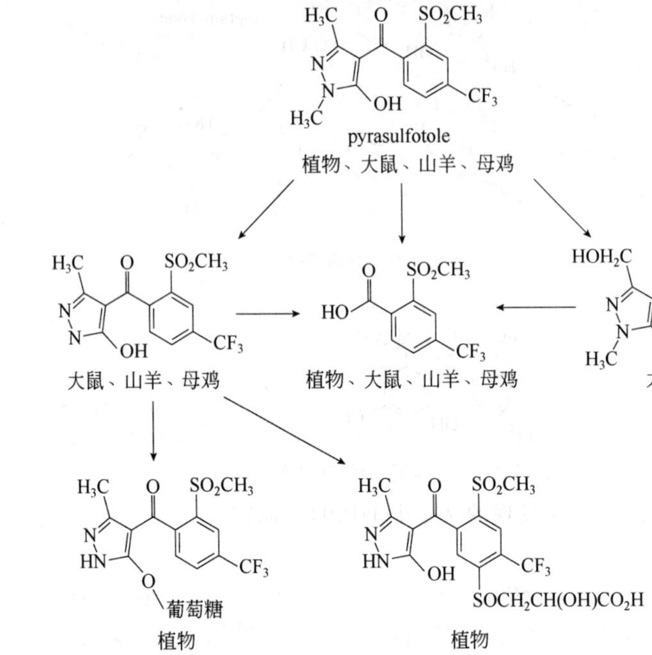

pyrasulfotole
植物、大鼠、山羊、母鸡

大鼠、山羊、母鸡   植物、大鼠、山羊、母鸡   大鼠、山羊

植物   植物

pyrasulfotole 和 PSII 抑制剂如溴苯腈的协同作用使它们的复合品具有抑制难于防除的杂草品种的特点，广谱防除对 ALS、PSII、植物生长素和类胡萝卜素生物合成抑制剂产生抗性的双子叶杂草。

10. 异噁唑草酮（isoxaflutole）

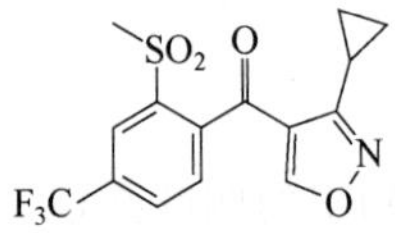

C$_{15}$H$_{12}$F$_3$NO$_4$S, 359.32, 141112-29-0

异噁唑草酮是罗纳-普朗克公司于 1992 年发现的芽前或芽后早期除草剂。通过根、叶吸收后传输到整个植株，并在植物体内迅速转化为具有生物活性的二酮腈（diketonitrile, DKN）。

合成方法 异噁唑草酮与 isoxachlotole 同属异噁唑类 HPPD 抑制剂，采用酰氯与环丙甲酰基乙酸酯反应，制得芳酰基环丙甲酰基甲烷的 β-二酮产物，通过进一步衍生和关环反应制得目标产物。

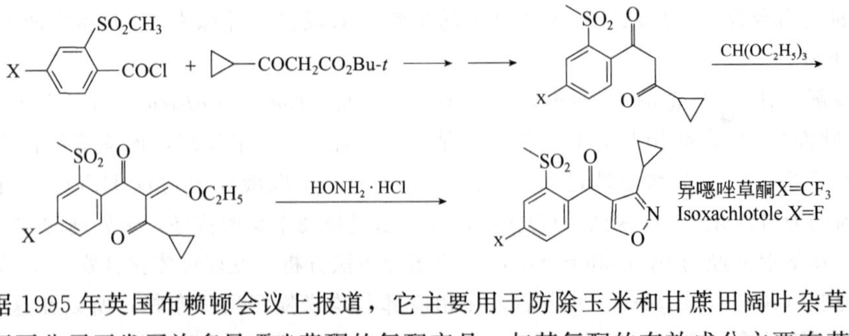

异噁唑草酮 X=CF$_3$
Isoxachlotole X=F

应用 据 1995 年英国布赖顿会议上报道，它主要用于防除玉米和甘蔗田阔叶杂草和禾本科杂草。目前，拜耳公司开发了许多异噁唑草酮的复配产品，与其复配的有效成分主要有苯草醚、莠去津、氟噻草胺和乙草胺等。该产品可广泛防除玉米、甘蔗和其他作物上的一年生禾本科杂草和阔叶杂草，其主要市场包括阿根廷、澳大利亚、巴西、加拿大、古巴、捷克、法国、匈牙利、意大利、

罗马尼亚和美国等。

代谢　异噁唑草酮在植株和土壤中快速代谢，通过打开异噁唑环，形成二酮腈来发挥除草作用。异噁唑草酮对 HPPD 的抑制作用间接地抑制了类胡萝卜素的生物合成，从而引起新生组织的黄化。

异噁唑类除草剂异噁唑草酮本身无活性，但在使用中它却优于二酮腈，它被杂草的吸收及在植株内的积累均显著大于二酮腈，这与二者的物理化学特性有关，异噁唑草酮 lg$P$ 值为 2.1，水溶度为 6.2mg/L，而二酮腈相应为 0.4 与 300mg/L；异噁唑草酮亲脂性强，故在植物内比二酮腈分布更迅速；前者在土壤中被植物吸收的数量比二酮腈高 5～6 倍，二酮腈的低 pK_a 表明，其物态是阴离子，而土壤 pH 值比非离子态异噁唑草酮更易降低其根的吸收。由于前者施药后，在植物体或土壤中逐渐转化为后者，从化学和药物角度方面讲，前者为后者的前体药。基于此，二者的代谢方式也归于统一。通过对 ^{14}C 标记的异噁唑草酮在植物根部或茎叶吸收的研究表明（见表 3-5-15），苗前处理时，药物在叶部的积累，说明药物通过木质传输。药物在根部吸收后，在植物体内异噁唑环开环转化为二酮腈化合物（DKN）（异噁唑草酮在植物栽培液中，分解很少）；当苗后处理，即茎叶处理时，药物在叶的表面呈稳定状态，药物吸收后同样迅速转化为二酮腈化合物（DKN），同时药物分布于整个植物，这说明药物可以通过韧皮部和木质部进行传输。无论是苗前还是苗后处理，药物进入植物体后，该化合物代谢为无除草活性的苯甲酸衍生物和苯甲酸衍生物进一步代谢为极性更大的代谢产物。

在温室条件下，异噁唑草酮在土壤中转化为二酮腈化合物（DKN）的半衰期是 12～24h，后者在土壤中的半衰期是 60～70d。

总之，对羟基苯基丙酮酸双氧化酶是 α-酮酸氧化酶的一种，是一种存在于各种生物体中依赖 Fe（Ⅱ）的非血红素氧化酶，并将对羟基苯基丙酮酸催化转化为尿黑酸。该反应为需氧生物体内酪氨酸代谢的第二阶段的反应，同时具有农业和临床意义。在植物体中，该过程的产物尿黑酸是植物体合成光合作用中电子传递所需要的重要物质质体醌和生育酚的起始原料，其中质体醌还是影响八氢番茄红素去饱和酶催化的关键辅助因素，通过抑制 HPPD，使植物体失去了赖以生存的基础，这已经成为目前已经商品化的高效除草剂的发展基础。在人体中，酪氨酸代谢过程中特定酶的缺失导致一系列严重的代谢疾病，而 HPPD 抑制剂/除草剂分子可通过酪氨酸有毒代谢物的积累，达到治疗酪氨酸代谢过程中的一系列缺陷。

通过对其晶体结构和复合物晶体结构的研究，发现游离状态的 HPPD 蛋白呈四聚体或二聚体，其活性中心 Fe（Ⅱ）呈六配位形式存在。其抑制剂的结构与抑制活性的关系具有如下趋势：① 当 HPPD 抑制剂分子结构中具有异构化为烯醇式异构体的能力或具有烯醇式的等排体及分子 pK_a＜6（酶反应的最佳条件为 pH＝7.3）时，才有可能具有与 HPPD 活性靶位结合的铁离子配合的能力，与 HPP 争夺 HPPD，从而抑制其与酶的结合，显示出除草活性。②三酮类抑制剂分子结构中，苯环上的邻、对位取代基电负性越大，相应的活性可能越高。环己二酮上增加取代基，活性增强，但选择性降低。③HPPD 抑制剂分子结构中环外芳酰基对活性至关重要，如用其他基团代替芳酰基，除个别化合物外，活性都很差或没有活性。

HPPD 抑制剂在土壤和植物体中的代谢情况的研究表明，对于环己二酮类、二酮腈类和异噁唑抑制剂，其主要代谢物为芳香苯甲酸或亲核关环产物；对于吡唑类化合物，除芳香苯甲酸外，还有吡唑环去甲基、羟基化等代谢产物。通过对其代谢过程的研究，可以更加深刻地了解该类化合物的特性，我们可以通过抑制或减缓其代谢，提高它们的除草活性或延长它们的使用寿命。如甲基磺草酮的除草活性高于磺草酮，其重要原因可能是磺草酮分子结构中苯环上氯原子被硝基代替，避免了形成关环产物，延长了药物作用时间，从而达到提高生物活性的目的。

参考文献

[1]　吴彦超，胡方中，杨华铮. 农药学学报，2001,3(3)：1-10.

[2]　Bradley F C,Lindstedt S,Lipscomb J D,et al. 4-Hydroxyphenylpyruvate dioxygenase is an iron-tyrosinate protein. The

Journal of biological chemistry. 1986,261(25): 11693-61169.

[3] Crouch Nicholas P, Adlington Robert M, Baldwin Jack E, et al. A mechanistic rationalization for the substrate specificity of recombinant mammalian 4-hydroxyphenylpyruvate dioxygenase (4-HPPD). Tetrohedron, 1997,53(20): 6993-7010.

[4] Lee David L, Prisbylla Michael P, Cromartie Thomas H, et al. The discovery and structural requirements of inhibitors of p-hydroxyphenylpyruvate dioxygenase. Weed Science, 1997,45(5): 601-609.

[5] Pallett K E, Little J P, Sheekey M, et al. The mode of action of isoxaflutole I. physiological effects, metabolism, and selectivity. Biochem Physic, 1998,62: 113-124.

[6] 唐除痴，李煜昶，陈彬等. 农药化学. 天津：南开大学出版社，1998.

[7] Meazza G, Scheffler B E, Tellez M R, et al. The inhibitory activity of natural products on plant p-hydroxyphenylpyruvate dioxygenase. Phytochemistry, 2002,60(3): 281-288.

[8] 张荣升. 农药译丛，1999,21(1): 60.

[9] Crouch N P, Baldwin J E, Lee M H, et al. Initial studies on the substrate specificity of soluble recombinant 4-hydroxyphenylpyruvate dioxygenase from rat liver. Bioorg Med Chem Lett, 1996,6(13): 1503-1506.

[10] Fellman J H. 4-Hydroxyphenylpyruvate dioxygenase from avian liver. Methods in enzymology, 1987,142: 148-154.

[11] Ling T S, Shiu S, Yang D Y. Design and synthesis of 3-fluoro-2-oxo-3-phenylpropionic acid derivatives as potent inhibitors of 4-hydroxyphenylpyruvate dioxygenase from pig liver. Bioorg Med Chem, 1999,7(7): 1459-1465.

[12] Roche P A, Moorehead T J, Hamilton G A. Purification and properties of hog liver 4-hydroxyphenylpyruvate dioxygenase. Arch Biochem Biophysics. 1982,216(1): 62-73.

[13] Ulla R, Anita D, Pelle S, et al. Eur J Biochem, 1993,23(3): 1081-1089.

[14] Lindstedt S, Odelhog B. 4-Hydroxyphenylpyruvate dioxygenase from Pseudomonas. Methods in enzymology, 1987,142: 143-8.

[15] Barta Istvan Cs, Boeger Peter. Purification and characterization of 4-hydroxyphenylpyruvate dioxygenase from maize. Lehrstuhl Biochemie und Physiologie der Pflanzen. Pestic Sci, 1996,48(2): 109-116.

[16] Garcia I, Rodgers M, Lenne C, et al. Subcellular localization and purification of a p-hydroxyphenylpyruvate dioxygenase from cultured carrot cells and characterization of the corresponding cDNA. Biochemical J, 1997,325(3): 761-769.

[17] Carolina R, Francisco S, Antonio S-A. The protein encoded by the *Shewanella colwellianamelA* gene is a p-hydroxyphenylpyruvate dioxygenase. FEMS Microbiology Letters, 1994,124: 179-184.

[18] Bradford M M. A rapid and sensitive method for the quantitation of microgram quantities of protein utilizing the principle of protein-dye binding. Analytical biochemistry, 1976,72 248-254.

[19] Smith P K, Krohn R I, Hermanson G T, et al. Measurement of protein using bicinchoninic acid. Anal Biochem, 1985,150(1): 76-85.

[20] Lindstedt S, Rundgren M. Inhibition of 4-hydroxyphenylpyruvate dioxygenase from Pseudomonas sp. strain P. J. 874 the enol tautomer of the substrate. Biochimica et biophysica acta, 1982,704(1): 66-74.

[21] Ellis M K, Whitfield A C, Gowans L A, et al. Inhibition of 4-hydroxyphenylpyruvate dioxygenase by 2-(2-nitro-4-trifluoromethylbenzoyl)-cyclohexane-1, 3-dione and 2-(2-chloro-4-methanesulfonylbenzoyl)-cyclohexane-1, 3-dione. Toxicol Appl Pharm, 1995,133(1): 12-19.

[22] Coufalik A H, Monder C. Regulation of the tyrosine oxidizing system in fetal rat liver. Arch Biochem Biophys, 1980, 199(1): 67-75.

[23] Sven Lindstedt, Birgit Odelhog, Marianne Rundgren. Purification and some properties of 4-hydroxyphenylpyruvate dioxygenase from Pseudomonas sp. P. J. 874. Biochemistry, 1977,16 (15): 3369-3377.

[24] Garcia I, Rodgers M, Pepin R, et al. Characterization and subcellular compartmentation of recombinant 4-hydroxyphenylpyruvate dioxygenase from Arabidopsis in transgenic tobacco. Plant Physiol, 1999,119(4): 1507-1516.

[25] Lindblad B, Lindstedt G, Lindstedt S. The mechanism of enzymic formation of homogentisate from p-hydroxyphenylpyruvate. J Am Chem Soc, 1970,92(25): 7446-7449.

[26] Rundgren M. Steady state kinetics of 4-hydroxyphenylpyruvate dioxygenase from human liver (Ⅲ). J Biol Chem, 1977, 252(14): 5094-5099.

[27] Rundgren M. Some kinetic properties of 4-hydroxyphenylpyruvate dioxygenase from Pseudomonas sp. strain P. J. 874. Eur J Biochem / FEBS, 1983,133(3): 657-663.

[28] Sidney Goodwin, Bernhard Witkop. Quinol Intermediates in the Oxidation of Phenols and Their Rearrangements. J Am Chem Soc, 1957,79: 179-185.

[29] John T Groves, Michael Van der Puy. Stereospecific aliphatic hydroxylation by iron-hydrogen peroxide. Evidence for a

stepwise process. J Am Chem Soc,1976,98: 5290-5297.

[30] Guroff G,Daly J W,Jerina D M,et al. Hydroxylation-induced migration: the NIH shift. Recent experiments reveal an unexpected and general result of enzymatic hydroxylation of aromatic compounds. Science (New York,N. Y.),1967,157 (796): 1524-1530.

[31] Hamilton GA. Prog Bioorg Chem,1971,1:83.

[32] Jefford C W,Cadby P A. Evaluation of models for the mechanism of action of 4-hydroxyphenylpyruvate dioxygenase. Experientia,1981,37(11): 1134-1137.

[33] Jefford C W, Cadby P A. Molecular mechanisms of enzyme-catalyzed dioxygenation (an interdisciplinary review). Fortschritte der Chemie organischer Naturstoffe. Progress in the chemistry of organic natural products. Progres dans la chimie des substances organiques naturelles,1981,40: 191-265.

[34] Robert A Pascal Jr, Michael A Oliver, Jack Chen Y C. Alternate substrates and inhibitors of bacterial 4-hydroxyphenylpyruvate dioxygenase. Biochem,1985,24: 3158-3165.

[35] Serre Laurence,Sailland Alain,Sy Denise,et al. Crystal structure of pseudomonas fluorescens 4-hydroxyphenylpyruvate dioxygenase: an enzyme involved in the tyrosine degradation pathway. Structure (London),1999,7(8): 977-988.

[36] Viviani F,Little J P,Pallett K E. The mode of action of isoxaflutole II. Characterization of the inhibition of carrot 4-hydroxyphenylpyruvate dioxygenase by the diketonitrile derivative of isoxaflutole. Pestic Biochem Physiol,1998,62(2): 125-134.

[37] Huhn R,Stoermer H,Klingele B,et al. Novel and recurrent tyrosine aminotransferase gene mutations in tyrosinemia type II. Hum Genet,1998,102(3): 305-313.

[38] Tomoeda K,Awata H,Matsuura T,et al. Mutations in the 4-hydroxyphenylpyruvic acid dioxygenase gene are responsible for tyrosinemia type III and hawkinsinuria. Mol Genet Metab,2000,71(3): 506-510.

[39] Onuffer J J,Ton B T,Klement I,et al. The use of natural and unnatural amino acid substrates to define the substrate specificity differences of Escherichia coli aspartate and tyrosine aminotransferases. Protein Sci,1995,4(9): 1743-1749.

[40] Al-Dhalimy M,Overturf K,Finegold M,et al. Long-Term Therapy with NTBC and Tyrosine-Restricted Diet in a Murine Model of Hereditary Tyrosinemia Type I. Mol Genet Metab,2002,75(1): 38-45.

[41] Mahuran D J,Angus Ronald H,Braun Carl V,et al. Characterization and substrate specificity of fumarylacetoacetate fumarylhydrolase. Can J Biochem,1977,55(1): 1-8.

[42] Mohan N,McKiernan P,Preece M A,et al. Indications and outcome of liver transplantation in tyrosinaemia type 1. Eur J Pediatr,1999,158 Suppl 2: S49-54.

[43] Kvittingen E A. Hereditary tyrosinemia type I—an overview. Scandinavian journal of clinical and laboratory investigation. Supplementum,1986,184: 27-34.

[44] Lindstedt S, Holme E, Lock E A, et al. Treatment of hereditary tyrosinaemia type I by inhibition of 4-hydroxyphenylpyruvate dioxygenase. Lancet,1992,340(8823): 813-817.

[45] La Du B N Jr. Are we ready to try to cure alkaptonuria?. Am J Hum Genet, 1998,62(4): 765-767.

[46] Gissen P,Preece M A,Willshaw H A,et al. Ophthalmic follow-up of patients with tyrosinaemia type I on NTBC. J Inherit Metab Dis,2003,26(1): 13-16.

[47] Lock E A,Ellis M K,Gaskin P,et al. From toxicological problem to therapeutic use: The discovery of the mode of action of 2-(2-nitro-4-trifluoromethylbenzoyl)-1,3-cyclohexane dione (NTBC), its toxicology and development as a drug. J Inherit Metab Dis,1998,21(5): 498-506.

[48] Saad Ahmad B S,Jeffrey H Teckman M D,Gregg T Lueder M D. Corneal opacities associated with NTBC treatment. Am J Ophthalmol,2002,134: 266-268.

[49] Awata H,Endo F,Matsuda I. Structure of the human 4-hydroxyphenylpyruvic acid dioxygenase gene (HPD). Genomics, 1994,23(3): 534-539.

[50] Stenman G,Roeijer E,Rueetschi U,et al. Regional assignment of the human 4-hydroxyphenylpyruvate dioxygenase gene (HPPD) to 12q24 qter by fluorescence in situ hybridization. Cytogenetics and Cell Genetics,1995,71(4): 374-376.

[51] Schofield J Paul,Vijayakumar R K,Oliveira David B G. Sequences of the mouse F protein alleles and identification of a T cell epitope. Eur J Immunol,1991,21(5): 1235-1240.

[52] Endo F,Awata H,Katoh H,et al. A nonsense mutation in the 4-hydroxyphenylpyruvic acid dioxygenase gene (Hpd) causes skipping of the constitutive exon and hypertyrosinemia in mouse strain III. Genomics,1995,25(1): 164-169.

[53] Gershwin M E,Coppel R L,Bearer E,et al. Molecular cloning of the liver-specific rat F antigen. J Immunol (Baltimore,

Md.；1950） 1987,139(11)：3828-3833.

[54] Endo F,Awata H,Tanoue A,et al. Primary structure deduced from complementary DNA sequence and expression in cultured cells of mammalian 4-hydroxyphenylpyruvic acid dioxygenase. Evidence that the enzyme is a homodimer of identical subunits homologous to rat liver-specific alloantigen F. J Biol Chem,1992,267(34)：24235-24240.

[55] Anon. The electronic plant gene register. Plant Physiology,1997,113(4)：1463-1465.

[56] Garcia Isabelle, Rodgers Matthew, Lenne Catherine, et al. Subcellular localization and purification of a p-hydroxyphenylpyruvate dioxygenase from cultured carrot cells and characterization of the corresponding cDNA. Biochem J,1997,325(3)：761-769.

[57] Wyckoff Elizabeth E,Pishko Elizabeth J,Kirkland Theo N,et al. Cloning and expression of a gene encoding a T-cell reactive protein from Coccidioides immitis：homology to 4-hydroxyphenylpyruvate dioxygenase and the mammalian F antigen. Gene,1995,161(1)：107-111.

[58] Ruetschi U,Odelhog B,Lindstedt S,et al. Characterization of 4-hydroxyphenylpyruvate dioxygenase. Primary structure of the Pseudomonas enzyme. Eur J Biochem / FEBS,1992,205(2)：459-466.

[59] Denoya C D,Skinner D D,Morgenstern M R. A Streptomyces avermitilis gene encoding a 4-hydroxyphenylpyruvic acid dioxygenase-like protein that directs the production of homogentisic acid and an ochronotic pigment in Escherichia coli. J Bacteriol,1994,176(17)：5312-5319.

[60] Schulz A,Ort O,Beyer P,et al. SC-0051,a 2-benzoyl-cyclohexane-1,3-dione bleaching herbicide,is a potent inhibitor of the enzyme p-hydroxyphenylpyruvate dioxygenase. FEBS letters,1993,318(2)：162-166.

[61] Fritze Iris M,Linden Lars,Freigang Joerg,et al. The crystal structures of Zea mays and Arabidopsis 4-hydroxyphenylpyruvate dioxygenase. Plant Physiol,2004,134(4)：1388-1400.

[62] Brownlee June M,Johnson-Winters Kayunta,Harrison David H T,et al. Structure of the Ferrous Form of (4-Hydroxyphenyl) pyruvate Dioxygenase from Streptomyces avermitilis in Complex with the Therapeutic Herbicide, NTBC. Biochemistry,2004,43(21)：6370-6377.

[63] Yang C,Pflugrath James W,Camper Debra L,et al. Structural Basis for Herbicidal Inhibitor Selectivity Revealed by Comparison of Crystal Structures of Plant and Mammalian 4-Hydroxyphenylpyruvate Dioxygenases. Biochemistry,2004, 43(32)：10414-10423.

[64] Beaudegnies R,Edmunds A J F,Frase T E M,et al. Herbicidal 4-hydroxyphenylpyruvate dioxygenase inhibitors - A review of the triketone chemistry story from a Syngenta perspective. Bioorg Med Chem,2009,17(12)：4134-4152.

[65] Hellyer R O. The occurrence of triketones in the steam-volatile oils of some myrtaceous Australian plants. Aus J Chem, 1968,21(11)：2825-2828.

[66] Gray Reed A,Rusay Ronald J,Tseng Chien K. 1-Hydroxy-2-(alkylketo)-4,4,6,6 -tetramethylcyclohexen-3,5-diones. US 4202840(1980). CA 95：168640.

[67] Lee David L,Knudsen Christopher G,Michaely William J,et al. The structure-activity relationships of the triketone class of p-hydroxyphenylpyruvate dioxygenase inhibiting herbicides. Pestic Sci,1998,54(4)：377-384.

[68] Lin Y-L,Wu C-S,Lin S-W,et al. SAR studies of 2-o-substituted-benzoyl- and 2-alkanoyl-cyclohexane-1,3-diones as inhibitors of 4-hydroxyphenylpyruvate dioxygenase. Bioorg Med Chem Lett,2000,10(9)：843-845.

[69] Mitchell G,Bartlett D W,Fraser T E M,et al. Mesotrione：a new selective herbicide for use in maize. Pest Manag Sci, 2001,57(2)：120-128.

[70] Lee D L,Knudsen C G,Tarr J B. Presented at the Second Pan Pacific Conf Pestici Sci,24-27. October 1999,Honolulu.

[71] Wu C-S,Huang J-L,Sun Y-S,et al. Mode of Action of 4-Hydroxyphenylpyruvate Dioxygenase Inhibition by Triketone-type Inhibitors. J Med Chem,2002,45(11)：2222-2228.

[72] Lin S-W, Yang D-Y. Inhibition of 4-hydroxyphenylpyruvate dioxygenase by sethoxydim, a potent inhibitor of acetylcoenzyme A carboxylase. Bioorg Med Chem Lett,1999,9(4)：551-554.

[73] 刘长令. 对羟基苯基丙酮酸酯双氧化酶抑制剂的研究进展. 农药，1999,38(2)：5-9.

[74] Hirai K,Uchida A,Ohno R. Herbicide classes in Development,Böger P,Wakabayashi K and Hirai K,Eds,Springer Verlag Berlin Heidelberg,2002,221-228.

[75] Beraud M,Claument J,Montury A. ICIA0051,A new herbicide for the control of annual weeds in maize,in Proc Brighton Crop Prot Conf - Weeds,BCPC,Farnham,Surrey,UK,pp 51-56,1993.

[76] Phillips McDougal,AgriService. Products Section,2004 Market,November,2005.

[77] Rouchaud J,Neus O,Bulcke R,et al. Bull Environ Contam Toxicol,1998,61：669-676.

[78] The technical properties of ICIA0051, a new herbicide for maize and sugarcane. T. J. Purnell, in Proceedings of the Annual Congress - South African Sugar Technologists' Association, 1991, 65th, 30-32. (CA 116: 53566).

[79] 郭胜，杨福民，张林. 除草剂磺草酮的合成方法. 农药，2001，40：20-21.

[80] Wolfgang Krämer, Ulrich Schirmer Modern Crop Protection Compounds Copyright © 2007 WILEY-VCH Verlag GmbH & Co. KGaA. DOI：10.1002/9783527619580. 236.

[81] Mitchell G, Bartlett D W, Fraser T E, et al. Pest. Manag Sci, 2001, 57：120-128.

[82] Pallett K E, Little J P, Sheekey M, et al. The mode of action of isoxaflutole I. physiological effects, metabolism, and selectivity. Pestic Biochem Physiol, 1998, 62(2)：113-124.

[83] 张一宾. 除草剂双环磺草酮的研究开发. 世界农药，2006，28(2)：9-14.

[84] 新型三酮类玉米田除草剂 Tembotrione 的研究. 山东农药信息，2009，(7).

[85] Wolfgang K, Ulrich S (Editor(s)). Modern Crop Protection Compounds Copyright © 2007 WILEY-VCH Verlag GmbH & Co. KGaA. DOI：10.1002/9783527619580. 245-255.

[86] Schulte W, Koecher H. The mode of action of Pyrasulfotole. Pflanzenschutz-Nachrichten Bayer (English Edition). 2008, 61(1)：29-42.

[87] Heintzelman D, Lemke V, Rupprecht K, et al. Human safety of Pyrasulfotole. Pflanzenschutz-Nachrichten Bayer (English Edition), 2008, 61(1)：51-72.

[88] Pallett K E, Cramp S M, Little J P, et al. Isoxaflutole: the background to its discovery and the basis of its herbicidal properties. Pest Manag Sci, 2001, 57(2)：133-142.

[89] Mitsuru A, Toshiaki Y, Katashi Y, et al. Metabolism of the Herbicide Pyrazolate in Rats. Japanese J Pest Sci, 1987, 12：461-468.

[90] Mitsuru A, Katashi Y, Yoshio S, et al. Metabolism of DTP, the Herbicidal Entity of Pyrazolate, in Rice Plants. Japanese J Pest Sci, 1988, 13：579-585.

[91] Grossmann K, Ehrhardt T. On the mechanism of action and selectivity of the corn herbicide topramezone: a new inhibitor of 4-hydroxyphenylpyruvate dioxygenase. Pest Manag Sci, 2007, 63(5)：429-439.

[92] Mitchell G, Bartlett D W, Fraser T E M, et al. Mesotrione: a new selective herbicide for use in maize. Pest Manag Sci, 2001, 57(2)：120-128.

[93] Gledhill A J, Jones B K, Laird W J D. Metabolism of 2-(4-methylsulphonyl-2-nitro benzoyl)-1, 3-cyclohexanedione (mesotrione) in rat and mouse. Xenobiotica, 2001, 31(10)：733-747.

[94] Alferness Philip, Wiebe Lawrence. Determination of Mesotrione Residues and Metabolites in Crops, Soil, and Water by Liquid Chromatography with Fluorescence Detection. Journal of Agricultural and Food Chemistry, 2002, 50 (14)：3926-3934.

[95] John S Wilson, Chester L Foy. Influence of Various Soil Properties on the Adsorption and Desorption of ICIA-0051 in Five Soils. Weed Technol, 1992, 6：583-586.

[96] Watanabe T. Determination of the concentration of pesticides in atmosphere at high altitudes after aerial application. Bull Environ Contam Toxic, 1998, 60(5)：669-676.

[97] Richard C, Corinne P-G, Michel S. Degradation of sulcotrione in a brown soil amended with various organic matters. Agronomie, 2004, 24：29-33.

[98] ter Halle Alexandra, Drncova Daniela, Richard Claire. Phototransformation of the Herbicide Sulcotrione on Maize Cuticular Wax. Environ Sci Technol, 2006, 40(9)：2989-2995.

[99] Chaabane H, Vulliet E, Joux F, et al. Photodegradation of sulcotrione in various aquatic environments and toxicity of its photoproducts for some marine micro-organisms. Water Res, 2007, 41(8)：1781-1789.

[100] Alexandrater H, Jaroslaw W, Adnane H, et al. Photolysis of the herbicide sulcotrione: formation of a major photoproduct and its toxicity evaluation. Pest Manag Sci, 2009, 65：14-18.

第六章
芳香氨基酸合成抑制剂

第一节　芳香族氨基酸的生物合成

　　1969 年，Ahmed 等在研究真菌体中芳香族氨基酸的生物合成过程时，首次发现 5-烯醇式丙酮酸莽草酸-3-磷酸合成酶（EC 2.5.1.19），简称 EPSP 合成酶（EPSPS）；后来又相继从细菌、高等植物中分离出了 EPSPS。EPSPS 是芳香族氨基酸合成途径中的一个关键性酶，它催化 3-磷酸莽草酸（S3P 或 SHKP）与磷酸烯醇式丙酮酸（PEP）合成 5-烯醇式丙酮酸-3-磷酸莽草酸（EPSP），从而形成芳香族氨基酸，提供植物生长所需的氨基酸，芳香族氨基酸参与植物体内一些生物碱、香豆素、类黄酮、木质素、吲哚衍生物、酚类物质等的次生代谢。芳香氨基酸生物合成途径见图 3-6-1。

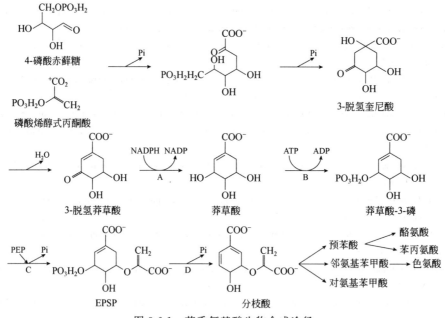

图 3-6-1　芳香氨基酸生物合成途径

第二节　EPSPS 的结构与功能

　　1988 年，Wibbermeyer 等将 *E. coli* EPSP 合成酶纯化，纯度达到 ≥97% 时，利用 NMR 和 Rapid quench kinetics 方法研究了 EPSP 合成酶催化一分子 S3P 和 PEP 的缩合反应机理，S3P 和 PEP 及酶形成一个四面体过渡态 I，并伴随着产生一个 EPSP 缩酮副产物 II（见图 3-6-2）。

　　1997 年，Schaefer 等利用固体核磁共振（solid-state NMR）方法重新研究了 EPSP 合成酶的催化机理，并进行了修改，PEP 首先和酶形成过渡态 A、B，而后和 S3P 结合形成酶缩酮过渡态 C，生成 EPSP（见图 3-6-2）。Jakeman 等利用 rotational-echo double-resonance（REDOR）solid state NMR 方法也证实了这一催化机理，并测得 EPSP 化合物中莽草酸的 P 原子和 C8 原子的相位差为（0.66±0.01）nm，在酶存在的过渡态中为（0.74±0.01）nm，在 EPSP 缩酮中是（0.56±0.01）nm，与 Studelska 测定的在酶缩酮中是（0.61±0.05）nm 十分接近。1999 年，Lewis 等利用化学淬冷固体核磁共振方法（rapid chemical quench solid state NMR）研究 EPSP 合成酶的催化机理，得到同样的结果。

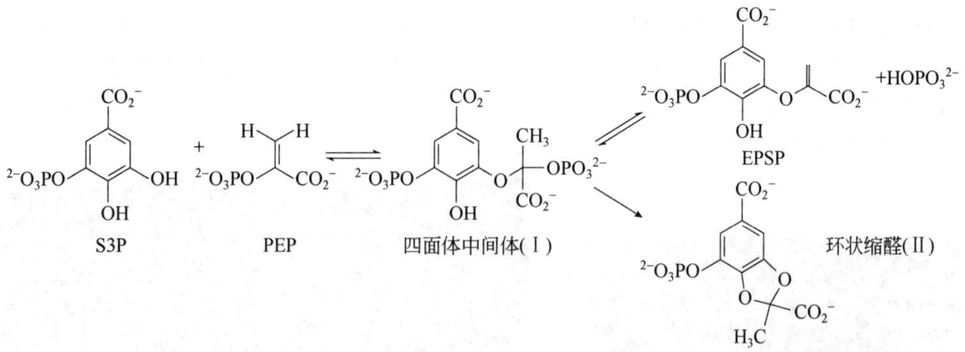

图 3-6-2　EPSP 合成酶催化机理

　　EPSPS 具有分别与 S3P 和 PEP 相结合的两个结合位点，在反应过程中，EPSPS 首先和一分子的 S3P 结合，其次再和一分子的 PEP 结合进入酶的活性中心，在酶的催化作用下使 S3P 和 PEP 两个底物合成出 EPSP，进而合成出芳香族氨基酸。

　　草甘膦是 PEP 的类似物，二者的分子式极为相似，它能与 PEP 竞争性地抑制 EPSP 合酶的活性，形成 EPSP 合酶-S3P-草甘膦的复合物，从而抑制了 EPSPS 的活性，导致分枝酸合成受阻，阻断芳香族氨基酸和一些芳香化合物的生物合成，从而扰乱了生物体正常的氮代谢而使其死亡。

　　随着草甘膦抑制植物体内芳香族氨基酸生物合成和草甘膦抑制 EPSPS 活性的发现，科学家们对 EPSP 合酶进行了广泛深入的研究。

　　Duncan 等首次克隆 *E.coli* 的 *EPSPS* 基因，长度为 1284bp，编码 427 氨基酸。大肠杆菌与 *S. typhimurium* 的 *aroA* 基因比较，在核苷酸序列上的差异为 21%，两者的同义密码子变化有 65% 发生在第三位碱基上，78% 发生在第一位或第二位碱基上，氨基酸序列同源性为 93%，两种多肽的 15 个 N-端氨基酸残基完全相同，从第 86 个到第 131 个氨基酸残基的区域高度保守；而 C-端高度保守的氨基酸序列分别位于 302～371 位和 381～422 位氨基酸之间。在大肠杆菌中与第 81 位脯氨酸一起的 81～85 位氨基酸残基在 *S. typhimurium* 的序列中丢失了，而 *S. typhimurium* EPSP 合成酶的脯氨酸出现在第 85 位，两者其他部位的脯氨酸则完全保守。高度保守区的氨基酸变化可影响酶与草甘膦的结合，从而产生抗草甘膦突变生物型。1986 年 Charles 等报道了 *A. nidulans* 的 EPSP 合成酶基因，含有一个单一的阅读框架。1986 年 Shah 等首先从矮牵牛中克隆了 EPSP 合成酶的 cDNA 和基因，cDNA 全长为 1.9kb，基因中有 8 个内含子，与拟南芥的 EPSP 合成酶基因内含子数目相同，而番茄 EPSP 合成酶基因只有 7 个内含子。烟草有两种 EPSP 合成酶 cDNA。EPSPS-1 cDNA 全长 2.0kb，EPSPS-2 cDNA 全长 1.3kb，两者核苷酸序列有 89% 的同源性，编码的氨基酸序列为 95.9% 的同源性，EPSPS-1、EPSPS-2 有相同的酶活力。Gasser 等报道了矮牵牛的叶、茎、花瓣、花粉中 EPSP 合成酶 mRNA 量显著不同，花瓣中最高，是其他器官中的 25 倍。各器官中 mRNA 的转录起始位点均不一样，花瓣中的 mRNA 转录起始位点在 ATG 的-33 到-37 位，转录的起始位点不同，mRNA 量不一样，表达的 EPSP 合成酶量也不同。

　　Abdel-Meg hid 等在纯化大肠杆菌 EPSPS 后，成功地分析出了 EPSPS 的晶体结构，使 EPSPS

的研究深入到了分子结构水平。1991 年，Stallings 得到了分辨率为 0.3nm 的大肠杆菌克隆的 EPSP 合成酶的立体结构（见图 3-6-3），图中可见分子折叠成两个半球状，每一个半球半径约 2.5nm，通过两个具有交叉的链相联，其中可观察到具有拓扑学的对称性，两个区域基本上是相等的，这两个半球形成一个"V"字形，每一半球区中含量有 6 个螺旋体，在每一个螺旋体集中了氨基酸的末端。从而形成了一个大两极化效应，可有力地指导负离子配体能靠近交叉区活性的位置。

　　图 3-6-4 显示：EPSPS 在无酶底物时，形成"开启"结构，而与草甘膦、S3P、草甘膦＋S3P 形成复合物晶体结构时，"开启"关闭，形成"闭合"结构。在"闭合"状态下，用胰消化酶也不易使其消化，底物结合在"开启"口的 90～102 位氨基酸及附近的 1 区（123～134 位氨基酸）、2 区（140～152 位氨基酸）、3 区（355～366 位氨基酸），从而保护了这些区域不被消化。改变这些区域的一氨基酸残基，如将 G96 改为 A、P101 改为 S，则草甘膦不易与之结合，即对草甘膦产生抗性，但 EPSPS 的活性可能降低，这一发现同时表明了酶与草甘膦的结合位点。

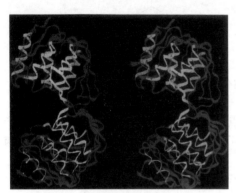

图 3-6-3　大肠杆菌克隆的 EPSP
合成酶的立体结构

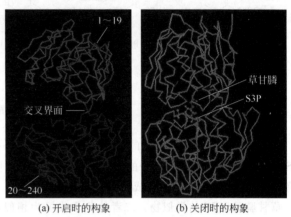

(a) 开启时的构象　　　(b) 关闭时的构象

图 3-6-4　EPSP 合成酶与草甘膦结合前后的情况

第三节　草甘膦的生物活性

　　草甘膦（*N*-phosphonomethyl glycine）是 EPSPS 的竞争性抑制剂，与 PEP 竞争，不可逆地与 EPSPS/S3P 双重复合物结合形成稳定复合物，结合专一性非常高。到目前为止，它是唯一的 EPSPS 高效抑制剂，导致分枝酸合成受阻，阻断芳香族氨基酸和一些芳香化合物的生物合成，从而扰乱了生物体正常的氮代谢而使其死亡。由于哺乳动物、鸟和鱼体内不含有 EPSPS，但其广泛存在于细菌、真菌、藻类、高等植物体内，使草甘膦对大多数植物具有很广的除草谱的同时，显示出对哺乳动物、鸟和鱼的低毒，甚至无毒的特性。

　　草甘膦施用后被植物迅速吸收，并随同化产物传导至整个植株，因其阻断了芳香族氨基酸的生物合成，对植物细胞分裂、叶绿素合成、蒸腾、呼吸以及蛋白质等代谢过程产生影响而导致植物死亡。

　　在较高浓度下，草甘膦对芳香族氨基酸生物合成途径中其他酶也能产生抑制作用。Rubin 等通过离子交换色谱法从绿豆幼苗中分离和纯化了莽草酸脱氢酶、分枝酸变位酶及芳香族氨基转移酶、预苯酸脱氢酶和 arogenata 脱氢酶，这些酶被 1mmol/L 的草甘膦轻微抑制，另外还分离出两种 DAHP 合成酶（简称 DAHPS），其中之一的 DAHPS-Mn 可以被 Mn^{2+} 激活，另一种 DAHPS-Co 的激活则完全依赖于 Co^{2+} 的存在。DAHPS-Mn 不被草甘膦抑制，而 DAHPS-Co 的活性则 95％以上受到抑制，就两种底物来说，Co^{2+} 是最大反应速率激活剂。在微摩尔草甘膦浓度下，仅抑制 EPSPS，对其他酶无影响。

　　草甘膦分子首先是由瑞士一家小型制药公司（Cilag）合成的，但是他们并没有申请专利保护该化合物除草用途。之后在 1970 年，孟山都公司（Monsanto）研究人员 John E Franz 合成了该分子并首次测试了它的除草活性，很快申请了除草剂用途的专利保护。草甘膦在生理 pH 值条件下以负离子形式存在，与各种阳离子（如钠盐、异丙胺盐等）形成的盐为其活性形式。在 1974 年草甘膦作为除草剂在美国获得登记，草甘膦异丙胺盐为草甘膦第一个商品化品种，用于苗后处理的非选择性除草剂。1980 年，Steinrucken 等证实了草甘膦抑制 EPSPS 的活性。

草甘膦是孟山都公司开发的目前唯一商品化的 EPSPS 酶抑制剂，也是世界上生产量与销售量最大、使用范围最广的除草剂品种。除草剂草甘膦理化性质稳定，具有高效、广谱、低毒、低残留、不破坏土壤环境、对大多数植物具有灭生性等其他除草剂所不可比拟的优点。草甘膦对植物的生长抑制有三种分子机制：①阻断植物体内芳香族氨基酸和某些由其参与合成的维生素、生物碱、香豆素、类黄酮、木质素、吲哚衍生物、酚类物质等次生代谢物的生物合成；②导致 3-磷酸莽草酸积累，每分子 3-磷酸莽草酸的积累消耗一分子磷酸烯醇式丙酮酸和一分子 ATP 而产生能量消耗；③造成普通途径中间代谢物（尤其是磷酸化合物，如 NADP 或莽草酸-3-磷酸）积累，对植物产生毒性。草甘膦具有强酸性，它很难溶于常见的有机溶剂，在水中溶解度也甚小，它与碱（有机或无机）能生成极易溶于水的盐，在世界市场上主要加工成水溶性盐：在多种草甘膦盐中，以异丙胺盐和三甲基锍盐销售市场最大。

$$\left[\begin{array}{c} HO \\ O \end{array}\middle\rangle P \middle\langle \begin{array}{c} O \\ CH_2NHCH_2COOH \end{array}\right]^{-}\ (CH_3)_3S^{+}\qquad \left[\begin{array}{c} HO \\ O \end{array}\middle\rangle P \middle\langle \begin{array}{c} O \\ CH_2NHCH_2COOH \end{array}\right]^{-}\ (CH_3)_3S^{+}=O$$

草甘膦在世界各地广为使用，为了更有效地防除杂草，孟山都公司针对不同国家、不同地区的具体情况，加工成以甘草膦为基本组分的几十种水溶性商品出售。草甘膦的干制剂已推向市场，加工成水溶性干制剂可提高制剂的有效成分的含量，其次便于包装、运输、贮藏和使用。如用于美国农业市场的 Roundup WSD(Water Souble Dry)，草甘膦含量高达 94%。干制剂另一种形式是加工成片剂，国外公司对草甘膦加工所用表面活性剂也进行了广泛研究并取得进展。例如，使用一个含有机硅的表面活性剂，它具有极好的展开性能，从而在施药过程中可大大降低草甘膦用量。1993 年可溶性颗粒剂已推向市场。草甘膦亦可与其他除草剂混用，如麦草畏、西玛津、敌草隆、甲草胺、氟乐灵、乙氧氟草醚等多种土壤残留性除草剂混用。

草甘膦是优良的芽后灭生性除草剂，适用于全球的果园、橡胶园、咖啡、棕榈等种植园；也用于铁路、公路、高压输电线路的沿线和仓贮、变电站等非耕作地除草。除草剂的发展及应用，推动了农业耕作制度的改革，免耕技术的兴起及推广又促使除草剂的发展，草甘膦成功地用于免耕种大豆等作物，为它赢得了很大的销售市场。近一个时期，生物技术应用于农业的研究显得十分活跃，各大公司都在为本公司的除草剂研究培育它的抗性作物。在这方面孟山都公司起步较早，亦较为成功，该公司已通过抗性基因转移而培育出大豆、棉花、玉米、油菜籽、甜菜、Canola 等作物，这些抗草甘膦作物相继在 20 世纪 90 年代中、后期投入市场。例如抗草甘膦的大豆在 1992 年后进行了广泛的试验后，1997 年使用面积已达 $4 \times 10^6 hm^2$，占美国大豆总播种面积的 15%。培育抗除草剂作物的研究，为解决杂草抗性找到了有效的方法，因此抗除草剂作物的培育成功为除草剂的应用及发展开辟了新的途径，使除草剂发展进入一个新的时期。

第四节　草甘膦的作用机制

1983 年，Boocock 等认为 S3P 首先与 EPSPS 结合，其后与草甘膦成为 EPSPS·S3P·glyphosate 三元配合物，即草甘膦竞争性地占住 PEP 与酶连接的活性位点，从而阻断了 S3P 与 PEP 的合成。1992 年，Ream 等利用等温滴定微热量计和荧光结合测定法测定了 EPSP 合成酶与各种酶底物形成的连接 K_d 值及其他热力学数据（见表 3-6-1）。EPSPS·S3P＋glyphosate 的 K_d 为 $0.15 \mu m$，连接位点为 0.99，自由能 ΔG 为 $(\Delta G = \Delta H - T\Delta S) - 165.05 kJ/mol$；EPSPS＋glyphosate 的 K_d 值为

1.2mmol/L，连接位点为 1.0，ΔG 为 -47.06kJ/mol。这表明了草甘膦是与 EPSPS、S3P 优先形成 EPSPS·S3P·glyphosate 三元配合物，即草甘膦与 PEP 竞争。1996 年，Mcdowell 等用 DRAMA (dipolar recovery at the magic angle) 技术测定了三元复合物中草甘膦的 ^{31}P 原子与 S3P 中的 ^{31}P 原子间的相位差为 (0.85 ± 0.1)nm，使用 REDOR NMR 技术测定了 S3P 中的 ^{31}P 与草甘膦中的 ^{15}N 相位差（0.8nm±0.1nm），以及草甘膦的 ^{31}P 与 S3P 中的 5 个 ^{13}C 的相位差。1995 年，Sammons 等在以 EPSP 为底物条件下研究草甘膦抑制 EPSP 合成酶的作用机理，即用快速凝胶过滤实验，测定了草甘膦抑制 EPSP 合成酶的过渡态为 EPSPS·EPSP·glyphosate，其连接当量（binding equivalents）为 0.62，EPSPS·EPSP 对草甘膦的分离时间慢，其离解常数 K_{off}（dissociation constant）$\leqslant 0.5$s^{-1}；而 EPSPS·S3P·glyphosate 连接当量则为 0.66，EPSPS·S3P 对草甘膦的 K_{off} 是 0.12s^{-1}。在草甘膦作用下，产物 EPSP 分子中丙酮酸基团不仅没有阻止草甘膦与酶接合，反而强烈地促进草甘膦与酶的接合。

表 3-6-1　EPSP 合成酶二元、三元复合物热力学特征值

复 合 物	连接值/(μmol/L)	连接位点 n	焓/(kJ/mol)	熵/[J/(mol·K)]
EPSPS+S3P	10 ± 0.7	1.03 ± 0.02	-21.74	22.57
EPSPS+EPSP 缩醛	2410 ± 8	1.21 ± 0.02	-5.85	68.55
EPSPS+PEP	390 ± 15	0.69 ± 0.10	-20.48	-2.51
EPSPS+glyphosate	12000 ± 2000	1.0 ± 0.0	-57.27	-153.41
EPSPS.S3P+glyphosate	0.15 ± 0.03	0.99 ± 0.02	-79.42	-133.34
EPSPS.S3P+Pi	4000 ± 300	1.67 ± 0.28	-22.99	-31.35
EPSPS.缩醛+Pi	13200 ± 1600	1.00 ± 0.0	-63.54	-176.40

第五节　草甘膦合成工艺

草甘膦的生产工艺路线较多。根据有机合成工业发展所能提供的原料，在不同时期开发了不同的生产工艺，从而形成了目前多种生产工艺路线并存的格局。但归纳起来不外乎两种生产工艺，即以亚氨基二乙酸为原料的生产方法和以甘氨酸-亚磷酸二烷基酯为原料的生产方法。在我国，甘氨酸-亚磷酸二甲酯法装置的生产能力最大，生产企业最多，产量占全国草甘膦生产总量的 85%～90%。

一、甘氨酸法（亚磷酸二烷基酯法）

该法基本反应如下：

$$(CH_2O)_2+NH_2CH_2COOH \longrightarrow (HOCH_2)_2NCH_2COOH$$

$$(HOCH_2)_2NCH_2COOH+(CH_3O)_2POH \longrightarrow (CH_3O)_2P(O)CH_2NHCH_2COOH$$

$$(CH_3O)_2P(O)CH_2NHCH_2COOH+H^+ \longrightarrow (HO)_2P(O)CH_2NHCH_2COOH+2CH_3OH$$

反应首先以多聚甲醛与甘氨酸反应，然后与亚磷酸烷基酯作用，再在酸性条件下水解生成产品。采用亚磷酸二甲酯为原料工艺过程简单，产生的废水较少且容易处理，产品纯度高，是我国生产草甘膦的主要方法，其产量占烷基酯法的 90% 以上。但此工艺反应结束需要回收溶剂及催化剂，因此需要消耗大量的碱并且增加了工作量、工业设备及能量消耗。若采用亚磷酸二乙酯，其工艺过程与二甲酯法大致相同。但与二甲酯法相比，该工艺因亚磷酸二乙酯的价格更高而成本较高。亚磷酸三甲酯法与二甲酯及二乙酯法不同，该工艺反应过程中没有甘氨酸的制造过程，而是直接用氨和氯乙酸作为原料参与反应。此合成工艺草甘膦收率高于二甲酯法。但是原料价格高于亚磷酸二甲酯，工艺能耗高，过程控制要求高。因此该工艺不具有明显优势。

二、亚氨基二磷酸法

$$HN(CH_2CO_2H)_2+PCl_3+CH_2O \longrightarrow \underset{HO}{\overset{HO}{}}\overset{O}{\underset{}{P}}-CH_2N(CH_2CO_2H)_2 \longrightarrow \underset{HO}{\overset{HO}{}}\overset{O}{\underset{}{P}}-CH_2NHCH_2CO_2H$$

该法成功的关键是亚氨基二乙酸（IDA）的合成方法及中间体双甘膦（PMIDA）转化成草甘膦的过程。历年来有多个公司从事这方面的研究，旨在降低成本和减少污染。

亚氨基二乙酸可用不同方法合成，如氯乙酸法、氨基三乙酸法、二乙醇胺法、氢氰酸法、氨基乙酸法、氯乙酸钠肼化法等。

氯乙酸法是我国最早研究和投产的 IDA 合成方法。具有原料价低易得，生产条件较温和等优点。但是该工艺路线、生产周期较长，而且生产实践证明，该工艺收率较低（约 70%），且工艺过程中产生大量强酸性废水，该法已经淘汰。

氨基三乙酸法是以氯乙酸和氨为主要原料合成氨基三乙酸 $[N(CH_2COOH)_3]$，再用浓硫酸氧化脱去羧甲基或者在 Pd/C 催化剂存在下水解得到 IDA，此工艺虽然反应条件温和、操作方便安全，副产物和"三废"较少，但是由于氨三乙酸转化成亚氨基二乙酸的产率不够理想，目前未见有工业化报道。

二乙醇胺脱氢氧化法是以二乙醇胺为起始原料，在催化剂作用下高压脱氢，生成 IDA。此工艺流程短，但是存在催化剂活性低、重复使用率低、二乙醇胺价格高、生产成本高等问题，因此现阶段没有大规模使用。

氢氰酸法是以氢氰酸、甲醛、六亚甲基四胺为起始原料反应制得亚氨基二乙腈，水解后即得 IDA。孟山都公司主要采用此法生产草甘膦。经过该公司的大力研发和探索，此工艺已经得到充分发展：原料的损耗得到降低，设备生产能力大，催化剂选择性和催化效率高，大大节约了生产成本，"三废"少、环境友好。

$$8HCN+2CH_2O+(CH_2)_6N_4 \longrightarrow 4NH(CH_2CN)_2+2H_2O$$
$$HN(CH_2CN)_2+2NaOH+2H_2O \longrightarrow NH(CH_2COONa)_2+2NH_3$$
$$NH(CH_2COONa)_2+2HCl \longrightarrow NH(CH_2COOH)_2+2NaCl$$

氨基乙酸法则可由甘氨酸与氯乙酸合成：

$$H_2NCH_2COOH+NaOH \longrightarrow H_2NCH_2COONa+H_2O$$
$$2ClCH_2COOH+Na_2CO_3 \longrightarrow 2ClCH_2COONa+CO_2\uparrow+H_2O$$
$$H_2NCH_2COONa+ClCH_2COONa \longrightarrow NH(CH_2COONa)_2 \longrightarrow NH(CH_2COOH)_2$$

肼基二乙酸法则由以下方法合成：

$$ClCH_2COOH+Na_2CO_3 \longrightarrow ClCH_2COONa \longrightarrow H_2N\text{-}N(CH_2COONa)_2 \longrightarrow$$
$$H_2N\text{-}N(CH_2COOH)_2 \longrightarrow NH(CH_2COOH)$$

亚氨基二乙酸法中另一关键是双甘膦如何氧化为草甘膦的问题，文献方法很多，可用氧化剂氧化或用空气作为氧化剂，在催化剂的作用下将双甘膦催化氧化成草甘膦。

用浓硫酸氧化是最早使用的氧化方法。使用浓硫酸氧化不需要溶剂和催化剂，反应过程简单且浓硫酸价廉易得，氧化收率高。但由于后处理困难，烘干双甘膦时产生腐蚀性气体，影响设备寿命，"三废"多，难于处理。

用过氧化氢氧化，副产物为水，对环境友好；但危险性较高，对反应控制要求严格。

电解氧化法在酸性或碱性条件下，双甘膦经过溶解、电解氧化可得到草甘膦。电解法收率较好，但能耗高，控制难度较大，难以进行大规模工业化生产，未见有工业上的应用报道。

催化氧化法对环境友好，极具研究价值，关键在于催化剂的选择、制备、回收利用等问题。从环保经济的角度看，利用空气或含氧气体作为氧化剂是最理想的。过渡金属如锰、钴、钒等盐的络合物，在氧气或含氧气体存在下可以催化氧化双甘膦生成草甘膦。对于过渡金属催化氧化，孟山都公司的 Riley 等对此进行了较多的研究。研究表明，过渡金属络合物的催化活性排序为钒＞锰＞钴。过渡金属络合物催化剂与贵金属催化剂相比，具有成本低廉，采用均相催化省去了催化剂过滤的工艺阶段等优点。但其目标产品转化率和催化剂选择性不如贵金属催化剂好，因此使用率没有贵金属高。美国专利（US 3950402）介绍了用贵金属（Pd、Pt、Rh 等）负载在活性炭上，氧气氧化制备草甘膦的方法。该方法生产草甘膦收率高、纯度高，其产率达 96％，纯度可达 97％。贵金属催化具有选择性高、转化率高等优点。但是贵金属昂贵，损耗严重，易失活，重复利用次数低。

目前国外工业化生产草甘膦主要采用特种炭催化剂催化氧化法。国内近几年也有相关文献报道。以氧气为原料，采用自制高活性炭为催化剂合成草甘膦，收率可达到 94.5％。该方法成本较低，安全无毒，避免了贵金属负载和脱落等问题。

通过对几种工艺路线的比较看出，亚氨基二乙酸法具有明显优势。甘氨酸法是我国传统生产工艺，经过多年的摸索和改进，此工艺已经得到了充分的发展，原料消耗低，产品收率也得到了提高，可以用大型生产装置和自控系统实现工业化生产，在一定时期内还将是我国生产草甘膦的主要工艺。但甘氨酸法存在很多缺点，如路线长、工艺复杂、副反应多、后处理困难、"三废"多等。而 IDA 则相对来说路线短、工艺简单、副反应少，后处理简单，"三废"少。因此，如果技术成熟，IDA 路线将成为国内草甘膦生产的主导路线。利用空气或含氧气体作为氧化剂、特种活性炭作为催化剂催化氧化双甘膦得到草甘膦，从环保和经济的角度看是今后工业化生产草甘膦的趋势。此外，目前国内很多企业还是传统的生产技术，人力物力消耗大、生产效率低，连续化自动生产装置的开发将成为趋势。

第六节　以 EPSPS 为靶标的新型抑制剂的研制

除草甘膦外，还未发现有其他以 EPSP 合成酶为靶标的除草剂。但随着对 EPSP 合成酶催化机理及草甘膦作用机理的深入研究，若依照草甘膦的作用机制作为探针来设计新的 EPSP 合成酶的抑制剂，这有关的工作集中在合成类似于草甘膦的衍生物，如：

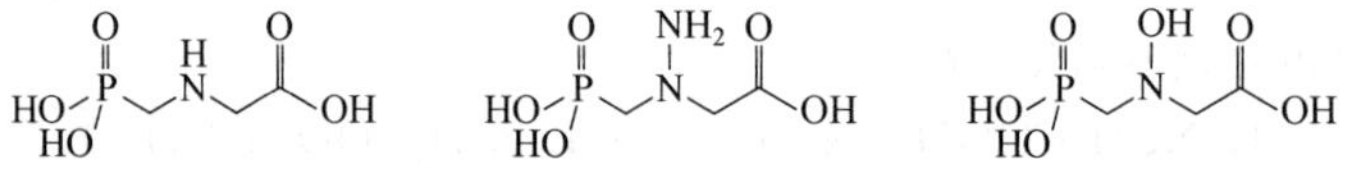

但它们仅显示出中等程度的抑制活性；模拟草甘膦与 S3P-草甘膦复合物的四面体结构，去排除 EPSPS 与 PEP 的结合，也是设计中可以考虑的问题。

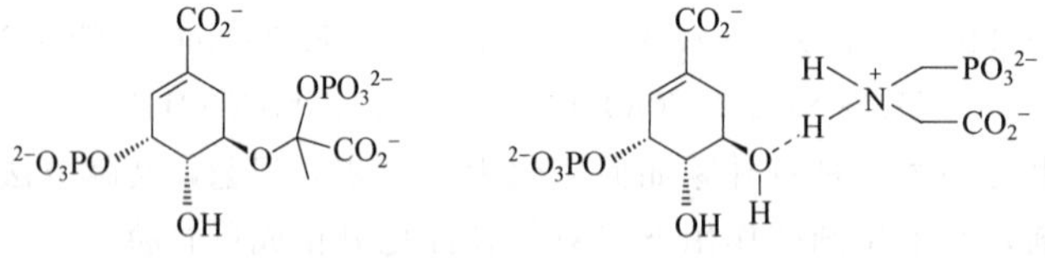

1996 年，Marzabadi 等以 S3P·glyphosate、EPSP 为分子模型，设计并合成了 EPSP 结构类似物 **3-6-2**（见图 3-6-5）及莽草酸与草甘膦反应生成的化合物 **3-6-1**，**3-6-13**（见图 3-6-6），希望获得具有类似草甘膦作用的除草剂。通过测定化合物 **3-6-1**、**3-6-13** 与 EPSP 合成酶作用的一些热力学特征值（表 3-6-2），发现化合物 **3-6-1** 与酶的连接常数 K_d 为 $0.53\mu m$，仅为 EPSPS·S3P＋glyphosate 的 3.5 倍。用 ^{31}P NMR 研究证实了化合物 **3-6-1**、**3-6-13** 与 EPSPS 配合形成 EPSPS·**3-6-1** 和 EPSPS·**3-6-13**，与酶连接位点是原 S3P 和草甘膦的位点，从而抑制了 EPSP 合成酶的正常催化活性。Shad 等也报道了羟基丙二酸的衍生物、莽草酸衍生物等均能与 EPSP 合成酶形成四面体过渡态，从而抑制 EPSP 合成酶的活性。

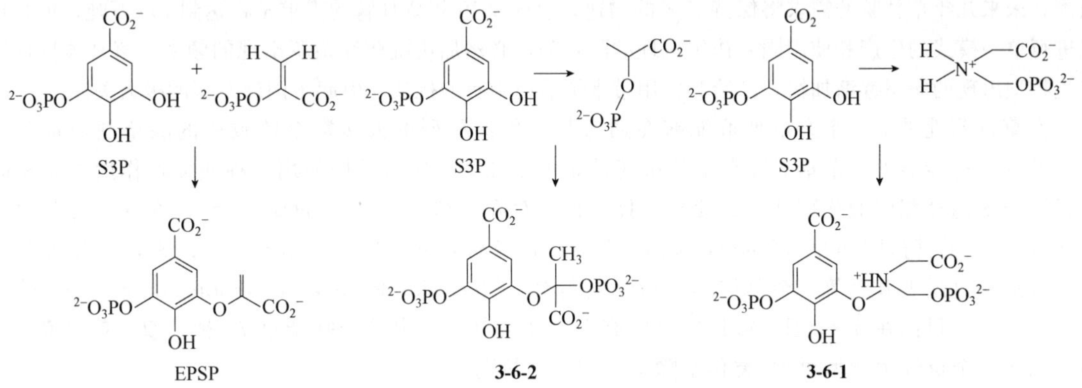

图 3-6-5 EPSP 及 S3P·glyphosate 衍生物的化学结构

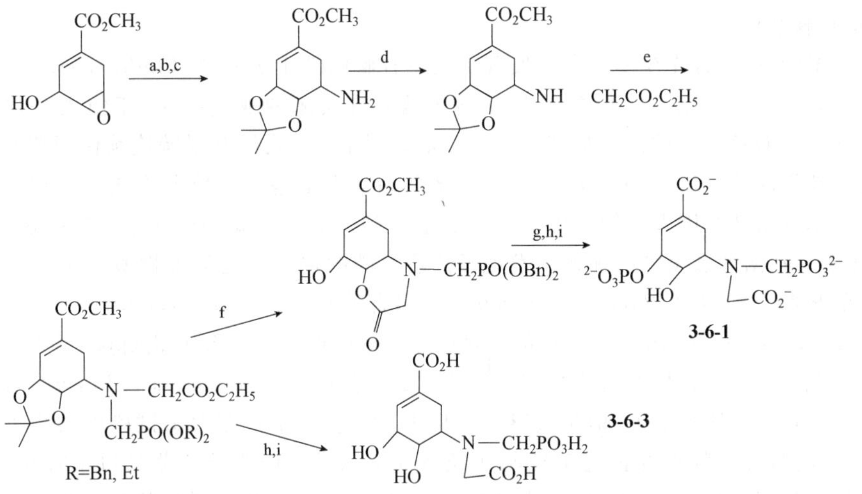

a—叠氮化钠; b—2,2-二甲氧基丙烷; c—H₂, Pd-C; d—溴乙酸乙酯; e—(RO)₂POCH₂OTf;
f—H⁺; g—二丁氧基磷酸酐; h—三甲基溴硅烷; i—氢氧化钠溶液, 离子交换树脂

图 3-6-6 化合物 3-6-1、3-6-3 的合成路线

表 3-6-2 EPSP 合成酶与化合物 3-6-1、3-6-3 及底物的二元、三元复合物热力学特征值

复 合 物	连接值/(μmol/L)	连接位点 n	焓/(kJ/mol)	熵/[J/(mol·K)]
EPSPS+**3-6-1**	0.53±0.04	1.21±0.02	−12.12	79.83
EPSPS+S3P	10±0.7	1.03±0.02	−21.74	22.57
EPSPS+**3-6-3**	24±8	1.21±0.02	−5.85	68.55
EPSPS+PEP	390±15	0.69±0.10	−20.48	−2.51
EPSPS+glyphosate	12000±2000	1.00±0.0	−57.27	−153.41
EPSPS.S3P+glyphosate	0.15±0.03	0.99±0.02	−79.42	−33.42

第七节 草甘膦的抗性问题

由于草甘膦［N-（膦羧甲基）甘氨酸］（glyphosate）是一种内吸传导型广谱灭生性除草剂，伴随抗除草剂转基因作物的迅速发展，为草甘膦的应用开拓了广阔的前景。自 1996 年美国开始种植抗草甘膦转基因大豆以来，全球转基因作物种植面积逐年增加，2006 年达到 1 亿 200 万 hm²，其中抗草甘膦转基因作物占抗除草剂转基因作物种植面积的近 80%，处于绝对主导地位。2006 年的消费量接近 53 万吨。据

预测，未来几年草甘膦的需求将保持15%的增速，全球2010年草甘膦的需求量将达到100万吨。但是长期进行单一模式的生产和使用同一作用机理的除草剂，必然加快抗药性杂草出现的频率。草甘膦抗性杂草生物型出现的频率逐渐加快，已给其应用带来了前所未有的挑战，引起了国外专家的极大关注。

杂草抗药性是指一个杂草种群能够在通常足以使该种群的大多数个体致死的除草剂剂量下存活，并具有遗传能力。杂草对除草剂的抗药性是由于在某一区域长期使用一种或多种作用机制相同或代谢降解途径相同的除草剂，致使高选择性长期存在的结果。自20世纪50年代在欧洲甘蔗田发现抗2,4-D的铺散鸭跖草（*Commelina diffusa*）和野胡萝卜（*Daucus carota*）以来，全球抗药性杂草发展一直呈上升趋势，杂草抗药性行动委员会（Herbicide Resistance Action Committee）的调查结果显示，目前在52个国家或地区已经有183种杂草（其中单子叶杂草73种，双子叶杂草110种）的317个抗性生物型对19类化学除草剂产生了抗药性。

因草甘膦具有独特的作用方式及代谢机制，在土壤中残留量极低，使人们一度认为在田间不可能出现抗草甘膦杂草。然而，严酷的事实是近10年来已经在数个国家和地区不同栽培方式下发现了13种抗草甘膦杂草。

1996年，Pratley等首先在澳大利亚发现了抗草甘膦的瑞士黑麦草（*Lolium rigidum*），其对草甘膦的抗性提高了7～11倍。1999年，Tran等发现，在马来西亚连续10年使用草甘膦后牛筋草（*Eleusine indica*）对草甘膦的抗性提高了8～12倍。同年末，在智利果园连续使用草甘膦8～10年后发现其对多花黑麦草（*Lolium multiflorum*）的防治效果很差。2000年在美国东部的特拉华州连续3年种植抗草甘膦转基因大豆的农田中发现小蓬草 *Conyza canadensis* 对草甘膦的抗性提高了8～13倍。2001年，在南非及美国的加州也发现了抗草甘膦的瑞士黑麦草生物型。2003年在南非发现了抗草甘膦的长叶车前草（*Plantago lanceolata*）和野塘蒿（*Conyza bonariensis*）。2004年在美国发现豚草（*Ambrosia artem isiifolia*）对草甘膦产生了抗药性。2005年Culpepper等对美国佐治亚州传统的棉花、花生和大豆田怀疑对草甘膦具有抗性的长芒苋（*Amaranthus palmeri*）进行了抗性鉴定，结果显示其抗性生物型的 I_{50} 值是敏感生物型 I_{50} 值的12倍，在大田试验中同样需要推荐剂量的12倍才可以将抗性生物型的长芒苋控制在经济阈值以下，证明长芒苋已对草甘膦产生了抗性。同年，在美国还发现了抗草甘膦的具瘤苋（*Amaranthus rudis*）和三裂叶豚草（*Ambrosia trifida*），在巴西和阿根廷分别发现了抗草甘膦的猩猩草（*Euphorbia heterophylla*）和假高粱（*Sorghum halepense*），2007年在澳大利亚又发现了抗草甘膦的光头稗（*Echinochloa colona*）。

植物对除草剂的抗药性可以分为基于靶标位点的抗药性和非靶标位点的抗药性。基于靶标位点的抗药性是指靶标酶基因发生突变，导致除草剂不再能有效地抑制靶标酶的正常功能。基因突变通常是指靶标酶关键编码区域的特定核苷酸被取代，重新编码成一个或几个不同的氨基酸，致使靶标酶丧失对除草剂的敏感性。非靶标位点抗药性包括代谢抗性和隔离抗性，代谢抗性是指杂草通过代谢使除草剂失活，从而产生的抗药性，隔离抗性是指杂草通过对除草剂的屏蔽作用或使其与作用位点隔离而使除草剂不能到达作用位点或在作用位点积累不足，从而不能发挥除草作用。

尽管Sammons等认为由靶标位点突变导致杂草对草甘膦产生抗药性的可能性较小，但也有研究认为马来西亚的牛筋草、澳大利亚的瑞士黑麦草和智利的多花黑麦草对草甘膦的抗药性即是草甘膦靶标酶EPSPS基因106位氨基酸由脯氨酸突变为丝氨酸或苏氨酸所致。

研究表明，抗草甘膦牛筋草EPSPS的编码基因发生了变化，其敏感生物型EPSPS基因的第319个核苷酸碱基为胞嘧啶C，而抗性生物型中突变成了胸腺嘧啶T，使第106位脯氨酸变为了丝氨酸。Ng等最新发现抗性生物型中同时存在胞嘧啶C突变成了鸟嘌呤A，导致其第106位脯氨酸变为苏氨酸。与脯氨酸不同的是，丝氨酸和苏氨酸具有极性羟基基团，因此具有亲水性。随着氨基酸种类的改变，EPSPS的结构和功能发生变化，从而使其与底物的亲和力增加，导致草甘膦无法再占据PEP结合位点，杂草因此形成对草甘膦的抗性。另外还有多个位点的甘氨酸被门冬氨酸、苏氨酸被丙氨酸、脯氨酸被亮氨酸取代的例子，说明EPSPS存在多个与PEP结合的活性位点。通过这些有效位点的基因突变，降低了 EPSPS 对草甘膦的亲和性，从而增强了杂草对草甘膦的抗性。

通常情况下，植物可以通过提高靶标酶的水平来增强对除草剂的抗性，过量的靶标酶解除了除草剂对靶酶的限制性并有足够的酶活性以满足代谢的需要，维持植物正常的生理活动。

作为草甘膦的靶标酶，EPSPS 存在于植物细胞的细胞核中。施用草甘膦后，植物体内催化芳香族氨基酸生物合成过程的重要中间产物莽草酸大量积累。对 9 个对草甘膦耐药性水平不同的百脉根（*Lotus corniculatus*）无性系植株的研究表明，EPSPS 的活性与无性系植株对草甘膦的耐药性呈正相关。Yuan 等对台湾天然抗草甘膦的一年生狗肝草（*Dicliptera chinensis*）的 EPSPS 活性进行分析时发现，草甘膦处理之前狗肝草就比与其生长条件和习性基本一致的熊耳草（*Ageratum houstonianum*）的 EPSPS 活性水平高，用草甘膦处理 8h 后，其 EPSPS 活性更高。

杂草对草甘膦的抗性也与其在植物体内的吸收、输导和分布有关。小蓬草和瑞士黑麦草以减少向分生组织输导草甘膦为主要形式而表现其抗药性。用 ^{14}C 草甘膦处理小蓬草和瑞士黑麦草的试验证实，几乎所有的草甘膦抗性生物型和敏感生物型杂草对草甘膦的吸收过程并无明显不同，对草甘膦的保持和吸收能力也基本相同或差异不显著。但草甘膦在抗性生物型和敏感生物型杂草体内的输导存在显著差异。在抗草甘膦瑞士黑麦草叶尖部位积累的草甘膦比敏感生物型多，而敏感生物型运输到根内的草甘膦明显多于抗性生物型。Wakelin 等以 ^{14}C 草甘膦直接滴在瑞士黑麦草第一片叶的中央，同样得到抗性生物型在叶尖部位积累多于敏感生物型的结果，敏感生物型在茎的分生组织内的积累是抗性生物型的两倍。Feng 等采用与大田操作相同的喷雾方式对小蓬草进行喷雾试验，亦得到相似的结果，这证明了草甘膦在抗性生物型和敏感生物型中的输导方式是不同的。Lorraine Colwil 等认为，在抗草甘膦杂草体内可能存在一个"泵"，可以将草甘膦泵到非原质体空间或者是直接泵到木质部而不是韧皮部，从而避免了对分生组织和叶基这些关键组织的伤害，使植物在高浓度草甘膦下仍能幸存，并且在分生组织区域草甘膦积累数量的减少是植物抗性提高的决定性因素。

Feng 等认为，草甘膦在植株体内是随蔗糖梯度从源到库进行运输的，在植物组织内的分布并不均等。分生组织和根是草甘膦分布最多的组织，而这些组织的敏感性最强，低剂量的草甘膦即可对其造成伤害。茎基是草甘膦中等分布的组织，其对草甘膦具有极高的耐药性，是最难杀死的组织。只要茎基不被完全杀死，第一节的侧芽就能重新生长，在适合的环境条件下，幸存的组织就可以重生，使植株恢复生长。

Culpepper 等在长芒苋的抗草甘膦生物型上也发现了同样的现象，用高于 3 倍推荐剂量的草甘膦处理，75% 的抗性植株可以继续生长，高于推荐剂量 6～8 倍时，仍然存活的抗性生物型植株经常是从叶腋处的生长点继续生长。

杂草对草甘膦抗性还具有遗传作用。当用草甘膦处理以抗性生物型为父本、敏感生物型为母本的瑞士黑麦草的杂交 F1 代，其抗药性表现与父本相似，表明瑞士黑麦草对草甘膦的抗性是由一个显性或半显性基因控制的。F1 代与敏感种群回交的分离比（1：1）证实其抗药性是由一个单核基因控制的。Lorraine Colwill 等认为，这种显性或半显性抗性，使得抗性频率具有迅速增加的潜能，Wakelin 等的研究进一步证实了这一观点。由于同种草甘膦抗性生物型和敏感生物型、或同属不同种植物之间都可能通过花粉进行雌雄同株或雌雄异株的杂交，从而加快了抗草甘膦杂草的发展速度。

综上所述，抗草甘膦杂草已经在越来越多的地区被发现，新的抗草甘膦杂草出现的间隔时间正逐渐缩短，抗草甘膦杂草的发展形势日趋严峻，已经成为全球关注的严重问题。尽管目前人们只知道抗草甘膦杂草的两种抗性机制，即基于靶标位点的抗药性和非靶标位点抗药性，但不少研究者仍坚持认为抗草甘膦杂草的 EPSPS 活性增高是产生抗性的原因。但 EPSPS 的 mRNA 水平和蛋白质水平的提高并不是由于基因数量的增加所致，是否是由于翻译的速度和蛋白质转录的降低尚未形成定论。另一方面，Lorraine Colwill 等认为瑞士黑麦草抗性生物型和敏感生物型 EPSPS 的活性以及 EPSPS 基因杂交都没有差异，而主要是由于植物体内的吸收输导差异而产生了对草甘膦的抗性。相信随着研究的深入，人们将会很快揭示出合理的抗草甘膦杂草的其他抗性机制。

目前我国在南北方果园和非耕地长期大量使用草甘膦，抗草甘膦杂草的风险已然出现。近期，宋小玲等已在我国浙江宁波发现抗草甘膦的小蓬草，果农普遍反映草甘膦对果园许多杂草的防治效果明显下降，而且如刺儿菜（*Cephalanoplos segetum*）、问荆（*Equisetum arvense*）、苣荬菜（*Sonchus brachyotus*）等多年生难防治杂草对草甘膦也均不敏感。经多年的观察和监测，发现打碗花（*Calystegia hederacea*）、田旋花（*Convolvulus arvensis*）已在全国大面积蔓延，在华北已成为麦田中的优势杂草，并有逐年增加的态势，这些杂草对草甘膦也不敏感。尤其是田旋花，自然界中即存在着对草甘膦耐药的种群。

因此，针对我国广大农村除草技术相对比较落后，尤其是广谱灭生性除草剂使用较为粗放的现状，有关的科研工作者应以长期保持草甘膦药剂的高效性为目标，在杂草治理中引入多样性理念重视耕作方式和作物品种的多样性，充分发挥农艺措施、生态调控等手段对杂草的控制作用；重视除草剂使用的多样性，倡导不同作用方式除草剂的轮用和交替使用，以延缓抗药性杂草的发生。同时应加强对抗草甘膦杂草的监测，建立高效、系统的抗性杂草治理策略。

参考文献

[1] 向文胜，张文吉，王相晶等. EPSP 合成酶的特性及新抑制剂的研究进展. 农药学学报，2000,2(2):1-8.

[2] Ahmed S I,Giles Norman H. Organization of enzymes in the common aromatic synthetic pathway;evidence for aggregation in fungi. J Bacteriol,1969,99: 231-237.

[3] Berlyn M B, Giles N H. Organization of enzymes in the polyaromatic synthetic pathway: separability in bacteria. J Bacteriol,1969,99(1): 222-230.

[4] Berlyn M B, Ahmed S I, Giles N H. Organization of polyaromatic biosynthetic enzymes in a variety of photosynthetic organisms. J Bacteriol,1970,104(2): 768-774.

[5] Boocock M R, Coggins J R. Kinetics of 5-Enolpyruvylshikimate-3-phosphate Synthase Inhibition by Glyphosate. Febs Letters,1983,154: 127-133.

[6] Haslam E. Butterworths,London,1974.

[7] Keeling P J, Palmer J D, Donald R G, et al. Shikimate pathway in apicomplexan parasites. Nature, 1999, 397(6716): 219-220.

[8] Franz J E, Mao M K, Sikorski J A. Glyphosate:A Unique and Global Herbcide. ACS MonographNo. 189. American Chemical Society,Washington,DC,653 pp. (1997).

[9] Grossbard E,Atkinson D. (eds)The Herbicide Glyphosate. Butterworth & Co.,London,UK,490 pp. (1985).

[10] 周卫平. 过专利期农药的商机与前景. 农药译丛，1999,21(3):38-43.

[11] Steinrucken H C,Amrhein N. The herbicide glyphosate is a potent inhibitor of 5-enolpyruvyl-shikimic acid-3-phosphate synthase. Biochem Biophysic Res Commun,1980,94(4): 1207-1212.

[12] 苏少泉. 除草剂概论. 北京：科学出版社，1989.279-298.

[13] Gilchrist C H,Kosuge T. Methods Enzymol. New York: Academic Press,1980,5: 507-531.

[14] Rubin J L,Gaines C G,Jensen R A. Enzymological basis for herbicidal action of glyphosate. Plant physiol,1982,70(3): 833-839.

[15] Rubin Judith L,Gaines C Greg,Jensen Roy A. Glyphosate inhibition of 5-enolpyruvylshikimate 3-phosphate synthase from suspension-cultured cells of Nicotiana silvestris. Plant Physiol,1984,75(3): 839-845.

[16] Stalker D M,Hiatt W R,Comai L. A single amino acid substitution in the enzyme 5-enolpyruvylshikimate-3-phosphate synthase confers resistance to the herbicide glyphosate. J Biol Chem,1985,260(8): 4724-4728.

[17] Steinrucken H C, Amrhein N. 5-Enolpyruvylshikimate-3-phosphate synthase of Klebsiella pneumoniae 2. Inhibition by glyphosate [*N*-(phosphonomethyl)glycine]. Eur J Biochem/FEBS,1984,143(2): 351-357.

[18] Smart C C,Amrhein N. Ultrastructural localization by protein A-gold immunocytochemistry of 5-enolpyruvylshikimic acid 3-phosphate synthase in a plant cell culture which overproduces the enzyme. Planta,1987,170(1): 1-6.

[19] Abdel-Meguid S S,Smith W W,Bild G S. Crystallization of 5-enolpyruvylshikimate 3-phosphate synthase from Escherichia coli. J Mol Biol,1985,186(3): 673.

[20] Krekel F, Oecking C, Amrhein N, Macheroux P. Substrate and inhibitor-induced conformational changes in the structurally related enzymes UDP-N-acetylglucosamine enolpyruvyl transferase (MurA) and 5-enolpyruvylshikimate 3-

phosphate synthase(EPSPS).　Biochemistry,1999,38(28): 8864-8878.

[21] Shuttleworth W A,Pohl M E,Helms G L,et al. Site-directed mutagenesis of putative active site residues of 5-enolpyruvylshikimate-3-phosphate synthase. Biochemistry,1999,38(1): 296-302.

[22] Skarzynski T,Mistry A,Wonacott A,et al. Structure of UDP- N -acetylglucosamine enolpyruvyl transferase,an enzyme essential for the synthesis of bacterial peptidoglycan,complexed with substrate UDP-N-acetylglucosamine and the drug fosfomycin. Structure(London,England : 1993),1996,4(12): 1465-1474.

[23] Duncan K,Lewendon A,Coggins J R. The purification of 5-enolpyruvylshikimate 3-phosphate synthase from an overproducing strain of Escherichia coli. FEBS letters,1984,165(1): 121-127.

[24] Kenneth Duncan,Ann Lewendon,John R. Coggins. The complete amino acid sequence of *Escherichia coli* 5-enolpyruvylshikimate 3-phosphate synthase. FEBS Lett,1984,170: 59-63.

[25] Duncan K,Coggins J R. The serC-aro A operon of Escherichia coli. A mixed function operon encoding enzymes from two different amino acid biosynthetic pathways. Biochem J,1986,234(1): 49-57.

[26] Rogers S G,Brand L A,Holder S B,et al. Amplification of the aroA gene from Escherichia coli results in tolerance to the herbicide glyphosate. Applied and Environmental Microbiology,1983,46(1): 37-43.

[27] Comai L,Sen L C,Stalker D M. An Altered aroA Gene Product Confers Resistance to the Herbicide Glyphosate. Science (New York,N. Y.),1983,221(4608): 370-371.

[28] Comai L,Facciotti D,Hiatt W R,et al. Expression in plants of a mutant aroA gene from Salmonella typhimurium confers tolerance to glyphosate. Nature(London,United Kingdom),1985,317(6039): 741-744.

[29] Charles I G,Keyte J W,Brammar W J,et al. The isolation and nucleotide sequence of the complex AROM locus of Aspergillus nidulans. Nucleic Acids Res,1986,14(5): 2201-2213.

[30] Shah D M,Horsch R B,Klee H J,et al. Engineering herbicide tolerance in transgenic plants. Science(New York,N. Y.), 1986,233(4762): 478-481.

[31] Wang Y X,Jones J D,Weller S C,et al. Expression and stability of amplified genes encoding 5-enolpyruvylshikimate-3-phosphate synthase in glyphosate-tolerant tobacco cells. Plant Mol Biol,1991,17(6): 1127-1138.

[32] Gasser C S,Winter J A,Hironaka C M,Shah D M. Structure,expression,and evolution of the 5-enolpyruvylshikimate-3-phosphate synthase genes of petunia and tomato. J Biol Chem,1988,263(9): 4280-4287.

[33] Padgette S R,Smith C E,Huynh Q K,et al. Arginine chemical modification of Petunia hybrida 5-enol-pyruvylshikimate-3-phosphate synthase. Arch Biochem Biophys,1988,266(1): 254-262.

[34] Wibbenmeyer J,Brundage L,Padgette S R,et al. Mechanism of the EPSP synthase catalyzed reaction: evidence for the lack of a covalent carboxyvinyl intermediate in catalysis. Biochem Biophys Res Comm,1988,153(2): 760-766.

[35] Anderson K S,Sikorski J A,Johnson K A. A tetrahedral intermediate in the EPSP synthase reaction observed by rapid quench kinetics. Biochemistry,1988,27(19): 7395-7406.

[36] Karen S, Anderson R, Douglas Sammons, et al. Observation by carbon-13 NMR of the EPSP synthase tetrahedral intermediate bound to the enzyme active site. Biochemistry,1990,29(6): 1460-1465.

[37] Axel Meissner, Ole Winneche Sørensen. The Role of coherence transfer efficiency in design of TROSY-type multidimensional NMR experiments. J Magnetic Resonance,1999,139: 439-442.

[38] Anderson K S,Johnson K A. "Kinetic competence" of the 5-enolpyruvoylshikimate -3-phosphate synthase tetrahedral intermediate. J Biol Chem,1990,265(10): 5567-5572.

[39] Huynh Q K. Mechanism of inactivation of Escherichia coli 5-enolpyruvoylshikimate-3 -phosphate synthase by o-phthalaldehyde. J Biol Chem,1990,265(12): 6700-6704.

[40] Hawkins A R,Smith M. Domain structure and interaction within the pentafunctional arom polypeptide. Eur J Biochem/FEBS,1991,196(3): 717-724.

[41] Gruys K J,Walker M C,Sikorski J A. Substrate synergism and the steady-state kinetic reaction mechanism for EPSP synthase from Escherichia coli. Biochemistry,1992,31(24): 5534-5544.

[42] Ream J E,Yuen H K,Frazier R B,Sikorski J A. EPSP synthase: binding studies using isothermal titration microcalorimetry and equilibrium dialysis and their implications for ligand recognition and kinetic mechanism. Biochemistry,1992,31(24): 5528-5534.

[43] Christensen A M,Schaefer J. Solid-state NMR determination of intra-and intermolecular ^{31}P-^{13}C distances for shikimate 3-phosphate and [1-13C]glyphosate bound to enolpyruvylshikimate-3-phosphate synthase. Biochemistry,1993,32(11): 2868-2873.

[44] Gruys K J,Marzabadi M R,Pansegrau P D,Sikorski J A. Steady-state kinetic evaluation of the reverse reaction for

Escherichia coli 5-enolpyruvoylshikimate-3-phosphate synthase. Arch Biochem Biophys,1993,304(2): 345-351.

[45] Appleyard R J,Shuttleworth W A,Evans J N. Time-resolved solid-state NMR spectroscopy of 5-enolpyruvylshikimate-3-phosphate synthase. Biochemistry,1994,33(22): 6812-6821.

[46] McDowell L M,Schmidt A,Cohen E R,et al. Structural constraints on the ternary complex of 5-enolpyruvylshikimate-3-phosphate synthase from rotational-echo double-resonance NMR. J Mol Biol,1996,256(1): 160-171.

[47] McDowell L M,Klug C A,Beusen D D,et al. Ligand geometry of the ternary complex of 5-enolpyruvylshikimate-3-phosphate synthase from rotational-echo double-resonance NMR. Biochemistry,1996,35(17): 5395-5403.

[48] Kim D H, Tucker-Kellogg G W, Lees W J, et al. Analysis of fluoromethyl group chirality establishes a common stereochemical course for the enolpyruvyl transfers catalyzed by EPSP synthase and UDP-GlcNAc enolpyruvyl transferase. Biochemistry,1996,35(17): 5435-5440.

[49] Li Y, Evans J N. The hard-soft acid-base principle in enzymatic catalysis: dual reactivity of phosphoenolpyruvate. Proceedings of the National Academy of Sciences of the United States of America,1996,93(10): 4612-4616.

[50] Studelska D R,McDowell L M,Espe M P,et al. Slowed enzymatic turnover allows characterization of intermediates by solid-state NMR. Biochemistry,1997,36(50): 15555-15560.

[51] Paiva A A,Tilton R F Jr,Crooks G P,et al. Detection and identification of transient enzyme intermediates using rapid mixing,pulsed-flow electrospray mass spectrometry. Biochemistry,1997,36(49): 15472-15476.

[52] Jakeman D L,Mitchell D J,Shuttleworth W A,et al. Effects of sample preparation conditions on biomolecular solid-state NMR lineshapes. J Biomol NMR,1998,12(3): 417-421.

[53] Jakeman D L,Mitchell D J,Shuttleworth W A,Evans J N. On the mechanism of 5-enolpyruvylshikimate-3-phosphate synthase. Biochemistry,1998,37(35): 12012-12019.

[54] Lewis J,Johnson K A,Anderson K S. The catalytic mechanism of EPSP synthase revisited. Biochemistry,1999,38 (22): 7372-7379.

[55] Boocock M R,Coggins J R. Kinetics of 5-enolpyruvylshikimate-3-phosphate synthase inhibition by glyphosate. FEBS letters,1983,154(1): 127-133.

[56] Sammons R D,Gruys K J,Anderson K S,et al. Reevaluating glyphosate as a transition-state inhibitor of EPSP synthase: identification of an EPSP synthase. EPSP. glyphosate ternary complex. Biochemistry,1995,34(19): 6433-6440.

[57] Marzabadi M R,Gruys K J,Pansegrau P D,et al. An EPSP synthase inhibitor joining shikimate 3-phosphate with glyphosate: synthesis and ligand binding studies. Biochemistry,1996,35(13): 4199-4210.

[58] Miller M J,Cleary D G,Ream J E,et al. New EPSP synthase inhibitors: synthesis and evaluation of an aromatic tetrahedral intermediate mimic containing a 3-malonate ether as a 3-phosphate surrogate. Bioorganic & medicinal chemistry,1995,3(12): 1685-1692.

[59] Miller M J,Ream J E,Walker M C,et al. Functionalized 3,5-dihydroxybenzoates as potent novel inhibitors of EPSP synthase. Bioorg Med Chem,1994,2(5): 331-338.

[60] ISAAA Briefs 35-2006: Global Status of Commercialized Biotech/GM Crops: 2006[EB/OL]. 2007. URL http://www. ISAAA. org. Apr.

[61] Servicer FA. Growing Threat Down on the Farm. Science,2007,316(5828): 1114-1117.

[62] 中国化工信息网. Growth Opportunity for Glyphosate Manufactures Glyphosate Market is Growing（草甘膦企业面临成长机遇市场需求持续增长）[EP/OL]. (2007-10-22). http://www. cheminfo. gov. cn.

[63] Laura D Bradshaw, Stephen R Padgette, Steven L Kimball, Barbara H Wells. Perspectives on Glyphosate Resistance. Weed Technol,1997,11: 189-198.

[64] 2007 年全国农药需求总量预计将达 30 万吨. Chinese County Territory Economical Newspaper（中国县域经济报）,2007,0108 011.

[65] Powles S B,Preston C,Bryan I B,Jutsum A R. Herbicide Resistance: Impact and Management. Advances in Agronomy,1996,58: 57-93.

[66] Christoffers M J. Genetic Aspects of Herbicide resistant Weed Management. Weed Technol,1999,13: 647-652.

[67] Heap I. International Survey of Herbicide Resistant. Weeds[EB/OL]. (2008-03). URL http://www. weedscience. org.

[68] Pratley J E,Urwin N,Stanton R,et al. Resistance to Glyphosate in *Lolium rigidum*: 1 Bioevaluation. Weed Sci,1999,47: 405-411.

[69] Tran M,Baerson S,Brinker R,et al. Characterization of glyphosate resistant Eleusine indica biotypes from Malaysia. Proceedings 1 (B) 17th Asian-Pacific Weed Science Society Conference, The Asian-Pacific Weed Science Society, Los

Banos,Philippines,1999,pp 527-536.

[70] Perez A,Kogan M. Glyphosate-resistant Lolium multiflorum in Chilean Orchards. Weed Res,2003,43：12-19.

[71] Van Gessel M J. Glyphosate-resistant Horseweed from Delaware. Weed Sci,2001,49：703-705.

[72] Cairns A L P,Ecksteen F H. Glyphosate Resistance in Lolium rigidum(Gaud.)in South Africa. Rothamsted,UK,2001,1-4.

[73] Simarmata M,Kaufmann J E,Penner D. Progress in Determining the Origin of the Glyphosate-resistant Ryegrass in California. Proceedings 2001 Meeting of the Weed Science Society of America. Weed Science Society of America, Greensboro,NC,USA,2001,95.

[74] Stanley Culpepper A,Timothy L Grey,William K Vencill,et al. Glyphosate-resistant Palmer Amaranth(Amaranthus palmeri) Confirmed in Georgia Weed Sci,2006,54：620-626.

[75] Powles S B,Preston C. Evolved Glyphosate Resistance in Plants：Biochemical and Genetic Basis of Resistance. Weed Technol,2006,20：282-289.

[76] Sammons R D,David C H,Natalie D,et al. Sustainability and Stewardship of Glyphosate and Glyphosate-resistant Crops. Weed Technol,2007,21：347-354.

[77] Scott R Baerson,Damian J Rodriguez,Minhtien Tran,et al. Glyphosate-Resistant Goosegrass. Identification of a Mutation in the Target Enzyme 5-Enolpyruvylshikimate-3-Phosphate Synthase. Plant Physiol,2002,129：1265-1275.

[78] Ng C H,Wicknesvary R,Salmijah S,et al. Gene Polymorphisms in Glyphosate-resistant and -susceptible Biotypes of Eleusine indica from Malaysia. Weed Res,2003,43：108-115.

[79] Ng C H,Wicknesvary R,Salmijah S,et al. Glyphosate resistance in Eleusine indica(L.)Gaertn. from different origins and polymerase chain reaction amplification of specific alleles. Australian J Agric Res,2004,55：407-414.

[80] Boerboom CM,Wyse D L,Somers D A. Mechanism of glyphosate tolerance in birdsfoot trefoil(*Lotus corniculatus*). Weed Sci,1990,38：463-467.

[81] Yuan C I,Mou-Yen C,Yih-Ming C. Triple mechanisms of glyphosate-resistance in a naturally occurring glyphosate-resistant plant Dicliptera chinensis. Plant Sci,2002,163：543-554.

[82] Lorraine-Colwill D F,Powles S B,Hawkes T R,et al. Investigations into the Mechanism of Glyphosate Resistance in Lolium rigidum. Pestic Biochem Physiol,2003,74：62-72.

[83] Wakelin A M,Lorraine-Colwill D F,Preston C. Glyphosate Resistance in Four Different Populations of Lolium rigidum is Associated with Reduced Translocation of Glyphosate to Meristematic Zones. Weed Res,2004,44：453-459.

[84] Feng P C C,Chiu T,Sammons R Douglas. Glyphosate efficacy is contributed by its tissue concentration and sensitivity in velvetleaf(Abutilon theophrasti). Pestic Biochem Physiol,2003,77：83-91.

[85] Feng Paul C C,Tran M,Chiu T,Sammons R Douglas,et al. Investigations into glyphosate-resistant horseweed(Conyza canadensis)：retention,uptake,translocation,and metabolism. Weed Sci,2004,52：498-505.

[86] Wakelin A M,Preston C. A target-site mutation is present in a glyphosate-resistant Lolium rigidum population. Weed Res,2006, 46：432-440.

[87] Lorraine-Colwill D F,Powles S B,Hawkes T R,Preston C. Inheritance of evolved glyphosate resistance in Lolium rigidum (Gaud.). Tag Theoretical and Applied Genetics,2001,102：545-550.

[88] Wakelin A M,Preston C. Inheritance of Glyphosate Resistance in Several Populations of Rigid Ryegrass(Lolium rigidum)from Australia. Weed Sci,2006,54：212-219.

[89] 草甘膦的合成路线研究进展. 今日农药，2010,8,24-25.

[90] 夏明，朱红军，刘山. 草甘膦合成工艺现状及展望. 浙江化工，2009,40：6-9.

[91] Song X L,Wu J J,Qiang S. Establishment of a Test Method of Glyphosate-resistant Conyza canadensis in China[C]//The 20th Asian-Pacif ic Weed Science Society Conference. Agriculture Publishing House,Ho Chi Ming City,2005,499-504.

[92] Zhang H J,Wang P,Zhou Z Q. 杂草对草甘膦的抗性及抗性治理. 农药科学管理，2004,25：18-22.

[93] De Genaro F P,Weller S C. Differential Susceptibility of Field Bindweed(Convolvulus arvensis)Biotypes to Glyphosate. Weed Sci,1984,32：472-476.

[94] Duncan K,Lewendon A,Coggins J R. The purification of 5-enolpyruvylshikimate 3-phosphate synthase from an overproducing strain of Escherichia coli. FEBS Lett,1984,165(1)：121-7.

[95] Wendy A Shuttleworth,Colleen D Hough,Kevin P Bertrand,et al. Over-production of 5-enolpyruvylshikimate-3-phosphate synthase in Escherichia coli：use of the T7 promoter. Protein Eng,1992,5；461-466.

第七章

谷氨酰胺合成酶抑制剂

第一节　植物的氮代谢

植物可以利用的氮源主要是 NO_3^- 和 NH_4^+，与固氮生物共生的植物还可直接利用分子态氮。无机氮素主要以氨的形态参与有机化合物，非氨态的氮源被植物吸收后大都是先由植物将其转化成氨，植物在光呼吸及各种含氮化合物的分解及相互转化等代谢过程中也释放出大量的氨。同时必须将这些体外吸收，转化和体内释放的氨迅速同化，以免氨浓度积累过高，造成对组织的毒害。植物同化和再同化氨，解除氨的毒性是依赖于谷氨酰胺合成酶的作用。它可在 ATP 的存在下，转化氨和谷氨酸成谷氨基酰胺。特别是在光合成活性细胞中，相当量的氨是在光呼吸的 C_2 循环中释放的。因此必须高效率地再循环，以避免生成高浓度的氨而产生植物毒性和氨的挥发。

1970 年以前，人们一直认为由谷氨酸脱氢酶（GDH）催化的还原氨基化反应［见式(3-7-1)］是微生物和植物同化氨的主要途径。

$$\alpha\text{-酮戊二酸}+NH_3+NAD（P）H \xrightleftharpoons{GDH} \text{谷氨酸}+H_2O+NAD（P）^+ \tag{3-7-1}$$

虽然当时已经知道由谷氨酰胺合成酶（GS）催化的反应［见式(3-7-2)］是另一个有同化氨潜力的反应，但由于不知道任何将谷氨酰胺的酰氨基转移到 α-酮酸上形成 α-氨基酸的机制，人们并不认为 GS 在氨同化中起什么作用。

$$ATP+NH_3+L\text{-谷氨酸} \xrightleftharpoons{GS} L\text{-谷氨酰胺}+ADP+PiPi \tag{3-7-2}$$

但是在 1970 年，Tempest 等发现在限制氨的 *A. Aerogenes* 的培养基中加入低浓度的氨（10mmol/L）后，GS 活力提高了 80 倍，而 GDH 活力下降为对照的 3%；胞内谷氨酰胺含量先迅速升高，尔后下降，而谷氨酸含量逐渐增加。据此他们提出了一个由 GS 和催化下列反应（3-7-3）的酶协同进行的氨同化途径。

$$L\text{-谷氨酰胺}+\alpha\text{-酮戊二酸}+NAD（P）H \xrightleftharpoons{GOGAT} \alpha\text{-谷氨酸}+NAD（P） \tag{3-7-3}$$

催化反应式（3-7-3）的酶是一个新发现的酶，他们将其称为：谷氨酰胺-α-酮戊二酸转氨酶（$NADP^+$ 氧化还原酶），缩写为 GOGAT。随后在许多细菌中都发现了它，并从大肠杆菌中得到了纯酶，对其性质也进行了深入的研究。1974 年，在高等植物的培养细胞和根中也发现了利用吡啶核苷酸为电子供体的 NAD(P)H-GOGAT。同年，Lea 和 Miflin 又在豌豆叶绿体的提取液中发现了一种利用还原型铁氧还原蛋白（Fd）为电子供体的谷氨酸合成酶（Fd-GOGAT）。之后十几年研究积累的大量证据证明微生物和植物大都是主要通过 GS/GOGAT 途径，而不是通过以前人们所相信的 GDH 途径进行氨的同化。这些证据主要来自以下几个方面：①关键酶 GOGAT 在多种植物和微生物中的发现。②GS 对 NH_3 的 K_m 值一般为 $10^{-5}\sim10^{-4}mol/L$，GDH 则高达 $5.2\sim7.0mmol/L$。因此 GS 对 NH_3 的亲和力要比 GDH 高得多。高浓度的氨对植物组织有害，因此一般植物细胞内氨的浓度很低，使 GDH 难以发挥作用，而在同样条件下，GS 催化的氨同化反应仍可正常进行。

③同位素示踪证明用 $^{15}NO_3^-$ 处理豌豆叶片一段时间后，NH_3 中的 ^{15}N 先急剧增加，随之又剧烈减少，而谷氨酰胺和谷氨酸中的放射性同位素含量则依次升高。当用 ^{15}N 标记的谷氨酰胺处理叶片时，^{15}N 并不是只局限于少数几种含非氨基氮的氨基酸中，而是与用同位素标记的 NO_3^-、NH_3 和谷氨酸处理时一样，均匀地分布在蛋白质中各种氨基酸的氨基上。在暗中 ^{15}N 也不是进入谷氨酸，而是进入谷氨酰胺。这都是 GS/GOGAT 途径起作用的有力证据。④用酶抑制剂处理的研究表明，S-蛋氨酸亚胺亚砜（MSO）是 GS 的一个不可逆抑制剂。氮丝氨酸是 GOGAT 的抑制剂，^{15}N 和总氮分析表明 MSO 处理会使叶片细胞中积累 NH_3 和 α-酮戊二酸；氮丝氨酸处理则引起谷氨酰胺的累积。Stewart 和 Rhodes 的实验证明用 MSO 处理硝酸钾培养了浮萍后，初期氨的累积速率与计算的硝酸还原速率相当。⑤遗传学方面的证据说明拟南芥菜的 Fd-GOGAT 缺陷型突变体的叶片中，因没有这个酶而不能进行氨的同化。近几年的研究表明，GS/GOGAT 途径除了参与氨的初级同化外，还参与叶片中光呼吸释放的氨的再同化和氨基酸、蛋白质的转化等与氨有关的代谢过程。

GOGAT 的发现使我们对植物的氮素同化途径有了全新的认识，对氮素代谢有了一个完整的轮廓。

第二节　谷氨酰胺合成酶在植物代谢中的作用

绝大多数植物的酶都是以氨作为底物，谷氨酰胺合成酶（GS；E. C. 6.3.1.2）是其中对氮源亲和力最高的酶（$K_m 3\sim5mmol/L$）。在光合作用组织光呼吸 C_2 循环中，氨在植物体内通过亚硝酸还原和氨基酸分解而释放，最高量达 90%，在光合组织中，在大气条件下，Rubisco 氧化酶的活性导致在叶绿体内生成 2-磷酰乙醇酸，它进一步断裂成无机磷酸和乙醇酸，这是中间体在过氧化酶体系中，由乙醇酸氧化酶氧化成乙醛酸和过氧化氢。乙醛酸被谷氨酸-乙醛酸-转氨酶和丝氨酸-乙醛酸-转氨酶快速代谢，两者的最后产物都是甘氨酸。在线粒体中，两分子的甘氨酸转变成一分子的丝氨酸并释放出二氧化碳和氨，氨在叶绿体中再被同化。

谷氨酰胺合成酶（GS）利用谷氨酸和氨作为底物，所生成的谷氨酰胺是谷氨酸合成酶（谷酰胺-酮戊二酸-转氨酶，GOGAT）的底物，它转变谷酰胺的酰胺基成 2-酮戊二酸，合成两分子的谷氨酸盐，GS-GOGAT 循环能使植物高效率地同化和再循环氨。这两个酶的最终产物分别是彼此的底物并是合成氨基酸、嘌呤和嘧啶的氨基的给体（见图 3-7-1）。

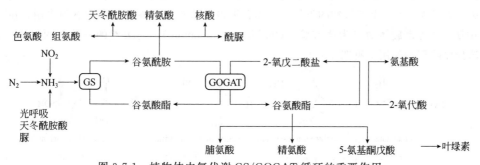

图 3-7-1　植物体内氮代谢 GS/GOGAT 循环的重要作用

由于它在氮代谢中的重要作用，植物具有几种特色的基因。GS 同工酶的编码具有不同的表达，植物的 GS 酶具有像所有已知的真核细胞的 GS 酶一样由 8 个亚基所组成，各亚基分子量变化在 38~45kDa 间，这决定于相应同工酶所处的亚细胞的位置和特征。丝氨酸的同工酶（GS1）和叶绿体的同工酶（GS2）在绝大多数高等植物中是可以区别的，其间相对的丰度变化是很大的。光照的强度和糖源的高水平可加强基因的表达，在一些根系中看到具有其特征的同工酶（GSR），在豆科植物中至少发现了一种特殊的亚基存在。酶的每一个亚基具有一个对底物有高度结合力的中心，谷氨酸通过形成谷酰胺基磷酸而被活化，生成的中间体被氨酰化。在反应中 ATP 和 Mg^{2+} 是必需的。

每一个亚基均有一个高活性的与底物结合的中心，谷氨酸被酶活化后，经生成谷氨酰基磷酸这一中间体后，再用氨酰胺化。活化过程中，ATP 和 Mg^{2+} 是必需的。其过程如下：

$$\text{L-glutamate}+\text{NH}_3+\text{ATP} \xrightarrow[\text{GS}]{\text{Mg}^{2+}} \text{L-glutamate, ADP}+\text{Pi}$$

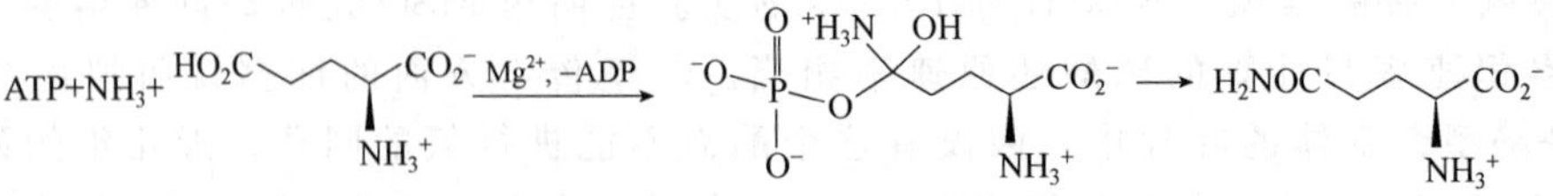

缺失 GS2 的大麦突变体在光呼吸作用受到抑制时的生长与在非光呼吸条件下的生长没有明显的差别，但当生长发育在正常的大气环境和光照下，突变体 GS2 的活性却较野生型的低 40%，显示出严重的植物毒性症状，许多叶绿素被破坏。突变体叶片中的游离氨的水平显著增加，其程度依赖于光照的强度。有意思的是，在光呼吸条件下游离氨的增加水平与毒性症状的程度相关。但在光呼吸作用受到抑制的条件下，即使游离氨的水平有所提高，也没有观察到受毒的症状。这些突变体证明了谷氨基酰胺合成酶是除草剂潜在的靶标，同时说明光合组织是最易受到抑制 GS 剂伤害的组织。

第三节 谷氨酰胺合成酶抑制剂

大约 50 年前，人们发现某些植物病原体假单胞细菌（*P. syringae* pv. tabaci）可在染菌的叶面处释放出一种有毒代谢物，导致寄主叶面萎黄。该代谢物的结构得到确认，是已知的毒性化合物 tabtoxinin *β*-lactam。经验证该化合物为植物谷氨酰胺合成酶的高效抑制剂。喷施于烟草叶面，表现出与假单胞细菌所引起的剧毒症状相同。随后研发类似结构的甲硫氨酸亚砜亚胺（methionine sulfoximine）也是谷氨酰胺合成酶的高效抑制剂。

在 20 世纪 60～70 年代，从链霉菌（*streptomyces strains*）中发现一种三肽化合物，该三肽是由两分子丙氨酸与一分子含磷的特殊的氨基酸组成，后者即称为草丁膦（phosphinothricin），三肽则称为双丙氨磷，草丁磷作为一个谷氨酸的类似物，具有很强的抑制细菌谷酰胺合成酶的作用。在 20 世纪 70 年代中期，其外消旋体命名为草铵膦（glufosinate-ammonium），与天然的三肽双丙氨磷，均用作苗后非选择性除草剂使用（见图 3-7-2）。

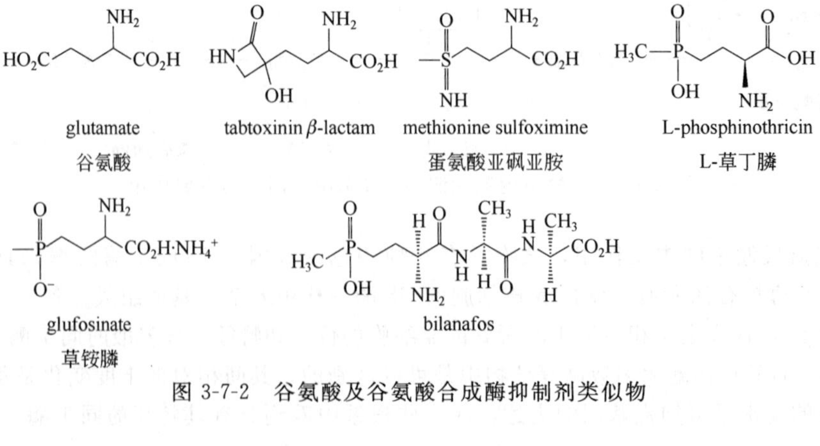

图 3-7-2 谷氨酸及谷氨酸合成酶抑制剂类似物

1968 年，Ronzio 和 Meister 建立了一种蛋氨酸亚砜亚胺（methionine sulfoximine，MSO）抑制谷氨酰胺合成酶抑制剂的模型，认为抑制过程分两步进行：第一步是抑制剂与谷氨酸竞争结合位点，该过程为可逆的；第二步，抑制剂磷酰化，然后不可逆地与酶结合（见图 3-7-3）。Manderscheid 和 Wild 利用 L-草丁膦与从小麦中提取的谷氨酰胺合成酶证实了上述假设。并发现：①磷酰化的草丁膦与谷氨酰胺合成酶的结合为不可逆；②酶的每一个亚结构单元可与一分子的草丁膦，且仅 L-型可作为谷氨酰胺合成酶抑制剂。

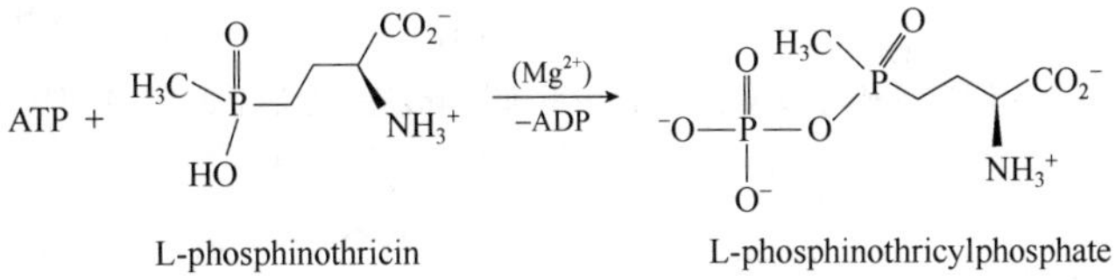

图 3-7-3　L-phosphinothricin 磷酰化中间体的形成

1. 草铵膦（glufosinate-ammonium）

20 世纪 70 年代中，外消旋的草丁膦由 Hoechst 公司合成，并对其除草活性进行了研究，苗前使用该化合物并不显示出活性，用于叶面则对几乎所有的杂草显示出广谱的强烈活性，但对作物没有选择性。从而对此消旋体开始了作为苗后灭生性除草剂的研究。1984 年，该化合物以铵盐的形式投入市场。可用于葡萄园、果园及其他种植园，后来应用范围进一步扩大。其合成方法见图 3-7-4。

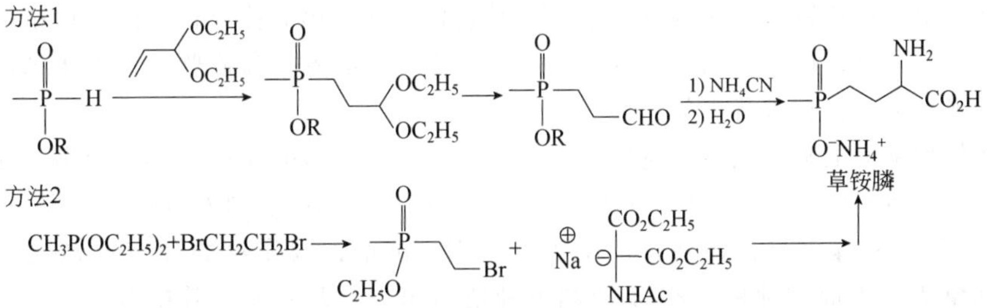

图 3-7-4　草铵膦可能的合成路线

在田间条件下，由于它能迅速被土壤微生物降解，故根系不能吸收或吸收很少，茎叶处理后叶片快速产生药害，从而限制草铵膦在韧皮部与木质部的传导。高温、高湿、高光强增进草铵膦吸收而显著提高活性，喷洒液中加入 50g/L 硫酸铵能促进草铵膦吸收，有效提高草铵膦在低温条件下的活性，一系列植物对草铵膦的敏感性与其对除草剂的吸收相关，因而硫酸铵对敏感性低的杂草增效作用更为显著。

在植物内，草铵膦的代谢程度很差，L-草丁膦部分代谢，而 D-草丁膦稳定，在油菜与玉米细胞中的主要代谢产物是 4-甲基膦基-2-氧代丁酸（PPO）及微量的 3-甲基膦基丙酸（MPP）、4-甲基膦酸-2-羟基丁酸（MPB）、2-甲基膦基乙酸（MPA），另一种代谢产物 2-乙酰氨基-4-甲基丁酸（N-乙酰-L-草铵膦）（NAG）仅仅在转基因细胞中形成。在玉米细胞培养中，测出了草铵膦的 4 种代谢产物：4-甲基次膦酸-2-氧代丁酸、4-甲基次膦酸-2-羟基丁酸、3-甲基次膦酸丁酸及 3-甲基次膦酸（见图 3-7-5）；在大豆细胞培养中仅测出了一种代谢产物 3-甲基次膦酸丙酸，而在小麦细胞培养中还测出了 4-甲基次膦酸丁酸。在甜菜、胡萝卜、曼陀罗（Datura stramonium）与毛地黄（Digitalis purpurea）细胞培养中，MPP 是主要代谢产物，尚有痕量的 MPB。

在土壤中，草铵膦在土壤中通过微生物迅速降解，在大多数土壤中淋溶不超过 15cm，土壤有效水影响其吸附与降解，其主要降解产物为 MPPA-3，它进一步降解为 MPAA-2（见图 3-7-5），最

终释放出 CO_2，在作物收获时未测出任何残留，半衰期 $3\sim7d$。茎叶处理后 $32d$，$10\%\sim20\%$ 化合物及降解产物停留于土壤至 $295d$，残留水平近于 0。从环境安全方面考虑，半衰期短及在土壤中移动性差，促使草铵膦适于森林除草。

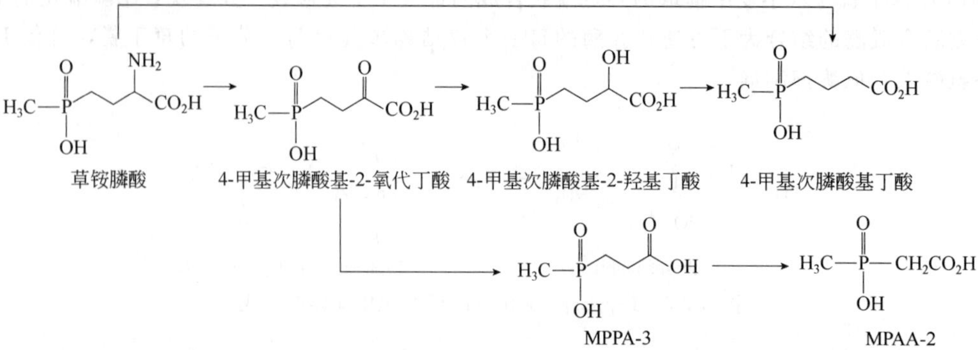

图 3-7-5　草铵膦在玉米细胞培养中的代谢以及在土壤中的两种主要代谢产物（MPPA-2、MPPA-3）的结构

在动物体内草铵膦给大鼠服用后很少被吸收（$8\%\sim13\%$）并有 90% 以上快速排出体外，主要的代谢物是 MPPA-3 和 N-乙酰基草铵膦，微生物通过肠道吸收也很有限。草铵膦对哺乳动物具有低毒性，对于大鼠急性经口、经皮及吸入毒性均属低毒。

由于草铵膦杀草谱广，在环境中迅速降解及对非靶生物低毒，因此如何将其作为作物田苗后选择性除草剂使用是十分必要的，而生物工程技术为此提供了可能。到目前为止，在转基因抗除草剂作物研究与推广中，抗草铵膦作物因仅次于抗草甘膦作物而居第 2 位，目前推广种植的抗草铵膦作物有油菜、玉米、大豆、棉花、甜菜、水稻、大麦、小麦、黑麦、马铃薯，中国水稻研究所最近研制成功抗草铵膦水稻，正在进行田间试验。

抗草铵膦作物基本上都是从吸水链霉素（*Streptomyces hygroscopicus*）中分离与克隆出抗性基因 *bar* 以及 *Streptomyces viridochromogenes* 中分离出来具有同样功能的基因 *pat*，应用 Agrobacterium Ti 质粒作媒介，将其导入作物中而成。抗草铵膦作物的种植不如抗草甘膦作物那样广泛，在加拿大已大面积种植，2001 年油菜种植面积 400 万公顷，其中 80% 是抗除草剂品种，在此抗性品种中，抗草甘膦油菜占 47%，抗咪唑啉酮除草剂占 20%，抗草铵膦占 13%，其他如澳大利亚、乌拉圭、法国、德国等也有少量种植；在欧洲抗草铵膦油菜、玉米、甜菜及其他作物已开发成功。随着抗草铵膦作物种植面积的继续扩大，国际农药市场对草铵膦的需求将会进一步增加。

由于在植物与微生物代谢作用中存在许多关键的酶，对植物酶的抑制往往也是相应微生物酶的抑制剂，这就有可能促使若干除草剂作为病原菌的抑制剂，在防除杂草的同时防治病害发生。草铵膦能防止水稻纹枯病菌（*Rhizoctonia solani*）侵染，减少其产生的菌落，它对引起纹枯病（*R. solani*）、菌核病（*Sclerotinia homoeocarpa*）与腐霉枯萎病（*Pythium aphanidermatum*）的真菌有很高的活性，可同时防治转基因抗草铵膦的杂草剪股颖与真菌危害。用草铵膦处理转基因抗草铵膦水稻可减轻稻瘟病（*Magnaporthe grisea*）引起的水稻稻瘟病。在转基因抗草铵膦大豆田喷洒正常用量的草铵膦，对大豆细菌疫病假单胞菌（*Pseudomonas syringae pv. glycinea*）有一定抑制作用，可抑制或延缓细胞的生长。

2. 双丙氨磷

双丙氨磷（bialaphos）是一天然产物，由 *Streptomyces hygroscopicus* 发酵而得，它是一种潜在的谷氨酰胺合成酶（GS）抑制剂，其后被命名为双丙氨膦（bialaphos）。日本明治制果公司从 *Streptomyces viridochromogenes* 中发现一种菌系能产生具有生物活性的抗生素，此菌系命名为 *S. hygroscopicus*，它的生物活性与来自 *S. viridochromogenes* 的三肽进行了比较，亦命名为双丙氨膦，在研究了其除草活性后，1984 年开发为茎叶除草剂 Herbiace。它可快速溶于水中，不溶于有机溶剂如丙酮、乙醇、苯及己烷等。

双丙氨基膦也是 GS 抑制剂，在植物体内可代谢为 L-草铵膦，后者抑制 GS 酶，铵离子快速地累积在植物体内，对光合作用起抑制作用。导致植物快速死亡，但对土壤无害。主要的代谢物为 2-氨基-4-（羟基）（甲基）膦酰基丁酸，它可从粪便中排出。

参考文献

[1]　郑朝峰. 植物的谷氨酸合成酶. 植物生理学通讯，1986，3：5-12.

[2]　Tischner R，Schmidt A A. Thioredoxin-Mediated Activation of Glutamine Synthetase and Glutamate Synthase in Synchronous Chlorella sorokiniana. Plant physiology，1982，70(1)：113-116.

[3]　Miller R E，Stadtman E R. Glutamate synthase from Escherichia coli. An iron-sulfide flavoprotein. The Journal of biological chemistry，1972，247(22)：7407-7419.

[4]　Dougall D K. Evidence for the presence of glutamate synthase in extracts of carrot cells cultures. Biochem Biophysi Res Commun，1974，58：639-646.

[5]　Fowler M W，Jessup W，Sarkissian G S. Glutamate synthetase type activity in higher plants FEBS Letters，1974，46(1)：340-342.

[6]　Lea P J，Miflin B J. Alternative route for nitrogen assimilation in higher plants. Nature(London，United Kingdom)，1974，251(5476)：614-616.

[7]　Miflin B J，Lea P J. Ammonia assimilation. Biochem Plants，1980，5：169-202.

[8]　Stewart G R，Rhodes David. Nitrogen metabolism of halophytes. III. Enzymes of ammonia assimilation. New Phytologist，1978，80：307-316.

[9]　Keys A J，Bird I F，Cornelius M J，et al. Photorespiratory nitrogen cycle. Nature，1978，275：741-743.

[10]　Ida S. Glutamic acid synthase. Kyoto Daigaku Shokuryo Kagaku Kenkyusho Hokoku，1983，46：18-27.

[11]　Tamura G，Oto M，Hirasawa M，et al. Isolation and partial characterization of homogeneous glutamate synthase from Spinacia oleracea. Plant Sci Lett，1980，19：209-215.

[12]　Yasuhiro Arima. Glutamate synthase in rice root extracts and the relationship among electron donors，nitrogen donors and its activity. Plant Cell Physiol，1978，19：955-961.

[13]　Matoh T，et al. Bull Res Food Sci Kyoto Uni，1980，43：1-6.

[14]　Wallsgrove R M，Lea P J，Miflin B J. Distribution of the Enzymes of Nitrogen Assimilation within the Pea Leaf Cell. *Plant Physiol*，1979，63：232-236.

[15]　Woo K C，Morot-Gaudry J F，Summons R E，et al. Evidence for the Glutamine Synthetase/Glutamate Synthase Pathway during the Photorespiratory Nitrogen Cycle in Spinach Leaves. *Plant Physiol*，1982，70：1514-1517.

[16]　Francis Martin，Michael J Winspear，John D MacFarlane，et al. Effect of Methionine Sulfoximine on the Accumulation of Ammonia in C_3 and C_4 Leaves：The Relationship between NH_3 Accumulation and Photorespiratory Activity. Plant Physiol，1983，71：177-181.

[17]　Suziki A，Nato A，Gadal P. Glutamate synthase isoforms in tobacco cultured cells. Plant Sci Lett，1984，30：93-101.

[18]　Hucklesby D P，Lewis O A M，Hewitt E J. A new assay for ferrodoxin-dependent glutamine oxoglutarate amino transferase(glutamate synthase)using electrolytically reduced methyl viologen. Anal Biochem，1980，109(2)：357-61.

[19]　Julie V C，Anthony P S. Occurrence of two forms of glutamate synthase in Chlamydomonas reinhardii. Phytochem，1981，20：597-600.

[20]　Matoh T，Suzuki F，Ida S. Corn leaf glutamate synthase：Purification and properties of the enzyme. Plant Cell Physiol，1979，20(7)：1329-1340.

[21]　Miflin B J，Lea P J. Glutamine and asparagine as nitrogen donors for reductant-dependent glutamate synthesis in pea roots. Biochem J，1975，149：403-409.

[22]　Rathnam C K M，Edward G E. Distribution of Nitrate-assimilating Enzymes between Mesophyll Protoplasts and Bundle Sheath Cells in Leaves of Three Groups of C_4 Plants. Plant Physiol，1976，57：881-885.

[23]　Suziki A，Gadal P. Glutamate Synthase from Rice Leaves. Plant Physiol，1982，69：848-852.

[24]　Emes M J，Fowler M W. The intracellular location of the enzymes of nitrate assimilation in the apices of seedling pea roots. Planta，1979，144：249-253.

[25] Harel E,Lea P J,Miflin B J. The localisation of enzymes of nitrogen assimilation in maize leaves and their activities during greening. Planta,1977,195-200.

[26] Wallsgrove R M,Lea P J,Miflin B J. The development of NAD(P)H-dependent and ferredoxin-dependent glutamate synthase in greening barley and pea leaves. Planta,1982,154：473-476.

[27] Beevers L,Storey R. Glutamate Synthetase in Developing Cotyledons of *Pisum sativum*. Plant Physiol, 1976, 57：862-866.

[28] Beevers L,Hageman R H. In "Encyclopendia of Plant Physiology "New series A Lanchli and KL Bieleski eds：1983,15A, 351-369. Springer Berlag Berlin-Heidelberg.

[29] Matoh T,Takahashi E. Glutamate Synthase in Greening Pea Shoots. Plant Cell Physiol,1981,22(4)：727-731.

[30] Richard E Miller,Earl R Stadtman. Glutamate Synthase from *Escherichia coli*：An iron-sulfide flavoprotein. J Biol Chem, 1972,247：7407-7419.

[31] Boland M J,Benny A J. Enzymes of Nitrogen Metabolism in Legume Nodules：Purification and Properties of NADH-Dependent Glutamate Synthase from Lupin Nodules. Eur J Biochem,1977,79：355-362.

[32] Suzuki A,Vidal J,Gadal P. Glutamate Synthase Isoforms in Rice：Immunological Studies of Enzymes in Green Leaf, Etiolated Leaf,and Root Tissues. *Plant Physiol*,1982,70：827-832.

[33] Matoh T,Takahashi E,Ida S. Glutamate synthase in developing pea cotyledons：Occurrence of NADH-dependent and ferredoxin-dependent enzymes. Plant Cell Physiol,1979,20：1455-1459.

[34] David R,Anthony P S,Brian F F. Pathway of ammonia assimilation in illuminated Lemna minor. Phytochem,1980,19：357-365.

[35] Matoh T,Suzuki F,Ida S. Corn leaf glutamate synthase：Purification and properties of the enzyme. Plant Cell Physiol, 1979,20(7)：1329-1340.

[36] Miflin B J,Lea P J. The Biochemistry of Plant(Stewart G. R. Vol 5,pp. 271-327. Academic Press,1980. New York London Toronto Sydney San Francisco.

[37] Miflin B J,Lea P J. The Biochemistry of Plant(Roberson J. G,Farden K. J. F. Vol 5,pp. 65-113. Academic Press,1980. New York London Toronto Sydney San Francisco.

[38] Keys A J,Sampaio E V S B,Cornelius M J,Bird I F. Effect of Temperature on Photosynthesis and Photorespiration of Wheat Leaves. J Exp Bot,1977,28：525-533.

[39] Lara M,Blanco L,Campomanes M,et al. Physiology of ammonium assimilation in Neurospora crassa. J Bacteriol,1982, 150：105-112.

[40] Lewis O A M,Pate J S. The Significance of Transpirationally Derived Nitrogen in Protein Synthesis in Fruiting Plants of Pea(Pisum sativum L.). J Exp Bot,1973,24(3)：596-606.

[41] Somerville C R,Ogren W L. Inhibition of photosynthesis in Arabidopsis mutants lacking leaf glutamate synthase activity. Nature (London,United Kingdom),1980,286(5770)：257-259.

[42] Ladaslav S,William J da S. Glutamate Synthase：A Possible Role in Nitrogen Metabolism of the Developing Maize Endosperm. Plant Physiol,1977,60：602-605.

[43] Richard S,Leonard B. Enzymology of Glutamine Metabolism Related to Senescence and Seed Development in the Pea (*Pisum sativum* L.). Plant Physiol,1978,61：494-500.

[44] 苏少泉. 草铵膦述评. 农药, 2005,44：529-532.

[45] Don G,Köher H. Inhibitor of glutamine synthetase[A]. In：Böer P,Wakabayashi K,eds. Herbicide Classes in Development：Mode of Action,Targets Genetic Engineering,Chemistry. Springer,2002,87-99.

[46] Pline W A,Wu J R,Hatzios K K. Effect of temperature and chemical additives on the response of transgenic herbidideresistant soybean to glufosinate and glyphosate applications. Pestic Biochem Physiol,1999,65：119-131.

[47] Köher H. The effect of environmental factor on the activity of glufosinate. In：The BCPC Conference-Weeds,2001,2：513-518.

[48] Petersen J,Hurle K. Influence of climatic conditions and plant physiology on glufosinate-ammonium efficacy. Weed Res, 2001,41：31-39.

[49] Ruhland M,Engelhardt G,Pawlizki K. Distribution and metabolism of D/L-, L-and D-glufosinate in transgenic, glufosinate-tolerant crops of maize(zea mays L ssp mays)and oilseed rape(Brassica napus L var napus). Pest Manag Sci,2004,60：691-696.

[50] Komoba D,Sandermann H J. Plant metabolism of herbicides with C-Pbonds：phosphinothricin. Pestic Biochem Physiol,

1992,43：95-102.

[51] Möler B P,Zumdick A,Schuphan I,et al. Metabolism of the herbicide glufosinate-ammonium in plant cell culture of transgenic(rhizomania-resistant)and non-transgenic sugarbeet(Beta vulgaris)：carrot(Daucus carota)：purple foxglove (Digitalis purpurea)and thorn apple(Datura stramonium). Pest Manag Sci,2001,57：46-56.

[52] Behrendt H,Matthies M,Gildemeister H,et al. Leaching and transformation of glufosinate-ammonium and its main metabolite in a layered soil. Environ Toxicol Chem,1990,9：541-549.

[53] Faber M J,Stephenson G R,Thompson D G. Persistence and leachability of glufosinate-ammonium in a Northern Ontario terrestrial environment. J Agric Food Chem,1997,45：3672-3676.

[54] Logusch E W,Walker D M,McDonald J F,et al. Inhibition of plant glutamine synthetases by substituted phosphinothricins. Plant Physiol,1991,95：1057-1062.

[55] Nolte S A,Young B G,Mungur R,et al. The glutamate dehydrogenase gene gdh A increased the resistance of tobacco to glufosinate. Weed Res,2004,44：335-339.

[56] Uchimiya H, Iwata M, Nojiri C, et al. Bialaphos treatment of transgenic rice plants expressing a bar gene prevents infection by the sheath blight pathogen(Rhizoctonia solani). Biotechnology,1993,11：835-836.

[57] Liu C, Zhong H, Vargas J. Prevention of fungal diseases in transgenic, bialaphos-and glsfosinate-resistant creeping bentgrass(Agrostis palustris). Weed Sci,1998,46：139-146.

[58] Pline W A,Lacy G H,Stromberg V,et al. Antibacterial activity of the herbicide glufosinate on Pseudomonas syringae Pathovar glycinea. Pestic Biochem Physiol,2001,71：48-55.

第八章
影响细胞分裂的除草剂

第一节　细胞的有丝分裂

细胞的有丝分裂，又称为间接分裂，是真核细胞分裂产生体细胞的过程。在植物和动物中分别由 E. Strasburger（1880 年）及 W. Fleming（1882 年）首次发现。

细胞进行有丝分裂具有周期性。连续分裂的细胞，从一次分裂完成时开始，到下一次分裂完成时为止，为一个细胞周期。一个细胞周期按先后顺序划分为间期、前期、中期、后期和末期五个时期（有时在前期和中期之间还划分出一个前中期），如图 3-8-1 所示。

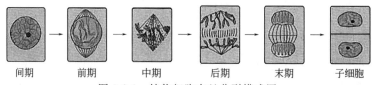

| 间期 | 前期 | 中期 | 后期 | 末期 | 子细胞 |

图 3-8-1　植物细胞有丝分裂模式图

有丝分裂间期又分为 G1、S 及 G2 三个阶段，其中 G1 期与 G2 期进行 RNA 及有关蛋白质的合成，S 期进行 DNA 的复制。G1 期主要是染色体蛋白质和 DNA 解旋酶的合成，G2 期主要是细胞分裂期有关酶与纺锤丝蛋白质的合成。在有丝分裂间期，染色质没有高度螺旋化形成染色体，而是以染色质的形式进行 DNA 单链复制。有丝分裂间期是有丝分裂全部过程重要的准备过程。前期是指自分裂期开始到核膜解体为止的时期。间期细胞进入有丝分裂前期时，核的体积增大，由染色质构成的细染色线逐渐缩短变粗，形成染色体。因为染色体在间期中已经复制，所以每条染色体由两条染色单体组成。核仁在前期的后半段渐渐消失。在前期末核膜破裂，于是染色体散于细胞质中。前中期是自核膜破裂起到染色体排列在赤道面上为止的时期。前中期的主要过程是纺锤体的最终形成和染色体向赤道面的运动。纺锤体有两种类型：一为有星纺锤体，即两极各有一个以一对中心粒为核心的星体，见于绝大多数动物细胞和某些低等植物细胞。一为无星纺锤体。两极无星体，见于高等植物细胞。曾经认为有星纺锤体含有三种纺锤丝，即三种微管。一种是星体微管，由星体散射出的微管；二是极微管，是由两极分别向相对一极方向伸展的微管，在赤道区来自两极的极微管互相重叠。现在认为极微管可能是由星体微管伸长形成的。三是着丝点微管，与着丝点联结的微管，亦称着丝点丝或牵引丝。着丝点是在染色体的着丝粒的两侧发育出的结构。有报道说着丝点有使微管蛋白聚合成微管的功能。无星纺锤体只有极微管与着丝点微管。核膜破裂后染色体分散于细胞质中。每条染色体的两条染色单体，其着丝点分别通过着丝点与两极相连。由于极微管和着丝微管之间的相互作用，染色体向赤道面运动。最后各种力达到平衡，染色体乃排列到赤道面上。中期是从染色体排列到赤道面上，到它们的染色单体开始分向两极之前，这段时间称为中期。中期染色体在赤道面形成所谓赤道板。从一端观察可见这些染色体在赤道面呈放射状排列，这时它们不是静止不动的，而是处于不断摆动的状态。中期染色体浓缩变粗，显示出该物种所特有的数目和形态。中期时间较短。后期是每条染色体的两条姊妹染色单体分开并移向两极的时期。分开的染色体称为子染色体。当它们完全分开后就向相对的两极移动。这种移动的速度依细胞种类而异，大体上在 $0.2\sim5\mu m/min$。平均速度为 $1\mu m/min$。同一细胞内的各条染色体都差不多以同样速度同步地移向两极。子染色体向两极的移动是靠纺锤体的活动实现的。子染色体到达两极时后期结束。末期则是从子染色体到达两极开始至形成两个子细胞为止的时期。此期的主要过程是子核的形成和细胞体的分裂。子核的形成大体上是经历一个与前期相反的过程。到达两极的子染色体首先解螺旋而轮廓消失，全部子染色体构成一个大染色质块，在其周围集合核膜成分，融合而形成子核的核膜，随着子细胞核的重新组成，核内出现核仁。核仁的形成与特定染色体上的核仁组织区的活动有关。细胞体的分裂称胞质分裂。高等植物细胞的胞质分裂是靠细胞板的形成。在末期，纺锤丝首先在靠近两极处解体消失，但中间区的纺锤丝保留下来，并且微管增加数量，向周围扩展，形成桶状结构，称为成膜体。形成成膜体的同时，来自内质网和高尔基器的一些小泡和颗粒成分被运输到赤道区，它们经过改组融合而参加细胞板的形成。细胞板逐渐扩展到原来的细胞壁，乃把细胞质一分为二。细胞质中的有关细胞器，如线粒体、叶绿体等不是均等分配，而是随机进入两个子细胞中。细胞板由两层薄膜组成，两层薄膜之间积累果胶质，发育成胞间层，两侧的薄膜积累纤维素，各自发育成子细胞的初生壁。

微管是细胞骨架中起主要作用且活动性最大的部分，它在植物生长发育过程中具有许多重要的生理功能，如维持细胞形态、参与囊泡运输、染色体迁移、细胞有丝分裂、细胞壁构建和形态发生、信号传导等。微管作为有丝分裂纺锤体的组成，当细胞核分裂时微管起着分离子染色体的重要作用，由于这一作用中微管的聚集和解聚是可逆的。因此，阻断细胞核分裂的微管蛋白抑制剂可分为两种：一种是抑制微管蛋白聚集的微管蛋白解聚剂，另一种则是稳定微管蛋白聚集的微管蛋白聚集剂。前者如秋水仙碱抑制微管的聚集，而紫杉醇则可稳定微管束，阻止它的解聚。有关微管蛋白的作用功能在杀菌剂篇的有关章节中已有介绍。对于除草剂来说，有些是通过限制有丝分裂过程中所需的营养物质来抑制细胞进入或完成有丝分裂的，如磺酰脲类除草剂就是以乙酰乳酸合成酶为作用位点，阻止一些氨基酸合成，从而抑制细胞分裂。而大多数除草剂则是直接破坏有丝分裂过程所需的细胞结构组成来干扰有丝分裂的正常进行。20 世纪 70 年代出现了大量植物细微管集合抑制剂（MAI）类除草剂，通常用于苗前防控一年生杂草和阔叶类杂草幼苗，它们使分生组织部分如根梢胀大。敏感的植物可能表现为子叶下轴或节间部胀大。如二硝基苯胺类除草剂就是通过破坏微管的结构来干扰植物细胞的有丝分裂。

这类除草剂可分为五类化合物，即二硝基苯胺类、硫代磷酰胺酯类、吡啶类、苯甲酰胺类和苯甲酸类。其中最常见的品种为二硝基苯胺类。在 20 世纪 80 年代，由于发现吡啶类化合物在较低剂量时具有高效的苗前除草剂的活性，促使对高效吡啶类化合物的研究。到目前为止这类化合物仅有两个除草剂市场化——氟硫草定（dithiopyr）和噻草啶（thiazopyr）。

第二节　影响细胞有丝分裂除草剂的作用机制

微管是细胞骨架中起主要作用且活动性最大的部分，它在植物生长发育过程中具有许多重要的生理功能，如维持细胞形态、参与囊泡运输、染色体迁移、细胞有丝分裂、细胞壁构建和形态发生、信号传导等。植物细胞壁的形成、细胞的有丝分裂、生长的调节是植物正常生长与繁殖的重要部分。许多除草剂正是通过影响细胞分裂和植物生长这些生理过程以达到除草的目的，而这类除草剂是通过影响微管来阻止细胞的有丝分裂和细胞结构的形成。

有丝分裂是高等植物形态建成中细胞的主要增殖方式，它对生长发育有重要意义，现有的多种除草剂是直接破坏有丝分裂过程所需的细胞结构组成部分来干扰有丝分裂的正常进行，如二硝基苯胺类除草剂就是通过破坏微管的结构来干扰植物细胞有丝分裂。20 世纪 60 年代中期到 70 年代对大量植物细胞的电镜观察表明，微管在高等植物细胞周期中有 4 种排列方式：周质微管、早前期微管、纺锤体微管和成膜微管。这些微管在植物细胞有丝分裂中担负着主要的功能，特别是与染色体的运动密切相关。微管是一种具有动态不稳定性的中空圆管，由微管蛋白聚合而成，在微管的一端（正极）通过加入游离的微管蛋白而生长，另一端（负极）则会随时丢失微管蛋白，故其长度很不稳定。

二硝基苯胺类除草剂是影响有丝分裂的除草剂中了解最多的一类，包括广泛使用的氟乐灵、除草通和胺磺灵等，它们主要用于防治棉花、大豆等双子叶作物田的杂草。用这类除草剂处理敏感杂草后，杂草外部症状表现为根尖呈棒状膨胀，根毛区与根尖端距离缩短，茎基也呈鱼鳞状膨大，根茎伸长均受到抑制。将上述症状的根尖压扁后，电镜下看到一个个典型的有丝分裂早前期状态的细胞，而没有中期、后期和末期状态的细胞，而在非药剂处理的情况下，能看到前、中、后、末各个时期状态的细胞。对处理材料作进一步电镜研究表明，其细胞中缺少微管。正是由于缺少纺锤体微管，染色体不能移动到两极，于是使核膜呈严重变形的浅裂瓣状围绕着染色体。由于微管的丧失，使细胞无法控制形状，成为随意扩张的等径细胞，使根尖呈棍棒状膨胀，由于伸长区缩短，致使根毛区靠近了根尖端。生物化学进一步研究表明，二硝基苯胺类除草剂是直接与主要微管蛋白相互作用，推测该类除草剂在细胞质中形成了除草剂-微管蛋白复合物，从而阻止了微管的生长。至于其具体过程的分子机制有待进一步研究。

Malefyt 等用除草通处理苘麻和苋后发现，除草通使前期染色体凝结、染色质紧密浓缩成一个球状，在除草通处理后 4～5h，所有处理中有丝分裂细胞均处于这种状态。苋在用除草通处理后 48h 可恢复正常有丝分裂，但苘麻不能恢复，其差原原因尚不清楚。研究发现洋葱根尖分生细胞的有丝分裂同样受除草通抑制，干扰部位染色体分离；高粱的中柱鞘细胞和生长点细胞以及蚕豆叶气孔母细胞的分裂同样也受除草通的抑制。用对除草通较敏感的玉米为试材，研究结果也表明除草通干扰细胞的有丝分裂。这些研究均说明，影响细胞正常的有丝分裂，导致有丝分裂的异常与畸形是除草通的一个重要作用方式。

硫代磷酰胺酯类除草剂（如甲基胺草磷等）对有丝分裂的作用方式与二硝基苯胺类相似，阻碍细胞分裂，细胞肿胀，其中 DNA 的含量显著增加，它们与微管蛋白结合，抑制微管蛋白在生长端的聚合，从而导致根尖分生区细胞集中停滞于分裂前期状态。甲基胺草磷（APM）有微管解聚剂的作用，常用来研究微管的结构和功能。目前植物上较常用的微管解聚剂有秋水仙素。但是对植物微管，秋水仙素不是很理想的破坏剂，它对不同植物微管蛋白的反应有差异。这种差异是由于有些植物的微管蛋白与秋水仙素的结合力较弱。研究表明，甲基胺草磷专一性地抑制植物微管蛋白的聚合。目前甲基胺草磷主要是用来研究植物微管在体内外的解聚或聚合情况。

氨基甲酸酯类除草剂中并非全部品种都影响有丝分裂。部分影响有丝分裂的除草剂其作用机制也不像上述几类，它既不是抑制微管蛋白的聚合，也不产生不稳定微管。在光学显微镜下，这些除草剂导致了多极的有丝分裂构象，也就是说，在有丝分裂后期，染色体向着三个或多个方向移动，而不像正常有丝分裂中移向两极。如用苯胺灵或氯苯胺灵处理后的材料中，微管的排列出现小纺锤体构型，在多极移动分裂后，核膜在微核周围重新形成，高度分枝。奇形怪状的成膜体也产生了，最后由这些成膜体形成了不规则的细胞壁。有人认为，这些除草剂破坏了纺锤体微管中心，使纺锤体不能贯穿于整个细胞中，因此纺锤体微管也就被安排在了两极以外的其他位点，从而导致染色体在后期向多极移动。

这类除草剂中的黄草灵、灭草灵等则不破坏有丝分裂，它们只是引起染色体巨型或使染色体成束状在着丝点处形成"星状构型"（被称为星状后期）。免疫荧光显微技术表明，微管从着丝点区域出发聚集成束状，在这个区域中心，内质网密集，且与微管一端相连，故有人推测内质网在有丝分裂中起一定作用，它可能是高等植物纺锤体的微管中心。最近有报道称黄草灵是抑制二氢蝶酸合酶（DHP，dihydropteroate synthase）。

用 DCPA、敌草索、氯酰酸甲酯实验表明，这类除草剂对有丝分裂的破坏方式是阻止了细胞板的形成。在 DCPA 处理下，新形成的细胞板是不完全的或无方向性的，致使有丝分裂末期的两个核不能分开，或核被一薄厚不均匀的环包围着，最严重的情况下，则完全没有壁形成，而使细胞呈现出多核构型。在这种处理下，成膜体微管阵列发生异常，呈疏松地贯穿于整个细胞质中，而不是像正常情况下局限分布于分裂面区域。可见，DCPA 对有丝分裂的破坏方式是破坏成膜体微管的组装与分布。

吡啶类氟硫草定无内吸性，它可被根部吸收，对敏感植物的叶部也有一定的吸收能力。由于氟硫草啶的传导受限且作用位点是分生组织，因此最重要的吸收部位可能是分生组织区域。由于该除草剂在植物体内的传导作用不好，其原初作用位点就是植物的分生组织，在敏感植物如尖的细胞的有丝分裂被抑制后，显效症状非常明显，分生组织胀大。它主要是在细胞分裂前中后期阻断纺锤体微管的形成。氟硫草啶不与微管蛋白结合，但对微管结合蛋白（MAP）有影响，这是一种参与微管装配，提高微管稳定性的蛋白质，它与氟硫草啶作用导致细胞有丝分裂期间微管缩短，不能形成正常的纺锤丝，去分离染色体到细胞的极点。也使本来起着阻止细胞等距离膨胀的外皮层的微管丧失，导致敏感植物形成棒状的根梢。噻草啶与氟硫草啶一样，也抑制初生根微管的聚集，但在苗后早期处理无效。到目前为止，尚没有报道显示杂草对氟硫草啶和噻草啶具有抗性。

总体看来，除草剂对有丝分裂的影响方式可归为三类：A类，导致有丝分裂集中停滞于前中期构型；B类，破坏纺锤体微管组装；C类，破坏成膜体形成。A类还可以分为两种，一种是导致微管完全解聚，另一种是仍存在有着丝点微管。A类中的大多数除草剂直接作用于微管蛋白，而B类和C类则可能与高等植物的微管组织中心（MTOCs）有关。

细胞的有丝分裂过程有着相当复杂的代谢活动和细胞结构变化，对这个过程中所需的蛋白质类及其细微程序目前还不完全了解。如关于DCPA在分生组织区域引起细胞多极分裂和使有丝分裂集中停滞于前中期构型已有报道，其作用的生化机制还未见报道。如对高等植物微管组织中心的鉴别、结构及生化代谢的了解就很少。影响有丝分裂的除草剂在确定有丝分裂周期中的程序及蛋白质种类的研究中也许会成为有用的工具。

第三节　二硝基苯胺类

一、二硝基苯胺类除草剂的种类与性能

R^1=CF$_3$; SO$_2$CH$_3$; CH$_3$; SO$_2$NH$_2$; t-Bu; Ac; i-Pr
R^2=H; C$_2$H$_5$; C$_3$H7; C$_2$H$_4$Cl
R^3=C$_2$H$_5$; C$_3$H$_7$; C$_4$H$_9$; CH$_2$—△
R^4=H; NH$_2$; CH$_3$

2,6-二硝基苯胺类化合物的结构很多，一般通式如上。自从1960年美国Elin Lily公司的Alder等发现以2,6-二硝基苯胺为母体的化合物比2,4-二硝基苯胺和2,3-二硝基苯胺具有更显著的除草活性之后，引起人们对这类化合物的兴趣。1964年，二硝基苯胺类化合物中最著名的氟乐灵（trifluralin）首先被商品化注册，用于农作物作为高效低毒的选择性除草剂。由于这类新除草剂具有高效低毒，可在作物种植前进行土壤拌和处理，有利于机械耕作及对棉花、大豆、花生及多种园艺作物安全等特点，故而近年来在产量和使用面积上都发展较快。新的二硝基苯胺类除草剂的研究开发日渐增多，其中不少已商品化，如磺乐灵、敌乐胺、氟草胺、地乐胺、黄草消、异乐灵、卡乐施、除草通（又称胺硝草）、消草酮、氟消草和乙氯地乐灵等。这类化合物的选择除草活性取决于氨基上的二烷基和环上4-位的取代物。试验表明，在上述结构式的化合物中，除敌乐胺外，在氨基上的取代烷基有6个C原子时除草活性最高，而苯环上取代基的除草活性又依下列次序CF$_3$＞CH$_3$＞Cl＞H而降低。无论是三氟甲基或甲基取代的N,N-二正丙基-2,6-二硝基苯胺都是芽前除草剂，但氟乐灵的活性比胺乐灵（dipropalin,2,6-二硝基-N,N-二正丙基对甲基苯胺）要高得多。胺乐灵具有叶面触杀毒性，而氟乐灵则低。

二硝基苯胺类除草剂纯品一般为黄橙色结晶，在水中溶解度较小，但均易溶于丙酮、二甲苯等有机溶剂。由于此类化合物的蒸气压高，见光易分解，因此使用时需将药剂混入土壤中，使之减少光分解，以保证药效。在一般情况下比较稳定，苯环上1,4-位取代基的种类及分子量的大小决定

了化合物蒸气压的高低。在土壤温度较高的情况下，用蒸气压低的品种比较合适。取代基的不同对选择性具有一定的关系。

二硝基苯胺类除草剂是通过杂草种子发芽生长穿过土层的过程中被吸收的。主要被禾本科植物的幼芽和阔叶植物的下胚轴吸收，子叶和幼根也能吸收，但出苗后的茎和叶不能吸收。氟乐灵施入土壤后，由于挥发、光解、微生物和化学作用而逐渐分解消失，其中挥发和光分解是分解的主要因素。施到土表的氟乐灵最初几小时内的损失最快，潮湿和高温会加快它的分解速度。氟乐灵施用后，由于其溶解度小，故在土壤中极少被淋洗，且由于降解缓慢，一般残效期可达 4～6 个月，但对下茬作物无不良影响。试验表明，二硝基苯胺类除草剂混入土壤处理比表面处理的除草活性强得多，这可能是由于减少了挥发和光分解所引起的损失。研究发现氟乐灵、氟草胺和卡乐施的挥发损失率最高达 25%；磺乐灵、安磺灵却几无蒸发损失；其他的则有 2%～13% 的光化学分解，这是取代的芳烃硝基化合物的特征，经试验观察到氟乐灵易受紫外线分解，分解与紫外吸收光谱的逐渐变化和丧失除草活性平行。它们的光解过程是复杂的，其他的二硝基苯胺类除草剂的光解途径和氟乐灵相似。为了避免挥发和光分解所引起的损失，在实际使用时，应在施药后 1d 内与土壤充分拌和，以达到最佳的除草效果。

除草通的光解过程

二硝基苯胺类除草剂对棉花、大豆、花生以及园艺作物具有良好的选择性，它主要在杂草种子萌发前，用作播前土壤混合处理，在较低的剂量 0.5～5lb（a.i.）/acre（1b≈0.45kg，1acre = 4046.8m²）就能有效地防除多种禾本科和阔叶杂草。这类除草剂能被一定的土壤所吸附，吸附能力随有机质的多少而异。在砂质土中吸附最少，黏性土壤中吸附中等，在含大量腐殖质的土壤中吸附最多。因而在实际应用中需按土壤类型掌握施药量。虽然它主要用于棉花和大豆作物上，但经过大量试验表明，还能在花生、绿豆、向日葵、胡萝卜、马铃薯移栽甘蓝、花椰菜、番茄以及多种果园应用，而甜菜、高粱、燕麦和菠菜对它比较敏感。按土壤类型，以有效成分 35～75g/亩（1 亩 = 666.7m²）的剂量能防除几乎所有的一年生杂草和许多阔叶杂草，如稗草、马唐、绿狗尾、牛筋草、大画眉草、细叶千金子雀麦属、苋菜、粟米草、地肤蓼属、黎、马齿苋、繁缕等。当以特殊的剂量和施药方式时，也能防除某些多年生杂草，如石茅高粱和田旋花等。其他如磺乐灵、氟草胺、异乐灵和黄草消等同类除草剂，它们的有效剂量比氟乐灵和敌乐胺稍高一些，并且它们的耐药作物亦稍有异同，如由于氟草胺的选择作用，使用在花生和烟草上比氟乐灵更加安全。

在这类除草剂中，以磺乐灵和安磺灵对鱼类的毒性最低，这可能是同这两种化合物分子中苯环第 4 位由甲磺酰基和氨基磺酰基取代有关。一些化合物具有明显的鱼毒，但是由于这些化合物在水中的溶解度低并能被土壤吸附，因而实际上不构成危险，胺硝草则对水稻较安全。

二硝基苯胺类化合物作为有效的除草剂，对其在土壤中的持久性和降解以及在植物和动物体中的代谢已经得到广泛而深入的研究。降解的速率也取决于土壤类型、含水量、温度和混合的剂量与方法。经氟乐灵和氟草胺研究证实，试验的最初 40d，除草剂由于挥发，消失很快，然后随着时间的推移降解逐渐缓慢。施药后约 160d，在大多数土壤中减少到小于 50ng/g。这类化合物在土壤中降解途径受需氧的或厌氧的条件影响。需氧的降解途径按一系列氧化脱烷基步骤进行；厌氧的路线则通过一系列硝基的还原作用。但是一般来说，两条途径都有，并都检测到环合的中间物，环合作用涉及氧化作用和还原作用。

另外，对几种二硝基苯胺类除草剂在土壤中残留的进一步研究表明，按推荐剂量重复施用于土壤，并没有任何一种中间产物在土壤中有积累的迹象。二硝基苯胺类除草剂包括其可确定的降解产物都不容易从土壤中通过根部向植株地面部分传导。这些可鉴定的降解产物常常与土中观察到的残留物相同，但程度上少得多。通过具有 $5\sim10(10^{-3}\,mg/L)$ 敏感度的残留分析，表明氟乐灵和氟草胺及其降解产物都不渗入许多植物的叶、种子和果实。生长在含有这些除草剂的土壤中的植物根会表现出残留，但仅仅是局限于那些和除草剂相接触的区域。用放射性标记的氟乐灵处理胡萝卜，发现在其根的外层或嫩皮中有残留的氟乐灵。根据可鉴定的代谢产物，其代谢的途径可能如下式。但是尚未确定胡萝卜根中所发现的化合物。

通过对氟乐灵、氟草胺、敌乐胺、异乐灵、安磺灵和磺乐灵的广泛研究，在土壤中观察到这些除草剂及其降解产物都不累积在耐药作物的可食部分。除了某些根用作物之外，只有少量的原始化合物或者它们的降解产物传导到农作物体内。显然，根用作物，例如胡萝卜根能渗入少量的原始化合物及其降解产物，但是渗入的量不足以达到值得注意的残留量。

在实际应用中，对作物根生长发育的抑制作用可以用控制混入土壤的深度而减少到最小限度。通过试验表明，浅土混入除草剂不仅效果佳，对作物根生长和发育的影响也最小。二硝基苯胺类除草剂除了对根有抑制作用外，对地上部分也有影响。它对双子叶杂草幼苗产生的典型危害症状是抑制茎伸长，茎或下胚轴膨大变脆。对单子叶植物的地上部分，产生倒伏、扭曲、生长停滞且幼苗逐渐变成紫色与缺磷一样。进一步研究表明，双子叶植物的主要吸收部位是下胚轴，单子叶植物则为芽鞘。总之，解剖学和细胞学的证据说明了氟乐灵和有关化合物对植物细胞分裂的影响。然而，有关生物化学变化过程的报道却很少。

安磺灵不仅能起到播前除草和植物细胞加倍的作用，最近国内外学者研究发现其在细胞调控和提高作物抗病性方面上还有其他作用。日本学者 Siripong Thitamadee 等研究拟南芥时，使用安磺灵处理幼苗的根、茎尖等部位，结果发现在植株的后期生长中根、叶片、花冠、微管组织等生长方式均发生了改变。拟南芥在自然条件下植株均呈左手螺旋状，但处理后出现了相当比例的右手螺旋生长的植株。Naomi 等使用浓度为 $0.5\mu mol/L$ 和 $2.5\mu mol/L$ 的安磺灵处理兔弓形虫（Toxoplasma gondii），能有效抑制虫体纺锤丝的形成，明显抑制其繁殖，从而可达到防治的目的。近年来，国内学者利用安磺灵对微管、微丝蛋白的抑制作用，在提高作物抗病性方面作了一定的研究，杨民和等在安磺灵浓度为 $100\mu mol/L$ 时，稻瘟病菌的发芽受到明显的抑制，发芽率只有 53.27%，而对照达 98.49%，且芽管生长缓慢，难以形成附着胞，附着胞的产生率只有 0.49%，而对照达 $49\%\sim57\%$。侯春燕等研究发现胺磺灵作为细胞骨架结聚药物注射小麦植株，能够使得寄主叶锈菌侵染诱导的细胞过敏性坏死数目明显减少，并且注射药物浓度越大，寄主细胞发生叶片过敏性坏死反应（HR）的数量越少。说明肌动蛋白和微管蛋白的聚合状态是诱发小麦叶片发生 HR 防卫反应所必需的，细胞骨架在小麦抵抗叶锈菌侵染过程中可能起着重要作用。

除草通属低毒高活性除草剂，主要抑制分生组织细胞分裂，不影响种子的萌发，其选择性为生理和位差选择。美国、欧洲、日本、我国台湾、以色列、印度、澳大利亚等许多国家和地区早已大面积推广使用。在中国登记作物为玉米、叶菜类蔬菜，登记号是 PD134-91。二甲戊乐灵在其他国家登记作物为豆类、棉花、玉米、大豆、花生、洋葱、水稻、甘蔗、向日葵、烟草、柑橘、马铃薯、落叶果树、大蒜、坚果类果树、鹰嘴豆等。它还是一种低毒植物生长调节剂，主要用于抑制烟草腋芽的生长。作为烟草抑芽剂，其商品名称为除芽通（Accotab），它是通过幼芽、幼茎的吸收，抑制生长点的细胞分裂，达到高效抑制烟草腋芽生长。

二、主要品种

1. 氟乐灵 （trifluralin）

$C_{13}H_{16}F_3N_3O_4$, 335.28, 1582-09-8

理化性质　纯品为橙色结晶，熔点 48.5～49℃，29.5℃的蒸气压为 0.026Pa。溶解度 （27℃）：在水中小于 1mg/L，易溶于有机溶剂。本品除为光所分解外，性质稳定，无腐蚀性。

合成方法　由对氯三氟甲苯硝化后与二正丙胺反应生成。

该法的合成的关键是对氯三氟甲苯的合成及控制产品中亚硝胺衍生物的含量问题。

毒性　大鼠急性经口 LD$_{50}$>10000mg/kg，对家兔 2000mg/kg 未引起中毒和刺激。

应用　旱田除草剂，剂型有乳剂及 50% 颗粒剂。用于大田作物和园艺作物防除一年生禾本科及阔叶杂草，用量为 0.5～2kg/hm²。

2. 地乐灵 （dipropalin）

$C_{13}H_{19}N_3O_4$, 281.31, 1918-08-7

理化性质　纯品为黄色固体，熔点 42℃，沸点 118℃/13.3Pa。溶解度 （27℃）：在水中 304mg/L。

合成方法　由 2,6-二硝基-4-甲基氯苯与二正丙胺反应生成。

毒性　小鼠急性经口 LD$_{50}$ 为 3600mg/kg。

应用　芽前除草剂，主要用于草皮中防除杂草。

3. 异丙乐灵 （isopropalin）

$C_{15}H_{23}N_3O_4$, 309.36, 33820-53-0

理化性质　纯品为橙红色液体，易溶于有机溶剂。溶解度 （25℃）：在水中 0.1mg/L，阳光照射下能分解。

合成方法　由 4-异丙基-2,6-二硝基氯苯与二丙胺反应生成。

毒性　大鼠急性经口 LD$_{50}$>5000mg/kg，2000mg/kg 对家兔皮肤仅有极轻的刺激作用。

应用　选择性除草剂。剂型为浓乳剂，为植前拌土的选择性除草剂，用于烟草等作物中防除禾本科杂草及阔叶杂草，用量为 1～4kg/hm²。

4. 磺乐灵（natralin）

C$_{13}$H$_{19}$N$_3$O$_6$S, 345.37, 4726-14-1

理化性质 纯品为橙色结晶，熔点51～152℃。20℃时蒸气压为1.24×10^{-6}Pa。溶解度（22℃）：在水中0.6mg/L，可溶于有机溶剂，但在烃类和醇中的溶解度低。

毒性 大鼠急性经口LD$_{50}$＞2000mg/kg，家兔经皮LD$_{50}$＞2000mg/kg，鱼的LC$_{50}$（24h）为46～68mg/L。

应用 选择性除草剂，剂型有75％可湿性粉剂和42.5％水分散剂。该剂在细胞分裂时通过破坏初生细胞壁形成而起作用。可在棉花、大豆、花生、烟草作物中防除杂草，用量为0.5～2kg/hm²。

5. 安磺灵（oryzalin）

C$_{12}$H$_{18}$N$_4$O$_6$S, 346.36, 19044-88-3

理化性质 纯品为橙黄色结晶，熔点141～142℃。溶解度（25℃）：在水中2.5mg/L。易溶于极性有机溶剂。

合成方法 主要有两条工艺路线。一条是以对氯苯磺酰氯为起始原料，经过硝化、二正丙胺化而得；一条是以氯苯为起始原料，经过硝化磺化、酰氨化、二正丙胺化制备。

毒性 大鼠急性经口LD$_{50}$＞10000mg/kg，对家兔急性经皮LD$_{50}$＞200mg/kg。

应用 选择性芽前除草剂。制剂为75％可湿性粉剂。可用于棉花、大豆等作物田中防除一年生禾本科杂草及阔叶杂草。用量为1.0～2.0kg/hm²。分析方法为气相色谱法。

6. 氨基丙乐灵（prodiamine）

C$_{13}$H$_{17}$F$_3$N$_4$O$_4$, 350.29, 29091-21-2

理化性质 熔点124℃。溶解度（25℃）：在水中0.013mg/L。

合成方法 由3-氨基-2,6-二硝基-4-三氟甲基氯苯与二丙胺反应生成。

毒性 大鼠急性经口LD$_{50}$＞5000mg/kg，急性经皮LD$_{50}$＞2000mg/kg。

应用 选择性芽前除草剂。用于谷物地中防除一年生阔叶杂草。

7. 氨氟灵（dinitamine）

C$_{11}$H$_{13}$F$_3$N$_4$O$_4$, 322.24, 29091-05-2

理化性质　纯品为黄色结晶，熔点98～99℃。25℃时蒸气压为4.8×10^{-6}Pa，在200℃以上分解；溶解度（25℃）：在水中1.1mg/L，可溶于乙醇及丙酮中遇光易分解，无腐蚀性。

合成方法　由2,4-二氯三氟甲苯经硝化、二乙胺化及氨化反应生成。

毒性　大鼠急性经口LD_{50}为3000mg/kg，对家兔经皮$LD_{50}>$6800mg/kg。虹鳟鱼TLm(96h)为6.6mg/L。

应用　芽前除草剂。剂型为25%浓乳剂，用于棉花、大豆、菜豆、花生等作物中防除一年生禾本科杂草及阔叶杂草，用量为0.4～0.8kg/hm²。

8.　氟草胺 （benfluralin）

$C_{13}H_{16}F_3N_3O_4$, 335.28, 1861-40-1

理化性质　纯品为橙黄色结晶，熔点65～66.5℃，30℃蒸气压为5.19×10^{-3}Pa。溶解度（25℃）：在水中70mg/L，易溶于大多数有机溶剂，易光解。

合成方法　由4-氯-3,5-二硝基三氟甲苯与乙基丁基胺反应生成。

毒性　大鼠急性经口$LD_{50}>$10000mg/kg，对家兔200mg/kg涂抹皮肤无刺激性。

应用　选择性芽前除草剂，可与大多数农药混用。剂型有浓乳剂及2.5%颗粒剂，可有效防除花生、烟草、苜蓿和其他饲料作物中的一年生禾本科杂草及阔叶杂草。用量1.0～1.35kg/hm²。分析方法为气相色谱与薄层色谱法。

9.　环氟灵 （profluralin）

$C_{14}H_{16}F_3N_3O_4$, 347.29, 26399-36-0

理化性质　纯品为橙黄色结晶，熔点32.1～32.5℃，分解温度约为180℃。20℃时蒸气压9.2×10^{-3}Pa；溶解度（25℃）：在水中0.1mg/L，溶于有机溶剂。

合成方法　由4-氯-3.5-二硝基三氟甲苯与环丙甲基丙基胺反应生成。

毒性　大鼠急性经口LD_{50}为10000mg/kg，急性经皮$>$3170mg/kg。

应用　芽前或播前除草剂。剂型为50%浓乳剂。适用于玉米、棉花、大豆及其他作物，用量为0.75～1.5kg/hm²。气相色谱法分析。

10.　烯氟灵 （ethalfluralin）

$C_{13}H_{14}F_3N_3O_4$, 333.26, 55283-68-6

理化性质　纯品为橙黄色结晶，熔点55～56℃，蒸气压1.09×10^{-2}Pa，溶解度（25℃）：在水中0.2mg/L，易溶于有机溶剂中。

合成方法　由2,6-二硝基4-三氟甲基氯苯与（2-甲基烯丙基）乙基胺反应生成。

毒性　大鼠急性经口 $LD_{50} > 5g/kg$。兔急性经皮 $>5g/kg$，对兔皮肤和眼睛有轻微刺激。大鼠急性吸入 $LC_{50}(1h) > 0.94mg/m^3$。2 年饲养试验，大、小鼠无作用剂量为 $100mg/kg$ 饲料 < 大鼠 $4.2mg/(kg \cdot d)$，小鼠 $10.3mg/(kg \cdot d)$。对人的 ADI 为 $0.042mg/kg$，白喉鹌 $LD_{50} > 2g/kg$。鱼毒 $LC_{50}(96h)$：蓝鳃 $0.102mg/L$，虹鳟 $0.136mg/L$。对蜜蜂无毒。LD_{50}（接触）$51\mu g/$蜜蜂。水蚤 $LC_{50}(48h) > 0.365mg/L$，$NOEC(21d)$ 为 $0.068mg/L$。

应用　芽前播前除草剂，用于防除棉田的禾本科杂草及阔叶杂草。用量为 $1kg/hm^2$。

11. 氯乙氟灵 （benzenamine）

$C_{12}H_{13}ClF_3N_3O_4$, 355.70, 33245-39-5

理化性质　纯品为橘黄色固体，熔点 $42\sim43℃$，蒸气压 $4mPa(20℃)$。溶解度 （20℃）：在水中 $<1mg/kg$，丙酮、苯、氯仿、乙醚 $>1kg/kg$，环己烷 $25lg/kg$，乙醇 $177g/kg$。在紫外线照射下不稳定。工业品纯度 $\geqslant97\%$。

合成方法　由 2,6-二硝基-4-三氟甲基氯苯与 2-氯乙基丙基胺反应生成。

毒性　急性经口 LD_{50}：大鼠 $1550mg/kg$，兔 $8000mg/kg$，小鼠 $730mg/kg$，狗 $6.4g/kg$，野鸭 $139/kg$，白鹌鹑 $7g/kg$。兔急性经皮 $LD_{50} > 10g/kg$。对皮肤和眼睛有中等刺激。大鼠急性吸入 LC_{50} $(4h)8.4mg/L$。大鼠、狗 90d 饲喂试验的无作用剂量分别为 $250mg/kg$ 和 $<750mg/kg$。鱼毒 LC_{50} $(24h)$：蓝鳃 $0.031mg/L$，虹鳟 $0.027mg/L$；$LC_{50}(96h)$：蓝鳃 $0.016mg/L$，虹鳟 $0.012mg/L$。对蜜蜂无毒。

应用　植前、芽前除草剂。根据作物与土壤类型，以 $475\sim1000g(a.i.)/hm^2$ 施用，可有效防除禾本科和阔叶杂草。该除草剂通过根与胚轴渗入发芽的杂草幼苗，阻断胚根的发育过程。将除草剂翻入 5cm 的表土中，5h 内栽种或灌溉，有良好防效。本品可用于防除棉花、花生、黄麻、马铃薯、水稻、大豆和向日葵地中的杂草，药效可持续 $10\sim12$ 周。

12. 双丁乐灵 （dimitralin, dibutalin）

$C_{14}H_{21}N_3O_4$, 295.33, 33629-47-9

理化性质　纯品为橙色结晶，熔点 $59\sim60℃$，溶解度 （25℃）：在水中 $188mg/L$，可溶于有机溶剂。

合成方法　由 4-叔丁基-2,6-二硝基氯苯与仲丁基胺反应生成。

毒性 大鼠急性经口 LD_{50} 为 2500mg/kg，急性经皮 LD_{50} 为 4600mg/kg。

应用 播前土壤处理除草剂。本品用于大豆、棉花、玉米、苜蓿等作物中防除一年生禾本科杂草及某些阔叶杂草。用量为 0.5～1kg/hm²。分析方法为气相色谱法。

13. 二甲戊乐灵（pendimethalin）

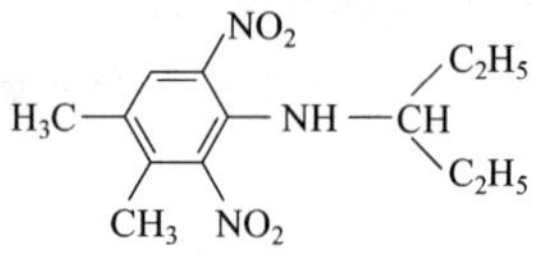

$C_{13}H_{19}N_3O_4$, 281.31, 40487-42-1

理化性质 纯品为橙黄色结晶，熔点 56～58℃，溶解度（20℃）：在水中 0.3mg/L，易溶于有机溶剂中，对酸、碱稳定。

合成方法 主要有三条路线，分别以 3,4-二甲基氯苯、3,4-二甲基苯酚或 3,4-二甲基苯胺为原料合成。

① 以 3,4-二甲基氯苯为原料，经硝化和亲核取代得到目标产物：

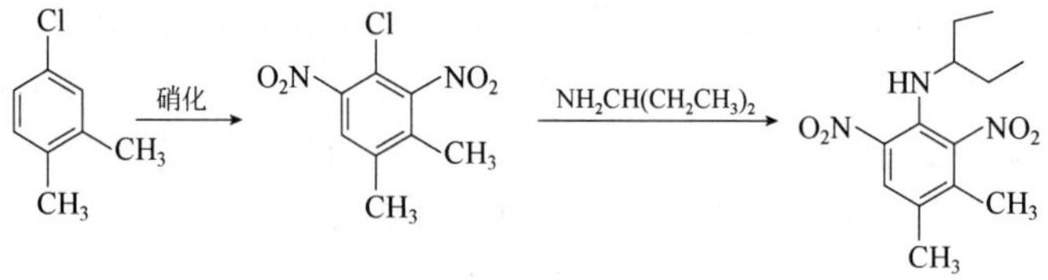

② 以 3,4-二甲基苯酚为原料，则经硝化、甲基化、亲核取代反应，得到目标产物：

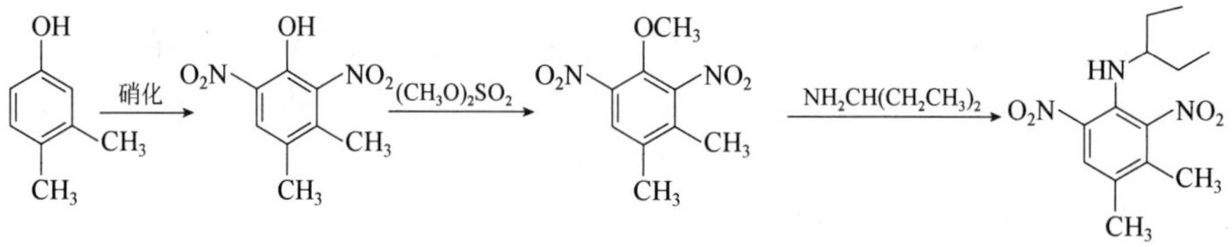

③ 若用 3,4-二甲基苯胺为原料，则将其与 3-戊酮缩合生成亚胺，在 Pt/C 催化剂存在下用氢气还原，再用混酸硝化该取代苯胺即得除草通。

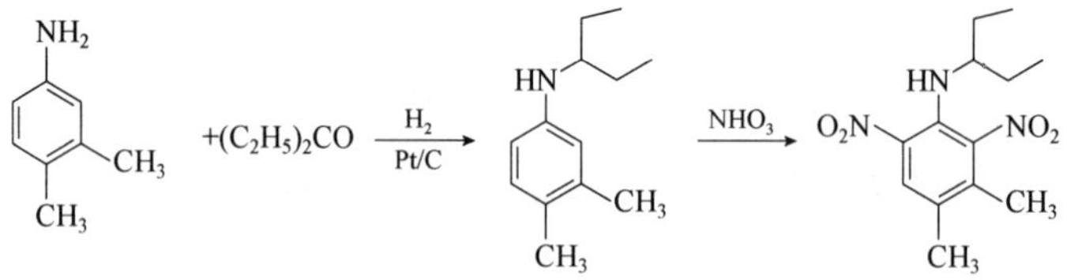

毒性 大鼠急性经口 LD_{50} 250mg/kg，急性经皮 LD_{50} 为 5000mg/kg。

应用 芽前或播前除草剂。剂型有乳剂、50％可湿性粉剂、5％及 3％颗粒剂，适用于棉花、玉米、大豆、花生、水稻及其他作物防除大多数禾本科杂草及阔叶杂草，用量为 0.6～1.5kg/hm²。

14. 氯乐灵（chlornidine）

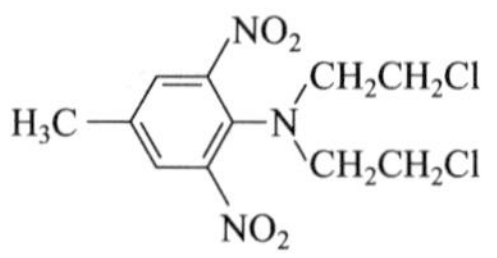

$C_{11}H_{13}Cl_2N_3O_4$, 322.14, 26389-78-6

理化性质 纯品为黄色固体，熔点 42～43℃，20℃蒸气压 8×10^{-4}Pa。溶解度（20℃）：在水中为 0.007g/100g；易溶于有机溶剂。对光敏感。

合成方法 由对甲苯胺与环氧乙烷反应生成 N，N-二羟乙基甲苯胺再经氯化硝化而得产品。

应用 播前土壤处理除草剂。剂型为浓乳剂，可用于棉花、大豆、玉米、高粱和花生田中防除禾本科杂草，对阔叶杂草效果较差。用量 1.125kg/hm²。用气相色谱法分析。

第四节 硫代磷酰胺酯类

1．甲基胺草磷（amiprophos-methyl）

$C_{11}H_{17}N_2O_4PS$, 304.30, 36001-88-4

理化性质 纯品为白色结晶，熔点 64～65℃。溶解度（20℃）：在水中 10mg/L。在通常条件下稳定。

合成方法 由 O-(2-硝基-4-甲基苯基)-O-甲基硫代磷酰氯与异丙胺反应生成。

毒性 大鼠急性经口 LD$_{50}$ 1200mg/kg。

应用 制剂有 60％可湿性粉剂。适用于水稻及旱田作物，亦可在蔬菜地中使用。甲基胺草磷是一种直接干扰植物微管合成的特异性药物，其作用类似于秋水仙素，起到收集中期染色体的作用，不同甲基胺草磷处理时间对有丝分裂中期指数有一定的影响。APM 对微管蛋白有很高的亲和力，在较低浓度时，对微管蛋白的解聚能力更强，加倍频率更高，对植物的毒害作用也小。

2．抑草磷（butamifos）

$C_{13}H_{21}N_2O_4PS$, 332.36, 36335-67-8

理化性质 纯品为棕色液体。相对密度 1.88。27℃蒸气压 84mPa。溶解度（20℃）：在水中 5.1mg/L，溶于有机溶剂。

合成方法 由 O-乙基-O-(5-甲基-2-硝基苯基)硫代磷酰氯与仲丁基胺反应生成产品。

毒性 大鼠急性经口 LD$_{50}$ 630～790mg/kg，急性经皮 LD$_{50}$ 为 4.0g/kg 以上。

应用 制剂有 50％乳剂。选择性除草剂。可用于水旱田防除大多数一年生禾本科杂草和多种一年生阔叶杂草。用量为 1～2.5kg/hm²。

硫代磷酰胺酯类化合物的代谢过程以抑草磷为例，其在大鼠及植物体内的可能代谢途径如下。形成酚及苯甲醇后进一步与生物体内的糖及氨基酸轭合。

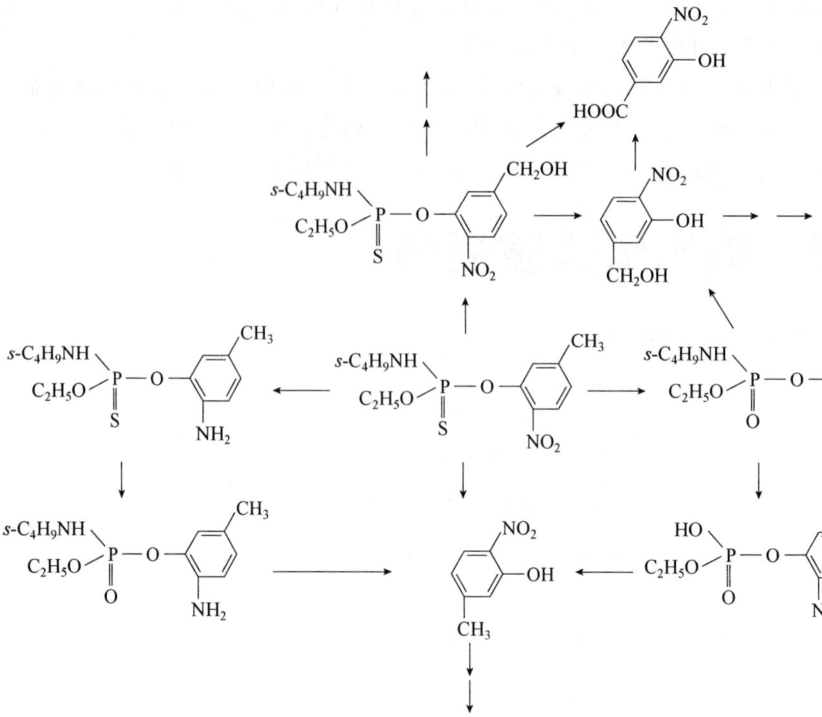

3. H-9201

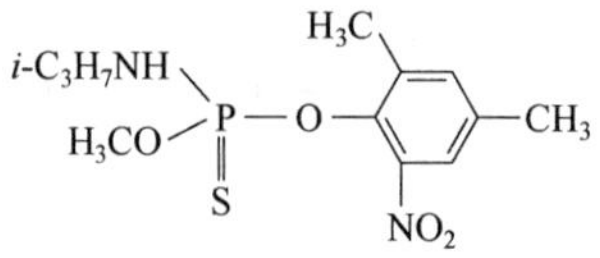

C_{12}H_{19}N_2O_4PS, 318.33, 189517-75-7

在详细分析了 *O*-烷基-*O*-芳基硫代磷酰胺酯类化合物的结构与除草活性关系的基础上，研究发现该类化合物分子中以具有甲氧基（或乙氧基）、异丙氨基（或异丁氨基）对分子的药效是最好的；而苯环上取代基则决定了整个分子的疏水性、空间性及电性，这三性对于化合物的除草活性具有密切的关系。对于疏水性来说，当 $\sum \pi = 0.49$ 时，pI_{50} 有极大值，而空间效应则由于 E_s 项的系数为负，似乎应该邻位基团愈大，对活性的贡献亦愈大。而电负性基团，则随着在苯环上位置的不同而有不同的贡献。结合结构与活性定量关系研究的结果，进一步采用量子化学计算和人工神经网络分析，设计出两个未见文献及专利报道的两个新化合物，即 *O*-甲基（或乙基）-*O*-(2-硝基-4,6-二甲基苯基)-*N*-异丙基硫代磷酰胺酯，它们结构式为：

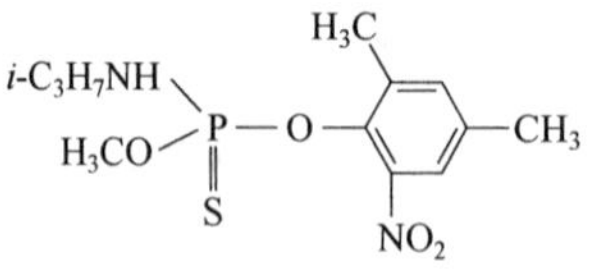

（Ⅰ） 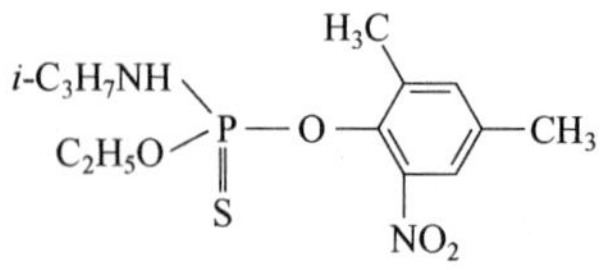　　　　　　　　　　　　（Ⅱ）

这两个化合物符合上面的最优条件，预测它们具有高活性，将其物理化学参数值输入神经网络程序，计算出它们的 pI_{50} 分别为 6.400 和 6.150；回归分析值分别为 6.763 和 6.037。这两种方法的计算结果都表明所设计的化合物的 pI_{50} 是所有用来分析化合物中最高的，而且比已经商品化的胺草磷 pI_{50}(5.94)还要高，值得进一步研究。

经过多年的室内和田间药效试验证明，除草剂 H-9201 可用于大豆、水稻、小麦、玉米、果园和蔬菜（如胡萝卜、茴香、芹菜、黄瓜、辣椒）等作物田中防除一年生单双子叶杂草，特别是禾本科杂草，如马唐、稗草、反枝苋、马齿苋、藜、狗尾草、鸭舌草、苋、铁苋菜、野慈姑等。在作物播后苗前或苗后，杂草萌发出土盛期施药。水田亩用量为30～60g，旱田为50～100g。该药对后茬作物安全，对环境安全。毒性试验表明，H-9201对雄性大鼠LD_{50}为2413mg/kg，急性经皮＞5000mg/kg，属低毒类品种。并无致畸作用。亚慢性毒性试验表明该药可以安全使用。是具有自主知识产权的创制新除草剂品种，目前该除草剂已经获得临时登记。

第五节　氨基甲酸酯类

氨基甲酸酯类除草剂具有低毒且土壤中残效期相对较短并易为非靶标生物降解的特点，1945年，PPG公司开发了苯胺灵（propbam），这一成功的发现，导致开发了其他苯基氨基甲酸酯类除草剂，如氯苯氨灵、燕麦灵等，其作用点是阻碍细胞核的有丝分裂，和抑制蛋白质的合成，也能抑制光合作用。

1. 苯胺灵（propham）

$$\text{〇—NHCO}_2\text{CH(CH}_3)_2$$

$C_{10}H_{13}NO_2$, 179.22, 122-42-9

理化性质　纯品为无色结晶，熔点87～88℃。溶解度（20℃）：在水中250mg/L，可溶于大多数有机溶剂。在室温储存下稳定，无腐蚀性。

毒性　大鼠急性经口LD_{50}为5000mg/kg。

合成方法　由苯基异氰酸酯与异丙醇反应生成，或由氯甲酸异丙基酯与苯胺反应生成。

应用　制剂有50％、75％可湿性粉剂，20％乳油，48％水悬剂。土壤处理除草剂。用于大豆、甜菜、棉花、蔬菜、烟草地中防除一年生禾本科杂草，用量为2.25～5kg/hm²。

2. 氯苯胺灵（chlorpropham）

$$\text{Cl—〇—NHCO}_2\text{CH(CH}_3)_2$$

$C_{10}H_{12}ClNO_2$, 213.66, 101-21-3

理化性质　纯品是晶体（工业品为深褐色油状液体）。沸点112～113（℃）（0.13～0.20kPa）。难溶于水，溶于有机溶剂。

合成方法　可由间氯苯胺盐在光气作用下生成间氯异氰酸苄酯后，再与异丙醇反应而成。或由异丙醇与光气作用，生成氯甲酸异丙酯后再与间氯苯胺作用而成。

毒性　大鼠急性经口LD_{50}为5000～7500mg/kg（原药为4200mg/kg），兔急性经皮$LD_{50}＞$2000mg/kg。对眼睛稍有刺激性，对皮肤无刺激性。动物试验未见致畸、致突变作用，大鼠慢性毒性试验和致癌作用试验无作用剂量为30mg/(kg·d)。

应用　为选择性田间除草剂，能杀死棉花、大豆等作物田间单子叶杂草，也用于抑制马铃薯块茎在贮藏期抽芽。药效比苯胺除草剂持久。

3. 灭草灵（swep）

$$\text{Cl—〇—NHCO}_2\text{CH}_3$$

$C_8H_7Cl_2NO_2$, 220.06, 2150-28-9

理化性质　纯品为白色结晶体，熔点112～114℃。常温下溶解度：丙酮46％、二甲基甲酰胺

64%、二异丁酮19.2%、异佛尔酮33.5%，还可溶于二甲苯，不溶于水、煤油、氯仿。对酸、碱、热稳定，在土壤中易分解。

合成方法　制备方法一：3,4-二氯苯基异氰酸酯与甲醇加成制得灭草灵。制备方法二：以苯为溶剂，3,4-二氯苯胺与氯甲酸甲酯反应制得灭草灵。

毒性　大鼠急性经口 LD_{50} 为 0.55g/kg，兔急性经皮 LD_{50} 为 2.5g/kg，未见对眼睛及皮肤有刺激作用，对人、畜、鱼类低毒。属低毒除草剂。

应用　本品为选择性内吸兼触杀型除草剂，经由植物的根系吸收，向上传导到地上部。其作用是抑制细胞分裂，扰乱代谢过程而杀死杂草。药效比较缓慢，施药后 1～2 周敏感杂草才逐渐死亡。中毒症状为生长停止，叶发白萎蔫，然后变黄腐烂。对水稻无论在后芽前或苗期均很安全。在土壤中持效期水田为 2～8 周，旱田 4 周左右。灭草灵适于在水稻、玉米、小麦、大豆、甜菜、花生、棉花等作物中防治一年生禾本科杂草和某些阔叶杂草，如稗草、马唐、看麦娘、狗尾草、三棱草及藜、车前草等。

4. 燕麦灵（barban）

$$\text{Cl} \quad \text{—NHCO}_2\text{CH}_2\text{C}\equiv\text{CCH}_2\text{Cl}$$

C_{11}H_9Cl_2NO_2, 258, 101-27-9

理化性质　纯品为白色结晶，熔点 75～76℃，25℃时蒸气压 0.05mPa。溶解度：在水中 11mg/L，正己烷中 1.4g/L，苯中 327g/L，二氯乙烷中 546g/L。25℃时在 1mol 浓度的氢氧化钠中的半衰期为 0.97min。在酸性条件下，水解生成 3-氯丙烯酸。

合成方法　在吡啶存在下，于惰性溶剂中，由 4-氯-2-丁炔醇与异氰酸-3-氯苯酯反应制得。

毒性　属低毒除草剂。人接触后在肝功能检查中谷丙转氨酶增高。血小板减少，对人可产生过敏反应。原药大鼠急性经口 LD_{50} 为 1141～1706mg/kg（另有报道，大鼠和小鼠急性经口 LD_{50} 为 600mg/kg），兔急性经皮 LD_{50} 为 >20g/kg。大鼠 30d 喂养试验中仅发现在高剂量（5g/kg）时影响生长。

应用　本品为内吸选择性除草剂，对野燕麦有特效。药剂由叶吸收后进入植物体内，传导至生长点，破坏细胞有丝分裂，造成细胞壁破裂，生长锥分生组织肿大，产生巨型细胞，阻止叶腋分蘖和生长点的生长。燕麦灵抑制氧化磷酸化、蛋白质和 RNA 的合成，从而起到毒杀作用。施药后 1 周，野燕麦呈现明显中毒症状，停止生长发育，叶色深绿，叶片变厚变短，心叶干枯，约 1 个月后死亡。有少数植株能恢复生长，出现新的分蘖，但生长弱小，结实率大大降低。野燕麦 1 叶 1 心至 2 叶 1 心时对药剂敏感，3 叶期耐药性加强。本剂能被土壤颗粒固定，并能被微生物分解。在植物体内能转化为水溶性的衍生物而迅速消失。是防除野燕麦的选择性芽后除草剂。适用于小麦、大麦、油菜籽、苜蓿、三叶草、俄国野生黑麦草和其他禾本科牧草、蚕豆、甜菜、青稞田。防治野燕麦，对看麦娘、早熟禾等少数禾本科杂草也有防除效果，对阔叶杂草无效。药效与施药方法和施药期关系较大，以喷雾形成及防 1.5～2.5 叶期的野燕麦效果最好。

第六节　苯甲酸衍生物类

1. 炔苯酰草胺（propyzamide）

$$\text{Cl} \quad \overset{\text{O}}{\underset{}{\text{C}}}-\overset{\text{H}}{\underset{}{\text{N}}}-\overset{\text{CH}_3}{\underset{\text{CH}_3}{\text{C}}}-\text{C}\equiv\text{CH}$$

C_{12}H_{11}Cl_2NO, 256.13, 23950-58-5

炔苯酰草胺是由 Rohm & Haas 公司开发，是一类芽后处理的选择性除草剂，适用于豆科作物、花生、大豆、马铃薯、某些果园、草皮和一些观赏植物，用来防治一年生草和某些多年生杂草，如野麦灵、宿根高粱、狗芽根、马唐、早熟禾、莎草等。戊炔草胺纯品为无色结晶固体，熔点 155～156℃，蒸气压 11.3mPa(25℃)，溶解度 15mg/L(25℃)，易溶于许多脂肪族和芳香族溶剂，室温下稳定。戊炔草胺原药大鼠（雄、雌）急性经口 LD_{50} ＝5010mg/kg，急性经皮 LD_{50} ＞2150mg/kg，对皮肤、眼睛无刺激性；兔急性经皮 LD_{50} ＞3160mg/kg；WP 剂型对眼睛和皮肤有轻微刺激。戊炔草胺是一种内吸传导型选择性酰胺类除草剂，其作用机理是通过根系吸收传导，干扰杂草细胞的有丝分裂。主要防治单子叶杂草；对阔叶作物安全。在土壤中的持效期可达 60d 左右。可有效控制杂草的出苗，即使出苗后，仍可通过芽鞘吸收药剂而死亡。一般播后芽前比苗后早期用药效果好。经田间药效试验结果表明，戊炔草胺 50％可湿性粉剂对莴苣田一年生禾本科杂草及部分小粒种子阔叶杂草的防治效果较好，如马唐、看麦娘、早熟禾等杂草，戊炔草胺的施用量为 0.5～2.0kg(a.i.)/hm²。在草坪、小粒种子、豆科作物作芽后茎叶处理，在某些阔叶作物作芽前土壤处理。可与环丙草胺、敌草隆、环炔草胺、西马津、氯苯胺灵、乙氧氟草醚等混用。其合成方法为：

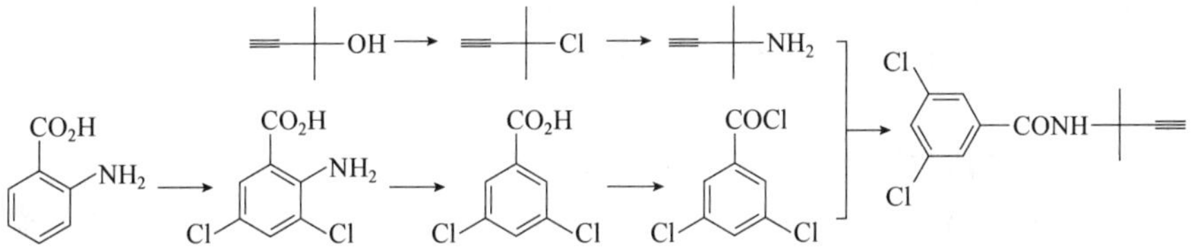

2. 敌草索（chlorthal-dimethyl，DCPA）

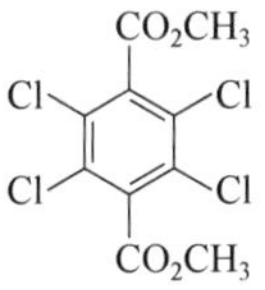

$C_{10}H_6Cl_4O_4$, 331.96, 1861-32-1

理化性质 白色结晶，熔点 156℃，25℃时在水中溶解度为 0.5mg/L，溶于丙酮、二噁烷、甲苯、二甲苯，性质稳定，无腐蚀。

合成方法 由对二甲苯氧化生成对二苯甲酸，然后制成酰氯，再氯化得 2,3,5,6-四氯苯甲酰氯，最后酯化得产品。

毒性 大鼠急性经口致死中量＞3000mg/kg，家兔急性经皮致死中量＞10000mg/kg。

应用 芽前除草剂，剂型有 75％可湿性粉剂，2.5％颗粒剂，5％颗粒剂。适用于多种作物，对一年生禾本科杂草和许多宽叶杂草有效，用量为 6～4kg/hm²。

第七节　吡啶类

1. 氟硫草啶（dithiopyr）

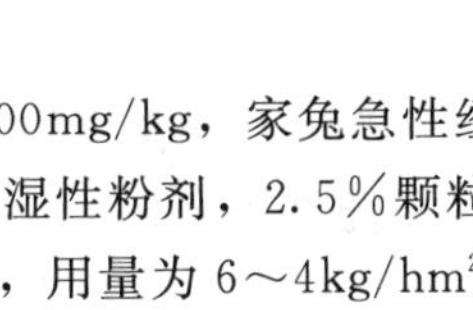

$C_{15}H_{16}F_6NO_2S_2$, 404.37, 97886-45-8

氟硫草啶是孟山都公司开发的芽前除草剂，其用量低、防效高。

理化性质 纯品为淡黄色结晶固体，熔点 65℃，蒸气压 0.533mPa(25℃)。溶解度（20℃）：在水中 1.4mg/L。

合成方法

毒性 大鼠、小鼠急性经口 LD$_{50}$>5000mg/kg，大鼠、兔急性经皮 LD$_{50}$>5g/kg，大鼠急性吸入 LC$_{50}$(4h)>6mg/L。大鼠 2 年饲喂试验的无作用剂量为≤10mg/(kg·d)，狗 1 年饲喂试验的无作用剂量为≤0.5mg/(kg·d)。鹌鹑急性经口 LD$_{50}$>2250mg/kg，鹌鹑 LC$_{50}$(5d)>5260mg/kg。鱼毒 LC$_{50}$(96h)：虹鳟 0.5mg/L；蓝鳃和鲤鱼 0.7mg/L；水蚤 LC$_{50}$(48h)>1.1mg/L。蜜蜂点滴 LD$_{50}$0.08mg/蜜蜂。

用途 本品属吡啶羧酸类除草剂。用于稻田和草坪除草，以 0.06kg(a.i.)/hm^2 芽前施用和以 0.12kg(a.i.)/hm^2 芽后（稗草 1.5 叶期）施用，可防除稗、鸭舌草、异型莎草、节节菜、窄叶泽泻等一年生杂草。但不能防除萤蔺、水莎草、瓜皮草和野慈姑。该除草剂的除草活性不受环境因素变化的影响，对水稻安全，持效期达 80d。本品在草坪芽前施用，用量为 0.36～0.50kg(a.i.)/hm^2，可防除马唐、紫马唐等一年生禾本科杂草和球序卷耳、零余子景天、腺漆姑草等一年生阔叶杂草。

应用 稻田和草坪除草。对水稻的安全性和选择性：高至 0.96kg(a.i.)/hm^2 的剂量施用氟硫草啶仍对水稻十分安全。

2. 噻草啶（thiazopyr）

C$_{16}$H$_{17}$F$_5$N$_2$O$_2$S, 396.38, 117718-60-2

理化性质 纯品为具硫黄味的浅棕色固体。熔点 77.3～79.1℃，蒸气压 0.03mPa(25℃)。溶解度（20℃）：在水中 2.5mg/L(20℃)。分配系数 lg$P$=3.89(21℃)，在正常条件下贮存稳定，干燥条件下对光稳定，水溶液（15℃）半衰期为 50d。作用机理：细胞分裂抑制剂。

毒性 大鼠急性经口 LD$_{50}$>5000mg/kg，鹌鹑 1913mg/kg。对兔皮肤无刺激，对兔眼睛有轻微刺激。鱼毒 LC$_{50}$(96h)：虹鳟 3.2mh/L、大翻车鱼 3.4mh/L。无致突变性、无致畸性。

合成方法 以三氟乙酰乙酸乙酯和异丁醛为起始原料，首先闭环生成取代的吡喃，经氨化、脱水，并与 DBU 反应得到取代的吡啶二羧酸酯；再经碱解、酸化、酰氯化制得取代的吡啶二酰氯，并与 1mol 甲醇酯化，生成单酯；然后与乙醇氨制成酰胺，并与五硫化二磷反应生成硫代酰胺；最后闭环得到目的物。

应用 用于果树、森林、棉花、花生等苗前除草，主要用于防除众多的一年生禾本科杂草和某些阔叶杂草，使用剂量为 150～2000g/hm^2。

参考文献

[1] 唐除痴，李煜，陈彬等. 农药化学，南开大学出版社，1998.

[2] 叶承道,唐洪元. 国外二硝基苯胺类除草剂研究进展. 世界农药,1979,4：23-27.

[3] 苏少泉. 除草剂作用靶标的分类与合用. 农药，1998,37:1-7

[4] 宋倩，梅向东，宁君等. 除草剂的主要作用靶标及作用机理. 农药，2008,47：703-707.

[5] Darin W L,Denise P Cudworth,Daniel D Loughner,et al. Modern Crop Protection Compounds edited by W. Krämer and U. Schirmer. 2007 WILEY-VCH Verlag GmbH & Co. kgaA,Weinheim. pp317-323.

[6] Kevin C V,Larry P L Jr. Mitotic Disrupter Herbicides. Weed Sci,1991,39：450-457.

[7] Larry P L J,Kevin C V. Immunofluorescence and electron microscopic investigations of the effects of dithiopyr on onion root tips. Pestic Biochem Physiol,1991,40：58-67.

[8] Weed Science Society of America,Herbicide Handbook,8th edn. W. K. Vencill,Ed. Lawrence,KS,2002.

[9] Lee L F. Substituted 2,6-substituted pyridine compounds. EP 133612. 1985.（CA 104：19514.）

[10] Lee L F,Sing Y L L. Pentasubstituted pyridines,their herbicidal compositions,and the method of weed control using them. EP 2789441988.（CA 109：230818.）

[11] Jack J B. Preemergence and postemergence herbicides for large crabgrass（digitaria sanguinalis）control in centipedegrass（eremochloa ophiuroides）. Weed Technol,1997,11：144-148.

[12] Keeley S J, Branham B E, Penner D. Adjuvant enhancement of large crabgrass（Digitaria sanguinalis）control with dithiopyr. Weed Sci,1997,45：205-211.

[13] Wiecko G. Weed Technol,2000,14,686-691.

[14] Jack J B. Sequential Applications of Preemergence and Postemergence Herbicides for Large Crabgrass（Digitaria sanguinalis）Control in Tall Fescue(Festuca arundinacea)Turf. Weed Technol,1997,11：693-697.

[15] Zachary J R,Daniel V W,Clark S T. Turf Safety and Effectiveness of Dithiopyr and Quinclorac for Large Crabgrass（Digitaria sanguinalis）Control in Spring-Seeded Turf. Weed Technol,1999,13：253-256.

[16] Kuhns L J,Harpster T L. Northeastern Weed Sci Soc Proc,1998,52：127-129.

[17] Crane S E,Holmdal J A,Murray R E. Southern Weed Sci Soc Proc,1998,51：234.

[18] Kuhns L J,Harer T L,Northeastern Weed Sci. Soc. Proc,1997,51：115-117.

[19] British Crop Protection Council,The Pesticide Manual,12th edn,C. D. S. Tomlin,Ed. 2000.

[20] Song H,Albert E S. Abiotic and biotic degradation of dithiopyr in golf course greens. J Agric Food Chem,1996,44：3393-3398.

[21] Jeffrey F D. Detection of fenoxaprop-resistant smooth crabgrass（digitaria ischaemum）in turf. Weed Technol,2002,16：396-400.

[22] Len F L,Gina L S,John M M,et al. A novel dehydrofluorination of 2-(trifluoromethyl)dihydro-3,5-pyridinedicarboxylates to 2-(difluoromethyl)-3,5-pyridine dicarboxylates. J Org Chem,1990,55：2872-2877.

[23] 陈文. 新除草剂氟硫草定. 农药，1991,30：45.

[24] 石得中. 中国农药大辞典. 北京：化学工业出版社, 2008.

第九章
极长链脂肪酸合成抑制剂

第一节 氯乙酰胺类除草剂作用机制的探索

氯乙酰胺类化合物是一类重要的除草剂，它用于玉米、大豆或水稻田已有 50 年的历史。1997～1998 年间，这类化合物在美国玉米和大豆田中的使用量分别占 50％和 11％。在我国也是使用的主要除草剂品种。自从安全剂的成功使用，更拓宽了该类除草剂的适用范围。由于氯乙酰胺类化合物是通过土壤吸收的，其长时间的停留于土壤中的特性使该类化合物对杂草具有长效性。该类化合物通过木质部传输，不影响种子的发芽，但抑制杂草的后期生长发育。

长期以来，人们对氯乙酰胺类化合物的作用机制进行了多方面的研究，结果发现这类除草剂对所有的基本植物代谢过程均有影响，如影响植物体内蛋白质的合成，改变嘌呤的代谢过程，减少类萜生物合成，导致生长的减缓、损坏高粱中木质素和花色素苷的形成，改变细胞膜的渗透性，从电镜上观察到影响细胞膜的形成等。但是这些现象的出现都是在高浓度下使用药剂而得出的结果。

在离体条件下，研究发现甲草胺（Alachlor）或异丙甲草安（metolachlor）在燕麦组织匀浆和整株中，可像谷胱甘肽和半胱氨酸一样与许多未知的蛋白质亲核结合。而异丙甲草安和毒草胺（propachlor）浓度要求却更高（10^{-4} mol/L）一些，且烷基化的蛋白质的量并不与观测到的抑制效果正相关。由于这些化合物并不能抑制所有含巯基的酶，因而并不能将它们看成是一般的含巯基酶的抑制剂，有理由认为它是一类特殊的抑制剂。这类药物的烷基化作用（如 SH 基的烷基化）为一个不可逆的过程，如对小球藻（*microalga Scenedesmtls*）的抑制作用需脱去除草剂介质后，培养24h 或更长时间后才可恢复。这和光合作用抑制剂（如敌草隆或草克净）完全相反，因为后者在洗去除草剂的情况下在几分钟之内可以复原。并没有发现氯乙酰胺类化合物有对光合作用电子传递的破坏。在研究氯乙酰胺类化合物作用机制时，Böger 等发现尽管氯乙酰胺类除草剂的使用剂量相对较高［苗前 300g(a.i.)/hm² 或更多］，但是发现它们在植物细胞内致毒的浓度却很低，如在玉米中吡草胺的有效浓度为 0.1～0.7 μmol/L，这表明它作用于靶标酶的浓度会更低。实验证明吡草胺在水介质中对水稻苗生长的半抑制浓度为 50nmol/L，噻吩草胺（thenylchor）对稗草的 I_{50} 值估计为 10^{-8} mol/L，丙草胺对芽鞘的生长抑制浓度约为 10^{-8}～10^{-7} mol/L。这些活体数据显示氯乙酰胺类的特定靶标是在 10^{-6} mol/L 的浓度下受到抑制的。这一靶标可能由于在抑制剂刚进入细胞，浓度尚低时，就首先被抑制，因此可认为是一个最初的作用靶位。当抑制剂在细胞内浓度累积到较高浓度时，与之亲和能力较低的靶标才可能受到影响。当然，初始靶标的抑制活性应当与在整株植物上的植物毒性相关。

因此，Böger 等人进一步对这类除草剂的靶酶进行寻找。他们注意到对这类化合物进行的许多有关作用方式的研究报告均与脂肪代谢有关。如 Jaworski 首先报道了乙酰辅酶 A 的作用，之后发现脂肪的生物合成受到了抑制。Böger 等人通过用小球藻 *Scenedesmus* 来证明通过它吸收乙酸根引入乙酰脂肪的过程被 S-二甲吩草胺严重干扰。该过程在除草剂加入约 2h 后即显示出来，但对亮氨酸、赖氨酸或糖的吸收没有受到影响。当用几种不同的植物毒性氯乙酰胺类化合物处理小球藻后，可以明显地观测到乙酰脂肪中油酸（18：1）的累积和18：2与18：3脂肪酸含量明显的降低。同时也注意到，用$20\mu mol/L$的甲草胺处理欧洲油菜的胚芽后，18：2的去饱和受到削弱。用异丙草安（约$20\mu mol/L$）处理高粱初生叶片时，则发现其中的组成脂肪的极长链成分（包括碳原子数为$20\sim32$的脂肪酸、醇和醛）发生了变化。同样发现高浓度的甲草胺也可抑制黄瓜苗蜡质烷烃类似物的形成。硫代氨基甲酸酯或更准确地说是二丙基硫代甲酸S-乙基酯（EPTC）的亚砜形式或野麦威也明显地和氯代乙酰胺具有相似的作用方式，发现它们具有抑制脂类生物合成和改变它们成分的作用。Böger实验室和其他人员的发现显示抑制脂肪的生物合成及改变其组成是该类化合物的作用靶标。

第二节　极长链脂肪酸抑制剂的作用机制

在植物体中，一般$C_{16}\sim C_{18}$的脂肪酸称为长链脂肪酸，而C_{18}以上的称为极长链脂肪酸（very long chain fatty acid，VLCFA）。含有18个以上的碳原子，是在质体网状组织的微粒体延长系统上由硬脂酸（$C_{18,0}$脂肪酸）形成。而硬脂酸是在质体网状组织中将由叶绿体提供的棕榈酸/十六（烷）酸（$C_{16,0}$脂肪酸）转化而成。大量的事实已经证明在极长链脂肪酸的生物合成多个延长步骤中极长链脂肪酸延长酶起催化作用（见图3-9-1）。

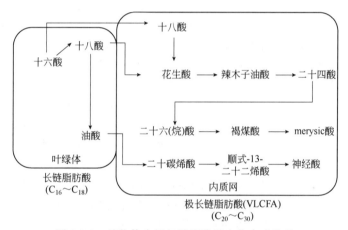

图 3-9-1　植物体中极长链脂肪酸生物合成途径

研究指出该过程涉及除草剂分子与靶酶共价键结合的反应抑制了极长链脂肪酸（VLCFA）的生物合成。但是这类除草剂在作用靶点的结合并未完全弄清。

在植物体内，VLCFAs是在内质网上通过与膜结合的乙酰辅酶A延长酶体系来合成。该合成包括由马来酰-辅酶A连续加成两个碳单元到脂肪酸接收体上，这一反应类似于脂肪酸在质体内的从头开始的四步合成，第一步是长于C_{16}的脂肪酸与马来酰-辅酶A缩合形成β-酮酰基-辅酶A，然后被还原为β-羟基酰基-辅酶A，再次脱水至2-烯酰基-辅酶A，最后第二次还原成较长链酰基辅酶A。脂肪酸合成酶将酰基延长的底物酯化为辅酶A，而非酰基携带蛋白（ACP）。极长链脂肪酸是与生命过程有关的必需的成分或角质层蜡、种子储藏三酰甘油和质膜中鞘糖脂的前体物。过去为了阐明氯乙酰胺作用机制的研究主要集中于脂肪酸的代谢，尤其是脂肪酸延长部分。

具有植物性毒性氯乙酰胺类化合物对 *Scenedesmus acutus* 生长的强烈抑制作用与抑制［^{14}C］油酸/十八烯酸成为非长链脂肪酸呈线性关系。在高等植物中，氯乙酰胺类化合物抑制［^{14}C］硬脂酸，十八酸/马来亚酰辅酶A并入极长链脂肪酸，而C_{18}以前的脂肪酸的合成并未受到影响。异丙甲草胺S-体抑制了以20：0-CoA和18：0-CoA为酰基延长为底物的过程，但R-体并不具有该作用。同样在对异丙甲草胺具有抗性的 *S.acutus* 突变体（Mz-1）细胞也观测到极长链脂肪酸的合成受到抑制。因此，氯乙酰胺类除草剂很可能是通过抑制极长链脂肪酸的合成产生植物毒素作用的。

对 20∶0-CoA 延长的抑制作用时间和随着预培养过程的温度的增加而增加。这显示酶-抑制剂复合物的形成一不可逆的化学反应，通过亲核进攻酶形成酶与抑制剂间的结合。离体实验中氯乙酰胺与缩合酶中的半胱氨酸是以共价键相结合。致突变的研究显示以上脂肪酸延长酶具有相似性，其中都含具有高度反应活性的半胱氨酸残基，目前认为这就是该类除草剂的主要共同靶标。

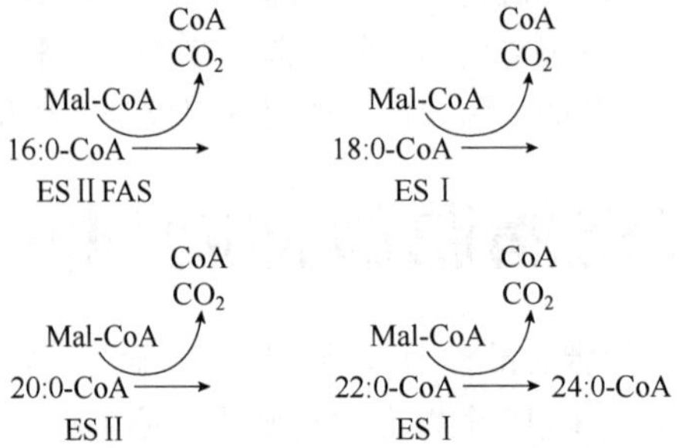

ES Ⅰ—延伸酶系统Ⅰ；ES Ⅱ—延伸酶系统Ⅱ；FAS—脂肪酸合成酶；Mal-CoA—丙二酸单酰-CoA

延伸酶的专一化性能因植物种类而异，氯代乙酰胺类除草剂对 18∶0→20∶0 伸长作用的抑制小于对 $C_{20}→C_{22}$ 与 $C_{22}→C_{24}$ 伸长的抑制。总的来说，VLCFA-延伸酶系统对氯代乙酰胺类除草剂高度敏感。

由于抑制反应是基于对延长-缩合酶的亲核进攻，因此，抑制剂应当具有一个亲电的碳原子。氯或氧乙酰胺通过氯或杂环氧的离去可形成一个活泼的亚甲基。下式显示了延长缩合酶（＝Enz）与氯乙酰胺等除草剂的作用，箭头处为带有一离去基团的亲电部分，在那里与缩合酶上半胱氨酸残基的亲核巯基进行反应。抑制极长链脂肪酸延长酶（VLCFAEs）的除草剂包括氯乙酰胺类的各个品种及萘丙胺、敌草胺（naproanilide）、噻氟草胺（flufenacet）、四唑草胺（fentrazamide）、莎稗磷（anilofos）、苯砜唑（cafenstrole）和茚草酮（indanofan）等多个品种。这类除草剂均有一个亲电子的碳原子并有一个合适的可离去基团。比如氯乙酰胺类除草剂异丙甲草胺（metolachlor）含有一个极易发生反应的 α-碳原子，极易使卤素脱除。

5-二氟甲氧基-4-［（5,5-二甲基-4,5-二氢异噁唑-3-磺酰基）甲基］-1-甲基-3-三氟甲基-1H-吡唑（pyroxasulfone，KIH-485）：在 4,5-二氢-5,5-二甲基-1,2-异噁唑环上有一亲电子的碳原子连接一个易离去基团 3-［5-二氟甲氧基-1-甲基-3-三氟甲基-1H-吡唑基-4-甲磺酰基］。与氯乙酰胺类除草剂类似，pyroxasulfone 在抑制发芽的种子的芽鞘生长的同时，对发芽基本没有影响。因此，它们具有相同的作用机制：

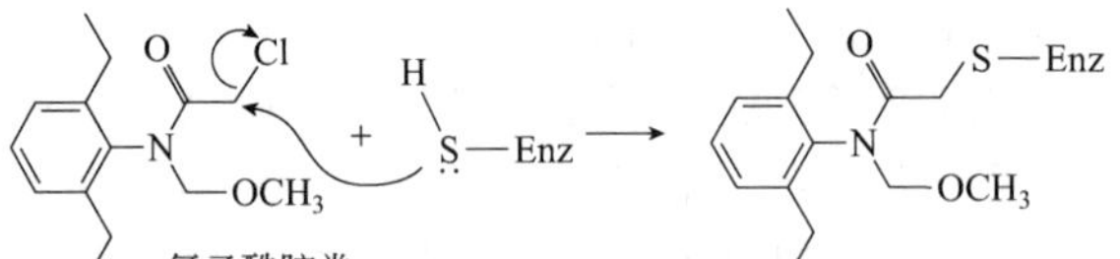

氯乙酰胺类

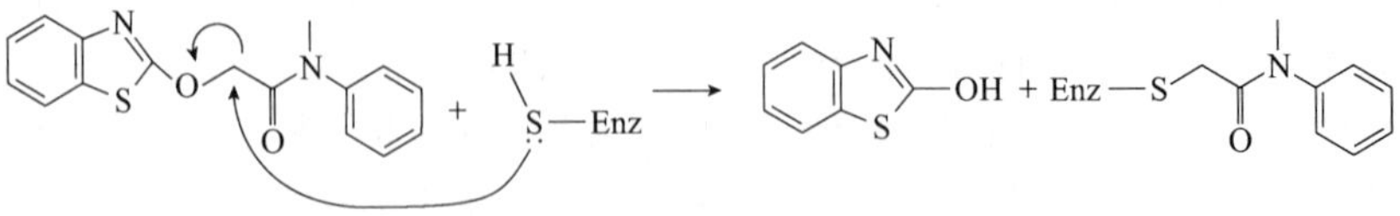

氧代乙酰胺类

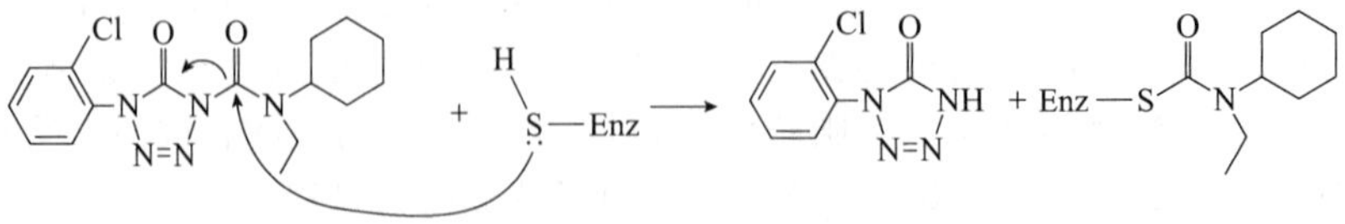

氨基甲酰基苯基四唑酮类

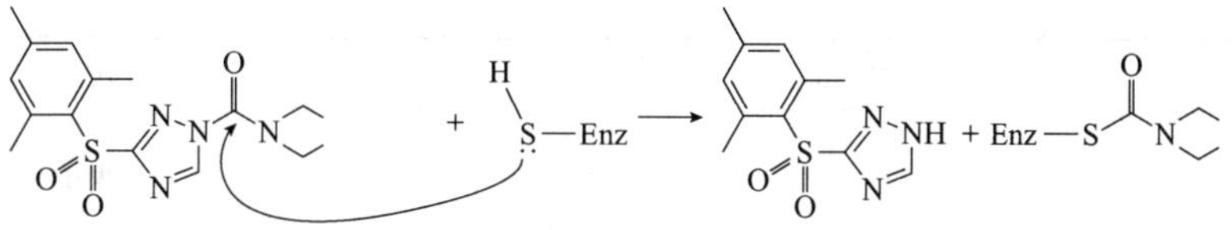

氨基甲酰基磺酰三唑类

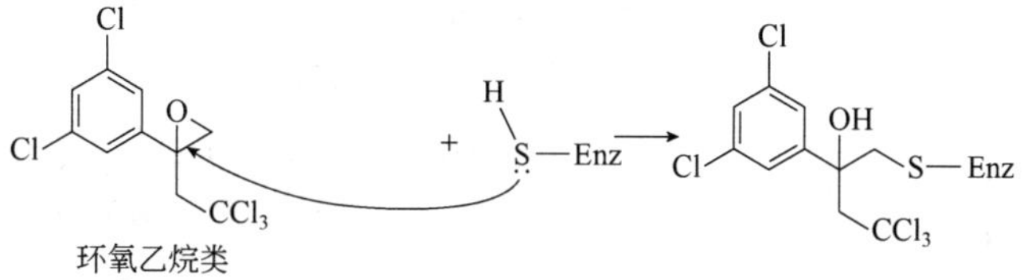

环氧乙烷类

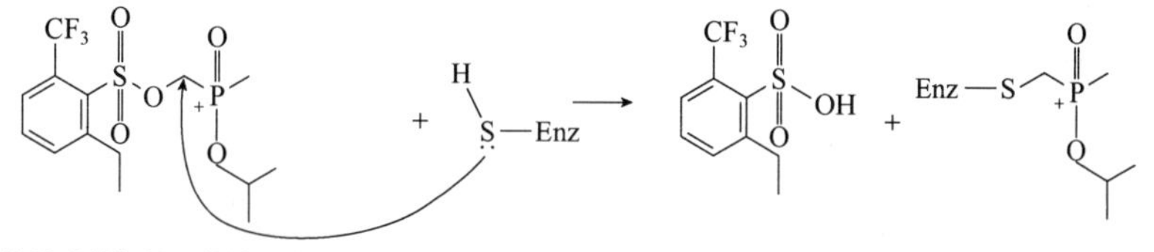

苯基磺酰氧基甲基膦酸酯类

用拟南芥中基因编码的和酵母异种表达 VLCFA-延长酶的基因组学研究支持生物化学和生理学关于这类除草剂的分子靶标的论点。

第三节 氯代乙酰胺类除草剂

50 年前发现第一个酰胺类除草剂品种二丙烯草胺（allidochlor）后，此类除草剂有较大发展，陆续开发出一系列品种，成为近代使用很广泛的一类除草剂。其中，氯代乙酰胺占主导地位，涉及的品种较多，而氧乙酰胺及其他结构的品种也不断增多。酰胺类除草剂在近代农田化学除草剂中占据重要地位，化合物结构趋于复杂，多个含杂环的或有立体异构体的品种出现，开发出一些高活性新品种。虽然这些品种的生物活性显著提高，但其用量尚高。

这类除草剂的用途也向着多样性发展，早期酰胺类除草剂多应用于大豆、玉米、花生、十字花科作物等旱田作物。1978 年随着苯噻草胺的开发成功，开始了氧乙酰胺类化合物的研究，从而开创了一类高活性除草剂。研究证明，含有一个异唑环的氧乙酰胺用于稻田除草具有活性，SSⅡ-22 是良好的稻田除草剂；在含 4-甲基-3-三氟甲基-5-异唑环的氧乙酰衍生物中。其后相继开发成功用于稻田的新品种噻吩草胺（thenylchlor）与唑草胺（cafenstrole）以及使用范围更广的噻唑草酰胺（fluthiamide）等，使酰胺类除草剂品种开发几乎遍及各种作物。

现在这类除草剂原药含量显著提高，剂型加工进一步得到改进，如乙草胺、二甲酚草胺、丁草胺等原药含量均达 95％以上，因而使制剂加工中有效成分含量大为提高。乙草胺乳油含量从 60％提高至 90％以上，二甲吩草胺乳油含量 90％，从而提高了安全性，减少了污染。最近 Zeneca 公司已开始销售称作 Top-Notch 的乙草胺新型微胶囊剂，它是以水为主，不用有机溶剂，有利于环境保护。其合成方法以丁草胺为例，其他的品种均相似不一一列举。这类除草剂的主要品种见表 3-9-1。

表 3-9-1 氯代乙酰胺类除草剂

名　　　称	结　构　式	用　　途
二丙烯草胺 （allidochlor）	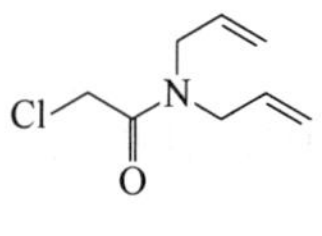	用于玉米、高粱、大豆、蔬菜等地中防除一年生禾本科杂草，用量为 4～5kg/hm²

名　称	结　构　式	用　途
毒草胺 (propachlor)		用于玉米、棉花、大豆、花生、蔬菜田中防除一年生禾本科杂草及某些阔叶杂草，用量为 3.5～5kg/hm²。
甲草胺 (alachlor)		可在玉米、棉花、大豆、花生等旱田中防除一年生禾本科杂草及多种阔叶杂草，用量为 2～4kg/hm²
丁草胺 (butachlor)		要用于水稻田防除一年生禾本科及某些阔叶杂草。用量 1～3kg/hm²
乙草胺 (acetochlor)		用于玉米、大豆、花生田防除一年生禾本科杂草及阔叶杂草，用量为 1.6～2.1kg/hm²
异丙草胺 (metolachlor)		用于玉米、高粱、大豆、花生及某些蔬菜田，用量为 2kg/hm²
吡唑草胺 (metazolachlor)		芽前或播后用于油菜、大豆、甜菜地中防除野燕麦等禾本科杂草及其他杂草
lab114257		用于棉花、油菜、大豆、马铃薯等作物田中防除禾本科杂草及其他杂草
丙炔草胺 (prynachlor)		芽前用于油菜、蔬菜地中防除一年生杂草
异丁草胺 (delachlor)		适用于甜菜、花生、玉米、马铃薯、大豆等作物田中防除一年生禾本科杂草及阔叶杂草，用量为 1～2kg/hm²
丙草胺 (pretilachlor)		能有效地防除稻田一年生禾本科杂草及阔叶杂草，30%乳油用量为 1.5～1.725L/hm²

续表

名　　称	结　构　式	用　　途
杀草胺 （ethaprochlor）	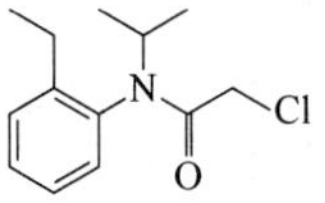	用于水稻秧田除草，也可用于棉花、大豆、玉米、油菜等旱田作物除草。用量 1～1.6kg/hm²
戊炔草胺 （propyzamide）	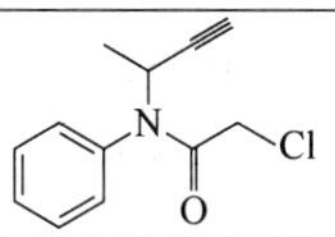	用在小粒种子豆科植物，果园等作物中防除一年生杂草和某些多年生杂草，用量为 0.5～2kg/hm²
噻吩草胺 thenylchlor	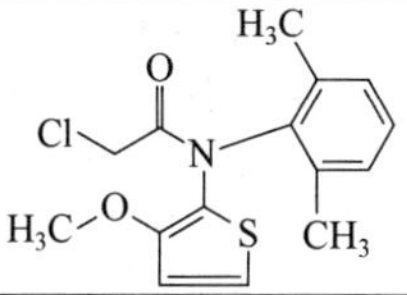	一年生禾本科杂草，特别是稗草，用量 300～500g/hm²
二甲吩草胺 dimethenamid	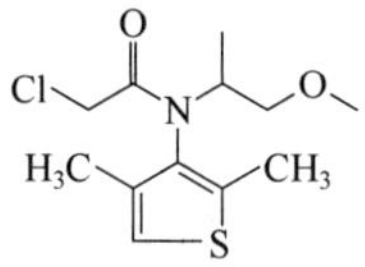	大豆、玉米、花生、菜豆、向日葵、油菜等多种作物田一年生禾本科杂草及小粒种子阔叶杂草，用量 0.5～1.5kg/hm²
烯草胺 pethoxamid	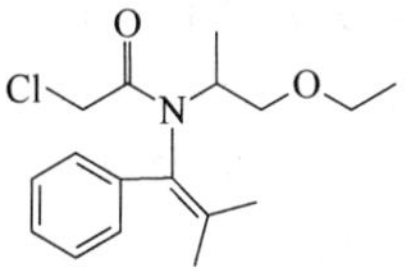	玉米与大豆田禾本科与阔叶杂草，用量 1.0～2.0kg/hm²

氯代乙酰胺类除草剂合成方法均相似，以丁草胺为例进行介绍，其他的品种不一一列举。

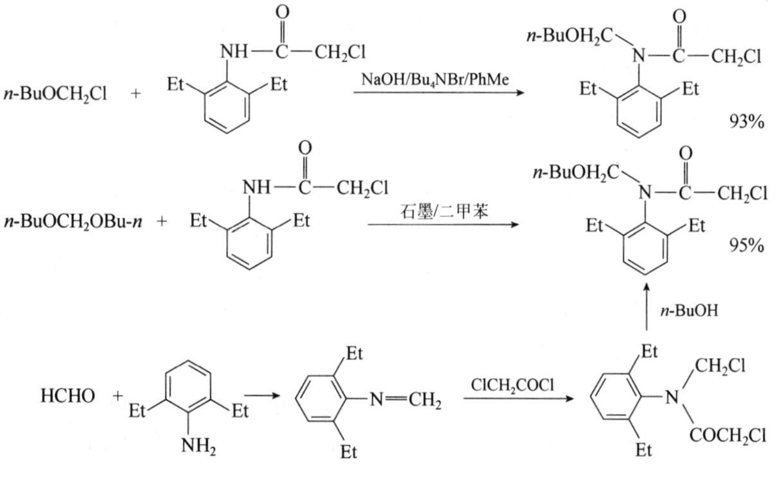

第四节　芳氧酰胺类除草剂

芳氧酰胺类化合物中已知的品种见表 3-9-2。

表 3-9-2　芳氧酰胺类除草剂

通　用　名	结　构　式	用　　途
萘丙酰草胺 （napropamide）	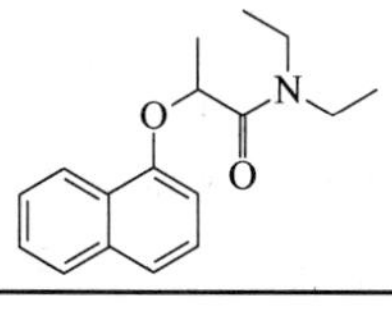	除稗草外几乎可杀灭所有一年生和多年生杂草

续表

通 用 名	结 构 式	用 途
萘丙胺 (naproanilide)		对一年生和多年生杂草有效，对稗草无效，本品在其酰氨键水解为相应的羧酸后才能显示抑制活性
苯噻草胺 (mefenacet)		用于水田防除一年生禾本科杂草和牛毛毡，用量为 1.2～1.6kg/hm²
氟噻草胺 (flufenacet)		防除玉米、大豆、棉花、花生、小麦、向日葵、马铃薯等作物田一年生禾本科杂草与若干小粒种子阔叶杂草，用量 0.6～1.1kg/hm²

1. 萘丙酰草胺 (napropamide)

其外观为无色结晶，熔点 128℃，固体不受光的影响，对温度、湿度稳定，其水溶液接触紫外线则缓慢分解。合成用常规方法。工业品原药为棕色固体。原药大鼠急性经口 LD$_{50}$＞15000mg/kg，急性经皮 LD$_{50}$＞3000mg/kg，该化合物对眼睛和皮肤有轻微刺激作用；在试验剂量内，未发现对动物有致畸、致突变、致癌作用。按我国农药毒性分级标准，属低毒性除草剂。该化合物的研究始于1967 年，是日本三井东亚化学公司于 20 世纪 80 年代初期开发的除草剂。主要用于水稻田防除多种一年生及多年生阔叶科和莎草科杂草，如马唐、看麦娘、狗尾草等，也能杀死许多双子叶杂草，如马齿苋、藜、猪殃殃等，而不会对水稻造成药害，并且在水生条件下能逐步降解，因此，对土壤及水源也不会造成污染，是一个比较理想的水稻除草剂。它对稗草无效，但当它与除稗剂混用时，具有明显的增效作用，能够一次施用而长期有效地防除所有水稻杂草。至 1987 年，该品种已开发出多种混合制剂，目前已大面积用于日本、韩国和中国台湾、东南亚等国家和地区。其特点为除草效果好，杀草谱广，除稗草外几乎可杀灭所有一年生和多年生杂草，持效期长达 40～45d。

2. 苯噻草胺 (mefenacet)

原药为白色粉状结晶固体，熔点 134.8℃，溶解度（20℃）：水 4mg/L，己烷 0.1～1.0g/L，丙酮 60～100g/L，甲苯 20～50g/L，二氯甲烷＞200g/L，异丙醇 5～10g/L，乙酸乙酯 20～50g/L，二甲基亚砜 110～220g/L，乙腈 30～60g/L。对光、热、酸碱等稳定，常温下贮存半年不变质。对大鼠急性经口 LD$_{50}$＞5000mg/kg。大鼠急性经皮 LD$_{50}$＞5000mg/kg，大鼠急性吸入 LC$_{50}$（4h）0.02mg。苯噻草胺可能的合成路线如下：

苯噻草胺

苯噻草胺是第一个杂环芳氧乙酰胺类化合物（简单归纳为氧乙酰胺类），作为水稻田除草剂于1986 年发布。尽管 1976 是在 Bayer 公司（现为 Bayer CropScience）合成，但是它的良好的除草活性是由生物学家 Seizou K K 通过初筛、复筛和田间试验发现的。并进一步证明该化合物非常适合于水稻田。苯噻草胺是由德国 Bayer 公司研制开发，由日本特殊农药公司于 1987 年首先生产。1998年在多国登记，主要用于移栽水稻，可有效地防除禾本科杂草，对稗草有特效，对水稻一年生杂草，如牛毛毡、瓜皮草、泽泻等也有防效，对移栽水稻有优异的选择性。苯噻草胺对萌芽期至 4 叶期的稗草均有较好的杀草效果，对水稻安全性高，是用于移栽稻田防除稗草等禾本科杂草和一年生莎草科杂草的优良除草剂，是目前在日本移栽稻田使用面积最大的除草剂品种。苯噻草胺具有在水层中分散性好、不水解、施药适期长等特点，对萌芽至三叶期稗草均有效。

苯噻草胺的稳定性好，在土壤中不易被微生物降解，室内研究表明，苯噻草胺在不同土壤中的生物降解半衰期为 46～174d 不等。土壤对苯噻草胺有较强的吸附能力，与土壤有机质含量均呈显著正相关，而与土壤 pH 值、阳离子交换量、物理黏粒含量等均不显著相关；土壤有机质是影响苯噻草胺在土壤上吸附的主要因素；对于同种土壤而言，苯噻草胺的吸附随 pH 值的增大而减小，苯噻草胺在土壤中的解吸过程具有一定的滞后性，推测其在土壤中的迁移能力较差。该除草剂的长期大量使用可能在土壤中累积，对土壤环境造成不利影响。土壤有机质是影响苯噻草胺吸附行为的重要因素，其吸附系数有随土壤有机质含量增高而增大的趋势。在有机质含量低的土壤中微生物降解是其消失的主要因素。在有机质含量高的黑土中主要进行吸附缩合。水田条件下的降解速率快于旱田条件。

3. 氟噻草胺（flufenacet）

对苯噻草胺后续的研究发现氧乙酰胺随着水溶性的增加，更适合于丘陵区域使用。为此，苯并类似物如改变苯噻草胺的母核结构，将苯并噻唑修饰为至少含有一个氮原子的五元杂环以增加水溶性。因为氧和硫原子通常是降低疏水性的，如噻唑、噻二唑、噁唑和噁二唑等：

$$A=N, C-R^1$$
$$B=N, C-R^2$$
$$X=O, S$$

这一改变又使新一类杂氧乙酰胺除草剂的许多专利面市。

通过对新的氧乙酰胺的构效关系的研究发现，仅含有特定取代基的 1,3,4-噻二唑衍生物具有很高的除草活性。它们对禾本科杂草具有很高的除草效果，和玉米、大豆具有很好的相容性，并具有合适的水中溶解度（25℃时，56mg/L）。基于这些结果，氟噻草胺（flufenacet，FOE 5043）被选为第二代杂氧乙酰胺类除草剂，用于丘陵地区。

氟噻草胺蒸气压 $9×10^{-7}$Pa（20℃），水中溶解度 56mg/L（25℃），有机溶剂中溶解度（20℃，g/L）：正己烷 8.7，甲苯 200，二氯甲烷＞200，异丙醇 170，1-辛酯 88，聚乙二醇 74，聚乙二醇＋乙醇 160，丙酮＞200，二甲基酰胺＞200，乙腈＞200，二甲基亚砜＞200，K_{ow}1600（24℃）。

播前混土及芽前选择性防除玉米、大豆、棉花、花生、小麦、向日葵、马铃薯等作物田一年生禾本科杂草与若干小粒种子阔叶杂草，用量 0.6～1.1kg/hm²，幼芽（胚芽鞘）吸收、木质部传导，导致大多数禾本科杂草不能出苗，即使出土后，则产生扭曲、畸形、心叶不能从胚芽鞘抽出。作物吸收后，在玉米、大豆等抗性作物体内迅速降解而产生水解与氧化产物，但 GST 催化的谷胱甘肽缀合作用则是其主要降解反应。在土壤中的吸附作用中等，随土壤中黏粒与有机质含量增高，吸附作用增强；由于土壤类型不同，田间半衰期 29～62d 不等。

尽管发布了许多一次性（one-shot）水稻田除草剂，但是苯噻草胺品种在日本 2005 年度（2004 年 10 月至 2005 年 9 月日本农药销售年度）市场仍占有总的 one-shot 除草剂应用面积大约 16% 的份额。苯噻草胺品种本身的对稗属（ECHSS）杂草高活性、广泛的使用周期和长效性，使之成为创制 one-shot 类除草剂的平台。为了确保水稻田宽的除草谱，苯噻草胺与抗双子叶植物的除草剂配伍混合，尤其是磺酰脲类（SU）水稻田除草剂。具有代表性的苯噻草胺复配产品有：苯噻草胺与苄嘧磺隆（bensulfuron-methyl）(Zark®)，苯噻草胺与吡嘧磺隆（pyrazosulfuron-ethyl）(Act®)，以及苯噻草胺与咪唑磺隆（imazosulfuron）(Batl®)。它们在水稻移栽 3d 后至稗草 3 叶期期间使用，对水稻具有很好的安全性且能稳定的防除稗草、异型莎、萤蔺、鸭舌草、一年生阔叶杂草、牛毛毡、矮慈姑以及水莎草。相反，后续使用已知的某种除草剂如 one-shot 除草剂，将减少水稻田的除草时间。

　　制备氟噻草胺涉及新的关键中间体乙酰氧乙酰胺衍生物（由乙酰氧乙酰氯和 *N*-异丙基-4-氟苯胺制得）和 2-甲磺酰基-5-三氟甲基-1,3,4-噻二唑（由三氟乙酸制得）。

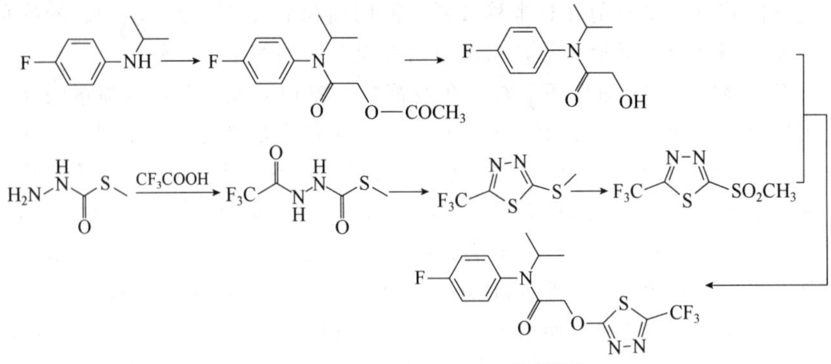

氟噻草胺

　　氟噻草胺是一个选择性苗前和早期苗后除草剂，主要通过根部系统吸收和经木质部传输到根部和新生芽鞘的分生组织而导致生长抑制。在温室，氟噻草胺在剂量为 250g(a.i.)/hm² 时，可防控 95% 的禾本科杂草，包括稗草、马唐、狗尾草、黍稷和大穗看麦娘，并可防控 80% 以上的双子叶杂草，如反枝苋、藜、猪殃殃和辣子草。作物对氟噻草胺耐药性主要归结于谷胱甘肽-*S*-转移酶对它的快速解毒。

　　氟噻草胺单个产品（Define™）通过独自或与其他除草剂混用，用于控制玉米和大豆田中大多数一年生杂草和选择的一年生阔叶杂草。可播前或苗前使用。如在谷物田，氟噻草胺可与吡氟草胺或二甲戊乐灵混用。也可与嗪草酮混用，比其他禾本科植物除草剂更适合于早期抑制玉米田中豚草属（*Ambrosia elatior*）和蓼属（*polygonum* sp）杂草。与异噁唑草酮的混用可控制玉米田中主要杂草和阔叶杂草，包括马唐属、狗尾草属、洋野黍、CHEAL、苋属和野黍，且可整季使用。

　　氟噻草胺还可单独或混配后用于谷类、土豆、向日葵和蔬菜田中。由于很少有杂草对氟噻草胺具有抗性，因此极长链脂肪酸合成抑制剂与 HPPD 抑制剂的配伍可有效防控对草甘膦、均三嗪和 ALS 具有抗性的杂草品种。

第五节　四唑啉酮类除草剂

四唑啉酮类/拜田净

　　在美国 Uniroyal Chemical 公司 1985 年申请专利称氨基甲酰四唑啉酮类化合物具有除草活性后，该类化合物的除草活性才被人们所了解。几个公司研究了其化学行为，并于 1999 年拜耳公司发布了第一个适用于水稻田的四唑啉酮类除草剂 fentrazamide（拜田净，四唑草胺），该化合物的合成路线如下：

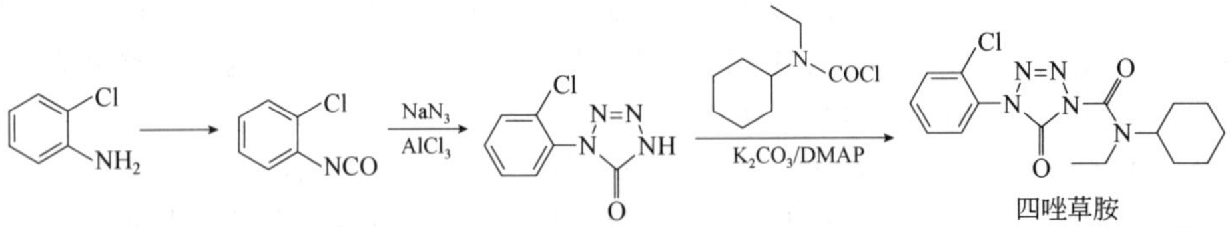

四唑草胺

　　1991 年，Nihon Bayer Agrochem K.K.（现为 Bayer CropScience K.K.）公司开始合成和优化氨基甲酰四唑啉酮类化合物。由于该化学基团对稗草具有高活性，研究的早期主要集中在对水稻的可能的用途。相反，在各种 4-取代-1-氨基甲酰四唑啉酮中，4-苯基的类似物显示出对移栽水稻的选择性。这一发现导致 4-苯基-1-氨基甲酰四唑啉酮作为先导结构用于研制新型水稻田除草剂。

　　对苯环取代模式的全面研究显示：① 邻位具有一个或两个小的取代基（如甲基、乙基、F、Cl 和 Br）对活性影响很大，间位和对位对活性影响较弱；② 一些取代基，如供电子基（甲基、甲氧基、乙基）和某些吸电子基（F、CF₃）均导致水稻受害。而在苯环邻位引入甲基和（或）氯有利

于获得高除草活性。然后评价了连接于苯基取代四唑啉酮邻位的各种氨基甲酰基，研究表明，随着
N-取代碳原子数的增加，导致在土壤中的移动性的降低，这有利于对作物的安全，但当引入一个
长度为 4 个或更多碳的烷基，或氮上取代基总碳原子数超过 8 个后，活性明显降低；而当引入含有
5 元或 6 元环烷基时则活性提高。基于以上结论，四唑草胺是对稗草具有很高的除草活性，同时对
水稻苗具有很高的安全性和在土壤中较低的流动性的优良除草剂。

　　四唑草胺与苯噻草胺一样主要用于移栽水稻田中苗前和苗后防除杂草。对稗属杂草具有稳定的
除草效果和对水稻田中其他主要杂草具有长效控制。适用时期为从稗属杂草发芽前到 3 叶期。四唑
草胺在 $200 \sim 300 g/hm^2$ 的有效剂量下，移栽水稻对其具有很好的耐受性，并可有效地控制稗属杂草
和一年生莎草。植物的耐受性来自于除草剂在土壤中的低流动性。

　　自从四唑草胺品种面市以来，实际应用面积不断增加，在 2005 销售年度中，使用面积大约占
one-shot 品种的 14%。四唑草胺可与苄嘧磺隆、吡嘧磺隆以及咪唑磺隆混配获得与苯噻草胺-磺酰
脲组合具有的相同除草效果。此外，由于这些品种对水稻幼苗具有优异的安全性，在移栽当天可使
用。与 HPPD 抑制剂苯并双环酮的配伍可用于防控对磺酰脲已产生抗性的杂草。

第六节　其他类除草剂

作用于长链脂肪酸合成酶的其他品种见表 3-9-3。

表 3-9-3　作用于长链脂肪酸合成酶的其他品种

通用名	结构式	用途
双苯酰草胺 (diphenamid)		用于花生、蔬菜及观赏作物芽前防除一年生禾本科杂草及某些阔叶杂草，用量为 $4 \sim 6 kg/hm^2$
灭草环		用于玉米田中防除苗期禾本科杂草和阔叶杂草
唑草胺 (cafenstrole)		芽前及苗后使用防除插秧稻田稗草等禾本科及莎草科杂草，植物根与叶吸收，用量 $100 \sim 300 g/hm^2$
莎稗磷 (anilofos)		可用于水稻田中防除莎草科用稗草，也可用于棉花、大豆、玉米、小麦、油菜等作物田中，用量 $0.25 \sim 0.6 g/hm^2$
哌草磷 (piperophos)		可有效地防除水稻田中一年生禾本科杂草和莎草

1. 唑草胺 （cafenstrole）

系由日本中外制药公司于 1989 年研究，后日本永光化成、日产化学、成田化学和杜邦公司等
参与开发，并于 1997 年商品化。化合物纯品为白色固体，熔点 $114 \sim 116℃$，分配系数 $K_{ow} lgP =$
3.21，相对密度 1.30，蒸气压 $2.99 \times 10^{-9} Pa(20℃)$，水中溶解度 2.5mg/L(20℃)，在中性和弱酸
性条件下稳定，大鼠急性经口 $LD_{50} > 5000 mg/kg$，大鼠急性经皮 $LD_{50} > 2000 mg/kg$，大鼠急性吸入
$LC_{50}(4h) > 1.97 g/L$。Ames 法成阴性，无突变性。该化合物芽前及苗后使用防除插秧稻田稗草等

禾本科及莎草科杂草，植物根与叶吸收，用量 $100\sim300g/hm^2$，在土壤持效期达 40d 左右。对目前呈上升趋势的杂草千金子高效。合成方法如下：

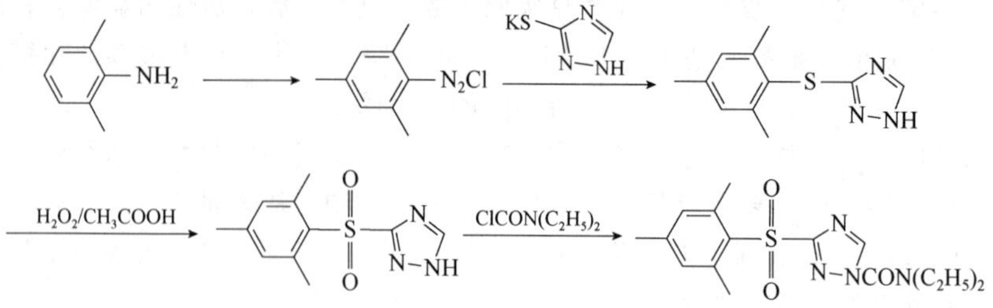

2. 莎稗磷（anilofos）

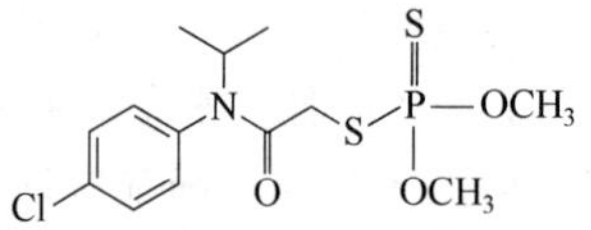

$C_{13}H_{19}ClNO_3PS_2$, 367.85, 64249-01-0

理化性质 纯品为白色针状结晶，熔点 51.5℃，相对密度（25℃）1.27，蒸气压（60℃）2.2×10^{-3}Pa，25℃时溶解度为：丙酮＞100％，甲苯＞100％，氯仿＞100％，乙醇＞20％，苯＞20％，乙酸乙酯＞20％，正己烷 1.2％。溶解度（20℃）：在水中 13.6mg/L。150℃分解，对光不敏感，在 pH5～9、22℃稳定，在土壤中的半衰期 30～45d(23℃)。

合成方法 烷基化反应 将 0.376mol 对氯苯胺和 2-溴丙烷混合加热，在一定温度下反应数小时，冷却，加氢氧化钠溶液搅拌分层，油层水洗至中性，水层溶剂萃取，合并油层，脱溶得紫红色液体 64g，制得 4-氯-N-异丙基苯胺，收率 95％～98％。或用对硝基氯苯与丙酮、氢气同时反应，制成 4-氯-N-异丙基苯胺。或用对氯苯胺与异丙醇在固体催化剂存在下，于 135～140℃、0.67～0.7MPa 下反应 5h 制得。氯乙酰化反应将上步产物 0.48mol、溶剂、氯乙酰氯混合后加热，在一定温度下反应数小时。加水搅拌，静置分层，油层水洗，水层提取，合并油层，脱溶后浅红色 N-氯乙酰基-N-异丙基对氯苯胺 119g，收率 98％。也有报道用吡啶作缚酸剂，在较低温度下进行反应。缩合反应：将 0.17mol N-氯乙酰基-N-异丙基对氯苯胺、缚酸剂、溶剂及 O,O-二甲基二硫代磷酸混合后，在一定温度下，搅拌反应数小时，经水洗脱溶得莎稗磷产品 63g，收率 88％～90％。

毒性 据中国农药毒性分级标准，莎稗磷属低毒除草剂。大鼠急性经口 LD_{50} 472～830mg/kg，兔急性经皮 LD_{50} 大于 2000mg/kg，急性吸入 LC_{50} 大于 26mg/L(4h)。大鼠亚慢性（90d）无作用剂量 10mg/kg。狗 6 个月喂养无作用剂量 5mg/kg。在试验剂量下，无致突变作用。对兔皮肤有轻微刺激作用，对其眼睛有一定的刺激性。对鱼中等毒性，金鱼 LC_{50}（96h）4.6mg/L，虹鳟鱼 LC_{50} 2.8mg/L。对鸟类低毒，日本鹌鹑急性经口 LD_{50} 2339～3360mg/kg。制剂大鼠急性经口 LD_{50} 1512mg/kg，兔急性经皮 3622mg/kg，急性吸入 LC_{50} 大于 20mg/kg。对皮肤和眼睛无刺激作用。

应用 属有机磷类选择性内吸传导型除草剂。通过植物的幼芽和地下茎吸收，抑制细胞裂变伸展，使杂草新叶不易抽出，生长停止，最后枯死。对正萌发的杂草效果最好；对已长大的杂草效果较差。杂草受药后生长停止，叶片深绿，有时脱色，叶片变短而厚，极易折断，心叶不易抽出，最后整株枯死。能有效防除 3 叶期内的稗草和莎草科杂草，对水稻安全。

参考文献

[1] Modern Crop Protection Compounds：Inhibition of Cell Division(Oxyacetamides,Tetrazolinones).

[2] Hamm P C. Discovery,development,and current status of the chloroacetamide herbicides. Weed Sci,1974,22：541-545.

[3] Anonymous. Roundup usage doubles on us soybeans. Agrow,1999,No 330：17-18.

[4] Deal L M,Hess F D. An analysis of the growth inhibitory characteristics of alachlor and metolachlor. Weed Sci,1980,28：168-175.

[5] Fedtke C. Modes of herbicide action as determined with Chlamydomonas reinhardu and Coulter counting. In: Moreland DE, St John J B, Hess FD(eds)Biochemistry responses induced by herbicides, ACS Ser 181, Am Chem Soc, Washiongton, DC, 1982, pp 231-250.

[6] Weisshaar H, Böger P. Primary effects of chloroacetamides. Pestic Biochem Physiol, 1987, 28: 286-293.

[7] Stoan M E, Camper N D. Effects of alachlor and metolachlor on cucumber seedings. Environ Exp Bot, 1985, 26: 1-7.

[8] Zama P, Hatzios K K. Interaction between the herbicide metolachlor and the safener CGA-92194 at the levels of uptake and macromolecular synthesis in sorghum leaf protoplasts. Pestic Biochem Physiol 1987, 27: 86-96.

[9] Narsaiah D B, Harvey R G. Alachlor placement in the soil as related to phytotoxicity to maize(Zea mays L)and soybean (Glycine max. L.)seedlings. Weed Res, 1977, 17: 163-168.

[10] Wilkinson R E. Metolachor influence on growth and terpenoid synthesis. Pestic Biochem Physiol, 1981, 16: 63-71.

[11] Molin W T, Anderson E J, Porter C A. Effects of alachlor on anthocyanin and lignin synthesis in etiolated sorghum (*Sorghum bicolor(L)Moench*)mesocotyls. Pestic biochem Physiol, 1986, 25: 105-111.

[12] Fuerst E P. Understanding the mode of action of the chloraacetamide and thiocarbamate herbicides. Weed Technol, 1987, 1: 270-277.

[13] Lebaron H M, McFarland J E, Simoneaux B J. Metolachlor. In: Kearney PC, Kaufman D D(eds). Herbicides-chemistry, degradation and mode of action. Dekker, New York, 1988, pp 335-382.

[14] Sharp D B. Alachlor, In: Kearney PC, Kaufman DD(eds)Herbicides-chemistry, degradation and mode of action. Dekker, New York, 1988, pp 301-333.

[15] Böger P, Matthes B, Schmalfufs I. Towards the primary target of chloroacetamides-new fingings pave the way. Pestic Manage Sci, 2000, 56: 497-508.

[16] Leavitt J R C, Penner D. In vitro conjugation of glutathione and other thiols with acetanilide herbicides and EPTC sulfoxide and the action of the herbicide antidote R-25788. J Agric Food Chem, 1979, 27: 533-536.

[17] McFarland J E, Hess F D. Chloroacetamide herbicides alkylate plant protens. Weed Sci Soc Am(WSSA)Abstr Book 1986, 26: 81.

[18] Fuerst E P, Lamourenx G L, Ahrens WH. Mode of action of the dichloroacetamide, antidote BAS 145-138 in corn. I. Growth responses and fate of metazachlor. Pestic Biochem Physiol 1991, 39, 138-148.

[19] Couderchet M, Brozio B, Böger P. Effect and metabolism of the chloroacetamide herbicide metazachlor: comparision of plant cell suspension cultures and seedings. J Pestic Sic 1994, 19: 127-135.

[20] Asai M, Yogo Y. Dose response analysis and estimation of I_{50} of paddy amide herbicidesfor prediction of durationof activity. Weed Sci Soc Am(WSSA)Abstr Book 1998, 38: 65.

[21] Couderchet M, Bocion P F, Chollet R, et al. Biological activity of two stereoisomers of the *N*-thienyl chloroacetamide herbicide dimethenamide. Pestic Sci, 1997, 50: 221-227.

[22] Jaworski E J. Biochemical action of CDAA, a new herbicide. Science, 1956, 123: 847-848.

[23] Mann J D, Pu M. Inhibition of lipid biosynthesis by certain herbicides. Weed Sci, 1968, 22: 197-198.

[24] Couderchet M, Böger P. Chloroacetamide-induced reduction of fatty acid desaturation. Pestic Biochem Physiol, 1993, 45: 91-97.

[25] Mollers C, Albrecht S. Screening herbicide effects on lipid metabolism of storage lipids by in vitro culture of microspore-derived embryoides of *Brassica napus*. J Plant Physiol, 1994, 144: 376-384.

[26] Ebert E, Ramsteiner K. Influence of metolachlor and the metolachlor protrctant CGA 43089 on the biosynthesis of epicuticular waxes ang the primary leaves of Sorghum bicolor Moench. Weed Res, 1984, 24: 383-389.

[27] Tevini M, Steinmuller D. Influence of light, UV-B ralation, and herbicides on wax biosynthesisi of cucumber seedings. J Plant Physiol, 1987, 131: 111-121.

[28] Böger P. Mode of action for chloroacetamides and functionally related compounds. J Pest Sci, 2003, 28: 324-329.

[29] Trenkamp S, Martin W, Tietjen K. Specific and differential inhibition of verylong-chain fatty acid elongases from Arabidopsis thaliana by different herbicides. Proc Natl Acad Sci, USA 2004, 101: 11903-11908.

[30] Todd J, Post-Bittenmiller D, Jaworski J G. KCS1 encodes fatty acid elongase 3-ketoacyl-CoA synthase affecting was biosynthesis in Arabidopsis thaliana. Plant J, 1999, 17: 119-130.

[31] Ghanevati M, Jaworski J G. Engineering and mechanistic studies of the Arabidopsis FAE1 b-ketoacyl-CoA synthase, FAE1 KCS. Eur J Biochem, 2002, 269: 3531-3539.

[32] Blackloch B J, Jaworski J G. Substrate specificity of Arabidopsis 3-ketoacyl-CoA synthase. Biochem Biophys Res Comm, 2006, 346: 583-590.

［33］　Joubes J，Raffaele S，Bourdenx B，et al. The VLCFA elongase gene family in Arabidopsis thaliana：phylogenic analysis，3D modeling and expression profiling. Plant Mol Biol，2008，67：547-566.

［34］　Tanetani Y，Kaku K，Kawai K，et al. Action mechanism of a novel herbicide，pyroxasulfone. Pestic Biochem Physiol，2009，95：47-55.

［35］　Böger P，Matthes B，Schmalfu J. Towards the primary target of chloroacetamides -new findings pave the way. Pest Manag Sci，2000，56：497-508.

［36］　Cassagne C，Lessire R，Bessoule J J，Moreau P，Creach A，Schneider F，Sturbois B. Biosynthesis of very long chain fatty acids in higher plants. Prog Lipid Res，1994，33：55-69.

［37］　Harwood J L(Ed). Plant Lipid Biosynthesis，Cambridge University Press，UK，1998：185-220.

［38］　Ebert E，Ramsteiner K. Influence of metolachlor and the metolachlor protectant CGA 43089 on the biosynthesis of epicuticular waxes on the primary leaves of Sorghum bicolor Moench. Weed Res，1984，24：383-389.

［39］　Fehling E，Murphy D J，Mukherjee K D. Biosynthesis of triacylglycerols containing very-long-chain monounsaturated acyl moieties in developing seeds. Plant Physiol，1990，94：492-498.

［40］　Cahoon E B，Lynch D V. Analysis of glucocerebrosides of rye(Secale cereale L. cv Puma)leaf and plasma membrane. Plant Physiol，1991，95：58-68.

［41］　Couderchet M，Schmalfu J，Böger P. A specific and sensitive assay to quantify the herbicidal activity of chloroacetamides. Pestic Sci，1998，52：381-387.

［42］　Matthes B，Schmalfu J，Böger P. Chloroacetamide mode of action. Part 2. Inhibition of very long chain fatty acid synthesis in higher plants. Z Naturforsch，1998，53c：1004-1011.

［43］　Schmalfu J，Matthes B，Mayer P，Böger P. Chloroacetamide mode of action. Part 1. Inhibition of very long chain fatty acid synthesis in Scenedesmus acutus. Z Naturforsch，1998，53c：995-1003.

［44］　Schmalfu J，Matthes B，Knuth K，Böger P. Inhibition of Acyl-CoA Elongation by Chloroacetamide Herbicides in Microsomes from Leek Seedlings. Pestic Biochem Physiol，2000，67：25-35.

［45］　Leavitt J R C，Penner D. In vitro conjugation of glutathione and other thiols with acetanilide herbicides and EPTC sulfoxide and the action of the herbicide antidote R-25788. J Agric Food Chem，1979，27：533-536.

［46］　Ghanevati M，Jaworski J G. Active-site residues of a plant membrane-bound fatty acid elongase-ketoacyl-CoA synthase，FAE1 KCS. Biochim Biophys Acta，2001，1530：77-85.

［47］　Eckermann C，Matthes B，Nimtz M，et al. Covalent binding of chloroacetamide herbicides to the active site cysteine of plant type Ⅲ polyketide synthases. Phytochemistry，2003，64：1045-1054.

［48］　Trenkamp S，Martin W，Tietjen K. Specific and differential inhibition of very-long-chain fatty acid elongases from Arabidopsis thaliana by different herbicides. Proc Natl Acad Sci USA，2004，101：11903-11908.

［49］　Lechelt-Kunze C，Meissner R C，Drewes M，Tietjen K. Flufenacet herbicide treatment phenocopies the fiddlehead mutant in Arabidopsis thaliana. Pest Manag Sci，2003，59，847-856.

［50］　Förster H，Hofer W，Mues V，et al. Herbicidal azolyloxycarboxylic amides. Ger. Pat. DE 2914003，1980(Bayer A. G.).

［51］　Förster H，Andree R，Santel H J，et al. Halogenated thiadiazolyloxyacetic acid amides，process and intermediates for their preparation，and their use as herbicides. Ger. Pat. DE 3724359，1989(Bayer A. G.).

［52］　Förster H，Hofer W，Mues V，et al. Substituted carboxylic acid amides and their use as herbicides. Ger. Pat. DE 2822155，1979(Bayer A. G.).

［53］　Förster H，Andree R，Sante H J，et al. Azolyloxyacetanilides as herbicides. Ger. Pat. DE 3821600，1989(Bayer A. G.).

［54］　Covey R A，Forbes P J，Bell A R. Substituted tetrazolinones useful as herbicides. Eur. Pat. EP146279，1985.

［55］　Goto T，Ito S，Yanagi A，et al. Studies on herbicidal carbamoyltetrazolinone derivatives：Selection of fentrazamide. Weed Biol Manag，2002，2：18-24.

［56］　Deege R，Förster H，Schmidt R R，et al. BAY FOE 5043：A new low rate herbicide for preemergence grass control in corn，cereals，soybeans and other selected crops. Proc. Brighton Crop Prot. Conf. -Weeds，1995：43-48.

［57］　Aya M，Yasui K，Kurihara K，et al. Proceedings of the 10tth Asian-Pacific Weed Science Conference，Chiangmai，Thailand，1985：567-574.

［58］　Schmidt R R，Eue L，Förster H，Mues V. Mefenacet -a new herbicide. Gent，1984：1075-1084.

［59］　Yasui K，Goto T，Miyauchi H，et al. BAY YRC 2388：a novel herbicide for control of grasses and some major species of sedges and broadleaf weeds in rice. Proc Brighton Crop Prot Conf-Weeds，1997：67-72.

［60］　苏少泉. 酰胺类除草剂评述. 农药，2002，41：1-5.

第十章

乙酰辅酶 A 羧化酶抑制剂

　　脂类是生物体内四大类大分子之一，其化学本质是由脂肪酸和醇形成酯及其衍生物。生物体缺少某些必需脂肪酸就会导致其免疫能力和抗病能力下降，生长受阻，严重时会导致死亡。生物体内的大部分脂肪酸都以结合形式存在，仅有少量脂肪酸以游离形式存在于组织和细胞中。天然脂肪酸骨架中的碳原子数目几乎都是偶数，而奇数碳原子的脂肪酸仅存在于极少数生物体内并以海洋生物为主，这是由于在生物体内脂肪酸是以二碳单位——乙酰辅酶 A(acetyl-CoA) 形式从头合成的。

　　脂肪酸的合成过程在所有生物体中基本相同，区别仅在于合成场所不同。例如动物与酵母的脂肪酸合成主要在细胞质中进行，而植物脂肪酸合成则主要发生在质体中。由于植物叶肉细胞中合成的脂肪酸无法进行长距离的运输，因此，每个植物细胞必须合成脂肪酸以满足细胞功能的需要。植物线粒体内产生的乙酰辅酶 A 借助于其特有的跨膜穿梭机制进入细胞溶胶中，在乙酰辅酶 A 羧化酶的羧化作用下将 HCO_3^- 上的羧基转移至乙酰辅酶 A 上生成丙二酸单酰辅酶 A(malonyl-CoA)，植物体则以丙二酸单酰辅酶 A 作为合成脂肪酸的底物进行碳链的增长，每循环一次增加两个碳原子。

　　乙酰辅酶 A 羧化酶（acetyl-CoA carboxylase，EC 6.4.1.2，ACCase）是化学除草剂的一个重要靶标，发现于 1958 年。它是植物代谢过程中催化植物脂肪酸合成的关键酶。

第一节　乙酰辅酶 A 羧化酶（ ACCase ）

一、乙酰辅酶 A 羧化酶的生物学特征

　　Salih 等在 20 世纪 50 年代发现了 ACCase，它是 biotin-dependent 酶家族中的重要一员，能催化羧基的转移并在脂肪酸合成中起着关键作用。此后又分别在哺乳动物、原核生物和植物等中找到了这种酶，从而认识到 ACCase 是普遍存在于生物体内的一种参与脂肪酸合成过程的蛋白酶。随着人们对 ACCase 更广泛和深入的研究，发现 ACCase 也是特定蛋白活性的调节物。虽然不同来源的 ACCase 在结构和调控方式上存在差异，但在脂肪酸生物合成途径中的作用却是相同的。

　　不同来源的 ACCase 在结构上存在着较大的差异，这些差异表现在真核生物和原核生物之间的不同，动物和植物之间也存在差异，即使在植物体中单子叶植物和双子叶植物之间也存在差异，此外分布在同一生物体内不同位置的酶也有所不同。但总体而言，ACCase 有两种同工酶，即同质型 ACCase 和异质型 ACCase。其中同质型 ACCase 存在于动物、酵母、藻类及植物的胞质溶胶中，是一个分子量大小为 220～260kDa 的包含生物素的单亚基蛋白。迄今为止，对 ACCase 还没有明确的分类标准，目前主要采用 ACCase 的结构差异进行分类如下：

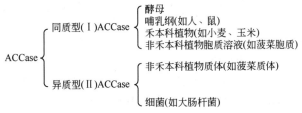

　　由于 ACCase 在生物体内的重要地位，到目前为止对 ACCase 结构、调控机制和催化机制的研究报道也比较多，近30多年来陆续报道了这种酶在生物体内的作用和以 ACCase 为作用靶标的抑制剂的发展状况，包括它在农业、生物领域和临床治疗中的应用。但是对于 ACCase 四级结构、与抑制剂小分子相互作用机制以及其在生物体内的调控方式等方面的研究进展报道较少，这主要是由 ACCase 种类的多样性和结构的复杂性决定的。

　　目前的研究认为：单一核基因编码的单亚基 ACCase 含有三个功能域，即生物素羧化酶功能域（biotin carboxylase，BC）、生物素羧基载体蛋白功能域（biotin carboxylcarrier protein，BCCP）及羧基转移酶功能域（carboyyl transferase，CT）。ACCase 三个功能域中比较特殊的是包含生物素辅基的 BCCP，生物素辅基借助羧化全酶合成酶（holocarboxyl asesynthctase）共价结合到 BCCP 上。其中 biotin 上戊酸的—COOH 与 BCCP 上 Lys 残基的 ε-NH$_2$ 缩合形成酰氨键，使羧化后的 biotin 能在 BC 和 CT 功能域间自由移动，这也是 ACCase 能起催化作用的重要原因。在氨基酸序列上分别对应于 BC、BCCP、α-CT 和 β-CT 组分。不同来源的同质型 ACCase 具有相同的组织结构形式（NH$_2$-BC-BCCP-CT-COOH）。异质型 ACCase 存在于细菌及双子叶植物和非禾本科单子叶植物的质体中，其中 BCCP、BC 和 α-CT 三个亚基是由核基因组编码，β-CT 则是由叶绿体基因组编码，在结构上与最早研究的大肠杆菌 ACCase 属于同一类型，因此也被称为原核型 ACCase。由于异质型 ACCase 是一个有两种基因组编码的多亚基复合体，这决定了其结构的复杂性和分离纯化的难度。异质型 ACCase 也包含四个亚基，在氨基酸序列上分别对应于 BC、BCP、α-CT 和 β-CT。其中前两个亚基分别构成 BC 功能域和 BCCP 功能域，后两个亚基构成 CT 功能域。不同来源的异质型 ACCase 也具有相同的组织结构形式，即从 N-端开始向 C-端延伸。

　　其中人体、小麦、酵母中均含有两种 ACCase，它们均属于同质型 ACCase，分别存在于胞质溶胶和质体中，它们的三个功能域融合在一条多肽链上。虽然这两种同工酶的非催化功能域在氨基酸数目上稍有所不同，但 BC、BCCP 和 CT 催化功能域在氨基酸数目和序列上却是相似的，这说明 ACCase 的催化部位在氨基酸数目和序列上是高度保守的。链霉菌（*Scoelicolor*）、金属球菌（*M. sedula*）、大肠杆菌（*E. Coli*）中的 ACCase 均为异质型，它的四个亚基分别位于四条多肽链上。以 *E. Coli* 为例，其 BC 功能域是一个包含 449 个氨基酸残基，分子量约为 50kDa 的亚基，BCCP 功能域是一个包含 156 个氨基酸残基，分子量约为 17kDa 的亚基，CT 功能域的 α-CT 是一个包含 319 个氨基酸残基，分子量约为 35kDa 的亚基，β-CT 是一个包含 304 个氨基酸残基，分子量约为 33kDa 的亚基，它们共同构成了具有活性的 CT 催化域。同质型 ACCase 的 CT 功能域在氨基酸序列上是高度保守的，而异质型 ACCase 的 CT 功能域的同源性却非常有限。人体、小麦、酵母的同质型 ACCase 的 CT 功能域在氨基酸数目上差别较小，具有高度保守性，而链霉菌、金属球菌及大肠杆菌的 CT 功能域在氨基酸数目上差别较大。

　　生物体内的 ACCase 以两种状态存在，即活性状态和非活性状态。活性状态下的 ACCase 是以二聚体的形式存在，但同质型 ACCase 的活性二聚体形式在空间结构上和异质型 ACCase 存在一定的差异，其中同质型 ACCase 在活性状态下呈现出同型二聚体形式，如图 3-10-1 所示。同质型 ACCase 为相互紧密接触的复合体，BCCP 功能域上带有 1 个能在 BC 和 CT 功能域之间自由摇摆的生物素辅基，并分别与 BC 和 CT 的活性位点相结合。当其与 BC

(a) 同质型ACCase　　　　(b) 异质型ACCase

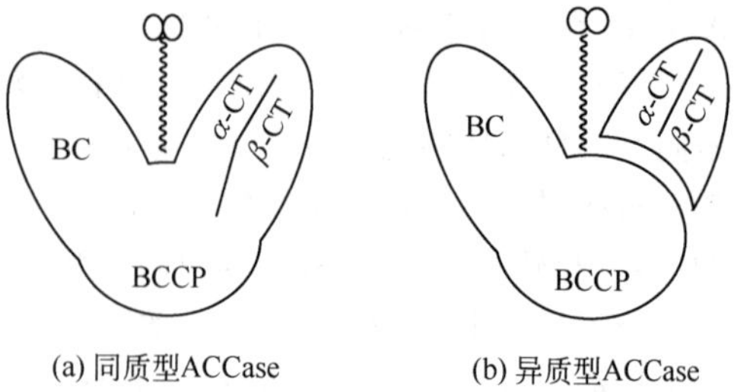

图 3-10-1　同质型 ACCase 和异质型 ACCase 亚基组成示意图

上的活性位点结合时，BCCP 上的生物素被羧化，而当 BCCP 与 CT 上的活性位点相结合后，BCCP 上被羧化的生物素羧基则会脱下并转移至底物上。同型二聚体在分子结构上更为稳定而难以解离。在非活性状态下则以单体形式存在。异质型 ACCase 在活性的状态下，BC 和 BCCP 亚基呈同型二聚体，而 α-CT 和 β-CT 则为异型二聚体，如图 3-10-1 所示。异质型 ACCase 在活性状态下分子形式可能是（BCCP）$_2$

$(BC)_2$ $(\alpha\text{-}CT)_2$ $(\beta\text{-}CT)_2$，其中 α-CT 和 β-CT 之间以共价键相连，BC 和 BCCP 两个亚基与 CT 之间是借助于氢键等非共价键相结合，中间有间隙的亚基则容易解离。异质型 ACCase 的催化过程与同质型 ACCase 相同，都是借助于能在 BC 和 CT 功能域间自由摇摆的 BCCP 功能域上的生物素作为桥梁。在非活性状态下，BC、BCCP、α-CT 和 β-CT 也是以单体形式存在。这种结构上的差异决定了异质型 ACCase 不稳定，容易解离，因此到目前为止还不能采用常规纯化方法得到全酶。

应当特别指出的是油菜的 ACCase 比较特殊，它的质体中可能同时包含同质型 ACCase 和异质型 ACCase，是目前发现的唯一特别的植物。植物 ACCase 结构比动物 ACCase 要复杂得多，且提纯后的蛋白酶容易失活，因此迄今为止通过 X 射线晶体衍射的方法只测定了少数植物 ACCase 的空间结构。研究表明芳氧苯氧丙酸酯类（aryloxyphenoxypropionates，APP）和肟醚类环己二酮类 CHDs（cyclohexanediones，CHD）这两类除草剂能去除杂草的原因在于杂草属于禾本科植物，其体内的两种 ACCase 同工酶均属于同质型 ACCase。

二、乙酰辅酶 A 羧化酶在脂肪酸合成中的作用

在生物体中，乙酰辅酶 A 羧化酶能催化乙酰-CoA 生成丙二酸单酰-CoA，为脂肪酸的合成提供原料来源，这是脂肪酸合成过程的第一步，同时也是关键步骤。植物中的乙酰辅酶 A 羧化酶不仅在活力水平上，而且在酶水平上控制脂肪酸的合成，是植物生存的关键。乙酰辅酶 A 羧化酶催化乙酰辅酶 A 生成丙二酸单酰辅酶 A 的反应过程如图 3-10-2 所示。整个催化反应过程是由三个亚基组成的两步反应：首先是乙酰辅酶 A 羧化酶自身的生物素羧化酶功能域（BC）催化乙酰辅酶 A 羧化酶的生物素羧基载体蛋白功能域（BCCP）的生物素发生羧化反应，使与蛋白质结合的生物素辅基羧化，这个过程必须有 ATP 和 Mg^{2+} 的参与才能进行。然后在乙酰辅酶 A 羧化酶自身的羧基转移酶功能域（CT）催化下，将羧基从羧基生物素转移到乙酰-CoA 上，生成丙二酸单酰-CoA，同时释放出生物素羧基载体蛋白并进入下一轮的循环中。

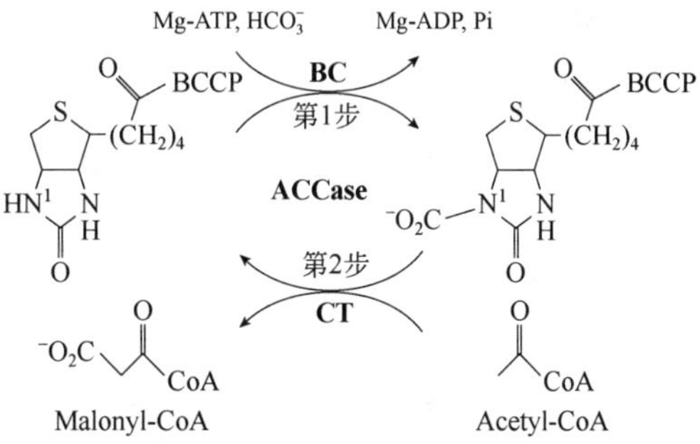

图 3-10-2 ACCase 催化乙酰-CoA 合成
丙二酸单酰-CoA 的两步反应

反应生成的丙二酸单酰-CoA 不仅是脂肪酸合成的底物，同时也是脂酰链延伸系统及次黄酮类等重要代谢反应的底物，进一步的研究表明它也是生物体内一个基本的代谢底物和特定蛋白活性的调控代谢物，并在脂肪酸的氧化中作为线粒体穿梭系统的调节因子，对生物体起着重要的调控作用。

ACCase 催化 ATP-依赖乙酰-CoA 生成丙二酸单酰-CoA，该反应是脂肪酸全合成的第一个关键步骤，也是限速步骤。对于第一步 BC 的催化反应机制文献中已有讨论。但是到目前为止，对第二步 CT 的催化反应机制还不是很清楚。羧基是直接转移给乙酰辅酶 A 还是先变成 CO_2 再连接到乙酰-CoA 上还不能确定。Knowles J. R 提出了一个可能的催化反应机制：羧基生物素首先分解产生 CO_2，接着生物素 N_1 原子作为广义碱夺取乙酰辅酶 A 甲基上 H 质子，去质子化的乙酰辅酶 A 进攻 CO_2 形成丙二酰辅酶 A。对 CT 活性位点周围的氨基酸残基进行突变，实验结果显示没有一个氨基酸残基可以作为广义碱，这从一个方面证实了该机制的正确性（见图 3-10-3）。

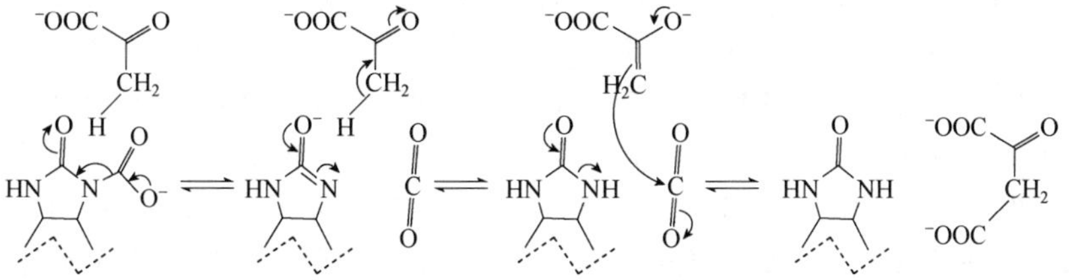

图 3-10-3 CT 亚基催化底物的反应示意图

三、乙酰辅酶 A 羧化酶作为除草剂靶标

乙酰辅酶 A 羧化酶是化学除草剂的一个重要靶标，发现于 1958 年。乙酰辅酶 A 羧化酶抑制剂主要是通过抑制乙酰辅酶 A 的羧化，进而阻断脂肪酸的合成，同时破坏膜的完整性，从而造成代谢物的渗漏和植物的快速死亡。由于禾本科物种只存在同质型 ACCase，而非禾本科物种则同时含有同质型和对 ACCase 抑制剂不敏感的异质型两种 ACCase，所以 ACCase 抑制剂对非禾本科物种具有高度的选择性，可抑制禾本科植物体内的脂肪酸合成，APPs 等类除草剂与乙酰辅酶 A 竞争性地结合至 ACCase CT 活性位点，使乙酰辅酶 A 不能正确地结合至 CT 活性位点，从而阻断了 ACCase 催化乙酰辅酶 A 转化为脂肪酸合成底物丙二酸单酰-CoA 的这一过程，使禾本科植物无法进行脂肪酸合成从而达到除草的目的。动力学研究表明，除 ACCase 外其他的生物素包含酶均不能被 APPs 和 CHDs 所抑制，这说明 ACCase 各功能域中仅有 CT 功能域对除草剂敏感，也就是说 CT 活性部位是这类除草剂的作用位点，它们是 ACCase 的竞争性抑制剂，具有高效、低毒、施用期长、选择性高、在植物体内传导、对后茬作物安全等优点，能够苗后防除一年或多年生禾本科杂草。在全球范围内被广泛用来控制禾本科杂草。APPs 抑制 ACCase 作用过程如图 3-10-4 所示。

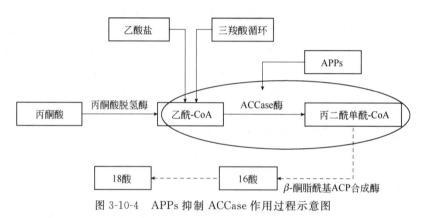

图 3-10-4　APPs 抑制 ACCase 作用过程示意图

对于 ACCase 酶抑制剂的研究始于 20 世纪 70 年代，文献报道的 ACCase 酶抑制剂共分为 5 种类型，分别是芳氧苯氧丙酸酯类（APP）、肟醚类环己二酮（CHD）、芳氧苯基环己二酮类（aryloxyphenylcyclohexanedione，APCHD）、三酮类环己二酮（cyclictriketones，CTR）及近年来发现的 2-芳基-1，3-二酮类（AD）。除草剂对 ACCase 的抑制主要是通过抑制 CT 亚基，造成酰基脂类生物合成受到抑制，影响细胞膜渗透性，造成代谢产物渗漏，致使植物死亡，从而达到防除禾本科杂草的目的。

四、ACCase 酶的晶体结构

APPs 和 CHDs 除草剂通过抑制 ACCase 活性，导致植物正常的脂肪酸合成受阻，其中 APPs、CHDs 与 ACCase 相互作用的活性位点均是 CT 结构域。虽然目前世界上有部分农药学家正致力于新靶标点的研究和探索，但大多数除草剂仍然以 CT 结构域作为抑制剂的作用靶点。由于异质型 ACCase 的组成和结构比同质型 ACCase 要复杂得多，因此其三维结构的了解有相当的难度，受现有研究条件的限制，目前大多数植物异质型 ACCase 的三维结构不能完全确定。如前所述，异质型 ACCase 包含有四个亚基：BC、BCCP、β-CT 和 α-CT。在生物体系中，ACCase 并不稳定，容易分解，因此对每个亚基可以进行单独的研究。第一个得到的结构信息是来源于大肠杆菌的 BC 亚基，接着是来源于大肠杆菌的 BCCP 亚基。大肠杆菌中 CT 亚基结构虽然也解析出来，但是由于 X 射线

的解析度不高，所得到的结构不足以进行更加深入的研究。

目前对同质型 ACCase CT 结构域空间结构研究比较清楚的是酵母 ACCase。对于同质型 ACCase，由于每个单体的分子很大（＞200kDa），因此很难从整体的角度对其进行结构研究。然而，可以仿照异质型 ACCase 对各个亚基进行结构研究，采用这一思想，L. Tong 等得到了酵母中 BC 亚基和 CT 亚基的晶体结构。由于除草剂的作用靶标是 CT 亚基，所以这里着重介绍 CT 亚基的晶体结构（见图 3-10-5）。

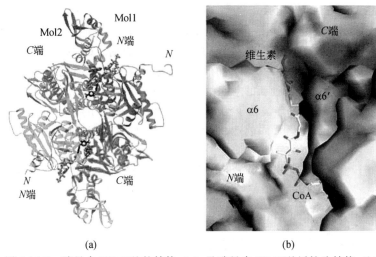

图 3-10-5　酵母中 CT 亚基的结构（a）及酵母中 CT 亚基活性腔结构（b）

在 2003 年，L. Tong 等首次报道了来源于酵母中 CT 的晶体结构，包括自由酶晶体结构（PDB ID：1OD2、1OD4）和复合物晶体结构（PDB ID：1UYR、1UYS、1W2X、3K8X、3PGQ）。随后来源于其他物种的 CT 晶体结构也陆续报道出来，如 1PIX（glutaconyl-CoA decarboxylase from *Acidaminococcus Fermentans*）、1ON3（the transcarboxylase 12S core from *Propionibacterium shermanii*）、2F9I（the β subunit of propionyl-CoA carboxylase from *Streptomyces coeli-color*）、2F9Y（the β subunit of PCC from *Escherichia coli*）。

如图 3-10-5(a) 所示，酵母中 CT 的每个单体（monomer）是由 N-端和 C-端组成，这一点类似于大肠杆菌（*E. coli*）中 CT 的 β-和 α-亚基。一个单体的 N-端紧密地和另一个单体的 C-端结合在一起，在溶液中形成首尾相联（head-to-tail）的二聚体形式。其中 N-端和 C-端具有相似的骨架形式，都有 β-β-α 超螺旋结构。在二聚体的界面上，每个单体大约有 $53nm^2$ 的面积被另一个单体占据，多数为保守的氨基酸残基。

CoA 分子位于二聚体的界面上，说明 CT 的活性位点位于二聚体的界面上，每个单体对活性位点的贡献是基本相当的，组成活性位点的氨基酸残基基本上是保守的。当 CoA 和 CT 结合后，CT 的构象不会发生很明显的变化。CoA 分子中腺嘌呤碱基的结合位点仅存在于 N-区，C-区没有。当 CoA 分子和 N-区相连时，CoA 的巯基正好位于二聚体的分界面上，一个 CT 单体 N-区的 α6-螺旋和另一个单体 C-区的 α6′-螺旋形成 CT 活性腔的两壁，同时 β-β-α 超螺旋结构的小 β-折叠股形成活性腔的底部［见图 3-10-5(b)］。生物素底物可能从另一个单体的 C-区进入活性腔，这一点假设被 Diacovich L 等从来源于 *Streptomyces coelicolor* 的 CT 与生物素、propionyl-CoA 的复合物结构所证实。与此同时，DiacovichL. 还指出 CT 对底物的选择性决定于第 422 位残基，当 422 位残基为空间位阻比较小（如 Asp，Cys）、疏水的氨基酸残基时，则 CT 可以接受的底物的空间位阻就比较大（如 propionyl-CoA），反之，当 422 位残基为空间位阻比较大的氨基酸残基时（如 Ile），则 CT 可以接受的底物的空间位阻就比较小（如 acetyl-CoA）。

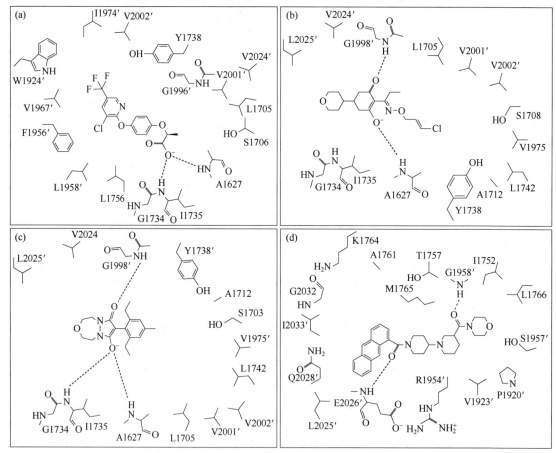

在除草剂盖草能（haloxyfop）与 CT 的复合物晶体结构中（1UYS），haloxyfop 位于 CT 二聚体的分界面上［见图 3-10-6(a)］。haloxyfop 的吡啶环位于 Tyr-1738 的苯环和 Phe-1956′的苯环之间，表现出"三明治"（sandwich）型的 π-π 相互作用，同时 haloxyfop 的一个羧基氧原子和 Ala-1627、Ile-1735 形成氢键［见图 3-10-6(a)］。当 haloxyfop 和 CT 结合时，CT 的构象会发生很明显的变化［见图 3-10-7(a)］。在自由酶中，haloxyfop 的结合腔是不存在的，而当 haloxyfop 和 CT 结合后，Tyr-1738 和 Phe-1956′就呈现出一种新的空间构象，Tyr-1738 的支链苯环相对于自由酶中的空间构象偏转了约 100°，Phe-1956′的苯环偏转了约 120°，它的主链移动了约 0.2nm，这些变化以及由它引发的其他残基片段的构象变化共同创造出了一个结合口袋。对酵母中 CT 的动力学研究表明，haloxyfop 是底物 malonyl-CoA 的竞争性抑制剂。因此，L. Tong 等还指出，即使空间上 haloxyfop 抑制剂和 CoA 分子没有抵触，但是 Haloxyfop 可能会和底物分子上乙酰基或者丙二酰基存在抵触。

图 3-10-6 酵母中 CT 亚基分别与 haloxyfop(a)、tepraloxydim(b)、pinoxaden(c)、
CP-630186(d) 的结合方式（虚线代表氢键）

当 CT 与环己二酮类抑制剂得杀草（tepraloxydim）结合时（3K8X），虽然 tepraloxydim 也结合

在 CT 亚基二聚体的界面处，但是情况与 haloxyfop 截然不同。结合方式如图 3-10-6(b) 所示，Tong. L 等推测 tepraloxydim 结构中环己二酮部分其中有一个羰基氧是以烯醇氧负离子形式存在的，同时该氧原子分别与 Ala-1627 和 Ile-1735 形成氢键，另外一个羰基氧与 Gly-1998′ 和一个水分子形成氢键；tepraloxydim 结构中吡喃环部分几乎裸露在外，与酶的相互作用很小；同时 tepraloxydim 结构中肟部分与 Gly-1734-Ile-1735 和 Gly-1997′-Gly-1998′ 形成 "三明治" 型的 π-π 相互作用。与 haloxyfop 不同的是，当 CT 与 tepraloxydim 结合时，酶没有发生大的构象变化，同时二者的结合位点不完全相同，相对位置如图 3-10-7(b) 所示。

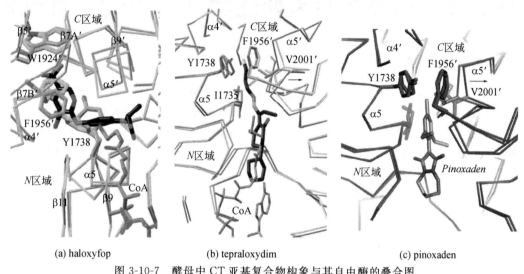

(a) haloxyfop　　　　　　(b) tepraloxydim　　　　　　(c) pinoxaden

图 3-10-7　酵母中 CT 亚基复合物构象与其自由酶的叠合图

虽然 pinoxaden 的化学结构式与 tepraloxydim 相差很大，它属于 2-芳基-1,3-二酮类（AD）抑制剂，但是二者的结合方式是类似的。pinoxaden 结构中吡唑啉环上的一个羰基氧烯醇化为氧负离子与 Ala-1627 和 Ile-1735 形成氢键［见图 3-10-6(c)］，另外一个羰基氧与 Gly-1998′ 形成氢键；同时七元杂环几乎裸露在外。

CP-630186 是哺乳动物 ACCase 的抑制剂，它也结合在 CT 亚基二聚体分界面上（1W2X）。与除草剂 haloxyfop 不同，CP-630186 的结合不会引起 CT 的构象变化，它的两个羰基氧和 CT 的主链酰胺键相互作用形成氢键［见图 3-10-6(d)］。CP-630186 分子中的蒽基团位于 CT 的活性位点的峡谷中，和两个单体的 α6 与 α6′-螺旋紧密接触，其余部分位于第二个单体的 C-区，因此 CP-630186 对 CT 的抑制作用可能利用了生物素的结合位点。CP-630186 可能是底物乙酰-CoA 或者丙二酰-CoA 的非竞争性抑制剂。

由图 3-10-8 可以清楚地看出四个化合物在活性腔的相对位置不尽相同。不同点是：haloxyfop 相对于 tepraoxydim 和 pinoxaden 来说，结合的位置更深一些，同时该化合物的结合会诱导 CT 亚基构象发生较大变化，从而可以容纳抑制剂分子，而另外三个化合物没有发生这一现象。对酵母中 CT 的动力学研究表明，CP-630186 是底物 malonyl-CoA 的一个非竞争性抑制剂，而其他三

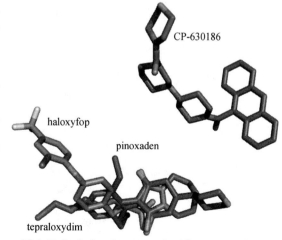

图 3-10-8　haloxyfop、tepraloxydim、pinoxaden、CP-630186 在 CT 亚基中的相对位置图

个为竞争性抑制剂；相同点是：均结合于 CT 亚基二聚体的界面处；haloxyfop 分子中甲基与 tepraloxydim 和 pinoxaden 分子中乙基在活性腔中有着相似的空间构象；同时三个化合物中的羧基氧原子在活性腔中的相对位置重叠，均与 Ala-1627 和 Ile-1735 形成氢键，由此也可以得出这两个氨基酸残基在底物识别和催化中起着重要作用。正是由于这三类化合物在活性腔中存在交盖，使得它们的靶标是相同的，同时它们的相对位置又存在差异，使得它们的除草活性和后期出现的抗性存在差异。

第二节　芳氧苯氧丙酸酯类（APP）抑制剂

一、主要品种

早在 20 世纪 70 年代，日本石原产业公司将 40 年代初发现的 2,4-D 和 60 年代开发的二苯醚的结构结合起来开发了第一个 APP 类除草剂禾草灵（diclofop-methyl）。几乎同时，1971 年，赫司特公司用医用抗血脂药剂的候选物进行除草活性测试时，也发现芳氧苯氧丙酸酯对禾本科杂草具有除草选择活性，进一步优化后独立地开发了禾草灵，并于 1972 年第一个申请了专利。此后这类除草剂迅速发展，据统计，在随后的七年中，各公司共合成和研究了 5000～6000 个结构相似的化合物，申请专利近 140 个。1975 年赫司特公司首先推出了禾草灵商品，此后日本石原产业公司在 1976 年又推出了含吡啶环的杂环 APPs 类除草剂。其衍变过程如下：

主要的品种见表 3-10-1。

表 3-10-1　APPs 类除草剂的主要品种

结　构　式	名　　称	应用范围及用量	公司和年代
	禾草灵 （giclofop-metyl）	0.5～1kg/hm²，苗后除野燕麦、毒麦等，用于小麦	赫司特 （1975）
	pyrifenop	0.5kg/hm²，苗后除宿根高粱、野燕麦、狗芽根等	日本石原 （1976）
	vlofop-isobutyl	0.6kg/hm²，苗后除野燕麦等，用于阔叶作物	赫司特（1975）
	B-806	1.0kg/hm²，苗后除野燕麦等，用于大麦、小麦等	日本石原 （1976）
	trifop-methyl	0.4kg/hm²，苗后除宿根高粱等，用于大豆	赫司特-石原（1977）
	KK80	0.5～1kg/hm²，苗后除宿根高粱等，用于大豆	组合化学 （1979）
	fluazifop-butyl 吡氟禾草灵	0.125kg/hm² 苗后除一年生或多年生杂草	—
		0.25～0.5kg/hm²，苗后除一年或多年生杂草	道尔公司 （1982）
	haloxyfop-butyl 吡氟氯禾灵	0.13～1.0kg/hm²，苗后除一年或多年生杂草	石原-ICI （1982）
	clodinafop-propargyl 炔草酯	苗后除野燕麦等一年生杂草	Ciba-Geigy （1989）
	fenoxaprop-ethyl 噁唑禾草灵	0.1～0.2kg/hm²，苗前/后除一年或多年生禾本科杂草	赫司特
	fentriaprop-ethyl 噻唑禾草灵	0.06～0.6kg/hm²，苗前/后除一年或多年生禾本科杂草	赫司特
	quizalofop-ethyl 喹禾灵	0.05～0.5kg/hm²，苗前/后除一年或多年生禾本科杂草	杜邦、FMC （1981）
	SN 106279	250g/hm² 谷物	Schering A G（1986）

续表

结 构 式	名 称	应用范围及用量	公司和年代
(Cl-二苯并呋喃-O-CH(CH3)-CO2CH3)		0.06kg/hm²，可防除80%猪殃殃	—
F(H2C)3—三唑酮—苯基二甲基-O-苯基-O-CH(CH3)-CO2CH3		2.0kg/hm²，苗前，除野芥子、看麦娘等	—
Cl-萘啶-O-苯基-O-CH(CH3)-CO2C2H5		0.05～0.5kg/hm²，苗前/后除一年或多年生禾本科杂草	—
Cl-咪唑并吡啶-CN-O-苯基-O-CH(CH3)-CO2C2H5		13g/hm²，苗后防除马唐、看麦娘、麦仙翁、格兰马草，用于大豆田	—
噻二唑-F-S-O-苯基-O-CH(CH3)-CO2C2H5		—	—
Cl-苯并噁唑-O-O-苯基-O-CH(CH3)-C(O)N(R)-苯基-CO2R′	APP-A	—	—

在这一系列 APP 的开发过程中，人们发现：当用吡啶氧基代替苯氧基时，得到了一系列活性更高、选择性更好的除草剂。可见，这一芳环的变化强烈地影响着化合物的生物活性。鉴于吡啶氧基化合物工业化过程中合成工艺的复杂性，人们开始将目光转向易于合成的稠杂环 APP 上来。又是赫司特公司率先申请了第一个含稠杂环的 APP 专利，这就是后来商品化的噁唑禾草灵（fenoxaprop-etyl）和噻唑禾草灵（fentiaprop-ethyl）。它们不仅提高了 APP 的除草活性，而且也提高了选择性。进入 20 世纪 80 年代以后，这一发现极大地鼓舞了各大公司在这一领域的研究兴趣，致使 APP 的研制开发又进入第二个高潮期。除含苯并噁唑和苯并噻唑杂环的 APP 以外，还先后报道了含喹啉基、喹喔啉基、苯并咪唑基、吡啶并噁唑基或者吡啶并噻唑基、邻二氮杂萘基、吡啶并吡啶基 APP 等一系列新型化合物。其中已经商品化的只有喹禾灵（quizalofop-pethyl）。

进入 90 年代以后，已商品化的 APP 除草剂的应用更加广泛，随着已有品种除草机制研究的深入，出现了基于 ACCase 的设计研究。同时文献还报道了新杂环芳基的 APP 类除草剂。2001 年，韩国东部韩农化工公司报道了禾草灵类似物 APP-A 对水稻具有较好的选择性。其结构是将酰氧基取代的苯胺与噁唑禾草灵的羧酸连接而得的酰胺衍生物。从以上例子可以看出对 APP 除草剂的羧酸进行衍生化还是强烈地影响着化合物的生物性质。但到目前为止，还没有关于对禾本科的主要作物水稻和小麦同时具有选择性的 APP 除草剂的报道。

芳氧苯氧丙酸酯类化合物中，由于含有手性碳原子，因而存在（R）-（$+$）与（S）-（$-$）两种光学异构体，这两种异构体的生物活性差异很大，如喹禾灵的（R）-（$+$）体对水稻与稗草的活性分别比（S）-（$-$）高 430 与 65 倍；（R）-（$+$）体是玉米 ACCase 的主要抑制剂，IC_{50} 为 4.5×10^{-9} mol/L，而（S）-（$-$）的抑制活性则低 1/1000。目前几乎所有品种通过定向合成或分子拆分而推出了纯有效体。

二、结构与活性关系

为了方便地说明 APP 的结构与活性关系，将 APP 用以下通式表示：

$$
\underset{Y_n}{\overset{X_m}{\bigg|}}\!\!\!\!\text{(A)}\!-\!O\!-\!\text{(B)}\!-\!O\!-\!\overset{}{\underset{Z}{\text{CH}}}\!\!-\!\text{Q} \qquad \text{(A)}\!-\!\text{(V)}\!-\!\text{(B)}\!-\!\text{W}\!-\!\overset{R^1}{\underset{R^2}{\text{C}}}(\text{CH}_2)_x\!-\!\text{Q}
$$

苯环 A 上取代基 X、Y 的影响：从大量已经合成的化合物的生物活性来看，APP 分子中 A 环上 X、Y 的变化是影响其生物活性最重要的因素之一。当 X、Y＝H 时，APP 基本无活性。当 X、Y＝F、Cl、Br、CN、CF_3、NO_2（m、n＝0、1、2）等电负性取代基时，APP 则表现出高活性，如 X、Y＝4-Cl、2,4-Cl、4-CF_3、4-Cl（或 Br、I）-2-NO_2、4-F、4-CN、4-NO_2、2-CN、3-CH_3-4-Cl、2-Cl（或 Br）-4-CF_3、2-Cl-2-NO_2、6-Cl-2-NO_2、4-CF_3-2NO_2、4-F_2CHCO 等。需要补充说明的是：X、Y＝F、Cl、Br，m、n＝0、1、2 时，活性较 CF_3 低；X、Y＝NO_2，活性进一步降低；X、Y＝烷基、烷氧基，据说也有生物活性，但无实用价值；X、Y＝CN 时，工业化时存在一些合成上的难题。总之，2,4-位为电负性取代基对活性最为有利。

苯环 B 上取代基 Z 的影响：为了进一步改善 APP 的除草活性，曾报道过在环 B 上引入取代基 Z，常见的有 Cl、Br、$C_1\sim C_4$ 的烷基、CF_3、烯基或甲氧基等，但它们的引入并不增加 APP 的活性，反而增加了合成的复杂性，因此，APP 分子中环 B 上 Z 通常为 H。

羧基官能团 Q 的变化：APP 的烷基羧酸部分 Q 有很大的变化范围，其中：羧酸及其盐、丙酸及其 Na、K、Ca、铵及烷基胺盐作为筛选生物活性的化合物和起始原料，可以衍生出多种可作为除草剂的化合物。

（1）羧酸烷基酯　烷基酯是一类重要的化合物，已制得 $C_1\sim C_{10}$ 的直链或支链系列。环烷基、环丙烷基、芳烷基醇类或硫醇的酯；还可在酯基部分引入乙酰氧基。氨基酰氧基、氰基、卤原子、硫代氰酸酯、烷氧基、烷硫基、烷氨基、乙酰氨基等；不饱和的醇酯，如烯丙基和炔丙基系列、不同取代的芳香基等。

（2）含氮羧酸衍生物　包括烷氧烷基酰胺、环酰胺（哌啶、吗啉）、酰肼、磺酰胺、O-或 N-羟胺衍生物、肟酯、环上取代的苯胺类似物、腈、硫代酰胺以及 N-取代衍生物、亚胺醚及亚胺等。醇和醛或其衍生物。

（3）含磷衍生物　（次）磷酸或（亚）膦酸的酯、酰胺、硫代酯等。

总之，Q 为羧酸是其基本形式，Q 的其他形式实质上为羧酸的等排体，只能在苗后使用中因脂溶性改变而改变其对叶面的渗透能量。不过，这些衍生物在苗前或土壤处理中，活性改变并不大。在实际应用中，考虑到合成及经济的原因，商品化的 APP 通常以盐或低烷基酯的形式进行生产。

芳环 A 的变化：对于芳环 A 的变化，前文已有描述，在这里不做过多的阐述。

酯基 R^1、R^2、X 的变化：当 R^1、R^2＝H，X＝0，即用乙酸代替丙酸时，对单子叶植物的选择性降低了，活性特征类似于 2,4-D，由于其结构的复杂性，显然，从经济角度无法与 2,4-D 相比。文献报道过 R^2＝H，X＝0，R^1＝$C_1\sim C_4$ 烷基、烷氧基、苯基和取代烷基，如氨基乙基、甲氧基等。还报道过 R^1、R^2＝$C_1\sim C_4$ 烷基，X＝0 等，尽管偶然出现过具有药物活性的化合物，但从除草剂的角度看，并没有达到提高药效的目的。当 X＝0、1、2 时，事实上，由于生物体内的 β-氧化过程，这种变化并没有意义。若将丙酸变成不饱和的羧酸（如丁烯酸、异丁烯酸、巴豆酸、戊烯酸）和二酸等也见于文献报道，且表现出高活性。总之，无论从工业化的角度，还是从活性及选择性的角度，丙酸都是最佳的。

桥原子 V 和 W 的变化：在 APP 的分子中环 A 和环 B 之间的桥原子氧，可以用如下原子或原子团代替，如 S、CH_2、OCH_2、CH_2S、CO_2、SO 等。结果表明，只有桥原子 V 为 CH_2 时活性类似于 APP，其他类型化合物的除草活性很低，但表现出杀菌或药物活性。

另一个桥原子是 W，当为硫时，化合物的除草活性远远低于为氧的 APP；当为 NR 或 NH 时，其除草特征与为氧的 APP 的除草特征大不相同，可见，桥原子 V 和 W 为氧原子是最佳选择。

B 环的变化：相对于环 A 的多变性，环 B 的变化很少，而且变化的结果也不一样，环 A 千变万化总归是用作禾本科杂草的除草剂，然而变化环 B 以后则对双子叶植物有杀灭的作用。化合物 **3-10-1** 为间位苯氧苯氧烷基酸酯，具有阔叶及禾本科除草活性；化合物 **3-10-2** 为邻位苯氧苯氧烷基酸酯，具有阔叶除草活性及植物生长活性；而化合物 **3-10-4** 具有类似 2,4-D 的除草活性；化合物 **3-10-3** 是唯一例外，B 环变为 1,5-二取代萘基时，它依然是 ACCase 抑制剂。

另外，由于结构中含有手性碳原子，(R)-$(+)$ 构象的活性明显优于 (S)-$(-)$ 构象。

3-10-1　　　　**3-10-2**　　　　**3-10-3**　　　　**3-10-4**

三、合成方法

据文献报道，APP 的合成方法主要有两种。

1. α-卤代丙酸与芳氧基苯酚或其盐的反应

Y=H, Na, K　　　X=F, Cl, Br, I

反应在有机溶液（如丙酮、甲乙酮、乙醇或丁醇、DMF、乙腈等）中，在碱的存在下（常用的碱为碳酸钾）进行；如反应物为芳氧苯酚，即在 0~150℃时，反应几分钟~48h，80~120℃回流 2~12h；如反应物是酚盐则可在室温下进行。由于 APP 具有光学活性，且只有 R-型有生物活性，因此最为经济的方法是在此反应的最后一步引入手性碳。工业化生产时常用此方法。

该方法中 4-芳氧基苯酚制备过程中的关键问题是控制反应在一个羟基上进行，防止其双烷基化。

其中 X＝卤素，这种合成方法比较常用。为防止双烷基化，对苯二酚要过量 2~5 倍为宜；还需用 N_2 保护，强碱存在下，在强极性溶液中反应。

其中 X＝卤素，R＝烷基或苄基。为控制反应在一个羟基上进行，在对苯二酚中引入保护基 R。R 为烷基时，可用 HBr 或 $C_2H_5SH/NaOH/DMF$ 脱去；R 为苄基时，可用 $H_2/Pd(C)/THF$-C_2H_5OH 脱去。此方法步骤太长，并不实用。

此种方法可一步制得 4-芳氧基苯酚，但收率很低，一般较少采用。

2. 利用芳基卤化物与相应的 2-（4-羟基苯氧）丙酸酯或其盐的反应

$$ArX + HO-\!\!\!\bigcirc\!\!\!-OCH(CH_3)CO_2R \longrightarrow ArO-\!\!\!\bigcirc\!\!\!-OCH(CH_3)CO_2R$$

Ar＝苯基时，反应温度需 100～200℃，时间为 1～20h；Ar＝吡啶基时，反应在较温和的条件下即可进行；Ar＝杂环基时，要求反应条件较高。例如 Ar 为喹喔啉基时，需在乙腈中回流 12～24h，产率为 67%～86%。

此反应在制备中间体 2-(4-羟基苯氧) 丙酸酯时，对苯二酚的选择性较差，要求的反应条件较苛刻。因此，进行工业化生产常采用上一种方法。

中间体 2-(4-羟基苯氧) 丙酸酯的制备方法有多种（T.M 指目标产物）：

① HO-⬡-OH + XCHCO_2R (CH_3) ⟶ HO-⬡-OCHCO_2R (CH_3)

X=卤素，对甲苯磺酰基，甲基磺酰基

② ⬡-OH $\xrightarrow{K_2S_2O_3}$ KOO_3S-⬡-OH $\xrightarrow{BrCH(CH_3)CO_2C_2H_5}$ $\xrightarrow{[H+]}$ T.M

③ HO-⬡-NO_2 + XCHCO_2R (CH_3) ⟶ $\xrightarrow{[H]}$ $\xrightarrow{[NO_2]}$ $\xrightarrow{[H+]}$ T.M

④ H_3C(O=)C-⬡-OK $\xrightarrow{BrCHCO_2C_2H_5 (CH_3)}$ $\xrightarrow{NH_2OH}$ H_3C(NHOH)C-⬡-OCHCO_2R (CH_3) $\xrightarrow{贝克曼重排}$

AcHN-⬡-OCHCO_2R (CH_3) $\xrightarrow{[H]}$ $\xrightarrow{[NO_2]}$ $\xrightarrow{[H+]}$ T.M

⑤ H_3C(O=)C-⬡-OCHCO_2R (CH_3) ⟶ H_3COC-⬡-OCHCO_2R (CH_3) $\xrightarrow{[H+]}$ T.M

H_3CO-⬡-NO_2 + ClCHCO_2R (CH_3) $\xrightarrow{脱甲基}$ T.M

⑥ ⬡ $\xrightarrow[微生物]{CH_4}$ HO-⬡-OCHCO_2H (CH_3) $\xrightarrow{HOR}$ T.M

方法①一般是在碱（C_2H_5ONa、KOH、NaOH 等）、N_2 保护下，60℃左右，在 C_2H_5OH 中进行。但反应产物中含有二取代的副产物，且不易分离。后六种方法是在这种背景下发展起来的。

第三节 肟醚类环己二酮类（CHD）抑制剂

一、主要品种

日本曹达公司于 1967 年发现了杀螨剂苯螨特（benzoxamate），并实现了工业化。在以后合成新型化合物时，引入天然产物香豆素的吡喃环结构，在试图提高其杀螨活性的优化过程中，意外地发现了对禾本科植物具有杀灭作用，而吡喃衍生物对阔叶作物则无活性。

该化合物即为以后的环己二酮类除草剂的先导化合物，但它的苗前活性好于苗后。为提高其苗后活性，进行了先导的优化，终于在 1973 年发现并于 1978 年商品化了第一个环己二酮除草剂枯草多（alloxydim）。

为寻求更高活性的化合物，进一步的优化后，于 1979 年开发出比枯草多活性多 3～8 倍的新型环己二酮除草剂——稀禾定（sethoxydim），1982 年实现了商品化，从而开创了环己二酮类除草剂（见表 3-10-2）。

表 3-10-2　CHD 类除草剂

结 构 式	品 种 名 称	作物与用量/(g/hm²)	开 发 公 司
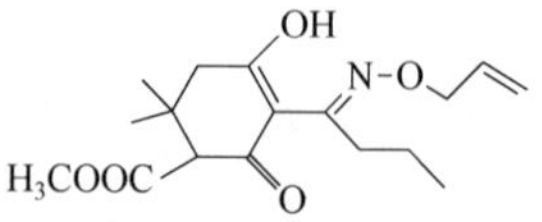 （结构式）	枯草多 (alloxydim)	阔叶作物 1000～2000	日本曹达（1973）
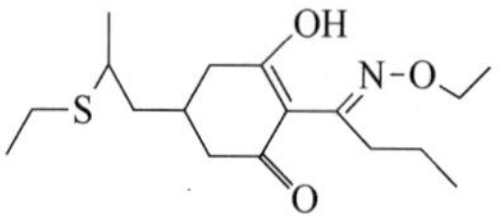 （结构式）	烯禾定 (sethoxydim)	大豆、甜菜、棉、油菜等阔叶作物 200～500	日本曹达（1979）
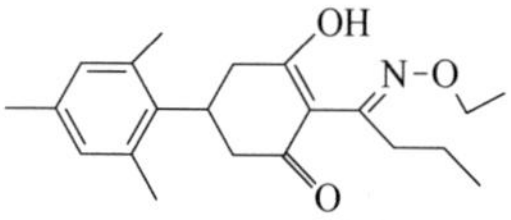 （结构式）	苯草酮 (tralkoxydim)	小麦、大麦 200～350	捷利康（1987）
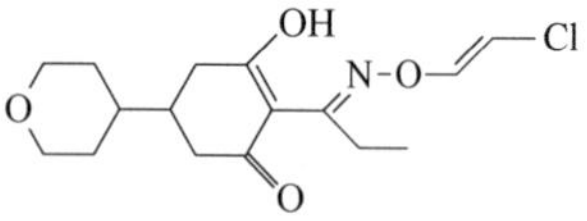 （结构式）	吡喃草酮 (tepraloxydim)	大豆、甜菜、棉、油菜等阔叶作物 50～80	巴斯夫．Nisso（1996）
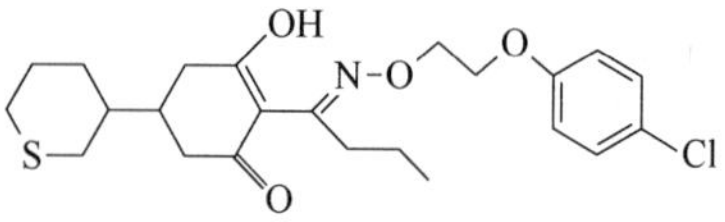 （结构式）	环丙草酮 (clefoxidim)	防治稻田稗草等禾本科杂草 50～200	巴斯夫（1998）
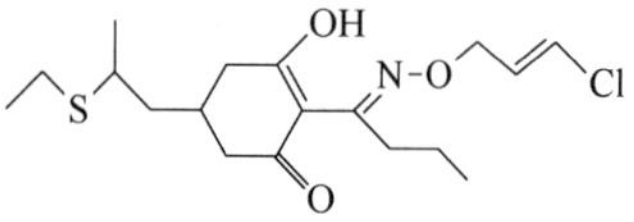 （结构式）	烯草酮 (clethodim)	大豆、甜菜、棉、油菜等阔叶作物 50～150	Valent．Chevron（1991）
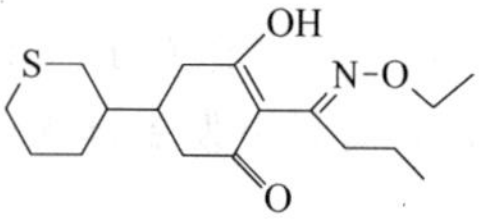 （结构式）	噻草酮 (cycloxydim)	大豆、甜菜、棉、油菜等阔叶作物 100～250	巴斯夫（1997）
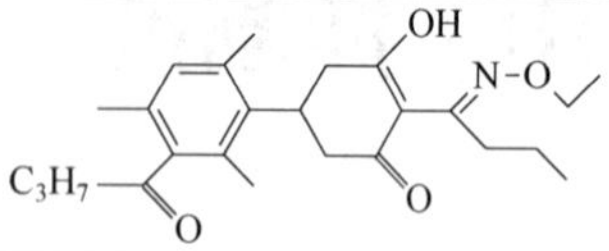 （结构式）	丁苯草酮 (butroxydim)	大豆、甜菜、棉、油菜等阔叶作物 25～75	捷利康（1995）
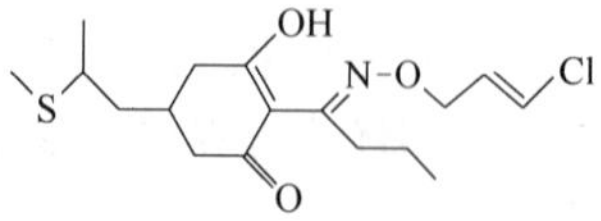 （结构式）	cloproxydim	大豆、甜菜等多种阔叶作物	—
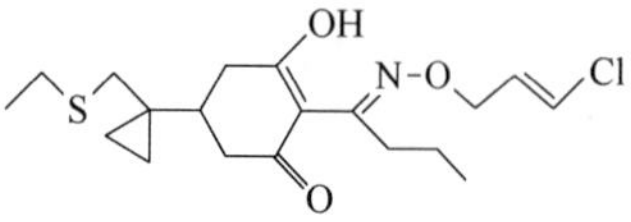 （结构式）	CGA 215684	大豆、甜菜等多种阔叶作物	诺华

结　构　式	品　种　名　称	作物与用量/（g/hm²）	开　发　公　司
	EK-2612	防治稻田稗草等禾本科杂草 50～60	韩国化学研究所（1995）
	—	防治稻田稗草等禾本科杂草	韩国化学研究所
	—	防治稻田稗草等禾本科杂草	韩国化学研究所

二、结构与活性关系

与 APP 类抑制剂不同，CHD 类抑制剂的结构变化不是很复杂，用下面的结构通式表示肟醚类 CHD：

现对 CHD 各化合物分述如下。

（1）母体环的结构变化中，X、Y、Z 为一或两个杂原子时，一般情况下，活性化合物具有较强的苗前除草活性；当 X、Y、Z 为碳原子时，活性化合物的苗前、苗后活性都很好。

（2）$R^1 \sim R^5$ 的取代基常常影响化合物的活性和选择性，其中影响最大的为 R^2 和 R^3，其次为 R^1。

（3）R^4 与 R^5 可以引入各种取代基，如烷基、Br、CN、COO⁻ 等，但对活性影响不大，所以活性化合物中 R^4 和 R^5 多为 H，或至多其中之一为酰氧基。

（4）R^1 为一定链长的取代基是满足活性要求的基本条件，一般为 $C_2 \sim C_3$ 链长的烷基和烯（或炔）丙基，活性最高，C_1 或 C_4 以上链长的化合物活性就降低。一般的高活性化合物多见于 R^1 为氯代烯丙基或乙基。

（5）R^2 为 H 时，一般无活性，通常正丙基活性最高，乙基也属于高活性化合物，但甲基或高于 C_3 的烷基、苯基以及其他含卤、O、S 的官能团活性也很低。

（6）R^3 取代基的变化最为复杂，它可以是双甲基、取代烷基、取代环烷基、取代杂环基、取代苯基，甚至是螺环衍生物，它们都具有高活性；且各种 R^3 取代基本身又存在一定的构效关系，例如：苯基上的取代基与除草谱的变化有着微妙而有趣的相关性。

三、合成方法

肟醚类环己二酮类（CHD）抑制剂的常用合成方法如下：

　　2-位 *C*-酰化采用通常的催化剂，收率很低。反应机制研究表明：一般是经历 *O*-酰化步骤，然后再进行 Fries 重排得 *C*-酰化产物，因此催化剂的选择至关重要。考虑到工业化时经济、有效、安全和污染等因素，曾选择过 $ZnCl_2$、$AlCl_3$、BF_3、CF_3SO_3H、1-取代的咪唑、4-二取代的氨基吡啶等，其中多数是起着催化剂的作用，以催化量的催化剂便能得到很高的收率。其中 4-二甲基氨基吡啶（DMAP）已在枯草多和稀禾定的工业生产中被采用。最后的肟醚化过程一般在质子或非质子溶剂、碱的作用下，室温下便能高收率地得到产物。

　　其中中间体的合成方法主要有以下三种：

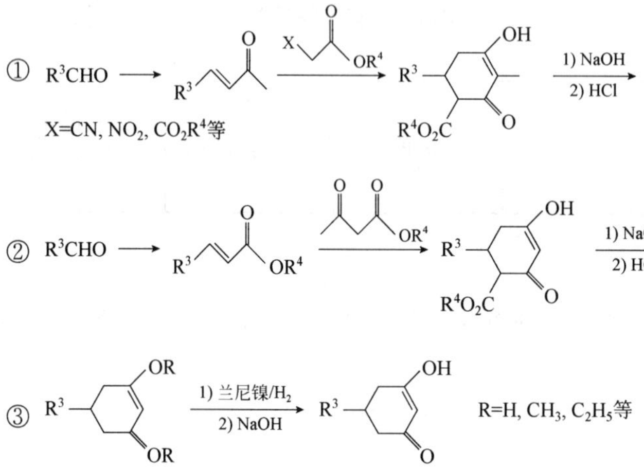

　　上述三种方法，①法一般能得到较②法高的收率，也是目前工业化通常采用的方法；②法所用的乙酰乙酸乙酯成本很高；③法也能得到高收率的环己二酮，但工业化有难度，一是二酚不易得到，二是工艺难度大、成本高，三是 Birch 还原法对 R^3 有特殊的要求，如 R^3 不能是苯基。

第四节　芳氧苯基环己二酮（APCHD）类抑制剂

　　Dow Elanco 公司的 Markley 等农药化学家综合分析了环己二酮的专利文献后，结合对芳氧苯氧丙烯酸的理解，总结出这两类化合物结构与活性特征，并在此基础上研制出了一些芳氧苯基环己二酮衍生物（APCHD），得到了该类化合物。

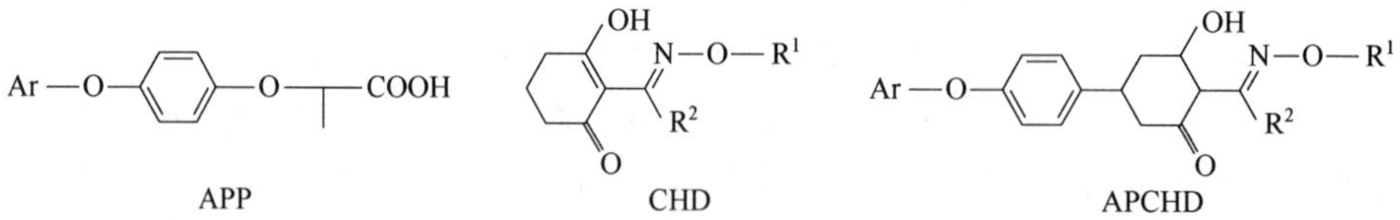

　　将苯草酮分子中的三甲基苯基用稳杀得分子中的吡啶氧基代替，将这两个分子的子结构拼接就得到相应的吡啶氧基苯基环己二酮，化合物 **3-10-5** 除草活性是苯草酮的两倍，并且杀草谱很广。化合物 **3-10-5** 的生物活性特点促进了一系列 APCHD 类化合物的合成。其中化合物 **3-10-7** 已经在世界上不同地区进行了大田试验，芽草后除活性与除草剂氟吡甲禾灵类似，能够防除宿根高粱等多年生禾本科杂草，但它没有达到氟吡甲禾灵具有的芽前除草活性。主要 APCHD 类抑制剂的结构式如下。

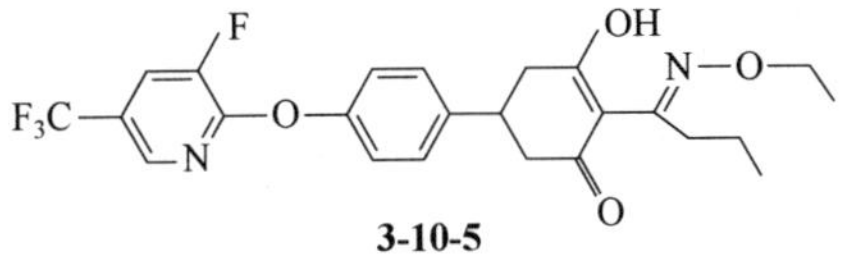

3-10-5

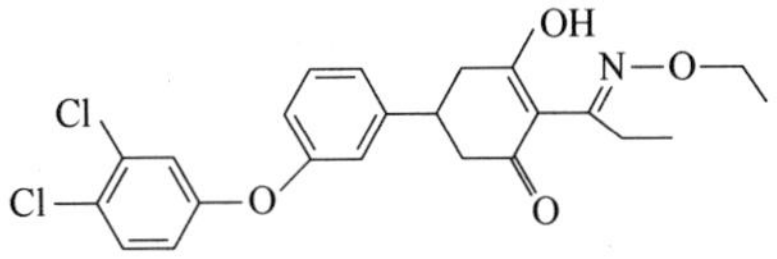

3-10-6

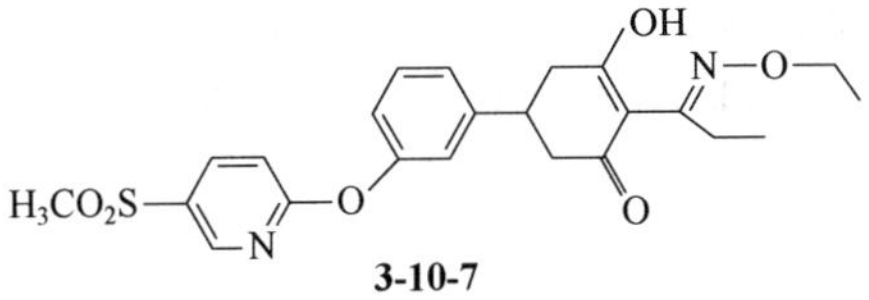

3-10-7

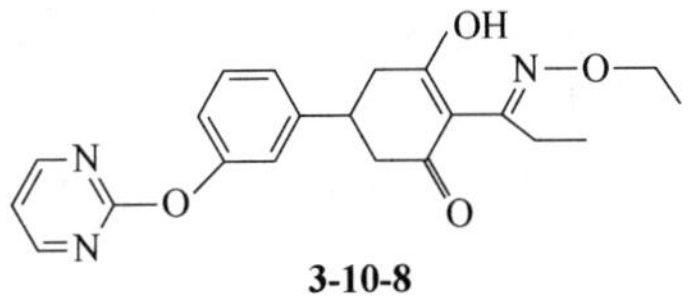

3-10-8

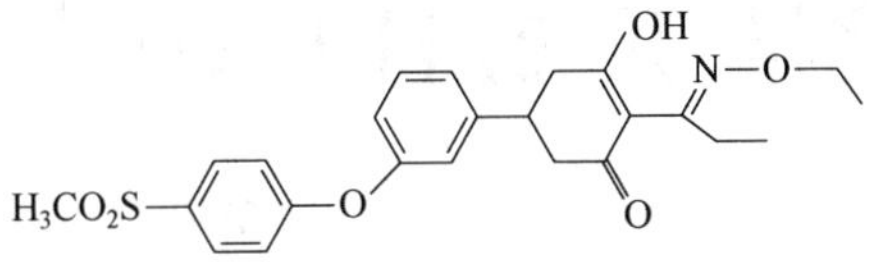

3-10-9

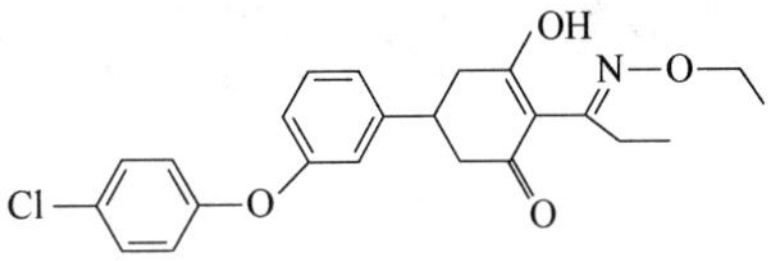

3-10-10

以三甲基苯草酮为例，其合成方法为：

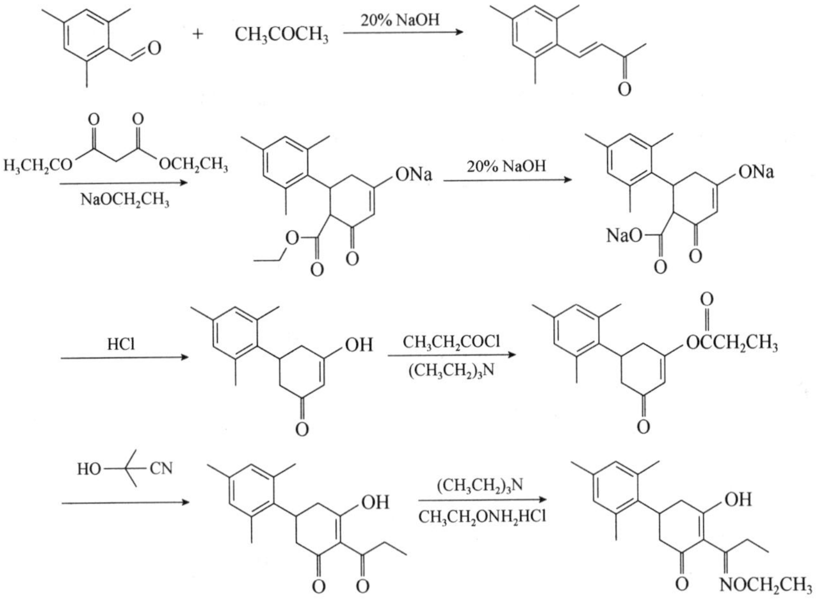

第五节 环三酮类（CTR）抑制剂

人们在对 ACCase 抑制剂的研究中发现，APP 类除草剂和 CHD 类除草剂对 ACCase 有特定的束缚位置。对环己二酮类除草剂结构-活性的研究表明，将 CHD 类的疏水肟结构与 APP 类的疏水芳氧苯氧结构重叠，可设计出包含两类除草剂结构特征的新型结构，这是一类新的环己二酮衍生物，即环三酮类（Cyclictriketones，CTR）化合物。其设计构思是将 APP 中羧基上的—OH 用结构 CHD 替代，得到了 CTR 类化合物。其作用靶标仍然是 ACCase。除草活性及对作物的选择性与肟醚类环己二酮化合物类似。CTR 类化合物被单子叶植物（如小麦）ACCase 束缚比被双子叶植物（如绿豆）ACCase 束缚强 100 多倍，可防除禾本科杂草，而对阔叶作物十分安全。CTR 类化合物在植物体内不分解为 APP 或 CHD 类化合物。

CTR

CTR 类化合物是 CHD 与 APP 类化合物活性子结构的连接，它们的选择性与原有除草剂相同，而活性则显著优于现有 APP 和 CHD 类除草剂品种，CTR 类抑制剂可以更好地覆盖酶的活性腔，从而增强了抑制剂与酶的结合力，活性增强。

第六节 2-芳基-1,3-二酮类抑制剂（AD）

第一个 2-芳基-1,3-二酮（化合物 3-10-11）是由 Wheeler(Union Carbide) 报道的，他提出芳基环己酮类酯类化合物具有苗前及苗后活性及杀螨活性，十年后 R. Fischer 等（bayer）发现 2-芳基吲哚嗪-2,4-二酮（3-10-12）具有除草和杀螨活性，并报道 3-10-13 具有抑制禾本科 ACCase 酶的作用。几乎在同时，Cederbaum(Ciba-Geigy) 及 R. Fischer 等提出间三甲基苯基四氢吡唑-1,3-二酮（3-10-14）具有除草活性。Bayer 研究组进一步研究了杂环二酮类化合物，如 3-芳基吡咯烷-2,4-二酮（3-10-15）、3-芳基呋喃-2,4-二酮（3-10-16）、3-芳基环戊烷-2,4-二酮（3-10-17）、4-苯基［1,2］并噁嗪-3,5-二酮（3-10-18），尽管这些化合物比起 APP 和 CHD 来，仅具有弱的除草活性。但在报道这类化合物的杀螨活性时均提到了它们有药害。对于除草活性的突破是在芳基上带上乙基、乙炔基或在 2,6-甲氧基取代的化合物后，此时杀螨活性明显地降低。

3-10-11   3-10-12   3-10-13   3-10-14

3-10-15   3-10-16   3-10-17   3-10-18

进一步对吡唑基 3,5-二酮类衍生物的合成，最终发现了唑啉草酯（pinoxaden）。

很少有 AD 类化合物结构与活性关系的报道，2-芳基-1,3-二酮类化合物的优化是分成如下三部分进行的：

研究发现仅游离的二酮对离体的 ACCase 酶具有活性，并作用于 ACCase 酶的靶位，其 pK_a 值约为 3.9，游离的二酮可溶于水。为了增加化合物对植物叶片的渗透性，合成了各种前药，发现很多脂肪或芳基磺酸及新戊酸酯很容易水解后生成高活性的游离的二酮，芳基取代基强烈地影响着化合物的活性，2,4-或 2,6-二卤代衍生物活性低，而 2,6-二甲基或 2,6-二乙基衍生物具有一定的活性，但是，2,4,6-三甲基衍生物的活性可达 100g/hm²，如再进一步地优化 2,6-二乙基-4-甲基活性可进一步得到提高，虽然 2-乙炔基和 2-甲氧基衍生物活性也有改进，但它们对谷物有药害，然而 2,6-二甲氧基或 2,6-二溴的衍生物却是无活性的。连接在 2,6-二乙基-4-甲基苯基上的二酮可以有多种类型的二酮类化合物，且都具有高活性，如环戊烷二酮、环己二酮或噁嗪 3,5-二酮，而其中具有吡唑啉桥、环肼化合物是最有活性的化合物，环可以有不同的大小，五元、六元或七元环均无大的区别，下列结构图的环肼均有活性：

表 3-10-3　部分 ADs 类化合物的活性比较

结　　构	大麦	小麦	看麦娘	野燕麦	黑麦草	狗尾草
	0	0	10	60	80	50
	0	10	100	100	100	90
	80	80	100	100	80	90

表 3-10-3 是化合物二叶期用于大麦和小麦（用量 60g/hm²）及看麦娘（Alomy）、野燕麦（Avefa）及黑麦草（Lolpe）（用量 30g/hm²）时的效果，发现这些化合物有很好的活性，并对谷物有较好的选择性。这证明分子中的芳基对活性有影响，桥环上的氧原子对选择性有影响。

Axial 是由先正达公司于 2005 年开发并登记的新一类 ACCase 抑制剂，2006 年开始投产。Pinoxaden 为 Axial 主要的活性成分，其化学结构式与已知的 ACCase 抑制剂是完全不同的，主要用于苗前防除小麦田和大麦田的禾本科杂草，高效低毒，选择性好。Pinoxaden 必须辅以安全剂（cloquintocet-mexyl）才可以选择性地防除杂草。安全剂的引入加速了谷物对 Pinoxaden 的代谢速率。对叶片施药后，Pinoxaden 在叶片的分生组织中主要代谢成 M2，其中代谢产物 M2 为 Pinoxaden 的前药。对 ACCase 的抑制主要是通过使得叶片中分生组织受损变黄，直至死亡。

Pinoxaden 不仅可以抑制杂草叶绿体中 ACCase，而且还可以抑制杂草细胞溶质中 ACCase，而 APP 类、CHD 类抑制剂只能抑制叶绿体中 ACCase，这是 pinoxaden 区别于 APP 类、CHD 类抑制剂一个显著的地方。

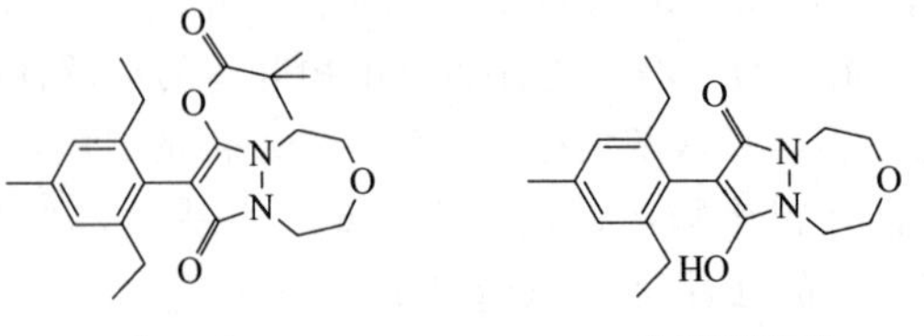

pinoxaden 代谢产物M2

唑啉草酯的合成路线如下所示：

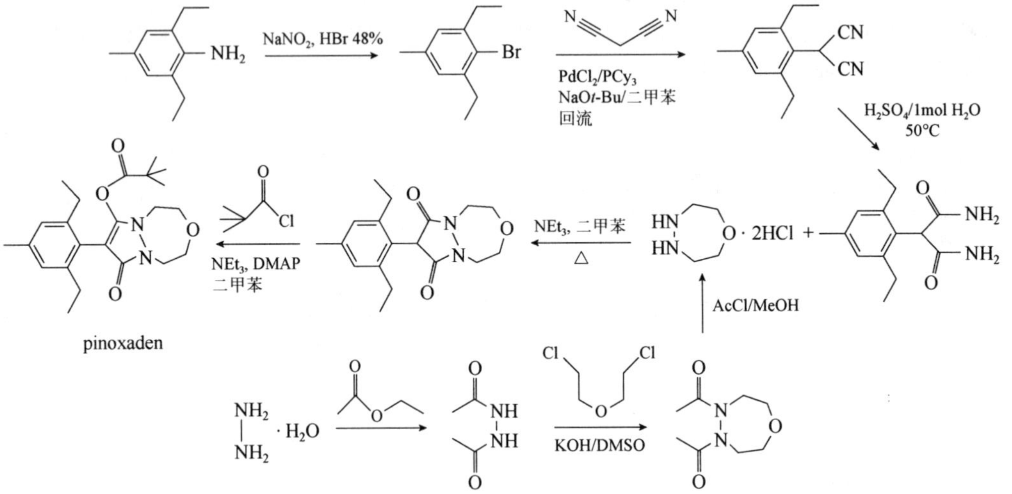

pinoxaden

第七节 ACCase 抑制剂的抗性与机制

ACCase 抑制剂类除草剂作为独有的控制禾本科杂草的除草剂一直在作物田里被大量的施用，很快便导致能够忍受 ACCase 抑制剂类除草剂田间剂量的禾本科杂草种群的出现。目前文献中所报道的关于抗性原因主要分为两类：靶酶突变和代谢加速，其中靶酶突变为其主要的抗性原因。报道最多的抗性杂草有：瑞士黑麦草（*Loliumrigidum gaud*）、多花黑麦草（*Lolium multiflorum*）、大穗看麦娘（*Alopecurus myosuroides*）、牛筋草（*Eleusine indica*）、马唐（*Digitaria ischaemum*）、费氏狗尾草（*Setaria faberi*）、绿狗尾草（*Setaria viridis*）、不实野燕麦（*Avena sterilis*）、冬性野燕麦（*Avena fatua*）和早熟禾（*Poaannua*）。

在已经鉴定出来的抗 ACCase 抑制剂类除草剂杂草生物型中，大部分抗性都是由于编码同型 ACCase 的核基因发生突变，从而导致靶标 ACCase 对这些抑制剂的敏感性下降造成的。目前在抗性黑麦草、鼠尾看麦娘、野燕麦等禾本科杂草中一共发现 7 个与抗性相关的氨基酸位点的突变。特定的氨基酸位点突变赋予杂草对 ACCase 抑制剂类除草剂不同的交叉抗性方式。到 2010 年，已有高达 36 种杂草对 APP 类和 CHD 类抑制剂产生了抗性。根据 Gressel 对除草剂风险的分类中，属于抗性风险分级中的高风险级别。

从 20 世纪 90 年代初期开始，大量的生物化学研究已经表明 ACCase 对 APP 类或者 CHD 类抑制剂表现出抗性主要是由于靶标酶对抑制剂敏感性的降低。其中研究较多的是看麦娘这种杂草。在 2005 年，Délye 等运用分子生物学和生物化学等方法报道了来源于看麦娘中 CT 对 APP 类和 CHD 类抑制剂产生抗性的五个氨基酸突变位点，分别为：Ile-1781-Leu、Asp-2078-Gly、Trp-2027-Cys、Ile-2041-Asn、Gly-2096-Ala（见表 3-10-6）。其中，Ile-1781-Leu 和 Asp-2078-Gly 的突变对 APP 类和 CHD 类抑制剂产生抗性，Trp-2027-Cys、Ile-2041-Asn 和 Gly-2096-Ala 的突变只对 APP 类抑制剂产生抗性。

随后在2007年3月，Liu.W.J等也报道了来源于 *A. Sterilis* 中CT对APP类和CHD类抑制剂产生抗性的五个氨基酸突变位点，其中有四个突变位点与前面是一致的，分别为：Ile-1781-Leu、Asp-2078-Gly、Trp-2027-Cys、Ile-2041-Asn、Trp-1999-Cys（见表3-10-6），Ile-1781-Leu 和 Asp-2078-Gly 的突变对APP类和CHD类抑制剂均产生抗性；Trp-2027-Cys 和 Ile-2041-Asn 的突变主要对APP类抑制剂产生抗性；特殊的是 Trp-1999-Cys 突变，只对 fenoxaprop 产生抗性。紧接着在2007年8月，YuQin等又报道了来源于 *L. rigidum* 中CT对APP类和CHD类抑制剂产生抗性的三个氨基酸突变位点：Ile-1781-Leu、Asp-2078-Gly、Cys-2088-Arg，这三个突变位点对所测试的APP类和CHD类抑制剂均产生了抗性，对 pinoxaden 也产生了抗性，其中 Cys-2088-Arg 是一个新的对 clethodim 产生抗性的突变位点。同时作者还对双突变进行了研究，发现双突变也产生抗性，但是抗性的程度有所不同。

表3-10-4　ACCase中单点突变对各种APP和CHD抑制剂的抗性和交互抗性

氨基酸残基		杂草	抗性								
			APPs					CHD			
野生型	抗性		Cd	Dc	Fx	Fz	Hx	Ct	Cx	Sx	Tk
Ile1781	Leu	*A. myosuroxdes*	S	R	R	R	S	S	R	R	R
	Leu	*A. fatua*	ND	R	ND	ND	ND	ND	ND	R	ND
	Leu	*S. viridis*	ND	R	ND	ND	ND	ND	ND	R	R
	Leu	*Lolium* sp.	S	R	R	ND	ND	ND	ND	ND	ND
	Leu	*A. sterilis*	R	ND	R	R	R	ND	ND	R	R
	Leu	*L. rigidum*	R	R	ND	R	R	R	ND	R	R
Trp2027	Cys	*A. myosuroxdes*	R	ND	R	ND	R	S	S	ND	ND
	Cys	*A. sterilis*	R	ND	R	ND	R	ND	ND	S	S
Ile2041	Asn	*A. myosuroxdes*	R	ND	R	ND	R	S	S	ND	ND
	Asn	*Lolium* sp.	R	ND	ND	ND	R	ND	ND	ND	ND
	Val	*Lolium* sp.	S	ND	ND	ND	R	ND	ND	ND	ND
	Asn	*A. sterilis*	R	ND	R	ND	R	ND	ND	S	S
Asp2078	Gly	*A. myosuroxdes*	R	ND	R	ND	R	R	R	R	R
	Gly	*A. sterilis*	R	ND	R	ND	R	ND	ND	R	R
	Leu	*L. rigidum*	R	R	ND	R	R	R	R	R	R
Cys2088	Arg	*L. rigidum*	R	R	ND	R	R	R	R	R	R
Gly2096	Ala	*A. myosuroxdes*	R	ND	R	ND	R	S	S	ND	ND
Trp1999	Cys	*A. sterilis*	S	R	R	ND	S	ND	ND	S	S

注：S——敏感生物型；R——抗性生物型；ND——不明确；Cd——炔草酸；Dc——禾草灵；Fx——噁唑禾草灵；Fz——吡氟禾草灵；Hx——氟吡甲禾灵；Ct——烯草酮；Cx——噻草酮；Sx——烯禾啶；Tk——三甲苯草酮。

由表3-10-4可以发现，对于看麦娘和黑麦草，Ile-2041-Asn 突变对APP类抑制剂（clodinafop, haloxyfop）可以产生抗性，但是对于黑麦草，Ile-2041-Val 突变对 clodinafop 却不产生抗性，因此，Délye 等指出特异性突变和特定位点的突变才是CT产生抗性的关键所在。

如前所述，单一位点的突变对APP类或CHD类可以引发抗性，同时也可能对两类抑制剂均引发抗性，这也从另一个层面反映出由靶酶突变产生抗性的复杂性。例如 Trp-2027-Cys 突变（见表3-10-5），对 clodinafop、fenoxaprop 有较高的抗性，抗性比例分别为 90.5、53.0，而对 haloxyfop 的抗性却较低，抗性比例为 19.0，同时对 CHD 类抑制剂 cycloxydim、clethodim 抗性比例仅为 5.0、3.0。Asp-2078-Gly 突变除了对 cycloxydim、clodinafop 有较高的抗性（抗性比例分别为 83.5、125.5），对其他的 APP 类和 CHD 类抑制剂的抗性比例较低，而 Gly-2096-Ala 的突变对 APP 类和 CHD 类抑制剂的抗性比例均较低。这种由一个位点突变而导致的对同类抑制剂的不同化合物或者不同类抑制剂的抗性不同的现象，华中师范大学朱晓磊等采取分子模拟的方法研究了看麦娘中 CT 酶对 APP 类抑制剂的抗性机制，发现抗性主要是由于氨基酸残基位点的突变而导致的活性腔的一些关键氨基酸残基的构象发生变化，使得抑制剂与氨基酸残基之间的 π-π 作用和氢键作用减弱，从而使得二者之间的结合力下降，最终导致抗性。

表 3-10-5　APP 和 CHD 类抑制剂对野生型和突变型 CT 的 IC_{50}/(μmol/L)

抑制剂	00-017 (S) IC_{50}	Cys-2027-F1(R)		Gly-2078-F1(R)		Ala-2096-F1(R)	
		IC_{50}	R∶S IC_{50} 比例	IC_{50}	R∶S IC_{50} 比例	IC_{50}	R∶S IC_{50} 比例
Cycloxydim (CHD)	1.6±0.1	7.8±2.9	5.0	133.8±6.7	83.5	14.7±2.5	9.0
Clethodim (CHD)	0.8±0.2	2.2±0.4	3.0	29.0±4.6	36.0	5.2±0.5	6.5
Fenoxaprop (APP)	0.7±0.2	37.0±4.8	53.0	37.1±3.7	53.0	14.3±1.0	20.5
Clodinafop (APP)	4.0±1.1	361.8±25.9	90.5	501.4±50.7	125.5	230.1±2.3	57.5
Haloxyfop (APP)	1.4±0.1	26.6±3.0	19.0	48.7±4.6	35.0	22.2±0.1	16.0
Diclofop (APP)	2.2±0.5	46.9±3.5	21.5	50.1±2.3	23.0	21.8±0.2	10.0

注：S——敏感；R——产生抗性。

但是在多数情况下，对于同种类的杂草或者单个杂草，由靶酶突变产生的抗性和由代谢产生的抗性是共存的。杂草代谢能力的增强是产生抗性的另一原因，杂草种群的个体多实性、易变性及多型性是对除草剂产生抗性的内在因素。除草剂在对杂草种群产生强大的筛选压力的同时，也促使杂草体内做出一系列代谢反应，通过阻止除草剂活性分子到达靶标位点、削弱除草剂的毒害作用或者两方面的综合作用，使得杂草对 ACCase 抑制剂类除草剂敏感性降低。

此外，一些禾本科杂草的同质型 ACCase 显示出与胞质 ACCase 相类似的敏感性，它对 ACCase 抑制剂类除草剂具有天然的耐性。Catanzaro 等发现，与敏感的狼尾草相比，4 个蓝羊茅栽培品种分别对吡氟禾草灵显示 70～88 倍的抗性，对烯禾啶显示 216～422 倍的抗性。Bradley 等运用放射性同位素的方法研究了对烯禾啶、精喹禾灵和精吡氟禾草灵存在较低抗性及敏感的假高粱对这些除草剂的吸收、运输及代谢，发现抗性种群和敏感种群无明显区别。在 ACCase 酶活性测定中发现，抗性种群和敏感种群有着相似的 IC_{50} 值，不施用除草剂的情况下，抗性种群的 ACCase 比活力是敏感种群的 2～3 倍，添加除草剂的情况下，抗性种群 ACCase 比活力仍然明显高于敏感种群。这些结果表明，假高粱对精喹禾灵和烯禾啶的抗性是由于 ACCase 的过度表达。但是这种抗性机制不常见，仅仅在假高粱中有过报道 APP 及 CHD 类除草剂能使原生质膜去极化，膜去极化导致细胞内 pH 值下降，Ca^{2+} 浓度上升，使细胞衰老死亡，而抗性生物型能通过恢复极化来降低伤害。Hotum 等发现抗 AOPP 除草剂的一些瑞士黑麦草和野燕麦生物型在去掉除草剂后可以恢复膜电位，Prado 等认为质膜的复极化是瑞士黑麦草、多花黑麦草、鼠尾看麦娘、野燕麦等禾本科杂草对 AOPP 及

CHD 类除草剂抗性的一种机制。虽然在一些研究中证实 AOPP 类除草剂对抗性及敏感性生物型的质膜电动势（E_m）影响不同，却并没有明显的证据证明与质膜相关的除草剂作用位点或抗性机制的存在，这有可能是某种抗性机制引发的一个次要结果，而其本身并不是一种抗性机制。但是，Dinelli 等对意大利两种抗禾草灵黑麦草的研究排除了其抗药性与作用位点突变、吸收减少或解毒增强有关，而认为其抗药性是由于杂草对除草剂的屏蔽作用或与作用位点的隔离作用使除草剂不能到达作用位点，从而不能发挥除草作用。

以 ACCase 为靶标的抑制剂是一类高效、低毒、低残留的化学农药，但是由于长期和大面积的使用，抗性和交互抗性问题日趋严重。新型 ACCase 抑制剂的设计已经是现代科学家面临的一项艰巨任务。根据文献报道，APP、CHD 和 pinoxaden 三类抑制剂的结合位点存在重叠和差异，以此为突破口，采用计算机辅助药物设计的方法，设计能更好地同时占据多个位点的新型先导化合物，为新农药的创制添砖加瓦。

参考文献

［1］ Marshall L C，Somers D A，Dotray P D，et al. Allelic mutations in Acetyl-Coenzyme A carboxylase confer herbicide tolerance in maize. *Theor. Appl. Genet.* 1992，83(4)：435-442.

［2］ Egli M A，Gengenbach B G，Gronwald J W，et al. Characterization of maize Acetyl-Coenzyme A carboxylase. *Plant Physiol.* 1993，101(2)：499-506.

［3］ De Prado R，González-Gutiérrez J，Menéndez J，et al. Resistance to Acetyl CoA carboxylase-inhibition herbicides in lolium multiflorum. *Weed. Sci.* 2000，48(3)：311-318.

［4］ Boldt L D，Barrett M. Effects of diclofop and haloxyfop on lipid synthesis in corn(Zea mays)and bean(Phaseolus vulgaris). *Weed Sci.* 1991，39(2)：143-148.

［5］ Taylor W S，Hixon M，Chi H，et al. Inhibition of Acetyl-Coenzyme A carboxylase by coenzyme a conjugates of grass-selective herbicides. *Pesticide Sci.* 1995，43(2)：177-180.

［6］ Devine M D. Mechanisms of resistance to Acetyl-Coenzyme A carboxylase inhibitors. *Pestic. Sci.* 1997，51(3)：259-264.

［7］ Babczinski P，Fischer R. Inhibition of acetyl-coenzyme a carboxylase by the novel grass-selective herbicide 3-(2,4-dichlorophenyl)-perhydroindolizine-2,4-dione. *Pestic. Sci.* 1991，33(4)：455-466.

［8］ Matthews N，Powles S B，Preston C. Mechanisms of resistance to Acetyl-Coenzyme A carboxylase-inhibiting herbicides in a hordeum leporinum population. *Pest. Manag. Sci.* 2000，56(5)：441-447.

［9］ 靳莉，任天瑞，向文胜，陈馥衡. 乙酰辅酶 A 羧化酶抑制剂的研究进展. 农药学学报. 2002，4(1)：9-17.

［10］ Gengenbach. Transgenic plants expressing maize acetyl CoA carboxylase gene and method of altering oil content. *United States Patent*，6，222，099，2001-4-24.

［11］ 赵虎基，王国英. 植物乙酰辅酶 A 羧化酶的分子生物学与基因工程. 中国生物工程杂志. 2003，23(2)：12-16.

［12］ Sasaki Y，Nagano Y. Plant acetyl-CoA carboxylase：structure，biosynthesis，regulation and gene manipulation for plant breeding. *Biosci. Biotechnol. Biochem.* 2004，68(6)：1175-1184.

［13］ Kondo H，Shiratsuchi K，Yoshimoto T，et al. Acetyl-CoA carboxylase from Escherichia coli：gene organization and nucleotide seauence of the biotin carboxylase subunit. *Proc. Natl. Acas. Sci. USA.* 1991，88(21)：9730-9733.

［14］ Kozaki A，Mayumi K，Sasaki Y. Thiol-Disulfide exchange between nuclear-encode and chloroplast-encoded subunit of pea caetyl-CoA carboxylase. *J. Biol. Chem.* 2001，276(43)：39919-39925.

［15］ Wakil S J，Stoops J K，Joshi V C. Fatty acid synthesis and its regulation. *Ann. Rev. Biochem.* 1983，52：537-579.

［16］ Nikolau B J，Ohlrogge J B，Wurtele E S. Plant biotin-containing carboxylases. *Arch. Biochem. Biophys.* 2003，414(2)：211-222.

［17］ Schulte W，Topfer R，Stracke R，et al. Multi-functional acetyl-CoA carboxylase from Brassica napus encode by a multi-gene family：indication for plastidic calization of at least one isoform. *Proc. Natl. Acad. Sci. USA.* 1997，94(7)：3465-3470.

［18］ Diacovich L，Peirú S，Kurth D，et al. Kinetic and Structural Analysis of a New Group of Acyl-CoA Carboxylases Found in *Streptomyces coelicolor* A3(2). *J. Bio. Chem.* 2002，277(34)：31228-31236.

［19］ Hügler M，Krieger R S，Jahn M，et al. Characterization of acetyl-CoA/propionyl-CoA carboxylase in *Metallosphaera sedula*. *Eur. J. Biochem.* 2003，270(4)：736-744.

[20] Waldrop G L, Rayment I, Holden H M. Three-dimensional structure of the biotin carboxylase subunit of acetyl-CoA carboxylase. *Biochem*. 1994,33(34): 10249-10256.

[21] Athappilly F K, Hendrickson W A. Structure of the biotinyl domain of acetyl-coenzyme A carboxylase determined by MAD phasing. *Structure*. 1995,3(12): 1407-1419.

[22] Cronan J E, Waldrop G L. Multi-subunit acetyl-CoA carboxylase. *Prog. Lipid. Res*. 2002,41(5): 407-435.

[23] Shen Y, Volrath S L, Weatherly S C, et al. A mechanism for the potent inhibition of eukaryotic acetyl-coenzyme A carboxylase by soraphen A, a macrocyclic polyketide natural product. *Mol. Cell*. 2004,16(6): 881-891.

[24] Zhang H L, Yang Z, Shen Y, et al. Crystal structure of the carboxyltransferase domain of acetyl-coenzyme A carboxylase. *Science*. 2003,299(5615): 2064-2067.

[25] Zhang H L, Tweel B, Tong L. Molecular basis for the inhibition of the carboxyltransferase domain of acetyl-coenzyme-A carboxylase by haloxyfop and diclofop. *Proc. Natl. Acad. Sci. USA*. 2004,101(16): 5910-5915.

[26] Zhang H L, Tweel B, Li J, et al. Crystal structure of the carboxyltransferase domain of acetyl-coenzyme A carboxylase in complex with CP-640186. *Structure*. 2004,12(9): 1683-1691.

[27] Xiang S, Callaghana M M, Watsonb K G, et al. A. different mechanism for the inhibition of the carboxyltransferase domain of acetyl-coenzyme A carboxylase by tepraloxydim. *Proc. Natl. Acad. Sci. USA*. 2009,106(49): 20723-20727.

[28] Yu P C, Kim Y S, Tong L. Mechanism for the inhibition of the carboxyltransferase domain of acetyl-coenzymeA carboxylase by pinoxaden. *Proc. Natl. Acad. Sci. USA*. 2010,107(51): 22072-22077.

[29] Wendt K S, Schall I, Huber R, et al. Crystal structure of the carboxyltransferase subunit of the bacterial sodium ion pump glutaconyl-coenzyme A decarboxylase. *EMBO J*. 2003,22(14): 3493-3502.

[30] Hall P R, Wang Y F, Rivera-Hainaj R E, et al. Transcarboxylase 12S crystal structure: hexamer assembly and substrate binding to a multienzyme core. *EMBO J*. 2003,22(10): 2334-2347.

[31] Diacovich L, Mitchell D L, Pham H, et al. Crystal structure of the b-subunit of acyl-CoA carboxylase: structure-based engineering of substrate specificity. *Biochemistry*. 2004,43(44): 14027-14036.

[32] Knowles J R. The mechanism of biotin-dependent enzymes. *Ann. Rev. Biochem*. 1989,58(1): 195-221.

[33] Tong L. Acetyl-coenzyme A carbonxylase: crucial metabolic enzyme and attractive target for drug discovery. *Cell. Mol. Life. Sci*. 2005,62(16): 1784-1803.

[34] 任康太，李永红，杨华铮. 芳氧苯氧丙酸酯和环己二酮类除草剂的作用机制. 农药. 1999,38(2): 1-4.

[35] 任康太，李慧英，杨华铮. 芳氧苯氧丙酸酯类除草剂的合成及构效关系研究. 农药译丛. 1998,20(1): 23-45.

[36] 苏少泉. ACCase 特性、功能及其抑制除草剂发展与杂草抗性. 农药研究与应用. 2006,10(6): 1-8.

[37] 郭峰，张朝贤，黄红娟等. 杂草对 ACCase 抑制剂的抗性 [J]. 杂草科学，2011,29(3):1-6.

[38] Nakahira K. Mode of action of a herbicide, Qulzalofopethyl. *J. Pestic. Sci*. 1998,23(3): 357-366.

[39] Kim D W, Chang H S, Ko Y k. High seleetive herbieidal phenoxypopionieacid alkoxycarbonyl anilid compounds and method of preparing thereof. 世界专利，wo0108479. 2004.

[40] 徐尚成. 环己二酮类除草剂及其合成化学. 农药. 1990,29(4): 31-34.

[41] Markley L D, Geselius T C, Hamilton C T, et al. Aryloxy and pyridyloxyphenyl cyclo-hexanedione grass herbicides, Synthesis and Herbicidal Activity. *ACS Symposium Series*, 1995,584,220-233.

[42] Rendina A R, Felts J M. Cyclohexanedione herbicides are selective and potent inhibitors of Acetyl-CoA carboxylase from grasses. *Plant Physiol*. 1988,86(4): 983-986.

[43] Regulatory Note: Pinoxaden. *Pest. Management. Regulatory. Agency*. 2006-12-20.

[44] 王爽，张荣全，叶非. 乙酰辅酶 A 羧化酶抑制剂的研究进展. 农药科学与管理. 2003,24(10): 26-32.

[45] 任康太，喻爱明，杨华铮. 环己二酮类除草剂的合成及构效关系研究. 农药译丛. 1998,20(5): 32-39.

[46] Webb S R, Lee H, Hall J C. Cloning and expression in *Escherichia coli* of an anti-cyclohexanedione single chain variable(ScFv) antibody fragment and comparison to the parent monoclonal antibody. *J. Agric. Food Chem*. 1997,45(2): 535-541.

[47] Steve R W, Gregory L D, Dan P, *et al*. Interaction of Cyclohexane-diones with Acetyl Coenzyme-A Carboxylase and an Artificial Target-Site Antibody Mimic: A Comparative Molecular Field Analysis. *J. Agric. Food Chem*. 2000,48(6): 2506-2511.

[48] 秦永华. 芳氧苯氧丙酸酯类除草剂的研究进展. 宁波大学学报（理工版）. 2007,20(3): 381-384.

[49] Wenger J, Niderman T. Acetyl-CoA Carboxylase inhibitors. *Modern Crop Protetion Compounds*. 2007,335-355.

[50] 马晓渊. 农田杂草抗药性的发生为害、原因与治理. 杂草科学. 2002,1: 5-9.

[51] Christophe D, Zhang X Q, Michel S, et al. Molecular Bases for Sensitivity to Acetyl-Coenzyme A Carboxylase Inhibitors in

Black-Grass. *Plant Physiol*. 2005,137(3)：794-806.

［52］ Liu W J，Dion K H，Dominika C，et al. Single-site mutations in the carboxyltransferase domain of plastid acetyl-CoA carboxylase confer resistance to grass-specific herbicides. *Proc. Natl. Acad. Sci. USA*. 2007,104(9)：3627-3632.

［53］ Yu Q，Collavo A，Zheng M Q，et al. Diversity of Acetyl-Coenzyme A Carboxylase Mutations in Resistant *Lolium* Populations：Evaluation Using Clethodim. *Plant Physiol*. 2007,145(2)：547-558.

［54］ Christoffers M J，Berg M L，Messersmith C G. An isoleucine to leucine mutation in acetyl-CoA carboxylase confers herbicide resistance in wild oat. *Genome*. 2002,45(6)：1049-1056.

［55］ Heap I M，Morrison I N. Resistance to aryloxyphenoxypropionate and cyclohexane-dione herbicides in green foxtail (Setaria viridis). *Weed Sci*. 1996,44(1)：25-30.

［56］ Délye C，Wang T Y，Darmency H. An isoleucine-leucine substitution in chloroplastic acetyl-Co A carboxylase from green foxtail(*Setaria viridis* L. Beauv.) is responsible for resistance to the cyclohexanedione herbicide sethoxydim. *Planta*. 2002,214(3)：421-427.

［57］ Délye C，Matéjicek A，Gasquez J. PCR-based detection of resistance to acetyl-CoA carboxylase-inhibiting herbicides in black-grass (Alopecurus myosuroides Huds)and ryegrass(Lolium rigidum Gaud). *Pestic. Manag. Sci*. 2002,58(5)：474-478.

［58］ Tal A，Rubin B. Molecular characterization and inheritance of resistance to ACCase-inhibiting herbicides in *Lolium rigidum*. *Pestic. Manag. Sci*. 2004,60(10)：1013-1018.

［59］ Délye C，Zhang X Q，Chalopin C，et al. An isoleucine residue within the carboxyl-transferase domain of multidomain acetyl-CoA carboxylase is a major determinant of sensitivity to aryloxyphenoxypropionate but not to cyclohexane-dione inhibitors. *Plant. Physiol*. 2003,132(3)：1716-1723.

［60］ Zhu X L，Yang W C，Yu N X，et al. Computational Simulations of Structural Role of the Active-site W374C Mutation of Acetyl-Coenzyme-A Carboxylase：Multi-drug Resistance Mechanism. *J. Mol. Model*. 2011,17(3)：495-503.

［61］ Zhu X L，Hao G F，Zhan C G，et al. Computational Simulations of the Interactions between Acetyl-Coenzyme-A Carboxylase and Clodinafop：Resistance Mechanism Due to Active and Nonactive Site Mutations. *J. Chem. Inf. Model*. 2009,49(8)：1936-1943.

第十一章
光合系统中电子传递抑制剂

　　光合作用是高等绿色植物和某些菌类特有的重要的生理生化过程，是植物获取能量的重要途径，是植物维持正常生命运动的重要生理活动之一，而动物不具有。从毒性考虑，这有利于为光合作用除草剂的选择性作用提供坚实的生理生化基础，这类除草剂在杀死杂草保护作物的同时，大多对动物尤其对人类几乎不存在毒害。因此在除草剂的分子设计中，抑制光合作用的除草剂一直受到极大的关注，历来为农药学家所重视。随着生物学、X 射线衍射技术等学科的发展，光合作用的机制逐渐为科学家所揭示，这为以光合作用为靶标的除草剂分子设计提供了广阔的前景。

　　我们日常生活中的食物和燃料均是植物、微生物等许多不同的有机体通过光合作用将光能转化为通过生物学系统可利用的化学形式的能量，也就是说光合作用是绿色植物、真核水藻、蓝细菌和原核生物将光能转化为化学能的过程。在比较高等的绿色植物和水藻中，这一整个过程科归纳为：

$$6CO_2 + 12H_2O \longrightarrow C_6H_{12}O_6 + 6O_2 + 6H_2O \tag{3-11-1}$$

　　虽然上述反应式（3-11-1）非常准确地描述了光合作用的结果，但是该光合作用的反应过程相当复杂，涉及许多单元反应。1960 年，Hill 和 Bendall 把光合作用中主要的成员，两个光合作用系统（PSⅠ、PSⅡ）和一些电子供体、递体和受体，按其氧化还原电位，排成反映光合电子传递的表达方式——Z 方案，几经修改后，Govindjee 于 2001 年 8 月，在澳大利亚布里斯班召开的第 12 届国际光合作用大会上，展示了最新的 Z 方案（见图 3-11-1）。它们可分为两大类：需光反应（或光反应）和不需光的反应（暗反应）。光反应的发生需要有光的存在，而暗反应不需要光的存在。正是光反应将光能捕获并转化为一种可促使其他化学反应发生的能量形式（如促使需光反应的光合作用 Calvin 循环的进行），碳水化合物或其它有机物得以合成。需光反应的主要构成见图 3-11-2。

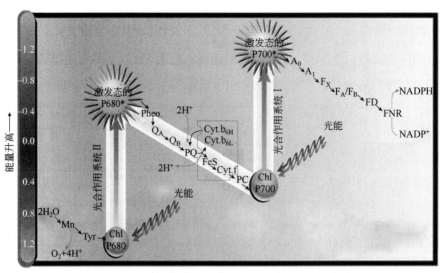

图 3-11-1　反映光合电子传递的表达方式——Z 方案

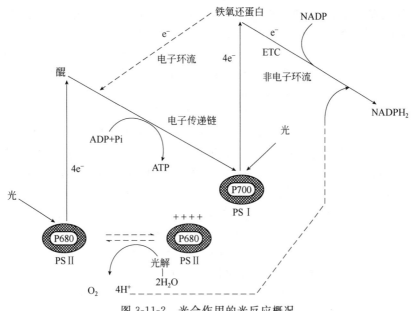

图 3-11-2　光合作用的光反应概况

　　光合作用的光反应发生在高等植物、藻类等叶绿体的类囊体膜上，光系统 I（PS I）和光系统 II（PS II）同属需光反应，二者分别有各自独立的光吸收系统。需光反应为 Calvin 循环产生两个主要的高能量化合物 ATP 和 $NADPH_2$ 和副产物氧气；而 ATP 只能通过光系统 II 的电子传递过程生成，$NADPH_2$ 是电子在整个过程传递后的产物。PS II 的反应中心为叶绿素 A，因其在 680nm 处对光具有最大吸收，故称为 P680；PS I 的反应中心为叶绿素 A，因其在 700nm 处对光具有最大吸收，故称为 P700。在 PS II 中，P680 激发的电子首先转移到一分子苯醌，然后到一电子传送链（ETC）。由于电子沿这一电子传送链传输，部分能量被释放用于将 H^+ 传输到类囊体中，这样提供了化学渗透能量，用于合成 ATP。P680 失去的电子由光存在下的水的裂解反应释放的电子代替。

　　1976～1978 年，Hans-Erik Kerlund、P. K. Albertsson 和 Bertil Andersson 利用水双相技术分离了 PS I 和 PS II，并阐明 PS II 主要分布在基粒类囊体，PS I 主要分布在基质类囊体。由于光系统 I 和光系统 II 二者分别有各自独立的光吸收系统，有关二者的内容分别介绍如下。

第一节　光系统 I

一、PS I 的发现和结构

　　1837 年，德国植物学家 Hugo von Mohl 发现了植物细胞中的叶绿体。1893 年，美国植物学家 Barnes 提出光合作用的概念，直到 1896 年，光合作用才被广泛接受。在 20 世纪 50 年代，Kok 发现在许多光合生物中都有光诱导的 700nm 长波区的吸收下降现象（标记为 P700）。这就是我们现在所说的 PS I 反应中心叶绿素或 P700，PS I 反应中心很长时间以来是人们模糊的设想，与 PS II 不同。PS I 反应中心在一开始就很明确地被认定为 P700。

　　PS I 是一个多亚基蛋白复合物，深深嵌入光合类囊体膜中。它催化光形成电子从类囊体膜内的蛋白质体蓝素（Pc）和细胞色素 c6 转移到类囊体膜外的还原铁氧还蛋白（Fd）或黄素氧还蛋白。PS I 由光能吸收、传递和转化所需的一系列蛋白质和结合在这些蛋白质上的色素分子及电子传递链组分组成。PS I 复合物由 250～300 个色素分子和载体分子组成，并含有一个作用中心色素 P700、细胞色素 f、PC、2 个色素 b563、铁氧还蛋白、铁氧还蛋白-NADP 还原酶。

　　20 世纪 60 年代，人们开始对在类囊体膜上具有活性的 P700 进行研究。1964 年，Boardman 和

Anderson 首先用物理方法分离了两个光系统。Anderson 等人利用增溶剂进行尝试并成功获得了 PSI 颗粒，George Hoch 等实验室对 PSI 展开了大量生物化学研究。1971 年，Leo Vernon 等开始用洗涤剂增溶 PSI 和 PSII，并用凝胶电泳进行分离。Bengis 和 Nathan Nelson 阐述了分析 PSI 中蛋白质的详细方法。Thornber 利用非变性凝胶电泳研究表明，叶绿素与色素蛋白复合物结合分布在类囊体膜上。这与 Smith 1956 年提出的全色素假设一致。

20 世纪 70 年代末，Nelson 研究组经过努力获得 PSI 复合物的单体和小亚基组成后，第一次证明了 PSI 复合物是由许多蛋白质亚基组成。认为大于 60 kDa 的大亚基是反应中心主体，并且推测其比小于 20kDa 的小亚基具有更多功能。从此以后，出现了大量光合有机体复合物分离的报道。但是即使在同一物种中分离得到的复合物的亚基组成变异也非常大，对此非常难以进行比较，不仅是因为分离方法不同，而且对蛋白质亚基进行分离的 SDS-PAGE 方法在不同实验室不同研究者分离所得到的结果是不一样的。1985 年以来对 SDS-PAGE 分离的亚基 N-端氨基酸序列的研究使定义每个亚基的基本结构成为可能。通过最新的克隆技术及基因序列分析技术方面的研究，目前已经获得了这些亚基的全氨基酸序列和基因结构。在此期间，Fish 等人对大亚基 PSaA 和 PSaB 基因序列的分析。1986 年，Sugiura 研究组和 Ohyama 研究组分别对烟草全核酸序列和地钱叶绿体 DNA 序列进行了分析。

1978 年，Peter Colman 等成功地结晶了 Pc。Lawrenc 等人在 1985 年对 PSI 反应中心的基因进行了测序。1986 年，Sugiura 等第一次完成了叶绿体基因组的完整序列测定。Witt 在藻青菌中获得了第一个 PSI 的结晶。Biggins 和 Mathis 证实了叶绿醌也是 PS 的一个电子受体。1992 年 Rudolph Marcus 研究得出了光合作用中电子传递的理论。同样，Jordan 等人获得了 PSI 的晶体结构，使 PSI 各亚基的位置与功能进一步得到了确定。

PSI 相对较多地分布于叶绿体类囊体膜基质膜区。PSI 由 12（细菌）或 13（高等植物）个蛋白亚基组成。根据它们的基因把这些亚基分别命名为 PsaA 到 PsaX。通常，高等植物和绿藻 PSI 复合物分为 PSI 核心复合物和内周天线系统（LHCI）。高等植物、藻类和蓝细菌中所有已知的编码 PSI 结构蛋白的基因都已经被克隆，这些基因被命名为 psaX。真核生物 PSI 蛋白基因由叶绿体或细胞核基因组编码，核基因编码的 PSI 基因表达为带有 N-端引导肽的前体并被输送至叶绿体中。PSI 蛋白组分的一级结构在蓝细菌、绿藻和高等植物中都相当保守。在组成 PSI 的蛋白亚基中，PsaA 和 PsaB 结合形成异二聚体 PSI 反应中心，里面包含电子原初供体 P700 和中心电子传递链 A0、A1 和 Fx。

蓝细菌、绿藻和高等植物的 PSI 复合物还包括 3 个外周蛋白（PsaC、PsaD 和 PsaE）以及 5 个膜内周蛋白（PsaL、PsaK、PsaF、PsaI 和 PsaJ）。PsaD 提供 PSI 还原侧的一个基本的 Fd 堆积区域，并且需要 PsaC 和 PsaE 一起稳固组装到 PSI 中。PsaE 是 Fd 还原所必需的，并且可能参与 PSI 周围的环式电子传递。PsaL 是组成 PSI 的三聚体必不可少的一个亚基。PsaF 暴露在基质一侧的亚基，能够与 Pc 和 Cyt c6 关联，但不是 Cyt c6 光氧化所必需的。PsaM 存在于蓝细菌 PSI 中，但它还没有在真核生物 PSI 制备物中发现。其他亚基，如 PsaJ、PsaK、PsaI 和 PsaM 都很小（小于 5.5kDa），这些亚基从细菌到高等植物中都严格保留。

二、PSI 的除草剂品种

PSI 的除草剂，主要有百草枯和敌草快两个品种。虽然是 1958 年开发的品种，但由于它们在除草性能上的特点，至今仍具有重要的意义，如百草枯至今使用面积仍达数千公顷。其作用特点是杀草谱广，用量在 $1.12kg/hm^2$ 以下，可防除多种单双子叶杂草，为非选择性除草剂，在作物播前或苗前使用，也可在苗后采用定向喷雾的方法来避免作物受害。这类除草剂作用特别迅速，1～2h 便产生明显的药害，可被植物叶片吸收后迅速传导，但是由于它们对土壤的吸附力极强，因而不易被植物的根部吸收，因此土壤处理无效。这类除草剂在避免土壤侵蚀严重地区的免耕法实施中具有重要的意义。此类除草剂活性的发挥与其还原反应形成的自由基的能力有关，药剂形成自由基的能力是发挥除草剂活性所必需的。研究表明，这类除草剂在溶液中完全离解成离子，若在叶绿体中当进行光合作用时，百草枯正离子被还原成相对稳定的水溶性自由基，在有氧存在时，这种自由基又被氧化成原来的正离子，并生成过氧化氢，后者可能是最终破坏植物组织的毒剂。

$$-N^+ \langle\rangle\langle\rangle N^+- \quad \xrightarrow[\;H_2O_2 \quad 1/2O_2+H_2O\;]{e^-} \quad -N\langle\rangle\langle\rangle N-$$

$$[2X^-] \qquad\qquad\qquad\qquad\qquad\qquad [X^-]$$

这类化合物的氧化还原电位经测定，具有除草活性的化合物的氧化还原电位在 $-300\sim-500\mathrm{mV}$ 之间，相当于铁氧化还原蛋白的氧化还原电位。

结构与活性的关系研究表明，联吡啶两个环基本上是平面的，若扭曲，则失去活性，如下面两组化合物：

（左结构）
$(CH_2)_n$
$n=2$, 有活性
$n=3$, 活性降低
$n=4$, 无活性

（右结构）
Y
Y=H, 有活性
Y=CH$_3$ 或烷基, 无活性

当 $n>2$ 及 Y 不为氢时，均会影响两个环的共平面性，从而不能形成因离域化而稳定的自由基，就不能产生活性。

1. 百草枯（paraquat）

$$-N^+ \langle\rangle\langle\rangle N^+-$$

$C_{12}H_{14}N_2$, 186.256, 4685-14-7

理化性质 二氯化物为无色晶体，大约在 300℃ 分解，易溶于水，微溶于低级醇类，不溶于烃类。在酸性条件下稳定，但在碱性条件下易水解，原药对金属有腐蚀性。

合成方法 由吡啶在液氨中与金属钠反应生成联吡啶，再与氯甲烷反应生成阳离子。

毒性 大鼠急性经口 LD$_{50}$ 150mg/kg，家兔急性经皮 LD$_{50}$ 236mg/kg。浓溶液对眼睛有较长时间的刺激，鲤鱼 TLm(48h) 40mg/L。

应用 剂型有二氯化物 100~240g/L 的浓水剂，2.5% 的水溶性颗粒剂，还可与其他除草剂制成混剂。该药可通过触杀和一定的传导性破坏绿色植物组织，与土壤接触后很快失效，常用于苗圃、果园中防除杂草，也可用作各种作物的催枯。

2. 敌草快（diquat）

$$\text{（结构式）}$$

$C_{12}H_{12}N_2$, 184.24, 2764-72-9

理化性质 纯品为无色至淡黄色结晶，蒸气压 <0.01mPa。溶解度（20℃）：在水中 700g/L，微溶于乙醇和羟基溶剂，不溶于非极性有机溶剂。在酸性和中性溶液中稳定，但在碱性条件下不稳定。使用时一般是它的二溴盐。

合成方法 由吡啶在兰尼镍催化下氧化偶联生成邻位相连的联吡啶，再与二溴乙烷反应生成。

毒性 原药急性经口 LD$_{50}$：大鼠 231mg/kg，小鼠 125mg/kg；急性经皮 LD$_{50}$：大鼠 50~100mg/kg，兔 >400mg/kg。对皮肤和眼睛有中等刺激作用。狗 2 年饲喂试验无作用剂量为 1.7mg/(kg·d)，大鼠 3 代繁殖试验无作用剂量为 25mg/(kg·d)，在试验剂量内，动物试验未见致畸、致癌、致突变作用。鲤鱼 LC$_{50}$ 40mg/L(48h)，虹鳟鱼 45mg/L(24h)。鹌鹑急性经口 LD$_{50}$ 270mg/kg。对蜜蜂低毒。

应用 敌草快为非选择性触杀型除草剂，稍有传导性。被绿色植物吸收后抑制光合作用的电子传递，还原状态的联吡啶化合物在光诱导下，有氧存在时很快被氧化，形成活泼的过氧化氢，这种物质的积累使植物细胞膜破坏，受药部位枯黄。适用于阔叶杂草占优势的地块除草；还可作为种子植物干燥剂；也可用于马铃薯、棉花、大豆、玉米、高粱、亚麻、向日葵等作物催枯剂；当处理成熟作物时，残余的绿色部分和杂草迅速枯干，可提早收割，种子损失较少；还可作为甘蔗花序形成的抑制剂。由于不能穿透成熟的树皮，对地下根茎基本无破坏作用。用于作物催枯，用量为 $300\sim600g(a.i.)/hm^2$。用于农田除草，夏玉米免耕除草用量为 $450\sim600g(a.i.)/hm^2$，果园为 $600\sim900(a.i.)/hm^2$。切忌对作物幼树进行直接喷雾，因接触作物绿色部分会产生药害。英国卜内门化学公司曾获准用利农 20% 水剂在我国进行小麦催枯试验。

二者的合成方法如下：

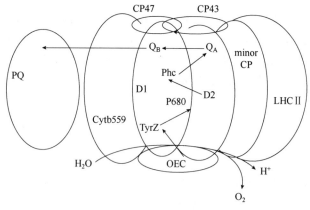

第二节　光系统Ⅱ

光系统Ⅱ（PSⅡ）主要存在于基粒类囊体的紧贴区域，基粒的非紧贴区域和基质类囊体具有极少的 PSⅡ。

PSⅡ复合物是一个多亚基膜蛋白复合物，包含至少 14 个跨膜亚基，3 个亲水性周边亚基，至少 40 个辅助因子，包括叶绿素（chls）（目前已发现的叶绿素总数目达到了 36）、类胡萝卜素、锰原子、铁原子和质体醌，一个单体的整个分子质量为 320kDa。光系统Ⅱ（PSⅡ）中光能向化学能的转化离不开跨类囊体膜的电荷分裂。转化一开始是由基态供体 P680 放出一个电子（见图 3-11-3）。蛋白亚基 D1 和 D2 形成的 PSⅡ反应中心，P680 是处在这一中心的一个（或一对）叶绿素 chlα 分子，连在 D1-His-198（D2-197）PSⅡ上，处在腔一侧，在吸收光能量时发生电荷裂分；当正电子自由基 P680^{*+} 形成后，电子通过脱镁叶绿体到达电子受体 Q_A，Q_A 是一个紧密地结合在 D2 亚基上的质体醌，处在基质一侧。每四个电子转移后就被还原，P680^{*+} 通过氧化还原性酪氨酸残基 TyrZ 从锰簇吸收一个电子（锰簇包括四个锰离子）。然后负电荷依次聚集在锰簇上，氧化两分子水，同时放出一个氧分子和四个质子。放出前两个电子时，Q_A^{-} 同时还原一个束缚在 D1 蛋白 B 位置的活泼 Q_B 分子。Q_A 后来释放到胞间质。得到两个质子后，Q_BH_2 被释放到深藏在膜内的一个质体醌环区内，另一个 Q_B 分子取代它的位置，准备下一轮的还原和释放。这一过程给我们提供了富氧的大气，使大多有机物体在地球上舒适地存活，而由此产生的氢原子逐个穿过类囊体膜，参与 ATP 的合成。

图 3-11-3　光系统Ⅱ反应中心复合物的结构与功能示意

CP43，CP47—分子量为 43kDa、47kDa 的蛋白复合体，即核心天线；Cyt b559—细胞色素

b559；D1，D2—反应中心复合体中的核心蛋白异二聚体；LHCⅡ—外周天线复合体；minor CP—小分子量蛋白；OEC—放氧复合物；P680—反应中心叶绿素 a 分子；Phe—去镁叶绿素；Q_A，Q_B—初级和次级电子受体；PQ—质醌；TyrZ—酪氨酸残基。

一、PSⅡ电子传递抑制剂的作用机制

所有具有抑制光合作用活性的化合物都是破坏了光反应或阻断了光合作用过程中的电子传递。光合作用抑制剂可分为：白化除草剂、PSⅡ电子传递抑制剂、能量传递抑制剂、有关于化合物自由基 H_2O_2 形成的抑制剂。其中 PSⅡ电子传递抑制剂是一类非常重要的除草剂，对它的作用研究比较深入。

PSⅡ是类囊体膜上的色素蛋白复合物，其 X 射线结构的分辨率不高，但与紫色光合细菌的反应中心有很高的同源性，因此，所有 PSⅡ的结构以紫色菌为模型。

通过紫色菌模拟、同位素示踪、分子图形学以及有关除草剂抗性机制的研究表明，光系统Ⅱ反应中心 D1 多肽、D2 多肽在叶绿体的类囊体膜上分别与光系统Ⅱ中电子传递起重要作用的质体醌 Q_B 和 Q_A 相结合。除草剂的作用是置换了与 D1 多肽结合的质体醌 Q_B，从而阻碍了电子由 Q_B 向质体醌 Q_A 的正常传递，起到了抑制光合反应的作用（见图 3-11-4 和图 3-11-5）。因此，D1 蛋白被称为光合作用 PSⅡ电子传递抑制剂的受体蛋白。

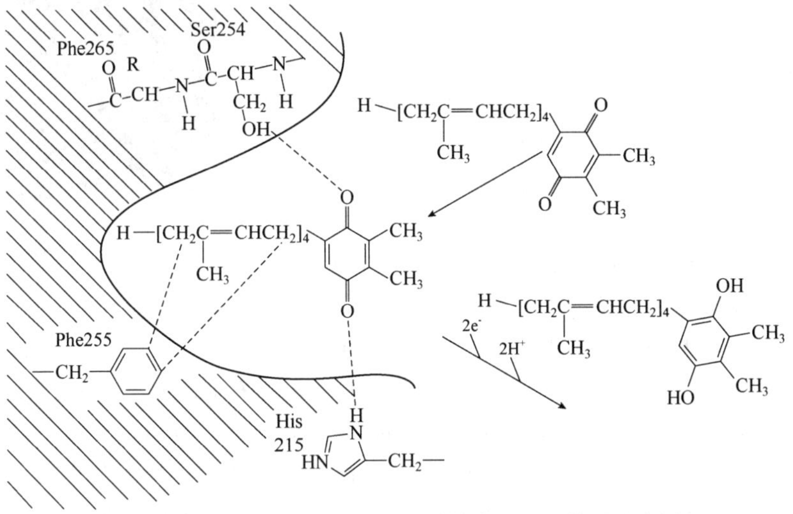

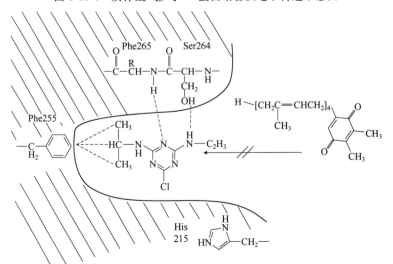

图 3-11-4　质体醌 Q_B 与 D1 蛋白结合及电子传递示意图

图 3-11-5　除草剂 Atrazine 与 D1 蛋白结合并阻断 D1 蛋白与质体醌结合示意图

研究发现，质体醌 Q_B 与 D1 蛋白间可能有氢键作用的氨基酸有：苯丙氨酸 265 主链上的氨基、丝氨酸 264 主链上的羟基和组氨酸 215 吡唑环上的亚氨基。

二、PSⅡ 电子传递抑制剂受体 D1 蛋白结构

D1 蛋白处在类囊体膜中，两端分别暴露在基质和类囊体腔中。它的基因编码是 $psbA$。随着分子生物学、分子图形学、X 射线衍射技术等学科的发展，D1 蛋白的结构已从分子水平上被详细阐明。1988 年，诺贝尔奖获得者 H. Michael、J. Deisenhofer 和 R. Huber 确定了类似于高等植物的光反应中心的紫色菌光合作用中心膜蛋白的结构与其电子传递机制。J. Deisenhofer 和 H. Michel 成功地分离了绿色红假单胞菌（$Rps.Viridis$）光合区反应中心复合物，并以 X 射线衍射技术测定了其晶体结构，判断了各次单元蛋白质的氨基酸序列，探讨了其结构与电子传递的机制。Sinning 在 1992 年利用 Molscript 绘制的一个简要 $Rps.Virds$ 光合作用中心结构（见图 3-11-6）。

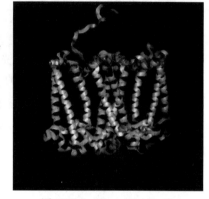

$Rps.Virds$ 的光合反应中心的核心部位由 M（左）和 L（右）蛋白及 9 个附着分子构成。高等植物光合系统反应中心Ⅱ与 $Rps.Viridis$ 的功能及组成相似，同时通过研究发现，其总体同源性虽然较差，但其关键部位残基却明显一致，而且通过抗体键合研究、放射性同位素标记、分子键合研究及除草剂抗性品种特点和光谱研究等，从不同侧面验证了 D1、D2 与 L、M 在结构上具有相似性这一推测，归属为同源蛋白。

近些年来，随着各种技术的不断提高，人们对 D1 蛋白的结构认识的范围越来越广，程度越来越深。对于 D1 蛋白序列的测定逐渐增多，发现编码 D1 蛋白的 $PsbA$ 基因有高度的保守

图 3-11-6 $Rps.Viridis$ 光合作用中心结构

性，所测序列蛋白的来源包括大麦、小麦、玉米、稻、高地棉花、菠菜、花园豌豆、黑茄、普通向日葵、矮牵牛花、南亚菟丝子、紫花苜蓿、绿苋、鼠耳芥、衣藻等多种高、低等植被。同时，更多的具有 PSⅡ 的蛋白晶体得以测定，现在共有 26 个，其中包含有 D1 蛋白的晶体是四个喜温蓝藻菌 $Thermosynechococcus\ elongatus$（$Synechococcus\ elongatus$，又别称 $Thermosynechococcus\ vulcanus$，普通名称 cyanobacterium）具有放氧活性的 PSⅡ 复合物三维晶体，序列号分别为 1FE1（0.38nm）、1IZL（0.37nm）、1S5L（0.35nm），最新的蛋白晶体于 2005 年 12 月发表在 Nature 上，分辨率为 0.30nm。这些蛋白晶体的研究对于人类了解 PSⅡ 复合物结构提供了大量信息。

首先是整体构造和排布，其次可以清楚地观察到辅助因子和蛋白的空间构建，如彩图 3-11-7、图 3-11-8 和图 3-11-9 所示。

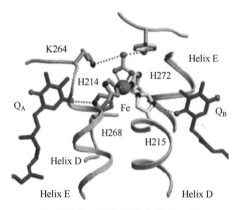

图 3-11-8 PSⅡ 接受电子的一侧

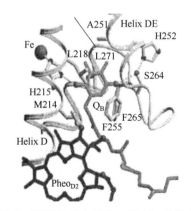

图 3-11-9 PSⅡ 接受电子的一侧/Q_B 的结合口袋

自 1956 年 Wessels 第一次报道抑制光合作用的除草剂以来，已经证实的 PSⅡ抑制剂有苯基或杂环取代脲、氨基甲酸酯、苯基酰胺、均三嗪、1，2，4-三嗪酮、哒嗪酮、尿嘧啶、氰基苯酚以及近些年来报道颇多的氰基丙烯酸酯等。根据化学结构上的特征，PSⅡ抑制剂基本上可以分为两大类："酰胺"类和苯酚类。自 1985 年 Deisenhorfer 等成功地分离并解析了绿色红假单胞菌（*Rps. viridis*）光合反应中心结构，并因此获得诺贝尔奖。Bowyer、Draber 和 Tietjen、Ruffle 以及 Egner 先后根据高等植物的同源蛋白建造了 PSⅡ电子传递抑制剂的受体模型，对早期发现的具有 PSⅡ抑制活性的脲、三嗪和氰基丙烯酸酯及苯酚类化合物进行了深入的研究，利用计算机处理的受体分子体系模型去预测和解释该体系的物理性质，从而为分子设计提供指导。

1990 年，Bowyer 等研究了苯基脲（**3-11-1**）（见图 3-11-10）PSⅡ抑制剂与 D1 蛋白结合的分子模拟情况，这一研究主要讨论了它与 PSⅡ中 Q_B 结合区域的上端间的相互作用情况。如图 3-11-10 所示。分子模拟结果表明：① 分子中二甲基脲部分指向质体醌上部结合区域，而二苯乙烯部分则沿着质体醌的类异戊二烯侧链结合区域；②与苯环相邻的氨基上氮原子与 Ser 264 侧链羟基和 Ala 251 的肽酰部分间形成氢键，而 Ser 268 的侧链羟基作为另一配体也可形成氢键。这解释了为什么当 Ser 264 突变为 Gly 时对结合影响较小的缘故。

1993 年，Simon P. Mackay 等对 **DCMU(3-11-2)** 与 PSⅡ中结合部位间的相互作用进一步进行了分子模拟。他们发现 His 215 残基也能参与形成氢键，而且范德华力场对稳定相互作用有更大的重要性。他们通过考察 **DCMU** 对 PSⅡ中 Fe（Ⅱ）的 EPR 光谱的影响，证实了脲能与 D1 蛋白中 His 215 的咪唑侧链间形成优势静电相互作用，即形成氢键，从而稳固 **DCMU** 在 Q_B 合口袋中的结合。

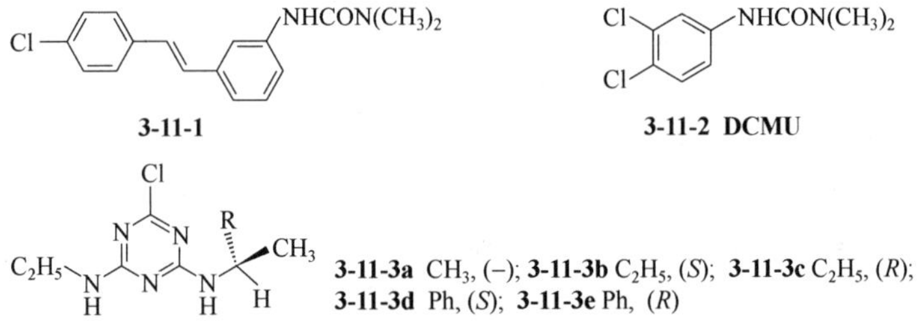

3-11-1

3-11-2 DCMU

3-11-3a CH₃, (−); 3-11-3b C₂H₅, (S); 3-11-3c C₂H₅, (R); 3-11-3d Ph, (S); 3-11-3e Ph, (R)

3-11-3

图 3-11-10 分子模拟中所用光合作用除草剂（脲和均三氮嗪）的分子结构

三嗪类的去草净（Terbutryn）是另一种典型的 PSⅡ抑制剂。其结合部位及其在 *Rp. viridis* 反应中心 L 蛋白（相当于高等植物 D1 蛋白）的结合方式已经通过 X 射线晶体衍射得到证实。去草净与该反应中心蛋白质片断形成两个氢键，一个是三嗪环上 N-3 原子与 Ile L224 的主链 NH 间，另一个是在 Ser L 223 的侧链羟基与去草净的乙氨基氮间。此外 Phe L216 也与三嗪环的堆积作用方式有关，而且抑制剂与 Glu L212、Val L220 和 Ile L 229 间也存在密切联系。突变研究表明，去草净和阿特拉津的结合部位部分重叠。三嗪环上取代基的大小和疏水性的不同能产生与蛋白质不同的相互作用。

1993 年，Simon P. Mackay 等模拟研究了具有光学活性三嗪类除草剂（**3-11-3**）（见图 3-11-10）与 PSⅡ相互作用，解释了绿色植物中 PSⅡ的 Q_B 结合部位对化合物 **3-11-3d** 的 α-甲基苄基-S-构型有立体选择性，若是较小取代基，如 **3-11-3b**、**3-11-3c**，没有此现象。他们用乙基替代阿特拉津（**3-11-3a**）中异丙基的一个甲基（即 **3-11-3b** 和 **3-11-3c**），无论是 S-构型还是 R-构型，分子相互作用能量几乎没有差异。相似地，实验测得这两化合物的结合亲和力也没有明显的不同。然而，如果用较大的基团，如苯基来替代（即 **3-11-3d** 和 **3-11-3e**），无论在实验上还是在理论上，两构型有着明显不同的结合亲和力，其中 S-构型与相应化合物的 R-构型相比有着明显的适合结合的分子间能量。在 S-构型中苯环能显著地降低范德华力相互作用。这是由于芳香环与 Phe211、Tyr262、Phe255 及 Phe274 之间相互作用的结果。总之，三嗪类 PSⅡ抑制剂的光学活性构型与 PSⅡ中 Q_B 结合区域间相互作用的能量反映了每对构型结合亲和力的差异，而且不同氨基酸残基有不同的立体要求。

　　1990 年，C. Astier 和 G. F. Wildner 等第一次证实了苯酚类抑制剂的确也结合在 D1 蛋白中 Q_B 结合的部位。1993 年，Draber 等研究了 2-溴-4-硝基-6-烷基苯酚和 2,4-二硝基-6-烷基苯酚的 Hill 反应的抑制活性。他们发现，所有的上述两类苯酚在 Val219→Ile 的变异中，部分苯酚在 Phe255→Tyr 的变异中对 Hill 反应抑制活性降低，而大多数苯酚在 Ala251→Val，Ser264→Ala，Leu275→Phe 的变异中对 Hill 反应抑制活性增加。这表明苯酚类 PSⅡ 抑制剂与 D1 蛋白中 Q_B 结合部位的结合有一定的特殊性。他们也发现烷基链的增长能一定程度地增加 Hill 反应抑制活性，但分子模拟研究表明，不同苯酚的烷基链在 D1 蛋白 Q_B 结合部位中的位置并不处于同一朝向。虽然硝基能与 His215 形成氢键而相互作用，但苯酚类化合物并没有像酰胺类化合物一样与 Ser264 存在相互作用。

　　早在 1967 年，氰基丙烯酸酯就已被报道。但直到 1981 年才报道了其 Hill 反应抑制活性。虽然这类化合物也像其他 PSⅡ 抑制剂一样与 Q_B 结合部位相互作用，但它们在化学结构上应属于插烯酰胺衍生物。1990 年，McFadden 和 Phillps 通过标记的方法，证实了氰基丙烯酸酯的确在作用机制上与其他 PSⅡ 抑制剂相同。

　　1993 年，Mackay 和 Malley 模拟了化合物 **3-11-4a**～**3-11-4h** 的氰基丙烯酸酯（见表 3-11-1）与 PSⅡ 中的 Q_B 结合区域的相互作用，明确了取代基疏水性和立体特征对抑制剂结合的影响。分子酰氧基中所含的烷氧基氧与 Ser268 残基存在优势静电相互作用，并可能参加与 Ser268 侧链羟基形成一个氢键，这证实了在酯中引入醚能增强结合力度，进而提高分子的抑制活性。Ser268 残基与酯羰基和氰基也发生较好的相互作用。像其他除草剂，如 DCMU 和三嗪带有的芳香取代基一样，这里的苯环主要通过范德华力与 Phe255 的侧链苯环堆积而相互作用（－2139kJ/mol），它占据包括 Phe211、Tyr262 和 Phe274 的疏水性口袋。活性研究发现，分子中 β 位基团（R^2）其在 α 位有甲基时，此甲基对结合有一定的影响。但当 R^2 为异丙基时，它与 Ala251（＋115.1kJ/mol）和 Asn267（＋2993kJ/mol）间则存在明显的排斥作用能量，而且这一排斥作用是发生在结合部位的顶端。旋转这一基团在口袋中的角度，发现偏离晶体结构中角度 100° 时才能得到最低相互作用能量。与 Ala251 和 Asn267 残基间的排斥能量明显地分别降到－7.11kJ/mol 和－5.44kJ/mol，并且使得氰基丙烯酸酯与蛋白间的总相互作用能量为－255kJ/mol，低于不旋转时优势相互作用能量（－99.6kJ/mol）。这一能量与 DCMU 的相应能量（－82.46kJ/mol）相比，表明结合亲和力大大提高。然而，此时异丙基却与分子内 R^1 基团所含苄基中亚甲基上氢原子间的排斥能量达到较高的程度（＋47.3kJ/mol）。因此受体与 β 位取代基间的相互作用区域是一个高度限制性的口袋。为了获得紧密结合构象，这一限制性口袋使得 β 位取代基旋转，以减少它与 Ala251 和 Asn267 残基的排斥作用。表 3-11-1 中化合物 **3-11-4d** 是一弱的 PSⅡ 抑制剂，但若在苯环与 NH 间加入一个亚甲基（**3-11-4e**），活性则大大提高，进一步增加亚甲基数目（化合物 **3-11-4d**～**3-11-4h**），抑制活性呈阶梯式增加。这一方面是由于化合物 **3-11-4d** 中 β 位乙基不能占据与苯基间相互作用的有利位置，因而与 Asn267 残基的排斥能量高达＋30.6kJ/mol；另一方面，化合物 **3-11-4d** 中苯环与 Phe255 残基具有很好的堆积作用（－19.3kJ/mol），使得它不再能与疏水性口袋中的其他残基具有很好的相互作用，特别是与 Ser264 残基有排斥作用（＋23.9kJ/mol）。总的结果，与亚甲基数目增多的化合物 **3-11-4e**～**3-11-4h** 相比，整个分子不能很好地与 D1 蛋白结合。

表 3-11-1 分子模拟中所用氰基丙烯酸酯类化合物的分子结构

化　合　物	R^1	R^2	化　合　物	R^1	R^2
3-11-4a	$4\text{-}ClC_6H_4CH_2$	$i\text{-}C_3H_7$	**3-11-4e**	$C_6H_5CH_2$	C_2H_5

续表

化　合　物	R^1	R^2	化　合　物	R^1	R^2
3-11-4b	$4\text{-}ClC_6H_4CH_2$	C_2H_5	**3-11-4f**	$C_6H_5(CH_2)_2$	C_2H_5
3-11-4c	$4\text{-}ClC_6H_4CH_2$	$n\text{-}C_3H_7$	**3-11-4g**	$C_6H_5(CH_2)_3$	C_2H_5
3-11-4d	C_6H_5	C_2H_5	**3-11-4h**	$C_6H_5(CH_2)_4$	C_2H_5

三、D1 蛋白与 PSⅡ 电子传递抑制剂结合位点

在 D1 蛋白三维结构预测及抑制剂与 D1 蛋白结构键合复合物模型建立中，最重要的是抑制剂与 D1 蛋白结构结合的活性位点的确定。目前，结合位点的认定，主要有如下几种方法。

(一) 突变（mutagenesis）法

突变体的来源主要是莱茵藻与蓝藻，二者都是研究光合作用的模式植物。和蓝藻相比，莱茵藻是一种单细胞真核绿藻，光合作用中心非常类似于高等植物，素有"绿色酵母"（green yeast）之称。莱茵藻生活周期简单，培养方法简便，易于分离得到系列的突变体。

突变体可以是人为产生的，也可用抑制剂诱变形成的，还可通过转基因手段获得，不仅有单突变、双突变，还有三突变等。目前，莱茵藻抗除草剂的 D1 突变体比较典型的是：V219I、S264A、A251V、G256A、F255Y、L275F 等（字母为氨基酸的缩写，前者是原位点的氨基酸，后者是突变后的氨基酸）。Ser264 的羟基和抑制剂能形成氢键，所以对绝大部分的抑制剂结合都有很大的影响。Ala251 在 Q_B 醌环的甲基附近，突变为 Val 后增大了该位点的空间，对抑制剂结合造成了干扰。Phe255 到 Tyr 的突变没有影响到 Q_B 结合部位，对抑制剂的结合干扰较小。Val219、Leu275 在 Q_B 结合部位的外围，突变后位点空间更大，仅能影响延伸到这个区域的抑制剂，他们的抗性水平很接近。抗除草剂突变体的利用不仅可以增加对光系统结构的认识，更可以测定抑制剂的作用模式，因此经常用于光系统电子传递、PSⅡ抑制剂的研究。测定突变体对不同 PSⅡ抑制剂的反应（如"R/S"值），是研究 PSⅡ抑制剂与 D1 蛋白的关系以及衡量由 PSⅡ抑制剂本身的形状、大小、结构所决定的抑制活性的重要工具。"R/S"是一个表示突变体对 PSⅡ抑制剂抗性程度的值，等于除草剂抗性突变体的 I_{50} 值除以敏感型的 I_{50} 值，有时也用 pI_{50} 值。I_{50} 是 PSⅡ抑制剂抑制电子传递速率50%的浓度，pI_{50} 是 I_{50} 以 10 为底的负对数。突变体表现抗性，则 R/S 值大于1，表现敏感则小于1（见表 3-11-2）。

表 3-11-2　不同莱茵藻抗除草剂的 D1 突变体对莠去津和敌草隆、碘苯腈的抗性程度

除　草　剂	突　变　体					
	V219I	S264A	A251V	G256A	F255Y	L275F
莠去津	2[①]	125～500	25	15	15	1
敌草隆	15～32	200	5～8	3	敏感	5
碘苯腈	50	1.3	25～40		2.5	0.2

① 表内各值为"R/S"值。

不同抑制剂的结合位点会有部分重叠，但抑制剂与结合位点的氨基酸的相互作用也存在差异，所以同一突变体对一些抑制剂表现抗性，对其他的抑制剂却表现敏感或超敏感。利用莱茵藻突变体，根据 R/S 值的大小，可以鉴别参与除草剂结合的靶标氨基酸，得知氨基酸位点与 PSⅡ抑制剂的结合关系。如 Johanningmeier 等 2001 年对 Ala 250 和 Ala 251 位点在抑制剂结合中作用的研究等。对抑制剂诱变产生的抗性突变体，直接测定其氨基酸序列和 DNA 核苷酸序列，也可得到抑制剂的作用位点。此外，利用分子模拟的方法，通过计算机根据模拟的数学公式算出除草剂和结合位

点之间的分子能量大小，得到除草剂结合的最佳位置。

（二）晶体法

第二种揭示 D1 蛋白与抑制剂结合位点的方法是晶体法，就是通过研究光合细菌光合反应中心 RC 晶体的 X 射线衍射结构，推测 Q_B 或抑制剂与蛋白的结合方式，再依据蛋白的同源性推测的 D1 蛋白中 Q_B 口袋的周边环境，以及抑制剂与 D1 蛋白的可能结合位点。

晶体法和突变法常相互结合使用，并且只有相互印证后的结论才有可信度。

早在 20 世纪 50 年代，人们就已经预言，在不久的将来会出现除草剂抗性，而那时，农药抗性仅仅出现在杀虫剂和杀菌剂中。然而，直到 1968 年，才发现第一例除草剂抗性，即 *Senecio vulgaris* L 对 PSⅡ电子传递抑制剂西玛津表现出抗性，并于 1970 年进行了第一次报道。现在至少有 63 种植物对三嗪类除草剂具有耐药性，成为抗性最突出的除草剂。

在这些对三嗪类除草剂表现出的抗性中，绝大部分是由于作用部位发生了变化而导致的。这些作用部位的变化在分子水平上就是 D1 蛋白中 Q_B 结合部位上氨基酸残基的突变，正是这些突变导致除草剂失去与 D1 蛋白的结合位点，从而表现出除草活性降低或丧失，即产生所谓的抗性。大多情况下，杂草抗药性来源于 D1 蛋白的 Ser264＞Gly，但是 Ser264 对除草剂抗性来说也不是必需的。表 3-11-3 中列出了氨基酸突变的具体品系。

表 3-11-3　不同种类除草剂抗性的 D1 蛋白突变位点

突变 ＼ 除草剂	三嗪	脲类	尿嘧啶	酚类	其他	备注
单突变						
Phe211＞Ser	Y	Y				
His215		Y				
Val219＞Ile	Y	Y		Y		
Ala250 或 255	Y	Y	Y	Y	羟基苯甲酸对甲基苯酚酯 Y	
Ala251＞Val/Thr	Y					
Phe254		Y				
Phe255＞Tyr	Y	N			氰基丙烯酸酯 Y	
Gly256＞Asp	Y		Y		Bromacil	
Arg257	Y	Y		敏感		
Ser264＞Gly	Y	N	Y	N	羟基苯甲酸对甲基苯酚酯 N	
Ser264＞Thr	Y	Y				
Ser264＞Ala	Y	Y				
Ser264＞Asn	Y					
Asn266＞Thr				Y		
Ser268＞Pro	Y	Y				
Leu275＞Phe	Y	Y		Y		
Val280＞Leu	Y	Y				
双突变						
Phe211＞Ser Ala251＞Val	Y					

续表

突变 \ 除草剂	三嗪	脲类	尿嘧啶	酚类	其他	备注
Ala250＞Ser Phe255＞Ile					氨基甲酸酯类 Y	
Phe255＞Leu Ser264＞Ala	Y	Y				
Phe255＞Tyr Ser264＞Ala	Y	Y				

注：Y——产生抗性；N——不产生抗性。

总体看来，Q_B 和除草剂在 D1 蛋白的结合位置主要在跨膜螺旋 D（Ile192-Ile224）、E（Ile248-Phe260）和平行于膜平面的环区 DE（Ser270-Phe295）。从抗性研究来看，除草剂至少要涵盖 Phe211 到 Leu275 的范围。在螺旋 DE 上，已发现了六个重要的氨基酸：Val249、Ala251、Tyr254、Phe255、Gly256 和 Arg257。

以上的研究都集中于 PS Ⅱ 的 D1 蛋白或者是 RC 的 L 片断。1989 年，Sinning 等发现了一例抗性突变，是伴随了 M 片段的（PheL216＞Ser，ValM263＞Phe）。1997 年，Gabriele 等又发现了一例 RC 的 M 片断抗性单突变，Rhodospirillum rubrum RC M 亚基上 Gly234＞Lys 的突变，突变体对 NH-噻唑（对 PS Ⅱ 和 RC 都有强的抑制作用）、terbutryn（去草净）和邻菲啰啉产生耐药性。这使得 M 片断和 PSⅡ 中的 D2 蛋白的意义突出来，因为，Gly234 在所有的已知紫色光合作用菌类里都是保守氨基酸。

科学工作者一直都想从光合作用反应中心 RC 晶体中直接得到 Q_B 口袋的情况，但是 R. viridis 的反应中心的原始结构却没有相关信息（PDB ID 1PRC），因为在晶体中只有 30% 包含有活性 Q_B（ubiquinone-9，UQ9）。很多研究是将光合细菌 RC 的高分辨晶体结构作为模板，构建包含抑制剂结合口袋的 PSⅡ RC 亚基。

1986 年，Michel 等通过 X 射线晶体衍射分析了结合着除草剂去草净的 RC 复合物，分辨率为 0.29nm。他们发现两个重要的氢键，分别来自于骨架胺 Ile L224（与三嗪环 N5 相连）和胺乙基 NH（与 SerL223Oγ 相连）。为了探讨除草剂的作用机制和耐药原理，人们对 Rps. Viridis 反应中心耐药突变体和结合除草剂的野生 Rps. viridi 反应中心也进行了 X 射线晶体衍射研究，得到相同的结论。

1997 年，Lancaster 等通过晶体衍射图描述了不包含 Q_B 的、包含 ubiquinone-2 的和包含电子传递抑制剂 stigmatellin 的 R. viridis 的 RC 结构，PDB ID 分别为 3PRC、2PRC 和 4PRC。在此基础上，1999 年，Lancaster 等在高分辨率提高到 0.23～0.265nm 的条件下，解析了 RC 与 Atrazine 及其手性衍生物 DG-420314 [S-（一）-体] 和 DG-420315 [R-（＋）-体] 的晶体衍射图，PDB ID 分别为 5PRC、6PRC 和 7PRC。确定除了以往的两个氢键，第三个氢键结合在抑制剂离蛋白较远处，其他四个通过两个紧密结合的水分子结合在较近处。除了以往的研究发现的两个重要氢键结合点骨架胺（IleL224 与 SerL223Oγ）以外，还发现：① 一个水分子一方面接受来自于 HisL190 Nδ 的氢键，另一方面给予三嗪环上 N1 原子氢键，另外一个水分子通过前一个水分子与 GluL212 的 Oε 产生氢键；② 与 2PRC（RC 和 ubiquinone-2 的复合物）比较，可以看出连接 DE 与 E 螺旋的 L220-L226 环区有精细变化（0.04nm），这使得二者的 TyrL222 骨架羰基氧发生位移，与氰基丁胺的氮原子发生氢键作用；③ 除了 atrazine 以外，DG-420314、DG-420315 和 terbutryn 的 PheL216 的芳香环与抑制剂芳香环的空间角度几乎平行，这就解释了 atrazine 比 terbutryn 药效低 14 倍的现象。参见图 3-11-11（atrazine 结合在 RC 上的重要氢键）。

这些结论可以解释一些突变引起的抗性。残基 PheL216 在 terbutryn 和 atrazine 的天然抗体中会自发突变，而且 PheL216＞Ser 的突变也确实引起了抗性。SerL223＞Ala 和 ArgL217＞His 双突变品系对 terbutryn 和 atrazine 都产生抗性。当然七个氢键只丢失一个就引起抗性是令人费解的，所以 SerL223 也应该是一个氢键受体，可以稳定醌而不稳定 atrazine。ValL220 Cγ2 离 Q_B（C10，

0.38nm）的类异戊二烯和 atrazine 的异丙基（C12，0.37nm；C11，0.39nm）很近。ValL220＞Leu 突变（同时还有 ArgL217＞His）降低了 Q_B 和 atrazine 的结合力，并引起 atrazine 抗性。作为一个新确定的三嗪分子氢键受体的 TyrL222 骨架羰基氧，距 L220 比醌还近，使得这个氢键对 L220 侧链突变引起的几何变化更加敏感。另一个 Rhodobacter capsulatus RC 抗 atrazine 突变的疏水残基是 IleL229，它离 atrizine 非常近了。

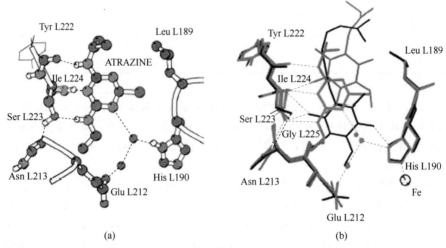

(a)   (b)

图 3-11-11   Atrazine 结合在 RC 上的重要氢键

除上述方法外，科研工作者还采用放射性标记、测定光合作用的电子传递速率、蛋白电泳与免疫印迹和测定快速荧光诱导动力学曲线等方法进行相关研究。

四、光合作用光系统 PSⅡ 电子传递抑制剂的分类

光合作用抑制剂是唯一一种除草剂通过植物的蒸腾流自下而上发生迁移的向上迁移型的抑制剂，这些除草剂有着极佳的伤害症状，包括叶边缘和叶尖变成黄色，阔叶植物的叶脉之间变成黄色，较老和较大的叶子先受影响，受伤害的叶组织最终变成棕色，然后死亡。人们已经证实有很多除草剂是抑制 PSⅡ 电子传递，其中有苯基或者杂环取代脲、苯基氨基甲酸酯、苯基酰胺、均三嗪、1，2，4-三嗪酮、哒嗪酮、尿嘧啶、氰基苯酚和氰基丙烯酸酯等。表 3-11-4 中所列为具有 PSⅡ 抑制活性的化合物类型。

表 3-11-4   具有 PSⅡ 抑制活性的化合物

类 型	代表农药品种
三嗪类	莠去津（atrazine）
三嗪酮类	环嗪酮（hexazinone） 氨唑草酮（amicarbazone）
脲嘧啶类	丁嗅啶 除草定（bromacil）
哒嗪酮类	氯草敏（chloridazon）
苯基氨基甲酸酯	甜菜灵（desmedipham）
取代脲类	绿麦隆（chlorotoluron）
酰胺类	敌稗（propanil）
氰基苯酚	溴苯腈（bromoxynil）
苯噻二唑	灭草松（bentazone）
苯哒嗪	哒草特（pyridate）

化合物结构和作用机制有时并不是简单的一一对应关系。有些化合物可能同时具有两种作用机制，比如除草剂氟草隆同时也是褪色剂，作用机制包含了对类胡萝卜素生物合成的抑制，且作用点不明；碘苯腈和溴苯腈同时也是解偶联剂，属于细胞膜破坏剂。另外，同一类结构的化合物可能具有彼此不同的作用机制，比如腈类化合物中只有苯腈类化合物属于 PSⅡ电子传递抑制剂，其他则大多数属于细胞壁（纤维素）合成抑制剂；酰胺类化合物则分为三类：PSⅡ电子传递抑制剂、细胞壁（纤维素）合成抑制剂或者细胞分裂抑制剂，其中苯基甲酸胺类化合物属于 PSⅡ电子传递抑制剂。

自 1951 年杜邦公司开发成功灭草隆及 1956 年汽巴-嘉基公司发现西玛津的除草活性以来，脲类和均三嗪类除草剂均得到迅速发展。到目前为止已分别开发出 42 个和 30 个品种，但近年来开发的新品种很少，仅有吡嘧隆（脲类）和三嗪氟草胺（三嗪类）两个品种。脲类和均三嗪类除草剂在世界除草剂市场中仍占有一席之地，如敌草隆、绿麦隆、莠去津等品种的销售额较大，其中莠去津的销售额达 2.7 亿美元。但由于其用量大、残留与抗性严重，以及部分品种对后茬作物有影响等原因，这两类除草剂的使用量和销售额在逐年下降。

以下按三嗪类、三嗪酮类、三唑酮类、尿嘧啶类、哒嗪酮类、苯基氨基甲酸酯类、取代脲类、酰胺类、氰基苯酚类、苯噻二唑类、苯哒嗪类以及新发展起来的氰基丙烯酸酯类分别介绍各类化合物的合成及生物活性及典型化合物的代谢等性质。

（一）三嗪类

三嗪类化合物是一类重要的光合作用电子传递抑制剂，该方面的研究工作始于 J. R. Geigy 公司于 1954 年第一个申请的相关专利，人们对该类化合物给予了广泛关注，进行了深入的研究。在发现它们的时候，主要是分子上带有氯的一类化合物，后来氯原子被甲氧基或甲硫基取代后，相应的化合物也有很好的活性，三嗪类除草剂可按分子中有一个基团，分别是氯、甲氧基及甲硫基的三类称作 XX 津（**A**）、XX 通（**B**）、XX 净（**C**），如下面所示：

该类除草剂如阿特拉津、西玛津、扑草净和莠灭净等在全球范围内广泛使用，其中尤以用于玉米田中的阿特拉津最为突出。三嗪环上甲氧基取代的衍生物现已很少应用。主要品种如下。

1. 莠去津（atrazine）

$C_8H_{14}ClN_5$, 215.72, 1912-24-9

由 Geigy 化学公司于 1952 年研制开发，1958 年申请瑞士专利，1959 年投入商业生产。

理化性质 纯品为无味白色晶体或粉末，熔点 171～174℃，溶解度（25℃）：在水中 0.033g/L，在有机溶剂中溶解度与溶剂极性有关，正己烷中为 0.11g/L，乙酸乙酯中为 24g/L，二氯甲烷中为 28g/L，而在二甲基亚砜中为 183g/L。pK_a 值为 1.68，吸附系数 $lgK_{oc}=1.96～3.38$，正辛醇-水分配系数 K_{ow}，$lgP=2.60～2.71$。在水中的半衰期为 42d，在自然环境中 180d 才能部分分解。在中性、弱酸性和弱碱性介质中稳定，在高温下能被强酸和强碱水解。

毒性 急性经口 LD_{50}：大鼠 672mg/kg，小鼠 850mg/kg，兔 750mg/kg；兔经皮 7500mg/kg。刺激性：人经皮 500mg，中等刺激；人经眼 100mg，严重刺激。

应用 莠去津（阿特拉津）是一种选择内吸传导型苗前、苗后除草剂，可防除一年生禾本科杂草和阔叶杂草，对某些多年生杂草也有一定的抑制作用。适用于玉米、高粱、甘蔗、果园和林地等的除草，也可当作非选择性的除草剂在非农田土地和休耕土地上使用。由于该除草剂具有优良的杀草功效且价格便宜，很快在世界各国得到了广泛的应用和推广，成为世界上使用最为广泛也是最重要的除草剂之一。2002年，位居世界第十大除草剂，销售额达2.8亿美元。目前，在国内外杂草防除上仍占有重要地位，世界上有80多个国家在使用这种除草剂。在美国中部，每年要使用数千吨这种除草剂于玉米田中，占除草剂使用量的60%。在我国华北和东北地区，阿特拉津及其混剂仍作为玉米田最重要的除草剂。

合成方法　合成除草剂均三嗪类衍生物的方法通常是以三聚氯氰、不同取代基的胺为原料，经二步取代反应制得，根据所用溶剂的不同，分为水相法、溶剂法及均相混合法。水相法是以水作为介质。由于三聚氯氰微溶于水，在水中分散性差，采用助剂把三聚氯氰分散在水中，然后滴加胺，用氢氧化钠作缚酸剂。三聚氯氰化学性质活泼，容易发生水解反应。环境温度升高，水解反应加快。采用较低温度反应可减少三聚氯氰的水解，但又引起反应的不完全。一般产物的收率在91.5%左右。溶剂法是最早的生产方法，以氯苯等为溶剂。由于三聚氯氰完全溶解，不存在分散和分解问题，反应效果好，收率也有所提高，在93%左右。但由于采用大量的溶剂，相应地增加了溶剂消耗，在生产时设备投资增加。回收的溶剂需经CaCl₂除水后才能回用，生产成本同水相法相近。均相混合法是20世纪90年代的技术，即采用水加溶剂混合介质，在多种助剂的作用及相对低温下，使三聚氯氰均匀乳化在混合液中。既避免了水相法的不均匀分散问题，又大大减少了溶剂的使用量，具有较好的反应效果，收率大于94%。但由于水和有机溶剂（如氯苯）几乎不溶，而且存在密度的差异，必须选用合适的复合助剂，达到水油乳化均相混合，并减少密度差异，以求共混，避免工业化生产中对环境的污染具有较高的应用价值，收率大于94%。

代谢：由于阿特拉津的残留期较长（4～57周），多年的投入使用，形成了对土壤、水体等自然媒介的污染。近年来，阿特拉津在整个环境中的残留已不断被检测到，从而对环境的污染和防治也日益引起学术界和公众的关注。

阿特拉津在土壤和水体中的降解包括化学和生物降解过程，其中化学降解包括光解和水解。其降解途径如下图所示，主要包括脱烷基、水解和开环3个过程。在特定的土壤中，这2种方式所起作用的强弱不同。实验室试验表明：强酸性土壤中阿特拉津主要以化学降解为主；在弱碱性土壤中主要以化学生物转化方式为主；在弱酸性土壤中，同时存在化学降解（包括光解、水解和氧化还原降解）和微生物降解。

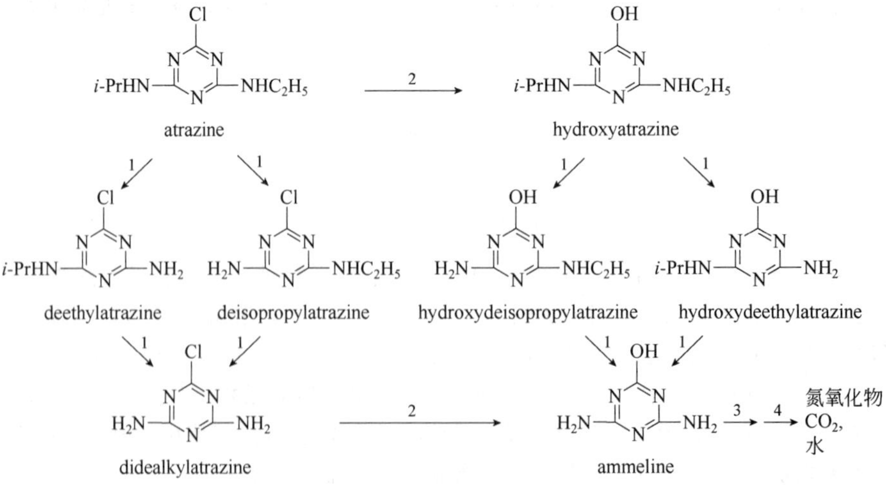

1—脱烷基；2—水解；3—侧链修饰；4—开环

光解：各种农药对光化学反应都具有一定的敏感性，光解对于降解土壤中的农药有着重要作用。阿特拉津在土壤中的光解作用受土壤粒度、湿度、pH值及其他有机物的影响。土壤粒度较小时，阿特拉津的光解速率较大，光解的深度也较大。水的存在可以使阿特拉津较快地达到土壤颗粒表面，并使光解产物较快地移开土壤颗粒表面，因此光解速率在湿土壤中比干土壤中要大。水溶状态下阿特拉津的光解能引起 C—Cl 键的断裂，Cl 被 H 或 OH 基团所取代。土壤 pH 值对阿特拉津在土壤中的光解产生重要影响，在酸性和碱性土壤中阿特拉津的光解速率均大于中性左右的土壤。土壤中腐殖酸和表面活性剂的存在均能够加速阿特拉津的光解，且它们之间存在着协同作用；但 2 种成分对阿特拉津光解的催化机制不同，前者主要表现为表面吸附效应，后者则表现为溶解效应。阿特拉津在不同的光波长下降解的程度是不相同的，当波长为 260nm 时光解的速率最快，光化学分解是一个受光敏作用支配的自由基过程。

水解：阿特拉津具有一定的水溶性，能够在水体中发生降解，主要是通过 2 位碳的水解，4 位碳的 N-脱烷基化和开环而发生。Horrobin 和 Russell 等提出关于阿特拉津的吸附催化水解模式，环上与氯原子结合的碳原子被负电性的氯和氮原子包围着，易受 OH 的影响而水解。主要有 2 种类型：一种是土壤中酸或碱催化的反应；另一种是由于土壤腐殖质和黏土矿物的吸附催化作用而发生的反应。土壤 pH 值对阿特拉津在土壤中的水解过程有着强烈的影响，阿特拉津在酸性条件下的降解比在中性条件下快，已有研究得出，在抑制土壤微生物的影响后，pH=8 时阿特拉津的半衰期长达 657d，而在 pH=3 时半衰期可降至 373d，质子在阿特拉津的水解反应中起了催化作用。实验室研究也得出，土壤腐殖酸和黏土矿物可催化阿特拉津的化学水解，形成 2-羟基阿特拉津。通常以腐殖酸的影响较为显著，阿特拉津在腐殖酸上吸附时，与腐殖酸分子形成氢键，使得环上氮原子能更强烈地吸引 C—Cl 键中碳原子上的电子，从而 Cl 基团更易被取代。例如，在 pH=4 条件下，添加 0.12% 的腐殖酸，阿特拉津的降解速率在 40℃时比不添加腐殖酸要快 70 倍，25℃时快 140 倍，12℃时为 120 倍。

氧化还原降解：农药进入土壤以后，即使在没有微生物参与的条件下，有氧或无氧时也会发生氧化还原反应，这是与土壤的氧化还原电位（E_h）密切相关的。当土壤透气性好时，其 E_h 高，有利于氧化反应进行，反之则有利于还原反应进行。实验证实，阿特拉津在有氧条件下比无氧条件下降解得更快。C1Accinelli 等测得，在有氧条件下，阿特拉津在灭菌土壤的表层（0～20cm）半衰期为115d，在灭菌土壤的下层（80～110cm）为 110d；而在无氧条件下，同样的灭菌土壤表层和下层的半衰期分别为 693d 和 770d。土壤的组分对于阿特拉津的氧化还原降解也有着直接的影响，若土壤中含有一些有利于阿特拉津还原的成分，也可加快还原反应的进行。T. Dombek 等研究了在低氧条件下，阿特拉津可通过与金属铁反应脱氯，反应过程中的 pH 值越低，阿特拉津的降解越快。土壤含水量的多少能够影响土壤的透气性能，进而影响了土壤中氧化还原电位的大小，决定阿特拉津氧化还原降解的快慢。

微生物降解：微生物降解是阿特拉津在土壤中的迁移转化的主要方式之一，影响微生物降解的主要条件是微生物菌落、温度、土壤的含水量、有机物含量等。目前发现可降解阿特拉解的细菌主要是假单胞菌属和红球菌属，此外，不动杆菌属、土壤杆菌属等多个细菌属中也分离到降解阿特拉津的菌株，叶常明等从土壤中分离培养出能降解阿特拉津的优势菌种，经中国科学院微生物研究所鉴定为蜡状芽孢杆菌；可降解阿特拉津的真菌有曲霉属、青霉属、木霉属、镰刀菌属；放线菌有诺卡氏菌属；藻类有衣绿藻属等。其中细菌在降解阿特拉津的微生物中占有重要地位，对其研究也相当广泛，已进入到降解酶及基因水平，蔡宝立等曾报道过假单胞菌 ADP 菌株降解阿特拉津的酶学机理。真菌对阿特拉津的降解也起着重要作用，但由于其遗传学方面比细菌复杂，分子水平的研究很少，还有待于进一步深入。藻类降解农药的发现及其机理的深入研究，为去除环境中农药的残留又提供了一条途径，只是目前专门研究藻类对阿特拉津降解的文献还很少能看到。值得指出的是，通常情况下，阿特拉津在土壤中的降解都不可能是某一纯菌作用的结果，环境中自然微生物群落对污染物的共降解现象是非常重要的。有研究者对施用阿特拉津的土壤微生物进行富集培养，得到能降解阿特拉津的结构稳定的混合菌，但从该混菌中分离到的任何纯菌都不具有降解阿特拉津的特性。温度对阿特拉津在土壤中降解速率的影响主要是由于温度影响了土壤微生物的活性。土壤含水量及有机物含量的增加能促进土壤中更多微生物的生长繁殖，从而也加快了阿特拉津微生物降解的速率。

植物效应：植物可以利用根吸收、叶表蒸腾挥发、植物降解等方法来消除有机污染物。阿特拉津是一种内吸传导型除草剂，它主要是通过植物根部吸收进入植物体内，再经过木质部传导至地上部而发挥活性。陈林观等报道阿特拉津是一种植物光合作用的强烈抑制剂，玉米体内含有多量苯并噁嗪酮，它能将阿特拉津水解成无毒的羟基阿特拉津。另外，玉米、高粱、甘蔗等对阿特拉津具有抗性的作物，体内含有一种谷胱甘肽转移酶，能够促进阿特拉津与谷胱甘肽生成可溶于水的结合体，使阿特拉津在这些作物体内失去活性，从而使这些作物不至于遭受伤害。而水稻、小麦、豌豆等作物，体内没有谷胱甘肽转移酶，阿特拉津被这些作物吸收后能表现出极高的活性并抑制其光合作用，使这些作物受到危害。因此，若玉米田地里施用阿特拉津后，极有可能对下茬作物造成一定的危害。近年来，我国一些地区阿特拉津危害农田作物的事件时有发生。土壤中的阿特拉津被植物吸收后，有一部分被植物体转化生成了代谢产物。张乔通过实验证实，植物代谢阿特拉津的能力比土壤强得多。

2. 扑灭津（propazine）

$C_9H_{16}ClN_5$, 229.71, 139-40-2

理化性质 原药为乳白色晶体，熔点 $39.5 \sim 41.5 ℃$，沸点 $100 ℃/2.7Pa$，蒸气压 $2.9 mPa(25℃)$，相对密度 $1.133(25℃)$。溶解度：在水中 $242 mg/L(25℃)$，能溶于乙醇、乙醚、丙酮、氯仿等有机溶剂，分解温度 $105℃$，在强酸强碱条件下分解。

毒性 大鼠的急性经口 $LD_{50} > 7g/kg$。急性经皮 LD_{50}：大鼠 $> 3.1g/kg$，兔 $> 10.2g/kg$。对兔皮肤和眼睛有轻微刺激。兔急性吸入 $LC_{50}(4h) > 2.04 mg/L$ 空气。在 130d 饲喂试验中，以 250mg/kg 饲料对雌、雄大鼠无影响。90d 饲养无作用剂量：大鼠 200mg(a.i.)/kg 饲料 $[13mg/(kg \cdot d)]$，狗 200mg(a.i.)/kg 饲料 $[7mg/(kg.d)]$。鹌鹑和野鸭 $LC_{50}(8d) > 10g/kg$。鱼毒 $LC_{50}(96h)$：虹鳟 17.5mg/L，蓝鳃 $> 100mg/L$，金鱼 $> 32.0mg/L$。对蜜蜂无毒。

应用 选择性内吸传导型土壤处理除草剂，作用机制与西玛津相似，内吸作用比西玛津迅速，在土壤中的移动性也比西玛津大。有一定的触杀作用。防治一年生禾本科杂草和阔叶杂草，对双子叶杂草的杀伤力大于单子叶杂草。对一些多年生的杂草也有一定的杀伤力，扑灭津对刚萌发的杂草防除效果显著，对较大的杂草及多年生深根性杂草效果较差。适用于谷子、玉米、高粱、甘蔗、胡萝卜、芹菜、豌豆等。

3. 氰草津（cyanazine）

C$_9$H$_{13}$ClN$_6$, 240.73, 21725-46-2

理化性质　无色晶状固体（工业品），熔点 167.5～169℃，蒸气压 200nPa(20℃)，密度 1.29kg/L(20℃)，溶解度（25℃）：在水中 171mg/L，乙醇 45g/L，甲基环己酮和氯仿 210g/L，丙醇 195，苯、己烷 15，四氯化碳＜10g/L，对光和热稳定，在 pH5～9 稳定，强酸、强碱介质中水解。

毒性　对眼、皮肤及呼吸道有中等刺激，不大量摄入一般不产生全身中毒。急性经口 LD$_{50}$：182～334mg/kg（人），149mg/kg（大鼠），380mg/kg（小鼠）；急性经皮 LD$_{50}$：＞1200mg/kg（人），＞2000mg/kg（兔）；水生生物 LC$_{50}$(48h，mg/L)：杂色鱼 10，羊头鲦鱼 18；蜜蜂 LD$_{50}$：＞100μg/蜂（工业品在丙酮中经皮），经口＞190μg/蜂（原粉）；天敌急性经口 LD$_{50}$（mg/kg）：野鸭＞2000，鹌鹑 400。

应用　选择性内吸传导型除草剂，被根部、叶部吸收后通过抑制光合作用而使杂草枯萎而死亡。它对玉米安全，药后 2～3 个月对后茬种植小麦无影响。其除草活性与土壤类型密切相关，在土壤中可被土壤微生物分解。用于玉米、豌豆、小麦、大麦等作物，用量 0.25～3kg/hm^2。

4. 环丙津（cyprazine）

C$_9$H$_{14}$ClN$_5$, 227, 22936-86-3

理化性质　纯品为无色结晶，熔点 167～169℃。不溶于水及正己烷，可溶于氯仿、甲醇、乙醇和乙酸乙酯，易溶于冰醋酸、丙酮和二甲基甲酰胺。

合成方法　由三聚氯氰分别与环丙胺及异丙胺在缚酸剂作用下生成。

毒性　大鼠急性经口 LD$_{50}$1200mg/kg；虹鳟鱼 LC$_{50}$（96h）6.2mg/L。

应用　玉米专用除草剂。主要用于玉米田中防除禾本科及阔叶杂草，用量为 0.8kg/hm^2。不可将此药用于玉米以外的作物，药剂处理后 30d 以内玉米不可收割作饲料。

5. 敌草净（desmetryne）

C$_8$H$_{15}$N$_5$S, 213.3, 1014-69-3

理化性质　纯品为无色结晶，熔点 84～86℃，蒸气压(20℃)1.3×10^{-7}kPa。溶解度（25℃）：在水中 580mg/L，易溶于有机溶剂，在中性、弱酸及弱碱性介质中稳定，无腐蚀性。

合成方法　由三聚氯氰分别与异丙胺及甲胺在缚酸剂作用下反应，再与甲硫醇作用生成。

毒性　大鼠急性经口致死中量为 1390mg/kg。

应用　选择性芽后除草剂，剂型为 25% 可湿性粉剂，该药在土壤中的持效期短，主要用于十字花科作物中防除一年生禾本科及阔叶杂草。

6. 西草净（simetryne）

C₈H₁₅N₅S, 213.30, 137641-05-5

理化性质　无色结晶，熔点 $82\sim82.5℃$，$22℃$时在水中的溶解度为 $450mg/kg$，易溶于有机溶剂，在中性、弱酸性及弱碱性介质中稳定，在强酸及强碱作用下易水解。

合成方法　由三聚氯氰与二乙胺在缚酸剂存在下反应，再与甲硫醇作用生成。

毒性　大鼠急性经口致死中量为 $750mg/kg$。

应用　土壤处理除草剂。剂型有 25% 及 50% 可湿性粉剂。可用于水稻、玉米、大麦、小麦、大豆、花生及蔬菜地中防除一年生禾本科杂草及阔叶杂草。用量为 $0.6\sim2.25kg/hm^2$。

7. 扑草净（prometryne）

C₁₀H₁₉N₅S, 241.36, 7287-19-6

理化性质　纯品为无色结晶，熔点 $118\sim120℃$。溶解度（$25℃$）：在水中为 $48mg/L$，易溶于有机溶剂，在中性、弱酸及弱碱介质中稳定，在强酸及强碱性介质中易水解。

合成方法　由三聚氯氰与异丙胺在缚酸剂存在下反应后，再与甲硫醇反应生成。

毒性　大鼠急性经口 LD_{50} 为 $3150\sim3750mg/kg$。80% 可湿性粉剂对家兔急性经皮 $LD_{50}>10200mg/kg$，鱼毒中等。

应用　选择性除草剂。剂型为 50% 及 80% 可湿性粉剂，芽前芽后防除水稻、棉花、马铃薯、花生、向日葵等作物田中一年生禾本科及阔叶杂草。用量为 $0.5\sim1.5kg/hm^2$。

同类品种还有特丁津（terburthylazie，5915-41-3）、草达津（trietazine，1912-26-1）、甘扑津（eglinazinethyl，68228-20-6）、莠灭净（ametryn，834-12-8）、甲氧丙净（methoprotryne，841-06-5）、叠氮净（aziprotryne，4658-28-0）、异丙净（dipropetryne，4147-51-7）、莠去通（atratone，1610-17-9）、扑灭通（prometone，1610-18-0）、仲丁通（secbumetone，26259-45-0）、特丁通（terbumetone，33693-04-8）、抑草津（ipazine，1912-25-0）、二甲丙乙净（dimethametryne，22936-75-0）等。

（二）三嗪酮类

1. 环嗪酮（hexazinone）

C₁₂H₂₀N₄O₂, 252.31, 51235-04-2

环嗪酮是 1974 年由美国杜邦公司研制开发的一种内吸选择性、芽后触杀性三氮苯酮类除草剂，由于其对杂草和灌木的杀伤力强，在美国、澳大利亚、新西兰等许多国家已得到广泛的应用。

理化性质　纯品为白色结晶固体。熔点 $115\sim117℃$，蒸气压 $2.7\times10^{-3}Pa（25℃）$、$8.5\times10^{-3}Pa（86℃）$，相对密度 1.25。溶解度（$25℃$）：氯仿 $3880g/kg$，甲醇 $2650g/kg$，二甲基甲酰胺 $836g/kg$，丙酮 $790g/kg$，苯 $940g/kg$，甲苯 $386g/kg$，己烷 $3g/kg$，水 $33g/kg$。在 pH 值 $5\sim9$ 水溶液中，常温下稳定，在土壤中会被微生物分解。

毒性 原药急性经口 LD_{50}：大鼠 1690mg/kg，兔急性经皮 $LD_{50} > 5278$mg/kg，大鼠急性经皮 $LD_{50} > 2000$mg/kg。对兔眼睛有刺激作用。在试验范围内，对动物无致畸、致癌、致突变作用。三代繁殖试验和神经毒性试验未见异常。两年饲喂试验无作用剂量大鼠为 200mg/kg。虹鳟鱼 LC_{50}：388mg/L，鹌鹑经口 $LD_{50} > 5000$mg/kg，野鸭 $LD_{50} > 10000$mg/kg，蜜蜂 LC_{50} 60μg/只。

应用 环嗪酮主要应用于维护开辟森林防火道、抚育幼林、林分改造及铁路、高速公路沿线、机场、仓库、码头外围的除草、灭灌等，并对"加拿大一枝黄花"的防除有特效。该品对森林杂草、灌木、藤类等植物的杀伤力极强，它可以被植物的茎、叶所吸收，在植物内部利用木质部进行传导，通过直接干扰植物的光合作用，使植物代谢紊乱而导致植株死亡；也可以被植物的根系所吸收，再传导至茎、叶来干扰植物的光合作用，使代谢紊乱而导致植物死亡。

合成方法 环嗪酮的合成方法主要有三种，以起始原料来分，分别是氰化胺法、S-甲基异硫脲法和异硫氰基甲酸甲酯法。

（1）氰化胺法

石灰氮与水反应制取的氰胺与氯甲酸甲酯反应制得氰氨基甲酸甲酯，用硫酸二甲酯甲基化得 N-甲基氰氨基甲酸甲酯。然后与二甲胺得 N-甲基-N-（N′,N′-二甲基脒基）氨基甲酸甲酯产品。该产品与环己基异氰酸酯反应得澄清液体，即为 N-甲基-N-（N′,N′-二甲基-N″-环己氨基羰基脒基）氨基甲酸甲酯的甲苯溶液。在 25℃ 以及二甲胺和 CH_3ONa-CH_3OH 存在下反应，得环嗪酮产品。

该工艺路线起始原料易得，反应不复杂，并且国外对此路线的研究较多，进行了许多改进，使其更易于工业化。Commins Earl W 等采用在反应中随时蒸出反应副产物甲醇，以促进平衡向右移动，使反应更彻底，待完全环合后，加入乙酸中和环合用的甲醇钠，高真空减压蒸馏得产物。环合收率可达 97.2%。

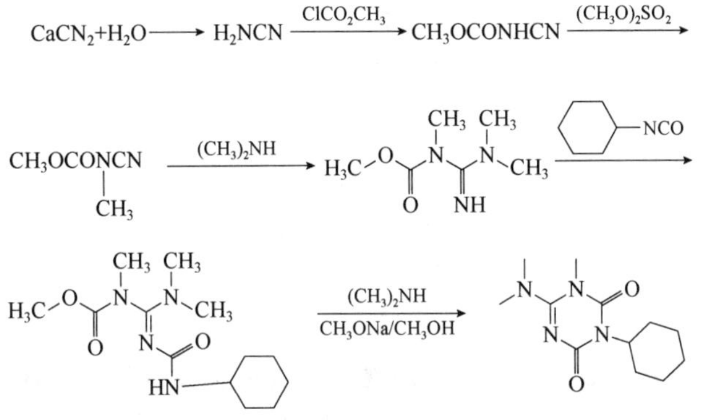

（2）S-甲基异硫脲法

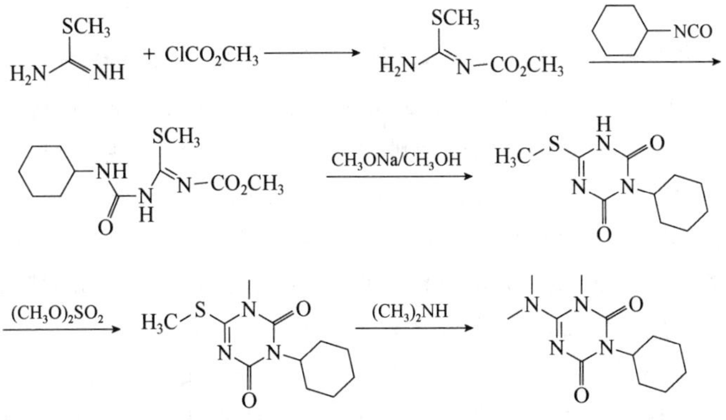

S-甲基异硫脲硫酸盐与氯甲酸甲酯 0℃下反应后，所得反应液继续与环己基异氰酸酯反应，反

应混合物经后处理分离出的甲苯层加入质量分数为 25％ 的 CH_3ONa-CH_3OH 溶液，并加热回流 1h，蒸除甲醇-甲苯共沸物，反应体系温度升至 88～90℃，再加入水，搅拌 15min，静置分层；分离出的水层，与硫酸二甲酯在 25～30℃ 反应，同时用 50％NaOH 控制反应体系的 pH 值为 9～9.5，制得 1-甲基-3-环己基-6-甲硫基-1,3,5-三嗪-2,4（1H,3H）-二酮产品。该产品继续与二甲胺反应环嗪酮产品（总收率以氯甲酸甲酯计为 65.8％）。

该合成路线在 20 世纪 80 年代进行了比较深入的研究，工艺操作简单，收率较高，并且合成原料 S-甲基异硫脲在国内已实现工业化生产。

（3）异硫氰基甲酸甲酯法

$$CH_3NHCONH\text{—}\bigcirc + CH_3CONCS \longrightarrow$$

$$\xrightarrow{CH_3ONa/CH_3OH} \quad \xrightarrow{(CH_3)_2NH}$$

1-环己基-3-甲基脲与异硫氰基甲酸甲酯混合于乙酰胺中，氮气保护下，室温搅拌 25h，再加入碘代甲烷、NaOH 和 CH_3OH，反应完成后得 1-甲基-3-环己基-6-甲硫基-1,3,5-三嗪-2,4-（1H,3H）-酮产品。将所得结晶产品配成异丙醇溶液，加入饱和的二甲胺异丙醇溶液中，室温下搅拌反应，反应结束后，分离得环嗪酮产品（总收率以 1-环己基-3-甲基脲计为 55.6％）。

该合成方法起始原料不易得，需自行生产，且对该合成线路的报道文献也较少，只在 20 世纪 70 年代中期见过报道，目前已基本不研究和应用。

综上所述，氰化胺法和 S-甲基异硫脲法明显优于异硫氰基甲酸甲酯法，较易于工业化生产。

2. 苯嗪草酮 （metamitron）

$C_{10}H_{10}N_4O$, 202.21, 41394-05-2

理化性质 原药（质量分数≥98.0％）外观为淡黄色至白色晶状固体，熔点 166℃；蒸气压（20℃）：86nPa；溶解度（25℃）：在水中 1.7g/L，环己酮中 10～50g/kg，二氯甲烷中 20～50g/L，己烷中＜100mg/L，异丙醇中 5～10g/L，甲苯中 2～5g/L。稳定性：在酸性介质中稳定，pH＞10 时不稳定。

毒性 苯嗪草酮原药急性经口 LD_{50}：大鼠雄性 3830mg/kg，大鼠雌性＞2610mg/kg，急性经皮 LD_{50}＞2000mg/kg，急性吸入 LC_{50}＞2151.2mg/m³；对大耳白兔皮肤无刺激性，眼睛轻度至中度刺激性；豚鼠皮态反应（致敏）试验结果为弱致敏物（致敏率为 0）；大鼠 90d 亚慢性喂养试验最大无作用剂量：雄性 11.06mg/(kg·d)，雌性为 16.98mg/(kg·d)；Ames 试验、小鼠骨髓细胞微核试验、小鼠骨髓细胞染色体畸变试验结果均为阴性，未见致突变作用。苯嗪草酮 70％水分散粒剂急性经口 LD_{50}：大鼠雄性 2150mg/kg，大鼠雌性＞1470mg/kg；对大耳白兔皮肤轻度刺激性，眼睛中度刺激；豚鼠皮肤变态反应（致敏）试验结果为弱致敏物（致敏率为 0）。苯嗪草酮原药和苯嗪草酮 70％水分散粒剂均为低毒除草剂。虹鳟鱼 LC_{50} 为 130～160mg/L(96h)。

应用 苯嗪草酮属三嗪酮类选择性芽前除草剂，主要通过植物根部吸收，再输送到叶子内。通过抑制光合作用的希尔反应而起到杀草作用。可用于甜菜地中防除非禾本科杂草。

3. 乙嗪草酮（ethiozin）

C9H16N4OS, 228.35, 64529-56-2

理化性质　无色晶体，熔点 95～96.4℃，蒸气压 7.5μPa(20℃)。溶解度（20℃）：在水中 350mg/L，正己烷 2.5g/L，二氯甲烷＞200g/kg，异丙醇、甲苯 100～200g/kg。

合成方法　在浓硫酸存在下（CH₃）₃CCOCN 与乙酰搅拌反应 4h，生成（CH₃）₃CCONHCOCH₃，再与 NH₂NHCSNHNH₂ 反应，生成 4-氨基-6-叔丁基-3-巯基-1，2，4-三嗪-5（4H）-酮，最后与溴乙烷（或硫酸二甲酯）反应，合成乙嗪草酮。

毒性　急性经口 LD₅₀：雌大鼠 1280mg/kg，雄大鼠 2470mg/kg。小鼠急性经口 LD₅₀ 约 1g/kg，狗＞5g/kg。大鼠急性经皮 LD₅₀＞5g/kg。大鼠 2 年饲喂试验的无作用剂量为 25mg/kg。

应用　剂型为 50%可湿性粉剂，可用于谷物地中防除禾本科和阔叶杂草。防治对象：禾本科杂草，尤其是雀麦、鼠尾看麦娘、燕麦，和某些阔叶杂草（繁缕、波斯水苦荬等）。乙嗪草酮的用途：本品是非均三嗪除草剂，光合作用抑制剂。主要防除禾谷类作物（如小麦）和番茄田的禾本科杂草（尤其是雀麦）和某些阔叶杂草，用量 0.55～1.7kg(a.i.)/hm²。在芽前和秋季芽后施用，对鼠尾看麦娘防效优异；分蘖前施用，可防除野燕麦、繁缕等，施药量 0.75～1.5kg/hm²。该药可与嗪草酮混用，提高对雀麦的防效。

4. 嗪草酮（metribuim）

C8H14N4OS, 214.28, 21087-64-9

理化性质　熔点 125℃，20℃蒸气压为 0.27kPa，20℃时在水中的溶解度为 1200mg/L，易溶于甲醇、甲苯等有机溶剂。

毒性　对人畜低毒。大鼠急性经口 LD₅₀1100～2300mg/kg，大鼠急性经皮 LD₅₀＞20000mg/kg。慢性毒性试验未见异常。对鱼类及水生生物、鸟类、蜜蜂均低毒。

应用　剂型有 50%及 70%可湿性粉剂，是内吸选择性除草剂，主要通过根吸收，茎、叶也可吸收。对 1 年生阔叶杂草和部分禾本科杂草有良好防除效果，对多年生杂草无效。药效受土壤类型、有机质含量多少、湿度、温度影响较大，使用条件要求较严，使用不当，或无效，或产生药害。适用于大豆、马铃薯、番茄、苜蓿、芦笋、甘蔗等作物田防除蓼、苋、藜、芥菜、苦荬菜、繁缕、荞麦蔓、香薷、黄花蒿、鬼针草、狗尾草、鸭跖草、苍耳、龙葵、马唐、野燕麦等一年生阔叶草和部分一年生禾本科杂草。用量 0.5～1kg/hm²。

（三）三唑酮类

胺唑草酮（BAY 314666，amicarbazone）

C10H19N5O2, 241.29, 129909-90-6

胺唑草酮是拜耳公司植保部于 1988 年发现的三唑啉酮类除草剂，1999 年在英国布莱顿世界植保大会上推出。

理化性质　纯品为无色晶体，熔点 137.59℃，蒸气压 1.3×10^{-6} Pa（20℃），3.0×10^{-6} Pa（25℃）；溶解度（20℃）：在水中 4.6g/L（pH 4～9），相对密度 1.12。lg$P$（辛醇/水）：1.18（pH 4）；1.23（pH 7）；1.23（pH 9）。

合成方法　胺唑草酮属于三唑啉酮类除草剂，其合成方法所涉及的化学反应大多为常规反应，大致分为如下三种合成方法。

方法一

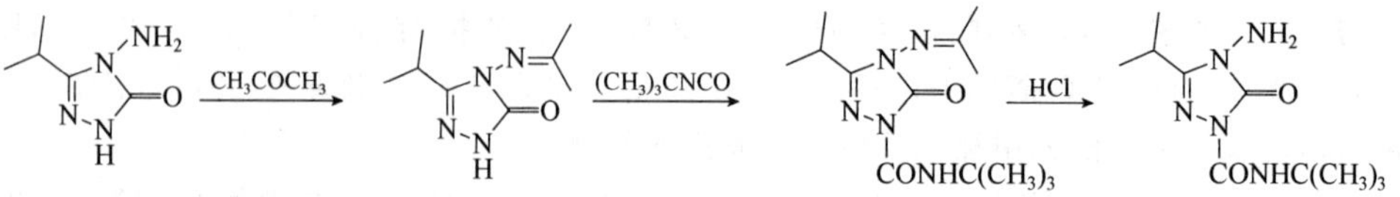

该方法是先用丙酮保护三唑啉酮上的氨基，再和叔丁基异氰酸酯缩合后，加盐酸去除保护基得到胺唑草酮。收率为 75％～80％。

方法二

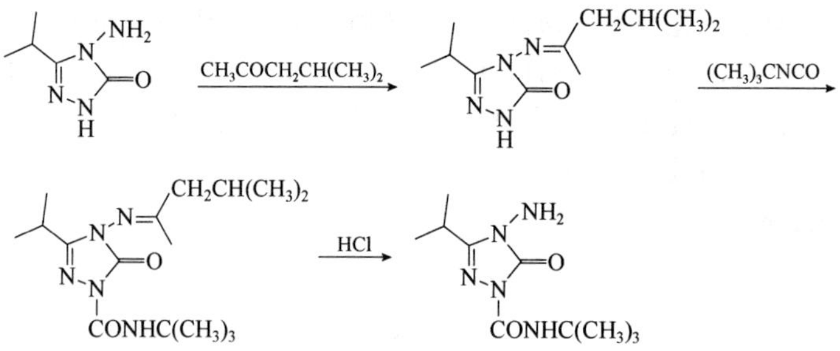

该方法和方法一相似，是先用甲基异丙基酮取代方法一中的丙酮来保护三唑啉酮上的氨基，再和叔丁基异氰酸酯缩合后，加盐酸去除保护基得到胺唑草酮，收率 70％～75％。

方法三

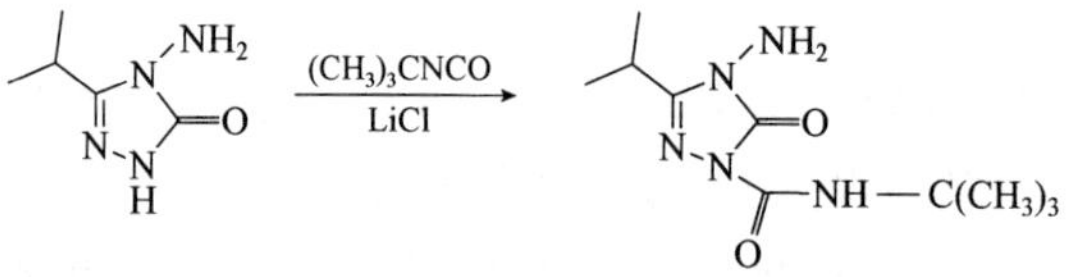

该方法不采用先保护三唑啉酮上氨基的方法，而是在氯化锂的催化下直接和叔丁基异氰酸酯缩合，得到胺唑草酮。收率 90％～95％。

上述 3 种合成胺唑草酮原药的方法中，方法一和方法二均采用的是先保护氨基，再缩合，最后去除保护得到胺唑草酮的方法。方法三是不先保护氨基，直接在催化下缩合得到胺唑草酮。方法一和方法二虽然先保护了氨基，但收率却较不先保护氨基的方法三为低，氨基保护的反应较难进行，反应后的分离和提纯比较困难，而且需要增加保护基的费用；方法三仅一步反应就可得到产品，所用催化剂氯化锂并不昂贵和稀少，而且用量不多，收率和含量均令人满意，方法三较为实用。

毒性　雌大鼠急性经口 LD$_{50}$ 1015mg/kg，大鼠急性经皮 LD$_{50}$＞2000mg/kg，无致畸、致癌、致突变作用与再生毒性。鹌鹑的急性经口 LD$_{50}$＞2000mg/kg，蓝鳃鱼 LC$_{50}$（96h）＞129mg/L，蜜蜂经口 LD$_{50}$＞24.8μg/蜂。

应用　胺唑草酮为光合作用抑制剂，敏感植物的典型症状为褪氯、停止生长、组织枯黄直至最终死亡，与其他光合作用抑制剂（如三嗪类除草剂）有交互抗性，主要通过根系和叶面吸收。胺唑草酮可以有效地防治玉米和甘蔗上的主要一年生阔叶杂草和甘蔗上许多一年生禾本科杂草。在玉米上，对苘麻、藜、野苋、宾州苍耳和甘薯属等具有优秀防效，施药量 500g(a.i.)/hm^2；还能有效地防治甘蔗上的泽漆、甘薯属、车前臂形草和刺蒺藜草等，施药量 $500g\sim1200g(a.i.)/hm^2$。其触杀性和持效性决定了它具有较宽的施药适期，可以方便地选择种植前或芽前土壤使用，用于甘蔗时，也可以芽后施用。用于少免耕地，其用药量大约为阿特拉津的 $1/3\sim1/2$，可以与许多商品化除草剂混配使用，以进一步扩大防治谱，提高药效。目前，拜耳公司正在南美洲进行推广，以 $500g(a.i.)/hm^2$ 进行移栽前或芽前土壤处理，防治玉米、甘蔗、大豆、番茄和胡椒等作物上的杂草。

（四）尿嘧啶类

除草定（bromacil）

$C_9H_{13}BrN_2O_2$, 261.12, 314-40-9

理化性质 无色结晶，熔点 $158\sim159℃$，蒸气压 $1.07\times10^{-4}kPa$，溶解度（25℃）：在水中 815mg/L，可溶于丙酮、乙醇等有机溶剂中，亦可溶于强碱中。

合成方法 目前，所采用的合成工艺主要是杜邦公司开发的方法。合成途径如下：首先以仲丁胺与固体光气发生异氰酸酯化反应，得到的异氰酸酯再与 3-氨基巴豆酸甲酯反应，其产品在甲醇钠催化剂的作用下环化得到尿嘧啶，最后再经过溴代反应得到目标产物 2,5-溴-3-仲丁基-6-甲基尿嘧啶（除草定）。

此工艺存在以下问题：①原料仲丁胺、固体光气都属于刺激性较强的物质，环保问题突出；②环化反应中，使用的催化剂即甲醇钠选择性差，难于排除四元环的竞争反应，影响产品的纯度和产率；③溴代反应中采用的是在极性溶剂中直接滴加溴素的方法，产生较多的二溴代副产物，致使产品的收率较低。采用以 2-溴丁烷为原料，首先与尿素反应得到仲丁基脲，仲丁基脲再和乙酰乙酸乙酯反应，在新型环化催化剂氢化钠的催化下直接环化得到尿嘧啶，最后在乙酸和三氯甲烷作混合溶剂的条件下，用络合的溴选择性取代试剂 Pyr-HBr-Br$_2$ 取代得到产品除草定。此工艺提高了产品收率。

毒性 大鼠急性经口 LD_{50} 5200mg/kg，对鼠皮肤有较大的刺激性，但不引起过敏反应，虹鳟鱼 TLm(48h)：$70\sim75mg/L$。

应用 除草定剂型有 80% 可湿性粉剂及 21.9% 的水溶性液剂，适用于非耕作区的一般除草，用量为 $5\sim15kg/hm^2$，可除一年生及多年生杂草，主要被根吸收、传导，也有接触茎叶杀草作用，对禾本科和阔叶杂草以及深根茎杂草都有效。除草定作为含氮杂环化合物的脲嘧啶类除草剂，其活性在于其 5-位的氢原子被溴取代，它具有高活性、低毒性的特点。

（五）哒嗪酮类

杀草敏 （chloridazon）

C₁₀H₈ClN₃O, 221.65, 1698-60-8

$C_{10}H_8ClN_3O$, 221.65, 1698-60-8

理化性质　纯品为淡黄色固体，熔点 205～206℃，40℃蒸气压为 9.9×10^{-3} kPa，20℃时在水中的溶解度为 400mg/L，在丙酮、甲醇和苯中有一定的溶解度，性质稳定，无腐蚀性。

合成方法　以丁炔二醇为原料经氯化氧化为 2,3-二氯丁烯醛酸，再与苯肼反应生成 4,5-二氯-2-苯基哒嗪-3-酮，再在 40atm 下氨化生成产品。

毒性　大鼠急性经口 LD_{50} 为 3300mg/kg，对家兔皮肤有轻微和暂时的刺激。

应用　剂型为 80% 可湿性粉剂，可用于甜菜、洋葱、萝卜等作物中防除杂草，用量 1.5～3kg/hm²。

（六）苯基氨基甲酸酯类及酰胺类

1. 甜菜安 （desmedipham）

$C_{16}H_{16}N_2O_4$, 300.3, 13684-56-5

理化性质　纯品为无色结晶，熔点 120℃。25℃时蒸气压 $<1.3 \times 10^{-8}$。溶解度（25℃）：在水中 7mg/L。易溶于极性有机溶剂中，碱性条件下易水解。

毒性　大鼠急性经口 $LD_{50} > 9600$mg/kg，家兔急性经皮 $LD_{50} > 2000$mg/kg。虹鳟鱼 LC_{50}：3.8mg/L(96h)。

2. 甜菜宁 （phenmedipham）

$C_{10}H_{16}N_2O_4$, 300.3, 13684-63-4

理化性质　纯品为无色结晶，熔点 143～144℃，挥发性低，室温下在水中的溶解度小于 10mg/L，易溶于有机溶剂中，在酸性介质中稳定，但在碱性条件下易水解。

毒性　大鼠急性经口 $LD_{50} > 8000$mg/kg，急性经皮 $LD_{50} > 4000$mg/kg。

甜菜安和甜菜宁均为选择性芽后二氨基甲酸酯类除草剂，先后由 F. Arndt 等于 1967 年、1969 年报道除草活性，由 Schering 公司开发。适用于甜菜作物，特别是糖甜菜田中除草，能有效地防除多种阔叶杂草，如繁缕、藜、芥菜、野燕麦、野芝麻、野萝卜、荠菜、牛舌草、鼬瓣花、牛藤菊等，通常两者混用。该药主要通过叶面吸收，药效一般与土壤类型和温度无关。由于该药对作物十分安全，喷药时间仅由杂草的发育阶段来决定，在大部分阔叶杂草发芽后和 2～4 真叶前用药防效最佳。甜菜宁与其他农药混合具有协同效应，使整体药效提高，而用药量降低，减少对环境的污染。国内现也有甜菜宁工业规模的生产。关于甜菜宁与甜菜安原药的合成方法如下。

（1）光气法　光气法合成甜菜宁及甜菜安属于传统的合成方法，收率可以高达 85% 以上，产品纯度达98.5%。但因为光气的毒性，且腐蚀性较强，对设备要求苛刻，危险性高。近年来，随着社会的发展，各国对环境越来越重视，许多国家都在积极研究，寻求新的合成方法，以逐渐取缔光气的生产和应用。

（2）非光气法 即生成相应的异氰酸酯，再与相应的苯酚反应，以芳异氰酸酯为原料的合成方法。原料易于合成，而且均已工业化；反应简单易行，反应时间短，安全可靠，产品收率高，纯度高（产品收率、纯度均高达95%以上）。

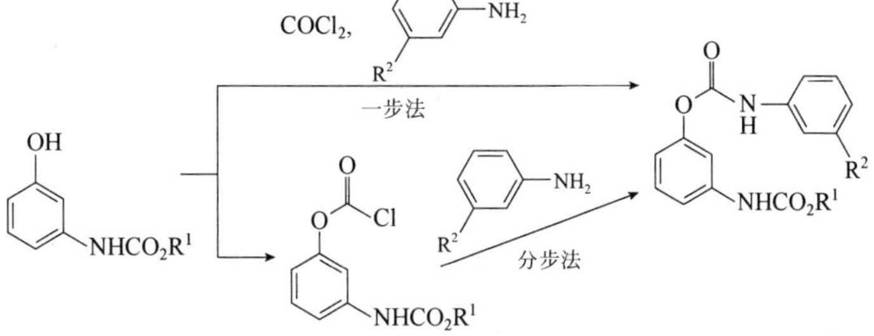

3. 敌稗 (propanil)

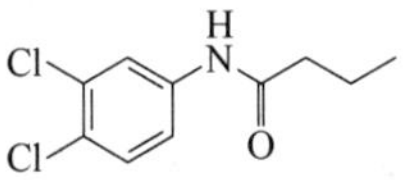

C₁₀H₁₁Cl₂NO, 232.11, 709-98-8

理化性质 纯品为无色结晶，熔点92～93℃。蒸气压（20℃）：$1.2×10^{-5}$kPa。溶解度（25℃）：在水中0.02g/100mL，易溶于乙醇等有机溶剂，在酸或碱性介质中易水解为3,4-二氯苯胺。

合成方法 由3,4-二氯苯胺与丙酰氯反应生成。

毒性 大鼠急性经口 LD₅₀：1400mg/kg，家兔急性经皮 LD₅₀：7080mg/kg。鲤鱼 LC₅₀（48h）：0.42mg/L。

应用 剂型为乳油。用于水稻和马铃薯除草，用量1～4kg/hm²，该药在土壤中残留时间短，在已用有机磷杀虫剂处理过的植株上使用会引起严重药害。

4. 草克尔 (karsil)

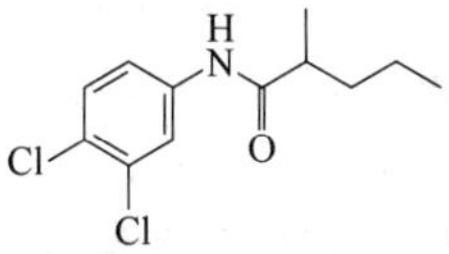

C₁₂H₁₅Cl₂NO, 260.16, 2533-89-3

理化性质 纯品为无色结晶，熔点108～109℃，不溶于水，易溶于一般有机溶剂。

合成方法 由3,4-二氯苯胺与2-甲基戊酰氯反应生成。

毒性 大鼠急性经口 LD₅₀＞10000mg/kg。

应用 接触性芽后除草剂，可用于黄瓜、欧芹、番茄、草莓等作物田中防除禾本科杂草及阔叶杂草，用量为1～3kg/hm²（无商品化）。

5. 戊酰苯草胺 (pentanochlor)

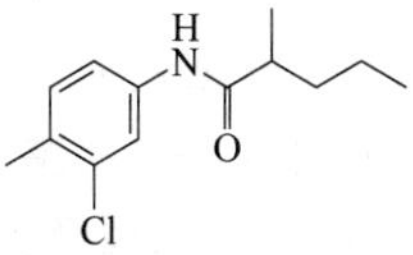

C₁₃H₁₈ClNO, 239.74, 2307-68-8

理化性质　纯品为无色结晶，熔点 85~86℃，溶解度（25℃）：在水中 8~9mg/L，易溶于有机溶剂中，室温下不水解，无腐蚀性。

合成方法　由 3-氯-4-甲基苯胺与 2-甲基戊酰氯反应生成。

毒性　大鼠急性经口 LD_{50} > 10000mg/kg，对皮肤、黏膜微有刺激。

应用　选择性芽后除草剂，剂型为乳油。用于胡萝卜、芹菜、草莓等作物防除一年生禾本科杂草及阔叶杂草。用量 2~4kg/hm²。

6. 新燕灵（benzolprop-ethyl）

22212-55-1

理化性质　纯品为无色结晶，熔点 70~71℃，溶解度（25℃）：在水中 20mg/L，易溶于有机溶剂，蒸气压（25℃）：$4.7×10^{-7}$kPa。

合成方法　由 3,4-二氯苯胺与 2-氯丙酸在碳酸氢钠作用下生成 2-(3,4-二氯苯氨基)丙酸，用乙醇酯化后再与苯甲酰氯反应得产品。

毒性　大鼠急性经口 LD_{50}：1555mg/kg。急性经皮 LD_{50} > 1000mg/kg。

应用　选择性芽后除草剂。剂型为浓乳剂。用于麦田、甜菜、油菜、蚕豆和禾本科种子植物中除野燕麦，用量为 1~2kg/hm²。

7. 伏草胺（mefluidide）

$C_{11}H_{13}F_3N_2O_3S$, 310.29, 53780-34-0

理化性质　纯品为无色结晶，熔点 183~185℃，微溶于水，易溶于有机溶剂。

合成方法　由 2,4-二甲基苯胺与三氟甲基磺酰氟作用再经硝化，还原生成 2,4-二甲基-5-三氟甲基磺酰氨基苯胺，然后与乙酰氯或乙酸酐反应得产品。

毒性（工业品）大鼠急性经口 LD_{50}：4000mg/kg，家兔急性经皮 LD_{50} > 5000mg/kg。

应用　可作为大豆田芽后除草，防除一年生及多年生禾本科杂草及阔叶杂草，这也是一种植物生长抑制剂，还可作为甘蔗催熟剂增加含糖量 20%。

8. 溴丁酰草胺（bromobutide）

$C_{15}H_{22}BrNO$, 312.3, 74712-19-9

理化性质　纯品为无色至黄色晶体，熔点 180~181℃。溶解度（25℃）：在水中 3.54mg/L。溶解度（25℃，g/L）：己烷 0.5，甲醇 35，二甲苯 4.7。蒸气压 $7.4×10^{-4}$kPa。

合成方法　由 α,α-二甲基苄胺与 2-溴代-3,3-二甲基丁酰氯反应生成。

毒性　大、小鼠急性经口大于 5000mg/kg，急性经皮大于 5000mg/kg。对兔皮肤无刺激作用，对兔眼睛有轻微的刺激作用，通过清洗可以消除。大、小鼠 2a 饲喂试验的结果表明，无明显的有害作用；Ames 试验和 Rec 检定表明，无致突变性；两代以上的繁殖研究结果表明，对繁殖无异常影响。鲤鱼 TLm(48h)＞10mg/L。

应用　本品属酰苯胺类除草剂。以低于 2kg/hm² 剂量于芽前或芽后施用，能有效地防除一年生杂草，如稗、鸭舌草、母草、节节菜和多年生杂草，如细杆萤蔺、牛毛毡、铁荸荠、水莎草和瓜皮草。甚至在低于 0.1～0.2kg/hm² 剂量下，对细杆萤蔺防效仍很高。本品在水稻和杂草间有极好的选择性，在大田试验中，本品与某些除草剂混用对稗草、爪皮草的防除效果极佳。该产品抑制细胞分裂，对光合作用和呼吸作用稍有影响。

9. 磺草灵（asulam）

$$H_2N--SO_2NHCO_2CH_3$$

$C_8H_{10}N_2O_4S$, 230.24, 3337-71-1

理化性质　纯品为无色结晶，熔点 143～144℃。20～25℃在水中的溶解度约为 0.5%，易溶于甲醇和丙酮中。

合成方法　由 4-氨基苯磺酰胺在甲醇钠作用下与碳酸二甲酯反应生成。

毒性　小鼠急性经口 LD_{50} 为 17540mg/kg，虹鳟鱼 LC_{50}＞5000mg/L（96h）。

应用　传导性除草剂。剂型有 80% 可湿性粉剂及 40% 钠盐水溶液。该剂可被植物根部和茎叶吸收，向下传导。以 1.25～2.5kg/hm² 用量可防除甘蔗地中禾本科杂草，0.75～1.25kg/hm² 的用量还可用于棉田、大豆、谷物、甜菜等作物中防除狗尾草、冰草、田蓟、马唐、稗草等。

10. 隆草特（karbutilate）

$C_{14}H_{21}N_3O_3$, 279.33, 4849-32-5

理化性质　纯品为无色结晶，熔点 176～176.5℃。常温下不挥发，溶解度（25℃）：在水中 325mg/L，可溶于有机溶剂，性质稳定，无腐蚀性。

合成方法　由 1,1-二甲基-3-(3-羟基苯基) 脲与叔丁基异氰酸酯反应生成。

毒性　大鼠急性经口 LD_{50}：3000mg/kg，对家兔皮肤无不良影响，虹鳟鱼 LC_{50}＞135mg/L。

应用　剂型有 80% 可湿性粉剂及 4% 和 8% 颗粒剂。芽前和芽后除草，用在非耕地防除一年生和多年生禾本科及阔叶杂草、灌丛和蔓藤植物，用量为 2～10kg/hm²；在玉米和甘蔗田中为 0.5～1.5kg/hm²。

11. 吡氰草胺（ET-177）

$C_{10}H_{14}N_4O$, 206.24, CAS....

理化性质　纯品为无色结晶，熔点 164～166℃。易溶于有机溶剂。在 pH 3 时不水解，但在碱性条件下缓慢水解。

合成方法　由 2-叔丁基-5-氰基吡唑-4-基甲酰氯与甲胺反应生成。

毒性　对大鼠急性经口 LD_{50}＞500mg/kg，剂量为 2000mg/kg 时对家兔皮肤无影响。对虹鳟鱼

LC$_{50}$（96h）：62.4mg/kg。

应用 能防除谷物地中一年生阔叶杂草及对阿特拉津有抗性的阔叶杂草。当与阿特拉津混用时，可提高对禾本科杂草及其他杂草的防除效果，用量为 0.28～0.43kg/hm^2。

12. 稗草胺（clomeprop）

C$_{16}$H$_{15}$Cl$_2$NO$_2$, 324.2, 84496-56-0

理化性质 无色晶体，溶点 84～86℃。溶解度（20℃）：在水中 1.6mg/L，可溶于有机溶剂中，在碱性条件下稳定。

合成方法 以 2,4-二氯-3-甲基苯酚和 2-氯丙酸乙酯为起始原料，在乙醇中回流 4h，生成 2-(2,4-二氯-3-甲基苯氧基)丙酸乙酯，该酯水解后生成相应的酸，然后转变成酰氯，最后与苯胺在缚酸剂存在下反应，即制得产品。

毒性 急性经口 LD$_{50}$（mg/kg）：雄大鼠大于 5000，雌大鼠 3250，小鼠大于 5000。大、小鼠急性经皮大于 5000。

应用 选择性除草剂。本品用于土壤处理防除水田一年生禾本科杂草，半衰期约 22d，用量为 120～240g/hm^2。

13. 卡草胺（carbetamide）

C$_{12}$H$_{16}$N$_2$O$_3$, 236.27, 16118-45-9

理化性质 纯品为无色结晶，熔点 119℃，常温下不稳定。溶解度（20℃）：在水中 3.5g/L，可溶于有机溶剂，无腐蚀性。

合成方法 由 2-羟基丙酰乙胺与苯基异氰酸酯反应生成。

毒性 大鼠急性经口 LD$_{50}$ 为 11000mg/kg，500mg/kg 的剂量对家兔的皮肤无刺激性。

应用 选择性除草剂。剂型有 30%浓乳剂及 70%可湿性粉剂，本品可防除禾本科杂草及某些阔叶杂草，用量 1～2kg/hm^2。

14. 氯炔灵（chlorobufam）

C$_{11}$H$_{10}$ClNO$_2$, 223.66, 1967-16-4

理化性质 纯品为无色结晶，熔点 46～47℃，20℃时的蒸气压为 0.16kPa，溶解度（20℃）：在水中 540mg/L，易溶于有机溶剂，在酸、碱介质中不稳定，与醇可发生酯交换反应。

合成方法 由甲基炔丙醇与 3-氯苯基异氰酸酯反应生成。

毒性 大鼠急性经口 LD$_{50}$ 为 2500mg/kg，对家兔皮肤有刺激性。

应用 芽前除草剂。常与其他除草剂混用以防除甜菜及某些蔬菜作物中除草。

此外，同类品种还有庚草利（monalide）、双苯酰草胺（diphenamide）、丁酰草胺（chloranocryl）、特草克（terbucarb）、麦草氟甲酯（flamprop-M-methyl）苄胺灵（dichlormate）等。

（七）取代脲类

取代脲类的除草剂品种虽很多，其合成方法大都由相应的异氰酸酯与胺作用而得。除少数品种外，一般用量均较高。它们大都是土壤处理剂，很多品种可作为灭生性除草剂使用。

1. 非草隆 （fenuron）

$$\text{（苯环）—NHCON(CH}_3)_2$$

C$_9$H$_{12}$N$_2$O, 164.20, 101-42-8

理化性质 无色结晶固体，熔点 134～136℃，相对密度 1.13(25℃)，蒸气压 2.1×10^{-5}kPa。溶解度（25℃）：在水中 3850mg/kg，在烃类的溶解度不大，对光稳定，不易氧化。

合成方法 由苯基异氰酸酯与二甲胺反应生成。

毒性 大鼠急性经口 LD$_{50}$：6400mg/kg；33％的水浆液对豚鼠的皮肤无刺激作用，大鼠用 25mg/(kg·d) 的剂量喂养 90d，未见明显症状。

应用 剂型为可湿性粉剂。该药为光合作用抑制剂，通过植物根系吸收，由于有较大的溶解度，比相类似的灭草隆和敌草隆更适合于防除禾本科植物、深根、多年生杂草。用量 2～30kg/hm^2。

2. 灭草隆 （monuron）

$$\text{Cl—（苯环）—NHCON(CH}_3)_2$$

C$_9$H$_{11}$ClN$_2$O, 198.65, 150-68-5

理化性质 纯品为无色结晶固体，熔点 174～175℃，25℃时蒸气压为 5×10^{-8}kPa。溶解度（25℃）：在水中 230mg/L，可少量溶解在石油和极性溶剂中，室温下对水解和氧化稳定，在 185～200℃分解，在升温，酸性或碱性介质中发生水解。在潮湿的土壤中缓慢分解，无腐蚀性，不易燃。

合成方法 由对氯苯胺与光气反应生成对氯苯基异氰酸酯，再与二甲胺反应生成产品。

毒性 大鼠急性经口 LD$_{50}$：3600mg/kg，对豚鼠皮肤无刺激性和过敏性。剂型为 89％可湿性粉剂。

应用 该药为光合作用抑制剂，通过植物根部吸收，芽前或芽后使用均可，在非耕作区灭生性除草用量为 10～30kg/hm^2，在棉花、甘蔗、花生等作物田中用量为 0.8～4.8kg/hm^2。

3. 敌草隆 （diuron）

$$\text{Cl₂（苯环）—NHCON(CH}_3)_2$$

C$_9$H$_{10}$Cl$_2$N$_2$O, 233.09, 330-54-1

理化性质 无色固体，熔点 158～159℃，50℃时蒸气压 4.1×10^{-7}kPa。溶解度（25℃）：在水中 42mg/L，在烃类中溶解度低，27℃在丙酮中溶解度为 5.3％，在通常情况下稳定，可被酸或碱水解。在 189～190℃时分解，无腐蚀性。

合成方法 由 3,4-二氯苯胺与光气反应生成 3,4-二氯苯基异氰酸酯，再与二甲胺反应生成产品，或由 3,4-二氯苯胺、尿素及二甲胺一起加热至 100～200℃直接生成。

毒性 大鼠急性经口 LD$_{50}$：3400mg/kg，在高浓度时能刺激眼睛和黏膜。

应用 剂型有 80％可湿性粉剂，水悬浮剂，也可与其他除草剂，如除草定等制成混剂使用。为光合作用抑制剂，主要以 10～30kg/hm^2 用于防除非耕作区的一般草害，以 0.6～0.8kg/hm^2 用于甘蔗、果园、棉花等作物田中除草。目前澳大利亚农药与兽药管理局下令暂停敌草隆使用于保护水体生态系统。

4. 伏草隆 （fluometuron）

$C_{10}H_{11}F_3N_2O$, 232.20, 2164-17-2

理化性质 原药为白色结晶。熔点为 $163 \sim 64.5℃$，相对密度 1.39，25℃时蒸气压为 0.125mPa。溶解度（20℃）：水中 110mg/L，甲醇 110g/L，丙酮 105g/L，二氯甲烷 23g/L，己烷 0.17g/L，正辛醇 22g/L。20℃在酸性、碱性、中性介质中稳定，紫外线条件下分解。

合成方法 由三氟甲基苯基异氰酸酯与二甲胺反应生成。

毒性 对兔皮肤和眼睛有中等刺激，对皮肤无过敏反应。大鼠急性经口 $LD_{50} > 6g/kg$。急性经皮 LD_{50}：大鼠＞2g/kg，兔＞10g/kg。饲喂试验无作用剂量：大鼠（2a）为 19mg/（kg·d），小鼠（2a）为 1.3mg/(kg·d)，狗（1a）为 10mg/(kg·d)。对人的 ADI 为 0.013mg/kg（体重）。野鸭 LD_{50} 2974mg/kg。LC_{50}(8d)：日本鹌鹑 4620mg/kg（饲料），野鸭 4500mg/kg（饲料），雉鸡 3150mg/kg（饲料）。蚯蚓 LC_{50}(14d)＞1g/kg（土）。水蚤 LC_{50}(48h)10mg/L。鱼毒 LC_{50}(96h)：虹鳟 47mg/L，蓝鳃 96mg/L，鲶鱼 55mg/L，欧洲鲤鱼 170mg/L。蜜蜂 LD_{50}（经口）＞190μg/只，（局部）＞190μg/只。

应用 为光合作用抑制剂，特别适用于棉田、甘蔗中土壤处理，防除宽叶及禾本科杂草，用量为 $1 \sim 2kg/hm^2$，具有中等程度的持效期。

5. 甲氧隆 （metoxuron）

$C_{10}H_{13}ClN_2O_2$, 228.68, 19937-59-8

理化性质 无色无臭晶体，熔点 $126 \sim 127℃$，24℃在水中的溶解度为 678mg/L，可溶于大多数有机溶剂中，不溶于石油醚。

合成方法 由 3-氯-4-甲氧基苯基异氰酸酯与二甲胺反应生成。

毒性 大鼠急性经口 LD_{50}：3200mg/kg，急性经皮 LD_{50}＞1600mg/kg，对蜜蜂无毒。剂型为 80%可湿性粉剂。

应用 用于谷物及胡萝卜田中芽前及芽后防除多种一年生禾本科杂草及阔叶杂草。用量为 $2.4 \sim 4kg/hm^2$。本药适用期长，土壤中的半衰期为 $10 \sim 30d$。

6. 枯草隆 （chloroxuron）

$C_{15}H_{15}ClN_2O_2$, 290.74, 1982-47-4

理化性质 无色结晶，熔点 $151 \sim 152℃$，20℃时在水中的溶解度为 3.7mg/L，微溶于苯和乙醇，溶于丙酮、氯仿。性质稳定，无腐蚀性，对光敏感，可与其他农药混配。

合成方法 由 4-(4-氯苯氧基苯基) 异氰酸酯与二甲胺反应生成。

毒性 大鼠急性经口 $LD_{50} > 3000mg/kg$，对兔的眼睛无刺激，对蜜蜂、鱼无毒。

应用 剂型为 50%可湿性粉剂。为光合作用抑制剂，用量为 $5 \sim 6kg/hm^2$。可通过根和叶吸收，用于大豆、胡萝卜等作物田中。

7. 绿谷隆 （monolinuron）

$C_9H_{11}ClN_2O_2$, 214.65, 1746-81-2

理化性质　无色结晶，熔点 79～80℃。溶解度：在水中 580mg/L(20℃)，很好地溶于普通的有机溶剂，如乙醇、丙酮、甲苯、氯仿等中。在正常状态下稳定，在酸碱介质中缓慢分解，无腐蚀性。

合成方法　由 4-氯苯基异氰酸酯与甲基甲氧基胺反应生成。

毒性　大鼠急性经口致死中量：2250mg/kg。

应用　剂型为 50％可湿性粉剂。主要由植物根部吸收，用量 0.5～1.5kg/hm² 时可除禾谷类及玉米田中杂草。

8. 利谷隆 （linuron）

$C_9H_{10}Cl_2N_2O_2$, 249.09, 330-55-2

理化性质　无色结晶，熔点 93～94℃，24℃时蒸气压 2×10⁻⁶kPa。溶解度：在水中 75mg/L，略溶于脂肪烃，溶于丙酮，在乙醇和一般芳香溶剂中溶解度中等，性质稳定，在酸碱及潮湿土壤中缓慢分解，无腐蚀性。

合成方法　由 3,4-二氯苯基异氰酸酯与甲基甲氧基胺反应生成。

毒性　大鼠急性经口 LD_{50}：1500～4000mg/kg。

应用　剂型为 50％可湿性粉剂，也可与其他除草剂混用。为光合作用抑制剂，芽前或芽后选择性除草，用量 0.5～2.5kg/hm²，一般在四个月内植物毒性浓度即可消失。

9. 溴谷隆 （metobromuron）

$C_9H_{11}BrN_2O_2$, 259.10, 3060-89-7

理化性质　无色结晶，熔点 95.5～96℃。溶解度（20℃）：在水中 880mg/L，易溶于丙酮、氯仿和乙醇。性质稳定，无腐蚀性，可与其他农药混配。

合成方法　由对溴苯基异氰酸酯与甲基甲氧基胺反应生成。

毒性　大鼠急性经口 LD_{50}：3000mg/kg，急性经皮致死中量＞3000mg/kg。

应用　剂型为 50％可湿性粉剂。光合作用抑制剂，可被植物的根及叶吸收，芽前除草，用量为 1.5～2.0kg/hm²。

10. 草不隆 （neburon）

$C_{12}H_{16}Cl_2N_2O$, 275.20, 555-37-3

理化性质　白色结晶，熔点 102～103℃。溶解度（24℃）：在水中 4.8mg/kg，在普通烃类中的溶解度很低，在正常条件下对氧化和水分稳定。

合成方法　由 3,4-二氯苯基异氰酸酯与 N-甲基丁胺反应生成。

毒性　大鼠经口 LD_{50}＞11000mg/kg，对皮肤有轻微的刺激，无过敏性。

应用　剂型为 60％可湿性粉剂。为光合作用抑制剂，用于芽前防除一年生禾本科杂草，用量为 2～3kg/hm²。

11. 炔草隆 (buturon)

$C_{12}H_{13}ClN_2O$, 236.7, 3766-60-7

理化性质 无色固体，熔点 145～146℃。溶解度（20℃）：在水中 30mg/L，丙酮为 27.9%，苯为 0.98%，甲醇为 12.8%（均为 g/100mL），在正常状态下稳定，在沸水中缓慢分解，无腐蚀性。

合成方法 由对氯苯基异氰酸酯与 N-甲基-（1-甲基丙炔-2-基）胺反应生成。

毒性 大鼠急性经口 LD_{50}：3000mg/kg。

应用 剂型为 50% 可湿性粉剂，为光合作用抑制剂，芽前及芽后防除谷物及玉米田中的杂草，用量为 0.5～1.5kg/hm²。

12. 异丙隆 (isoproturon)

$C_{12}H_{18}N_2O$, 206.28, 34123-59-6

理化性质 纯品为无色无臭结晶。熔点 151～153℃。溶解度（20℃）：在水中 70mg/L，可溶于大多数有机溶剂，对光、酸和碱稳定。

合成方法 由异丙基苯基异氰酸酯与二甲胺反应生成。

毒性 大鼠急性经口 LD_{50}：1826mg/kg。

应用 选择性除草剂。剂型为 75% 可湿性粉剂。用于大麦、小麦、棉花、花生、玉米、水稻、豆类作物田中防除一年生杂草，此药安全，适用期长。

13. 对氟隆 (parofluron)

$C_{10}H_{11}F_3N_2O$, 232.20, 7159-99-1

理化性质 纯品为白色无臭固体，熔点 183～185℃。溶解度（25℃）：在水中 22mg/kg。

合成方法 由 4-三氟甲基苯基异氰酸酯与二甲胺反应生成。

应用 土壤处理除草剂。剂型为可湿性粉剂，用于甜菜、果园中防除多年生及一年生杂草，也可用作灭生性除草剂。

14. 枯莠隆 (difenoxuron)

H_3CO——◯——O——◯——$NHCON(CH_3)_2$

$C_{16}H_{18}N_2O_3$, 286.33, 14214-32-5

理化性质 纯品为白色结晶。熔点 138～139℃。溶解度（20℃）：在水中 20mg/L，丙酮中 63g/L，苯中 8g/L，在二氯甲烷中为 156g/L。

合成方法 以 4-(4-甲氧基苯氧基）苯胺、光气、二甲胺为原料制得。

毒性 大鼠急性经口 LD_{50}＞1000mg/kg。

应用　剂型为可湿性粉剂。对葱类有选择性，芽前或芽后使用，能防除野燕麦等杂草。

15. 草完隆（noruron）

$C_{13}H_{22}N_2O$，222.33，18530-56-8

理化性质　纯品为白色结晶，熔点 171～172℃。溶解度（25℃）：在水中 150mg/kg。易溶于丙酮、乙醇、环己烷，微溶于苯。

合成方法　以环戊二烯二聚体为原料制得。

毒性　大鼠急性经口 LD_{50} 为 1470～2000mg/kg，兔急性经皮 LD_{50} 23000mg/kg，鱼毒 TLm（48h）为 18mg/kg。

应用　用于棉花、高粱、甘蔗、大豆、菠菜和马铃薯中防除一年生禾本科和宽叶杂草。用量为 0.75～4kg/hm²。

16. 异噁隆（isouron）

$C_{10}H_{17}N_3O_2$，211.26，55861-78-4

理化性质　纯品为白色结晶，熔点 119～120℃。溶解度（20℃）：在水中 708mg/kg，易溶于丙酮、乙醇等有机溶剂。

合成方法　由 5-叔丁基异噁唑-3-基异氰酸酯与二甲基胺反应生成。

毒性　大鼠急性经口 LD_{50}：6300mg/kg。

应用　剂型有 50％可湿性粉剂及 1.4％粉剂，可用于旱田及非耕地防除一年生杂草，用量 4～10kg/hm²。

17. 绿秀隆（chlorbromuron）

$C_9H_{10}BrClN_2O_2$，293.54，13360-45-7

理化性质　纯品为灰白色结晶，熔点 97℃。溶解度（20℃）：在水中 35mg/L，可溶于丙酮、丁酮、异佛尔酮、氯仿、二甲基甲酰胺、二甲基亚砜，在二甲苯中的溶解度中等。室温下稳定，无腐蚀性。

合成方法　由 4-溴-3-氯苯基异氰酸酯与甲基甲氧基胺反应生成。

毒性　大鼠急性经口 LD_{50}：2150mg/kg；对兔的急性经皮 LD_{50}＞10000mg/kg。对鱼类低毒。

应用　剂型有 50％可湿性粉剂。芽前或芽后使用，适用于胡萝卜、大豆、马铃薯、冬小麦等作物。用量为 0.5～2.0kg/hm²。在土壤中的持效期为 8 周或更长。

18. 苯噻隆（benthiazuron）

$C_9H_9N_3OS$，207.25，1929-88-0

理化性质　纯品为白色固体，237℃分解并伴随升华，90℃时蒸气压为 $1.33×10^{-6}$ kPa。溶解度（20℃）：在水中 12mg/kg，在丙酮、氯苯和二甲苯中的溶解度为 5%～10%，无腐蚀性。

合成方法　由甲基氰酸酯与 2-氨基噻唑反应生成。

毒性　大鼠急性经口 LD_{50} 为 1280mg/kg。

应用　剂型有 80% 可湿性粉剂，用于甜菜芽前除草，用量为 3.2～4kg/hm²。

19. 落草胺 （cisanilide）

$C_{13}H_{18}N_2O$, 218.29, 34484-77-0

理化性质　纯品为结晶固体，熔点 119～120℃。溶解度（20℃）：在水中 600mg/L。

合成方法　由顺-2,5-二甲基吡咯与苯基异氰酸酯反应生成。

毒性　对大鼠急性经口 LD_{50}：4100mg/kg。

应用　主要用于玉米和苜蓿田中防除阔叶杂草和某些禾本科杂草，用量为 1.1～3kg/hm²。也可与脲类除草剂混用。

20. 特丁噻草隆 （tebuthiuron）

$C_9H_{16}N_4OS$, 228.31, 34014-18-1

理化性质　纯品为无色固体，熔点 161.5～164℃，随之分解。溶解度（25℃）：在水中 230mg/L。

合成方法　由 2-氨基-5-叔丁基-1,3,4-噻二唑与甲基异氰酸酯生成。

毒性　大鼠急性经口 LD_{50}：644mg/kg，鱼毒 TL_{50}：160mg/kg。

应用　剂型为 80% 可湿性粉剂，在非种植区防除各种植物的生长，也可在牧场中防除灌木。防除一年生杂草用量为 2～4kg/hm²，防除多年生杂草，用量为 4～6kg/hm²。

21. 噻氟隆 （thiazfluron）

$C_6H_7F_3N_4OS$, 240.21, 25366-23-8

理化性质　纯品为无色结晶，熔点 136～137℃。溶解度（25℃）：在水中 2.1g/L，二甲苯 5%，二甲基甲酰胺 60%，甲醇 30%。

毒性　大鼠急性经口 LD_{50}：278mg/kg；急性经皮＞2150mg/kg。

应用　剂型有 80% 可湿性粉剂及 5% 颗粒剂，芽前及芽后使用，可用于工业区防除一年生及多年生杂草，用量为 2～12kg/hm²。

22. 杀草隆 （dimuron）

$C_{17}H_{20}N_2O$, 68.35, 42609-52-9

理化性质 纯品为无色结晶，熔点203℃。溶解度（20℃）：在水中1.3mg/kg，甲醇、乙醇中为1.0%，丙酮、乙醚中为10.0%，二甲基甲酰胺为18.2%，二甲基亚砜为20.0%。在pH2～10的范围内及在紫外线照射下稳定，在1mol/L盐酸中煮沸6h可水解。

合成方法 由对甲苯基异氰酸酯与α,α-二甲基苄胺反应生成。

毒性 大鼠急性经口LD_{50}：4000mg/kg。经皮毒性LD_{50}：3500mg/kg。慢性毒性试验未发现三致作用。

应用 剂型为75%可湿性粉剂。可与除草醚等混合制成颗粒剂。本药对莎草科杂草有特效。植物通过根部吸收，对水稻、小麦、玉米、大豆、棉花、萝卜、番茄、胡萝卜、洋葱、甘薯等安全，能防治异型莎草、牛毛草和香附子等。用量为7～10kg/hm²。

23. 氟硫隆（flurothiuron）

$C_{10}H_{10}Cl_2F_2N_2OS$, 315.17, 33439-45-1

理化性质 纯品为白色无味结晶粉末。熔点为116℃。溶解度：水16.1mg/L（24℃，pH7）、乙酸6.7g/L（25℃），丙酮12g/kg（20℃），甲苯0.6g/kg（20℃）。

合成方法 2-氯-3-三氟甲基吡啶与硫氢化钠反应，生成物用氯气进行氧氯化反应，转变成3-三氟甲基吡啶-2-磺酰氯，再与氨反应，生成3-三氟甲基吡啶-2-磺酰胺，然后与氯甲酸酯反应，最后与4,6-二甲氧基嘧啶胺反应，即制得本产品。

毒性 急性经口LD_{50}（mg/kg）：大鼠大于5000，小鼠大于5000，日本鹌鹑大于2000，蚯蚓（14d）大于150，蜜蜂大于100μg/蜜蜂。鲤鱼LC_{50}（48h）大于20mg/L。对兔皮肤无刺激，对兔眼睛有中等刺激。对豚属皮肤无过敏。Ames试验、Rec试验、染色体畸变试验均为阴性。

应用 用于防除水田一年生杂草及牛毛草。用量为50～100g/hm²。残效期可达40d。

24. 绿麦隆（chlortoluron）

$C_{10}H_{13}ClN_2O$, 212.68, 15545-48-9

理化性质 纯品为无色结晶，熔点147～148℃。20℃时蒸气压为4.8×10^{-9}kPa。溶解度（20℃）：在水中70mg/L，丙酮50g/L，苯24g/L，二氯甲烷43g/L。

合成方法 由3-氯-4-甲基苯基异氰酸酯与二甲胺反应生成。

毒性 大鼠急性经口LD_{50}>10000mg/kg，急性经皮>2000mg/kg。对鸟类及鱼类低毒，对蜜蜂无毒。

应用 用于谷物田中防除禾本科杂草和多种阔叶杂草。用量1～3kg/hm²。

25. 酰草隆（phenobenzuron）

$C_{16}H_{14}Cl_2N_2O_2$, 337.20, 3134-12-1

理化性质 纯品为白色固体，熔点119℃，在22℃水中的溶解度为16mg/kg。溶解度（20℃）：丙酮315g/L，苯105mg/L，乙醇28g/L。在正常状态下对氧及水分稳定。

合成方法

毒性 大鼠急性经口 LD_{50}：5000mg/kg；豚鼠急性经皮 LD_{50}＞4000mg/kg。

应用 剂型为50％可湿性粉剂，可用于大麦、水稻、豌豆、亚麻等作物中，芽前或芽后防除一年生杂草，用量1～2kg/hm²，在多年生作物田中用量为4～6kg/hm²。

26. 环秀隆 （cycluron）

$$\text{（环）} - \text{NCHON(CH}_3)_2$$

$C_{11}H_{22}N_2O$,198.31, 2163-69-1

理化性质 纯品为无色结晶，熔点138℃。溶解度（20℃）：在水中0.11％，丙酮6.7％，苯5.5％，甲醇50％，性质稳定。

合成方法 由环辛胺与二甲氨基甲酰氯反应生成。

毒性 大鼠急性经口 LD_{50} 为2600mg/kg。

应用 可与其他农药混配，剂型有含150g/L环秀隆和100g/L稗蓼灵的浓乳剂。用于甜菜及多种蔬菜地中防除一年生杂草。

27. 噻苯隆 （thidiazuron）

$$\text{结构式}$$

$C_9H_8N_4OS$, 220.25, 51707-55-2

理化性质 纯品为无色结晶，熔点210.5～212.5℃（分解）。溶于二甲基甲酰胺、二甲亚砜中（＞500g/L）。

合成方法 由硫代异氰酸乙酰酯在重氮甲烷中环化，经水解后与异氰酸苯酯反应即得。

毒性 大鼠急性经口 LD_{50}＞4000mg/kg。对蜜蜂无毒。

应用 脲类植物生长调节剂。以0.3～3kg/hm²用于菜豆、大豆、花生等作物，有明显抑制作用。分析与残留物测定用HPLC。

（八）氰基苯酚类

1. 辛酰溴苯腈 （bromoxynil octanoate）

$$\text{结构式}$$

$C_{15}H_{17}Br_2NO_2$, 403.11, 1689-99-2

辛酰溴苯腈为腈苯腈的辛酸酯，是法国罗纳·普朗公司最先开发的辛酰溴苯腈产品，30％辛酰溴苯腈乳油在我国已获临时登记。

理化性质 纯品为淡黄色蜡状固体，工业品微有油脂气味，在40～45℃以上熔融。不溶于水。与大多数其他农药不反应，稍有腐蚀性，易被稀碱液水解。对光和熔点下稳定。

合成方法 其合成以溴苯腈为原料，在催化剂的作用下，同过量辛酰氯反应而得。溶剂大多是二甲苯或氯苯，催化剂主要是吡啶和三乙胺等，反应温度在120～130℃，收率为82％。文献报道溴苯腈合成主要有以下三条路线。

（1）对氰基酚路线 从对氰基酚出发，经溴化反应得到溴苯腈。溴化反应一般在DMF等有机溶剂中进行，此法耗用的溴素较多，溴与原料的摩尔比高达（2.5～3.0）:1.0，而且在反应中产生大量的溴化氢需要解决。一般通过滴加次氯酸钠溶液的方法来减少溴的用量和防止溴化氢的产生。

（2）二溴醛路线　以 3,5-二溴-4-羟基苯甲醛（二溴醛）为原料，先羟胺化形成二溴醛肟，然后再脱水合成溴苯腈。由于二溴醛路线在反应过程中使用了大量的腐蚀性的酸性物质，且反应过程中产生的废水处理困难，操作环境恶劣，不利于工业化生产。

（3）在对氰基酚路线的基础上的改进路线　该路线对反应介质、溴源提供方式作了改进。以 H_2O_2 代替次氯酸钠，以对甲基苯磺酸为催化剂，在适宜的时间、温度下，氧化反应更加完全，避免了一溴苯腈生成，收率达到 98.5%。同时，又大大减少了溴素的使用量，溴与原料的摩尔比 1.025 : 1，与传统工艺相比，减少了 1 倍以上的用量。由于 H_2O_2 具有氧化性强、反应后生产水的特点，没有无机盐氯化钠产生，反应物溴苯腈不需水洗，废水量大大减少，废水中的污染物也大大减少，废水更容易处理，有利于保护环境，同时降低了对设备的要求。

毒性　急性经口 LD_{50}：大鼠 365mg/kg，小鼠 306mg/kg，急性经皮 LD_{50}：大鼠 $>$2000mg/kg。喷雾 3.4mg/L 辛酰溴苯腈，对蜜蜂没有触杀毒性。

应用　辛酰溴苯腈（3,5-二溴-4-辛酰氧苯甲腈）是一种广谱、选择性苗后茎叶处理触杀型除草剂，它经叶片吸收，在植物体内进行有效的传导，通过抑制光合作用，迅速使植物组织坏死。它对禾本科作物具有较高的选择性，能安全使用于作物各个生长期，它广泛用于麦田、玉米、高粱、甘蔗、亚麻、洋葱等多种作物田，防除蓼、藜、苋、麦瓶草、龙葵、苍耳、田旋花等多种阔叶杂草。

2. 辛酰碘苯腈（ioxynil octanoate）

$C_{15}H_{17}I_2NO_2$, 497.1, 3861-47-0

理化性质　纯品白色结晶，熔点 53～55℃。溶解度（g/L）：在水中 6.2×10^{-6}、甲醇 90、丙酮 100、二甲苯 500。蒸气压 5.4×10^{-5}Pa（25℃）。

毒性　急性经口 LD_{50}：雄大鼠 430.1，雌大鼠 384.9mg/kg，雌小鼠 509.0，雄小鼠 481.9；急性经皮 LD_{50}：雄大鼠 3200mg/kg。对大、小鼠最大无作用量为 5mg/(kg·d)。经慢性毒性、致癌性、繁殖性、致畸性、致突变性及皮肤过敏试验表明，本剂十分安全。

应用　辛酰碘苯腈能被植物茎叶迅速吸收，并通过抑制植物的电子传递、光合作用及呼吸作用而呈现其杀草活性。由于本剂在植物体其他部位无渗透作用，故宜于在杂草幼期使用。对于再生能力大的杂草及多年生杂草，本剂虽能引起叶部枯萎，但不致死。在植物生长期使用本剂，对稻科、百合科等单子叶植物几乎无影响，但对阔叶植物具有很强的生理选择杀草活性。

辛酰碘苯腈必须在具光条件下始能呈现其活性，在黑暗下无作用。并且，其杀草活性与温度十分有关，在温度高时见效快，低温时则见效慢。如果本剂飞散到作物茎叶上，会出现叶子枯萎及黄化的药害症状。本剂主要适用于旱田一年生阔叶杂草，适用于洋葱、马铃薯、小豆、大豆、菜豆、苹果等作物田及非农耕地防除杂草。

由于辛酰碘苯腈为触杀型除草剂，故植物的根部几无吸收作用。并且，它可吸附于土壤中，故不易移行。由此可认为它对土壤中的杂草种子无影响。辛酰碘苯腈仅由植物茎叶部吸收，在植物体内不会渗透。它可被光及土壤中微生物代谢、分解，并由于其能被土壤强烈吸附，在土壤中的半衰期很短，仅为8～9d，故无残留影响。故对河川及地下水影响甚小。同时，它对蜜蜂等有益昆虫及鸟类也十分安全。

同类品种还有溴苯腈（bromoxynil，1689-84-5）、碘苯腈（ioxynil，1689-83-4）。

（九）苯噻二唑类

苯达松 （bentazone）

C₁₀H₁₂N₂O₃S，240.3，25057-89-0

$C_{10}H_{12}N_2O_3S$，240.3，25057-89-0

理化性质　纯品为无色结晶粉末，熔点 138℃。溶解度（20℃）：二甲苯中<1g/100g，环己酮中为18g/100g。

合成方法　目前国内生产除草剂苯达松多选用靛红酸酐路线。用靛红酸酐、异丙胺在二氯乙烷（DCE）中酰胺化之后，与氯磺酸、2-甲基吡啶催化磺化成复盐，再在三氯氧磷作用下环合成苯达松。若改用三甲胺代替2-甲基吡啶，在水解碱溶过程中，三甲胺几乎全部被释出，可回收使用。

毒性　大鼠急性经口 LD₅₀ 约1710mg/kg，大鼠急性经皮 LD₅₀>4000mg/kg。

应用　苯达松属于触杀性除草剂。适用于大豆、水稻（在水田可防除多年深根杂草）、小麦、大麦、玉米、高粱、花生等作物，防除冬、春禾谷类作物田中春黄菊属、母菊属、珍珠菊、猪殃殃和繁缕等。

（十）苯哒嗪类

哒草特 （pyridate）

C₁₉H₂₃ClN₂O₂S，378.9，55512-33-9

$C_{19}H_{23}ClN_2O_2S$，378.9，55512-33-9

理化性质　无色结晶固体，原药为棕色油状液体，熔点27℃，原药为20～25℃，沸点220℃/13.3Pa（原药），蒸气压130nPa(20℃)，相对密度1.16(20℃，原药)，溶解度（20℃）：在水中1.5mg/L，易溶于许多有机溶剂，中性介质中稳定，遇强酸、强碱分解。

合成方法　由6-氯-3-苯基哒嗪-4-醇与S-辛基硫代碳酰氯反应制得。

毒性　急性经口 LD₅₀：雌、雄大鼠>2g/kg，雄小鼠约10g/kg，雌小鼠>109/kg。兔急性经皮 LD₅₀≥2g/kg。对兔皮肤有中等刺激，对兔眼睛无刺激。对豚鼠有致敏性，但对接触的人则没有观察到致敏症状。大鼠急性吸入 LC_{50}（4h）＞4.37mg/L 空气。饲喂试验无作用剂量为：大鼠（28 个月）约 18mg/(kg·d)，狗（12 个月）为 30mg/(kg·d)（经口饲养）。对人的 ADI 为 0.18mg/kg（欧盟）；0.35mg/kg(WHO，1992)。多次试验无致畸、致突变、致癌作用。

应用　选择性的苗后除草剂，茎叶处理后迅速被叶吸收，阻碍光合作用的希尔反应，使杂草叶变黄并停止生长，枯萎致死。在禾谷类作物体内被迅速代谢为配糖的共轭物而无害。剂型为可湿性粉剂，可用于水稻、谷物、花生等地中防除一年生阔叶杂草。

（十一）氰基丙烯酸酯类

近些年来报道颇多的氰基丙烯酸酯及其类似物是一类比较重要光系统 Ⅱ 抑制剂，属于插烯酰胺衍生物，在作用机制上与其他 PSⅡ 抑制剂相同，和酰胺类、苯酚类 PSⅡ 电子传递抑制剂一样作用于 PSⅡ 的 D1 蛋白中 Q_B 结合部位，到目前为止尚未出现适合商品化的品种。由于该类化合物为一类结构新颖的 PSⅡ 抑制剂，使之成为近年来的研究热点，对其构效关系进行了较为深入的研究，结果表明：①据复合物模型，氰基丙烯酸酯类化合物的必要结构及其结合部位为：羰基上的氧原子可能与 Ser 264 侧链羟基上氢形成氢键；氰基上的氮原子可能与 Leu 271 主链酰胺上的氢形成氢键。②β-取代基在结合口袋中可能没有结合位点，它的作用只表现在立体性上。由于取代基的大小合适，该取代基为甲硫基、乙基和异丙基时，化合物活性为最高。取代基太大，如苄硫基取代化合物的活性较低，可能是因为会使得口袋内拥挤，不利于分子进入其中进行结合；无取代基或取代基较小时，可能由于体积小，不能协助氮原子上基团推入疏水性口袋而造成活性也比较低；脂肪胺取代基化合物的活性并不突出，可能的原因是脂肪胺带有明显的电负性，会通过共轭效应影响到化合物其他位置的电子分布及密度。③酰氧基 R^2 中的烷基部分存在电负性原子（如氧原子）时，相应的化合物就会表现出良好的抑制活性，可能的原因是电负性原子可以与 D1 蛋白 Ser268 形成氢键；羰基和电负性原子之间的距离和结构也影响化合物活性，以两个无取代、无支链的亚甲基为最优结构，这可能是因为羰基与 Ser264 结合、电负性原子与 Ser268 结合，因此 Ser264 和 Ser268 的之间蛋白的空间结构和距离对两个原子之间的结构变化具有了限制性要求。R^2 以乙酰乙氧基和四氢呋喃-2-甲氧基为最优结构。相似结构的酰胺类化合物也具有很好的活性，但是比相应的酰氧基化合物活性稍低，可能的原因是酰氨基和酰氧基比较起来其羰基氧密度稍小，造成酰胺化合物与受体蛋白结合能力稍差；磷酸酯活性较低，可能是体积比较大，增大了这一区域的空间位阻；由于计算机辅助分子设计方法显示酰氧基末端对较大取代基有要求，但是苯酸乙酯化合物活性比相应的乙酸乙酯化合物活性有所降低。④取代氨基中 R^3 的苯环片断会插入一个由 Phe 211、Phe 255、Phe 274、Phe 265 形成的疏水性口袋中，结合作用主要是范德化作用及 π-π 堆积作用。苄氨基是一个具有较好活性的取代基。与烷氨基相比，可能是因为苯环的引入增强了小分子与 D1 蛋白间 π-π 堆积相互作用，所以活性相对较高。与苯酰氨基相比，可能是因为羰基氧的去除增加了化合物的疏水性，使之更好地与疏水性口袋匹配。与芳基化合物比较，在苯环与氨基间插入一个亚甲基可以大大增加化合物活性，可能是因为与 sp^3 杂化碳原子相连，苯环能自由旋转，致使它能更深地进入受体口袋，更自由地旋转，更适宜地与受体口袋匹配，增强了小分子与 D1 蛋白间的范德华力相互作用和 π-π 堆积相互作用。由此可见，含有苄氨基及类似结构的丙烯酸酯类化合物能很好地与 D1 蛋白相互作用，从而表现出良好的生物活性。向取代氨基中苯环的对位引入一定取代基可以提高化合物的活性，对位取代的化合物的抑制活性均较邻位的高。⑤当苄基 α-位引入手性因素后，分子的立体结构对活性有极大影响，其消旋体的活性较 R-体高；当芳环上有卤原子时，不管化合物有没有旋光性，芳甲氨基上 α-甲基的引入都提高了化合物抑制活性。⑥无取代基的吡啶甲氨基取代化合物活性比较低，可能是由于吡啶环类似于一个在间位有一个吸电子基团的苯环；当在吡啶环 2-位上引入卤原子以后，可能由于较好的疏水性，活性可以增加、优于相对应的卤原子取代的苄基化合物。⑦将刚性结构苯环引入、代替苄氨基中具有重要功能的亚甲基，得到的氨基中包含有两个芳环的化合物具有不同水平的活性。这说明能够保证末端苯环自由旋转和深入口袋的基团就有可能保证化合物与受体蛋白的结合，同时说明与氨基取代基结合的部位，即疏水性口袋可能是一个空间比较大、具有较大长度宽度的口袋，可以容下比较大的取代基，并产生结合作用；同时疏水性口袋可能具有一定限制性形状，使某些体积较大的分子形状不适合进入这个空间。⑧在芳环和氨基氮原子之间的亚甲基，除去可以保证末端苯环自由旋转和深入口袋以外，可能还有加强化合物在生物体内稳定性的作用。

五、光合作用系统Ⅱ电子传递抑制型除草剂的抗性

除草剂的代谢与环境条件（温度、湿度、土壤 pH 值等）、微生物群落、植物种类与生育期、除草剂特性（亲水性、pK_a/pK_b、K_{ow} 等）以及生物与化学反应有关。其中生物转变作用是除草剂代谢的重要反应，除草剂分子在植物体内的转变决定于其分子结构中功能团、反应基或键对于酶及化学反应的敏感性，这样的反应基作为芳环或杂环除草剂的取代基，包括 OH、CH_3、NH_2、NO_2、OCH_3、SCH_3、$C\equiv N$、$CONH_2$、CO_2H、卤等。含有上述反应基除草剂的典型生物转变反应有氧化还原、水解、脱水与脱卤、酰化、烷基化、环化环裂解、羟基化、脱烷基、代换反应、异构化及缀合作用。在高等植物代谢中最重要的化学反应是氧化、还原、水解与缀合作用，作为代谢的生物过程主要是酶诱导的反应，代谢作用包括 3 个阶段。

在代谢Ⅰ阶段，除草剂本身所具有的特性通过氧化、还原、水解等反应使其成为易溶于水、毒性低的产物，在此阶段通过引入功能团 OH、NH_2、SH 与 COOH，形成极性增强、对植物毒性小的产物，而代谢作用的主要生物化学反应是酶促反应或非酶过程。如苯达松在抗性植物中的代谢过程，苯达松首先被还原成为 6-OH 苯达松或 8-OH 苯达松，再将 6-OH 苯达松或 8-OH 苯达松缀合形成 6-OH 葡萄糖苷苯达松或 8-OH 葡萄糖苷苯达松，从而将有毒性、易转移的物质转变成为无毒性、难转移的苷类。

代谢Ⅱ阶段主要是合成过程，即除草剂代谢产物与糖、氨基酸或谷胱甘肽进行缀合作用，形成高度水溶性、对植物毒性显著下降或无毒、移动性有限的代谢产物，并可贮存于细胞器中；除草剂代谢作用中的缀合反应是酶促反应。如谷胱甘肽-S-转移酶（GST）与莠去津发生缀合反应生成除草剂缀合物。

代谢Ⅲ阶段主要是第Ⅱ阶段的代谢产物进一步转变为次生缀合物，对植物的毒性完全丧失。例如 *Lolium rigidum* 对产生抗性归因于除草剂分子的代谢。除草剂分子西玛津被细胞色素 P450 单氧化酶转化为不具有除草活性的去乙基西玛津和二去乙基西玛津。

一系列酶系统在除草剂代谢中起着重要作用，如过氧化物酶、多酚氧化物酶、氧化还原酶、硝基还原酶、酯酶、酰胺酶、水解酶、谷胱甘肽-S-转移酶、细胞色素 P450 酶等，它们诱导除草剂的许多代谢反应，从而控制除草剂的选择性与抗性，其中细胞色素 P450 是除草剂代谢第Ⅰ阶段中最重要的酶系统，它诱导除草剂的羟基化、氧化脱烷基、氧化脱氨基以及环氧化等多种反应。

自 1968 年首次报道了 *Senecio vulgaris* 对光系统Ⅱ三嗪类除草剂产生了抗性，到目前为止，共发现有 55 种杂草（包括 40 种双子叶杂草和 15 种单子叶杂草）对三嗪类除草剂产生了抗性。之所以产生抗性，主要有如下原因。

1. *psbA* 基因上的结合位点的突变

光系统Ⅱ除草剂通过置换与光系统Ⅱ反应中心 D1 多肽结合的质体醌 Q_B，达到阻碍电子由 Q_B

向质体醌 Q_A 的正常传递，进而实现抑制植物光合反应的作用（见图 3-11-4 和图 3-11-5）和除草作用。由于 *psbA* 基因是光系统Ⅱ D1 蛋白的重要部分，当 D1 蛋白 Ser 264 突变为甘氨酸，导致除草剂分子无法与甘氨酸形成与丝氨酸类似的氢键时，进一步使除草剂分子与 D1 蛋白的结合力大大降低，使得 Q_B 分子很容易代替已经和 D1 蛋白结合的除草剂分子，进而在除草剂分子存在的情况下，突变体中电子传递正常进行。

2. 谷胱甘肽结合

在嫩叶上除草剂抗性的产生是叶和根部的谷胱甘肽-S-转移酶（glutathion-stransferase，简称 GST）通过将除草剂分子与谷胱甘肽结合对除草剂分子解毒而产生的。

3. 除草剂分子的氧化

Lolium rigidum 对西玛津产生抗性归因于除草剂分子的代谢。除草剂分子与细胞色素 P450 单氧化酶作用并被转化为不具有除草活性的去乙基西玛津和二去乙基西玛津。

结语　随着越来越多的 PSⅡ 抑制剂的出现，研究其在 D1 蛋白上的作用模式、位点等可以增进对 D1 蛋白及 PSⅡ 结构的了解。现代农业的存在是以除草剂的广泛使用为前提的。目前，全球除草剂的市场规模已经高达 140 亿美元（2003 年统计数据），占农药市场总规模的 48％，而在我国除草剂所占农药比例仅为 24.4％ 左右，所以除草剂产业有着广阔的市场前景。在目前常见的除草剂中，尤其以光系统Ⅱ抑制型除草剂具有较好的应用现状和前景，该类除草剂的作用机制就是抑制 PSⅡ 的电子传递。研究 PSⅡ 抑制剂的作用机制，对于解释已有的 PSⅡ 除草剂的机制，进而用于发展转基因作物有着重要的作用。而且，为化学合成新的 PSⅡ 抑制剂用于开发新的除草剂奠定理论基础。利用自然界广泛存在的植物病原菌的代谢产物开发新的生物源型除草剂是一种更好的研发新除草剂的思路，研究清楚这些次生代谢物的作用机理，对开发新的光系统Ⅱ抑制型生物源除草剂有着重要意义。

参考文献

[1] 邓丽娜，顾培育. 光系统Ⅰ研究概述. 山东林业科技 2008,(5)：90-92.

[2] Aro E M, Virgin I, Andersson B. Photoinhibition of Photosystem Ⅱ. Inactivation, protein damage and turnover. Biochim Biophys Acta, 1993, 1143：113-134.

[3] Vasil'ev S, Orth P, Zouni A, Owens T G, Bruce D. Excited-state dynamics in photosystem Ⅱ: insights from the x-ray crystal structure. Proceedings of the National Academy of Sciences of the United States of America. 2001, 98(15)：8602-8607.

[4] Kamiya N, Shen J-R. Crystal structure of oxygen-evolving photosystem Ⅱ from Thermosynechococcus vulcanus at 3.7Å resolution. Proceedings of the National Academy of Sciences of the United States of America, 2003, 100(1)：98-103.

[5] Hankamer B, Nield J, Zheleva D, Boekema E, Jansson S, Barber J. Isolation and biochemical characterisation of monomeric and dimeric photosystem Ⅱ complexes from spinach and their relevance to the organisation of photosystem Ⅱ in vivo. European journal of biochemistry/FEBS, 1997, 243(1-2)：422-429.

[6] Debus R J. The polypeptides of photosystem Ⅱ and their influence on manganotyrosyl-based oxygen evolution. Metal ions in biological systems, 2000, 37：657-711.

[7] James Barber. Photosystem Ⅱ: a multisubunit membrane protein that oxidises water. Current Opinion in Structural Biology, 2002, 12(4)：523-530

[8] Witt H T. Primary reactions of oxygenic photosynthesis. Berichte der Bunsen-Gesellschaft. 1996, 100(12)：1923-1942.

[9] 杨华铮，陈彬，王惠林. 除草剂化学. 南开大学元素所 1994.

[10] Büchel K H. Mechanisms of action and structure activity relations of herbicides that inhibit photosynthesis. Pesticide Science, 1972, 3：89-110.

[11] Patrick F E, Michael A N. Interactions of Herbicides with Photosynthetic Electron Transport. Weed Science, 1991, 39：458-464.

[12] Deisenhofer J, Epp O, Miki K, Huber R, Michel H. Structure of the protein subunits in the photosynthetic reaction center of Rhodopseudomonas viridis at 3Å resolution. Nature(London, United Kingdom), 1986, 318(6047)：618-624.

[13] Michel H. Three-dimensional crystals of a membrane protein complex. The photosynthetic reaction centre from Rhodopseudomonas viridis. Journal of molecular biology,1982,158(3): 567-572.

[14] Deisenhofer J,Epp O,Miki K,Huber R,Michel H. X-ray structure analysis of a membrane protein complex. Electron density map at 3Å resolution and a model of the chromophores of the photosynthetic reaction center from Rhodopseudomonas viridis. Journal of Molecular Biology,1984,180(2): 385-398.

[15] Deisenhofer J,Michel H. The Photosynthetic Reaction Center from the Purple Bacterium Rhodopseudomonas viridis. Science(New York,N. Y.),1989,245(4925): 1463-1473.

[16] Michel H,Weyer K A,Gruenberg H,Dunger I,Oesterhelt D,Lottspeich F. The 'light' and 'medium' subunits of the photosynthetic reaction center from Rhodopseudomonas viridis: isolation of the genes, nucleotide and amino acid sequence. EMBO Journal,1986,5(6):1149-1158.

[17] Michel H,Epp O,Deisenhofer J. Pigment-protein interactions in the photosynthetic reaction center from Rhodopseudomonas viridis. EMBO Journal,1986,5(10): 2445-2451.

[18] Sinning I. Herbicide binding in the bacterial photosynthetic reaction center. Trends in biochemical sciences. 1992,17(4): 150-154.

[19] 沙印林, 南开大学博士学位论文, 1995.

[20] Vrba J M,Curtis S E. Characterization of a four-member psbA gene family from the cyanobacterium Anabaena PCC 7120. Plant molecular biology,1990,14(1): 81-92.

[21] Zouni A,Witt H T,Kern J,Fromme P,Krauss N,Saenger W,Orth P. Crystal structure of photosystem II from Synechococcus elongatus at 3. 8Å resolution. Nature,2001,409(6821): 739-743.

[22] Kamiya N,Shen J-R. Crystal structure of oxygen-evolving photosystem II from Thermosynechococcus vulcanus at 3. 7Å resolution. Proceedings of the National Academy of Sciences of the United States of America,2003,100(1): 98-103.

[23] Ferreira K N,Iverson T M,Maghlaoui K,Barber J,Iwata S. Architecture of the Photosynthetic Oxygen-Evolving Center. Science(Washington,DC,United States),2004,303(5665): 1831-1838.

[24] Loll B,Kern J,Saenger W,Zouni A,Biesiadka J. Towards complete cofactor arrangement in the 3. 0Å resolution structure of photosystem II. Nature(London,United Kingdom),2005,438(7070): 1040-1044.

[25] 汤海旭,丁达夫. 用于蛋白质同源模建及三维结构预测的结构比较方法. 生理物理学报,1995,11(1): 60-66;1996,12(1): 125-134.

[26] Wilfried D,Klaus T,Joachim F K,Achim T. Herbicides in Photosynthesis Research. Angew Chem Int Ed Engl. 1991,30: 1621-1633.

[27] Mackay S P,O'M alley P J. Molecular modeling of the interaction between DCMU and the Q_B-binding site of photosystem II. Z Naturforsch,1993,48C,191-198.

[28] Mackay S P,O' Malley P J. Molecular modeling of the interaction between optically active triazine herbicides and photosystem II. Z Naturforsch,1993,48C: 474-481.

[29] Creuzet S,Ajlani G,Vernotte C,Astier C. A new ioxynil-resistant mutant in Synechocystis PCC 6714: Hypothesis on the interaction of ioxynil with the D1 protein. Zeitschrift fuer Naturforschung C: Journal of Biosciences,1990,45(5): 436-440.

[30] Badische A,Soda-Fabrik A-G. 100 Jahre BASF-Aus der Forschung(100 Years at B. A. S. F. -Research). 1965,850 pp. Publisher:(B. A. S. F. ,Ludwigshafen am Rhein). CA 65:15898.

[31] Huppatz J L,Phillips J N,Rattigan B M. Cyanoacrylates. Herbicidal and photosynthetic inhibitory activity. Agric Biol Chem,1981,45: 2769-2773.

[32] McFadden H G,Phillips J N. Synthesis and use of radiolabeled cyanoacrylate probes of photosystem II herbicide binding site. Z Naturforsch,1990,45C: 196-202.

[33] Mackay S P,O'Malley P J. Molecular modelling of the interaction of cyanoacrylate inhibitors with photosystem II. Part II--The effect of hydrophobirity of inhibitor binding. Z Naturforsch,1993,48C,773-781.

[34] 刘玉晓, 许晓明. PSII抑制剂作用位点的研究进展和方法. 农药, 2007,46(3):154-158.

[35] Stephan W,Udo J,Silvia H,Walter O. Herbicide binding in various mutants of the photosystem II D1 protein of Chlamydomonas reinhardtii. Pesticide Biochemistry and Physiology,2006,84(3): 157-164.

[36] Udo J,Gabriele S,Marco B,Ursula A,Grazyna O,Walter O. Herbicide Resistance and Supersensitivity in Ala_{250} or Ala_{251} Mutants of the D1 Protein in Chlamydomonas reinhardtii. Pesticide Biochemistry and Physiology,2000,66(1): 9-19.

[37] Harper J L. "The Evolution of Weed in Relation to Resistance to Herbicides"in Proceedings of the British Weed Control

Conference, Farnharm, U. K. ; The British Crop Protection Council. 1956,179-188.

[38] Ryan G F. Resistance of Common Groundsel to Simazine and Atrazine(pp. 614-616). Weed Sci,1970,18: 614-616.

[39] William L P,Bradley S D,Patrick J T. Triazine resistance in Amaranthus tuberculatus(Moq)Sauer that is not site-of-action mediated. Pest Manag Sci,2003,59: 1134-1142.

[40] Malcolm D D,Amit S. Altered target sites as a mechanism of herbicide resistance. Crop Protection,2000,19(8-10): 881-889.

[41] Gronwald J W. Resistance to photosystem II inhibiting herbicides. In: Powles SB, Holtum J A M. (Eds.), Herbicide Resistance in Plants: Biology and Biochemistry. CRC Press,Boca Raton,FL 1994,pp. 27-60.

[42] Oettmeier W. Herbicides of photosystem II. Topics in Photosynthesis,1992,11(Photosyst. : Struct. ,Funct. Mol. Biol.): 349-408.

[43] Mengistu L W, Mueller-Warrant G W, Liston A, Barker R E. psbA mutation(valine(219) to isoleucine)in Poaannua resistant to metribuzin and diuron. Pest Manag Sci 2000,56: 209-217.

[44] Ralf D,Helmut E. Meyer W O. Mapping of two tyrosine residues involved in the quinone-(Q_B)binding site of the D-1 reaction center polypeptide of photosystem II. FEBS Letters,1988,239(2): 207-210.

[45] Rochaix J D,Erickson J. Function and assembly of photosystem II: genetic and molecular analysis. Trends in biochemical sciences,1988,13(2): 56-59.

[46] Kless H,Oren-Shamir M,Malkin S,McIntosh L,Edelman M. The D-E region of the D1 protein is involved in multiple quinone and herbicide interactions in photosystem II. Biochemistry,1994,33(34): 10501-10507.

[47] Masabni J G,Zandstra B H. A serine-to-threonine mutation in linuron-resistant Portulaca oleracea. Weed Sci 1999,47(4), 393-400.

[48] Sigematsu Y,Sato F,Yamada Y. The mechanism of herbicide resistance in tobacco cells with a new mutation in the Q(b) protein. Plant physiology,1989,89(3): 986-992.

[49] Oettmeier W. Herbicide resistance and supersensitivity in photosystem II. Cellular and molecular life sciences : CMLS, 1999,55(10): 1255-1277.

[50] Kless H, Vermaas W. Many combinations of amino acid sequences in a conserved region of the D1 protein satisfy photosystem II function. Journal of Molecular Biology,1995,246(1): 120-131.

[51] Tietjen K G,Kluth J F,Andree R,Haug M,Lindig M,Mueller K H,Wroblowsky H J,Trebst A. The herbicide-binding niche of photosystem II -a model. Pesticide Science,1991,31(1): 65-72.

[52] Walter O,Ursula H,Wilfried D,Carl F,Robert R S. Structure-activity relationships of triazinone herbicides on resistant weeds and resistant Chlamydomonas reinhardtii. Pestic. Sci. 1991,33: 399-409.

[53] Wildner G F,Heisterkamp U,Trebst A. Herbicide cross-resistance and mutations of the psbA gene in Chlamydomonas reinhardtii. Zeitschrift fuer Naturforschung,C: Journal of Biosciences,1990,45(11-12): 1142-1150.

[54] Galloway R E,Mets L J. Atrazine,bromacil,and diuron resistance in chlamydomonas: a single non-mendelian genetic locus controls the structure of the thylakoid binding site. Plant physiology,1984,74(3): 469-474.

[55] Erickson J M,Rahire M,Rochaix J D,Mets L. Herbicide resistance and cross-resistance: changes at three distinct sites in the herbicide-binding protein. Science(New York, N. Y.),1985,228(4696),204-207.

[56] Sinning I,Michel H,Mathis P,Rutherford A W. Characterization of four herbicide-resistant mutants of Rhodopseudomonas viridis by genetic analysis,electron paramagnetic resonance,and optical spectroscopy. Biochemistry,1989,28(13): 5544-5553.

[57] Lancaster C R D,Michel H. Refined Crystal Structures of Reaction Centers from Rhodopseudomonas viridis in Complexes with the Herbicide Atrazine and Two Chiral Atrazine Derivatives also Lead to a New Model of the Bound Carotenoid. J Mol Biol,1999,286,883-898.

[58] Stowell M H,McPhillips T M,Rees D C,Soltis S M,Abresch E,Feher G. Light-induced structural changes in photosynthetic reaction center: implications for mechanism of electron-proton transfer. Science(New York,N. Y.),1997,276(5313): 812-816.

[59] Abresch E C,Paddock M L,Stowell M H B,McPhillips T M,Axelrod H L,Soltis S M,Rees D C,Okamura M Y,Feher G. Identification of proton transfer pathways in the X-ray crystal structure of the bacterial reaction center from Rhodobacter sphaeroides. Photosynthesis Research,1998,55(2-3): 119-125.

[60] Trebst A. The topology of the plastoquinone and herbicide binding peptides of photosystem II in the thylakoid membrane. Z Naturforsch,1986,41: 240-245.

[61] Mackay S P, O'Malley P J. Molecular modelling of the interaction between DCMU and QB-binding site of photosystem II. Zeitschrift fur Naturforschung. C,Journal of biosciences,1993,48(3-4): 191-198.

［62］ Trebst A. The three-dimensional structure of the herbicide binding niche on the reaction center polypeptides of photosystem Ⅱ. Z Naturforsch,1987,42：742-750.

［63］ Xiong J,Subramaniam S Govindjee. Modeling of the D1/D2 proteins and cofactors of the photosystem Ⅱ reaction center：implications for herbicide and bicarbonate binding. Protein science：a publication of the Protein Society,1996,5(10)：2054-2073.

［64］ Michel H,Deisenhofer J. X-ray diffraction studieson a crystalline bacterial photosynthetic reaction center：a progress report and conclusions onthe structure of photosystem Ⅱ reaction centers. In Photosynthesis Ⅱ I(Staehelin,L A,Arntzen C J eds),1986,pp. 371-381,Springer-Verlag,Berlin,Germany.

［65］ Michel H,Sinning I,Koepke J,Ewald G,Fritzsch G. Biochim. Biophys. Acta 1990,1018：115-118.

［66］ Sinning I,Koepke J,Schiller B,Michel H. First glance on the three-dimensional structure of the photosynthetic reaction center from a herbicide-resistant Rhodopseudomonas viridis mutant. Zeitschrift fuer Naturforschung,C：Journal of Biosciences,1990,45(5)：455-458.

［67］ Sinning I. Herbicide binding in the bacterial photosynthetic reaction center. Trends Biochem Sci,1992,17：150-154.

［68］ Lancaster C R D,Michel H. The coupling of light-induced electron transfer and proton uptake as derived from crystal structures of reaction centres from *Rhodopseudomonas viridis* modified at the binding site of the secondary quinone,QB. Structure,1997,5：1339-1359.

［69］ Lancaster C R D,Michel H. Refined crystal structures of reaction centres from Rhodopseudomonas viridis in complexes with the herbicide atrazine and two chiral atrazine derivatives also lead to a new model of the bound carotenoid. J Mol Biol,1999,286：883-898.

［70］ Sinning I,Koepke J,Michel H. Recent advances in the structure analysis of Rhodopseudomonas viridis mutants resistant to the herbicide terbutryn. In Reaction Centers of Photosynthetic Bacteria(Michel-Beyerle, M. E., ed.),1990,pp. 199-208,Springer.

［71］ Ewald G,Wiessner C,Michel H. Sequence analysis of four atrazine-resistant mutants from Rhodopseudomonas viridis. Zeitschrift fuer Naturforschung,C：Journal of Biosciences,1990,45(5)：459-462.

［72］ Bylina E J,Jovine R V M,Youvan D C. A genetic system for rapidly assessing herbicides that compete for the quinone binding site of photosynthetic reaction centers. Biotechnology,1989,7：69-74.

［73］ Gardner G,Sanborn J R. The role chirality in the activities of photosystem Ⅱ herbicides. Z Naturforsch, 1987, 42C：663-669.

［74］ Tischer W,Strotmann H. Relation between inhibitor binding by chloroplasts and inhibition of photosynthetic electron transport. Biochimica et Biophysica Acta,Bioenergetics,1977,460(1)：113-125.

［75］ Walter O,Klaus M,Andreas D. Anthraquinone inhibitors of photosystem Ⅱ electron transport. FEBS Letters,1988,231(1)：259-262.

［76］ Oettmeier W. Herbicide Resistance and Supersensitivity in Photosystem. Cell Mol Life Sci,1999,55：1255-1277.

［77］ Castaneda P, Mata R, Lotina-Hennsen B. Effect of encecalin, euparin and demethylencecalin on thylakoid electron transport and photophosphorylation in isolated spinach chloroplasts. Journal of the Science of Food and Agriculture,1998,78(1)：102-108.

［78］ Li S-Q,Tang C-Q,Li L-B,Khorobrykh A A,Zharmukhamedov S K,Klimov V V,Kuang T-Y. Effects of a new inhibitor K-23 on electron transport in photosystem Ⅱ of higher plants. Pesticide Biochemistry and Physiology,2005,82：46-51.

［79］ Jansen M A K, Mattoo A K, Malkin S, Edelman M. Direct Demonstration of Binding-Site Competition between Photosystem Ⅱ Inhibitors at the Q_B Niche of the D1 Protein. Pestic Biochem Physiol,1993,46(1)：78-83.

［80］ Nakajima Y,Yoshida S,Inoue Y,Yoneyama K,Ono T. Selective and specific degradation of the D1 protein induced by binding of a novel Photosystem Ⅱ inhibitor to the QB site. Biochimica et Biophysica Acta,Bioenergetics,1995,1230(1/2)：38-44.

［81］ 李鹏民，高辉远，Strasser R J. 快速叶绿素荧光诱导动力学分析在光合作用研究中的应用. 植物生理与分子生物学学报，2005,31(6)：559-566.

［82］ Lazar D. Chlorophyll a fluorescence induction. Biochimica et Biophysica Acta,Bioenergetics,1999,1412(1)：1-28.

［83］ Dusan L,Miroslav B,Jan N,Lubomír D. Mathematical Modelling of 3-(3′,4′-dichlorophenyl)-1,1-dimenthylurea Action in Plant Leaves. Journal of Theoretical Biology,1998,191：79-86.

［84］ Chen S,Dai X,Qiang S,Tang Y. Effect of a nonhost-selective toxin from Alternaria alternata on chloroplast-electron transfer activity in *Eupatorium adenophorum* Plant Pathology,2005,54：671-677.

[85]　Qiang G，Pei W，Sheng W. Process for preparation of 1，3，5-triazine derivatives. Faming Zhuanli Shenqing Gongkai Shuomingshu，CN 101041642(2007). CA 147：448816.

[86]　Noll B，Hacker R，Keil S，Weinelt H，Chojnacki K. Triazine herbicides. DD 159335(1983). CA 99：65905.

[87]　杨梅，林忠胜，姚子伟，马永安. 农药科学与管理，2006，25(11)：31-37.

[88]　丁敏，张全英，吴方宁，丁兴梅. 环嗪酮的合成及应用. 精细化工原料及中间体，2008，(9)：36-39.

[89]　严传鸣，朱长武. 胺唑草酮的除草特点和合成方法. 现代农药，2006，5(2)：11-13.

[90]　Philbrook B D，Kremer M，Mueller K H，Deege R. BAY MKH 3586 -a new herbicide for broad spectrum weed control in corn(maize)and sugar cane. Brighton Conference—Weeds，1999，1：29-34.

[91]　Tait A，Luppi A，Hatzelmann A，Fossa P，Mosti L. Synthesis，biological evaluation and molecular modeling studies on benzothiadiazine derivatives as PDE4 selective inhibitors. Bioorganic &. Medicinal Chemistry，2005，13(4)：1393-1402.

[92]　Damjan J，Benczik J M，Soptei C，Barcza I M，Kolonics Z，Pelyve J，Karacsonyi B，Dioszegi E E. Process for the economical production of 3-isopropyl-2，1，3-benzothiadiazine-4-one 2，2-dioxide. HU 56837(1991). CA 116：174176.

[93]　陈其商. 苯达松生产工艺改进. 江苏化工，1998，26(1)：47-48.

[94]　窦花妮，郑昀红. 甜菜宁及甜菜安的合成. 浙江化工，2005，36(11)：29-31.

[95]　Oxboel A，Nielsen E. Jensen O. Herbicidally active phenyl carbamates and compositions. WO 8501286(1985). CA 103：195900.

[96]　高学萍，杜荣. 除草剂甜菜宁的合成工艺研究. 辽宁化工，2002，31(8)：331-332.

[97]　刘月陇，沈德隆，唐霭淑. 甜菜宁的合成研究. 农药，2003，42(3)：18.

[98]　Lugosi G，Simay A，Bodnar J，Turcsan I，Jelinek I，Somfai E，Simandi L. O-Acylating phenol derivatives and acylating compositions for this purpose. US 4315861(1982). CA 96：199289.

[99]　Lugosi G，Simay A，Bodnar J，Turcsan I，Jelinek I，Somfai E，Simandi L. Carbamic acid phenyl ester derivatives by acylation. DE 3040633(1981). CA 95：97406.

[100]　Toth G，Szabo G，Kallay T，Hoffmann G. N-(Carbamoyloxyphenyl) carbamic acid esters. DE 2530521(1976). CA 84：121523.

[101]　Meister R T，Berg G L，Sine C. Farm Chemical Handbook. 1992：56-67.

[102]　Bird G，Harney D，McGarry E，Bolte M. Process for the preparation of 2，6-dihalo-4-cyanophenol esters useful as herbicides. GB 2187737(1987). CA 108：204334.

[103]　Jin G，Qiu Y，Zhang Z. Direct synthesis of nitriles from aldehydes. Nanjing Daxue Xuebao，Ziran Kexue，1985，21(3)：506-508.

[104]　廖道华，徐秋梅，薛仲华. 溴苯腈和碘苯腈的合成研究. 农药，1997，36(5)：20-22.

[105]　张荣. 溴苯腈新合成方法. 农药，1995，34：21-22.

[106]　任会学，杨延钊，林吉茂，齐银山，张业清. 5-溴-3-仲丁基-6-甲基脲嘧啶的合成及表征. 山东大学学报(理学版)，2007，42(7)：9-12.

[107]　张一宾. 农药北京：中国物资出版社，1997.

[108]　Wang A X，Lee J T，Beesley T E. Coupling chiral stationary phases as a fast screening approach for HPLC method development. LC-GC，2000，18(6)：626-628，630，632，634，636，638-639.

[109]　苏少泉. 除草剂代谢·转基因作物与除草剂污染的生物修复. 农药，2006，45(11)：721-725.

[110]　Katzios K K. Biotransformations of Herbicides in Higher Plants //Grover R，Cessna A J eds. Environmental Chemistry of Herbicides. Boca Raton FL：CRC Press，1991，141-185.

[111]　Hatzios K K，Penner D. Metabolism of Herbicides in Higher Plants. Minneapolis Minneso-ta：Burgess Publishing Company，1982.

[112]　Shimabukuro R H. Detoxification of Herbicides//Duke S O ed. Weed Physiology，Volume 2. Boca Raton FL：CRC Press，1985：215-240.

[113]　苏少泉，宋顺祖主编. 中国农田杂草化学防治. 北京：中国农业出版社，1996，42-59.

[114]　毛应明，蒋新，王正萍，王芳，邓建才. 阿特拉津在土壤中的环境行为研究进展. 环境污染治理技术与设备，2004，5(12)：11-15.

[115]　高颖. 光系统Ⅱ电子传递抑制剂氰基丙烯酸酯类化合物的设计、合成及构效研究. 南开大学博士学位论文，2006.

[116]　Huppatz J L，McFadden H G.，McCaffery L F. Cyanoacrylate inhibitors as probes for the nature of the photosystemⅡ herbicide binding site. Z Naturforsch 1990，45C：336-342.

[117]　刘华银，沙印林，陆荣健，杨华铮，来鲁华. 生物合理设计光系统Ⅱ抑制剂研究-I. 豌豆D1蛋白与氰基丙烯酸酯类及脲类抑制剂的复合物结构的研究. 科学通报，1998，43：391-393.

[118] Liu H-Y, Yang G-F, Lu R-J, Tan H-F, Yang H-Z, Lai L-H. Studies on biorational design of photosystem Ⅱ inhibitors. (Ⅱ). Crystal and molecular structure of ethyl 3-benzylamino-2-cyano-3-methylthioacrylate. Gaodeng Xuexiao Huaxue Xuebao, 1998, 19(6): 899-902.

[119] Liu H-Y, Lu R-J, Chen K, Tan H-F, Yang H-Z. Studies on bio-rational design of photosystem Ⅱ inhibitors. (VII). Synthesis and Hill inhibitory activity of ethyl 2-cyano-3-methylthio-3-arylamioacrylates. Gaodeng Xuexiao Huaxue Xuebao, 1999, 20(3): 411-414.

[120] Phillip S J N, Huppatz J L. Stereospecific inhibitor probes of photosystem Ⅱ herbicide binding site. Z Naturforsch 1987, 42C: 674-678.

[121] Huppatz J L, McFadden H G. Understanding the topography of the photosystem Ⅱ herbicide bindding niche: dose the QSAR help? Z Naturforsch, 1992, 48C: 140-145.

[122] Liu H, Lu R, Yang H. Studies on Bio rational Design of Photosystem Ⅱ Inhibitors (Ⅲ) Comparative Molecular Field Analysis of 3-(4 Chlorobenzylamino)-2-cyano-3 -alkylacrylate Inhibitors Chem. J. Chinese Universities, 1998, 19(11): 1780-1782.

[123] Liu H, Sha Y, Dai G, Tan H, Yang H, Lai L. Synthesis of novel derivatives of 2-cyano-3-methylthio-3'-benzylamino acrylates(acrylamides)and their biological activity. Phosphorus, Sulfur and Silicon and the Related Elements, 1999, 148: 235-241.

[124] 刘华银，沙印林，谭惠芬，杨华铮，来鲁华. 生物合理设计光系统Ⅱ抑制剂研究——Ⅷ. 丙烯酸酯（酰胺）类化合物的分子设计、合成及其生物活性研究. 中国科学B辑, 1999, 29(4): 379-385.

[125] Liu H, Sha Y, Tan H, Yang H, Lai L. Bio-rational design of photosystem Ⅱ inhibitors. Ⅷ. Molecular design, synthesis and inhibitory activity of acrylates(acrylamides). Science in China, Series B: Chemistry, 1999, 42(3): 326-331.

[126] Liu H, Tan H, Yang H. Studies on Bio-rational Molecular Design of Photosystem Ⅱ Inhibitors——(Ⅵ) Synthesis and Hill inhibitory activity of ethyl 2-cyano-3-methylthio-alkyl(benzyl)acrylates. Chem J Chinese Universities, 2000, 21(12): 1855-1857.

[127] Liu H, Yang G, Tan H, Yang H. Studies on Bio rational Design of Photosystem Ⅱ Inhibitors(Ⅴ)——Synthesis and Hill Inhibitory Activities of Ethyl Arylamideacrylates and Pyrimidone. Chem J Chinese Universities, 1998, 9(12): 1946-1949.

第十二章

其他作用机制

第一节　植物细胞壁纤维素合成抑制剂

植物细胞壁一般分为初生壁、次生壁和中胶层（胞间层）三层结构。初生壁位于中胶层和次生壁之间，主要由多糖、蛋白质、一些酶类以及钙离子和凝集素等组成。其多糖成分主要为纤维素、半纤维素和果胶质。

细胞壁是由纤维素和果胶质交结形成的多糖和蛋白质及其他成分构成的三维网络结构，也是植物细胞区别于动物细胞的重要特征之一。细胞壁作为植物细胞的重要组成部分，不仅具有保护和支持的作用，还与植物细胞的物质运输、信号传导等生理功能有关。由于纤维素是组成细胞壁的主要成分，阻碍或抑制其合成，将可能导致相关植物失去赖以生存的基础。一些抑制剂具有抑制植物纤维素合成的作用，也有一些除草剂的品种出现。但由于多种酶参与了纤维素的合成，到目前为止尚未确定抑制纤维素合成的除草剂品种最终作用的靶酶。

一、纤维素合成酶系

纤维素合成是植物细胞中最重要的生化过程，过去 10 年有关纤维素合成的研究已有较多报道，但对纤维素合成的调控方式仍不清楚，目前这一领域已成为植物学研究的热点。关于纤维素的合成模型有多种观点，近年来人们普遍认为高等植物中纤维素的生物合成需要 1 个复杂的酶系复合体，这个酶系复合体为对称的玫瑰花环结构，它集中在纤维素聚集的部位，是由 6 个独立的球状蛋白复合体构成，直径为 25～30nm，称之为纤维素合酶复合体（cellulose synthase complex，CSC）。玫瑰花环结构的每个亚基合成 6 条葡萄糖链，形成 36 条链的微纤丝。研究表明，玫瑰花环复合体不仅具有合酶的功能，而且也可能具有将葡萄糖链运输到细胞质表面的功能，完整的玫瑰花环复合体在细胞膜上运动，是合成晶体化纤维素所必需的。对棉花（*Gossypium hirsutum*）纤维素合酶催化亚基的定位研究表明，玫瑰花环末端复合体是进行纤维素生物合成的场所。二磷酸尿苷葡萄糖（UDPG）是纤维素合成的直接底物。Brown 等利用棉纤维细胞膜制品建立了无细胞合成系统，成功地以 UDPG 为底物合成了纤维素，证实 UDPG是纤维素合成的前体。纤维素合酶复合体亚单位的精确组成和结构迄今还不清楚，但遗传学的证据表明，每个亚单位至少含有 3 种 CesA 蛋白。关于纤维素的合成机制目前也还不十分明确，大多数的观点认为，由一些短的葡聚糖与脂质或蛋白质作用而聚合成为成熟的纤维素聚合体，但是这种说法还有待于进一步证实。

（一）纤维素合酶

纤维素合成过程中的一个重要的酶是纤维素合酶（Cellulose synthase，Ces），纤维素合酶基因最先是在木醋杆菌（*Acetobacter xylinum*）中发现，环二鸟苷酸激活木醋革兰阴性菌的纤维素生物合成，起到促进纯化纤维素合酶、克隆编码催化亚基的基因、调控纤维素微丝分泌和结晶的作用。Delmer 于 1996 年首先克隆出植物纤维素合酶基因（*CesA*），最初人们推测 *CesA* 基因的功能与纤维素的生物合成有关，直到植物细胞壁突变体 *rswl* 产生后，植物纤维素合酶基因功能的验证才成为可能。随后，Williamson 等运用拟南芥（*Arabidopsis thaliana*）*rswl* 突变体对该基因进行了鉴定。目前的研究表明，*CesA* 基因家族有 40 多个基因。*CesA* 蛋白的氨基端带有类似锌指的区域，该区域在蛋白质与蛋白质相互作用中起着重要作用，并且该区域通过蛋白质配对或特异降解来行使 CesA 功能。Crowell 等和 Gutierrez 等研究表明，大多数的 *CesA* 蛋白都定位于高尔基体上，并分散在每个微管-纤维素合成单位（MASCs）中。近 10 年来，纤维素合成过程的研究多以拟南芥突变体为材料。Richmond 等总结了拟南芥基因组中的 10 个 *CesA* 基因编码的蛋白序列的结构特点，其中已经获得 6 个基因突变体（*AtCesA1*，*AtCesA3*，*AtCesA4*，*AtCesA6*，*AtCesA7* 和 *AtCesA8*）。Manoj 等对杨树（*Populus trichocarpa*）的 *CesA* 基因进行研究，结果表明 *PtCesA7*、*PtCesA8*、*PtCesA9* 和 *PtCesA10* 在发育的木质部中也有较高的表达。

当前，对纤维素生物合成基因研究最多的是 *CesA* 基因，已经从微生物及多种植物中克隆出 *CesA* 基因，采用遗传学和生物化学方法鉴定出参与拟南芥初生壁合成的纤维素合酶基因有 *AtCesA1*、*AtCesA3*、*AtCesA6*、*AtCesA2*、*AtCesA5* 和 *AtCesA9*，其中 *AtCesA1* 和 *AtCesA3* 被认为是必不可少的基因。Desprez 等的研究表明，在拟南芥中 *CesA1*，*CesA3*，*CesA6* 和 *CesA4*，*CesA7*，*CesA8* 是植物细胞初生壁和次生壁形成所必不可少的纤维素合酶基因。而 *CesA2*，*CesA5*，*CesA9* 和 *CesA6* 有高度的同源性，可以作为 *CesA6* 的替代品。而 Persson 等的研究表明，*CesA2* 和 *CesA6* 双突变体相对于亲本的单突变体明显矮小，器官膨大。另外，*CesA5* 和 *CesA6* 双突变体的幼苗极矮小，生长过程中纤维素的合成停滞在玫瑰花环结构阶段，不能长成完整植株。*CesA9* 同为 *CesA6* 的异构体，作用于花粉萌发和胚胎发育阶段，*CesA2*、*CesA6*、*CesA9* 三重突变体的雄配子体是致死的，并且会引起花粉管的萎缩。高压冷冻花粉的透射电子显微镜（TEM）图像显示突变体花粉细胞壁增厚以及发育不均匀。Volker 等研究了拟南芥中 thaxtomin A 对纤维素合酶 CesA 合成的影响，结果表明 thaxtomin A 会降低质膜上纤维素合酶的合成和积累，这种抑制类似于 isoxaben，这说明 thaxtomin A 对纤维素合酶 CesA 的合成具有强烈的影响。Gerasimos 等在拟南芥突变体 *thanatos* 中对另 1 个重要的纤维素合酶基因 *CesA3* 的功能进行了深入的研究，结果表明纤维素的沉积需要大量的 CesA 蛋白，且显示出基因剂量依赖性；同时还提出成立 1 个错误折叠的纤维素 CesA3 亚基合酶，如果功能花环的形成出现拖延或阻止，则可以进一步说明 CesA3 的功能。目前的研究结果表明，由 *CesA1*、*CesA3* 和 *CesA6* 或其替代品共同组成了一个复杂的玫瑰花环结构，即纤维素合酶。

（二）纤维素酶

研究表明纤维素生物合成机制非常复杂，除纤维素合酶外，纤维素酶（Kor）、蔗糖合酶（sucrosesynthase SuSy）、细胞骨架蛋白、Rac13 蛋白等都可能与纤维素合成有关。Lane 等对 Kor 蛋白中由单氨基酸残基突变所产生的 3 个温敏等位突变体的研究表明，这些 Kor 突变体性状表现与拟南芥纤维素合酶催化亚基因突变体 *rswl* 类似，都是根和茎细胞初生壁中只能合成少量的纤维素并伴随有短链、易提取的葡聚糖积累等现象。而双重突变体（*rswlkor*）表现出比 Kor 或 *rswl* 突变体更严重的性状变异，纤维素合成能力进一步降低，由此可见 Kor 和 Rswl 均为植物纤维素生物合成所必需的。除此之外，现有的研究表明，*KORRIGAN* 基因（Kor）编码的 1，4-β-D-葡聚糖酶（EGases），是一种内切葡聚糖酶，与拟南芥的初生和次生细胞壁上的纤维素生物合成相关。欧阳杰等总结了内切-1，4-β-葡聚糖酶在植物细胞生长发育中的作用，认为此基因不仅与雌蕊、胚轴和叶片中细胞的快速增大、果实成熟、花蕾脱落、花粉囊开裂等过程中细胞壁组分的协调解体密切相关，还可能在果实成熟过程中起主要作用。Robert 等的研究表明，功能性的 GFP-KOR1 融合蛋白定位于核内体（endosome）和高尔基体上，而不是在质膜上，纠正了以前的错误认识。虽然

Lane 等的研究表明 Kor 蛋白和纤维素合酶 CesA 在纤维素的生物合成中具有同等重要的作用，但 Desprez 等用免疫共沉淀方法分析表明，Kor1 蛋白和 CesA3 或 CesA6 之间的没有相互作用，它们之间的关系也没有得到很好的解释。至今，Kor 参与纤维素生物合成的分子机制尚不清楚，Peng 等认为 Kor 蛋白的作用可能是从正在延伸的葡聚糖链上切下 SG 引物，以保证葡聚糖链的继续延伸。也有另一种说法，认为 Kor 蛋白的作用可能是移除非结晶葡聚糖链或释放无活性的纤维素合酶复合体，以利于微纤丝的顺利合成。

（三）蔗糖合酶

纤维素合成过程中的另一个重要的酶——蔗糖合酶（SuSy 或 SS3），在纤维素合成中同样起着重要作用，但是这种参与有可能是间接的。SuSy 的主要功能是分解蔗糖，蔗糖＋UDP $\rightleftharpoons$ 果糖＋UDPG，为纤维素的合成提供底物，事实上，UDP-葡萄糖不仅仅是葡基转移酶（如纤维素酶或胼胝质酶）的直接底物，同时也是不同核苷糖和相应的非纤维素物质细胞壁烃类化合物的关键前体物质。此外，免疫定位研究表明，SuSy 位于纤维细胞表面，并且朝向纤维素沉积的部位。因此其活性的变化直接影响纤维素的合成速率和沉积质量。在无纤维的棉花突变体中，胚珠表皮细胞中无蔗糖合酶基因表达，而野生型的纤维细胞中蔗糖合酶基因大量表达，表明蔗糖合酶与棉纤维的发育密切相关。蔗糖合酶大量集中于细胞质膜附近，又邻近纤维素合酶的位点，可能起碳源通道的作用。Heather 等对杨树中两个蔗糖合酶基因的过表达进行了研究，结果表明在木质部的增长过程中蔗糖合酶的活性有显著的增加。这些研究结果清楚地表明：蔗糖合酶是杨树中木质部积储强度的关键调节因子，并且和纤维素合成和次生壁的构成有密切的联系。张文静等对棉纤维加厚发育生理特性的基因型差异及对纤维比强度的影响进行了研究，结果表明高纤维强度品种与低纤维强度品种相比，在次生壁进入加厚期后，蔗糖合酶活性迅速增加，可以催化产生较多的纤维素合成底物 UDPG，有利于形成高强度的纤维素。这些结果证实了蔗糖合酶是调控纤维素生物合成的关键酶，SS3 活性变化直接影响纤维素的合成速率和沉积质量。Guerriero 也认为蔗糖合酶亚基的表达可以通过改变一些底物而改变，从而影响细胞壁的形成。但是，关于蔗糖合酶和纤维素合成体系之间有联系的直接证据至今仍然没有获得。

二、纤维素的生物合成

纤维素的生物合成在质膜上进行，底物为 UDP-葡萄糖，可能是蔗糖合成酶（SUSY）催化而形成，蔗糖分解成果糖和 UDP-葡萄糖，后者提供纤维素合酶复合体，用于纤维素的合成，其中每个 CesA 单体蛋白合成一条 β-1, 4-D-葡聚糖链，36 条葡聚糖链组成一条微纤丝。微纤丝在细胞壁内的排列一方面受皮层微管和微管动力蛋白（kinesin）的作用，另一方面有可能受细胞壁蛋白（如 Cob 蛋白）的影响。还有一些其他膜蛋白（如 Kor 蛋白）也可能参与纤维素的合成。纤维素生物合成模式见图 3-12-1 所示。

2002 年，Lai-Kee-Him 成功提取了黑莓（*Rubus fruticosus*）悬浮细胞中的质膜，他们用 UDP-葡萄糖（UDPG）为底物，测到了其纤维素合酶的活性，并发现纤维素合酶复合体位于新生微纤丝链的非还原端，证明纤维素合成的底物确实是 UDP-葡萄糖。植物体内碳水化合物运输的主要形式为蔗糖。Haigler 等提出 UDP-葡萄糖是由质膜定位的蔗糖合成酶（sucrose synthase，SUSY）合成并且传递给纤维素合酶的。纤维素合酶结合 UDPG 后进而催化合成葡聚糖糖链。另外，还有证据表明，纤维素链的起始需要谷甾醇-β-葡萄糖苷（sitosterol-β-glucoside，SG）作为引物。Paredez 等用旋转式共聚焦显微镜观察黄色荧光蛋白（yellow fluorescent protein，YFP）标记的 AtCesA6 蛋白在纤维素合酶复合体中的运动表明，它们的平均运动速度为 330nm/min，估计每分钟每条糖链上聚合 300～1000 个葡萄糖分子，而且这种复合体可以双向运动。

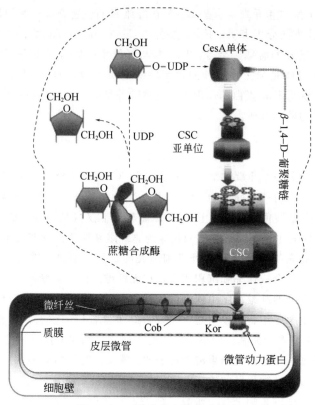

图 3-12-1　纤维素生物合成模式

三、主要品种

1. 二氯喹啉酸（quinclorac）

$C_{10}H_5Cl_2NO_2$, 242.06, 84087-01-4

理化性质　无色结晶。熔点 274℃。蒸气压 <0.01mPa(20℃)。20℃时的溶解性：水 0.065mg/kg（pH 值 7），溶于丙酮、乙醇、乙酸乙酯。毒性：属低毒除草剂。

合成方法　将定量的 3-氯-2-甲基苯胺、硫酸即碘化钾加入反应釜中，搅拌下滴加甘油，在140℃反应，得 7-氯-8-甲基喹啉，而后在偶氮二异丁腈的二氯苯中，于40℃下通入氯气，生成3,7-二氯-8-氯甲基喹啉，再经氧化水解，即得。

R=CH$_2$Cl, CHCl$_2$, CCl$_3$

毒性　大鼠急性经口 LD$_{50}$ 为 2680mg/kg，小鼠大于 5000mg/kg；大鼠急性经皮大于 2000mg/kg，大

鼠急性吸入 $LC_{50}(4h)$ 大于 $5.2mg/L$ 空气。大鼠 2a 饲喂试验的无作用剂量为 $533mg/kg$ 饲料。无致癌性。鹌鹑急性经口大于 $2000mg/kg$。鲤鱼、虹鳟鱼 $LC_{50}(96h)$ 大于 $100mg/L$。对蜜蜂无毒。

应用　主要用于直播水稻田和移植水稻田，可有效防除稗草、田皂角、田菁和其他杂草。对稗草的防效尤为突出。防治稗草且适用期很长，$1 \sim 7$ 叶期均有效。水稻安全性好。秧田、直播田用 $150 \sim 225g(a.i.)/hm^2$，移栽水稻田 $187.5g(a.i.)/hm^2$。以稗草 $2 \sim 3$ 叶期药效最佳；为保证安全，只适用于水稻插秧田；水稻收获后可种植的后茬作物为茄子、青芥、西瓜和豇豆。可制成可湿性粉剂、悬浮剂。

2. 敌草腈 （dichlorobenil）

$C_7H_3Cl_2N$, 172.01, 1194-65-6

理化性质　又名 2，6-二氯苯腈。纯品为白色结晶，熔点 $145 \sim 146℃$，蒸气压为 5×10^{-4} mmHg $/25℃$。$20℃$ 时在水中的溶解度为 $18mg/L$，微溶于大多数有机溶剂中，对酸和热稳定，可被碱水解为苯甲酰胺，无腐蚀性。

合成方法　①用 2，3-二氯硝基苯与氰化铜反应生成 2-氯-6-硝基苯腈，再经将硝基还原成胺后再经重氮化氯代生成产品；②用 2，6-二氯苄胺催化氧化生成；③由对甲苯磺酰氯经氯化、脱磺基、光氯化及氨氧化生成；④由 2，6-二氯苯甲酰氯与氯化铵反应生成 2，6-二氯苯甲酰胺，再用氯化铝脱水生成产品。

毒性　大鼠急性经口致死中量为 $3160mg/kg$，白兔急性经皮致死中量为 $11350mg/kg$。鱼毒：鲤鱼 $TLm(48h)$ 为 $17mg/L$。

应用　能在幼苗期防除一年生及多年生杂草，也能防除多种多年生杂草，可作芽前和芽后选择性除草剂，水生杂草防治药剂和灭生性除草剂。剂型有 45％可湿性粉剂和 6.75％颗粒剂。

3. 草克乐 （chlorothiamide）

$C_7H_5Cl_2NS$, 206.09, 1918-13-4

理化性质　又名 2，6-二氯硫代苯甲酰胺，纯品为灰白色固体，熔点 $151 \sim 152℃$，蒸气压 1.33×10^{-6} Pa/20℃，$21℃$ 时在水中的溶解度为 $950mg/L$，溶于芳烃、氯代烃，在 $90℃$ 以下和酸性溶液中稳定，但在碱性溶液中转化为敌草腈。

合成方法　由 2，6-二氯苯腈在有机碱作用下与硫化氢加成而得。

毒性　大鼠急性经口 LD_{50} 为 $757mg/kg$。鱼毒：鲤鱼 $TLm(48h)$ 高于 $40mg/L$。

应用　草克乐为选择性除草剂，剂型有 50％可湿性粉剂，75％及 15％颗粒剂。该药对萌发种子有毒，可被根部吸收，可作为非耕作区杂草灭生药剂，用量 $0.5 \sim 1.2kg/hm^2$，在土壤中转化为敌草腈的半衰期在干燥状态下为 5 周，在湿润状态下为 2 周。

4. 异噁酰草胺 （isoxaben）

$C_{18}H_{24}N_2O_4$, 332.39, 82558-50-7

理化性质 又名异噁草胺，熔点 176～179℃，在水中的溶解度为 1～2mg/L，微溶于有机溶剂。

合成方法 异噁酰草胺由 3-甲基戊-3-基异噁唑-5-胺与 2，6-二甲氧基苯甲酰氯反应生成。

毒性 大鼠急性经口 $LD_{50}>10000mg/kg$。

应用 为麦田除草剂，防除一年生阔叶杂草。

5. 氟胺草唑（flupoxam）

$C_{19}H_{14}ClF_5N_4O_2$, 460.79, 119126-15-7

理化性质 又名胺草醚和胺草唑，原药为浅米色晶体，无臭。熔点 144～148℃。蒸气压：2.9Pa（25℃），相对密度 1.433/20.5℃。溶解度：丙酮(267 ± 18)g/L，甲醇（133 ± 16)g/L，乙酸乙酯(102 ± 5)g/L，甲苯(5.6 ± 0.1)g/L，己烷 3.1×10^{-3}g/L，水(1.0 ± 0.1)mg/L(pH=7.4)。

合成方法

毒性 原药对大鼠急性经口 $LD_{50}>5000mg/kg$；兔急性经皮 $LD_{50}>2000mg/kg$。对兔眼睛有轻微刺激，对皮肤无刺激。动物试验无致畸、致突变性作用。

应用 在自然土壤中半衰期为 69d，此药剂的降解系由微生物进行，在生物活性高的土壤中，或在土壤温度、湿度适于微生物活动的环境时，其降解速率加快。它可十分有效地作用于靶标植株迅速生长的分生组织区，对植株的根系和叶面分生组织均有活性。芽前使用可使阔叶杂草不发芽，这是由于根系生长受抑、子叶组织受损所致。芽后使用可使植株逐渐停止生长，直至枯死。在植株中不移行，主要通过触杀分生组织而起作用。本药剂可防除谷物田中的一年生阔叶杂草及禾本科杂草，在秋冬两季芽前、芽后施用，推荐用量 150g/hm²，对大麦、小麦均十分安全。除草效果与土壤类型有关，通常在轻质土壤中效果优于黏重土或有机质土。

第二节 二氢叶酸合成抑制剂

二氢叶酸合成酶抑制剂［DHP（dihydropteroate）synthase］可抑制二氢叶酸的合成。二氢叶酸合成酶的作用是催化对氨基苯甲酸生成二氢叶酸，这是叶酸合成的关键步骤，叶酸是细胞合成核酸的必备之物，它的缺失将使细胞不能分裂。抗细菌的磺胺药物大都为二氢叶酸合成酶的竞争性抑制剂，温血动物的细胞不能合成叶酸，对于叶酸的需求是依赖于从饮食中摄取，因此此类药剂对温血动物是安全的。在药物中绝大多数的磺胺类药物都是它的抑制剂。研究认为除草剂中磺草灵的作用机制也属此类。

磺草灵 (asulam)

$$H_2N—\phenyl—SO_2NHCO_2CH_3$$

$C_8H_{10}N_2O_4S$, 230.24, 3337-71-1

理化性质 无色结晶，熔点 $142\sim144℃$，蒸气压 $<1mPa(20℃)$。溶解性(g/L)：5(20～25℃)，二甲基甲酰胺大于 800，丙酮 340，甲醇 280，甲乙酮 280，乙醇 120，烃和氯代烃小于 20。

毒性 大鼠、小鼠、兔急性经口 $LD_{50}>4000$，大鼠急性经皮 $LD_{50}>1200mg/kg$。大鼠 90d 饲喂无作用剂量为 400mg/kg 饲料，鱼毒 $LC_{50}(96h)$为：虹鳟、金鱼大于 1700mg/L。

应用 磺草灵属传导性除草剂，可被植物茎叶和根部吸收，茎叶吸收后能传导至地下根茎的生长点，并使地下根茎呼吸受抑制，丧失繁殖能力。如防除甘蔗田杂草，以 $2250\sim5250g/hm^2$ 喷雾。此外，还可用于棉田、大豆、谷物、甜菜、番茄、洋葱等作物中防除狗尾草、冰草、田蓟、马唐、稗等。磺草灵可通过 4-氨基苯磺酰胺与氯代甲酸甲酯在水（10～20℃，缚碱剂用氢氧化钠）或丙酮（回流，缚碱剂碳酸钾）中进行反应，即制得磺草灵。

参考文献

[1] Cheng X, Hao H-Q, Peng L. Recent Progresses on Cellulose Synthesis in Cell Wall of Plants. Journal of Tropical and Subtropical Botany, 2011,19(3)：283-290.

[2] 宋东亮，沈君辉，李来庚. 高等植物细胞壁中纤维素的合成. 植物生理学通讯，2008,44：791-796.

[3] Dhugga K S. Plant golgi cell wall synthesis：From genes to enzyme activities. Proc Natl Acad Sci USA, 2005, 102(6)：1815-1816.

[4] Hanus J, Mazeau K. The xyloglucan-cellulose assembly at the atomic scale. Biopolymers, 2006,82(1)：59-73.

[5] Arioli T, Peng L, Betzner A S, et al. Molecular analysis of cellulose biosynthesis in Arabidopsis. Science, 1998,279(5351)：717-720.

[6] Kimura S, Laosinchai W, Itoh T, et al. Immunogold labeling of rosette terminal cellulose-synthesizing complexes in the vascular plant Vigna angularis. Plant Cell, 1999,11(11)：2075-2086.

[7] Delmer D P, Haigler C H. The regulation of metabolic flux to cellulose, a major sink for carbon in plants. Metab Eng, 2002, 4(1)：22-28.

[8] Li C X, Qi L-W, Wang J-H, et al. Cellulose synthase gene and cellulose biosynthesis in plants. Biotechn Bull, 2005,(4)：5-11.

[9] Ross P, Weinhouse H, Aloni Y, et al. Regulation of cellulose synthesis in Acetobacter xylinum by cyclic diguanylic acid. Nature, 1987,325(6101)：279-281.

[10] Holland N, Holland D, Helentjaris T, et al. A comparative analysis of the plant cellulose synthase (CesA) gene family. Plant Physiol, 2000,123(4)：1313-1324.

[11] Williamson R E, Burn J E, Birch R, et al. Morphology of rsw1, a cellulose-deficient mutant of Arabidopsis thaliana. Protoplasma, 2001,215(1 /2 /3 /4)：116-127.

[12] Bach I. The LIM domain：Regulation by association. Mech Dev, 2000,91(1 /2)：5-17.

[13] Zhou X- F, Wang J-Y, Wang X- Z. Research progress of cellulose synthase genes in higher plant. Hereditas, 2002,24(3)：376-378.

[14] Crowell E F, Bischoff V, Desprez T, et al. Pausing of golgi bodies on microtubules regulates secretion of cellulose synthase complexes in Arabidopsis. Plant Cell, 2009,21(4)：1141-1154.

[15] Gutierrez R, Lindeboom J J, Paredez A R, et al. Arabidopsis cortical microtubules position cellulose synthase delivery to the plasma membrane and interact with cellulose synthase trafficking compartments. Nat Cell Biol, 2009,11(7)：797-806.

[16] Babb V M, Haigler C H. Sucrose phosphate synthase activity rises in correlation with high-rate cellulose synthesis in three heterotrophic systems. Plant Physiol, 2001,127(3)：1234-1242.

[17] Kumar M, Thammannagowda S, Bulone V, et al. An update on the nomenclature for the cellulose synthase genes in Populus. Trends Plant Sci, 2009,14(5)：248-254.

[18] Song D-L, Shen J-H, Li L-G. Cellulose synthesis in the cell walls of higher plants. Plant Physiol Commun, 2008,44(4)：

791-796.

[19] Desprez T, Juraniec M, Crowell E F, et al. Organization of cellulose synthase complexes involved in primary cell wall synthesis in Arabidopsis thaliana. Proc Natl Acad Sci USA, 2007, 104(39): 15572-15577.

[20] Persson S, Paredez A, Carroll A, et al. Genetic evidence for three unique components in primary cell-wall cellulose synthase complexes in Arabidopsis. Proc Natl Acad Sci USA, 2007, 104(39): 15566-15571.

[21] Bischoff V, Cookson S J, Wu S, et al. Thaxtomin A affect CESA-complex density, expression of cell wall genes, cell wall composition, and causes ectopic lignification in Arabidopsis thaliana seedlings. J Exp Bot, 2009, 60(3): 955-965.

[22] Daras G, Rigas S, Penning B, et al. The thanatos mutation in Arabidopsis thaliana cellulose synthase 3 (AtCesA3) has a dominant-negative effect on cellulose synthesis and plant growth. New Phytol, 2009, 184(1): 114-126.

[23] Mutwil M, Debolt S, Persson S. Cellulose synthesis: A complex. Curr Opin Plant Biol, 2008, 11(3): 252-257.

[24] Lane D R, Wiedemeier A, Peng L, et al. Temperature-sensitive alleles of RSW2 link the KORRIGAN endo-1, 4-beta-glucanase to cellulose synthesis and cytokinesis in Arabidopsis. Plant Physiol, 2001, 126(1): 278-288.

[25] Ouyang J, Jiang J-X, Zhang T-Z, et al. The function of endo-1,4-β-glucanase on plant cell growth and development. Acta Bot Boreal-Occid Sin, 2007, 27(4): 844-851.

[26] Robert S, Bichet A, Grandjean O, et al. An Arabidopsis endo-1, 4-beta-D- glucanase involved in cellulose synthesis undergoes regulated intracellular cycling. Plant Cell, 2005, 17(12): 3378-3389.

[27] Peng L C, Kawagoe Y, Hogan P, et al. Sitosterol-β-glucoside as primer for cellulose synthesis in plants. Science, 2002, 295 (5552): 147-150.

[28] Somerville C. Cellulose synthesis in higher plants. Annu Rev Cell Dev Biol, 2006, 22: 53-78.

[29] Coleman H D, Yan J, Mansfield S D. Sucrose synthase affects carbon partitioning to increase cellulose production and altered cell wall ultrastructure. Proc Natl Acad Sci USA, 2009, 106(31): 13118-13123.

[30] Guerriero G, Fugelstad J, Bulone V. What do we really know about cellulose biosynthesis in higher plants? J Integr Plant Biol, 2010, 52(2): 161-175.

[31] Lai-Kee-Him J, Chanzy H, Muller M, Putaux JL, Imai T, Bulone V. *In vitro versus in vivo* cellulose microfibrils from plant primary wall synthases: structural differences. J Biol Chem, 2002, 277: 36931-36939.

[32] Paredez A R, Somerville C R, Ehrhardt D. Visualization of cellulose synthase demonstrates functional association with microtubules. Science, 2006, 312: 1491-1495.

[33] Haigler C H, Ivanova-Datcheva M, Hogan PS, Salnikov VV, Hwang S, Martin LK, Delmer DP. Carbon partitioning to cellulose synthesis. Plant Mol Biol, 2001, 47: 29-51.

[34] Endoh K, Itoh M, Watanabe T, Shida T. Process for the manufacture of phenyltriazolecarboxamides from the reaction of oxazoledione phenylhydrazones and ammonia. EP 618199. 1994.

第十三章

除草剂安全剂

第一节　引言

除草剂在给农业生产带来巨大效益的同时，也出现许多的问题。特别是用作土壤处理时，有的存在着长残留毒性以及过量使用及异常气候条件下可导致作物产生药害。如超高效除草剂磺酰脲类除草剂虽在主要作物大豆、玉米与小麦中的使用占优势，但往往对后茬敏感作物产生药害而造成作物减产、绝产的问题时有发生。另外，一些高效除草剂品种因选择性差而限制了其在敏感作物田中的使用。除草剂使用过程中的挥发、漂移、淋溶也会引起空气和地下水不同程度的污染，对环境产生了一定的危害。目前，除草剂安全剂（Safener）的研制和生产已发展成为整个除草剂研究领域中一个新的重要分支。

除草剂安全剂包括解毒剂（Antidote）或保护剂（Protectant），它们在植物保护上具有重要的作用，主要用于防止除草剂使用时药害的发生。安全剂本身并不对杂草控制产生负面影响，只是增加作物的安全性和改进杂草防除效果的化合物。虽然有许多除草剂使用时并不一定需要用安全剂，但对于一些作用性能很强，杀草谱很广的除草剂来说，安全剂对于在一些敏感的作物上使用除草剂时就可起到重要的作用，它在不降低除草剂对靶标杂草防除的前提下，能有效地保护作物免遭除草剂的伤害。使用除草剂安全剂可以控制作物对除草剂的抗性，抑制杂草生长，使非选择性除草剂能发挥选择性除草剂的效果，可以减轻除草剂残留对作物药害，扩大除草剂的杀草谱。

除草剂安全剂最早发现于1947年，Hoffmann在温室中发现，2,4-滴（2,4-D）蒸气的漂移会使附近种植的番茄受到伤害，而预先用2,4,6-三氯苯氧乙酸处理过的植株却并没有受害。从而开始了研究可以保护植物免受除草剂伤害的化合物。进一步研究表明，用2,4-D处理叶面后，能保护小麦免受燕麦灵（barban）的药害。然而，这种拮抗机制不可能开发利用，因为用2,4-滴处理的小麦种子，会对小麦产生药害，而叶面喷洒处理则对靶标杂草的活性降低。尽管这些初次探索的失败，Hoffmann认为这些相互作用关系具有潜在的意义，因而他建立了检测化合物是否具有安全剂活性的筛选程序。这就导致产生了第一个安全剂1,8-萘酐（NA）。1971年海湾石油公司申请了用它保护玉米免受硫代氨基甲酸酯类除草剂药害的专利。然而，NA安全剂的产生并未对公司在经济上产生效益，反为它的竞争者斯托夫化学公司具有所有权的除草剂产品扩展了市场。斯托夫化学公司进而也申请其自己的安全剂专利——二氯丙烯胺。与NA相反，二氯丙烯胺可用于种子处理，并具有其特有的选择性，与除草剂共同配制成制剂，可降低施药成本。面对这些竞争，NA未能获得其预期的商业潜力，尽管在不少作物上有活性，而面对各类除草剂多样化的选择，NA只能退出市场。

虽然NA的发现引起了工业界旨在发现对其所有权产品有保护作用的安全剂的探索研究。这些研究的目的是与重要作物杂草除草剂相结合，运用经典的筛选方法检测先导化合物。这种研究途径导致汽巴-嘉基公司发现肟醚类安全剂解草胺腈、解草腈和肟草安，孟山都公司发现2,4-二取代噻唑羧酸酯类如解草安等。

除草剂安全剂自问世以来，已从最初的几个品种发展到数百个化合物，其中能在农田使用的大约有数十种（见表 3-13-1）。安全剂能提供相对价廉的、灵活的改善除草剂选择性的方法，不存在与抗性变种有关的生态性危险。因此，安全剂无疑将继续为许多杂草防除难题提供新的解决方法和控制除草剂选择性的代谢。除草剂安全剂的研究，在美国、瑞士、德国、日本和加拿大最为活跃，俄罗斯、匈牙利等国也在进行。我国在 20 世纪 80 年代末才关注这一方面的研究。安全剂也像农药一样在应用前必须先登记，但是在全球，安全剂的管理状况是复杂的，各国的情况不同，例如在加拿大和澳大利亚它们是作为农药来管理的，而在其他一些国家则作为剂型中的一种添加物来处理。

表 3-13-1 除草剂安全剂开发及应用情况

类别	安全剂种类	开发者	应用除草剂	应用作物	使用方法
羧酸衍生物	萘二甲酸酐（NA）	Gulfoil 公司	菌达灭（EPTC），硫代氨基甲酸酯类，氯乙酰苯胺类，丁硫咪唑酮，甲草胺，禾草丹，异噁草酮，苯磺隆，烟嘧磺隆，氟嘧磺隆，胺苯磺隆，绿磺隆，甲磺隆，灭草喹，甲咪唑烟酸	玉米、小麦、大麦、水稻、高粱	种子处理，土壤处理
二氯乙酰胺类	二氯丙烯胺 dichlormid R-25788	美国 Stauffer 公司	菌达灭（EP TC），甲草胺，乙草胺，丙草胺，异丙甲草胺，燕麦灵，绿磺隆，氯吡嘧磺隆，灭草喹，异噁唑草酮	玉米、高粱、水稻	混用，种子处理，土壤处理，喷雾
	R-29148	Stauffer 公司	乙草胺	玉米	混用（室内生测）
	R-28725	Stauffer 公司	氯嘧磺隆，咪唑乙烟酸	玉米	混用（生测）
	AD-67	Nitroremia	绿磺隆	玉米	混用（室内生测）
	呋喃解草唑 furilazole MON-13900	美国 Monsanto	卤代酰胺类，氯吡嘧磺隆，豆磺隆等磺酰脲类，异噁唑草酮	玉米、谷类作物	混用，喷雾
	BAS-145138	BASF	吡草胺，乙草胺，异丙甲草胺，XRD-498，灭草喹，甲磺隆	玉米、高粱、谷类作物	混用，苗前处理
	解草烷 MG-191	匈牙利科学院，Nitrokenia	硫代氨基甲酸酯类，氯乙酰苯胺类，扑草灭，苏达灭	玉米	混用，喷雾
二氯乙酰胺类	解草酮（benoxacor，CGA-154281）	Ciba-Geigy	硫代氨基甲酸酯类，异丙甲草胺，二甲吩草胺，吡草胺，异噁唑草酮	玉米、高粱	苗前混用
	解草安（Mon-4606）	美国 Monsanto	甲草胺，异丙甲草胺	高粱	
	二氯乙酰二异丙胺	东北农业大学	绿磺隆	玉米	混用（室内生测）
肟醚类	解草胺腈（cyometrinil，CGA-43089）	Ciba-Geigy	异丙甲草胺，甲草胺，吡草胺，膦酸磺酸酯	高粱、大麦、水稻、小麦、玉米	种衣剂，苗前土壤处理

续表

类别	安全剂种类	开发者	应用除草剂	应用作物	使用方法
噁唑、噻唑、等杂环类	解草腈（oxabetrinil，CGA-92194）	Ciba-Geigy	异丙甲草胺，灭草喹	高粱、玉米	种子处理
	肟草胺（fluxofenim，CGA-133205）	Ciba-Geigy	甲草胺，异丙甲草胺，二甲吩草胺	玉米、高粱	种子处理，混用
	磺酰脲类肟醚		磺酰脲类		
	解草胺（flurazole，Mon4606）	Ciba-Geigy、Monsanto	甲草胺，灭草喹，乙草胺，异丙甲草胺，氟嘧磺隆，氟嘧磺隆与特丁磷混用	高粱、玉米等	种衣剂，种子处理
	解草啶（fenclorim，CGA123407）	Ciba-Geigy	丁草胺，丙草胺（丙草胺与解草啶混用的商品为Sofit）	水稻	混用，苗前喷雾处理
	解草唑（Hoe-70542，fenchlorazole）	Hoechst	噁唑禾草灵（噁唑禾草灵与解草唑混用的商品为Puma）	小麦	混用，叶面喷雾
	mefenpy-diethy（Hoe107892）	Agr Evo	精噁唑禾草灵	小麦，大麦，黑麦	混用，茎叶喷雾
喹啉类	解草酯（cloquintocet-mexyl，CGA-185072）喹啉衍生物	Ciba-Geigy	炔草酯（clodinafop-propargyl）嘧啶类，三嗪类，磺酰脲类，烟嘧磺隆与特丁磷混用，环己二酮类	谷类作物小麦、大麦、玉米	混用，喷雾
磺酰脲（胺）类	磺酰脲（胺）类化合物		磺酰脲（胺）类除草剂	玉米，水稻	混用，喷雾
磺酸类	磺酸类衍生物		丙草丹，硫代氨基甲酸酯类，均三氮苯类	玉米	种子处理（浸种）
钛金属络合物	新型解毒剂T（主要成分4%Ti^{4+}）	中国农业大学研制	异恶草松	玉米	茎叶处理（先喷除草剂，后喷解毒剂）
除草剂	2,4-滴（有机酸类）		唑草碘胺（DE-511）	小麦	喷洒
	敌灭隆（daimuron，脲类）		苄嘧磺隆	水稻	喷洒
	敌克松（fenamin osulf，取代苯类）		莠去津	水稻	土壤处理，沾根

类别	安全剂种类	开发者	应用除草剂	应用作物	使用方法
杀菌剂	异菌脲/苯菌灵（iprodione/benomyl）		杀草丹	水稻	土壤处理
	恶霉灵（hymexazol，有机杂环类）		西草净，西玛津，草枯醚，敌稗	水稻	土壤处理
生长调节剂	赤霉素（GA，gibberelin）		2,4-滴	棉花	喷洒

在安全剂后续发展过程中，在应用上逐渐形成种子处理、苗前桶混和苗后桶混三类，而且所使用的作物均是单子叶植物（玉米、高粱、水稻和谷物，如小麦和大麦）。

早期的安全剂在谷类作物，如玉米、高粱和水稻上活性十分典型，但只对硫代氨基甲酸酯类和氯乙酰苯胺类除草剂芽前施用时才能提供保护作用。如今的趋势是向芽后除草剂处理和以高活性除草剂为对象进行发展，此导致芳氧基苯氧基丙酸酯类除草剂芽后处理越冬谷物的安全剂商业化，现在对磺酰脲、咪唑啉酮、环己二酮和噁唑二酮类除草剂的安全剂活性有广泛的报道。这些化合物大多数与现有除草剂制成混剂商品化。

第二节　除草剂安全剂类型和应用

一、除草剂安全剂类型

按化合物分类有二氯乙酰胺类、肟醚类、羧酸衍生物类、磺酸衍生物类、噁唑、噻唑和其他杂环化合物，酮类及其衍生物；按结构分类有萘酸酐类、二氯乙酰胺类、肟醚类、杂环类、磺酰脲（胺）类、植物生长调节剂类、除草剂类和杀菌剂类；按作用方式与作用原理分类有结合型、分解型、拮抗型和补偿型。

（1）结合型　安全剂与除草剂或其有毒物质相结合，从而减轻或消除对作物的危害，如用活性炭包被小麦种子，可防止敌草腈对小麦的毒害。

（2）分解型　使除草剂或其有毒物质分解而丧失活性物质，属于分解型安全剂。

（3）拮抗型　不同除草剂之间存在着拮抗作用的事实乃是开发拮抗型安全剂的依据，如燕麦灵与2,4-滴，丙草丹与烯草安、草甘膦与西玛津、阿特拉津、2,4-滴、甲草胺之间均存在拮抗作用。

（4）补偿型　使用除草剂后造成作物体内缺乏某种成分而产生药害时，人为地补给以减轻和消除药害。例如，使用脲类及均三氮苯类等抑制光合作用的除草剂时，给植物叶尖补给糖分可减轻药害（见表3-13-1）。

二、除草剂安全剂的应用

安全剂也像农药一样在应用前必须先登记，但是在全球，安全剂的管理状况是复杂的，各国的情况不同，例如在加拿大和澳大利亚它们是作为农药来管理的，而在其他一些国家则作为剂型中的一种添加物来处理。

安全剂在作物和杂草之间具有增强除草剂选择性的能力，此外还具有许多潜在的使用价值。它们可以保护作物免受农药残留物的损害，因此轮作中作物种植的选择灵活性提高，有利于除草剂提高剂量，达到更有效的杂草防除效果，以及有利于在有可能出现作物药害的不良环境条件下使用除草剂。然而，随着减少农药使用的环境和经济压力的增大，除草剂安全剂的主要作用似乎是扩大现有除草剂的使用模式和鼓励毒理学相容的化合物的开发，这些化合物由于选择性差而使用受到限制。

此外，安全剂还可用来解决难除杂草的防除问题，这些问题由于技术和经济原因不可能以开发常规选择性除草剂来解决。例如，安全剂有可能促进植物学上与作物有关的杂草防除。Codd 研究了 NA 的活性，认为有能力保护栽培燕麦免受禾草灵的药害，同时达到防除野燕麦的目的。其他使用安全剂成功的例子有谷物、高粱田中防除二色高粱和栽培水稻田防除野生稻。同样，安全剂在作物轮作体系中还可用作一个有用的杂草防除工具，因为在轮作体系中，前一茬作物对后一茬作物而言就成了"自播"杂草。特别是在欧洲广泛采用的大麦-小麦轮作体系中，常遇到"自播"小麦和大麦杂草问题，而施用安全剂可获得解决。对少数作物，安全剂也提供杂草防除的选择权，这些少数作物由于它们的市场价值小，一般不可能为其开发新的除草剂品种。Mersie 和 Parker 在谷物作物田中筛选防除禾本科杂草画眉草的除草剂工作中发现，使用 NA 种子处理结合绿黄隆的芽前处理可达到有选择的防除效果。

安全剂商业应用的生命力显然反映在当今市场上除草剂安全剂产品的数量（见表 3-13-1）上。然而，它们最重要的用处目前可能是作为有力的研究工具，运用安全剂来检测和操纵控制除草剂选择性的生化和生理机制，因此对于安全剂作用机制的研究给予相当大的关注。

第三节　除草剂安全剂的作用机制

安全剂的作用机制是降低除草剂达到和抑制它们的靶标位点的能力。通过安全剂与除草剂靶标位点或其他除草剂活性中包含的受体蛋白质之间的相互作用达到这一目的。另一方面，安全剂可以降低到达其靶标位点的除草剂活性形式的量，通过安全剂与除草剂分子直接发生化学反应，或安全剂诱导除草剂吸收或转移的降低，或安全剂增强除草剂的代谢速率，使活性下降或固化代谢物等途径达到目的与效果。

一、安全剂对除草剂吸收和输导的作用

Ezra 等认为在有些除草剂及其安全剂之间的化学结构相似性有可能导致它们引入活性位点的竞争性。然而对这些过程安全剂作用的研究产生了一系列矛盾的结果（见表 3-13-2）。多数研究人员发现除草剂的吸收不受安全剂的影响或增强。在观察到如此变化的场合，研究者一般认为是安全剂和其他过程互相作用的结果。例如，Ketechersid 等观察到解草胺腈诱发的异丙甲草胺吸收缩减的结果，可能归因于伴随安全剂处理蒸腾率的降低。这本身亦反映出解草胺腈阻止与异丙甲草胺处理有关的表皮蜡质形成的抑制作用。相类似的情况，在 NA 处理后咪唑啉酮类除草剂咪草烟和 AC263222 从玉米根至茎干的输导的缩减，可以认为 NA 是强化除草剂代谢多极化，因而产生少移动的或几乎不移动的代谢物的结果。同样，Fuerst 和 Lamoureux 肯定了用处理后吡草胺输导缩减亦为代谢增强的缘故。然而关于安全剂对除草剂吸收重要作用的结论不利的报道，如在除草剂后施用安全剂有诱导保护效应的能力。此时，安全剂干扰除草剂吸收过程的机会就没有了。

表 3-13-2 安全剂对除草剂吸收的作用

安全剂	除草剂	物种	作用	安全剂	除草剂	物种	作用
AD67	乙草胺	玉米	↑	解草啶	异丙甲草胺	高粱	—
BAS145138	吡草胺	玉米	↓		丙草胺	水稻	↓
					乙草胺	高粱	—
解草酮	异丙甲草胺	玉米	↑	解草胺	甲草胺	高粱	↑
	氟嘧黄隆	玉米	—		异丙甲草胺	高粱	↑
cloquintocet-mexyl	氟嘧黄隆	玉米	—		吡草胺	玉米	↑
	甲草胺	高粱	—	肟草胺	异丙甲草胺	高粱	—
解草胺腈	异丙甲草胺	高粱	↑	Furilazole	氟嘧黄隆	玉米	↑
	茵达灭	玉米	↑		乙草胺	玉米	↑
					茵达灭	玉米	↑
	乙草胺	玉米	↑		异丙甲草胺		↑
二氯丙烯胺	吡草胺			萘酐	异丙甲草胺	高粱	↓
	异丙甲草胺	高粱	↑		燕麦灵	燕麦	↓
	茵达灭	玉米	↓		甲黄隆	玉米	↑
					氟嘧黄隆	玉米	—
					咪草烟	玉米	—
杀草隆	苄嘧黄隆	水稻	↓	解草腈		高粱	↑
解草唑	噁唑禾草灵	小麦	—				

注：↓代表除草剂吸收缩减；—代表无作用；↑代表除草剂吸收增强。

二、安全剂对除草剂在植物体内代谢降解的影响

安全剂可能对植物体内一系列代谢降解机制产生影响。

1. 谷胱甘肽轭合

Shimabukuro 等人首次报道了除草剂与谷胱甘肽的轭合作用，发现除草剂阿特拉津在谷胱甘肽-S-转移酶（GST）的催化作用下，可与谷胱甘肽形成无毒性的轭合物。谷胱甘肽轭合可能是在谷胱甘肽硫醇盐的作用下经过非酶催化而发生的亲核取代，但也可能是被谷胱甘肽-S-转移酶（GST）催化，这些轭合反应通常被认为是解毒过程。之后，Lay 和 Casida 进行了开创性的工作，他们把安全剂的作用与谷胱甘肽轭合系统联系起来，提出了谷胱甘肽轭合作用机制。指出硫代氨基甲酸酯除草剂在植物体内首先转变成亚砜，而亚砜的毒性更强，安全剂则是通过增进还原型谷胱甘肽（GSH）含量及提高谷胱甘肽-S-转移酶（GST）的活性来轭合除草剂 EPTC（菌达灭）的有毒代谢物——EPTC 亚砜，以避免或减小 EPTC 亚砜对玉米产生药害。

StePhenson 和 Ezra 通过研究发现：结构与 EPTC 非常相似的氯乙酰胺类化合物的解毒作用可能是通过提高化合物本身代谢速率及提高 EPTC 代谢所需的底物或酶的活性来实现的。

Dichlormid 在玉米体内本身不与 GSH 轭合，但它的类似物 CDAA（2-氯-N,N-二烯丙基乙酰胺）在玉米体内提高了 GSH 水平和 GSTs 活性后，再与谷胱甘肽轭合，从而降低 EPTC 有毒代谢物的毒性。二氯乙酰胺类安全剂（二氯丙烯胺、解草嗪）能增强异丙草胺、吡唑草胺和乙草胺的 GSH 轭合反应；而解草胺、NA 和肟醚类安全剂能增强异丙草胺的 GSH 轭合反应。类似的情况，丙草胺

和乙草胺的轭合反应可分别被解草啶和 AD67 所增强；而解草烷能强化乙草胺及 EPTC 与 GSH 轭合反应。当用异丙草胺作基质时，解草胺可以使玉米幼苗中 GSTs 活性提高 30 倍，解草腈可以使玉米幼苗中 GSTs 活性提高 20 倍，NA 可以使玉米幼苗中 GSTs 活性提高 17 倍。这些安全剂增加玉米幼苗中 GSTs 的含量的同时诱导了一种新的 GSTs 同工酶的合成，从而提高 GSTs 的活性，加速对均三氮苯、酰胺以及 EPTC 的解毒作用。在苗期，安全剂的浓度与 GSH 的含量及 GSTs 的活性呈显著线性相关。Cronwald 等分离定性了玉米和高粱中谷胱甘肽-S-转移酶（GSTs），并确定了安全剂对玉米和高粱中 GSTs 的影响。类似的实验表明，在水稻、大麦、小麦、玉米等作物中通过安全剂的作用及酶催化，除草剂与 GSH 的轭合增强了除草剂的代谢。

类似的研究也不断证明该理论的正确性。Ekler 等研究了 MG-191 对玉米内乙草胺代谢的影响，发现玉米经安全剂 MG-191 处理后，体内的 GSH 含量提高了 30%，GST 酶的活性提高了 34%。Jing Ruiwu 等研究了 CGA-123407 对水稻体内丙草胺代谢的影响，结果表明经安全剂处理的水稻根和茎中，GSH 与丙草胺的轭合作用分别提高了 50% 和 25%。

近几年来，叶非等报道安全剂 R-28725 在保护玉米免受氯嘧磺隆和咪唑乙烟酸药害的影响时，加入 R-28725 能够明显提高玉米株高、株鲜重和产量，直接增加玉米植株体内谷胱甘肽的含量，加速两种除草剂与谷胱甘肽的轭合，从而达到解毒的目的。周小毛等发现二氯丙烯胺在玉米体内本身不与 GSH 轭合，但是它的类似物 CDAA 作为 EPTC 的安全剂有很好的效果，它在玉米体内提高了 GSH 水平和 GST 活性后，本身与谷胱甘肽轭合。这些研究均进一步支持了谷胱甘肽轭合理论。

2. 细胞色素 P450 单氧酶

除草剂安全剂在几种除草剂受到阶段 I 代谢中的氧化反应时，能增强作物对除草剂的耐性。尤其是 NA、解草胺腈、二氯丙烯胺和 BAS45138 能保护玉米免遭磺酰脲类除草剂的药害，而且 NA 还能增强玉米对咪唑啉酮类除草剂的耐性。这些观察结果表明安全剂具有增强氧化酶系统如细胞色素 P450 活性的功能。这一理论最早由 Leviit 和 Pennel 提出，他们认为二氯丙烯胺可保护玉米免遭茜达灭的药害，通过模拟茜达灭磺化氧化反应的速率。而 Dutka 和 Komives 报道在二氯丙烯胺存在的情况下，单氧酶抑制剂胡椒基丁醚和 SKF525A 对茜达灭的活性有增效作用。同样，Hatzios 也验证了异丙甲草胺在谷物、高粱上的活性，在安全剂解草胺腈的存在下，可被胡椒基丁醚和丙基棓酸盐增效。当 Sweetser 证实了和二氯丙烯胺加速玉米中绿磺隆、甲磺隆和喃磺隆氧化代谢的能力后，可以肯定这些早期推测的结果。有不少学者对活体内安全剂强氧化代谢和已知细胞色素 P450 抑制剂的代谢抑制作用的观察结果，提供了更多的实例，肯定了安全剂诱发的细胞色素 P450 单氧酶在除草剂降解中的作用。

许多实验事例中，都是在报道具有细胞色素 P450 单氧酶特性的微粒体酶系作用下安全剂——增强除草剂代谢后，才研究观察到这些结果的。其中最典型的结果是 FonnePfister 和 kreuz 报道的，他们观察到用解草酮种子处理玉米微粒体的绿麦隆的羟化酶活性，其活性增强 15 倍。类似地，McFadden 等发现种子处理是在从黄化玉米茎秆提取的微粒体中检测苯达松的羟化酶活性所必需的，然而 Frear 和 Swanson 还观察到用 NA 或解草酯处理的小麦微粒体，在氟磺隆（一种除草剂）的羟化反应中增强 28 倍。

通过测试安全剂处理后对细胞色素 P450 的总量和微粒体电子转移组分水平的影响，探求其他涉及安全剂作用机制中细胞色素 P450 的显著事例。然而这些研究却产生了不同的结果。例如，用 NA 和解草酮预处理后玉米苗内细胞色素量有明显增加，而 McFadden 等人的研究结果表明 NA 对总细胞色素量或 NADPH 细胞色素还原酶的活性无明显作用。

安全剂对总细胞色素 P450 量的影响和离体氧化代谢速率之间相互关系缺乏了解，这表明在内源底物代谢中包含的同工酶消耗时，安全剂可诱发对除草剂降解特异的 P450 同工酶。因此，测试安全剂对其他细胞色素 P450 依赖活性的作用，有利于区分细胞色素 P450 库内的各种同工酶。例如，Moreland 等报道预处理能诱发玉米微粒体羟基化苯达松的能力增强 15 倍，而内源底物肉桂酸和月桂酸羟基化的能力几乎没有作用。该研究还证实对特异性除草剂底物有区别地增强活性，即使在同类除草剂之间。例如，磺酰脲类、烟嘧磺隆和醚苯磺隆的羟基化，在处理后分别增强 4 和 10 倍。Zimmerlin 和 Durst 等也报道了类似的观察结果，都表明安全剂能诱发特异性除草剂底物的同工酶。

安全剂作用机制中包括的这些同工酶的进一步定义受阻于以 P450 为基础的除草剂代谢的复杂性，如最近结合动力和竞争性抑制作用的研究试图测定系统的底物特异性所表明的那样。例如，Frear 等研究表明唑嘧磺草胺在两个位点被两个同工酶催化反应，具有明显的动力特性和抑制作用的反应，但却是相似的安全剂诱发模型。相反，Barrett 进行的竞争性抑制作用研究结果表明，除草剂烟嘧磺隆、苯达松、氯嘧磺隆、咪草烟和绿磺隆可被 P450 系统（具有通用的特性）代谢或被具有几个结合位点的一种常见 P450 代谢。进而研究了玉米代谢能力的遗传特性，Barrett 发现烟嘧磺隆代谢由单基因控制，推测能编码 P450，也能控制苯达松和咪草烟的代谢，能被 NA 诱发。然而，苯达松的羟基化还被一个次要的明显的非诱发的 P450 所控制。因此，单个 P450 有可能代谢几种底物，然而在单个底物代谢中可能包含多种同工酶。这些发现显然表明在除草剂代谢中所包括的特定的氧化系统内，安全剂发挥重要的作用。

3. 过氧化物酶

观察到茵达灭亚砜的药害比茵达灭本身更厉害，因此 Blee 建议用二氯丙烯胺抑制茵达灭代谢成茵达灭亚砜，阻止除草剂药害。深入研究表明用二氯丙烯胺预处理能抑制受玉米微粒体过氧化物酶作用而发生的茵达灭磺化氧化反应。这些结果与 Harvey 等的研究结果一致，Harvey 等报道在抑制玉米过氧化物酶活性的过程中，二氯丙烯胺能补偿茵达灭对该酶的刺激作用。然而，由于很少有研究者想到这些可能性，因此没有什么实例支持上述论点。

4. 葡萄糖轭合反应

几种被安全剂处理而拮抗活性的咪唑啉酮和磺酰脲类除草剂能与葡萄糖进行轭合反应。Kreuz 等证实安全剂具有加速葡糖基化的能力，并报道安全剂解草酯能增强小麦体内芳氧苯氧基丙酸酯类除草剂炔草酸的葡糖基化作用。同样，BAS145138 被发现强化玉米体内羟基化氯嘧磺隆的葡糖基化。这些研究者都表明这些效应可能是原有的和/或诱发的 UDP-葡糖苷基转移酶（EC2.3.1.71）活性的提升或葡萄糖适用性增强的结果，原因是增强的 UDP-葡萄糖合成或 β-葡糖苷酶活性的调整。然而安全剂对这些反应过程的作用至今还不明确。

三、安全剂与除草剂受体和靶标位点之间的关系

有些研究者认为安全剂可抑制除草剂所导致药害的这些生化反应是由于具有拮抗作用的能力。有报道二氯丙烯胺能阻止因除草剂茵达灭诱发的对脂肪酸、赤霉素、类胡萝卜素和表皮蜡质生物合成的抑制。脂肪酸和表皮蜡质生物合成因除草剂诱发的抑制作用也能被 NA、解草烷以及肟醚类安全剂所拮抗。这些研究结果表明，在关键的除草剂受体蛋白结合位点，安全剂与除草剂竞争，并强化了靶标酶的合成或通过诱发不敏同工酶来降低了对除草剂抑制作用的敏感性。

几种除草剂安全剂的组合在结构上的相似性，趋向于表明在受体或靶标蛋白上的结合位点上，安全剂与除草剂分子进行激烈的竞争。Taylor 和 Loader 认为在燕麦上，2,4-滴对禾草灵活性的拮抗作用是因为它们的物理化学相似的结果，二氯丙烯胺对茵达灭活性的拮抗作用也是如此。

Stephenson 等人研究了 31 种酰胺化合物作为安全剂，以减轻除草剂 EPTC 对玉米的伤害，结果发现与 EPTC 结构非常相似的化合物，如二氯丙烯胺（dichlorimid），有很高的安全活性。但是，如果将酰胺分子中的烃基改成其他基团时，活性急剧下降。于是，他们首次提出安全剂结构与活性

密切相关，即结构活性理论。之后，Baruna Bordas 等利用比较分子场分析法，用计算机分析了多对除草剂与安全剂之间的三维结构-活性量化关系，发现安全剂与除草剂的分子水平很相似。这些研究结果都进一步证实了该理论。

EPTC   二氯丙烯胺(dichlormid)

近年，还有很多研究和发现都在不断丰富和完善结构活性理论，如磺酰脲类安全剂能够保护作物免遭磺酰脲类除草剂的伤害。

然而，在可能分离的已知除草剂受体的情况下，安全剂也有并不直接影响除草剂作用的例子。如 Polge 等发现，用 NA 处理的玉米乙酰乳酸合成酶（ALS）萃取物不能阻止绿磺隆对它的抑制作用。同样，Kocher 等和 Hatzios 证实安全剂解草唑和二氯丙烯胺分别都不能降低噁唑禾草灵和稀禾啶对乙酰辅酶 A 羧化酶的离体抑制作用。

相反，Walton 和 Casida 报道二氯乙酰胺类安全剂和可溶性玉米蛋白（Safbp）的结合作用以及有关二氯乙酰胺类安全剂，氯乙酰苯胺类、异丙甲草胺和硫代氨基甲酸酯类、茵达灭对这种结合作用的竞争性抑制作用。进而表明，这些结合活性的离体抑制作用与安全剂的有效性强烈有关，然而分布研究结果显示对安全剂处理没有反应的物种内缺少 Safbp。Safbp 作为木质素生物合成中所包含的 O-甲基转移酶所显示的性质有待证实，但是与氯乙酰苯胺和硫代氨基甲酸酯类除草剂抑制木质化作用的观察结果相一致。关于安全剂活性这方面观察结果的潜在作用也有待于今后讨论证实。

有些学者研究安全剂对除草剂靶标的作用，尤其是对 ALS 的作用，ALS 是支链氨基酸生物合成第一个酶和磺酰脲类及咪唑啉酮类除草剂的靶标。例如，Rubin 和 Cacida 观察到用二氯丙烯胺处理过的黄化玉米根部和茎干组织的 ALS 活性有 25% 的提高，也有发现 NA 和解草腈能增加玉米和黄化高粱中的 ALS 水平。以后，Milhomane 等报道用安全剂处理过的苗根部制备的 ALS 萃取物对灭草喹和甲磺隆的抑制作用敏感性较差。然而这些研究观察结果的显著意义受到一系列矛盾报道的负面影响。后来 Barret 进一步研究表明无论是 NA、解草腈、解草安还是二氯丙烯胺都不能增强绿叶玉米和高粱幼苗内的 ALS 活性。此后 Polge 等又发现 NA 和二氯丙烯胺共同处理玉米幼苗的 ALS 活性提高 2 倍，但可被 ALS 对绿磺隆抑制的敏感性翻倍所抵消。相反，玉米 ALS 对磺酰脲类除草剂抑制作用的活性敏感性不受 NA 或 BAS145138 处理的影响。

由于这些观察结果互相矛盾的特性，因此安全剂对除草剂靶标的干扰作用并不能认为是安全剂最基本的作用机制。当然，Hatzios 的结论是，这些干扰作用不能认为是许多有效的除草剂-安全剂-作物组合的特异性。例如，对除草剂结合位点安全剂的竞争作用不能解释与安全剂分子结构无关的能避免特种除草剂药害而提供保护作用的能力，或个别安全剂如 NA 能阻止不同作用机制的除草剂所引起的药害。然而，生物化学的应力如除草剂和安全剂与 Saf-BP 或 ALS 之间的互相作用可能是导致除草剂抗性所包含的基因转录活化的一条明显的传导路径的初始阶段。Hershey 和 Stoner 报道在用苯氨磺酰类安全剂，N-（氨基羰基）-2-氯苯氨磺酰（2-CBSU）处理玉米后，能诱发未知功能 mRNA 产生，定名 *In2-2*。De Veylder 等也证实，用绿磺隆或支链氨基酸处理能活化转基因烟草作物内的 *In2-2* 基因，已知能通过负反馈机制 ALS 活性。还有，用 ALS 的磺酰脲-抗性型修饰的烟草品系内不能断定绿磺隆的 *In2-2* 诱导作用，而安全剂-诱发的生长阻滞作用在该品系内也有缩减。这些结果不仅意味着安全剂与 ALS 的干扰作用，而且还因 ALS 的抑制结果造成 *In2-2* 基因的转录活化。*In2-2* 蛋白的未知功能妨碍 ALS 对基因活化的抑制作用识别途径的确定。

第四节 主要品种

1. 解草酮 （benoxacor）

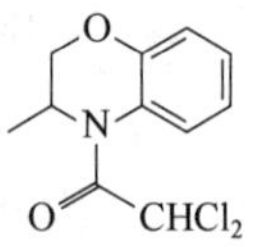

$C_{11}H_{11}Cl_2NO_2$, 260.12, 98730-04-2

商业上解草酮是该类安全剂中重要的品种之一，它用于含有甲氧毒草安的品种中。这些品种主要用于玉米种植前的处理、播种前的混合和苗前处理。解草酮是由 Ciba-Geigy AG （现为 Syngenta 公司）开发（代号为 CGA 154281），并于 1988 年首次报道。在 1983 申请了普通欧洲专利，在 1985 年在美国申请了选择性专利。

合成方法 解草酮的合成方法如下：

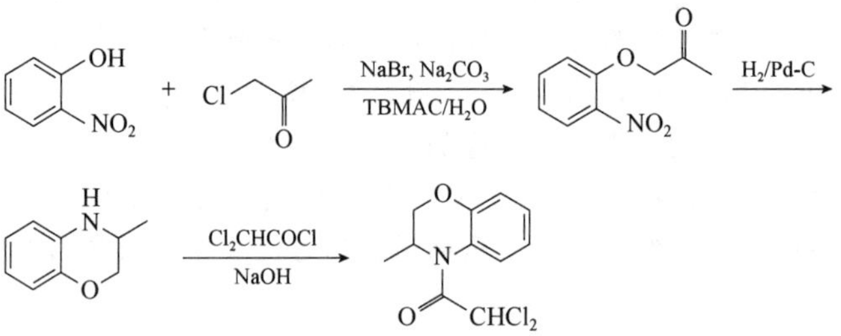

毒性及降解 数据见表 3-13-3。

表 3-13-3 解草酮毒性及降解数据

项 目	毒 性 数 据
鼠（经口）	$LD_{50} > 5000mg/kg$
鼠（吸入）	$LC_{50} > 2mg/L$
兔（对眼和皮肤的刺激）	无
豚鼠（皮肤致敏）	轻微
DT_{50}（土壤）	快速，约 5d

应用 目前有许多包含解草酮和（S）-甲氧毒草安的品种（包括含有或不含有其他除草剂品种）（见表 3-13-4）。由于同时包含解草酮和（S）-甲氧毒草安的专利失效，因此目录列出了一半的生产商。在玉米的应力状态下，解草酮和（S）-甲氧毒草安的联合使用是非常必要的。由于在冷和湿润土壤条件下，玉米获得除草剂的能力得到提高，对除草剂的代谢能力得到降低，导致甲氧毒草安的药害明显提升。解草酮和（S）-甲氧毒草安具有类似的化学性质，可通过影响它们在土壤中的行为，保证二者的同时吸收，进而在不同气候条件下的安全使用。

表 3-13-4 含有解草酮的除草剂

除 草 剂	商 品 名 称
S-异丙草胺	Dual II magnum®，Cinch®
S-异丙草胺＋阿特拉津	Bicep II magnum®，Cinch® ATZ，Cinch® ATZ lite

续表

除 草 剂	商 品 名 称
异丙草胺＋阿特拉津	Stalwart® Xtra
异丙草胺	Stalwart®，Parallel® Me-Too-Lachlor II®
S-异丙草胺＋甲基磺草酮	Camix®
S-异丙草胺＋甲基磺草酮＋阿特拉津	Lexar®，Lumax®

2. 二氯丙烯胺 (dichlormid)

$C_8H_{11}Cl_2NO$, 208.09, 37764-25-3

在所介绍的安全剂中，二氯丙烯胺是发现最早且现在仍在使用的品种。1972 年由 Stauffer 首次报道，代号为 R25788。

合成方法

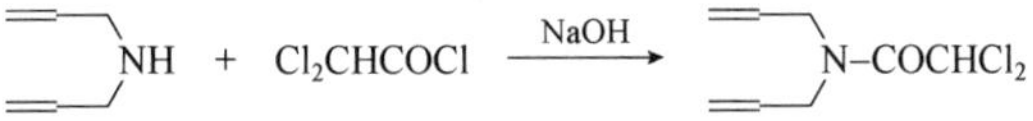

应用 用于保护玉米免受除草剂乙草胺的伤害。Surpass®、TopNotch®、Volley® 和 Confidence®、StalwartC® 均是含有二氯丙烯胺而非解草酮的甲氧毒草安制剂。二氯丙烯胺也利用于几种含有阿特拉津的乙草胺产品中，如 Confidence Xtra®、Keystone®、Volley® ATZ。与解草酮类似，二氯丙烯胺也与除草剂组分具有类似的物理化学性质，进而可达到类似的吸收效果和安全性。

3. 解草噁唑 (furilazole)

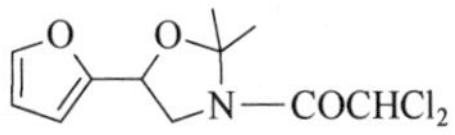

$C_{11}H_{13}Cl_2NO_3$, 278.13, 121776-33-8

解草噁唑首次报道于 1991 年，由 Monsanto 公司研制，代号为 MON13900。

合成方法

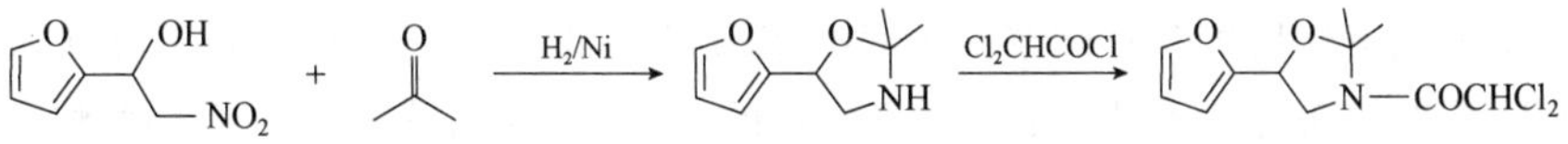

毒性 数据见表 3-13-5。

表 3-13-5 解草噁唑的毒性数据

项 目	毒 性 数 据
鼠（经口）	$LD_{50} > 869mg/kg$
鼠（吸入）	$LC_{50} > 2.300mg/L$
兔（对眼和皮肤的刺激）	对皮肤无刺激，对眼轻微刺激
豚鼠（皮肤致敏）	无
DT_{50}（土壤）	快，10～20d

应用 在初次报道中保护了该化合物可与不同类别多种除草剂分子的安全剂，但仅仅对其与磺酰脲类除草剂 halosulfuron-methyl（NC-319）的效果进行了详细介绍。自其在 1995 年发布以来，解

草噁唑与 halosulfuron-methyl 的制剂产品 Battalion® 和 Permit® 就广泛应用于谷类和高粱的苗前与苗后处理中。它也用于含乙草胺的制剂（如 Degree®、Degree Extra®、Harness®、Guardian®）对玉米的苗前处理中。

应用　它对减少由磺酰脲类除草剂所引起的对玉米的药害有一定的效果。

4. 解草烷（MG 191）

$C_5H_8Cl_2O_2$, 171.02, 96420-72-3

理化性质　无色液体，沸点 91～94℃/4kPa，在水中的溶解度为 9.75g/L，可溶于有机溶剂中，对光稳定。

毒性　大鼠急性经口 LD_{50} 为 465g/kg，急性经皮 LD_{50} 为 652mg/kg，对鱼低毒。

应用　玉米用高效硫代氨基甲酸酯类除草剂的安全剂。

5. BAS-145138

BAS-145138（Dicyclonon）是 BASF 公司于 20 世纪 80 年代开发的一种新的二氯乙酰胺类安全剂，用于保护玉米免受氯乙酰胺类除草剂的伤害，它对吡唑草胺的解毒效果非常显著，还是磺酰脲类和咪唑啉酮类除草剂在禾本科作物中的高效安全剂。同时对二苯醚类及三氮苯类的部分除草剂也有一定的解毒效果。

Fuerst E. P 等研究了 BAS-145138 对氯乙酰胺类除草剂的解毒作用和对玉米幼苗中氯乙酰胺类除草剂降解的影响，结果表明：除草剂安全剂 Bas-145138 加速了玉米根和芽对除草剂的耐力，使得玉米体内谷胱甘肽-S-转移酶的活性增加。BAS-145138 降低了生长组织中除草剂的含量，这种降低归功于对除草剂代谢的加快和对除草剂传导和吸收的降低。从而得出，BAS-145138 保护玉米免受氯乙酰胺类除草剂的伤害是通过以下途径来实现的：①降低除草剂原药在敏感和快速生长的组织中（如正在快速生长的叶子）的水平；②加快酶谷胱甘肽与除草剂的轭合作用。

Lamoureux G L 在用 BAS-45138 对豆磺隆的解毒试验中表明，BAS-145138 可增加豆磺隆的代谢率，而且不影响豆磺隆的自然降解，增加玉米体内 GSH 的含量，形成双谷胱肽 BAS-S-145138 并不影响玉米对豆磺隆的吸收，加速豆磺隆的降解，尤其是在玉米的根部和嫩叶，降解最快。

当 BAS-145138 达到一定浓度时，豆磺隆在玉米根部的降解速率为正常降解速率的 6 倍，同时，BAS-145138 既不改变豆磺隆的降解过程，也不影响 ALS 的活性。

Ekler 指出 BAS-145138 和 DKA-24 同样减轻豆磺隆对玉米的伤害，主要是增加了豆磺隆的代谢率，促进玉米体内谷胱甘肽的合成。在苗期，安全剂的浓度与 GSH 的含量及 GST 的活性呈显著线性相关。Robert M. Devlin 1991 年进行的实验表明 BAS-145138 能够在一定的程度上保护玉米由于咪唑啉酮类除草剂所造成的伤害。Andrewsic SkiPsey. M 研究了 BAS-145138 对二苯醚类除草剂乙氧氟草醚、氟磺胺草醚和三氟羧草醚的解毒效果，认为 Bas-145138 增加了作物中 GST 的活性，适于在轮作中与除草剂制成混剂，以达到除草和保护的双重目的。

Zsigmond 等还对 BAS-145138、MG-191、AD-67 等几种安全剂在灭草喹和乙草胺上的解毒效果做了比较，结果显示 Bas-145138 是一种效果最明显且用量最少的安全剂。在保护作物方面，对玉米的保护作用是显著的，但对于小麦和高粱等其他禾本科作物并不十分敏感。

6. 解毒喹 （cloquintocet-mexyl）

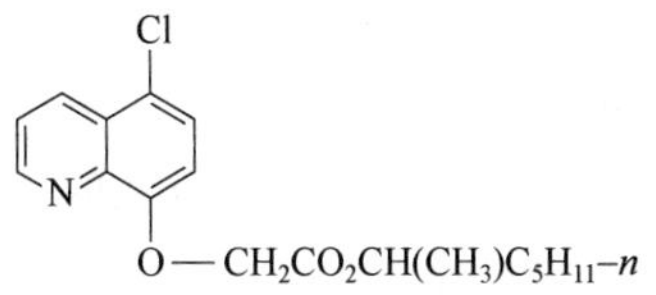

$C_{18}H_{22}ClNO_3$, 178.6, 99607-70-2

解毒喹（CGA 185072）由 Ciba Geigy（now Syngenta）研发，用于谷类植物苗后处理，在 1989 年和 ACCase 抑制剂炔草酯同时发布。在 1991 年首先使用于瑞典、南非和智利，2000 年在美国以安全剂/除草剂结合的形式注册登记。

合成方法

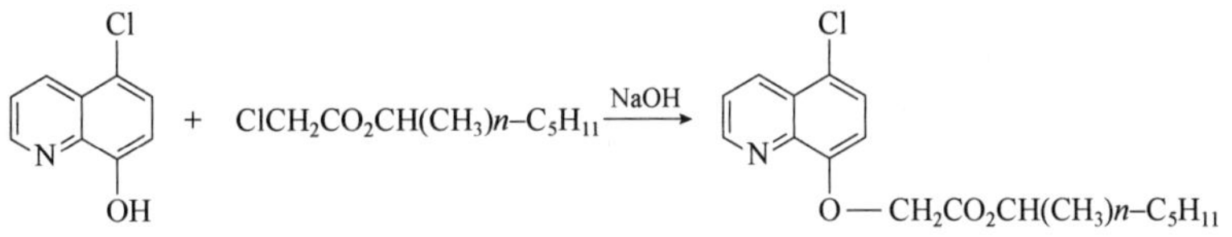

毒性 数据见表 3-13-6。

表 3-13-6 cloquintocet-mexyl 的毒性数据

项 目	毒 性 数 据
鼠（经口）	$LD_{50} > 2000mg/kg$
鼠（经皮）	$LD_{50} > 2000mg/kg$
鼠（吸入）	$LD_{50} > 0.935mg/L$
兔（对皮肤和眼睛的刺激）	无

应用 对小麦具有最大的安全型，其次为大麦。对黑麦和黑小麦也具有安全性。在土壤中解毒喹快速分解为游离酸（$DT_{50} < 3d$），并伴随在数周或几个月内进一步降解和矿物化。母体安全剂及代谢产物和土壤紧密结合的特点保证其不会产生渗漏的风险。

7. 吡唑解草酯 （mefenpyr-diethy）

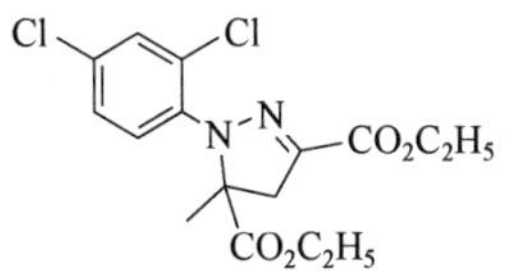

$C_{16}H_{18}Cl_2N_2O_4$, 373.23, 135590-91-9

合成方法

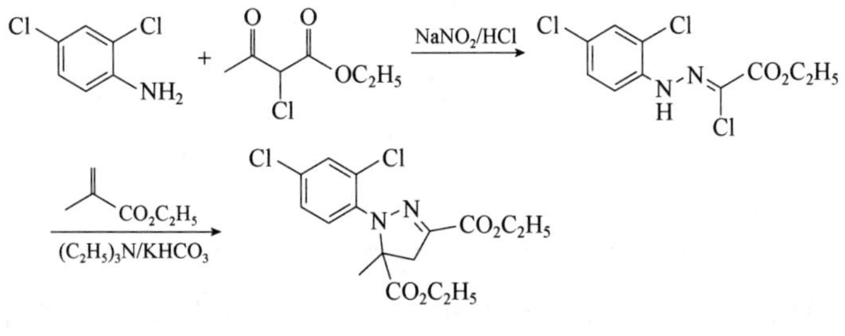

应用　与解毒喹类似，均为谷物类苗后处理安全剂。它和芳氧苯氧丙酸酯和磺酰脲类除草剂结合，用于小麦、黑麦、黑小麦和一些大麦类。它由 AgrEvo（now Bayer CropScience）研发，首次于1999 年与甲基碘磺隆同时发布并替代了其先导化合物解草唑。Mefenpyr-diethyl 和解草唑相比，不仅能够对小麦和黑麦，而且还能够为春季大麦提供苗后选择性杂草控制。其另一个更为重要的优点是可以作为许多苗后除草剂在谷物田中使用的安全剂。第一个登记是在 1994 年。它已同单个或多个除草剂混合获得商业化，包括精噁唑禾草灵（如 Puma S®）、甲基碘磺隆钠盐（如 Hussar®）和甲磺胺磺隆 1（Atlantis®）。总的来说，其可提供足够的安全性的用量为 20～100g（a. i.）/hm²，而且和除草剂之间没有固定的比例。

毒性　数据见表 3-13-7。在环境中，因光解、水解和微生物降解导致其在土壤中快速分解（$DT_{50} < 10$）。

表 3-13-7　吡唑解草酯的毒性数据

项　目	毒 性 数 据
鼠（经口）	$LD_{50} > 5000mg/kg$
鼠（经皮）	$LD_{50} > 4000mg/kg$
兔（对眼和皮肤的刺激）	对皮肤无刺激、对眼轻微刺激
豚鼠（皮肤致敏）	无
致突变性（活体/离体）	无

8. 苯噁唑酸乙酯（isoxadifen-ethyl）

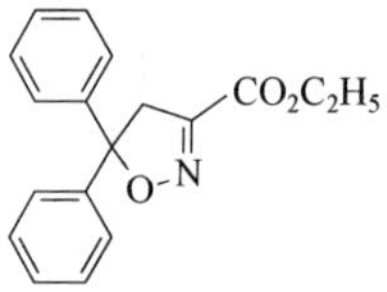

$C_{18}H_{17}NO_3$, 295.33, 163520-33-0

苯噁唑酸乙酯是近期商品化的在玉米和水稻田使用的安全剂。由 AgrEvo（now Bayer CropScience）研发，在 2001 年首次公开。2002 年在美国上市。

合成方法

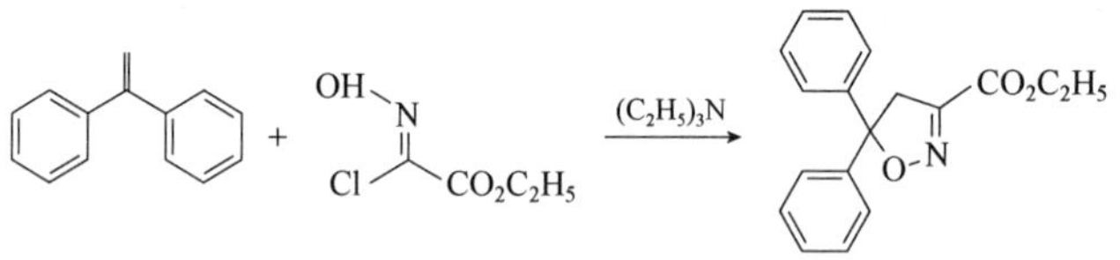

毒性　数据见表 3-13-8。

表 3-13-8　isoxadifen-ethyl 的毒性数据

项　目	毒 性 数 据
鼠（经口）	$LD_{50} > 1740mg/kg$
鼠（经皮）	$LD_{50} > 2000mg/kg$
鼠（吸入）	$LD_{50} > 5000mg/m^3$
兔（对眼和皮肤的刺激）	对皮肤无刺激、对眼轻微刺激

应用　与酰胺磺隆联合使用于玉米田中（Option®），也可与酰胺磺隆、甲基碘磺隆钠盐联合使

用（如 Equip®、Maister®）。在水稻田中，和精噁唑禾草灵（如 Ricestar®、Starice®）以及乙氧嘧磺隆（Tiller Gold®）联合使用。从这一点可以看出，isoxadifen-ethyl 将安全剂附以新的起点：可使具有不同作用机制的除草剂对多种作物具有安全性。

同类品种还有解草胺腈（cyometrinil，78370-21-5）、解草腈（oxabetrinil，94593-79-0）、肟草胺（fluxofenim，88485-37-4）、解草胺（flurazole，72850-64-7）、杀草隆（daimuron，42609-52-9）、苄草隆（cumyluron，99485-76-4）、哌草丹（dimepiperate，61432-55-1）、解草唑（fenchlorazole-ethyl，103112-35-2）等。

第五节　除草剂安全剂的未来

除草剂安全剂无疑继续为许多杂草防除难题提供新的解决办法，也许安全剂最有价值的用途是将它们作为检测控制除草剂选择性代谢途径的工具。如果开发新的环境安全和选择性杂草防除策略中存在开拓机遇的话，在靶标和非靶标植物物种之间代谢二歧式的特性是最基础的。这就要求进行代谢酶底物的特异性确定的相应基因的分离。直至最近，这被证实是十分困难的，已知酶的低效价、极不稳定性和预期过剩，例如在植物组织内的细胞色素 P450 单氧酶。然而，Barrett 提出直接基因分离可能在不久的将来会成为常规操作技术。相反，对基因产物检测其作用和测定它们对除草剂选择性的相对作用仍将是困难的。因此这可通过安全剂的效应得到部分解决，一旦这些资料可获得，这不仅可能采用更合理的途径开发环境安全的杂草防除策略，而且还提供具有广泛应用价值的生化和分子工具。

尤其是，编码安全剂诱发酶基因的分离可促进具有增强代谢能力的基因修饰作物的开发。这原理在烟草上已经获得证实，在烟草上用对绿麦隆抗性的大鼠进行转化。进而，转基因烟草表达来自 *Streptomyces grieolus*（链霉菌一种）的 CYP105A1，以 *N*-脱烷基化能活化磺酰脲前体——除草剂，R7402，并显示对氯嘧磺隆羟基化有很大的能力。这些活性的有效表达要求在 CYP105A1 存在场合与酵母 NADPH 细胞色素 P450 氧化还原酶融合，为 CYP105A1 导向叶绿体。矛盾的是，Werek-Reichhart 预测植物 P450 基因的表达将更有效。然而，Gaillard 等证实用解草酯处理大麦不仅加速活性，而且还增强谷胱甘肽-异丙甲草胺和葡糖苷-羟基-氟嘧磺隆的接合物空泡输导的活性，表明与其他因子协同表达仍将是获得有效的耐性所必需的。

基因修饰作物的发展近年来产生了相当的商业利益，新除草剂和安全剂的持续开发也可从检测除草剂代谢酶的这些基因编码得到好处。尤其是，这有助于检测可能在植物体内为脱毒酶作底物用的除草剂和能诱发相关代谢活性的安全剂分子。潜在除草剂的选择性可从它们离体的酶降解敏感性来判断，可开发生物测试技术，测试潜在安全剂在作物体内诱发关键活性或基因的能力。

这样，一种方法可能为指引特异的需要时采用，如为保护双子叶作物安全剂的需要，除了谷物单一耕作外，已知农业是一个复杂的多样化的系统。在阔叶作物上已观察到的安全剂活性，阔叶作物包括马铃薯和大豆等，可用生长阻滞剂比久、抑芽唑和 BAS140810 处理，保护这些作物免遭嗪草酮的药害。相类似地，油菜对毒莠定的耐性可用十分相关的吡啶类除草剂二氯吡啶酸预处理而得到增强。然而这些观察结果都未能导致商业性产品的开发，其他有益关系的推测也未有利于双子叶作物代谢途径的鉴定。而可以肯定的是，有些实例表明在单子叶作物中肯定的诱发代谢活性的安全剂活性在双子叶作物中也存在。例如只用一个嵌合基因转型的拟南芥菜（*Arabidopsis thaliana*）内用取代苯磺酰胺类安全剂诱发玉米 *In2-2* 启动子，表明导致从安全剂使用到 *In2-2* 表达的诱发途径保存在单子叶和双子叶物种内。进而，能降解异丙甲草胺、甲草胺和苯达松的 NA-诱发的细胞色素 P450 活性存在于绿豆体内。同样，Edwads 的研究结果证实在豌豆内（虽限于根部组织），存在代谢莠去津的二氯丙烯胺-诱发的 GST。虽未深入研究，但这也表明二氯丙烯胺并不能真正地转移到茎干系统。

　　实际上，Riden 等人分别研究了 NA、解草烷和芳醚类安全剂解草腈、芳草安的归宿，除此之外，很少有关于安全剂的吸收、输导和代谢的报道。这些研究现在变成安全剂也面临的如除草剂本身同样的环境安全测试程序所必需的最基础的工作。进一步，这些研究工作对安全剂活性关键的反应过程有更多的了解，尤其是有事实表明有些安全剂具有增强除草剂降解的能力是因为通过相同的机制诱发安全剂自身代谢的结果。可以确定，标志 In2-2 的 mRNA（分离自玉米）已知能被苯磺酰胺类安全剂 2-CBSU 和绿磺隆所诱发。安全剂代谢研究与除草剂解毒途径比较，为预测有益的除草剂-安全剂相互关系提供另一条可能途径。

　　虽然对除草剂和安全剂开发是必需的，但代谢酶和基因的分离过程还产生了不少探针和生物标准参照物，在它们自己的能力范围内可用作工具。例如，已知抗性对特种酶的适用性是除草剂抗性的原因，就可能导致开发早期检测杂草对除草剂抗性的田间测试方法。Riechers 等还证实强化 GST 的潜在用途。进而，代谢活性的鉴定受限于检测的难度，尤其对在较老的植物组织中的细胞色素 P450 系统。当然，老化的植物中安全剂的活性表明系统存在于这些材料中，虽然 Hendry 等报道萌芽后短期内微粒体活性迅速下降。这一异常事实反映了当用分光光度法测试时需要用无叶绿素的幼苗。探针的使用能检测在老化的叶绿素的材料中的反应，有助于预测相关植物材料中除草剂的选择性和安全剂活性。这样，在环境危险测试技术中已经使用的一种方法，因为需要污染物尤其是农药在复杂的水体或污水样品中的检测方法。样品诱发代谢反应的能力，特别是对强化 P450 的活性，已用作鱼体内生物异源物应力的指示，最近也用于植物的检测。

　　最后，可诱发的基因表达系统，如在转基因生物组织中调节蛋白质产生的系统，长久以来被用作探索基础生物反应过程的工具。具有已知对特异诱发刺激反应的启动子的转录控制有关的结构的基因的生物体的转化是可诱发的系统的基础。Hershey 和 Stoner 认为结合来自安全剂-反应基因的启动子作用的安全剂为基础，开发新型的可调节基因表达系统是很有前途的。为此，他们在玉米体内对用安全剂 2-CBSU 诱发的标志为 In2-1 和 In2-2 的 RNA 在 cDNA 克隆进行分离和定性。掺入 In2-2 启动子和 *Bacillus amyloliquefaciens SacB* 基因的嵌合基因，直接将果聚糖合成到细胞溶质，然后被引入烟草内。用安全剂 2-CBSU 处理转基因植物，就能调节在细胞溶质内和果聚糖的合成，这样就能进行植物发育中果聚糖累积作用的研究。

参考文献

［1］　Hatzios K，Hoagland R (Eds.)，Crop Safeners for Herbicides，Academic Press，San Diego 1989.

［2］　Davies J，Caseley J C. Herbicide safeners：a review. Pestic Sci，1999，55(11)：1043-1058.

［3］　Davies J. Herbicide safeners- commercial products and tools for agrochemical research. Pesticide Outlook，2001，12：10-15.

［4］　Chris Rosinger，Helmut KÖcher. Modern Crop Protection Compounds. Edited by Krämer W，Schirmer U. WILEY-VCH Verlag GmbH & Co. KGaA，Weinheim，2007，259-281.

［5］　Hoffmann O L. Inhibition of auxin effects by 2,4,6-trichlorophenoxyacetic acid. Plant Physiol，1953，28：622-628.

［6］　晓岚. 除草剂安全剂的评述（上）. 世界农药，2000，22 (3)：29-33.

［7］　晓岚. 除草剂安全剂的评述（下）. 世界农药 2000，22 (4)：26-32.

［8］　叶非，徐宝荣. 化学解毒剂——除草剂研究领域的新途径. 农药科学与管理，1995，(1)：25-29.

［9］　Keifer D. Phosphate ester herbicide antidotes. WO 2001050858.

［10］　姜林，李正名. 除草剂安全剂应用研究近况. 农药学学报，1999，1 (2)：1-8.

［11］　许阳光，李学锋，吕明明. 除草剂中的安全剂研究进展. 中国植保刊刊，2004，24 (1)：8-11.

［12］　柴超，叶非. 除草剂安全剂的研究进展. 农药科学与管理，2003，24 (4)：23-26.

［13］　黄春艳. 除草剂安全剂研究概况. 黑龙江农业科学，2005，(5)：26-29.

［14］　缪应江，哀树芯. 酰胺类除草剂的安全剂. 杂草科学，2001，(4)：2-5.

［15］　毕洪梅，张金艳，叶非等. 除草剂安全剂的作用机制研究进展. 农药科学与管理，2007，25 (1)：32-34.

［16］　Lay M M，Casida J E. Dichloroacetamide antidotes enhance thiocarbamate sulfoxide detoxification by elevating corn root glutathione content and glutathione S-transferase activity. Pestic Biochem Physiol,1976,6：442-456.

[17] 吕康博,叶非. 除草剂安全剂 BAS-145138. 世界农药, 2002, 24：21-23.

[18] Ekler Z,Dutka F,Stephenson G R. Safener effects on acetochlor toxicity, uptake, metabolism and glutathione S-transferase activity in maize. Weed Res,1993,33：311-318.

[19] Wu J,Omokawa H,Hatzios K K. GlutathioneS-transferase activity in unsafened and fenclorim-safened Rice（oryza sativa）. Pestic Biochem Physiol,1996,54：220-229.

[20] 叶非, 曲虹云. 安全剂 R-28725 保护玉米免受咪唑乙烟酸药害的机理研究. 农药学学报, 2002, 4：18.

[21] 周小毛,黄雄英,柏连阳. 芸薹素内酯保护玉米免受胺苯磺伤害的作用及其机理. 植物保护学报, 2005, 32（2）：189-194.

[22] Stephenson G R,Bunce N J,Makowski R I,et al. Structure-activity relationships for S-ethyl N,N-dipropylthiocarbamate（EPTC）antidotes in corn. J Agric Food Chem, 1978,26：137-140.

[23] Yenne S P,Hatzios K K. Molecular comparisons of selected herbicides and their safeners by computer-aided molecular modeling. J Agric Food Chem,1990,38：1950-1956.

[24] Bordas B,Koemives T,Szanto Z,et al. Comparative three-dimensional quantitative structure-activity relationship study of safeners and herbicides. J Agric Food Chem,2000,48：926-931.

[25] Peek J,Collins H,Porpiglia P,Ellis J. Abstr. Annu. Weed Sci. Soc. Am. ,1988,28,13.

[26] Moser H. Means for protecting cultured plants against the phytotoxic effect of herbicides. EP 149974. 1985.

[27] Munson R E,Oliver M A,Schwemlein H P. Method for making acylamides by synthesizing and acylating benzoxazines. WO 2001090088.

[28] Boldt L D,Barrett M. Factors in alachlor and metolachlor injury to corn（Zea mays）seedlings. Weed Tech，1989,3(2)：303-306.

[29] Rowe L,Kells J J,Penner D. Efficacy and mode of action of CGA-154281,a protectant for corn（Zea mays）from metolachlor injury. Weed Sci,1991,39：78-82.

[30] Viger P R,Eberlein C V,Fuerst E P. Influence of available soil water content, temperature, and CGA-154281 on metolachlor injury to corn. Weed Sci,1991,39：227-231.

[31] Viger P R,Eberlein C V,Fuerst E P,Gronwald J W. Effects of CGA-154281 and temperature on metolachlor absorption and metabolism,glutathione content, and glutathione-S-transferase activity in corn（Zea mays）. Weed Sci,1991,39：324-328.

[32] Chang F Y,Bandeen J D,Stephenson,G R A selective antidote for prevention of EPTC［S-ethyl dipropylthiocarbamate］injury in corn. Can J Plant Sci,1972,52：707-714.

[33] Benke A H,Morris Hue T,Nady Louie A. Continuous process for dichloroacetamides. US 4278799. 1991.

[34] Bussler B H,White R H,Williams E L. MON 13900: a new safener for gramineous crops. Brighton Crop Protection Conference—Weeds 1991,1：39-44.

[35] Gaede B J,Taylor W D. Preparation of 3-(dihaloacetyl)oxazolidines. EP 648768.

[36] Pitt H M. N-Acylation of oxazolidines. U. S. 4038284.

[37] Feucht D,Dahmen P,Drewes M. W,et al. Arylsulfonylaminocarbonyltriazole-based mixtures as selective herbicides. WO 2002001957.

[38] Rubin B,Kirino O,Casida J E. Chemistry and action of N-phenylmaleamic acids and their progenitors as selective herbicide antidotes. J Agric Food Chem. 1985,33：489-494.

[39] Collins B,Drexler D,Maerkl M,et al. Foramsulfuron- a new foliar herbicide for weed control in corn（maize）. Brighton Crop Protection Conference—Weeds,2001,1：35-42.

[40] Fuerst E P,Lamoureux G L,Ahrens W H. Mode of action of the dichloroacetamide antidote BAS 145-138 in corn : I. Growth responses and fate of metazachlor. Pestic Biochem Physiol,1991,39：138-148.

[41] Fuerst E Patrick,Lamoureux Gerald L. Mode of action of the dichloro- acetamide antidote BAS 145-138 in corn. II. Effects on metabolism,absorption,and mobility of metazachlor. Pestic Biochem Physiol 1992,42：78-87.

[42] Devlin Robert M,Zbiec Irena I. Effect of BAS 145-138 as an antidote for sulfonylurea herbicides. Weed Tech 1990,4：337-340.

[43] Nevill David J. Selective herbicidal compositions. DE 19834627.

[44] Notice of filing Pesticide Petition with EPA,Federal Register,1999,64（110）：30997-31000.

[45] Fuerst E P, Irzyk G P, Miller K D. Partial Characterization of Glutathione S-Transferase Isozymes Induced by the

Herbicide Safener Benoxacor in Maize Plant Physiol,1993,102: 795-802.

[46] Holt David C,Lay Venetia J,Clarke Eric D,Dinsmore Andrew,Jepson Ian,Bright Simon W J,Greenland Andrew J. Characterization of the safener-induced glutathione S-transferase isoform II from maize. Planta,1995,196(2): 295-302.

[47] Hacker E,Bieringer H,Willms L,et al. Iodosulfuron plus mefenpyr-diethyl- a new foliar herbicide for weed control in cereals. Brighton Conference—Weeds,1999,1: 15-22.

[48] Ekler Z,Stephenson G R. Physiological responses of maize and sorghum to four different safeners for metazachlor. Weed Res,1989,29(3): 181-191.

[49] Andrews C,Skipsey M,Edwards R,et al. Changes in glutathione transferase activities in soybean in response to treatment with herbicides and safeners. Brighton Crop Protection Conference—Weeds,1997,2: 825-830.

[50] Amrein J,Nyffeler A,Rufener J. CGA 184'927 + S: a new post-emergence grasskiller for use in cereals. Brighton Crop Protection Conference—Weeds,1989,1: 71-76.

[51] Hubele A. Use of quinoline derivatives for protection of cultivated plants. EP 94349. 1983;(CA 100:103194).

[52] Scheuzger K. Etherification process for the preparation of 8-(hydroxycarbonyl methyloxy)quinoline derivatives using azeotropic distillation. WO 2002000625;(CA 136:69746).

[53] Howe R K,Lee L F. 2-chloro-4-trifluoromethyl-5-thiazolecarboxylic acids and derivatives. US 4251261-1981; (CA 95: 62179).

[54] Howe R K,Lee L F. 2,4-Disubstituted 5-thiazolecarboxylic acids and their derivatives,useful as protectants against herbicide damage. DE 2919511. 1979 ; (CA 92:110998).

[55] Roesch W,Sohn E,Bauer K,et al. Preparation of 1-phenylpyrazoline-3- carboxylates as herbicide safeners. DE 3939503. 1991,(CA 115:92261).

[56] Pallett K,Veerasekaran P,Crudace M,et al. Proc. NCWSS Conf. 2001,77.

[57] Hacker E,Bieringer H,Willms L,et al. Pflanzenschutz,Sonderheft XVIII,2002: 747-756.

[58] Voss O,Willms L,Bauer K, et al. Preparation of bicyclic heteroaryl herbicide safeners. DE 4344074. 1995, CA 123:286003.

[59] Notice of filing Pesticide Petition with EPA,Federal Register,1999,64(110): 30997-31000.

[60] Landes M,Sievernich B,Walter H,et al. Synergistic herbicidal mixtures. DE 19534910-1997; CA 126:260438.

[61] Takematsu T,Konnai K,Hayashi Y,et al. Herbicides. JP 51098331(1976); CA 86:51581.

Part 04

第四篇

植物生长调节剂

第一章
生长素

生长素（auxins）是发现最早、研究最多、在植物体内存在最普遍的一种植物激素。早在1880年达尔文父子进行植物向光性实验时，首次发现植物幼苗尖端的胚芽鞘在单方向的光照下会向光弯曲生长，但如果把尖端切除或用黑罩遮住光线，即使单向照光，幼苗也不会向光弯曲。因此推测：当胚芽鞘受到单侧光照射时，在顶端可能产生一种物质传递到下部，引起苗的向光性弯曲。后来的研究证实了有这种物质的存在，即生长素。生长素是第一个发现的植物激素，它在生命循环中，在任何一个单细胞中都起着作用。其中最有活性的内源生长素均是含有一吲哚环的化合物。最早在1934年，由荷兰人从人尿和酵母中分离出一种物质并获得结晶，经鉴定为3-吲哚乙酸（IAA）。

目前已知的吲哚类生长素有：吲哚乙酸（IAA）、吲哚丙酸（IPA，已在豌豆和南瓜中发现它的存在）、吲哚丁酸（IBA，它虽是第一个合成的植物生长调节剂，但也存在于自然界，如豌豆、柏树、玉米、胡萝卜和烟草中）、4-氯-$1H$-吲哚-3-乙酸（4-Cl-IAA，它存在于蝶形花科等多种植物中）及7-氯-$1H$-吲哚-3-乙酸（7-Cl-IAA，在土壤微生物假单胞菌及 *P. pyrrocinia* 的排泄物中发现，它可能会影响高等植物的根的生长）。

人工合成的类似物有：5-溴-$1H$-3-吲哚乙酸（它在离体时对根形成和茎的再生很有效，但对整株植物如浮萍和玉米有害）、5,6-二氯-$1H$-3-吲哚乙酸（它是最有效的合成的吲哚类生长素之一，可以促进种子成熟和增加田间作物的产量）、β-三氟甲基-$1H$-吲哚-3-丙酸及4-三氟甲基-$1H$-吲哚-3-丁酸等，其性质见表4-1-1。

表 4-1-1 主要的吲哚类植物激素

序　号	名　称	熔点/℃
4-1-1	IAA	168～170
4-1-2	IPA	134～135
4-1-3	IBS	123～125
4-1-4	4-Cl-IAA	184～187
4-1-5	7-Cl-IAA	181～183
4-1-6	5-Br-IAA	143～145
4-1-7	5,6-Cl2-IAA	189-191
4-1-8	β-CF$_3$-吲哚-3 丙酸	117～119（R，S）

注：表中的化合物 4-1-1～4-1-4 均为天然存在的生长素，4-1-5 是微生物代谢产物，4-1-6～4-1-8 为合成产物，4-1-8 可能是 IBA 的拮抗剂。

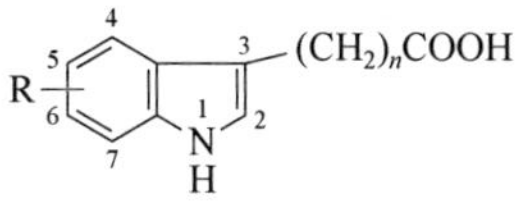

4-1-1 n=1, R=H;	4-1-4 n=1, R=4-Cl	
4-1-2 n=2, R=H;	4-1-5 n=1, R=7-Cl	
4-1-3 n=3, R=H;	4-1-6 n=1, R=5-Br	

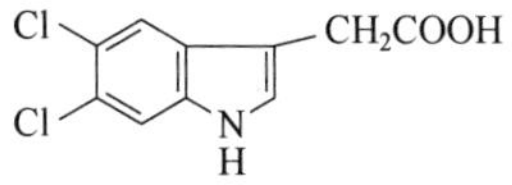

4-1-7 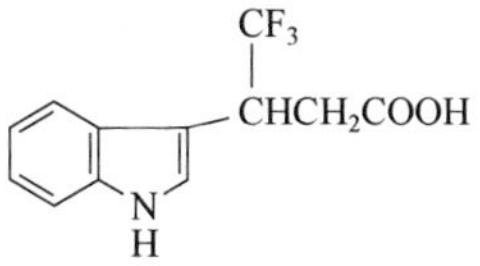　　　　　4-1-8

色氨酸是植物体内生长素生物合成重要的前体物质，其结构与IAA相似，在高等植物中普遍存在。通过色氨酸合成生长素有两条途径：一是色氨酸首先氧化脱氨形成吲哚丙酮酸，再脱羧形成吲哚乙醛，吲哚乙醛在相应酶的催化下最终氧化为吲哚乙酸。这是高等植物体内生长素生物合成的主要途径。二是在十字花科植物中存在较多的吲哚乙腈，在酶的作用下也可转变成为吲哚乙酸。多种合成生长素途径的存在，可以保证不同的植物类型以及植物在不同的生育期、不同的环境下维持体内生长素的正常水平。

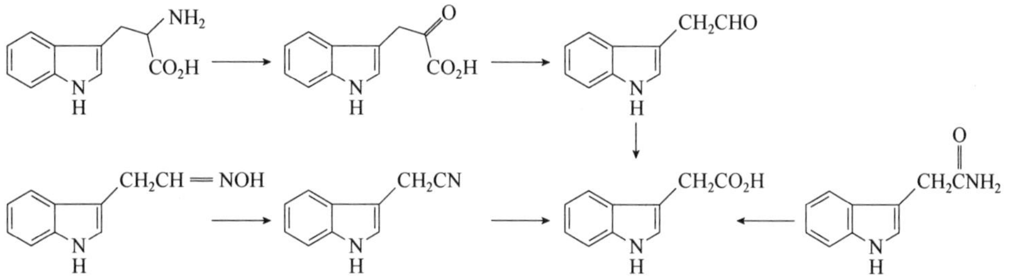

吲哚乙酸

生长素的代谢包括生长素轭合物的形成、转化形成吲哚丁酸（IBA）和氧化分解等过程。生长素合成和代谢之间的平衡是特定细胞中游离态生长素水平的主要决定因素。IAA轭合物的形成主要通过以下两条途径：一是与蔗糖或肌醇形成轭合物，另一是与氨基酸、多肽或蛋白质形成轭合物。结合态IAA的功能主要起IAA储藏和避免其被氧化分解的作用，因而结合态IAA的形成是维持IAA活性水平的重要调节手段之一。此外，有研究表明结合态IAA，如IAA-Ala和IAA-Gly等不能通过极性运输在植物体内移动，所有结合态的IAA在体内的移动是通过自由扩散实现的。结合态生长素可以通过酶促反应而降解。

第一节　生长素的生物功能

植物体内生长素的含量虽然很微量，但分布甚广，植物的根、茎、叶、花、果实、种子及胚芽鞘中均有。它主要集中在胚芽鞘、幼嫩的茎尖、根尖、叶片和未成熟的种子及禾谷类的分生组织等生长旺盛的部位；生长缓慢或趋于衰老的组织，如黄化的燕麦幼苗中生长素的分布较少。生长素在胚芽鞘的尖端和根尖中含量最多，一般距顶端越远，含量越少，而根尖中的含量普遍低于胚芽鞘尖端。

生长素的两个基本性质是促进细胞膨胀和极性运输，大多数植物的细胞分裂都是发生在分生组织中，原先等直径的小细胞在一确定的发育方向上膨胀至成熟大小，同时伴随着形态学的改变，如细胞壁的伸长和液泡的形成，在茎和根伸长时，细胞优先在一个方向伸展，而在其他的一些细胞中，则等直径的扩展是比较普遍的现象。生长素作为植物的一种重要的内源激素，参与植物生长和发育的诸多过程，如根和茎的发育和生长、器官的衰老、维管束组织的形成和分化发育以及植物的向地和向光反应等。很多研究表明，生长素是茎伸长与生长所必需的，生长素的亏缺，会导致茎伸长受阻。外源生长素处理植株也能促进茎切段的伸长，促进亏缺生长素的整体植株茎伸长。

生长素主要是在植物茎尖的营养芽和幼嫩的叶片中合成，然后运输到作用部位。生长素是植物中唯一具有极性运输特性的激素。生长素极性运输与植物生命的许多生长发育过程密切相关，如向光性、向地性、顶端优势、根形成和维管组织的形成等。生长素的运输方向主要是从茎顶端向根尖输送，这种单一方向的运输模式即为生长素极性运输（polar auxin transport，PAT）。极性运输使生长素在植株体内形成以器官顶端为中心的浓度梯度，并维持植物不同组织中的生长素浓度差，用于调控植物的发育。由极性运输所形成的生长素浓度梯度参与调控了植物的许多生理过程。因此可以说，生长素的极性运输决定着植株的形态。

正常情况下，生长素在植物体中是极性向基部运输的。但进一步的研究证明，外源施用的生长素在植物体内可以通过两种不同的途径进行长距离运输：即极性的慢速运输途径和非极性的快速运输途径，这取决于生长素的施用部位。如果将生长素施于豌豆、笋瓜或鸭蕊花属植物的成熟叶片，则生长素可以经过非极性的快速运输途径向上、下两个方向运输。此时生长素与同化物一起在韧皮部中运输。这种运输不受生长素运输抑制剂，如三碘苯甲酸（TIBA）和萘氨基邻苯二甲酸单酰胺（NPA）等的抑制，但环割可以阻断这种途径的运输。

其运输速度一般为 $16\sim24\text{cm/h}$。如果将生长素施用于植物的茎端，则它只能通过极性的慢速途径运输。这种运输在维管形成层及其分化的薄壁细胞中进行，与同化物的运输无关，并受运输抑制剂，如 TIBA 和 NPA 的抑制。这种形式的运输消耗能量，其运输速度为 $0.3\sim1.5\text{cm/h}$。施用于豌豆植株茎端的生长素极性向下运输的速度，随着施用浓度的增加而增加。当施用浓度达到一定程度时，运输速度不再增加。可以推测，这时细胞的生长素运输能力已经达到了饱和。

生长素的极性运输是由上向下，从一个细胞到下一个细胞连续进行的。对于生长素运输的机理曾提出过许多不同的假说。其中以化学渗透假说较能够为大家所接受，并不断得到了完善和补充。已知 IAA 可以有三种不同的途径通过细胞质膜：一是以自由扩散的方式从细胞壁进入细胞质；二是通过输入载体（influx carrier）的帮助进入细胞；三是通过输出载体（efflux carrier）的帮助从细胞质进入细胞壁。这三种运输途径是有区别的，生长素及其类似物可以使第二条运输途径达到饱和，而生长素的运输抑制剂，如 NPA 和 TIBA 等只能特异性地抑制第三条运输途径，但不影响第一条和第二条途径。细胞膜内外的 pH 值是不同的，膜外细胞壁中的 pH 值约为 5，内部细胞质中的 pH 值为 7。在细胞壁中，IAA^- 与 H^+ 质子结合形成了 IAAH 分子。该分子与 IAA^- 相比具有较强的亲脂性，因而更容易经过被动扩散通过细胞的双层脂膜进入细胞。第二条途径，即通过载体的帮助，IAA^- 与两个 H^+ 质子以共同运输的方式进入细胞。这样，IAA 可以通过上述两种方式进入细胞。但二者相比，途径二占主导地位。自由扩散的作用是微不足道的。在 pH 值较高的质膜内部，即细胞质中 IAAH 分子重新离解形成 IAA^- 和 H^+。IAA^- 难以通过质膜，因而逐渐在细胞中积累。这样，由于细胞质膜内外的 pH 梯度，使得 IAA 能够不断地进入细胞质中。实验证明，以这两种途径进入细胞质中的 IAA 可积累高达 $10\sim100$ 倍。与 pH 梯度相伴随的是电化学梯度，细胞质膜外部相对于内部呈正电性，位于质膜上的由 ATP 驱动的质子泵不断地将细胞内部的质子送出膜外，以维持膜内外的 pH 梯度和电化学梯度。膜两侧的 pH 梯度和电化学梯度驱动着细胞对 IAA 的吸收和积累。随着细胞质中 IAA^- 浓度的增加，细胞中的 IAA^- 可以通过极性分布于细胞质膜底部的具有特异的 IAA 载体蛋白运出膜外。在膜外，IAA^- 又可通过途径一和二进入下一个细胞。如此循环，使 IAA 极性运输得以进行。在这一假说中，能量并非消耗用于 IAAH 和 IAA^- 通过质膜的运输，而是直接用于主动的 H^+ 质子从细胞质向细胞外的排出，并以此维持了细胞膜内外的 pH 梯度和电化学梯度。导致 IAA 能够极性运输的关键因素是 IAA 载体蛋白在细胞质膜上的不均匀分布。IAA 载体蛋白主要集中于细胞质膜的底部。它决定了 IAA 在组织中只能极性向下运输。位于细胞膜底部的 IAA 载体蛋白的结合位点可以达到饱和。所以它决定着 IAA 极性运输的速度。许多研究证明，由运输载体参与的 IAA 通过单个细胞的运输足以保证 IAA 在完整植物体中相当距离内的极性运输。

在植物体中，在极性运输系统中运输的 IAA 的量不仅受到生物合成、局部分隔、可逆性钝化及代谢降解等过程的控制，同时也受到 IAA 本身的调节。当豌豆植物的茎顶端被切除之后，茎运输 IAA 的能力明显下降，甚至丧失了运输 IAA 的能力。但如果在切除顶端之后用外源 IAA 处理切口或者将去顶的植株放在低温（2℃左右）下，则茎的 IAA 运输能力保持不变，因为去顶导致茎中的 IAA 来源中断，用外源 IAA 处理可以代替植物茎尖的作用；而低温处理可使细胞原生质膜的流动性下降。如果将植物茎的切段离体数小时，然后测量其运输标记 IAA 的能力，与离体后马上进行实验的对照切段相比，就会发现经过放置的切段的 IAA 运输能力明显下降，并且这种运输能力的下降与离体的时间成正相关。所以，为了能够维持正常的 IAA 运输能力，必须有不间断的 IAA 通过植物组织。IAA 的作用一方面在于刺激组织的分化，导致更多的 IAA 运输通道的形成；刺激细胞将质子分泌至质膜外部，从而促进 IAA 的吸收；更重要的是维持 IAA 载体蛋白在细胞质膜上的不均匀分布。经过研究和仔细的分析，并排除其他的各种可能性后推测认为，切除植株的顶端之后，茎运输 IAA 的能力下降，并不是因为细胞质膜上的 IAA 运输载体蛋白的降解或者钝化、细胞维持质膜两侧 pH 梯度的能力下降或者是由于 IAA 代谢的改变所致；而主要是由于原来在细胞底部极性分布的 IAA 运输载体蛋白在 IAA 供应中断之后变为均匀分布，使细胞不能有效地将 IAA 运至细胞的底部，所以组织运输 IAA 的能力逐渐下降。因而，连续不断地供应 IAA 对于维持 IAA 运输载体蛋白在膜上的不均匀分布是非常重要的。但 IAA 如何能够维持或刺激 IAA 运输载体蛋白在细胞质膜上的不均匀分布的机制还需进一步研究。图 4-1-1 为生长素极性运输模型示意图。

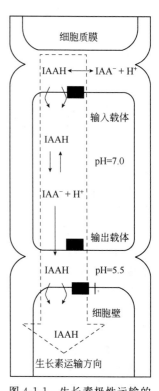

图 4-1-1　生长素极性运输的模型示意图

为了证明在细胞质膜上 IAA 运输载体蛋白的存在，在许多实验中使用了 IAA 的运输抑制剂，最常用的是 TIBA 和 NPA。研究证明，这些抑制剂的作用非常强烈，使用 1min 之后可以明显地抑制 IAA 的极性运输。它们可以与负责 IAA 运输的载体蛋白结合，通过改变载体蛋白的构象，抑制 IAA 与载体蛋白的特异性结合，从而抑制 IAA 的极性运输。这些抑制剂同载体蛋白的结合位点与 IAA 的结合位点不同。这些抑制剂是以非竞争的方式抑制 IAA 与载体蛋白的结合。同时发现，这些抑制剂在抑制 IAA 极性运输的同时，可以促进细胞顶端对 IAA 的吸收。这也说明 IAA 进入和排出细胞质膜是两个相互独立的过程。

此外，在植物体中还发现了一些天然物质，具有抑制 IAA 运输的特性。Hertel 从植物体中分离出了一种物质，可以抑制 IAA 的极性运输，并很可能是一种 NPA 的天然类似物。Jacobs 等从植物体中分离出了一组天然的类黄酮物质，可以与 NPA 特异性地竞争 NPA 在细胞质膜上的结合位点，并且能够抑制 IAA 的极性运输。由于类黄酮物质在植物体中广泛分布，因而推测，这些物质可能是天然的生长调节物质，用来调节植物体内的一些生理过程，包括 IAA 的极性运输。同时也不断在植物细胞质膜上发现了可与人工合成或者天然的 IAA 运输抑制剂结合的位点。一些矿物质元素也可以影响 IAA 的极性运输。研究较多的是钙离子同 IAA 极性运输的关系。一方面，钙在体内的水平可以影响 IAA 对植物生长的调节作用。在缺钙的条件下，IAA 的极性运输被抑制，植物的伸长也受到影响。另一方面，IAA 也可以刺激钙的吸收和运输。使用 IAA 运输抑制剂不仅可以抑制 IAA 的极性运输，同时也抑制了钙的向上移动，IAA 的极性向下运输和钙离子的向上运输可能以某种方式互相影响。此外，同缺钙一样，在缺硼条件下，IAA 的极性运输也受到了抑制。

第二节 生长素受体

当任何一种植物激素作用于植物时，必须首先和细胞内的某些物质结合成复合物，才能产生有效的调节作用。细胞内这种能与植物激素进行特异结合的物质称为激素受体。激素受体分子同相应的植物激素结合并直接相互作用，识别激素的信号，由此触发了植物体内的一系列生理生化反应，最终导致形态上的变化，从而表现出不同的生物学效应。因此，植物激素与其受体的结合是参与生理生化代谢反应的第一步。受体是植物激素初始作用发生的位点，所以它是激素作用机制研究的重要内容之一。植物激素受体的研究还处在开始阶段，其中对于生长素受体的研究较多。

植物生长素的研究虽已有 100 多年的历史，但在生长素受体领域的研究却一直停滞不前，极大地阻碍了生长素信号传导途径的研究。在信号传递系统中对于生长素受体的了解是特别重要的，这关系到生长素作用的分子基础，目前已知有两个生长素受体，一是生长素结合蛋白（ABP1），虽然目前已知它的三维结构，但还不完全清楚它的生理作用，另一是输送抑制剂效应蛋白（transport in inhibitor response 1，TIR1）为植物生长素受体，TIR1 可调节生长素效应基因的表达，它具有调节生长素转录的作用，它是通过促进泛素化和后来的 Aux/IAA 转录抑制蛋白的降解，来调节特征的生长素效应基因的表达，但并不显示出它参与了生长素的输送。

一、生长素结合蛋白（ABP1）

在 TIR1 被确定为生长素受体之前，生长素受体的研究重点是生长素结合蛋白（auxinbinding protein 1，ABP1）。2001 年，对烟草叶细胞的研究结果表明，ABP1 主要介导低浓度（高亲和力）生长素的反应，调节细胞伸长生长。同年，研究者从拟南芥中成功分离到 ABP1 的首株突变体，并发现 ABP1 为正常细胞分裂和伸长所必需，参与胚的形态建成。之后，又揭示了 ABP1 的三维晶体结构，并确定了 ABP1 与生长素的结合位点。这些研究结果为 ABP1 的生物学功能提供了分子生物学和遗传学的证据，表明它具有生长素受体的功能。但至今没有证据表明它与生长素诱导的基因表达有关。

ABP1 是在植物细胞中普遍存在的一种蛋白质，它对生长素具有特殊的亲和力，1977 年对 ABP1 蛋白进行了测定，并于 1985 年进行了纯化，2002 年解析了它的晶体结构。ABP1 结合生长素最适宜的 pH 值在 5.0～6.0 之间。多项研究指出 ABP1 包含在生长素对某些细胞的响应中，如细胞的伸长、细胞分裂、细胞膜的超级化及原生质中的离子流等。根据这些研究，ABP1 应坐落在细胞膜的外侧，预期应为激素的一种受体，ABP1 在 C-端含有 KDEL 序列（—Lys-Asp-Glu-Leu-COOH），KDEL 序列是内质网驻留信号的序列，位于内质网驻留蛋白的羧基端，凡是含有这个序列的蛋白质都会被滞留在内质网中。ABP1 作为一种蛋白主要处于内质网上，只有一小部分逸出于细胞膜上，但在内质网上由于 pH 值过高，不利于与生长素的结合，因此 ABP1 与生长素的结合并不主要是在内质网上，序列分析与晶体结构研究表明 ABP1 属于 cupin protein superfamily，其特征是反平行的 β-折叠，其结构相似于草酸锰氧化酶（一种氧化还原酶）。ABP1 活性位置锌的作用可能是酶的功能区，晶体结构由两个不对称的 ABP1 同源二聚体单元组成，两个亚基间没有协同性。

研究 ABP1 及其与具有不同的有关生长素活性的化合物的复合物分子力学模拟的结果显示出这一蛋白质的一些特征。ABP1 是一个刚性的蛋白，在所有的进行分子力学模拟的过程中，它的 β-结构的骨架在 500K 的温度以下，只有一部分的结构具有明显的变化，在 ABP1 未与生长素结合时，C-端色氨酸 151（Try151）处于结合口袋的外侧，当 ABP1 与生长素分子形成复合物时，Try151 则进入结合位置，并以 π-π 相互作用参与化合物的配位（彩图 4-1-2）。从图中可看出 C-端延伸在外，锌离子与配位残基相互作用，Try151 是处于结合位点的外面，A 图为未结合的 ABP1（红色）所模拟的模型（黄色）；B 图是 ABP1 与萘乙酸（NAA）的复合物模型（红色）模拟的模型（黄色），ABP1 与 IAA 的复合物模型（绿色），Try151 Glu63 及其他配体用棍棒结构表示。显然生长素分子的进入稳定了 ABP1 蛋白的结构，并使其具有较大的刚性，观察发现生长素的结合仅作用在 C-端的 α-螺旋区，而并未影响 β-折叠区。当在生长素信号途径中与生长素结合后，这种 C-端的变化 可能只是第一步，ABP1 的构象变得比较刚性可能是与信号传递质相连接。采用免疫学的方法也曾证实 ABP1 构象的变化是由于与生长素的结合而引起，这也支持了关于 ABP1 是生长素的一种受体的假设。即 ABP1 是植物细胞体内生长素快速产生效应的介质。

ABP1 在生长素的诱导作用中的作用还不是很清楚，为了了解它的受体作用，Bertoša 等进行了详细的分子模型研究，分子动力学模拟的研究表明，ABP1 在 C-端可以具有两种不同的构象，即生长素可诱导 ABP1 C-端构象的改变，研究发现生长素从 ABP1 的结合位点进出可有三个主要途径，其中之一通向植物细胞膜，另两个却被水分子围绕着。水分子的氢键网络，水分子进入锌的配位空间，阻断了配位体与 ABP1 活性位点中锌的配位并影响生长素的出口。这些结果表明，水分子的氢键可能促进生长素的质子化和去质子化及它们从 ABP1 结合位点的出口。

ABP1-NAA 复合物分子动力学模拟研究发现，它们具有三个主要的进出口通道（彩图 4-1-3），PWA 是通过靠近一侧的脯氨酸 126 及 127 和另一侧的丙氨酸 33，PWB 则是通过围绕中心的 β-折叠区，孔的末端在蛋白质的表面，那里主要是苯丙氨酸 93 和 98 及苏氨酸 96，PWC 则通过两个环区，其中之一是接近脯氨酸 148 及苯丙氨酸 149 处，而另一个则是谷氨酸 17 及甘氨酸 21。除了这三个主要通道外，也观察到了 PWA 2 及 PWB 2 通道。当生长素退出后，有一水分子进入到锌的配位中心，水分子的作用是帮助生长素从配位中心离去，水的进入是靠近于 PWA 的位置，这是另一通道。这三个通道具有不同的功能：PWA 是由 ABP1 蛋白的活性位点到膜，而通道 B 和 C 则是通向内质网的内腔，胞液和质外体，这决定于 ABP1 所处的位置，在任何情况下，PWA 是生长素在膜与 ABP1 结合位点间移动的途径，而 PWB 和 PWC 则是生长素移动于结合位点与 ABP1 周围的途径，作者认为细胞膜的外侧最有可能是 ABP1 作为生长素受体的区域，PWB 和 PWC 最有可能是生长素进入结合位点的途径，而 PWA 则是当 C-端伸展受限制即处于活性构象后，生长素进入膜的通道。抗生长素类化合物如吲哚异丁酸（IIBA）常用的是 PWC 途径，它常表现出抑制活性，因为 IIBA 很容易进入到 ABP1 的结合位置，但较难从那里离去，这也就可能是它为什么具有抑制生长素活性的关系。

二、运输抑制剂响应蛋白（TIR1）

1997 年，Ruegger 等筛选到一种拟南芥突变体，此种突变体具有抑制生长素运输的能力。从此种突变体中分离到 TIR1 基因，其产物称为运输抑制剂响应蛋白（transport inhibitor response protein1，TIR1）。但后来的研究发现它在生长素的转运中并不起作用。TIR1 是一个含有 F-box 的蛋白质，已知 F-box 是一个蛋白质与另一个蛋白质结合的特征性结构域，因此认为 TIR1 的作用可能是生长素信号转导中的一个成员。2001 年，Gray 等发现 TIR1 可以直接和 Aux/IAA 蛋白结合并启动它的降解。

在这之前，人们早就注意到 Aux/IAA 蛋白是参与生长素诱导的生理反应中特异的蛋白成分。2005 年，Estelle 和 Leyser 两个研究小组用了几乎同样的方法分别证明 TIR1，这 Fox-蛋白 SCCF^{TIR1} 的亚基，就是人们长期寻找而又一直未果的生长素受体。

首先，他们用常规的研究受体和配体的方法——放射性标记的方法证明 [^{3}H] IAA 结合于 SCF^{TIR1} 复合体（泛素连接酶 3）上。植物中的 SCF^{TIR1} 复合体包括 CUL1、ASK1、RBX1 和 TIR1，由于前 3 种蛋白质是 SCF 复合体（Skp1-Cdc53/Cul1-F-box protein）所共有的，且在植物和动物中都相当保守，所以认为生长素可能直接和 TIR1 结合。为了证实此推测，他们将源于拟南芥的 TIR1 基因在昆虫和非洲爪蟾胚胎中进行表达，所获得的 TIR1 可以和 [^{3}H] IAA 反应，其结合曲线符合受体与配体的结合特征。

IAA 与 TIR1 结合后可以促进 TIR1 和 Aux/IAA 蛋白的结合，并且在一定的 IAA 浓度范围内，TIR1 和 Aux/IAA 蛋白结合能力随着 IAA 浓度的提高而加大，表明 TIR1 和 Aux/IAA 蛋白的结合依赖于生长素。二者的结合在加入生长素 5min 后就发生，20min 后二者的结合达到饱和。这种结合在 4～25℃ 范围内不发生变化。可见二者结合不随温度的变化而变化。由此可以猜测，在结合过程中不涉及 TIR1 或

Aux/IAA 以外酶的介导修饰。这种结合需要有生长素的持续存在。并且是否提前用生长素 IAA7（一种吲哚乙酸衍生物）处理过，均不影响它和 TIR1 之间的结合，说明生长素是和 TIR1 结合而不是和 Aux/IAA 蛋白结合，即生长素的受体是 TIR1 而非 Aux/IAA 蛋白。研究发现，TIR1 N-末端缺失 6～84 个氨基酸残基后，就不能和生长素结合，这说明生长素的结合位点位于 TIR1 的 N-末端。

1. Aux/IAA 蛋白

Aux/IAA 蛋白是高等植物中普遍存在的一类蛋白，其分子量一般在 20～30kDa，这类蛋白质含有 4 个保守的结构域 Ⅰ～Ⅳ。其中结构域 Ⅱ 是与 TIR1 结合的区域，已经证明此区域决定该蛋白的稳定性。结构域 Ⅲ 和 Ⅳ 是与生长素响应因子 ARF（auxin response factor）相结合的部位。在没有生长素时，Aux/IAA 蛋白就通过这两个部位与 ARF 结合，使之处于受阻碍状态。当生长素信号在核中出现后，SCF^{TIR1} 复合体中的受体 TIR1 即与生长素结合而被活化，从而和结合 ARF（染色体上）的 Aux/IAA 蛋白结合，使之从染色体上脱落下来，形成 SCF^{TIR1}-Aux/IAA 复合体，接下来复合体上的 Aux/IAA 蛋白被泛素化，然后为蛋白酶降解。脱离阻碍蛋白 Aux/IAA 的 ARF，成为活化的转录因子，与之结合的基因即开始转录。

2. TIR1 的晶体结构

2007 年，Xu Tan 等报道了游离的拟南芥 TIR1-ASK1 复合物及其与三个不同结构的生长素以及 Aux/IAA 蛋白的复合物的晶体结构，这是第一个植物激素受体的结构模型，它证明了 TIR1 是生长素的真正受体，晶体结构显示生长素直接与 SCF^{TIR1} 结合，并促进了 TIR1 与 Aux/IAAs 的相互作用。

由图 4-1-4 中看出 TIR1-ASK1 复合物具有一个类似于蘑菇的形状，TIR1 的富亮氨酸重复区（TIR1-LRR）是"帽顶"，而 TIR1 主体和 ASK 形成"茎"，同时发现在 TIR1-LRR 附近有肌醇六磷酸分子（InsP$_6$）存在，它靠近 TIR1-LRR 中心及与生长素结合的位置。生长素处于口袋的底部，通过疏水相互作用和部分调整平面环的构象来进行识别，并被附近的肌醇六磷酸辅助因子所支撑，TIR1 关键的精氨酸残基（Arg403）与大多数生长素具有的羧基相互作用，在生长素的上面是高度卷曲的 Aux/IAA 蛋白（图中标为 IAA7 peptide）连接到口袋的表面，通过疏水的相互作用而完全覆盖住口袋中的生长素。是否有生长素和其响应蛋白的存在，对 TIR1-LRR 区的结构并没有什么大的变化。

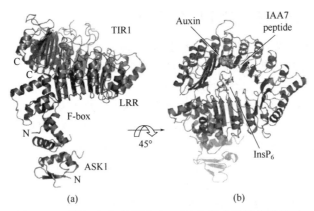

图 4-1-4 TIR1 与生长素及 Aux/IAA 复合物晶体结构图

IAA 是通过分子中侧链的羧基和吲哚环两个部分与 TIR1 相结合的，其中羧基与口袋底部的两个残基（Arg403 及 Ser438）通过形成盐桥及两个氢键相结合，而吲哚环则是对通过疏水作用和范德华力作用，堆积在口袋的底部，在那里吲哚环与 TIR1 的两个苯氨酸残基（Phe79，及 phe82）相互作用。1-NAA 及 2,4-D 虽然具有不同的环系，但它们的结合基本上与 IAA 相似，均是通过羧基固定在 TIR1 口袋的底部，1-NAA 的萘环比吲哚环稍大，但也可与 IAA 中的吲哚环几乎是相同的方向进入其中，2,4-D 分子的二氯苯环也能适合于 TIR1 的空间和疏水性的要求。因而可以确定生长素类化合物是由两个高度极性的残基（Arg 403 和 Ser 438）和具有一定空间大小的疏水空腔所组成。图 4-1-5 为 IAA 与 TIR1 结合的示意图。

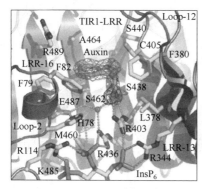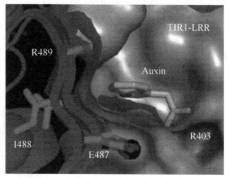

图 4-1-5 IAA 与 TIR1 结合的示意图

IAA7 蛋白主要是以其疏水序列，通过疏水相互作用结合到已与 TIR1 口袋结合的生长素上，TIR1 口袋的口上都是疏水性的残基和长的 LRR 环区，在开启口袋和生长素之间，有另一层 TIR1-LRR 的残基，它呈现出另一个疏水的表面，底层有 13 个氨基酸肽接纳高度卷曲构象的 IAA7 并填满口袋（彩图 4-1-6）。

因此，结合了激素后的 IAA7 预期是保留在口袋中，直到它被酶解，总之，即使 Aux/IAA 底物本身对生长素并没有任何亲和力，但对激素优越的结合位置是配合了 TIR1 与底物结合后的酶解。

生长素在与 TIR1 结合时并没有引起受体的变构的调节，TIR1-ASK1 在有或没有生长素存在下进行分子重叠分析显示，除了三个局部侧链有重排外，生长素的结合并没有引起激素受体构象的变化，生长素加强了底物与 TIR1 的结合活性，主要是填充了两个蛋白质之间的空腔，从而扩大了蛋白的相互作用表面，使之能很好地相互作用，生长素在其中调整了蛋白相互作用的疏水孔，因而认为生长素促进了 SCF^{TIR1}-底物的结合，其作用就好比是一种"黏着剂"的作用。辅助因子 InsP$_6$ 已知是一种植酸，最先是由植物中发现，后来发现在真核生物中也存在，现已证明在 TIR1 中结合着 InsP6，它是一具有特殊功能的辅助因子，它处于 TIR1 与生长素结合的位置的旁边。

以上 TIR1 晶体结构的研究中，尚未弄清生长素与 Aux/IAA 与 TIR1 作用时的关键残基动力学的构象变化及其间的详细机制。杨光富等采用多种计算机技术，对复合物分子动力学模拟及自由能及氢键的能量计算进行研究。根据自由能和氢键的计算，解释了生长素及其类似物的结构与活性的关系，同时进一步研究了 TIR1 的结构特征。正如前所述 TIR1 具有"蘑菇"的形状，它所带有的刚性 F-box 模体是"茎"，富亮氨酸重复区（LRR）是蘑菇的"帽"，X 射线及分子动力学模拟的结果，也表明了辅助因子 InsP$_6$ 在其中的结合极其重要，TIR1 与 InsP$_6$ 结合后，所产生的复杂的氢键网络对于 LRR 区的构象起到部分稳定化的作用，同时显示生长素和 InsP$_6$ 是通过 Arg403 桥而连接在一起的，这从图 4-1-7 可以看出。

在分子动力学模拟的过程中，其"蘑菇"形状总是保持着，但却发现当与生长素及 Aux/IAA 蛋白结合时，其中两个环区（loop2 及 loop12）中，Phe82 及 Phe351 在结合时发生了构象的变化。在分子力学自由能模拟计算中，发现 loop2 区内的 Phe82 具有两种主要的构象，当生长素结合后 Phe82 可能采取一个有利于生长素结合的取向，当生长素已结合后，Phe82 则改变为另一构象；而在分子力学自由能模拟中尚未结合的 loop12 中 Phe351 则是相对不稳定的，当与生长素及 Aux/IAA 结合后，将诱导 Phe351 的构象由不稳定态变为稳定态。基于上面的计算结果。他们提出一个有关的分子动力学模型，如图 4-1-8 所示。

从图中可看出，第一步：作为构象稳定剂，辅助因子 InsP6 结合到 TIR1 上，通过与周围的残基形成氢键稳定了 LRR 区的局部构象，由于与 InsP6 的结合，生长素结合口袋通过 Loop2、Loop 12 及 LnsP6 聚集起来形成口袋。第二步：生长素进入口袋并处于口袋的底部，同时生长素作为分子"黏着剂"，促进了 TIR1 与 Aux/IAA 的结合，生长素也起着构象诱导剂的作用，造成 Phe82 构象的改变以适应后来与 Aux/IAA 的结合。第三步：Aux/IAA 与 TIR1 结合后，Phe82 的构象进一步发生改变，以达到生长素与 Aux/IAA 两者相互作用时所需的优势构象，同时 Phe351 起着一个"扣件"的作用，以防止底物的离去，因此认为 Phe82 及 Phe351 在生长素受体的作用中具有重要的作用。以上研究对于生长素结构与活性的关系及今后更为有效的新型生长素的合成具有重要意义。

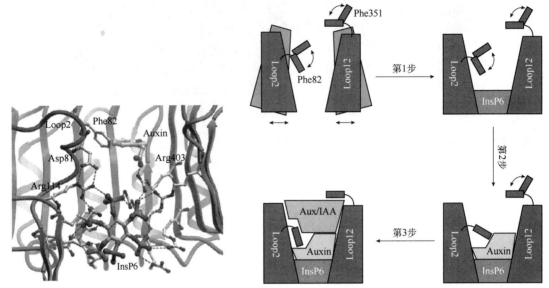

图 4-1-7　生长素与 InsP$_6$ 结合模型图　　　图 4-1-8　生长素与 InsP$_6$ 结合的动力学模范

TIR1 作为生长素受体的发现和确证具有里程碑式的意义，但并不意味着已经找到了所有的生长素受体，弄清了所有信号转导支路。相反，TIR1 的生长素受体功能的确认引发了更多亟待解决的问题。

通过比较 ABP1 和 TIR1 的亲和性来分析植物生长素受体体系，不难发现 ABP1 主要介导反应迅速和定位于质膜区域的生长素反应，这类反应主要包括离子跨膜运输和原生质体膨胀两个方面。而 TIR1 主要介导由胞内生长素诱导，在转录水平上实现的生长素反应。但仅是这两种受体还不能解释所有的生长素反应过程。因此还应进一步研究生长素的其他反应过程，分离新的生长素受体，以完善生长素受体体系和信号转导途径。

第三节　生长素的结构与活性的关系

鉴于目前生长素的受体尚未完全清楚，这给生长素结构与活性关系的研究带来了不确定性，如 4-氯吲哚乙酸对豌豆种子具有很好的刺激生长作用，但改成 4-乙基后活性降低，而吲哚乙酸本身及其他的氯代或氟代吲哚乙酸衍生物均无理想的活性，不过它们对于茎的伸长全具有很高的活性。这至少说明 4-氯-吲哚乙酸可能有一特殊的信号传递途径。有人曾将 20 世纪 70 年代末期，所有已合成的 IAA 的衍生物统一进行结构与活性的研究，发现单一取代的 IAA 的衍生物比母体化合物的活性高，甲基或甲氧基的活性低于未取代 IAA，二氯或二氟的衍生物一般具有高的生长素活性（但其中的 7-Cl-IAA、5,7-Cl$_2$-IAA、5,7-F2-IAA 除外）。

曾对内源生长素及合成的类似物的结构进行过 X 射线衍射法的晶体结构研究，分子模型研究中包括从头计算、分子力学及分子动力学的计算，用这些方法评价了分子构象在真空（未受干扰的状态）和水介质（模仿生理条件）下的稳定性，观察了两者间的最低能量构象的区别。研究发现，羧基可与吲哚环呈平面型（P）及呈一定的倾斜角（T），即 CH$_2$-COOH 与吲哚环几乎呈垂直状。IAA 本身及迄今发现的所有的氯代或氟代衍生物均都具有 T 型构象，而对于环上具有烷基取代的衍生物，则同时具有 P 型和 T 型的构象，这可能是由于这些化合物在 P 型与 T 型间能量差别很小之故。利用分子识别法也有人对生长素进行过总结，Thimann 提出"电荷分散理论"假设，他推断具有生长素活性的分子有部分负电荷在酸的一头，而部分正电荷则在另一头起着平衡作用，两者间的距离为 0.5～0.6nm，Hansch 研究组对生长素结构与活性关系研究也证明了分子电荷模式的改变将会影响其生长素的活性。Kaethner 假设，当生长素分子与受体结合时，它的构象由平面型改为倾斜型，并认为分子的大小、形状、疏水性及化学官能团的取向都与活性有关。将所选择的 50 种分子分为强生长素活性、弱生长素活性并具有弱抗生长素活性、无生长素活性及抑制生长剂 4 类，研究了这些化合物的 P 型与 T 型对活性的影响，分析的结果显示，当选用 T 构象时，有生长素活性的化合物能量与无活性的化合物有很大的差别，尽管这种方法不能提供一个详尽的配位结合机制，但可能说明这是活性分子的构象，虽然构象由 P 变成 T 并不存在着严格的能量壁垒。但这其间还是有能量差别的问题。结合生长素受体的深入了解，将会进一步弄清它们的结构与活性的关系。

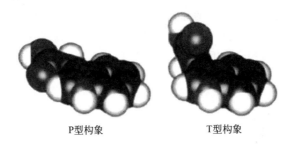

P 型构象　　　　　　　　　T 型构象

第四节　人工合成的生长素类似物

一、人工合成生长素在农业生产中的主要功能

生长素在农业生产中具有多种作用，主要的功能如下。

（1）能显著地促进插条生根　如果在插枝上适当保留一些芽或幼叶，就能促进插枝生根，这是因为芽和叶中产生的生长素，通过极性运输并积累在插枝基部，使之得到足够的生长，从而恢复细胞分裂机能并诱导生根。因此，在插条基部外施生长素，能使一些不易生根的植物插条迅速生根，提高成活率。

（2）防止器官脱落　生长素含量高的器官或组织能够吸引更多的营养物质向其转移，抑制离层的形成，防止因营养失调或其他原因引起的器官脱落。如用一定浓度的生长素喷洒植株或树冠，可以防止花、果和蕾铃的脱落，对番茄、棉花、苹果和柑橘等都有效。

（3）引起单性结实、形成无籽果实　用生长素处理未授粉的雌蕊柱头，子房就能发育成无籽果实，形成无籽瓜果，提高果实品质。对茄子、草莓、番茄、西瓜、葡萄等处理都有同样的效果。

（4）疏花疏果　应用一定量的生长素，能有效地疏除部分花、果，省工、经济，并能克服果树大小年现象。

二、主要品种

1. 3-吲哚乙酸（3-indolylacetic acid）

$C_{10}H_9NO_2$, 175.18, 87-51-4

理化性质 IAA 不稳定。当转变成粉红色时即失去活性，它可被多种氧化酶和化学试剂所氧化，其机制可能包括先形成由吲哚环上接收电子形成一个在 3-位上带有孤对电子的自由基正离子，然后与分子氧反应，再在内源和外源的影响下进行侧链脱羧并进行重排，有些作者亦发现可形成吲哚甲醛和吲哚甲醇。3-次甲基氧代吲哚易聚合即成为 IAA 合成时生成的焦油。吲哚乙酸纯品是无色叶状晶体或结晶性粉末。遇光后变成玫瑰色。熔点 165~166℃ （168~170℃）。易溶于无水乙醇、乙酸乙酯、二氯乙烷，可溶于乙醚和丙酮。不溶于苯、甲苯、汽油、水及氯仿。微溶于水，其水溶液能被紫外线分解，但对可见光稳定。其钠盐、钾盐比酸本身稳定，极易溶于水。易脱羧成 3-甲基吲哚（粪臭素）。在酸性介质和水溶液中不稳定，剂型有粉剂和可湿性粉剂。许多植物体内都含有破坏 IAA 的酶，称为吲哚乙酸氧化酶，它能将 IAA 变成不活跃的物质，这是工业上不使用 IAA，而广泛应用它的类似物如 2,4-D、NAA 等的主要原因，IAA 目前主要用于组织培养中诱导愈伤组织和根的形成。

合成方法 IAA 在工业上合成反应的原理是基于吲哚 3-位上对吸电子取代基的特殊的反应性能。将吲哚在 Mannich 反应的条件下，于室温生成 3-（N，N-二烷基氨基甲基吲哚），再与氰化钾反应后水解生成产物。也可由吲哚、甲醛与氰化钾在 150℃，9~10atm 下反应生成 3-吲哚乙腈，再在氢氧化钾作用下水解生成产品。

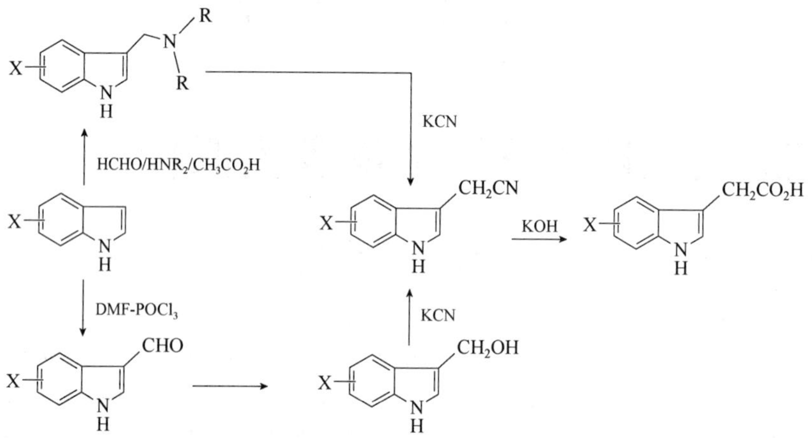

当吲哚环上有取代时，往往会干扰标准的 Mannich 反应。它的合成也可用甲基甲酰胺与三氯氧磷进行 Vilsmeyer-Hack 缩合，得到醛的衍生物后，用硼氢化钠还原，再与氰化物反应后水解而得。对于环上有取代基的 IAA 的衍生物，也可由适当的苯基腙作起始原料进行反应生成，如：

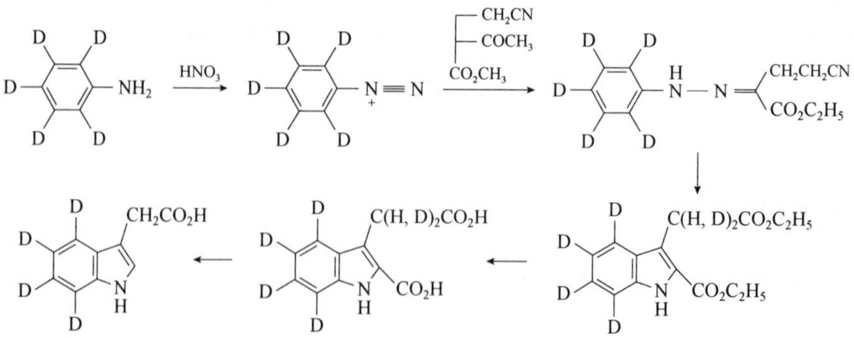

在大多数情况下，可利用低价的原料进行合成吲哚乙酸的衍生物，但是通常需要在酸性催化剂的存在下进行反应，其中很难避免一些多聚物焦油的形成，因此在纯化产品时需要大量的溶剂或柱色谱的吸附剂，同时最后产品只有 10%~20%。对于环上有非活性的取代基（如芳基或芳氧基）

的产物收率甚至更低。

应用 IAA 对离体的每一个器官都有一定的抑制和促进的浓度范围。在 $10\mu g/g$ 以下，茎的生长随着浓度的增加而增加，超过 $10\mu g/g$ 生长减慢，当增至 $100\mu g/g$ 时，茎的生长便受到了抑制，因此对黄化茎细胞伸长的适宜浓度是 $10\mu g/g$，高于或低于这个适宜浓度，对生长都是不利的，而对促进根生长的适宜浓度比茎要低得多，最适宜浓度为 $10^{-4}\sim10^{-5}\mu g/g$，为茎的适宜浓度的十万分之一，可见促进茎生长的浓度，对根就有明显的抑制作用了。促进芽生长的浓度比根高一些，但明显比茎低得多，一般为 $10^{-3}\sim10^{-2}\mu g/g$。植物分生组织分化为芽和根取决于 IAA 和细胞分裂素的比例。当 IAA 含量相对多时，有利于根的形成，但浓度过高则抑制生根，细胞分裂素含量相对多时容易分化出芽。

2. 吲哚丁酸（indolebutyric acid）

$C_{12}H_{13}NO_2$，203.24，133-32-4

理化性质 产品为白色结晶，熔点 $124\sim125℃$，难溶于水，易溶于醇、乙醚和丙酮等有机溶剂，对酸稳定。

合成方法 由吲哚与 γ-丁内酯在氢氧化钾作用下于 $280\sim290℃$ 水解生成产品。反应中生成的水分由分水器不断分出，粗收率可达 90% 以上。

应用 剂型有粉剂和可湿性粉剂。它是一种高效的生长调节物质，但不能用于植物的叶部，其主要用途是促进插枝生根，作用较强烈，维持时间较长，所引起的不定根多而细长。

3. 2,4-滴（2,4-D）

$C_8H_6Cl_2O_3$，221.04，94-75-7

它实际上是选择性激素型除草剂。详见除草剂有关章节。2,4-D 随着用量的不同，对植物可产生不同的效应，在较低浓度下（$1\sim10mg/kg$），作为植物生长调节剂可减少落果，增大果实和增长某些柑橘的贮存期，可以防止果实脱落和诱导番茄形成无籽果实，特别是在温度低于 $15℃$ 和夜温高于 $22℃$ 以上时，效果尤为显著。在更高的浓度下，可用于大麦、玉米、燕麦、牧草、水稻、高粱、甘蔗、小麦等作物田中防除一年生及多年生杂草。

4. 萘乙酸（α-naphthalene acetic acid，NAA）

$C_{12}H_{10}O_2$，186.21，86-87-3

理化性质 NAA 纯品为白色无味晶体，熔点 $130℃$，易溶于丙酮、乙醚、苯、乙醇和氯仿等有机溶剂，20℃水中溶解度 42mg/L，溶于热水，遇碱能成盐，盐类能溶于水。

合成方法 NAA 的合成方法有多种，如用萘直接与氯乙酸在铁与溴化钾催化下高温反应生成，亦可用格氏试剂先生成溴化物，再与氯乙酸反应，较常用的方法如下：

萘乙酸

毒性 大鼠急性经口 LD_{50} 为 1000～5900mg/kg，对皮肤和黏膜有刺激作用。对人畜低毒。

应用 NAA 是广谱型植物生长调节剂，能促进细胞分裂与扩大，诱导形成不定根，增加坐果，防止落果，改变雌、雄花比率等。可经叶片、树枝的嫩表皮，种子进入到植株内，随营养流输导到全株。适用于谷类作物，增加分蘖，提高成穗率和干粒重；棉花减少蕾铃脱落，增桃增重，提高质量。果树促开花，防落果、催熟增产。瓜果类蔬菜防止落花，形成小籽果实；促进扦插枝条生根等。

应用 可使菠萝等水果的果实增大，用量 240～700g/hm²。

参考文献

[1] Schneider E A，Kazakoff C W，Wightman F，Gas chromatography-mass spectrometry evidence for several endogenous auxins in pea seedling organs，Planta，(1985)，165：232-241.

[2] Segal L M，Wightman F，Gas chromatographic and GC-MS evidence for the occurrence of 3-indoiyIpropionic aeid and 3-indolylacetic acid in seedlings of Cucurbita pepoPhysiol. Plant. (1982)，56：367-370.

[3] Zimmerman P W，Wilcoxon F，Contrib. Boyce Thompson Inst. (1935)，7：209-229.

[4] E. Epstein and J. Ludwig-Miiller，Indole-3-butyric acid in plants：occurrence，synthesis，metabolism and transport. Physiol. Plant. (1993)，88：382-389.

[5] Liibbe C. van Pee K-H，Salcher，et al. The metabolism of tryptophan and 7-chlorotryptophan in Pseudomonas pyrrocinia and Pseudomonas aureofaciens. Hoppe-Seyler's，Z. Physiol. Chem. (1983)，364：447-453 .

[6] Lin J - J，Lan J，Assad-Garcia N. REGENERATION OF BOTH PLANT TISSUES AND TRANSGENIC PLANT TISSUES USING A NEW PLANT HORMONE，5- BROMOINDOLE-3-ACETIC ACID U. S. Pat. 5，994，135 (Nov. 30，1999).

[7] Slovin J. Phytotoxic conjugates of indole-3-acetic acid：potential agents for biochemical selection of mutants in conjugate hydrolysis，Plant Growth Regul. (1997)，21：215-221.

[8] Hatano T. Katayama M. Marumo S. ′5，6-Dichloroindole-3-acetic acid as a potent auxin：its synthesis and biological activity，Experientia，(1987)，43：1237-1239.

[9] Marumo S，Katayama M，Futatsuya F，Saito M. Indoleacetic acid derivatives and application thereof as plant growth regulators，U. S. Pat. 4，806，143.

[10] 倪迪安，许智宏. 生长素的生物合成、代谢、受体和极性运输. 植物生理学。通讯，2001，37 (4)：346.

[11] J acobs M，Rubery P H.，Naturally occurring auxin transport regulators. Science，1988，241：346-349 .

[12] Depta H Eisele K，Hertel R. Specific inhibitors of auxin transport：Action on tissue segments and in vitro binding to membranes from maize coleoptiles，1983. P lant S cience L etters，31：181-192.

[13] 李春俭. 生长素的极性运输. 植物学通报，1996，13 (4)：1-5 .

[14] Woo EJ，Marshall J，Bauly J，Chen JG，Vennis M，Napier RM，Pickersgill RW . Crystal structure of auxin-binding protein 1 in complex with auxin. EMBO J，2002，21：2877-2885.

[15] Dharmasiri N，Dharmasiri S，Estelle M(2005a). The F-box protein TIR1 is an auxin receptor. Nature，2005，435：441-445.

[16] Napier RM，David KM，Perrot-Rechenmann C. A short history of auxin-binding proteins. Plant Mol Biol，2002，9：339-348 .

[17] Ruegger M，Dewey E，Gray WM，Hobbie L，Turner J，Estelle M. The TIR1 protein of Arabidopsis functions in auxin response and is related to human SKP2 and yeast Grr1p. Genes Dev，1998，12：198-207.

[18] Ruegger M，Dewey E，Gray WM，Hobbie L，Turner J，Estelle M. The TIR1 protein of Arabidopsis functions in auxin response and is related to human SKP2 and yeast Grr1p. Genes Dev，1998，12：198-207.

[19] Gray WM，Kepinski S，Rouse D，Leyser O，Estelle M . Auxin regulates SCFTIR1-dependent degradation of AUX/IAA

proteins. Nature,2001,414：271-276.

[20] Dharmasiri N,Dharmasiri S,Estelle M. The F-box protein　TIR1 is an auxin receptor. Nature,2005,435：441-445.

[21] Kepinski S, Leyser O. Auxin-induced SCFTIR1-Aux/IAA interaction involves stable modification of the SCFTIR1 complex. Proc Natl Acad Sci USA,2004,101：12381-12386.

[22] Abel S,Theologis A. Early genes and auxin action. Plant Physiol,1996,111：9-17.

[23] Ge-Fei Hao,Guang-Fu Yang. The Role of Phe82 and Phe351 in Auxin-Induced Substrate Perception by TIR1 Ubiquitin Ligase：A Novel Insight from Molecular Dynamics Simulations,PLoS ONE,2010,5(5)：1-9.

[24] Branimir Bertoša,Biserka Kojic – Prodic,Rebecca C. et al,Mechanism of Auxin Interaction with Auxin Binding Protein (ABP1)：A Molecular Dynamics Simulation Study　Biophysical Journal Volume 94 January 2008 27 – 37 Eui-Jeon Woo,Jacqueline Marshall,James Bauly1,et al.,Crystal structure of auxin-binding protein 1 in complex with auxin,The EMBO Journal Vol. 21 No. 2002. 12 2877-2885.

[25] Tomic S,Gabdoulline R R,Biserka. K,Wade R C. Classification of auxin plant hormones by interaction property siilarity indices J. Computer-Aided MoL Design (1998), 12：63-79.

[26] 胡应红，李正国，宋红丽等. 植物生长素受体. 植物生理学通讯. 2007, 43 (1)：168-172.

[27] Hansch C,Muir MR,Fujita T.,Maloney PP,Geiger F.,Streich M.,The correlation of biological activity of plant growth regulators and chloromycetin derivatives with Hammett constants and partition coefficients,J. Am. Chem. Soc. (1963), 85：2817-2824.

[28] Engvild K C. Preparation of chlorinated 3-indolyl-acetic acids. Acta Chem. Scand. (1977), B31：338-339 .

[29] Brown R K. in W. J. Houlihan,ed.,The Chemistry of Heterocyclic Compounds. Indoles,Part I,Wiley-Interscience,New York,1972, 227-558.

[30] Jackson R W,Manske R. H.,The synthesis of indolyl-butyric acid and some of its derivatives,J. Am. Chem. Soc. 52：5029 (1930).

[31] 沙家骏，张敏恒，姜雅君. 国外农药品种手册，北京：化学工业出版社，1993, 514-515.

第二章

赤霉素

1926 年，日本人黑泽发现水稻恶苗病可引起稻苗的徒长，茎叶纤弱，呈淡黄色，最终枯死，从而引起了后人的注意。1938 年日本东京大学首次从水稻恶苗病菌中提取到两种有效物质的结晶体，称之为赤霉素 A 和赤霉素素 B。但由于 1939 年第二次世界大战爆发，该项研究被迫停顿。直到战后，这一研究才引起了世界的重视，20 世纪 50 年代初，英、美科学家从真菌培养液中首次获得了这种物质的化学纯产品，英国科学家称之为赤霉酸，美国科学家称之为赤霉素 X。后证明两者为同一物质，都是赤霉素 3 (GA₃)。后来研究者又从多种未成熟的植物种子中分离出多种结构中稍有变化的赤霉素，开展了化学结构与生理作用的基础研究，多家公司应用发酵培养大量生产，积极开拓其用途研究。

赤霉素（gibberellins 或 gibberellic acid，GA）是一个较大的萜类化合物家族，赤霉素的种类很多，它们广泛分布于植物界，从被子植物、裸子植物、蕨类植物、褐藻、绿藻、真菌和细菌中都发现有赤霉素的存在。赤霉素是植物激素中种类最多的一种激素。赤霉素在植物整个生命循环过程中起着重要的调控作用。目前在生物体内已发现的赤霉素共有 120 余种，但只有部分具有生物学活性。这些有活性的赤霉素调控着植物的生长发育的各个阶段，包括种子的发芽、茎秆的伸长、叶片的延展、表皮毛状体的发育、开花时间、花与果实的成熟等许多不同的发育过程。自 20 世纪 60 年代起，由于水稻 *sd*1 基因和小麦 *Rht*1 基因在育种中的大规模推广应用，使世界主要粮食作物产量极大幅度地提高，这一历程即为众所周知的"绿色革命"。最近的研究表明，水稻"绿色革命"*sd*1 基因是赤霉素生物合成途径的一个关键酶，小麦"绿色革命"*Rht*1 基因是赤霉素信号转导途径的关键调控元件 DELLA 蛋白，两者都与赤霉素密切相关。

赤霉素与其他所有激素间也存在相互作用，其作用的方向和类型取决于组织器官、发育阶段以及环境条件，赤霉素对植物生长发育的调控及其在不同器官中的生理功能不同。近年来，关于 GA 与其他信号分子之间相互作用的研究较多，在一定程度上揭示了 GA 分子水平上的作用机制。随着这些激素信号传导途径中大量的组分逐步得到鉴定，不同激素间的交叉反应机制和对这一复杂的信号网络体系的研究也取得了相应的进展。

第一节　赤霉素的特性

赤霉素属于一种四环双萜类化合物，在植物整个生命循环过程中起着重要的调控作用。目前在生物体内已发现的赤霉素共有百余种，各种不同赤霉素之间的差异在于分子中双键、羟基数目和位置的不同。赤霉素可根据碳原子总数的不同，分为 C_{19} 和 C_{20} 两类。赤霉素 $GA_1 \sim GA_{11}$、GA_{16}、$GA_{20} \sim GA_{22}$、GA_{26}、$GA_{29} \sim GA_{35}$ 等都是由 19 个碳原子组成，因此称为 C_{19} 赤霉素；赤霉素 $GA_{12} \sim GA_{15}$、$GA_{17} \sim GA_{19}$、$GA_{23} \sim GA_{25}$、$GA_{27} \sim GA_{28}$、$GA_{29} \sim GA_{38}$ 等属于 C_{20} 赤霉素，它们是分子中含有 20 个碳原子的赤霉素，这类赤霉素一般活性都不高。因为这两类赤霉素都含有羧基，所以赤霉素呈酸性。在 3 位上和 13 位上有无羟基，是真菌和高等植物赤霉素不同之处，一般来说，在 3 位和 13 位都有羟基者为高等植物赤霉素，仅在 3 位上有一羟基者为真菌赤霉素。

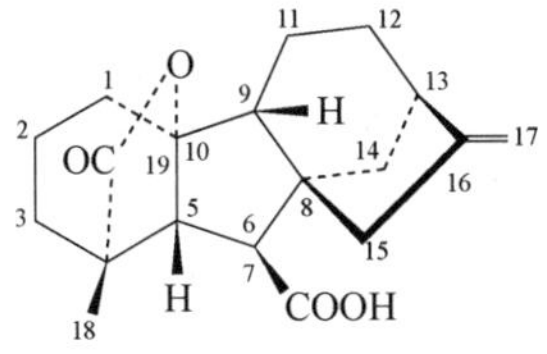

C$_{19}$-赤霉素 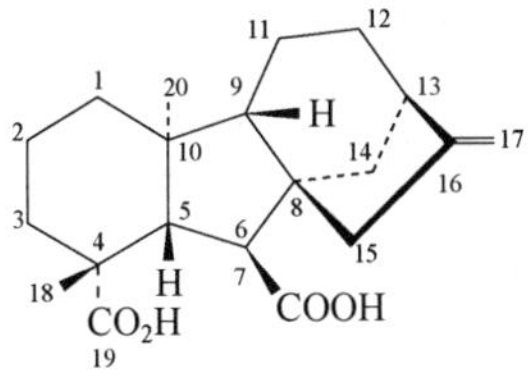　　　　　　　　C$_{20}$-赤霉素

除了游离型赤霉素外，在植物体内还有极性很强的结合型赤霉素，又称水溶性或中性赤霉素，它不能被乙酸乙酯所提取，但能为正丁醇所提取。已经确定在植物体内它可与糖类、氨基酸相结合。豌豆、牵牛花、黄羽扇豆、桃树中都发现有结合型赤霉素存在。在含有赤霉素的高等植物中，以豆科、旋花科和葫芦科最为普遍，其中所含赤霉素种类也比较多。

不同的赤霉素具有不同的生物活性，而不同的植物或生长发育不同过程，如茎的伸长、种子萌发、开花结实等，对不同的赤霉素也表现出不同的敏感性。一般来说，GA$_3$、GA$_4$、GA$_7$、GA$_{14}$ 具有较高的活性，特别是 GA$_3$ 的活性最高，而 GA$_4$、GA$_7$ 和 GA$_9$ 对葫芦科植物具有特别高的活性。

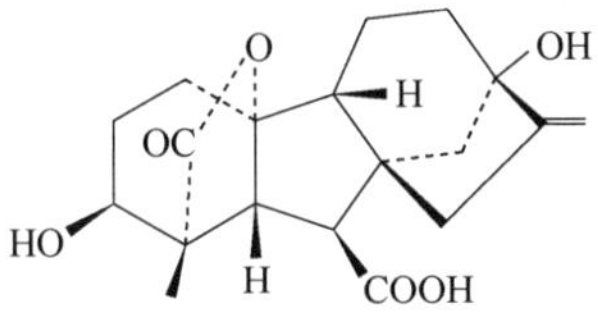

GA$_1$ 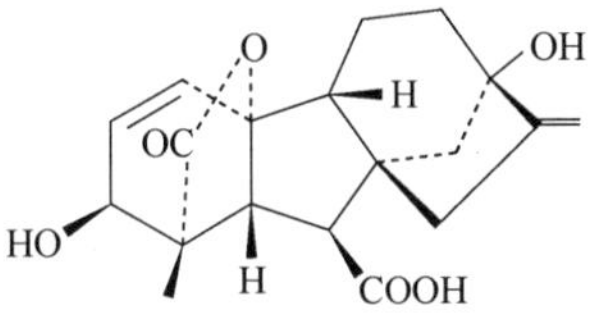　　　　　　　　GA$_3$

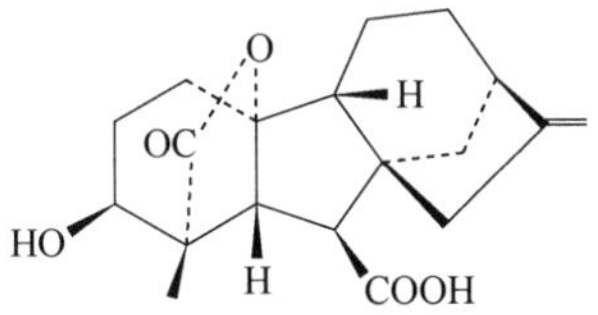

GA$_4$ 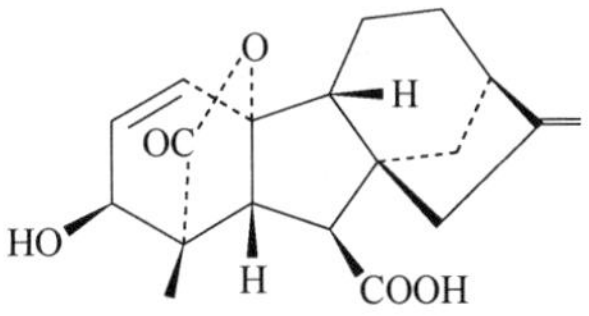　　　　　　　　GA$_7$

具有实用价值的是赤霉酸 GA$_3$，它可溶于醇类、丙酮，但不溶于石油醚、苯和氯仿等有机溶剂，它们在较低温度和酸性条件下较为稳定，遇碱则失去活性。它无明显的亲水和疏水特性。如把赤霉素分子中的羧基酯化后，无论甲酯、乙酯、异丙酯或丁酯等，把它们分别施在叶面上，结果均丧失活性，但是将这些酯施于土壤中又可具有活性，这是它们在土壤中被水解而重新游离出赤霉素之故。相反，赤霉素分子中的羟基被酯化后，如乙酰赤霉素、二乙酰赤霉素、苯甲酰赤霉素、丁酰赤霉素等，它们和赤霉素具有完全相同的效果，说明赤霉素的生理活性和效果主要是羧基而不是羟基。

赤霉素在不同的 pH 值溶液中，其稳定性也不一样，在 pH3～4 下，它的溶液最稳定，在中性或微碱性条件下，稳定性明显下降，在 pH 值过高或过低的溶液中，GA 便分解而产生分解产物，其中伪赤霉素 (Pseudo gibberellin) 是最重要的一种，一般赤霉素结晶中都含有伪赤霉素，含量可高达 4％，有的发酵液中含量可高达 10％左右。由于赤霉素的分子结构比较复杂，目前人工合成不是很经济，主要通过发酵来生产，其中以 GA$_3$ 为主，也有 GA$_4$ 及 GA$_2$ 的混合物，最近改良了发酵法，可以单一生产 GA$_4$。赤霉素对动物的毒性很小，对大鼠经口 25g/kg 的剂量亦未发现毒性。

第二节　赤霉素的生物合成

赤霉素是植物和真菌次生代谢二萜途径的产物，由前质体物牻牛儿基牻牛儿基焦磷酸 (geranylgeranyl pyrophosphate,GGPP) 环化而成。根据反应类型和酶的种类，可将 GA 的生物合成主要分成三个阶段。

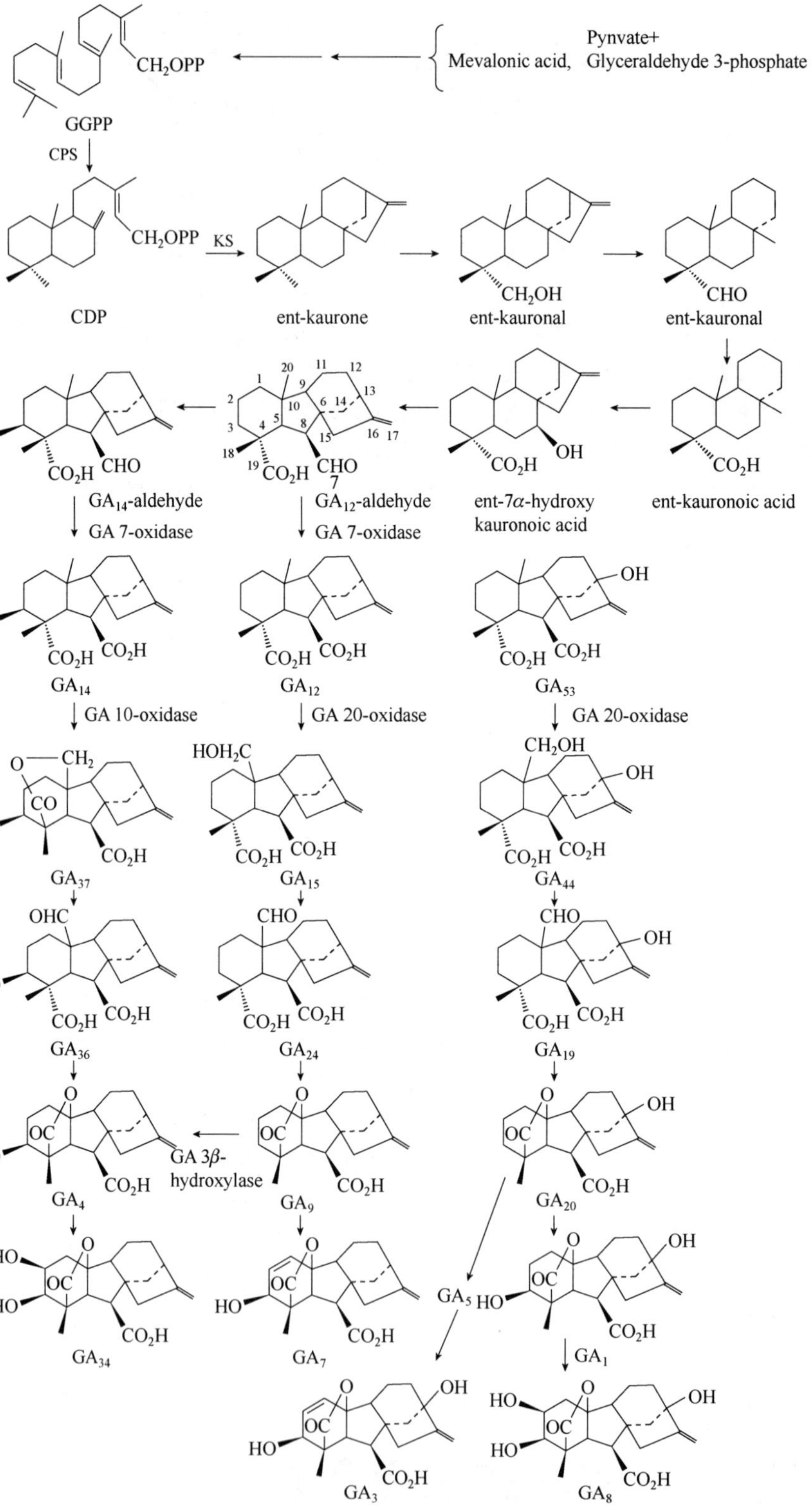

图 4-2-1 赤霉素生物合成途径

　　第一阶段，从 GGPP 合成内根-贝壳杉烯（ent-kaurene）。这些反应在细胞溶质中进行，有关的酶是可溶性的酶，不与膜结合。在古巴焦磷酸合酶（copalyl pyrophosphate synthase，CPS）的催化下，

GGPP 环化形成古巴焦磷酸（copalyl diphosphate，CPP），后者在内根-贝壳杉烯合酶（entkaurene synthase，KS）催化下环化成为赤霉素的前身，即内根-贝壳杉烯。

第二阶段，内根-贝壳杉烯氧化为 GA_{12}-醛。这些反应是由与微粒体膜结合的依赖细胞色素 P450 单加氧酶（monooxygenase）催化的，反应需要氧气和 NADPH 的参与。内根-贝壳杉烯转化为内根-贝壳杉烯醇（ent-kaurenol）、内根-贝壳杉烯醛（ent-kaurenal）、内根-贝壳杉烯酸（ent-kaurenoic acid）、内根-7α-羟贝壳杉烯酸（ent-7α-hydroxykaurenoic acid），再到 GA_{12}-醛。GA_{12}-醛是由多种单加氧酶共同参与合成，还是由单一的单加氧酶催化合成的，目前依然未有定论。但赤霉菌中可能有 4 个不同的 P450 单加氧酶催化从贝壳杉烯到 GA_{12}-醛的合成。

第三阶段，由 GA_{12}-醛转化成其他 GA 的阶段。此阶段在细胞质中进行。GA_{12}-醛进一步氧化为不同的 GA。首先把 GA_{12}-醛的 C_7 醛基氧化成羧基，成为 GA_{12}，再将 C_{20} 的甲基氧化成羟甲基，成为 GA_{53}。GA_{53} 和 GA_{12} 分别在 GA $_{20}$-氧化酶（GA $_{20}$-oxydase）、GA₃β-羟化酶（GA $_3$β-hydroxylase）作用下，形成有生物活性的 GA_1 和 GA_4。它们在 GA_2β-羟化酶（GA $_2$β-hydroxylase）的作用下，转变为无生物活性的 GA_8-分解代谢物和 GA_{34}-分解代谢物。这 3 种酶都是双加氧酶（dioxygenase），需要 2-酮戊二酸（2-oxoglutaric acid）和氧分子作为辅底物（cosubstrate），Fe^{2+} 和抗坏血酸为辅因子（cofactor）。与此同时，GA_{53} 和 GA_{12} 也会转化为各种 GA。所以大部分植物体内都含有多种赤霉素。赤霉素的生物合成途径见图 4-2-1。

植物体内合成 GA 的场所是顶端幼嫩部分，如根尖和茎尖，也包括生长中的种子和果实，其中正在发育的种子是 GA 的丰富来源。一般来说，生殖器官中所含的 GA 比营养器官中的高，前者每克鲜组织含 GA 几个 μg，而后者每克鲜组织只含 1～10ng。在同一种植物中往往含有多种 GA，如在南瓜与菜豆种子中至少分别含有 20 种与 16 种 GA。

虽然高等植物和真菌都能产生结构相同的 GA，但它们的信号转导途径和合成过程中所涉及的酶，却有很大的不同。对于 GA 的生物合成途径，其中前两步的媒介物在植物和真菌中都存在，第三步由 GA_{12}-醛合成其他的 GA_s 的过程中，由于所起作用的酶及酶的作用底物不同，真菌与植物两者间具有很大的差异。尚需指出的是，GA 合成的过程极其复杂，参与的酶和影响其合成的内外因子较多，其中的许多基本问题尚未弄清。因此，如欲全面了解 GA 的合成，还需作艰苦的探索。

第三节　赤霉素受体

GA 是一种疏水性羧酸，由于具有羧基负离子，可在植物细胞的胞间和胞内溶解，并且可质子化，酸可通过被动运输穿过细胞质膜。由此推断，植物体含有与质膜结合的可溶性受体。研究者发现转录调节因子——DELLA 蛋白可以抑制赤霉素的信号转导。而 DELLA 蛋白位于细胞核内，在植物中大量存在，却没有出现在其他生物体中的 GRAS 蛋白家族，是一类转录抑制因子，可通过调节其他基因的表达实现其对赤霉素信号转导的抑制作用。Ueguchi-Tanaka 等于 2005 年在水稻中鉴定了一种 GA 不敏感的矮化突变体 GID1（Gibberllin insensitive dwarfe 1），该基因编码是一种未知蛋白，是迄今为止发现的唯一的 GA 受体，它在水稻中作为一种可溶性的受体介导 GA 信号转导，它在与活性的 GAs 结合，感知 GA 的信号后，将信号传递到 DELLA 蛋白，从而诱发一系列下游反应。活性的赤霉素与 GID1 的结合可以加速 DELLA 蛋白被 26S 蛋白酶降解，从而实现相关基因表达的激活。赤霉素参与了 DELLA 蛋白质的降解途径。2008 年，Matsnok 和 Hakoshima 两个研究组几乎同时报道水稻和拟南芥中 GID1 的三维晶体结构。GID1 结构的测定进一步揭示了赤霉素调控植物生长的分子机理。

彩图 4-2-2 中 GA_3 的碳原子为绿色，氧原子为红色，GID1 的核心区为淡蓝色，（b）图为（a）图沿垂直线旋转 90°。GID1N-端的三段螺旋 αa～αc 松散地彼此反向地覆盖在口袋上。从图中可看出赤霉素与转录抑制因子 DLLA 蛋白之间并没有直接的相互作用，而是结合在 GID1 的内层口袋内，GID1的 N-端结构域覆盖在了口袋的顶端，起到了类似"门"的外侧的作用。从复合物的结构看，赤霉素很可能是起到了"变构剂"的作用，即它可以介导 GID1 N-端结构域发生构象变化，进而形成了有利于 DELLA 蛋白质结合的表面。Hakishima 等人曾经试图得到 GID1 自由酶的晶体结构，如果两者在N-端存在着差异，就能证明他们推测的赤霉素的识别机制，但他们并没有得到自由酶的晶体结构，这一假定尚待证明。图 4-2-3 为赤霉素受体蛋白 GID1 与 DELLA 蛋白相互作用的模型图。

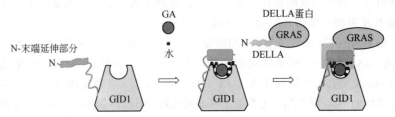

图 4-2-3　赤霉素受体蛋白 GID1 与 DELLA 蛋白相互作用的模型图

第四节　赤霉素的生理效应

赤霉素在植物体内的运输没有极性，可以双向运输。根尖合成的 GA 通过木质部向上运输，而叶原基产生的 GA 则是通过韧皮部向下运输，其运输速度与光合产物相同，为 50～100cm/h，不同植物间运输速度的差异很大。赤霉素合成以后在体内的降解很慢，然而却很容易转变成无生物活性的结合型 GA。植物体内的结合型 GA 主要有 GA-葡萄糖酯和 GA-葡萄糖苷等。结合型 GA 是 GA的贮藏和运输形式。在植物的不同发育时期，游离型与结合型 GA 可相互转化。如在种子成熟时，游离型的 GA 不断转变成结合型的 GA 而贮藏起来；而在种子萌发时，结合型的 GA 又通过酶促水解转变成游离型的 GA 而发挥其生理调节作用。

通过赤霉素对植物生长发育影响的广泛研究，越来越多地揭露了它的若干重要的生理作用，赤霉素参与植物生长和发育的所有过程，包括种子萌发，下胚轴伸长，根、茎、叶和果实的生长，花的诱导，花和种子发育，开花，发育阶段转换等。植物接受 GA 信号，影响基因的表达，从而控制植物的发育等。

1. 促进茎的伸长

赤霉素对植物最显著的作用是促进茎秆的伸长，而使植株的高度增加，只要将微量的赤霉素（0.001～0.5mg）一次施于植物的生长点上，大多能引起植物急剧的生长，反应的程度随植物种类和品种而不同，表现在茎秆节间的伸长，不过不改变节间的数目，而且在一定的浓度范围内，随着浓度的增加，刺激生长的效应也愈显著。GA 处理后在最初几天内，生长的加速并不明显，只有在经过一段时期之后，生长速度才呈现出一个明显的高峰，其高峰出现的迟早，因植物种类而异，一般是出现在处理后的 5～15d。GA 的有效期也因植物种类而不同，一般为两周左右。生长速度出现高峰的时间和有效期的长短与气温有密切的关系，气温低生长高峰向后推移，有效期也相应延长，气温较高则生长高峰提早出现，有效期也缩短。赤霉素处理后叶子的生长并不一定增加，但可增加顶端优势，如矮性菜豆经赤霉素处理后，其丛生矮化的习性便显著改变，分枝作用受到抑制，顶芽的活动不再衰退而生长集中于主茎，因而变成高而具攀援习性的植物。对于整株植物，赤霉素不刺激根的生长。但它对离体茎切段的伸长没有明显的促进作用，而 IAA 对整株植物的生长影响较小，却对离体茎切段的伸长有明显的促进作用。GA 促进矮生植株伸长的原因是由于矮生种内源 GA 的生物合成受阻，使得体内 GA 含量比正常品种低的缘故。

2. 诱导开花

某些高等植物花芽的分化是受日照长度（即光周期）和温度影响的。例如，对于二年生植物，需要一定日数的低温处理（即春化）才能开花，否则不能抽薹开花。若对这些未经春化的植物施用GA，则不经低温过程也能诱导开花，且效果很明显。此外，也能代替长日照诱导某些长日照植物开花，但 GA 对短日照植物的花芽分化无促进作用。对于花芽已经分化的植物，GA 对其花的开放具有显著的促进效应，如 GA 能促进甜叶菊、铁树及柏科、杉科植物的开花。

3. 打破休眠

用 $2\sim3\mu g/g$ 的 GA 处理休眠状态的马铃薯，能使其很快发芽，从而可满足一年多次种植马铃薯的需要。对于需光和需低温才能萌发的种子，如莴苣、烟草、紫苏、李和苹果等的种子，GA 可代替光照和低温打破休眠，这是因为 GA 可诱导 α-淀粉酶、蛋白酶和其他水解酶的合成，催化种子内贮藏物质的降解，以供胚的生长发育所需。在啤酒制造业中，用 GA 处理萌动而未发芽的大麦种子，可诱导 α-淀粉酶的产生，加速酿造时的糖化过程，并降低萌芽的呼吸消耗，从而降低成本。

4. 促进雄花分化

对于雌雄异花同株的植物，用 GA 处理后，雄花的比例增加；对于雌雄异株植物的雌株，如用 GA 处理，也会开出雄花。GA 在这方面的效应与生长素和乙烯相反。

5. 其他生理效应

GA 的另一个明显的特点是在环境不利于植物生长时，如在低温、干旱、弱光或短日照下往往表现出更好的效果。例如在低温和弱光下，GA 能打破牧草休眠而刺激生长，使牧草的春季生长提前，而秋季停止生长也比较迟；GA 可防止番茄的花蕾脱落，在前期温度较低时应用，要比在后期应用的效果更为显著；在早春低温下豌豆和菜豆不能正常发芽时，GA 处理后就能促进发芽，迅速出苗，发芽率低的种子，GA 处理后可提高发芽率。所以 GA 在一定条件下可使一般不发芽的种子发芽，有时虽然不增加发芽率，但可使种子发芽快，缩短萌发时间。可见在逆境条件下能发挥较大的作用。赤霉素还使植物的干物质产量增加。这主要是反应植物碳素同化作用的增加，不过光合效率并未因赤霉素处理而有明显加强，它的干重增加可能是由于光合面积增加的结果。GA 还可促进某些植物坐果和单性结实、延缓叶片衰老等。此外，GA 也可促进细胞的分裂和分化，促进细胞分裂是由于缩短了 G_1 期和 S 期。但 GA 对不定根的形成却起抑制作用，这与生长素又有所不同。GA 对植物作用的另一个最明显的指标是呼吸强度的急剧增加。在研究 GA 对呼吸强度的影响时，发现呼吸强度变化有一定的规律性，即 GA 处理后呼吸强度从低到高明显增加，然后逐渐下降，甚至下降到比对照水平还低。GA 在刺激植物生长方面如对大豆和烟草，也观察到类似现象，即 GA 处理达到生长高峰后，生长速度反而下降，比对照还低，然后又逐渐上升恢复到正常状态。对生长和呼吸作用表现出"先促进后抑制"的现象，是一个有趣而值得注意的问题。

6. 诱导 α-淀粉酶的形成

关于 GA 与酶合成的研究主要集中在 GA 如何诱导禾谷类种子 α-淀粉酶的形成上。大麦种子内的贮藏物质主要是淀粉，发芽时淀粉在 α-淀粉酶的作用下水解为糖，以供胚生长的需要。如种子无胚，则不能产生 α-淀粉酶，但外加 GA 可代替胚的作用，诱导无胚种子产生 α-淀粉酶。如果既去胚又去糊粉层，即使用 GA 处理，淀粉仍不能水解，这证明糊粉层细胞是 GA 作用的靶细胞。GA 促进无胚大麦种子合成 α-淀粉酶具有高度的专一性和灵敏性，现已用来作为 GA 的生物鉴定法，在一定浓度范围内，α-淀粉酶的产生与外源 GA 的浓度成正比。大麦籽粒在萌发时，贮藏在胚中的束缚型 GA 水解释放出游离的 GA，通过胚乳扩散到糊粉层，并诱导糊粉层细胞合成 α-淀粉酶，酶扩散到胚乳中催化淀粉水解，水解产物供胚生长需要。GA 不但诱导 α-淀粉酶的合成，也诱导其他水解酶（如蛋白酶、核糖核酸酶、β-1,3-葡萄糖苷酶等）的形成，但以 α-淀粉酶为主。GA 诱导酶的合成是由于它促进了 mRNA 的形成，即 GA 是编码这些酶基因的去阻抑物。用大麦糊粉层细胞的转录试验表明，在 GA 处理 $1\sim2h$ 内，α-淀粉酶的 mRNA 含量增加，20h 达到高峰，其含量比对照高50 倍。此外，赤霉素还具有促进钙单向运输的功能。研究 GA_3 及 CaM（钙调素）对钙吸收的影响，发现用 GA_3 处理，在 $4\sim6h$ 内就能显著增加 CaM 及内质网的钙含量，其上升曲线的斜率与所用 GA$_3$ 剂量之间呈正相关。因此，GA$_3$ 促进钙在内质网的累积可能是通过 CaM 起作用的。钙与 CaM 含量的增加发生在 α-淀粉酶释放之前，α-淀粉酶含有钙并在内质网上合成。

7. GA 调节 IAA 水平

许多研究表明，GA 可使内源 IAA 的水平增高。这是因为 GA 降低了 IAA 氧化酶的活性；促进蛋白酶的活性，使蛋白质水解，IAA 的合成前体（色氨酸）增多；GA 还促进束缚型 IAA 释放出游离型 IAA。以上三个方面都增加了细胞内 IAA 的水平，从而促进生长。所以，GA 和 IAA 在促进生长、诱导单性结实和促进形成层活动等方面都具有相似的效应。但 GA 在打破芽和种子的休眠、诱导禾谷类种子 α-淀粉酶的合成、促进未春化的二年生及长日照植物成花，以及促进矮生植株节间的伸长等方面的功能是 IAA 所不具有的。在实际应用中，通过转基因植物改变单一基因的表达来调节 GAs 的合成已成为可能，这种技术也可以取代化学生长调节剂，去调控植物的生长发育。此外，还可以利用这种技术改变 GA 生物合成途径中一种酶的丰度，以确定这种酶在该合成途径中的作用。但是由于 GA 受体分子还没有完全确证，GA 信号转导机制也没有详细阐明，目前这种技术在农作物改良方面的应用还十分有限。

第五节　邻苯二甲酰亚胺衍生物

美国 American Cyanamid 公司于 1976～1977 年合成了一系列邻苯二甲酰亚胺类系列产品，这些产品中许多具有植物生长调节剂的功效。其中生物活性比较突出的是 AC-94377，它是人工合成与赤霉素活性有关的化合物，其分子结构与赤霉素不尽相同，但是却在许多方面表现出具有类似赤霉素的活性。

AC-94377 为白色结晶，熔点 193～197℃，溶解度：水 30 mg/L，丙酮＜2％，二甲亚砜＞20％。但此物质在低级醇（C$_1$～C$_3$ 醇）中溶解后，发生醇解，形成两类异构体，它们在醇溶液中的溶解度不同，同时其生物活性也降低，如果这两类异构体溶于二甲亚砜或 N,N-二甲基甲酰胺中，则原来的结构可恢复。

不溶性异构体　　　　可溶性异构体

因此，一般试验不用酒精等为溶剂，而是用二甲亚砜或丙酮。此物质对植物无毒，对哺乳动物有低毒，小鼠急性经口 LD$_{50}$ 10 g/kg，兔子急性经皮 LD$_{50}$ 2.5 g/kg。该化合物的合成方法是由 3-硝基邻苯二甲酸酐经氯化后，生成 3-氯代邻苯二甲酸酐，再与 1-氨基环己基羧酸作用，再将分子中羧酸酰氯化后生成最终产物。

AC-94377

AC-94377 的生物活性主要表现在：打破种子休眠，促进种子发芽，促进胚轴及茎的伸长，促进蕨类植物雄性器官的发育，促进某些植物开花及无性结果，促进某些酶的活性提高等。AC-94377 可以促进许多植物种子的发芽，在一定程度上可以增加种子对光的敏感度（如拟南芥等杂草等需光才能发芽的种子）和对温度敏感（如芹菜）植物的种子发芽。喷施 AC-94377 可以促进莴苣抽薹，番茄在移栽时蘸根可以促进其茎的伸长，对大豆株高也有促进作用。AC-94377 还与 GA$_3$ 一样，可以增加草莓葡匐茎的数量，促进叶柄伸长，每株叶片数也有增加，最终提高第二年的草莓果实产量。AC-94377 可以促进植物开花结果，对葡萄则可以促进某些品种的单性结实，可促进玉米中某些酶活性的提高，AC-94377 可促进大麦 α-淀粉酶的合成。

尽管 AC-94377 在许多生物反应中与赤霉素表现出类似的效果，但是其产生与赤霉素同样的效果所需的剂量（或浓度）不同。对于不同植物、不同使用方式、不同部位，其效果差异也很大。不同种类的赤霉素（如 GA$_3$ 和 GA$_4$）在同一生物中表现出的生物活性也不同。这可能是由于赤霉素或 AC-94377 在不同植物中发生的吸收、运输及代谢等作用差异很大所致。

AC-94377 是否表现出生物活性与施用的部位关系很大。采用放射性标记的方法发现其移动性很差，只有很小一部分移动到施用的部位以外。如果在根部施用则效果很明显，其作用和赤霉素类似（叶鞘伸长）。但是一般认为赤霉素的效果与施用部位是无关的，即无论在植株的什么位置使用，都可出现生物变化。据报道，在地上部分施用 AC-94377 后，采用放射性标记的方法发现其被代谢的数量是根部施用时的 2 倍。根部施用的有 80% 没有被代谢掉，大部分运输到植株的其他部位，并且其代谢产物是一种极性物质。据报道，AC-94377 在根部施用比在地上部分施用更容易运输，并且基本没有通过韧皮部运输。因此，推断 AC-94377 可能主要是通过根部的质外体运输的，仅有很小一部分通过共质体运输。

赤霉素（GA$_3$）是微酸性物质，其在水中的分配系数很大程度上受 pH 值的影响；AC-94377 的分子结构与 GA$_3$ 不同，其在水中的分配系数小于 GA$_3$，而且溶解度不受 pH 值的影响。由此可见，这两种物质的生物活性在很大程度上受不同因子的影响。正是由于 AC-94377 在中性环境下在水中的分配系数比较小，因此可以推断其通过韧皮部运输的量比较少。除此之外，因为一般植物的叶子表面有一层蜡质，表皮对此物质的吸收也是一个重要的影响因子。

AC-94377 在许多方面表现出与赤霉素有类似的生理反应，特别是 AC-94377 在赤霉素合成抑制物质存在的情况下和赤霉素合成突变株（d5 矮化玉米和矮化水稻）都有生物活性，说明它不能促进赤霉素的生物合成（有可能通过负反馈调节机制，抑制赤霉素的合成），因而推断它可能是通过调节赤霉素的受体来实现上述生物活性的。Yalpani 等研究 AC-94377 与黄瓜的赤霉素（GA$_4$）结合蛋白（GA binding protein fraction，GABP）的竞争关系时发现，AC-94377 与 GA$_4$ 之间是线性竞争抑制关系，从而推断 AC-94377 和 GA$_4$ 与 GABP 具有相同的结合位点，在 GABP 中很可能包括赤霉素受体。AC-94377 活性低于 GA$_4$ 的原因很可能是由于 AC-94377 的吸收、运输和代谢等因素造成的。但是，GA$_4$ 与 GABP 的结合/释放动力学过程比较复杂，并非呈全线性关系。其原因可能有：①确定的高结合位点之间存在协同作用；②在 GABP 中的同一个蛋白或不同蛋白中存在两个高结合位点。具体原因到底如何，还需在纯化 GABP 后再行研究。

在生产实践中，AC-94377 作为人工合成的植物生长调节剂，在农业实践中取代赤霉素是比较经济的。它可用于打破某些杂草的休眠，促其在不利的环境下发芽，从而减少土壤中存活的杂草休眠种子的数量，以达到除草的目的。但在其使用过程中常受到许多因素的限制，除了杂草种类和其用量之外，其他环境因素，如土壤类型（对它有吸附降解等作用）、杂草种子的埋藏深度和土壤表面的覆盖情况（如秸秆）等也会影响其作用效果。所以可用其取代赤霉素，以提高某些作物的产量和调节某些园艺植物的开花。

参考文献

[1] 黄先忠等. 赤霉素作用机理的分子基础与调控模式研究进展. 植物学通报，2006，23（5）：499-510.

[2] Silverstone，A L，Sun T P. Trends Plant Sci，2000，5：1-2.

[3] Yamaguchi S，Smith M W，Brown G S，et al. Phytochrome Regulation and Differential Expression of Gibberellin 3β-Hydroxylase Genes in Germinating Arabidopsis Seeds. Plant Cell，1998，10：2115-2126.

［4］　Itoh H，Ueguchi T M，Kawaide H，et al；Plant J，1999，20：15-24．

［5］　Peng J，Richards D E，Hartley N M，et al. Green revolution' genes encode mutant gibberellin response modulators. Nature，1999，400：256-261．

［6］　Sasaki A，Ashikari M，Ueguchi-Tanaka M，et al. A mutant gibberellin-synthesis gene in rice. Nature，2002，416：701-702．

［7］　石琰，沙广利，束怀瑞. 赤霉素生物合成及其分子机理研究. 西北植物学报，2006，26（7）：1482-1489．

［8］　张国华，张艳洁，丛日晨等. GA作用机制研究进展. 西北植物学报，2009，29（2）：412－419．

［9］　Hedden P，Proebsting WM. Genetic analysis of gibberellin biosynthesis. Plant Physiol，1999，119：365-370．

［10］　Phillips A L. Gibberellins in Arabidopsis. Plant Physiol Biol Chem，1998，36：115-124．

［11］　Hedden P，Kamiya Y. Gibberellin biosynthesis：Enzymes，genes and their regulation. Annu Rev Plant Physiol Plant Mol Biol，1997，48：431-460．

［12］　Lange T. Molecular biology of gibberellin synthesis. Planta，1998，204：409-419．

［13］　王金祥，李玲，潘瑞炽. 高等植物中赤霉素的生物合成及其调控. 植物生理通讯，2002，38（1）：1-8．

［14］　Hedden P，Phillips A L. Gibberellin metabolism：new insights revealed by the genes. Trends Plant Sci. ，2000，5：523-530．

［15］　苏谦，安冬，王库. 植物激素的受体和诱导基因. 植物生理通讯，2008，44（6）：1202-1208．

［16］　王伟，朱平，程克棣. 植物赤霉素生物合成和信号传导的分子生物学. 植物学通报 2002，19（2）：137-149．

［17］　Kohji Murase，Yoshinori Hirano，Tai-ping Sun2，Toshio Hakoshima，et al. Gibberellin-induced DELLA recognition bythe gibberellin receptor GID1. Nature，2008，456（27）：459-464．

［18］　Asako Shimada，Miyako Ueguchi-Tanaka，Toru Nakatsu，et al. Structural basis for gibberellin recognition by its receptor GID1，Nature Vol 456（27）November 520-524，2008．

［19］　Hartweck L M，Olszewski N E. Rice GIBBERELLIN INSENSITIVE DWARF1 is a Gibberellin Receptor That Illuminates and Raises Questions about GA Signaling. Plant Cell，2006，18（2）：278-282．

［20］　Fleet C M，SUN T P. A DELLAcate balance：the role of gibberellin in plant morphogenesis. Curr Opin Plant Biol，2005，8：77-85．

［21］　Robert Eugene Diehl，et al. Phthalimide derivatives and their use as plant growth regulants，US 3940419，1976．

［22］　Los M，Kust CA，Lamb C，et al. Hort Sci，1980，15（1）：22-23．

［23］　Suttle J C，Hultstrand J F. Physiological Studies of a Synthetic Gibberellin-LikeBioregulator. Plant Physiol，1987，84：1068-1073．

［24］　Suttle J C. Nsubstituted phthalimides as plant bioregulants. News Bull Br Plant Growth Regultor Group，1983，6（2）：1119．

［25］　Yalpani N，Suttle J C，Hultstrand JF，et al. Competition for in Vitro ［3H］Gibberellin A4 Binding in Cucumber by Substituted Phthalimides Plant Physiol，1989，91：823-828．

［26］　李伟强，刘小京，山口信次郎. 一种赤霉素的功能类似物——苯邻二甲酰亚胺. 植物生理学通讯，2005，41（1）：111-115．

第三章

细胞分裂素

20 世纪初，德国植物学家 Haberlandt 将植物韧皮部细胞打碎，放在马铃薯块茎的伤口上，发现伤口附近的薄壁细胞竟然分裂了。40 年代，美国植物学家 J. van Overbeek 发现椰乳能刺激离体培养的曼陀罗幼胚的生长。他们推测其中存在着不同于已知的任何激素的促进生长的物质。50 年代，美国 Skoog 和 Miller 等人在实验室内培养烟草植物的薄壁组织时，发现薄壁组织在离体的条件下，可以长大成瘤状的细胞团，即愈伤组织，愈伤组织细胞一般都较大，但不分裂，但细胞壁却不能长成，他们将椰乳或酵母提取液加到培养基中，细胞果然分裂了，由此推测，起作用的物质可能是与核酸代谢有关的物质。1955 年他们终于分离出一种核酸的降解产物 N^6-呋喃甲基氨基嘌呤，它有刺激细胞分裂的作用，称之为激动素（kinetiin）。虽然激动素是最早发现的刺激细胞分裂的活性物质，但迄今还没有发现在植物细胞中的天然存在。但是人们从大量的探索中发现在不少植物幼嫩器官中，存在着刺激细胞分裂的物质。1963 年，Letham 首次从玉米灌浆期籽粒中提取并结晶出有效物质，命名为玉米素（Zeatin），并确定结构。后来又发现了异戊烯基腺嘌呤（IP）、异戊烯基腺苷（IPA）等。于是人们把具有与激动素相同生理活性的所有物质统称为细胞分裂素（cytokinins，CTK）。迄今所有的内源细胞分裂素都是腺嘌呤的衍生物。

第一节　细胞分裂素的分类

自然界存在的细胞分裂素为嘌呤的衍生物，一般在腺嘌呤 N_6-位上含有取代基；细胞分裂素活性大小大致为：玉米素＞PBA＞6-BA＞KT＞腺嘌呤。另一类为人工合成的具有细胞分裂素性质的脲类化合物，又称为苯基脲型细胞分裂素。

迄今自然界存在的细胞分裂素如表 4-3-1 所示。

表 4-3-1　迄今自然界存在的细胞分裂素

R^1	R^2	R^3	化 学 名 称	简称和缩写
$-CH_2$ $C=C$ CH_3 / CH_2OH	H	H	6-(4-羟基-3-甲基-反式-2-丁烯基氨基)嘌呤	玉米素，Z
$-CH_2$ $C=C$ CH_2OH / CH_3	H	H	6-(4-羟基-3-甲基-顺式-2-丁烯基氨基)嘌呤	顺式玉米素，(cis) Z
$-CH_2$ $C=C$ CH_3 / CH_2OH	H	核糖	6-(4-羟基-3-甲基-反式-2-丁烯基氨基)-9-β-D-呋喃核糖基嘌呤	核糖基玉米素 [9R] Z，(ZR)

续表

R¹	R²	R³	化学名称	简称和缩写
—CH₂ C=C CH₂OH / H CH₃	H	核糖	6-(4-羟基-3-甲基-顺式-2-丁烯基氨基)-9-β-D-呋喃核糖基嘌呤	顺式核糖基玉米素（cis）[sR] Z
—CH₂ C=C CH₃ / H CH₂OH	H	核糖磷酸酯	6-(4-羟基-3-甲基-2-丁烯基氨基)-9-β-D-呋喃核糖基嘌呤磷酸酯	核糖基玉米素磷酸脂 [9R-5'P] Z
—CH₂—CH₂—CH CH₂OH / CH₃	H	H	6-(4-羟基-2-甲基-丁烯基氨基)嘌呤	二氢玉米素,(DiH) Z
—CH₂—CH=C CH₃ / CH₃	H	H	6-(3-甲基-2-丁烯基氨基)嘌呤	iP,(2iP 或 IP)
—CH₂—CH=C CH₃ / CH₃	H	核糖	6-(3-甲基-2-丁烯基氨基)-9-β-D-呋喃核糖基嘌呤	[9R] iP (2iPA,IPA)
—CH₂—CH=C CH₃ / CH₃	CH₃S	核糖	6-(3-甲基-2-丁烯基氨基)-2-甲硫基-9-β-D-呋喃糖基嘌呤	[2MeS-9R] iP (ms-2iPA)
—CH₂ C=C CH₃ / H CH₂OH	CH₃S	核糖	6-(4-羟基-3-甲基-反式-2-丁烯基氨基)-2-甲硫基-9-β-D-核呋喃基嘌呤	ms-核糖基玉米素 [2MeS-9R] Z
—CH₂ C=C CH₂OH / H CH₃	CH₃S	核糖	6-(4-羟基-3-甲基-顺式-2-丁烯基氨基)-2-甲硫基-9-β-D-呋喃核糖基嘌呤	(cis) [2MeS-9R] Z
—CH₂ C=C CH₂OH / H CH₃	H	葡萄糖	6-(4-羟基-3-甲基-2-丁烯基氨基)-9-β-D-呋喃葡糖基嘌呤	葡糖基玉米素,ZG
—CH₂ C=C CH₃ / H CH₂OH	OH	H	2-羟基-6-(4-羟基-3-甲基-反式-2-丁烯基氨基)嘌呤	
—CH₂—CH—C(OH)—CH₂OH / CH₃	H	H	6-(3，4-2羟基-3-甲基氨基)嘌呤	
⬡—CH₂ OH	H	核糖	6-(邻位-羟基苄基氨基)-9-β-D-核糖基嘌呤	

第二节 细胞分裂素的生物合成

细胞分裂素的生物合成有两条途径：一是 tRNA 分解；另一是从头合成。基于细胞分裂素本身就是 tRNA 的组成部分，最初认为 tRNA 分解是细胞分裂素合成的一种可能的途径。研究发现 tRNA 分解释放出来的顺式玉米素，在顺反异构酶的催化下，能转化成高活性的反式玉米素。然而 tRNA 的代谢速率很低，对于形成植物体内大量的细胞分裂素是不够的。这说明由 tRNA 分解产生细胞分裂素这条途径并不是主要的途径。1978 年，Taya 等首次从黏菌（Dictyostelium discoideum）中鉴定出一种酶，该酶可催化腺苷酸（AMP）和二甲基丙烯基二磷酸（DMAPP）转化成有活性的细胞分裂素，异戊烯基腺苷-5'-磷酸（IPMP）。后来，Akiyoshi 等发现，来源于致癌农杆菌（Agrobacterium tumefaciens）的 tmr 基因（又名 it 基因）发生突变时可导致根部形成肿瘤，该基因编码与上述酶活性相似，称之为异戊烯基转移酶（IPT 酶）。在其他几个细菌中也发现有 IPT 基因，并在植物组织的粗提物中发现它们具有 IPT 酶活性。

随着拟南芥基因组测序的完成，Takei 等和 Kakimoto 研究小组从拟南芥中鉴定出 IPT 同系物，其中的 7 个基因在大肠杆菌中的表达可导致细胞分裂素异戊烯基腺嘌呤（IP）和玉米素（Zeatin）的分泌，表明这 7 个基因是细胞分裂素生物合成的基因。从拟南芥中纯化得到的 AtIPT4 酶不同于细菌的 IPT 酶，AtIPT4 在有 ATP、ADP 和 AMP 同时存在时，它优先利用 ATP 和 ADP 作为底物，该酶的产物可能是异戊烯基腺苷-5′-三磷酸（IPTP）和异戊烯基腺苷-5′-二磷酸（IPDP），IPTP 和 IPDP 能转化成玉米素。

对拟南芥的研究表明，在植物体内还存在另一条细胞分裂素合成途径，即 IPMP，由二甲基丙烯基二磷酸（DMAPP）和 AMP 直接合成。IPMP 在内源羟化酶的作用下，可转化成 ZMP。体内氚标记的实验表明，ZMP 的生物合成率比由 IPT 酶催化产生的 IPMP 的生物合成率高 66 倍。认为 ZMP 是由 AMP 和一种未知的侧链前体合成的。这种未知的侧链前体物质可能是类萜的衍生物。植物细胞分裂素的生物合成途径见图 4-3-1。

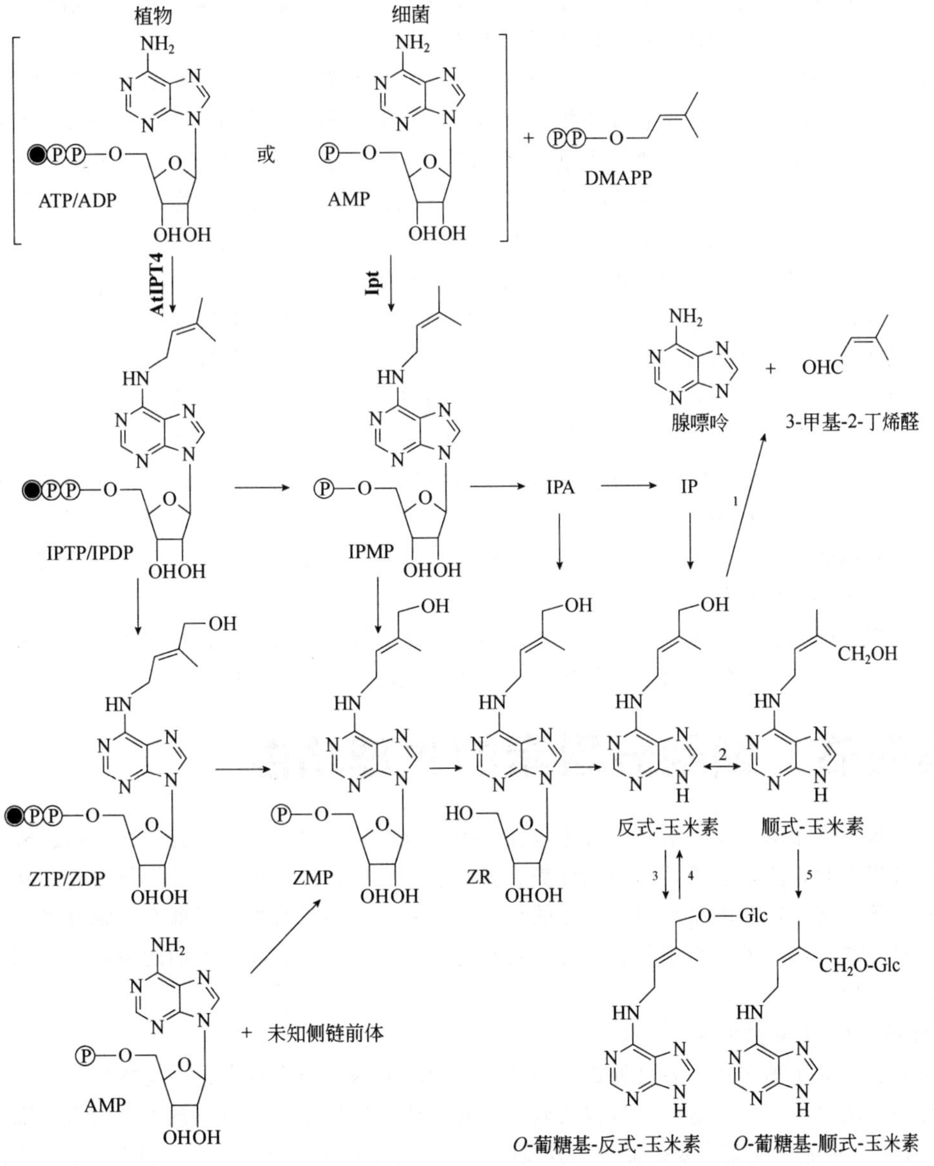

图 4-3-1 植物细胞分裂素的生物合成途径

1—细胞分裂素氧化酶；2—顺反异构酶；3—反式-玉米素-O-葡糖基转移酶；4—β-葡糖苷酶；5—顺式-玉米素-O-葡糖基转移酶；DMAPP—二甲基丙烯基二磷酸；IPTP—异戊烯基腺苷-5′-三磷酸；IPDP—异戊烯基腺苷-5′-二磷酸；IPMP—异戊烯基腺苷-5′-磷酸；IPA—异戊烯基腺苷；IP—异戊烯基腺嘌呤；ZTP—玉米素核苷-5′-三磷酸；ZDP—玉米素核苷-5′-二磷酸；ZMP—玉米素核苷-5′-磷酸；ZR—玉米素核苷

细胞分裂素存在于木质部汁液中，根尖是细胞分裂素生物合成的主要部位，据此可以判定细胞分裂素在体内的运输，主要是通过根部合成后，经木质部运到植物地上部分行使功能的。

第三节　细胞分裂素的代谢与受体

长期以来，虽然人们在遗传学、生物化学以及生理学等方面进行了大量工作，但对细胞分裂素的代谢、转运及信号转导等认识仍然有限，主要原因是细胞分裂素与其他信号途径间存在着广泛、复杂的交叉反应，细胞分裂素相关基因间的功能冗余以及缺乏特异性的生物学分析系统。直到1996年，Kakimoto创造性地将"不定芽分析技术"应用于对细胞分裂素相关突变体的遗传筛选和分析中，状况才有所改善。在近十年的时间里，人们在细胞分裂素的代谢、转运、信号转导以及与其他信号途径间交叉反应的研究中都取得了重大的进展。

细胞分裂素的代谢包括细胞分裂素结合物的形成，即细胞分裂素和其他有机物形成的结合体和细胞分裂素氧化分解等过程。植物体中细胞分裂素的种类繁多，形式最简单的是异戊烯基腺嘌呤和玉米素，更多的是由异戊烯基腺嘌呤和玉米素通过 N-糖基化、N-丙酰基化或 O-糖基化、O-乙酰基化等方式转变为结合态形式。一般认为，细胞分裂素结合态形式较为稳定，但在有关酶的作用下，非结合态与结合态细胞分裂素之间可以互变，植物可以在一定程度上，以形成不同程度结合态的方式来调节植物体内细胞分裂素的水平。细胞分裂素嘌呤环系统的 N_3-、N_7-和 N_9-位置可葡糖基化。研究发现，嘌呤环的 N_7-位和 N_9-位结合葡糖基以后，能不可逆地削弱细胞分裂素的活性。也发现 O-糖基化的细胞分裂素也是无活性的，且不被细胞分裂素氧化酶分解，但在 β-葡糖苷酶的作用下，它能转化成有活性的细胞分裂素。结合态的细胞分裂素主要起贮藏和避免其被氧化分解的作用，因而结合态细胞分裂素的形成是维持细胞分裂素活性水平的重要调节手段之一。嘌呤环系统 N_6-侧链的 O-葡糖基结合是所有植物中普遍存在的结合态细胞分裂素的形式。细胞分裂素在细胞内分解是由细胞分裂素氧化酶（CKO）催化的，它以分子氧为氧化剂，催化细胞分裂素 N_6-上不饱和侧链裂解，则彻底丧失活性，此反应不可逆。现已从多种植物组织中分离纯化得到细胞分裂素氧化酶，这类酶由多种蛋白质组成。

自从发现细胞分裂素以来，就开展了对细胞分裂素受体的研究。人们单用生物化学的方法，已经分离出多种细胞分裂素结合蛋白，但揭示其受体功能的研究仍进展缓慢。

第四节　细胞分裂素的生理功能

关于细胞分裂素的功能，最早发现它可促进细胞分裂。后来，许多研究表明，细胞分裂素也在植物发育过程中起作用，它可控制顶端优势、根的形成、植物气孔行为、叶绿体发育，花、叶衰老及采后衰老等，甚至还影响植物对病原体的反应和营养的动力学特性。目前在植物衰老方面，除了关注乙烯对衰老的影响外，细胞分裂素对植物衰老的调控作用也引起了人们的关注。细胞分裂素的主要生理效应如下。

1. 促进细胞分裂和扩大

细胞分裂素的生理作用主要是促进细胞分裂。细胞分裂有两个过程：一是核分裂过程，另一是细胞质分裂。植物激素参与这两个过程的调节。通常认为生长素是促进核的有丝分裂，而对细胞质的分裂无影响；细胞分裂素主要是促进细胞质的分裂。所以，如果缺少细胞分裂素，细胞不能正常分裂，结果只有核分裂而无细胞质的分裂，就会形成多核细胞。当用烟草髓、苍耳茎、大豆子叶的愈伤组织和胡萝卜根、豌豆根等进行组织培养时，若培养基中只供给生长素而不给予细胞分裂素，则观察不到细胞的分裂，若在培养基中加入生长素的同时提供细胞分裂素，则细胞分裂迅速，组织块长大。从这个实验说明细胞分裂素对细胞的分裂是必需的。某些植物叶片上由于菌类寄生而形成冠瘿瘤，是由于寄生菌进入寄主后分泌出细胞分裂素类的物质，促进寄主局部组织的细胞分裂增生的结果。又如固氮根瘤菌进入豆科植物的根部后，刺激细胞迅速分裂，形成瘤状物的根瘤，也是由于根瘤菌产生的细胞分裂素的缘故。

细胞分裂素不仅能促进细胞的分裂，也可以使细胞体积加大。用细胞分裂素处理四季豆黄化叶的圆片和烟草髓的愈伤组织后，细胞明显地扩大。由生长素引起的豌豆茎切段的伸长，若再加入细胞分裂素，结果其细胞的伸长、生长受到抑制，却能使该细胞体积横向变大，茎节加粗，这说明细胞分裂素能使细胞向横轴方向扩大，如用 6-苄基腺嘌呤（10^{-5} mol/L）处理黄瓜子叶有明显促进子叶扩大生长的效应。

2. 诱导芽的分化，促进侧芽发育

在组织培养中，细胞分裂素对芽的分化有显著的促进作用。有些离体叶片经细胞分裂素处理后，其主脉基部及叶缘都能长出芽来。例如用小块秋海棠叶片进行扦插时，通常在叶缘长出根和芽，若用细胞分裂素处理后，则发现根的生长受到抑制，而主脉基部的芽能很快形成，整个小块的叶周缘都能长出芽来，这个实验证明细胞分裂素类物质有促进芽的分化作用，而且这种促进叶片周缘生芽的能力是以正在伸展中的幼叶上表现得最为明显。在烟草愈伤组织或茎的组织培养中发现，培养基中需要加入生长素和细胞分裂素，而两者的比例可以控制组织块分化的方向，当细胞分裂素/生长素的比值（mg/L）为 0.02：2 时，只有根的分化生长；当两者的比值为 0.2：2 时，组织块只生长而不分化；当提高细胞分裂素的量，使细胞分裂素生长素为 0.5：2 时，芽分化生长。由此可见，组织块诱导形成根或芽是受细胞分裂素和生长素相对含量所控制的，而细胞分裂素则有利于芽的分化生长。细胞分裂素还能促进侧芽的发育，因而细胞分裂素能对抗顶端优势，解除腋芽被抑制的作用。例如，用细胞分裂素溶液滴在豌豆幼苗第一片真叶内处于潜伏状态的侧芽上，可以看到此处的侧芽发育生长。细胞分裂素的这种作用是和生长素的作用相对抗的。

3. 延缓叶片衰老

很多研究表明，当植物组织处于衰老状态时，其内源细胞分裂素含量下降。延缓衰老是细胞分裂素特有的作用。我们知道植物体在衰老过程中，往往伴随着蛋白质、核酸和脂肪等有机大分子化合物的分解，其中比较明显的是叶片，在衰老时叶片中的叶绿素降解，使绿色消去转为黄色。而若施加细胞分裂素能显著延缓它们保持鲜绿色的时间，推迟离体叶片的衰老。由于细胞分裂素能逆转被处理区域内蛋白质和叶绿素的降解过程，达到防衰保绿的效果。如将苍耳叶子切下喷上细胞分裂素溶液，或将叶子切口放在含有细胞分裂素的溶液中，就能防止叶绿素的消失。用细胞分裂素处理叶片的一部分，然后用放射性氨基酸处理整个叶片，发现含放射性氨基酸集中在处理过细胞分裂素的部位。同样用细胞分裂素处理植物的个别叶片，则推迟了被处理叶片的衰老，却促进了未处理过细胞分裂素的其他叶片的衰老。这个现象说明细胞分裂素能把未处理叶片上的营养物质调运到处理过细胞分裂素的叶片上。延缓叶片衰老的重要原因就是细胞分裂素阻止了核酸酶、蛋白酶等一些水解酶的合成或降低这些酶的活性，从而保证了核酸、蛋白质和叶绿素不被破坏或破坏速度减慢。细胞分裂素不但能阻止营养物质外流，而且还能使营养物质不断地向细胞分裂素所在部位运输，起到"代谢库"的作用。

第五节　细胞分裂素在农业上的应用

细胞分裂素在农业上的应用可有如下几方面。

（1）防止果树生理落果　用含 400mg/kg 的 6-苄基腺嘌呤的水溶液处理柑橘幼果，显著地防止了柑橘第一次生理落果，对照的坐果率仅为 21%，而被处理的坐果率达 91%。而且处理后的果实，果梗加粗，果色浓绿，果实比对照组也显著加大。同时用 6-苄基腺嘌呤处理葡萄的试验进一步表明，细胞分裂素的作用主要是影响果树坐果。

　　（2）影响果实的发育　试验证明发育中的果实，尤其是细胞分裂迅速的组织含有丰富的细胞分裂素。细胞分裂素对于苹果、梨、桃、李，以及许多其他果实都具有调节细胞分裂的作用。用浓度为 $100\sim500mg/kg$ 的 6-苄基腺嘌呤、玉米素处理盛花后 4d 的金冠苹果时，能刺激苹果果实伸长并具有显著的发育良好的萼片突起。又如用 $500mg/kg$ 激动素溶液可使无花果成为单性结实。因此细胞分裂素在果实增大和形成过程中起着重要的调节作用。

　　（3）防止衰变、延长蔬菜的贮藏时间　细胞分裂素可以有效地延长蔬菜的贮藏时间。菠菜、芹菜、葛苣、甘蓝等蔬菜采收以后叶片容易发黄，组织败坏，最后导致腐烂，这种现象可用 6-苄基腺嘌呤来防止。孢子甘蓝在采收后用 6-苄基腺嘌呤处理，也有延迟衰老的效果。例如采收后 1d 用 $2.5\sim10mg/kg$ 的 6-苄基腺嘌呤处理，可以防止变质，得到有较高商品价值的芽球。用 6-苄基腺嘌呤处理之所以能保持蔬菜的新鲜状态，主要是由于细胞分裂素类物质可以减缓植物组织的呼吸代谢，降低氧的吸收及二氧化碳的释放。维持组织内核酸的合成以及抑制叶绿素、DNA 及 RNA 的降解。

　　（4）果实的保鲜　细胞分裂素具有显著的抗衰老作用。在果实上有一定的保鲜效应。新采收的甜樱桃用 6-苄基腺嘌呤处理后在 20℃ 下可保存 27d，并且果实鲜重无明显损失。细胞分裂素对果实的保鲜作用明显地表现在抑制果皮失绿。

第六节　腺嘌呤类细胞分裂素

1. 激动素（kinetin）

$C_{10}H_9N_5O$, 215.21, 525-79-1

　　1955 年，Miller 等从高压灭菌后的 DNA 中提取出一种物质，因为其能使多核细胞发生胞质分裂，经分离提纯后命名为激动素，它是 DNA 的降解物质，并不是天然的植物生长调节物质，化学名称为 6-糠基氨基嘌呤。

　　理化性质　纯品为白色固体，熔点 $265\sim266℃$，能溶于强酸、碱和冰醋酸中，微溶于乙醇、丙酮及乙醚，不溶于水。

　　合成方法

　　它的合成方法有多种，上面介绍的方法原料比较易得，反应条件温和，所用的催化剂一般为路易斯酸，在一定的压力下进行反应。也可用 6-羟基嘌呤先氯化或巯基化后再与糠胺反应生成产物。

2. 玉米素（zeatin）

$C_{10}H_{13}N_5O$, 219.24, 1637-39-4

1963 年，Letham 从玉米未成熟种子中分离出的一种结晶物质，是第一个分离出的天然细胞分裂素。

合成方法

浙江大学研究了利用细菌发酵生产玉米素的工艺。通过检测发酵液中玉米素的含量，确定了玉米素发酵生产的最合适工艺。经 HPLC 检测，该条件下玉米素产量高达 0.87 mg/mL。

玉米素为白色结晶，熔点为 207～210℃，可溶于水、乙醇等溶剂中，它起初是从未成熟的玉米中分离出来的，后经研究发现在各种植物体内也都存在，其立体异构体之间活性有着很大的差异，反式体的活性较顺式体大约高出 50 倍。玉米素以及 N^6-异戊基腺嘌呤是在自然界中最为常见并且活性最高的细胞分裂素。迄今人们对于它的结构与活性关系已有多种研究，包括各种异构碳链、羟基化合物、双键加成产物、1-位碳甲基化产物、双键被卤素取代的产物等。在这一系列产物中，当 6-位氮原子的取代基为 5～6 个碳原子时，具有最高的活性，尤其是在取代基 2,3-位上带有双键时，当双键上带有羟甲基时，化合物的活性最好。

3. 二氢玉米素（dihydrozeatin）

$C_{10}H_{15}N_5O$, 221.26, 23599-75-9

二氢玉米素是从黄羽扁豆未成熟种子中分离出来的一种支链饱和的天然玉米素。

4. 6-（3-甲基-2-丁烯基氨基）嘌呤（IP）

$C_{10}H_{13}N_5$, 203.24, 120-73-0

这是一种活性较高的天然细胞分裂素，在结构上与玉米素相似，已从植物带化病棒状杆菌（*Corynebacterium fasians*）的培养液及土壤农杆菌（*Agrobacterium tumefaciens*）中分离出来。

5. 6-（3-甲基-2-丁烯基氨基）-9-β-D-核酸呋喃嘌呤（IPA）

IPA 已从豌豆、菠菜、酵母、鸡胚胎的 t RNA 和牛肝 t RNA 中分离出来。

6. 6-苄基氨基嘌呤（6-BA）

C$_{12}$H$_{11}$N$_5$, 25.25, 1214-39-7

这是一种人工合成的细胞分裂素，熔点 230～232℃，可溶于碱性或酸性溶液中。目前是最常用的一种人工合成的细胞分裂素，是迄今为止人工合成细胞分裂素中比较成功的一个。它的活性高于激动素，低于玉米素。国内外已广泛用于水稻、果蔬、茶叶等作物来提高其产量及品质；亦可用于水果、蔬菜、茶叶等的保鲜贮藏以及生产无根芽、植物组织培养等方面，在农业上有广阔的应用前景。

目前一个比较理想的合成方法是用腺嘌呤和苯甲醇在碱及聚乙二醇（PEG400）催化下脱水生成 6-BA，该法加快了反应速率，缩短了反应时间，可得高收率的产品。

7. 四氢吡喃基苄基氨基腺嘌呤（PBA）

理化性质 熔点 108～109℃。

合成方法

应用 也是人工合成的细胞分裂素类似物。比 BA 具有更高的活性，这可能是由于它的疏水性较合适，可以更多地渗入植物中，并在植物体内具有更大的移动性之故。

第七节 脲类细胞分裂素

N,N-二芳基脲具有促进离体培养的植物细胞分裂的活性，后来从中发现了一些高活性的衍生物，它们并不具有腺嘌呤的结构。两者既有相同之处，也有不同的地方，如诱导细胞分裂及愈伤组织生长，氯吡脲及噻苯隆的活性远高于一般的细胞分裂素，但在促进芽的发育和生长上却较激动素低，PUD 在促进种子萌芽，保绿和延缓衰老，促进芽的再生和繁殖，打破休眠上均有高活性。两者之间的关系尚在深入研究中。

1955 年，Shantz 等发现椰乳中的 N,N-二苯基脲具有促进离体培养的植物细胞分裂的活性，此后大量的应用实例证明，它比嘌呤系列化合物更为优越，具有广泛的生物活性和低毒等特点。国内外合成这一化合物的方法有光气法、草酰氯法、取代脲法、二氧化碳合成法及叠氮化钠法等，其中光气法和草酰氯法是经常使用的方法。

$$R'\!\!-\!\!\langle\rangle\!\!-\!\!NH_2 \longrightarrow R'\!\!-\!\!\langle\rangle\!\!-\!\!NHCO_2CH_3 \xrightarrow{\ R''\!\!-\!\!\langle\rangle\!\!-\!\!NH_2\ } R'\!\!-\!\!\langle\rangle\!\!-\!\!NHCONH\!\!-\!\!\langle\rangle\!\!-\!\!R''$$

1. 氯吡脲 (forchlorfenuron)

$$\text{（结构式）} \quad NHCONHC_6H_5$$

$C_{12}H_{10}ClN_3O$, 247.68, 68157-60-8

1966 年，Bruce 等以烟草茎髓细胞作材料，对 500 多种脲的衍生物进行活性试验，发现其中约有 300 种化合物能诱导细胞分裂。此后，Takahashi 等以烟草愈伤组织为材料，对 4-吡啶脲 (4PU) 衍生物的活性与结构的关系进行了研究，结果发现 CPPU [4-氯-(4-吡啶基)] N'-苯基脲的活性比供试的任何一种嘌呤型细胞分裂素活性更高。该产品最早由美国 Sandoz Corp 公司开发确认其植物生长调节功能，日本协和发酵工业株式会社开发此品种并申请了专利。

理化性质 氯吡脲为白色结晶，熔点 165~170℃。蒸气压 46mPa (125℃)。水中溶解度 39mg/L (pH 值 6.4,21℃)。对热、光和水稳定。大鼠急性经口 LD_{50} 4918mg/kg，兔急性经皮 LD_{50} >2g/kg。制剂为 0.1% 醇溶液剂。

合成方法 由苯胺与光气反应，生成异氰酸苯酯，然后与 4-氨基-2-氯吡啶反应制得。

$$H_2N\!\!-\!\!\langle\rangle\!\!-\!\!Cl + \langle\rangle\!\!-\!\!NCO \longrightarrow \langle\rangle\!\!-\!\!NHCONHC_6H_5$$

应用 它是具有激动素作用的植物生长调节剂，作用机理与嘌呤型细胞分裂素相同。被认为是玉米素的替代品。其生理作用主要有促进细胞分裂，扩大细胞体积；促进器官形成和蛋白质的合成；增强抗逆性、延缓衰老，打破顶芽优势，诱导休眠芽的生长；促进坐果、果实膨大，提高光合作用效率；诱导单性结实。其生理作用与一般嘌呤型细胞分裂素类似，但作用浓度更低，活性更高。它在浓度高时还可以用作除草剂。用于烟草种植可以使叶片肥大而增加产量；它能促进结果，增加番茄、茄子、苹果等水果和蔬菜的产量；改善蔬果和加速落叶作用，增加蔬菜产量，提高质量，使果实大小均匀。另外，它还有促进棉花干枯，增加甜菜和甘蔗糖分等作用。

在农业上应用它可促进果实的膨大，促进葡萄、猕猴桃、黄瓜等多种水果及蔬菜的果实膨大，提高作物的产量；促进坐果，可促进瓜果类蔬菜及各种水果的坐果率，促进坐果的效果与用药时期有直接关系，如在葡萄花前或花期使用氯吡脲，则明显地促进坐果，对果实的大小几乎没有影响或稍有影响，而在花后使用则不能促进坐果，却显著地促进果实的膨大；它能诱导愈伤组织形成，而且大大高于其他植物生长调节物质的细胞增殖速率；然而，在猕猴桃、梨、苹果使用中，均发现畸果率明显升高。如果处理浓度过高，氯吡脲还能促进甜瓜中苦瓜素的形成，使成熟的果实有苦味，但这一结果也因甜瓜的遗传组成不同而有差异。果肉细胞膨大时，高浓度的氯吡脲还可影响甜瓜细胞的正常生长，最终导致肉质粗糙，风味下降，含糖量梯度增加，降低食用价值。氯吡脲可诱导单性结实，它诱导单性结实的作用已在西瓜、苦瓜等多种作物上得到证实。

结构与活性关系 在对这类化合物进行结构与活性关系研究中发现，以其诱导烟草愈伤组织的活性作为指标的研究表明，吡啶环上 2-位氯原子的取代对活性有重要影响，它的活性是无取代基的 100 倍，是 BA 的 10 倍以上；对苯环上的取代衍生物进行活性比较时发现，苯环上 3-位取代（包括烷基化）对活性有降低作用，但氟取代对活性提高有促进作用。而吡啶环上 2 位不同取代物的活性比较表明，Cl、Br、F 等卤原子的取代可增加活性，而 H,CH_3 的取代则活性降低；2,6 -二氯取代和 2,6-二溴取代都有很高的活性。表 4-3-2 列出了这类化合物取代基对细胞分裂活性的影响。

表 4-3-2 4-PU 中 2-位吡啶取代基的细胞分裂活性

X=H, Y=CH$_3$, Cl, Br, F
X=CH$_3$, Y=Cl
X=Y=Cl

2 位取代基（—X）	最佳浓度/（mol/L）[①]
—H（4PU）	4.7×10^{-7}
—CH$_3$	4.1×10^{-7}
—Cl（CPPU）	4.0×10^{-9}
—Br	3.4×10^{-9}
—F	4.3×10^{-9}
—CH$_3$	3.6×10^{-9}
—NH$_2$	4.4×10^{-6}
—OCH$_3$	4.1×10^{-8}
—OH	4.0×10^{-7}
—NHCOCH$_3$	1.9×10^{-7}
—CN	4.2×10^{-9}

① 将烟草培养在 MS 培养基中加入 1.1×10^{-5} mol/L IAA，培养 30d 后，根据组织的质量来确定其最佳浓度。

作用机制 人们对其作用机理的研究很多，但仍存在很多疑问尚未完全弄清楚。一般认为，氯吡脲是通过调节作物内的各种内源激素水平来达到促进生长的作用，它对内源激素的影响大大超过一般细胞分裂素类物质。氯吡脲也可能通过直接调节酶活性来调控植株的生理生化过程。尽管有许多证据说明氯吡脲可通过调节的合成代谢来提高内源激素的活性水平，但已有新的证据表明，苯脲类与内源 CTK 具有相同的作用模式。

Negata 等发现氯吡脲与细胞分裂素的特异结合蛋白有特异性结合，并可以被嘌呤类细胞分裂素所取代。这一结果预示氯吡脲与嘌呤类细胞分裂素具有共同的结合位点和类似的作用机制，从而提出氯吡脲很可能直接发挥细胞分裂素的功能。氯吡脲的作用机理存在两种理论，一种认为它是通过调节细胞分裂素的合成代谢，使细胞提高内源细胞分裂素的水平，其作用方式是间接的。另一种认为氯吡脲与嘌呤类细胞分裂素有着共同的活性位置、类似的作用方式和机制，其作用是直接的。

2. 噻苯隆（thidiazuron）

N—N—S—NHCOCNHPh

C$_9$H$_8$N$_4$OS, 232.26, 51707-55-2

噻苯隆是 Schering 公司于 1976 年合成的新型植物生长调节剂。

合成方法 以乙酸甲酯、水合肼和氯乙醛等为原料，经过反应，制得关键中间体 5-氨基-1,2,3-噻二唑，再与苯基异氰酸酯反应得产物。

$$CH_3CO_2CH_3 + NH_2NH_2 \cdot H_2O \longrightarrow CH_3CO_2NHNH_2 \xrightarrow{ClCH_2CHO} CH_3CO_2NHN = CHCCH_2Cl$$

$$\xrightarrow{SOCl_2} \quad Cl \xrightarrow{NH_3} \quad NH_2 \xrightarrow{PhNCO} \quad NHCOCNHPh$$

噻苯隆作为植物调节物质已在组织培养中得到广泛应用。TDZ 能引起腺嘌呤、腺苷、玉米素和二氢玉米素物质的积累,而减少了异戊烯腺嘌呤的含量。这些内源代谢物的变化是由于噻苯隆抑制了细胞分裂素氧化酶的活性而引起的。噻苯隆能诱导植物体从愈伤组织的形成到体细胞胚胎发生的一系列不同反应,具有生长素和细胞分裂素双重作用的特殊功能。噻苯隆具有将植物组织细胞分裂素依赖型转化为自主型的能力,这说明噻苯隆与内源细胞分裂素代谢紧密相连。在对利马豆进行组织培养时,一般要求有细胞分裂素存在,若用噻苯隆处理以后则可以在无细胞分裂素的培养基上自由生长。即使在转入基本培养基中以后,噻苯隆引起的细胞分裂素活化作用仍然能够保持。研究认为这可能是刺激了具有 N^6-类异戊二烯侧链的腺嘌呤型细胞分裂素活性物质合成路径的结果。在一些离体系统中,噻苯隆替代嘌呤型细胞分裂素并以一种类似于这种细胞分裂素的作用方式引起植物组织应答。然而,噻苯隆的结构在天然嘌呤型细胞分裂素类物质中并不存在。人们对噻苯隆是否可能具有通过不同机制还不清楚。在竞争性抑制剂存在的情况下,研究嘌呤型细胞分裂素和苯基脲类物质活性和结构之间关系发现,从诱导的生物反应上说明了这两大类生长调节物质存在共同的作用位点。

噻苯隆类似细胞分裂素的活性取决于其特殊结构,若改变苯基结构,会降低噻苯隆活性,活性物不是其代谢物而是化合物本身。噻苯隆能引起腺嘌呤、腺苷、玉米素和二氢玉米素物质的积累,而减少了异戊烯腺嘌呤的含量。这些内源代谢物的变化是由于噻苯隆抑制了细胞分裂素氧化酶的活性。细胞分裂素氧化酶参与噻苯隆诱导的生理反应。细胞分裂素氧化酶催化细胞分裂素的 N^6 上不饱和侧链裂解,而使其彻底失活,此反应不可逆。在有些体系中,噻苯隆抑制细胞分裂素氧化酶的活性。

噻苯隆除了具有类似细胞分裂素的活性外,还有其他方面的作用,如诱导植物体内乙烯含量的增加,刺激生长素的合成,不过尚未看到它对内源赤霉素具有调节作用的报道,但赤霉素合成抑制剂可提高噻苯隆对体细胞胚发生的诱导率,这表明它与内源赤霉素与外源赤霉素有一定的关系。

此外还发现当用噻苯隆诱导苹果芽萌发时,随着苯酚、过氧化氢酶、过氧化物酶的积累,酶活性发生较大变化。进一步研究发现,由噻苯隆刺激的一些酶与细胞膜、细胞壁有关,它可以增加细胞膜的流动性。噻苯隆处理后,ATP、核酮糖二磷酸羧化氧化酶(RubisCO)和戊糖磷酸途径中的酶含量增加。噻苯隆处理后,矿质元素锰、铁、铜、钙、镁、钾和 ATP、ADP、AMP 含量增加,同时增加了蛋白质、脱落酸和 4-氨基丁酸等与胁迫相关的代谢物;处理期间 NADPH 与 NADP$^+$ 比值提高,这些物质的变化属于胁迫生理现象。

参考文献

[1] Miller O C, Skoog F, Okumura F S, et al. Studies on Condensed Pyrimidine Systems. IX. The Synthesis of Some 6-Substituted Purines, J. Am. Chem. Soc. ,1956,78: 1375.

[2] Lethem D S. Life Sci. ,1963,2: 56.

[3] 丁静. 细胞分裂素. 植物生理通讯, 1982, (2): 70-89.

[4] Taya Y, Tanaka Y, Nishimura S. 5′-AMP is a direct precursor of cytokinin in Dictyostelium discoidum. Nature,1978,271: 545-547.

[5] Takei K, Sakakibara H, Sugiyama T. Identification of genes encod-ing adenylate isopentenyltransferase, a cytokinin biosynthesis enzyme, in Arabidopsis thaliana. J Biol Chem,2001,276: 26405-26410.

[6] Kakimoto T. Identification of plant cytokinin biosynthetic enzymesas dimethylallyl diphosphate: ATP/ ADP sopentenyltransferases. Plant Cell Physiol,2001,42: 677-685.

[7] Astot C, Dolezal K, et al. An alternative cytokinin biosynthesis pathway. Proc Natl Acad Sci USA,2000,97: 14778-14783.

[8] 张红梅,王俊丽,廖祥儒. 细胞分裂素的生物合成、代谢和受体. 植物生理学通讯, 2003, 3.

[9] Kakimoto T. CKI1,a histidine kinase homologimplicated in cytokinin signal transduction. Science 1996,2 7 4: 982-985.

[10] Kakimoto T. Identification of plant cytokine in biosynthetic enzymes as dimethylallyl diphosphate:ATP/ADP isopentenyltransferases. Plant Cell Physiol. ,2001,42: 677-685.

[11] 梁丽兰. 细胞分裂素及其应用. 生物学杂志, 1993, 6: 7-9.

[12] Van Staden J, Cook E L, Nooden L D. Cytokinins and senescene. In: Nooden L D, Leopold A C. Senescence and Aging in Plants. London: Academic Press Inc. 1988. 282-328.

[13] Elion G B, et al. Studies on Condensed Pyrimidine Systems. IX. The Synthesis of Some 6-Substituted Purines. J. Am Chem Soc. ,1952,74: 411-417.

[14] 菱沼稔等. 日本化开特许 51 394，1977.

[15] Bullock M W, Hand J J, Stokstad L R. Syntheses of 6-Substituted Purines J. Am Chem Soc. 1956,78: 3693-3697.

[16] 吴田荣，袁莉，张镇建. 细胞激动素 Kinetin 合成的改进. 江苏化工，1993，21 (1): 22-25.

[17] 戎积圻，山田妹，马建国. 反-玉米素的制备. 生物化学与生物物理进展，1980，6: 43-45.

[18] 朱辉，娄沂春，陈正贤等. 利用细菌发酵生产玉米素的研究. 浙江大学学报（农业与生命科学版）1999，25 (6): 595-598.

[19] 吴增茹，李长荣，张跃. 脱水法合成 6-苄基氨基嘌呤. 中国农业大学学报，1999，4 (3): 123-126.

[20] Baizer M M, Clark J R, Dub M, et al. A New Synthesis of Kinetin and Its Analogs, J. Org. Chem. ,1956,21 (11): 1276.

[21] Bullock M W, Hand J J, Stok stad E L R. J. Org. Chem. ,1957,22 (5): 56.

[22] SHANTZ E, STEWARD F. The identification of compound a from coconut milk as 1, 3-Diphenylurea. J. Am. Chem. Soc. ,1955,77: 6351-6353.

[23] Momotani E, Tsuji H. Isolation and characterization of a cytokin inbinding proteinfrom the water-soluble fraction of tabacco leaves. Plant cell physiology,1992,33: 407-412.

[24] Bruce MI, Zwar JA. Cytokinin activity of some substituted urea and thioureas. Proc. Roy. Soc. B. 1966,165: 245-265.

[25] Kakahashi S, Shudo K, Okamoto T, et al. Cytokinin activity of N-phenyl-N-(4-pyridyl) urea derivatives. Phytochemistry,1978,17: 1201-1207.

[26] Okamoto T, Shudo K, Tkahashi S, et al. 4-pyridylureas are surprisingly potent cytokinins. The structure activity relationship. Chem. Pharm. Bull,1981,29: 395-398.

[27] 张卫炜，杨永珍. 农药科学与管理，2006，27 (5): 36-41.

[28] Shuichi I, Shigeto T, et al. Sci Hort. ,1988,35,109-115.

[29] 王开功，单友琼，杨乃嘉等. 新植物生长调节剂脱叶灵的合成研究. 农药，1995，(3): 7-8.

[30] 张大勇. 5-氨基-1,2,3-噻二唑的合成. 南京师范大学学报（自科版），2005，(6): 56-60.

[31] Hans Kruger. Progress for making 5-amino-1,2,3-thiadiazole. US:4113733. 1978.

[32] Lange Jr Paul H. Process for making Carbohydrazide, EP: 0103400,1985.

[33] Mamoru, Nakai. 5-amino-1,2,3-thiadiazoles, US: 4269982. 1981-05-26.

[34] Heinz Schulz, Friedrich Amdt. 1,2,3-thiadiazole drivaties, US: Patent3883547,1975.

[35] Iwamura H, Fujita T, Koyama S, Quantitative structure-activity relationship of cytokinin-active adenine and urea derivatives, Phytochemistry,1980,19: 1309-1309.

[36] Mok M C, Mok D WS, Armstrong DJ, Cytokinin activity of N-phenyl-N'-1, 2, 3-thidiazol-5-ylurea （TDZ）. Phytochemistry,1982,21: 1509-1511.

[37] Mok M C, Mok D WS, Turner J E. Biological and biochemical effects of cytokinin-active phenylurea derivatives in tissue culture systems. Hort Science,1987. 22: 1194-1197.

[38] 徐晓峰，黄学林. TDZ-一种有效的植物生长调节剂. 植物学通报，2003，20 (2): 227-237.

[39] 陈肖英，叶庆生，刘伟. TDZ 研究进展（综述）. 热带植物科学，2003，32 (3): 59-63.

第四章

脱落酸

脱落酸（abscisic acid，ABA）最早是从成熟的干棉壳中分离纯化得到的。1964 年，美国人从将要脱落的棉铃中分离出一种物质，称之为脱落素 II；英国人同时也分离出能引起树木新芽休眠的物质，称之为休眠素，经鉴定，实际上两者是同一化学物质，后统一称为脱落酸（ABA）。

ABA 在植物体内广泛存在，但在不同部位的分布存在着差异。正常植株中，根系往往比叶片的含量高。从细胞水平上看，水分充足时细胞内 ABA 呈均匀分布。放射免疫分析表明，细胞溶质、核、叶绿体和细胞壁中都存在标记 ABA，并且标记量没有差异。干旱可导致 ABA 重新分布，使质外体 ABA 水平增加。最初有人认为这是由于叶绿体膜破裂导致 ABA 外泄，但后来研究发现叶绿体和核的 ABA 都有增加（分别为 2 倍和 3 倍）。

过去对脱落酸的研究主要集中在植物衰老、细胞死亡和组织器官的脱落等方面，被认为是一种生长抑制物质。随着研究的深入，人们发现 ABA 在植物生长发育过程中还具有促进作用，包括体细胞胚的发生和发育、种子发育与休眠、细胞分裂、组织器官的分化与形成等。尤其是逆境胁迫下，ABA 通过信号转导、诱导逆境基因和蛋白表达，可提高植物对逆境因子的抗性。

第一节　脱落酸的化学结构与性质

天然存在的 ABA 的结构为：

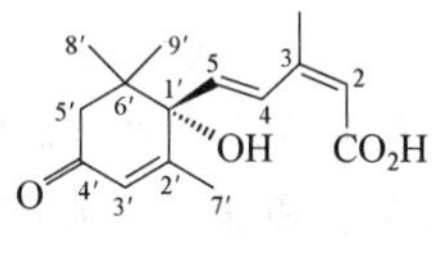

脱落酸为白色结晶，熔点 160～161℃，极难溶于水，但可溶于碱性溶液及丙酮、甲醇、乙醇、三氯甲烷中，ABA 的一个羧基可与葡萄糖进行酯化反应，它有两个光学异构体，植物体中产生的 ABA 是右旋的，以 S-ABA 表示，它的对映体 R-ABA 无生物活性，人工合成的多为外消旋体。ABA 也可有几何异构体存在，但是反式体没有生物活性，ABA 对光敏感，在紫外线照射下便慢慢形成 2-反式 ABA，直到 S-ABA 与 2-反式 ABA 大约平衡为止，但在组织内或在提取过程中，天然 S-ABA 几乎没有变成反式 ABA 的实例。在植物中也发现与天然的 S-ABA 有关的化合物，如 2-反式 ABA、菜豆酸（phaseic acid），及脱落酸基-β-D-吡喃葡萄糖苷等，这些物质的活性都比较低，菜豆酸的生理活性只有脱落酸的 1/10。

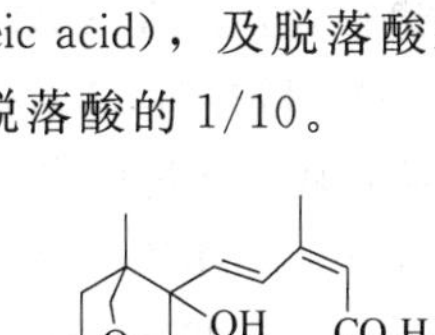

菜豆酸

第二节　脱落酸的生理功能

ABA 在植物体内的作用是作为植物发育的重要调节物质，参与调控植物发育的诸多重要过程，如促进休眠；外用 ABA 时，可使生长旺盛的枝条停止生长而进入休眠；促进气孔关闭，降低蒸腾；促进根系的吸水与溢泌速率，增加其向地上部分的供水量；抑制生长，它对种子萌发和植株生长都有抑制作用，其抑制效应比植物体内的天然抑制剂酚类化合物强，二者抑制效应不同之处在于，酚类通过毒害作用进而抑制植物生长，该过程不可逆，而 ABA 的抑制效应是可逆的，一旦外源 ABA 除去，抑制效应即不存在；它可促进离层的形成；进而引起器官脱落；另外，ABA 是触发植物对逆境胁迫应答反应的传递体，参与调控植物对逆境胁迫，如干旱、高盐、低温等产生的应答。

在逆境胁迫下 ABA 生理功能可归纳如下。

（1）ABA 可提高植物抗干旱能力　在水分胁迫下叶片内 ABA 含量升高，保卫细胞膜上 K^+ 外流通道开启，外流 K^+ 增多，同时 K^+ 内流通道活性受抑制，K^+ 内流量减少，叶片气孔开度受抑或关闭气孔，因而水分蒸腾减少，最终植物的保水能力和对干旱的耐受性提高。生长素对 ABA 诱导的气孔关闭常表现出一定程度的拮抗作用，且与浓度相关，说明逆境胁迫下 ABA 的生理效应与植物体内其他植物激素相关。

（2）ABA 提高植物的抗低温能力　低温胁迫下，植物内源 ABA 含量显著增加。在非驯化条件下，用 ABA 处理的植株抗冻性增加；低温对质膜的损伤是造成植物冻害的主要机制，ABA 提高原生质体抗冻力的原因之一是低温条件下原生质膜的稳定性和原生质体活力有所提高，ABA 可在低温和短日照下起作用，能增强植物的冷驯化作用和促进冷害所导致的愈伤组织的形成。由于冷驯化和愈伤组织的形成均是植物适应低温胁迫的途径，因而可以认为 ABA 对两者的促进作用可以提高植物抗低温胁迫的能力。

（3）提高植物对盐胁迫的抗性　ABA 能够提高植物对盐胁迫的抗性，缓解盐分过多造成的渗透胁迫和离子胁迫，维持水分平衡，从而减轻植物的盐害。ABA 可减少由质流所造成的被动吸收的盐分积累和降低木质部汁液中的盐分浓度，因而盐分积累速率减缓，从而拮抗盐离子的毒害，维护细胞膜的稳定性。

（4）提高植物抗营养物质缺失的能力　研究发现植物营养物质缺失会引起 ABA 水平升高，N、P、K、S 和 Fe 的不足则会导致根、茎、叶和花中 ABA 升高；而过多的营养元素则导致 ABA 水平的下降。这可能是植物适应营养物质缺失的机制之一，通过 ABA 信号转导途径提高植物对营养缺失的抗性。但营养过多条件下，ABA 含量下降的机制尚不清楚。研究表明，植物体内 ABA 含量和分布受营养状况影响，在营养缺失条件下，ABA 的合成和通过木质部经根向茎的运输加快，但其中具体的转导机制还未阐明。另外，ABA 与细胞分裂素的作用是交互的，可能参与细胞分裂素调节的营养信号途径。营养缺失时 ABA 在不同组织器官中的分布也不同，它在衰老叶片中的积累高于幼叶，从而促使衰老的叶片脱落而将有限的营养供给幼叶的生长，有助于植物适应营养缺失的胁迫。但 ABA 的作用链是如何形成的，它通过什么途径最终使植物适应营养胁迫的，还有待于深入研究。

（5）提高涝害胁迫能力　在涝渍状态下，植物体内 ABA 也大量合成，ABA 含量增加可促进不定根的形成，从而促进玉米素核苷含量提高，这些特性对涝渍缺氧条件下的植物生存和生长尤其重要。ABA 是否诱导厌氧蛋白或相关基因表达的报道很少，涝害下 ABA 参与植物生理过程的研究也不多。

（6）抗病虫害的能力　研究发现，外施 ABA 可增加烟草对病毒的抗性。ABA 可抑制植物体内 1,3-葡萄糖苷酶的活性和削弱其降解，从而形成阻止病毒通过细胞质膜扩散的物理屏障，进而增强植物对病毒的抵抗力。有人认为，虽然在植物防御病害中起作用的主要是茉莉酸和水杨酸，ABA 主要是在非生物胁迫下发挥作用的，但它们各自的信号转导并非孤立和直线式的，而是复杂的信号网的一部分。

ABA 提高植物抗逆性的作用机制可以归结为两个途径：即信号转导和基因、蛋白表达的调控。ABA 与受体的结合是 ABA 信号转导的第一步。现有的研究结果表明，在质膜外侧、质膜上和细胞内均有 ABA

的受体或结合位点。ABA 和其受体蛋白或结合位点结合后，通过与胞内第二信使联系，引发级联反应。

目前，已知 150 余种植物基因可受外源 ABA 的诱导，其中大部分在种子发育晚期或受环境胁迫的营养组织中表达。胚胎发育晚期丰富蛋白（late embryogenesis abundant，LEA）、脱水蛋白（dehydrins protein）、RAB（response to ABA protein）蛋白和其他一些酶都可由 ABA 诱导。

第三节　脱落酸的生物合成

脱落酸的生物合成一般有两条途径：C_{15} 直接途径和 C_{40} 间接途径，前者经 C_{15} 法焦磷酸（FPP）直接形成 ABA；后者经由类胡萝卜素的氧化裂解间接形成 ABA，这是高等植物 ABA 生物合成的主要途径。其中 9-顺式环氧类胡萝卜素氧化裂解为黄质醛是植物 ABA 生物合成的关键步骤，然后黄质醛被氧化形成一种酮，该过程需 NAD 为辅助因子，酮再转变形成 ABA-醛，ABA-醛氧化最终形成 ABA。在该途径中，玉米黄质环氧化酶（ZEP）、9-顺式环氧类胡萝卜素双加氧酶（NCED）和醛氧化酶（AO）可能起着重要作用。合成途径见图 4-4-1。

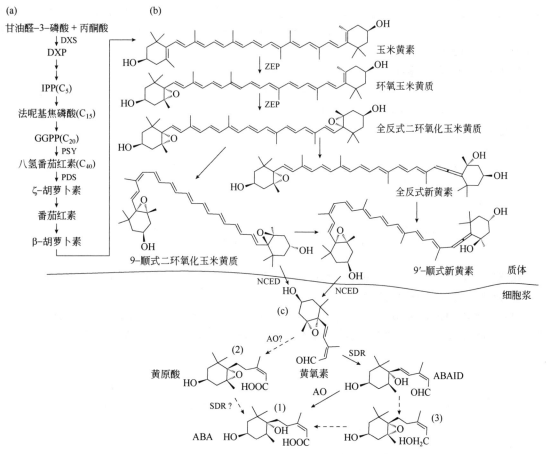

图 4-4-1　ABA 在植物体内的生物合成
（a）ABA 合成早期类胡萝卜素前体的合成；（b）在质体中形成环氧化类胡萝卜素并断裂，（c）在胞液中反应生成 ABA

第四节　脱落酸的代谢

脱落酸可在植物体内快速代谢失活，ABA 在植物体内最主要的代谢方式是先被代谢为（＋）-8'-羟基-ABA，然后通过分子内的 Michael 加成反应，关环生成活性很低的菜豆酸［（－）-Phaseic acid，PA］，而 PA 进一步转化为活性更低的氢化菜豆酸 [（一）-dehydrophaseic acid,DPA]。ABA 的另一条代谢途径是 C_1 位羧基或 C_1' 位羟基与植物体内的葡萄糖结合生成活性较低的衍生物，但是相对于上述代谢途径而言，这条途径还不是很明确。另外，它的 2-位很容易光异构化成活性低的反式结构，ABA 应答基因作为一大类植物基因，虽然其类型、结构、功能和表达调控方面，我们已有了初步的认识和一定的研究进展，但研究还不够深入，许多内容仍待充实完善，ABA 受体还未见报道。

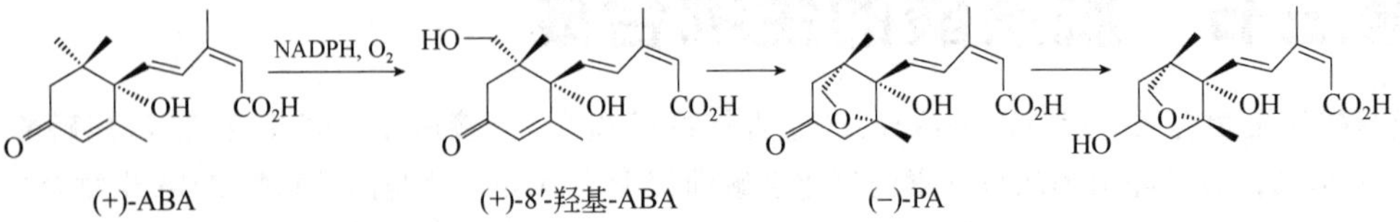

第五节　脱落酸的全合成

鉴于脱落酸这一植物激素的重要性，有关 ABA 的全合成一直受到合成工作者的关注。1965 年，comforth 等首先在 Nature 上报道了 ABA 的全合成。随后越来越多的人投入 ABA 的合成研究之中。时至今日，有关脱落酸及其类似物的合成研究报道已经较多。下面按起始原料的不同，将脱落酸的全合成路线作一介绍。

1. Cornforth 合成路线

1965 年，cornforth 等第一次用化学合成的方法，在实验室合成了外消旋的脱落酸。首先，他们利用已有的方法合成了关键中间体 3-甲基 5-(2,6,6-三甲基-1-环己烯基)-(2Z,4E)-戊二烯酸，再通过氧化等几步反应得到目标化合物：

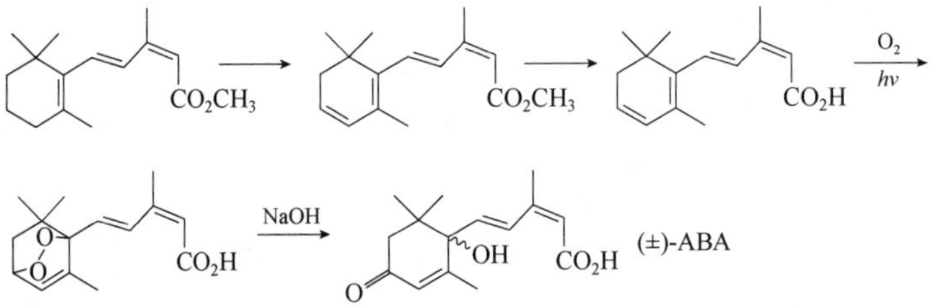

该路线的起始原料难以直接获得，而且合成脱落酸的产率很低（不过 7%），所以很难实际应用。

2. 紫罗兰酮（ionone）路线

（1）α-紫罗兰酮（α-ionone）路线　1968 年，Roberts 等在前人工作的基础上，首先提出这条路线。随后 Kim 等又进一步完善和发展了该路线，从而形成了一条完整的 ABA 合成路线：

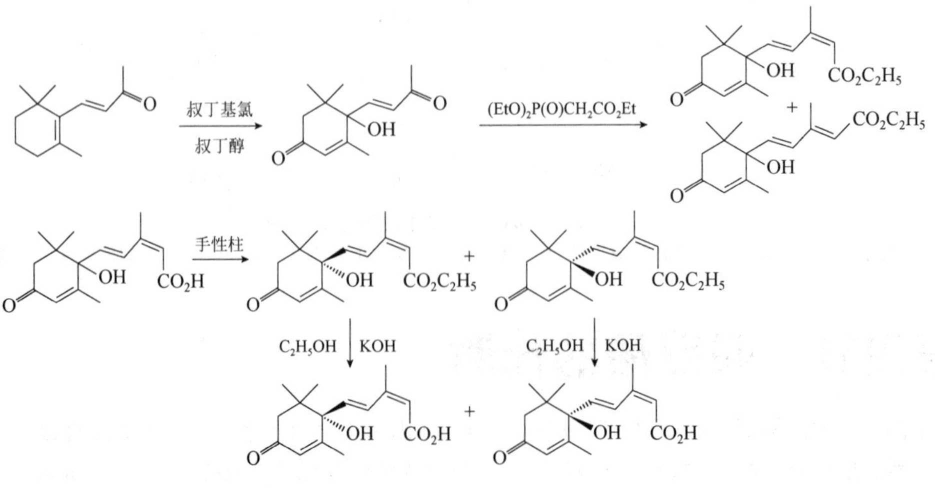

该路线以 α-紫罗兰酮为原料，合成路线较为简单，产率也有所提高。但是依然存在选择性差的问题，在 wittig-Homer 反应中，生成的是顺、反异构体混合物（$Z/E=1：1$），同时也没有解决对映选择性问题，所得产物为一外消旋体，要获得单一的天然光活性化合物，必须依靠拆分。

（2）β-紫罗兰酮（β-ionone）路线　在 Comforth 合成方法的基础上，对原料和反应条件作了很大的改进，进而使反应更加经济可行。

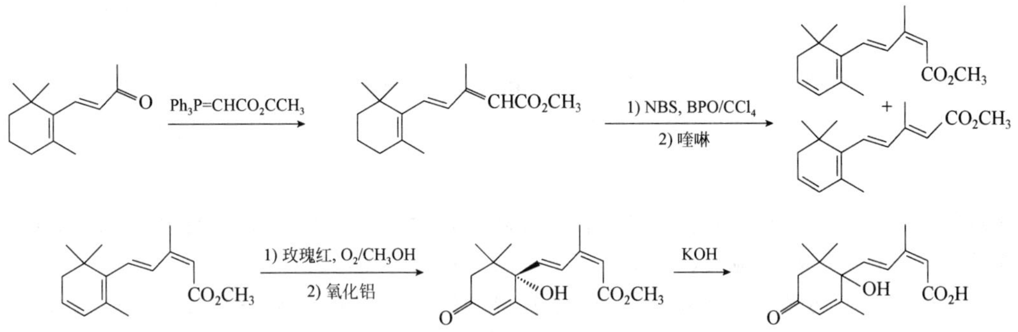

同样，该路线也一样没有解决反应的立体选择性问题。

（3）氧化异佛尔酮路线　为了寻求高选择性的反应路线，Mayer 等经过长期的研究，提出了氧化异佛尔酮路线：

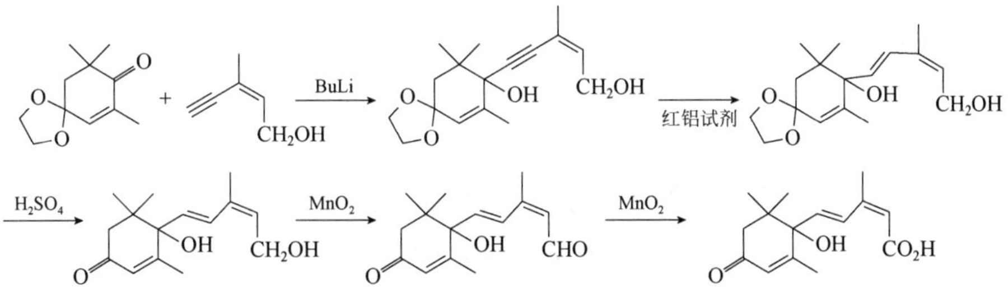

氧化异佛尔酮路线在选择性上有所提高，首先，它解决了前面路线中存在的顺反异构问题，简化了操作，提高了产率。其次，氧化异佛尔酮路线在立体选择性上，也有提高的空间，根据不对称合成的原则，人们在合成氧化异佛尔酮缩酮时，采用手性邻二醇，引进一手性因子，对下一步手性中心的形成产生诱导作用，从而获得一定光学纯度的目标产物。1992 年，Rose 等采用以光活性 2，3-丁二醇合成的氧化异佛尔酮缩酮为原料，使（R）¯体与（S）¯体之比达 7：3。这是分子内的手性诱导因子对其立体选择性的影响。

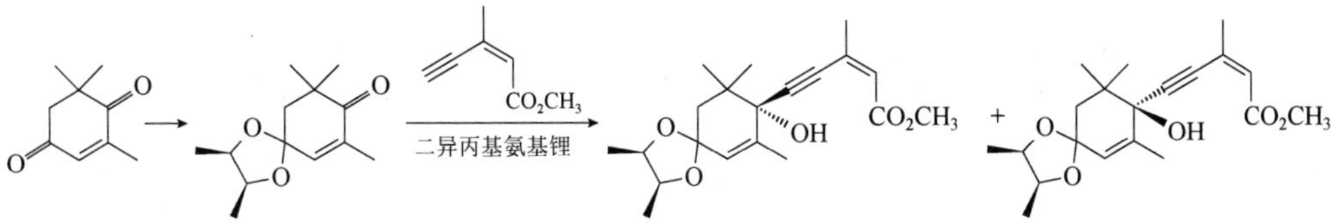

原料氧化异佛尔酮的合成，常用的方法为：

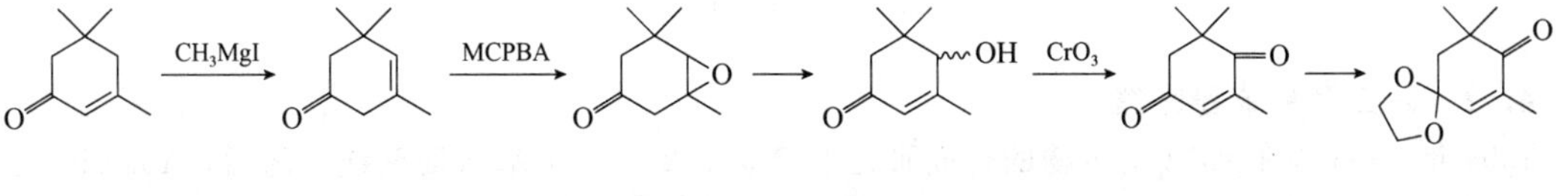

这条路线以价格低廉的商品异佛尔酮为原料，反应选择性很好，与乙二醇反应时，产物基本为

1 位羰基缩酮。

3. 醛路线

该路线是 1988 年由 Acemoglu 等首先报道的。其反应路线如下：

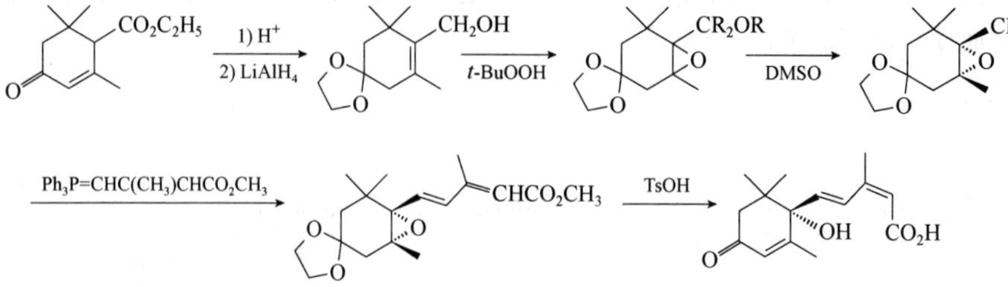

该路线虽然使立体选择性有很大的提高，在环氧化时，获得了 $e.e.$ 值高达 97.4% 的选择性，但是在进行 wittig-Horner 反应时，所得产物是 $E/Z=7:1$ 的混合物。

同时期的 Gomes 等则有效地解决了 2-位顺反异构的问题，生成单一的顺式产物。他们从 α,β-不饱和醛出发，通过 Reformatsky 反应，找到了一条更适合合成 ABA 的方法，该路线中 4 步反应的总收率为 32.4%。

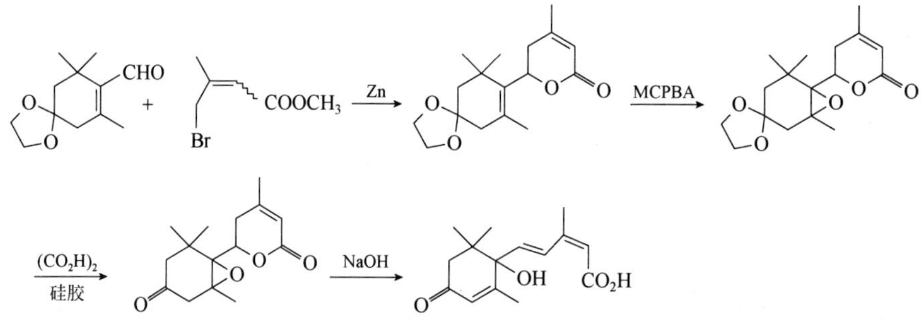

1992 年，Sakai 等综合了前人工作的优缺点，不但解决了顺反异构问题，光学选择性问题也在很大程度上得到了解决，使得醛路线成为目前人们合成光活性 ABA 最好的方法。其路线如下：

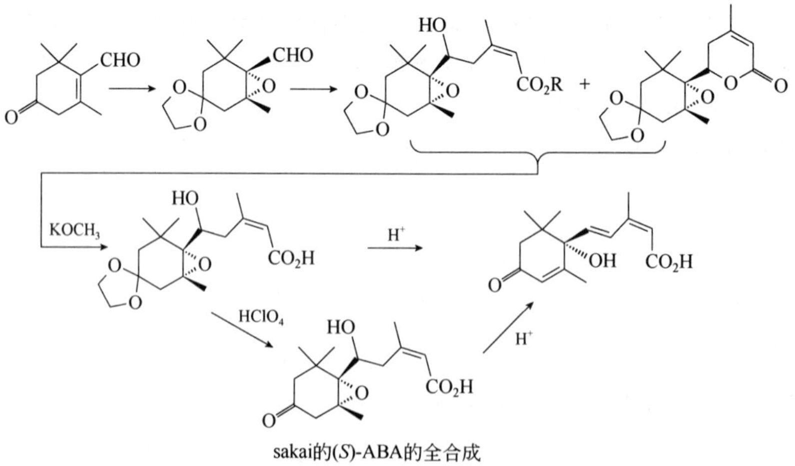

sakai 的 (S)-ABA 的全合成

4. 2,6-二甲基苯酚路线

1994 年，Lei 等在 ABA 衍生物的合成研究中建立了 2,6-二甲基苯酚路线。随后，Yasush 等进一步完善了该路线，进而形成了从 2,6-二甲基苯酚出发合成 ABA 及其衍生物的方法。

该路线可操作性较强，是目前几条路线中成本最低、产率最高的路线，总收率约为 16%。但这一路线未涉及光学异构问题。

参考文献

[1] Milborrow B V, In addicott F T . Abscisic acid. Praeger Publ, 1983, 79.

[2] Fujita M, Fujita Y, Noutoshi Y, et al. Crosstalk between abiotic and biotic stress responses: A current view from the points of convergence in the stress signaling networks. Current Opinion in Plant Biology, 2006, 9: 436-442.

[3] 周金鑫，胡新文，张海文等. ABA 在生物胁迫应答中的调控作用. Journal of Agricultural Biotechnology, 2008, 16 (1): 169-174.

[4] 许树成，丁海东，鲁锐石等. ABA 在植物细胞抗氧化防护过程中的作用. 中国农业大学学报, 2008, 13 (2) :11-19.

[5] 匡勇，夏石头，匡逢春. 脱落酸 (ABA) 对植物生长发育的促进效应. 湖南农业科学, 2009, (1):33-35, 36.

[6] 陈娟，潘开文，辜彬. 逆境胁迫下植物体内脱落酸的生理功能和作用机制. 植物生理学通讯, 2006, 42 (6): 1176-1182.

[7] 童超. ABA 生理功能与信号转导相关综述. 科技资讯, 2008. 10: 44-45.

[8] Van Rensburg L, Kruger H, Rreytenbach J, et al. Biotech Histochem, 1996, 71: 38-43.

[9] Pastor A, Lopez-Carbonell M, Alegre L. Abscisic acid immunolocalization and ultrastructural changes in water-stressed lavender (Lavandla stoechas L) plant, Physiol Plant, 1999, 105: 272-279.

[10] Wilknson S, Corlett J E, Oger L, et al. plant. Plant Physiol, 1998. 117: 703-709.

[11] 万小荣，李玲. 高等植物脱落酸生物合成途径及其酶调控. 植物学通报, 2004, 21 (3): 352-359.

[12] 杨洪强等. 植物脱落酸合成缺陷与反应敏感型突变. 生命科学, 2001, 14 (1): 20-22.

[13] Seo M, Koshiba T. Complex regulation of ABA biosynthesis in plants. Trends Plant Sci, 2002, 7 : 41-48.

[14] Zeevaart J. A D, Creelman R A, Ann Rev. Plant Physiol. plant Mol Biol., 1998, 39, 439-473.

[15] Milborrow B V, History and introduction in Abscisic acid, F T Addicot (ed.) praeger, New York, 1983, 79-111.

[16] Milborrow B V, Journal of Experimental Botany, 1970, 21, 17-29.

[17] Dashek W V, Singh B n, Walton D C, Abscisic Acid Localization and Metabolism in Barley Aleurone Layers Plant Physiol., 1979, 64, 43-48.

[18] Walton D C, Sondgeimer E. Metabolism of 2-14C(±)-abscisic acid in excised bean axes, Plant Physiol., 1972, 49: 285-289 .

[19] Cornforth J W, Milborrow B V, Ryback G. Synthesis of 2(±)-abseisic ll, Nature, 1965, 206: 715.

[20] Roberts D L, Heckman R A, Hege B P. et al. Synthesis of (RS)-Abseisic Acid . J. Org. Chem, 1968, 33(9): 3566-3569.

[21] Kim B T, Min Y K, Asomi T. Synthesis 2-fluoroabseisic acid: A Poteniial Phto-stable abscisic acid . Tetrahedron Lett, 1997, 38(10): 1797-1800.

[22] Sams T A, Sekimata K, Wang J M., Preparation of (±)-[1,2-¹³C₂]Abscisic Acid for Use as a Stable and Pure Internal Standard J. Chem Research(S)1999: 658-659.

[23] Takahashi S, Oritani T, Yamashita K., Total synthesis of (±)-methyl phaseates Agric. Biol. Chem, 1986, 50: 1589-1595.

[24] Todoroki Y, Hariai N, Koshimizu K. 8′ and 9′-methoxyabscisic acids as antimetabolic analogs of abscisic acid, Biosci. Biotech. Biochem, 1994, 58: 707-715.

[25]　Mayer H J,Rigassi N,Sehwietter U,et al. Synthesis of abscisic acid,Helv. Chim. . Acta,1976,59:1424-1427.

[26]　Rose P A,Abrams S R,Shaw A C. Synthesis of chiral acetylenic analogs of the plant hormone abscisic acid,Tetrahedron: Asymmetry,1992,3(3):443-450 .

[27]　Rose P A,Lei B,Show A C,Probing the role of the hydroxyl group of aba: analogues. with a methyl ether at C-1' phytochemisry,1996,41(5):1251-1258.

[28]　Acemoglu M,Uebelhart P,Rey M,et al. Synthese von enantiomerenreinen violaxanthinen und verwandten verbindungen. Helv. Chim. Aeta,1988,71:931-957.

[29]　Constantino M G,Loseo P,A Novel Synthesis of (*RS*)-Abscisic Acid,J. Org. Chem,1989,54:681-683.

[30]　Sakai K,Takahashi K,Nkano T. . Convenient synthesis of optically active abscisic acid and xanthoxin,Tetrahedron 1992, 48(3):8229-8238.

[31]　Lei B,Abrams S R,Ewan B,et al. Achiral cyclohexadienone analogs of abscisic acid:synthesis and biological activity. Phytochemistry,1994,37(2):289-296.

[32]　Inoue T,Oritani T,Syntheses of (±)-Methyl 6'α-Demethyl-6'α-cyanoabscisate and (±)-Methyl 6'α-Demethyl-6'α- methoxycarbonyl abscisate Biosci. Biotech. Biochem,2000,64(5):1071-1074.

[33]　吴清来，毛淑芬，覃兆海. 脱落酸的全合成. 化学通报,2004,10：729-736.

第五章

乙烯

乙烯 (ethylene) 是最早发现的植物激素之一。早在 1901 年，俄国植物生理学家 Neljubov 就发现照明气中的乙烯会引起黑暗中生长的豌豆幼苗产生"三重反应"，即乙烯处理的暗生长的植物幼苗会表现出下胚轴变短横向膨大、根伸长受到抑制及顶钩弯曲度增大。1934 年，英国人 Gane 研究发现植物能自身产生乙烯，因此说明了乙烯是植物生长发育的内源调节剂。1965 年 Burg 等提出，乙烯是一种植物激素，此后这个观点便得到了公认。

乙烯是一种具有生物活性的简单气体分子，几乎所有的高等植物都能合成乙烯，它调节着植物生长发育和许多生理过程，如种子萌发、根毛发育、植物开花、果实成熟、器官衰老及植物对生物和逆境胁迫的反应等。除典型的乙烯具有"三重反应"外，其另一特征作用是促进果实成熟和器官衰老及脱落。未成熟的果实因施用乙烯而成熟，同时自身成熟的果实在成熟期间又能产生乙烯。乙烯能打破顶端优势，促进球茎与鳞茎的发芽调节瓜芽性别，增加黄瓜雌花数。但所有上述作用，可因二氧化碳的存在而降低，二氧化碳是乙烯的拮抗物，在二氧化碳浓度高的气氛下贮存水果能使水果较长时期的保持新鲜就是这个原因。相反，若经氢氧化钾吸收以除去二氧化碳，则可促进乙烯的活性。目前乙烯调节果实成熟的机制尚不很清楚。

促乙烯几乎参与了植物生长发育直至衰老死亡的全部过程，它的内源产生以及信号转导一直是人们所关注的焦点。它在植物体内的生成量一般均非常微小，但在某些发育阶段如萌发、成熟、衰老时，它的产量急剧增加。乙烯对植物从种子萌发到成熟衰老所有生长发育过程都起着调节作用。

第一节　乙烯的生物合成

长期以来人们知道果实缺氧时乙烯生成停止，但当果实再转入空气中，乙烯生成会猛烈增加，甚至超过一直处于空气中的果实。这个事实暗示在缺氧时，果实中乙烯生成的某些前体会累积起来，当转入空气中它们便迅速氧化形成大量的乙烯。1979 年，Adams 等比较苹果组织在空气和氮气中蛋氨酸的代谢时发现，在空气中饲喂的放射性蛋氨酸可有效地转化为乙烯。至 1984 年，Yang 等提出乙烯生物合成的蛋氨酸循环途径。这个途径已被证实存在于所有研究过的植物组织中，这是植物体内生成乙烯最主要的途径。乙烯是气体，但大多数情况下浓度都很低，一旦生成便扩散挥发，不能在组织中久留，所以植物体内乙烯生成主要通过 1-氨基环丙烷-1-羧酸 (ACC) 的合成和代谢进行调节，在许多情况下，ACC 的量是乙烯生成的限速因子。多年的研究已知在蛋氨酸循环途径中，各分流途径以及它与乙烯生物合成途径的联系如图 4-5-1 所示。

一般认为，1-氨基环丙烷-1-羧酸 (ACC) 合成及转化是乙烯生物合成的限速步骤，ACC 合成受阻是因为 ACC 合成酶活性较低。但近来通过基因工程手段降低番茄植株内 S-腺苷蛋氨酸 (SAM) 含量，也可显著减少 ACC 的合成，从而抑制乙烯生成。这表明影响植物体内 SAM 含量的因子，如 SAM 的合成及分流在一定程度上也影响乙烯的合成。SAM 可以被植物体内多种途径所利用，除了转化成 ACC 外，SAM 还可在 SAM 脱羧酶作用下转化成多胺，在 SAM 水解酶作用下水解，还参与 S-甲基甲硫氨酸

（SMM）循环。SAM 水解酶在催化 SAM 向 MTA（5′-甲硫腺苷）转化过程中不形成 ACC，故而降低 ACC 含量，从而导致乙烯生成受抑。ACC 虽是乙烯生物合成的重要中间产物，但是 ACC 还可以转化成 N-丙二酰-1-氨基环丙烷-1-羧酸（MACC）及 1-（γ-L-谷氨酰氨基环丙烷-1-羧酸）（GACC），还可以在 ACC 脱氨酶作用下脱氨降解。ACC 在 ACC 酰化酶（MACC 合成酶）催化下与酰基 CoA 反应生成 MACC，这一过程可能是乙烯生物合成具自抑制作用的原因。一般认为 MACC 是 ACC 的一种非活性终端产物，但近来有不少研究表明外源 MACC 可转化成 ACC，进而转化成乙烯，这一转化的具体过程尚不清楚，但催化该过程的酶是诱导型的，在未经 MACC 处理的植株中未检测出其活性。组织内源 MACC 是否能转化成 ACC 则尚不清楚，如果 ACC 转化成 MACC 是不可逆的，那么 MACC 可能仅是一种代谢废物，但若两者转化是可逆的，那么 MACC 即起着 ACC 贮存库的作用，因而目前尚无法对 MACC 的生理作用下一定论。但无论如何，ACC 转化成 MACC 可以降低游离 ACC 含量，从而减少乙烯生成。

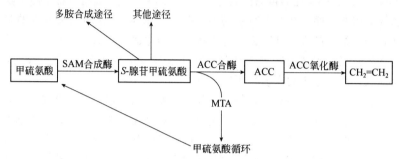

图 4-5-1　乙烯生物合成的蛋氨酸循环途径及各分流途径

　　研究表明，即使在正常情况下，在乙烯生成量极微的营养组织中（这里的 ACC 合成酶的量或活性很低），若将外源的 ACC 供给植物组织都能大量生成乙烯，这表明植物组织中，ACC 酶的生成或活化是乙烯生成的限速步骤。ACC 合成酶不稳定，在体内半衰期只有 30min 左右，它受植物不同的发育阶段、其他激素和外界环境条件的调节。IAA 在高浓度下抑制生长也归因于它刺激了乙烯的作用。研究认为植物营养组织中乙烯生成量是由生长素水平决定的，生长素含量高的组织中，乙烯的生成速率也高，生长素主要是诱导 ACC 合成酶的形成，通过调节 RNA 和蛋白质的合成来实现。其他激素对乙烯合成也有影响，BA 对 IAA 诱导的乙烯增加有协同作用。ABA 降低失水小麦叶片中 ACC 的含量，而 BA 的作用相反，增加 ACC 含量。

　　虽然 ACC 分子结构具有映象对称性，但两个甲基在生物体中的立体位置是不同的，这种区别能被立体专一性的酶类所识别。当 ACC 分子中两个次甲基上的四个氢原子之一被乙基取代，便形成四个立体异构物的 1-氨基-2-乙基环丙烷羧酸（AEC），其立体构型分别为（$1R,2R$）、（$1S,2R$）、（$1R,2S$）和（$1S,2S$）。将 AEC 提供给植物组织时，它能作为 EFE 的底物，相应地形成 1-丁烯。不过 4 种 AEC 异构物转化为丁烯的效率却很不相同，其中（$1R,2S$）AEC 能有效地形成丁烯。其余三种几乎不被转化，但是用化学方法氧化时，4 种异构体生成丁烯的量差不多。这表明组织内 EFE 的作用具有高度立体专一性，这是它区别于其他能使 ACC 转化为乙烯的非生理性化学氧化反应的重要特征。ACC 可能是被羟化酶或脱氢酶氧化形成氰基甲酸，该化合物不稳定，分解成二氧化碳和 HCN。HCN 对植物有毒，但是催化 HCN 与半胱氨酸形成 β-氰基丙氨基酸的 β-氰基丙氨酸合成酶却极广泛地存在于高等植物组织中，其反应速率大大超过乙烯的生成速率。因此，完全可以处理掉乙烯生成过程中形成的 HCN，以至于难以检测出中间体 HCN 的存在。

研究发现许多植物组织具有代谢 ACC 生成丙二酰 ACC（MACC）的能力，在某些条件下它可能是末端产物，将此结合物供给某些组织时，也能释放出乙烯，产生乙烯的效应，这表明在一定条件下，MACC 将水解生成 ACC 和乙烯。MACC 是由丙二酰基辅酶 A（MCoA）和 ACC 形成的。它是一个丙二酰基转移酶。这个酶具有立体专一性。MACC 形成和分解对植物体内乙烯生成起着重要的调节作用，是调节乙烯合成的又一环节。

$$\text{NHCOCH}_2\text{CO}_2\text{H}$$
$$\text{CO}_2\text{H}$$

MACC

由于乙烯是气体，使用很不方便，很难应用于生产实际，理论上说，凡是能在植物体内产生乙烯的化合物，均可能有乙烯的生物效应。化学家们发明了能在植物体内产生乙烯的植物生长调节剂，如乙烯利。其他如乙二膦酸及一些含硅化合物如双（苄氧基）-2-氯乙基甲基硅烷均可在一定的条件下释放出乙烯，从而也具有乙烯同样的生理作用。

第二节　人工合成的乙烯释放剂

1. 乙烯利（ethephon）

$$\text{HO}-\overset{\displaystyle O}{\underset{\displaystyle OH}{P}}-\text{CH}_2\text{CH}_2\text{Cl}$$

$C_2H_6ClO_3P$, 144.49, 16672-87-0

乙烯利由 Amchem Products Inc.（现 Rhone-Poulenc）开发。

理化性质　无色晶体，熔点 75℃，极易吸湿，易溶于水、乙醇，微溶于苯和二氯乙烷，不溶于石油醚，它的水溶液呈强酸性，由于 β-位上的氯原子比较活泼，在常温、pH 3 以下比较稳定，几乎不释放乙烯，pH 4 以上即逐渐放出乙烯，随着溶液的温度和 pH 值的增加。乙烯的释放速度加快，在碱性水溶液中就全部水解成乙烯和磷酸盐。

合成方法　乙烯利的合成方法有多种，其中常用如下：

(1) $ClCH_2CH_2P(O)(OCH_2CH_2Cl)_2 \xrightarrow[100℃，96h]{37\%HCl，水解} ClCH_2CH_2P(O)(OH)_2$（收率 88%）

(2) $ClCH_2CH_2P(O)(OCH_2CH_2Cl)_2 \xrightarrow[175℃]{通 HCl 6.5h} \xrightarrow{-HCl} ClCH_2CH_2P(O)(OH)_2$（收率 70%）

(3) $ClCH_2CH_2P(O)(OCH_2CH_2Cl)_2 \xrightarrow[3\sim6\ atm]{浓 HCl} ClCH_2CH_2P(O)(OH)_2$

(4) $ClCH_2CH_2Cl + PCl_3 + AlCl_3 \longrightarrow Cl_2P(O)(CH_2)_2Cl \xrightarrow[水解]{40℃ 以下} Cl(CH_2)_2P(O)(OH)_2$

应用　乙烯利能被植物迅速吸收，并被转运，由于一般的植物组织中，细胞液的 pH 值在 4.1 以上，乙烯利进入植物体内，便靠细胞质内的化学分解而放出乙烯，但因植物种类和生长阶段的不同及 pH 值不同，所以乙烯利进入植物体内的速度也有很大的差异。由于乙烯利随 pH 值上升而不稳定，所以稀释后不能长期保存，更不能与碱性的其他农药混用。乙烯利能在植物的根、荚、叶、茎、花和果实等组织中放出乙烯，以调节植物的代谢、生长和发育。它可加速水果和蔬菜（包括苹果、甘蔗、柑橘和咖啡）收获前的成熟，可用作水果（香蕉、柑橘、芒果）收获后的催熟剂。也可加速烟草叶黄化、棉花的棉铃开放及落叶；刺激橡胶树中胶乳的流动；防止禾谷类及玉米倒伏；促使核桃外皮开裂及菠萝和观赏凤梨开花；苹果的疏果与去枝；改变黄瓜和南瓜雌雄花比例等。

毒性　乙烯利对大鼠急性经口毒性 LD_{50} 为 3030mg/kg；兔急性经皮 LD_{50} 为 1560mg/kg，对眼

睛有刺激性。在 2a 饲喂试验中，大鼠接受≤3000mg/kg 饲料无致癌作用。

2. 乙二膦酸

$$HO-\overset{\overset{\displaystyle O}{\|}}{\underset{\underset{\displaystyle OH}{|}}{P}}-CH_2CH_2-\overset{\overset{\displaystyle O}{\|}}{\underset{\underset{\displaystyle OH}{|}}{P}}-OH$$

乙二膦酸又名 EDPA，熔点 220～223℃，其水溶液为酸性，被植物吸收后逐渐被分解并释放出乙烯，主要用于棉花和水果催熟。其合成方法如下：

$$(ClCH_2CH_2O)_3P+2(PhO)_3P \xrightarrow{220～280℃} (PhO)_2PCH_2CH_2P(OPh)_2 \xrightarrow[140～150℃]{HCl} HO-\overset{\overset{\displaystyle O}{\|}}{\underset{\underset{\displaystyle OH}{|}}{P}}-CH_2CH_2-\overset{\overset{\displaystyle O}{\|}}{\underset{\underset{\displaystyle OH}{|}}{P}}-OH$$

3. 双（苄氧基）-2-氯乙基甲基硅烷

$$(PhCH_2O)_2Si（CH_3）CH_2CH_2Cl$$

Ciba-Geigy 公司于 1972 年开发了一种含硅的可以释放乙烯的化合物，可以作为桃子及其他果树的疏果剂，它在有水存在时，逐渐分解而放出乙烯，这是由于形成了极强的 Si＝O 键之故：

$$(PhCH_2O)_2Si(CH_3)CH_2CH_2Cl \xrightarrow{H_2O} \text{[中间体]} \longrightarrow \text{[产物]} + CH_2{=}CH_2$$

第三节 乙烯受体抑制剂

经过对乙烯受体和乙烯与受体结合方式的研究，Sisler 等发现某些乙烯类似物能抑制乙烯与受体的结合，如降冰片二烯（2,5-norbornadiene）能强烈地抑制乙烯和受体的结合并阻止乙烯反应。这种结合是可逆的，所以其抑制作用是暂时的。重氮基环戊二烯（diazocyclopentadiene，DACP）是一种人工合成的重氮基衍生物，它可以作为乙烯结合位点的光亲和标记物，也能抑制乙烯与受体结合，并且这种作用是不可逆的，原因是 DACP 通过分解重氮基后与结合位点共价连接。DACP 的这一功能引起园艺学家很大的兴趣，但是它的化学性质不够稳定，且容易发生爆炸，因此商业应用受到了限制。后来的研究发现，发生光解反应的 DACP 对植物同样有效。据此推测有效的物质可能是 DACP 的光解产物之一。经过对光解产物的分析研究，人们又发现了另一种受体结合位点的抑制剂，1-甲基环丙烯（1-MCP），它在常温下是气体，化学性质稳定，不易爆炸，比 DACP 有了很大的改善。

MCP 能结合乙烯受体的金属离子（M），那么它将与乙烯竞争受体，阻碍乙烯与受体的结合，另外，通过在香蕉和番茄的成熟、鲜花的衰老和豌豆幼苗生长过程中，其他丙烯抑制剂和乙烯表现出明显的竞争作用。1-MCP 化合物处理果实以后并不从乙烯受体迅速分散，而是与受体结合一段时期，这样乙烯就难以与受体结合。

1-甲基环丙烯 (1-MCP)

降冰片二烯 (2,5-NBD)

1-MCP 的结构和活性之间的关系：环丙烯（CP）是一个小分子，含有一个双键，因而，它是平面结构，这类化合物有吸引供电子化合物的倾向，如低价金属。1-MCP 也是一个平面分子，双键上具有一个甲基。这种类型的分子易像丙二烯那样发生重排，这也可能是有利于与受体中金属离子结合的原因。3,3-二甲基环丙烯（3,3-DMCP）有两个甲基，分布在非双键碳原子上。其体积比相应的氢原子或甲基衍生物相对大得多，连接在分子平面上的基团容易引起相当大的空间效应。同时甲基也是供电子体，它能降低 CP 环中的应变能。空间效应和供电子作用有可能通过共同作用而降低 3,3-DMCP 的效能，因此 1-MCP 的化学性质比 CP 稳定，而比 3,3-DMCP 活泼。

MCP 可用于延长香蕉的贮藏期，可贮藏苹果，控制柑橘采后质量，保护观赏植物。DACP 和 1-MCP 在切花和盆花植物生产中已有应用，它们可减少植物对乙烯的敏感性。对玫瑰来说，它们能够拮抗外源乙烯，延长货架寿命，并能够减少芽、花瓣和叶子的脱落。它们的作用可以和硫代硫酸银媲美。

参考文献

[1] Yang S F, Hoffman N E. Ethylene biosynthesis and its regulation in higher plants. Annu. Rev. Plant Physiol, 1984, 35: 155-189.

[2] 徐昌杰, 陈昆松, 张上隆. 乙烯生物合成及其控制研究进展. 植物学通报, 1998, 15（增刊）: 54-61.

[3] 陈涛, 张劲松. 乙烯的生物合成与信号传递. 植物学通报, 2006, 23（5）: 519-530.

[4] 刘愚. 乙烯生物合成及其调节研究的进展. 植物生理学通讯, 1986,（1）: 60-66.

[5] Stahl Clarence Richard. Process for assay of 2-haloethylphosphonic acid US 3661531. 1972.

[6] 吴增元, 陶建民, 李永明. 乙烯利新生产工艺研究. 农药, 1994, 33（4）: 10.

[7] Sisler E C, Reid M C, Yang S F. Effect of antagonists of ethylene action on binding of ethylene in cut carnations. Plant Growth Reg, 1986, 4: 213-218.

[8] Sisler E C, Blankenship S M. Diazocyclopentadiene (DACP), a light sensitive reagent for the ethylene receptor on plants. Plant Growth Reg, 1993, 12: 125-132.

[9] 杨虎清, 杜荣茂, 向庆宁, 应铁进. 1-MCP 对植物乙烯反应的抑制和应用. 植物生理学通讯, 2002, 38（6）: 611-614.

物中，油菜素内酯的活性是最高的。

人工合成的芸苔素甾醇类作为外源植物生长调节剂在室内和田间试验中，也表现出极高的活性。即有效成分用量仅为 15～110mg/亩（1 亩＝666.7m²），便可对作物生长或产量起到促进作用。其活性之高是现有外源植物生长调节剂无法相比的。

第二节　生物合成及代谢

芸苔素甾醇类的生物合成路线在角鲨烯反应步骤之前，与 GA、ABA 等内源激素基本上是相同的。这既表明植物的内源激素生物合成的多样性，也表明它们的同源性。合成中油菜烯甾醇之所以是重要的前体化合物是因为它在植物细胞内能还原成油菜烷甾醇；也可氧化成 6-氧代油菜烷甾醇。这两种化合物是合成芸苔素的重要中间体，而且通过饲喂植物试验证实了它们的存在（见图 4-6-2）。

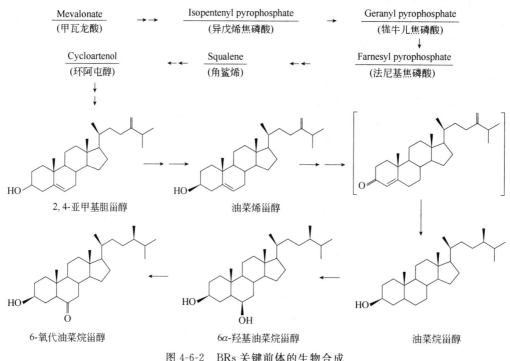

图 4-6-2　BRs 关键前体的生物合成

研究人员在致力于确定油菜烯甾醇与油菜烷甾醇、6-氧代油菜甾烷的代谢关系的同时，还从许多植物中发现了茶甾酮、蓖麻甾酮以及香蒲甾酮等化合物的存在。并利用饲喂植株、外源标记等技术，确定了这些中间体化合物在生物合成芸苔素内酯时的位置。其生物合成途径见图 4-6-3。

在代谢研究中，已在植物的幼苗和培养的植物细胞中测出多种 BRs 的代谢物，BRs 常见的代谢作用包括差向异构化产物、羟基化产物、脂肪酸酯及糖的轭合物等，如 C_{23} 位与葡糖基结合；C_3 位可逆的酰基化反应；酰基化的 3-β-差向异构化作用；C_6 的还原作用及侧链的羟基化、葡萄糖苷化或降解反应等。代谢产物结构举例如下：

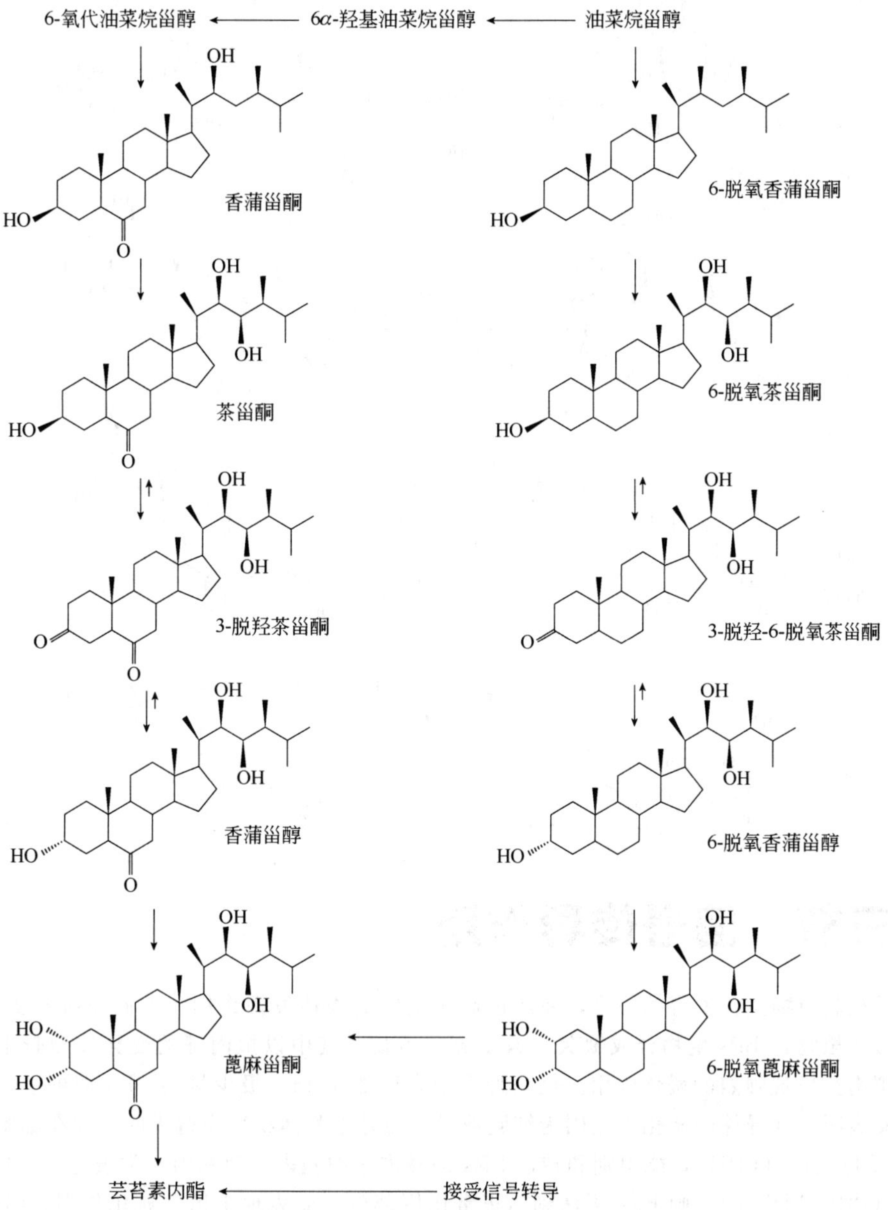

图 4-6-3 芸苔素内酯生物合成路线

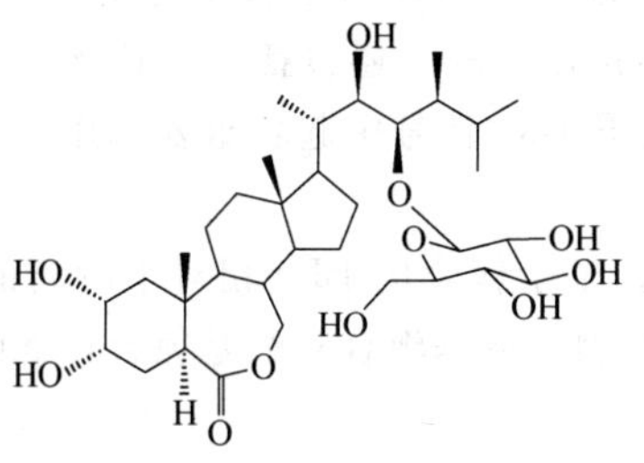

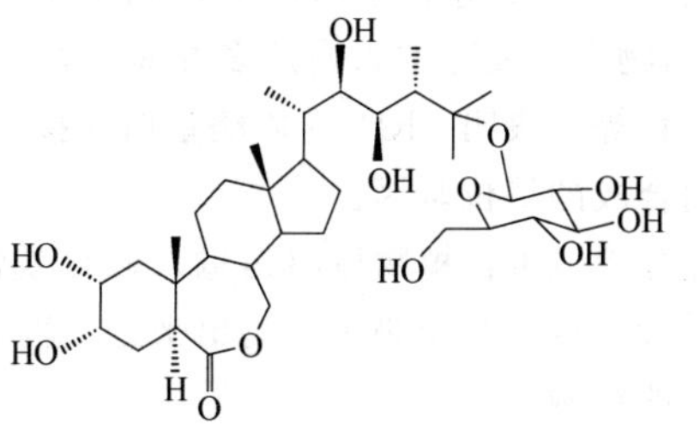

第三节　信号传导作用

BRs 是控制植物生长发育的信号，并通过影响基因的表达发挥作用。人们在研究变异植物时，发现几种矮生植物是 BRs 生物合成缺欠（或变异）植物，其中以拟南芥的变异株和野生型最为典型。变异拟南芥呈现强烈的矮化作用。仅是野生型高度的 1/13，极少量的 BRs 即可逆转这种矮化作用。试验表明，变异株的矮化不是因为细胞数量，而是细胞体积变小造成的。即在细胞膜上存在着 BRs 的受体蛋白（BRI1），能识别和转运 BRs 信号进入细胞内，使基因正常表达。一旦这种受体发生变异（BRI1 型变异），则 BRs 无法到达正常作用部位，而表现出植株矮化作用。BRI1 是 BRs 的受体，可与 BRs 直接结合，使激酶激活，使其催化的磷酸化作用增强，从而信号传导使转录因子活化，并结合到 BRs 应答基因的启动因子上，使之表达，指导与生长发育所需的蛋白质合成。BRI1 变异对植物生长发育的影响是多方面的，除了矮化作用外，还包括叶子黄化、叶子形态变化和植株雄性不育等。表明 BRI1 受体酶蛋白在接受和传导 BRs 信号中起着重要作用。人们已分离出指导这种蛋白合成的等位基因。

BRs 的轭合物也可在植物体内运输、贮存或钝化。至于轭合的 BRs 相对于游离的 BRs 来说研究得很少，尽管也从一些植物中分离出来过。轭合的类型有糖基轭合和酰基轭合，下面是 BRs 具有的一些轭合物的结构：

R=n-C$_{12}$H$_{25}$CO, 茶甾酮-3-月桂酸酯(TE-3-La)
R=n-C$_{14}$H$_{29}$CO, 茶甾酮-3-豆蔻酸酯(TE-3-my)

第四节　生理功能

　　BRs 的生理效应是多方面的，也能看到对同一生理功能因实验条件不同而结论相反的现象。BRs 的主要生理功能是促进细胞的伸长和分裂，它可以促进菜豆细胞的伸长和分裂，同时可使水稻幼苗第二节间弯曲，效果特别明显，因为这个反应具有相当高的灵敏度，故可作为测定油菜素内酯的生物活性方法。试验表明，微摩尔（μmol/L）和纳摩尔（nmol/L）浓度的 BRs，可使双子叶植物内的下胚轴、上胚轴，单子叶植物的胚芽鞘和中胚轴明显伸长。经检查，这种伸长作用是细胞体积增大的结果，是通过加强细胞膜离子泵和超极化作用而实现的。芸苔素内酯促进木本植物幼苗生长的效果要比对草本植物小。

　　BRs 还有促进花粉管生长和调节开花的作用，它对花粉发育和生殖过程的影响是在花粉发育初（小孢子）期，花粉细胞中的 BRs 呈结合态，贮存于淀粉颗粒中。当花粉完成发育时，淀粉粒则将 BRs 释放出来，使游离态 BRs 含量大量增加，显示出 BRs 在受精过程中的重要作用。外源 BRs 能刺激花粉管伸长，从而为受精作用开辟通路。此外，外源 BRs 能刺激一些植物形成两性花，雄花数量增加，对性别分化、性器官形成有明显的作用。此外，授粉期是发生单倍体植株的关键时期，BRs 处理能诱导单倍体种子的形成，并形成稳定的单倍体植株。BRs 生物合成发生变异的植物通常也是雄性不育株。虽然 BRs 促进坐果率的报告颇多，但如何促进坐果率，它与植物花芽分化，性器官的发育，受精和果实的发育等生殖过程的关系尚待进一步研究；BR 在白光下，特别是在 660nm 的红光下可抑制绿豆上胚轴的生长，但在黑暗中却不能，因而可能是克服白光特别是 660nm 红光引起的抑制作用；它在保鲜上也有一定的作用；分子生物学研究认为，它所诱导的生长效应依赖于核酸和蛋白质的合成，显著地增加了 RNA 和 DNA 聚合酶的活性，同时增加了 RNA、DNA 和蛋白质的合成，BRs 可能是通过参与组织生长过程的复制和转录，促进 DNA、RNA 和聚合酶的活性，降低 DNA、RNA 和水解酶的活性，从而增加 DNA 和 RNA 的含量，促进组织生长。

　　芸苔素内酯可增强植物的抗逆性，如抗冷、耐高温、抗真菌的浸染和除草剂的伤害，抗盐碱等作用，经芸苔素内酯处理的植物，在 1～5℃试验条件下，电渗作用减弱、超氧物歧化酶活性下降、ATP 和脯氨酸（含量上升）等抗寒生理指标得到明显改善；经 BRs 处理大麦植株，在 500mmol/L NaCl 中浸泡 24h 后，作超显微检查时发现，大麦叶子的结构受到了保护。经 BRs 处理过的甜菜等作物，在干旱环境中长势较对照有所改善。还有实验表明 BRs 具有一些除草剂安全剂的功能。BRs 引起的生理效应的试验报道很多。

　　芸苔素内酯的许多生理特性与已知的植物激素有明显的不同，它与生长素不同的地方是作用机制不同，用生长素处理时伸长作用发生在处理后的 10～15min，但在 30～45min 内即降低，而 BR

处理后所引起的伸长则至少开始于 45min 之后，同时伸长速率增加可延续数小时，显示两者间动力学的不同，但两者之间有协同作用；芸苔素内酯可增加内源 IAA 含量，这可能是它提高了 IAA 的合成速率；BRs 可单独或与生长素联合诱导乙烯的产生，这是由于 BR 促进了 ACC 合成酶活性的缘故，在对赤霉素和脱落酸相互作用关系的研究中发现，BR 可以缓解脱落酸对于萌发的抑制作用，从而促进萌发过程。激动素与 BR 的作用在植物生理试验中大多认为是独立的。研究发现激动素在暗处具有对拟南芥去黄化的作用，以后发现其去黄化突变体是 BR 缺失型突变体，从而对激动素与BR 在形态建成方面的作用有了新的认识。赤霉素也可促进伸长，但其作用机制则完全不同，BR 促进茎的伸长但却抑制了根组织的发育和分裂，BR 抑制主根的伸长及不定根的形成，但有时在低浓度时也可促进根的生长，也有报道 BR 具有细胞分裂的作用。赤霉素只是促进细胞伸长并不能使细胞分裂。BRs 与赤霉素的生理作用可能是独立的和简单的加成作用，BRs 与脱落酸之间有强烈的拮抗作用，此外，BRs 的活性范围大约在 nmol/L～pmol/L 内，比五大类植物激素低得多。

很多试验结果表明：BRs 对生长素类物质具增效作用。BRs 对赤霉素类物质具加成作用。BRs 诱导的细胞具有增大作用，能被脱落酸、乙烯和细胞分裂素所抑制。

BRs 对细胞分裂也有影响，试验表明：nmol/L 的 BRs 加上生长素和细胞分裂素，可使培养的向日葵薄壁细胞的数量比对照增加 50 %，并能加快矮牵牛原生质体的分裂速度。

BRs 对植物的生长发育有广泛的作用和独特的生理活性。植物对光的反应可能通过调控靶细胞中 BR 的信号转导途径、合成途径以及改变细胞对 BR 的反应来完成。与此同时多种植物激素间相互作用，相互影响，精密地调节着植物生长发育进程以及对于外界环境的响应。为进一步了解 BR 作为信号分子在发育中的作用，需要更多的证据来明确 BR 体内平衡的决定因素，包括其合成和降解，细胞中的运输，是否存在特异性的分布及信号传递途径等。突变体资源的扩大与新技术的发展为相关领域的研究提供了扩展的空间。

第五节　在农业上的应用

总的来说，BRs 的应用研究进展很快，在农业上增产作用较明显。目前已有提取的和合成的 BRs 商品在我国药检部门注册出售。对各种经济作物均有明显增产作用，能有效地调节植物的各个生长环节。其在很低浓度（0.1～0.001mg/L）即可明显地增加植物的营养生长和促进受精。其作用如下。

（1）苗期促根　用作种子处理或苗床期喷洒，对水稻、小麦、玉米、蚕豆、烟草、蔬菜等作物的幼苗根系有明显的促生长作用。根系鲜重比对照增加 20 %～50 %，干重增加 15 %～107 %，表现为根深叶茂，苗株苗壮。

（2）营养期促长　BRs 具有促进细胞分裂和细胞伸长的双重作用，又能提高叶片叶绿素的含量，增强光合作用，增加光合同化产物的积累，因而有明显的促进植物营养生长的效应，可以提高作物的产量。

（3）生殖期促实　BRs 能提高花粉的发芽率，促进花粉管伸长，有利于植物的受精，从而提高结实率和坐果率。特别是它还能提高植物的弱势部位，进而提高顶尖部位的结实率。作物成熟期表现为粒数和粒重增加，瓜果类表现为果实均匀，改善作物品质。

（4）增强抗逆性　BRs 进入植物体内后，不仅加强了光合作用，促进了生长发育，而且对植物细胞的膜系统有保护作用，能激发植物体内某些起保护作用的酶的活性（如超氧化物歧化酶），可以大大减轻由于逆境下植物体所产生的有害物质（如丙二醛等）对正常功能的损害。大量实验研究和大田实验都证明，BRs 确能增强作物的抗逆性，尤其是在抗干旱和抗低温方面作用更明显。

第六节　合成方法

自从油菜内酯于 1979 年发现后不久，芸苔素内酯的全新的结构和独特的生物活性，促进了在过去 20 余年中有机化学家全合成的兴趣，并希望从中发现新的生物活性的化合物，几乎所有的天然存在的 BRs 及百余个类似物均被合成过。迄今大约已有 20 种不同的路线，大多从豆甾醇和麦角甾醇作起始原料，研究工作主要集中在侧链手性的建立，和 A 环上的羟基及 B 环内酯的合成。

BL 是具有最高活性的一个化合物，由豆甾醇合成 BL 及相应的关键中间体可见下面的方程式：

brassinolide(BL)

其中 B 环的内酯环可由 6-氧固醇经 Baeyer-Villiger 氧化而得，关键是如何进行侧链上立体选择性地合成 C_{22}、C_{23} 及 C_{24} 的手性问题，最初，22,23-二醇由豆甾醇为起始原料用催化量的 OsO_4 即可得到产品，但得到的却是非理想的 22S,23S 的二醇化合物，理想的 22R,23R 二醇则在 OsO_4，$K_3Fe(CN)_6$ 与手性配体双氢喹啉-4-氯苯甲酸（dihydroquinidine-4-chlorobenzoate）存在时，在 2-丙醇水溶液中反应得到，实际的方法是由豆甾醇或孕烯醇酮 pregeneolone 如 C_{20}-酮，或 C_{22}-硫醇等作为起始原料，A 环与 B 环的官能团化可以在侧链建造前后进行，2,22-二烯-6-酮是不对称羟基化的理想原料，可由不同的方法获得。当与 OsO_4 及 N-甲基吗啉-N-氧化物存在下，双烯酮则可形成理想的 (2a,3a,22R,23R) 具有立体特征的四羟基-6-氧化合物，再经 Baeyer-Villiger 氧化即得到 AB 环具有反式的 7-氧内酯。

第七节　提取方法

自从 BRs 的生理活性被发现以后，人们在分离、提纯、合成方面做了大量工作，BRs 在农林业上的应用迅速推广开来。目前日本从大豆榨油时所产生的豆油脱臭馏出物中分离提取出芸苔素内酯，我国江西工业大学从蜂蜡中提取油菜素甾醇类化合物，浙江义乌皇嘉生化公司则是以植物油料大豆、花生、玉米、菜籽等加工废料作原料，提取出天然芸苔素内酯。

现在中国可以生产的 BR 品种有两种，一种是称为表芸苔素内酯（epi-BL），它在 24 位上的甲基的构象与 BL 相反，还有一种称为高芸苔素内酯（homo-BL），它的分子中 24-位的甲基改为乙基，这两种芸苔素内酯在自然界均有存在。

brassinolide(BL)　　24-epibrassinolide(24-epiBL)　　homo-BL

第八节　生物合成抑制剂及增效剂

生物体内一些化合物对油菜素内酯具有增效和拮抗作用。

芸台素唑

　　植物甾醇、豆甾醇、β-谷甾醇和芸台甾醇的 3-β-D-糖苷等，其中仅 3-β-豆甾醇显示出具有增效的作用，相似地它对生长素 IAA 也有一定的增效作用，芸苔素唑（brassinazol）具有抑制剂的作用，它可通过阻断细胞色素 P450 酶来发挥作用，该化合物在 BR 生物合成途径中抑制 C_{22}、C_{23} 的羟基化，用该化合物处理的植物显示出与缺失 BR 突变体同样的形态上的特征。

参考文献

[1] Mitchell J W,Mandava N,Worley J F,et al. Brassins － a new family of plant hormones from rape pollen. Nature. 1970,225;1065-1066.

[2] Grove M D,Spencer F G,Rohwedder W K,et al. Brassinolide,a plant growth promoting steroid isolated from Brassica napus　pollen. Nature,1979,281；216-217.

[3] Fujioka S,Sakurai A. Biosynthesis and metabolism of brassinosteroides. Physiol. Plant,1997,100；710-715.

[4] Wada K,Marumo S. Synthesis and plant growth- promoting activity of brassinolide analogues. Agric. Biol. Chem,1981,45；2579-2585.

[5] Abe Hirooshi,Brassinosteroids. in Encyclopedia of Agrochemicals,(ed. by Jack R. Plimmer, et al)A John Wiley & Sons Inc. , Publication. 2002,243-363.

[6] 储昭庆,宋丽,薛红卫. 油菜素内酯生物合成与功能的研究进展. 植物学通报,2006,23（5）：543-555.

[7] 王焕民. 芸苔素内酯:植物生长发育的一种基本调节物质. 农药,2000,39(1)：11-14.

[8] 朱广廉. 油菜素甾醇类植物激素的研究进展. 植物生理学通,1992,28(5):317-322.

[9] 罗杰,陈季楚. 油菜素内酯的生理和分子生物学研究进展. 植物生理通讯,1998,34(2):81-87.

[10] He R,Wang G,Wang X. in H. G. Cutler,T. Yokota,and G. Adam,eds. Brassinosteroids:Chemistry,Bioactivity,and Applications,American Chemical Society,1991,220-230.

[11] Wilen R W,Sacco M,Gusta L V,Krishna P. Effects of 24-epibrassinolide on freezing and themotolerance of bromegrass (Bromus inermis) cell cultures,Physiol. Plant,1995,95:195-202.

[12] Schilling G,Schiller C,Otto S. in H. G. Cutler,T. Yokota,and G. Adam,eds. ,Brassinosteroids:Chemistry Bioactivity, and Applications,American Chemical Society,1991, 208-219.

[13] Takematsu T,Takeuchi Y,Choi S D. Shokucho,1986,20:2-12.

[14] Takeuchi Y,Shokubutsu no Kagakuchosetsu,1992,27: 1-10.

[15] Kulaeva O N, et al. in H. G. Cutler,T. Yokota,and G. Adam,eds. ,Brassinosteroids:Chemistry,Bioactivity,and Applications. American Chemical Society,1991,141-155.

[16] Li J,Nagpal P,Vitart V,et al. A role for brassinosterids in light-dependent development of Arobidopsis,Science,1996, 272:398-401.

[17] Sasse M. Recent progress in brassinosteroi research. physiol. plant,1997,100:696-701.

[18] Taiz L,Annu. Rev. Plant Physiol,1984,35:585-657.

[19] Clouse S D,Zurek D M,McMorris T C,Baker M E. Effect of brassinolide on gene expression in elongating soy bean epicotyls. Plant Physiol,1992,100:1377-1383.

[20] Katsumi M. in H. G. Cutler,T. Yokota,and G. Adam,eds. ,Brassinosteroids:Chemistry, Bioactivity, and Applications. American Chemical Society,1991,246-254.

[21] Mayumi K,Shibaoka H. Plant Cell Physiol,1995,36:173-181.

[22] Zurek D M,Rayle D L,McMorris T C,Clouse S D. Investigation of Gene Expression,Growth Kinetics,and Wall Extensibility during Brassinosteroid-Regulated Stem Elongation,Plant Physiol,1994,104: 505-513.

[23] Xu W,Purugganan M M,Polisensky D H,Antosiewicz D M. Plant Cell,1995,7: 1555-1567.

[24] Sasse J M. Brassinolide-induced elongation and auxin,Physiol. Plant,1990,80:401-408.

[25] Clouse S D, et al. J. Plant Growth Regulation,1993,12:61-66.

[26] Roddick J G, Guan M, in H. G. Cutler,T. Yokota, G. Adam,eds. Brassinosteroids:Chemistry, Bioactivity, and Applications,American Chemical Society,1991,231-245.

[27] Schlagnhaufer C D,Arteca R N,Yopp J H. Evidence that brassinosteroid stimulates auxin-induced ethylene synthesis in mung bean hypocotyls between S-adenosylmethionine and 1-aminocyclopropane-1-carboxylic acid,Physiol. Plant, 1984, 61: 555-558.

[28] 孙振令等. 芸苔素内酯的研究进展及其在农业生产中的应用. 淄博学院学报（自然科学与工程版）,2001, 3 (2): 81-84.

[29] Sharpless K B,et al. The Osmium-Catalyzed Asymmetric hydroxylation:A New Ligand Class and a Process Improvement J. Org. Chem,1992,57: 2768-2771.

[30] McMorris T C,Patil P A. Improved Synthesis of 24-Epibrassinolide from Ergosterol J. Org. Chem. 1993,58: 2338-2339.

[31] McMorris T C, et al. Synthesis and biological activity of 28-homobrassinolide and analogues. Phytochemistry,1994,36: 585-589.

[32] Anastasia M,Ciuffreda M,Puppo M D,Fiecchi A. J. Chem. Soc. Perkin. Trans,1983,1: 383-386.

[33] Watanabe T,Takatsuto S,Fujioka S,Sakurai A. Improved Synthesis of Castasterone and Brassinolide. J. Chem. Research (S),1997,360-361.

[34] Ishiguro M,Takatsuto S,Morisaki M,Ikekawa. N. Journal of the Chemical Society Chemical Communications,1980,962-964.

[35] Fung S, Siddall J. Stereoselective Synthesis of Brassinolide:A Plant Growth Promoting Steroidal Lactone. J. Am. Chem. Soc,1980,102: 6580-6581.

[36] Thompson M J,Mandava N,et al. Synthesis of brassino steroids :new plant-growth-promoting steroids J. Org. Chem, 1979,44: 5002-5004.

[37] Min Y K,Asami T,Fujioka S,et al. New lead compounds for brassinosteroid biosynthesis inhibitors Bioorganic & Medicinal Chemistry Letters,1999,9: 425-430.

[38] Asami T,Yoshida S. Brassinosteroid biosynthesis inhibitors,Trends in Plant Science,1999,4: 348-353. Asami T,Min

Y K，Nagata N，et al. Characterization of brassinazole，a triazole-type brassinosteroid biosynthesis inhibitor. Plant Physiol，2000，123：93-99.

[39] Sasse J M. Physiological actions of brassinosteroids：an update. J Plant Growth Regul，2003，22：276-288.

[40] Krishna P. Brassinosteroid-mediated stress responses. J Plant Growth Regul，2003，22：289-297.

[41] Divi U K，Krishna P. Brassinosteroids confer stress tolerance. In Plant stress biology：genomics goes systems biology. Edited by Hirt H. Weinheim：Wiley-VCH，2009，119-135.

[42] Vert G，Nemhauser J L，Geldner N，Hong F，Chory J. Molecular mechanisms of steroid hormone signaling in plants. Annu Rev Cell Dev Biol，2005，21：177-201.

[43] Belkhadir Y，Wang X，Chory J. Brassinosteroid signaling pathway. Sci STKE，2006，364.

第七章

植物生长调节剂

由于人工合成植物生长调节剂的作用机制和生理功能不同，可将其分为植物生长抑制剂、植物生长延缓剂和植物生长促进剂三类。本章主要讨论植物生长抑制剂与植物生长延缓剂。植物生长抑制剂对植物顶端有强烈的破坏作用，能使顶端停止生长，失去顶端优势，并不为赤霉素所逆转，阻碍顶端分生组织细胞蛋白质、核酸的生物合成并抑制其伸长、分化，从而使细胞分裂减慢，植株变矮，如抑芽丹、增甘膦、三碘苯甲酸等。植物生长延缓剂的作用机制不同于植物生长抑制剂，它可以抑制赤霉素的生物合成，使细胞延长减慢，节间缩短而不减少细胞数目和节间数目，却能使植株变矮。对植物茎部分生组织的细胞分裂和扩大有抑制作用，其效应可以被赤霉素所逆转。因此，植物生长抑制剂和植物生长延缓剂又分别称作有丝分裂抑制剂和赤霉素合成抑制剂，并且赤霉素合成抑制剂正逐渐代替有丝分裂抑制剂，因为前者不影响顶端分生组织的生长，由于叶和花是由顶端分生组织分化而成的，所以它也不影响叶片的发育和数目，以及花的发育。由于植物生长延缓剂控制了植物的营养生长，促进生殖生长，使株型紧凑，通风透光，减少落铃，提高了产量和质量。植物生长促进剂则是可以促进细胞分裂、分化和伸长生长，或促进植物营养器官的生长和生殖器官的发育的生长调节剂。人工合成的生长促进剂可分为生长素类、赤霉素类、细胞分裂素类、油菜素内酯类、多胺类等，在前面植物激素的有关章节中已作介绍，本章只介绍三十烷醇这一植物生长促进剂。

第一节　植物生长抑制剂

目前所应用的植物生长抑制剂主要品种如下。

1. 抑芽丹（maleic hydrazide）

$$\text{HN-NH}$$
$$O=\!\!\!\diagdown\qquad\diagup\!\!\!=O$$

C$_4$H$_4$N$_2$O$_2$, 112.09, 123-33-1

1949 年发现其用途，可作选择性除草剂和暂时性植物生长抑制剂。

理化性质　纯品为白色结晶，熔点 296～298℃，难溶于水，25℃时在水中的溶解度为 0.6 %，可溶于二甲基甲酰胺，微溶于乙醇，其碱金属盐可溶于水，对酸、碱性水溶液稳定，遇强酸则分解放出氮。

合成方法　由顺丁烯二酸酐与硫酸肼在水溶液中反应生成：

$$\text{O} + NH_2NH_2H_2SO_4 \longrightarrow \text{O}=\!\!\!\diagdown\qquad\diagup\!\!\!=\text{O}$$

应用　剂型为二乙醇胺盐的水溶液，也可用其钾盐制剂。它可在植物体内传导，能抑制细胞分裂，药剂可通过叶面角质层进入植株，降低光合作用、渗透压和蒸腾作用，能强烈地抑制芽的生长，抑制顶端分生组织的细胞分裂和破坏植物的顶端优势，生产上常用于马铃薯、洋葱、大蒜等在贮藏中发芽，并可控制烟草侧芽的生长，还可抑制草莓的徒长，增加结实，并可作为除草剂使用。

毒性 大鼠急性经口 LD_{50} 为 1340mg/kg。

2. 三碘苯甲酸 (2，3，5-triiodobenzoic acid，TIBA)

$$C_7H_3I_3O_2, 499.81, 88-82-4$$

理化性质 纯品为白色晶体，熔点 226～228℃，易溶于乙醚、乙醇，不溶于水。

合成方法 由 2-氨基苯甲酸在 7% 盐酸溶液中与氯化碘反应生成 2-氨基-3,5-二碘苯甲酸，再经重氮化后用碘化钾溶液处理生成产品：

毒性 大鼠急性经口 LD_{50} 为 813mg/kg。

应用 它是苯甲酸中活性最高的，具有促进开花的作用，引起花芽的形成，在低浓度下 (0.5mg/kg) 可促进生根，但在高浓度下则有抑制生长的效应。主要用于大豆抗倒伏，有利于机械化收割，施用地土壤肥力高而密植的大豆，有可能增加结荚率。也可用于苹果幼树整形和促进花芽的形成，并能克服苹果树出现大小年的现象。用于大豆的叶面可减少落荚，促进早熟，增加产量。剂型为三碘苯甲酸的二甲胺盐。

3. 增甘膦 (glyphosine)

$$C_4H_{11}NO_8P_2, 263.68, 2439-99-8$$

美国于 1972 年首先作为甘蔗催熟剂推向市场。

理化性质 纯品为白色结晶。熔点 200℃ (分解)，常温下无挥发性，20℃时水中溶解度为 248g/L。

合成方法 由三氯化磷，甘氨酸与甲醛反应生成：

$$NH_2CH_2COOH + HCHO + PCl_3 \longrightarrow$$

应用 为叶面施用的植物生长调节剂，也可用作作物收获前的脱叶剂。主要用于甘蔗、甜菜的催熟增产。可使甘蔗提早成熟 15～40d，增产蔗糖 1% 左右；若用于甜菜在收获前 30d 施药，用药量 5.7g/100m²，增糖 10%；用于棉花脱叶，在吐絮期喷洒，用药 5.7g/100m²，1 周内可有 75%～99% 棉叶落叶。

4. 形态素 (morphactin)

形态素 (也称整形素) 是一类芴类衍生物, 多数是羟基芴-9-羧酸的衍生物, 通常使用的两个化合物是 2-氯-9-羟基芴-9-羧酸甲酯 (chloflurecol-methyl) 和 9-羟基芴-9-羧酸正丁酯 (flurecol-butyl)。

理化性质 甲酯为白色结晶, 熔点 152℃, 20℃在水中的溶解度为 18mg/kg, 可溶于乙醇等一般有机溶剂中。

合成方法 由菲醌氧化, 重排, 氯化及酯化而得:

毒性 大鼠急性经口 $LD_{50} > 12800$mg/kg。

应用 对高等植物有特异的生理作用, 能抑制植物顶端分生细胞组织的有丝分裂, 影响正常植物根的向地性及茎的向光性, 能使许多植物在形态上发生变形和在生长上受到了明显的抑制, 特别是对新生部位效果更为显著。它还可促进茎的矮化, 引起器官和形态上的异常, 同时可抑制 IAA 的运输和种子发芽, 也有拮抗 GA 的作用。这种物质在园艺作物造型艺术上可能有很大的用途。

5. 调节膦 (fosamine)

$C_3H_8NO_4P$, 170.01, 59682-52-9

调节膦是 20 世纪 70 年代发展的植物生长调节剂。

合成方法

毒性 大鼠急性经口 LD_{50} 为 10200mg/kg, 家兔急性经皮 $LD_{50} > 1683$mg/kg, 对眼睛和皮肤有刺激作用, 但无致畸作用。

应用 在土壤中能很快被微生物所分解, 半衰期 1~2 周, 它可在果树上起矮化和化学修剪的作用, 在林业上有防除灌木杂草的作用, 在花卉上可延长插花和观赏植物的开花期, 一般用于抑制双子叶植物的生长。在一些国家允许在森林、草原及水库、湖泊和河流四周作为灌木生长抑制剂, 同时可抑制菜豆、大豆、棉花的生长。

第二节 植物生长延缓剂

一、植物生长延缓剂的种类

现有的植物生长延缓剂可分为三类: 即鏻类化合物、含氮杂环化合物和酰基环己烷二酮类化合物。它们主要是抑制 GA 的生物合成, 也有的可抑制甾醇的生物合成, 还有的对其他的植物激素也有一定的作用。根据化学结构的不同, 它们的作用位置和方式也不同。

𬭩类化合物如：

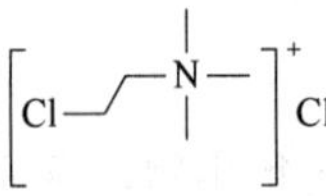

矮壮素(CCC) 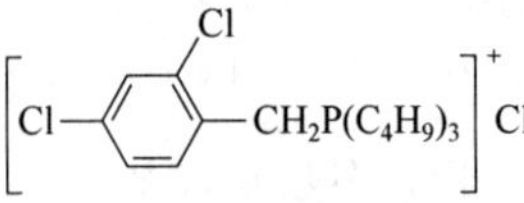　　　　福斯方(phosfon-D) 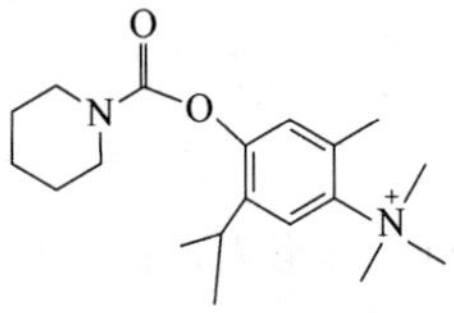　　　　阿莫-1618

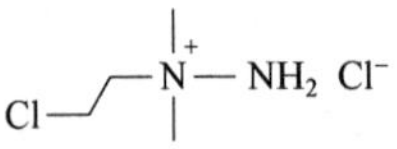

CMH 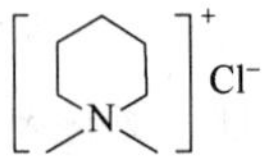　　　　助壮素

含氮杂环化合物，如嘧啶类、降冰片烷醇二氮杂环丁烯类、三唑类、吡啶类的衍生物和咪唑类等。

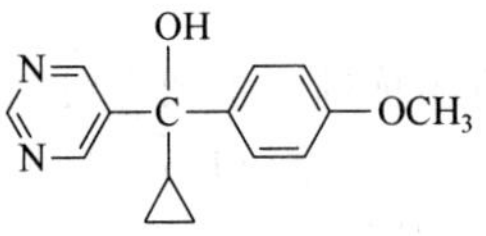

环丙嘧啶醇 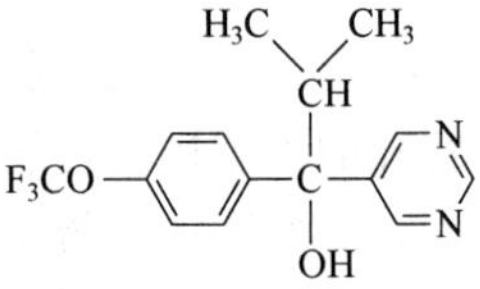　　　　调嘧醇

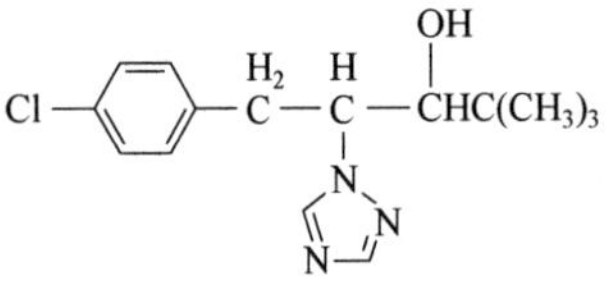

多效唑 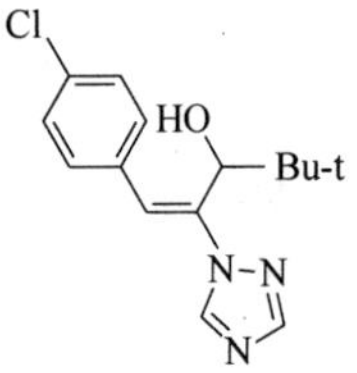　　　　烯效唑 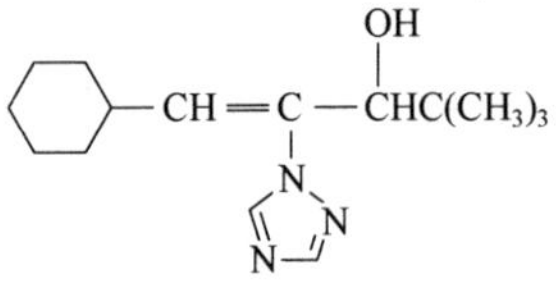　　　　抑芽唑

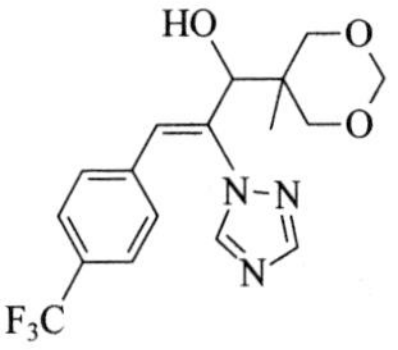

LAB150978 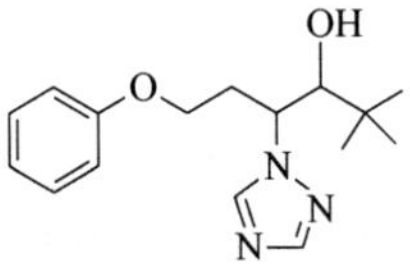　　　　缩株唑 BAS 111

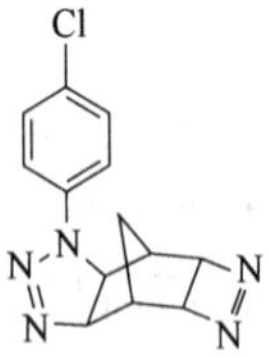

调节烯 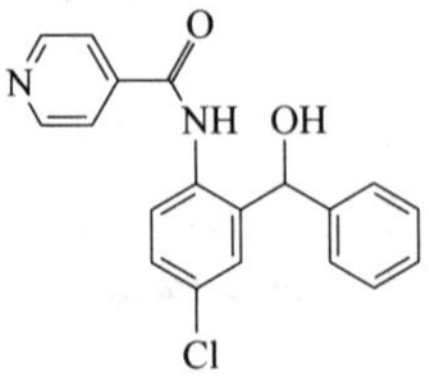　　　　抗倒胺

酰基环己酮亦称环己三酮类，如

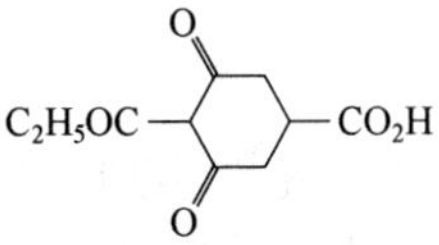

调环酸(protexadione) 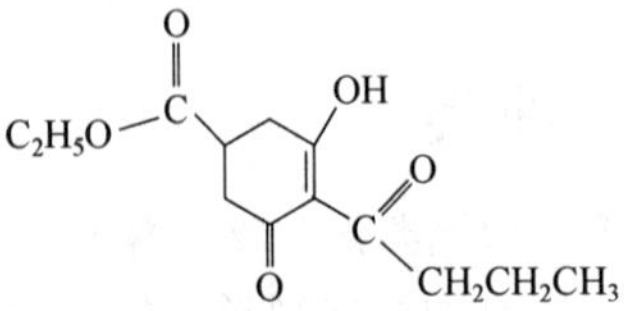　　　　LAB 198 999 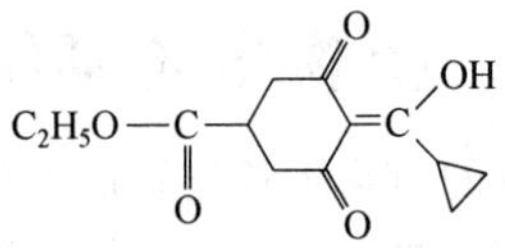　　　　抗倒酯(CGA 163 935)

二、植物生长延缓剂的作用机制

(一) 抑制 GA 的生物合成

不同的植物生长延缓剂作用于 GA 合成的位置是有差别的, 它们在 GA 生物合成途径中不同的位置起抑制作用, 其具体作用位置与强度如图 4-7-1 所示。

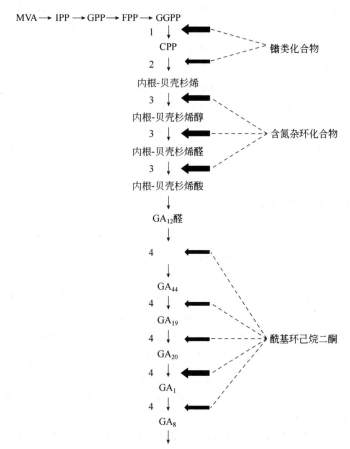

图 4-7-1　生长延缓剂在 GA 生物合成过程中的作用位置和强度 (箭头粗细表示强弱)

1—贝壳杉烯合成酶 A; 2—贝壳杉烯合成酶 B; 3—贝壳杉烯氧化酶; 4—3-β-氧化酶; CPP—洦巴基焦磷酸; FPP—法尼基焦磷酸; GGPP—双牻牛儿焦磷酸; GPP—牻牛儿焦磷酸; IPP—异戊烯焦磷酸; MVA—四羟戊酸

鎓类化合物具有正电荷的铵、磷或锍部分, 它们主要抑制赤霉素的生物合成。在 GA 的合成前期, 双牻牛儿焦磷酸 (GGPP) 通过质子引起环化作用, 形成的洦巴基焦磷酸 (CPP), 再经丧失焦磷酸和移位重排, 形成 ent-贝壳杉烯, 这两个过程是由 ent-贝壳杉烯合成酶催化的。这种酶需要 ATP 和 Mn^{2+} 或 Mg^{2+} 为辅助因子。通过柱色谱分析, 证实野生黄瓜胚乳中的 ent-贝壳杉烯合成酶是两种明显不同但又相互作用的酶, 即 ent-贝壳杉烯合成酶 A 和 ent-贝壳杉烯合成酶 B。A 活性主要催化 GGPP 转变为 CPP, B 活性主要催化 CPP 转变为 ent-贝壳杉烯。CCC、阿莫-1618 和福斯方 [三丁基-2, 4-(二氯苄基) 氯化磷] 等主要抑制 A 的活性, 对 B 的活性抑制就弱一些。而硫氢基阻滞剂, N-乙基马来酰亚胺对 B 活性的抑制强于对 A 活性的抑制。看来, A 、B 活性的作用是各有侧重的。

含氮杂环化合物的共同特点是杂环上含有 sp^2 杂环氮的化合物, 氮上含有一孤电子对, 这孤电子对可与植物中单加氧酶内的 CytP450 相互作用, 作为第六配位体结合到 CytP450 的正铁血红素的铁上, 替代催化反应需要的氧, 因而使单加氧化酶失活, 这类化合物的靶酶就是贝杉烯氧化酶。嘧啶醇可抑制 GA 合成中 ent-贝壳杉烯氧化成 ent-贝壳杉烯酸的三个步骤，高等植物中 ent-贝壳杉烯氧化酶是一种含细胞色素 P450 的多功能氧化酶，目前还不清楚是由一种，还是由多种酶催化着从 ent-贝壳杉烯到 ent-贝壳杉酸的三个氧化过程。嘧啶醇是贝壳杉烯氧化酶的非竞争性抑制剂，可直接与细胞色素 P450 中的铁结合。目前已证明，许多植物生长延缓剂均与嘧啶醇的作用相同，因此可将这类延缓剂统称为 ent-贝壳杉烯氧化作用抑制剂（KIOs）。

Ent-贝壳杉烯氧化作用抑制剂并不是植物中含细胞色素 P450 单氧酶的普遍的抑制剂，它们的作用位置仅限于甲基羟化酶。除 ent-贝壳杉烯氧化酶外，还有几种与其他的重要代谢途径有关的酶也受 KOIs 的抑制。含氮杂环化合物中三唑或其他的这类抑制剂，常常是消旋体的混合物，如多效唑有两个不对称碳原子，故有四个异构体，商品化的品种为非对映异构体，其中 2S,3S-对映体对 GA 生物合成的抑制率最高。烯效唑具有最强的抑制效率，研究表明，其分子构象与内根-贝壳杉烯的重叠性最好，一般认为三唑类化合物的抑制效能与其与内根-贝壳杉烯的相似性有关。

酰基环己酮亦称环己三酮类，是一类新的植物生长延缓剂，包括调环酸、LAB 198 999 和抗倒酯（CGA163,935）等，这类延缓剂干扰 GA 的生物合成的最后步骤，即从 GA12 醛至 GA8。使 GA 活化过程受阻，这些氧化过程是被可溶性的单加氧酶催化，这类延缓剂的主要靶酶是 3β-羟化酶，其生理功能是抑制地上部分的生长而不影响发育，可防止倒伏和营养枝徒长。

（二）抑制甾醇的生物合成

鎓类化合物在甾醇生物合成过程中，由于氧化角鲨烯的环化和 GGPP 的环化相似，都具有可能被阳离子抑制的潜在位置。此外，在甾醇生物合成的后期步骤，如异构酶和甲基化酶的催化作用，都有可能受这些延缓剂的影响。研究表明，阿莫-1618 及福斯方、CCC 等均可抑制烟草幼苗的（2-^{14}C）甲羟戊酸转变成甾醇，并积累较多的 2,3-氧化鲨烯，表明这些化合物具有抑制鲨烯环氧化酶的活性，这种抑制作用可被外施 β-谷甾醇所逆转，说明鎓类化合物可抑制甾醇的生物合成。

含氮杂环化合物，如嘧啶、咪唑和三唑类等在抑制甾醇生物合成过程中，不只是抑制氧化酶，它也限制甲基羟化酶的活性，这类延缓剂大都是从杀菌剂中筛选出来的，它们具有阻止麦角甾醇合成过程中的氧化 14α-脱甲基作用，减少大麦幼苗的 14α-脱甲基甾醇的合成。多效唑的（2S，3S）型对 GA 的生物合成抑制效应较强，而（2R，3R）对映异构体则较强烈地抑制麦角甾醇的生物合成，它们都是甾醇生物合成抑制剂（SBI）。

KOI 和 SBI 的作用不同，KOI 主要抑制细胞延长，而 SBI 是抑制细胞的分裂。外施甾醇可克服 Tcy 引起的抑制现象。含氮杂环类生长延缓剂能抑制 GA 和甾醇的生物合成，但以前者为主，在低浓度时抑制细胞延长，而在高浓度时抑制细胞分裂。近来的研究指出，在悬浮培养的细胞内应用生长延缓剂也会干扰甾醇的生物合成，从而引起对细胞分裂的抑制。这种作用可被胆甾醇或豆甾醇逆转。在完整的植株内，甾醇的生物合成也受到生长延缓剂的影响，但这种影响会因植物种属或分析材料的不同而有差异，一般仅在使用较高浓度的延缓剂时才检测到甾醇的明显变化。

（三）对其他内源激素的影响

植物生长延缓剂也会影响植物体内 ABA、细胞分裂素、乙烯和多胺的代谢。

（1）减少乙烯的生成　调节烯（Tcy）、LAB150978、缩株唑等生长延缓剂可使悬浮培养向日葵细胞、油菜叶圆片和幼苗的乙烯释放量比对照少得多，大量积累了 ACC，说明这些延缓剂阻止了 ACC 转变成乙烯的过程，其原因可能是直接影响乙烯合成酶的活性或是间接影响膜的性质，由于 Tcy 和 LAB150978 处理后增加了 ACC 的水平，而 MACC 的含量变化不大。所以这些延缓剂可能也具有抑制丙二酰转移酶的活性。多胺生物合成和乙烯生物合成有关，它们都来自 SAM，ACC 不能转化为乙烯，由于积累了较多的 SAM，有利于多胺的生物合成。

（2）累积较多的细胞分裂素 细胞分裂素有一部分组成是由萜类途径而来的，试验证明，Tcy、LAB150978 缩株唑等能增加大豆和水稻植株的玉米素核苷和二氢玉米素核苷的含量，它们能使荚果延迟衰老。

（3）累积 ABA GA 和 ABA 是两类作用性质完全不同的植物激素，它们的合成都是从甲瓦龙酸开始的，经过相同的化学反应，即类异戊二烯途径，以后才分别完成各自的生物合成（见图 4-7-2）。

早在 1973 年有人研究出，某些生长延缓剂能增加内源 ABA 的含量，目前的看法是尽管 GA 和 ABA 是由同一个前体甲瓦龙酸经过异戊二烯途径合成的，但二者之间有竞争性抑制效应，即当一方合成提高时，则会抑制另一方的合成速率。若从反应生成物影响化学反应方向的角度考虑，CCC 等抑制 ABA 生物合成的部位，都是在法尼基焦磷酸生成贝壳杉烯的过程和贝壳杉烯转变成赤霉素的过程，即分开的部位，这些延缓剂使 GA 合成受阻，法尼基焦磷酸生成 GA 的量减少，就会朝有利于生成 ABA 的方向转变。ABA 的合成将加快。很多实验表明，ABA 水平在植物逆境条件下会发生明显的变化，对植物抵抗不良环境发挥着重要作用。生长延缓剂能提高植物抗旱、抗寒和抗热等能力，可能就在于它们能提高植物体内 ABA 的水平，而引起植物产生一系列生理反应。如关闭气孔，降低蒸腾，减缓某些代谢速率，以适应植物在逆境的生存。ABA 和 GA 水平的变化与生长延缓剂

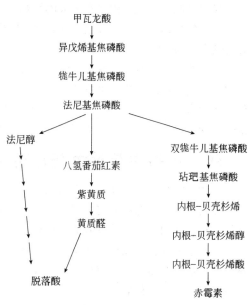

图 4-7-2 甲瓦龙酸生成 ABA 和 GA 的生化途径

的作用浓度有关，如低水平的 CCC 能促进 GA 的合成，而高水平时则抑制 GA 的合成。因为低浓度时，双牻牛儿基焦磷酸转变成类萜过程受阻，于是就集中转变成 GA，提高了植物 GA 的水平，而用高浓度 CCC 时，则抑制了双牻牛儿基焦磷酸生成 GA 的过程，此时法尼基焦磷酸增多，则向 ABA 方向转变。但这方面的研究也有很多不一致的地方，尚有待于进一步研究阐明。

由于含氮杂环类生长延缓剂抑制含 CytP450 的单加氧酶的活性，而 ABA 转变为红花菜豆酸（PA）的过程也受该酶的催化，所以生长延缓剂中断 ABA 氧化为 PA 的过程，累积较多的 ABA，PA 含量减少。因为 ABA 的代谢很快，高浓度的这类延缓剂短期内阻碍氧化过程，ABA 增多，气孔关闭。但不同类型 CytP450 单加氧酶对不同植物 ABA 氧化为 PA 的催化作用是不同的。

总之，植物生长延缓剂主要抑制 GA 的生物合成，还可影响 ABA、细胞分裂素、乙烯、甾醇和多胺等的代谢，最终表现为延缓生长、延迟衰老、抗旱、抗冷和抗病等效果。

三、植物生长延缓剂对植物生长发育的影响

植物生长延缓剂可延缓细胞分裂和扩大，植物生长延缓剂主要作用部位是茎顶端下的近顶端区域的细胞，它可使该细胞有丝分裂周期延长，也就是减慢细胞的分裂速度，同时也延长细胞延长的过程。由于生长延缓剂延缓茎端细胞分裂和延长，所以茎生长慢，植株矮，这是生长延缓剂的主要生理效应之一。植物生长延缓剂可使叶片加厚。影响根部生长，生长延缓剂减慢根的分化和生长，但是由于生长延缓剂抑制地上部营养生长，使更多光合产物分配到根部，促进肉质根发育。改变花的发育，生长延缓剂具有把光合产物分配给花芽的作用，促进花的分化，花数增多，生长延缓剂往往使花期拖后，但对花的体积影响不大，由于赤霉素促进雄花形成，因此一些生长延缓剂可因抑制赤霉素的合成而抑制雄花的形成。

植物生长延缓剂对植物代谢的影响主要如下。

（1）吸收和运输 不同的生长延缓剂施用方式不同，对植物具有伤害性也不相同，从根部吸收的生长延缓剂可随蒸腾流向上移动，生长延缓剂运输是没有极性的，从叶片吸收后可能分布到各处，但不同的生长延缓剂的分布也不尽相同。

（2）生长延缓剂对植物的蒸腾强度的影响有不同的报道，认为它会抑制蒸腾作用，使小麦叶片加厚，水汽扩散慢，蒸腾强度减弱，对上表皮的影响大于下表皮，但也有例外，如矮壮素对春小麦的蒸腾强度和蒸腾效率则没有明显的影响。

（3）氮代谢，生长延缓剂可促进植物的氮代谢，如矮壮素可促进玉米幼苗 RNA 含量的增多，矮壮素和 B9 溶液可提高荔枝的 DNA、RNA 和组氨酸的含量。

（4）叶绿素结构和叶绿素含量，生长延缓剂对叶绿素结构有影响。矮壮素可使豌豆叶绿体的基粒和基质的片层都膨胀，也可使菜豆叶绿体面积和基粒面积大于对照。生长延缓剂的生理效应之一是叶色加深，叶绿素含量一般可增加 $10\% \sim 20\%$。用矮壮素溶液处理马铃薯后，叶片叶绿素含量提高，叶绿素酶活性下降。前期可抑制叶绿素 a 与 b 的合成，后期则延缓叶绿素的分解。

四、植物生长延缓剂在实际中的应用

植物生长延缓剂主要是通过降低 GA 水平而起延缓作用，它们也影响植物的其他一些生理作用，并由此产生一些副效应，因此某种化合物对一种作物是否有应用价值，要根据它对植物形态的调节作用，及同时产生的副效应来决定。目前可能在以下几方面具有应用价值。

（1）它可改善移栽苗的质量，如三唑类可提高苗的冠根比，促进根系生长。在许多情况下，表现为主根加长加粗，而不定根和根毛初始生长被抑制。根系状态的改善是大多数延缓剂处理后的植株在发育后期生长健壮的原因之一。

（2）它可改善小粒谷物和水稻的抗倒伏性，控制倒伏是植物生长延缓剂目前最重要的特性之一。三唑类化合物可降低油菜的高度，改变油菜的冠层结构，从而改善植株的受光条件，减少了油菜的倒伏，增强了对冷害和真菌感染的抗性。

（3）控制果树地上部的生长，大多数三唑类化合物可用来控制柑橘和各类核果用梨果的生长；延缓其他树木的生长，应用生长延缓剂可抑制树冠生长，节约修剪费用，可采用茎秆注射法施药。

（4）调节草坪的生长，三唑类化合物可有效地控制青草的生长，但不能抑制它们形成种子；改良观赏植物的品质，如降低其高度，促进花芽的形成等。

（5）提高作物对干旱和低温的抗性，提高植株的抗寒性，真菌感染的抗性，这可能是延缓剂抑制了麦角甾醇的生物合成，即直接起到了杀菌剂的作用。

（6）增加了除草剂的活性，几种除草剂和一些外源生物活性物质可被一些依赖于细胞色素 P-450 的功能氧化酶代谢，可能通过降低除草剂的氧化失活作用。

五、主要品种

1. 矮壮素 （chlormequat，CCC）

$$\left[Cl - \diagup - \overset{|}{\underset{|}{N}} - \right]^{+} Cl^{-}$$

$C_5H_{13}ClN$，158.07，7003-89-6

理化性质 纯品为白色晶体。有鱼腥臭味。熔点：$240 \sim 241℃$；在 $245℃$ 开始分解。不溶于无水乙醇、乙醚、苯、二甲苯，微溶于二氯乙烷、异丙醇，极易溶于水，而且易潮解，一般配制成水溶液使用。

合成方法 由二氯乙烷和三甲胺作用制得。

毒性 大鼠急性经口 LD_{50} 为 670mg/kg。

应用 矮壮素可使被处理的植物茎部缩短，减少节间距，从而使植株变矮，茎秆变粗，叶色变绿，叶片加厚，增加了抗倒伏能力，有利于机械化收获。使用矮壮素后可以允许使用更多的肥料，增加抗虫抗病的能力，因此广泛用于小麦、水稻、棉花、烟草、玉米等作物，还可防止棉花落铃，增加马铃薯及甘薯的产量，可用于盐碱和微酸性土壤。矮壮素延缓生长的性质可能是由于抑制了赤霉素的生物合成。

2. 氯化膦-D（phosfon-D）（chlorphonium）

$$\left[Cl\text{-}\underset{Cl}{\overset{Cl}{\diamond}}\text{-}CH_2P(C_4H_9)_3 \right]^+ Cl^-$$

理化性质 白色结晶，熔点 114～120℃，溶于水、丙酮、乙醇等有机溶剂中。

毒性 大鼠急性经口 LD_{50} 为 178mg/kg，家兔急性经皮 LD_{50} 为 750mg/kg，可刺激皮肤和眼睛。

合成方法 该化合物可由三丁基膦与 2，4-二氯代氯苄反应生成：

$$Cl\text{-}\underset{Cl}{\overset{Cl}{\diamond}}\text{-}CH_2Cl \ + \ (C_4H_9)_3P \ \longrightarrow \ \left[Cl\text{-}\underset{Cl}{\overset{Cl}{\diamond}}\text{-}CH_2P(C_4H_9)_3 \right]^+ Cl^-$$

应用 剂型有 10% 液剂和 10% 粉剂，该药是温室盆栽菊花和室外菊花的株高抑制剂，可抑制冬季油菜种子的发芽和葡萄藤的生长，抑制苹果树梢生长及花的形成。这是一类含有四价磷阳离子化合物中活性最强的一种，所需的结构是具有三丁基四价磷阳离子，同时要求苯环的 4-位上应有一个小的、亲核和不电离的取代基。它可抑制很多的植物生长，其作用与 CCC 相似，都是 GA 的拮抗剂。

3. 阿莫-1618（Amo1618）

$C_{19}H_{31}N_2O_2$, 338.92, 2438-53-1

它是一系列氨基甲酸酯季铵盐中活性最强的一种，可抑制生长，可使茎变短，而顶端生长点可继续生长，但侧枝不能发育，和 CCC 一样，用 Amo1618 处理 GA 的生产菌，GA 的生物合成受到明显的抑制，同时用 CCC 或 Amo1618 处理高等植物时，也明显阻止植物体内 GA 的合成，使植物矮化。这个分子中任何基团的缺失均可失去活性。目前由于合成的问题，尚未商品化。

4. 甲哌鎓（mepiquat chloride）

$$\left[\underset{H_3C}{\overset{}{\diamond}}\underset{}{N}\underset{CH_3}{} \right]^+ Cl^-$$

$C_7H_{16}ClN$, 164.7, 24307-26-4

理化性质 纯品为白色结晶，熔点 285℃，易溶于水，微溶于乙醇，难溶于乙酸乙酯和丙酮，在土壤中易分解，半衰期为 14d。

毒性 大鼠急性经口毒性 LD_{50} 为 1490mg/kg，对人、畜、鱼、蜜蜂均无毒害作用，对眼睛和皮肤无刺激。

合成方法 合成方法之一是可由 N-甲基哌啶在压力下甲基化而得：

应用　抑制细胞伸长，促进节间缩短，提高同化能力，促进成熟，增加产量，生产上用于防止小麦倒伏和棉花徒长，尤其是对棉花有早熟、增产和改善品质的作用。它可被棉花叶片吸收并在植物体内运输，50～100mg/kg能有效地抑制棉花营养生长，使节间缩短，降低分枝的长度，改善光照条件，增加下部结铃，促进早熟，主要用于水肥供应充足的棉田。

5. 丁酰肼 （daminozide）

$C_6H_{12}N_2O_3$, 160.17, 1596-84-5

理化性质　丁酰肼（比久）为白色结晶。熔点154～156℃。25℃时在水中的溶解度为10g/100g，可溶于丙酮和甲醇。

合成方法　由丁二酸酐与偏二甲基肼反应生成。

毒性　大鼠急性经口 LD_{50} 8400mg/kg，家兔急性经皮 $LD_{50}>16000$mg/kg，对虹鳟鱼 LC_{50}（96h）360mg/L。

应用　它在土壤中稳定，残效期为1～2a，易被土壤固定或被土壤中的微生物分解，通常不作土壤处理，这在植物体内也稳定，可抑制 GA 的合成和运输，使植株矮化，叶片增厚，叶色浓绿，抗性提高，可用于果树抑制新梢生长，促进花芽分化，防止采前落果，增加果实着色，还能提高花生和大豆的产量。它对双子叶植物敏感，具有良好的内吸、传导性能，能控制植物新枝徒长，调节营养分配，使作物健壮，减少病害，促进花芽分化，使作物高产早熟优质。用于土豆、油菜等作物，能显著提高产量，用于果树、草莓等，能明显改善果实品质，用于菊花等多种花卉，可使植株矮化，花盘增大，明显延长花期，使花色艳丽，利于观赏。

6. 环丙嘧啶醇 （ancymidol）

$C_{15}H_{16}N_2O_2$, 256.3, 12771-68-5

理化性质　白色结晶，熔点110～111℃，25℃水中的溶解度为650mg/kg，50℃下蒸气压小于 1×10^{-6}mmHg，易溶于丙酮、甲醇、氯仿等有机溶剂中。

合成方法　由4-甲氧基苯甲酰基环丙烷在低温下在正丁基锂作用下与5-溴嘧啶作用生成产品：

毒性　大鼠急性经口 LD_{50} 为4500mg/kg，家兔急性经皮 $LD_{50}>200$mg/kg.

应用　剂型为0.0025%水剂，主要用于防治多种植物的节间伸长，其生长抑制作用可被赤霉酸所抵消，对观赏植物，如菊花、一品红等有明显的抑制作用。

7. 调嘧醇（flurprimidol）

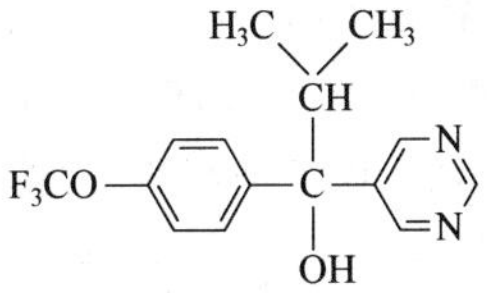

$C_{15}H_{15}F_3N_2O_2$, 312.29, 56425-91-3

理化性质　该化合物为白色结晶，熔点 94～96℃，易溶于丙酮、氯仿、二氯甲烷等有机溶剂中，在水中的溶解度（pH4～10）为 120～140mg/kg。

合成方法　由对溴苯基三氟甲基醚转化为格氏试剂后，与丁腈反应生成异丙苯基对三氟甲氧基苯基酮，再与 5-溴代嘧啶在四氢呋喃-乙醚中于低温在丁基锂作用下生成：

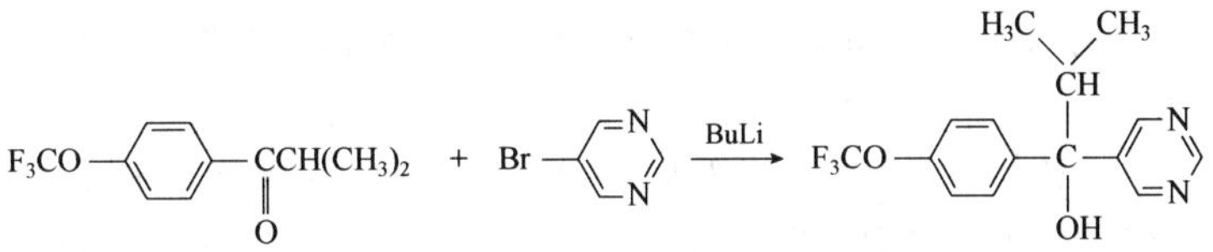

毒性　对大鼠急性经口 LD_{50} 为 709mg/kg，家兔急性经皮 $LD_{50}>500$mg/kg，对眼睛有轻微的暂时的刺激。

应用　剂型有 50％可湿性粉剂和 1％颗粒剂，可使植株高度降低，诱发分蘖，增进根的生长，提高水稻的抗倒伏能力，用量 0.45kg/hm²。

8. 抗倒胺（inabenfide）

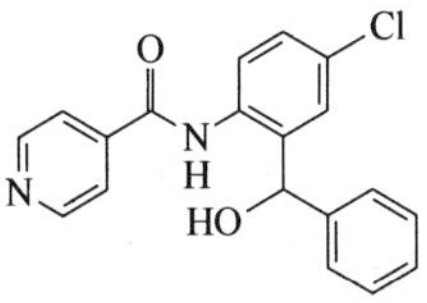

$C_{19}H_{15}ClN_2O_2$, 338.79, 82211-24-3

理化性质　为淡黄色结晶，熔点 210～212℃，对光热稳定，可溶于乙酸乙酯、甲醇、丙酮等有机溶剂，在水中的溶解度为 0.001g/L。

合成方法

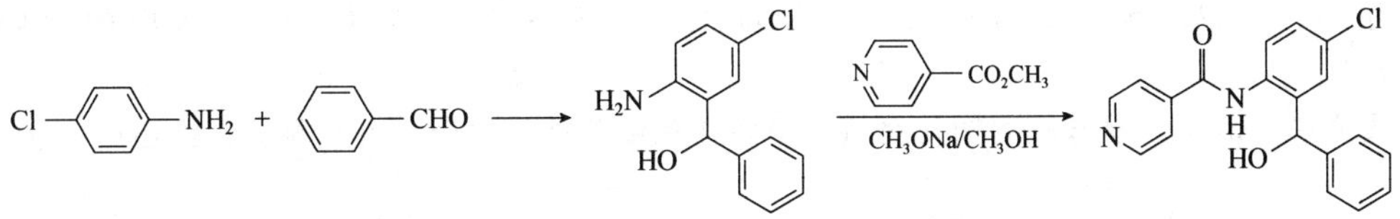

毒性　大鼠急性经口 $LD_{50}>1500$mg/kg，对兔皮肤、眼睛无不良刺激，鲤鱼 TLm>20mg/kg（48h）。

应用　剂型为 6％颗粒剂。本品可抑制水稻植株赤霉素的合成，对水稻有很强的选择性抗倒伏作用。应用本品后，每穗谷粒数减少，但谷粒成熟率提高，使实际产量增加，用量 1.2～2.4 kg/hm²。

9. 多效唑（paclobutrazol）

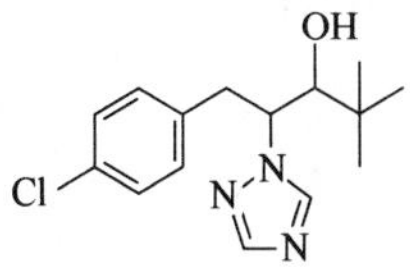

$C_{15}H_{20}ClN_3O$, 293.79, 76738-62-0

多效唑是英国 ICI 公司于 1976 年推出的一种高效、低毒植物生长延缓剂。多效唑有两个不对称碳原子，故有 4 个异构体，商品含量有 98% 的 2RS, 3RS-非对映异构体。

理化性质 多效唑为白色固体，熔点 165~166℃，蒸气压 0.001mPa（20℃），$K_{ow}\lg P = 3.2$，溶解度：水 26mg/L（20℃），丙酮 110，环己酮 180，二氯甲烷 100，己烷 10，二甲苯 60，甲醇 150，丙二醇 50（g/L，20℃），pH4~9 时不水解，紫外线下不分解（pH7，10d）。

合成方法

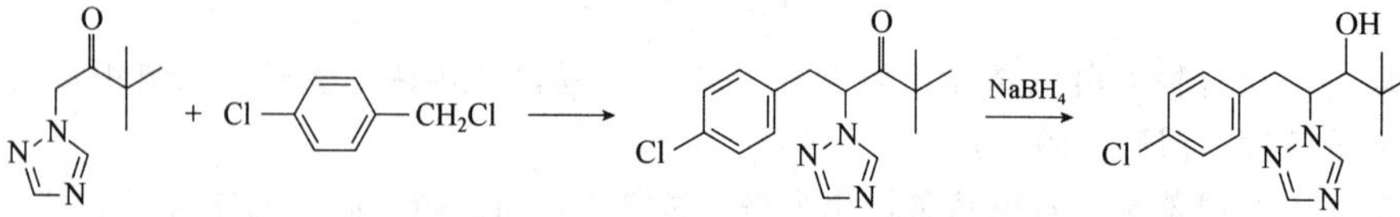

毒性 多效唑为低毒，原药大鼠急性经口 LD_{50} 为 2000mg/kg（雄）、1300mg/kg（雌），急性经皮大鼠及兔 LD_{50} 均大于 1000mg/kg，对大鼠和家兔皮肤、眼睛有轻度刺激作用。在试验条件下，无致畸、致癌、致突变作用。对鸟类低毒。

应用 多效唑易被植物的根、茎、叶所吸收，通过植物的木质部进行输导，若作叶面喷洒，则聚集于叶内，很少部分到达细胞分裂和伸长的分生组织中，主要是由根、茎组织吸收后再到达作用点，它的农业应用价值在于对作物生长的控制效应。具有延缓植物生长，抑制茎秆伸长，缩短节间，促进植物分蘖，增加植物抗逆性能，提高产量等效果。本品适用于水稻、麦类、花生、果树、烟草、油菜、大豆、花卉、草坪等作（植）物，使用效果显著。但是，多效唑在土壤中残留时间较长，常温（20℃）储存稳定期在 2a 以上，如果多效唑使用或处理不当，即使来年在该基地上种植蔬菜，也极易造成药物残留超标。

10. 烯效唑（uniconazole）

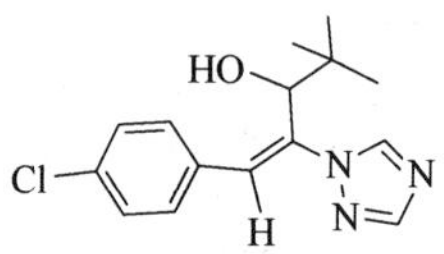

$C_{15}H_{18}ClN_3O$, 291.78, 83657-22-1

由日本住友公司开发。

理化性质 纯品为白色结晶固体。熔点 162~163℃，蒸气压 8.9×10^{-3} Pa（20℃）。能溶于丙酮、甲醇、乙酸乙酯、氯仿和二甲基甲酰胺等多种有机溶剂中，25℃ 水中的溶解度为 8.41mg/L。

合成方法 由 α-三唑基频哪酮与对氯苯甲醛在碱性条件下缩合，再经硼氢化钾还原生成：

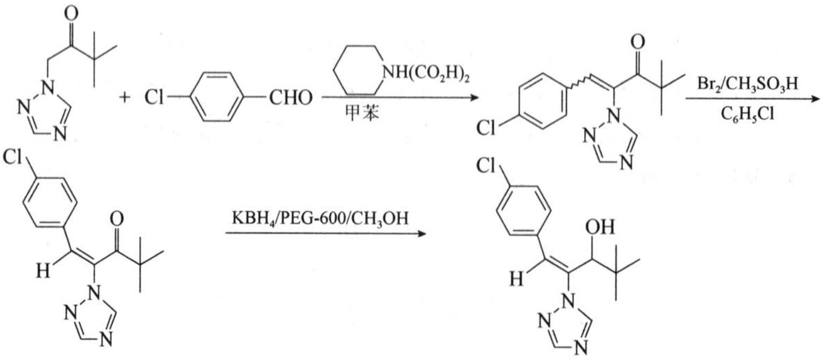

反应中所得化合物是 Z/E 的混合物，并以 Z 为主；因此，开展 3 的顺→反构型转化尤为重要。

在光、热或催化剂存在下，可使三唑烯酮异构化，使 Z-构型转化为 E-构型。郭奇珍等研究发现可用催化量溴在等摩尔的甲烷磺酸存在下对产物进行加成→消除反应，达到 Z→E 构型转化的结果；反应在氯苯中进行，操作简便，效果良好，最好的产率可达 94%，E/Z 比率可由 35.9∶64.1 转变成 99.2∶0.8。以 α-三唑基片呐酮和对氯苯甲醛为起始原料，经缩合，异构化，选择性还原三步制备产物，三步总产率达 80% 以上，产品纯度≥98%。

毒性　大鼠急性经口 LD_{50} 1790～2020mg/kg。

应用　它可被植物的根、茎、叶吸收，但以根系吸收为主，经木质部的蒸腾流向上输送到植株各个部位，通过抑制赤霉素的合成，导致细胞伸长受阻，具有控制营养生长，抑制细胞伸长、缩短节间、矮化植株，促进侧芽生长和花芽形成，增进抗逆性的作用，其活性较多效唑高 6～10 倍，但其在土壤中的残留量仅为多效唑的 1/10，因此对后茬作物影响小，可用于水稻、小麦、玉米、花生、大豆、棉花、果树、花卉等作物，如用于水稻、小麦，可增加分蘖，控制株高，提高抗倒伏能力。用于果树控制营养生长的树形，用于观赏植物控制株形，促进花芽分化和多开花等。烯效唑还具有高效、广谱、内吸的杀菌作用，对稻瘟病、小麦根腐病、玉米小斑病、水稻恶苗病、小麦赤霉病、菜豆炭疽病显示良好的抑菌作用。其活性体为 E-体。

11. 抑芽唑（triapenthenol）

C$_{15}$H$_{25}$N$_3$O, 263.38, 76608-88-3

由 Bayer 公司于 1989 年开发。

理化性质　外观为白色晶体。熔点为 135.5℃，20℃ 蒸气压为 4.4×10^{-6} Pa；溶解度为：水 68mg/L，二甲基甲酰胺 468g/L，甲醇 433g/L，二氯甲烷＞200g/L，异丙醇 100～200g/L，丙酮 150g/L，己烷 5～10g/L。该化合物立体结构不同，表现出不同的生物活性，其中（S)-（＋）对映体是赤霉素生物合成抑制剂，但（R)-（＋)-对映体则能抑制麦角甾醇脱甲基化，可作为杀菌剂。

合成方法　将 1-氯-3,3-二甲基-2-丁酮在乙醇钠-乙醇存在下，与 1,2,4-三氮唑回流反应 2h，生成 α-1,2,4-三氮唑-3,3-二甲基-2-丁酮，再与环己基甲醛进行缩合反应，生成 E-体和 Z-体酮的混合物。Z-体酮在胺催化剂存在下可异构为 E-体酮，再用硼氢化钠还原，制得抑芽唑。

$$(CH_3)_3CCOCH_2Cl + \quad \longrightarrow \quad \longrightarrow \quad \xrightarrow{NaBH_4} \quad$$

E-及Z-

毒性　抑芽唑对大鼠急性经口 LD_{50} 大于 5000 mg/kg，小鼠急性经口 LD_{50} 为 4000mg/kg，大鼠急性经皮 LD_{50} 大于 5000 mg/kg。对鸟类、鱼类及蜜蜂低毒。

应用　作为植物生长调节剂，主要是控制茎秆生长，节间缩短，提高作物的产量，它可用于油菜、豆科作物、水稻、小麦等作物上抗倒伏，无论是通过叶部或根部吸收，都可以达到抑制双子叶作物生长的目的，而对单子叶作物，如水稻、小麦则必须通过根部吸收才会产生明显的抑制作用，叶面处理，不能产生抑制作用。抑芽唑还影响植株中水的比率，可使大麦的耗水量降低，单位叶面积的蒸腾量减少。

12. 四环唑（tetcyclacis）

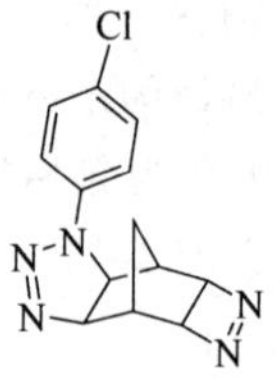

C_{13}H_{12}ClN_5，273.72，77788-21-7

理化性质　无色结晶，熔点 190℃，20℃时在水中的溶解度为 3.7mg/L，可溶于氯仿和乙醇。

毒性　大鼠急性经口 LD_{50} 为 261mg/kg，急性经皮 LD_{50} ＞4640mg/kg。

应用　该延缓剂还可阻止 ACC 转变成乙烯的过程，其原因可能是直接影响乙烯合成的酶活性或是间接影响膜的性质，由于 Tcy 和 LAB150978 处理后增加了 ACC 的水平，而 MACC 的含量变化不大，所以该延缓剂可能也抑制了丙二酰转移酶的活性。使 SAM、ACC 不能转化为乙烯，于是积累了较多的 SAM，有利于多胺的生物合成。

13. 抗倒酯（trinexapac-ethyl）

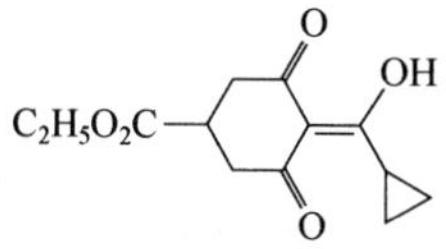

理化性质　无色结晶，熔点 36℃，蒸气压 1.6mPa（20℃），溶解度：水 27g/L（pH7），甲醇＞1g/L。

合成方法　由 3，5-二氧代环己烷基羧酸乙酯与环丙基甲酰氯反应生成：

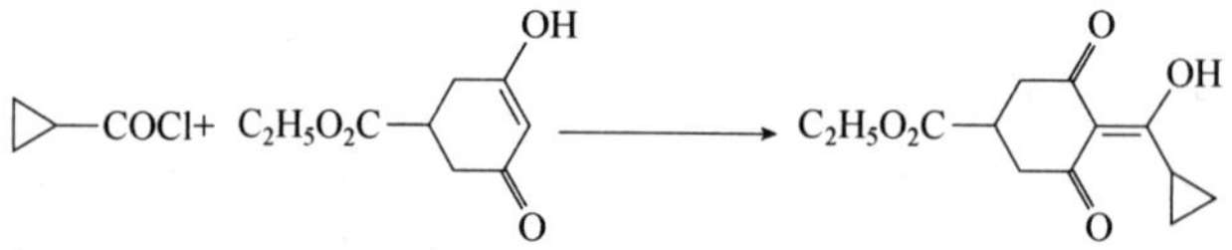

毒性　大鼠急性经口 LD_{50} 为 4460mg/kg，急性经皮 LD_{50} ＞4000mg/kg，对兔的眼睛和皮肤无刺激作用，对鸟类无毒。

应用　可对禾谷类作物，蓖麻、水稻、向日葵显示生长抑制作用，芽后施用可防止倒伏。

14. 调环酸（prohexadione）

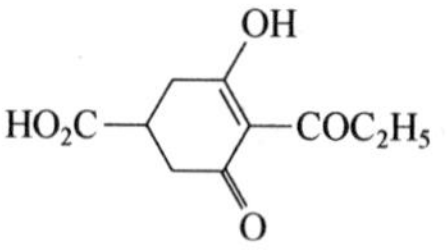

C_{10}H_{12}O_5，212.2，88805-35-0

由日本组合化学公司开发。

理化性质　原药为无色结晶体，其钙盐为固体，熔点＞300℃，在水中的溶解度为 168mg/L，水溶液遇光分解。

合成方法

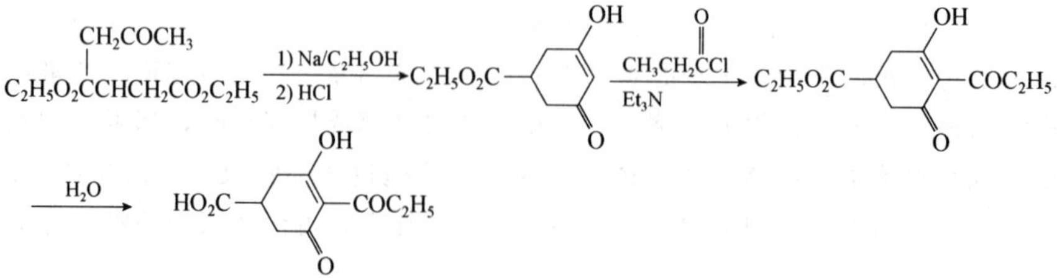

毒性 大鼠急性经口 LD_{50} 为 709mg/kg，兔急性经皮 LD_{50} 大于 500 mg/kg，接触皮肤呈轻微的红斑，无内吸毒性，Ames 试验表明调环酸无致突变作用。对鸟低毒，对鱼毒性较低，鲤鱼 LC_{50} (48h) 13.29mg/L，蓝鳃太阳鱼 LC_{50} (48h) 17.2mg/L，虹鳟鱼 LC_{50} (48h) 18.3mg/L。最大抑制作用在性繁殖阶段。

应用 对水稻具生根和抗倒伏作用，在分蘖期施用，主要通过根吸收，然后转移至水稻植株顶部，使植株高度降低，诱发分蘖，增进根的生长。在抽穗前施药提高水稻的抗倒伏能力，不会延迟抽穗或影响水稻产量。可改善冷季和暖季草坪的质量，也可注射于树干，减缓生长和减少观赏植物的修剪次数，调节株型更具观赏价值。

15. 调嘧醇（flurprimidol）

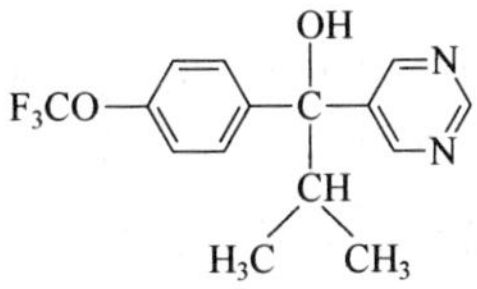

$C_{15}H_{15}F_3 N_2O_2$, 312.29, 56425-91-3

由 Eill Lilly & Co 开发，1988 年在美国生产。

理化性质 原药为无色结晶体，熔点 94～96℃，蒸气压 0.02Pa（25℃），在水中的溶解度为 120～140mg/L（pH4,7,9），丙酮 700～800g/L，在其他有机溶剂中的溶解度也很大，$K_{ow}=930$（pH7），其水溶液遇光分解，水解 $DT_{50}<0.5a$。

合成方法 由对三氟甲氧基溴苯，经生成格氏试剂与丁腈反应，生成对三氟甲氧基异丙基酮，再与 5-溴代嘧啶，在四氢呋喃-乙醚中，在氮气保护下于 -70℃加入丁基锂反应即得产品：

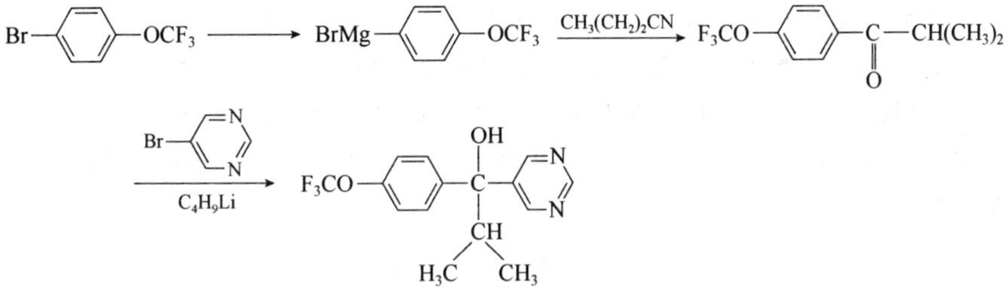

毒性 大鼠急性经口 LD_{50} 709mg/kg，小鼠急性经口 LD_{50} 602mg/kg，兔急性经皮 $LD_{50}>500$mg/kg，接触皮肤呈轻微的红斑，无内吸毒性，对兔眼睛引起暂时的角膜混浊、中等巩膜炎、轻微的结膜炎。Ames 试验表明调嘧醇无致突变作用。对鸟低毒，对鱼毒性较低，鲤鱼 LC_{50} (48h) 13.29mg/L，蓝鳃太阳鱼 LC_{50} (48h) 17.2mg/L，虹鳟鱼 LC_{50} (48h) 18.3mg/L。

应用 最大抑制作用在性繁殖阶段，对水稻具生根和抗倒伏作用，在分蘖期施用，主要通过根吸收，然后转移至水稻植株顶部，使植株高度降低，诱发分蘖，增进根的生长。在抽穗前施药可提高水稻的抗倒伏能力，不会延迟抽穗或影响水稻产量。可改善冷季和暖季草坪的质量，也可注射于树干，减缓生长和减少观赏植物的修剪次数，调节株型更具观赏价值。

第三节　植物生长促进剂

三十烷醇（triacontanol）

$$CH_3 (CH_2)_{28} CH_2OH$$

$$C_{30}H_{62}O, 438.81, 593-50-0$$

三十烷醇是 1975 年美国密执安大学 Ries S.K. 从苜蓿叶中分离并发现其具有植物活性的，它是许多植物中的一种天然组分，是天然存在的特长链脂肪族正构一元伯醇。高级醇在自然界存在极为广泛，几乎遍及一切生物，三十烷醇即是这类高级醇的典型代表，此类高级醇游离态存在极少，绝大部分以脂肪酸酯形态出现。许多植物的叶、茎、果实或表皮及如苹果、葡萄、苜蓿、甘蔗、小麦和大米等的角质层蜡质及叶绿体和叶肉组织内均含有三十烷醇。它施于作物可增进植物的生长，它是一次生的植物生长物质，不是一种植物激素。在大多数情况下，植物的生长速度与蜡质的生长速度相关。对玉米和水稻幼苗施用三十烷醇后，可观察到叶面积和干重的迅速增加，植物的总氮量也明显增加。

理化性质　三十烷醇为白色鳞片状结晶体，熔点 84.0～86.5 ℃，沸点 244℃，它对光、热、空气及碱均稳定，几乎不溶于水，难溶于冷乙醇、苯，可溶于乙醚、氯仿、二氯甲烷及热苯、热乙醇中。

合成方法　用等摩尔比的二十四烷酸与五氯化磷作用得到的正二十四烷酰氯，以无水氯仿作溶剂，在无水三乙胺的存在下，与稍过量的 1-吗啉-1-环己烯发生反应，所得中间体经酸性水解，碱性开环，然后酸化，可得到 7-氧代三十烷酸，产率 61.2％。所得的羰基酸经黄鸣龙改良的开息纳尔-武尔夫（Kishner-Wolff）还原反应，再经氢化铝锂还原，得产品：

$$CH_3(CH_2)_{22}COCl + O\text{—}N\text{=}\bigcirc \xrightarrow{Et_3N} \left[CH_3(CH_2)_{22}\overset{O}{\underset{\|}{C}}\bigcirc\overset{O}{\underset{\|}{}} \right] \rightarrow CH_3(CH_2)_{22}\overset{O}{\underset{\|}{C}}\text{—}(CH_2)_5COOH$$

$$\longrightarrow CH_3(CH_3)_{28}CO_2H \longrightarrow CH_3(CH_3)_{28}CH_2OH$$

应用　Ries S. K. 等人的工作表明，三十烷醇具有多种生理功能：①具有促进生根、发芽、开花、茎叶生长和早熟作用；②具有提高叶绿素含量、增强光合作用等多种生理功能。在作物生长前期使用，可提高发芽率、改善秧苗素质、增加有效分蘖。在生长中、后期使用，可增加花蕾数、坐果率及千粒重。三十烷醇无毒，更适合于蔬菜的生产，各地试用较多，增产效果也较显著，是近年来为世界上许多国家所重视的一种新型天然植物生长调节剂。据最近报道，它的药效不稳定。痕迹量的其他长碳链化合物可以抑制它的生物活性。三十烷醇的末端羟基可能作用于植物的细胞膜，其分子链的长度和羟基是其生理活性所必需的。

参考文献

［1］　Davis D B, Dernoeden P H. Summer patch and Kentucky bluegrass quality as influenced by cultural practices. Agron J, 1991,83：670-677.

［2］　Spencer E Y. Guide in the Chemicale Used in Crop protection 6th ed. ,London Ontario：Agriculture Canado,1973,355.

［3］　Speacer E Y. Guide to the chemiaal used in Crop protection,6th Ed. ,London,Ontario,Agriculture　Canada 1973,504.

［4］　Irani R R. Florisscant,and K Moedritzer,et al. ,Processes for preparing organoohosphonic acids,US 3288846,1966.

［5］　Hamm P C,Glendale M. Increasing carbohydrate Deposition in plant with aminophosphonates. US 3556762. 1971.

［6］　潘瑞炽，植物生长延缓剂的生化效应，植物生理学通讯，1996，32（3）161-168。

［7］　Heddcn P,Graebe J E. Inhibition of gibberellin biosynthesis by paclobutrazol in cell-free homogenates of Cucurbita maruna endosperm and Mabus punula embryos,J Plant Growth Regul. ,1985,4：111.

［8］　Benveniste P. Sterol Biosynthesis in Briggs W R. Jones R L,Walbot V(eds)Ann Rev Plant Physiol. ,California：Annual Review Inc. ,1986,275.

［9］　Nitsche K,Grossmann K,Sauerbrey E,et al. Influence of the growth retardant tetcyclacis on cell division and cell elongation in plant and cell cultures of sunflower,soybean,and maize,J. Plant Phystol. ,1985,118,209.

［10］　潘瑞炽，植物生长延缓剂的生理作用及其应用，华南师范大学学报，1984，2：120-128.

［11］　吴锜，何钟佩．一类新型植物生长延缓剂的作用机理及其应用，北京农业大学学报，1991，17（增刊）：100-108.

［12］　Dye,W. T. Jr. ,Process of preparing organic phosphorous compounds,USP 2703814. 1955.

［13］　张一宾. 农药，北京中国物资出版社，1997，471-473.

[14] Speneer E Y. Guide to the cgemicals used in Crop protection,6th Ed. ,London Ontario Agriculture Canada,1973,469.

[15] Hageman H A. N-disubstituted amino amic acids. US 3240799. 1966.

[16] Hageman H A. Plant growth regulant composition and method. US 3334991. 1967.

[17] Novel fluoroalkoxyphenylsubstituted nitrogen heterocycles. US 4002628. 1977.

[18] 廖联安，张洪奎，陈明德，等. 新型植物生长延缓剂 Uniconazole 的合成. 厦门大学学报（自然科学版），1997，36（4）：575-580.

[19] K. Lussen,W. Reiser,Triapenthenol—a new plant growth regulator,Pest. Sci. ,1987,19(2):153-164.

[20] Rademmacher W. Fritsch H,Graebe J E,et al. Tetcyclacis and triazole-type plant growth retardants：Their influence on the biosynthesis of gibberellins and other metabolic processes,Pest Sci. ,1987,21:241.

[21] 沙家骏，张敏恒，姜雅君. 国外农药品种手册. 北京：北京工业出版社，1993：523.

[22] Ries S K,WertV F,Sweeley C C. Triacontanol：A New Naturally Occurring Pant Growth Regulator. Science,1977,2（4）：1339-1341.

[23] 吴明光，林秀香，林硕田. 三十烷醇-1 的合成法研究. 厦门大学学报（自然科学版）1996，35（4）：560-563.

[24] 杨石先，陈茹玉，刘准等. 多碳醇类化合物的合成，高等学校化学学报，1980，(1)：66-69.